现代
机械设计手册

第二版

液压传动与控制设计

高殿荣　主编

化学工业出版社
·北　京·

《现代机械设计手册》第二版单行本共20个分册，涵盖了机械常规设计的所有内容。各分册分别为：《机械零部件结构设计与禁忌》《机械制图及精度设计》《机械工程材料》《连接件与紧固件》《轴及其连接件设计》《轴承》《机架、导轨及机械振动设计》《弹簧设计》《机构设计》《机械传动设计》《减速器和变速器》《润滑和密封设计》《液力传动设计》《液压传动与控制设计》《气压传动与控制设计》《智能装备系统设计》《工业机器人系统设计》《疲劳强度可靠性设计》《逆向设计与数字化设计》《创新设计与绿色设计》。

本书为《液压传动与控制设计》，主要介绍了常用基础标准、图形符号和常用术语、液压流体力学常用计算公式及资料、液压系统设计、液压基本回路、液压工作介质、液压泵、液压马达、液压缸、液压控制阀、液压辅件与液压泵站、液压控制系统概述、液压伺服控制系统、电液比例控制系统等。本书可作为机械设计人员和有关工程技术人员的工具书，也可供高等院校相关专业师生参考。

图书在版编目（CIP）数据

现代机械设计手册：单行本. 液压传动与控制设计/高殿荣主编. —2版. —北京：化学工业出版社，2020.2

ISBN 978-7-122-35657-4

Ⅰ.①现… Ⅱ.①高… Ⅲ.①机械设计-手册②液压传动-手册③液压控制-手册 Ⅳ.①TH122-62②TH137-62

中国版本图书馆CIP数据核字（2019）第252689号

责任编辑：张兴辉 王烨 贾娜 邢涛 项潋 曾越 金林茹　装帧设计：尹琳琳

责任校对：宋 夏

出版发行：化学工业出版社（北京市东城区青年湖南街13号 邮政编码100011）

印　装：大厂聚鑫印刷有限责任公司

787mm×1092mm 1/16 印张56¼ 字数1945千字 2020年2月北京第2版第1次印刷

购书咨询：010-64518888 售后服务：010-64518899

网　址：http://www.cip.com.cn

凡购买本书，如有缺损质量问题，本社销售中心负责调换。

定　价：139.00元

《现代机械设计手册》第二版单行本出版说明

《现代机械设计手册》是一部面向“中国制造2025”，适应智能装备设计开发新要求、技术先进、数据可靠、符合现代机械设计潮流的现代化机械设计大型工具书，涵盖现代机械零部件设计、智能装备及控制设计、现代机械设计方法三部分内容。旨在将传统设计和现代设计有机结合，力求体现“内容权威、凸显现代、实用可靠、简明便查”的特色。

《现代机械设计手册》自2011年出版以来，赢得了广大机械设计工作者的青睐和好评，先后荣获全国优秀畅销书、中国机械工业科学技术奖等，第二版于2019年初出版发行。为了给读者提供篇幅较小、便携便查、定价低廉、针对性更强的实用性工具书，根据读者的反映和建议，我们在深入调研的基础上，决定推出《现代机械设计手册》第二版单行本。

《现代机械设计手册》第二版单行本，保留了《现代机械设计手册》(第二版6卷本)的优势和特色，结合机械设计人员工作细分的实际状况，从设计工作的实际出发，将原来的6卷35篇重新整合为20个分册，分别为：《机械零部件结构设计与禁忌》《机械制图及精度设计》《机械工程材料》《连接件与紧固件》《轴及其连接件设计》《轴承》《机架、导轨及机械振动设计》《弹簧设计》《机构设计》《机械传动设计》《减速器和变速器》《润滑和密封设计》《液力传动设计》《液压传动与控制设计》《气压传动与控制设计》《智能装备系统设计》《工业机器人系统设计》《疲劳强度可靠性设计》《逆向设计与数字化设计》《创新设计与绿色设计》。

《现代机械设计手册》第二版单行本，是为了适应机械设计行业发展和广大读者的需要而编辑出版的，将与《现代机械设计手册》第二版（6卷本）一起，成为机械设计工作者、工程技术人员和广大读者的良师益友。

化学工业出版社

前言

FORWORD

《现代机械设计手册》第一版自 2011 年 3 月出版以来，赢得了机械设计人员、工程技术人员和高等院校专业师生广泛的青睐和好评，荣获了 2011 年全国优秀畅销书（科技类）。同时，因其在机械设计领域重要的科学价值、实用价值和现实意义，《现代机械设计手册》还荣获 2009 年国家出版基金资助和 2012 年中国机械工业科学技术奖。

《现代机械设计手册》第一版出版距今已经 8 年，在这期间，我国的装备制造业发生了许多重大的变化，尤其是 2015 年国家部署并颁布了实现中国制造业发展的十年行动纲领——中国制造 2025，发布了针对“中国制造 2025”的五大“工程实施指南”，为机械制造业的未来发展指明了方向。在国家政策号召和驱使下，我国的机械工业获得了快速的发展，自主创新的能力不断加强，一批高技术、高性能、高精尖的现代化装备不断涌现，各种新材料、新工艺、新结构、新产品、新方法、新技术不断产生、发展并投入实际应用，大大提升了我国机械设计与制造的技术水平和国际竞争力。《现代机械设计手册》第二版最重要的原则就是紧密结合“中国制造 2025”国家规划和创新驱动发展战略，在内容上与时俱进，全面体现创新、智能、节能、环保的主题，进一步呈现机械设计的现代感。鉴于此，《现代机械设计手册》第二版被列入了“十三五国家重点出版物规划项目”。

在本版手册的修订过程中，我们广泛深入机械制造企业、设计院、科研院所和高等院校进行调研，听取各方面读者的意见和建议，最终确定了《现代机械设计手册》第二版的根本宗旨：一方面，新版手册进一步加强机、电、液、控制技术的有机融合，以全面适应机器人等智能化装备系统设计开发的新要求；另一方面，随着现代机械设计方法和工程设计软件的广泛应用和普及，新版手册继续促进传动设计与现代设计的有机结合，将各种新的设计技术、计算技术、设计工具全面融入传统的机械设计实际工作中。

《现代机械设计手册》第二版共 6 卷 35 篇，它是一部面向“中国制造 2025”，适应智能装备设计开发新要求、技术先进、数据可靠、符合现代机械设计潮流的现代化的机械设计大型工具书，涵盖现代机械零部件及传动设计、智能装备及控制设计、现代机械设计方法及应用三部分内容，具有以下六大特色。

1. 权威性。《现代机械设计手册》阵容强大，编、审人员大都来自设计、生产、教学和科研第一线，具有深厚的理论功底、丰富的设计实践经验。他们中很多人都是所属领域的知名专家，在业内有广泛的影响力和知名度，获得过多项国家和省部级科技进步奖、发明奖和技术专利，承担了许多机械领域国家重要的科研和攻关项目。这支专业、权威的编审队伍确保了手册准确、实用的内容质量。

2. 现代感。追求现代感，体现现代机械设计气氛，满足时代要求，是《现代机械设计手册》的基本宗旨。“现代”二字主要体现在：新标准、新技术、新材料、新结构、新工艺、新产品、智能化、现代的设计理念、现代的设计方法和现代的设计手段等几个方面。第二版重点加强机械智能化产品设计（3D 打印、智能零部件、节能元器件）、智能装备（机器人及智能化装备）控制及系统设计、数字化设计等内容。

（1）“零件结构设计”等篇进一步完善零部件结构设计的内容，结合目前的 3D 打印（增材制造）技术，增加 3D 打印工艺下零件结构设计的相关技术内容。

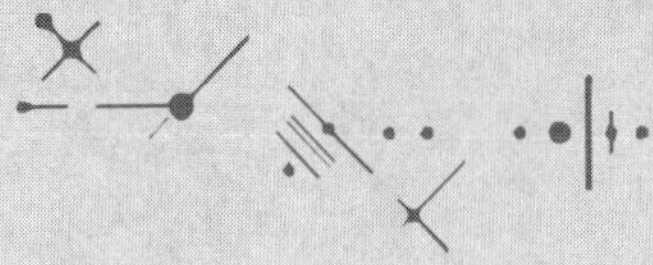

“机械工程材料”篇增加3D打印材料以及新型材料的内容。

(2) 机械零部件及传动设计各篇增加了新型智能零部件、节能元器件及其应用技术，例如“滑动轴承”篇增加了新型的智能轴承，“润滑”篇增加了微量润滑技术等内容。

(3) 全面增加了工业机器人设计及应用的内容：新增了“工业机器人系统设计”篇；“智能装备系统设计”篇增加了工业机器人应用开发的内容；“机构”篇增加了自动化机构及机构创新的内容；“减速器、变速器”篇增加了工业机器人减速器选用设计的内容；“带传动、链传动”篇增加并完善了工业机器人适用的同步带传动设计的内容；“齿轮传动”篇增加了RV减速器传动设计、谐波齿轮传动设计的内容等。

(4) “气压传动与控制”“液压传动与控制”篇重点加强并完善了控制技术的内容，新增了气动系统自动控制、气动人工肌肉、液压和气动新型智能元器件及新产品等内容。

(5) 继续加强第5卷机电控制系统设计的相关内容：除增加“工业机器人系统设计”篇外，原“机电一体化系统设计”篇充实扩充形成“智能装备系统设计”篇，增加并完善了智能装备系统设计的相关内容，增加智能装备系统开发实例等。

“传感器”篇增加了机器人传感器、航空航天装备用传感器、微机械传感器、智能传感器、无线传感器的技术原理和产品，加强传感器应用和选用的内容。

“控制元器件和控制单元”篇和“电动机”篇全面更新产品，重点推荐了一些新型的智能和节能产品，并加强产品选用的内容。

(6) 第6卷进一步加强现代机械设计方法应用的内容：在3D打印、数字化设计等智能制造理念的倡导下，“逆向设计”“数字化设计”等篇全面更新，体现了“智能工厂”的全数字化设计的时代特征，增加了相关设计应用实例。

增加“绿色设计”篇；“创新设计”篇进一步完善了机械创新设计原理，全面更新创新实例。

(7) 在贯彻新标准方面，收录并合理编排了目前最新颁布的国家和行业标准。

3. 实用性。新版手册继续加强实用性，内容的选定、深度的把握、资料的取舍和章节的编排，都坚持从设计和生产的实际需要出发：例如机械零部件数据资料主要依据最新国家和行业标准，并给出了相应的设计实例供设计人员参考；第5卷机电控制设计部分，完全站在机械设计人员的角度来编写——注重产品如何选用，摒弃或简化了控制的基本原理，突出机电系统设计，控制元器件、传感器、电动机部分注重介绍主流产品的技术参数、性能、应用场合、选用原则，并给出了相应的设计选用实例；第6卷现代机械设计方法中简化了烦琐的数学推导，突出了最终的计算结果，结合具体的算例将设计方法通俗地呈现出来，便于读者理解和掌握。

为方便广大读者的使用，手册在具体内容的表述上，采用以图表为主的编写风格。这样既增加了手册的信息容量，更重要的是方便了读者的查阅使用，有利于提高设计人员的工作效率和设计速度。

为了进一步增加手册的承载容量和时效性，本版修订将部分篇章的内容放入二维码中，读者可以用手机扫描查看、下载打印或存储在PC端进行查看和使用。二维码内容主要涵盖以下几方面的内容：即将被废止的旧标准（新标准一旦正式颁布，会及时将二维码内容更新为新标准的内容)；部分推荐产品及参数；其他相关内容。

4. 通用性。本手册以通用的机械零部件和控制元器件设计、选用内容为主，主要包括机械设计基础资料、机械制图和几何精度设计、机械工程材料、机械通用零部件设计、机械传动系统设计、液压和气压传动系统设计、机构设计、机架设计、机械振动设计、智能装备系统设计、控制元器件和控制单元等，既适用于传统的通用机械零部件设计选用，又适用于智能化装备的整机系统设计开发，能够满足各类机械设计人员的工作需求。

5. 准确性。本手册尽量采用原始资料，公式、图表、数据力求准确可靠，方法、工艺、技术力求成熟。所有材料、零部件和元器件、产品和工艺方面的标准均采用最新公布的标准资料，对于标准规范的编写，手册没有简单地照抄照搬，而是采取选用、摘录、合理编排的方式，强调其科学性和准确性，尽量避免差错和谬误。所有设计方法、计算公式、参数选用均经过长期检验，设计实例、各种算例均来自工程实际。手册中收录通用性强、标准化程度高的产品，供设计人员在了解企业实际生产品种、规格尺寸、技术参数，以及产品质量和用户的实际反映后选用。

6. 全面性。本手册一方面根据机械设计人员的需要，按照"基本、常用、重要、发展"的原则选取内容，另一方面兼顾了制造企业和大型设计院两大群体的设计特点，即制造企业侧重基础性的设计内容，而大型的设计院、工程公司侧重于产品的选用。因此，本手册力求实现零部件设计与整机系统开发的和谐统一，促进机械设计与控制设计的有机融合，强调产品设计与工艺技术的紧密结合，重视工艺技术与选用材料的合理搭配，倡导结构设计与造型设计的完美统一，以全面适应新时代机械新产品设计开发的需要。

经过广大编审人员和出版社的不懈努力，新版《现代机械设计手册》将以崭新的风貌和鲜明的时代气息展现在广大机械设计工作者面前。值此出版之际，谨向所有给过我们大力支持的单位和各界朋友表示衷心的感谢！

主　编

目录

CONTENTS

第 20 篇 液压传动与控制设计

第 1 章 常用基础标准、图形符号和常用术语

第 2 章 液压流体力学常用计算公式及资料

第 3 章 液压系统设计

第4章 液压基本回路

第5章 液压工作介质

第6章 液 压 泵

第7章 液压马达

第8章 液压缸

第9章 液压控制阀

第 10 章 液压辅件与液压泵站

第 11 章 液压控制系统概述

第 12 章 液压伺服控制系统

第 13 章 电液比例控制系统

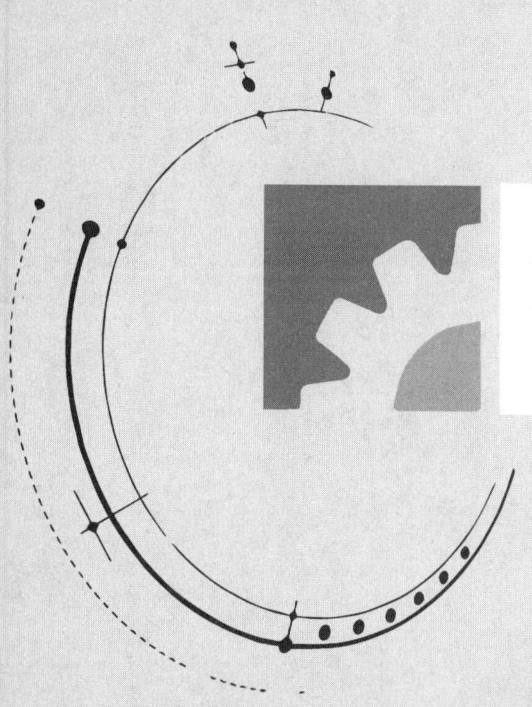

第 20 篇
液压传动与控制设计

篇主编：高殿荣

撰　稿：刘　涛　吴晓明　张　伟　张齐生
赵静一　高殿荣

审　稿：高殿荣　姚晓先　吴晓明

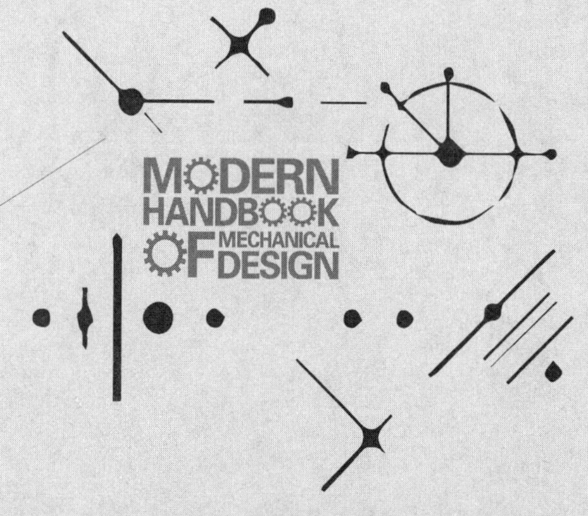

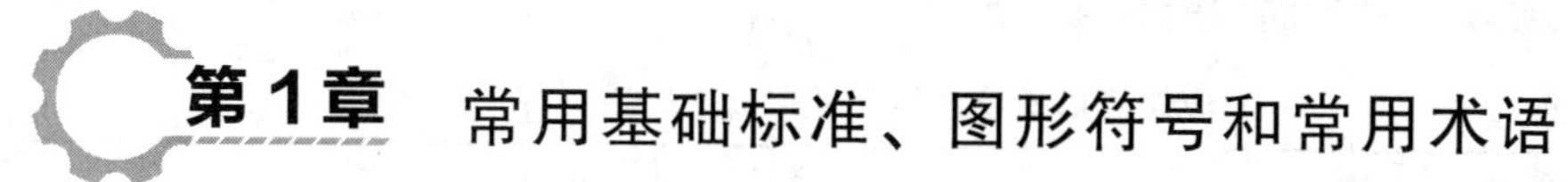

第1章　常用基础标准、图形符号和常用术语

1.1　基础标准

1.1.1　液压气压系统及元件的公称压力系列

表 20-1-1　液压气压系统及元件的公称压力系列（GB/T 2346—2003）

kPa	MPa	（以 bar 为单位的等量值）	kPa	MPa	（以 bar 为单位的等量值）
1	—	(0.01)	—	2.5	(25)
1.6	—	(0.016)	—	[3.15]	[(31.5)]
2.5	—	(0.025)	—	4	(40)
4	—	(0.04)	—	[5]	[(50)]
6.3	—	(0.063)	—	6.3	(63)
10	—	(0.1)	—	[8]	[(80)]
16	—	(0.16)	—	10	(100)
25	—	(0.25)	—	12.5	(125)
40	—	(0.4)	—	16	(160)
63	—	(0.63)	—	20	(200)
100	—	(1)	—	25	(250)
[125]	—	[(1.250)]	—	31.5	(315)
160	—	(1.6)	—	[35]	[(350)]
[200]	—	[(2)]	—	40	(400)
250	—	(2.5)	—	[45]	[(450)]
[315]	—	[(3.15)]	—	50	(500)
400	—	(4)	—	63	(630)
[500]	—	[(5)]	—	80	(800)
630	—	(6.3)	—	100	(1000)
[800]	—	[(8)]	—	125	(1250)
1000	1	(10)	—	160	(1600)
—	[1.25]	[(12.5)]	—	200	(2000)
—	1.6	(16)	—	250	(2500)
—	[2]	[(20)]			

注：方括号中为非推荐值。

1.1.2　液压泵及液压马达的公称排量系列

表 20-1-2　液压泵及液压马达的公称排量系列（GB/T 2347—1980）　mL/r

0.1	0.16	0.25	0.4	0.63	1.0	1.25	1.6	2.0	2.5	3.15
4.0	5.0	6.3	8.0	10	12.5	(14)	16	(18)	20	(22.4)
25	(28)	31.5	(35.5)	40	(45)	50	(56)	63	(71)	80
(90)	100	(112)	125	(140)	160	(180)	200	(224)	250	(280)
315	(355)	400	(450)	500	(560)	630	(710)	800	(900)	1000
(1120)	1250	(1400)	1600	(1800)	2000	(2240)	2500	(2800)	3150	(3550)
4000	(4500)	5000	(5600)	6300	(7100)	8000	(9000)	—	—	—

注：括号内公称排量为非优先使用值。

1.1.3 液压元件的油口螺纹连接尺寸

表 20-1-3 液压油口螺纹连接尺寸（GB/T 2878.1—2011）

M8×1	M10×1	M12×1.5	M14×1.5	M16×1.5	M18×1.5	M20×1.5
M22×1.5	M27×2	M33×2	M42×2	M48×2	M60×2	

1.1.4 液压系统硬管外径系列和软管内径系列

表 20-1-4 硬管外径尺寸系列（GB/T 2351—2005） mm

4	5	6	8	10	12	(14)	16	18	20
22	25	28	30	32	(34)	35	38	(40)	42
50									

注：括号内尺寸不适用于新设计。

表 20-1-5 软管内径尺寸系列（GB/T 2351—2005） mm

3.2	5	6.3	8	10	12.5	16	19	20
25	31.5	38	40	50	51			

1.1.5 液压缸、气缸内径及活塞杆外径系列

表 20-1-6 液压缸、气缸的缸筒内径尺寸系列（GB/T 2348—1993） mm

8	40	125	(280)
10	50	(140)	320
12	63	160	(360)
16	80	(180)	400
20	(90)	200	(450)
25	100	(220)	500
32	(110)	250	

注：括号内数值为非优先选用值。

表 20-1-7 液压缸、气缸的活塞杆外径尺寸系列（GB/T 2348—1993） mm

4	18	45	110	280
5	20	50	125	320
6	22	56	140	360
8	25	63	160	
10	28	70	180	
12	32	80	200	
14	36	90	220	
16	40	100	250	

注：超出本系列的活塞杆外径尺寸应按 GB/T 321—2005《优先数和优先数系》中 $R20$ 系列选用。

1.1.6 液压缸、气缸活塞行程系列

① 液压缸、气缸活塞行程参数（GB/T 2349—1980）依优先次序按表 20-1-8～表 20-1-10 选取。

② 缸活塞行程>4000mm 时，按 GB/T 321—2005《优先数和优先数系》中，$R10$ 数系选用；如不能满足要求时，允许按 $R40$ 数系选用。

表 20-1-8 液压缸、气缸活塞行程参数优先次序一 mm

25	50	80	100	125	160	200	250	320	400
500	630	800	1000	1250	1600	2000	2500	3200	4000

表 20-1-9 液压缸、气缸活塞行程参数优先次序二 mm

	40			63		90	110	140	180
220	280	360	450	550	700	900	1100	1400	1800
2200	2800	3600							

表 20-1-10　**液压缸、气缸活塞行程参数优先次序三**　mm

240	260	300	340	380	420	480	530	600	650
750	850	950	1050	1200	1300	1500	1700	1900	2100
2400	2600	3000	3400	3800					

1.1.7　液压元件清洁度指标

表 20-1-11　**主要液压元件清洁度指标**（JB/T 7858—2006）

产品名称	规格		清洁度指标值/mg		备注
齿轮泵及叶片泵	公称排量值 V/mL・r^{-1}	$V≤10$ $10<V≤25$ $25<V≤63$ $63<V≤160$ $160<V≤400$	25 30 40 50 65		
轴向柱塞泵、马达	公称排量值 V/mL・r^{-1}		定量	变量	
		$V<10$ $10<V≤25$ $25<V≤63$ $63<V≤160$ $160<V≤250$	25 40 75 100 130	30 48 90 120 155	
低速大扭矩马达	公称排量值 V/mL・r^{-1}	$V≤1.6$ $1.6<V≤8$ $8<V≤16$ $16<V≤25$	120 240 390 525		
压力控制类阀	公称通径/mm	≤10 16 20 25 ≥32	15 19 22 29 35		包括溢流阀、减压阀、顺序阀
节流阀	公称通径/mm	≤10 16 20 25 ≥32	10 12 14 19 27		
调速阀	公称通径/mm	≤10 16 20 25 ≥32	22 26 30 35 45		
电磁、电液换向阀	公称通径/mm	6 10 16 20 25 ≥32	12 25 29 33 39 50		
分片式多路阀	公称通径/mm	10 15 20 25 32	$25+14N$ $30+16N$ $33+22N$ $50+31N$ $67+47N$		N 为片数

续表

产品名称	规格		清洁度指标值/mg	备注
二通插装阀	公称通径/mm	16 25 32 40 50 63	0.68 1.72 3.6 6.96 11.64 26.3	表中为插装件指标值,控制盖板指标值按相应通径增加 20%,先导阀指标值按相应阀类指标值
液压缸	内径/mm	ϕ40～63 ϕ80～110 ϕ125～160 ϕ180～250 ϕ320～500	35 60 90 135 260	行程按 1m 计算,每增加 1m 污染物,质量允许增加 50%
囊式蓄能器	公称容积/L	1.6 2.5 4 6.3 10 16 25 40 63 100 160 200 250	6 14 17 27 34 49 70 93 120 168 228 281 362	
过滤器	公称流量/L·min^{-1}	10 25 63 100 160 250 400 630	7 11 17 23 29 42 57 78	
胶管总成	内径/mm	5 6.3 8 10 12.5 16 19 22 25 31.5 38 51	1.57L 1.98L 2.52L 3.15L 3.93L 5.03L 5.98L 6.92L 7.86L 9.91L 11.95L 16.04L	L 为胶管长度,m

注：表中未包括的元辅件清洁度指标，可根据其结构形式和规格参照同样类型的产品指标执行（如单向阀可参照二通插装件指标值执行）。

1.1.8　液压阀油口、底板、控制装置和电磁铁的标识

表 20-1-12　　标识规则汇总（GB/T 17490—1998）

主油口数			2		3	4
阀的类型			溢流阀	其他阀	流量控制阀	方向控制阀和功能块
标识符号	主油口	进油口	P	P	P	P
		第 1 出油口	—	A	A	A
		第 2 出油口	—	—	—	B
		回油箱油口	T	—	T	T
	辅助油口	第 1 液控油口	—	X	—	X
		第 2 液控油口	—	—	—	Y
		液控油口(低压)	V	V	V	—
标识符号	辅助油口	泄油口	L	L	L	L
		取样点油口	M	M	M	M

注：1. 主级或先导级的电磁铁应该用与靠它们的动作而有压力的油口一致的标记。
2. 本表格不适用于 GB/T 8100—2006、GB/T 8098—2003 和 GB/T 8101—2002 中标准化的元件。

1.1.9　液压泵站油箱公称容量系列

表 20-1-13　　液压泵站油箱公称容量系列（JB/T 7938—2010）　　L

			1250
	16	160	1600
			2000
2.5	25	250	2500
		315	3150
4.0	40	400	4000
		500	5000
6.3	63	630	6300
		800	
10	100	1000	

注：油箱公称容量超出 6300L 时，应按 GB/T 321—2005《优先数和优先数系》中 $R10$ 数系选用。

1.2　液压图形符号

1.2.1　图形符号

符号由符号要素和功能要素构成，其规定见表 20-1-14。

表 20-1-14 流体传动系统及元件图形符号（GB/T 786.1—2009）

符号要素					
名称	符号	用途或符号解释	名称	符号	用途或符号解释
实线	0.1M	工作管路 控制供给管路 回油管路 元件图形符号框线	正方形	4M 4M	阀控制元件 除电动机外的原动机
虚线	0.1M	控制管路 泄油管路或放气管路 过滤器 过渡位置		4M 4M	流体处理器件（过滤器、分离器、油雾器和热交换器等）
点画线	0.1M	组合元件框线		2M 2M	蓄能器重锤 控制方法框线
双线	1M 9M	活塞杆	长方形	9M 4M	缸
大圆	6M	一般能量转换元件（泵、马达、压缩机）		2M 4M	活塞
中圆	4M	测量、控制仪表（步进电动机）		2M 3M	控制方法框线
小圆	1M	单向元件 旋转接头 机械铰链滚轮		0.5M 2M	执行器中缸的缓冲
圆点	0.75M	管路的连接点	半矩形	1M 2M	表示回到油箱（主油箱可按比例放大）
半圆	3M 6M	限定旋转角度的摆动马达或泵	囊形	4M 8M	压力油箱 气罐 蓄能器 辅助气瓶

续表

符号要素						
名称		符号	用途或符号解释	名称	符号	用途或符号解释
正三角形	实心正三角形	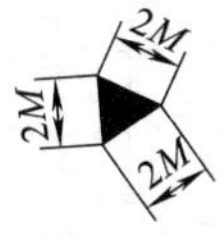 2M 2M 2M	液压力作用方向	其他	1M 1M	封闭油、气路或油、气口
	空心正三角形	 2M 2M 2M	气动力作用方向 注：包括排气		4M 2M	流过阀的路径和方向
直箭头		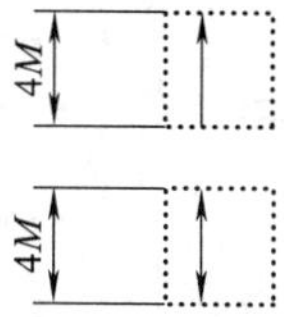 4M 4M	直线运动、流体流过阀的通路和方向		3M	温度指示或温度控制
					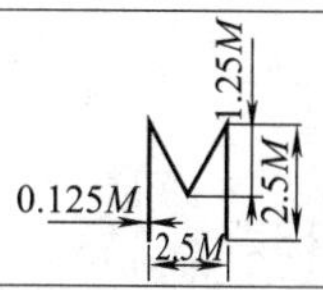 1.25M 2.5M 0.125M 2.5M	M 表示马达
长斜箭头		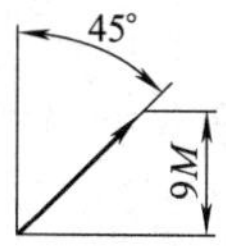 45° 9M	可调性符号（可调节的泵、弹簧、电磁铁等）		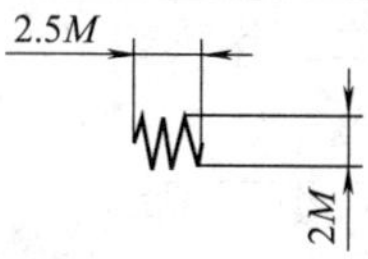 2.5M 2M	控制元件：弹簧
					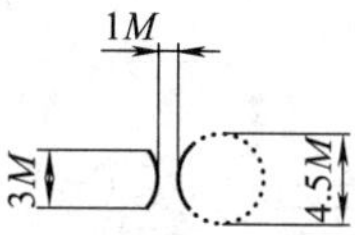 1M 3M 4.5M	节流通道
弧线箭头		60° 9M	旋转运动方向指示		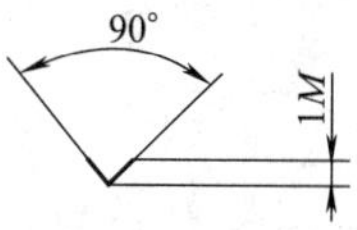 90° 1M	单向阀简化符号的阀座
其他			电气符号		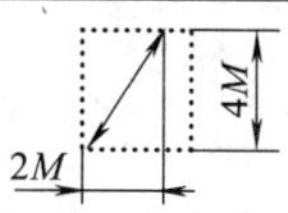 4M 2M	流过阀的路径和方向

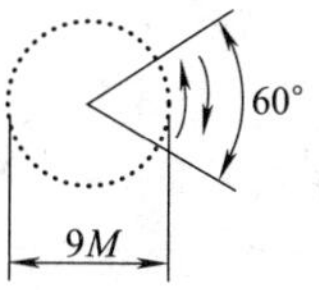

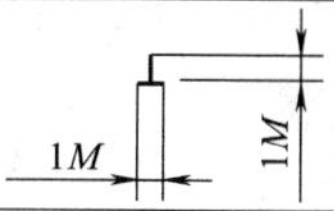

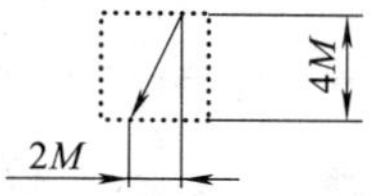

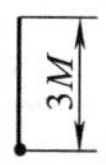

液压泵、液压马达和液压缸							
名称		符号	用途或符号解释	名称		符号	用途或符号解释
液压泵	液压泵	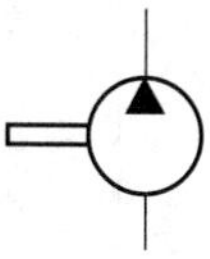	一般符号	液压泵	单向变量液压泵		单向旋转，单向流动，变排量
	单向定量液压泵	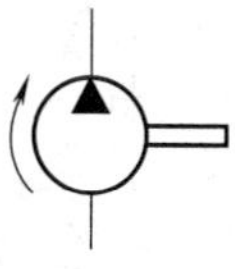	单向旋转，单向流动，定排量		双向变量液压泵		双向旋转，双向流动，变排量
	双向定量液压泵		双向旋转，双向流动，定排量	液压马达	液压马达		一般符号

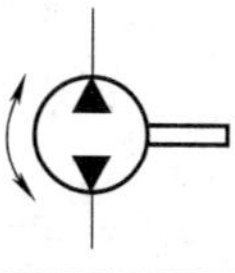

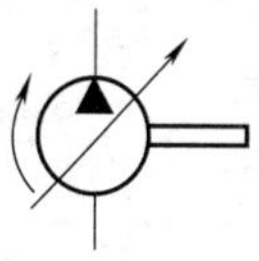

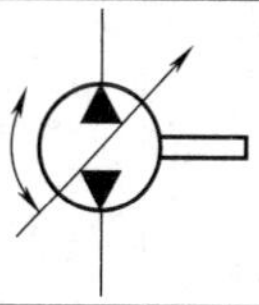

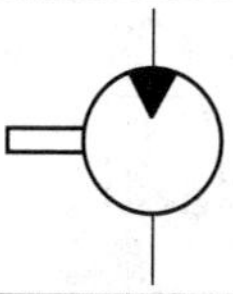

续表

液压泵、液压马达和液压缸			
	名称	符号	用途或符号解释
液压马达	单向定量液压马达	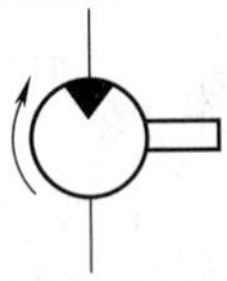	单向流动，单向旋转
	双向定量液压马达	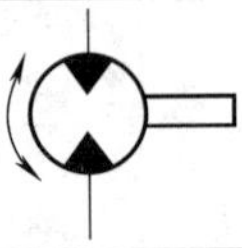	双向流动，双向旋转，定排量
	单向变量液压马达	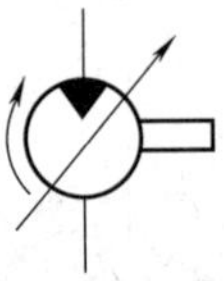	单向流动，单向旋转，变排量
	双向变量液压马达	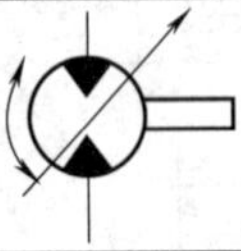	双向流动，双向旋转，变排量
	摆动马达	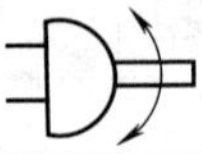	双向摆动，定角度
泵马达	定量液压泵一马达	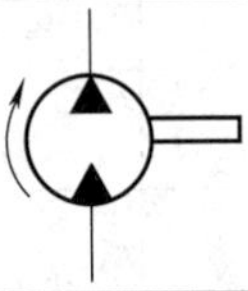	单向流动，单向旋转，定排量
	变量液压泵一马达	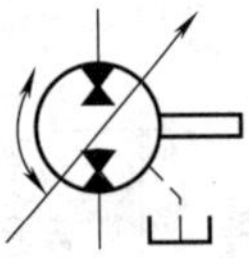	双向流动，双向旋转，变排量，外部泄油
	液压整体式传动装置	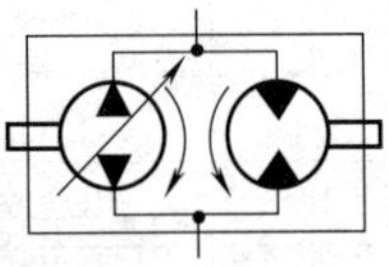	单向旋转，变排量，定排量马达
单作用缸	单活塞杆液压缸	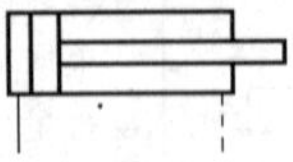	详细符号
	单活塞杆液压缸（带弹簧复位）	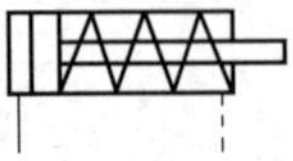	详细符号
	柱塞缸		
	伸缩缸		
双作用缸	单活塞杆缸	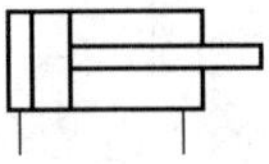	详细符号
	双活塞杆缸	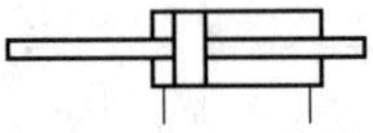	详细符号
	不可调单向缓冲缸	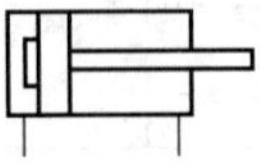	详细符号
	可调单向缓冲缸	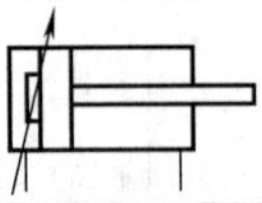	详细符号
	不可调双向缓冲缸	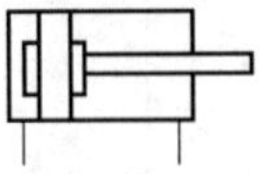	详细符号
	可调双向缓冲缸	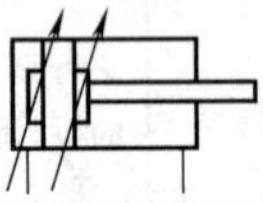	详细符号
	伸缩缸	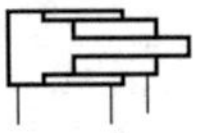	
压力转换器	气-液转换器	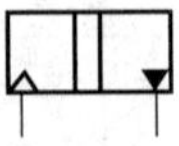	单程作用
		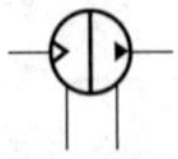	连续作用
	增压器	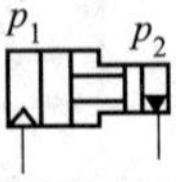 p_1 p_2	单程作用 $p_2>p_1$
		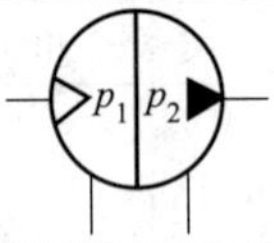 p_1 p_2	连续作用 $p_2>p_1$
蓄能器	囊式	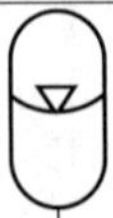	一般符号
	活塞式	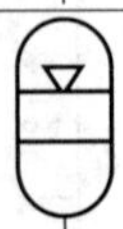	
	重锤式	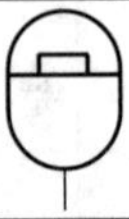	

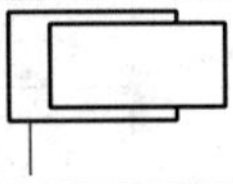

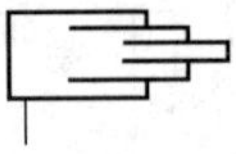

续表

液压泵、液压马达和液压缸

名称		符号	用途或符号解释	名称		符号	用途或符号解释
蓄能器	弹簧式			动力源	液压源		一般符号
辅助气瓶					气压源		一般符号
					电动机	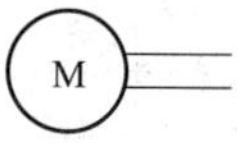 M	
气罐					原动机	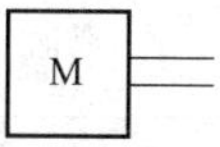 M	电动机除外

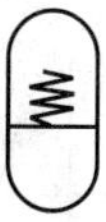

控制机构和控制方法

名称		符号	用途或符号解释	名称		符号	用途或符号解释
机械控制件	杆		箭头可省略	人力控制	手动控制		一般符号
	旋转运动的轴		箭头可省略		按钮式		
	定位装置				拉钮式		
	锁定装置	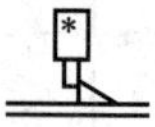 *	*为开锁的控制方法，符号表示在矩形内		按-拉式		
	弹跳机构				手柄式		
机械控制	顶杆式				踏板式		单方向控制
	可变行程控制式				双向踏板式		双方向控制
	弹簧控制式			直接压力控制	加压或卸压控制		
	滚轮式	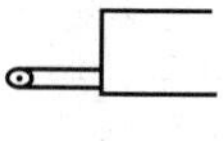	两个方向操作		差动控制	2 1	
	单向滚轮式	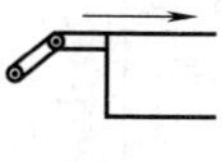	仅在一个方向上操作，箭头可省略		内部压力控制	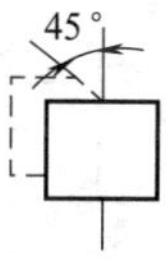 45°	控制通路在元件内部
					外部压力控制	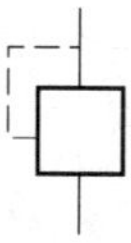	控制通路在元件外部

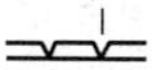

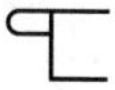

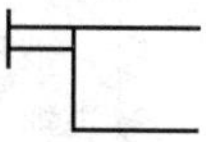

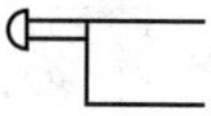

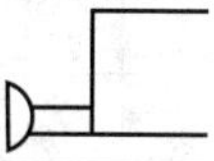

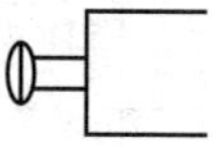

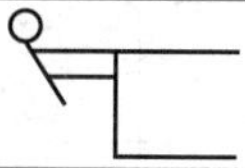

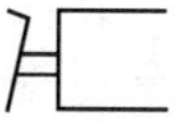

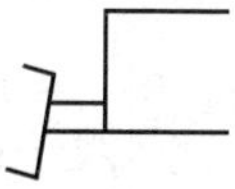

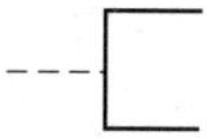

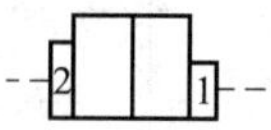

第20篇

续表

控制机构和控制方法

名称		符号	用途或符号解释
先导压力控制	液压先导控制	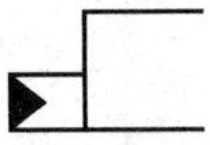	内部压力控制
	液压先导控制	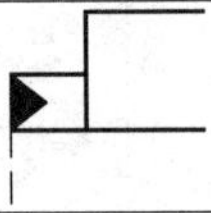	外部压力控制
	液压二级先导控制	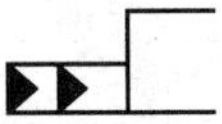	内部压力控制，内部泄油
	气-液先导控制	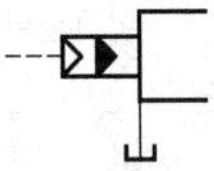	气压外部控制，液压内部控制，外部泄油
	电-液先导控制	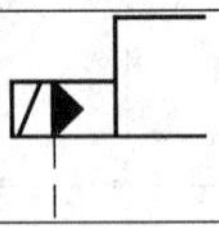	液压外部控制，内部泄油
	液压先导控制	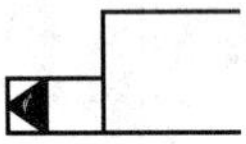	内部压力控制，内部泄油
		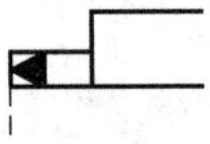	外部压力控制（带遥控泄放口）
	电-液先导控制	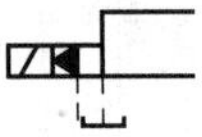	电磁铁控制、外部压力控制，外部泄油
	先导型压力控制阀		带压力调节弹簧，外部泄油，带遥控泄放口
	先导型比例电磁式压力控制阀	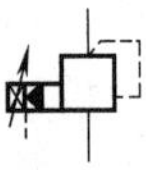	先导级由比例电磁铁控制，外部泄油

名称		符号	用途或符号解释
电气控制	单作用电磁铁	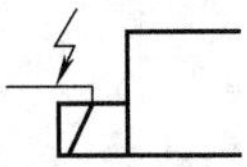	电气引线可省略，斜线也可向右下方
	双作用电磁铁	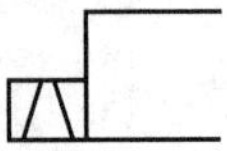	
	单作用可调电磁操纵（比例电磁铁，力矩马达等）	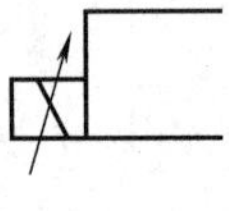	
	双作用可调电磁操纵（力矩马达）	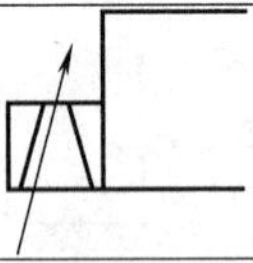	
	旋转运动电气控制装置	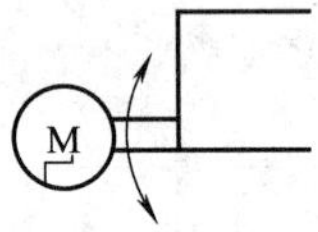	一般指步进电机控制
反馈控制	反馈	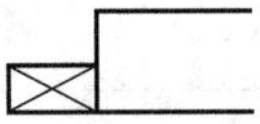	一般符号
	电反馈	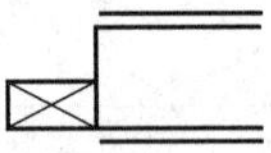	电位器、差动变压器等位置检测器
	机械反馈	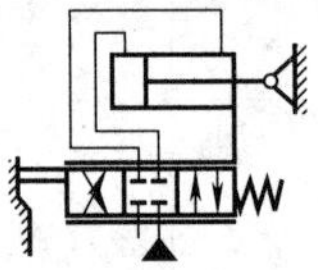	随动阀仿形控制回路

压力控制阀

名称		符号	用途或符号解释
溢流阀	溢流阀	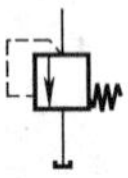	一般符号或直动型溢流阀
	先导型溢流阀	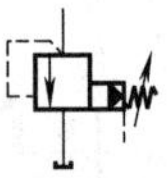	
	先导型电磁溢流阀	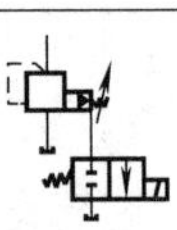	常闭

名称		符号	用途或符号解释
溢流阀	直动式比例溢流阀	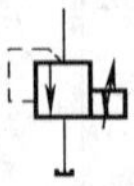	
	先导比例溢流阀	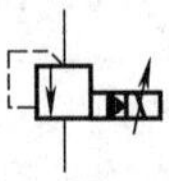	
	卸荷溢流阀	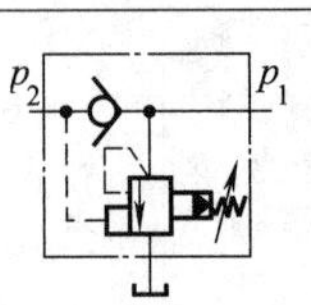	$p_2>p_1$ 时卸荷

续表

压力控制阀

名称		符号	用途或符号解释
溢流阀	双向溢流阀	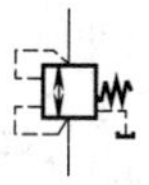	直动型，外部泄油
减压阀	减压阀	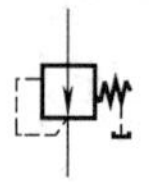	一般符号或直动型减压阀
减压阀	先导型减压阀		
减压阀	溢流减压阀	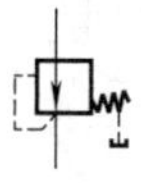	
减压阀	先导型比例电磁式溢流减压阀	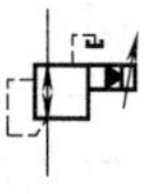	
减压阀	定比减压阀	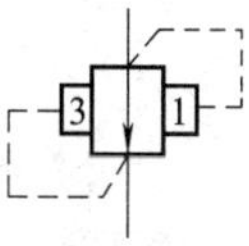	减压比 1/3
减压阀	定差减压阀	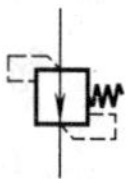	

名称		符号	用途或符号解释
顺序阀	顺序阀	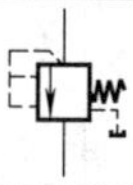	一般符号或直动型顺序阀
顺序阀	先导型顺序阀	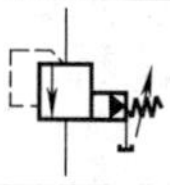	
顺序阀	平衡阀（单向顺序阀）	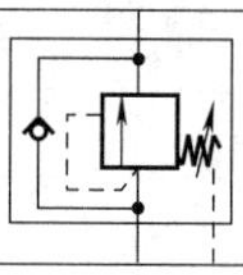	
卸荷阀	卸荷阀	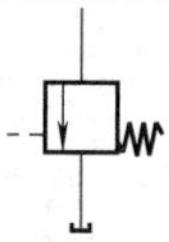	一般符号或直动型卸荷阀
卸荷阀	先导型电磁卸荷载	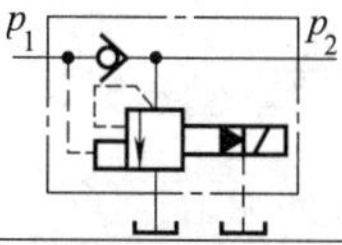 p_1　p_2	$p_1>p_2$
制动阀	制动阀	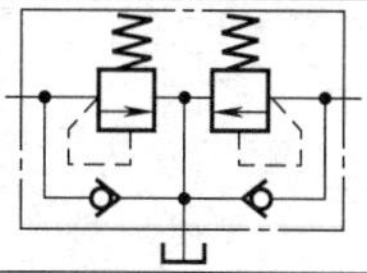	
制动阀	溢流油桥制动阀	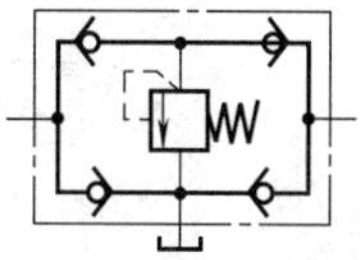	

方向控制阀

名称		符号	用途或符号解释
单向阀		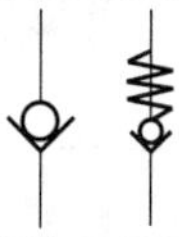	简化符号（弹簧可省略）
液控单向阀		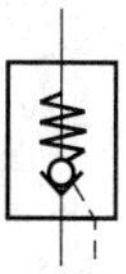	简化符号（弹簧可省略）
液控单向阀	双液控单向阀（液压锁）	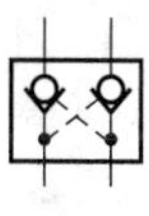	
梭阀	或门型	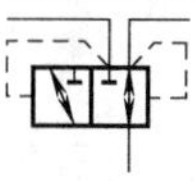	详细符号
梭阀	或门型	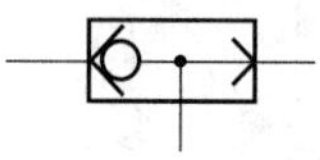	简化符号

名称		符号	用途或符号解释
换向阀	二位二通电磁阀	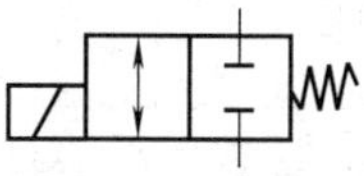	常断
换向阀	二位二通电磁阀	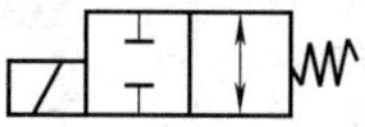	常通
换向阀	二位三通电磁球阀	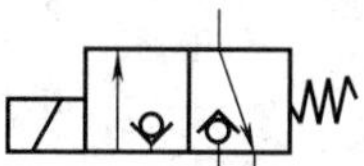	
换向阀	二位三通电磁球阀	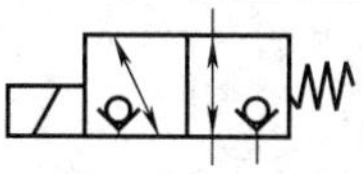	
换向阀	二位四通电磁阀	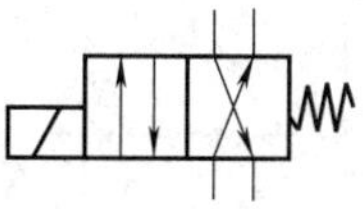	
换向阀	二位五通液动阀		

续表

方向控制阀							
名称		符号	用途或符号解释	名称		符号	用途或符号解释
换向阀	二位四通机动阀			换向阀	三位四通比例阀		节流型，中位正遮盖
	三位四通电磁阀				三位四通比例阀		中位负遮盖
	三位四通电液阀		简化符号（内控外泄）		二位四通比例阀		
	三位六通手动阀				四通伺服阀		
	三位五通电磁阀				四通电液伺服阀		二级
	三位四通电液阀		外控内泄（带手动应急控制装置）				带电反馈三级

流量控制阀							
名称		符号	用途或符号解释	名称		符号	用途或符号解释
节流阀	可调节流阀		详细符号	调速阀	旁通型调速阀		简化符号
			简化符号		温度补偿型调速阀		简化符号
	不可调节流阀		一般符号		单向调速阀		简化符号
	单向节流阀			同步阀	分流阀		
	双单向节流阀				单向分流阀		
	截止阀						
	滚轮控制节流阀（减速阀）				集流阀		
调速阀			详细符号				
			简化符号		分流集流阀		

续表

油箱								
名称		符号	用途或符号解释	名称		符号	用途或符号解释
通气式	管端在液面以上	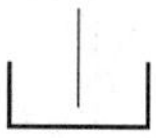		油箱	管端连接在油箱底部	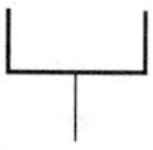	
	管端在液面以下		带空气过滤器		局部泄油或回油		
				加压油箱或密闭油箱			三条管路

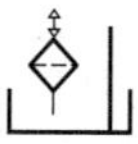

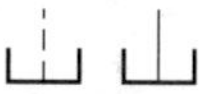

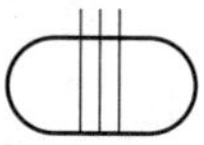

流体调节器							
名称		符号	用途或符号解释	名称		符号	用途或符号解释
过滤器	过滤器	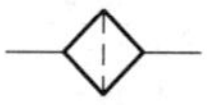	一般符号	空气过滤器			油箱通气过滤器
	带污染指示器的过滤器			温度调节器			
	磁性过滤器			热交换器	冷却器		一般符号
	带旁通阀的过滤器				带冷却剂管路的冷却器		
	双筒过滤器	P2　P1	P1：进油 P2：回油		加热器		一般符号

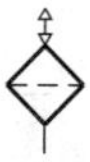

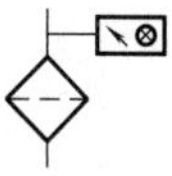

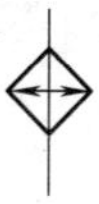

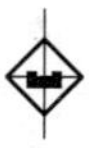

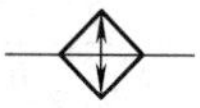

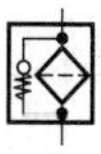

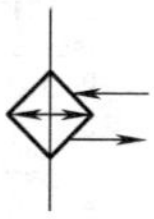

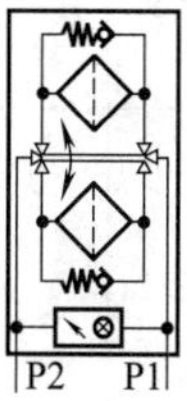

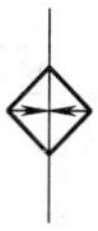

检测器、指示器							
名称		符号	用途或符号解释	名称		符号	用途或符号解释
压力检测器	压力指示器	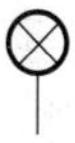		流量检测器	检流计（液流指示器）	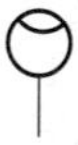	
	压力计（表）				流量计		
	电接点压力表（压力显控器）				累计流量计		
				温度计			
	压差计			转速仪			
液面计（液位计）				转矩仪			

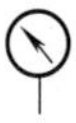

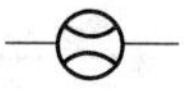

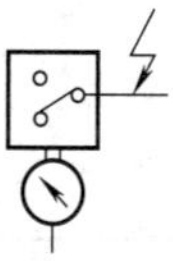

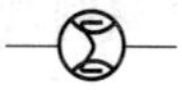

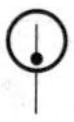

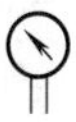

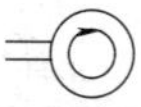

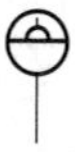

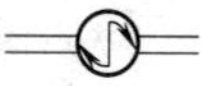

续表

其他辅助元器件							
名称		符号	用途或符号解释	名称		符号	用途或符号解释
压力继电器(压力开关)			可调节的机械电子压力继电器	压差开关			
压力继电器(压力开关)			压力开关	传感器	传感器		一般符号
行程开关			详细符号	传感器	压力传感器		
行程开关			一般符号	传感器	温度传感器		
联轴器	联轴器		一般符号	放大器			
联轴器	弹性联轴器						

管路、管路连接口和接头							
名称		符号	用途或符号解释	名称		符号	用途或符号解释
管路	管路		压力管路、回油管路	快换接头	不带单向阀快换接头		
管路	连接管路		两管路相交连接	快换接头	带单向阀快换接头		
管路	控制管路		表示泄油管路或表示控制油管路	旋转接头	单通路旋转接头		
管路	交叉管路		两管路交叉不连接	旋转接头	三通路旋转接头		
管路	柔性管路						
管路	单向放气装置(测压接头)						

1.2.2 液压图形符号绘制规则

表 20-1-15 控制机构符号绘制规则

符号种类	符号绘制规则	示例
能量控制和调节元件符号	能量控制和调节元件符号由一个长方形(包括正方形,下同)或相互邻接的几个长方形构成	

续表

符号种类	符号绘制规则	示　例
能量控制和调节元件符号	流动通路、连接点、单向及节流等功能符号，除另有规定者外，均绘制在相应的主符号中	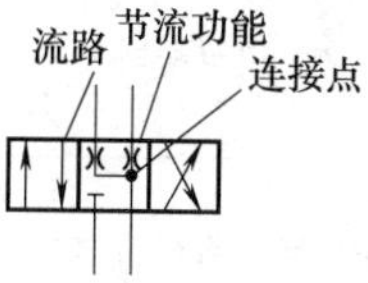 流路 节流功能 连接点
	外部连接口，如图所示，以一定间隔与长方形相交，两通阀的外部连接口绘制在长方形中间	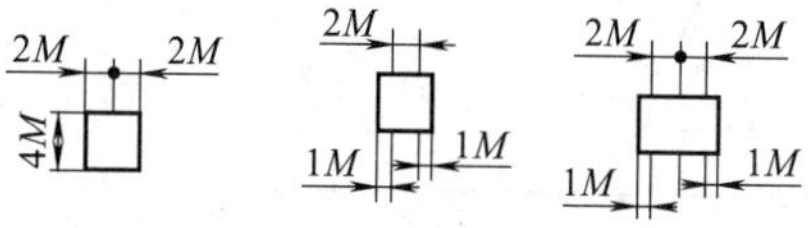 2M 2M 4M 2M 1M 1M 2M 2M 1M 1M
	泄油管路符号绘制在长方形的顶角处，如图所示 注：旋转型能量转换元件的泄油管路符号绘制在与主管路符号成 45°的方向，和主符号相交	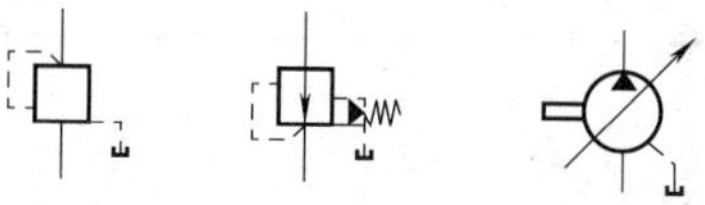
	过渡位置的绘制，如图所示，把相邻动作位置的长方形拉开，其间上下边框用虚线	
	具有数个不同动作位置及节流程度连续变化的过渡位置的阀，如图所示，在长方形上下外侧画上平行线来表示 为便于绘制，具有两个不同动作位置的阀，可用简化符号表示。其间，表示流动方向的箭头应绘制在符号中	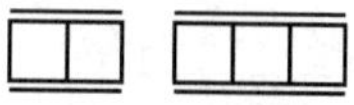
单一控制机构符号	阀的控制机构符号可以绘制在长方形端部的任意位置上	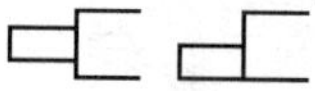
	表示可调节元件的可调节箭头可以延长或转折，与控制机构符号相连	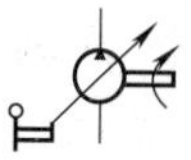
	双向控制的控制机构符号，原则上只需绘制一个，见图(a) 在双作用电磁铁控制符号中，当必须表示电信号和阀位置关系时，不采用双作用电磁铁符号[图(b)]，而采用两个单作用电磁铁符号[图(c)]	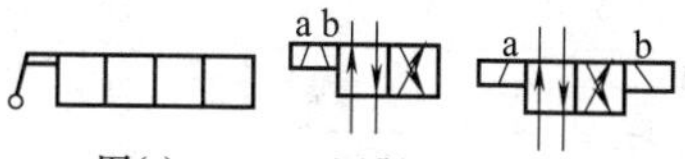 a b　a　b 图(a)　图(b)　图(c)
复合控制机构符号	单一控制方向的控制符号绘制在被控制符号要素的邻接处	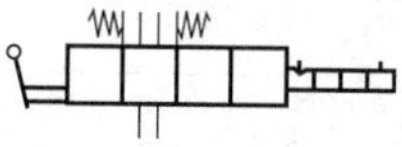
	三位或三位以上阀的中间位置控制符号绘制在该长方形内边框线向上或向下的延长线上	
	在不被误解时，三位阀的中间位置的控制符号也可以绘制在长方形的端线上	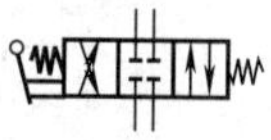
	压力对中时，可以将功能要素的正三角形绘制在长方形端线上	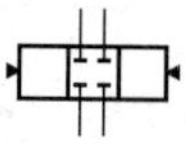
	先导控制(间接压力控制)元件中的内部控制管路和内部泄油管路，在简化符号中通常可省略	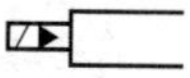
	先导控制(间接压力控制)元件中的单一外部控制管路和外部泄油管路仅绘制在简化符号的一端。任何附加的控制管路和泄油管路绘制在另一端。元件符号，必须绘制出所有的外部连接口	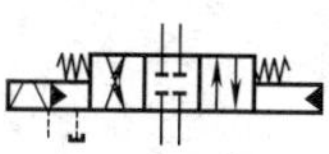
	选择控制的控制符号并列绘制，必要时，也可以绘制在相应长方形边框线的延长线上	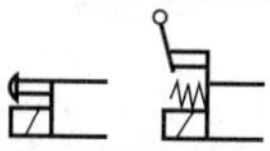
	顺序控制的控制符号按顺序依次排列	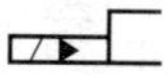

第20篇

续表

名　称	详 细 符 号	简 化 符 号
二通阀(常闭可变节流)	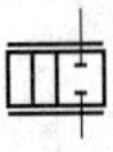	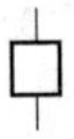
二通阀(常开可变节流)	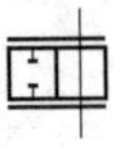	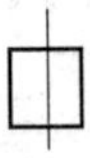
三通阀(常开可变节流)	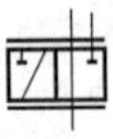	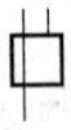

表 20-1-16　　**旋转式能量转换元件的标注规则与符号示例**

名　称	标 注 规 则
旋转方向	旋转方向用从功率输入指向功率输出的围绕主符号的同心箭头表示 双向旋转的元件仅需标注其中一个旋转方向,通轴式元件应选定一端
泵的旋转方向	泵的旋转方向用从传动轴指向输出管路的箭头表示
马达的旋转方向	马达的旋转方向用从输入管路指向传动轴的箭头表示
泵-马达的旋转方向	泵-马达的旋转方向的规定与“泵的旋转方向”的规定相同
控制位置	控制位置用位置指示线及其上的标注来表示
控制位置指示线	控制位置指示线为垂直于可调节箭头的一根直线,其交点即为元件的静止位置
控制位置标注	控制位置标注用 M、ϕ、N 表示。ϕ 表示零排量位置;M 和 N 表示最大排量的极限控制位置,见右图 
旋转方向和控制位置关系	旋转方向和控制位置关系必须表示时,控制位置的标注表示在同心箭头的顶端附近两个旋转方向的控制特性不同时,在旋转方向的箭头顶端附近分别表示出不同特性的标注

符号示例

名称	符　号	说　明
定量液压马达	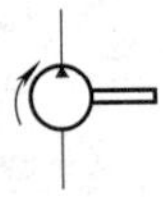	单向旋转,不指示和流动方向有关的旋转方向箭头
定量液压泵或马达	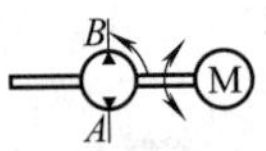 (1)可逆式旋转泵	双向旋转,双出轴,输入轴左向旋转时,B 口为输出口 B 口为输入口时,输出轴左向旋转
定量液压泵或马达	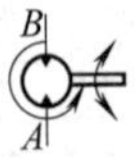 (2)可逆式旋转马达	双向旋转,双出轴,输入轴左向旋转时,B 口为输出口 B 口为输入口时,输出轴左向旋转
变量液压马达	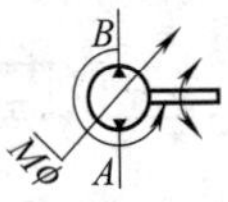	双向旋转 B 口为输入口时,输出轴左向旋转
变量液压泵	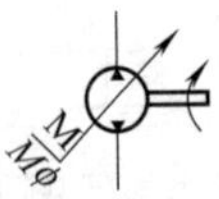	单向旋转 不指示和流动方向有关的箭头
定量液压泵-马达	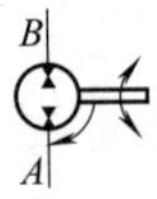	双向旋转 泵工作时,输入轴右向旋转,A 口为输出口
变量液压泵	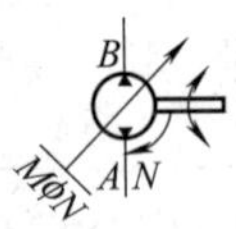	单向旋转 向控制位置 N 方向操作时,A 口为输出口
变量液压泵或液压马达:可逆式旋转液压泵	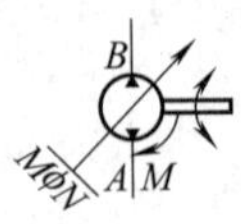	双向旋转 输入轴右向旋转,A 口为输出口,变量机构在控制位置 M 处
变量液压泵或液压马达:可逆式旋转液压马达		A 口为入口时,输出轴向左旋转,变量机构在控制位置 N 处

续表

	名称	符号	说明
符号示例	变量液压泵-马达	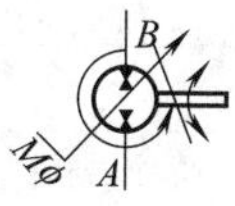	双向旋转 泵功能时，输入轴右向旋转，B 口为输出口
		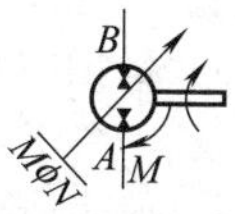	单向旋转 泵功能时，输入轴右向旋转，A 口为输出口，变量机构在控制位置 M 处
符号示例	变量可逆式旋转泵-马达	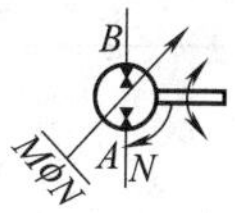	双向旋转 泵功能时，输入轴右向旋转，A 口为输出口，变量机构在控制位置 N 处
	定量/变量可逆式旋转泵	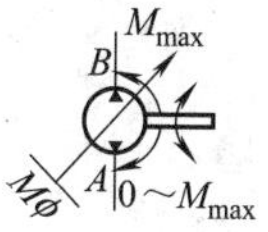	双向旋转 输入轴右向旋转时，A 口为输出口，为变量液压泵功能。左向旋转时，为最大排量的定量泵

1.3　常用液压术语

1.3.1　基本术语

表 20-1-17　**基本术语**（GB/T 17446—2012）

词汇	解释
流体传动	使用受压的流体作为介质来进行能量转换、传递、控制和分配的方式、方法，简称液压与气动
液压技术	涉及液体传动和液体压力规律的科学技术，简称液压
静液压技术	涉及流体的平衡状态和压力分布规律的科学技术
运行工况	装置在某规定使用条件下，用其有关的各种参数值来表示的工况。这些参数值可随使用条件而异
额定工况，标准工况	根据规定试验的结果所推荐的系统或元件的稳定工况。“额定特性”一般在产品样本中给出并表示为 q_n、p_n 等
连续工况	允许装置连续运行的并以其各种参数值表示的工况，连续工况表示为 q_c、p_c 等，通常与额定工况相同
极限工况	允许装置在极端情况下运行的并以其某参数的最小值或最大值来表示的工况。其他的有效参数和负载周期要加以明确规定。极限工况表示为：q_{min}、q_{max} 等
稳态工况	稳定一段时间后，参数没有明显变化的工况
瞬态工况	某一特定时刻的工况
实际工况	运行期间观察到的工况
规定工况	使用中要求达到的工况
周期稳定工况	有关参数按时间有规律重复变化的工况
间歇工况	工作与非工作（停止或空运行）交替进行的工况
许用工况	按性能和寿命允许标准运行的工况
装置温度	在装置规定部位和规定点所得的温度
介质温度	在规定点测得的介质温度
装置的温度范围	装置可以正常运行的允许温度范围
介质的温度范围	装置可以正常运行的介质的温度范围
环境温度	装置工作时周围环境的温度

词汇	解释
公称压力	装置按基本参数所确定的名义压力
工作压力	装置运行时的压力
工作压力范围	装置正常工作时所允许的压力范围
进口压力	按规定条件在元件进口处测得的压力
出口压力	按规定条件在元件出口处测得的压力
压降，压差	在规定条件下，测得的系统或元件内两点（如进、出口处）压力之差
控制压力范围	最高允许控制压力与最低允许控制压力之间的范围
背压	装置中因下游阻力或元件进、出口阻抗比值变化而产生的压力
启动压力	开始动作所需的最低压力
爆破压力	引起元件壳体破坏和液体外溢的压力
峰值压力	在相当短的时间内允许超过最大压力的压力
运行压力	运行工况时的压力
冲击压力	由于冲击产生的压力
系统压力	系统中第一阀（统称为溢流阀）进口处或泵出口处测得的压力的公称值
控制压力	控制管路或回路的压力
充气压力	蓄能器充液前气体的压力
吸入压力	泵进口处流体的绝对压力
调压偏差	压力控制阀从规定的最小流量调到规定的工作流量时压力的增加值
额定压力	额定工况下的压力
流量	单位时间内通过流道横断面的流体数量（可规定为体积或质量）
额定流量	在额定工况下的流量
供给流量	供给元件或系统进口的流量
泄漏	流体流经密封装置不做有用功的现象
内泄漏	元件内腔间的泄漏
外泄漏	从元件内腔向大气的泄漏

1.3.2 液压泵的术语

表 20-1-18 液压泵的术语（GB/T 17446—2012）

词汇	解　释	词汇	解　释
液压泵	将机械能转换为液压能的装置	非平衡式叶片泵	转子上所受的径向力未被平衡的叶片泵
容积式泵	流体压力的增加来自压力能的泵。其输出流量与轴的转速有关	平衡式叶片泵	转子上所受的径向力是平衡的叶片泵
定量泵	排量不可变的泵	柱塞泵	由一个或多个柱塞往复运动而输出流体的泵
变量泵	排量可改变的泵	径向柱塞泵	柱塞径向排列的泵
齿轮泵	由壳体内的两个或多个齿轮啮合作为能量转换件的泵	轴向柱塞泵	柱塞轴线与缸体轴线平行或略有倾斜的柱塞泵。柱塞可由斜盘或凸轮驱动
叶片泵	转子旋转时，由与凸轮环接触的一组径向滑动的叶片而输出流体的泵	多联泵	用一个公用的轴驱动两个或两个以上的泵

1.3.3 液压执行元件的术语

表 20-1-19 液压马达和液压缸的术语（GB/T 17446—2012）

词汇	解　释	词汇	解　释
液压马达	把液压能转换为旋转输出机械能的装置	变量马达	排量可变的马达
容积式马达	轴转速与输入流量有关的马达	齿轮马达	由两个或两个以上啮合齿轮作为工作件的马达
叶片马达	压力流体作用在一组径向叶片上而使转子转动的马达	径向柱塞马达	具有多个排列成径向柱塞而工作的马达
定量马达	排量不变的马达	轴向柱塞马达	带有几个轴线相互平行并布置成围绕并平行于公共轴线的柱塞的马达
缸	把流体能转换为机械力或直线运动的装置	摆动马达	轴往复摆角小于360°的马达
		单活塞杆缸	只向一端伸出活塞杆的缸
活塞缸	流体压力作用在活塞上产生机械压力的缸	双活塞杆缸	向两端伸出活塞杆的缸
		差动缸	活塞两端有效面积之比在回路中起主要作用的双作用缸
单作用缸	一个方向靠流体力移动，另一个方向靠其他力移动的缸		
弹簧复位单作用缸	靠弹簧复位的单作用缸	多级伸缩缸	具有一个或多个套装在一起的空心活塞杆，靠一个在另一个内滑动来实现的可逐个伸缩的缸
重力复位单作用缸	靠重力复位的单作用缸	双联缸	单独控制的两个缸机械地连接在同一轴上的，根据工作方式可获三个或四个定位的装置
双作用缸	外伸和内缩行程均由流体压力实现的缸	串联缸	在同一个活塞杆上至少有两个活塞在同一缸体的各自腔内工作，以实现力的叠加

1.3.4 液压阀的术语

表 20-1-20　液压阀的术语（GB/T 17446—2012）

词汇	解　释
阀	用来调节流体传动回路中流体的方向、压力、流量的装置
底板	承装单个板式阀的安装板，板上带有管路连接用的接口
多位置底板	承装几个板式阀的安装板，板上带有管路连接用的接口
组合底板 集成块	两个或多个类似的底板用紧固螺栓或其他方法固定在一起的，提供一个公用供油（气）和（或）排油（气）系统。该底板包含有各种接口，供连接外管路用
油（气）路块	安装两个或多个板式阀的基础块，在其上具有外接口和连通各阀的流道
整体阀	多个类同的阀组合在公共阀体内的组件
板式阀	与底板或油（气）路块连接才能工作的阀
叠加阀	由一组相类似的阀叠加在一起所组成的元件。通常带有公共供油和（或）回油系统
插装阀	工作件装在阀套并一起装于阀体中，其油口与阀体油口吻合
先导阀	操纵或控制其他阀的阀
方向控制阀	连通或控制流体流动方向的阀
滑阀	借助可移动的滑动件接通或切断流道的阀。移动可以是轴向、旋转或二者兼有
圆柱滑阀	借助圆柱形阀芯的移动来实现换向的阀
座阀	由阀芯提升或压下来开启或关闭流道的阀
阀芯	借助它的移动来实现方向控制、压力控制或流量控制的基本功能的阀零件
中间封闭位置	当阀芯处于中间位置时，所有接口都是被封闭的位置
中间开启位置	工作油（气）口封闭，供油（气）口和回油（气）口接通的位置
浮动位置	所有工作油（气）口与回油（气）口接通的位置
单向阀	只允许流体向一个方向流动的阀
弹簧复位单向阀	借助弹簧的作用使阀芯处于关闭的单向阀
液控单向阀	用先导信号控制开启与关闭的单向阀
带缓冲单向阀	阀芯移动被阻尼的单向阀，通常用于具有压力脉冲的系统中
充液阀	在循环的快进工步允许流体以全流量从油箱充入工作缸，在工步允许施加工作压力，在回程工步允许流体自由地从缸返回油箱的单向阀
溢流阀	当所要求的压力达到时，通过排出流体来维持该压力的阀
顺序阀	当进口压力超过调定值时，阀开启允许流体流经出口的阀（实际调节值不受出口压力的影响）
减压阀	在进口压力始终高于选定的出口压力下，改变进口压力或出口压力或出口流量，出口压力能基本保持不变的压力控制阀
平衡阀	能保持背压以防止负载下落的压力控制阀
卸荷阀	开启出口允许流体自由流入油箱（或排气）的阀
座阀式	由作用在座阀芯上的力来控制压力的阀
柱塞式	由作用在柱塞上的力来控制压力的阀
直动式	由作用在阀芯上的力来直接控制阀芯位置的阀

续表

词汇	解释	词汇	解释
阀芯位置	阀芯所处的位置	先导式	由一个较小的流量通过内装的泄放通道溢流（先导）来控制主阀芯移动的阀
常态位置	作用力或控制信号消除后阀芯的位置	机械控制式	作用于控制阀芯上的力为弹簧力或重力的阀。如为弹簧力通常有人操作
起始位置	主压力通入后在操纵力作用下，预定工作循环前的阀芯位置	液（气）控制式	借控制流体压力来控制阀芯的阀
中间位置	三位阀的中间位置	手动式	作用于控制阀芯或柱塞上的控制力式由手操作的阀
操纵位置	在操纵力作用下，阀芯的最终位置	流量控制阀	主要功能为控制流量的阀
过渡位置	起始和操纵位置间的任意位置	固定节流阀	进、出口之间节流通道截面不能改变的阀
闭合位置	输入与输出不接通时阀芯的位置	可调节流阀	进、出口之间节流通道截面在某一范围内可改变的阀
开启位置	输入与输出接通时阀芯的位置	减速阀	逐渐减少流量达到减速目的的流量阀
四通阀	具有进口、回油（排气）口和两个控制口的多节流口的流量控制阀。阀在某一方向作用时通过进口后节流到控制口A和通过控制口B节流到回油（排气）口；阀的反向作用是由进口到控制口B和通过控制口A到回油（排气）口	单向调节阀	容许沿一个方向畅通流动而另一个方向节流的阀。节流通道可以是可变的或固定的
		调速阀	可调节通过流量的压力补偿流量阀，通常仅用作一个方向的流量调节
三通阀	具有进口、回油（排气）口和一个控制口的多节流口的流量控制阀。阀在某一方向作用时由进口到控制口，阀反向的作用是由控制口到回油口	旁通调速阀	把多余流体排入油箱或第二工作级的可调节工作流量的压力补偿流量阀
		分流阀	把输入流量分成按选定比例的两股输出流量的压力补偿阀
二通阀	两个油（气）口间具有一个节流边的流量控制阀	集流阀	集合两股输入流量保持一个预定的输出流量的压力补偿阀
液压放大器	作为放大器的液压元件。液压放大器可采用滑阀、喷嘴挡板、射流管等	截止阀	可允许或阻止任一方向流动的二通阀
级	用于伺服阀的放大器。伺服阀可为单级、二级、三级等	球（形）阀	阀内某处液流与主流方向成直角，靠圆盘式阀芯升起或降下来开启或关闭流道的阀
输出级	伺服阀中起放大作用的最后一级	针阀	阀芯是锥形针的截止阀，通常用来精确调节流量
喷嘴挡板	喷嘴和挡板形成可变间隙以控制通过喷嘴的流量	闸阀	靠阀芯对流道方向垂直移动来控制开启或关闭的直通截止阀
遮盖	在滑阀中，阀芯处于零位时，固定节流棱边和可动节流棱边之间的相对轴向位置关系	碟阀	阀件由圆盘组成，可绕垂直于流动方向并通过其中心轴旋转的直通截止阀
零遮盖	阀芯处于零位，固定节流棱边和可动节流棱边重回的遮盖状态。在过零点和工作区产生恒定的流量增益	伺服阀	接受模拟量控制信号并输出相应的模拟量流体的阀
		液压伺服阀	调制液压输出的伺服阀

续表

词汇	解　　释	词汇	解　　释
正遮盖	阀芯处于零位，固定节流棱边和可动节流棱边不重合，节流棱边之间必须产生相对位移后才形成液流通道的遮盖状态	机液伺服阀	输入指令为机械量的液压伺服阀
负遮盖	阀芯处于零位，固定节流棱边和可动节流棱边不重合，两个或多个节流棱边之间已存在液流通道的遮盖状态	电液伺服阀	输入指令为电量的液压伺服阀
阀芯位移	阀芯沿任一方向相对于几何零位的位移	液压流量伺服阀	基本功能为控制输出流量的液压伺服阀
开口度	固定节流棱边和可动节流棱边之间的距离	液压压力伺服阀	基本功能为控制输出压力的液压伺服阀

1.3.5　液压辅件及其他专业术语

表 20-1-21　**液压辅件及其他专业术语**（GB/T 17446—2012）

词汇	解　　释	词汇	解　　释
管路	传输工作流体的管道	动密封件	用在相对运动零件间的密封装置中的密封件
硬管	用于连接固定装置的金属管或塑料管	静密封件	用在相对静止零件间的密封装置中的密封件
软管	通常用金属丝增强的橡胶或塑料柔性管	轴向密封件	靠轴向接触压力密封的密封装置中的密封件
工作管路	用于传输压力流体的主管路	径向密封件	靠径向接触压力密封的密封装置中的密封件
泵进油管路	把工作油液输送给泵进口的管路		
回油管路	把工作油液返回到油箱的管路	旋转密封件	用在具有相对旋转运动零件间的密封装置中的密封件
排气管路	排出气体的管路	液位计	指示液位高低的仪表
补液管路	对回路补充所需要的工作流体以弥补损失的管路	油箱液位计	将液位变化转换为机械运动并用带刻度盘的指针来指示油箱中液位的装置
控制管路	用于先导控制系统工作的控制流体所通过的管路	压力开关，压力继电器	由流体压力控制的带电气开关的器件，流体压力达到预定值时，开关的触点动作
泄油管路	把内泄漏液体返回油箱的管路		
接头	连接管路和管路或其他元件的防漏件	流量开关	由液体流量控制的带电气开关的器件，瞬时流量达到预定值时开关的触点动作
外螺纹接头	带有外螺纹的接头	液位开关	由液体液位控制的带电气开关的器件，液位达到预定值时开关的触点动作
内螺纹接头	带有内螺纹的接头		
螺纹中间接头	带有外螺纹或内螺纹的直通接头或异径接头	压差开关	由压差控制的带电气开关的器件，压差达到预定值时开关触点动作
法兰接头	由一对法兰（密封的）组成的接头，每个法兰与被连接的元件相连	液压泵站	由电动机驱动的液压泵和必要的附件（有时包括控制器、溢流阀等）组成的组件，也可带油箱
快换接头	不使用任何工具即可接合或分离的接头。接头可以带或不带自动截止阀	液压马达组件	液压马达、溢流阀及控制阀的组合
		流体传动回路	相互连接的流体传动元件的组合
		控制回路	用于控制主回路或元件的回路
回转接头	可在管路连接点连续回转的接头	压力控制回路	调节或控制系统或系统分支流体压力的回路

续表

词汇	解　释	词汇	解　释
摆动接头	允许在管路连接点有角位移，但不允许连续回转的接头	安全回路	用以防止突发事故、危险操作、实现过载保护及其他方式确保安全运行的回路
伸缩接头	一根管子可在另一根管子内轴向滑动而组成的接头	差动回路	使元件(一般为液压缸)排出的液体流向元件或系统输入端的回路，在执行元件输出力降低的状况下增加运动速度
弯头	连接两个管子使其轴线成某一角度的管接头。除另有规定外，角度通常为90°	顺序回路	当循环出现两个或多个工步时，用以确立各工步先后顺序的回路
流道	流体在元件内流动的通路	伺服回路	用于伺服控制的回路
油箱、气罐	储存流体系统工作流体的容器	调速回路	利用调节流量来控制运行速度的回路
开式油箱	在大气压力下储存油液的油箱	进口节流回路	调节执行元件进口流量来实现控制的调速回路
压力油箱	可储存高于大气压的油液的密闭油箱	出口节流回路	调节执行元件出口流量来实现控制的调速回路
闭式油箱	使液体和大气隔离的密闭油箱	同步回路	控制多个动作在同一时间发生的回路
油箱容量	油箱内存储工作液的最大允许体积	卸载回路	当系统不需要流量时，在最低压力下将油泵输出的流体返回油箱的回路
油箱膨胀容量	油箱最高液面以上的，温度升高引起的体积变化的气体体积	开式回路	使回油在再循环前通往油箱的回路
蓄能器	用于储存液压能并将此能释放出来完成有用功的装置	闭式回路	回油通往油泵进口的回路
液压蓄能器	装于液压系统中用来储存和释放压力能的蓄能器	原动机	流体传动系统的机械动力源(电动机或内燃机)，用以驱动液压泵或压缩机
弹簧式蓄能器	用弹簧加载活塞产生压力的液压蓄能器	管卡	用以支撑和固定管路的装置
重力式蓄能器	用重锤加载活塞产生压力的液压蓄能器	减振器	用以隔绝机器与其安装底座振动的装置
充气式蓄能器	利用惰性气体的可压缩性对液体加压的液压蓄能器。液气间可由皮囊、膜片或活塞隔离，也可直接接触	联轴器	轴向连接两旋转轴并传递转矩(一般允许有少量的同轴度偏差以及扭转的挠曲)的装置
液压过滤器	主要功能是从油液中截留不溶性污染物的装置	防护罩	通常由金属板或编织网制成的安全装置，以防止人员被运动部件(如驱动轴、旋转轴、活塞杆等)碰伤
滤芯	实现截留污染物的部件	液压控制系统	用液压技术实现的控制系统
自动旁通阀	当压差达到预先设定值时，可使未经过滤的油液自动绕过滤芯旁路的阀	冷却系统	实现从元件或工作液体中去除不需要的热量的系统
堵塞指示器	由滤芯压差操作的装置。通常该装置应指示滤芯达到堵塞的状况	水冷系统	用水作为传热介质的冷却系统
密封装置	防止流体泄漏或污染物侵入的装置	风冷系统	用风作为传热介质的冷却系统
密封件	密封装置中可更换的起密封作用的零件	液压油液	适用于液压系统的油液，可以是石油产品、水基液或有机物
水包油乳化油	油在水的连续相中的分散体	石油基液压油液，矿物油	由石油烃组成的油液，可含其他成分
油包水乳化油	水在油的连续相中的稳定分散体	难燃液压油	难以点燃，火焰传播的趋势极小的液压油
聚乙二醇液压油	主要成分是水和一种或多种乙二醇或聚乙二醇的液体	水基液压油	主要由水组成并含有有机物的液压油。其难燃性由水含量决定
合成液压油	通过合成而并非裂解或精炼制得的液压油。它可含各种添加剂		

第2章　液压流体力学常用计算公式及资料

2.1　流体力学基本公式

表 20-2-1　流体力学基本公式

项目	公　式	单位	符号意义
重力	$G=mg$	N	m——质量，kg g——重力加速度，m/s² V——流体体积，m³ p——绝对压力，Pa T——热力学温度，K R——气体常数，N·m/(kg·K)；不同气体 R 值不同，空气 $R=287$N·m/(kg·K) k——绝热指数；不同气体 k 值不同，空气 $k=1.4$ $\Delta V/V$——体积变化率 Δp——压力差，Pa Δt——温度的增值，℃ μ——动力黏度，Pa·s
密度	$\rho=\frac{m}{V}$	kg/m³	
理想气体状态方程	$\frac{p}{\rho}=RT$		
等温过程	$\frac{p}{\rho}=$常数		
绝热过程	$\frac{p}{\rho^k}=$常数		
流体体积压缩系数	$\beta_p=\frac{\Delta V/V}{\Delta p}$	m²/N	
流体体积弹性模量	$E_0=\frac{1}{\beta_p}$	N/m²	
流体温度膨胀系数	$\beta_t=\frac{\Delta V/V}{\Delta t}$	1/℃	
运动黏度系数	$v=\frac{\mu}{\rho}$	m²/s	

第20篇

2.2　流体静力学公式

表 20-2-2　流体静力学公式

项目	公　式	单位	符号意义
压强或压力	$p=\frac{F}{A}$	Pa	F——总压力，N A——有效断面积，m² p_m——绝对压力，Pa p_a——大气压力，Pa h——液柱高，m p_1，p_2——同一种流体中任意两点的压力，Pa h_c——平面的形心距液面的垂直高度，m A_0——平板的面积，m² F_x——总压力的水平分量，N F_z——总压力的垂直分量，N A_x——曲面在 x 方向投影面积，m² h_{cx}——A_x 的形心距液面的垂直高度，m V_p——通过曲面周边向液面作无数垂直线而形成的体积，m³ θ——总压力与 x 轴夹角，(°)
相对压力	$p_r=p_m-p_a$	Pa	
真空度	$p_b=p_a-p_m=-p_r$		
静力学基本方程	$p_2=p_1+\rho gh$ 使用条件：连续均一流体		
流体对平面的作用力	$F_0=\rho gh_cA_0$	N	
流体对曲面的作用力	$F=\sqrt{F_z^2+F_x^2}$	N	
	$F_x=\rho gh_{cz}A_x$	N	
	$F_z=\rho gV_p$	N	
	$\tan\theta=\frac{F_z}{F_x}$		

注：A_0 按淹没部分的面积计算。

【例 1】 如图 20-2-1 所示，由上下两个半球合成的圆球，直径 $d=2\text{m}$，球中充满水。当测压管读数 $H=3\text{m}$ 时，不计球的自重，求下列两种情况下螺栓群 A—A 所承受的拉力：①上半球固定在支座上；②下半球固定在支座上。

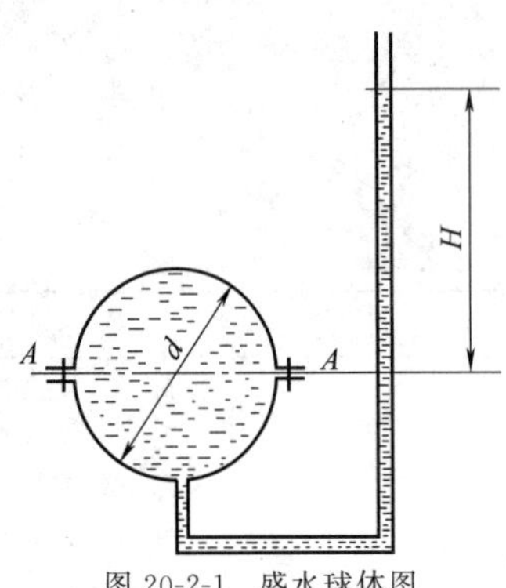

图 20-2-1　盛水球体图

解 ① 当上半球固定在支座上时，螺栓群 A—A 所承受的拉力 F_1 为下半球所受水的铅垂向下作用力，即下半球压力体中液体的重量。下半球压力体的体积 $V_下$ 等于下半球的体积 V_1 加上下半球的周界线与自由液面的延伸面所围成的直径为 d、高为 H 的圆柱体体积 V_2。即

$$V_下=V_1+V_2=\frac{1}{12}\pi d^3+\frac{\pi d^2}{4}H$$

于是螺栓群 A—A 所承受的拉力

$$F_1=\gamma V_下=\rho g V_下=\rho g\left(\frac{1}{12}\pi d^3+\frac{\pi d^2}{4}H\right)$$

$$=1000\times 9.81\times\left(\frac{\pi}{12}\times 2^3+\frac{\pi}{4}\times 2^2\times 3\right)\text{N}$$

$$=113\text{kN}$$

② 当下半球固定在支座上时，螺栓群 A—A 所承受的拉力 F_2 为上半球所受水的铅直向上作用力，即上半球压力体中液体的重量。上半球压力体的体积 $V_上$ 等于上半球的周界线与自由液面的延伸面所围成的直径为 d、高为 H 的圆柱体体积 V_2 减去上半球的体积 V_1。即

$$V_上=V_2-V_1=\frac{\pi d^2}{4}H-\frac{1}{12}\pi d^3$$

于是螺栓群 A—A 所承受的拉力 F_2

$$F_2=\gamma V_上=\rho g V_上=\rho g\left(\frac{\pi d^2}{4}H-\frac{1}{12}\pi d^3\right)$$

$$=1000\times 9.81\times\left(\frac{\pi}{4}\times 2^2\times 3-\frac{\pi}{12}\times 2^3\right)\text{N}$$

$$=72\text{kN}$$

2.3　流体动力学公式

表 20-2-3　　流体动力学公式

项目	公式	符号意义
连续性方程	$v_1A_1=v_2A_2=$常数 $Q_1=Q_2=Q$ 使用条件：①稳定流；②流体是不可压缩的	A_1, A_2——任意两断面面积，m^2 v_1, v_2——任意两断面平均流速，m/s Q_1, Q_2——通过任意两断面的流量，m/s Z_1, Z_2——断面中心距基准面的垂直高度，m α——动能修正系数，一般工程计算可取 $\alpha_1=\alpha_2\approx 1$ h_w——总流断面 A_1 及 A_2 之间单位重力流体的平均能量损失，m H_0——单位重力流体从流体机械获得的能量（H_0 为“+”），或单位重力流体供给流体机械的能量（H_0 为“−”），m ΣF——作用于流体段上的所有外力，N
理想流体伯努利方程	$Z_1+\frac{p_1}{\rho g}+\frac{v_1^2}{2g}=Z_2+\frac{p_2}{\rho g}+\frac{v_2^2}{2g}$ $Z_1+\frac{p_1}{\rho g}+\frac{v^2}{2g}=$常数 使用条件：①质量力只有重力；②理想流体；③稳定流动	
实际流体总流的伯努利方程	$Z_1+\frac{p_1}{\rho g}+\frac{\alpha_1 v_1^2}{2g}=Z_2+\frac{p_2}{\rho g}+\frac{\alpha_2 v_2^2}{2g}+h_w$ 使用条件：①质量力只有重力；②稳定流动；③不可压缩流体；④缓变流；⑤流量为常数	
系统中有流体机械的伯努利方程	$Z_1+\frac{p_1}{\rho g}+\frac{\alpha_1 v_1^2}{2g}\pm H_0=Z_2+\frac{p_2}{\rho g}+\frac{\alpha_2 v_2^2}{2g}+h_w$ 使用条件：①质量力只有重力；②稳定流动；③不可压缩流体；④缓交流；⑤流量为常数	
定常流动的动量方程	$\Sigma F=\rho Q(v_2-v_1)$	

【例 2】 如图 20-2-2 所示，水流经弯管流入大气中，已知 $d_1=100\mathrm{mm}$，$d_2=75\mathrm{mm}$，$v_2=23\mathrm{m/s}$，水的密度 $\rho=1000\mathrm{kg/m^3}$，求弯管上所受的力（不计水头损失，不计重力）。

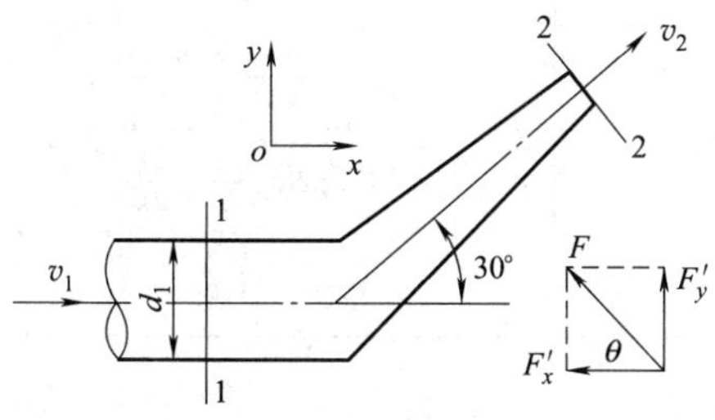

图 20-2-2　水流经弯管示意

解　取 1-1、2-2 两缓变流断面，并以 1-1 断面中心线所在的平面为基准面，列写伯努利方程

$$z_1+\frac{p_1}{\rho g}+\frac{\alpha_1 v_1^2}{2g}+H_0=z_2+\frac{p_2}{\rho g}+\frac{\alpha_2 v_2^2}{2g}+h_w$$

式中 $z_1=z_2=0$（不计重力），即 $\alpha_1=\alpha_2=1$，$h_w=0$（不计水头损失），$p_2=0$（流入大气，相对压力为零），代入上式得

$$p_1=\frac{\rho}{2}(v_2^2-v_1^2)$$

根据连续性方程有

$$v_1\frac{\pi d_1^2}{4}=v_2\frac{\pi d_2^2}{4}$$

所以

$$v_1=v_2\left(\frac{d_2}{d_1}\right)^2=23\times\left(\frac{75}{100}\right)^2\mathrm{m/s}=12.94\mathrm{m/s}$$

于是

$$p_1=\frac{1000}{2}\times(23^2-12.94^2)\mathrm{Pa}=180778.2\mathrm{Pa}$$

以 1-1、2-2 断面及管壁所包围的流体为控制体，并设弯管对流体的作用力分别为 F'_x、F'_y，方向如图 20-2-2 所示。则控制体中流体对弯管的作用力 F_x、F_y 与 F'_x、F'_y 大小相等，方向相反。

列写 x 方向动量定量，得

$$\sum F_x=\rho q_v(v_{2x}-v_{1x})$$

即

$$p_1\frac{\pi d_1^2}{4}-F'_x=\rho q_v(v_2\cos30°-v_1)$$

所以

$$F'_x=p_1\frac{\pi d_1^2}{4}-\rho q_v(v_2\cos30°-v_1)$$

$$=180778.2\times\frac{\pi\times0.1^2}{4}\mathrm{N}-1000\times12.94\times\frac{\pi\times0.1^2}{4}\times(23\times\cos30°-12.94)\mathrm{N}=710.23\mathrm{N}$$

列写 y 方向动量定理，得

$$\sum F_y=\rho q_v(v_{2y}-v_{1y})$$

即

$$p_1\frac{\pi d_1^2}{4}\cos90°+F'_y=\rho q_v(v_2\sin30°-v_1\cos90°)$$

$$F'_y=1000\times12.94\times\frac{\pi\times0.1^2}{4}\times(23\times\sin30°-0)\mathrm{N}$$
$$=1168.75\mathrm{N}$$

所得结果 F'_x、F'_y 均为正值，说明假设的弯管对流体的作用力的方向是正确的，则流体给弯管的作用力 F'_x、F'_y 与图中所给的 F'_x、F'_y 大小相等，方向相反。

作用力的合力

$$F=\sqrt{F_x^2+F_y^2}=\sqrt{710.23^2+1168.75^2}\mathrm{N}$$
$$=1367.63\mathrm{N}$$

与水平方向夹角

$$\theta=\arctan\frac{F_y}{F_x}=\arctan\frac{1168.75}{710.23}=58.7°$$

2.4 阻力计算

2.4.1 沿程阻力损失计算

表 20-2-4　　沿程阻力损失计算

项目	公　式	符 号 意 义
雷诺数	$Re=\frac{vd}{\nu}$	v——管内平均流速，m/s d——圆管内径，m ν——流体的运动黏度，$\mathrm{m^2/s}$ $Re_{(L)}$——临界雷诺数：圆形光滑管，$Re_{(L)}=2000\sim2300$；橡胶管，$Re_{(L)}=1600\sim2000$ λ——沿程阻力系数，它是 Re 和相对粗糙度 Δ/d 的函数，可按表 20-2-5 的公式计算，管壁的绝对粗糙度 Δ 见表 20-2-6 l——圆管的长度，m ρ——流体的密度，$\mathrm{kg/m^3}$
层流	$Re<Re_{(L)}$	
紊流	$Re>Re_{(L)}$	
沿程压力损失	$\Delta p_f=\lambda\frac{l}{d}\times\frac{\rho v^2}{2}$	

第 20 篇

表 20-2-5 **圆管的沿程阻力系数 λ 的计算公式**

流动区域		雷诺数范围		λ 计算公式
层流		$Re<2320$		$\lambda=\dfrac{64}{Re}$
紊流	水力光滑管区	$Re<22\left(\dfrac{d}{\Delta}\right)^{8/7}$	$3000<Re<10^5$	$\lambda=0.3164Re^{-0.25}$
			$10^5\leqslant Re<10^8$	$\lambda=\dfrac{0.308}{(0.842-\lg Re)^2}$
	水力粗糙管区	$22\left(\dfrac{d}{\Delta}\right)^{8/7}\leqslant Re\leqslant 597\left(\dfrac{d}{\Delta}\right)^{9/8}$		$\lambda=\left[1.14-2\lg\left(\dfrac{\Delta}{d}+\dfrac{21.25}{Re^{0.9}}\right)\right]^{-2}$
	阻力平方区	$Re>597\left(\dfrac{d}{\Delta}\right)^{9/8}$		$\lambda=0.11\left(\dfrac{\Delta}{d}\right)^{0.25}$

表 20-2-6 **管材内壁绝对粗糙度 Δ** mm

材料	管内壁状态	绝对粗糙度 Δ	材料	管内壁状态	绝对粗糙度 Δ
铜	冷拔铜管、黄铜管	0.0015～0.01	铸铁	铸铁管	0.05
铝	冷拔铝管、铝合金管	0.0015～0.06	塑料	光滑塑料管 $d=100$mm 的波纹管 $d\geqslant 200$mm 的波纹管	0.0015～0.01 5～8 15～30
钢	冷拔无缝钢管 热拉无缝钢管 轧制无缝钢管 镀锌钢管 波纹管	0.01～0.03 0.05～0.1 0.05～0.1 0.12～0.15 0.75～7.5	橡胶	光滑橡胶管 含有加强钢丝的胶管	0.006～0.07 0.3～4

2.4.2 局部阻力损失计算

$$\Delta p_{\xi}=\xi\frac{\rho v^2}{2}$$

或以局部压头（水头）损失 h_{ξ} 表示

$$h_{\xi}=\xi\frac{v^2}{2g}$$

式中 ξ——局部阻力系数，它与管件的形状、雷诺数有关；

v——平均流速，除特殊注明外，一般均指局部管件后的过流断面上的平均速度。

局部阻力系数可查表 20-2-7～表 20-2-12。

表 20-2-7 **突然扩大局部阻力系数**

A_2/A_1	1.5	2	3	4	5	6	7	8	9	10
ξ_L	1.16	3.33	10.6	22	37.33	56.66	80	107.33	138.6	174
ξ_T	0.25	1	4	9	16	25	36	49	64	81

表 20-2-8 **管道入口处的局部阻力系数**

入口形式	局部阻力系数 ξ							
入口处为尖角凸边 $Re>10^4$	当 $\delta/d_0<0.05$ 及 $b/d_0\leqslant 0.5$ 时，$\xi=1$ 当 $\delta/d_0>0.05$ 及 $b/d_0<0.5$ 时，$\xi=0.5$							
入口处为尖角 $Re>10^4$	$\alpha/(°)$	20	30	45	60	70	80	90
	ξ	0.96	0.91	0.81	0.70	0.63	0.56	0.5
	一般垂直入口，$\alpha=90°$							
入口处为圆角	r/d_0	0.12	0.16					
	ξ	0.1	0.06					

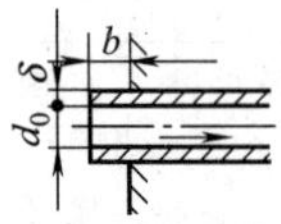

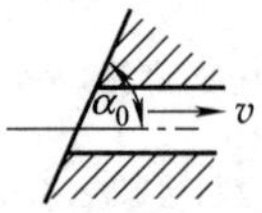

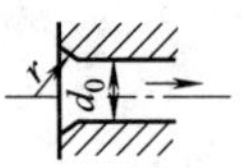

续表

入口形式	$\alpha/(°)$	ξ (e/d_0)					
		0.025	0.050	0.075	0.10	0.15	0.60
入口处为倒角 $Re>10^4$ （$\alpha=60°$时最佳）	30	0.43	0.36	0.30	0.25	0.20	0.13
	60	0.40	0.30	0.23	0.18	0.15	0.12
	90	0.41	0.33	0.28	0.25	0.23	0.21
	120	0.43	0.38	0.35	0.33	0.31	0.29

表 20-2-9　**管道出口处的局部阻力系数**

出口形式	局部阻力系数ξ
紊流 层流 从直管流出	紊流时，$\xi=1$ 层流时，$\xi=2$

从锥形喷嘴流出 $Re>2\times10^3$：$\xi=1.05(d_0/d_1)^4$

d_0/d_1	1.05	1.1	1.2	1.4	1.6	1.8	2.0	2.2	2.4	2.6	2.8	3.0
ξ	1.28	1.54	2.18	4.03	6.88	11.00	16.8	24.8	34.8	48.0	64.6	85.0

从锥形扩口管流出 $Re>2\times10^3$

l/d_0	ξ ($\alpha/(°)$) 2	4	6	8	10	12	16	20	24	30
1	1.30	1.15	1.03	0.90	0.80	0.73	0.59	0.55	0.55	0.58
2	1.14	0.91	0.73	0.60	0.52	0.460	0.39	0.42	0.49	0.62
4	0.86	0.57	0.42	0.34	0.29	0.27	0.29	0.47	0.59	0.66
6	0.49	0.34	0.25	0.22	0.20	0.22	0.29	0.38	0.50	0.67
10	0.40	0.20	0.15	0.14	0.16	0.18	0.26	0.35	0.45	0.60

表 20-2-10　**管道缩小处的局部阻力系数**

管道缩小形式	局部阻力系数ξ
$Re>10^4$	$\xi=0.5(1-A_0/A_1)$

A_0/A_1	0.1	0.2	0.3	0.4	0.5	0.6	0.7	0.8	0.9	1.0
ξ	0.45	0.40	0.40	0.35	0.30	0.25	0.20	0.15	0.05	0

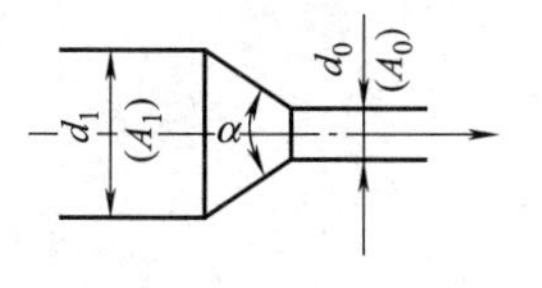

$Re>10^4$

$\xi=\xi'(1-A_0/A_1)$

ξ'——按表 20-2-8“管道入口处的局部阻力系数”第 4 种入口形式“入口处为倒角”的ξ值

注：A_0、A_1 为管道相应于内径 d_0、d_1 的通过面积

第 20 篇

表 20-2-11　**弯管局部阻力系数**

<table>
<tr><th>弯管形式</th><th colspan="10">局部阻力系数 ξ</th></tr>
<tr><td rowspan="2">折管
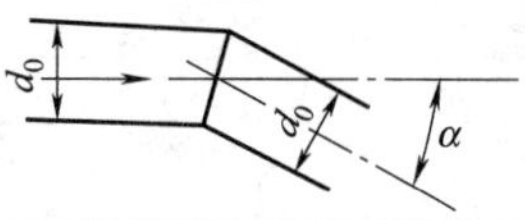</td><td>$\alpha/(°)$</td><td>10</td><td>20</td><td>30</td><td>40</td><td>50</td><td>60</td><td>70</td><td>80</td><td>90</td></tr>
<tr><td>ξ</td><td>0.04</td><td>0.1</td><td>0.17</td><td>0.27</td><td>0.4</td><td>0.55</td><td>0.7</td><td>0.9</td><td>1.12</td></tr>
<tr><td rowspan="4">光滑管壁的均匀弯管
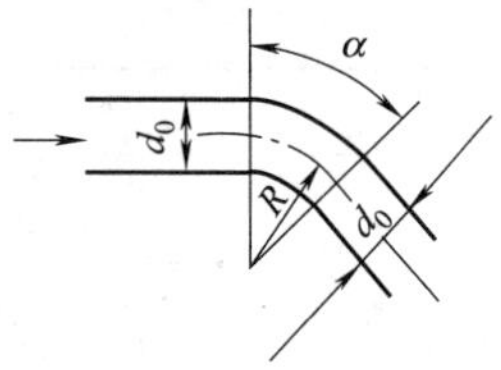</td><td colspan="10">$\xi=\xi'(\alpha/90°)$</td></tr>
<tr><td>$d_0/2R$</td><td colspan="2">0.1</td><td colspan="2">0.2</td><td colspan="2">0.3</td><td colspan="2">0.4</td><td>0.5</td></tr>
<tr><td>ξ'</td><td colspan="2">0.13</td><td colspan="2">0.14</td><td colspan="2">0.16</td><td colspan="2">0.21</td><td>0.29</td></tr>
<tr><td colspan="10">注：1. 对于粗糙管的铸造弯头，当紊流时，ξ' 数值较表中值大 3～4 倍。
2. 两个弯管连接的情况：
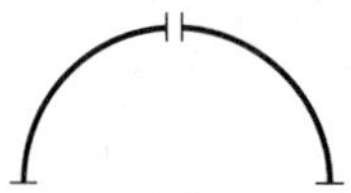 $\xi=2\xi_{90°}$　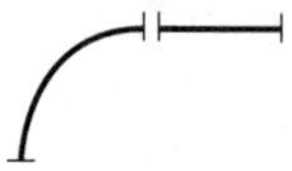 $\xi=3\xi_{90°}$　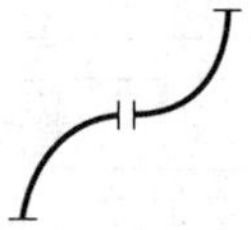 $\xi=4\xi_{90°}$</td></tr>
</table>

表 20-2-12　**分支管局部阻力系数**

形式及流向		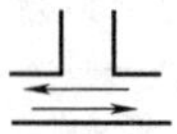		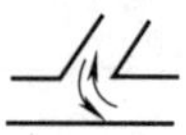	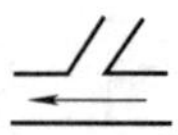	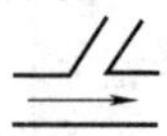
ξ	1.3	0.1	0.5	3	0.05	0.15

2.5　孔口及管嘴出流、缝隙流动、液压冲击

2.5.1　孔口及管嘴出流计算

表 20-2-13　**孔口及管嘴出流计算**

<table>
<tr><th>出流情况</th><th>简　图</th><th>流量公式及适用条件</th><th>符 号 意 义</th></tr>
<tr><td>薄壁节流小孔流量</td><td>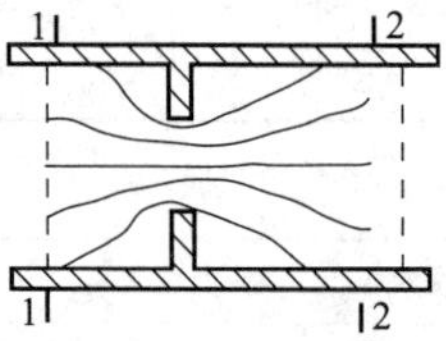</td><td>$Q=C_dA_0\sqrt{\frac{2\Delta p}{\rho}}$
$\frac{l}{d}\leqslant 0.5$</td><td rowspan="3">Q——小孔流量，m^3/s
C_d——薄壁小孔流量系数，对于紊流，$C_d=0.60\sim0.61$
C_q——长孔及管嘴流量系数，$C_q=0.82$
A_0——孔口面积，m^2
ρ——流体的密度，kg/m^3
H——孔口距液面的高度，m
g——重力加速度，m/s^2
Δp——压力差，Pa，$\Delta p=p_1-p_2$
l——孔的长度，m
d——孔的直径，m</td></tr>
<tr><td>薄壁小孔自由出流流量</td><td>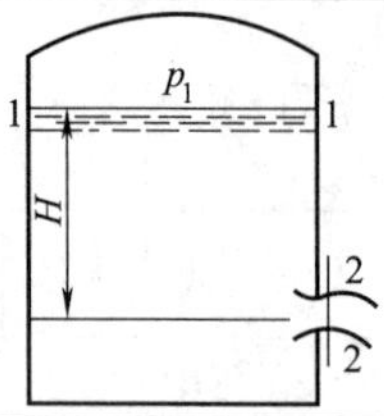</td><td>$Q=C_dA_0\sqrt{2\left(gH+\frac{\Delta p}{\rho}\right)}$
$\frac{l}{d}\leqslant 0.5$</td></tr>
<tr><td>阻尼长孔流量</td><td>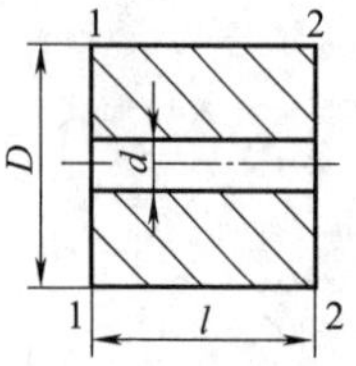</td><td>$Q=C_qA_0\sqrt{\frac{2\Delta p}{\rho}}$
$l=(2\sim3)d$</td></tr>
</table>

续表

出流情况	简　图	流量公式及适用条件	符 号 意 义
管嘴自由出流流量	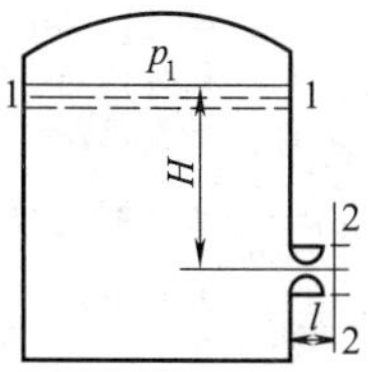	$Q=C_q A_0\sqrt{2\left(gH+\dfrac{\Delta p}{\rho}\right)}$ $l=(2\sim4)d$	Q——小孔流量，m^3/s C_d——薄壁小孔流量系数，对于紊流，$C_d=0.60\sim0.61$ C_q——长孔及管嘴流量系数，$C_q=0.82$ A_0——孔口面积，m^2 ρ——流体的密度，kg/m^3 H——孔口距液面的高度，m g——重力加速度，m/s^2 Δp——压力差，Pa，$\Delta p=p_1-p_2$ l——孔的长度，m d——孔的直径，m

2.5.2　缝隙流动计算

表 20-2-14　　缝隙流动计算

项目	情形	简图	计算公式及适用条件	说　明
平行平板间的缝隙流	两固定平板间的压差流	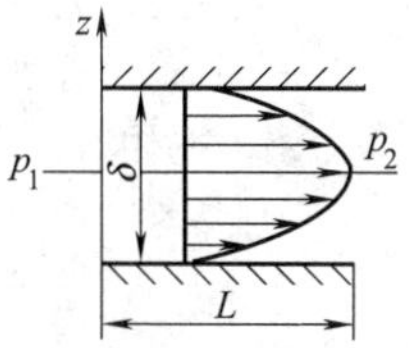	$u=\dfrac{\Delta p}{2\mu L}(\delta z-z^2)$ $Q=\dfrac{\Delta pB\sigma^3}{12\mu L}$	u——流速，m/s Q——流量，m^3/s L——缝隙长度，m B——缝隙垂直图面的宽度，m δ——缝隙量，m，$\delta\ll L$，$\delta\ll B$ μ——动力黏度，Pa·s Δp——压力差，Pa，$\Delta p=p_1-p_2$ U——上板平移速度，m/s z——流体质点的纵坐标，m
	下板固定，上板匀速平移的剪切流	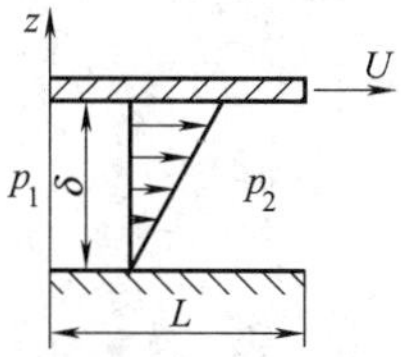	$u=\dfrac{Uz}{\delta}$ $Q=\dfrac{UB\delta}{2}$	
	上板匀速顺移的压差、剪切合成流	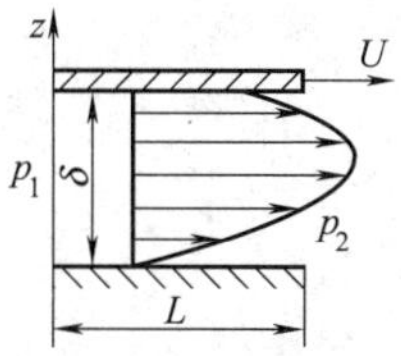	$u=\dfrac{\Delta p}{2\mu L}(\delta z-z^2)+\dfrac{Uz}{\delta}$ $Q=\dfrac{\Delta pB\delta^3}{12\mu L}+\dfrac{UB\delta}{2}$	
	上板匀速逆移的压差、剪切合成流	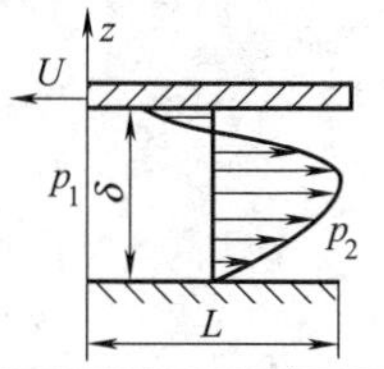	$u=\dfrac{\Delta p}{2\mu L}(\delta z-z^2)-\dfrac{Uz}{\delta}$ $Q=\dfrac{\Delta pB\delta^3}{12\mu L}-\dfrac{UB\delta}{2}$	
环形缝隙流	同心环形缝隙	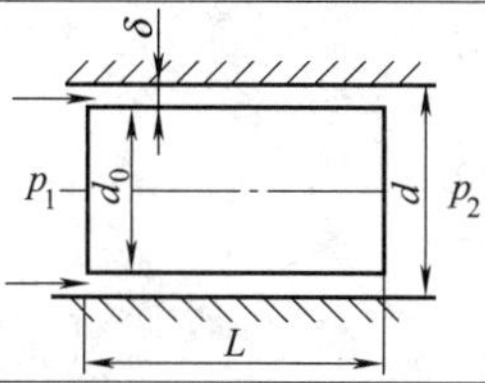	$Q=\dfrac{\pi d\delta^3}{12\mu L}\Delta p$ $\Delta p=\dfrac{12\mu LQ}{\pi d\delta^3}$	Q——流量，m^3/s Δp——压力差，MPa d——孔直径，m d_0——轴直径，m δ——缝隙量，m，$\delta=\dfrac{d-d_0}{2}$ e——偏心距，m ε——$\varepsilon=\dfrac{e}{\delta}$
	偏心环形缝隙	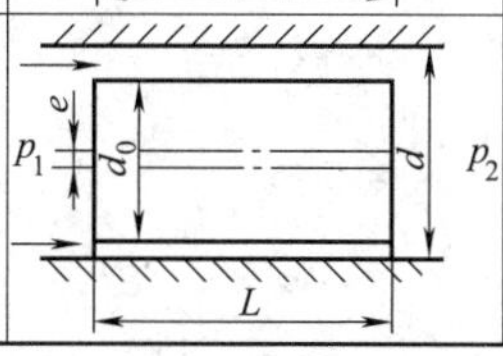	$Q=\dfrac{\pi d\delta^3}{12\mu L}(1+1.5\varepsilon^2)\Delta p$ $\Delta p=\dfrac{12\mu LQ}{\pi d\delta^3(1+1.5\varepsilon^2)}$	

续表

项目	情形	简图	计算公式及适用条件	说明
环形缝隙流	最大偏心环形缝隙	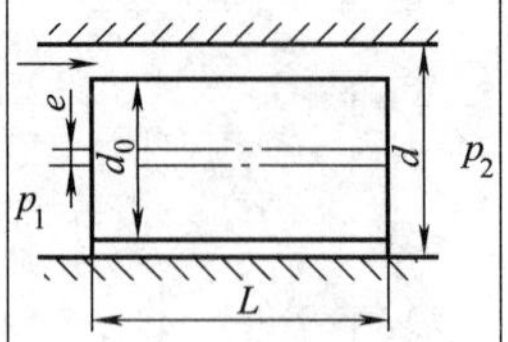 p_1 e d_0 d p_2 L	$Q=2.5\dfrac{\pi d\delta^3}{12\mu L}\Delta p$ $\Delta p=\dfrac{4.8\mu LQ}{\pi d\delta^3}$	Q——流量，m^3/s Δp——压力差，MPa d——孔直径，m d_0——轴直径，m δ——缝隙重，m，$\delta=\dfrac{d-d_0}{2}$ e——偏心距，m ε——$\varepsilon=\dfrac{e}{\delta}$

2.6 液压冲击计算

当管路中的阀门突然关闭时，管路中流体由于突然停止运动而引起压力升高，这种现象称为压力冲击。压力升高的最大值可按下式计算

$$\Delta p=\rho cv$$

$$c=\frac{\sqrt{\dfrac{K}{\rho}}}{\sqrt{1+\dfrac{DK}{\delta E}}}$$

式中 ρ——流体密度，kg/m^3；

v——管中原来的流速，m/s；

c——冲击波在管内的传播速度，m/s，c 与管材弹性、管径、壁厚等有关；

K——流体的体积弹性模量，Pa；

D，δ——管径及管壁厚，m；

E——管材的弹性模量，Pa。

当管路为绝对刚体时

$$c=c_0=\sqrt{\frac{K}{\rho}}$$

这就是流体中的声速，对水来说，$c_0=1425m/s$，对液压油来说，$c_0=890\sim1270m/s$。

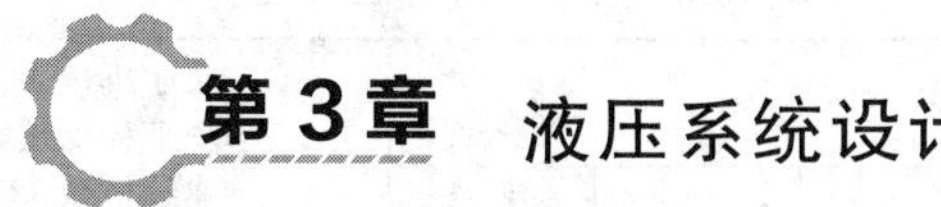

第3章　液压系统设计

3.1　设计计算的内容和步骤

进行液压系统设计时，要明确技术要求，紧紧抓住满足技术要求的功能和性能这两个关键因素，同时还要充分考虑可靠性、安全性及经济性诸因素。图20-3-1所示是目前常规设计方法的一般流程，在实际设计中是变化的。对于简单的液压系统，可以简化设计程序，对于重大工程中的大型复杂系统，在初步设计基础上，应增加局部系统试验或利用计算机仿真试验，反复改进，充分论证才能确定设计方案。

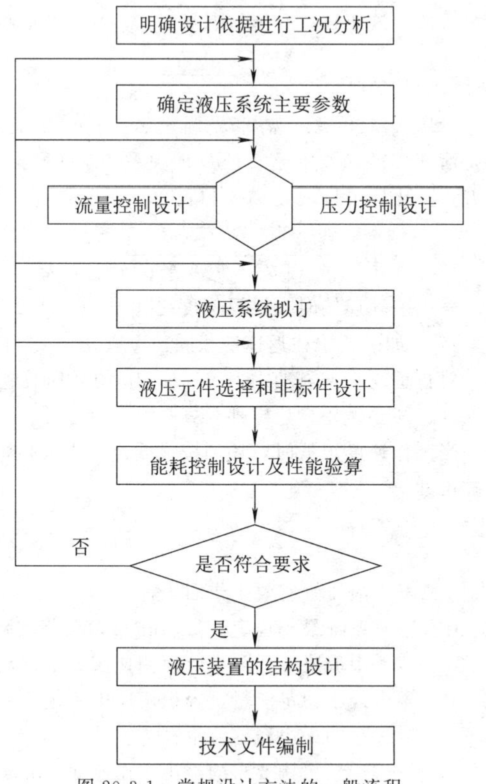

图 20-3-1　常规设计方法的一般流程

3.2　明确技术要求

技术要求是进行每项工程设计的依据。在制订基本方案并进一步着手液压系统各部分设计之前，必须把技术要求以及与该设计内容有关的其他方面了解清楚。

① 主机的概况：用途、性能、工艺流程、作业环境、总体布局等。

② 液压系统要完成哪些动作，动作顺序及彼此联锁关系如何。

③ 液压驱动机构的运动形式，运动速度。

④ 各动作机构的载荷大小及其性质。

⑤ 对调速范围、运动平稳性、转换精度等性能方面的要求。

⑥ 自动化程度、操作控制方式的要求。

⑦ 对防尘、防爆、防寒、噪声、安全可靠性的要求。

⑧ 对效率、成本等方面的要求。

3.3　确定液压系统主要参数

通过工况分析，可以看出液压执行元件在工作过程中速度和载荷变化情况，为确定系统及各执行元件的参数提供依据。

液压系统的主要参数是压力和流量，它们是设计液压系统、选择液压元件的主要依据。压力决定于外载荷，流量取决于液压执行元件的运动速度和结构尺寸。

3.3.1　初选系统压力

压力的选择要根据载荷大小和设备类型而定，还要考虑执行元件的装配空间、经济条件及元件供应情况等的限制。在载荷一定的情况下，工作压力低，势必要加大执行元件的结构尺寸，对某些设备来说，尺寸要受到限制，从材料消耗角度看也不经济；反之，压力选得太高，对泵、缸、阀等元件的材质、密封、制造精度也要求很高，必然要提高设备成本。一般来说，对于固定的、尺寸不太受限的设备，压力可以选低一些，行走机械、重载设备压力要选得高一些。具体选择可参考表20-3-1和表20-3-2。

表 20-3-1　按载荷选择工作压力

载荷/kN	<5	5～10	10～20	20～30	30～40	>50
工作压力/MPa	<0.8～1	1.5～2	2.5～3	3～4	4～5	≥5

表 20-3-2 各种机械常用的系统工作压力

机械类型	机床				农业机械 小型工程机械 建筑机械 液压凿岩机	液压机 大中型挖掘机 重型机械 起重运输机械
	磨床	组合机床	龙门刨床	拉床		
工作压力/MPa	<0.8~2	3~5	2~8	8~10	10~18	20~30

3.3.2 计算液压缸尺寸或液压马达排量

(1) 计算液压缸的尺寸

液压缸有关设计参数见图 20-3-2。图 20-3-2 (a) 为液压缸活塞杆工作在受压状态，图 20-3-2 (b) 为活塞杆工作在受拉状态。

活塞杆受压时

$$F=\frac{F_W}{\eta_m}=p_1A_1-p_2A_2 \tag{20-3-1}$$

活塞杆受拉时

$$F=\frac{F_W}{\eta_m}=p_1A_2-p_2A_1 \tag{20-3-2}$$

式中 F——活塞杆所受到的有效外负载力；

$A_1=\frac{\pi}{4}D^2$——无杆腔活塞有效作用面积，m^2；

$A_2=\frac{\pi}{4}(D^2-d^2)$——有杆腔活塞有效作用面积，$m^2$；

p_1——液压缸工作腔压力，Pa；

p_2——液压缸回油腔压力，即背压力，Pa，其值根据回路的具体情况而定，初算时可参照表 20-3-3 取值，差动连接时要另行考虑；

D——活塞直径，m；

d——活塞杆直径，m。

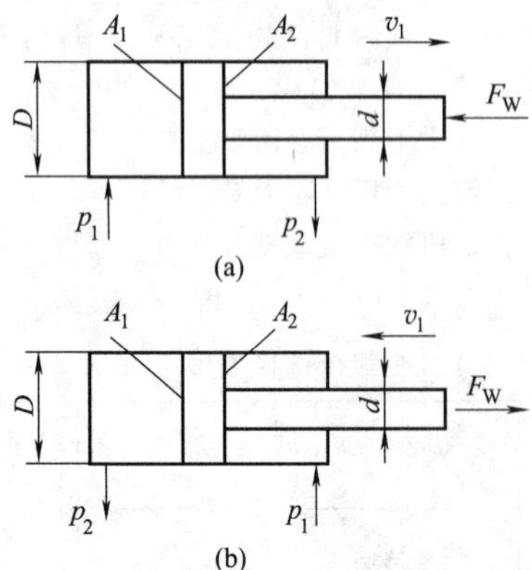

图 20-3-2 液压缸主要设计参数

表 20-3-3 执行元件背压力

系统类型	背压力/MPa
简单系统或轻载节流调速系统	0.2~0.5
回油路带调速阀的系统	0.4~0.6
回油路设置有背压阀的系统	0.5~1.5
用补油泵的闭式回路	0.8~1.5
回油路较复杂的工程机械	1.2~3
回油路较短，且直接回油箱	可忽略不计

一般，液压缸在受压状态下工作，其活塞面积为

$$A_1=\frac{F+p_2A_2}{p_1} \tag{20-3-3}$$

运用式 (20-3-3) 需事先确定 A_1 与 A_2 的关系，或是活塞杆径 d 与活塞直径 D 的关系，令杆径比 $\phi=d/D$，其比值可按表 20-3-4 和表 20-3-5 选取。

$$D=\sqrt{\frac{4F}{\pi[p_1-p_2(1-\varphi^2)]}} \tag{20-3-4}$$

采用差动连接时，往返速度之比 $v_1/v_2=(D^2-d^2)/d^2$。如果要求往返速度相同，应取 $d=0.71D$。

对行程与活塞杆直径比 $L/d>10$ 的受压柱塞或活塞杆，还要做压杆稳定性验算。

当工作速度很低时，还须按最低速度要求验算液压缸尺寸

$$A\geqslant\frac{q_{vmin}}{v_{min}}$$

式中 A——液压缸有效工作面积，m^2；

q_{vmin}——系统最小稳定流量，m^3/s，在节流调速中取决于回路中所设调速阀或节流阀的最小稳定流量，容积调速中决定于变量泵的最小稳定流量；

v_{min}——运动机构要求的最小工作速度，m/s。

如果液压缸的有效工作面积 A 不能满足最低稳定速度的要求，则应按最低稳定速度确定液压缸的结构尺寸。

另外，如果执行元件安装尺寸受到限制，液压缸的缸径及活塞杆的直径须事先确定时，可按载荷的要求和液压缸的结构尺寸来确定系统的工作压力。

液压缸直径 D 和活塞杆直径 d 的计算值要按国

标规定的液压缸的有关标准进行圆整。如与标准液压缸参数相近，最好选用国产标准液压缸，免于自行设计加工。常用液压缸内径及活塞杆直径见表 20-3-6 和表 20-3-7。

表 20-3-4　按工作压力选取 d/D

工作压力/MPa	≤5.0	5.0～7.0	≥7.0
d/D	0.5～0.55	0.62～0.70	0.7

表 20-3-5　按速比要求选取 d/D

v_2/v_1	1.15	1.25	1.33	1.46	1.61	2
d/D	0.3	0.4	0.5	0.55	0.62	0.71

注：v_1 为无杆腔进油时活塞运动速度；v_2 为有杆腔进油时活塞运动速度。

表 20-3-6　常用液压缸内径 D　mm

40	50	63	80	90	100	110
125	140	160	180	200	220	250

表 20-3-7　活塞杆直径 d　mm

速比	缸径/mm						
	40	50	63	80	90	100	110
1.46	22	28	35	45	50	55	63
3			45	50	60	70	80
速比	缸径/mm						
	125	140	160	180	200	220	250
1.46	70	80	90	100	110	125	140
2	90	100	110	125	140		

(2) 计算液压马达的排量

表 20-3-8　液压马达排量计算

计算公式	符号说明
液压马达的排量为 $V=\dfrac{2\pi T}{\Delta p}$	T——液压马达的载荷转矩，N·m $\Delta p=p_1-p_2$——液压马达的进出口压差，Pa
液压马达的排量也应满足最低转速要求 $V\geqslant\dfrac{q_{vmin}}{n_{min}}$	q_{vmin}——通过液压马达的最小流量 n_{min}——液压马达工作时的最低转速

3.3.3　作出液压缸或液压马达工况图

工况图包括压力循环图、流量循环图和功率循环图。它们是调整系统参数，选择液压泵、阀等元件的依据。

① 压力循环图——(p-t) 图。通过最后确定的液压缸或马达的结构尺寸，再根据实际载荷的大小，求出液压缸或马达在其动作循环各阶段的工作压力，然后把它们绘制成 (p-t) 图。

② 流量循环图——(q_v-t) 图。根据已确定的液压缸有效工作面积或液压马达的排量，结合其运动速度算出它在工作循环中每一阶段的实际流量，把它绘制成 (q_v-t) 图。若系统中有多个液压缸或马达同时工作，要把各自的流量图叠加起来绘出总的流量循环图。

③ 功率循环图——(P-t) 图。绘出压力循环图和总流量循环图后，根据 $P=pq_v$，即可绘出系统的功率循环图。

3.4　拟订液压系统原理图

整机的液压系统原理图由控制回路及液压源组合而成。各回路相互组合时要去掉重复多余的元件，力求系统结构简单。注意各元件间的联锁关系，避免误动作发生。要尽量减少能量损失环节，提高系统的工作效率。

为便于液压系统的维护和监测，在系统中的主要路段要安装必要的检测元件（如压力表、温度计等）。

大型设备的关键部位，要附设备用件，以便意外事件发生时能迅速更换，保证主机连续工作。

各液压元件尽量采用国产标准件，在图中要按国家标准规定的液压元件职能符号的常态位置绘制。对于自行设计的非标准元件可用结构原理图绘制。

系统原理图中应注明各液压执行元件的名称和动作，注明各液压元件的序号以及各电磁铁的代号，并附有电磁铁、行程阀及其他控制元件的动作表。

3.5　液压元件的选择

3.5.1　液压执行元件的选择

液压执行元件是液压系统的输出部分，必须满足机器设备的运动功能、性能的要求及结构、安装上的限制。根据所要求的负载运动形态，选用不同的液压执行元件配置。根据液压执行元件的种类和负载质量、位移量、速度、加速度、摩擦力等，经过基本计算，确定所需的压力、流量。压力可根据受压面积与负载力求出。

3.5.2　液压泵的选择

表 20-3-9　　**液压泵的选择**

<table>
<tr><th>选择步骤</th><th colspan="2">计 算 公 式</th><th>符 号 说 明</th></tr>
<tr><td>1. 确定液压泵的最大工作压力 p_P</td><td colspan="2">$p_P \geqslant p_1 + \sum \Delta p$</td><td>$p_P$——液压泵的最大工作压力
p_1——液压缸或液压马达最大工作压力
$\sum \Delta p$——从液压泵出口到液压缸或液压马达入口之间总的管路损失，$\sum \Delta p$ 的准确计算要待元件选定并绘出管路图时才能进行，初算时可按经验数据选取：管路简单、流速不大的，取 $\sum \Delta p$ 为 0.2～0.5MPa；管路复杂，进口有调速阀的，取 $\sum \Delta p$ 为 0.5～1.5MPa</td></tr>
<tr><td rowspan="2">2. 确定液压泵的流量 q_{vmax}</td><td>多液压缸或液压马达同时工作时</td><td>液压泵的输出流量应为
$q_{vmax} \geqslant K \sum q_{vmax}$</td><td>$K$——系统泄漏系数，一般取 $K=1.1 \sim 1.3$
$\sum q_{vmax}$——同时动作的液压缸或液压马达的最大总流量，可从（q_v-t）图上查得，对于在工作过程中用节流调速的系统，还需加上溢流阀的最小溢流量，一般取 $0.5 \times 10^{-4} m^3/s$</td></tr>
<tr><td>系统使用蓄能器作辅助动力源时</td><td>$q_{vP} \geqslant \sum_{i=1}^{z} \frac{KV_i}{T_t}$</td><td>$K$——系统泄漏系数，一般取 $K=1.2$
T_t——液压设备工作周期，s
V_i——每一个液压缸或液压马达在工作周期中的总耗油量，m^3
z——液压缸或液压马达的个数</td></tr>
<tr><td>3. 选择液压泵的规格</td><td colspan="3">根据以上求得的 p_P 和 q_{vP} 值，以及按系统选取的液压泵的形式，从产品样本或相关手册中选择相应的液压泵。为使液压泵有一定的压力储备，所选泵的额定压力一般要比最大工作压力大 25%～60%</td></tr>
<tr><td rowspan="3">4. 确定液压泵的驱动功率 P</td><td colspan="2">在工作循环中，如果液压泵的压力和流量比较恒定，即（p-t）、（q_v-t）图变化较平缓，则
$P=\frac{p_P q_{vP}}{\eta_P}$</td><td>$p_P$——液压泵的最大工作压力，Pa
q_{vP}——液压泵的流量，m^3/s
η_P——液压泵的总效率，参考下表选择
液压泵的总效率<table><tr><th>液压泵类型</th><th>齿轮泵</th><th>螺杆泵</th><th>叶片泵</th><th>柱塞泵</th></tr><tr><td>总效率</td><td>0.6～0.7</td><td>0.65～0.80</td><td>0.60～0.75</td><td>0.80～0.85</td></tr></table></td></tr>
<tr><td colspan="2">限压式变量叶片泵的驱动功率，可按流量特性曲线拐点处的流量、压力值计算。一般情况下，可取 $p_P=0.8p_{Pmax}$，$q_{vP}=q_{vN}$，则
$P=\frac{0.8p_{Pmax}q_{vN}}{\eta_P}$</td><td>$p_{Pmax}$——液压泵的最大工作压力，Pa
q_{vN}——液压泵的额定流量，m^3/s</td></tr>
<tr><td colspan="2">在工作循环中，如果液压泵的流量和压力变化较大，即（q_v-t）、（p-t）曲线起伏变化较大，则需分别计算出各个动作阶段内所需功率，驱动功率取其平均功率
$P_{PC}=\sqrt{\frac{P_1^2 t_1 + P_2^2 t_2 + \cdots + P_n^2 t_n}{t_1 + t_2 + \cdots + t_n}}$
按平均功率选出电动机功率后，还要验算下每一阶段内电动机超载量是否都在允许范围内。电动机允许的短时间超载量一般为 25%</td><td>$t_1, t_2, \cdots, t_n$——一个循环中每一动作阶段内所需的时间，s
$P_1, P_2, \cdots, P_n$——一个循环中每一动作阶段内所需的功率，W</td></tr>
</table>

3.5.3　液压控制阀的选择

选定液压控制阀时，要考虑的因素有压力、流量、工作方式、连接方式、节流特性、控制性、稳定性、油口尺寸、外形尺寸、重量等，但价格、寿命、维修性等也需考虑。阀的容量要参考制造厂样本上的最大流量及压力损失值来确定。样本上没有给出压力损失曲线时，可用额定流量时的压力损失，按下式估算其他流量下的压力损失

$$\Delta p=\Delta p_{\rm r}(q_{\rm v}/q_{\rm vr})^2 \tag{20-3-5}$$

式中　Δp——流量为 $q_{\rm v}$ 时的压力损失；

$\Delta p_{\rm r}$——额定流量 $q_{\rm vr}$ 时的压力损失。

另外，如果黏度变化时，要乘以表 20-3-10 中给出的系数。

表 20-3-10　黏度修正系数

运动黏度 /$\rm mm^2\cdot s^{-1}$	14	32	43	54	65	76	87
系数	0.93	1.11	1.19	1.26	1.32	1.27	1.41

阀的连接方式如果为板式连接，则更换阀时不用拆卸油管。另外，板式连接的阀可以装在油路块或集成块上，使液压装置的整体设计合理化。控制回路有时要用很多控制阀，可考虑采用插装式、叠加式控制阀。集成化有配管少、漏油少、结构紧凑的优点。

3.5.4　蓄能器的选择

表 20-3-11　确定蓄能器的类型及主要参数

序号	计算公式	符号说明
1	液压执行元件短时间快速运动，由蓄能器来补充供油，其有效工作容积为 $\Delta V=\sum\limits_{i=1}^{z}A_il_iK-q_{\rm vP}t$	A_i——液压缸的有效作用面积，$\rm m^2$ l_i——液压缸的工作行程，m z——液压缸的个数 K——油液泄漏系数，一般取 $K=1.2$ $q_{\rm vP}$——液压泵流量，$\rm m^3/s$ t——动作时间，s
2	作应急能源，其有效工作容积为 $\Delta V=\sum\limits_{i=1}^{z}A_il_iK$	$\sum\limits_{i=1}^{z}A_il_iK$——要求应急动作液压缸总的工作容积，$\rm m^3$
3	有效工作容积算出后，根据有关蓄能器的相应计算公式，求出蓄能器的容积，再根据其他性能要求，即可确定所需蓄能器	

3.5.5　管路的选择

表 20-3-12　管路的选择

选择步骤	计算公式	符号说明
1. 管道内径计算	$d=\sqrt{\dfrac{4q_{\rm v}}{\pi v}}$ 计算出内径 d 后，按标准系列选取相应的管子	$q_{\rm v}$——通过管道内的流量，$\rm m^3/s$ v——管内允许流速，m/s，见下表 允许流速推荐值 管道：推荐流速/$\rm m\cdot s^{-1}$ 液压泵吸油管道：0.5～1.5，一般常取 1 以下 液压系统压油管道：3～6，压力高，管道短，黏度小取大值 液压系统回油管道：1.5～2.6
2. 管道壁厚 δ 的计算	$\delta=\dfrac{pd}{2[\sigma]}$ $[\sigma]=\dfrac{\sigma_{\rm b}}{n}$	p——管道内最高工作压力，Pa d——管道内径，m $[\sigma]$——管道材料的许用应力，Pa $\sigma_{\rm b}$——管道材料的抗拉强度，Pa n——安全系数，对钢管来说，$p<7$ MPa 时，取 $n=8$；$p<17.5$ MPa 时，取 $n=6$；$p>17.5$ MPa 时，取 $n=4$

3.5.6 确定油箱容量

初始设计时，先按经验公式（20-3-6）确定油箱的容量，待系统确定后，再按散热的要求进行校核。

油箱容量的经验公式为

$$V=aq_{\mathrm{v}} \tag{20-3-6}$$

式中 q_{v}——液压泵每分钟排出压力油的容积，m^3；

a——经验系数，见表20-3-13。

表20-3-13 经验系数 a

系统类型	行走机械	低压系统	中压系统	锻压机械	冶金机械
a	1～2	2～4	5～7	6～12	10

在确定油箱尺寸时，一方面要满足系统供油的要求，还要保证执行元件全部排油时，油箱不能溢出，以及系统中最大可能充满油时，油箱的油位不低于最低限度。

3.5.7 过滤器的选择

根据液压系统的需要，确定过滤器的类型、过滤精度和尺寸大小。

过滤器的类型是指它在系统中的位置，即吸油过滤器、压油过滤器、回油过滤器、离线过滤器及通气过滤器。

过滤器的过滤精度是指过滤介质的最大孔口尺寸数值。对于不同的液压系统，有不同的过滤精度要求，可根据表20-3-14进行过滤精度的选择。

选择过滤器的通油能力时，一般应大于实际通过流量的2倍以上。过滤器通油能力可按下式计算

$$q_{\mathrm{v}}=\frac{KA\Delta p\times 10^{-6}}{\mu}$$

式中 q_{v}——过滤器通油能力，m^3/s；

μ——液压油的动力黏度，Pa·s；

A——有效过滤面积，m^2；

Δp——压力差，Pa；

K——滤芯通油能力系数，网式滤芯 $K=0.34$；线隙式滤芯 $K=0.006$；烧结式滤芯 $K=\frac{1.04D^2\times 10^3}{\delta}$；$D$ 为粒子平均直径，m；δ 为滤芯的壁厚，m。

3.5.8 液压油的选择

油液在液压系统中实现润滑与传递动力双重功能，必须根据使用环境和目的慎重选择。油液的正确选择保证了系统元件的工作与寿命。系统中工作最繁重的元件是泵、液压缸以及马达，针对泵、液压缸以及马达选择的油液也适用于阀。

3.6 液压系统性能验算

液压系统初步设计是在某些估计参数情况下进行的，当各回路形式、液压元件及连接管路等完全确定后，针对实际情况对所设计的系统进行各项性能分析。对一般液压传动系统来说，主要是进一步确切地计算液压回路各段压力损失、容积损失及系统效率，压力冲击和发热温升等。根据分析计算发现问题，对某些不合理的设计要进行重新调整，或采取其他必要的措施。

表20-3-14 推荐液压系统的过滤精度

工作类别	极关键	关键	很重要	重要	一般	普通保护
系统举例	高性能伺服阀、航空航天实验室、导弹、飞船控制系统	工业用伺服阀、飞机、数控机床、液压舵机、位置控制装置、电液精密液压系统	比例阀、柱塞泵、注塑机、潜水艇、高压系统	叶片泵、齿轮泵、低速马达、液压阀、叠加阀、插装阀、机床、油压机、船舶等中高压工业用液压系统	车辆、土方机械、物料搬运液压系统	重型设备、水压机、低压系统
要求过滤精度/μm	1～3	3～5	10	10～20	20～30	30～40

3.6.1　系统压力损失计算

表 20-3-15　系统压力损失计算

计算步骤	计算公式	符号说明
总的压力损失	压力损失包括管路的沿程损失 Δp_1、管路的局部压力损失 Δp_2 和阀类元件的局部损失 Δp_3 $\Delta p=\Delta p_1+\Delta p_2+\Delta p_3$	Δp_1——管路的沿程损失 Δp_2——管路的局部压力损失 Δp_3——阀类元件的局部损失
沿程损失和局部压力损失	$\Delta p_1=\lambda\dfrac{l}{d}\times\dfrac{v^2}{2}\rho$ $\Delta p_2=\zeta\dfrac{v^2}{2}\rho$	l——管道的长度，m d——管道内径，m v——液流平均速度，m/s ρ——液压油密度，kg/m^3 λ——沿程阻力系数 ζ——局部阻力系数 λ、ζ 的具体值可参考有关内容
阀类元件局部损失	$\Delta p_3=\Delta p_N\left(\dfrac{q_v}{q_{vN}}\right)^2$	q_{vN}——阀的额定流量，m^3/s q_v——通过阀的实际流量，m^3/s Δp_N——阀的额定压力损失，Pa
系统的调整压力	对于泵到执行元件间的压力损失，如果计算出的 Δp 比选泵时估计的管路损失大得多时，应该重新调整泵及其他有关元件的规格尺寸等参数 系统的调整压力 $p_T\geqslant p_1+\Delta p$	p_T——液压泵的工作压力或支路的调整压力

3.6.2　系统效率计算

液压系统的效率指液压执行器的输出功率与液压泵的输出功率之比，即

$$\eta=\frac{P_A}{p_P q_{vP}} \tag{20-3-7}$$

式中　η——液压系统的效率；

P_A——液压执行器输出功率；

p_P——液压泵的输出压力；

q_{vP}——液压泵的输出流量。

液压传动的总效率是指液压执行器的输出功率与液压泵的输入功率（即液压泵轴功率）之比，即

$$\eta_t=\frac{P_A}{P_P} \tag{20-3-8}$$

式中　η_t——液压传动的总效率；

P_P——液压泵轴功率。

3.6.3　系统发热计算

液压系统工作时，除执行元件驱动外载荷输出有效功率外，其余功率损失全部转化为热量，使油温升高。液压系统的功率损失及发热功率见表 20-3-16。

表 20-3-16　液压系统的功率损失及发热功率

计算步骤	计算公式	符号说明
1. 液压泵的功率损失	$P_{h1}=\dfrac{1}{T_t}\sum\limits_{i=1}^{z}P_{r_i}(1-\eta_{P_i})t_i$	T_t——工作循环周期，s z——投入工作液压泵的台数 P_{r_i}——第 i 台液压泵的输入功率，W η_{P_i}——第 i 台液压泵的效率 t_i——第 i 台液压泵工作时间，s
2. 液压执行元件的功率损失	$P_{h2}=\dfrac{1}{T_t}\sum\limits_{j=1}^{M}P_{r_j}(1-\eta_j)t_j$	M——液压执行元件的数量 P_{r_j}——液压执行元件的输入功率，W η_j——第 j 台液压执行元件的效率 t_j——第 j 个执行元件工作时间，s
3. 溢流阀的功率损失	$P_{h3}=p_y q_{vy}$	p_y——溢流阀的调整压力，Pa q_{vy}——经溢流阀流回油箱的流量，m^3/s

续表

计算步骤	计算公式	符号说明
4. 油液流经阀或管路的功率损失	$P_{h4}=\Delta p q_v$	Δp——通过阀或管路的压力损失，Pa q_v——通过阀或管路的流量，m^3/s
5. 液压系统的发热功率	由以上各种损失构成了整个系统的功率损失，即液压系统的发热功率 $P_{hr}=P_{h1}+P_{h2}+P_{h3}+P_{h4}$ 式(20-3-8)适用于回路比较简单的液压系统，对于复杂系统，由于功率损失的环节太多，一一计算较麻烦，通常用下式计算液压系统的发热功率 $P_{hr}=P_r-P_c$ $P_r=\frac{1}{T_t}\sum_{i=1}^{z}\frac{p_i q_{vi} t_i}{\eta_{Pi}}$ $P_c=\frac{1}{T_t}(\sum_{i=1}^{n}F_{Wi}s_i+\sum_{j=1}^{m}T_{Wj}\omega_j t_j)$	P_r——液压系统的总输入功率 P_c——液压系统输出的有效功率 T_t——工作周期，s z,n,m——液压泵、液压缸、液压马达的数量 p_i,q_{vi},η_{pi}——第 i 台泵的实际输出压力、流量、效率 t_i——第 i 台泵工作时间，s T_{Wj},ω_j,t_j——液压马达的外载转矩(N·m)、转速(rad/s)、工作时间(s) F_{Wi},s_i——液压缸外载荷及驱动此载荷的行程，N·m

3.6.4　热交换器的选择

液压系统的散热渠道主要是油箱表面，但如果系统外接管路较长，在计算散热功率 P_{hc} 时，也应考虑管路表面散热。

$$P_{hc}=(K_1A_1+K_2A_2)\Delta T \tag{20-3-9}$$

式中　K_1——油箱散热系数，见表 20-3-17；

K_2——管道散热系数，见表 20-3-18；

A_1，A_2——分别为油箱、管道的散热面积，m^2；

ΔT——油温与环境温度之差，℃。

若系统达到热平衡，则 $P_{hr}=P_{hc}$，油温不再升高，此时，最大温差

$$\Delta T=\frac{P_{hr}}{K_1A_1+K_2A_2} \tag{20-3-10}$$

表 20-3-17　油箱散热系数 K_1

$W/(m^2 \cdot ℃)$

冷却条件	K_1
通风条件很差	8～9
通风条件良好	15～17
用风扇冷却	23
循环水强制冷却	110～170

表 20-3-18　管道散热系数 K_2

$W/(m^2 \cdot ℃)$

风速 /m·s^{-1}	管道外径/m		
	0.01	0.05	0.1
0	8	6	5
1	25	14	10
5	69	40	23

环境温度为 T_0，则油温 $T=T_0+\Delta T$。如果计算出的油温超过该液压设备允许的最高油温（各种机械允许油温见表 20-3-19），就要设法增大散热面积，如果油箱的散热面积不能加大，或加大一些也无济于事时，则需要装设冷却器。

表 20-3-19　各种机械允许油温　　℃

液压设备类型	正常工作温度	最高允许温度
数控机床	30～50	55～70
一般机床	30～55	55～70
机车车辆	40～60	70～80
船舶	30～60	80～90
冶金机械、液压机	40～70	60～90
工程机械、矿山机械	50～80	70～90

冷却器的散热面积为

$$A=\frac{P_{hr}-P_{hc}}{K\Delta t_m} \tag{20-3-11}$$

$$\Delta t_m=\frac{T_1+T_2}{2}-\frac{t_1+t_2}{2}$$

式中　P_{hr}——液压系统的发热功率，W；

P_{hc}——液压系统的散热功率，W；

K——冷却器的散热系数，见液压辅助元件有关冷却器的散热系数；

Δt_m——平均温升，℃；

T_1，T_2——液压油入口和出口温度，℃；

t_1，t_2——冷却水或风的入口和出口温度，℃。

3.7　液压装置结构设计

液压装置设计是液压系统功能原理设计的延续和结构实现，也可以说是整个液压系统设计过程的归宿。

表 20-3-20　液压装置结构设计

总体配置形式	液压装置按其总体配置分为分散配置型和集中配置型两种主要结构类型，而集中配置型即为通常所说的液压站	
	集中配置	将动力源、控制调节装置等集中组成独立于主机的液压动力站，与主机之间靠管道和电气控制线路连接。有利于消除动力源振动以及温升对主机的影响，装配、维修方便，但增大占地面积。主要用于本身结构较紧凑的固定式液压设备
	分散配置	将动力源、控制调节装置等合理布局分散安装在主机本体上。这种配置主要适用于工程机械、起重运输机械等行走式液压设备上，如液压泵安装在发动机附近、操纵机构汇总在驾驶台，阀类控制元件为了便于检测、观察和维修，相对集中安装在主机设计预留部位。虽然结构紧凑，但布管、安装、维修均较复杂，且振动、温升等因素均会对主机产生不利影响
元件配置方式	通过弯头、二通、三通、四通等附件经由管道把各个元件连接起来，但难以保证在使用中不松、不漏。为减少纯管式连接，提供如下元件配置方式	
	板式配置	把标准元件与其底板固定在同一块平板上，背面再用接头和管道连接起来。这种配置方式只是便于元件合理布置，缩短管长，但未避免管道连接的麻烦。只在教学用演示板或少元件连接时局部应用
	无管板式配置	采用分体或整体加工形成的通油沟槽或孔道替代管道连接。分体结构加工后需用黏合剂胶合和螺钉夹固才能应用。不易察觉由于黏合剂失效或遭压力冲击造成油路间串油而破坏系统正常工作 整体结构是通过钻孔或精密铸造孔道连接，只要铸造质量保证，工作十分可靠，故应用较多，但工艺性较差
	箱式配置	与无管板式配置差别只是缩小面积、增加了厚度，有利于改善孔道加工工艺，并增加了三个安装面。如图(a)所示为只用了一个主安装面的箱式配置 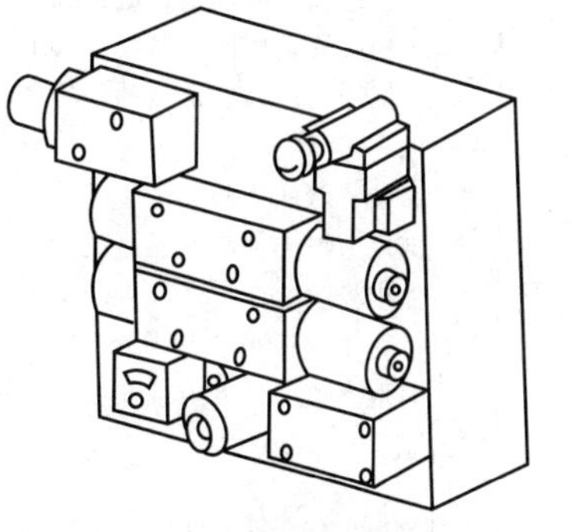 图(a)　箱式配置
	集成块式配置	它是按组成液压系统的各种基本回路，设计成通用化的长方体集成块，上下面作为块与块间的叠加结合面，除背面留作进出管连接用外，其余三个面均可作固定标准元件用。根据需要，数个集成块经螺栓连接就可构成一个液压系统。这种配置方式具有一定程度的通用性和灵活性，如图(b)所示 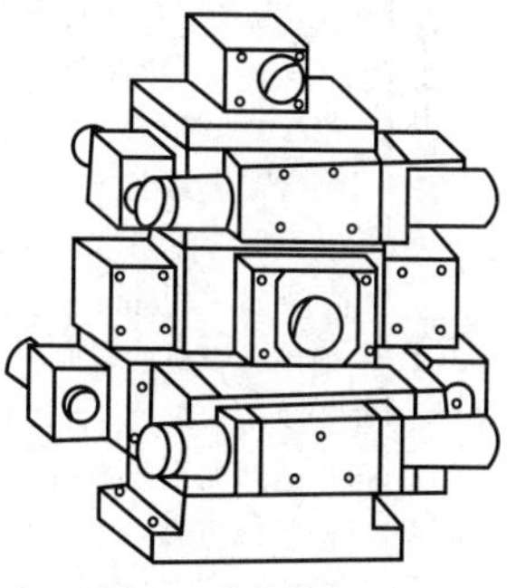 图(b)　集成块式配置

续表

<table>
<tr><td>元件配置方式</td><td>叠加阀式配置</td><td>如图(c)所示，它是在集成块式配置基础上发展形成的。用阀体自身兼作叠加连接用，即取消了作过渡连接作用的集成块，仅保留与外界进出油管连接用的底座块。不仅省去了连接块，使结构更加紧凑，而且还缩短了流道，系统的修改、增减元件较方便。缺点是现有品种较完整的管式和板式标准元件皆不能用，必须为此发展一种自成系列的叠加式元件
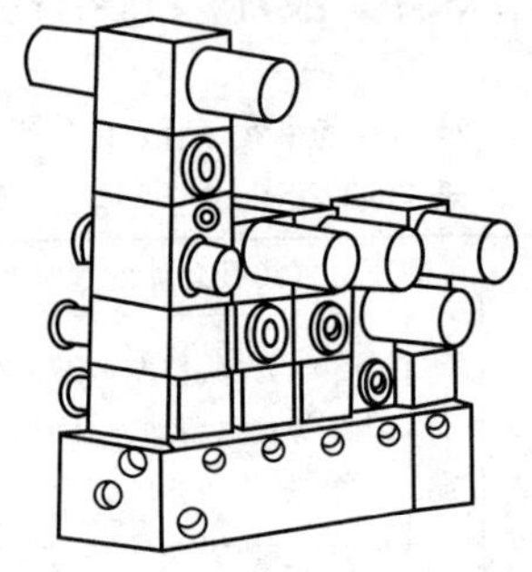
图(c) 叠加阀式配置</td></tr>
<tr><td colspan="3">上述五种配置方式反映了一个不断改进的过程。设计时应根据阀的数量、额定流量、加工条件、批量等因素合理选用</td></tr>
<tr><td rowspan="3">配管要点</td><td colspan="2">配管是用管道和各种接头，把系统组成所需的元件有序地连接起来，构成一个完整的液压装置</td></tr>
<tr><td>材质品种及选择</td><td>按材质划分有金属、塑料和橡胶三类，金属硬管又有热轧钢管，冷拔钢管、不锈钢管、铜管等品种。其中热轧钢管、冷拔钢管和橡胶软管是液压系统中常用的品种
冷拔钢管有较理想的内表质量和外观，且柔韧性好，能弯曲成各种形状，有利于少用接头，用于液压系统配管最为广泛。一般按其外径及壁厚规格选用
热轧钢管是按公称尺寸和管壁厚度形成规格系列的。公称尺寸是指钢管与接头连接螺纹的尺寸。热轧钢管柔性差，但比冷拔管便宜，常在大口径长直配管中选用
在腐蚀性大的环境下，或有严格清洁度控制要求的场合，宜选用成本较高的不锈钢管
钢管由于易弯曲，曾在如磨床等中低压系统中应用，但铜易促进石油基介质氧化，又为重要有色金属，故液压系统中不推荐采用
塑料管用材品种较多，常见的有聚乙烯、聚氯乙烯、聚丙烯和尼龙等。它具有价廉、柔性好、透明、能着色等特点，在气动系统中应用很普遍，在液压低压系统或如回油等低压管道中应用较多
橡胶管是用耐油橡胶或人工合成橡胶与单层或多层金属丝编织网专门制成的耐压橡胶软管。按通流量要求及耐压级别选用。它是运动部件之间常用的系统连接方式的选择</td></tr>
<tr><td>弯曲半径及用料计算</td><td>硬管弯曲半径受限于弯管工艺及质量要求。当弯曲半径 R 与管径 d 之比超过 2 以后，增大 R 对降低弯曲部位的局部压力损失并不明显，仅在 2×10^{-4}MPa 以内，在工艺可能和满足质量要求的前提下，尽可能采用结构紧凑的较小弯曲半径
对于内径小于 100mm 的冷轧钢管，最小弯管半径可在 $R\geqslant(2.2\sim5)d$ 范围内选择，中等管内径取小值，细或粗管径时取大值。R 及弯曲角度选定以后，用料长度即可由下式算出
$$L=A+B-2R\tan\frac{\varphi}{2}+\pi R\frac{\phi}{180^\circ}$$
式中 L——落料长度，mm
A，B——两端至弯曲点的中心线长度，mm
R——弯管曲率半径，mm
φ——弯曲角度，(°)，如图(d)所示
当 $\varphi=90°$时，$L=A+B-0.43R$
当管道需进行多次弯曲时，两次弯曲间的最小距离 l[见图(e)]根据弯管机结构确定。通常当管径 d_0 在 6～48mm 范围时，l 值在 60～280mm 变化
通用弯管机的弯曲半径多为 $6d$ 以上的规格，不符合液压系统布管要求，需要进行改造。按 $R\geqslant(2.2\sim5)d$ 改造后的弯管机可以达到如下技术指标，能够满足一般液压设备配管需要
圆度：<15%；弯曲部分最小壁厚：90%公称壁厚
弯曲角度偏差：±1.5°；弯曲加工尺寸误差：±5mm
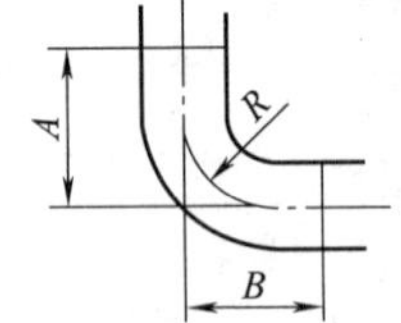

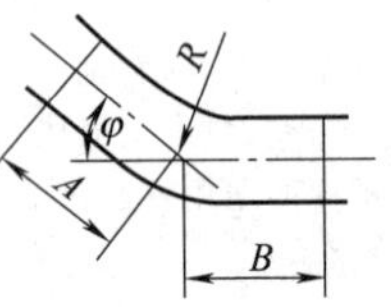

图(d) 弯曲角度
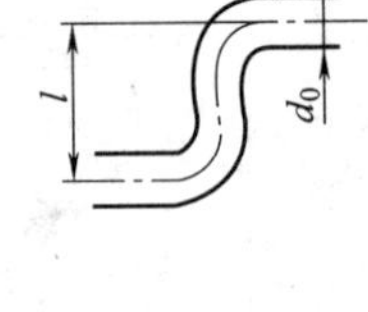

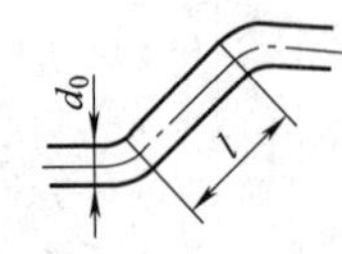

图(e) 最小距离</td></tr>
</table>

续表

配管要点 — 配用软管要点

不能因软管对长度和形状有较强的适应性而轻视其配管设计

①软管在工作压力变动下，有－4%～＋2%的伸缩变化，在配管长度上绝对要防止裕度不足造成直管拉紧而难以伸缩，或者接头处急剧弯曲现象

②为防止接头连接不牢，根据管径及钢丝层数等要素，合理控制胶管的压缩量。以扣压式软管接头为例，单层钢丝压缩率 40%～43%，三层则大于 46%～50%，两层时可控制于两组数据之间

③橡胶软管的承压能力是由补强层(钢丝)承受的，在实际使用中，由于承受反复弯曲运动，会使钢丝间、钢丝和管体间相互摩擦，交变应力使得材质发生疲劳破坏。故弯曲状态下工作软管的承压能力会明显下降。规定软管的最小弯曲半径必须在内径的 12 倍以上，此时受压能力(利用率)才能达到 95%左右，否则寿命会相应缩短，直接影响到整个液压系统及设备的安全可靠性。表 1 为弯曲管承载利用率随弯曲半径减小而降低的数据，可供配管时参考。一旦安装空间确定，切忌用过长管道致使弯曲半径减小。采用 90°的角度接头，是改善软管承受弯曲力的常用办法

表 1　弯曲管的承载利用率

弯曲半径	$2d$	$3d$	$4d$	$5d$	$6d$	$7d$	$8d$	$10d$	$20d$
利用率/%	73	81	85	88	90	91	93	94	96

④在装配橡胶软管时，应避免软管的扭曲。由于它会造成软管加固层角度的变更，其危害性超过弯曲，导致软管工作寿命大幅度降低。如果装配时使软管扭曲 5°，则其工作寿命将会降低，仅为原来的 70%。可用软管表面涂纵向色带方法判断和防止扭曲

新型彩色高聚物液压复合软管是由强度高、耐油的内胶层和高强度、重量轻的聚酯纤维增强层及各种颜色、光亮、耐老化、耐磨的外胶层组成。具有承压能力高(达 207MPa)，弯曲半径小、耐高低温等优点

密封设计 — 静密封装置

主要是 O 形橡胶密封圈、聚四氟乙烯生料带等品种。后者用于管接头螺纹装配时缠绕填充防漏。O 形橡胶圈使用时注意以下几点

①O 形橡胶圈应符合 GB/T 3452.1—2005 的要求。表面缺陷必须符合 GB/T 3452.2—2007 的要求。O 形圈沟槽的形式、尺寸与公差应符合 GB/T 3452.3—2005

②合理控制压缩率 K 值，K 值过小，密封性不好，过大易产生过大的永久变形，降低寿命。推荐值见表 2。压力低时取小值，压力高时取大值

表 2　O 形密封圈压缩率

形式 \ d/mm \ K/%	1.80	2.65	3.55	5.30	7.00
活塞密封	15.1～27.7	14.2～26.3	14.5～25.2	13.5～23.8	13.1～21.4
活塞杆密封	12.0～25.0	11.5～22.3	11.0～23.3	10.5～20.8	10.0～18.5
轴向密封	20.0～31.9	19.0～28.1	17.5～24.7	16.8～21.8	15.0～20.0

③为防止橡胶圈被压力挤出而损坏，在未使用挡圈保护时，应按表 3 根据胶质硬度和工作压力范围控制密封间隙

密封垫属静密封范畴，液压技术中多用金属垫或复合式密封垫，橡胶、纸质或纸质涂胶等非金属密封垫仅在供水等低压工况中应用

表 3　O 形密封圈允许密封间隙　mm

工作压力/MPa \ d/mm \ 邵氏硬度	60～70		70～80		80～90	
	1.80，2.65，3.55	5.30，7.00	1.80，2.65，3.55	5.30，7.00	1.80，2.65，3.55	5.30，7.00
＜2.5	0.14～0.18	0.20～0.25	0.18～0.20	0.22～0.25	0.20～0.25	0.22～0.25
2.5～8.0	0.08～0.12	0.10～0.15	0.10～0.15	0.13～0.20	0.14～0.18	0.20～0.23
8.0～10.0	—	—	0.06～0.08	0.08～0.11	0.08～0.11	0.10～0.13
10.0～32.0	—	—	—	—	0.04～0.07	0.07～0.09

续表

密封设计

静密封装置

金属垫多由纯铜、纯铝、低碳钢等软金属制成，硬度在32～45HB之间。靠螺纹连接产生的轴向夹紧力使垫圈材料发生塑性变形，填充补偿结合面的凹凸不平或缝隙，达到密封的目的。金属垫弹性差，不宜多次重复使用

组合密封垫是由稍厚的耐油橡胶垫和起支承作用的金属外环组合而成，依靠橡胶的弹性变形起密封作用，无需较大的轴向压紧力就能实现良好密封。但密封面偶件的表面粗糙度应达到：$Ra \leqslant 6.3 \sim 1.6\mu m$；$Rz \leqslant 2.5 \sim 6.3\mu m$ 的要求。

密封锁紧垫是兼有密封和锁紧双重作用的组合垫。用结构钢基体外环和丁腈或氯橡胶内环组成，工作压力可达40MPa。将尼龙填料注塑在螺母端面也能达到同样效果

密封胶是一种高分子材料构成的流态密封垫料，它在外力作用下可流填于接合面微观凸凹不平处及间隙中，是一种使用方便的密封手段，能达到绝对防漏的效果，且具备防松锁固作用

密封胶可分为橡胶型和树脂型、有溶剂型和无溶剂型。按使用工况划分，有耐热型、耐寒型、耐压型、耐油型、耐化学品型等

在需拆卸、有剥离要求的地方应选干态可剥离型密封胶；有较高的附着性及耐压性要求的，可选干态不可剥离型密封胶，但耐振和耐冲击性、拆卸性较差；在抗振、抗冲击高要求场合，应选用能长期保持黏弹性，不固化，耐压和便于拆卸的半干型密封胶；需经常拆装或需紧急维修的部位，宜用不干型密封胶，清除较易

动密封装置

动密封装置分为往复运动密封和旋转运动密封。区别于静密封的是单纯靠密封圈本身实现绝对无泄漏，难度较大，往往需在结构上采取多重措施。但是，注意密封部位的工艺质量和控制间隙或配合过盈量，则是密封有效性的关键所在

①密封配合部位的工艺要求；轴类直径公差一般为h9或f9；表面粗糙度控制 Ra 在 $0.25 \sim 0.5\mu m$ 范围内

轴的偏心跳动量控制在0.15mm以内。表面硬度要求30～40HRC，当使用聚四氟乙烯密封圈时，要求达到50～60HRC。轴端和轴肩部位应倒角并修圆棱边

②往复运动唇形密封允许最大密封间隙见表4（适用于丁腈橡胶圈）及表5（适于夹织物或聚氨酯胶圈）

③旋转运动唇形密封的轴间过盈量推荐值见表6

表4 丁腈橡胶唇形密封许用最大间隙 mm

公称直径/mm		<50	50～125	125～200	200～250	250～300	300～400
压力/MPa	<3.5	0.15	0.20	0.25	0.30	0.36	0.40
	3.5～21	0.13	0.15	0.20	0.25	0.30	0.36

表5 夹织物、聚氨酯胶圈许用间隙 mm

公称直径/mm		<75	75～200	200～250	250～300	300～400	400～600
压力/MPa	<3.5	0.30	0.36	0.41	0.46	0.51	0.56
	3.5～21	0.20	0.25	0.30	0.36	0.41	0.46
	>21	0.15	0.20	0.25	0.30	0.36	0.41

表6 旋转运动唇形密封轴间过盈量推荐值 mm

轴径 d_0	唇口直径			允许偏心量
	低速型	高速型	无簧型	
<30	$(d_0-1)\pm0.3$		$(d_0-1.5)\pm0.3$	0.2
30～80	$(d_0-1)\pm0.5$	$d_0-1.0$	$(d_0-1.5)\pm0.5$	0.4
80～180	$(d_0-1)-1.0$	$d_0{}^{-0.5}_{-1.5}$	$(d_0-1.5)-1.0$	0.6
>180	$(d_0-1)-1.5$	$d_0{}^{-1.0}_{-1.5}$	$(d_0-1.5)-1.0$	0.7

螺栓、螺钉

液压件或阀块装配连接中使用的螺栓和螺钉，由于承受极大的张力，一旦产生塑性变形就会破坏密封性。必须采用由冷锻制造工艺生产的高强度螺栓和螺钉，其力学性能应达到螺纹紧固件分级中的8.8、10.9、12.9三个等级。32MPa时应用最高级，螺母亦应选12级。材料推荐选用35CrMo、30CrMnSi或Q420合金结构钢，同一材料通过不同工艺措施，可得到不同的性能等级，螺母材料一般较配合螺栓略软

堵头

液压元件或流道连接块体上常有些工艺孔或多余通口需要堵塞，螺堵是最常用的标准件。由于在不长的螺堵上螺纹不多，形成了较难密封的薄弱环节，甚至在高压试验中脱扣冲出，产生事故

采用液压管螺纹是保证螺堵可靠密封的基本要求，它具备气密效果，即与一般螺纹不同，螺扣接合不是仅仅依靠螺纹的侧面，而是在牙侧啮合以前，牙根和牙顶首先啮合，不但密封效果可靠，而且确保结合更为牢固

续表

密封设计	堵头	采用球涨式堵头如图(f)所示，它由钢球 1 和球堵壳体 2 组成。用于压力≤32MPa 情况下，十分安全可靠 对于压力＞32MPa 的工况下，建议在装配中采用拧断式双头高压密封螺堵 高压密封螺堵优于通常锥形螺堵、带垫螺堵、焊接销堵、球涨式堵头，如图(g)所示。螺堵制成双头，中央为拧紧用工艺性六角头，拧紧后，自动在薄弱颈部 d_4 处断脱而弃之。由于它与工件孔间主要是借助不同锥角的斜面棱边密封，故耐压可高达 50MPa。若配合使用密封胶。密封更加可靠 图(f)　球涨式堵头 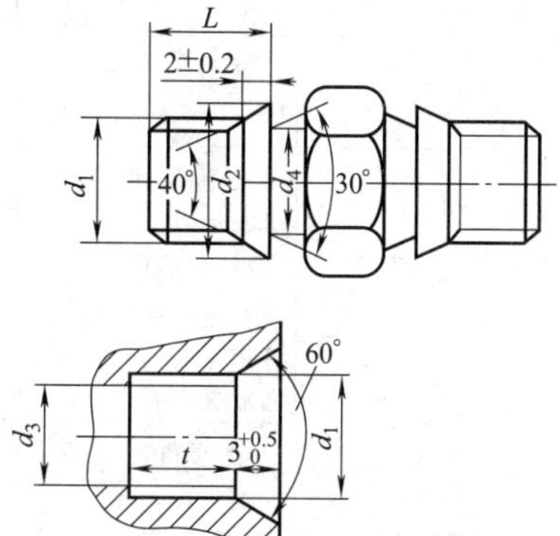 图(g)　高压密封螺堵
	泄漏综合措施	泄漏往往是在使用一段时间之后发生的，这是因为 ①再好的动密封及其配合部位都会磨损 ②油温过高或介质的不相容性导致的橡胶等密封材料的老化变质 ③液压冲击和振动使接点松动和密封破坏 消除活塞杆和驱动轴动密封上的侧向载荷；用防尘圈、防护罩和橡胶套保护密封等措施可以减少动密封的磨损 选用与介质相容性好的密封材料，严格控制系统油温是防止密封材料老化和变质，延长使用寿命的重要措施 为了减少冲击和振动可以采取选用灵敏性好的压力控制阀、采用减振支架、加设缓冲蓄能器，减少管式接头用量等措施

3.8　液压泵站设计

液压泵站是多种元、辅件组合而成的整体，是为一个或几个系统存放一定清洁度的工作介质，并输出一定压力、流量的液体动力，兼作整体式液压站安放液压控制装置基座的整体装置。液压泵站是整个液压系统或液压站的一个重要部件，其设计质量的优劣对液压设备性能关系很大。

3.8.1　液压泵站的组成及分类

液压泵站一般由液压泵组、油箱组件、控温组件、过滤器组件和蓄能器组件五个相对独立的部分组成，见表 20-3-21。尽管这五个部分相对独立，但设计者在液压泵站装置设计中，除了根据机器设备的工况特点和使用的具体要求合理进行取舍外，经常需要将它们进行适当的组合，合理构成一个部件。例如，油箱上常需将控温组件中的油温计、过滤器组件作为油箱附件而组合在一起构成液压油箱等。

液压泵站根据液压泵组布置方式，分为上置式液压泵站和非上置式液压泵站。

(1) 上置式液压泵站

泵组布置在油箱之上的上置式液压泵站（见图 20-3-3），当电动机卧式安装，液压泵置于油箱之上时，称为卧式液压泵站，见图 20-3-3（a）；当电动机立式安装，液压泵置于油箱内时，称为立式液压泵站，见图 20-3-3（b）。上置式液压泵站占地面积小，结构紧凑，液压泵置于油箱内的立式安装噪声低且便于收集漏油。在中、小功率液压站中被广泛采用，油箱容量可达 1000L。液压泵可以是定量型或变量型（恒功率式、恒压式、恒流量式、限压式及压力切断式等）。当采用卧式液压泵站时，由于液压泵置于油箱之上，必须注意各类液压泵的吸油高度，以防液压泵进油口处产生过大的真空度，造成吸空或气穴现象，各类液压泵的吸油高度见表 20-3-22。

(2) 非上置式液压泵站

将泵组布置在底座或地基上的非上置式液压泵站，如果泵组安装在与油箱一体的公用底座上，则称为整体型液压泵站，它又可分为旁置式、下置式两种，见图 20-3-4（a）和图 20-3-4（b）；将泵组单

表 20-3-21　液压泵站的组成

组成部分	包含元器件	作　用
液压泵组	液压泵	将原动机的机械能转换为液压能
	原动机(电动机或内燃机)	驱动液压泵
	联轴器	连接原动机和液压泵
	传动底座	安装和固定液压机及原动机
油箱组件	油箱	储存油液、散发油液热量、逸出空气、分离水分、沉淀杂质和安装元件
	液位计	显示和观测液面高度
	通气过滤器	注油、过滤空气
	放油塞	清洗油箱或更换油液时放油
控温组件	油温计	显示、观测油液温度
	温度传感器	检测并控制油温
	加热器	油液加热
	冷却器	油液冷却
过滤器组件	各类过滤器	分离油液中的固体颗粒，防止堵塞小截面流道，保持油液清洁度等
蓄能器组件	蓄能器	蓄能、吸收液压脉动和冲击
	支撑台架	安装蓄能器

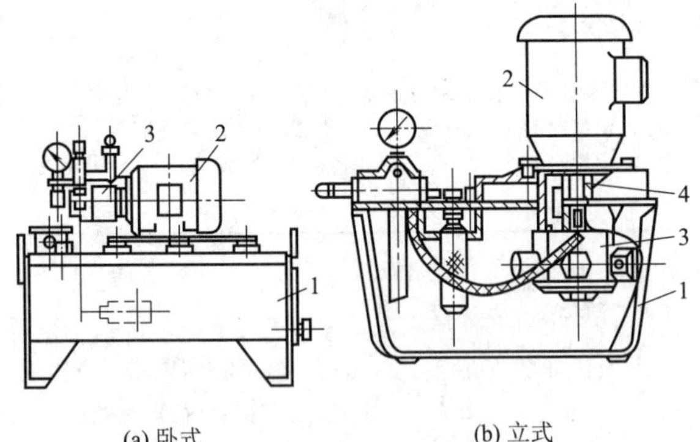

(a) 卧式　(b) 立式

图 20-3-3　上置式液压泵站

1—油箱；2—电动机；3—液压泵；4—联轴器

独安装在地基上的则称为分离式液压泵站，见图 20-3-4（c）。非上置式液压泵站由于液压泵置于油箱液面以下，故能有效改善液压泵的吸入性能。这种动力源装置的液压泵可以是定量型或变量型（恒功率式、恒压式、恒流量式、限压式及压力切断式等），并且具有高度低、便于维护的优点，但占地面积大。因此，适用于泵的吸入允许高度受限制，传动功率较大，而使用空间不受限制以及开机率低，使用时又要求很快投入运行的场合。

表 20-3-22　液压泵的吸油高度　mm

液压泵	螺杆泵	齿轮泵	叶片泵	柱塞泵
吸油高度	500～1000	300～400	≤500	≤500

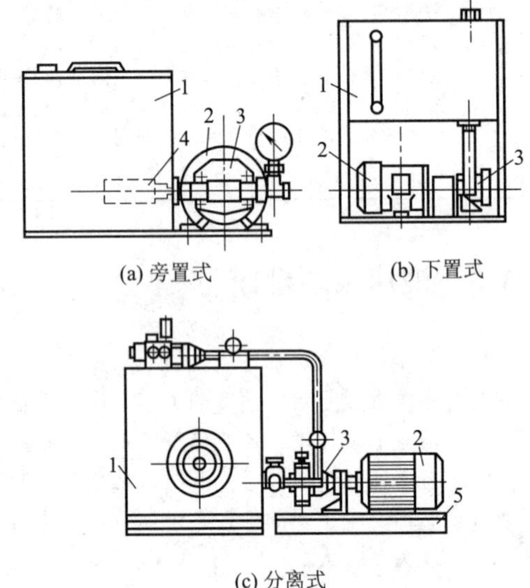

(a) 旁置式　(b) 下置式　(c) 分离式

图 20-3-4　非上置式液压泵站

1—油箱；2—电动机；3—液压泵；4—过滤器；5—底座

上置式与非上置式液压泵站的综合比较见表 20-3-23。

3.8.2　油箱及其设计

在 3.5.6 节中初步确定了油箱的容积，在 3.6.4 节中利用最大温差 ΔT 验算了油箱的散热面积是否满足要求。当系统的发热量求出之后，可根据散热的要求确定油箱的容量。

表 20-3-23 上置式与非上置式液压泵站的综合比较

项 目	上置立式	上置卧式	非上置式
振动	较大		小
占地面积	小		较大
清洗油箱	较麻烦		容易
漏油收集	方便	需另设滴油盘	需另设滴油盘
液压泵工作条件	泵浸在油中，工作条件好	一般	好
液压泵安装要求	泵与电动机有同轴度要求	泵与电动机有同轴度要求；需考虑液压泵的吸油高度；吸油管与泵的连接处密封要求严格	泵与电动机有同轴度要求；吸油管与泵的连接处密封要求严格
应用	中小型液压站	中小型液压站	较大型液压站

由式（20-3-10）可得油箱的散热面积为

$$A_1=\frac{\left(\frac{P_{hr}}{\Delta T}-K_2A_2\right)}{K_1} \qquad (20\text{-}3\text{-}12)$$

式中 K_1——油箱散热系数，见表 20-3-17；

K_2——管道散热系数，见表 20-3-18；

A_1，A_2——油箱、管道的散热面积，m^2；

P_{hr}——液压系统的发热功率，W；

ΔT——油温与环境温度之差，℃。

如不考虑管路的散热，式（20-3-12）可简化为

$$A_1=\frac{P_{hr}}{\Delta TK_1}$$

油箱主要设计参数如图 20-3-5 所示。一般油面的高度为油箱高 h 的 0.8 倍，与油直接接触的表面算全散热面，与油不直接接触的表面算半散热面，图示油箱的有效容积 V 和散热面积 A_1 分别为

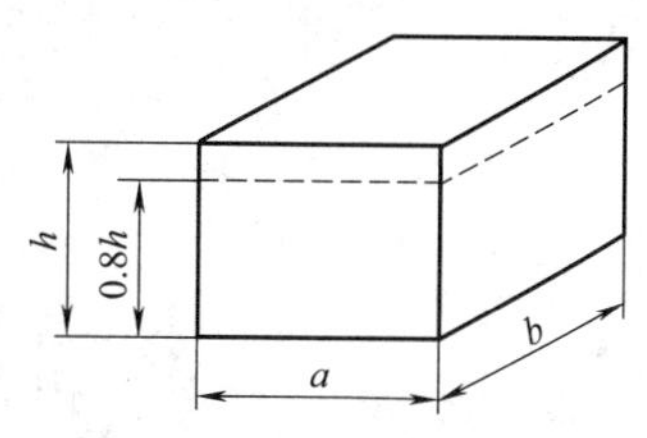

图 20-3-5 油箱结构尺寸

$$V=0.8abh$$

$$A_1=1.8h(a+b)+1.5ab$$

若 A_1 求出，再根据结构要求确定 a、b、h 的比例关系，即可确定油箱的主要结构尺寸。

3.8.3 液压泵组的结构设计

液压泵组是指液压泵及驱动泵的原动机（固定设备上的电动机和行走设备上的内燃机）和联轴器及传动底座组件，各部分的作用见表 20-3-21。液压泵组的结构设计要点如表 20-3-24 所示。

表 20-3-24 液压泵的结构设计要点

设计要点		设计说明
布置方式		可根据主机的结构布局、工况特点、使用要求及安装空间的大小，按照前面的方法合理确定液压泵组的布置方式
连接和安装方式	轴间连接方式	确定液压泵与原动机的轴间连接和安装方式首先要考虑的问题是：液压泵轴的径向和轴向负载的消除或避免 ①直接驱动型连接 a. 联轴器。由于泵轴在结构上一般不能承受额外的径向和轴向载荷，所以液压泵最好由原动机经联轴器直接驱动。并且使泵轴与驱动轴之间严格对中，轴线的同轴度误差不大于 0.08mm 原动机与液压泵之间的联轴器宜采用带非金属弹性元件的挠性联轴器，例如 GB/T 5272—2017 中规定的梅花形弹性联轴器以及 GB/T 10614—2008 中规定的芯型弹性联轴器和 GB/T 5844—2002 中规定的轮胎式联轴器。其中梅花形弹性联轴器具有弹性、耐磨性、缓冲性及耐油性较高，制造容易、维护方便等优点，应用较多。上述各种联轴器的标准可查阅相关机械设计手册 b. 花键连接。除了采用挠性联轴器外，原动机与液压泵之间还可采用特殊的轴端带花键连接孔的原动机，将泵的花键轴直接插入原动机轴端。此种连接方式在省去联轴器的同时，还可以保证两轴间的同轴度。液压泵的轴伸尺寸系列应按国家标准 GB/T 2353—2005 的规定
		②间接驱动连接。如果液压泵不能经联轴器由原动机直接驱动，而需要通过齿轮传动、链传动或带传动间接驱动时，液压泵轴所受的径向载荷不得超过泵制造厂的规定值，否则带动泵轴的齿轮、链轮或带轮应架在另外设置的轴承上。此种连接方式也应满足规定的同轴度要求

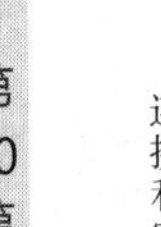

续表

<table>
<tr><th>设计要点</th><th colspan="2">设计说明</th></tr>
<tr><td rowspan="2">连接和安装方式</td><td rowspan="2">安装方式</td><td>①角形支架卧式安装。如图(a)所示，YBX-16 型液压泵直接装在角形支架 1 的止口里，依靠角形支架的底面与基座 2 相连接，再通过挠性联轴器 3 与带底座的卧式电动机(Y90L-4-1)相连。液压泵与电动机的同轴度需通过在电动机底座下和角形支架下加装的调整垫片来实现
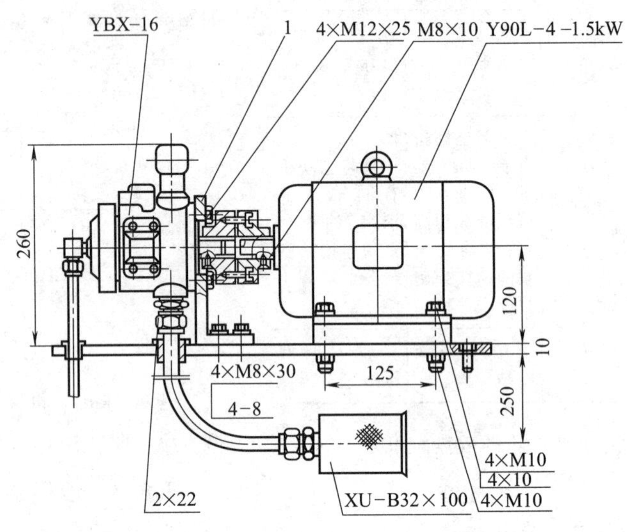

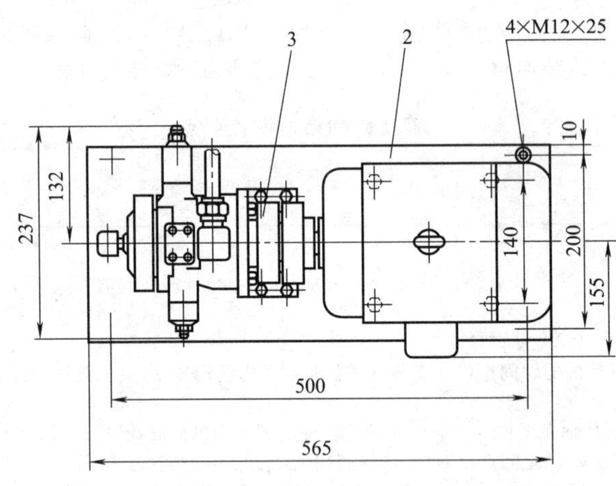

图(a)　角形支架卧式安装
1—角形支架；2—基座；3—挠性联轴器</td></tr>
<tr><td>②钟形罩立式安装。如图(b)所示，通过 YB1-32 型液压泵上的轴端法兰实现泵与钟形罩(也称钟形法兰)的连接，钟形罩再与带法兰的立式电动机(Y112M-685)连接，依靠钟形罩上的止口保证液压泵与电动机的同轴度。此种方式安装和拆卸均较方便</td></tr>
</table>

续表

设计要点		设计说明
连接和安装方式	安装方式	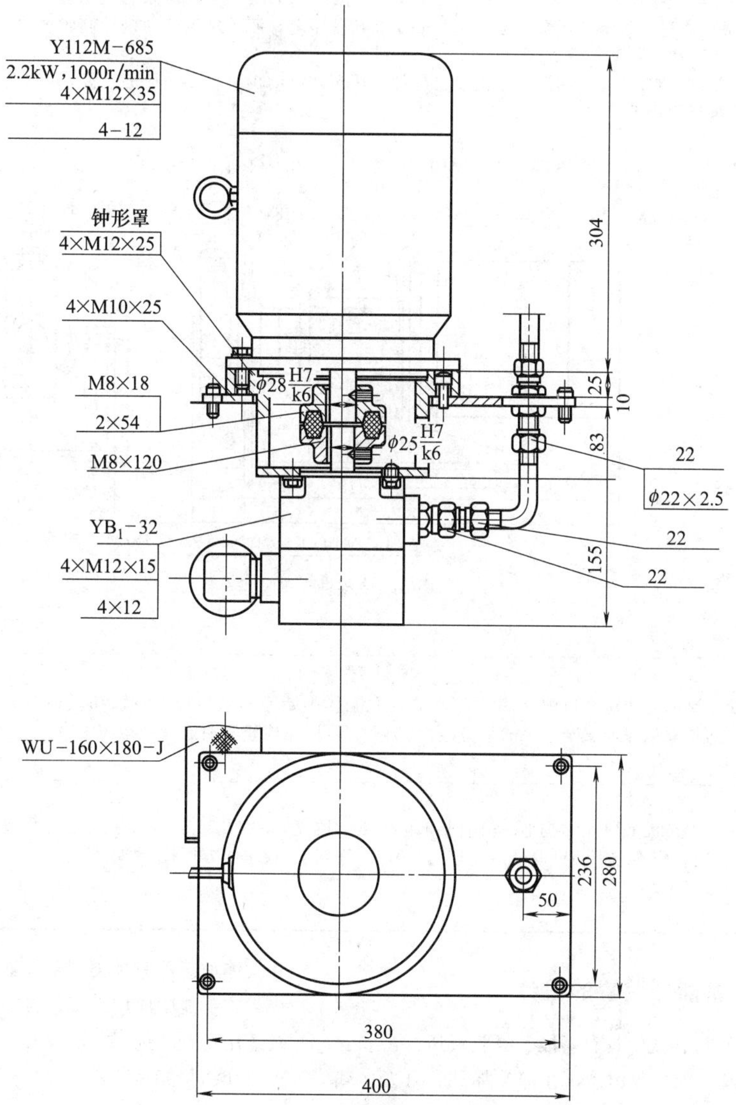 图(b)　钟形罩立式安装
		③脚架钟形罩卧式安装。如图(c)所示，此种安装方式与钟形罩立式安装类同，不同之处在于这里的钟形罩自带脚架2，并采用卧式安装 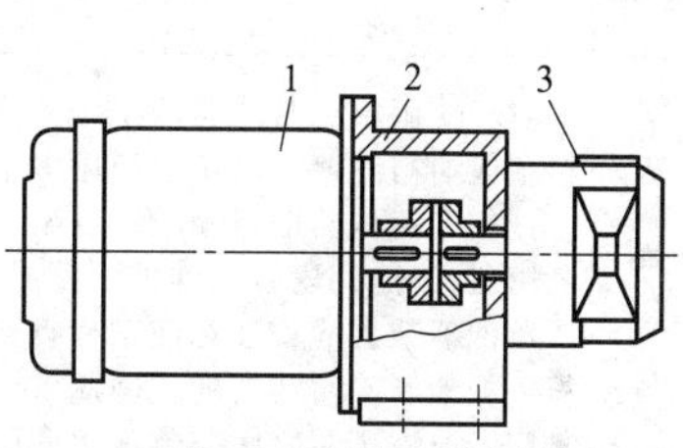 图(c)　脚架钟形罩卧室安装 1—电动机；2—脚架；3—液压泵

续表

设计要点		设计说明
连接和安装方式	安装方式	④支架钟形罩卧式安装。如图(d)所示，电动机(Y132M-4)与液压泵通过钟形罩连接起来，钟形罩再与支架相连，最后通过支架将液压泵与电动机一并安装在基座上。液压泵与电动机的同轴度由钟形罩上的止口保证。此种方式加工和安装都比较方便 目前，有的液压元件制造厂还提供已经把液压泵和电动机组装成一体的产品，简称电机组合泵，给用户设计和使用液压装置提供了方便 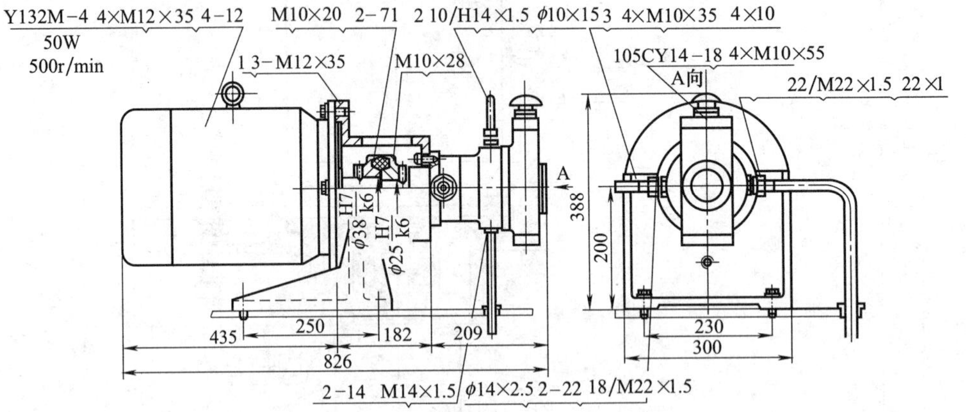 图(d)　支架钟形罩卧式安装
液压泵的安装姿态		应使液压泵的壳体泄油口朝上，以保证工作时泵壳体中始终充满油液。泵轴和联轴器等外露的旋转部分，应该设有可拆装的防护罩以保证安全。泵的下方应设置滴油盘，以免检修时油液流到地面上
液压泵组的传动底座		液压泵组的传动底座在结构上应具有足够的强度和刚度，特别是对于油箱箱顶上安装液压泵组的情况，箱顶要有足够的厚度(通常应不小于箱壁厚度的4倍)。还应考虑安装、检修的方便性，要在合适的部位设置滴油盘，以防油液污染工作场地

3.8.4　蓄能器装置的设计

蓄能器在液压系统中具有蓄能、吸收液压冲击和脉动、减振、平衡、保压等用途，在弹簧加载、重力加载和气体加载等三种类型蓄能器中，气体加载型可挠式在皮囊式蓄能中应用最多。各类蓄能器的详细分类、特点及适用场合，选择方法及其注意事项见前面章节。此处主要介绍蓄能器装置设计、安装及使用要点。

表20-3-25　　蓄能器装置的设计、安装及使用要点

设计要点	要点详述
蓄能器装置的设计与安装	对于使用单个蓄能器的中小型液压系统，可将蓄能器通过托架安装在紧靠脉动或冲击源处，或直接搭载安装在油箱箱顶或油箱侧壁上。对于使用多个蓄能器的大型液压系统，应设计安装蓄能器的专门支架，用以支撑蓄能器；同时，还应使用卡箍将蓄能器固定。支架上两相邻蓄能器的安装位置要留有足够的间隔距离，以便于蓄能器及其附件(提升阀及密封件等)的安装和维护。蓄能器间的管路连接应有良好的密封 蓄能器装置应安装在便于检查、维修的位置，并远离热源。用于降低噪声、吸收脉动和液压冲击的蓄能器，应尽可能靠近振动源。蓄能器的铭牌应置于醒目的位置。非隔离式蓄能器及皮囊式蓄能器应油口向下、充气阀朝上竖直安放。蓄能器与液压泵之间应装设单向阀，防止液压泵卸荷或停止工作时蓄能器中的压力油倒灌。蓄能器与系统之间应装设截止阀，供充气、检查、维修蓄能器时或长时间停机时使用。各蓄能器应牢固地固定在支架上，蓄能器支架应牢固地固定在地基上，以防蓄能器从固定部位脱开而发生飞起伤人事故

续表

设计要点	要点详述
蓄能器使用注意事项	①不能在蓄能器上进行焊接、铆焊及机械加工。蓄能器绝对禁止充氧气，以免引起爆炸。不能在充液状态下拆卸蓄能器 ②非隔离式蓄能器不能放空油液，以免气体进入管路中。使用压力不宜过高，防止过多气体溶入油液中 检查充气压力的方法：将压力表装在蓄能器的油口附近，用液压泵向蓄能器注满油液，然后，使泵停止，使压力油通过与蓄能器相接的阀慢慢从蓄能器中流出。在排油过程中观察压力表。压力表指针会慢慢下降。当达到充气压力时，蓄能器的提升阀关闭，压力表指针迅速下降到零，压力迅速下降前的压力即为充气压力。也可利用充气工具直接检查充气压力，但由于每次检查都要放掉一点气体，故不适用于容量很小的蓄能器

3.9　液压集成块设计

尽管目前已有多种集成块系列及其单元回路，但是现代液压系统日趋复杂，导致系列集成块有时不能满足用户的使用和设计要求，工程实际中仍有不少回路集成块需自行设计。

由于集成块的孔系结构复杂，设计者经验的多寡对于设计的成败及质量的优劣有很大影响。对于经验缺乏的设计者来说，在设计中，建议设计者研究和参考现有通用集成块系列的结构及特点，以便于加快设计进程，减少设计失误，提高设计工作效率。

表 20-3-26　液压集成块设计要点

设计要点	说　明
确定公用油道孔的数目	集成块体的公用油道孔，有二孔、三孔、四孔、五孔等多种设计方案，应用较广的为二孔式和三孔式，其结构及特点见表1

表1　二孔式和三孔式集成块的结构及特点

公用油道孔	结构简图	特　点
二孔式	螺栓孔 P O 螺栓孔	在集成块上分别设置压力油孔P和回油孔O各一个，用四个螺栓孔与块组连接螺栓间的环形孔来作为泄漏油通道。优点：结构简单，公用通道少，便于布置元件；泄漏油道孔的通流面积大，泄漏油的压力损失小。缺点：在基块上需将四个螺栓孔相互钻通，所以需堵塞的工艺孔较多，加工麻烦，为防止油液外漏，集成块间相互叠积面的粗糙度要求较高，一般应小于 $Ra0.8\mu m$
三孔式	螺栓孔 L P O 螺栓孔	在集成块上分别设置压力油孔P、回油孔O和泄油孔L共三个公用孔道。优点：结构简单，公用油道孔数较少。缺点：因泄漏油孔L要与各元件的泄漏油口相通，故其连通孔道一般细（$\phi5\sim6mm$）而长，加工较困难，且工艺孔较多

设计要点	说　明
制作液压元件样板	为了在集成块四周面上实现液压阀的合理布置及正确安排其通油孔（这些孔将与公用油道孔相连），可按照液压阀的轮廓尺寸及油口位置预先制作元件样板，放在集成块各有关视图上，安排合适的位置。对于简单回路则不必制作样板，直接摆放布置即可
确定孔道直径及通油孔间壁厚	集成块上的孔道可分为三类：第一类是通油孔道，其中包括贯通上下面的公用孔道，安装液压阀的三个侧面上直接与阀的油口相通的孔道，另一侧面安装管接头的孔道，不直接与阀的油口相通的中间孔道即工艺孔四种；第二类是连接孔，其中包括固定液压阀的定位销孔和螺钉孔（螺孔），成摞连接各集成块的螺栓孔（光孔）；第三类是质量在30kg以上的集成块的起吊螺钉孔

续表

设计要点	说明

确定孔道直径及通油孔间壁厚

通油孔道的直径

与阀的油口相通孔道的直径，应与液压阀的油口直径相同。与管接头相连接的孔道，其直径 d 一般应按通过的流量和允许流速，用下式计算，但孔口需按管接头螺纹小径钻孔并攻螺纹

$$d=\sqrt{\frac{4q}{\pi v}}$$

式中　q——通过的最大流量，m^3/s

v——孔道中允许流速(取值见表 2)

d——孔道内径，m

表 2　孔道中的允许流速

油液流经孔道	吸油孔道	高压孔道	回油孔道
允许流速/$m \cdot s^{-1}$	0.5～1.5	2.5～5	1.5～2.5
说明	高压孔道：压力高时取最大值，反之取小值；孔道长的取小值，反之取大值；油液黏度大时取小值		

工艺孔应用螺塞或球胀堵头堵死

公用孔道中，压力油孔和回油孔的直径可以类比同压力等级的系列集成块中的孔道直径确定，也可通过上式计算得到；泄油孔的直径一般由经验确定，例如对于低、中压系统，当 $q=25$ L/min 时，可取 ϕ6mm，当 $q=63$ L/min 时，可取 ϕ10mm

连接孔的直径

固定液压阀的定位销孔的直径和螺钉孔(螺孔)的直径，应与所选定的液压阀的定位销直径及配合要求与螺钉孔的螺纹直径相同

连接集成块组的螺栓规格可类比相同压力等级的系列集成块的连接螺栓确定，也可以通过强度计算得到。单个螺栓的螺纹小径 d 的计算公式为

$$d \geqslant \sqrt{\frac{4P}{\pi N[\sigma]}}$$

式中　P——块体内部最大受压面上的推力，N

N——螺栓个数

$[\sigma]$——单个螺栓的材料许用应力，Pa

螺栓直径确定后，其螺栓孔(光孔)的直径也就随之而定，系列集成块的螺栓直径为 M8～M12，其相应的连接孔直径为 ϕ9～12mm

起吊螺钉孔的直径

单个集成块质量在 30kg 以上时，应按质量和强度确定螺钉孔的直径

油孔间的壁厚及其校核

通油孔间最小壁厚的推荐值不小于 5mm。当系统压力高于 6.3MPa 时，或孔间壁厚较小时，应进行强度校核，以防止系统在使用中被击穿。孔间壁厚 δ 可按下式进行校核。但考虑到集成块上的孔大，多细而长，钻孔加工时可能会偏斜，实际壁厚应在计算基础上适当取大一些

$$\delta=\frac{pdn}{2\sigma_b}$$

式中　δ——压力油孔间壁厚，m

p——孔道内最高工作压力，MPa

d——压力油孔道直径，m

n——安全系数，钢件取值见表 3

σ_b——集成块材料抗拉强度，MPa

表 3　安全系数(钢件)

孔道内最高工作压力/MPa	<7	7～17.5	17.5
安全系数	8	6	4

续表

设计要点	说　　明
中间块外形尺寸的确定	中间块用来安装液压阀，其高度 H 取决于所安装元件的高度。H 通常应大于所安装的液压阀的高度。在确定中间块的长度和宽度尺寸时，在已确定公用油道孔基础上，应首先确定公用油道孔在块间结合面上的位置。如果集成块组中有部分采用标准系列通道块，则自行设计的公用油道孔位置应与标准通道块上的孔一致。中间块的长度和宽度尺寸均应大于安放元件的尺寸，以便于设计集成块内的通油孔道时调整元件的位置。一般长度方向的调整尺寸为 40～50mm，宽度方向为 20～30mm。调整尺寸留得较大，孔道布置方便，但将加大块的外形尺寸和质量，反之，则结构紧凑、体积小、质量轻，但孔道布置困难。最后确定的中间块长度和宽度应与标准系列块的一致 应当指出的是，现在有些液压系统产品中，一个集成块上安装的元件不止三个，有时一块上所装的元件数量达到 5～8 个以上，其目的无非是减少整个液压控制装置所用油路块的数量。如果采用这种集成块，通常每块上的元件不宜多于 8 个，块在三个尺度方向的最大尺寸不宜大于 500mm。否则，集成块的体积和质量较大，块内孔系复杂，给设计和制造带来诸多不便
布置集成块上的液压元件	在确定了集成块中公用油道孔的数目、直径及在块间连接面中的位置与集成块的外形尺寸后，即可逐块布置液压元件了。液压元件在通道块上的安装位置合理与否，直接影响集成块体内孔道结构的复杂程度、加工工艺性的好坏及压力损失的大小。元件安放位置不仅与典型单元回路的合理性有关，还要受到元件结构、操纵调整的方便性等因素的影响。即使单元回路完全合理，若元件位置不当，也难于设计好集成块体。因此，它往往与设计者的经验多寡、细心程度有很大关系
中间块	中间块的侧面安装各种液压控制元件。当需与执行装置连接时，三个侧面安装元件，一个侧面安装管接头。注意事项如下 ①应给安装液压阀、管接头、传感器及其他元件的各面留有足够的空间 ②集成块体上要设置足够的测压点，以便调试时和工作中使用 ③需经常调节的控制阀，如各种压力阀和流量阀等应安放在便于调节和观察的位置，应避免相邻侧面的元件发生干涉 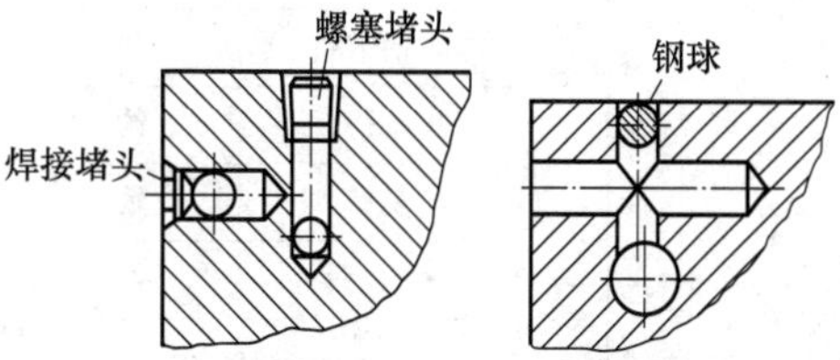 ④应使与各元件相通的油孔尽量安排在同一水平面内，并在公用通油孔道的直径范围内，以减少中间连接孔（工艺孔）、深孔和斜孔的数量。互不相通的孔间应保持一定壁厚，以防工作时击穿 螺塞堵头　钢球　焊接堵头 (ⅰ)螺塞和焊接　(ⅱ)球胀 图(a)　工艺孔的封堵 ⑤集成块的工艺孔均应封堵，封堵有螺塞、焊接和球胀三种方式，如图(a)所示。螺塞封堵是将螺塞旋入螺纹孔口内，多用于可能需要打开或等元件的工艺孔的封堵，螺塞应按有关标准制造。焊接封堵是将短圆柱周边牢固焊接在封堵处，对于直径小于 5mm 的工艺孔可以省略圆柱而直接焊接封堵，多用于靠近集成块边壁的交叉孔的封堵。球胀封堵是将钢球以足够的过盈压入孔中，多用于直径小于 10mm 工艺孔的封堵，制造球胀式堵头及封堵孔的材料及尺寸应符合 JB/T 9157—2011 标准的规定。封堵用螺塞、圆柱和钢球均不得凸出集成块的壁面，焊接封堵后应将焊接处磨平。封堵后的密封质量以不漏油为准 ⑥ 在集成块间的叠积面上（块的上面），公用油道孔出口处要安装 O 形密封圈，以实现块间的密封。应在公用油道孔出口处按选用的 O 形密封圈的规格加工出沉孔，O 形圈沟槽尺寸应满足相关标准 GB/T 3452.3—2005 的规定
基块（底板）	基块的作用是将集成块组件固定在油箱顶盖或专用底座上，并将公用通油孔道通过管接头与液压泵和油箱相连接，有时需在基块侧面上安装压力表开关。设计时要留有安装法兰、压力表开关和管接头等的足够空间。当液压泵出油口经单向阀进入主油路时，可采用管式单向阀，并将其装在基块外
顶块（盖板）	顶块的作用是封闭公用通油孔道，并在其侧面安装压力表开关以便测压，有时也可在顶块上安装一些控制阀，以减少中间块数量
过渡板	为了改变阀的通油口位置或为了在集成块上追加、安装较多的元件，可按需要在集成块上采用过渡板。过渡板的高度应比集成块高度至少小 2mm，其宽度可大于集成块，但不应与相邻两侧元件相干涉
集成块专用控制阀	为了充分利用集成块空间，减少过渡板，可采用嵌入式和叠加式两种集成块专用阀，前者将油路上串接的元件，如单向阀、背压阀等直接嵌入集成块内；后者通常将叠加阀叠积在集成块与换向阀之间
集成块油路的压力损失	油液在流经集成块孔系后要产生一定的压力损失，其数值是反映块式集成装置设计质量与水平的重要标志之一。显然，集成块中的工艺孔愈少，附加的压力损失愈小 集成块组的压力损失，是指贯通全部集成块的进油、回油孔道的压力损失。在孔道布置一定后，压力损失随流量增加而增加。经过一个集成块的压力损失 Δp（包括孔道的沿程压力损失 $\sum\Delta p_{\lambda}$、局部压力损失 $\sum\Delta p_{\zeta}$ 和阀类元件的局部压力损失 $\sum\Delta p_{v}$ 三部分），可借助有关公式逐孔、逐段详细算出后叠加。通常，经过一个块的压力损失值约为 0.01MPa 对于采用系列集成块的系统，也可以通过有关图线查得不同流量下经过集成块组的进油、回油通道的压力损失

续表

设计要点		说明
绘制集成块加工图	加工图的内容	为了便于读图、加工和安装，通常集成块的加工图应包括四个侧面视图及顶面视图、各层孔道剖面图与该集成块的单元回路图，并将块上各孔编号列表，并注明孔的直径、深度及与之相通的孔号，当然，加工图还应包括集成块所用材料及加工技术要求等 在绘制集成块的四个侧面和顶面视图时，往往是以集成块的底边和任一邻边为坐标，定出各元件基准线的坐标，然后绘制各油孔和连接液压阀的螺钉孔及块间连接螺栓孔，以基准线为坐标标注各尺寸 目前在有些液压企业，所设计的集成块加工图、各层孔道的剖视图，常略去不画，而只用编号列表来说明各种孔道的直径、深度及与之相通的孔号，并用绝对坐标标注各孔的位置尺寸等，以减少绘图工作量。但为了避免出现设计失误，最后必须通过人工或计算机对各孔的所有尺寸及孔间阻、通情况进行仔细校验
	集成块的材料和主要技术要求	见下文

制造集成块的材料因液压系统压力高低和主机类型不同而异，可以参照表 4 选取。通常，对于固定机械、低压系统的集成块，宜选用 HT250 或球墨铸铁；高压系统的集成块宜选用 20 钢和 35 钢锻件。对于有重量限制要求的行走机械等设备的液压系统，其集成块可采用铝合金锻件，但要注意强度设计

表 4 集成块的常用材料

种 类	工作压力/MPa	厚度/mm	工艺性	焊接性	相对成本
热轧钢板	约 35	<160	一般	一般	100
碳钢锻件	约 35	>160	一般	一般	150
灰口铸铁	约 14	—	好	不可	200
球墨铸铁	约 35	—	一般	不可	210
铝合金锻件	约 21	—	好	不可	1000

集成块的毛坯不得有砂眼、气孔、缩松和夹层等缺陷，必要时需对其进行探伤检查。毛坯在切削加工前应进行时效处理或退火处理，以消除内应力

集成块各部位的粗糙度要求不同：集成块各表面和安装嵌入式液压阀的孔的粗糙度不大于 $Ra0.8\mu m$，末端管接头的密封面和 O 形圈沟槽的粗糙度不大于 $Ra3.2\mu m$，一般通油孔道的粗糙度不大于 $Ra12.5\mu m$。块间结合面不得有明显划痕

形位公差要求为：块间结合面的平行度公差一般为 0.03mm，其余四个侧面与结合面的垂直度公差为 0.1mm。为了美观，机械加工后的铸铁和钢质集成块表面可镀锌

图(b)所示为不画各层孔道剖面图的集成块加工图

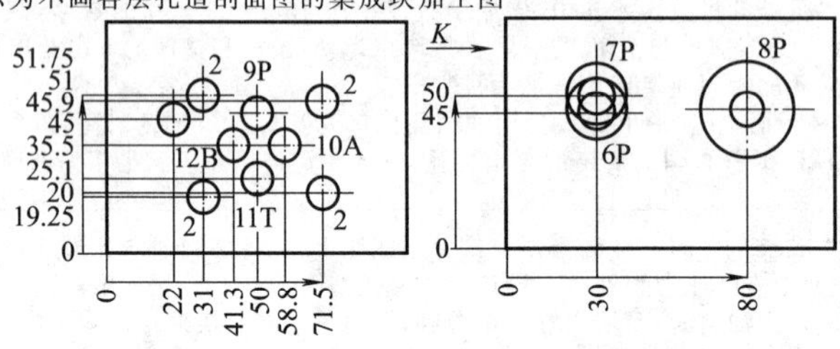

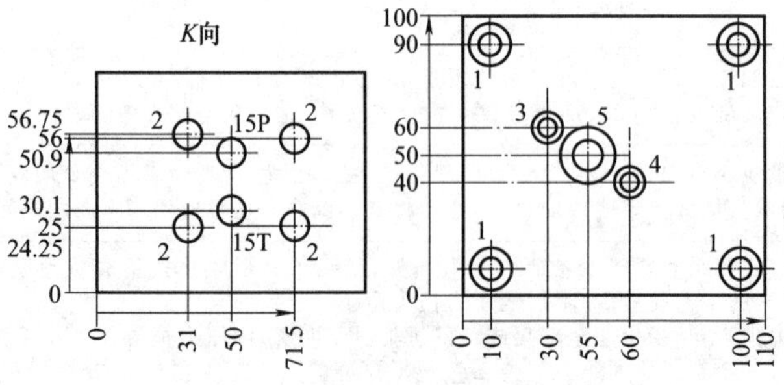

图(b) 不画各层孔道剖面图的集成块加工图

续表

设计要点	说明						
绘制集成块加工图	集成块的材料和主要技术要求	15	ϕ6	55	—	5、11	
		14	ϕ6	30	—	7	
		13	ϕ6	80	—	6、8	口攻 Z1/8，工艺孔
		12	ϕ6	60	—	4	
		11	ϕ6	55	—	5、15	
		10	ϕ6	80	—	3	
		9	ϕ6	30	—	8	
		8	ϕ6	50	—	9、13	
		7	ϕ6	50	—	14、3	
		6	ϕ6	22	—	13	口攻 M22×1.5 深 18
		5	ϕ10	31	—	11、15	口攻 Z1/4
		4	ϕ6	50	—	12	底面孔口攻 Z3/8
		3	ϕ6	65	—	10、7	口攻 M14×1.5 深 15
		2	M5	16	—	—	口攻 M14×1.5 深 15
		1	ϕ7	通孔	10	—	口扩 ϕ12 深 20
		孔号	孔径	孔深	攻深	相交孔号	孔口加工

3.10　全面审核及编写技术文件

在完成了设计之后，交付制造部门之前，要对所涉及的液压装置及其各部分，从功能上及结构上进行全面审核，找出失误之处并予以纠正。审核要点见表 20-3-27。

① 技术文件包括图样和技术文档，经以上各设计步骤，设计方案及系统草图经反复修改、完善被确认无误后，应绘制正式设计图。

② 液压系统图，一般按停车状态绘出。

③ 非标元件、辅件的装配图和零件图。

④ 各液压装置的布置装配图。一般由几张装配图组成，管路安装图可由简化示意图表示，但必须注明各元件、辅件的型号、规格、数量和连接方式等。

表 20-3-27　　**审核要点**

对象	功能方面	结构、形式方面
总体	电动机容量 安全、保护的考虑 溢流量是否过大(节能问题) 耐压能力 元件规格是否与装置适应 启动、停止的联锁 是否在合适部位设置了放气阀 泄油管是否单独回油箱 是否设置了下限监控仪表 管路拆装是否方便 软管弯曲半径是否合理 泵与电动机安装座的刚度 密封材料的相容性	是否符合有关法规 注意事项标记 使用说明书内容 维修工具 运输、搬运的准备 管路支撑 泵的隔振措施 回油管伸到液面以下 回油管与吸油管用隔板隔开 留出更换滤芯的空间 通气器结构 取样口 油箱姿势对液面的影响

续表

对象	功能方面	结构、形式方面
液压泵	旋转方向 转速 变量方式 吸油阻力 吸油管气密性 泄油管从最高点引出 停止时防止反转 低转速下的补油泵流量	吸油管单向阀 轴上载荷 联轴器 管子安装 泄油管取样能力
液压马达	转速 超越负载的制动措施 阻力负载的启动裕量 爬行问题 外界机械制动作用 泄油管从最高点引出	轴上载荷 管道安装 泄油管取样能力
液压缸	纵弯强度 面积差的影响 缓冲 管路摇动问题 速度范围 释压措施	活塞杆上侧向力 活塞杆防尘措施 安装座强度
溢流阀	额定流量 溢流管阻力 设定压力 控制管、泄放管口径	更换零件的空间 调压方便 调压时能看到压力表
电磁阀	额定流量 滑阀机能 线圈过热问题	更换阀芯的空间 线圈电压、暂载率 手动操作

对复杂、自动化程度高的液压设备，还应绘制液压执行元件的工作循环图和电气控制装置的动作程序表等。

技术文档应尽量完整，应附上作为设计依据和衡量设计质量优劣的设计任务书，方案的论证说明书和图样必要的说明书。其主要内容为设计计算书、调试使用说明书、标准件、通用件和易损备件汇总表等。

3.11 液压系统设计计算实例

3.11.1 机床液压系统设计实例

表 20-3-28 平面磨床工作台驱动回路设计实例

步骤	分析
条件	①启动、停止为手动操作，往复运动的换向由液压实现 ②工作台速度为 50～150mm/s，两方向的速度大致相同 ③工作台的行程为 150～900mm ④工作台的质量为 450kg，其摩擦因数为 0.2 ⑤达到最高速度的加速时间为 0.5s ⑥工作压力最好为 2MPa 左右

续表

步骤	分　析

实例分析

驱动工作台所需要的力为摩擦力与惯性力之和，摩擦力等于重力乘以摩擦因数，重力等于质量(重量)乘以重力加速度。惯性力等于质量(重量)乘以加速度，加速度等于最高速度除以加速时间。于是

$$F=mg\mu+m\frac{v}{t}=450\times9.81\times0.2+450\times\frac{0.15}{0.5}=1017.9\text{N}$$

令液压缸无杆端与有杆端的面积比为 2∶1，令外伸时回路为差动回路，则缸的受压面积 A_0 为

$$A_0=\frac{F}{p}=\frac{1017.9}{2\times10^6}=5.09\times10^{-4}\text{m}^2$$

选用缸内径 40mm，活塞杆直径 28mm，行程 1000mm 的液压缸。无杆腔面积 A_1 和有杆腔面积 A_2 分别为

$$A_1=\frac{\pi D^2}{4}=\frac{3.1416\times0.04^2}{4}=1.26\times10^{-3}\text{m}^2$$

$$A_2=\frac{\pi(D^2-d^2)}{4}=\frac{3.1416\times(0.04^2-0.028^2)}{4}=6.41\times10^{-4}\text{m}^2$$

活塞杆外伸时的工作压力 p_a 和所需要流量 q_a 分别为

$$p_a=\frac{F}{A_1-A_2}=\frac{1017.9}{12.6\times10^{-4}-6.41\times10^{-4}}=1.64\text{MPa}$$

$$q_a=v(A_1-A_2)=0.15\times(12.6\times10^{-4}-6.41\times10^{-4})=9.3\times10^{-5}\text{m}^3/\text{s}=5.57\text{L/min}$$

活塞内缩时的 p_b 和 q_b 分别为

$$p_b=\frac{F}{A_2}=\frac{1017.9}{6.41\times10^{-4}}=1.59\text{MPa}$$

$$q_b=vA_2=0.15\times6.41\times10^{-4}=9.6\times10^{-5}\text{m}^3/\text{s}=5.76\text{L/min}$$

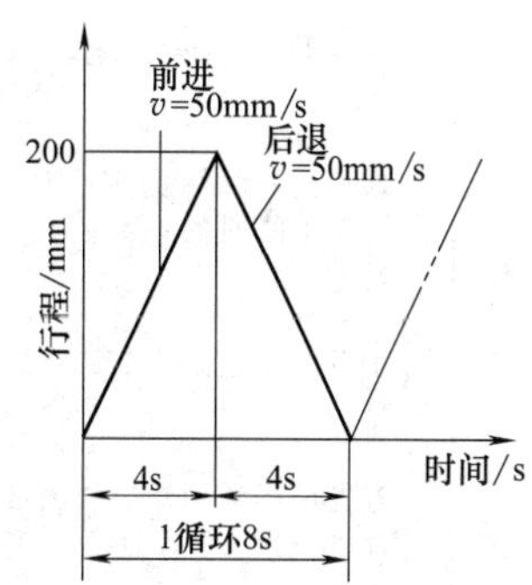

图(a)　工作台工作循环

假定压力损失 $\Delta p_1=0.2\text{MPa}$，溢流阀的调压差值 $\Delta p_2=0.22\text{MPa}$，则溢流阀的设定压力 p 为

$$p=p_a+\Delta p_1+\Delta p_2=1.64+0.2+0.22=2.06\text{MPa}$$

如果泵的输出流量留有 10% 的裕量，则

$$q=q_b\times1.1=5.76\times1.1=6.34\text{L/min}$$

如令泵的总效率 $\eta_P=0.7$，则泵的输入功率 P_r 为

$$P_r=\frac{pq}{\eta_P}=\frac{2.06\times10^6\times6.34\times10^{-3}}{60\times0.7}=310.96\text{W}$$

接下来讨论发热量 H 与温升 $\Delta\theta_0$。假定图(a)所示的磨床工作台工作循环，求连续运行 1h 的发热量及油液温升

泵的效率引起的发热量 H_1 为

$$H_1=P_r(1-\eta_P)=310.96\times(1-0.7)=93.29\text{W}$$

当速度为 50mm/s 时，活塞杆外伸时所需流量 q_a 为

$$q_a=v(A_1-A_2)=0.05\times(12.6\times10^{-4}-6.41\times10^{-4})$$
$$=3.1\times10^{-5}\text{m}^3/\text{s}=1.86\text{L/min}$$

则溢流阀的发热量 H_2 为

$$H_2=pq_a=\frac{2.06\times10^6\times(6.34-1.86)\times10^{-3}}{60}=153.81\text{W}$$

综上所述，系统的总发热量 H 为

$$H=H_1+H_2=93.29+153.81=247.1\text{W}$$

于是，假定油箱散热系数 $K=11.63\text{W}/(\text{m}^2\cdot℃)$，40L 油箱的散热面积 $A=0.9\text{m}^2$，则油液温升 $\Delta\theta$ 为

$$\Delta\theta=\frac{H}{KA}=\frac{247.1}{11.63\times0.9}=23.6℃$$

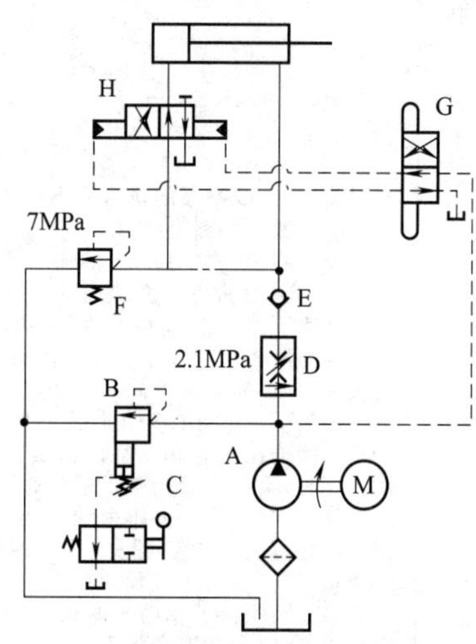

图(b)　磨床工作台驱动回路

磨床工作台驱动回路见图(b)

手动换向阀一换向，溢流阀 B 即负载工作，泵 A 的输出流量通过调速阀 D 引向液压缸的两侧，缸杆外伸前进。此回路称为差动回路

前进到规定位置时，凸轮操纵阀 G 使液动换向阀 H 切换，缸杆内缩后退

调速阀 D 实现进口节流控制，多余流量从溢流阀 B 溢流

3.11.2 油压机液压系统设计实例

表 20-3-29 600t油压机回路设计实例

<table>
<tr><th>步骤</th><th>分　析</th></tr>
<tr><td>条件</td><td>①主缸内径630mm，行程500mm
②两个辅助缸内径180mm，活塞杆直径125mm，行程500mm，其无杆侧不加压，连通油箱
③自重为9t
④工作压力为21MPa
⑤循环[参见图(a)]如下
高速下降、高速上升
$v_1=v_3=110\text{mm/s}$
加压下降
输出力 $F=3\text{MN}$ 时，$v_2=9.3\text{mm/s}$
输出力 $F=6\text{MN}$ 时，$v_2=4.7\text{mm/s}$
⑥主泵为双向变量泵，电动机功率为37kW，转速为1450r/min
400 v_1 v_2 释压 v_3 行程/mm 时间/s
图(a) 油压机工作循环</td></tr>
<tr><td>实例分析</td><td>主缸的面积 A 及两个辅助缸的面积 B 分别为
$A=\dfrac{\pi D_1{}^2}{4}=\dfrac{3.14\times 63^2}{4}=3116\text{cm}^2$
$B=\dfrac{\pi(D_2{}^2-d_2{}^2)}{4}\times 2=\dfrac{3.14\times(18^2-12.5^2)}{4}\times 2=264\text{cm}^2$
高速下降时注入主缸的流量 q_1 和从辅助缸流出的流量 q_2 分别为
$q_1=Av_1=2057\text{L/min}$
$q_2=Bv_1=174\text{L/min}$
通过充液阀G的流量为 $q_1-q_2=1883\text{L/min}$
加压下降时的 q_1、q_2 为
$q_1=88\sim174\text{L/min}$
$q_2=7.5\sim15\text{L/min}$
上升时从主缸流出的流量 q_3 和流入辅助缸的流量 q_4 分别为
$q_3=2057\text{L/min}$
$q_4=174\text{L/min}$
经充液阀流回油箱的流量为1883L/min
此处假设 $\alpha=$(惯性力＋摩擦力)$/B=1\text{MPa}$，则上升时的压力 p_a 为
$p_a=\dfrac{mg}{B}+\alpha=\dfrac{9000\times 9.81}{0.0264}+1\times 10^6=4.4\text{MPa}$
假设 $\Delta p=$调压差值＋余量$=1.62+1=2.6\text{MPa}$，则平衡阀E的设定压力 p_R 为
$p_R=p_a+\Delta p=4.4+2.6=7\text{MPa}$
根据加压时的输出力 $F=3\sim6\text{MN}$，所需压力 p_b 为
$p_b=\dfrac{F}{A}=19.2\text{MPa}(v_2=4.7\text{mm/s})$
$p_b=9.6\text{MPa}(v_2=9.3\text{mm/s})$
主溢流阀设定压力为 $p_R=21\text{MPa}$
由于 $n_p=1450\text{r/min}$、$\eta_v=0.95$，所以主泵排量为
$Q=\dfrac{174}{1.45\times 0.95}=126\text{mL/r}$
因此，双向变量泵的排量应不小于126mL/r，但下降方向带压力补偿控制装置
油压机液压回路见图(b)
为了控制双向变量泵 A 的输出流量，伺服压力 p_s、控制压力 p_i 以及充液阀G和平衡阀E动作的控制压力是必要的。作为它们的动力源，图中使用双联定量泵
①高速下降　泵A切换成使柱塞下降时，从辅助缸流出的液压油经过已经卸荷的平衡阀E流入泵A吸油回路，流进主缸的液压油仅靠泵的输出流量是不够的，所以经过充液阀从油箱补充。下降速度取决于辅助缸面积B和泵的吸入流量，自重靠泵支承同时下降
②加压下降　在接触工件之前根据行程开关的信号进入加压下降状态。自重由平衡阀支撑同时下降。加压速度取决于泵的输出流量和主缸面积 A，但接触工件而进入加工状态时，泵的压力补偿控制装置工作，所以速度随负载而变化。此时，泵吸入量的不足部分通过单向阀H从油箱补充
③释压、上升　根据压力继电器I的信号进入释压过程。节流阀D用来调节释压速度。释压结束后进入上升行程，靠上限行程开关使缸停止。上升时油液的流动方向与高速下降时相反
注意，如果在释压过程中输入上升指令，能产生冲击
如果存在下降开始时平衡阀E的响应迟钝、高速下降时的急停及加压下降时的平衡阀故障等，辅助缸的有杆腔会产生高压，所以设置安全阀F。另外，如果阀E响应迟钝，则缸开始动作时可能失速
有时为了进一步确保安全，增设防止下落的液控单向阀</td></tr>
</table>

续表

步骤	分　析
实例分析	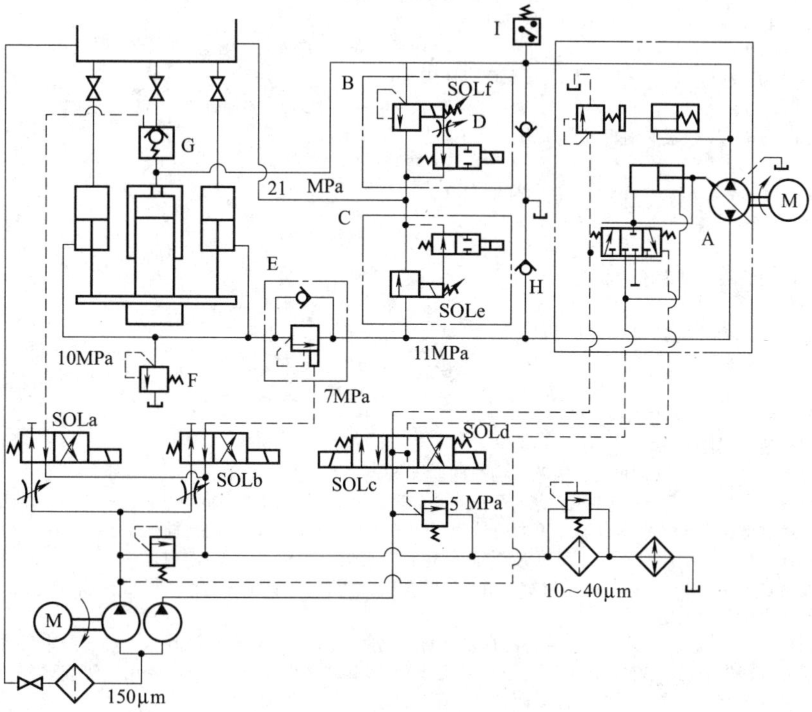 图(b)　油压机液压回路

3.11.3　注塑机液压系统设计实例

表 20-3-30　50t 注塑机回路设计实例

步骤	分　析
条件	①合模缸内径 $D_1=224$mm，活塞杆直径 $D_2=190$mm，快进缸直径 $D_3=100$mm，行程 400mm，合模力 $F=500$kN，高速顶出速度 $v_1=125$mm/s，低速顶出速度 $v_2=25$mm/s，内缩速度 $v_3=80$mm/s ②注射缸内径 100mm，活塞杆直径 80mm，顶出力 $F=30\sim100$kN，顶出速度 $v_4=0\sim125$mm/s ③令各执行器单独动作，压力为 14～15MPa ④其他执行器省略
实例分析	合模缸的各部分面积 A_1、A_2、A_3 为 $$A_1=315.5\text{cm}^2$$ $$A_2=78.5\text{cm}^2$$ $$A_3=110.6\text{cm}^2$$ 根据合模力 $F=500$kN，可得出所需压力 p_a 为 $$p_a=\frac{F}{A_1+A_2}=12.7\text{MPa}$$ 根据合模缸的速度 v_1、v_2、v_3，可得出所需流量分别为 $$q_1=v_1A_2=58.9\text{L/min}$$ $$q_2=v_2(A_1+A_2)=59.1\text{L/min}$$ $$q_3=v_3A_3=53.1\text{L/min}$$ 注射缸无杆侧面积 A 为 $$A=78.5\text{cm}^2$$

续表

步骤	分析

实例分析

根据注射缸顶出力 $F=30\sim100\text{kN}$ 可得所需压力为

$$p_b=3.8\sim12.7\text{MPa}$$

另外，根据顶出速度 $v_4=0\sim125\text{mm/s}$ 可得所需流量 q_4 为

$$q_4=0\sim58.9\text{L/min}$$

取10%的裕量，则泵的输出流量 q 为

$$q=59\times1.1=64.9\text{L/min}$$

取 $n=1450\text{n/min}$，$\eta_v=0.95$，则泵的排量 Q 为

$$Q=\frac{q}{\eta_v}=47.12\text{cm}^2/\text{r}$$

取溢流阀的最高设定压力 p 为

$$p=12.7+\Delta p=15\text{MPa}$$

令 $\eta_p=0.8$，则泵的输入功率 P_r 为

$$P_r=\frac{15\times64.9}{60\times0.8}=20.3\text{kW}$$

因此，选用22kW的电动机

注塑机液压回路见图(a)

用比例电磁式溢流阀B和比例电磁式调速阀C来控制各行程的压力和流量

①合模缸高速顶出 SOLa通电，进入高速顶出行程。此时液压油从油箱经过充液阀D引入液压缸 A_1 腔

②合模缸低速顶出 根据行程开关的信号使SOLf和SOLg通电，进入低速顶出行程。接触模具后主管路压力升高，压力继电器F动作，使SOLa断电，换向阀复中位。此时合模缸 A_1、A_2 腔内保持15MPa左右的压力

③注射缸推出 SOLd通电时注射缸动作，向模具内注射液态树脂。注射完毕后树脂固化到一定程度之前保压。保压时间由定时器设定

④释压、合模缸退回 保压完毕后，换向阀复中位，同时SOLg断电，合模缸释压。释压结束后进入退回行程

⑤螺旋送料器驱动 SOLe通电螺旋送料器旋转时，树脂被送进加热筒，一边熔化一边被送到喷嘴前端。此时注射缸被熔化的树脂推回去。为施加背压而设置平衡阀H

注意：树脂注射缸的速度误差影响制品的表面质量，一般应在±5%以内。为此，注射机中广泛采用比例阀。另外，为了节能和提高性能而使用蓄能器、多联泵、变量泵等

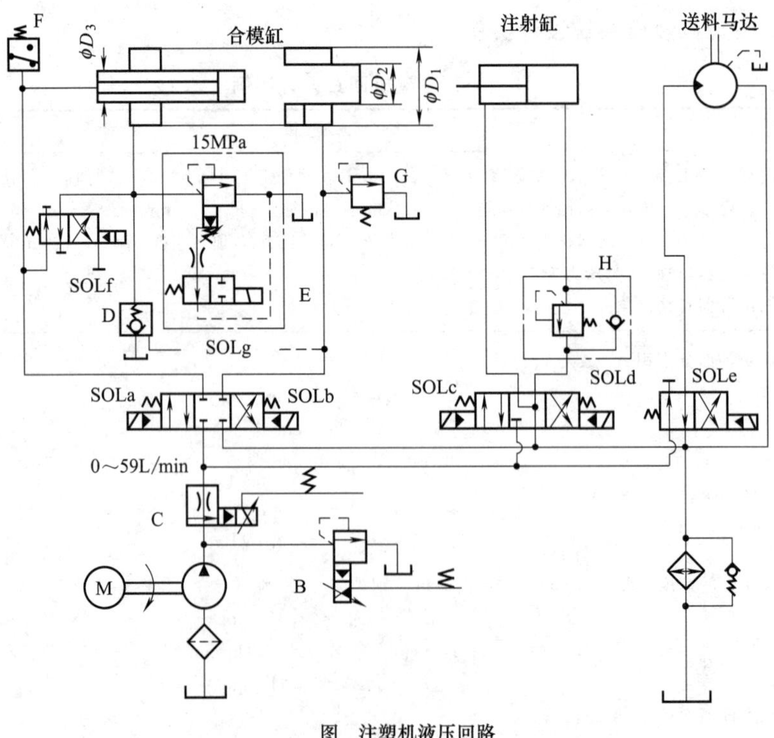

图 注塑机液压回路

第4章　液压基本回路

4.1　概述

液压基本回路是由相关液压元件组成，用来完成特定功能的典型回路。任何复杂的液压系统都是由一些简单的基本回路组成的。这些基本回路是由各类元件或辅件组成的，具有各种不同的功能，而同一基本功能的回路可以有多种实现方法。

在实际工作中，只有了解一些基本回路，对各种基本回路进行分析比较，并在充分了解工作环境和条件、了解机械设备对液压系统的基本要求下，才能选择合适的符合工况要求、简单经济的基本回路。这对于合理有效地利用液压系统，充分发挥整个机械设备的效能以及设备的维修保养，都会有很大的帮助。

本章仅说明液压基本回路的原理，对其他要求如散热、过滤、压力脉动等不论及。

4.2　液压源回路

液压源回路也可称为动力源回路，是液压系统中最基本的不可缺少的部分。液压源回路的功能是向液压系统提供满足执行机构需要的压力和流量。液压源回路是由油箱、油箱附件、液压泵、电动机、压力阀、过滤器、单向阀等组成的。在选择和使用液压源时要考虑系统所需的流量和压力，使用的工况、作业的环境以及液压油的污染控制和温度控制等。

表 20-4-1　　**液压源回路**

类别		回　　路	特　　点
定量泵-液压阀液压源回路	定量泵-溢流阀液压源回路	P T M	定量泵-溢流阀液压源回路结构简单，泵出口压力近似不变，为一恒定值。这种恒压源一般采用一个恒定转速的定量泵并联溢流阀，其压力是靠溢流阀的调定值决定的。当系统需要流量不大时，大部分流量是通过溢流阀流回油箱，所以使用这种恒压源的效率不高，能量损失较大，多用于功率不大的液压系统，如一般的机床液压系统
	定量泵-减压阀液压源回路	P	定量泵-减压阀液压源回路为恒压源。这种恒压源多用于瞬间流量变化大的伺服系统中。为保证伺服系统执行机构快速作用的需要，此类恒压源的动态响应高，因此瞬间功率也大。蓄能器可以满足瞬间大流量的要求，减少泵的容量，避免能量浪费。减压阀的响应决定了能源的响应，保证了恒压源的高频率响应。为了提高线性和高频率响应，充气式蓄能器的气瓶容量相当大，定量泵一般排量相对较小
	定量泵-安全阀液压源	P 3　1　2 M 1—定量泵；2—安全阀；3—恒速动力源	该回路是由定量泵和安全阀组成的恒流源，恒速原动机驱动定量泵排出恒定流量的油液，安全阀限制系统的最高压力。在安全阀限定的压力范围内，无论压力如何波动，油源输出油液的流量始终是恒定的

续表

类别		回　路	特　点
定量泵-液压阀液压源回路	定量泵-限流阀液压源	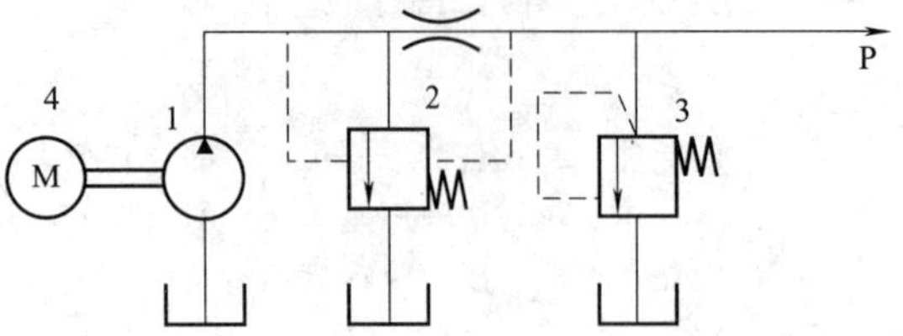 1—定量泵；2—限流阀；3—安全阀；4—变速原动机	某些场合定量泵由变速原动机驱动（如汽车发动机），随着原动机转速变化，定量泵的转速也变化，从而输出的流量也变化，为使泵输出的流量保持恒定，在系统中增加限流阀
变量泵-安全阀液压源回路		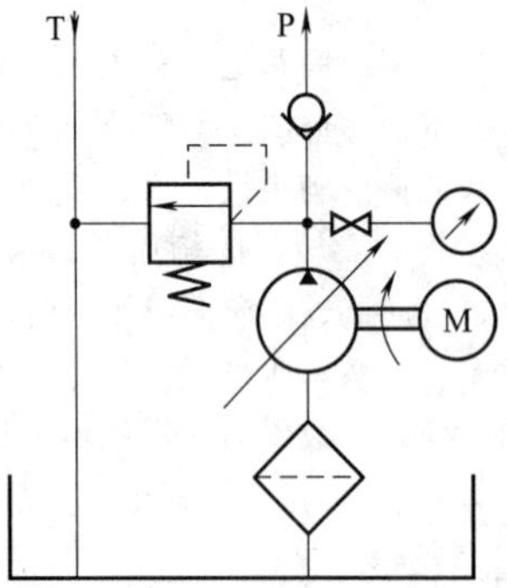	变量泵-安全阀液压源回路为液压系统提供所需的压力和流量，随负载的变化变量泵自动调整输出的压力和流量。变量泵出口有溢流阀作为安全阀，没有溢流损失。此回路性能好，效率高，但结构复杂，价格较贵。系统超载时，可以通过安全阀卸荷。常用在开式液压回路中，如振动下料机的液压系统
高低压双泵液压源回路		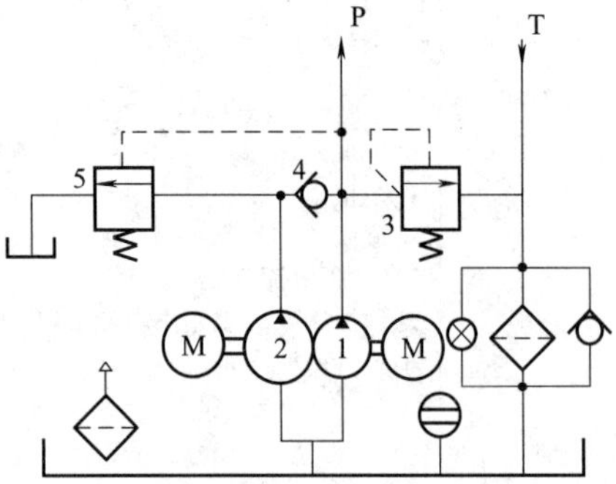 1—高压小流量泵；2—低压大流量泵； 3—溢流阀；4—单向阀；5—卸荷阀	高低压双泵液压源回路可以为系统提供所需的不同的运动速度。当系统中的执行机构所克服的负载较小而要求快速运动时，两泵同时供油以增大流量、增加速度；当负载增加而要求执行机构运动速度较慢时，系统工作压力升高，卸荷阀 5 打开，低压大流量泵 2 卸荷，高压小流量泵 1 单独供油。此回路由双泵协同供油，提高了液压系统的效率同时减少了功率消耗 溢流阀 3 控制泵 1 的供油压力，根据系统所需的最大工作压力来调定。卸荷阀 5 的调定压力比溢流阀 3 的调定压力低。但要比系统的最低工作压力高（即快速运动时系统的压力）。此系统用于经常需要工作在不同工作速度，而且两个速度相差很大时的情况下，如带轮三角槽辊轧机液压系统
多泵并联供油液压源回路		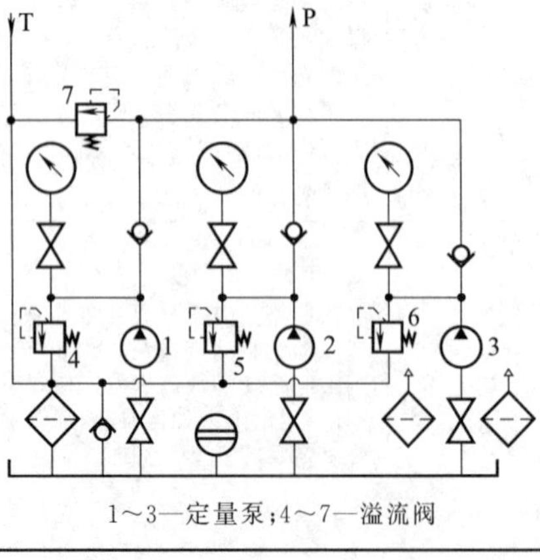 1～3—定量泵；4～7—溢流阀	多泵并联供油液压源回路常在系统需要多种不同的运动速度的情况下应用。多泵并联供油回路中泵的数量依据系统流量需要而确定。或根据长期连续运转工况，要求液压系统设置备用泵，一旦发现故障及时启动备用泵或采用多泵轮换工作制延长液压源使用和维护周期。各泵出口的溢流阀也可采用电磁溢流阀，使泵具有卸荷功能 回路中三个定量泵的流量分别为 $q_1<q_2<q_3$，$q_3>q_1+q_2$。根据各个泵是否工作，图中所示系统可以提供七种不同的运动速度。系统中单向阀可以起到使不工作的泵不受压力油的作用，系统压力由主油路溢流阀 7 设定，各泵出口溢流阀的调定压力应该相同，且高于系统压力

续表

类别	回　　路	特　　点
闭式系统液压源回路	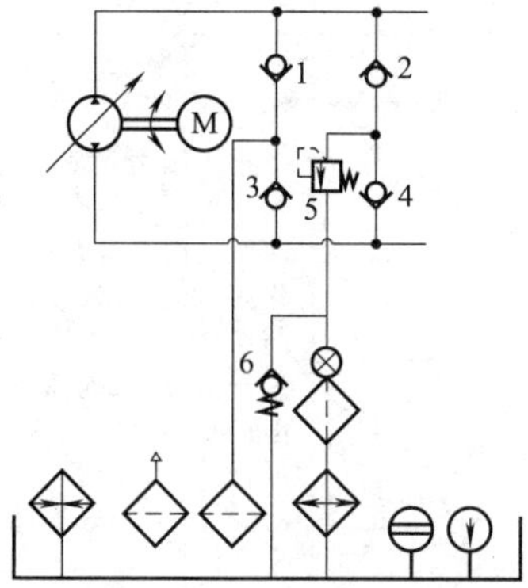 1～4,6—单向阀;5—溢流阀	闭式系统液压源回路采用双向变量泵,执行元件的回油直接输入到泵的吸油口,污物和空气不容易侵入液压系统。此回路效率高,油箱体积小,结构紧凑,运行平稳,换向冲击小。但是散热条件较差,油温容易升高。此回路常应用在功率大、换向频繁的液压系统,如龙门刨床、拉床、挖掘机、船舶等液压系统 闭式系统液压源回路可以通过改变变量泵输出油液的方向和流量,控制执行机构的运动方向和速度。回路中的压力取决于负载的大小,没有过剩的压力和流量。高压侧压力由溢流阀5进行控制,经单向阀3(或单向阀1)向吸油侧补充油液。此液压源做主液压泵时只能供给一个执行元件,不适合多负载系统
辅助泵供油液压源回路	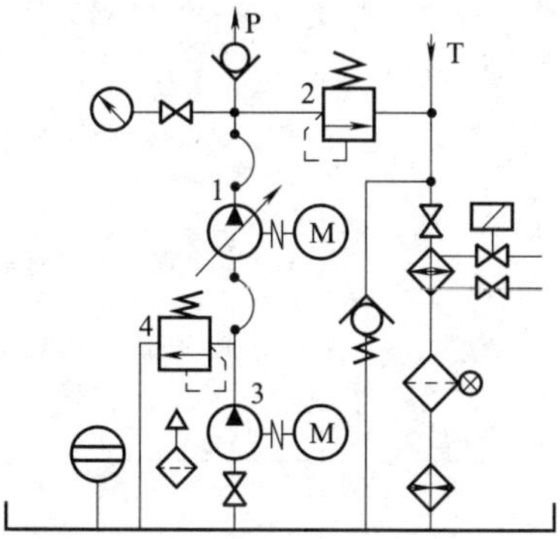 1—高压主油泵;2,4—溢流阀;3—辅助泵	有时为了满足液压系统所要求的较高性能,选取了自吸能力很低的高压泵,因此采用自吸性好、流量脉动小的辅助泵供油以保证主泵可靠吸油。图示回路中1为主泵,3为辅助泵。溢流阀4调定辅助泵供油压力,压力大小以保证主泵可靠吸油为原则,一般为0.5MPa左右
辅助循环泵液压源回路	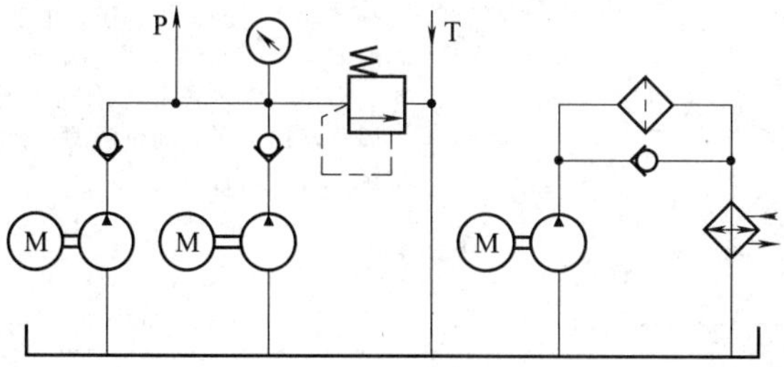	为了提高对系统污染度及温度的控制,该液压源采用了独立的过滤、冷却循环回路。即使主系统不工作,采用这种结构,同样可以对系统进行过滤和冷却,主要用于对液压介质的污染度和温度要求较高且较重要的场合

4.3　压力控制回路

压力控制回路主要是借助于各种压力控制元件来控制液压系统中各条油路的压力，以达到满足各个执行机构所需的力或力矩，合理使用功率和保证系统工作安全的目的。

在设计液压系统、选择液压基本回路时，一定要根据设计、主机工艺要求、方案特点、适用场合等认真考虑。例如，在一个工作循环的某一段时间内各支路均不需要新提供的液压能时，则考虑采用卸荷回路；当某支路需要稳定的低于动力油源的压力时，应考虑减压回路；当载荷变化较大时，应考虑多级压力控制回路；当有惯性较大的运动部件容易产生冲击时，应考虑缓冲或制动回路；在有升降运动部件的液压系统中，应考虑平衡回路等。

第20篇

4.3.1 调压回路

表 20-4-2 调压回路

类别	回路	特点
单级压力调定回路	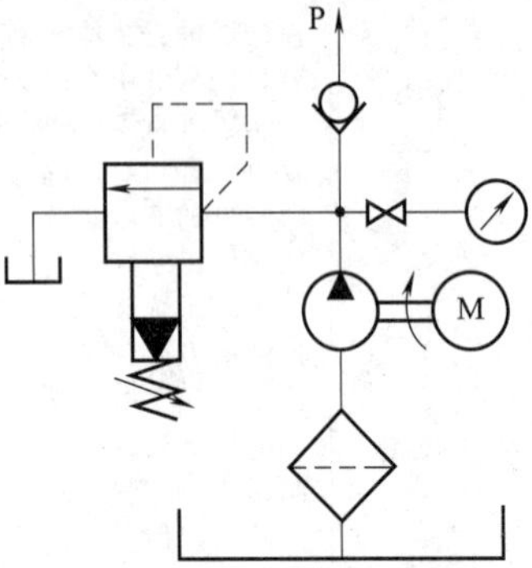	单级压力调定回路是最基本的调压回路。用溢流阀来控制系统的工作压力，溢流阀的调定压力应该大于液压缸的最大工作压力（包含液压管路上各种压力损失），当系统压力超过溢流阀的调定压力时，溢流阀溢流，系统卸荷来保护系统过载。一般用于功率较小的中低压系统，如车载横向行走小车的调压回路
多级压力调定回路	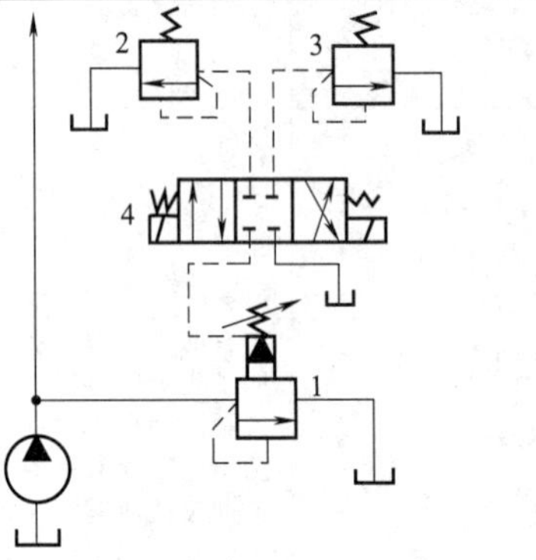 1—溢流阀；2，3—远程调压阀；4—三位四通电磁阀	以采用两个远程调压阀 2、3 和溢流阀 1 的三级调压回路为例。当液压系统需要多级压力控制时，可采用此回路。图中主溢流阀 1 的遥控口通过三位四通电磁阀 4 分别与远程调压阀 2 和 3 相接。换向阀中位时，系统压力由溢流阀 1 调定。换向阀左位得电时，系统压力由阀 2 调定，右位得电时由阀 3 调定。因而系统可设置三种压力值。值得注意的是远程调压阀 2、3 的调定压力必须低于主溢流阀 1 的调定压力
无级压力调定回路	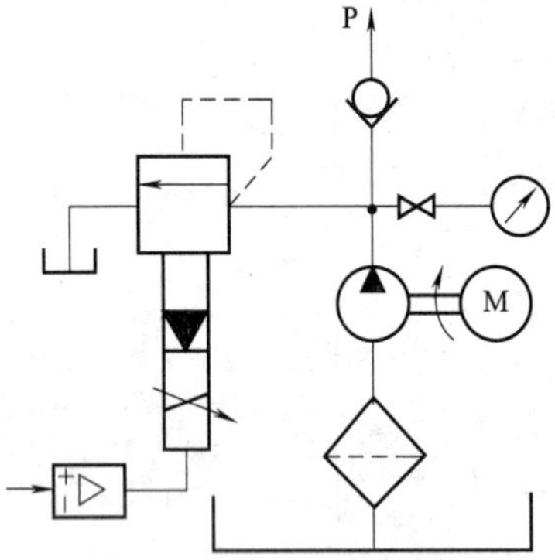	可以通过连续改变比例溢流阀的输入电流来实现系统的无级调压。电液比例溢流阀的调定压力与输入的电流成比例，电液比例溢流阀内带安全阀，保证系统的安全。此回路常用于需要随负载的变化情况改变系统压力的场合
变量泵调压回路	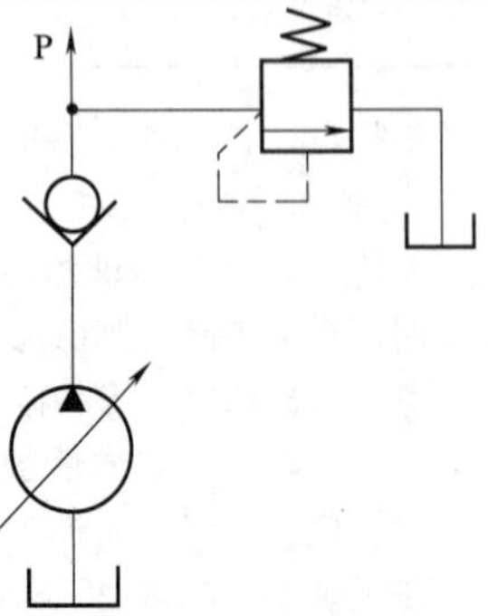	当采用非限压式变量泵和安全阀来调定系统的压力，系统的最高压力由安全阀限定。安全阀一般采用直动型溢流阀为好；当采用限压式变量泵时系统的最高压力由泵调节，其值为泵处于无流量输出时的压力。但在此系统中仍设置安全阀，防止液压泵变量机构失灵引起事故。此回路功率损失小，适用于利用变量泵的液压系统中，如快慢速交替工作的机械设备的液压系统中

续表

类别	回　路	特　点
远程调压回路	P 1—主溢流阀 2—远程调压阀	将远程调压阀 2 接在主溢流阀 1 的遥控口上，调节阀 2 即可调整系统工作压力。主溢流阀 1 用来调定系统的安全压力值。远程调压阀 2 的调定压力应小于溢流阀 1 的调定压力。该调压回路可应用于液压机的远程调压
插装阀组调压回路	1—插装阀 2—带有先导调压阀的盖板 3—可叠加的调压阀 4—三位四通阀 5,6—溢流阀	本回路由插装阀 1、带有先导调压阀的盖板 2、可叠加的调压阀 3 和三位四通阀 4 组成，具有高低压两级压力选择和卸荷控制功能。三位四通换向阀处于左位时，系统压力由阀 6 确定；三位四通换向阀处于右位时，系统压力由阀 5 确定。插装阀结构简单，通流能力大，动态响应快，密封性好，抗污染，适用于大流量的液压系统

4.3.2 减压回路

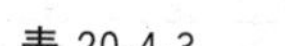
表 20-4-3　减压回路

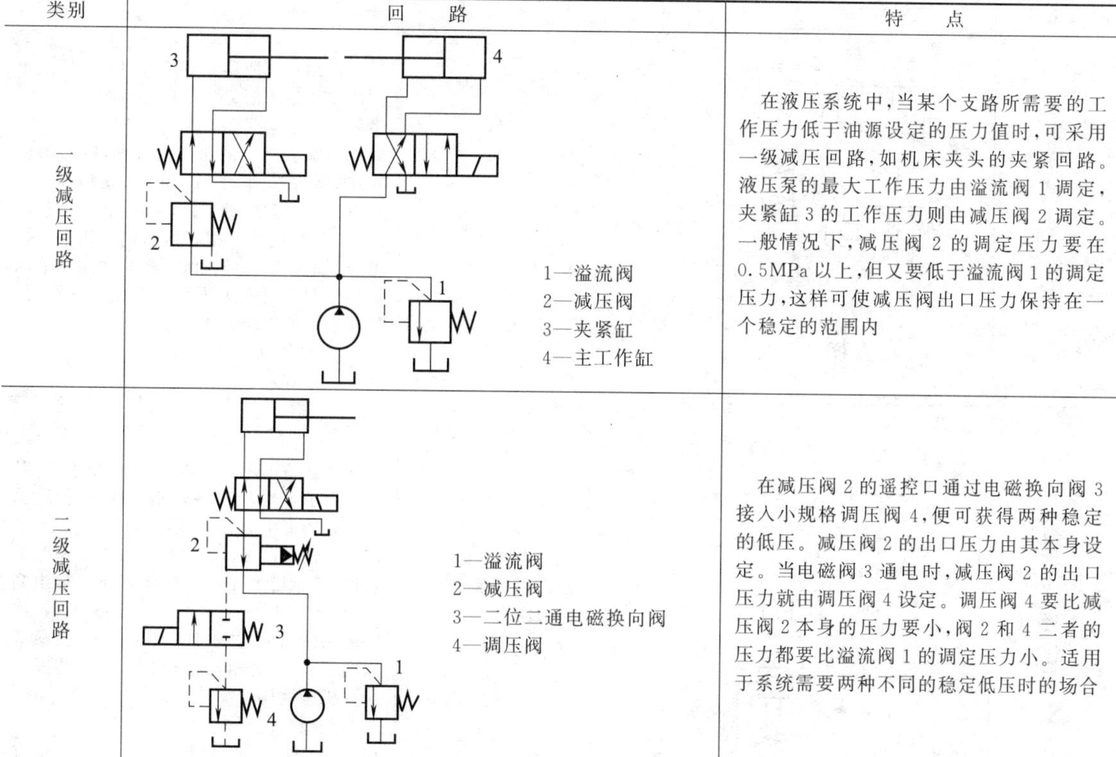

类别	回　路	特　点
一级减压回路	1—溢流阀 2—减压阀 3—夹紧缸 4—主工作缸	在液压系统中，当某个支路所需要的工作压力低于油源设定的压力值时，可采用一级减压回路，如机床夹头的夹紧回路。液压泵的最大工作压力由溢流阀 1 调定，夹紧缸 3 的工作压力则由减压阀 2 调定。一般情况下，减压阀 2 的调定压力要在 0.5MPa 以上，但又要低于溢流阀 1 的调定压力，这样可使减压阀出口压力保持在一个稳定的范围内
二级减压回路	1—溢流阀 2—减压阀 3—二位二通电磁换向阀 4—调压阀	在减压阀 2 的遥控口通过电磁换向阀 3 接入小规格调压阀 4，便可获得两种稳定的低压。减压阀 2 的出口压力由其本身设定。当电磁阀 3 通电时，减压阀 2 的出口压力就由调压阀 4 设定。调压阀 4 要比减压阀 2 本身的压力要小，阀 2 和 4 二者的压力都要比溢流阀 1 的调定压力小。适用于系统需要两种不同的稳定低压时的场合

续表

类别	回　路	特　点
多级减压回路	1～3—减压阀 4—三位四通换向阀	在同一液压源供油的系统中可以设置多个不同工作压力的减压回路，或同一支路可以得到多种不同的工作压力。如图所示，靠三位四通换向阀 4 进行转换控制，使液压缸得到三种不同的压力。三位四通换向阀 4 处于中位，由减压阀 1 减压；三位四通换向阀 4 处于右位，由减压阀 2 减压；三位四通换向阀 4 处于左位，由减压阀 3 减压。各减压阀的调定压力均小于溢流阀的调定压力。各减压阀的调定压力和负载相适应
无级减压回路	1—溢流阀 2—电液比例先导减压阀	图示回路是采用电液比例先导减压阀的无级减压回路。连续改变电液比例先导减压阀的输入电流（电液比例先导减压阀的调定压力与电流成比例），该支路即可得到低于系统工作压力的连续无级调节压力，常用于需要连续调压的情况下

4.3.3　增压回路

表 20-4-4　　增压回路

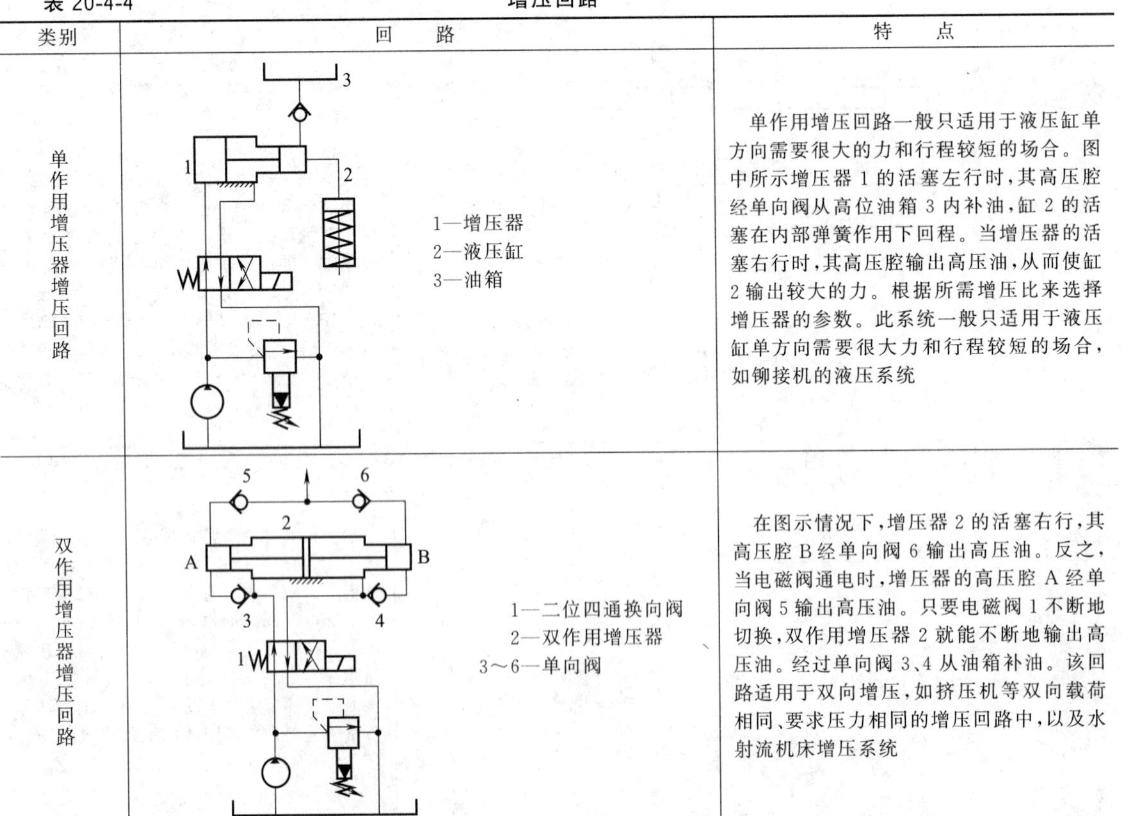

类别	回　路	特　点
单作用增压器增压回路	1—增压器 2—液压缸 3—油箱	单作用增压回路一般只适用于液压缸单方向需要很大的力和行程较短的场合。图中所示增压器 1 的活塞左行时，其高压腔经单向阀从高位油箱 3 内补油，缸 2 的活塞在内部弹簧作用下回程。当增压器的活塞右行时，其高压腔输出高压油，从而使缸 2 输出较大的力。根据所需增压比来选择增压器的参数。此系统一般只适用于液压缸单方向需要很大力和行程较短的场合，如铆接机的液压系统
双作用增压器增压回路	1—二位四通换向阀 2—双作用增压器 3～6—单向阀	在图示情况下，增压器 2 的活塞右行，其高压腔 B 经单向阀 6 输出高压油。反之，当电磁阀通电时，增压器的高压腔 A 经单向阀 5 输出高压油。只要电磁阀 1 不断地切换，双作用增压器 2 就能不断地输出高压油。经过单向阀 3、4 从油箱补油。该回路适用于双向增压，如挤压机等双向载荷相同、要求压力相同的增压回路中，以及水射流机床增压系统

第20篇

续表

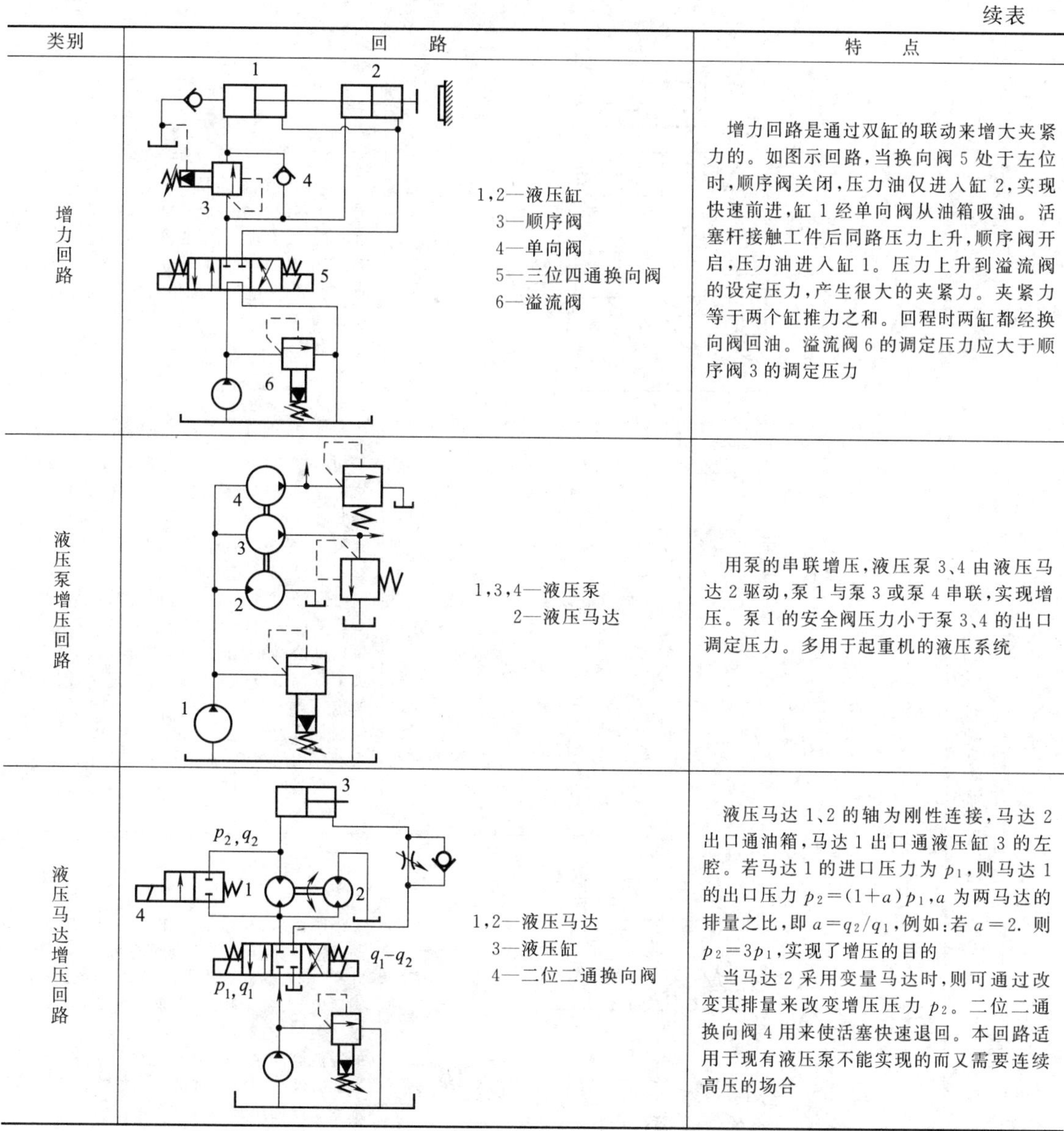

类别	回　　路	特　　点
增力回路	1,2—液压缸 3—顺序阀 4—单向阀 5—三位四通换向阀 6—溢流阀	增力回路是通过双缸的联动来增大夹紧力的。如图示回路，当换向阀 5 处于左位时，顺序阀关闭，压力油仅进入缸 2，实现快速前进，缸 1 经单向阀从油箱吸油。活塞杆接触工件后回路压力上升，顺序阀开启，压力油进入缸 1。压力上升到溢流阀的设定压力，产生很大的夹紧力。夹紧力等于两个缸推力之和。回程时两缸都经换向阀回油。溢流阀 6 的调定压力应大于顺序阀 3 的调定压力
液压泵增压回路	1,3,4—液压泵 2—液压马达	用泵的串联增压，液压泵 3、4 由液压马达 2 驱动，泵 1 与泵 3 或泵 4 串联，实现增压。泵 1 的安全阀压力小于泵 3、4 的出口调定压力。多用于起重机的液压系统
液压马达增压回路	p_2,q_2　q_1-q_2　p_1,q_1 1,2—液压马达 3—液压缸 4—二位二通换向阀	液压马达 1、2 的轴为刚性连接，马达 2 出口通油箱，马达 1 出口通液压缸 3 的左腔。若马达 1 的进口压力为 p_1，则马达 1 的出口压力 $p_2=(1+a)p_1$，a 为两马达的排量之比，即 $a=q_2/q_1$，例如：若 $a=2$. 则 $p_2=3p_1$，实现了增压的目的 当马达 2 采用变量马达时，则可通过改变其排量来改变增压压力 p_2。二位二通换向阀 4 用来使活塞快速退回。本回路适用于现有液压泵不能实现的而又需要连续高压的场合

4.3.4　保压回路

表 20-4-5　　**保压回路**

类别		回　　路	特　　点
用泵保压的回路	用定量泵保压的回路		当活塞到达行程终点需要保压时，可使液压泵继续运转，输出的压力油由溢流阀流回油箱，系统压力保持在溢流阀调定的数值上。此法简单可靠，但保压时功率损失大，油温高，因此一般用于 3kW 以下的小功率系统中

续表

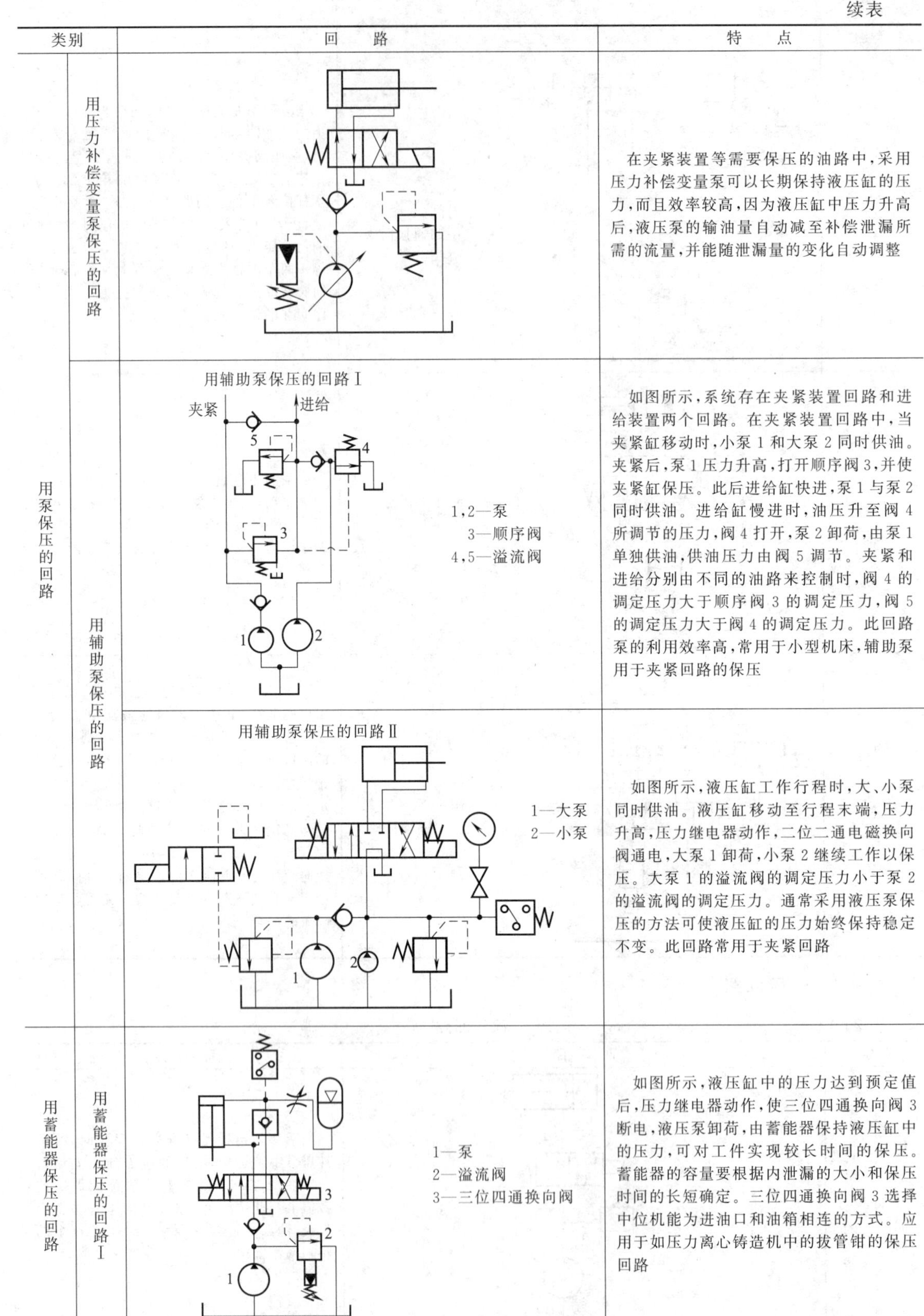

类别		回路	特点
	用压力补偿变量泵保压的回路		在夹紧装置等需要保压的油路中，采用压力补偿变量泵可以长期保持液压缸的压力，而且效率较高，因为液压缸中压力升高后，液压泵的输油量自动减至补偿泄漏所需的流量，并能随泄漏量的变化自动调整
用泵保压的回路	用辅助泵保压的回路	用辅助泵保压的回路Ⅰ 夹紧　进给 1，2—泵 3—顺序阀 4，5—溢流阀	如图所示，系统存在夹紧装置回路和进给装置两个回路。在夹紧装置回路中，当夹紧缸移动时，小泵 1 和大泵 2 同时供油。夹紧后，泵 1 压力升高，打开顺序阀 3，并使夹紧缸保压。此后进给缸快进，泵 1 与泵 2 同时供油。进给缸慢进时，油压升至阀 4 所调节的压力，阀 4 打开，泵 2 卸荷，由泵 1 单独供油，供油压力由阀 5 调节。夹紧和进给分别由不同的油路来控制时，阀 4 的调定压力大于顺序阀 3 的调定压力，阀 5 的调定压力大于阀 4 的调定压力。此回路泵的利用效率高，常用于小型机床，辅助泵用于夹紧回路的保压
		用辅助泵保压的回路Ⅱ 1—大泵 2—小泵	如图所示，液压缸工作行程时，大、小泵同时供油。液压缸移动至行程末端，压力升高，压力继电器动作，二位二通电磁换向阀通电，大泵 1 卸荷，小泵 2 继续工作以保压。大泵 1 的溢流阀的调定压力小于泵 2 的溢流阀的调定压力。通常采用液压泵保压的方法可使液压缸的压力始终保持稳定不变。此回路常用于夹紧回路
用蓄能器保压的回路	用蓄能器保压的回路Ⅰ	1—泵 2—溢流阀 3—三位四通换向阀	如图所示，液压缸中的压力达到预定值后，压力继电器动作，使三位四通换向阀 3 断电，液压泵卸荷，由蓄能器保持液压缸中的压力，可对工件实现较长时间的保压。蓄能器的容量要根据内泄漏的大小和保压时间的长短确定。三位四通换向阀 3 选择中位机能为进油口和油箱相连的方式。应用于如压力离心铸造机中的拔管钳的保压回路

续表

类别		回　　路	特　　点
用蓄能器保压的回路	用蓄能器保压的回路Ⅱ	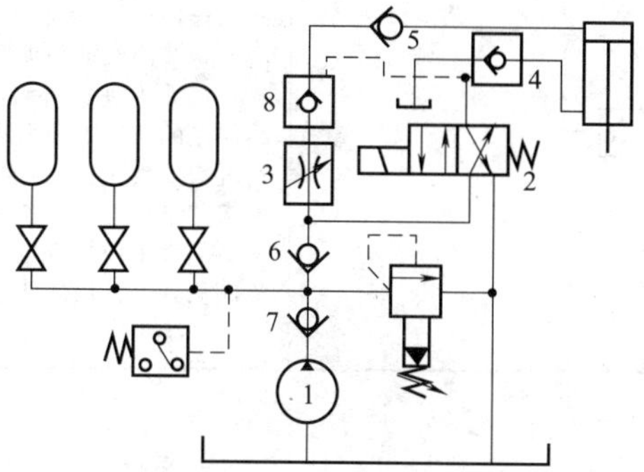 1—泵；2—电磁换向阀；3—节流阀；4，8—液控单向阀；5～7—单向阀	在大流量液压系统采用蓄能器保压时，由于大规格电磁阀的泄漏而使蓄能器保压时间大为减少 图为采用液控单向阀8和一个小规格的电磁换向阀2代替大规格的换向阀，由于小规格电磁换向阀的泄漏量较大规格的低得多，而液控单向阀的泄漏量可忽略不计，故可大大延长蓄能器保压的时间。保压时，电磁换向阀2通电，蓄能器中的压力油打开阀8与4，并经阀3、8与5流入液压缸上腔进行保压。阀4使液压缸下腔卸压，以避免由于泄漏引起液压缸背压增高。当蓄能器中的压力降至压力继电器断开压力时，电动机转动使液压泵供油至蓄能器，当压力增高至压力继电器接通压力时，电动机停转，单向阀6关闭，使油不致从溢流阀泄漏。单向阀7的作用是防止溢流阀进口管路中的油从液压泵流回油箱及空气侵入系统，以免泵在启动时引起冲击
用保压缸保压的回路		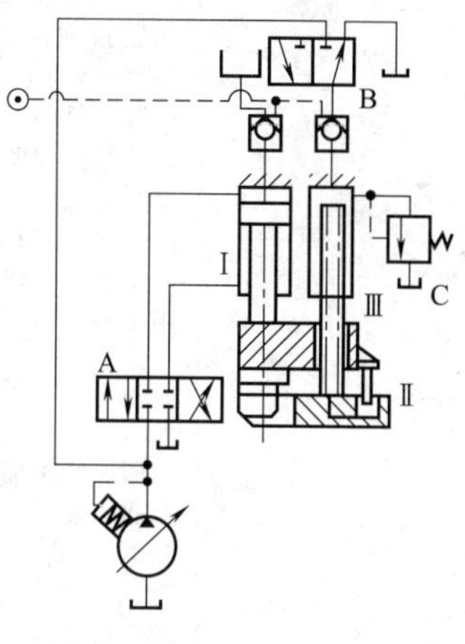	多缸系统中，在一个液压缸运动时，要求其他缸保压，则可用小型保压缸Ⅱ进行保压。例如在薄板冲压机中，拉伸缸Ⅰ在工作行程时压边缸Ⅲ必须保压。换向阀A切换至左位，滑块与保压缸缸体Ⅱ靠自重下降，缸Ⅰ与缸Ⅲ经充油阀充油。当压边滑块接触工件后，阀B切换至左位，高压油流入各压边缸Ⅲ进行压边。然后拉伸缸Ⅰ继续下降拉伸，推动保压缸Ⅱ的活塞。保压缸Ⅱ排出的油输入压边缸Ⅲ内补偿其泄漏，多余的油经溢流阀C溢出，因而使压边缸得到保压，各压边缸的保压压力分别由阀C调节。返回时，阀B切换至右位，控制油液将充油阀打开，阀A切换到右位。此回路工作可靠，不易损坏，维护容易，也比较经济。但是保压缸的作用力将抵消一部分拉伸缸的推力
用液压阀保压的回路	用液控单向阀保压的回路	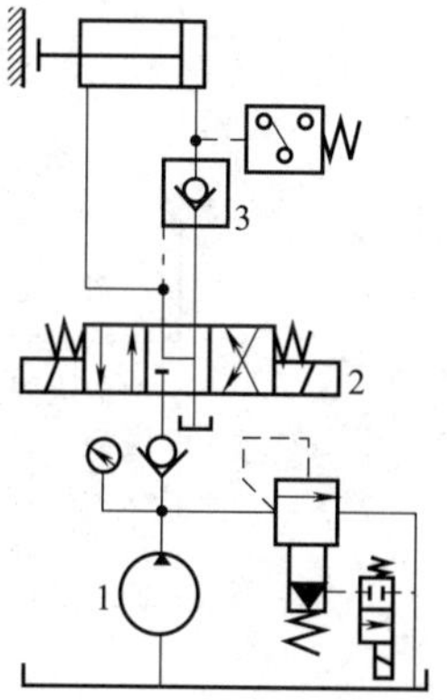 1—液压泵；2—三位四通换向阀；3—液控单向阀	此回路是依靠液控单向阀3的密封性能对液压缸无杆腔实现保压。当液压缸行程终了时系统压力上升，当压力上升到压力继电器调定压力时，控制三位四通换向阀2回中位。泵通过溢流阀卸荷。利用阀芯与阀座之间的金属密封面使工作压力保持在工作情况所需压力范围。由于液控单向阀阀芯的变形、配合间隙、锥面加工精度使密封性变差、容易泄漏。此回路广泛应用于机械设备、试验设备和冶金设备中，如汽车刹车泵高压试验台

续表

类别		回　路	特　点
用液压阀保压的回路	用节流阀保压的回路	保压 进给	在单泵驱动的双缸液压系统中，可用节流阀把油路分成两段。节流阀前为夹紧系统的保压段，节流阀后，进给缸的移动将不会影响节流阀前的夹紧力。这是因为泵的流量远大于进给所需的流量，多余的油是在保压的条件下经溢流阀流回油箱的。进给缸需要快进时，则节流阀必须通过快进所需流量。若这时夹紧仍需保压，泵的流量必须大于快进流量，使进给缸快进时，溢流阀仍处于开启的状态

4.3.5 卸荷回路

表 20-4-6 **卸荷回路**

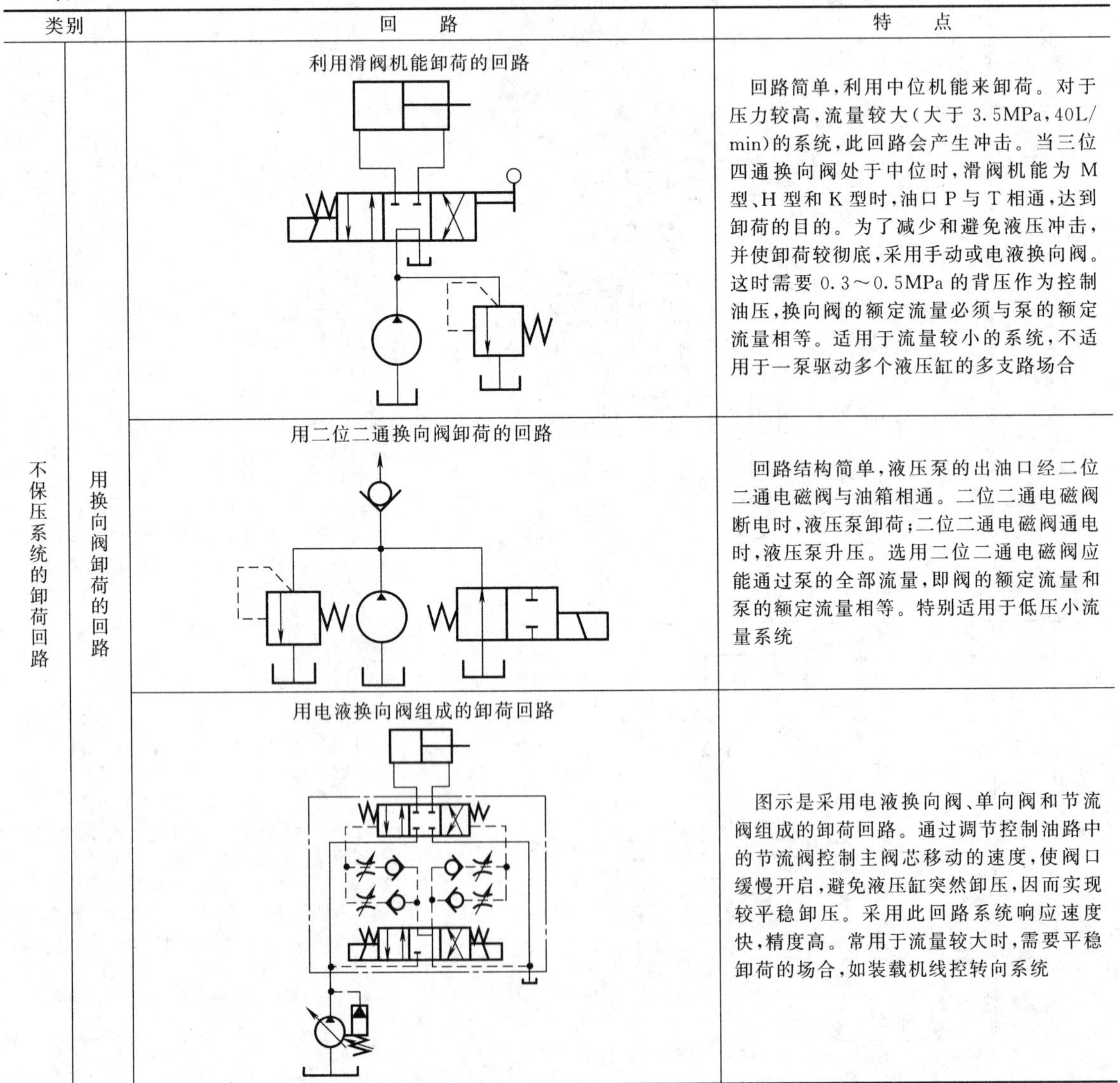

类别		回　路	特　点
不保压系统的卸荷回路	用换向阀卸荷的回路	利用滑阀机能卸荷的回路	回路简单，利用中位机能来卸荷。对于压力较高，流量较大（大于 3.5MPa，40L/min）的系统，此回路会产生冲击。当三位四通换向阀处于中位时，滑阀机能为 M 型、H 型和 K 型时，油口 P 与 T 相通，达到卸荷的目的。为了减少和避免液压冲击，并使卸荷较彻底，采用手动或电液换向阀。这时需要 0.3～0.5MPa 的背压作为控制油压，换向阀的额定流量必须与泵的额定流量相等。适用于流量较小的系统，不适用于一泵驱动多个液压缸的多支路场合
		用二位二通换向阀卸荷的回路	回路结构简单，液压泵的出油口经二位二通电磁阀与油箱相通。二位二通电磁阀断电时，液压泵卸荷；二位二通电磁阀通电时，液压泵升压。选用二位二通电磁阀应能通过泵的全部流量，即阀的额定流量和泵的额定流量相等。特别适用于低压小流量系统
		用电液换向阀组成的卸荷回路	图示是采用电液换向阀、单向阀和节流阀组成的卸荷回路。通过调节控制油路中的节流阀控制主阀芯移动的速度，使阀口缓慢开启，避免液压缸突然卸压，因而实现较平稳卸压。采用此回路系统响应速度快，精度高。常用于流量较大时，需要平稳卸荷的场合，如装载机线控转向系统

续表

<table>
<tr><th colspan="2">类别</th><th>回　　路</th><th>特　　点</th></tr>
<tr><td rowspan="4">不保压系统的卸荷回路</td><td rowspan="2">用溢流阀卸荷的回路</td><td>用普通溢流阀卸荷的回路 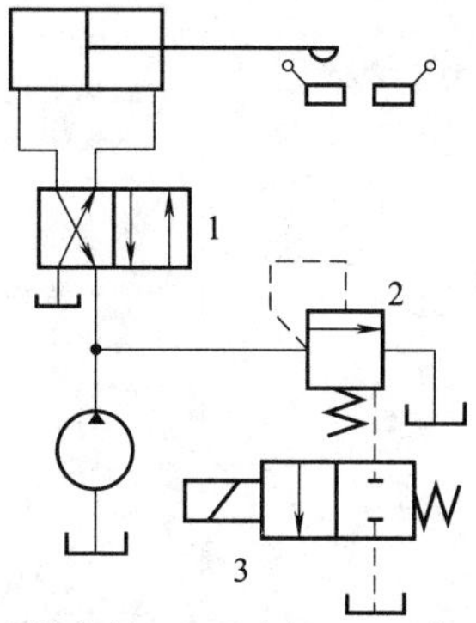

1—二位四通换向阀；2—溢流阀；3—二位二通换向阀</td><td>如回路图中溢流阀 2 的遥控口与二位二通换向阀 3 相连，当阀 3 处于左位时，泵即可通过溢流阀 2 流回油箱卸荷。二位二通换向阀 3 只需要通过很少的流量，因此可以采用小流量阀。如果阀 3 有泄漏，即使阀 3 断电，也会发生压力升不到溢流阀调定压力的情况。本回路在泵从卸荷到有负荷的过程中有滞后现象。用于远程控制实现泵的卸荷的场合，如仿形刨床、PLC 自动控制的板料剪切机、自动焊接机等</td></tr>
<tr><td>用电磁溢流阀卸荷的回路 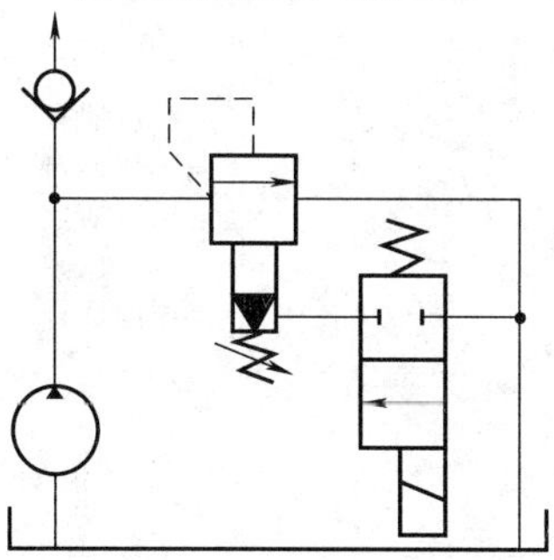</td><td>此回路在液压泵的出油口处连接一个电磁溢流阀。当执行机构停止运动时，可控制电磁溢流阀使液压泵卸荷。电磁溢流阀的遥控口经二位二通电磁阀与油箱相通；二位二通电磁阀通电时，液压泵卸荷；二位二通电磁阀断电时，液压泵升压。选用二位二通电磁阀应能通过泵的全部流量。应用于压力管离心铸造机的卸荷回路、汽车悬挂减振器性能试验台等</td></tr>
<tr><td>用嵌入式锥阀卸荷的回路</td><td> 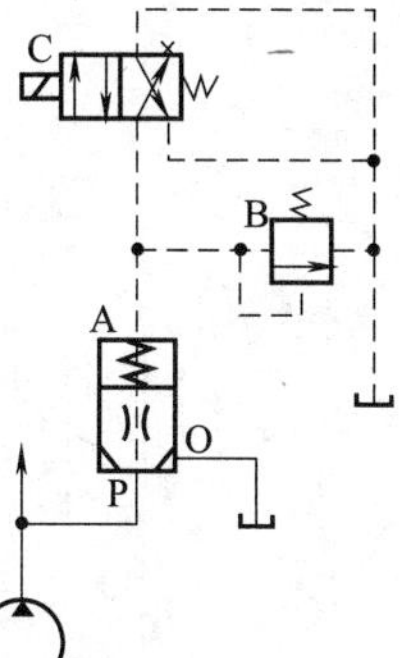</td><td>大流量液压系统可用嵌入式锥阀调压卸荷回路。在回路图所示的位置时，锥阀 A 上腔的压力由溢流阀 B 调定，锥阀由差动力打开并保持恒压。当阀 C 通电后，锥阀上腔通油箱，锥阀打开使泵卸荷</td></tr>
<tr><td>用液压缸结构卸荷的回路</td><td> 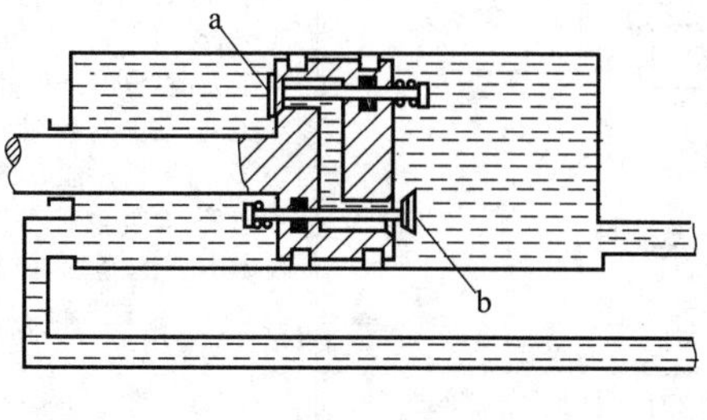</td><td>在双作用液压缸的活塞中反向装有两个阀门与阀座，它们交替在活塞行程的终端开启。当液压缸左腔供油时，弹簧与油压力使阀 a 关闭，同时，系统压力打开阀 b。当活塞到达行程终端时，阀 a 碰到缸盖后被打开，使压力油通过阀 a 与阀 b 流至液压缸右腔，系统卸荷。活塞向左移动时，工作原理相同。阀的弹簧力的大小只需在活塞两边的油压大致相等时能使阀门关闭即可</td></tr>
</table>

续表

类别		回路	特点
不保压系统的卸荷回路	用专用阀延时卸荷的回路	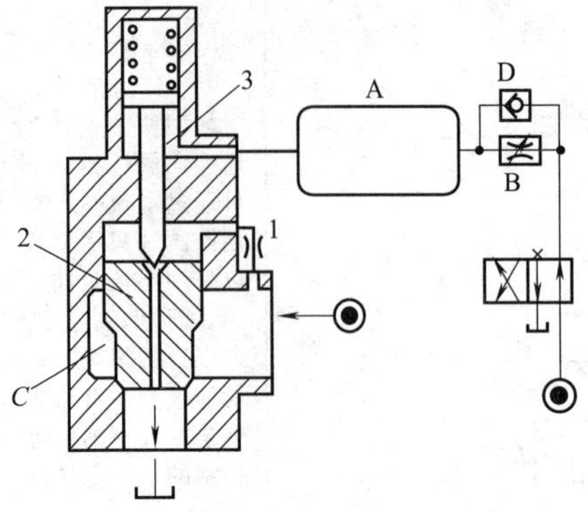 1—节流阀；2—阀芯；3—先导针阀	本回路使泵在卸荷与非卸荷转换中有一些延迟可应用于多泵并联系统。当阀芯 2 中央的小孔被先导针阀 3 关闭时，阀芯上端面承受的油压力大于阀芯环形面积 C 上承受的油压力，先导溢流阀关闭。若针阀 3 被提起，打开阀芯中的小孔，则阀芯上腔压力降低，作用于面积 C 上油的压力将阀芯抬起，使泵卸荷 延迟作用是由于先导压力油经过节流阀 B，然后再经过膨胀容器 A（内有气体）引起的。为了使建立起的压力足以克服弹簧力，油与空气必须被压缩，延迟时间取决于容器 A 的大小与节流阀 B 的开口量。若一个方向不需延迟，可用一个单向阀 D 使节流阀 B 短路
保压系统的卸荷回路	用蓄能器保持系统压力的卸荷回路	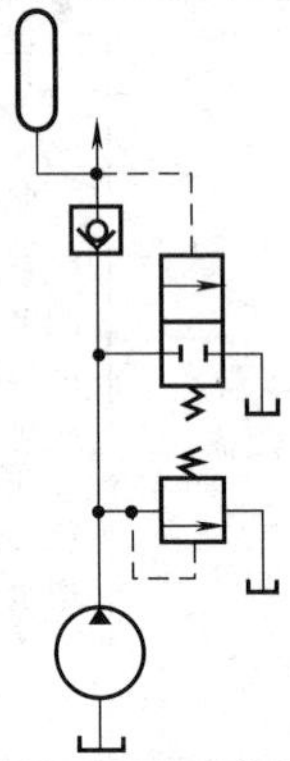	蓄能器充油至所需压力时，液动二通换向阀切换，使泵卸荷。当系统压力降低到液动二通换向阀复位压力时，液动二通换向阀复位，泵不卸荷。适用于泵卸荷系统保压的场合
	用限压式变量泵保持系统压力的卸荷回路	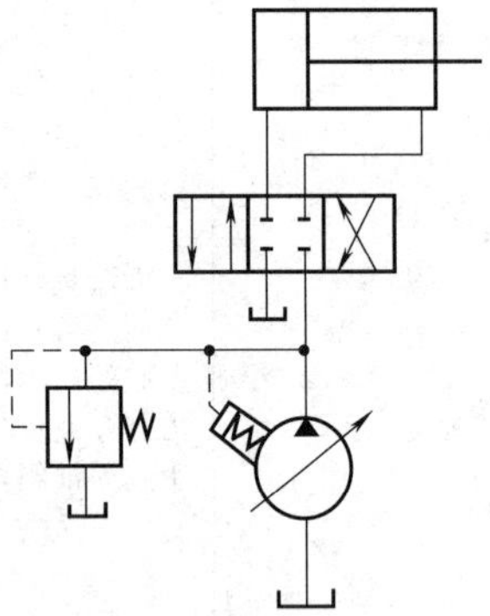	当系统压力大于调定值时，压力补偿装置使泵输出流量近似为零而卸荷，但系统仍由泵保压。本回路可以不用溢流阀。但为了防止压力补偿装置失灵和换向阀转换过程中的压力冲击，加一个安全阀较好。本回路功率损失很少
	大泵卸荷并用小泵保持系统压力的回路	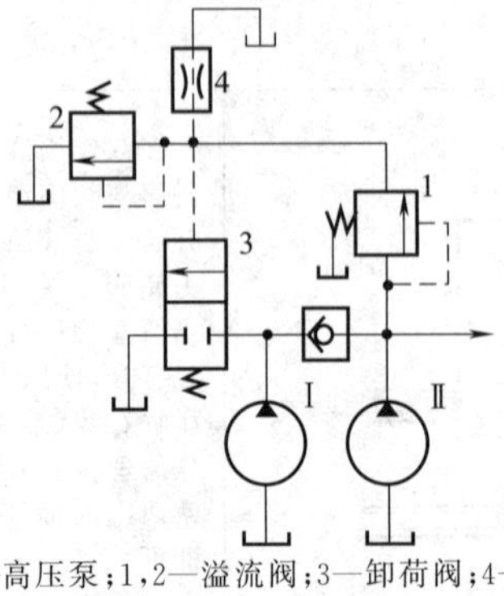 Ⅰ，Ⅱ—高压泵；1，2—溢流阀；3—卸荷阀；4—节流阀	本回路适用于两个压力相同的泵，例如大流量高压泵Ⅰ用于工作进给，小流量高压泵Ⅱ用于保压。开始时，两个泵同时供油进行工作进给。当压力达到溢流阀 1 调节压力时，阀 1 开始溢流。由于回油口有低压溢流阀 2，回油产生 3～7bar（$1bar=10^5Pa$）的背压推动卸荷阀 3 切换，则使泵Ⅰ卸荷，泵Ⅱ继续工作。当系统压力降低，阀 1 不再溢流时，控制油经阀 4 卸压，阀 3 复位，则泵Ⅰ重新工作。阀 3 也可采用液控顺序阀

4.3.6　平衡回路

表 20-4-7　平衡回路

类别	回　路	特　点
用液控单向阀的平衡回路	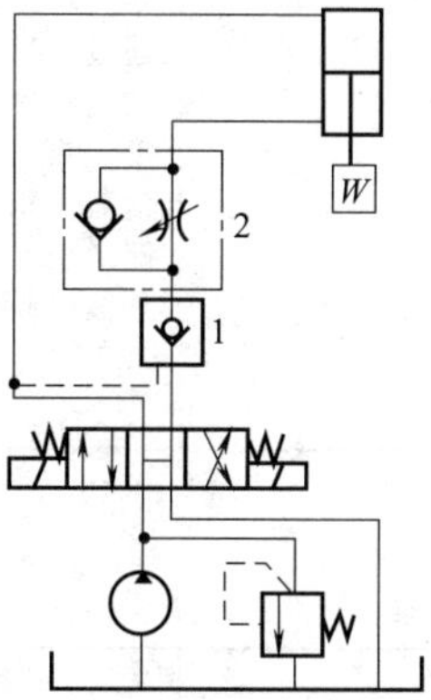 1—液控单向阀；2—单向节流阀	当执行机构在不运动时只受重力负载，为了平衡此重力负载，维持执行机构不动就需要采用平衡回路，最常用的办法就是在液压回路中加上平衡阀，也就是说平衡回路实质上是起平衡重力负载的作用 如图所示，液控单向阀具有锁紧作用，活塞可以长期停留而不下降。活塞向下运动时，液控单向阀 1 被打开，活塞部件的重量由节流阀产生的背压平衡。液压缸停止运动时，依靠液控单向阀的反向密封作用，锁紧运动部件，防止由于自重下落。单向节流阀 2(根据实际需要的速度来选择节流阀的通流面积)用来控制活塞下行的速度。本回路负载小，流量大时，效率较低。应用于剪切机的剪刀缸的平衡回路
用单向节流阀的平衡回路	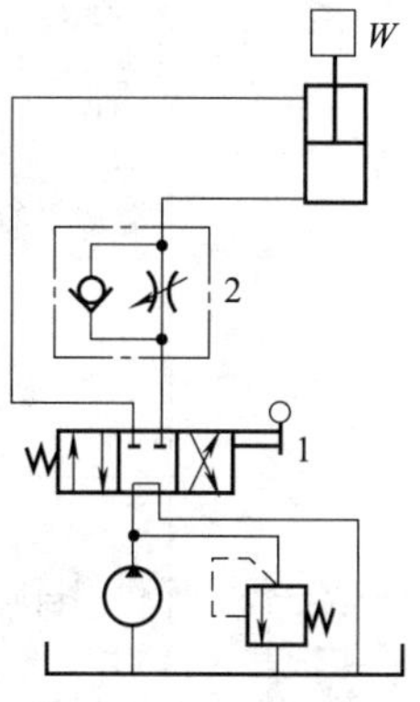 1—换向阀；2—单向节流阀	图示用单向节流阀 2 和换向阀 1 组成的平衡回路。回路受载荷 W 大小影响，下降速度不稳定。换向阀 1 处于左位时，回路中的单向节流阀 2 处于调速状态，适当调节单向节流阀 2 可以防止超速下降。换向阀 1 处于中位时，液压缸进出口被封住，活塞停在某一位置。由节流阀产生的背压与之平衡。常用于对速度稳定性及锁紧要求不高、功率不大或功率虽大但工作不频繁的定量泵油路中。如将阀 2 用单向减速阀代替，则回路受载荷的影响明显减小。常用于如货轮舱口盖的启闭、铲车的升降、电梯及升降平台的升降等
用直控平衡阀的平衡回路	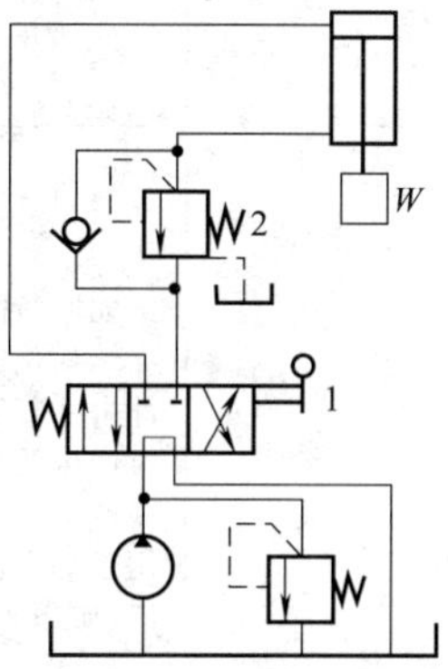 1—换向阀；2—直控平衡阀	当活塞下行时，回油腔通过直控平衡阀 2 产生一定的背压，即可以防止活塞及其工作部件的自行下滑，起到平衡的作用。调整直控平衡阀 2 的开启压力，使其稍大于液压缸活塞及其工作部件的自重在下腔产生的背压。此回路活塞运行平稳，但系统功率损耗较大。用于如 PLC 自动控制的板料剪切机的压块液压缸的平衡回路

续表

类别	回　　路	特　　点
用远控平衡阀的平衡回路	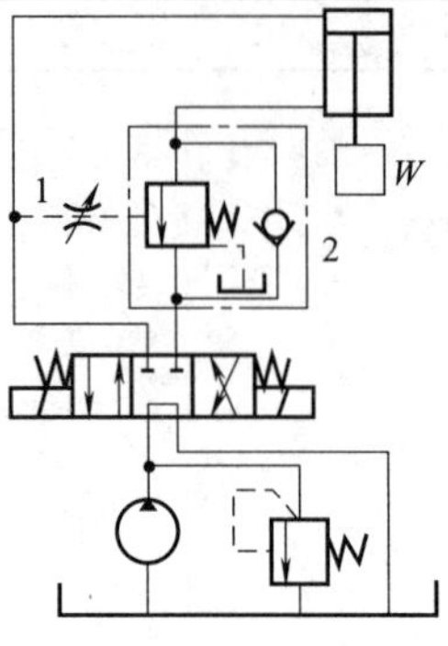 1—节流阀；2—远程遥控阀	回路图中阀 2 的开启取决于液控口控制油的压力，与负载的大小无关。为了防止液压缸振荡，在控制油路中装节流阀 1。通过远程遥控阀 2 和节流阀 1 在重物下降的过程中起到平衡的作用，限制其下降速度。根据重物的下降速度调整节流阀 1 通流截面积可以改变系统的振荡性能。该回路适用于平衡质量变化较大的液压机械，如液压起重机、升降机等

4.3.7　缓冲回路

表 20-4-8　　缓冲回路

类别		回　　路	特　　点
液压缸缓冲回路	用可调式双向缓冲液压缸构成的缓冲回路	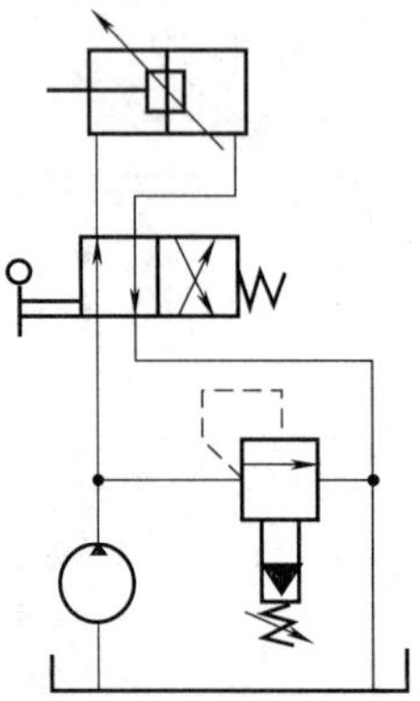	此回路缓冲动作可靠，起到缓冲作用，减少冲击和振动。对液压缸的行程设计要求严格，不容易变换。其缓冲效果由缓冲液压缸的缓冲装置调整。适用于缓冲行程位置固定的工作场合
	用液压缸结构进行缓冲的回路	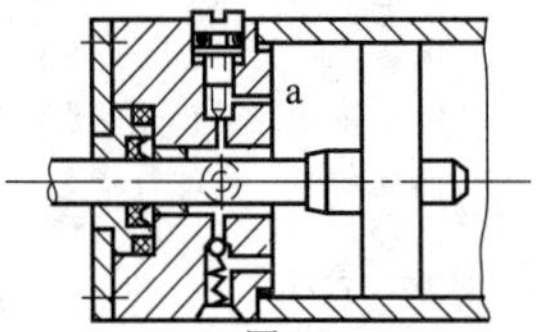 图(a) 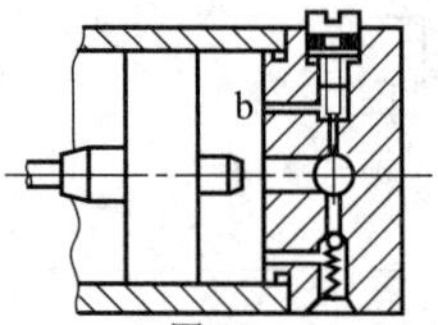　图(b)	如回路图所示，活塞快速接近行程终点时，活塞上的凸部嵌入缸盖上的凹部，液压缸回油只能经过可调节流阀从油口 a(或 b)流出，使液压缸进行缓冲。调节节流阀即可调节缓冲的效果。活塞返回时，油液经单向阀进入油腔使活塞快速移动
蓄能器缓冲回路		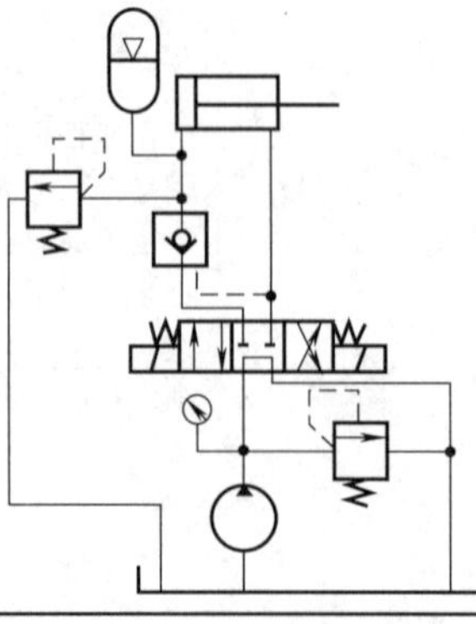	如回路图所示，蓄能器用于吸收因负载突然变化使液压缸产生位移而产生的液压冲击。蓄能器的容量应与液压缸正常工作时产生的压力冲击相适应。当冲击太大，蓄能器吸收容量有限时，可由安全阀消除。用于如高压输电线间隔棒振摆试验液压系统、矿用装载机离合器等

续表

类别		回　　路	特　　点
液压阀缓冲回路	溢流阀缓冲回路	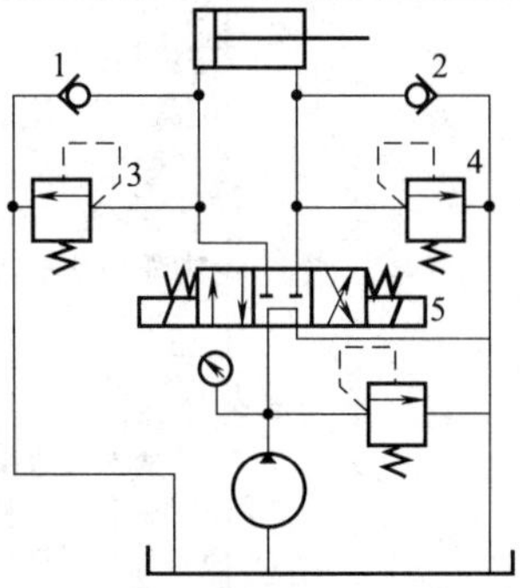 1,2—单向阀;3,4—直动溢流阀;5—三位四通换向阀	在液压缸的两侧设置直动式溢流阀作为安全阀用。当换向阀 5 处于左位时,活塞杆向右移动,由于直动溢流阀 4 的作用,不会突然向右移动。反之向左运动时,由于直动溢流阀 3 的作用,减缓或消除液压缸活塞换向时产生的液压冲击。回路图中的单向阀 1、2 起到补油的作用。用于经常换向而且会产生冲击的场合,如压路机振动部分的液压回路
	电液换向阀缓冲回路	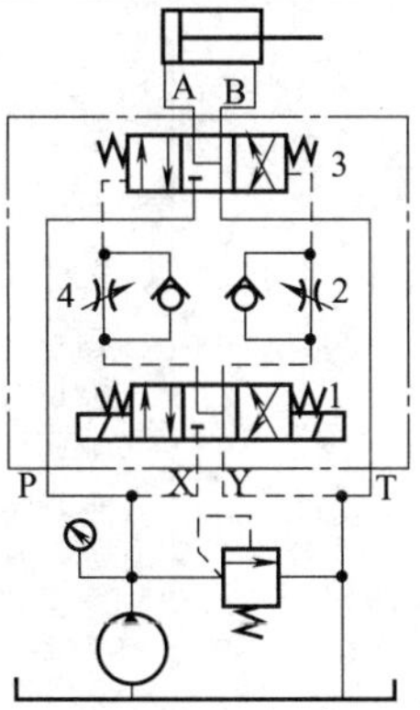 1—先导换向阀;2,4—单向节流阀;3—主阀	图示回路为采用电液换向阀的缓冲回路。调节主阀 3 和先导换向阀 1 之间的单向节流阀 2(或 4)开口量,限制流入主阀控制腔的流量,延长主阀芯的换向时间,达到缓冲的目的。此回路缓冲效果较好。用于经常需要换向,而且产生很大冲击的场合
	调速阀缓冲回路	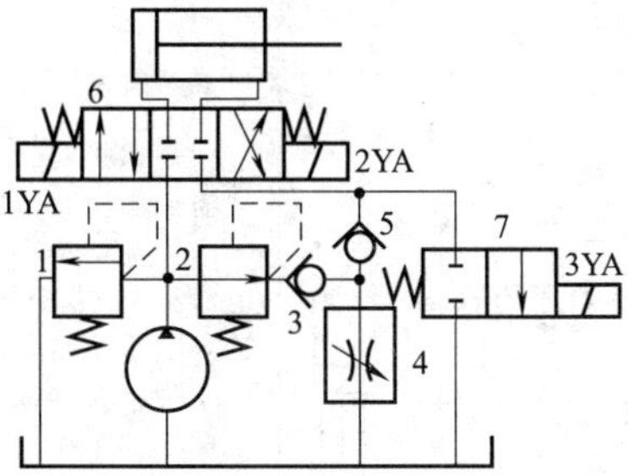 1—溢流阀;2—减压阀;3,5—单向阀;4—调速阀;6—三位四通换向阀;7—二位二通换向阀	回路图中二位二通换向阀 7 是为了使活塞快速移动设置的,调速阀 4 由于减压阀 2 的作用预先处于工作状态,从而起到避免液压缸活塞前冲的目的。当液压缸停止运动前,活塞杆碰行程开关,使 3YA 断电,调速阀开始工作,活塞减速,达到缓冲的目的。可以用行程开关来控制二位二通换向阀 7 实现工进和快进的转换。常应用于轮式装载机行走机构等
	节流阀缓冲回路	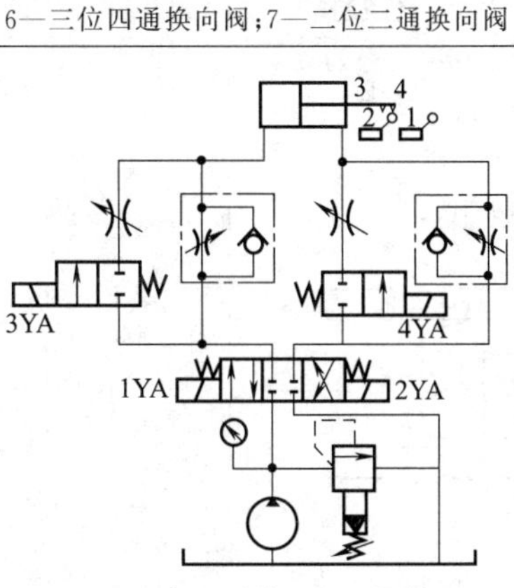 1,2—行程开关;3,4—凸块	节流阀安装在进出油口的支路上,活塞杆上有凸块 3 或 4,当其运动碰到行程开关时,电磁铁 3YA 或 4YA 断电,单向节流阀开始节流,实现液压缸的缓冲。根据要求调整行程开关的安放位置,可实现液压缸在往复行程时的缓冲。可应用于大型、需要经常往复运动的场合,如牛头刨床中

续表

类别		回路	特点
液压阀缓冲回路	用顺序阀缓冲的回路	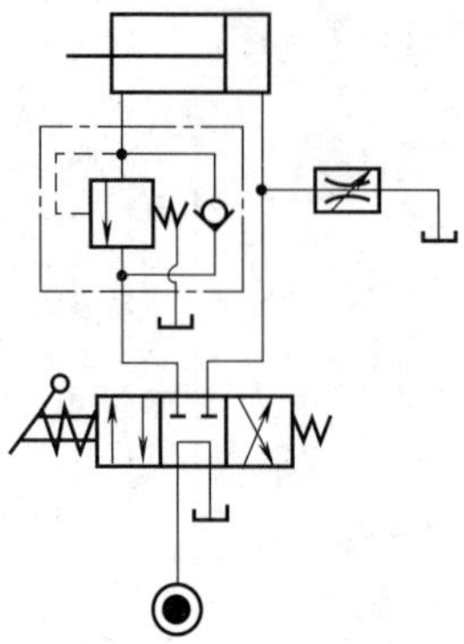	图示为钻床的液压回路。为了防止孔将钻穿时，因液压缸负载突然减小而使钻头向左快速前进，引起钻头断裂或工件崩口等事故，采用单向顺序阀给液压缸左腔加背压，并在右腔进油管的支油路中装一个节流阀，以控制流入液压缸右腔的流量。虽然本回路不能准确地控制速度，但可比较平滑地控制速度，效率也较高
	用液控单向阀缓冲的回路	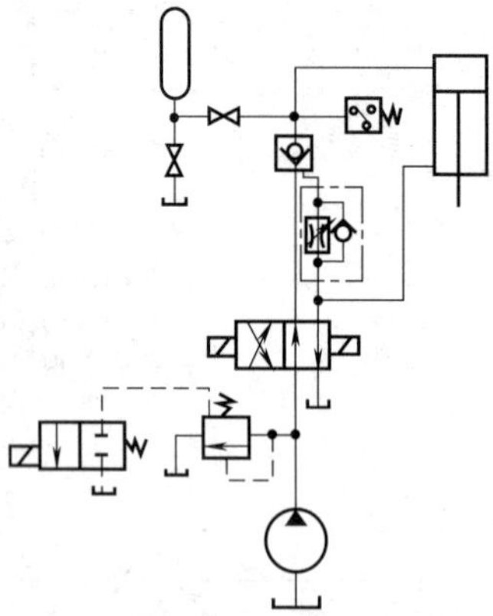	图示为长时间保压回路。当换向阀切换至左位时，压力油流入液压缸下腔，并通过节流阀使液控单向阀缓慢打开，以避免由于液控单向阀打开过快，液压缸上腔压力油突然释压而引起冲击
	用其他阀缓冲的回路	用小规格阀缓冲的回路 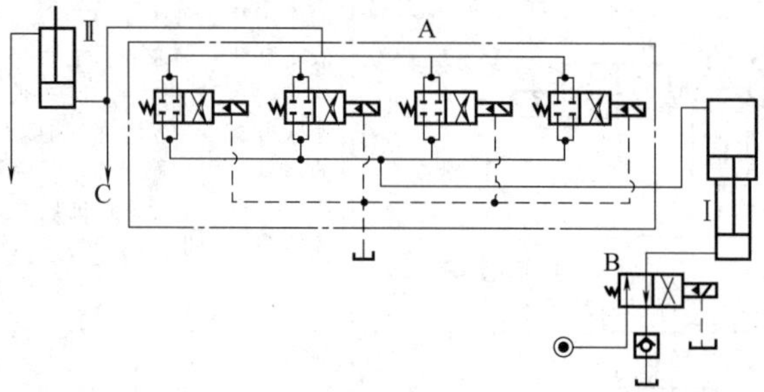 Ⅱ　A　C　Ⅰ　B	大规格换向阀瞬时开、关时，会引起换向冲击。本回路采用四个小规格换向阀代替一个大规格换向阀。液压缸Ⅰ为增速缸，电液换向阀 B 通电后，压力油 Q_1 经阀 B 进入缸Ⅰ下腔，上腔输出的流量 Q_2 经四个小规格换向阀进入主缸Ⅱ下腔，使活塞快进。四个换向阀 A 通电时，由时间继电器作顺序控制，使之不产生剧烈的投向冲击。缸Ⅱ快进结束后，四个换向阀 A 断电，由 C 处通入高压油，缸Ⅱ转为慢速工作行程
		用换向阀阀芯上三角槽缓冲的回路 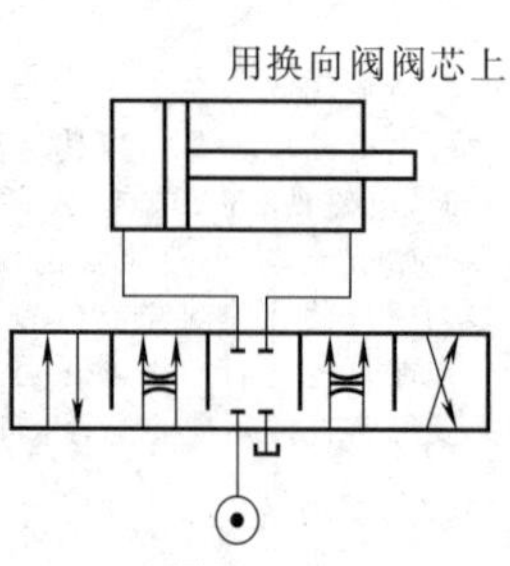 图(a) 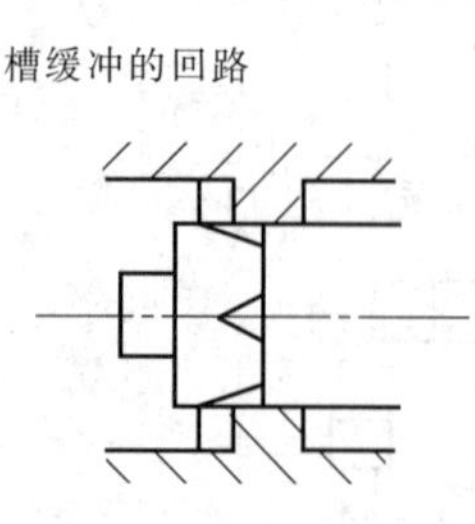　图(b)	在换向阀的阀芯上开有截面为三角形的轴向斜槽，见图(b)，使阀芯在移动过程中，油的通流截面逐渐变化，延长油量的变化过程达到缓冲的目的。适用于小规格换向阀缓冲。负开口量（正重叠量）小的换向阀缓冲效果亦较小

续表

类别		回　路	特　点
液压阀缓冲回路	用其他阀缓冲的回路	用无冲击阀缓冲的回路 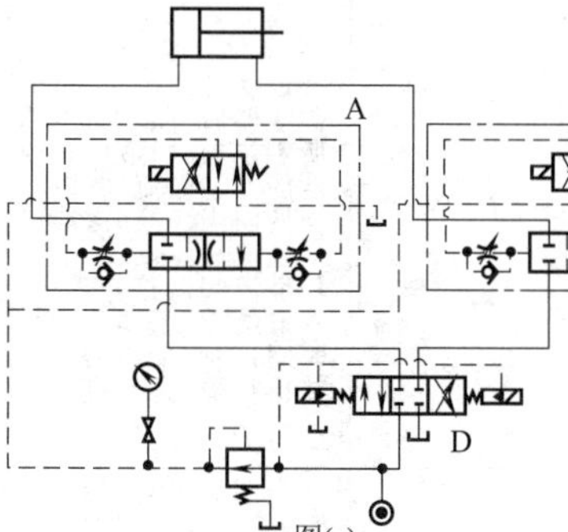 图(a) 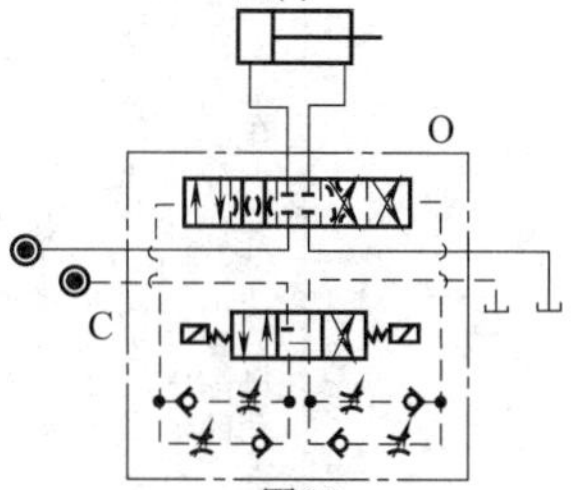 图(b)	对于大流量或高速重载下冲击较大的液压机器，如果单靠电液换向阀进行缓冲，则效果不好。因为电液换向阀的阀芯上没有节流三角槽，换向阀切换时，阀通过的流量变化太快，引起液压缸的冲击。本回路采用无冲击阀来进行缓冲，图(a)是用两个无冲击阀 A 与 B 分别控制液压缸的两条油路。当换向阀 D 通电切换时，阀 A 与阀 B 亦同时通电，使液压缸的进出油路同时逐渐开启。由于无冲击阀的液动阀芯上开有节流三角槽或将阀芯做得长些，在阀芯上磨出小角度节流锥度，因此当油液从接通状态到断开或由断开状态到接通，都需要经过节流口，延长了液压缸油路断开或接通的时间，另外，液动阀芯移动速度可由节流阀调节，使通过无冲击阀的流量缓慢变化，以减少液压缸制动与启动时的冲击压力。采用两个无冲击阀后，使液压缸双向都能进行缓冲。图(b)是用一个无冲击阀 C 使液压缸换向与缓冲。阀芯上开有节流三角槽。为了使液动阀芯移动平稳，采用了进、回油路同时节流的方式
		用专用阀缓冲的回路 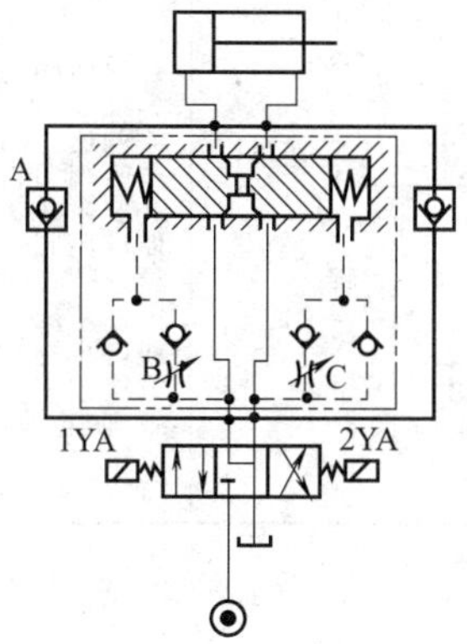	电磁铁 1YA 通电后，压力油经单向阀 A 进入液压缸左腔，同时，压力油经节流阀 B 至专用制动阀阀芯的左端，使阀芯向右移动，将液压缸右腔的回油路逐渐打开，活塞启动右移，调节节流阀 B 即可调节阀芯移动速度。在阀芯将回油路从关闭状态移至全开状态期间，活塞速度逐渐加快。在阀芯全开时，活塞速度保持一定。当 1YA 断电后，阀芯由右弹簧推动向中位回复，在阀芯左移时，把油经节流阀 C 吸入右弹簧腔，将液压缸右腔的回油口逐渐关闭，活塞的速度也逐渐变慢直至停止。调节节流阀 C 即可控制阀芯移动速度，以调节缓冲的效果。活塞向左返回时，2YA 通电，动作原理相同。本回路的特点是活塞靠阀芯上的制动锥进行缓冲，效果较好。为了防止阀芯受单边油压作用而卡死，油口应径向对称分布，使油压作用力平衡
		用制动阀缓冲的回路 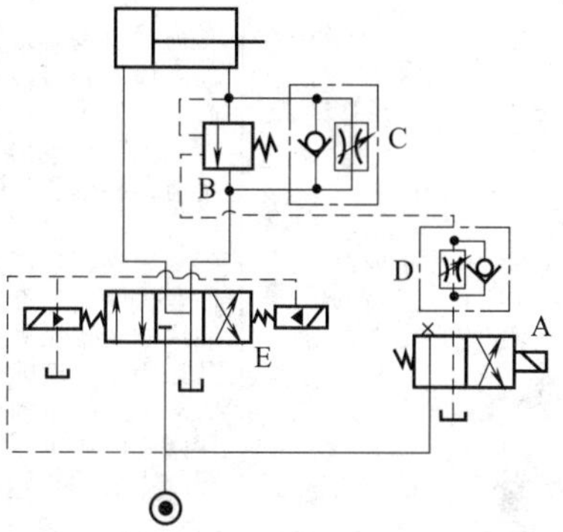	换向阀 A 通电后，制动阀 B 被打开。换向阀 E 切换至左位后，活塞向右快速移动，碰到行程开关后，阀 A 断电，阀 B 的液控口经节流阀 D 通油箱，使液控腔逐渐失压，活塞转为慢速移动，移动速度由节流阀 C 调节，转换过程中由制动阀 B 缓冲，这时阀 B 成为自控式背压阀。这种转换的平滑性可由节流阀 D 调节。本回路适用于大负荷机床等快慢速度换接的场合

第20篇

续表

类别		回路	特点
液压泵缓冲回路	液压泵升压缓冲的回路	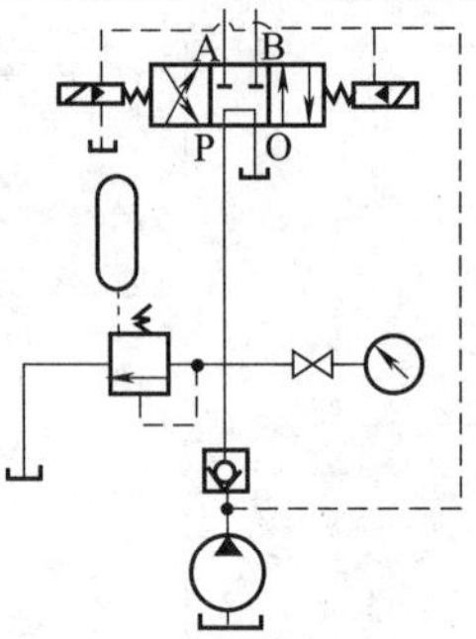	换向阀从中位卸荷状态切换时，油口 P 关闭，由于溢流阀动作不灵敏，使液压泵和管道受到冲击压力。在溢流阀的遥控口装蓄能器后，能大大缓和冲击压力。回路图所示位置时，液压泵通过换向阀卸荷，由于蓄能器与溢流阀进油口相通，因此也卸压。当换向阀切换时，油口 P 关闭，泵输出的油从溢流阀流回油箱但压力上升不快，因为从溢流阀遥控口流入蓄能器的流量很小，一般约为 1L/min，蓄能器升压需要一定的时间，因此泵压上升也延迟了同样的时间，使执行机构逐渐启动
	液压泵卸荷缓冲的回路	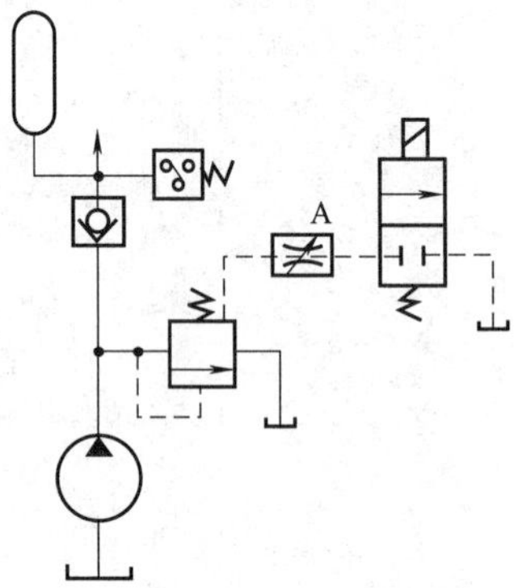	当系统压力到达压力继电器的调节压力时，压力继电器发出信号使二通电磁换向阀通电，液压泵通过溢流阀卸荷，系统由蓄能器保压。液压泵从高压急速卸荷时产生很大的液压冲击和噪声，并有剧烈的振动。在溢流阀遥控口接一个节流阀 A 即可减少冲击压力。因为溢流阀阀芯移动时，遥控腔经节流阀 A 回油，使阀芯移动速度减慢，延长了溢流阀打开的时间，因此减小了冲击。阀芯移动时，遥控口的流量有一部分是从进油口经阻尼孔而来的，这部分流量随系统压力而改变，在高压时，通过阻尼孔的流量较大，故节流阀 A 的开口量可较大。若这时节流阀 A 的开口量开得较小，虽然冲击会小些，但由于节流阀 A 的液阻增加，使遥控腔的压力增加，溢流阀阀芯的最大开口量减小，因此系统的残余卸荷压力要增高
	用节流阀防止双向变量泵换向冲击的回路	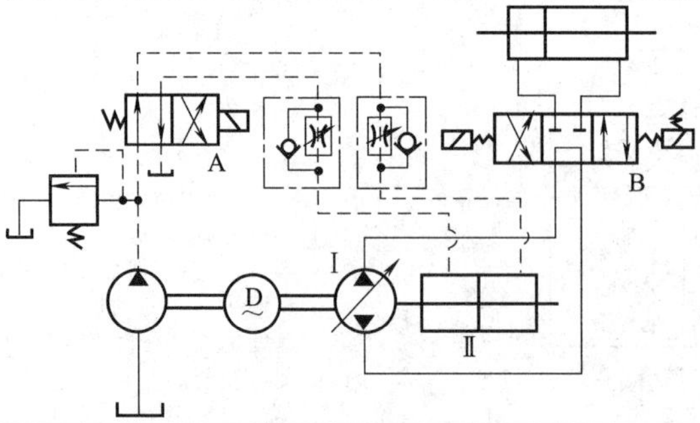	换向阀 A 用来控制变量泵 Ⅰ 的变量操纵缸 Ⅱ，由单向节流阀进行双向进油路节流调速。图示为停车位置，变量泵 Ⅰ 通过换向阀 B 的中位卸荷。液压缸启动时，缸 Ⅱ 使泵 Ⅰ 的输出接近零值，然后发出信号使换向阀 B 切换，缸 Ⅱ 使变量泵 Ⅰ 缓慢变量，从而防止了液压缸启动时泵 Ⅰ 受到冲击。液压缸的换向靠泵 Ⅰ 反向供油来完成，换向阀 B 的切换仅提供压力油的通油方向。本回路适用于负载惯性力大的场合下，防止液压缸换向时泵受到冲击

4.3.8　卸压回路

表 20-4-9　　卸压回路

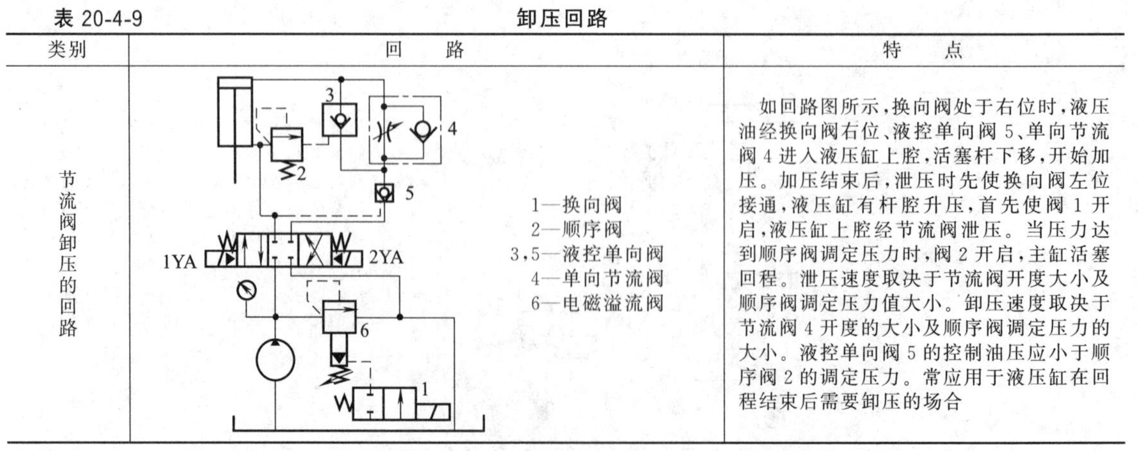

类别	回路	特点
节流阀卸压的回路	1—换向阀 2—顺序阀 3,5—液控单向阀 4—单向节流阀 6—电磁溢流阀	如回路图所示，换向阀处于右位时，液压油经换向阀右位、液控单向阀 5、单向节流阀 4 进入液压缸上腔，活塞杆下移，开始加压。加压结束后，泄压时先使换向阀左位接通，液压缸有杆腔升压，首先使阀 1 开启，液压缸上腔经节流阀泄压。当压力达到顺序阀调定压力时，阀 2 开启，主缸活塞回程。泄压速度取决于节流阀开度大小及顺序阀调定压力值大小。卸压速度取决于节流阀 4 开度的大小及顺序阀调定压力的大小。液控单向阀 5 的控制油压应小于顺序阀 2 的调定压力。常应用于液压缸在回程结束后需要卸压的场合

续表

类别	回　　路	特　　点
顺序阀卸压的回路	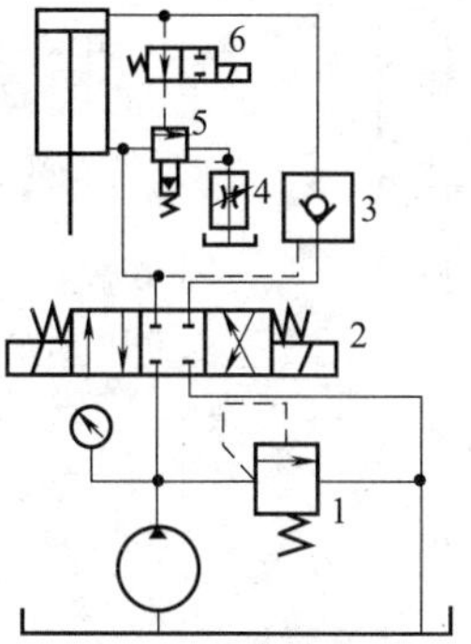 1—溢流阀；2—三位四通换向阀；3—液控单向阀；4—节流阀；5—顺序阀；6—二位二通换向阀	此种卸压回路应用较广。当换向阀 2 处于右位时，液压油经换向阀右位、液控单向阀 3 进入液压缸上腔，活塞杆下移，开始加压。加压结束后，卸压时先使三位四通换向阀 2 左位接通，使从泵出来的液压油经换向阀左位、顺序阀 5 和节流阀 4 流回油箱。调整节流阀 4，使其产生的背压只能推开先导式液控单向阀的先导装置，使主缸上腔卸压。当主缸上腔压力低于顺序阀的设定压力时，顺序阀切断油路，系统压力升高，打开液控单向阀的主阀芯，主缸活塞回程上移。选用时注意各阀调定压力之间的关系及其与动作顺序之间的关系。卸压时顺序阀 5 一直处于开启状态。顺序阀 5 的调定压力应该大于节流阀 4 产生的背压，液控单向阀 3 的控制油压应大于顺序阀 5 的调定压力，也大于节流阀 4 产生的背压
换向阀卸压的回路	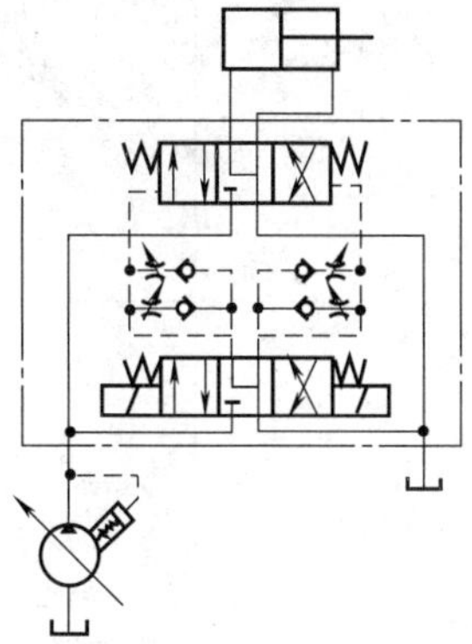	本回路采用电液换向阀卸压，通过调节控制油路的节流阀，以控制阀芯移动速度，使阀口缓慢打开。液压缸因换向开始时阀口的节流作用而逐渐卸压，故能避免液压缸突然卸压
液控单向阀卸压的回路 用二级液控单向阀卸压的回路	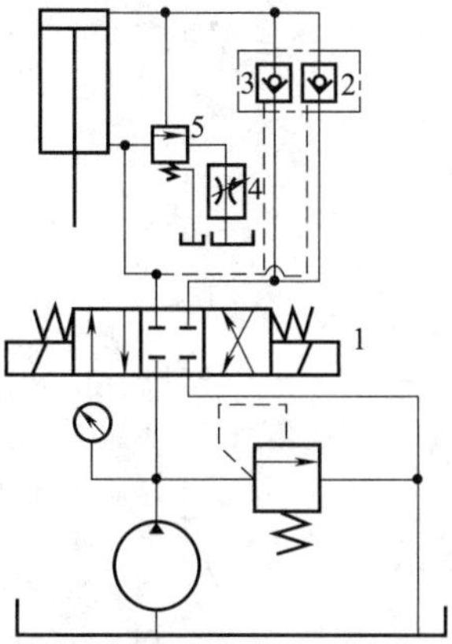 1—换向阀；2，3—液控单向阀；4—节流阀；5—顺序阀	如回路图所示，换向阀 1 处于右位，开始加压。加压结束后，换向阀 1 切换至左位，中位不停留。这时顺序阀 5 仍保持开启，泵输出的油液经顺序阀 5 及节流阀 4 流回油箱，节流阀使回油压力保持在 2MPa 左右，不足以使活塞上移，而只能打开液控单向阀中的卸压阀 3，使液压缸上腔的压力油经阀 3 流回油箱，上腔压力慢慢降低。在使液压缸上腔的压力降低至阀 5 的调定压力 2～4MPa 后，阀 5 关闭，进油压力上升并打开液控单向阀 2 使活塞上移。液控单向阀中的阀 3 是卸压阀，阀 2 是主阀。系统加压结束后，液压缸上腔压力经过一段时间的缓慢卸压后，活塞杆才开始上移。顺序阀 5 的调定压力应该大于节流阀 4 产生的背压，液控单向阀 3 的控制油压应大于顺序阀 5 的调定压力，也大于节流阀 4 产生的背压，系统才能正常工作

续表

类别		回　路	特　点
液控单向阀卸压的回路	用三级液控单向阀卸压的回路	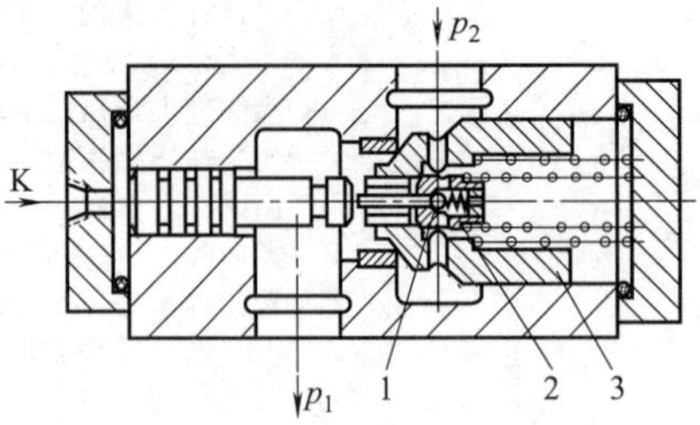 1—球阀；2—中间锥阀；3—大锥阀	图示为三级液控单向阀的结构，控制油由油口K流入液控腔，推动柱塞向右移动，先顶开球阀1，继之顶开中间锥阀2，最后顶开大锥阀3，逐步进行卸压。这种结构适用于高压大容量液压缸的场合。其使用的回路与二级液控单向阀卸压回路相同
溢流阀卸压的回路		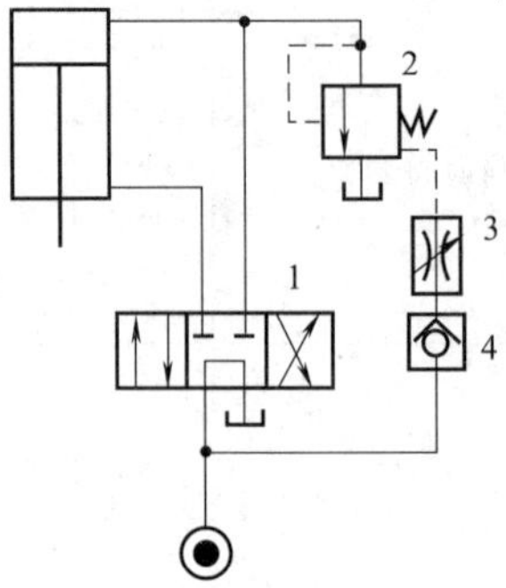 1—换向阀；2—溢流阀；3—节流阀；4—单向阀	工作行程结束时，换向阀1先切换至中位，溢流阀2的遥控口通过节流阀3与单向阀4通油箱。调节阀3的开口量可改变阀2的开启速度，也可调节液压缸上腔卸压的速度。阀2同时可作为安全阀
手动截止阀卸压的回路		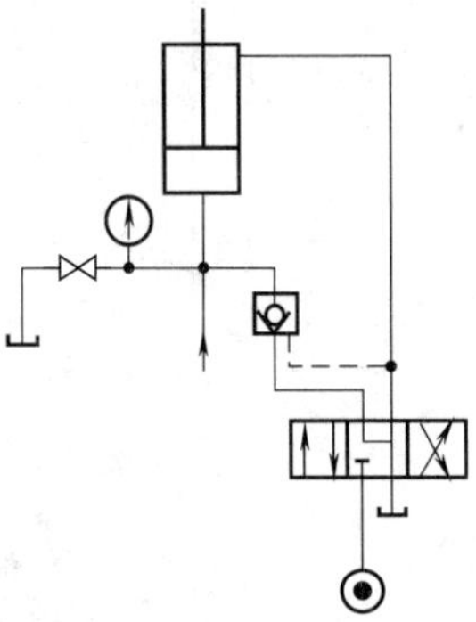	图示为用超高压手动截止阀卸压的回路。逐渐拧开截止阀，使液压缸下腔压力油经截止阀卸压。卸压结束后，关闭截止阀，使换向阀切换至右位，活塞即可下移。这种卸压方式结构简单，但卸压时间长，每次卸压均需手动操作。一般用于使用不频繁的超高压系统如材料试验机等
双向变量泵卸压的回路		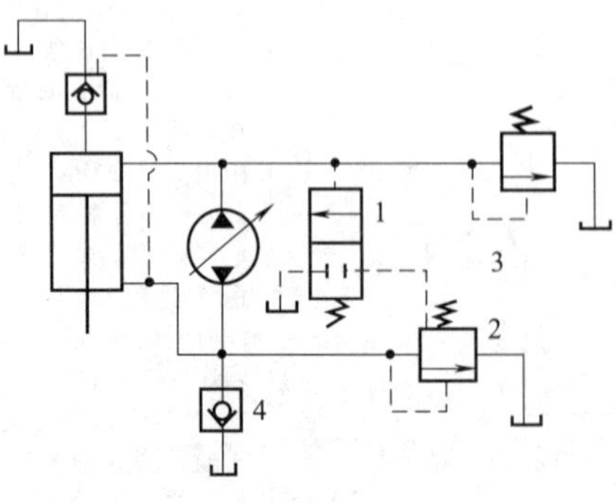 1—换向阀；2—溢流阀；3—安全阀；4—补油阀	活塞向下工作行程时，压力油使阀1切换，阀2遥控口通油箱，因此液压缸下腔处于卸荷状态。当活塞向上移动时，泵反向供油，因液压缸下腔处于卸荷状态，故不会升压，但泵吸油使液压缸上腔卸压，当压力降至使阀1复位时，活塞开始向上移动。阀3为安全阀，阀4为补油阀

4.3.9　制动回路

表 20-4-10　制动回路

类别	回　路	特　点
溢流阀制动回路	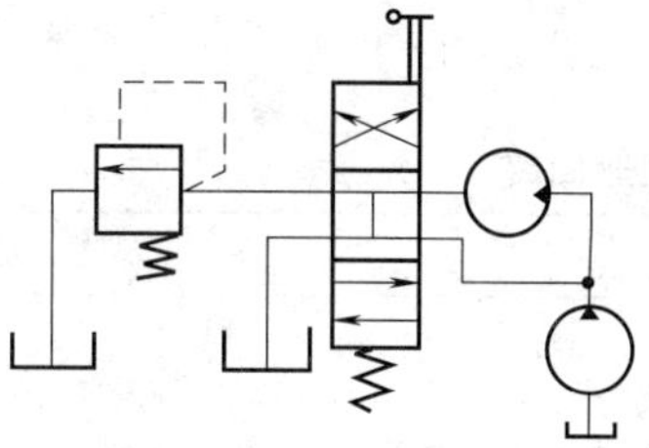	在图示系统中，手动换向阀在中位时液压泵卸压，液压马达滑行停止，处于浮动状态，手动换向阀在上位时，液压马达工作；手动换向阀在下位时，液压马达制动
远程调压阀制动回路	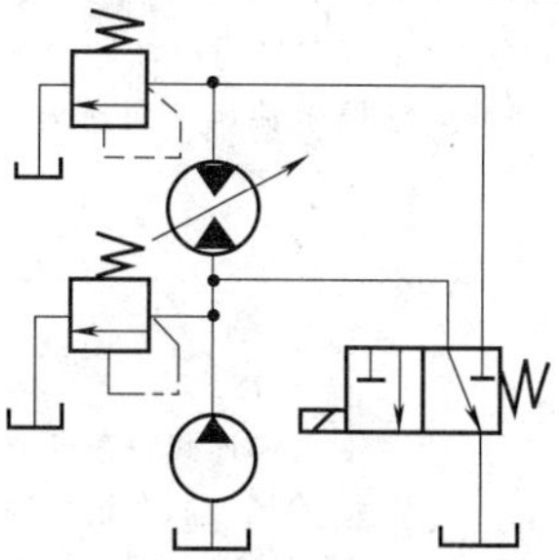	当电磁换向阀通电时，液压马达工作；电磁换向阀断电时，液压马达制动
制动器制动回路	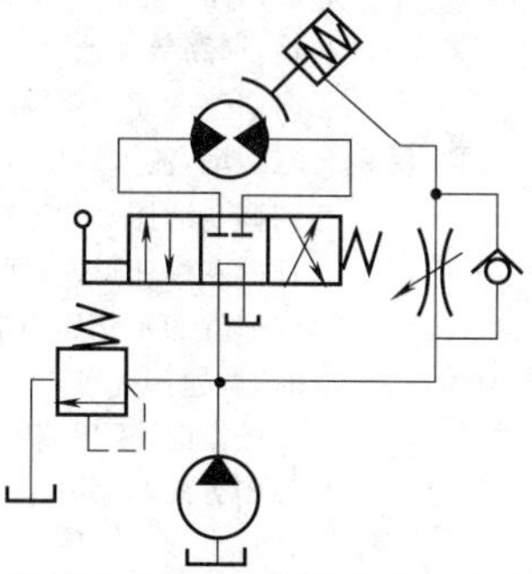	制动器一般都采用常闭式，即向制动器供压力油时，制动器打开，反之，则在弹簧力作用下使马达制动。本回路在液压泵的出口和制动缸之间接有单向节流阀。当换向阀在左位和右位时，压力油需经节流阀进入制动缸，故制动器缓慢打开，使液压马达平稳启动。当需要刹车时，换向阀置于中位，制动缸里的油经单向阀排回油箱，故可实现快速制动
溢流桥制动回路	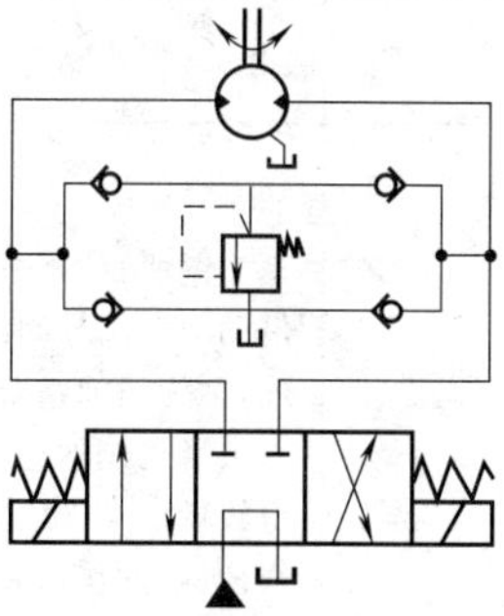	采用溢流桥可实现马达的制动。当换向阀回中位时，液压马达在惯性作用下有继续转动的趋势，它此时所排出的高压油经单向阀由溢流阀限压，另一侧靠单向阀从油箱吸油。该回路中的溢流阀既限制了换向阀回中位时引起的液压冲击，又可以使马达平稳制动。还需指出，图中溢流桥出入口的四个单向阀，除构成制动油路外，还起到对马达的自吸补油作用
溢流阀双向制动回路	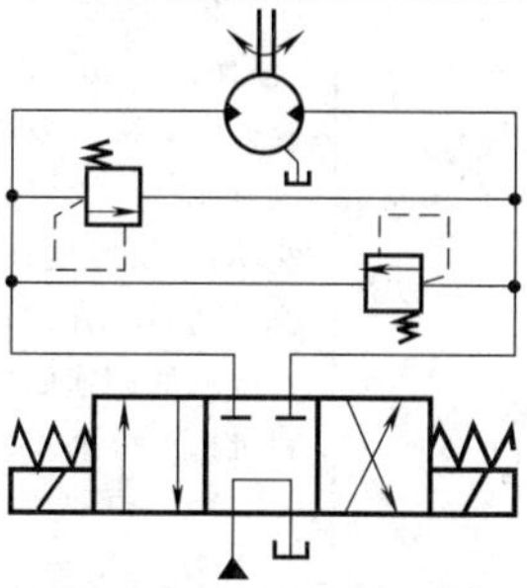	双向马达可采用双溢流阀来实现双向制动，当换向阀回中位时，马达在惯性的作用下，使一侧压力升高，此时靠每侧的溢流阀限压，减缓液压冲击。马达制动过程中另一侧呈负压状态，由溢流阀限压时溢流出的油液进行补充，从而实现马达制动

第20篇

4.4　速度控制回路

在液压系统中，一般液压源是共用的，要解决各执行元件的不同速度要求，只能用速度控制回路来调节。

4.4.1　调速回路

表 20-4-11　　调速回路

类别		回　　路	特　　点
节流调速回路	节流调速回路根据流量控制元件在回路中安放的位置不同，分为进油路节流调速、回油路节流调速、旁油路节流调速及双向节流调速回路四种基本形式。节流调速装置简单，都是通过改变节流口的大小来控制流量，故调速范围大，但由于节流引起的能量损失大、效率低、容易引起油液发热。回油路节流调速回路在回油路上产生背压，工作平稳，在阻力载荷作用下仍可工作。而进油路和旁油路节流调速背压为零，工作稳定性差，仅适用于小功率液压系统		
	进油路节流调速回路	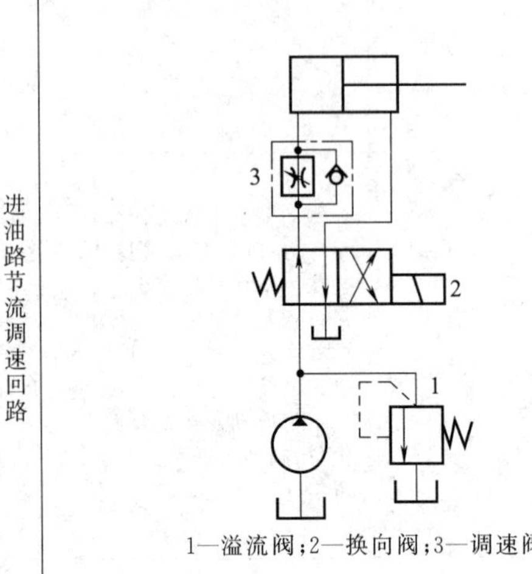 1—溢流阀；2—换向阀；3—调速阀	调速阀装在进油路上，用它来控制进入液压缸的流量从而达到调速的目的，称为进油路节流调速回路。液压泵输出的多余油液经溢流阀流回油箱，回路效率低，功率损失大，油容易发热，只能单向调速。如回路图所示，阀 2 处于左位，活塞杆向右运动，流入液压缸的流量由调速阀调节，进而达到调节液压缸的速度的目的；阀 2 处于右位，活塞杆向左快速退回，回油经阀 3 的单向阀流回油箱。液压缸的工作压力取决于负载。对速度要求不高时，调速阀 3 可以换成节流阀。对速度稳定性要求较高时，采用调速阀。一般用在阻力负载（负载作用方向与液压缸运动方向相反）、轻载低速的场合
	回油路节流调速回路	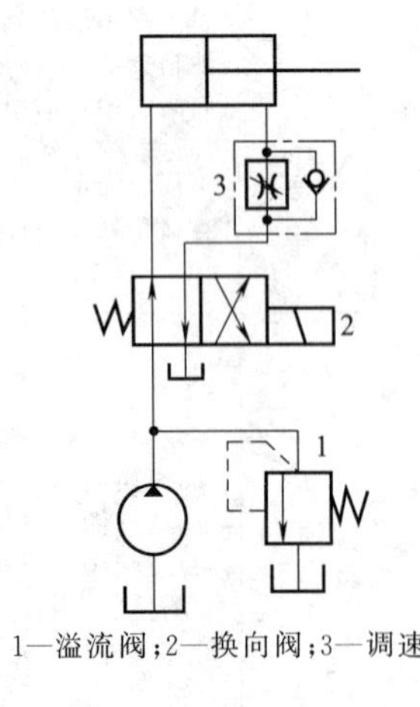 1—溢流阀；2—换向阀；3—调速阀	如图所示，将节流阀串联在液压缸的回油路上，借助节流阀控制液压缸的排油量来调节其运动速度，称为回油路节流调速回路。液压缸的工作压力由溢流阀的调定压力决定，与负载变化无关，效率较低。在液压缸回油腔有背压，可以承受阻力载荷（负载作用方向与活塞运动方向相反），且动作平稳。当液压缸的负载突然减小时，由于节流阀的阻尼作用，可以减小活塞前冲的现象。根据最大负载决定溢流阀 1 的调定压力。回油节流使执行元件产生背压，需要克服背压才能使执行元件动作，所以执行元件的输出力减小。可用于低速运动的场合，如多功能棒料折弯机的左右折弯液压缸的调速回路，无内胎铝合金车轮气密性检测机构的升降缸、夹紧缸回路等

续表

类别		回　　路	特　　点
节流调速回路	旁油路节流调速回路	1—溢流阀；2—换向阀；3—节流阀	把节流阀装在与液压缸并联的支路上，利用节流阀把液压泵供油的一部分排回油箱实现速度调节的回路，称为旁油路节流调速回路。泵的供油压力随负载变化而变化，效率比进油或回油调速回路高。把泵的供油流量的一部分经旁路流量控制阀流回油箱，也就是控制流入液压缸中的流量。溢流阀 1 作安全阀用。系统的调速范围较小。常用于速度较高、载荷较大、负载变化较小的场合，不适用于阻力载荷的场合
	双向节流调速回路	1—溢流阀；2—换向阀；3，4—调速阀	如图示回路，活塞往返速度可分别调节。活塞向右运动时由进油路调速，速度由阀 3 调定；活塞向左运动时由回油路调速，速度由阀 4 调定。也可以把这些控制阀装在液压缸右腔的油路上，则向右运动为回油路调速，向左运动为进油路调速
容积式调速回路	容积调速回路可用变量泵供油，根据需要调节泵的输出流量，或应用变量液压马达，调节其每转排量以进行调速，也可以采用变量泵和变量液压马达联合调速。容积调速回路的主要优点是没有节流调速时通过溢流阀和节流阀的溢流功率损失和节流功率损失。所以发热少，效率高，适用于功率较大，并需要有一定调速范围的液压系统中 容积调速回路按所用执行元件的不同，分为泵-缸式回路和泵-马达式回路		
	变量泵-液压缸容积调速回路	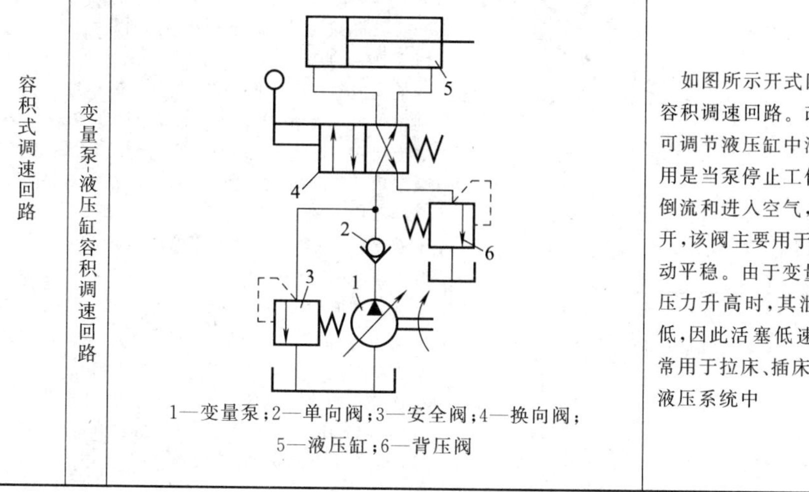 1—变量泵；2—单向阀；3—安全阀；4—换向阀；5—液压缸；6—背压阀	如图所示开式回路为由变量泵及液压缸组成的容积调速回路。改变回路中变量泵 1 的排量，即可调节液压缸中活塞的运动速度。单向阀 2 的作用是当泵停止工作时，防止液压缸里的油液向泵倒流和进入空气，系统正常工作时安全阀 3 不打开，该阀主要用于防止系统过载，背压阀 6 可使运动平稳。由于变量泵径向力不平衡，当负载增加压力升高时，其泄漏量增加，使活塞速度明显降低，因此活塞低速运动时其承载能力受到限制。常用于拉床、插床、压力机及工程机械等大功率的液压系统中

续表

类别		回路	特点
容积式调速回路	变量泵-定量马达容积调速回路	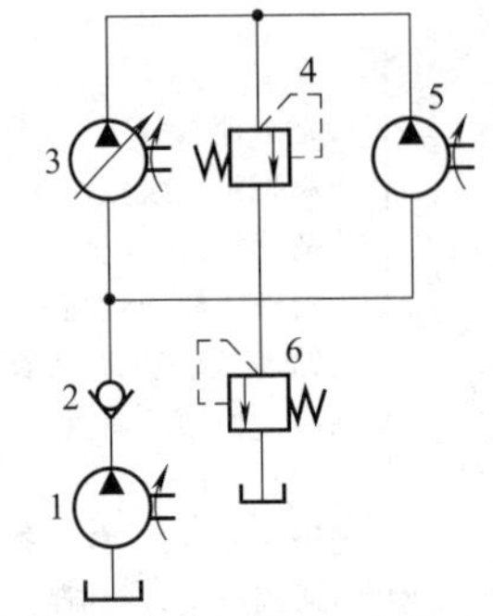 1—辅助油泵；2—单向阀；3—主泵；4—安全阀；5—液压马达；6—溢流阀	图示回路为变量泵-定量马达调速回路。回路中压力管路上的安全阀4，用以防止回路过载，低压管路上连接一个小流量的辅助油泵1，以补偿主泵3和液压马达5的泄漏，其供油压力由溢流阀6调定。辅助泵与溢流阀使低压管路始终保持一定压力，不仅改善了主泵的吸油条件，而且可置换部分发热油液，降低系统温升。在这种回路中，液压泵转速 n_p 和液压马达排量 V_M 都为恒值，改变液压泵排量 V_p 可使液压马达转速 n_M 和输出功率 P_M 随之成比例地变化。液压马达的输出转矩 T_M 和回路的工作压力 p 都由负载转矩来决定，不因调速而发生改变，所以这种回路常被称为恒转矩调速回路。值得注意的是，在这种回路中，因泵和马达的泄漏量随负载的增加而增加，致使马达输出转速下降
	定量泵-变量马达容积调速回路	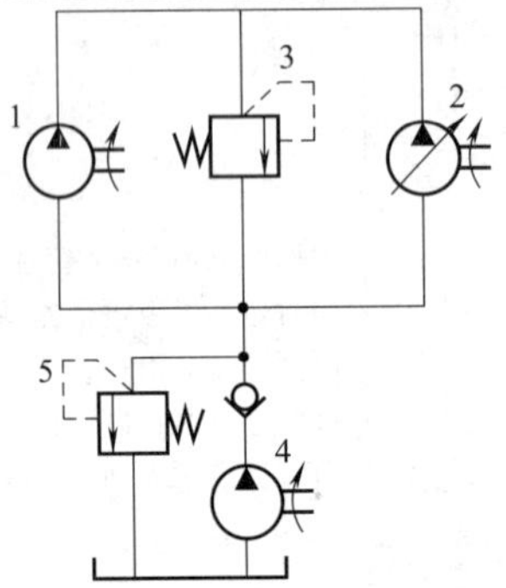 1—定量泵；2—变量液压马达；3—安全阀；4—补油泵；5—溢流阀	图示所示为定量泵-变量马达容积调速回路，定量泵1的排量 V_p 不变，变量液压马达2的排量 V_M 的大小可以调节，3为安全阀，4为补油泵，5为补油泵的低压溢流阀。在这种回路中，液压泵转速 n_p 和排量 V_p 都是常值，改变液压马达排量 V_M 时，液压马达输出转矩的变化与 V_M 成正比，输出转速 n_M 则与 V_M 成反比。液压马达的输出功率 P_M 和回路的工作压力 p 都由负载功率决定，不因调速而发生变化，所以这种回路常被称为恒功率调速回路。该回路的优点是能在各种转速下保持很大输出功率不变，其缺点是调速范围小，因此这种调速方法往往不能单独使用
	变量泵-变量马达容积调速回路	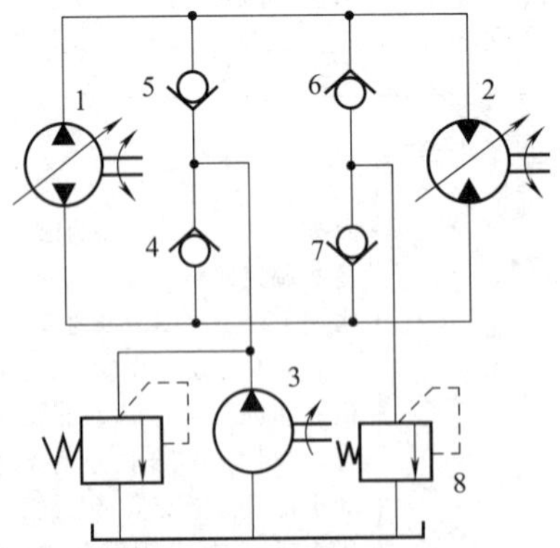 1—变量泵；2—变量马达；3—补油泵；4～7—单向阀；8—溢流阀	图示为双向变量泵和双向变量马达组成的容积调速回路。回路中各元件对称布置，改变泵的供油方向，就可实现马达的正反向旋转，单向阀4和5用于辅助泵3双向补油，单向阀6和7使溢流阀8在两个方向上都能对回路起过载保护作用。一般机械要求低速时输出转矩大，高速时能输出较大的功率，这种回路恰好可以满足这一要求。第一阶段将变量马达的排量 V_M 调到最大值并使之恒定，然后调节变量泵的排量 V_p 从最小逐渐加大到最大值，则马达的转速 n_M 便从最小逐渐升高到相应的最大值(变量马达的输出转矩 T_M 不变，输出功率 P_M 逐渐加大)。这一阶段相当于变量泵定量马达的容积调速回路，为恒转矩调速。第二阶段将已调到最大值的变量泵的排量 V_p 固定不变，然后调节变量马达的排量 V_M，从最大逐渐调到最小，此时马达的转速 n_M 便进一步逐渐升高到最高值(在此阶段中，马达的输出转矩 T_M 逐渐减小，而输出功率 P_M 不变)。这一阶段相当于定量泵变量马达的容积调速回路，为恒功率调速。这种容积调速回路的调速范围大，并且有较高的效率，它适用于大功率的场合，如矿山机械、起重机械以及大型机床的主运动液压系统

续表

类别	回　　路	特　　点
容积节流调速回路	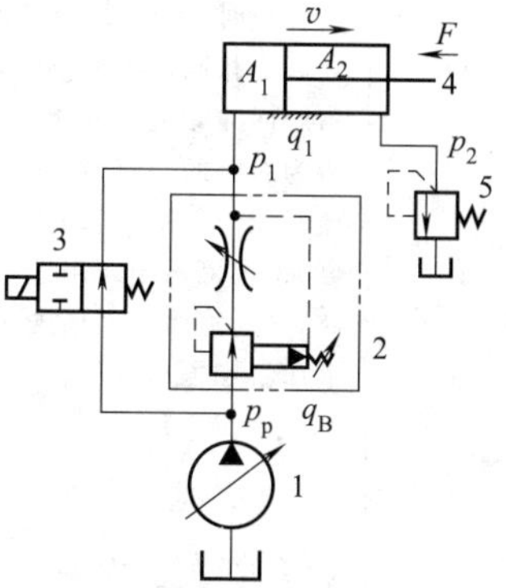 1—限压式变量泵；2—调速阀；3—换向阀；4—液压缸；5—背压阀	容积节流调速回路的基本工作原理是采用压力补偿式变量泵供油、调速阀（或节流阀）调节进入液压缸的流量并使泵的输出流量自动地与液压缸所需流量相适应 常用的容积节流调速回路有：限压式变量泵与调速阀等组成的容积节流调速回路；变压式变量泵与节流阀等组成的容积调速回路 图示为限压式变量泵与调速阀组成的调速回路。在图示位置，液压缸 4 活塞快速向右运动，泵 1 按快速运动要求调节其输出流量 q_{max}，同时调节限压式变量泵的压力调节螺钉，使泵的限定压力 p_c 大于快速运动所需压力。当换向阀 3 通电，泵输出的压力油经调速阀 2 进入缸 4，其回油经背压阀 5 回油箱。调节调速阀 2 的流量 q_1 就可调节活塞的运动速度 v，由于 $q_1 < q_p$，压力油迫使泵的出口与调速阀进口之间的油压憋高，即泵的供油压力升高，泵的流量便自动减小到 $q_p \approx q_1$ 为止 这种调速回路的运动稳定性、速度负载特性、承载能力和调速范围均与采用调速阀的节流调速回路相同。此回路只有节流损失而无溢流损失，具有效率较高、调速较稳定、结构较简单等优点。目前已广泛应用于负载变化不大的中、小功率组合机床的液压系统中
节能调速回路	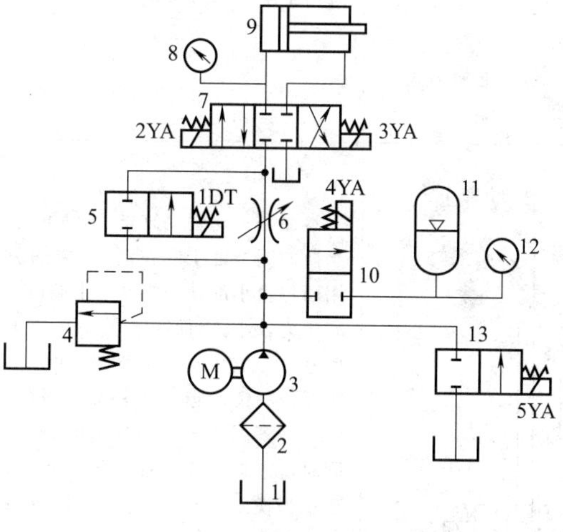 1—油箱；2—过滤器；3—定量泵；4—安全阀；5，7，10，13—电磁换向阀；6—可调节流阀；8—工作电接点压力表；9—活塞式缸；11—蓄能器；12—蓄能器电接点压力表	当启动液压泵后，1YA、2YA、4YA 同时通电，实现快速供油，此时液压泵和蓄能器同时供液，流量增加，液压缸快速上升。当快速上升完成后，碰到行程开关或接触到被加工物体，压力升高。由压力继电器控制，转入低速加压工作阶段。此时 1YA 断电，2YA、4YA 通电。进入液压缸的油被节流阀 6 节流，速度变慢同时液压泵抽出的油有部分进入蓄能器，达到节流储能的作用。整个加压过程就在蓄能器供油和储油的过程中完成，既完成了节流调速的功能，又避免了溢流阀的缝隙溢流带来的油温升高。而且电动机空载时，液压泵抽出的油用于给蓄能器补液，节约了能源

第 20 篇

4.4.2 增速回路

表 20-4-12 **增速回路**

类别	回路	特点
差动式缸增速的回路	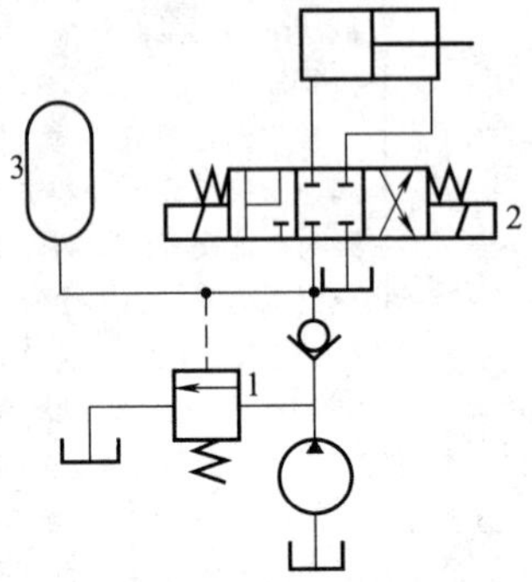 1—溢流阀；2—换向阀；3—蓄能器	本回路采用三位四通换向阀实现液压缸差动连接，以达到增速的目的。当三位四通换向阀切换至左位时，液压缸左、右腔同时通压力油，由于两腔压力相同而面积不同，故活塞向右移动，液压缸右腔回油亦流入左腔，所以活塞增速。若左腔面积为右腔的二倍，则可使活塞往返速度相同。节流阀用于调节活塞的往返速度。当不需要调节速度时，也可不用。用于向右运动时需要增速的回路，如气缸体封水槽加工机床液压系统中的滑台液压缸和输送液压缸
增速缸增速的回路	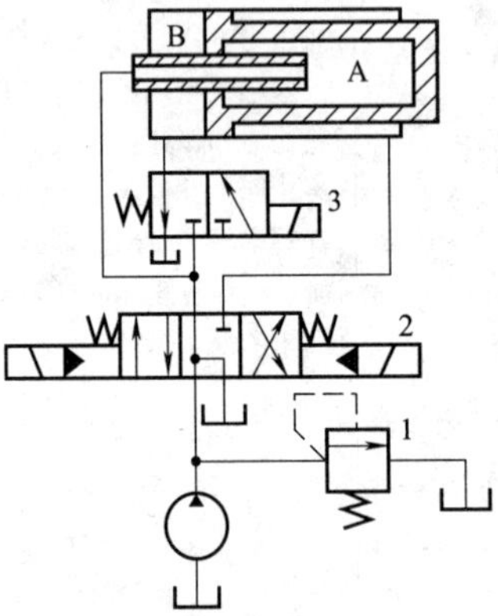 1—溢流阀；2—三位四通换向阀；3—二位三通换向阀	当换向阀 2 处于左位时，压力油只流入增速缸 A 腔，因其有效面积较小，所以活塞快速向右运动。此时液压缸的 B 腔经二位三通换向阀 3 从油箱自吸补油。当活塞快速运动到设定位置时，撞压行程开关，行程开关发信号，使二位三通换向阀 3 通电，液压泵输出的油液同时进入 A 腔和 B 腔，B 腔有效面积较大，实现慢速进给工况。增速缸结构复杂，增速缸的外壳构成工作缸的活塞部件。应用于中小型液压机中
辅助缸增速的回路	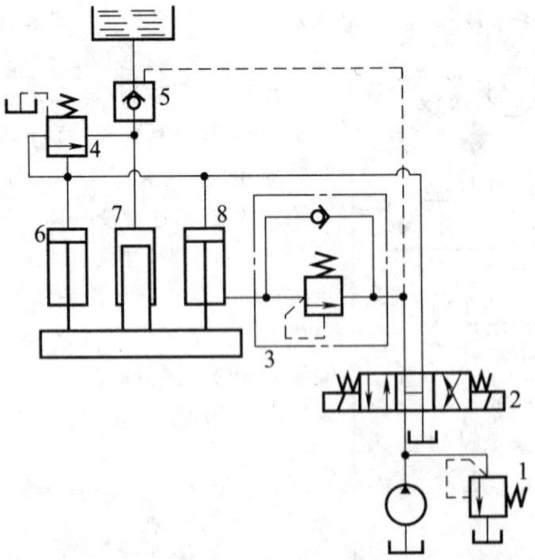 1—溢流阀；2—换向阀；3—平衡阀；4—顺序阀；5—液控单向阀；6，8—辅助缸；7—主缸	本回路采用辅助缸增速，活塞向下运动时增速。当换向阀 2 处于右位时，压力油流入两个有效作用面积较小的辅助缸 6、8 上腔（因快速运动时，负载压力较小，因而阀 4 关闭），使主缸 7 活塞和辅助缸 6、8 的活塞快速下降，此时主缸 7 上腔通过阀 5 自高位油箱自吸补油。当接触到工件后，油压上升到阀 4 的调定压力时，阀 4 打开。压力油同时流入缸 6、8 和缸 7 的上腔，活塞转为加压行程。当换向阀 2 处于左位时，压力油经阀 3 中的单向阀流入缸 8 下腔，活塞上升。此时液控单向阀 5 在压力油作用下打开，缸 7 下腔的压力油流回辅助油箱，活塞退回。缸 6、8 经换向阀 2 流回主油箱。阀 3 为平衡阀，防止滑块因自重下滑。此回路在大中型液压机液压系统中普遍使用

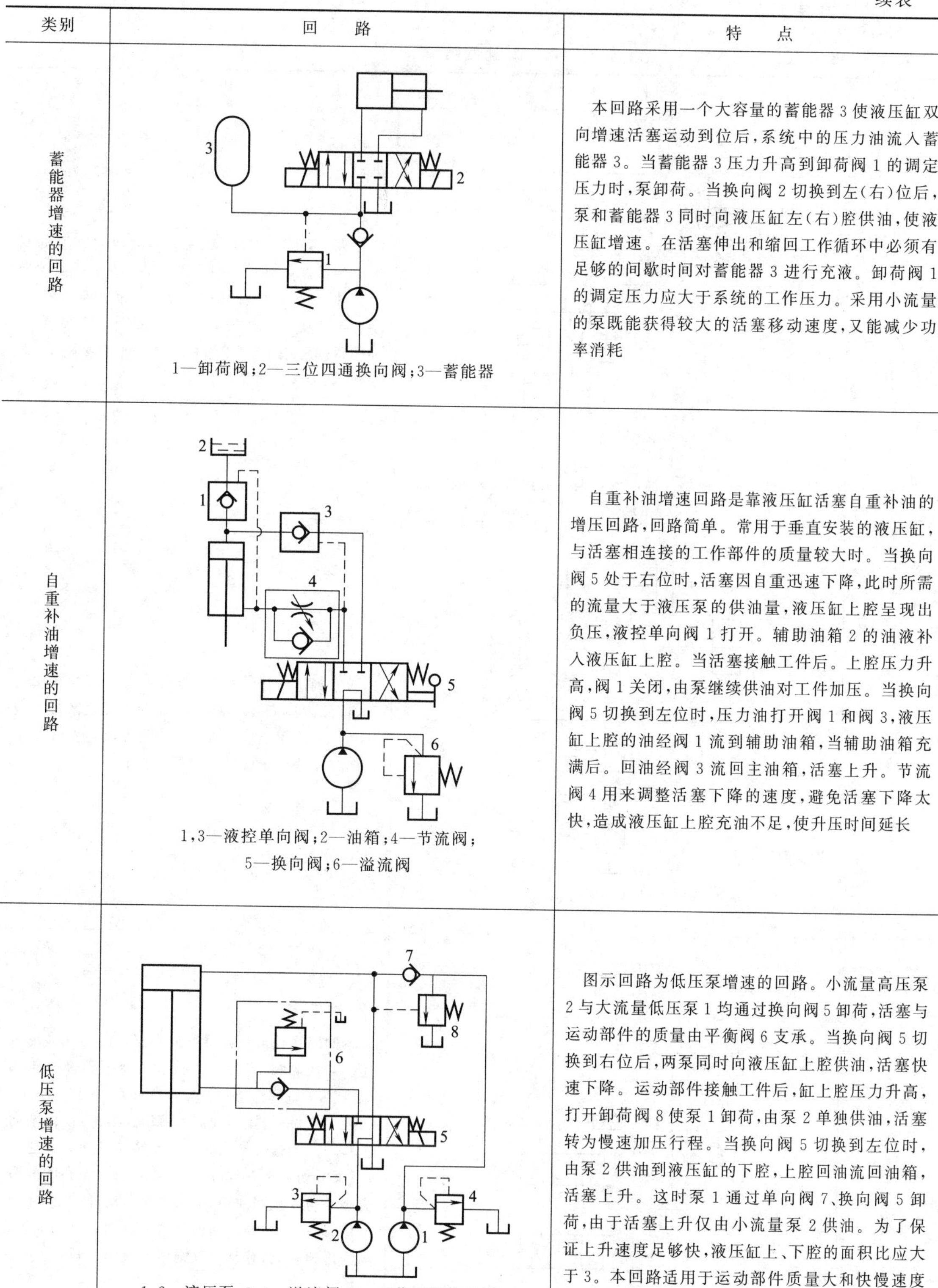

续表

类别	回　　路	特　　点
蓄能器增速的回路	1—卸荷阀；2—三位四通换向阀；3—蓄能器	本回路采用一个大容量的蓄能器 3 使液压缸双向增速活塞运动到位后，系统中的压力油流入蓄能器 3。当蓄能器 3 压力升高到卸荷阀 1 的调定压力时，泵卸荷。当换向阀 2 切换到左(右)位后，泵和蓄能器 3 同时向液压缸左(右)腔供油，使液压缸增速。在活塞伸出和缩回工作循环中必须有足够的间歇时间对蓄能器 3 进行充液。卸荷阀 1 的调定压力应大于系统的工作压力。采用小流量的泵既能获得较大的活塞移动速度，又能减少功率消耗
自重补油增速的回路	1，3—液控单向阀；2—油箱；4—节流阀；5—换向阀；6—溢流阀	自重补油增速回路是靠液压缸活塞自重补油的增压回路，回路简单。常用于垂直安装的液压缸，与活塞相连接的工作部件的质量较大时。当换向阀 5 处于右位时，活塞因自重迅速下降，此时所需的流量大于液压泵的供油量，液压缸上腔呈现出负压，液控单向阀 1 打开。辅助油箱 2 的油液补入液压缸上腔。当活塞接触工件后。上腔压力升高，阀 1 关闭，由泵继续供油对工件加压。当换向阀 5 切换到左位时，压力油打开阀 1 和阀 3，液压缸上腔的油经阀 1 流到辅助油箱，当辅助油箱充满后。回油经阀 3 流回主油箱，活塞上升。节流阀 4 用来调整活塞下降的速度，避免活塞下降太快，造成液压缸上腔充油不足，使升压时间延长
低压泵增速的回路	1，2—液压泵；3，4—溢流阀；5—三位四通换向阀；6—平衡阀；7—单向阀；8—卸荷阀	图示回路为低压泵增速的回路。小流量高压泵 2 与大流量低压泵 1 均通过换向阀 5 卸荷，活塞与运动部件的质量由平衡阀 6 支承。当换向阀 5 切换到右位后，两泵同时向液压缸上腔供油，活塞快速下降。运动部件接触工件后，缸上腔压力升高，打开卸荷阀 8 使泵 1 卸荷，由泵 2 单独供油，活塞转为慢速加压行程。当换向阀 5 切换到左位时，由泵 2 供油到液压缸的下腔，上腔回油流回油箱，活塞上升。这时泵 1 通过单向阀 7、换向阀 5 卸荷，由于活塞上升仅由小流量泵 2 供油。为了保证上升速度足够快，液压缸上、下腔的面积比应大于 3。本回路适用于运动部件质量大和快慢速度比值大的压力机

4.4.3 减速回路

表 20-4-13 减速回路

类别	回路	特点
用行程节流阀减速的回路	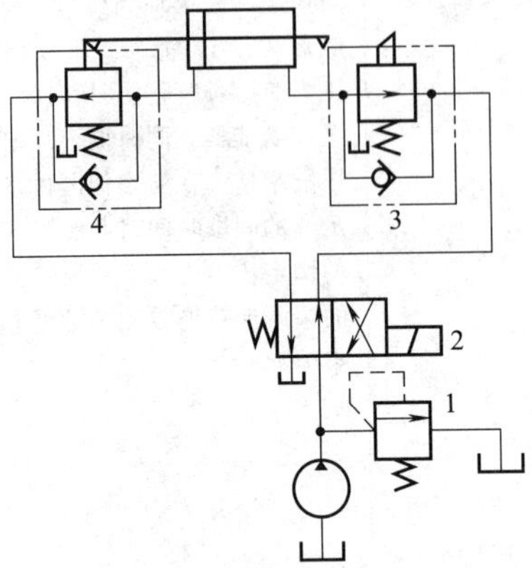 1—溢流阀；2—换向阀；3，4—行程节流阀	用两个行程节流阀实现液压缸双向减速的目的。当活塞接近左右行程终点时，活塞杆上的撞块压住行程节流阀的触头，使其节流口逐渐关小。增加了液压缸回油阻力，使活塞逐渐减速达到缓冲的目的。用于行程终了慢慢减速的回路中，如注塑机、灌装机等回路中
用行程换向阀减速的回路	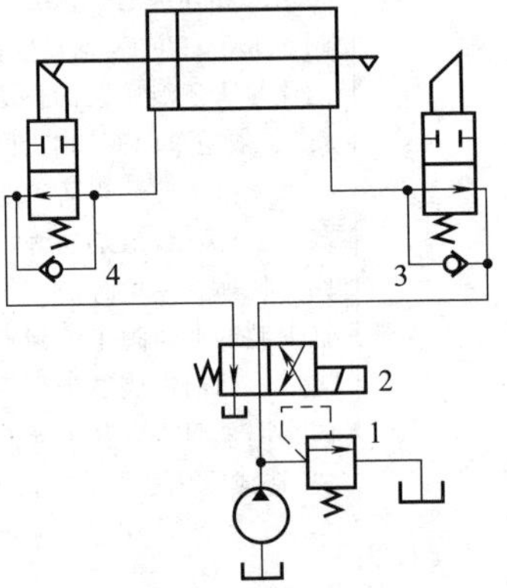 1—溢流阀；2—换向阀；3，4—行程换向阀	活塞到达行程终点前，撞块将行程阀的触头压下，使阀内通流截面关小，活塞速度因之减慢。减速性能取决于挡块的设计。也可在阀芯上开一个轴向三角槽以提高减速或缓冲性能
用节流阀减速的回路	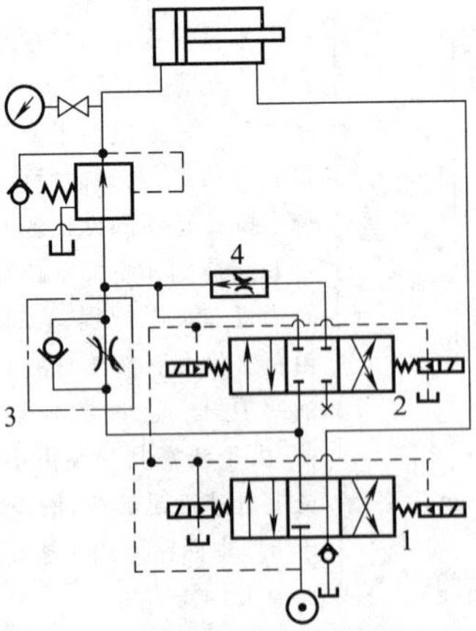 1，2—三位四通换向阀；3，4—节流阀	本回路可使液压缸活塞向左移动时实现多级减速。当换向阀 1 切换至左位时，压力油经减压阀流入液压缸左腔，使活塞向右移动。当换向阀 1 切换至右位时，压力油流入液压缸右腔，使活塞向左移动。若这时换向阀 2 切换至左位则为快速移动；阀 2 切换至右位，液压缸左腔的油经并联的节流阀 3 与 4 流回油箱，则为中速移动；阀 2 回复至中位，液压缸左腔的回油只经节流阀 3 流回油箱，则为慢速移动，移动速度则由节流阀 3 调节

续表

类别	回　　路	特　　点
用比例调速阀减速的回路	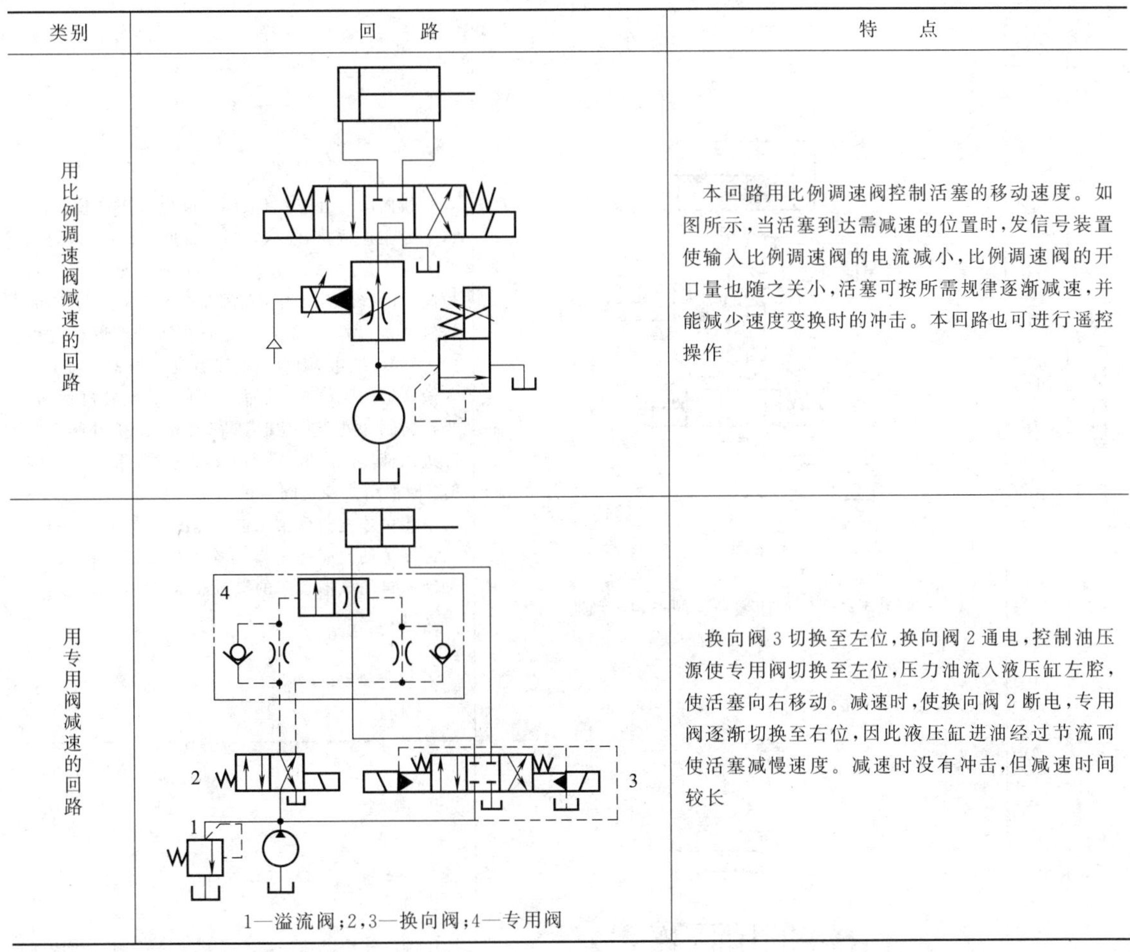	本回路用比例调速阀控制活塞的移动速度。如图所示，当活塞到达需减速的位置时，发信号装置使输入比例调速阀的电流减小，比例调速阀的开口量也随之关小，活塞可按所需规律逐渐减速，并能减少速度变换时的冲击。本回路也可进行遥控操作
用专用阀减速的回路	1—溢流阀；2，3—换向阀；4—专用阀	换向阀 3 切换至左位，换向阀 2 通电，控制油压源使专用阀切换至左位，压力油流入液压缸左腔，使活塞向右移动。减速时，使换向阀 2 断电，专用阀逐渐切换至右位，因此液压缸进油经过节流而使活塞减慢速度。减速时没有冲击，但减速时间较长

4.4.4　二次进给回路、比例阀连续调速回路

表 20-4-14　　二次进给回路、比例阀连续调速回路

类别		回　　路	特　　点
二次进给回路	调速阀并联的二次进给回路	1—溢流阀；2—二位四通电磁换向阀；3，4—调速阀；5—二位二通电磁换向阀；6—二位三通电磁换向阀	调速阀并联的二次进给回路是指第一进给速度和第二进给速度分别用各自的调速阀。若二位四通电磁换向阀 2 处于左位，阀 5 得电处于左位，阀 6 处于右位时，液压油经调速阀 3、阀 6 右位进入液压缸左腔，液压缸活塞以第一进给速度右行。此时若阀 6 得电，液压油经调速阀 4 进入液压缸左腔，液压缸活塞以第二进给速度右行，完成两种速度的转换。回路中的两个调速阀互不影响，缺点是当由第一进给速度转换为第二进给速度，会出现工作部件的前冲现象。用于例如淬火机械手的调速回路

续表

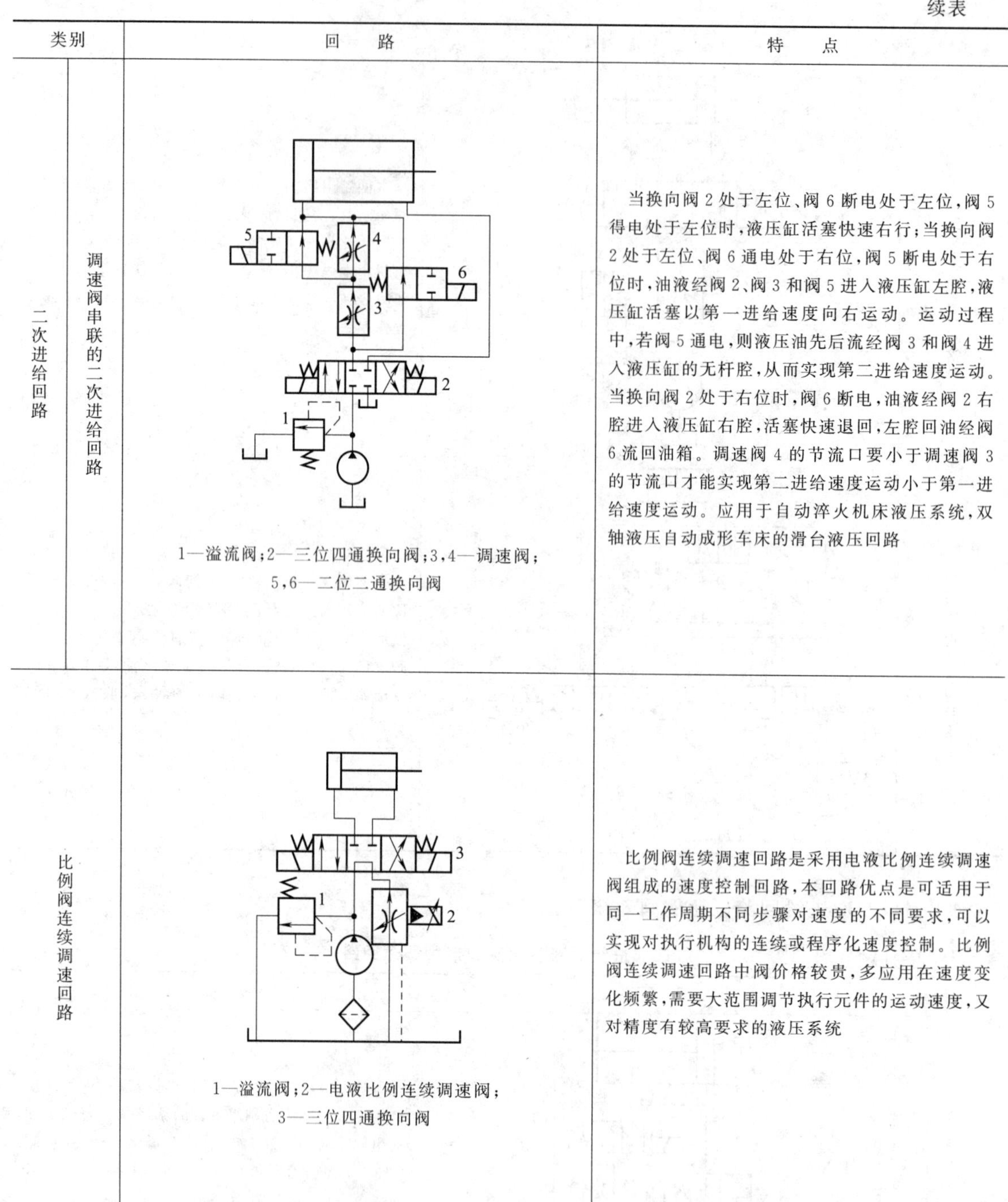

类别		回　路	特　点
二次进给回路	调速阀串联的二次进给回路	1—溢流阀；2—三位四通换向阀；3，4—调速阀；5，6—二位二通换向阀	当换向阀 2 处于左位、阀 6 断电处于左位，阀 5 得电处于左位时，液压缸活塞快速右行；当换向阀 2 处于左位、阀 6 通电处于右位，阀 5 断电处于右位时，油液经阀 2、阀 3 和阀 5 进入液压缸左腔，液压缸活塞以第一进给速度向右运动。运动过程中，若阀 5 通电，则液压油先后流经阀 3 和阀 4 进入液压缸的无杆腔，从而实现第二进给速度运动。当换向阀 2 处于右位时，阀 6 断电，油液经阀 2 右腔进入液压缸右腔，活塞快速退回，左腔回油经阀 6 流回油箱。调速阀 4 的节流口要小于调速阀 3 的节流口才能实现第二进给速度运动小于第一进给速度运动。应用于自动淬火机床液压系统，双轴液压自动成形车床的滑台液压回路
比例阀连续调速回路		1—溢流阀；2—电液比例连续调速阀；3—三位四通换向阀	比例阀连续调速回路是采用电液比例连续调速阀组成的速度控制回路，本回路优点是可适用于同一工作周期不同步骤对速度的不同要求，可以实现对执行机构的连续或程序化速度控制。比例阀连续调速回路中阀价格较贵，多应用在速度变化频繁，需要大范围调节执行元件的运动速度，又对精度有较高要求的液压系统

4.5　同步控制回路

在多缸工作的液压系统中，常常会遇到要求两个或两个以上的执行元件同时动作的情况，并要求它们在运动过程中克服负载、摩擦阻力、泄漏、制造精度和结构变形上的差异，维持相同的速度或相同的位移——即做同步运动。同步运动包括速度同步和位置同步两类。速度同步是指各执行元件的运动速度相同；而位置同步是指各执行元件在运动中或停止时都保持相同的位移量。同步回路就是用来实现同步运动的回路。实现多缸同步动作的方法有很多种，它们的控制精度和价格也相差很大，实际应用中需要根据系统的具体要求，进行合理的设计。

表 20-4-15　同步控制回路

类别		回　路	特　点
机械同步回路	串联液压缸的同步回路	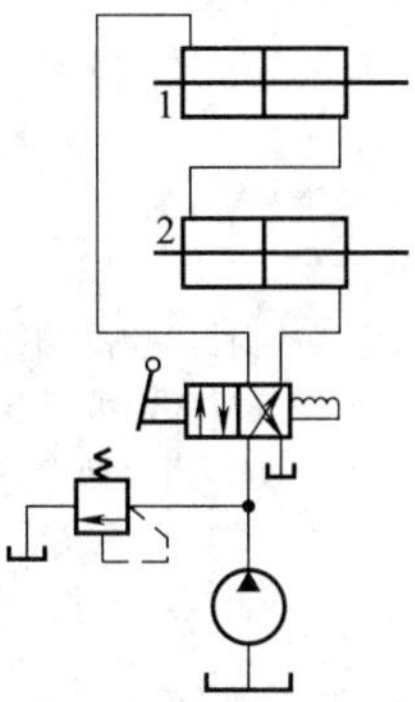 1,2—液压缸	图示是串联液压缸的同步回路。图中液压缸 1 回油腔排出的油液,被送入液压缸 2 的进油腔。如果串联油腔活塞的有效面积相等,便可实现同步运动。这种回路两缸能承受不同的负载,但泵的供油压力要大于两缸工作压力之和 由于泄漏和制造误差,影响了串联液压缸的同步精度,当活塞往复多次后,会产生严重的失调现象,为此要采取补偿措施
	带有补偿装置的同步回路	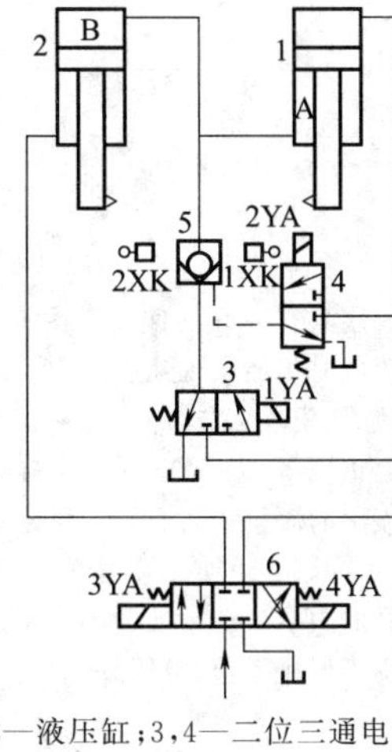 1,2—液压缸;3,4—二位三通电磁阀;5—液控单向阀;6—三位四通电磁阀	图示是两个单作用缸串联,为了达到同步运动,缸 1 有杆腔 A 的有效面积应与缸 2 无杆腔 B 的有效面积相等。在活塞下行的过程中,如液压缸 1 的活塞先运动到底,触动行程开关 1XK 发信号,使电磁铁 1YA 通电,此时压力油便经过二位三通电磁阀 3、液控单向阀 5,向液压缸 2 的 B 腔补油,使缸 2 的活塞继续运动到底。如果液压缸 2 的活塞先运动到底,触动行程开关 2XK,使电磁铁 2YA 通电,此时压力油便经二位三通电磁阀 4 进入液控单向阀的控制油口,液控单向阀 5 反向导通,使缸 1 能通过液控单向阀 5 和二位三通电磁阀 3 回油,使缸 1 的活塞继续运动到底,对失调现象进行补偿
流量控制同步回路	用调速阀控制的同步回路	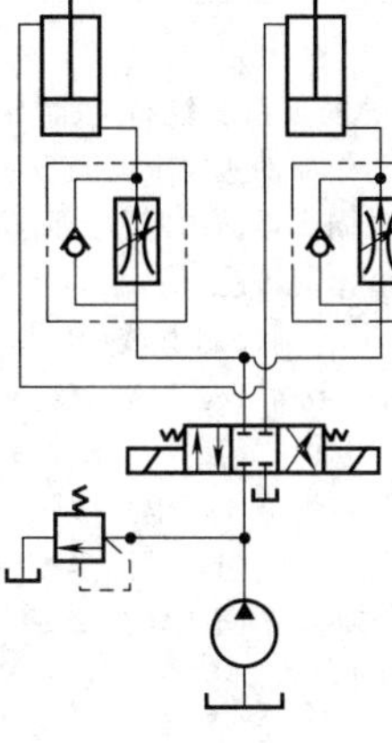	图示为两个并联的液压缸,分别用调速阀控制的同步回路。两个调速阀分别调节两缸活塞的运动速度,当两缸有效面积相等时,则流量也调整得相同;若两缸有效面积不等时,则改变调速阀的流量也能达到同步的运动 用调速阀控制的同步回路,结构简单,并且可以调速,但是由于受到油温变化以及调速阀性能差异等影响,同步精度较低,一般为 5%～7%

第 20 篇

续表

类别		回　路	特　点
流量控制同步回路	用分流阀的同步回路	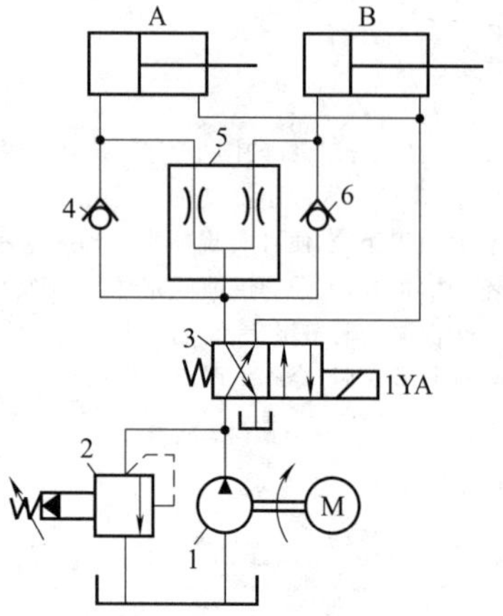 1—泵；2—溢流阀；3—换向阀； 4，6—单向阀；5—等量分流阀	如图所示，电磁换向阀 3 右位工作时，压力油经等量分流阀 5 后以相等的流量进入两液压缸的左腔，两缸右腔回油，两活塞同步向右伸出。当换向阀 3 左位工作时，两缸左腔分别经单向阀 6 和 4 回油，两活塞快速退回，但不能保证同步。适用于负载变化不大、同步精度要求不高的液压系统
	用分流集流阀同步回路	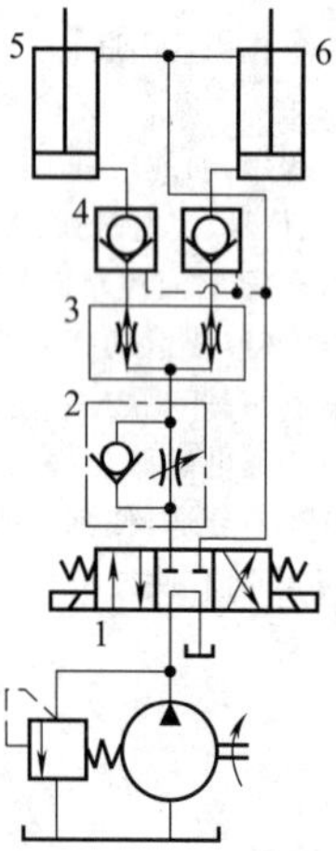 1—三位四通换向阀；2—单向节流阀；3—分流集流阀； 4—液控单向阀；5，6—液压缸	分流集流阀具有良好的偏载承受能力，可使两液压缸在承受不同负载时仍能实现速度同步。由于同步作用靠分流阀自动调整，使用较为方便，但效率低，压力损失大。回路中采用分流集流阀 3(同步阀)代替调速阀来控制两液压缸的进入或流出的流量，单向节流阀 2 用来控制活塞的下降速度，液控单向阀 4 可防止活塞停止时的两缸负载不同而通过分流阀的内节流孔窜油。由于压力损失大、效率低，该回路不宜用于低压系统，常用于同步精度要求较高的中、高压系统
	电液比例调速阀同步回路	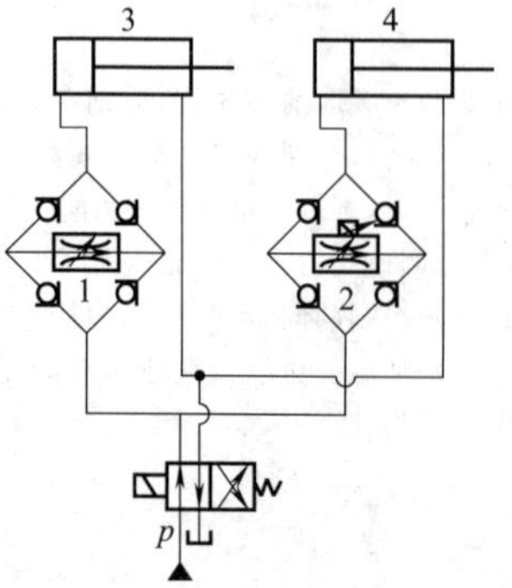 1—普通调速阀；2—比例调速阀；3，4—液压缸	这种回路的同步精度较高，位置精度可达 0.5mm，已能满足大多数工作部件所要求的同步精度。图示为用电液比例调速阀实现同步运动的回路。回路中使用了一个普通调速阀 1 和一个比例调速阀 2，它们装在由多个单向阀组成的桥式回路中，并分别控制着液压缸 3 和 4 的运动。当两个活塞出现位置误差时，检测装置就会发出信号，调节比例调速阀的开度，使缸 4 的活塞跟上缸 3 活塞的运动而实现同步。比例阀虽然性能比不上伺服阀，但费用低，系统对环境适应性强，因此，用它来实现同步控制被认为是一个新的发展方向。本回路用于同步精度要求高的液压系统，如大型闸门的同步升降等

续表

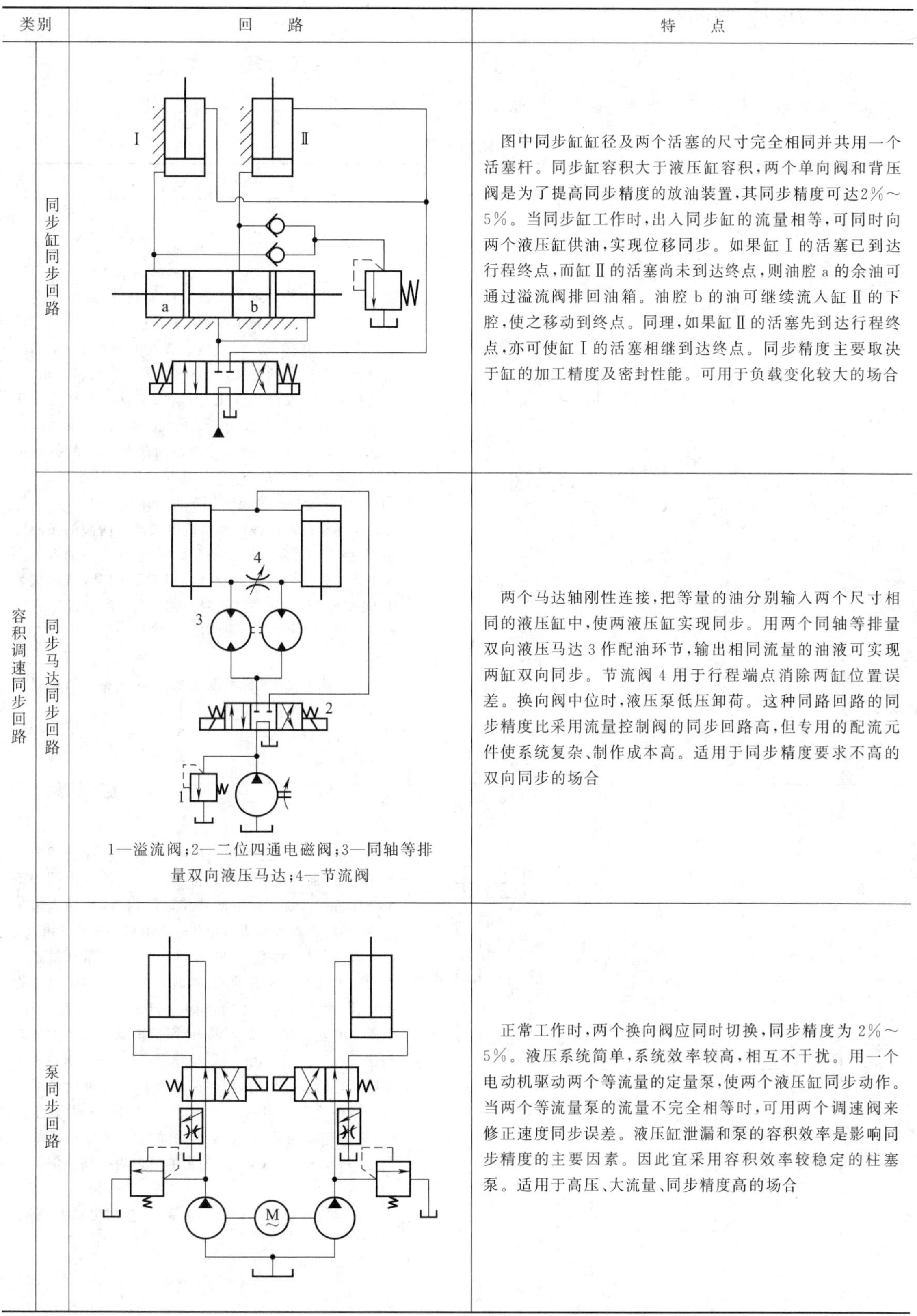

类别		回　　路	特　　点
容积调速同步回路	同步缸同步回路		图中同步缸缸径及两个活塞的尺寸完全相同并共用一个活塞杆。同步缸容积大于液压缸容积，两个单向阀和背压阀是为了提高同步精度的放油装置，其同步精度可达2%～5%。当同步缸工作时，出入同步缸的流量相等，可同时向两个液压缸供油，实现位移同步。如果缸Ⅰ的活塞已到达行程终点，而缸Ⅱ的活塞尚未到达终点，则油腔a的余油可通过溢流阀排回油箱。油腔b的油可继续流入缸Ⅱ的下腔，使之移动到终点。同理，如果缸Ⅱ的活塞先到达行程终点，亦可使缸Ⅰ的活塞相继到达终点。同步精度主要取决于缸的加工精度及密封性能。可用于负载变化较大的场合
	同步马达同步回路	1—溢流阀；2—二位四通电磁阀；3—同轴等排量双向液压马达；4—节流阀	两个马达轴刚性连接，把等量的油分别输入两个尺寸相同的液压缸中，使两液压缸实现同步。用两个同轴等排量双向液压马达3作配油环节，输出相同流量的油液可实现两缸双向同步。节流阀4用于行程端点消除两缸位置误差。换向阀中位时，液压泵低压卸荷。这种同路回路的同步精度比采用流量控制阀的同步回路高，但专用的配流元件使系统复杂、制作成本高。适用于同步精度要求不高的双向同步的场合
	泵同步回路		正常工作时，两个换向阀应同时切换，同步精度为2%～5%。液压系统简单，系统效率较高，相互不干扰。用一个电动机驱动两个等流量的定量泵，使两个液压缸同步动作。当两个等流量泵的流量不完全相等时，可用两个调速阀来修正速度同步误差。液压缸泄漏和泵的容积效率是影响同步精度的主要因素。因此宜采用容积效率较稳定的柱塞泵。适用于高压、大流量、同步精度高的场合

4.6　方向控制回路

在液压系统中，工作机构的启动、停止或变换运动方向等是利用控制进入执行元件油流的通、断及改变流动方向来实现的。实现这些功能的回路称为方向控制回路。

4.6.1　换向回路

表 20-4-16　　换向回路

类别	回　路	特　点
换向阀换向回路	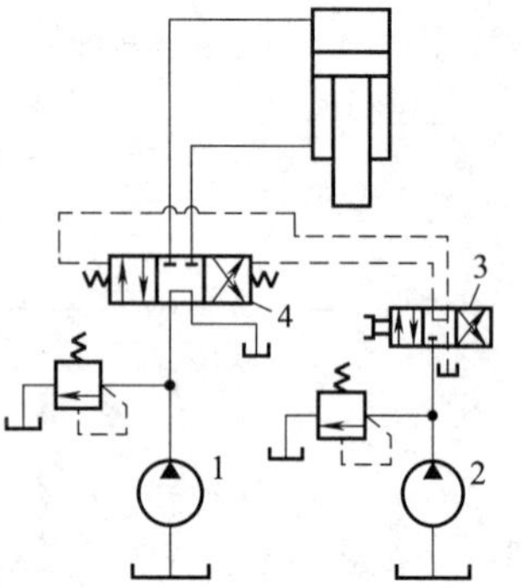 1，2—液压泵；3—手动失导阀；4—液动换向阀	图示为手动转阀(先导阀)控制液动换向阀的换向回路。回路中用辅助泵 2 提供低压控制油，通过手动先导阀 3(三位四通转阀)来控制液动换向阀 4 的阀芯移动，实现主油路的换向，当转阀 3 在右位时，控制油进入液动换向阀 4 的左端，右端的油液经转阀回油箱，使液动换向阀 4 左位接入工件，活塞下移。当转阀 3 切换至左位时，即控制油使液动换向阀 4 换向，活塞向上退回。当转阀 3 中位时，液动换向阀 4 两端的控制油通油箱，在弹簧力的作用下，其阀芯回复到中位，主泵 1 卸荷。这种换向回路常用于大型压机上 在液动换向阀的换向回路或电液动换向阀的换向回路中，控制油液除了用辅助泵供给外，在一般的系统中也可以把控制油路直接接入主油路。但是，当主阀采用 M 型或 H 型中位机能时，必须在回路中设置背压阀，保证控制油液有一定的压力，以控制换向阀阀芯的移动 在机床夹具、油压机和起重机等不需要自动换向的场合，常常采用手动换向阀来进行换向
用多路换向阀换向的换向回路	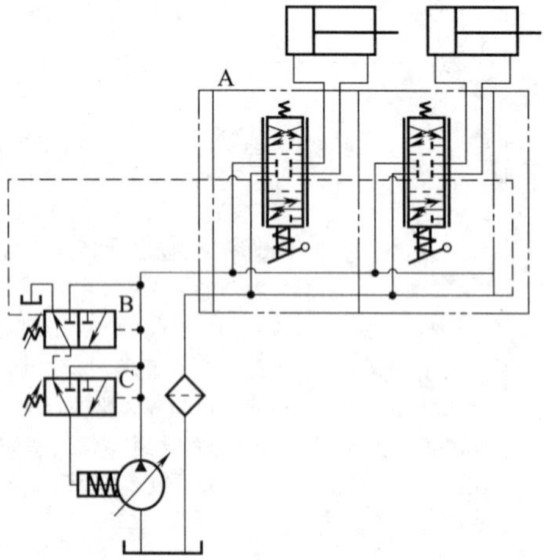	如图所示，本回路可使泵流量始终与阀 A 的调节流量相等，使泵的输出压力与液压缸的工作压力的差值始终保持在弹簧所调定的数值范围内，因而功率损失很少，可使负载所需功率与泵的输出功率基本上相等。将泵输出的压力油引入阀 B 阀芯的右端，液压缸工作腔的压力油引至阀芯的左端，两者的压力差由弹簧力平衡，因此当泵流量比换向阀 A 所调节的流量大时，由于压力差增加，阀芯左移，使泵流量减少。当液压缸到达行程终点时，截止阀 C 动作，一方面使泵保持由该阀所调定的最高压力，同时又使泵仅输出补偿泄漏所需的微小流量。当液压缸不工作时，阀 A 均处于中位，阀 B 左端通油箱，泵输出的油经阀 B 与 C 反馈至泵，这时泵压增至最高，泵输出的流量为补偿泄漏所需的流量 本回路功率损失小，效率高，适用于大功率中、高压系统

续表

类别	回路	特点
用嵌入式锥阀组成的换向回路	A C D O P	对于大流量液压系统可采用嵌入式锥阀，将锥阀嵌入集成块体孔道内部，在集成块外面叠加控制阀组成回路。它的优点如下：流动阻力小、通油能力大、动作速度快、密封性好、结构简单、制造容易、工作可靠，可以组成多功能阀 它相当于一个由二位三通电液换向阀组成的换向回路，由小流量电磁阀进行控制。在图示的位置时，锥阀C上腔通压力油，锥阀D上腔通油箱，因此油口P关闭，油口O打开，活塞向右移动。电磁铁通电后，则锥阀C上腔通油箱，锥阀D上腔通压力油，油口O打开，油口P关闭，液压缸实现差动连接，活塞向左移动。由于锥阀是开关式元件，因此可以用计算机进行逻辑设计，能设计出最合理的液压系统。适用于自动化程度高的大流量液压系统，如步进式加热炉
用比例电液换向阀换向的回路	A B 1YA P O 2YA	用比例电液换向阀可以控制液压缸的运动方向和速度。本回路采用开环控制，无反馈，精度较闭环控制低。改变比例电磁铁1YA和2YA的通电、断电状态，即可改变液压缸的运动方向；改变输给比例电磁铁的电流大小，即可改变通过比例电液换向阀的流量，因而改变液压缸的速度。电磁铁的通电或断电可由行程开关或其他方式进行控制。适用于控制精度较高，成本适中的液压系统
双向泵换向回路	I E D G F C J B H A	用双向定量泵换向，要借助电动机实现泵的正反转。电动机正转时，液压缸的推力由溢流阀B调节；电动机反转时，油压由溢流阀J调节。活塞以回油路节流调速控制移动。电动机停转时，液控单向阀G与F将液压缸锁紧 当正转时，液压泵左边油口为出油口，压力油经两个单向阀进入液压缸左腔，同时使液控单向阀F打开，液压缸右腔的油经节流阀E和液控单向阀F回油箱。而液压泵的吸油则通过单向阀A进行。溢流阀J调定液压缸活塞右行时的工作压力。本回路为对称式油路，正反向油流走向类似。适用于换向频率不高的液压系统。应用本回路时，要在轻载或卸荷状态下启动液压泵

第20篇

4.6.2 锁紧回路

表 20-4-17 锁紧回路

类别	回路	特点
用换向阀的锁紧回路	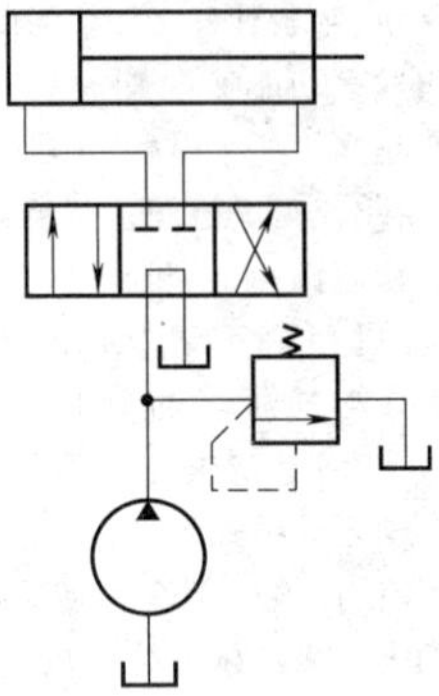	三位四通换向阀在中位时，将进油口或出油口封闭，或同时将进油口和出油口封闭，便构成了单向锁紧或双向锁紧回路。本回路为双向锁紧回路，采用换向阀锁紧，回路简单，但是锁紧精度较低 本回路采用 M 型机能的三位换向阀，当阀芯处于中位时，液压缸的进、出口都被封闭，可以将活塞锁紧。使执行元件不工作时，保持在既定位置上。因受换向阀内泄漏的影响，采用换向阀锁紧，锁紧精度较低，锁紧效果较差。由于滑阀式换向阀不可避免地存在泄漏，这种锁紧方法不够可靠，只适用于锁紧时间短且锁紧精度要求不高的回路中
用单向阀的锁紧回路	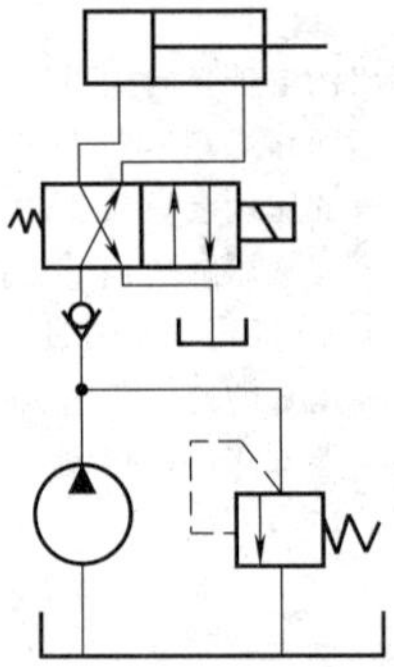	当液压泵停止工作时，液压缸活塞向右方向的运动被单向阀锁紧，向左方向则可以运动。液压泵出口处的单向阀在泵停止运转时还有防止空气渗入液压系统的作用，并可防止执行元件和管路等处的冲击压力影响液压泵。能实现单方向锁紧，另一方向在外力作用下仍可运动。只有当活塞向左移动到极限位置时，才能实现双向锁紧。这种回路的锁紧精度受换向阀内泄漏量的影响，常用于仅要求单方向锁紧的回路，如机床夹具夹紧装置的液压回路
用液控单向阀的锁紧回路	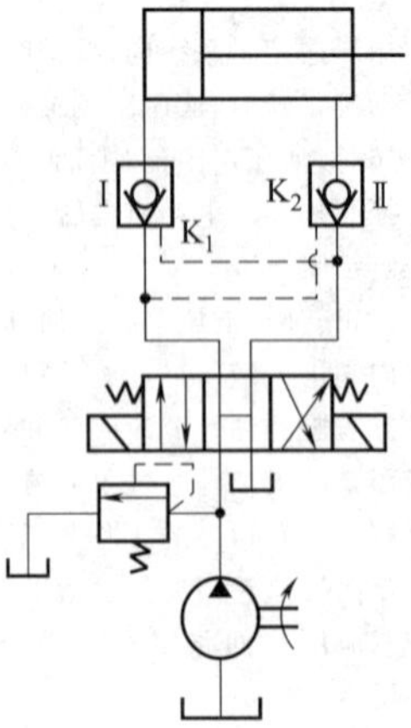 Ⅰ K	液控单向阀有良好的密封性能，锁紧精度只受液压缸内少量的内泄漏影响，因此，锁紧精度较高，即使在外力作用下，也能使执行元件长期锁紧。在液压缸的进、回油路中都串接液控单向阀（又称液压锁），活塞可以在行程的任何位置锁紧，并可防止其停止后窜动 采用液控单向阀的锁紧回路，换向阀的中位机能应使液控单向阀的控制油液卸压（换向阀采用 H 形或 Y 形），液控单向阀便立即关闭，活塞停止运动。假如采用 O 型机能，在换向阀中位时，由于液控单向阀的控制腔压力油被闭死而不能使其立即关闭，直至由换向阀的内泄漏使控制腔泄压后，液控单向阀才能关闭，影响其锁紧精度。这种回路常用于汽车起重机的支腿油路中，也用于矿山采掘机械的液压支架和飞机起落架的锁紧回路中

续表

类别	回　　路	特　　点
用液控顺序阀的锁紧回路		当液压缸上腔不进油或上腔压力低于液控顺序阀的调整压力时，液控顺序阀关闭，液压缸下腔不能回油，因而使活塞锁紧不致下落。顺序阀的调压值应与活塞、活塞杆等组件向下的力相匹配。适用于单向锁紧并且锁紧精度要求不高的液压系统。由于液控顺序阀有泄漏，因此锁紧时间不能太长
用锁紧缸锁紧的回路		本回路能长时间地保持锁紧状态，完全防止活塞下滑。当换向阀切换，液压缸Ⅱ工作时，由单向阀 A 和液压缸阻力所产生的油压克服锁紧缸Ⅰ的弹簧力而使锁紧松开。当换向阀回到中位而泵卸荷时，单向阀 A 产生的压力不足以克服弹簧力，弹簧使锁紧缸Ⅰ活塞伸出并将活塞锁紧。单向阀 A 的作用是防止锁紧缸Ⅰ中的油流失。适用于锁紧时间长，锁紧精度要求高的液压系统

4.6.3　连续往复运动回路

表 20-4-18　　连续往复运动回路

类别	回　　路	特　　点
用行程开关控制的连续往复运动回路	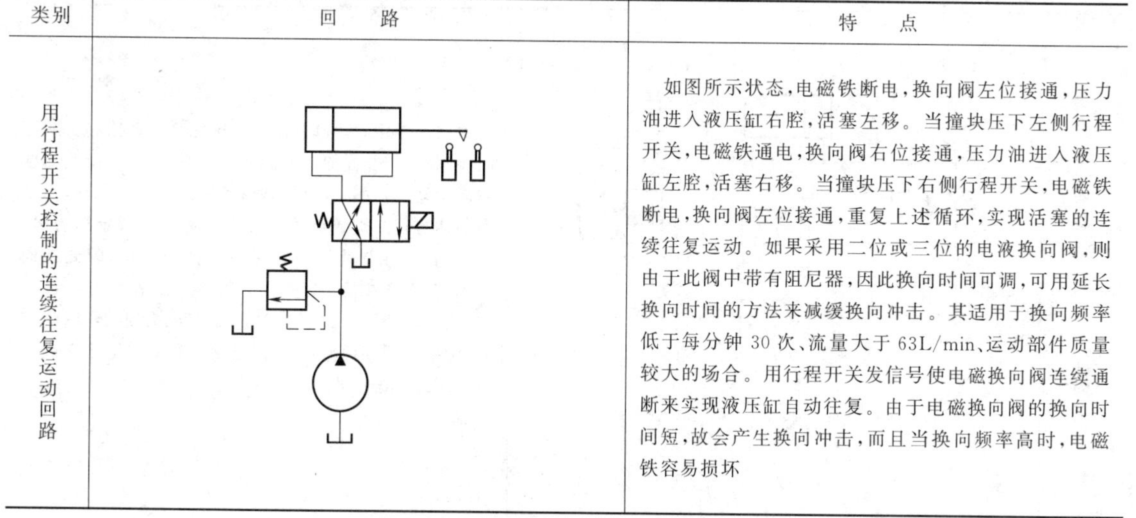	如图所示状态，电磁铁断电，换向阀左位接通，压力油进入液压缸右腔，活塞左移。当撞块压下左侧行程开关，电磁铁通电，换向阀右位接通，压力油进入液压缸左腔，活塞右移。当撞块压下右侧行程开关，电磁铁断电，换向阀左位接通，重复上述循环，实现活塞的连续往复运动。如果采用二位或三位的电液换向阀，则由于此阀中带有阻尼器，因此换向时间可调，可用延长换向时间的方法来减缓换向冲击。其适用于换向频率低于每分钟 30 次、流量大于 63L/min、运动部件质量较大的场合。用行程开关发信号使电磁换向阀连续通断来实现液压缸自动往复。由于电磁换向阀的换向时间短，故会产生换向冲击，而且当换向频率高时，电磁铁容易损坏

续表

类别	回路	特点
用行程换向阀控制的连续往复运动回路	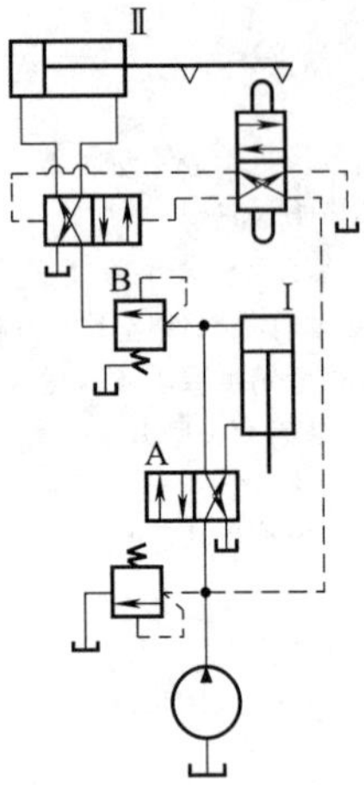 Ⅱ B I A	利用工作部件上的撞块与行程换向阀来控制液动换向阀换向使活塞自动往复。如图所示，当换向阀 A 切换至左位，夹紧缸Ⅰ夹紧后，压力油打开顺序阀 B 流入往复缸Ⅱ使活塞向右移动。换向阀 A 切换至右位后，工件松开，顺序阀 B 因进口压力降低而关闭，缸Ⅱ活塞即停止运动。适用于驱动机床工作台实现往复直线运动的机床液压传动系统
用压力继电器控制的连续往复运动回路	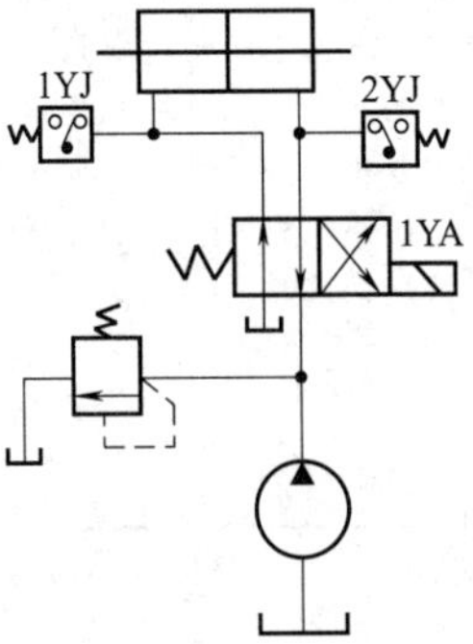 1YJ 2YJ 1YA	本回路为用压力继电器控制的连续往复运动回路。系统压力变化，压力继电器发出电信号，使电磁铁通断，控制换向阀动作，实现连续往复运动。在图示的位置时，活塞向左移动。当负载增大或活塞碰到缸盖后，进油压力升高使压力继电器 2YJ 动作，1YA 通电，换向阀右位接通，活塞向右移动。当进油压力升高至压力继电器 1YJ 动作时，1YA 断电，活塞又向右移动，形成压力控制的自动往复运动。用于换向精度和换向平稳性要求不高的液压系统
用顺序阀控制的连续往复运动回路	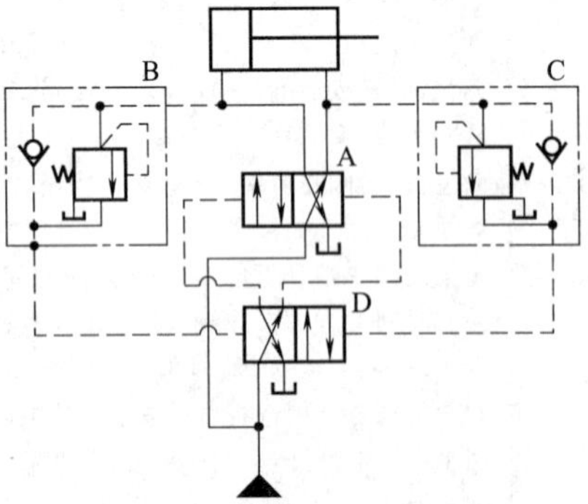 B C A D	本回路是用顺序阀控制的连续往复运动回路。顺序阀控制先导阀，先导阀控制液动主换向阀，进而使活塞往复运动。在图示的位置时，活塞正在向左移动，当活塞到达行程终端或负载压力达到阀 C 的调定压力时，阀 C 打开，控制油使先导阀 D 切换至右位，因此换向阀 A 切换至左位，活塞向右移动。在活塞右移过程中，只要负载压力达到阀 B 的设定压力时，阀 D 就切换至左位，活塞向左移动，如此循环往复。适用于大流量的液压系统

4.7　液压马达回路

表 20-4-19　液压马达回路

类别		回　路	特　点
液压马达制动回路	用溢流阀制动的回路	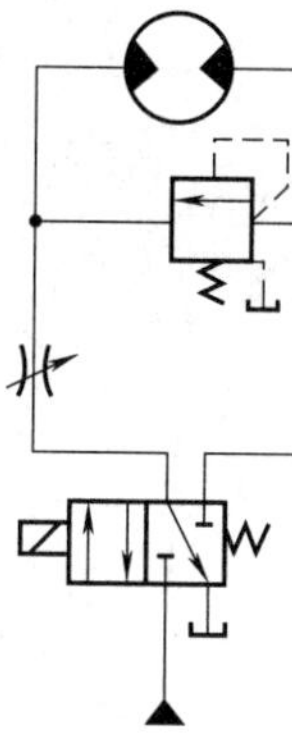	电磁换向阀通电后，压力油经节流阀流入液压马达，使之单向转动，当电磁换向阀断电后，溢流阀起停止时的缓冲作用。由于泄漏而引起的吸油不足可经节流阀从油箱补充
	用制动阀制动的回路	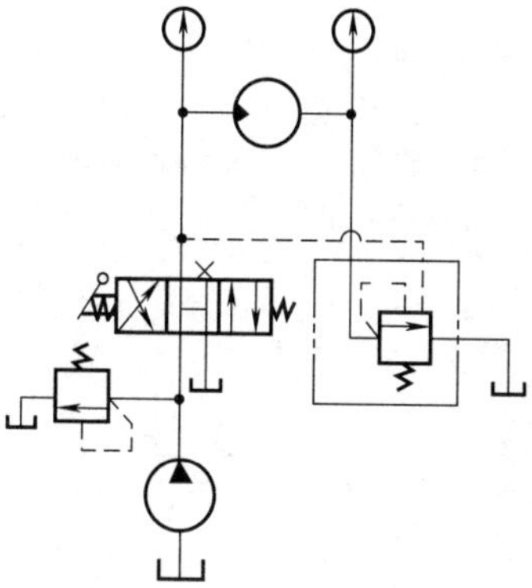	换向阀切换至右位时，压力油使制动阀打开，液压马达驱动负载旋转，无背压。换向阀切换至中位时，泵卸荷，制动阀液控口通油箱，制动阀开口关小使液压马达迅速制动，减少制动时的冲击压力。换向阀切换至左位时，则泵不卸荷，液压马达制动。本回路可用于负值负载，这时液压马达进油端压力下降，制动阀关小使回油端产生背压
	用蓄能器制动的回路	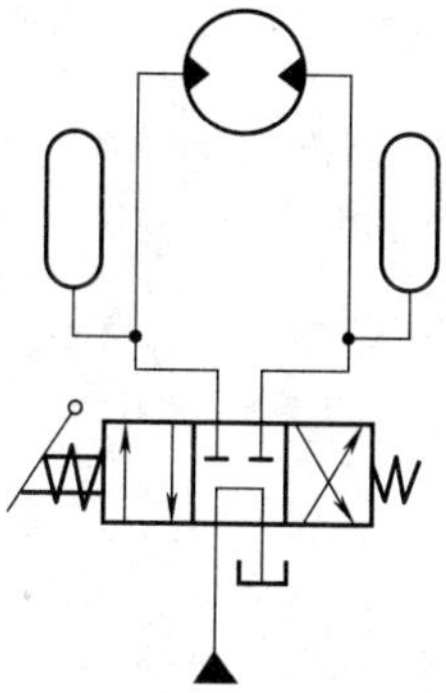	在靠近液压马达油口处装有蓄能器。制动时，换向阀切换至中位，油路压力剧增，由蓄能器收容部分高压油，以限制油压增高实现缓冲。当油路压力突降时，又可以从蓄能器获得补油，避免产生负压。此外，蓄能器还可用来吸收泵的脉动，使执行元件工作更为平稳。但是这种回路结构不紧凑

续表

类别		回路	特点
液压马达制动回路	用制动缸制动的回路	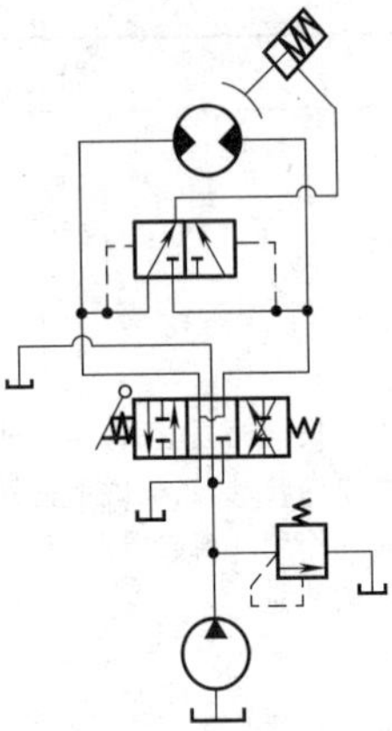	换向阀切换至右位，压力油先经梭阀流至制动缸，使制动器松开，然后液压马达才开始旋转。制动时，换向阀回到中位，制动缸中的弹簧将油压回油箱，并依靠制动器将液压马达锁紧，泵通过换向阀卸荷。换向阀切换至左位时，液压马达反转，制动原理相同
液压马达浮动回路	用换向阀浮动的回路	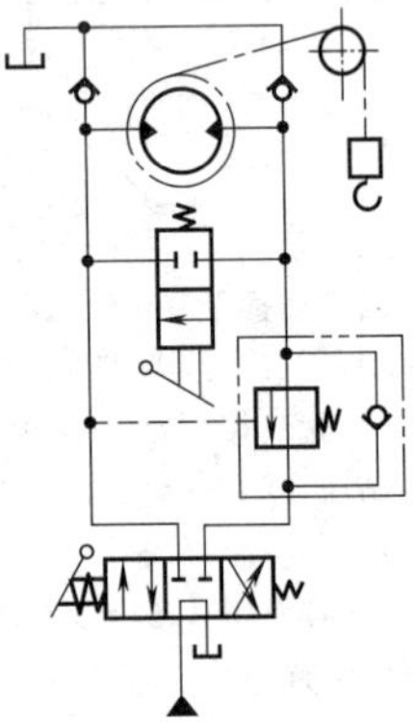	本回路用于液压吊车。液压马达正常工作时，二位换向阀处于断开位置。当液压马达需要浮动"抛钩"时，可将二位换向阀接通，使液压马达进出油口接通，吊钩即在自重作用下快速下降。单向阀用于补偿泄漏。这种回路结构简单，如果吊钩自重太轻而液压马达内阻相对较大时，则有可能达不到快速下降的效果
	内曲线液压马达自身实现浮动的回路	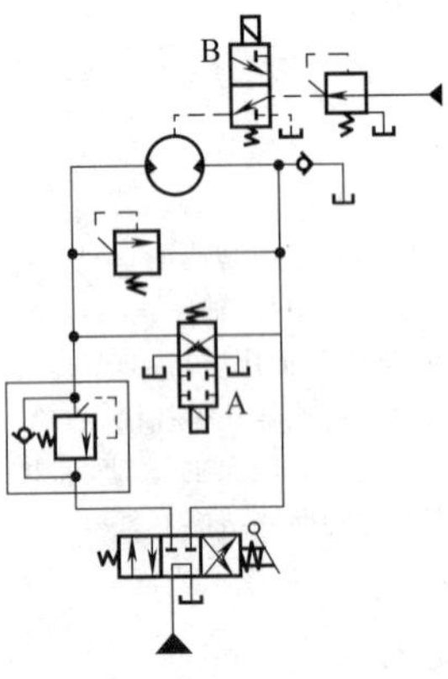 B A	壳转式内曲线低速马达的壳体内如充入压力油，可将所有柱塞压入缸体内，使滚轮脱离轨道，外壳就不受约束成为自由轮。浮动时，先通过阀 A 使主油路卸荷，再通过阀 B 从泄漏油路向液压马达壳体充入低压油，迫使柱塞缩入缸体内

续表

类别		回路	特点
液压马达浮动回路	用液压离合器使工作部件浮动的回路		在液压马达轴和卷筒之间有一个离合器，当起重机升降重物时，离合器液压缸Ⅰ的弹簧力使离合器啮合。当需要使空吊钩快速下降时，可把阀 A 切换至右位，蓄能器中的压力油使离合器脱开，于是吊钩等重量只需克服卷筒等的摩擦力即可自由下落。液压马达本身不浮动

4.8　其他液压回路

4.8.1　顺序动作回路

表 20-4-20　　顺序动作回路

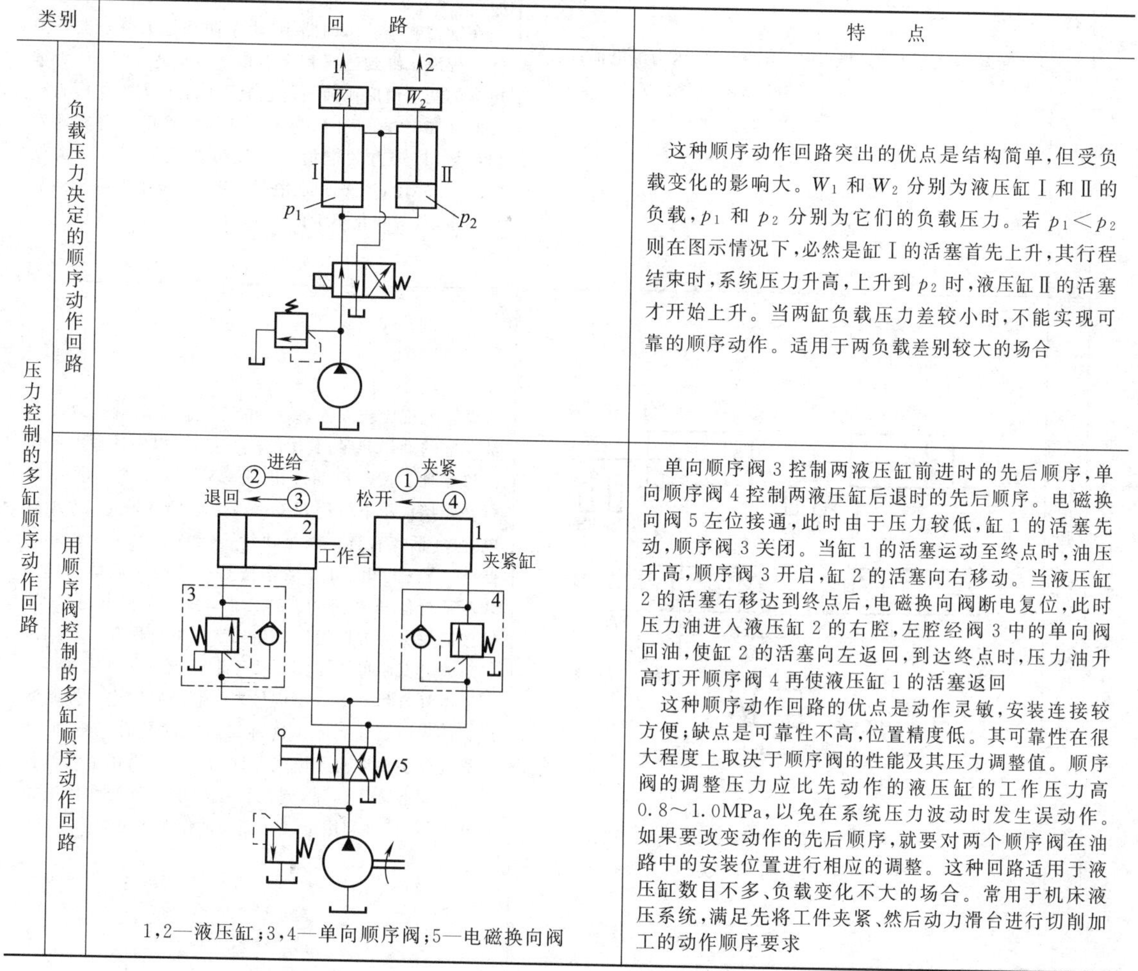

类别		回路	特点
压力控制的多缸顺序动作回路	负载压力决定的顺序动作回路		这种顺序动作回路突出的优点是结构简单，但受负载变化的影响大。W_1 和 W_2 分别为液压缸Ⅰ和Ⅱ的负载，p_1 和 p_2 分别为它们的负载压力。若 $p_1 < p_2$ 则在图示情况下，必然是缸Ⅰ的活塞首先上升，其行程结束时，系统压力升高，上升到 p_2 时，液压缸Ⅱ的活塞才开始上升。当两缸负载压力差较小时，不能实现可靠的顺序动作。适用于两负载差别较大的场合
	用顺序阀控制的多缸顺序动作回路	1，2—液压缸；3，4—单向顺序阀；5—电磁换向阀	单向顺序阀 3 控制两液压缸前进时的先后顺序，单向顺序阀 4 控制两液压缸后退时的先后顺序。电磁换向阀 5 左位接通，此时由于压力较低，缸 1 的活塞先动，顺序阀 3 关闭。当缸 1 的活塞运动至终点时，油压升高，顺序阀 3 开启，缸 2 的活塞向右移动。当液压缸 2 的活塞右移达到终点后，电磁换向阀断电复位，此时压力油进入液压缸 2 的右腔，左腔经阀 3 中的单向阀回油，使缸 2 的活塞向左返回，到达终点时，压力油升高打开顺序阀 4 再使液压缸 1 的活塞返回 这种顺序动作回路的优点是动作灵敏，安装连接较方便；缺点是可靠性不高，位置精度低。其可靠性在很大程度上取决于顺序阀的性能及其压力调整值。顺序阀的调整压力应比先动作的液压缸的工作压力高 0.8～1.0MPa，以免在系统压力波动时发生误动作。如果要改变动作的先后顺序，就要对两个顺序阀在油路中的安装位置进行相应的调整。这种回路适用于液压缸数目不多、负载变化不大的场合。常用于机床液压系统，满足先将工件夹紧、然后动力滑台进行切削加工的动作顺序要求

第20篇

续表

<table>
<tr><th colspan="2">类别</th><th>回　路</th><th>特　点</th></tr>
<tr><td>压力控制的多缸顺序动作回路</td><td>用压力继电器控制的多缸顺序动作回路</td><td>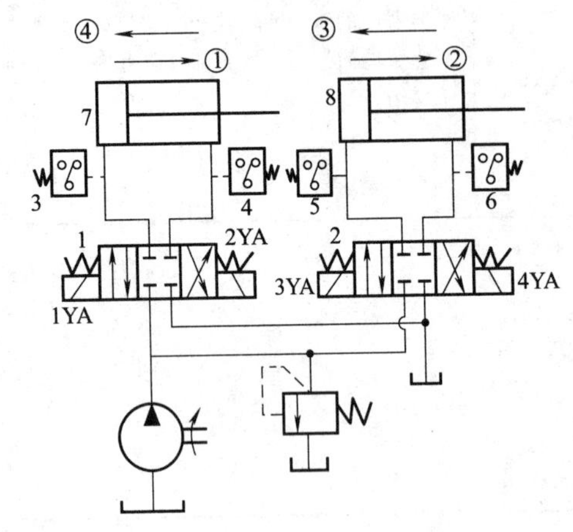

1,2—三位四通电磁换向阀;3~6—压力继电器;
7,8—液压缸</td><td>用压力继电器控制电磁换向阀来实现顺序动作,如果要改变动作的先后顺序,就要对两个顺序阀在油路中的安装位置进行相应的调整。按启动按钮,使1YA得电,换向阀1左位工作,缸7的活塞向右移动,实现动作顺序①;到右端后,缸7左腔压力上升,达到压力继电器3的调定压力时发信号,使电磁铁1YA断电,3YA得电,换向阀2左位工作,压力油进入缸8的左腔,其活塞右移,实现动作顺序②;到行程端点后,缸8左腔压力上升,达到压力继电器5的调定压力时发信号,使电磁铁3YA断电。4YA得电,换向阀2右位工作,压力油进入缸8的右腔,其活塞左移,实现动作顺序③;到行程端点后,缸8右腔压力上升,达到压力继电器6的调定压力时发信号,使电磁铁4YA断电,2YA得电,换向阀1右位工作,缸7的活塞向左退回,实现动作顺序④。到左端后,缸7右端压力上升,达到压力继电器4的调定压力时发信号,使电磁铁2YA断电,1YA得电,换向阀1左位工作,压力油进入缸7左腔,自动重复上述动作循环
在这种顺序动作回路中,为了防止压力继电器在前一行程液压缸到达行程端点以前发生误动作,压力继电器的调定值应比前一行程液压缸的最大工作压力高0.3~0.5MPa。同时,为了能使压力继电器可靠地发出信号,其压力调定值又应比溢流阀的调定压力低0.3~0.5MPa。这种回路只适用于系统中执行元件数目不多、负载变化不大的场合</td></tr>
<tr><td>行程控制的多缸顺序动作回路</td><td>用行程开关控制的多缸顺序动作回路</td><td>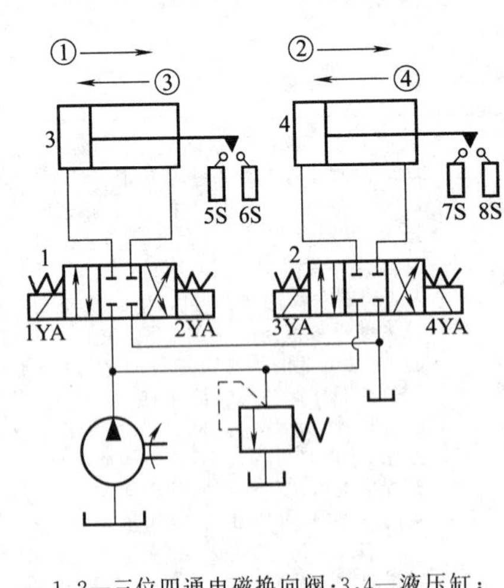

1,2—三位四通电磁换向阀;3,4—液压缸;
5S~8S—行程开关</td><td>调整行程比较方便,改变电气控制线路就可以改变液压缸的动作顺序,利用电气互锁,可以保证顺序动作的可靠性。按动启动按钮,使1YA得电,缸3活塞右行。当挡块压下行程开关6S后,使1YA断电,3YA得电,缸4活塞右行。当挡块压下行程开关8S,使3YA断电,2YA得电,缸3活塞按箭头③向左运动。当挡块压下行程开关5S,使2YA断电,4YA得电,缸4活塞按箭头④的方向返回。当挡块压下行程开关7S时,4YA断电,活塞停止运动,至此完成一个工作循环。利用电气行程开关发出信号来控制电磁阀进而控制液压缸的先后动作顺序。这种回路控制灵活方便,但其可靠程度主要取决于电气元件的质量。采用电气行程开关控制的顺序回路,调整行程大小和改变动作顺序均甚方便,且可利用电气互锁使动作顺序可靠</td></tr>
</table>

续表

类别		回　　路	特　　点
行程控制的多缸顺序动作回路	用行程换向阀控制的多缸顺序动作回路	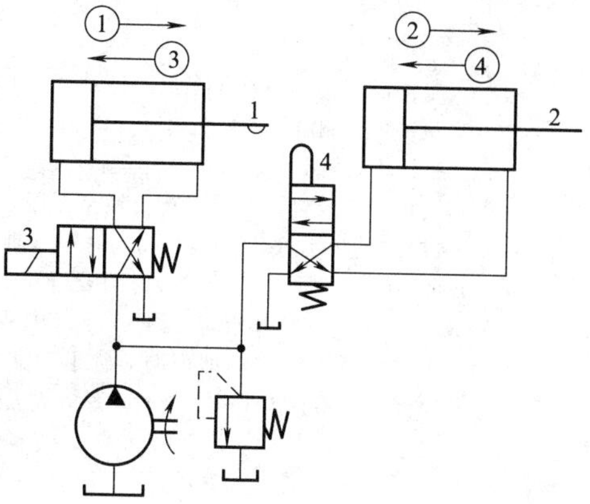 1,2—液压缸;3—电磁阀;4—行程阀	采用行程阀的顺序动作回路,顺序动作可靠,但改变动作顺序较困难。在图示状态时首先使电磁阀 3 通电,则液压缸 1 的活塞向右运动。当活塞杆上的挡块压下行程阀 4 时,行程阀 4 换向,使缸 2 的活塞向右运动。电磁阀 3 断电后,液压缸 1 的活塞向左运动,当行程阀 4 复位后,液压缸 2 的活塞也退回到左端,完成所要求的顺序动作。这种回路工作可靠,但动作顺序一经确定再改变就比较困难,同时管路长,布置较麻烦。适用于机械加工设备的液压系统
	用顺序缸控制的多缸顺序动作回路	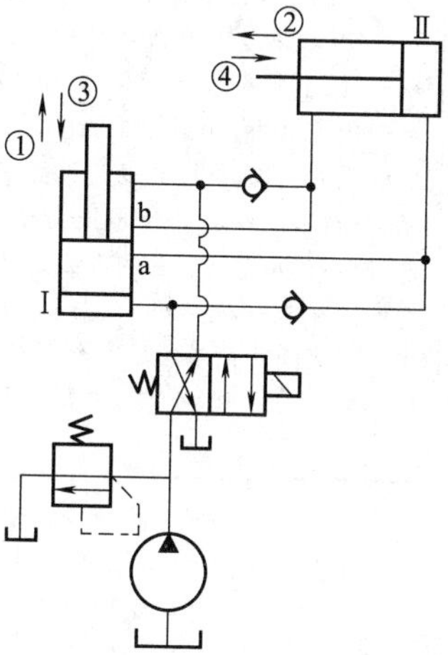	本回路采用顺序缸来实现多缸顺序动作。可靠性较高,但动作顺序不能变更,顺序动作的起始位置亦不能调整。当电磁换向阀切换至右位,顺序缸Ⅰ活塞向上移动。当活塞移动至油口 a 被打开,缸Ⅱ活塞才向左移动。当电磁换向阀切换至图示位置时,缸Ⅰ活塞向下移动,当活塞移动至油口 b 被打开时,缸Ⅱ活塞才向右返回。该回路动作可靠,设计完毕动作顺序不可改变,另外,因其缸体上有孔,顺序缸宜采用间隙密封。因活塞不易密封,所以不能用于高压系统,一般用于动作顺序固定的场合
时间控制的多缸顺序动作回路	用凸轮控制时间的多缸顺序动作回路	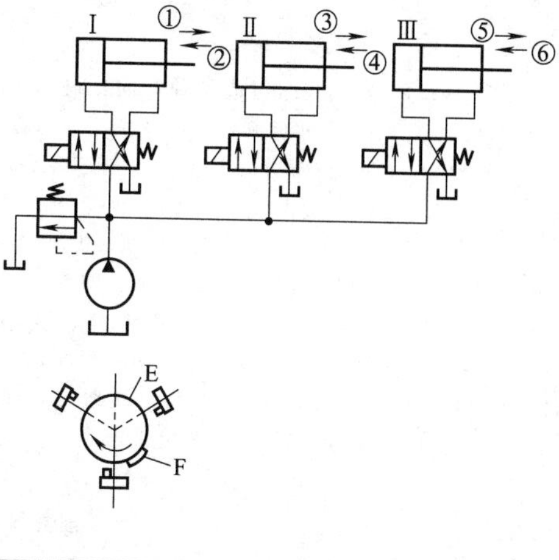	本回路用电动机驱动的凸轮盘(或凸轮轴)顺次触动微动开关使任意一个液压缸按一定的顺序动作。凸轮盘 E 由电动机经减速箱带动旋转,其上面的撞块 F 顺次触动微动开关,控制电磁换向阀顺次通电或断电的时间,实现图示的顺序动作。凸轮盘转动一转的时间即为一个循环的时间。布置灵活,控制方便,可用于控制多执行装置的顺序动作

续表

类别		回 路	特 点
时间控制的多缸顺序动作回路	用延时阀控制时间的多缸顺序动作回路	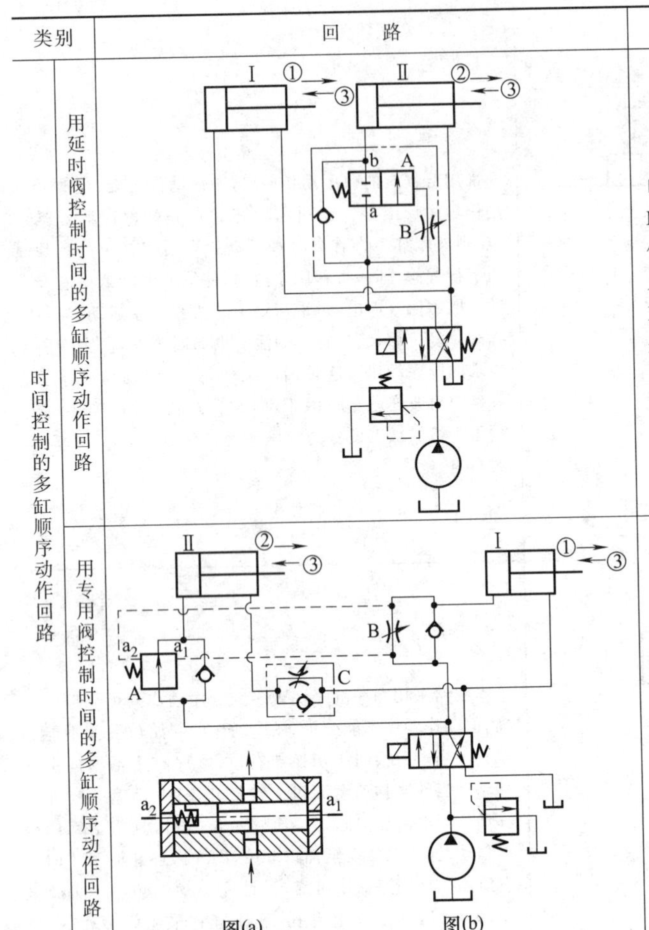图(a) 图(b)	本回路采用延时阀使多缸顺序动作，调节阀 B 的开口量即可控制缸Ⅱ活塞延时动作时间的长短。由于阀 B 通过的流量不可能太小，并随温度而变，因此顺序动作的可靠性较差。当换向阀切换至左位后，压力油流入缸Ⅰ左腔，使活塞向右移动，同时压力油又经节流阀 B 推动阀芯 A 向左移动，当阀芯移至使油路 a 与 b 接通时，缸Ⅱ活塞才开始向右移动。此类控制，常称为时间控制。调节节流阀，即可调节缸Ⅰ和缸Ⅱ先后动作的时间差。不宜用于缸Ⅱ延时动作时间较长的场合
	用专用阀控制时间的多缸顺序动作回路		本回路利用节流阀两端压差来实现两个液压缸先后动作。缸Ⅰ用进油路节流调速，缸Ⅱ用回油路节流调速。图(a)是差压阀 A 的结构简图。当电磁换向阀通电后，缸Ⅰ活塞开始右移，节流阀 B 进出口的油压被引至差压阀 A 两端 a_1 与 a_2，此压力差使阀 A 的阀芯克服弹簧力左移，将缸Ⅱ的进油路关闭。缸Ⅰ活塞行程结束后，节流阀 B 进出口压力相等，阀 A 的弹簧将阀芯推至右边，打开缸Ⅱ的进油路，使缸Ⅱ活塞右移。当换向阀断电后，各液压缸同时退回原位。若利用缸Ⅱ出口节流阀 C 两端的压差还可以使第三个液压缸作顺序动作。适用于大流量、中高压系统

4.8.2 插装阀控制回路

表 20-4-21 插装阀控制回路

类别	回 路	特 点
方向控制插装阀	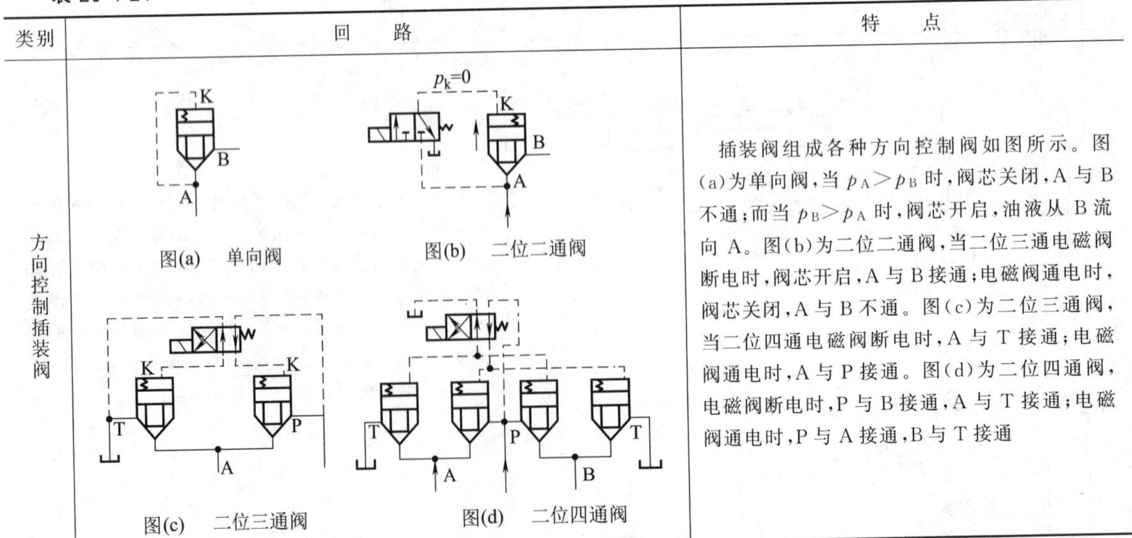图(a) 单向阀　图(b) 二位二通阀 图(c) 二位三通阀　图(d) 二位四通阀	插装阀组成各种方向控制阀如图所示。图(a)为单向阀，当 $p_A > p_B$ 时，阀芯关闭，A 与 B 不通；而当 $p_B > p_A$ 时，阀芯开启，油液从 B 流向 A。图(b)为二位二通阀，当二位三通电磁阀断电时，阀芯开启，A 与 B 接通；电磁阀通电时，阀芯关闭，A 与 B 不通。图(c)为二位三通阀，当二位四通电磁阀断电时，A 与 T 接通；电磁阀通电时，A 与 P 接通。图(d)为二位四通阀，电磁阀断电时，P 与 B 接通，A 与 T 接通；电磁阀通电时，P 与 A 接通，B 与 T 接通

续表

类别	回　路	特　点
压力控制插装阀	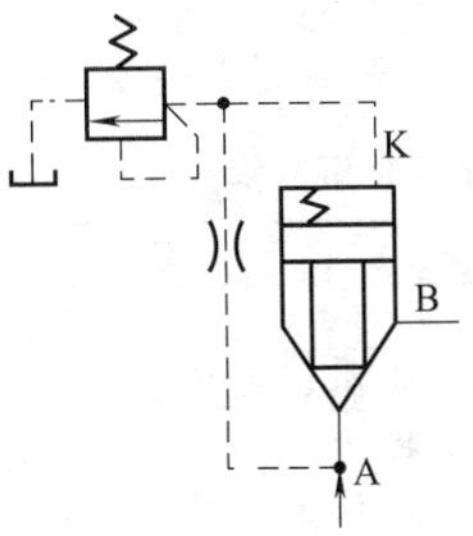 图(a)　溢流阀 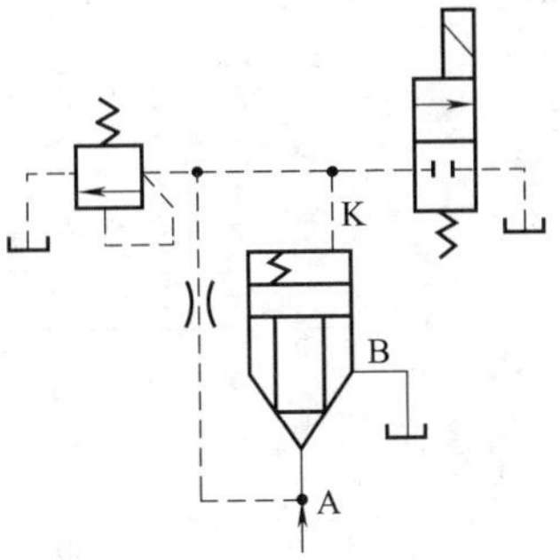　　图(b)　电磁溢流阀	插装阀组成压力控制阀如图所示。在图(a)中，如 B 接油箱，则插装阀用作溢流阀，其原理与先导式溢流阀相同。如 B 接负载时，则插装阀起顺序阀作用。图(b)所示为电磁溢流阀，当二位二通电磁阀通电时起卸荷作用
流量控制插装阀	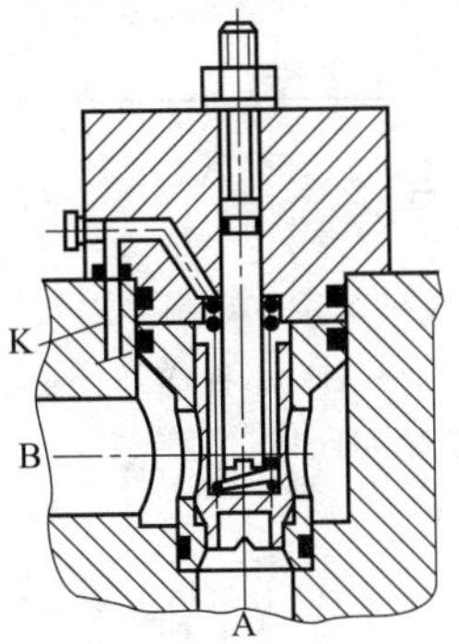 图(a)　结构 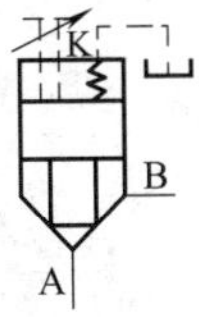　　图(b)　图形符号	二通插装节流阀的结构及图形符号如图所示。在插装阀的控制盖板上有阀芯限位器，用来调节阀芯开度，从而起到流量控制阀的作用。若在二通插装阀前串联一个定差减压阀，则可组成二通插装调速阀

4.9　二次调节静液传动回路

二次调节静液传动系统的组成如图 20-4-1 所示。主要由二次元件 7、变量液压缸 8、电液伺服阀 9 等组成。恒压油源部分由安全阀 10、恒压变量泵 3 和液压蓄能器 6 组成。

二次调节系统的工作原理就是通过改变二次元件的排量来适应外负载转矩的变化，直至变量缸的两端达到力平衡为止。这种调节在输出区的二次元件上进行，调节功能通过二次元件自身闭环反馈控制来实现，不改变系统的工作压力。在液压系统中，对液压能与机械能互相转换的液压元件进行调节来实现能量转换和传递。通过调节可逆式轴向柱塞元件（二次元件）的斜盘摆角来适应外负载的转速、转角、转矩或功率的变化。这一点类似于电力传动系统，它们都是在恒压网络中传递能量。它以改变能量的形式或不改变能量的形式来存储能量，这部分能量可由蓄能器储存，蓄能器储存液压能的功能，一方面可以满足间歇性大功率的需要，由此来提高系统的工作效率；另一方面，油源采用恒压源加蓄能器，可以防止系统出现压力峰值，减少压力波动；因为能源管路中没有节流元件，理论上二次元件可以无损失地从恒压网络获得能量，从而提高系统效率。

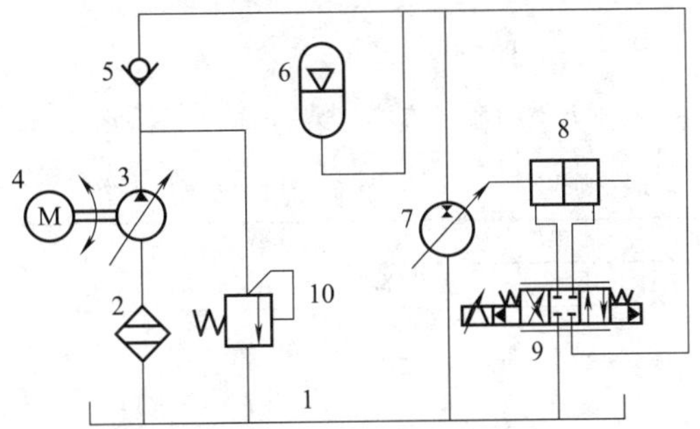

图 20-4-1　二次调节静液传动系统的基本组成原理

1—油箱；2—滤油器；3—一次元件（恒压变量泵）；4—电动机；5—单向阀；6—液压蓄能器；7—二次元件（可逆式轴向柱塞元件）；8—变量液压缸；9—电液伺服阀；10—安全阀

第 20 篇

第 5 章　液压工作介质

5.1　液压介质的分类

5.1.1　分组

液压传动与控制系统中所使用的工作介质，根据其使用性能和化学成分的不同，划分为若干组，其组别名称与代号见表 20-5-1。液压介质分类见表 20-5-2。

表 20-5-1　　液压介质的组别名称与代号

类别	组别	应用场合	更具体应用	产品代号 L-
L	H	液压系统（流体静压系统）		HH
				HL
				HM
				HR
				HV
				HS
			液压导轨系统	HG
			需要难燃液的场合	HFAE
				HFAS
				HFB
				HFC
				HFDER
				HFDS
				HFDT
				HFDU
		液压系统（流体动力系统）	自动传动	HA
			联轴器	HN

5.1.2　命名

液压介质的命名方法：类别-品种　数字。

表 20-5-2　　液压介质分类

矿物油型液压油	抗燃液	
	含水型	合成型
①普通液压油 ②抗磨液压油 ③低凝液压油 ④高黏度指数液压油 ⑤专用液压油 ⑥机械油 ⑦汽轮机油	①水包油型乳化液 ②油包水型乳化液 ③水-乙二醇液压液 ④高水基液压液	①磷酸酯液压液 ②脂肪酸酯液压液 ③卤化物液压液

5.1.3　代号

液压介质的代号可按下列顺序表示：

类别（L)-组别（H)-品种详细分类　数字

例：46 号抗磨液压油

代号：

L-H M46

类别（润滑剂和有关产品）— L

液压油（液）组 — H

防锈、抗氧型和抗磨型 — M

40℃运动黏度平均值为46mm²/s — 46

命名：46 号抗磨、防锈和抗氧型液压油

简名：46 号 HL 油 或 46 号抗磨液压油

5.1.4　H 组（液压系统）常用工作介质的牌号及主要应用

液压系统常用工作介质应按 GB/T 7631.2—2003 规定的牌号选择。表 20-5-3 给出了液压系统常用工作介质的牌号及主要应用。

表 20-5-3　　H 组（液压系统）常用工作介质的牌号及主要应用

工作介质		组成、特性和主要应用
工作介质牌号	黏度等级	
L-HH	15	本产品为无（或含有少量）抗氧剂的精制矿物油 适用于对液压油无特殊要求（如：低温性、防锈性、抗乳化性和空气释放能力等）的一般循环润滑系统、低压液压系统和有十字头压缩机曲轴箱等的循环润滑系统。也可适用于轻负荷传动机械、滑动轴承和滚动轴承等油浴式非循环润滑系统 无本产品时可选用 L-HL 液压油
	22	
	32	
	46	
	68	
	100	
	150	

续表

工作介质牌号	黏度等级	组成、特性和主要应用
L-HL	15	本产品为精制矿物油，并改善其防锈和抗氧性的液压油 常用于低压液压系统，也可用于要求换油期较长的、轻负荷机械的、油浴式非循环润滑系统 无本产品时可用L-HM液压油或用其他抗氧防锈型液压油
	22	
	32	
	46	
	68	
	100	
L-HM	15	本产品为在L-HL液压油基础上改善其抗磨性的液压油 适用于低、中、高压液压系统，也可用于中等负荷机械润滑部位和对液压油有低温性能要求的液压系统 无本产品时，可选用L-HV和L-HS液压油
	22	
	32	
	46	
	68	
	100	
	150	
L-HV	15	本产品为在L-HM液压油基础上改善其低温性的液压油 适用于环境温度变化较大、工作条件恶劣的低、中、高压液压系统和中等负荷的机械润滑部位，对油有更高的低温性能要求 无本产品时，可选用L-HS液压油
	22	
	32	
	46	
	68	
	100	
L-HR	15	本产品为在L-HL液压油基础上改善其黏温性的液压油 适用于环境温度变化较大、工作条件恶劣的(野外工程和远洋船舶等)低压液压系统和其他轻负荷机械的润滑部位。对于有银部件的液压元件，在北方可选用L-HR油，而在南方可选用对青铜或银部件无腐蚀的无灰型HM和HL液压油
	32	
	46	
L-HS	10	本产品为无特定难燃性的合成液，它可以比L-HV液压油的低温黏度更小 主要应用同L-HV油，可用于北方寒冷季节，也可全国四季通用
	15	
	22	
	32	
	46	
L-HG	32	本产品为在L-HM液压油基础上改善其黏温性的液压油 适用于液压和导轨润滑系统合用的机床，也可用于要求有良好黏附性的机械润滑部位
	68	
L-HFAE	7	本产品为水包油型(O/W)乳化液，也是一种乳化型高水基液体，通常含水80%以上，低温性、黏温性和润滑性差，但难燃性好，价格便宜 适用于煤矿液压支架静压液压系统和不要求回收废液、不要求具有良好润滑性，但要求有良好难燃性的液压系统或机械设备 使用温度为5～50℃
	10	
	15	
	22	
	32	
L-HFAS	7	本产品为水的化学溶液，是一种含有化学添加剂的高水基液，通常呈透明状。低温性、黏温性和润滑性差，但难燃性好，价格便宜 适用于需要难燃液的低压液压系统和金属加工等机械 使用温度为5℃～50℃
	10	
	15	
	22	
	32	
L-HFB	32	本产品为油包水型(W/O)乳化液，通常含油60%以上，其余为水和添加剂，低温性差，难燃性比L-HFDR液差 适用于冶金、煤矿等行业的中压和高压、高温和易燃场合的液压系统 使用温度为5℃～50℃
	46	
	68	
	100	
L-HFC	22	本产品通常为含乙二醇或其他聚合物的水溶液，低温性、黏温性和对橡胶的适应性好 适用于冶金和煤矿等行业低压和中压液压系统 使用温度为－20～50℃
	32	
	46	
	68	

第20篇

续表

工作介质		组成、特性和主要应用
工作介质牌号	黏度等级	
L-HFDR	15	本产品通常为无水的磷酸酯作基础液加入各种添加剂而制得的，难燃性好，但黏温性和低温性较差，对丁腈橡胶和氯丁橡胶的适应性不好 适用于冶金、火力发电、燃气轮机等高温高压下操作的液压系统 使用温度－20～100℃
	22	
	32	
	46	
	68	
	100	

注：工作介质牌号说明：牌号 L-HM46，L——润滑剂类、H——液压油液组、M——防锈抗氧和抗磨型、46——黏度等级。

5.1.5　常用工作介质与材料的适应性

表 20-5-4　　常用工作介质与材料的适应性

材料		HM 油 抗磨液压油	HFAS 液 水的化学溶液	HFB 液 油包水 乳化液	HFC 液 水-乙二醇液	HFDR 液 磷酸酯 无水合成液
金属	铁	适应	适应	适应	适应	适应
	铜、黄铜	无灰 HM 适应	适应	适应	适应	适应
	青铜	不适应(含硫剂油)	适应	适应	有限适应	适应
	镉和锌	适应	不适应	适应	不适应	适应
	铝	适应	不适应	适应	有限适应	适应
	铅	适应	适应	不适应	不适应	适应
	镁	适应	不适应	不适应	不适应	适应
	锡和镍	适应	适应	适应	适应	适应
涂料	普通耐油工业涂料	适应	不适应	不适应	不适应	不适应
	环氧型与酚醛型	适应	适应	适应	适应	适应
	搪瓷	适应	适应	适应	适应	适应
塑料和树脂	丙烯酸树脂	适应	适应	适应	适应	不适应
	苯乙烯树脂	适应	适应	适应	适应	不适应
	环氧树脂	适应	适应	适应	适应	适应
	硅树脂	适应	适应	适应	适应	适应
	酚醛树脂	适应	适应	适应	适应	适应
	聚氯乙烯塑料	适应	适应	适应	适应	不适应
	尼龙	适应	适应	适应	适应	适应
	聚丙烯塑料	适应	适应	适应	适应	适应
	聚四氟乙烯塑料	适应	适应	适应	适应	适应
橡胶	天然橡胶	不适应	适应	不适应	适应	不适应
	氯丁橡胶	适应	适应	适应	适应	不适应
	丁腈橡胶	适应	适应	适应	适应	不适应
	丁基橡胶	不适应	不适应	不适应	适应	适应
	乙丙橡胶	不适应	适应	不适应	适应	适应
	聚氨酯橡胶	适应	有限适应	不适应	不适应	有限适应
	硅橡胶	适应	适应	适应	适应	适应
	氟橡胶	适应	适应	适应	适应	适应
其他密封材料	皮革	适应	不适应	有限适应	不适应	有限适应
	含橡胶浸渍的塞子	适应	适应	不适应	不适应	有限适应
过滤材料	醋酸纤维	适应	适应	适应	适应	适应
	金属网	同上述金属	同上述金属	同上述金属	同上述金属	同上述金属
	白土	不适应	不适应	不适应	不适应	不适应

第 20 篇

5.2　工作介质的选择

正确选用工作介质对液压系统适应各种环境条件和工作状况的能力、延长系统和元件的寿命、提高设备运转的可靠性、防止事故发生等方面都有重要意义。

选择工作介质主要从工作介质的化学特性和使用的环境来考虑，而对物理特性，如黏度，各种工作类型工作介质都有多种规格供选择。

工作介质的选择应按 GB/T 7631.2—2003，或参考本标准表 20-5-3。工作介质的黏度等级应按 GB/T 3141—1994（40℃运动黏度）的规定。

选择工作介质应从以下方面综合考虑：

1）首先应考虑使用的安全性，如环境有无高温、起火和爆炸的危险，如果有则应考虑使用难燃液压油。

2）一般应优先考虑使用矿物油型液压油和合成烃型液压油，并应根据液压系统工作介质的使用条件，如液压泵的类型、工作压力、工作温度和温度范围、系统元件选用的密封材料、元件的材料及系统运转和维修时间等，进行选择。

3）应考虑工作介质的经济性和可操作性。

5.2.1　根据工作环境选择

应考虑液压系统的工作环境，如室内、露天、地下、水上、内陆沙漠、热带或处于冬、夏温差大的寒冷地区等，以及固定式或移动式工作方式。若液压系统靠近有300℃以上高温的表面热源或有明火场所，应选用难燃液压液。

液压系统对工作介质有特殊要求时，用户应与供应商协商。

按工作环境和使用工况选择工作介质见表 20-5-5。

当液压系统工作在环保特性要求高的场合时，应选择下列环境可接受液压液：

HETG——甘油三酸酯系列环境可接受液压液；

HEPG——聚乙二醇系列环境可接受液压液；

HEES——合成酯系列环境可接受液压液；

HEPR——聚α烯烃和相关烃类产品系列环境可接受液压液。

5.2.2　根据液压系统工作温度选择

应考虑液压系统所处的环境温度和工作介质工作时的温度，主要对工作介质的黏温性、热安定性和液压系统的低温启动性提出要求。

5.2.2.1　液压系统的工作温度

表 20-5-6 给出了不同液压系统工作温度所适应的工作介质品种。

工作介质的起始温度决定于工作环境温度，在寒冷地区野外工作时，当环境温度在－5～－25℃时，可用 HV 低温抗磨液压油；当环境温度在－5～－40℃时，可用具有更好低温性能的 HS 低凝抗磨液压油；环境温度低于－40℃时，使用的工作介质应与供应商协商确定。

5.2.2.2　工作介质的工作温度范围

工作介质的工作温度对液压系统是相当重要的。温度过高，会加速其氧化变质，氧化生成的酸性物质对液压系统的元件有腐蚀作用并会污染工作介质。长时间在高温下工作，工作介质的寿命会大大缩短。

表 20-5-5　按工作环境和使用工况选择工作介质

使用工况	工作环境			
	系统压力：＜6.3MPa 系统温度：＜50℃	系统压力： 6.3～16MPa 系统温度：＜50℃	系统压力： 6.3～16MPa 系统温度：50～80℃	系统压力：＞16MPa 系统温度： 80～120℃
室内—固定液压设备	HH、HL、HM	HL、HM	HM	HM(优等品)
露天—寒区和严寒区	HH、HR、HM	HV、HS	HV、HS	HV(优等品) HS(优等品)
高温热源或明火附近	HFAE、HFAS	HFB、HFC	HFDR	HFDR

表 20-5-6　按液压系统工作温度选择工作介质

液压系统工作温度/℃	＜－10	－10～80	＞80
工作介质(液压油)品种	HV、HS	HH、HL、HR、HM、HV、HS	HM(优等品)、HV、HS

注：1. HV、HS 具有良好的低温特性，可用于－10℃以下，具体使用温度与供应商协商。

2. HM（优等品）、HV、HS 具有良好的高温特性，可用于80℃以上，具体使用温度与供应商协商。

表 20-5-7 给出了液压系统中工作介质适宜的工作温度范围。

表 20-5-7 工作介质适宜的工作温度范围

工作介质类型	连续工作状态/℃	最高温度/℃
矿物油型或合成烃型液压油（HL、HM、HV、HS）	−40～80	120
水—乙二醇型液压液(HFC)	−20～50	70
磷酸酯型液压液(HFDR)	−20～100	150
水包油型液压液(HFAE)	5～50	65
油包水型液压液(HFB)	5～50	65

5.2.3 根据工作压力选择

主要对工作介质的润滑性和极压抗磨性提出要求。对于高压系统的液压元件，特别是液压泵中处于边界润滑状态的摩擦副，由于正压力加大、转速高，使摩擦磨损条件趋于苛刻，为了得到正常的润滑，防止金属直接接触，减少磨损，应选择具有优良极压抗磨性的 HM 液压油。

当液压系统选择水—乙二醇液压液和磷酸酯液压液作为工作介质时，液压泵或液压系统的工作压力和最高工作转速应相比矿物油型液压油（如：HM 抗磨液压油）降级使用，具体应根据元件供应商的技术资料确定。

按液压系统和液压泵的工作压力选择工作介质见表 20-5-8。

表 20-5-8 按液压系统和液压泵时工作压力选择工作介质

工作压力/MPa	<6.3	6.3～16	>16
液压油品种	HH、HL、HM	HM、HV、HS	HM(优等品)、HV、HS

5.2.4 根据液压泵类型选择

根据液压泵类型选择工作介质主要考虑液压泵的类型，如齿轮泵、叶片泵、柱塞泵等，同时应考虑液压泵的工况，如功率、转速、压力、流量，以及液压泵的材质等因素。通常应优先选用液压油。对于低压液压泵可以采用 HL 液压油，对于中、高压液压泵应选用 HM、HV、HR、HS 液压油。

① 齿轮泵为主油泵的液压系统采用 HH、HL、HM 液压油。16MPa 以上压力的齿轮泵应优先选用 HM 液压油。

② 叶片泵为主油泵的液压系统，不管其压力高低应选用 HM、HV、HR、HS 液压油。高压时应使用高压型 HM、HV、HR、HS 液压油。

③ 柱塞泵为主油泵的液压系统可用 HM、HV、HS 液压油。高压柱塞泵应选用含锌量低于 0.07%（一般为 0.03%～0.04%）的低锌或不含锌及其他金属盐的无灰 HM（优等品）、HV、HS 液压油。

当液压系统中的液压元件（包括泵、阀等）有铜和镀银部件时，高锌抗磨剂会对这类部件产生腐蚀磨损，应选用低锌或无灰抗磨液压油或液压液。

5.2.5 工作介质黏度的选择

黏度是工作介质的重要使用性能之一，黏度选择偏高会引起系统功率损失过大，偏低则会降低液压泵的容积效率、增加磨损、增大泄漏。

工作介质黏度的选择应考虑工作介质的黏度-温度特性，并应考虑液压系统的设计特点、工作温度和工作压力。在液压系统中，液压泵是对黏度变化最敏感元件之一。一般情况下，环境温度和工作温度低时，应选择黏度低（牌号小）的工作介质。反之，应选择黏度高（牌号大）的工作介质，并应保证系统主要元件对黏度范围的要求。系统其他元件应根据所选定的工作介质黏度范围进行设计和选择。

表 20-5-9 给出了对于不同液压泵类型和工作压力所推荐的工作介质黏度等级。

表 20-5-9 不同液压泵类型和工作压力下所推荐的工作介质黏度等级

液压泵类型	工作压力	黏度等级	
		工作温度<50℃	工作温度50～80℃
叶片泵	<6.3MPa	32、46	46、68
	>6.3MPa	46、68	68、100
齿轮泵	<6.3MPa	32、46	6、68
	>6.3MPa	46、68	68、100
径向柱塞泵	<6.3MPa	32、46、68	100、150
	>6.3MPa	68、100	100、150
轴向柱塞泵	<6.3MPa	32、46	68、100
	>6.3MPa	46、68	100、150

5.2.6 工作介质污染度等级的确定

液压系统对工作介质污染度的要求，可根据液压系统中主要液压元件对污染的敏感程度和系统控制精度的要求而定，或按照主要液压元件产品说明书的要求，确定工作介质的可接受污染度。

表 20-5-10 给出了对于不同液压元件及系统类型所推荐的、可接受的工作介质固体颗粒污染度等级。

表 20-5-10　不同元件及液压系统适用的工作介质污染度等级推荐值

污染度等级		主要工作元件	系统类型	过滤精度	
GB/T14039	NAS1638			$\beta_{x(c)} \geqslant 100$ 用 ISO MTD 校准	$\beta_x \geqslant 100$ 用 ACFTD 校准
—/13/10	4	高压柱塞泵、伺服阀、高性能比例阀	要求高可靠性并对污染十分敏感的控制系统，如：实验室和航空航天设备	4～5	1～3
—/15/12	6	高压柱塞泵、伺服阀、比例阀、高压液压阀	高性能伺服系统和高压长寿命系统，如：飞机、高性能模拟试验机，大型重要设备	5～6	3～5
—/16/13	7	高压柱塞泵、叶片泵、比例阀、高压液压阀	要求较高可靠性的高压系统	6～10	5～10
—/18/15	9	柱塞泵、叶片泵、中高压常规液压阀	一般机械和行走机械液压系统，中等压力系统	10～14	10～15
—/19/16	10	叶片泵、齿轮泵、常规液压阀	大型工业用低压液压系统，农机液压系统	14～18	15～20
—/20/17	11	齿轮泵、低压液压阀	低压系统，一般农机液压系统	18～25	20～30

注：1. NAS1638 为美国国家宇航标准。表中所列其等级与 GB/T 14039 的等级是近似对应关系，仅供参考。

2. ISO MTD 是国际标准中级试验粉末，为现行国家（国际）标准校准物质。

3. ACFTD 是一种作为校准物质的细试验粉末，目前已停止使用，被 ISO MTD 替代。

4. $\beta_{x(c)}$过滤比和β_x的定义见 GB/T 20079。

5.2.7　其他要求

选用工作介质时，还要考虑工作介质与液压系统中的密封材料、金属材料、塑料、橡胶、过滤材料和涂料、油漆的适应性。

常用工作介质与各种材料的适应性参见表 20-5-4。

常用工作介质与密封材料相适应的关系见表 20-5-11。

表 20-5-11　工作介质与相适应的密封材料

工作介质类型	相适应的密封材料
矿物油或合成烃型液压油（HL、HM、HV、HS）	丁腈橡胶、聚氨酯、聚四氟乙烯
水-乙二醇型液压液（HFC）	丁腈橡胶、聚四氟乙烯、聚酰胺
磷酸酯型液压油（HFDR）	氟橡胶、聚四氟乙烯、聚酰胺、硅橡胶
水包油型液压液（HFAE）	丁腈橡胶、聚酰胺、聚氨酯、聚四氟乙烯、氟橡胶、硅橡胶、氯丁橡胶
油包水型液压液（HFB）	

注：详细的对应关系需参照相关产品的具体说明。

当用户有特殊用途要求或国家标准和行业标准中无适用的工作介质时，建议用户与工作介质的供应商联系。

5.3　工作介质的使用

在工作介质的使用过程中，应定期检测其品质指标，当出现下述情况之一时，应采取必要的控制措施，及时处理或更换工作介质。

1）工作温度超过规定范围　过高的工作温度会加速工作介质的氧化，缩短使用寿命。

2）颗粒污染度超过规定等级　严重的颗粒污染会造成机械磨损，使元件表面特性下降，导致系统功能失效。

3）水污染　水会加速工作介质的变质，降低润滑性能，腐蚀元件表面，并且低温下结冰会成为颗粒污染。

4）空气污染　空气进入工作介质会产生气蚀、振动和噪声，使液压元件动态性能下降，增加功率消耗，并加速工作介质的老化。

5）化学物质污染　酸、碱类化学物质会腐蚀元件，使其表面性能下降。

5.3.1　污染控制

工作介质的污染是导致液压系统故障的主要原因，实施污染控制就是使液压系统的工作介质达到要求的可接受污染度等级，是提高液压系统工作可靠性和延长元件使用寿命的重要途径之一。因此建议对液压系统和工作介质采取以下污染控制措施。

① 应保证在清洁的环境中进行系统装配，受污染的元件在装入系统前应清洗干净。

② 系统组装前应对管路和油箱进行清洗（包括酸洗和表面处理）。

③ 系统组装后应对油箱、管道、阀块、液压元件进行循环冲洗和过滤。

④ 加入系统的工作介质应过滤（包括新购的工作介质）。

⑤ 油箱应采取密封措施并安装空气滤清器，防止外部污染物侵入系统。

⑥ 应对液压元件的油封或防尘圈等外露密封件采取保护措施，以避免因密封件的损坏导致外部污染物进入元件和系统。

⑦ 保持工作环境和工具的清洁，彻底清除与工作介质不相容的清洗液和脱脂剂。

⑧ 系统维修后应对工作介质循环过滤，并清洗整个系统。

⑨ 系统工作初期应通过专门装置排放空气，防止空气混入工作介质。

⑩ 过滤净化，滤除系统及元件工作中产生的污染颗粒。

⑪ 控制油温，防止高温使工作介质老化析出污染物。

5.3.2 过滤

① 为防止外界污染物侵入油箱，应在油箱通气口安装空气滤清器，对进入油箱的空气进行过滤。

② 为保证系统及系统各元件对工作介质的污染度要求，应根据需要在吸油管路、回油管路和关键元件之前安装不同性能的过滤器。

③ 在为系统补充工作介质时，应使用过滤装置对补充的工作介质进行过滤，即使是新油也应过滤后加注。

④ 为减小系统过滤器的负荷，维持工作介质的清洁度，可在液压系统内设置旁路循环过滤装置，该装置独立于主系统外，并可用于为液压系统补充工作介质时的过滤。

⑤ 当工作介质的含水量超过规定指标时，应使用集过滤、聚结、分离功能于一体的过滤脱水装置或使用其他方法清除工作介质中的水分。

5.3.3 补充工作介质

① 系统运行过程中会因为泄漏等损失造成油箱工作介质减少，当低于最低液位要求时，系统需要补充工作介质。补入的新工作介质应为同一制造商、同一牌号、同一类型、同一黏度等级的产品。

② 补充工作介质前，应对剩余工作介质的性能进行分析。如果性能劣化严重，达到工作介质更换指标，则必须更换，否则劣化的旧工作介质会加速新工作介质的老化。

5.3.4 更换工作介质

① 液压系统的工作介质应根据实际使用情况定期检查，以确定是否需要更换。L-HL 型液压油的换油标准可参考 SH/T 0476—1992，L-HM 型液压油的换油标准可参考 SH/T 0599—2013。如果系统对更换工作介质有特殊要求，则应按照系统的规定更换。

② 更换工作介质时应对液压系统进行清洗，并更换全部过滤器的滤芯。更换工作介质的程序与新系统加注工作介质时相同。

5.3.5 工作介质的维护

工作介质的维护就是要控制液压系统运行中工作介质的污染和变质，液压系统污染源来自多方面，重视系统维护并采取必要措施控制污染能有效延长工作介质的使用寿命。一般应考虑在以下方面采取措施。

① 油箱应保持密封。

② 避免工作中的外漏油液或检修过程中的脏油直接进入系统。

③ 杜绝与工作介质不相容的溶剂或介质进入系统。

④ 定期检查。

⑤ 按照液压系统使用要求，定期或根据过滤器的压差报警信号更换过滤器的滤芯。除非滤芯上有明确说明，否则滤芯不可冲洗后重复使用。

5.3.6 工作介质的检测

5.3.6.1 工作介质理化性能检测

工作介质的理化性能检测是用来检测新工作介质的各项性能是否达到相关技术标准或用来检测工作介质在工作一段时间后工作性能的退化程度，并作为按照理化性能判断工作介质更换的依据。

新工作介质的理化性能检测的主要项目包括：运动黏度（40℃）、黏度指数、闪点、倾点、水分、抗乳化性、抗泡性、空气释放性、中和值等。

矿物油型和合成烃型液压油的理化性能及质量指标可参考 GB/T 11118.1—2011。

5.3.6.2 工作介质污染度检测

表 20-5-12 工作介质污染度检测

一般要求		①工作介质污染度检测包括对新购入和正在使用的工作介质污染度的检测，并作为判断工作介质污染度是否符合液压系统设计要求的依据 ②为了保证工作介质污染度检测结果的准确性，从工作介质中提取液样及液样的传递、处理、检测过程，应防止对液样的二次污染，不应使用易落纤维的抹布 ③为了保证液样污染度检测结果的真实性，被测液样应具有代表性。因此，在液样的提取和处理过程中，应严格按标准规定的程序操作，使污染物颗粒充分均匀地悬浮 ④当工作介质为 L-HFAE、L-HFAS、L-HFB、L-HFC 等混合型液压液时，不宜采用以遮光原理工作的自动颗粒计数器检测
检测用容器		工作介质污染度检测用的容器包括取样容器、检测中处理样品和清洗系统的容器等 为了防止容器对检测样品造成二次污染，应按 GB/T 17484—1998 的规定进行容器净化。净化后容器的污染度应至少优于被测样品两个污染度等级。即：如果要求被测样品的污染度等级为—/15/12，则净化后的容器污染度等级应为—/13/10
工作介质取样	管路取样	工作介质取样一般应选择管路取样 管路取样是在运行中的液压系统管路中提取工作介质样品。管路取样是油液污染度检测的关键环节，应按 GB/T 17489—1998 中 4.1 规定的程序进行。应尽量避免在系统高压工作条件下取样，如果必须，一定要由有经验的操作者进行取样，并在取样时做好安全防护，防止人身受到伤害或油液大量外泄；也可通过外接在线自动颗粒计数器的检测接口取样
	油箱取样	油箱取样是在液压系统管路上无法安装取样器或取样有危险的情况下采取的取样方式。在油箱中取样非常容易对系统造成二次污染，应按 GB/T 17489—1998 中 4.2 规定的程序进行 注：在油桶中取样可参照上述规定
检测环境		工作介质的污染度检测应在清洁的环境中进行。如果被测液样的污染度等级优于 GB/T 14039—2002 规定的—/15/12，检测宜在符合 GB 50073—2013 规定的 7 级环境条件下进行
检测方法		工作介质的污染度检测可根据检测仪器分别采用自动颗粒计数法和显微镜计数法
	自动颗粒计数法	自动颗粒计数法是采用自动颗粒计数器或油液污染度检测仪进行工作介质污染度检测的方法。分为离线式检测和在线式检测两种方式。采用离线式检测的具体操作方法应按照 ISO 11500—2008 的规定；采用在线式检测的具体操作方法应按照仪器制造商产品使用说明书的规定
	显微镜计数法	显微镜计数法是采用显微镜通过人工计数或计算机自动计数进行检测工作介质污染度的方法。具体操作应按 GB/T 20082—2006 的规定。

5.3.7 安全与环保

一般矿物油型液压油和合成烃型液压油对人体是无害的（少数人可能对某种油液会产生过敏反应）。

难燃液压液的部分添加剂可能对人体有害，使用时应遵守产品说明书中的相关安全防护规定。

在对液压系统工作介质进行正常操作时，一般不需要特殊的预防和保护，工作环境应具有良好的通风。当工作介质可能接触到眼睛或手时，需佩戴防护眼镜和防护手套。应避免吸入和吞食工作介质。

使用时应注意避开火源。

一般常用工作介质不是环境可接受的，是不可生物降解的，使用中不应随意排放，并应避免泄漏，防止其流入下水道、水源或低洼地域造成环境污染。

5.4 工作介质的贮存

工作介质应贮存在密闭容器内，放置在干燥通风并远离火源的场所。

贮存工作介质的最高环境温度不得超过 45℃。

5.5 工作介质废弃处理

工作介质的废弃处理应遵守国家相关法律和地方各项环保法规。不应随意倾倒或遗弃使用过的液压系统工作介质，以免造成环境污染。

工作介质报废后，应委托有资质的专业公司回收处理，或按照当地环保部门要求或委托的专门机构进行处理。禁止自行烧掉或随意排放。

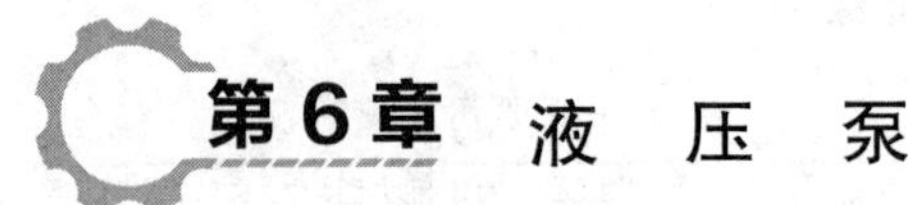

第6章 液 压 泵

6.1 液压泵的分类

液压泵是动力元件，它的作用是把机械能转变成液压能，向系统提供一定压力和流量的油液，因此液压泵是一种能量转换装置。液压泵的分类如下。

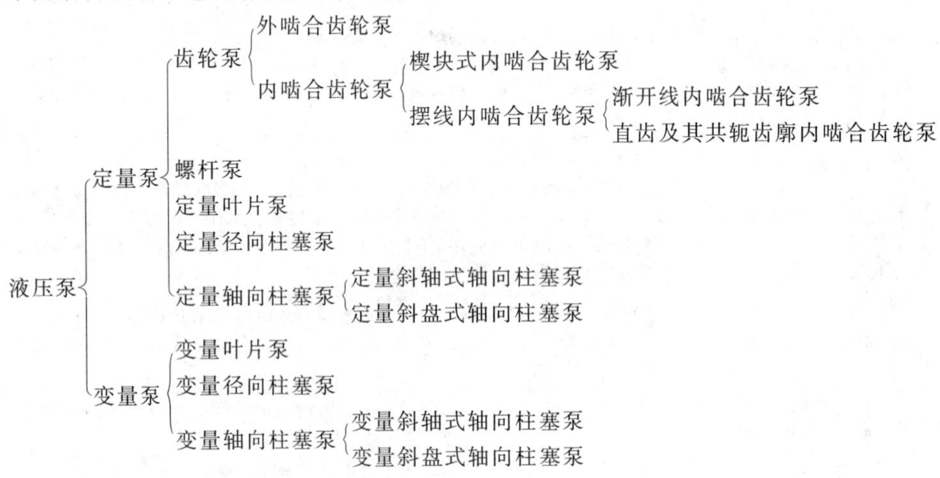

6.2 液压泵的主要技术参数及计算公式

6.2.1 液压泵的主要技术参数

表 20-6-1 液压泵的主要技术参数

参数	说明
排量 V $/cm^3 \cdot r^{-1}$或 $mL \cdot r^{-1}$	理论排量:液压泵每转一周排出的液体体积。其值由密封容器几何尺寸的变化计算而得,也叫几何排量 空载排量:在规定最低工作压力下,泵每转一周排出的液体体积。其值用以下办法求得:先测出对应两种转速的流量,再分别计算出排量,取平均值。理论排量无法测出,在实用场合往往以空载排量代替理论排量 有效排量:在规定工况下泵每转一周实际排出的液体体积
流量 q $/m^3 \cdot r^{-1}$或 $L \cdot min^{-1}$	理论流量:液压泵在单位时间内排出的液体体积,其值等于理论排量和泵的转速之乘积 有效流量:在某种压力和温度下,泵在单位时间内排出的液体体积,也称实际流量 瞬间流量:液压泵在运转中,在某一时间点排出的液体体积 平均流量:根据在某一时间段内泵排出的液体体积计算出的,单位时间内泵排出的液体体积。其值为在该时间段内各瞬间流量的平均值 额定流量:泵在额定工况下的流量 除极个别地方外,本章所论述的流量均指体积流量,故流量符号 q 不加任何区别流量性质的角标,如体积流量为 q_v,质量为 q_m 等
压力 p /MPa	额定压力:液压泵在正常工作条件下,按试验标准规定能连续运转的最高压力 最高压力:液压泵能按试验标准规定,允许短暂运转的最高压力(峰值压力) 例如某泵额定压力为 21MPa,最高压力为 28MPa,短暂运转时间为 6s 工作压力:液压泵实际工作时的压力
转速 n $/r \cdot min^{-1}$	额定转速:在额定工况下,液压泵能长时间持续正常运转的最高转速 最大转速:在额定工况下,液压泵能超过额定转速允许短暂运转的最高转速 最低转速:液压泵在正常工作条件下,能运转的最小转速
功率 P /kW	输入功率:驱动液压泵运转的机械功率 输出功率:液压泵输出液压功率,其值为工作压力与有效流量的乘积

续表

效率	容积效率:液压泵输出的有效流量与理论流量的比值 机械效率:液压泵的液压转矩与实际输入转矩的比值 总效率:液压泵输出的液压功率与输入的机械功率的比值
吸入能力/Pa	液压泵能正常运转(不发生汽蚀)条件下吸入口处的最低绝对压力,一般用真空度表示

6.2.2 液压泵的常用计算公式

表 20-6-2 常用计算公式

参数名称	单位	计 算 公 式	说 明
流量	L/min	$q_0=Vn$ $q=Vn\eta_v$	V——排量,mL/r n——转速,r/min q_0——理论流量,L/min q——实际流量,L/min p——输出压力,MPa M——扭矩,N·m η_v——容积效率,% η_m——机械效率,% η——总效率,%
输出功率	kW	$P_0=pq/60$	
输入功率	kW	$P_i=2\pi Mn/60$	
容积效率	%	$\eta_v=\dfrac{q}{q_0}\times100$	
机械效率	%	$\eta_m=\dfrac{1000pq_0}{2\pi Mn}\times100$	
总效率	%	$\eta=\dfrac{P_0}{P_i}\times100$	

6.3 液压泵的技术性能和参数选择

表 20-6-3 液压泵的技术性能和参数选择

类型 / 性能参数	齿轮泵			叶片泵		柱塞泵				
	内啮合		外啮合	单作用	双作用	轴向			径向轴配流	卧式轴配流
	楔块式	摆线式				直轴端面配流	斜轴端面配流	阀配流		
压力范围/MPa	≤30.0	1.6~16.0	≤25.0	≤6.3	6.3~32.0	≤40.0	≤40.0	≤70.0	10.0~20.0	≤40.0
排量范围/mL·r^{-1}	0.8~300	2.5~150	0.3~650	0.5~320	0.5~480	0.2~560	0.2~3600	≤420.0	20~720	1~250
转速范围/r·min^{-1}	1500~2000	1000~4500	300~7000	500~2000	500~4000	600~2200	600~1800	≤1800	700~1800	200~2200
最大功率/kW	350	120	120	30	320	730	2660	750	250	260
容积效率/%	≤96	80~90	70~95	85~92	80~94	88~93	88~93	90~95	80~90	90~95
总效率/%	≤90	65~80	63~87	64~81	65~82	81~88	81~88	83~88	81~83	83~88
功率质量比/kW·kg^{-1}	大	中	中	小	中	大	中~大	大	小	中
最高自吸真空度/kPa			425	250	250	125	125	125	125	
变量能力	不能			能	不能	能				
效率变化	齿轮磨损后效率下降			叶片磨损效率下降小		配流盘、滑靴或分流阀磨损时效率下降较大				
流量脉动/%	1~3	≤3	11~27	≤1	≤1	1~5	1~5	<14	<2	≤14
噪声	小	小	中	中	中	大	大	大	中	中
污染敏感度	中	中	大	中	中	大	中~大	小	中	小
价格	较低	低	最低	中	中低	高	高	高	高	高
应用范围	机床、工程机械、农业机械、航空、船舶、一般机械			机床、注塑机、液压机、起重运输机械、工程机械、飞机		工程机械、锻压机械、运输机械、矿山机械、冶金机械、船舶、飞机等				

续表

选择要点	选择液压泵时要考虑的因素有工作压力、流量、转速、定量或变量方式、容积效率、总效率、原动机的种类、噪声、压力脉动率、自吸能力等，还要考虑与液压油的相容性、尺寸、质量、经济性和维修性。这些因素，有些已写入产品样本或技术资料里，要仔细研究，不明确的地方要询问制造厂 液压泵的输出压力应是执行元件所需压力、配管的压力损失、控制阀的压力损失之和。它不得超过样本上的额定压力，强调安全性、可靠性时，还应留有较大的余地。样本上的最高工作压力是短期冲击时的允许压力，如果每个循环中都发生这样的冲击压力，泵的寿命就会显著缩短，甚至泵会损坏 液压泵的输出流量应包括执行元件所需流量（有多个执行元件时由时间图求出总流量）、溢流阀的最小溢流量、各元件的泄漏量的总和、电动机掉转（通常 1r/s 左右）引起的流量减少量、液压泵长期使用后效率降低引起的流量减少量（通常 5%～7%），样本上往往给出理论排量、转速范围及典型转速、不同压力下的输出流量 压力越高、转速越低则泵的容积效率越低，变量泵排量调小时容积效率降低。转速恒定时泵的总效率在某个压力下最高；变量泵的总效率在某个排量、某个压力下最高、泵的总效率对液压系统的效率有很大影响，应该选择效率高的泵，并尽量使泵工作在高效工况区 转速关联着泵的寿命、耐久性、气穴、噪声等。虽然样本上写着允许的转速范围，但最好是在与用途相适应的最佳转速下使用。特别是用发动机驱动泵的情况下，油温低时，若低速则吸油困难、有因润滑不良引起的卡咬失效的危险，而高转速下则要考虑产生汽蚀、振动、异常磨损、流量不稳定等现象的可能性。转速剧烈变动还对泵内部零件的强度有很大影响 开式回路中使用时需要泵具有一定的自吸能力。发生汽蚀不仅可能使泵损坏，而且还引起振动和噪声，使控制阀、执行元件动作不良，对整个液压系统产生恶劣影响。在确认所用泵的自吸能力的同时，必须再考虑液压装置的使用温度条件、液压油的黏度。在计算吸油管路的阻力的基础上，确定泵相对于油箱液位的安装位置并设计吸油管路。另外，泵的自吸能力就计算值来说要留有充分裕量 液压泵是主要噪声源，在对噪声有限制的场合，要选用低噪声泵或降低转速使用，注意，泵的噪声数据有两种，即在特定声场测得的和在一般声场测得的数据，两者之间有显著不同 用定量泵还是用变量泵，需要仔细论证。定量泵简单、便宜，变量泵结构复杂、价格昂贵，但节省能源。变量泵（尤其是变量轴向柱塞泵）的变量机构有各种形式。就控制方法来说，有手动控制、内部压力控制、外部压力控制、电磁阀控制、顺序阀控制、电磁比例阀控制、伺服阀控制等。就控制结果来说，有比例变量、恒压变量、恒流变量、恒扭矩变量、恒功率变量、负载传感变量等。变量方式的选择要适应系统的要求，实际使用中要弄清这些变量方式的静态特性、动态特性和使用方法。不同种类的泵、不同生产厂，其变量机构的特性不同

6.4　齿轮泵

6.4.1　齿轮泵的工作原理及主要结构特点

齿轮泵是一种常用的液压泵，它的主要优点是结构简单，制造方便，价格低廉，体积小，质量轻，自吸性好，对油液污染不敏感，工作可靠；其主要缺点是流量和压力脉动大，噪声大，排量不可调。齿轮泵被广泛地应用于采矿设备、冶金设备、建筑机械、工程机械和农林机械等各个行业。齿轮泵按照其啮合形式的不同，有外啮合和内啮合两种，外啮合齿轮泵应用较广，内啮合齿轮泵则多为辅助泵。

表 20-6-4　齿轮泵的原理和结构

外啮合齿轮泵	外啮合齿轮泵的结构如图(a)所示，泵主要由主、从动齿轮，驱动轴，泵体及侧板等主要零件构成。泵体内相互啮合的主、从动齿轮与两端盖及泵体一起构成密封工作容积（图中所示阴影部分），齿轮的啮合线将左、右两腔隔开，形成吸、压油腔。当齿轮按图示方向旋转时，吸油腔内的轮齿不断脱开啮合，使吸油侧密封容积不断增大而形成真空，在大气压力作用下从油箱吸入油液；这部分油液从右侧吸油腔被旋转的轮齿带入左侧压油腔。压油腔内的轮齿不断进入啮合，压油侧密封容积不断减小，油液受压，不断被压出进入系统，这样就完成了齿轮泵的吸油和压油过程	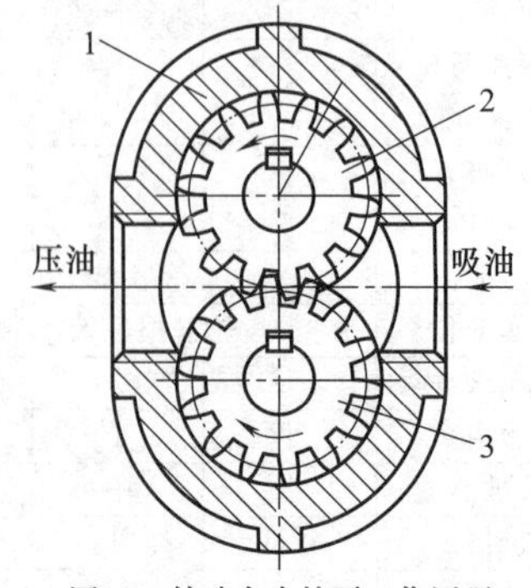 图(a)　外啮合齿轮泵工作原理 1—泵体；2—主动齿轮；3—从动齿轮

续表

内啮合齿轮泵	内啮合齿轮泵有渐开线齿轮泵[图(b)]和摆线齿轮泵(又名转子泵)两种。在图(b)所示的渐开线齿形内啮合齿轮泵中,小齿轮和内齿轮之间要装一块月牙隔板,以便把吸油腔和压油腔隔开。内啮合齿轮泵中的小齿轮是主动轮,大齿轮为从动轮,在工作时大齿轮随小齿轮同向旋转 如图(c)所示摆线齿形啮合齿轮泵又称摆线转子泵。借助于一对具有摆线-摆线共轭齿形的偏心啮合的共轭的内外转子(偏心距为 e,外转子的齿数比内转子齿数多一个)组成。在啮合过程中,形成几个封闭的独立空间,随着内外转子的啮合旋转,各封闭空间的容积将发生变化,容积逐渐增大的区域形成真空成为吸油腔,容积逐渐变小的区域形成压油腔。摆线泵在工作过程中,内转子的一个齿每转动一周出现一个工作循环,完成吸压油各一次,通过端面配流盘适当把不同齿不断变化工作循环的吸油道和压油道的变化空间连通起来,就形成了连续不断吸油和压油 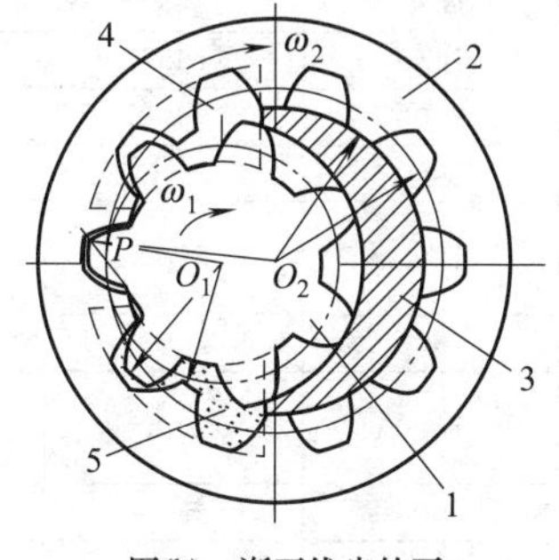 图(b)　渐开线齿轮泵 1—小齿轮(主动齿轮);2—内齿轮(从动齿轮); 3—月牙板;4—吸油腔;5—压油腔 图(c)　摆线齿轮泵 1—内转子;2—外转子; 3—吸油腔;4—压油腔 内啮合齿轮泵结构紧凑,尺寸小,质量轻;由于齿轮同向旋转,相对滑动速度小,磨损小,使用寿命长;流量脉动小,因而压力脉动和噪声都较小;油液在离心力作用下易充满齿间槽,故允许高速旋转,容积效率高。摆线内啮合齿轮泵结构更简单,啮合重叠系数大,传动平稳,吸油条件更为良好。它们的缺点是齿形复杂,加工精度要求高,因此造价较贵

6.4.2　齿轮泵拆装方法、使用注意事项

表 20-6-5　　CBN 高压齿轮泵的拆装方法及注意事项

拆卸	①松开泵盖上全部连接螺母,并卸下全部垫圈与螺栓 ②拆下前盖和后盖 ③从壳体中取出轴套、主动齿轮、从动齿轮 ④从前、后盖的密封沟槽内,取出矩形密封圈 ⑤检查装在前盖上的骨架油封,如果骨架油封阻油边缘良好能继续使用,则不必取出。如骨架油封阻油边缘已磨损或被油液冲坏,则必须把骨架油封从前盖中取出 ⑥把拆下来的零件用煤油或柴油进行清洗
装配	①用煤油或轻柴油清洗全部零件 ②在压床上用芯轴把骨架油封压入前盖油封座内,把骨架油封压入前盖时须涂以润滑油,骨架油封的唇口应朝向里面,勿装反 ③将矩形密封圈、聚四氟乙烯挡片装入前盖、后盖的密封槽中 ④将两个定位销装入壳体的两个定位销孔中 ⑤将主、从动齿轮与轴套的工作面涂以润滑油 ⑥将后盖装到壳体上,必须注意将低压腔位于进油口一边 ⑦将主、从动两个齿轮装入两个轴套孔内,装成齿轮轴套副时,轴套的卸荷槽必须贴住齿轮端面;轴套的喇叭口必须位于同一侧 ⑧将轴套齿轮副装入壳体时,轴套有喇叭口的一侧必须位于壳体进油口一侧 ⑨前盖装配时,应该先用专用套筒插入骨架油封内,然后套入主动齿轮轴,以防骨架油封唇口翻边 ⑩装上四个方头螺栓、垫片,拧紧螺母 ⑪将总装后的齿轮泵夹在有铜钳口的虎钳上,用扭力扳手均匀扳紧四个紧固螺母 ⑫从虎钳上卸下齿轮泵,在齿轮泵吸油口处滴入机油少许,均匀旋转主动齿轮,应无卡滞和过紧现象
拆卸和装配齿轮泵的注意事项	①为了保证齿轮泵具有较长的使用期限,在拆装时必须保证清洁。应防止灰尘落入齿轮泵中,不能在灰尘大的地方随意拆装 ②为防止棉纱头阻塞吸油滤网,造成故障,拆装清洗过程中严禁用棉纱头擦洗零件,应当使用毛刷或绸布 ③不允许用汽油清洗橡胶密封件 ④齿轮油泵为精密部件,其零件精度和光洁度较高,且铝制零件多,因此在拆装时须特别注意,切勿敲打、撞击,更不能从高处掉在地面上

6.4.3 齿轮泵产品

6.4.3.1 齿轮泵产品技术参数总览

表 20-6-6 齿轮泵产品技术参数总览

类别	型号	排量/mL·r^{-1}	压力/MPa		转速/r·min^{-1}		容积效率/%
			额定	最高	额定	最高	
外啮合单级齿轮泵	CB	32、50、100	10	12.5	1450	1650	≥90
	CBB	6、10、14	14	17.5	2000	3000	≥90
	CB-B	2.5～12.5	2.5	—	1450	—	≥70～95
	CB-C	10～32	10	14	1800	2400	≥90
	CB-D	32～70					
	CB-E	70～210	10	12.5	1800	2400	≥90
	CB-F	10～40	14	17.5	1800	2400	≥90
	CB-F_A	10～40	16	20			
	CB-G	16～200	12.5	16	2000	2500	≥91
	CB-L	40～200	16	20	2000	2500	≥90
	CB-Q	20～63	20	25	2500	3000	≥91～92
	CB-S	10～140	16	20	2000	2500	≥91～93
	CB-X	10～40	20	25	2000	3000	≥90
	G5	5～25	16～25	—	—	2800～4000	≥90
	GPC4	20～63	20～25	—	—	2500～3000	≥90
	G20	23～87	14～23	—	—	2300～3600	≥87～90
	GPC4	20～63	20～25	—	—	2500～3000	≥90
	G30	58～161	14～23	—	—	2200～3000	≥90
	BBXQ	12.16	3.5	6	1500	2000	≥90
	GPA	1.76～63.6	10	—	2000～3000		≥90
	CB-Y	10.18～100.7	20	25	2500	3000	≥90
	CB-H_B	51.76～101.5	16	20	1800	2400	≥91～92
	CBF-E	10～140	16	20	2500	3000	≥90～95
	CBF-F	10～100	20	25	2000	2500	≥90～95
	CBQ-F5	20～63	20	25	2500	3000	≥92～96
	CBZ2	32～100.6	16～25	20～31.5	2000	2500	≥94
	GB300	6～14	14～16	17.5～20	2000	3000	≥90
	GBN-E	16～63	16	20	2000	2500	≥91～93
外啮合双联齿轮泵	BG2	40.6～140.3	16	20	2000	3000	≥91
	CBG3	126.4～200.9	12.5～16	16～20	2000	2200	≥91
	CBL	40.6～200.9	16	20	2000	2500	≥90
	CBY	10.18～100.7	20	25	2000	3000	≥90
	CBQL	20～63	16～20	20～25	—	3000	≥90
	CBZ	32.1～80	25	31.5	2000	2500	≥94
	CBF-F	10～100	20	25	2000	2500	≥90～93
内啮合齿轮泵	NB	10～125	25	32	1500～2000	3000	≥83
	BB-B	4～125	2.5	—	1500	—	≥80～90

6.4.3.2 CB 型齿轮泵

型号意义：

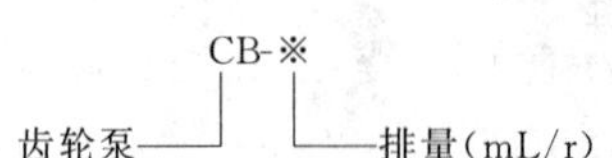

表 20-6-7 CB 型齿轮泵技术规格

产品型号	公称排量/mL·r^{-1}	压力/MPa		转速/r·min^{-1}		容积效率/%	驱动功率/kW	质量/kg
		额定	最高	额定	最高			
CB-32	31.8	10	12.5	1450	1650	≥90	8.7	6.4
CB-46(50)	48.1						13	7
CB-98(100)	98.1						27.1	18.3

表 20-6-8 CB-32 和 CB-46 型齿轮泵外形尺寸 mm

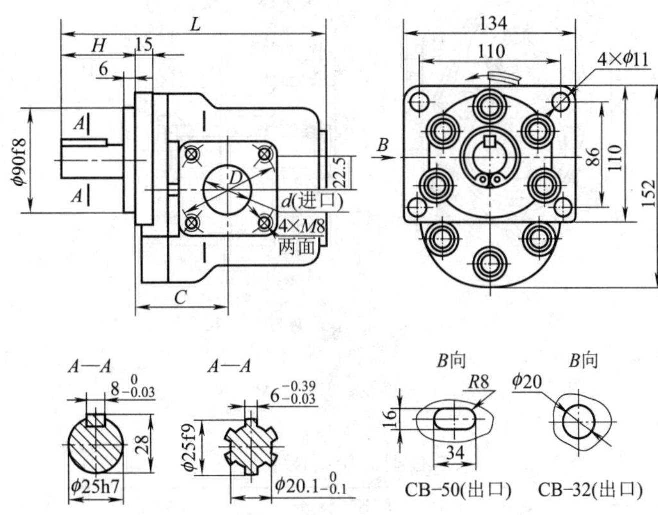

型号	L	H	C	D	d
CB-32	186	48	68.5	ϕ65	ϕ28
CB-46	200	51	74	ϕ76	ϕ34

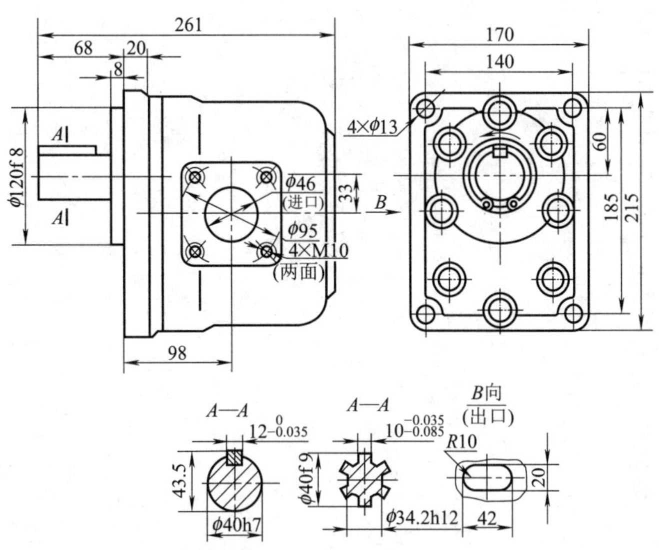

图 20-6-1 CB-98 型齿轮外形尺寸

6.4.3.3　CB-B 型齿轮泵

型号意义：

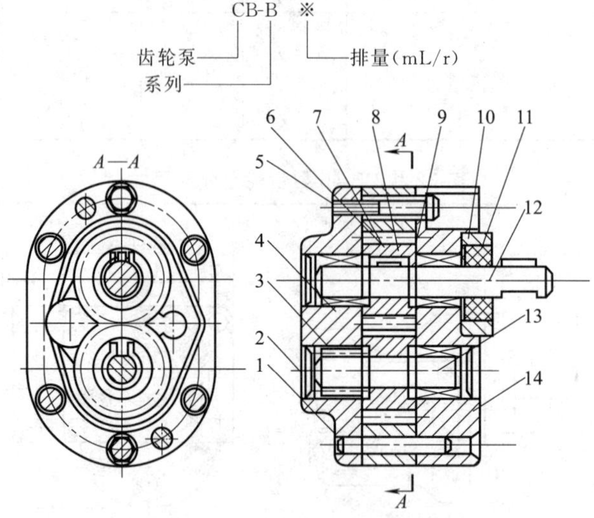

图 20-6-2　CB-B 型齿轮泵结构

1—圆柱销；2—压盖；3—轴承；4—后盖；5—螺钉；6—泵体；7—齿轮；8—平键；9—卡环；10—法兰；11—油封；12—长轴；13—短轴；14—前盖

表 20-6-9　CB-B 型齿轮泵技术规格

产品型号	排量/mL·r^{-1}	额定压力/MPa	转速/r·min^{-1}	容积效率/%	驱动功率/kW	质量/kg
CB-B2.5	2.5	2.5	1450	≥70	0.13	2.5
CB-B4	4			≥80	0.21	2.8
CB-B6	6				0.31	3.2
CB-B10	10				0.51	3.5
CB-B16	16			≥90	0.82	5.2
CB-B20	20				1.02	5.4
CB-B25	25				1.3	5.5
CB-B32	32			≥94	1.65	6.0
CB-B40	40				2.1	10.5
CB-B50	50				2.6	11.0
CB-B63	63			≥95	3.3	11.8
CB-B80	80				4.1	17.6
CB-B100	100				5.1	18.7
CB-B125	125				6.5	19.5
CB-B200	200			≥90	10.1	—
CB-B250	250				13	
CB-B300	300				15	
CB-B350	350				17	
CB-B375	375				18	
CB-B400	400				20	
CB-B500	500				24	
CB-B600	600				29	
CB-B700	700				34	
CB-B800	800				37	
CB-B900	900				42	
CB-B1000	1000				49	

表 20-6-10　　**齿轮泵外形尺寸**　　mm

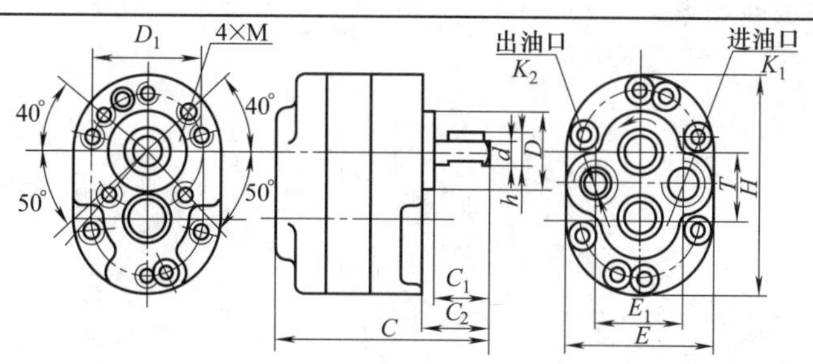

图(a)　CB－B(2.5～125)型

型号	C	E	H	C_1	C_2	D	D_1	d(f7)	E_1	T	b	h	M	K_1	K_2
CB-B2.5	77	65	95	25	30	ϕ35	ϕ50	ϕ12	35	30	4	13.5	M6	R_c3/8	R_c3/8
CB-B4	84														
CB-B6	86														
CB-B10	94														
CB-B16	107	86	128	30	35	ϕ50	ϕ65	ϕ16	50	42	5	17.8	M8	R_c3/4	R_c3/4
CB-B20	111														
CB-B25	119														
CB-B32	121														
CB-B40	132	100	152	35	40	ϕ55	ϕ80	ϕ22	55	52	6	27.2	M8	R_c3/4	R_c3/4
CB-B50	138														
CB-B63	144														
CB-B80	158	120	185	43	50	ϕ70	ϕ95	ϕ30	65	65	8	32.8	M8	R_c1¼	R_c1
CB-B100	165														
CB-B125	174														

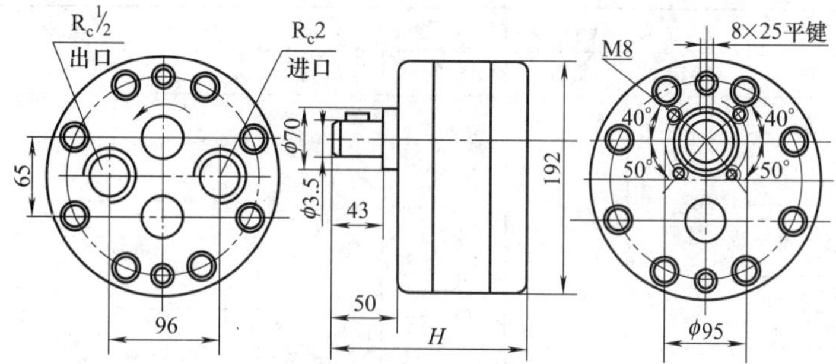

图(b)　CB－B(200～500)型

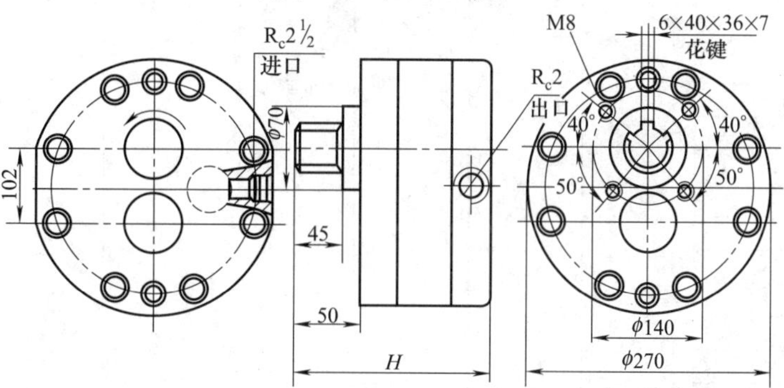

图(c)　CB－B(600～1000)型

型号	CB-B200	CB-B250	CB-B300	CB-B350	CB-B375	CB-B400	CB-B500	CB-B600	CB-B700	CB-B800	CB-B900	CB-B1000
H	210	228	245	263	272	280	316	335	345	365	385	405

6.4.3.4 CBF-E 型齿轮泵

型号意义：

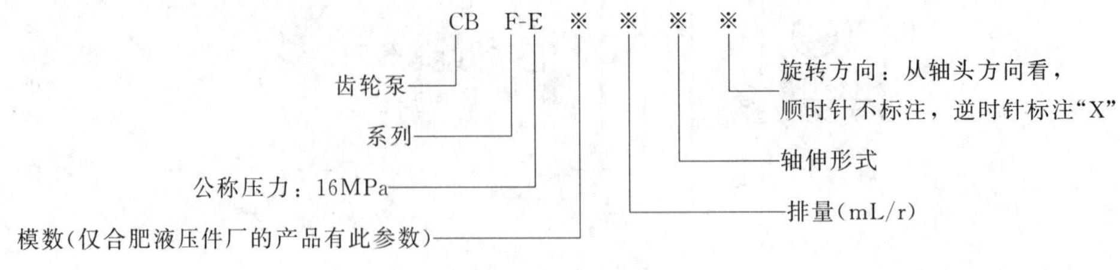

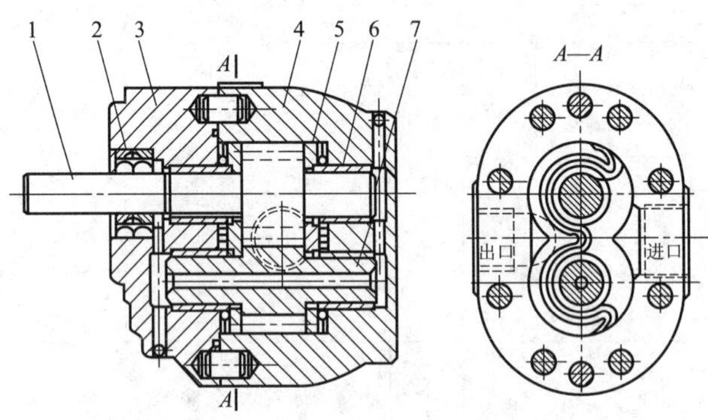

图 20-6-3 CBF-E 型齿轮泵结构

1—主动齿轮；2—骨架油封；3—泵盖；4—泵体；5—侧板；6—轴承；7—从动齿轮

表 20-6-11 CBF-E 型齿轮泵技术规格

<table>
<tr><th rowspan="2">产品型号</th><th rowspan="2">公称排量
/mL·r⁻¹</th><th colspan="2">压力/MPa</th><th colspan="2">转速/r·min⁻¹</th><th rowspan="2">容积效率
/%</th><th rowspan="2">总效率
/%</th><th rowspan="2">额定驱动功率/kW</th><th rowspan="2">质量
/kg</th></tr>
<tr><th>额定</th><th>最高</th><th>额定</th><th>最高</th></tr>
<tr><td>CBF-E10</td><td>10</td><td rowspan="24">16</td><td rowspan="24">20</td><td rowspan="5">2500</td><td rowspan="6">3000</td><td rowspan="3">≥91</td><td rowspan="3">≥82</td><td>8.5</td><td>3.6</td></tr>
<tr><td>CBF-E16</td><td>16</td><td>13.0</td><td>3.8</td></tr>
<tr><td>CBF-E18</td><td>18</td><td>14.5</td><td>3.8</td></tr>
<tr><td>CBF-E25</td><td>25</td><td>≥92</td><td>84</td><td>19.5</td><td>4.0</td></tr>
<tr><td>CBF-E32</td><td>32</td><td rowspan="2">≥93</td><td rowspan="2">≥85</td><td>25.0</td><td>4.3</td></tr>
<tr><td>CBF-E40</td><td>40</td><td rowspan="19">2000</td><td>25.0</td><td>4.7</td></tr>
<tr><td>CBF-E50</td><td>50</td><td rowspan="18">2500</td><td rowspan="2">≥91</td><td rowspan="2">≥82</td><td>32.0</td><td>8.5</td></tr>
<tr><td>CBF-E63</td><td>63</td><td>40.0</td><td>8.8</td></tr>
<tr><td>CBF-E71</td><td>71</td><td rowspan="3">≥92</td><td rowspan="3">≥84</td><td>44.5</td><td>9.0</td></tr>
<tr><td>CBF-E80</td><td>80</td><td>50.0</td><td>9.3</td></tr>
<tr><td>CBF-E90</td><td>90</td><td>56.0</td><td>9.6</td></tr>
<tr><td>CBF-E100</td><td>100</td><td rowspan="13">≥93</td><td rowspan="13">85</td><td>61.0</td><td>9.8</td></tr>
<tr><td>CBF-E112</td><td>112</td><td>68.0</td><td>10.1</td></tr>
<tr><td>CBF-E125</td><td>125</td><td>76.0</td><td>10.5</td></tr>
<tr><td>CBF-E140</td><td>140</td><td>85.5</td><td>11.0</td></tr>
<tr><td>CBF-E650</td><td>50</td><td>32</td><td>—</td></tr>
<tr><td>CBF-E663</td><td>63</td><td>40</td><td>—</td></tr>
<tr><td>CBF-E671</td><td>71</td><td>44.5</td><td>—</td></tr>
<tr><td>CBF-E680</td><td>80</td><td>50</td><td>—</td></tr>
<tr><td>CBF-E690</td><td>90</td><td>56</td><td>—</td></tr>
<tr><td>CBF-E6100</td><td>100</td><td>61</td><td>—</td></tr>
<tr><td>CBF-E6112</td><td>112</td><td>68</td><td>—</td></tr>
<tr><td>CBF-E6125</td><td>125</td><td>76</td><td>—</td></tr>
<tr><td>CBF-E6140</td><td>140</td><td>85.5</td><td>—</td></tr>
</table>

表 20-6-12 **齿轮泵外形尺寸** mm

CBF-E(10～40)型

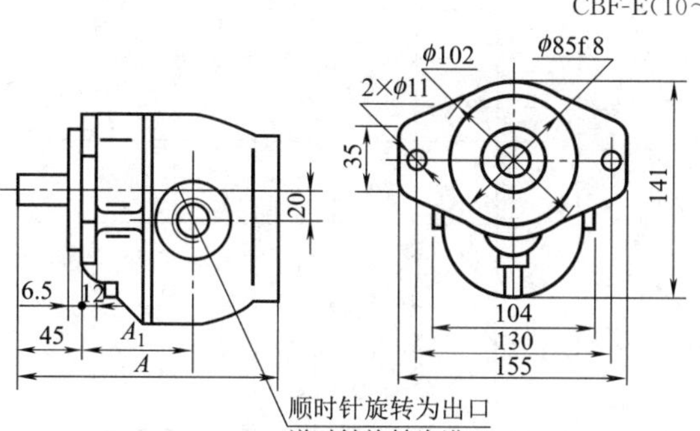

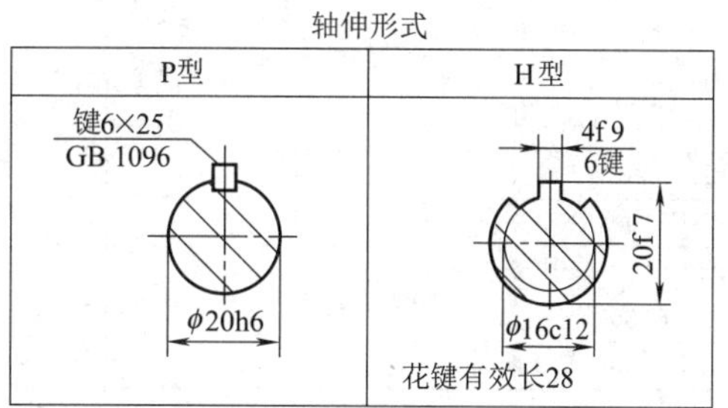

型 号	A	A_1	吸、出口径	
			吸口	出口
CBF-E10	160.5	68.5	M22×1.5-6H	M18×1.5-6H
CBF-E16	166.5	72	M27×2-6H	M22×1.5-6H
CBF-E18	168	71	M27×2-6H	M222×1.5-6H
CBF-E25	175	74	M33×2-6H	M27×2-6H
CBF-E32	181.5	80.5	M33×2-6H	M27×2-6H
CBF-E40	187.5	88.5	M33×2-6H	M27×2-6H

CBF-E(50～140)型

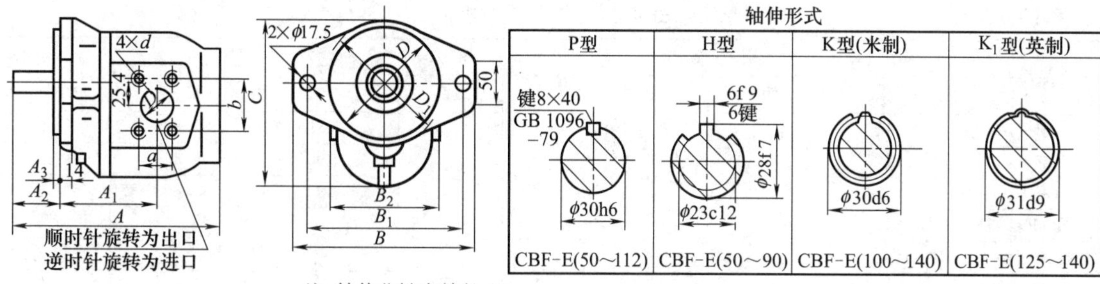

注：轴伸花键有效长 32mm

<table>
<tr><th rowspan="2">型号</th><th rowspan="2">A</th><th rowspan="2">A₁</th><th rowspan="2">A₂</th><th rowspan="2">A₃</th><th rowspan="2">B</th><th rowspan="2">B₁</th><th rowspan="2">B₂</th><th rowspan="2">C</th><th rowspan="2">D
(f8)</th><th rowspan="2">D₁</th><th colspan="4">吸口</th><th colspan="4">出口</th></tr>
<tr><th>a</th><th>b</th><th>D</th><th>d</th><th>a</th><th>b</th><th>D</th><th>d</th></tr>
<tr><td>CBF-E50</td><td>212</td><td>91</td><td rowspan="5">57</td><td rowspan="5">8</td><td rowspan="5">200</td><td rowspan="5">160</td><td rowspan="6">146</td><td rowspan="5">185</td><td rowspan="5">ϕ80</td><td rowspan="5">ϕ142</td><td rowspan="2">30</td><td rowspan="2">60</td><td rowspan="2">ϕ32</td><td rowspan="2">M10</td><td rowspan="2">26</td><td rowspan="2">52</td><td rowspan="2">ϕ25</td><td rowspan="2">M8</td></tr>
<tr><td>CBF-E63</td><td>217</td><td>96</td></tr>
<tr><td>CBF-E71</td><td>221</td><td>94</td><td rowspan="2">36</td><td rowspan="2">60</td><td rowspan="2">ϕ36</td><td rowspan="2">M10</td><td rowspan="2">36</td><td rowspan="2">60</td><td rowspan="2">ϕ28</td><td rowspan="2">M10</td></tr>
<tr><td>CBF-E80</td><td>225</td><td>98</td></tr>
<tr><td>CBF-E90</td><td>229</td><td>102</td><td rowspan="3">36</td><td rowspan="3">60</td><td rowspan="3">ϕ40</td><td rowspan="3">M10</td><td rowspan="3">36</td><td rowspan="3">60</td><td rowspan="3">ϕ32</td><td rowspan="3">M10</td></tr>
<tr><td>CBF-E100</td><td>234</td><td>107</td><td>57</td><td rowspan="4">6.5</td><td rowspan="4">215</td><td rowspan="4">180</td><td rowspan="4">189</td><td rowspan="4">ϕ127</td><td rowspan="4">ϕ150</td></tr>
<tr><td>CBF-E112</td><td>239</td><td>112</td><td>57</td><td rowspan="3">133</td></tr>
<tr><td>CBF-E125</td><td>243</td><td>110</td><td>55</td><td rowspan="2">43</td><td rowspan="2">78</td><td rowspan="2">ϕ50</td><td rowspan="2">M12</td><td rowspan="2">30</td><td rowspan="2">59</td><td rowspan="2">ϕ35</td><td rowspan="2">M10</td></tr>
<tr><td>CBF-E140</td><td>252</td><td>119</td><td>55</td></tr>
</table>

CBF-E6 型

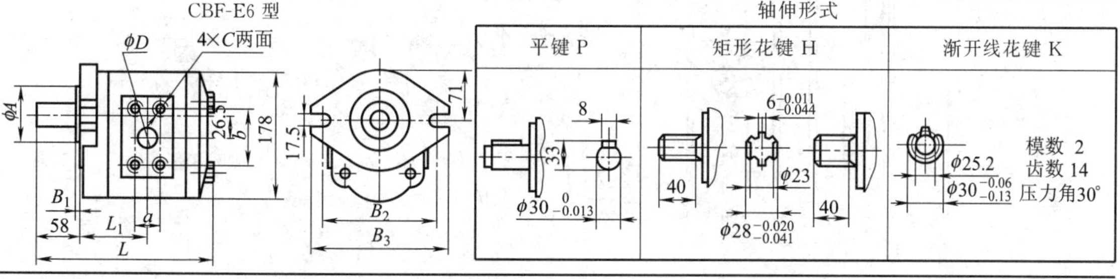

续表

型号	L_1	L	A	B_1	B_2	B_3	进油口				出油口			
							D	a	b	c	D	a	b	c
CBF-E650-AF※※	80.5	218	$80^{-0.030}_{-0.076}$	8	160	200	32	30	60	M10	25	26	52	M8
CBF-E663-AF※※	83.8	224.5												
CBF-E671-AF※※	85.8	228.5					36	36	60	M10	28	36	60	M10
CBF-E680-AF※※	88	233												
CBF-E690-AF※※	90	238					40	36	60	M10	32	36	60	M10
CBF-E6100-AF※※	93	243	$127^{-0.043}_{-0.106}$	6.3	180	215								
CBF-E6112-AF※※	96	249					50	43	78	M12	35	30	59	M10
CBF-E6125-AF※※	99.2	255.5												
CBF-E6140-AF※※	103	263												

6.4.3.5 CBF-F 型齿轮泵

型号意义：

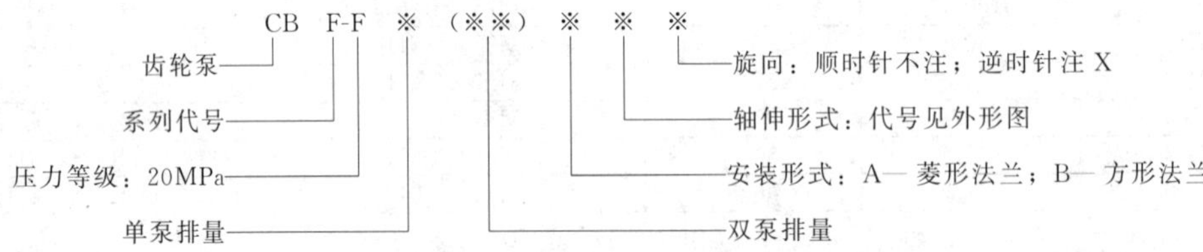

表 20-6-13　　CBF-F 型齿轮泵技术规格

产品型号	公称排量 /mL·r^{-1}	压力/MPa		转速/r·min^{-1}		容积效率 /%	总效率 /%	额定功率 /kW
		额定	最高	额定	最高			
CBF-F10	10	20	25	2500	3000	≥89	≥80	10.8
CBF-F16	16					≥90	≥81	17.2
CBF-F25	25					≥91	≥82	26.8
CBF-F31.5	31.5					≥92	≥83	31.6
CBF-F40	40			2000	2500			32.1
CBF-F50	50					≥90	≥81	42.9
CBF-F63	63							54.0
(CBF-F71)	71					≥92	≥83	61.0
CBF-F80	80							68.8
CBF-F90	90					≥93	≥84	77.2
CBF-F100	100							85.5

表 20-6-14　　齿轮泵外形尺寸　　mm

CBF-F10～40 型

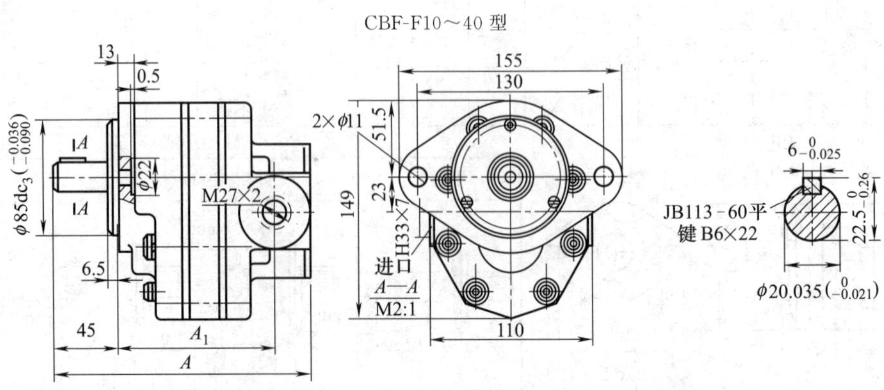

续表

型号	A	A_1	油口 吸口	油口 出口	型号	A	A_1	油口 吸口	油口 出口
CBF-F10	160.5	68.5	M22×1.5	M18×1.5	CBF-F32	181.5	80.5	M33×2	M27×2
CBF-F16	166	74	M27×2	M22×1.5	CBF-F40	189.5	88.5		
CBF-F25	175	74	M33×2	M27×2					

CBF-F50～100 型

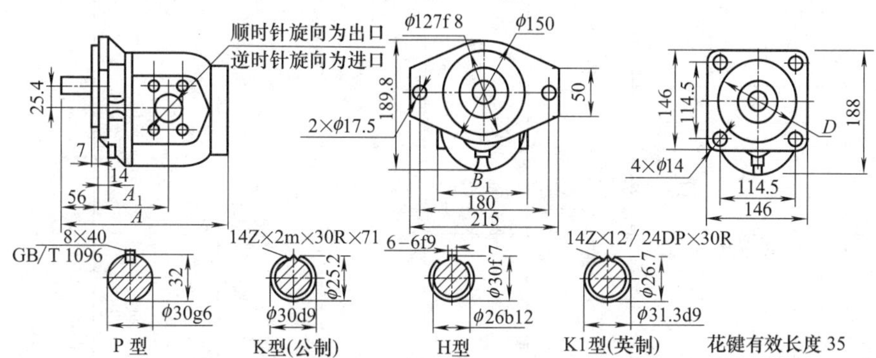

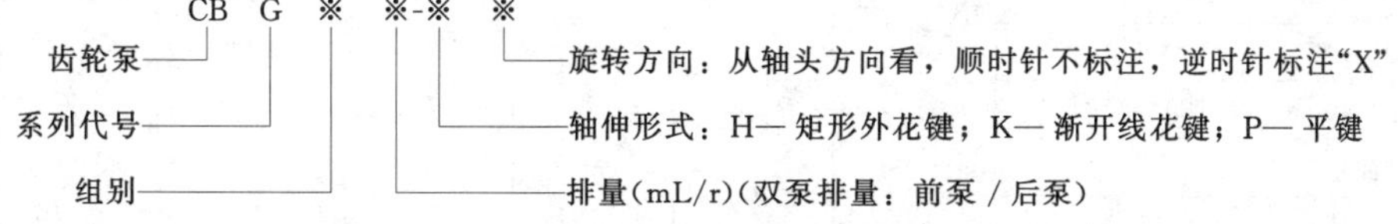

型号	A	A_1	B_1	油口 吸口	油口 出口	型号	A	A_1	B_1	油口 吸口	油口 出口
CBF-F50	211.5	91	146	ϕ32	ϕ25	CBF-F80	224	98	150	ϕ35	ϕ28
CBF-F63	216.5	94	146	ϕ32	ϕ25	CBF-F90	228	102	150	ϕ40	ϕ32
CBF-F71	220	96	150	ϕ35	ϕ28	CBF-F100	233	107	150	ϕ40	ϕ32

6.4.3.6　CBG 型齿轮泵

型号意义：

```
        CB  G  ※  ※-※  ※
齿轮泵——┘  |  |  |  |  └——旋转方向：从轴头方向看，顺时针不标注，逆时针标注“X”
系列代号————┘  |  |  └————轴伸形式：H— 矩形外花键；K— 渐开线花键；P— 平键
组别——————————┘  └———————排量(mL/r)(双泵排量：前泵/后泵)
```

表 20-6-15　　CBG 型齿轮泵单泵技术规格

产品型号	公称排量 /mL·r^{-1}	压力/MPa 额定	压力/MPa 最高	转速/r·min^{-1} 额定	转速/r·min^{-1} 最高	容积效率 /%	总效率 /%	额定驱动功率 /kW	质量 /kg
CBG1016	15.4	16	20	2000	3000	91	82	10.5	—
CBG1025	25.4	16	20	2000	3000	91	82	16.2	—
CBG1032	32.2	16	20	2000	2500	91	82	20.5	—
CBG1040	40.1	12.5	16	2000	2500	91	82	19.9	—
CBG1050	50.3	10	12.5	2000	2500	91	82	19.9	—
CBG2040	40.6	16	20	2000	2500	91	81	23.6	21
CBG2050	50.3	16	20	2000	2500	91	81	29.2	21.5
CBG2063	63.6	16	20	2000	2500	91	81	37	22.5
CBG2080	80.4	16	20	2000	2500	92	83	46.7	23.5
CBG2100	100.7	12.5	16	2000	2500	92	83	45.7	24.5
CBG3100	100.61	—	—	2000	2500	92	83	58.1	42
CBG3125	26.4	16	20	2000	2400	92	83	72.6	43.5
CBG3140	140.3	16	20	2000	2400	92	83	81.3	44.5
CBG3160	161.1	16	20	2000	2400	92	83	90.0	45.5
CBG3180	181.1	12.5	16	2000	2400	92	83	81.7	47
CBG3200	200.9	12.5	16	2000	2400	92	83	90.8	48.5

第20篇

表 20-6-16 CBG 型齿轮泵双联泵技术规格

产品型号	公称排量 /mL·r⁻¹	压力/MPa		转速/r·min⁻¹		容积效率 /%	总效率 /%	额定驱动功率/kW
		额定	最高	额定	最高			
CBG2040/2040	40.6	16	20	2000	3000	≥92	≥83	47.2
CBG2050/2040	50.3/40.6							52.8
CBG2050/2050	50.3							58.4
CBG2063/2040	63.6/46.6				2500			60.6
CBG2063/2050	63.6/50.3							66.2
CBG2063/2063	63.6							74
CBG2080/2040	80.4/40.6							70.3
CBG2080/2050	80.4/50.3							75.9
CBG2080/2063	80.4/63.6							87.7
CBG2080/2080	80.4							93.4
CBG2100/2040	100.7/40.6	12.5	16					82.1
CBG2100/2050	100.7/50.3							87.7
CBG2100/2063	100.7/63.6							94.5
CBG2100/2080	100.7/80.4							105.2
CBG2100/2100	100.7							117
CBG3125/3125	126.4	160	200	2000	2200	≥92	≥83	146.8
CBG3140/3125	140.3/126.4							154.9
CBG3140/3140	140.3							163
CBG3160/3125	161.1/126.4							167
CBG3160/3140	161.1/140.3							175.1
CBG3160/3160	161.1							187.2
CBG3180/3125	180.1/126.4	125	160					155.1
CBG3180/3140	180.1/140.3							163.2
CBG3180/3160	180.1/161.1							175.3
CBG3180/3180	180.1							163.4
CBG3200/3125	200.9/126.4							164.6
CBG3200/3140	200.9/140.3							172.7
CBG3200/3160	200.9/161.1							184.8
CBG3200/3180	200.9/180.1							172.9
CBG3200/3200	200.9							182.4

表 20-6-17 CBG（2040～2100）、（3125～3200）型齿轮泵尺寸 mm

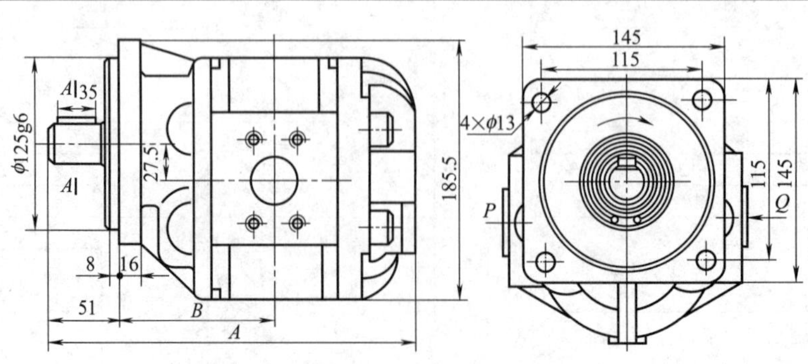

续表

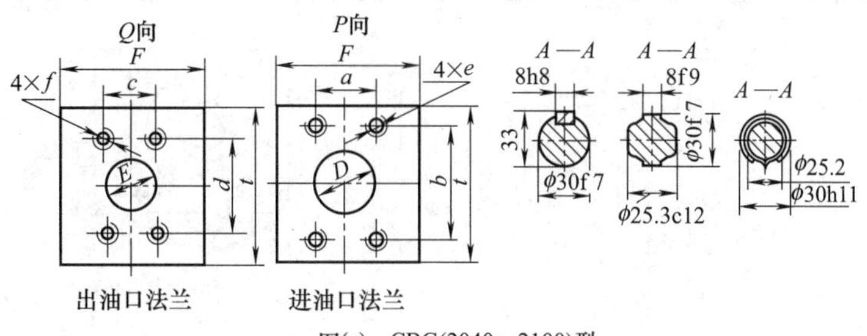

图(a)　CBG(2040～2100)型

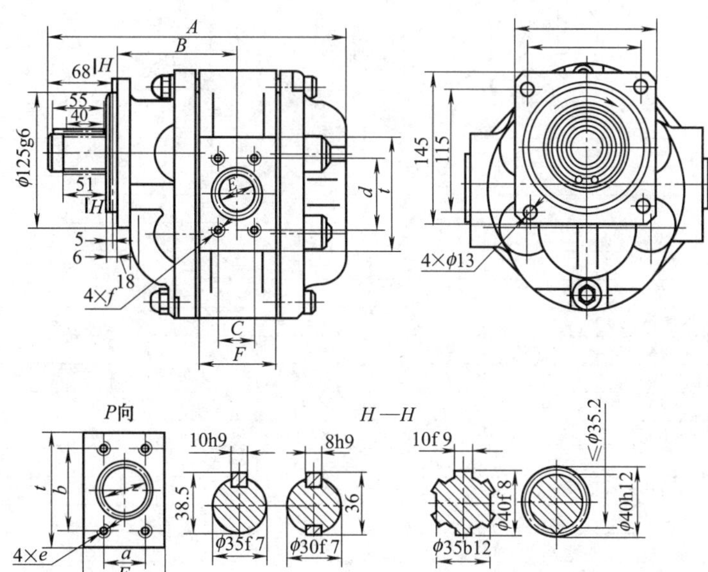

图(b)　CBG(3125～3200)型

型号	A	B	C	D	E	F	a	b	c	d	e	f	t
CBG2040	230	96.5	23	ϕ20	ϕ20	55	22	48	22	48	M8 深 12	M8 深 12	95
CBG2050	235.5	99	28.5	ϕ25		60.5	26	52	22	48	M8 深 12		
CBG2063	243	103	36	ϕ32	ϕ25	68	30	60	26	52		M10 深 12	
CBG2080	252.5	108	45.5	ϕ35	ϕ32	77.5	36	70	30	60	M12 深 15	M10 深 20	
CBG2100	264	113.5	57	ϕ40		89	36	70	30	60	M12 深 20		
CBG3125	277.5	114	36.5			60.5	36	70	30	60	M12 深 15	M10 深 15	95
CBG3140	281.5	116	40.5		ϕ35	64.5	36	70	30	60			
CBG3160	287.5	119	46.5			70.5	36	70	30	60			
CBG3180	293	122	55	ϕ50	ϕ40	76	43	78	36	70		M10 深 15	110
CBG3200	299	125	58			82	43	78	36	70			

渐开线花键要素	CBG2	CBG3
模数/mm	2	2
齿数	14	19
分度圆压力角	30°	30°
分度圆直径/mm	28	38
精度等级	2	2

第 20 篇

表 20-6-18　　CBG 双联齿轮泵外形尺寸　　mm

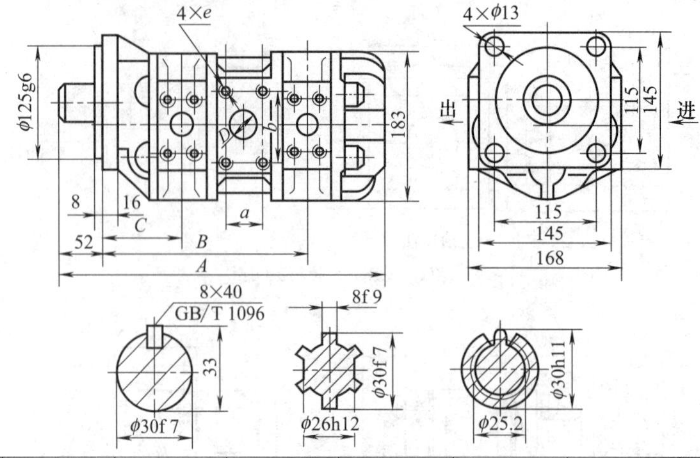

型号	A	B	C	D	a	b	e
CBG2040/2040	369	243	104.5	ϕ32	30	60	M10 深 17
CBG2050/2040	374	248	107	ϕ32	30	60	M10 深 17
CBG2063/2040	382	256	111	ϕ35	36	70	M12 深 20
CBG2080/2040	392	266	115.5	ϕ40	36	70	M12 深 20
CBG2100/2040	403	277	121.5	ϕ40	36	70	M12 深 20
CBG2050/2050	379	251	107	ϕ35	36	70	M12 深 20
CBG2063/2050	387	259	110	ϕ40	36	70	M12 深 20
CBG2080/2050	396	268	115.5	ϕ40	36	70	M12 深 20
CBG2100/2050	409	280	121.5	ϕ40	36	70	M12 深 20
CBG2063/2063	395	263	110	ϕ40	36	70	M12 深 20
CBG2080/2063	405	272	115.5	ϕ40	36	70	M12 深 20
CBG2100/2063	416	284	121.5	ϕ50	45	80	M12 深 20
CBG2080/2080	413	276.5	115.5	ϕ50	45	80	M12 深 20
CBG2100/2080	426	288	121.5	ϕ50	45	80	M12 深 20
CBG2100/2100	437	294.5	121.5	ϕ50	45	80	M12 深 20

注：两个出口和单泵出口尺寸相同，只有一个进口。

表 20-6-19　　CBG2/2、CBG3/3 型齿轮泵外形尺寸　　mm

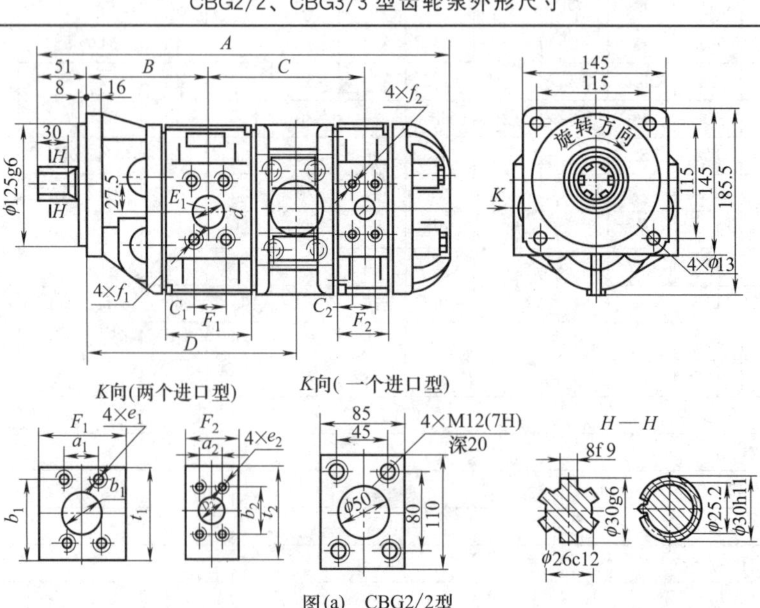

图(a)　CBG2/2型

续表

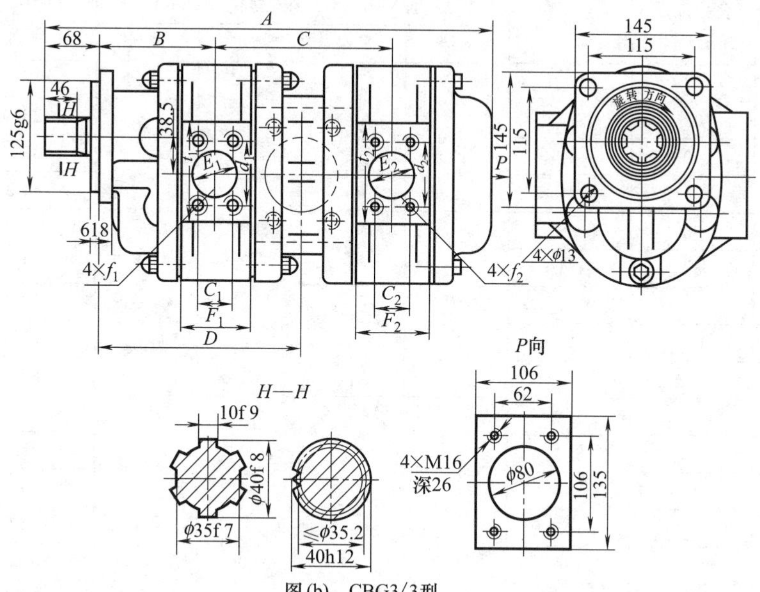

图(b) CBG3/3型

型号	CBG2040/2040	CBG2050/2040	CBG2050/2050	CBG2063/2040	CBG2063/2050	CBG2063/2063	CBG2080/2040	CBG2080/2050	CBG2080/2063	CBG2080/2080
A	271	376.5	382	384	389.5	397	393.5	399	406.5	416
B	96.5	99	99	103	103	103	108	108	108	108
C	141	144	146.5	147.5	150	154	152	155	159	163.5
D	167	172.5	172.5	180	180	180	189.5	189.5	189.5	189.5
型号	CBG2100/2040	CBG2100/2050	CBG2100/2063	CBG2100/2080	CBG2100/2100	CBG3125/3125	CBG3140/3125	CBG3140/3140	CBG3160/3125	CBG3160/3140
A	405	410.5	418	427.5	439	445	449	453	455	459
B	113.5	113.5	113.5	113.5	113.5	114	116	116	119	119
C	158	161	164.5	169	175	168	170	172	173	175
D	201	201	201	201	201	198	202	202	208	208
型号	CBG3160/3160	CBG3180/3125	CBG3180/3140	CBG3180/3160	CBG3180/3180	CBG3200/3125	CBG3200/3140	CBG3200/3160	CBG3200/3180	CBG3200/3200
A	465	461	465	471	476	467	471	477	482	488
B	119	122	122	122	122	125	125	125	125	125
C	178	175	177	180	183	178	180	183	186	189
D	208	213	213	213	213	219	219	219	219	219

渐开线花键要素	CBG2/2	CBG3/3	分度圆压力角	30°	30°
模数/mm	2	2	分度圆直径/mm	28	38
齿数	14	19	精度等级	2	

注：其他尺寸与同型号单级泵对应尺寸相同。如 CBG2040/2050 的出油口 E1、E2 与 CBG2050、CBG2040 的出油口（E）对应相同。

6.4.3.7 P 系列齿轮泵

型号意义：

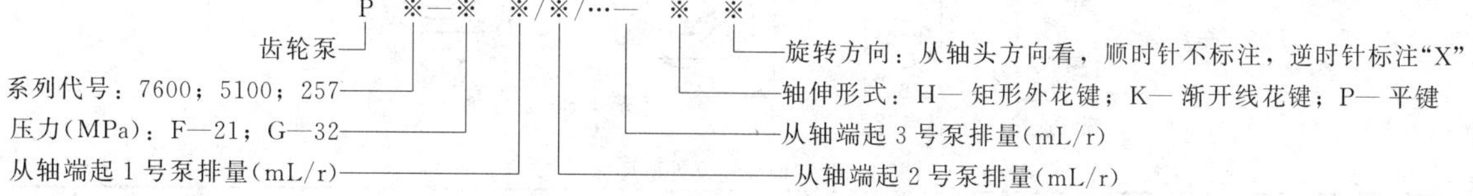

表 20-6-20 P 系列齿轮泵技术规格

产品型号	公称排量 /mL·r^{-1}	齿宽/in	压力/MPa		转速/r·min^{-1}		额定驱动功率/kW	质量 /kg
			额定	最高	额定	最高		
P257-G18	18	1/2	32	35	2000	2500	17.7	19.5
P257-G32	32	3/4					26.6	20.1
P257-G40	40	1					35.4	20.9
P257-G50	50	1¼					44.3	21.7
P257-G63	63	1½	28	32			53.1	21.3
P257-G80	80	1¾					62.0	22.9
P257-G90	90	2	25	28			70.0	23.5
P257-G100	100	2¼					75.0	24.1
P257-G112	112	2½					82.5	24.7
P5100-F18	18	1/2	23	28	2000	2500	20.8	14.5
P5100-F32	32	3/4					27.7	16.1
P5100-F40	40	1					35.8	17.6
P5100-F50	50	1¼					43.9	19.6
P5100-F63	63	1½					50.8	20.2
P5100-F80	80	1¾					58.9	21.6
P5100-F90	90	2					67.4	22.4
P5100-F100	100	2¼					76.0	23.3
P5100-F112	112	2½					85.6	23.3
P7600-F50	50	3/4	23	28	2000	2500	42.2	30.6
P7600-F63	63	1					55.6	31.6
P7600-F80	80	1¼					69.0	32.6
P7600-F100	100	1½					82.4	33.4
P7600-F112	112	1¾					96.3	34.8
P7600-F125	125	2					110.2	36.1
P7600-F140	140	2⅛					116.0	36.8
P7600-F150	150	2¼					112.6	37.4
P7600-F160	160	2½					135.4	38.7
P7600-F180	180	2¾					151.9	39.6
P7600-F200	200	3					168.0	40.5

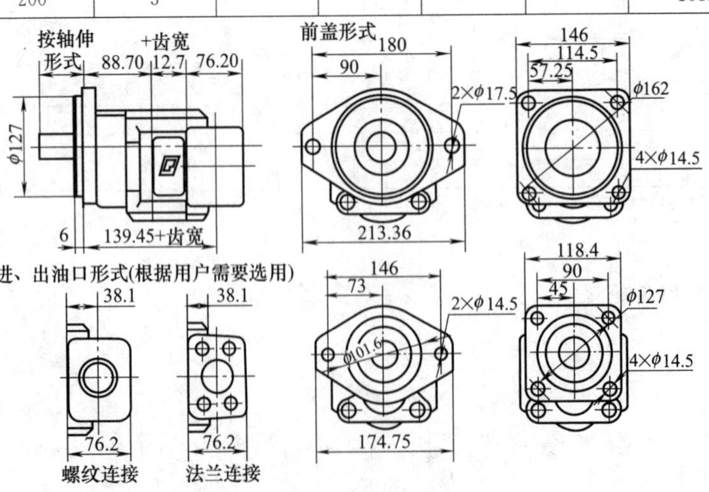

图(a) P257型齿轮泵外形尺寸

续表

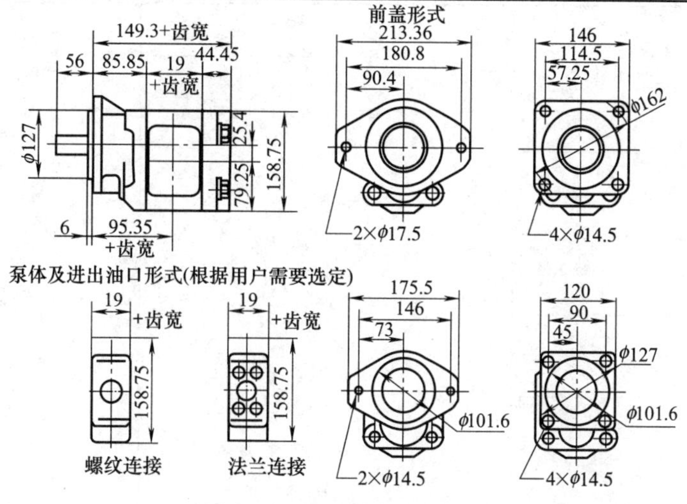

前盖形式

泵体及进出油口形式(根据用户需要选定)

螺纹连接 法兰连接

图(b) P5100型齿轮泵外形尺寸

前盖形式

泵体及进出油口形式(根据用户需要选定)

螺纹连接 法兰连接

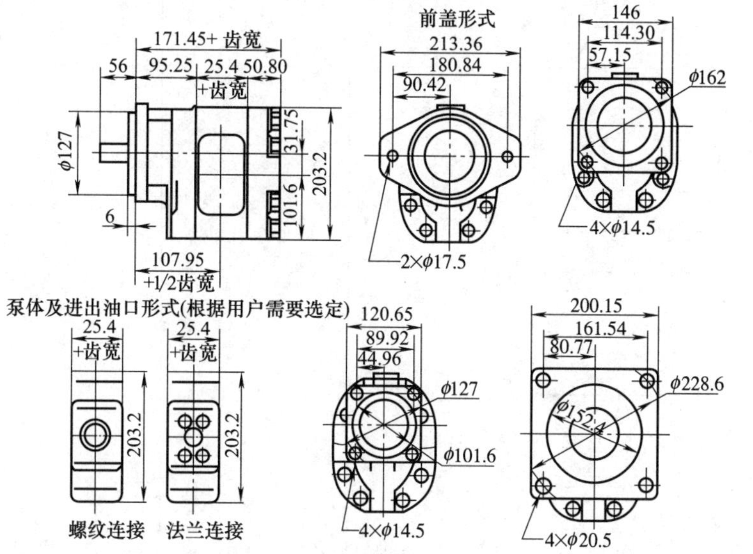

图(c) P7600型齿轮泵外形尺寸

平键

矩形花键
6-32b12×28f9×8d9

渐开线花键
14Z×12/24DP×30R

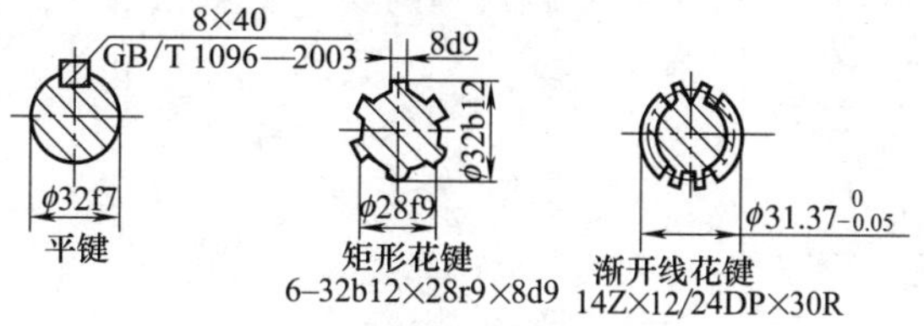

图(d) P7600型齿轮泵轴伸尺寸

6.4.3.8 NB型内啮合齿轮泵

型号意义：

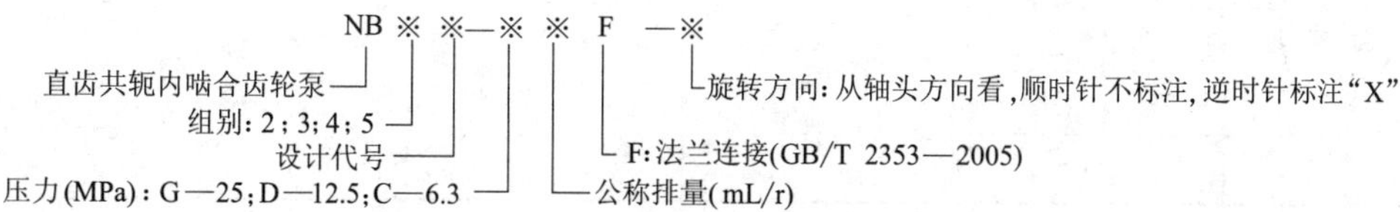

表 20-6-21 NB 型内啮合齿轮泵技术规格

产品型号	公称排量 /mL·r^{-1}	压力/MPa		额定转速 /r·min^{-1}	驱动功率 /kW
		额定	最高		
NB2-C32F	32	6.3	8.0	1500	6
NB2-C25F	25				5
NB2-C20F	20				4
NB3-C63F	63				12
NB3-C50F	50				9
NB3-C40F	40				8
NB4-C125F	125				23
NB4-C100F	100				18
NB4-C80F	80				14
NB5-C250F	250				43
NB5-C200F	200				35
NB5-C160F	160				28
NB2-D16F	16	12.5	16	1500	5
NB2-D12F	12				4
NB2-D10F	10				3.5
NB3-D32F	32				11
NB3-D25F	25				8.5
NB3-D20F	20				7
NB4-D63F	63				21
NB4-D50F	50				17
NB4-D40F	40				13
NB5-D125F	125				41
NB5-D100F	100				32
NB5-D80F	80				26
NB2-G16F	16	25	32	1500	11
NB2-G12F	12				9
NB2-G10F	10				7
NB3-G32F	32				22
NB3-G25F	25				17
NB3-G20F	20				14
NB4-G63F	63				42
NB4-G50F	50				34
NB4-G40F	40				27
NB5-G125F	125				82
NB5-G100F	100				66
NB5-G80F	80				53

表 20-6-22 NB型内啮合齿轮泵外形尺寸 mm

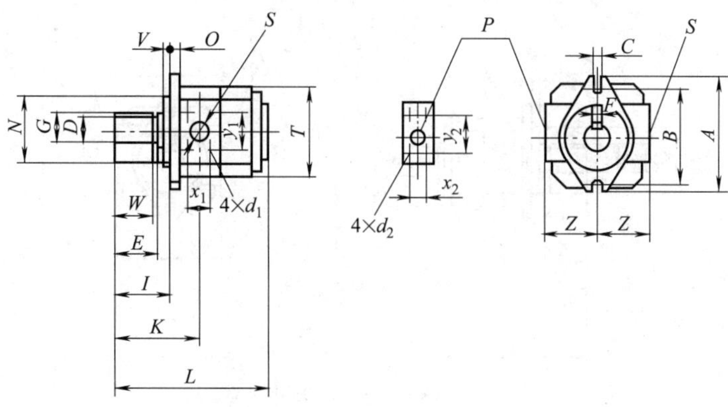

NB※-C型内啮合齿轮泵(低压泵)外形尺寸

型号	NB2-C32	NB2-C25	NB2-C20	NB3-C63	NB3-C50	NB3-C40	NB4-C125	NB4-C100	NB4-C80	NB5-C250	NB5-C200	NB5-C160
S	ϕ30			ϕ38			ϕ50			ϕ64		
P	ϕ20			ϕ25			ϕ30			ϕ38		
A	140			177			224			280		
B	109			140			180			224		
C	11			14			18			22		
I	50			68			92			92		
K	88			112			144			153		
L	197			241			298			340		
N	ϕ80h8			ϕ100h8			ϕ125h8			ϕ160h8		
O	12			16			20			24		
T	115			145			180			224		
V	7			9			9			9		
Z	60			75			93			115		
D	ϕ25j6			ϕ32j6			ϕ40j6			ϕ50j6		
E	42			58			82			82		
F	8			10			12			14		
G	28			35			43			53.5		
W	38			54			70			80		
x_1	30			36			43			51		
y_1	59			70			78			80		
d_1	M10×25			M12×30			M12×30			M12×30		
x_2	22			26			30			36		
y_2	48			52			59			70		
d_2	M10×25			M10×25			M10×25			M12×30		
质量/kg	11.5			21.5			41			75		

续表

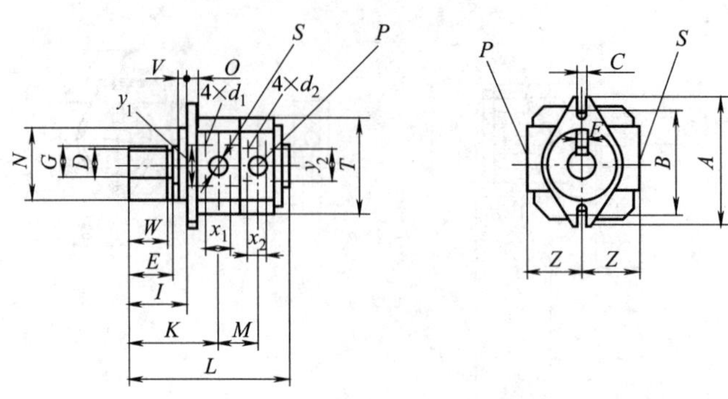

NB※-G 型内啮合齿轮泵（中压泵）

型号	NB2-D16	NB2-D12.5	NB2-D10	NB3-D32	NB3-D25	NB3-D20	NB4-D63	NB4-D50	NB4-D40	NB5-D125	NB5-D100	NB5-D80
S	ϕ30			ϕ38			ϕ50			ϕ64		
P	ϕ20			ϕ25			ϕ30			ϕ38		
A	140			177			224			280		
B	109			140			180			224		
C	11			14			18			22		
I	50			68			92			92		
K	88			112			144			153		
L	197			241			298			340		
M	63			76			92			110		
N	ϕ80h8			ϕ100h8			ϕ125h8			ϕ160h8		
O	12			16			20			24		
T	115			145			180			224		
V	7			9			9			9		
Z	60			75			93			115		
D	ϕ25j6			ϕ32j6			ϕ40j6			ϕ50j6		
E	42			58			82			82		
F	8			10			12			14		
G	28			35			43			53.5		
W	38			54			70			80		
x_1	30			36			43			51		
y_1	59			70			78			80		
d_1	M10×25			M12×30			M12×30			M12×30		
x_2	22			26			30			36		
y_2	48			52			59			70		
d_2	M10×25			M10×25			M10×25			M12×30		
质量/kg	11.5			21.5			41			75		

续表

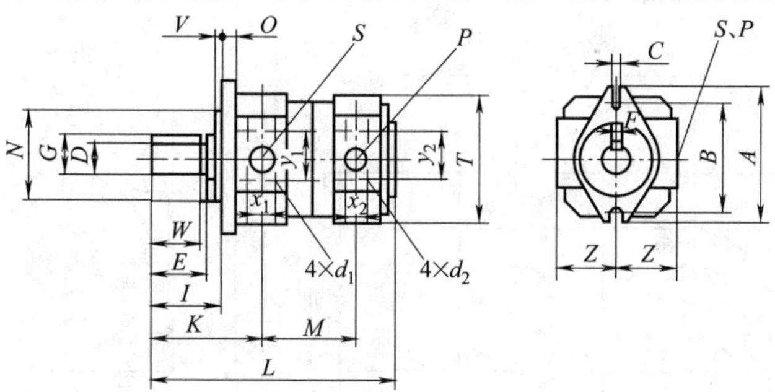

NB※-G 型内啮合齿轮泵(中压泵)

型号	NB2-G16	NB2-G12	NB2-G10	NB2-G32	NB2-G25	NB2-G20	NB2-G63	NB2-G50	NB2-G40	NB2-G125	NB2-G100	NB2-G80
S	ϕ30			ϕ38			ϕ50			ϕ64		
P	ϕ20			ϕ25			ϕ30			ϕ38		
A	140			177			224			280		
B	109			140			180			224		
C	11			14			18			22		
I	50			68			92			92		
K	88			112			144			153		
L	242			297			368			430		
M	108			132			162			200		
N	ϕ80h8			ϕ100h8			ϕ125h8			ϕ160h8		
O	12			16			20			24		
T	115			145			180			224		
V	7			9			9			9		
Z	60			75			93			115		
D	ϕ25j6			ϕ32j6			ϕ40j6			ϕ50j6		
E	42			58			82			82		
F	8			10			12			14		
G	28			35			43			53.5		
W	38			54			70			80		
x_1	30			36			43			51		
y_1	59			70			78			80		
d_1	M10×25			M12×30			M12×30			M12×30		
x_2	22			26			30			36		
y_2	48			52			59			70		
d_2	M10×25			M10×25			M10×25			M12×30		
质量/kg	15			28			53			103		

6.4.3.9　三联齿轮泵

型号意义：

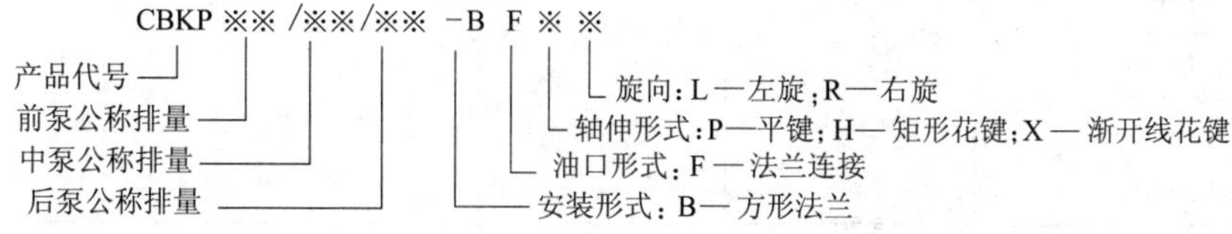

表 20-6-23　　**三联齿轮泵规格和外形尺寸**　　mm

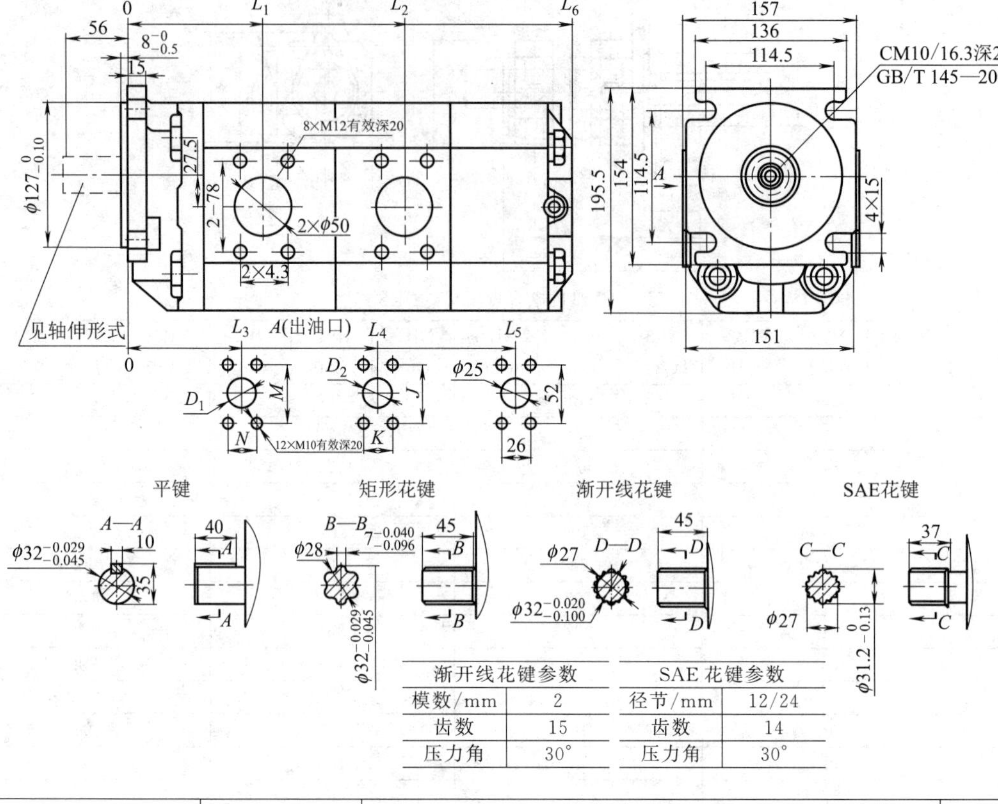

渐开线花键参数	
模数/mm	2
齿数	15
压力角	30°

SAE 花键参数	
径节/mm	12/24
齿数	14
压力角	30°

<table>
<tr><th rowspan="2">型　号</th><th colspan="2">进油口</th><th colspan="7">出油口</th><th rowspan="2">L_6</th></tr>
<tr><th>L_1</th><th>L_2</th><th>L_3</th><th>L_4</th><th>L_5</th><th>D_1</th><th>$M \times N$</th><th>D_2</th><th>$J \times K$</th></tr>
<tr><td>CBKP50/50/40-BF※※</td><td>119</td><td>239.5</td><td>100</td><td>220.5</td><td>345</td><td rowspan="5">ϕ25</td><td rowspan="5">52×26</td><td rowspan="9">ϕ25</td><td rowspan="9">52×26</td><td>404.5</td></tr>
<tr><td>CBKP63/40/32-BF※※</td><td rowspan="4">125</td><td>241</td><td rowspan="4">106</td><td>224</td><td>346</td><td>401.5</td></tr>
<tr><td>CBKP63/50/32-BF※※</td><td>245</td><td>226</td><td>350.5</td><td>406.5</td></tr>
<tr><td>CBKP63/63/32-BF※※</td><td rowspan="2">251</td><td rowspan="2">232</td><td rowspan="2">356</td><td>412</td></tr>
<tr><td>CBKP63/63/40-BF※※</td><td>415.5</td></tr>
<tr><td>CBKP80/50/32-BF※※</td><td rowspan="11">128</td><td rowspan="2">254</td><td rowspan="6">110</td><td rowspan="2">235</td><td rowspan="2">359.5</td><td rowspan="11">ϕ32</td><td rowspan="11">60×30</td><td>415.5</td></tr>
<tr><td>CBKP80/50/50-BF※※</td><td>424</td></tr>
<tr><td>CBKP80/63/32-BF※※</td><td rowspan="2">260</td><td rowspan="2">241</td><td rowspan="2">365</td><td>421</td></tr>
<tr><td>CBKP80/63/40-BF※※</td><td>424.5</td></tr>
<tr><td>CBKP80/80/32-BF※※</td><td rowspan="2">263</td><td rowspan="2">245</td><td rowspan="4">374</td><td rowspan="2">ϕ32</td><td rowspan="2">60×30</td><td>430</td></tr>
<tr><td>CBKP80/80/40-BF※※</td><td>433.5</td></tr>
<tr><td>CBKP100/63/40-BF※※</td><td rowspan="2">269</td><td rowspan="5">120</td><td rowspan="2">250</td><td rowspan="2">ϕ35</td><td rowspan="2">52×26</td><td>434.5</td></tr>
<tr><td>CBKP100/63/50-BF※※</td><td>439.5</td></tr>
<tr><td>CBKP100/80/32-BF※※</td><td rowspan="3">272</td><td rowspan="3">254</td><td rowspan="3">383</td><td rowspan="3">ϕ32</td><td rowspan="3">60×30</td><td>440</td></tr>
<tr><td>CBKP100/80/40-BF※※</td><td>443.5</td></tr>
<tr><td>CBKP100/80/63-BF※※</td><td>454</td></tr>
</table>

6.4.3.10 恒流齿轮泵

型号意义：

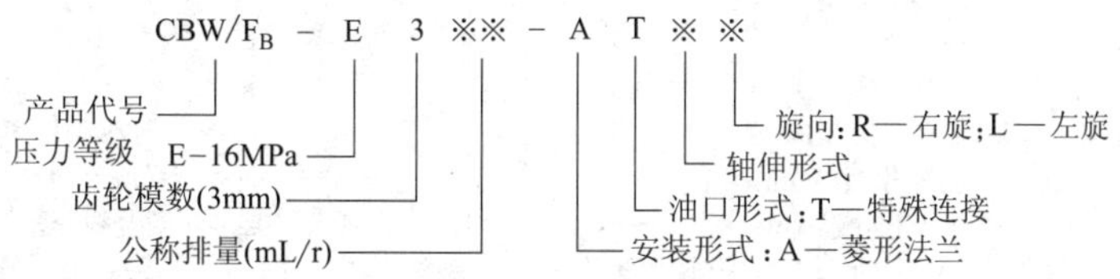

表 20-6-24 CBG2/F 型恒流齿轮泵技术规格和外形尺寸 mm

型号	公称排量 /mL·r⁻¹	压力/MPa		转速/r·min⁻¹			分流流量 /L·min⁻¹	分流压力 /MPa	质量 /kg
		额定	最高	最低	额定	最高			
GBG2/F-F540-TT※※/※※	40	20	25	600	2000	2500	12,15 18,22 25,30	16	14.6
GBG2/F-F550-TT※※/※※	50								15.1
GBG2/F-F563-TT※※/※※	63			500					15.7
GBG2/F-F580-TT※※/※※	80								16.6
GBG2/F-F5100-TT※※/※※	100								17.6

型号	L_1	L	进油口		
			D	a	b
GBG2/F-F540-TT※※/※※	96.5	214.5	25	22	48
GBG2/F-F550-TT※※/※※	99	220.5	30	26	52
GBG2/F-F563-TT※※/※※	103	228.5	32	30	60
GBG2/F-F580-TT※※/※※	108	238.5	35	36	70
GBG2/F-F5100-TT※※/※※	113.5	250.5	40	36	70

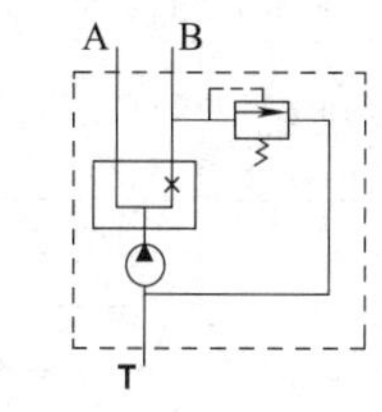

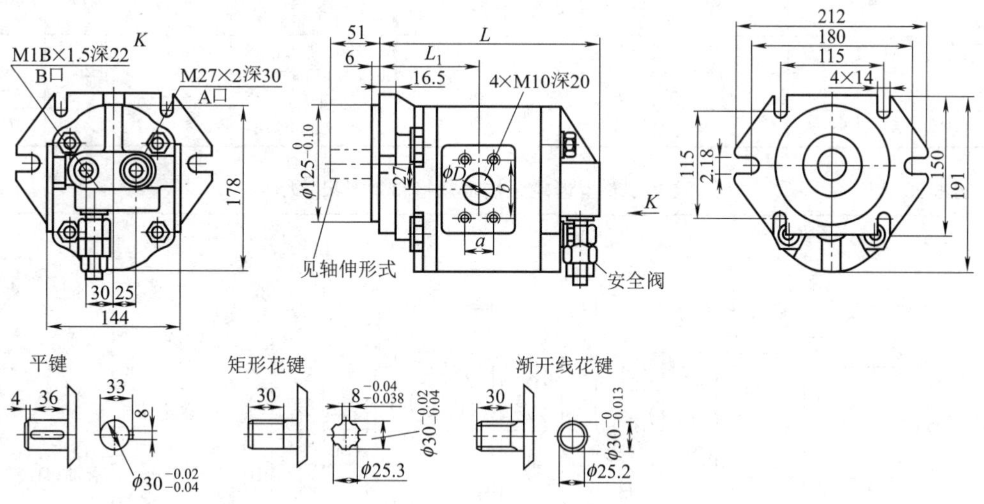

6.4.3.11 复合齿轮泵

CBW/FA-E4 系列复合齿轮油泵由一齿轮轴与一单稳分流阀组合而成，而液压系统提供一主油路油流及另一稳定油流，有多种分流流量供用户选择，广泛应用于叉车、装载机、挖掘机、起重机、压路机等工程机械及矿山、轻工、环卫、农机等行业。

CBWS/F-D3 系列复合双向齿轮油泵由一双向旋转

齿轮油泵和一组合阀块组合而成，组合阀块由梭形阀、安全阀、单向阀及液控单向阀组成，具有结构紧凑、性能优良、压力损失小等特点，主要用于液压阀门、液控推杆等闭式液压系统，为油缸提供双向稳定油流。

型号意义：

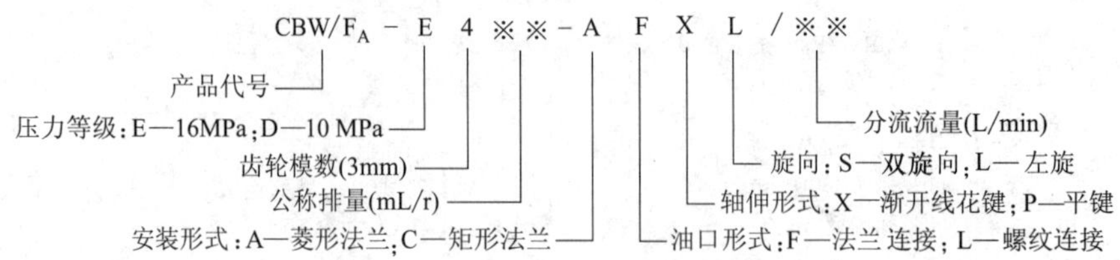

表 20-6-25　　CBW/F_A 型齿轮泵外形尺寸

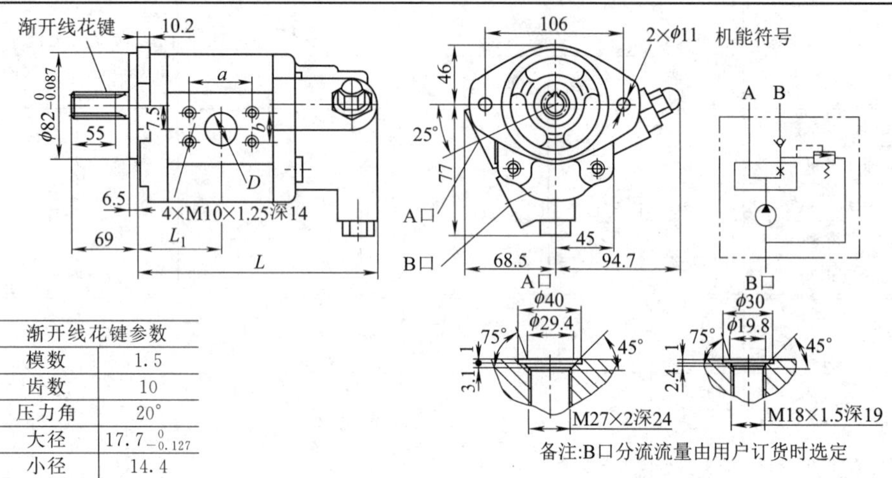

渐开线花键参数	
模数	1.5
齿数	10
压力角	20°
大径	$17.7_{-0.127}^{0}$
小径	14.4

型号	公称排量 /mL·r^{-1}	压力/MPa		转速/r·min^{-1}			B口分流流量 /L·min^{-1}	L_1 /mm	L /mm	a /mm	b /mm	D /mm	质量 /kg
		额定	最高	最低	额定	最高							
CBW/F_A-E425-AFXL/※※	25							65.8	188	52.4	26.2	26	7.0
CBW/F_A-E432-AFXL/※※	32	16	20	600	2500	3000	8,10,12,14,16	69.5	195.5				7.3
CBW/F_A-E440-AFXL/※※	40							74	204.5	57.2	26	30	7.6

表 20-6-26　　CBWS/F 型齿轮泵技术规格和外形尺寸

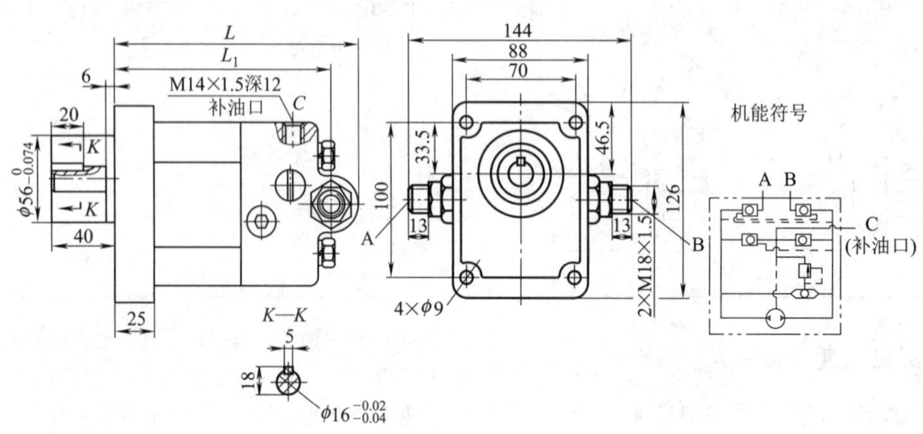

续表

型 号	公称排量/mL·r^{-1}	压力/MPa		转速/r·min^{-1}			容积效率/%	L_1/mm	L/mm	质量/kg
		额定	最高	最低	额定	最高				
CBWS/F-D304-CLPS	4	10	12	80	1500	1800	≥80	135.5	153.5	5.5
CBWS/F-D306-CLPS	6							139	157	5.6
CBWS/F-D308-CLPS	8							142.5	160.5	5.7
CBWS/F-D310-CLPS	10							145	163	5.8

6.4.3.12 GPY 系列齿轮泵

GPY 系列是日本 SHIMADZU 的定量齿轮泵。由于 GPY 系列的构造设计精确细致，故其容积效率和机械效率比较高；同时结构紧凑、质量轻、可靠性高、性能稳定，还能够方便地与低压大流量的叶片泵组合实现合理利用能源，节约成本。

表 20-6-27 GPY 系列齿轮系技术规格

型号	排量/mL·r^{-1}	使用压力/MPa		转速/r·min^{-1}		质量/kg
		额定电压	瞬间最高	最低	最高	
GPY-3	2.98	20.6	22.6	700	3000	1.2
GPY-4	4.09			500		1.2
GPY-5.8	5.77					1.2
GPY-7	7.07					1.2
GPY-8	8.01					1.2
GPY-9	8.94					1.4
GPY-10	10.06					1.4
GPY-11.5	11.55				2500	1.4

型号意义：

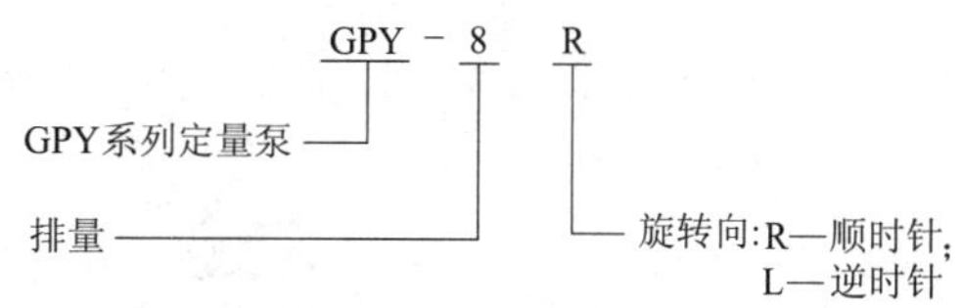

6.5 叶片泵产品

6.5.1 叶片泵的工作原理及主要结构特点

叶片液压泵有单作用式（变量泵）和双作用式（定量泵）两大类，在机床、工程机械、船舶、压铸及冶金设备中得到广泛应用。它具有输出流量均匀、运转平稳、噪声小的优点。中低压叶片泵工作压力一般为 6.3MPa，高压叶片泵的工作压力可达 25～32MPa。叶片泵对油液的清洁度要求较高。

表 20-6-28 叶片泵的原理和结构

单作用叶片泵	工作原理	如图(a)所示定子的内表面是圆柱面，转子和定子中心之间存在着偏心，叶片在转子的槽内可灵活滑动，在转子转动时的离心力以及叶片根部油压力作用下，叶片顶部贴紧在定子内表面上，于是两相邻叶片、配油盘、定子和转子便形成了一个密封的工作腔。当转子转动时，叶片由离心力或液压力作用使其顶部和定子内表面产生可靠接触。当转子按逆时针方向转动时，右半周的叶片向外伸出，密封工作腔容积逐渐增大，形成局部真空，于是通过吸油口和配油盘上的吸油窗口将油吸入。在左半周的叶片向转子里缩进，密封工作腔容积逐渐缩小，工作腔内的油液经配油盘压油窗口和泵的压油口输到系统中去。泵的转子每旋转一周，叶片在槽中往复滑动一次，密封工作腔容积增大和缩小各一次，完成一次吸油和压油，故称单作用泵	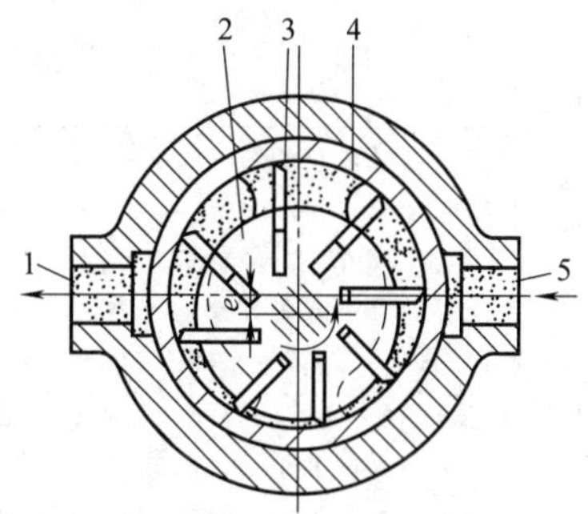 图(a) 单作用叶泵工作原理 1—压油区；2—叶片；3—定子；4—配流盘；5—吸油区

续表

<table>
<tr>
<td>单作用叶片泵</td>
<td>结构要点</td>
<td>

单作用叶片泵和齿轮泵一样都具有液压泵共同的结构要点。限压式变量叶片泵是一种输出流量随工作压力变化而变化的泵。当泵排油腔压力的压轴分力与压力调节弹簧的预紧力平衡时，泵的输出压力不会再升高，所以这种泵被称为限压式变量叶片泵。变量叶片泵有内反馈式和外反馈式两种

①限压式内反馈式叶片泵　内反馈式变量泵操纵力来自泵本身的排油压力，内反馈式变量叶片泵配流盘的吸、排油窗口的布置如图(b)所示。由于存在偏角，排油压力对定子环的作用力可以分解为垂直于轴线的分力 F_1 及与之平行的调节分力 F_2，调节分力 F_2 与调节弹簧的压缩恢复力、定子运动的摩擦力及定子运动的惯性力相平衡。定子相对于转子的偏心距、泵的排量大小可由力的相对平衡来决定。流量特性曲线如图(c)所示，当泵的工作压力所形成的调节分力 F_2 小于弹簧预紧力时，泵的定子环对转子的偏心距保持在最大值，不随工作压力的变化而变，由于泄漏，泵的实际输出流量随其压力增加而稍有下降，如图中 AB 段所示。当泵的工作压力 p 超过 p_B 后，调节分力 F_2 大于弹簧预紧力，使定子环向减小偏心距的方向移动，泵的排量开始下降(变量)。改变弹簧预紧力可以改变曲线的 B 点；调节最大流量调节螺钉，可以调节曲线的 A 点

②限压式外反馈式叶片泵　如图(d)所示的外反馈变量叶片泵与内反馈式的变量原理相似，只不过调节力由内反馈式时作用于定子的内表面，改为经反馈柱塞作用于定子的外表面。流量特性曲线和内反馈式时完全一样

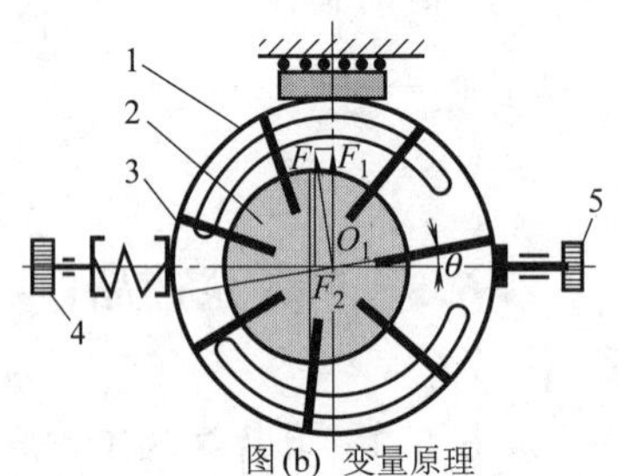

图(b)　变量原理

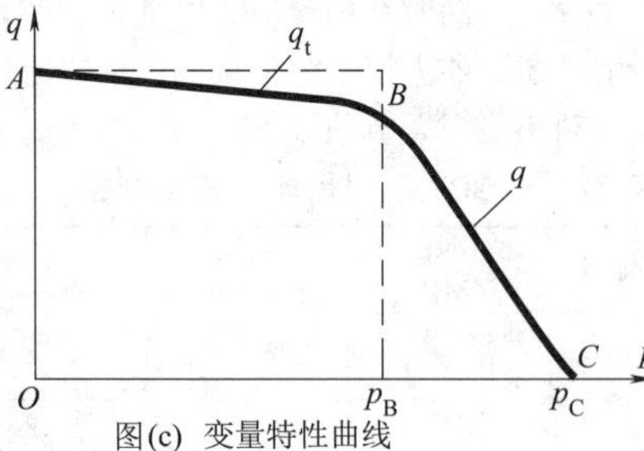

图(c)　变量特性曲线

1—定子；2—转子；3—叶片；4—压力调节螺钉；5—最大流量限定螺钉

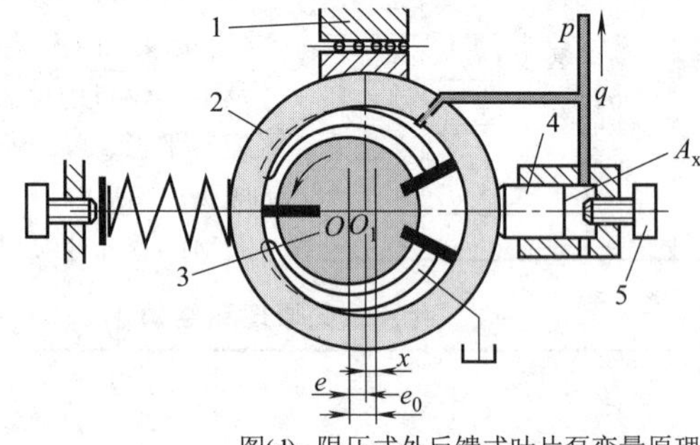

图(d)　限压式外反馈式叶片泵变量原理

1—滑块滚针轴承；2—定子；3—转子；4—柱塞；5—流量调节螺钉

</td>
</tr>
<tr>
<td>双作用叶片泵</td>
<td>工作原理</td>
<td>

这种叶片泵的转子每转一转，完成两次吸油和压油，所以称双作用叶片泵

双作用叶片泵的原理和单作用叶片泵相似，不同之处只在于定子内表面是由两段长半径圆弧、两段短半径圆弧和四段过渡曲线组成，且定子和转子是同心的。如图(e)所示，当转子顺时针方向旋转时，密封工作腔的容积在左上角和右下角处逐渐增大，为吸油区，在左下角和右上角处逐渐减小，为压油区；吸油区和压油区之间有一段封油区将吸、压油区隔开。当转子按照图示方向旋转时，叶片在离心力和根部液压油的作用下紧贴在定子内表面上，并与转子两侧的配流盘和定子在相邻两叶片间形成密封腔。当两相邻叶片从小半径向大半径处滑移时，这个密封腔容积逐渐增大，形成局部真空而完成吸油过程；当两相邻叶片从大半径向小半径处滑移时，这个密封腔容积又逐渐减小，压迫油液向出口排出完成压油过程。在转子旋转的一周内，每一个叶片在转子滑槽内往复运动两次，从而完成吸油和压油过程两次，因此称为双作用式叶片泵

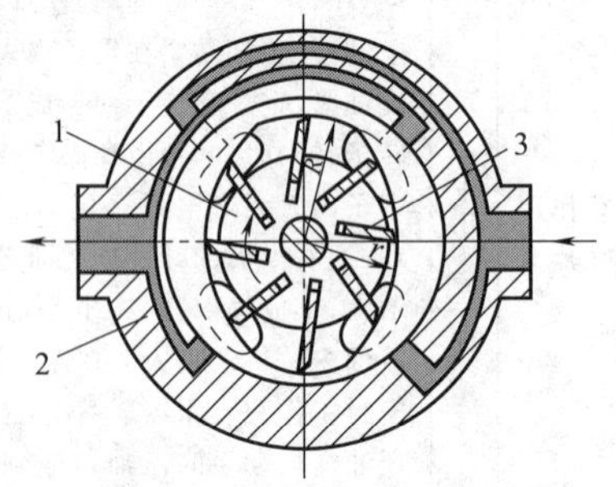

图(e)　双作用叶片泵的工作原理

1—转子；2—定子；3—叶片

</td>
</tr>
</table>

续表

双作用叶片泵	结构特点	①定子过渡曲面。定子内表面的曲面由四段圆弧和四段过渡曲面组成，应使叶片转到过渡曲面和圆弧面交接线处的加速度突变不大，以减小冲击和噪声，同时，还应使泵的瞬时流量的脉动最小。等加速-等减速曲线、高次曲线和余弦曲线等是目前得到较广泛应用的几种曲线 ②叶片泵的高压化趋势。双作用叶片泵的最高工作压力已达到 20～30MPa，因为双作用叶片泵转子上的径向力基本上是平衡的，不像齿轮泵和单作用叶片泵那样，工作压力的提高会受到轴承上所承受的不平衡液压力的限制
叶片泵的拆装方法、使用注意事项		①装配前所有零件应清洗干净，不得有切屑、磨粒或其他污物 ②叶片在叶片槽内应运动灵活 ③一组叶片的高度差应控制在 0.008mm 以内 ④叶片高度略低于转子的高度，其值为 0.005mm ⑤转子和叶片在定子中应保持原装配方向，不得装反 ⑥轴向间隙控制在 0.04～0.07mm 范围内 ⑦紧固螺钉时用力必须均匀 ⑧装配完工后，用手旋转主动轴，应保持平稳，无阻滞现象

6.5.2 叶片泵产品

6.5.2.1 叶片泵产品技术参数概览

表 20-6-29 叶片泵产品技术参数概览

类别	型号	排量/mL・r^{-1}	压力/MPa	转速/r・min^{-1}
定量叶片泵	YB_1	2.5～100，2.5/2.5～100/100	6.3	960～1450
	YB_2	6.4～194	7	1000～1500
	YB	10～114	10.5	1500
	YB-D	6.3～100	10	600～2000
	YB-E	6～80，10/32～50/100	16	600～1500
	YB_1-E	10～100	16	600～1800
	YB_2-E	10～200	16	600～2000
	PV2R	6～237，6/26～116/237	14～16	600～1800
	T6	10～214	24.5～28	600～1800
	Y2B	6～200	14	600～1200
	YYB	6/6～194/113	7	600～2000
变量叶片泵	YBN	20，40	7	600～1800
	YBX	16，25，40	6.3	600～1500
	YBP	10～63	6.3～10	600～1500
	YBP-E	20～125	16	1000～1500
	V4	20～50	16	1450

6.5.2.2 YB 型、YB_1 型叶片泵

型号意义：

表 20-6-30　　YB_1 型叶片泵技术规格

型 号	排量/mL・r^{-1}	压力/MPa	转速/r・min^{-1}	容积效率/%	总效率/%	驱动功率/kW	质量/kg
YB_1-2.5	2.5	6.3	1450	70	42	0.6	5.3
YB_1-4	4			75	52	0.8	
YB_1-6	6			80	60	1.5	
YB_1-10	10			84	65	2.2	
YB_1-12	12		960	85	68	2	8.7
YB_1-16	16			86	71	2.2	
YB_1-20	20			87	74	—	
YB_1-25	25			88	75	4	
YB_1-32	32			90	73	5	16
YB_1-40	40				75	6	
YB_1-50	50				78	7.5	
YB_1-63	63			91	74	10	22
YB_1-80	80				80	12	
YB_1-100	100				80	13	
YB-125J	125				82	16	—
YB-160J	160					21	
YB-200J	200					26	

表 20-6-31　　YB_1 型叶片泵外形尺寸　　mm

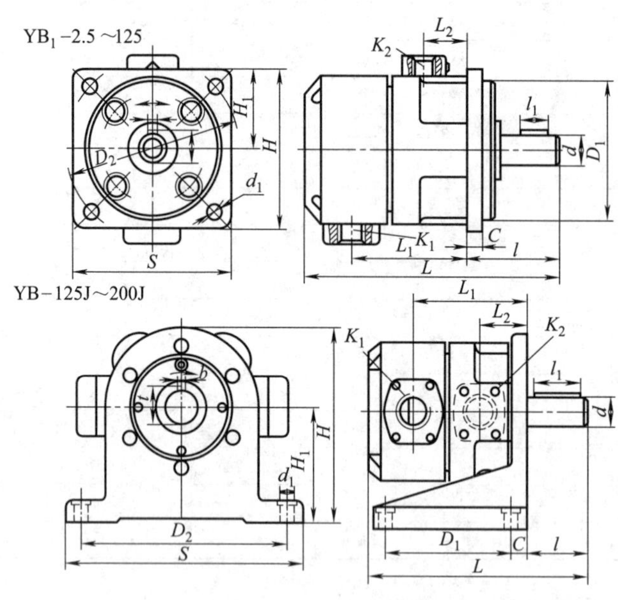

型号	L	L_1	L_2	l	l_1	S	H	H_1	D_1	D_2	d	d_1	C	t	b	K_1	K_2
YB_1-2.5	151	80.3	36	42	19	90	105	51.5	75h6	100	15d	9	6	17	5	$R_c3/8$	$R_c1/4$
YB_1-4																	
YB_1-6																	
YB_1-10																	

续表

型号	L	L_1	L_2	l	l_1	S	H	H_1	D_1	D_2	d	d_1	C	t	b	K_1	K_2
YB_1-12	184	97.8	38	49	19	110	142	71	90h6	128	20d	11	4	22	5	R_c1	$R_c3/4$
YB_1-16																	
YB_1-20																	
YB_1-25																	
YB_1-32	210	110	45	55	25	130	170	85	90h6	150	25d	13	5	28	8	R_c1	R_c1
YB_1-40																	
YB_1-50																	
YB_1-63	225	118	49.5	55	30	150	200	100	90h6	175	30d	13	5	33	8	$R_c1\frac{1}{4}$	R_c1
YB_1-80																	
YB_1-100																	
YB-125J	353	182	79.5	95	80	380	305	180	200	330	50d	22	25	52.8	12	R_c2	$R_c1\frac{1}{4}$
YB-160J																	
YB-200J																	

表 20-6-32　　YB型双联叶片泵外形尺寸　　mm

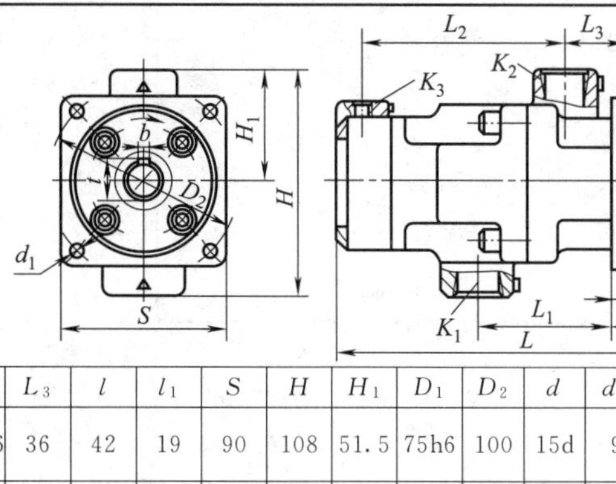

型号	L	L_1	L_2	L_3	l	l_1	S	H	H_1	D_1	D_2	d	d_1	c	t	b	K_1	K_2	K_3
YB-2.5-10/2.5-10	219.6	98.8	128.6	36	42	19	90	108	51.5	75h6	100	15d	9	6	17	5	$R_c3/4$	$R_c1/4$	R_c 1/4
YB-12-25/2.5-10	247.6	98.3	147.6	38	49	19	110	142	71	90h6	128	20d	11	4	22	5	R_c1	$R_c3/4$	R_c 1/4
YB-12-25/12-25	273	122.3	166.6	38	48.5	19	110	142	71	90h6	128	20d	11	4	22	5	R_c1	$R_c3/4$	$R_c3/4$
YB-32-50/2.5-10	276	113.5	166.3	44	55	30	130	175	85	90h6	150	25d	13	5	28	8	$R_c1\frac{1}{4}$	R_c1	$R_c1/4$
YB-32-50/12-25	305	119.5	183.3	44	55	30	130	175	85	90h6	150	25d	13	5	28	8	$R_c1\frac{1}{4}$	R_c1	$R_c3/4$
YB-32-50/32-50	316	139.5	191	44	55	30	130	175	85	90h6	150	25d	13	5	28	8	$R_c1\frac{1}{4}$	R_c1	R_c1
YB-63-100/2.5-10	296.1	132.8	178.6	49.5	55	30	150	212	100	90h6	175	30d	13	5	33	8	$R_c1\frac{1}{2}$	R_c1	$R_c1/4$
YB-63-100/12-25	320.3	132.3	198.6	49	55	30	150	212	100	90h6	175	30d	13	5	33	8	$R_c1\frac{1}{2}$	R_c1	$R_c3/4$
YB-63-100/32/50	337	128.3	207.3	49	55	30	150	215	100	90h6	175	30d	13	5	33	8	R_c2	R_c1	R_c1
YB-63-100/63-100	348	158.3	218.6	49	55	30	150	215	100	90h6	175	30d	13	5	33	8	R_c2	R_c1	R_c1
YB-125-200/12-25	458.6	182.3	79.5	341.6	95	80	380	305	180	200	330	50d	22	25	52.8	12	R_c2	$R_c1\frac{1}{2}$	$R_c1\frac{3}{4}$
YB-125-200/32-50	479.8	182.3	79.5	358.8	95	80	380	305	180	200	330	50d	22	25	52.8	12	R_c2	$R_c1\frac{1}{2}$	$R_c1\frac{3}{4}$

6.5.2.3 YB-※车辆用叶片泵

型号意义：

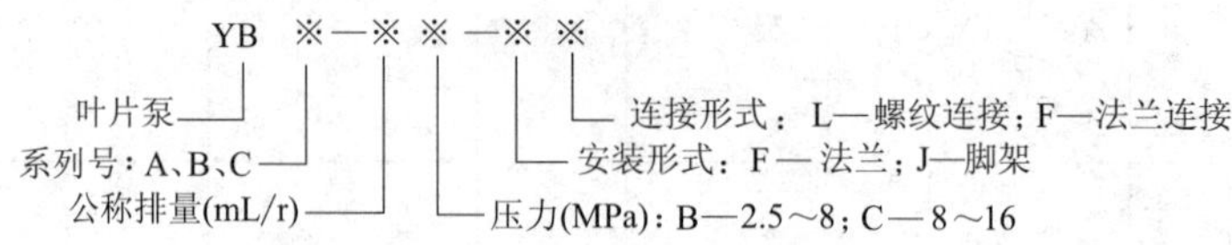

表 20-6-33 YB-※车辆用叶片泵技术规格

产品型号	公称排量 /mL·r^{-1}	压力/MPa		转速/r·min^{-1}		容积效率 /%	驱动功率 /kW	质量/kg
		额定	最高	额定	最高			
YB-A10C-※F	10						3.57	
YB-A16C-※F	16						5.03	
YB-A20C-※F	20						6.35	
YB-A25C-※F	25						7.03	
YB-A30C-※F	30						8.60	
YB-A32C-※F	32	10.5	—	600～1500	—	—	9.19	—
YB-B48C-※F	48						15.14	
YB-B58C-※F	58						18.27	
YB-B75C-※F	75						23.49	
YB-B92C-※F	92						28.08	
YB-B114C-※F	114						32.70	

6.5.2.4 PV2R 型叶片泵

型号意义：

单泵：

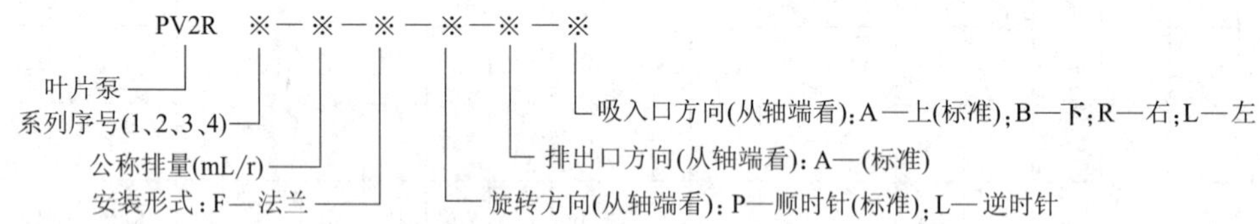

双联泵：

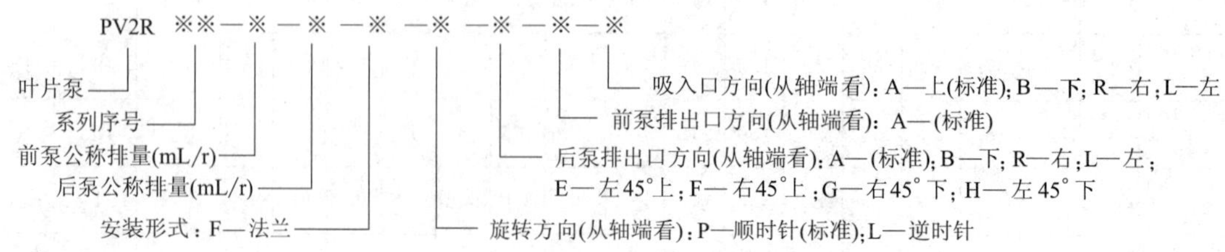

表 20-6-34 PV2R 型低噪声叶片泵单泵技术规格

<table>
<tr><th rowspan="3">产品型号</th><th rowspan="3">理论排量
/mL·r⁻¹</th><th colspan="7">最高使用压力/MPa</th><th colspan="2">允许转速/r·min⁻¹</th><th rowspan="3">质量
/kg</th></tr>
<tr><th colspan="3">石油系工作油</th><th colspan="3">水成型液压液</th><th>合成工作液</th><th rowspan="2">最高</th><th rowspan="2">最低</th></tr>
<tr><th>高压用特定工作油</th><th>抗磨性工作油</th><th>普通液压油</th><th>耐磨性水-乙二醇液压液</th><th>非耐磨性水-乙二醇液压液</th><th>W/O 乳化液</th><th>磷酸酯液压液、脂肪酸酯液压液</th></tr>
<tr><td>PV2R1-6</td><td>6.0</td><td>—</td><td>—</td><td rowspan="2">16.0</td><td rowspan="2">7.0</td><td rowspan="2">7.0</td><td rowspan="2">7.0</td><td rowspan="2">16.0</td><td rowspan="2">—</td><td rowspan="2">—</td><td rowspan="2">—</td></tr>
<tr><td>PV2R1-8</td><td>8.2</td><td>21.0</td><td>17.5</td></tr>
<tr><td>PV2R1-10</td><td>9.7</td><td rowspan="5">21.0</td><td rowspan="5">17.5</td><td rowspan="6">16.0</td><td rowspan="6">7.0</td><td rowspan="6">7.0</td><td rowspan="6">7.0</td><td rowspan="6">16.0</td><td rowspan="6">1800
(1200)</td><td rowspan="6">750</td><td rowspan="6">7.8</td></tr>
<tr><td>PV2R1-12</td><td>12.6</td></tr>
<tr><td>PV2R1-14</td><td>14.1</td></tr>
<tr><td>PV2R1-17</td><td>17.1</td></tr>
<tr><td>PV2R1-19</td><td>19.1</td></tr>
<tr><td>PV2R1-23</td><td>23.4</td><td>16.0</td><td>16.0</td></tr>
<tr><td>PV2R1-26</td><td>26.6</td><td rowspan="4">21.0</td><td rowspan="4">17.5</td><td rowspan="4">14.0</td><td rowspan="4">7.0</td><td rowspan="4">7.0</td><td rowspan="4">7.0</td><td rowspan="4">14.0</td><td rowspan="4">1800
(1200)</td><td rowspan="4">600</td><td rowspan="4">17.7</td></tr>
<tr><td>PV2R1-33</td><td>33.3</td></tr>
<tr><td>PV2R1-41</td><td>41.3</td></tr>
<tr><td>PV2R1-47</td><td>47.2</td></tr>
<tr><td>PV2R1-52</td><td>52.2</td><td rowspan="5">21.0</td><td rowspan="5">17.5</td><td rowspan="6">14.0</td><td rowspan="6">7.0</td><td rowspan="6">7.0</td><td rowspan="6">7.0</td><td rowspan="6">14.0</td><td rowspan="6">1800
(1200)</td><td rowspan="6">600</td><td rowspan="6">36.7</td></tr>
<tr><td>PV2R1-60</td><td>59.6</td></tr>
<tr><td>PV2R1-66</td><td>66.3</td></tr>
<tr><td>PV2R1-76</td><td>76.4</td></tr>
<tr><td>PV2R1-94</td><td>93.6</td></tr>
<tr><td>PV2R1-116</td><td>115.6</td><td>16.0</td><td>16.0</td></tr>
<tr><td>PV2R1-136</td><td>136</td><td rowspan="5">17.5</td><td rowspan="5">17.5</td><td rowspan="5">14.0</td><td rowspan="5">7.0</td><td rowspan="5">7.0</td><td rowspan="5">7.0</td><td rowspan="5">14.0</td><td rowspan="5">1800
(1200)</td><td rowspan="5">600</td><td rowspan="5">70.0</td></tr>
<tr><td>PV2R1-153</td><td>153</td></tr>
<tr><td>PV2R1-184</td><td>184</td></tr>
<tr><td>PV2R1-200</td><td>201</td></tr>
<tr><td>PV2R1-237</td><td>237</td></tr>
</table>

表 20-6-35 PV2R 型双联叶片泵技术规格及外形尺寸 mm

<table>
<tr><th rowspan="3" colspan="2">产品型号</th><th rowspan="3">理论排量
/mL·r⁻¹</th><th colspan="7">最高使用压力/MPa</th><th colspan="2">允许转速/r·min⁻¹</th><th rowspan="3">质量
/kg</th></tr>
<tr><th colspan="3">石油系工作油</th><th colspan="3">水成型液压液</th><th>合成工作液</th><th rowspan="2">最高</th><th rowspan="2">最低</th></tr>
<tr><th>高压用特定工作油</th><th>抗磨性工作油</th><th>普通液压油</th><th>耐磨性水-乙二醇液压液</th><th>非耐磨性水-乙二醇液压液</th><th>W/O 乳化液</th><th>磷酸酯液压液、脂肪酸酯液压液</th></tr>
<tr><td rowspan="3">PV2R12</td><td rowspan="3">后泵</td><td>6、8</td><td>21.0</td><td>17.5</td><td rowspan="3">16.0</td><td rowspan="3">16.0</td><td rowspan="3">7.0</td><td rowspan="3">7.0</td><td rowspan="3">16.0</td><td rowspan="3">1800
(1200)</td><td rowspan="3">750</td><td rowspan="3">22</td></tr>
<tr><td>10、12、14、17、19</td><td>21.0</td><td>17.5</td></tr>
<tr><td>23</td><td>16.0</td><td>16.0</td></tr>
</table>

续表

产品型号		理论排量/mL·r⁻¹	最高使用压力/MPa							允许转速/r·min⁻¹		质量/kg
			石油系工作油			水成型液压液			合成工作液			
			高压用特定工作油	抗磨性工作油	普通液压油	耐磨性水-乙二醇液压液	非耐磨性水-乙二醇液压液	W/O 乳化液	磷酸酯液压液、脂肪酸酯液压液	最高	最低	
PV2R12	前泵	26、33、41、47	21.0	17.5	14.0	16.0	7.0	7.0	14.0	1800 (1200)	750	22
PV2R13	后泵	6、8	21.0	17.5	16.0	16.0	7.0	7.0	16.0	1800 (1200)	750	43.6
		10、12、14、17、19	21.0	17.5								
		23	16.0	16.0								
	前泵	52、60、66、76、94	21.0	17.5	14.0	16.0	7.0	7.0	14.0			
		116	16.0	16.0								
PV2R23	后泵	26、33、41、47	21.0	17.5	14.0	16.0	7.0	7.0	14.0	1800 (1200)	750	49
	前泵	52、60、66、76、94	21.0	17.5	14.0	16.0	7.0	7.0	14.0			
		116	16.0	16.0								
PV2R33	后泵	52、60、66、76、94	21.0	17.5	14.0	16.0	7.0	7.0	14.0	1800 (1500) (1200)	600	84
		116	16.0	16.0								
	前泵	52、60、66、76、94	21.0	17.5	14.0	16.0	7.0	7.0	14.0			
		116	16.0	16.0								
PV2R14	后泵	6、8	21.0	17.5	16.0	16.0	7.0	7.0	16.0	1800 (1200)	750	75
		10、12、14、17、19	21.0	17.5								
		23	16.0	16.0								
	前泵	136、153、184、200、237	17.5	17.5	14.0	16.0	7.0	7.0	14.0			
PV2R24	后泵	26、33、41、47	21.0	17.5	14.0	16.0	7.0	7.0	14.0	1800 (1200)	600	78
	前泵	136、153、184、200、237	21.0	17.5	14.0	16.0	7.0	7.0	14.0			
PV2R34	后泵	52、60、66、76、94	21.0	17.5	14.0	16.0	7.0	7.0	14.0	1800 (1200)	600	98
		116	16.0	16.0								
	前泵	136、153、184、200、237	17.5	17.5	14.0	16.0	7.0	7.0	14.0			

第 20 篇

续表

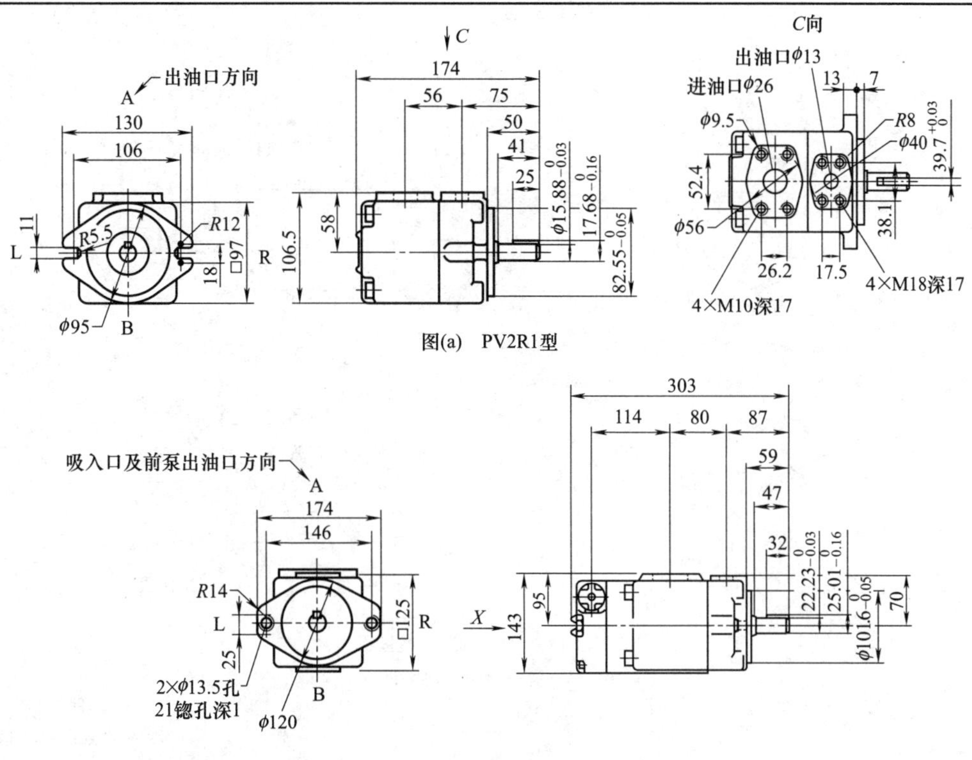

图(a) PV2R1型

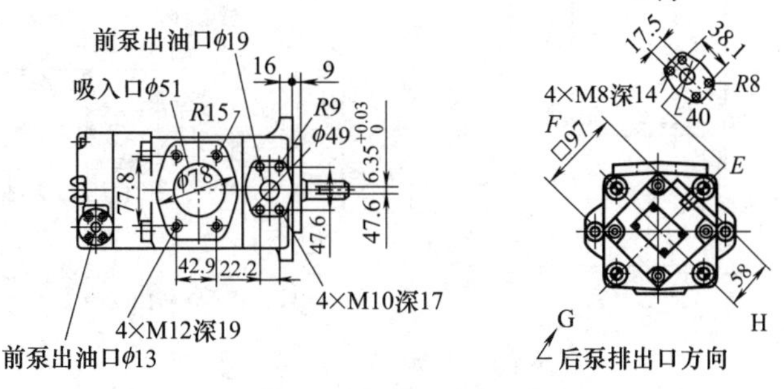

图(b) PV2R12型叶片泵外形尺寸

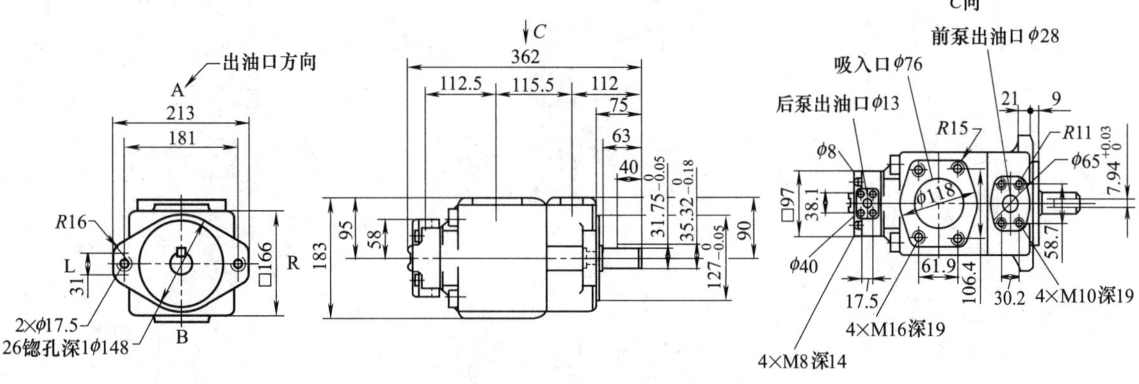

图(c) PV2R13型叶片泵外形尺寸

续表

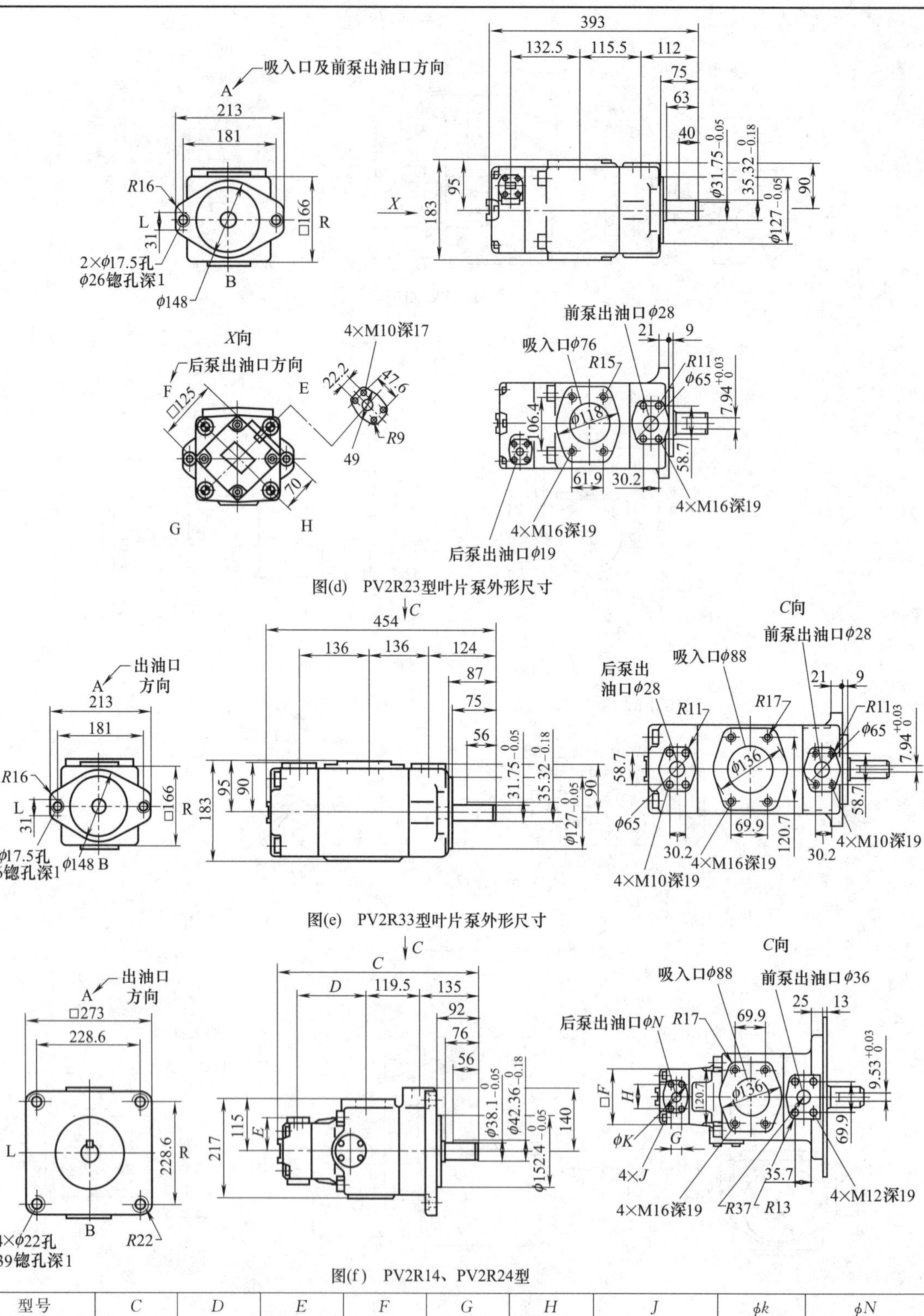

图(d)　PV2R23型叶片泵外形尺寸

图(e)　PV2R33型叶片泵外形尺寸

图(f)　PV2R14、PV2R24型

型号	C	D	E	F	G	H	J	ϕk	ϕN
PV2R14	423	146.5	58	97	17.5	38.1	M8 深 14	40	13
PV2R24	462	171.5	70	125	22.2	47.6	M10 深 17	49	19

续表

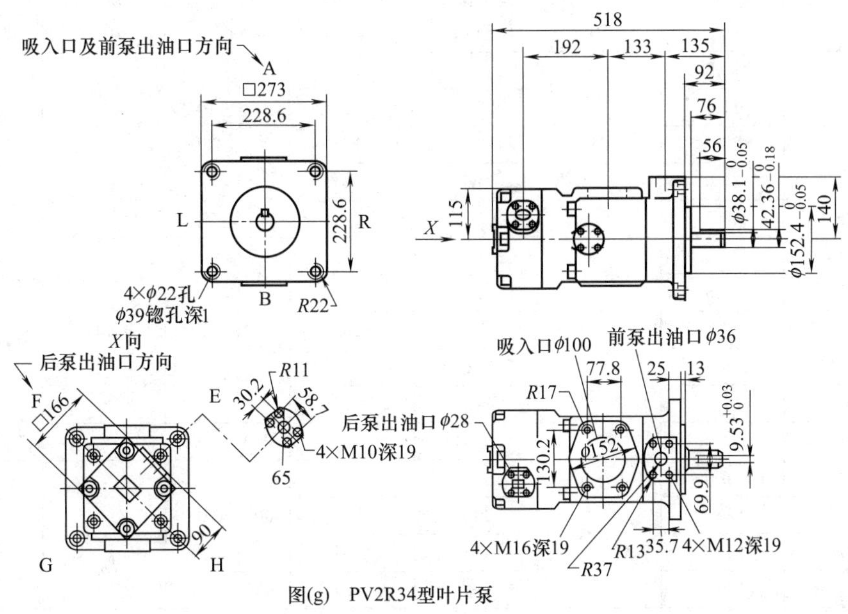

图(g) PV2R34型叶片泵

注：1. 使用 PV2R3-116，转速超过 1700r/min 时，限制吸入口压力。
2. 使用 PV2R4-237，转速超过 1700r/min 时，限制吸入口压力。
3. 使用磷酸酯液压液及水成型液压液时，最大转速限制在 1200r/min。
4. 低转速启动时，限制最高黏度。
5. 超过 16MPa 使用时，转速应超过 1450r/min。

6.5.2.5 PFE 型柱销式叶片泵

型号意义：

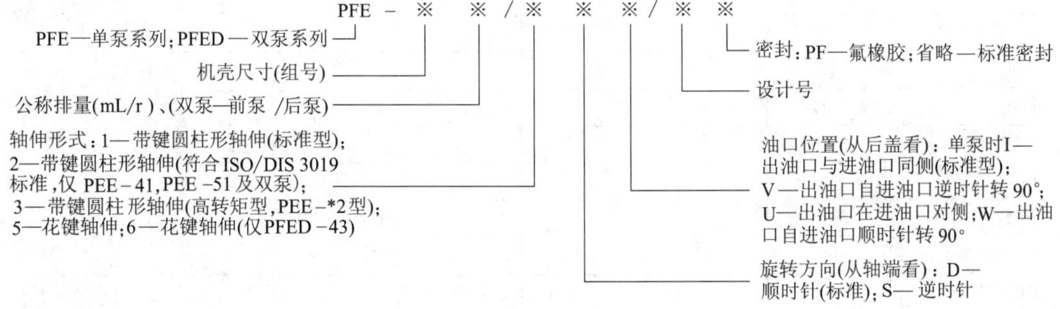

表 20-6-36　　单泵 PFE-※1 系列技术规格

型号	排量 /mL·r⁻¹	额定压力 /MPa	输出流量 /L·min⁻¹	驱动功率 /kW	转速范围 /r·min⁻¹	质量 /kg	油口通径/in	
							进口	出口
※PFE-21005	5.0	21	4.8	3.5	900～300	—	3/4	1/2
※PFE-21006	6.3		5.8	4.0				
※PFE-21008	8.0		7.8	5.5				
※PFE-21010	10.0		9.7	6.5				
※PFE-21012	12.5		12.2	8				
※PFE-21016	16.0		15.6	10				

续表

型号	排量 /mL·r⁻¹	额定压力 /MPa	输出流量 /L·min⁻¹	驱动功率 /kW	转速范围 /r·min⁻¹	质量 /kg	油口通径/in	
							进口	出口
PFE-31016	16.5	21	16	10	800～2800	9	1¼	3/4
PFE-31022	21.6		23	13				
PFE-31028	28.1		33	17				
PFE-31036	35.6		43	21				
PFE-31044	43.7		55	26				
PFE-41029	29.3	21	34	17	700～2500	14	1½	1
PFE-41037	36.6		45	22				
PFE-41045	45.0		57	26				
PFE-41056	55.8		72	33				
PFE-41070	69.9		91	41				
PFE-41085	85.3		114	50	700～2000			
PFE-51090	90.0	21	114	53	600～2200	25.5	2	1¼
PFE-51110	109.6		141	64				
PFE-51129	129.2		168	76				
PFE-51150	150.2		197	88	600～1800			
PFE-61160	160	21	211	94	600～1800	—	2½	1½
PFE-61180	180		237	106				
PFE-61200	200		264	117				
PFE-61224	224		295	131				

表 20-6-37 单泵 PFE-※2 系列技术规格

型号	排量 /mL·r⁻¹	额定压力 /MPa	输出流量 /L·min⁻¹	驱动功率 /kW	转速范围 /r·min⁻¹	质量 /kg	油口通径/in	
							进口	出口
※PFE-22008	8.0	30	7	8	1500～2800	—	3/4	1/2
※PFE-22010	10.0		9	10				
※PFE-22012	12.5		11.5	12				
PFE-32022	21.6	30	20	18	1200～2500	9	1¼	3/4
PFE-32028	28.1		30	24				
PFE-32036	35.6		40	30				
PFE-42045	45.0	28	56	36	1000～2200	14	1½	1
PFE-42056	55.8		70	44				
PFE-42070	69.9	25	90	49				
PFE-52090	90.0	25	111	63	1000～2000	25.5	2	1¼
PFE-52110	109.6		138	77				
PFE-52129	129.2		163	90				

表 20-6-38 单泵 PFE-※0 系列技术规格

型号	排量 /mL·r⁻¹	额定压力 /MPa	输出流量 /L·min⁻¹	驱动功率 /kW	转速范围 /r·min⁻¹	质量 /kg	油口通径/in	
							进口	出口
※PFE-20004	4.3	10	4.5	1.5	900～3000		3/4	1/2
※PFE-20005	5.4		6.0	2.0				
※PFE-20007	6.9		7.5	2.5				

续表

型号	排量 /mL·r^{-1}	额定压力 /MPa	输出流量 /L·min^{-1}	驱动功率 /kW	转速范围 /r·min^{-1}	质量 /kg	油口通径/in	
							进口	出口
※PFE-21010	8.6	10	9.5	3.0	900～3000		3/4	1/2
※PFE-20008	10.8		12.0	3.5				
※PFE-20010	13.9		15.5	4.5				
PFE-30015	14.7	10	17	4.5	800～2800	9	1¼	3/4
PFE-30019	19.1		24	5.5				
PFE-30026	25.9		33	7.5				
PFE-330032	32.5		42	9.0				
PFE-30040	40.0		53	11.5				
PFE-40024	24.7	10	31	7	700～2500	14	1½	1
PFE-40033	33.4		43	10				
PFE-40040	40.4		53	12				
PFE-40050	50.9		67	15				
PFE-40062	62.6		83	18				
PFE-40078	78.1		104	22	700～2000			
PFE-50081	81.3	10	110	23	600～2000	25.5	2	1¼
PFE-50100	100.1		136	28				
PFE-50117	117.4		159	33				
PFE-50136	136.8		185	38	600～1800			
PFE-60147	146.9	10	200	41	600～1800		2½	1½
PFE-60165	165.6		224	46				
PFE-60183	183.7		248	52				
PFE-60206	206.2		279	58				

表 20-6-39　　双联泵 PFED 系列技术规格

型　号	排量 /mL·r^{-1}	额定压力 /MPa	输出流量 /L·min^{-1}	驱动功率 /kW	转速范围/r·min^{-1}	质量 /kg	油口通径/in		
							进口	前泵出口	后泵出口
※PFED-4030※/※	PFE-40+PFE-30 组合				800～2500 (800～2000)括号内值为前泵是最大排量时的转速范围	24.5	2½	1	3/4
※PFED-4031※/※	PFE-40+PFE-31 组合								
※PFED-4130※/※	PFE-41+PFE-30 组合								
※PFED-4131※/※	PFE-41+PFE-31 组合								
※PFED-5040※/※	PFE-50+PFE-40 组合				700～1000 (700～1800) 括号内值为前泵是最大排量时的转速范围	36	3	1¼	1
※PFED-5041※/※	PFE-50+PFE-41 组合								
※PFED-5140※/※	PFE-51+PFE-40 组合								
※PFED-5141※/※	PFE-51+PFE-41 组合								

注：1. 各主要性能参数中的输出流量和驱动功率是在 n=1500r/min，p=额定压力工况下的保证值。

2. 前泵指轴端（大排量）侧泵，后泵指盖端（小排量）侧泵。

表 20-6-40　　**PFE 型叶片泵外形尺寸**　　mm

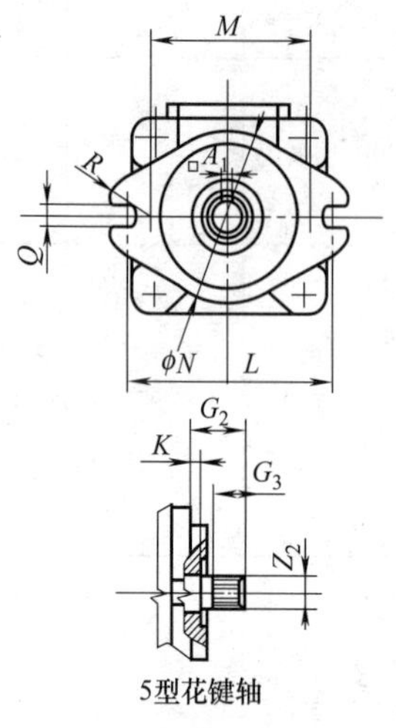

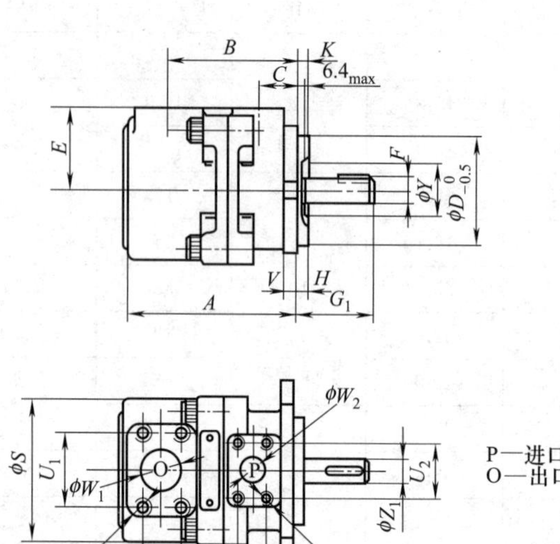

型　号	A	B	C	φD	E	H	L	M	φN	Q	R
PFE-20/21/22	105	69	20	63	57	7	100	—	84	9	—
PFE-30/31/32	135	98.5	27.5	82.5	70	6.4	106	73	95	11	28.5
PFE-40/41/42	159.5	121	38	101.6	76.2	9.7	146	107	120	14.3	34
PFE-50/51/52	181	125	38	127	82.6	12.7	181	143.5	148	17.5	35
PFE-60/61	200	144	40	152.4	98	12.7	229	—	188	22	—

型　号	φS	U_1	U_2	V	$φW_1$	$φW_2$	J_1	J_2	X_1	X_2	φY
PFE-20/21/22	92	47.6	38.1	10	19	11	22.2	17.5	M10×17	M8×15	40
PFE-30/31/32	114	58.7	47.6	10	32	19	30.2	22.2	M10×20	M10×17	47
PFE-40/41/42	134	70	52.4	13	38	25	35.7	26.2	M12×20	M10×17	76
PFE-50/51/52	158	77.8	58.7	15	51	32	42.9	30.2	M12×20	M10×20	76
PFE-60/61	185	89	70	18	63.5	38	50.8	35.7	M12×22	M12×22	100

型　号	1 型轴(标准)					2 型轴				
	$φZ_1$	G_1	A_1	F	K	$φZ_1$	G_1	A_1	F	K
PFE-20/21/22	15.88	48	4.00	17.37	8	—	—	—	—	—
	15.85		3.98	17.27		—	—	—	—	—
PFE-30/31/32	19.05	55.6	4.76	21.11	8	—	—	—	—	—
	19.00		4.75	20.94		—	—	—	—	—
PFE-40/41/42	22.22	59	4.76	25.54	11.4	22.22	71	6.36	25.07	8
	22.20		4.75	24.51		22.20		6.35	25.03	
PFE-50/51/52	31.75	73	7.95	35.33	13.9	31.75	84	7.95	35.33	8
	31.70		7.94	35.07		31.70		7.94	35.07	
PFE-60/61	38.10	91	9.56	42.40	8	—	—	—	—	—
	38.05		9.53	42.14		—	—	—	—	—

续表

型　号	3 型轴					5 型轴			
	ϕZ_1	G_1	A_1	F	K	Z_2	G_2	G_3	K
PFE-20/21/22	—	—	—	—	—	—	—	—	—
	—	—	—	—	—	—	—	—	—
PFE-30/31/32	22.22	55.6	4.76	24.54	8	9T	32	19.5	8
	22.20		4.75	24.41		16/32DP			
PFE-40/41/42	25.38	78	6.36	28.30	11.4	13T	41	38	8
	25.36		6.35	28.10		16/32DP			
PFE-50/51/52	34.90	84	7.95	38.58	13.9	14T	56	42	8
	34.88		7.94	38.46		12/24DP			
PFE-60/61	—	—	—	—	—	—	—	—	—
	—	—	—	—	—	—	—	—	—

表 20-6-41　　PFED 型双联叶片泵外形尺寸

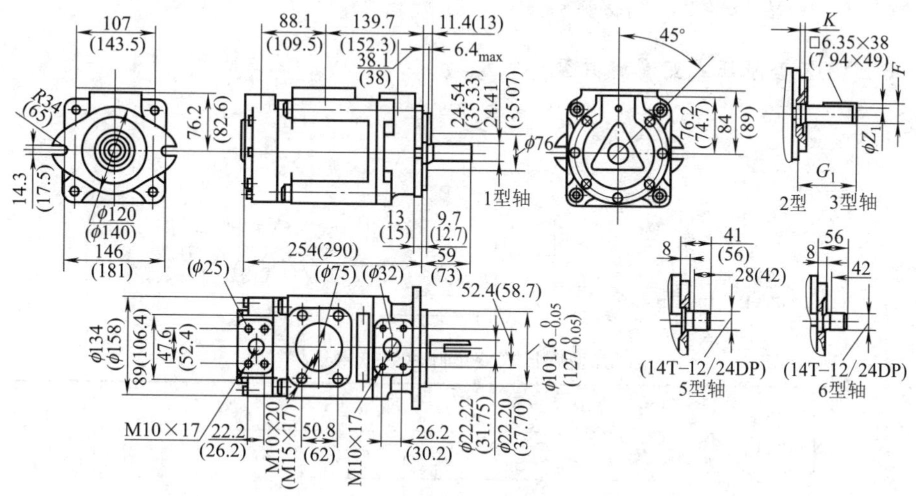

（注：图中括号内尺寸为 PFED-5040/5041/5140/5141 型的尺寸）

型　号	ϕZ_1/mm		G_1/mm		F/mm		K/mm	
	2 型轴	3 型轴	2 型轴	3 型轴	2 型轴	3 型轴	2 型轴	3 型轴
PFED-4030/4031/4130/4131	22.22 (22.20)	25.38 (25.35)	71	78	25.07 (25.03)	28.30 (28.10)	8	11.4
PFED-5040/5041/5140/5141	31.75 (31.70)	34.90 (34.88)	84	84	35.07 (35.03)	38.58 (38.46)	8	13.9

表 20-6-42　　油口法兰连接尺寸　　mm

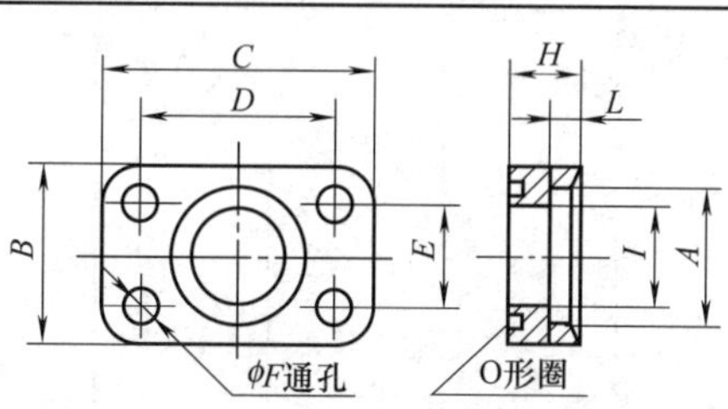

续表

型号	A	B	C	D	E	F	H	I	L	O 形圈	螺钉	法兰对应的泵油口
WF-12	18	34	54	38.1	17.5	9	18	11	10	25×2.4	M8×30	PFE-20/21/22 出口
WF-20	28.5	42	65	47.6	22.2	11	18	19	10	35×3.1	M10×30	PFE-20/21/22 进口，PFE-30/31/32 出口
WF-25	35	50	70	52.4	26.2	11	18	25	10	40×3.1	M10×30	PFE-40/41/42 出口
WF-32	43	53	79	58.7	30.2	11	21	32	12	45×3.1	M10×35	PFE-30/31/32 进口，PFE-50/51/52 出口
WF-40	52	65	87	70	35.7	13.5	25	38	15	55×3.1	M12×40	PFE-40/41/42 进口，PFE-60/61 出口
WF-50	65.5	73	102	77.8	42.9	13.5	25	51	15	65×3.1	M12×40	PFE-50/51/52 进口
WF-65	78	87	110	89	50.8	13.5	25	63	15	75×3.1	M12×40	PFE-60/61 进口，PFED-40(41)30(31)进口
WF-75	93	107	132	106.4	62	17.5	30	75	18	95×3.1	M16×45	PFED-50(51)40(41)进口

注：WF-※，其中 WF 表示法兰盘，※表示通径。

6.5.2.6　YBX 型限压式变量叶片泵

型号意义：

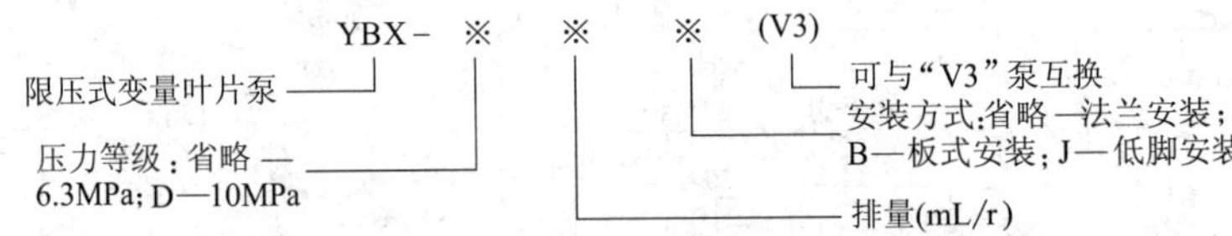

表 20-6-43　　YBX 型限压式变量叶片泵技术规格

型号	排量 /mL·r^{-1}	压力/MPa 额定	压力/MPa 最高	转速/r·min^{-1} 额定	转速/r·min^{-1} 最高	效率/% 容积	效率/% 总效率	驱动功率 /kW	质量 /kg
YBX-16	16	6.3	7	1450	1800	88	72	3	10
YBX-16B									9
YBX-16J									—
YBX-25	25							4	19.5
YBX-25B									19
YBX-25J									—
YBX-40	40							7.5	22
YBX-40B									23
YBX-40J	63							9.8	55
YBX-D10(V3)	10	10	10					3	6.25
YBX-D20(V3)	20							5	11
YBX-D20(V3)									
YBX-D32(V3)	32							7	26
YBX-D32(V3)									
YBX-D50(V3)	50							10	30
YBX-D50(V3)									

表 20-6-44 YBX-16J、YBX-25J 型限压式变量泵（底脚安装）外形尺寸 mm

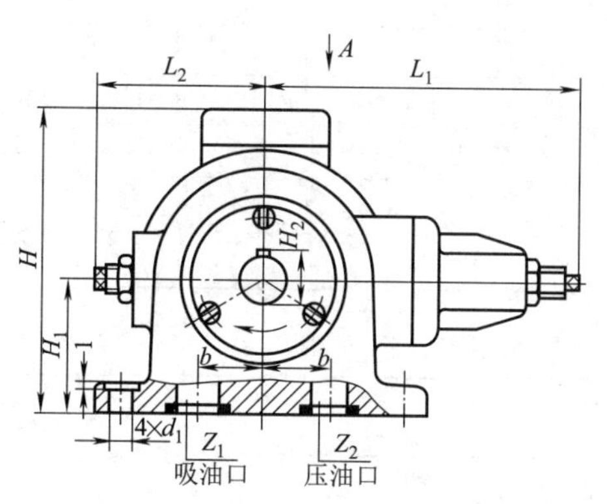

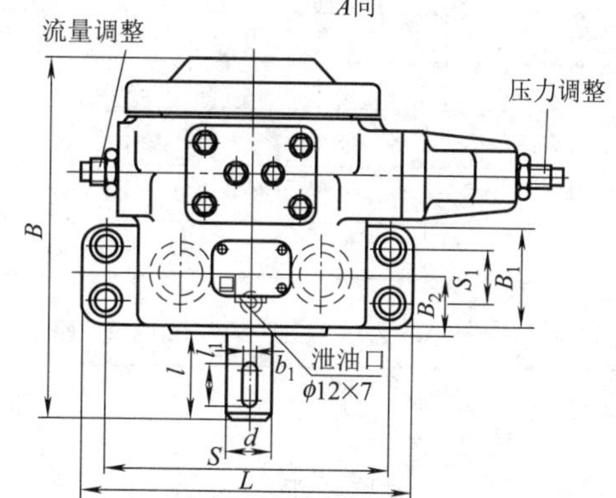

型号	L	L_1	L_2	l	l_1	B	B_1	B_2	H	H_1	H_2	d	d_1	b	b_1	S	S_1	Z_1	Z_2
YBX-16J	167	132	96	35	20	140	45	25	129	54	21.5D6	ϕ20	ϕ11	25	4×d4	120	25	ϕ30×ϕ20	ϕ30×ϕ18
YBX-25J	206	164	108	50	25	188	58	32	170	75	28D6	ϕ25	ϕ13	38	8×d4	160	30	ϕ35×ϕ25	ϕ30×ϕ20

表 20-6-45 YBX-16J、YBX-25J 型限压式变量泵（法兰安装）外形尺寸 mm

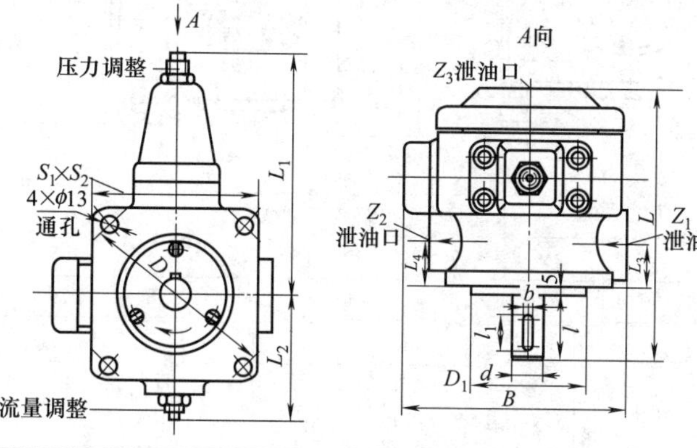

型号	L	L_1	L_2	L_3	L_4	l	l_1	B	h	D	D_1	d	b	Z_1	Z_2	Z_3
YBX-16J	165	132	105	29.5	25	35	20	135	21.5	ϕ127.3	ϕ100f7	ϕ20h6	4	M33×2	M27×2	M10×1
YBX-25J	206	164	108	35	35	50	25	170	28	ϕ150	ϕ90f7	ϕ25h6	8	R_c1	R_c3/4	R_c1/8

表 20-6-46 YBX-25、YBX-40 型限压式变量泵（法兰安装）外形尺寸 mm

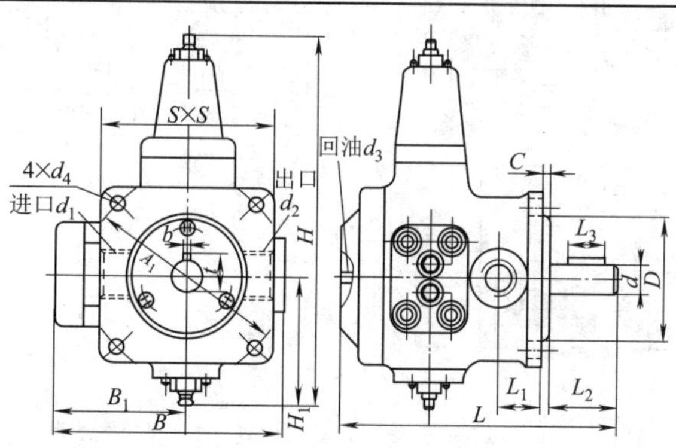

续表

型号	L	L_1	L_2	L_3	H	H_1	S	B	B_1	A_1
YBX-25	206	35	50	25	302	118	130	170	95	ϕ150
YBX-40	225	36	50	25	323	143	145	188	106.5	115×115

型号	D	t	d	d_1	d_2	d_3	d_4	b	c
YBX-25	ϕ90d	28	ϕ25d	M33×2	M27×2	G1/8	ϕ13	8	5
YBX-40	ϕ125d	33	ϕ30D	M42×2	M33×2	G1/4	ϕ13	8	5

表 20-6-47 YBX-25B、YBX-40B 型限压式变量泵（底脚安装）外形尺寸 mm

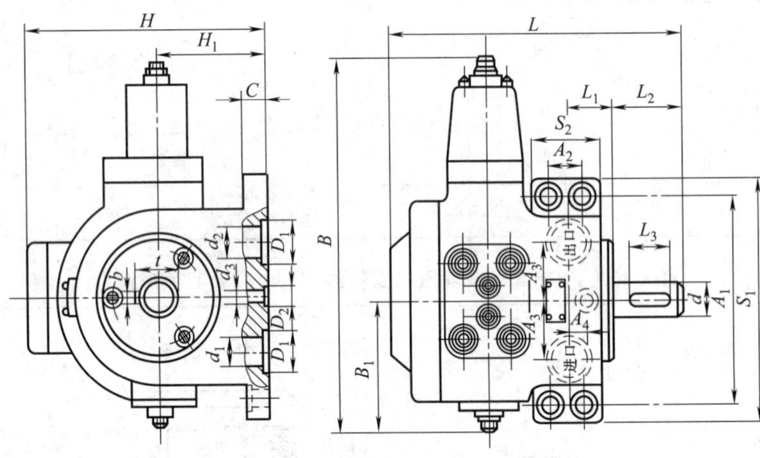

型号	L	L_1	L_2	L_3	H	H_1	C	B	B_1	A_1	A_2	A_3
YBX-25B	204	32	50	25	170	75	17	275	108	160	30	38
YBX-40B	220	36	50	25	198	94	20	316	176	178	32	44.5

型号	A_4	S_1	S_2	d	d_1	d_2	d_3	D_1	D_2	t	b
YBX-25B	15	188	58	ϕ25d	ϕ25	ϕ20	ϕ7	ϕ35	ϕ12	28	8
YBX-40B	8	208	62	ϕ30d	ϕ32	ϕ25	ϕ10	ϕ40	ϕ16	33	8

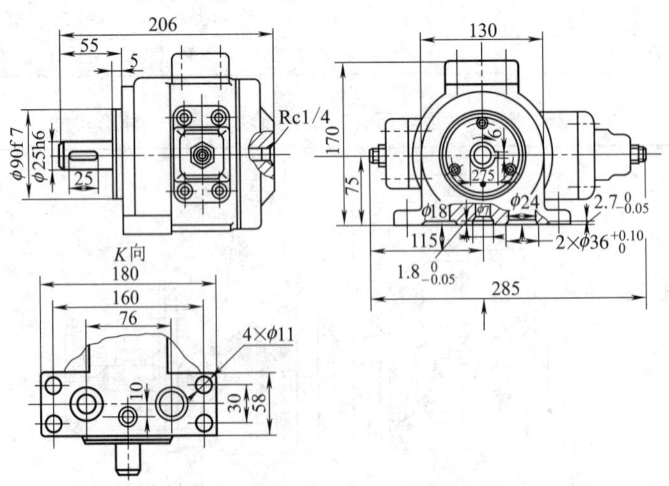

图 20-6-4 YBX-25J 型限压式变量泵（底脚安装）外形

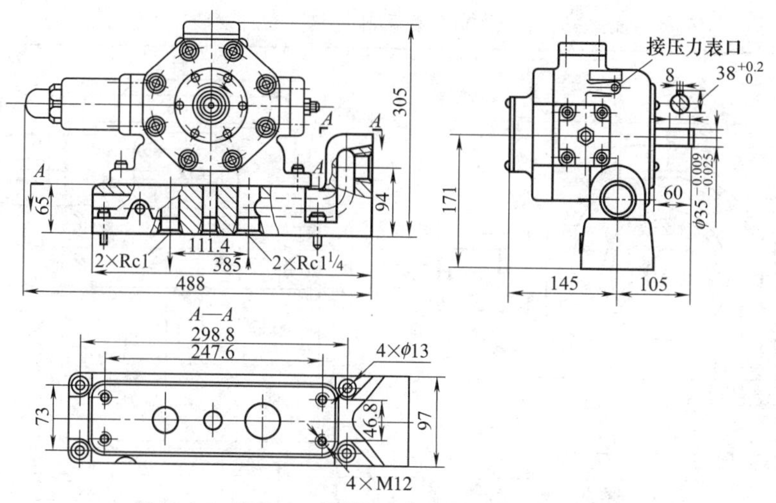

图 20-6-5 YBX-63J 型限压式变量泵（底脚安装）外形

表 20-6-48　　　　YBX 型变量叶片泵外形尺寸　　　　mm

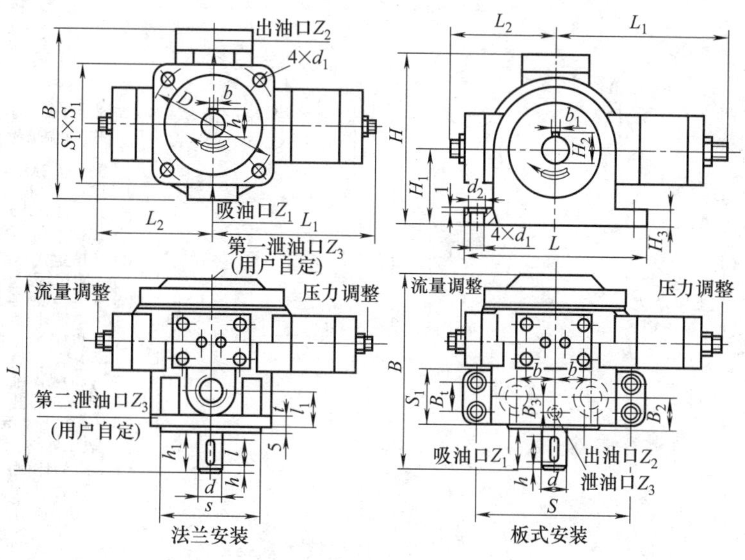

型号	L	L_1	L_2	l	l_1	B	b	h	h_1	S	S_1	D	d
YBX-16	165	132	105	20	29	139	4H9	21.5	35	φ100f8	118	φ127.3	φ20h6
YBX-25	206	164	108	25	40	170	8H9	28	50	φ90f8	130	φ150	φ25h6
YBX-40	208	185	130	25	41	190	8H9	33	50	φ125f8	145	φ162.6	φ30h6

型号	d_1	Z_1	Z_2	Z_3	L	L_1	L_2	l	l_1	l_2	B	B_1	B_2	B_3	b
YBX-16	φ13	M33×2	M27×2	M10×1	140	138	102	35	20	5	140	45	25	0	25
YBX-25	φ13	M33×2	M27×2	M10×1	188	161	114	50	25	8	188	58	32	15	38
YBX-40	φ13	M42×2	M33×2	M14×1.5	208	185	130	50	25	8	208	62	36	15	44.5

型号	b_1	H	H_1	H_2	H_3	d	d_1	d_2	S	S_1	Z_1	Z_2	Z_3
YBX-16	4H9	133	54	21.5	15	φ20h6	φ11	φ18	120	25	φ30×φ20	φ30×φ18	φ13×φ7
YBX-25	8H9	170	75	28	20	φ25h6	φ13	φ20	160	30	φ35×φ25	φ35×φ20	φ13×φ7
YBX-40	8H9	199	94	33	20	φ30h6	φ13	φ20	178	32	φ40×φ32	φ40×φ25	φ16×φ10

表 20-6-49　　YBX-25J、YBX-40J 型变量叶片泵（底脚安装）外形　　mm

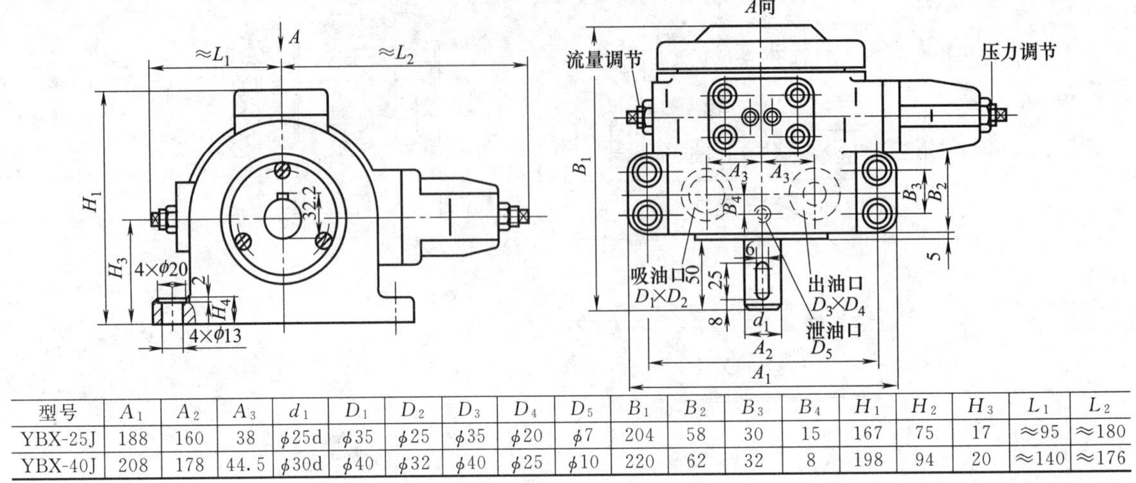

型号	A_1	A_2	A_3	d_1	D_1	D_2	D_3	D_4	D_5	B_1	B_2	B_3	B_4	H_1	H_2	H_3	L_1	L_2
YBX-25J	188	160	38	φ25d	φ35	φ25	φ35	φ20	φ7	204	58	30	15	167	75	17	≈95	≈180
YBX-40J	208	178	44.5	φ30d	φ40	φ32	φ40	φ25	φ10	220	62	32	8	198	94	20	≈140	≈176

6.5.2.7　V4 型变量叶片泵

型号意义：

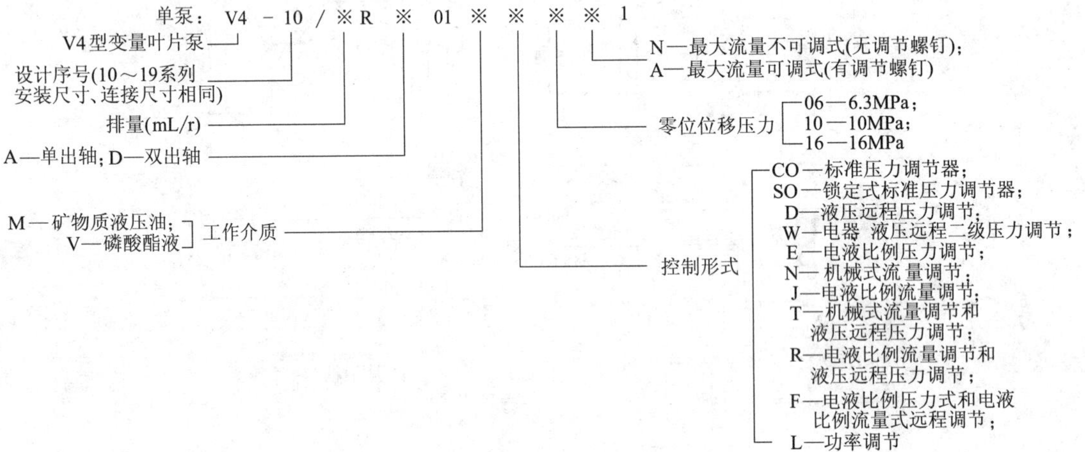

表 20-6-50　　V4 型变量叶片泵技术规格

型号		V4-10/20	V4-10/32	V4-10/50	V4-10/80	V4-10/125
排量/$mL \cdot r^{-1}$		20	32	50	80	125
转速范围/$r \cdot min^{-1}$		750～2000	1000～1800			
工作压力/MPa	排油口	16				
	吸油口	−0.02～0.15				
	漏油口	0.2				
压力/MPa	公称值	6.3				6.3
	最佳调节值	1.5～6.3				2.5～6.3
	公称值	10				
	最佳调节值	4～10				
	公称值	16				
	最佳调节值	6.3～16				
油温范围/℃		−10～70				
过滤精度/μm		25				
质量/kg		23.5	31	42.8	56	98

表 20-6-51 V4 型变量叶片泵外形尺寸 mm

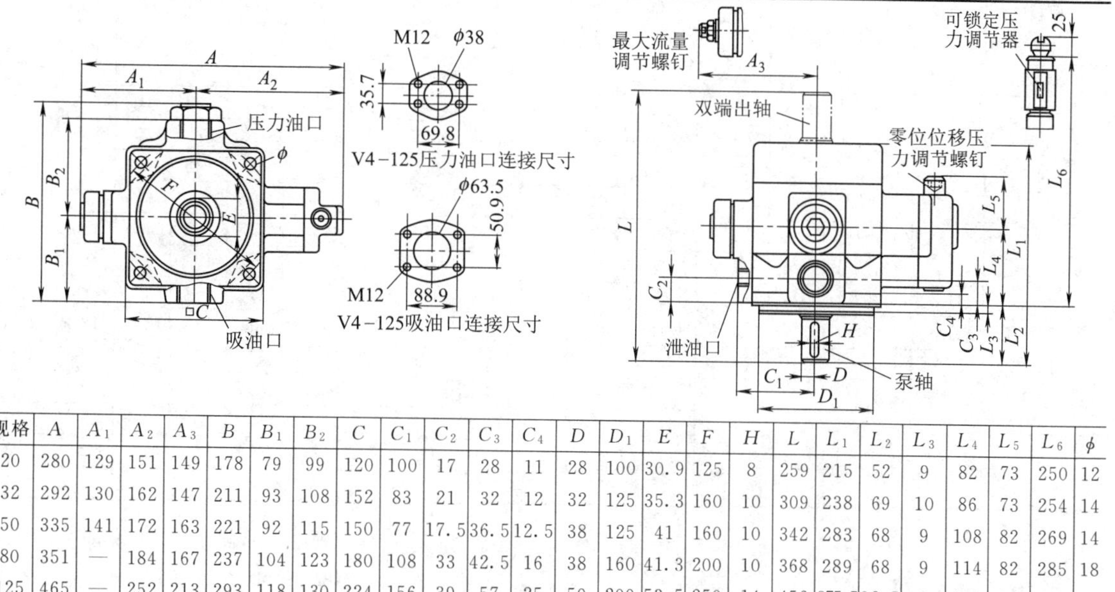

规格	A	A_1	A_2	A_3	B	B_1	B_2	C	C_1	C_2	C_3	C_4	D	D_1	E	F	H	L	L_1	L_2	L_3	L_4	L_5	L_6	ϕ
20	280	129	151	149	178	79	99	120	100	17	28	11	28	100	30.9	125	8	259	215	52	9	82	73	250	12
32	292	130	162	147	211	93	108	152	83	21	32	12	32	125	35.3	160	10	309	238	69	10	86	73	254	14
50	335	141	172	163	221	92	115	150	77	17.5	36.5	12.5	38	125	41	160	10	342	283	68	9	108	82	269	14
80	351	—	184	167	237	104	123	180	108	33	42.5	16	38	160	41.3	200	10	368	289	68	9	114	82	285	18
125	465	—	252	213	293	118	130	224	156	39	57	25	50	200	53.5	250	14	456	375.5	92.5	9	144	65	298	22

表 20-6-52 V4 型双联变量叶片泵外形尺寸 mm

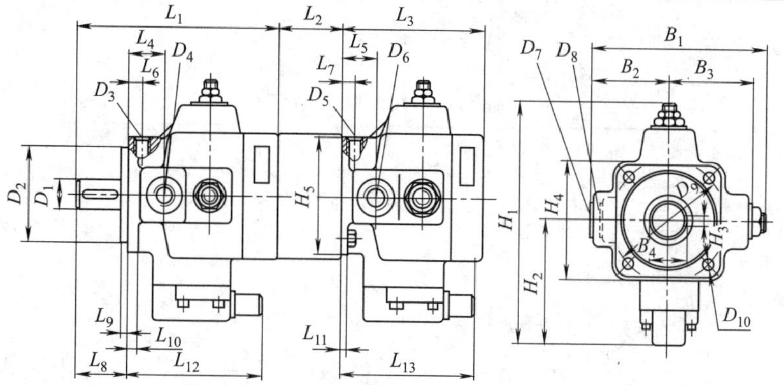

规格	L_1	L_2	L_3	L_4	L_5	L_6	L_7	L_8	L_9	L_{10}	L_{11}	L_{12}	L_{13}	D_1	D_2	D_3
V4-20/20	209.5	82	173	28	28	17	17	52	9	11	11	155	155	28	100	G3/8
V4-32/20	242	82	173	32	28	21	17	69	10	12	11	159	155	32	125	G3/8
V4-32/32	242	82	179	32	32	21	21	69	10	12	12	159	159	32	125	G3/8
V4-50/20	277	82	173	36.5	28	17.5	17	68	9	12.5	11	190	155	38	125	G3/8
V4-50/32	277	82	179	36.5	32	17.5	21	68	9	12.5	12	190	159	38	125	G3/8
V4-50/50	277	82	244	36.5	36.5	17.5	17.5	68	9	12.5	12.5	190	190	38	125	G3/8
V4-80/20	302	82	173	42.5	28	33	17	68	9	16	11	196	155	42	160	G1/2
V4-80/32	302	82	179	42.5	32	33	21	68	9	16	12	196	159	42	160	G1/2
V4-80/50	302	82	244	42.5	36.5	33	17.5	68	9	16	12.5	196	190	42	160	G1/2
V4-80/80	302	82	231	42.5	42.5	33	33	68	9	16	16	196	196	42	160	G1/2
V4-125/20	365	82	173	57	28	39	17	92.5	9	25	11	209	155	50	200	G1
V4-125/32	365	82	179	57	32	39	21	92.5	9	25	12	209	159	50	200	G1
V4-125/50	365	82	224	57	36.5	39	17.5	92.5	9	25	12.5	209	190	50	200	G1
V4-125/80	365	82	231	57	42.5	39	33	92.5	9	25	16	209	196	50	200	G1
V4-125/125	365	82	293	57	57	39	39	92.5	9	25	25	209	209	50	200	G1

续表

规格	D_4	D_5	D_6	D_7	D_8	D_9	D_{10}	B_1	B_2	B_3	B_4	H_1	H_2	H_3	H_4	H_5
V4-20/20	G1/2	G3/8	G1/2	G1	G1	125	12	178	79	99	30.9	300	151	8	120	120
V4-32/20	G3/4	G3/8	G1½	G1¼	G1	160	14	211	93	108	35.3	309	162	10	152	120
V4-32/32	G3/4	G3/8	G3/4	G1¼	G1¼	160	14	211	93	108	35.3	309	162	10	152	152
V4-50/20	G1	G3/8	G1/2	G1½	G1	160	14	221	92	115	41	335	172	10	150	120
V4-50/32	G1	G3/8	G3/4	G1½	G1¼	160	14	221	92	115	41	335	172	10	150	152
V4-50/50	G1	G3/8	G1	G1½	G1½	160	14	221	92	115	41	335	172	10	150	150
V4-80/20	G1¼	G3/8	G1/2	G1½	G1	200	18	237	104	123	45.1	351	184	12	180	120
V4-80/32	G1¼	G3/8	G3/4	G1½	G1¼	200	18	237	104	123	45.1	351	184	12	180	152
V4-80/50	G1¼	G3/8	G1	G1½	G1½	200	18	237	104	123	45.1	351	184	12	180	150
V4-80/80	G1¼	G1/2	G1¼	G1½	G1½	200	18	237	104	123	45.1	351	184	12	180	180
V4-125/20	法兰式	G3/8	G1/2	法兰式	G1	250	22	293	118	130	53.5	465	252	14	224	120
V4-125/32	法兰式	G3/8	G3/4	法兰式	G1¼	250	22	293	118	130	53.5	465	252	14	224	152
V4-125/50	法兰式	G3/8	G1	法兰式	G1½	250	22	293	118	130	53.5	465	252	14	224	150
V4-125/80	法兰式	G1/2	G1¼	法兰式	G1½	250	22	293	118	130	53.5	465	252	14	224	180
V4-125/125	法兰式	G1	法兰式	法兰式	法兰式	250	22	293	118	130	53.5	465	252	14	224	224

6.6 柱塞泵产品

6.6.1 柱塞泵的工作原理及主要结构特点

柱塞泵是通过柱塞在柱塞孔内往复运动时密封工作容积的变化来实现吸油和排油的。柱塞泵的特点是泄漏小、容积效率高，可以在高压下工作。按照柱塞的运动形式可分为轴向柱塞泵和径向柱塞泵。轴向柱塞泵可分为斜盘式和斜轴式两大类。

表 20-6-53　　柱塞泵工作原理及结构

<table>
<tr><td rowspan="2">斜盘式柱塞泵</td><td>工作原理</td><td>如图(a)所示斜盘 3 和配流盘 6 不动，传动轴 1 带动缸体 5、柱塞 4 一起转动。传动轴旋转时，柱塞 4 在其沿斜盘自下而上回转的半周内逐渐向缸体外伸出，使缸体孔内密封工作腔容积不断增加，油液经配流盘 6 上的配油窗口 a 吸入。柱塞在其自上而下回转的半周内又逐渐向里推入，使密封工作腔容积不断减小，将油液从配油盘窗口 b 向外排出。缸体每转一转，每个柱塞往复运动一次，完成一次吸排油动作。改变斜盘的倾角，就可以改变密封工作容积的有效变化量，实现泵的变量
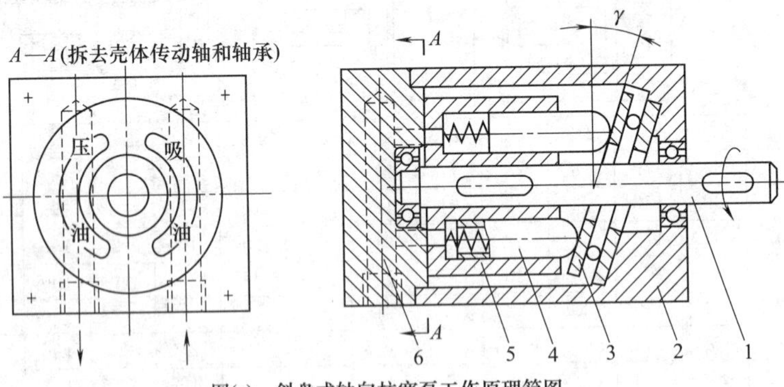

图(a)　斜盘式轴向柱塞泵工作原理简图
1—传动轴；2—壳体；3—斜盘；4—柱塞；5—缸体；6—配流盘</td></tr>
<tr><td>变量机构</td><td>柱塞泵的排量是斜盘倾角的函数，改变斜盘倾角 γ，就可改变轴向柱塞泵的排量，从而达到改变泵的输出流量。用来改变斜盘倾角的机械装置称为变量机构。这种变量机构按控制方式分有手动控制、液压伺服控制和手动伺服控制等；按控制目的分有恒压控制、恒流量控制和恒功率控制等多种，下面以手动变量机构为例来说明其工作原理
如图(b)所示手动伺服变量机构，斜盘 3 通过拨叉机构与活塞 4 下端铰接，利用活塞 4 的上下移动来改变斜盘倾角 γ。变量机构由壳体 5、活塞 4 和伺服阀 1 组成。当用手柄使伺服阀芯 1 向下移动时，上面的进油阀口打开，活塞也向下移动，球铰 2 移动时又使伺服阀上的阀口关闭，最终使活塞 4 自身停止运动。同理，当手柄使伺服阀芯 1 向上移动时，变量活塞向上移动</td></tr>
</table>

第20篇

续表

<table>
<tr><td rowspan="1">斜盘式柱塞泵</td><td>变量机构</td><td>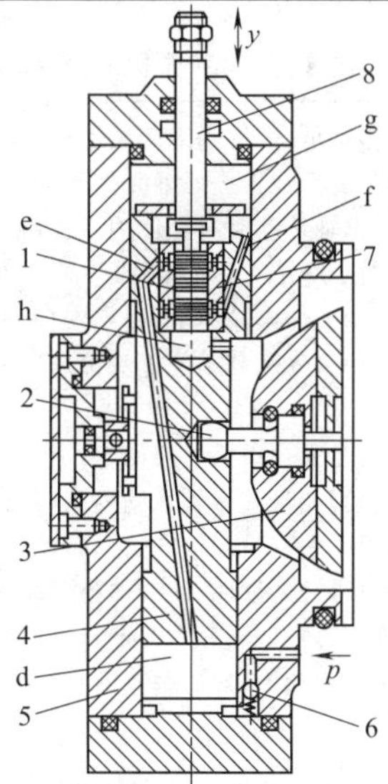

图(b) 手动伺服变量机构
1—变量阀芯；2—球铰；3—斜盘；4—变量活塞；5—壳体；6—单向阀；7—阀套；8—拉杆</td></tr>
<tr><td>斜轴式柱塞泵</td><td colspan="2">这种轴向柱塞泵的传动轴中心线与缸体中心线倾斜一个角度，故称斜轴式轴向柱塞泵。目前应用比较广泛的是无铰斜轴式柱塞泵。该泵的工作原理如图(c)所示。当传动轴1转动时，通过连杆2的侧面和柱塞3的内壁接触带动缸体4转动。同时柱塞在缸体的柱塞孔中作往复运动，实现吸油和压油。其排量公式与直轴式轴向柱塞泵相同
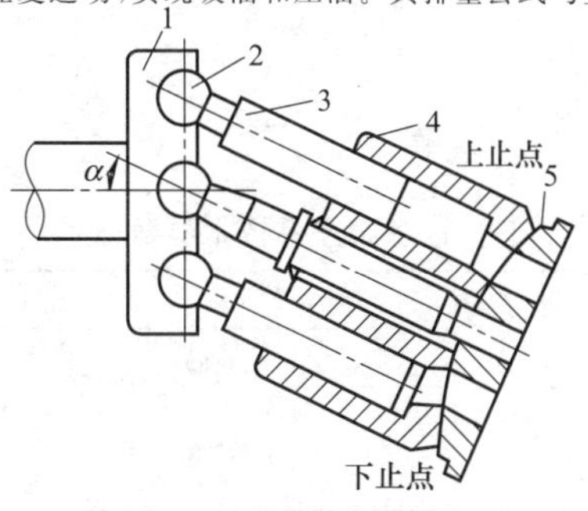

图(c) 无铰斜轴式柱塞泵
1—主轴；2—连杆；3—柱塞；4—缸体；5—配流盘</td></tr>
<tr><td>径向柱塞泵</td><td colspan="2">径向柱塞泵径向尺寸大，结构较复杂，自吸能力差，但它的容积效率和机械效率都比较高
如图(d)所示，转子2的中心与定子1的中心之间有一个偏心量e。在固定不动的配流轴4上，相对于柱塞孔的部位有相互隔开的上下两个配流窗口，该配流窗口又分别通过所在部位的两个轴向孔与泵的吸、排油口连通，当转子2按图示箭头方向旋转时，上半周的柱塞皆往外滑动，通过轴向孔吸油；下半周的柱塞皆往里滑动，通过配流盘向外排油。当移动定子，改变偏心量e的大小时，泵的排量就发生改变；因此，径向柱塞泵可以是双向变量泵(泵的吸油口和排油口可互换)
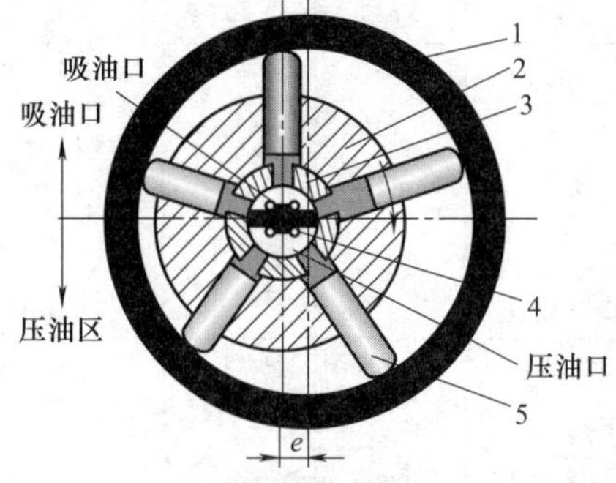

图(d) 径向柱塞泵工作原理
1—定子；2—转子(缸体)；3—轴套；4—配流轴；5—柱塞</td></tr>
</table>

6.6.2 柱塞泵的拆装方法和注意事项

表 20-6-54 CY14-1B 轴向柱塞泵的拆装方法和注意事项

装配顺序	①装配传动轴部件。将两只小轴承、内外隔圈固装于传动轴轴颈部位，并用弹性挡圈锁牢 ②传动轴与外壳体（泵体）的装配。在检查好外壳体端面，特别是与配流盘接合盘面的平面度、表面粗糙度后，将传动轴部件装入外壳孔中、要求轴转动时对壳体内端面跳动量不大于 0.02mm，然后，壳体外端面再装上油封小压盖，并用垫片调整轴向间隙在 0.07mm 左右 ③对接外壳体与中壳体，使传动轴伸出端向下，竖直安放外壳体，并用圆环物或高垫块垫置稳固。用螺钉对接两壳体时，要注意大、小密封圈的完好，尤其不能遗失掉压力控制油道接口处的小密封圈，滚柱轴承外圈压入中壳体孔中 ④安放配流盘。要注意配流盘盘面缺口槽对应的定位销位置 ⑤安放缸体。缸体上镶有的钢套就是滚柱轴承的内圈，与滚柱及保持架已组装为一整体。安放缸体时，应先用两只吊装螺钉旋入缸体的有关螺孔中，手抓吊装螺钉，转动缸体，使其进入中壳体（泵壳）内的轴承外圈孔中，安放到位，即缸体端面与配流盘接触后，转动缸体，使缸体另一端面跳动在 0.02mm 以内 ⑥依次装入中心外套、中心弹簧、内套及钢球 ⑦将柱塞、滑靴组按顺序置于回程盘上，然后垂直地把柱塞对号放入缸体孔内 ⑧压力补偿变量机构的装配
拆装时注意事项	首先应将所有待装配零件、部件全面检查一次，看各部毛刺、飞边是否均已清除，是否划伤、碰磕损坏，各配合表面是否达到精度，特别是配流盘与泵壳端面及缸体端面的接触处。此外，柱塞与滑靴的配合轴向间隙为 0.05mm 左右，检查时要感到运转灵活而不松动。各零部件在装配前均要仔细清洗，严防杂质、污物及织物、毛头混入

6.6.3 柱塞泵产品

6.6.3.1 柱塞泵产品技术参数概览

表 20-6-55 柱塞泵产品技术参数概览

类别	型号	排量 /mL·r⁻¹	压力/MPa		转速/r·min⁻¹		变量形式
			额定	最高	额定	最高	
斜盘式轴向柱塞泵	2.5※CY14-1B	3.49	31.5	40	3000	—	手动变量
	10※CY14-1B	10.5	31.5	46	1500	3000	恒功率变量
	25※CY14-1B	26.6	31.5	40	1500	3000	手动伺服变量
	40※CY14-1B	40.0	25	31.5	1500	3000	恒压变量
	63※CY14-1B	66.0	31.5	40	1500	2000	液控变量
	80※CY14-1B	84.9	25	31.5	1500	2000	电动变量
	160※CY14-1B	164.7	31.5	40	1000	1500	阀控恒功率变量
	250※CY14-1B	254	31.5	40	1000	1500	电液比例变量
	ZB※9.5	9.5	21	28	1500	3000	ZB(定量泵)
	ZB※40	40				2500	ZBSV(手动伺服)
	ZB※75	75				2000	ZBY(液控变量)
	ZB※160	160				2000	ZBP(恒压变量)
	ZB※227	227				2000	ZBN(恒功率变量)
斜轴式轴向柱塞泵	A2F	9.4～500	35	40	—	5000	定量泵
	A6V	28.1～500	35	40	—	4750	手动变量 液控变量 高压自动变量

续表

类别	型号	排量 /mL·r⁻¹	压力/MPa		转速/r·min⁻¹		变量形式
			额定	最高	额定	最高	
斜轴式轴向柱塞泵	A7V	20～500	25	40	—	4750	恒功率变量 恒压变量 液压控制变量 手动变量
	A2V	28.1～225	32	40		4750	变量泵
径向柱塞泵	JB-G	57～121	25	31.5	1000	1500	
	JB-H	17.6～35.5	31.5	40	1000	1500	
	BFW01	26.6	20		1500		

6.6.3.2 CY14-1B 型斜盘式轴向柱塞泵

型号意义：

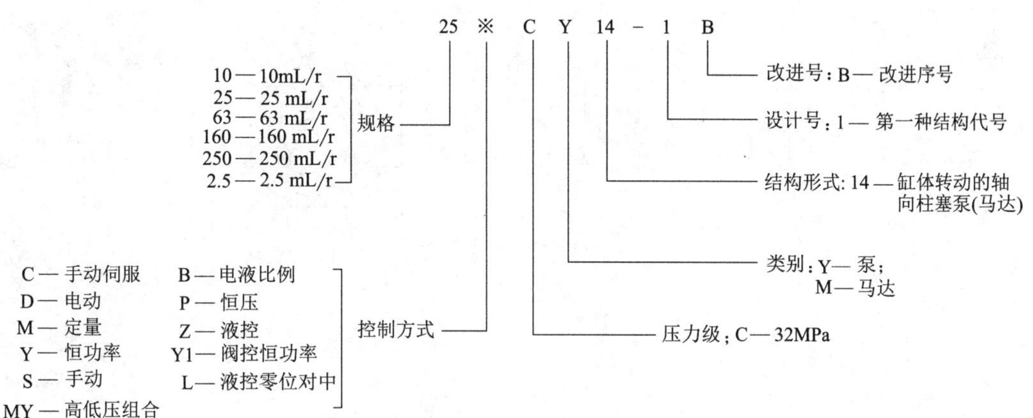

表 20-6-56　　CY14-1B 型斜盘式轴向柱塞泵技术规格

型　号	公称压力 /MPa	公称排量 /mL·r⁻¹	额定转速 /r·min⁻¹	公称流量 (1000r/min 时) /L·min⁻¹	1000r/min 时的功率 /kW	最大理论转矩 /N·m	质量/kg
2.5※CY14-1B	32	2.5	3000	2.5	1.43		4.5～7.2
10※CY14-1B		10	1500	10	5.5		16.1～24.9
25※CY14-1B		25	1500	25	13.7		28.2～41
63※CY14-1B		63	1500	63	34.5		56～74
63※CY14-1B		63	1500	63	59		67
160※CY14-1B		160	1000	160	89.1		138～168
250※CY14-1B		250	1000	250	136.6		约 227
400※CY14-1B	21	400	1000	400	138		230

注："※"表示型号意义中除 B、Y 以外的所有变量形式。

第20篇

表 20-6-57　　　　CY14-1B 型柱塞泵外形尺寸　　　　mm

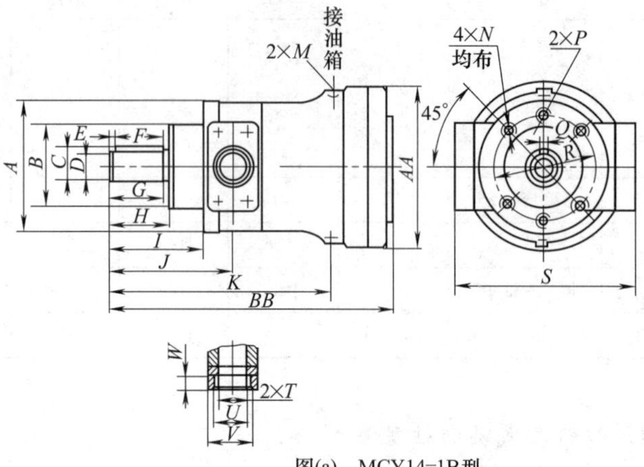

图(a)　MCY14-1B型

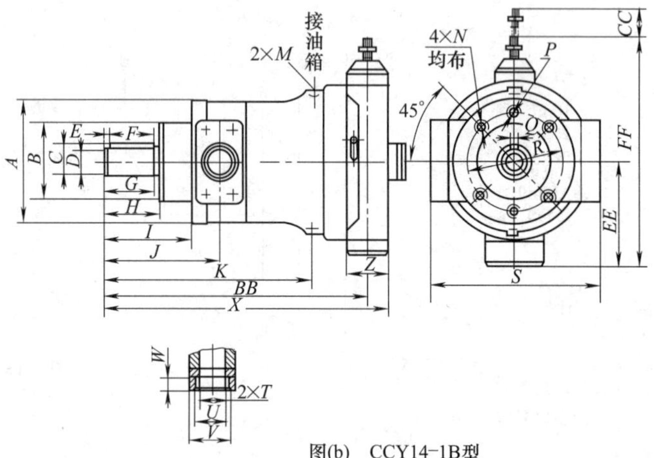

图(b)　CCY14-1B型

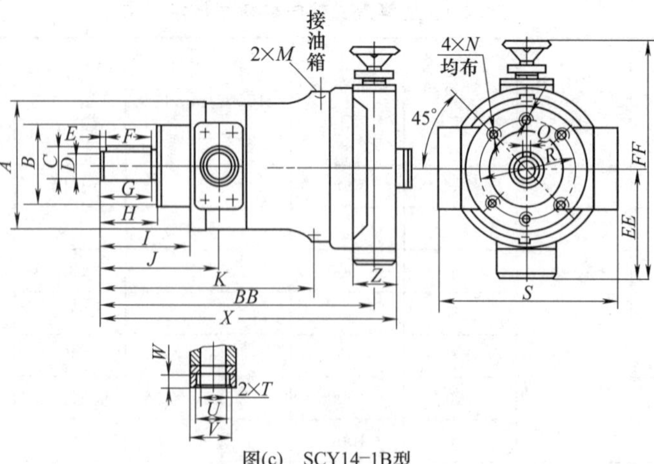

图(c)　SCY14-1B型

续表

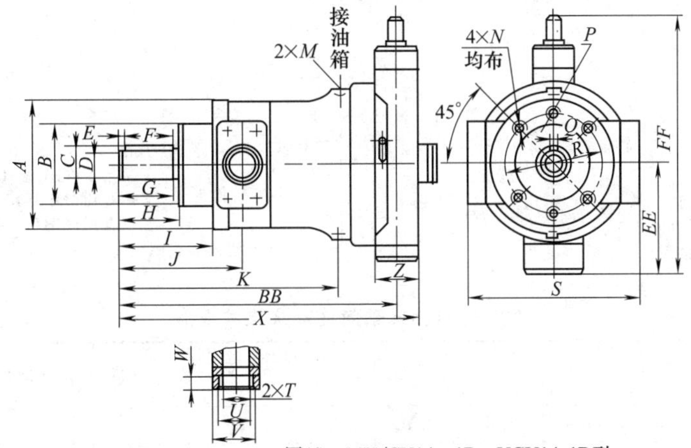

图(d)　MY/CY14—1B、YCY14-1B型

<table>
<tr><td>规格</td><td>2.5</td><td colspan="3">10</td><td colspan="3">25</td><td colspan="3">63</td><td colspan="2">160</td><td colspan="3">250</td><td colspan="3">400</td></tr>
<tr><td>A</td><td>79</td><td colspan="3">125</td><td colspan="3">150</td><td colspan="3">190</td><td colspan="2">240</td><td colspan="3">280</td><td colspan="3">280</td></tr>
<tr><td>B</td><td>52f9</td><td colspan="3">75f9</td><td colspan="3">100f9</td><td colspan="3">120f9</td><td colspan="2">150f9</td><td colspan="3">180f9</td><td colspan="3">180f9</td></tr>
<tr><td>C</td><td>15.8</td><td colspan="3">27.5</td><td colspan="3">32.5</td><td colspan="3">42.8</td><td colspan="2">58.5</td><td colspan="3">63.9</td><td colspan="3">63.9</td></tr>
<tr><td>D</td><td>14h6</td><td colspan="3">25h6</td><td colspan="3">30h6</td><td colspan="3">40h6</td><td colspan="2">55h6</td><td colspan="3">60h6</td><td colspan="3">60h6</td></tr>
<tr><td>E</td><td>3</td><td colspan="3">4</td><td colspan="3">4</td><td colspan="3">4</td><td colspan="2">4</td><td colspan="3">5</td><td colspan="3">5</td></tr>
<tr><td>F</td><td>20</td><td colspan="3">30</td><td colspan="3">45</td><td colspan="3">50</td><td colspan="2">100</td><td colspan="3">100</td><td colspan="3">100</td></tr>
<tr><td>G</td><td>25</td><td colspan="3">40</td><td colspan="3">52</td><td colspan="3">60</td><td colspan="2">108</td><td colspan="3">110</td><td colspan="3">110</td></tr>
<tr><td>H</td><td>26</td><td colspan="3">41</td><td colspan="3">54</td><td colspan="3">62</td><td colspan="2">110</td><td colspan="3">110</td><td colspan="3">110</td></tr>
<tr><td>I</td><td>62</td><td colspan="3">86</td><td colspan="3">104</td><td colspan="3">122</td><td colspan="2">178</td><td colspan="3">212</td><td colspan="3">212</td></tr>
<tr><td>J</td><td>77</td><td colspan="3">109</td><td colspan="3">134</td><td colspan="3">157</td><td colspan="2">228</td><td colspan="3">272</td><td colspan="3">277</td></tr>
<tr><td>K</td><td>119</td><td colspan="3">194</td><td colspan="3">246</td><td colspan="3">300</td><td colspan="2">420</td><td colspan="3">502</td><td colspan="3">502</td></tr>
<tr><td>M</td><td>M10×1-7H</td><td colspan="3">M14X1.5-7×H</td><td colspan="3">M14×1.5-7H</td><td colspan="3">M18×1.5-7H</td><td colspan="2">M22×1.5-7H</td><td colspan="3">M22×1.5-7H</td><td colspan="3">M22×1.5-7H</td></tr>
<tr><td>N</td><td>M17-7H</td><td colspan="3">M10-7H</td><td colspan="3">M10-7H</td><td colspan="3">M12-7H</td><td colspan="2">M16-7H</td><td colspan="3">M20-7H</td><td colspan="3">M20-7H</td></tr>
<tr><td>P</td><td>—</td><td colspan="3">—</td><td colspan="3">—</td><td colspan="3">—</td><td colspan="2">M16-7H</td><td colspan="3">M20-7H</td><td colspan="3">M20-7H</td></tr>
<tr><td>Q</td><td>5h9</td><td colspan="3">8h9</td><td colspan="3">8h9</td><td colspan="3">12h9</td><td colspan="2">16h9</td><td colspan="3">18h9</td><td colspan="3">18h9</td></tr>
<tr><td>R</td><td>80</td><td colspan="3">100</td><td colspan="3">125</td><td colspan="3">155</td><td colspan="2">198</td><td colspan="3">230</td><td colspan="3">230</td></tr>
<tr><td>S</td><td>84</td><td colspan="3">142</td><td colspan="3">172</td><td colspan="3">200</td><td colspan="2">340</td><td colspan="3">420</td><td colspan="3">420</td></tr>
<tr><td>T</td><td>M18×1.5-7H</td><td colspan="3">M22×1.5-7H</td><td colspan="3">M33×1.5-7H</td><td colspan="3">M42×1.5-7H</td><td colspan="2">50</td><td colspan="3">55</td><td colspan="3">65</td></tr>
<tr><td>U</td><td>—</td><td colspan="3">—</td><td colspan="3">—</td><td colspan="3">—</td><td colspan="2">64</td><td colspan="3">76</td><td colspan="3">76</td></tr>
<tr><td>V</td><td>—</td><td colspan="3">—</td><td colspan="3">—</td><td colspan="3">—</td><td colspan="2">90</td><td colspan="3">110</td><td colspan="3">110</td></tr>
<tr><td>W</td><td>—</td><td colspan="3">—</td><td colspan="3">—</td><td colspan="3">—</td><td colspan="2">25</td><td colspan="3">25</td><td colspan="3">25</td></tr>
<tr><td>X</td><td>—</td><td colspan="3">294</td><td colspan="3">362</td><td colspan="3">439</td><td colspan="2">589</td><td colspan="3">690</td><td colspan="3">700</td></tr>
<tr><td>Z</td><td>—</td><td colspan="3">50</td><td colspan="3">66</td><td colspan="3">74</td><td colspan="2">100</td><td colspan="3">100</td><td colspan="3">100</td></tr>
<tr><td>AA</td><td>92</td><td colspan="3">150</td><td colspan="3">170</td><td colspan="3">225</td><td colspan="2">300</td><td colspan="3">360</td><td colspan="3">360</td></tr>
<tr><td>BB</td><td>171</td><td colspan="3">253</td><td colspan="3">308</td><td colspan="3">385</td><td colspan="2">525</td><td colspan="3">622</td><td colspan="3">622</td></tr>
<tr><td>CC</td><td>—</td><td colspan="3">23.4</td><td colspan="3">34</td><td colspan="3">43.4</td><td colspan="2">42.8</td><td colspan="3">60</td><td colspan="3">60</td></tr>
<tr><td>DD</td><td>—</td><td colspan="3">M6-6g</td><td colspan="3">M17-6g</td><td colspan="3">M17-6g</td><td colspan="2">M17-6g</td><td colspan="3">M17-6g</td><td colspan="3">M17-6g</td></tr>
<tr><td>EE</td><td>—</td><td>98</td><td>97</td><td>130</td><td>102</td><td>127</td><td>159</td><td>130</td><td>146</td><td>180</td><td>167</td><td>178</td><td>210</td><td>203</td><td>215</td><td>210</td><td>203</td><td>215</td></tr>
<tr><td>FF</td><td>—</td><td>231</td><td>289</td><td>287</td><td>263</td><td>352</td><td>339</td><td>306</td><td>406</td><td>377</td><td>405</td><td>453</td><td>458</td><td>465</td><td>525</td><td>458</td><td>465</td><td>525</td></tr>
<tr><td colspan="2">变量形式</td><td>C</td><td>S</td><td>Y</td><td>C</td><td>S</td><td>Y</td><td>C</td><td>S</td><td>Y</td><td>C</td><td>S</td><td>MY</td><td>S</td><td>Y</td><td>C</td><td>S</td><td>Y</td></tr>
</table>

注：其他变量形式的柱塞泵安装、连接尺寸与同一排量定量泵相同。

第20篇

6.6.3.3 A2F 型柱塞泵

型号意义：

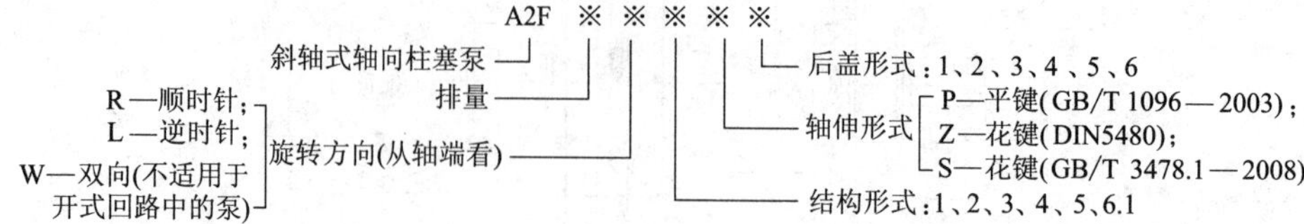

表 20-6-58 A2F 型斜轴式轴向柱塞泵技术规格

型号	排量 /mL·r^{-1}	压力 /MPa		最高转速 /r·min^{-1}		最大功率 /kW		额定转矩 /N·m	转动惯量 /kg·m^2	驱动功率 /kW	质量 /kg
		额定	最高	闭式	开式	闭式	开式				
A2F10	9.4			7500	5000	41	26.6	52.5	0.0004	7.9	5.5
A2F12	11.6			6000	4000	41	26.3	64.5	0.0004	9.8	5.5
A2F23	22.7			5600	4000	74	53	126	0.0017	19	12.5
A2F28	28.1			4750	3000	78	49	156	0.0017	24	12.5
A2F40	40	35	40	3750	2500	87	55	225	—	—	23
A2F45	44.3			4500	3000	98	75	246	0.0052	38	23
A2F55	54.8			3750	2500	120	78	305	0.0052	46	23
A2F63	63			4000	2700	147	96	350	0.0109	53	33
A2F80	80			3350	2240	156	102	446	0.0109	68	33
A2F87	86.5			3000	2500	151	123	480	0.0167	73	44
A2F107	107	35	40	3000	2000	187	121	594	0.0167	90	44
A2F125	125			3150	2240	230	159	693	0.0322	106	63
A2F160	160			2650	1750	247	159	889	0.0322	135	63
A2F200	200			2500	1800	292	210	1114	0.088	169	88
A2F250	250	35	40	2500	1500	365	218	1393	0.088	211	88
A2F355	355			2440	1320	464	273	1987	0.160	300	138
A2F500	500			2000	1200	583	340	2785	0.225	283	185
A2F12	12			6000	3150	42	22	67	0.0004	10	6
A2F23	22.9			4750	2500	63	33	127	0.0012	19	9.5
A2F28	2801			4750	2500	78	41	156	0.0012	24	9.5
A2F56	56.1			3750	2000	123	65	312	0.0042	47	18
A2F80	80.4			3350	1800	157	84	447	0.0072	68	23
A2F107	106.7			3000	1600	187	100	594	0.0116	90	32
A2F160	160.4	35	40	2650	1450	248	136	894	0.022	136	45
A2F16	16			6000	3150	56	30	89	0.0004	13	6
A2F32	32			4750	2500	88	46	178	0.0012	26	9.5
A2F45	15.6			4250	2240	113	59	254	0.0024	38	13.5
A2F63	63			3750	2000	137	74	350	0.0042	53	18
A2F90	90			3350	1800	176	95	500	0.0072	76	23
A2F125	125			3000	1600	219	116	696	0.0116	106	32
A2F180	180			2650	1450	178	152	1001	0.0220	152	45

表 20-6-59　　A2F（10～160）型斜轴式柱塞泵/马达（结构1～4）外形尺寸　　mm

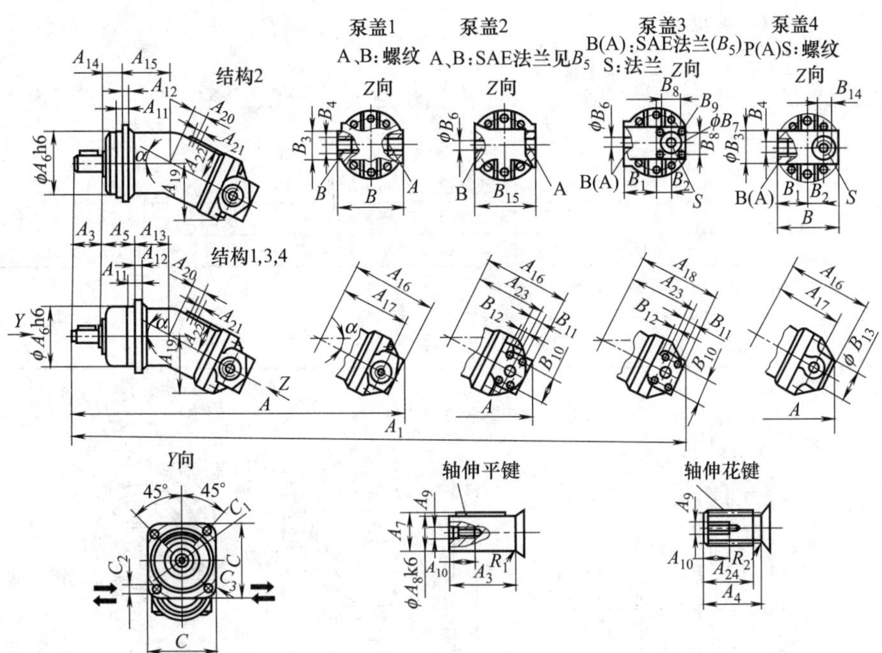

规格		结构	后盖	A_1		A_2		A_3	A_4	A_5	A_6	A_7	A_8	A_9	A_{10}
α=20°	α=25°	形式	形式	α=20°	α=25°	α=20°	α=25°								
10	12	4	1,4	235	232	—	—	40	34	40	80	22.5	20	6	16
23	28	3	1,4	296	293	—	—	50	43	50	100	27.9	25	8	19
45	55	1	1,2,3	384	381	378	376	60	35	63	125	32.9	30	12	28
63	80	2	1,2,3	452	450	450	447	70	40	—	140	38	35	12	28
87	107	2	1,2,3	480	476	476	473	80	45	—	160	43.5	40	12	28
125	160	2	1,2,3	552	547	547	547	90	50	—	180	48.5	45	16	36

规格		A_{11}	A_{12}	A_{13}	A_{14}	A_{15}	A_{16}	A_{17}	A_{18}	A_{19}		A_{20}	A_{21}	A_{22}	A_{23}	A_{24}
α=20°	α=25°									α=20°	α=25°					
10	12	8	12.5	42	—	—	112	90	—	69	75	10	M12×1.5	40	—	22
23	28	8	16	50	—	—	145	118	—	88	95	25	M16×1.5	50	—	28
45	55	10	20	77	32	108	183	150	178	110	118	31.5	M18×1.5	63	151	28
63	80	10	23	—	32	137	213	173	208	126	140	36	M18×1.5	77	173	33
87	107	12	25	—	40	130	230	190	225	138	149	40	M18×1.5	80	190	37.5
125	160	10	28	—	40	156	262	212	257	159	173.5	45	M22×1.5	93	212	42.5

规格		B	B_1	B_2	B_3	B_4		B_5 SAE	B_6	B_7	B_8	B_9		B_{10}	B_{11}	B_{12}		B_{13}
α=20°	α=25°					螺纹	深	法兰				螺纹	深			螺纹	深	
10	12	89	42.5	18	40	M22×1.5		—	—	—	—	—	—	—	—	—	—	42
23	28	100	53	25	47	M27×2		—	—	—	—	—	—	—	—	—	—	53
45	55	132	63	29	53	M33×2		0.75	19	50	48	M10	16	50.8	23.8	M10	16	—
63	80	156	75	35.5	63	M42×2		1	25	56	60	M12	18	57.1	27.8	M12	16	—
87	107	165	80	35.5	66	M42×2		1	25	63	60	M12	18	57.1	27.8	M12	18	—
125	160	195	95	42.2	70	M48×2		1.25	32	70	75	M16	24	66.7	27.8	M14	21	—

续表

规格		B_{14}		B_{15}	C	C_1	C_2	C_3	平键 GB/T 1096	花键 DIN 5480-1	花键 GB 3478.1
α=20°	α=25°	螺纹	深								
10	12	M33×2	18	—	95	100	9	10	键 6×6×32	W20×1.25×14×9g	EXT14Z×1.25m×30R×5f
23	28	M42×2	20	—	118	125	11	12	键 8×7×40	W25×1.25×18×9g	EXT18Z×1.25m×30R×5f
45	55	—	—	126	050	160	13.5	16	键 8×7×50	W30×2×14×9g	EXT14Z×2m×30R×5f
63	80	—	—	156	145	180	13.5	16	键 10×8×56	W35×2×16×9g	EXT16Z×2m×30R×5f
87	107	—	—	160	190	200	17.5	20	键 12×8×63	W40×2×18×9g	EXT18Z×2m×30R×5f
125	160	—	—	190	210	224	17.5	20	键 14×9×70	W45×2×21×9g	EXT21Z×2m×30R×5f

注：A_5、A_{13}不用于结构 2，A_{14}、A_{15}不用于结构 1。

表 20-6-60　A2F（200～500）型斜轴式柱塞泵/马达（结构 5）外形尺寸　mm

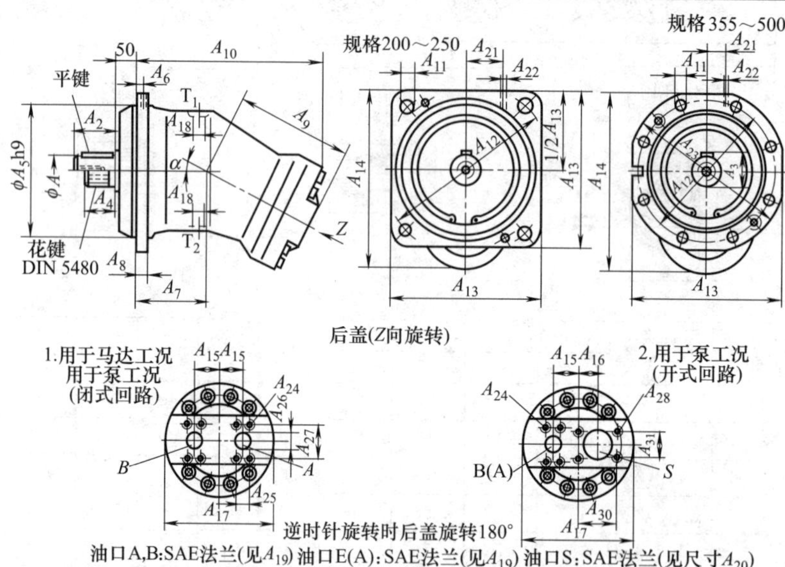

规格	α	A_1	A_2	A_3	A_4	A_5	A_6	A_7	A_8	A_9	A_{10}	A_{11}	A_{12}	A_{13}	A_{14}	A_{15}	A_{16}
200	21°	50k6	82	53.5	58	224	50	134	25	232	368	22	280	252	300	55	45
250	26.5°	50k6	82	53.5	58	224	50	134	25	232	370	22	280	252	314	55	45
355	26.5°	60m6	105	64	82	280	50	160	28	260	422	18	320	335	380	60	50
500	26.5°	70m6	105	74.5	82	315	50	175	30	283	462	22	360	375	420	65	55

规格	α	A_{17}	A_{18}	A_{19}/in	A_{20}/in	A_{21}	A_{22}	A_{23}	A_{24}		A_{25}	A_{26}
									螺纹	深		
200	21°	216	M22×1.5	1.25	2.5	70	M14×1.5	—	M14	22	31.8	32
250	26.5°	216	M22×1.5	1.25	2.5	70	M14×1.5	—	M14	22	31.8	32
355	26.5°	245	M33×2	1.5	2.5	35	M14×1.5	360	M16	24	31.6	40
500	26.5°	270	M33×2	1.5	3	35	M18×1.5	400	M16	24	36.6	40

规格	A_{27}	A_{28}		A_{29}	A_{30}	A_{31}	平键 GB 1096—2003	花键 DIN 5480-1—2006	质量/kg
		螺纹	深						
200	66.7	M12	18	63	88.9	50.8	14×80	W50×2×24×9g	88
250	66.7	M12	18	63	88.9	50.8	14×80	W50×2×24×9g	88
355	79.4	M12	18	63	88.9	50.8	18×100	W60×2×28×9g	138
500	79.4	M16	24	75	106.4	62	20×100	W70×3×22×9g	185

表 20-6-61 A2F 型斜轴式柱塞泵/马达（结构 6.1）外形尺寸 mm

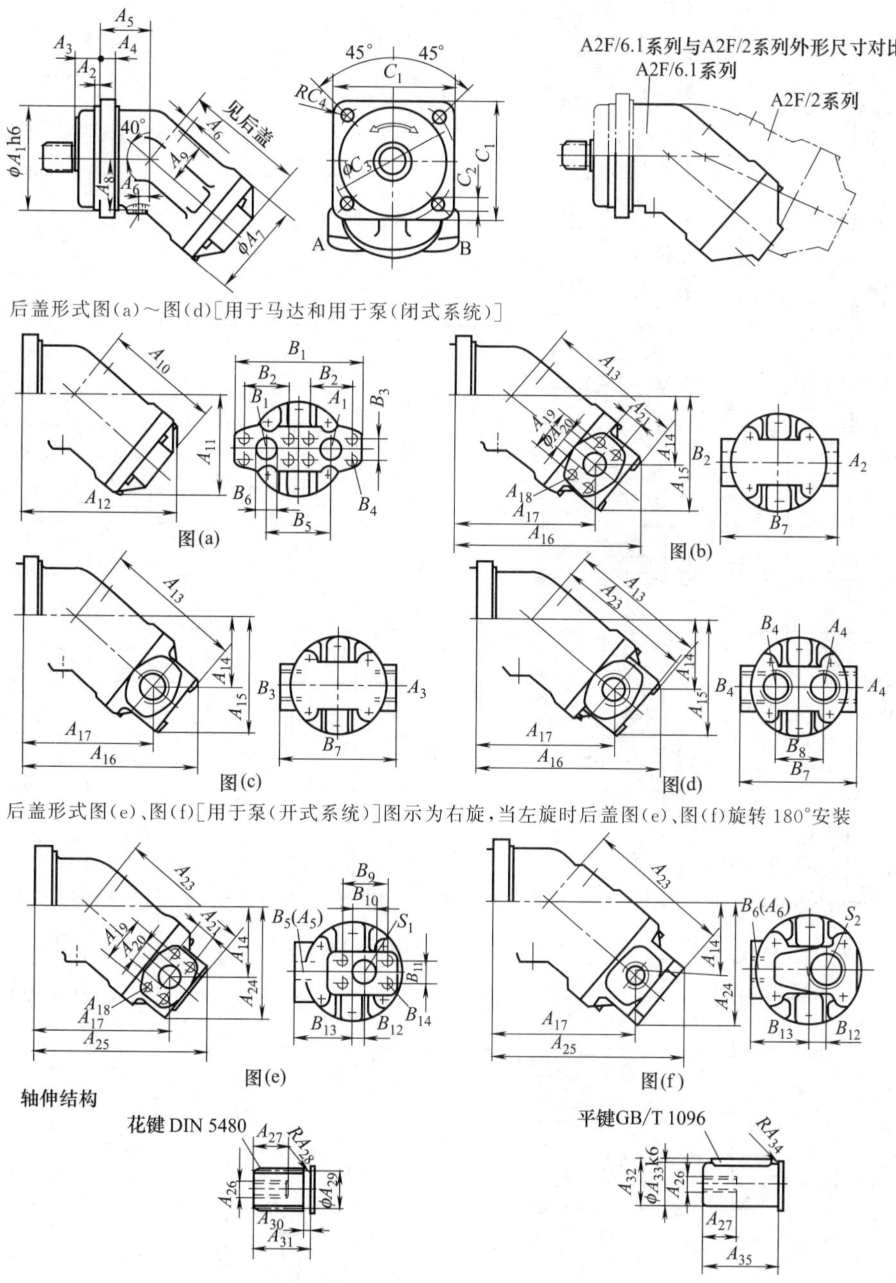

公称规格(系列)		A_1	A_2	A_3	A_4	A_5	A_6	A_7	A_8	A_9	A_{10}	A_{11}	A_{12}	A_{13}
Ⅰ	Ⅱ													
16	12	80	6	20	12	64.5	5	85	56.5	41.5	—	—	—	108
32	23;28	100	8	25	18	60.7	19	106	55.5	48.5	121	106	173	137
45	—	125	12	32	20	60.3	18	118	63	52	138	119	187	155
63	56	125	10	32	20	67.5	18	128	70	56	149.5	130	206	166.5
90	80	140	10	32	20	78.5	15	138	83	61	162.5	145	233	189.5
125	107	160	10	40	23	82.8	18	150	85	67	186.5	159	252	222
180	160	180	10	40	25	93	19.5	180	95.5	77.5	208	188	294	233

续表

公称规格(系列)		A_{14}	A_{15}	A_{16}	A_{17}	A_{23}	A_{24}	A_{25}	B_1	B_2	B_3	B_4
Ⅰ	Ⅱ											
16	12	55.5	85	159.5	130.5	108	93.5	167.5	—	—	—	—
32	23;28	70	117	190	144	141	120	193	115	40.5	18.2	M8 深 15
45	—	80	133	207	155	158	133	207	147	50.8	23.8	M10 深 17
63	56	87	142	225	171	169.5	142	225	147	50.8	23.8	M10 深 17
90	80	99	162	257	196	189.5	160	225	166	57.2	27.8	M12 深 17
125	107	110	181	285	213	212	173	275	194	66.7	31.8	M14 深 19
180	160	121	188	294	237	1233	188	294	194	66.7	31.8	M14 深 19

公称规格		B_5	B_6	B_7	B_8	B_9	B_{10}	B_{11}	B_{12}	B_{13}	B_{14}	C_1	C_2	C_3	C_4
Ⅰ系列	Ⅱ系列														
16	12	—	—	85	36	—	—	—	16	42.5	—	95	9	100	10
32	23;28	59	13	120	58	47.6	19	22.2	14	60	M10 深 17	118	11	125	12
45	—	75	19	128	58	52.4	25	26.2	20	63.5	M10 深 17	150	13.5	160	16
63	56	75	19	136	58	52.4	25	26.2	23	68	M10 深 17	150	13.5	160	16
90	80	84	25	160	64	58.7	32	30.2	25	73	M10 深 17	165	13.5	180	16
125	107	99	32	178	71	69.9	38	35.7	20	89	M12 深 20	190	17.5	200	20
180	160	99	32	202	71	69.9	38	35.7	15	101	M12 深 20	210	17.5	224	20

公称规格	A_{18}	A_{19}	A_{20}	A_{21}	A_{26}	A_{27}	A_{28}	A_{29}	A_{30}	A_{31}	A_{32}	A_{33}	A_{34}	A_{35}
16	—	—	—	—	M10	22	1.6	21.8	6	28	28	25	1	40
32	M8 深 15	40.5	13	18.2	M10	22	1.6	25	8	35	33	30	0.8	50
45	M10 深 17	50.8	19	23.8	M12	28	1.6	25	8	35	33	30	0.8	60
63	M10 深 17	50.8	19	23.8	M12	28	1.6	30	8	40	38	35	1	60
90	M10 深 17	57.2	25	27.8	M16	36	2.5	35	811	45	43	45	1	70
125	M14 深 19	66.7	32	31.8	M16	36	2.5	40	12	50	48.5	40	1.6	80
180	M14 深 19	66.7	32	31.8	M16	36	4	45	15	55	53.5	45	2.5	90

公称规格	连接油口								花键 DIN 5480-1—2006	平键 GB/T 1096—2003
	A_1、B_1/in	A_2、B_2/in	A_3、B_3	A_4、B_4	A_5、B_5	A_6、B_6	S_1/in	S_2		
16	—	—	M22×1.5	M22×1.5	—	M22×1.5	—	M33×2	W25×1.25×18×9g	

6.6.3.4　ZB型斜轴式轴向柱塞泵

型号意义：

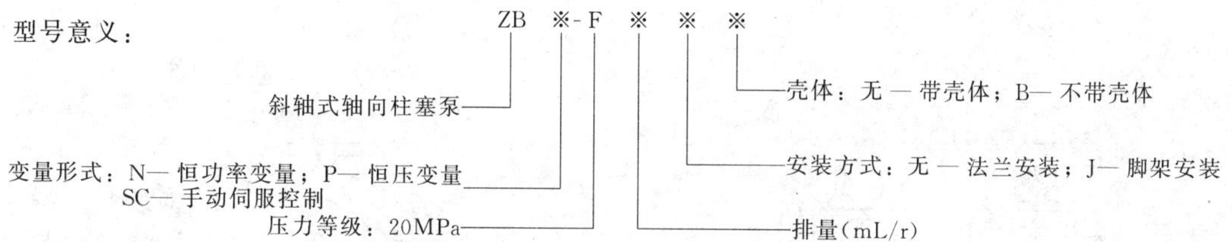

表 20-6-62　　ZB型斜轴式轴向柱塞泵技术规格和外形尺寸

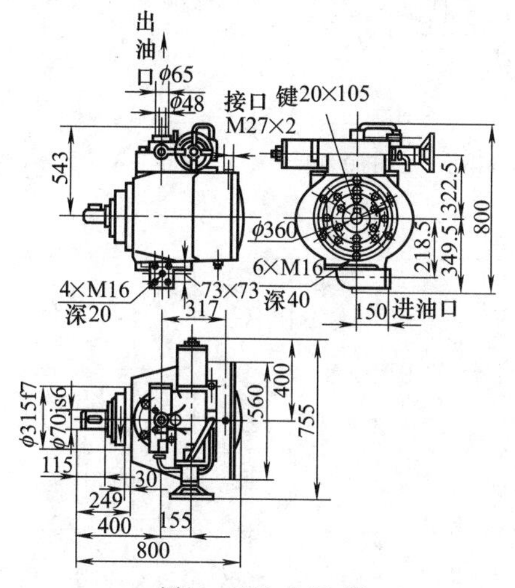

图(a)　ZBP-F481型

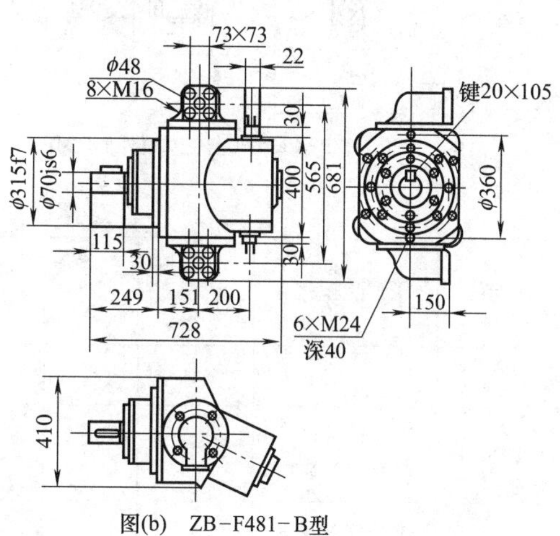

图(b)　ZB-F481-B型

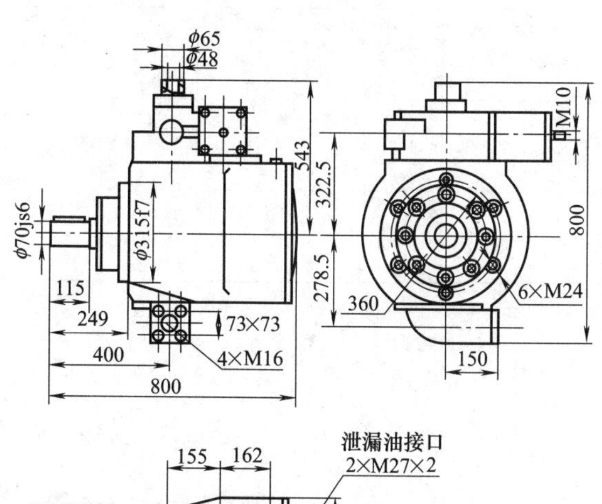

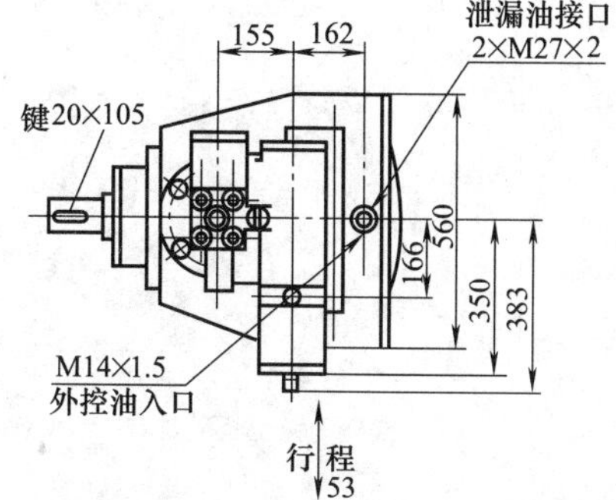

图(c)　ZBSC-F481型柱塞泵外形尺寸

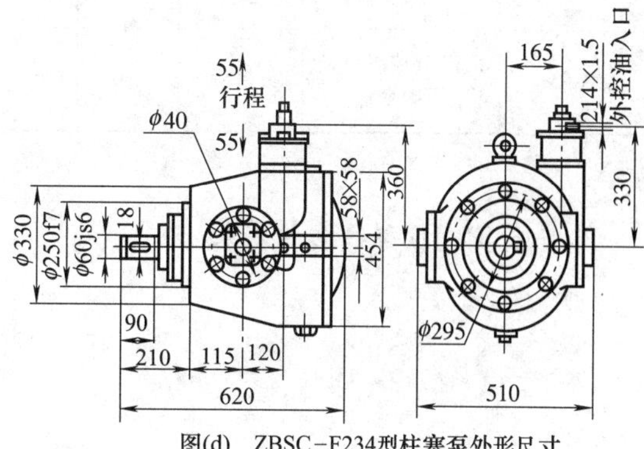

图(d)　ZBSC-F234型柱塞泵外形尺寸

续表

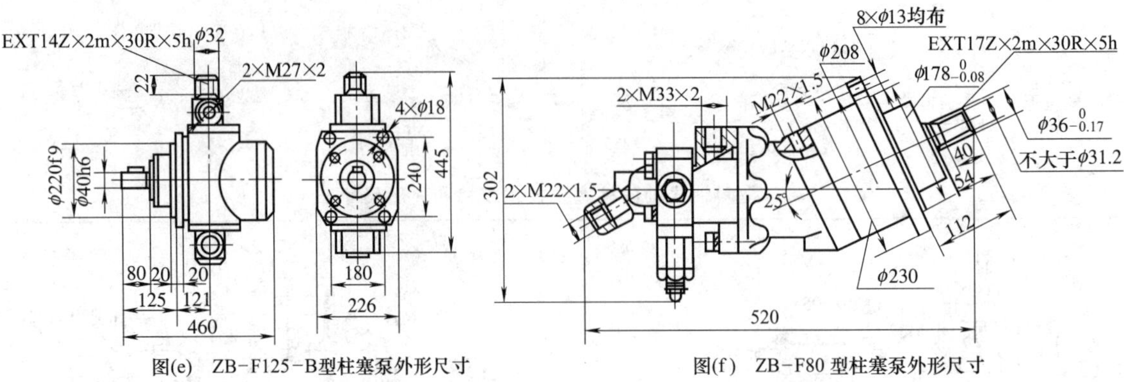

图(e) ZB-F125-B型柱塞泵外形尺寸　　图(f) ZB-F80 型柱塞泵外形尺寸

型号	变量形式	排量/mL·r⁻¹	压力/MPa		转速/r·min⁻¹		驱动功率/kW	额定转矩/N·m	容积效率(≥)/%	质量/kg	旧型号
			额定	最高	额定	最高					
ZBP-F481	恒压变量	481	21	35	970	1500	163	—	96	500	ZB1-740
ZB-F481-B	用户自定（双向变量）	481	21	35	970	1500	163	—	96	200	ZB2-740
ZBSC-F481	手动伺服双向变量	481	21	35	970	1500	163	—	96	500	ZB3-740
ZBSC-F234	手动伺服双向变量	234	21	35	1500	1500	123	—	96	350	ZB3-732
ZB-F125-B	用户自定（双向变量）	125	20	25	2200	2200	90	—	96	84	YAK-125
ZB-F80	恒流量控制手动伺服变量	87	21	25	1500	1670	50	—	96	80	—

6.6.3.5 JB 型径向柱塞泵

型号意义：

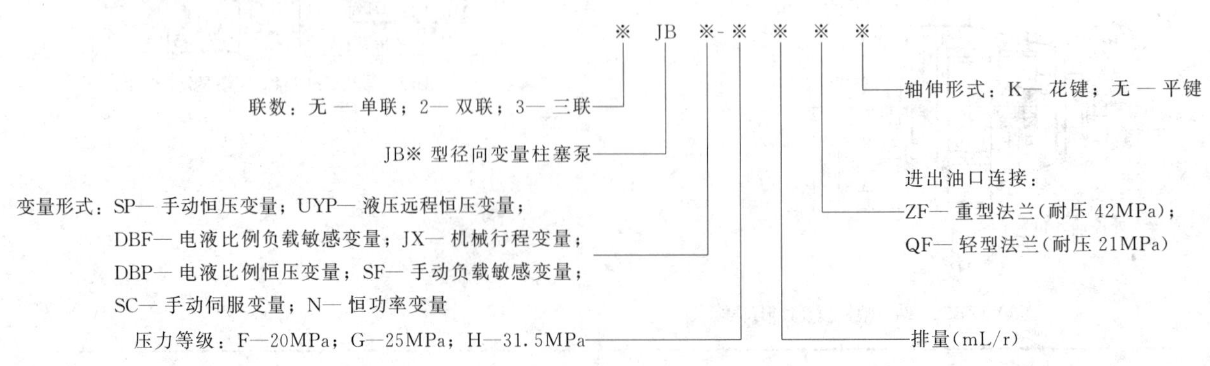

表 20-6-63 JB※型径向变量柱塞泵技术规格

规格	排量/mL·r^{-1}	压力/MPa	转速/r·min^{-1} 最佳	转速/r·min^{-1} 最高	调压范围/MPa	过滤精度/μm
16	16	F:20	1800	3000	3～31.5	吸油:100
19	19	G:25	1800	2500		回油:30
32	32	H:31.5	1800	2500		
45	45	最大:35	1800	1800		
63	63		1800	2100		
80	80		1800	1800		

表 20-6-64 JB※型径向变量柱塞泵外形尺寸

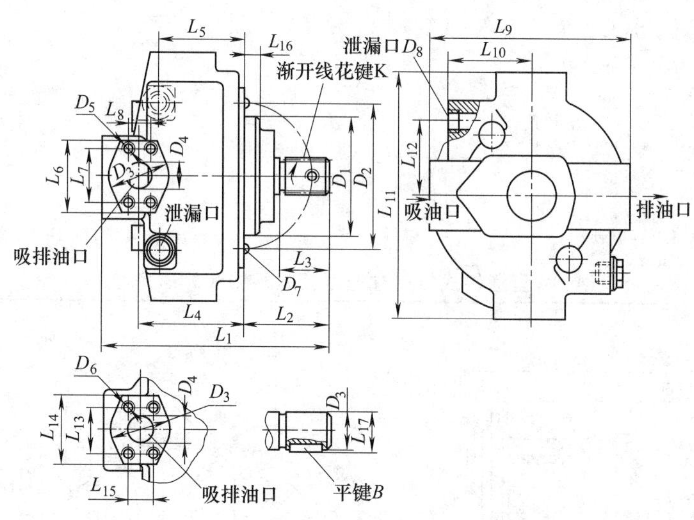

排量/mL·r^{-1}	L_1	L_2	L_3	L_4	L_5	L_6	L_7	L_8	L_9	L_{10}	L_{11}
16、19	200	71	42	84	72	71	47.6±0.20	22.2±0.20	181	85	217
32、45	242	83	58	106	84	80	—	—	225	90	257
63、80	301	116	64	140	108	80	58.74±0.25	30.16±0.20	272	110	330

排量/mL·r^{-1}	L_{12}	L_{13}	L_{14}	L_{15}	L_{16}	L_{17}	D_1	D_2	D_3	D_4
16、19	56	50.8±0.25	71	23.9±0.25	7	28	100h8	125±0.15	25js7	20
32、45	78	52.4±0.25	71	26.2±0.25	8	35	100h8	125±0.15	32K7	26
63、80	90	57.2±0.25	80	27.8±0.25	13	48.5	160	200±0.15	45K7	26

排量/mL·r^{-1}	D_5 螺纹	D_5 深	D_6 螺纹	D_6 深	D_7 螺纹	D_7 深	D_8 螺纹	D_8 深	B 平键	K 渐开线花键
16、19	M10	16	M10	16	M10	15	M18×1.5	13	8×30	—
32、45	—	—	M10	21	M10	20	M22×1.5	14	10×45	—
63、80	M12	21	M12	21	M10	20	M18×1.5	16	14×56	EXT21Z×2m×30P×65

6.6.3.6　A10V 型轴向柱塞泵

型号意义：

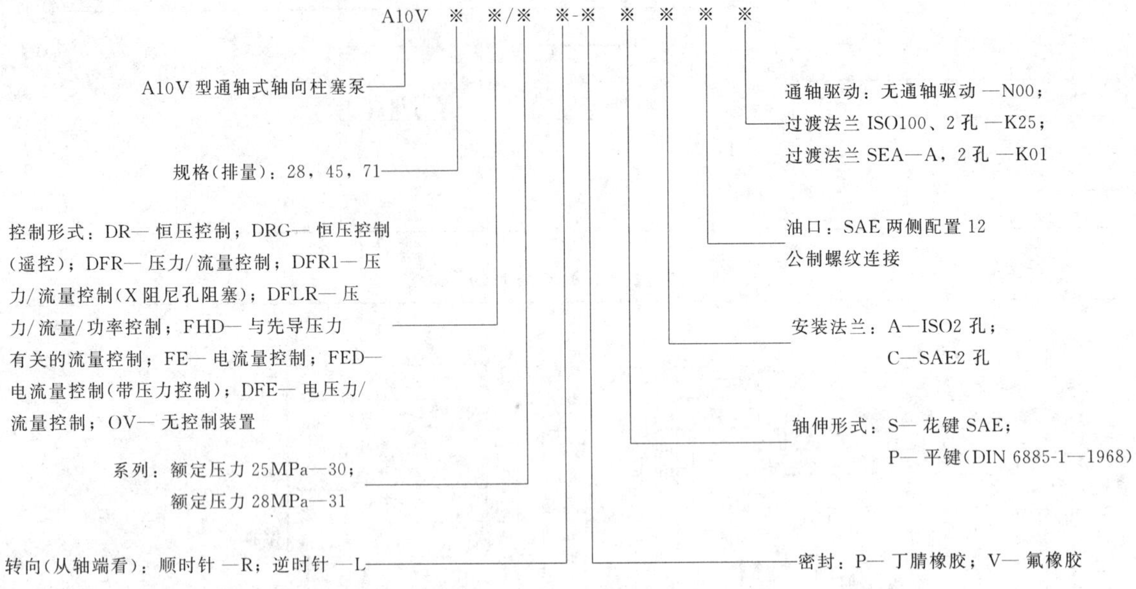

表 20-6-65　　A10V 型通轴式轴向柱塞泵技术规格和外形尺寸

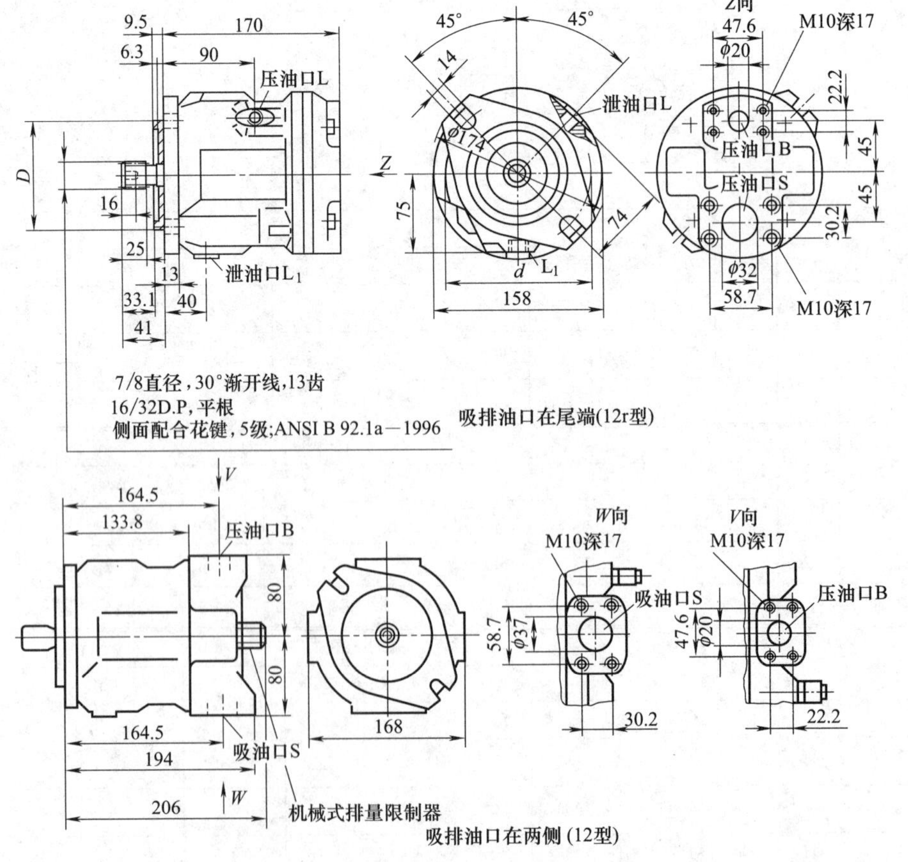

续表

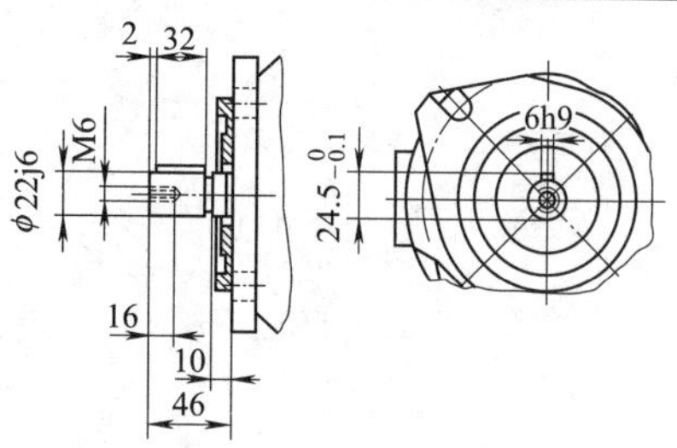

图(a) A10V28N00型轴向柱塞泵外形尺寸(不带通轴驱动、不包括控制装置)

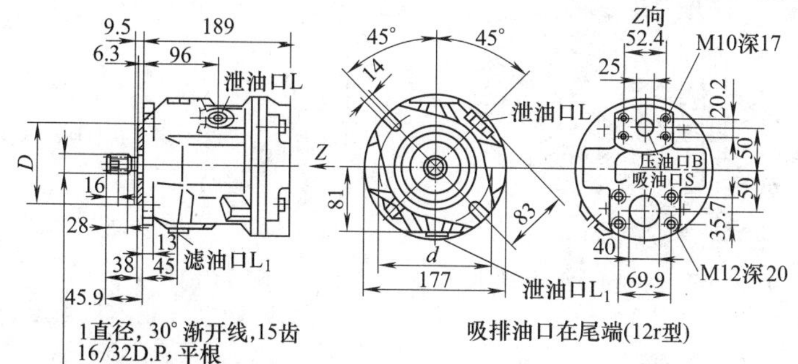

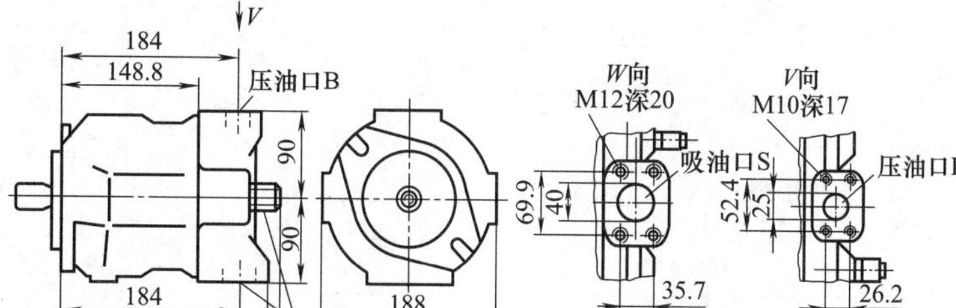

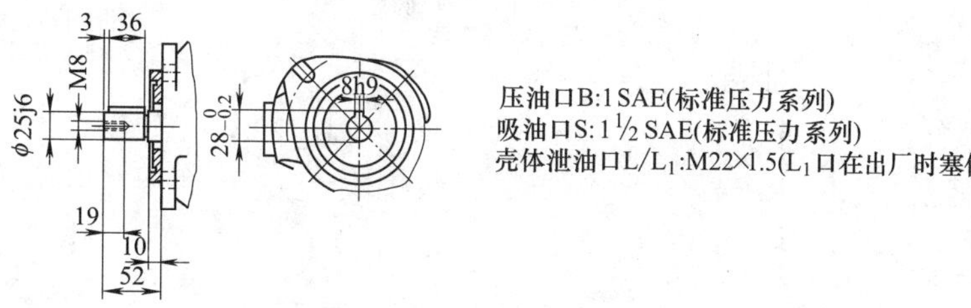

图(b) A10V45N00型轴向柱塞泵外形尺寸(不带通轴驱动、不包括控制装置)

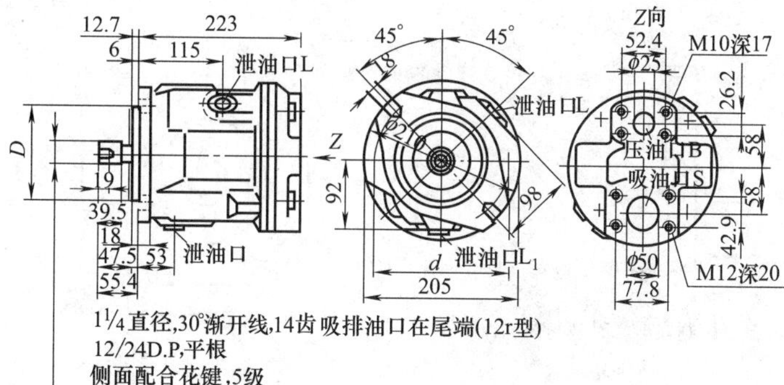

续表

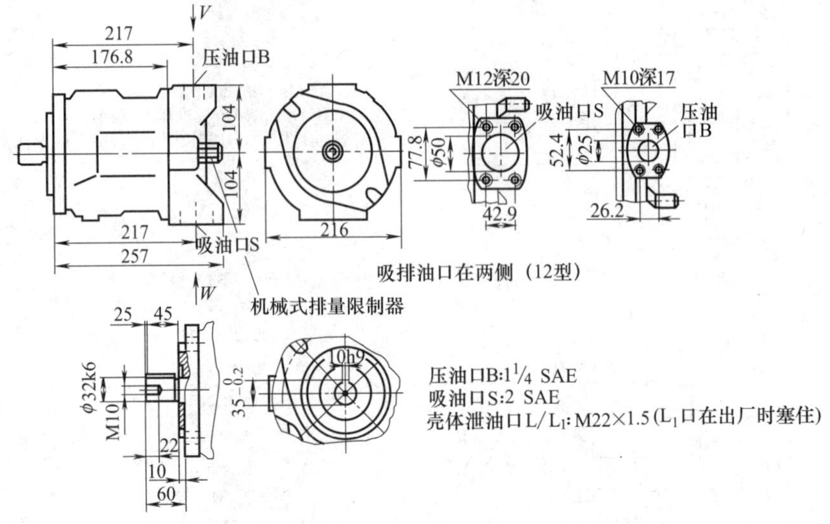

图(c)　A10V71 型轴向柱塞泵外形尺寸(不带通轴驱动、不包括控制装置)

规格	排量 /mL·r^{-1}	压力/MPa 额定 30系列	压力/MPa 额定 31系列	压力/MPa 最大 30系列	压力/MPa 最大 31系列	最高转速 /r·min^{-1}	转矩/N·m Δp=10MPa	转矩/N·m Δp=25MPa	转矩/N·m Δp=28MPa	转动惯量 /kg·m^2	功率/kW 30系列 n=1450r/min	功率/kW 30系列 n_{max}	功率/kW 31系列 n=1500r/min	功率/kW 31系列 n_{max}	质量 /kg
28	28	25	28	31.5	35	3000	45	111	125	0.0017	17	35	20	39	15
45	45					2600	72	179	200	0.0033	27	49	32	55	21
71	71					2200	113	282	316	0.0083	43	65	50	73	33

表 20-6-66　　外形安装图　　mm

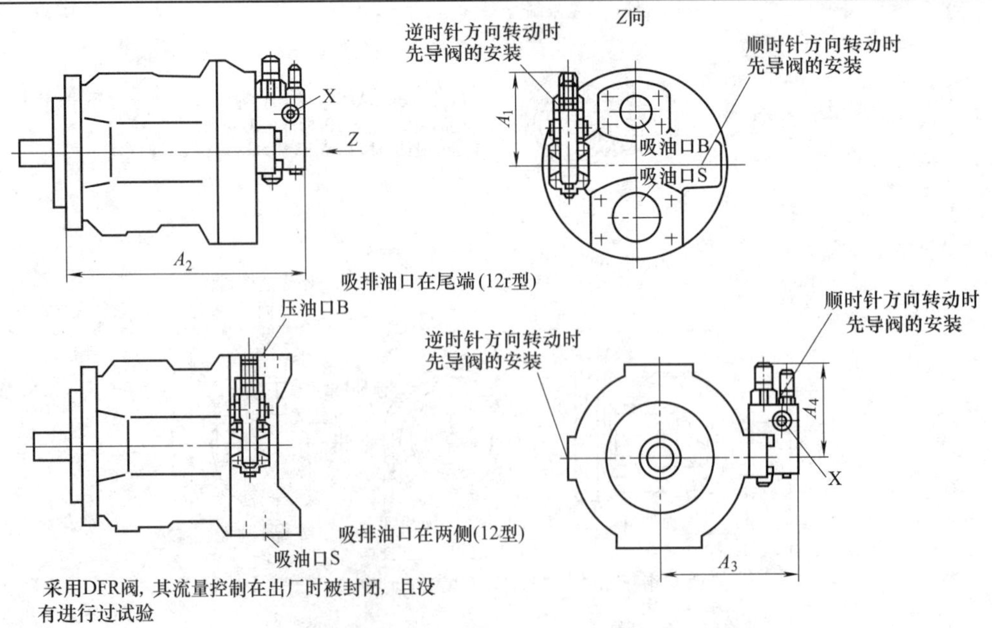

图(a)　恒压控制(DR型)泵的外形安装

续表

规格	12r 型		12 型		X 口
	A_1	A_2	A_3	A_4	
28	109	225	136	106	M14×1.5;深 12
45	106	244	146	106	M14×1.5;深 12
71	106	278	160	106	M14×1.5;深 12

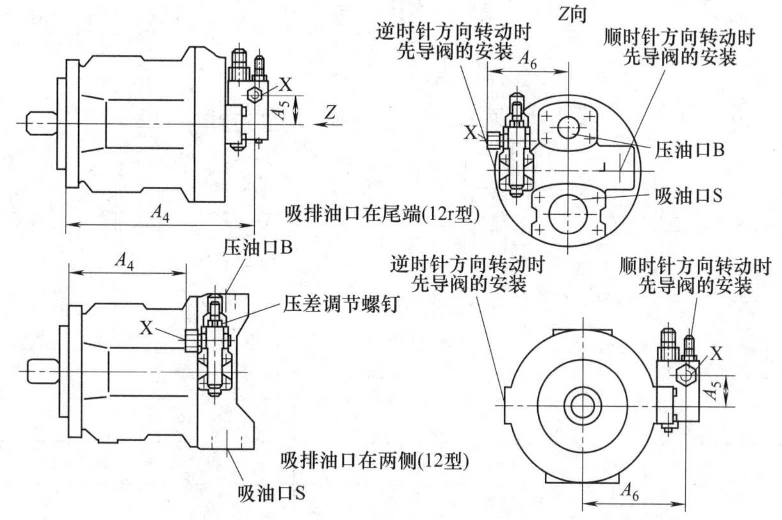

图(b) 恒压遥控(DRG型)泵的外形安装

规格	12r 型			12 型			X 口
	A_4	A_5	A_6	A_4	A_5	A_6	
28	209	43	94	120	40	119	M14×1.5;深 12
45	228	40	102.5	135	40	129	M14×1.5;深 12
71	267	40	112.5	163	40	143	M14×1.5;深 12

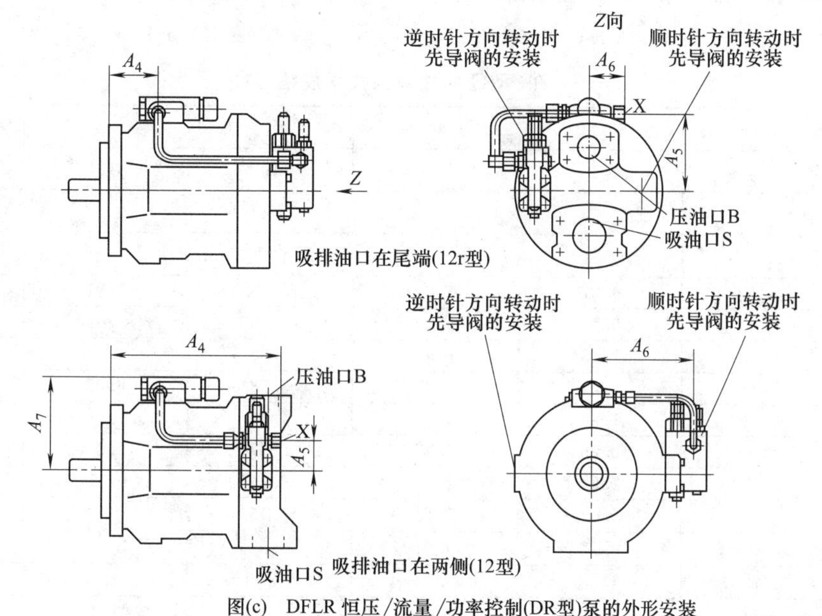

图(c) DFLR 恒压/流量/功率控制(DR型)泵的外形安装

续表

规格	12r 型			12 型			X 口
	A_4	A_5	A_6	A_5	A_6	A_7	
28	48	84	48	40	119	106.5	M14×1.5,深 12
45	54	91.5	48	40	129	112	M14×1.5,深 12
71	69	103.5	48	40	143	126	M14×1.5,深 12

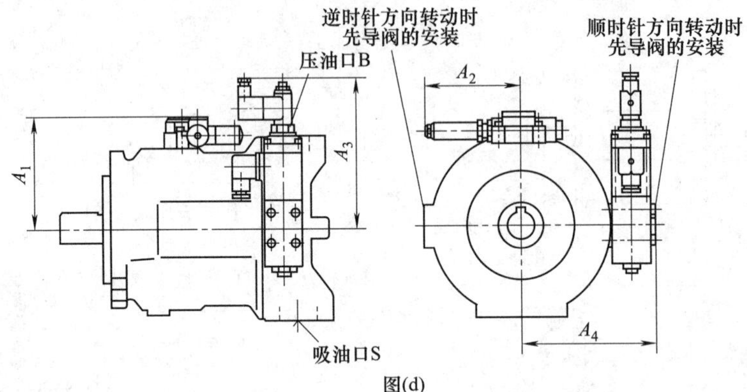

图(d)

规格	A_1	A_2	A_3	A_4
28	104	107	170	126
45	109	107	170	136
71	121	107	170	150

6.6.3.7 RK 型超高压径向柱塞泵

型号意义：

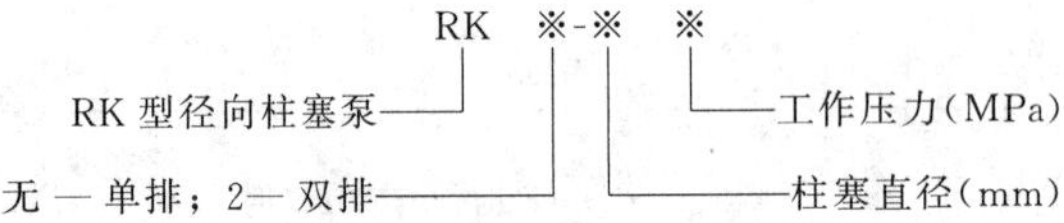

表 20-6-67 RK 型径向柱塞泵技术规格

额定工作压力/MPa		100(80)	63	50	32	22.5
柱塞直径/mm		6.5	8.5	10	13	15
额定转速/$r \cdot min^{-1}$		1500				
形式	柱塞数	理论流量/$L \cdot min^{-1}$				
单排	1	0.37	0.64	0.89	1.51	2
	2	0.75	1.29	1.79	3.02	4
	3	1.13	1.93	2.68	4.54	6
	4	1.51	2.58	3.58	6.05	8
	5	1.89	3.22	4.47	7.56	10
	6	2.26	3.87	5.37	9.07	12
	7	2.64	4.51	6.26	10.59	14.1
双排	8	3.02	5.16	7.16	12.1	16.1
	10	3.78	6.64	8.59	15.13	20.1
	12	4.53	7.75	10.74	18.15	24.1
	14	5.29	9.04	12.53	21.18	28.2

表 20-6-68　RK 型径向柱塞泵外形尺寸　mm

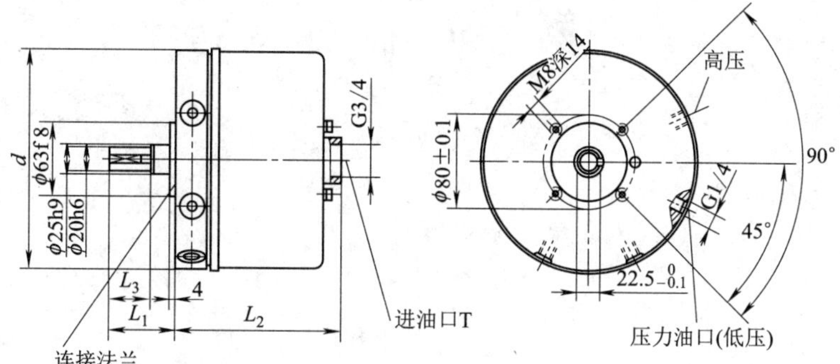

形式	d	L_1	L_2	L_3	平键 GB/T 1096—2003
单排	184	32	112	23	6×6×18
双排	185	54	139	34	6×6×28

6.6.3.8　SB 型手动泵

SB 系列手动泵是在引进国外样机的基础上创新研制的新型液压元件。它广泛运用在各种武器装备、工程机械、起重运输车辆、铁道作业机具、冶金采矿设备以及各类液压机具的液压系统，用作手动液压源或应急液压源，还可作液压泵、润滑泵、试压泵、供油泵，特别适用于缺少机电动力和需要节能的场合。

表 20-6-69　SB 型手动泵技术规格

类型	型号	排量 /mL·次$^{-1}$	压力 /MPa	最高压力 /MPa	操作力 /N	容积效率 /%	质量 /kg	储油筒容积 /L
通用型 组合型	SB-12.5	12.5	25	50	250	>95	6.5	1
	SB-12.5-1						7.8	
	SB-16	16	16	25	250	>95	7	1
	SB-16-1						7.8	
	SB-20	20	12	16	250	>93	7.8	2
	SB-20-2						9.2	
	SB-30	30	8	14	280	>90	10.5	2
	SB-30-2						12	
	SB-40	40	6	10	280	>90	10.5	2
	SB-40-2						12	
	SB-60	60	4	8	300	>88	12	2
	SB-60-3						13.5	

第7章　液压马达

7.1　液压马达的分类

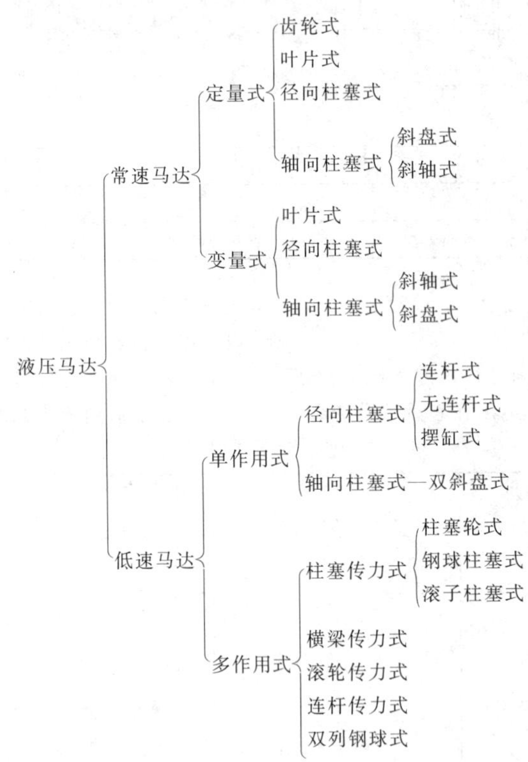

7.2　液压马达的主要参数及计算公式

7.2.1　主要参数

表 20-7-1　　液压马达的主要参数

排量	理论(或几何)排量:液压马达转动一周,由其密封容积几何尺寸变化计算而得的、需输进液体的体积 空载排量:在规定的最低工作压力下,用两种不同转速测出流量,计算出排量取平均值
流量	理论流量:液压马达在单位时间内,需输进液体的体积。其值由理论排量和转速计算而得 有效流量:液压马达进口处,在指定温度和压力下测得的实际流量
压力和压差/MPa	额定压力:液压马达在正常工作条件下,按试验标准规定能连续运转的最高压力 最高压力:液压马达按试验标准规定,允许短暂运转的最高压力 工作压力:液压马达实际工作时的压力 压差 Δp:液压马达输入压力与输出压力的差值
转矩 T/N·m	理论转矩:由输入压力产生的、作用于液压马达转子上的转矩 实际转矩:在液压马达输出轴上测得的转矩

续表

功率 P/kW	输入功率:液压马达入口处输入的液压功率 输出功率:液压马达输出轴上输出的机械功率
效率	容积效率 η_v:液压马达的理论流量与有效流量的比值 机械效率 η_{hm}:液压马达的实际转矩与理论转矩的比值 总效率 η_t:液压马达输出的机械功率与输入的液压功率的比值
转速 n/r·min^{-1}	额定转速:液压马达在额定条件下,能长时间持续正常运转的最高转速 最高转速:液压马达在额定条件下,能超过额定转速允许短暂运转的最高转速 最低转速:液压马达在正常工作条件下,能稳定运转的最小转速

7.2.2 计算公式

表 20-7-2 液压马达主要参数计算公式

参数名称	单位	计算公式	说明
流量	L/min	$q_0=Vn$ $q=\dfrac{Vn}{\eta_V^m}$	V——排量,mL/min n——转速,r/min q_0——理论流量,L/min q——实际流量,L/min
输出功率	kW	$P_0=\dfrac{2\pi Mn}{6000}$	M——输出扭矩,N·m P_0——输出功率,kW
输入功率	kW	$P_i=\dfrac{\Delta pq}{60}$	Δp——入口压力和出口压力之差,MPa P_i——输入功率,kW
容积效率	%	$\eta_V^m=\dfrac{q_0}{q}\times100$	η_V^m——容积效率,%
机械效率	%	$\eta_m^m=\dfrac{\eta_t^m}{\eta_V^m}\times100$	η_m^m——机械效率,%
总效率	%	$\eta_t^m=\dfrac{P_0}{P_i}\times100$	η_t^m——总效率,%

7.2.3 液压马达主要技术参数概览

表 20-7-3 液压马达主要技术参数概览

类型	型号	额定压力/MPa	转速/r·min^{-1}	排量/mL·r^{-1}	输出转矩/N·m
齿轮马达	CMG	16	500～2500	40.6～161.1	101.0～402.1
	CM4	20	150～2000	40～63	115～180
	CMG4	16	150～2000	40～100	94～228
	BM-E	11.5～14	125～320	312～797	630～1260
	CMZ	12.5～20	150～2000	32.1～100	102～256
	BM※	10	125～400	80～600	100～750
	BYM	12	180～300	80～320	105～420
叶片马达	YM	6	100～2000	16.3～93.5	11～72
	YMF-E	16	200～1200	100～200	215～490
	M 系列	15.5	100～4000	31.5～317.1	77.5～883.7
	M2 系列	5.5	50～2200	23.9;35.9	16.2～24.5
柱塞马达	JM 系列	10～16	5～1250	63～6300	42～18713
	1JMD	16	10～400	201～6140	47～1430
	1JM-F	20	100～500	200～4000	68.6～16010
	NJM	16～25	12～100	850～4500	3892～114480
	QJM	10～20	1～800	100～16000	215～42183
	QKM	10～20	1～600	400～4500	840～10490
摆动马达	YMD	14	0°～270°	30～7000	71～20000
	YMS	14	0°～90°	60～7000	142～20000

7.3 液压马达的结构特点

表 20-7-4 液压马达产品的结构特点

类型			结构示意图	结构特点	优缺点
单作用液压马达	径向柱塞式	连杆式	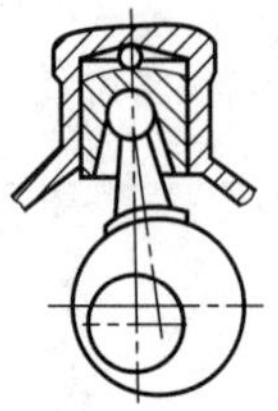	油压作用于柱塞,液压力通过连杆作用于偏心曲轴,从而使马达轴旋转	柱塞所受侧向力较小,工作可靠但体积较大
单作用液压马达	径向柱塞式	无连杆式	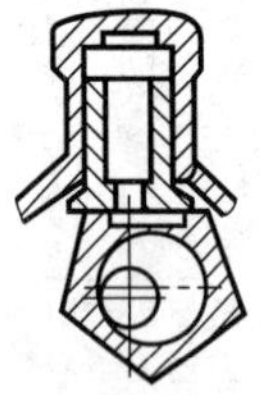	油压直接作用于偏心曲轴,从而使马达轴旋转或壳体旋转	体积较大,柱塞侧向力大
单作用液压马达	径向柱塞式	摆缸式	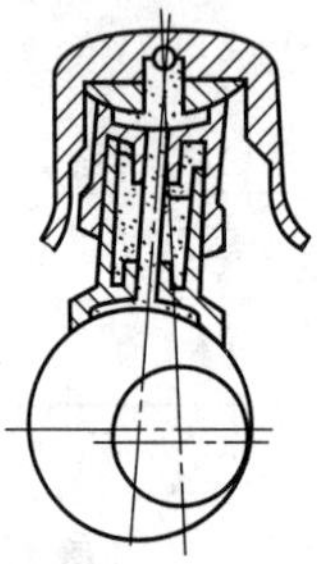	油压直接作用于鼓形偏心曲轴,从而使马达轴旋转。柱塞呈伸缩套筒式,并随曲轴旋转而摆动	柱塞无侧向力,且静力平衡,体积较大
单作用液压马达	轴向柱塞式	双斜盘式	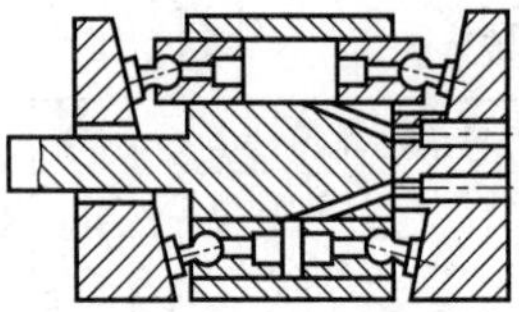	油液通过端面配流盘进入转子缸孔中,油压推动柱塞及滑履作用于斜盘上,产生切向力使转子旋转	体积较小,柱塞受侧向力
多作用液压马达	柱塞传力式	柱塞轮式	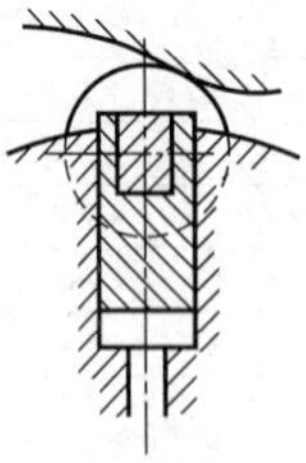	滚轮作用于导轨产生的切向力,直接由柱塞传递给转子,从而使转子旋转	柱塞的比压较大,体积小
多作用液压马达	柱塞传力式	钢球柱塞式	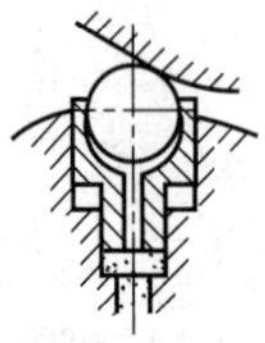	钢球作用于导轨所产生的切向力,通过柱塞传递给转子,从而使转子旋转	体积小,容积效率稍低,工作压力稍低

续表

类型		结构示意图	结构特点	优缺点
多作用液压马达	滚柱柱塞式		滚柱作用于导轨所产生的切向力，由滚柱直接传递给转子，从而使转子旋转	体积小，工作压力较钢球柱塞式高
	横梁传力式		滚轮作用于导轨所产生的切向力，由矩形横梁传递给转子，从而使转子旋转	柱塞无侧向力，工作可靠
	滚轮传力式		工作滚轮作用于导轨所产生的切向力，由导向滚轮传递给转子，从而使转子旋转	柱塞无侧向力，传力零件均为滚动摩擦，工作可靠，结构较复杂
	连杆传力式		滚轮作用于导轨所产生的切向力，由铰接的连杆传递给转子，从而使转子旋转	柱塞侧向力很小，结构复杂
	双列钢球式		钢球作用于导轨所产生的切向力，直接由钢球传递给转子，从而使转子旋转	体积较小，定子曲线不易加工，可靠性较差

7.4　齿轮马达

齿轮液压马达的结构和工作原理如图 20-7-1 所示，设齿轮的齿高为 h，啮合点 P 到两齿根的距离分别为 a 和 b，由于 a 和 b 都小于 h，所以当压力油作用在齿面上时（如图中箭头所示，凡齿面两边受力平衡的部分都未用箭头表示）在两个齿轮上都有一个使它们产生转矩的作用力 $pB(h-a)$ 和 $pB(h-b)$，其中 p 为输入油液的压力，B 为齿宽，在上述作用力下，两齿轮按图示方向旋转，并将油液带回低压腔排出。

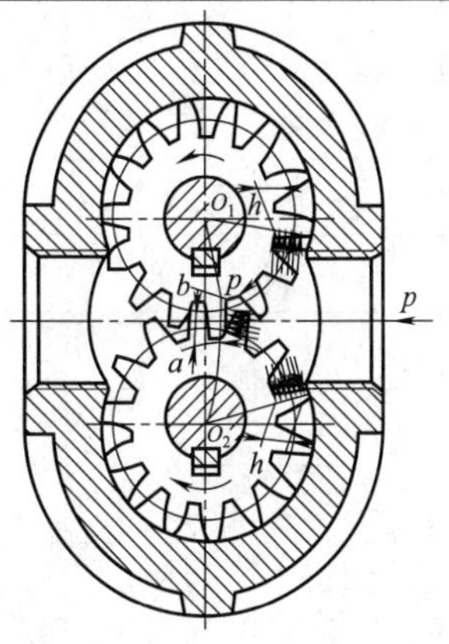

图 20-7-1　齿轮马达工作原理

和一般齿轮泵一样，齿轮液压马达由于密封性较差，容积效率较低，所以输入的油压不能过高，因而不能产生较大转矩，并且它的转速和转矩都是随着齿轮的啮合情况而脉动的。因此，齿轮液压马达一般多用于高转速低转矩的情况。

齿轮马达在结构上为了适应正反转要求，进出油口相等、具有对称性、有单独外泄油口将轴承部分的泄漏油引出壳体外；为了减少启动摩擦力矩，采用滚动轴承；为了减少转矩脉动，齿轮液压马达的齿数比泵的齿数要多。

齿轮液压马达因密封性差，容积效率较低，输入油压力不能过高，不能产生较大转矩，且瞬间转速和转矩随着啮合点的位置变化而变化，因此齿轮液压马达仅适合于高速小转矩的场合，一般用于工程机械、农业机械以及对转矩均匀性要求不高的机械设备上。

7.4.1　外啮合齿轮马达

7.4.1.1　GM5 型齿轮马达

GM5 系列高压齿轮马达为三片式结构，主要由铝合金制造的前盖、后盖、合金钢制造的齿轮和铝合金制造的压力板等零部件组成，见图 20-7-2。前后盖内各压装有两个 DU 轴承，DU 材料使齿轮泵提高了寿命。压力板是径向和轴向压力补偿的主要元件，可以减轻轴承负荷和自动调节齿轮轴向间隙，从而有效地提高了齿轮马达的性能指标和工作可靠性。

GM5 系列齿轮马达有单旋向不带前轴承、双旋向不带前轴承和单旋向带前轴承、双旋向带前轴承四种结构形式，其中带前轴承的马达可以承受径向力和轴向力。

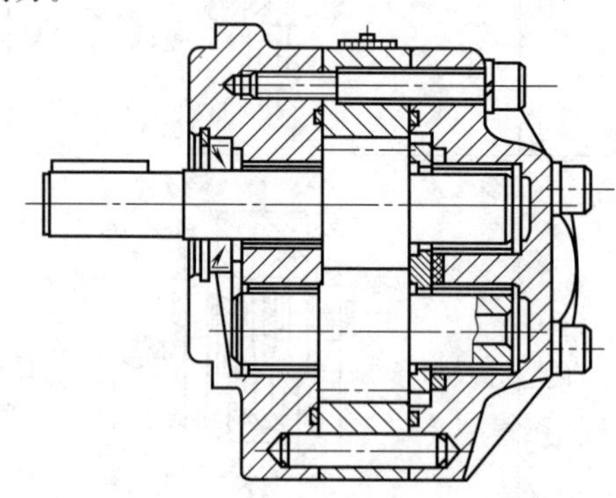

图 20-7-2　GM5 型齿轮马达结构

型号意义：

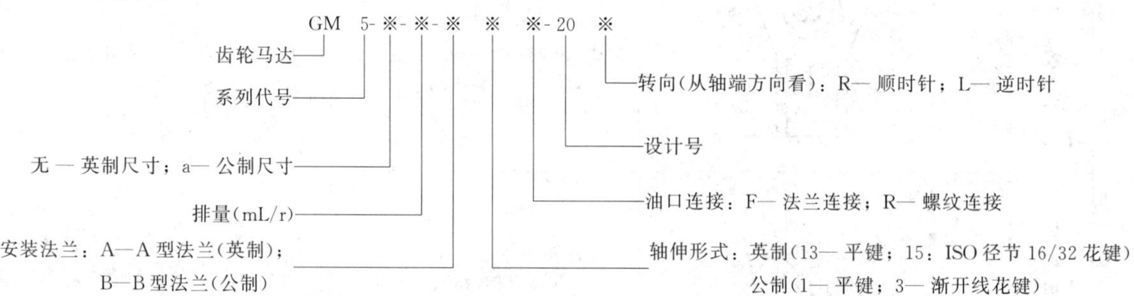

表 20-7-5　　GM5 型齿轮马达技术规格

型号	排量 /mL·r^{-1}	压力/MPa	转速/r·min^{-1}		输出转矩 /N·m	油液过滤精度 /μm	容积效率 /%	质量 /kg
			最高	最低				
GM5-5	5.2	20	4000	800	16.56	25	≥85	1.9
GM5-6	6.4	21	4000	700	21.40			2.0
GM5-8	8.1	21	4000	650	27.09			2.1
GM5-10	10.0	21	4000	600	33.44			2.2
GM5-12	12.6	21	3600	550	42.13			2.3
GM5-16	15.9	21	3300	500	53.17			2.4
GM5-20	19.9	20	3100	500	63.38			2.5
GM5-25	25.0	16	3000	500	63.69			2.7

表 20-7-6 GM5型齿轮马达外形尺寸 mm

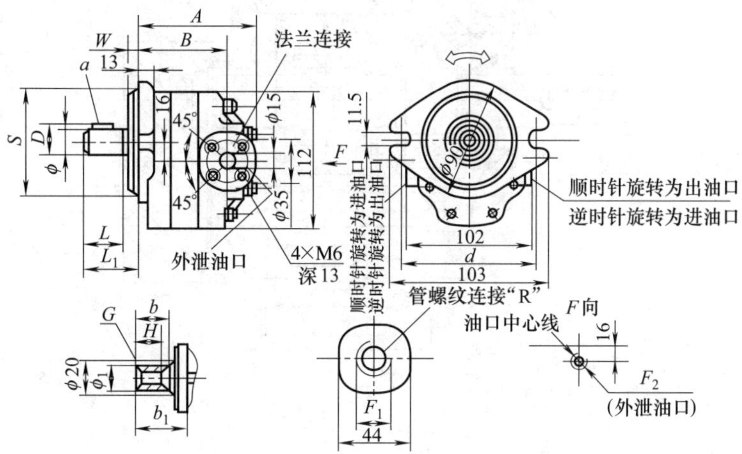

型号	整轴式(不带前轴承)		分轴式(带前轴承)	
	A	B	A	B
GM5-5	84.0	59.0	112.0	87.0
GM5-6	86.0	61.5	114.0	89.0
GM5-8	88.5	63.5	116.5	91.5
GM5-10	91.5	66.5	119.5	94.5
GM5-12	95.5	70.5	123.5	98.5
GM5-16	100.5	75.5	128.5	103.5
GM5-20	106.5	81.5	134.5	109.5
GM5-25	114.5	89.5	142.5	117.5

尺寸/mm	GM5	GM5a
S	82.55h8	80h8
d	106.4	109
D	21.1	22.5
a	4.75×4.75×25.4	6×32
H	18.3	23
$ϕ_1$	15.46	19.5
b	23.8	36
b_1	32	44
ϕ	19.05	20
L	36.6	36
L_1	44.5	44
G	DP:16/32	M:1.5
W	6.5	7
F_1	G3/4	M27×2
F_2	G1/2	M22×1.5

7.4.1.2　CM-C 型齿轮马达

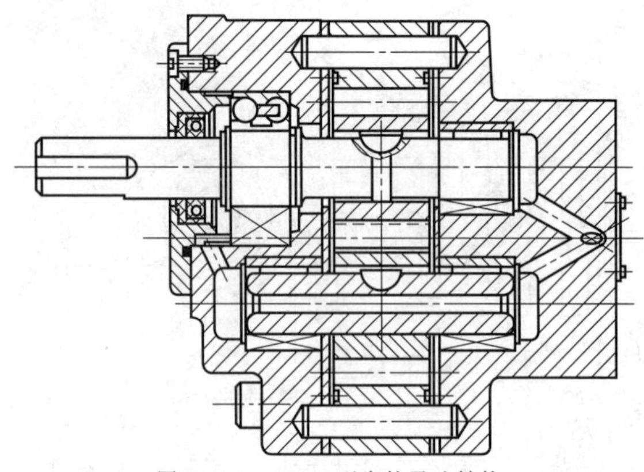

图 20-7-3　CM-C 型齿轮马达结构

型号意义：

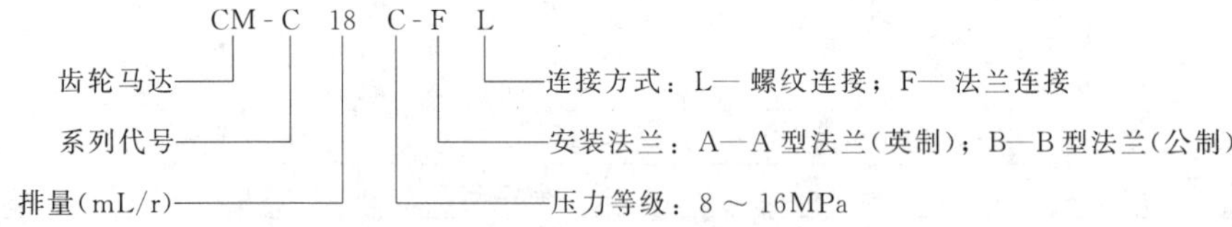

表 20-7-7　CM-C 型齿轮马达技术规格

型号	排量 /mL·r⁻¹	压力/MPa		转速/r·min⁻¹		转矩/N·m		质量 /kg
		额定	最大	额定	最大	6.3MPa	10MPa	
CM-C10	10.93	10	14	1800	2400	10.9	17.4	7.8
CM-C18	18.21					18.3	29	8.0
CM-C25	25.5					25.6	40.5	8.5
CM-C32	37.78					32.8	52.1	9.0

表 20-7-8　CM-C 型齿轮马达外形尺寸　mm

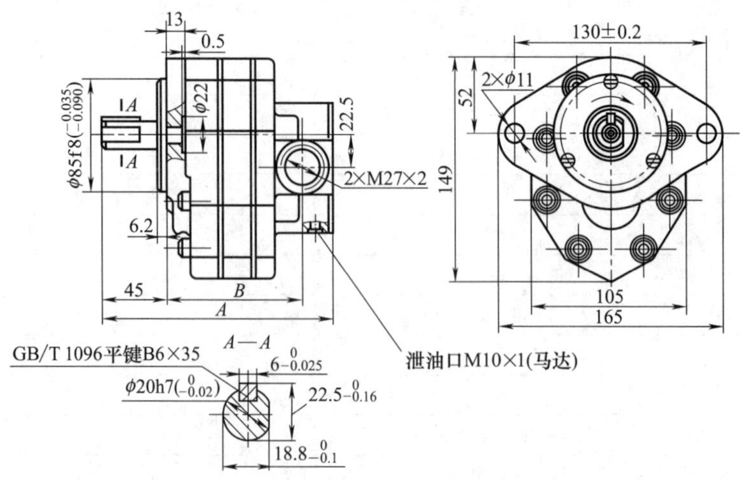

型号	CM-C10	CM-C18	CM-C25	CM-C32
A	153.5	158.5	163.5	168.5
B	85.5	90.5	95.5	100.5

7.4.1.3 CM-G4 型齿轮马达

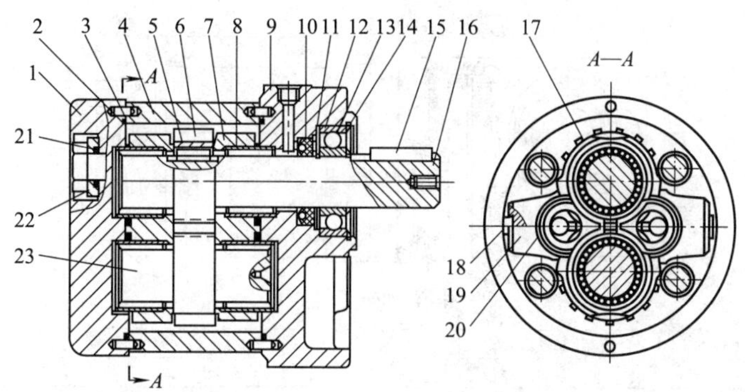

图 20-7-4 CM-G4 型齿轮马达结构

1—后盖；2—密封圈；3—圆柱销；4—壳体；5—平键；6—主动齿轮；7—侧板；8,13—轴承；9—前盖；10—回转油封；11,12,14—挡圈；15—键；16—传动轴；17—胶圈；18—弹簧片；19—密封块；20,21—O 形密封圈；22—垫圈；23—从动齿轮

型号意义：

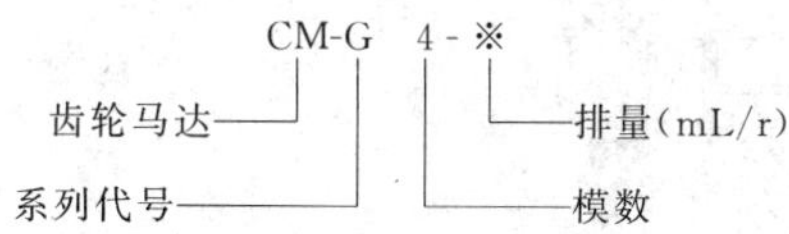

表 20-7-9 CM-G4 型齿轮马达技术规格

型号	排量 /mL·r^{-1}	压力/MPa 额定	压力/MPa 最高	转速范围 /r·min^{-1}	输出转矩/N·m p=16MPa	输出转矩/N·m p=20MPa	功率/kW	质量/kg
CM-G4-32	32	16	20	150～2000	80	100	8	—
CM-G4-40	40.6				103	129	10.6	24
CM-G4-50	50.6				128.7	161	13	25
CM-G4-63	63				160	200	16	26
CM-G4-80	81				206.5	258	21	27
CM-G4-100	100				253	316.5	26	28

表 20-7-10 CM-G4 型齿轮马达外形尺寸 mm

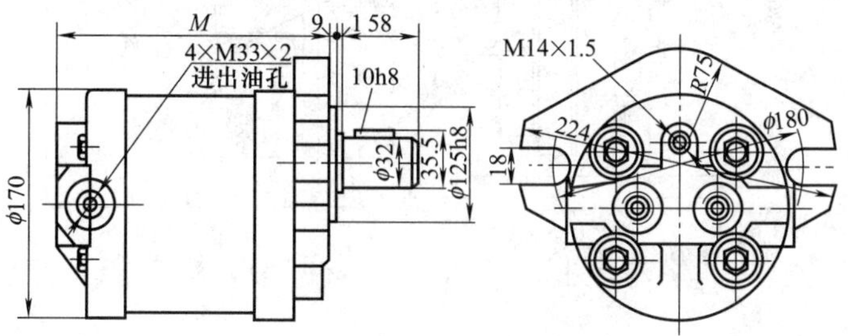

图(a) 菱形法兰

型号	CM-G4-32	CM-G4-40	CM-G4-50	CM-G4-63	CM-G4-80	CM-G4-100
M	189	194.5	201	209	222	235

续表

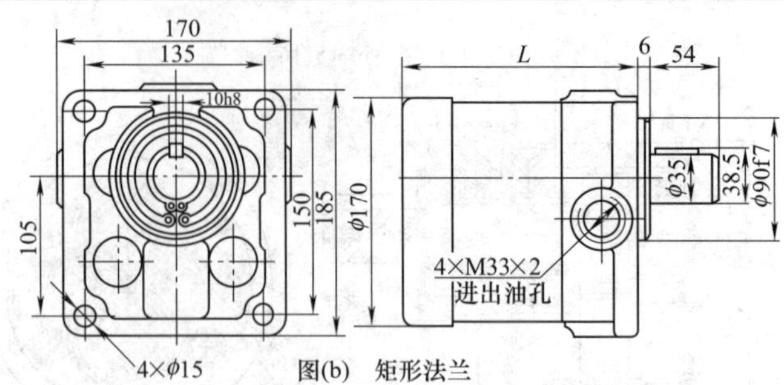

图(b) 矩形法兰

型号	CM-G4-32	CM-G4-40	CM-G4-50	CM-G4-63	CM-G4-80	CM-G4-100
L	175	180	187	194.5	207	221

7.4.1.4 CM-D型齿轮马达

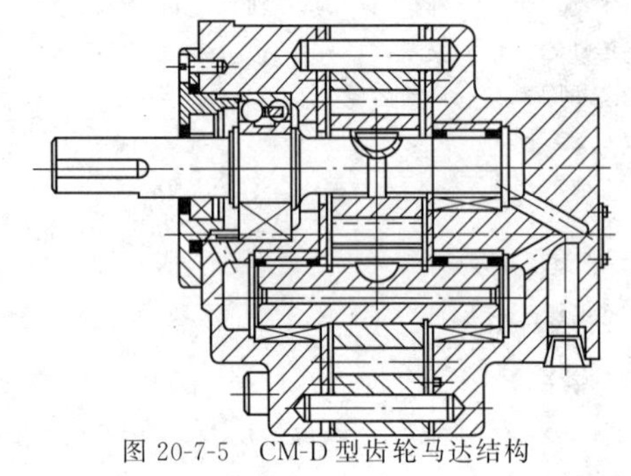
图 20-7-5 CM-D型齿轮马达结构

型号意义：

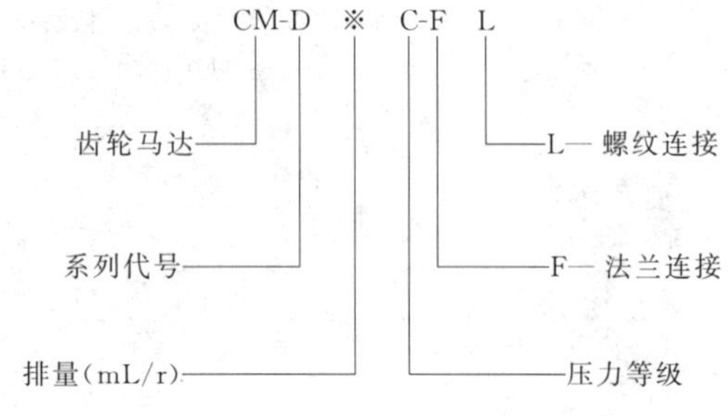

表 20-7-11 CM-D型齿轮马达技术规格

型号	排量 /r·min^{-1}	压力/MPa		转速/r·min^{-1}		转矩/N·m		质量/kg
		额定	最大	额定	最大	6.3MPa	10MPa	
CM-D32C	33.64	10	14	1800	2400	32.8	53.5	13.5
CM-D45C	46.05					46.2	73.5	14.5
CM-D57C	58.44					58.5	92.9	15.5
CM-D70C	70.84					71.0	112.7	16.5

表 20-7-12 CM-D型齿轮马达外形尺寸 mm

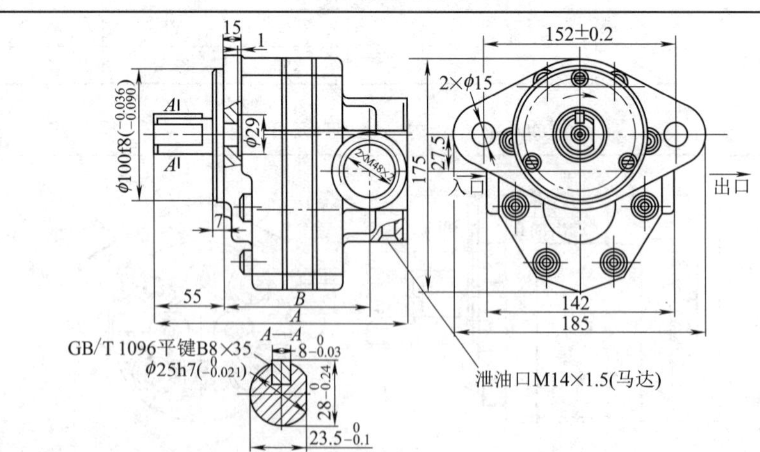

型号	CM-D32C	CM-D45C	CM-D57C	CM-D70C
A	209	216	223	230
B	121	128	135	142

7.4.1.5　CMZ 型齿轮马达

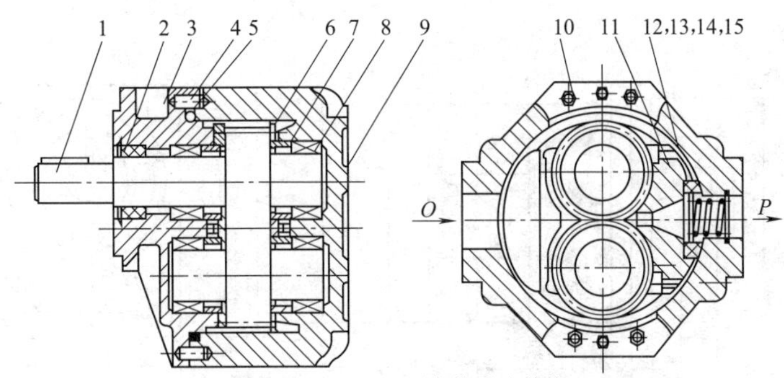

图 20-7-6　CMZ 型齿轮马达结构

1—主动齿轮轴；2—油封；3—前泵盖；4—柱销；5—O 形圈；6—侧板；7—挠形板；8—轴承；9—泵体；10—螺栓；11—径向密封块；12,13—护圈；14—挡圈；15—弹簧

型号意义：

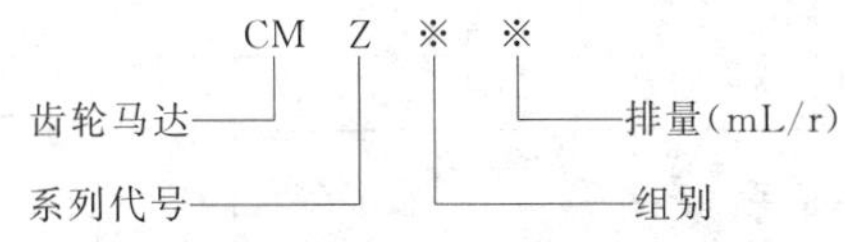

表 20-7-13　CMZ 型齿轮马达技术规格

型号	排量/mL·r⁻¹	压力/MPa		转速/r·min⁻¹		效率/%		质量/kg
		额定	最高	最低	最高	容积效率	总效率	
CMZ2032	32.1	20	25	150	2000	94	85	23.8
CMZ2040	40.3							24.5
CMZ2050	50							25.8
CMZ2063	63.4							27.5
CMZ2080	80	16	20					28.6
CMZ2100	100	12.5	16					29.5

7.4.1.6　CMW 型齿轮马达

型号意义：

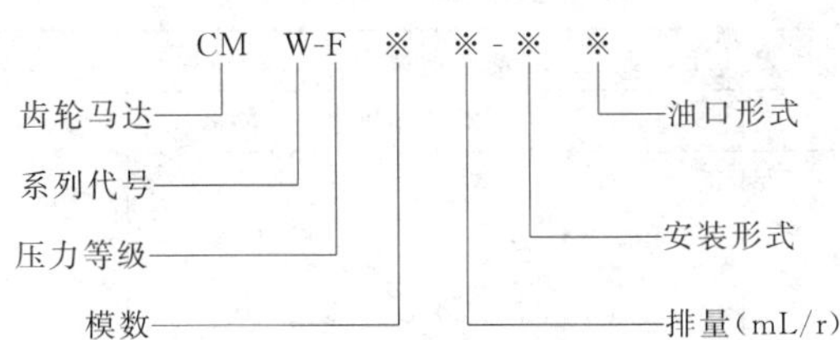

表 20-7-14　CMW 型齿轮马达技术规格

型号	排量/mL·r⁻¹	压力/MPa		转速/r·min⁻¹		转矩/N·m
		额定	最高	最低	最高	
CMW-F304	4	20	25	400	3000	11
CMW-F306	6					16.5
CMW-F308	8					22
CMW-F310	10					27.5
CMW-F312.5	12.5					34

表 20-7-15 CMW 型齿轮马达外形尺寸

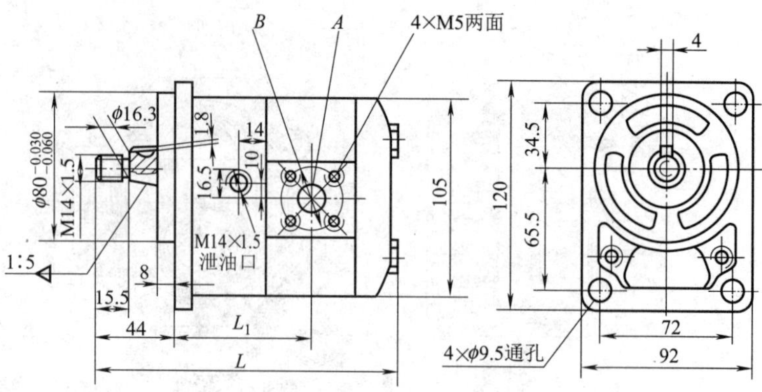

型号	尺寸/mm					
	L_1	L	进油口		出油口	
			A	B	A	B
CMW-F304	80	169	8	35	10	—
CMW-F306	82	172.5	10		15	
CMW-F308	84	176				
CMW-F310	85	179	15		20	
CMW-F312.5	87	183				

7.4.1.7 CMK 型齿轮马达

型号意义：

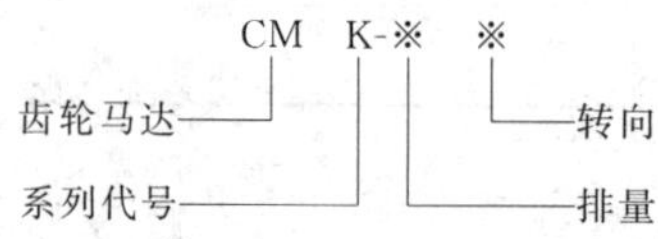

表 20-7-16 CMK 型齿轮马达技术规格

型号	理论排量 /mL·r^{-1}	压力/MPa		溢流阀调压范围/MPa	转速/r·min^{-1}		转矩 /N·m	容积效率 /%
		额定	最大		最低	最高		
CMK04	4.25	16	20	10～21	600	3000	10.82	≥85
CMK05	5.2						13.24	
CMK06	6.4						16.3	
CMK08	8.1						20.63	
CMK10	10						25.46	
CMK11	11.1						28.27	
CMK12	12.6						32.09	
CMK16	15.9						40.49	
CMK18	18						45.84	
CMK20	19.9						50.67	
CMK22	21.9						55.77	
CMK25	25						63.6	

表 20-7-17　　CMK 型齿轮马达外形尺寸

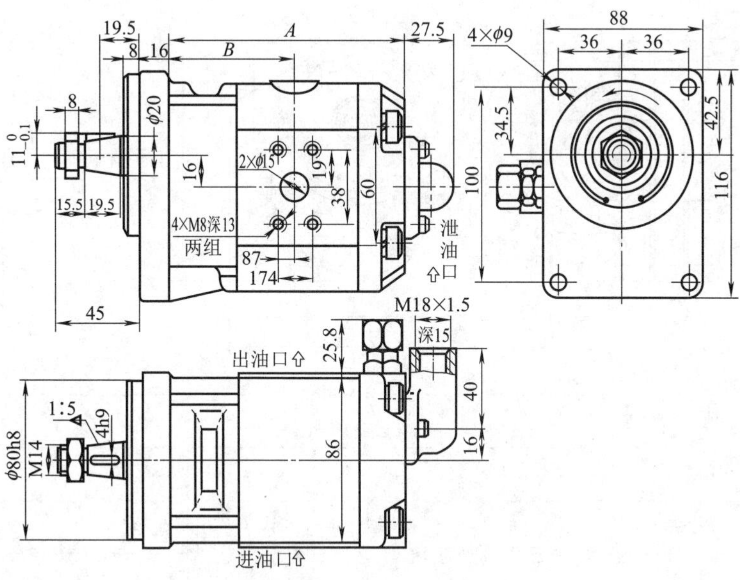

型号	CMK04	CMK05	CMK06	CMK08	CMK10	CMK11	CMK12	CMK16	CMK18	CMK20	CMK22	CMK25
A/mm	121.5	123	125	127.5	130.5	132	134.5	139.5	142.5	145.5	148.5	153.5
B/mm	72.25	76	77	78.25	79.75	80.5	81.75	84.25	85.75	87.25	88.75	91.25

7.4.1.8　CM-F 型齿轮马达

型号意义：

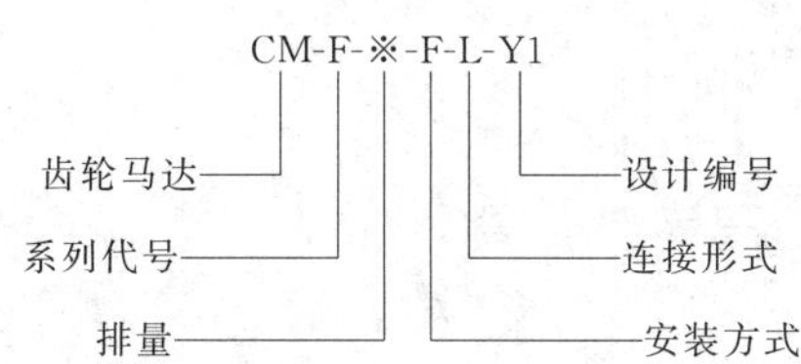

表 20-7-18　　CM-F 型齿轮马达技术规格

型号	压力/MPa		转速/r·min^{-1}		最低转速 /r·min^{-1}	排量 /mL·r^{-1}	转矩 /N·m	质量 /kg
	额定	最高	额定	最高				
CM-F10-FL	14	17.5	1800	2400	120	11.27	20	—
CM-F18-FL						18.32	32	8.6
CM-F25-FL						25.36	45	8.8
CM-F32-FL						32.41	57	9.0
CM-F40-FL						39.45	70	9.2

注：1. 表中的最高压力和最高转速为使用中短暂时间内允许的峰值，每次持续时间不宜超过 3min。
2. 表中所列转矩系压力为 14MPa 时的转矩。

表 20-7-19　　CM-F 型齿轮马达外形尺寸　　mm

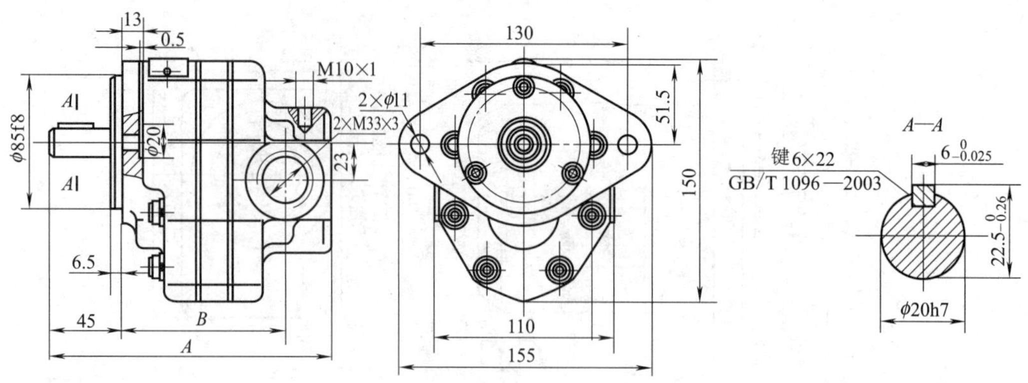

型　　号	A	B
CM-F10-FL	167	97
CM-F18-FL	172	102
CM-F25-FL	177	107
CM-F32-FL	182	112
CM-F40-FL	187	117

7.4.1.9　CB-E 型齿轮马达

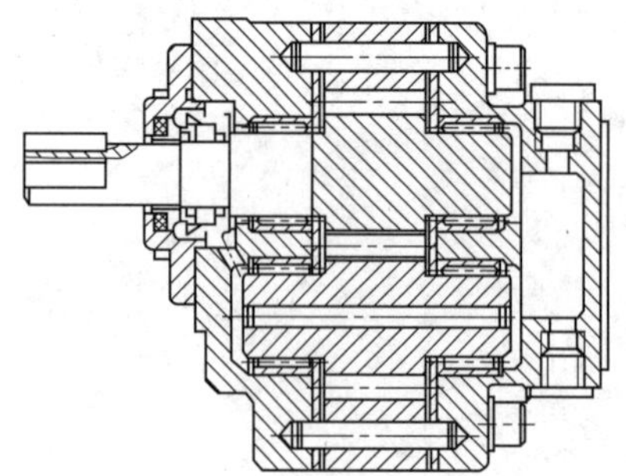

图 20-7-7　CB-E 型齿轮马达结构

型号意义：

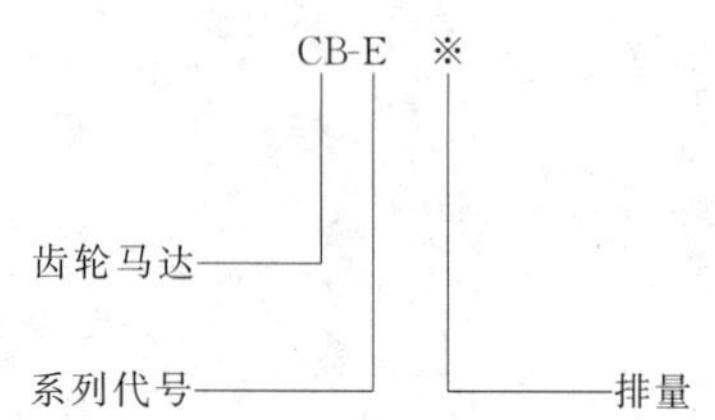

表 20-7-20　　CB-E 型齿轮马达技术规格

型号	排量/mL・r^{-1}	压力/MPa		转速/r・min^{-1}		容积效率/%	额定转矩/N・m	质量/kg
		额定	最高	额定	最高			
CB-E70	69.4	10	12.5	500	2400	≥85	108	37.1
CB-E105	105.5						165	39.7
CB-E140	141.6						220	42.1
CB-E175	177.7						278	45
CB-E210	213.8						333	46

表 20-7-21　　CB-E 型齿轮马达外形尺寸　　mm

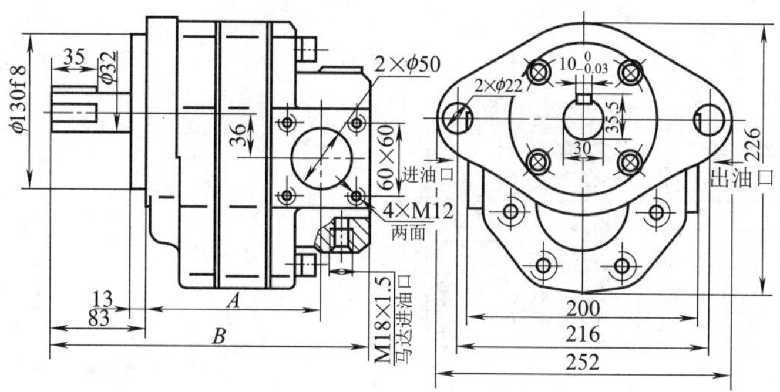

型号	CB-E70	CB-E105	CB-E140	CB-E175	CB-E210
A	138	151	164	177	190
B	263	276	289	302	315

7.4.2 摆线液压马达

7.4.2.1 BYM 型齿轮马达

表 20-7-22　　BYM 型齿轮马达技术规格

型　　号	排量/mL·r⁻¹	压力/MPa		转速/r·min⁻¹		转矩/N·m	质量/kg
		额定	最高	额定	最高		
BYM(A)-80	80	10	12.5	500	625	100	6.2
BYM(A)-100	100			400	500	115	6.7
BYM(A)-125	125			320	400	145	7.2
BYM(A)-160	160			250	310	200	7.8
BYM(A)-200	200			200	250	250	8.1
BYM(A)-250	250			160	200	300	8.4
BYM(A)-315	315			127	160	380	9.0

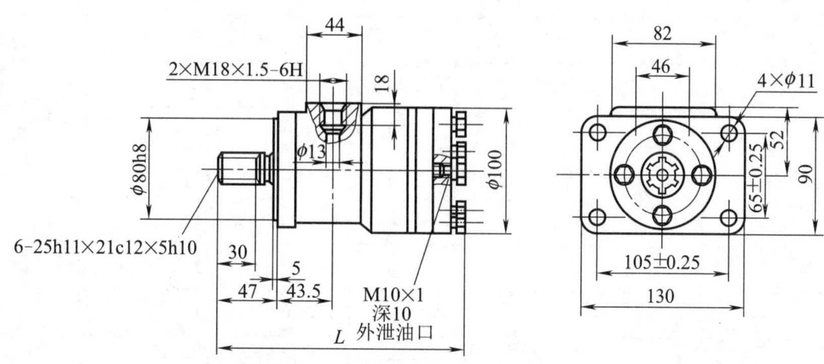

图 20-7-8　BYM 型齿轮马达外形尺寸

7.4.2.2 BM-C/D/E/F 型摆线液压马达

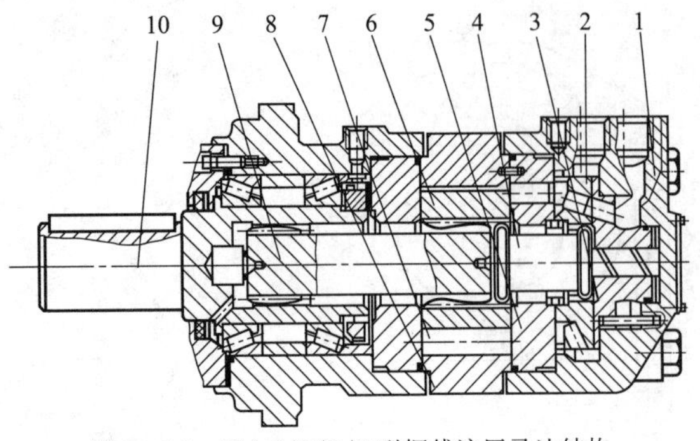

图 20-7-9 BM-C/D/E/F 型摆线液压马达结构

1—后壳体；2—配油盘；3—支撑盘；4—短花键轴；5—后侧板；6—转子；7—针柱；8—定子；9—长花键轴；10—输出轴

型号意义：

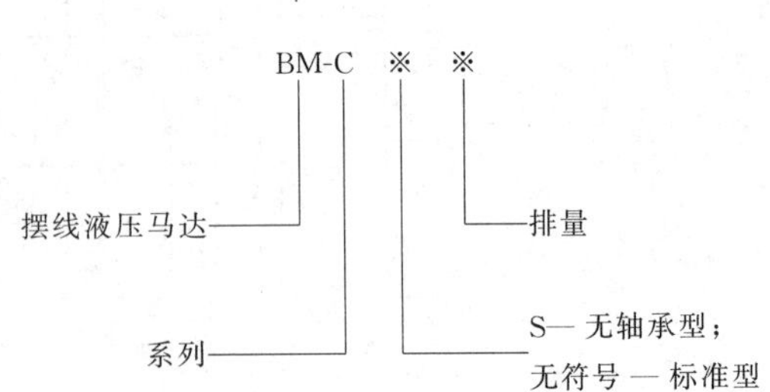

表 20-7-23 BM-C/D/E/F 型摆线液压马达技术规格

型号	排量 /mL·r^{-1}	压力/MPa 额定	压力/MPa 最高	转速/r·min^{-1} 额定	转速/r·min^{-1} 最高	额定转矩 /N·m	额定流量 /L·min^{-1}	功率 /kW	总效率 /%	质量 /kg	L_1 /mm	L /mm
BM-C80	80.5	16	20	620	780	170	50	10.5	80	9.8	126	168
BM-CS80										7.8	79	120
BM-C100	100			500	625	215	50	10.5		10	130	172
BM-CS100										8	83	126
BM-C125	125.7			400	500	265	50	10.5		10.3	134	176
BM-CS125										8.2	87	130
BM-C160	159.7	12.5	15.5	310	390	265	50	8.2		10.7	140	182
BM-CS160										8.7	93	136
BM-C200	200			250	310	330	50	8.2		11.1	147	189
BM-CS200										9.1	100	143
BM-C250	250	10	12.5	200	250	330	50	6.5		11.6	156	198
BM-C315	315			160	200	420	50	6.5		12.3	168	210
BM-D160	158.7	16	20	500	625	340	80	16.7	≥78	20.7	149	210
BM-DS160										15.4	97	148
BM-D200	200.8			400	500	420	80	16.7		21.3	163.5	214.5
BM-DS200										15.9	102	153
BM-D250	252.2			320	400	530	80	16.7		22	169	220
BM-DS250										16.5	107	158
BM-D320	317.4			250	310	675	80	16.7		22.6	176	114
BM-DS320										15.7	227	165
BM-E315	312	16	24	320	400	700	100	22	≥80	30.7	160	215
BM-ES315										22.3	117	171
BM-E400	398			250	310	890	100	22		31.5	167	222
BM-ES400										23.1	122	177
BM-E500	496			200	250	1120	100	22		32.4	175	230
BM-ES500										24	130	185
BM-E630	625	16	24	160	200	1400	100	22	≥80	33.6	185	240
BM-ES630										25.2	140	195
BM-E800	797	12.5	18.5	125	160	1400	100	22		35.2	199	154
BM-ES800										26.8	254	209
BM-E(Ⅱ)315	312	18	—	320	—	750	100	24	—	30.7	159	219
BM-E(Ⅱ)S315										22.3	115	175
BM-E(Ⅱ)400	398			250	—	960	100	24		31.5	166	226
BM-E(Ⅱ)S400										23.1	122	182
BM-E(Ⅱ)500	496			200	—	1190	100	24		32.4	174	234
BM-E(Ⅱ)S500										24	130	190
BM-E(Ⅱ)625	625	16	—	160	—	1340	100	21		33.6	184.5	244.5
BM-E(Ⅱ)S625										25.2	140.5	200.5
BM-E(Ⅱ)800	797			125	—	1700	100	21		35.2	198.5	258.5
BM-E(Ⅱ)S800										25.8	154.5	214.5
BM-F800	800	14	18.5	200	250	1480	160	30	≥78	54	237	303
BM-F1000	1000			160	200	1850	160	30		56	247	313
BM-F1250	1250			128	160	2310	160	30		58	258	324

第 20 篇

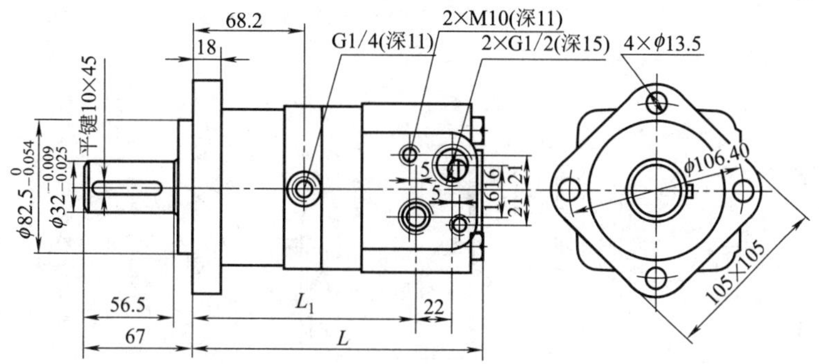

图 20-7-10　BM-C80-315 型摆线液压马达外形尺寸

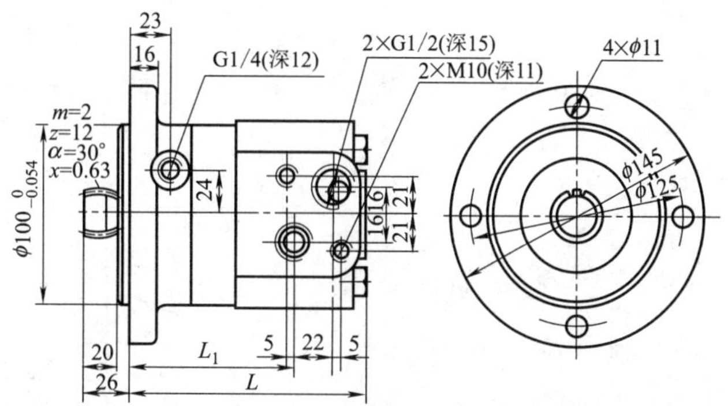

图 20-7-11　BM-CS80-315 无轴承型摆线液压马达外形尺寸

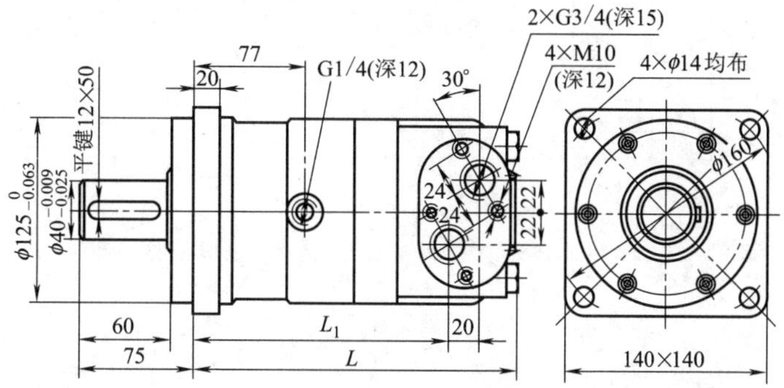

图 20-7-12　BM-D160-320 型摆线液压马达外形尺寸

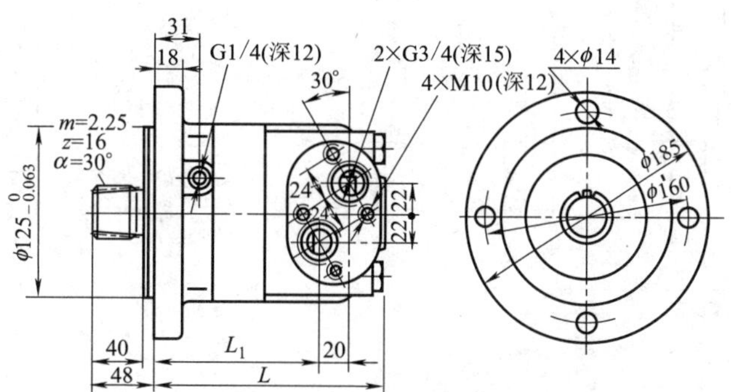

图 20-7-13　BM-DS160-320 无轴承型摆线液压马达外形尺寸

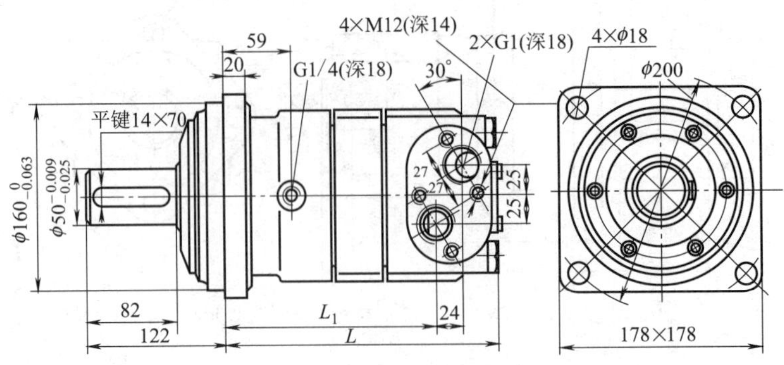

图 20-7-14 BM-E315-800 型摆线液压马达外形尺寸（端面配流）

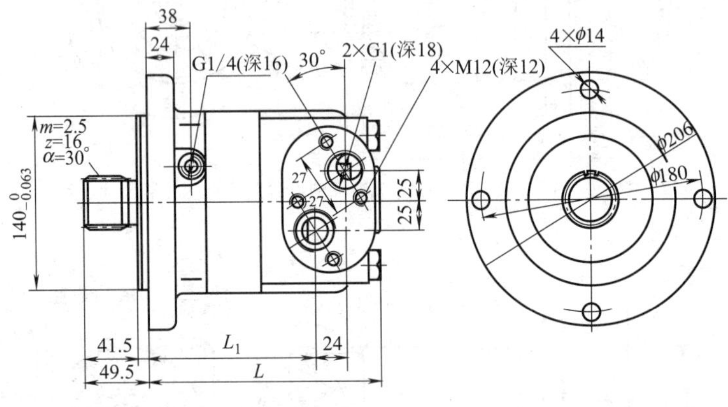

图 20-7-15 BM-ES315-800 无轴承型摆线液压马达外形尺寸（端面配流）

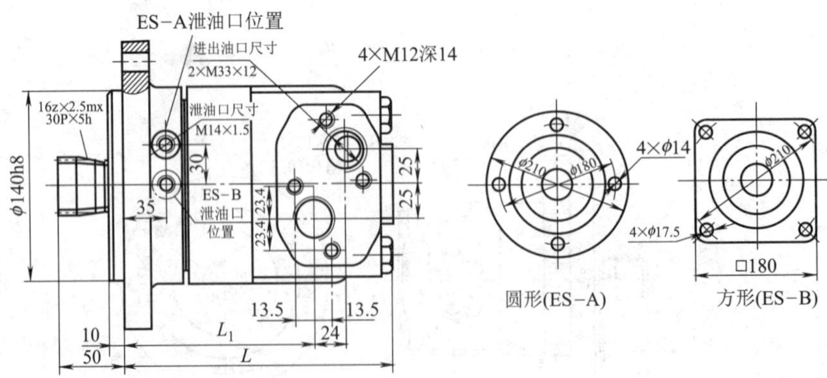

图 20-7-16 BM-E（Ⅱ）S 型摆线液压马达外形尺寸

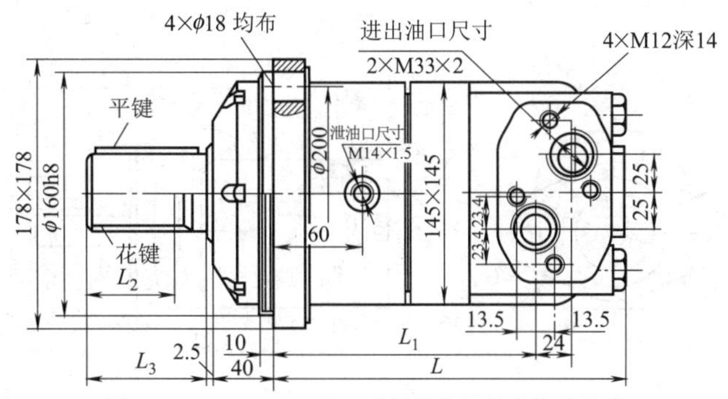

图 20-7-17　BM-E（Ⅱ）型摆线液压马达外形尺寸

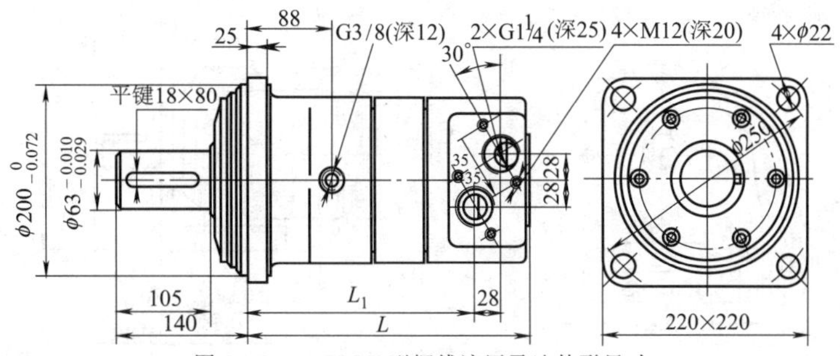

图 20-7-18　BM-F 型摆线液压马达外形尺寸

7.5　叶片马达

由于压力油作用，受力不平衡使转子产生转矩。叶片式液压马达的输出转矩与液压马达的排量、液压马达进出油口之间的压力差有关，其转速由输入液压马达的流量大小来决定。由于液压马达一般都要求能正反转，所以叶片式液压马达的叶片要径向放置。为了使叶片根部始终通有压力油，在回、压油腔通入叶片根部的通路上应设置单向阀，为了确保叶片式液压马达在压力油通入后能正常启动，必须使叶片顶部和定子内表面紧密接触，以保证良好的密封，因此在叶片根部应设置预紧弹簧。叶片式液压马达体积小，转动惯量小，动作灵敏，可适用于换向频率较高的场合，但泄漏量较大，低速工作时不稳定。因此叶片式液压马达一般用于转速高、转矩小和动作要求灵敏的场合。

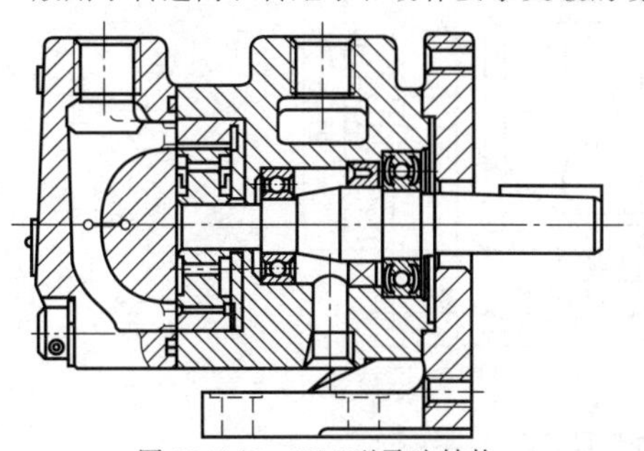

图 20-7-19　YM 型马达结构

7.5.1　YM 型液压马达

7.5.1.1　YM 型中压液压马达

型号意义：

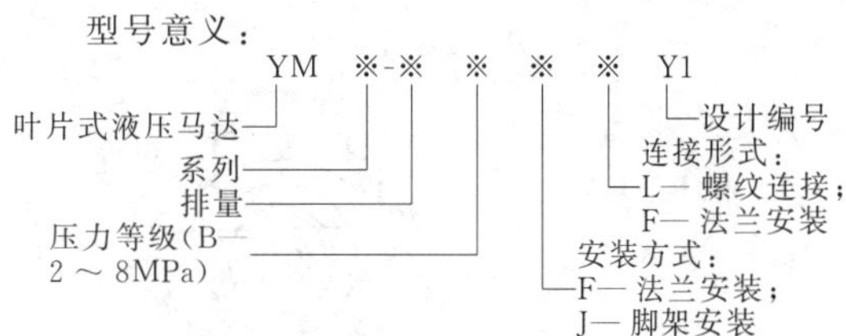

表 20-7-24　YM 型中压液压马达技术规格

型号	理论排量/mL·r^{-1}	额定压力/MPa	转速/r·min^{-1}	
			最高	最低
YM-A19B	16.3	6.3	2000	100
YM-A22B	19.0			
YM-A25B	21.7			
YM-A28B	24.5			
YM-A32B	29.9			
YM-B67B	61.1			
YM-B102B	93.6			

输出转矩/N·m	质量/kg		油口尺寸	
	法兰安装	脚架安装	进口	出口
9.7	9.8	12.7	$R_c3/4$	$R_c3/4$
12.3				
14.3				
16.1				
21.6				
43.1	25.2	31.5	R_c1	R_c1
66.9				

注：输出转矩指在 6.3MPa 压力下的保证值。

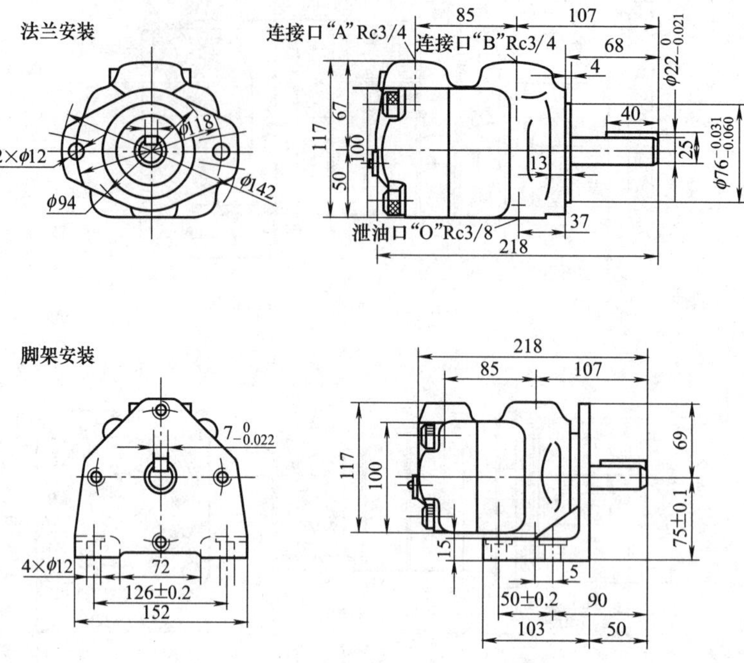

图 20-7-20 YM-A 型外形尺寸

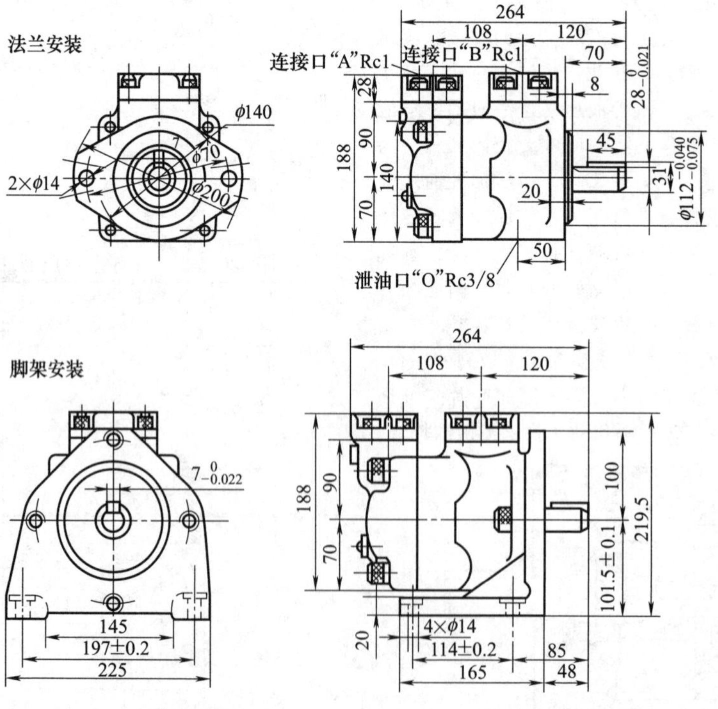

图 20-7-21 YM-B 型外形尺寸

7.5.1.2　YM型中高压液压马达

图 20-7-22　YM 型液压马达结构

型号意义：

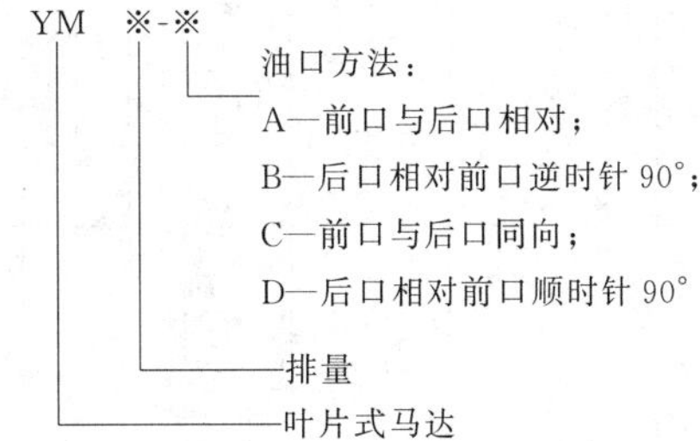

表 20-7-25　　YM型中高压液压马达技术规格

型号	排量/mL·r⁻¹	压力/MPa		转速/r·min⁻¹		转矩/N·m	质量/kg	效率/%	
		最高	额定	额定	最高			容积效率	总效率
YM-40	43	16	7.5	1500	2200	110	20	89	80
YM-50	57					145		89	80
YM-63	68					171.5		90	81
YM-80	83	16	7.5	1500	2200	209.5	31	90	81
YM-100	100					252		90	81
YM-125	122					305.5		90	81
YM-140	138	16	7.5	1500	2200	346.5	40	92	82
YM-160	163					409.5		92	82
YM-200	193					483		92	82
YM-224	231	16	7.5	1500	2000	579.5	74	92	82
YM-250	268					672		92	82
YM-315	371					795		92	82

表 20-7-26　　YM型中高压液压马达外形尺寸　　mm

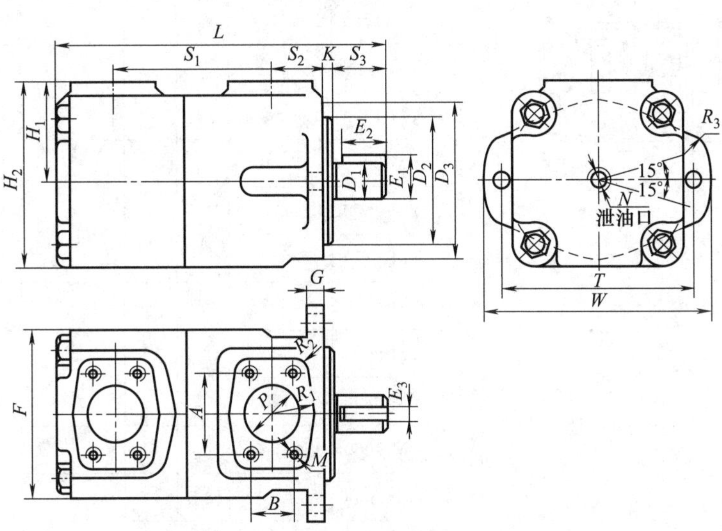

第20篇

续表

型号	A	B	D_1	D_2	D_3	E_1	E_2	E_3	F	G	H_1	H_2	K	L	M	N	P	R_1	R_2	R_3	S_1	S_2	S_3	T	W
YM-40																									
YM-50	60	32	25±0.01	$125_{-0.06}^{0}$	121	28	28	8	120	15	762	135.9	9	235	M12×20	M14×1.5	32	27	12	14	105	40	43.5	146	176
YM-63																									
YM-80																									
YM-100	70	35	$125_{-0.06}^{0}$	$125_{-0.06}^{0}$	146	35	35	10	142	18	88.9	159.7	9	280	M12×22	M18×1.5	38	35	12	18	122.5	52	59.5	181	215
YM-125																									
YM-140																									
YM-160	78	43	$125_{-0.06}^{0}$	$125_{-0.06}^{0}$	146	35	35	10	160	18	93.6	173.6	9	318	M12×25	M14×1.5	50	38	12	18	146	52	59.5	181	215
YM-200																									
YM-224																									
YM-250	90	50	$45_{+0.002}^{+0.027}$	$152.4_{-0.05}^{0}$	200	49	49	14	198	23	120.6	220.2	12.7	392	M12×25	M22×1.5	63	54	12	22	162	70	83.5	229	267
YM-315																									

7.5.1.3 YM※型低速大扭矩叶片马达

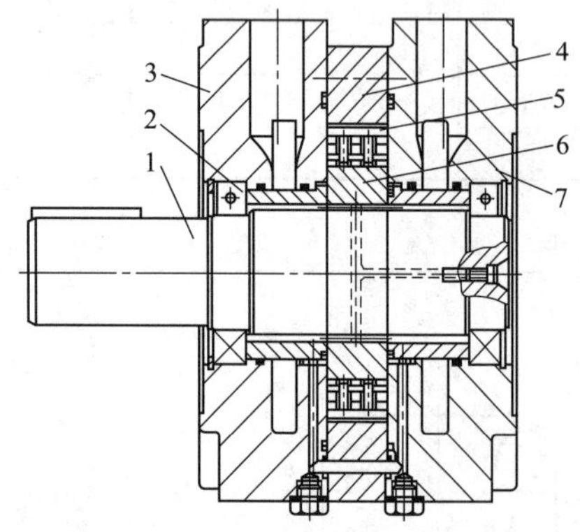

图 20-7-23　YM※型低速大扭矩叶片马达结构
1—轴；2—轴承；3—前盖；4—定子；5—叶片；6—转子；7—后盖

型号意义：

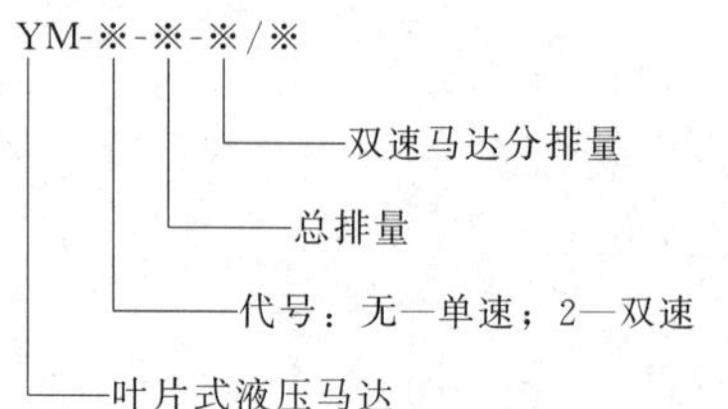

表 20-7-27　YM※型低速大扭矩叶片马达（单速）技术规格

型号	排量 /mL·r^{-1}	压力/MPa 额定	压力/MPa 最高	转速/r·min^{-1} 额定	转速/r·min^{-1} 最高	效率/% 容积效率	效率/% 总效率	转矩 /N·m	质量 /kg
YM-400	393	16	20	200	400	90	81	1127	91
YM-630	623	16	20	175	350	90	78	1715	102
YM-800	865	16	20	150	300	90	79	2401	109
YM-1250	1318					90	79	3700	
YM-1600	1606	16	20	125	250	90	79	4508	163
YM-1800	1852					90	79	5194	
YM-2240	2360					91	80	4606	
YM-2800	2720	12.5	14	100	200	91	80	5341	236
YM-3150	3089					91	82	6027	
YM-4500	4703					91	80	9212	
YM-5000	5440	12.5	14	80	150	91	80	10633	327
YM-6300	6178					91	80	12054	
YM-9000	9276	12.5	14	50	100	92	81	18130	431
YM-12000	12370	12.5	14	50	100	92	81	24108	531

—

表 20-7-28 YM※型低速大扭矩叶片马达（双速）技术规格

型号	排量 /mL·r^{-1}	分排量 /mL·r^{-1}	压力/MPa		转速/r·min^{-1}		效率/%		转矩 /N·m	质量 /kg
			额定	最高	额定	最高	容积效率	总效率		
YM-2-0.17-0.4/0.4	865	433/433	16	20	150	300	90	79	2401	91
YM-2-1.25-0.63/0.63	1318	659/659					90	79	3700	
YM-2-1.6-0.9/0.71	1606	925/690	16	20	125	250	90	79	4508	162
YM-2-1.17-0.9/0.9	1852	925/925					90	79	5194	
YM-2-2.24-1.12/1.12	2360	1180/1180	12.5	14	100	200	91	80	4606	240
YM-2-2.17-1.6/1.12	2720	1545/1180					91	80	5341	
YM-2-3.15-1.6/1.6	3089	1545/1545					91	82	6027	
YM-2-4.5-2.24/2.24	4703	2360/2360	12.5	14	80	150	91	80	9212	331
YM-2-5.4-3.15/2.24	5440	3089/2360					91	80	10633	
YM-2-6.3-3.15/3.15	6178	3089/3089					91	80	12054	
YM-2-9.0-4.5/4.5	9267	4630/4630	12.5	14	50	100	92	81	18130	431
YM-2-12.0-6.3/6.3	12370	6178/6178	12.5	14	50	100	92	81	24108	531

表 20-7-29 YM※型低速大扭矩叶片马达外形尺寸 mm

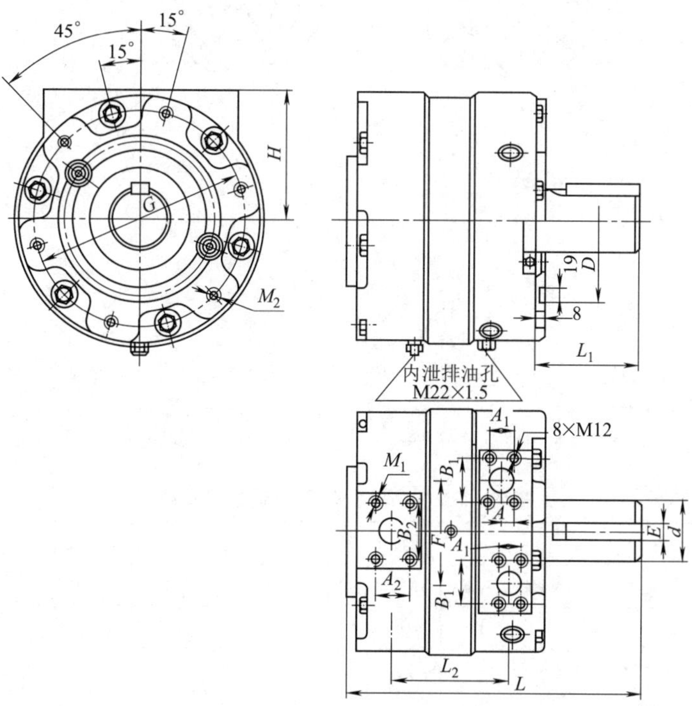

续表

规格	L	L_1	L_2	A	A_1	B_1	A_2	B_2	d	D	E	F	G	H	M_1	M_2
YM-400	250	88	88	—	30	60	30	60	ϕ57	ϕ148	12.7	0	ϕ203	132	M12	M14
YM-630	300	98	123	—	30	60	30	60	ϕ63.5	ϕ187	15.8	0	ϕ250	160	M12	M16
YM-800 YM-1250	330	98	140	17	30	59	36	70	ϕ88.9	ϕ208	15.8	128	ϕ266.7	160	M12	M16
YM-1600 YM-1800	375	112	161	20	35	70	43	78	ϕ101.6	ϕ264	22.2	144	ϕ298.5	178	M12	M16
YM-2240 YM-2800 YM-3150	480	166	187.5	11	35	70	50	90	ϕ101.6	ϕ264	25.4	165	ϕ343	207	M14	M20
YM-4500 YM-5000 YM-6300	585	166	291.5	11	35	70	50	90	ϕ101.6	ϕ264	25.4	165	ϕ343	207	M14	M20
YM-9000	690	166	395.5	11	35	70	50	90	ϕ101.6	ϕ264	25.4	165	ϕ343	207	M14	M20
YM-12000	790	166	499.5	11	35	70	50	90	ϕ101.6	ϕ264	25.4	165	ϕ343	207	M14	M20

7.5.2　BMS、BMD 型叶片摆动马达

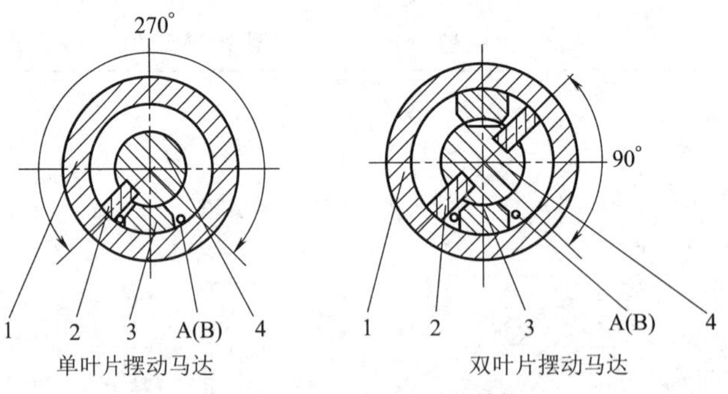

图 20-7-24　叶片摆动马达结构

1—壳体；2—转块；3—挡块；4—马达轴

型号意义：

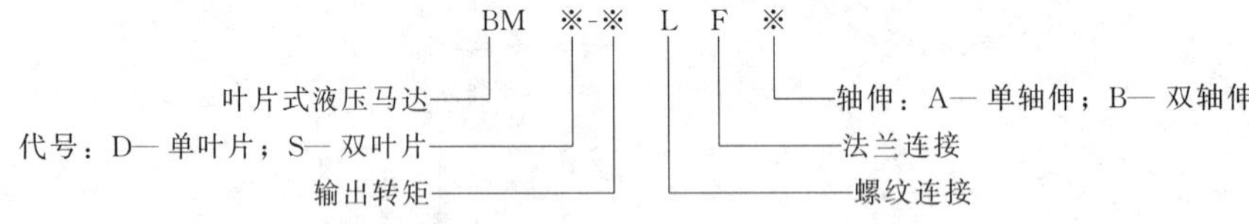

表 20-7-30　　BMS、BMD 型叶片摆动马达技术规格

类别	型号	转角范围 /(°)	转矩/N·m						排量 /mL·r^{-1}	内泄量 /mL·min^{-1}	质量 /kg
			1MPa	2MPa	3MPa	4MPa	5MPa	6.3MPa			
单叶片	BMD-3	0～270	5	11	16	22	27	34	30	45	10.87
	BMD-6		9	19	29	39	49	61	58	100	11.57
	BMD-12		20	40	60	81	101	127	120	200	12.74
	BMD-25		40	81	121	162	202	255	260	300	17.73

续表

类别	型号	转角范围/(°)	转矩/N·m						排量/mL·r⁻¹	内泄量/mL·min⁻¹	质量/kg
			1MPa	2MPa	3MPa	4MPa	5MPa	6.3MPa			
单叶片	BMD-32	0～270	52	103	155	206	258	325	307	350	18.94
	BMD-55		88	177	265	353	442	557	530	480	33.31
	BMD-80		128	256	384	512	640	807	754	500	46
	BMD-100		161	322	483	644	805	1015	966	550	57.56
双叶片	BMS-6	0～90	1	22	32	44	54	68	20	40	10.94
	BMS-12		18	38	58	78	98	122	39	80	11.65
	BMS-24		40	80	120	162	202	254	80	160	13
	BMS-50		80	162	242	324	404	510	173	260	17.8
	BMS-64		104	206	310	412	516	650	204	300	19.57
	BMS-110		176	354	530	706	884	1114	354	450	34.4
	BMS-160		256	512	768	1024	1280	1614	502	460	47.5
	BMS-200		322	644	966	1288	1610	2030	644	500	59.5

表 20-7-31　BMS、BMD 型叶片摆动马达外形尺寸　mm

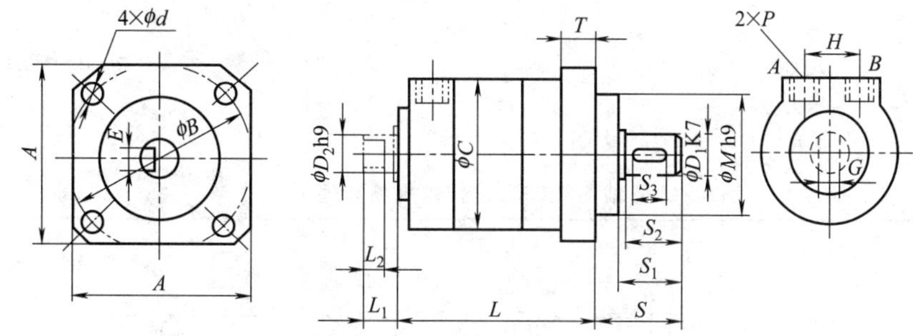

型号		A	B	C	D_1	E	M	d	P	H	S	S_1	S_2	S_3	L	G	T	D_2	L_1	L_2
BMD-3	BMS-6	125	125	95	16	5	100	11	G1/4	28	39	30	28	20	100	14	15	20	16	12
BMD-6	BMS-12	125	125	95	16	5	100	11	G1/4	28	39	30	28	20	116	14	15	20	16	12
BMD-12	BMS-24	150	160	120	20	6	125	14	G3/8	36	47	38	36	30	145	14	18	20	16	12
BMD-25	BMS-50	150	160	136	30	10	125	14	G3/8	44	69	60	58	45	174	21	20	30	20	15
BMD-32	BMS-64	150	160	136	30	10	125	14	G3/8	44	69	60	58	45	191	21	20	30	20	15
BMD-55	BMS-110	190	160	166	32	10	160	18	G1/2	63	69	60	58	45	211	21	22	32	20	15
BMD-80	BMS-160	236	250	196	40	12	200	22	G3/4	72	94	85	83	65	216	26	25	40	25	20
BMD-100	BMS-200	236	250	196	40	12	200	22	G3/4	72	94	85	83	65	241	26	25	40	25	20

7.6 柱塞马达

7.6.1 斜盘式轴向柱塞式马达

图 20-7-25 所示为斜盘式轴向柱塞式马达，它的工作原理是当压力油输入液压马达时，处于压力腔的柱塞被顶出，压在斜盘上，斜盘对柱塞产生反力，该力可分解为轴向分力和垂直于轴向的分力。其中，垂直于轴向的分力使缸体产生转矩。这样在这些柱塞输出转矩作用下马达就可以克服负载旋转，如果将马达的进、出油口互换，马达就能够反向转动，同时改变斜盘的倾角时又可以实现马达排量的改变进而可以调节输出转速或转矩。也就是说这种形式的马达是一种可以实现双向变量的马达。

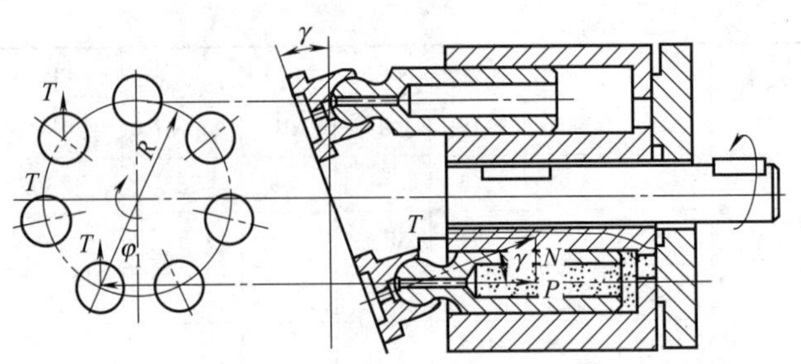

图 20-7-25 柱塞式马达

7.6.1.1 ZM、XM 型柱塞马达

型号意义：

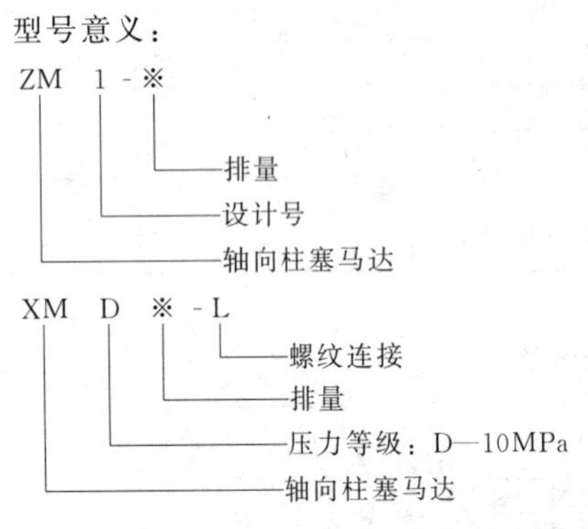

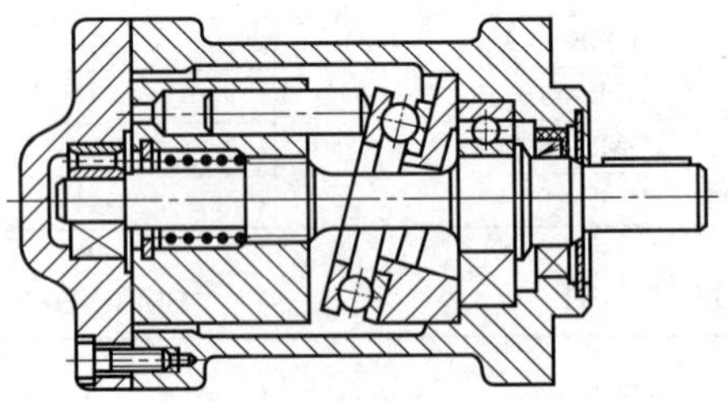

图 20-7-26 ZM、XM 型轴向柱塞马达结构

表 20-7-32 ZM 型轴向柱塞马达技术规格和外形尺寸 mm

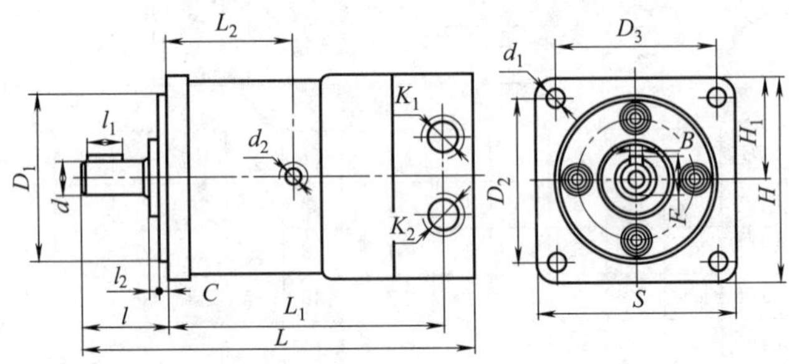

型号	排量 /mL·r^{-1}	压力/MPa		转速/r·min^{-1}		转矩 /N·m	效率/%		功率 /kW	质量 /kg
		额定	最大	额定	最大		容积效率	总效率		
ZM1-8	8	5	6.3	20	2000	6.1	95	80	1.04	5.3
ZM1-10	10	5	6.3	20	2000	7.7	95	80	1.3	5.3
ZM1-16	16	5	6.3	20	2000	12.4	95	80	2.09	5.3
ZM1-25	25	5	6.3	20	2000	19.4	95	80	3.26	8
ZM1-40	40	5	6.3	20	1500	31.1	95	80	3.9	12.5
ZM1-80	80	5	6.3	20	1500	62.32	95	80	7.8	26
ZM1-160	160	5	6.3	20	1000	124.6	95	80	10.37	38

续表

型号	L	L_1	L_2	l	l_1	S	H	H_1	D_1	l_2	D_2	D_3	d	d_1	d_2	C	F	B	K_1、K_2
ZM1-8 ZM1-10 ZM1-16	172	122	54	36	16	85	85	42.5	ϕ70f7	8.5	69	69	ϕ14n6	ϕ9	$R_c1/4$	6	15.4	4	$R_c3/8$
ZM1-25	200	136	65	48	20	100	100	50	ϕ70f7	10	80	80	ϕ16n6	ϕ9	$R_c1/4$	6	17.8	5	$R_c1/2$
ZM1-40	229	157	63	53	25	118	118	59	ϕ75f7	10	92	92	ϕ18n6	ϕ11	$R_c1/4$	6	20.2	6	$R_c3/4$
ZM1-80	296	213	96	60	30	140	140	70	ϕ120f7	13	114	114	ϕ32n6	ϕ13	$R_c3/8$	8	34.6	8	R_c1
ZM1-160	334	237	102	65	30	160	160	80	ϕ140f7	14	128	128	ϕ40n6	ϕ13.5	$R_c3/8$	8	42.8	12	$R_c1\frac{1}{2}$

表 20-7-33 XM型轴向柱塞马达技术规格和外形尺寸 mm

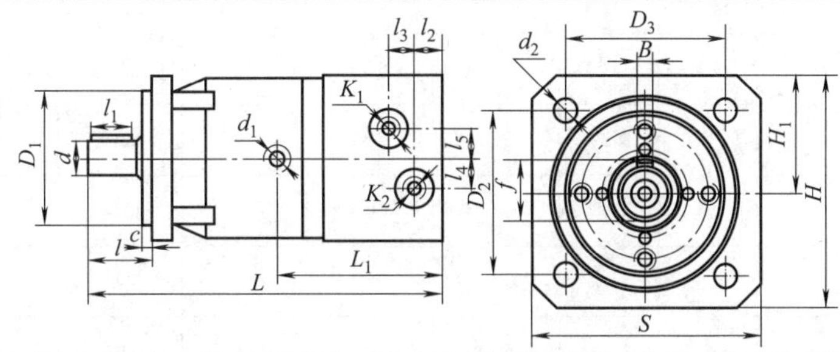

型号	排量/mL·r^{-1}	压力/MPa 额定	压力/MPa 最大	转速/r·min^{-1} 额定	转速/r·min^{-1} 最大	转矩/N·m	效率/% 容积效率	效率/% 总效率	功率/kW	质量/kg
XM-D25L	25	10	—	20	2000	38.9	92	85	6.6	—
XM-D16L	16	10	—	20	2000	24.89	91	85	4.7	—

型号	L	L_1	l	C	l_1	l_2	l_3	l_4	l_5	S	f	H	H_1	D_1	D_2	D_3	d	d_1	d_2	B	K_1、K_2
XM-D25L	239	120	51	9	35	21	16	20	20	125	28	125	62.2	ϕ100h8	88.4	88.4	ϕ25h6	M10×1	ϕ11	8h8	M18×1.5
XM-D16L	228	100	44	7	28	21	16	20	20	100	25.5	100	100	ϕ80h8	72.5	72.5	ϕ20h6	M10×1	ϕ9	6h8	M18×1.5

7.6.1.2 HTM (SXM) 型双斜盘轴向柱塞马达

型号意义：

※ HTM ※ ※ -

级数

双斜盘轴向柱塞马达

压力等级

排量

特征代号

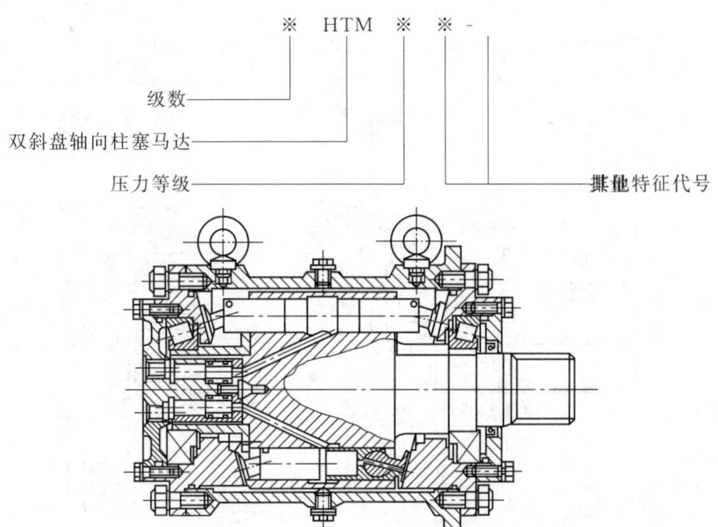

图 20-7-27 HTM (SXM) 型双斜盘轴向柱塞马达结构

表 20-7-34　　HTM（SXM）型双斜盘轴向柱塞马达技术规格

型　号	排量/mL·r^{-1}	压力/MPa		转速/r·min^{-1}		转矩/N·m		额定功率/kW	质量/kg	备注
		额定	最大	额定	最大	额定	最大			
SXM-E35.5	35.5	16	20	2000	2500	82	103	16	15	—
SXM-G280	280	25	31.5	500	600	1001	1262	48	50	—
SXM-G280-1	280	25	31.5	500	600	1001	1262	48	73	A
SXM-G280-2	280	25	31.5	500	600	1001	1262	48	63	B
SXM-G280-3	280	25	31.5	500	600	1001	1262	48	60	—
SXM-G280-4	280	25	31.5	500	600	1001	1262	48	50	—
SXM-G280-5	280	25	31.5	500	600	1001	1262	48	63	B
SXM-G280-6	280	25	31.5	500	600	1001	1262	48	83	C
SXM-G280-7	280	25	31.5	500	600	1001	1262	48	95	B、C
SXM-G280-8	280	25	31.5	500	600	1001	1262	48	105	D
SXM-G560-D	560	25	31.5	320	400	1001	2524	62	150	B
SXM-G560-1	560	25	31.5	320	400	2003	2524	62	150	—
2SXM-G560	280/560	25	31.5	640/320	800/400	1001/2003	1262/2524	62	150	E
2SXM-G560-D	280/560	25	31.5	640/320	800/400	1001/2003	1267/2524	62	230	F
SXM-F3150	3150	20	25	100	125	9015	11269	87	250	—

注：1. 表中转矩是按机械效率 90%计算的。

2. 备注栏中 A—带内制动器，制动力矩 400N·m；B—带制动缓冲阀，调定压力 20MPa；C—带外制动器，制动力矩 1225N·m，松弛压力 4.3MPa，润滑压力小于 0.1MPa；D—带外制动器，制动力矩 1010N·m，松弛压力 2MPa；带制动缓冲阀，调定压力 20MPa；带制动器控制阀，控制压力 1～31.5MPa；E—带双速阀，控制压力 0.8～1MPa；F—带双速阀，双速阀控制压力 0.8～1MPa；带制动缓冲阀，调定压力 20MPa；带外制动器，制动力矩 1370N·m，松弛压力 3.9MPa，润滑压力小于 0.1MPa。

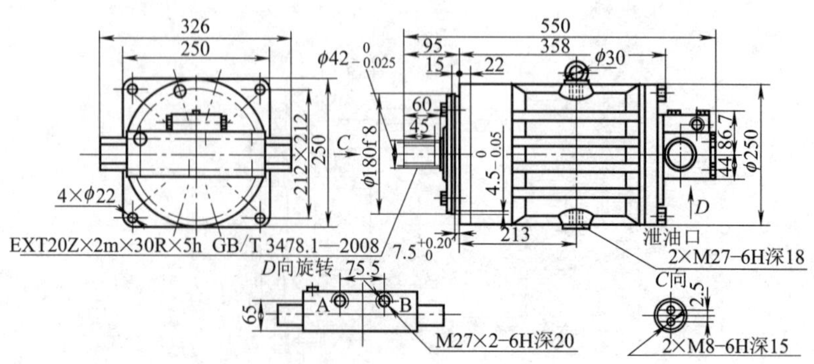

图 20-7-28　HTM（SXM)-G280-1 柱塞马达外形尺寸

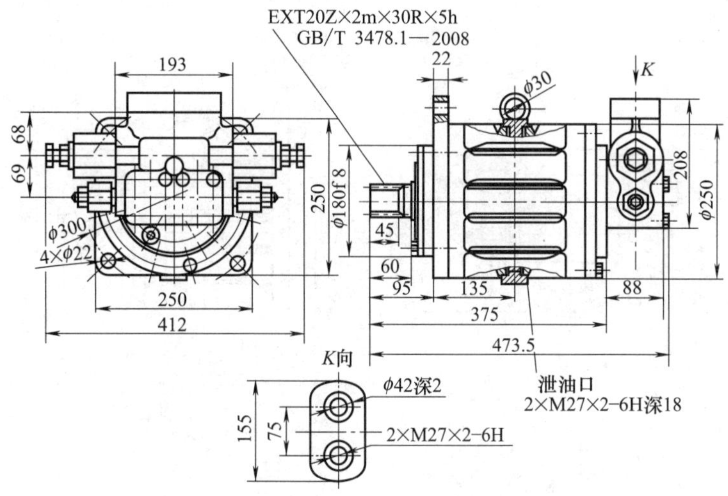

图 20-7-29 HTM (SXM)-G280-2 柱塞马达外形尺寸

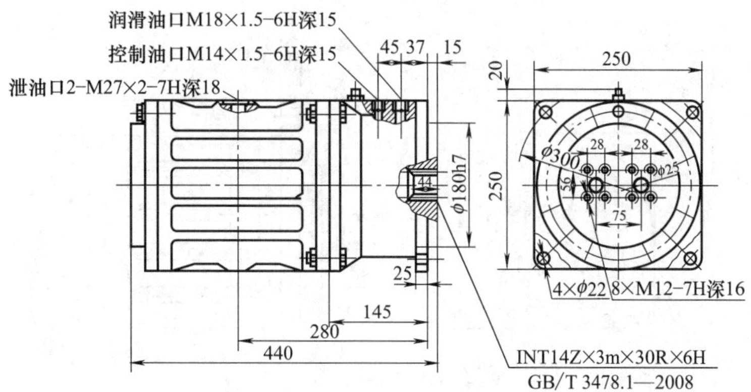

图 20-7-30 HTM (SXM)-G280-6 柱塞马达外形尺寸

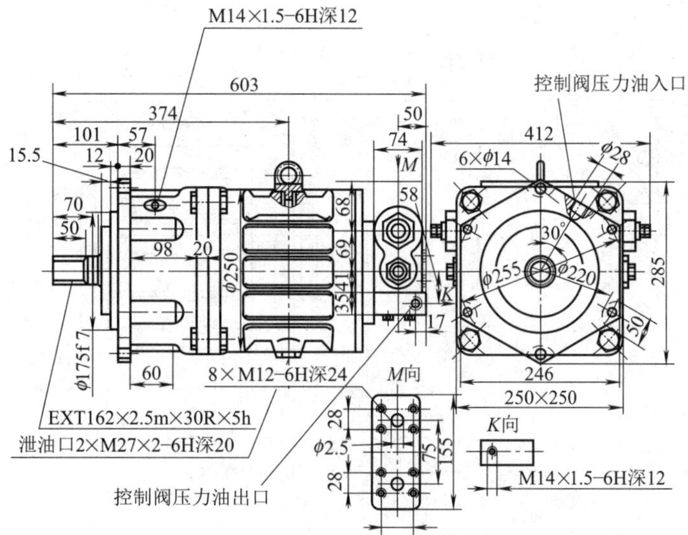

图 20-7-31 HTM (SXM)-G280-8 柱塞马达外形尺寸

第20篇

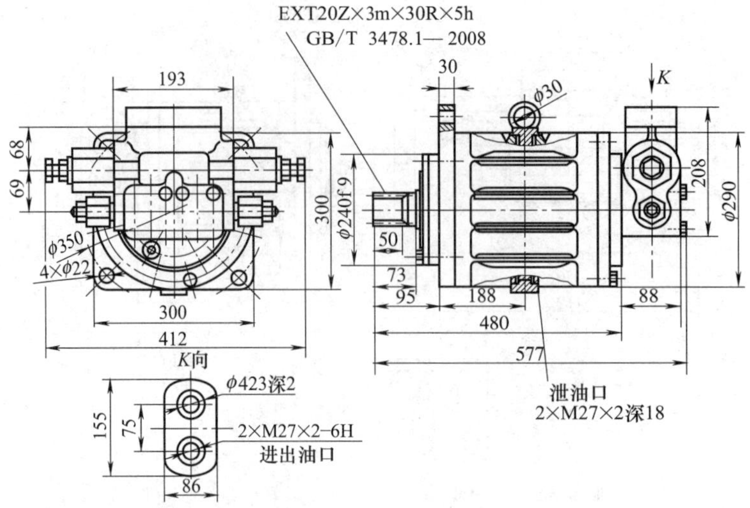

图 20-7-32 HTM (SXM)-G560-D 柱塞马达外形尺寸

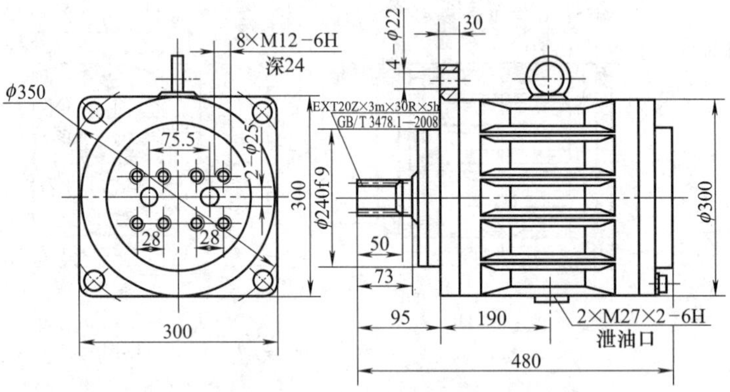

图 20-7-33 HTM (SXM)-G560-1 柱塞马达外形尺寸

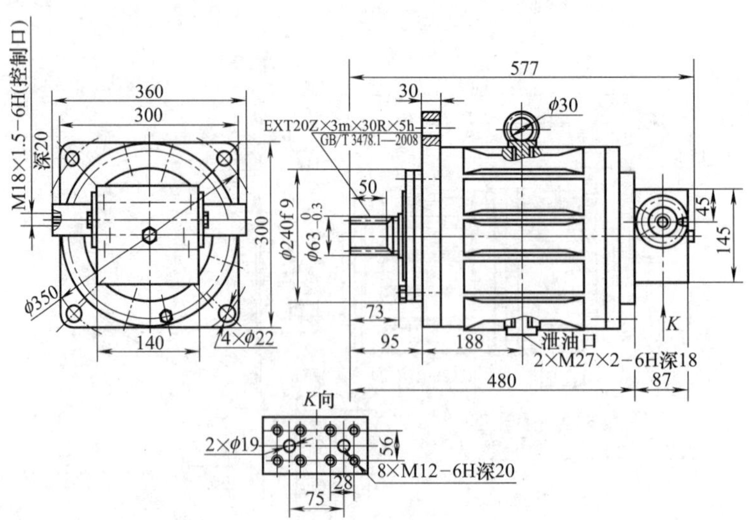

图 20-7-34 2HTM (2SXM)-G560 柱塞马达外形尺寸

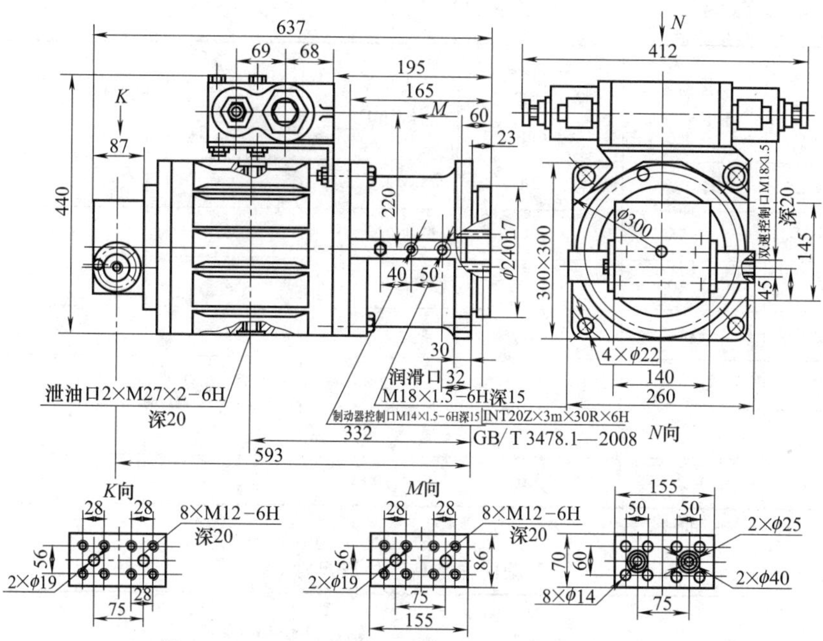

图 20-7-35　2HTM（2SXM)-G560-D 柱塞马达外形尺寸

7.6.1.3　${}^{P}_{M}$FBQA 型轻型轴向柱塞马达

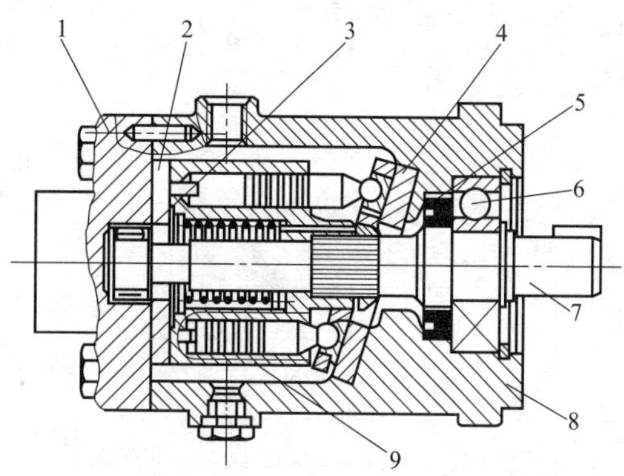

图 20-7-36　${}^{P}_{M}$FBQA 型轻型轴向柱塞马达结构

1—端盖；2—配油盘；3,6—轴承；4—止推板；5—轴封；
7—传动轴；8—壳体；9—缸体组件

表 20-7-35　${}^{P}_{M}$FBQA 型系列轻型轴向柱塞马达技术规格

基本型号	排量 /mL·r^{-1}	最高转速（最大排量时）/r·min^{-1}	最低转速 /r·min^{-1}	最高工作压力 /MPa	最大输出转矩 /N·m	质量 /kg
MFBQA5※	10.55	3600	100	21	31	≈6
MFBQA10※	21.10	3200	100	21	64	≈12
MFBQA20※	42.80	2400	50	17.5	101	≈22
MFBQA29-※※-10	61.60	2400	80	14.0	146	≈22

续表

基本型号	排量 /mL·r^{-1}	最高转速（最大排量时）/r·min^{-1}	最低转速 /r·min^{-1}	最高工作压力 /MPa	最大输出转矩 /N·m	质量 /kg
MFBQA29-※※-20	61.60	2400	50	21	178	≈31
MVBQA5※	10.55	3600	300	21	31	≈9
MVBQA10※	21.10	3200	300	21	61	≈17
M-MFBQA29	61.60	2600	50	17.5	169	≈19
M-MVBQA29	61.60	2600	300	17.5	169	≈27
MFB45	94.50	2200	100	21	271	33
M-MFB45	94.50	2400	100	17.5	258	33

注：带※号者可用于行走机械。

表 20-7-36　　轴向柱塞马达外形尺寸　　mm

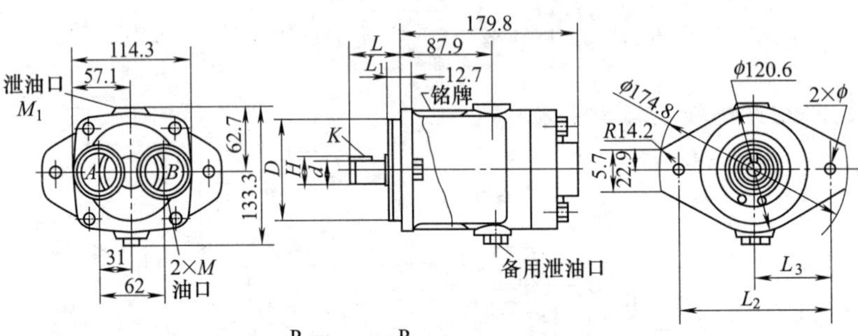

图(a)　$^{P}_{M}$FBQA5、$^{P}_{M}$FBQA10/15型

型号	M	M_1	D	H	d	L	L_1	L_2	L_3	K	ϕ
$^{P}_{M}$FBQA5	M27×2	M14×1.5	ϕ80h8	22	ϕ20h6	44	7	109	54.5	6×25	ϕ11
$^{P}_{M}$FBQA10/15	M42×2	M18×1.5	ϕ100h8	28	ϕ25h8	52.5	9.5	140	70	8×22	ϕ14

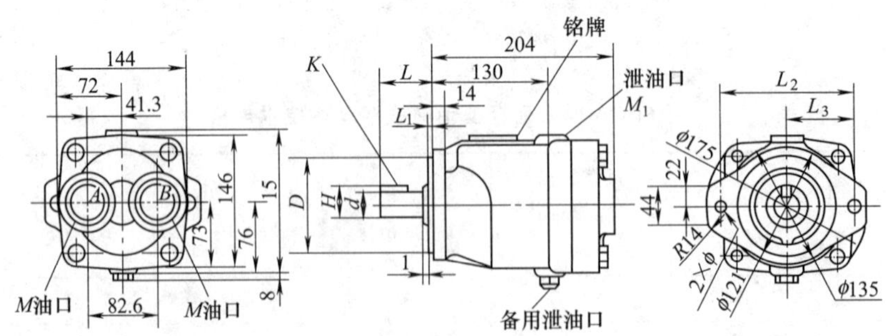

图(b)　$^{P}_{M}$FBQA20、$^{P}_{M}$FBQA29-※※-10型

续表

M	M_1	D	H	d	L	L_1	L_2	L_3	K	ϕ
M42×2	M18×1.5	ϕ100h8	35	ϕ32k7	68	9	140	70	10×32	ϕ14

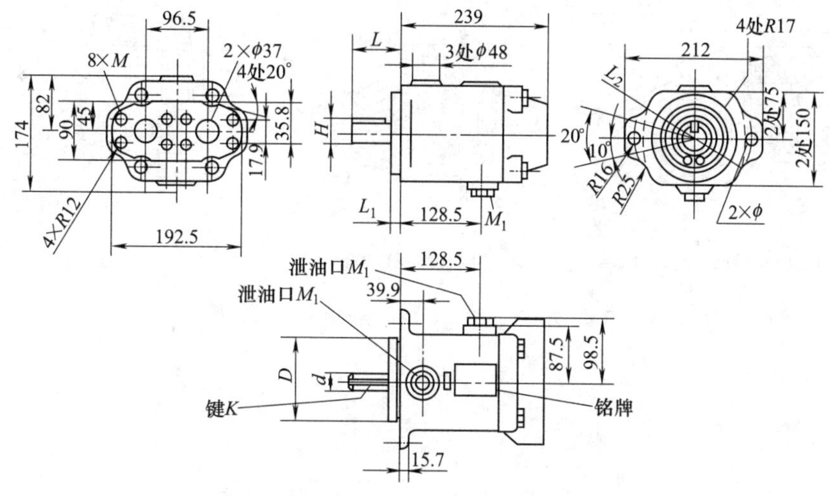

图(c) $\frac{P}{M}$FBQAP-※※-20型定量泵(马达)外形尺寸图

M	M_1	D	H	d	L	L_1	L_2	K	ϕ
M12深27	M27×2	ϕ125h8	35	ϕ32k7	68	9	ϕ180	10×32	14
M	M_1	D	H	d	L	L_1	L_2	K	ϕ
M27×2	M18×1.5	ϕ80h8	22	ϕ20h6	44	6.2	106	6×25	11
M	M_1	D	H	d	L	L_1	L_2	K	ϕ
M42×2	M18×1.5	ϕ100h6	28	ϕ25h6	58.7	9.5	140	8×22	14

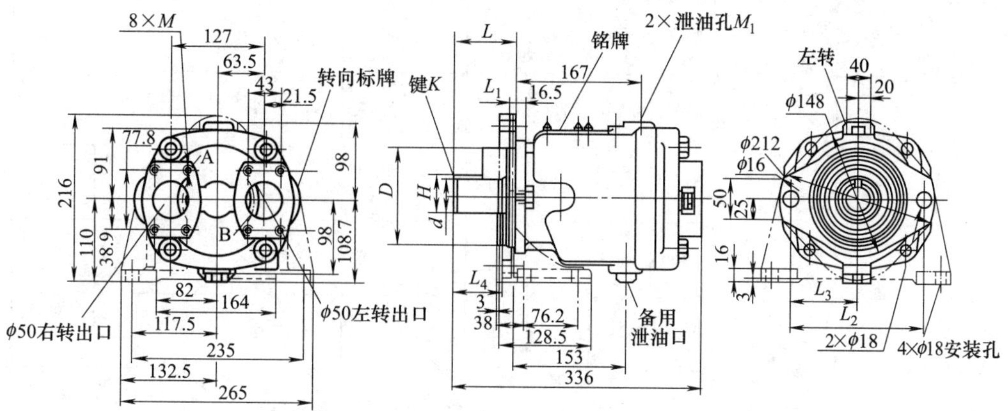

图(d) MFB45-※UF-10型

第20篇

7.6.2　斜轴式轴向柱塞马达

7.6.2.1　A2F 型斜轴式轴向柱塞马达

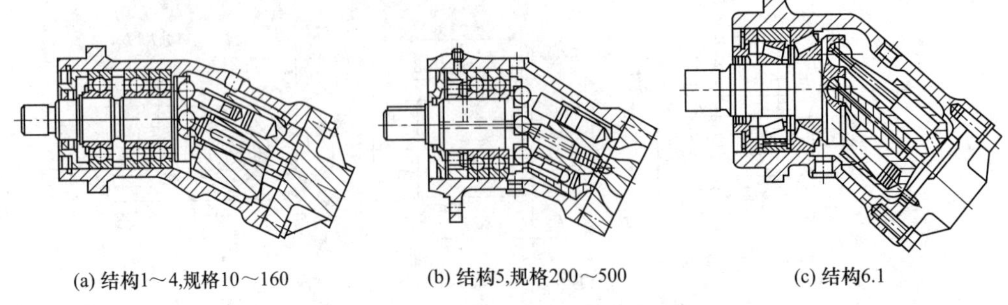

图 20-7-37　A2F 型斜轴式轴向柱塞马达结构

型号意义：

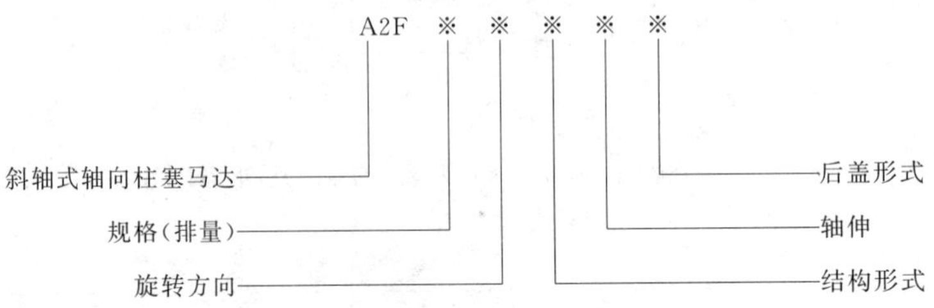

表 20-7-37　　A2F 型斜轴式轴向柱塞马达技术规格

型号	排量 /mL·r^{-1}	压力/MPa		最高转速 /r·min^{-1}		最大功率 /kW		额定转矩 /N·m	转动惯量 /kg·m^2	驱动功率 /kW	质量 /kg	备注
		额定	最高	闭式	开式	闭式	开式					
A2F10	9.4			7500	5000	41	26.6	52.5	0.0004	7.9	5.5	
A2F12	11.6			6000	4000	41	26.3	64.5	0.0004	9.8	5.5	
A2F23	22.7			5600	4000	74	53	126	0.0017	19	12.5	
A2F28	28.1			4750	3000	78	49	156	0.0017	24	12.5	
A2F40	40	35	40	3750	2500	87	55	225	—	—	23	结构 1～4
A2F45	44.3			4500	3000	98	75	246	0.0052	38	23	
A2F55	54.8			3750	2500	120	78	305	0.0052	46	23	
A2F63	63			400	2700	147	96	350	0.0109	53	33	
A2F80	80			3350	2240	156	102	446	0.0109	68	33	

续表

型号	排量 /mL·r⁻¹	压力/MPa		最高转速 /r·min⁻¹		最大功率 /kW		额定转矩 /N·m	转动惯量 /kg·m²	驱动功率 /kW	质量 /kg	备注
		额定	最高	闭式	开式	闭式	开式					
A2F87	86.5			3000	2500	151	123	480	0.0167	73	44	
A2F107	107	35	40	3000	2000	187	121	594	0.0167	90	44	结构1～4
A2F125	125			3150	2240	230	159	693	0.0322	106	63	
A2F160				2650	1750	247	159	889	0.0322	135	63	
A2F200	200			2500	1800	292	210	1114	0.088	169	88	
A2F250	250			2500	1500	365	218	1393	0.088	211	88	结构5
A2F355	355			2440	1320	464	273	1987	0.160	300	138	
A2F500	500			2000	1200	583	340	2785	0.225	283	185	
A2F12	12			6000	3150	42	22	67	0.0004	10	6	
A2F23	22.9			4750	2500	63	33	127	0.0012	19	9.5	
A2F28	2801			4750	2500	78	41	156	0.0012	24	9.5	
A2F56	56.1			3750	2000	123	65	312	0.0042	47	18	
A2F80	80.4			3350	1800	157	84	447	0.0072	68	23	
A2F107	106.7	35	40	3000	1600	187	100	594	0.0116	90	32	
A2F160	160.4			2650	1450	248	136	894	0.022	136	45	结构6.1
A2F16	16			6000	3150	56	30	89	0.0004	13	6	
A2F32	32			4750	2500	88	46	178	0.0012	26	905	
A2F45	15.6			4250	2240	113	59	254	0.0024	38	13.5	
A2F63	63			3750	2000	137	74	350	0.0042	53	18	
A2F90	90			3350	1800	176	95	500	0.0072	76	23	
A2F125	125			3000	1600	219	116	696	0.0116	106	32	
A2F180	180			2650	1450	178	152	1001	0.022	152	45	

注：1. 外形尺寸见同型号液压泵。

2. 生产厂家为贵州力源液压股份有限公司。

7.6.2.2　A6V 型斜轴式变量马达

型号意义：

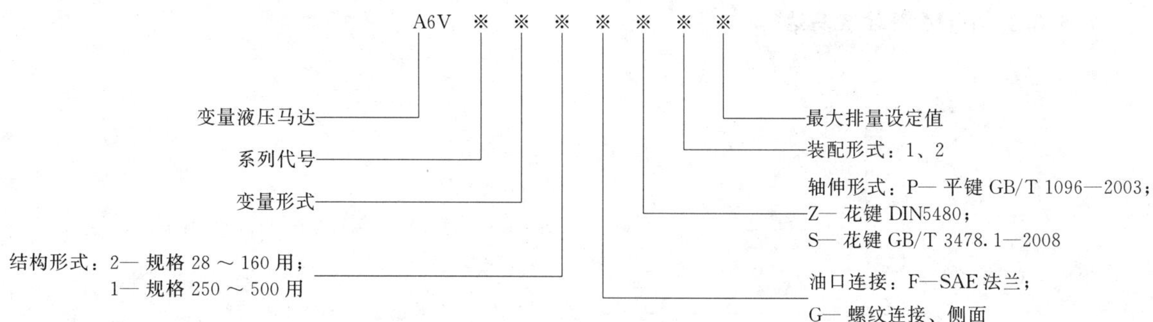

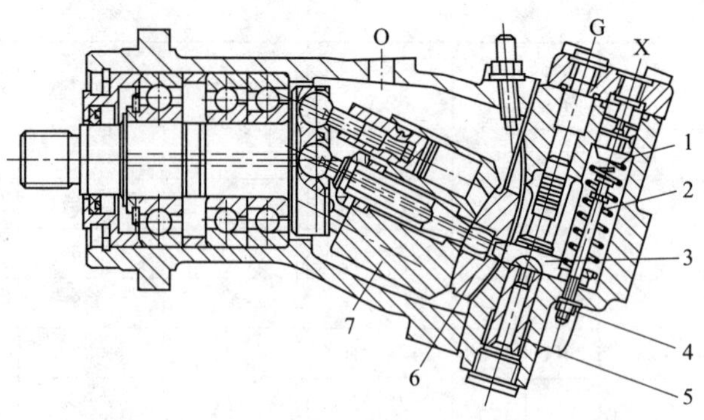

图 20-7-38 A6V 型斜轴式轴向柱塞马达结构

1—后盖；2—弹簧；3—拨销；4—调整螺钉；5—变量活塞；6—配油盘；7—缸体；
G—同步、外控油口；O—泄油、排气油口；X—外控油口

表 20-7-38 A6V 型斜轴式轴向柱塞马达技术规格

型号	排量/mL·r^{-1}		压力/MPa		最高转速/r·min^{-1}		最大转矩/N·m	最大功率/kW	转动惯量/kg·m^2	质量/kg
	最大 $\alpha=25°$	最小 $\alpha=7°$	额定	最高	$\alpha=25°$	$\alpha=7°$				
A6V28	28.1	8.1	35	40	4700	6250	143	71	0.0017	18
A6V5	54.8	15.8			3750	5000	278	110	0.0052	27
A6V80	80	23			3350	4500	408	143	0.0109	39
A6V107	107	30.8			3000	4000	543	171	0.0167	52
A6V160	160	46			2650	3500	813	226	0.0322	74
A6V250	250	72.1			2500	3300	1272	335	0.0532	103
A6V500	500 ($\alpha=26.5°$)	137			1900	2500	2543	507	—	223
A6VM55	54.8	11.3	35(轴伸A型)	40(轴伸A型)	4200	6300	305/348	134/153	0.0042	26
A6VM80	80	16.5			3750	5600	446/510	175/200	0.0080	34
A6VM107	107	22.1	40(轴伸B型)	45(轴伸B型)	3300	5000	594/679	206/235	0.0127	45
A6VM160	160	33			3000	4500	889/1016	280/320	0.0253	64

注：A6VM 的最大转矩和最大功率值的分子数表示 $\Delta p=35$MPa 时的数值，分母数表示 $\Delta p=40$MPa 时的数值。

7.6.3 径向柱塞马达

7.6.3.1 NJM 型柱塞马达

型号意义：

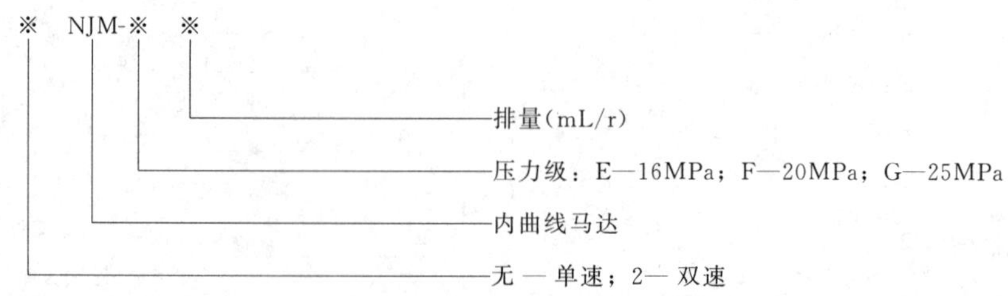

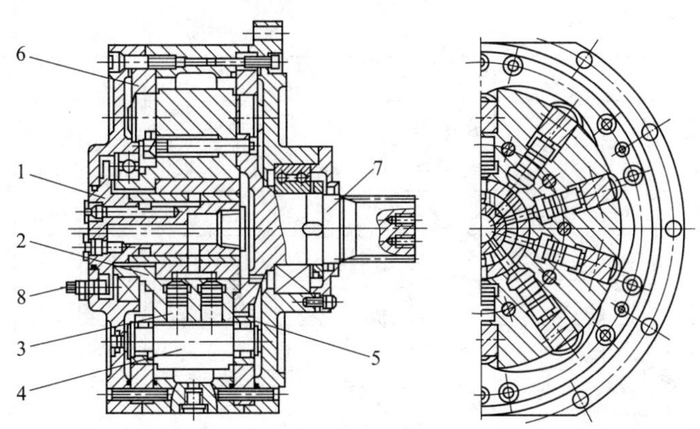

图 20-7-39　NJM 型内曲线马达结构

1—配油器；2—缸体；3—柱塞；4—横梁；5—滚轮；6—导轨曲线；7—主轴；8—微调螺钉

表 20-7-39　　NJM 型内曲线马达技术规格

型号	排量 /L·r^{-1}	压力/MPa		最高转速 /r·min^{-1}	转矩/N·m		质量 /kg
		额定	最大		额定	最大	
NJM-G1	1	25	32	100	3310	4579	160
NJM-G1.25	1.25	25	32	100	4471	5724	230
NJM-G2	2	25	32	63/(80)	7155	9158	230
NJM-G2.5	2.5	25	32	80	8720	11448	290
NJM-G2.84	2.84	25	32	50	10160	13005	219
2NJM-G4	2/4	25	32	63/40	7155/14310	9158/18316	425
NJM-G4	4	25	32	40	14310	18316	425
NJM-G6.3	6.3	25	32	40	—	28849	524
NJM-F10	9.97	20	25	25	—	35775	638
NJM-G3.15	3.15	25	32	63	—	15706	291
2NJM-G3.15	1.58/3.15	25	32		—	7853/15706	297
NJM-E10W	9.98	16	20	20	—	28620	—
NJM-F12.5	12.5	20	25	20	—	44719	—
NJM-E12.5W	12.5	16	25	20	—	35775	—
NJM-E40	40	16	25	12	—	114480	—

表 20-7-40　　NJM 型内曲线马达外形尺寸　　mm

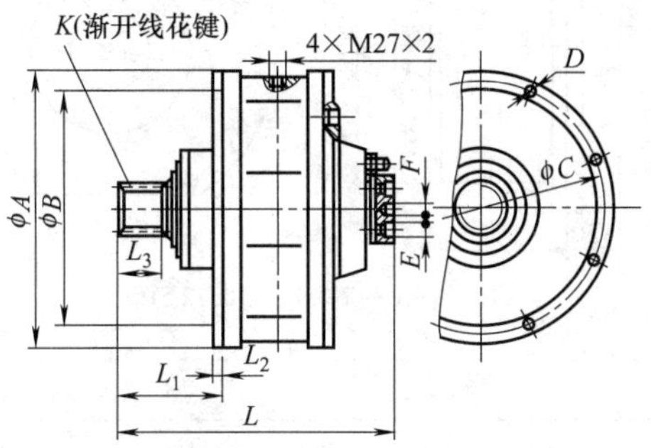

图(a)　NJM-G(1.25、2、2.84、6.3、3.15)型、2NJM-G(4、3.15)型

续表

型号	ϕA	ϕB	C	D	E	F	L	L_1	L_2	L_3	K(渐开线花键)
NJM-G1.25	460	400	430	17×ϕ20	M27×2	—	418	167	8	75	EXT 28Z×2.5m×20p
NJM-G2	560	480	524	17×ϕ21	M27×2	—	475	200	8	85	EXT 38Z×2.5m×20p
NJM-G2.84	466	380	426	17×ϕ18	M22×1.5	—	449	174	—	72	EXT 24Z×3m×30p
2NJM-G4	560	480	524	17×ϕ21	M35×2	M14×1.5	564	200	8	78	EXT 38Z×2.5m×20p
NJM-G6.3	600	480	560	6×ϕ26	M42×2	—	570	219	8	100	EXT 40Z×3m×30p
NJM-G3.15	530	400	493	6×ϕ22	M27×2	—	517	185	6	78	ZXT 32Z×3m×30p
2NJM-G3.15	530	400	493	6×ϕ22	M27×2	M14×1.5	540	185	6	70	ZXT 24Z×3m×30p

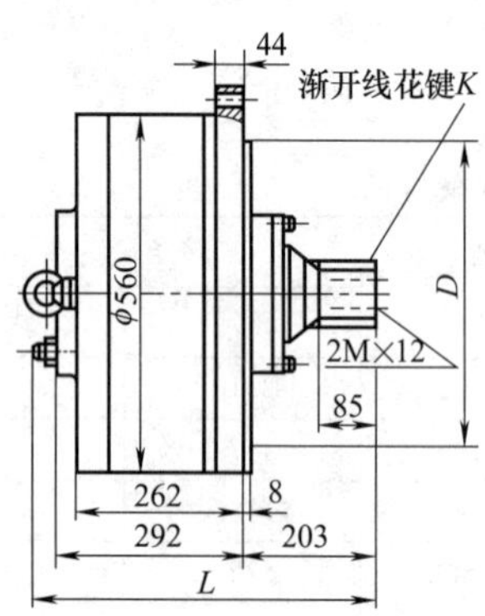

图(b) NJM-G4、2NJM-G4型

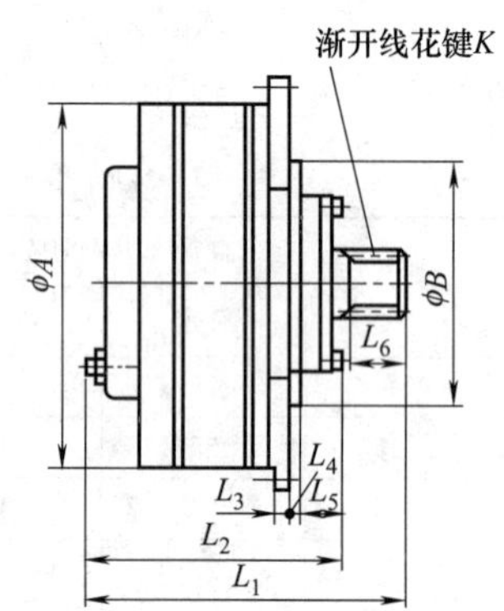

图(c) NJM-G(2、2.5)型

型号	L	D	渐开线花键 K
NJM-G4	526	ϕ420f9	EXT 58Z×2.5m×20p
2NJM-G4	550	ϕ480f9	ZXT 38Z×2.5m×20p

型号	ϕA	ϕB	L_1	L_2	L_3	L_4	L_5	L_6	渐开线花键 K
NJM-G2	485	400	465	365	30	10	48	80	EXT 25Z×2.5m×30p×5h
NJM-G2.5	560	480	430	330	34	8	60	85	EXT 38Z×2.5m×30p×5h

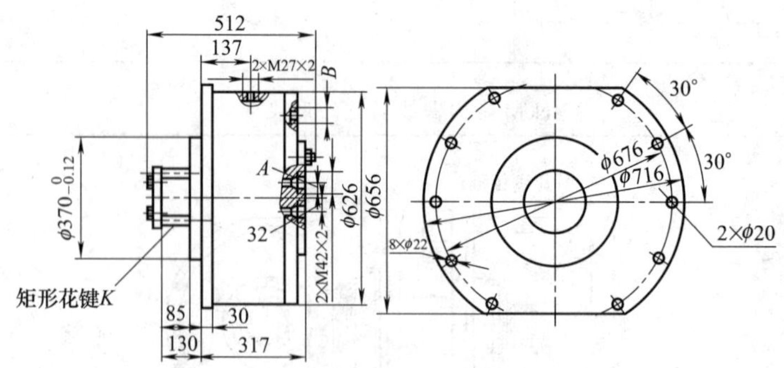

图(d) NJM-F(10、12.5)型

型号	A	B	矩形花键 K
NJM-F10	45	M16×1.5	10×145f7×160f5×22f9
NJM-F12.5	43	M18×1.5	10×145f7×160f5×22f9

续表

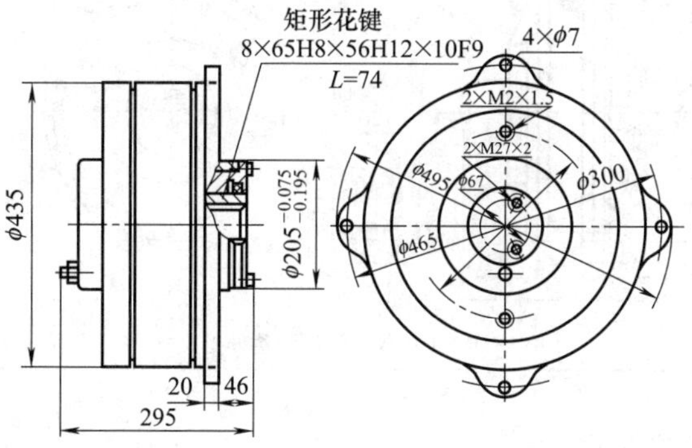

图(e)　NJM－G1型

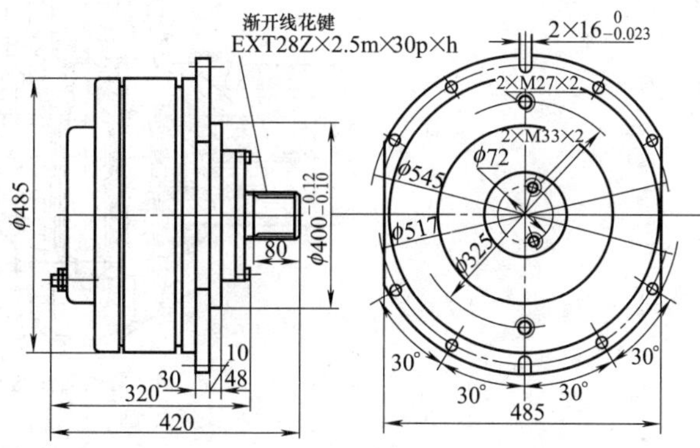

图(f)　NJM－G1.25型

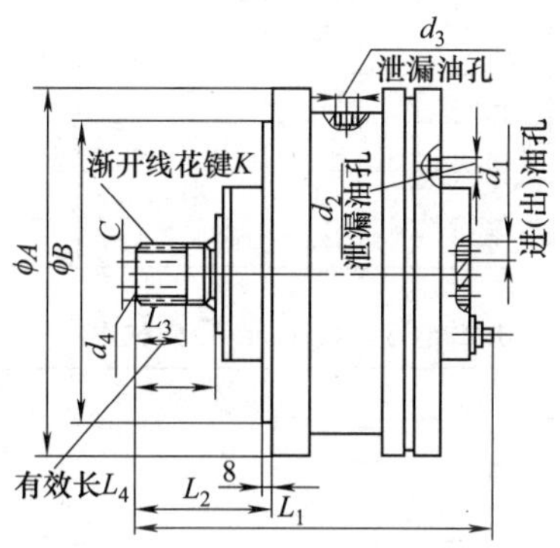

图(g)　NJM－G(2、2.84)型

型号	ϕA	ϕB	C	L_1	L_2	L_3	L_4	d_1	d_2	d_3	d_4	K
NJM-G2	560	480	35	475	200	116	85	4×M27×2	4×M27×2	1×M27×2	2×M12	EXT 38Z×2.5m×30R
NJM-G2.84	462	380	35	448	174	103	72	2×M22×1.5	2×M22×1.5	1×M22×1.5	2×M12	EXT 24Z×3m×30R×6h

续表

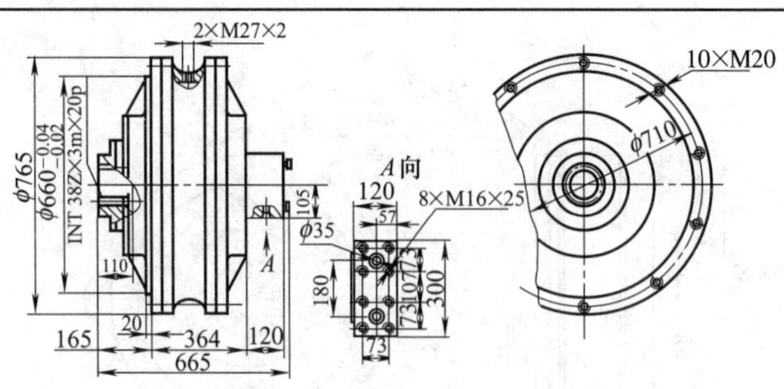

图(h)　NJM-E10W型液压马达外形尺寸

7.6.3.2　1JMD 型柱塞马达

型号意义：

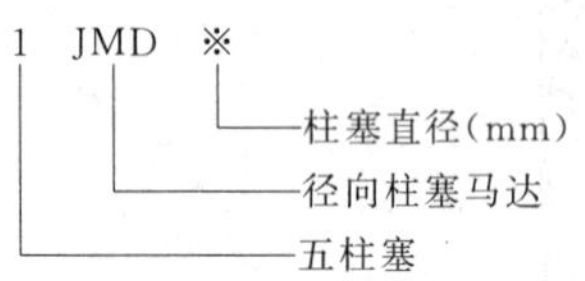

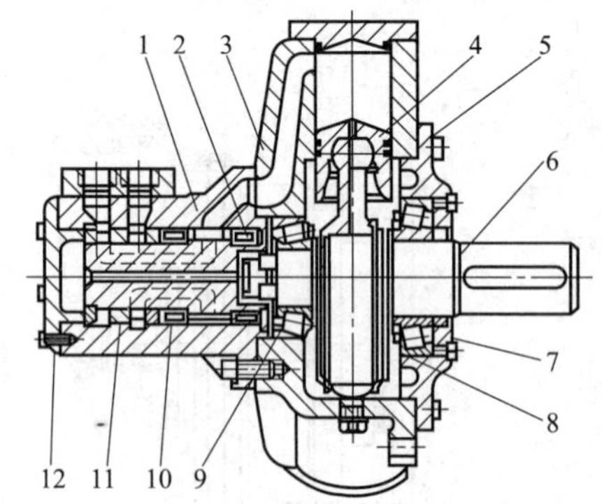

图 20-7-40　1JMD 型径向柱塞马达结构

1—阀壳；2—十字接头；3—壳体；4—柱塞；5—连杆；6—曲轴；7,12—盖；8,9—圆锥滚子轴承；10—滚针轴承；11—转阀

表 20-7-41　1JMD 型径向柱塞马达技术规格

型号	排量 /L·r^{-1}	转速 /r·min^{-1}	压力/MPa		转矩/N·m		功率/kW		机械效率 /%	偏心距 /mm	质量 /kg
			额定	最大	额定	最大	额定	最大			
1JMD-40	0.201	10～400	16	22	470	645	19.2	26.4	≥91.5	16	44.5
1JMD-63	0.780	10～200	16	22	1815	2500	37.2	51.2	≥91.5	25	107
1JMD-80	1.608	10～150	16	22	3750	5160	57.8	79.2	≥91.5	32	160.4
1JMD-100	3.140	10～100	16	22	7350	10070	75.3	103	≥91.5	40	257
1JMD-125	6.140	10～75	16	22	14300	19700	110	151	≥91.5	50	521

表 20-7-42　1JMD-40、1JMD-(63～125) 型径向柱塞马达外形尺寸　mm

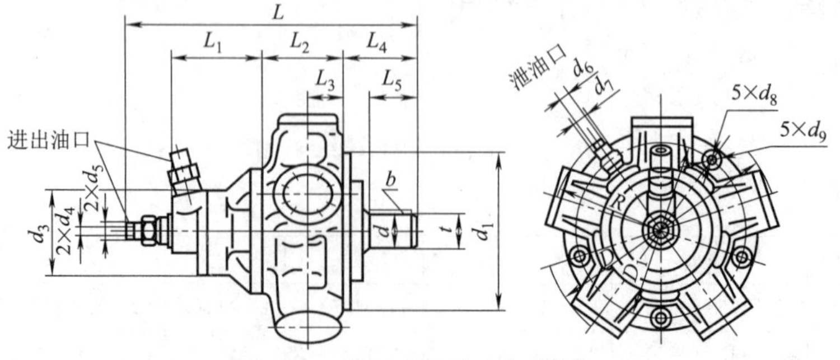

1JMD-40 型径向柱塞马达外形尺寸

续表

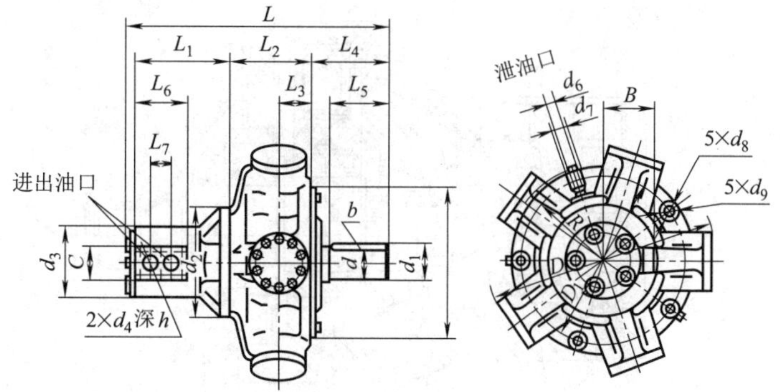

1JMD-(63～125)型径向柱塞马达外形尺寸

型号	L	L_1	L_2	L_3	L_4	L_5	L_6	L_7	B	b	C	D	D_1	d
1JMD-40	395	121	106	42	108	65	—	—	—	12	—	320	235	40h6
1JMD-63	470	180	148	55	132	90	115	45	104	18	70	420	295	60h6
1JMD-80	582	194	176	70	175	130	115	45	115	20	70	544	360	75h6
1JMD-100	645	222.5	205	84	241	200	124	50	118	24	76	658	440	80h6
1JMD-125	820	269	285	130	240	200	130	60	140	32	95	830	580	120h6

型号	d_1	d_2	d_3	d_4	d_5	d_6	d_7	d_8	d_9	t	R	h
1JMD-40	205h9	—	115	20	13	14	12	14	32	42.8	145	—
1JMD-63	260h9	—	140	M33×1.5	—	14	12	18	38	65.5	168	18
1JMD-80	330h9	—	160	M33×1.5	—	14	12	21	40	79.2	200	18
1JMD-100	380h9	252h9	170	M33×1.5	—	14	12	22	38	85	235	24
1JMD-125	510h9	320h9	190	M42×2	—	14	12	34	56	126.5	290	25

7.6.3.3 JM※系列径向柱塞马达

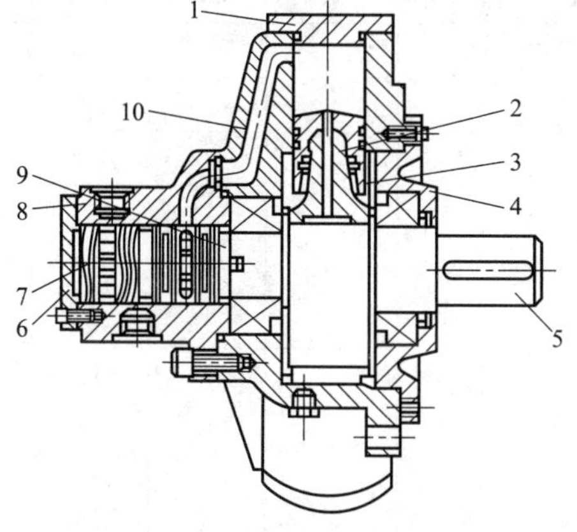

图 20-7-41 JM1 型径向柱塞马达结构（一）

1—缸盖；2—连杆；3—柱塞；4—轴承盖；5—曲轴；6—端盖；7—配油轴；8—配油壳体；9—十字轴；10—壳体

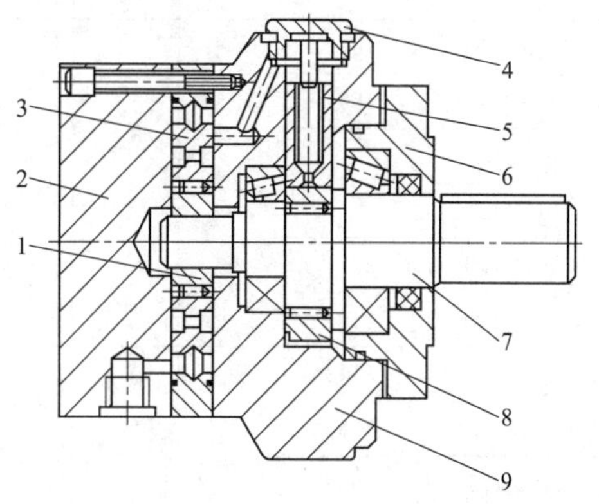

图 20-7-42 JM1 型径向柱塞马达结构（二）

1—偏心轮；2—端盖；3—配流盘；4—缸盖；5—柱塞；6—轴承盖；7—曲轴；8—七星轮；9—壳体

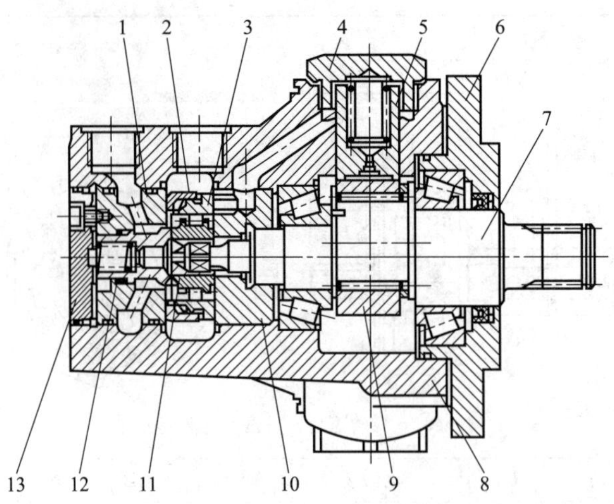

图 20-7-43　JM1 型径向柱塞马达结构（三）

1—进出油套；2—外油环；3—内油环；4—缸盖；5—柱塞；6—轴承盖；7—曲轴；
8—壳体；9—五星轮；10—配油轴；11—偏心轮；12—压力块；13—端盖

型号意义：

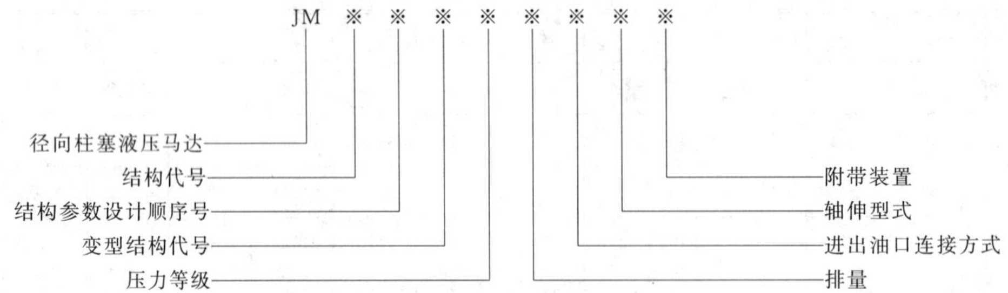

表 20-7-43　　JM※系列径向柱塞马达技术规格

型　　号	排量/mL·r^{-1}	压力/MPa		转速/r·min^{-1}		效率/%		有效转矩/N·m		质量/kg
		额定	最高	额定	范围	容积效率	总效率	额定	最大	
JM10-F0.16F1	163	20	25	500	18～630	≥92	≥83	468	585	50
JM10-F0.18F1	182							523	653	
JM10-F0.2F1	201							578	723	
JM10L-F0.2								578	723	
JM10-F0.224F1	222			400	18～500			638	797	
JM10-F0.25F1	249							715	894	
JM11-F0.315F1	314	20	25	320	18～400	≥92	≥83	902	1127	75
JM11-F0.355F1	353							1014	1267	
JM11-F0.4F1	393							1128	1411	
JM11-F0.45	442							1270	1587	
JM11-F0.5F1	493			250				1424	1780	
JM11-F0.56F1	554							1591	1989	

续表

<table>
<tr><th rowspan="2">型　　号</th><th rowspan="2">排量
/mL·r⁻¹</th><th colspan="2">压力/MPa</th><th colspan="2">转速/r·min⁻¹</th><th colspan="2">效率/%</th><th colspan="2">有效转矩/N·m</th><th rowspan="2">质量
/kg</th></tr>
<tr><th>额定</th><th>最高</th><th>额定</th><th>范围</th><th>容积效率</th><th>总效率</th><th>额定</th><th>最大</th></tr>
<tr><td>JM12-F0.63F2</td><td>623</td><td rowspan="5">20</td><td rowspan="5">25</td><td>250</td><td>15～320</td><td rowspan="7">≥92</td><td rowspan="7">≥84</td><td>1812</td><td>2264</td><td rowspan="7">115</td></tr>
<tr><td>JM12-F0.71F2</td><td>717</td><td rowspan="6">200</td><td rowspan="6">15～250</td><td>2084</td><td>2605</td></tr>
<tr><td>JM12-F0.8F2</td><td rowspan="2">779</td><td rowspan="2">2265</td><td rowspan="2">2831</td></tr>
<tr><td>JM12L-F0.8F2</td></tr>
<tr><td>JM12-F0.9F2</td><td>873</td><td>2537</td><td>3172</td></tr>
<tr><td>JM12-E1.0F2</td><td>1104</td><td rowspan="2">16</td><td rowspan="2">20</td><td>2567</td><td>3209</td></tr>
<tr><td>JM12-E1.25F2</td><td>1237</td><td>2876</td><td>3595</td></tr>
<tr><td>JM13-F1.25F1</td><td>1257</td><td rowspan="6">20</td><td rowspan="6">25</td><td rowspan="4">200</td><td rowspan="4">12～250</td><td rowspan="6">≥92</td><td rowspan="6">≥84</td><td>3653</td><td>4543</td><td rowspan="6">160</td></tr>
<tr><td>JM13-F1.4F1</td><td>1427</td><td>4147</td><td>5184</td></tr>
<tr><td>JM13-F1.6F1</td><td>1608</td><td>4653</td><td>5816</td></tr>
<tr><td>JM13-F1.6</td><td>1608</td><td>4653</td><td>5816</td></tr>
<tr><td>JM13-F1.8F1</td><td>1816</td><td rowspan="2">160</td><td rowspan="2">12～200</td><td>5278</td><td>6598</td></tr>
<tr><td>JM13-E2.0F1</td><td>2014</td><td>5853</td><td>7317</td></tr>
<tr><td>JM14-F2.24F1</td><td>2278</td><td rowspan="5">20</td><td rowspan="5">25</td><td rowspan="5">100</td><td rowspan="3">10～175</td><td rowspan="5">≥91</td><td rowspan="5">≥84</td><td>6693</td><td>8367</td><td rowspan="5">320</td></tr>
<tr><td>JM14-F2.5F1</td><td>2513</td><td>7384</td><td>9270</td></tr>
<tr><td>JM14-F2.8F1</td><td>2827</td><td>8216</td><td>10270</td></tr>
<tr><td>JM14-F3.15F1</td><td>3181</td><td rowspan="2">10～125</td><td>9346</td><td>11689</td></tr>
<tr><td>JM14-F3.55F1</td><td>3530</td><td>10372</td><td>12965</td></tr>
<tr><td>JM15-E5.6</td><td>5645</td><td rowspan="4">16</td><td rowspan="4">20</td><td rowspan="3">63</td><td rowspan="3">8～75</td><td rowspan="4">≥91</td><td rowspan="4">≥84</td><td>13269</td><td>16586</td><td rowspan="4">520</td></tr>
<tr><td>JM15-E6.3</td><td>6381</td><td>14999</td><td>18749</td></tr>
<tr><td>JM15-E7.1</td><td>7116</td><td>16727</td><td>20909</td></tr>
<tr><td>JM15-E8.0</td><td>8005</td><td>50</td><td>3～60</td><td>18817</td><td>23521</td></tr>
<tr><td>JM16-F4.0F1</td><td>3958</td><td rowspan="3">20</td><td rowspan="3">25</td><td rowspan="3">100</td><td rowspan="3">8～125</td><td rowspan="3">≥91</td><td rowspan="3">≥84</td><td>11630</td><td>14537</td><td rowspan="2">420</td></tr>
<tr><td>JM16-F4.5F1</td><td>4453</td><td>13084</td><td>16355</td></tr>
<tr><td>JM16-F5.0</td><td>5278</td><td>15508</td><td>19385</td><td>480</td></tr>
<tr><td>JM21-D0.02</td><td>20.2</td><td rowspan="2">10</td><td rowspan="2">12.5</td><td rowspan="2">1000</td><td>20～1500</td><td rowspan="2">≥92</td><td rowspan="2">≥74</td><td>26</td><td>33</td><td rowspan="3">16</td></tr>
<tr><td>JM21-D0.0315</td><td rowspan="2">36.5</td><td>30～1250</td><td>47</td><td>59</td></tr>
<tr><td>JM21a-D0.0315</td><td>8</td><td>10</td><td>850</td><td>50～1000</td><td>≥88</td><td>≥70</td><td>37</td><td>46</td></tr>
<tr><td>JM22-D0.05</td><td>49.3</td><td rowspan="2">10</td><td rowspan="2">12.5</td><td rowspan="2">750</td><td>25～1250</td><td rowspan="2">≥92</td><td rowspan="2">≥74</td><td>64</td><td>80</td><td rowspan="3">19</td></tr>
<tr><td>JM22-D0.063</td><td rowspan="2">73</td><td>25～1000</td><td>100</td><td>125</td></tr>
<tr><td>JM22a-D0.063</td><td>8</td><td>10</td><td>650</td><td>40～800</td><td>≥88</td><td>≥70</td><td>74</td><td>93</td></tr>
<tr><td>JM23-D0.09</td><td rowspan="2">110</td><td>10</td><td>12.5</td><td>600</td><td>25～750</td><td>≥92</td><td>≥74</td><td>150</td><td>180</td><td rowspan="2">22</td></tr>
<tr><td>JM23a-D0.09</td><td>8</td><td>10</td><td>500</td><td>45～600</td><td>≥88</td><td>≥70</td><td>111</td><td>139</td></tr>
<tr><td>JM31-E0.08</td><td>81</td><td rowspan="4">16</td><td rowspan="4">20</td><td>750</td><td>25～1000</td><td rowspan="4">≥91</td><td rowspan="4">≥78</td><td>177</td><td>221</td><td rowspan="2">40</td></tr>
<tr><td>JM31-E0.125</td><td>116</td><td>630</td><td>25～800</td><td>275</td><td>344</td></tr>
<tr><td>JM33-E0.16</td><td>161</td><td>750</td><td>25～1000</td><td>352</td><td>439</td><td rowspan="2">58</td></tr>
<tr><td>JM33-E0.25</td><td>251</td><td>500</td><td>25～600</td><td>548</td><td>685</td></tr>
</table>

表 20-7-44 JM1型径向柱塞马达外形尺寸 mm

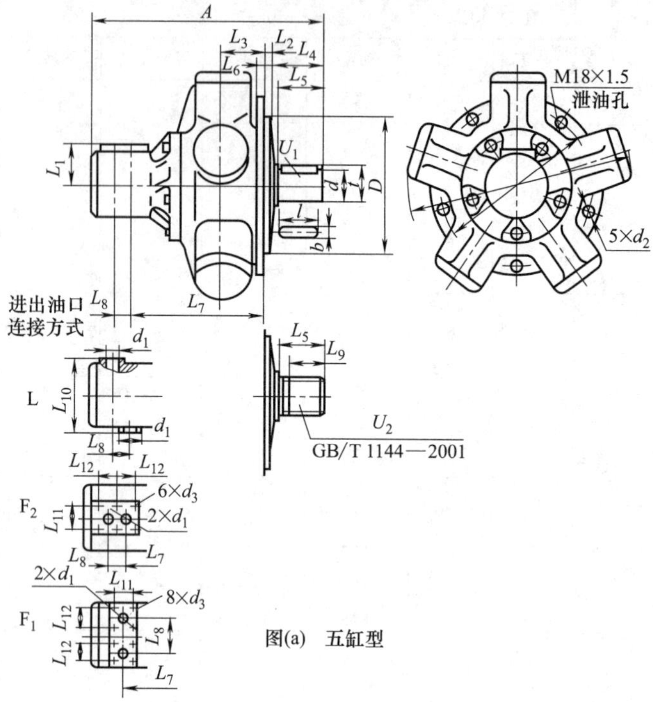

图(a) 五缸型

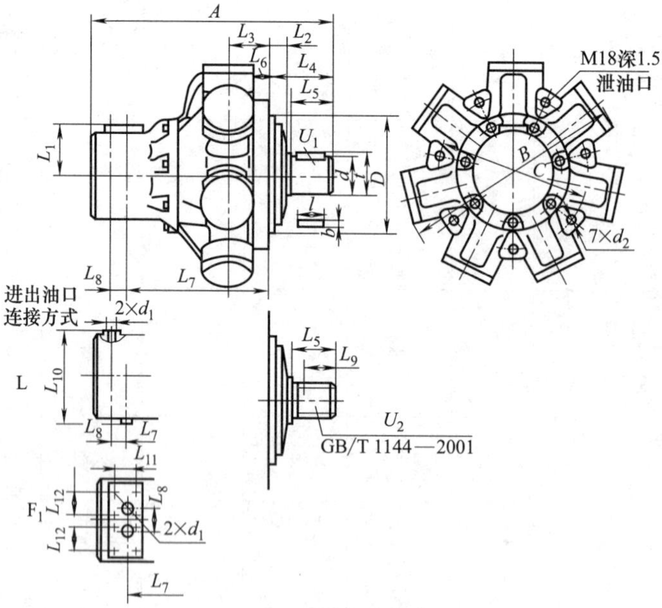

图(b) 七缸型

型号	A	B	C	D	d	d_1	d_2	d_3×深	轴伸	
									U_1(b×l)	U_1 (GB/T 1144—2001)
JM10-F0.16F1	287	ϕ328	ϕ230	ϕ204h8	ϕ40g6	ϕ22	5×ϕ14	M12×1.6	A12×60	6-40×35×10
JM10-F0.18F1										
JM10-F0.2F1										

续表

<table>
<tr><th rowspan="2">型号</th><th rowspan="2">A</th><th rowspan="2">B</th><th rowspan="2">C</th><th rowspan="2">D</th><th rowspan="2">d</th><th rowspan="2">d_1</th><th rowspan="2">d_2</th><th rowspan="2">d_3×深</th><th colspan="2">轴伸</th></tr>
<tr><th>$U_1(b\times l)$</th><th>U_1
(GB/T 1144—2001)</th></tr>
<tr><td>JM10L-F0.2</td><td rowspan="3">287</td><td rowspan="3">φ328</td><td>φ235</td><td>φ205h8</td><td rowspan="3">φ40g6</td><td>M33×2</td><td rowspan="3">14</td><td>—</td><td rowspan="3">A12×60</td><td rowspan="3">6-40×35×10</td></tr>
<tr><td>JM10-F0.224F1</td><td rowspan="2">φ230</td><td rowspan="2">φ204h8</td><td rowspan="2">φ22</td><td rowspan="2">M12×1.6</td></tr>
<tr><td>JM10-F0.25F1</td></tr>
<tr><td>JM11-F0.31F1</td><td rowspan="6">338</td><td rowspan="6">φ408</td><td rowspan="6">φ260</td><td rowspan="6">φ180h8</td><td rowspan="6">φ55m7</td><td rowspan="3">φ22</td><td rowspan="6">5×φ18</td><td rowspan="3">M12×1.6</td><td rowspan="6">A18×90</td><td rowspan="6">8-60×54×9</td></tr>
<tr><td>JM11-F0.355F1</td></tr>
<tr><td>JM11-F0.4F1</td></tr>
<tr><td>JM11-F0.45</td><td>M33×2</td><td>—</td></tr>
<tr><td>JM11-F0.5F1</td><td rowspan="2">φ22</td><td rowspan="2">M12×1.6</td></tr>
<tr><td>JM11-F0.56F1</td></tr>
<tr><td>JM12-F0.63F2</td><td rowspan="6">344</td><td rowspan="7">φ480</td><td rowspan="3">φ300</td><td rowspan="3">φ250h8</td><td rowspan="3">φ63m7</td><td rowspan="7">φ26
（加连接板为M33×2）</td><td rowspan="3">5×φ22</td><td rowspan="7">M10×20</td><td rowspan="3">A18×90</td><td rowspan="3">8-60×54×10</td></tr>
<tr><td>JM12-F0.71F2</td></tr>
<tr><td>JM12-F0.8F2</td></tr>
<tr><td>JM12L-F0.8F2</td><td>φ295</td><td>φ260h8</td><td>φ60m7</td><td>5×φ18</td><td>A18×85</td><td>6-60×54×14</td></tr>
<tr><td>JM12-F0.9F2</td><td rowspan="3">φ300</td><td rowspan="3">φ250h8</td><td rowspan="3">φ63m7</td><td rowspan="3">5×φ22</td><td rowspan="3">A18×90</td><td rowspan="3">8-60×52×10</td></tr>
<tr><td>JM12-E1.0F2</td></tr>
<tr><td>JM12-E1.25F2</td><td>348</td></tr>
<tr><td>JM13-F1.25F1</td><td rowspan="3">401</td><td rowspan="6">φ573</td><td rowspan="6">φ360</td><td rowspan="3">φ320h8</td><td rowspan="4">φ75m7</td><td rowspan="3">φ28</td><td rowspan="6">5×φ22</td><td rowspan="6">M12×20</td><td rowspan="4">A22×100</td><td rowspan="4">6-75×65×16</td></tr>
<tr><td>JM13-F1.4F1</td></tr>
<tr><td>JM13-F1.6F1</td></tr>
<tr><td>JM13-F1.6</td><td>377</td><td>φ330h8</td><td>M42×2</td></tr>
<tr><td>JM13-F1.8F1</td><td rowspan="2">401</td><td rowspan="2">φ320h8</td><td rowspan="2">φ80m7</td><td rowspan="2">φ28</td><td rowspan="2">A24×150</td><td rowspan="2">10-82×72×12</td></tr>
<tr><td>JM13-F2.0F1</td></tr>
<tr><td>JM14-F2.24F1</td><td rowspan="5">445</td><td rowspan="5">φ660</td><td rowspan="5">φ420</td><td rowspan="5">φ380h8</td><td rowspan="5">φ90g7</td><td rowspan="5">φ30</td><td rowspan="5">5×φ22</td><td rowspan="5">M12×20</td><td rowspan="5">C25×170</td><td rowspan="5">6-90×80×20</td></tr>
<tr><td>JM14-F2.5F1</td></tr>
<tr><td>JM14-F2.8F1</td></tr>
<tr><td>JM14-F3.15F1</td></tr>
<tr><td>JM14-F3.55F1</td></tr>
<tr><td>JM15-E5.6</td><td rowspan="4">490</td><td rowspan="4">φ85</td><td rowspan="4">φ180</td><td rowspan="4">φ500h8</td><td rowspan="4">φ120g7</td><td rowspan="4">M48×2</td><td rowspan="4">5×φ33</td><td rowspan="4">4×M16×30</td><td rowspan="4">A32×180</td><td rowspan="4">10-120×112×18</td></tr>
<tr><td>JM15-E6.3</td></tr>
<tr><td>JM15-E7.1</td></tr>
<tr><td>JM15-E8.0</td></tr>
<tr><td>JM16-F4.0F1</td><td rowspan="2">450</td><td rowspan="2">φ692</td><td rowspan="3">φ520.7</td><td rowspan="3">φ457h8</td><td rowspan="2">φ100m7</td><td rowspan="2">φ32</td><td rowspan="3">7×φ22</td><td rowspan="2">M12×25</td><td rowspan="2">C28×170</td><td rowspan="3">—</td></tr>
<tr><td>JM16-F4.5F1</td></tr>
<tr><td>JM16-F5.0</td><td>516</td><td>φ740</td><td>φ110m7</td><td>G1/2</td><td>4×M20×25</td><td>A28×200
（双键）</td></tr>
</table>

续表

型　号	L_1	L_2	L_3	L_4	L_5	L_6	L_7	L_8	L_9	L_{10}	L_{11}	L_{12}
JM10-F0.16F1	78	34	42	108	65	18	213	75	45	—	51	51
JM10-F0.18F1												
JM10-F0.2F1												
JM10L-F0.2	—	37					194.5	37		138	—	—
JM10-F0.224F1	78	34					213	75		—	51	51
JM10-F0.25F1												
JM11-F0.31F1	78	27	75	132	100	35	266	75	73	—	51	51
JM11-F0.355F1												
JM11-F0.4F1												
JM11-F0.45	—						243.5	37		138	—	—
JM11-F0.5F1	78						266	75		—	51	51
JM11-F0.56F1												
JM12-F0.63F2	80（加连接底板为M33×2）	37	66	145	105	30	241.5	50	75	—	50	45
JM12-F0.71F2												
JM12-F0.8F2												
JM12L-F0.8F2				128	88				68			
JM12-F0.9F2				145	105				75			
JM12-E1.0F2			70			34						
JM12-E1.25F2												
JM13-F1.25F1	85	30	80	148	109	34	324	75	84	—	51	51
JM13-F1.4F1												
JM13-F1.6F1												
JM13-F1.6	—						288	30		146	—	—
JM13-F1.8F1	85			198	平键 159 花键 125		324	75	100	—	51	51
JM13-F2.0F1												
JM14-F2.24F1	100	30	110	235	平键 180 花键 130	38	376	75	100	—	51	51
JM14-F2.5F1												
JM14-F2.8F1		50										
JM14-F3.15F1												
JM14-F3.55F1												
JM15-E5.6	—	54	120	245	190	50	395	0	150	25（有连接底板为：340）	ϕ100	—
JM15-E6.3												
JM15-E7.1												
JM15-E8.0												
JM16-F4.0F1	95	36	120	210	170	40	358	82	—	—	60	30
JM16-F4.5F1												
JM16-F5.0	—	30	150	242	210	52	445	—		220	ϕ130	—

表 20-7-45　　JM2 和 JM3 型径向柱塞马达外形尺寸　　mm

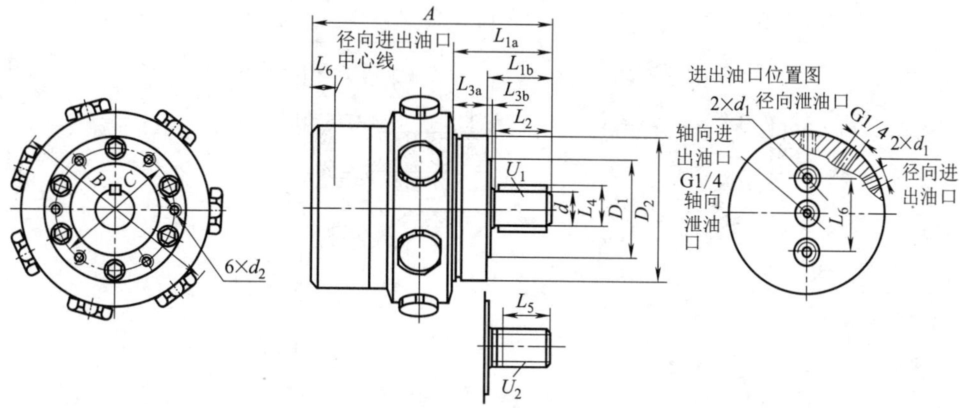

图(a)　JM21型径向柱塞马达(单排缸)

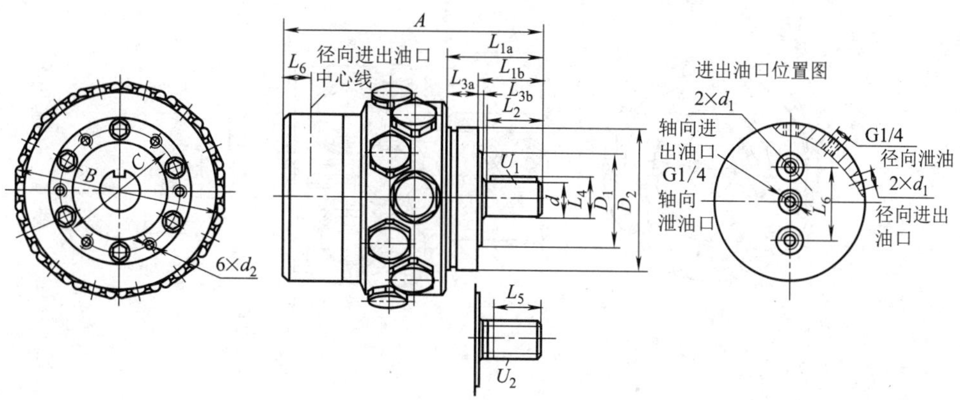

图(b)　JM22型径向柱塞马达(双排缸)

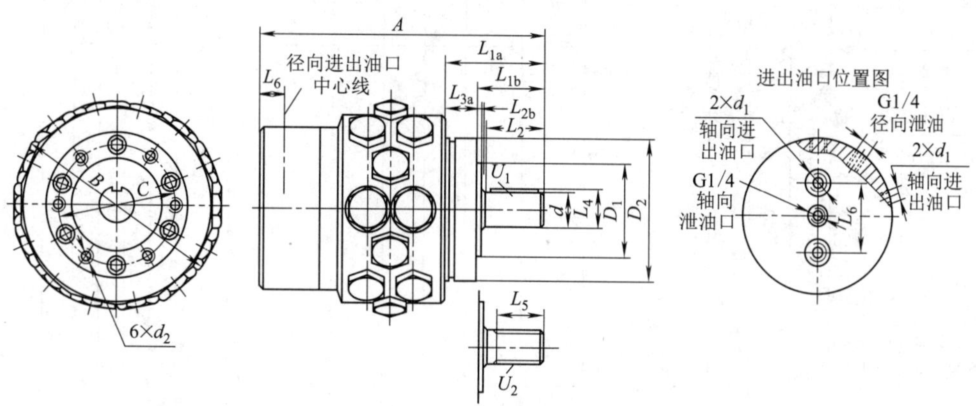

图(c)　JM23型径向柱塞马达(三排缸)

续表

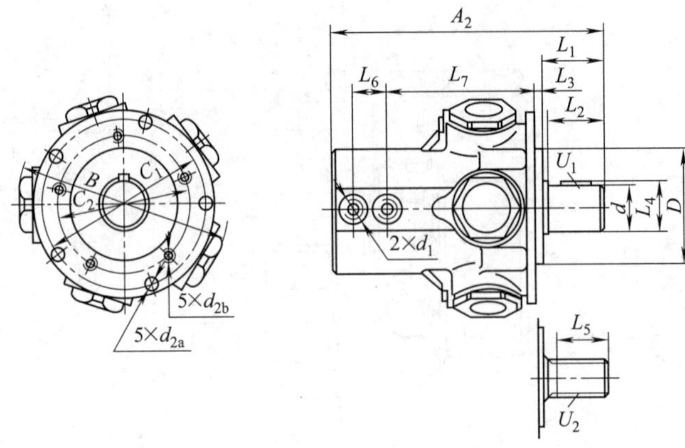

图(d) JM31型径向柱塞马达(单排缸)
(带间隙自动补偿机构)

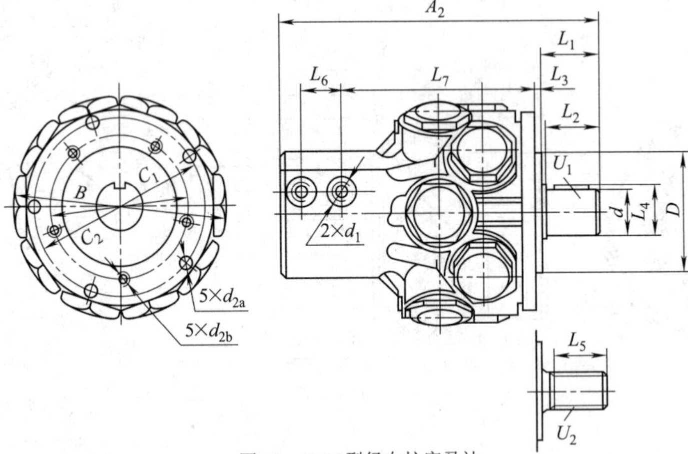

图(e) JM33型径向柱塞马达

型号	A①		B	C②		D③		d	d_1	d_2		轴伸④		L_1		$L_2$⑤		L_3		L_4	L_5	L_6	L_7
	A_1	A_2		C_1	C_2	D_1	D_2			d_{2a}	d_{2b}	U_1	U_2	L_{1a}	L_{1b}	L_{2a}	L_{2b}	L_{3a}	L_{3b}				
JM21-D0.02	202	189	ϕ178	ϕ100	ϕ100	ϕ80h6	ϕ129h6	ϕ30js7	2×G1/2	6×M8	6×M8	A8×45	6×30×26×6	78	56	50	50	22	4	33	35	26	—
JM21-D0.0315																							
JM21a-D0.0315																							
JM22-D0.05	222	206																					
JM22-D0.063																							
JM22a-D0.063																							
JM23-D0.09	242	229																					
JM23a-D0.09																							
JM31-E0.125	—	337	ϕ245	ϕ200	ϕ160	ϕ140		ϕ40k7	G1	5×ϕ11	5×M12	A12×56	6×38×32×6 (W40×2×18×7h)	67		65	55		11	43	30 (30)	54	152
JM31-E0.16																							

续表

型号	A①		B	C②		D③		d	d_1	d_2		轴伸④		L_1		$L_2$⑤		L_3		L_4	L_5	L_6	L_7
	A_1	A_2		C_1	C_2	D_1	D_2			d_{2a}	d_{2b}	U_1	U_2	L_{1a}	L_{1b}	L_{2a}	L_{2b}	L_{3a}	L_{3b}				
JM33-E0.16	—	391	ϕ248	ϕ200	ϕ160	ϕ140		ϕ50k7	G1	5×ϕ11	5×M12	A16×63	8×48×42×8 (W50×2×24×7h)	77		75	65		11	54	45 (38)	54	196

① A 栏中 A_1 为径向进油、A_2 为轴向进油尺寸。

②、③ C、D 为止口安装用尺寸，C_1、C_2 和 D_1、D_2 可根据实际使用。

④ 花键规格按 GB/T 1144—2001 标准，括号内为 DIN 5480 标准。

⑤ L_2 栏中 L_{2a} 为平键轴伸尺寸，L_{2b} 为花键轴伸尺寸。

7.6.4 球塞式液压马达

7.6.4.1 QJM 型径向球塞马达

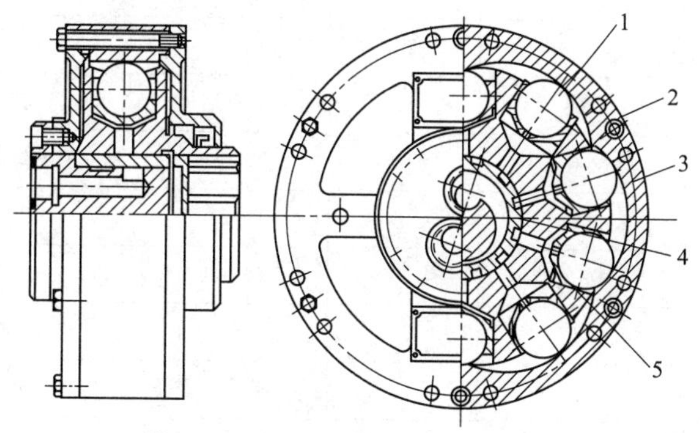

图 20-7-44 QJM 型径向柱塞马达结构

1—钢球；2—转子；3—导轨；4—配油器；5—柱塞

型号意义：

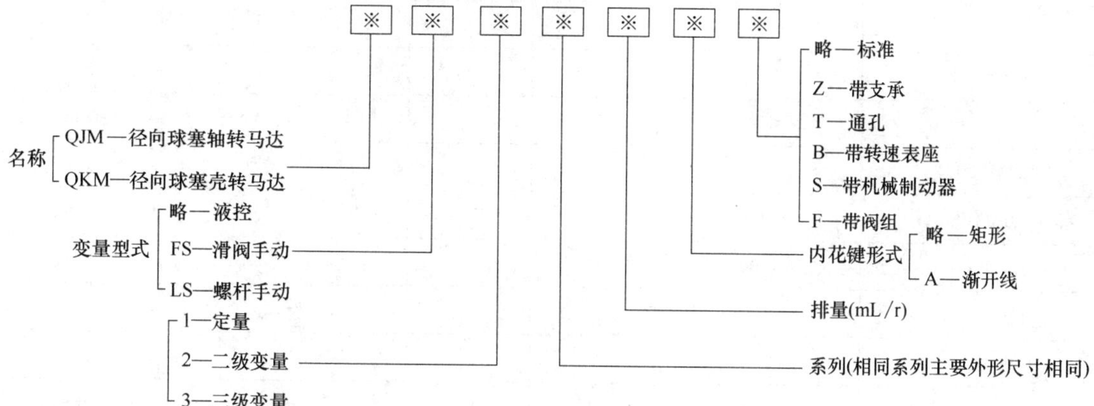

表 20-7-46 QJM 型径向柱塞马达技术规格

型号	排量/mL·r^{-1}	压力/MPa		转速范围/r·min^{-1}	转矩/N·m
		额定	最高		
1QJM001-0.063	0.064	10	16	17～1000	95

第20篇

续表

型号	排量/mL·r^{-1}	压力/MPa		转速范围/r·min^{-1}	转矩/N·m
		额定	最高		
1QJM001-0.08	0.083	10	16	17～800	123
1QJM01-0.10	0.104	10	16	17～630	154
1QJM01-0.063	0.064	10	16	17～1250	149
1QJM01-0.1	0.10	10	16	17～800	148
1QJM01-0.16	0.163	10	16	17～630	241
1QJM02-0.2	0.203	10	16	17～500	300
1QJM02-0.32	0.326	10	16	5～400	483
1QJM02-0.4	0.406	10	25	5～320	600
1QJM11-0.32	0.339	10	16	5～500	802
1QJM1A1-0.4	0.404	10	16	5～400	598
1QJM11-0.5	0.496	10	16	5～320	734
1QJM11-0.63	0.664	10	16	4～250	983
1QJM021-0.63	0.664	10	16	4～250	983
1QJM21-1.0	1.08	10	16	3～160	1598
1QJM21-0.4	0.404	16	31.5	2～400	957
1QJM21-0.5	0.496	16	31.5	2～320	1157
1QJM21-0.63	0.664	16	31.5	2～250	1572
1QJM21-0.8	0.808	16	25	2～200	1913
1QJM21-1.0	1.01	10	16	2～160	1495
1QJM21-1.25	1.354	10	16	2～125	2004
1QJM21-1.6	1.65	10	16	2～100	2442
1QJM12-1.0	1.0	10	16	4～200	1480
1QJM12-1.25	1.33	10	16	4～160	1968
1QJM31-0.8	0.808	20	31.5	2～250	2392
1QJM31-1.0	1.06	16	25	1～200	2510
1QJM31-1.6	1.65	10	16	1～125	2442
1QJM31-2.0	2.0	10	16	2～100	2960
1QJM32-0.63	0.635	20	31.5	1～500	1880
1QJM32-1.0	1.06	20	31.5	1～400	3138
1QJM32-1.25	1.295	20	31.5	2～320	3833
1QJM32-1.6	1.649	20	31.5	2～250	4881
1QJM32-2.0	2.03	16	25	2～200	4807

续表

型　　号	排量/mL·r^{-1}	压力/MPa		转速范围/r·min^{-1}	转矩/N·m
		额定	最高		
1QJM32-2.5	2.71	10	16	1～160	4011
1QJM32-3.2	3.3	10	16	1～100	4884
1QJM32-4.0	4.0	10	16	1～320	5920
1QJM32-2.0	2.11	20	31.5	1～250	6264
1QJM42-2.5	2.56	20	31.5	1～200	7578
1QJM42-3.2	3.24	16	25	1～160	7672
1QJM42-4.0	4.0	10	16	1～125	5920
1QJM42-4.5	4.6	10	16	1～125	6808
1QJM42-5.0	4.84	10	16	1～320	7163
1QJM42-2.5	2.67	20	31.5	1～250	7903
1QJM52-3.2	3.24	20	31.5	1～200	9590
1QJM52-4.0	4.0	16	25	1～160	9472
1QJM52-5.0	5.23	10	16	1～125	7740
1QJM52-6.3	6.36	10	16	1～125	9413
1QJM62-3.2	3.3	20	31.5	0.5～200	9768
1QJM62-4.0	4.0	20	31.5	0.5～200	11840
1QJM62-5.0	5.18	20	31.5	0.5～160	15333
1QJM62-6.3	6.27	16	25	0.5～125	14847
1QJM62-8	7.85	10	16	0.5～100	11618
1QJM62-10	10.15	10	16	0.5～80	15022
2QJM11-0.4	0.404,0.202	10	16	5～630	598
2QJM11-0.5	0.496,0.248	10	16	5～400	734
2QJM11-0.63	0.664,0.332	10	16	5～320	983
2QJM21-0.32	0.371,0.1585	16	31.5	2～630	751
2QJM21-0.5	0.496,0.248	16	31.5	2～400	1175
2QJM21-0.63	0.664,0.332	16	31.5	2～320	1572
2QJM21-1.0	1.01,0.505	10	16	2～250	1495
2QJM31-1.25	1.354,0.677	10	16	2～200	2004
2QJM31-0.8	0.808,0.404	20	31.5	2～250	2392
2QJM31-1.0	1.06,0.53	16	25	1～200	2510
2QJM31-1.6	1.65,0.825	10	16	1～125	2442

续表

型号	排量/mL·r^{-1}	压力/MPa		转速范围/r·min^{-1}	转矩/N·m
		额定	最高		
2QJM32-2.0	2.0,1.0	10	16	1～100	2960
2QJM32-0.63	0.635,0.318	10	31.5	1～500	1880
2QJM32-1.0	1.06,0.53	20	31.5	1～400	3138
2QJM32-1.25	1.295,0.648	20	31.5	2～320	3833
2QJM32-1.6	1.649,0.825	20	31.5	2～250	4881
2QJM32-1.6/0.4	1.6,0.4	20	31.5	2～250	4736
2QJM32-2.0	2.03,1.015	16	25	2～200	4807
2QJM32-2.5	2.71,1.355	10	16	1～160	4011
2QJM32-3.2	3.3,1.65	10	16	1～125	4884
2QJM42-2.0	2.11,1.055	20	31.5	1～320	6264
2QJM42-2.5	2.56,1.28	20	31.5	1～250	7578
2QJM42-3.2	3.24,1.62	16	25	1～200	7672
2QJM42-4.0	4.0,2.0	10	16	1～200	5920
2QJM42-5.0	4.84,2.42	10	16	1～125	7163
2QJM52-2.5	2.67,1.335	20	31.5	1～320	7903
2QJM52-3.2	3.24,1.62	20	31.5	1～250	9590
2QJM52-4.0	4.0,2.0	16	25	1～200	9472
2QJM52-5.0	5.23,2.615	10	16	1～160	7740
2QJM52-6.3	6.36,3.18	10	16	1～125	9413
2QJM62-3.2	3.30,1.65	20	31.5	0.5～200	9768
2QJM62-4.0	4.0,2.0	20	31.5	0.5～200	11840
2QJM62-5.0	5.18,2.59	20	31.5	0.5～160	15333
2QJM62-6.3	6.27,3.135	16	25	0.5～125	14874
2QJM62-8.0	7.85,3.925	10	16	0.5～100	11618
2QJM62-10	10.15,5.075	10	16	0.5～80	15022
3QJM32-1.25	1.295,0.648,0.324	20	31.5	1～320	3833
3QJM32-1.6	1.649,0.825,0.413	20	31.5	2～250	4881
3QJM32-2.5	2.71,1.335,0.678	10	16	1～160	4011
3QJM32-3.2	3.3,1.65,0.825	10	16	1～125	4884

7.6.4.2 QJM型带制动器液压马达

表 20-7-47 QJM型带制动器液压马达技术规格

型号	排量 /mL·r^{-1}	排量/mL·r^{-1} 额定	排量/mL·r^{-1} 最高	转速范围 /r·min^{-1}	输出转矩 /N·m	制动器开启压力/MPa	制动器制动转矩/N·m
1QJM11-0.2S	0.196	16	25	5～800	601	4～6	400～600
1QJM11-0.32S	0.254	16	25	5～630	751		
1QJM11-0.40S	0.317	16	25	5～500	598		
1QJM11-0.50S	0.404	10	16	5～400	734	3～5	
1QJM11-0.63S	0.496	10	16	5～320	983		
1QJM11-0.40S	0.664	10	16	4～250	598		
2QJM11-0.50S	0.404,0.202	10	16	5～400	734		
2QJM11-0.63S	0.496,0.248	10	16	5～320	983		
2QJM11-0.32S	0.664,0.332	10	31.5	5～200	751	4～6	1000～1400
1QJM21-0.4S	0.317	16	31.5	2～500	957		
1QJM21-0.5S	0.404	16	31.5	2～400	1175		
1QJM21-0.63S	0.496	16	31.5	2～320	1572		
1QJM21-0.8S	0.664	16	25	2～250	1913	3～5	
1QJM21-1.0S	0.808	16	16	2～200	1495		
1QJM21-1.25S	1.01	10	16	2～160	2004		
1QJM21-1.6S	0.354	10	12.5	2～125	2442	4～7	
2QJM21-0.32S	1.65	10	31.5	2～100	751		
2QJM21-0.40S	0.317,0.1585	16	31.5	2～600	957		
2QJM21-0.50S	0.404,0.202	16	31.5	2～500	1175		
2QJM21-0.63S	0.496,0.248	16	31.5	2～400	1572		
2QJM21-0.8S	0.664,0.332	16	25	2～320	1913	3～5	
2QJM21-1.0S	0.808,0.404	16	16	2～200	1495		
2QJM21-1.25S	1.01,0.505	10	16	2～250	2004		
2QJM21-1.6S	1.65,0.825	10	16	2～200	2442		
1QJM42-1.6S	1.73	10	31.5	1～400	5121	4～7	3000～5000
1QJM42-2.0S	2.11	20	31.5	1～320	6246		
1QJM42-2.5S	2.56	20	31.5	1～250	7578		
1QJM42-3.2S	3.24	16	25	1～200	7672	4～6	3000～5000
1QJM42-4.0S	4.0	10	16	1～160	5920	3～5	
2QJM42-1.6S	1.73,0.865	20	31.5	1～400	5121	4～7	
2QJM42-2.0S	2.11,1.055	20	31.5	1～320	6462		
2QJM42-2.5S	2.56,1.28	20	31.5	1～250	7578		
2QJM42-3.2S	3.24,1.62	16	25	1～200	7672	4～6	
2QJM42-4.0S	4.0,2.0	10	16	1～160	5920	3～5	
1QJM42-2.0S	2.19	20	31.5	1～400	6482	4～7	4000～6000
1QJM52-2.5S	2.67	20	31.5	1～320	7903		
1QJM52-3.2S	3.24	20	31.5	1～250	9590		
1QJM52-4.0S	4.0	16	25	1～200	9472	4～6	
1QJM52-5.0S	5.23	10	16	1～160	7740	3～5	

续表

型号	排量/mL·r^{-1}	排量/mL·r^{-1}		转速范围/r·min^{-1}	输出转矩/N·m	制动器开启压力/MPa	制动器制动转矩/N·m
		额定	最高				
1QJM52-6.3S	6.36	10	16	1～125	9143	3～5	4000～6000
2QJM52-2.0S	2.19,1.095	20	31.5	1～400	6482	4～7	
2QJM52-3.2S	3.24,1.62	20	31.5	1～250	9590		
2QJM52-4.0S	4.0,2.0	16	25	1～200	9472	4～6	
2QJM52-5.0S	5.23,2.615	10	16	1～160	7740	3～5	
2QJM52-6.3S	6.36,3.18	10	16	1～125	9413		
1QJM52-0.4SZ	0.404	20	31.5	1～630	1196	4～7	1100～1600
1QJM31-0.5SZ	0.5	20	31.5	1～400	1480		
1QJM31-0.63SZ	0.66	20	31.5	1～320	1954		
1QJM31-0.8SZ	0.808	20	31.5	2～250	2392	4～7	
1QJM31-1.0SZ	1.06	16	25	1～200	2510	4～6	
1QJM311.25SZ	1.36	10	16	1～160	2013	3～5	
1QJM31-1.6SZ	1.65	10	16	1～125	2442		
1QJM31-2.0SZ	2.0	10	16	1～100	2960		
1QJM31-2.5SZ	2.59	8	12.5	1～80	3067	3～4	
1QJM31-0.63S	0.635	20	31.5	1～500	1880	4～7	2000～3800
1QJM32-0.63SZ							
1QJM32-0.8S	0.80	20	31.5	1～400	2368		
1QJM32-0.8SZ							
1QJM32-1.0S	1.06	20	31.5	1～400	3138		
1QJM32-1.0SZ							
1QJM32-2.5S	2.71	10	16	1～160	4011	3～5	
1QJM32-2.5SZ							
1QJM32-3.2S	3.3	10	16	1～125	4884		
1QJM32-3.2SZ							
1QJM32-4.0S	4.0	10	16	1～100	5920		
1QJM32-4.0SZ							
2QJM32-0.63S	0.635	20	31.5	1～500	1880		
2QJM32-0.63SZ	0.318						
2QJM32-0.8S	0.8	20	31.5	1～400	2368		
2QJM32-0.8SZ	0.4						
2QJM32-1.0S	1.06	20	31.5	1～400	3138		
2QJM32-1.0SZ	0.53						
2QJM32-1.25S	1.295	20	31.5	2～320	3833		
2QJM32-1.25SZ	0.648						
2QJM32-1.6S	1.649	20	31.5	2～250	4881		
2QJM32-1.6SZ	0.825						
2QJM32-2.0S	2.03	16	25	2～200	4807		
2QJM32-2.0SZ	1.015						
2QJM32-2.5S	2.71	10	16	1～160	4011		
2QJM32-2.5SZ	1.355						
2QJM32-3.2S	3.3	10	16	1～125	4884		
2QJM32-3.2SZ	1.65						
2QJM32-4.0S	4.0	10	16	1～100	5920		
2QJM32-4.0SZ	2.0						

表 20-7-48　　QJM 型径向球塞马达外形尺寸　　mm

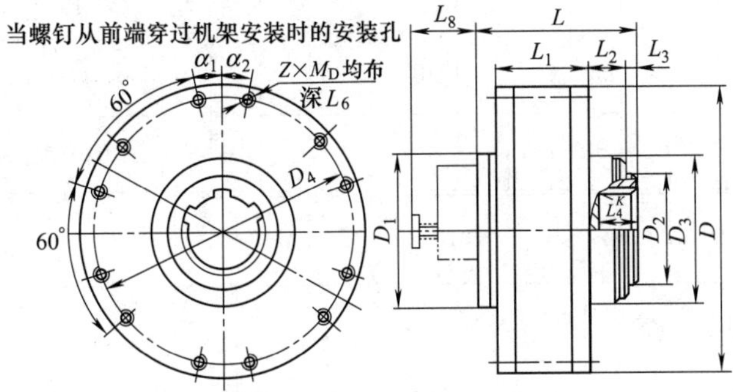

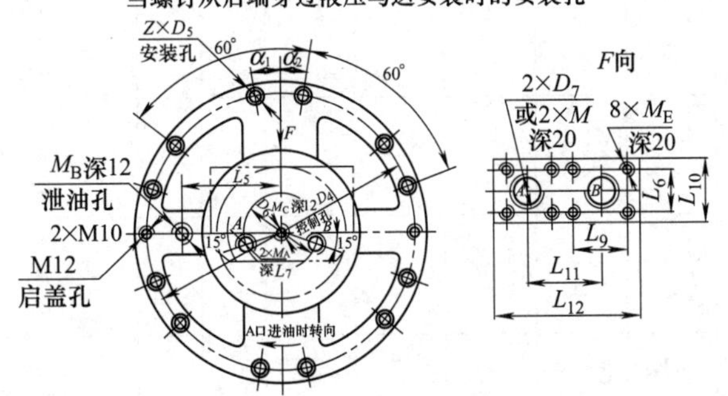

型号	L	L_1	L_2	L_3	L_4	L_5	L_6	L_7	L_8	L_9	L_{10}	L_{11}	L_{12}	D	D_1	D_2	D_3	D_4	$Z\times D_5$
1QJM001-※※	101	58	38	5	30	43	—	20	37	—	37	35	63	φ140	—	φ60	φ110	φ128±0.3	12×φ6.5
1QJM01-※※	130	80	38	3	30	62	—	20	—	—	—	—	—	φ180	φ100	φ70	φ130	φ165±0.3	12×φ9
1QJM02-※※	152	102	38	3	32	62	—	20	—	—	—	—	—	φ180	φ100	φ70	φ130	φ165±0.3	12×φ9
1QJM11-※※ 2QJM11-※※ 2LSQJM11-※※	132	82	33	3	38	87	—	20	80	—	48	58	148	φ240	φ150	φ100	φ160	φ220±0.3	12×φ11
1QJM1A1-※※	132	82	24.5	11.5	32	87	—	20	—	—	—	—	—	φ240	φ150	φ60h8	φ200	φ220±0.3	12×φ11
1QJM12-※※ 2QJM12-※※	165	115	33	3	28	87	—	20	—	—	—	—	—	φ240	φ150	φ100	φ160	φ220±0.3	12×φ11
1QJM21-※※	139	92	22	3	38	100	14	20	—	—	—	—	—	φ280	φ150	φ110	φ160	φ243±0.3	—
1QJM21-※※ 2QJM21-※※ 2LSQJM21-※※	168	98	29	14	55	100	—	20	110	—	48	58	150	φ300	φ150	φ110	φ160	φ283±0.3	12×φ11
1QJM32-※※ 2QJM32-※※ 2LSQJM32-※※	213	138	43	10	35	115	—	20	95	—	48	70	165	φ320	φ165	φ120	φ170	φ299±0.3	12×φ13
1QJM42-※※ 2QJM42-※※ 2LSQJM42-※※	200	153	16	12	35	124	—	22	151	73	108	104	204	φ350	φ190	φ140	φ200	φ320±0.3	12×φ13
1QJM42-※※A	200	153	23	5	55	124	—	22	—	—	—	—	—	340	φ190	φ120	φ170	φ320±0.3	12×φ13
1QJM31-※※ 2QJM31-※※	180	104	42.5	10	55	115	—	20	—	—	—	—	—	φ320	φ165	φ120	φ170	φ299±0.3	12×φ13
1QJM52-※※ 2QJM52-※※ 2LSQJM52-※※	237	175	20	16	45	135	28	24	144	73	101	105	205	φ420	φ220	φ160	φ315	φ360±0.3	6×φ22
1QJM62-※※ 2QJM62-※※ 2LSQJM62-※※	264	162	24	16	45	167.5	28	24	144	73	101	123	255	φ485	φ255	φ170	φ3957	φ435±0.3	6×φ22

续表

型号	L	L_1	L_2	L_3	L_4	L_5	L_6	L_7	L_8	L_9	L_{10}	L_{11}	L_{12}	D	D_1	D_2	D_3	D_4	$Z\times D_5$
1QJM21-※※S_2 2QJM21-※※S_2	184	127	12	13	32	100	—	20	—	—	—	—	—	φ304	φ150	φ110	φ1607	φ283±0.3	12×φ11
1QJM32-※※S_2 2QJM32-※※S_2	252	167.5	58	3	55	115	—	20	—	—	—	—	—	φ320	φ165	φ170	φ2807	φ299±0.3	12×φ13

型号	D_6	D_7	M_A	M_B	M_C	$Z\times M_D$	M_E	α_1	α_2	K(对花键轴要求)	质量/kg
1QJM001-※※	—	M18×1.5	—	M16×1.5	—	—	—	10°	10°	6-48H11×42H11×12D9/48b12×42b12×12d9	7
1QJM01-※※	φ58	—	M27×2	M12×1.5	—	—	—	10°	—	6-48H11×42H11×12D9/48b12×42b12×12d9	15
1QJM02-※※	φ58	—	M27×2	M12×1.5	—	—	—	10°	—	6-48H11×42H11×12D9/48b12×42b12×12d9	24
1QJM11-※※ 2QJM11-※※ 2LSQJM11-※※	φ69	M33×2	M33×2	M16×1.5	M12×1.5	—	—	10°	—	6-70H11×62H11×16D9/70b12×62b12×16d9	28
1QJM1A1-※※	φ69	—	M33×2	M16×1.5	—	—	—	10°	—	6-42H11×36H11×7D9/42b12×36b12×7d9	28
1QJM12-※※ 2QJM12-※※	φ69	—	M33×2	M16×1.5	—	—	—	10°	—	6-70H11×62H11×16K9/70b12×62b12×16K9	39
1QJM21-※※	φ69	—	M33×2	M22×1.5	M12×1.5	6×M12		6°	30°	6-90H11×80H11×20D9/90b12×80b12×20d9	46
1QJM21-※※ 2QJM21-※※ 2LSQJM21-※※	φ69	M33×2	M33×2	M22×1.5	—	—	—	10°	—	6-90H11×80H11×20D9/90b12×80b12×20d9	50
1QJM32-※※ 2QJM32-※※ 2LSQJM32-※※	φ79	M33×2	M33×2	M22×1.5	M12×1.5	—	—	10°	—	10-98H11×92H11×14D9/98b12×92b12×14d9	70 78
1QJM42-※※ 2QJM42-※※ 2LSQJM42-※※	φ100	φ40	M42×2	M22×1.5	M12×1.5	—	M16	10°	—	10-112H11×102H11×16D9/112b12×102b12×16d9	90 100
1QJM42-※※A	φ100	—	M42×2	M22×1.5	—	—		10°	—	10-98H11×92H11×14D9/98b12×92b12×14d9	90
1QJM31-※※ 2QJM31-※※	φ79	—	M33×2	M22×1.5	—	—		10°	—	10-98H11×92H11×14D9/98b12×92b12×14d9	60
1QJM52-※※ 2QJM52-※※ 2LSQJM52-※※	φ110	—	M48×2	M22×1.5	M16×1.5	6×M20	M16	6°	14°	10-120H11×112H11×18D9/120b12×112b12×18d9	150 160
1QJM62-※※ 2QJM62-※※ 2LSQJM62-※※	φ128	φ40	M48×2	M22×1.5	M16×1.5	6×M20	M16	6°	14°	10-120H11×112H11×18D9/120b12×112b12×18d9	200 212

第20篇

续表

型号	D_6	D_7	M_A	M_B	M_C	$Z\times M_D$	M_E	α_1	α_2	K（对花键轴要求）	质量/kg
1QJM21-※※S_2 2QJM21-※※S_2	ϕ69	—	M33×2	M22×1.5	M12×1.5	—	—	10°	30°	10-90H11×80H11×20D9/90b12×80b12×20d9	55
1QJM32-※※S_2 2QJM32-※※S_2	ϕ79	—	M33×2	M22×1.5	M12×1.5	—	—	10°	—	10-98H11×92H11×14D9/98b12×92b12×14d9	86

表 20-7-49　QJM 型带支承径向球塞马达外形尺寸　mm

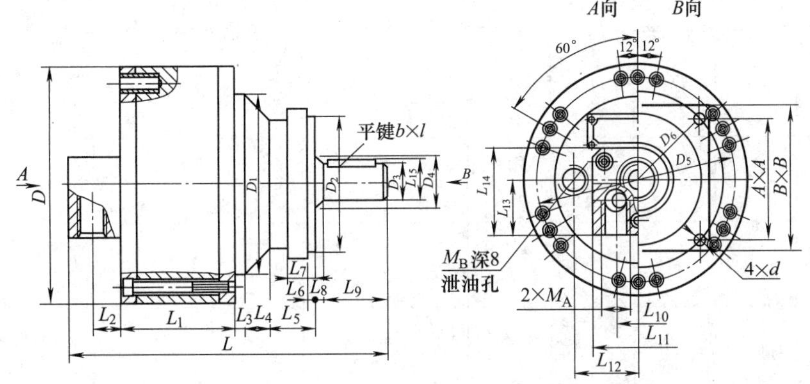

型号	L	L_1	L_2	L_3	L_4	L_5	L_6	L_7	L_8	L_9	L_{10}	L_{11}	L_{12}	L_{13}	L_{14}	L_{15}	D	D_1	D_2	D_3
1QJM001-※※Z	237	68	17	6	16	70	48	12	3	40	38	63	43	32	49	27.5	ϕ140	ϕ110g7	ϕ75g7	ϕ25h8
1QJM002-※※Z	257	88	17	6	16	70	48	12	3	40	38	63	43	32	49	27.5	ϕ140	ϕ110g7	ϕ75g7	ϕ25h8
1QJM02-※※Z 2LSQJM02-※※Z	290	102	22		52	32	5	18	3	56.5	58	100	60	41	82	43	ϕ180	—	ϕ125g7	ϕ40k6

型号	D_4	D_5	D_6	d	M_A	M_B	$A\times A$	$B\times B$	$b\times l$	花键	质量/kg
1QJM001-※※Z	ϕ35H7/K6	ϕ128	—	ϕ11	M18×1.5	M16×1.5	70×70	90×90	8×36	—	10
1QJM002-※※Z	ϕ35H7/K6	ϕ128	—	ϕ11	M18×1.5	M16×1.5	70×70	90×90	8×36	—	12
1QJM02-※※Z 2LSQJM02-※※Z	—	ϕ160	ϕ160	ϕ13	M12×1.5	M12×1.5	—	140×140	12×45	—	24 28

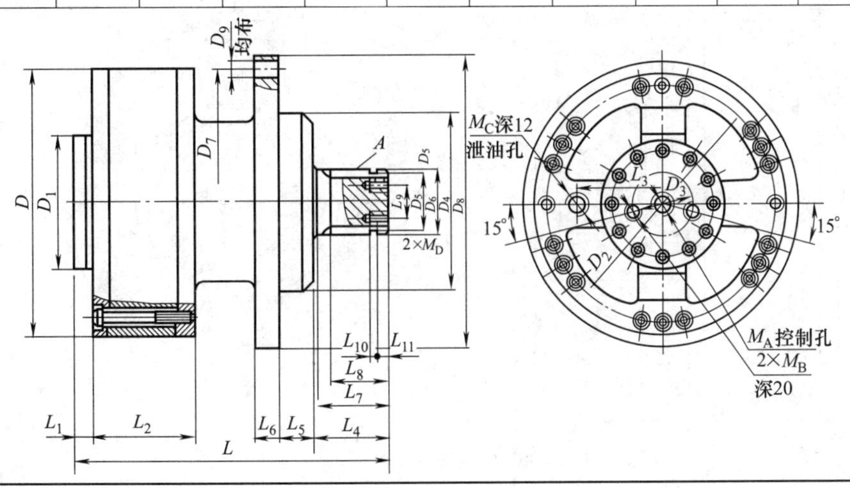

续表

型号	L	L_1	L_2	L_3	L_4	L_5	L_6	L_7	L_8	L_9	L_{10}	L_{11}	D	D_1	D_2	D_3	D_4	D_5	D_6
1/2QJM21-※※Z3	328	26	99	100	81	45	16	78	75	38	—	—	φ300	φ150	φ283	φ69	φ295f9	—	φ65f7
1/2QJM32-※※Z3	395.5	22	139	115	81	45	16	78	75	38	—	—	φ320	φ165	φ299	φ79	φ295f9	—	φ65f7
1/2QJM32-※※Z3	394.5	22	144	115	103	30	25	101	65	40	2.65	3	φ320	φ165	φ299	φ79	φ250f7	φ79	φ82b11
1/2QJM31-※※Z3	402.5	26	104	115	78	44	18	77	75	—	—	—	φ320	φ165	φ299	φ79	φ230g6	—	φ70h6
1/2QJM32-※※Z3	438.5	26	140	115	78	44	18	77	75	—	—	—	φ320	φ165	φ299	φ79	φ230g6	—	φ70h6
1/2QJM52-※※Z3	526	27	176	135	131	10	30	121	142	—	—	—	φ420	φ220	φ360	φ110	φ290	—	φ78
1/2QJM62-※※Z3	487	42	162	330	157	5	20	155	152	—	—	—	φ485	φ225	φ435	φ110	φ400f8	—	φ101.55

型号	D_7	D_8	D_9	M_A	M_B	M_C	M_D	A		质量/kg
								平键(长×宽×高)	花键	
1/2QJM21-※※Z3	φ335	φ379	6×φ18	M12×1.5	M33×2	M22×1.5	M12深 20	75×18×70	—	75
1/2QJM32-※※Z3	φ335	φ379	6×φ18	M12×1.5	M33×2	M22×1.5	M12深 20	75×18×70	—	108
1/2QJM32-※※Z3	φ300	φ335	7×φ18	M12×1.5	M33×2	M22×1.5	M12深 15	—	10D-82h11×72b12×12f9	106
1/2QJM31-※※Z3	φ270	φ300	17×φ16.5	—	M33×2	M22×1.5	M12—6H 深 25	C20×70	—	105
1/2QJM32-※※Z3	φ270	φ300	6×φ16.5	M12×1.5	M33×2	M22×1.5	M12—6H 深 25	C20×70	—	120
1/2QJM52-※※Z3	φ340	φ370	6×φ20	M16×1.5	M48×2	M22×1.5	—	136×22×14.7	—	190
1/2QJM62-※※Z3	φ490	φ530	6×φ22	M16×1.5	M48×2	M22×1.5	—	150×25.4	—	240

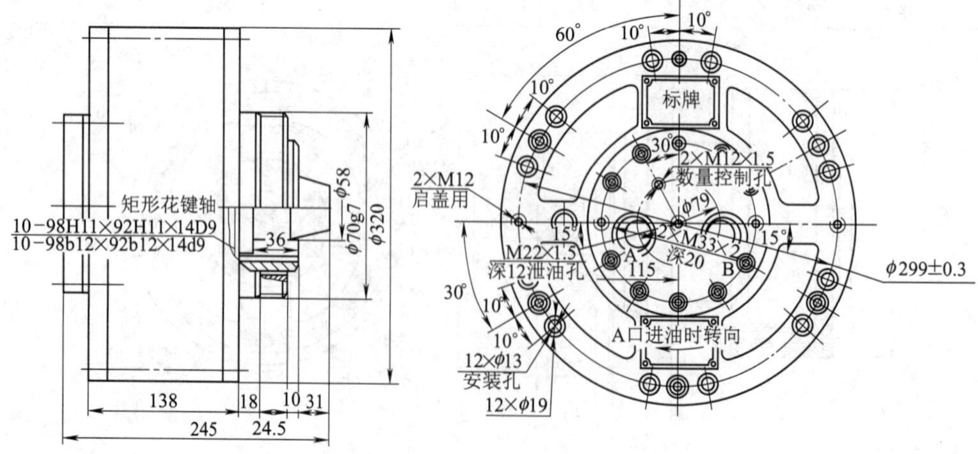

图 20-7-45 3QJM32-※※型液压马达外形尺寸

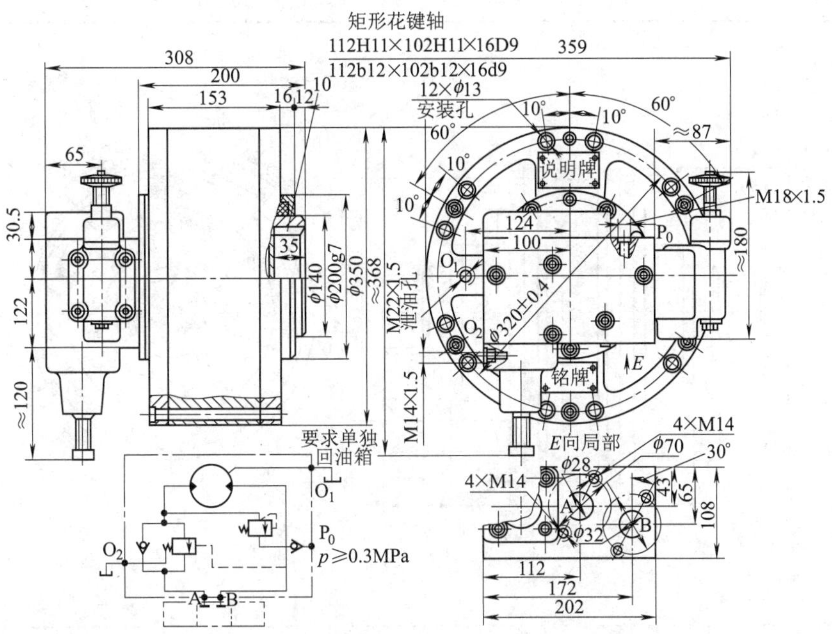

图 20-7-46 1QJM42-※※F型液压马达外形尺寸

7.6.4.3 QKM型液压马达

表 20-7-50 QKM型液压马达技术规格

型号	排量 /mL·r⁻¹	压力/MPa		转速范围 /r·min⁻¹	转矩 /N·m
		额定	最高		
1QKM11-0.32、1QKM11-0.32D	0.317	16	25	5～630	751
1QKM11-0.4、1QKM11-0.4D	0.404	10	16	5～400	598
1QKM11-0.5、1QKM11-0.5D	0.496	10	16	5～320	734
1QKM11-0.63、1QKM11-0.63D	0.664	10	16	4～250	983
1QKM42-1.6、1QKM42-1.6D	1.73	20	31.5	1～400	5121
1QKM42-2.0、1QKM42-2.0D	2.11	20	31.5	1～320	6246
1QKM42-2.5、1QKM42-2.5D	2.56	20	31.5	1～250	7578
1QKM42-3.2、1QKM42-3.2D	3.24	16	25	1～200	7672
1QKM42-4.0、1QKM42-4.0D	4.0	10	16	1～160	5920
1QKM42-4.5、1QKM42-4.5D	4.5	10	16	1～125	6808
1QKM42-5.0、1QKM42-5.0D	4.84	10	16	1～125	7163
1QKM52-2.0、1QKM52-2.0D	2.19	20	31.5	1～400	6482
1QKM52-2.5、1QKM52-2.5D	2.67	20	31.5	1～320	7903
1QKM52-3.2、1QKM52-3.2D	3.24	20	31.5	1～250	9590
1QKM52-4.0、1QKM52-4.0D	4.0	16	25	1～200	9472
1QKM52-5.0、1QKM52-5.0D	5.23	10	16	1～160	7740
1QKM52-6.3、1QKM62-6.3D	6.36	10	16	1～125	9413
1QKM62-4.0	4.0	20	31.5	0.5～200	11840
1QKM62-5.0	5.18	20	31.5	0.5～160	15333
1QKM62-6.3	6.27	16	25	0.5～125	14847
1QKM62-8.0	7.85	10	16	0.5～100	11618
1QKM62-10	10.15	10	16	0.5～80	15022

注：带“D”型号表示单边出轴，无“D”型号表示两端出轴。

表 20-7-51　　**1QKM 型（42～62）壳转液压马达外形尺寸**　　mm

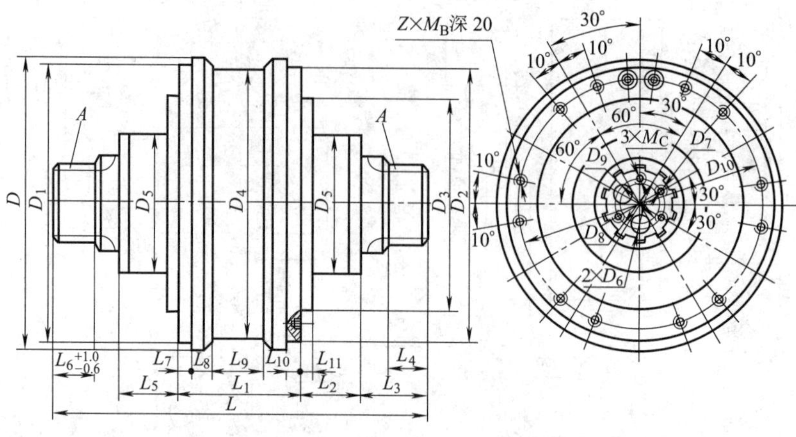

型号	L	L_1	L_2	L_3	L_4	L_5	L_6	L_7	L_8	L_9	L_{10}	L_{11}	D	D_1	D_2	D_3	D_4	D_5
1QKM42-※※	555	154	65	150.5	60	65	60	—	37	80	—	24	ϕ376	—	—	ϕ200g7	ϕ340	ϕ170
1QKM52-※※	548	174	91	96	60	91	60	20	27	80	20	20	ϕ430	ϕ400f8	ϕ400f8	ϕ315g7	ϕ400	ϕ205
1QKM62-※※	665	175	120	125	100	120	100	—	48	79	—	53	ϕ485	—	—	ϕ395g7 对称	ϕ465	ϕ262

型号	D_6	D_7	D_8	D_9	D_{10}	$Z\times M_B$	M_C	A（对花键轴的要求）	质量/kg
1QKM42-※※	ϕ28	ϕ18	ϕ68	ϕ50	ϕ346	9×M16	M16	10-98b12×92b12×14d9	129
1QKM52-※※	ϕ29	ϕ16.5	ϕ68	ϕ50	ϕ370	12×M16	M16	10-98b12×92b12×14d9	194
1QKM62-※※	ϕ32	ϕ20	ϕ68	ϕ50	435	12×M20	M16 深 22	10-112b12×102b12×16d9	250

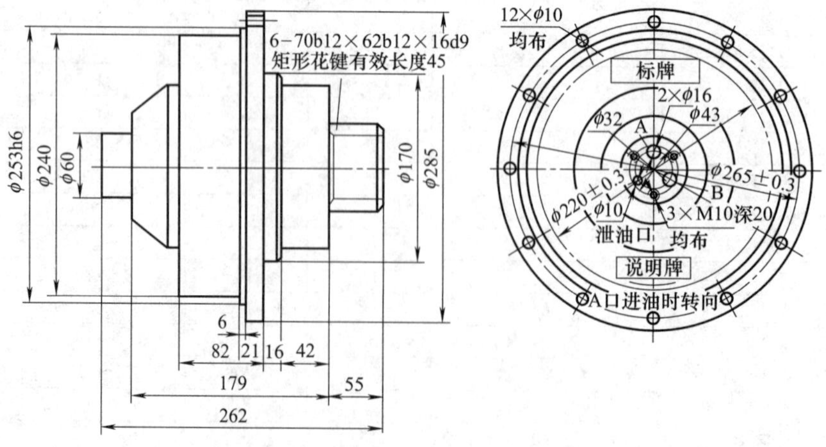

图 20-7-47　1QKM 型（11）壳转液压马达外形尺寸

表 20-7-52　2QJM（21、32、52）通孔液压马达外形尺寸　mm

型号	L	L_1	L_2	L_3	L_4	L_5	L_6	D	D_1	D_2	D_3	D_4	D_5	D_6	M_A	A（对花键轴的要求）	质量/kg
2QJM21-※※T50	230	98	29	14	36	110	156	ϕ300	ϕ148	ϕ110	ϕ160g6	ϕ283	ϕ11	ϕ50	ϕM27×2	6-90H11×80H11×20D9/90b12×80b12×20d9	60
2QJM21-※※T65	230	98	29	14	36	110	150	ϕ300	ϕ186	ϕ110	ϕ160g6	ϕ283	ϕ11	ϕ65	ϕM33×2	10-98H11×92H11×14D9/98b12×92b12×14d9	64
2QJM32-※※T75	273	138	43	10	41	115	150	ϕ320	ϕ186	ϕ120	ϕ170g6	ϕ299	ϕ13	ϕ75	ϕM33×2	10-98H11×92H11×14D9/98b12×92b12×14d9	88
2QJM52-※※T80	367	175	20	34	45	135	180	ϕ420	ϕ220	ϕ215	ϕ395g7	ϕ360	ϕ22	ϕ80	ϕM33×2	10-120H11×112H11×18D9/120b12×112b12×18d9	150

表 20-7-53　1QJM（01、11）通孔液压马达外形尺寸　mm

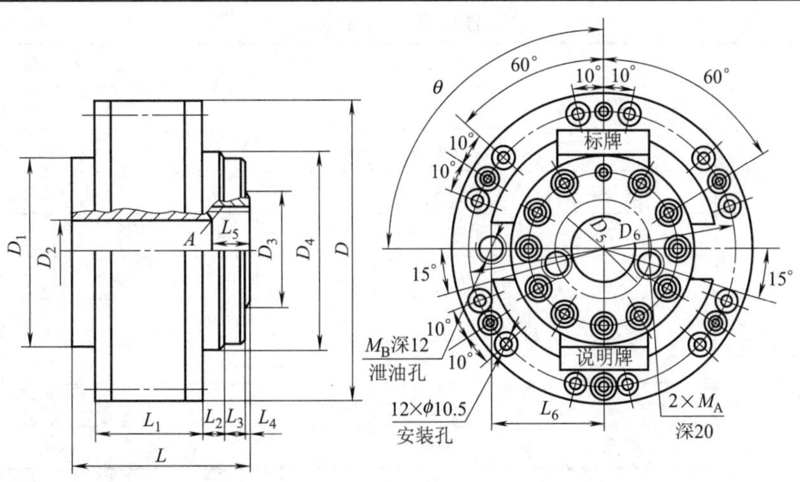

续表

型号	L	L_1	L_2	L_3	L_4	L_5	L_6	D	D_1	D_2	D_3	D_4	D_5	D_6	θ	M_A	M_B	A（对花键轴的要求）	质量/kg
1QJM01-※※T40	130	79	15	23	3	30	53	ϕ180	ϕ130	ϕ40	ϕ110	ϕ130g6	ϕ70	ϕ165	180°	M22×1.5	M12×1.5	6-48H11×42H11×12D9/48b12×42b12×12d9	15
2QJM11-※※T50	132	82	16	17	3	28	87	ϕ240	ϕ150	ϕ50	ϕ150	ϕ160g6	ϕ80	ϕ220	90°	M22×1.5	M12×1.5	6-70H11×62H11×16D9/70b12×62b12×16d9	26

7.7　曲轴连杆式径向柱塞马达

曲轴连杆式液压马达的工作原理如图 20-7-48 所示。图中仅画出马达的一个柱塞缸，它相当于一个曲柄连杆机构。

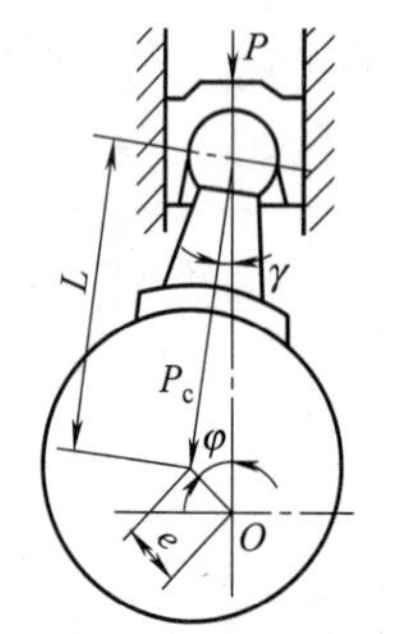

图 20-7-48　曲轴连杆式液压马达的工作原理

通压力油的柱塞缸受液压力的作用，在柱塞上产生推力 P，此力通过连杆作用在偏心轮中心，使输出轴旋转，同时配流轴随着一起转动。当柱塞所处位置超过下止点时，柱塞缸便由配流轴接通总回油口，柱塞便被偏心轮往上推，做功后的油液通过配流轴返回油箱。各柱塞缸依次接通高、低压油，各柱塞对输出轴中心所产生的驱动力矩同向相加，就使马达输出轴获得连续而平稳的回转扭矩。

当改变油流方向时，便可改变马达的旋转方向。如将配流轴转 180°装配，也可以实现马达的反转。如果将曲轴固定，进、出油直接通到配流轴中，就可实现外壳旋转。壳转马达可用来驱动车轮和绞车卷筒等。

7.8　液压马达的选用

选定液压马达时要考虑的因素有工作压力、转速范围、运行扭矩、总效率、容积效率、滑差特性、寿命等机械性能以及在机械设备上的安装条件、外观等。

液压马达的种类很多，特性不一样，应针对具体用途选择合适的液压马达，表 20-7-54 列出了典型液压马达的特性对比。低速场合可以应用低速马达，也可以用带减速器装置的高速马达。两者在结构布置、成本、效率等方面各有优点，必须仔细论证。

表 20-7-54　　典型液压马达的特性比较

特性＼种类	高速马达			低速马达
	齿轮式	叶片式	柱塞式	径向柱塞式
额定压力/MPa	21	17.5	35	21
排量/mL·r^{-1}	4～300	25～300	10～1000	125～38000
转速/r·min^{-1}	300～5000	400～3000	10～5000	1～500
总效率/%	75～90	75～90	85～95	80～92
堵转效率	50～85	70～85	80～90	75～85
堵转泄漏	大	大	小	小
污染敏感度	大	小	小	小
变量能力	不能	困难	可	可

明确了所用液压马达的种类之后，可根据所需要的转速和转矩从产品系列中选取出能满足需要的若干种规格，然后利用各种规格的特性曲线（或算出）相应的压降、流量和总效率。接下去进行综合技术评价来确定某个规格。如果原始成本最重要，则应选择流量最小的，这样泵、阀、管路等都最小；如果运行成本最重要，则应选择总效率最高的；如果工作寿命最重要，则应选择压降最小的；也许选择的是上述方案的折中。

需要低速运行的马达，要核对其最低稳定速度。如果缺乏数据，应在有关系统的所需工况下实际试验后再定取舍。为了在极低转速下平稳运行，马达的泄漏必须恒定，负载要恒定，要有一定的回油背压（0.3～0.5MPa）和至少 $35mm^2/s$ 的油液黏度。

轴承寿命和转速、载荷有关，如果载荷减半则轴承寿命为原来的两倍。需要马达带载启动时要核对堵转扭矩；要用液压马达制动时，其制动扭矩不得大于马达的最大工作扭矩。

为了防止作为泵工作的制动马达发生汽蚀或丧失制动能力，应保障这时马达的“吸油口”有足够的补油压力。可以靠闭式回路中的补油泵或开式回路中的背压阀来实现。当液压马达驱动大惯量负载时，为了防止停车过程中惯性运动的马达缺油，应设置与马达并联的旁通单向阀补油。需要长时间防止负载运动时，应使用在马达轴上的液压释放机械制动器。

7.9 摆动液压马达

7.9.1 摆动液压马达的分类

- 摆动液压马达
  - 叶片式
    - 单叶片摆动液压马达
    - 双叶片摆动液压马达
  - 活塞式
    - 齿条齿轮式
    - 旋转活塞式
    - 链式
    - 曲柄连杆式
    - 来复式

表 20-7-55 摆动液压马达的工作原理及特点

单叶片摆动液压马达	如图(a)所示，单叶片摆动液压马达主要由定子块1、壳体2、摆动轴3、叶片4、左右支承盘和左右盖板等主要零件组成。定子块固定在壳体上，叶片和摆动轴固连在一起，当两油口相继通以压力油时，叶片即带动摆动轴做往复摆动。单叶片摆动液压马达的摆角一般不超过280° 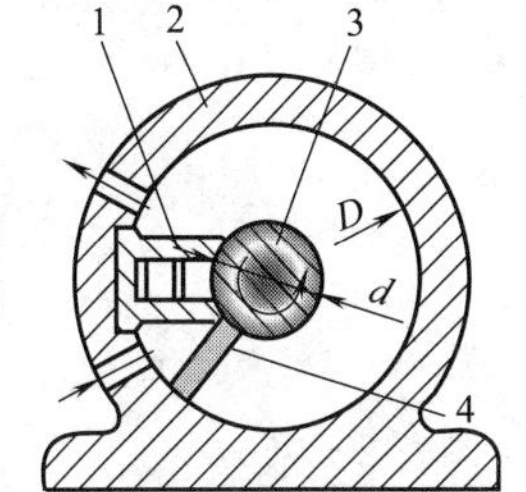 图(a) 单叶片式 1—定子块；2—壳体；3—摆动轴；4—叶片
双叶片摆动液压马达	如图(b)所示，当输入压力和流量不变时，双叶片摆动液压马达摆动轴输出转矩是相同参数单叶片摆动缸的两倍，而摆动角速度则是单叶片的一半。双叶片摆动液压马达的摆角一般不超过150°。摆动马达结构紧凑，输出转矩大，但密封困难，一般只用于中、低压系统中往复摆动，转位或间歇运动的地方 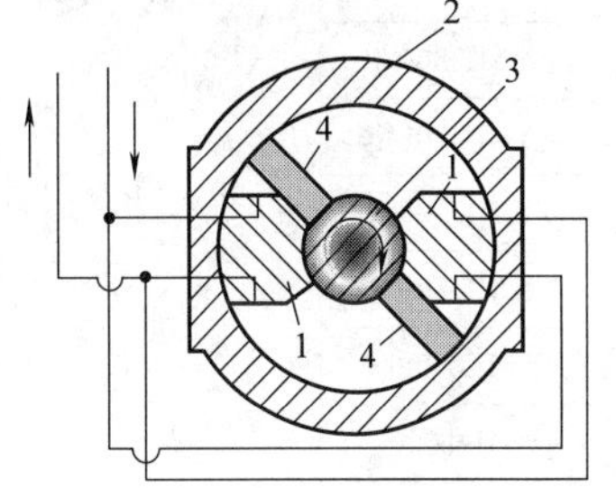 图(b) 双叶片式 1—定子块；2—壳体；3—摆动轴；4—叶片

第20篇

续表

摆动液压马达的典型结构	叶片式摆动缸/马达的特征就是它内部一段固定的装置，也就是所谓的叶片。一个叶片段牢牢地固定在外壳上，活塞部分则牢牢地固定在驱动轴上 叶片式摆动马达主要应用在运动仿真伺服转台和需要非连续旋转运动的机械中，主要应用在仿真模拟、检测试验、可靠性试验、自动化生产线、特种设备等领域 SP 系列德国高端液压叶片摆动马达参数指标如下 最大扭矩：48000N·m 最大摆动速度：540°/s 单叶片式：标准角度 270°，压力 0～30MPa 双叶片式：标准角度 90°，压力 0～15MPa YMD、YMS 系列国产液压叶片摆动马达参数如下 工作压力：0～14MPa 摆动角度：YMS 为 0～90°；YMD 为 0～270° 最大扭矩：68000N·m

7.9.2 摆动液压马达产品

YMD、YMS 系列摆动液压马达（又称摆动油缸），是一种输出轴做往复摆动的液压执行元件。它的突出特点是能使负载直接获得往复摆动运动，无需其他变速机构，其摆动角度在 0～270°之间任意设计。本产品在原有 YM 系列摆动液压马达的基础上，加以改进，具有体积小、结构紧凑、质量轻、输出扭矩调节范围广、定位精度高等优点。广泛应用于工程机械、农林机械、石油、化工、塑料机械及各类自动生产线的工装及工业机械手等机构中。

7.9.2.1 YMD 型单叶片摆动马达

型号意义：

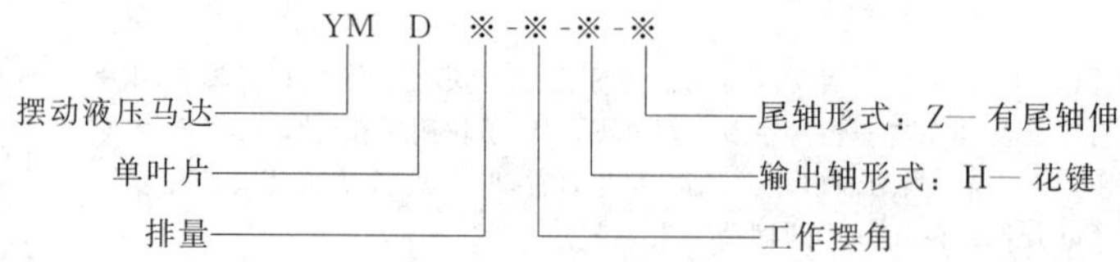

表 20-7-56 1YMD 型单叶片摆动马达技术规格

型号	摆角/(°)	额定压力/MPa	额定理论转矩/N·m	排量/mL·r^{-1}	内泄漏量/mL·min^{-1}		额定理论启动转矩/N·m	质量/kg
					摆角 90°	摆角 270°		
YMD30	90 180 270	14	71	30	300	315	24	5.3
YMD60			137	60	390	410	46	6
YMD120			269	120	410	430	96	11
YMD200			445	200	430	450	162	21
YMD300			667	300	450	470	243	23
YMD500			1116	500	480	500	404	40
YMD700			1578	700	620	650	571	44
YMD1000			2247	1000	690	720	894	75
YMD1600			3360	1600	780	820	1400	70
YMD2000			4686	2000	950	990	1973	85
YMD4000			9100	4000	1160	1220	3570	100
YMD7000			2000	7000	1280	1340	6570	120

表 20-7-57　　1YMD 型单叶片摆动马达外形尺寸　　mm

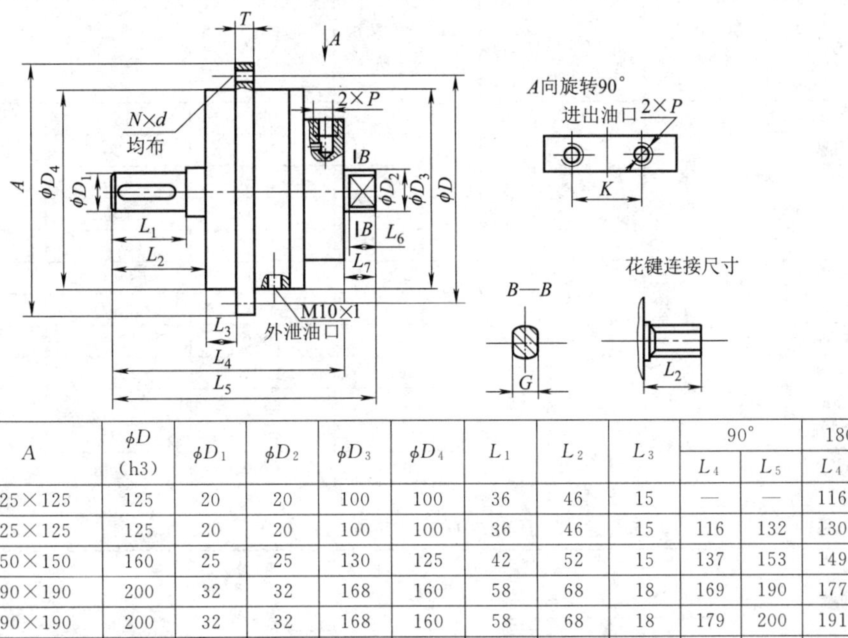

型号	A	φD (h3)	ϕD_1	ϕD_2	ϕD_3	ϕD_4	L_1	L_2	L_3	90° L_4	90° L_5	180°,270° L_4	180°,270° L_5
YMD-30	125×125	125	20	20	100	100	36	46	15	—	—	116	132
YMD-60	125×125	125	20	20	100	100	36	46	15	116	132	130	145
YMD-120	150×150	160	25	25	130	125	42	52	15	137	153	149	165
YMD-200	190×190	200	32	32	168	160	58	68	18	169	190	177	198
YMD-300	190×190	200	32	32	168	160	58	68	18	179	200	191	202
YMD-500	236×236	250	40	40	206	200	82	92	20	228	254	238	264
YMD-700	236×236	250	40	40	206	200	82	92	20	238	264	255	287
YMD-1000	301×301	315	50	50	260	250	82	92	25	247	278	268	299
YMD-1600	φ300	260	65	65	232	220	82	102	20	302	332	302	332
YMD-2000	φ320	280	71	71	244	225	105	108	20	302	332	302	332
YMD-4000	φ320	282	90	90	252	225	140	161	21	402	442	402	442
YMD-7000	φ360	330	90	90	300	300	140	161	21	402	442	402	442

型号	L_6	L_7	T	K	G	N	d	P(油口)	与输出轴的连接方式 平键 GB/T 1096—2003	与输出轴的连接方式 花键 GB/T 1144—2001
YMD-30	12	16	15	23	14	4	φ11	M10×1.0-6H	6×6	6×16×20×4
YMD-60	12	16	15	23	14	4	φ11	M10×1.0-6H	6×6	6×16×20×4
YMD-120	12	16	15	30	14	4	φ14	M10×1.0-6H	8×7	6×21×25×5
YMD-200	16	21	18	39	21	4	φ18	M14×1.5-6H	10×8	6×28×32×7
YMD-300	16	21	18	39	21	4	φ18	M14×1.5-6H	10×8	6×28×32×7
YMD-500	20	26	20	48	21	4	φ22	M18×1.5-6H	12×8	8×36×40×7
YMD-700	20	26	20	48	21	4	φ22	M18×1.5-6H	12×8	8×36×40×7
YMD-1000	25	31	25	58	36	4	φ26	M22×1.5-6H	14×9	8×46×50×9
YMD-1600	30	34	25	60	30	6	φ18	M18×1.5-6H	18×11	8×56×65×10
YMD-2000	30	34	25	80	34	6	φ18	M18×1.5-6H	20×12	8×62×72×12
YMD-4000	34	40	25	60	45	12	φ18	M27×2.0-6H	25×14	10×82×92×12
YMD-7000	34	40	25	60	55	16	φ18	M27×2.0-6H	25×14	10×82×92×12

7.9.2.2　YMS 型双叶片马达

型号意义：

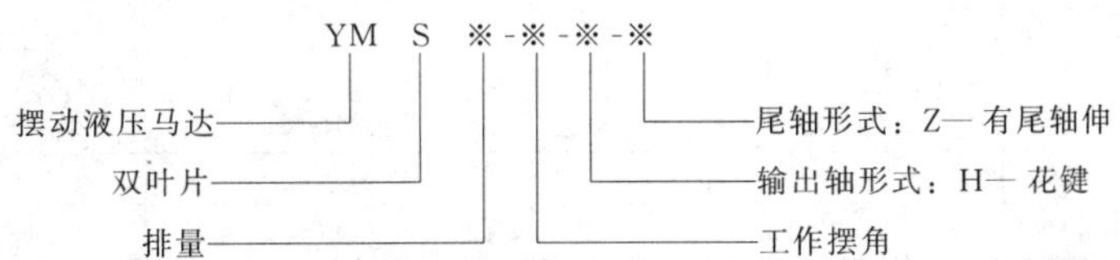

表 20-7-58 **YMS 型双叶片摆动马达技术规格**

型号	最大摆角/(°)	额定压力(进出油口压力)/MPa	额定理论转矩/N·m	排量/mL·r^{-1}	内泄漏量/mL·min^{-1}	额定理论启动转矩/N·m	质量/kg
YMS60	90	14	142	60	480	48	5.3
YMS120			282	120	530	104	10
YMS200			488	200	570	167	20
YMS300			732	300	700	251	22
YMS450			1031	450	700	379	38
YMS600			1363	600	800	501	41
YMS800			1814	800	850	722	68
YMS1000			2268	1000	1070	883	71
YMS1600			3360	1600	1090	1410	80
YMS2000			4686	2000	1150	1770	85
YMS4000			9096	4000	1220	3530	101
YMS7000			20000	7000	1250	6180	121

表 20-7-59 **YMS 型双叶片摆动马达外形尺寸** mm

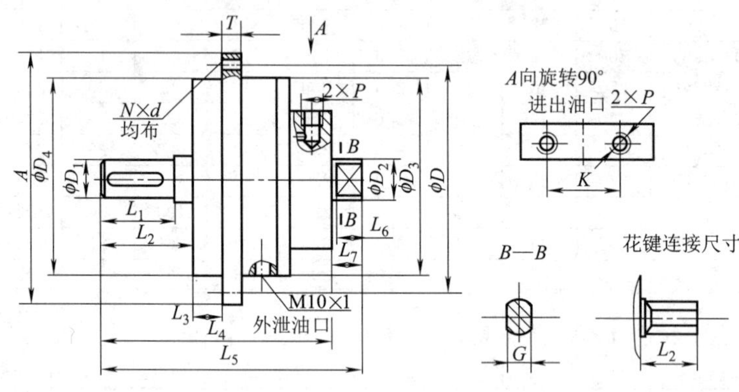

型号	A	ϕD (h3)	ϕD_1	ϕD_2	ϕD_3	ϕD_4	L_1	L_2	L_3	L_4	L_5
YMS-60	125×125	125	20	20	100	100	36	46	15	116	132
YMS-120	150×150	160	25	25	130	125	42	52	15	137	153
YMS-200	190×190	200	32	32	168	160	58	68	18	169	190
YMS-300	190×190	200	32	32	168	160	58	68	18	179	200
YMS-450	236×236	250	40	40	206	200	82	92	20	228	254
YMS-600	236×236	250	40	40	206	200	82	92	20	238	264
YMS-800	301×301	315	50	50	260	250	82	92	25	247	278
YMS-1000	301×301	315	50	50	260	250	82	92	25	256	287
YMS-1600	ϕ300	260	65	65	232	220	82	102	20	302	332
YMS-2000	ϕ320	280	71	71	244	225	105	108	20	302	332
YMS-4000	ϕ320	282	90	90	252	220	140	161	21	402	442
YMS-7000	ϕ360	330	90	90	300	300	140	161	21	402	442

型号	L_6	L_7	T	K	G	N	d	P(油口)	与输出轴的连接方式	
									平键	花键
									GB/T 1096—2003	GB/T 1144—2001
YMS-60	12	16	15	23	14	4	ϕ11	M10×1.0-6H	6×6	6×16×20×4
YMS-120	12	16	15	30	14	4	ϕ14	M10×1.0-6H	8×7	6×21×25×5
YMS-200	16	21	18	39	21	4	ϕ18	M14×1.5-6H	10×8	6×28×32×7

续表

型号	L_6	L_7	T	K	G	N	d	P(油口)	与输出轴的连接方式	
									平键	花键
									GB/T 1096—2003	GB/T 1144—2001
YMS-300	16	21	18	39	21	4	ϕ18	M14×1.5-6H	10×8	6×28×32×7
YMS-450	20	26	20	48	21	4	ϕ22	M18×1.5-6H	12×8	8×36×40×7
YMS-600	20	26	20	48	21	4	ϕ22	M18×1.5-6H	12×8	8×36×40×7
YMS-800	25	31	25	58	26	4	ϕ26	M22×1.5-6H	14×9	8×46×50×9
YMS-1000	25	31	25	58	26	4	ϕ26	M22×1.5-6H	14×9	8×43×50×9
YMS-1600	30	34	25	60	30	6	ϕ18	M18×1.5-6H	18×11	8×56×65×10
YMS-2000	30	34	25	60	34	6	ϕ18	M18×1.5-6H	20×2	8×62×72×12
YMS-4000	34	40	25	60	45	12	ϕ18	M27×2.0-6H	25×14	10×82×92×12
YMS-7000	34	40	25	60	55	16	ϕ18	M27×2.0-6H	25×14	10×82×92×12

7.9.3 摆动液压马达的选择原则

摆动液压马达突出的优点是能使负载直接获得往复摆动运动，无需任何变速机构，已被广泛应用各个领域，如舰用雷达天线稳定平台的驱动、声呐基体的摆动、鱼雷发射架的开启、液压机械手、装载机上铲斗的回转。

在选用摆动液压马达时，要知道被驱动负载所需的转角、扭矩和转速等参数，如所需转角在310°以上时，目前只能选用活塞式摆动马达，摆动马达的输出扭矩要略大于驱动负载所需的扭矩及让负载获得最大角速度所需扭矩之和。如果所需扭矩较大，可考虑提高系统工作压力，对动态品质要求较高的液压伺服系统中，可考虑选择叶片式摆动马达，若需同时驱动相隔一定间距的两个负载作摆动，则链式结构的摆动马达能满足要求。

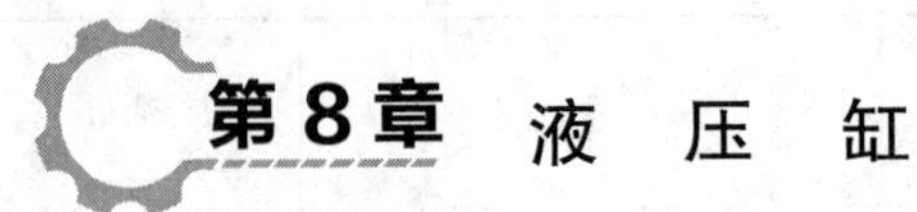

液　压　缸

8.1　液压缸的类型

液压缸按供油方向分为单作用缸和双作用缸。单作用液压缸中液压力只能使活塞（或柱塞）单方向运动，反方向运动必须靠外力（如弹簧力或自重等）实现；双作用液压缸可由液压力实现两个方向的运动。

液压缸按结构形式分为活塞缸、柱塞缸、伸缩套筒缸、摆动液压缸，用以实现直线运动和有限角度的摆动，输出推力和速度。

液压缸按活塞杆形式分为单活塞杆缸、双活塞杆缸等，见表20-8-1。

表20-8-1　液压缸的分类、特点及图形符号

分类	名称		图形符号	特点
单作用液压缸	活塞缸			活塞只单向受力而运动，反向运动依靠活塞自重或其他外力
	柱塞缸			柱塞只单向受力而运动，反向运动依靠柱塞自重或其他外力
	伸缩式套筒缸			有多个互相连动的活塞，可依次伸缩，行程较大，由外力使活塞返回
双作用液压缸	单活塞杆	普通缸		活塞双向受液压力而运动，在行程终了时不减速，双向受力及速度不同
		不可调缓冲缸		活塞在行程终了时减速制动，减速值不变
		可调缓冲缸		活塞在行程终了时减速制动，并且减速值可调
		差动缸		活塞两端面积差较大，使活塞往复运动的推力和速度相差较大
	双活塞杆	等行程等速缸		活塞左右移动速度，行程及推力均相等
		双向缸		利用对油口进、排油次序的控制，可使两个活塞做多种配合动作的运动
	伸缩式套筒缸			有多个互相联动的活塞，可依次伸出获得较大行程
组合缸	弹簧复位缸			单向液压驱动，由弹簧力复位
	增压缸		A　B	由A腔进油驱动，使B输出高压油源
	串联缸			用于缸的直径受限制，长度不受限制处，能获得较大推力
	齿条传动缸			活塞的往复运动转换成齿轮的往复回转运动
	气-液转换器			气压力转换成大体相等的液压力

8.2 液压缸的基本参数

液压缸的输入量是液体的流量和压力，输出量是速度和力。液压缸的基本参数主要是指公称压力，内径尺寸、活塞杆直径、行程长度，活塞杆螺纹形式和尺寸，连接油口尺寸等。液压缸公称压力系列见表 20-8-2，各类液压设备常用的工作压力见表20-8-3。

表 20-8-2 液压缸公称压力系列

(GB/T 2346—2003) MPa

0.010 0.016 0.025 0.040 0.063 0.10 0.16 (0.20) 0.25
0.40 0.63 (0.80) 1.0 1.6 2.5 4.0 6.3 (8.0) 10.0
12.5 16.0 20.0 25.0 31.5 40.0 50.0 63.0 80.0 100

注：1. 括号内公称排量值为非优先用值。
2. 超出本系列 100MPa 时，应按 GB/T 321—2005《优先数和优先数系》中 $R10$ 数系选用。

表 20-8-3 各类液压设备常用的工作压力

设备类型	一般机床	一般冶金设备	农业机械、小型工程机械	液压机、重型机械、轧机压下、起重运输机械
工作压力/MPa	1～6.3	6.3～16	10～16	20～32

液压缸内径尺寸系列、液压缸活塞杆外径尺寸系列、液压缸活塞行程系列、液压缸活塞杆螺纹形式和尺寸系列、液压缸活塞杆螺纹形式和尺寸系列分别见表 20-8-4～表 20-8-7。

液压缸油口螺纹连接系列、16MPa 小型系列单杆液压缸油口安装尺寸、16MPa 中型系列单杆液压缸油口安装尺寸、25MPa 中型系列单杆液压缸油口安装尺寸分别见表 20-8-8 和表 20-8-9。

表 20-8-4 液压缸内径尺寸系列

(GB/T 2348—1993) mm

8	40	125	(280)
10	50	(140)	320
12	63	160	(360)
16	80	(180)	400
20	(90)	200	(450)
25	100	(220)	500
32	(110)	250	

注：圆括号内的尺寸为非优先选用尺寸。

表 20-8-5 液压缸活塞杆外径尺寸系列

(GB/T 2348—1993) mm

4	20	56	160
5	22	63	180
6	25	70	200
8	28	80	220
10	32	90	250
12	36	100	280
14	40	110	320
16	45	125	360
18	50	140	

表 20-8-6 液压缸活塞行程系列 mm

液压缸活塞行程第一系列									
25	50	80	100	125	160	200	250	320	400
500	630	800	1000	1250	1600	2000	2500	3200	4000
液压缸活塞行程第二系列									
	40			63		90	110	140	180
220	280	360	450	550	700	900	1100	1400	1800
2200	2800	3600							
液压缸活塞行程第三系列									
240	260	300	340	380	420	480	530	600	650
750	850	950	1050	1200	1300	1500	1700	1900	2100
2400	2600	3000	3400	3800					

注：当活塞行程>4000mm 时，按 GB/T 321—2005《优先数和优先数系》中 $R10$ 数系选用，如不能满足要求时，允许按 $R40$ 数系选用。

表 20-8-7 液压缸活塞杆螺纹形式和尺寸系列 (GB/T 2350—1980) mm

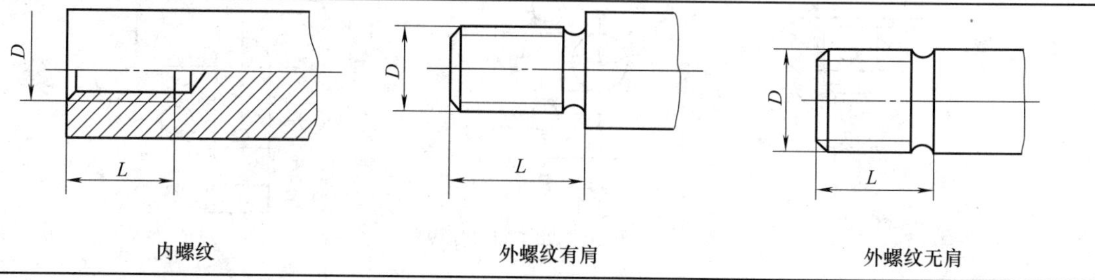

第20篇

续表

直径与螺距 D×T	螺纹长 L		直径与螺距 D×T	螺纹长 L	
	短型	长型		短型	长型
M3×0.35	6	9	M42×2	56	84
M4×0.5	8	12	M48×2	63	96
M4×0.7*	8	12	M56×2	75	112
M5×0.5	10	15	M64×3	85	128
M6×0.75	12	16	M72×3	85	128
M6×1*	12	16	M80×3	95	140
M8×1	12	20	M90×3	106	140
M8×1.25*	12	20	M100×3	112	—
M10×1.25	14	22	M110×3	112	—
M12×1.25	16	24	M125×4	125	—
M14×1.5	18	28	M140×4	140	—
M16×1.5	22	32	M160×4	160	—
M18×1.5	25	36	M180×4	180	—
M20×1.5	28	40	M200×4	200	—
M22×1.5	30	44	M220×4	220	—
M24×2	32	48	M250×6	250	—
M27×2	36	54	M280×6	280	—
M30×2	40	60	—	—	—
M33×2	45	66	—	—	—
M36×2	50	72	—	—	—

注：1. 螺纹长度 L：内螺纹时，是指最小尺寸；外螺纹时，是指最大尺寸。

2. 当需要用锁紧螺母时，采用长型螺纹长度。

3. 带 * 号的螺纹尺寸为气缸专用。

表 20-8-8　液压缸油口螺纹连接系列（GB/T 2878.1—2011）　mm

	M8×1	M10×1	M12×1.5	M14×1.5	M16×1.5	M18×1.5
M20×1.5	M22×1.5	M27×2	M33×2	M42×2	M48×2	M60×2

注：螺纹精度为 6H。

表 20-8-9　单杆液压缸油口安装尺寸

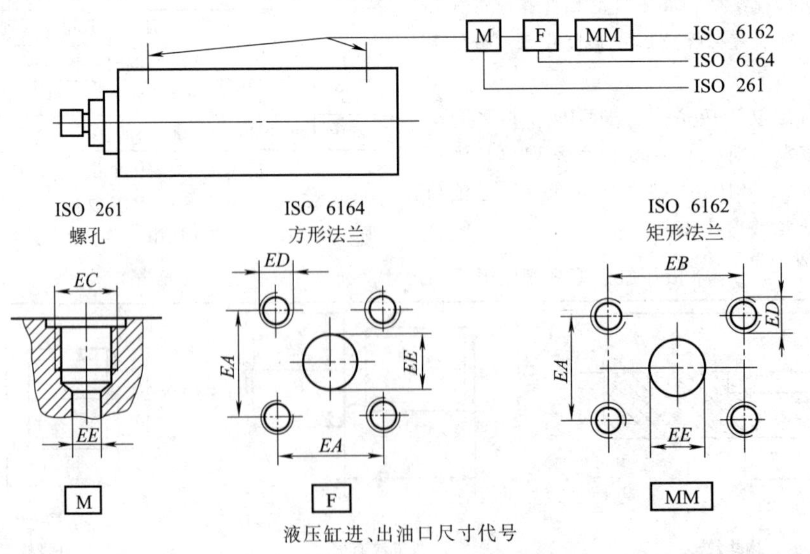

液压缸进、出油口尺寸代号

续表

16MPa 小型系列单杆液压缸油口安装尺寸			
缸筒内径 D/mm	进、出油口 EC/mm	缸筒内径 D/mm	进、出油口 EC/mm
25	M14×1.5	80	M27×2
32	M14×1.5	100	M27×2
40	M18×1.5	125	M27×2
50	M22×1.5	160	M33×2
63	M22×1.5	200	M42×2

16MPa 中型系列单杆液压缸油口安装尺寸

缸径 D/mm	EC/mm	EE 最小值/mm	方形法兰名义规格 DN/mm	方形法兰 EE/mm	方形法兰 EA/mm	方形法兰 ED/mm	矩形法兰名义规格 DN/mm	矩形法兰 EE/mm	矩形法兰 EA/mm	矩形法兰 EB/mm	矩形法兰 ED/mm
25	M14×1.5	6	—	—	—	—	—	—	—	—	—
32	M18×1.5	10	—	—	—	—	—	—	—	—	—
40	M22×1.5	12	—	—	—	—	—	—	—	—	—
50	M22×1.5	12	—	—	—	—	—	—	—	—	—
63	M27×2	16	15	15(公差 0～1.5)	29.7±0.25	M8×1.25	13	13(公差 0～1.5)	17.5±0.25	38.1±0.25	M8×1.25
80	M27×2	16	15	15(公差 0～1.5)	29.7±0.25	M8×1.25	13	13(公差 0～1.5)	17.5±0.25	38.1±0.25	M8×1.25
100	M33×2	20	20	20(公差 0～1.5)	35.3±0.25	M8×1.25	19	19(公差 0～1.5)	22.2±0.25	47.6±0.25	M10×1.5
125	M33×2	20	20	20(公差 0～1.5)	35.3±0.25	M8×1.25	19	19(公差 0～1.5)	22.2±0.25	47.6±0.25	M10×1.5
160	M42×2	25	25	25(公差 0～1.5)	43.8±0.25	M10×1.5	25	25(公差 0～1.5)	26.2±0.25	52.4±0.25	M10×1.5
200	M42×2	25	25	25(公差 0～1.5)	43.8±0.25	M10×1.5	25	25(公差 0～1.5)	26.2±0.25	52.4±0.25	M10×1.5
250	M50×2	32	32	32(公差 0～1.5)	51.6±0.25	M12×1.75	32	32(公差 0～1.5)	30.2±0.25	58.7±0.25	M12×1.75
320	M50×2	32	32	32(公差 0～1.5)	51.6±0.25	M12×1.75	32	32(公差 0～1.5)	30.2±0.25	58.7±0.25	M12×1.75
400	M60×2	38	38	38(公差 0～1.5)	60±0.25	M14×2	38	38(公差 0～1.5)	35.7±0.25	69.9±0.25	M14×2
500	M60×2	38	38	38(公差 0～1.5)	60±0.25	M14×2	38	38(公差 0～1.5)	35.7±0.25	69.9±0.25	M14×2

25MPa 中型系列单杆液压缸油口安装尺寸

缸径 D/mm	EC/mm	EE 最小值/mm	方形法兰名义规格 DN/mm	方形法兰 EE/mm	方形法兰 EA/mm	方形法兰 ED/mm	矩形法兰名义规格 DN/mm	矩形法兰 EE/mm	矩形法兰 EA/mm	矩形法兰 EB/mm	矩形法兰 ED/mm
50	M22×1.5	12	—	—	—	—	—	—			
63	M27×2	16	15	15(公差 0～1.5)	29.7±0.25	M8×1.25	19	19(公差 0～1.5)	22.2±0.25	47.6±0.25	M10×1.5
80	M27×2	16	15	15(公差 0～1.5)	29.7±0.25	M8×1.25	19	19(公差 0～1.5)	22.2±0.25	47.6±0.25	M10×1.5

第 20 篇

续表

25MPa中型系列单杆液压缸油口安装尺寸											
缸径 *D*/mm	*EC* /mm	*EE* 最小值 /mm	方形法兰名义规格 *DN* /mm	方形法兰 *EE*/mm	方形法兰 *EA*/mm	方形法兰 *ED* /mm	矩形法兰名义规格 *DN* /mm	矩形法兰 *EE*/mm	矩形法兰 *EA*/mm	矩形法兰 *EB*/mm	矩形法兰 *ED*/mm
100	M33×2	20	20	20(公差 0～1.5)	35.3± 0.25	M8× 1.25	19	19(公差 0～1.5)	22.2± 0.25	47.6± 0.25	M10× 1.5
125	M33×2	20	20	20(公差 0～1.5)	35.3± 0.25	M8× 1.25	19	19(公差 0～1.5)	22.2± 0.25	47.6± 0.25	M10× 1.5
160	M42×2	25	25	25(公差 0～1.5)	43.8± 0.25	M10× 1.5	25	25(公差 0～1.5)	26.2± 0.25	52.4± 0.25	M10× 1.5
200	M42×2	25	25	25(公差 0～1.5)	43.8± 0.25	M10× 1.5	25	25(公差 0～1.5)	26.2± 0.25	52.4± 0.25	M10× 1.5
250	M50×2	32	32	32(公差 0～1.5)	51.6± 0.25	M12× 1.75	32	32(公差 0～1.5)	30.2± 0.25	58.7± 0.25	M12× 1.75
320	M50×2	32	32	32(公差 0～1.5)	51.6± 0.25	M12× 1.75	32	32(公差 0～1.5)	30.2± 0.25	58.7± 0.25	M12× 1.75
400	M60×2	38	38	38(公差 0～1.5)	60± 0.25	M14× 2	38	38(公差 0～1.5)	36.5± 0.25	79.4± 0.25	M10× 1.5
500	M60×2	38	38	38(公差 0～1.5)	60± 0.25	M14× 2	38	38(公差 0～1.5)	36.5± 0.25	79.4± 0.25	M10× 1.5

8.3 液压缸的安装方式

表 20-8-10　　液压缸的安装方式

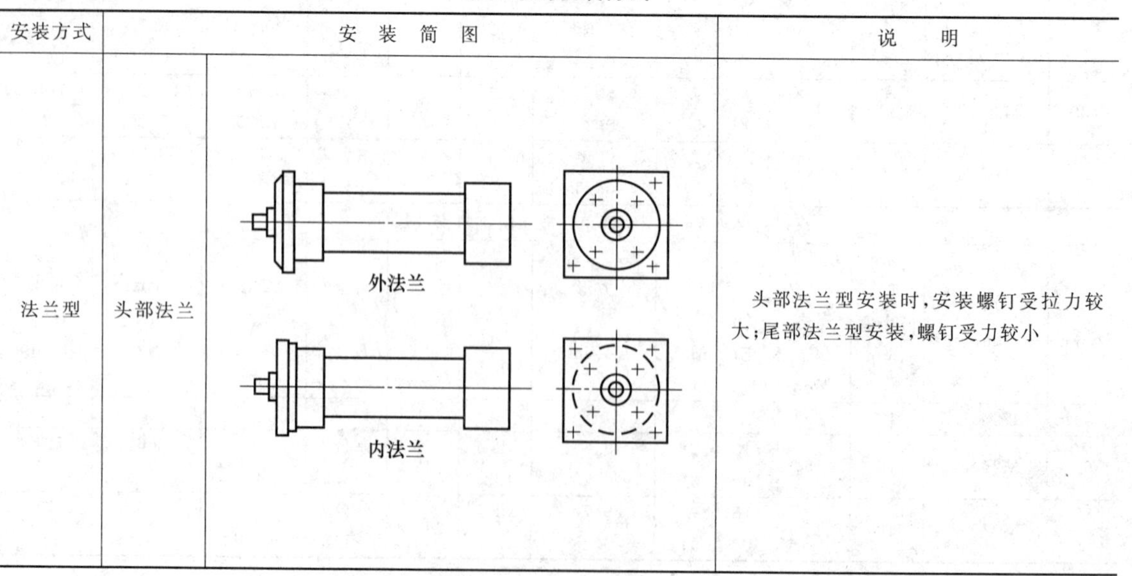

安装方式		安装简图	说明
法兰型	头部法兰	外法兰 内法兰	头部法兰型安装时，安装螺钉受拉力较大；尾部法兰型安装，螺钉受力较小

续表

安装方式	安装简图		说明
法兰型	头部法兰	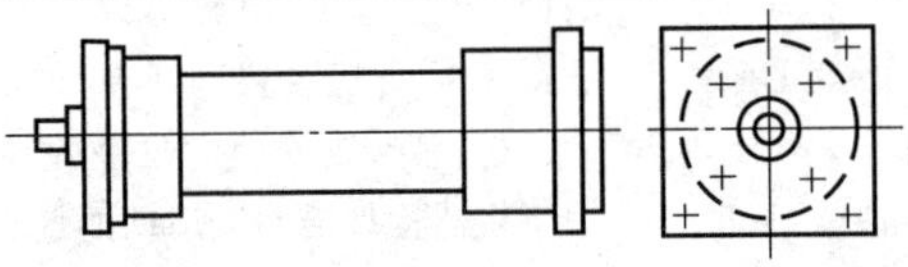	头部法兰型安装时，安装螺钉受拉力较大；尾部法兰型安装螺钉受力较小
销轴型	头部销轴	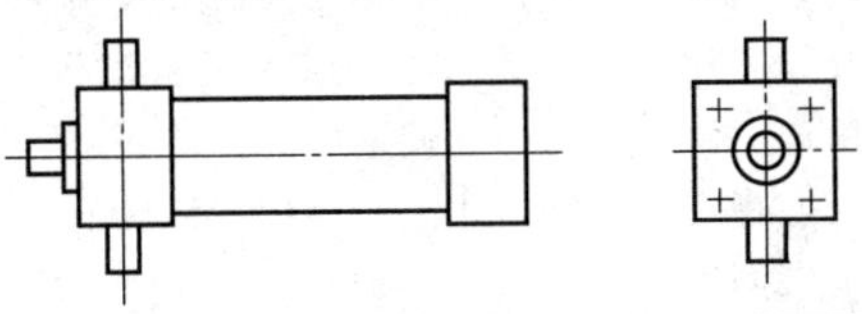	液压缸在垂直面内可摆动。头部销轴型安装时，活塞杆受弯曲作用较小；中间销轴型次之；尾部销轴型最大
	中间销轴	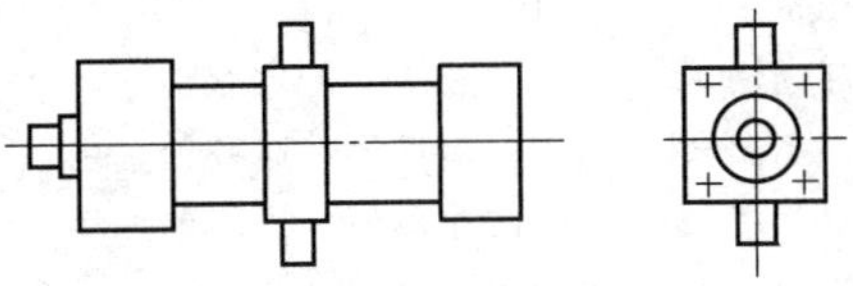	
	尾部销轴	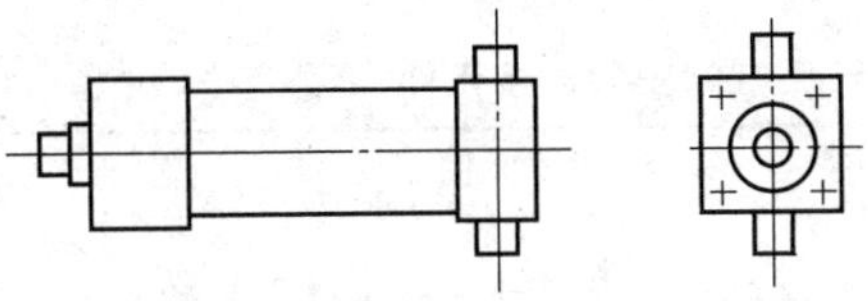	
耳环型	头部耳环	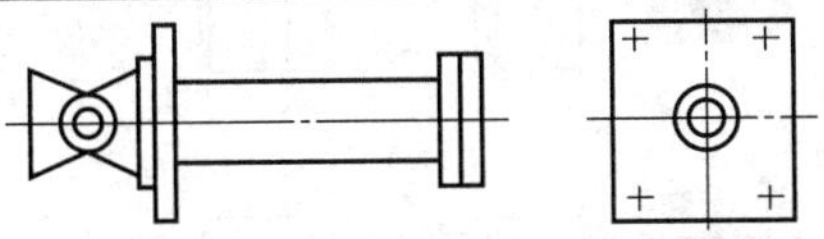	液压缸在垂直面内可摆动，头部耳环型安装时，活塞杆受弯曲作用较小；尾部耳环型较大
	尾部耳环	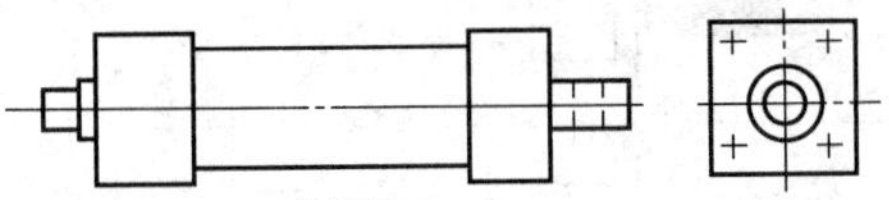 单耳环 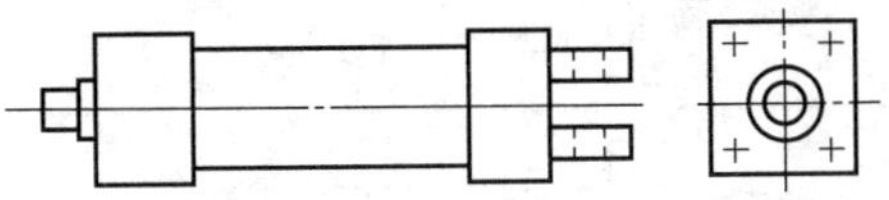 双耳环	
底座型	径向底座	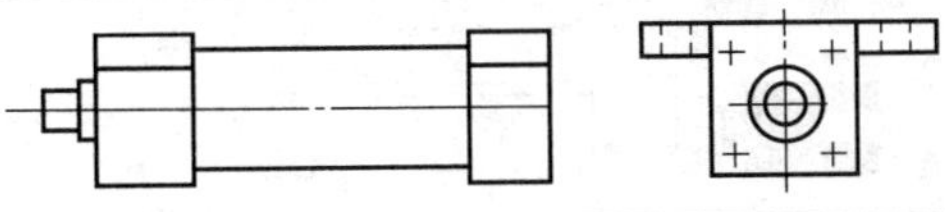	径向底座型安装时，液压缸受倾翻力矩较小；切向底座型和轴向底座型较大
	切向底座	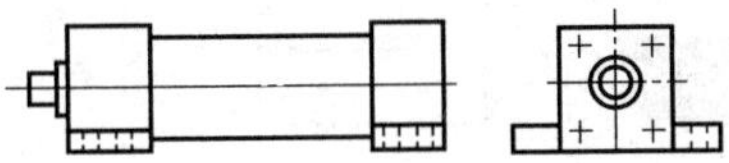	
	轴向底座	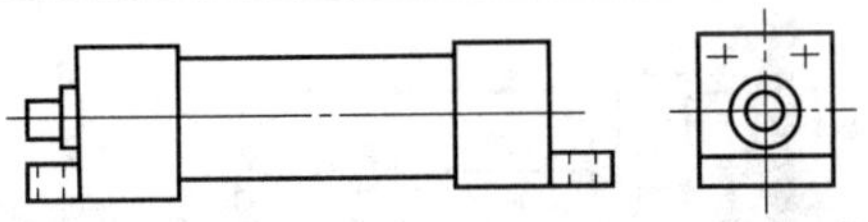	
球头型	尾部球头	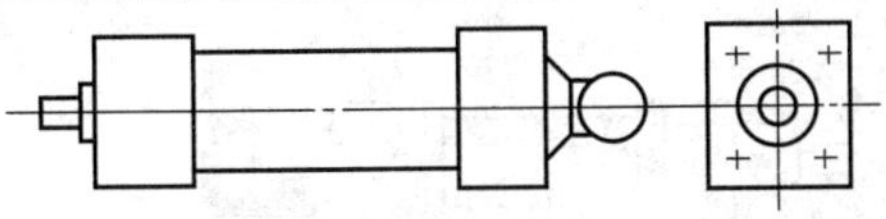	液压缸可在一定空间范围内摆动

注：表中所列液压缸皆为缸体固定，活塞杆运动。根据工作需要，也可采用活塞杆固定、缸体活动。

液压缸的安装注意事项如下。

① 液压缸只能一端固定，另一端自由，使热胀冷缩不受限制。

② 底座型和法兰型液压缸的安装螺栓不能直接承受推力载荷。

③ 耳环型液压缸活塞杆顶端连接头的轴线方向必须与耳环的轴线方向一致。

④ 拉杆伸出安装的缸适用于传递直线力的应用场合，并在空间有限时特别有用。对于压缩用途，缸盖端拉杆安装最合适；活塞杆受拉伸的场合，应指定缸头端安装方式。拉杆伸出的缸可以从任何一端固定于机器构件，而缸的自由端可以连接在一个托架上。

⑤ 法兰安装的缸也适用于传递直线力的应用场合。对于压缩型用途，缸盖安装方式最合适；主要负载使活塞杆受拉伸的场合，应指定缸头安装。

⑥ 脚架安装的缸不吸收在其中心线上的力。结果，缸所施加的力会产生一个倾翻力矩，试图使缸绕着它的安装螺栓翻转。因而，应把缸牢固地固定于安装面并应有效地引导负载，以免过大的侧向载荷施加于活塞杆密封装置和活塞导向环。

⑦ 带铰支安装的缸吸收在其中心线上的力，应该用于机器构件沿曲线运动的场合。如果活塞杆进行的曲线路径在单一平面之内，则可使用带固定双耳环的缸。

⑧ 耳轴安装的缸被设计成吸收在其中心线上的力。它们适用于拉伸（拉力）或压缩（推力）用途，并可用于机器构件将沿单一平面内的曲线路径运动的场合。耳轴销仅针对剪切载荷设计并应承受最小的弯曲应力。

液压缸的安装连接元件、单耳环用柱销尺寸系列、单耳环带球铰轴套用柱销尺寸系列、双耳环用柱销尺寸系列、杆用单耳环安装尺寸和杆用双耳环安装尺寸见表20-8-11～表20-8-13。

表 20-8-11　　液压缸的安装连接元件

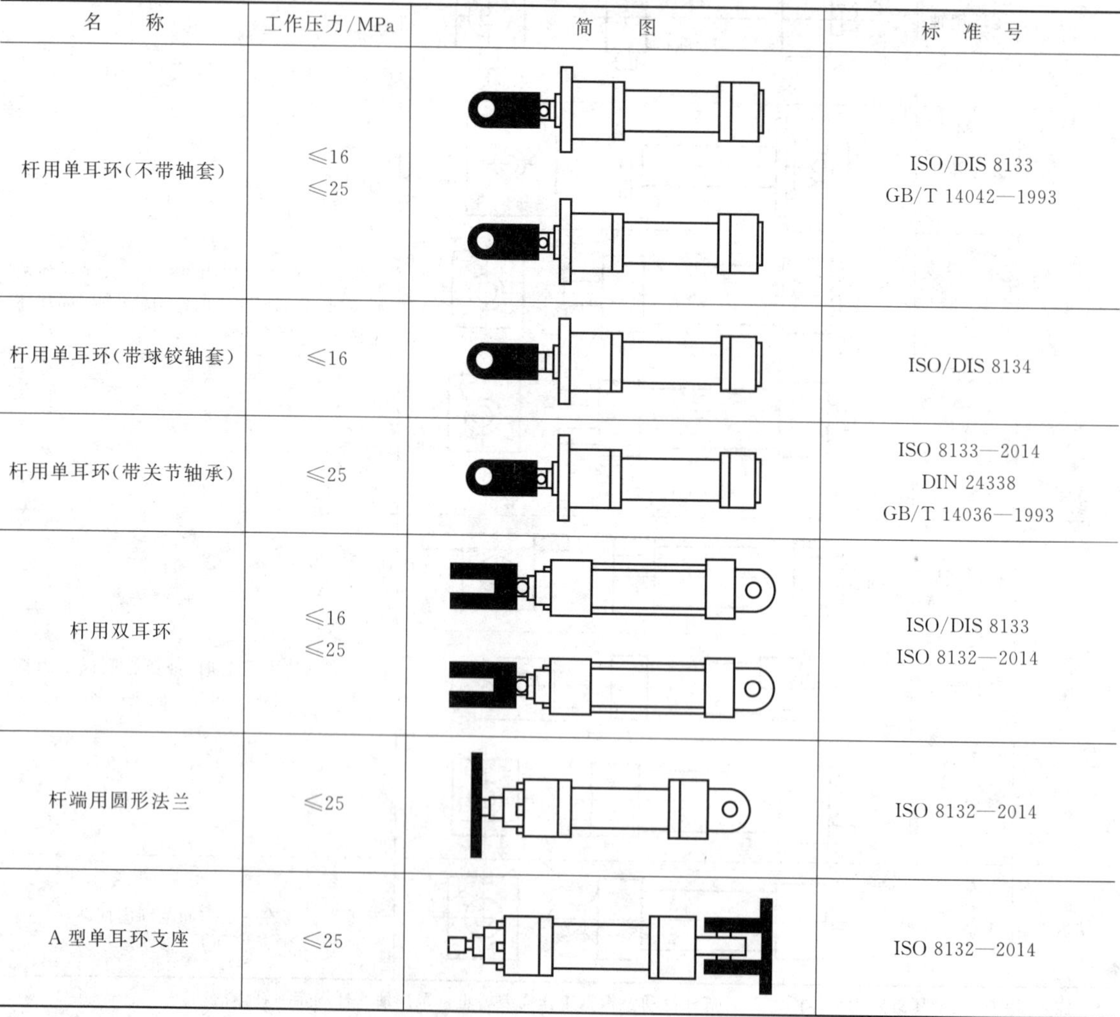

名　称	工作压力/MPa	简　图	标　准　号
杆用单耳环(不带轴套)	≤16 ≤25		ISO/DIS 8133 GB/T 14042—1993
杆用单耳环(带球铰轴套)	≤16		ISO/DIS 8134
杆用单耳环(带关节轴承)	≤25		ISO 8133—2014 DIN 24338 GB/T 14036—1993
杆用双耳环	≤16 ≤25		ISO/DIS 8133 ISO 8132—2014
杆端用圆形法兰	≤25		ISO 8132—2014
A型单耳环支座	≤25		ISO 8132—2014

续表

名 称	工作压力/MPa	简 图	标 准 号
B型单耳环支座	≤25		ISO 8132—2014
单耳环(带球铰轴套)支座	≤25		ISO/DIS 8133
双耳环支座	≤25		ISO/DIS 8133
耳轴支座	≤25		ISO 8132—2014

表 20-8-12　　耳环用柱销尺寸系列

单耳环用柱销尺寸系列

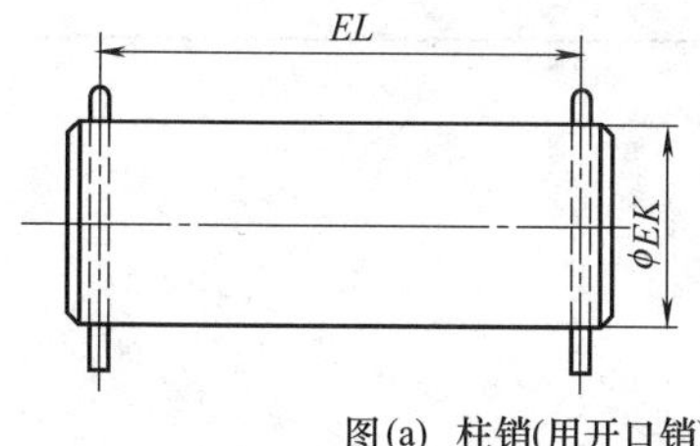

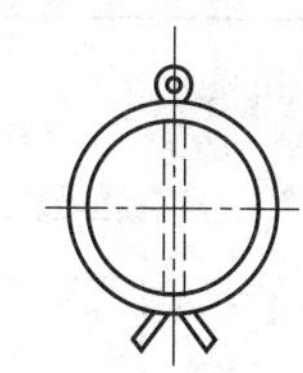

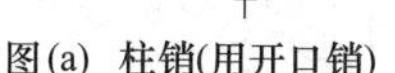
图(a) 柱销(用开口销)

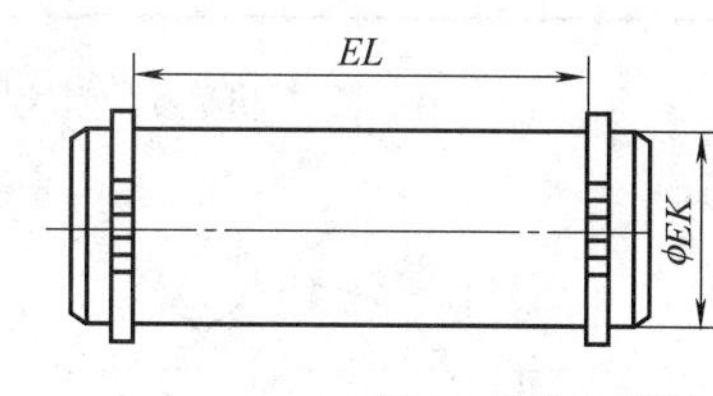

图(b) 柱销(用弹簧圈)

耳环用柱销形式及尺寸代号

注:用于球铰时,尺寸 *EK* 公差为 m6

型 号	缸筒内径/mm	额定作用力/N	*EL* 最小值/mm	*EK*(f8)/mm
10	25	8000	29	10
12	32	12500	37	12
16	40	20000	45	14
20	50	32000	66	20
25	63	50000	66	20
30	80	80000	87	28
40	100	125000	107	36
50	125	200000	129	45
60	160	320000	149	56
80	200	500000	169	70

单耳环带球铰轴套用柱销尺寸系列

型 号	公称力/N	动态作用力/N	*EL* 最小值/mm	*EK*(f6)/mm
10	8000	8000	28	10
12	12500	10800	33	12
16	20000	20000	41	16
20	32000	30000	54	20
25	50000	48000	58	25
30	80000	62000	71	30

续表

单耳环带球铰轴套用柱销尺寸系列

型　号	公称力/N	动态作用力/N	*EL* 最小值/mm	*EK*(f6)/mm
40	125000	100000	87	40
50	200000	156000	107	50
60	320000	245000	126	60
80	500000	400000	147	80

双耳环用柱销尺寸系列

型　号	公称力/N	*EK*(f8)/mm	*EL*(H16)/mm
12	8000	12	29
16	12500	16	37
20	20000	20	46
25	32000	25	57
32	50000	32	72
40	80000	40	92
50	125000	50	112
63	200000	63	142
80	320000	80	172

表 20-8-13　　杆用耳环安装尺寸

杆用单耳环安装尺寸(ISO 8133)

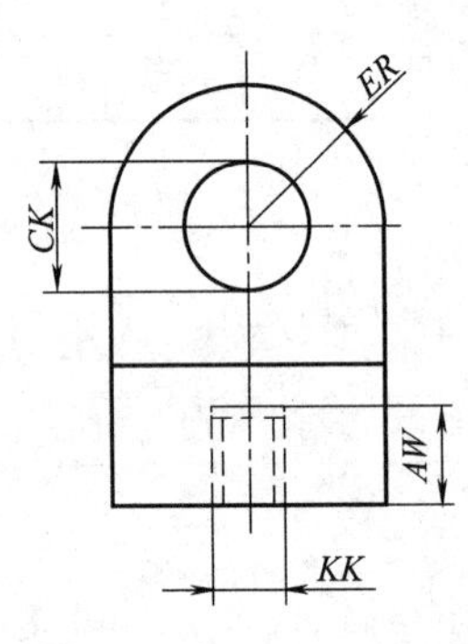

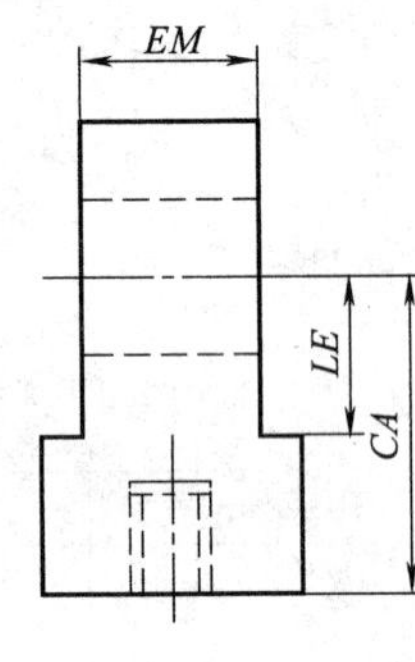

型号	活塞杆直径/mm	缸筒内径/mm	公称力/N	*KK*/mm	*CK*(H9)/mm	*EM*(H13)/mm	*ER* 最大值/mm	*CA*(js13)/mm	*AW* 最小值/mm	*LE* 最小值/mm
10	12	25	8000	M10×1.25	10	12	12	32	14	13
12	14	32	12500	M12×1.25	12	16	17	36	16	19
16	18	40	20000	M14×1.5	14	20	17	38	18	19
20	22	50	32000	M16×1.5	20	30	29	54	22	32
25	28	63	50000	M20×1.5	20	30	29	60	28	32
30	36	80	80000	M27×2	28	40	34	75	36	39
40	45	100	125000	M33×2	36	50	50	99	45	54
50	56	125	200000	M42×2	45	60	53	113	56	57
60	70	160	320000	M48×2	56	70	59	126	63	63
80	90	200	500000	M64×2	70	80	78	168	85	83

续表

杆用单耳环安装尺寸(ISO 8133)

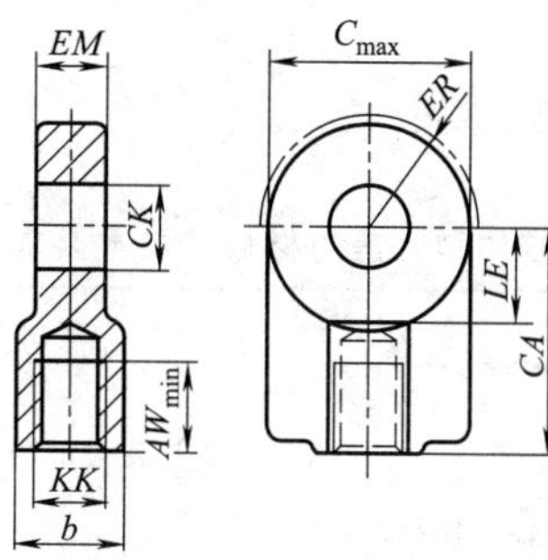

型号	公称力/N	CK(H9)/mm	EM(H12)/mm	KK(螺纹精度 6H)/mm	AW_{min}/mm	CA/mm	LE/mm	C_{max}/mm	ER/mm	b/mm
12	8000	12	12	M12×1.25	17	38	14	32	16	16
16	12500	16	16	M14×1.5	19	44	18	40	20	21
80	20000	20	20	M16×1.5	23	52	22	50	25	25
25	32000	25	25	M20×1.5	29	65	27	62	32	30
32	50000	32	32	M27×2	37	80	32	76	40	38
40	80000	40	40	M33×2	46	97	41	97	50	47
50	125000	50	50	M42×2	57	120	50	118	63	58
63	200000	63	63	M48×2	64	140	62	142	71	70
80	320000	80	80	M64×3	86	180	78	180	90	90
100	500000	100	100	M80×3	96	210	98	224	112	110
125	800000	125	125	M100×3	113	260	120	290	160	135
160	1250000	160	160	M125×4	126	310	150	346	200	165
200	2000000	200	200	M160×4	161	390	195	460	250	215
250	3200000	250	250	M200×4	205	530	265	640	320	300
320	5000000	320	320	M250×6	260	640	325	750	375	360

杆用双耳环安装尺寸(ISO 8132)

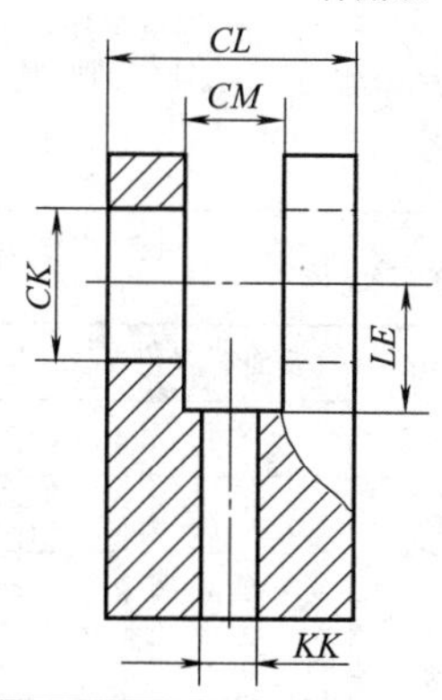

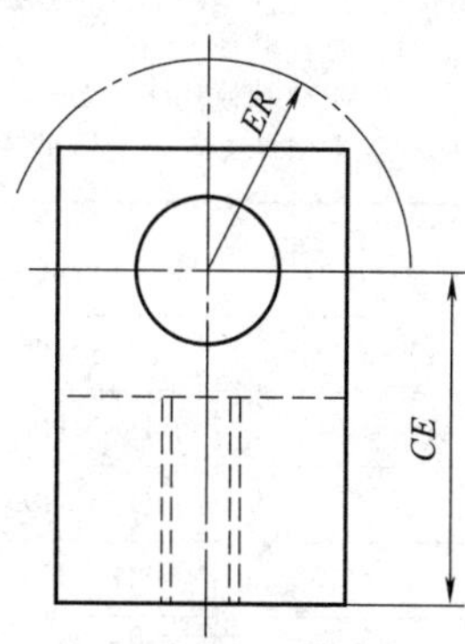

型号	公称力/N	CK(H9)/mm	CL(h16)/mm	CM(A12)/mm	CE(js12)/mm	KK/mm	LE 最小值/mm	ER 最大值/mm
12	8000	12	28	12	38	M12×1.25	18	16
16	12500	16	36	16	44	M14×1.5	22	20
20	20000	20	45	20	52	M16×1.5	27	25
25	23000	25	56	25	65	M20×1.5	34	32
32	50000	32	70	32	80	M27×2	42	40
40	80000	40	90	40	97	M33×2	52	50
50	125000	50	110	50	120	M42×2	64	63
63	200000	63	140	63	140	M48×2	75	71
80	320000	80	170	80	180	M64×3	94	90

8.4 液压缸的主要结构、材料及技术要求

8.4.1 缸体和缸盖的材料及技术要求

表 20-8-14 缸体和缸盖的材料及技术要求

	材料	技术要求
缸体	①一般要求有足够的强度和冲击韧性，对焊接的缸筒还要求有良好的焊接性能。根据液压缸的参数、用途和毛坯来源可选用以下各种材料：25，35，45 等；25CrMo，35CrMo，38CrMoAl 等；ZG200-400，ZG230-450，1Cr18Ni9，ZL105，5A03，5A06 等；ZCuAl10Fe3，ZCuAl10Fe3Mn2等 ②缸筒毛坯普遍采用退火的冷拔或热轧无缝钢管。国内市场上已有内孔经珩磨或内孔精加工，只需按要求的长度切割的无缝钢管，材料有 20、35、45、27SiMn ③对于工作温度低于－50℃的液压缸缸筒，必须用 35 钢、45 钢，且要调质处理 ④与缸盖焊接的缸筒，使用 35 钢，机械加工后再调质。不与其他零件焊接的缸筒，使用调质的 45 钢 ⑤较厚壁的毛坯仍用铸铁或锻件，或用厚钢板卷成筒形，焊接后退火，焊缝需用 X 射线或磁力探伤检查	①有足够的强度，能长期承受最高工作压力及短期动态试验压力而不致产生永久变形 ②有足够的刚度，能承受活塞侧向力和安装的反作用力而不产生弯曲 ③内表面与活塞杆密封件及导向环在摩擦力的作用下，能长期工作而磨损少，尺寸公差等级和形位公差等级足以保证活塞密封件的密封性 ④需要焊接的缸筒还要求有良好的可焊性以便在焊上法兰或管接头后不至于产生裂纹或过大的变形 总之，缸筒是液压缸的主要零件，它与缸盖、缸底、油口等零件构成密封的容腔，用以容纳压力油液，同时它还是活塞运动"轨道"。设计液压缸缸筒时，应该正确确定各部分的尺寸，保证液压缸有足够的输出力、运动速度和有效行程，同时还必须有一定的刚度，能足以承受液压力、负载力和外冲击力；缸筒的内表面应具有合适的配合公差等级、表面粗糙度和形位公差等级，以保证液压缸的密封性、运动平稳性和耐用性 适合加工制造缸筒的冷拔无缝钢管的产品规格见表 20-8-15
缸盖	端盖装在缸筒两端，与缸筒形成封闭油腔，同样承受很大的液压力，因此，端盖及其连接件都应有足够的强度。设计时既要考虑强度，又要选择工艺性较好的结构形式 工作压力 $p<10$MPa 时，也使用 HT20-40、HT25-47、HT30-54 等铸铁。$p<20$MPa 时使用无缝钢管，$p>20$MPa 时使用铸钢或锻钢。缸盖常用 35、45 钢的锻件或铸造毛坯	①缸盖内孔尺寸公差一般取 H8，表面粗糙度不低于 0.8μm ②缸盖内孔与止口外径 D 的圆柱度误差不大于直径公差的一半，轴线的圆跳动，在直径 100mm 上不大于 0.04mm

表 20-8-15 高精度冷拔无缝钢管产品规格

内径/mm	壁厚/mm	内径精度	壁厚差/mm	表面粗糙度/μm	材料
ϕ30～50	＜7.5	H7～H9	±10%	0.4～0.2	20、45、27SiMn
ϕ50～80	＜10	H7～H9	±10%	0.4～0.2	20、45、27SiMn
ϕ80～120	＜15	H7～H9	±10%	0.4～0.2	20、45、27SiMn
ϕ120～180	＜20	H7～H9	±10%	0.4～0.2	20、45、27SiMn
ϕ180～250	＜25	H7～H9	±10%	0.4～0.2	20、45、27SiMn
ϕ40～50	＜7.5	H8	±5%	0.4～0.2	20、35、45、27SiMn
ϕ50～100	＜13	H8	±8%	0.4～0.2	20、35、45、27SiMn
ϕ100～140	＜15	H8	±8%	0.4～0.2	20、35、45、27SiMn
ϕ140～200	＜20	H8	±8%	0.4～0.2	20、35、45、27SiMn
ϕ200～250	＜25	H8	±8%	0.4～0.2	20、35、45、27SiMn
ϕ250～360	＜40	H8	±8%	0.4～0.2	20、35、45、27SiMn
ϕ360～500	＜60	H8	±8%	0.4～0.2	20、35、45、27SiMn

8.4.2 缸体端部连接形式

常见的缸体与缸盖的连接结构见表 20-8-16。

导向套对活塞杆或柱塞起导向和支承作用，有些液压缸不设导向套，直接用端盖孔导向，这种结构简单，但磨损后必须更换端盖。

表 20-8-16 各种连接方式的液压缸缸筒端部结构

连接方式	结构简图	特 点
拉杆	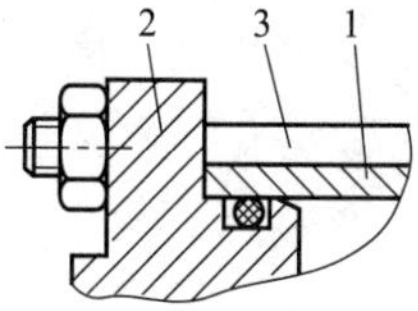 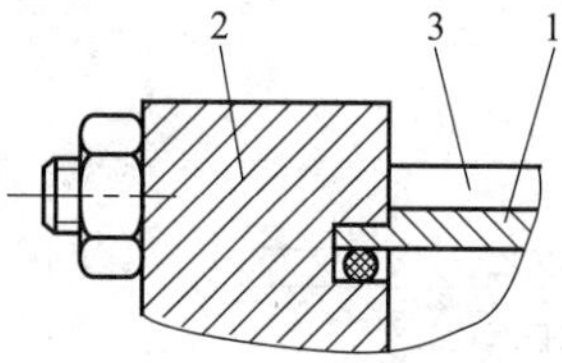	零件通用性大，缸筒加工简便，装拆方便，应用较广，重量以及外形尺寸较大
法兰	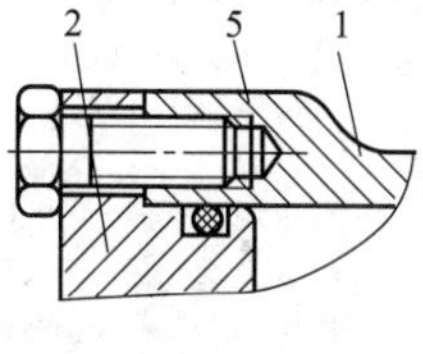 图(a) 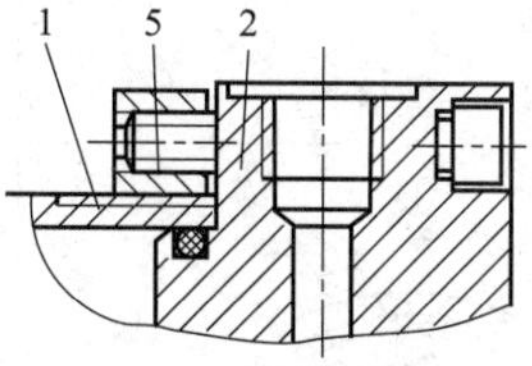 图(b) 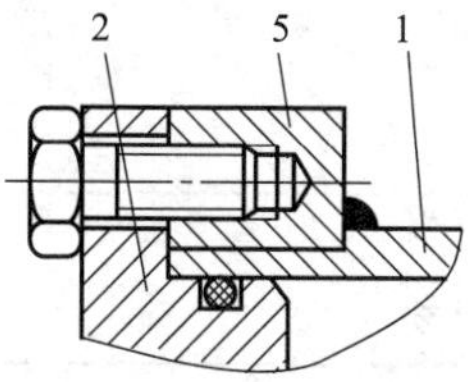 图(c) 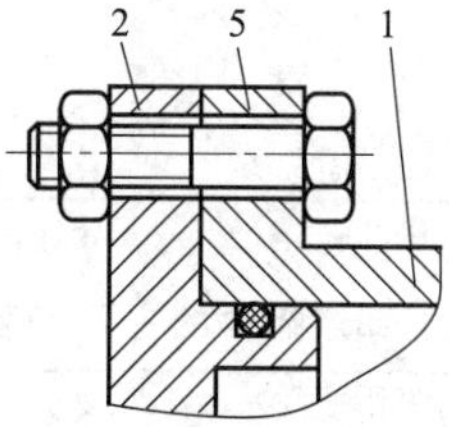 图(d)	法兰盘与缸筒有焊接[图(c)]和螺纹[图(b)]连接或整体的铸、锻件[图(a)、图(d)]。结构较简单；易加工、易装拆。整体的铸、锻件其重量及外形尺寸较大，且加工复杂
焊接	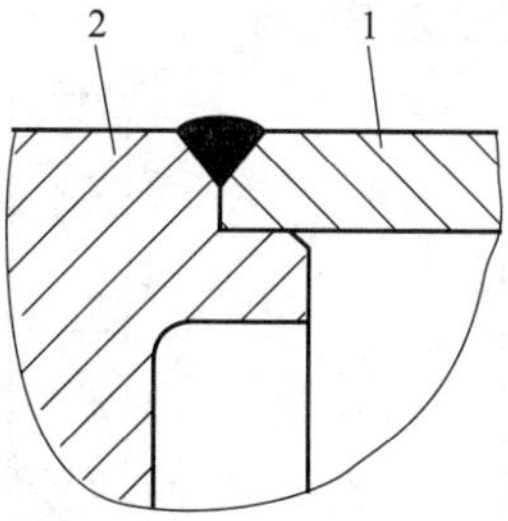	结构简单，外形尺寸小。焊后易变形；清洗、装拆有一些困难
外螺纹	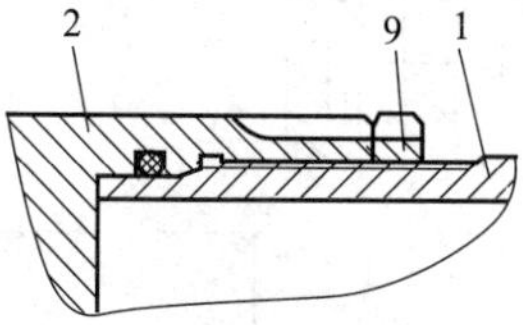 图(a) 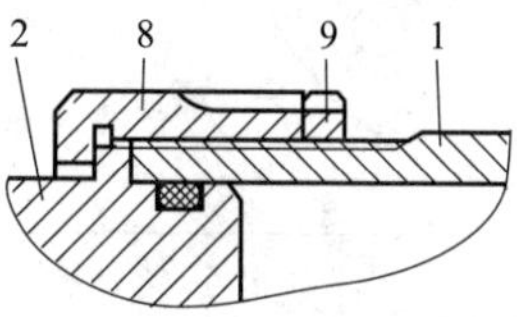 图(b)	重量和外形尺寸、外螺纹结构较内螺纹大。装拆时需专用工具，缸径大时装拆比较费劲 为了防止装拆时扭伤密封件和改善同轴度，前端盖可设计成分体结构，如图(b)所示。图(a)为整体结构
内螺纹	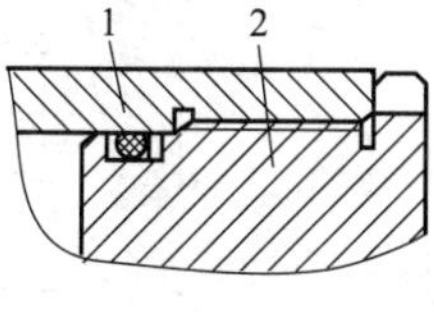 图(a) 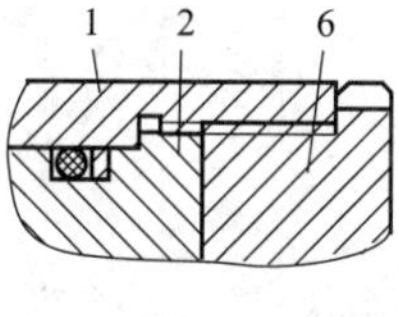 图(b)	

续表

连接形式	结构简图	特点
外卡环	2 7 4 1 图(a)　2 7 4 1 图(b)	外形尺寸较大；缸筒外表面需加工；卡环槽削弱了缸筒壁厚，相应地需加厚。装拆比较简单。图(a)为普通螺钉，图(b)为内六方螺钉
内卡环	2 4 1 图(a)　4 1 2 图(b)	结构紧凑，外形尺寸较小。卡环槽削弱了缸筒壁厚，相应地需加厚。装拆时，密封件易被擦伤。为防止端盖移动，图(a)用隔套、挡圈；图(b)用螺钉连接，但增加了径向尺寸
钢丝挡圈	2 10 1 图(a)　图(b)	结构简单，外形尺寸小。工作压力和缸径都不能太大 一般用 $\phi3.5\sim6$mm 弹簧钢丝，装卸钢丝挡圈时，需转动前端盖

注：1—缸筒；2—端盖；3—拉杆；4—卡环；5—法兰；6—盖；7—套环；8—螺套；9—锁紧螺母；10—钢丝挡圈。

表 20-8-17　活塞缸盖端部连接件的主要安装尺寸

杆端用圆形法兰安装尺寸

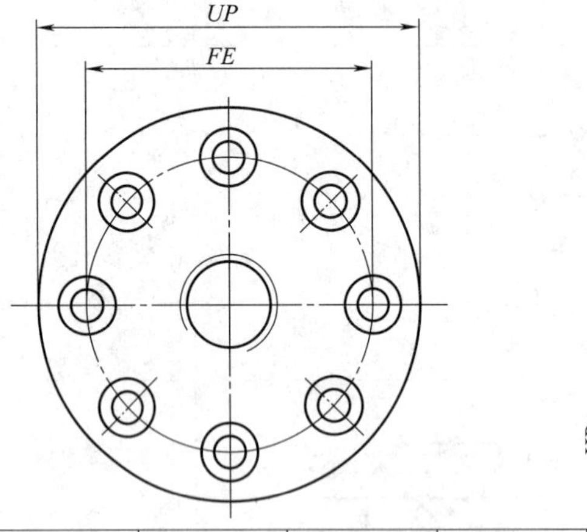

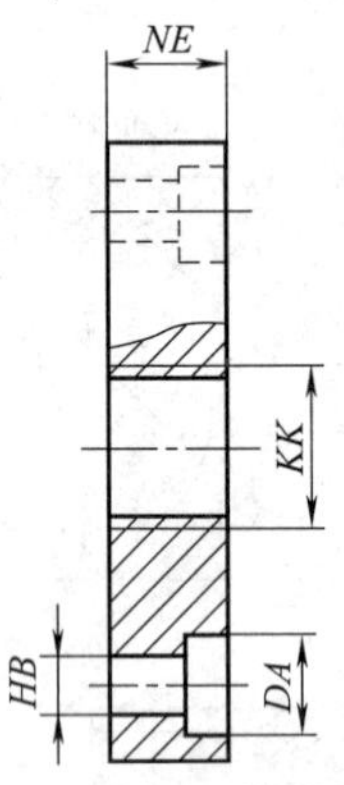

型号	公称力/N	KK/mm	FE(js13)/mm	螺孔数	HB(H13)/mm	NE(h13)/mm	UP 最大值/mm	DA(H13)/mm
12	8000	M12×1.25	40	4	6.6	17	56	11
16	12500	M14×1.5	45	4	9	19	63	14.5
20	20000	M16×1.5	54	6	9	23	72	14.5
25	32000	M20×1.5	63	6	9	29	82	14.5
32	50000	M27×2	78	9	11	37	100	17.5
40	80000	M33×2	95	8	13.5	46	120	20
50	125000	M42×2	120	8	17.5	57	150	26
63	200000	M48×2	150	8	22	64	190	33
80	320000	M64×3	180	8	26	86	230	39

续表

A 型单耳环支座(ISO 8132—2014)

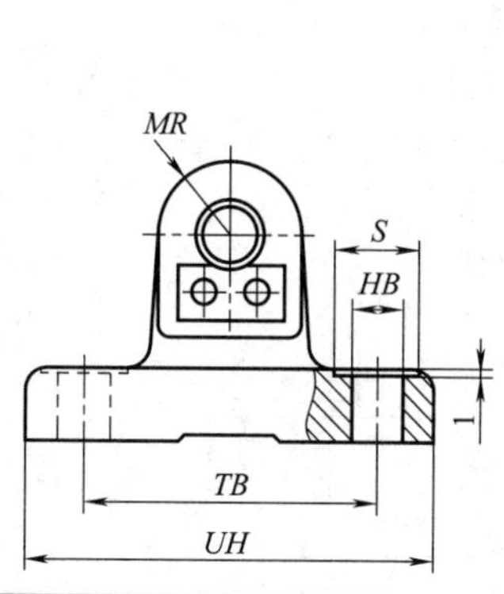

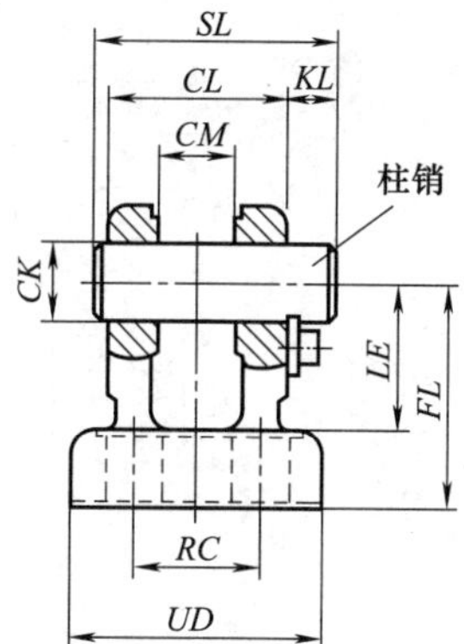

型号	公称力 /N	CK (H9) /mm	CL (h16) /mm	CM (A12) /mm	FL (js12) /mm	HB (H13) /mm	S /mm	SL /mm	KL /mm	LE 最小值 /mm	MR 最大值 /mm	RC (js14) /mm	TB (js14) /mm	UD 最大值 /mm	UH 最大值 /mm
12	8000	12	28	12	34	9	15	38	8	22	12	20	50	40	70
16	12500	16	36	16	40	11	18	46	8	27	16	26	65	50	90
20	20000	20	45	20	45	11	18	57	10	30	20	32	75	58	98
25	32000	25	56	25	55	13.5	20	68	10	37	25	40	85	70	113
32	50000	32	70	32	65	17.5	26	86	13	43	32	50	110	85	143
40	80000	40	90	40	76	22	33	109	16	52	40	65	130	108	170
50	125000	50	110	50	95	26	40	132	19	65	50	80	170	130	220
63	200000	63	140	63	112	33	48	165	20	75	63	100	210	160	270
80	320000	80	170	80	140	39	57	200	26	95	80	125	250	210	320

双耳环支座尺寸(ISO 8133—2014)

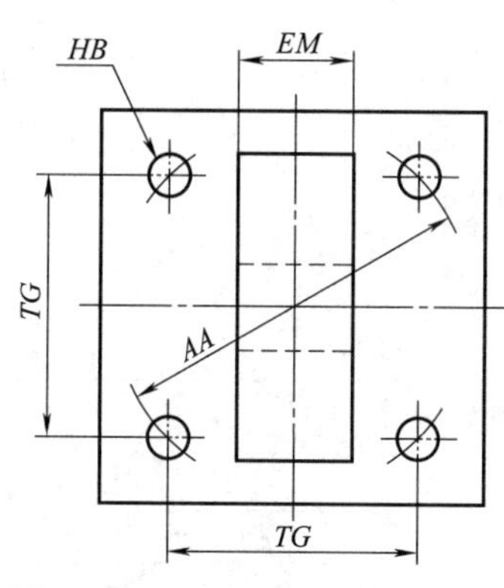

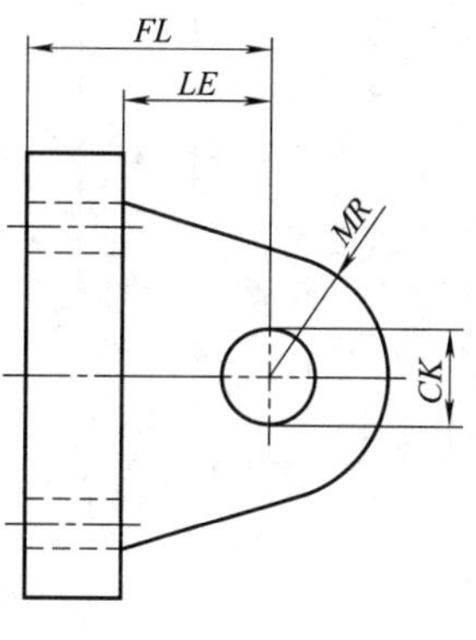

型号	缸筒内径 /mm	公称力 /N	CK(H9) /mm	EM(h13) /mm	FL(js14) /mm	MR 最大值 /mm	LE 最小值 /mm	AA (参考值) /mm	HB (H13) /mm	TG (js14) /mm
10	25	8000	10	12	23	12	13	40	5.5	28.3
12	32	12500	12	16	29	17	19	47	6.6	33.3
16	40	20000	14	20	29	17	19	59	9	41.7
20	50	32000	20	30	48	29	32	74	13.5	52.3
25	63	50000	20	30	48	29	32	91	13.5	64.3
30	80	80000	28	40	59	34	39	117	17.5	82.7
40	100	125000	36	50	79	50	54	137	17.5	96.9
50	125	200000	45	60	87	53	57	178	24	125.9
60	160	320000	56	70	103	59	63	219	30	154.9
80	200	500000	70	80	132	78	82	269	33	190.2

续表

耳轴支座安装尺寸(ISO 8132—2014)

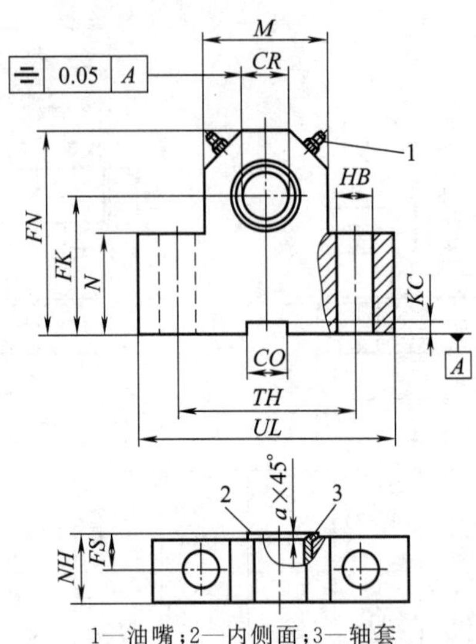

1—油嘴;2—内侧面;3—轴套

型号	公称力/N	CR (H7) /mm	FK (js12) /mm	FN 最大值 /mm	HB (H13) /mm	NH 最大值 /mm	TH (js14) /mm	UL 最大值 /mm	CO (N9) /mm	KC /mm	KC 上偏差 /mm	KC 下偏差 /mm	FS (js14) /mm	M /mm	N /mm	a /mm
12	8000	12	34	50	9	17	40	63	10	3.3	+0.3	0	8	25	25	1
16	12500	16	40	60	11	21	50	80	16	4.3	+0.3	0	10	30	30	1
20	20000	20	45	70	11	21	60	90	16	4.3	+0.3	0	10	40	38	1.5
25	32000	25	55	80	13.5	26	80	110	25	5.4	+0.3	0	12	56	45	1.5
32	50000	32	65	100	17.5	33	110	150	25	5.4	+0.3	0	15	70	52	2
40	80000	40	76	120	22	41	125	170	36	8.4	+0.3	0	16	88	60	2.5
50	125000	50	95	140	26	51	160	210	36	8.4	+0.3	0	20	100	75	2.5
63	200000	63	112	180	33	61	200	265	50	11.4	+0.3	0	25	130	85	3
80	320000	80	140	220	39	81	250	325	50	11.4	+0.3	0	31	160	112	3.5

B型单耳环支座(ISO 8132—2014)

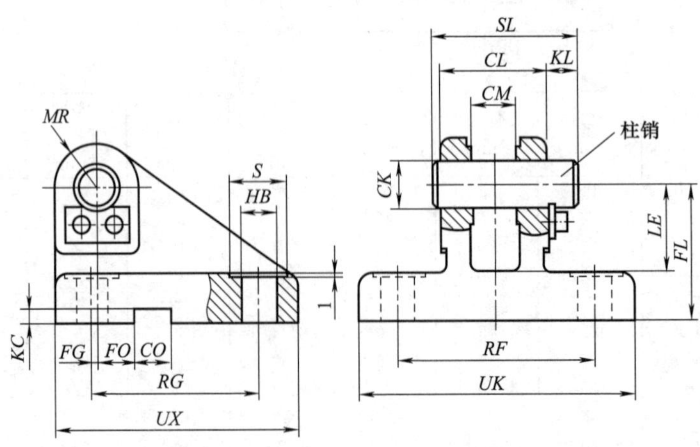

续表

型号	公称力/N	*CK* (H9) /mm	*CL* (h16) /mm	*SL* /mm	*KL* /mm	*CM* (A12) /mm	*FL* (js12) /mm	*HB* (H13) /mm	*S* /mm	*CO* (N9) /mm	*LE* 最小值 /mm	*MR* 最大值 /mm	*RG* (js14) /mm	*RF* (js14) /mm	*UX* (max) /mm	*UK* (max) /mm	*FG* (js14) /mm	*KC* /mm	*KC* 上偏差 /mm	*KC* 下偏差 /mm	*FO* (js14) /mm
12	8000	12	28	38	8	12	34	9	15	10	22	12	45	52	65	72	2	3.3	+0.3	0	10
16	12500	16	36	46	8	16	40	11	18	16	27	16	55	65	80	90	3.5	4.3	+0.3	0	10
20	20000	20	45	57	10	20	45	11	18	16	30	20	70	75	95	100	7.5	4.3	+0.3	0	10
25	32000	25	56	68	10	25	55	13.5	20	25	37	25	85	90	115	120	10	5.4	+0.3	0	10
32	50000	32	70	86	13	32	65	17.5	26	25	43	32	110	110	145	145	14.5	5.4	+0.3	0	6
40	80000	40	90	109	16	40	76	22	33	36	52	40	125	140	170	185	17.5	8.4	+0.3	0	6
50	125000	50	110	132	19	50	95	26	40	36	65	50	150	165	200	215	25	8.4	+0.3	0	—
63	200000	63	140	165	20	63	112	33	48	50	75	63	170	210	230	270	33	11.4	+0.3	0	—
80	320000	80	170	200	26	80	140	39	57	50	95	80	210	250	280	320	45	11.4	+0.3	0	—

单耳环(带球铰轴套)支座(ISO 8133—2014)

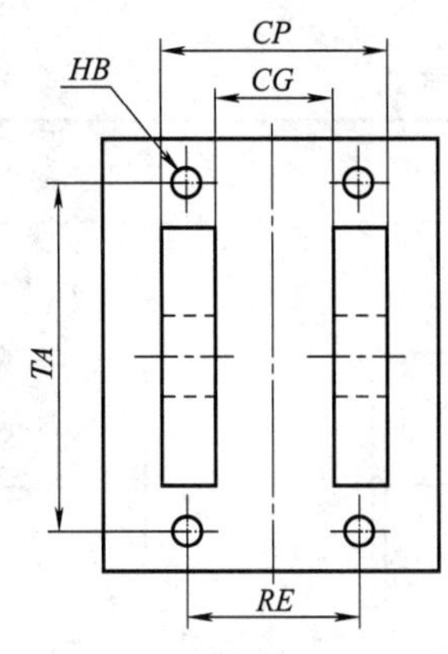

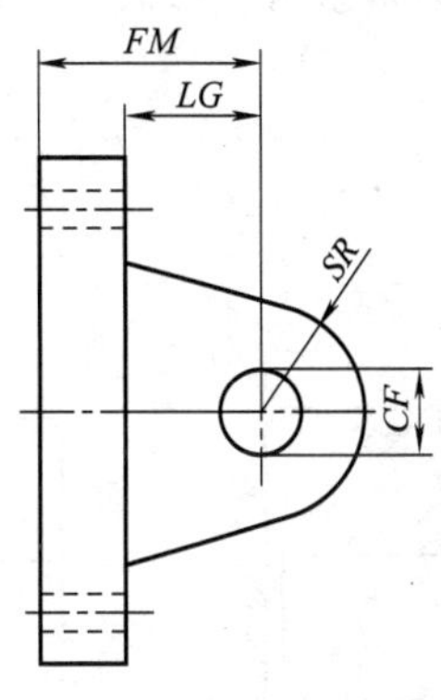

型号	缸筒内直径 /mm	公称力 /N	*CF* (H9) /mm	*CG* (A16) /mm	*FM* (js14) /mm	*SR* 最大值 /mm	*HB* (H13) /mm	*LG* 最小值 /mm	*RE* (js14) /mm	*TA* (js14) /mm	*CP* 最大值 /mm
10	25	8000	10	11	33	11	5.5	23	17	59	25
12	32	12500	12	12	36	17	6.6	26	20	65	30
16	40	20000	16	16	42	20	9	32	25	84	38
20	50	32000	20	18	51	29	13.5	35	33	106	50
25	63	50000	25	22	64	33	13.5	48	37	130	54
30	80	80000	30	24	72	36	17.5	52	44	137	67
40	100	125000	40	30	104	54	17.5	79	55	191	83
50	125	200000	50	38	123	58	24	93	68	234	101
60	160	320000	60	47	144	59	30	104	82	288	120
80	200	500000	80	58	182	78	33	132	98	366	141

第20篇

8.4.3 活塞

8.4.3.1 活塞材料及尺寸和公差

表 20-8-18 活塞材料及尺寸和公差

项目		说明
材料	无导向环的活塞	用高强度铸铁 HT200～HT300 或球墨铸铁
	有导向环活塞	用优质碳素钢 20 钢、35 钢及 45 钢，也有 40Cr，有的外径套尼龙(PA)或聚四氟乙烯 PTFE＋玻璃纤维或聚三氟氯乙烯材料制成的支撑环。装配式活塞外环可用锡青铜。还有用铝合金作为活塞材料。无特殊情况一般不要热处理
尺寸和公差		活塞宽度一般为活塞外径的 0.6～1.0 倍，但也要根据密封件的形式、数量和导向环的沟槽尺寸而定。有时，可以结合中隔圈的布置确定活塞的宽度 活塞的外径基本偏差一般采用 f、g、h 等，橡胶密封活塞公差等级可选用 7、8、9 级，活塞环密封时采用 6、7 级，间隙密封时可采用 6 级，皮革密封时采用 8、9、10 级，缸筒与活塞一般采用基孔制的间隙配合。活塞采用橡胶密封件时，缸筒内孔可采用 H8、H9 公差等级，与活塞组成 H8/f7、H8/f8、H8/g8 、H8/h7、H8/h8、H9/g8 、H9/h8、H9/h9 的间隙配合。活塞内孔的公差等级一般取 H7，与活塞杆轴径组成 H7/g6 的过渡配合。外径对内孔的同轴度公差不大于 0.02mm，端面与轴线的垂直度公差不大于 0.04mm/10mm，外表面的圆度和圆柱度一般不大于外径公差之半，表面粗糙度视结构形式不同而异。一般活塞外径、内孔的表面粗糙度可取 $Ra=0.4\sim0.8\mu m$

8.4.3.2 常用的活塞结构形式

表 20-8-19 常用的活塞结构形式

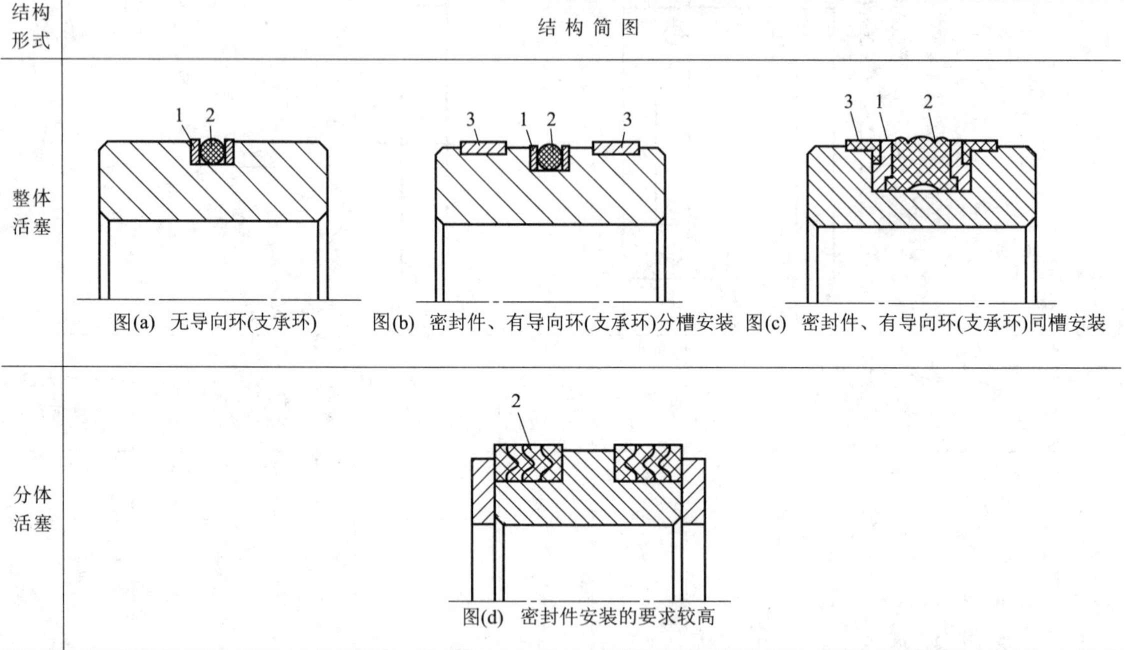

结构形式	结构简图
整体活塞	图(a) 无导向环(支承环)　图(b) 密封件、有导向环(支承环)分槽安装　图(c) 密封件、有导向环(支承环)同槽安装
分体活塞	图(d) 密封件安装的要求较高

注：1—挡圈；2—密封件；3—导向环（支承环）。

8.4.3.3 活塞的密封

密封装置主要用来防止液压油的泄漏。对密封装置的基本要求是具有良好的密封性能，并随压力的增加能自动提高密封性，除此以外，摩擦阻力要小，耐油，抗腐蚀，耐磨，寿命长，制造简单，拆装方便。液压缸主要采用密封圈密封，常用的密封圈有 O 形、V 形、Y 形及组合式等数种，其材料为耐油橡胶、尼龙、聚氨酯等。活塞密封的结构及原理见表 20-8-20，常见的活塞和活塞杆的密封件见表 20-8-21。

表 20-8-20 **活塞密封的结构及原理**

形式	结构	原理
O 形密封圈	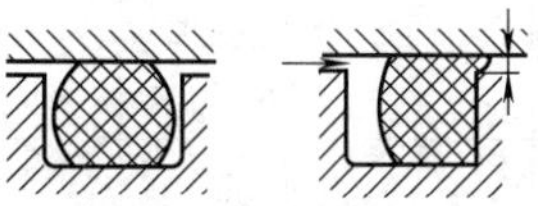 (ⅰ) 普通型 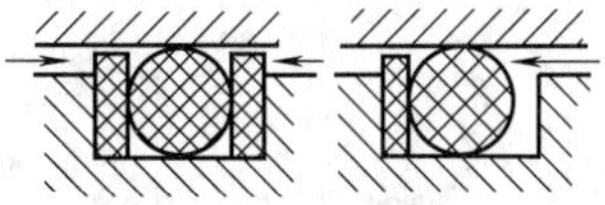 (ⅱ) 有挡圈型 图(a) O形密封圈	O 形密封圈(简称 O 形圈)的截面为圆形,主要用于静密封。O 形密封圈安装方便,价格便宜,可在 −40～120℃的温度范围内工作,但与唇形密封圈相比,运动阻力较大,做运动密封时容易产生扭转,故一般不单独用于液压缸运动密封(可与其他密封件组合使用) O 形圈密封的原理如图(a)中(ⅰ)所示,O 形圈装入密封槽后,其截面受到压缩后变形。在无液压力时,靠 O 形圈的弹性对接触面产生预接触压力,实现初始密封,当密封腔充入压力油后,在液压力的作用下,O 形圈挤向槽一侧,密封面上的接触压力上升,提高了密封效果。任何形状的密封圈在安装时,必须保证适当的预压缩量,过小不能密封,过大则摩擦力增大,且易于损坏,因此,安装密封圈的沟槽尺寸和表面精度必须按有关手册给出的数据严格保证。在动密封中,当压力大于 10MPa 时,O 形圈就会被挤入间隙中而损坏,为此需在 O 形圈低压侧设置聚四氟乙烯或尼龙制成的挡圈,其厚度为 1.25～2.5mm,双向受高压时,两侧都要加挡圈,其结构如图(a)中(ⅱ)所示
V 形密封圈	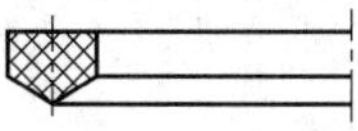 (ⅰ) 压环 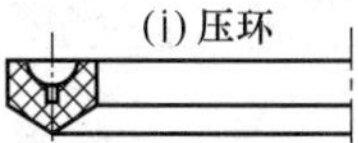 (ⅱ) V形圈 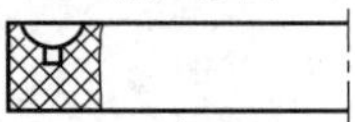 (ⅲ) 支承环 图(b) V形密封圈	V 形圈的截面为 V 形,如图(b)所示,V 形密封装置由压环、V 形圈和支承环组成。当工作压力高于 10MPa 时,可增加 V 形圈的数量,提高密封效果。安装时,V 形圈的开口应面向压力高的一侧 V 形圈密封性能良好,耐高压,寿命长,通过调节压紧力,可获得最佳的密封效果,但 V 形密封装置的摩擦阻力及结构尺寸较大,主要用于活塞杆的往复运动密封,它适宜在工作压力为 $p>50$MPa、温度 −40～80℃的条件下工作
Y(Y_x)形密封圈	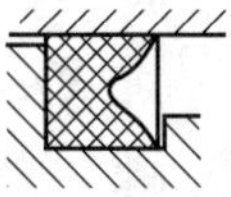 (ⅰ) Y形圈 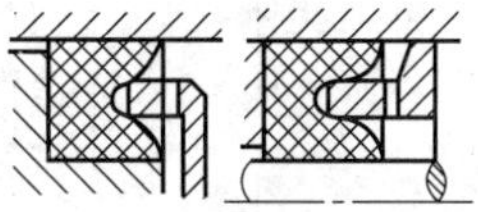 (ⅱ) 带支承环的Y形圈 图(c) Y形密封圈	Y 形密封圈的截面为 Y 形,属唇形密封圈。它是一种密封性、稳定性和耐压性较好、摩擦阻力小、寿命较长的密封圈,故应用也很普遍。Y 形圈主要用于往复运动的密封,根据截面长宽比例的不同,Y 形圈可分为宽断面和窄断面两种形式,图(c)所示为宽断面 Y 形密封圈 Y 形圈的密封作用依赖于它的唇边对接合面的紧密接触,并在压力油作用下产生较大的接触压力,达到密封目的。当液压力升高时,唇边与接合面贴得更紧,接触压力更高,密封性能更好 Y 形圈安装时,唇口端面应对着液压力高的一侧,当压力变化较大,滑动速度较高时,要使用支承环,以固定密封圈,如图(c)中(ⅱ)所示 宽断面 Y 形圈一般适用于工作压力 $p<20$MPa 的场合;窄断面 Y 形圈一般适用于在工作压力 $p<32$MPa 下工作

表 20-8-21 **活塞和活塞杆的密封件**

名称	密封部位		密封作用	截面形状	直径范围 /mm	工作范围			特点
	活塞杆	活塞				压力 /MPa	温度 /℃	速度 /m·s^{-1}	
O 形密封圈加挡圈	密封	密封	单 双	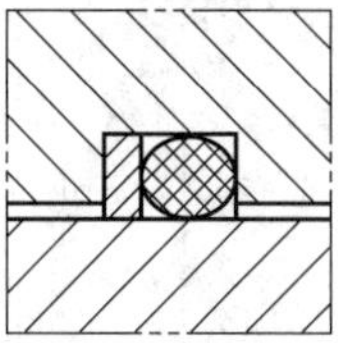 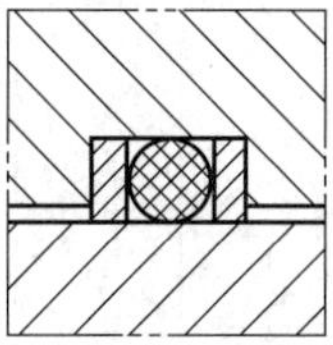	—	≤40	−30～110	≤0.5	O 形圈加挡圈,以防 O 形圈被挤入间隙中

续表

名称	密封部位		密封作用	截面形状	直径范围/mm	工作范围			特点
	活塞杆	活塞				压力/MPa	温度/℃	速度/$m \cdot s^{-1}$	
O 形密封圈加弧形挡圈	密封	密封	单		—	≤250	−60～200	≤0.5	挡圈的一侧加工成弧形，以更好地和 O 形圈相适应，且在很高的脉动压力作用下保持其形状不变
			双						
特康双三角密封圈	密封	密封	双		4～250	≤35	−54～200	≤15	安装沟槽与 O 形圈相同，有良好的摩擦特性，无爬行启动，具有优异的干运行性能
星形密封圈加挡圈	密封	密封	单		—	≤80	−60～200	≤0.5	星形密封圈有四个唇口，在往复运动时，不会扭曲，比 O 形密封圈具有更有效的密封性以及更低的摩擦
			双						
T 形特康格来圈	密封	密封	双		8～250	≤80	−54～200	≤15	格来圈截面形状改善了泄漏控制且具有更好的抗挤出性。摩擦力小，无爬行，启动力小以及耐磨性好
特康 AQ 圈	不密封	密封	双		16～700	≤40	−54～200	≤2	由 O 形圈和星形圈，另加一个特康滑块组成。以 O 形圈为弹性元件，用于两种介质间，例如液/气分割的双作用密封
5 形特康 AQ 封	不密封	密封	双		40～700	≤60	−54～200	≤3	与特康 AQ 密封不同处在于：用两个 O 形圈作弹性元件，改善了密封性能

续表

名称	密封部位		密封作用	截面形状	直径范围/mm	工作范围			特点
	活塞杆	活塞				压力/MPa	温度/℃	速度/m·s^{-1}	
K形特康斯特封	密封	密封	单	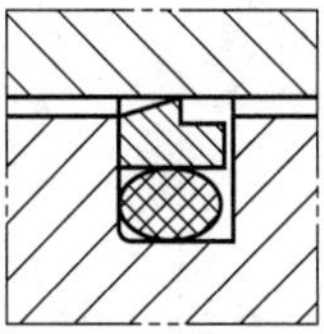	8～250	≤80	-54～200	≤15	以O形密封圈为弹性元件，另加特康斯特封组成单作用密封，摩擦力小，无爬行，启动力小且耐磨性好
佐康威士密封圈	不密封	密封	双	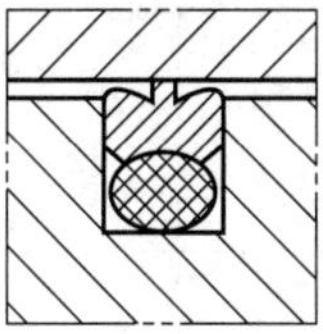	16～250	≤25	-35～80	≤0.8	以O形密封圈为弹性元件，另加佐康威士圈组成双作用密封。密封效果好，抗扯裂及耐磨性好
佐康雷姆封	密封	不密封	单		8～150	≤25	-30～100	≤5	它的截面形状使它具有和K形特康斯特封极为相似的压力特性，因而有良好的密封效果。它主要与K形特康斯特封串联使用
D-A-S组合密封圈	不密封	密封	双	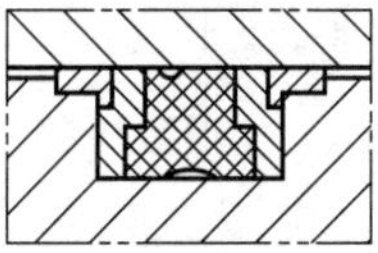	20～250	≤35	-30～110	≤0.5	由一个弹性齿状密封圈，两个挡圈和两个导向环组成。安装在一个沟槽内
CST特康密封圈	不密封	密封	双	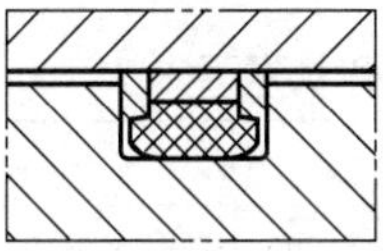	50～320	≤50	-54～120	≤1.5	由T形弹性元件、特康密封圈和两个挡圈组成。安装在一个沟槽内，它的几何形状使其具有全面的稳定性，高密封性能，低摩擦力和使用寿命长
U形密封圈	密封	不密封	单	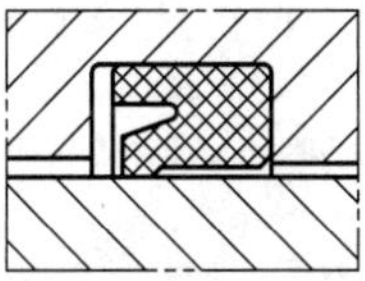	6～185	≤40	-30～110	≤0.5	由单唇和双唇两种截面形状，材料为聚氨酯。双唇间形成的油膜，降低摩擦力及提高耐磨性
			单	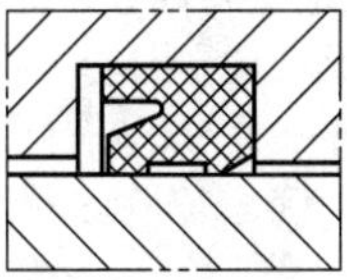					

续表

名称	密封部位		密封作用	截面形状	直径范围 /mm	工作范围			特点
	活塞杆	活塞				压力 /MPa	温度 /℃	速度 /m·s⁻¹	
M2型特康泛塞密封	密封	密封	单	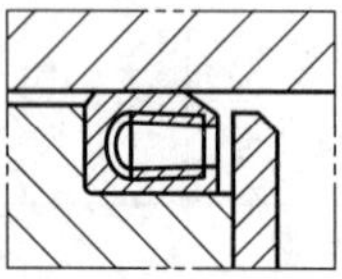	6～250	≤45	-70～260	≤15	U形特康密封圈内装不锈钢簧片为单作用密封元件。在低压和零压时，由金属弹簧提供初始密封力，当系统压力升高时，主要密封力由系统压力形成，从而保证由零压到高压时都是可靠密封
W形特康泛塞密封	密封	密封	单	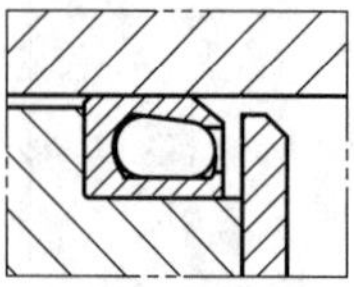	6～250	≤20	-70～230	≤15	U形特康密封圈内装螺旋形簧片为单作用密封元件。用在摩擦力必须保持在很窄的公差范围内，例如压力开关的场合
洁净型特康泛塞密封	不密封	密封	单	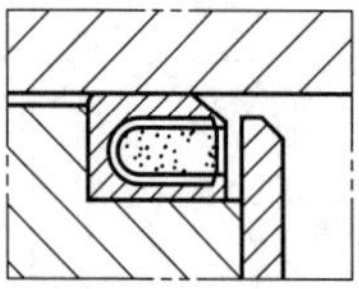	6～250	≤45	-70～260	≤15	U形特康密封圈内装不锈钢簧片，在U形弹簧片的空腔内用硅填充，以消除细菌的生长，且便于清洗。主要用在食品、医药工业

第20篇

8.4.4 活塞杆

表 20-8-22 活塞杆的材料和技术要求

项目	说明
材料	一般用中碳钢(如45钢、40Cr等)，调质处理241～286HB;但对只承受推力的单作用活塞杆和柱塞，则不必进行调质处理。对活塞杆通常要求淬火52～58HRC，淬火深度一般为0.5～1mm，或活塞杆直径每毫米淬深0.03mm。再校直，再磨，再镀镍镀铬，再抛光
技术要求	活塞杆要在导向套中滑动，一般采用H8/h7或H8/h7配合。太紧，摩擦力大;太松，容易引起卡滞现象和单边磨损。其圆柱度和圆度公差大于直径公差之半。安装活塞的轴径与外圆的同轴度公差不大于0.01mm，是为了保证活塞杆外圆与活塞外圆的同轴度，以避免活塞与缸筒、活塞杆与导向套的卡滞现象。安装活塞的轴肩端面与活塞杆轴线的垂直度公差不大于0.04mm/100mm，以保证活塞安装不产生歪斜 活塞杆的外圆表面粗糙度 Ra 值一般为0.1～0.3μm。太光滑了，表面形成不了油膜，反而不利于润滑。为了提高耐磨性和防锈性，活塞杆表面需进行镀铬处理，镀层厚为0.03～0.05mm，并进行抛光和磨削加工。对于工作条件恶劣、碰撞机会较多的情况，工作表面需先经高频淬火后再镀铬。如果需要耐腐蚀和环境比较恶劣也可加陶瓷。用于低载荷(如低速度、低工作压力)和良好润滑条件时，可不作表面处理 活塞杆内端的卡环槽、螺纹和缓冲柱塞也要保证与轴线的同心，特别是缓冲柱塞，最好与活塞杆做成一体。卡环槽取动配合公差，螺纹则取较紧的配合

液压缸活塞杆螺纹尺寸系列、杆用单耳环（带球铰轴套）安装尺寸、杆用单耳环（带关节轴承）安装尺寸、杆用双耳环安装尺寸（ISO 8133）分别见表 20-8-23 和表 20-8-24。

表 20-8-23　　液压缸活塞杆螺纹尺寸系列　　mm

螺纹直径与螺距（$D \times L$）	螺纹长度 L（短型）	螺纹长度 L（长型）	螺纹直径与螺距（$D \times L$）	螺纹长度 L（短型）	螺纹长度 L（长型）
M3×0.35	6	9	M42×2	56	84
M4×0.5	8	12	M48×2	63	96
M5×0.5	10	15	M56×2	75	112
M6×0.75	12	16	M64×3	85	128
M8×1	12	20	M72×3	85	128
M10×1.25	14	22	M80×3	95	140
M12×1.25	16	24	M90×3	106	140
M14×1.5	18	28	M100×3	112	—
M16×1.5	22	32	M110×3	112	—
M18×1.5	25	36	M125×4	125	—
M20×1.5	28	40	M140×4	140	—
M22×1.5	30	44	M160×4	160	—
M24×2	32	48	M180×4	180	—
M27×2	36	54	M200×4	200	—
M30×2	40	60	M220×4	220	—
M33×2	45	66	M250×6	250	—
M36×2	50	72	M280×6	280	—

注：1. 螺纹长度（L）对内螺纹是指最小尺寸，对外螺纹是指最大尺寸。
2. 当需要用锁紧螺母时，采用长型螺纹长度。

表 20-8-24　　杆用耳环安装尺寸

杆用单耳环(带球铰轴套)安装尺寸

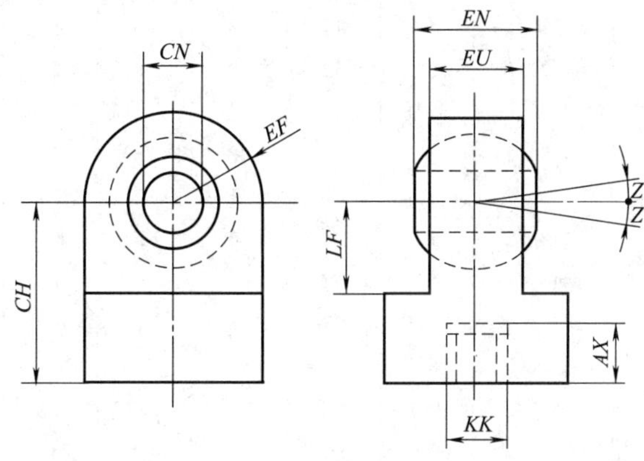

注:动态作用力为依据球铰最佳使用寿命而定的动态最大推荐负载

第20篇

续表

型号	公称力/N	动态作用力/N	KK /mm	CN /mm	CN 上偏差/μm	CN 下偏差/μm	EN /mm	EN 上偏差/μm	EN 下偏差/μm	EF 最大值/mm	CH (is13)	AX 最小值	LF 最小值	EU (h13) /mm	最大摆角 Z
10	8000	8000	M10×1.25	10	0	−8	9	0	−120	20	37	14	13	6	4°
12	12500	10800	M10×1.25	12	0	−8	10	0	−120	23	45	16	19	7	4°
16	20000	20000	M14×1.5	16	0	−8	14	0	−120	29	50	18	22	10	4°
20	32000	30000	M16×1.5	20	0	−10	16	0	−120	32	67	22	31	12	4°
25	50000	48000	M20×1.5	25	0	−10	20	0	−120	45	77	28	35	18	4°
30	80000	62000	M27×2	30	0	−10	22	0	−120	48	92	36	40	16	4°
40	125000	100000	M33×2	40	0	−12	28	0	−120	74	120	45	57	22	4°
50	200000	156000	M42×2	50	0	−12	35	0	−120	86	135	56	61	28	4°
60	320000	245000	M48×2	60	0	−15	44	0	−150	94	145	61	62	36	4°
80	500000	400000	M64×3	80	0	−15	55	0	−150	120	190	85	82	45	4°

杆用单耳环(带关节轴承)安装尺寸(ISO 8133—2014)

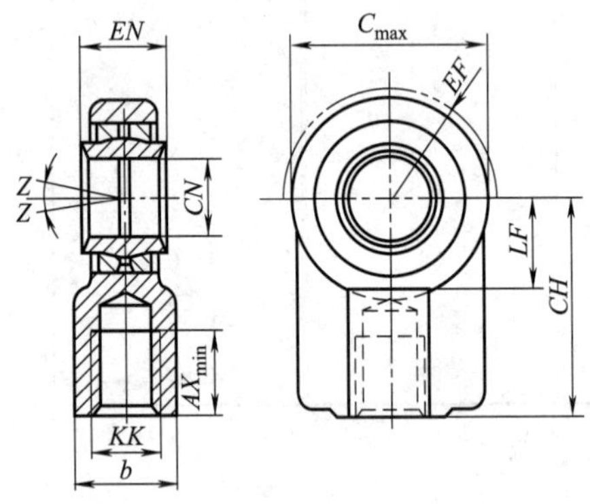

型号	公称力/N	CN (H7) /mm	EN (h12) /mm	KK /mm	AX_{min} /mm	CH /mm	LF /mm	C_{max}	EF /mm	b /mm	最大摆角 Z
12	8000	12	12	M12×1.25	17	38	14	32	16	16	4°
16	12500	16	16	M14×1.5	19	44	18	40	20	21	4°
20	20000	20	20	M16×1.5	23	52	22	50	25	25	4°
25	32000	25	25	M20×1.5	29	65	27	62	32	30	4°
32	50000	32	32	M27×2	37	80	32	76	40	38	4°
40	80000	40	40	M33×2	46	97	41	97	50	47	4°
50	125000	50	50	M42×2	57	120	50	118	63	58	4°
63	200000	63	63	M48×2	64	140	62	142	71	70	4°
80	320000	80	80	M64×2	86	180	78	180	90	90	4°
100	500000	100	100	M80×3	96	210	98	224	112	110	4°
125	800000	125	125	M100×3	113	260	120	290	160	135	4°
160	1250000	160	160	M125×4	126	310	150	346	200	165	4°
200	2000000	200	200	M160×4	191	390	195	460	250	215	4°
250	3200000	250	250	M200×4	205	530	265	640	320	300	4°
320	5000000	320	320	M250×6	260	640	325	750	375	360	4°

续表

杆用双耳环安装尺寸(ISO 8133)

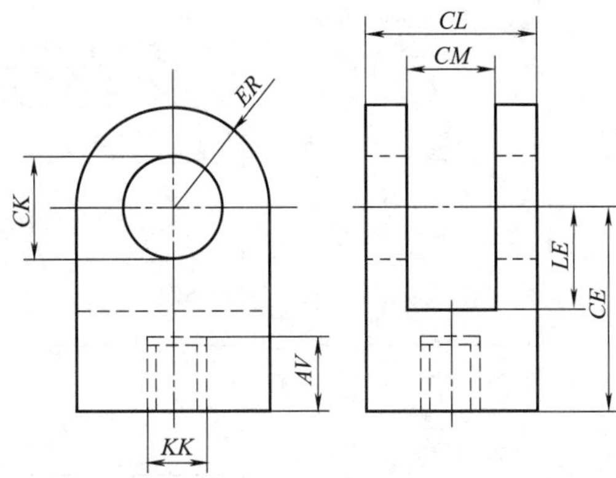

型号	活塞杆直径/mm	缸筒内径/mm	公称力/N	KK/mm	CK(H9)/mm	CM(A16)/mm	ER 最大值/mm	CE(js13)/mm	AV 最小值/mm	LE 最小值/mm	CL 最大值/mm
10	12	25	8000	M10×1.25	10	12	12	32	14	13	26
12	14	32	12500	M12×1.25	12	16	17	36	16	19	34
16	18	40	20000	M14×1.5	14	20	17	38	18	19	42
20	22	50	32000	M16×1.5	20	30	29	54	22	32	62
25	28	63	50000	M20×1.5	20	30	29	60	28	32	62
30	36	80	80000	M27×2	28	40	34	75	36	39	83
40	45	100	125000	M33×2	36	50	50	99	45	54	103
50	56	125	200000	M42×2	45	60	53	113	56	57	123
60	70	160	320000	M48×2	56	70	59	126	63	63	143
70	90	200	500000	M64×3	70	80	78	168	85	83	163

8.4.5 活塞杆的导向、密封和防尘

活塞杆导向套装在液压缸的有杆侧端盖内，用以对活塞杆进行导向，内装有密封装置以保证缸筒有杆腔的密封。外侧装有防尘圈，以防止活塞杆在后退时把杂质、灰尘和水分带到密封装置处，损坏密封装置。当导向套采用耐磨材料时，其内圈还可装设导向环，用作活塞杆的导向。导向套的典型结构有轴套式和端盖式两种。

8.4.5.1 导向套的材料和技术要求

导向套的材料和技术要求见表 20-8-25，典型结构形式见表 20-8-26。

表 20-8-25 导向套的材料和技术要求

项目	说明
材料	金属导向套一般采用摩擦因数小、耐磨性好的青铜材料制作。非金属导向套可以用塑料(PA)、聚四氟乙烯(PTFE+玻璃纤维)或聚三氟氯乙烯制作。端盖式直接导向型的导向套材料用灰铸铁、球墨铸铁、氧化铸铁等
技术要求	导向套外圆与端盖内孔的配合多为 H8/f7，内孔与活塞杆外圆的配合多为 H9/f9，外圆与内孔的同轴度公差不大于 0.03mm，圆度和圆柱度公差不大于直径公差之半，内孔中的环形油槽和直油槽要浅而宽，以保证良好的润滑

表 20-8-26　　**导向套典型结构形式**

类别	结构	特点	类别	结构	特点
端盖式	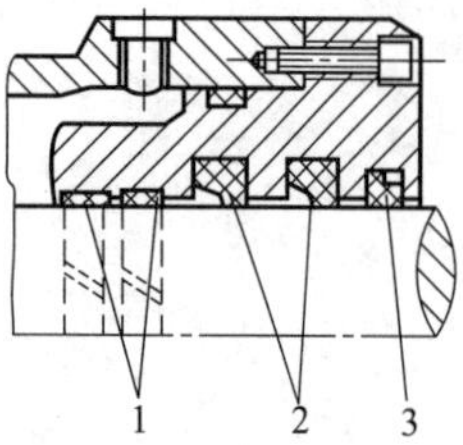 1—非金属材料导向套；2—组合密封；3—防尘圈	①前端盖采用球墨铸铁或青铜制成。其内孔对活塞杆导向 ②成本高 ③适用于低压、低速、小行程液压缸	轴套式	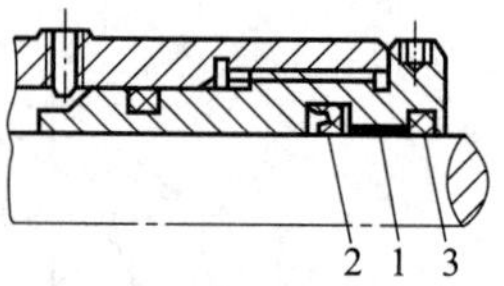 1—非金属材料导向套；2—车氏组合密封；3—防尘圈	①该种导向套摩擦阻力大，一般采用青铜材料制作 ②应用于重载低速的液压缸中
端盖式加导向环	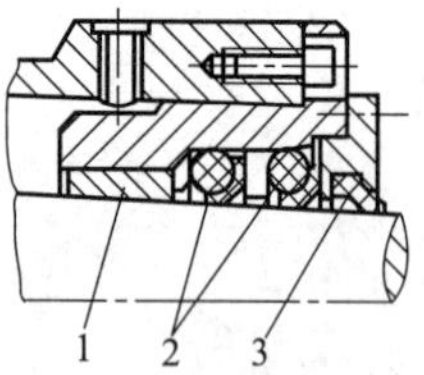 1—非金属材料导向套；2—组合式密封；3—防尘圈	①非金属材料制成的导向环，价格便宜，更换方便，摩擦力小，低速启动不爬行 ②多应用于工程机械且行程较长的液压缸		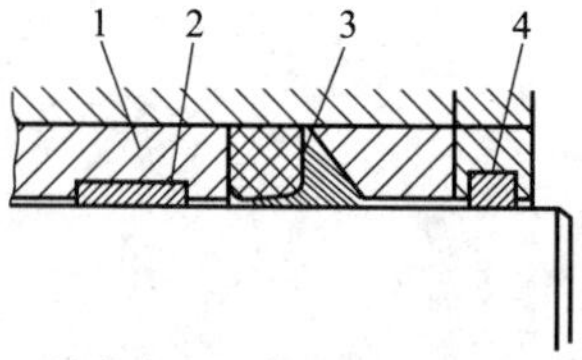 1—导向套；2—非金属材料导向套；3—车氏组合密封；4—防尘圈	①导向环的使用降低了导向套加工的成本 ②这种结构增加了活塞杆的稳定性，但也增加了长度 ③应用于有侧向负载且行程较长的液压缸中

8.4.5.2　活塞杆的密封

活塞和活塞杆的密封件见表 20-8-21，车氏活塞杆（轴）用密封件表和车氏活塞（孔）用密封件见表 20-8-27 和表 20-8-28。

表 20-8-27　　**车氏活塞杆（轴）用密封件**

型号意义	结构示意图	轴颈直径/mm	压力/MPa	温度/℃	速度/m·s^{-1}	介质	配套O形圈标准
TB2-Ⅰ 例：TB2-Ⅰ63×8 脚形滑环式组合密封 轴用密封 轴颈直径d O形圈截面直径d_0	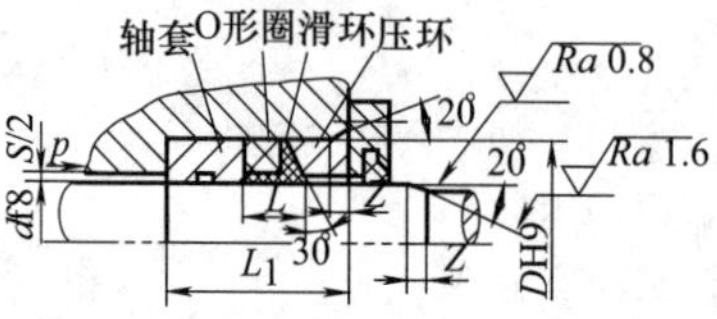 轴套 O形圈 滑环 压环 Ra 0.8 Ra 1.6 20° 30° S/2 P df8 DH9 L L$_1$ Z	10～420	0～100	−55～250	6	空气、氢气、氧气、氮气、水、矿物油、水-乙二醇、酸、碱	非标
TB3-ⅠA 例：TB3-ⅠA63×5.3 齿形滑环式组合密封 轴用密封 O形圈类型 轴颈直径 O形圈截面直径d_0	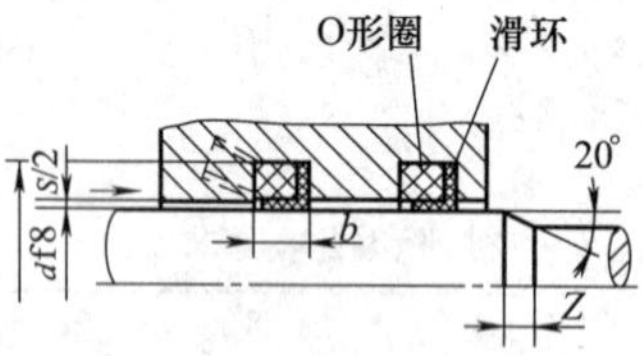 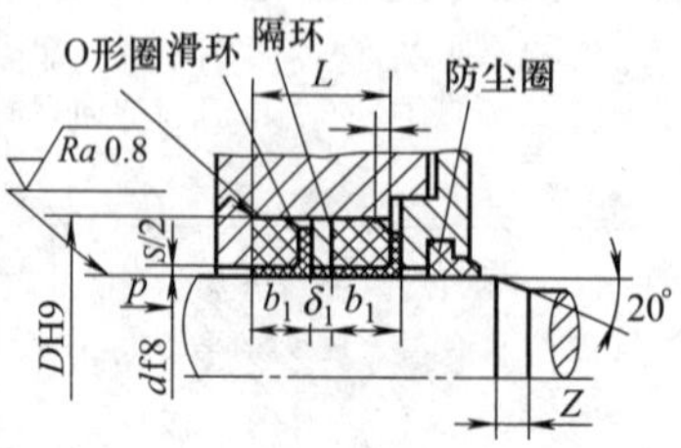 O形圈 滑环 20° S/2 df8 b Z O形圈 滑环 隔环 防尘圈 L Ra 0.8 S/2 P DH9 df8 b_1 δ_1 b_1 20° Z	8～670	0～60	−55～250	6	空气、水、矿物油、水-乙二醇、酸、碱	GB/T 3452.1—2005

续表

型号意义	结构示意图	轴颈直径/mm	压力/MPa	温度/℃	速度/m·s^{-1}	介质	配套O形圈标准
TB4-ⅠA 例： TB4-ⅠA70×5.3 C形滑环式组合密封 轴用密封 O形圈类型 轴颈直径 O形圈截面直径d_0	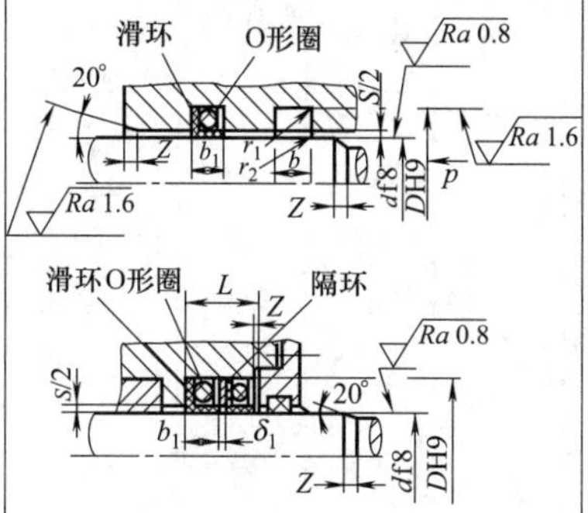	8～670	0～60	−55～250	6	空气、水、矿物油、水-乙二醇、酸、碱、氟利昂	GB 3452.1—2005

表 20-8-28 车氏活塞（孔）用密封件

型号意义	结构示意图	孔径/mm	压力/MPa	温度/℃	速度/m·s^{-1}	介质	配套O形圈标准
TB2-Ⅱ 例： TB2-Ⅱ100×8 角形滑环式组合密封 孔用密封 孔径D O形圈截面直径d_0	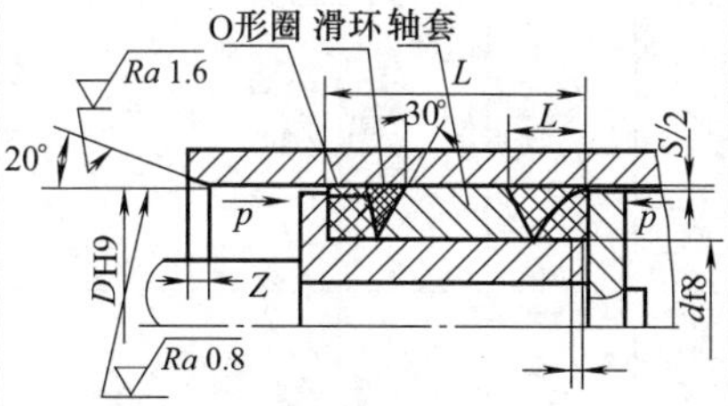	20～500	0～100	−55～250	6	空气、氢气、氧气、氮气、水、矿物油、水-乙二醇、酸、碱	非标
TB3-ⅡA 例： TB3-ⅡA80×5.3 齿形滑环式组合密封 孔用密封 O形圈类型 孔颈直径 O形圈截面直径d_2	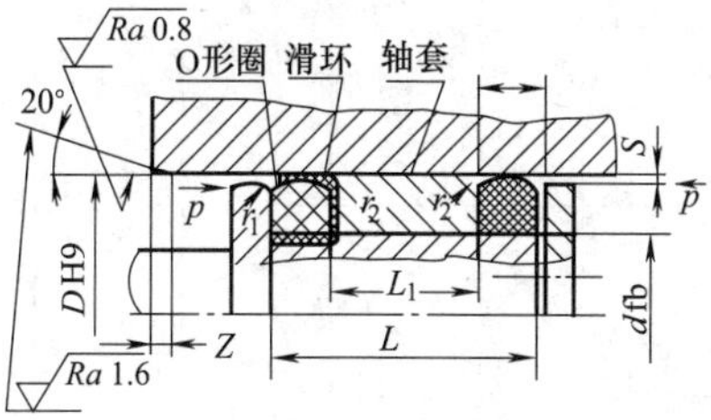	32～500	0～36	−55～250	6	空气、水、矿物油、水-乙二醇、酸、碱	GB 3452.1—2005
TB4-ⅡA 例： TB4-ⅡA80×5.3 C形滑环式组合密封 孔用密封 O形圈类型 孔径D O形圈截面直径d_0	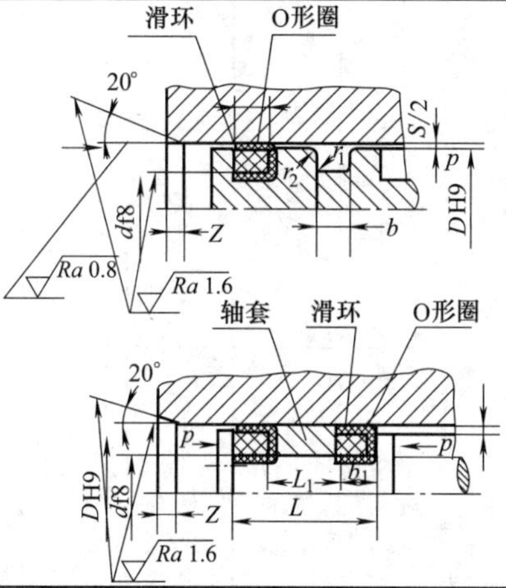	25～690	0～60	−55～250	6	空气、水、矿物油、水-乙二醇、酸、碱、氟利昂	GB 3452.1—2005

8.4.5.3 活塞杆的防尘圈

表 20-8-29 活塞杆的防尘圈

名称	截面形状	作用		直径范围/mm	工作范围		特点
		密封	防尘		温度/℃	速度/m·s^{-1}	
2 型特康防尘圈(埃落特)		√	√	6～1000	−54～200	≤15	以 O 形圈为弹性元件和特康的双唇防尘圈组成。O 形圈使防尘唇紧贴在滑动表面起到极好的刮尘作用。如与 K 形特康斯特封和佐康雷姆封串联使用，双唇防尘圈的密封唇起到了辅助密封效果
5 型特康防尘圈(埃落特)		√	√	20～2500	−54～200	≤15	界面形状与 2 型特康防尘圈稍有所不同。其密封和防尘作用与 2 型相同。2 型用于机床或轻型液压缸，而 5 型主要用于行走机械或中型液压缸
DA17 型防尘圈		√	√	10～440	−30～110	≤1	材料为丁腈橡胶。有密封唇和防尘唇的双作用防尘圈，如与 K 形特康斯特封和佐康雷姆封串联使用，除防尘作用，又起到了辅助密封效果
DA22 型防尘圈		√	√	5～180	−35～+100	≤1	材料为聚氨酯，与 DA17 型防尘圈一样具有密封和防尘的双作用防尘圈
ASW 型防尘圈		×	√	8～125	−35～100	≤1	材料为聚氨酯，有一个防尘唇和一个改善在沟槽中定位的支承边。有良好的耐磨性和抗扯裂性
SA 型防尘圈		×	√	6～270	−30～+100	≤1	材料为丁腈橡胶，带金属骨架的防尘圈
A 型防尘圈		×	√	6～390	−30～110	≤1	材料为丁腈橡胶，在外表面上具有梳子形截面的密封表面，保证了它在沟槽中可靠的定位

续表

名　称	截面形状	作　用		直径范围/mm	工作范围		特　点
		密封	防尘		温度/℃	速度/m·s^{-1}	
金属防尘圈		×	√	12～220	−40～120	≤1	包在钢壳里的单作用防尘圈。由一片极薄的黄铜防尘唇和丁腈橡胶的擦净唇组成。可从杆上除去干燥的或结冰的泥浆、沥青、冰和其他污染物

8.4.6 液压缸的缓冲装置

液压缸拖动沉重的部件做高速运动至行程终端时，往往会发生剧烈的机械碰撞。另外，由于活塞突然停止运动也常常会引起压力管路的水击现象，从而产生很大的冲击和噪声。这种机械冲击的产生，不仅会影响机械设备的工作性能，而且会损坏液压缸及液压系统的其他元件，具有很大的危险性。缓冲器就是为防止或减轻这种冲击振动而在液压缸内部设置的缓冲装置，在一定程度上能起到缓冲的作用，液压缸一般都设置缓冲装置，特别是对大型、高速或要求高的液压缸，为了防止活塞在行程终点时和缸盖相互撞击，引起噪声、冲击，则必须设置缓冲装置。

缓冲装置的工作原理是利用活塞或缸筒在其走向行程终端时封住活塞和缸盖之间的部分油液，强迫它从小孔或细缝中挤出，以产生很大的阻力，使工作部件受到制动，逐渐减慢运动速度，达到避免活塞和缸盖相互撞击的目的。

如图 20-8-1（a）所示，当缓冲柱塞进入与其相配的缸盖上的内孔时，孔中的液压油只能通过间隙 δ 排出，使活塞速度降低。由于配合间隙不变，故随着活塞运动速度的降低，起缓冲作用。当缓冲柱塞进入配合孔之后，油腔中的油只能经节流阀 1 排出，如图 20-8-1（b）所示。由于节流阀 1 是可调的，因此缓冲作用也可调节，但仍不能解决速度减低后缓冲作用减弱的缺点。如图 20-8-1（c）所示，在缓冲柱塞上开有三角槽，随着柱塞逐渐进入配合孔中，其节流面积越来越小，解决了在行程最后阶段缓冲作用过弱的问题。常见的缓冲柱塞的几种结构形状见图 20-8-2。

8.4.7 液压缸的排气装置

液压传动系统往往会混入空气，使系统工作不稳定，产生振动、爬行或前冲等现象，严重时会使系统不能正常工作。因此，设计液压缸时，必须考虑空气的排除。

对于要求不高的液压缸，往往不设计专门的排气装置，而是将油口布置在缸筒两端的最高处，这样也能使空气随油液排往油箱，再从油箱溢出；对于速度稳定性要求较高的液压缸和大型液压缸，常在液压缸的最高处设置。如图 20-8-3（a）所示的放气孔或专门的放气阀[见图 20-8-3（b）和图 20-8-3（c）]。当松开排气塞或阀的锁紧螺钉后，低压往复运动几次，带有气泡的油液就会排出，空气排完后拧紧螺钉，液压缸便可正常工作。

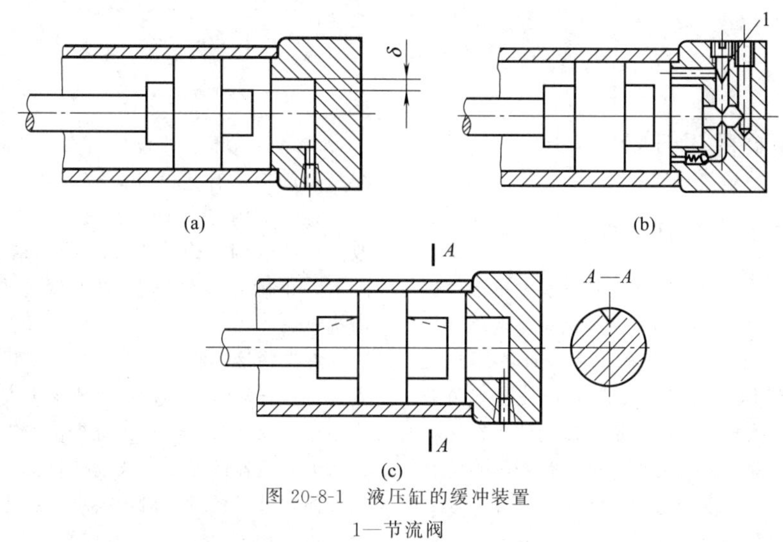

图 20-8-1　液压缸的缓冲装置

1—节流阀

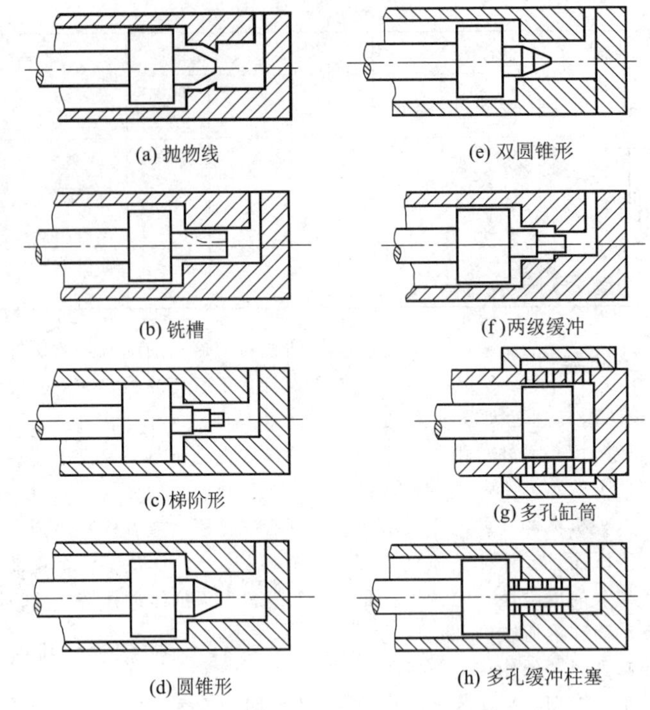

图 20-8-2　缓冲柱塞的几种结构形状

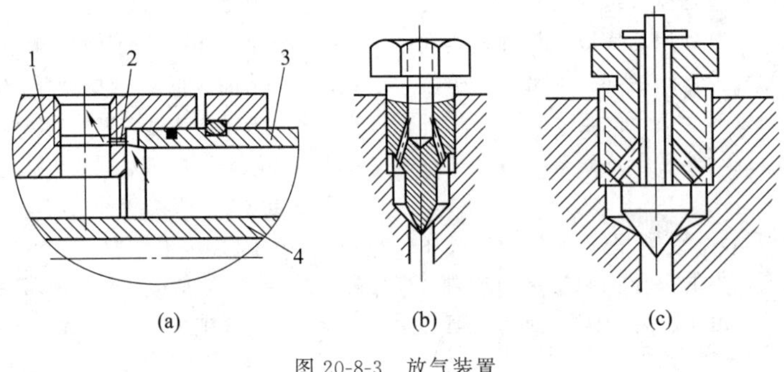

图 20-8-3　放气装置

1—缸盖；2—放气小孔；3—缸体；4—活塞杆

8.5　液压缸的设计计算

8.5.1　液压缸的设计计算

液压缸是液压传动的执行元件，它和主机工作机构有直接的联系，对于不同的机种和机构，液压缸具有不同的用途和工作要求。因此，在设计液压缸之前，必须对整个液压系统进行工况分析，编制负载图，选定系统的工作压力，然后根据使用要求选择结构类型，按负载情况、运动要求、最大行程等确定其主要工作尺寸，进行强度、稳定性和缓冲验算，最后再进行结构设计。设计步骤和注意事项如表 20-8-30 所示。

总之，液压缸的设计内容不是一成不变的，根据具体的情况有些设计内容可不做或少做，也可增加一些新的内容。设计步骤可能要经过多次反复修改，才能得到正确、合理的设计结果。在设计液压缸时，正确选择液压缸的类型是所有设计计算的前提。

在选择液压缸的类型时，要从机器设备的动作特点、行程长短、运动性能等要求出发，同时还要考虑到主机的结构特征给液压缸提供的安装空间和具体位置。如：机器的往复直线运动直接采用液压缸来实现是最简单又方便的，对于要求往返运动速度一致的场合，可采用双活塞杆式液压缸；若有快速返回的要求，则宜用单活塞杆式液压缸，并可考虑用差动连接；行程较长时，可采用柱塞缸，以减少加工的困难；行程较长但负载不大时，也可考虑采用一些传动装置来扩大行程；往复摆动运动既可用摆动式液压缸，也可用直线式液压缸加连杆机构或齿轮-齿条机构来实现。

表 20-8-30　**液压缸的设计计算**

项目	内　容
设计步骤	①掌握原始资料和设计依据，主要包括：主机的用途和工作条件；工作机构的结构特点、负载状况、行程大小和动作要求；液压系统所选定的工作压力和流量；材料、配件和加工工艺的现实状况；有关的国家标准和技术规范等 ②根据主机的动作要求选择液压缸的类型和结构形式 ③根据液压缸所承受的外部载荷作用力，如重力、外部机构运动摩擦力、惯性力和工作载荷，确定液压缸在行程各阶段上负载的变化规律以及必须提供的动力数值 ④根据液压缸的工作负载和选定的油液工作压力，确定活塞和活塞杆的直径 ⑤根据液压缸的运动速度、活塞和活塞杆的直径，确定液压泵的流量 ⑥选择缸筒材料，计算外径 ⑦选择缸盖的结构形式，计算缸盖与缸筒的连接强度 ⑧根据工作行程要求，确定液压缸的最大工作长度 L，通常 $L \geqslant D$，D 为活塞杆直径。由于活塞杆细长，应进行纵向弯曲强度校核和液压缸的稳定性计算 ⑨必要时设计缓冲、排气和防尘等装置 ⑩绘制液压缸装配图和零件图 ⑪整理设计计算书，审定图样及其他技术文件
注意事项	①尽量使液压缸的活塞杆在受拉状态下承受最大负载，或在受压状态下具有良好的稳定性 ②考虑液压缸行程终了处的制动问题和液压缸的排气问题。缸内如无缓冲装置和排气装置，系统中需有相应的措施，但是并非所有的液压缸都要考虑这些问题 ③正确确定液压缸的安装、固定方式。如承受弯曲的活塞杆不能用螺纹连接，要用止口连接。液压缸不能在两端用键或销定位，只能在一端定位，目的是不致阻碍它在受热时的膨胀。如冲击载荷使活塞杆压缩，定位件需设置在活塞杆端，如为拉伸则设置在缸盖端 ④液压缸各部分的结构需根据推荐的结构形式和设计标准进行设计，尽可能做到结构简单、紧凑，加工、装配和维修方便 ⑤在保证能满足运动行程和负载力的条件下，应尽可能地缩小液压缸的轮廓尺寸 ⑥要保证密封可靠，防尘良好。液压缸可靠的密封是其正常工作的重要因素。如泄漏严重，不仅降低液压缸的工作效率，甚至会使其不能正常工作(如满足不了负载力和运动速度要求等)。良好的防尘措施有助于提高液压缸的工作寿命

8.5.2　液压缸性能参数的计算

表 20-8-31　**液压缸性能参数计算**

参数	计 算 公 式	说　明
压力	压力是指作用在单位面积上的液压力。从液压原理可知，压力等于负载力与活塞的有效面积之比 $p=\dfrac{F}{A}$	F——作用在活塞上的负载力，N A——活塞的有效工作面积，m^2 从公式可知，压力值的建立是由负载力的存在而产生的。在同一个活塞的有效工作面积上，负载力越大克服负载力所需要的压力就越大。换句话说，如果活塞的有效工作面积一定，压力越大活塞产生的作用力就越大。因此可知 ①根据负载力的大小，选择活塞面积合适的液压缸和压力适当的液压泵 ②根据液压泵的压力和负载力，设计或选用合适的液压缸 ③根据液压泵的压力和液压缸的活塞面积，确定负载的重量 在液压系统中，为便于液压元件和管路的设计选用，往往将压力分级，见表 20-8-2

续表

<table>
<tr><th>参数</th><th>计算公式</th><th>说 明</th></tr>
<tr><td>流量</td><td>流量是指单位时间内液体流过管道某一截面的体积，对液压缸来说等于液压缸容积与液体充满液压缸所需时间之比。即
$$Q=\frac{V}{t}\ (m^3/s)$$
由于
$$V=vAt$$
则
$$Q=vA=\frac{\pi}{4}D^2v$$
对于单活塞杆式液压缸来说，当活塞杆前进时
$$Q=\frac{\pi}{4}D^2v\ (m^3/s)$$
当活塞杆后退时
$$Q=\frac{\pi}{4}(D^2-d^2)v\ (m^3/s)$$
当活塞杆差动前进时
$$Q=\frac{\pi}{4}d^2v\ (m^3/s)$$</td><td>V——液压缸实际需要的液体体积，L
t——液体充满液压缸所需要的时间，s
D——缸筒内径，m
d——活塞杆直径，m
v——活塞杆运动速度，m/s
如果液压缸活塞和活塞杆直径一定，则流量越大，活塞杆的运动速度越快，所需要的时间就越短
①根据需要运动的时间，选择尺寸合适的活塞和活塞杆（或柱塞）直径。对于有时间要求的液压缸（如多位缸）来说，这点很重要
②根据需要运动的时间，可以选择流量合适的液压泵</td></tr>
<tr><td>运动速度</td><td>运动速度是指单位时间内液体流入液压缸推动活塞（或柱塞）移动的距离。运动速度可表示为
$$v=\frac{Q}{A}\ (m/s)$$
当活塞杆前进时
$$v=\frac{4Q\eta_V}{\pi D_1^2}\ (m/s)$$
当活塞杆后退时
$$v=\frac{4Q\eta_V}{\pi(D_1^2-d^2)}\ (m/s)$$</td><td>Q——流量，m^3/s
D_1——活塞直径，m
d——活塞杆直径，m
η_V——容积效率，一般取为0.9～0.95
运动速度只与流量和活塞的有效面积有关，而与压力无关。认为“加大压力就能加快活塞运动速度”的观点是错误的
计算运动速度的意义在于
①对于运动速度为主要参数的液压缸，控制流量是十分重要的
②根据液压缸的速度，可以确定液压缸进、出油口的尺寸，活塞和活塞杆的直径
③利用活塞杆前进和后退的不同速度，可实现液压缸的慢速工进和快速退回</td></tr>
<tr><td>速比</td><td>速比是指液压缸活塞杆往复运动时的速度之比。因为速度与活塞的有效工作面积有关，速比也是活塞两侧有效工作面积之比，即
$$\varphi=\frac{v_2}{v_1}=\frac{A_1}{A_2}=\frac{\frac{\pi}{4}D_1^2}{\frac{\pi}{4}(D_1^2-d^2)}=\frac{D_1^2}{D_1^2-d^2}$$</td><td>v_1——活塞杆的伸出速度，m/s
v_2——活塞杆的退回速度，m/s
D_1——活塞直径，m
d——活塞杆直径，m
计算速比主要是为了确定活塞杆的直径和决定是否设置缓冲装置。速比不宜过大或过小，以免产生过大的背压或造成活塞杆太细，稳定性不好</td></tr>
<tr><td>行程时间</td><td>行程时间指活塞在缸体内完成全部行程所需要的时间，即
$$t=\frac{V}{Q}\ (s)$$
当活塞杆伸出时
$$t=\frac{\pi D^2S}{4Q}\ (s)$$
当活塞杆缩回时
$$t=\frac{\pi(D^2-d^2)S}{4Q}\ (s)$$</td><td>V——液压缸容积，$V=AS$
S——活塞行程，m
Q——流量，m^3/s
D——缸筒内径，m
d——活塞杆直径，m
计算行程时间主要是为了在流量和缸径确定后，计算出达到动作要求的行程或工作时间。对于有工作时间要求的液压缸来说，是必须计算的重要数据</td></tr>
</table>

续表

参数	计算公式	说明
推力和拉力	液压油作用在活塞上的液压力，对于双作用液压缸来说，活塞杆伸出时的推力为 $P_1=\left[\frac{\pi}{4}D^2p-\frac{\pi}{4}(D^2-d^2)p_0\right]\eta_g$ $=\frac{\pi}{4}[D^2(p-p_0)+d^2p_0]\eta_g$ 活塞杆缩回时的拉力为 $P_2=\left[\frac{\pi}{4}(D^2-d^2)p-\frac{\pi}{4}D^2p_0\right]\eta_g$ $=\frac{\pi}{4}[D^2(p-p_0)-d^2p_0]\eta_g$	p——工作压力，N/m^2 p_0——回油背压力，N/m^2 D——缸筒内径，m d——活塞杆直径，m η_g——机械效率，根据产品决定，一般情况下取 $\eta_g=0.85\sim0.95$，摩擦力大的取小值，摩擦力小的取大值 如不需计算背压力和机械效率，根据压力和活塞面积可直接查出推力 P_1 和拉力 P_2
功和功率	从力学上可知，液压缸所做的功为 $W=PS$ (J) 液压缸的功率为 $N=\frac{W}{t}=\frac{PS}{t}=P\frac{S}{t}=Pv$ 由于 $P=pA$，$A=\frac{Q}{v}$，上式变为 $N=Pv=pA\frac{Q}{A}=pQ$ (W)	P——液压缸的出力（推力或拉力），N S——活塞行程，m t——运动时间，s v——活塞杆运动速度，m/s p——工作压力，N/m^2 Q——流量，m^3/s 即液压缸的功率等于压力与流量的乘积

8.5.3 液压缸主要几何参数的计算

液压缸的几何尺寸主要有五个：缸筒内径 D、活塞杆直径 d、活塞行程 S、缸筒长度 L_1 和最小导向长度 H。

表 20-8-32 液压缸主要几何参数的计算

参数	计算公式	说明
主液压缸内径 D 的计算	液压缸的缸筒内径 D 根据负载的大小来选定工作压力或往返运动速度比，求得液压缸的有效工作面积，再从 GB/T 2348—1993 标准中选取最近的标准值作为所设计的缸筒内径。可根据负载和工作压力的大小确定 D ①以无杆腔作工作腔时 $D=\sqrt{\frac{4F_{max}}{\pi p_1}}$ ②以有杆腔作工作腔时 $D=\sqrt{\frac{4F_{max}}{\pi p_1}+d^2}$	p_1——缸工作腔的工作压力，可根据机床类型或负载的大小来确定 F_{max}——最大作用负载
活塞杆直径 d 的计算	活塞杆直径 d 通常先从满足速度或速度比的要求来选择，然后再校核其结构强度和稳定性。若速度比为 φ，则该处应有一个带根号的式子 $d=D\sqrt{\frac{\varphi-1}{\varphi}}$	也可根据活塞杆受力状况来确定，一般为受拉力作用时，$d=(0.3\sim0.5)D$。受压力作用时：$p_1<5$MPa 时，$d=(0.5\sim0.55)D$；5MPa$<p_1<$7MPa 时，$d=(0.6\sim0.7)D$；$p_1>$7MPa 时，$d=0.7D$。液压缸工作压力与活塞杆直径推荐值见下表 **液压缸工作压力与活塞杆直径** 液压缸工作压力 p/MPa：≤5 ｜ 5～7 ｜ ≤7 推荐活塞杆直径：$(0.5\sim0.55)D$ ｜ $(0.6\sim0.7)D$ ｜ $0.7D$

续表

参数	计算公式	说明
主液压缸活塞行程 S 的计算	液压缸的活塞行程 S，在初步设计时，主要是按实际工作需要的长度来考虑。由于活塞杆细长，应进行纵向弯曲强度校核和液压缸的稳定性计算。因此实际需要的工作行程并不一定是液压缸的稳定性所允许的行程。为了计算行程，应首先计算出活塞杆的最大允许计算长度 $L=1.01d^2\sqrt{\dfrac{n}{9.8Pn_k}}$　(m) 根据液压缸的各种安装形式和计算压杆稳定的欧拉公式所确定的活塞杆计算长度 L，以及上式计算出的 L 值可以推导出具体的活塞行程 S 值 液压缸安装及末端条件系数见表 20-8-33，液压缸往复速度比推荐值见表 20-8-34	d——活塞杆直径，m P——活塞杆纵向压缩负载，N n——末端条件系数，见表 20-8-33 n_k——安全系数，$n_k>6$
液压缸缸筒长度 L_1 的确定	缸筒长度 L_1 由最大工作行程长度加上各种结构需要来确定，即 $L_1=S+B+H+M+C$	S 为活塞的最大工作行程；B 为活塞宽度，一般为 $(0.6\sim1)D$；H 为活塞杆导向长度，取 $(0.6\sim1.5)D$；M 为活塞杆密封长度，由密封方式定；C 为其他长度。一般缸筒的长度最好不超过内径的 20 倍
最小导向长度 H 的确定	对于一般的液压缸，其最小导向长度应满足下式 $H\geqslant S/20+D/2$ 一般导向套滑动面的长度 A，在 $D<80$mm 时取 $A=(0.6\sim1.0)D$，在 $D>80$mm 时取 $A=(0.6\sim1.0)D$；活塞的宽度 B 则取 $B=(0.6\sim1.0)D$。为保证最小导向长度，过分增大 A 和 B 都是不适宜的，最好在导向套与活塞之间装一隔套 K，隔套宽度 C 由所需的最小导向长度决定，即 $C=H-\dfrac{A+B}{2}$ 采用隔套不仅能保证最小导向长度，还可以改善导向套及活塞的通用性	当活塞杆全部外伸时，从活塞支承面中点到导向套滑动面中点的距离称为最小导向长度 H，如图所示。如果导向长度过小，将使液压缸的初始挠度（间隙引起的挠度）增大，影响液压缸的稳定性，因此设计时必须保证有一最小导向长度 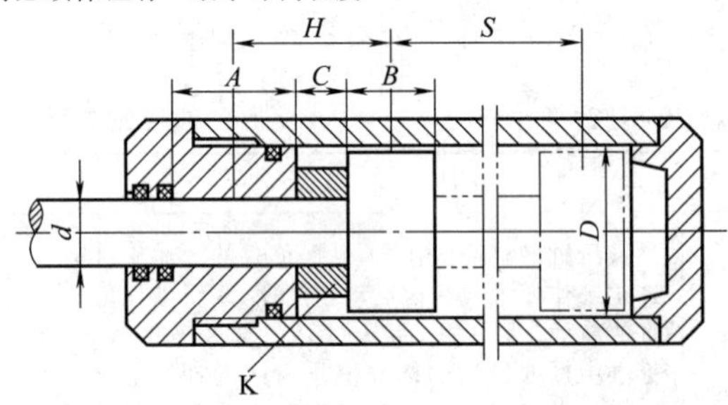 液压缸的导向长度 K—隔套；S—液压缸最大工作行程，m；D—缸筒内径，m

表 20-8-33　　液压缸安装及末端条件系数 n

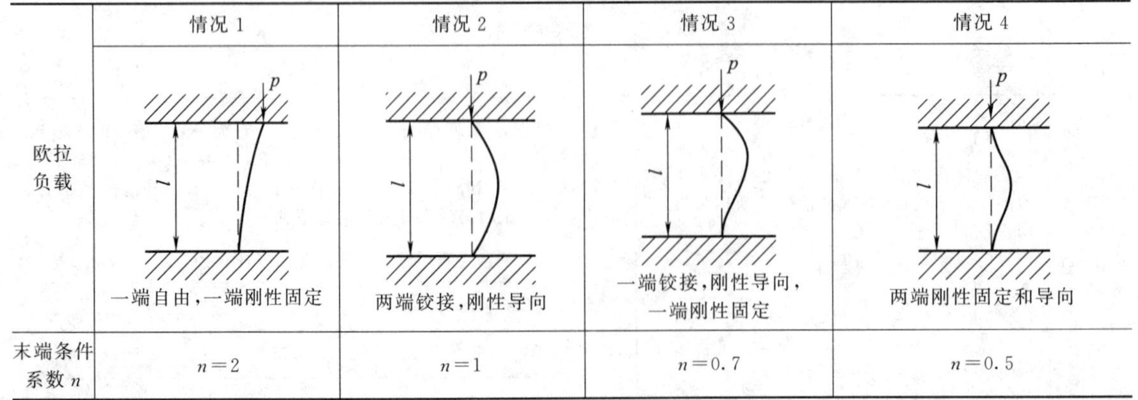

	情况 1	情况 2	情况 3	情况 4
欧拉负载	一端自由，一端刚性固定	两端铰接，刚性导向	一端铰接，刚性导向，一端刚性固定	两端刚性固定和导向
末端条件系数 n	$n=2$	$n=1$	$n=0.7$	$n=0.5$

续表

	情况 1	情况 2	情况 3	情况 4
安装情况	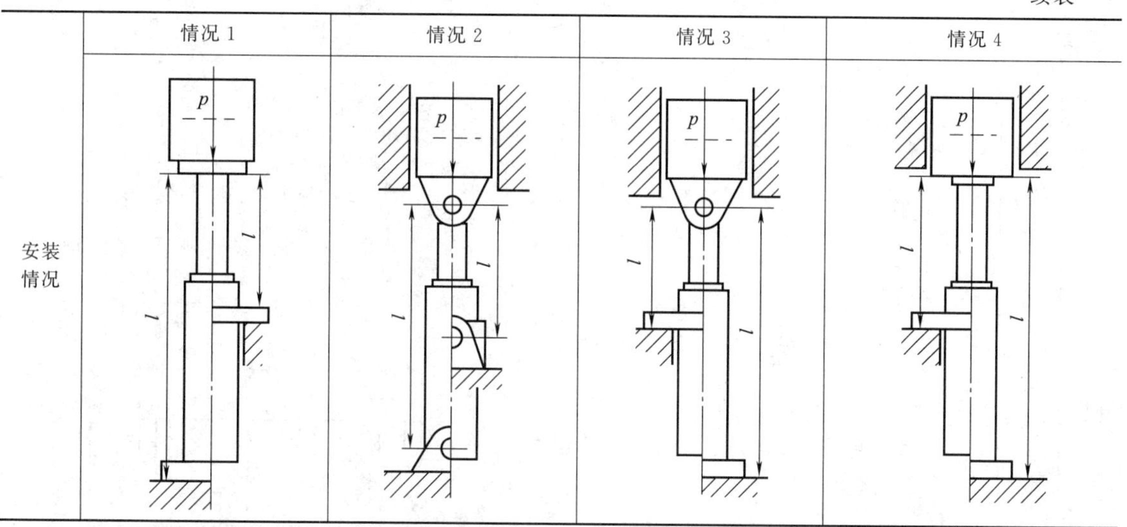			

注：若液压缸安装形式如表图左半部时，式中 l 取左部 l 值；若液压缸实际安装形式如表图右半部时，式中 l 应取右边 l 值。

表 20-8-34　　液压缸往复速度比推荐值

液压缸工作压力 p/MPa	≤10	1.25～20	>20
往复速度比 φ	1.33	1.46～2	2

8.5.4　液压缸结构参数的计算

表 20-8-35　　液压缸结构参数的计算

参数	计算公式	说　明
主液压缸缸筒壁厚 δ 的计算	中、高压液压缸一般用无缝钢管做缸筒，大多属薄壁筒，即 $\delta/D\leqslant0.08$，此时，可根据材料力学中薄壁圆筒的计算公式验算缸筒的壁厚，即 $$\delta\geqslant\frac{p_{\max}D}{2[\sigma]}$$ 当 $\delta/D\geqslant0.3$ 时，可用下式校核缸筒壁厚 $$\delta\geqslant\frac{D}{2}\left(\sqrt{\frac{[\sigma]+0.4p_{\max}}{[\sigma]-1.3p_{\max}}}-1\right)$$ 当液压缸采用铸造缸筒时，壁厚由铸造工艺确定，这时应按厚壁圆筒计算公式验算壁厚。当 $\delta/D=0.08\sim0.3$ 时，可用下式校核缸筒的壁厚 $$\delta\geqslant\frac{p_{\max}D}{2.3[\sigma]-3p_{\max}}$$	$p_{\max}$——缸筒内的最高工作压力 $[\sigma]$——缸筒材料的许用应力 缸筒壁厚 δ 见表 20-8-36
端盖厚度的计算	在单活塞杆液压缸中，有活塞杆通过的缸盖叫端盖，无活塞杆通过的缸盖叫缸头或缸底。端盖、缸底与缸筒构成封闭的压力容腔，它不仅要有足够的强度以承受液压力，而且必须具备一定的连接强度。端盖上有活塞杆导向孔（或装导向套的孔）及防尘圈、密封槽圈，还有连接螺钉孔，受力情况比较复杂，设计不好容易损坏 端盖上有导向孔和螺钉孔，所以与缸底的计算方法不同，常用的法兰或缸盖计算公式如下	

第20篇

续表

参数		计算公式	说明
端盖厚度的计算	螺钉连接端盖	螺钉连接端盖[图(a)]厚度按下式计算 $$\sigma=\frac{3P(D_0-d_2)}{\pi d_2 h^2}\leqslant[\sigma]$$ $$h=\sqrt{\frac{3P(D_0-d_2)}{\pi d_1[\sigma]}}$$ $$P=P_1+P_2=0.785d^2p+0.785(d_1{}^2-d^2)q$$	σ——在 d_1 截面上的弯曲应力,Pa $[\sigma]$——许用应力,Pa h——缸盖厚度,m P——端盖受力的总和,N p——液压力,Pa q——附加密封压力,Pa,一般取密封材料的屈服极限 其他符号意义见图(a) 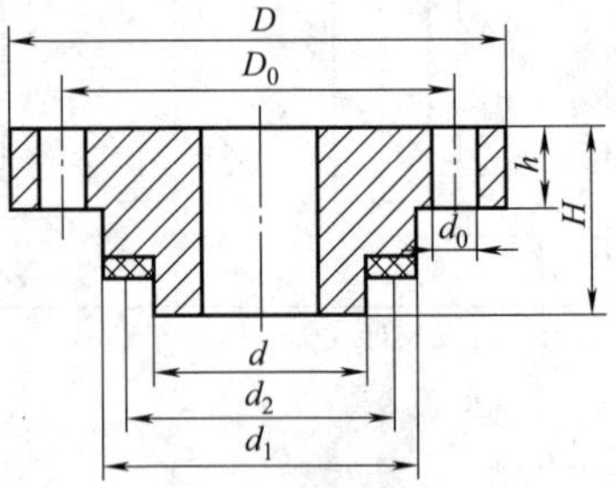 图(a) 螺钉连接端盖
	整体端盖	整体端盖[图(b)]厚度按下式计算 $$\sigma=\frac{3P(D_0-D_1)}{\pi D_1 h^2}\leqslant[\sigma]$$ $$h=\sqrt{\frac{3P(D_0-D_1)}{\pi D_1[\sigma]}}$$	σ——在 D_1 截面上 A—A 截面处的应力,Pa $[\sigma]$——许用应力,Pa P——端盖受力总和,N 其他符号意义见图(b) 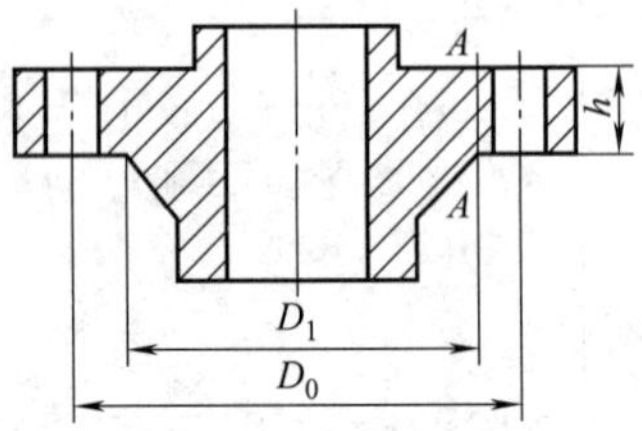 图(b) 整体端盖
	整体螺纹连接端盖	整体螺纹连接端盖[图(c)]厚度按下式计算 $$\sigma=\frac{3P(D_0-d_2)}{\pi(D-d_2-2d_0)h^2}\leqslant[\sigma]$$ $$h=\sqrt{\frac{3P(D_0-d_2)}{\pi(D-d_2-2d_0)[\sigma]}}$$	σ——直径截面上的弯曲应力,Pa P——端盖受力总和,N 其他符号见图(c) 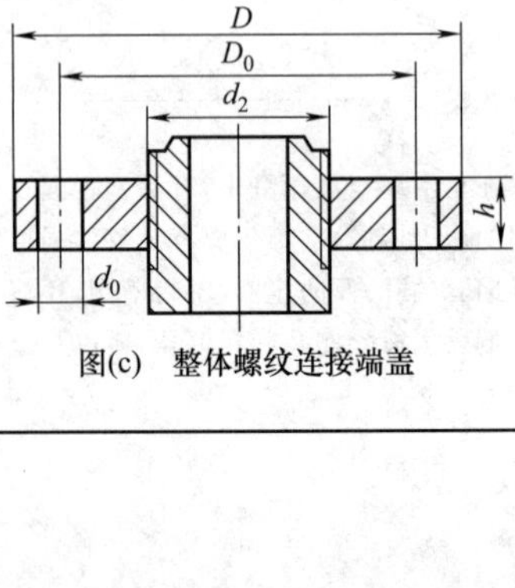 图(c) 整体螺纹连接端盖

续表

<table>
<tr><th colspan="2">参数</th><th>计算公式</th><th>说明</th></tr>
<tr><td rowspan="2">缸底厚度的计算</td><td>平缸底[图(d)]</td><td>平缸底厚度按下式计算
$\delta=0.433d_1\sqrt{\frac{p}{[\sigma]}}$</td><td rowspan="2">$\delta$——缸底厚度
d_1——缸底止口内径
p——液压力
$[\sigma]$——缸底材料许用压力
d_0——油孔直径,m
D——缸筒内径,m
图(d) 平缸底
图(e) 有孔平缸底</td></tr>
<tr><td>有孔平缸底[图(e)]</td><td>有孔平缸底按下式计算
$\delta=0.433D\sqrt{\frac{pD}{(D-d_0)[\sigma]}}$</td></tr>
<tr><td colspan="2">液压缸油口尺寸的确定</td><td colspan="2">选择油口尺寸的主要参数是油管直径。油管的有效通油直径,应保证油液流速在2～4.5m/s以下,这样可以减少压力损失,提高效率,减轻振动和噪声。油管壁厚要有足够的强度。油管的内径可以从表20-8-8和表20-8-9查出。油口可设在缸筒上、缸盖上、活塞杆上,也可设在销轴或铰轴上
液压缸管接头的选择,决定了接口的形式和尺寸。选择时,应充分考虑液压缸的压力、流量、安装形式、安装位置和工作情况,对各种管接头的工作性能、应用范围应有充分了解
按结构形式划分,管接头有扩口薄管式、高压卡套式、球形钢管焊接式、钢管焊接式、法兰式以及软管接头等
按通路数目,可分为直通式、直角式、三通、四通和铰接式等
油口采用螺纹连接,制造简单,安装方便。但是它的安装方向性差,特别是直角接头,拧紧后方向不一定正合适。螺纹连接的耐冲击性稍差,拧得过紧会发生斜楔效应,以致挤裂油口
螺纹连接通常采用四种形式:55°圆柱管螺纹(G)、55°圆锥管螺纹(ZC)、60°圆锥管螺纹(Z)和普通细牙螺纹(M),前三种是英制螺纹,第四种是公制螺纹。圆锥管螺纹的螺纹面具有一定的密封能力。60°圆锥管螺纹比55°圆锥管螺纹的密封更好些,前者多用于高压系统,后者多用于低压系统。为了提高圆锥管螺纹的密封性能,常与聚四氟乙烯薄膜或密封胶配合使用。圆柱管螺纹一般与密封圈或密封垫配合使用。目前普遍采用普通细牙螺纹,已有逐渐代替英制螺纹的趋势</td></tr>
</table>

表 20-8-36 缸筒壁厚 δ

产品系列代号	p_n/MPa	D=40	D=50	D=63	D=70	D=80	(D=90)	D=100	(D=110)	D=125	(D=140)	D=150	D=160	(D=180)	D=200	(D=220)	D=250	(D=280)	D=320	(D=360)
A	16	10	10	10	10	11	12	13.5	15	13.5	14	15	17	19.5	22.5	30	31	32	30	—
B	16	8.5	9	10	—	11	12	13.5	15	13.5	14	15	17	19.5	22.5	26.5	24.5	—	28.5	—
C	16	7	6.75	6.5	—	7.5	9	10.5	11.5	13.5	14	15	17	19.5	22.5	26.5	24.5	22.5	28.5	—
D	16	5	6.5	6.5	—	7.5	—	10.5	—	13.5	—	—	17	—	22.5	26.5	24.5	35.5	28.5	37.5
E	25	5	5	7.5	—	10	—	12.5	—	12.5	15	—	17.5	20	22.5	25	25	22	30.5	—
E	35	7.5	7.5	10	—	10	—	12.5	—	17.5	20	—	22.5	25	27.5	25	37	44	43	—
F	16	—	5.5	7	—	8	—	8	8.5	9.5	11	—	12	—	14	—	18	—	—	—
F	25	—	6	7	—	9	—	11	12	13	15	—	17	—	21	—	26	—	—	—
F	32	—	8	9.5	—	12	—	15	16	17.5	21	—	25	—	30	—	35	—	—	—

第20篇

续表

产品系列代号	p_n /MPa	D=40	D=50	D=63	D=70	D=80	(D=90)	D=100	(D=110)	D=125	(D=140)	D=150	D=160	(D=180)	D=200	(D=220)	D=250	(D=280)	D=320	(D=360)
G	4	—	—	—	—	—	—	—	—	—	—	—	—	—	7.5	—	—	—	—	—
G	5	—	—	—	—	—	—	—	—	—	—	5	—	—	—	—	—	—	—	—
G	7	—	—	3	—	3	—	3	—	5	—	—	—	—	—	—	—	—	—	—
G	10.5	3	3	—	—	—	—	—	—	—	—	—	—	—	—	—	—	—	—	—

注：1. 带括号 D 尺寸为 GB/2348—1993 规定非优先选用。

2. p_n—液压缸的额定压力。

3. 产品系列代号：

A—DG 型车辆用液压缸；

B—HSG 型工程用液压缸；

C—Y-HG1 型冶金设备标准液压缸；

D—CDE 型双作用船用液压缸；

E—力士乐公司 CD250、CD350 系列重载型液压缸；

F—洪格尔公司 THH 型液压缸；

G—力士乐公司 CD70 系列拉杆型液压缸。

8.5.5 液压缸的连接计算

表 20-8-37 液压缸的连接计算

参数		计算公式	说明
活塞杆连接螺纹的计算	螺纹外径的计算	假设可忽略螺顶与螺底的尺寸差别，则可用下式概略计算 $d_0=1.38\sqrt{\frac{P}{[\sigma]}}$	d_0——螺纹外径，m d_1——螺纹底径，m N——螺纹有效工作圈数 P——活塞拉力，N q——螺纹许用接触面压力，Pa $[\sigma]$——许用应力，Pa $\sigma_{合}$——合成应力，Pa $\sigma_{拉}$——拉应力，Pa τ——切应力，Pa K——螺纹连接摩擦因数，一般取 0.07 S——螺距
	螺纹圈数的计算	活塞杆螺纹有效圈数按下式计算 $N=\frac{P}{q}\times\frac{\pi}{4}(d_0^2-d_1^2)$	
	螺纹强度的计算	活塞杆与活塞连接螺纹的强度可按式校核 根据第四强度理论 $\sigma_{拉}=\frac{1.25P}{\frac{\pi}{4}d_1^2}$ $\tau=\frac{20Pd_0K}{\pi d_1^3}$ $\sigma_{合}=\sqrt{\sigma_{拉}^2+3\tau^2}$ 活塞拉力几乎有 40%作用在第一圈螺纹上，所以第一圈螺纹应力为 $\sigma_b=\frac{0.248P}{d_1S}$ $\tau=\frac{0.127P}{d_1S}$	
活塞杆卡键连接强度的计算		活塞杆卡键连接强度按下式计算[见图(a)] $\tau=\frac{p(D^2-d_1^2)}{4d_1l}$ $\sigma=\frac{p(D^2-d_1^2)}{h(2d_1+h)}$ 图(a) 活塞杆卡键连接简图	τ——切应力，Pa σ——挤压应力，Pa p——工作油压力，Pa D——缸筒内径，m d_1——活塞杆轴颈直径 m h——卡键高度，m l——卡键宽度，m

续表

参数			计算公式	说明
缸盖内部连接强度的计算	缸盖焊接强度的计算	缸底焊接强度的计算	当采用V形坡口对接焊缝时[图(b)] $\sigma=\dfrac{4P}{\pi(D_1{}^2-D_2{}^2)\varphi}$	P——液压缸推力 D_1——缸筒外径 D_2——焊缝底径 φ——焊缝强度系数，一般焊条电弧焊 $\varphi=0.7\sim0.8$，自动焊 $\varphi=0.8\sim0.9$ 图(b) 缸底焊缝
		缸盖法兰焊接强度计算	当采用填角焊接时[图(c)] $\sigma=\dfrac{1.414P}{\pi D_1 h\varphi}$	h——有效焊缝宽度 φ——焊缝强度系数，一般焊条电弧焊 $\varphi=0.6$，自动焊 $\varphi=0.65$ 图(c) 缸盖焊缝
	法兰连接螺栓强度计算		螺纹的拉应力 $\sigma=\dfrac{KP}{\frac{\pi}{4}d_1{}^2Z}$ (Pa) 螺纹的剪应力 $\tau=\dfrac{K_1KPd_0}{0.2d_1{}^3Z}$ (Pa) 合成应力 $\sigma_n=\sqrt{\sigma^2+3\tau^2}\approx1.3\sigma\leqslant[\sigma_s]$ (Pa)	P——液压缸最大推力，N d_0——螺纹直径，m d_1——螺纹底径，m，普通螺纹 $d_1=d_0-1.224S$ K——拧紧螺纹系数，静载荷 $K=1.25\sim1.5$，动载荷 $K=2.5\sim4$ K_1——螺纹内摩擦因数，一般取 $K_1=0.12$ $[\sigma_s]$——缸筒材料屈服极限，Pa Z——螺栓数目
	螺纹连接强度的计算		螺纹拉应力 $\sigma=\dfrac{KP}{\frac{\pi}{4}(d_1{}^2-D^2)}$ (Pa) 螺纹剪切应力 $\tau=\dfrac{K_1KPd_1}{0.2(d_1{}^3-D^3)}$ (Pa) 合成应力 $\sigma_n=\sqrt{\sigma^2+3\tau^2}\leqslant[\sigma]$ (Pa)	D——缸筒内径，m 图(d) 螺纹连接计算简图

续表

参数			计算公式	说明
缸盖内部连接强度的计算	卡键连接强度的计算	外卡键连接强度的计算	卡键的切应力（$a—a$ 截面） $$\tau=\frac{pD_1}{4l}$$ 卡键的挤压应力（$a—b$ 截面） $$\sigma_t=\frac{pD_1{}^2}{h(2D_1-h)}$$ 缸筒危险截面的拉应力（$A—A$ 截面） $$\sigma=\frac{pD^2}{D_1{}^2-(D+h^2)}$$	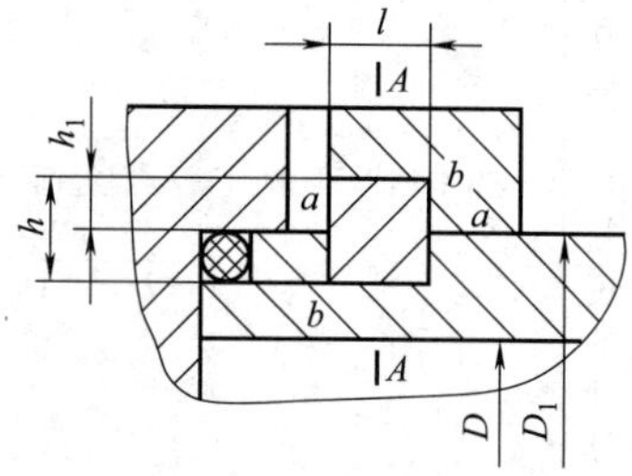 图(e)　外卡键连接强度计算简图
		内卡键连接强度的计算	卡键的切应力（$a—a$ 截面） $$\tau=\frac{pD}{4l}$$ 卡键的挤压应力（$a—b$ 截面） $$\sigma_t=\frac{pD^2}{h(2D-h)}$$ 缸筒危险截面的拉应力（$A—A$ 截面） $$\sigma=\frac{pD^2}{D_1{}^2-(D+h)^2}$$ 卡键尺寸一般取 $h=l=\delta,h_1=h/2$	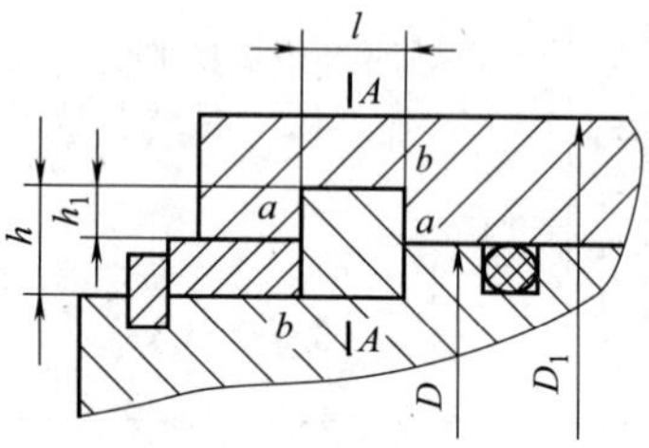 图(f)　内卡键连接强度计算简图
缸盖外部连接强度的计算	铰轴强度的计算		切应力 $$\tau=\frac{pD^2}{2d_0{}^2}\leqslant[\tau]$$	D——液压缸内径 p——液压力 d_0——铰轴直径
	耳环强度的计算		耳环拉应力 $$\sigma=\frac{R_1{}^2+R_2{}^2}{R_2{}^2-R_1{}^2}\times\frac{\frac{\pi}{4}D^2p}{d_1b}\leqslant[\sigma]$$ 挤压应力 $$\sigma_t=\frac{\frac{\pi}{4}pD^2}{d_1b}$$ 双耳环座的应力为单耳环座的二分之一 耳环轴销剪切应力 $$\tau=\frac{pD^2}{2d_1{}^2}\leqslant[\tau]$$	R_1——耳环座内半径 R_2——耳环座外半径 b——耳环座宽度 d_1——耳环孔直径 D——液压缸直径 p——液压力

8.5.6 活塞杆稳定性验算

行程长的液压缸，特别是在两端采用铰接结构的液压缸，当其活塞杆直径与液压缸计算长度之比 $D/l<1:10$ 时，必须校对液压缸的稳定性。液压缸承受的压缩载荷 P 大于液压缸的稳定极限力 P_k 时，容易发生屈曲破坏。如果液压缸推力 P 小于稳定极限力 P_k，液压缸就处于稳定工作状态。

当液压缸处于不稳定工作状态时，应改进设计，或采取其他结构措施，如加大活塞杆直径、缸筒直径，限制行程长度，改进安装方式，改变安装位置，或增加支承位置等。

液压缸稳定极限力 P_k 的计算方法很多，目前普遍使用欧拉公式、拉金公式等截面计算方法，其次是非等截面的查表法。

等截面计算方法：此法使用欧拉公式和拉金公式，将液压缸视为截面完全相等的整体杆进行纵向稳定极限力计算，因而称为等截面计算法。由于计算是按活塞杆截面进行的，所以得到的稳定极限力趋于保守。

表 20-8-38 活塞杆稳定性验算

计算方式	计算公式	说明
欧拉公式	当细长比 $l/k \geqslant m\sqrt{n}$ 时（m 为柔性系数），n 为末端条件系数（表 20-8-33），用欧拉公式计算 $P_k=\dfrac{n\pi^2EJ_1}{l^2}$（N） 采用钢材作活塞杆时，上式又可直接写为 $P_k=\dfrac{1.02nd^4}{l^2}\times10^6$（N）	P_k——液压缸稳定极限力 l——活塞杆安装长度，m J_1——活塞杆截面转动惯量，m^4 E——材料弹性模量，Pa A——活塞杆的截面积，m^2 f_0——材料强度实验值（见下表） a——实验常数（见下表） d——活塞杆直径，cm k——活塞杆截面回转半径 实心轴： $k=\sqrt{\dfrac{J_2}{A}}=\dfrac{d}{4}$ （m） 空心轴： $k=\sqrt{\dfrac{d_1^2+d_2^2}{4}}$ （m） d_1——轴的外径，m d_2——轴的内径，m
拉金公式	当细长比 $l/k<m\sqrt{n}$ 时，用拉金公式计算 $P_k=\dfrac{10f_0A}{1+\dfrac{a}{n}\left(\dfrac{l}{k}\right)^2}$ （N）	实验常数 f_0、a、m 值（见下表）

实验常数 f_0、a、m 值

材料	铸铁	锻铁	软钢	硬钢	干燥材料
f_0/MPa	560	250	340	490	50
a	1/1600	1/9000	1/7500	1/5000	1/750
m	80	110	90	85	60

8.6 液压缸标准系列

液压缸主要有以下产品：工程机械以及机床设备用液压缸（多为单杆双作用液压缸），车辆用液压缸（多为双作用单活塞杆液压缸），冶金用液压缸（多为双作用单活塞杆型），船用液压缸（双作用和单作用柱塞液压缸两种），多级液压缸等产品。目前生产液压缸的厂家很多，许多国外厂家在国内也开办了工厂。

8.6.1 工程液压缸系列

（1）HSG 型工程液压缸结构

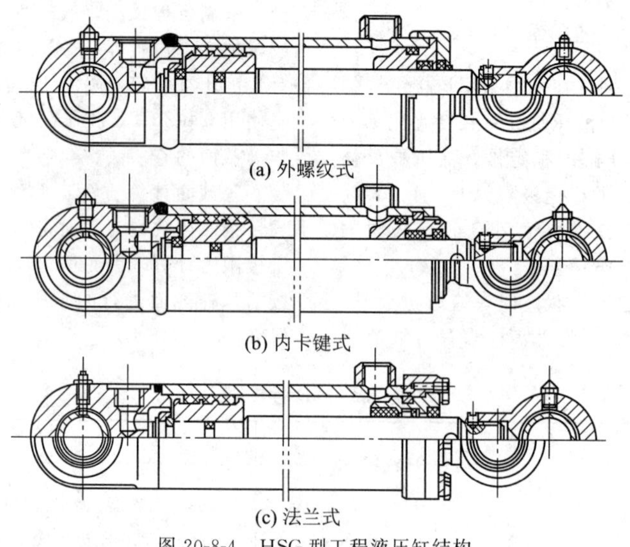

(a) 外螺纹式

(b) 内卡键式

(c) 法兰式

图 20-8-4　HSG 型工程液压缸结构

(2) HSG 型工程液压缸型号意义

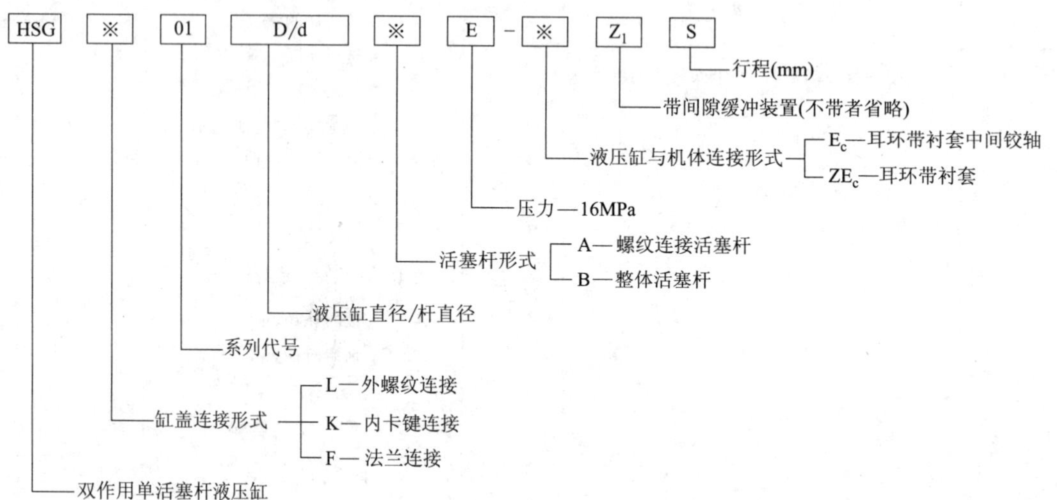

(3) HSG 型工程液压缸技术规格

表 20-8-39　**HSG 型工程液压缸技术规格**

型号	缸径/mm	活塞杆直径/mm			工作压力 160MPa						最大行程/mm
		速比 1.33	速比 1.46	速比 2	速比 1.33		速比 1.46		速比 2		
					推力/N	拉力/N	推力/N	拉力/N	推力/N	拉力/N	
HSG※01-40/dE	40	20	22	25	20100	15070	20100	14010	20100	12270	500
HSG※01-50/dE	50	25	28	32	31400	23550	31400	18560	31400	15010	600
HSG※01-63/dE	63	32	35	45	49870	37010	49870	34480	49870	24430	800
HSG※01-80/dE	80	40	45	55	80420	60320	80420	54980	80420	42410	(1000) 2000
HSG※01-90/dE	90	45	50	63	101790	76340	101790	40360	101790	51900	(1100) 2000

续表

型号	缸径/mm	活塞杆直径/mm			工作压力 160MPa						最大行程/mm
		速比 1.33	速比 1.46	速比 2	速比 1.33		速比 1.46		速比 2		
					推力/N	拉力/N	推力/N	拉力/N	推力/N	拉力/N	
HSG※01-100/dE	100	50	55	70	125660	94240	125660	87650	125660	64060	(1350) 4000
HSG※01-110/dE	110	55	63	80	152050	114040	152050	102180	152050	71600	(1600) 4000
HSG※01-125/dE	125	63	70	90	196350	146480	196350	134770	196350	94500	(2000) 4000
HSG※01-140/dE	140	70	80	100	246300	184730	246300	165880	246300	120600	(2000) 4000
HSG※01-150/dE	150	75	85	105	282740	212060	282740	193210	282740	144280	(2000) 4000
HSG※01-160/dE	160	80	90	110	321700	241270	321700	219910	32170	169600	(2000) 4000
HSG※01-185/dE	180	90	100	125	407150	305370	407150	281500	407150	210800	(2000) 4000
HSG※01-200/dE	200	100	110	140	502660	376990	502660	350600	502660	256300	(2000) 4000
HSG※01-220/dE	220	—	125	160	608200		608200	411860	608200	286500	4000
HSG※01-250/dE	250	—	140	180	785600		785600	539100	785600	378200	4000

(4) HSG 型工程液压缸外形尺寸

① HSG 型工程液压缸外形尺寸（活塞杆端为外螺纹连接）

表 20-8-40　　HSG 型工程液压缸外形尺寸（活塞杆端为外螺纹连接）　　mm

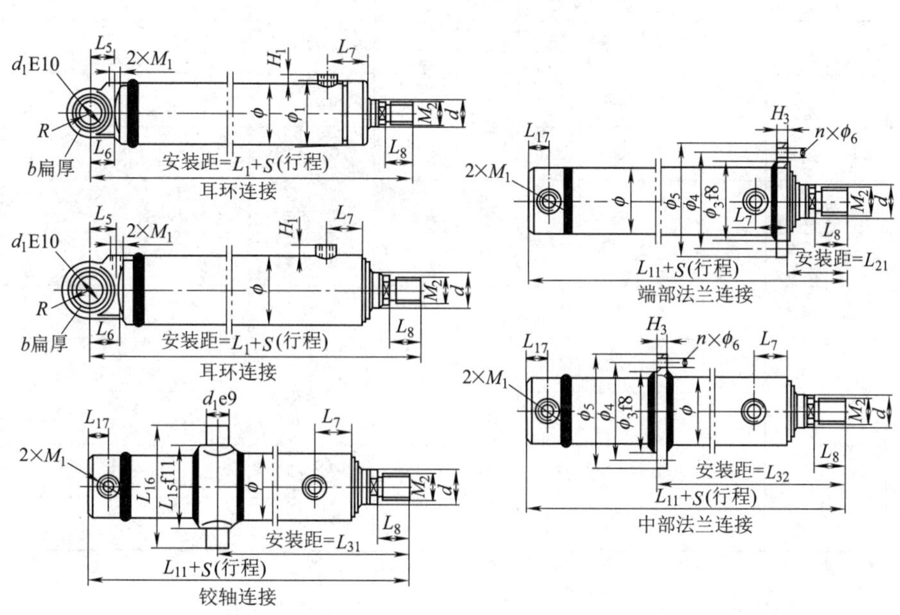

续表

缸径 D	φ	d 速比 φ 1.33	d 速比 φ 1.46	d 速比 φ 2	d_1	R	b	L_6	M_2	L_8	L_5	L_7	L_1	$2\times M_1$	H_1	ϕ_1
40	57	20	22	※25	20 或 GE20ES	25		30	M16×1.5	30	30	65	225	M14×1.5	15	65
50	68	25	28	※32	30 或 GE30ES	35		40	M22×1.5	35	40		243	M18×1.5		75
63	83	32	35	45					M27×1.5	40			258	M22×1.5		90
80	102	40	45	55	40 或 GE40ES	45		50	M33×1.5	45	50	75 △65	300		18	110
90	114	45	50	63					M36×2			66 ▲76	305 ▲325	M27×2		—
100	127	50	55	70	50 或 GE50ES	60		65	M42×2	50	60	72 ▲82	304 ▲360		20	
110	140	55	63	80					M48×2	55		77 ▲87	360 ▲380			
125	152	63	70	90					M42×2	60		78	370			
140	168	70	80	100	60 或 GE60ES	70		75	M60×2	65	70	85 ▲95	405 ▲425	M33×2		
150	180	75	85	105					M64×2	70	75	92 ▲102	420 ▲440		22	
160	194	80	90	110					M68×2	75	70	100	435	M42×2		
180	219	90	100	125	70 或 GE70ES	80		85	M76×3	85	89	107	480		24	
200	245	100	110	140	80 或 GE80ES	95	90	95	M85×3	95	100	110	510			
220	273	110	125	160	90 或 GE90ES	105	100	105	M95×3	105	110	120	560		25	
250	299	125	140	180	100 或 GE100ES	120	110	120	M105×3	115	112	135	614			

缸径 D	L_{15}	L_{16}	L_{11}	L_{17}	ϕ_3	ϕ_4	ϕ_5	H_3	L_{21}	$n\times\phi_6$	L_{31}	L_{32}	S
80	125	185	275	25	115	145	175	20	81	8×φ13.5	>215 <160+S	>200 <190+S	55
90	140	200	280 ▲300		130	160	190		82 ▲92	8×φ15.5	>225 <165+S	>210 <195+S	60
100	155	230	310 ▲330	30	145	180	210		88 ▲98	8×φ18	>250 <170+S	>230 <210+S	80
110	170	245	330 ▲350		160	195	225	22	95 ▲105	8×φ18	>260 <190+S	>225 <225+S	70
125	185	260	340		175	210	240		98	10×φ18	>255 <200+S	>235 <240+S	55
140	200	290	370 ▲390	35	190	225	260	24	108 ▲118	10×φ20	>290 <210+S	>265 <250+S	80
150	215	305	385 ▲405		205	245	285	26	114 ▲124	10×φ22	>305 <225+S	>285 <265+S	80
160	230	320	400		220	260	300	28	119	10×φ22	>310 <240+S	>290 <280+S	70
180	255	360	440	42	245	285	325	30	130	10×φ24	>345 <255+S	>320 <300+S	90
200	285	405	460	40	275	320	365	32	143	10×φ26	>365 <265+S	>340 <315+S	100
220	320	455	503	53	305	355	405	34	156	10×φ29	>395 <285+S	>365 <340+S	100
250	350	500	547	55	330	390	450	36	171	12×φ32	>430 <315+S	>395 <375+S	105

注：1. 带▲者仅为速比 $\varphi=2$ 时的接连尺寸。
2. 带※者速比为 1.7。
3. 带△者仅为 φ80 缸卡键式尺寸。
4. 铰轴和中部法兰连接的行程不得小于表中 S 值。

② HSG型工程液压缸外形尺寸（活塞杆端为外螺杆头耳环连接）

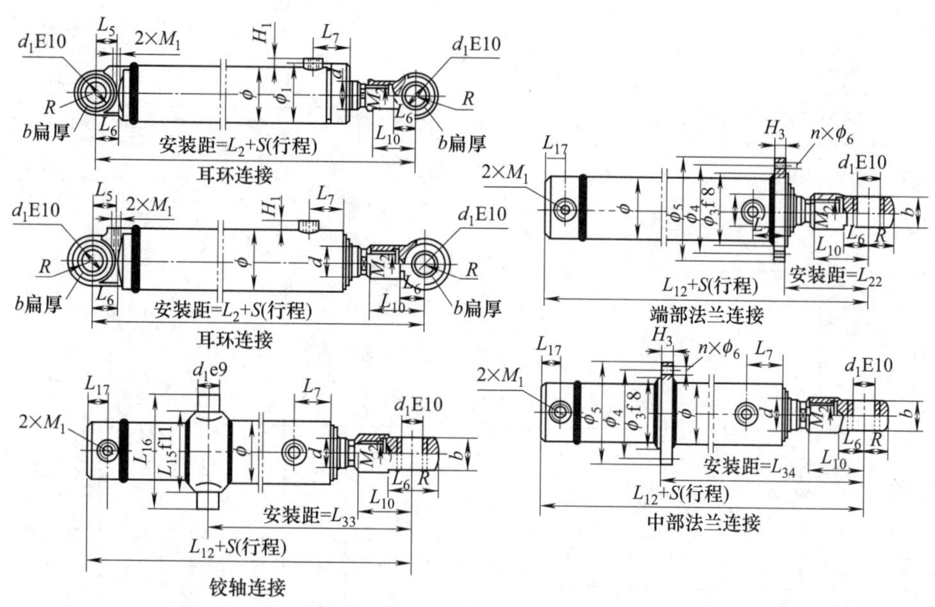

图 20-8-5 HSG型工程液压缸外形尺寸（活塞杆端为外螺杆头耳环连接）

③ HSG型工程液压缸外形尺寸（活塞杆端为内螺纹连接）

表 20-8-41 HSG型工程液压缸外形尺寸（活塞杆端为内螺纹连接） mm

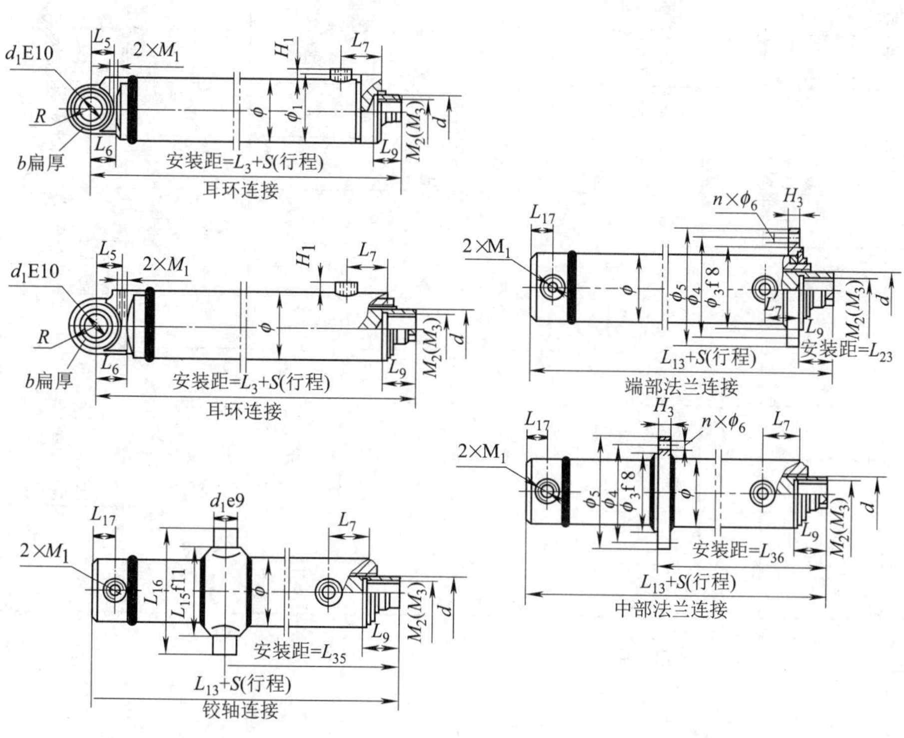

续表

缸径 D	ϕ	d 速比 φ 1.33	d 速比 φ 1.46	d 速比 φ 2	d_1	R	b	L_6	M_2	L_9	L_5	L_7	L_3	$2\times M_1$	H_1	ϕ_1
63	83	32	35	45	30 或 GE30ES	35		40	M27×1.5	35	40	65	218	M18×1.5	15	90
80	102	40	45	55	40 或 GE40ES	45		50	M33×1.5	40	50	75 △65	255	M22×1.5	18	110
90	114	45	50	63					M36×2	50		66 ▲76	260 ▲280			
100	127	50	55	70	50 或 GE50ES	60		65	M42×2	55	60	72 ▲82	290 ▲310	M27×2	20	
110	140	55	63	80					M48×2	60		77 ▲87	305 ▲325			
125	152	63	70	90					M52×2	65		78	310			
140	168	70	80	100	60 或 GE60ES	70		75	M60×2	70	70	85 ▲95	340 ▲360			—
150	180	75	85	105					M64×2	75	75	92 ▲102	350 ▲370	M33×2	22	
160	194	80	90	110					M68×2	80	70	100	360			
180	219	90	100	125	70 或 GE70ES	80		85	M76×3	90	89	107	395	M42×2	24	
200	245	100	110	140	80 或 GE80ES	95	90	95	M85×3	100	100	110	415			
220	273	110	125	160	90 或 GE90ES	105	100	105	M95×3	110	110	120	455		25	
250	299	125	140	180	100 或 GE100ES	120	110	120	M105×3	120	122	135	499			

缸径 D	L_{15}	L_{16}	L_{13}	L_{17}	ϕ_3	ϕ_4	ϕ_5	H_3	L_{23}	$n\times\phi_6$	L_{35}	L_{36}	S
80	125	185	230	25	115	145	175	20	36	8×ϕ13.5	>170 <115+S	>155 <145+S	55
90	140	200	235 ▲255		130	160	190		37 ▲47	8×ϕ15.5	>180 <120+S	>165 <150+S	60
100	155	230	260 ▲280	30	145	180	210		38 ▲48	8×ϕ18	>200 <120+S	>180 <160+S	80
110	170	245	275 ▲295		160	195	225	22	40 ▲50	8×ϕ18	>205 <135+S	>185 <170+S	70
125	185	260	280		175	210	240		38	10×ϕ18	>195 <140+S	>175 <180+S	55
140	200	290	305 ▲325	35	190	225	260	24	43 ▲53	10×ϕ20	>225 <145+S	>200 <185+S	80
150	215	305	315 ▲335		205	245	285	26	44 ▲54	10×ϕ22	>235 <155+S	>215 <195+S	80
160	230	320	325		220	260	300	28	44	10×ϕ22	>235 <165+S	>215 <205+S	70
180	255	360	355	42	245	285	325	30	45	10×ϕ24	>260 <170+S	>235 <215+S	90
200	285	405	365	40	275	320	365	32	48	10×ϕ26	>270 <170+S	>245 <220+S	100
220	320	455	398	53	305	355	405	34	51	10×ϕ29	>290 <180+S	>260 <235+S	100
250	350	500	432	55	330	390	450	36	56	12×ϕ32	>315 <200+S	>280 <260+S	105

注：1. M_1 用于速比 $\varphi=1.46$ 和 2；M_2 仅用于速比 $\varphi=1.33$。

2. 带▲者仅为速比 $\varphi=2$ 时的接连尺寸。

3. 带△者仅为 ϕ80 缸卡键式尺寸。

4. 铰轴和中部法兰连接的行程不得小于表中 S 值。

④ HSG 型工程液压缸外形尺寸（活塞杆端为内螺纹，杆头耳环连接）

表 20-8-42 HSG 型工程液压缸外形尺寸（活塞杆端为内螺纹，杆头耳环连接） mm

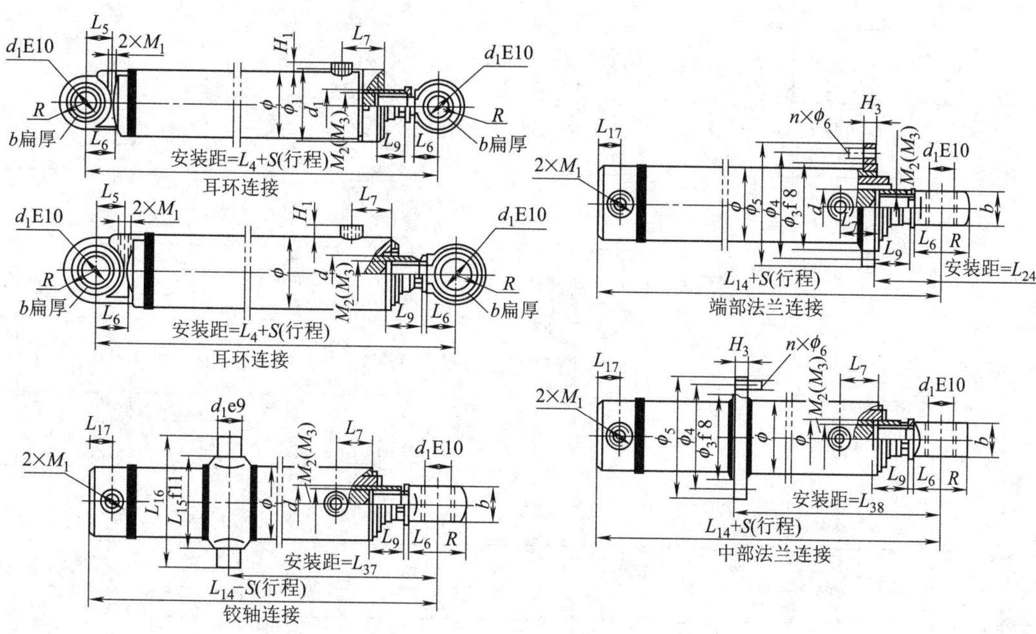

<table>
<tr><th rowspan="3">缸径 D</th><th rowspan="3">φ</th><th colspan="3">d</th><th rowspan="3">d_1</th><th rowspan="3">R</th><th rowspan="3">b</th><th rowspan="3">L_6</th><th rowspan="3">M_2</th><th rowspan="3">M_3</th><th rowspan="3">L_9</th><th rowspan="3">L_5</th><th rowspan="3">L_7</th><th rowspan="3">L_4</th><th rowspan="3">2×M_1</th><th rowspan="3">H_1</th><th rowspan="3">ϕ_1</th></tr>
<tr><th colspan="3">速比 φ</th></tr>
<tr><th>1.33</th><th>1.46</th><th>2</th></tr>
<tr><td>40</td><td>57</td><td>20</td><td>22</td><td>※25</td><td>20 或 GE20ES</td><td colspan="2">25</td><td>30</td><td colspan="3" rowspan="2">整体式活塞杆</td><td>30</td><td rowspan="3">65</td><td>218</td><td>M14×1.5</td><td rowspan="3">15</td><td>65</td></tr>
<tr><td>50</td><td>68</td><td>25</td><td>28</td><td>※32</td><td rowspan="2">30 或 GE30ES</td><td colspan="2" rowspan="2">35</td><td rowspan="2">40</td><td rowspan="2">40</td><td>240</td><td rowspan="2">M18×1.5</td><td>75</td></tr>
<tr><td>63</td><td>83</td><td>32</td><td>35</td><td>45</td><td>M27×1.5</td><td>M24×1.5</td><td>35</td><td>270</td><td>90</td></tr>
<tr><td>80</td><td>102</td><td>40</td><td>45</td><td>55</td><td rowspan="2">40 或 GE40ES</td><td colspan="2" rowspan="2">45</td><td rowspan="2">50</td><td>M33×1.5</td><td>M30×1.5</td><td>40</td><td rowspan="2">50</td><td>75
△65</td><td>317</td><td rowspan="2">M22×1.5</td><td rowspan="2">18</td><td>110</td></tr>
<tr><td>90</td><td>114</td><td>45</td><td>50</td><td>63</td><td>M36×2</td><td>M33×2</td><td>50</td><td>66
▲76</td><td>312
▲332</td><td>—</td></tr>
<tr><td>100</td><td>127</td><td>50</td><td>55</td><td>70</td><td rowspan="3">50 或 GE50ES</td><td colspan="2" rowspan="3">60</td><td rowspan="3">65</td><td>M42×2</td><td>M36×2</td><td>55</td><td rowspan="3">60</td><td>72
▲82</td><td>357
▲377</td><td rowspan="4">M27×2</td><td rowspan="4">20</td><td rowspan="10"></td></tr>
<tr><td>110</td><td>140</td><td>55</td><td>63</td><td>80</td><td>M48×2</td><td>M42×2</td><td>60</td><td>77
▲87</td><td>372
▲392</td></tr>
<tr><td>125</td><td>152</td><td>63</td><td>70</td><td>90</td><td>M52×2</td><td>M48×2</td><td>65</td><td>78</td><td>377</td></tr>
<tr><td>140</td><td>168</td><td>70</td><td>80</td><td>100</td><td rowspan="3">60 或 GE60ES</td><td colspan="2" rowspan="3">70</td><td rowspan="3">75</td><td>M60×2</td><td>M53×2</td><td>70</td><td>70</td><td>85
▲95</td><td>418
▲438</td></tr>
<tr><td>150</td><td>180</td><td>75</td><td>85</td><td>105</td><td>M64×2</td><td>M56×2</td><td>75</td><td>75</td><td>92
▲102</td><td>428
▲448</td><td rowspan="2">M33×2</td><td rowspan="2">22</td></tr>
<tr><td>160</td><td>194</td><td>80</td><td>90</td><td>110</td><td>M68×2</td><td>M60×2</td><td>80</td><td>70</td><td>100</td><td>438</td></tr>
<tr><td>180</td><td>219</td><td>90</td><td>100</td><td>125</td><td>70 或 GE70ES</td><td colspan="2">80</td><td>85</td><td>M76×3</td><td>M68×3</td><td>90</td><td>89</td><td>107</td><td>483</td><td rowspan="4">M42×2</td><td rowspan="2">24</td></tr>
<tr><td>200</td><td>245</td><td>100</td><td>110</td><td>140</td><td>80 或 GE80ES</td><td>95</td><td>90</td><td>95</td><td>M85×3</td><td>M76×3</td><td>100</td><td>100</td><td>110</td><td>513</td></tr>
<tr><td>220</td><td>273</td><td>110</td><td>125</td><td>160</td><td>90 或 GE90ES</td><td>105</td><td>100</td><td>105</td><td>M95×3</td><td>M85×3</td><td>110</td><td>110</td><td>120</td><td>565</td><td rowspan="2">25</td></tr>
<tr><td>250</td><td>299</td><td>125</td><td>140</td><td>180</td><td>100 或 GE100ES</td><td>120</td><td>110</td><td>120</td><td>M105×3</td><td>M95×3</td><td>120</td><td>120</td><td>135</td><td>624</td></tr>
</table>

续表

缸径 D	L_{15}	L_{16}	L_{14}	L_{17}	ϕ_3	ϕ_4	ϕ_5	H_3	L_{24}	$n\times\phi_6$	L_{37}	L_{38}	S
80	125	185	292	25	115	145	175	20	98	8×ϕ13.5	>230 <175+S	>215 <205+S	55
90	140	200	287 ▲307		130	160	190		89 ▲99	8×ϕ15.5	>230 <170+S	>215 <200+S	60
100	155	230	327 ▲347	30	145	180	210		105 ▲115	8×ϕ18	>265 <185+S	>245 <225+S	80
110	170	245	342 ▲362		160	195	225	22	107 ▲117	8×ϕ18	>270 <200+S	>250 <235+S	70
125	185	260	347		175	210	240		105	10×ϕ18	>260 <205+S	>240 <245+S	55
140	200	290	383 ▲403	35	190	225	260	24	121 ▲131	10×ϕ20	>305 <225+S	>280 <265+S	80
150	215	305	393 ▲413		205	245	285	26	122 ▲132	10×ϕ22	>315 <235+S	>295 <275+S	80
160	230	320	403		220	260	300	28	122	10×ϕ22	>315 <245+S	>295 <285+S	70
180	255	360	443	42	245	285	325	30	133	10×ϕ24	>350 <260+S	>325 <305+S	90
200	285	405	463	40	275	320	365	32	146	10×ϕ26	>370 <220+S	>345 <320+S	100
220	320	455	508	53	305	355	405	34	160	10×ϕ29	>400 <290+S	>370 <345+S	100
250	350	500	557	55	330	390	450	36	181	12×ϕ32	>440 <325+S	>405 <385+S	105

注：1. M_2 用于速比 φ=1.46 和 2；M_3 仅用于速比 φ=1.33。

2. 带▲者仅为速比 φ=2 时的接连尺寸。

3. 带※者速比为 1.7。

4. 带△者仅为 ϕ80 缸卡键式尺寸。

5. 铰轴和中部法兰连接的行程不得小于表中 S 值。

⑤ HSG 型工程液压缸外形尺寸（外螺纹连接）

表 20-8-43　　HSG 型工程液压缸外形尺寸（外螺纹连接）　　mm

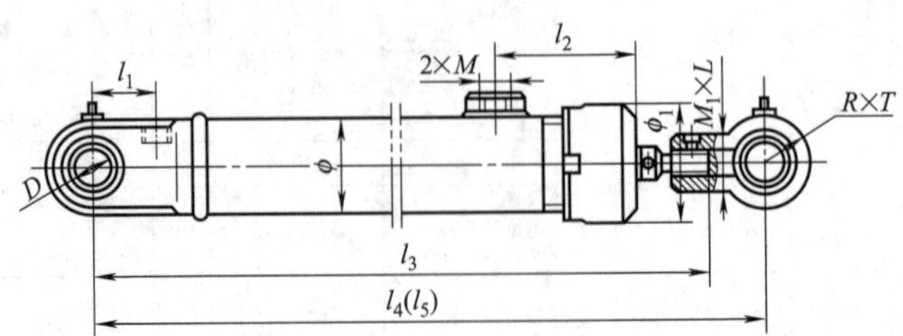

缸径	ϕ	ϕ_1	D	l_1	l_2	l_3	l_4	l_5	$R\times T$(厚)	2×M	$M_1\times L$(长)
63	76	90	30	40	77	273+行程	310+行程	275+行程	35×35	M18×1.5	M27×2×(35)
80	95	110	40	45	77	302+行程	365+行程	310+行程	45×35	M18×1.5	M27×2×(35)

⑥ HSG 型工程液压缸外形尺寸（内卡键连接）

表 20-8-44　　HSG 型工程液压缸外形尺寸（内卡键连接）　　mm

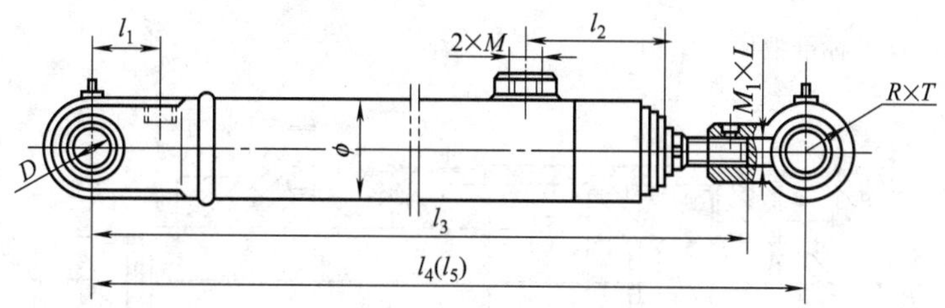

缸径	ϕ	D	l_1	l_2	l_3	l_4	l_5	$R\times T$(厚)	$2\times M$	$M_1\times L$(长)
80	95	40	45	65	302＋行程	365＋行程	310＋行程	45×45	M18×1.5	M32×2×(45)
90	108				307＋行程	370＋行程	310＋行程			M36×2×(50)
100	121	50	55		352＋行程	430＋行程	365＋行程	60×60	M22×1.5	M42×2×(55)
110	133			70	362＋行程	440＋行程	370＋行程			M48×2×(60)
125	152			82	383＋行程	455＋行程	380＋行程			M52×2×(65)
140	168	60	65	87	412＋行程	500＋行程	420＋行程	70×70	M27×2	M60×2×(70)
160	194			95	427＋行程	515＋行程	430＋行程			M68×2×(75)
180	219	70	75	100	488＋行程	590＋行程	490＋行程	80×80	M33×2	M76×3×(85)
200	245	80	85	105	518＋行程	630＋行程	520＋行程	90×90		M85×3×(95)
220	273	90	90	110	565＋行程	690＋行程	565＋行程	100×100	M42×2	M95×3×(110)
250	299	100	100	120	598＋行程	730＋行程	595＋行程	110×110		M100×3×(120)

⑦ HSG 型工程液压缸外形尺寸（法兰连接）

表 20-8-45　　HSG 型工程液压缸外形尺寸（法兰连接）　　mm

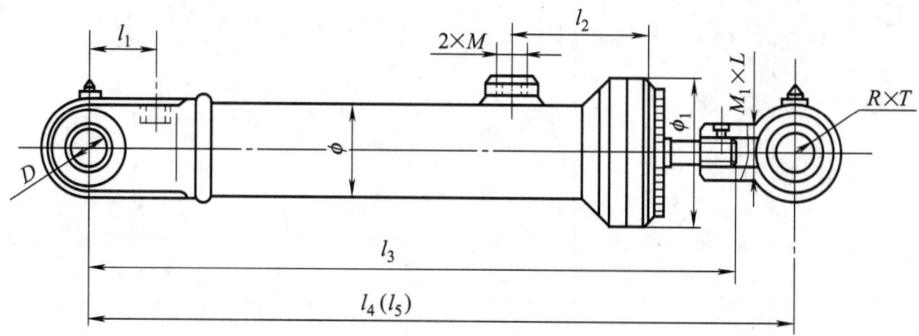

缸径	ϕ	ϕ_1	D	l_1	l_2	l_3	l_4	l_5	$R\times T$(厚)	$2\times M$	$M_1\times L$(长)
80	95	120	40	45	65	302＋行程	365＋行程	310＋行程	45×45	M18×1.5	M32×2×(45)
90	108	140				307＋行程	370＋行程	310＋行程			M36×2×(50)
100	121	150	50	55		352＋行程	430＋行程	365＋行程	60×60	M22×1.5	M42×2×(55)
110	133	165			70	362＋行程	440＋行程	370＋行程			M48×2×(60)
125	152	185			82	383＋行程	455＋行程	380＋行程			M52×2×(65)
140	168	200	60	65	87	412＋行程	500＋行程	420＋行程	70×70	M27×2	M60×2×(70)
160	194	220			95	427＋行程	515＋行程	430＋行程			M68×2×(75)
180	219	250	70	75	100	488＋行程	590＋行程	490＋行程	80×80	M33×2	M76×3×(85)
200	245	270	80	85	105	518＋行程	630＋行程	520＋行程	90×90		M85×3×(95)
220	273	300	90	90	110	565＋行程	690＋行程	565＋行程	100×100	M42×2	M95×3×(110)
250	299	330	100	100	120	598＋行程	730＋行程	595＋行程	110×110		M100×3×(120)

8.6.2 冶金设备用标准液压缸系列

8.6.2.1 YHG_1 型冶金设备标准液压缸

(1) YHG_1 型冶金设备标准液压缸结构

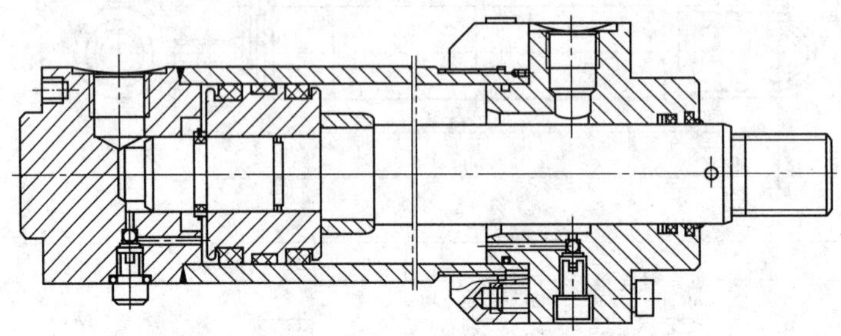

图 20-8-6 YHG_1 型冶金设备标准液压缸结构

(2) YHG_1 型冶金设备标准液压缸型号意义

Y HG_1 - ※ D / d × ※ ※ ※ - ※ ※ ※ ※

- 使用温度：T_1—40～80℃；T_2—40～120℃
- 工作介质：O—机油、液压油；W—高水基(乳化液)；P—水-乙二醇
- 杆端结构：L_1—外螺纹；L_2—内螺纹
- 附加装置—H—带缓冲
- 安装方法：
  - J—基本型
  - F_1—头部长方法兰(用于缸径 $D \leqslant 125$mm)
  - F_2—尾部长方法兰(用于缸径 $D \leqslant 125$mm)
  - F_3—头部圆法兰
  - F_4—尾部圆法兰
  - F_5—头部方法兰(用于缸径 $D \leqslant 125$mm)
  - F_6—尾部方法兰(用于缸径 $D \leqslant 125$mm)
  - E—尾部单耳环：F_1 带开节轴承；E_2 带轴承
  - Z_1—头部销轴(用于 $D \leqslant 100$mm)
  - Z_2—中间销轴
  - Z_3—尾部销轴
  - J_1—轴向脚架
  - J_2—轴向脚架
- 油口连接：L—螺纹连接(用于 $D \leqslant 220$mm)；F—法兰连接(用于 $D \geqslant 250$mm)
- 行程(mm)
- 杆径(mm)
- 缸径(mm)
- 压力级别：E—16MPa；G—25MPa
- 双作用活塞缸第一种类型
- 冶金标准液压缸

（3）YHG_1 型冶金设备标准液压缸技术规格

表 20-8-46　YHG_1 型冶金设备标准液压缸技术规格

缸径 D/mm	速比 φ	杆径 MM /mm	YHG_1E(16MPa) 推力 /N	YHG_1E(16MPa) 拉力 /N	YHG_1G(25MPa) 推力 /N	YHG_1G(25MPa) 拉力 /N
40	1.46	22	20100	14000	31400	21840
	2	28		10200		15910
50	1.46	28	31400	21500	49800	34540
	2	36		15100		23550
63	1.46	36	49800	33500	77680	52260
	2	45		24400		38600
80	1.46	45	80400	54900	125400	85640
	2	56		41000		63960
90	1.46	50	101700	70300	152600	109600
	2	63		51900		80960
100	1.46	56	125600	86200	195900	134400
	2	70		64000		99840
110	1.46	63	152000	102000	237100	159100
	2	80		71600		111600
125	1.46	70	196000	134700	305700	210100
	2	90		94500		147400
140	1.46	80	246300	165800	384200	258600
	2	100		120600		188100
150	1.46	85	282700	191900	441000	299300
	2	105		144200		224900
160	1.46	90	321700	219900	501800	343000
	2	110		169600		264500
180	1.46	100	407100	281400	635070	438900
	2	125		210800		328800
200	1.46	110	502600	350600	784050	546900
	2	140		256300		399900
220	1.46	125	608200	411800	948700	642400
	2	160		306300		477800
250	1.46	140	785400	539000	1365600	840800
	2	180		378200		589900
280	1.46	160	985200	683300	1536900	1065900
	2	200		482500		751900
320	1.46	180	1286800	879600	2007700	1371200
	2	220		678500		1057600

（4）YHG_1 型冶金设备标准液压缸外形尺寸

表 20-8-47　Y-HG_1ED/d× ※※ J-※L_1 ※（基本型）液压缸外形尺寸　mm

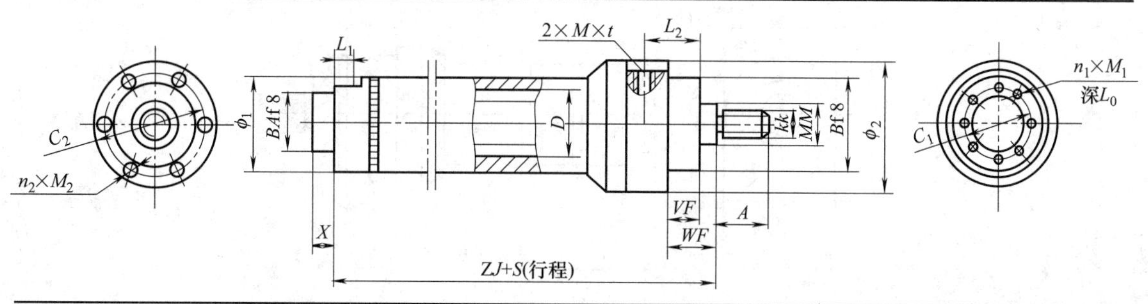

第 20 篇

续表

缸径 D	速比 φ	杆径 MM	kk	A	$M\times t$	B	BA	C_1	C_2	ϕ_1	ϕ_2	VF	WF	ZJ	X	L_1	L_2	L_0	$n_1\times M_1$	$n_2\times M_2$	质量 /kg	每增加 10mm 的质量增加 /kg
40	1.46	22	M16×1.5	22	M18×1.5	48	20	42	66	54	80	19	32	190	8	26	44	12	8×M6	6×M8	3.9	0.111
	2	28	M20×1.5	28																	3.85	0.129
50	1.46	28	M20×1.5	28	M18×1.5	55	30	50	75	63.5	90	24	38	205	8	28	61	12	8×M6	6×M8	6.74	0.142
	2	36	M27×2	36																	6.76	0.174
63	1.46	36	M27×2	36	M27×2	70	38	60	90	76	108	29	45	224	10	25	52	12	8×M8	6×M10	8.5	0.234
	2	45	M33×2	45																	9.78	0.234
80	1.46	45	M33×2	45	M27×2	86	55	75	112	95	134	36	54	250	10	36	58	13	8×M10	6×M12	16.82	0.295
	2	56	M42×2	56																	18.3	0.36
90	1.46	50	M42×2	56	M27×2	100	55	80	132	108	158	36	55	270	10	43	63	17	8×M12	6×M16	19.3	0.41
	2	63	M48×3	63																	23.43	0.37
100	1.46	56	M42×2	56	M33×2	118	68	95	150	121	175	37	57	300	10	47	69	18	8×M12	8×M16	33.1	0.51
	2	70	M48×3	63																	31.6	0.48
110	1.46	63	M48×3	63	M33×2	132	68	95	165	133	195	37	57	310	10	50	73	22	8×M16	8×M16	41.48	0.52
	2	80	M48×3	63																	40	0.6
125	1.46	70	M48×3	63	M33×2	150	80	115	184	152	212	37	60	325	10	50	85	22	8×M16	8×M16	51	0.46
	2	90	M64×3	85																	52.48	0.6
140	1.46	80	M48×3	63	M42×2	165	95	132	200	168	230	37	62	335	10	53	74	22	8×M16	8×M16	64.8	0.79
	2	100	M80×3	95																	67	0.83
150	1.46	85	M64×3	85	M42×2	175	105	140	215	180	245	41	64	350	10	54	85	22	8×M16	8×M16	81.3	0.89
	2	105	M80×3	95																	83.43	0.95
160	1.46	90	M64×3	85	M42×2	190	110	150	230	194	265	41	66	370	10	59	91	26	8×M20	8×M20	133.29	1.04
	2	110	M80×3	95																	131.69	1.05
180	1.46	100	M80×3	95	M48×2	200	110	160	250	219	280	41	70	410	15	65	98	27	8×M20	8×M20	102.66	1.32
	2	125	M80×3	95																	130.94	1.36
200	1.46	110	M80×3	95	M48×2	215	120	170	280	245	310	45	75	450	15	65	115	27	8×M20	8×M20	181.75	1.53
	2	140	M100×3	112																	183.23	1.7
220	1.46	125	M100×3	112	M48×2	240	140	200	310	273	340	45	80	490	20	75	123	36	8×M24	12×M20	240	2.25
	2	160	M100×3	112																	259	2.33
250	1.46	140	M100×3	112	ϕ40	280	160	220	340	299	380	64	96	550	25	80	145	36	8×M24	12×M24	321	2.5
	2	180	M125×3	125																	406.58	2.5
280	1.46	160	M125×4	125	ϕ40	300	180	240	370	325	410	64	100	600	30	80	162	36	8×M24	12×M24	484.5	2.67
	2	200	M125×4	125																	534.3	2.87
320	1.46	180	M125×4	125	ϕ40	360	200	310	430	377	470	71	108	660	35	80	190	36	12×M24	16×M24	745.5	2.8
	2	220	M160×4	160																	797.2	3.1

表 20-8-48　Y-HG$_1$-ED/d× ※※ F$_1$-※L$_1$ ※(头部长方法兰) 液压缸外形尺寸　mm

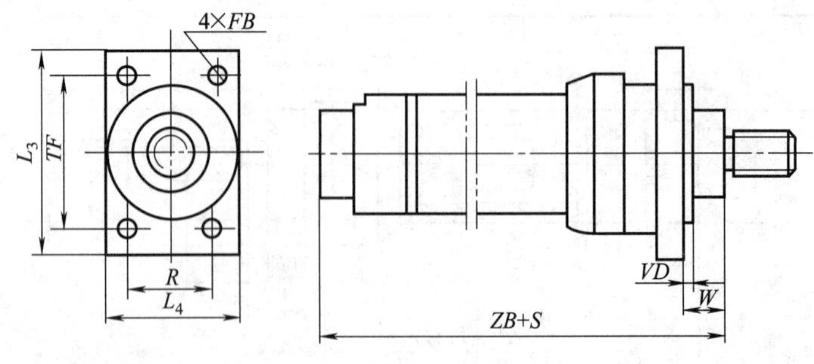

续表

缸径 D	40	50	63	80	90	100	110	125
W	16	18	20	22	23	25	25	28
ZB	198	213	234	260	280	310	320	335
R	40.6	48.2	55.5	63.1	120	120	140	150
TF	98	116.4	134	152.5	168	184.8	200	217.1
VD	3	4	4	4	4	5	5	5
L_4	86	95	115	140	170	185	205	225
L_3	120	11	165	190	210	230	245	260
FB	9	11	13.5	17.5	22	22	22	22

表 20-8-49　Y-HG$_1$-ED/d× ※※ F$_2$-※L$_1$ ※(尾部长方法兰) 液压缸外形尺寸　mm

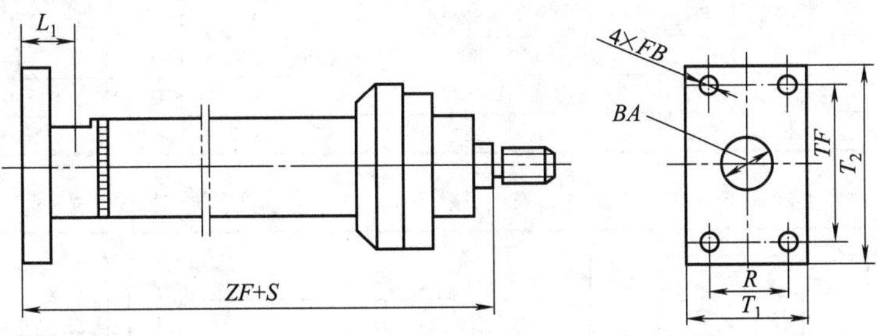

缸径 D	40	50	63	80	90	100	110	125
ZF	206	225	249	282	302	332	342	357
FB	9	11	13.5	17.5	22	22	22	22
R	40.6	48.2	55.5	63.1	70	76.5	83	90.2
T_1	65	75	85	100	115	120	130	155
TF	98	116.4	134	152.5	168	184.8	200	217.1
T_2	120	140	164	200	210	230	245	260
BA	20	30	38	55	55	68	60	80
L_1	42	38	50	68	75	79	82	82

表 20-8-50　Y-HG$_1$-ED/d× ※※ F$_3$-※L$_1$ ※(头部圆法兰) 液压缸外形尺寸　mm

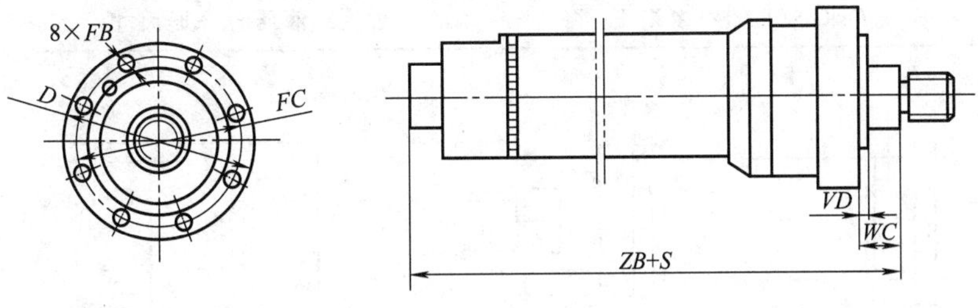

缸径 D	40	50	63	80	90	100	110	125	140	150	160	180	200	220	250	280	320
VD	3	4	4	4	4	5	5	5	5	5	5	5	5	5	8	8	8
ZB	198	213	234	260	280	310	320	335	345	360	380	425	465	510	575	630	695
FC	106	126	145	165	195	210	230	250	265	280	300	325	355	390	430	470	530
FB	9	11	13.5	17.5	22	22	22	22	22	22	22	26	26	33	33	39	39
D	126	150	175	200	240	255	275	295	310	325	345	375	405	445	485	525	595
WC	16	18	20	22	23	25	25	28	30	28	30	34	35	40	40	44	45

表 20-8-51 Y-HG$_1$-ED/d× ※※ F$_3$-※L$_1$ ※(尾部圆法兰) 液压缸外形尺寸 mm

缸径 D	40	50	63	80	90	100	110	125	140	150	160	180	200	220	250	280	320
FC	106	126	145	165	185	200	215	235	255	265	280	310	340	380	420	470	520
D	126	150	175	200	228	245	260	280	300	310	325	360	390	435	475	525	585
L_1	42	38	50	68	75	79	82	82	88	90	95	105	105	120	136	140	143
BA	20	30	38	55	55	68	60	80	95	105	110	110	120	140	160	180	200
ZP	206	225	249	282	302	332	342	357	370	386	406	450	490	535	606	660	723
FB	6	11	13.5	17.5	22	22	22	22	22	22	22	26	26	33	33	39	39

表 20-8-52 Y-HG$_1$-ED/d× ※※ F$_5$-※L$_1$ ※(头部方法兰) 液压缸外形尺寸 mm

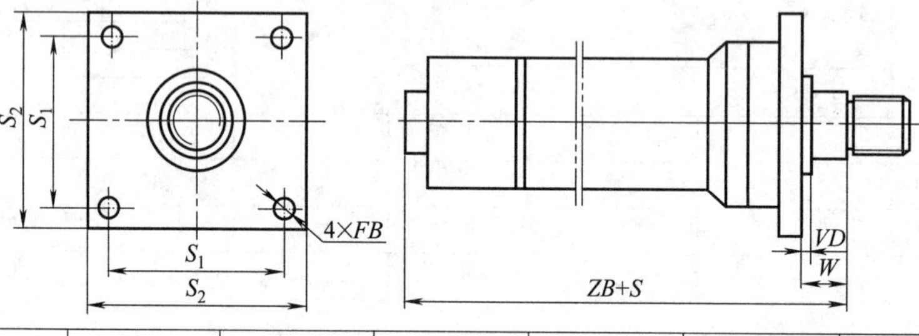

缸径 D	40	50	63	80	90	100	110	125
ZB	198	213	234	260	280	310	320	335
VD	3	4	4	4	4	5	5	5
W	16	18	20	22	23	25	25	28
FB	9	11	13.5	17.5	22	22	22	22
S_1	95	115	132	155	170	190	215	224
S_2	115	140	160	190	210	230	255	265

表 20-8-53 Y-HG$_1$-ED/d× ※※ F$_6$-※L$_1$ ※(尾部方法兰) 液压缸外形尺寸 mm

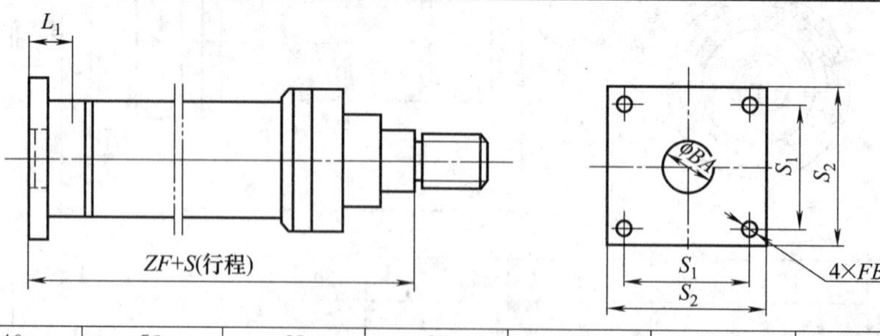

缸径 D	40	50	63	80	90	100	110	125
ZF	206	225	249	282	302	332	342	357
BA	20	30	38	55	55	68	60	80
L_1	42	38	50	68	75	79	82	82
FB	9	11	13.5	17.5	22	22	22	22
S_1	65	80	95	110	120	135	145	160
S_2	90	110	130	150	165	180	190	205

表 20-8-54 Y-HG$_1$-ED/d× ※※ E$_1$ \×2-※L$_1$ ※(尾部单耳环) 液压缸外形尺寸 mm

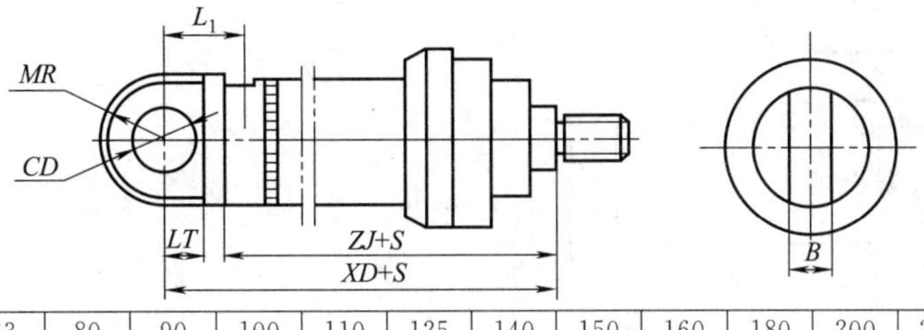

缸径 D	40	50	63	80	90	100	110	125	140	150	160	180	200	220	250	280	320
CD	20	25	30	40	45	50	50	60	70	70	80	90	100	110	120	140	160
MR	27	32	38	47.5	54	60.5	66.5	76	84	90	97	109.5	122.5	136.5	149.5	162.5	188.5
LT	25	32	40	50	58	63	67	71	78	84	90	100	112	140	160	175	200
ZJ	190	205	224	250	270	300	310	325	335	350	370	410	450	490	550	600	660
B	18	22	26	30	35	38	38	50	58	58	62	68	72	72	88	90	92
L_1	67	70	90	118	133	142	145	153	163	179	194	205	230	255	303	325	350
XD	231	257	289	332	360	395	405	428	445	475	505	550	615	670	773	845	930

表 20-8-55 Y-HG$_1$-ED/d× ※※ Z$_1$-※L$_1$ ※(头部销轴) 液压缸外形尺寸 mm

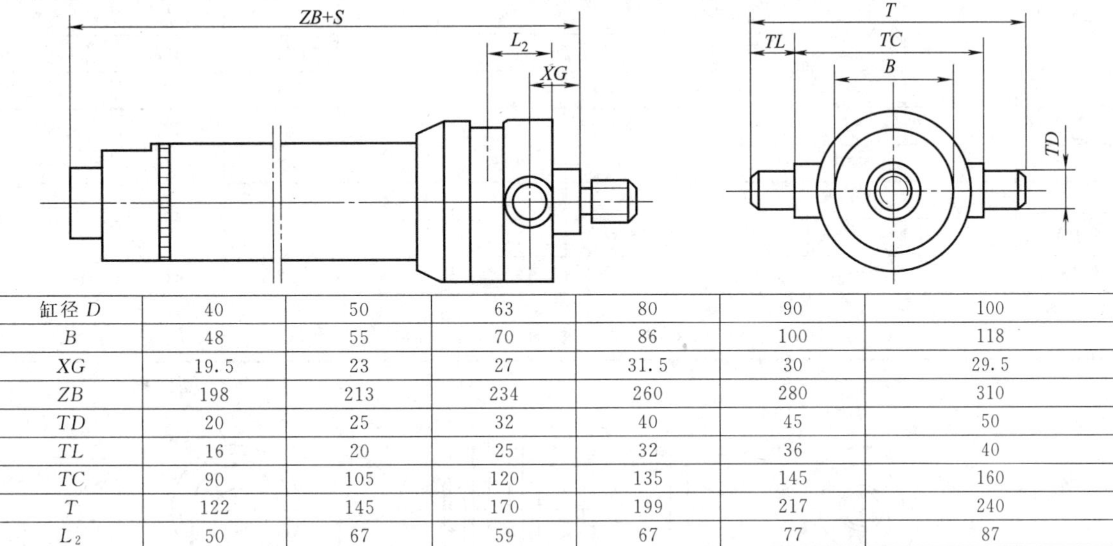

缸径 D	40	50	63	80	90	100
B	48	55	70	86	100	118
XG	19.5	23	27	31.5	30	29.5
ZB	198	213	234	260	280	310
TD	20	25	32	40	45	50
TL	16	20	25	32	36	40
TC	90	105	120	135	145	160
T	122	145	170	199	217	240
L_2	50	67	59	67	77	87

表 20-8-56 Y-HG$_1$-ED/d× ※※ Z$_2$ (1)-※L$_1$ ※(中间销轴) 液压缸外形尺寸 mm

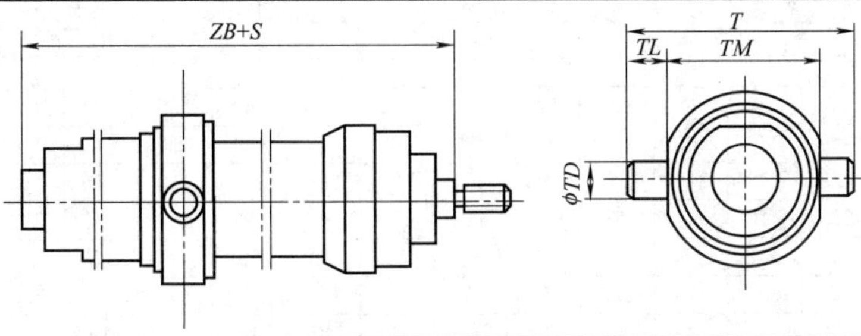

缸径 D	40	50	63	80	90	100	110	125	140	150	160	180	200	220	250	280	320
ZB	198	213	234	260	280	310	320	335	345	360	380	425	465	510	575	630	695
TD	20	25	32	40	45	50	55	63	70	75	80	90	100	110	125	140	160
TL	16	20	25	32	36	40	45	50	55	60	63	70	80	90	100	110	125
TM	90	105	120	135	145	160	175	195	210	225	240	265	295	330	370	420	470
T	122	145	170	199	217	240	265	295	320	345	366	405	455	510	570	640	720

表 20-8-57　　Y-HG₁-ED/d× ※※ Z₃-※L₁ ※（尾部销轴）液压缸外形尺寸　　mm

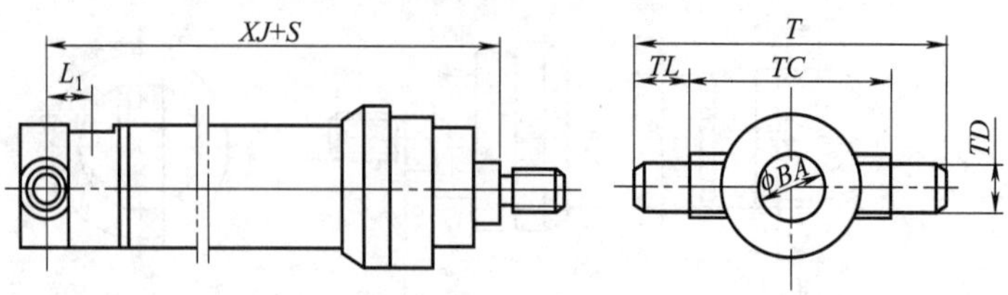

缸径 D	40	50	63	80	90	100	110	125	140
XJ	202.5	220	242	272.5	295	327.5	340	350	372.5
TD	20	25	32	40	45	50	55	63	70
TL	16	20	25	32	36	40	45	50	55
TC	90	105	120	135	145	160	175	195	210
T	122	145	170	199	217	240	265	295	320
BA	20	30	38	55	55	68	60	80	95
L_1	38.5	33	43	58.5	68	74.5	80	84	90.5
缸径 D	150	160	180	200	220	250	280	320	—
XJ	390	412.5	457.5	502.5	547.5	615	672.5	742.5	—
TD	75	80	90	100	110	125	140	160	—
TL	60	63	70	80	90	100	110	125	—
TC	225	240	265	295	330	370	420	470	—
T	345	366	405	455	510	570	640	720	—
BA	105	110	110	120	140	160	180	200	—
L_1	94	101.5	112.5	117.5	132.5	145	152.5	162.5	—

表 20-8-58　　Y-HG₁-ED/d× ※※ J₁-※L₁ ※（轴向脚架）液压缸外形尺寸　　mm

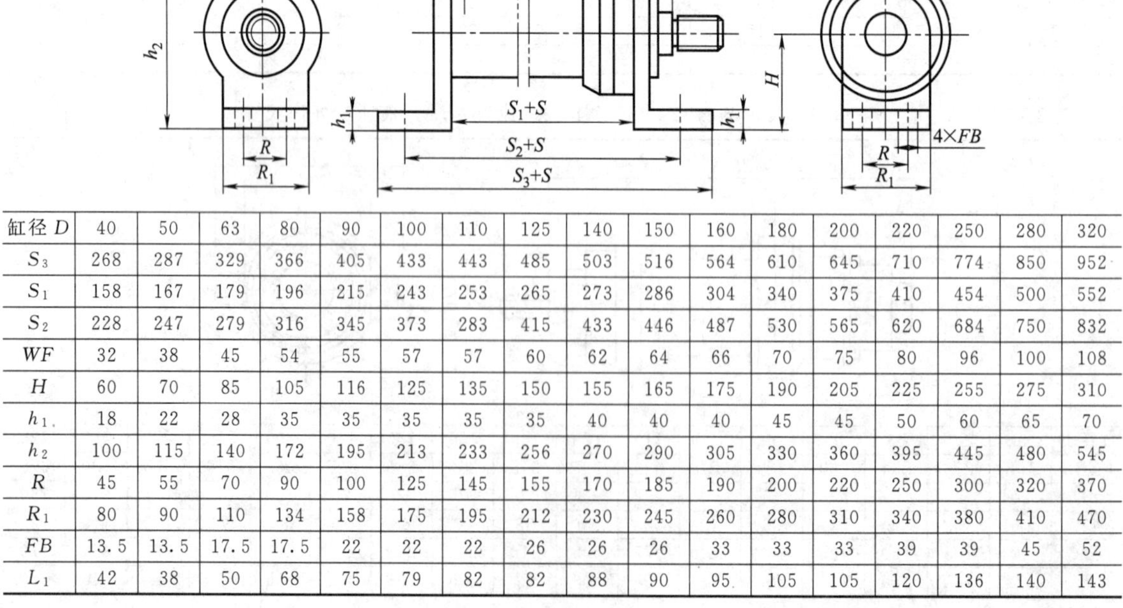

缸径 D	40	50	63	80	90	100	110	125	140	150	160	180	200	220	250	280	320
S_3	268	287	329	366	405	433	443	485	503	516	564	610	645	710	774	850	952
S_1	158	167	179	196	215	243	253	265	273	286	304	340	375	410	454	500	552
S_2	228	247	279	316	345	373	283	415	433	446	487	530	565	620	684	750	832
WF	32	38	45	54	55	57	57	60	62	64	66	70	75	80	96	100	108
H	60	70	85	105	116	125	135	150	155	165	175	190	205	225	255	275	310
h_1	18	22	28	35	35	35	35	35	40	40	40	45	45	50	60	65	70
h_2	100	115	140	172	195	213	233	256	270	290	305	330	360	395	445	480	545
R	45	55	70	90	100	125	145	155	170	185	190	200	220	250	300	320	370
R_1	80	90	110	134	158	175	195	212	230	245	260	280	310	340	380	410	470
FB	13.5	13.5	17.5	17.5	22	22	22	26	26	26	33	33	33	39	39	45	52
L_1	42	38	50	68	75	79	82	82	88	90	95	105	105	120	136	140	143

表 20-8-59 **头部耳环装配（D/dGT-E1，2）液压缸外形尺寸** mm

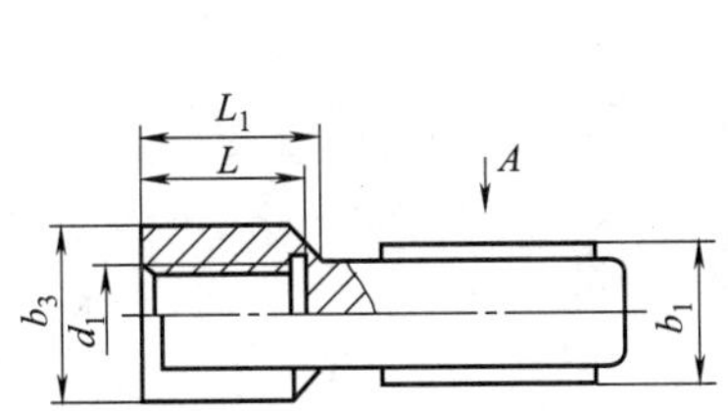

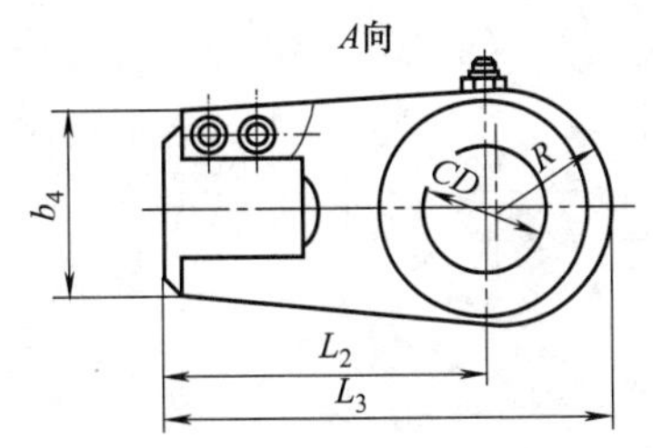

缸径 D	速比 φ	CD	d_1	b_1	b_3	b_4	L	L_1	L_2	L_3	R
40	1.46	20	M16×1.5	18	26	36	23	34	60	88	25
	2.0		M20×1.5		30	40	29	40	65	98	30
50	1.46	25	M20×1.5	22	30	40	29	40	72	105	30
	2.0		M27×2		37	47	37	48	80	118	35
63	1.46	30	M27×2	26	37	47	37	48	80	118	35
	2.0		M33×2		45	63	46	60	100	150	45
80	1.46	40	M33×2	30	45	63	46	60	100	160	45
	2.0		M42×2		56	72	57	70	120	182.5	57.5
90	1.46	45	M42×2	35	56	66	57	70	128	181	50
	2.0		M48×2		70	75	64	80	136	201	60
100	1.46	50	M42×2	38	56	72	57	70	133	195.5	57.5
	2.0		M48×2		70	78	64	80	143	213	65
110	1.46	50	M48×2	38	70	75	64	80	147	212	60
	2.0		M48×2		70	94	64	80	147	229	75
125	1.46	60	M48×2	50	70	78	64	80	151	221	65
	2.0		M64×2		90	104	87	105	176	271	85
140	1.46	70	M48×2	58	70	94	64	80	158	240	75
	2.0		M80×3		110	122	97	117	195	300	95
150	1.46	70	M64×3	58	90	98	87	105	190	277	80
	2.0		M80×3		110	116	97	117	200	287	80
160	1.46	80	M64×3	62	90	104	87	105	195	290	85
	2.0		M80×3		110	130	97	117	207	327	110
180	1.46	90	M80×3	68	110	122	97	117	220	325	95
	2.0		M80×3		110	140	97	117	220	350	120
200	1.46	100	M80×3	72	110	130	97	117	230	350	110
	2.0		M100×3		140	160	114	140	252	392	130
220	1.46	110	M100×3	72	140	160	114	140	280	410	120
	2.0		M100×3		140	160	114	140	280	440	130
250	1.46	120	M100×3	88	140	160	114	140	300	440	130
	2.0		M125×4		165	185	127	170	330	510	170
280	1.46	140	M125×4	95	165	185	127	170	345	505	150
	2.0		M125×4		165	200	127	170	345	505	150
320	1.46	160	M125×4	105	165	185	127	170	370	505	170
	2.0		M160×4		220	220	162	110	410	590	170

8.6.2.2 ZQ 型重型冶金设备液压缸

（1）型号意义

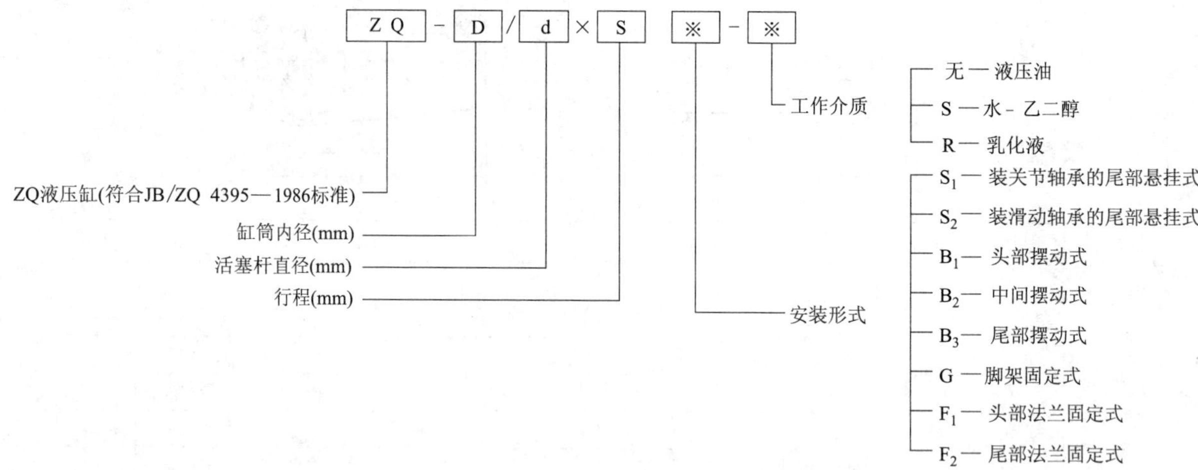

（2）技术规格

表 20-8-60　ZQ 型重型冶金设备液压缸技术规格

缸径 D/mm	速比 φ	杆径 d/mm	推力/kN	拉力/kN	许用最大行程/mm					
					S_1、S_2 型	B_1 型	B_2 型	B_3 型	GF_1 型	F_1 型
40	1.4	22	31.42	21.91	40	200	135	80	450	120
	2	28		16.02	225	500	380	280	965	380
50	1.4	28	49.09	33.69	140	400	265	180	740	265
	2	36		23.64	335	600	530	350	1295	545
63	1.4	36	77.93	52.48	210	550	375	250	900	375
	2	45		38.17	435	800	670	400	1615	690
80	1.4	45	125.66	85.90	280	700	480	320	1235	505
	2	56		64.09	545	1000	835	500	1990	885
100	1.4	56	196.35	134.77	360	900	600	400	1520	610
	2	70		100.14	695	1300	1050	650	2480	1095
125	1.4	70	396.80	210.59	465	1100	760	550	1915	785
	2	90		147.75	960	2200	1415	1000	3310	1480
140	1.4	80	384.85	259.18	550	1400	900	630	2200	900
	1.6	90		225.80	800	1800	1210	800	2905	1260
	2	100		188.50	1055	2200	1560	1100	3640	1630
160	1.4	90	592.66	343.61	630	1400	100	700	2200	900
	1.6	100		306.31	840	2000	1295	900	2905	1260
	2	110		265.07	1095	2500	1630	1100	3640	1705
200	1.4	110	785.40	547.82	700	1800	1100	800	2890	1250
	1.6	125		478.60	1365	2200	1625	1100	3890	1700
	2	140		400.55	1445	3200	2135	1400	4975	2240
220	1.4	125	950.30	643.54	800	2200	1400	1000	3600	1400
	1.6	140		565.49	1205	2800	1850	1250	4440	1930
	2	160		447.68	1730	3600	2550	1800	5920	2675

续表

缸径 D/mm	速比 φ	杆径 d/mm	推力/kN	拉力/kN	许用最大行程/mm					
					S_1、S_2 型	B_1 型	B_2 型	B_3 型	GF_1 型	F_1 型
250	1.4 1.6 2	140 160 180	1227.19	842.34 724.52 581.01	900 1445 1965	2200 3200 4000	1400 1850 2550	1000 1250 1800	3600 4440 5920	1600 2280 3020
280	1.4 1.6 2	160 180 200	1539.38	1036.73 903.21 753.98	1100 1600 2100	2500 3400 4000	1800 2460 3155	1250 1790 2100	4000 5925 7305	1950 2575 3310
320	1.4 1.6 2	180 200 220	2010.62	1374.45 1225.22 1060.29	1250 1710 2215	2800 3600 4000	2000 2600 3270	1400 1800 3270	5000 6205 7635	2000 2730 3445

注：φ 为活塞受推力与受拉力面积之比。

(3) 外形尺寸

表 20-8-61　基本外形尺寸　mm

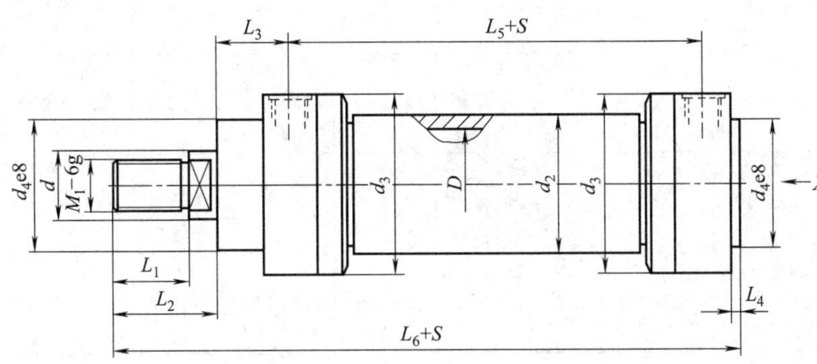

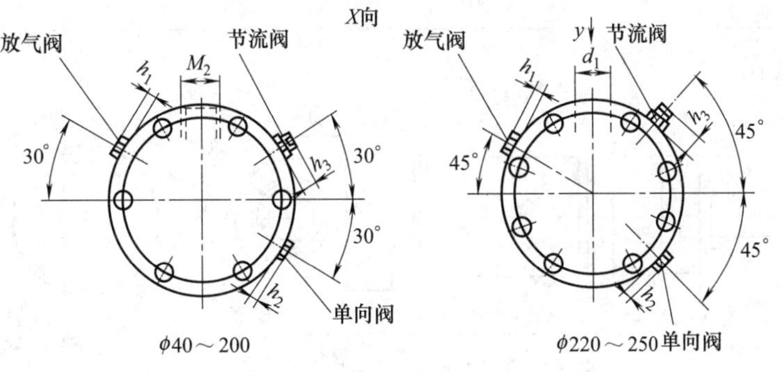

缸径 D	速比 φ	d	缓冲长度	M_1	M_2	d_1	d_2	d_3	d_4	L_1	L_2	L_3	L_4	L_5	L_6	h_1	h_2	h_3
40	1.4 2	22 28	18	M16×1.5	M22×1.5	—	57	85	55	25	38	60	5	125	248	5	7	6
50	1.4 2	28 36	24	M22×1.5	M22×1.5	—	63.5	105	68	34	50	60	5	130	265	5	7	6
63	1.4 2	36 45	28	M27×2	M27×2	—	76	120	75	40	60	67.5	5	145	300	6	8	7
80	1.4 2	45 56	35	M36×2	M27×2	—	102	135	95	54	75	70	5	160	335	6	8	8

续表

缸径 D	速比 φ	d	缓冲长度	M_1	M_2	d_1	d_2	d_3	d_4	L_1	L_2	L_3	L_4	L_5	L_6	h_1	h_2	h_3
100	1.4 2	56 70	40	M48×2	M33×2	—	121	165	115	68	95	82.5	5	180	390	6	8	8
125	1.4 2	70 90	45	M56×2	M42×2	—	152	200	135	81	110	97.5	8	215	463	7	10	10
140	1.4 1.6 2	80 90 100	50	M64×3	M42×2	—	168	220	155	90	120	105	8	240	508	7	10	10
160	1.4 1.6 2	90 100 110	50	M80×3	M48×2	—	194	265	180	101	135	117.5	8	270	568	7	10	10
200	1.4 1.6 2	110 125 140	60	M110×3	M48×2	—	245	310	215	119	152	135	8	315	650	7	13	13
220	1.4 1.6 2	125 140 160	70	M125×4	—	40	273	355	245	132	170	162.5	8	365	758	7	14	14
250	1.4 1.6 2	140 160 180	80	M140×4	—	40	299	395	280	148	185	172.5	8	379	797	7	14	14
280	1.4 1.6 2	160 180 200	90	M140×4	—	50	325	430	305	148	195	192.5	8	419	907	7	22	22
320	1.4 1.6 2	180 200 220	100	M160×4	—	50	377	490	340	172	215	212.5	10	465	975	7	22	22

表 20-8-62 尾部悬挂式液压缸外形尺寸 mm

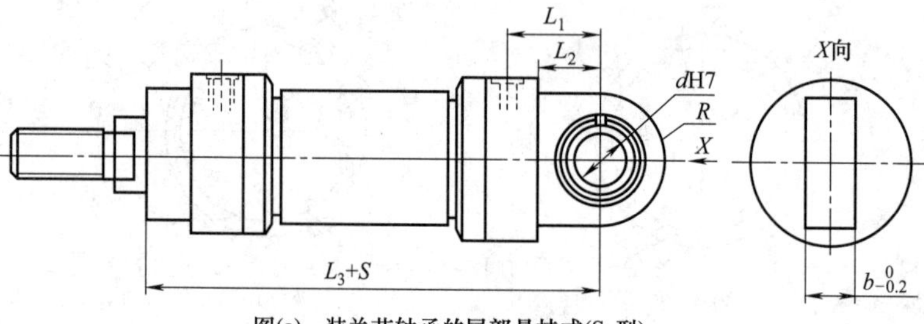

图(a) 装关节轴承的尾部悬挂式(S_2型)

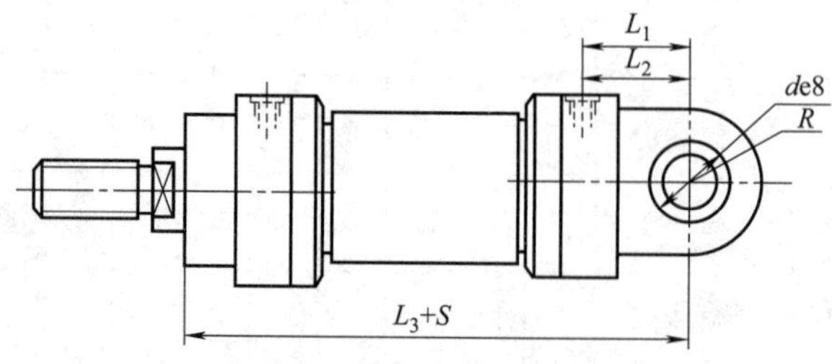

图(b) 装滑动轴承的尾部悬挂式(S_2型)

续表

缸径 D	40	50	63	80	100	125	140	160	200	220	250	280	320
b	23	28	30	35	40	50	55	60	70	80	90	100	110
d	25	30	35	40	50	60	70	80	100	110	120	140	160
R	30	34	42	50	63	70	77	88	115	132.5	150	170	190
L_1	50	55	67.5	75	87.5	102.5	110	122.5	155	177.5	192.5	222.5	347.5
L_2	30	35	45	50	60	70	75	85	115	125	140	150	175
L_3	235	245	280	305	350	415	455	510	605	705	744	834	925

表 20-8-63　　摆动式液压缸外形尺寸　　mm

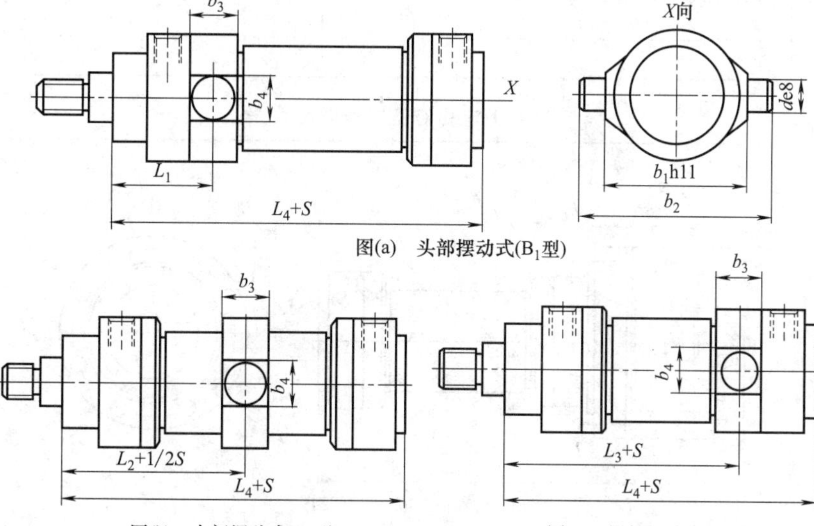

图(a)　头部摆动式(B_1型)

图(b)　中间摆动式(B_2型)　　图(c)　尾部摆动式(B_3型)

缸径 D	40	50	63	80	100	125	140	160	200	220	250	280	320
L_1	99	99	111	119	139	164	176	196	224	269	288	348	373
L_2	122	125	135	151	172	205	225	230	262	337	362	427.5	445
L_3	146	151	169	181	206	246	174	309	361	421	436	466	517
L_4	210	215	240	260	295	353	388	433	498	588	612	692	760
b_1	95	115	130	145	175	210	230	275	320	370	410	450	510
b_2	135	155	170	195	235	290	315	380	430	490	540	590	690
b_3	38	38	42	48	58	68	72	82	98	108	126	146	176
b_4	40	40	50	55	68	74	80	90	120	130	147	158	184
d	30	30	35	40	50	60	65	75	90	100	110	130	160

表 20-8-64　　脚架固定式（G 型）液压缸外形尺寸　　mm

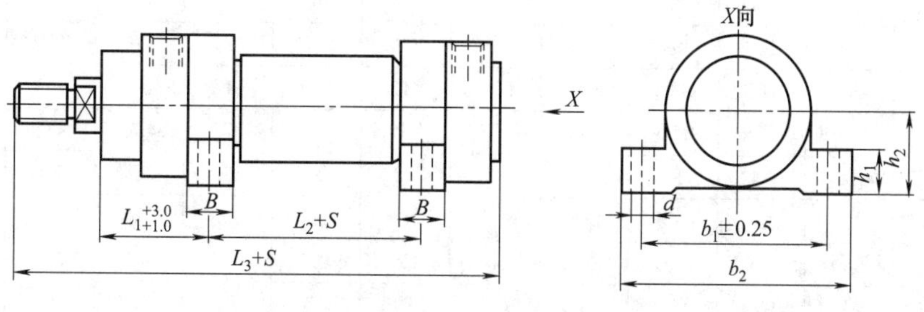

续表

缸径 D	40	50	63	80	100	125	140	160	200	220	250	280	320
L_1	92.5	92.5	105	115	135	160	172.5	192.5	220	262	275	320	345
L_2	60	65	70	70	75	90	105	120	145	166	174	164	200
L_3	248	265	300	335	390	463	508	568	650	758	797	887	975
B	25	25	30	40	50	60	65	75	90	94	100	110	120
b_1	110	130	150	170	205	255	280	330	385	445	500	530	610
b_2	135	155	180	210	250	305	340	400	465	530	600	630	730
d	11	11	14	18	22	26	26	33	39	45	52	52	62
h_1	25	30	35	40	50	60	65	70	85	95	110	125	140
h_2	45	55	65	70	85	105	115	135	160	185	205	225	255

表 20-8-65 法兰固定式液压缸外形尺寸 mm

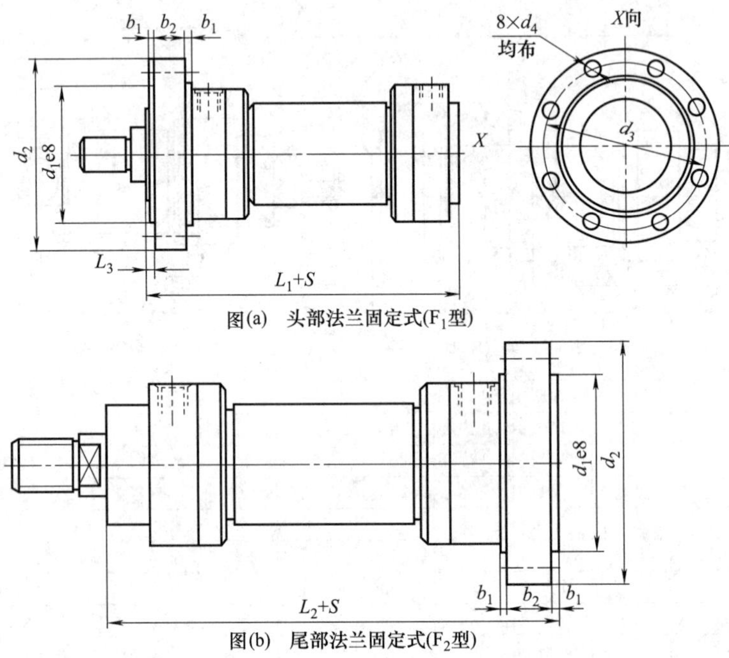

图(a) 头部法兰固定式(F_1型)

图(b) 尾部法兰固定式(F_2型)

缸径 D	40	50	63	80	100	125	140	160	200	220	250	280	320
b_1	5	5	5	5	5	10	10	10	10	10	10	10	10
b_2	30	30	35	35	45	45	50	60	75	85	85	95	95
d_1	90	110	130	145	175	210	230	275	320	370	415	450	510
d_2	130	160	185	200	245	295	315	385	445	490	555	590	680
d_3	108	130	155	170	205	245	265	325	375	430	485	520	600
d_4	9	11	14	14	18	22	22	26	33	33	39	39	45
L_1	210	215	240	260	295	353	388	433	498	588	612	692	760
L_2	245	250	280	300	345	410	450	505	585	685	709	799	865
L_3	5	5	5	5	5	10	10	10	10	15	25	15	35

表 20-8-66 活塞杆接头外形尺寸 mm

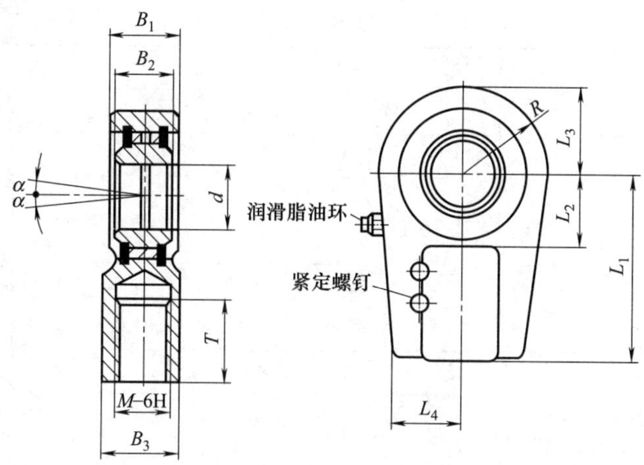

缸径 D	40	50	63	80	100	125	140	160	200	220	250	280	320
型号	GE16	GE22	CE27	CE36	CE48	CE56	CE64	CE80	CE110	CE125	CE140	CE160	CE160
B_1	23	28	30	35	40	50	55	60	70	80	90	110	110
B_2	20	22	25	28	35	44	49	55	70	70	85	90	90
B_3	28	34	44	55	70	87	105	125	170	180	210	230	230
d	25	30	35	40	50	60	70	80	100	110	120	140	140
M	M16×1.5	M22×1.5	M27×2	M36×2	M48×2	M56×2	M64×3	M80×3	M110×3	M125×4	M140×4	M160×4	M160×4
T	22	30	36	50	63	75	85	95	112	125	140	160	160
L_1	65	75	90	105	135	170	195	210	275	300	360	420	420
L_2	25	30	40	45	55	65	75	80	105	115	140	185	185
L_3	30	34	42	50	63	70	83	95	125	142.5	180	200	200
L_4	24	27	33	39	45	59	65	76	86	97	112	123	123
R	28	32	39	47	58	65	77	88	115	132.5	170	190	190
α/(°)	7	6	6	7	6	6	6	6	7	6	6	7	7
螺钉	M8×20	M8×20	M10×25	M12×30	M12×30	M16×40	M16×40	M20×50	M20×50	M24×60	M24×60	M30×80	M30×8

8.6.2.3 JB系列冶金设备液压缸

(1) 型号意义

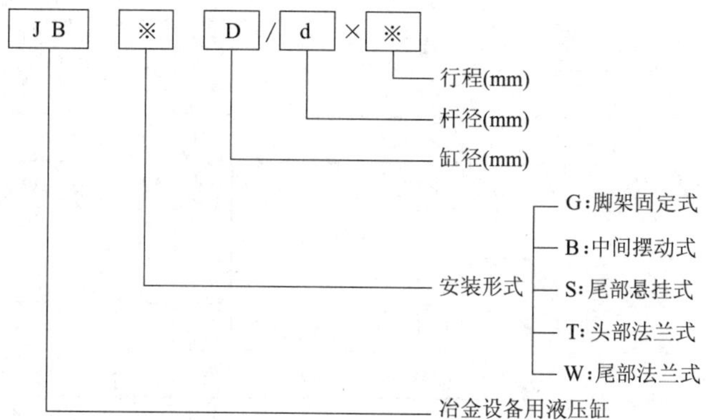

（2）技术规格

表 20-8-67　　**技术规格**

缸径/mm	杆径/mm	工作压力/MPa						最大行程/mm				
		6.3		10		16		安装形式				
		推力/kN	拉力/kN	推力/kN	拉力/kN	推力/kN	拉力/kN	G	B	S	T	W
50	28	12.40	8.50	19.60	13.50	31.40	21.60	1000	630	400	1000	450
63	36	19.64	13.22	31.17	20.99	49.90	33.58	1250	800	550	1250	630
80	45	31.67	21.70	50.30	34.00	80.00	55.00	1600	1000	800	1600	800
100	56	49.50	34.00	78.50	54.00	125.70	86.30	2000	1250	1000	2000	1000
125	70	77.30	53.20	122.70	84.20	196.35	135.00	2500	1600	1250	2500	1250
160	90	126.70	86.60	201.00	137.40	321.70	220.00	3200	2000	1600	3200	1800
200	110	197.90	138.00	314.00	219.20	502.70	350.00	3600	2500	2000	3600	2000
250	140	309.25	212.27	490.90	330.93	785.40	539.00	4750	3200	2500	4750	2800

（3）外形尺寸

表 20-8-68　　**G 型液压缸（脚架固定式）外形尺寸**　　mm

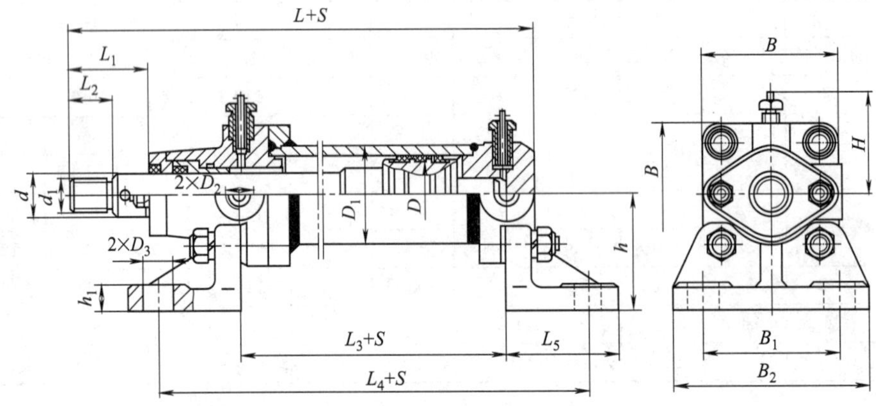

D	d	D_1	D_2	D_3	d_1	L	L_1	L_2	L_3	L_4	L_5	B	B_1	B_2	h	h_1	H（近似）
50	28	63.5	M18×1.5	18	M22×1.5	245	55	30	110	220	75	90	90	130	75	17	66
63	35	76	M22×1.5	22	M27×2	290	65	40	131	261	85	115	105	145	90	20	79
80	45	102	M27×2	25	M33×2	340	80	50	160	310	100	140	120	170	105	22	92
100	55	121	M27×2	32	M42×2	390	95	60	180	360	120	165	200	260	125	28	105
125	70	152	M33×2	40	M52×2	460	105	70	203	413	140	210	210	280	150	30	127
160	90	194	M33×2	45	M68×2	560	140	100	254	490	168	260	320	420	200	40	152
200	110	245	M42×2	50	M85×3	675	165	110	285	545	190	310	400	520	235	50	177
250	140	299	M48×2	60	M100×3	790	200	130	345	705	240	360	400	520	260	52	202

表 20-8-69 B型液压缸（中间摆动式）外形尺寸 mm

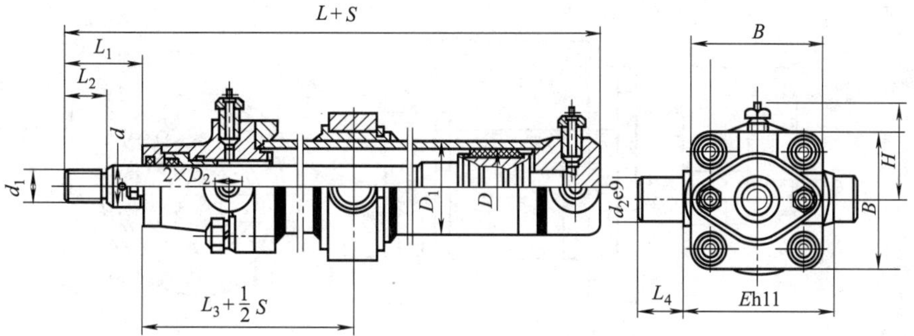

D	d	D_1	D_2	d_1	d_2	L	L_1	L_2	L_3	L_4	B	E	H(近似)
50	28	63.5	M18×1.5	M22×1.5	30	245	55	30	125.5	30	90	105	66
63	35	76	M22×1.5	M27×2	35	290	65	40	147.5	35	115	120	79
80	45	102	M27×2	M33×2	40	340	80	50	162	40	140	155	92
100	55	121	M27×2	M42×2	50	390	95	60	197.5	50	165	185	105
125	70	152	M33×2	M52×2	50	460	105	70	233	50	210	220	127
160	90	194	M33×2	M68×2	60	560	140	100	265	60	260	285	152
200	110	245	M42×2	M85×3	80	675	165	110	330	80	310	340	177
250	140	299	M48×2	M100×3	100	790	200	130	375	100	360	415	202

表 20-8-70 S型液压缸（尾部悬挂式）外形尺寸 mm

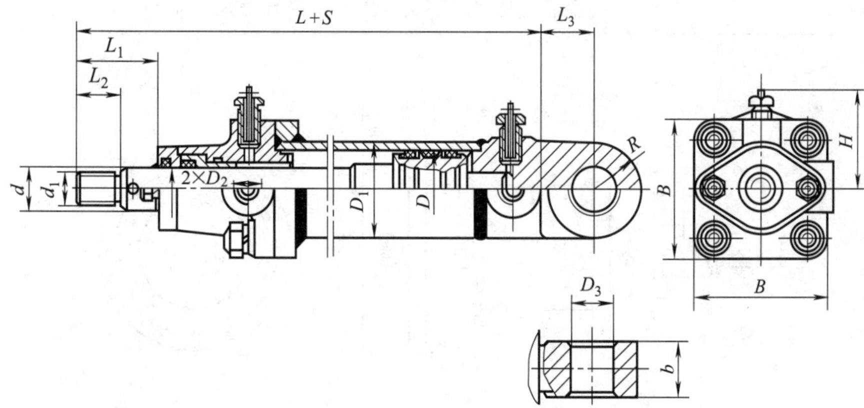

D	d	D_1	D_2	d_1	D_3	L	L_1	L_2	L_3	R	B	b	H(近似)
50	28	63.5	M18×1.5	M22×1.5	30	245	55	30	35	30	90	35	66
63	35	76	M22×1.5	M27×2	35	290	65	40	40	35	115	45	79
80	45	102	M27×2	M33×2	40	340	80	50	45	40	140	45	92
100	55	121	M27×2	M42×2	50	390	95	60	60	50	165	65	105
125	70	152	M33×2	M52×2	50	460	105	70	60	50	210	70	127
160	90	194	M33×2	M68×2	60	560	140	100	70	60	260	70	152
200	110	245	M42×2	M85×3	80	675	165	110	90	80	310	90	177
250	140	299	M48×2	M100×3	100	790	200	130	110	100	360	120	202

表 20-8-71　**T 型液压缸（头部法兰式）外形尺寸**　mm

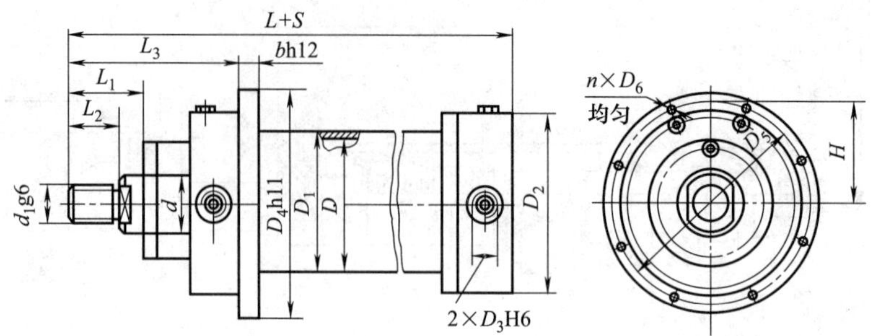

D	d	d_1	D_1	D_2	D_3	D_4	D_5	D_6	L	L_1	L_2	L_3	b	n	H
50	28	M22×1.5	63.5	106	M18×1.5	170	140	11	245	55	34.5	141	30	5	65
63	36	M27×2	76	120	M22×1.5	198	160	13.5	290	65	42	168	35	5	72
80	45	M33×2	102	136	M27×2	214	176	13.5	340	70	51	190	35	8	80
100	56	M42×2	121	160	M27×2	258	210	17.5	390	85	62	215	45	8	92
125	70	M56×2	152	188	M33×2	310	250	22	460	105	81	268	45	8	106
160	90	M72×3	194	266	M33×2	365	295	26	560	135	94	325	60	10	145
200	100	M90×3	245	322	M42×2	504	414	33	675	145	115	365	75	10	173
250	140	M100×3	299	370	M48×2	585	478	39	790	185	121	450	85	10	187

表 20-8-72　**W 型液压缸（尾部法兰式）外形尺寸**　mm

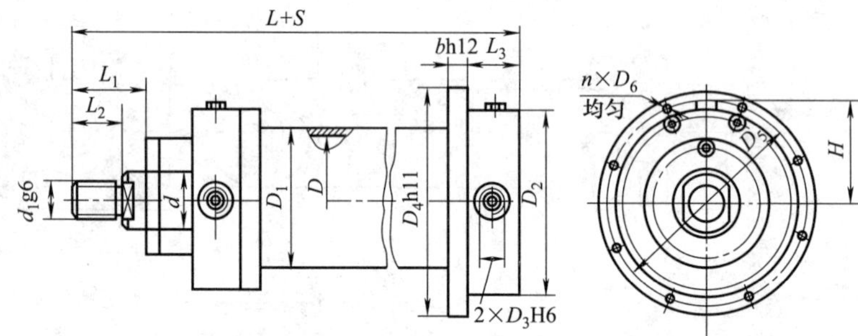

D	d	d_1	D_1	D_2	D_3	D_4	D_5	D_6	L	L_1	L_2	L_3	b	n	H
50	28	M22×1.5	63.5	106	M18×1.5	170	140	11	245	55	34.5	141	30	5	65
63	36	M27×2	76	120	M22×1.5	198	160	13.5	290	65	42	168	35	5	72
80	45	M33×2	102	136	M27×2	214	176	13.5	340	70	51	190	35	8	80
100	56	M42×2	121	160	M27×2	258	210	17.5	390	85	62	215	45	8	92
125	70	M56×2	152	188	M33×2	310	250	22	460	105	81	268	45	8	106
160	90	M72×3	194	266	M33×2	365	295	26	560	135	94	325	60	10	145
200	100	M90×3	245	322	M42×2	504	414	33	675	145	115	365	75	10	173
250	140	M100×3	299	370	M48×2	585	478	39	790	185	121	450	85	10	187

8.6.2.4 YG型液压缸

（1）型号意义

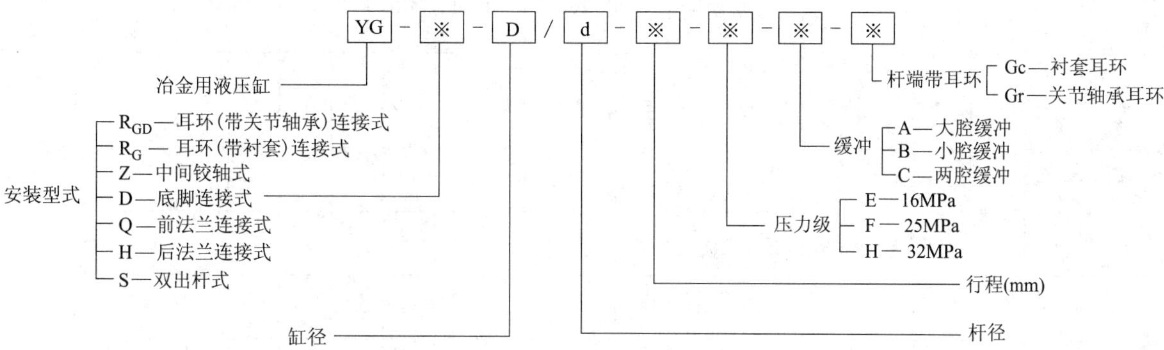

（2）技术规格

表 20-8-73 技术规格

工作压力/MPa	E:16,F:25,H:32
工作介质	矿物液压油,水-乙二醇,磷酸酯
工作温度/℃	20～100

（3）外形尺寸

表 20-8-74 YG-R型液压缸外形尺寸 mm

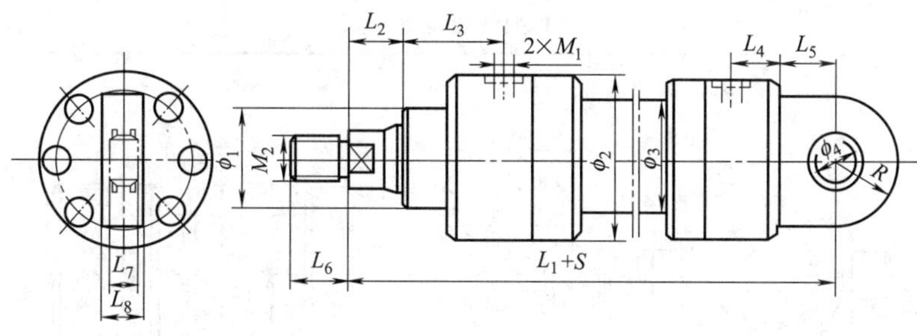

缸径	杆径	ϕ_1	ϕ_2	ϕ_3	ϕ_4	R	M_1	M_2	L_1	L_2	L_3	L_4	L_5	L_6	L_7	L_8	GR①
40	22	55	86	52	25	30	M22×1.5	M18×2	305	28	97	27	30	30	20	27	25
	25																
	28																
50	28	65	104	65	30	40	M22×1.5	M24×2	337	32	100	32	35	40	22	30	30
	32																
	36																
63	36	75	122	80	35	46	M27×2	M30×2	370	33	105	40	40	50	25	35	35
	40																
	45																

续表

缸径	杆径	ϕ_1	ϕ_2	ϕ_3	ϕ_4	R	M_1	M_2	L_1	L_2	L_3	L_4	L_5	L_6	L_7	L_8	GR[①]
80	45	90	144	95	40	55	M27×2	M39×3	410	37	110	50	50	60	28	37	40
	50																
	56																
100	56	110	170	120	50	65	M33×2	M50×3	475	40	130	58	60	70	35	44	50
	63																
	70																
125	70	135	210	145	60	82	M42×2	M64×3	540	48	135	62	70	80	44	55	60
	80																
140	90	155	235	165	70	92	M42×2	M80×3	590	48	140	67	85	90	49	62	70
	100																
160	100	180	268	190	80	105	M48×2	M90×3	640	51	145	70	100	100	55	66	80
	110																
180	110	200	296	210	90	120	M48×2	M100×3	690	50	155	80	110	120	60	72	90
	125																
200	125	225	325	235	100	130	M48×2	M110×3	740	56	155	85	120	140	70	80	100
	140																
220	140	250	360	260	110	145	M48×2	M120×4	800	57	160	95	130	160	70	80	110
	160																
250	160	285	405	295	120	165	M48×2	M140×4	915	65	190	100	150	180	85	95	120
	180																
280	180	315	452	330	140	185	M48×2	M160×4	975	65	190	115	170	200	90	100	140
	200																
320	200	365	520	375	160	220	M48×2	M180×4	1050	65	190	120	200	220	105	125	160
	220																

① GR 是指配关节轴承耳环 GR 时对应型号规格，下同。

表 20-8-75　　YG-Z 型液压缸外形尺寸　　mm

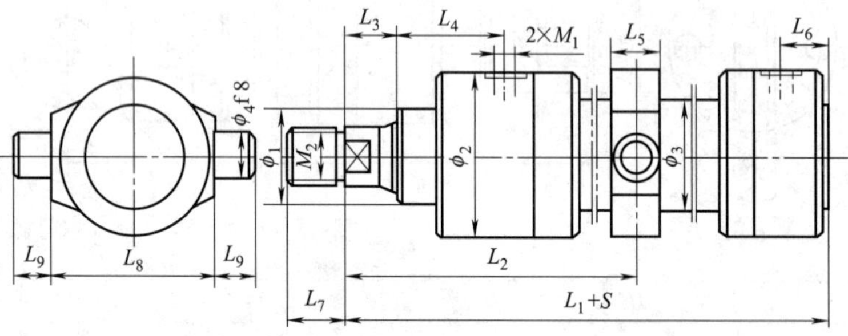

缸径	杆径	ϕ_1	ϕ_2	ϕ_3	ϕ_4	M_1	M_2	L_1	$L_{2\min}$	$L_{2\max}$	L_3	L_4	L_5	L_6	L_7	L_8	L_9	GR
40	22	55	86	52	25	M22×1.5	M18×2	280	200	173+S	28	97	30	32	30	95	20	25
	25																	
	28																	
50	28	65	104	65	30	M22×1.5	M24×2	307	215	184+S	32	100	35	37	40	115	25	30
	32																	
	36																	
63	36	75	122	80	35	M27×2	M30×2	335	231	192+S	33	105	40	45	50	135	30	35
	40																	
	45																	

续表

缸径	杆径	ϕ_1	ϕ_2	ϕ_3	ϕ_4	M_1	M_2	L_1	L_{2min}	L_{2max}	L_3	L_4	L_5	L_6	L_7	L_8	L_9	GR
80	45 50 56	90	144	95	40	M27×2	M39×3	365	252	195+S	37	110	45	55	60	155	35	40
100	56 63 70	110	170	120	50	M33×2	M50×3	420	297	218+S	40	130	55	63	70	180	40	50
125	70 80 90	135	210	145	60	M42×2	M64×3	480	327	246+S	48	135	65	72	80	210	50	60
140	90 100	155	235	165	70	M42×2	M80×3	515	347	251+S	48	140	75	77	90	240	60	70
160	100 110	180	268	190	80	M48×2	M90×3	550	373	253+S	51	145	90	80	100	270	70	80
180	110 125	200	296	210	90	M48×2	M100×3	590	402	258+S	50	155	120	90	120	310	80	90
200	125 140	225	325	235	100	M48×2	M110×4	630	428	263+S	56	155	110	95	140	350	90	100
220	140 160	250	360	260	120	M48×2	M120×4	680	453	274+S	57	160	130	105	160	390	100	110
250	160 180	285	405	295	140	M48×2	M140×4	775	524	316+S	65	190	150	110	180	440	110	120
280	180 200	315	452	330	170	M48×2	M160×4	815	559	301+S	65	190	180	125	200	500	130	140
320	200 220	365	520	375	200	M48×2	M180×4	860	586	289+S	65	190	210	130	220	570	150	160

表 20-8-76　YG-D 型液压缸外形尺寸　mm

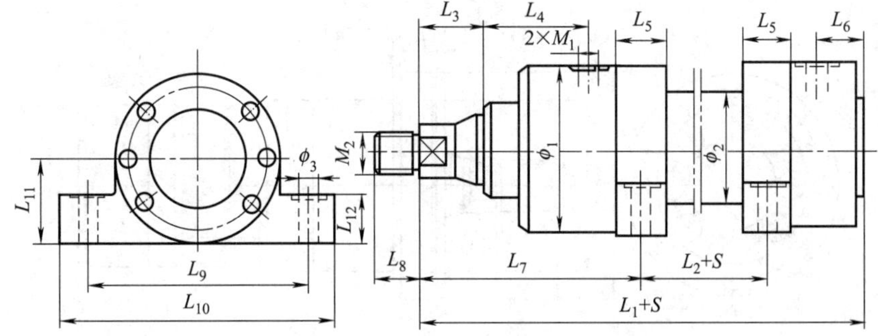

缸径	杆径	ϕ_1	ϕ_2	ϕ_3	M_1	M_2	L_1	L_2	L_3	L_4	L_5	L_6	L_7	L_8	L_9	L_{10}	L_{11}	L_{12}	GR
40	22 25 28	86	52	11	M22×1.5	M18×2	280	52	30	97	25	32	161.5	30	115	145	50	25	25
50	28 32 36	104	65	13.5	M22×1.5	M24×2	307	58	35	100	30	36	172	40	140	175	60	30	30
63	36 40 45	122	80	15.5	M27×2	M30×2	335	55	40	105	35	40	187.5	50	160	200	70	35	35

续表

缸径	杆径	ϕ_1	ϕ_2	ϕ_3	M_1	M_2	L_1	L_2	L_3	L_4	L_5	L_6	L_7	L_8	L_9	L_{10}	L_{11}	L_{12}	GR
80	45	144	95	17.5	M27×2	M39×3	365	50	50	110	40	46	205	60	185	230	80	40	40
	50																		
	56																		
100	56	170	120	20	M33×2	M50×3	420	40	60	130	45	55	247.5	70	215	265	95	50	50
	63																		
	70																		
125	70	210	145	24	M42×2	M64×3	480	56	70	135	55	72	269.5	80	260	315	115	60	60
	80																		
	90																		
140	90	235	165	26	M42×2	M80×3	515	41	85	140	60	78	297	90	295	355	130	65	70
	100																		
160	100	268	190	30	M48×2	M90×3	550	26	100	145	65	84	324.5	100	335	400	145	70	80
	110																		
180	110	296	210	33	M48×2	M100×3	590	16	110	155	70	91	352	120	370	445	160	80	90
	125																		
200	125	325	235	39	M48×2	M110×4	630	11	120	155	80	98	372	140	410	500	175	90	100
	140																		
220	140	360	260	45	M48×2	M120×4	680	18	130	160	90	105	391	160	460	560	195	100	110
	160																		
250	160	405	295	52	M48×2	M140×4	775	13	150	190	100	112	456	180	520	630	220	110	120
	180																		
280	180	452	330	52	M48×2	M160×4	815	17	170	190	110	125	491	200	570	680	245	120	140
	200																		
320	200	520	375	62	M48×2	M180×4	860	46	200	190	120	138	528	220	660	800	280	140	160
	220																		

表 20-8-77　　YG-Q 型液压缸外形尺寸　　mm

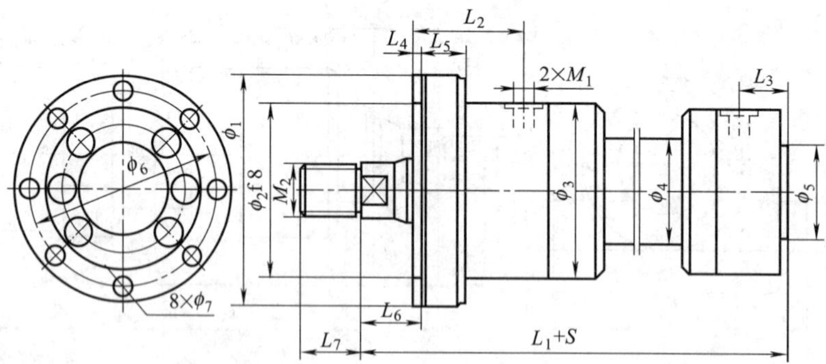

缸径	杆径	ϕ_1	ϕ_2	ϕ_3	ϕ_4	ϕ_5	ϕ_6	ϕ_7	M_1	M_2	L_1	L_2	L_3	L_4	L_5	L_6	L_7	GR
40	22	130	90	86	52	55	110	8.4	M22×1.5	M18×2	280	97	32	5	30	33	30	25
	25																	
	28																	
50	28	160	110	104	65	65	135	10.5	M22×1.5	M24×2	307	100	37	5	35	37	40	30
	32																	
	36																	
63	36	180	130	122	80	75	155	13	M27×2	M30×2	335	105	45	5	40	38	50	35
	40																	
	45																	

续表

缸径	杆径	ϕ_1	ϕ_2	ϕ_3	ϕ_4	ϕ_5	ϕ_6	ϕ_7	M_1	M_2	L_1	L_2	L_3	L_4	L_5	L_6	L_7	GR
80	45	210	150	144	95	90	180	15	M27×2	M39×3	365	110	55	5	45	42	60	40
	50																	
	56																	
100	56	250	180	170	120	110	215	17	M33×2	M50×3	420	130	63	5	50	45	70	50
	63																	
	70																	
125	70	300	220	210	145	135	260	21	M42×2	M64×3	480	135	72	10	55	58	80	60
	80																	
	90																	
140	90	335	245	235	165	155	290	23	M42×2	M80×3	515	140	77	10	60	58	90	70
	100																	
160	100	380	280	268	190	180	330	25	M48×2	M90×3	550	145	80	10	70	61	100	80
	110																	
180	110	420	310	296	210	200	365	28	M48×2	M100×3	590	155	90	10	80	60	120	90
	125																	
200	125	460	340	325	235	225	400	31	M48×2	M110×4	630	155	95	10	90	66	140	100
	140																	
220	140	520	380	360	260	250	450	37	M48×2	M120×4	680	160	105	10	100	67	160	110
	160																	
250	160	570	430	405	295	285	500	37	M48×2	M140×4	775	190	110	10	110	75	180	120
	180																	
280	180	660	480	452	330	315	570	43	M48×2	M160×4	815	190	125	10	120	75	200	140
	200																	
320	200	750	550	520	375	365	650	50	M48×2	M180×4	860	190	130	10	130	75	220	160
	220																	

表 20-8-78　　YG-H 型液压缸外形尺寸　　mm

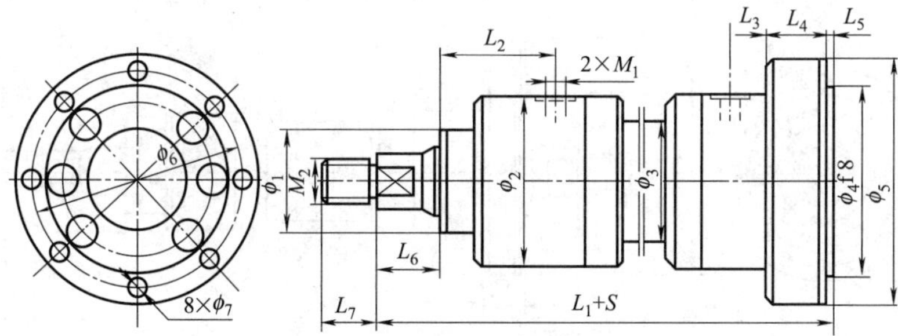

缸径	杆径	ϕ_1	ϕ_2	ϕ_3	ϕ_4	ϕ_5	ϕ_6	ϕ_7	M_1	M_2	L_1	L_2	L_3	L_4	L_5	L_6	L_7	GR
40	22	55	86	52	90	130	110	8.4	M22×1.5	M18×2	310	97	27	30	5	28	30	25
	25																	
	28																	
50	28	65	104	65	110	160	135	10.5	M22×1.5	M24×2	342	100	32	35	5	32	40	30
	32																	
	36																	
63	36	75	122	80	130	180	155	13	M27×2	M30×2	375	105	40	40	5	33	50	35
	40																	
	45																	

续表

缸径	杆径	ϕ_1	ϕ_2	ϕ_3	ϕ_4	ϕ_5	ϕ_6	ϕ_7	M_1	M_2	L_1	L_2	L_3	L_4	L_5	L_6	L_7	GR
80	45 50 56	90	144	95	150	210	180	15	M27×2	M39×2	410	110	50	45	5	37	60	40
100	56 63 70	110	170	120	180	250	215	17	M33×2	M50×3	470	130	58	50	10	40	70	50
125	70 80 90	135	210	145	220	300	260	21	M42×2	M64×3	535	135	62	55	10	48	80	60
140	90 100	155	235	165	245	335	290	23	M42×2	M80×3	575	140	67	60	10	48	90	70
160	100 110	180	268	190	280	380	330	25	M48×2	M90×3	620	145	70	70	10	51	100	80
180	110 125	200	296	210	310	420	365	28	M48×2	M100×3	670	155	80	80	10	50	120	90
200	125 140	225	325	235	340	460	400	31	M48×2	M110×4	720	155	85	90	10	56	140	100
220	140 160	250	360	260	380	520	450	37	M48×2	M120×4	780	160	95	100	10	57	160	110
250	160 180	285	405	295	430	570	500	37	M48×2	M140×4	885	190	100	110	10	65	180	120
280	180 200	315	452	330	480	660	570	43	M48×2	M160×2	935	190	115	120	10	65	200	140
320	200 220	365	520	375	550	750	650	50	M48×2	M180×4	1050	190	120	130	10	65	220	160

表 20-8-79　　YG-S 型液压缸外形尺寸　　mm

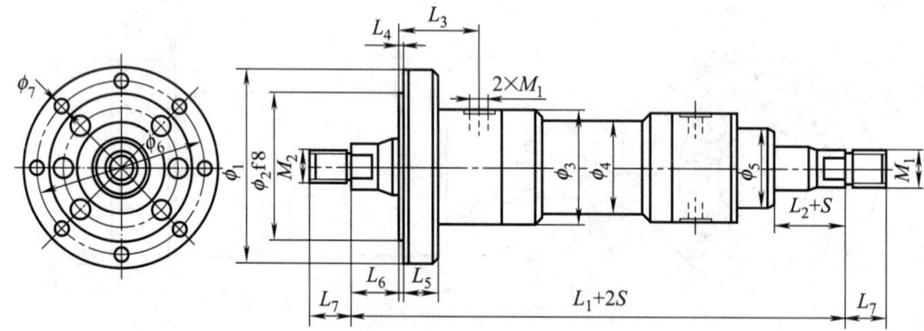

缸径	杆径	ϕ_1	ϕ_2	ϕ_3	ϕ_4	ϕ_5	ϕ_6	ϕ_7	M_1	M_2	L_1	L_2	L_3	L_4	L_5	L_6	L_7	GR
40	22 25 28	130	90	86	52	55	110	8.4	M22×1.5	M18×2	373	28	97	5	30	33	30	25
50	28 32 36	160	110	104	65	65	135	10.5	M22×1.5	M24×2	399	32	100	5	35	37	40	30
63	36 40 45	180	130	122	80	75	155	13	M27×2	M30×2	423	33	105	5	40	38	50	35

续表

缸径	杆径	ϕ_1	ϕ_2	ϕ_3	ϕ_4	ϕ_5	ϕ_6	ϕ_7	M_1	M_2	L_1	L_2	L_3	L_4	L_5	L_6	L_7	GR
80	45	210	150	144	95	90	180	15	M27×2	M39×3	447	37	110	5	45	42	60	40
	50																	
	56																	
100	56	250	180	170	120	110	215	17	M33×2	M50×3	515	40	130	5	50	45	70	50
	63																	
	70																	
125	70	300	220	210	145	135	260	21	M42×2	M64×3	573	48	135	10	55	58	80	60
	80																	
	90																	
140	90	335	245	235	165	155	290	23	M42×2	M80×3	598	48	140	10	60	58	90	70
	100																	
160	100	380	280	268	190	180	330	25	M48×2	M90×3	626	51	145	10	70	61	100	80
	110																	
180	110	420	310	296	210	200	365	28	M48×2	M100×3	660	50	155	10	80	60	120	90
	125																	
200	125	460	340	325	235	225	400	31	M48×2	M110×3	691	56	155	10	90	66	140	100
	140																	
220	140	520	380	360	260	250	450	37	M48×2	M120×4	727	57	160	10	100	67	160	110
	160																	
250	160	570	430	405	295	285	500	37	M48×2	M140×4	840	65	190	10	110	75	180	120
	180																	
280	180	660	480	452	330	315	570	43	M48×2	M160×4	860	65	190	10	120	75	200	140
	200																	
320	200	750	550	520	375	365	650	50	M48×2	M180×4	875	65	190	10	130	75	220	160
	220																	

表 20-8-80 关节轴承耳环 GR mm

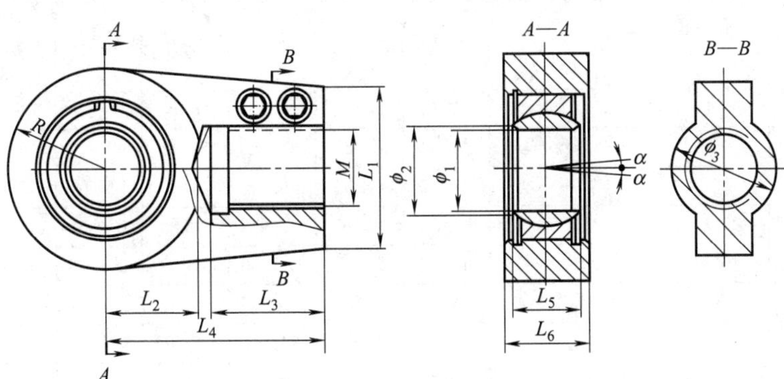

型号	ϕ_1	R	M	L_1	L_2	L_3	L_4	L_5	L_6	ϕ_2	ϕ_3	α	载荷/kN	
													动	静
GR25	25	30	M18×2	40	30	32	65	20	27	29	28	7°	48	240
GR30	30	40	M24×2	52	35	42	80	22	30	34	34	6°	62	310
GR35	35	46	M30×2	65	40	52	95	25	35	39	44	6°	80	400
GR40	40	55	M39×3	85	50	62	115	28	37	45	55	7°	100	500
GR50	50	65	M50×3	105	60	73	140	35	44	55	70	6°	156	780
GR60	60	82	M64×3	130	70	83	160	44	55	66	87	6°	245	1200
GR70	70	92	M80×3	155	85	93	185	49	62	77	105	6°	315	1560

续表

型号	ϕ_1	R	M	L_1	L_2	L_3	L_4	L_5	L_6	ϕ_1	ϕ_2	α	载荷/kN	
													动	静
GR80	80	105	M90×3	180	100	103	210	55	66	88	125	6°	400	2000
GR90	90	120	M100×3	210	110	125	250	60	72	98	150	5°	490	2450
GR100	100	130	M110×4	230	120	145	280	70	80	109	170	7°	610	3050
GR110	110	145	M120×4	260	130	165	310	70	80	120	180	6°	655	3250
GR120	120	165	M140×4	290	150	185	360	85	95	130	210	6°	950	4750
GR140	140	185	M160×4	330	170	205	400	90	100	150	230	7°	1080	5400
GR160	160	220	M180×4	350	200	225	460	105	125	170	260	8°	1370	6800

8.6.2.5 UY 型液压缸

(1) 型号意义

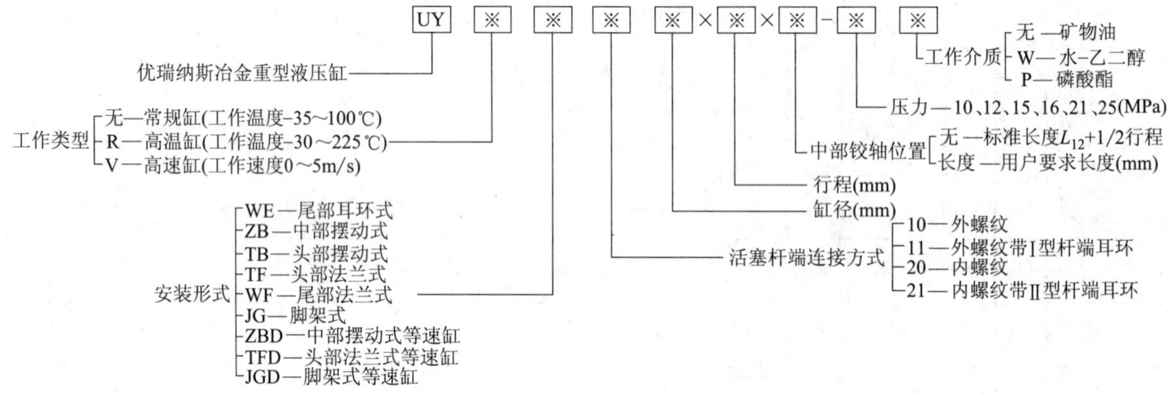

(2) 技术规格

表 20-8-81　　技术规格

缸内径/活塞杆径/(mm/mm)	活塞面积/cm²	活塞杆端环形面积/cm²	工作压力/MPa									
			10.0		12.5		16.0		21.0		25.0	
			推力/kN	拉力/kN	推力/kN	拉力/kN	推力/kN	拉力/kN	推力/kN	拉力/kN	推力/kN	拉力/kN
40/28	12.57	6.41	12.57	6.41	15.71	8.01	20.11	10.25	26.39	13.46	31.42	16.12
50/36	19.63	9.46	19.63	9.46	24.54	11.82	31.42	15.13	41.23	19.86	49.09	23.64
63/45	31.17	15.27	31.17	15.27	38.97	19.09	49.88	24.43	65.46	32.06	77.93	38.17
80/56	50.27	25.64	50.27	25.64	62.83	32.05	80.42	41.02	105.56	53.84	125.66	64.09
100/70	78.54	40.06	78.54	40.06	98.17	50.07	125.66	64.09	164.93	84.12	196.35	100.14
125/90	122.72	59.1	122.72	59.1	153.4	73.88	196.35	94.57	257.71	124.12	306.8	147.76
140/100	153.94	75.4	153.94	75.4	192.42	94.25	246.3	120.64	323.27	158.34	384.85	188.5
160/110	201.06	106.03	201.06	106.03	251.33	132.54	321.7	169.65	422.23	222.67	502.65	265.08
180/125	254.47	131.75	254.47	131.75	318.09	164.69	407.15	210.81	534.38	276.68	636.17	329.39
200/140	314.16	160.23	314.16	160.23	392.7	200.28	502.65	256.36	659.73	336.47	785.4	400.57
220/160	380.13	179.08	380.13	179.08	475.17	223.85	608.21	286.52	798.28	376.06	950.33	447.69
250/180	490.87	236.41	490.87	236.41	613.59	295.52	785.4	378.26	1030.84	496.47	1227.18	591.03
280/200	615.75	301.6	615.75	301.6	769.69	377	985.2	482.56	1293.08	633.37	1539.38	754.01
320/220	804.25	424.13	804.25	424.13	1005.31	530.16	1286.8	678.6	1688.92	890.67	2010.62	1060.32
360/250	1017.88	527.02	1017.88	527.02	1272.35	658.77	1628.6	843.23	2137.54	1106.74	2544.69	1317.54
400/280	1256.64	640.9	1256.64	640.9	1570.8	801.13	2010.62	1025.45	2638.94	1345.9	3141.59	1602.26

注：生产厂商：天津优瑞纳斯油缸有限公司。

第20篇

(3) 外形尺寸

表 20-8-82 中部摆动式 (ZB) 液压缸外形尺寸 mm

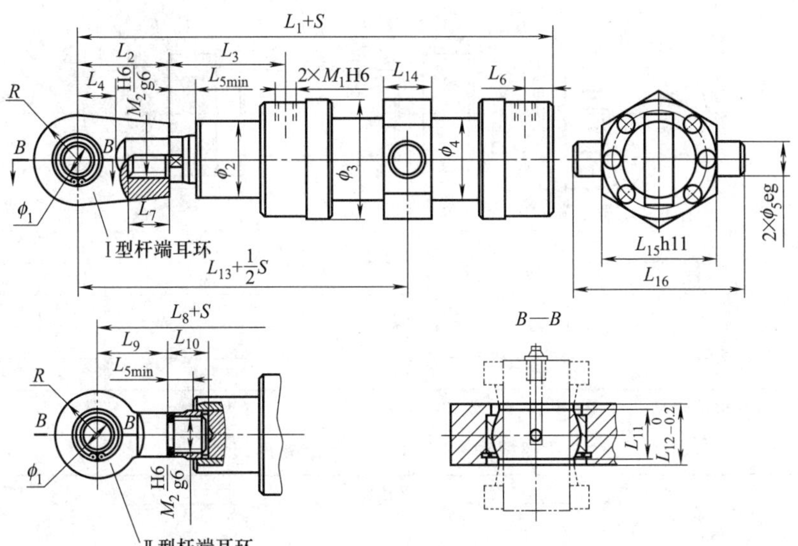

缸径	杆径	ϕ_1	ϕ_2	ϕ_3	ϕ_4	ϕ_5	R	GR	M_1	M_2	L_1	L_2	L_3
40	28	25	58	90	58	25	30	25	M22×1.5	M18×2	345	65	127
50	36	30	70	108	70	30	40	30	M22×1.5	M24×2	387	80	137
63	45	35	80	126	83	35	46	35	M27×1.5	M30×2	430	95	145
80	56	40	100	148	108	40	55	40	M27×2	M39×3	466	115	164
100	70	50	120	176	127	50	65	50	M33×2	M50×3	560	140	170
125	90	60	150	220	159	60	82	60	M42×2	M64×3	628	160	215.5
140	100	70	167	246	178	70	92	70	M42×2	M80×3	700	185	235
160	110	80	190	272	194	80	105	80	M48×2	M90×3	760	210	251.5
180	125	90	210	300	219	90	120	90	M48×2	M100×3	840	250	263
200	140	100	230	330	245	100	130	100	M48×2	M110×4	910	280	281
220	160	110	255	365	270	120	145	110	M48×2	M120×4	990	310	306
250	180	120	295	410	299	140	165	120	M48×2	M140×4	1135	360	377
280	200	140	318	462	325	170	185	140	M48×2	M160×4	1215	400	385
320	220	160	390	525	375	200	220	160	M48×2	M180×4	1320	460	408
360	250	180	404	560	420	200	250	180	M48×2	M200×4	1377	480	390
400	280	200	469	625	470	200	280	200	M48×2	M220×4	1447	520	415

L_4	L_{14}	L_{15}	L_{16}	L_5	L_6	L_7	L_8	L_9	L_{10}	L_{11}	L_{12}	L_{13}
30	30	95	135	28	32	30	310	30	32	20	27	251.5
35	35	115	165	32	39	40	347	40	42	22	30	281
40	40	135	195	33	45	50	382	47	52	25	35	309
50	45	155	225	37	45	58	420	55	62	28	37	343.5
60	55	180	260	40	63	70	490	70	73	35	44	403.5
70	65	225	325	48	55	80	556	76	83	44	55	455.5
85	75	250	370	48	75	86	600	85	93	49	62	498
100	90	275	415	51	58	100	644	94	103	55	66	543
110	100	350	530	51	80	120	710	120	125	60	72	603
120	110	350	530	56	75	140	770	140	145	70	80	653
130	130	390	590	57	105	160	832	152	165	70	80	706
150	150	440	660	65	85	180	965	190	185	85	95	820
170	180	500	760	65	138	200	1010	195	205	90	100	872.5
200	210	570	870	65	120	220	1088	228	225	105	120	952.5
220	220	580	920	65	135	240	1085	220	245	105	120	988.5
240	220	640	1040	65	140	260	1192	234	265	110	130	986

表 20-8-83　　**尾部耳环式（WE）液压缸外形尺寸**　　mm

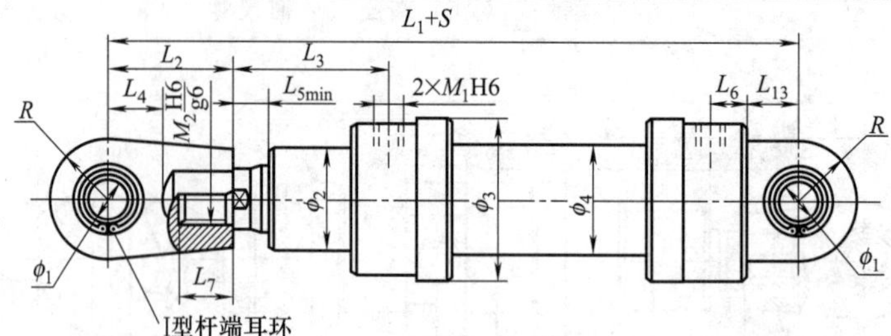

缸径	40	50	63	80	100	125	140	160	180	200	220	250	280	320	360	400
杆径	28	36	45	56	70	90	100	110	125	140	160	180	200	220	250	280
L_1	370	417	465	525	615	700	775	850	940	1020	1110	1275	1375	1510	1560	1655
L_6	27	34	40	54	58	57.5	65	48	70	65	95	75	128	120	88	88
L_{13}	30	35	40	50	60	70	85	100	110	120	130	150	170	200	230	260

注：其他尺寸代号与中部摆动式（ZB）相同，见表 20-8-82。

表 20-8-84　　**头部摆动式（TB）液压缸外形尺寸**　　mm

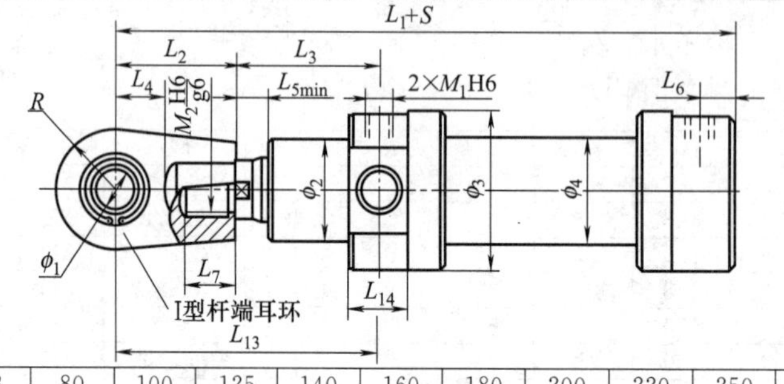

缸径	40	50	63	80	100	125	140	160	180	200	220	250	280	320	360	400
杆径	28	36	45	56	70	90	100	110	125	140	160	180	200	220	250	280
L_{13}	190	212	233	262	310	343	373	406	456	491	527	615	655	715	767	827

注：其他尺寸代号与中部摆动式（ZB）相同，见表 20-8-82。

表 20-8-85　　**头部法兰式（TF）液压缸外形尺寸**　　mm

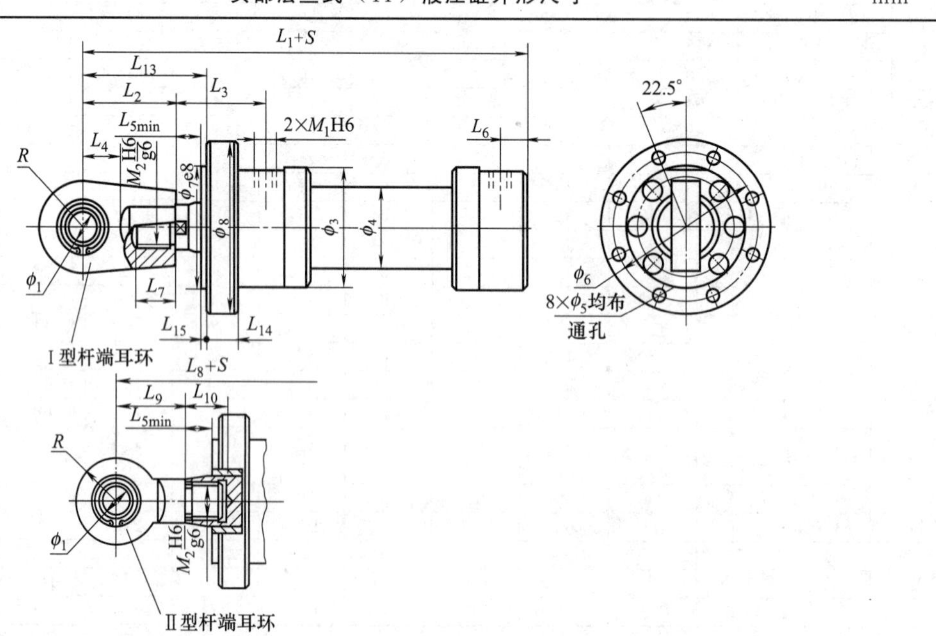

续表

缸径	40	50	63	80	100	125	140	160	180	200	220	250	280	320	360	400
杆径	28	36	45	56	70	90	100	110	125	140	160	180	200	220	250	280
ϕ_5	8.4	10.5	13	15	17	21	23	25	28	31	37	37	43	50	50	52
ϕ_6	110	135	155	180	215	160	290	330	365	400	450	500	570	650	650	730
ϕ_7	90	110	130	150	180	220	245	280	310	340	380	430	480	550	560	640
ϕ_8	130	160	180	210	250	300	335	380	420	460	520	570	660	750	780	820
L_{13}	98	117	133	157	185	218	243	271	311	346	377	435	475	535	555	595
L_{14}	30	35	40	45	50	55	60	70	80	90	100	110	120	130	130	150
L_{15}	5	5	5	5	5	10	10	10	10	10	10	10	10	10	10	10

注：其他尺寸代号与中部摆动式（ZB）相同，见表 20-8-82。

表 20-8-86　　中部摆动式等速（ZBD）液压缸外形尺寸　　mm

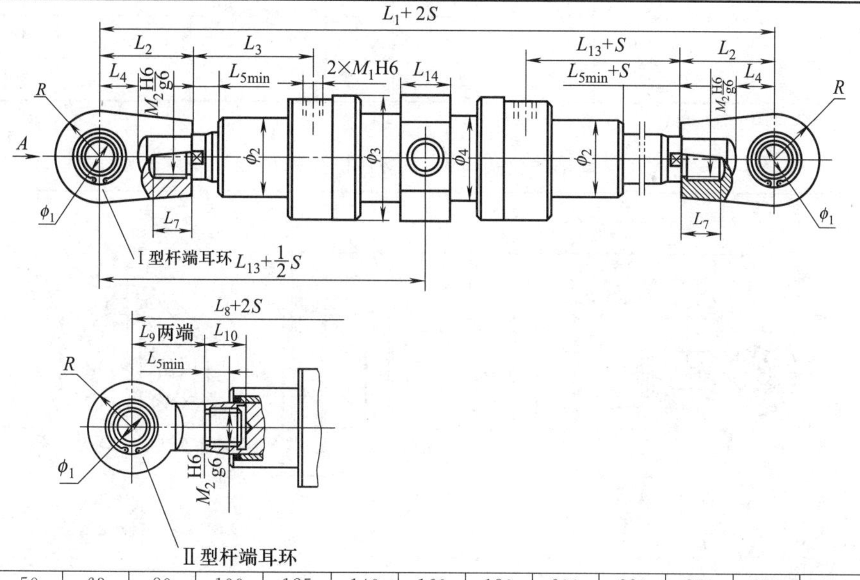

缸径	40	50	63	80	100	125	140	160	180	200	220	250	280	320	360	400
杆径	28	36	45	56	70	90	100	110	125	140	160	180	200	220	250	280
L_1	503	562	618	687	807	911	996	1086	1206	1306	1412	1640	1745	1905	1977	2092
L_8	433	482	522	567	667	743	796	854	946	1026	1096	1300	1335	1441	1457	1520

注：其他尺寸代号与中部摆动式（ZB）相同，见表 20-8-82。

表 20-8-87　　脚架固定式（JG）液压缸外形尺寸　　mm

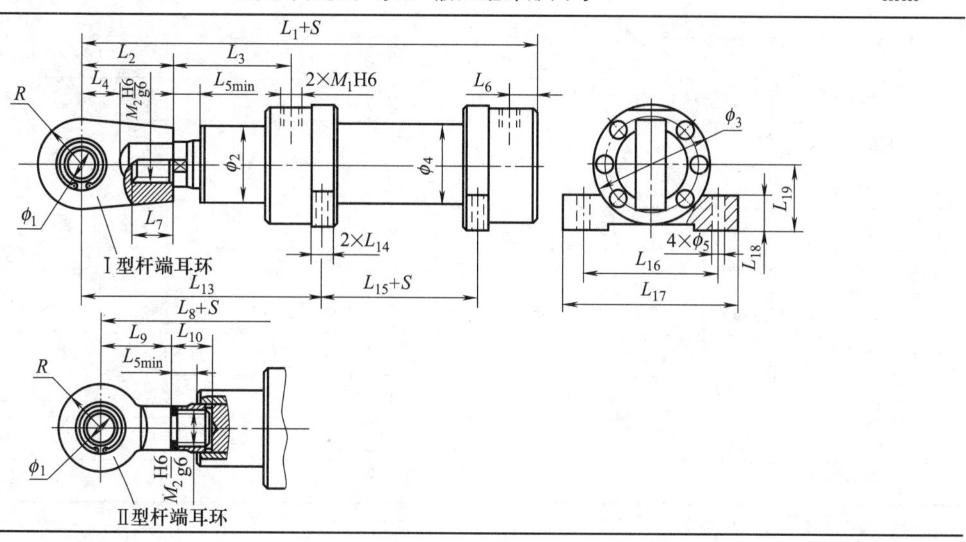

续表

缸径	40	50	63	80	100	125	140	160	180	200	220	250	280	320	360	400
杆径	28	36	45	56	70	90	100	110	125	140	160	180	200	220	250	280
ϕ_5	11	13.5	15.5	17.5	20	24	26	30	33	39	45	52	52	62	62	70
L_{13}	226.5	252	282.5	320	367.5	343	373	406	456	491	527	615	655	715	767	827
L_{14}	25	30	35	40	45	55	60	65	70	80	90	100	110	120	120	130
L_{15}	52	61	60	60	72	225	250	274	294	324	348	410	435	475	475	485
L_{16}	115	140	160	185	215	260	295	335	370	410	460	520	570	660	695	750
L_{17}	145	175	200	230	265	315	355	400	445	500	560	630	680	800	835	870
L_{18}	25	30	35	40	50	60	65	70	80	90	100	110	120	140	150	160
L_{19}	50	60	70	80	95	115	130	145	160	175	195	220	245	280	310	340

注：其他尺寸代号与中部摆动式（ZB）相同，见表 20-8-82。

表 20-8-88 尾部法兰式（WF）液压缸外形尺寸 mm

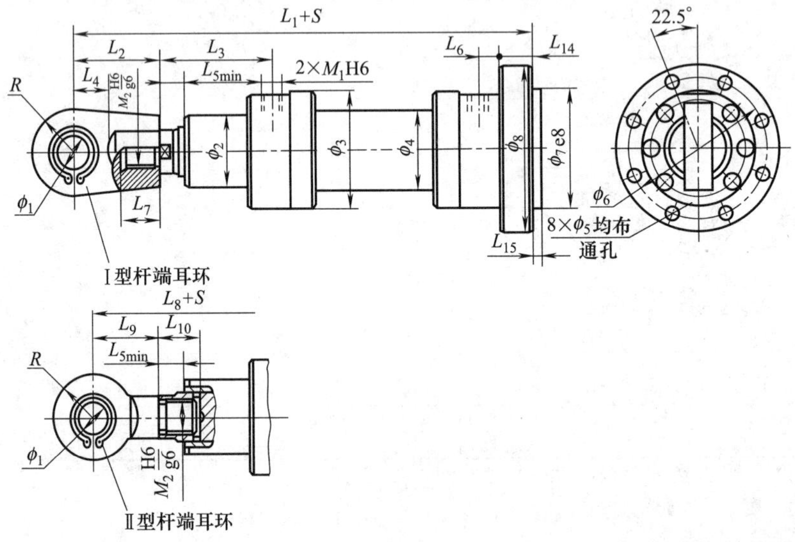

缸径	40	50	63	80	100	125	140	160	180	200	220	250	280	320	360	400
杆径	28	36	45	56	70	90	100	110	125	140	160	180	200	220	250	280
ϕ_5	8.4	10.5	13	15	17	21	23	25	28	31	37	37	43	50	50	52
ϕ_6	110	135	155	180	215	260	290	330	365	400	450	500	570	650	650	730
ϕ_7	90	110	130	150	180	220	245	280	310	340	380	430	480	550	560	640
ϕ_8	130	160	180	210	250	300	335	380	420	460	520	570	660	750	780	820
L_1	370	417	465	520	605	685	750	820	910	990	1080	1235	1325	1500	1497	1587
L_6	27	34	40	54	58	47.5	65	48	70	65	95	75	128	170	125	130
L_8	335	377	417	460	535	601	650	704	780	850	922	1065	1120	1268	1302	1366
L_{14}	30	35	40	45	50	55	60	70	80	90	100	110	120	130	130	150
L_{15}	5	5	5	5	5	10	10	10	10	10	10	10	10	10	10	10

注：其他尺寸代号与中部摆动式（ZB）相同，见表 20-8-82。

表 20-8-89 头部法兰式等速（TFD）液压缸外形尺寸 mm

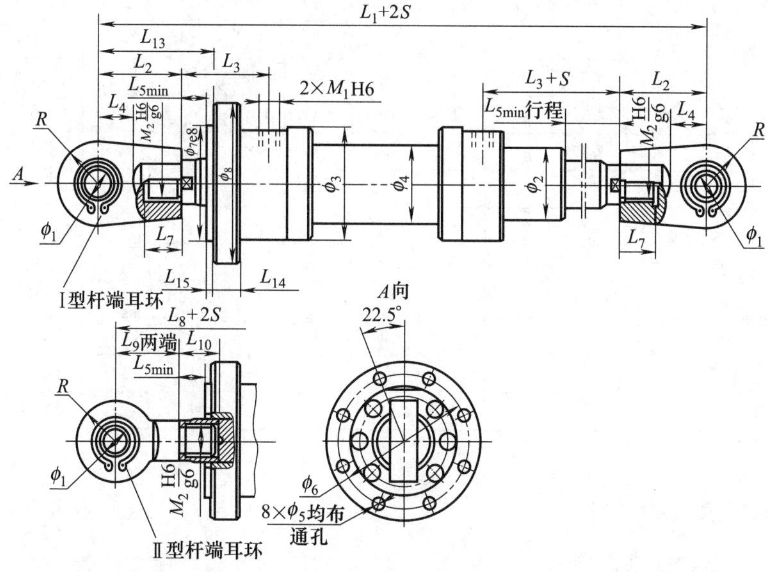

缸径	40	50	63	80	100	125	140	160	180	200	220	250	280	320	360	400
杆径	28	36	45	56	70	90	100	110	125	140	160	180	200	220	250	280
ϕ_5	8.4	10.5	13	15	17	21	23	25	28	31	37	37	43	50	50	52
ϕ_6	110	135	155	180	215	260	290	330	365	400	450	500	570	650	650	730
ϕ_7	90	110	130	150	180	220	245	280	310	340	380	430	480	550	560	640
ϕ_8	130	160	180	210	250	300	335	380	420	460	520	570	660	750	780	820
L_1	503	562	618	687	807	911	996	1086	1206	1306	1412	1640	1745	1905	1977	2092
L_8	433	482	522	567	667	743	796	854	946	1026	1096	1300	1335	1441	1457	1520
L_{13}	98	117	133	157	185	218	243	271	311	346	377	435	475	535	555	595
L_{14}	30	35	40	45	50	55	60	70	80	90	100	110	120	130	130	150
L_{15}	5	5	5	5	5	10	10	10	10	10	10	10	10	10	10	10

注：其他尺寸代号与中部摆动式（ZB）相同，见表 20-8-82。

表 20-8-90 脚架固定式等速（JGD）液压缸外形尺寸 mm

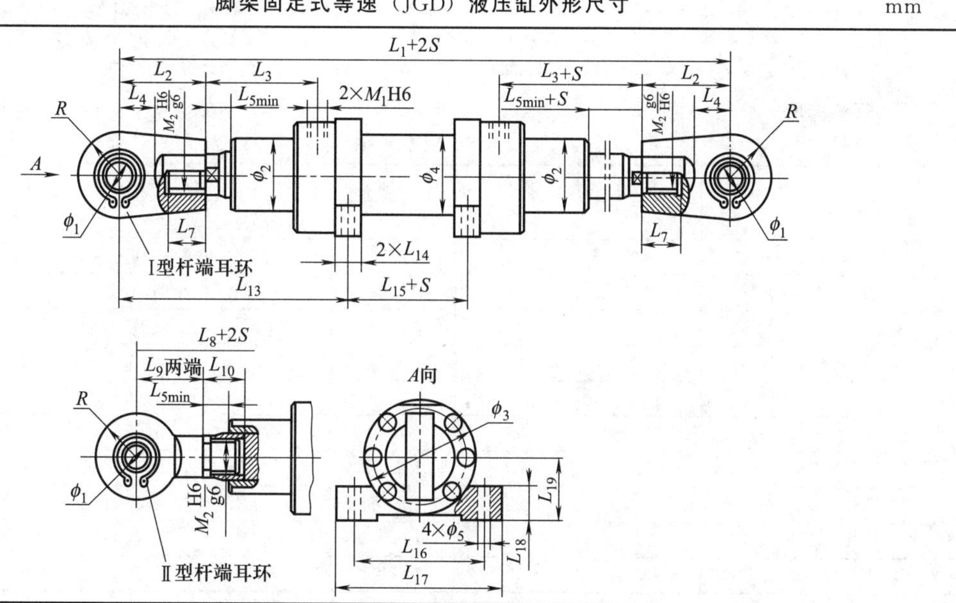

第20篇

续表

缸径	40	50	63	80	100	125	140	160	180	200	220	250	280	320	360	400
杆径	28	36	45	56	70	90	100	110	125	140	160	180	200	220	250	280
ϕ_5	11	13.5	15.5	17.5	20	24	26	30	33	39	45	52	52	62	62	70
L_1	505	565	625	700	807	911	996	1086	1206	1306	1402	1640	1745	1905	2009	2139
L_8	433	482	522	567	667	743	796	854	946	1026	1096	1300	1335	1441	1457	1520
L_{13}	226.5	252	282.5	320	367.5	343	373	406	456	491	527	615	655	715	767	827
L_{14}	25	30	35	40	45	55	60	65	70	80	90	100	110	120	120	130
L_{15}	52	61	60	60	72	225	250	274	294	324	348	410	435	475	475	485
L_{16}	115	140	160	185	215	260	295	335	370	410	460	520	570	660	695	750
L_{17}	145	175	200	230	265	315	355	400	445	500	560	630	680	800	835	870
L_{18}	25	30	35	40	50	60	65	70	80	90	100	110	120	140	150	160
L_{19}	50	60	70	80	95	115	130	145	160	175	195	220	245	280	310	340

注：其他尺寸代号与中部摆动式（ZB）相同，见表 20-8-82。

8.6.3 车辆用液压缸系列

8.6.3.1 DG 型车辆液压缸

（1）DG 型车辆液压缸结构

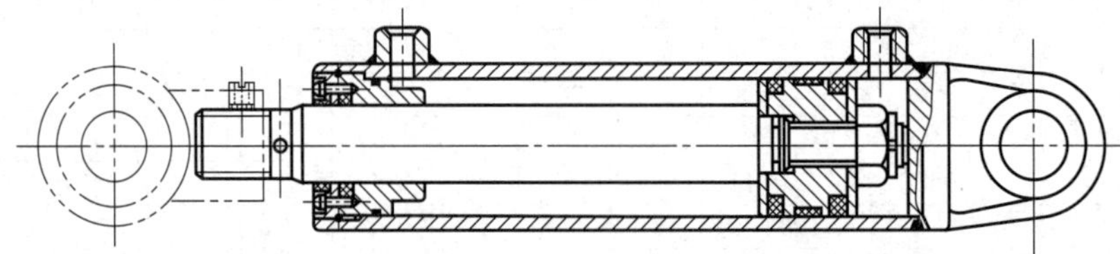

图 20-8-7 DG 型车辆液压缸结构

（2）型号意义

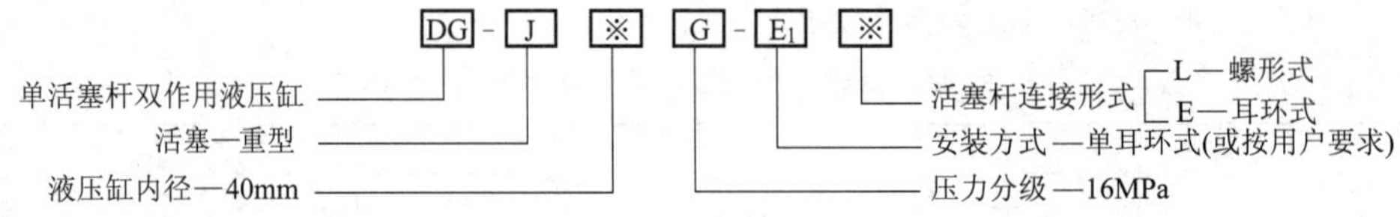

（3）技术规格

表 20-8-91 技术规格

型号	缸径/mm	杆径/mm	活塞面积/cm²		推力/N	拉力/N	最大行程/mm
			大端	小端	16MPa	16MPa	
DG-JB40E-※-※	40	22	12.57	8.63	20160	13800	1500
DG-JB50E-※-※	50	28	19.64	13.48	31410	21560	1500
DG-JB63E-※-※	63	35	31.17	21.27	49870	34480	2000
DG-JB80E-※-※	80	45	50.27	34.37	80430	54980	2500
DG-JB100E-※-※	100	55	78.54	53.91	125660	87650	6000
DG-JB110E-※-※	110	63	94.99	63.38	152050	102180	6000
DG-JB125E-※-※	125	70	122.72	83.13	196350	134770	8000
DG-JB140E-※-※	140	80	163.86	103.62	246300	165870	8000
DG-JB150E-※-※	150	85	176.72	119.97	287240	191940	8000
DG-JB160E-※-※	160	90	200.96	136.38	321700	219920	8000

续表

型号	缸径/mm	杆径/mm	活塞面积/cm^2		推力/N	拉力/N	最大行程/mm
			大端	小端	16MPa	16MPa	
DG-JB180E-※-※	180	100	254.34	175.84	407150	281490	8000
DG-JB200E-※-※	200	110	314.16	219.23	502660	350770	8000
DG-JB220E-※-※	220	125	380.13	257.41	608210	411860	8000
DG-JB250E-※-※	250	140	490.88	336.96	785410	539100	8000
DG-JB280E-※-※	280	150	615.24	438.50	984000	780800	8000
DG-JB320E-※-※	320	180	804.25	549.78	1286800	879650	8000

(4) 外形尺寸

表 20-8-92 基本型车辆用(DG)液压缸外形尺寸 mm

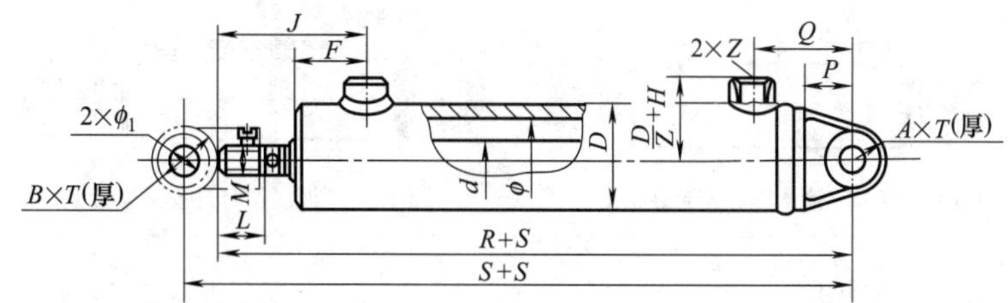

型号	d	ϕ	D	Z	M	L	$B\times T$	$A\times T$	P	Q	F	J	H	R	S	2×ϕ_1 或关节轴承
DG-J40C-E_1※-Y_3	22	40	60	3/8	M20×1.5	29	45×37.5	20×22	27	59	43	88	15	200	266	16D5
DG-J50C-E_1※-Y_3	28	50	70	3/8	M24×1.5	34	56×45	25×28	32	66	52	104	15	242	276	20D5
DG-J63C-E_1※-Y_3	35	63	86	1/2	M30×1.5	36	71×60	35.5×40	40	79	59	114	20	274	317	31.5D5 或 GE30ES
DG-J80C-E_1※-Y_3	45	80	102	1/2	M39×1.5	42	90×75	42.5×50	50	94	57	121	20	306	359	40D5 或 GE40ES
DG-J90C-E_1※-Y_3	50	90	114	1/2	M39×1.5	42	90×75	45×45	50	101	70	142	20	345	396	40D5 或 GE40ES
DG-J100C-E_1※-Y_3	56	100	127	3/4	M48×1.5	62	112×95	53×63	60	111	66	154	24	369	427	50D5 或 GE50ES
DG-J110C-E_1※-Y_3	63	110	140	3/4	M48×1.5	62	112×95	55×75	65	128	83	173	24	407	462	50D5 或 GE50ES
DG-J125C-E_1※-Y_3	71	125	152	3/4	M64×2	70	140×118	67×80	75	136	70	166	24	421	496	63D5 或 GE60ES
DG-J140C-E_1※-Y_3	80	140	168	1	M64×2	70	140×118	65×80	75	147	93	193	25	449	522	63D5 或 GE60ES
DG-J150C-E_1※-Y_3	85	150	194	1	M80×2	80	170×135	75×80	95	169	78	185	25	481	566	71D5 或 GE70ES
DG-J160C-E_1※-Y_3	90	160	194	1	M80×2	80	170×135	75×80	95	169	113	223	25	520	603	71D5 或 GE70ES
DG-J180C-E_1※-Y_3	100	180	219	1¼	M90×2	95	176×160	80×90	95	173	149	269	30	597	687	90D5 或 GE90ES
DG-J200C-E_1※-Y_3	110	200	245	1¼	M90×2	95	210×160	122×100	95	237	165	295	30	687	777	100D5 或 GE100ES

表 20-8-93 DG 车辆型液压缸

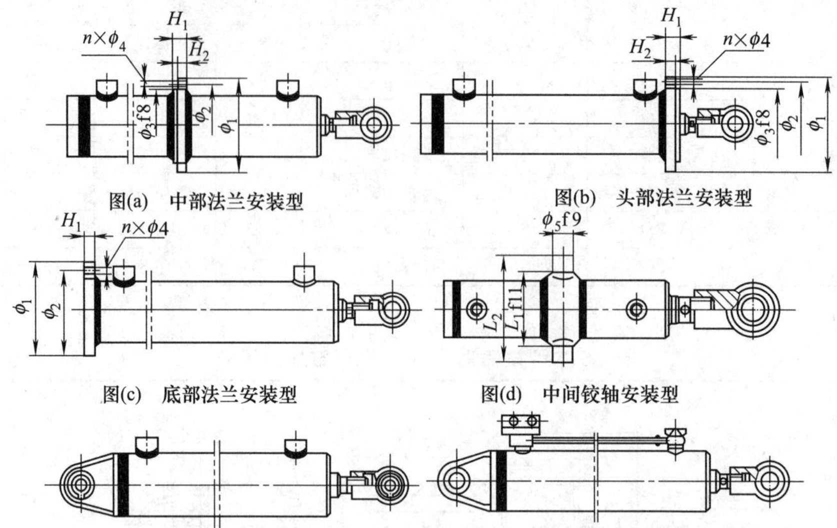

图(a) 中部法兰安装型　图(b) 头部法兰安装型

图(c) 底部法兰安装型　图(d) 中间铰轴安装型

图(e) 带关节轴承耳环安装连接型　图(f) 带液压锁耳环安装连接型

缸径/mm	法兰盘推荐尺寸/mm						铰轴推荐尺寸/mm		
	H_1	H_2	ϕ_1	ϕ_2	ϕ_3	$n\times\phi_4$	ϕ_5f9	L_1	L_2
40	23	15	130	115	90	4×ϕ11	25	95	145
50	23	15	140	125	100	4×ϕ11	25	105	155
63	23	15	160	135	110	6×ϕ13.5	60	115	171
80			175	145	115	8×ϕ13.5	40	135	199
90	28	20	190	160	130	8×ϕ15.5	45	150	222
100			210	180	145	8×ϕ18	50	160	240
110	30	22	225	195	160	8×ϕ18		180	270
125			240	210	175	10×ϕ18	60	195	295
140	32	24	260	225	190	10×ϕ20	70	215	325
150	34	26	285	245	205	10×ϕ22		215	325
160	36	28	300	260	220	10×ϕ22	80	240	366
180	38	30	325	285	245	10×ϕ24	90	270	410
200	40	32	365	320	275	10×ϕ26	100	295	455

表 20-8-94 DG 型液压缸的外形尺寸 mm

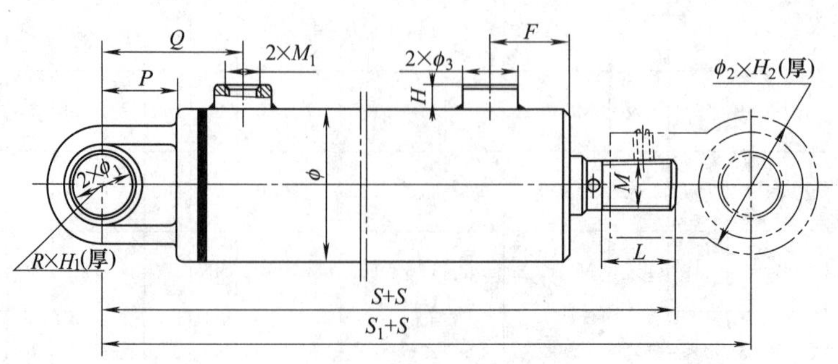

续表

型号	ϕ	M	L	$\phi_2\times H_2$	$2\times\phi_1$	$R\times H_1$	$2\times\phi_3$	$2\times M_1$	F	H	P	Q	S	S_1
DG-J50C-E$_1$L	70	M24×1.5	33	56×45	20	25×28	30	M18×1.5	52	15	32	65	242	272
DG-J63C-E$_1$L	83	M30×2	36	60×60	32	30×40	35	22×1.5	67	15	35	70	272	310
DG-J80C-E$_1$L	102	M42×2	42	80×75	40	40×50	35	M22×1.5	70	15	50	85	308	359
DG-J100C-E$_1$L	127	M48×2	62	100×95	50	50×63	45	M27×2	81	20	60	102	369	427
DG-J110C-E$_1$L	140	M56×2	70	115×105	55	55×75	45	M27×2	85	20	65	118	404	472
DG-J125C-E$_1$L	159	M64×3	73	124×118	63	62×80	45	M27×2	90	20	70	129	421	486
DG-J140C-E$_1$L	168	M72×3	75	130×125	65	65×80	55	M33×2	95	20	80	144	560	540
DG-J150C-E$_1$L	185	M80×3	80	140×135	71	71×80	55	M33×2	101	20	81	145	481	565
DG-J160C-E$_1$L	194	M80×3	85	160×145	80	80×85	55	M33×2	115	20	90	168	528	613
DG-J180C-E$_1$L	219	M90×3	95	176×160	90	90×95	65	M42×2	126	20	105	185	606	716
DG-J200C-E$_1$L	245	M100×3	105	184×170	100	100×105	65	M42×2	157	20	110	200	680	800
DG-J220C-E$_1$L	273	M110×3	112	200×120	100	100×120	65	M42×2	157	20	120	200	693	811
DG-J250C-E$_1$L	299	M125×4	125	220×130	110	110×136	65	M42×2	157	20	130	210	716	831
DG-J320C-E$_1$L	402	M160×4	166	280×170	140	140×176	70	M48×2	200	24	160	264	847	1017

8.6.3.2　G※型液压缸

(1) 型号意义

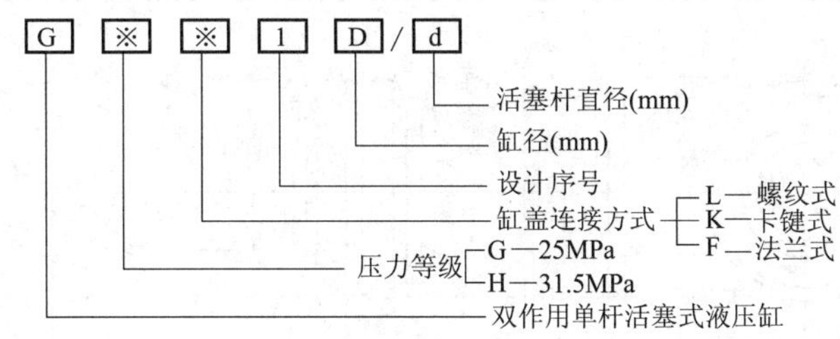

(2) 技术规格

表 20-8-95　　技术规格

型　　号	压力/MPa	工作介质	工作油温/℃
GC※1D/d	25	矿油物	−40～90
GHF1D/d	31.5	—	—

(3) 外形尺寸

表 20-8-96　　CG※1型液压缸外形尺寸　　mm

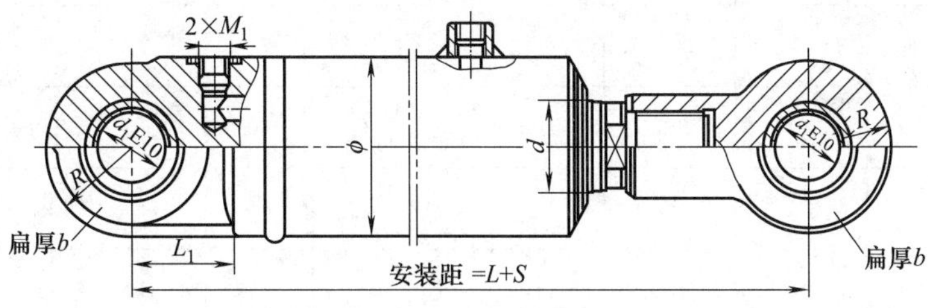

缸径 D	ϕ	速比 φ 1.46	1.66	2	d_1	b、L_1	R	$L+S$	M_1
		d			衬套或关节轴承				
80	102	45	50	56	40，GEG40ES	50	52	370+S	M18×1.5
90	114	50	56	63	45，GEG45ES	55	58	400+S	M22×1.5
100	127	56	63	70	50，GEG50ES	60	70	430+S	

续表

缸径 D	ϕ	速比 φ			d_1	b、L_1	R	$L+S$	M_1
		1.46	1.66	2					
		d			衬套或关节轴承				
110	140	63	70	80	60，GEG60ES	60	70	460+S	
125	152	70	80	90	60，GEG60ES	70	80	500+S	M27×2
140	172	80	90	100	70，GEG70ES	80	90	550+S	
160	194	90	100	110	80，GEG80ES	90	110	600+S	M33×2
180	224	100	110	125	90，GEG90ES	100	115	650+S	
200	245	100	125	140	100，GEG100ES	110	125	700+S	M42×1.5

表 20-8-97　　CHF1 型外形尺寸　　mm

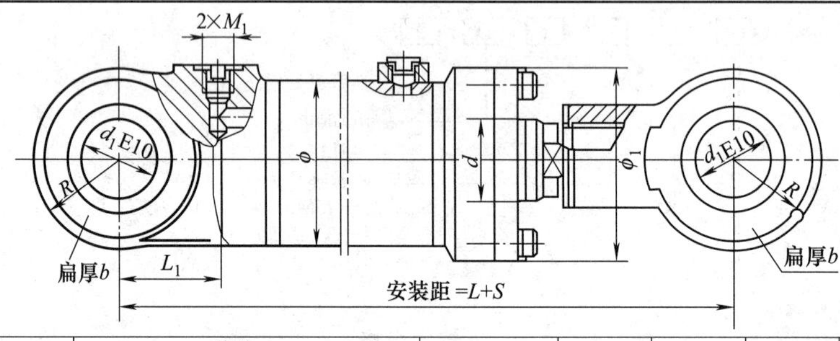

缸径 D	ϕ	ϕ_1	速比 φ			d_1	b	R	L_1	$L+S$	M_1
			1.46	1.66	2						
			d			衬套或关节轴承					
80	102	132	—	50	56▲	45,GEG45ES	45	58	55	400+S	M18×1.5
90	114	142	—	56	63▲	50,GEG50ES	50	68	60	430+S	
100	127	160	56	63	70▲	55,GEG55ES	55	73	65	470+S	M22×1.5
110	140	176	63	70	80▲	60,GEG60ES	60	80	70	500+S	
125	159	190	70	80	90	70，GEG70ES	70	92	80	540+S	M27×2
140	174	215	80	90	100	80，GEG80ES	80	100	90	580+S	
150	184	230	85	95	105	90，GEG90ES	85	105	95	610+S	
160	200	240	90	100	110	90，GEG90ES	90	115	100	640+S	M33×2
180	224	270	100	110	125	100，GEG100ES	100	125	110	700+S	
200	250	300	110	125	140	110，GEG110ES	110	140	120	760+S	
220	273	330	125	140	160	120，GEG120ES	120	160	130	820+S	M42×2
250	308	375	140	160	180	140，GEG140ES	140	180	150	900+S	

注：带▲的安装距为 $L+S+30$。

8.6.4 重载液压缸

8.6.4.1 CD/CG 型液压缸

（1）型号意义

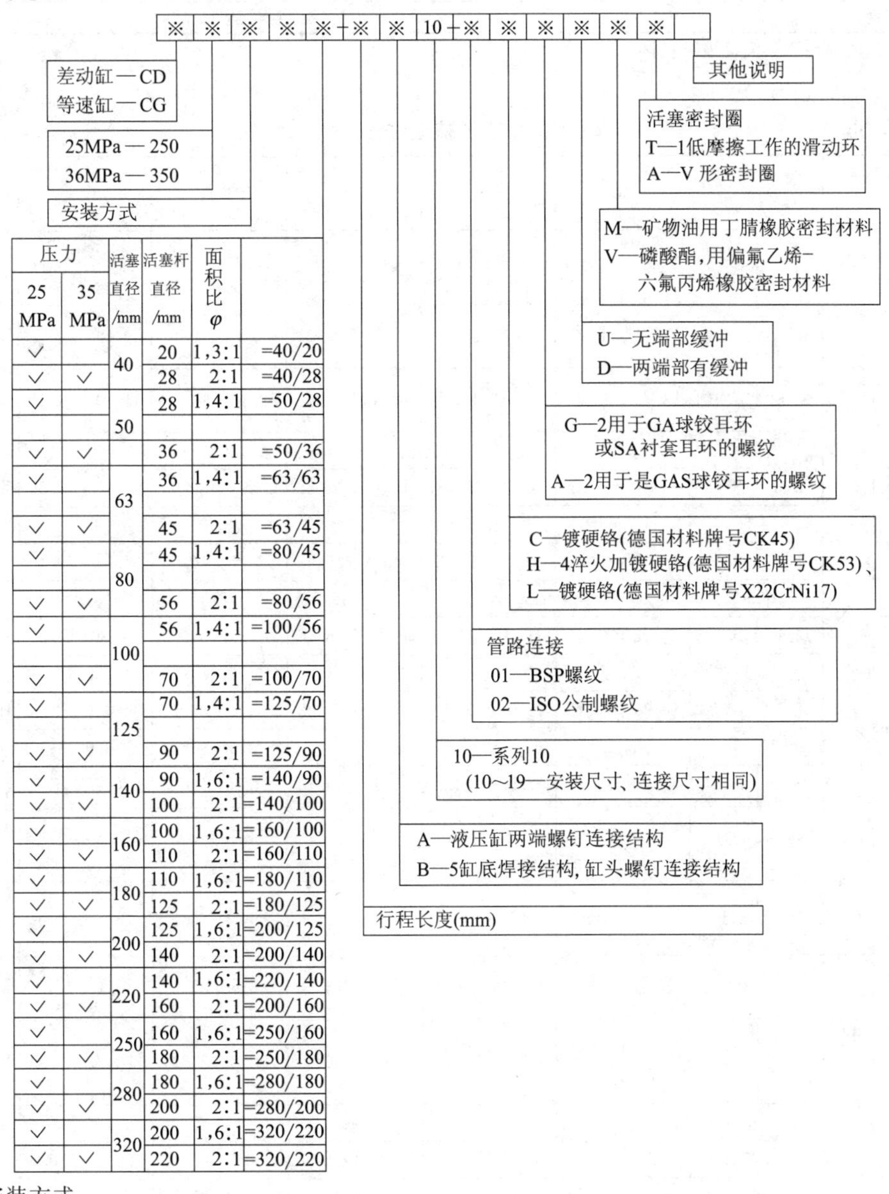

压力 25MPa	压力 35MPa	活塞直径/mm	活塞杆直径/mm	面积比φ	
√		40	20	1,3:1	=40/20
√	√		28	2:1	=40/28
√		50	28	1,4:1	=50/28
√	√		36	2:1	=50/36
√		63	36	1,4:1	=63/63
√	√		45	2:1	=63/45
√		80	45	1,4:1	=80/45
√	√		56	2:1	=80/56
√		100	56	1,4:1	=100/56
√	√		70	2:1	=100/70
√		125	70	1,4:1	=125/70
√	√		90	2:1	=125/90
√		140	90	1,6:1	=140/90
√	√		100	2:1	=140/100
√		160	100	1,6:1	=160/100
√	√		110	2:1	=160/110
√		180	110	1,6:1	=180/110
√	√		125	2:1	=180/125
√		200	125	1,6:1	=200/125
√	√		140	2:1	=200/140
√		220	140	1,6:1	=220/140
√	√		160	2:1	=200/160
√		250	160	1,6:1	=250/160
√	√		180	2:1	=250/180
√		280	180	1,6:1	=280/180
√	√		200	2:1	=280/200
√		320	200	1,6:1	=320/220
√	√		220	2:1	=320/220

（2）安装方式

表 20-8-98　安装方式

安装方式	液压缸类型	
	CD 型单活塞杆双作用缸	CG 型双活塞杆双作用缸
A：缸底滑动轴承	√	—
B：缸底球铰轴承		
C：缸头法兰	√	√
D：缸底法兰	√	—
E：中间耳轴安装	√	√
F：底座安装	√	√

(3) 技术规格

表 20-8-99 技术规格

工作压力/MPa	25、35
工作介质	矿物油、水-乙二醇、磷酸酯
工作温度/℃	−30～100
运行速度/m·s^{-1}	0.5(采用特殊密封可达 15m/s)

注：生产厂为河南省汝阳县液压机械厂。

(4) 液压缸推(拉)力

表 20-8-100 CD250/CG250 液压缸推(拉)力

压力/MPa																
	活塞直径	mm	40		50		63		80		100		125		140	
	活塞杆直径	mm	20	28	28	36	36	45	45	56	56	70	70	90	90	100
	活塞面积	cm^2	12.56		19.63		31.17		50.26		78.54		122.72		153.94	
	环形面积	cm^2	9.42	6.40	13.47	9.45	20.99	15.27	34.36	25.63	53.91	40.06	84.24	59.10	90.32	75.40
5	推力	kN	6.28		9.82		15.58		25.13		39.27		61.35		76.95	
	拉力	kN	4.71	3.20	6.74	4.73	10.50	7.63	17.18	12.82	26.95	20.03	42.10	29.55	45.15	37.70
10	推力	kN	12.56		19.63		31.17		50.26		78.54		122.72		153.94	
	拉力	kN	9.42	6.40	13.47	9.45	20.99	15.27	34.36	25.63	53.91	40.06	84.24	59.10	90.32	75.40
15	推力	kN	18.84		29.28		46.75		75.40		117.81		184.05		230.85	
	拉力	kN	14.13	9.60	20.22	17.19	31.50	22.89	51.28	38.46	80.85	60.09	126.30	88.65	135.45	113.10
20	推力	kN	25.12		39.28		62.34		100.54		157.08		245.40		307.80	
	拉力	kN	18.84	12.80	26.96	18.65	42.00	30.52	68.72	51.28	107.80	80.12	168.40	117.20	180.60	150.80
25	推力	kN	31.40		49.10		77.90		125.65		196.35		306.75		384.75	
	拉力	kN	23.55	16.00	33.70	23.65	52.50	38.15	85.90	64.10	134.75	100.15	210.50	147.75	225.75	188.40

压力/MPa																
	活塞直径	mm	160		180		200		220		250		280		320	
	活塞杆直径	mm	100	110	110	125	125	140	140	160	160	180	180	200	200	220
	活塞面积	cm^2	201.06		254.47		314.16		380.13		490.87		615.75		804.25	
	环形面积	cm^2	122.5	106.0	159.43	131.75	191.4	160.2	226.19	179.07	289.8	236.4	361.28	301.59	490.08	424.11
5	推力	kN	100.5		127.23		157.05		190		245.4		307.8		402.1	
	拉力	kN	61.25	53.00	79.7	65.87	95.7	80.10	113	89.53	144.9	118.2	180.6	150.8	245	212
10	推力	kN	201.00		254.47		314.10		380.1		490.87		615.75		804.2	
	拉力	kN	122.50	106.00	159.4	131.75	191.40	160.20	226.2	179	289.8	236.4	361.6	490	424	
15	推力	kN	301.50		381.70		471.15		570.2		736.3		923.63		1206.4	
	拉力	kN	183.75	159.00	239.1	197.6	287.10	240.30	339	268.6	434.7	354.6	541.9	425.4	735.1	636.2
20	推力	kN	402.00		508.94		628.20		760.26		981.7		1231.5		1608.5	
	拉力	kN	245.00	212.00	318.86	263.5	382.80	320.40	452.38	358.14	579.6	472.8	722.56	603.2	980.2	849.2
25	推力	kN	502.50		636.17		785.25		950.33		1227.2		1539.4		2010.0	
	拉力	kN	306.25	265.00	398.57	329.37	478.50	400.50	565.47	447.6	724.5	591	903.2	754	1225.2	1060.3

第20篇

表 20-8-101　　CD350/CG350 液压缸推（拉）力

压力/MPa	活塞直径	mm	40	50	63	80	100	125	140
	活塞杆直径		28	36	45	56	70	90	100
	活塞面积	cm^2	12.56	19.63	31.17	50.26	78.54	122.72	153.94
	环形面积		6.40	9.45	15.27	25.63	40.06	59.10	75.40
5	推力	kN	6.28	9.82	15.58	25.13	39.27	61.35	76.95
	拉力		3.2	4.73	7.63	12.82	20.03	29.55	37.70
10	推力		12.56	19.64	31.17	50.27	78.54	122.72	153.90
	拉力		6.4	9.46	15.26	25.64	40.06	59.10	75.40
15	推力		18.84	29.46	46.75	75.40	117.81	184.05	230.85
	拉力		9.6	14.19	22.89	38.46	60.09	88.65	113.10
20	推力		25.12	39.28	62.34	100.54	157.08	245.40	307.80
	拉力		12.80	18.92	30.52	51.28	80.12	115.20	150.80
25	推力		31.40	49.10	77.90	125.65	196.35	306.75	384.75
	拉力		16.00	23.65	38.15	64.10	100.15	147.75	188.40
30	推力		37.69	58.90	93.5	150.8	235.6	368.1	461.7
	拉力		19.2	28.35	45.8	76.9	120.2	177.3	226.2
35	推力		43.96	68.72	109.1	175.9	274.9	429.5	538.7
	拉力		22.4	33.07	53.4	89.7	140.2	206.9	263.9
压力/MPa	活塞直径	mm	160	180	200	220	250	280	320
	活塞杆直径		110	125	140	160	180	200	220
	活塞面积	cm^2	201.06	254.47	314.16	380.13	490.87	615.75	804.25
	环形面积		106.0	131.75	160.2	179.07	236.4	301.59	424.11
5	推力	kN	100.50	127.23	157.05	190	245.4	307.8	402.1
	拉力		53.00	65.87	80.10	89.53	118.2	150.8	212
10	推力		201.00	254.47	314.10	380.1	490.87	615.75	804.2
	拉力		106.00	131.75	160.20	179	236.4	301.6	424
15	推力		301.50	381.70	471.15	570.2	736.3	923.63	1206.4
	拉力		159.00	197.6	240.30	268.6	354.6	452.4	636.2
20	推力		402.00	508.94	628.20	760.26	981.7	1231.5	1608.5
	拉力		212.00	263.5	320.40	358.14	472.8	603.2	848.2
25	推力		502.50	636.17	785.25	950.33	1227.2	1539.4	2010.6
	拉力		265.00	329.37	400.50	447.6	591	754	1060.3
30	推力		603	763.4	942	1140	1470	1847.3	2412.7
	拉力		318	395.1	480.6	537	708	904.77	1270
35	推力		703.5	890.6	1099	1330	1715	2155	2814.8
	拉力		371	460.9	560.7	626.5	826	1056	1484

（5）外形尺寸

表 20-8-102 CD250A、CD250B 液压缸外形尺寸 mm

A缸底衬套耳环　　B缸底衬套耳环

活塞直径		40	50	63	80	100	125	140	160	180	200	220	250	280	320
活塞杆直径		20/28	28/36	36/45	45/56	56/70	70/90	90/100	100/110	110/125	125/140	140/160	160/180	180/200	200/220
D_1		55	68	75	95	115	135	155	180	200	215	245	280	305	340
D_2	A	M18×2	M24×2	M30×2	M39×3	M50×3	M64×3	M80×3	M90×3	M100×3	M110×4	M120×4	M120×4	M150×4	M160×4
	G	M16×1.5	M22×1.5	M28×1.5	M35×1.5	M45×1.5	M58×1.5	M65×1.5	M80×20	M100×2	M110×2	M120×3	M120×3	M130×3	—
D_5		85	105	120	135	165	200	220	265	290	310	355	395	430	490
D_7		25	30	35	40	50	60	70	80	90	100	110	110	120	140
D_9	01	1/2in BSP	1/2in BSP	3/4in BSP	3/4in BSP	1in BSP	5/4in BSP	5/4in BSP	3/2in BSP	3/2in BSP	3/2in BSP	3/2in BSP	3/2in BSP	3/2in BSP	3/2in BSP
	02	M22×1.5	M22×1.5	M27×2	M27×2	M33×2	M42×2	M42×2	M48×2	M48×2	M48×2	M48×2	M48×2	M48×2	M48×2
L		252	265	302	330	385	447	490	550	610	645	750	789	884	980
L_1		17	21	25	15.5	33	32	37/33	40	40/37	40	25	25	35	40
L_2		54	58	67	65	85	97	105	120	130	135	155	165	170	195
L_3	A	30	35	45	55	75	95	110	120	140	150	160	160	190	200
	G	16	22	28	35	45	58	65	80	100	110	120	120	130	—
L_7 (A10/B10)		32.5	37.5	45	52.5/50	60	70	75	85	90	115	125	140	150	175

续表

L_8		27.5	32.5	40	50	62.5	70	82	95	113	125	142.5	160	180	200
L_{10}		76	80	89.5	86	112.5	132	145	160	175	180	225	235	270	295
L_{11}		8	10	12	12	16	—	—	—	—	—	—	—	—	—
L_{12}		20.5	20.5	22.5	32.5	32.5	35	40	40	55	40	70	70	99	100
L_{14}		23	28	30	35	40	50	55	60	65	70	80	80	90	110
H		45	55	63	70	82.5	103	112.5	132.5	147.5	157.5	200	180	220	250
R		27.5	32.5	40	50	62.5	65	77	88	103	115	150	132.5	170	190
R_1（A10/B10）		7/16	2/14	2/9	1.5/5	—/11.5	4/—	—	27.5/—	18/—	20/—	—	—	—	—
CD250B	L_{13}	$20_{-0.12}^{0}$	$22_{-0.12}^{0}$	$25_{-0.12}^{0}$	$28_{-0.12}^{0}$	$35_{-0.12}^{0}$	$44_{-0.15}^{0}$	$49_{-0.15}^{0}$	$55_{-0.15}^{0}$	$60_{-0.2}^{0}$	$70_{-0.2}^{0}$	$70_{-0.2}^{0}$	$70_{-0.2}^{0}$	$85_{-0.2}^{0}$	$90_{-0.25}^{0}$
CD250A CD250B	系数 X	5	7.5	13	18	34	76	99	163	229	275	417	571	712	1096
	系数 Y	0.011/0.015	0.015/0.019	0.020/0.024	0.030/0.039	0.050/0.060	0.078/0.092	0.105/0.122	0.136/0.156	0.170/0.192	0.220/0.246	0.262/0.299	0.346/0.387	0.387/0.434	0.510/0.562
	质量/kg	$m=X+Y\times$行程													

注：1. A10 型用螺纹连接缸底，适用于所有尺寸的缸径。

2. B10 型用焊接缸底，只用在≤100mm 的缸径。

3. 缸头外侧采用密封盖，仅用于≥125mm 的缸径。

4. 缸头外侧采用活塞杆导向套，仅用于≤100mm 的缸径。

5. 缸头、缸底与缸筒螺纹连接时，当缸径≤100mm，螺钉头均露在法兰外；当缸径>100mm 时，螺钉头凹入缸底法兰内。

6. 单向节流阀和排气阀与水平线夹角 θ：

CD350 系列：缸径≤200mm，$\theta=30°$；缸径≥220mm，$\theta=45°$。CD250 系列：除缸径等于 300mm，$\theta=45°$外，其余均为 30°。

7. G 为采用 GA 球铰耳环或 SA 衬套耳环的螺纹；A 为采用 GAS 球铰耳环的螺纹。

8. 01 为惠氏管螺纹；02 为 ISO 公制螺纹。

9. 以下表注与此表注相同。

表 20-8-103　　CD250C、CD250D 液压缸外形尺寸　　mm

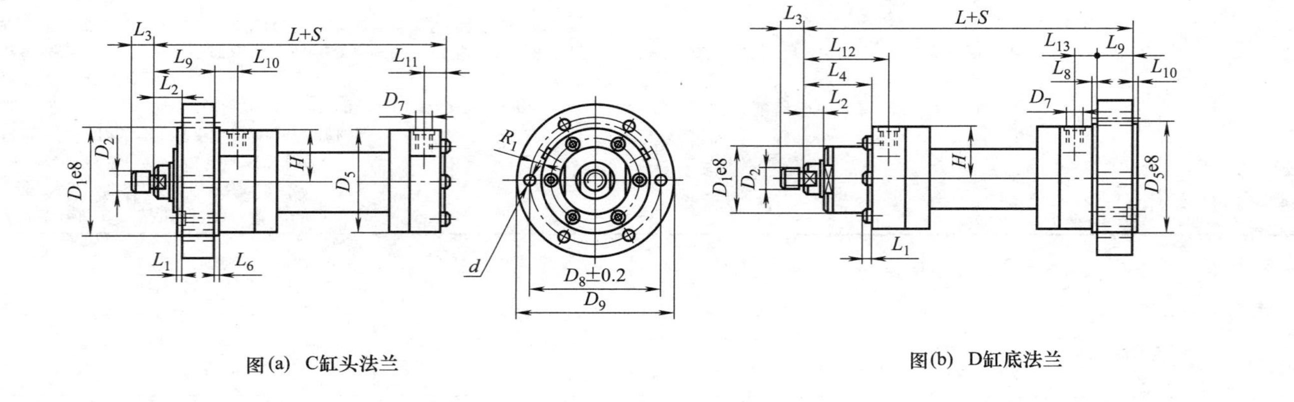

图(a)　C缸头法兰　　　　图(b)　D缸底法兰

	活塞直径		40	50	63	80	100	125	140	160	180	200	220	250	280	320
	活塞杆直径		20/28	28/36	36/45	45/56	56/70	70/90	90/100	100/110	110/125	125/140	140/160	160/180	180/200	200/220
C缸头法兰	D_2	A	M18×2	M24×2	M30×2	M39×3	M50×3	M64×3	M80×3	M90×3	M100×3	M110×4	M120×4	M120×4	M150×4	M160×4
		G	M16×1.5	M22×1.5	M28×1.5	M35×1.5	M45×1.5	M58×1.5	M65×1.5	M80×20	M100×2	M110×2	M120×3	M120×3	M130×3	—
	D_7	01	1/2in BSP	1/2in BSP	3/4in BSP	3/4in BSP	1 in BSP	5/4in BSP	5/4in BSP	3/2in BSP	3/2in BSP	3/2in BSP	3/2in BSP	3/2in BSP	3/2in BSP	3/2in BSP
		02	M22×1.5	M22×1.5	M27×2	M27×2	M33×2	M42×2	M42×2	M48×2	M48×2	M48×2	M48×2	M48×2	M48×2	M48×2
	D_8		108	130	155	170	205	245	265	325	360	375	430	485	520	600
	D_9		130	160	185	200	245	295	315	385	420	445	490	555	590	680
	L_3	A	30	35	45	55	75	95	110	120	140	150	160	160	190	200
		G	16	22	28	35	45	58	65	80	100	110	120	120	130	—
	d		9.5	11.5	14	14	18	22	22	28	30	33	33	39	39	45
	R_1 (A10/B10)		7/16	2/14	2/9	1.5/5	—/11.5	4/—	—	27.5/—	18/—	20/—	—	—	—	—
	H		45	55	63	70	82.5	103	112.5	132.5	147.5	157.5	180	200	220	250

续表

C缸头法兰	D_1	90	110	130	145	175	210	230	275	300	320	370	415	450	510
	D_5	85	105	120	135	165	200	220	265	290	310	355	395	430	490
	L	268	278	324	325	405	474	520	585	635	665	780	814	905	1000
	$L_1(L_6)$	5	5	5	5	5	5(10)	10	10	10	10	10	10	10	10
	L_2	19	23	27	25	35	37	45	50	50	50	60	70	65	65
	L_9	49	53	62	60	80	87	95	110	120	125	145	155	160	185
	L_{10}	27	27	27.5	26	32.5	45	50	50	55	55	80	80	110	110
	L_{11}	27	27	27.5	30	32.5	35	45	50	55	45	80	80	109	11
D缸底法兰	D_1	55	68	75	95	115	135	155	180	200	215	245	280	305	340
	D_5	90	110	130	145	175	210	230	275	300	320	370	415	450	510
	L	256	264	297	315	375	432	475	535	585	615	720	744	839	935
	L_1	8	10	12	12	16	—	—	—	—	—	—	—	—	—
	L_2	17	21	25	25.5	33	32	37/33	40	40/37	40	25	25	35	40
	L_4	54	58	67	65	85	97	105	120	130	135	155	165	170	195
	$L_8(L_{10})$	5	5	5	10	10	10	10	10	10	10	10	10	10	10
	L_9	30	30	35	35	45	50	50	60	70	75	85	85	95	120
	L_{12}	76	80	89.5	86	112.5	132	145	160	175	180	225	235	270	295
	L_{13}	27	27	27.5	35	37.5	40	50	50	55	50	80	80	109	110
CD250C	系数 X	8	12	20	23	41	95	120	212	273	334	485	643	784	1096
CD250D	系数 X	9	13	22	26	48	95	120	212	273	334	485	643	784	1263
CD250C CD250D	系数 Y	0.011/0.015	0.015/0.019	0.020/0.024	0.030/0.039	0.050/0.060	0.078/0.092	0.105/0.122	0.136/0.156	0.17/0.192	0.22/0.246	0.262/0.299	0.346/0.387	0.387/0.434	0.510/0.562
质量/kg		$m=X+Y\times$行程													

表 20-8-104　　CD250E 液压缸外形尺寸　　mm

E中间耳轴

活塞直径		40	50	63	80	100	125	140	160	180	200	220	250	280	320
活塞杆直径		20/28	28/36	36/45	45/56	56/70	70/90	90/100	100/110	110/125	125/140	140/160	160/180	180/200	200/220
D_1		55	68	75	95	115	135	155	180	200	215	245	280	305	340
D_2	A	M18×2	M24×2	M30×2	M39×3	M50×3	M64×3	M80×3	M90×3	M100×3	M110×4	M120×4	M120×4	M150×4	M160×4
	G	M16×1.5	M22×1.5	M28×1.5	M35×1.5	M45×1.5	M58×1.5	M65×1.5	M80×2	M100×2	M110×2	M120×3	M120×3	M130×3	—
D_5		85	105	120	135	165	200	220	265	290	310	355	395	430	490
D_7	01	1/2in BSP	1/2in BSP	3/4in BSP	3/4in BSP	1in BSP	5/4in BSP	5/4in BSP	3/2in BSP	3/2in BSP	3/2in BSP	3/2in BSP	3/2in BSP	3/2in BSP	3/2in BSP
	02	M22×1.5	M22×1.5	M27×2	M27×2	M33×2	M42×2	M42×2	M48×2	M48×2	M48×2	M48×2	M48×2	M48×2	M48×2
D_8		30	30	35	40	50	60	65	75	85	90	100	110	130	160
L		268	278	324	325	405	474	520	585	635	665	780	814	905	1000
L_1		17	21	25	15.5	33	32	37/33	40	40/37	40	25	25	35	40
L_2	A	30	35	45	55	75	95	110	120	140	150	160	160	190	200
	G	16	22	28	35	45	58	65	80	100	110	120	120	130	—
L_3		54	58	67	65	85	97	105	120	130	135	155	165	170	195
L_7		35	35	40	45	55	65	70	80	95	95	110	125	145	175
L_{10}(中间)		136	143.5	162	170	201	237	260	292.5	317.5	332.5	390	407	452	500
L_{11}		8	10	12	12	16	—	—	—	—	—	—	—	—	—
L_{13}		76	80	89.5	86	112.5	132	145	160	175	180	225	235	270	295
L_{14}		27	27	27.5	30	32.5	35	45	50	55	45	80	80	109	110
L_{15}		$95_{-0.20}^{0}$	$115_{-0.20}^{0}$	$130_{-0.20}^{0}$	$145_{-0.20}^{0}$	$175_{-0.20}^{0}$	$210_{-0.5}^{0}$	$110_{-0.4}^{0}$	$110_{-0.4}^{0}$	$110_{-0.4}^{0}$	$110_{-0.4}^{0}$	$110_{-0.4}^{0}$	$110_{-0.4}^{0}$	$110_{-0.4}^{0}$	$110_{-0.4}^{0}$
L_{16}		20	20	20	25	30	40	42.5	52.5	55	55	60	65	70	90
R		1.6	1.6	2	2	2	2.5	2.5	2.5	2.5	2.5	2.5	2.5	2.5	2.5
系数 X		7	10	17.5	20	35	81	104	165	248	282	444	591	745	1138
系数 Y		0.011/0.015	0.015/0.019	0.02/0.024	0.03/0.039	0.050/0.060	0.078/0.092	0.105/0.122	0.136/0.156	0.170/0.192	0.220/0.246	0.262/0.299	0.346/0.387	0.387/0.434	0.510/0.562
质量/kg		$m=X+Y\times$行程													

表 20-8-105 CD250F 液压缸外形尺寸 mm

F底座安装

活塞直径		40	50	63	80	100	125	140	160	180	200	220	250	280	320
活塞杆直径		20/28	28/36	36/45	45/56	56/70	70/90	90/100	100/110	110/125	125/140	140/160	160/180	180/200	200/220
D_1		55	68	75	95	115	135	155	180	200	215	245	280	305	340
D_2	A	M18×2	M24×2	M30×2	M39×3	M50×3	M64×3	M80×3	M90×3	M100×3	M110×4	M120×4	M120×4	M150×4	M160×4
	G	M16×1.5	M22×1.5	M28×1.5	M35×1.5	M45×1.5	M58×1.5	M65×1.5	M80×2	M100×2	M110×2	M120×3	M120×3	M130×3	—
D_5		85	105	120	135	165	200	220	265	290	310	355	395	430	490
D_7	01	1/2in BSP	1/2in BSP	3/4in BSP	3/4in BSP	1in BSP	5/4in BSP	5/4in BSP	3/2in BSP	3/2in BSP	3/2in BSP	3/2in BSP	3/2in BSP	3/2in BSP	3/2in BSP
	02	M22×1.5	M22×1.5	M27×2	M27×2	M33×2	M42×2	M42×2	M48×2	M48×2	M48×2	M48×2	M48×2	M48×2	M48×2
L_0		226	234	262	275	325	377	420	475	515	535	635	569	744	815
L_1		17	21	25	15.5	33	32	37/33	40	40/37	40	25	25	35	40
L_3	A	30	35	45	55	75	95	110	120	140	150	160	160	190	200
	G	16	22	28	35	45	58	65	80	100	110	120	120	130	—
L_4		54	58	67	65	85	97	105	120	130	135	155	165	170	195
L_6		30	35	40	55	65	60	65	75	80	90	94	100	110	120
L_7		12.5	12.5	15	27.5	25	30	32.5	37.5	40	45	47	50	55	60
L_8		106.5	110.5	127	135	165	192	207.5	232.5	250	260	307	320	370	400
L_9		55	57	70	55	75	90	105	120	135	145	166	174	165	200
L_{15}		76	80	89.5	86	112.5	132	145	160	175	180	225	235	270	295
L_{16}		27	27	27.5	30	32.5	35	45	50	55	45	80	80	109	110
L_{18}		110	130	150	170	205	255	280	330	360	385	445	500	530	610
L_{19}		135	155	180	210	250	305	340	400	440	465	530	600	630	730
d_1		11	11	14	18	22	25	28	31	37	37	45	52	52	62
h_2		26	31	27	42	52	60	65	70	80	85	95	110	125	140
h_3		45	55	65	70	85	105	115	135	150	160	185	205	225	255
h_4		90	110	128	140	167.5	208	227.5	267.5	297.5	317.5	365	405	445	505
系数 X		7	10	17.5	20	35	85	111	184	285	302	510	589	816	1171
系数 Y		0.011/0.015	0.015/0.019	0.020/0.024	0.030/0.039	0.050/0.060	0.078/0.092	0.103/0.122	0.136/0.156	0.170/0.192	0.220/0.246	0.262/0.299	0.346/0.387	0.387/0.434	0.510/0.562
质量/kg		$m=X+Y\times$行程													

表 20-8-106 CD350A、CD350B 液压缸外形尺寸 mm

A缸底衬套耳环

B缸底球铰耳环

活塞直径		40	50	63	80	100	125	140	160	180	200	220	250	280	320
活塞杆直径		28	36	45	56	70	90	100	110	125	140	160	180	200	220
D_1		58	70	88	100	120	150	170	190	220	230	260	290	330	340
D_2	A	M24×2	M30×2	M39×2	M50×3	M64×3	M80×3	M90×3	M100×3	M110×4	M120×4	M120×4	M150×4	M160×4	M180×4
	G	M22×1.5	M28×1.5	M35×1.5	M45×1.5	M58×1.5	M65×1.5	M80×2	M100×2	M110×2	M120×3	M120×3	M130×3	—	—
D_5		90	110	145	156	190	235	270	290	325	350	390	440	460	490
D_7		$30_{-0.010}^{0}$	$35_{-0.012}^{0}$	$40_{-0.012}^{0}$	$50_{-0.012}^{0}$	$60_{-0.015}^{0}$	$70_{-0.015}^{0}$	$80_{-0.015}^{0}$	$90_{-0.020}^{0}$	$100_{-0.020}^{0}$	$110_{-0.020}^{0}$	$110_{-0.020}^{0}$	$120_{-0.020}^{0}$	$140_{-0.025}^{0}$	$160_{-0.025}^{0}$
D_9	01	1/2in BSP	1/2in BSP	3/4in BSP	3/4in BSP	1 in BSP	5/4in BSP	5/4in BSP	3/2in BSP	3/2in BSP	3/2in BSP	3/2in BSP	3/2in BSP	3/2in BSP	3/2in BSP
	02	M22×1.5	M22×1.5	M27×2	M27×2	M33×2	M42×2	M42×2	M48×2	M48×2	M48×2	M48×2	M48×2	M48×2	M48×2
L		268	280	330	355	390	495	530	600	665	710	760	825	895	965
L_1		18	18	18	18	18	20	20	30	30	26	18	16	30	45
L_2		63	65	65	75	80	100	110	130	145	155	165	175	190	205
L_3	A	35	45	55	75	95	110	120	140	150	160	160	190	200	220
	G	22	28	35	45	58	65	80	100	110	120	120	130	—	—
L_7		35	43	50/57.5	55	65	75	80	90	105	115	115	140	170	200
L_8		34	41	50	63	70	82	95	113	125	142.5	142.5	180	200	250
L_{10}		88	90	100	111	112.5	145	160	187.5	205	215	225	245	265	275
L_{11}		8	10	12	16	20	—	—	—	—	—	—	—	—	—
L_{12}		20	25	35/27.5	30	32.5	45	50	57.5	60	55	55	60	85	70
L_{14}		28	30	35	40	50	55	60	65	70	80	80	90	100	110
H		—	—	74	78	97.5	118	137.5	147.5	162.5	177.5	197.5	222.5	232	250
R		32	39	47	58	65	77	88	103	115	132.5	132.5	170	190	240
R_1		5/6	—/4	—/12.5	—/7	—/10	—	—	15/—	10/—	2/—	—	—	—	—
系数 X		12	18	46	0.051	83	164	246	338	369	554	700	901	1077	1458
系数 Y		0.010	0.016	0.029	54	0.076	0.116	0.163	0.213	0.264	0.317	0.418	0.541	0.584	0.685
质量/kg		$m=X+Y\times$行程													
CD350B	L_{13}	$22_{-0.12}^{0}$	$25_{-0.12}^{0}$	$28_{-0.12}^{0}$	$35_{-0.12}^{0}$	$44_{-0.15}^{0}$	$49_{-0.15}^{0}$	$55_{-0.15}^{0}$	$60_{-0.2}^{0}$	$70_{-0.2}^{0}$	$70_{-0.2}^{0}$	$70_{-0.2}^{0}$	$85_{-0.2}^{0}$	$90_{-0.25}^{0}$	$105_{-0.25}^{0}$

表 20-8-107 CD350C、CD350D 液压缸外形尺寸 mm

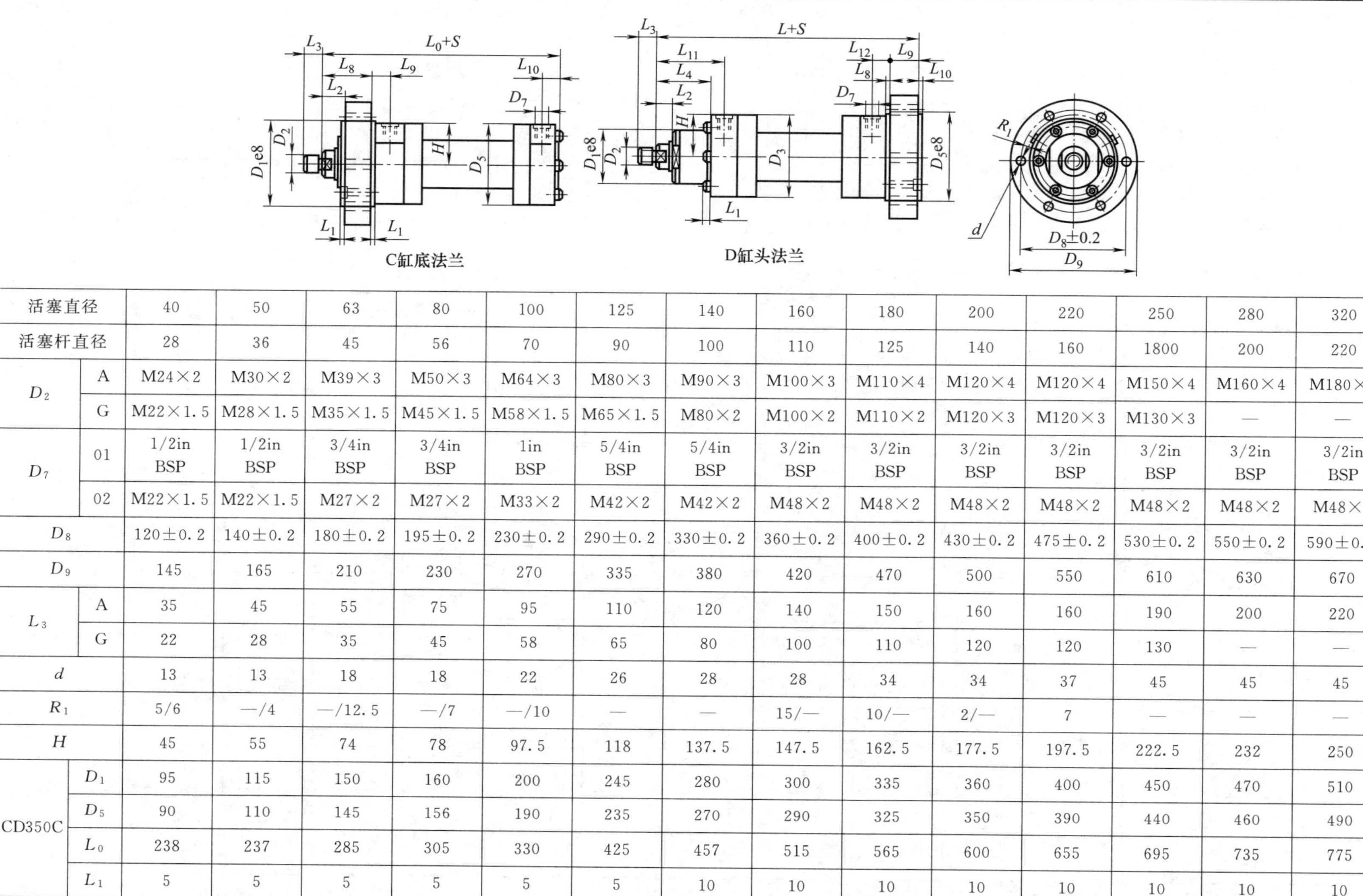

活塞直径		40	50	63	80	100	125	140	160	180	200	220	250	280	320
活塞杆直径		28	36	45	56	70	90	100	110	125	140	160	1800	200	220
D_2	A	M24×2	M30×2	M39×3	M50×3	M64×3	M80×3	M90×3	M100×3	M110×4	M120×4	M120×4	M150×4	M160×4	M180×4
	G	M22×1.5	M28×1.5	M35×1.5	M45×1.5	M58×1.5	M65×1.5	M80×2	M100×2	M110×2	M120×3	M120×3	M130×3	—	—
D_7	01	1/2in BSP	1/2in BSP	3/4in BSP	3/4in BSP	1in BSP	5/4in BSP	5/4in BSP	3/2in BSP	3/2in BSP	3/2in BSP	3/2in BSP	3/2in BSP	3/2in BSP	3/2in BSP
	02	M22×1.5	M22×1.5	M27×2	M27×2	M33×2	M42×2	M42×2	M48×2	M48×2	M48×2	M48×2	M48×2	M48×2	M48×2
D_8		120±0.2	140±0.2	180±0.2	195±0.2	230±0.2	290±0.2	330±0.2	360±0.2	400±0.2	430±0.2	475±0.2	530±0.2	550±0.2	590±0.2
D_9		145	165	210	230	270	335	380	420	470	500	550	610	630	670
L_3	A	35	45	55	75	95	110	120	140	150	160	160	190	200	220
	G	22	28	35	45	58	65	80	100	110	120	120	130	—	—
d		13	13	18	18	22	26	28	28	34	34	37	45	45	45
R_1		5/6	—/4	—/12.5	—/7	—/10	—	—	15/—	10/—	2/—	7	—	—	—
H		45	55	74	78	97.5	118	137.5	147.5	162.5	177.5	197.5	222.5	232	250
CD350C	D_1	95	115	150	160	200	245	280	300	335	360	400	450	470	510
	D_5	90	110	145	156	190	235	270	290	325	350	390	440	460	490
	L_0	238	237	285	305	330	425	457	515	565	600	655	695	735	775
	L_1	5	5	5	5	5	5	10	10	10	10	10	10	10	10

续表

CD350C	L_2	23	20	20	20	20	25	30	40	40	40	40	40	50	55
	L_8	58	60	60	70	75	95	100	120	135	145	155	165	180	195
	L_9	30	30	40	41	47.5	50	60	67.5	70	70	70	80	85	80
	L_{10}	25	25	32.5	35	37.5	50	57	62.5	65	60	65	70	85	80
CD350D	D_1	58	70	88	100	120	150	170	190	220	230	260	290	330	340
	D_3	90±2.3	110±2.3	145±2.5	156±2.5	190±2.7	235±2.7	270±2.9	290±2.9	325±3.1	350±3.1	390±3.1	440±3.3	460±3.3	490±3.3
	D_5	95	115	150	160	200	245	280	300	335	360	400	450	470	510
	L	273	277	325	355	385	405	532	600	665	710	770	820	865	915
	L_1	8	10	12	16	20	—	—	—	—	—	—	—	—	—
	L_2	18	18	18	18	18	20	20	30	30	26	18	16	30	45
	L_4	63	65	65	75	80	100	110	130	145	155	165	175	190	205
	L_8	5	5	5	5	5	5	10	10	10	10	10	10	10	10
	L_9	35	40	40	50	55	70	70	80	95	105	115	125	130	140
	L_{11}	88	90	100	111	112.5	145	160	187.5	205	215	225	245	265	275
	L_{12}	25	25	32.5/45	35	37.5	50	62	67.5	65	65	65	70	85	80
CD350C	系数 X	9	14	32	41	63	122	190	252	286	420	552	699	959	1309
CD350D	系数 X	12	18	46	54	83	164	246	338	369	554	700	901	1077	1458
CD350C	系数 Y	0.010	0.016	0.029	0.051	0.076	0.116	0.163	0.213	0.264	0.317	0.418	0.541	0.584	0.685
CD350D	质量/kg	$m=X+Y\times$行程													

表 20-8-108 CD350E 液压缸外形尺寸 mm

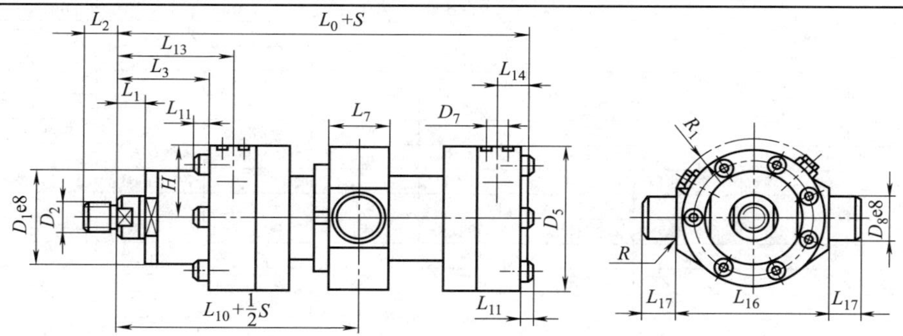

E中间耳轴

活塞直径		40	50	63	80	100	125	140	160	180	200	220	250	280	320
活塞杆直径		28	36	45	56	70	90	100	110	125	140	160	180	200	220
D_1		58	70	88	100	120	150	170	190	220	230	260	290	330	340
D_2	A	M24×2	M30×2	M39×3	M50×3	M64×3	M80×3	M90×3	M100×3	M110×4	M120×4	M120×4	M150×4	M160×4	M180×4
	G	M22×1.5	M28×1.5	M35×1.5	M45×1.5	M58×1.5	M65×1.5	M80×2	M100×2	M110×2	M120×3	M120×3	M130×3	—	—
D_5		90	110	145	156	190	235	270	290	325	350	390	440	460	490
D_7	01	1/2in BSP	1/2in BSP	3/4in BSP	3/4in BSP	1in BSP	5/4in BSP	5/4in BSP	3/2in BSP	3/2in BSP	3/2in BSP	3/2in BSP	3/2in BSP	3/2in BSP	3/2in BSP
	02	M22×1.5	M22×1.5	M27×2	M27×2	M33×2	M42×2	M42×2	M48×2	M48×2	M48×2	M48×2	M48×2	M48×2	M48×2
D_8		40	40	45	55	60	75	85	95	110	120	130	140	170	200
L_0		238	237	285	305	330	425	472	515	565	600	655	695	735	775
L_1		18	18	18	18	18	20	20	30	30	26	18	16	30	45
L_2	A	35	45	55	75	95	110	120	140	150	160	160	180	200	220
	G	22	28	35	45	58	65	80	100	110	120	120	130	—	—
L_3		63	65	65	75	80	100	110	130	145	155	165	175	190	205
L_7		50	50	50	60	65	80	90	100	115	125	135	145	180	210
L_{11}		8	10	12	16	20	—	—	—	—	—	—	—	—	—
L_{13}		88	90	100	111	112.5	145	160	187.5	205	215	225	245	265	275
L_{14}		25	25	32.5	35	37.5	50	57	62.5	65	60	65	70	85	80
L_{16}		95-0.2	120-0.2	150-0.2	160-0.2	200-0.2	245-0.5	280-0.5	300-0.5	335-0.5	360-0.5	400-0.5	450-0.5	480-0.5	500-0.5
L_{17}		30	30	35	50	55	60	70	80	90	100	100	100	125	150
H		45	55	74	78	97.5	118	137.5	147.5	163	177.5	197.5	222.5	232	250
R_1		5/6	—/4	—/12.5	—/7	—/10	—	—	15/—	10/—	2/—	—	—	—	—
系数 X		11	16	34	43	67	133	213	278	312	468	598	775	1015	1362
系数 Y		0.010	0.016	0.029	0.051	0.076	0.116	0.163	0.213	0.264	0.317	0.418	0.541	0.584	0.685
质量/kg		$m=X+Y\times$行程													

表 20-8-109 CD350F 差动液压缸外形尺寸 mm

F底座安装

活塞直径		40	50	63	80	100	125	140	160	180	200	220	250	280	320
活塞杆直径		28	36	45	56	70	90	100	110	125	140	160	180	200	220
D_1		58	70	88	100	120	150	170	190	220	230	260	290	330	340
D_2	A	M24×2	M30×2	M39×3	M50×3	M64×3	M80×3	M90×3	M100×3	M110×4	M120×4	M120×4	M150×4	M160×4	M180×4
	G	M22×1.5	M28×1.5	M35×1.5	M45×1.5	M58×1.5	M65×1.5	M80×2	M100×2	M110×2	M120×3	M120×3	M130×3	—	—
D_5		90	110	145	156	190	235	270	290	325	350	390	440	460	490
D_6	01	1/2in BSP	1/2in BSP	3/4in BSP	3/4in BSP	1in BSP	5/4in BSP	5/4in BSP	3/2in BSP	3/2in BSP	3/2in BSP	3/2in BSP	3/2in BSP	3/2in BSP	3/2in BSP
	02	M22×1.5	M22×1.5	M27×2	M27×2	M33×2	M42×2	M42×2	M48×2	M48×2	M48×2	M48×2	M48×2	M48×2	M48×2
L_0		238	237	285	305	330	425	457	515	565	600	655	695	735	775
L_1		18	18	18	18	18	20	20	30	30	26	26	16	30	45
L_3	A	35	45	55	75	95	110	120	140	150	160	160	190	200	220
	G	22	28	35	45	58	65	90	100	110	120	120	130	—	—
L_4		63	65	65	75	80	100	110	130	145	155	165	175	190	205
L_6		30	40	50	60	65	80	90	95	115	125	135	145	160	170
L_7		15	20	25	30	32.5	40	45	47.5	57.5	62.5	67.5	72.5	80	85
L_8		123	130	147.5	162.5	172.5	220	235	270	297.5	312.5	337.5	362.5	385	410
L_9		55	42	50	50	60	80	90	100	110	125	135	135	145	150
L_{12}		88	90	100	111	112.5	145	160	187.5	205	215	225	245	265	275
L_{13}		25	25	32.5	35	37.5	50	57	62.5	65	60	65	70	85	80
L_{14}		120±0.2	150±0.2	185±0.2	210±0.2	250±0.2	310±0.2	340±0.2	370±0.2	415±0.2	460±0.2	500±0.2	550±0.2	600±0.2	650±0.2
L_{15}		145	185	235	270	320	390	420	450	515	570	610	660	720	780
d_1		17	21	24	26	33	39	39	42	45	48	48	52	62	74
h_2		30	35	45	50	60	70	75	87	95	110	110	120	140	160
h_3		50	65	75	80	100	120	140	150	165	180	200	225	235	255
h_4		—	—	149	158	197.5	238	227.5	297.5	327.5	357.5	397.5	447.5	467	505
系数 X		11	17	37	47	73	132	203	304	357	499	665	814	1069	1304
系数 Y		0.010	0.016	0.029	0.051	0.076	0.116	0.163	0.213	0.264	0.317	0.418	0.541	0.584	0.685
质量/kg		$m=X+Y\times$行程													

8.6.4.2　CG250、CG350 等速重载液压缸尺寸

（1）安装形式

表 20-8-110　　安装形式

安装形式	CD250F、CD350	CD250	CD350
F 底座	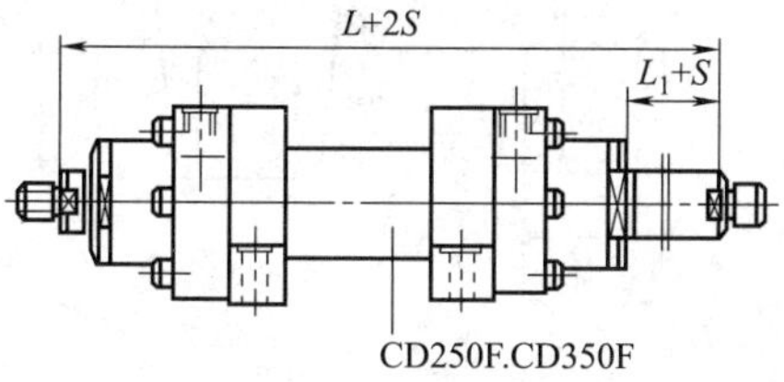 CD250F.CD350F	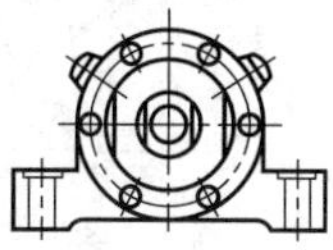	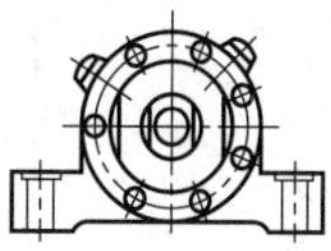
E 中间耳轴	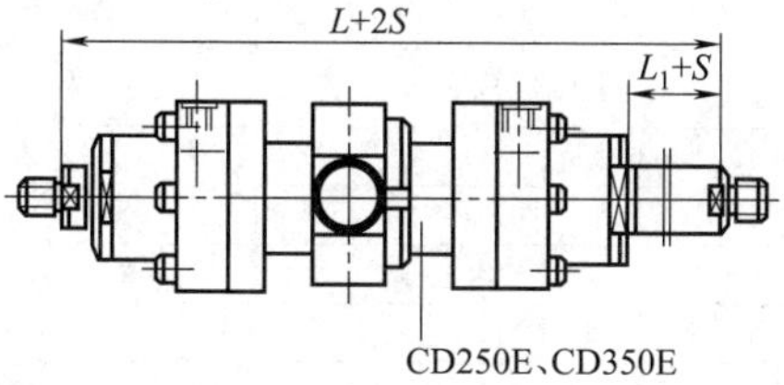 CD250E、CD350E	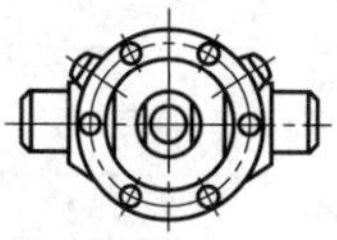	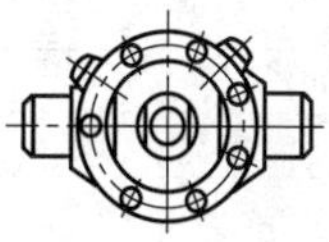
C 缸头法兰	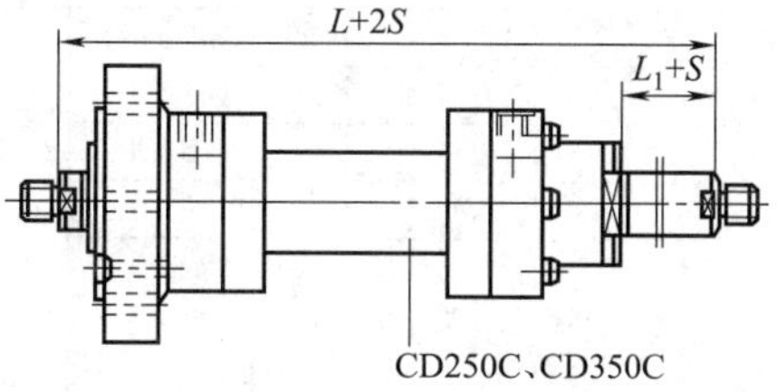 CD250C、CD350C	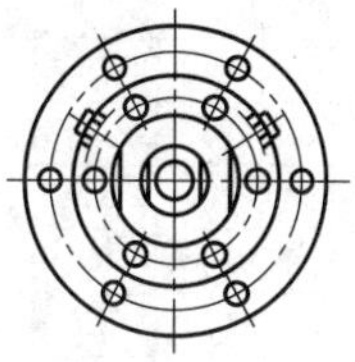	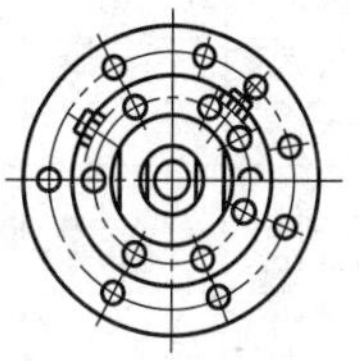

表 20-8-111　　安装尺寸　　mm

油口连接螺纹尺寸	—	—	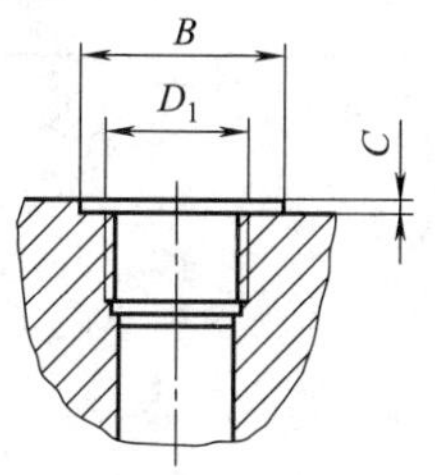 CG250					CG350				
	D_1	02	M22×1.5	M27×2	M33×2	M42×2	M48×2	M22×1.5	M27×2	M33×2	M42×2	M48×2
		01	G1/2	G3/4	G1	G1¼	G1½	G1/2	G3/4	G1	G1¼	G1½
	B		34	42	47	58	65	40	42	47	58	65
	C		1	1	1	1	1	5	4	1	1	1

活塞直径		40	50	63	80	100	125	140	160	180	200	220	250	280	320
CG250	L	268	278	324	325	405	474	520	585	635	665	780	814	905	1000
	L_1	17	21	25	15.5	33	32	37/33	40	40/37	40	25	25	35	40
CG350	L	301	302	345	375	405	520	560	640	705	750	810	860	915	970
	L_1	18	18	18	18	18	20	20	30	30	26	18	16	30	45

(2) CA 型球铰耳环、SA 型衬套耳环液压缸耳环尺寸

表 20-8-112　　CA 型球铰耳环、SA 型衬套耳环液压缸耳环尺寸　　mm

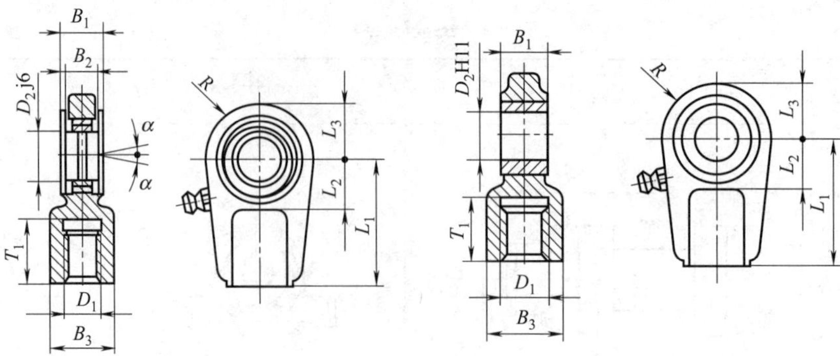

图(a)　CA型球铰耳环　　　　图(b)　SA型衬套耳环

CD250 CG250 活塞直径	CD350 CG350 活塞直径	型号 GA	件号 303	型号 SA	件号 303	$B_{1\,-0.4}^{\ \ 0}$	B_3	D_1	D_2	L_1	L_2	L_3	R	T_1	质量 /kg	α	$B_{2\,-0.2}^{\ \ 0}$
						GA、SA										GA	
40	—	16	125	16	150	23	28	M16×1.5	25	50	25	30	28	17	0.43	8°	20
50	40	22	126	22	151	28	34	M22×1.5	30	60	30	34	32	23	0.7	7°	22
63	50	28	127	28	152	30	44	M28×1.5	35	70	40	42	39	29	1.1	7°	25
80	63	35	128	35	153	35	55	M35×1.5	40	85	45	50	47	36	2.0	7°	28
100	80	45	129	45	154	40	70	M45×1.5	50	105	55	63	58	46	3.3	7°	35
125	100	58	130	58	155	60	87	M58×1.5	60	103	65	70	65	59	5.5	7°	44
140	125	65	131	65	156	55	93	M65×1.5	70	150	75	82	77	66	8.6	6°	49
160	140	80	132	80	157	60	125	M80×2	80	170	80	95	88	81	12.2	6°	55
180	160	100	133	100	158	65	143	M100×2	90	210	90	113	103	101	21.5	6°	60
200	180	110	134	110	159	70	153	M110×2	100	235	105	125	115	111	27.5	7°	70
220	200	120	135	120	160	80	176	M120×2	110	265	115	142.5	132.5	125	40.7	7°	70
250	220	120	135	120	160	80	176	M120×2	110	265	115	142.5	132.5	125	40.7	7°	70
280	250	130	136	130	161	90	188	M130×2	120	310	140	180	170	135	76.4	6°	85
320	280	—	—	—	—	—	—	—	—	—	—	—	—	—	—	—	—
—	320	—	—	—	—	—	—	—	—	—	—	—	—	—	—	—	—

(3) GAK、GAS 型球铰耳环（带锁紧螺钉）尺寸

表 20-8-113　　GAK、GAS 型球铰耳环（带锁紧螺钉）尺寸　　mm

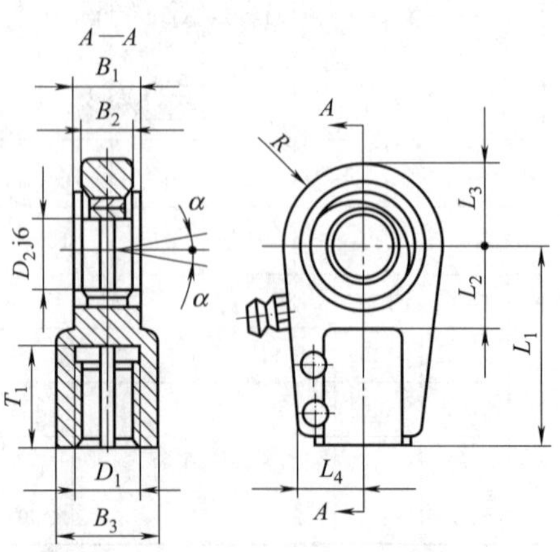

续表

CD250 CG250 (CD350) (CG350) 活塞直径	型号 GAK	件号 303	型号 GAS	件号 303	B_1	B_2	D_2	L_2	L_3	R	CD250 CG250 锁紧螺钉			CD350 CG350 锁紧螺钉			质量 /kg
											螺钉	力矩 /N·m	α	螺钉	力矩 /N·m	α	
					GAK、GAS									GAK			
40	16	162	25	137	23	20	25	30	28	16	M6×16	9	8°	—	—	—	0.43
50(40)	22	163	30	138	28	22	30	30	34	32	M8×20	20	7°	M8×20	20	7°	0.7
63(50)	28	164	35	139	30	25	35	40	42	39	M8×20	20	7°	M10×25	40	7°	1.1
80(63)	35	165	40	140	35	28	40	45	50	47	M10×30	40	7°	M12×30	80	7°	2.0
100(80)	45	166	50	141	40	35	50	55	63	58	M12×35	80	7°	M12×30	80	7°	3.3
125(100)	58	167	60	142	50	44	60	65	70	65	M16×50	160	7°	M16×40	160	7°	5.5
140(125)	65	168	70	143	55	49	70	75	83	77	M16×50	160	6°	M16×40	160	6°	8.6
160(140)	80	169	80	144	60	55	80	80	95	88	M16×50	160	6°	M20×50	300	6°	12.2
180(160)	100	—	90	145	65	60	90	90	113	103	M16×60	160	6°	M20×50	300	5°	21.5
200(180)	110	—	100	146	70	70	100	105	125	115	M20×60	300	7°	M20×50	300	7°	27.5
220(200)	120	—	110	147	80	70	110	115	142.5	132.5	M24×70	500	7°	M24×60	500	6°	40.7
250(220)	120	—	110	147	80	70	110	115	142.5	132.5	M24×70	500	7°	M24×60	500	6°	40.7
280(250)	130	—	120	148	90	85	120	140	180	170	M24×80	500	6°	M30×80	1000	6°	76.4
320(280)	—	—	140	—	110	90	140	185	200	190	—	—	—	—	—	—	—
(320)	—	—	169	149	110	105	160	200	250	240	—	—	—	—	—	—	—

CD250 CG250 (CD350) (CG350) 活塞直径	型号 GAK	件号 303	型号 GAS	件号 303	B_3	D_1	L_1	L_4	T_1	B_3	D_1	L_1	L_4	T_1	锁紧螺钉		α	质量 /kg
															螺钉	力矩 /N·m		
					GAK					GAS								
40	16	162	25	137	28	M16×1.5	50	20	17	28	M18×2	65	24	30	M8×20	20	8°	0.65
50(40)	22	163	30	138	34	M22×1.5	60	22	23	34	M24×2	75	27	35	M8×20	20	7°	1.0
63(50)	28	164	35	139	44	M28×1.5	70	27	29	44	M30×2	90	33	45	M10×25	40	7°	1.3
80(63)	35	165	40	140	55	M35×1.5	85	35	36	55	M39×2	105	39	55	M12×30	80	7°	2.4
100(80)	45	166	50	141	70	M45×1.5	105	42	46	70	M50×2	135	45	75	M12×30	80	7°	4.1
125(100)	58	167	60	142	87	M58×1.5	130	54	59	87	M64×2	170	59	95	M16×40	160	7°	6.5
140(125)	65	168	70	143	93	M65×1.5	150	57	66	105	M80×3	195	65	110	M16×40	160	6°	9.5
160(140)	80	169	80	144	125	M80×2	170	66	81	125	M90×3	210	76	120	M20×50	300	6°	16
180(160)	100	—	90	145	143	M100×2	210	76	101	150	M100×3	250	81	140	M20×50	300	5°	28
200(180)	110	—	100	146	153	M110×2	235	85	111	170	M110×4	275	86	150	M20×50	300	7°	34
220(200)	120	—	110	147	176	M120×3	265	96	125	180	M120×4	300	97	160	M24×60	500	6°	44
250(220)	120	—	110	147	176	M120×3	265	96	125	180	M120×4	300	97	160	M24×60	500	6°	44
280(250)	130	—	120	148	188	M130×3	310	102	135	210	M150×4	360	112	190	M24×60	500	6°	75
320(280)	—	—	140	—	—	—	—	—	—	230	M160×4	420	123	200	M30×80	1000	7°	160
(320)	—	—	160	149	—	—	—	—	—	260	M180×4	460	138	220	M30×80	1000	8°	235

第 20 篇

8.6.5 轻载拉杆式液压缸

(1) 安装形式

表 20-8-114 安装形式

安装形式		简图	安装形式		简图
LA	切向底座		FD	底侧方法兰	
LB	轴向底座		CA	后端单耳环	
FA FY	杆侧长方法兰		CB	后端双耳环	
FB FZ	底侧长方法兰		TA	前端耳轴	
FC	杆侧方法兰		TC	中部耳轴	
			SD	基本型	

(2) 外形尺寸

表 20-8-115 单活塞杆 SD 基本型 mm

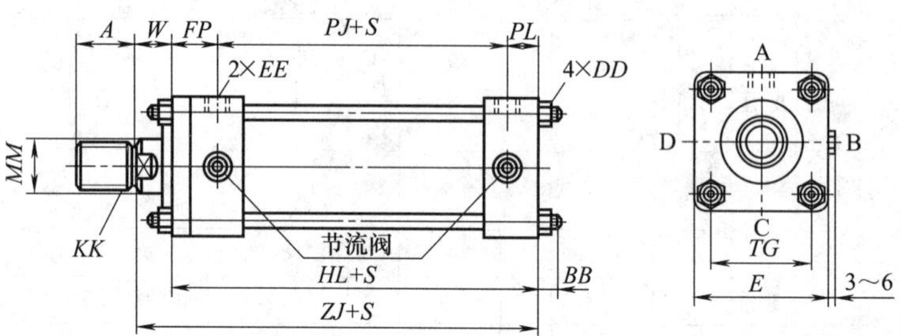

缸径	B 型杆			C 型杆			BB	DD	E	EE	FP	HL	PJ	PL	TG	W	ZJ
	A	KK	MM	A	KK	MM											
32	25	M16×1.5	18	—	—	—	11	M10×1.25	□58	ZG3/8	38	141	90	13	□38	30	171
40	30	M20×1.5	22.4	25	M16×1.5	18	11	M10×1.25	□65	ZG3/8	38	141	90	13	□45	30	171
50	35	M24×1.5	28	30	M20×1.5	22.4	11	M10×1.25	□76	ZG1/2	42	155	98	15	□52	30	185
63	45	M30×1.5	35.5	35	M24×1.5	28	13	M12×1.5	□90	ZG1/2	46	163	102	15	□63	35	198
80	60	M39×1.5	45	45	M30×1.5	35.5	16	M16×1.5	□110	ZG3/4	56	184	110	18	□80	35	219
100	75	M48×1.5	56	60	M39×1.5	45	18	M18×1.5	□135	ZG3/4	58	192	116	18	□102	40	232
125	95	M64×2	71	75	M48×1.5	56	21	M22×1.5	□165	ZG1	67	220	130	23	□122	45	265
140	110	M72×2	80	80	M56×2	63	22	M24×1.5	□185	ZG1	69	230	138	23	□138	50	280
150	115	M76×2	85	85	M60×2	67	2.5	M27×1.5	□196	ZG1	71	240	146	23	□148	50	290
160	120	M80×2	90	95	M64×2	71	25	M27×1.5	□210	ZG1	74	253	156	23	□160	55	308
180	140	M95×2	100	110	M72×2	80	27	M30×1.5	□235	ZG1	75	275	172	28	□182	55	330
200	150	M100×2	112	120	M80×2	90	29	M33×1.5	□262	ZG1½	85	301	184	32	□220	55	356
224	180	M120×2	125	140	M95×2	100	34	M39×1.5	□292	ZG1½	89	305	184	32	□225	60	365
250	195	M130×2	140	150	M100×2	112	37	M42×1.5	□325	ZG2	106	346	200	40	□250	65	411

表 20-8-116 带防护罩 mm

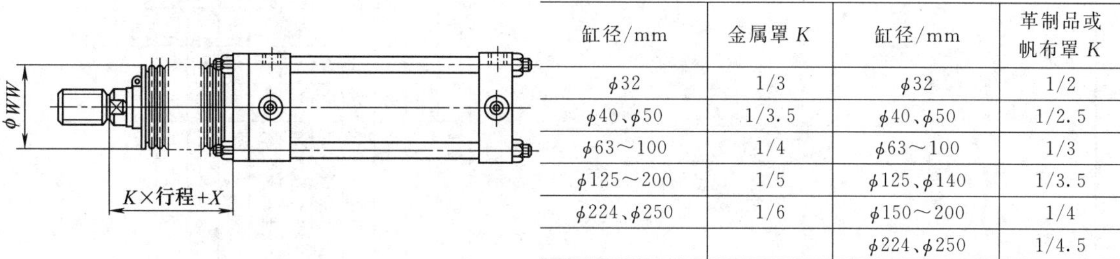

缸径/mm	金属罩 K	缸径/mm	革制品或帆布罩 K
ϕ32	1/3	ϕ32	1/2
ϕ40、ϕ50	1/3.5	ϕ40、ϕ50	1/2.5
ϕ63～100	1/4	ϕ63～100	1/3
ϕ125～200	1/5	ϕ125、ϕ140	1/3.5
ϕ224、ϕ250	1/6	ϕ150～200	1/4
		ϕ224、ϕ250	1/4.5

缸径		32	40	50	63	80	100	125	140	150	160	180	200	224	250
X	B	45	45	45	55	55	55	65	65	65	65	65	65	80	80
	C														
WW	B	40	50	63	71	80	100	125	125	140	140	160	180	180	200
	C	—	50	50	63	71	80	100	125	125	125	125	140	160	180

注：其他可参照基本型。

表 20-8-117 双活塞杆 SD 基本型 mm

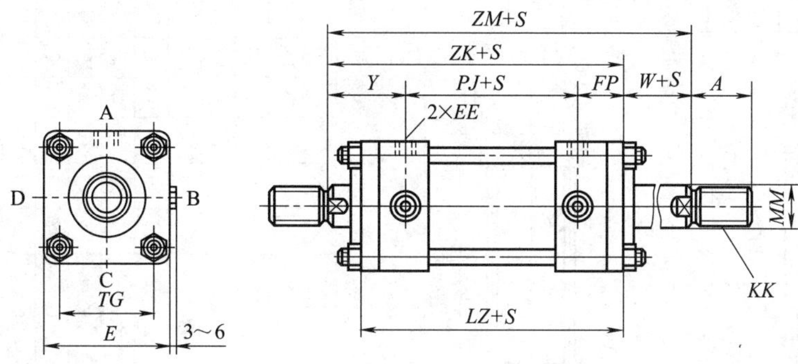

缸径	B型杆			C型杆			E	EE	FP	LZ	PJ	TG	Y	W	ZK	ZM
	A	KK	MM	A	KK	MM										
32	25	M16×1.5	18	—	—	—	□58	ZG$\frac{3}{8}$	38	166	90	□38	68	30	196	226
40	30	M20×1.5	22.4	25	M16×1.5	18	□65	ZG$\frac{3}{8}$	38	166	90	□45	68	30	196	226
50	35	M24×1.5	28	30	M20×1.5	22.4	□76	ZG$\frac{1}{2}$	42	182	98	□52	72	30	212	242
63	45	M30×1.5	35.5	35	M24×1.5	28	□90	ZG$\frac{1}{2}$	46	194	102	□63	81	35	229	264
80	60	M39×1.5	45	45	M30×1.5	35.5	□110	ZG$\frac{3}{4}$	56	222	110	□80	91	35	257	292
100	75	M48×1.5	56	60	M39×1.5	45	□135	ZG$\frac{3}{4}$	58	232	116	□102	98	40	272	312
125	95	M64×2	71	75	M48×1.5	56	□165	ZG1	67	264	131	□122	112	45	309	354
140	110	M72×2	80	80	M56×2	63	□185	ZG1	69	276	138	□138	119	50	326	376
150	115	M76×2	85	85	M60×2	67	□196	ZG1	71	288	146	□148	121	50	338	388
160	120	M80×2	90	95	M64×2	71	□210	ZG1	74	304	156	□160	129	55	359	414

注：1. 其他安装形式的尺寸可按基本型计算。
2. 缸径超过 ϕ160mm，请与厂方联系。

第20篇

表 20-8-118　　LA 切向地脚型、LB 轴向地脚型　　mm

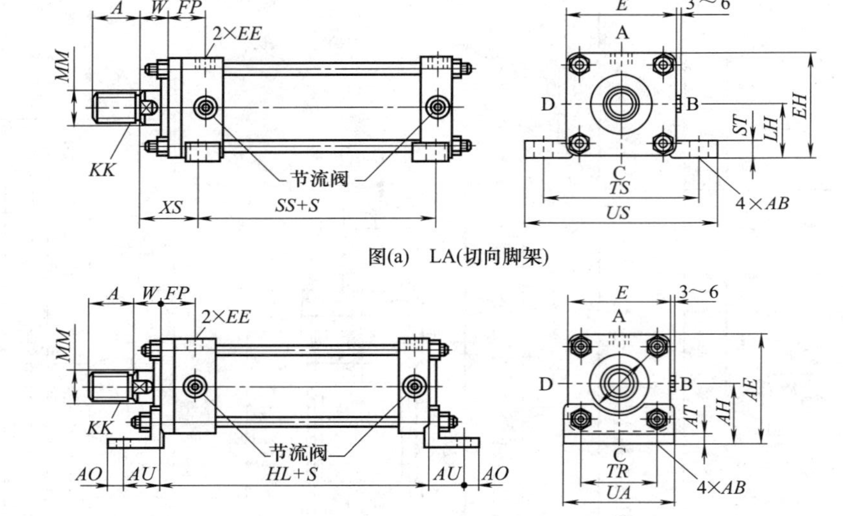

图(a)　LA(切向脚架)

图(b)　LB(轴向脚架)

缸径	B 型杆			C 型杆			E	EE	FP	W	AB	LA							LB							
	A	KK	MM	A	KK	MM						SS	TS	ST	US	EH	LH	XS	AE	AH	AU	AT	AO	TR	HL	UA
32	25	M16×1.5	18	—	—	—	58	ZG3/8	38	30	11	98	88	12	109	63	35±0.15	57	68	40±0.15	32	8	13	40	141	62
40	30	M20×1.5	22.4	25	M16×1.5	18	65	ZG3/8	38	30	11	98	95	14	118	70	37.5±0.15	57	75.5	43±0.15	32	8	13	46	141	69
50	35	M24×1.5	28	30	M20×1.5	22.4	76	ZG1/2	42	30	14	108	115	17	145	82.5	45±0.15	60	87.5	50±0.15	35	8	15	58	155	85
63	45	M30×1.5	35.5	35	M24×1.5	28	90	ZG1/2	46	35	18	106	132	19	165	95	50±0.15	71	105	60±0.15	42	10	18	65	163	98
80	60	M39×1.5	45	45	M30×1.5	35.5	110	ZG3/4	56	35	18	124	155	25	190	115	60±0.25	74	127	72±0.25	50	12	20	87	184	118
100	75	M48×1.5	56	60	M39×1.5	45	135	ZG3/4	58	40	22	122	190	27	230	138.5	71±0.25	85	152.5	85±0.25	55	12	23	109	192	150
125	95	M64×2	71	75	M48×1.5	56	165	ZG1	67	45	26	136	224	32	272	167.5	85±0.25	99	187.5	105±0.25	66	15	29	130	220	171
140	110	M72×2	80	80	M56×2	63	185	ZG1	69	50	26	144	250	35	300	187.5	95±0.25	106	207.5	115±0.25	70	18	30	145	230	195
150	115	M76×2	85	85	M60×2	67	196	ZG1	71	50	30	146	270	37	320	204	106±0.25	111	221	123±0.25	75	18	30	155	240	210
160	120	M80×2	90	95	M64×2	71	210	ZG1	74	55	33	150	285	42	345	217	112±0.25	122	237	132±0.25	75	18	35	170	253	225
180	140	M95×2	100	110	M75×2	80	235	ZG1¼	75	55	33	172	315	47	375	242.5	125±0.25	123	265.5	148±0.25	85	20	40	185	275	243
200	150	M100×2	112	120	M90×2	90	262	ZG1½	85	55	36	186	355	52	425	271	140±0.25	131	296	165±0.25	98	25	40	206	301	272
224	180	M120×2	125	140	M95×2	100	292	ZG1½	89	60	42	186	395	52	475	296	150±0.25	140	331	185±0.25	115	30	45	230	305	310
250	195	M130×2	140	150	M100×2	112	325	ZG2	106	65	45	206	425	57	515	332.5	170±0.25	158	370.5	208±0.28	130	35	50	250	346	335

表 20-8-119　　CA（单耳环型）、CB（双耳环型）　　mm

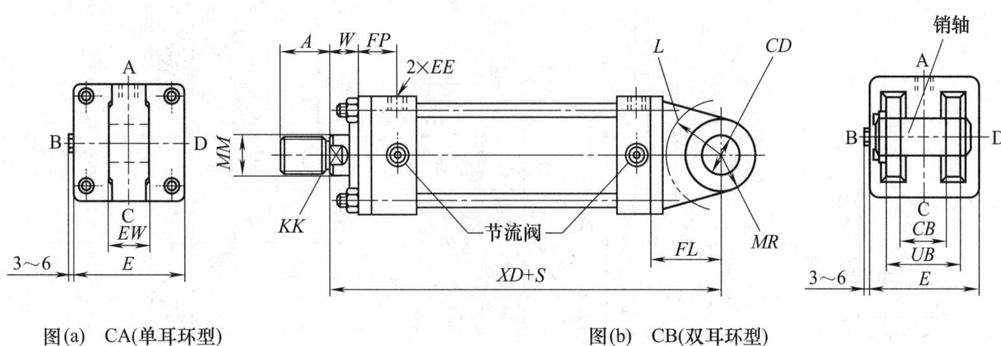

图(a)　CA(单耳环型)　　　图(b)　CB(双耳环型)

缸径	B 型杆			C 型杆			CD (H9)	E	EE	EW	FP	FL	L	MR	XD	CB	W	UB
	A	KK	MM	A	KK	MM												
32	25	M16×1.5	18	—	—	—	16	□58	ZG⅜	$25^{-0.1}_{-0.4}$	38	38	R20	R16	209	$25^{+0.4}_{+0.1}$	30	50
40	30	M20×1.5	22.4	25	M16×1.5	18	16	□65	ZG⅜	$25^{-0.1}_{-0.4}$	38	38	R20	R16	209	$25^{+0.4}_{+0.1}$	30	50
50	35	M24×1.5	28	30	M20×1.5	22.4	20	□76	ZG½	$31.5^{-0.1}_{-0.4}$	42	45	R35	R20	230	$31.5^{+0.4}_{+0.1}$	30	63.5
63	45	M30×1.5	35.5	35	M24×1.5	28	31.5	□90	ZG½	$40^{-0.1}_{-0.4}$	46	63	R46	R31.5	261	$40^{+0.4}_{+0.1}$	35	80
80	60	M39×1.5	45	45	M30×1.5	35.5	31.5	□110	ZG¾	$40^{-0.1}_{-0.4}$	56	72	R52	R31.5	291	$40^{+0.4}_{+0.1}$	35	80
100	75	M48×1.5	56	60	M39×1.5	45	40	□135	ZG¾	$50^{-0.1}_{-0.4}$	58	84	R62	R40	316	$50^{+0.4}_{+0.1}$	40	100
125	95	M64×2	71	75	M48×1.5	56	50	□165	ZG1	$63^{-0.1}_{-0.6}$	67	100	R73	R50	365	$63^{+0.4}_{+0.1}$	45	126
140	110	M72×2	80	80	M56×2	63	63	□185	ZG1	$80^{-0.1}_{-0.6}$	69	120	R91	R63	400	$80^{+0.6}_{+0.1}$	50	160
150	115	M76×2	85	85	M60×2	67	63	□196	ZG1	$80^{-0.1}_{-0.6}$	71	122	R91	R63	412	$80^{+0.6}_{+0.1}$	50	160
160	120	M80×2	90	95	M64×2	71	71	□210	ZG1	$80^{-0.1}_{-0.6}$	74	137	R103	R71	445	$80^{+0.6}_{+0.1}$	55	160
180	140	M95×2	100	110	M72×2	80	80	□235	ZG1¼	$100^{-0.1}_{-0.6}$	75	150	R100	R80	480	$100^{+0.6}_{+0.1}$	55	200
200	150	M100×2	112	120	M80×2	90	90	□262	ZG1½	$125^{-0.1}_{-0.6}$	85	170	R115	R90	526	$125^{+0.6}_{+0.1}$	55	251
224	180	M120×2	125	140	M95×2	100	100	□292	ZG1½	$125^{-0.1}_{-0.6}$	89	185	R125	R100	550	$125^{+0.6}_{+0.1}$	60	251
250	195	M130×2	140	150	M100×2	112	100	□325	ZG2	$125^{-0.1}_{-0.6}$	106	185	R125	R100	596	$125^{+0.6}_{+0.1}$	65	251

表 20-8-120 FA、FY（杆侧长方法兰型）、FB、FZ（底侧长方法兰型） mm

缸径	B型杆				C型杆				E	EE	FP	W	YP	TF	UF	FB	FE	R	FA、FB					FY、FZ				
	A	B	KK	MM	A	B	KK	MM											ZJ	ZF	WF	F	BB	HY	HL	ZY	WY	FY
32	25	34	M16×1.5	18	—	—	—	—	58	ZG3/8	38	30	27	88	109	11	62	40	171	182	41	11	11	173	141	184	43	13
40	30	40	M20×1.5	22.4	25	36	M16×1.5	18	65	ZG3/8	38	30	27	95	118	11	69	46	171	182	41	11	11	173	141	184	43	13
50	35	46	M24×1.5	28	30	40	M20×1.5	22.4	76	ZG1/2	42	30	29	115	145	14	85	58	185	198	43	13	11	190	155	203	48	18
63	45	55	M30×1.5	35.5	35	46	M24×1.5	28	90	ZG1/2	46	35	31	132	165	18	98	65	198	213	50	15	13	203	163	218	55	20
80	60	65	M39×1.5	45	45	55	M30×1.5	35.5	110	ZG3/4	56	35	38	155	190	18	118	87	219	237	53	18	16	225	184	243	59	24
100	75	80	M48×1.5	56	60	65	M39×1.5	45	135	ZG3/4	58	40	38	190	230	22	150	109	232	252	60	20	18	240	192	260	68	28
125	95	95	M64×2	71	75	80	M48×1.5	56	165	ZG1	67	45	43	224	272	26	175	130	265	289	69	24	21	274	220	298	78	33
140	110	105	M72×2	80	80	85	M56×2	63	185	ZG1	69	50	43	250	300	26	195	145	280	306	76	26	22	291	230	317	87	37
150	115	110	M76×2	85	85	90	M60×2	67	196	ZG1	71	50	43	270	320	30	210	155	290	318	78	28	25	301	240	329	89	39
160	120	115	M80×2	90	95	95	M64×2	71	210	ZG1	74	55	43	285	345	33	225	170	308	339	86	31	25	318	253	349	96	41
180	140	125	M95×2	100	110	105	M72×2	80	235	ZG1 1/4	75	55	42	315	375	33	243	185	330	363	88	33	27	343	275	376	101	46
200	150	140	M100×2	112	120	115	M90×2	90	262	ZG1 1/2	85	55	48	355	425	36	272	206	356	393	92	37	29	370	301	407	106	51
224	180	150	M120×2	125	140	125	M95×2	100	292	ZG1 1/2	89	60	48	395	475	42	310	230	365	406	101	41	34	382	305	423	118	58
250	195	170	M130×2	140	150	140	M100×2	112	325	ZG2	106	65	60	425	515	45	335	250	411	457	111	46	37	430	346	476	130	65

注：FA、FB 仅限 7MPa 用 FY、FZ 仅限 14MPa 用。

表 20-8-121 FC（杆侧方法兰型）、FD（底侧方法兰型） mm

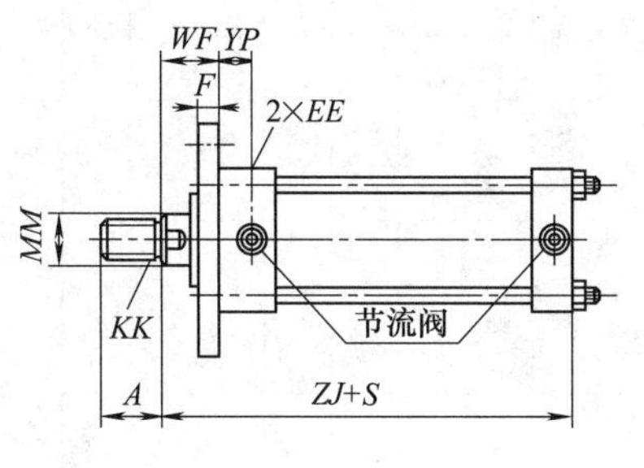

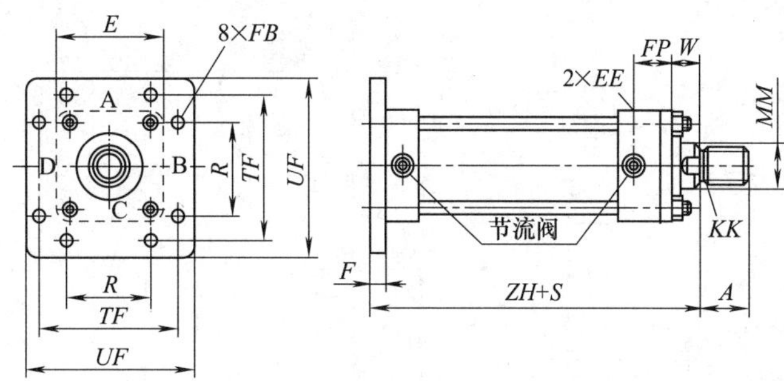

缸径	B 型杆			C 型杆			E	EE	FP	ZJ	TF	FB	UF	YP	R	WF	W	F	ZH
	A	KK	MM	A	KK	MM													
32	25	M16×1.5	18	—	—	—	□58	ZG3/8	38	171	88	11	109	27	40	41	30	11	182
40	30	M20×1.5	22.4	25	M16×1.5	18	□65	ZG3/8	38	171	95	11	118	27	46	41	30	11	182
50	35	M24×1.5	28	30	M20×1.5	22.4	□70	ZG1/2	42	185	115	14	145	29	58	43	30	13	198
63	45	M30×1.5	35.5	35	M24×1.5	28	□90	ZG1/2	46	198	132	18	165	31	65	50	35	15	213
80	60	M39×1.5	45	45	M30×1.5	35.5	□110	ZG3/4	56	219	155	18	190	38	87	53	35	18	237
100	75	M48×1.5	56	60	M39×1.5	45	□135	ZG3/4	58	232	190	22	30	38	109	60	40	20	252
125	95	M64×2	71	75	M48×1.5	56	□165	ZG1	67	265	224	26	272	43	130	69	45	24	289
140	110	M72×2	80	80	M56×2	63	□185	ZG1	69	280	250	26	300	43	145	76	50	26	306
150	115	M76×2	85	85	M60×2	67	□196	ZG1	71	290	270	30	320	43	155	78	50	28	318
160	120	M80×2	90	95	M64×2	71	□210	ZG1	74	308	285	33	345	43	170	86	55	31	339
180	14	M95×2	100	110	M72×2	90	□235	ZG1 1/4	75	330	315	33	375	42	185	88	55	33	363
200	150	M100×2	112	120	M80×2	90	□262	ZG1 1/2	85	356	355	36	425	48	206	92	55	37	393
224	180	M110×2	125	140	M95×2	100	□292	ZG1 1/2	89	365	395	42	475	48	230	101	60	41	406
250	195	M130×2	140	150	M100×2	112	□325	ZG2	106	411	425	45	515	60	250	111	65	46	457

表 20-8-122 TA（杆侧铰轴）、TC（中间铰轴） mm

缸径	B型杆			C型杆			*TD* (e9)	*E*	*EE*	*PH* min	*BD*	*TL*	*UM*	*JR*	*UT*	*TM*	*TC*	*XV*	*ZJ*	*XG*
	A	*KK*	*MM*	*A*	*KK*	*MM*														
32	25	M16×1.5	18	—	—	—	20	□58	ZG⅜	105	28	20	98	*R*2	98	$58_{-0.3}^{0}$	$58_{-0.3}^{0}$	113	171	62
40	30	M20×1.5	22.4	25	M16×1.5	18	20	□65	ZG⅜	105	28	20	109	*R*2	109	$69_{-0.3}^{0}$	$69_{-0.3}^{0}$	113	171	62
50	35	M24×1.5	28	30	M20×1.5	22.4	25	□76	ZG½	113.5	33	25	135	*R*2.5	135	$85_{-0.35}^{0}$	$85_{-0.35}^{0}$	121	185	66
63	45	M30×1.5	35.5	35	M24×1.5	28	31.5	□90	ZG½	127.5	43	31.5	161	*R*2.5	161	$98_{-0.35}^{0}$	$98_{-0.35}^{0}$	132	198	74
80	60	M39×1.5	45	45	M30×1.5	35.5	31.5	□110	ZG¾	140.5	43	31.5	181	*R*2.5	181	$118_{-0.35}^{0}$	$118_{-0.35}^{0}$	146	219	82
100	75	M48×1.5	56	60	M39×1.5	45	40	□135	ZG¾	152.5	53	40	225	*R*3	225	$145_{-0.4}^{0}$	$145_{-0.4}^{0}$	156	232	89
125	95	M64×2	71	75	M48×1.5	56	50	□165	ZG1	174	58	50	275	*R*3	275	$175_{-0.4}^{0}$	$175_{-0.4}^{0}$	177	265	103
140	110	M72×2	80	80	M56×2	63	63	□185	ZG1	191	79	63	321	*R*4	321	$195_{-0.46}^{0}$	$195_{-0.4}^{0}$	188	280	112
150	115	M76×2	85	85	M60×2	67	63	□196	ZG1	193	78	63	332	*R*4	332	$206_{-0.46}^{0}$	$206_{-0.5}^{0}$	194	290	112
160	120	M80×2	90	95	M64×2	71	71	□210	ZG1	211	88	71	360	*R*4	360	$218_{-0.46}^{0}$	$218_{-0.5}^{0}$	207	308	126
180	140	M95×2	100	110	M72×2	80	80	□235	ZG1¼	225	98	80	403	*R*4		$243_{-0.46}^{0}$		216	330	—
200	150	M100×2	112	120	M80×2	90	90	□262	ZG1½	244	108	90	452	*R*5		$272_{-0.52}^{0}$		232	356	—
224	180	M120×2	125	140	M95×2	100	100	□292	ZG1½	257.5	117	100	500	*R*5		$300_{-0.52}^{0}$		241	365	—
250	195	M130×2	140	150	M100×2	112	100	□325	ZG2	287.5	117	100	535	*R*5		$335_{-0.57}^{0}$		271	411	—

注：1. *UT*、*UC* 为杆侧铰轴尺寸。

2. 其他尺寸见基本型。

表 20-8-123　　　　单耳环、双耳环端部零件　　　　mm

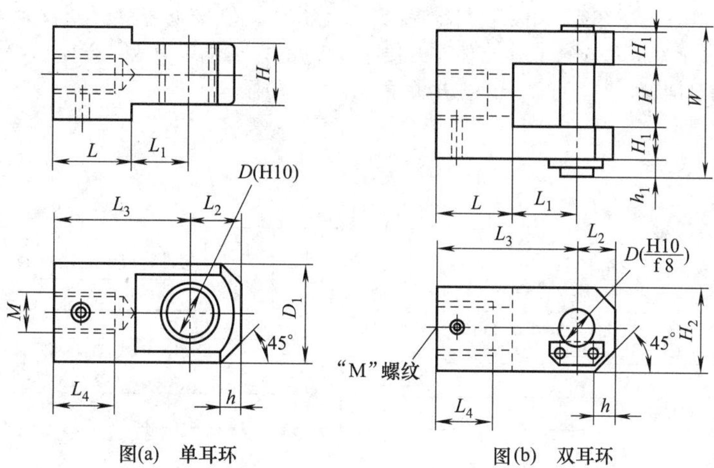

图(a)　单耳环　　　　图(b)　双耳环

单、双耳环			单耳环									双耳环												端部零件质量/kg	
缸径	杆标记	M	L_4	L_3	L_1	D	D_1	L_2	H	h	L	L_4	L_3	L_1	D	H_2	L_2	H_1	H	h_1	W	h	L	单耳环	双耳环
32	B	M16×1.5	34	60	23	16	39	20	$25_{-0.4}^{-0.1}$	8	37	33	60	27	16	32	16	12.5	$25_{+0.1}^{+0.4}$	12	68	4	33	0.5	0.6
	C	M12×1.25	27									33												0.5	0.6
40	B	M20×1.5	39	60	23	16	39	20	$25_{-0.4}^{-0.1}$	8	37	33	60	27	16	32	16	12.5	$25_{+0.1}^{+0.4}$	12	68	4	33	0	0
	C	M16×1.5	34									33												0.5	0.6
50	B	M24×1.5	44	70	28	20	49	25	$31.5_{-0.4}^{-0.1}$	10	42	38	70	32	20	40	20	16	$31.5_{+0.1}^{+0.4}$	12	80	10	38	0.9	1.0
	C	M20×1.5	39									38												0.9	1.1
63	B	M30×1.5	50	115	43	31.5	62	35	$40_{-0.4}^{-0.1}$	15	72	50	115	50	31.5	60	30	20	$40_{+0.1}^{+0.4}$	12	98	12	65	2.4	3.4
	C	M24×1.5	44									40												2.5	3.5
80	B	M39×1.5	65	115	43	31.5	62	35	$40_{-0.4}^{-0.1}$	15	72	65	115	50	31.5	60	30	20	$40_{+0.1}^{+0.4}$	12	98	12	65	2.1	3.1
	C	M30×1.5	50									50												2.4	3.4
100	B	M48×1.5	80	145	55	40	79	40	$50_{-0.4}^{-0.1}$	20	90	85	145	60	40	80	40	25	$50_{+0.1}^{+0.4}$	18	125	15	85	4.2	7.0
	C	M39×1.5	65									65												4.8	7.5
125	B	M64×2.0	100	180	65	50	100	50	$63_{-0.4}^{-0.1}$	25	115	100	180	70	50	100	50	31.5	$63_{+0.1}^{+0.4}$	18	150	20	110	8.4	13.4
	C	M48×1.5	80									80												9.8	14.8
140	B	M72×2.0	115	225	85	63	130	65	$80_{-0.6}^{-0.1}$	30	140	115	225	90	63	120	65	40	$80_{+0.1}^{+0.6}$	18	185	25	135	19.0	26.4
	C	M56×2.0	85									85												21.1	28.5
150	B	M76×2.0	120	225	85	63	130	65	$80_{-0.6}^{-0.1}$	30	140	120	225	90	63	120	65	40	$80_{+0.1}^{+0.6}$	18	185	25	135	16.8	24.2
	C	M60×2.0	90									90												19.7	27.1
160	B	M80×2.0	125	240	90	71	140	70	$80_{-0.6}^{-0.1}$	35	150	125	240	100	71	140	70	40	$80_{+0.1}^{+0.6}$	18	185	30	140	22.4	32.1
	C	M64×2.0	100									100												24.8	34.5

8.6.6 带接近开关的拉杆式液压缸

拉杆式液压缸带接近感应开关，用来控制行程两端位置的换向。感应开关是非接触敏感元件，无接触，无磨损，输出信号准确，安全可靠，感应开关位置可以任意调节。

榆次油研液压有限公司生产的产品有 CJT35L、CJT70L、CJT140L，工作压力为 3.5MPa、7MPa、14MPa，带接近开关。武汉油缸厂生产的产品有 WY10，工作压力为 7MPa、14MPa。详情查有关生产厂的样本。

(1) 型号意义

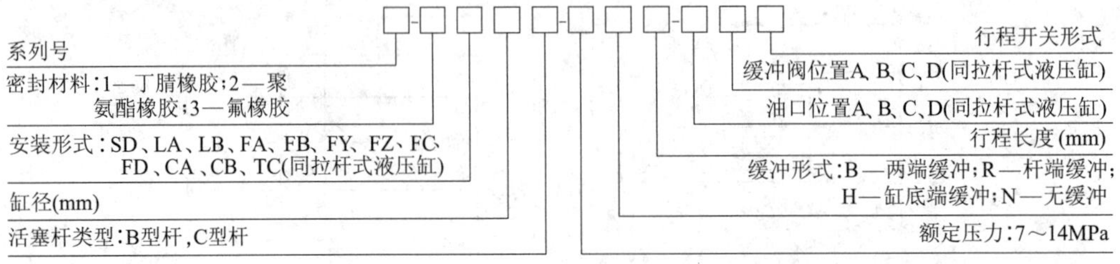

(2) 技术参数

表 20-8-124　　带行程开关式液压缸性能及接近开关技术参数

额定压力/MPa	7～14	使用温度/℃	−10～60
最高允许压力/MPa	10.5～21	最高运行速度/m·s^{-1}	1
最低启动压力/MPa	<0.3	工作介质	矿物油、水-乙二醇、磷酸酯等

形式		有接点开关型		无接点开关型	
		S1、S3、S5(导线型) SB(接线柱型)	T1、T3、T5(导线型) TB(接线柱型)	U1、U3、U5(导线型) UB(接线柱型)	W1、W3、W5(导线型) WB(接线柱型)
接近开关的参数	电气回路	白线★1 + 黑线★1	白线 (~) 黑线 (~)	主回路 白线 (~) (~) 黑线	主回路 白线★1 + − 黑线★1
	用途	AC/DC 继电器、程序器用	大容量继电器	AC 继电器、程序器用	DC 继电器、程序器用
	最大负载电压,电流	DC 24V,5～50mA AC 100V,7～20mA AC 200V,7～10mA	AC 100V,20～200mA AC 200V,10～200mA	AC 85～265V, 5～100mA	DC 24V,5～50mA
	内部压降	低于 2.4V	低于 2V	低于 7V	低于 4V
	灯	发光二极管 (开关接通时亮)	霓虹灯 (开关断开时亮)	发光二极管(开关接通时亮)	
	泄漏电流	0	小于 1mA	AC 100V,小于 1mA AC 200V,小于 2mA	小于 1mA
	额定感距/mm	1.5			
	开关频率/Hz	≤1000			

	缸径/mm	—	32	40	50	63	80	100
接近开关的参数	动作范围/mm	有接点型 S-※、T-※	9～12	12～14	15～17	16～18	17.5～19.5	15.5～20.5
		无接点型						
	不稳定区/mm		1.5～3.5				2～4	

第20篇

带接近开关液压缸的安装尺寸，与拉杆式标准液压缸相同，接近开关的尺寸和行程末端位置检测的最适当设置如表 20-8-125 所示。

表 20-8-125 接近开关尺寸及行程末端位置检测的最适当位置 mm

工作压力/MPa	缸径	A_1	A	h_2	h_1	H	工作压力/MPa	缸径	A_1	A	h_2	h_1	H
7、14	32	35	70	40	61	8	7、14	63	51	102	57	76	20
	40	37	74	45	65	8		80	63	126	76	86	24
	50	47	94	53	71	8		100	73	146	85	99	22

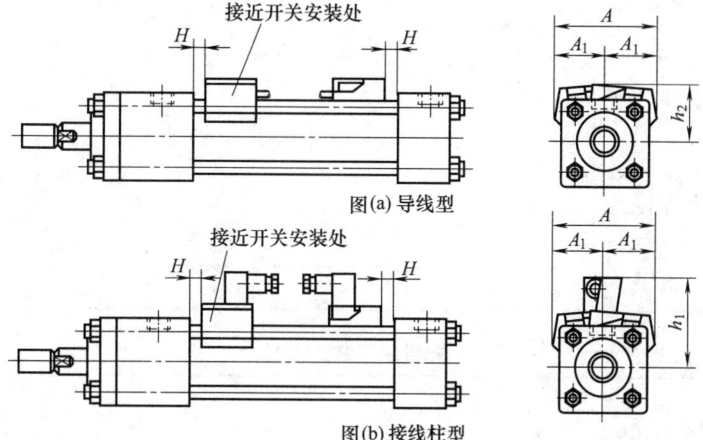

图(a) 导线型

图(b) 接线柱型

注：1. H 尺寸是行程端部检测最合适设置位置。而开关最灵敏位置是在 H+15mm 处（安装处有记号）。
2. 其他尺寸同轻型拉杆式液压缸。

8.6.7 伸缩式套筒液压缸

(1) 型号意义

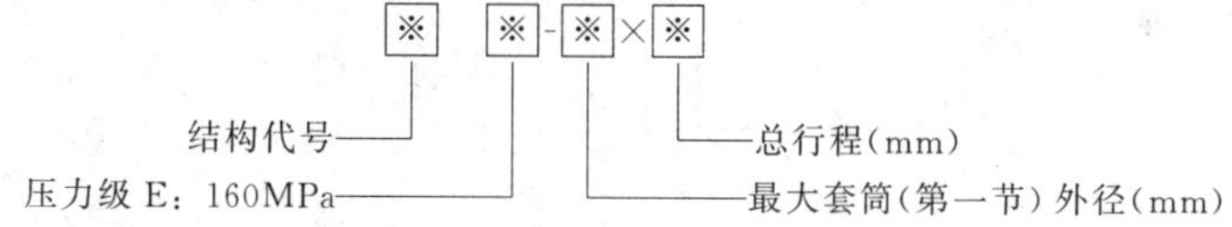

(2) 技术规格及安装尺寸

表 20-8-126 QTG 型液压缸外形尺寸 mm

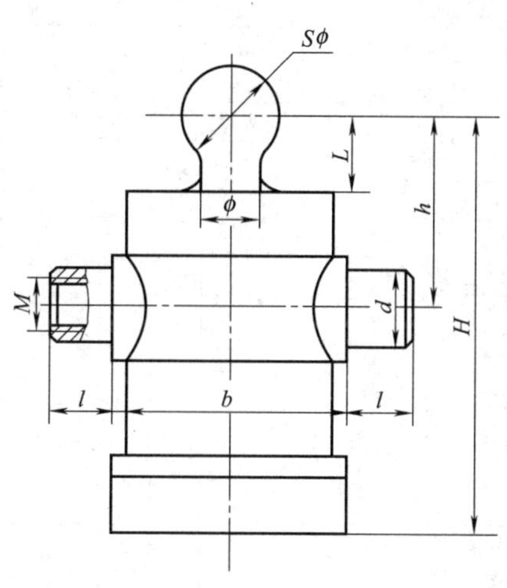

续表

型号	H	h	b	L	l	Sϕ	ϕ	d	M	额定压力/MPa	最高压力/MPa	总行程	额定理论推力/kN 首级	额定理论推力/kN 末级
5QTG-140×160	300	115	190	50	30	50	30	50	M27×2	16	20	800	246.17	44.50
4QTG-140×160												640		80.43
5QTG-140×200	350	125										1000		44.50
4QTG-140×200												800		80.43
5QTG-140×250	405	130	190	50	30	50	30	50	M27×2	16	20	1250	246.17	44.50
4QTG-140×250												1000		80.43
5QTG-140×320	480	135										1600		44.50
4QTG-140×320												1280		80.43
5QTG-220×250	434	145	304	80	45	70	40	30	M32×2			1250	607.90	180.86
4QTG-110×200	350	125	152	50	30	50	30	50	M20×1.5			800	151.97	31.40

表 20-8-127　　　　TGI 型液压缸外形尺寸　　　　mm

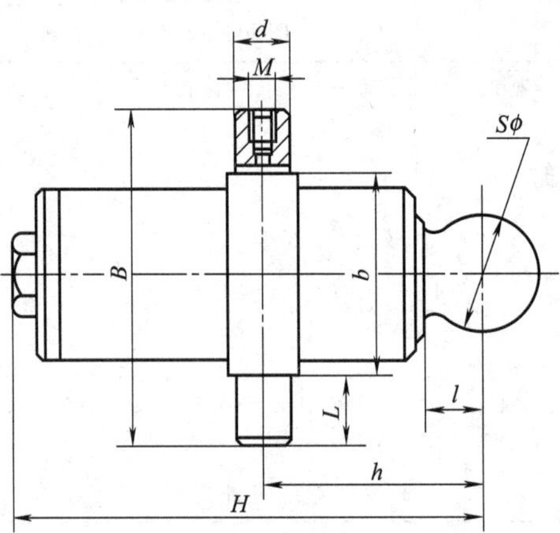

型号	额定压力/MPa	最高压力/MPa	总行程	外形尺寸（长×宽×高）	额定理论推力/kN 首级	额定理论推力/kN 末级	h	B	b	L	d	Sϕ	M	l	H≤ 单级行程 250	H≤ 单级行程 300	H≤ 单级行程 340
2TGI-60×250	16	20	500	455×157×93	44.5	20.11	140	157	97	30	30	50	M20×1.5	30	430	490	540
2TGI-70×250				455×169×105	61.60	31.41		169	109								
2TGI-80×250				455×200×116	80.43	44.50		200	120	40	40						
2TGI-80×300			600	505×200×116													
2TGI-90×300				505×212×128	101.79	61.60		212	132								
2TGI-90×340			680	565×212×128													
3TGI-90×250			750	455×212×128		31.41											
3TGI-90×300			900	505×212×128													
3TGI-100×300				505×240×136	125.66	44.50		240	140	50	50						
3TGI-100×340			1020	565×240×136													
3TGI-110×250			750	455×252×148	152.05	61.60		252	152								
3TGI-110×340			1020	565×252×148													

8.6.8　传感器内置式液压缸

由武汉油缸厂在重载液压缸基础上设计、研制的带位移传感器液压缸，可以在所选用的行程范围内，在任意位置输出精确的控制信号，是可以应用于各种生产线上进行程序控制的液压缸。

（1）型号意义

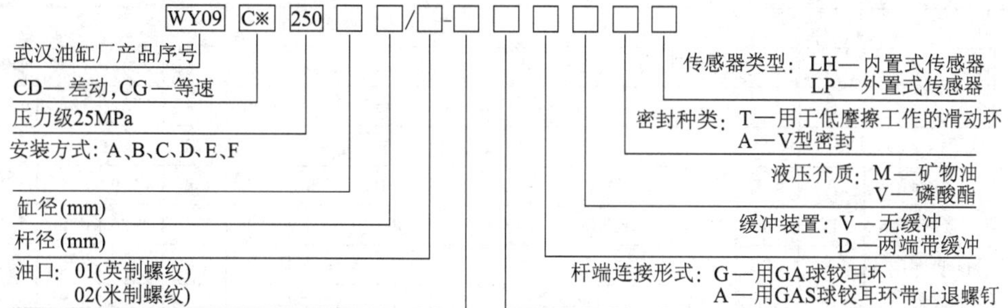

（2）技术参数

表 20-8-128　　技术参数

额定压力	/MPa	25	使用温度/℃	−20～80	非线性/mm	0.05	重复性/mm	0.002
最高工作压力		37.5	最大速度/m·s^{-1}	1	滞后/mm	<0.004	电源/V	DC 24
最低启动压力		<0.2	工作介质	矿物油，水-乙二醇等	输出	测量电路的脉冲时间		
传感器性能					安装位置	任意		
测量范围/mm	25～3650	分辨率/mm	0.002		接头选型	RG 金属接头(7 针)		

（3）行程及外形尺寸（外形尺寸见前述 CD250）

表 20-8-129　　带位移传感器 CD、CG 液压缸许用行程　　mm

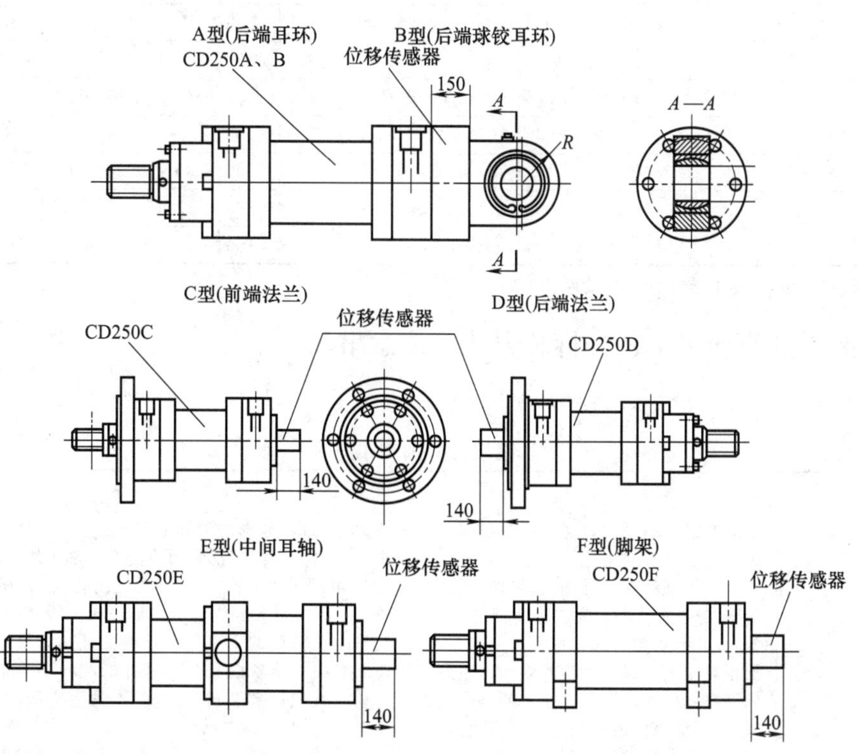

续表

安装形式＼参数＼缸径			40	50	63	80	100	125	140	160	180	200	220	250	280	320
A、B 型后端耳环			150(装传感器尺寸)													
	许用行程	A	40	140	210	280	360	465	795	840	885	1065	1205	1445	1630	1710
		B	225	335	435	545	695	960	1055	1095	1260	1445	1730	1965	2150	2215
C、D 型前、后端法兰			140(传感器尺寸,包括 C、D、E、F 型)													
	C 型许用行程	A	445	740	990	1235	1520	1915	2905	3120	3330	3890	4440	5155	5825	6205
		B	965	1295	1615	1990	2480	3310	3640	3835	4390	4975	5920	6630	7305	7635
	D 型许用行程	A	120	265	375	505	310	785	1260	1350	1430	1700	1930	2280	2575	2730
		B	380	545	690	885	1095	1480	1630	1705	1965	2240	2675	3020	3310	3445
E 型中间耳轴	许用行程	A	445	740	990	1235	1520	1915	2905	3120	3330	3890	4440	5155	5825	6205
		B	965	1295	1615	1990	2480	3310	3640	3835	4390	4975	5920	6630	7305	7635
F 型脚架	许用行程	A	135	265	375	480	600	760	1210	1295	1370	1625	1850	2180	2460	2600
		B	380	530	670	835	1050	1415	1560	1630	1875	2135	2550	2875	3155	3270

产品重量 m(kg)$=X+Y\times$行程(mm)

A、B 型	缸径		40	50	63	80	100	125	140	160	180	200	220	250	280	320
	X		5	7.5	13	18	34	76	99	163	229	275	417	571	712	109.6
	Y	A	0.011	0.015	0.020	0.030	0.050	0.078	0.105	0.136	0.170	0.220	0.262	0.346	0.387	0.510
		B	0.015	0.019	0.024	0.039	0.060	0.092	0.122	0.156	0.192	0.246	0.299	0.387	0.434	0.562
C、D 型	X		9	13	22	26	48	95	120	212	273	334	485	643	784	1263
	Y	A	0.011	0.015	0.020	0.030	0.050	0.078	0.105	0.136	0.170	0.220	0.262	0.346	0.387	0.510
		B	0.015	0.019	0.024	0.039	0.060	0.092	0.122	0.156	0.192	0.246	0.299	0.387	0.434	0.562
E 型	X		8	11	20	23	40	90	122	187	275	322	501	658	845	1274
	Y	A	0.013	0.019	0.028	0.042	0.069	0.108	0.155	0.197	0.244	0.316	0.383	0.507	0.587	0.757
		B	0.010	0.027	0.036	0.058	0.090	0.142	0.183	0.230	0.288	0.366	0.457	0.587	0.680	0.860
F 型	X		7	10	17.5	20	35	85	111	184	285	302	510	589	816	1171
	Y	A	0.011	0.015	0.020	0.030	0.050	0.078	0.105	0.136	0.170	0.220	0.262	0.346	0.387	0.510
		B	0.015	0.019	0.024	0.039	0.060	0.092	0.122	0.156	0.192	0.246	0.299	0.387	0.434	0.562

注：许用行程栏中，A、B 表示活塞杆的两种不同的直径。

8.7　液压缸的加工工艺与拆装方法、注意事项

表 20-8-130　　液压缸的加工工艺

加工部位		加工工艺
活塞与活塞杆的加工	活塞的加工	活塞加工质量的好坏不仅影响内泄漏量的大小，而且是影响液压缸是否会产生“憋劲”现象的主要原因。活塞看起来比较简单，容易加工，但液压缸的很多故障都是因为活塞的加工质量不高而引起的 为了保证活塞的外圆、密封槽、内孔的同轴度不超差，活塞在加工外圆、内孔、密封槽时应该“一刀落”，在一次装夹中完成上述部位的切削任务，或者以同一定位基准加工完成。活塞与活塞杆轴肩的配合端面，虽然表面粗糙程度要求并不高，但与内孔轴线的垂直度一定要保证。如果垂直度超差，外圆相对于缸壁就会发生倾斜而产生憋劲和局部磨损。活塞内孔与活塞杆的配合一般采用轻动配合，如果它们之间的间隙太小也同样会产生憋劲和单边或局部磨损。因此，不管活塞端面的粗糙度要求如何，都应该以内孔为定位基准，将该端面在平磨上加工一次 活塞的典型加工工艺如下：粗车毛坯—半精车外圆—精割密封槽—精车外圆—精磨外圆

续表

加工部位		加 工 工 艺
活塞与活塞杆的加工	活塞杆加工	活塞杆加工前必须调质校直，活塞杆的镀层厚度一般不小于0.03mm。活塞杆磨削余量，要看活塞杆的材料、直径大小、长度，再来定余量。活塞杆也是液压缸的主要零件，虽然它多数不属于细长轴，但长径比仍然很大，因此加工中仍需特别注意。活塞杆要在导向套中往复运动而不允许造成外泄漏，对表面粗糙度、圆柱度、圆度和直线度要求都比较严格。为了满足表面粗糙度和精度的要求，在加工中应采取相适应的工艺手段 典型的活塞杆加工工艺如下 ①下料(根据长度外径留加工余量不同) ②粗加工(单边留加工余量2～3mm) ③调质热处理。为了提高活塞杆的机械强度和改善切削性能，原材料加工前一般都要进行调质处理。对于弯曲严重的原材料，调质后不主张进行机械校直，对弯曲材料还是用切削加工的方法去改变为好 ④两端钻中心孔，并研磨中心孔 ⑤外圆留磨量，其余车成 ⑥热处理：外圆表面淬火 ⑦磨外圆。活塞杆外圆镀铬前要进行光整加工，使表面粗糙度 Ra 值达到0.4～0.8μm，否则铬层就不易镀好。光整加工可以采用磨削，磨削时尾顶尖的顶紧力不要过大，托架支承爪也不能顶得过紧，以能不费力就可转动工件为限。砂轮一定要进行精平衡，磨削中应随时测量活塞杆的圆柱度和圆度误差 若外圆镀铬，则 ①外圆按工艺要求车成(减镀铬层厚) ②镀铬：为了增加耐磨性和防止锈蚀，活塞杆外圆表面一般都要镀铬，铬层不能太厚，0.02～0.05mm就足够了，铬层太厚反而容易引起脱落
缸体的加工	目前，国内液压缸缸体内孔的加工，主要采用热轧无缝管材的镗削工艺和冷拔无缝管的珩磨工艺。下面将两种加工工艺作一比较	
	热轧管材的镗削加工工艺	当前国内缸体内孔普遍采用这种工艺方法。其工艺过程为：粗镗—精镗—浮镗—滚压(简称为三镗一滚)，共四道工序。每道工序均要更换一种切具，更换过程复杂，人工劳动强度大。整个过程金属去除率高，加工效率低，加工质量受刀具及工人技术熟练程度的影响，因此，加工质量不稳定
	冷拔管材珩磨工艺	随着我国冷拔管制造技术的不断发展，国内某些厂家已经开始选用冷拔管材制造液压缸缸体，同时采用内孔强力珩磨工艺。这种工艺方法金属去除率低、加工效率高(如 ϕ125内孔缸体，加工余量0.4～0.5mm，加工1m需20～30min，为镗削加工的2～3倍)。但由于采用砂条强力珩磨，内孔表面残留螺旋网纹状刀痕，表面粗糙度 Ra 只能达到0.4μm左右；而且砂条上的磨粒嵌入缸体内壁，给清洗造成很大困难，并直接影响液压缸的清洁度。另外，由于我国冷拔管材热处理手段尚不够完善，常常会造成珩磨后缸体内孔的变形。因此，这种加工工艺目前尚未推广
	国外现状	目前，国外一些液压缸生产厂家的缸体，大多采用冷拔管的珩磨工艺及一种新型的加工工艺——刮削辊光加工工艺。下面就这种新工艺的加工方法作一简述 德国某公司生产的一种深孔加工设备，采用镗削一次进刀、返程滚压的工艺方法 虽然加工余量较小(2mm)，但加工效率也不算太高。而美国SIRRA公司生产一种新型刮削辊光设备，为液压缸缸体加工开辟了一条新的途径。目前这种设备已被美国、日本、德国、巴西的一些液压缸生产厂家广泛采用(如美国的CATER-PLLLAR公司、J-I CASE公司、日本的TCM公司等) 刮削辊光工艺加工内孔，其突出特点是内孔一次走刀成形，最大一次加工余量可达8～15mm，最小加工余量0.3mm，粗镗、浮镗、滚压集成一体 粗镗刀(与刀体刚性连接)担负大部分金属的切削，留浮镗余量0.5～1.0mm；浮镗刀在高压油的作用下涨开进行浮镗，然后高压油涨开锥套利用滚柱进行滚压，整个加工过程一次装夹完成。当内孔加工完毕后，高压油卸荷，浮镗刀、滚柱缩回，以7.35m/min的速度高速退刀。所以，它的加工效率特别高，一般表面粗糙度 Ra 可达0.1～0.2μm，与珩磨相比，这种工艺方法有如下特点

续表

加工部位		加工工艺
缸体的加工	国外现状	①刮削比珩磨工效提高了 18～80 倍。如加工 ϕ125 缸体内孔，当加工余量为 8mm 时，每米只需 3min；若余量为 0.3～0.5mm，只需 0.5min ②对于大切削用量的重型加工，刮削所需增加的时间最少，一次进刀所去掉的加工余量 15mm，珩磨则无法解决 ③刮削可以加工径向有孔的零件，而珩磨极易引起砂条破碎 ④刮削刀具的成本比珩磨低 ⑤刮削一次走刀，缸筒重复加工精度可达 H8 左右 ⑥内孔表面质量可由压力油进行调节 ⑦成本低，一台 SIERRA 设备可替代 18 台珩磨机、17 台抛光设备和 3 台清洗过滤设备 ⑧加工表面粗糙度低，可延长密封件的使用寿命。刮削后的内孔表面波峰平整，波谷形成润滑槽，可大大延长密封件的使用寿命。而珩磨后的内孔表面残存有珩磨砂粒，难以清洗，降低密封件的使用寿命 ⑨加工后的表面易于清洗 由于具备上述优点，因此，这种工艺被国外一些液压缸生产厂家广泛采用

表 20-8-131　　液压缸的拆装方法与注意事项

步骤		拆装方法与注意事项
液压缸的拆卸		①拆卸液压缸之前，应使液压回路卸压。否则，当把与液压缸相连接油管接头拧松时，回路中的高压油就会迅速喷出。液压回路卸压时应先拧松溢流阀等处的手轮或调压螺钉，使压力油卸荷，然后切断电源或切断动力源，使液压装置停止运转，松开油口配管后将油口堵住 当液压缸出现泄漏等故障需拆卸维修时，应使活塞移至缸底位置，拆卸中严禁强行敲打以及出现突然掉落 ②拆卸时应防止损伤活塞杆顶端螺纹、油口螺纹和活塞杆表面、缸套内壁等。更应注意，不能强行将活塞从缸筒中打出。为了防止活塞杆等细长件弯曲或变形，放置时应用垫木支承均衡 ③拆卸时要按顺序进行。由于各种液压缸结构和大小不尽相同，拆卸顺序也稍有不同。一般应放掉油缸两腔的油液，然后拆卸缸盖，最后拆卸活塞与活塞杆。在拆卸液压缸的缸盖时，对于内卡键式连接的卡键或卡环要使用专用工具，禁止使用扁铲；对于法兰式端盖必须用螺钉顶出，不允许锤击或硬撬。在活塞和活塞杆难以抽出时，不可强行打出，应先查明原因再进行拆卸。拆装液压缸时，严禁用锤敲打缸筒和活塞表面，如缸孔和活塞表面有损伤，不允许用砂纸打磨，要用细油石精心研磨。导向套与活塞杆间隙要符合要求 ④拆卸前后要设法创造条件防止液压缸的零件被周围的灰尘和杂质污染。例如，拆卸时应尽量在干净的环境下进行；拆卸后所有零件要用塑料布盖好，不要用棉布或其他工作用布覆盖 ⑤液压缸拆卸后要认真检查，以确定哪些零件可以继续使用，哪些零件可以修理后再用，哪些零件必须更换
液压缸的安装	液压缸安装的一般原则	①装配前必须对各零件仔细清洗 ②安装时要保证活塞杆顶端连接头的方向应与缸头、耳环（或中间铰轴）的方向一致，并保证整个活塞杆在进退过程中的直线度，防止出现刚性干涉现象，造成不必要的损坏 ③要正确安装各处的密封装置 a. 安装 O 形圈时，不要将其拉到永久变形的程度，也不要边滚动边套装，否则可能因形成扭曲状而漏油 b. 安装 Y 形和 V 形密封圈时，要注意其安装方向，避免因装反而漏油。对 Y 形密封圈而言，其唇边应对着有压力的油腔；此外，Yx 形密封圈还要注意区分是轴用还是孔用，不要装错。V 形密封圈由形状不同的支承环、密封环和压环组成，当压环压紧密封环时，支承环可使密封环产生 V 形而起密封作用，安装时应将密封环的开口面向压力油腔；调整压环时，应以不漏油为限，不可压得过紧，以防密封阻力过大 c. 密封装置如与滑动表面配合，装配时应涂以适量的液压油 d. 拆卸后的 O 形密封圈和防尘圈应全部换新

续表

<table>
<tr><th colspan="3">步骤</th><th>拆装方法与注意事项</th></tr>
<tr><td rowspan="2">液压缸的安装</td><td colspan="2">液压缸安装的一般原则</td><td>④螺纹连接件拧紧时应使用专用扳手,拧紧力矩应符合标准要求
⑤活塞与活塞杆装配后,需设法测量其同轴度和在全长上的直线度是否超差
⑥装配完毕后活塞组件移动时应无阻滞感和阻力大小不匀等现象
⑦液压缸向主机上安装时,进出油口接头之间必须加上密封圈并紧固好,以防漏油
⑧按要求装配好后,应在低压情况下进行几次往复运动,以排除缸内气体
⑨液压缸安装完毕,在试运行前,应对耳环、中间铰轴等相对运动部位加注润滑油脂
⑩液压缸安装后与导轨不平行,应进行调整或重新安装
⑪液压缸的安装位置偏移,应检查液压缸与导轨的平行度,并校正
⑫双出杆活塞缸的活塞杆两端螺母拧得太紧,使同心不良,应略松螺母,使活塞处于自然状态
⑬液压缸在工作之前必须用低压(大于启动压力)进行多次往复运行,排出液压缸中空气后,才能进行正常工作。进出油口与接头之间必须用组合垫紧固好,以防漏油</td></tr>
<tr><td>中低压液压缸和高压液压缸的装配</td><td>中低压液压缸</td><td>压力在 16MPa 以下的液压缸称为中低压液压缸,它广泛用于推土机、装载机、平地机及起重机等工程机械中。这类液压缸的密封件国内外常采用耐油橡胶作为材质,如丁腈橡胶、夹布橡胶和三元尼龙橡胶等。液压缸的密封分内、外两部分:外密封部分包括缸筒与缸盖间的静密封件和缸盖导向套与活塞杆间的动密封件,二者的作用是保证液压缸不产生外泄漏;内密封部分包括活塞与缸筒内径之间的动密封件和活塞与活塞杆连接处的静密封件。这些密封的性能状态是决定液压缸能否达到设计能力的关键
16MPa 级工程液压缸常见的缸盖结构形式有焊接法兰连接、内卡键连接、螺纹连接和卡簧连接 4 种。下面就密封件装配时的有关要求介绍如下
① 缸盖与活塞杆装配。装配前应用汽油或清洗油(严禁用柴油或煤油)清洗所有装配件,并将缸盖内外环槽的残留物用绸布或无毛的棉布擦干净后,方可装入密封件,并应在密封件和导向套的接触表面上涂液压油(严禁干装配)。缸盖装入活塞杆时最好采用工装从水平方向或垂直方向进行装配,在保证二者同心后,才用硬木棒轻轻打入。有条件时也可加工一导向锥套,然后用螺母旋入或用硬木打入,这样既保护了油封表面,又保证缸盖能顺利装入缸筒内
② 活塞密封件装配。装配前必须检查导向环的背衬是否磨损,若磨损应更换,这样导向环可保证活塞与缸筒内孔间有正常间隙。导向环也称耐磨环,常由锡青铜、聚四氟乙烯、尼龙 1010、MC 尼龙及聚甲醛等具有耐油、耐磨、耐热且摩擦因数小的材料制成。非金属材料导向环的切口宽度随导向部分直径的增大而增加,一定要留有膨胀量,以防止在高压高温工作时出现严重拉缸现象,导致缸筒报废
活塞内孔与活塞杆头部的配合间隙一般较小,若间隙过大时,应更换或选配活塞进行装配。活塞头部的卡键连接处应能转动灵活,无轴向间隙。采用螺纹连接的要有足够的预紧力矩,并用开口销、锁簧或径向紧固螺钉锁住,但开口销及紧固螺钉外伸部分不应过长,以免与缸底作缓冲作用的内孔部分产生碰撞而导致使用过程中出现拉缸或活塞头脱落等严重故障
③ 缸筒与活塞杆总成装配。装配好的活塞、活塞杆、缸盖及密封件组成一个整体总成后,如何使活塞头部能正确、安全无损地装入清洗干净的缸筒内是保证液压缸工作不内泄的重要环节。
不同的活塞结构和缸盖连接方式,其装配工艺不同
①法兰连接的缸筒。当缸筒内孔端部倒角处无啃碰伤,活塞表面已涂上液压油,并且缸筒内孔与活塞同心时,即可装入活塞组件。缸盖静密封处切口的背衬应涂润滑脂或工业凡士林,并保证背衬不弹出脱位,要按规定力矩并均匀对称地紧固缸盖连接螺栓
②内卡键连接的缸盖。装配时必须将缸筒内表面卡键填平,为保证缸筒内圆表面不卡阻,活塞密封件不损坏,常用以下两种方法
a. 工厂内作业或在有条件的情况下,应加工 3 块卡环,用其填平卡键槽,待活塞及缸盖导向套装入缸筒内后,再将 3 块卡环取出,然后装入卡键。需待缸盖导向套复位后再装上定位挡圈、卡簧等件
b. 在施工现场或无加工条件的情况下,可剪切一条石棉板板条(与卡键槽等宽),用其填平卡键槽,其余同上述方法。此法快、方便,且能保证装配质量
③内螺纹连接的缸盖。由于缸筒端面内孔的内螺纹易对密封件造成损坏,故装配时必须加工一薄壁开口导向套,用其固定于活塞头部,使活塞能顺利装入缸筒内,既保护了密封件,也提高了装配质量</td></tr>
</table>

第 20 篇

续表

步骤			拆装方法与注意事项
液压缸的安装	中低压液压缸和高压液压缸的装配	高压液压缸	高压系统和智能化控制系统要求液压缸具有无内外泄漏、启动阻力较低、灵敏度高及工作时液压缸无爬行和滞后现象等特性。目前国内已引进了以美国霞板、德国宝色(现为宝色霞板)和洪格尔等密封件为代表的滑环密封技术,并广泛用于挖掘机、装载机及起重机等工程机械的高压液压缸中。正确装配是保证密封系统性能和使用寿命的前提,现就其装配工艺介绍如下 ① 活塞上的密封件。活塞密封装置由矩形滑环(也称格莱圈)和弹性圈加 4～5 道导向环(也称摩擦环、支撑环或斯莱圈)共同组成。它适用于重载用活塞上的密封,具有良好的密封性、抗挤出和抗磨性能,抗腐蚀性也强。其中的格莱圈等密封件必须按照下列装配工艺进行安装,才能保证密封效果 a. 将弹性圈用专用锥套推入清洁干净的活塞沟槽中 b. 把格莱圈浸入液压油(或机油)内,并用温火均匀加温到 80℃左右,至手感格莱圈有较大的弹性和可延伸性时为止 c. 用导向锥套将加热的格莱圈装入活塞槽弹性圈上 d. 用内锥形弹性套筒将格莱圈冷却收缩定形。若格莱圈变形过大且不易收缩时,则应将活塞及格莱圈一起放入 80℃左右的热油液中浸泡 5～10min,取出后需定形收缩至安装尺寸后方可进行装配 斯莱圈应能在活塞导向槽内转动灵活,其开口间隙应留有足够的膨胀量,一般视活塞直径大小而定(2～5mm 为宜),装入缸筒前应将各开口位置均匀错开 ②缸盖的密封件。缸盖的密封件由双斯特封加 2～3 道斯莱圈及防尘圈等组成。斯特封也称为阶梯滑环,它的装配正确与否直接影响外密封效果 装配过程中应注意工具、零件和密封件的清洁,需采用润滑装配,避免锋利的边缘(应覆盖一切螺纹),工具要平滑、无毛口,以免损坏密封件。装配次序如下 a. 先将 O 形弹性圈装入缸盖内槽内 b. 再将已经在油中加热的斯特封弯曲成凹形,装在 O 形弹性圈的内槽内,并将弯曲部分在热状态下展开入槽(用一字旋具木柄压入定形)。注意:斯特封的台阶应向高压侧 c. 用一根锥芯轴插入缸盖内孔,使斯特封定形,以便于装入活塞杆上 d. 采用定位导向锥套将装有防尘圈、斯特封及斯莱圈的缸盖装在活塞杆上,此方法是保证斯特封唇口不啃伤的关键 活塞及活塞杆组件与缸筒的装配,可参考中低压液压缸的装配

8.8 液压缸的选择指南

液压缸选用不当，不仅会造成经济上的损失，而且有可能出现意外事故。选用时应认真分析液压缸的工作条件，选择适当的结构和安装形式，确定合理的参数。

选用液压缸主要考虑以下几点要求：①结构形式；②液压缸作用力；③工作压力 p；④液压缸和活塞杆的直径；⑤行程；⑥运动速度；⑦安装方式；⑧工作温度和周围环境；⑨密封装置；⑩其他附属装置（缓冲器、排气装置等）。

选用液压缸时，应该优先考虑使用有关系列的标准液压缸，这样做有很多好处。首先是可以大大缩短设计制造周期；其次是便于备件，且有较大的互换性和通用性。另外标准液压缸在设计时曾进行过周密的分析和计算，进行过台架试验和工作现场试验，加之专业厂生产中又有专用设备、工夹量具和比较完善的检验条件，能保证质量，所以使用比较可靠。

我国各种系列的液压缸已经标准化了，目前重型机械、工程机械、农用机械、汽车、冶金设备、组合机床、船用液压缸等已形成了标准或系列。

表 20-8-132 液压缸的选择指南

项目	选 择 方 法
液压缸主要参数的选定	选用液压缸时,根据运动机构的要求,不仅要保证液压缸有足够的作用力、速度和行程,而且还要有足够的强度和刚度 但在某些特殊情况下,为了使用标准液压缸或利用现有的液压缸例如液压缸的额定工作压力,可以略微超出这些液压缸的额定工作范围。例如液压缸的额定工作压力为 6.3MPa,为了提高其作用力,使它能推动超过额定负荷的机构运动,允许将它的工作压力提高到 6.5MPa 或再略微高一些。因为在设计液压缸零件时,都有一定的安全裕度。但应该注意以下几个问题 ①液压缸的额定值不能超出太大,否则过多地降低其安全系数,容易发生事故 ②液压缸的工作条件应比较稳定,液压系统没有意外的冲击压力 ③对液压缸某些零件要重新进行强度校核。特别要验算缸筒的强度、缸盖的连接强度、活塞杆纵向弯曲强度

续表

<table>
<tr><th colspan="2">项目</th><th>选 择 方 法</th></tr>
<tr><td rowspan="4">液压缸安装方式的选择</td><td>选择合理的安装方式</td><td>液压缸的安装方式很多，它们各具不同的特点。选择液压缸的安装方式，既要保证机械和液压缸自如地运动，又要使液压缸工作趋于稳定，并使安装部位处于有利的受力状态。工程机械、农用机械液压缸，为了取得较大的自由度，绝大多数都用轴线摆动式，即用耳环铰轴或球头等安装方式，如伸缩缸、变幅缸、翻斗缸、动臂缸、提升缸等。而金属切削机床的工作台液压缸都用轴线固定式液压缸，即底脚、法兰等安装方式</td></tr>
<tr><td>保证足够的安装强度</td><td>安装部件必须具有足够的强度。例如支座式液压缸的支座很单薄，刚性不足，即使安装得十分正确，但加压后缸筒向上挠曲，活塞就不能正常运动，甚至会发生活塞杆弯曲折断等事故</td></tr>
<tr><td>尽量提高稳定性</td><td>选择液压缸的安装方式时，应尽量使用稳定性较好的一种，如铰轴式液压缸头部铰轴的稳定性最好，尾部铰轴的最差</td></tr>
<tr><td>确定有利的安装方向</td><td>同一种安装方式，其安装方向不同，所受的力也不相同。比如法兰式液压缸，有头部外法兰、头部内法兰、尾部外法兰、尾部内法兰四种形式。又由于液压缸推拉作用力方向不同，因而构成了法兰的八种不同工作状态。这八种工作状态中，只有两种状态是最好的。以活塞杆拉入为工作方向的液压缸，采用头部外法兰为最有利。以活塞杆推出为工作方向时，采用尾部外法兰最有利。因为只有这两种情况下法兰不会产生弯矩，其他六种工作状态都要产生弯曲作用。在支座式液压缸中，径向支座受的倾覆力矩最小，切向支座的较大，轴向支座最大，这都是应该考虑的</td></tr>
<tr><td rowspan="2">速度对选择液压缸的影响</td><td>微速运动时</td><td>液压缸在微速运动时应该特别注意爬行问题。引起液压缸爬行的原因很多，但不外乎有以下三个方面
①液压缸所推动机构的相对运动件摩擦力太大，摩擦阻力发生变化，相互摩擦面有污物等。例如机床工作台导轨之间调整过紧、润滑条件不佳等
②液压系统内部的原因。如调速阀的流量稳定性不佳、油液的可压缩性、系统的水击作用、空气的混入、油液不清洁、液压力的脉动、回路设计不合理、回油没有背压等
③液压缸内部的原因。如密封摩擦力过大、滑动面间隙不合理、加工精度及光洁度较低、液压缸内混入空气、活塞杆刚性太差等
因此，在解决液压缸微速运动的爬行问题时，除了要解决液压缸外部的问题外，还应解决液压缸内部的问题，即在结构上采取相应的技术措施。其中主要应注意以下几点
①选择滑动阻力小的密封件。如滑动密封、间隙密封、活塞环密封、塑料密封件等
②活塞杆应进行稳定性校核
③在允差范围内，尽量使滑动面之间间隙大一些，这样，即使装配后有一些累积误差也不致使滑动面之间产生较大的单面摩擦而影响液压缸的滑动
④滑动面的表面粗糙度 Ra 应控制在 0.2～0.05μm 之间
⑤导向套采用能浸含油液的材料，如灰铸铁、铝青铜、锡青铜等
⑥采用合理的排气装置，排除液压缸内残留的空气</td></tr>
<tr><td>高速运动时</td><td>高速运动液压缸的主要问题是密封件的耐磨性和缓冲问题
①一般橡胶密封件的最大工作速度为 60m/min。但从使用寿命考虑，工作速度最好不要超过 20m/min。因为密封件在高速摩擦时要产生摩擦热，容易烧损、黏结，破坏密封性能，缩短使用寿命。另外，高速液压缸应采用不易发生拧扭的密封件，或采用适当的防拧扭措施
②必要时，高速运动液压缸要采用缓冲装置。确定是否采用缓冲装置，不仅要看液压缸运动速度的高低以及运动部件的总质量与惯性力，还要看液压缸的工作要求。一般液压缸的速度在 10～25m/min范围内时，就要考虑采用缓冲装置，小于 10m/min，则可以不采用缓冲结构。但是速度大于 25m/min 时，只在液压缸上采取缓冲措施往往不够，还需要在回路上考虑缓冲措施</td></tr>
<tr><td colspan="2">行程对选择液压缸的影响</td><td>使用长行程液压缸时，应注意以下两个问题
①缸筒的浮动措施。长行程液压缸的缸筒很长，液压系统在工作时油温容易升高，引起缸体的膨胀伸长，如果缸筒两端都固定，缸体无法伸长，势必会产生内应力或变形，影响液压缸的正常工作。采用一端固定，另一端浮动，就可避免缸筒产生热应力
②活塞杆的支承措施。长行程液压缸的活塞杆（或柱塞）很长，在完全伸出时容易下垂，造成导向套、密封件及活塞杆的单面磨损，因此应尽量考虑使用托架支承活塞杆或柱塞</td></tr>
</table>

续表

项目		选择方法
温度对选择液压缸的影响		一般的液压缸适于在−10～80℃范围内工作，最大不超过−20～105℃的界限。因为液压缸大都采用丁腈橡胶作密封件，其工作温度当然不能超出丁腈橡胶的工作温度范围，所以液压缸的工作温度受密封件工作性能的限制 另外，液压缸在不同温度下工作对其零件材料的选用和尺寸的确定也应有不同的考虑 ①在高温下工作时，密封件应采用氟化橡胶，它能在200～250℃高温中长期工作，且耐用度也显著优于丁腈橡胶 除了解决密封件的耐热性外，还可以在液压缸上采取隔热和冷却措施。比如，用石棉等绝热材料把缸筒和活塞杆覆盖起来，降低热源对液压缸的影响 把活塞杆制成空心的，可以导入循环冷却空气或冷却水。导向套的冷却则是从缸筒导入冷却空气或冷却水，用来带走导向套密封件和活塞杆的热量 在高温下工作的液压缸，因为各种材料的线胀系数不同，所以滑动面尺寸要适当修整。例如，钢材的线胀系数是10.6×10^{-6}，而耐油橡胶的线胀系数却是钢材的10～20倍。毫无疑问，密封件的膨胀会增加滑动面之间的摩擦力，因此需适当修整密封件的尺寸。为了减轻高温对防尘圈的热影响，除了采用石棉隔热装置外，还可以在防尘圈外部加上铝青铜板 如果液压缸在高于它所使用材料的再结晶温度下工作时，还要考虑液压缸零件的变化，特别是紧固件的蠕变和强度的变化 ②在低温下工作时，如在−20℃以下工作的液压缸，最好也使用氟化橡胶或用配有0259混合酯增塑剂的丁腈橡胶，制作密封件和防尘圈。由于在0℃以下工作时活塞杆上容易结冰，为保护防尘圈不受破坏，常在防尘圈外侧增设一个铝青铜合金刮板 液压缸在−40℃以下工作时要特别注意其金属材料的低温脆性破坏。钢的抗拉强度和疲劳极限随温度的降低而提高（含碳量0.6%的碳素钢例外，在−40℃时，它的疲劳极限急剧下降）。但冲击值从−40℃开始却显著下降，致使材料的韧性变坏。当受到强大的外力冲击时，容易断裂破坏。因此，在−40℃以下工作的液压缸，应尽量避免用冲击值低的高碳钢、普通结构钢等材料，最好用镍系不锈钢、铬钼钢及其他冲击值较高的合金钢 液压缸中如有焊接部位，也要认真检查焊缝在低温条件下的强度和可靠性
工作环境对选择液压缸的影响	很多液压缸常在恶劣的条件下工作。如挖掘机常在风雨中工作且不断与灰土砂石碰撞；在海上或海岸工作的液压缸，很容易受到海水或潮湿空气的侵袭；化工机械中的液压缸，常与酸碱溶液接触等。因此，根据液压缸的工作环境，还要采取相应措施	
	防尘措施	在灰土较多的场合，如铸造车间、矿石粉碎场等，应特别注意液压缸的防尘。粉尘混入液压缸内不仅会引起故障，而且会增加液压缸滑动面的磨损，同时又会析出粉状金属，而这些粉状金属又进一步加剧液压缸的磨损，形成恶性循环 另外，混入液压缸的粉尘，也很容易被循环的液压油带入其他液压装置而引起故障或加剧磨损，因此防尘是非常重要的 液压缸的外部防尘措施主要是增设防尘圈或防尘罩。当选用防尘伸缩套时，要注意在高频率动作时的耐久性，同时注意在高速运动时伸缩套透气孔是否能及时导入足够的空气。但是，安装伸缩套给液压缸的装配调整会带来一些困难
	防锈措施	在空气潮湿的地方，特别是在海上、海水下或海岸作业的液压缸，非常容易受腐蚀而生锈，因此防锈措施非常重要 有效的防锈措施之一是镀铬。金属镀铬以后，化学稳定性能抵抗潮湿空气和其他气体的侵蚀，抵抗碱、硝酸、有机酸等的腐蚀。同时，镀铬以后硬度提高，摩擦因数降低，所以大大增强了耐磨性。但它不能抵抗盐酸、热硫酸等的腐蚀 作为一般性防锈或仅仅是为了耐磨，镀铬层只需0.02～0.03mm即可。在风雨、潮湿空气中工作的液压缸，镀铬层需0.05mm以上，也可镀镍。在海水中工作的液压缸，最好使用不锈钢等材料。另外，液压缸的螺栓、螺母等也应考虑使用不锈钢或铬钼钢
	活塞杆的表面硬化	有些液压缸的外部工作条件很恶劣，如铲土机液压缸的活塞杆常与砂石碰撞，压力机液压缸的活塞杆或柱塞要直接压制工件等，因此必须提高活塞杆的表面硬度。主要方法为高频淬火，深度1～3mm，硬度40～50HRC

续表

项目		选 择 方 法
受力情况对选择液压缸的影响	液压缸的受力情况比较复杂，在交变载荷、频繁换向时，液压缸振动较大；在重载高速运动时，承受较大的惯性力；在某些条件下，液压缸又不得不承受横向载荷。因此，设计选用液压缸时，要根据受力情况采取相应措施	
	振动	液压缸产生振动的原因很多。除了泵阀和系统的原因外，自身的某些原因也能引起振动，如零件加工装配不当、密封阻力过大、换向冲击等 振动容易引起液压缸连接螺钉松动，进而引起缸盖离缝，使O形圈挤出损坏，造成漏油 防止螺钉、螺母松动的方法很多，如采用细牙螺纹，设置弹簧垫圈、止退垫圈、锁母、销钉、顶丝等 另外，拧紧螺纹的应力比屈服点大50%～60%，也可防止松动 振动较大的液压缸，不仅要注意缸盖的连接螺纹、螺钉是否容易松动，而且要注意活塞与活塞杆连接螺纹的松动问题
	惯性力	液压缸负载很大、速度很高时，会受到很大的惯性力作用，使油压力急剧升高，缸筒膨胀，安装紧固零件受力突然增大，甚至开裂，因此需要采用缓冲结构
	横向载荷	液压缸承受较大的横向载荷时，容易挤掉液压缸滑动面某一侧的油膜，从而造成过度磨损、烧伤甚至咬死。在选用液压缸滑动零件材料时，应考虑以下措施 ①活塞外部熔敷青铜材料或加装耐磨圈 ②活塞杆高频淬火，导向套采用青铜、铸铁或渗氮钢
选用液压缸时应注意密封件和工作油的影响		密封件摩擦力大时，容易产生爬行和振动。为了减小滑动阻力，常采用摩擦力小的密封件，如滑动密封等 此外，密封件的耐高温性、耐低温性、硬度、弹性等对液压缸的工作亦有很大影响。耐高温性差的密封件在高温下工作时，容易黏化胶着；密封件硬度降低后，挤入间隙的现象更加严重，进而加速其损坏，破坏了密封效果；耐低温性差的密封件在－10℃以下工作时，容易发生压缩永久变形，也影响密封效果；硬度低、弹性差的密封件容易挤入密封间隙而破坏。聚氯酯密封件在水溶液中很容易分解，应该特别予以注意 工作油的选择，应从泵、阀、液压缸及整个液压系统考虑，还要分析液压装置的工作条件和工作温度，以选择适当的工作油 在温度高、压力大、速度低的情况下工作时，一般应选用黏度较高的工作油。在温度低、压力小、速度高的情况下工作时，应选用黏度较低的工作油。在酷热和高温条件下应使用不燃油。但应注意，使用水系不燃油时，不能用聚氨酯橡胶密封件；用磷酸酯系不燃性油时，不能使用丁腈橡胶密封件，否则会引起水解和侵蚀。精密机械中应采用黏度指数较高的油液 除了机油、透平油、锭子油外，还可以根据情况选用适当液压油，如精密机床液压油、航空液压油、舵机液压油、稠化液压油等

第 9 章 液压控制阀

液压控制阀（简称液压阀）是液压系统中用来控制液流的压力、流量和流动方向的控制元件，借助于不同的液压控制阀，经过适当的组合，可以对执行元件的启动、停止、运动方向、速度和输出力或力矩进行调节和控制。

在液压系统中，控制液流的压力、流量和流动方向的基本模式有两种：容积式控制（俗称泵控，具有效率高但动作较慢的特点）和节流式控制（俗称阀控，具有动作快但效率较低的特点）。液压阀的控制属于节流式控制。压力阀和流量阀利用通流截面的节流作用控制系统的压力和流量，方向阀利用通流通道的变换控制油液的流动方向。

9.1 液压控制阀的分类

9.1.1 按照液压阀的功能和用途进行分类

按照液压阀的功能和用途进行分类，液压阀可以分为压力控制阀、流量控制阀、方向控制阀等主要类型，各主要类型又包括若干阀种，如表 20-9-1 所示。

表 20-9-1 按照阀的功能和用途进行分类

阀类	阀种	说明
压力控制阀	溢流阀、减压阀、顺序阀、平衡阀、电液比例溢流阀、电液比例减压阀	电液伺服阀根据反馈形式不同，可形成电液伺服流量控制阀、压力控制阀、压力-流量控制阀
流量控制阀	节流阀、调速阀、分流阀、集流阀、电液比例节流阀、电液比例流量阀	
方向控制阀	单向阀、液控单向阀、换向阀、电液比例方向阀	
复合控制阀	电液比例压力流量复合阀	
工程机械专用阀	多路阀、稳流阀	

9.1.2 按照液压阀的控制方式进行分类

按照液压阀的控制方式进行分类，液压阀可以分为手动控制阀、机械控制阀、液压控制阀、电动控制阀、电液控制阀等主要类型，如表 20-9-2 所示。

表 20-9-2 按照阀的控制方式进行分类

阀类	说明
手动控制阀	利用手柄及手轮、踏板、杠杆进行控制
机械控制阀	利用挡块及碰块、弹簧进行控制
液压控制阀	利用液体压力进行控制
电动控制阀	利用普通电磁铁、比例电磁铁、力马达、力矩马达、步进电动机等进行控制
电液控制阀	利用电动控制和液压控制进行复合控制

9.1.3 按照液压阀控制信号的形式进行分类

按照液压阀控制信号的形式进行分类，液压阀可以分为开关定值控制阀、模拟量控制阀、数字量控制阀等主要类型，各主要类型又包括若干种类，如表 20-9-3 所示。

表 20-9-3 按照阀控制信号的形式进行分类

阀类	说明
开关定值控制阀（普通液压阀）	它们可以是手动控制、机械控制、液压控制、电动控制等输入方式，开闭液压通路或定值控制液流的压力、流量和方向

续表

阀类			说明
模拟量	伺服阀		根据输入信号,成比例地连续控制液压系统中液流流量和流动方向或压力高低的阀类,工作时着眼于阀的零点附近的性能以及性能的连续性。采用伺服阀的液压系统称为液压伺服控制系统
	比例阀	普通比例阀	根据输入信号的大小成比例、连续、远距离控制液压系统的压力、流量和流动方向。它要求保持调定值的稳定性,一般具有对应于 10%~30%最大控制信号的零位死区。多用于开环控制系统
		比例伺服阀	比例伺服阀是一种以比例电磁铁为电-机转换器的高性能比例方向节流阀,与伺服阀一样,没有零位死区,频响介于普通比例阀和伺服阀之间,可用于闭环控制系统
数字量	数字阀		输入信号是脉冲信号,根据输入的脉冲数或脉冲频率来控制液压系统的压力和流量。数字阀工作可靠,重复精度高,但一般控制信号频宽较模拟信号低,额定流量很小,只能作小流量控制阀或先导级控制阀

9.1.4 按照液压阀的结构形式进行分类

按照液压阀的结构形式进行分类，液压阀可以分为滑阀、锥阀、球阀、喷嘴挡板阀等主要类型，如表 20-9-4 所示。

表 20-9-4 按照阀的结构形式进行分类

结构形式	说明
滑阀类	通过圆柱形阀芯在阀体孔内的滑动来改变液流通路开口的大小,以实现对液流的压力、流量和方向的控制
锥阀、球阀类	利用锥形或球形阀芯的位移实现对液流的压力、流量和方向的控制
喷嘴挡板阀类	用喷嘴与挡板之间的相对位移实现对液流的压力、流量和方向的控制。常用作伺服阀、比例伺服阀的先导级

9.1.5 按照液压阀的连接方式进行分类

按照液压阀的连接方式进行分类，液压阀可以分为管式连接、板式连接、集成连接等主要类型，集成连接又可以分为集成块、叠加阀、嵌入阀、插装阀和螺纹插装阀连接等，如表 20-9-5 所示。

表 20-9-5 按照阀的连接方式进行分类

连接形式		说明
管式连接		通过螺纹直接与油管连接组成系统,结构简单、重量轻,适用于移动式设备或流量较小的液压元件的连接。缺点是元件分散布置,可能的漏油环节多,拆装不够方便
板式连接		通过连接板连接成系统,便于安装维修,应用广泛。由于元件集中布置,操纵和调节都比较方便。连接板包括单层连接板、双层连接板和整体连接板等多种形式
集成连接	集成块	集成块为六面体,块内钻成连通阀间的油路,标准的板式连接元件安装在侧面,集成块的上下两面为密封面,中间用 O 形密封圈密封。将集成块进行有机组合即可构成完整的液压系统。集成块连接有利于液压装置的标准化、通用化、系列化,有利于生产与设计,因此是一种良好的连接方式
	叠加阀	由各种类别与规格不同的阀类及底板组成。阀的性能、结构要素与一般阀并无区别,只是为了便于叠加,要求同一规格的不同阀的连接尺寸相同。这种集成形式在工程机械中应用较多,如多路换向阀
	嵌入阀	将几个阀的阀芯合并在一个阀体内,阀间通过阀体内部油路沟通的一种集成形式。结构紧凑但复杂,专用性强,如磨床液压系统中的操纵箱
	插装阀(盖板式)	将阀按标准参数做成阀芯、阀套等组件,插入专用的阀块孔内,并配置各种功能盖板以组成不同要求的液压回路。它不仅结构紧凑,而且具有一定的互换性。逻辑阀属于这种集成形式。特别适于高压、大流量系统
	螺纹插装阀	与盖板式插装阀类似,但插入件与集成块的连接是符合标准的螺纹,主要适用于小流量系统

9.2　液压控制元件的性能参数

表 20-9-6　　液压控制元件的性能参数

性能参数	定　义
规格大小	目前国内液压控制阀规格大小的表示方法尚不统一，中低压阀一般用公称流量表示（如 25L/min、63L/min、100L/min 等）；高压阀大多用公称通径（NG）表示，公称通径是指液压阀的进出油口的名义尺寸，它并不是进出油口的实际尺寸。并且同一公称通径不同种类的液压阀的进出油口的实际尺寸也不完全相同
公称压力	表示液压阀在额定工作状态时的压力，以符号 p_n 表示，单位为 MPa
公称流量	表示液压阀在额定工作状态下通过的流量，以符号 q_n 表示，单位 L/min 国外对通过液压阀的流量指标一般只规定在能够保证正常工作的条件下所允许通过的最大流量值，同时给出通过不同流量时，有关参数改变的特性曲线，如通过流量与压力损失关系曲线、通过流量与启闭灵敏度关系曲线等

9.3　压力控制阀

压力控制阀是用来控制液压系统中液体压力的阀类，简称压力阀，它是基于阀芯上液压力和弹簧力相平衡的原理来进行工作的。压力阀包括溢流阀、减压阀、顺序阀和压力继电器。

9.3.1　溢流阀

9.3.1.1　普通溢流阀

溢流阀的种类较多，基本工作原理是可变节流与压力反馈。阀的受控进口压力来自液体流经阀口时产生的节流压差。根据结构类型及工作原理的不同，溢流阀可以分为直动型和先导型两大类，统称为普通溢流阀。将先导型溢流阀与电磁换向阀或单向阀等液压阀进行组合，还可以构成电磁溢流阀或卸荷溢流阀等复合阀。

表 20-9-7　　普通溢流阀的特性及应用

<table>
<tr><th>项目</th><th colspan="3">特性及应用</th></tr>
<tr><td>主要用途</td><td colspan="3">溢流阀是通过阀口的开启溢流，使被控制系统的压力维持恒定，实现稳压、调压或限压作用
溢流阀的主要用途有以下两点：一是用来保持系统或回路的压力恒定；二是在系统中作安全阀用，只是在系统压力等于或大于其调定压力时才开启溢流，对系统起过载保护作用。此外，溢流阀还可作背压阀、卸荷阀、制动阀、平衡阀和限速阀用。对溢流阀的主要要求是：调压范围大，调压偏差小，压力振摆小，动作灵敏，过流能力大，噪声小</td></tr>
<tr><td rowspan="2">溢流阀的特性</td><td colspan="3">溢流阀是液压系统中极为重要的控制元件。其工作性能的优劣对液压系统的工作性能影响很大。溢流阀的静态特性，是指溢流阀在稳定工作状态下（即系统压力没有突变时）的压力流量特性、启闭特性，卸荷压力及压力稳定性等</td></tr>
<tr><td>静态特性</td><td>压力-流量特性（p-q 特性）</td><td>压力流量特性又称溢流特性，表示溢流阀在某一调定压力下工作时，溢流量的变化与阀的实际进口压力的关系
图（a）中（ⅰ）为直动型和先导型溢流阀的压力流量特性曲线。横坐标为溢流量 q，纵坐标为阀进油口压力 p，图中 p_n 称为溢流阀的额定压力，是指当溢流量为额定值 q_n 时所对应的压力。p_c 称为开启压力，是指溢流阀刚开启时（溢流量为 $0.01q_n$ 时）阀进口的压力。额定压力 p_n 与开启压力 p_c 的差值称为调压偏差，也即溢流量变化时溢流阀工作压力的变化范围
调压偏差越小，其性能越好。由图可见，先导型溢流阀的特性曲线比较平缓。调压偏差也小，故其稳压性能比直动型溢流阀好。因此，先导型溢流阀宜用于系统溢流稳压，直动型溢流阀因其灵敏性高宜用作安全阀</td></tr>
</table>

续表

项目			特性及应用
溢流阀的特性	静态特性	压力-流量特性（p-q 特性）	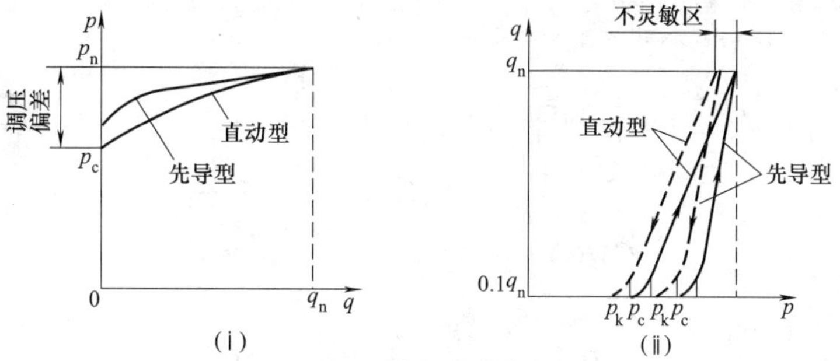 （ⅰ）　（ⅱ） 图(a)　溢流阀的静态特性
		启闭特性	溢流阀的启闭特性是指溢流阀从刚开启到通过额定流量（也叫全流量），再由额定流量到闭合（溢流量减小为 $0.01q_n$ 以下）整个过程中的压力流量特性 溢流阀闭合时的压力 p_k 为闭合压力。闭合压力 p_k 与额定压力 p_n 之比称为闭合比。开启压力 p_c 与额定压力 p_n 之比称为开启比。由于阀开启时阀芯所受的摩擦力与进油口（进口）压力方向相反，而闭合时阀芯所受的摩擦力与进油压力方向相同，因此在相同的溢流量下，开启压力大于闭合压力。图(a)中（ⅱ）所示为溢流阀的启闭特性。图中实线为开启曲线，虚线为闭合曲线。由图可见这两条曲线不重合。在某溢流量下，两曲线压力坐标的差值称为不灵敏区。因压力在此范围内变化时，阀的开度无变化，它的存在相当于加大了调压偏差，且加剧了压力波动。因此该差值越小，阀的启闭特性越好。由图中的两组曲线可知，先导型溢流阀的不灵敏区比直动型溢流阀的不灵敏区小一些。为保证溢流阀有良好的静态特性，一般规定其开启比不应小于 90%，闭合比不应小于 85%
		压力稳定性	溢流阀工作压力的稳定性由两个指标来衡量：一是在额定流量 q_n 和额定压力 p_n 下，进口压力在一定时间（一般为 3min）内的偏移值；二是在整个调压范围内，通过额定流量 q_n 时进口压力的振摆值。对中压溢流阀，这两项指标均不应大于 ±0.2MPa。如果溢流阀的压力稳定性不好，就会出现剧烈的振动和噪声
		卸荷压力	在额定压力下，通过额定流量时，将溢流阀的外控口及与油箱连通，使主阀阀口开度最大，液压泵卸荷时溢流阀进出油口的压力差，称为卸荷压力。卸荷压力越小，油液通过阀口时的能量损失就越小，发热也越少，表明阀的性能越好
		内泄漏量	指调压螺栓处于全闭位置，进口压力调至调压范围的最高值时，从溢流口所测的泄漏量
	动态特性		当溢流阀的溢流量由零突然变化为额定流量时，其进口压力将迅速升高并超过额定压力调定值，然后逐步衰减到最终稳定压力，这一过程就是溢流阀的动态响应过程，在这一过程中表现出的特性称为溢流阀的动态特性。有两种方法可测得溢流阀的动态特性：一种是将与溢流阀并联的电液（或电磁）换向阀突然通电或断电，另一种是将连接溢流阀遥控口的电磁换向阀突然通电或断电。溢流阀的动态响应曲线如图(b)所示 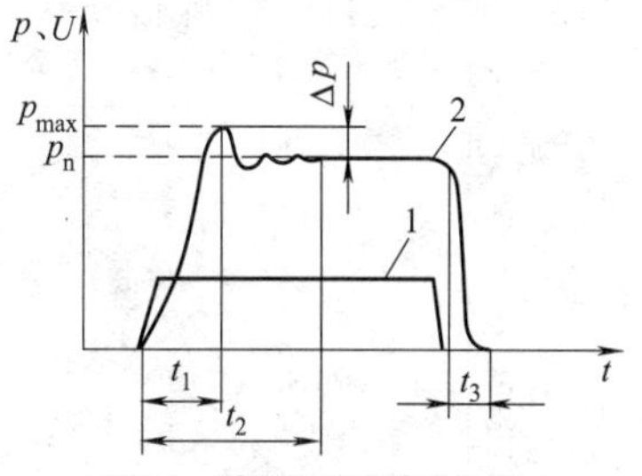 图(b)　溢流阀动态响应曲线 由动态特性曲线可得到动态性能参数 ①压力超调量 Δp：指峰值压力 p_{max} 与调定压力 p_n 之差值 ②压力超调 δ_p：指压力超调量与调定压力之比 ③升压时间 t_1：指压力从 $0.1(p_n-p_c)$ 上升到 $0.9(p_n-p_c)$ 时所需的时间 ④升压过渡过程时间 t_2：指压力从 $0.1(p_n-p_c)$ 上升到稳定状态所需的时间 ⑤卸荷时间 t_3：指压力从 $0.9(p_n-p_c)$ 下降到 $0.1(p_n-p_c)$ 时所需的时间 压力超调对系统的影响是不利的。如采用调速阀的调速系统，因压力超调是一突变量，调速阀来不及调整，使得机构主体运动或进给运动速度产生突跳，压力超调还会造成压力继电器误发信号，压力超调量大时使系统产生过载从而破坏系统。选用溢流阀时应考虑到这些因素。升压时间等时域指标代表着溢流阀的反应快慢，对系统的动作、效率都有影响

续表

<table>
<tr><th>项目</th><th colspan="2">特性及应用</th></tr>
<tr><td rowspan="6">溢流阀的典型应用</td><td colspan="2">溢流阀用在液压系统中，能分别起到调压溢流、安全保护、使泵卸荷、远程调压及使液压缸回油腔形成背压等多种作用，具体用法如图(c)所示

(ⅰ)　(ⅱ)　(ⅲ)　(ⅳ)　(ⅴ)
图(c)　溢流阀的典型应用</td></tr>
<tr><td>调压溢流</td><td>系统采用定量泵供油的节流调速回路时，常在其进油路或回油路上设置节流阀或调速阀，使泵油的一部分进入液压缸工作，而多余的油须经溢流阀流回油箱。溢流阀处于其调定压力下的常开状态，调节弹簧的预紧力，也就调节了系统的工作压力。如图(c)中(ⅰ)所示</td></tr>
<tr><td>安全保护</td><td>系统采用变量泵供油时，系统内没有多余的油需溢流，其工作压力由负载决定。这时与泵并联的溢流阀只有在过载时才需打开，以保障系统的安全。这种系统中的溢流阀又称为安全阀，处于常闭状态，如图(c)中(ⅱ)所示</td></tr>
<tr><td>使泵卸荷</td><td>采用先导型溢流阀调压的定量泵系统，当阀的外控口与油箱连通时，其主阀芯在进口压力很低时即可迅速抬起，使泵卸荷，以减少能量损耗。图(c)中(ⅲ)中，当电磁铁通电时，溢流阀外控口通油箱，因而能使泵卸荷</td></tr>
<tr><td>远程调压</td><td>当先导型溢流阀的外控口与调压较低的远程调压阀连通时，其主阀芯上腔的油压只要达到远程阀调压的调整压力，主阀芯即可抬起溢流(其先导阀不再起调压作用)，实现远程调压。图(c)中(ⅳ)中，当电磁阀失电右位工作时，将先导型溢流阀的外控口与远程调压阀连通，如果入口压力超过远程阀调定压力，溢流阀开启溢流</td></tr>
<tr><td>形成背压</td><td>将溢流阀设置在液压缸的回油路上，可使缸的回油腔形成背压，提高运动部件运动的平稳性。因此这种用途的阀也称背压阀</td></tr>
<tr><td rowspan="2">直动型溢流阀</td><td colspan="2">直动型溢流阀又分为锥阀式、球阀式和滑阀式三种
图(d)所示为直动型溢流阀的工作原理。压力油自 P 口进入，经阻尼孔 1 作用在阀芯的底部。当作用在阀芯 3 上的压力大于弹簧力时，阀口打开，使油液溢流。通过溢流阀的流量变化时，阀芯的位置也会随之而改变，但改变量极小，作用在阀芯的弹簧力变化甚微。因此，可以认为当阀口打开溢流时，溢流阀入口处的压力是基本恒定的。通过转动手轮可以改变调压弹簧 7 的预压紧力，便可调整溢流阀的开启压力。改变弹簧的刚度，便可改变调压范围</td></tr>
<tr><td colspan="2">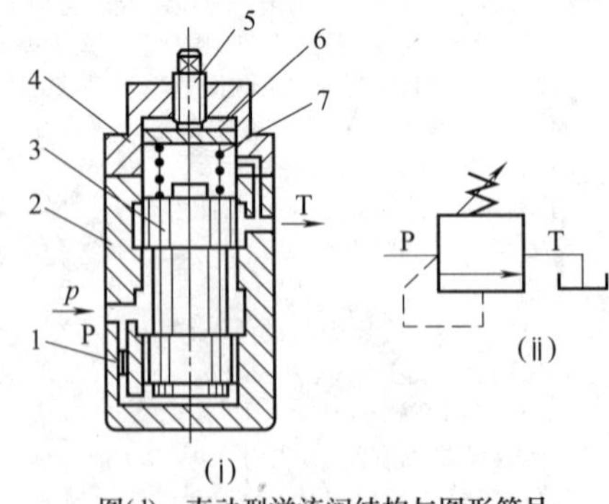
图(d)　直动型溢流阀结构与图形符号
1—阻尼孔；2—阀体；3—阀芯；4—阀盖；5，7—调压弹簧；6—弹簧座
直动型溢流阀结构简单，灵敏度高。但控制压力受溢流流量的影响较大，不适于在高压、大流量下工作
图(e)为德国力士乐公司生产的直动型溢流阀的结构。锥阀式和球阀式阀芯结构简单，密封性好，但阀芯和阀座的接触应力大。滑阀式阀芯用得较多，但泄漏量较大。锥阀式带有减振活塞</td></tr>
</table>

续表

<table>
<tr><th>项目</th><th>特性及应用</th></tr>
<tr><td>直动型
溢流阀</td><td>(ⅰ) 锥阀式　　(ⅱ) 球阀式
图(e)　力士乐公司生产的直动式溢流阀
如图(f)所示为远程调压阀，一般用作远程调压或各种压力阀的导阀
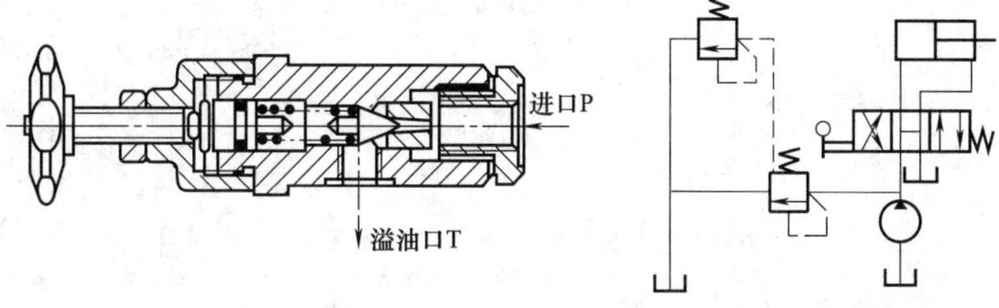

图(f)　远程调压阀　　图(g)　远程调压回路
装在控制台上的远程调压阀与溢流阀的外控口连接，便能在溢流阀设定的压力范围内实现远程调压，如图(g)所示
如溢流阀调定的最高压力为 17MPa，将远程调压阀的压力调至大于此值，系统便在小于或等于 17MPa 压力下工作。如将远程调压阀的压力调至低于此值，则系统便在远程调压阀的调定压力下工作。通过调节远程调压阀，便能很容易地改变溢流阀的溢流压力</td></tr>
<tr><td>先导型
溢流阀</td><td>在中高压、大流量的情况下，一般采用先导型溢流阀。先导型溢流阀是由先导阀和主阀两部分组成。图(h)中(ⅰ)为先导型溢流阀的工作原理。系统的压力作用于主阀 1 及先导阀 3。当先导阀 3 未打开时，阻尼孔中液体没有流动，作用在主阀 1 左右两方的液压力平衡，主阀 1 被弹簧 2 压在右端位置，阀口关闭。当系统压力增大到使先导阀 3 打开时，液流通过阻尼孔 5、先导阀 3 流回油箱。由于阻尼孔的阻尼作用，使主阀 1 右端的压力大于左端的压力，主阀 1 在压差的作用下向左移动，打开阀口，实现溢流作用。调节先导阀 3 的调压弹簧 4，便可实现溢流压力的调节
阀体上有一个远程控制口 K，当将此口通过二位二通阀接通油箱时，主阀 1 左端的压力接近于零，主阀 1 在很小的压力下便可移到左端，阀口开得最大。这时系统的油液在很低的压力下通过阀口流回油箱，实现卸荷作用。如果将 K 口接到另一个远程调压阀上(其结构和溢流阀的先导阀一样)，并使打开远程调压阀的压力小于先导阀 3 的压力，则主阀 1 左端的压力就由远程调压阀来决定，从而用远程调压阀便可对系统的溢流压力进行远程调节
由于先导型溢流阀中主阀的开闭依靠差动液压力，主阀弹簧只用于克服主阀芯的摩擦力，因此主阀的弹簧刚度很小。主阀开口量的变化对系统压力的影响远小于先导阀开口量变化对压力的影响
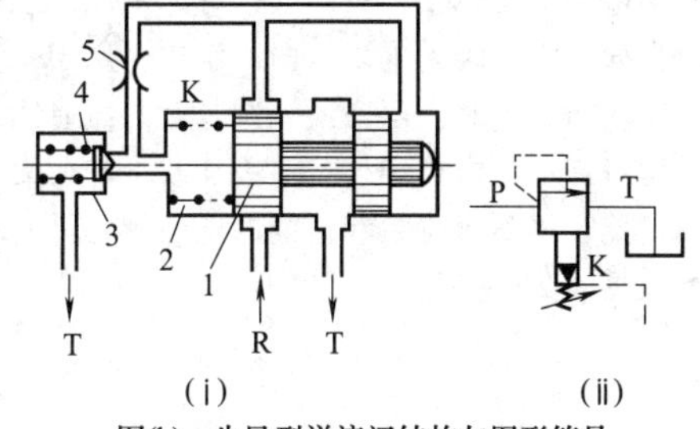

图(h)　先导型溢流阀结构与图形符号
1—主阀；2—主阀弹簧；3—先导阀；4—调压弹簧；5—阻尼孔
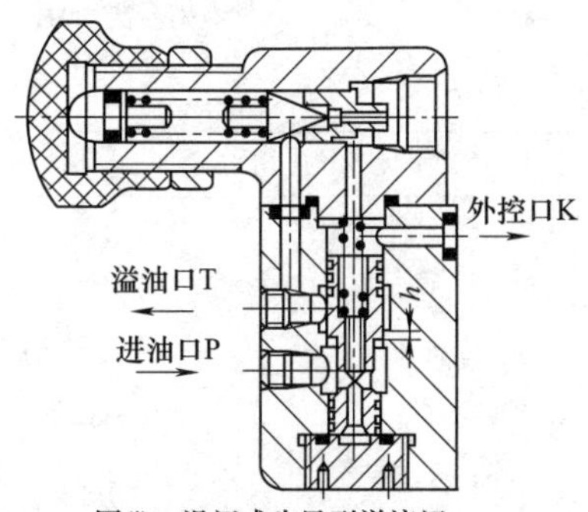

图(i)　滑阀式先导型溢流阀
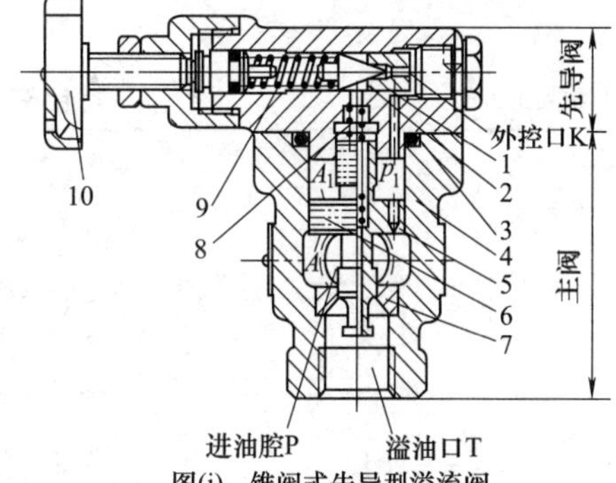

图(j)　锥阀式先导型溢流阀
1—锥阀；2—先导阀座；3—阀盖；4—阀件；5—阻尼孔；6—主阀芯；7—主阀座；8—主阀弹簧；9—调压弹簧；10—调压螺栓</td></tr>
</table>

第20篇

续表

项目	特性及应用
先导型溢流阀	先导型溢流阀的导阀一般为锥阀结构,主阀则有滑阀和锥阀两种。图(i)为滑阀式先导型溢流阀。主阀为滑阀结构,其加工精度和装配精度很容易保证,但密封性较差。为减少泄漏,阀口处有叠盖量 h,从而出现死区,使灵敏度降低,响应速度变慢对稳定性带来不利的影响。滑阀式先导型溢流阀一般只用于中低压 图(j)为典型的锥阀式先导型溢流阀的结构,美国威格士(VICKERS)公司的 EC 型先导型溢流阀、日本油研(YUKEN)公司的先导型溢流阀都是这种结构,通常称为威格士型。它要求主阀芯上部与阀盖、中部活塞与阀体、下部锥面与阀座三个部位同心,故称为三节同心式。它的加工精度和装配精度要求都较高 主阀芯 6 和先导阀座 2 上的节流孔起降压和阻尼作用,有助于降低超调量和压力振摆,但使响应速度和灵敏度降低。主阀为下流式锥阀,稳态液动力起负弹簧作用,对阀的稳定性不利。为此,主阀芯下端做成尾蝶状,使出流方向与轴线垂直,甚至形成回流,以补偿液动力的影响 图(k)为德国力士乐公司生产的 DB 型先导型溢流阀。这类结构中,只要求主阀芯 3 与阀套 4、锥面与阀座两处同心,故称为二节同心式。因主阀为单向阀式结构,又称为单向阀式溢流阀 二节同心式先导型溢流阀的结构简单,工艺性、通用性和互换性好,加工精度和装配精度比较容易保证。主阀为单向阀结构,过流面积大,流量大,在相同的额定流量下主阀的开口量小,因此,启闭特性好。主阀为上流式锥阀,液流为扩散流动,流速较小,因而噪声较小,且稳态液动力的方向与液流方向相反,有助于阀的稳定。力士乐公司的先导型溢流阀增加了导阀和主阀上腔的两个阻尼孔,从而提高了阀的稳定性 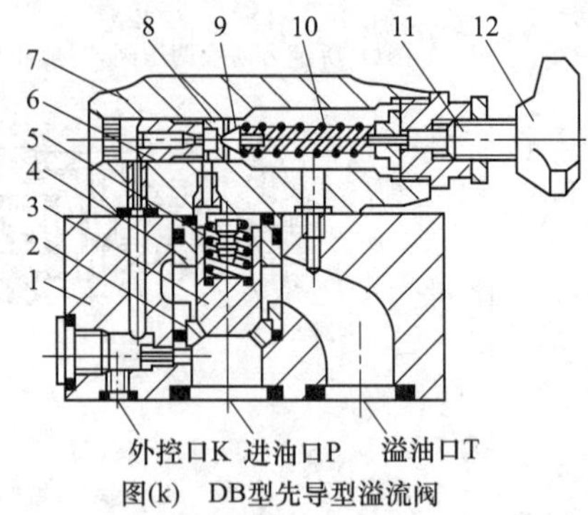 图(k) DB型先导型溢流阀 1—阀体;2—主阀座;3—主阀芯;4—阀套;5—主阀弹簧;6—防振套;7—阀盖;8—锥阀座;9—锥阀;10—调压弹簧;11—调节螺钉;12—调压手轮

9.3.1.2 电磁溢流阀

电磁溢流阀是一种组合阀，如图 20-9-1 所示。由先导型溢流阀和电磁换向阀组成，用于系统的卸荷和多级压力控制。电磁溢流阀具有升压时间短，通断电均可卸荷、内控和外控多级加载、卸荷无明显冲击等性能。用不同位数和机能的电磁阀，可实现多种功能，见表 20-9-8。

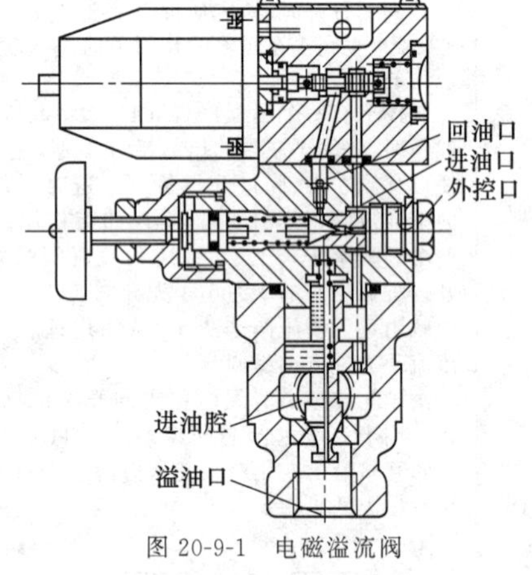

图 20-9-1 电磁溢流阀

表 20-9-8 电磁溢流阀功能表

电磁阀		图形符号	工作状态和应用
二位二通电磁阀	常闭	X P T	电磁铁断电,系统工作 电磁铁通电,系统卸荷 用于工作时间长、卸荷时间短的工况
	常开	X P T	电磁铁断电,系统卸荷 电磁铁通电,系统工作 用于工作时间短、卸荷时间长的工况

续表

电磁阀		图形符号	工作状态和应用
二位四通电磁阀	普通机能		电磁铁断电，A口外控加载 电磁铁通电，B口外控加载 用于需要二级加压控制场合
	H机能		电磁铁断电，系统卸荷 电磁铁通电，A口若堵上，内控加载 A口接遥控阀，外控加载 用于工作时间短、卸荷时间长的工况
三位四通电磁阀	O机能		电磁铁断电，内控加载 电磁铁1通电，A口外控加载或卸荷 电磁铁2通电，B口外控加载或卸荷 用于需要多级压力控制的场合
	H机能		电磁铁断电，系统卸荷 电磁铁1通电，A口外控加载 电磁铁2通电，B口外控加载 用于工作时间短、卸荷时间长，且需要多级压力控制的场合

9.3.1.3 卸荷溢流阀

卸荷溢流阀亦称单向溢流阀，如图20-9-2所示。卸荷溢流阀由溢流阀和单向阀组成，工作时使其P口接泵，A口接系统，T口接油箱。控制活塞的压力油来自A口。当系统压力达到调定压力时，控制活塞2将导阀打开，从而使主阀打开，泵卸荷，同时单向阀关闭，防止系统压力油液倒流。当系统压力降到一定值时，导阀关闭，致使主阀关闭，泵向系统加载，从而实现自动控制液压泵的卸荷或加载。卸荷溢流阀常用于蓄能器系统中泵的卸荷［图20-9-3（a）］和高低压泵组中大流量低压泵的卸荷［图20-9-3（b）］，卸荷动作由油压直接控制，因此卸荷性能好，工作稳定可靠。

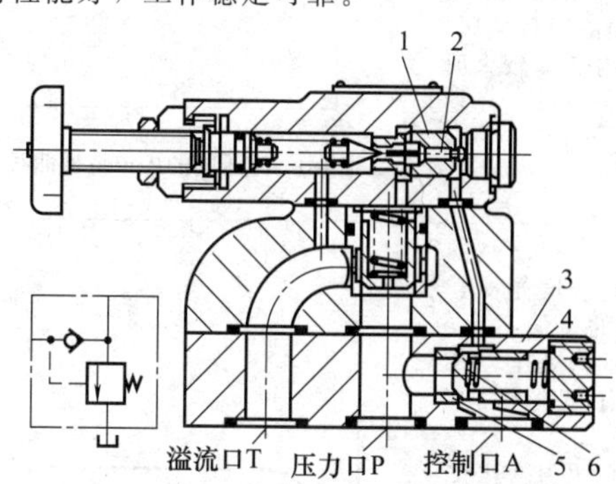

图20-9-2 卸荷溢流阀的结构

1—控制活塞套；2—控制活塞；3—单向阀体；4—单向阀芯；5—单向阀座；6—单向阀弹簧

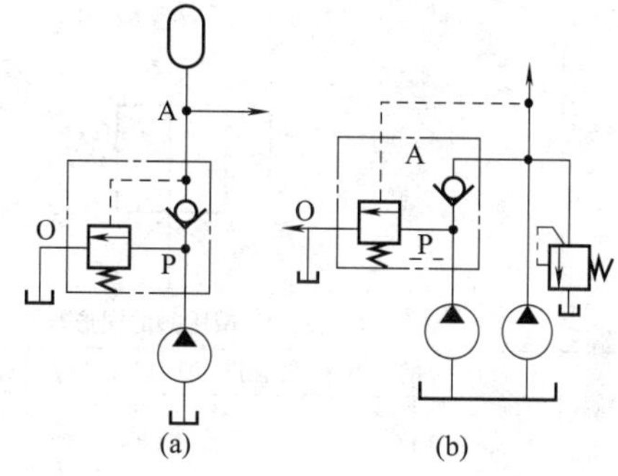

图20-9-3 卸荷溢流阀的应用

卸荷溢流阀的静态特性与普通溢流阀基本相同，其中P口压力变化特性是卸荷溢流阀的一项重要性能指标。它是指使主阀升压和卸荷时P口所允许的压力变化范围。一般常用百分比表示，数值为调定压力的10%～20%。

9.3.2 减压阀

减压阀是使阀的出口压力（低于进口压力）保持恒定的压力控制阀，当液压系统某一部分的压力要求稳定在比供油压力低的压力上时，一般常用减压阀来实现。它在系统的夹紧回路、控制回路、润滑回路中应用较多。减压阀分定值、定差、定比减压阀三种。三类减压阀中最常用的是定值减压阀。如不指明，表20-9-9减压阀通常所称的减压阀即为定值减压阀。

表 20-9-9 **减压阀性能及应用**

<table>
<tr><th>类别</th><th colspan="2">工作原理、性能及应用</th></tr>
<tr><td>定比减压阀</td><td colspan="2">定比减压阀能使进、出口压力的比值维持恒定。图(a)为其工作原理，阀芯在稳态时的力平衡方程为
$$p_1a=k(x_0+x)+p_2A$$
式中 p_1，p_2——进、出口压力，Pa；
k——弹簧刚度，N/m。
A，a——分别为阀芯大、小端的作用面积，m^2
如果忽略弹簧力，则有
$$p_1/p_2=A/a$$
可见，选择阀芯的作用面积 A 和 a，便可达到所要求的压力比，且比值近似恒定 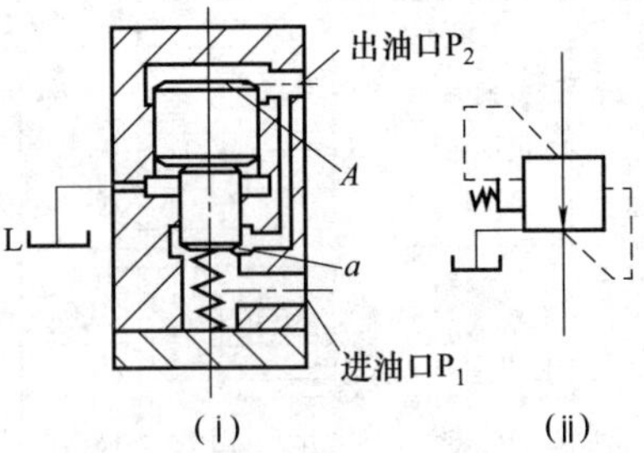
出油口P_2 A L a 进油口P_1 (i) (ii)
图(a) 定比减压阀工作原理和图形符号</td></tr>
<tr><td>定差减压阀</td><td colspan="2">定差减压阀能使出口压力 p_2 和某一负载压力 p_3 的差值保持恒定。图(b)为其图形符号。阀芯在稳态下的力平衡方程为
$$A(p_2-p_3)=k(x_0+x)$$
于是
$$\Delta p=p_2-p_3=k(x_0+x)/A$$
式中 p_2——出口压力，Pa
p_3——负载压力，Pa
因为 κ 不大，且 $x \ll x_0$，所以压差近似保持定值
将定差减压阀与节流阀串联，即用定差减压阀作为节流阀的串联压力补偿阀，便构成了图(c)所示的减压型调速阀 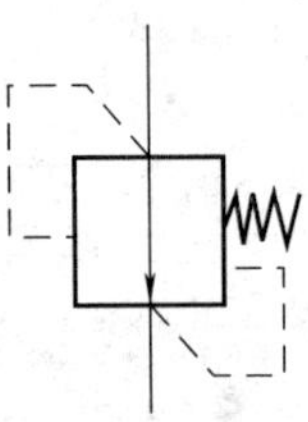
图(b) 减压阀的图形符号 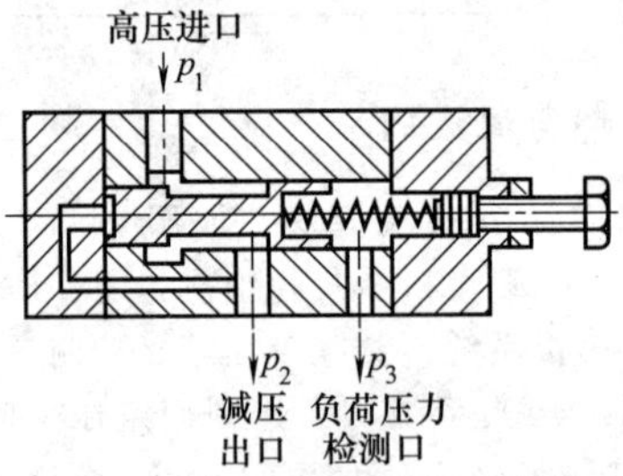
高压进口 p_1 p_2 p_3 减压出口 负荷压力检测口
图(c) 定差减压阀用作串联压力补偿</td></tr>
<tr><td rowspan="3">减压阀的性能</td><td colspan="2">减压阀的工作参数有进(油)口压力 p_1、出(油)口压力 p_2 和流量 q 三项，主要的特性如下</td></tr>
<tr><td>p_2-q 特性曲线</td><td>减压阀进油口压力 p_1 基本恒定时，若其通过的流量 q 增加，则阀的减压口加大，出油口压力 p_2 略微下降。q 与 p_2 关系曲线的形状如图(d)所示，在输出流量接近零的区间内，p_2-q 曲线会出现后右弯转的现象。当减压阀的出油口处不输出油液时，它的出口压力基本上仍能保持恒定，此时有少量油液通过减压口经先导阀排出，保持该阀处于工作状态。当阀内泄漏较大时，则通过先导阀的流量加大，p_2 有所增加 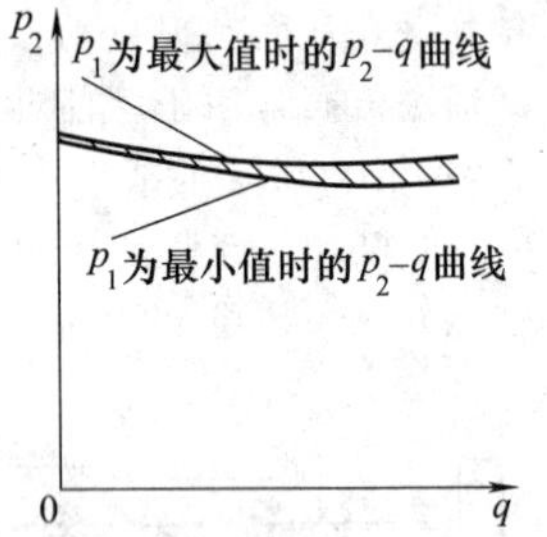
p_2 P_1为最大值时的p_2-q曲线 P_1为最小值时的p_2-q曲线 0 q
图(d) 减压阀的p_2-q特性曲线</td></tr>
<tr><td>p_2-p_1 特性曲线</td><td>减压阀的进口压力 p_1 发生变化时，由于减压口开度亦发生变化，因而会对出口压力 p_2 产生影响，但影响的量值不大。图(e)给出了两者的关系曲线。由此可知：当进油口处压力值 p_1 波动时，减压阀的工作点应分布在一个区域内，见图(d)中阴影线部分，而不是在一条曲线上
对减压阀的要求是进口压力变化比引起的出口压力变化要小。通常进口与出口压力差愈大，则进口压力变化时，出口压力愈稳定。同时还要求通过阀的流量变化比引起的出口压力的变化要小 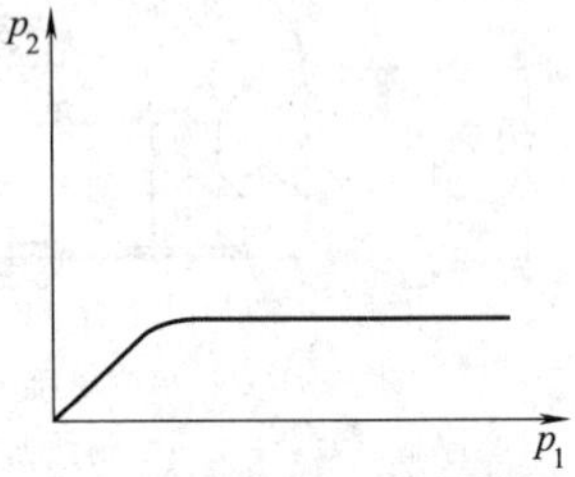
p_2 P_1
图(e) 减压阀的p_2-p_1特性曲线</td></tr>
</table>

续表

<table>
<tr><th>类别</th><th colspan="2">工作原理、性能及应用</th></tr>
<tr><td>减压阀的性能</td><td>动态特性</td><td>指减压阀进口压力或流量突然变化时出口压力的响应特性。与溢流阀一样亦有升压时间、过渡过程时间等指标</td></tr>
<tr><td>减压阀的应用</td><td colspan="2">①定值减压阀在系统中用于减压和稳压。例如在液压机构定位夹紧系统中，为确保夹紧机构的可靠性，使夹紧油路不受系统压力影响而保持稳定夹紧力，在油路中装置减压阀，并将阀出口压力调至系统最低压力以下。此外，减压阀还可用来限制工作机构的作用力，减少压力波动带来的影响，改善系统的控制性能。应用时，减压阀的泄油口必须直接回油箱，并保证泄油路畅通，以免影响减压阀的正常工作
②定差减压阀用作节流阀的串联压力补偿阀，例如构成定差减压调速阀
③定比减压阀用于需要两级定比调压的场合</td></tr>
<tr><td rowspan="2">减压阀的常见故障与排除</td><td>调压失灵</td><td>①调节调压手轮，出油口压力不上升。原因之一是主阀芯阻尼孔堵塞。出油口油液不能流入主阀上腔和导阀部分前腔，出油口压力传递不到锥阀上，使导阀失去对主阀出油口压力调节的作用。又因阻尼孔堵塞后，主阀上腔失去了油压的作用，使主阀变成一个弹簧力很弱的直动型滑阀，故在出油口压力很低时就将主阀减压口关闭，使出油口建立不起压力
②出油口压力上升后达不到额定数值。原因有调压弹簧选用不当或压缩行程不够，锥阀磨损过大等
③进出油口压力相等。其原因有锥阀座阻尼小孔堵塞、泄油口堵住等。如锥阀座阻尼小孔堵塞，出油口压力同样也传递不到锥阀上，使导阀失去对主阀出油口压力调节的作用。又因阻尼小孔堵塞后，便无先导流量流经主阀芯阻尼孔，使主阀上、下腔油液压力相等，主阀芯在主阀弹簧力的作用下处于最下部位置。减压口通流面积为最大，所以出油口压力就跟随进油口压力的变化而变化。如泄油口堵住，从原理上来说，等于锥阀座阻尼小孔堵塞。这时，出油口压力虽能作用在锥阀上，但同样也无先导流量流经主阀芯阻尼孔，减压口通流面积也为最大，故出油口压力也跟随进油口压力的变化而变化
④出油口压力不下降。原因是主阀芯卡住，出口压力达不到最低调定压力，主要是由于先导阀中 O 形密封圈与阀盖配合过紧等</td></tr>
<tr><td>噪声、压力波动及振荡</td><td>对于先导型减压阀，其导阀部分和溢流阀的导阀部分相同，所以引起噪声和压力波动的原因也和溢流阀基本相同</td></tr>
<tr><td>直动式减压阀</td><td colspan="2">按照结构和工作原理定值减压阀可以分成直动型和先导型两种。图(f)所示为直动型减压阀原理，它与直动型溢流阀的结构相似，差别在于减压阀的控制压力来自出口压力侧，且阀口为常开式。当出口压力未达到阀的设定压力时，弹簧力大于阀芯端部的液压作用力，阀芯处于最下方，阀口全开。当出口压力达到阀的设定压力时，阀芯上移，开口量减小乃至完全关闭，实现减压，以维持出口压力恒定，不随进口压力的变化而变化。减压阀的泄油口需单独接回油箱
在图(f)中，阀芯在稳态时的力平衡方程为
$$p_2A=k(x_0+x)$$
式中　p_2——出口压力，Pa；
A——阀芯的有效面积，m^2；
k——弹簧刚度，N/m；
x_0——弹簧预压缩量，m；
x——阀的开口量，m
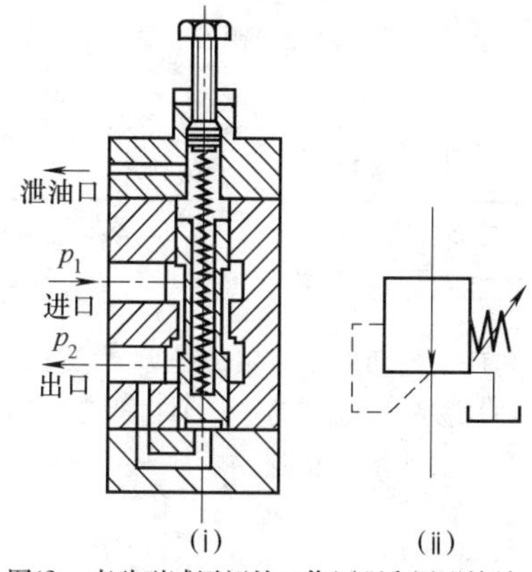

图(f)　直动型减压阀的工作原理和图形符号
因此，阀的出口压力为：$p_2=k(x_0+x)/A$，在使用 k 很小的弹簧，且考虑到 $x \ll x_0$ 时，$p_2 \approx kx_0/A \approx$ 常数。这就是减压阀出口压力可基本上保持定值的原因。直动型减压阀的弹簧刚度较大，因而阀的出口压力随阀芯的位移，以及流经减压阀的流量变化而略有变化。图(g)为力士乐公司生产的直动型单向减压阀，Y 为泄油口
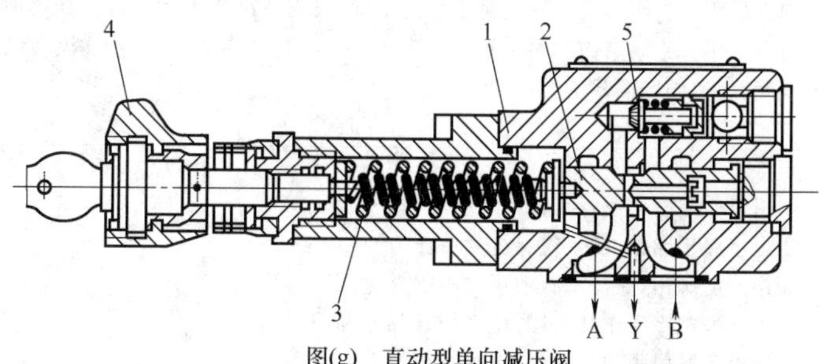

图(g)　直动型单向减压阀
1—阀体；2—阀芯；3—调压弹簧；4—调压装置；5—单向阀芯</td></tr>
</table>

第 20 篇

续表

类别	工作原理、性能及应用
先导式减压阀	图(h)所示为先导型减压阀的原理，它与先导型溢流阀的差别是控制压力为出口压力，且主阀为常开式。出口压力经端盖引入主阀芯下腔，再经主阀芯中的阻尼孔，进入主阀上腔。主阀芯上、下液压力差为弹簧力所平衡，先导阀是一个小型的直动型溢流阀，调节先导阀弹簧，便改变了主阀上腔的溢流压力，从而调节了出口压力。当出口压力未达到设定压力时，主阀芯处于最下方，阀口全开；当出口压力达到阀的设定压力时，主阀芯上移，阀口减小，乃至完全关闭，以维持出口压力恒定。先导型减压阀的出口压力较直动型减压阀恒定。图(i)为先导型减压阀的结构 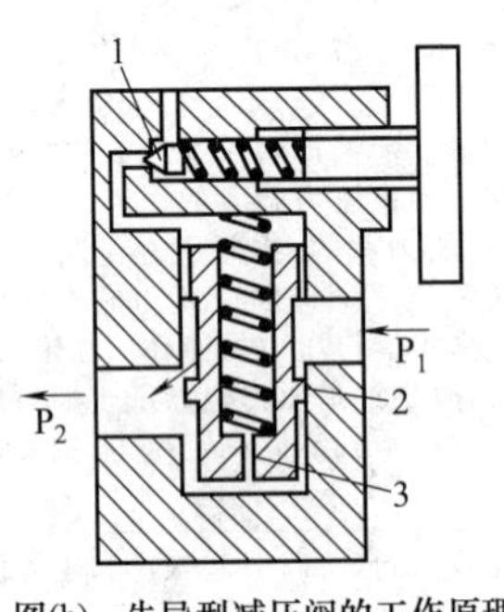 图(h) 先导型减压阀的工作原理 1—导阀；2—主阀；3—阻尼孔 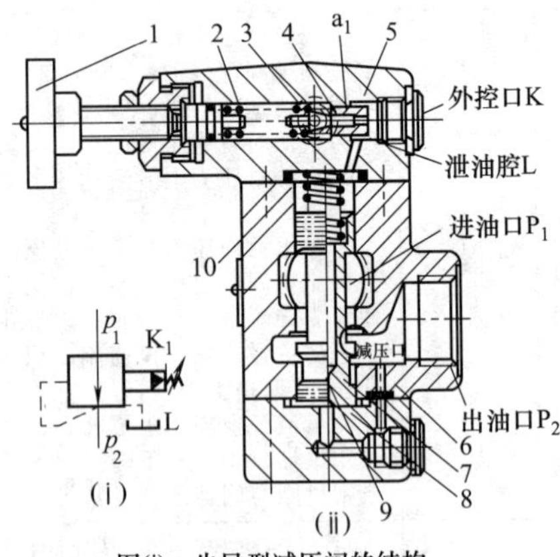 图(i) 先导型减压阀的结构 1—调压手柄；2—调压弹簧；3—先导阀芯；4—先导阀座；5—阀盖；6—阀体；7—主阀；8—端盖；9—阻尼孔；10—主阀弹簧

9.3.3 顺序阀

顺序阀的功用是以系统压力为信号使多个执行元件自动地按先后顺序动作。通过改变控制方式、卸油方式和二次油路的接法，顺序阀还可构成其他功能，如作背压阀、卸荷阀和平衡阀用。根据控制压力来源的不同，它有内控式和外控式之分。其结构也有直动型和先导型之分。顺序阀与其他液压阀（如单向阀）组合可构成单向顺序阀（平衡阀）等复合阀。

表 20-9-10 顺序阀性能及应用

项目	性能及应用
顺序阀的主要性能	顺序阀的主要性能与溢流阀相仿。为使执行元件准确实现顺序动作，要求调压偏差小。为此，应减小调压弹簧的刚度。顺序阀实际上属于开关元件，仅当系统压力达到设定压力时，阀才开启，因此要求阀关闭时泄漏量小。锥阀结构的顺序阀的泄漏量小。滑阀结构的顺序阀为减小泄漏量，应有一定的遮盖量，但会增大死区，使调压偏差增大
顺序阀的应用	①用以实现多个执行元件的顺序动作 ②用于保压回路，使系统保持某一压力 ③作平衡阀用，保持垂直液压缸不因自重而下落 ④用外控顺序阀作卸荷阀，使系统某部分卸荷 ⑤用内控顺序阀作背压阀，改善系统性能

续表

<table>
<tr><th>项目</th><th>性能及应用</th></tr>
<tr><td rowspan="2">直动式顺序阀</td><td>图(a)为内控式直动顺序阀的工作原理，工作原理与直动型溢流阀相似，区别在于：二次油路即出口压力油不接回油箱。因而泄漏口单独接回油箱，为减少调压弹簧刚度，设置了控制柱塞。内控式顺序阀在其进油路压力达到阀的设定压力之前，阀口一直是关闭的，达到设定压力后，阀口才开启，使压力油进入二次油路，去驱动另一执行元件
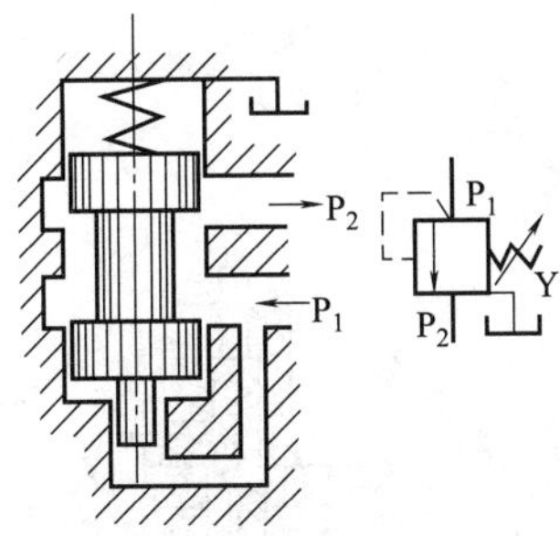

图(a)　内控式直动顺序阀的工作原理
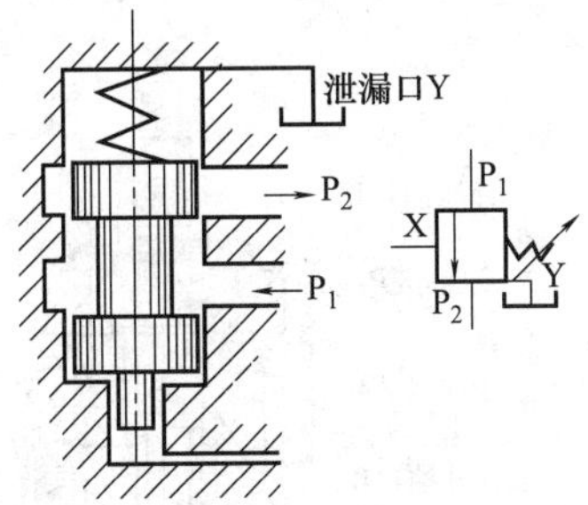

图(b)　外控式直动顺序阀的工作原理
图(b)为外控式直动顺序阀的工作原理。其阀口的开启与否和一次油路处来的进口压力无关，仅取决于外控制压力的大小</td></tr>
<tr><td>图(c)为 XF 型直动顺序阀。控制柱塞进油路中的阻尼孔和阀芯内的阻尼孔有助于阀的稳定。图示为内控式，将下端盖转过 90°或 180°安装，并除去螺塞，便成为外控式顺序阀。当二次油路接回油箱时，将阀盖转过 90°或 180°安装，并将外泄口堵住，则外泄变成内泄。直动型顺序阀的顺序动作压力不能太高，否则调压弹簧刚度太大，启闭特性较差
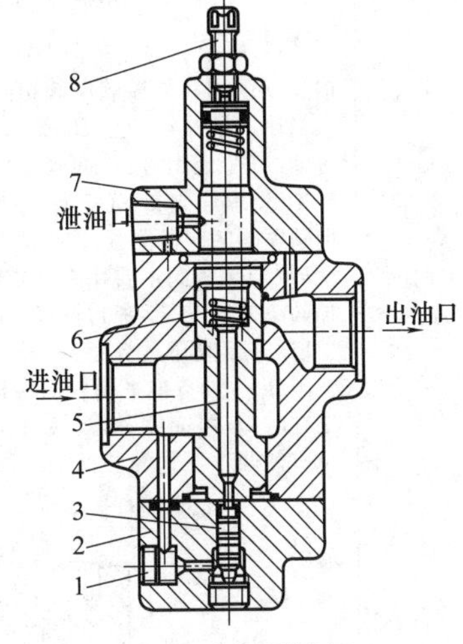

图(c)　XF 型直动顺序阀
1—螺塞；2—阀盖；3—控制柱塞；4—阀体；5—阀芯；6—调压弹簧；7—端盖；8—调节螺栓</td></tr>
<tr><td>先导式顺序阀</td><td>图(d)为滑阀结构的先导型顺序阀，下端盖位置为外控接法。若下盖转过 90°，则为内控接法。此时油路经主阀中节流孔，由下腔进入上腔。当一次油路压力未达到设定压力时，先导阀关闭；当一次油路压力达到设定压力时，先导阀开启，主阀芯节流孔中有油液流动形成压差，主阀芯上移，主阀开启，油液进入二次油路。主阀弹簧刚度可以很小，故可省去直动型顺序阀下盖中的控制柱塞。采用先导控制后，不仅启闭特性好，而且顺序动作压力可以大大提高
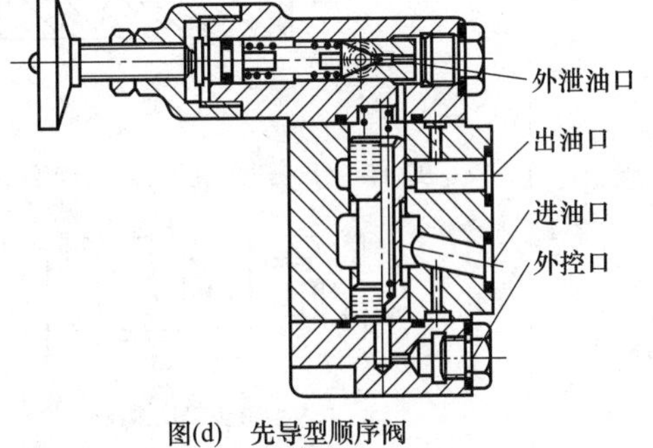

图(d)　先导型顺序阀</td></tr>
</table>

第20篇

续表

项目	性能及应用
单向顺序阀	在实际使用中往往只希望油液在一个方向流动时受顺序阀控制，但在反向油液流动时则经单向阀自由通过，因此将顺序阀和单向阀组合成单向顺序阀。单向顺序阀在液压系统中多用于平衡位置液压缸及其拖动工作机构的自重，以防其自行下落，因此又称平衡阀。按照其中顺序阀的结构不同，单向顺序阀也有直动式和先导式之分。 图(e)是 XDF 型单向顺序阀的结构。它由单向阀和直动型顺序阀两部分组成，可通过改变端盖的安装方向，构成不同的控制形式，以组成外控单向顺序阀等 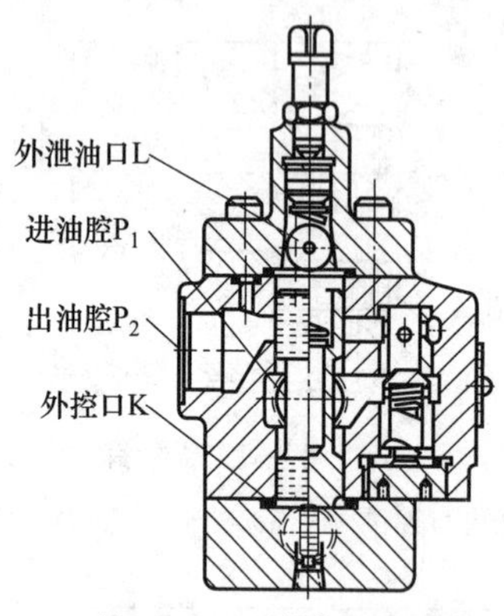 图(e) XDF型单向顺序阀结构 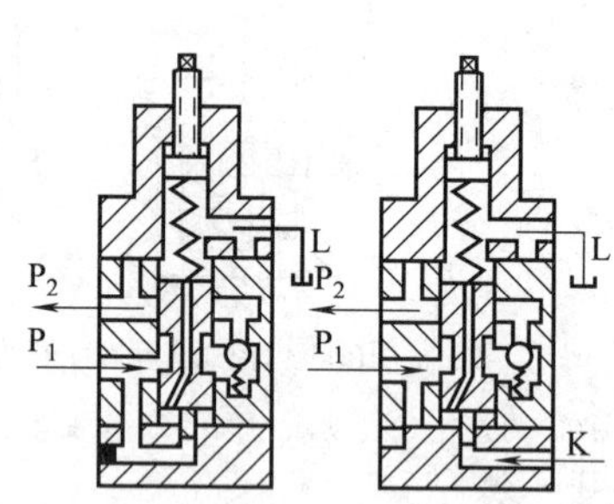 图(f) 单向顺序阀和外控单向顺序阀工作原理 图(f)所示为内控单向顺序阀(简称单向顺序阀)和外控单向顺序阀的工作原理。其顺序阀部分的工作原理与内控顺序阀和外控顺序阀相同 当压力油从进油腔 P_1 流入，从出油腔 P_2 流出时，单向阀关闭，顺序阀工作。当油流反向从出油腔 P_2 流入，从进油腔 P_1 流出时，单向阀开启，顺序阀关闭，油流通过单向阀时的阻力损失很小 XF 型顺序阀和 XDF 型单向顺序阀的阀体，一般与 JF 型减压阀和 JDF 型单向减压阀的阀体通用，将顺序阀和单向顺序阀的阀体倒置，即可成为减压阀和单向减压阀的阀体，顺序阀的阀口结构一般也与减压阀的减压口结构相同 FD 型平衡阀主要用在起重液压系统中，使液压马达和液压缸运动速度不受载荷变化的影响，保持稳定。它附加的单向阀功能，密封性好，在管路损坏或制动失灵时，可防止重物自由下落造成事故。 FD 平衡阀还具有旁路阀的功能，反向流油可快速退回；用法兰连接时，还可附加二次溢流 图(g)是 FD 型平衡阀的结构原理，图(h)是该阀的图形符号。图(i)是应用 FD 型平衡阀的油路，当采用单杆液压缸时，从可靠性考虑，换向控制阀的中位应是关闭的；当采用液压马达时，为保证制动器可靠工作，换向阀的中位应使两个工作腔与回油连通 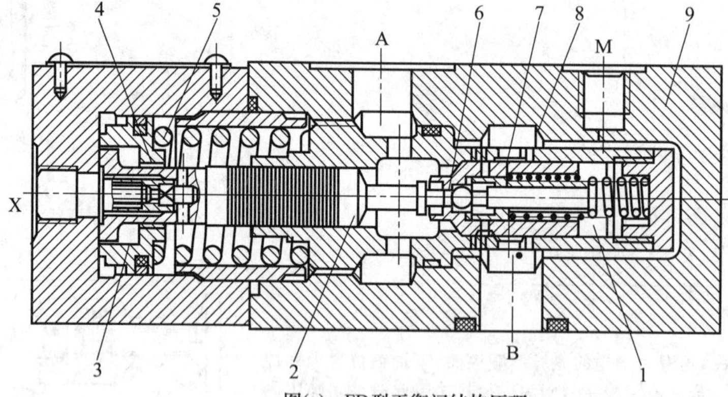 图(g) FD型平衡阀结构原理 1—压力油腔；2—先导阀芯；3—活塞；4—缓冲调节器；5—弹簧；6—主阀；7—辅助阀芯；8—负载腔；9—阀体 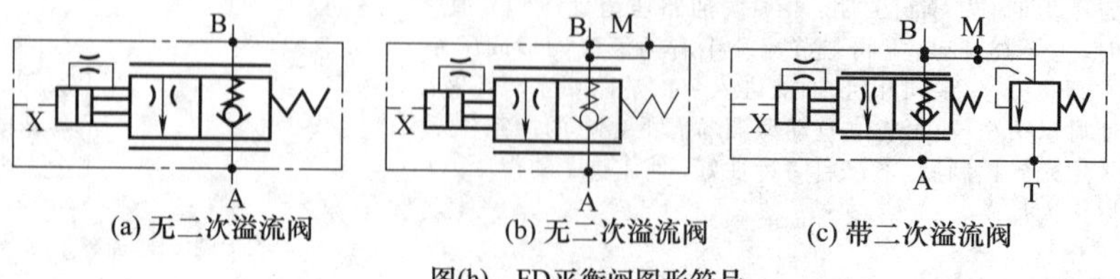 (a) 无二次溢流阀 (b) 无二次溢流阀 (c) 带二次溢流阀 图(h) FD平衡阀图形符号

续表

项目	性能及应用
单向顺序阀	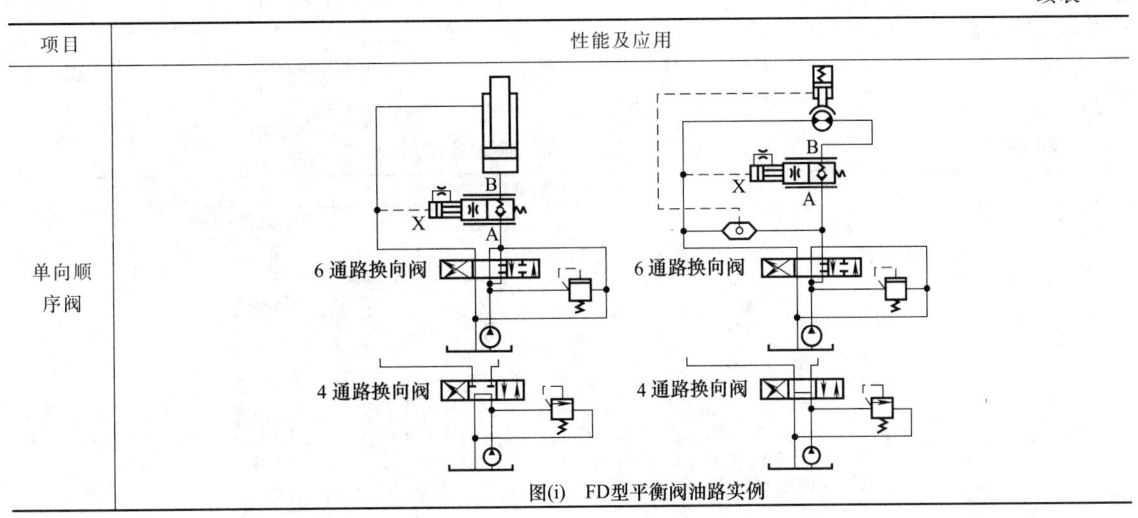 图(i)　FD型平衡阀油路实例

9.3.4　溢流阀、减压阀、顺序阀的综合比较

溢流阀、减压阀和顺序阀均属压力控制阀，结构原理与适用场合既有相近之处，又有很多不同之处，其综合比较见表 20-9-11，具体使用中应该特别注意加以区别，以正确有效地发挥其在液压系统中的作用。

表 20-9-11　　溢流阀、减压阀和顺序阀的综合比较

比较内容	溢流阀		减压阀		顺序阀	
	直动型	先导型	直动型	先导型	直动型	先导型
图形符号	P T	P K T	p_1 p_2 L	p_1 K p_2 L	p_1 L p_2	p_1 K p_2 L
先导液压半桥形式		B		B		B
阀芯结构	滑阀、锥阀、球阀	滑阀、锥阀、球阀式导阀；滑阀、锥阀式主阀	滑阀、锥阀、球阀	滑阀、锥阀、球阀式导阀；滑阀、锥阀式主阀	滑阀、锥阀、球阀	滑阀、锥阀、球阀式导阀；滑阀、锥阀式主阀
阀口状态	常闭	主阀常闭	常开	主阀常开	主阀常闭	主阀常闭
控制压力来源	入口	入口	出口	出口	入口	入口
控制方式	通常为内控	既可内控又可外控	内控	既可内控又可外控	既可内控又可外控	既可内控又可外控
二次油路	接油箱	接油箱	接次级负载	接次级负载	通常接负载；作背压阀或卸荷阀时接油箱	通常接负载；作背压阀或卸荷阀时接油箱
泄油方式	通常为内泄，可以外泄	通常为内泄，可以外泄	外泄	外泄	外泄	外泄
组成复合阀	可与电磁换向阀组成电磁溢流阀	可与电磁换向阀组成电磁溢流阀，或与单向阀组成卸荷溢流阀	可与单向阀组成单向减压阀	可与单向阀组成单向减压阀	可与单向阀组成单向顺序阀	可与单向阀组成单向顺序阀
适用场合	定压溢流、安全保护、系统卸荷、远程和多级调压、作背压阀		减压稳压	减压稳压、多级减压	顺序控制、系统保压、系统卸荷、作平衡阀、作背压阀	

9.3.5　压力继电器

压力继电器又称压力开关，是利用液体压力与弹簧力的平衡关系来启、闭电气微动开关（简称微动开关）触点的液压-电气转换元件。当液压系统的压力上升或下降到由弹簧力预先调定的启、闭压力时，微动开关通、断，发出电信号，控制电气元件（如电动机、电磁铁、各类继电器等）动作，用以实现液压泵的加载或卸荷、执行元件的顺序动作或系统的安全保护和互锁等功能。

压力继电器主要由压力-位移转换机构和电气微动开关组成。前者通常包括感压元件、调压复位弹簧和限

位机构等。有些压力继电器还带有传动杠杆。感压元件有柱塞端面、橡胶膜片、弹簧管和波纹管等结构形式。

按感压元件的不同，压力继电器可分为柱塞式、膜片式、弹簧管式和波纹管式四种类型。其中柱塞式应用较为普遍，按其结构不同有单柱塞式、双柱塞式之分，而单柱塞式又有柱塞、差动柱塞和柱塞-杠杆三种形式。按照微动开关的结构不同，压力继电器有单触点和双触点之分。

表 20-9-12 压力继电器结构原理、性能及应用

项目		结构原理、性能及应用
结构和工作原理	柱塞式压力继电器	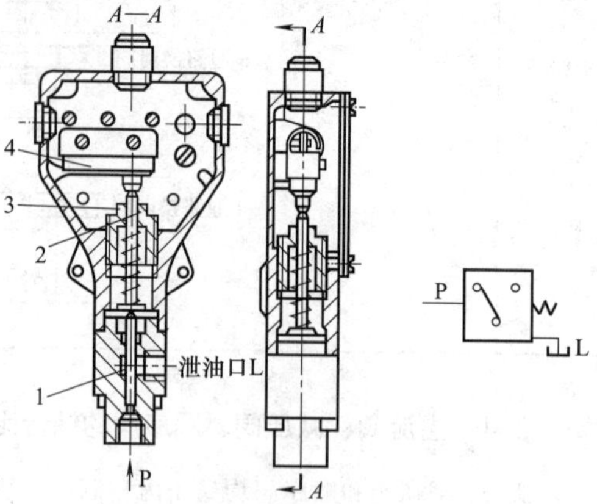 图(a)所示为柱塞式压力继电器。当系统压力达到调定压力时，作用于柱塞上的液压力克服弹簧力，顶杆上推，使微动开关的触点闭合，发出电信号 图(a) 柱塞式压力继电器 1—柱塞；2—顶杆；3—调节螺栓；4—微动开关
	弹簧管式压力继电器	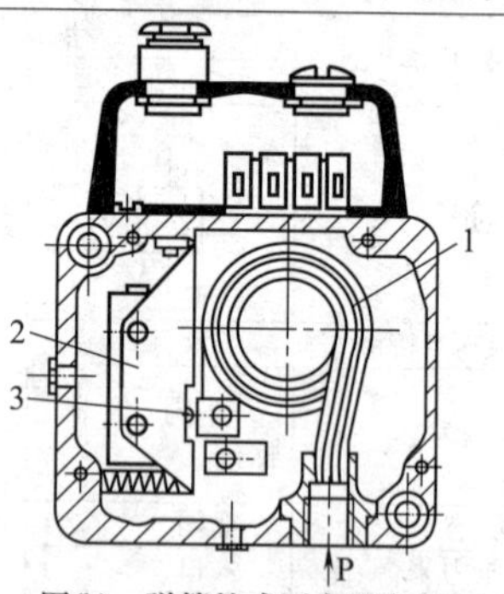 图(b)为弹簧管式压力继电器。弹簧管既是压力感受元件，也是弹性元件。压力增大时，弹簧管伸长，与其相连的杠杆产生位移，从而推动微动开关，发出电信号。弹簧管式压力继电器的工作压力调节范围大，通断压力差小，重复精度高 图(b) 弹簧管式压力继电器 1—弹簧管；2—微动开关；3—微动开关触头
	膜片式压力继电器	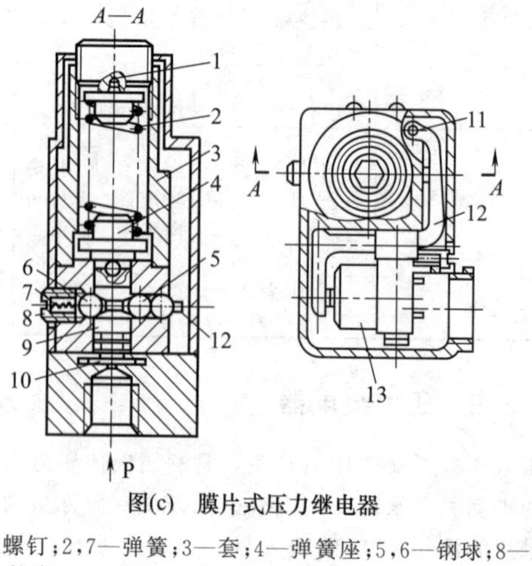 图(c)为膜片式压力继电器。当系统压力达到继电器的调定压力时，作用在膜片10上的液压力克服弹簧2的弹簧力，使柱塞9向上移动。柱塞的锥面使钢球5和6水平移动，钢球5推动杠杆12绕销轴11作逆时针偏转，压下微动开关13，发出电信号。当系统压力下降到一定值时，弹簧2使柱塞下移，钢球5、6落入柱塞的锥面槽内，微动开关复位并将杠杆推回，电路断开。调整弹簧7可调节启闭压力。膜片式压力继电器的位移小，因而反应快，重复精度高，但不宜用于高压系统，且易受压力波动的影响 图(c) 膜片式压力继电器 1—调节螺钉；2,7—弹簧；3—套；4—弹簧座；5,6—钢球；8—螺钉；9—柱塞；10—膜片；11—销轴；12—杠杆；13—微动开关

续表

项　目		结构原理、性能及应用
结构和工作原理	波纹管式压力继电器	图(d)为波纹管式压力继电器。作用在波纹管下方的油压使其变形，通过芯杆推动绕铰轴 2 转动的杠杆 9。弹簧 7 的作用力与液压力相平衡。通过杠杆上的微调螺钉 3 控制微动开关 8 的触点，发出电信号。由于杠杆有位移放大作用，芯杆的位移较小，因而重复精度较高，但波纹管式不宜用于高压场合 **图(d)　波纹管式压力继电器** 1—波纹管组件；2—铰轴；3—微调螺钉；4—滑柱；5—副弹簧；6—调压螺钉；7—弹簧；8—微动开关；9—杠杆
压力继电器的主要性能		①调压范围。压力继电器能够发出电信号的最低工作压力和最高工作压力的范围称为调压范围 ②灵敏度与通断调节区间。系统压力升高到压力继电器的调定值时，压力继电器动作接通电信号的压力称为开启压力；系统压力降低，压力继电器复位切断电信号的压力称为闭合压力。开启压力与闭合压力的差值称为压力继电器的灵敏度。差值小则灵敏度高。为避免系统压力波动时压力继电器时通时断，要求开启压力与闭合压力有一定的差值，此差值若可调，则称为通断调节区间 ③升压或降压动作时间。压力继电器入口侧压力由卸荷压力升至调定压力时，微动开关触点接通发出电信号的时间称为升压动作时间，反之，压力下降，触点断开发出断电信号的时间称为降压动作时间 ④重复精度。在一定的调定压力下，多次升压(或降压)过程中，开启压力或闭合压力本身的差值称为重复精度，差值小则重复精度高
压力继电器的主要应用		①用于执行机构卸荷、顺序动作控制 ②用于系统指示、报警、联锁或安全保护

9.3.6　典型产品

9.3.6.1　直动型溢流阀及远程调压阀

(1) DBD 型直动型溢流阀（力士乐系列）

图 20-9-4　DBD 型直动型溢流阀结构

型号意义：

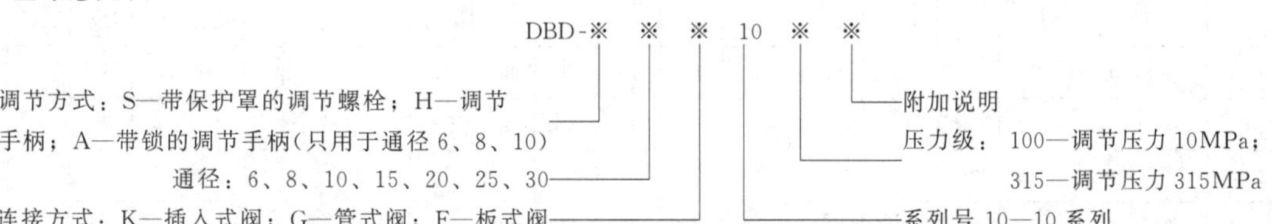

表 20-9-13　　　　DBD 型直动型溢流阀技术规格

通径/mm		6	8、10	15、20	25、30
工作压力/MPa	P 口	40	63	40	31.5
	O 口	31.5			
流量/L·min^{-1}		50	120	250	350
介质		矿物液压油或磷酸酯液压油			
介质温度/℃		−20～70			
介质黏度/m^2·s^{-1}		(2.8～380)×10^{-6}			

表 20-9-14　　　　DBD 型直动型溢流阀插入式外形尺寸　　　　mm

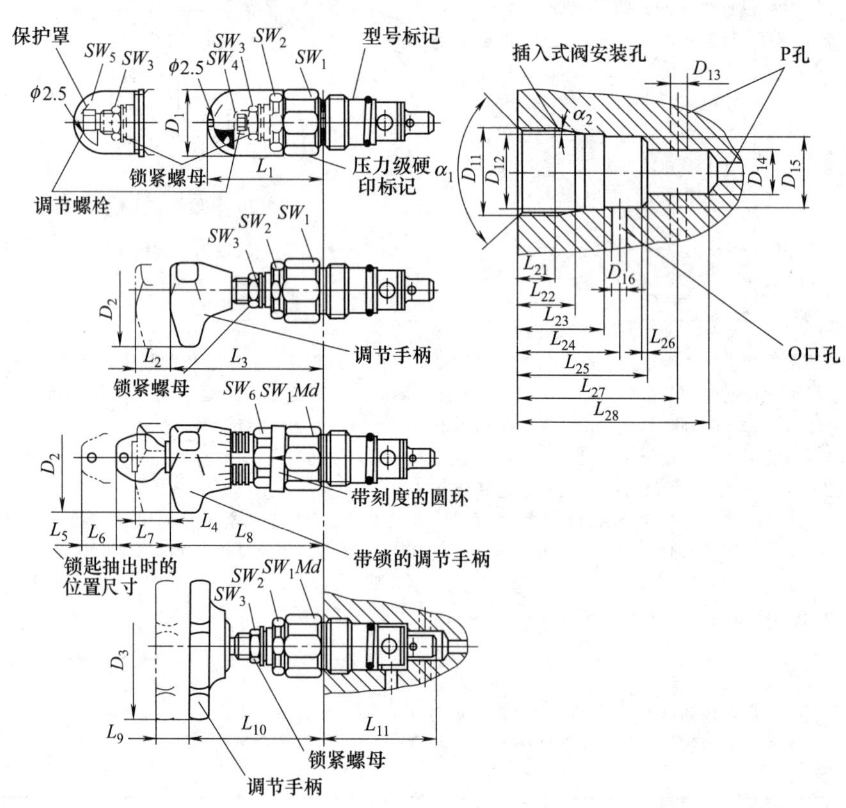

通径	D_1	D_2	D_3	L_1	L_2	L_3	L_4	L_5	L_6	L_7	L_8	L_9	L_{10}	L_{11}	SW_1	SW_2	SW_3	SW_4	SW_5	SW_6
6	34	60	—	72	11	83	11	20	11	30	83	—	—	64	32	30	19	6	—	30
10	38			68		79					79			75	36					
20	48			65		77	—	—	—	—	—			106	46	36				—
30	63	—		83	—	—						11	56	131	60	46		—	13	

通径	D_{11}	D_{12}	D_{13}	D_{14}	D_{15}	D_{16}	L_{21}	L_{22}	L_{23}	L_{24}	L_{25}	L_{26}	L_{27}	L_{28}	α_1	α_2
6	M28×1.5	25	6	15	24.9	6	15	19	30	35	45	0.5×45°	56.5±5.5	65	90°	15°
10	M35×1.5	32	10	18.5	31.9	10	18	23	35	41	52		67.5±7.5	80		
20	M45×1.5	40	20	24	39.9	20	21	27	45	54	70		91.5±8.5	110		20°
30	M60×2	55	30	38.75	54.9	30	23	29		60	84		113.5±11.5	140		

（2）DBT/DBWT 型遥控溢流阀（力士乐系列）

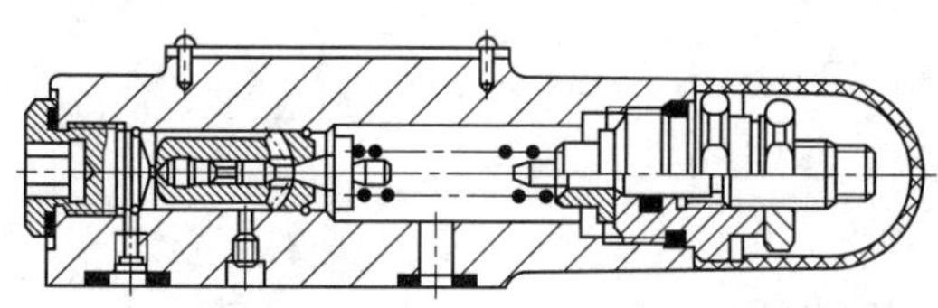

图 20-9-5　DBT 型遥控溢流阀结构

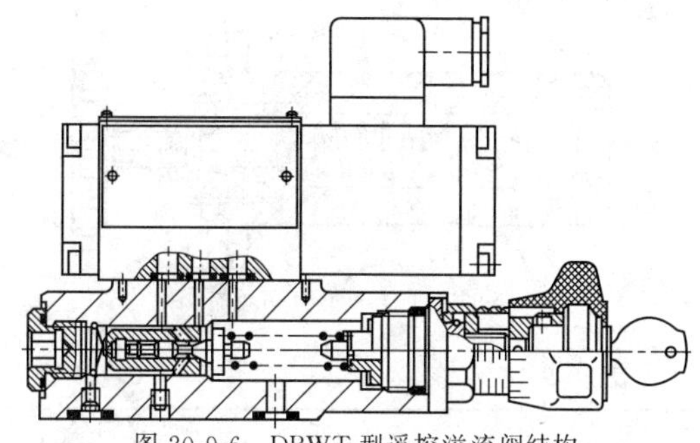

图 20-9-6　DBWT 型遥控溢流阀结构

型号意义：

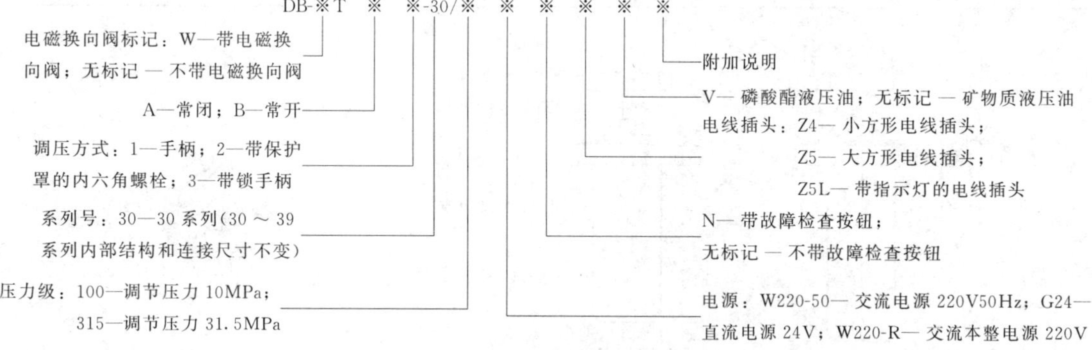

表 20-9-15　DBT/DBWT 型遥控溢流阀技术规格

型　　号	最大流量/L·min^{-1}	工作压力/MPa	背压/MPa	最高调节压力/MPa
DBT	3	31.5	约 31.5	10 31.5
DBWT	3	31.5	交流 约 10 直流 约 16	10 31.5

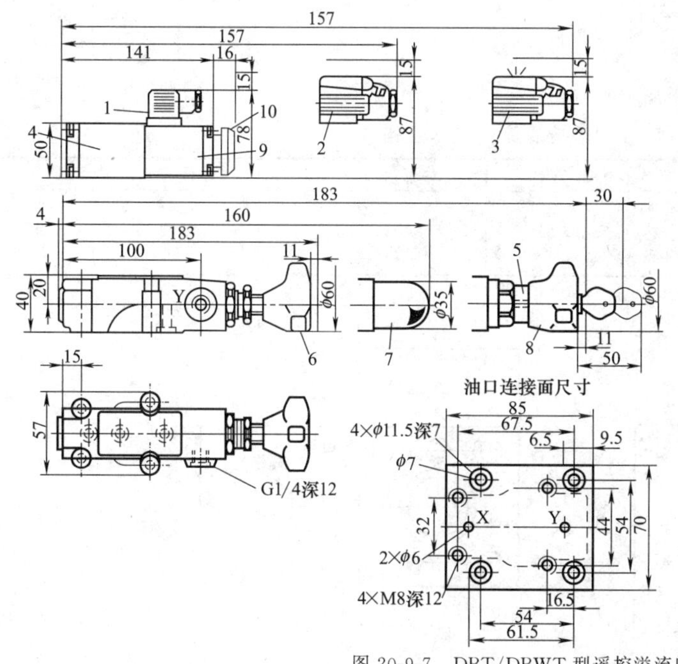

1—Z4 型电线插头；
2—Z5 型电线插头；
3—Z5L 型电线插头；
4—WE5 型电磁换向阀；
5—重复调节刻度；
6—"1" 型压力调节装置；
7—"2" 型压力调节装置；
8—"3" 型压力调节装置；
9—电磁铁 a；
10—故障检查按钮

图 20-9-7　DBT/DBWT 型遥控溢流阀外形尺寸

（3）C-175 型直动溢流阀（威格士系列）

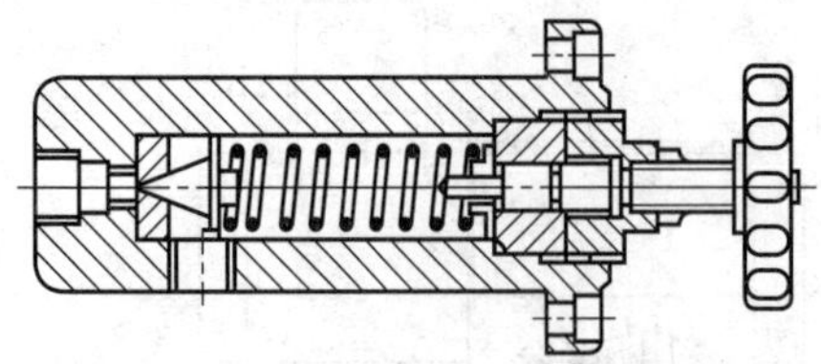

图 20-9-8　C-175 型直动溢流阀结构

型号意义：

F3　C-175-※-11　※

特殊密封标记（使用磷酸酯液压油时需要），不需要时省略

基本型号

调压范围：
B—0.5 ～ 7MPa；
C—3.5 ～ 14MPa；
F—10 ～ 21MPa

设计号

油口螺纹 — UA NPTT 1/4；UB G1/4

表 20-9-16　　C-175 型直动溢流阀技术规格

型　号	通径/in	调压范围/MPa	额定流量/$L \cdot min^{-1}$	连接方式	质量/kg
C-175	1/4	B:0.5～7 C:3.5～14 F:10～21	12	管式	1.6

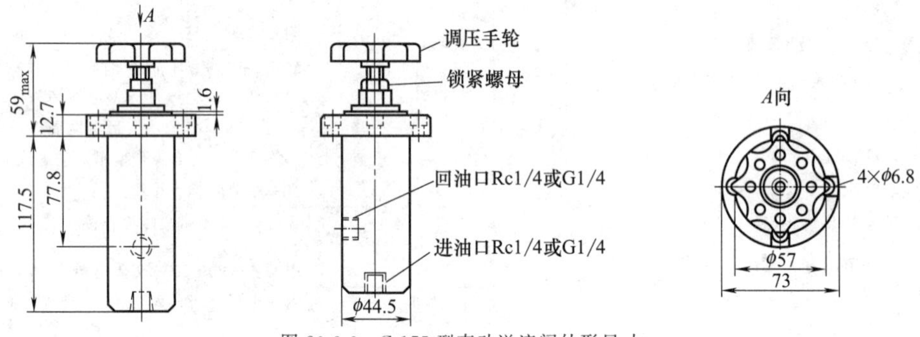

图 20-9-9　C-175 型直动溢流阀外形尺寸

（4）CGR 型遥控溢流阀（威格士系列）

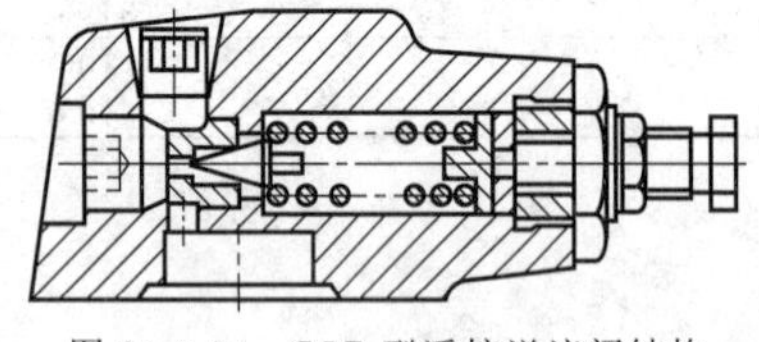

图 20-9-10　CGR 型遥控溢流阀结构

型号意义：

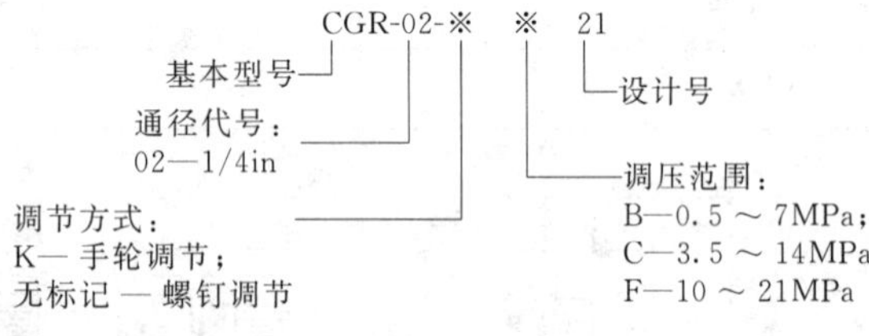

表 20-9-17　　CGR 型遥控溢流阀技术规格

型　号	通径/in	压力调节范围/MPa	最大流量/$L \cdot min^{-1}$	连接方式	质量/kg
CGR-02-※	1/4	B:0.5～7 C:0.5～14 F:0.5～21	4	板式	1.3

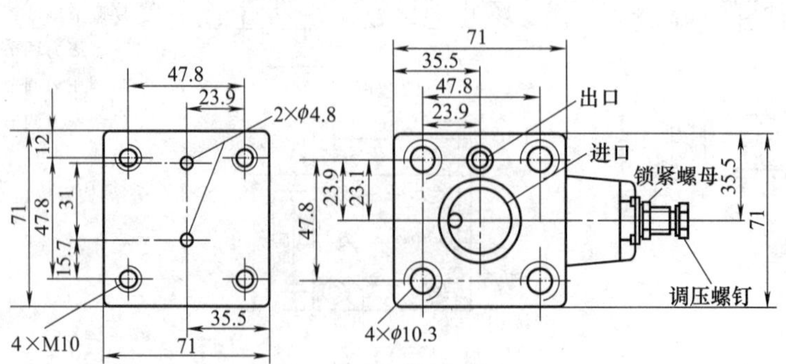

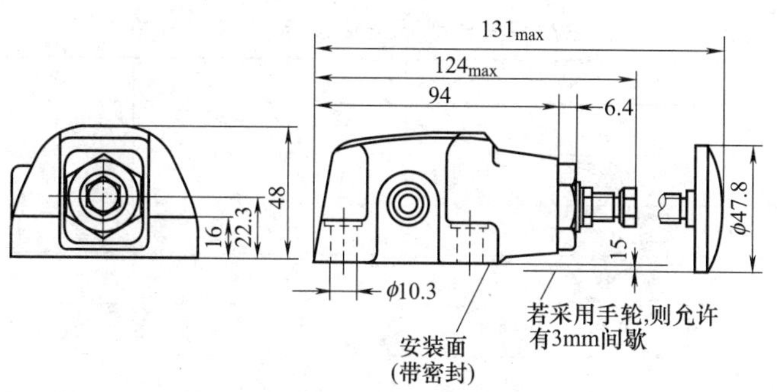

图 20-9-11　CGR-02 型遥控溢流阀外形尺寸
（安装螺钉：M11×30　4 个）

9.3.6.2　先导型溢流阀、电磁溢流阀

（1）DB/DBW 型先导型溢流阀（3X 系列，力士乐系列）

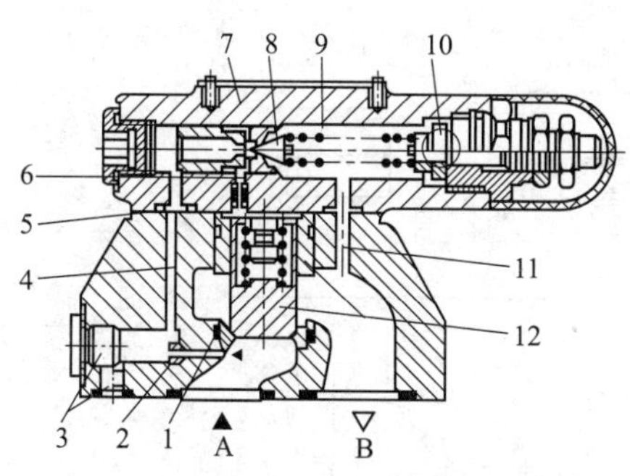

图 20-9-12　DB 型先导型溢流阀结构
1,4,6,10,11—控制油道；2—阻尼器；3—外供油口；5—阻尼器；7—先导阀；8—锥阀；9—弹簧；12—主阀芯

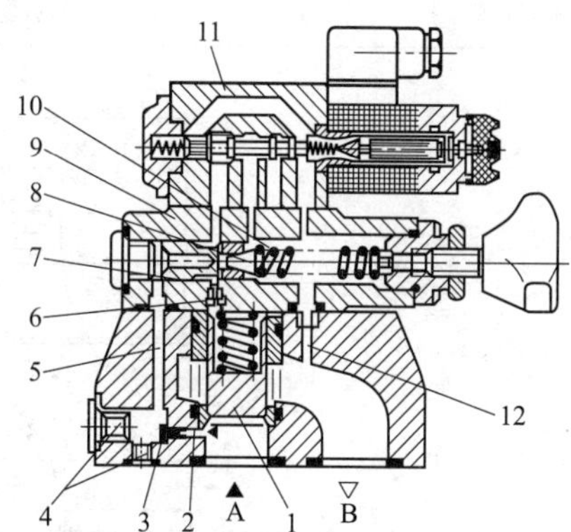

图 20-9-13　DBW 型先导型溢流阀结构
1—主阀芯；2,5,7,12—控制油道；3—阻尼器；4—外供油口；6—阻尼器；8—锥阀；9—先导阀；10—弹簧；11—电磁换向阀

型号意义：

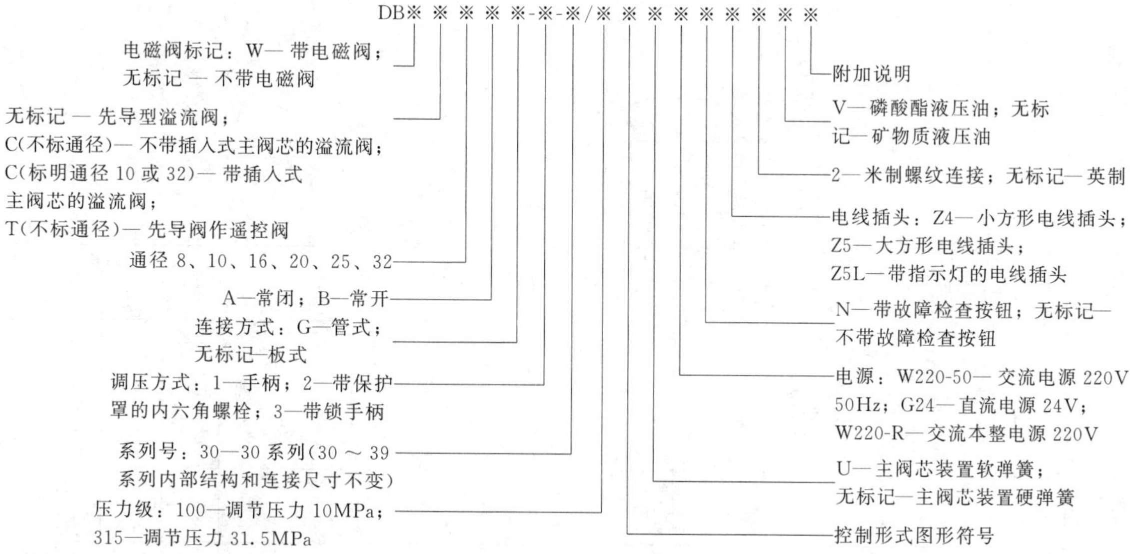

表 20-9-18　　DB/DBW 型先导型溢流阀 3X 系列技术规格

通径/mm		8	10	15	20	25	30
最大流量/L·min^{-1}	管式	100	200	0	400	400	600
	板式	—	200	—	—	400	600
工作压力 A,B,X 口/MPa		至 31.5					
背压/MPa	DB	至 31.5					
	DBW	至 6					
最小调节压力/MPa		与流量有关					
最大调节压力/MPa		至 10 或 31.5					
介质		矿物油,磷酸酯油					
介质黏度/m^2·s^{-1}		(2.8～380)×10^{-6}					
介质温度/℃		-20～70					

表 20-9-19　　DB/DBW 型先导型溢流阀 3X 系列外形尺寸　　mm

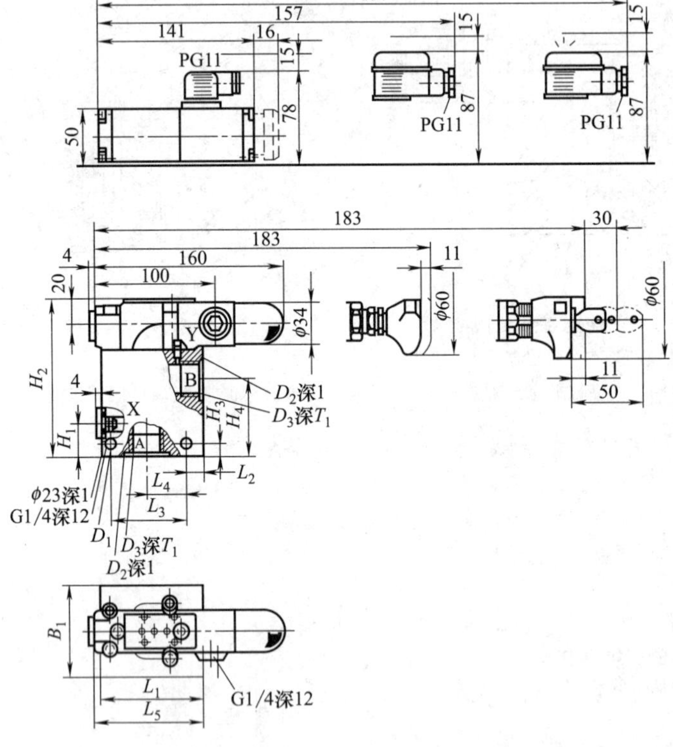

通径	B_1	D_1	D_2	D_3 公制	D_3 英制	H_1	H_2	H_3	H_4	L_1	L_2	L_3	L_4	L_5	T_1	质量/kg DB	质量/kg DBW
8	63	9	28		G3/8	27	125	10	62	85	14	62	31	90	12	4.8	5.9
10			34	M22×1.5	G1/2										14		
15			42	M27×2	G3/4										16		
20			47	M33×2	G1				57						18	4.6	5.7
25	70	11	56	M42×2	G1¼	42	138	13	66	100	18	72	36	99	20	5.6	6.7
32			61	M48×2	G1½										22	5.3	6.4

（2）ECT（G）型溢流阀（威格士系列）

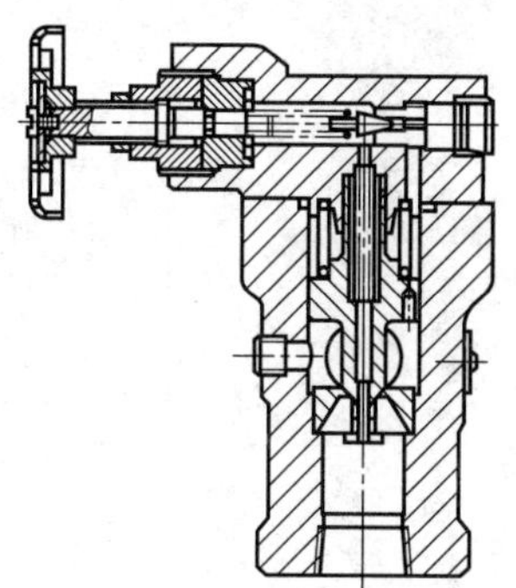

图 20-9-14　ECT 型溢流阀结构

型号意义：

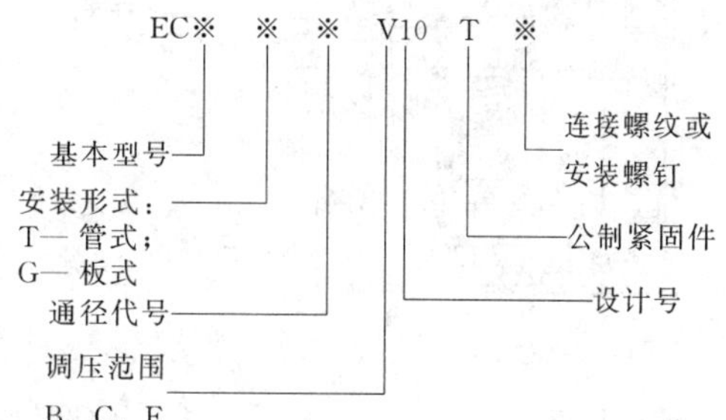

表 20-9-20　**ECT（G）型溢流阀技术规格**

型号	通径/in	额定流量/L·min^{-1}	调压范围/MPa	安装方式	质量/kg
ECT-06	3/4	200	B:0.5～7 C:3.5～14 F:10.0～25	管式	4.5
ECT-10	1¼	380		管式	9.1
ECG-06	3/4	200		板式	6.8
ECG-10	1¼	380		板式	12.7

表 20-9-21　**ECT 型溢流阀连接外形尺寸**　mm

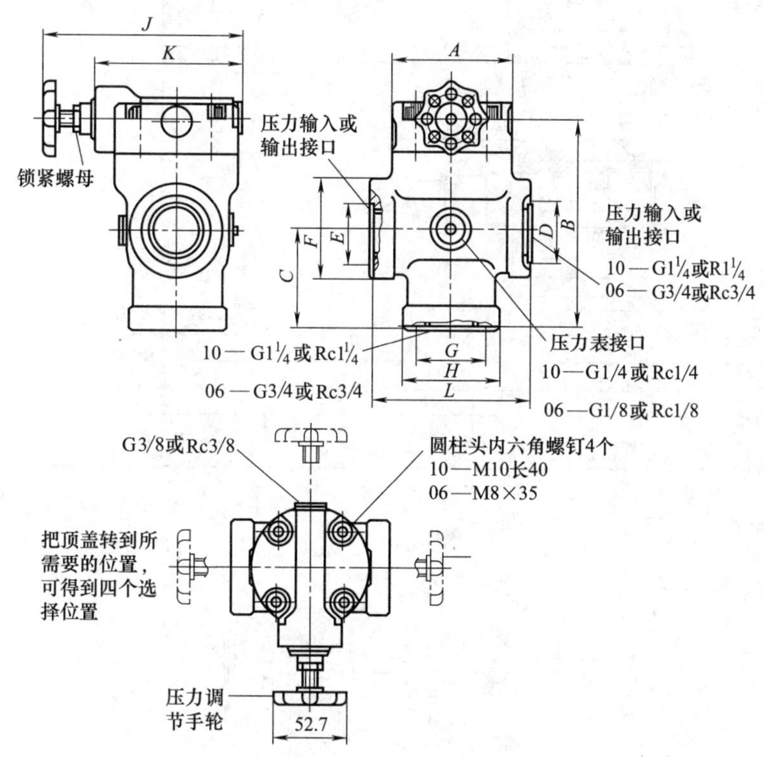

型号	*A*	*B*	*C*	*D*	*E*	*F*	*G*	*H*	*J*	*K*	*L*
ECT-06※V-10-TB	77.72	133.3	63.3	42.0	42.0	57.2	42.0	63.5	146.0	103.0	106.4
ECT-10※V-10-TB	95.3	163.3	76.2	56.0	56.0	76.2	56.0	76.2	155.5	112.3	124.0
ECT-06※V-10-TA	77.72	133.3	—	—	—	57.2	—	63.5	146.0	103.0	106.4
ECT-10※V-10-TA	95.3	163.3	—	—	—	76.2	—	76.2	155.5	112.3	124.0

(3) CG2V 型溢流阀（威格士系列）

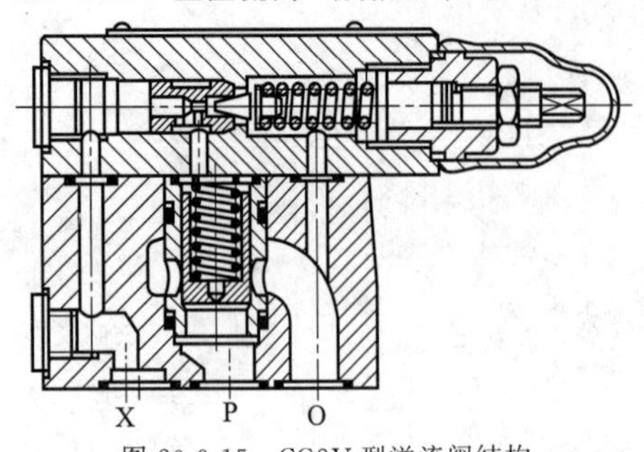

图 20-9-15　CG2V 型溢流阀结构

型号意义：

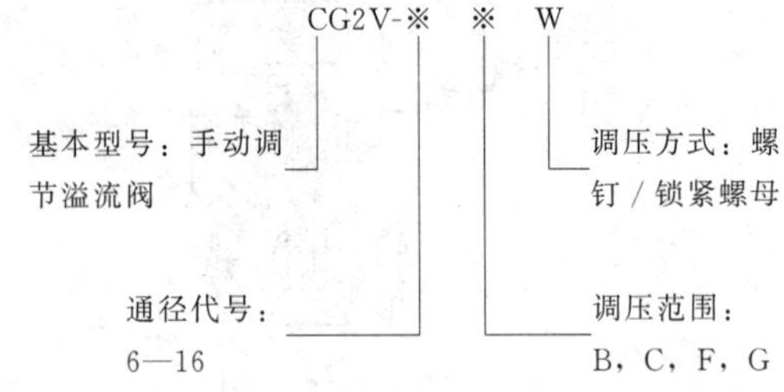

表 20-9-22　**CG2V 型溢流阀技术规格**

型　号	通径/mm	额定流量/L·min^{-1}	公称流量/L·min^{-1}	调压范围/MPa	质量/kg
CG2V-6※W	16	160	200	B:0.6～8 C:4～16 F:8～25 G:16～35	3.5
CG2V-8※W	25	300	400		4.4

表 20-9-23　**CG2V 型溢流阀板式连接外形尺寸**　mm

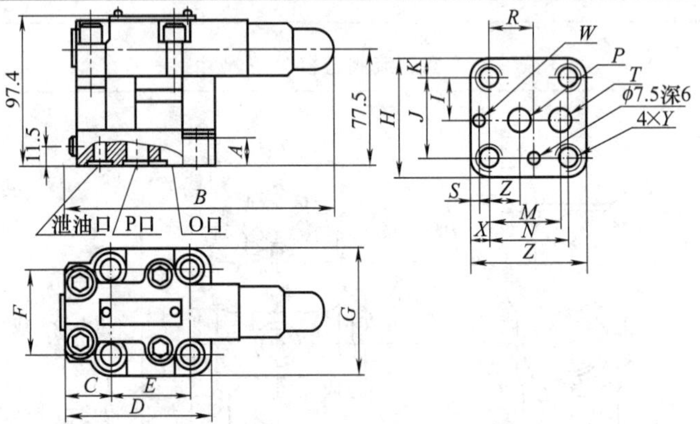

型　号	A	B	C	D	E	F	G	H	J	K	I
CG2V-6	20	176	35	100	53.8	53.8	79	80	53.8	13.1	26.9
CG2V-8	25	183	39	122	66.7	70	103	103	70	16	35

型　号	M	N	P	R	S	T	X	W	Y	Z
CG2V-6	48	53.8	14.7	22.1	0	14.7	13.1	4.8	M12	80
CG2V-8	55.6	66.7	23.4	33.4	23.8	23.4	35	6.3	M16	118

9.3.6.3　卸荷溢流阀

(1) DA/DAW 型先导型卸荷阀（力士乐系列）

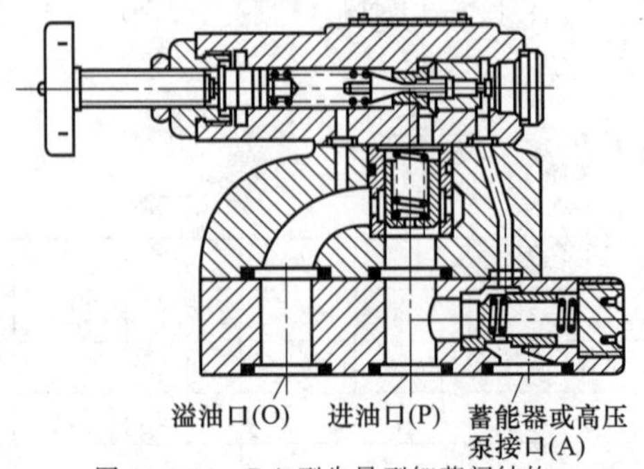

图 20-9-16　DA 型先导型卸荷阀结构

型号意义：

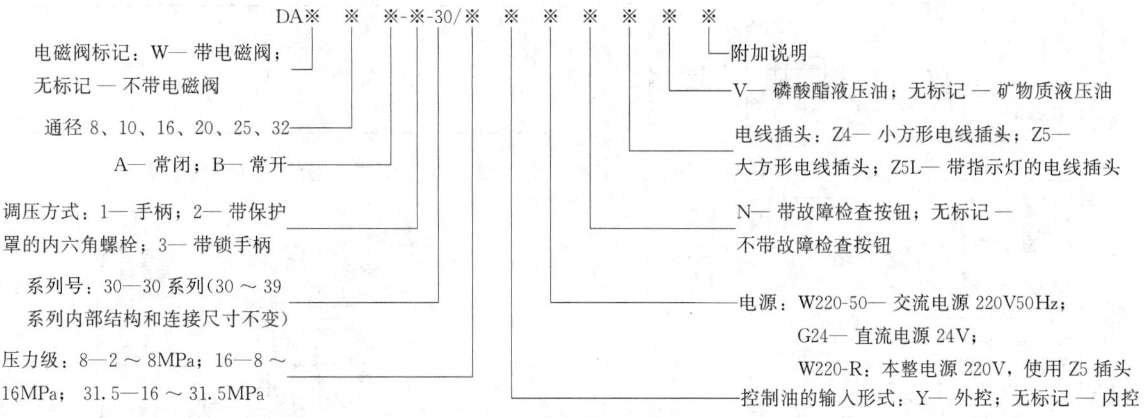

表 20-9-24　　DA/DAW 型先导型卸荷阀技术规格

通径		10	25	32
介质		矿物质液压油;磷酸酯液		
最大流量/L・min^{-1}		40	100	250
切换压力范围(从 O 到 A)		17%以内		
输入压力 A 口(P 到 O 卸荷)		至 31.5MPa		
质量/kg	DA 型	3.8	7.7	13.4
	DAW 型	4.9	8.8	14.5
电磁阀		WE5 电磁阀		
介质黏度范围/mm^2・s^{-1}		2.8～380		
介质温度范围/℃		−20～70		

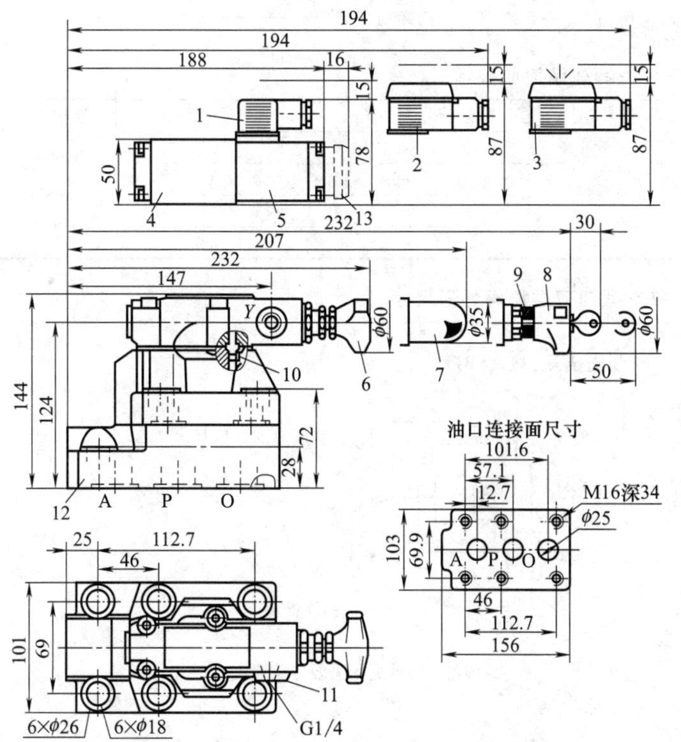

1—Z4 插头；
2—Z5 插头；
3—Z5L 插头；
4—电磁阀；
5—电磁铁 a；
6—调节方式“1”；
7—调节方式“2”；
8—调节方式“3”；
9—调节刻度套；
10—螺塞（控制油内泄时没有此件）；
11—外泄口；
12—单向阀；
13—故障检查按钮

图 20-9-17　DA/DAW20 型先导型卸荷阀（板式）外形尺寸

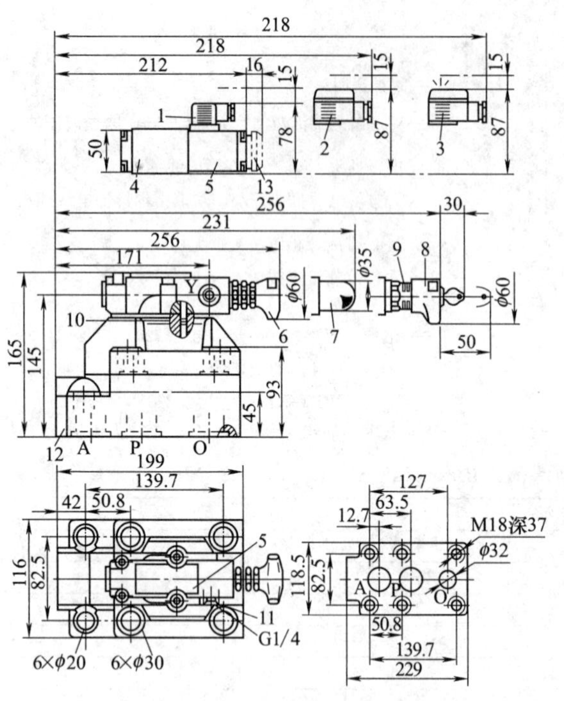

图 20-9-18　DA/DAW30 型先导型卸荷阀（板式）外形尺寸

1—Z4 插头；2—Z5 插头；3—Z5L 插头；4—电磁阀；5—电磁铁 a；6—调节方式“1”；7—调节方式“2”；8—调节方式“3”；9—调节刻度套；10—螺塞（控制油内泄时没有此件）；11—外泄口；12—单向阀；13—故障检查按钮

表 20-9-25　　连接底板

通径/mm	10	25	32
底板型号	G467/1 G468/1	G469/1 G470/1	G471/1 G472/1

（2）EUR 型卸荷溢流阀（威格士系列）

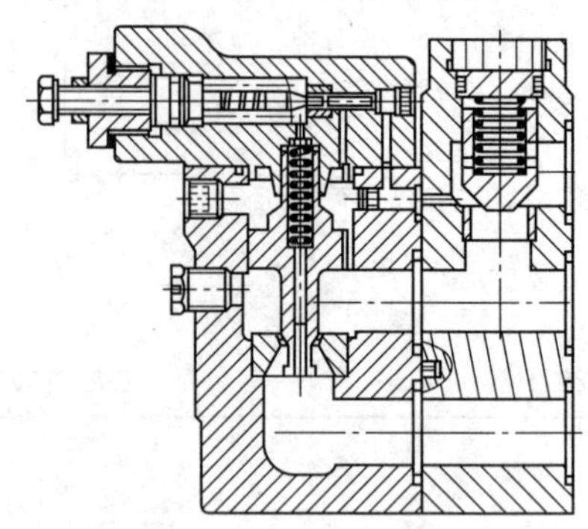

图 20-9-19　EUR 型卸荷溢流阀结构

型号意义：

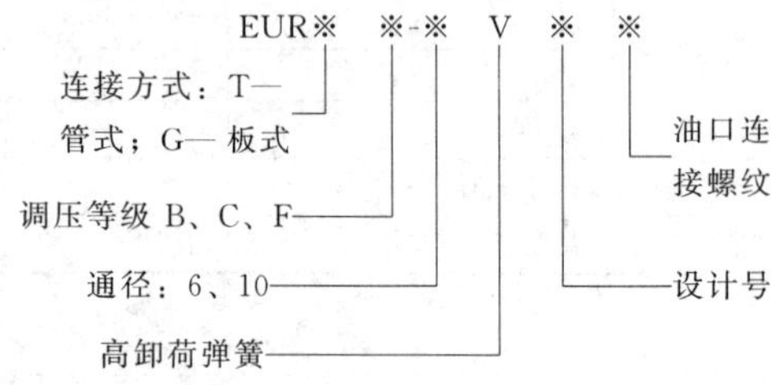

表 20-9-26　　EUR 型卸荷溢流阀技术规格

型　号	公称通径/in	调节范围/MPa	额定流量/L·min⁻¹	质量/kg	连接方式
EURT※-06	3/4	B:2.4～7 C:3.5～14 F:10～21	75	4.6	管式
EURT※-10	1¼		190	9.1	
EURG※-06	3/4		95	11.4	板式
EURG※-10	1¼		246	22.1	

表 20-9-27　　EURT※型卸荷溢流阀外形尺寸　　mm

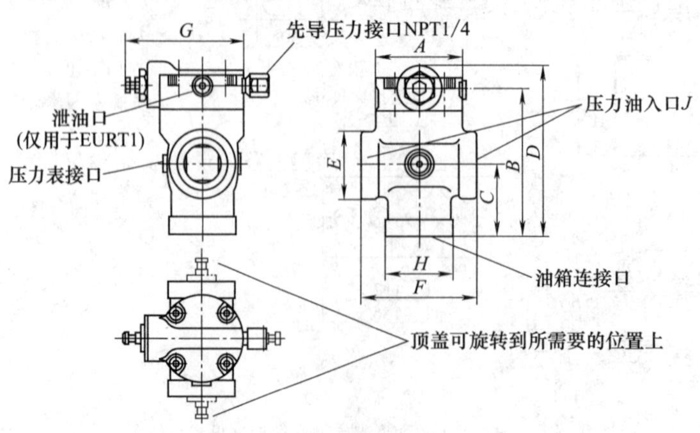

续表

型号	A	B	C	D	E	F	G	H	J
EURT※-06	77.7	133.4	65	159	57.2	108	127.8	63.5	NPT3/4
EURT※-10	95.3	165.1	76.2	189	76.2	127	137	76.2	NPT1¼

表 20-9-28　EURG※型卸荷溢流阀外形尺寸　mm

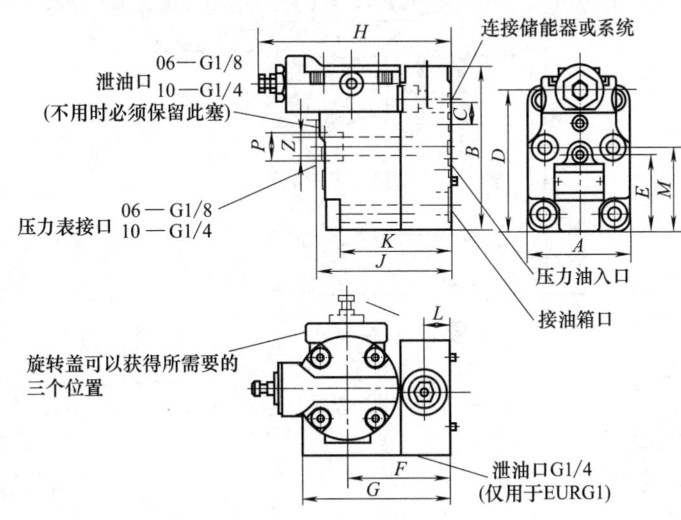

型号	A	B	C	D	E	F	G	H	J	K	L	M	Z	P
EURG※-06	101.6	160.3	23	139.7	76.2	92.2	124.0	181.0	134.1	108.0	25.4	82.8	17	26
EURG※-10	120.7	217.5	28.6	179.3	95.3	117.6	157.2	206.3	167.6	138.1	33.3	108	21	32

表 20-9-29　EURG※用安装底板尺寸　mm

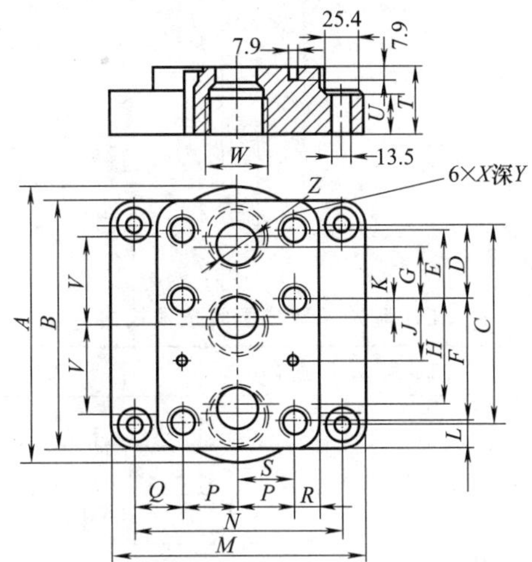

型号	A	B	C	D	E	F	G	H	J	K	L	M
EURG-06	—	145	88.9	46	46	66.7	33.3	55.6	33.3	11.1	15.9	162
EURG-10	200	178	146.1	54	50.8	88.9	38.1	76.2	44.5	12.7	19.1	184

型号	N	P	Q	R	S	T	U	V	W	X	Y	Z
EURG-06	130.2	69.9	30.2	15.9	34.9	40	23.9	48.3	Rc3/4	M16	通	23
EURG-10	152.4	82.6	34.9	19.1	41.3	50	30.2	64.3	Rc1 ¼	M20	40	28.6

9.3.6.4　减压阀

(1) DR型先导型减压阀（力士乐系列）

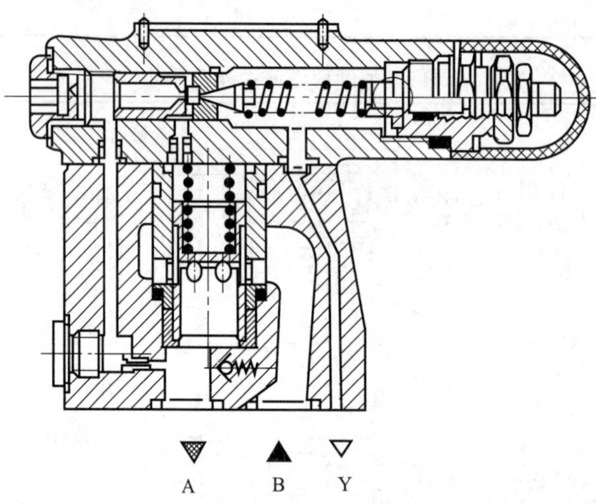

图 20-9-20　DR型先导型减压阀结构

型号意义：

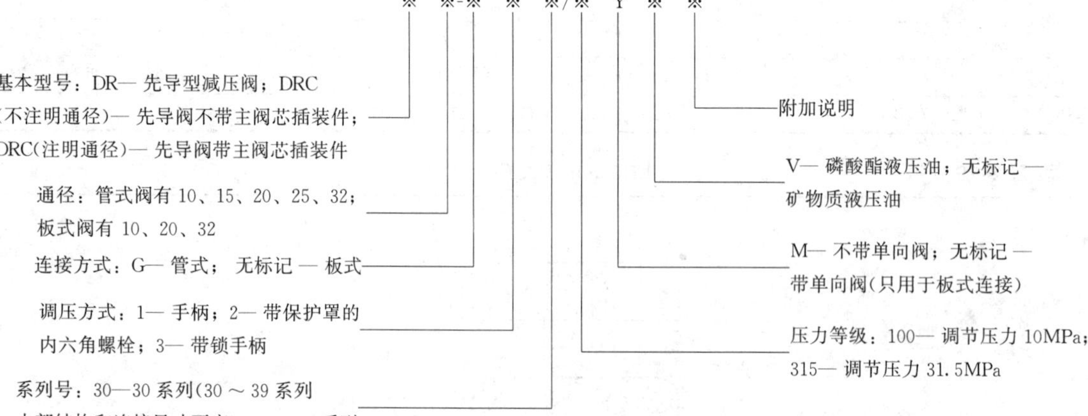

表 20-9-30　　DR型先导型减压阀技术规格

通径/mm		8	10	15	20	25	32
流量/L·min^{-1}	板式	—	80	—	—	200	300
	管式	80	80	200	200	200	300
工作压力/MPa		至10或31.5					
进口压力B口/MPa		至31.5					
出口压力A口/MPa		0.3～31.5		1～31.5			
背压Y口/MPa		至31.5					
介质		矿物油；磷酸酯液					
介质黏度/m^2·s^{-1}		(2.8～380)×10^{-6}					
介质温度/℃		−20～70					

表 20-9-31　**30 系列 DR 型板式减压阀外形尺寸**　mm

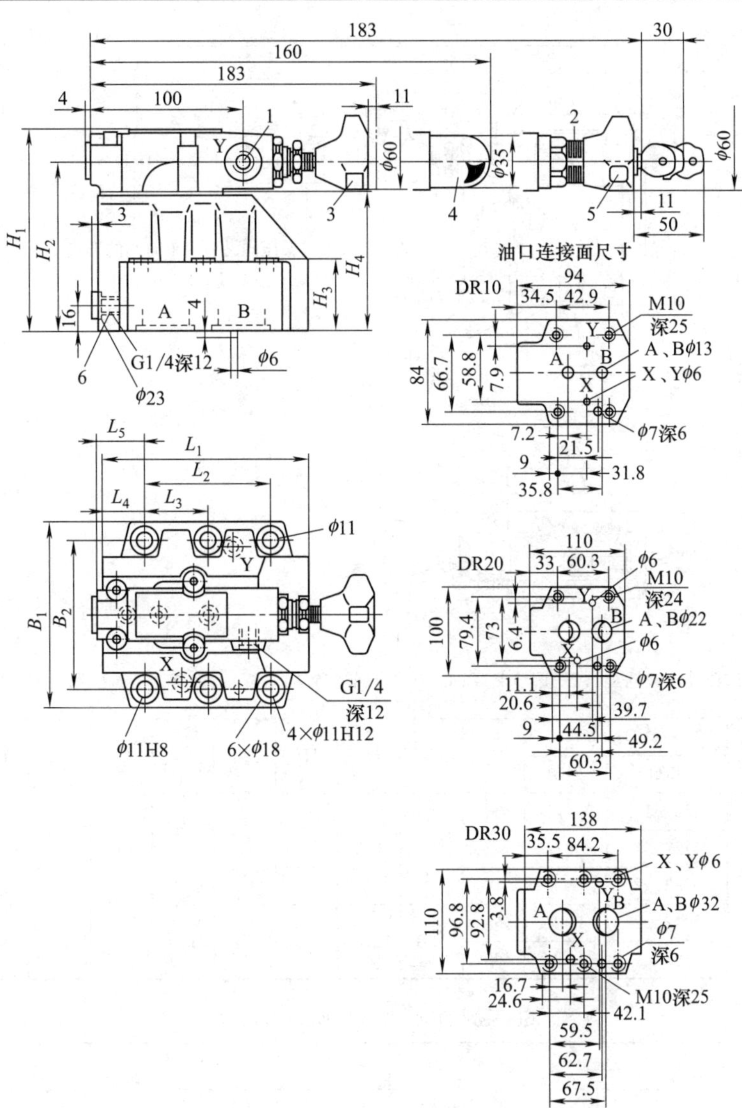

1—油口 Y(可选作外泄或遥控)；2—调节刻度；3—压力调节装置"1"；4—压力调节装置"2"；5—压力调节装置"3"；6—压力表接口

通径	B_1	B_2	H_1	H_2	H_3	H_4	L_1	L_2	L_3	L_4	L_5	O 形圈		质量/kg
												用于 X,Y 口	用于 A,B 口	
10	85	66.7	112	92	28	72	90	42.9	—	31.5	34.5	9.25×1.78	17.12×2.62	3.6
25	102	79.4	122	102	38	82	112	60.3	—	33.5	37	9.25×1.78	28.17×3.53	5.5
32	120	96.8	130	110	46	90	140	84.2	42.1	28	31.3	9.25×1.78	34.52×3.53	8.2

表 20-9-32　**安装底板**

通径/mm	10	20	32
底板型号	G460/01 G461/01	G412/01 G413/01	G414/01 G415/01

表 20-9-33　　30 系列 DR 型管式减压阀外形尺寸　　mm

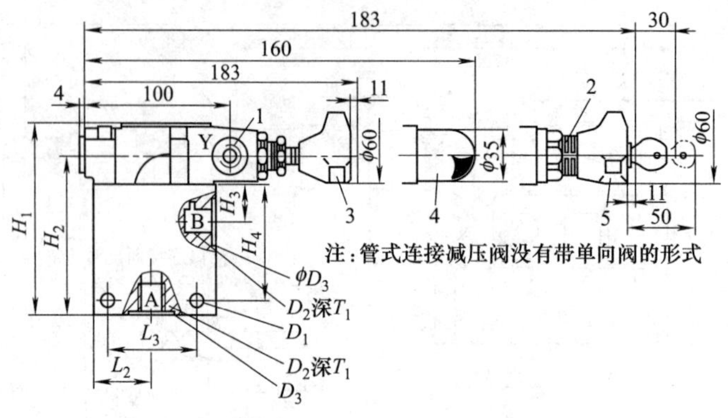

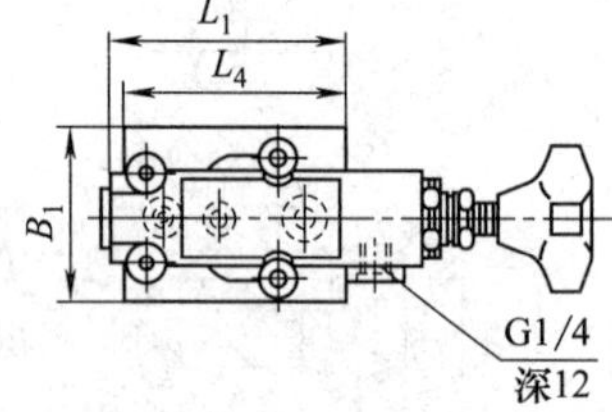

1—油口 Y(可选作外泄或遥控)；2—调节刻度；3—压力调节装置“1”；4—压力调节装置“2”；5—压力调节装置“3”

通径	B_1	D_1	D_2		D_3	H_1	H_2	H_3	H_4	L_1	L_2	L_3	L_4	T_1	质量/kg
			米制	英制											
10	63	9	M22×1.5	G1/2	34	125	105	28	75	90	40	62	85	14	4.3
15			M27×2	G3/4	42									16	6.8
20			M33×2	1	47			28						18	
25	70	11	M42×2	G1 ½	58	138	118	34	85	100	46	72	99	20	10.2
30			M48×2	G1 ½	65									22	

表 20-9-34　　30 系列 DRC 型减压阀外形尺寸　　mm

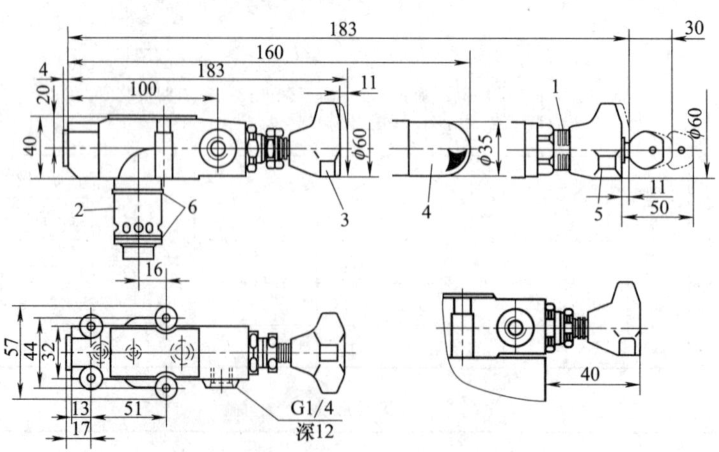

1—调节刻度；2—主阀芯插装件；3—压力调节装置“1”；4—压力调节装置“2”；
5—压力调节装置“3”；6—O 形圈 27.3×2.4

续表

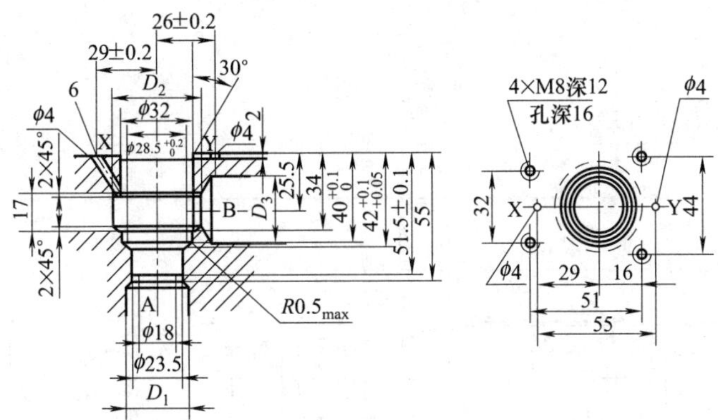

通　　径	D_1	D_2/mm	D_3/mm	质量/kg
10	10	40	10	1.4
25	25	40	25	
32	32	45	32	

（2）DR※DP 型直动型减压阀（力士乐系列）

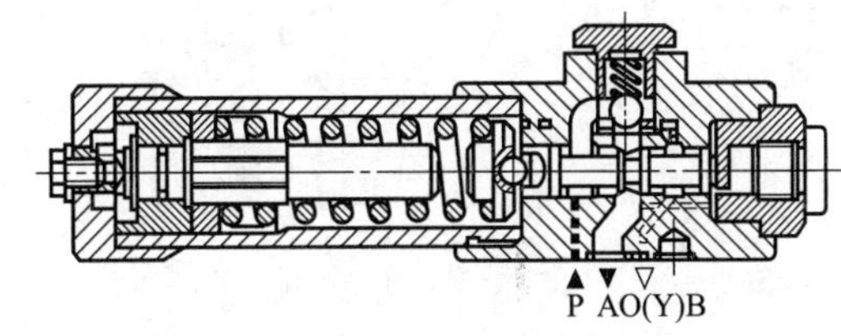

图 20-9-21　DR6DP 型直动型减压阀结构

型号意义：

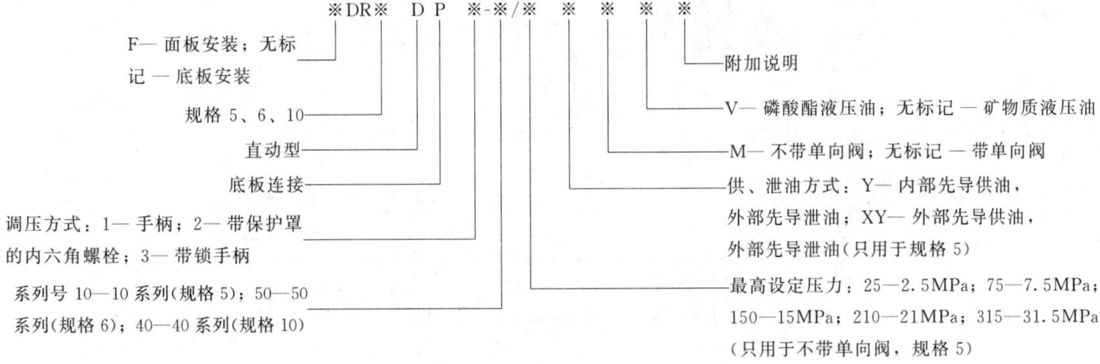

表 20-9-35　DR※DP 型直动式减压阀技术规格

规　　格	5	6	10
输入压力(油口 P)/MPa	至 31.5		
输出压力(油口 A)/MPa	至 21.0/不同单向阀至 31.5	至 2.5,7.5,15,21	至 2.5,7.5,15,21
背压(油口 Y)/MPa	至 6.0	至 16	至 16
最大流量/L · min^{-1}	至 15	至 60	至 80
液压油	矿物油(DIN 51524);磷酸酯液		

续表

油温范围/℃	−20～70	−20～80	
黏度范围/$mm^2 \cdot s^{-1}$	2.8～380	10～800	
过滤精度	NAS1638 九级		
质量/kg	—	约 1.2	约 1.2

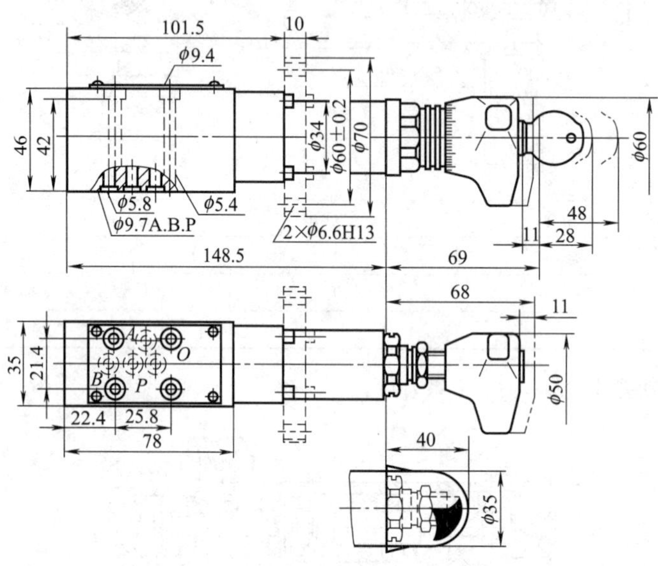

图 20-9-22　DR5DP 型直动型减压阀外形尺寸

底板：G115/01（G1/4）G96/01（G1/4）

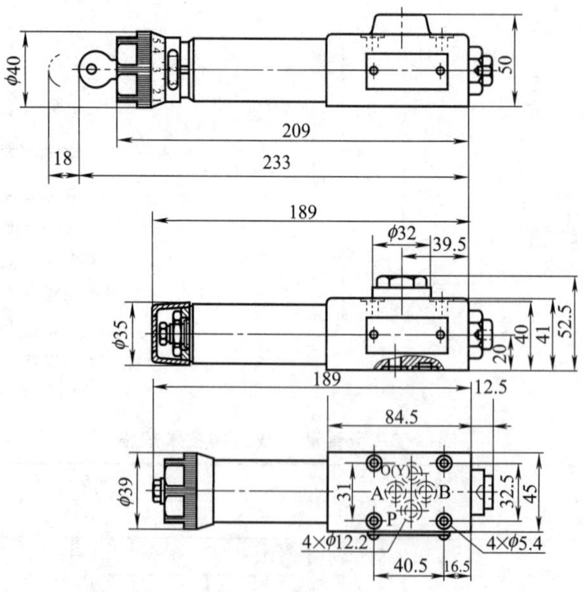

图 20-9-23　DR6DP 型直动型减压阀外形尺寸

底板：G341/01（G1/4）、G342/01（G3/8）

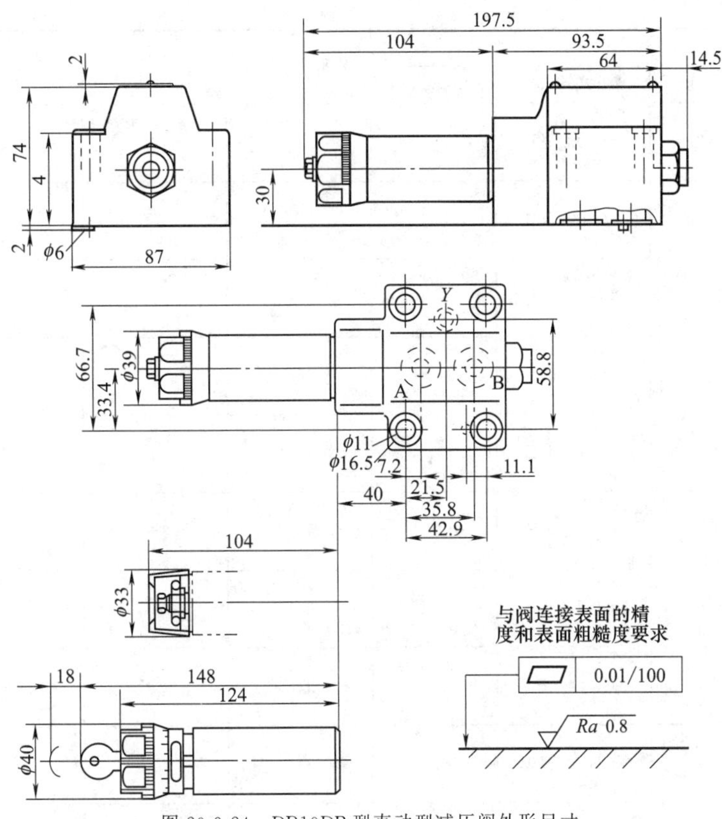

图 20-9-24　DR10DP 型直动型减压阀外形尺寸

底板：G341/01（G1/4）、G342/01（G3/8）

（3）X、XC 型减压阀及单向减压阀（威格士系列）

型号意义：

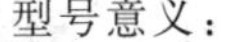

※　※　※　※　※　※　※

X— 减压阀；
XC— 单向减压阀

连接形式

公称通径

可调节的最高减压压力

最大流量

设计号

油口连接：
UA—XT 制；
UG—XG

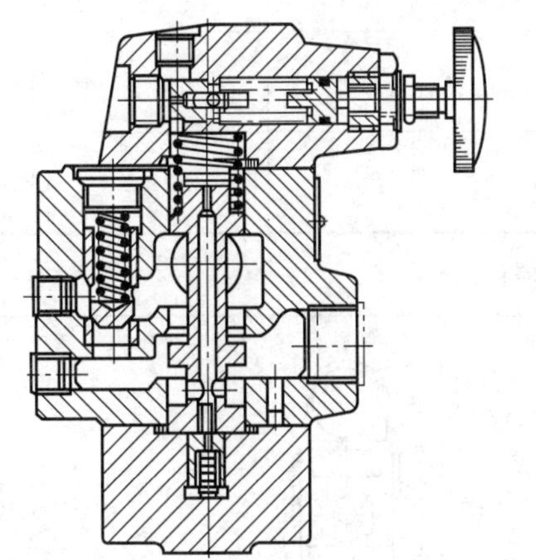

图 20-9-25　XC 型单向减压阀结构

表 20-9-36　　X、XC 型减压阀及单向减压阀技术规格

型号				公称通径/in	额定流量 /L·min^{-1}	压力调节范围/MPa
管式连接	质量/kg	板式连接	质量/kg			
XT-03-※B	3.2	XG-03-※B	3.9	3/8	26	1—0.52～6.9 2—0.52～13.8 3—0.52～19.6

续表

型号				公称通径/in	额定流量/L·min⁻¹	压力调节范围/MPa
管式连接	质量/kg	板式连接	质量/kg			
XT-03-※F	3.2	XG-03-※F	3.9	3/8	53	1—1.04～6.9 2—1.04～13.8 3—1.04～19.6
XT-06-※B	5.7	XG-06-※B	6.1	3/4	57	1—0.56～6.9 2—0.56～13.8 3—0.56～19.6
XT-06-※F	5.7	XG-06-※F	6.1	3/4	114	1—1.4～6.9 2—1.4～13.8 3—1.4～19.6
XT-10-※B	11.3	XG-10-※B	11.8	1¼	95	1—0.7～6.9 2—0.7～13.8 3—0.7～19.6
XT-10-※B	11.3	XG-10-※B	11.8	1¼	190	1—1.2～6.9 2—1.2～13.8 3—1.2～19.6
XT-10-※F	11.3	XG-10-※F	11.8	1¼	284	1—1.6～6.9 2—1.6～13.8 3—1.6～19.6
XCT-03-※B	3.4	XCG-03-※B	4.1	3/8	26	1—0.52～6.9 2—0.52～13.8 3—0.52～19.6
XCT-03-※F	3.4	XCG-03-※F	4.1	3/8	53	1—1.04～6.9 2—1.04～13.8 3—1.04～19.6
XCT-06-※B	5.9	XCG-06-※B	6.4	3/4	57	1—0.55～6.9 2—0.55～13.8 3—0.55～19.6
XCT-06-※F	5.9	XCG-06-※F	6.4	3/4	114	1—1.4～63.9 2—1.4～13.8 3—1.4～19.6
XCT-10-※B	11.8	XCG-10-※B	12.2	1¼	95	1—0.7～6.9 2—0.7～13.8 3—0.7～19.6
XCT-10-※B	11.8	XCG-10-※B	12.2	1¼	190	1—1.14～6.9 2—1.14～13.8 3—1.14～19.6
XCT-10-※F	11.8	XCG-10-※F	12.2	1¼	284	1—1.55～6.9 2—1.55～13.8 3—1.55～19.6

表 20-9-37 XT 型减压阀外形尺寸 mm

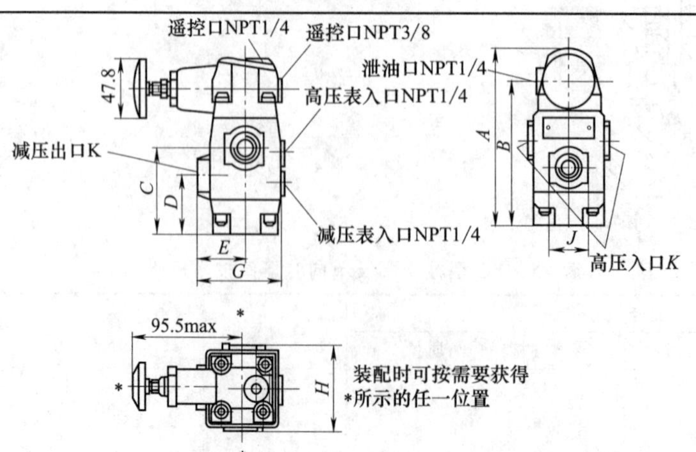

续表

型号	A	B	C	D	E	G	H	J	K 口直径
XT-03	142.2	116.8	69.1	46.0	39.6	70	69.9	35.1	NPT3/8
XT-06	176.5	151.1	96.8	69.9	49.3	88.6	95.2	50.8	NPT3/4
XT-10	211.3	182.6	109.7	81	68.3	118	117.3	86.4	NPT5/4

表 20-9-38　XG 型减压阀外形尺寸　mm

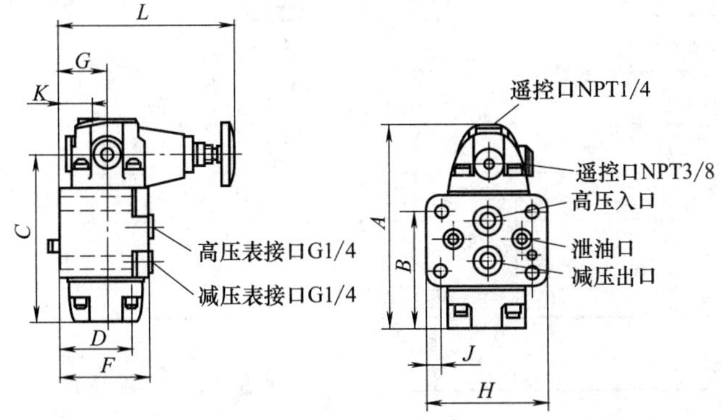

型号	A	B	C	D	F	G	H	J	K	L
XG-03	142.2	82.5	116.8	56.0	66.5	36.6	87.4	10.4	25.4	132.1
XG-06	176.5	116	151.1	68.6	79.2	41.1	101.6	11.2	29.9	136.6
XG-10	211.3	139	182.6	95.3	100.1	50.8	117.3	10.4	39.6	146.3

表 20-9-39　XCT 型单向减压阀外形尺寸　mm

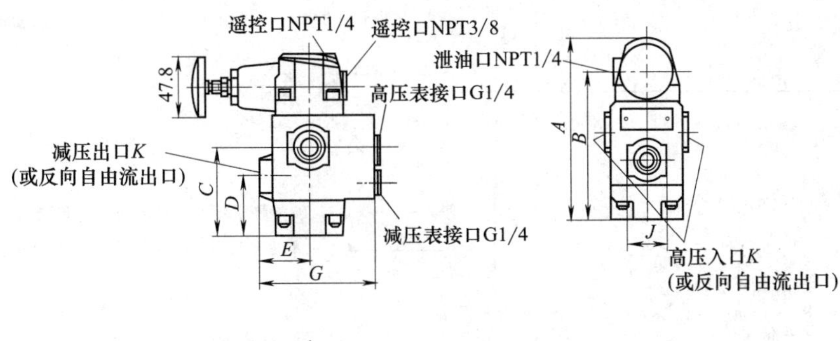

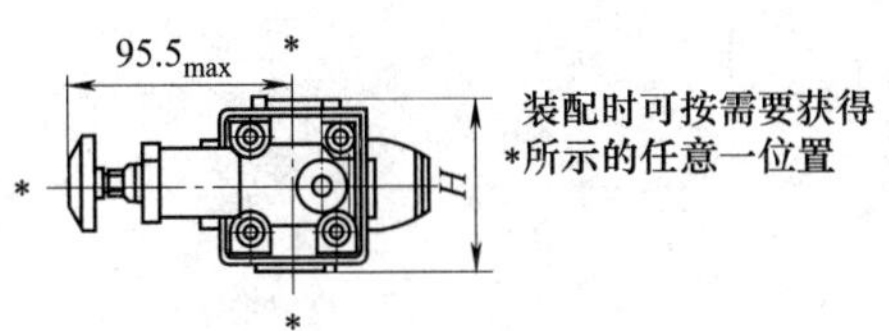

型号	A	B	C	D	E	G	H	J	K
XCT-03	142.2	116.8	69.1	46.0	39.6	93.7	69.9	35.1	NPT3/8
XCT-06	176.5	151.1	96.8	69.9	49.3	106.4	95.2	50.8	NPT3/4
XCT-10	211.3	182.6	109.7	81	68.3	147.6	117.3	86.4	NPT5/4

表 20-9-40 XCG 型单向减压阀外形尺寸 mm

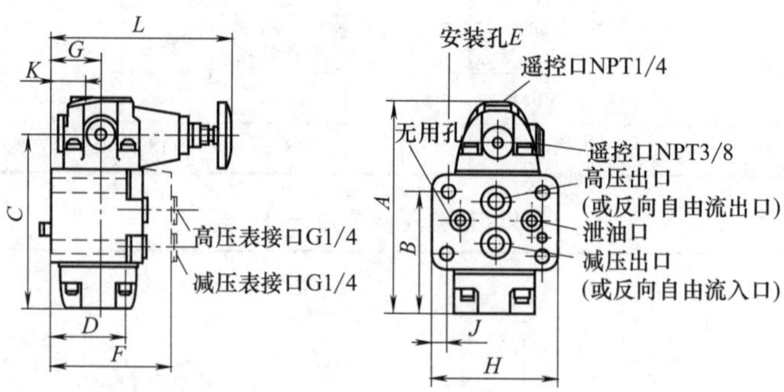

型号	A	B	C	D	E	F	G	H	J	K	L
XCG-03	142.2	82.5	116.8	55.9	4	90.4	36.6	87.4	10.4	25.4	132.1
XCG-06	176.5	116	151.1	68.6	4	98.6	41.1	101.6	11.1	29.9	136.6
XCG-10	211.3	139	182.6	95.3	6	130	50.8	117.6	10.4	39.6	146.3

表 20-9-41 安装底板

阀型号	底板型号	螺钉	底板质量/kg
XG/XCG-03-※※-22UG	E-RXGM-03-20-C E-RXGM-03X-20-C	GB/T 70 M10 长 70	1.4
XG/XCG-06-※※-22UG	E-RXGM-06-P-20-C E-RXGM-06X-P-20-C	GB/T 70 M10 长 80	2.7
XG/XCG-10-※※-22UG	E-RXGM-10-P-20-C	GB/T 70 M10 长 110	4.5

9.3.6.5 顺序阀

(1) DZ※DP 型直动型顺序阀（力士乐系列）

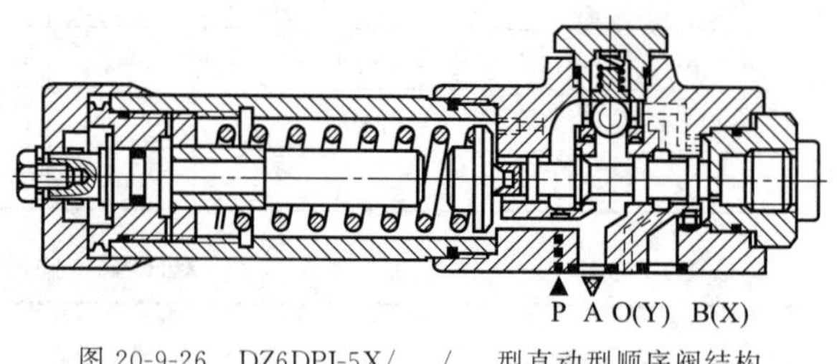

图 20-9-26 DZ6DPI-5X/… /… 型直动型顺序阀结构

型号意义：

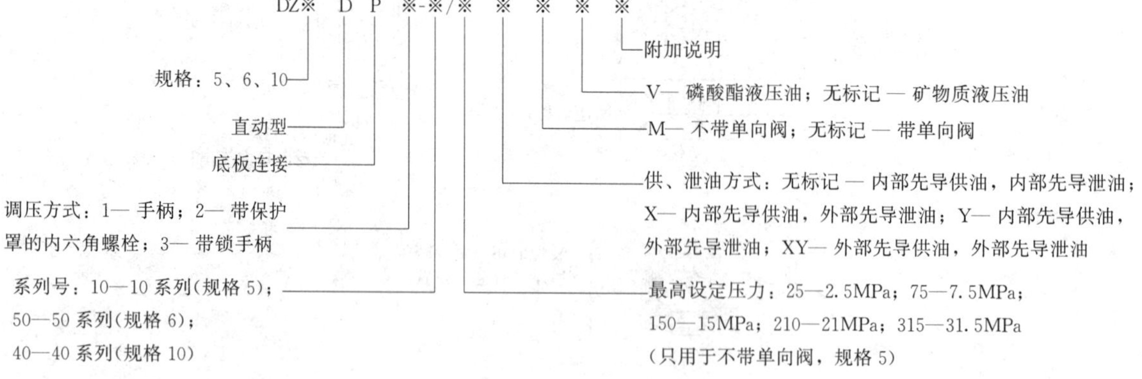

表 20-9-42 DZ※DP 型直动式顺序阀技术规格

通径/mm	5	6	10
输入压力，油口 P，B(X)/MPa	至 21.0/不同单向阀至 31.5	至 31.5	至 31.5
输出压力，油口 A/MPa	至 31.5	至 21.0	至 21.0
背压，油口(Y)/MPa	至 6.0	至 16	至 16

续表

液压油	矿物油(DIN 51524);磷酸酯液		
油温范围/℃	−20～70	−20～80	−20～80
黏度范围/$mm^2 \cdot s^{-1}$	2.8～380	10～800	10～380
过滤精度	NAS1638 九级		
最大流量/$L \cdot min^{-1}$	15	60	80

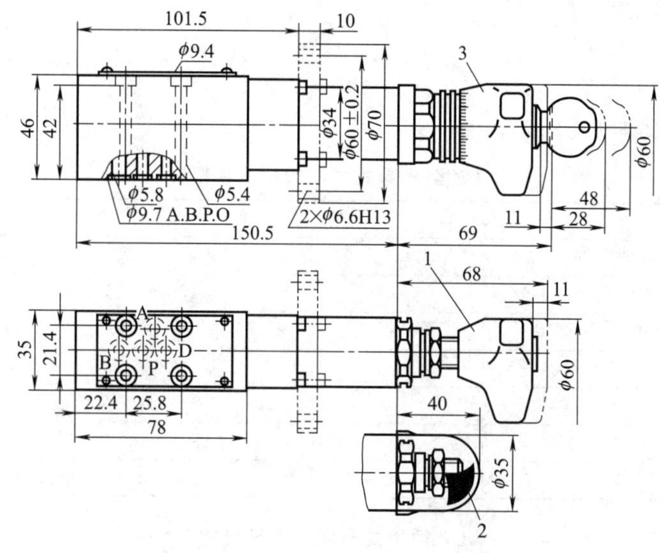

图 20-9-27　DZ5DP 型直动式顺序阀外形尺寸

1—“1”型调节件；2—“2”型调节件；3—“3”型调节件（重复设定刻度环）

表 20-9-43　　**连接底板**

规　格	NG5	NG6	NG10
底板 型号	G115/01 G96/01	G341/01 G342/01	G341/01 G342/01

（2）DZ 型先导式顺序阀（力士乐系列）

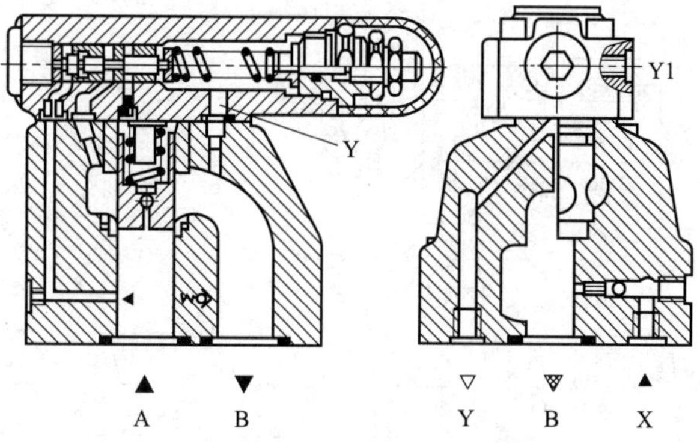

图 20-9-28　DZ 型先导式顺序阀结构

型号意义：

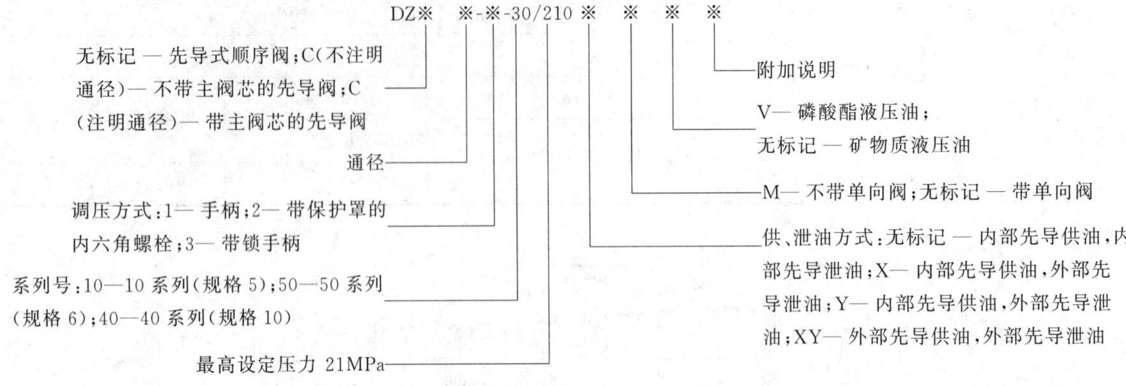

表 20-9-44　　DZ 型先导式顺序阀技术规格

通径/mm	10	20	30
流量/L·min^{-1}	150	300	450
工作压力/MPa	A,B,X 口至 31.5		
Y 口背压/MPa	至 31.5		
顺序阀动作压力(调节压力)/MPa	0.3～21		
介质	矿物油;磷酸酯液		
介质黏度/m^2·s^{-1}	(2.8～380)×10^{-6}		
介质温度/℃	−20～70		

表 20-9-45　　DZ 型板式顺序阀外形尺寸　　mm

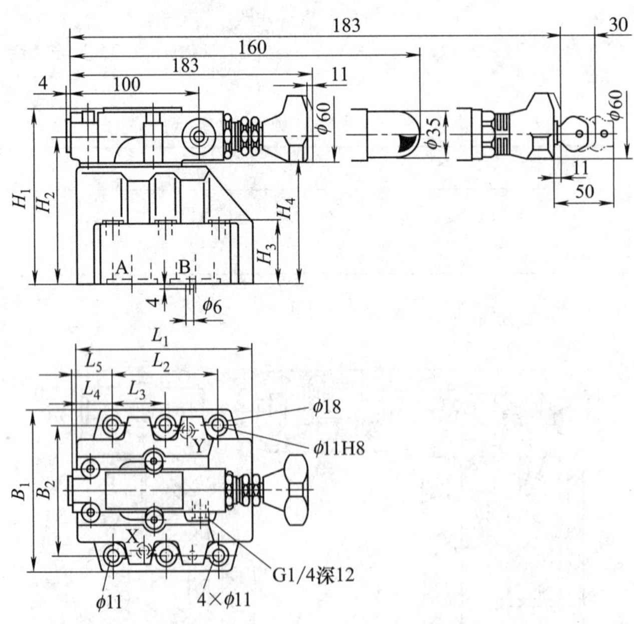

通径/mm	B_1	B_2	H_1	H_2	H_3	H_4	L_1	L_2	L_3	L_4	L_5	O 形圈(X,Y 腔)	O 形圈(A,B 腔)	质量/kg
10	85	66.7	112	92	28	72	90	42.9	—	35.5	34.5	9.25×1.78	17.12×2.62	3.6
25	102	79.4	122	102	38	82	112	60.3	—	33.5	37	9.25×1.78	28.17×3.53	5.5
32	120	96.8	130	110	46	90	140	84.2	42.1	28	31.3	9.25×1.78	34.52×3.53	8.2

表 20-9-46 **连接底板**

通径/mm	10	25	32
底板 型号	G460/1 G461/1	G412/1 G413/1	G414/1 G415/1

(3) R、RC 型顺序阀及单向顺序阀(威格士系列)

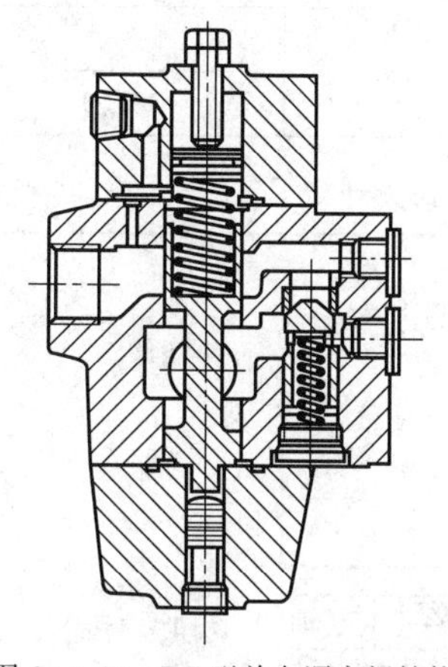

图 20-9-29 RC 型单向顺序阀结构

型号意义:

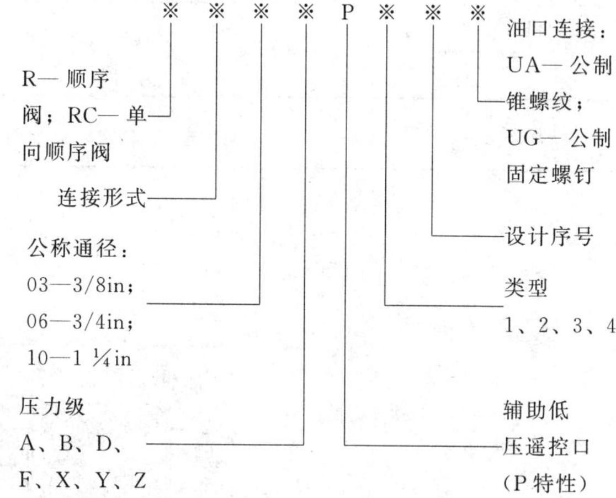

表 20-9-47 **R、RC 型顺序阀及单向顺序阀技术规格**

规格	通径/in	额定流量/L·min^{-1}	最高压力/MPa		压力级/MPa(调压范围)
			主流口	遥控流口	
R※-03-※ RC※-03-※	3/8	45	21	14	A:0.5~1.7 B:0.9~3.5 D:1.7~7 F:3.5~14 X:0.07~0.2 Y:0.14~0.4 Z:0.24~0.9
R※-06-※ RC※-06-※	3/4	114			
R※-10-※ RC※-10-※	1 ¼	284			

表 20-9-48 **RT 型顺序阀、RCT 型单向顺序阀外形尺寸** mm

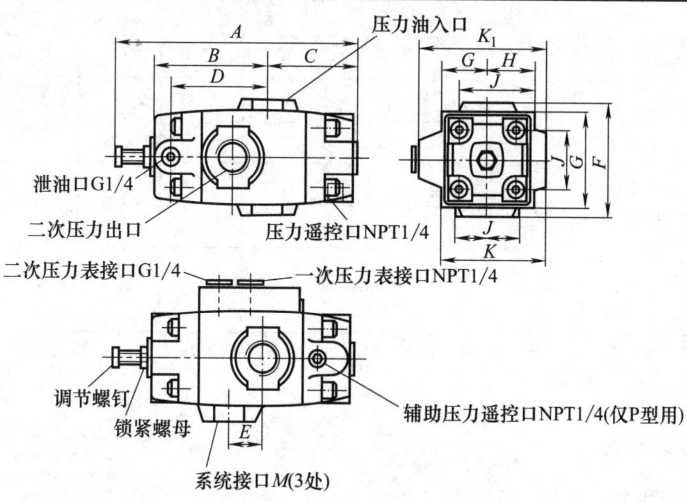

续表

型号	A	B	C	D	E	F	G	H	J	K	K_1	M	质量/kg
RT-03	117.8	96.8	53.8	58.7	23.1	69.9	59.4	39.6	35.1	70	—	NPT 3/8	2.1
RCT-03										—	93.7		2.9
RT-06	200.2	97.0	74.9	79.5	26.9	95.3	75.7	50.8	50.8	88.6	—	NPT 3/4	5.7
RCT-06										—	108.0		5.9
RT-10	277.9	154.2	84.3	80.5	28.7	117.4	98.6	68.3	82.6	118	—	NPT1 1/4	12
RCT-10										—	147.6		12.8

表 20-9-49 RG 型顺序阀、RCG 型单向顺序阀外形尺寸 mm

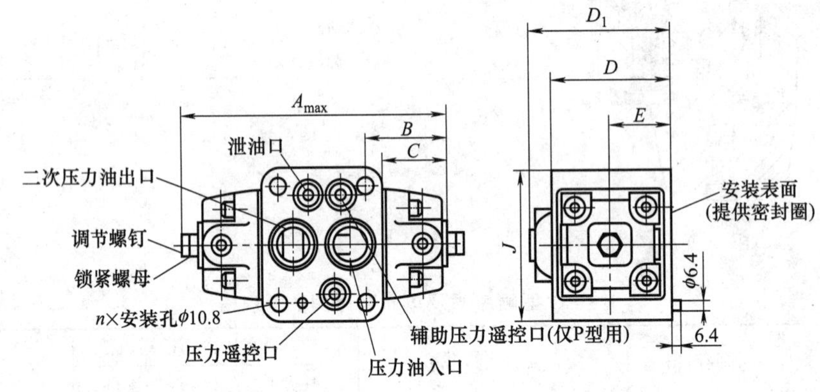

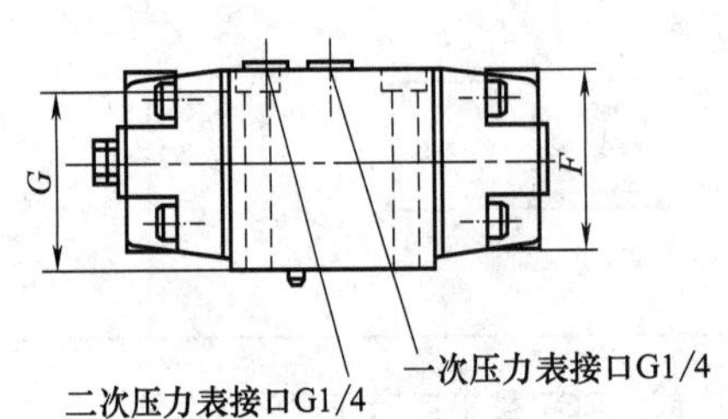

型号	A	B	C	D	D_1	E	F	G	n	J	质量/kg
RG-03	117.8	47.0	29.2	66.5	—	36.6	57.2	56.0	4	87.4	3.5
RCG-03				—	90.4						3.6
RG-06	200.2	66.8	44.5	79.2	—	41.1	71.4	68.7	4	101.6	6.1
RCG-06				—	98.6						6.4
RG-10	277.9	71.6	44.5	100.1	—	50.8	95.3	95.3	6	117.3	11.3
RCG-10				—	130.0						11.8

注：除 R（C）G-03 型及 X、Y、Z 压力级外，其他型号均可使用辅助低压遥控口。其控制压力为 A、B、D 级压力的 12.5%；F 级压力的 6.25%。

9.3.6.6 压力继电器

（1）HED 型压力继电器（力士乐系列）

型号意义：

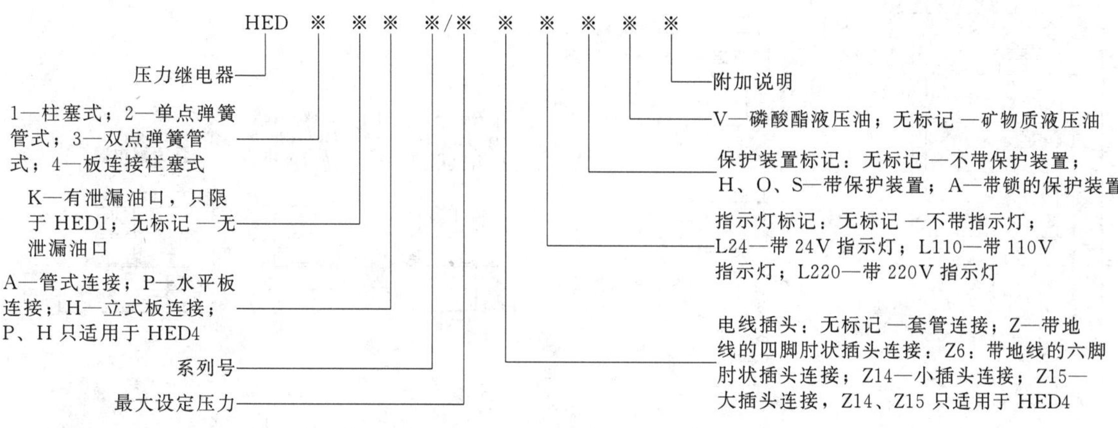

表 20-9-50 **HED 型压力继电器技术规格**

型号	额定压力/MPa	最高工作压力(短时间)/MPa	复原压力/MPa		动作压力/MPa		切换频率/次·min^{-1}	切换精度
			最高	最低	最高	最低		
HED1K	10.0	60	0.3	9.2	0.6	10	300	小于调压的±2%
	35.0	60	0.6	32.5	1	35		
	50.0	60	1	46.5	2	50		
HED1O	5	5	0.2	4.5	0.35	5	50	小于调压的±1%
	10	35	0.3	8.2	0.8	10		
	35	35	0.6	29.5	2	35		
HED2O	2.5	3	0.15	2.5	0.25	2.55	30	小于调压的±1%
	6.3	7	0.4	6.3	0.5	6.4		
	10	11	0.6	10	0.75	10.15		
	20	21	1	20	1.4	20.4		
	40	42	2	40	2.6	40.6		
HED3O	2.5	3	0.15	2.5	0.25	2.6	30	小于调压的±1%
	6.3	7	0.4	6.3	0.6	6.5		
	10	11	0.6	10	0.9	10.3		
	20	21	1	20	1.8	20.8		
	40	42	2	40	3.2	41.2		
HED4O	5	10	0.2	4.6	0.4	5	20	小于调压的±1%
	10	35	0.3	8.9	0.8	10		
	35	35	0.6	32.2	2	35		

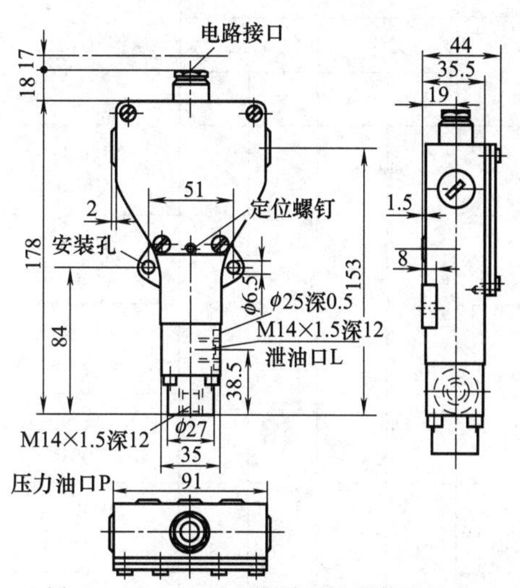

图 20-9-30 HED1 型压力继电器外形尺寸

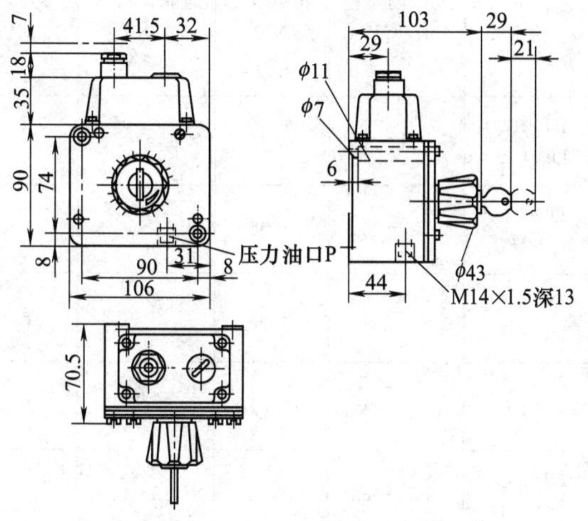

图 20-9-31 HED2 型压力继电器外形尺寸

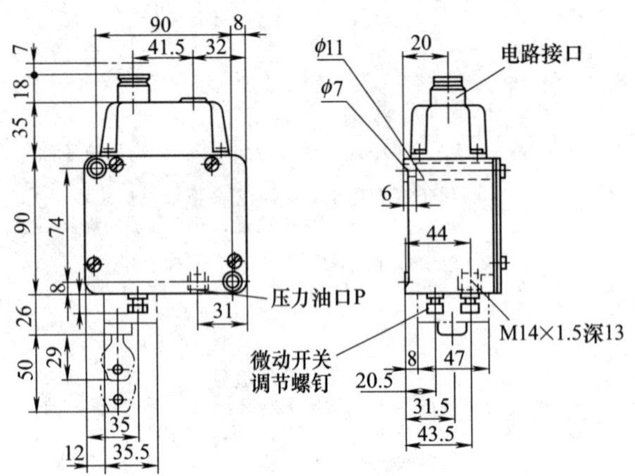

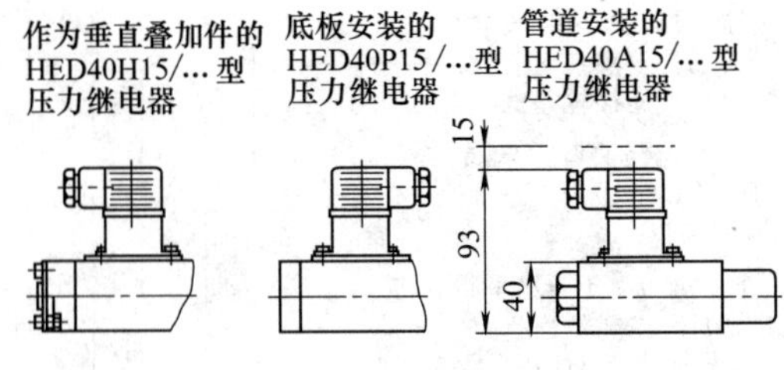

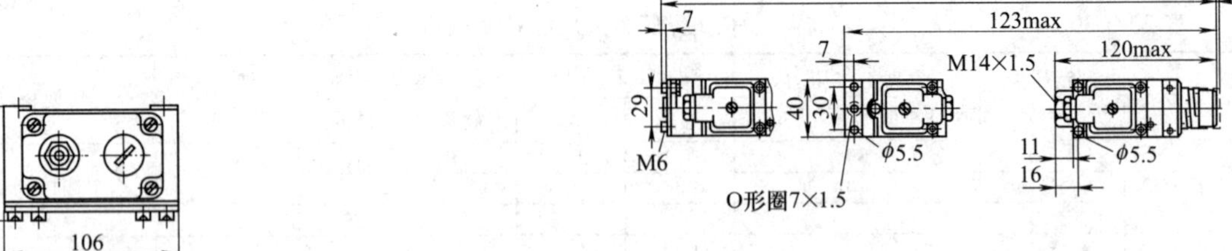

图 20-9-32　HED3 型压力继电器外形尺寸　　　　图 20-9-33　HED4 型压力继电器外形尺寸

(2) DP 型压力继电器（榆次系列）

型号意义：

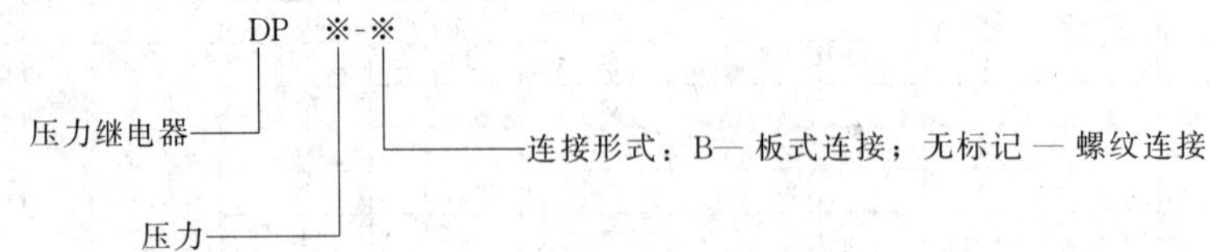

表 20-9-51　　　　DP 型压力继电器技术规格

型　号	压力调整范围/MPa	重复精度/MPa	通断调节区间/MPa	灵敏度/MPa	外泄漏/mL·min⁻¹	电气参数				连接孔径
						交流		直流		
						V	A	V	A	
DP-10、DP-10B	0.1～1	0.02	0.05～0.15	—	无	250	1	48	0.5	NPT 1/8 ϕ15mm
DP-25、DP-25B	0.25～2.5	0.04	0.15～0.3	—	无					NPT 1/8 ϕ15mm
DP-40、DP-40B	0.3～4	0.05	0.2～0.3	—	无					NPT 1/8 ϕ15mm
DP-100	0.6～10	<0.15	0.8～1.5	—	<50					P 孔：M20×1.5 L 孔：M10×1
DP-63、DP-63B	0.6～6.3	0.05	0.35～0.8	—	无	380	3	110	3	NPT 1¼ ϕ11mm
DP-320	1～32	0.15	—	2	<50					M14×1.5

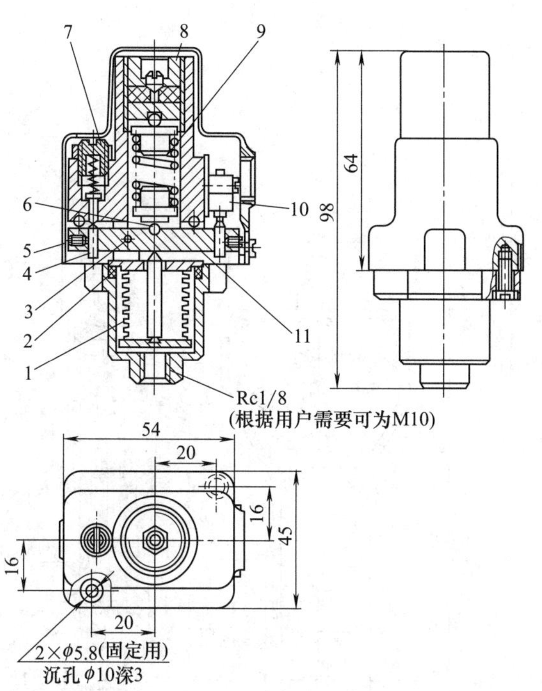

图 20-9-34　DP-(10、25、40) 型压力继电器结构尺寸
1—波纹管；2—密封圈；3—铰轴；4—微调螺钉；5—锁紧螺钉；6—钢球；7—副调节螺钉；8—主调节螺钉；9—弹簧；10—开关；11—杠杆

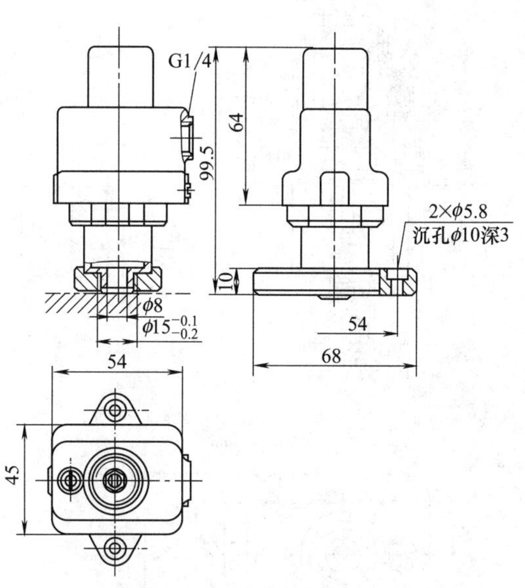

图 20-9-35　DP-(10、25、40) B 型压力继电器外形尺寸

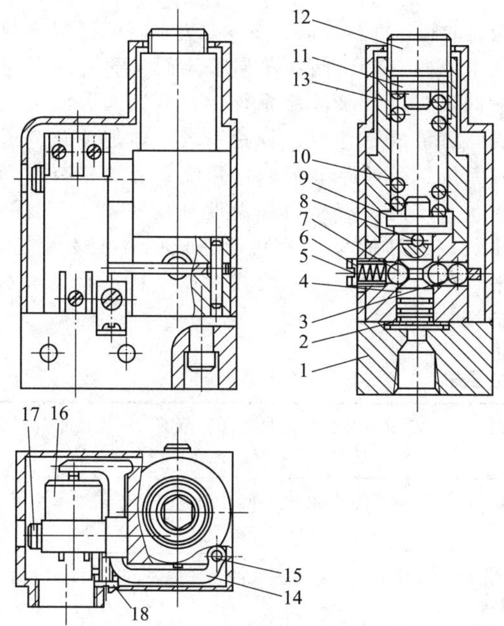

图 20-9-36　DP-63 型压力继电器结构
1—下体压力腔；2—薄膜；3—双球；4—柱塞；5—弹簧；6—区间可调螺钉；7—单球；8—支撑球；9—弹簧下座；10—主弹簧；11—弹簧上座；12—调压螺钉；13—上体；14—杠杆；15—铰轴；16—开关；17—螺钉；18—微调螺钉

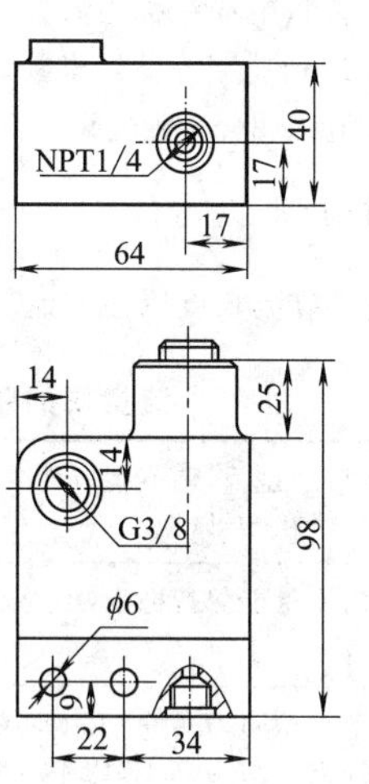

图 20-9-37　DP-63 型压力继电器外形尺寸

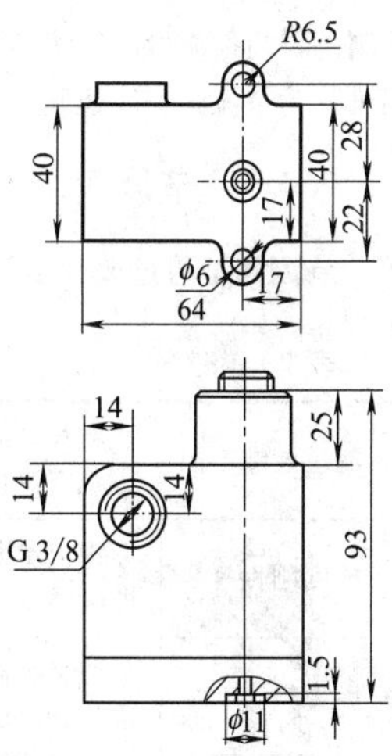

图 20-9-38　DP-63B 型压力继电器外形尺寸

第 20 篇

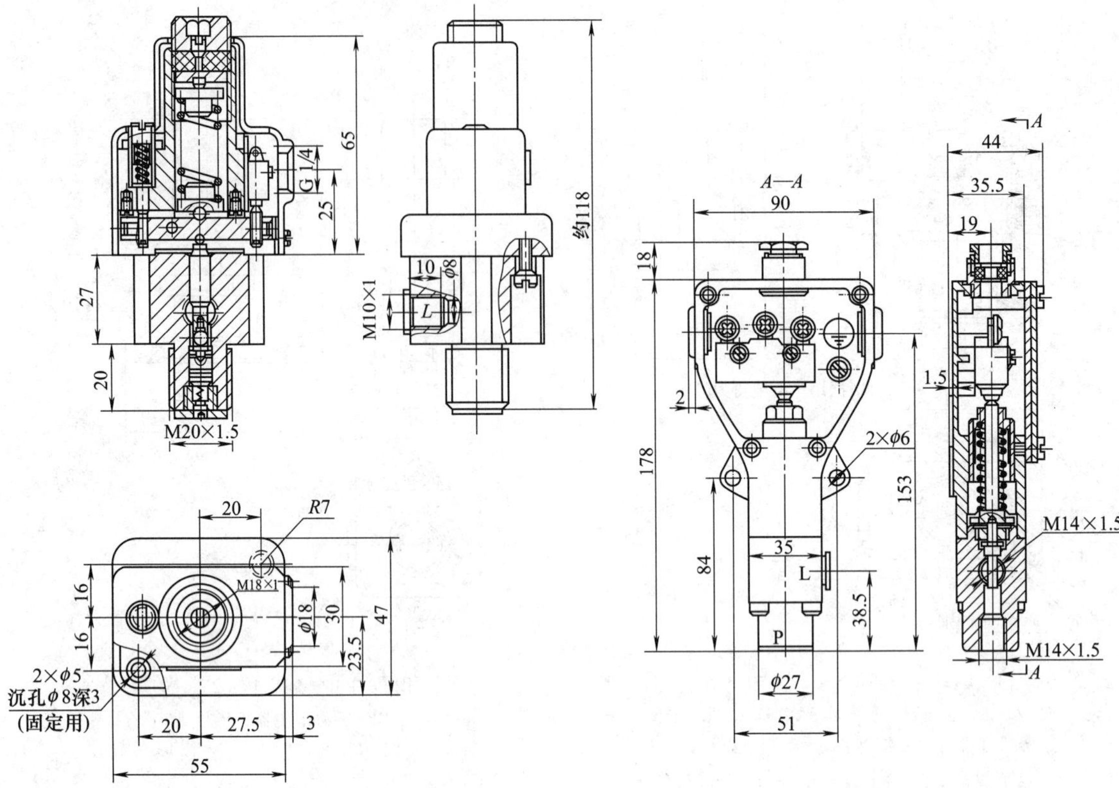

图 20-9-39 DP-100 型压力继电器结构尺寸

图 20-9-40 DP-320 型压力继电器结构尺寸

9.4 流量控制阀

在液压系统中，用来控制流体流量的阀统称为流量控制阀，简称流量阀。按结构、原理和功用分类，流量阀可分为节流阀、调速阀、溢流节流阀和分流集流阀。

9.4.1 节流阀及单向节流阀

节流阀是通过改变节流截面或节流长度以控制流体流量的阀。将节流阀和单向阀并联，则可组合成单向节流阀。节流阀和单向节流阀是简易的流量控制阀，在定量泵液压系统中，节流阀和溢流阀配合，可组成三种节流调速系统，即进油路节流调速系统、回油路节流调速系统和旁油路节流调速系统。该阀没有压力和温度补偿装置，不能补偿由负载或油液黏度变化所造成的速度不稳定，一般仅用于负载变化不大或对速度稳定性要求不高的场合。

表 20-9-52 流量阀的基本性能要求

流量调节范围	在规定的进、出口压差下，调节阀口开度能达到的最小稳定流量和最大流量之间的范围。最大流量与最小稳定流量之比一般在 50 以上
速度刚性	即流量阀的输出流量能保持稳定，不受外界负载变动的影响的性质，用速度刚性 $T=\partial P/\partial q$ 来表示。速度刚性 T 越大越好
压力损失	流量控制阀是节流型阻力元件，工作时必然有一定的压力损失。为避免过大的功率损失，规定了通过额定流量时的压力损失一般为 0.4MPa 以下，高压时可至 0.8MPa
调节的线性	在采用手轮调节时，要求动作轻便，调节力小。手轮的旋转角度与流量的变化率应尽可能均匀，调节的线性好
内泄漏量	流量阀关闭时从进油腔流到出油腔的泄漏量会影响阀的最小稳定流量，所以内泄漏量要尽可能小
其他	工作时油温的变化会影响黏度而使流量变动，因此常采用对油温不敏感的薄壁节流口

表 20-9-53　　**节流阀及单向节流阀**

	类型	说　　明
工作原理和基本结构	普通节流阀	图(a)为 LF 型轴向三角槽式结构筒式节流阀。它由阀体、阀芯、螺盖、手轮等组成。压力油由进油口 P_1 进入，通过由阀芯 3 和阀体 4 组成的节流口，从出油口 P_2 流出。旋转手轮 1，可改变节流口的过流面积，从而实现对流经该阀的流量的控制。因进油腔的油压直接作用在阀芯下部的承压面积上，所以在油压力较高时手轮的调节就较困难，甚至无法调节，因此这种阀也叫带载不可调节流阀 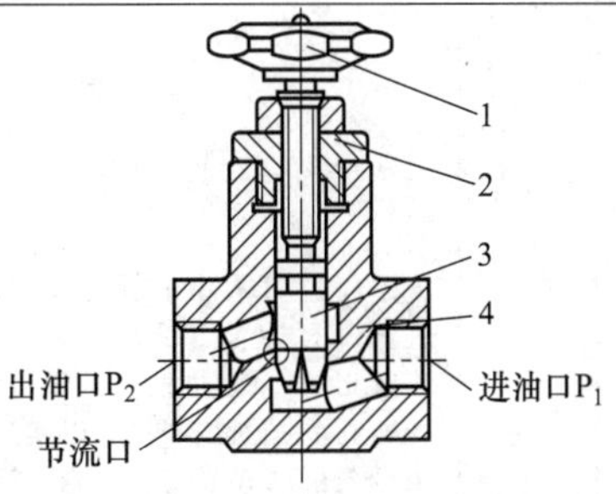 **图(a)　LF型轴向三角槽式结构筒式节流阀** 1—手轮；2—螺盖；3—阀芯；4—阀体
	可调节流阀	图(b)是公称压力为 32MPa 系列的 LFS 型可调节流阀的结构。压力油由进油口 P_1 进入，通过节流口后自出油口 P_2 流出，进油腔压力油通过阀芯中间通道同时作用在阀芯的上下端承压面积上。因阀芯上下端面积相等，所以受到的液压力也相等，阀芯只受复位弹簧的作用力紧贴推杆，以保持原来调节好的节流口开度。进油腔压力油也同时作用在推杆上，因推杆面积小，所以即使在高压下，推杆上受到的液压力也较小，因此调节手轮上所需的力，比 LF 型要小得多，便于在高压下调节 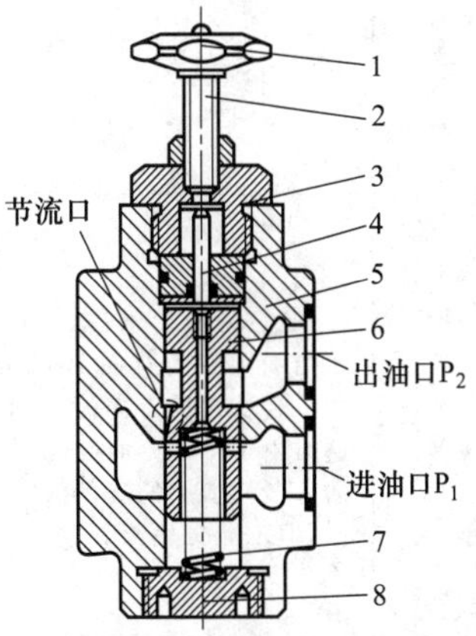 **图(b)　LFS型可调节流阀的结构** 1—手轮；2—调节螺钉；3—螺盖；4—推杆；5—阀体；6—阀芯；7—复位弹簧；8—端盖
	双向节流阀	图(c)为力士乐公司的 MG 型节流阀，可以双向节流。油通过旁孔 4 流向阀体 2 和可调节的套筒 1 之间形成的节流口 3。转动套筒 1，能够通过改变节流面积，调节流经的流量，该阀只能在无压下调节 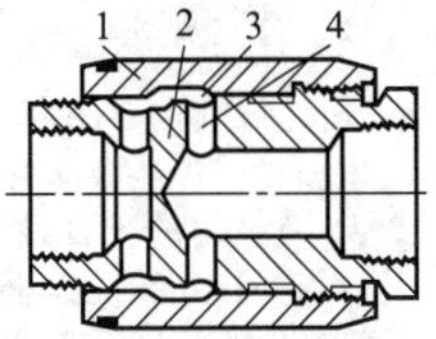 **图(c)　MG型节流阀的结构** 1—套筒；2—阀体；3—节流口；4—旁孔
	单向节流阀	图(d)为筒式单向节流阀。压力油从进油口 P_1 进入，经阀芯上的三角槽节流口节流，从出油口 P_2 流出。旋转手轮 3 即可改变通过该阀的流量。该阀也是带载不可调节流。当压力油从 P_2 进入时，在压力油作用下阀芯 4 克服软弹簧的作用力向下移，油液不用通过节流口而直接从 P_1 流出，从而起单向阀作用 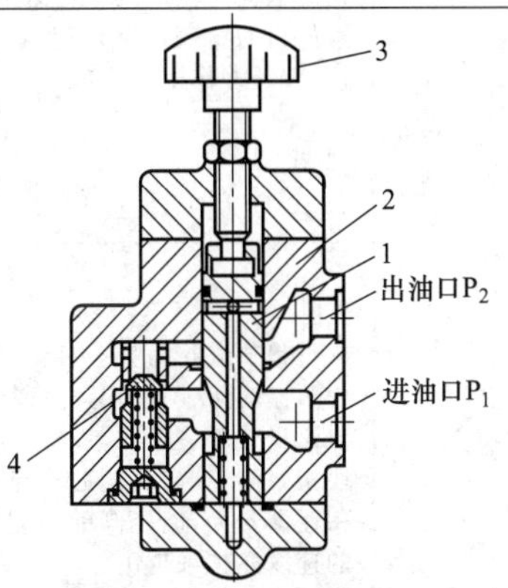 **图(d)　筒式单向节流阀** 1—阀芯；2—阀体；3—手轮；4—单向阀芯

续表

	类型	说　　明
工作原理和基本结构	单向节流阀	图(e)为 LA 型带载可调单向节流阀。油液从进油口 P_1 正向进入的工作原理与带载不可调节流阀相同，只是进油腔的压力油靠阀体上的通油孔通到上、下阀芯两端，以实现液压平衡，所以也叫带载可调式节流阀。当油液从出油口 P_2 流进时就起单向阀作用 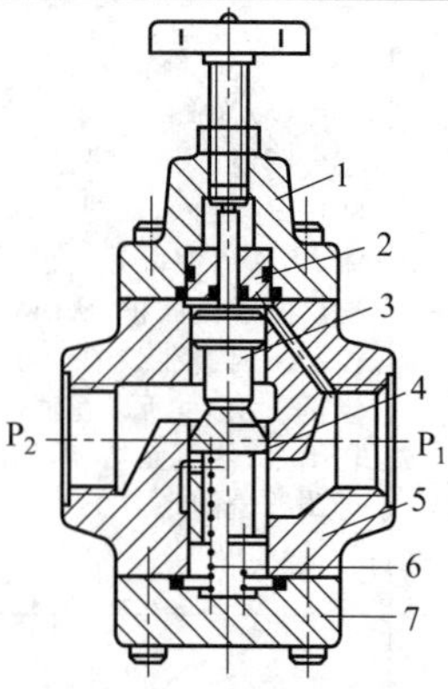 **图(e)　LA型带载可调单向节流阀** 1—上阀盖；2—顶杆套；3—上阀芯；4—下阀芯；5—阀体；6—弹簧；7—下阀盖
		图(f)为力士乐公司的 MK 型单向节流阀，当压力油从锥阀背面 B 口流入时，作为节流阀使用。若从相反方向流入时，它作为单向阀使用。这时由于有部分油液可在环形缝隙中流动，可以清除节流口上的沉积物。这种阀体积小，结构简单，但不能带载调节 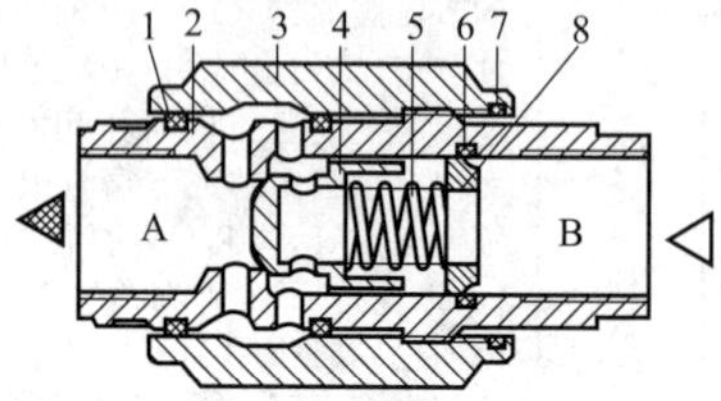 **图(f)　力士乐公司的MK型单向节流阀** 1,7—密封圈；2—阀体；3—套筒；4—阀芯；5—弹簧；6—弹簧卡圈；8—弹簧座
	行程节流阀	图(g)所示为常开式 CF 型行程节流阀。压力油由进油腔 P_1 进入，通过节流后由出油腔 P_2 流出。在行程挡块未接触滚轮前，节流口面积最大，流经阀的流量最大。当行程挡块接触滚轮时，将阀芯逐渐往下推，使节流口面积逐渐减小，流经阀的流量逐渐减少，执行机构的速度亦越来越慢，直到挡块将节流口关闭，执行机构停止运动。这种阀能使执行机构实现快速前进，慢速进给的目的。也可用来使执行元件在行程末端减速，起缓冲作用 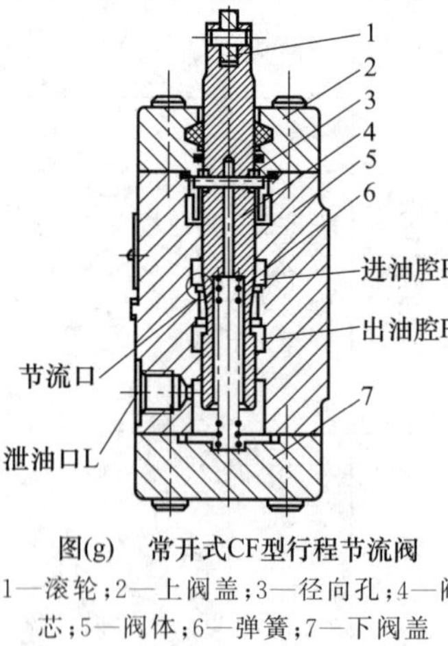 **图(g)　常开式CF型行程节流阀** 1—滚轮；2—上阀盖；3—径向孔；4—阀芯；5—阀体；6—弹簧；7—下阀盖
		行程节流阀的另一种形式是常闭式(O 型)行程节流阀[见图(h)]，在行程挡块未接触滚轮前，节流口处于关闭状态，没有流量通过。当行程挡块接触滚轮时，将阀芯逐渐往下推，使节流口面积逐渐开大，流经阀的流量逐渐增加，执行机构的速度亦越来越快 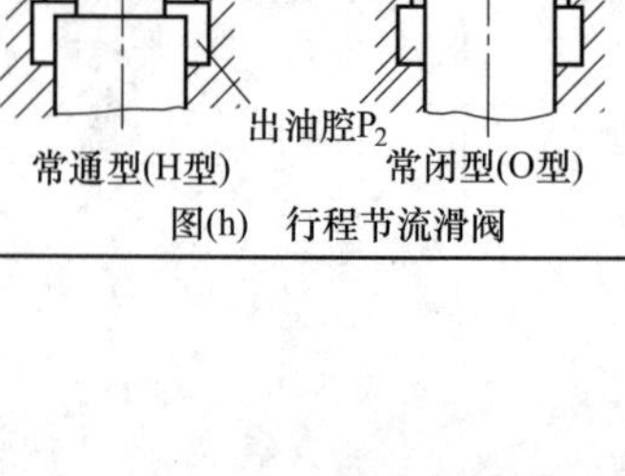 常通型(H型)　常闭型(O型) **图(h)　行程节流滑阀**

续表

	类型	说明
工作原理和基本结构	行程节流阀	图(i) 常开式单向行程节流阀的结构 1—滚轮;2—上阀盖;3—径向孔;4—阀芯; 5—阀体;6—弹簧;7—下阀盖;8—单向阀芯 行程节流阀 单向行程节流阀 图(j) 行程节流阀图形符号 图(i)是常开式单向行程节流阀的结构。图(j)为其图形符号。它由单向阀和行程节流阀组成。当压力油由进油腔 P_1 流向出油腔 P_2 时,单向阀关闭,起到行程节流阀的作用。当油液反向从 P_2 进入 P_1 流出时,单向阀开启,使执行机构快速退回。这种阀常用于需要实现快进—工进—快退的工作循环,也可使执行元件在行程终点减速、缓冲
应用		节流阀在定量泵液压系统中与溢流阀配合,组成进油路节流调速、回油路节流调速、旁油路节流调速系统。由于没有压力补偿装置,通过阀的流量随着负载的变化而变化,速度稳定性较差。节流阀也可作为阻力元件在回路中调节压力,如作为背压阀等。单向节流阀则用在执行机构在一个方向需要节流调速,另一方向可自由流动的场合。行程节流阀主要用于执行机构末端需要减速、缓冲的系统。也可用单向行程节流阀来实现快进—工进—快退的要求

9.4.2 调速阀及单向调速阀

当节流阀的节流口开度一定,负载变化时,节流阀的进出口油压差 Δp 也变化,通过节流口的流量也发生变化,因此在执行机构的运动速度稳定性要求较高的场合,就要用到调速阀。调速阀利用负载压力补偿原理,补偿由于负载变化而引起的进出口压差的 Δp 变化,使 Δp 基本趋于一常数。压力补偿元件通常是定差减压阀或定差溢流阀,因此调速阀分别称为定差减压型调速阀或定差溢流型调速阀。

表 20-9-54 调速阀及单向调速阀

工作原理	减压节流型调速阀	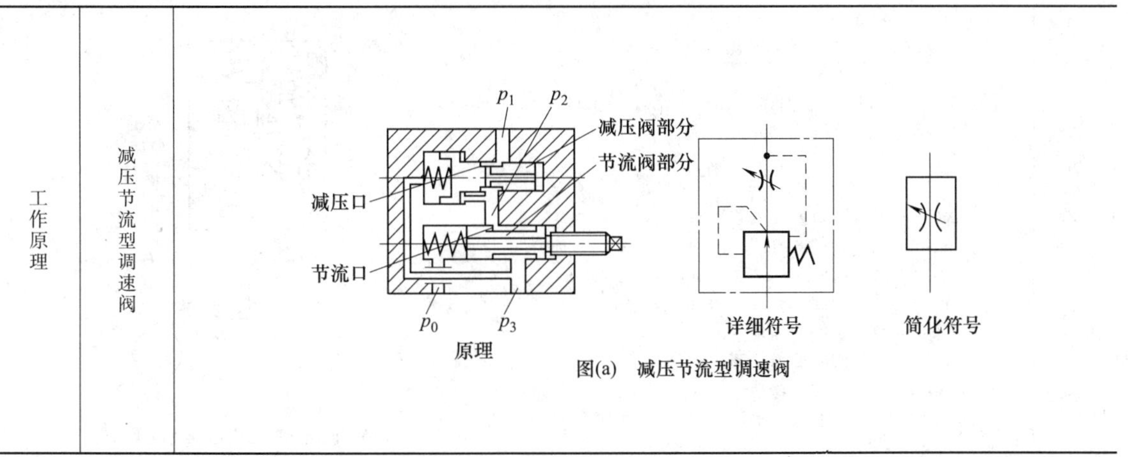 图(a) 减压节流型调速阀

续表

	类型	说明
工作原理	减压节流型调速阀	调速阀由普通节流阀与定差减压阀串联而成。压力油 p_1 由进油腔进入，经减压阀减压，压力变为 p_2 后流入节流阀的进油腔，经节流口节流，压力变为 p_3，由出油腔流出到执行机构。出口油液压力 p_3 通过阀体的通油孔，反馈到减压阀芯大端的承压面积上。当负载增加时，p_3 也增加，减压阀芯向右移，使减压口增大，流经减压口的压力损失也减小，即 p_2 也增加，直到 $\Delta p=p_2-p_3$ 基本保持不变，达到新的平衡；当负载下降时，p_3 也下降，减压阀芯左移，减压口开度减小，流经减压口的压力降增加，使得 p_2 下降，直到 $\Delta p=p_2-p_3$ 基本保持不变。而当进口油压 p_1 变化时，经类似的调节作用，节流阀前后的压差 Δp 仍基本保持不变，即流经阀的流量依旧近似保持不变 由调速阀的工作原理知，液流反向流动时由于 $p_3>p_2$，所以定差减压阀的阀芯始终在最右端的阀口全开位置，这时减压阀失去作用而使调速阀成为单一的节流阀，因此调速阀不能反向工作。只有加上整流桥才能做成双向流量控制，见图(b) A$_1$(B$_1$)　B　A　油桥　B$_1$(A$_1$) 图(b)　整流桥的图形符号
	单向调速阀	单向调速阀由单向阀和调速阀并联而成，油路在一个方向能够调速，另一方向油液通过单向阀流过，减少了回油的节流损失，如图(c)所示 单向阀　A　A—A　1　减压阀　节流阀　A　结构 详细符号　简化符号 图(c)　QA型单向调速阀
流量特性		当调速阀稳定工作时，忽略减压阀阀芯自重以及阀芯上的摩擦力，对图(d)减压阀芯作受力分析，则作用在减压阀芯上的力平衡方程为 $$p_2(A_c+A_d)=p_3A_b+k(x_0+\Delta x)$$ $$p_2-p_3=\frac{k(x_0+\Delta x)}{A}$$ 由于弹簧较软，阀芯的偏移量 Δx 远小于弹簧的预压缩量 x_0，所以 $k(x_0+\Delta x)\approx kx_0$，即 $$\Delta p=p_2-p_3\approx\frac{kx_0}{A}=常数$$ 式中　Δp——节流阀口前后压差，Pa； A_c——减压阀阀芯肩部环形面积，m^2； A_d——减压阀阀芯小端面积，m^2； A_b——减压阀阀芯大端面积，m^2； k——减压阀阀腔弹簧刚度，N/m； x_0——减压阀阀腔弹簧预压缩量，m； Δx——减压阀阀芯移动量，m； A——减压阀芯大活塞面积 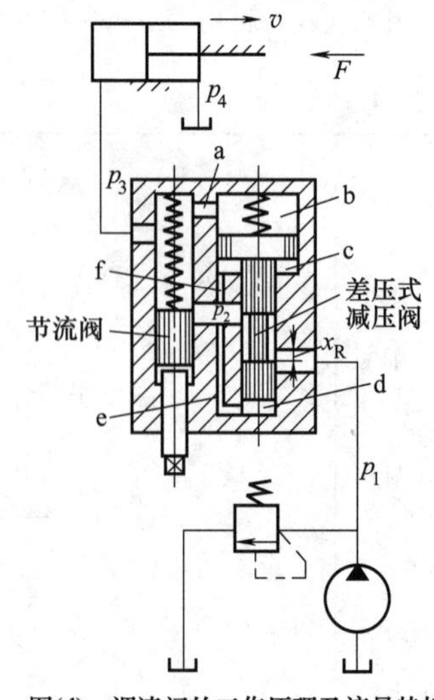 图(d)　调速阀的工作原理及流量特性分析

续表

工作原理		节流口前后压差 Δp 基本为一常数，通过该节流口的流量基本不变，即不随外界负载、进油压力变化而变化，调速阀与节流阀的流量特性曲线如图(e)所示。由图中可以看出，调速阀的速度稳定性比节流阀的速度稳定性好，但它有个最小工作压差。这是由于调速阀正常工作时，至少应有 0.4～0.5MPa 的压力差。否则，减压阀的阀芯在弹簧力的作用下，减压阀的开度最大，不能起到稳定节流阀前后压差的作用。此时调速阀的性能就如同节流阀。只有在调速阀上的压力差大于一定数值之后，流量才基本处于稳定 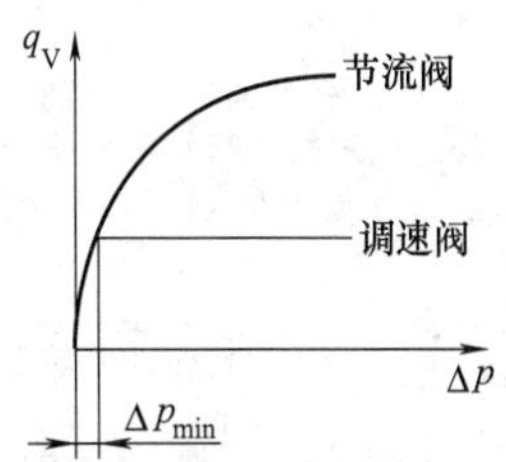 图(e)　调速阀与节流阀的流量特性比较（图中 Δp 为阀的进出口压力差，并非节流口的出口压力差）
主要性能要求	进出油腔最小压差	指节流口全开，通过公称流量时，阀进出油腔的压差，一般在 1MPa 左右。压差过低，减压阀部分不能正常工作，就不能对节流阀进行有效的压力补偿，因而影响流量的稳定
	流量调节范围	流量调节范围越大越好，并且调节时，流量变化均匀，调节性能好
	最小稳定流量	指调速阀能正常工作的最小流量，即流量的变化率不大于 10%，不出现断流的现象。QF 型调速阀和 QDF 单向节流阀的最小稳定流量，一般为公称流量的 10%左右
	内泄漏	即节流阀全关闭时，进油腔压力调节至公称压力时，从阀芯和阀体配合间隙处由进油腔泄漏到出油腔的流量，要求内泄漏量要小
	其他	要求调速阀不易堵塞，特别是小流量时要不易堵塞。通过阀的流量受温度的影响要小
改善调速阀流量特性的措施	温度的变化会使介质的黏度发生改变，液动力也会使定差减压阀阀芯的力平衡受到影响。这些因素也会影响流量的稳定性。可以采用温度补偿装置或液动力补偿阀芯结构来加以改善	
	温度补偿	在流量控制阀中，当为了减小油温对流量稳定性的影响而采用薄壁孔结构时，只能在 20～70℃的范围内得到一个不使流量变化率超过 15%的结果。对于工作温度变化范围较大，流量稳定性要求较高，特别是微量进给的场合，就必须在节流阀内采取温度补偿措施 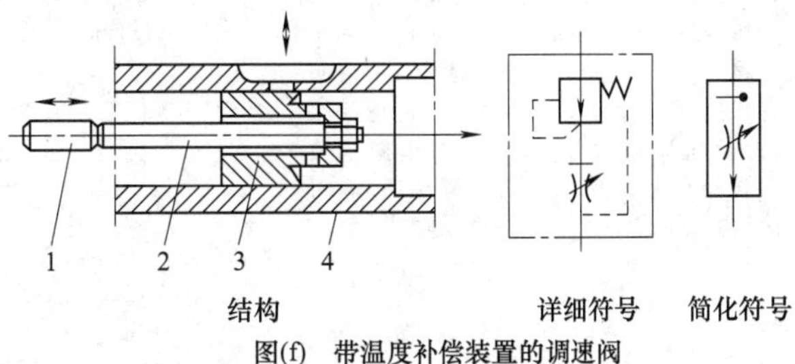 图(f)　带温度补偿装置的调速阀 1—顶杆；2—补偿杆；3—阀芯；4—阀体 图(f)为某调速阀中节流阀部分的温度补偿装置。节流阀开口的调节是由顶杆 1 通过补偿杆 2 和阀芯 3 来完成的。阀芯在弹簧的作用下使补偿杆靠紧在顶杆上，当油温升高时，补偿杆受热变形伸长，使阀口开度减小，补偿了由于油液黏度减小所引起的流量增量 目前的温度补偿阀中的补偿杆用强度大、耐高温、线胀系数大的聚乙烯塑料 NASC 制成，效果甚好，能在 20～60℃的温度范围内使流量变化率不超过 10%
	液动力补偿	有些调速阀还采用液动力补偿的阀芯结构来改善流量特性，见图(g) 图(g)　带液动力补偿机构的减压阀芯

续表

<table>
<tr><td>结构和特点</td><td colspan="2">调速阀由定差减压阀和节流阀串联而成。结构上有节流阀在前，减压阀在后的，如美国威格士 FG-3 型[见图(h)]，也有减压阀在前、节流阀在后的，如德国的力士乐 2FRM 型单向调速阀[见图(i)]。图(h)中，油液从 A 腔正向进入，一方面进到节流阀的进油腔，一方面作用在减压阀的阀芯左端面。经节流后的油液进入减压阀的弹簧腔，经减压阀减压后从 B 腔流出，不管进油腔 A 或出油腔 B 的压力发生变化，减压阀都会调节减压口的开度，使 A、B 腔的压力差基本保持不变，达到稳定流量的作用。这种阀的结构和油路较为简单

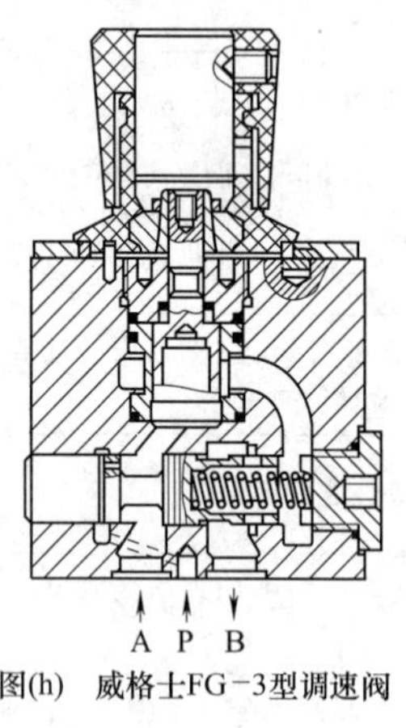

图(h)　威格士FG-3型调速阀

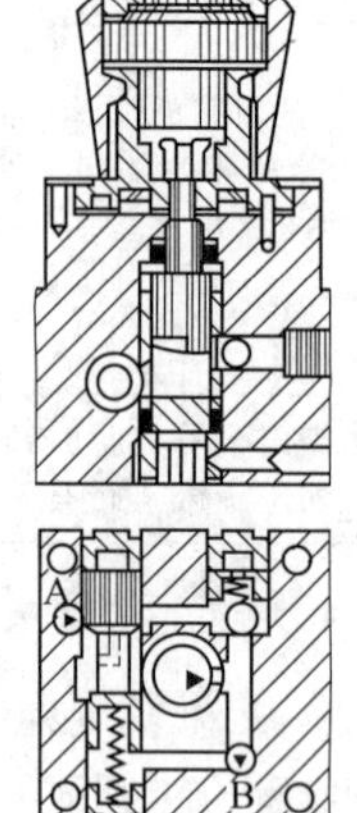

图(i)　FRM型单向调速阀

图(i)为德国力士乐公司生产的 FRM 型单向调速阀。油液先经减压阀减压，再由节流阀节流。由于节流阀口设计成薄刃状，流量受温度的变化影响较小，因而流量稳定性较好

图(j)为单向行程调速阀的结构和图形符号。它由行程阀与单向调速阀并联组成。当工作台的挡块未碰到滚轮时，由于此行程阀是常开的，油液可以经行程阀流过，而不经调速阀，所以液流不受节流作用，这时执行机构以快速运动。当工作台的挡块碰到滚轮，将行程阀压下后，行程阀封闭，油液只能流经调速阀，执行机构的运动速度便由调速阀来调节。当油液反向流动时，油液直接经单向阀流过，执行机构快速退回。利用单向行程调速阀，可以实现执行机构的快进—工进—快退的功能

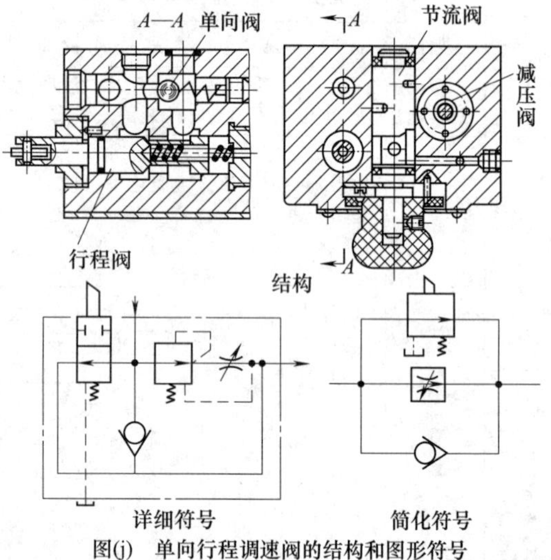

图(j)　单向行程调速阀的结构和图形符号</td></tr>
<tr><td>应用</td><td colspan="2">调速阀在定量泵液压系统中的主要作用是与溢流阀配合，组成节流调速系统。因调速阀调速刚性大，更适用于执行元件负载变化大、运动速度稳定性要求较高的液压调速系统。采用调速阀调速与节流阀调速一样，可将调速阀装在进油路、回油路和旁油路上，也可用于执行机构往复节流调速回路
调速阀可与变量泵组合成容积节流调速回路，主要用于大功率、速度稳定性要求较高的系统。它的调速范围较大</td></tr>
<tr><td rowspan="3">常见故障与排除方法</td><td>流量调节失灵</td><td>调节节流部分时出油腔流量不发生变化，其主要原因是阀芯径向卡住和节流部分发生故障等。减压阀芯或节流阀芯在全关闭位置时，径向卡住会使出油腔没有流量；在全开位置(或节流口调整好)时，径向卡住，会使调节节流口开度而出油腔的流量不发生变化
当节流调节部分发生故障时，会使调节螺杆不能轴向移动，使出油腔流量也不发生变化。发生阀芯卡住或节流调节部分故障时，应进行清洗和修复</td></tr>
<tr><td>流量不稳定</td><td>节流调节型调速阀当节流口调整好锁紧后，有时会出现流量不稳定现象，特别在最小稳定流量时更易发生。其主要原因是锁紧装置松动，节流口部分堵塞，油温升高，进、出油腔最小压差过低和进、出油腔接反等</td></tr>
<tr><td>内泄漏量增大</td><td>减压节流型调速阀节流口关闭时，是靠间隙密封的，因此不可避免有一定的泄漏量。当密封面磨损过大时，会引起内泄漏量增加，使流量不稳定，特别是影响到最小稳定流量</td></tr>
</table>

9.4.3　溢流节流阀

表 20-9-55　**溢流节流阀**

工作原理

溢流节流阀又称旁通型调速阀，图(a)所示为旁通型调速阀的工作原理。该阀是另一种带压力补偿装置形式的节流阀，由起稳压作用的溢流阀和起节流作用的节流阀并联组成，亦能使通过节流阀的流量基本不受负载变化的影响。由图可见，进油口处流入的高压油一部分通过节流阀的阀口，自出油口处流出，将压力降为 p_2，另一部分通过溢流阀的阀口溢流回油箱。溢流阀上端的油腔与节流阀后的压力油相通，下端的油腔与节流阀前压力油相通。当出口油压力增大时，阀芯下移，关小阀口，从而使进口处压力 p_2 增加，节流阀前后的压力差 p_1-p_2 基本保持不变。当出口压力 p_2 减少时，阀芯上移，开大阀口，使进油压力 p_1 下降，结果仍能保持压差 p_1-p_2 基本不变

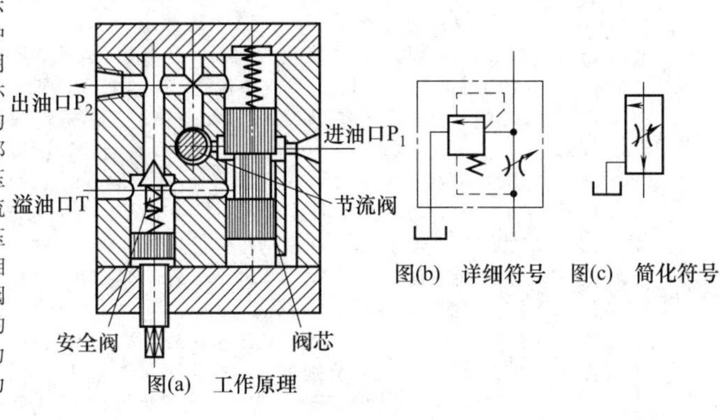

图(a)　工作原理　图(b)　详细符号　图(c)　简化符号

流量特性

假设溢流阀芯上受到的液动力和摩擦力忽略不计，则阀芯上的力平衡方程为

$$p_1(A_b+A_c)=p_2A+k(x_0+\Delta x)$$

$$\Delta p=p_1-p_2=\frac{k(x_0+\Delta x)}{A}\approx\frac{kx_0}{A}=\text{常数}$$

溢流节流阀上设有安全阀，当出口压力 p_2 增大到安全阀的调定压力时，安全阀打开，防止系统过载

溢流节流阀只能装在执行元件的进油口，当执行元件的负载发生变化时，工作压力 p_2 也相应变化，使溢流阀进口处的压力 p_1 也发生变化，即液压泵的出口压力随负载的变化而变化，因此旁通型调速阀有功率损失低、发热小的优点。但是旁通型调速阀中流过的流量比减压型调速阀的大，基本为系统的全部流量，阀芯运动时阻力较大，故弹簧做得比较硬，因此它的速度稳定性稍差些，一般用于速度稳定性要求不太高、而功率较大的系统

此外，由于系统的工作压力处于追随负载压力变化中，因此泄漏量的变化有时也会引起一些动态特性的问题

9.4.4　分流集流阀

分流集流阀也称为同步阀，用于多个液压执行器需要同步运动的场合。它可以使多个液压执行器在负载不均的情况下，仍能获得大致相等或成比例的流量，从而实现执行器的同步运动。但它的控制精度较低，压力损失也较大，适用于要求不高的场合。

表 20-9-56　**分流集流阀**

分类

分流集流阀按照流量分配、液流方向、结构原理分成不同的形式：

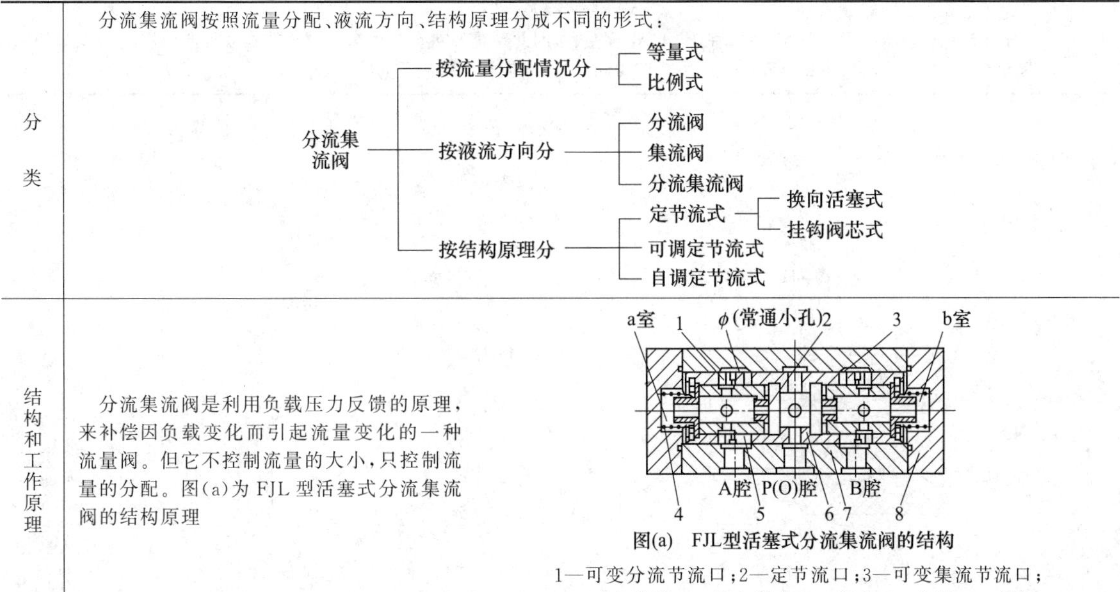

结构和工作原理

分流集流阀是利用负载压力反馈的原理，来补偿因负载变化而引起流量变化的一种流量阀。但它不控制流量的大小，只控制流量的分配。图(a)为 FJL 型活塞式分流集流阀的结构原理

图(a)　FJL型活塞式分流集流阀的结构

1—可变分流节流口；2—定节流口；3—可变集流节流口；4—对中弹簧；5—换向活塞；6—阀芯；7—阀体；8—阀盖

续表

结构和工作原理	当处于分流工况时,压力油 p 使换向活塞分开[图(b)]。图中 P(O)为进油腔,A 和 B 是分流出口。当 A 腔与 B 腔负载压力相等时,通过变节流口反映到 a 室和 b 室的油液压力也相等,阀芯在对中弹簧作用下便处于中间位置,使左右两侧的变节流口开度相等。因 a、b 两室的油液压力相等,所以定节流孔 F_A 和 F_B 的前后压力差也相等,即 $\Delta p_{pa}=\Delta p_{pb}$,于是分流口 A 腔的流量等于分流口 B 腔的流量,即 $q_A=q_B$ 当 A 腔和 B 腔负载压力发生变化时,若 $p_A>p_B$ 时,通过节流口反映到 a 室和 b 室的油液压力就不相等,则定节流孔 F_A 的前后油液压差就小于定节流口 F_B 的前后油液压差,即 $\Delta p_{pa}<\Delta p_{pb}$。因阀芯两端的承压面积相等,又 $p_a>p_b$,所以阀芯离开中间位置向右移动,阀芯移动后使左侧变节流口 f_A 开大,右侧变节流口关小,使流经 f_B 的油液节流压降增加,使 b 室压力增高(B 腔负载压力不变)。直到 a、b 两室的油液压力相等,即 $p_a=p_b$ 时,阀芯才停止运动,阀芯在新的位置得到新的平衡。这时定节流口 F_A 和 F_B 的前后油液压差又相等,即 $\Delta p_{pa}=\Delta p_{pb}$,分流口 A 腔的流量又重新等于分流口 B 腔的流量,即 $q_A=q_B$ 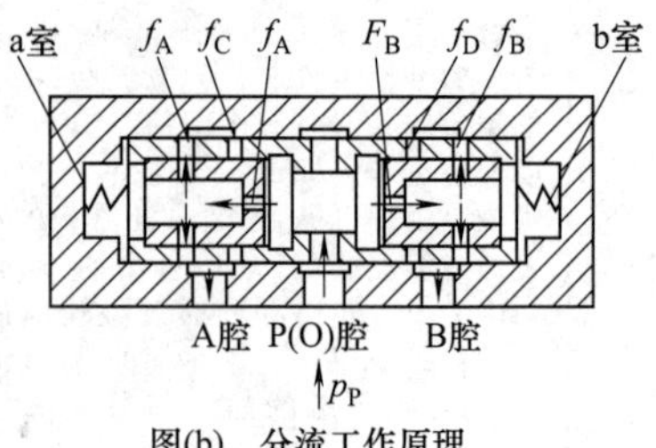 图(b)　分流工作原理 图(c)为换向活塞式分流集流阀集流工作状况的工作原理。由两个执行元件排出的压力油 p_A 与 p_B 分别进入阀的集流口 A 和 B,然后集中于 P(O)腔流出,回到油箱。当 A 腔和 B 腔负载压力相等时,通过变节流口反映到 a 室和 b 室的油液压力也相等。阀芯在对中弹簧作用下处于中间位置,使左右两侧的变节流口开度相等,因 a、b 两室的油液压力相等,即 $\Delta p_a=\Delta p_b$,所以定节流孔 F_A 和 F_B 的前后油液压差又相等,$\Delta p_{pa}=\Delta p_{pb}$,集流口 A 腔的流量等于集流口 B 腔的流量,即 $q_A=q_B$ 当 A 腔和 B 腔负载压力发生变化时,若 $p_A>p_B$,通过节流口反映到 a 室和 b 室的油液压力就不相等,即 $p_a>p_b$。定节流孔 F_A 的前后油液压差,就小于定节流口 F_B 的前后油液压差,即 $\Delta p_{pa}<\Delta p_{pb}$,因阀芯两端的承压面积相等,又 $p_a>p_b$,所以阀芯离开中间位置向右移动,阀芯移动后使左侧变节流口 f_C 关小,右侧变节流口 f_D 开大。f_C 关小的结果,使流经 f_C 的油液节流压降增加,使 a 室压力降低,直到 a、b 两室的油液压力相等。即 $p_a=p_b$ 时,阀芯才停止运动,阀芯在新的位置得到新的平衡。这时定节流口 F_A 和 F_B 的前后油液压差又相等,即 $\Delta p_{pa}=\Delta p_{pb}$,集流口 A 腔的流量又重新等于集流口 B 腔的流量,即 $q_A=q_B$ 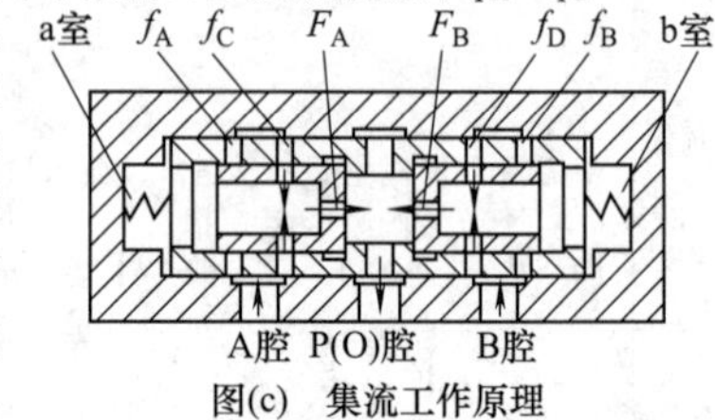 图(c)　集流工作原理
应用	分流集流阀用于多个液压执行元件驱动同一负载,而要求各执行元件同步的场合。由于两个或两个以上的执行元件的负载不均衡,摩擦阻力不相等,以及制造误差、内外泄漏量和压力损失不一致,经常不能使执行元件同步,因此,在这些系统中需要采取同步措施,来消除或克服这些影响。保证执行元件的同步运动时,可以考虑采用分流集流阀,但选用时要注意同步精度应满足要求 分流集流阀在动态时(阀芯移动过程中),两侧节流孔的前后压差不相等,即 A 腔流量不等于 B 腔流量,所以它只能保证执行元件在静态时的速度同步,而在动态时,既不能保证速度同步,更难实现位置同步。因此它的控制精度不高,不宜用在负载变动频繁的系统 分流集流阀的压力损失较大,通常在 1~12MPa 左右,因此系统发热量较大。自调节流式或可调节流式同步阀的同步精度及同步精度的稳定性都较固定节流式的为高,但压力损失也较后者为大

9.4.5　典型产品

9.4.5.1　节流阀

(1) MG/MK 型节流阀及单向节流阀(力士乐系列)

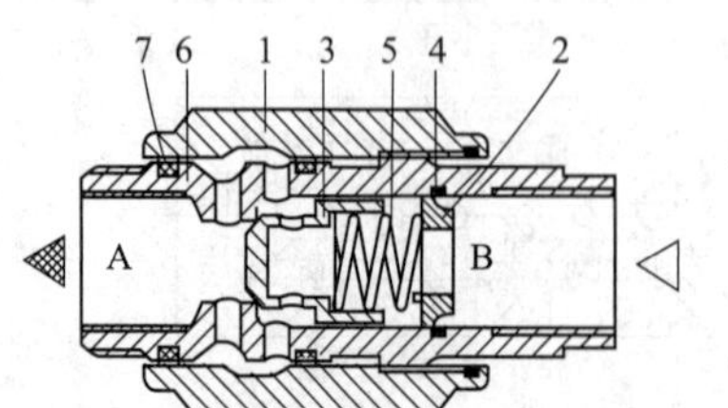

图 20-9-41　MK 型节流阀结构

1—螺母；2—弹簧座；3—单向阀；4—卡环；5—弹簧；6—阀体；7—O 形圈

型号意义：

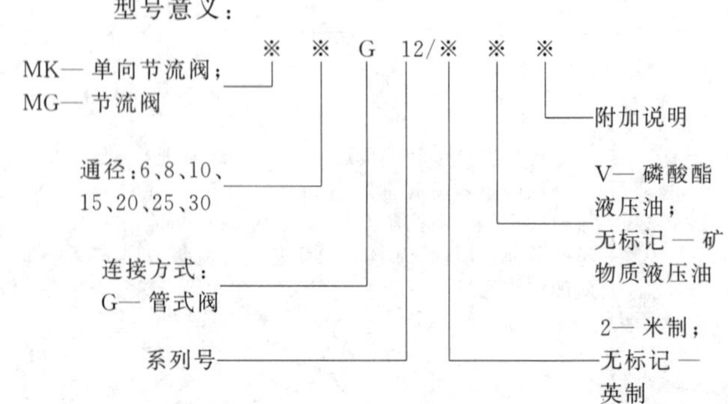

表 20-9-57　　MG/MK 型节流阀技术参数

通径/mm	6	8	10	15	20	25	30
流量/L・min^{-1}	15	30	50	140	200	300	400
压力/MPa	约 31.5						
开启压力/MPa	0.05(MK 型)						
介质	矿物油;磷酸酯液						
介质黏度/mm^2・s^{-1}	$(2.8\sim380)\times10^{-6}$						
介质温度/℃	−20～70						

表 20-9-58　　MG/MK 型节流阀外形尺寸　　mm

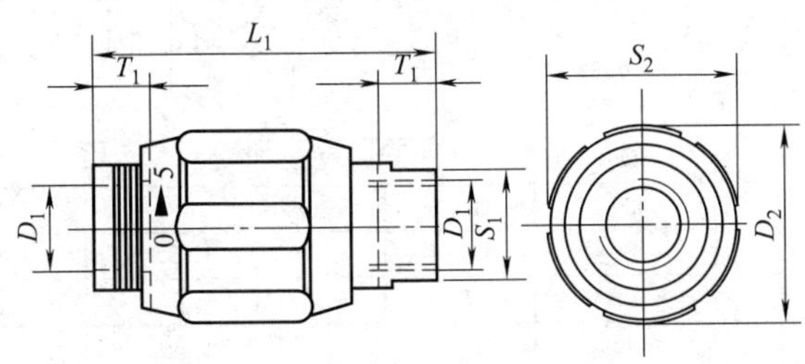

通径/mm	D_1	D_2	L_1	S_1	S_2	T_1	质量/kg
6	G1/4(M14×1.5)	34	65	19	32	12	0.3
8	G3/8(M18×1.5)	38	65	22	36	12	0.4
10	G1/2(M22×1.5)	48	80	27	46	14	0.7
15	G3/4(M27×2)	58	100	32	55	16	1.1
20	G1(M33×2)	72	110	41	70	18	1.9
25	G1¼(M42×2)	87	130	50	85	20	3.2
30	G1½(M48×2)	93	150	60	90	22	4.1

(2) DV/DRV 型节流截止阀及单向节流截止阀（力士乐系列）

型号意义：

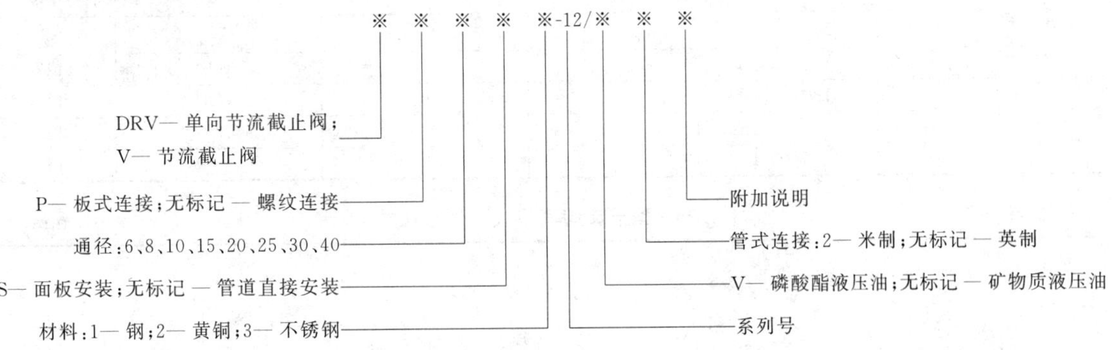

表 20-9-59　　DV/DRV 型节流截止阀及单向节流截止阀技术参数

通径/mm	6	8	10	12	16	20	25	30	40
流量/L・min^{-1}	14	60	75	140	175	200	300	400	600
工作压力/MPa	约 35								
单向阀开启压力/MPa	0.05								
介质	矿物液压油;磷酸酯液								
介质黏度/m^2・s^{-1}	$(2.8\sim380)\times10^{-6}$								
介质温度/℃	−20～100								
安装位置	任意								

表 20-9-60　　DV/DRV 型节流阀（管式）外形尺寸　　mm

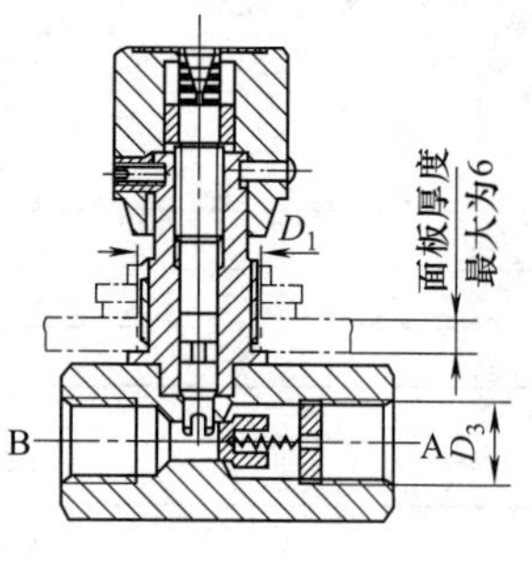

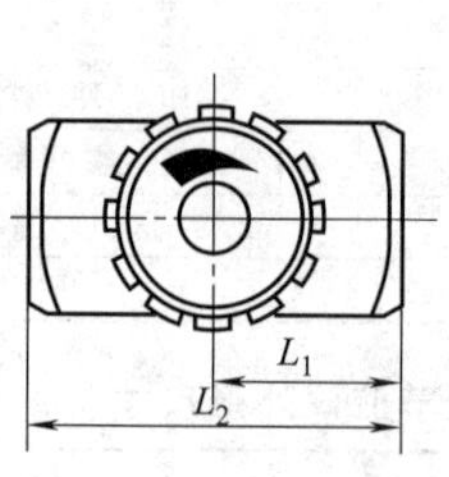

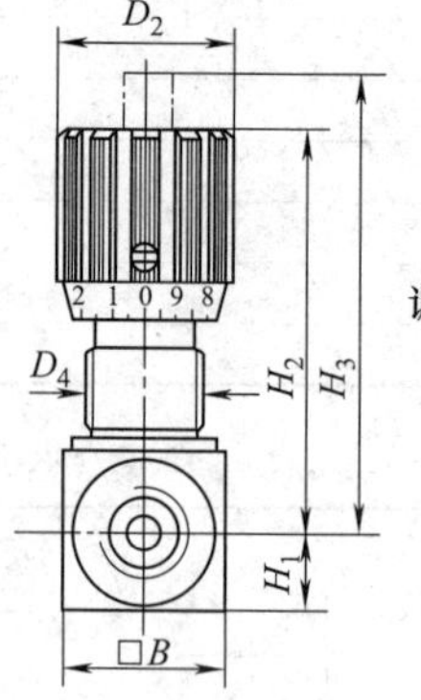

由规格20开始，调整用六角旋钮

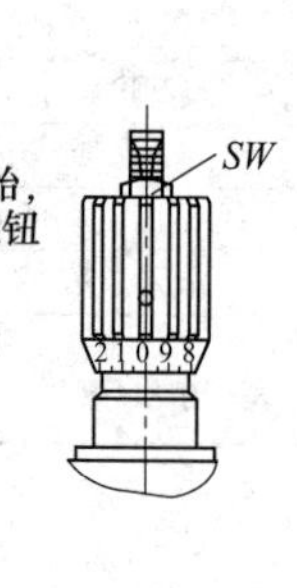

规格	B	D_1	D_2	D_3		D_4	H_1
6	15	16	24	G1/8	M10×1	M12×1.25	8
8	25	19	29	G1/4	M14×1.5	M18×1.5	12.5
10	30	19	29	G3/8	M18×1.5	M18×1.5	15
12	35	23	38	G1/2	M22×1.5	M22×1.5	17.5
16	45	23	38	G3/4	M27×2	M22×1.5	22.5
20	50	38	49	G1	M33×2	M33×1.5	25
25	60	38	49	G1¼	M42×2	M33×1.5	30
30	70	38	49	G1½	M48×2	M33×1.5	35
40	90	38	49	G2		M33×1.5	45

规格	H_2	H_3	SW	L_1		L_2	
				DV	DRV	DV	DRV
6	50	55	—	19	26	38	45
8	65	72		24	33.5	48	45
10	67	74		29	41	58	65
12	82	92		34	44	68	73
16	96	106		39	57	78	88
20	128	145	19	54	77	108	127
25	133	150	19	54	93	108	143
30	138	155	19	54	108	108	143
40	148	165	19	—	130	—	165

表 20-9-61　　DRVP 型节流阀（板式）外形尺寸　　mm

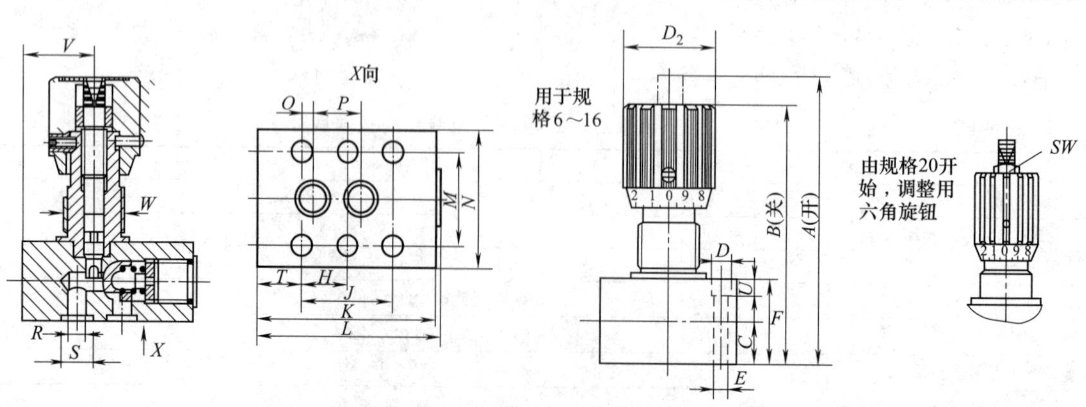

续表

规格	A	B	C	D	E	F	D_2	H	J	K	L
DRVP-6	63	58	8	11	6.6	16	24	—	19	41.5	43
DRVP-8	79	72	10	11	6.6	20	29	—	35	63.5	65
DRVP-10	84	77	12.5	11	6.6	25	29	—	33.5	70	72
DRVP-12	103	96	16	11	6.6	32	38	—	38	80	84
DRVP-16	128	118	22.5	14	9	45	38	38	76	104	107
DRVP-20	170	153	25	14	9	50	49	47.5	95	127	131
DRVP-25	175	150	27.5	18	11	55	49	60	120	165	169
DRVP-30	195	170	37.5	20	14	75	49	71.5	143	186	190
DRVP-40	220	203	50	20	14	100	49	67	133.5	192	196
规格	M	N	O	P	R	S	T	U	V	W	SW
DRVP-6	28.5	41.5	1.6	16	5	9.8	6.4	7	13.5	Pg7	—
DRVP-8	33.5	46	4.5	25.5	7	12.7	14.2	7	31	Pg11	—
DRVP-10	38	51	4	25.5	10	15.7	18	7	29.5	Pg11	—
DRVP-12	44.5	57.5	4	30	13	18.7	21	7	36.5	Pg16	—
DRVP-16	54	70	11.4	54	17	24.5	14	9	49	Pg16	—
DRVP-20	60	76.5	19	57	22	30.5	16	9	49	Pg29	19
DRVP-25	76	100	20.6	79.5	28.5	37.5	15	11	77	Pg29	19
DRVP-30	92	115	23.8	95	35	43.5	15	13	85	Pg29	19
DRVP-40	111	140	25.5	89	47.5	57.5	16	13	64	Pg29	19

9.4.5.2　调速阀

(1) 2FRM 型调速阀（5、10、16 通径）（力士乐系列）

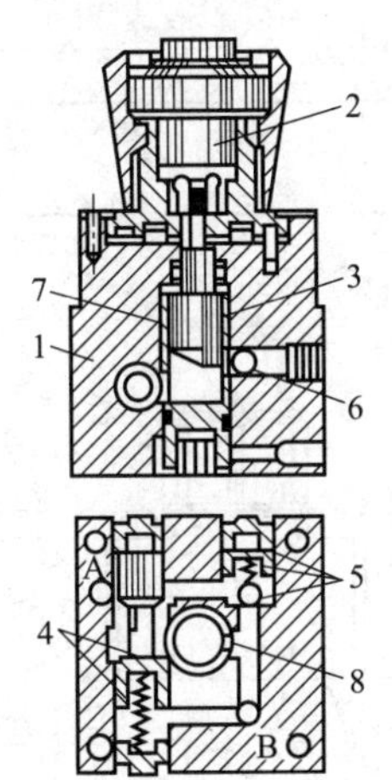

图 20-9-42　2FRM5-30 型调速阀结构

1—阀体；2—调节元件；3—薄刃孔；4—减压阀；5—单向阀；6—节流窗口；7—节流杆；8—节流孔

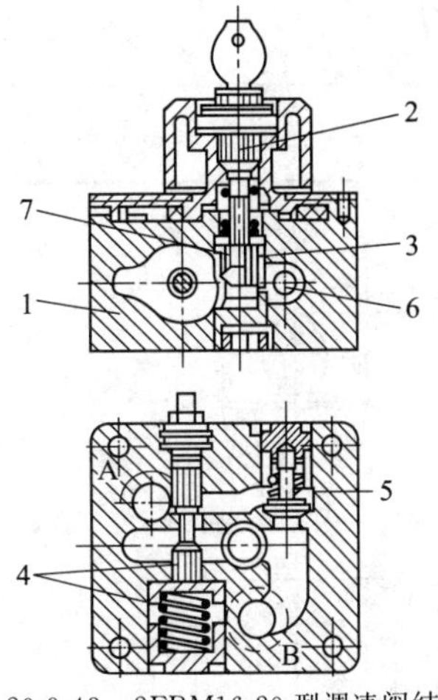

图 20-9-43　2FRM16-20 型调速阀结构

1—阀体；2—调节元件；3—薄刃孔；4—减压阀；5—单向阀；6—节流窗口；7—节流杆

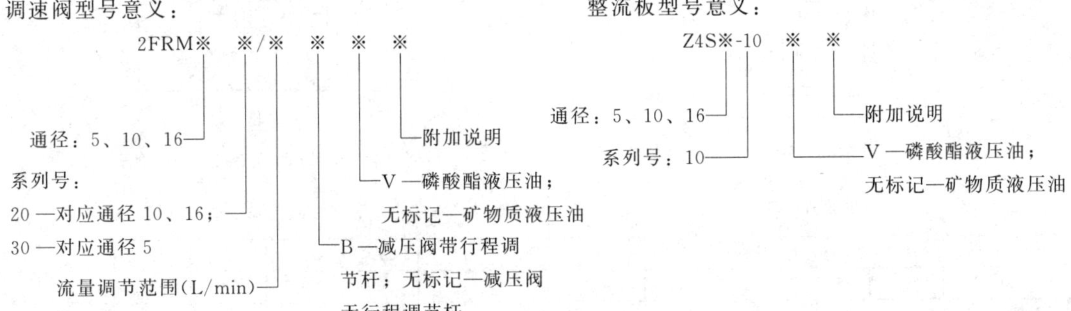

表 20-9-62　　**2FRM 型调速阀技术规格**

介　　质	矿物质液压油;磷酸酯液													
介质温度范围/℃	−20～70													
介质黏度范围/$mm^2 \cdot s^{-1}$	2.8～380													
通径/mm	5							10				16		
流量/$L \cdot min^{-1}$	0.2	0.6	1.2	3	6	10	15	10	16	25	50	60	100	160
油自B到A反向流通时压差 Δp/MPa	0.05	0.05	0.06	0.09	0.18	0.36	0.67	0.2	0.25	0.35	0.6	0.28	0.43	0.73
流量稳定范围(−20～70℃)/(Q_{max}%)	5	3	2					2						
	2(Δp=21MPa)							2(Δp=31.5MPa)						
工作压力/MPa	21							31.5						
最低压力损失/MPa	0.3～0.5			0.6～0.8				0.3～0.7			0.5～12			
过滤精度/μm	25(Q<5L/min);10(Q<0.5L/min)							—						
质量/kg	1.6							5.6			11.3			

表 20-9-63　　**整流板的技术规格**

介　　质	矿物质液压油;磷酸酯液		
介质温度范围/℃	−20～70		
介质黏度范围/$mm^2 \cdot s^{-1}$	2.8～380		
通径/mm	5	10	16
流量/$L \cdot min^{-1}$	15	50	160
工作压力/MPa	21	31.5	31.5
开启压力/MPa	0.1	0.15	0.15
质量/kg	0.6	3.2	9.3

表 20-9-64　　**调速阀外形尺寸**　　mm

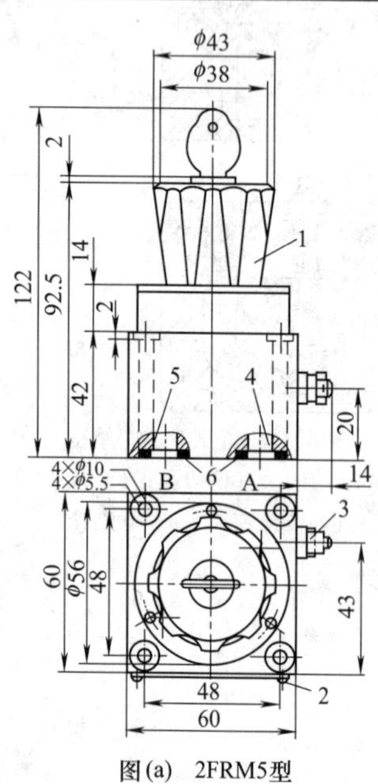

图(a)　2FRM5型

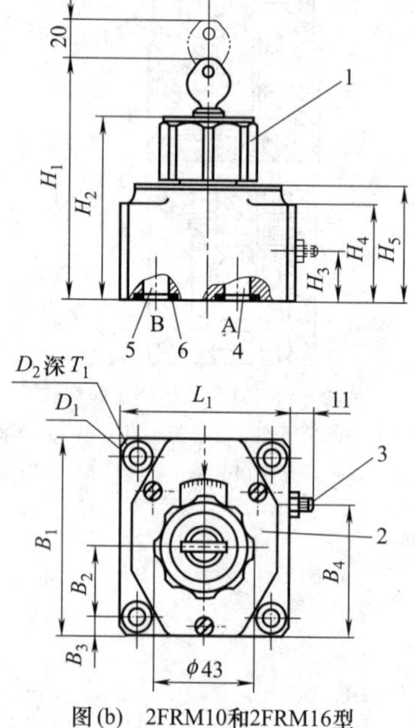

图(b)　2FRM10和2FRM16型

1—带锁调节手柄;2—标牌;3—减压阀行程调节器;4—进油口A;5—回油口B;6—O形圈

通径/mm	B_1	B_2	B_3	B_4	D_1	D_2	H_1	H_2	H_3	H_4	H_5	L_1	T_1
10	101.5	35.5	9.5	68	9	15	125	95	26	51	60	95	13
16	123.5	41.5	11	81.5	11	18	147	117	34	72	82	123.5	12

表 20-9-65　　整流板外形尺寸　　mm

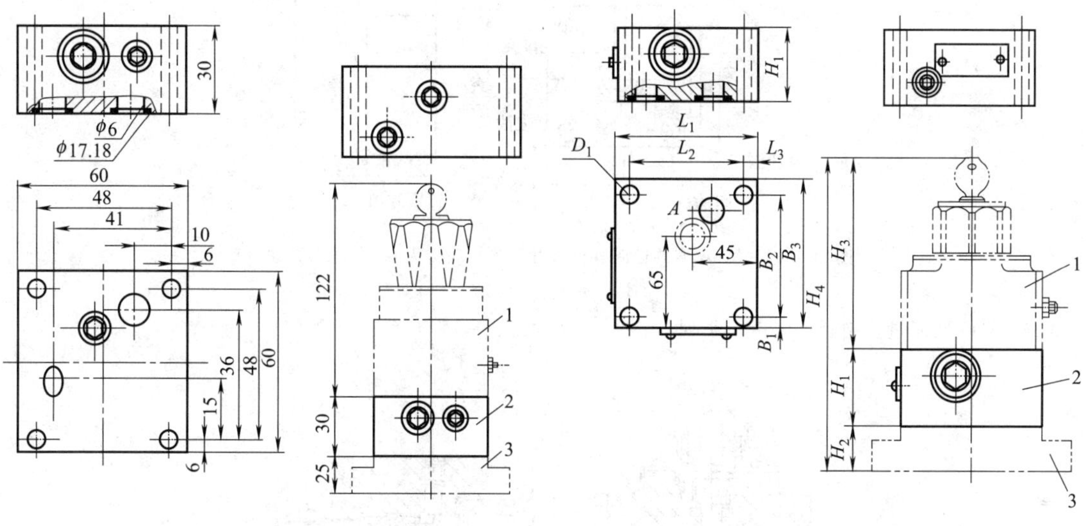

图(a)　Z4S5型　　图(b)　Z4S10和Z4S16型

1—调速阀；2—整流板；3—底板

通径/mm	B_1	B_2	B_3	D_1	H_1	H_2	H_3	H_4	L_1	L_2	L_3
10	9.5	82.5	101.5	9	50	30	125	205	95	76	9.5
16	11	101.5	123.5	11	85	40	147	272	123.5	101.5	11

表 20-9-66　　连接底板

通径/mm	5	10	16
底板型号	G44/1 G45/1	G279/1 G280/1	G281/1 G282/1

（2）MSA 型调速阀（力士乐系列）

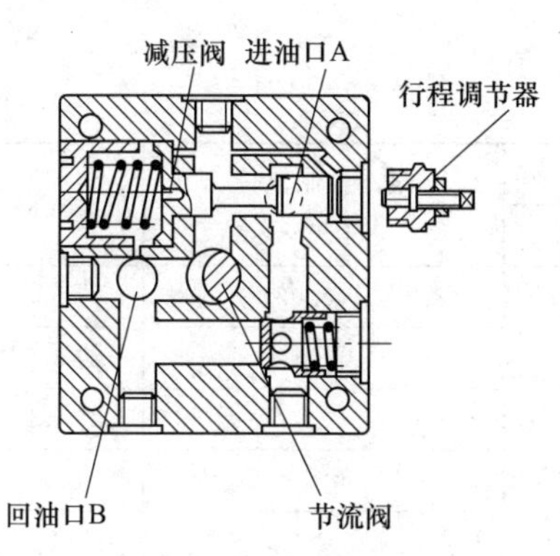

图 20-9-44　MSA 型调速阀结构

型号意义：

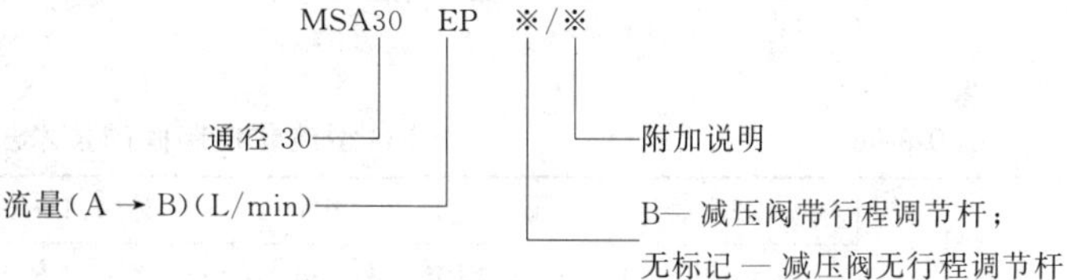

表 20-9-67　　MSA 型调速阀的技术规格

介　　质	矿物质液压油
介质温度范围/℃	−20～70
介质黏度范围/$mm^2 \cdot s^{-1}$	2.8～380
工作压力/MPa	21
最小压差(与 Q_{max} 有关)/MPa	5～10
流量调节	与压力无关

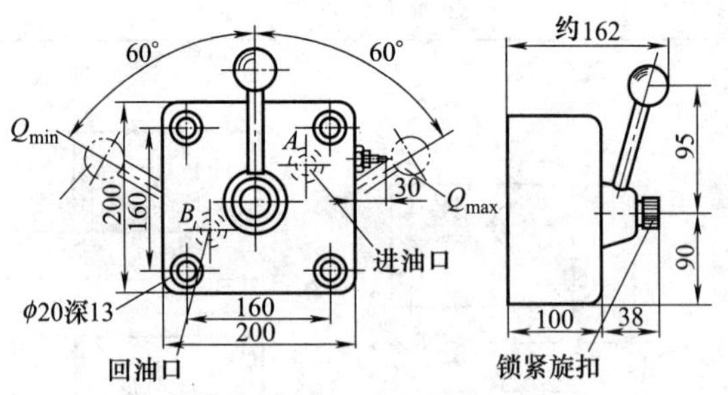

图 20-9-45　MSA 型调速阀外形尺寸（连接底板为 G138/1、G139/1）

(3) F※G 型流量控制阀（威格士系列）

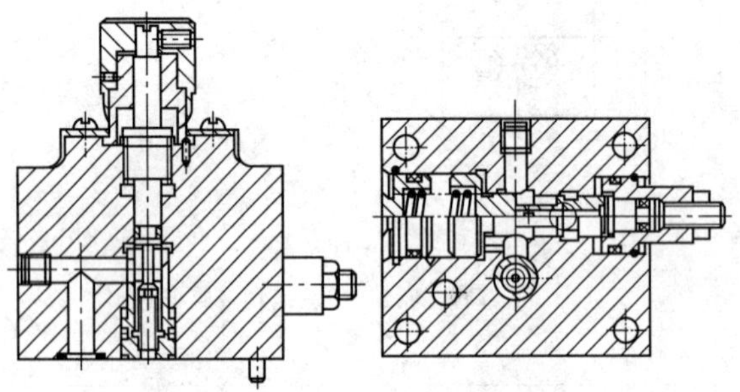

图 20-9-46　FCG-01 型流量控制阀结构

型号意义：

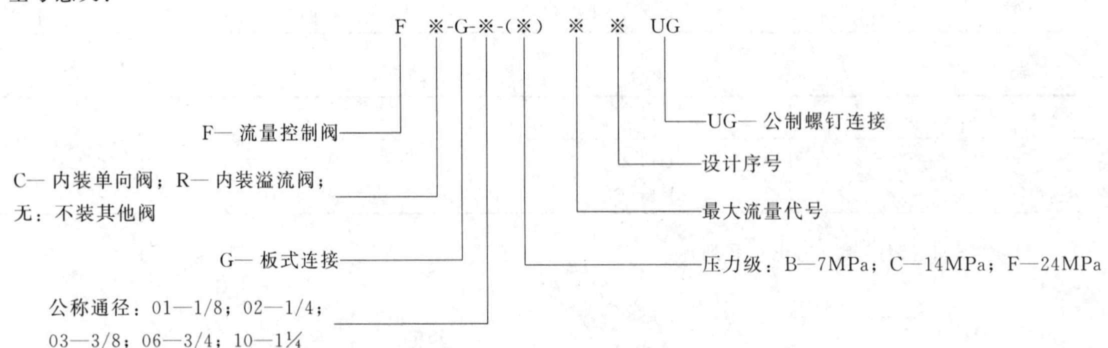

表 20-9-68　**F※G 型流量控制阀的技术规格**

型号	公称通径		压力/MPa		流量/$L \cdot min^{-1}$		最小控制流量/$L \cdot min^{-1}$	质量/kg
	mm	in	额定	最大	额定	最大		
F(C)G-01	6	1/8	—	21	4	8	0.04(0.02)①	约 1.3
F(C)G-02	—	1/4		21	—	24.5	0.05	约 3.9
FCG-03	10	3/8		21	—	106	0.2	约 8.2
FRG-03	10	3/8		21	—	106	0.2	约 7.7
FG-06	—	3/4		14	—	170	2	约 20
FG-10	—	1¼		14	—	375	4	约 45.4

① 当压力小于 7MPa 时，最小控制流量可达 0.02L/min。

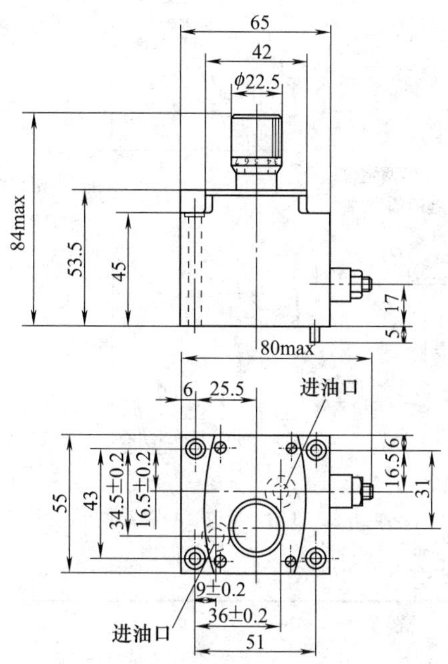

图 20-9-47　FCG-01 型流量控制阀外形尺寸

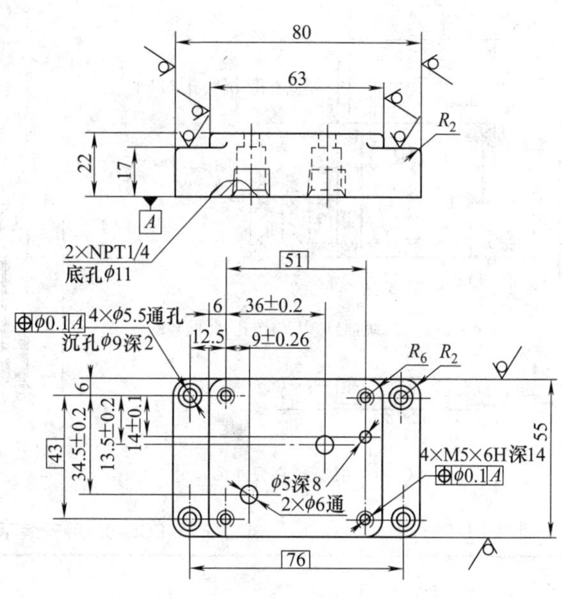

图 20-9-48　FCG-01 型用安装底板外形尺寸

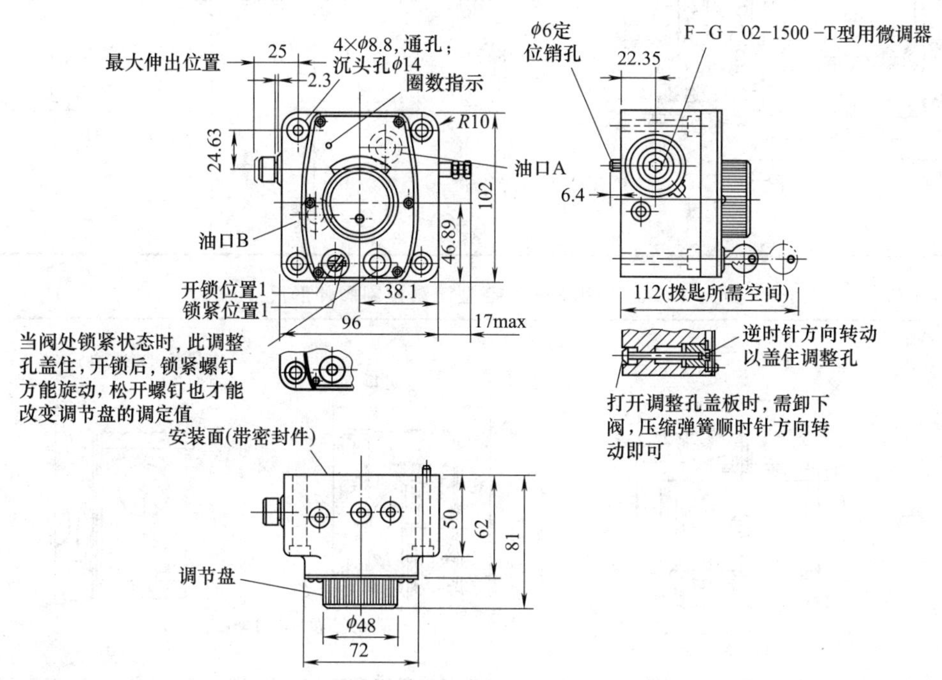

图 20-9-49　FCG-02 型流量控制阀外形尺寸

第20篇

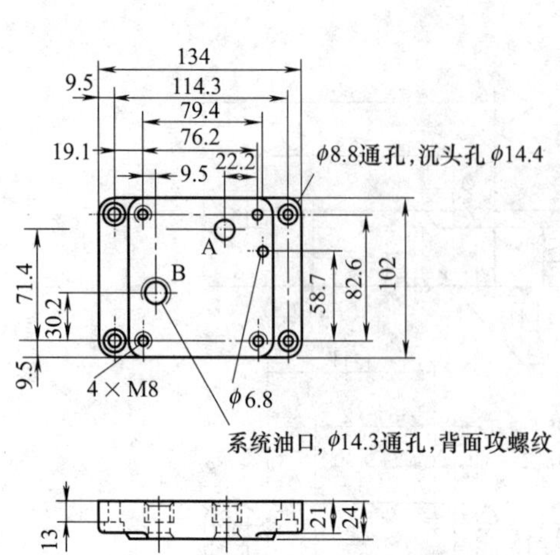

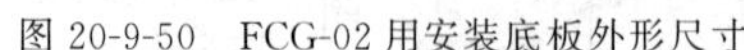

图 20-9-50 FCG-02 用安装底板外形尺寸

图 20-9-51 FCG-03-28-22（UG）型流量控制阀外形尺寸

表 20-9-69 FCG-03 用安装底板外形尺寸 mm

型号	A	B	最大推荐油量/L・min^{-1}
E-FGM-03-20	14.2	G3/8	38、3.4
E-FGM-03Y-10	23.0	G3/4	76 、3.4
E-FGM-03Z-10	23.0	G1	106 、4.95

表 20-9-70 F※G-06 型和 F※G-10 型流量控制阀外形尺寸 mm

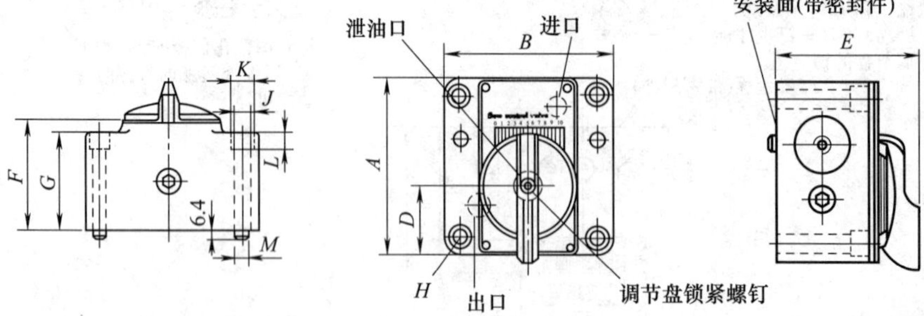

型号	A	B	D	E	F	G	H	J	K	L	M	螺栓组件
FG-06	165	178	63.5	146	106	95	16	17	27	16	16	BKFG-06-646
FG-10	225	244	82.6	162	122	108	24	21	34	19	19	BKFG-10-647

表 20-9-71　　F※G-06 和 F※G-10 用安装底板外形尺寸　　mm

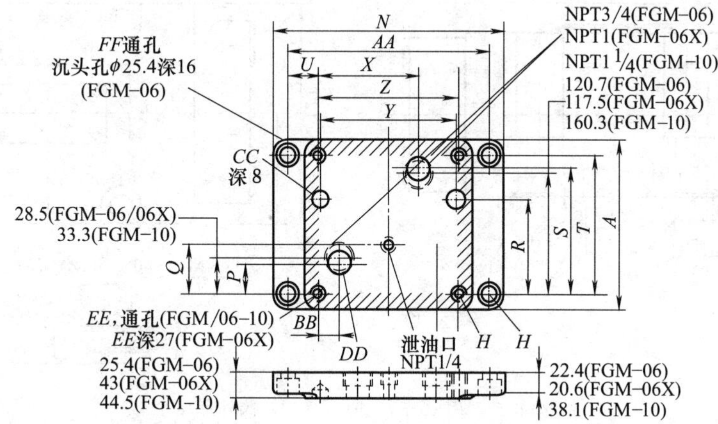

型号	N	P	Q	R	S	T	U	X	Y
FGM-06-＊-10	241	28.6	47.6	92	120.7	133.4	31.7	104.8	142.8
FGM-10-10	330	33.3	58.7	122.2	160.3	177.8	42.9	144.5	200

型号	Z	AA	BB	CC	DD	EE	FF
FGM-06-＊-10	146	209.6	22.2	16.7	23	M16-6H	16.7
FGM-10-10	196.9	282.6	34.9	19.8	28.6	M20-6H	19.8

9.4.5.3　分流集流阀（同步阀）

(1) FJL、FL、FDL 型同步阀

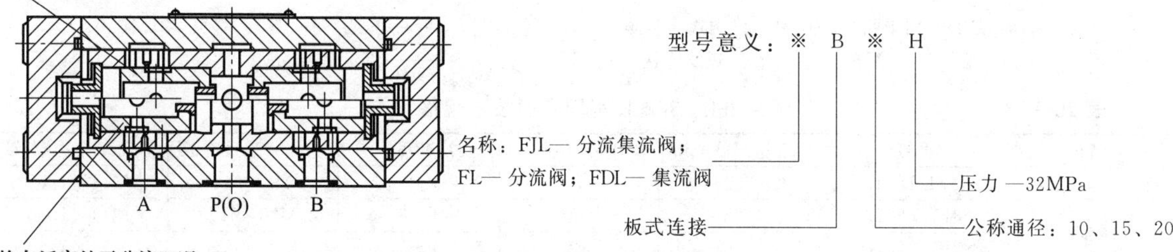

图 20-9-52　同步阀结构

表 20-9-72　　FJL、FL、FDL 型同步阀技术规格

名称	型号	通径/mm	流量/L·mm^{-1}		压力/MPa		速度同步误差(≤)/%				质量/kg
							A、B 口负载压差/MPa				
			P(O)	A、B	最高	最低	≤1.0	≤6.3	≤20	≤30	
分流集流式同步阀	FJL-B10H FJL-B15H FJL-B20H	10 15 20	40 63 100	20 31.5 50	32	2	0.7	1	2	3	13.8
分流式同步阀	FL-B10H FL-B15H FL-B20H	10 15 20	40 63 100	20 31.5 50							13.5
单向分流式同步阀	FDL-B10H FDL-B15H FDL-B20H	10 15 20	40 63 100	20 31.5 50							14

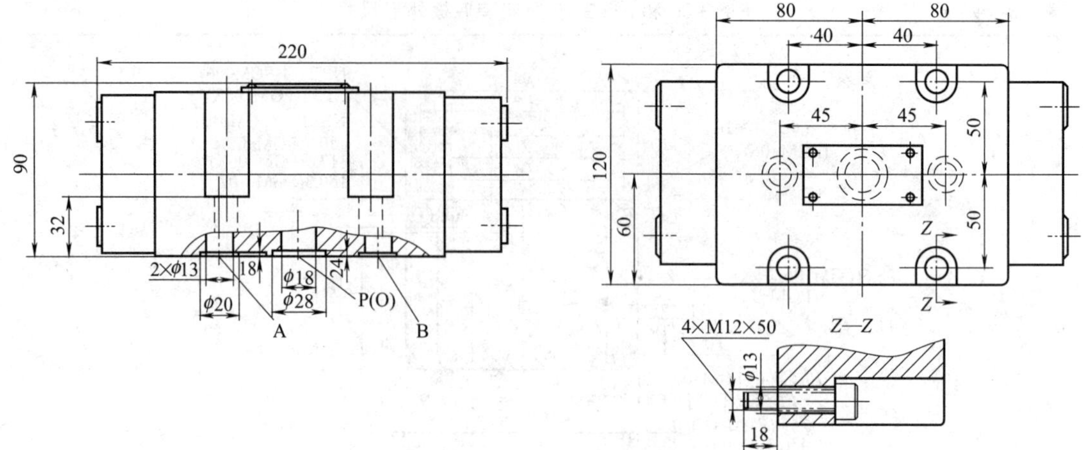

图 20-9-53　FJL、FL、FDL 型同步阀外形尺寸

(2) 3FL、3FJLK 型同步阀

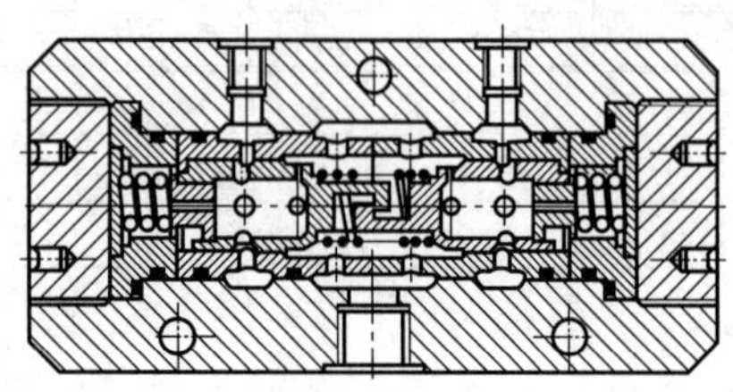

图 20-9-54　3FL 型同步阀结构

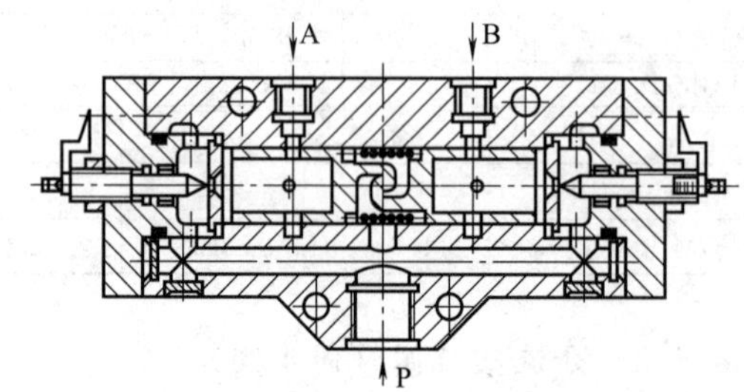

图 20-9-55　3FJLK 型同步阀结构

型号意义：

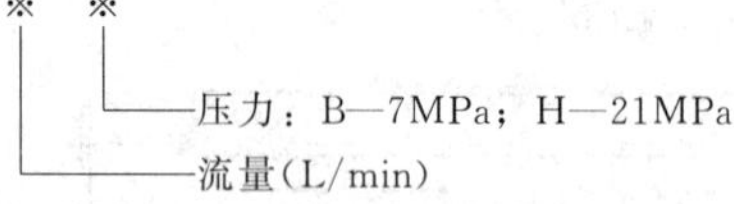

表 20-9-73　**3FL、3FJLK 型同步阀技术规格**

名称	型号	流量/L·min	压力/MPa	同步精度/%	主油路连接螺纹	分油路连接螺纹
同步阀	3FL-L30B	30	7	1～3	M27×15	M14×1.5
	3FL-L25H	25	32	1～3	M28×1.5	M14×1.5
	3FL-L50H	50	32	1～3	M22×1.5	M18×1.5
	3FL-L63H	63	32	1～3	M22×1.5	M18×1.5
可调式同步阀	3FJLK-L10-50H	10～15	21	1	M33×2	M18×1.5

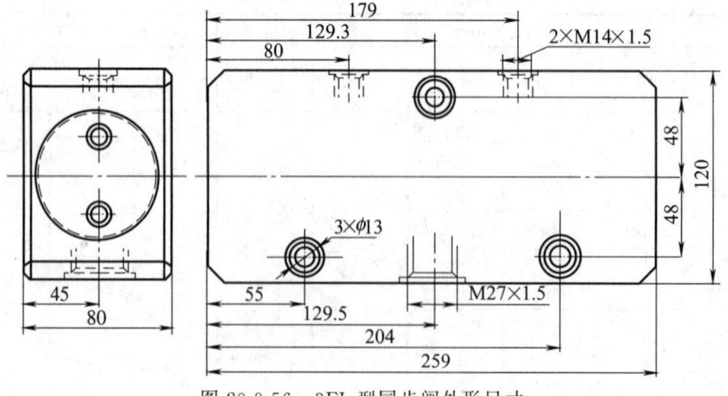

图 20-9-56　3FL 型同步阀外形尺寸

第20篇

(3) 3FJLZ 型自调式分流集流阀

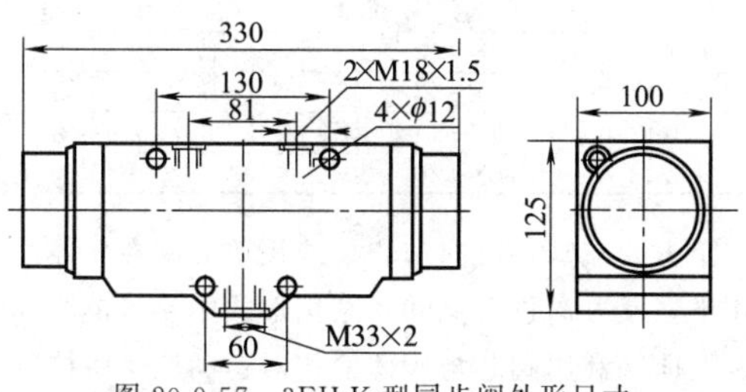

图 20-9-57　3FJLK 型同步阀外形尺寸

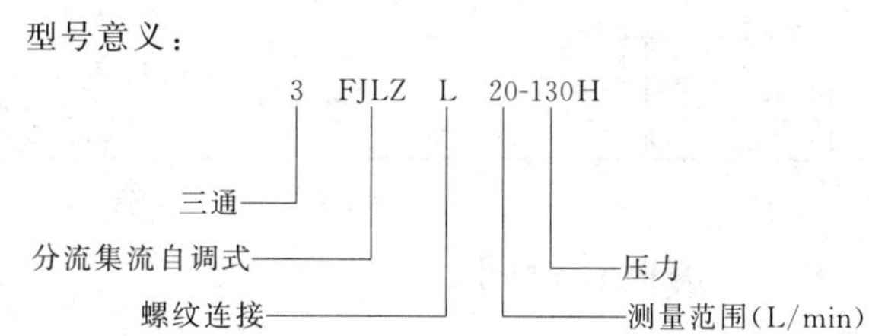

表 20-9-74　　3FJLZ 型自调式分流集流阀技术规格

型号	公称压力/MPa	额定流量/L·min^{-1}	同步精度	主油路连接螺纹	分油路连接螺纹
3FJLZ-L20-130-H	20	20～130	1%～3%	M33×2	M27×2

(4) ZTBF2 型自调式同步阀

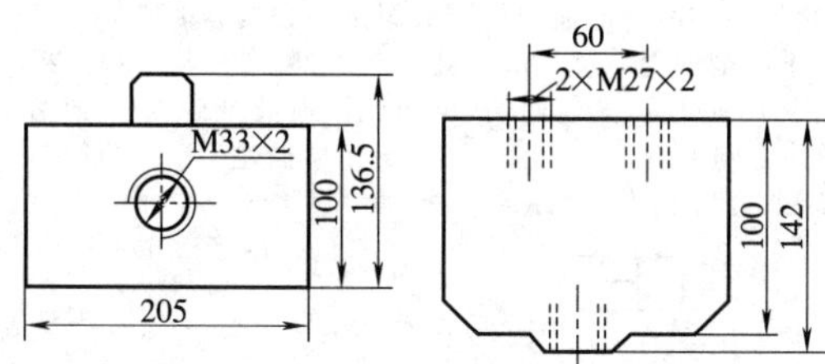

图 20-9-58　3FJLZ 型自调式分流集流阀外形尺寸

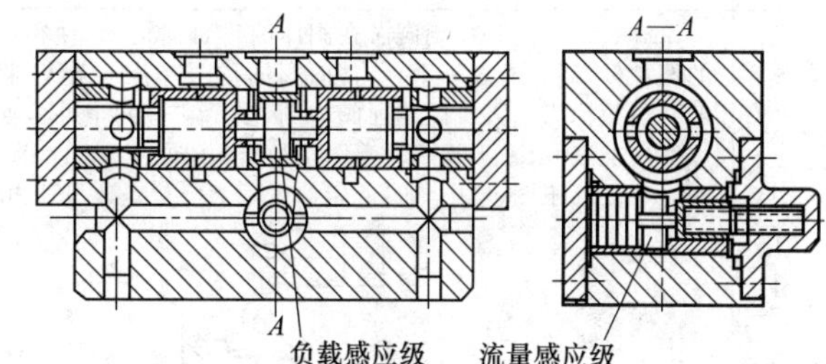

图 20-9-59　ZTBF2 型自调式同步阀结构原理

型号意义：

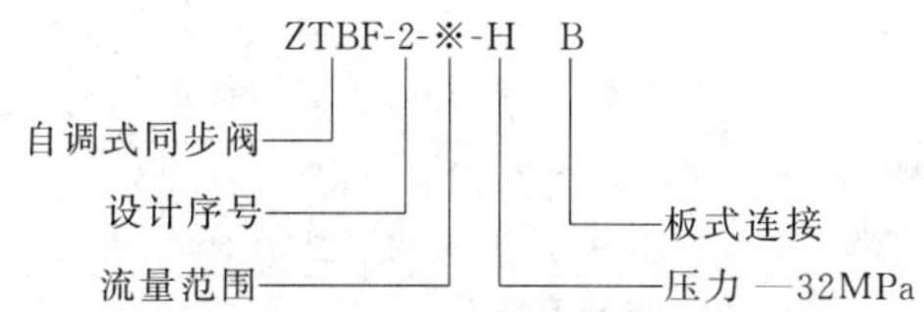

表 20-9-75　　ZTBF2 型自调式同步阀技术规格

型　号	流量范围 /L·min^{-1}	最高压力 /MPa	压力降 /MPa	允许出口负载偏差		使用温度/℃	同步精度/%
				流量下限时	流量上限时		
ZTBF2-3～12	3～12	32	0.8～1.2	30%	90%	−20～60	0.5～1.5
ZTBF2-10～50	10～50						
ZTBF2-40～130	40～130						
ZTBF2-80～320	80～320						

表 20-9-76　　ZTBF2 型自调式同步阀外形尺寸　　mm

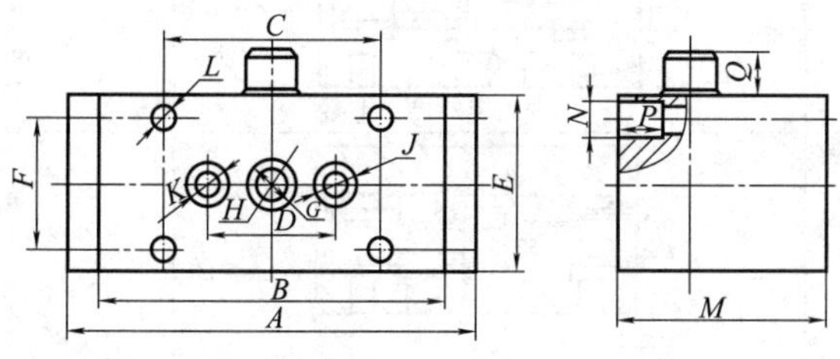

续表

型号	A	B	C	D	E	F	G	H	J	K	L	M	N	P	Q
ZTBF2-3～12	200	172	100	60	80	60	ϕ24	ϕ15	2×ϕ12	2×ϕ12	4×ϕ12	96	4×ϕ17	20	21
ZTBF2-10～50	200	172	100	60	80	60	ϕ24	ϕ15	2×ϕ12	2×ϕ12	4×ϕ12	96	4×ϕ17	20	21
ZTBF2-40～130	294	250	130	100	110	86	ϕ30	ϕ20	2×ϕ30	2×ϕ20	4×ϕ14	137	4×ϕ20	32	28
ZTBF2-80～320	400	360	200	150	150	115	ϕ65	ϕ50	2×ϕ45	2×ϕ30	4×ϕ20	200	4×ϕ29	40	45

9.5　方向控制阀

9.5.1　方向控制阀的工作原理和结构

方向控制阀主要用于控制油路油液的通断，从而控制液压系统执行元件的换向、启动和停止。方向控制阀按其用途可分为单向阀和换向阀两类。单向阀可分为普通单向阀和液控单向阀：普通单向阀只允许油液往一个方向流动，反向截止；液控单向阀在外控油液作用下，反方向也可流动；结构形式主要是锥阀和球阀。换向阀利用阀芯与阀体的相对运动使阀所控制的油口接通或断开，从而控制执行元件的换向、启动、停止等动作。换向阀有很多种类，按照阀的结构方式，分为滑阀式、转阀式和球阀式，其中最主要的是滑阀式。按照操纵方式又可以分成手动、机动、电动、液动、电液、气动等不同类型。

表 20-9-77　　方向控制阀的原理和结构

工作原理

滑阀式换向阀是控制阀芯在阀体内作轴向运动，使相应的油路接通或断开的换向阀。滑阀是一个具有多段环形槽的圆柱体，阀芯有若干个台肩，而阀体孔内有若干条沉割槽。每条沉割槽都通过相应的孔道与外部相连，与外部连接的孔道数称为通数。以四通阀为例，表示它有四个外接油口，其中 P 通进油，T 通回油，A 和 B 则通液压缸两腔，如图(a)中(ⅰ)所示。当阀芯处于图示位置时，通过阀芯上的环形槽使 P 与 B、T 与 A 相通，液压缸活塞向左运动。当阀芯向右移动处于图(a)中(ⅱ)所示位置时，P 与 A、B 与 T 相通，液压缸活塞向右运动

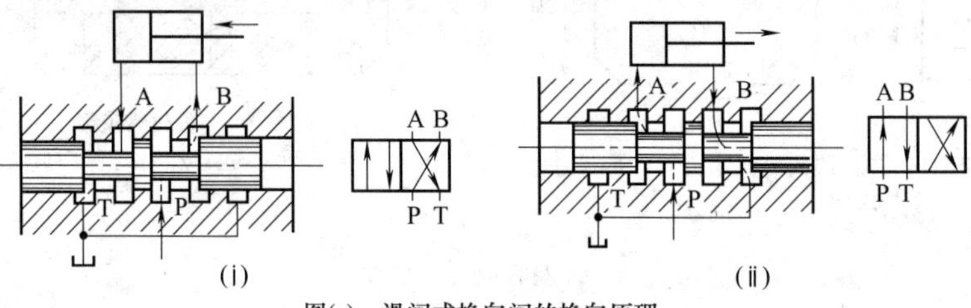

图(a)　滑阀式换向阀的换向原理

换向阀的工作位置数和通路数

换向阀的功能主要由它控制的通路数和阀的工作位置来决定

常用换向阀的结构原理与图形符号

位和通	结构原理图	图形符号
二位二通	A B	B A
二位三通	A P B	A B P
二位四通	B P A T	A B P T
二位五通	A P B T_2	AB T_1PT_2

续表

	位和通	结构原理图	图形符号
换向阀的工作位置数和通路数	三位四通	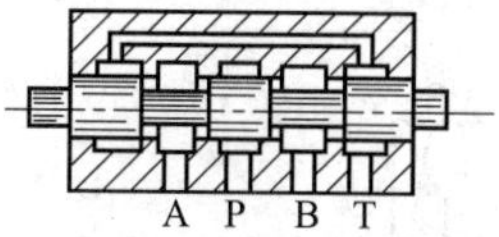 A P B T	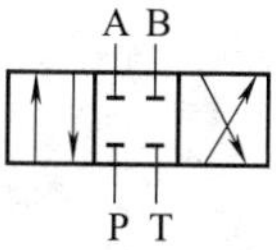 A B P T
	三位五通	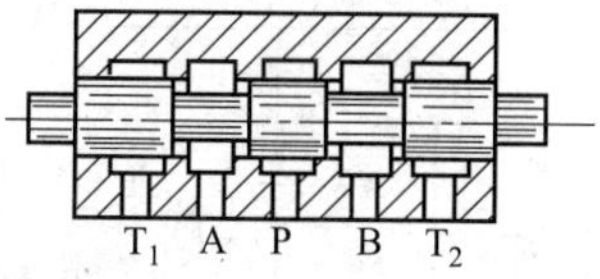 T_1 A P B T_2	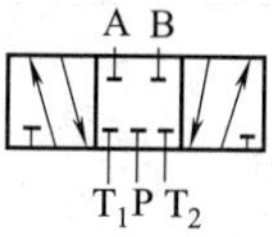 A B T_1PT_2

换向阀处于不同工作位置，其各油口的连通情况也不同，这种不同的连通方式所体现的换向阀的各种控制功能，叫滑阀机能。特别是三位换向阀的中位机能，在选用时必须注意

三位换向阀的中位机能

	机能代号	中间位置的符号		中间位置的性能特点
		三位四通	三位五通	
中位机能	O	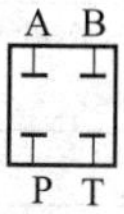 A B P T	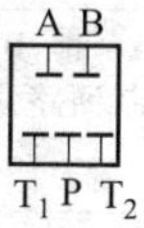 A B T_1 P T_2	各油口全关闭，系统保持压力，缸密封
	H	 A B P T	 A B T_1 P T_2	各油口 A、B、P、T 全部连通，泵卸荷，缸两腔连通
	Y	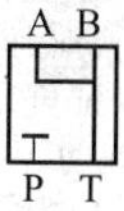 A B P T	 AB T_1 P T_2	A、B、T 连通，P 口保持压力，缸两腔连通
	J	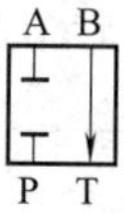 A B P T	 A B T_1 P T_2	P 口保持压力，缸 A 口封闭，B 口与回油 T 接通
	C	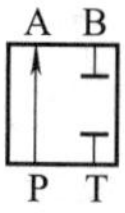 A B P T	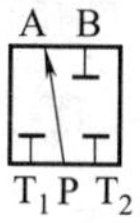 A B T_1 P T_2	缸 A 口通压力油，B 口与回油口 T 不通
	P	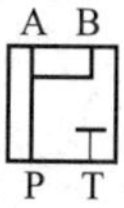 A B P T	 AB T_1 P T_2	P 口与 A、B 口都连通，回油口封闭
	K	 A B P T	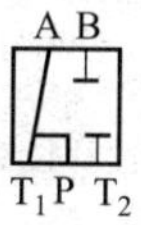 A B T_1P T_2	P 、A、T 口连通，泵卸荷，缸 B 封闭

续表

	机能代号	中间位置的符号		中间位置的性能特点
		三位四通	三位五通	
中位机能	X	A B P T	A B T_1 P T_2	A、B、P、T 口半开启接通，P 口保持一定压力
	M	A B P T	A B T_1 P T_2	P 、T 口连通，泵卸荷，缸 A、B 都封闭
	U	A B P T	A B T_1 P T_2	A、B 口接通，P 、T 口封闭，缸两腔连通。P 口保持压力

在分析和选择阀的中位机能时，通常考虑：

系统保压	当 P 口被堵塞，系统保压，液压泵能用于多缸系统。当 P 口与 T 口接通不太通畅时（如 X 型），系统能保持一定的压力供控制油路使用
系统卸荷	P 口与 T 口接通通畅时，系统卸荷
换向平稳性和精度	当通液压缸的 A、B 两口堵塞时，换向过程易产生冲击，换向不平稳，但换向精度高。反之，A、B 两口都通 T 口时，换向过程中工作部件不易制动，换向精度低，但液压冲击小
启动平稳性	阀在中位时，液压缸某腔如通油箱，则启动时因该腔内无油液起缓冲作用，启动不太平稳
液压缸“浮动”和在任意位置上的停止	阀在中位，当 A、B 两口互通时，卧式液压缸呈“浮动”状态，可用其他机构移动工作台，调整其位置。当 A、B 两口堵住或与 P 口连接（在非差动情况下），则可使液压缸在任意位置停下来

液压卡紧现象

对于所有换向阀来说，都存在着换向可靠性问题，尤其是电磁换向阀。为了使换向可靠，必须保证电磁推力大于弹簧力与阀芯摩擦力之和，方能可靠换向，而弹簧力必须大于阀芯摩擦阻力，才能保证可靠复位，由此可见，阀芯的摩擦阻力对换向阀的换向可靠性影响很大。阀芯的摩擦阻力主要是由液压卡紧力引起的。由于阀芯与阀套的制造和安装误差，阀芯出现锥度，阀芯与阀套存在同轴度误差，阀芯周围方向出现不平衡的径向力，阀芯偏向一边，当阀芯与阀套间的油膜被挤破，出现金属间的干摩擦时，这个径向不平衡力达到某饱和值，造成移动阀芯十分费力，这种现象叫液压卡紧现象。滑阀的液压卡紧现象是一个共性问题，不只是换向阀上有，其他液压阀也普遍存在。这就是各种液压阀的滑阀阀芯上都开有环形槽，制造精度和配合精度都要求很严格的缘故

液动力

液流通过换向阀时，作用在阀芯上的液流力有稳态液动力和瞬态液动力

稳态液动力是滑阀移动完毕，开口固定之后，液流通过滑阀流道因油液动量变化而产生的作用在阀芯上的力，这个力总是促使阀口关闭，使滑阀的工作趋于稳定

稳态液动力在轴向的分量 F_{bs}(N)为

$$F_{bs}=2C_dC_vw\sqrt{C_r^2+x_v^2}\cos\theta\Delta p$$

式中 x_v——阀口开度，m；

C_r——阀芯与阀套间的径向间隙，m；

w——阀口周围通油长度，即面积梯度，m；

Δp——阀口前后压差，Pa；

C_d——阀口的流量系数；

C_v——阀口的速度系数；

θ——流束轴线与阀芯线间的夹角

稳态液动力加大了阀芯移动换向的操纵力。补偿或消除这种稳态液动力的具体方法有：采用特制的阀腔[见图(b)中(ⅰ)]，阀套上开斜小孔[见图(b)中(ⅱ)]，使流入和流出阀腔的液体的动量互相抵消，从而减小轴向液动力；或者改变阀芯某些区段的颈部尺寸，使液流流过阀芯时有较大的压降[见图(b)中(ⅲ)]，以便在阀芯两端面上产生不平衡液压力，抵消轴向液动力。但应注意不要过补偿，因为过补偿意味着稳态液动力变成了开启力，这对滑阀稳定性是不利的

续表

液动力

图(b)　稳态液动力的补偿方法

瞬态液动力是滑阀在移动过程中，开口大小发生变化时，阀腔中液流因加速或减速而作用在滑阀上的力。它与开口量的变化率有关，与阀口的开度本身无关。滑阀不动时，只有稳态液动力存在，瞬态液动力则消失。图(c)为作用在滑阀上的瞬态液动力的情况。瞬态液动力 F_{bt}(N)的计算公式为

$$F_{bt}=LC_d w\sqrt{2\rho\Delta p}\frac{dx_v}{dt}=K_i\frac{dx_v}{dt}$$

式中　L——滑阀进油口中心到回油口中心之间的长度，常称为阻尼长度，m；

ρ——流经滑阀的油液密度，kg/m^3；

K_i——瞬态液动力系数

由上式可见，瞬态液动力与阀芯移动速度成正比，这相当于一个阻尼力，其大小也与阻尼长度有关。其方向总是与阀腔内液流加速度方向相反，所以可根据加速度方向确定液动力方向。一般常采用下述原则来判定瞬态液动力的方向：油液流出阀口，瞬态液动力的方向与阀芯移动方向相反；油液流入阀口，瞬态液动力的方向与阀芯移动方向相同。如果瞬态液动力的方向与阀芯运动方向相反，则阻尼长度为正；如果瞬态液动力的方向与阀芯移动方向相同，则阻尼长度为负

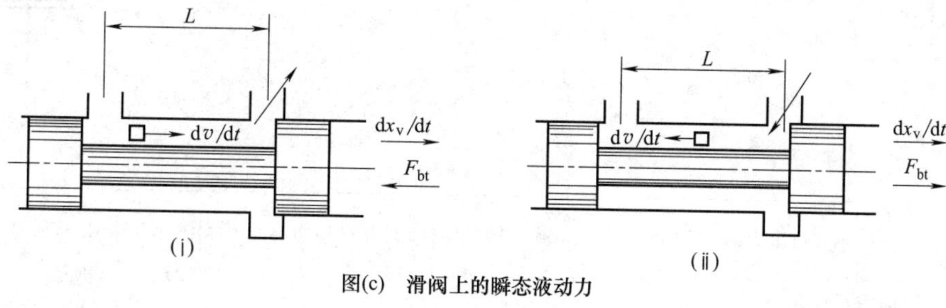

图(c)　滑阀上的瞬态液动力

9.5.2　普通单向阀

普通单向阀在液压系统中的作用是只允许液流沿管道一个方向通过，另一个方向的流动则被截止。

表 20-9-78　　普通单向阀的原理和结构

工作原理

普通单向阀结构简图见图(a)。压力油从 P_1 腔进入时，克服弹簧力推动阀芯，使油路接通，压力油从 P_2 腔流出，称为正向流动。当压力油从 P_2 腔进入时，油液压力和弹簧力将阀芯紧压在阀座上，油液不能通过，称为反向截止

要使阀芯开启，液压力必须克服弹簧力 F_k、摩擦力 F_f和阀芯重量 G，即

$$(p_1-p_2)A>F_k+F_f+G$$

式中　p_1——进油腔 1 的油液压力，Pa；

p_2——进油腔 2 的油液压力，Pa；

F_k——弹簧力，N；

F_f——阀芯与阀座的摩擦力，N；

G——阀芯重量，N；

A——阀座口面积，m^2

单向阀的开启压力 p_k一般都设计得较小，一般为 0.03～0.05MPa，这是为了尽可能降低油流通过时的压力损失。但当单向阀作为背压阀使用时，可将弹簧设计得较硬，使开启压力增高，以使系统回油保持一定的背压。可以根据实际使用需要更换弹簧，以改变其开启压力

单向阀按阀芯结构分为球阀和锥阀。图(a)为球阀式单向阀。球阀结构简单，制造方便。但由于钢球有圆度误差，而且没有导向，密封性差，一般在小流量场合使用。图(b)为锥阀式单向阀，其特点是当油液正向通过时，阻力可以设计得较小，而且密封性较好。但工艺要求严格，阀体孔与阀座孔必须有较高的同轴度，且阀芯锥面必须进行精磨加工。在高压大流量场合下一般都使用锥阀式结构

第20篇

续表

工作原理	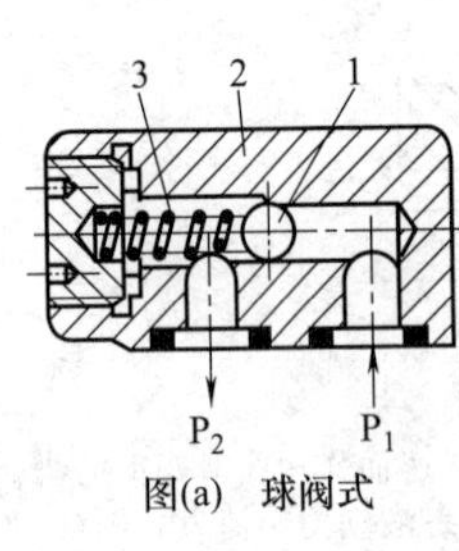 图(a) 球阀式 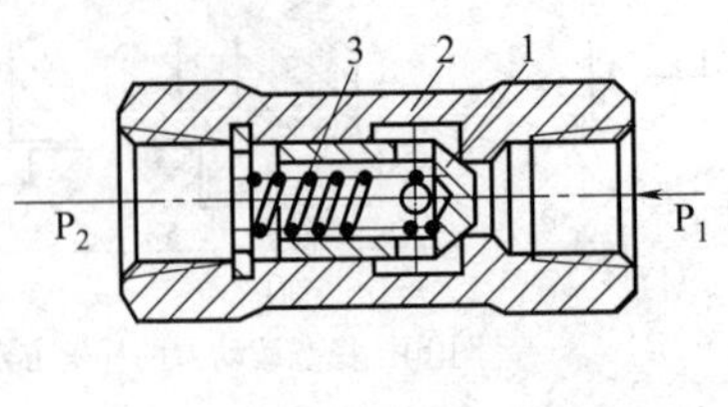 图(b) 锥阀式 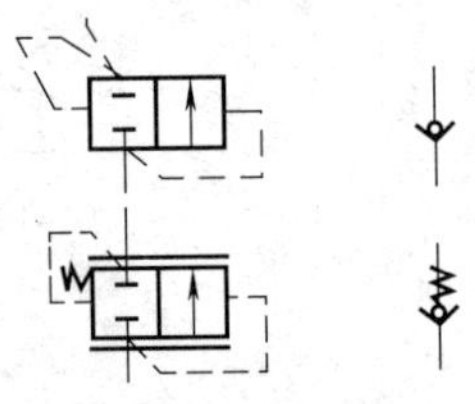 图(c) 详细符号 图(d) 简化符号 单向阀的结构和图形符号 1—阀芯；2—阀体；3—弹簧 单向阀按进出口油流的方向可分为直通式和直角式。直通式单向阀的进出口在同一轴线上(即管式结构)，结构简单，体积小，但容易产生自振和噪声，而且装于系统更换弹簧很不方便。直角式单向阀的进出口油液方向成为直角布置，见图(e)，其阀芯中间容积是半封闭状态，阀芯上的径向孔对阀芯振动有阻尼作用，更换阀芯弹簧时，不用将阀从系统拆下，性能良好 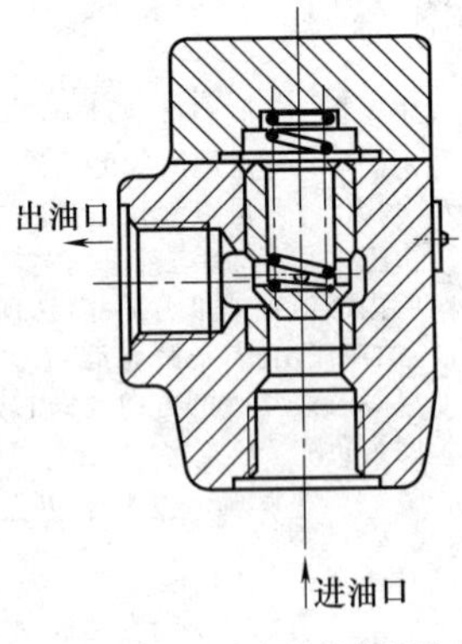 图(e) 直角式单向阀的结构
性能要求	①正向最小开启压力 $p_k=(F_k+F_f+G)/A$，国产单向阀的开启压力有 0.04MPa 和 0.4MPa，通过更换弹簧，改变刚度来改变开启压力的大小 ②反向密封性好 ③正向流阻小 ④动作灵敏
应用	主要用于不允许液流反向的场合 ①单独用于液压泵出口，防止由于系统压力突升油液倒流而损坏液压泵 ②隔开油路间不必要的联系 ③配合蓄能器实现保压 ④作为旁路与其他阀组成复合阀。常见的有单向节流阀、单向顺序阀、单向调速阀等 ⑤采用较硬弹簧作背压阀。电液换向阀中位时使系统卸荷，单向阀保持进口侧油路的压力不低于它的开启压力，以保证控制油路有足够压力使换向阀换向

9.5.3 液控单向阀

液控单向阀是一种特殊的单向阀，除了具有普通单向阀的功能外，还可根据需要由外部油压控制，实现逆向流动。

表 20-9-79 液控单向阀

工作原理	液控单向阀见图(a)。图中上半部与一般单向阀相同，当控制口 K 不通压力油时，阀的作用与单向阀相同，只允许油液向一个方向流动，反向截止。下半部有一控制活塞 1，控制口 K 通以一定压力的油液，推动控制活塞并通过推杆 2 抬起锥阀阀芯 3，使阀保持开启状态，油液就可以由 P_2 流到 P_1，即反向流动

续表

工作原理

要使阀芯反向开启必须满足

$$(p_k-p_1)A_k-F_{f2}>(p_2-p_1)A+F_k+F_f+F_{f1}+G$$

即

$$p_k>p_1+(p_2-p_1)\frac{A}{A_k}+\frac{F_k+F_{f1}+F_{f2}+G+F_f}{A_k}$$

式中　p_k——阀反向开启时的控制压力，Pa；

p_1——进油腔 1 的油液压力，Pa；

p_2——进油腔 2 的油液压力，Pa；

A_k——控制活塞面积，m^2；

F_{f1}——锥阀阀芯的摩擦阻力，N；

F_{f2}——控制活塞的摩擦阻力，N；

F_k——弹簧力，N；

F_f——阀芯与阀座的摩擦力，N；

G——阀芯重量，N；

A——阀座口面积，m^2

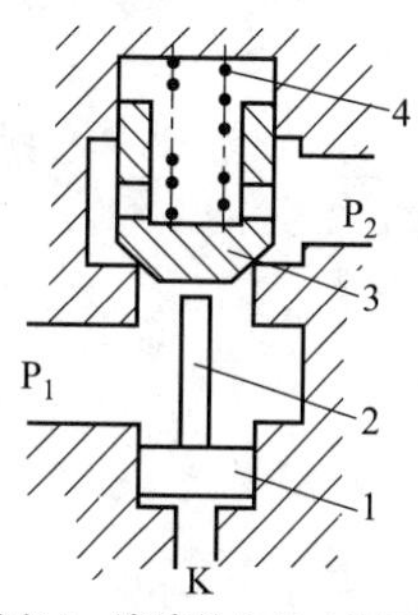

图(a)　液控单向阀工作原理

1—控制活塞；2—推杆；3—锥阀阀芯；4—弹簧

由上式可以看出，液控单向阀反向开启压力主要取决于进油腔压力 p_2 和锥阀活塞与控制活塞面积比 A/A_k，同时也与出口压力 p_1 有关

图(b)是内泄式液控单向阀，它的控制活塞上腔与 P_1 腔相通，所以叫内泄式。它的结构简单，制造方便。但由于结构限制，控制活塞面积 A_k 不能比阀芯面积大很多，因此反向开启的控制压力 p_k 较大。当 $p_1=0$ 时，$p_k\approx(0.4\sim0.5)p_2$。若 $p_1\neq0$ 时，p_k 将会更大一些，所以这种阀只用于低压场合

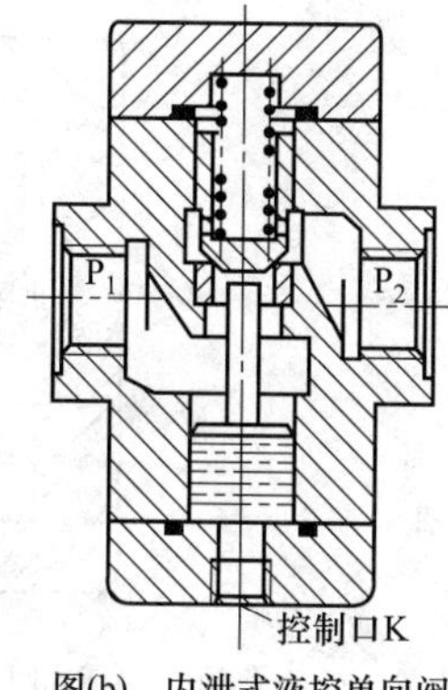

图(b)　内泄式液控单向阀

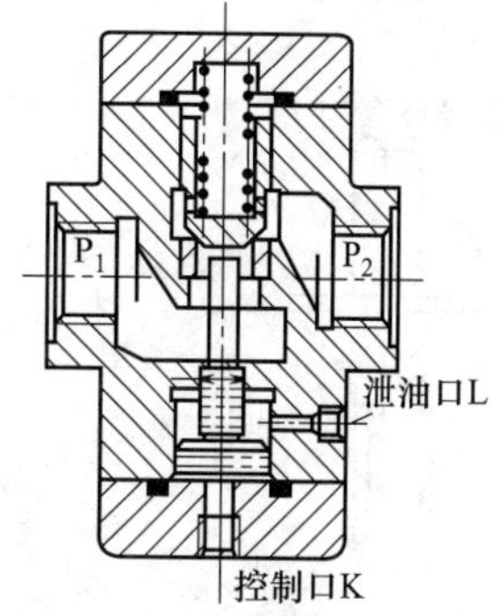

图(c)　外泄式液控单向阀

为了减少出油腔压力 p_1 对开启控制压力 p_k 的影响，出现了图(c)所示的外泄式液控单向阀，在控制活塞的上腔增加了外泄口，与油箱连通，减少了 P_1 腔压力在控制活塞上的作用面积。此时上式改写为(忽略摩擦力和重力)

$$p_k>p_1\frac{A_1}{A_k}+(p_2-p_1)\frac{A}{A_k}$$

式中　A_1——P_1 腔压力作用在控制活塞上的活塞杆面积，m^2

A_1/A_k 越小，p_1 对 p_k 的影响就越小

在高压系统中，上述两种结构所需的反向开启控制压力均很高，为此应采用带卸荷阀芯的液控单向阀，它也有内泄式和外泄式两种结构。图(d)为内泄式带卸荷阀芯的液控单向阀。它在锥阀 3(主阀)内部增加了一个卸荷阀芯 6，在控制活塞顶起锥阀之前先顶起卸荷阀芯 6，使锥阀上部的油液通过卸荷阀上铣去的缺口与下腔压力油相通，阀上部的油液通过泄油口到下腔，上腔压力有所下降，上下腔压力差 p_2-p_1 减少，此时控制活塞便可将锥阀顶起，油从 P_2 腔流向 P_1 腔，卸荷阀芯顶开后，$p_2-p_1\approx0$，所以公式就变成

$$p_k>+\frac{F_k+F_{f1}+F_{f2}+G+F_f}{A_k}+p_1$$

即开启压力大大减少，这是高压液控单向阀常采用的一种结构

续表

工作原理

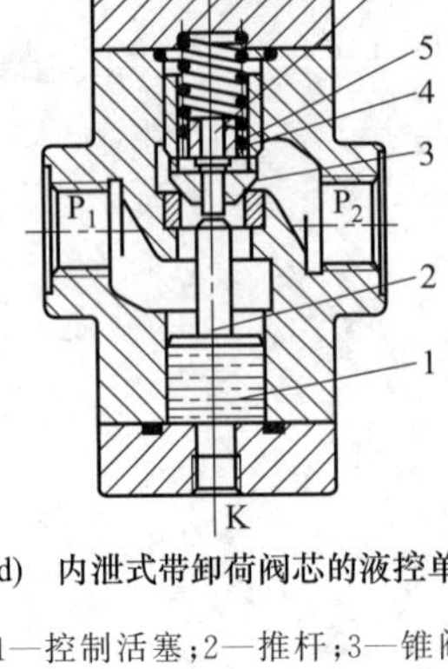

图(d) 内泄式带卸荷阀芯的液控单向阀

1—控制活塞；2—推杆；3—锥阀；
4—弹簧座；5—弹簧；6—卸荷阀芯

图(e) 外泄式带卸荷阀芯的液控单向阀

图(e)为外泄式带卸荷阀芯的液控单向阀，该阀可以进一步减少出油口压力 p_1对 p_k的影响，所需开启压力为

$$p_k > p_1\frac{A_1}{A_k}+\frac{F_k+F_{f1}+F_{f2}+G+F_f}{A_k}$$

因为 $A_1<A$ 所以外泄式液控单向阀所需反向开启控制压力比内泄式的低

图(f)为卸荷阀芯的结构。由于它的结构比较复杂，加工也困难，尤其是通径较小时结构更小，加工更困难，因此近年来国内外都采用钢球代替卸荷阀芯，封闭主阀下端的小孔来达到同样的目的，见图(g)和图(h)

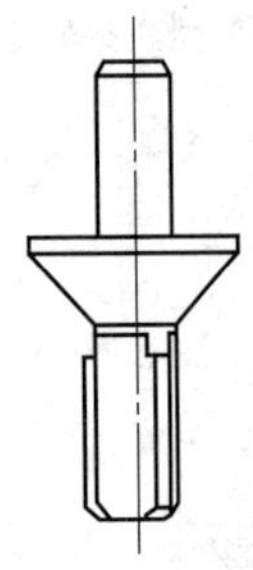

图(f) 卸荷阀芯的结构

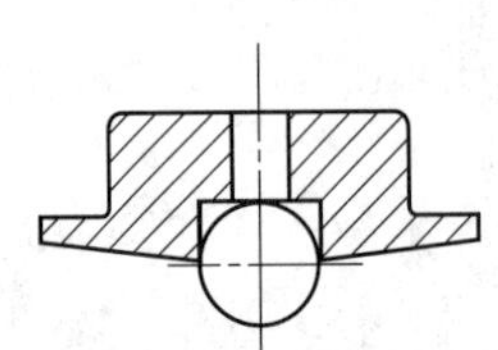

图(g) 钢球密封的结构

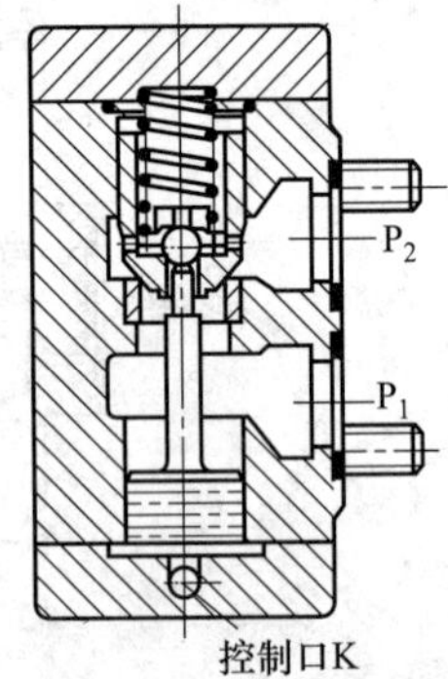

图(h) 钢球式卸荷阀芯液控单向阀的结构

它是将一个钢球压入弹簧座内，利用钢球的圆球面将阀芯小孔封闭。这种结构大大简化了工艺，解决了卸荷阀芯加工困难的问题。但是，这种结构的控制活塞的顶端应加长一小段，伸入阀芯小孔内，由于这个阀芯孔较小，控制活塞端部伸入的一段较细，因而容易发生弯曲甚至断裂。另外，对阀体上端阀芯孔和下端控制活塞孔的同轴度的要求也提高了

带卸荷阀结构的液控单向阀，由于卸荷阀芯开启时与主阀芯小孔之间的缝隙较小，通过这个缝隙能溢掉的油液量是有限的，所以，它仅仅适合于反向油流是一个封闭的场合，如液压缸的一腔、蓄能器等。封闭容腔的压力油只需释放很少一点流量便可将压力卸掉，这样就可用很小的控制压力将主阀芯打开。如果反向油流是一个连续供油的油源，如直接来自液压泵的供油，由于连续供油的流量很大，这么大的流量强迫它从很小的缝隙通过，油流必然获得很高的流速，同时造成很大的压力损失，而反向油流的压力仍然降不下来。所以虽然卸荷阀芯打开了，但仍有很高的反向油流压力压在主阀芯上，因而仅能打开卸荷阀芯，却打不开主阀芯，使反向油流的压力降不到零，油流也就不能全部通过。在这种情况下，要使反向连续供油全部反向通过，必须大大提高控制压力，将主阀芯打开到一定开度才行

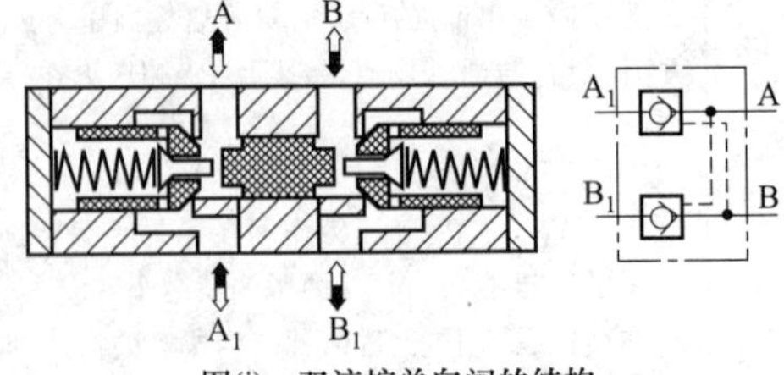

图(i) 双液控单向阀的结构

图(i)是将两个液控单向阀布置在同一个阀体内，称为双液控单向阀，也叫液压锁。其工作原理是：当液压系统一条通路的油从 A 腔进入时，依靠油液压力自动将左边的阀芯推开，使 A 腔的油流到 A_1。同时，将中间的控制活塞向右推，将右边的阀芯顶开，使 B 腔与 B_1 腔相沟通，把原来封闭在 B_1 腔通路上的油液通过 B 腔排出。总之就是当一个油腔是正向进油时，另一个油腔就是反向出油，反之亦然

续表

主要性能要求	①最小正向开启压力要小。最小正向开启压力与单向阀相同，为 0.03～0.05MPa ②反向密封性好 ③压力损失小 ④反向开启最小控制压力一般为：不带卸荷阀 $p_k=(0.4\sim0.5)p_2$，带卸荷阀 $p_k=0.05p_2$
应用	液控单向阀在液压系统中的应用范围很广，主要利用液控单向阀锥阀良好的密封性。如图(j)所示的锁紧回路，锁紧的可靠性及锁定位置的精度仅仅受液压缸本身内泄漏的影响。图(k)的防止自重下落回路，可保证将活塞锁定在任何位置，并可防止由于换向阀的内部泄漏引起带有负载的活塞杆下落 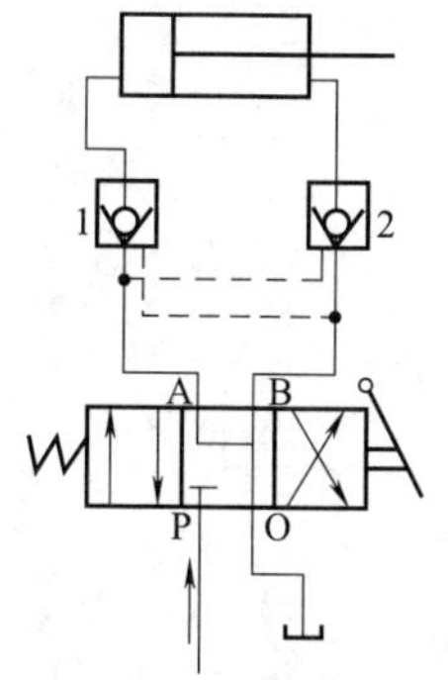 图(j)　利用液控单向阀的锁紧回路 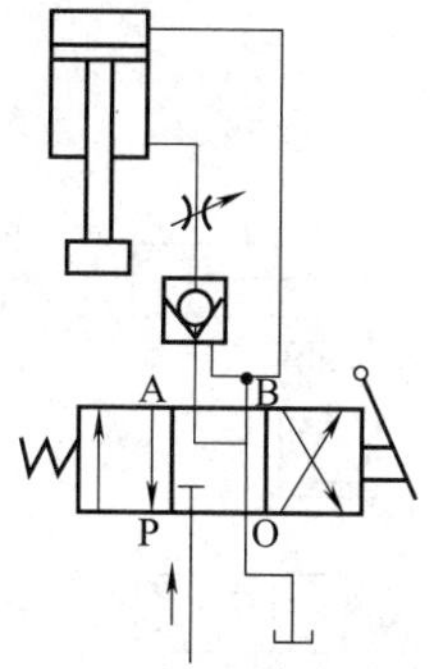 图(k)　防止自重下落回路 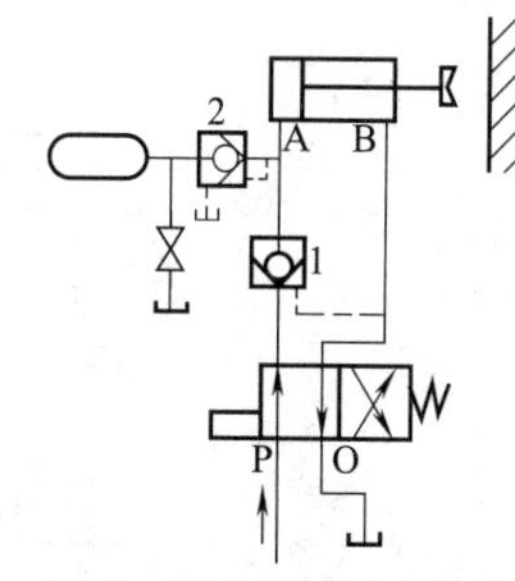 图(l)　利用液控单向阀的保压回路 在液压缸活塞夹紧工件或顶起重物过程中，由于停电等突然事故而使液压泵供电中断时，可采用液控单向阀，打开蓄能器回路，以保持其压力，见图(l)。当二位四通电磁阀处于左位时，液压泵输出的压力油正向通过液控单向阀 1 和 2，向液压缸和蓄能器同时供油，以夹紧工件或顶起重物。当突然停电液压泵停止供油时，液控单向阀 1 关闭，而液控单向阀 2 仍靠液压缸 A 腔的压力油打开，沟通蓄能器，液压缸靠蓄能器内的压力油保持压力。这种场合的液控单向阀，必须带卸荷阀芯，并且是外泄式的结构。否则，由于这里液控单向阀反向出油腔油流的背压就是液压缸 A 腔的压力，因为压力较高而有可能打不开液控单向阀 在蓄能器回路里，可以采用液控单向阀，利用蓄能器本身的压力将液控单向阀打开，使蓄能器向系统供油。这种场合应选择带卸荷阀芯的并且是外泄式结构的液控单向阀。见图(m)。当二位四通电磁换向阀处于右位时，液控单向阀处于关闭状态；当电磁铁通电使换向阀处于左位时，蓄能器内的压力油将液控单向阀打开，同时向系统供油 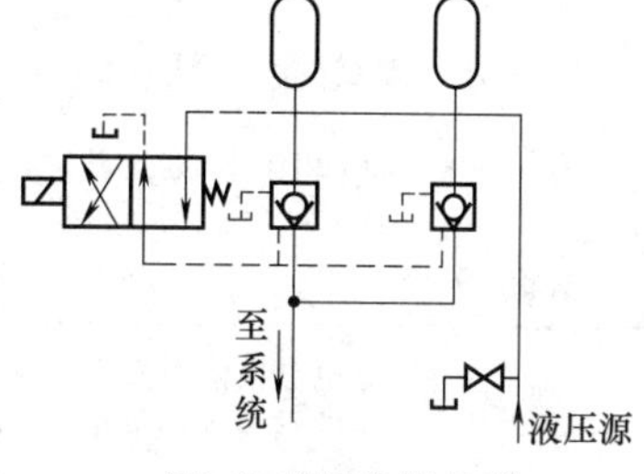 图(m)　蓄能器供油回路 液控单向阀也可作充液阀，如图(n)所示。活塞等以自重空程下行时，液压缸上腔产生部分真空，液控单向阀正向导通从充液箱吸油。活塞回程时，依靠液压缸下腔油路压力打开液控单向阀，使液压缸的上腔通过它向充液油箱排油。因为充液时通过的流量很大，所以充液阀一般需要自行设计 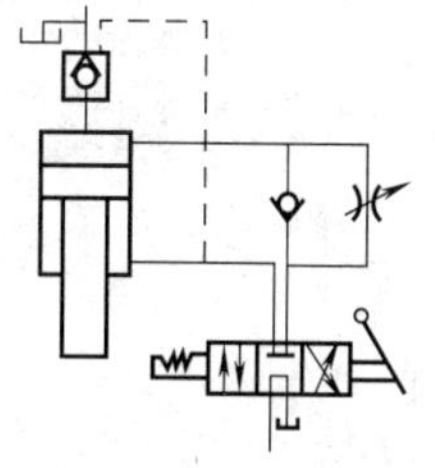 图(n)　液控单向阀作充液阀
选用	选用液控单向阀时，应考虑打开液控单向阀所需的控制压力。此外还应考虑系统压力变化对控制油路压力变化的影响，以免出现误开启。在油流反向出口无背压的油路中可选用内泄式；否则需用外泄式，以降低控制油的压力，而外泄式的泄油口必须无压回油，否则会抵消一部分控制压力
使用注意事项	①液控单向阀回路设计应确保反向油流有足够的控制压力，以保证阀芯的开启。如图(o)所示，如果没有节流阀，则当三位四通换向阀换向到右边通路时，液压泵向液压缸上腔供油，同时打开液控单向阀，液压缸活塞受负载重量的作用迅速下降，造成由于液压泵向液压缸上腔供油不足而使压力降低，即液控单向阀的控制压力降低，使液控单向阀有可能关闭，活塞停止下降。随后，在流量继续补充的情形下，压力再升高，控制油再将液控单向阀打开。这样由于液控单向阀的开开闭闭，使液压缸活塞的下降断断续续，从而产生低频振荡

续表

<table>
<tr><td>使用注意事项</td><td>②前面介绍的内泄式和外泄式液控单向阀，分别使用在反向出口腔油流背压较低或较高的场合，以降低控制压力。如图(o)左图所示，液控单向阀装在单向节流阀的后部，反向出油腔油流直接接回油箱，背压很小，可采用内泄式结构。图(o)右图中的液控单向阀安装在单向节流阀的前部，反向出油腔通过单向节流阀回油箱，背压很高，采用外泄式结构为宜
③当液控单向阀从控制活塞将阀芯打开，使反向油液通过，到卸掉控制油，控制活塞返回，使阀芯重新关闭的过程中，控制活塞容腔中的油要从控制油口排出，如果控制油路回油背压较高，排油不通畅，则控制活塞不能迅速返回，阀芯的关闭速度也要受到影响，这对需要快速切断反向油流的系统来说是不能满足要求的。为此，可以采用外泄式结构的液控单向阀，如图(p)所示，将压力油引入外泄口，强迫控制活塞迅速返回
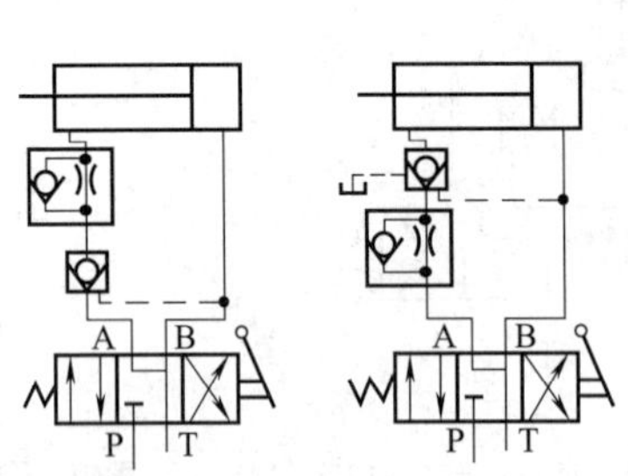
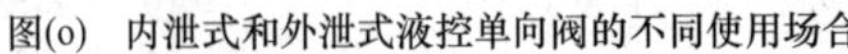
图(o) 内泄式和外泄式液控单向阀的不同使用场合
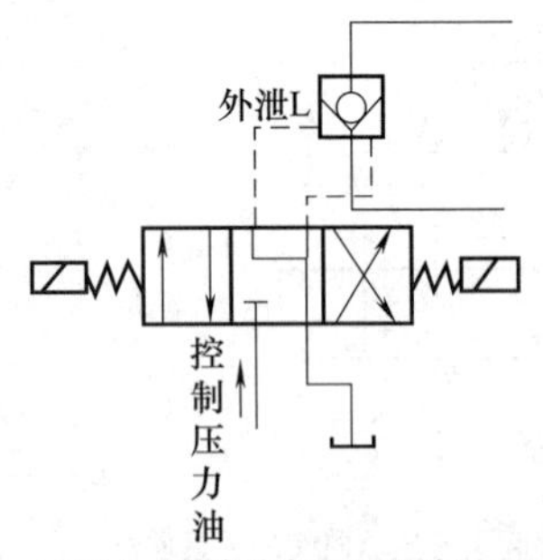
图(p) 液控单向阀的强迫返回回路</td></tr>
</table>

9.5.4 电磁换向阀

电磁换向阀也叫电磁阀，是液压控制系统和电气控制系统之间的转换元件。它利用通电电磁铁的吸力推动滑阀阀芯移动，改变油流的通断，来实现执行元件的换向、启动、停止。

表 20-9-80 电磁换向阀的原理和结构

<table>
<tr><td rowspan="2">电磁铁</td><td colspan="2">电磁铁是电磁换向阀重要的部件之一，电磁铁品种规格和工作特性的选择，电磁铁与阀互相配合的特性的设计，对电磁换向阀的结构和工作性能有极大的影响</td></tr>
<tr><td>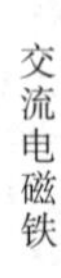
交流电磁铁</td><td>图(a)为交流湿式电磁铁的结构。交流电磁铁具有恒磁链特性，启动电流大于正常吸持电流的 4～10 倍[见图(b)]。当衔铁因故被卡住，或阀的复位弹簧刚度设计过大，与电磁铁的吸力特性配合不当，推杆配合不正确，以及阀芯由于各种原因产生卡阻或工作电源电压过低等原因使衔铁不能正常吸合时，都会因电流过大，使励磁线圈温升过高而烧毁。另外，交流电磁铁的操作频率不能过高(每分钟 30 次左右)，过高的操作频率，也会因线圈过热而烧毁
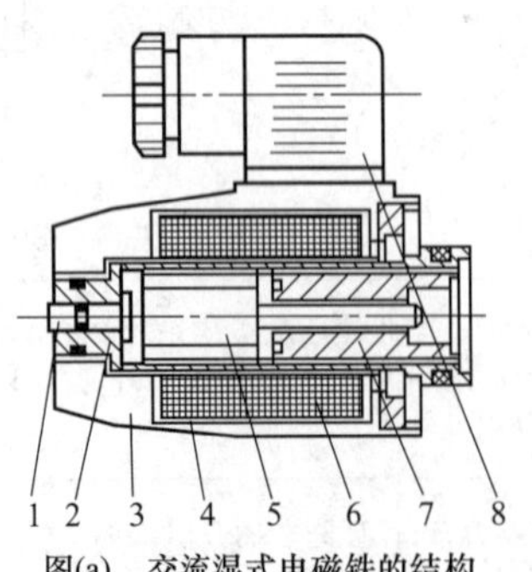
图(a) 交流湿式电磁铁的结构
1—手动推杆；2—导磁套；3—塑性外壳；4—磁轭；5—衔铁；6—线圈；7—挡铁；8—插头组件
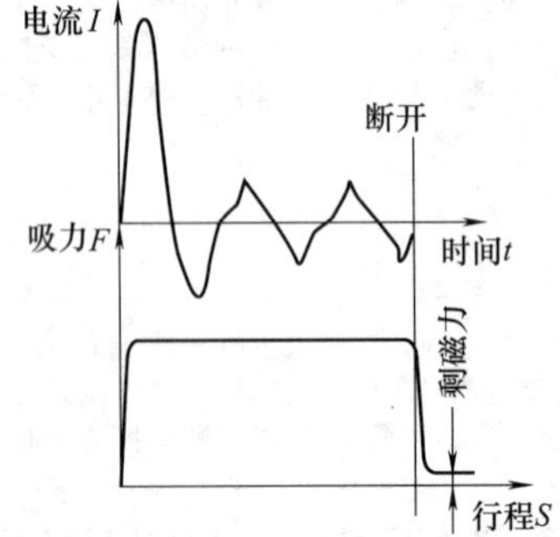
图(b) 交流电磁铁的电流与吸力特性曲线</td></tr>
</table>

续表

电磁铁

交流电磁铁

交流电磁铁吸合时快，释放时间也短，能适用于要求快速切换的场合。但冲击力较大，使阀芯换向时容易产生液压冲击，造成执行机构工作的不稳定性和系统管路的振动。因此，电磁铁的推力不宜超过阀的总反力太多，否则会影响衔铁的机械寿命。一般交流电磁铁的寿命较短(50万～60万次，国际先进水平可达1000万次)交流电磁铁工作时噪声较大，特别是当衔铁和铁芯的吸合面有脏物时更为明显。它的额定吸力受温度变化的影响较小，一般热态吸力为冷态吸力的90%～95%

交流电磁铁吸力随衔铁与铁芯吸合行程的变化递增较快，即吸力-行程特性曲线比较陡，这对帮助阀芯在换向过程中克服各种阻力和液流力的影响有利。但气隙随工作次数的增加而变小，使剩磁力增大，这对阀芯依靠弹簧力复位时又是一个不利的因素。而且剩磁力的大小与电源被切断时的电压有关

直流电磁铁

图(c)为干式直流电磁铁结构，直流电磁铁具有恒电流特性，当衔铁像交流电磁铁那样，因各种原因不能正常吸合时，励磁线圈不会被烧毁，工作可靠，操作频率较高，一般可允许每分钟120次，甚至可达每分钟240次以上。而且频率的提高对吸力和温升没有影响。直流电磁铁的寿命较长，可达数千万次以上

图(d)所示为直流电磁铁的电流与吸力特性曲线，由图可见，直流电磁铁吸合动作慢，比交流电磁铁大约慢10倍。故阀的换向动作较平稳，噪声也较小，在需要快速切换的系统，可采用快速励磁回路，并设法采用微型继电器，以缩短线圈励磁时间，提高换向速度。由于吸合慢，冲击力小，与阀的总的反力相配合时，应具有较大的裕量，它对帮助阀芯在换向过程中克服各种阻力的影响作用较差。另外，还存在涡流，释放时间也较长，比交流电磁铁要长10倍左右

直流电磁铁的额定吸力受温度变化的影响较大，一般热态吸力仅为冷态吸力的75%左右。直流电磁铁因采用直流电源，没有无功损耗，用电较省，如采用低电压工作，较为安全，在潮湿的环境中工作，击穿的危险性较小。又由于线圈不会过热烧毁，外壳的结构比交流型简单，一般不需加置散热肋。直流电磁铁起始段行程的吸力递增较慢，即随衔铁行程变化的曲线较平坦；它的气隙容易控制，剩磁力比较稳定

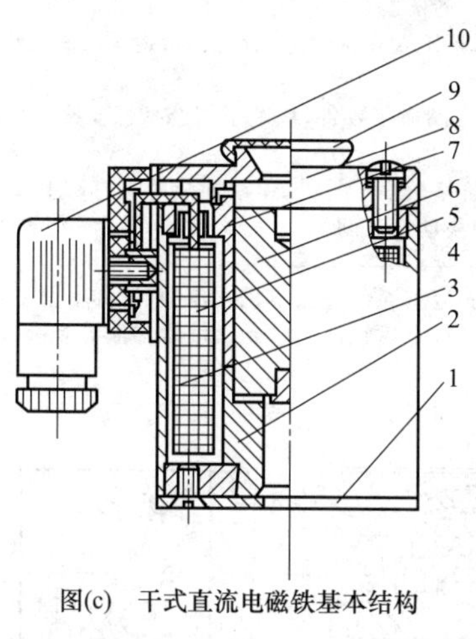

图(c) 干式直流电磁铁基本结构

1—连接板；2—挡板；3—线圈护箔；4—外壳；5—线圈；6—衔铁；7—内套；8—后盖；9—防尘套；10—插头组件

电流I 断开 吸力F 时间t 剩磁力 行程S

图(d) 直流电磁铁的电流与吸力特性曲线

在电气控制系统中，继电器因电磁铁通断电时产生火花而影响到寿命。可在直流电磁铁上加二极管来减弱继电器断开时的火花。另外，直流电磁铁在断电的瞬间，冲击电压可高达600～800V，这将影响配有电子控制设备或电子计算机控制系统的正常工作。在普通液压机械中，直流电磁铁也因工作可靠、不易烧毁的特殊优点而得到普遍应用。下表为交直流电磁铁的直观对比

交、直流电磁铁的对比

交、直流电磁铁的对比

交流电磁铁	直流电磁铁
不需特殊电源	需专门的直流电源或整流装置
电感性负载，温升时吸力变化较小	电阻性负载，温升时吸力下降较大
通电后立即产生额定吸力	滞后约0.5s才达到额定吸力
断电后吸力很快消失	滞后约0.1s吸力才消失
铁芯材料用硅钢片，货源充分	铁芯材料用工业纯铁，货源少
多数为冲压件，适合批量生产	机加工量大，精度要求高
滑阀卡住时，线圈会因电流过大而烧毁	滑阀卡住时，不会烧毁线圈
体积较大，工作可靠性差，寿命较短	体积小，工作可靠，寿命长

第20篇

续表

电磁铁	干式、湿式电磁铁的对比	干式电磁铁与阀体能分开，更换电磁铁方便，电磁铁不允许油液进入电磁铁内部，因此推动阀芯的推杆处要求可靠密封。密封处摩擦阻力较大，影响换向可靠性，也易产生泄漏。湿式电磁铁与干式电磁铁相比，最大的区别是压力油可以进入电磁铁内部，衔铁在油液中工作 图(e)是湿式直流电磁铁的一种结构，除有干式直流电磁铁的基本特点外，它与阀配合组成的直流湿式电磁阀还具有如下主要特点 1—紧固螺母；2—密封圈；3—弹簧；4—衔铁组；5—上轭；6—导磁芯组件；7—外套组件；8—线圈；9—插头组件 **图(e)　湿式直流电磁铁的结构** ①电磁铁与阀的安装结合面靠 O 形密封圈固定密封。取消了干式结构推杆处的 O 形圈座结构，电磁阀 T 腔部分的液压油可进入电磁铁内部，不存在推杆与 O 形密封圈的滑动摩擦副，从根本上解决了干式阀从推杆处容易产生外泄漏的问题 ②电磁铁的运动部件在油液中工作，由于油液的润滑作用和阻尼作用，减缓了衔铁对阀体的撞击，动作平稳，噪声小，并减小了运动副的磨损，大大延长了电磁铁的寿命。经试验，其寿命比干式更长。这一点与干式交流电磁铁相比是最为特殊的优点 ③湿式电磁铁无需克服干式结构推杆处 O 形密封圈的摩擦阻力，这样就可充分利用电磁铁的有限推力，提高滑阀切换的可靠性 ④随着电磁铁的反复吸合、释放动作，将油液循环压入和排除电磁铁内，带走了线圈发出的一部分热量，改善了电磁铁的散热效能，可使电磁铁发挥更大的效率 ⑤电磁阀的阀芯与阀体连成一体，并取消了 O 形圈座等零件，取消了阀芯推杆连接部分的 T 形槽结构，简化了电磁阀的结构，改进了工艺，提高了生产效率 ⑥湿式电磁铁的主要缺点是结构较干式复杂，价格较高。另外，由于油液的阻尼作用，动作较慢，在需要快速切换的场合，应在电气控制线路中采取措施，以加快动作时间
	电磁阀的规格和品种较多，按电磁铁的结构形式分有交流型、直流型、本机整流型(简称本整型)；按工作电源规格分有交流 110V、220V、380V，直流 12V、24V、36V、110V 等；按电磁铁的衔铁是否浸入油液分有湿式型和干式型两种；按工作位置数和油口通路分有二位二通到三位五通等	
典型结构和特点	干式二位二通	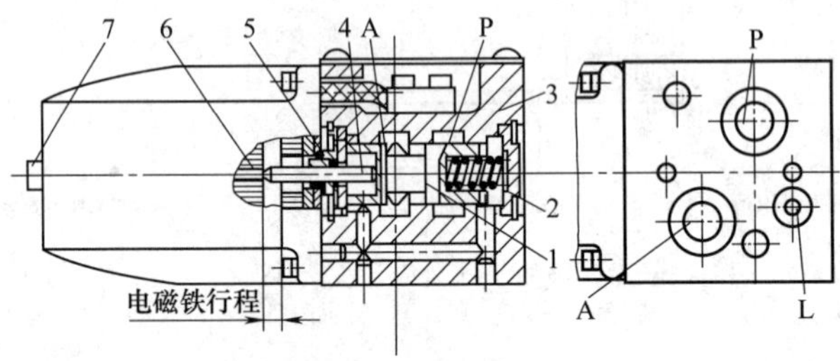 **图(f)　干式二位二通电磁阀结构** 1—阀芯；2—弹簧；3—阀体；4—推杆；5—密封圈；6—电磁铁芯；7—手动推杆 图(f)是干式二位二通电磁阀结构。常态时 P 与 A 不通，电磁铁通电时，电磁铁芯 6 通过推杆 4 克服弹簧 2 的预紧力，推动阀芯 1，使阀芯 1 换位，P 与 A 接通。电磁铁断电时，阀芯在弹簧的作用下回复到初始位置，此时 P 腔与 A 断开。二位二通阀主要用于控制油路的通断。电磁铁顶部的手动推杆 7 是为了检查电磁铁是否动作以及电气发生故障时手动操纵而设置的。图中的 L 口是泄漏油口，通过阀体与阀芯之间的缝隙泄漏的油液通过此油口回油箱
	干式二位三通	图(g)是干式二位三通电磁阀结构图及图形符号。电磁铁通电时，电磁铁的推力通过推杆推动滑阀阀芯，克服弹簧力，一直将滑阀阀芯推到靠紧垫板，此时 P 腔与 B 腔相通，A 腔封闭。当电磁铁断电时，即常态时，阀芯在弹簧力的作用下回到初始位置，此时 P 与 A 相通，B 腔封闭。这种结构的二位三通阀也可作为二位二通阀使用。如果 B 口堵住，即变成二位二通常开型机能。当电磁铁不通电时，P 与 A 通，电磁铁通电时，P 与 A 不通。反之，如果 A 口封闭，则变成常闭型机能的二位二通阀。即电磁铁通电时 P 腔与 B 腔相通，断电时(即常态)P 腔与 B 腔不通

续表

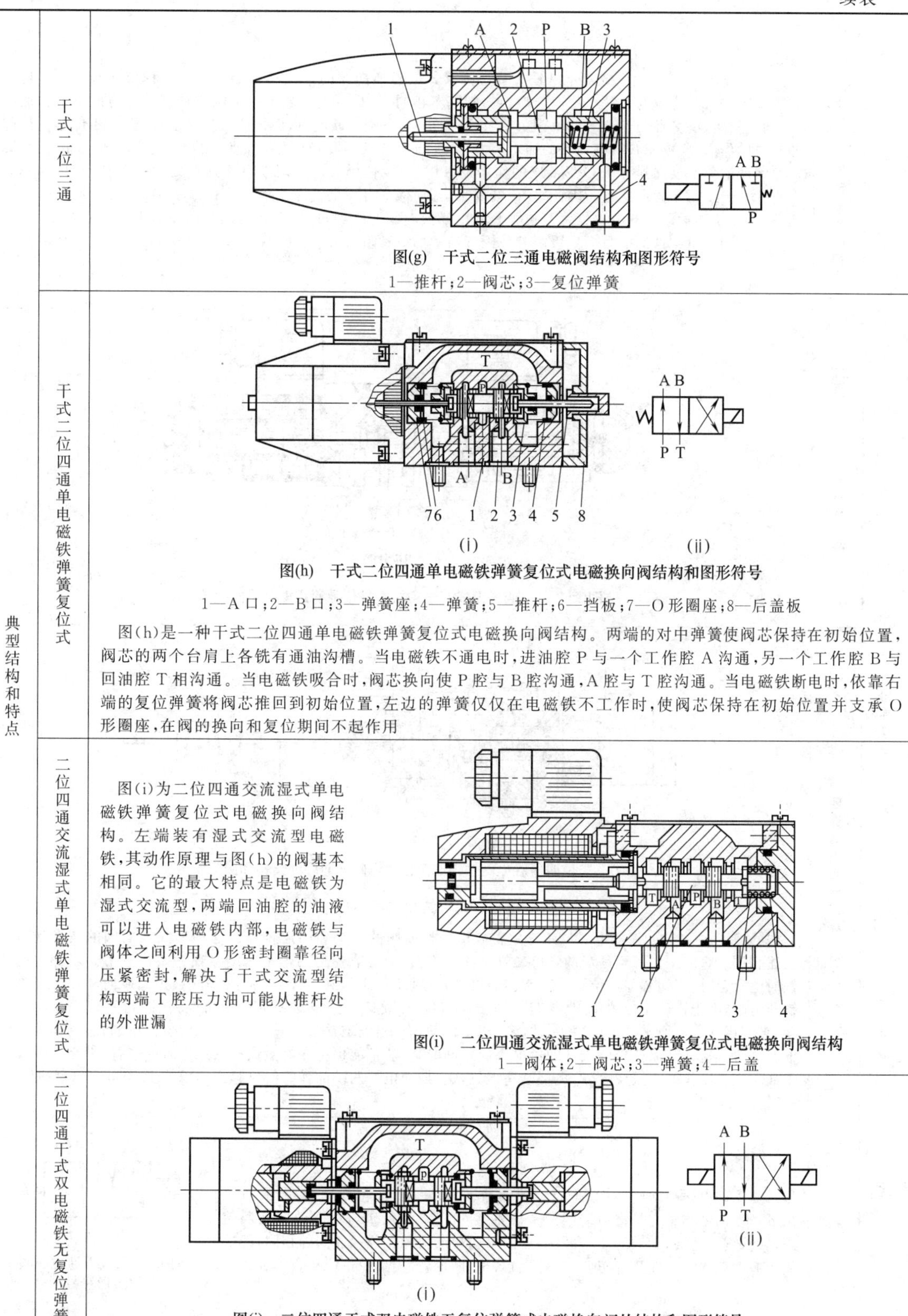

典型结构和特点	干式二位三通	图(g)　干式二位三通电磁阀结构和图形符号 1—推杆；2—阀芯；3—复位弹簧
	干式二位四通单电磁铁弹簧复位式	(i)　(ii) 图(h)　干式二位四通单电磁铁弹簧复位式电磁换向阀结构和图形符号 1—A口；2—B口；3—弹簧座；4—弹簧；5—推杆；6—挡板；7—O形圈座；8—后盖板 图(h)是一种干式二位四通单电磁铁弹簧复位式电磁换向阀结构。两端的对中弹簧使阀芯保持在初始位置，阀芯的两个台肩上各铣有通油沟槽。当电磁铁不通电时，进油腔P与一个工作腔A沟通，另一个工作腔B与回油腔T相沟通。当电磁铁吸合时，阀芯换向使P腔与B腔沟通，A腔与T腔沟通。当电磁铁断电时，依靠右端的复位弹簧将阀芯推回到初始位置，左边的弹簧仅仅在电磁铁不工作时，使阀芯保持在初始位置并支承O形圈座，在阀的换向和复位期间不起作用
	二位四通交流湿式单电磁铁弹簧复位式	图(i)为二位四通交流湿式单电磁铁弹簧复位式电磁换向阀结构。左端装有湿式交流型电磁铁，其动作原理与图(h)的阀基本相同。它的最大特点是电磁铁为湿式交流型，两端回油腔的油液可以进入电磁铁内部，电磁铁与阀体之间利用O形密封圈靠径向压紧密封，解决了干式交流型结构两端T腔压力油可能从推杆处的外泄漏 图(i)　二位四通交流湿式单电磁铁弹簧复位式电磁换向阀结构 1—阀体；2—阀芯；3—弹簧；4—后盖
	二位四通干式双电磁铁无复位弹簧式	(i)　(ii) 图(j)　二位四通干式双电磁铁无复位弹簧式电磁换向阀的结构和图形符号

第20篇

续表

典型结构和特点	二位四通干式双电磁铁无复位弹簧式	图(j)是一种二位四通干式双电磁铁无复位弹簧式电磁换向阀的结构和图形符号。这种换向阀的技术规格和主要零件与上述单电磁铁二位四通型换向阀基本相同，只是右边多装了一个电磁铁。当左边的电磁铁通电时，阀芯换向，使 P 腔与 B 腔相通，A 腔与 T 腔相通。当电磁铁断电时，由于两端弹簧刚度很小，不能起到使阀芯复位的作用，要依靠右端电磁铁的通电吸合，才能将阀芯推回到初始位置，使 P 腔与 A 腔沟通，B 腔与 T 腔沟通。两端弹簧仅起到支承 O 形圈座的作用，所以不叫复位弹簧。当两端电磁铁都处于断电情况时，阀芯因没有弹簧定位而无固定位置。因此，任何情况下，都应保证有一个电磁铁是常通电的，这样不至于发生误动作。图(k)是二位四通湿式双电磁铁无复位弹簧式电磁换向阀的结构，这种电磁阀因不需克服复位弹簧的反力，而可以充分利用电磁铁的推力去克服由其他因素产生的各种阻力，以使阀的换向动作更为可靠
	二位四通湿式双电磁铁无复位弹簧式	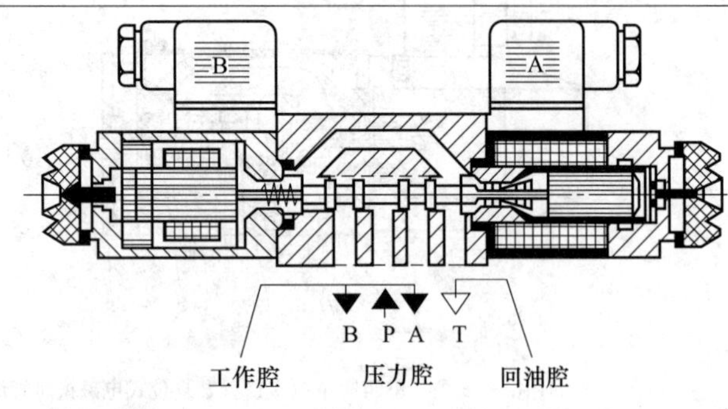 **图(k) 二位四通湿式双电磁铁无复位弹簧式电磁换向阀的结构**
	二位四通双电磁铁钢珠定位式	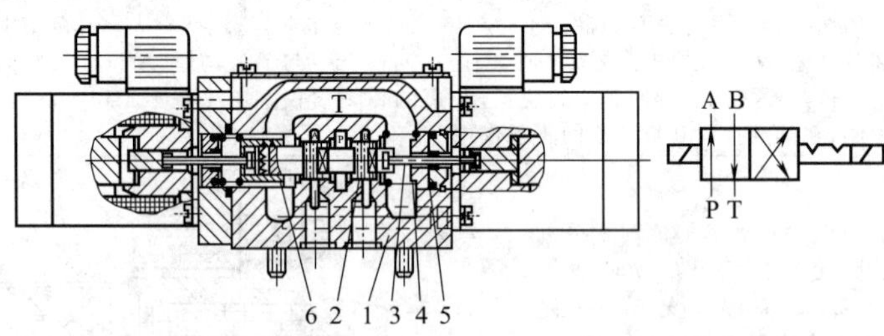 **图(l) 二位四通双电磁铁钢珠定位式电磁换向阀的结构和图形符号** 1—阀体；2—阀芯；3—推杆；4—弹簧；5—弹簧座；6—定位套 图(l)为一种二位四通双电磁铁钢珠定位式电磁换向阀的结构和图形符号。这种形式换向阀的技术规格与上述相同。它的工作特点是当两端电磁铁都不工作时，阀芯靠左边两个钢珠定位在初始位置上。当左边电磁铁通电吸合时，将阀芯与定位钢珠一起向右推动，直到钢珠卡入在定位套的右边槽中，完成换向动作。当电磁铁断电时，由于钢珠定位的作用，阀芯仍处于换向位置，要靠右边电磁铁通电吸合，将阀芯与钢珠一起向左推动，直到钢珠卡入原来的定位槽中，才能完成复位动作。当电磁铁断电时，由于钢珠定位作用，阀芯仍保持在断电前位置。这样就保证当电磁铁的供电因故中断时，阀芯都能保持在电磁铁通电工作时的位置，不至于造成整个液压系统工作的失灵或故障，也可避免电磁铁长期通电。两端的弹簧仅仅起到支承 O 形圈座定位套的作用
	二位五通	二位型的电磁换向阀，除上述的二位二通、二位三通、二位四通型外，尚有二位五通型的结构。它是将两端的两个回油腔（T 腔）分别作为独立的回油腔使用，在阀内不连通，即成为 T_1 和 T_2，工作原理和结构和二位四通阀的相同，能适用于有两条回油管路且背压要求不同的系统，图形符号见图(m) 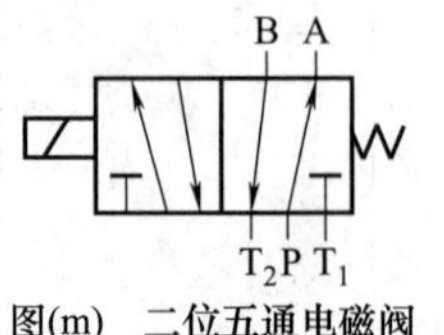 **图(m) 二位五通电磁阀的图形符号**

续表

<table>
<tr>
<td rowspan="3">典型结构和特点</td>
<td>三位四通弹簧对中型</td>
<td>图(n)是一种三位四通干式弹簧对中型电磁换向阀的结构。阀芯有三个工作位置，它所控制的油腔有四个，即进油腔 P，工作腔 A 和 B，回油腔 T。图中所示是 O 形滑阀中位机能的结构。当两边电磁铁不通电时，阀芯靠两边复位弹簧保持在初始中间位置，四个油腔全部封闭。当左边电磁铁通电吸合时，阀芯换向，并将右边的弹簧压缩，使 P 腔与 B 腔沟通，A 腔与 T 腔沟通；当电磁铁断电时，靠右边的复位弹簧将阀芯回复到初始中间位置，仍将四个油腔全部切断。反之，当右边电磁铁通电吸合时，阀芯换向，P 腔与 A 腔连通，B 腔与 T 腔连通，当电磁铁断电时，依靠左边的复位弹簧将阀芯回复到初始中间位置，将四个油腔又全部切断
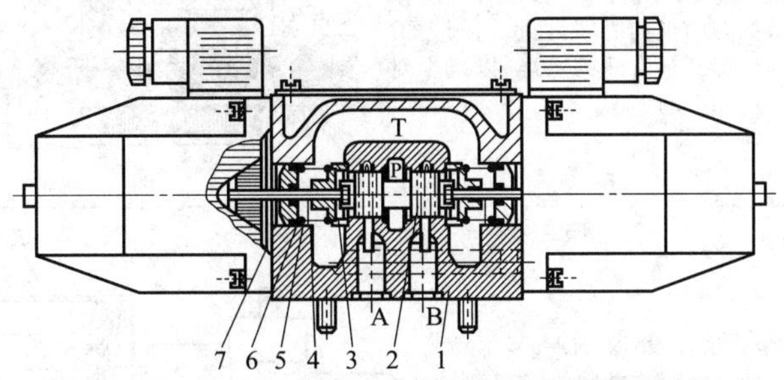

图(n)　三位四通干式弹簧对中型电磁换向阀的结构
1—阀体；2—阀芯；3—弹簧座；4—推杆；5—弹簧；6—挡板；7—O 形圈座
图(o)是另一种三位四通弹簧对中型电磁换向阀的结构。技术规格与图(n)所示阀相同，工作原理也相同，所不同的是配装的电磁铁是湿式直流型，阀芯与推杆连成一个整体，简化了零件结构。两端 T 腔的回油可以进入电磁铁内，取消了两端推杆处的动密封结构，大大减小了阀芯运动时 O 形密封圈处的摩擦阻力，提高了滑阀换向工作的可靠性。电磁铁与阀体之间利用 O 形密封圈靠两平面压紧密封，避免了干式结构两端 T 腔压力油从推杆处向外泄漏
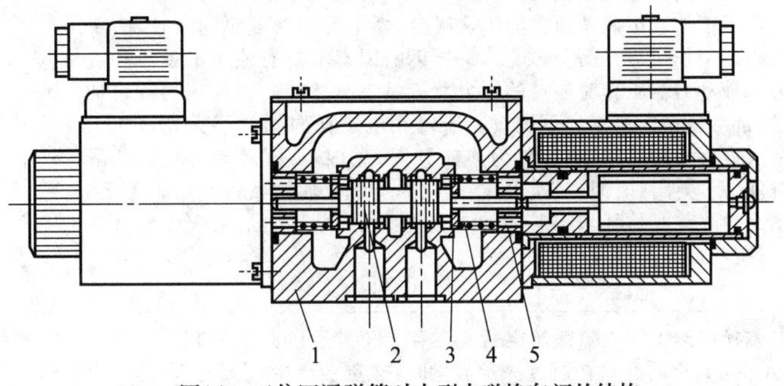

图(o)　三位四通弹簧对中型电磁换向阀的结构
1—阀体；2—阀芯；3—弹簧座；4—弹簧；5—挡块</td>
</tr>
<tr>
<td>螺纹连接电磁铁式</td>
<td>目前，国外生产的电磁换向阀大都采用螺纹连接式电磁铁，如图(p)所示。这种电磁铁的铁芯套管是密封系统的一部分，甚至在压力下，不使用工具便可更换电磁铁线圈。因此，这种螺纹连接电磁铁式电磁换向阀具有结构简单、不漏油、可承受背压压力高、防水、防尘等优点
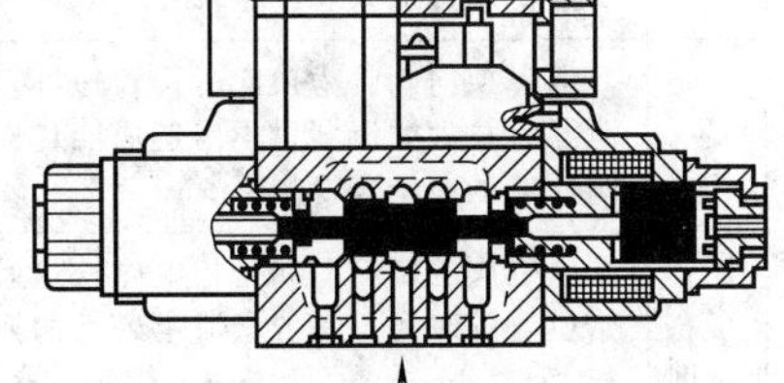
图(p)　螺纹连接电磁铁式电磁换向阀</td>
</tr>
<tr>
<td>低冲击和无冲击</td>
<td>图(q)为低冲击的电磁换向阀的部分结构。弹簧座 2 的一部分伸到挡板 3 的孔中，两者之间有不大的间隙。当电磁铁推动阀芯右移时，挡板孔中的油被弹簧挤出，且必须通过两者之间的间隙，从而延缓了阀芯移动的速度，降低了阀口开关的速度，减小了换向冲击。但这种阀的换向时间是固定的，不可调节
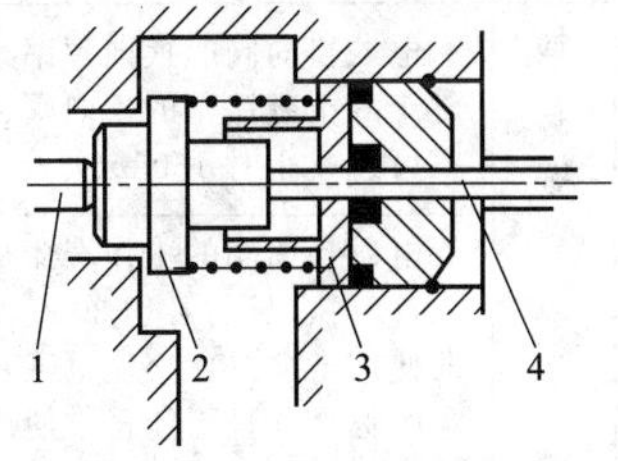

图(q)　低冲击的电磁换向阀的部分结构
1—阀芯；2—弹簧座；3—挡板；4—推杆</td>
</tr>
</table>

第 20 篇

续表

<table>
<tr><td rowspan="2">典型结构和特点</td><td>低冲击和无冲击</td><td>日本油研公司研制出一种时间可调的无冲击型电磁换向阀，见图(r)。特殊的阀芯形式可以缓冲由于执行元件的启动和停止引起的液压冲击。专用的电子线路则可调节阀芯的换向时间，使换向阀上的换向时间设定到最合适的水准，以减少对机器的冲击和振动 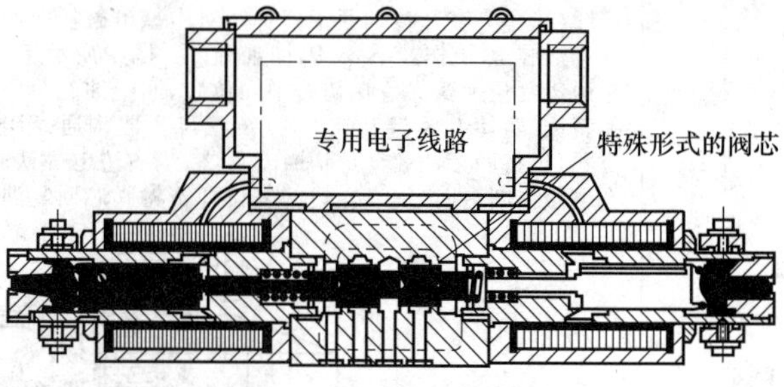
专用电子线路
特殊形式的阀芯
图(r) 无冲击型电磁换向阀</td></tr>
<tr><td>三位四通直流湿式</td><td>图(s)是威格仕设计的 DG4V-5 型的三位四通直流湿式电磁阀，带有速度控制节流塞，可实现平滑、可变的阀响应速度 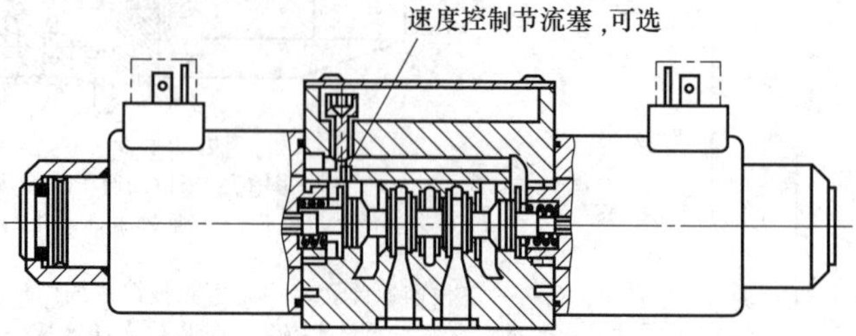
速度控制节流塞，可选
图(s) 威格仕设计的DG4V-5型的三位四通直流湿式电磁阀</td></tr>
<tr><td rowspan="6">性能要求</td><td>工作可靠性</td><td>电磁换向阀依靠电磁铁通电吸合推动阀芯换向，并依靠弹簧作用力复位进行工作。电磁铁通电能迅速吸合，断电后弹簧能迅速复位，表示电磁阀的工作可靠性高。影响这一指标的因素主要有液压卡紧力和液动力。液动力与工作时通过的压力及流量有关。提高工作压力或增加流量，都会使换向或复位更困难。所以在电磁换向阀的最大允许压力和最大允许流量之间，通常称为换向界限，见图(t)。液动力与阀的滑阀机能、阀芯停留时间、转换方式、电磁铁电压及使用条件有很大关系。卡紧力主要与阀体孔和阀芯的加工精度有关，提高加工精度和配合精度，可有效地提高换向可靠性 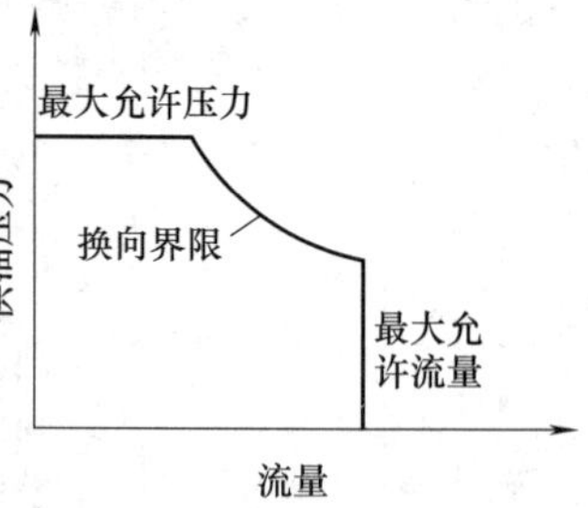
最大允许压力
供油压力
换向界限
最大允许流量
流量
图(t) 电磁阀的换向极限</td></tr>
<tr><td>压力损失</td><td>电磁换向阀由于电磁铁额定行程的限制，阀芯换向的行程比较短，阀腔的开口度比较小，一般只有 1.5～2mm。这么小的开口在通过一定流量时，必定会产生较大的压力降。另外，由于电磁阀的结构比较小，内部各处油流沟处的通流截面也比较小，同样会产生较大的压力降。为此，在阀腔的开度受电磁铁行程限制不能加大时，可采用增大回油通道，用铸造方法生产非圆截面的流道，改进进油腔 P 和工作腔 A、B 的形状等措施，以设法降低压力损失</td></tr>
<tr><td>泄漏量</td><td>电磁换向阀因为换向行程较短，阀芯台肩与阀体孔的封油长度也就比较短，所以必定造成高压腔向低压腔的泄漏。过大的泄漏量不但造成能量损失，同时影响到执行机构的正常工作和运动速度，因此泄漏量是衡量电磁阀性能的一个重要指标</td></tr>
<tr><td>换向时间和复位时间</td><td>电磁阀的换向时间是指电磁铁从通电到阀芯换向终止的时间。复位时间是指电磁铁从断电到阀芯回复到初始位置的时间。一般交流电磁铁的换向时间较短，为 0.03～0.1s，但换向冲击较大，直流电磁铁的换向时间较长，为 0.1～0.3s，换向冲击较小。交直流电磁铁的复位时间基本相同，都比换向时间长，电磁阀的换向时间和复位时间与阀的滑阀机能有关</td></tr>
<tr><td>换向频率</td><td>电磁换向阀的换向频率是指在单位时间内的换向次数。换向频率在很大程度上取决于电磁铁本身的特性。对于双电磁铁型的换向阀，阀的换向频率是单只电磁铁允许最高频率的两倍。目前，电磁换向阀的最高工作频率可选每小时 15000 次</td></tr>
<tr><td>工作寿命</td><td>电磁换向阀的工作寿命很大程度上取决于电磁铁的工作寿命。干式电磁铁的使用寿命较短，为几十万次到几百万次，长的可达 2000 万次。湿式电磁铁的使用寿命较长，一般为几千万次，有的高达几亿次。直流电磁铁的使用寿命总比交流电磁铁的要长得多。对于换向阀本身来说，其工作寿命极限是指某些主要性能超过了一定的标准并且不能正常使用。例如当内泄漏量超过规定的指标后，即可认为该阀的寿命已结束。对于干式电磁换向阀，推杆处动密封的 O 形密封圈，会因长期工作造成磨损引起外泄漏。如有明显外泄漏，应更换 O 形密封圈。复位对中弹簧的寿命也是影响电磁阀工作寿命的主要因素，在设计时应加以注意</td></tr>
</table>

续表

<table>
<tr>
<td>应
用</td>
<td>

①直接对一条或多条油路进行通断控制

②用电磁换向阀的卸荷回路。电磁换向阀可与溢流阀组合进行电控卸荷，如图(u)中(ⅰ)所示，可采用较小通径的二位二通电磁阀。图(u)中(ⅱ)所示为二位二通电磁阀旁接在主油路上进行卸荷，要采用足够大通径的电磁阀。图(u)中(ⅲ)是采用 M 型滑阀机能的电磁换向阀的卸荷回路，当电磁阀处于中位时，进油腔 P 与回油腔 T 相沟通，液压泵通过电磁阀直接卸荷

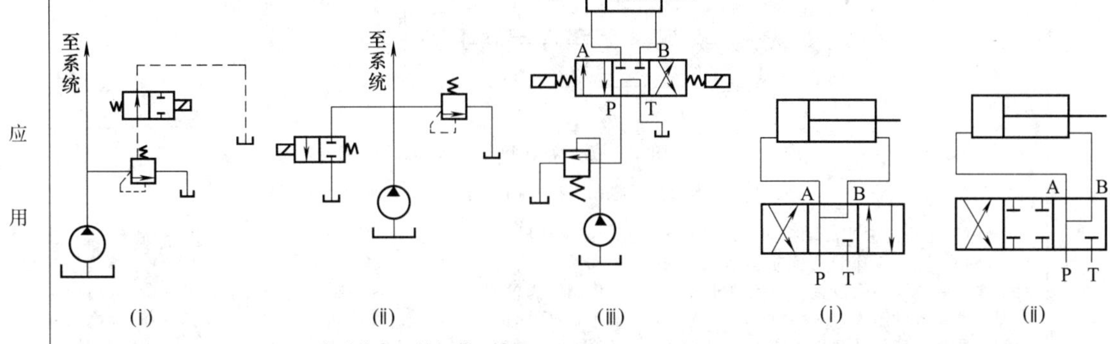

图(u)　电磁换向阀的卸荷回路

图(v)　利用滑阀机能实现的差动回路

③利用滑阀机能实现差动回路。图(v)中(ⅰ)是采用 P 型滑阀机能的电磁换向阀实现的差动回路。图(v)中(ⅱ)是采用 OP 型滑阀机能的电磁换向阀，当右阀位工作时，也可实现差动连接

④用作先导控制阀，例如构成电液动换向阀。二通插装阀的启闭通常也是靠电磁换向阀来操纵

⑤与其他阀构成复合阀，如电磁溢流阀、电动节流阀等

</td>
</tr>
<tr>
<td>选
用</td>
<td>

选用电磁换向阀时，应考虑如下几个问题

①电磁阀中的电磁铁，有直流型、交流型、本整型，而结构上有干式和湿式之分。各种电磁铁的吸力特性、励磁电流、最高切换频率、机械强度、冲击电压、吸合冲击、换向时间等特性不同，必须选用合适的电磁铁。特殊的电磁铁有安全防爆式、耐压防爆式。而高湿度环境使用时要进行热处理，高温环境使用时要注意绝缘性

②检查电磁阀的滑阀机能是否符合要求。电磁阀有很多滑阀机能，出厂时还有正装和反装的区别，所以在使用时一定要检查滑阀机能是否与要求一致。换向阀的中位滑阀机能关系到执行机构停止状态下的安全性，必须考虑内泄漏和背压情况，从回路上充分论证。另外，最大流量值随滑阀机能的不同会有很大变化，应予注意

③注意电磁阀的切换时间及过渡位置机能。换向阀的阀芯形状影响阀芯开口面积，阀芯位移的变化规律、阀的切换时间及过渡位置时执行机构的动作情况，必须认真选择。换向阀的切换时间，受电磁阀中电磁铁的类型和阀的结构，电液换向阀中控制压力和控制流量的影响。用节流阀控制流量，可以调整电液换向阀的切换时间。有些回路里，如在行走设备的液压系统中，用换向阀切换流动方向并调节流量。选用这类换向阀时要注意其节流特性，即不同的阀芯位移下流量与压降的关系

④换向阀使用时的压力、流量不要超过制造厂样本上的额定压力、额定流量，否则液压卡紧现象和液动力影响往往引起动作不良。尤其在液压缸回路中，活塞杆外伸和内缩时回油流量是不同的。内缩时回油流量比泵的输出流量还大，流量放大倍数等于缸两腔活塞面积之比，要特别注意。另外还要注意的是，四通阀堵住 A 口或 B 口只用一侧流动时，额定流量显著减小。压力损失对液压系统的回路效率有很大影响，所以确定阀的通径时不仅考虑换向阀本身，而且要综合考虑回路中所有阀的压力损失、油路块的内部阻力、管路阻力等

⑤回油口 T 的压力不能超过允许值。因为 T 口的工作压力受到限制，当四通电磁阀堵住一个或两个油口，当作三通阀或二通电磁阀使用时，若系统压力值超过该电磁换向阀所允许的背压值，则 T 口不能堵住

⑥双电磁铁电磁阀的两个电磁铁不能同时通电，对交流电磁铁，两电磁铁同时通电，可造成线圈发热而烧坏；对于直流电磁铁，则由于阀芯位置不固定，引起系统误动作。因此，在设计电磁阀的电控系统时，应使两个电磁铁通断电有互锁关系

</td>
</tr>
</table>

9.5.5　电液换向阀

如要增大通过电磁换向阀的流量，为克服稳态液动力、径向卡紧力、运动摩擦力以及复位弹簧的反力等，必须增大电磁铁的推力。如果在通过很大流量时，又要保证压力损失不致过大，就必须增大阀芯的直径，这样需要克服的各种阻力就更大。在这种情况下，如果再靠电磁铁直接推动阀芯换向，必然要将电磁铁做得很大。为此，可采用压力油来推动阀芯换向，来实现对大流量换向的控制，这就是液动换向阀。用来推动阀芯换向的油液流量不必很大，可采用普通小规格的电磁换向阀作为先导控制阀，与液动换向阀安装在一起，实现以小流量的电磁换向阀来控制大通径的液动换向阀的换向，这就是电液换向阀。

表 20-9-81 **电液换向阀的原理和结构**

<table>
<tr>
<td rowspan="2">工作原理</td>
<td>
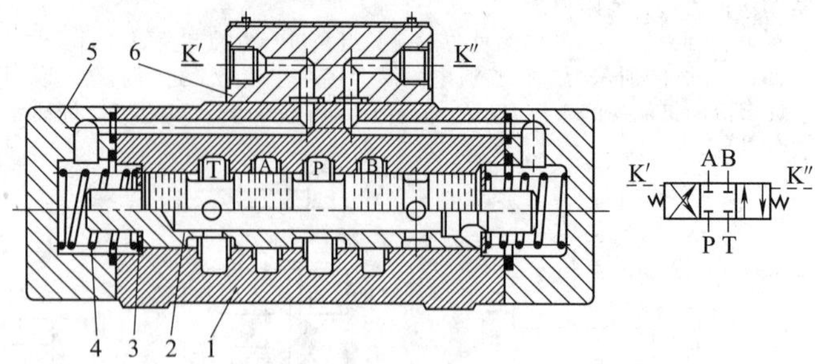

图(a) 液动换向阀的工作原理和图形符号

1—阀体；2—阀芯；3—挡圈；4—弹簧；5—端盖；6—盖板

图(a)为弹簧对中式液动换向阀的工作原理和图形符号。滑阀机能为二位四通 O 型。阀体内铸造有四个通油容腔，进油腔 P 腔，工作腔 A、B 腔，回油腔 T 腔。K′、K″为控制油口。当两控制油口都没有控制油压力时，阀芯靠两端的对中弹簧保持在中间位置。当控制油口 K′、K″通控制压力油时，压力油通过控制流道进入左端或右端弹簧腔，克服对中弹簧力和各种阻力，使阀芯移动，实现换向。当控制压力油消失时，阀芯在弹簧力的作用下，回到中间位置。液动换向阀就是这样依靠外部提供的压力油推动阀芯移动来实现换向的。液动换向阀的先导阀可以是机动换向阀、手动换向阀或电磁换向阀。后者就构成电液换向阀
</td>
</tr>
<tr>
<td>
电液换向阀的工作原理如图(b)所示。当先导电磁阀两边电磁铁都不通电时，阀芯处于中间位置。当左边的电磁铁通电时，先导阀处于左位，先导阀的 P 口与 B 口相通，A 口与 T 口相通，控制压力油从 B 口进入 K″腔，作用在主阀芯的右边弹簧腔，推动阀芯向左移动，主阀的 P 口与 A 口相通，B 口与 T 口相通。当左边电磁铁断电时，先导阀芯处于中位，主阀芯也由弹簧对中而回到中位。右边电磁铁通电时，情况与上述类似。电液换向阀就是这样，先依靠先导阀上的电磁铁的通电吸合，推动电磁阀阀芯的换向，改变控制油的方向，再推动液动阀阀芯换向。此时应注意先导阀的中位机能应为 Y 型

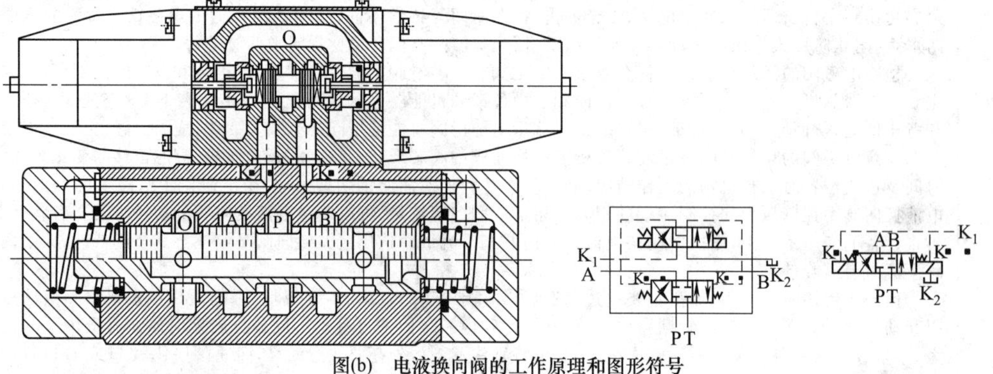

图(b) 电液换向阀的工作原理和图形符号
</td>
</tr>
<tr>
<td>典型结构和特点</td>
<td>
液动换向阀与电液换向阀同样有二位二通、二位三通、二位四通、二位五通、三位四通、三位五通等通路形式，以及弹簧对中、弹簧复位等结构。它比电磁换向阀还增加了行程调节和液压对中等形式

图(c)为二位三通板式连接型电液动换向阀的结构和图形符号。它由阀体 1、阀芯 2、阀盖 3 及二位四通型先导电磁阀、O 形密封圈等主要零件组成。特点是主阀芯部分没有弹簧，阀芯在阀孔内处于浮动状态，完全靠先导电磁阀的通路特征来决定主阀芯的换向工作位置

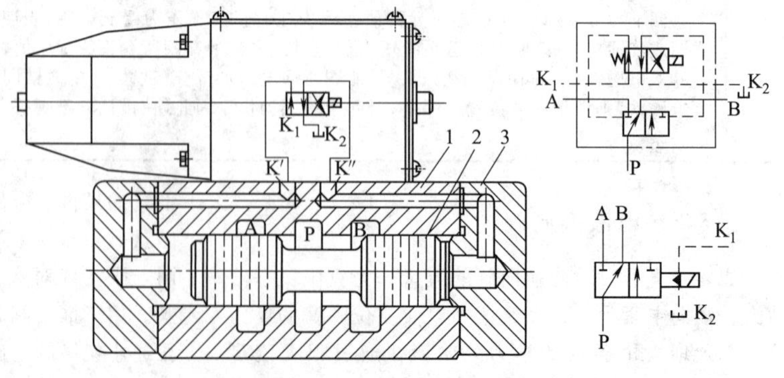

图(c) 二位三通电液动换向阀的结构和图形符号

1—阀体；2—阀芯；3—阀盖
</td>
</tr>
</table>

续表

典型结构和特点	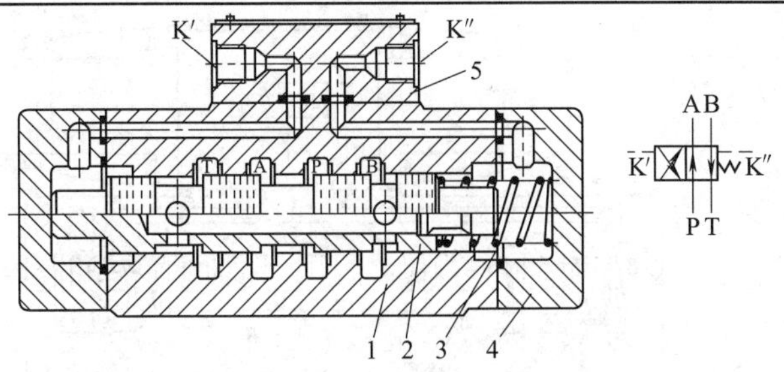 图(d)　二位四通液动换向阀的结构和图形符号 1—阀体；2—阀芯；3—弹簧；4—端盖；5—盖板 图(d)是二位四通板式连接弹簧复位型液动换向阀的结构和图形符号。阀芯依靠右端弹簧维持在左端初始工作位置，使 P 腔与 A 腔沟通，B 腔与 T 腔相通。当 K″口引入控制油时，阀芯仍处于左端初始工作位置；当 K′口引入控制油时，压力油将阀芯推向右端工作位置，使 P 口与 B 口相通，A 口与 T 口相通。当 K′口控制油取消时，阀芯又依靠弹簧力回复到左端初始位置。这种结构的液动换向阀的特点是，当阀不工作时，阀芯总是依靠弹簧力使其保持在一个固定的初始工作位置，因此，也可叫弹簧偏置型结构。同类型的电液动换向阀，只是在该液动换向阀上部安装一个二位四通型的电磁换向阀作为先导阀，如图(e)所示，当电磁铁不通电时，电磁阀的进油腔 P 与两个工作腔 A 或 B 总是保持有一个相通，也就是使主阀的两个控制油口总有一个保持有控制压力油，使阀芯始终保持在某一初始工作位置。当电磁先导阀通电换向后，再推动下部主阀芯改变换向位置。它与前述的二位四通阀不同的是，液动阀当两端都没有控制油进入时，阀芯依靠弹簧力始终保持在左端位置。而电液换向阀则不然，它可根据采用的先导电磁换向阀滑阀机能的不同，以及调换安装位置等措施，改变主阀芯初始所处的位置是在右端还是在左端。这样，在使用中就更灵活了 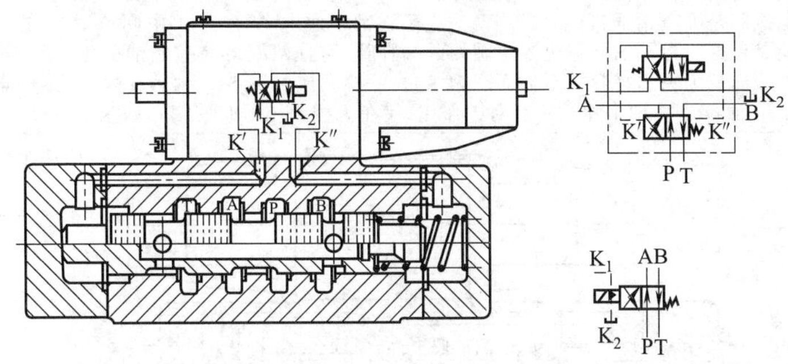 图(e)　二位四通型的电液换向阀的结构和图形符号
	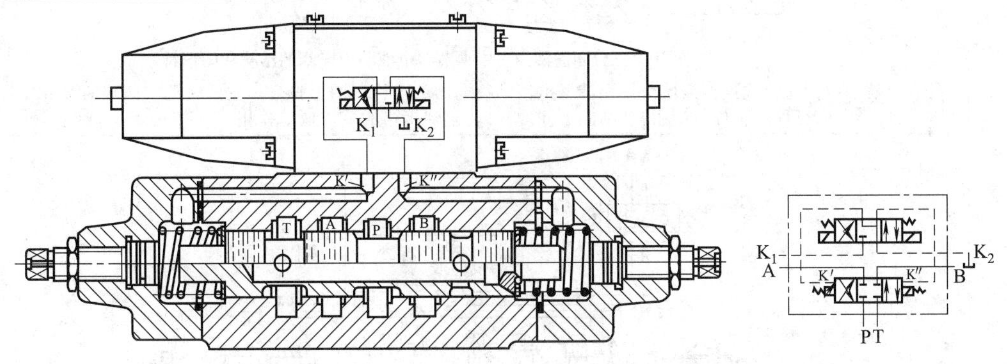 图(f)　三位四通行程调节型电液动换向阀的结构和图形符号 图(f)是三位四通板式连接弹簧对中行程调节型电液动换向阀的结构和图形符号。它的工作原理与前述介绍的电液换向阀的完全一样，特点是左右两端阀盖处各增加了一个行程调节机构，通过调节两端调节螺钉，可以改变阀芯的行程，从而减小阀芯换向时控制的各油腔的开度，使通过的流量减少，起到比较粗略的节流调节作用，对某些需要调速、但精度要求不高的系统，采用这种行程调节型电液换向阀是比较方便的。通过两端调节螺钉的调整，还可以使阀芯左右的换向行程不一样，使换向后的左右两腔开口度也不一样，以获得两种不同的通过流量，使执行机构两个方向的运动速度也不一样

续表

典型结构和特点

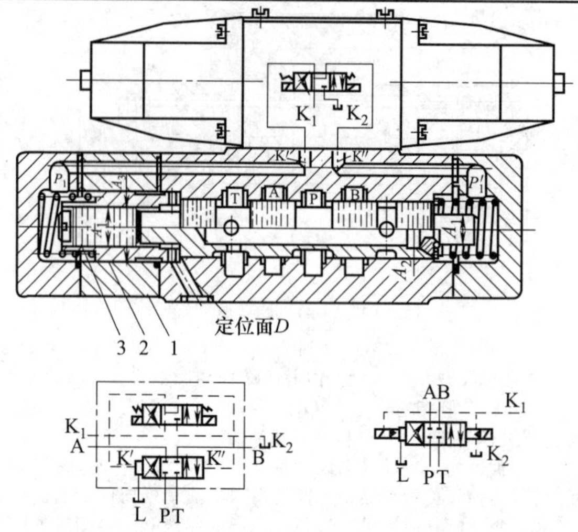

图(g) 三位四通板式连接液压对中型电液动换向阀的结构和图形符号

1—中盖；2—缸套；3—柱塞

图(g)是三位四通板式连接液压对中型电液动换向阀的结构和图形符号。它的特点是阀的右端部分与不用弹簧对中型电液动换向阀的结构相同，而阀的左端增加了中盖 1、缸套 2 和柱塞 3 等零件。同时，这种结构的电液动换向阀所采用的先导电磁阀是 P 型滑阀机能。即当两边电磁铁都不通电，阀芯处于中间位置时，进油腔 P 与两个工作腔 A、B 都相通。也就是说这时控制油能够进入主阀的两端容腔，而且两端容腔控制油的压力是相等的。设柱塞 3 的截面积为 A_1，主阀芯截面积为 A_2，缸套环形截面积为 A_3。一般做成 $A_3=A_2=2A_1$，因此，在相同的压力作用下，缸套及阀芯都定位在定位面 D 处。两个弹簧不起对中作用，仅在无控制压力时使阀芯处于中位

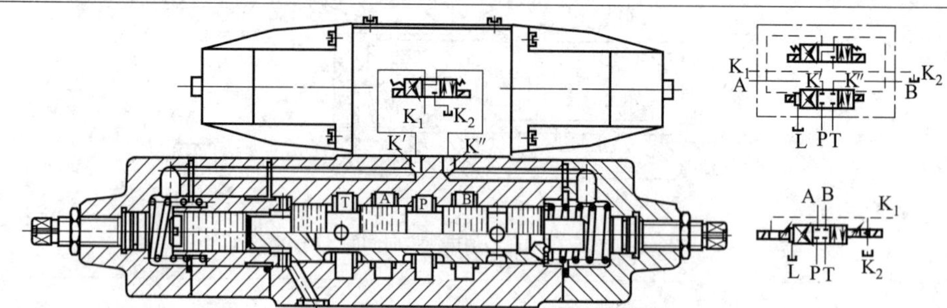

图(h) 三位四通液压对中调节型电液动换向阀的结构和图形符号

图(h)是三位四通板式连接液压对中调节型电液动换向阀的结构和图形符号。它通过调节两端的调节螺钉，可使阀芯向两边换向的行程不一样，以获得各油腔不同的开口，起到粗略的节流调节作用

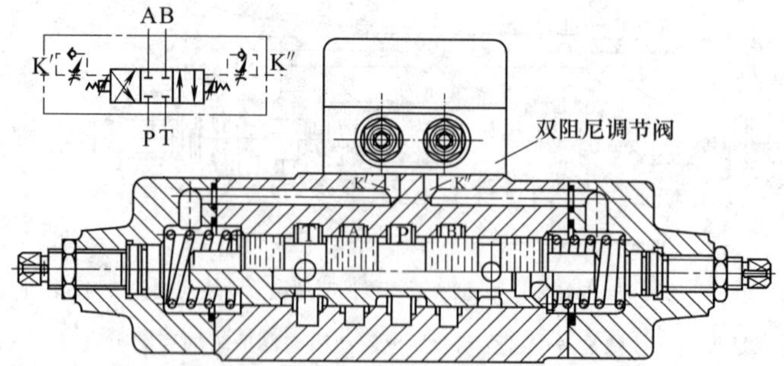

图(i) 带双阻尼调节阀的液动换向阀的结构和图形符号

图(i)是带双阻尼调节阀的液动换向阀的结构和图形符号。外部供给的控制油，通过双阻尼调节阀进入控制容腔，调节阻尼开口的大小，可改变进入的控制油流量，以改变阀芯换向的速度。液动换向阀两端还有行程调节机构，可调节阀芯的行程以改变各油腔开口的大小，使通过的流量得到控制

续表

典型结构和特点

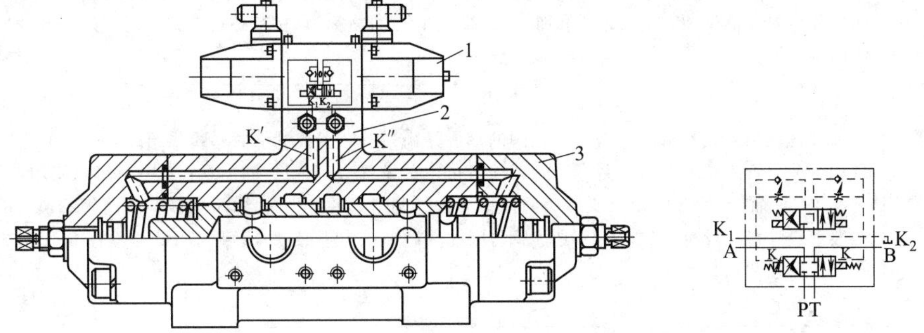

图(j)　带双阻尼调节阀的电液动换向阀的结构和图形符号

1—先导阀;2—双阻尼调节阀;3—主阀

图(j)是带双阻尼调节阀的电液动换向阀的结构和图形符号,先导电磁换向阀换向至左右两边工作位置时,P 腔进入 A 腔或进入 B 腔的控制油,都先经过双阻尼调节阀进入液动换向阀的两个控制油口,调节阻尼阀的开口大小,可改变进入两控制油口的流量,达到控制液动阀阀芯换向速度的目的。双阻尼器叠加在导阀与主阀之间

加设阻尼器的另一种形式是在两端阀形上加一个小型的单向节流阀,见图(k),中间可调阀芯 2 与阀孔之间的相对开口可通过上部螺纹调节,并用螺母 1 锁定。当控制油进入时,压力油从下部将钢珠 8 顶开后,从中间可调节阀芯的径向孔及节流缝隙同时进入控制容腔,推动主阀芯换向。当控制容腔的压力油要排出时,压力油将钢珠紧压在阀座上,油液只能从可调阀芯与阀孔之间的节流缝隙处流出,达到回油节流的目的。调节可调阀芯与阀孔的相对距离,就可改变节流缝隙的大小,以控制通过的流量,起到阻尼作用,从而达到减缓主阀芯换向速度的目的。如在阀的两端都加置这种形式的单向节流阀,即可使阀芯向左右两边换向时都起到阻尼作用

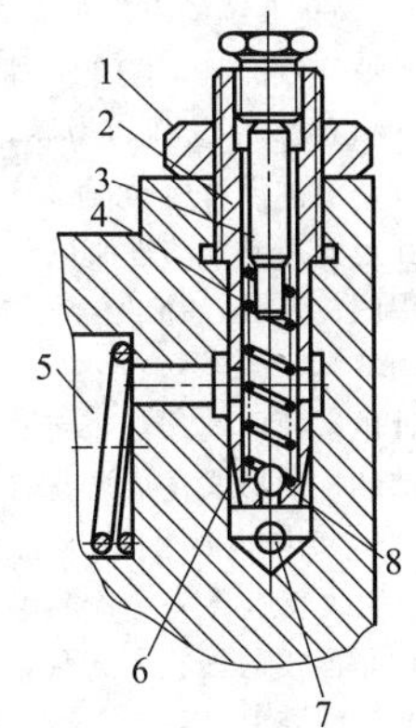

图(k)　阻尼可调节阀的另一种结构形式

1—锁紧螺母;2—可调阀芯;3—调节杆;4—压紧弹簧;5—控制容腔;6—可调节缝隙;7—控制油口;8—钢珠

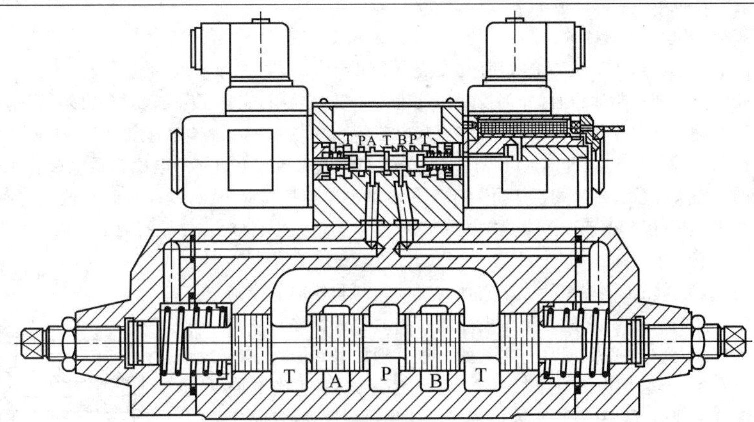

图(l)　五槽式电液换向阀的结构

图(l)是五槽式直流型电液换向阀的结构。它在阀体内铸造有五个通油流道,即一个进油腔 P,两个工作油腔 A、B,两个分别布置在两侧互相连通的回油腔 T,它与外部回油管道相连接的回油腔只有一个。这种结构的特点是当阀芯换向,B 腔与 T 腔相通或 A 腔与 T 腔相通时,回油不必像四槽式结构那样,要通过阀芯中间的轴向孔道回到左边的 T 腔,而可以直接通过阀体内两端互相沟通的 T 腔引出。这样,阀芯就不必加工台肩之间的径向孔和中间的轴向孔,简化了加工工艺,同时可增大回油腔道的通流面积

续表

先导控制方式和回油方式		电液换向阀的先导油供油方式有内部供油和外部供油方式，简称为内控、外控方式。对应的先导油回油方式也有内泄和外泄两种
	外部油先导控制方式	外部油控制方式是指供给先导电磁阀的油源是由另外一个控制油路系统供给的，或在同一个液压系统中，通过一个分支管路作为控制油路供给的。前者可单独设置一台辅助液压泵作为控制油源使用，后者可通过减压阀等，从系统主油路中分出一支减压回路。外部控制形式的特点是，由于电液换向阀阀芯换向的最小控制压力一般都设计得比较小，多数在1MPa以下，因此控制油压力不必太高，可选用低压液压泵。它的缺点是要增加一套辅助控制系统
	内部油先导控制方式	主油路系统的压力油进入电液换向阀进油腔后，再分出一部分作为控制油，并通过阀体内部的孔道直接与上部先导阀的进油腔相沟通。特点是不需要辅助控制系统，省去了控制油管，简化了整个系统的布置。缺点是因为控制压力就是进入该阀的主油路系统的油液压力，当系统工作压力较高时，这部分高压流量的损耗是应该加以考虑的，尤其是在电液换向阀使用较多，整个高压流量的分配受到限制的情况下，更应该考虑这种控制方式所造成的能量损失。内部控制方式一般是在系统中电液动换向阀使用数目较少而且总的高压流量有剩余的情况下，为简化系统的布置而选择采用 另外要注意的是，对于阀芯初始位置为使液压泵卸荷的电液换向阀，如H型、M型、K型、X型，由于液压泵处于卸荷状态，系统压力为零，无法控制主阀芯换向。因此，当采用内部油控制方式而主阀中位卸荷时，必须在回油管路上加设背压阀，使系统保持有一定的压力。背压力至少应大于电液动换向阀主阀的最小控制压力。也可在电液换向阀的进油口P中装预压阀。它实际上是一个有较大开启压力的插入式单向阀。当电液换向阀处于中间位置时，油流先经过预压阀，然后经电液换向阀内流道由T口回油箱，从而在预压阀前建立所需的控制压力 设计电液换向阀一般都考虑了内部油控制形式和外部油控制形式在结构上的互换性，更换的方法则根据电液换向阀的结构特点而有所不同。图(m)采用改变电磁先导阀安装位置的方法来实现两种控制形式的转换示意图。在电磁先导阀的底面上与进油腔P并列加工有一盲孔，当是内部油控制形式时，电磁先导阀的进油腔P与主阀的P腔相沟通；利用盲孔将外部控制油的进油孔封住(这时也没有外部控制油进入)。如将电磁先导阀的四个安装螺钉拆下后旋转180°重新安装，则盲孔转到与主阀P腔孔相对的位置，并将该孔封闭，使主阀P腔的油不能进入电磁先导阀。而电磁先导阀的P腔孔则与外部控制油相通，外部控制油就进入电磁先导阀，实现了外部油控制形式。这种方式需要注意的是，由于电磁先导阀改变了安装方向，使原来电磁阀上的A腔和B腔与控制油K″口和K′口相对应的状况，改变为A腔和B腔是与K″口和K′口相对应。这样，当电磁先导阀上原来的电磁铁通电吸合工作时，主阀两边换向位置的通路情况就与原来相反了。对于三位四通型电液换向阀，这种情况可采用改变电磁铁通电顺序的方法纠正解决；但对于二位四通单电磁铁型的电液换向阀，就必须将电磁先导阀的电磁铁以及有关零件拆下调换到另外一端安装才能纠正 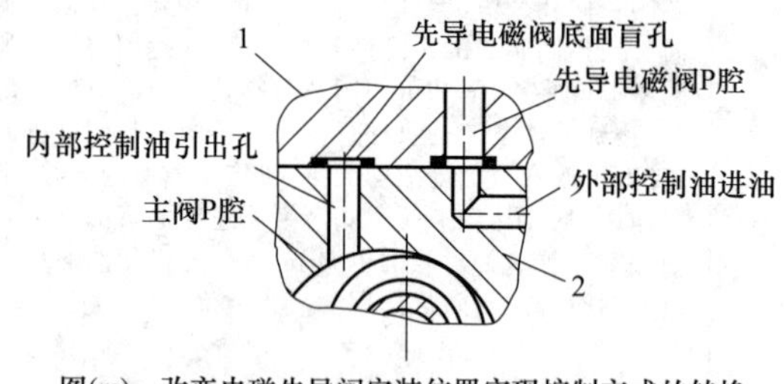 **图(m) 改变电磁先导阀安装位置实现控制方式的转换** 1—先导电磁阀；2—主阀 图(n)是采用工艺螺塞的方法实现内部油控制和外部油控制形式转换的示意图，它的方法是先导电磁阀的P腔始终与主阀的P腔相对应连通，同时在与主阀的P腔连通的通路上加了一个螺塞1。当采用内部油控制形式时把该螺塞卸去，主阀P腔的部分油液通过该孔直接进入电磁先导阀作为控制油(这时还应用螺塞2将外部控制油的进油口堵住，用螺塞1堵住内部控制油，同时将原来堵住外部控制油口的螺塞卸去任意一个，外部控制油则通过其中一个孔道进入电磁先导阀) 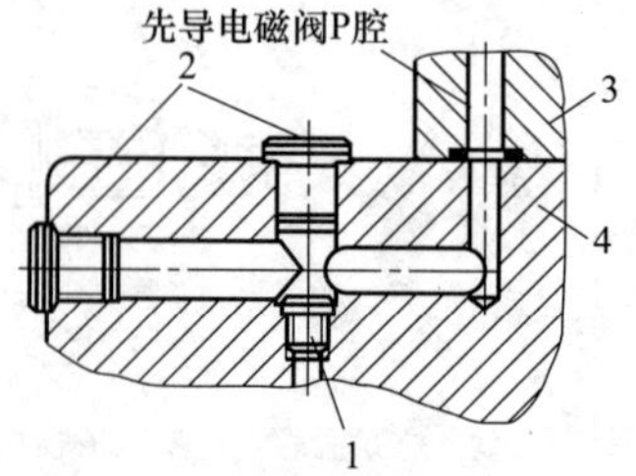 **图(n) 采用工艺螺塞实现控制方式转换** 1，2—螺塞；3—先导电磁阀阀体；4—主阀阀体

续表

先导控制方式和回油方式	先导控制油回油方式	控制油回油有内部和外部回油两种方式。控制油内部回油指先导控制油通过内部通道与液动阀的主油路回油腔相通，并与主油路回油一起返回油箱。图(o)是控制油内部回油的结构示意图。这种形式的特点是省略了控制油回油管路，使系统简化，但是受主油路回油背压的影响。由于电磁先导阀的回油背压受到一定的限制，因此，当采用内部回油形式时，主油路回油背压必须小于电磁先导阀的允许背压值，否则电磁先导阀的正常工作将受到影响 控制油外部回油是指从电液换向阀两端控制腔排出的油，经过先导电磁阀的回油腔单独直接回油箱（螺纹连接或者法兰连接电液换向阀一般均采用这种方式）。也可以通过下部液动阀上专门加工的回油孔接回油箱（板式连接型一般都采用这种方式），图(p)是板式连接型电液换向阀控制油外部回油的结构示意图。这种形式的特点是控制油回油背压不受主阀回油背压的影响。它可直接接回油箱，也可与背压不大于电磁先导阀允许背压的主油管路相连，一起接回油箱，使用较为灵活，其缺点是多了一根回油管路，这对电液换向阀使用较多的复杂系统，增加了管道的布置
		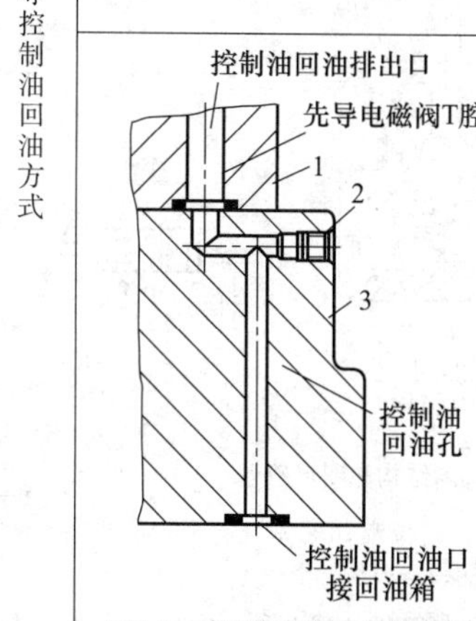 1—先导电磁阀体； 2—工艺堵； 3—主阀阀体 图(o)　控制油内部回油的结构 1—先导电磁阀体； 2—工艺堵； 3—主阀阀体 图(p)　控制油外部回油的结构
主要性能要求	换向可靠性	液动换向阀的换向可靠性完全取决于控制压力的大小和复位弹簧的刚度。电液换向阀的换向可靠性基本取决于电磁先导阀的换向可靠性。电液换向阀在工作过程中所要克服的径向卡紧力、稳态液动力及其他摩擦阻力较大，在这种情况下，为使阀芯能可靠地换向和复位，可以适当提高控制压力，也可增强复位弹簧的刚度。这两个参数在设计中较容易实现，主要还是电磁先导阀的动作可靠性起着决定性的作用
	压力损失	油流通过各油腔的压力损失是通过流量的函数。增大电液换向阀的流量所造成的稳态液动力的增加，可以采用提高控制压力和加强复位弹簧刚度的办法加以克服，但将造成较大的压力损失和油液发热。因此，流量不能增加太大
	内泄漏量	液动换向阀和电液换向阀的内泄漏量与电磁换向阀的内泄漏量定义是完全相同的，但它所指的是主阀部分的内泄漏量
	换向和复位时间	液动换向阀的换向和复位时间，受控制油流的大小、控制压力的高低以及控制油回油背压的影响。因此，在一般情况下，并不作为主要的考核指标，使用时也可以调整控制条件以改变换向和复位时间
	液压冲击	液动换向阀和电液换向阀，由于口径都比较大，控制的流量也较大，在工作压力较高的情况下，当阀芯换向而使高压油腔迅速切换的时候，液压冲击压力可达工作压力的百分之五十甚至一倍以上。所以应设法采取措施减少液压冲击压力值 减少冲击压力的方法，可以对液动换向阀和电液换向阀加装阻尼调节阀，以减慢换向速度。对液压系统也可采用适当措施，如加灵敏度高的小型安全阀、减压阀等，或适当加大管路直径，缩短导管长度，采用软管等。目前，尚没有一种最好的方法能完全消除液压冲击现象，只能通过各种措施减少到尽可能小的范围内
	电液换向阀与液动换向阀主要用于流量较大（超过 60L/min）的场合，一般用于高压大流量的系统。其功能和应用与电磁换向阀相同	

9.5.6 其他类型的方向阀

表 20-9-82　　**其他类型的方向阀**

<table>
<tr><td rowspan="3">手动换向阀</td><td colspan="2">操纵滑阀换向的方法除了用电磁铁和液压油来推动外，还可利用手动杠杆的作用来进行控制，这就是手动换向阀。手动换向阀一般都是借用液动换向阀或电磁换向阀的阀体进行改制，再在两端装上手柄操纵机构和定位机构。手动换向阀有二位、三位、二通、三通、四通等，也有各种滑阀机能</td></tr>
<tr><td rowspan="2">典型结构和工作原理</td><td>
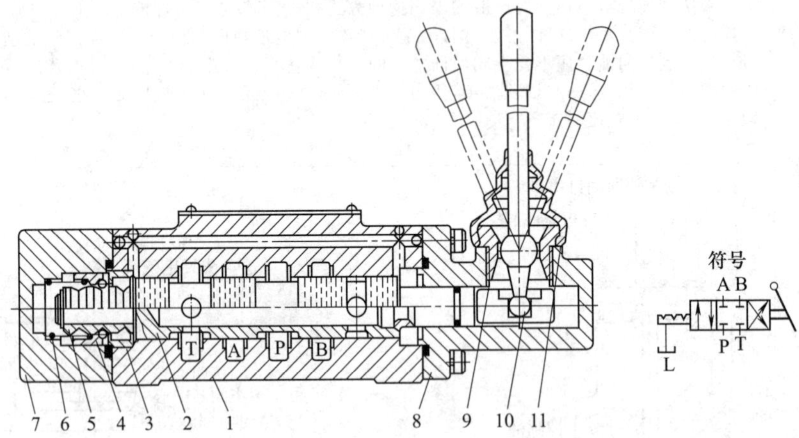

图(a)　三位四通钢珠定位式手动换向阀的结构和图形符号

1—阀体；2—阀芯；3—球座；4—护球圈；5—定位套；6—弹簧；7—后盖；8—前盖；9—螺套；10—手柄；11—防尘套

手动换向阀按其操纵阀芯换向后的定位方式分，有钢珠定位式和弹簧复位式两种。钢球定位式是当操纵手柄外力取消后，阀芯依靠钢球定位保持在换向位置。弹簧复位式是当操纵手柄外力取消后，弹簧使阀芯自动回复到初始位置。图(a)是三位四通钢珠定位式手动换向阀的结构和图形符号。当手柄处于初始中间位置时，后盖 7 中的钢珠卡在定位套的中间一档沟槽里，使阀芯 2 保持在初始中间位置。进油腔 P、两个工作腔 A 和 B 以及回油腔 T 都不沟通。当把手柄向左推时，依靠定位套沟槽斜面将钢珠推开并滑入左边定位槽中，阀芯定位在右边换向位置，使 P 腔与 B 腔相沟通，A 腔与 T 腔相沟通。当把手柄从初始中间位置向右方向拉时，钢珠进入定位套上的右边定位槽中，使阀芯定位在左边换向工作位置，使 P 腔与 A 腔相沟通，B 腔与 T 腔相沟通
</td></tr>
<tr><td>
将图(a)的三位四通手动换向阀的阀芯定位套改成两个定位槽，就可以变成钢球定位式二位四通手动换向阀，如图(b)所示

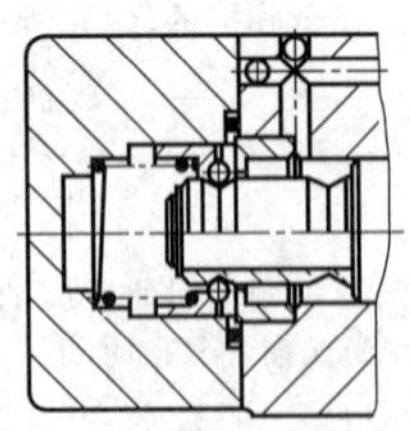

图(b)　二位四通钢球定位式手动换向阀的定位机构和阀的图形符号

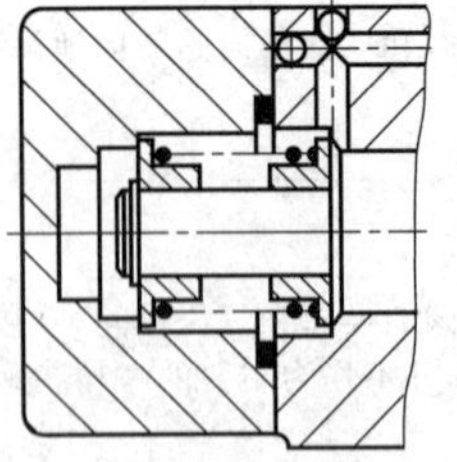

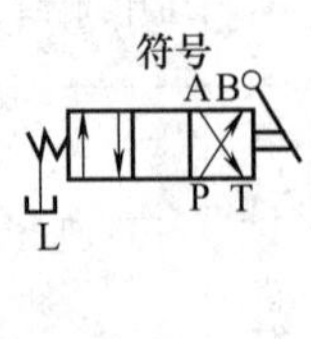

图(c)　三位四通弹簧自动复位式手动换向阀的部分结构和阀的符号

图(c)是三位四通弹簧自动复位式手动换向阀的部分结构和阀的符号。它只要将阀芯后部的定位套换上两个相同的弹簧座，并取消球和护球圈就可以了。复位弹簧安置在两个弹簧座的中间，使阀芯保持在初始中间位置。当把手柄往左推时，阀芯带动左端弹簧座压缩弹簧，并靠右端弹簧座限位，阀芯即处于右边换向工作位置。当操纵手柄的外力去除后，复位弹簧把阀芯推回到初始中间位置。当手柄往右拉时，阀芯台肩端面推动右端弹簧座使弹簧压缩，并靠右端弹簧座限位，使阀芯处于左边换向工作位置
</td></tr>
</table>

续表

手动换向阀	典型结构和工作原理	将图(c)所示三位四通弹簧自动复位式的两个弹簧座改成图(d)所示结构，就成为二位四通弹簧自动复位式手动换向阀 弹簧自动复位式结构的特点是操纵手柄的外力必须始终保持，才能使阀芯维持在换向工作位置。外力一去除，阀芯立即依靠弹簧力回复到初始位置。利用这一点，在使用中可通过操纵手柄的控制，使阀芯行程根据需要任意变动，而使各油腔的开口度灵活改变。这样可根据执行机构的需要，通过改变开口量的大小来调节速度。这一点比钢球定位式更为方便 手动换向阀手柄操纵部分的结构有多种形式，图(e)是杠杆结构。杠杆结构比较简单，前盖与阀体安装螺钉孔的相对位置精度容易保证，但支架部分在手柄长期搬动后容易松动 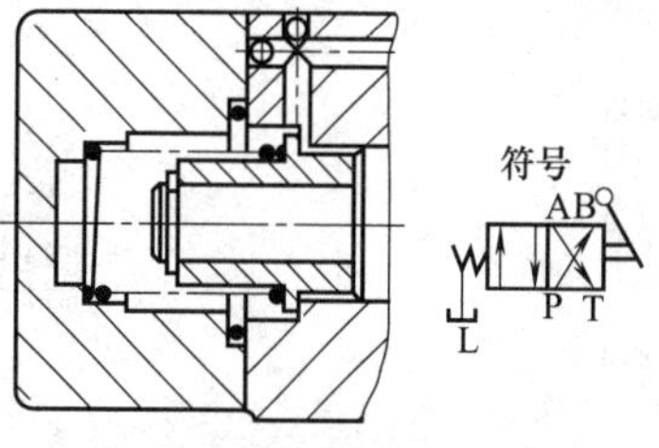 **图(d)　二位四通弹簧自动复位式手动换向阀的定位结构和阀的符号** 图(f)是力士乐公司生产的采用旋钮操纵的换向滑阀。控制阀芯是由调节旋钮来操纵的(转动角度 2×90°)，由此而产生的转动借助于灵活的滚珠螺旋装置转变为轴向运动并直接作用在控制阀芯上，控制阀芯便运动到所要求的末端位置，并打开要求的油口。旋钮前面有一刻度盘可以观察阀芯 3 的实际切换位置。所有操作位置均借助定位装置定位 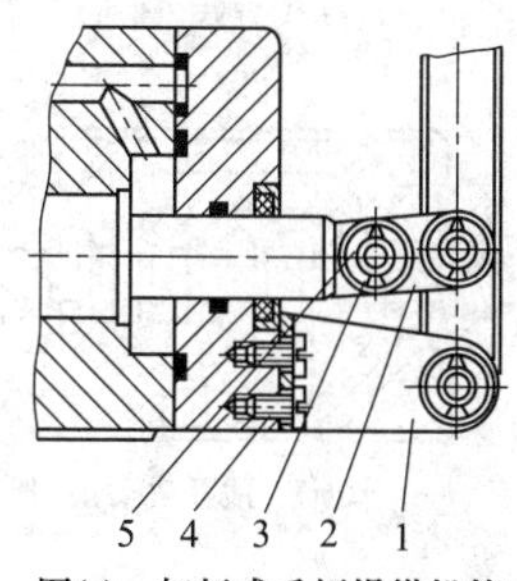 **图(e)　杠杆式手柄操纵机构** 1—支架；2—连接座；3—圆柱销；4—螺钉；5—开口销 **图(f)　采用旋钮操纵的换向滑阀** 1—阀体；2—调节件；3—控制阀芯；4—调节旋钮
	主要性能要求	①换向可靠性。手动换向阀靠手柄操纵阀芯换向，比电磁换向阀、电液换向阀和液动换向阀的工作更为简便可靠，稳态液动力和径向卡紧力的影响容易克服。必须注意的是，后盖部分容腔中的泄漏油必须单独引出，接回油箱，不允许有背压。否则，将由于泄漏油的积聚，而自行推动阀芯移动，产生误动作，甚至发生故障 ②压力损失小 ③泄漏量小
	应用	手动换向阀在系统中的应用以及容易发生的故障，与液动换向阀和电液换向阀基本相同。它操作简单，工作可靠，能在没有电力供应的场合使用，在工程机械中得到广泛的应用。但在复杂的系统中，尤其在各执行元件的动作需要联动、互锁或工作节拍需要严格控制的场合，就不宜采用手动换向阀，使用时应注意： ①即使螺纹连接的阀，亦应用螺钉固定在加工过的安装面上，不允许用管道悬空支撑阀门 ②外泄油口应直接回油箱。外泄油压力增大，操作力增大，则堵住外泄油口，滑阀不能工作
机动换向阀	机动换向阀也叫行程换向阀，能通过安装在执行机构上的挡铁或凸轮，推动阀芯移动，来改变油流的方向。它一般只有二位型的工作方式，即初始工作位置和一个换向工作位置。同时，当挡铁或凸轮脱开阀芯端部的滚轮后，阀芯都是靠弹簧自动将其复位。它也有二通、三通、四通、五通等结构	
	典型结构和工作原理	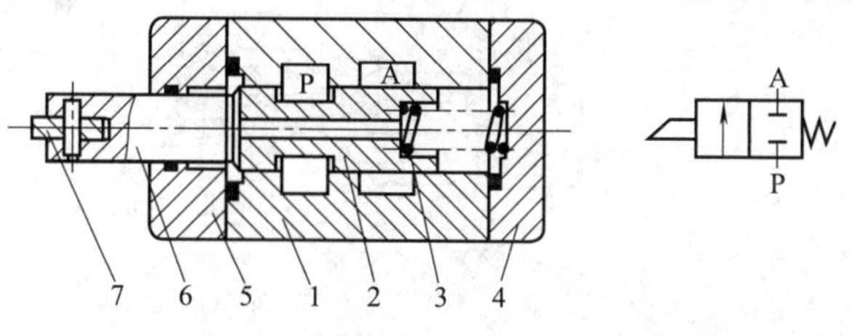 **图(g)　二位二通常闭型机动换向阀的结构和图形符号** 1—阀体；2—阀芯；3—弹簧；4—前盖；5—后盖；6—顶杆；7—滚轮 图(g)是二位二通常闭型机动换向阀的结构和图形符号。当阀芯处于图示位置时，复位弹簧将阀芯压在左端初始工作位置，进油腔 P 与工作腔 A 处于封闭状态。当挡块或凸轮接触滚轮并将阀芯压向右边工作位置时，P 腔与 A 腔沟通，挡块或凸轮脱开滚轮后，阀芯则依靠复位弹簧回复到初始工作位置

续表

<table>
<tr>
<td>机动换向阀</td>
<td>典型结构和工作原理</td>
<td>
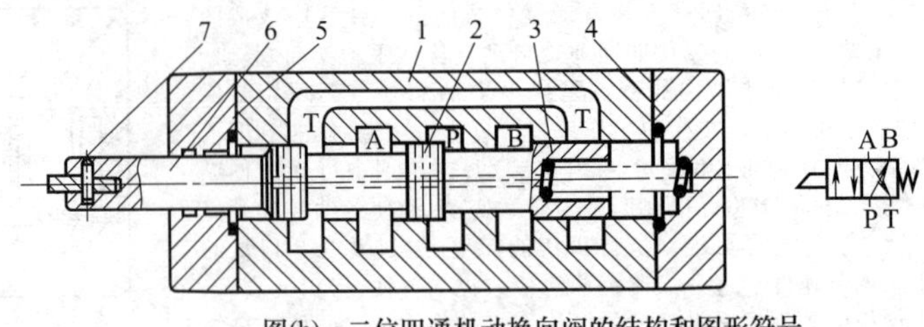

图(h)　二位四通机动换向阀的结构和图形符号
1—阀体；2—阀芯；3—弹簧；4—前盖；5—后盖；6—顶杆；7—滚轮

图(h)是二位四通机动换向阀的结构和图形符号。当阀芯处于图示位置时，复位弹簧将阀芯压在左端工作位置，使进油腔 P 与工作腔 B 相沟通，另一个工作腔 A 与回油腔 T 相沟通。当挡铁或凸轮接触滚轮，并将阀芯压向右边工作位置时，使 P 腔与 A 腔沟通，B 腔与 T 腔沟通。当挡块或凸轮脱开滚轮后，阀芯又依靠复位弹簧回复到初始工作位置
图(i)、图(j)是威格仕二位四通机动换向阀的结构，图(i)采用滚轮凸轮操作方式，图(j)中采用顶杆操作方式
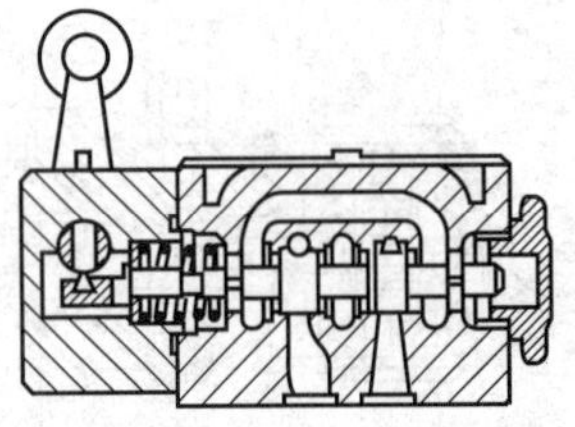
图(i)　滚轮凸轮式机动换向阀的结构
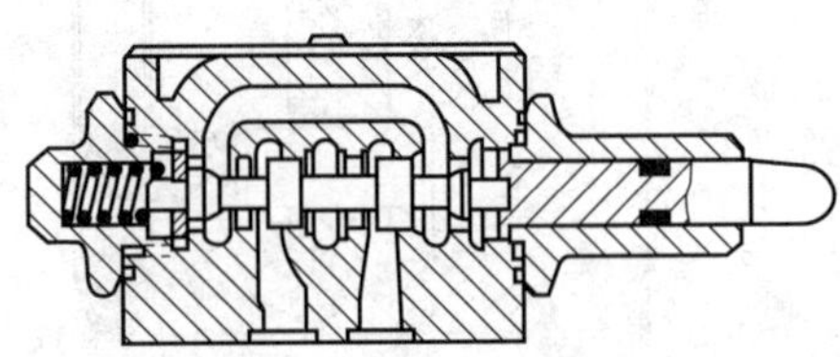
图(j)　顶杆机动换向阀的结构

由于用行程开关与电磁阀或电液换向阀配合可以很方便地实现行程控制(换向)，代替机动换向阀即行程换向阀，且机动换向阀配管困难，不易改变控制位置，因此目前国内较少生产机动换向阀
</td>
</tr>
<tr>
<td rowspan="2">电磁球阀</td>
<td colspan="2">电磁球阀也叫提动式电磁换向阀，由电磁铁和换向阀组成。电磁铁推力通过杠杆连接得到放大，电磁铁推杆位移使阀芯换向。其密封形式采用标准的钢球件作为阀座芯，钢球与阀座接触密封。电磁球阀在液压系统中大多作为先导控制阀使用，在小流量液压系统中可作为其他执行机构的方向控制</td>
</tr>
<tr>
<td>典型结构和工作原理</td>
<td>
图(k)　常开式二位三通电磁球阀
1—电磁铁；2—导向螺母；3—弹簧；4—复位杆；5—右阀座；6,12—钢球；7—隔环；8—左阀座；9—阀体；10—杠杆盒；11—定位球套；13—杠杆；14—衬套；15—Y 形密封圈；16—推杆

图(k)是常开式二位三通电磁球阀。当电磁铁断电时，弹簧 3 的推力作用在复位杆 4 上，将钢球 6 压在左阀座 8 上，P 腔与 A 腔沟通，A 腔与 T 腔断开。当电磁铁通电时，电磁铁的推力通过杠杆 13、钢球 12 和推杆 16 作用在钢球 6 上并压在右阀座 5 上，A 腔与 T 腔沟通，P 腔封闭
</td>
</tr>
</table>

第 20 篇

续表

电磁球阀	典型结构和工作原理	图(l)为常闭式二位三通电磁球阀的结构和图形符号。在初始位置时(电磁铁断电时)P 腔与 A 腔是互相封闭的,A 腔与 T 腔相通。当电磁铁通电时,P 腔与 A 腔相通,T 腔封闭 图(l)　常闭式二位三通电磁球阀 1—复位杆;2—中间推杆;3—隔环;4—推杆
	特点	电磁球阀在关闭位置内泄漏为零,适用于非矿物油介质的系统,如乳化液、水-乙二醇、高水基液压油、气动控制系统等;受液流作用力小,不易产生径向卡紧力;无轴向密封长度,动作可靠,换向频率较之滑阀式高;阀的安装连接尺寸符合 DIN 24340 标准;快速一致的响应时间;装配和安装简单,维修方便
	应用	电磁球阀的应用与电磁换向阀基本相同,在小流量系统中控制系统的换向和启停,在大流量系统中作为先导阀用。在保压系统中,电磁球阀具有显著的优势 目前,电磁球阀只有二位阀,需要两个二位阀才能组成一个三位阀,同时,两个二位三通电磁球阀不可能构成像一般电磁换向阀那样多种滑阀机能的元件,这使电磁球阀的应用受到一定的限制

9.5.7　典型产品

9.5.7.1　单向阀

(1) S 型单向阀（力士乐系列）

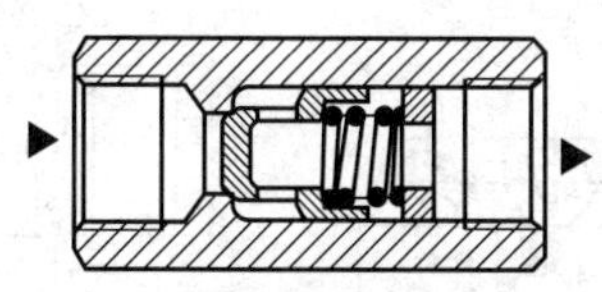

图 20-9-60　S 型单向阀（管式）结构

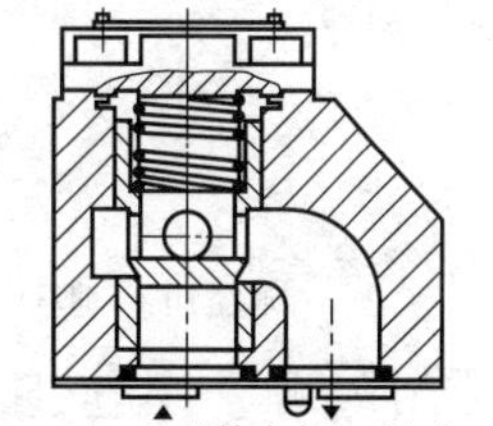

图 20-9-61　S 型单向阀（板式）结构

型号意义：

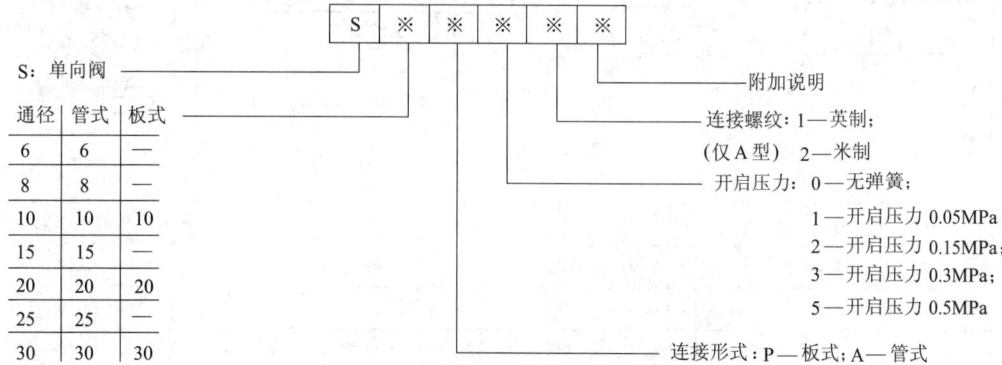

第 20 篇

表 20-9-83　　S型单向阀技术规格

规格/mm	6	8	10	15	20	25	30
流量(流速=6m/s)/L·min^{-1}	10	18	30	65	115	175	260
液压介质	矿物质液压油;磷酸酯液						
介质温度范围/℃	−30～80						
介质黏度/m^2·s^{-1}	(2.8～380)×10^{-6}						
工作压力/MPa	至31.5						

表 20-9-84　　S型单向阀（管式）外形尺寸　　mm

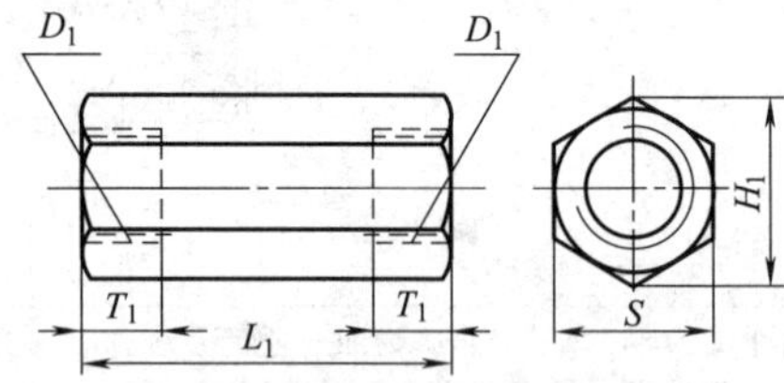

尺寸		6	8	10	15	20	25	30
D_1	英制	G1/4	G3/8	G1/2	G3/4	G1	G1¼	G1½
	米制	M14×1.5	M18×1.5	M22×1.5	M27×2	M33×2	M42×2	M48×2
H_1		22	28	34.5	41.5	53	69	75
L_1		58	58	72	85	98	120	132
T_1		12	12	14	16	18	20	22
S		19	24	30	36	46	60	65
质量/kg		0.1	0.2	0.3	0.5	1	2	2.5

表 20-9-85　　S型单向阀（板式）外形尺寸　　mm

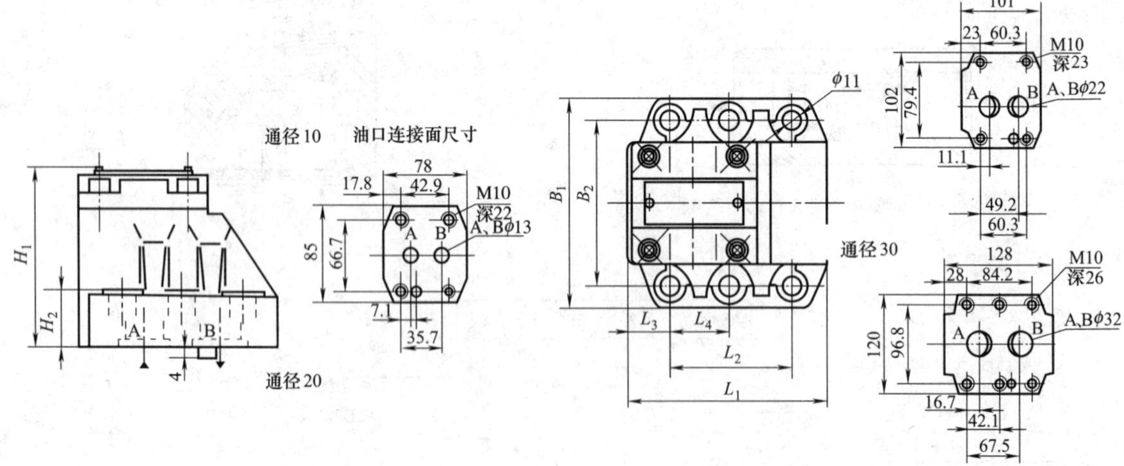

通径	B_1	B_2	L_1	L_2	L_3	L_4	H_1	H_2	阀固定螺钉(GB/T 70)
10	85	66.7	78	42.9	17.8	—	66	21	4×M10长40-10.9
20	102	79.4	101	60.3	23	—	93.5	31.5	4×M10长50-10.9
30	120	96.8	128	84.2	28	42.1	160.5	46	4×M10长70-10.9

（2）C 型单向阀（威格士系列）

型号意义：

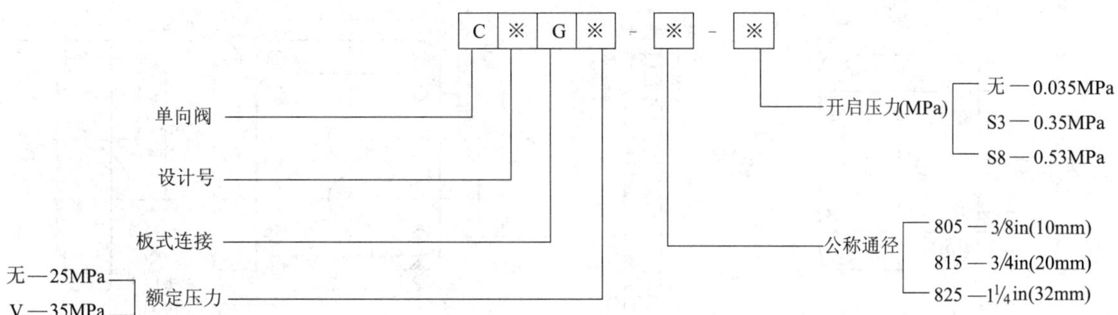

表 20-9-86 C 型单向阀技术规格

型号	通径		最高压力/MPa	公称流量/L·min⁻¹	开启压力/MPa	质量/kg
	/in	/mm				
C2G-805-※	3/8	10	31.5	40	无:0.035	1.5
C5G-815-※	3/4	20	35.0	80	S3:0.35	3.0
C5G-825-※	1¼	32	35.0	380	S8:0.53	6.2

表 20-9-87 C 型单向阀外形尺寸 mm

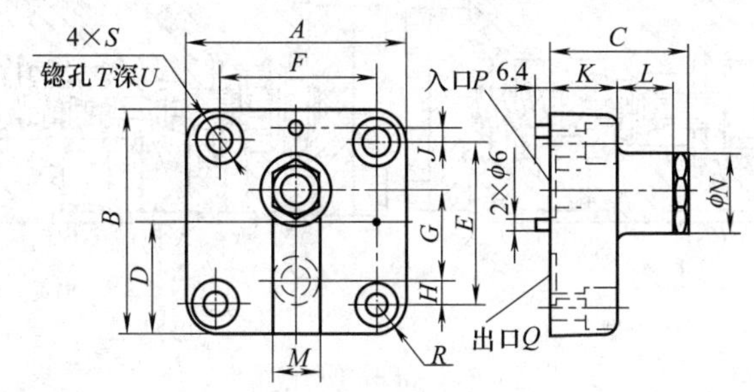

型号	A	B	C	D	E	F	G	H	J	K
C2G-805	70	85	70	42.5	65	50	88	18.5	—	35
C5G-815	97	113	76	56.5	21	65	46	12.7	8.7	38
C5G-825	127	127	110	63.5	92	92	50.8	20.6	9.5	58

型号	L	M	N	P	Q	R	S	T	U
C2G-805	29	34	42.5	16	16	10	8.7	14	8
C5G-815	30	42	51	19.0	22.2	16	17	26	16
C5G-825	42	48	66.5	28.6	35.0	17.5	21	32	—

安装底板的型号意义：

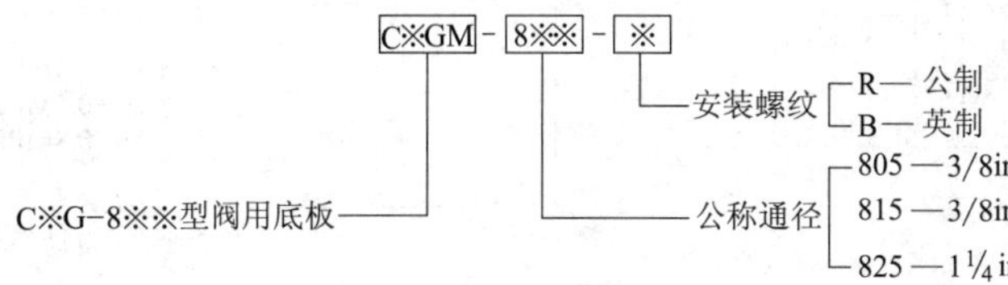

表 20-9-88　　底板外形尺寸　　mm

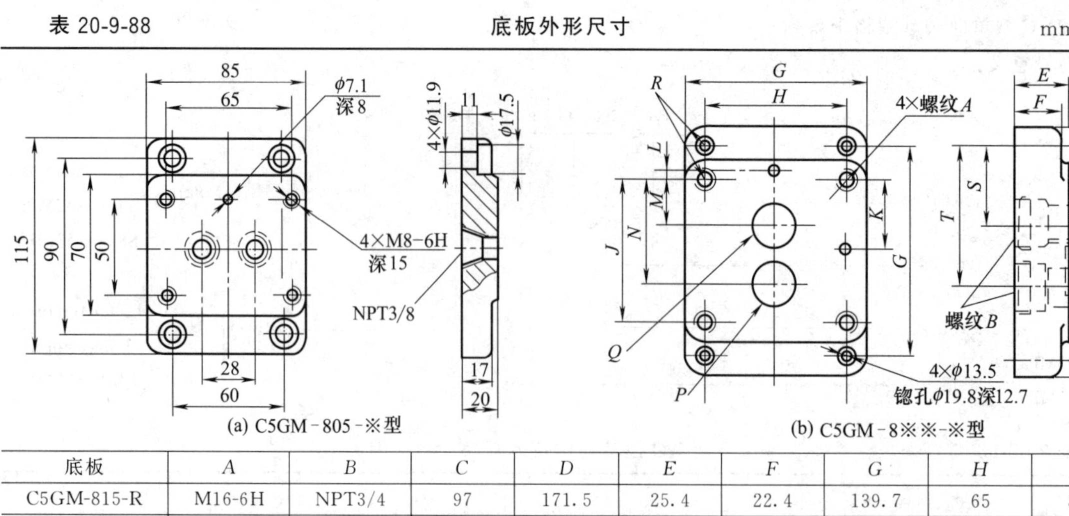

底板	A	B	C	D	E	F	G	H	J
C5GM-815-R	M16-6H	NPT3/4	97	171.5	25.4	22.4	139.7	65	81
C5GM-825-R	M20-6H	NPT1 ¼	127	187.5	141.3	22.5	152.4	92	92
底板	K	L	M	N	P	Q	R	S	T
C5GM-815-R	40.5	8.7	22.2	68.3	22.2	22.2	16	51.6	97.7
C5GM-825-R	16	9.5	20.6	71.4	35	28.6	17.5	47.7	104.8

9.5.7.2　液控单向阀

(1) SV/SL 型液控单向阀（力士乐系列）

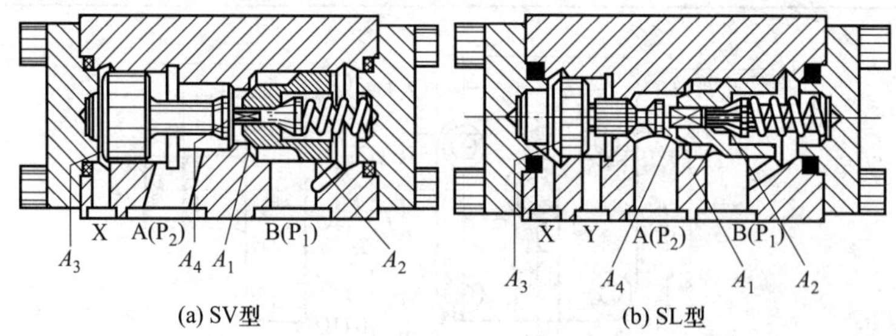

图 20-9-62　液控单向阀结构

表 20-9-89　　压力作用面面积　　cm^2

阀　型　号	A_1	A_2	A_3	A_4
SV10,SL10	1.13	0.28	3.15	0.50
SV15,SV20,SL15,SL20	3.14	0.78	9.62	1.13
SV25,SV30,SL25,SL30	5.30	1.33	15.9	1.54

型号意义：

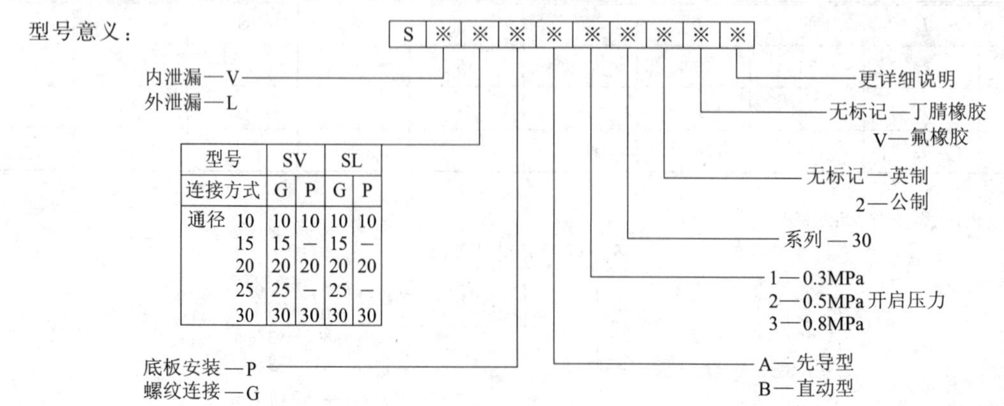

表 20-9-90　　SV/SL 型液控单向阀技术规格

阀型号	SV10	SL10	SV15、20	SL15、20	SV25、30	SL25、30
X 口控制容积/cm^3	2.2		8.7		17.5	
Y 口控制容积/cm^3	—	1.9	—	7.7	—	15.8
液流方向	A 至 B 自由流通，B 至 A 自由流通(先导控制时)					
工作压力/MPa	～31.5					
控制压力/MPa	0.5～31.5					
液压油	矿物油；磷酸酯液					
油温范围/℃	−30～70					
黏度范围/$mm^2 \cdot s^{-1}$	2.8～380					

质量/kg	SV/SL10	SV15、20	SL15、20	SV/SL25	SV/SL30
	2.5	4.0	4.5	8.0	

表 20-9-91　　SV/SL 型液控单向阀外形尺寸（螺纹连接）　　mm

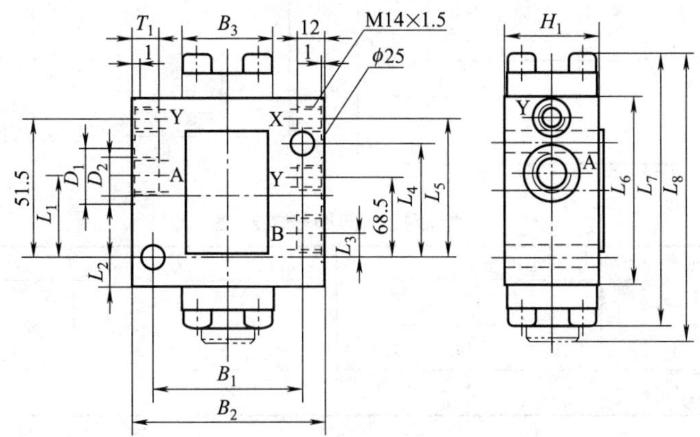

阀型号		B_1	B_2	B_3	D_1	D_2	H_1	L_1	L_2	L_3	L_4	L_5	L_6	$L_7$①	$L_8$②	T_1
SV	10	66.5	85	40	34	M22×1.5	42	27.5	18.5	10.5	33.5	49	80	116	116	14
	15	79.5	100	55	42	M27×1.5	57	36.7	17.3	13.3	50.5	67.5	95	135	146	16
	20	79.5	100	55	47	M33×1.5	57	36.7	17.3	13.3	50.5	67.5	95	135	146	18
	25	97	120	70	58	M42×1.5	75	54.5	15.5	20.5	73.5	89.5	115	173	179	20
	30	97	120	70	65	M48×1.5	75	54.5	15.5	20.5	73.5	89.5	115	173	179	22
SL	10	66.5	85	40	34	M22×1.5	42	22.5	18.5	10.5	33.5	49	80	116	116	14
	15	79.5	100	55	42	M27×1.5	57	30.5	17.5	13	50.5	72.5	100	140	151	16
	20	79.5	100	55	47	M33×1.5	57	30.5	17.5	13	50.5	72.5	100	140	151	18
	25	97	120	70	58	M42×1.5	75	54.5	15.5	20.5	84	99.5	125	183	189	20
	30	97	120	70	65	M48×1.5	75	54.5	15.5	20.5	84	99.5	125	183	189	22

① 尺寸 L_7 只适用于开启压力 1 和 2 的阀。

② 尺寸 L_8 只适用于开启压力 3 的阀。

连接底板：

通径/mm	10	20	30
底板型号	G460/1 G461/1	G412/1 G413/1	G414/1 G415/1

(2) 4C型液控单向阀（威格士系列）

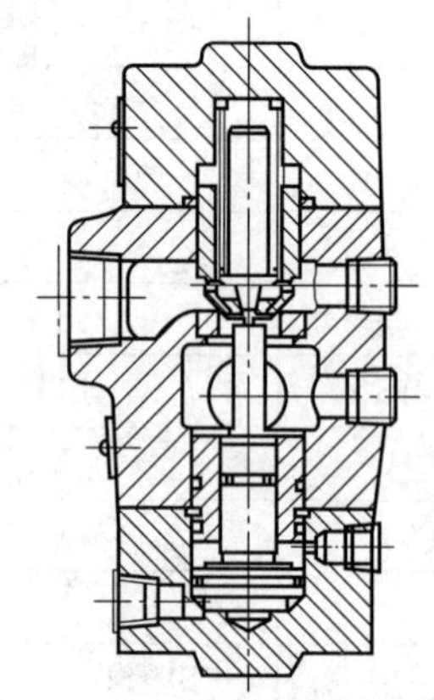

图 20-9-63 4C型液控单向阀结构

型号意义：

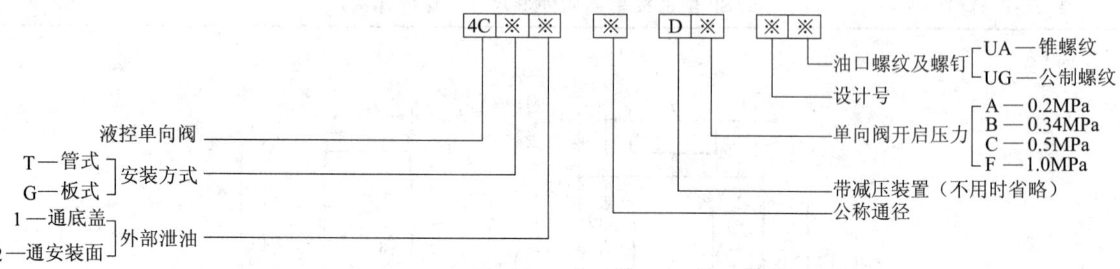

表 20-9-92 4C型液控单向阀技术规格

型号	通径/in	额定流量/L·min^{-1}	最高工作压力/MPa	单向阀开启压力/MPa
4C※-03-※	3/8	45	21	A:0.2 B:0.34 C:0.5 F:1.0
4C※※-06-※	3/4	114		
4C※1-10-※	1¼	284		

表 20-9-93 4CT※型液控单向阀外形尺寸 mm

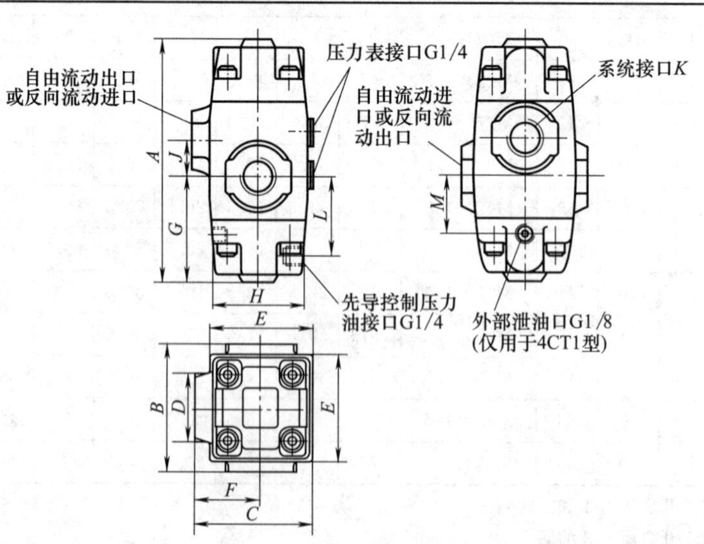

续表

型号	A	B	C	D	E	F	G	H	J	K	L	M	质量/kg
4CT-03	122.2	70	70	35	60	39.6	53.1	57.2	23.1	G3/8	42.2	—	2.7
4CT1-06	177.8	95.3	88.6	50.8	75	50.8	77.7	70.1	26.9	G3/4	57.2	42.7	5.7
4CT1-10	203.2	117.4	118	86.4	99	68.3	93.5	95.3	28.7	G1¼	80	54.6	11.9

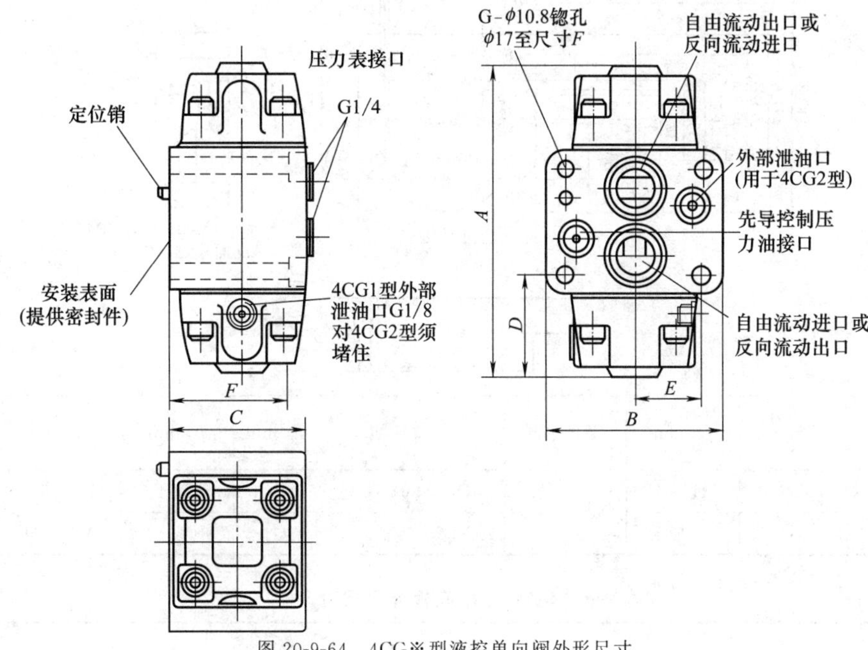

图 20-9-64　4CG※型液控单向阀外形尺寸

安装底板的型号意义：

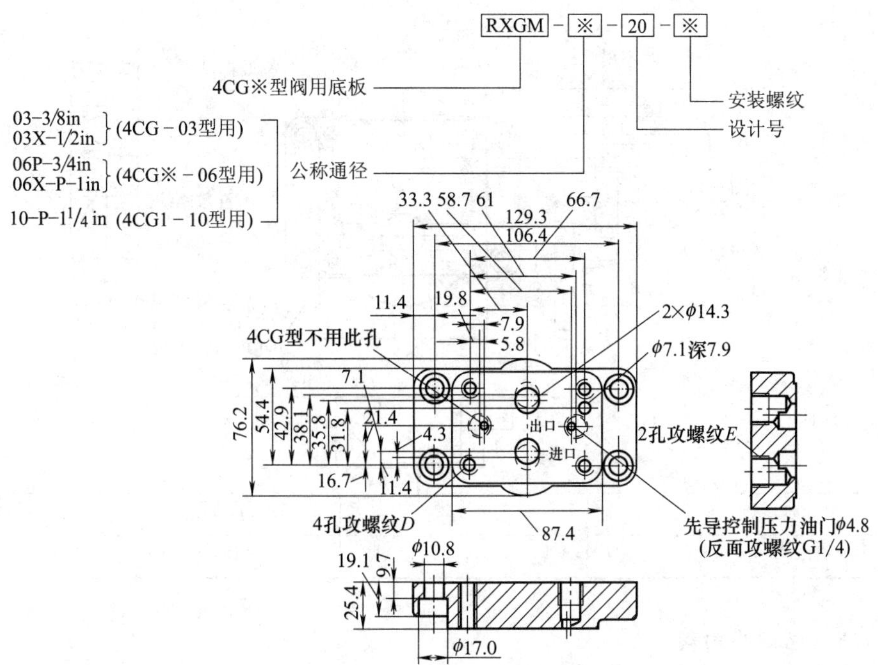

图 20-9-65　RXGM-03 型底板外形尺寸

表 20-9-94　　RXGM-06 型底板外形尺寸

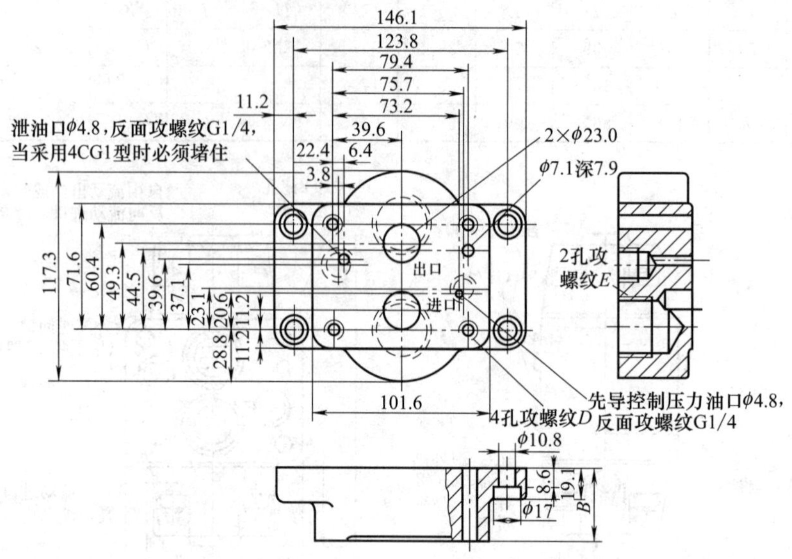

型号	E/mm	D/mm	安装螺钉	型号	E/mm	B/mm	D/mm	安装螺钉
RXGM-03-20-C	G3/8	M10-6H	M10 长 70	RXGM-06-20-C	G3/4	35.1	M10-6H	M10 长 80
RXGM-03X-20-C	G1/2	M10-6H		RXGM-06X-20-C	G1	41.1	M10-6H	

表 20-9-95　　RXGM-10 型底板外形尺寸

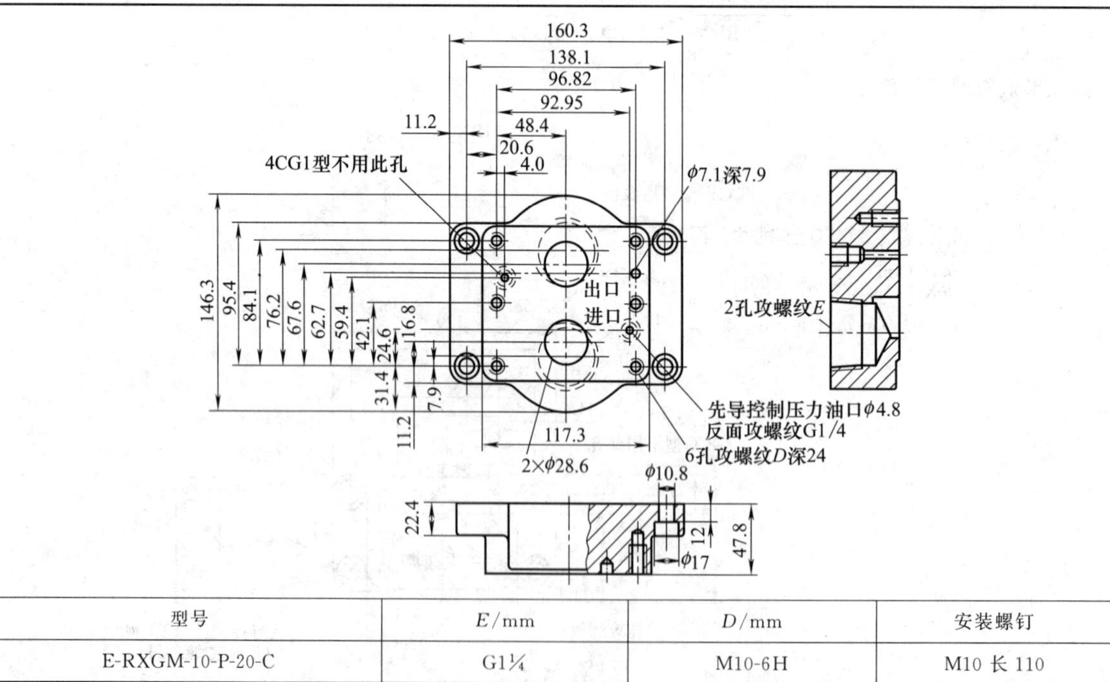

型号	E/mm	D/mm	安装螺钉
E-RXGM-10-P-20-C	G1¼	M10-6H	M10 长 110

9.5.7.3　电磁换向阀

(1) WE5 型湿式电磁换向阀（力士乐系列）

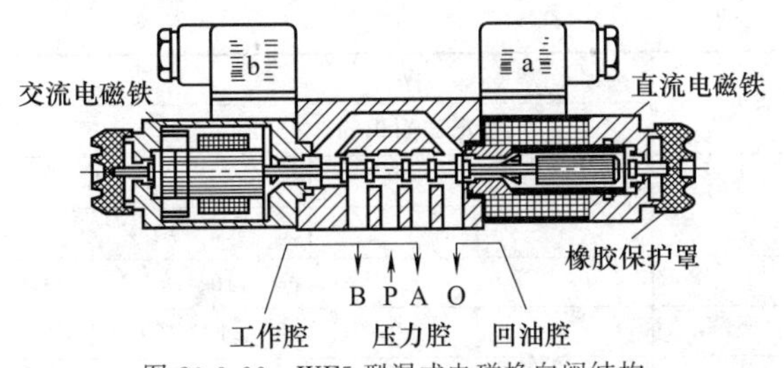

图 20-9-66　WE5 型湿式电磁换向阀结构

型号意义：

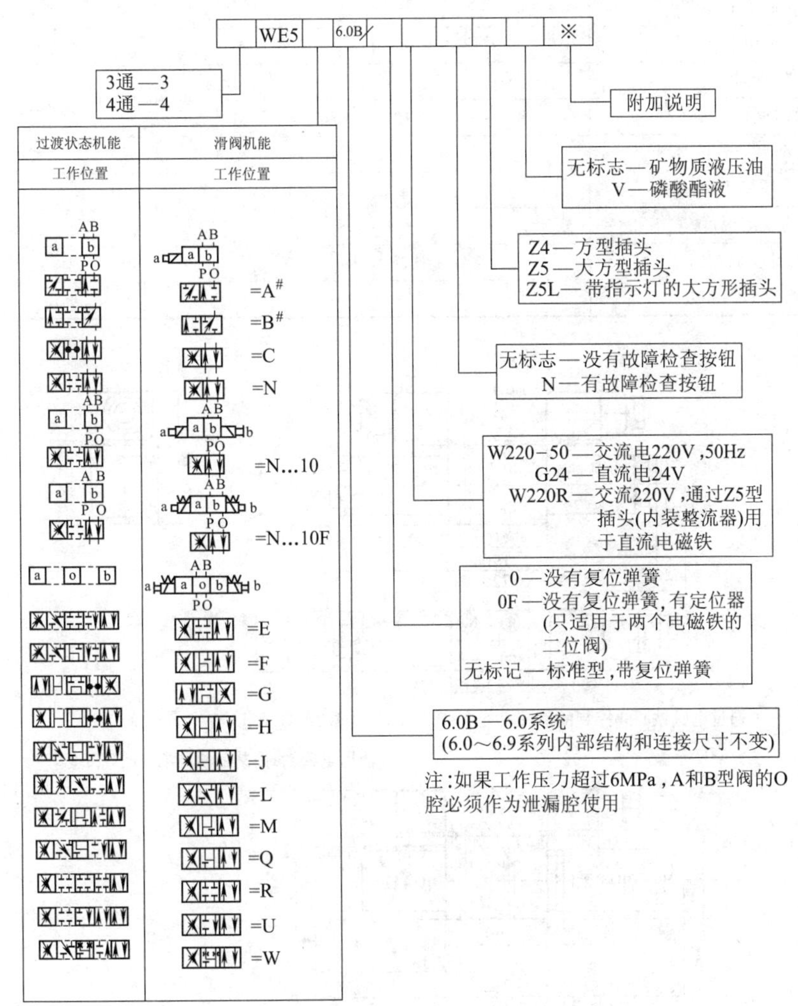

表 20-9-96　　WE5 型湿式电磁换向阀技术规格

介　　质	矿物油；磷酸酯液	
介质温度/℃	−30～70	
介质黏度/$m^2 \cdot s^{-1}$	$(2.8～380)\times10^{-6}$	
最大允许的工作压力/MPa	连接口	
	A、B、P	O
	至 25	至 6

续表

过流截面(0位,即中间位置)	W型		Q型	
	额定截面积的3%		额定截面积的6%	
质量/kg	阀	底板G115/1		底板G96/1
	约1.4	约0.7		约0.5
交流电压	110V,220V(50Hz)			
直流电压	12V,24V,110V			
电压类别	直流电压		交流电压	
消耗功率	26W		—	
停留时功率	—		46V·A	
启动时功率	—		130V·A	
运转时间	连续			
接通时间/ms	40		25	
断开时间/ms	30		20	
最大许可的环境温度/℃	50			
最大许可的线圈温度/℃	150			
最大许可的开关频率/h^{-1}	15000		7200	
保护装置类型DIN 40050	IP65			

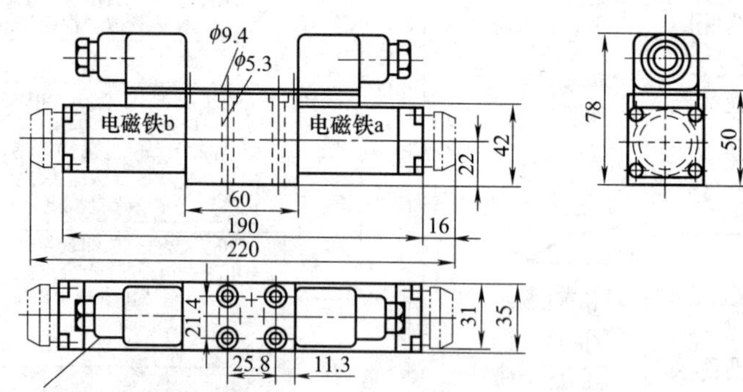

通过电磁铁a和b控制的滑阀机能有:E,F,G,H,J,L,M,Q,R,U,W

使用电磁铁a控制的机能有:A、B、C、N

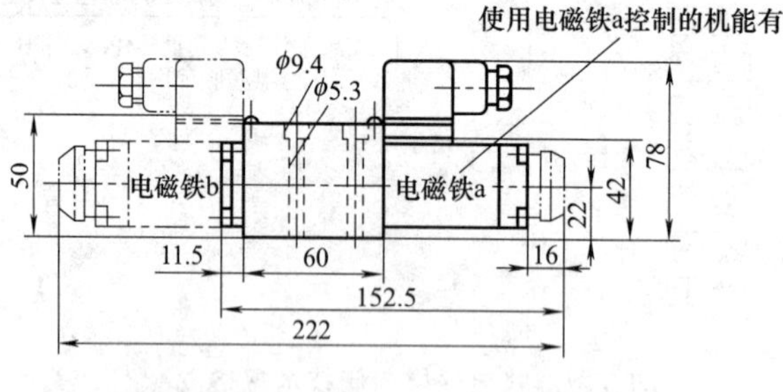

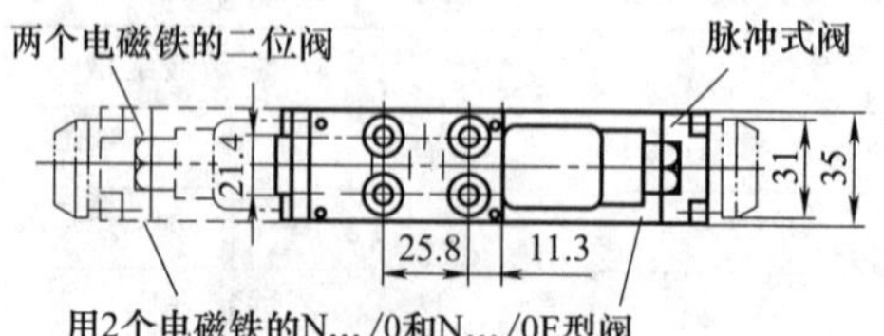

图20-9-67 WE5型电磁换向阀外形及连接尺寸

连接底板:G115/01、G96/01

（2）WE6 型电磁换向阀（力士乐系列）

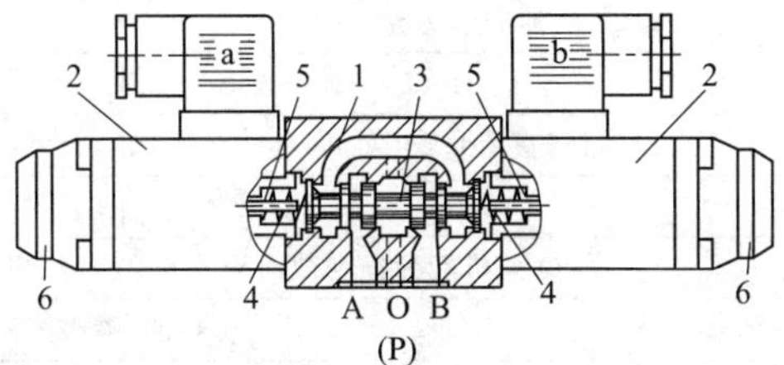

图 20-9-68　WE6 型电磁换向阀结构

1—阀体；2—电磁铁；3—阀芯；4—弹簧；5—推杆；6—应急手动按钮

型号意义：

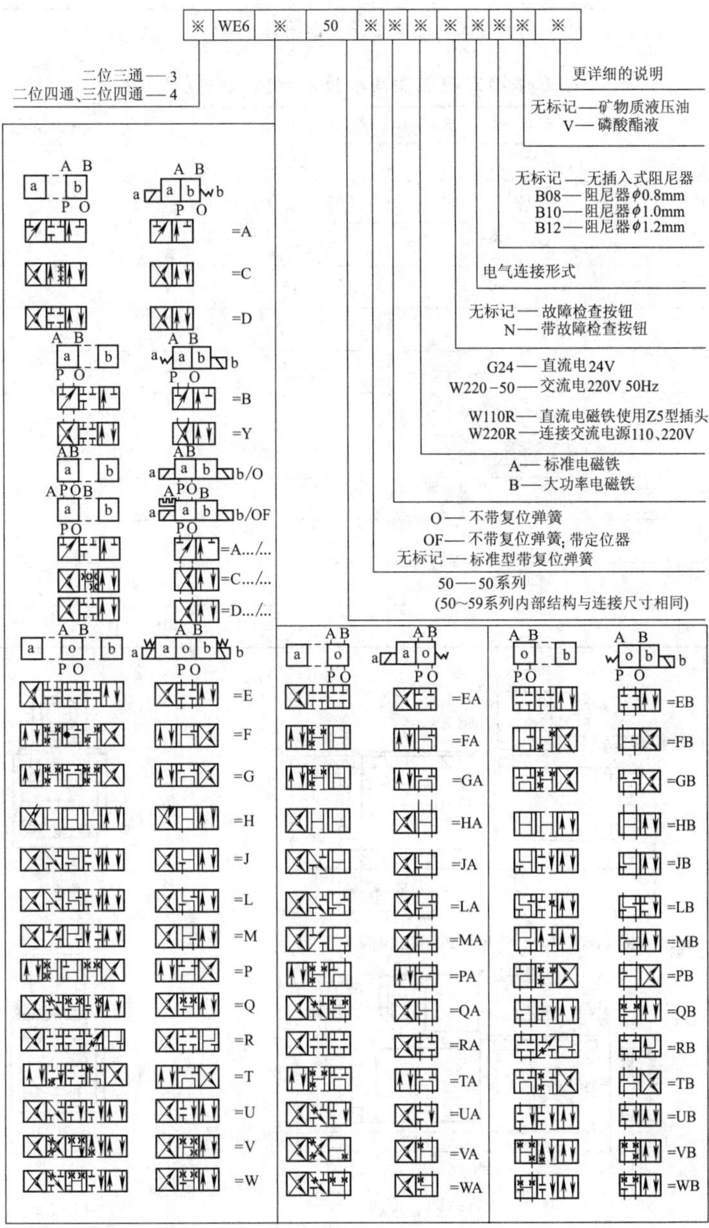

表 20-9-97　　　　**WE6 型湿式电磁换向阀技术规格**（液压部分）

电　磁　铁		标准电磁铁 A	大功率电磁铁 B
工作压力/MPa	A、B、P 腔	31.5	35
	O 腔	16(直流)；10(交流)	16
流量/L·min^{-1}		60	80(直流)；60(交流)
流量截面(中位时)		Q 型机能为额定截面积的 6%，W 型机能为额定截面积的 3%	
介质		矿物油；磷酸酯液	
介质温度/℃		−30～70	
介质黏度/m^2·s^{-1}		(2.8～380)×10^{-6}	
质量/kg	单电磁铁	1.2	1.35
	双电磁铁	1.6	1.9

注：如工作压力超过 O 腔压力时，A 和 B 型阀的 O 腔必须作泄油口使用。

表 20-9-98　　　　**WE6 型湿式电磁换向阀技术规格**（电气部分）

电　磁　铁	标准电磁铁 A		大功率电磁铁 B	
	直流	交流	直流	交流
适用电压/V	12、24、110	110V、220V(50Hz)	12、24、110	110V、220V(50Hz)
消耗功率/W	26	—	30	—
吸合功率/V·A	—	46	—	35
接通功率/V·A	—	130	—	220
工作状态	连续	连续	连续	连续
接通时间/ms	20～45	10～25	20～45	10～20
断开时间/ms	10～25	10～25	10～25	15～40
环境温度/℃	50			
线圈温度/℃	150			
切换频率/h^{-1}	15000	7200	15000	7200
保护装置	—	符合 DIN 40050　IP65		—

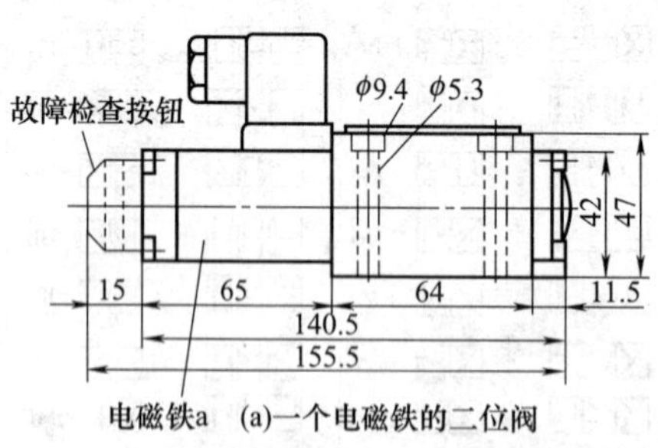

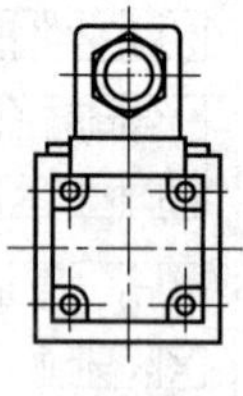
(a)一个电磁铁的二位阀

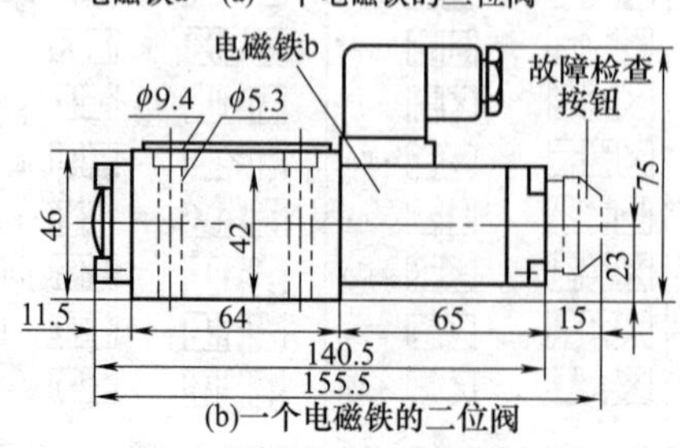

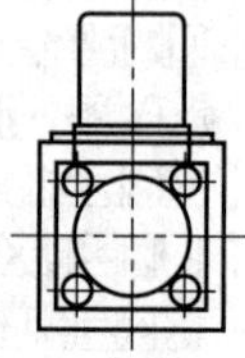
(b)一个电磁铁的二位阀

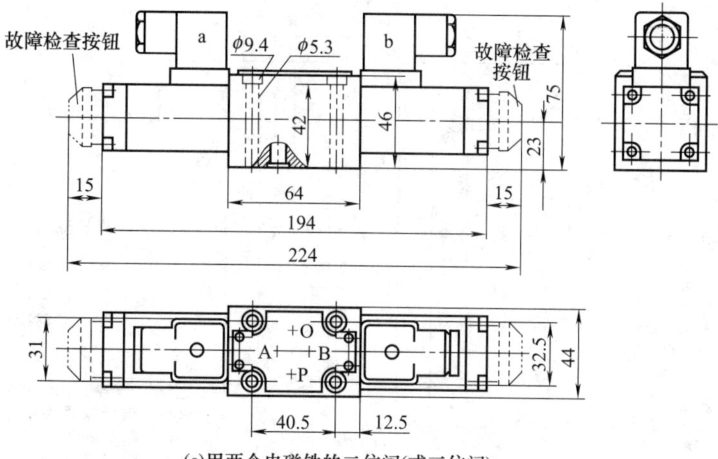

(c)用两个电磁铁的二位阀(或三位阀)

图 20-9-69　WE6…50/…型电磁换向阀外形尺寸

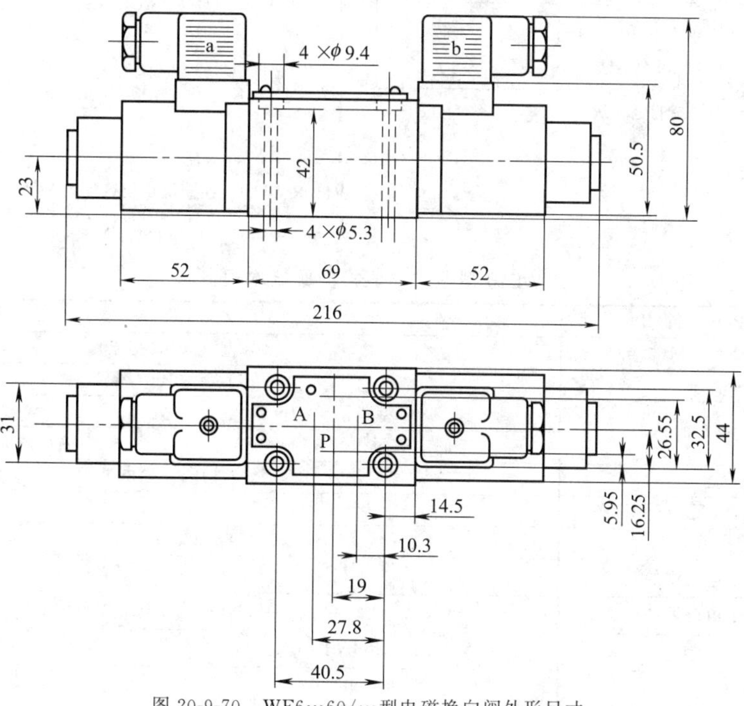

图 20-9-70　WE6…60/…型电磁换向阀外形尺寸

连接底板：G341/01、G342/01、G502/01

(3) WE10 型电磁换向阀（力士乐系列）

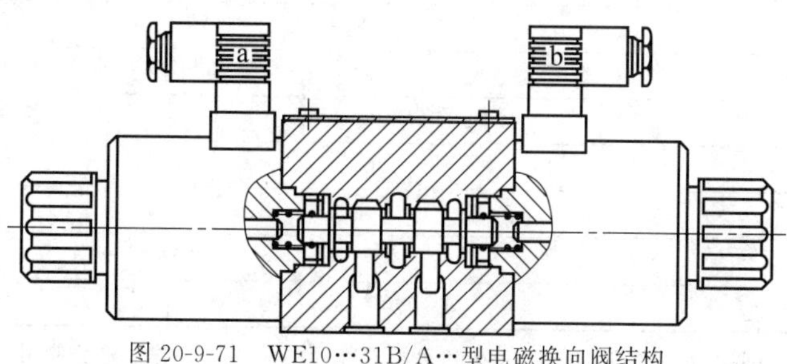

图 20-9-71　WE10…31B/A…型电磁换向阀结构

型号意义：

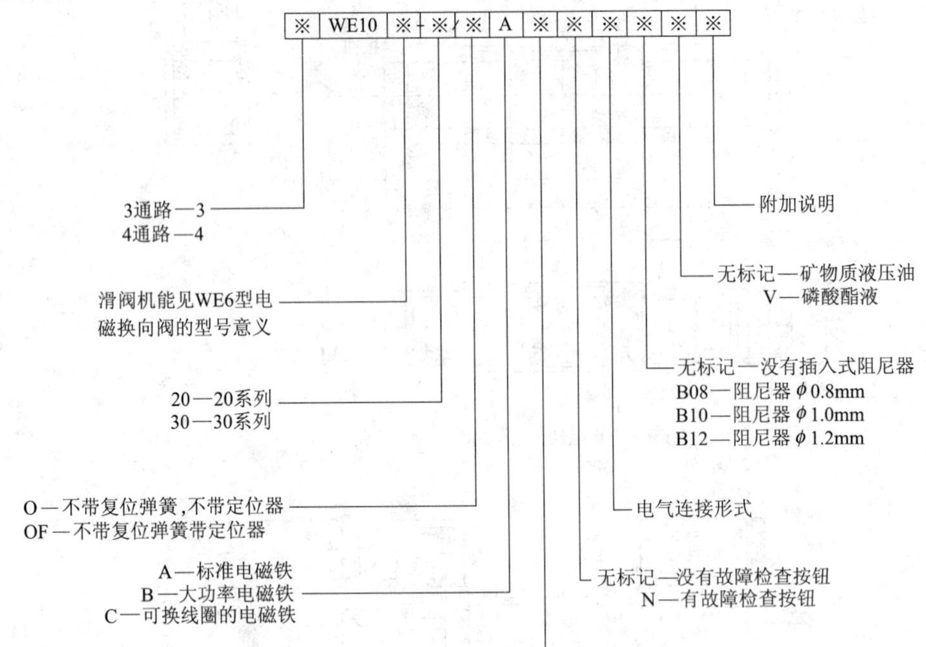

表 20-9-99 WE10 型湿式电磁换向阀技术规格

项目			
工作压力(A、B、P 腔)/MPa		31.5	
工作压力(O 腔)/MPa		16(直流);10(交流)	
流量/L·min^{-1}		最大 100	
过流截面(中位时)		Q 型机能	W 型机能
		额定截面积的 6%	额定截面积的 3%
介质		矿物质液压油;磷酸酯液	
介质温度/℃		-30～70	
介质黏度/m^2·s^{-1}		(2.8～380)×10^{-6}	
质量/kg	1 个电磁铁的阀	4.7(直流);4.2(交流)	
	2 个电磁铁的阀	6.6(直流);5.6(交流)	
	连接板	G66/01 约 2.3;G67/01 约 2.3;G534/01 约 2.5	
供电		直流电	交流电
供电电压/V		12、24、42、64、96、110、180、195、220	42、127、220(50Hz)、220(60Hz)
消耗功率/W		35	—
吸合功率/V·A		—	65
接通功率/V·A		—	480
运行状态		连续	
接通时间/ms		50～60	15～25
断开时间/ms		50～70	40～60
环境温度/℃		50	
线圈温度/℃		150	
动作频率/h^{-1}		15000	7200

注：如果工作压力超过 O 腔所允许的压力，则 A 型和 B 型机能阀的 O 腔必须作泄油腔使用。

第 20 篇

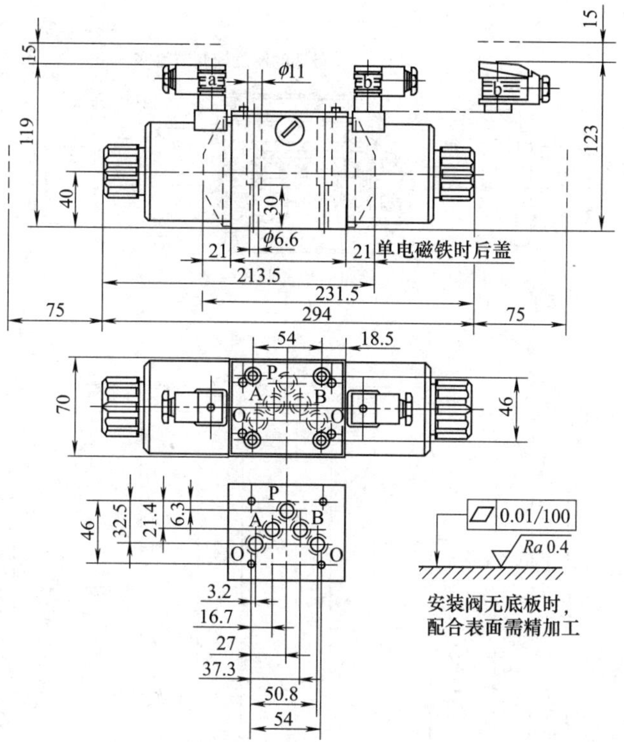

图 20-9-72 WE10※20 型电磁换向阀外形尺寸

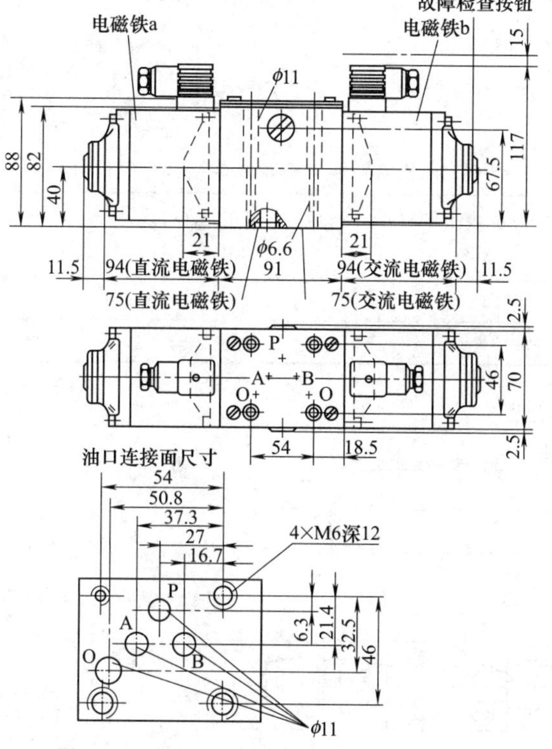

图 20-9-73 WE10※30 型电磁换向阀外形尺寸

连接底板：G66/01、G67/01、G534/01

（4）DG4V 型电磁换向阀（威格士系列）

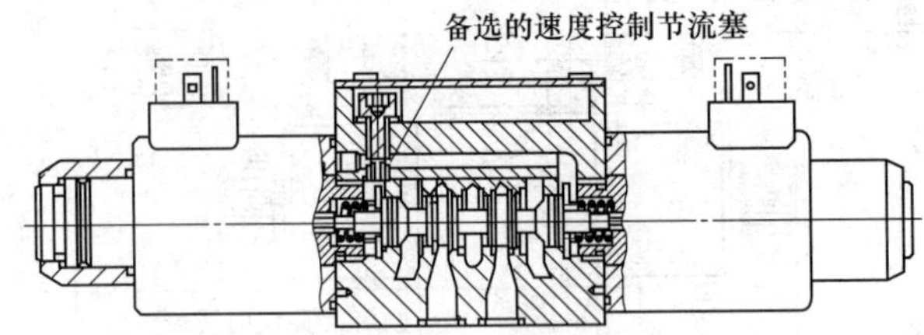

图 20-9-74　DG4V-5 型电磁换向阀结构

型号意义：

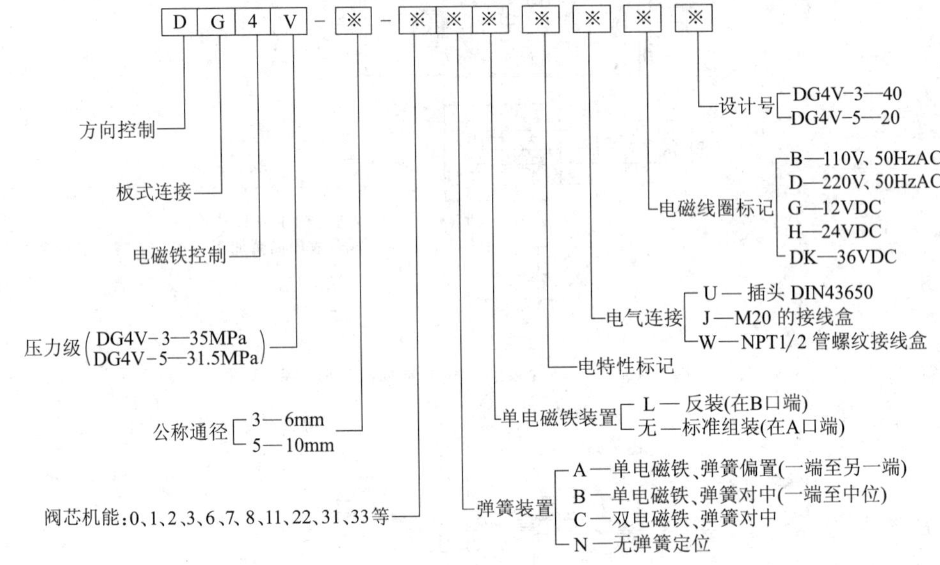

表 20-9-100　　DG4V 型电磁换向阀技术规格（电气部分）

型号	通径 /mm	最高压力(A、B、P 口) /MPa	最高回油压力(O 口) /MPa	最大流量 /L · min^{-1}	质量/kg	
					单电磁铁	双电磁铁
DG4V-3	6	35	15.5	50	1.7	2.1
DG4V-5	10	31.5	16	100	4～4.8	4.5～6

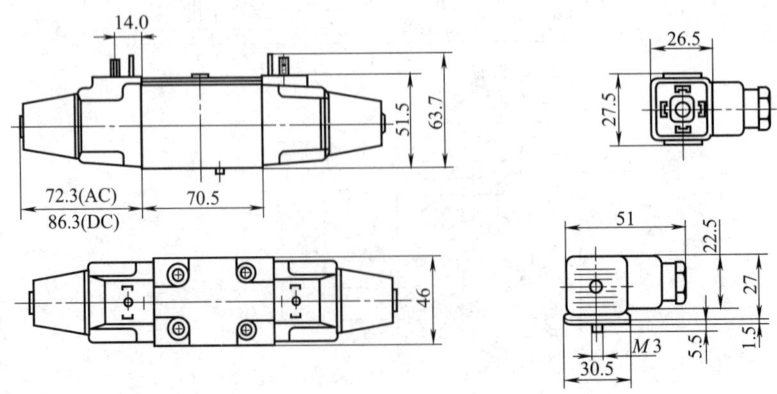

图 20-9-75　DG4V-3-※C 和 DG4V-3-※N 型电磁换向阀外形尺寸

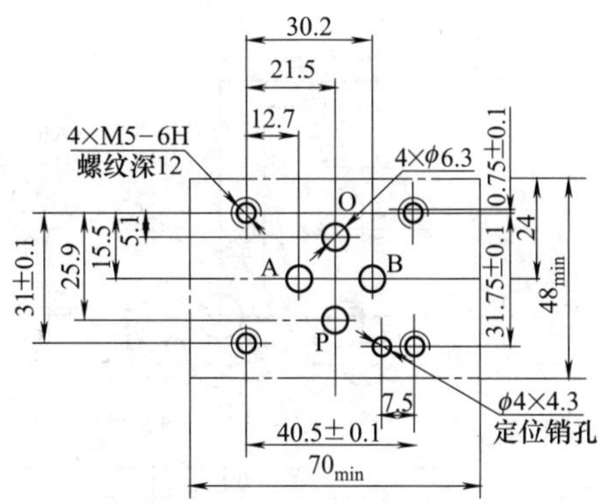

图 20-9-76　DG4V-3 型安装面尺寸

表 20-9-101　　DG4V-5 型电磁换向阀外形尺寸　　mm

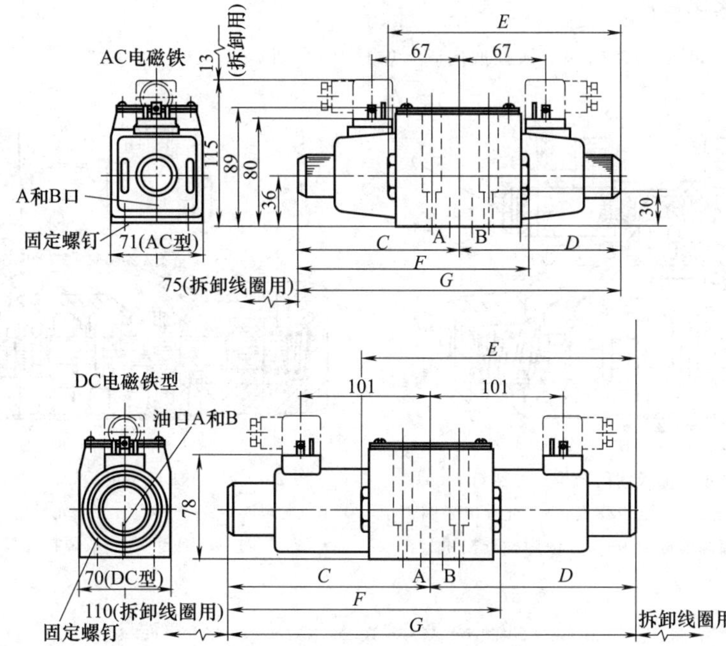

型号		电磁铁位于	C	D	E	F	G
交流电磁阀	DG4V-5-※A(L)/B(L)(Z)	A 口端	123	—	—	182	—
		B 口端	—	123	182	—	—
	DG4V-5-※A(L)/B(L)P	A 口端	123	—	—	195	—
		B 口端	—	123	195	—	
	DG4V-5-※C/N(Z)	两端	123	123	—	—	246
直流电磁阀	DG4V-5-※A(L)/B(L)(Z)	A 口端	156	—	—	215	—
		B 口端	—	156	215	—	—
	DG4V-5-※A(L)/B(L)P	A 口端	156	—	—	228	—
		B 口端	—	156	228	—	—
	DG4V-5-※C/N(Z)	两端	156	156	—	—	312

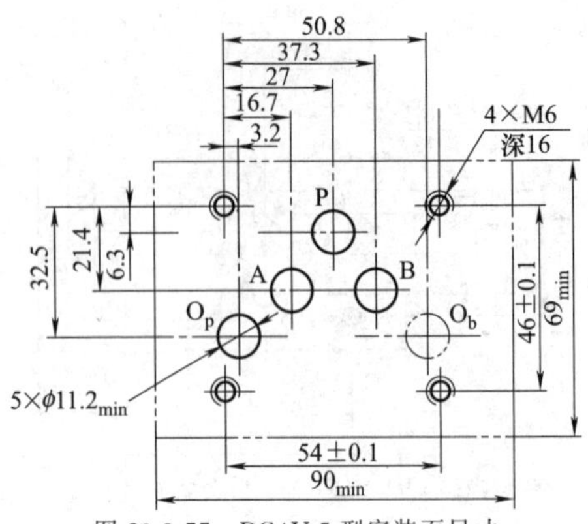

图 20-9-77 DG4V-5 型安装面尺寸

9.5.7.4 电液换向阀

(1) WEH (WH) 型电液换向阀 (液控换向阀) (力士乐系列)

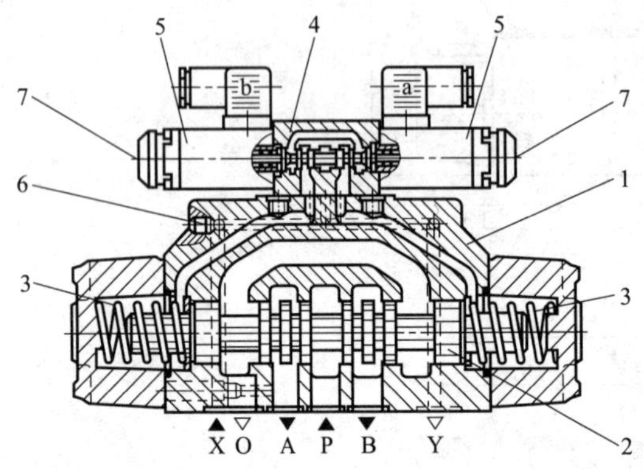

图 20-9-78 WEH 型电液换向阀结构 (弹簧对中)

1—主阀体；2—主阀芯；3—复位弹簧；4—先导电磁阀；5—电磁铁；6—控制油进油道；7—故障检查按钮

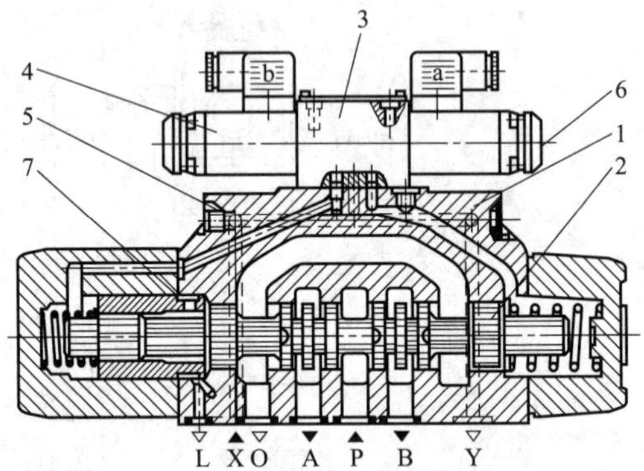

图 20-9-79 WEH 型电液换向阀结构 (液压对中)

1—主阀体；2—主阀芯；3—先导电磁阀；4—电磁铁；5—控制油进油道；6—故障检查按钮；7—定位套

型号意义：

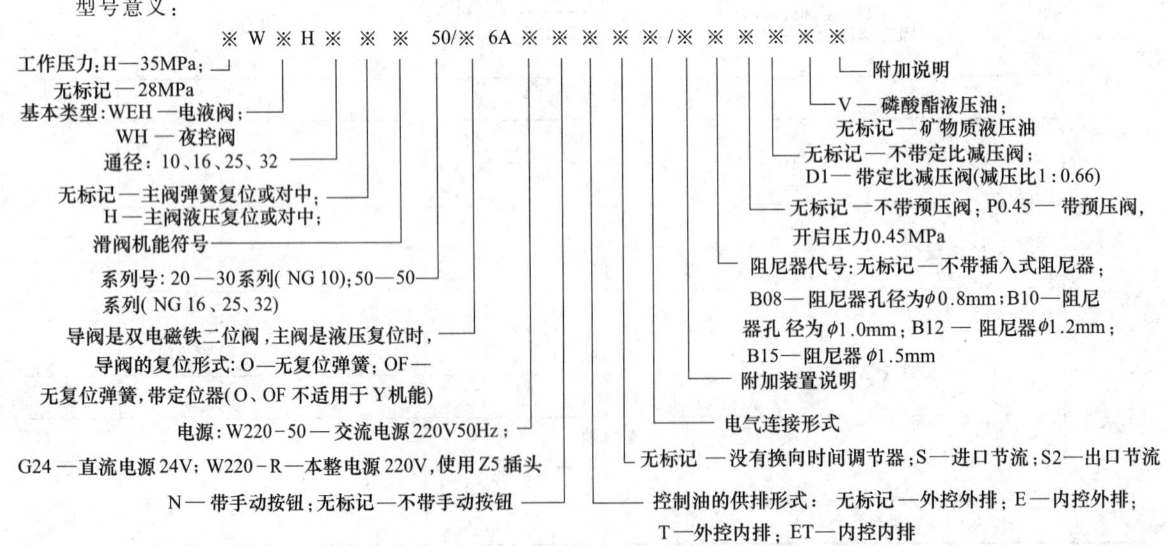

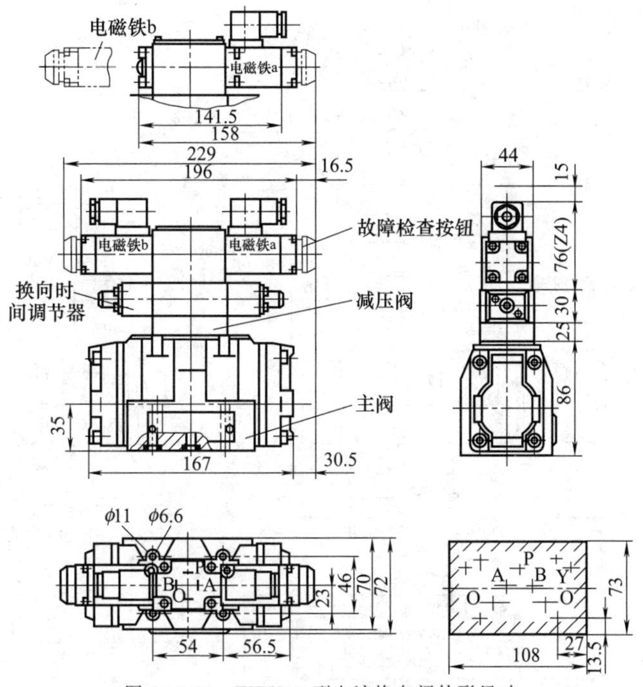

图 20-9-80　WEH10-型电液换向阀外形尺寸

连接板：G535/01（G3/4）、G535/01（G3/4）、G536/01（G1）

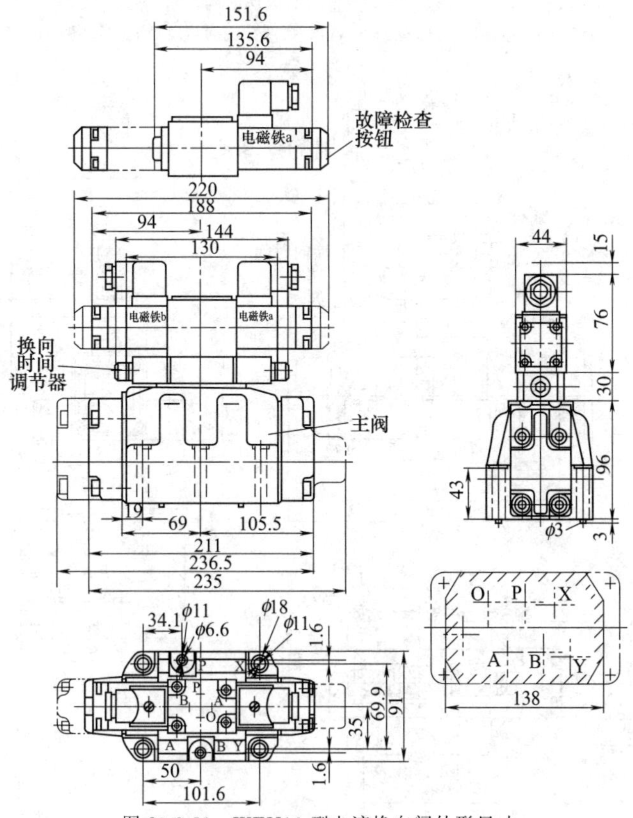

图 20-9-81　WEH16-型电液换向阀外形尺寸

连接板：G172/01（G3/4）、G172/02（M27×2）、G17401（G1）、G174/02（M33×2）

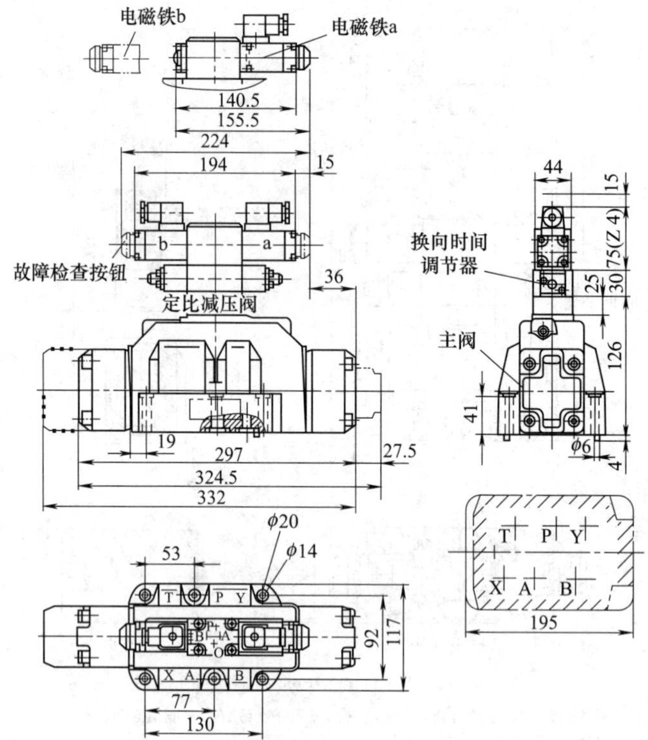

图 20-9-82 WEH25-型电液换向阀外形尺寸

连接板：G151/01（G1）、G153/01（G1）、G154/01（G11/4）、G156/01（G11/2）

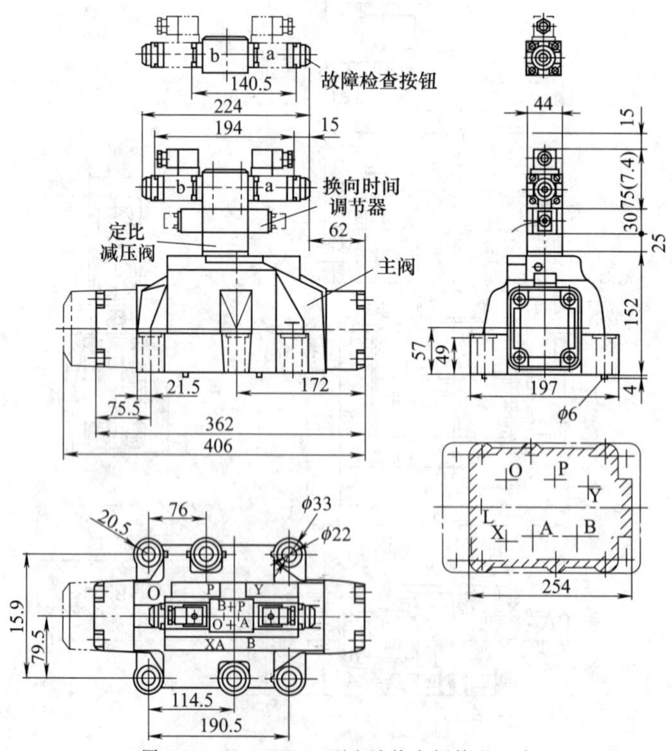

图 20-9-83 WEH32-型电液换向阀外形尺寸

连接板：G157/01（G1）、G157/02（M48×2）、G158/10

(2) DG5S4-10 型电液换向阀（威格士系列）

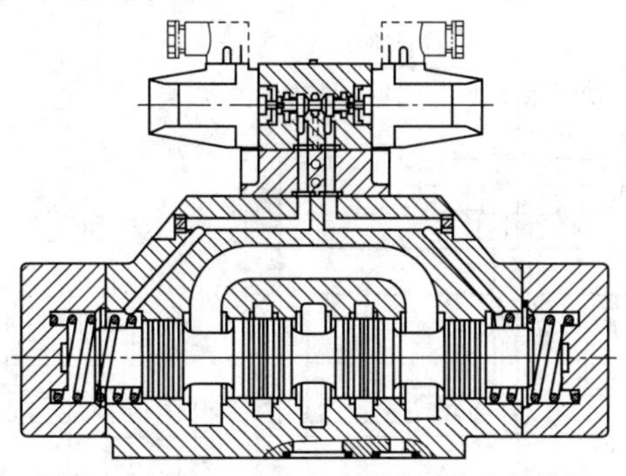

图 20-9-84 DG5S4-10※C 型电液换向阀结构

型号意义：

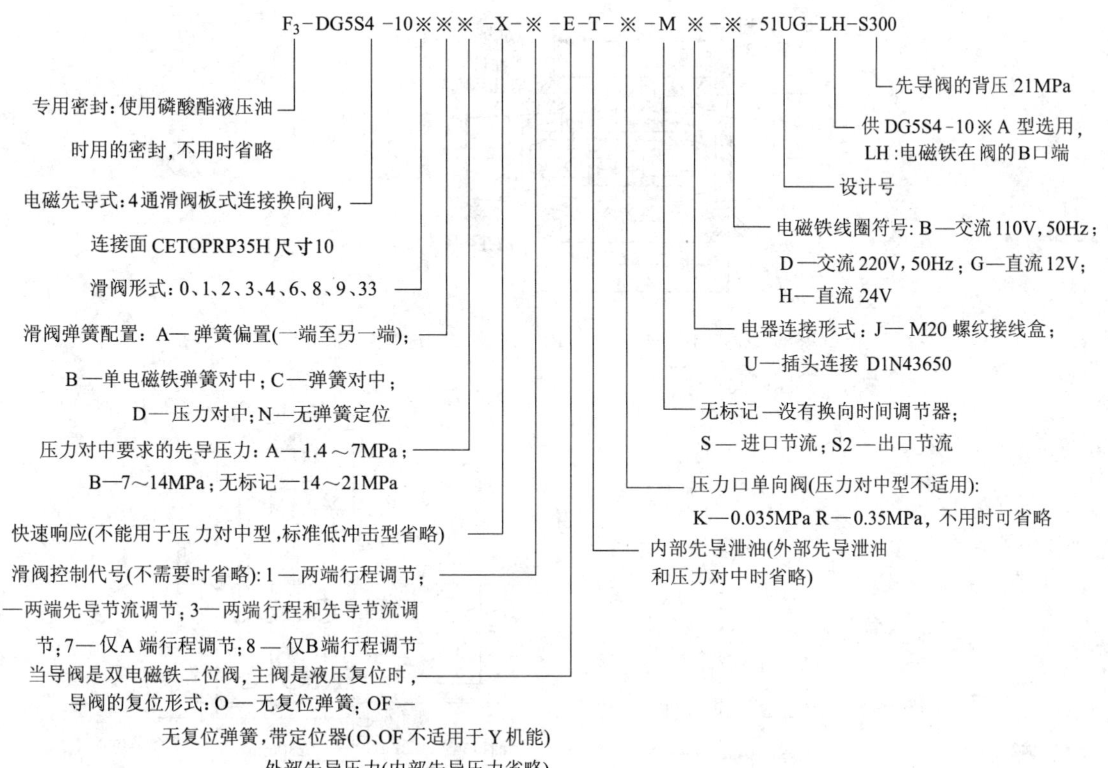

表 20-9-102 DG5S4-10 型电液换向阀技术规格

基本型号	滑阀形式	控制	最大流量(在 21MPa 时)/L·min^{-1}	最大工作压力/MPa
DG5S4-10-※※-M-51	0、2、6、9	A/N	950①	21
	0、4、8	C	950	
	2、3、6、33	C	950①	
	9	C	320②	
	0、2、3、4、6、8、9、33	D	950	

① 随系统流量增加、最小先导压力随之增加，在较大的流量下，需要较高的先导压力。

② DG5G4-109C 型在 14MPa 时最大流量值 475L/min，在 7MPa 时最大流量值 570L/min。

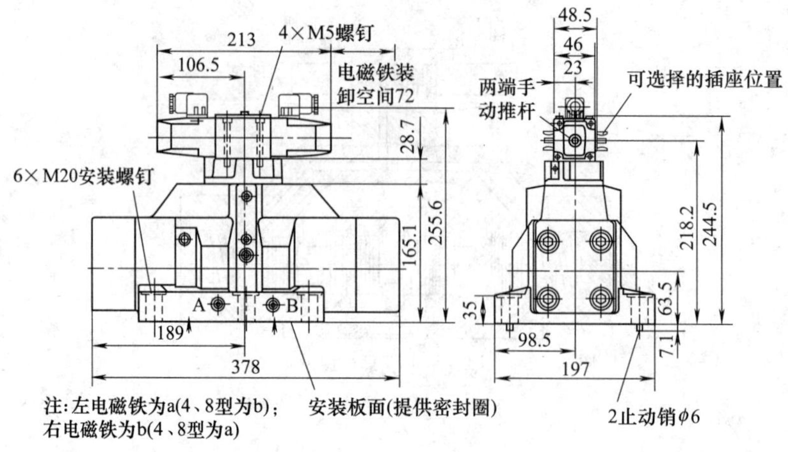

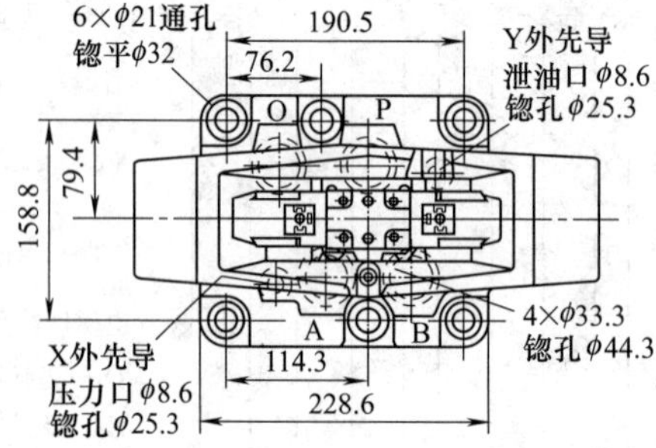

图 20-9-85 DG5S4-10※C-(※)-(E)-(T)-M-U 型电液换向阀外形尺寸

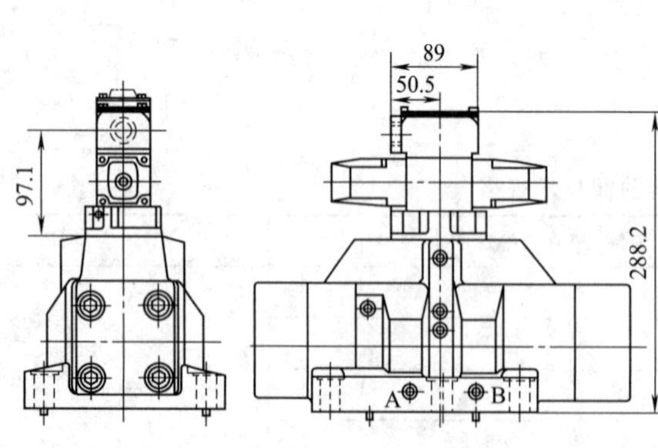

图 20-9-86 DG5S4-10※C--M-J（L）型电液换向阀外形尺寸

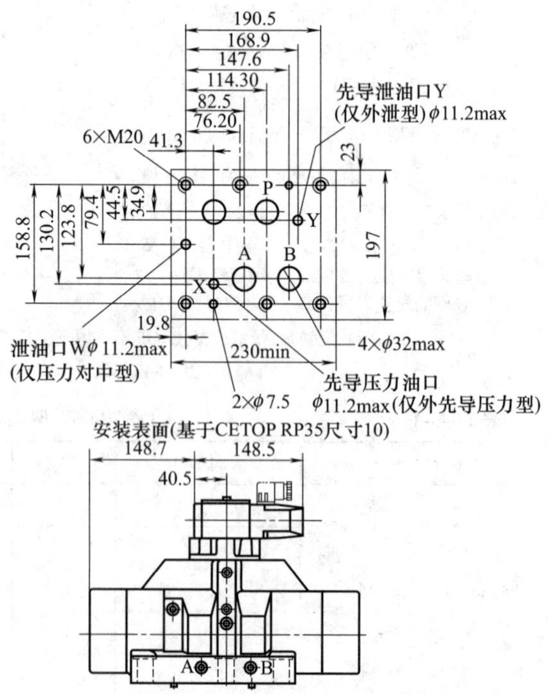

图 20-9-87 DG5S4-10※A-M-51UG 型和 DG5S4-10※B-M-51UG 电液换向阀外形尺寸

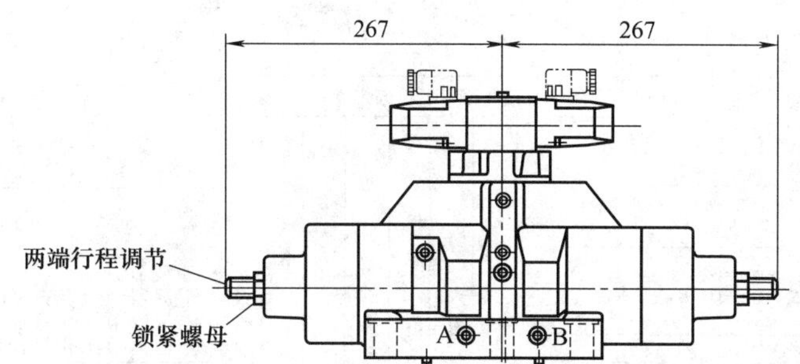

图 20-9-88　DG5S4-10※C-1-M-51UG 型电液换向阀外形尺寸

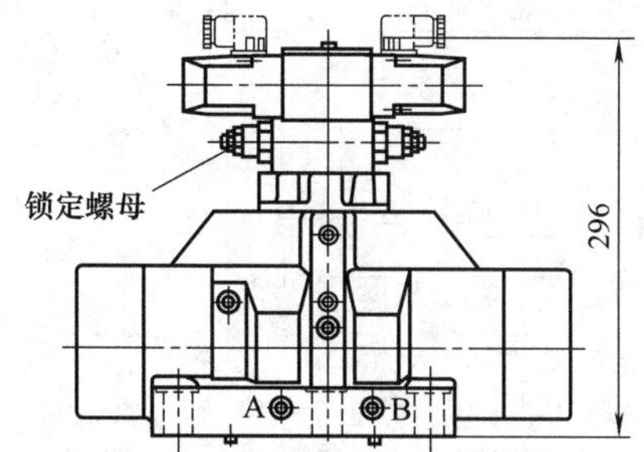

图 20-9-89　DG5S4-10※C-2-M-51UG 型电液换向阀外形尺寸

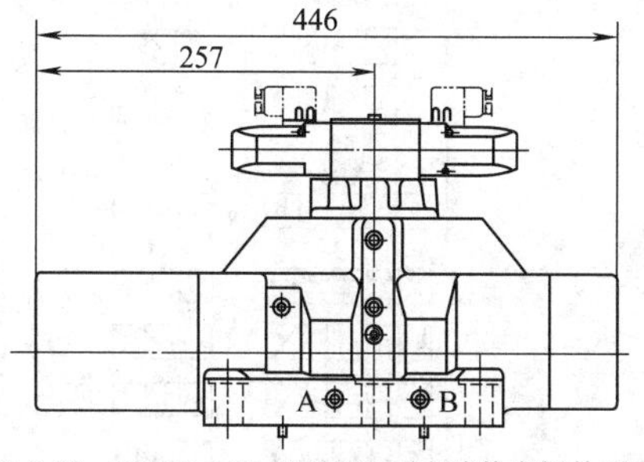

图 20-9-90　DG5S4-10D-M-51UG 型电液换向阀外形尺寸

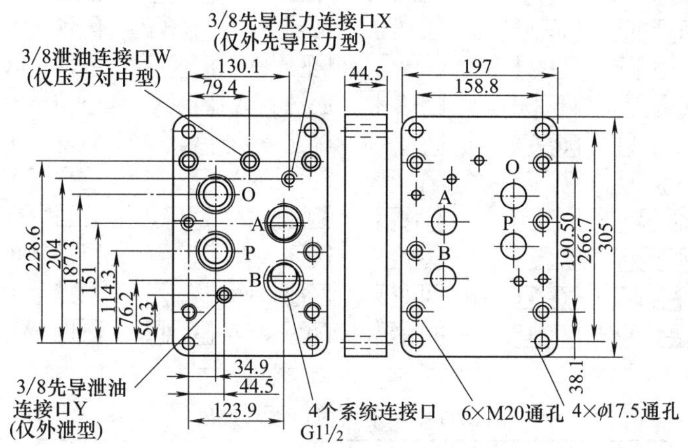

图 20-9-91　底板 E-DGSM-10X-D-11-C 外形尺寸

9.5.7.5　手动换向阀和行程换向阀

(1) WMD 型手动换向阀（旋钮式）（力士乐系列）

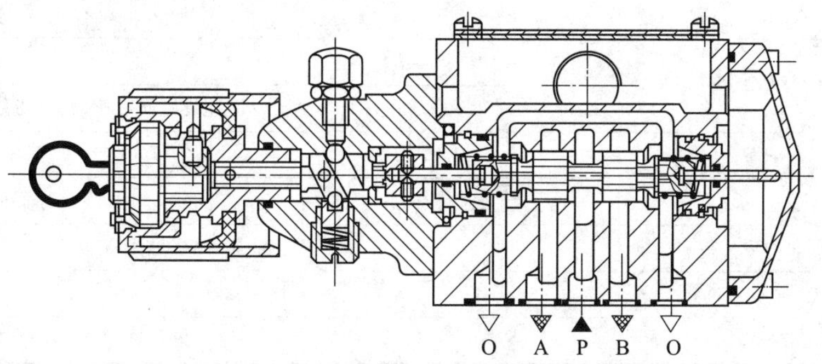

图 20-9-92　WMDA6E50/F 型手动换向阀结构

型号意义：

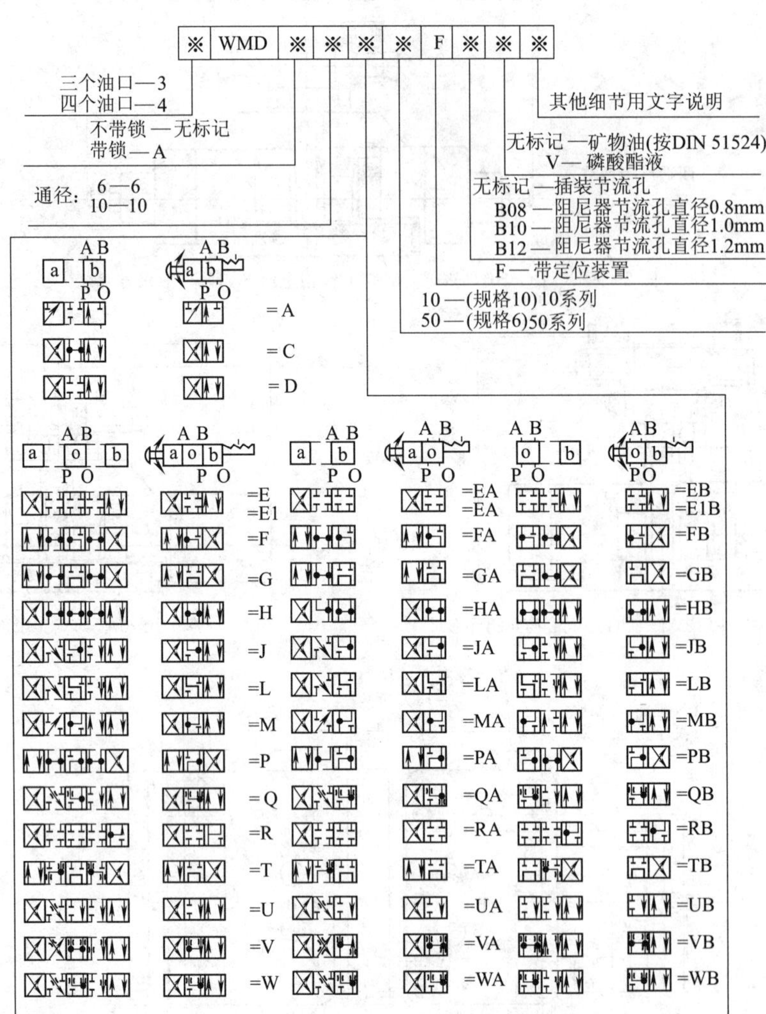

表 20-9-103　　WMD 型手动换向阀技术规格

通径/mm	6	10
流量/L·min^{-1}	60	100
质量/kg	约 1.4	约 3.5
操纵力/N	15～20	30
工作压力(油口 A、B、P)/MPa	31.5	
压力(油口 O)/MPa	16.0	15.0
	对于 A 型阀芯，如工作压力超过最高回油压力，O 必须作泄油口	
阀开口面积(阀位于中位)	Q 型阀芯	W 型阀芯
	公称截面的 6%	公称截面的 3%
液压油	矿物液压油；磷酸酯液	
油温度范围/℃	−30～70	
介质黏度/mm^2·s^{-1}	2.8～380	

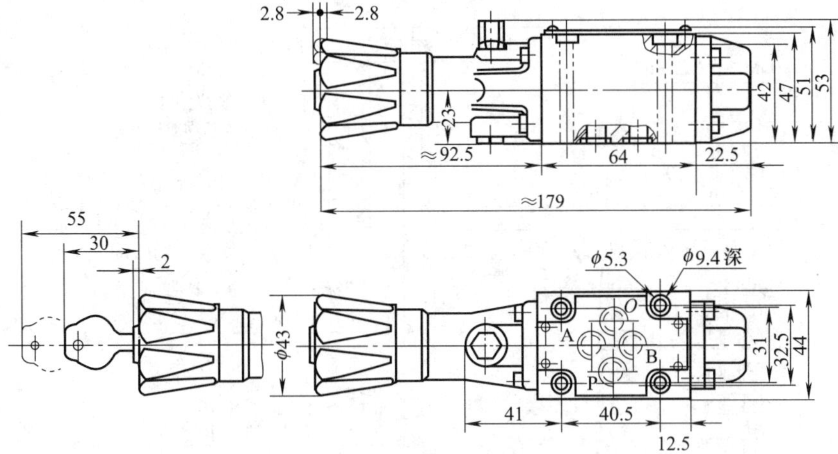

图 20-9-93　WMD※6 型手动换向阀外形尺寸
连接板：G341/01、G342/01、G502/01

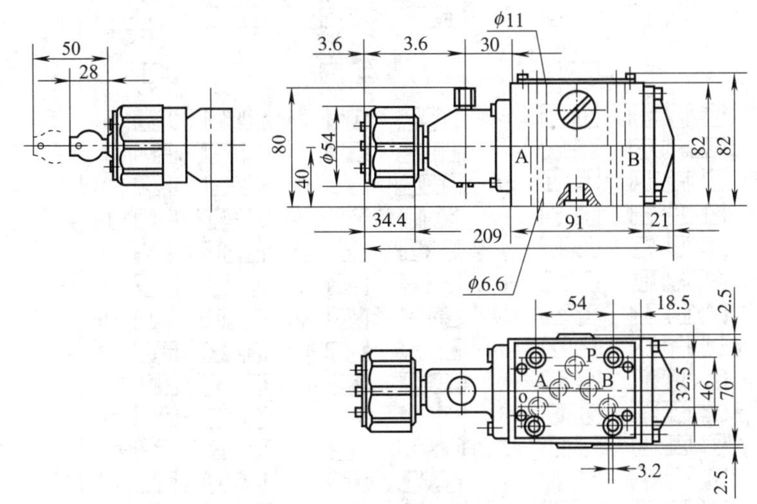

图 20-9-94　WMDA6E50/F 型手动换向阀结构
连接板：G66/01、G67/01、G534/01

(2) WMM 型手动换向阀（手柄式）（力士乐系列）

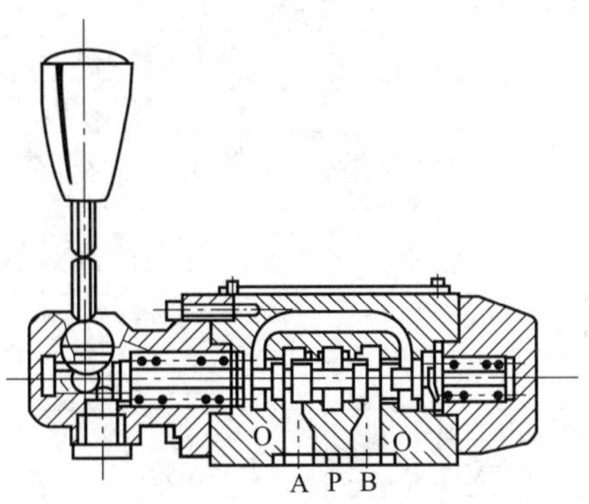

图 20-9-95　WMM6 型手动换向阀结构

型号意义：

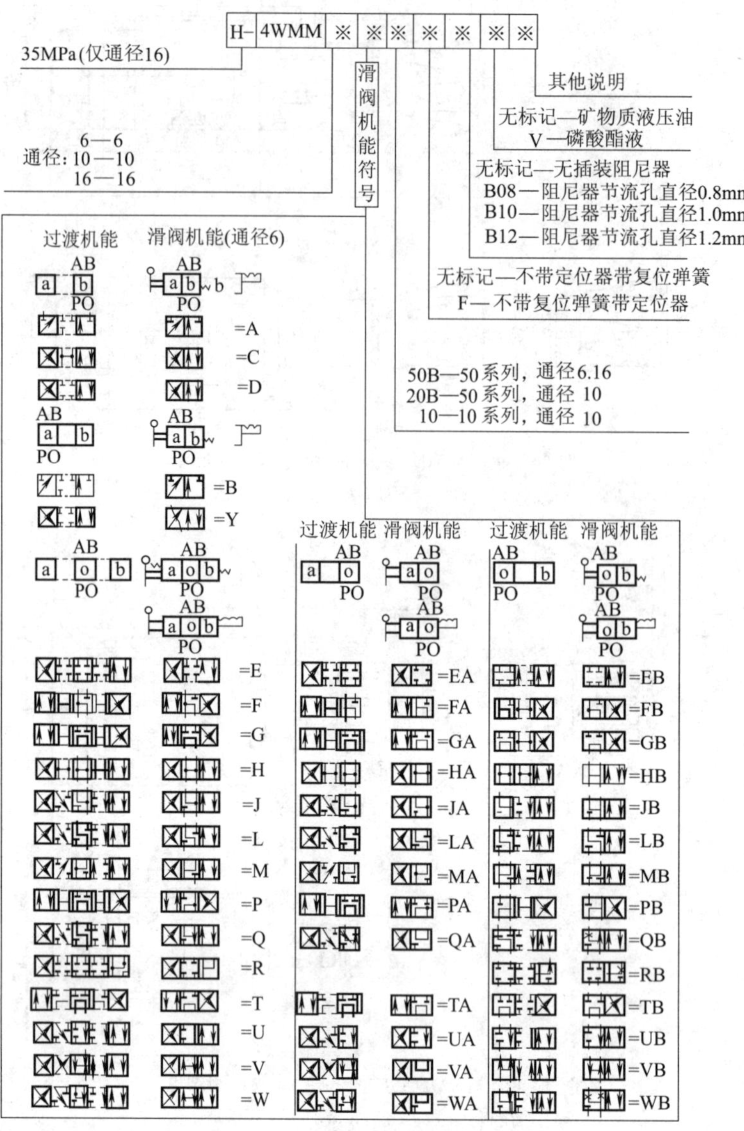

表 20-9-104 WMM 型手动换向阀技术规格

通径/mm		6	10	16
流量/L·min^{-1}		约 60	约 100	约 300
工作压力/MPa	A、B、P 腔	31.5		35
	O 腔	16	15	25
流动截面积（在中位时）		Q 型阀芯为公截面积的 6% W 型阀芯为公截面积的 3%		Q、V 型机能为公称截面积的 16% W 型机能为公称截面积的 3%
介质		矿物液压油；磷酸酯液		
介质黏度/m^2·s^{-1}		(2.8～380)×10^{-6}		
介质温度/℃		−30～70		
操纵力/N		无回油压力时：20 回油压力 15MPa 时：32	带定位装置时：16～23 带复位弹簧时：20～27	约 75
阀质量/kg		1.4	4.0	8

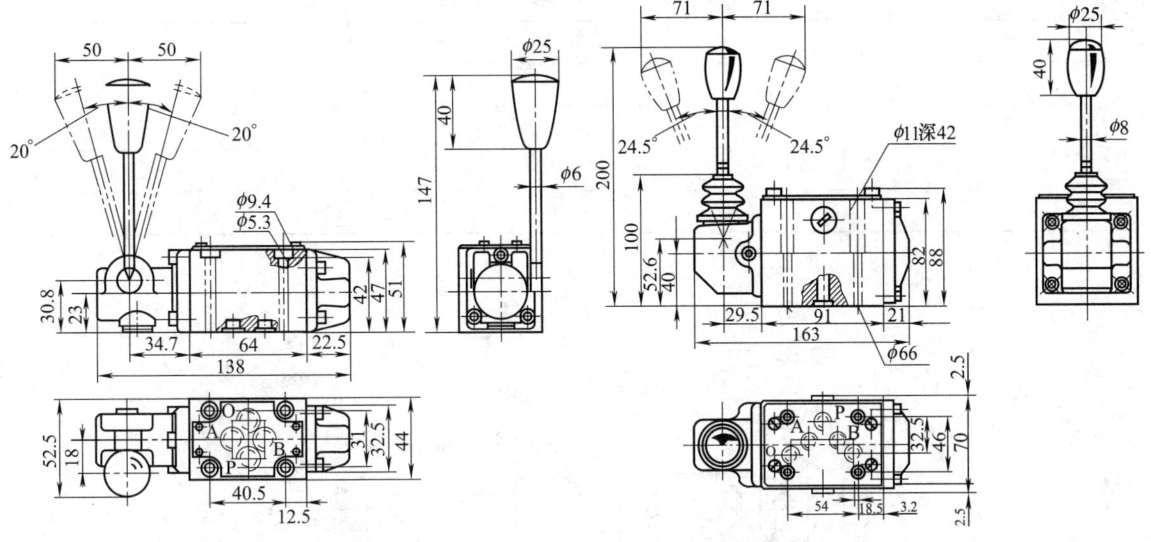

图 20-9-96　WMM6 型手动换向阀外形尺寸

图 20-9-97　WMM10 型手动换向阀外形尺寸

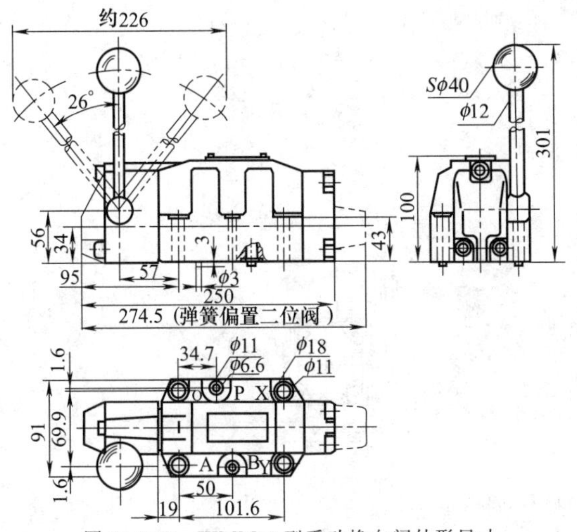

图 20-9-98　WMM16 型手动换向阀外形尺寸

表 20-9-105　WMM 型手动换向阀连接底板

通径/mm	6	10	16
底板型号	G34/01 G342/01 G502/01	G66/01 G67/01 G534/01	G172/01，G174/02 G172/02，G174/08 G174/01

（3）DG 型手动（机动）换向阀（威格士，力士乐系列）

型号意义：

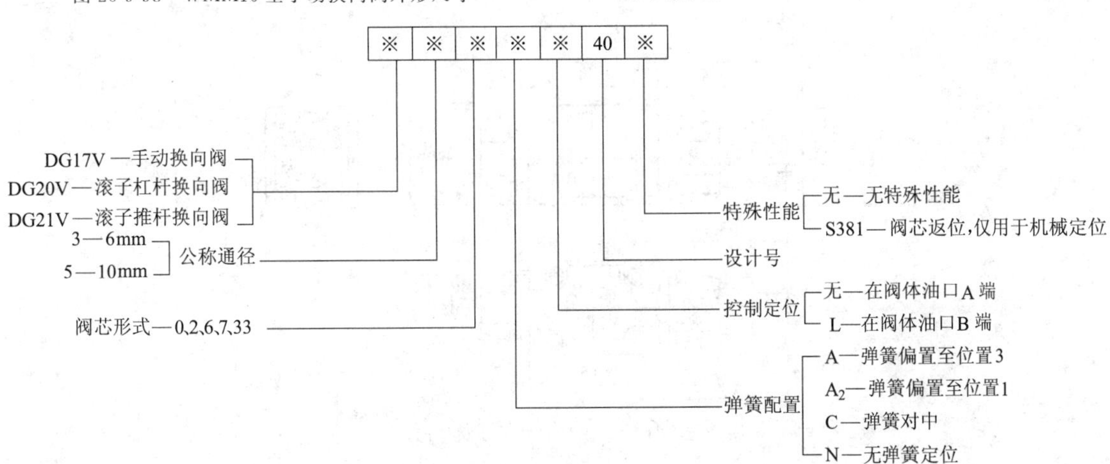

第20篇

表 20-9-106　　**DG 型手动（机动）换向阀技术规格**

型号	公称通径/mm	最高压力/MPa	最大流量/L·min^{-1}	质量/kg
DG17V-3	6	35	50	1.55
DG21V-3	6	35	50	1.50
DG20V-3	6	35	50	1.50
DG17V-5	10	35	100	3.2

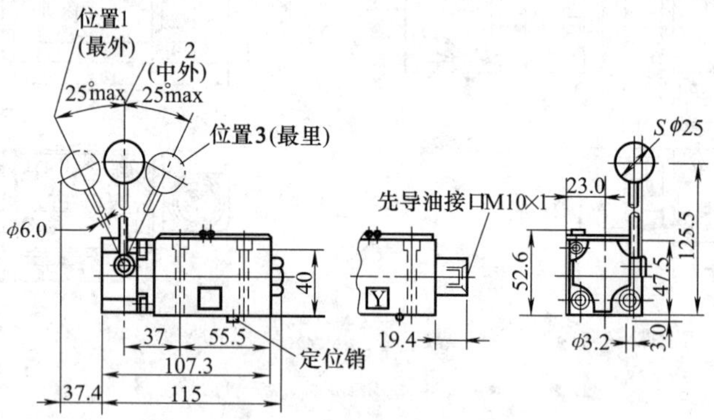

图 20-9-99　DG17V-3 型手动阀外形尺寸

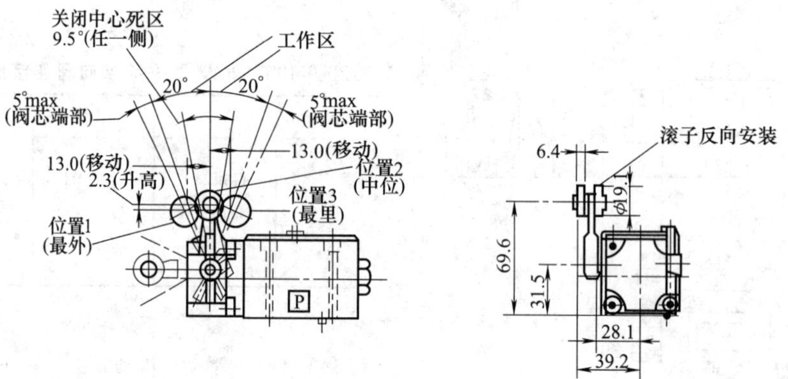

图 20-9-100　DG20V-3 型手动阀外形尺寸

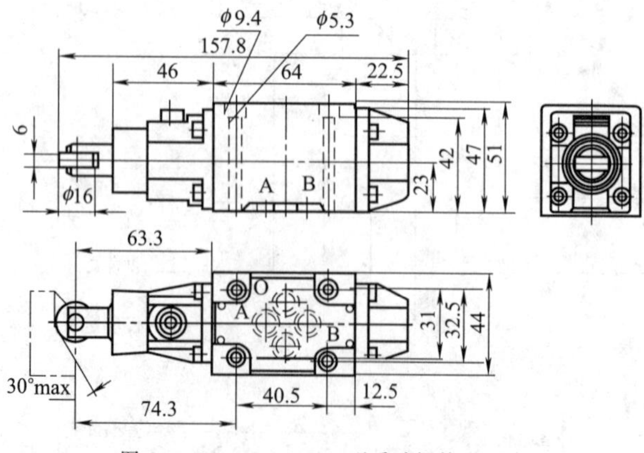

图 20-9-101　DG21V-3 型手动阀外形尺寸

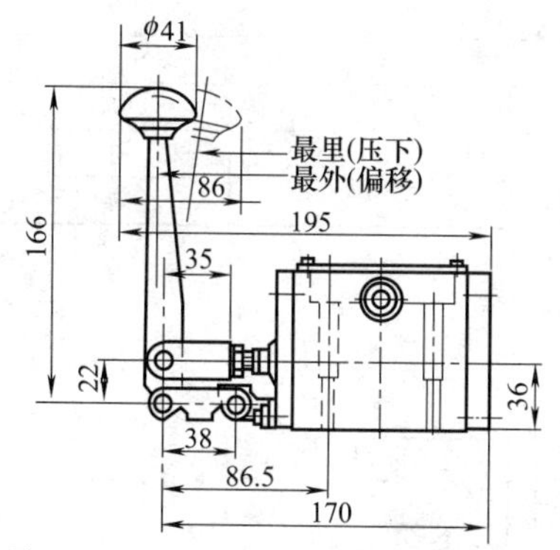

图 20-9-102　DG17V-5 型手动阀外形尺寸

(4) WMR/U 型行程（滚轮）换向阀

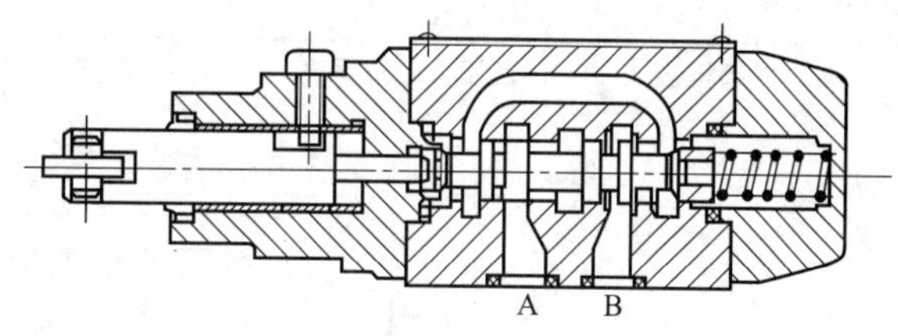

图 20-9-103　WMR6 型行程换向阀结构

型号意义：

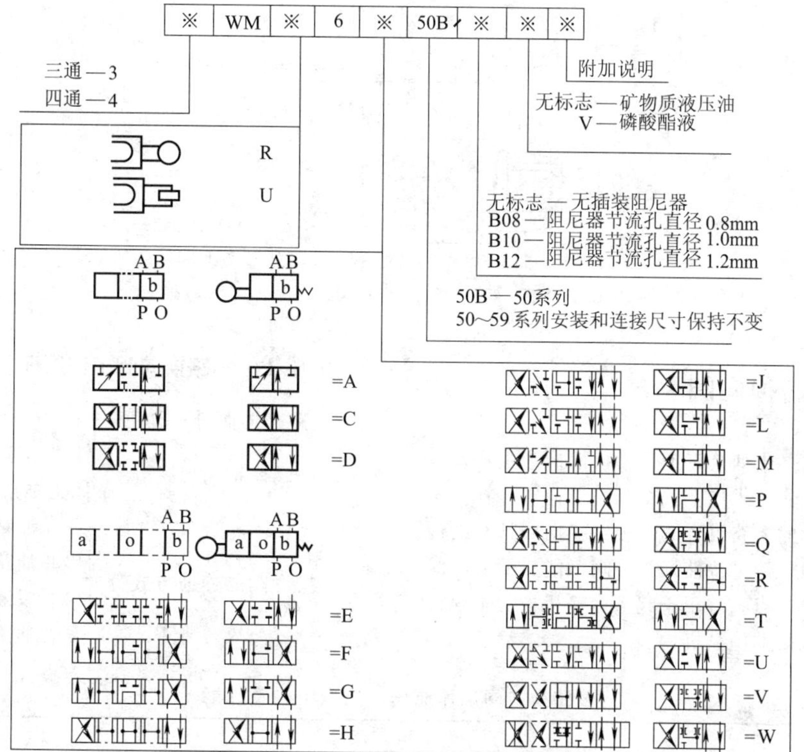

表 20-9-107　**WMR/U 型行程（滚轮）换向阀技术规格**

项目		
额定工作压力(油口 A、B、P)/MPa	31.5	
(油口 O)/MPa	6	
流量/L·min^{-1}	60	
流动截面(在中位时)	Q 型阀芯	W 型阀芯
	公称截面的 6%	公称截面的 3%
液压介质	矿物质液压油；磷酸酯液	
介质温度/℃	−30～70	

续表

介质黏度/$mm^2 \cdot s^{-1}$		2.8～380		
质量/kg		约 1.4		
实际工作压力(油口 A、B、P)/MPa		10.0	20.0	31.5
滚轮推杆上的操纵力/N	有回油压力时	约 100	约 112	约 121
	无回油压力时	约 184	约 196	约 205

注：对于滑阀机能 A 和 B，若压力超过最高回油压力，油口 O 必须用作泄油口。

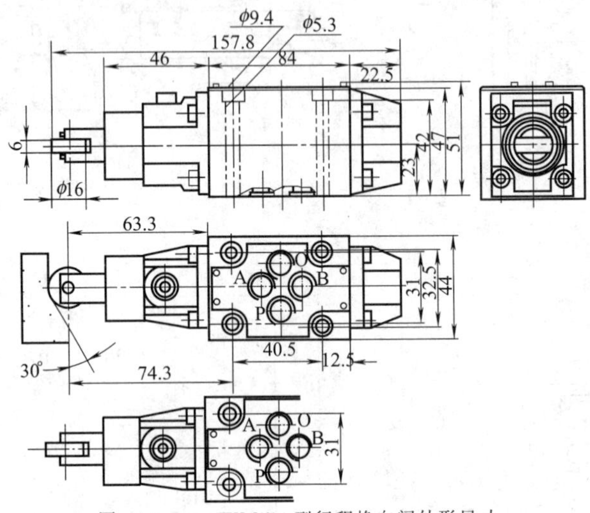

图 20-9-104 WM※6 型行程换向阀外形尺寸

连接板：G341/01、G342/01、G502/01

9.6 多路换向阀

多路换向阀是由两个以上手动换向阀为主体，并可根据不同的工作要求加上安全阀、单向阀、补油阀等辅助装置构成的多路组合阀。多路换向阀具有结构紧凑、通用性强、流量特性好、一阀多能、不易泄漏以及制造简单等特点，常用于起重运输机械、工程机械及其他行走机械的操纵机构。

9.6.1 多路换向阀工作原理、典型结构及性能

多路换向阀分类如下：

- 按阀体结构形式分
  - 分片式多路换向阀
  - 整体式多路换向阀
- 按滑阀的连通方式分
  - 并联油路多路换向阀
  - 串联油路多路换向阀
  - 串并联油路多路换向阀
  - 复合油路多路换向阀

表 20-9-108 多路换向阀工作原理、典型结构及性能

工作原理	并联油路多路换向阀	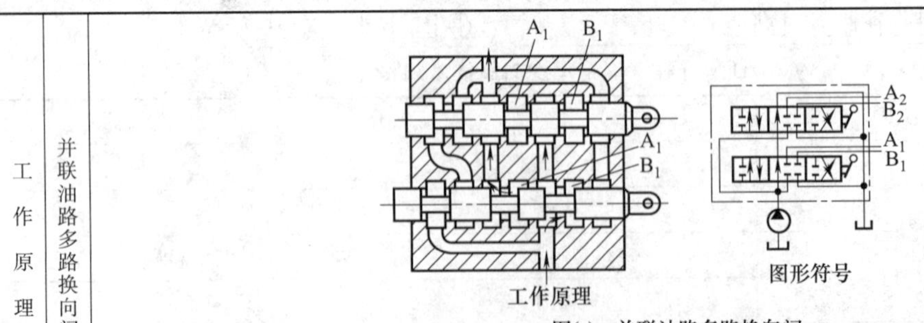 图(a) 并联油路多路换向阀 A_1,B_1—通第一个执行元件的进出油口；A_2,B_2—通第二个执行元件的进出油口 如图(a)所示,多路换向阀内的各单阀之间的进油路并联。滑阀可各自独立操作,系统压力由最小负载的机构决定,当同时操作两个或两个以上滑阀时,负载轻的工作机构先动作,此时分配到各执行元件的油液仅是泵流量的一部分

续表

工作原理	串联油路多路换向阀	如图(b)所示，多路换向阀的各单阀之间的进油路串联，即上游滑阀工作油液的回油口与下游滑阀工作油液的进油口连接。当同时操作两个或两个以上滑阀时，则相应的机构同步动作。工作时，液压泵出口压力等于各工作机构压力之和 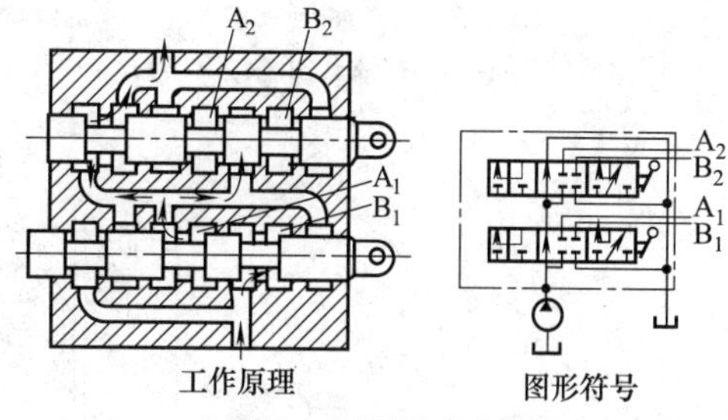 图(b)　串联油路多路换向阀 A_1，B_1—通第一个执行元件的进出油口； A_2，B_2—通第二个执行元件的进出油口
	串并联油路多路换向阀	如图(c)所示，多路换向阀的各单阀间的进油路串联，回油路则与总回油路连接。上游滑阀不在中位时，下游滑阀的进油口被切断，因此多路换向阀中总是只有一个滑阀工作，实现了滑阀之间的互锁功能。但上游滑阀在微调范围内操作时，下游滑阀尚能控制该工作机构的动作 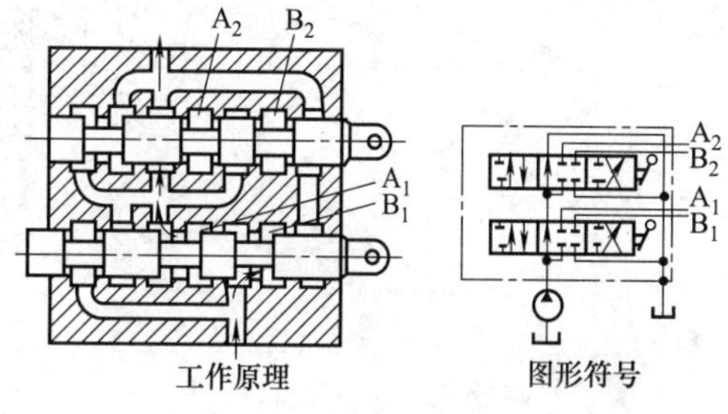 图(c)　串并联油路多路换向阀 A_1，B_1—通第一个执行元件的进出油口； A_2，B_2—通第二个执行元件的进出油口
	复合油路多路换向阀	由上述的几种基本油路中的任意两种或三种油路组成的多路换向阀，称为复合油路多路换向阀
	多路换向阀的滑阀机能	对应于各种操纵机构的不同使用要求，多路换向阀可选用多种滑阀机能。对于并联和串并联油路，有 O、A、Y、OY 四种机能；对于串联油路，有 M、K、H、MH 四种机能，如图(d)所示 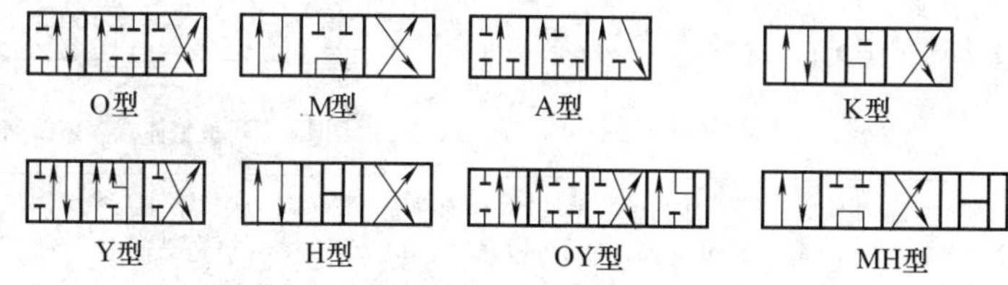 图(d)　多路换向机能 上述八种机能中，以 O 型、M 型应用最广；A 型应用在叉车上；OY 型和 MH 型用于铲土运输机械，作为浮动用；K 型用于起重机的提升机构，当制动器失灵，液压马达要反转时，使液压马达的低压腔与滑阀的回油腔相通，补偿液压马达的内泄漏；Y 型和 H 型多用于液压马达回路，因为中位时液压马达两腔都通回油，马达可以自由转动
	分片式多路换向阀	分片式多路换向阀指组成多路换向阀的各滑阀或其他有关辅件的阀体分别制造，再经螺栓连接成一体的多路换向阀。组成件多已标准化和系列化，可根据工作要求进行选用、组装而得多种功能的多路换向阀。这种结构有利于少量或单件产品的开发和使用，如专用机械的操纵机构等 分片式多路换向阀的缺点是阀体加工面多，外形尺寸大，质量大，外泄漏的机会多，还可能会因为装配变形的原因，使阀芯容易卡死。它的优点是阀体的铸造工艺较整体式结构简单，因此产品品质比较容易保证。且如果一片阀体加工不合格，其他片照样可以使用。用坏了的单元也容易更换和修理。至于分片式多路换向阀的阀体，可以是铸造阀体或机加工阀体。前者主要因为铸造工艺方面的原因，质量不易保证，但与后者相比，其过流压力损失小，加工量小，外形尺寸紧凑

续表

<table>
<tr>
<td rowspan="2">典型结构</td>
<td>分片式多路换向阀</td>
<td>图(e)是 ZFS 型分片式多路换向阀的结构。这种多路换向阀由两联三位六通滑阀组成。阀体为铸件，各片之间有金属隔板，连接通孔用密封圈密封
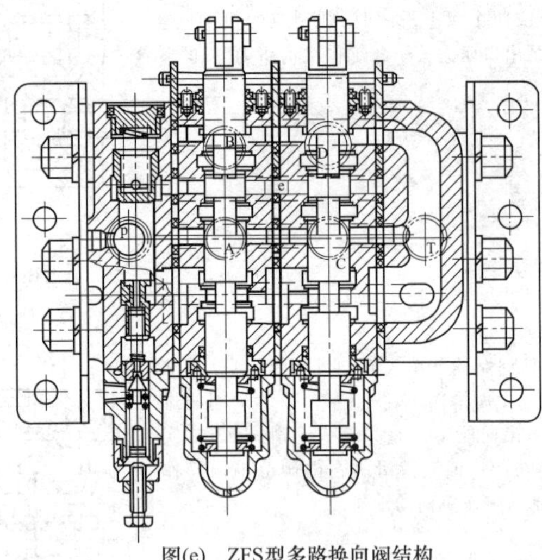

图(e)　ZFS型多路换向阀结构</td>
</tr>
<tr>
<td>整体式多路换向阀</td>
<td>这种结构的特点是滑阀机能以及各种阀类元件均装在同一阀体内，具有固定的滑阀数目和滑阀机能
整体式多路换向阀结构紧凑、密封性能好、重量轻和压力损失较小，但加工及铸造工艺较分片式复杂，适用于较为简单和大批量生产的设备使用
图(f)为 DF 型整体式多路换向阀的结构。这种阀有两联，采用整体式结构。下联为三位六通，中位为封闭状态，上联为四位六通，包括有封闭和浮动状态，油路采用串并联形式。当下联为封闭时，上联与压力油接通。阀内还设有安全阀和过载补油阀
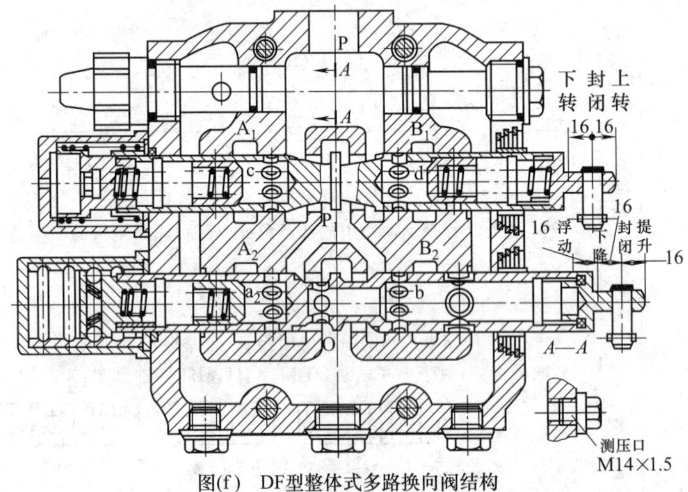

图(f)　DF型整体式多路换向阀结构</td>
</tr>
<tr>
<td colspan="2">补油装置</td>
<td>多路换向阀主要有主溢流阀、过载溢流阀、过载补油阀、补油阀等辅助元件，这些元件大多采用尺寸较小的插装式结构
图(g)为先导控制过载补油阀。工作腔压力油通过顶杆的阻尼小孔作用于先导阀芯，当压力大于调定值时，先导阀芯开启，顶杆与先导阀芯之间形成间隙阻尼，压差使提动阀芯开启，起溢流作用；而当系统因外力作用而产生负压时，回油腔的背压使起单向阀作用的提动阀芯开启，向工作腔补油
对于中小流量的多路换向阀(流量为 63L/min 左右)的主溢流阀和过载补油阀，也可采用直动式结构，如图(h)所示
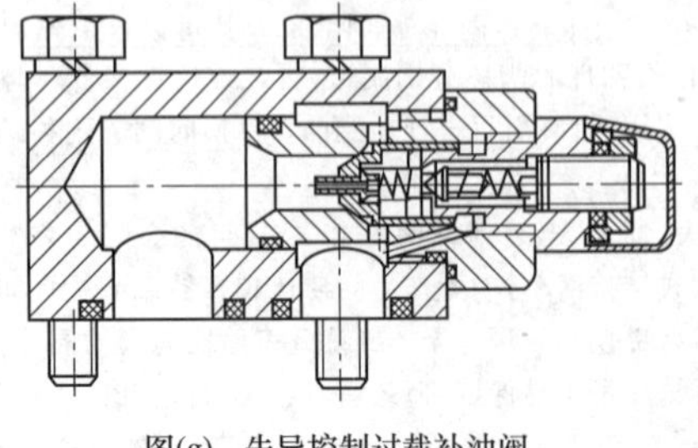
图(g)　先导控制过载补油阀
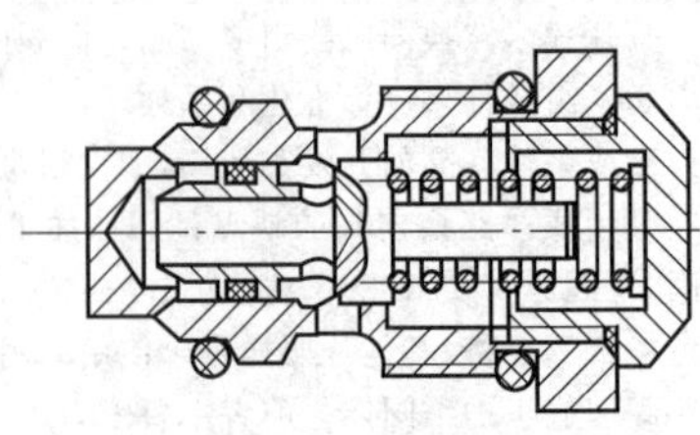
图(h)　直动式补油阀</td>
</tr>
</table>

续表

补油装置	若一工作油口腔内仅需在某工况时补油，则可设置独立的补油阀或钢球结构。图(i)为锥阀式补油阀和钢球结构 系统的主溢流阀和过载溢流阀调定压力一般比实际使用压力大 1.5MPa 以上，主溢流阀开启过程中的峰值压力不超过调定压力的 10%，初始压力与全开压力比不小于 90% 系统的主溢流阀和过载溢流阀调定压力应相差 1.5MPa 以上，避免两阀之间在初始至全开压力范围重叠，否则容易产生共振 图(i)　锥阀式补油阀和钢球结构
性能	图(j)所示曲线为额定流量 65L/min 的多路换向阀，当滑阀处于中间位置，通过不同流量及不同通路数时，其进回油路间的压力损失曲线 图(k)为该多路换向阀在工作位置时，进油口 P 至工作油口 A、B 至回油口 T 的压力损失曲线 图(l)为滑阀的微调特性曲线，图中 P 为进油口，A、B 为工作油口，T 为通油箱的回油口。压力微调特性是在工作油口堵死（或负载顶死的工况下），多路换向阀通过额定流量移动滑阀过程中的压力变化曲线。流量微调特性是在工作油口的负载为最大工作压力的 75% 情况下，移动滑阀时的流量变化情况。曲线的坐标值以压力、流量和位移量的百分数表示。若随行程变化，压力和流量的变化率越小，则该阀的微调特性越好，使用时工作负载的动作越平稳 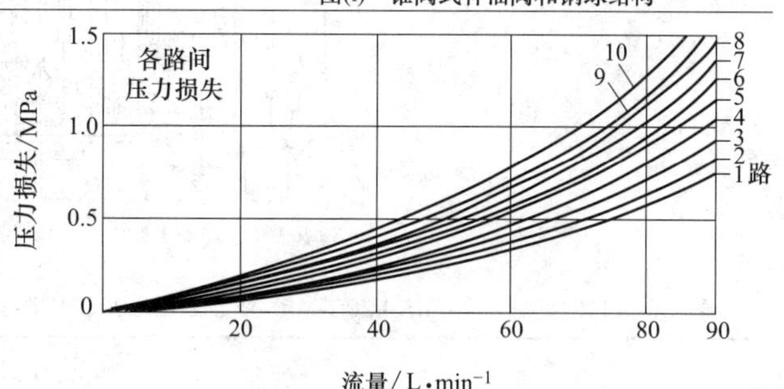 图(j)　压力损失曲线 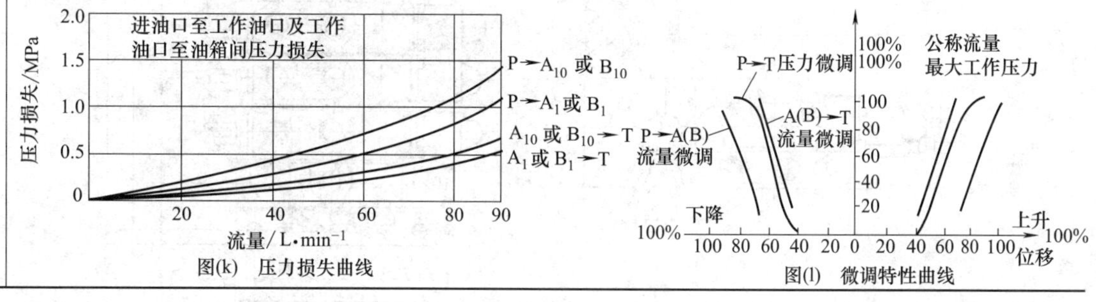 图(k)　压力损失曲线　图(l)　微调特性曲线

9.6.2　产品介绍

9.6.2.1　ZFS 型多路换向阀

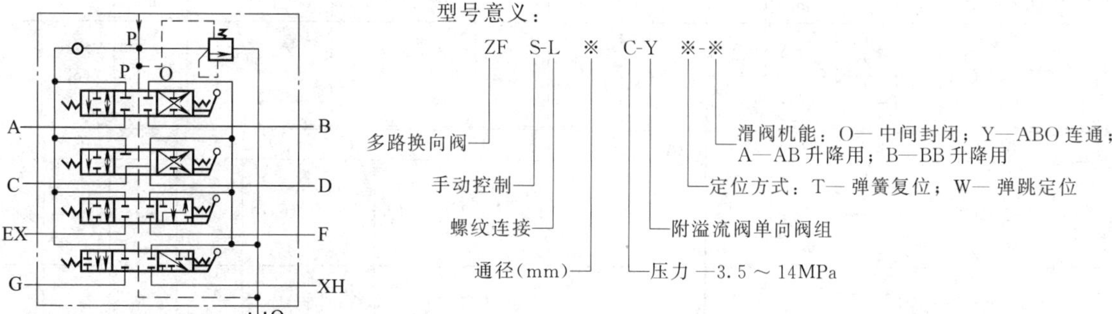

图 20-9-105　ZFS 型多路换向阀图形符号

表 20-9-109 **ZFS 型多路换向阀技术规格**

型号	通径/mm	流量/$L\cdot min^{-1}$	压力/MPa	滑阀机能	油路形式	质量/kg			
						1 联	2 联	3 联	4 联
ZFS-L10C-Y※-※	10	30	14	O、Y、A、B	并联	10.5	13.5	16.5	19.5
ZFS-L20C-Y※-※	20	75	14			24	31.0	38	45
ZFS-L25C-Y※-※	25	130	10.5			42	53.0	64	75

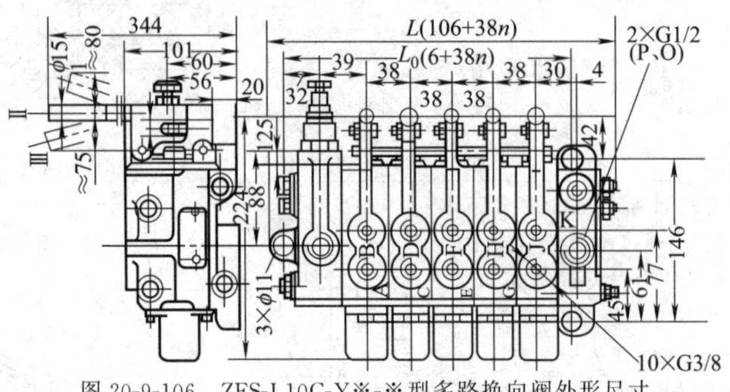

图 20-9-106 ZFS-L10C-Y※-※型多路换向阀外形尺寸

表 20-9-110 **ZFS-L20C-Y※-※、ZFS-L25C-Y※-※型多路换向阀外形尺寸** mm

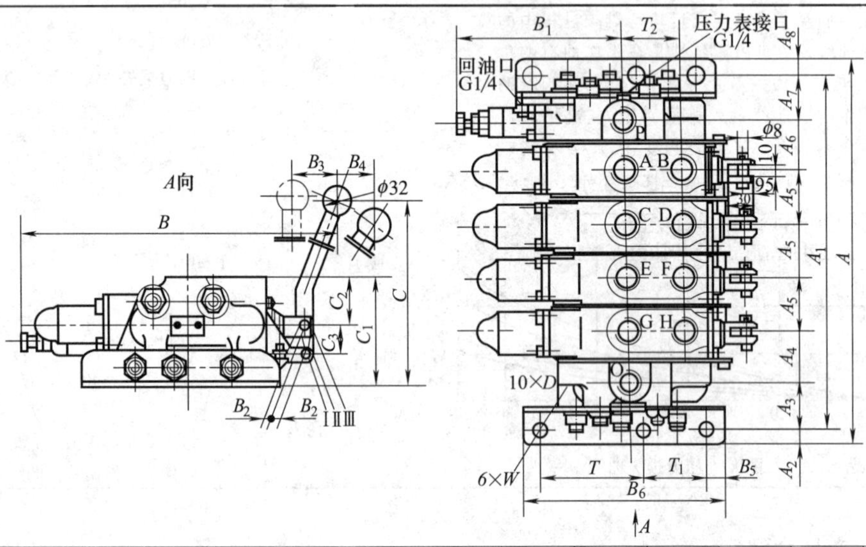

型号	联数	A	A_1	A_2	A_3	A_4	A_5	A_6	A_7	A_8	B	B_1	B_2
ZFS-L20C-Y	1	236	204	16	48	54	57.5	54	48	16	371.5	184.5	9.5
	2	293.5	261.5										
	3	351	319										
	4	408.5	376.5										
ZFS-L25C-Y	1	235	241	22	58	62.5	62.5	62.5	58	22	437	188	12
	2	347.5	303.5										
	3	410	366										
	4	472.5	428.5										

型号	联数	B_3	B_4	B_5	B_6	C	C_1	C_2	C_3	D	T	T_1	T_2	W
ZFS-L20C-Y	1	78	73	18	213	275	121	54	30	Rc3/4	110	67	60	15
	2													
	3													
	4													
ZFS-L25C-Y	1	107	100	25	275	391	140	60	40	M33	100	125	70	18
	2													
	3													
	4													

9.6.2.2　ZFS-※※H 型多路换向阀

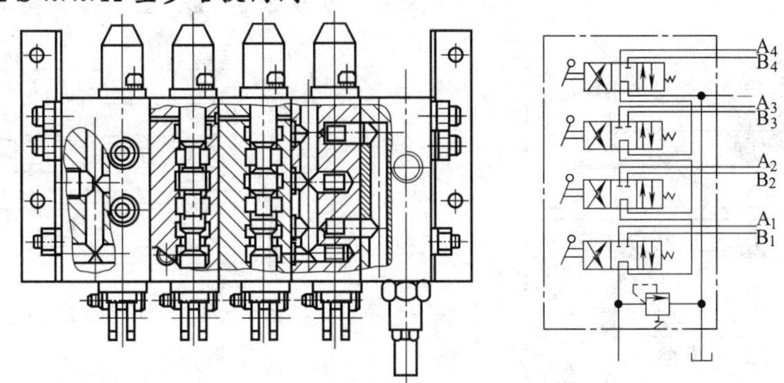

图 20-9-107　ZFS-L20H-型多路换向阀结构与图形符号

型号意义：

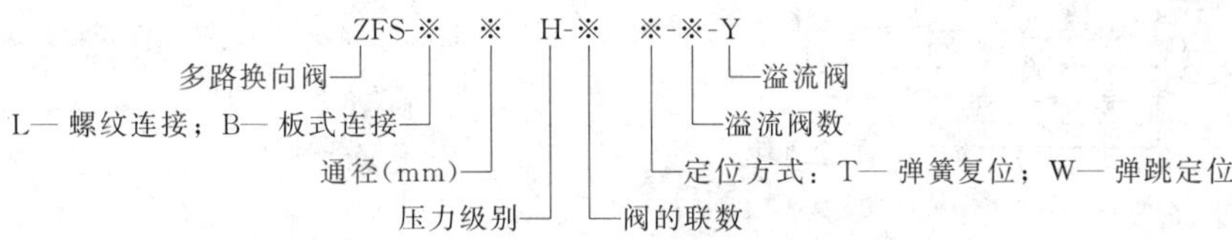

表 20-9-111　　ZFS-※※H 型多路换向阀技术规格

型号	通径/mm	压力/MPa	流量/L·min^{-1}	滑阀机能	油路形式
ZFS-L15H	15	20	63	M、K	串联
ZFS-L20H	20	20	100	M、K	并联

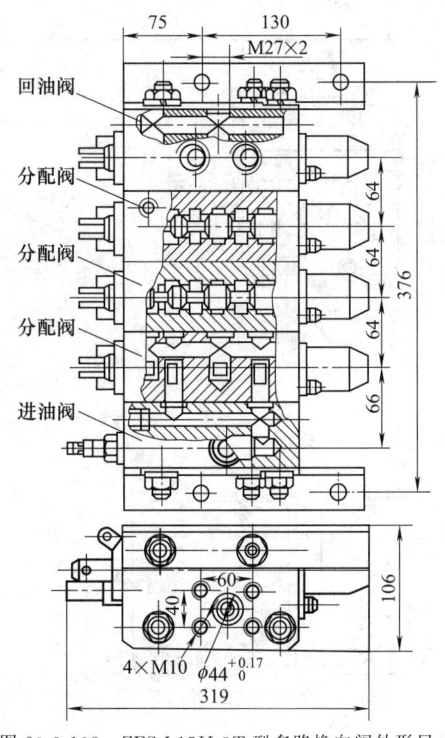

图 20-9-108　ZFS-L15H-3T 型多路换向阀外形尺寸

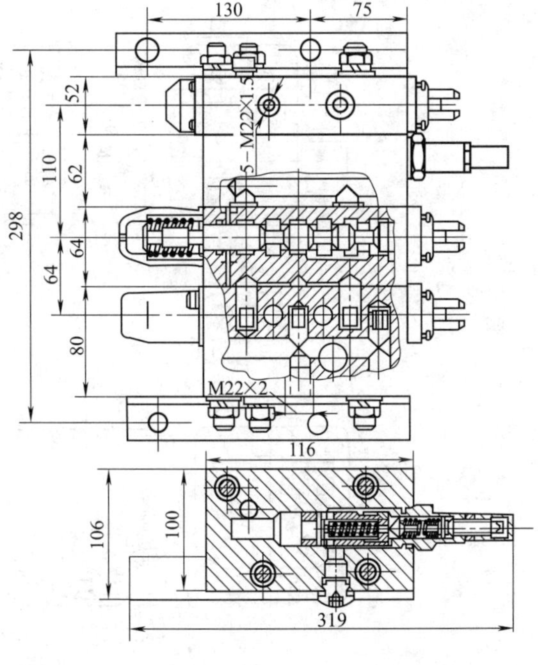

图 20-9-109　ZFS-L15H-3T-Y 型多路换向阀外形尺寸

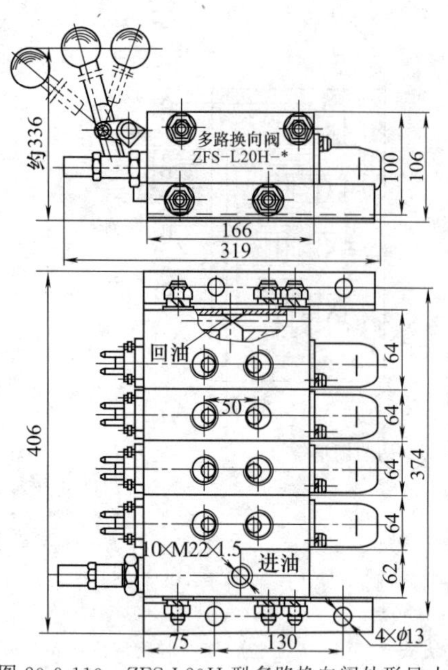

图 20-9-110 ZFS-L20H 型多路换向阀外形尺寸

9.6.2.3 DF 型多路换向阀

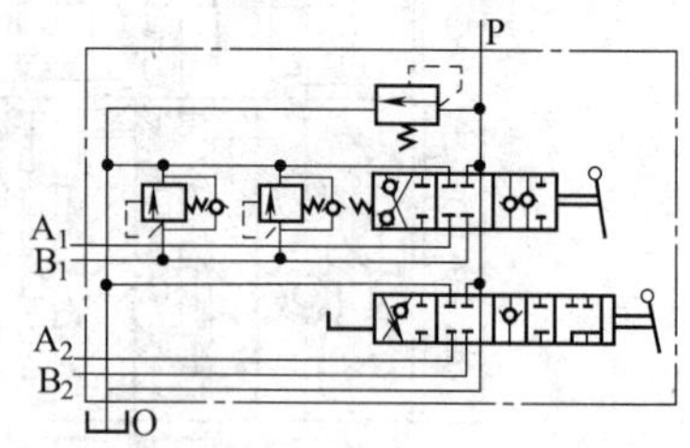

图 20-9-111 DF 型多路换向阀图形符号

型号意义：

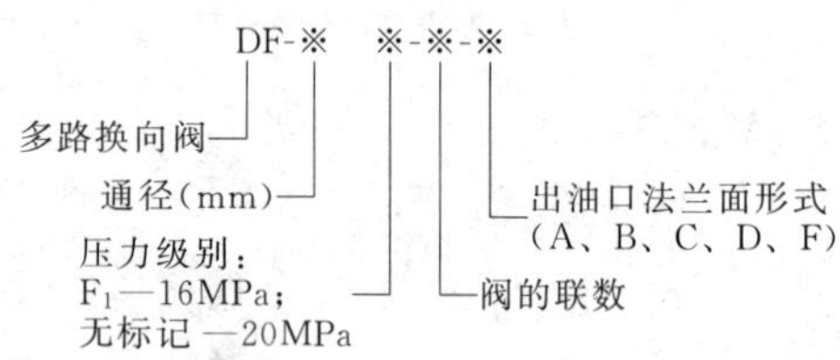

表 20-9-112 DF 型多路换向阀技术规格

型　号	通径/mm	流量/L·min^{-1}	压力/MPa	滑阀机能	油路形式	允许背压/MPa
DF-25F1	25	160	16	O、Q	串并联	2.5
DF-25			20			
DF-32F1	32	250	16	O、Y、A、Q		
DF-32			20			

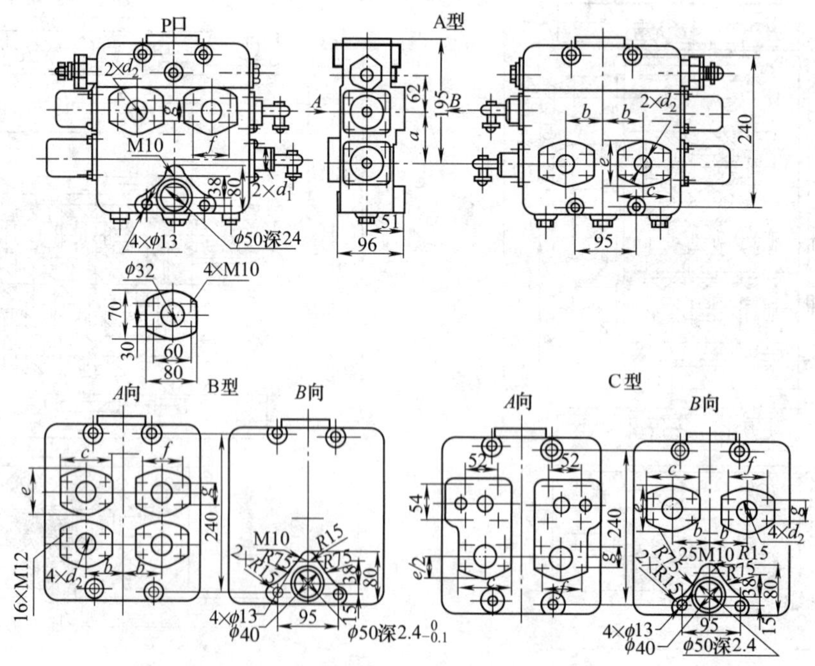

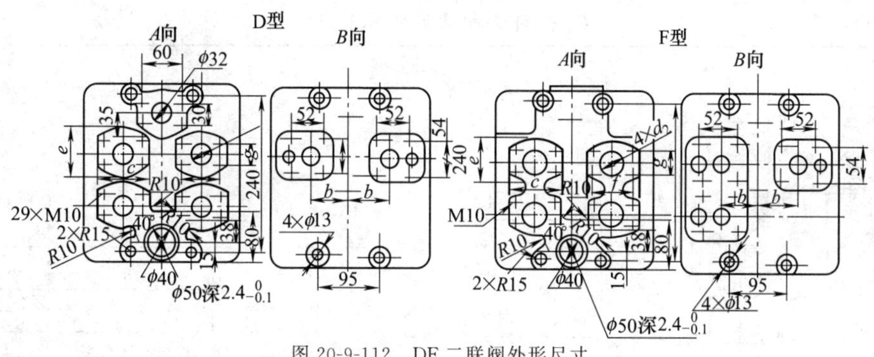

图 20-9-112　DF 二联阀外形尺寸

9.6.2.4　CDB 型多路换向阀

型号意义：

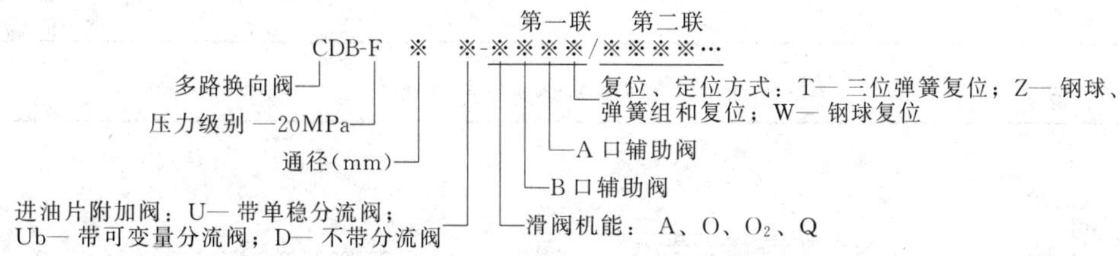

表 20-9-113　　CDB-F 型多路阀技术规格

型号	通径/mm	额定流量/L·min^{-1}	额定压力/MPa	工作安全阀调压范围/MPa	分流安全阀调压范围/MPa	分流口流量/L·min^{-1}	允许背压/MPa	过载阀调压范围/MPa
CDB-F15	15	80	20	8～20	4～10	11～16	1.5	8～20
CDB-F20	20	160	20	8～20	5～16	23～31	1.5	8～20

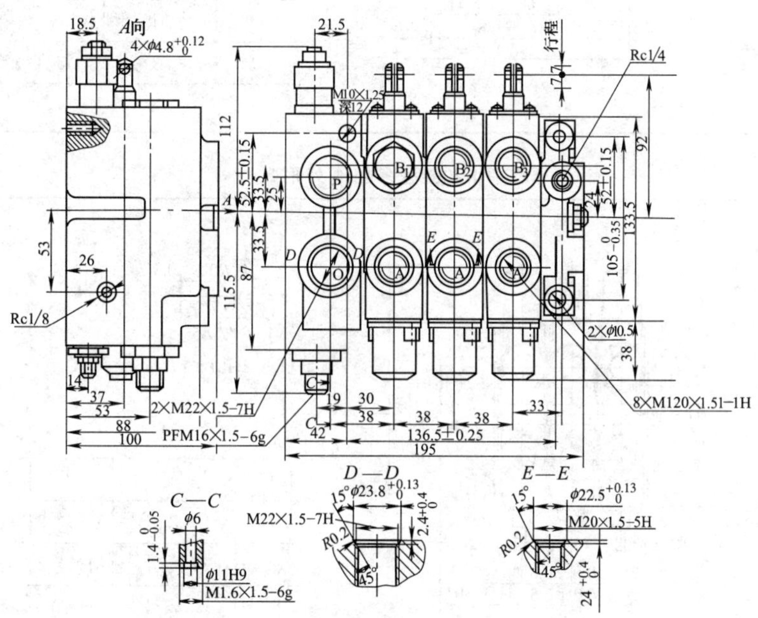

图 20-9-113　CDB-F15U 型多路阀外形尺寸

表 20-9-114 CDB-F15D 型多路阀外形尺寸 mm

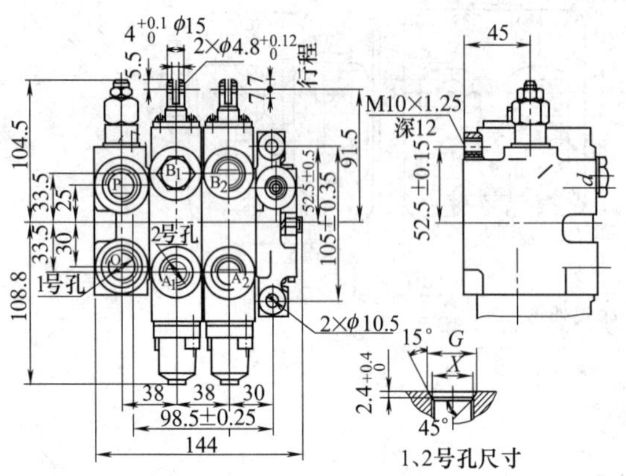

孔口	X	G
1(P、O 口)	M22×1.5	$\phi23.8^{+0.13}_{0}$
2(A、B 口)	M20×1.5	$\phi22.5^{+0.13}_{0}$

表 20-9-115 CDB-F20U 型多路阀外形尺寸 mm

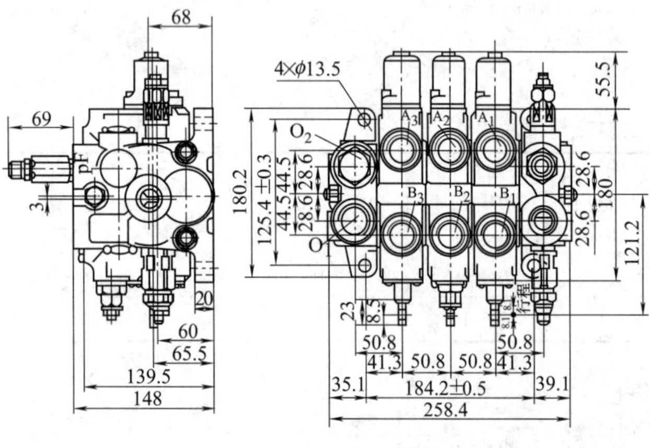

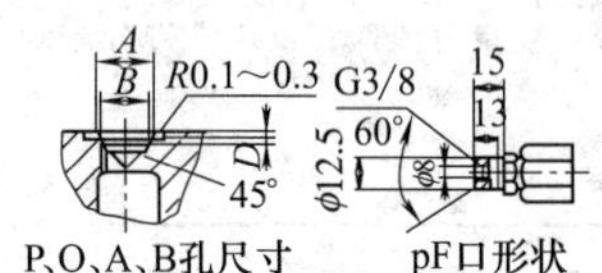

孔口	$A_1 \sim A_3$	$B_1 \sim B_3$	D
A、B	$\phi32.33^{+0.13}_{0}$	M30×2	$3.3^{+0.38}_{0}$
O	$\phi32.51^{+0.13}_{0}$	M33×2	$3.3^{+0.38}_{0}$
P	$\phi30.2^{+0.1}_{0}$	G3/4"	$3.3^{+0.4}_{0}$

表 20-9-116 CDB-F20D 型多路阀外形尺寸 mm

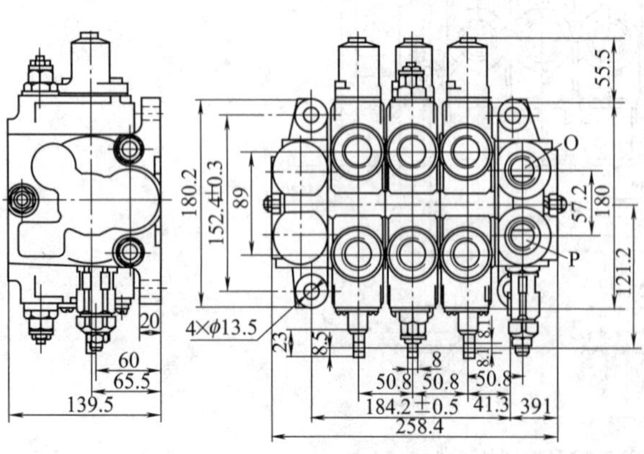

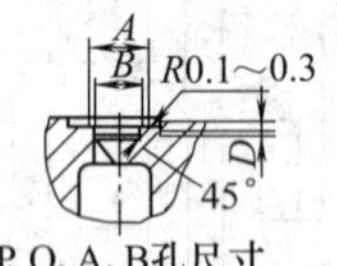

孔口	A	B	D
A_1B_1	$\phi32.33^{+0.13}_{0}$	M30×2	$3.3^{+0.38}_{0}$
O	$\phi32.5^{+0.13}_{0}$	M33×2	$3.3^{+0.38}_{0}$
P	$\phi32.33^{+0.13}_{0}$	G3/4	$3.3^{+0.38}_{0}$

9.7 叠加阀

9.7.1 叠加阀工作原理、典型结构及性能

叠加阀是指可直接利用阀体本身的叠加而不需要另外的油道连接元件而组成液压系统的特定结构的液压阀的总称。叠加阀安装在板式换向阀和底板之间，每个叠加阀除了具有某种控制阀的功能外，还起着油道作用。叠加阀的工作原理与一般阀的基本相同，但在结构和连接方式上有其特点而自成体系。按控制功能叠加阀可分为压力、流量、方向三类，其中方向控制阀中只有叠加式单向阀和叠加式液控单向阀。同一通径的各种叠加阀的油口和螺钉孔的大小、位置、数量都与相匹配的板式主换向阀相同，因此。针对一个板式换向阀，可以按一定次序和数目叠加而组成各种典型的液压系统。通常控制一个执行元件的系统的叠加阀叠成一叠。

图 20-9-114 为典型的使用叠加阀的液压系统，在回路Ⅰ中，5、6、7、8 为叠加阀，最上层为主换向阀 4，底部为与执行元件连接用的底板 9。各种叠加阀的安装表面尺寸和高度尺寸都由 ISO 7790 和 ISO 4401 等标准规定，使叠加阀组成的系统具有很强的组合性。目前生产的叠加阀的主要通径系列为 6、10、16、20、32。

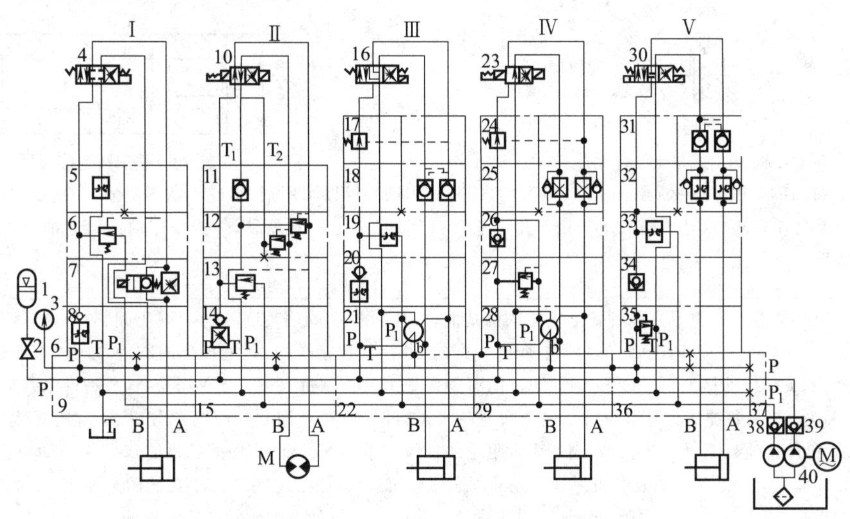

图 20-9-114　叠加阀液压系统的典型回路

表 20-9-117　　叠加阀工作原理、典型结构及性能

<table>
<tr><td colspan="3">叠加阀连接方法须符合 ISO 4401 和 GB 2514 标准。在一定的安装尺寸范围内，结构受到相应的限制。结构有多种形式，有滑阀式、插装式、板式外贴式、复合机能式等。另外，叠加阀还有整体式结构和组合式结构之分。整体式结构叠加阀就是将控制阀和油道设置在同一个阀体内，而组合式结构则是将控制阀做成板式连接件，而阀体则只做成油道体，再把控制阀安装在阀体上。一般较大通径的叠加阀多采用整体式结构，小通径叠加阀多采用组合式结构</td></tr>
<tr><td rowspan="2">典型结构</td><td>滑阀式</td><td>滑阀结构简单，使用寿命长，阀芯上有几个串联阀口，与阀体上的阀口配合完成控制功能，这种结构容易实现多机能控制功能。但它的缺点是体积较大，受液压夹紧力和液动力影响较大，一般用于直动型或中低压场合</td></tr>
<tr><td>插装式</td><td>从叠加阀结构变化形式看，新的叠加阀更多地采用螺纹插装组件结构，如图(a)所示为力士乐公司的 2DR10VP-3X/YM 先导型减压阀，螺纹插装组件结构突出优点是内阻力小，流量大；动态性能好，响应速度快，在所有结构之中，插装结构最紧凑、基本结构参数可以系列化、微型化，适应数控精密加工规范管理。螺纹插装组件维修更换方便，根据功能需要，还可以应用到油路块场合，组件供应较方便
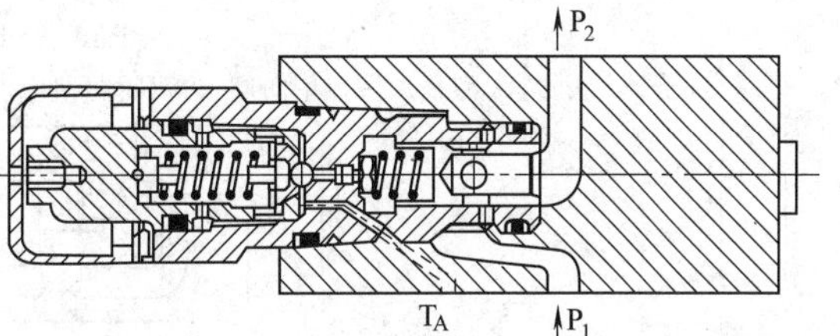

图(a)　力士乐公司的2DR10VP-3X/YM先导式减压阀</td></tr>
</table>

续表

<table>
<tr>
<td rowspan="1">典型结构</td>
<td>安装</td>
<td>在多位置底板与换向阀之间可组成各种十分紧凑的液压回路，叠加形式有垂直叠加、水平叠加、塔式叠加等。安装叠加阀时，选用的螺栓长度等于穿过换向阀和叠加阀的长度加上底板块螺纹深度和螺母的把合长度。而威格士公司 $\phi10$ 通径系列叠加阀安装的方式别具特色，如图(b)所示，它是采用组合元件，将叠加阀逐个进行连接，可以准确保证阀与阀之间把合力
叠加阀连接螺栓对安全性和泄漏性有一定要求，根据使用压力和螺栓的长度不同选用不同的螺栓材料。螺母为如图(c)所示的形式
换向阀　组合螺栓　叠加阀　底板块
图(b)　威格士组合元件
螺母长度　内六方　螺纹长度　外径 ϕ　螺母 M
图(c)　叠加阀连接螺母
叠加阀阀体采用铸铁材质(一般为 HT300)，特别应用场合可以来用钢、铝或不锈钢材质。$\phi6$、$\phi10$ 通径系列产品大部分是加工通道，阀体油道大量采用斜孔加工。$\phi16$ 通径以上系列品种，一般采用内部铸造油道，阀体外形一次铸造成形</td>
</tr>
<tr>
<td>功能</td>
<td>单功能叠加阀</td>
<td>一个单功能叠加阀只具有一种普通液压阀的功能，如压力控制阀(包括溢流阀、减压阀、顺序阀)、流量控制阀(包括节流阀、单向节流阀、调速阀、单向调速阀等)、方向控制阀(包括单向阀、液控单向阀等)，阀体按照通径标准确定 P、T、A、B 及一些外接油口的位置和连接尺寸，各类阀根据其控制特点可有多种组合，构成型谱系列
图(d)为 Y1 型叠加式先导溢流阀。这个阀为整体式结构，由先导阀和主阀两部分组成，主阀阀体上开有通油孔 A、B、T 和外接油孔 P 及连接孔等，阀芯为带阻尼的锥阀式单向阀(该图为中间的机能)，当 A 口油压达到定值时，可打开先导阀芯，少量 A 口油液经阻尼孔和先导阀芯流向出口 T，由于主阀芯的小孔的阻尼作用，使主阀芯受到向左的推力而打开，A 口油液经主阀口溢流。对主阀体略作改动即有如右图所示的几种不同的调压功能
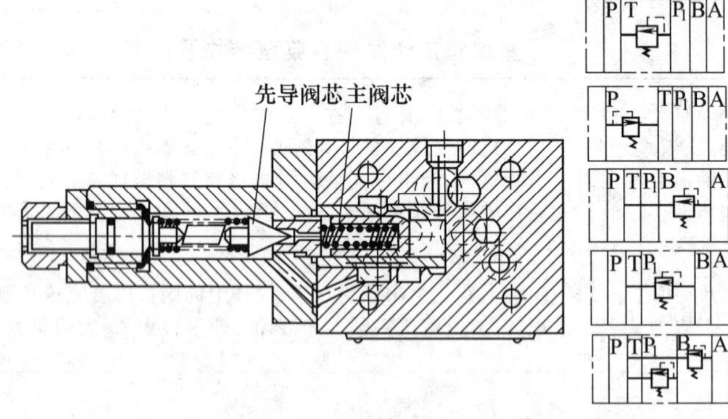

图(d)　Y1型叠加式先导溢流阀及功能符号
图(e)为 2YA 型叠加液控单向阀，为双阀芯结构，工作原理同普通双向液压锁基本一致
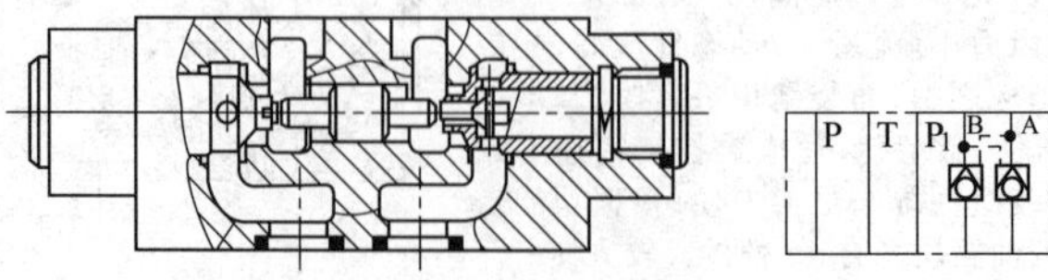

图(e)　2YA型叠加液控单向阀</td>
</tr>
</table>

续表

功能	复合功能叠加阀	复合功能叠加阀是在一个液压阀芯中实现两种以上控制机能的液压阀，这种元件结构紧凑，可大大简化专用液压系统 图(f)为顺序节流阀，该阀由顺序阀和节流阀复合而成，具有顺序阀和节流阀的功能。顺序阀和节流阀共用一个阀芯，将三角槽形的节流口开设在顺序阀阀芯的控制边上，控制口 A 的油压通过阀芯的小孔作用于右端阀芯，压力大于顺序阀的调定压力时阀芯左移，节流口打开，反之节流口关闭。节流口的开度由调节杆限定。此阀可用于多回路集中供油的液压系统中，以解决各执行元件工作时的压力干扰问题 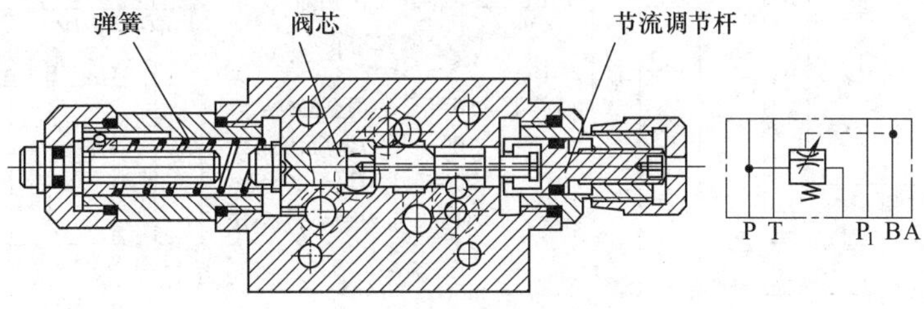 图(f)　顺序节流阀及功能符号 图(g)为叠加式电动单向调速阀。阀为组合式结构，由三部分组成。Ⅰ是板式连接的调速阀，Ⅱ是叠加阀的主体部分，Ⅲ是板式结构先导阀。电磁铁通电时，先导阀 12 向左移动，将 d 腔与 e 腔切断，接通 e 腔与 f 腔，锥阀弹簧腔 b 的油经 e 腔、f 腔与叠加阀回油路 T 接通而卸荷。此时锥阀 10 在 a 腔压力油作用下被打开，压力油流经锥阀到 A，电磁铁断电时，先导阀复位，A_1 油路的压力油经 d、e 到 b 腔，将锥阀关闭，此时由 A_1 进入的压力油只能经调速阀部分到 A，实现调速，反向流动时，A 口压力油可打开锥阀流回 A_1 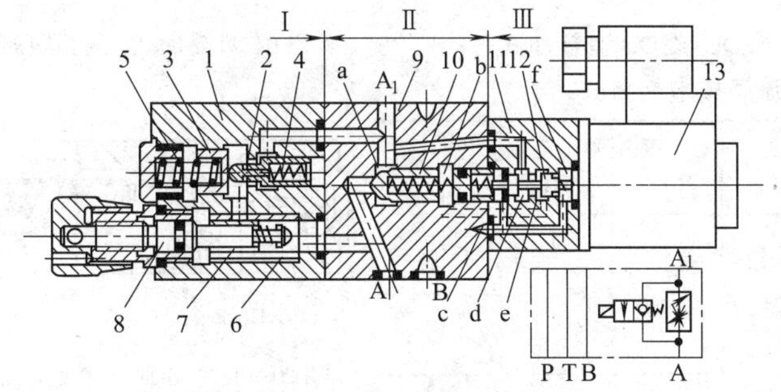 图(g)　电动单向调速阀及功能符号 1，9—阀体；2—减压阀；3—平衡阀；4，5—弹簧；6—节流阀套；7—节流阀芯；8—节流阀调节杆；10—锥阀；11—先导阀体；12—先导阀；13—直流湿式电磁铁
应用	由叠加阀组成的液压系统，结构紧凑，体积小，质量小，占地面积小；叠加阀安装简便，装配周期短，系统有变动需增减元件时，重新组装较为方便；使用叠加阀，元件间无管连接，消除了因管接头等引起的漏油、振动和噪声；使用叠加阀系统配置简单，元件规格统一，外形整齐美观，维护保养容易；采用我国叠加阀组成的集中供油系统节电效果显著。但由于规定尺寸的限制，由叠加阀组成的回路形式较少，通径较小，一般适用于工作压力小于 20MPa，流量小于 200L/min 的机床、轻工机械、工程机械、煤炭机械、船舶、冶金设备等行业	

9.7.2　产品介绍

（1）力士乐系列叠加式压力阀

1）ZD/ZDB 型叠加式溢流阀（40 系列）

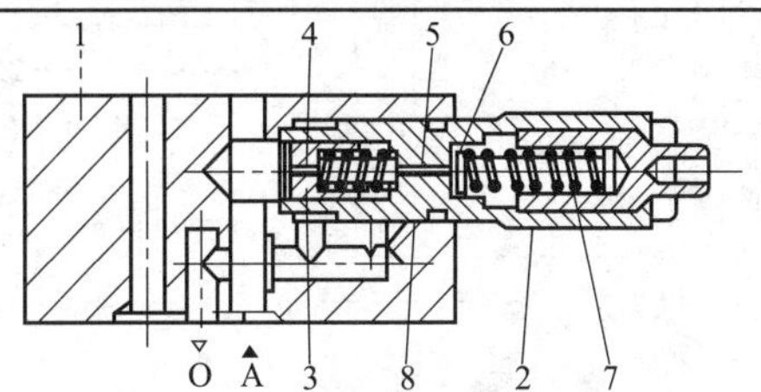

图 20-9-115　ZDB 型叠加式溢流阀结构

1—阀体；2—插入式溢流阀；3—阀芯；4，5—节流孔；6—锥阀；7—弹簧；8—孔道

型号意义：

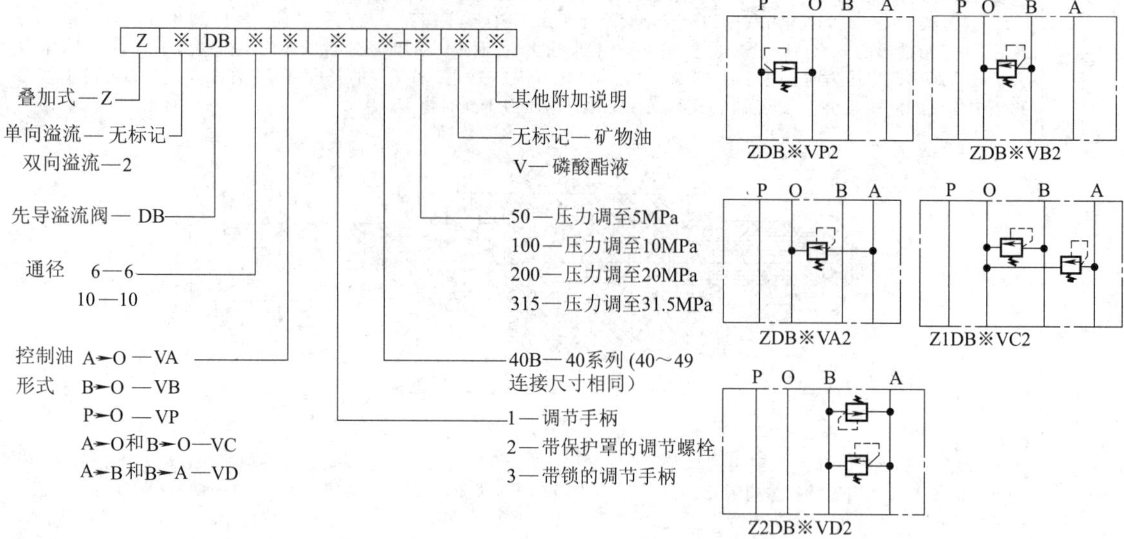

图 20-9-116　ZDB 型叠加式溢流阀图形符号

表 20-9-118　ZDB/Z2DB 型叠加式溢流阀技术规格

型号	通径/mm	流量/L·min⁻¹	工作压力/MPa	调压范围/MPa	质量/kg	
					ZDB	Z2DB
ZDB6※ Z2DB6※	6	60	31.5	5 10 20 31.5	1.0	1.2
ZDB10※ Z2DB10※	10	100			2.4	2.6

注：外形尺寸见产品样本。

2）ZDR 型叠加式直动减压阀

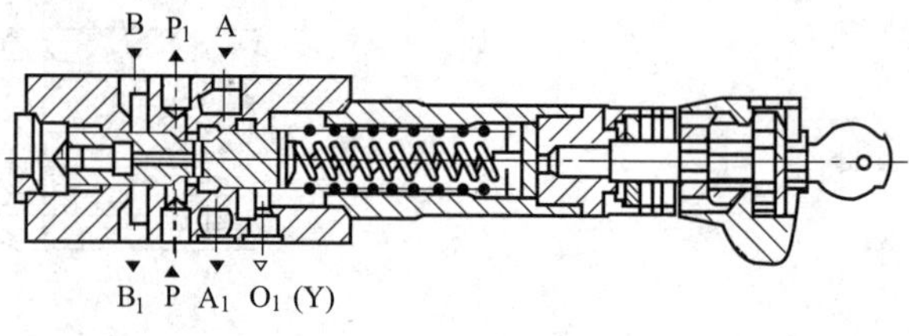

图 20-9-117　ZDR10DP... 40/... YM 型叠加式直动减压阀结构

型号意义：

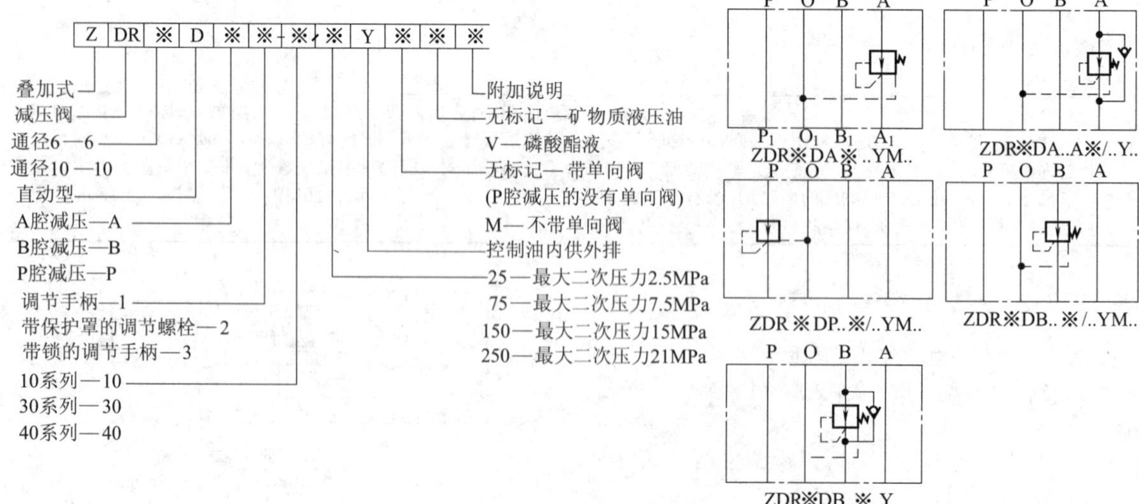

图 20-9-118　ZDR 型叠加式直动减压阀图形符号

表 20-9-119 **ZDR 型叠加式直动减压阀技术规格**

型　号	通径/mm	流量/L·min⁻¹	进口压力/MPa	二次压力/MPa	背压/MPa	质量/kg
ZDR6	6	30	31.5	约 21	约 6	1.2
ZDR10	10	50	31.5	约 21(DA 和 DP 型),约 7.5(DB 型)	约 15	2.8

注：外形尺寸见产品样本。

3）Z2FS 型叠加式双单向节流阀

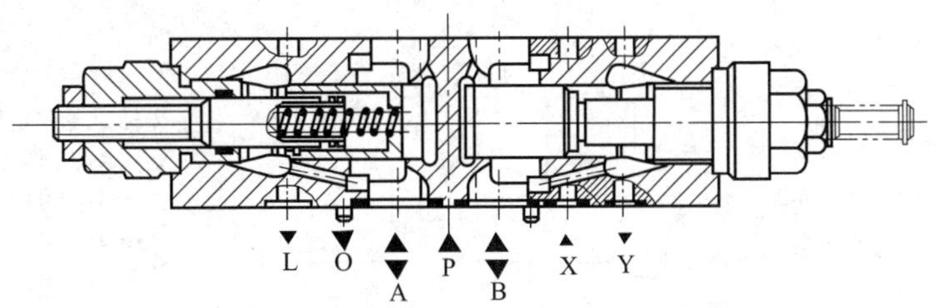

图 20-9-119　Z2FS 型叠加式双单向节流阀结构

型号意义：

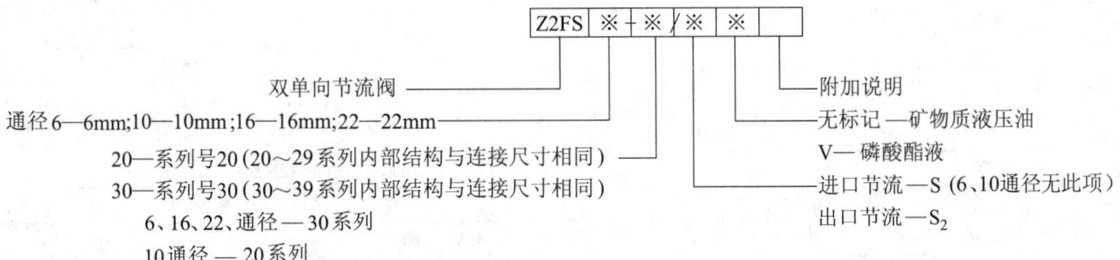

表 20-9-120 **Z2FS 型叠加式双单向节流阀技术规格**

型　号	通径/mm	流量/L·min⁻¹	工作压力/MPa
Z2FS6	6	80	31.5
Z2FS10	10	160	31.5
Z2FS16	16	250	35
Z2FS22	22	350	35

注：外形尺寸见产品样本。

4）Z1S 型叠加式单向阀

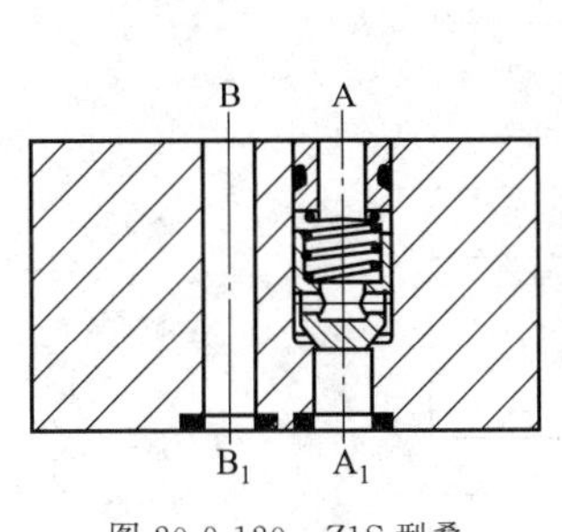

图 20-9-120　Z1S 型叠加式单向阀结构

型号意义：

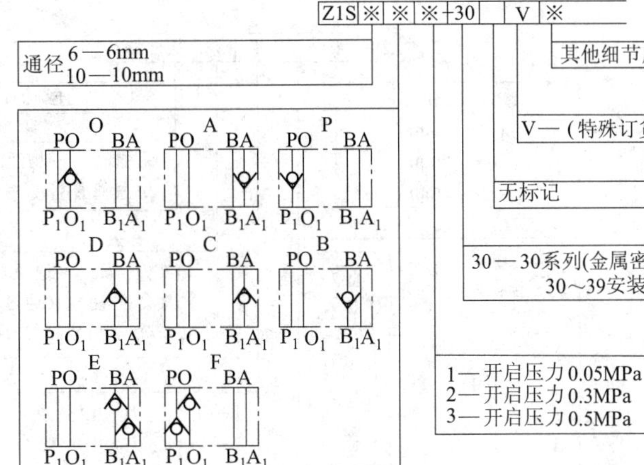

表 20-9-121　　**Z1S 型叠加式单向阀技术规格**

型号	流量/L·min^{-1}	流速/m·s^{-1}	工作压力/MPa	开启压力/MPa	质量/kg
Z1S6	40	>6	31.5	0.05、0.3、0.5	0.8
Z1S10	100	>4	31.5		2.3

注：外形尺寸见厂家产品样本。

5）DDJ 型叠加式单向截止阀

型号意义：

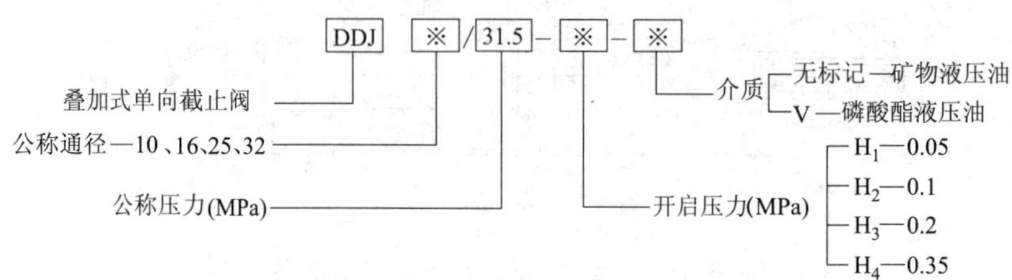

表 20-9-122　　**DDJ 型叠加式单向截止阀技术规格**

型　　号		DDJ10	DDJ16	DDJ25	DDJ32
公称通径/mm		10	16	25	32
公称压力/MPa		31.5			
公称流量/L·min^{-1}	单向阀	63	200	360	500
	截止阀	100	250	400	630
介质		矿物液压油；磷酸酯液压油			
油流方向		$P-P_1$、O_1-O			
单向阀开启压力/MPa		H_1:0.05,H_2:0.1,H_3:0.2,H_4:0.35			
质量/kg		3.36	8.12	14.23	41.9

注：外形尺寸见厂家产品样本。

6）Z2S 型叠加式液控单向阀

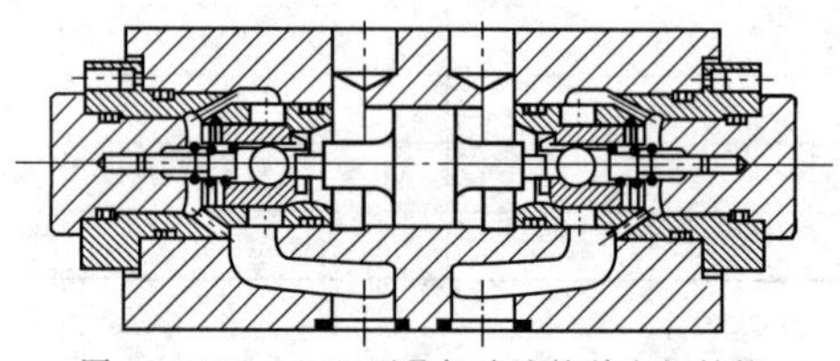

图 20-9-121　Z2S 型叠加式液控单向阀结构

型号意义：

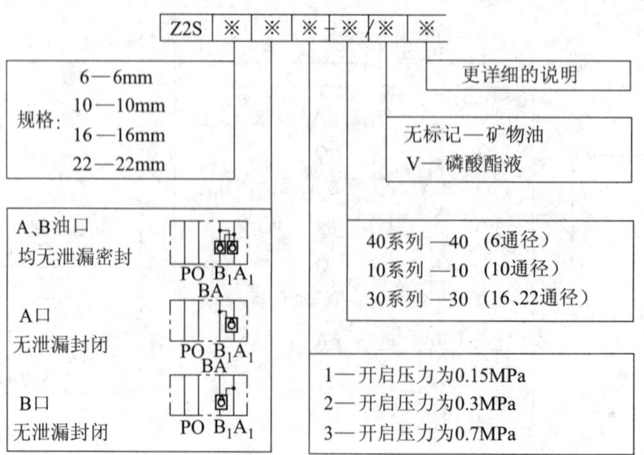

表 20-9-123　**Z2S 型叠加式液控单向阀技术规格**

型　号	通径 /mm	流量 /L·min^{-1}	工作压力 /MPa	开启压力 /MPa	流动方向	面积比	质量 /kg
Z2S6	6	50	31.5	0.15、0.3、0.7	由 A 至 A_1 或 B 至 B_1 经单向阀自由流通，先导操纵由 B_1 至 B 或由 A_1 至 A	$A_1/A_2=1/2.97$	0.8
Z2S10	10	80	31.5			$A_1/A_2=1/2.86$、$A_3/A_2=1/11.45$	2
Z2S16	16	200	31.5			—	11.7
Z2S22	22	400	31.5			—	11.7

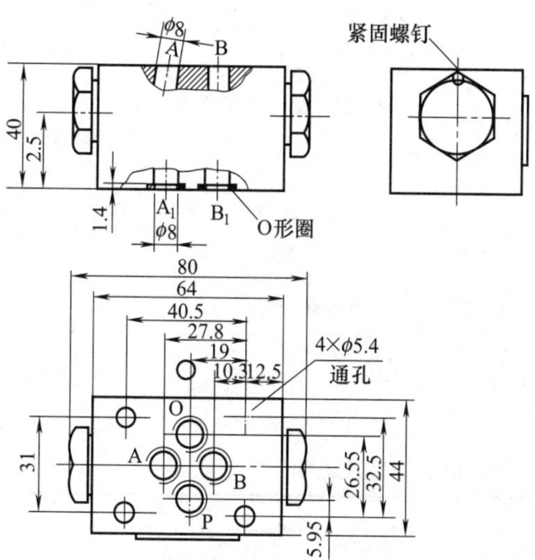

图 20-9-122　Z2S6 型液控单向阀外形尺寸

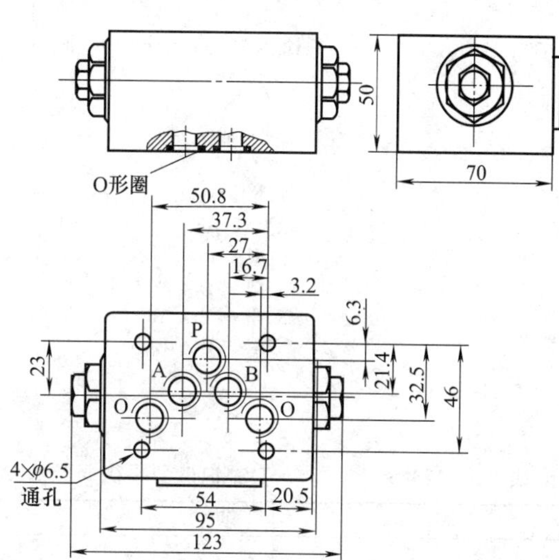

图 20-9-123　Z2S10 型液控单向阀外形尺寸

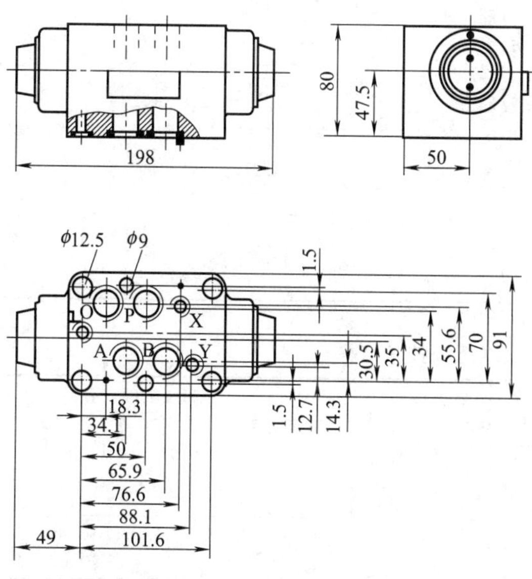
图 20-9-124　Z2S16 型液控单向阀外形尺寸

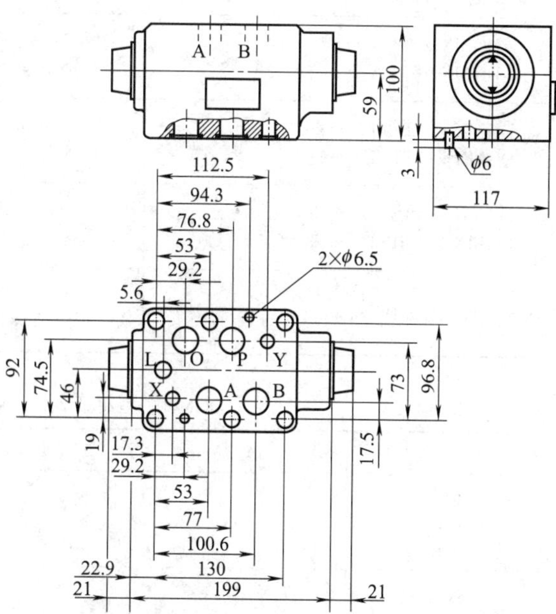

图 20-9-125　Z2S22 型液控单向阀外形尺寸

（2）威格士系列叠加阀产品

1）DGMR※型平衡阀及 DGMX 型减压阀

型号意义：

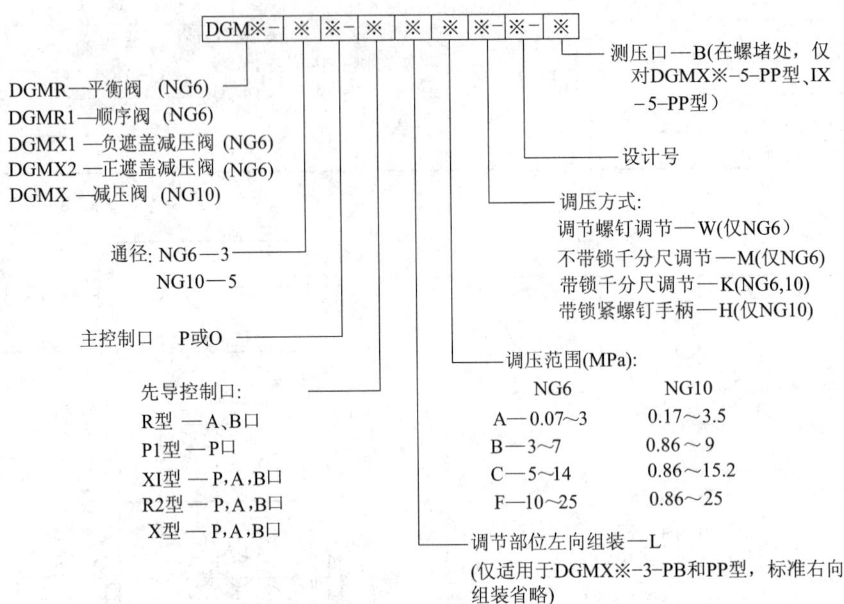

表 20-9-124　　DGMR※型平衡阀及 DGMX 型减压阀功能符号及说明

型　号	作　用	说　明	功能符号
DGMR-3-TA-※※	平衡阀	O 路平衡阀 A 路先导，排油至 O 路	P O B A
DGMR-3-TB-※※	平衡阀	O 路平衡阀 B 路先导，排油至 O 路	
DGMX※-3-PA-※※ DGMX※-5-PA-※※	减压阀	P 路减压阀 A 路先导，排油至 O 路	
DGMX※-3-PB(L)-※※ DGMX※-5-PB(L)-※※	减压阀	P 路减压阀 B 路先导，排油至 O 路	
DGMX※-3-PP(L)-※※ DGMX※-5-PP(L)-※※	减压阀	P 路减压阀 P 路先导，排油至 O 路	
DGMR1-3-PP-※※	顺序阀	P 路直接顺序阀 向 O 路反向流动	

表 20-9-125　　DGMR※型平衡阀及 DGMX 型减压阀技术规格

型　号	公称通径/in	最高压力/MPa	最大流量/L·min^{-1}	调压范围/MPa
DGMR-3 DGMX-3 DGMR1-3	6	25	38	A：0.07～3　B：3～7 C：5～14　F：10～25
DGMX-5	10	25	76	A：0.17～3.5　B：0.86～9 C：0.86～15.2　F：0.86～25

注：外形尺寸见厂家产品样本。

2）DGMC※型溢流阀

型号意义：

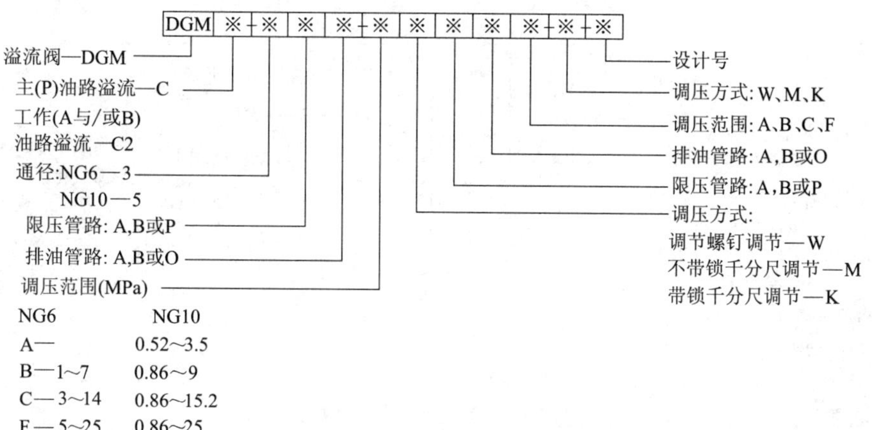

表 20-9-126　DGMC※型溢流阀功能符号及说明

型　号	作　用	说　明	功能符号
DGMC-3-PT DGMC-5-PT	主油路溢流	P 路溢流至 O 路	P　O　B　A
DGMC2-3-AB DGMC2-5-AB	工作油路溢流	A 路溢流至 B 路	
DGMC2-3-BA DGMC2-5-BA	工作油路溢流	B 路溢流至 A 路	
DGMC2-3-AB-※※-BA-※※ DGMC2-5-AB-※※-BA-※※	工作油路溢流	B 路溢流至 A 路 A 路溢流至 B 路	

表 20-9-127　DGM 型叠加式直动减压阀技术规格

型　号	公称通径/mm	最高压力/MPa	最大流量/L·min⁻¹	调压范围/MPa
DGMR-3 DGMC2-3	6	25	38	B:1～7　C:3～14 F:5～25
DGMR-5 DGMC2-5	10	25	76	A:0.52～3.5　B:0.86～9 C:0.86～15.2　F:0.86～25

注：外形尺寸见厂家产品样本。

3）DGMX-7 型减压阀

型号意义：

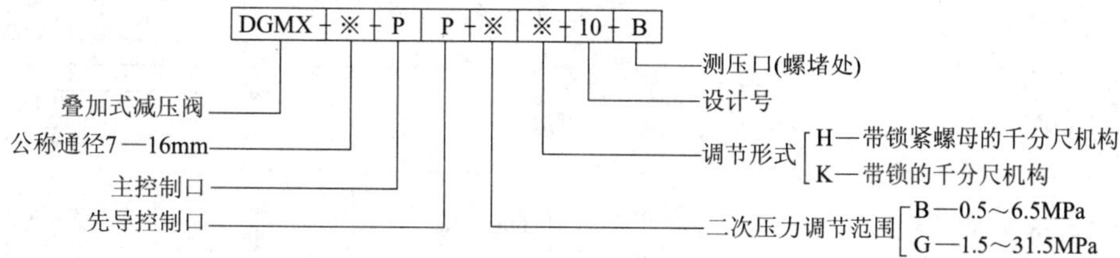

表 20-9-128　DGMX-7 型减压阀技术规格

型　号	公称通径/mm	最高压力/MPa	最大流量/L·min⁻¹	调压范围/MPa
DGMX-7	16	31.5	160	B:0.5～6.5 G:1.5～31.5

注：外形尺寸见产品样本。

4）DGMC-7 型溢流阀

型号意义：

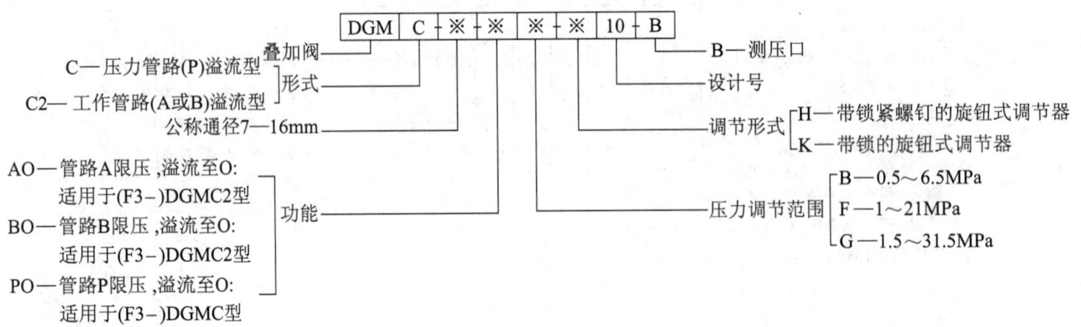

表 20-9-129 **DGMC-7 型溢流阀技术规格**

型 号	公称通径/mm	最高压力/MPa	最大流量/L·min^{-1}	调压范围/MPa
DGMC-7 DGMC2-7	16	31.5	200	B：0.5～6.5 F：1～21 G：1.5～31.5

注：外形尺寸见厂家产品样本。

5）DGMDC 型直动式单向阀

型号意义：

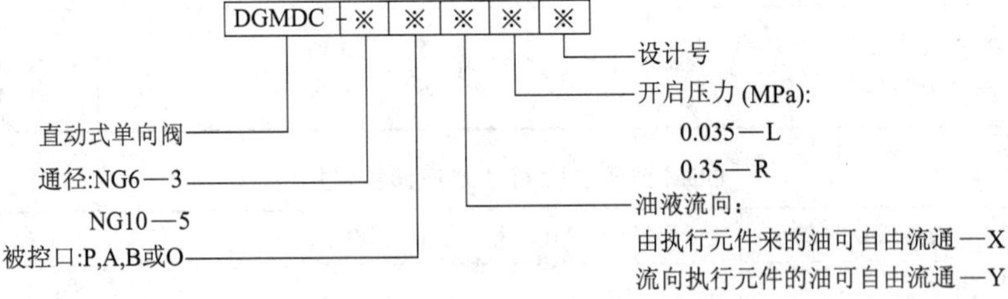

表 20-9-130 **DGMDC 型直动式单向阀功能符号及说明**

型 号	作 用	说 明	功 能 符 号
DGMDC-3-BX※-20	直动式单向阀	B 口自由流出	P O B A
DGMDC-3-BY※-20		B 口自由流出	
DGMDC-3-AX※-20		A 口自由流出	
DGMDC-3-AY※-20		A 口自由流出	
DGMDC-3-PY※-20 DGMDC-5-PY※-10		P 口自由流出	
DGMDC-3-TX※-20 DGMDC-5-TX※-10		O 口自由流出	

表 20-9-131 DGMDC 型叠加式直动减压阀技术规格

型 号	公称通径/mm	最高压力/MPa	最大流量/L·min^{-1}	开启压力/MPa
DGMDC-3	6	31.5	38	L:0.035 R:0.35
DGMDC-5	10	31.5	86	

注：外形尺寸见厂家产品样本。

6）DGMPC 型液控单向阀

型号意义：

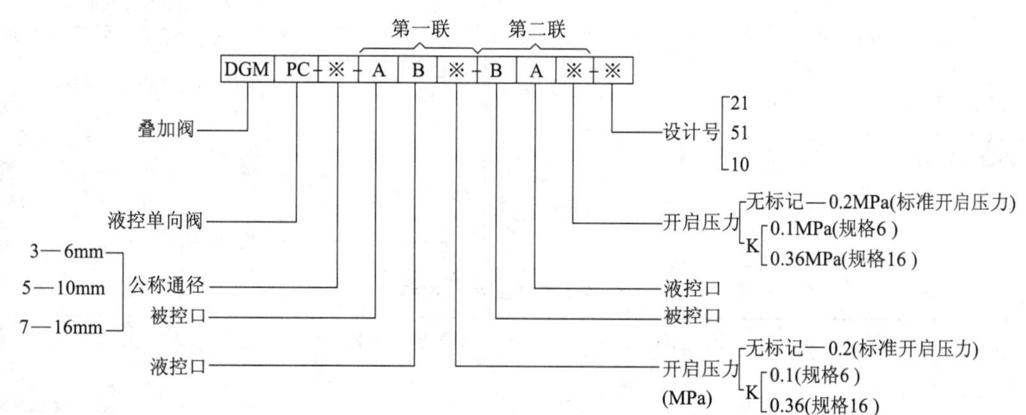

表 20-9-132 DGMPC 型液控单向阀功能符号及说明

型 号	作 用	说 明	功能符号
DGMPC-3-ABK-BAK-21 DGMPC-5-AB-51 DGMPC-7-AB※-BA※-10	双液控	A 路单向，B 路控制 B 路单向，A 路控制	P O B A
DGMPC-3-BAK-21 DGMPC-5-B-51 DGMPC-7-BA※-10	单液控	B 路单向，A 路控制	
DGMPC-3-ABK-21 DGMPC-5-A-51 DGMPC-7-AB※-10	单液控	A 路单向，B 路控制	
DGMPC-5-DA-DB-51	双液控	A 路单向，B 路控制 B 路单向，A 路控制	

表 20-9-133 DGMPC 型液控单向阀技术规格

型 号	公称通径/mm	最高压力/MPa	最大流量/L·min^{-1}	开启压力/MPa
DGMPC-3	6	31.5	38	K:0.1
DGMPC-5	10		86	0.2
DGMPC-7	16		180	K:0.36

注：外形尺寸见厂家产品样本。

7）DGMFN 型节流阀

型号意义：

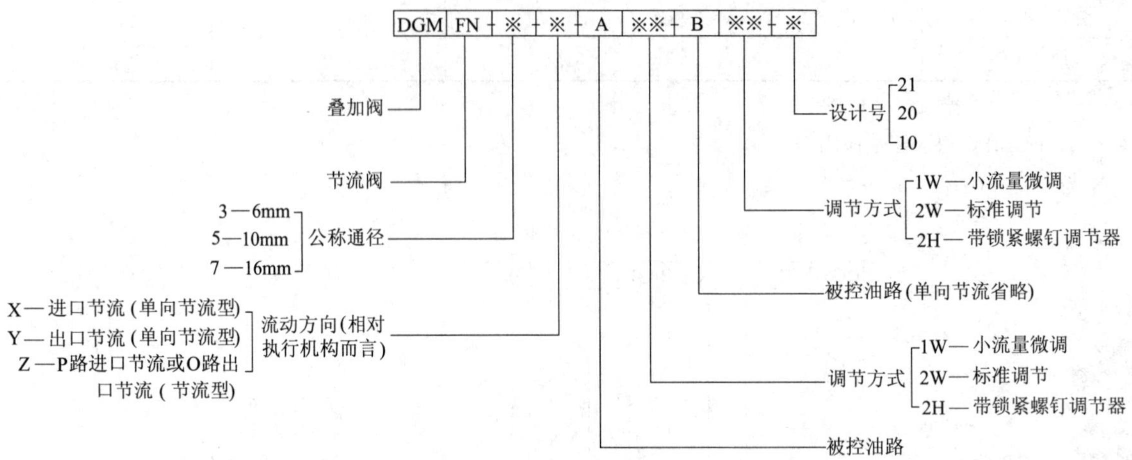

表 20-9-134 DGMFN 节流阀技术规格

型　号	公称通径/mm	最高压力/MPa	最大流量/L·min^{-1}
DGMFN-3	6	31.5	38
DGMFN-5	10		86
DGMFN-7	16		180

表 20-9-135 DGMFN-3 型节流阀外形尺寸 mm

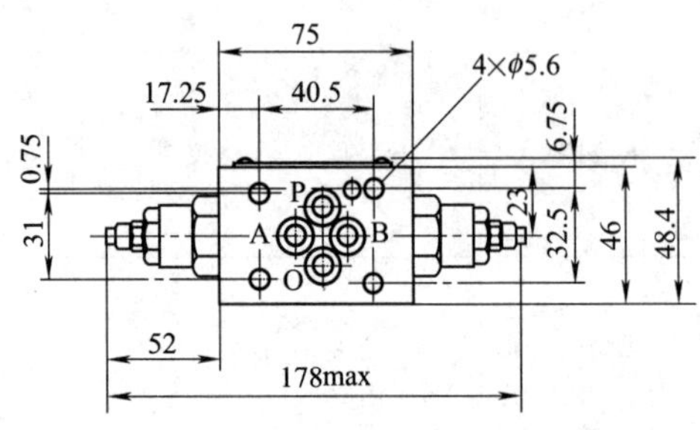

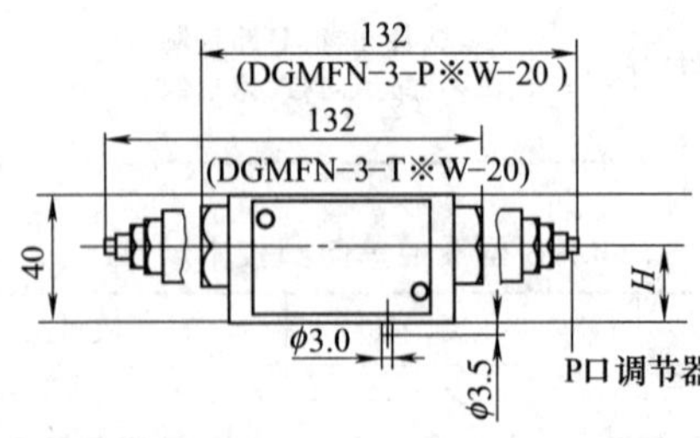

型　号	DGMFN-3X	DGMFN-3Y	DGMFN-3Z
H	16.6	217-7	20.0

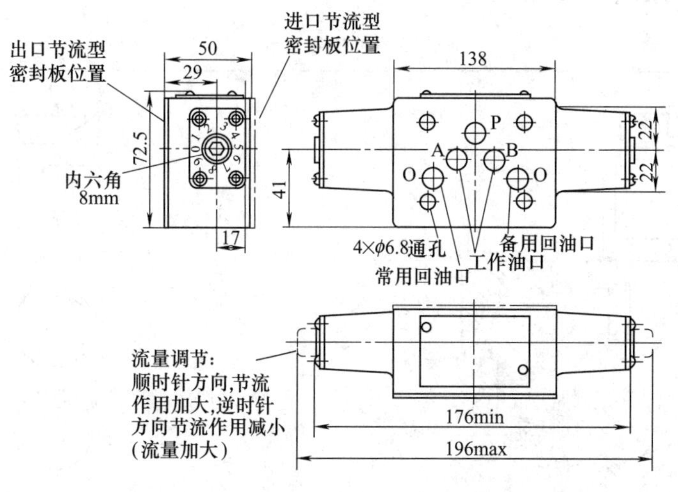

图 20-9-126　DGMFN-5 型节流阀外形尺寸

表 20-9-136　　DGMFN-7-Y 型节流阀外形尺寸　　mm

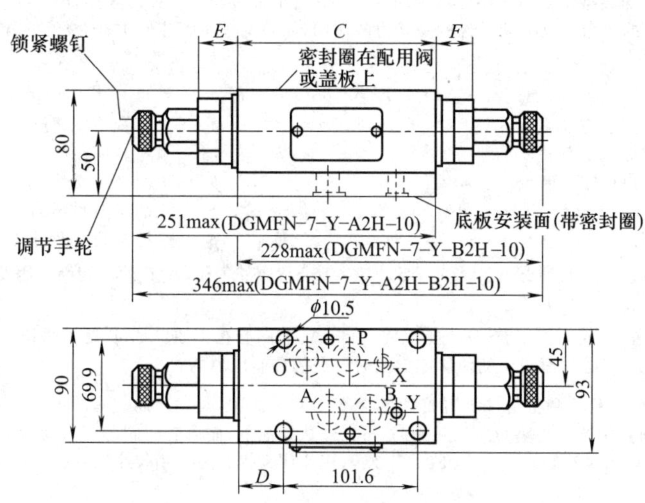

型　号	C	D	E	F
DGMFN-7-Y-A2H	155	37	29	20
DGMFN-7-Y-B2H	132	14	20	29
DGMFN-7-Y-A2H-B2H	155	37	29	29

9.8　插装阀

二通插装阀是以插装式单向阀为基本单元，通过多种方式控制其阀芯的启闭和开启量的大小来实现对液流的压力、方向和流量进行控制的液压阀元件。二通插装阀具有流通能力大、阀芯动作灵敏、密封性好、泄漏小、结构简单及抗污染能力强等优点。还可与比例元件、数字元件相结合，增强控制功能。在重型机械、液压机、塑料机械以及冶金和船舶等行业应用广泛。

9.8.1　插装阀的工作原理和结构

表 20-9-137　　**插装阀的工作原理和结构**

工作原理

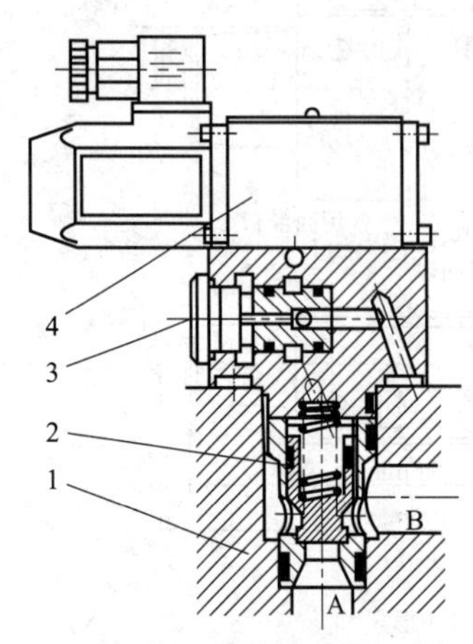

图(a)　二通插装阀的典型结构

1—插装块体；2—插装元件；3—控制盖板；4—先导阀

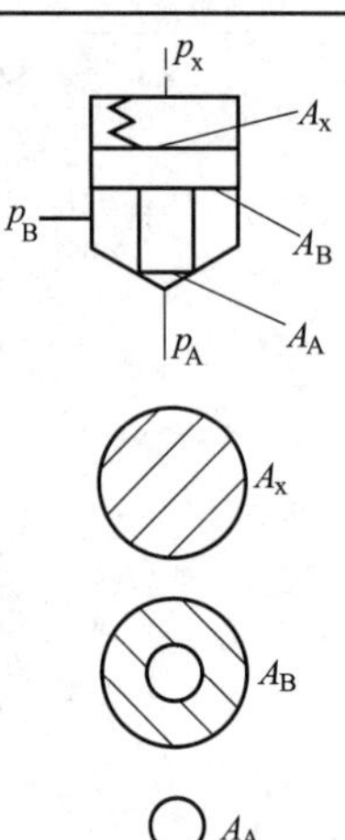

图(b)　插装阀的工作原理

图(a)为二通插装阀的典型结构。典型的带锥阀式插装元件的插装阀工作原理如图(b)所示。阀芯主要受到来自主通油口 A、B 和控制油口的压力以及插装元件的弹簧力的作用，如果不考虑阀芯的质量、液流的液动力以及摩擦力，阀芯的力平衡方程为

$$\sum F = p_A A_A + p_B A_B - p_x A_x - F_x$$

式中　A_A——油口 A 处阀芯面积

A_B——油口 B 处阀芯面积

A_x——控制油口处阀芯面积，$A_x = A_A + A_B$

F_x——弹簧力，$F_x = k(x_0 + x)$

k——弹簧刚度

x_0——弹簧预压缩量

x——弹簧工作压缩量(阀芯位移)

p_A——油口 A 处压力

p_B——油口 B 处压力

p_x——控制腔 x 处压力

当 $\sum F > 0$ 时，阀芯开启，油路 A、B 接通；当 $\sum F < 0$ 时，阀芯关闭，A、B 油口切断。因此可通过控制压力 p_x 的大小变化来实现油路 A、B 的开关

阀芯处于关闭位置时，阀芯控制腔(通常是上腔)面积 A_x 和阀芯在主油口 A、B 处的面积的比值称为面积比，即面积比 $\alpha_A = A_A/A_x$，$\alpha_B = A_B/A_x$。面积比的值影响启闭时所需的控制压力的大小

插装元件的结构

插装元件由阀芯、阀套、弹簧和密封件等组成，插装在插装块体之中，是二通插装阀的主阀部分。插装元件的阀芯有锥阀和滑阀两种形式，前者阀芯和阀座为线接触密封，可以做成无泄漏；而后者的阀芯和阀套为间隙密封

常用的面积比有 1∶1、1∶1.1、1∶1.15 和 1∶1.2 等，用作压力控制时选用较小的 α_A 值，用作方向控制时选用较大的 α_A 值

阀芯的尾部结构有多种形式。利用阀芯尾部结构的锥度，可使阀芯开关过程平稳，以便于控制流量；利用阀芯的阻尼孔，可使阀能用于安全回路或快速顺序回路。几何形状不同的阀芯和阀座的配合会使阀口的流量系数不同、液流力不同，因而直接影响阀的控制特性

阀芯弹簧的刚度对阀的动静态特性和启闭特性有重要影响。每个规格的插装阀分别可选配三种不同刚度的弹簧，相应阀也可有三种不同的开启压力，不同压力级阀芯的开启压力如下表所示。插装阀的典型工作曲线如图(c)所示

不同压力级阀芯的开启压力

压力级	$A_A : A_x$	A→B	B→A
—	1∶1	0.2	—
L(低)	1∶1.1	0.03	0.34
M(中)		0.14	1.70
H(高)		0.27	17－70
L(低)	1∶2	0.05	0.05
M(中)		0.25	0.25
H(高)		0.50	0.50

续表

插装元件的结构

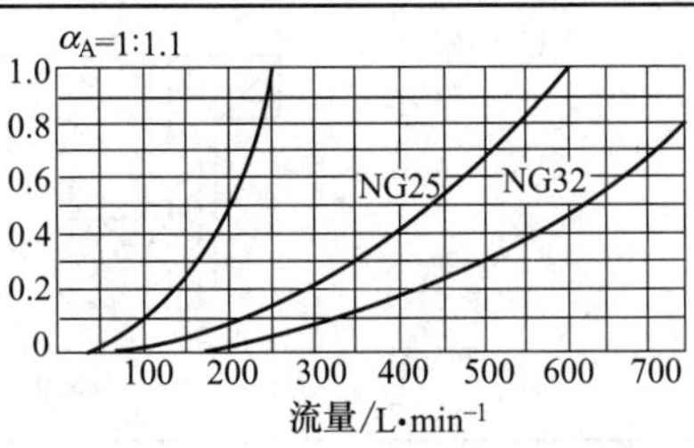

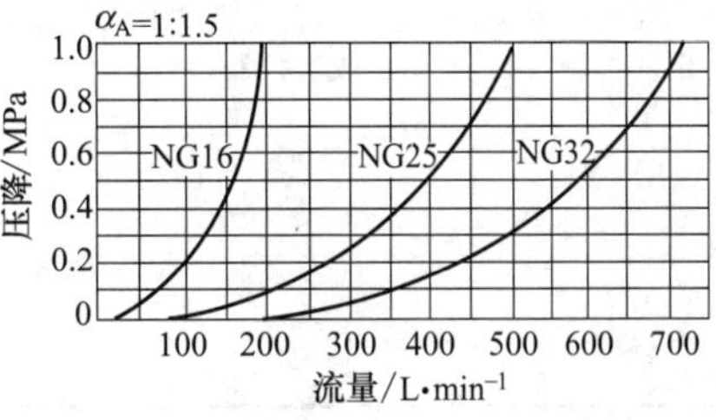

图(c)　插装阀的典型流量-压力降曲线

控制盖板	控制盖板的作用是为插装元件提供盖板座以形成密封空间，安装先导元件和沟通油液通道。控制盖板主要由盖板体、先导控制元件、节流螺塞等构成。按控制功能的不同，分为方向控制、压力控制和流量控制三大类。有的盖板具有两种以上控制功能，则称为复合盖板		
	盖板体	盖板体通过密封件安装在插装元件的头端，根据嵌装的先导元件的要求有方形的和矩形的，通常公称通径在63mm以下采用矩形，公称通径大于80mm时常采用圆形	
	先导控制元件	梭阀元件	如图(d)所示，梭阀元件可用于对两种不同的压力进行选择，C口的输出压力与A口和B口中压力较大者相同，有时它也称压力选择阀 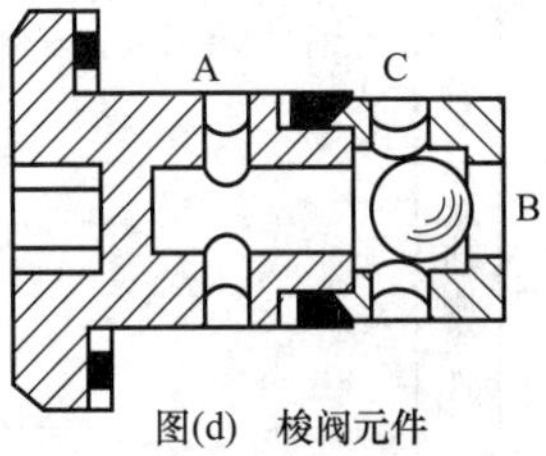 图(d)　梭阀元件
		液控单向元件	如图(e)所示，工作原理与普通的液控单向阀相同 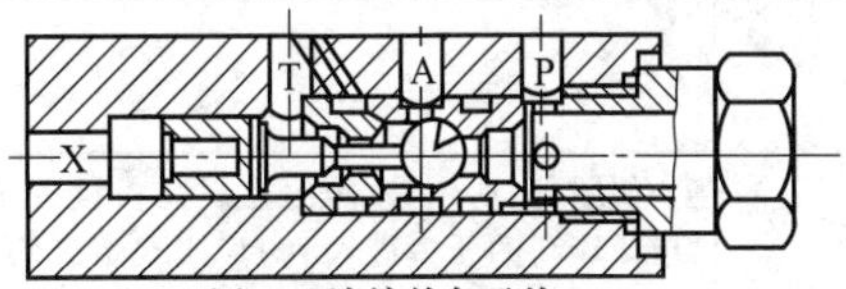 图(e)　液控单向元件
		压力控制元件	如图(f)所示，可配合中心开孔的主阀组件使用，组成插装式溢流阀、减压阀和其他压力控制阀 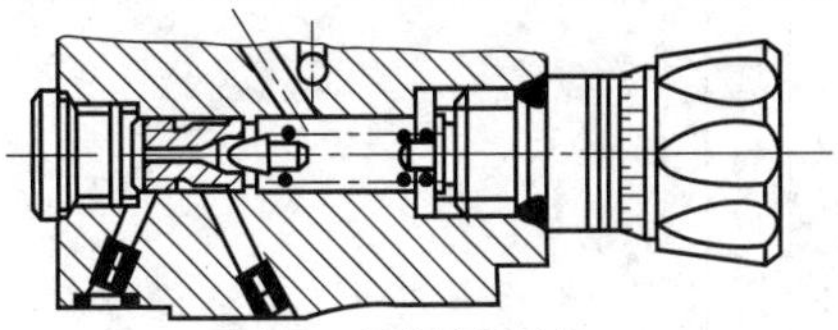 图(f)　压力控制元件
		微流量调节器	如图(g)所示，其工作原理是利用阀芯3和小孔4构成的变节流孔和弹簧2的调节作用，保证流经节流孔1的压差为恒值，因此是一个流量稳定器，作用是使减压阀组件的入口取得的控制流量不受干扰而保持恒定 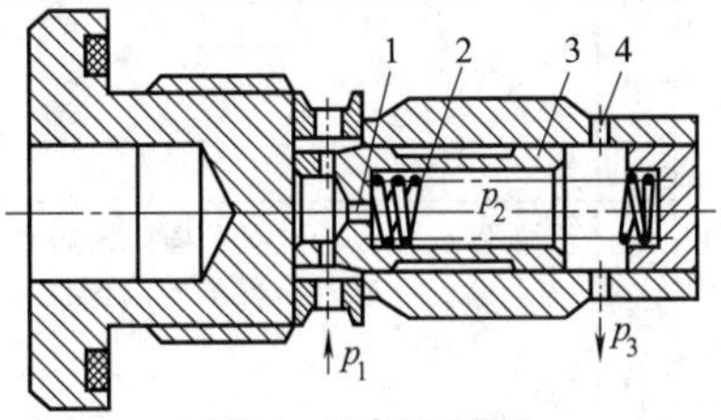 图(g)　微流量调节器 1—节流孔；2—弹簧；3—阀芯；4—小孔
		行程调节器	如图(h)所示，行程调节器嵌于流量控制盖板，可通过调节阀芯的行程来控制流量 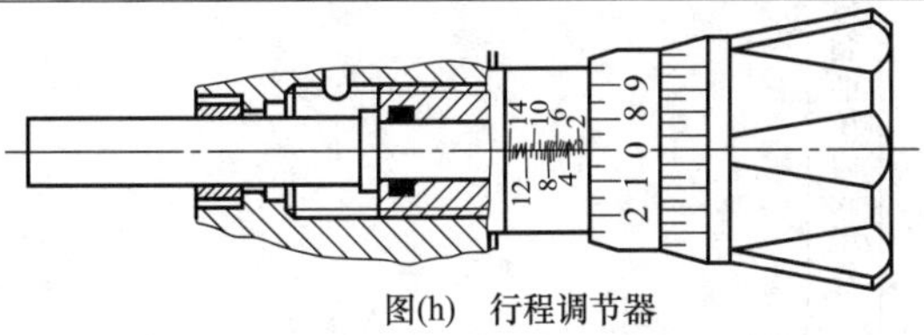 图(h)　行程调节器

第20篇

续表

控制盖板	先导控制元件	节流螺塞	如图(i)所示，作为固定节流器嵌于控制盖板中，用于产生阻尼，形成特定的控制特性，或用于改善控制特性 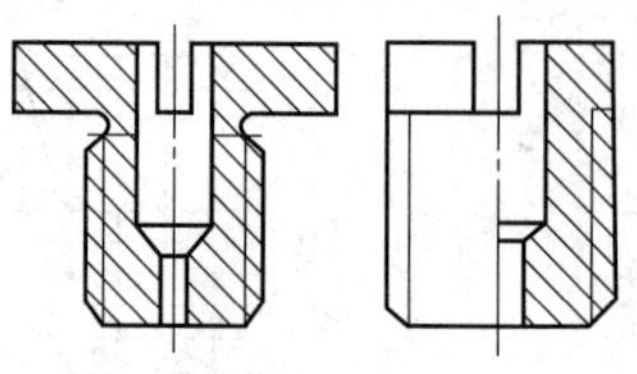 图(i)　节流螺塞

9.8.2　插装阀的典型组件

表 20-9-138　　插装阀的典型组件

方向控制组件	基本型单向阀组件	如图(a)所示，二通插装阀本身即为单向阀，控制盖板内设有节流螺塞，以影响阀芯的开关时间，插装阀常用锥形阀芯。这种单向阀流通面积大，具有良好的流量-压降特性，最大工作压力为 31.5MPa，最大流量为 1100L/min 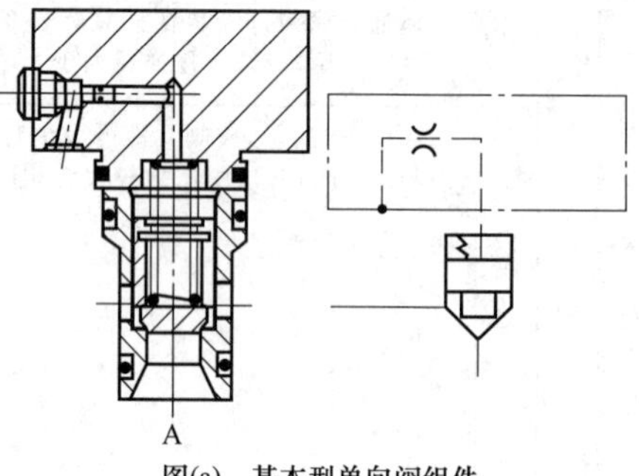 图(a)　基本型单向阀组件
	带球式压力选择阀(梭阀)的单向阀组件	如图(b)所示，该阀的控制盖板设置了梭阀组件，因此可自动选择较高的压力进入 A 口，实现多个信号对阀芯的控制 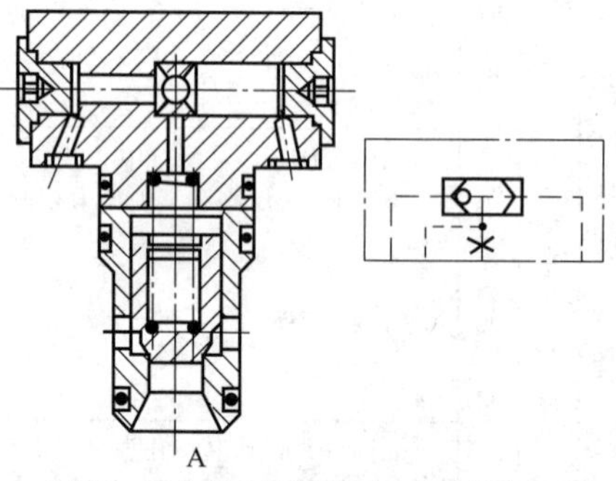 图(b)　带球式压力选择阀(梭阀)的单向阀组件
	带锥阀式压力选择阀的单向阀组件	如图(c)所示，锥式单向阀密封性能较好，在高水基系统中更为可靠。在这种组件的控制盖板中，可以插装 1～4 个组件 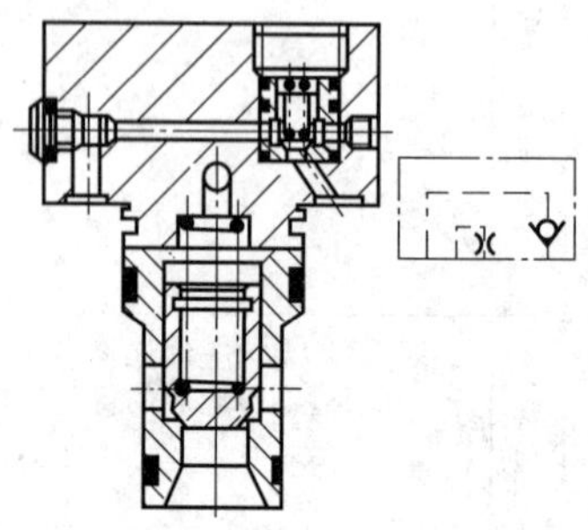 图(c)　带锥阀式压力选择阀的单向阀组件

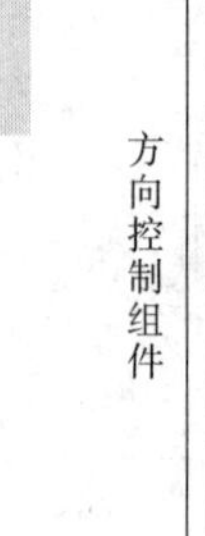

续表

方向控制组件	带滑阀式先导电磁阀的方向阀组件	如图(d)所示，先导阀可以是板式连接的先导电磁阀、含小型插装阀的电液换向阀、手动换向阀或叠加阀。控制盖板为先导阀提供油道和安装面，并在油道设置了多个节流螺塞以改善主阀芯的启闭性能，有的盖板还带有压力选择阀 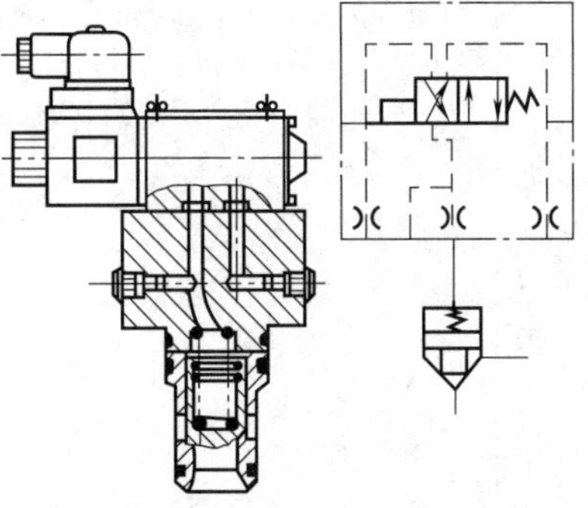 图(d)　带滑阀式先导电磁阀的方向阀组件
	带球式电磁先导阀的方向阀组件	如图(e)所示，这种先导阀阀芯的密封性能及响应速度均较好，特别适合于高压系统和高水基介质系统。当电磁阀左位工作时，可以做到 A 到 T 无泄漏 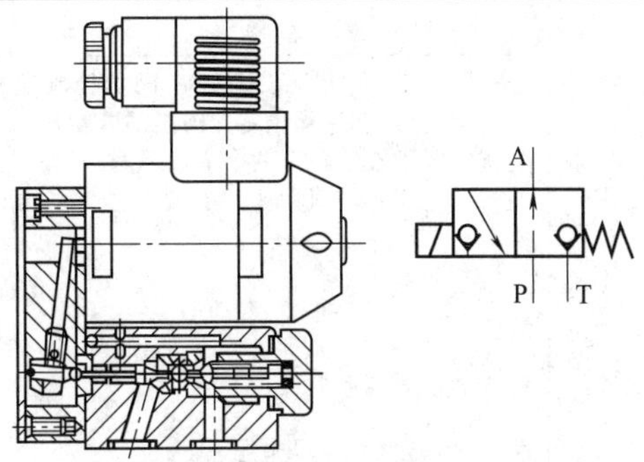 图(e)　带球式电磁先导阀的方向阀组件
	带先导换向阀和叠加阀的方向阀组件	如图(f)所示，盖板安装面应符合 ISO 4401 的规定，这种阀兼有叠加阀的特性，可容易改变或更换控制阀 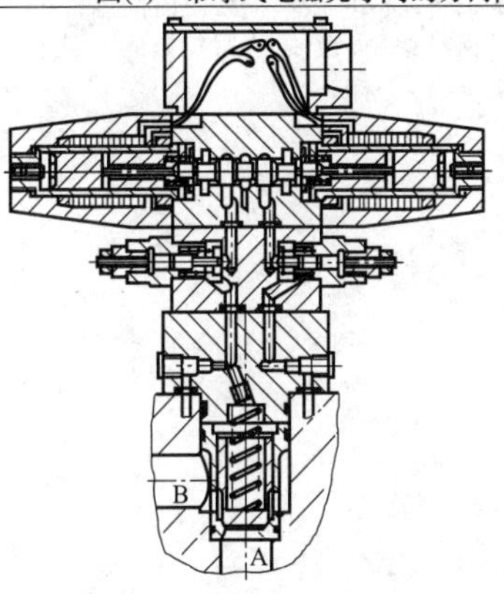 图(f)　带先导换向阀和叠加阀的方向阀组件
	带电液先导控制的方向阀组件	当主阀通径大于 ϕ63mm，并要求快速启动时，可采用电液阀作为先导控制阀，构成三级控制方向阀组件[见图(g)] 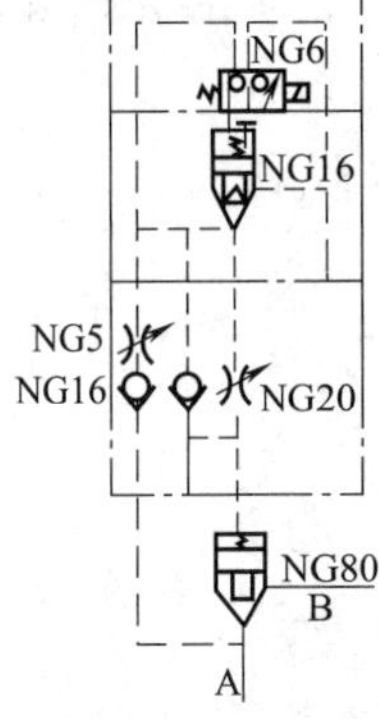 图(g)　带电液先导控制的方向阀组件

续表

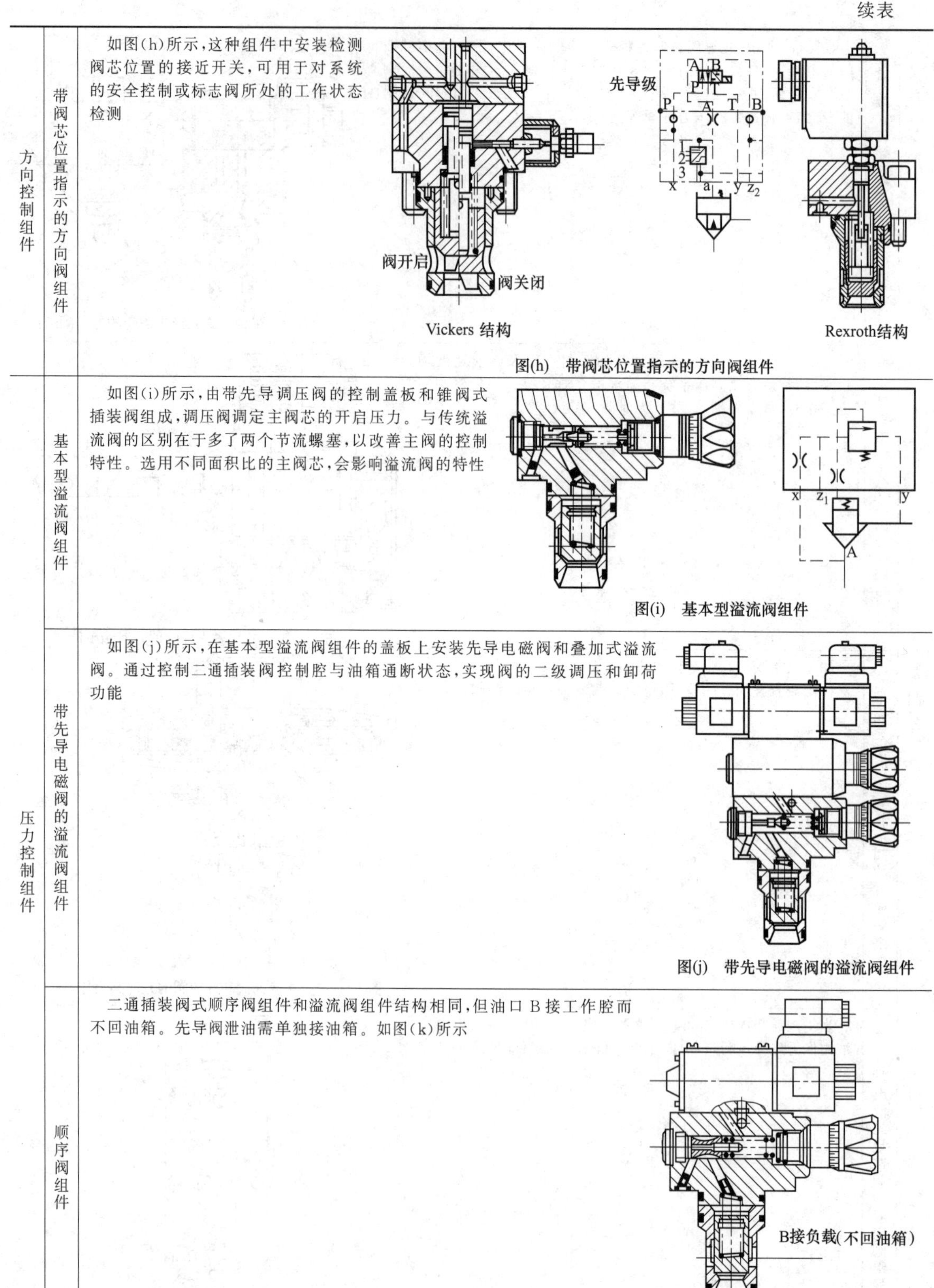

方向控制组件	带阀芯位置指示的方向阀组件	如图(h)所示,这种组件中安装检测阀芯位置的接近开关,可用于对系统的安全控制或标志阀所处的工作状态检测 图(h)　带阀芯位置指示的方向阀组件
压力控制组件	基本型溢流阀组件	如图(i)所示,由带先导调压阀的控制盖板和锥阀式插装阀组成,调压阀调定主阀芯的开启压力。与传统溢流阀的区别在于多了两个节流螺塞,以改善主阀的控制特性。选用不同面积比的主阀芯,会影响溢流阀的特性 图(i)　基本型溢流阀组件
	带先导电磁阀的溢流阀组件	如图(j)所示,在基本型溢流阀组件的盖板上安装先导电磁阀和叠加式溢流阀。通过控制二通插装阀控制腔与油箱通断状态,实现阀的二级调压和卸荷功能 图(j)　带先导电磁阀的溢流阀组件
	顺序阀组件	二通插装阀式顺序阀组件和溢流阀组件结构相同,但油口 B 接工作腔而不回油箱。先导阀泄油需单独接油箱。如图(k)所示 图(k)　顺序阀组件

续表

压力控制组件	平衡阀组件	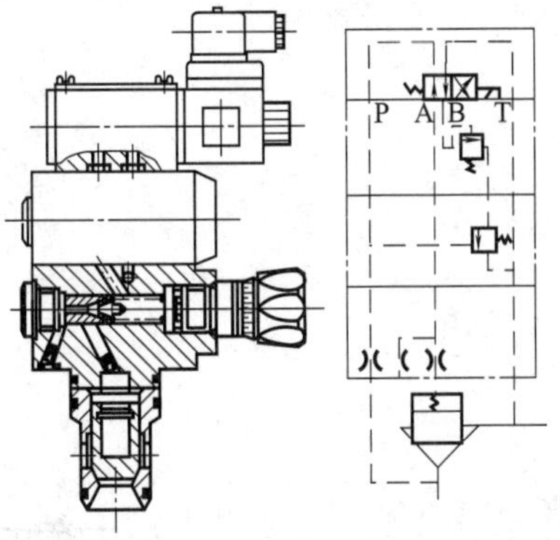 图(l)　平衡阀组件及其原理图
	基本型减压阀组件	如图(m)所示，由滑阀式插装阀芯和先导调压元件及微流量调节器组成，控制油液由上游取得，经微流量调节器时，由于一个起限流作用的浮动阀芯而使通过先导阀的流量恒定，为主阀芯上端提供了基本恒定的控制压力 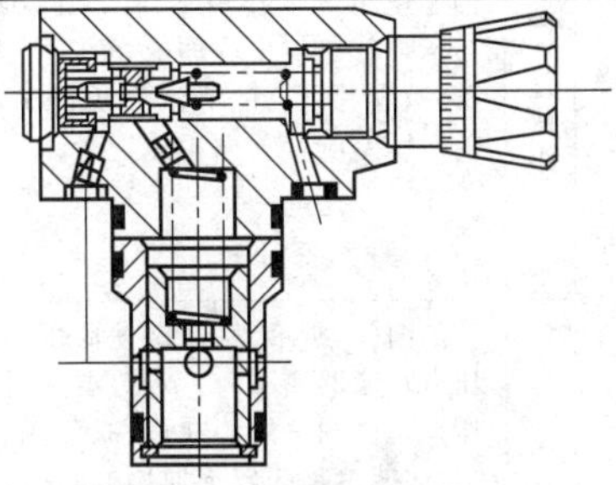 图(m)　基本型减压阀组件
	带先导电磁阀的减压阀组件	如图(n)所示，这种阀可由电磁阀进行高低压选择 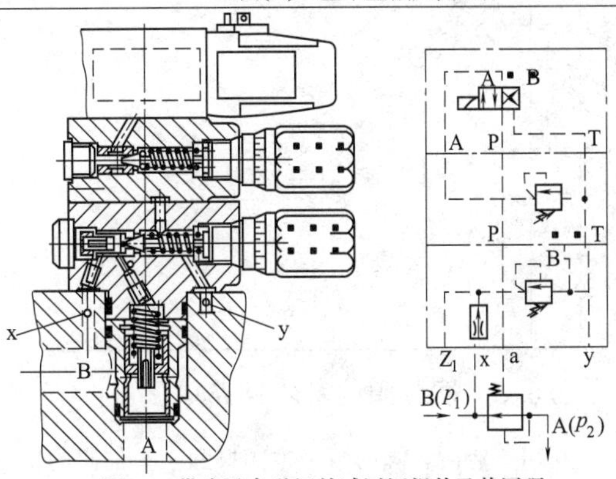 图(n)　带先导电磁阀的减压阀组件及其原理
流量控制组件	二通插装阀流量控制组件	如图(o)所示，它由带行程调节器的控制盖板和阀芯尾部带节流口的插装元件组成。主阀芯尾部节流口的常见结构见图(p)。若把控制腔与 B 口连接，则成为单向节流阀 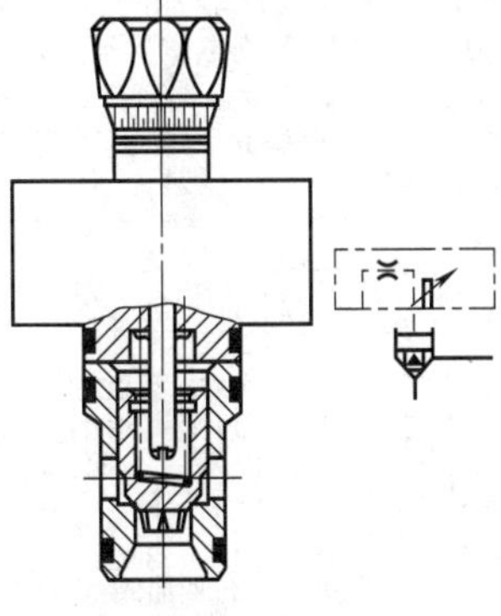 图(o)　流量控制组件 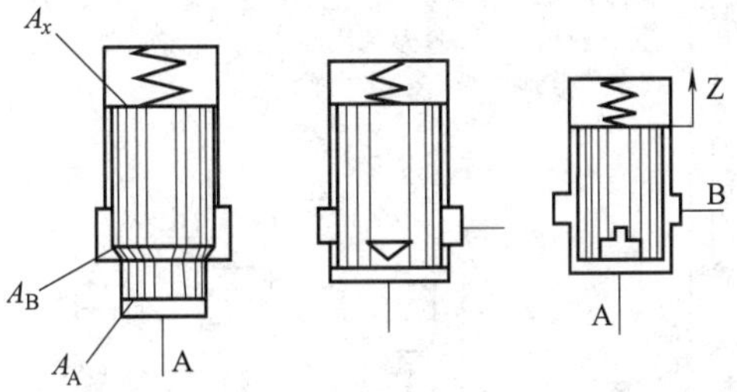 锥形节流口　三角形节流口　矩形节流口 图(p)　主阀芯尾部节流口的常见结构

续表

流量控制组件	带先导电磁阀的节流阀组件	如图(q)所示，由节流阀和先导电磁阀串联而成 图(q) 带先导电磁阀的节流阀组件
	二通调速阀组件	节流阀对流量的控制效果易受到外负载的影响，即速度刚度小。为提高速度刚度，可用节流阀与压力补偿器组成的调速阀。图(r)为二通调速阀组件的结构，它由节流阀与压力补偿器串联而成，若 p_2 上升时，将使补偿器阀芯右移，减少补偿器的节流作用，使 p_A 上升，结果减少节流阀前后压差的变化而稳定流量 A B B P₁ P₂ 图(r) 二通调速阀组件
	三通调速阀组件	如图(s)所示，三通调速阀由节流阀与压力补偿器并联，压力补偿器实质为一定差溢流阀。此压差即节流阀前后的压差。该阀一般装在进油路上，由于入口压力将随负载变化，故能量损失较二通调速阀小 节流阀 压力补偿器 p_L A P 图(s) 三通调速阀组件

9.8.3 插装阀的基本回路

利用二通插装阀的两个主阀口和一个控制阀口对阀芯启闭的不同作用，二通插装阀可与相应的控制组件构成各种功能的阀或与外接阀组成多种基本控制回路，二通插装阀用作系统的功率级。

表 20-9-139 插装阀的基本回路

方向控制回路	由二通插装阀及先导控制阀组成的典型的方向控制回路如图(a)～图(d)所示，一个二通主油路由一个二通插装阀构成。图(a)为单向阀，当 $p_A>p_B$时，A、B不通；$p_B>p_A$时，A、B接通。图(b)为二位二通阀，当电磁阀通电时，$p_C=p_A$，锥阀关闭，A、B不通；反之，A、B接通。图(c)为二位三通阀，二位四通先导阀通电时，A、P接通，T封闭；反之，A、T接通，P封闭。图(d)为二位四通阀，先导阀通电时，P通A，B通T；反之，P通B，A通T。根据此原理，还可利用二通插装阀组成其他多位多通方向阀 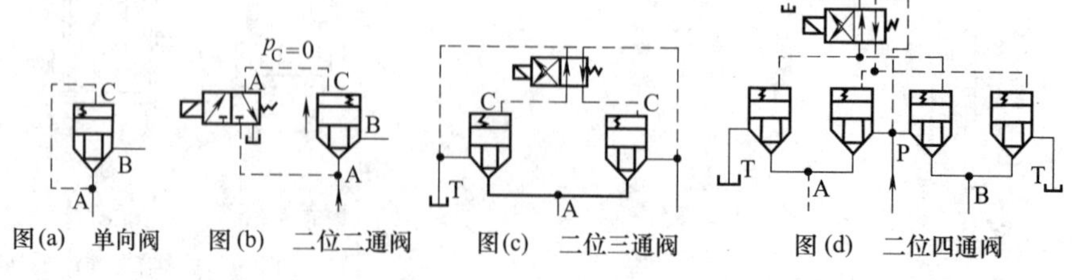 图(a) 单向阀 图(b) 二位二通阀 图(c) 二位三通阀 图(d) 二位四通阀

续表

压力控制回路	利用先导阀对二通插装阀的控制口进行阀芯开启压力控制，便可构成压力阀。如图(e)～图(g)所示。图(e)为溢流阀或顺序阀，当 B 口通油箱时为溢流阀，若 B 口接另一支路，则起顺序阀的作用。图(f)为减压阀，用常开式滑阀阀芯，B 为一次压力油的进口，A 为出口，由于控制油取自 A 口，因而能得到恒定二次压力 p_2。图(g)为电磁溢流阀，在插装阀控制腔接二位二通电磁阀，电磁阀通电时，该阀用作卸荷阀 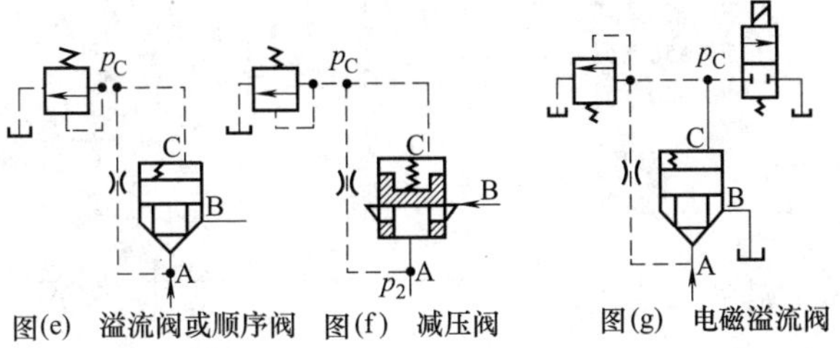 图(e)　溢流阀或顺序阀　图(f)　减压阀　图(g)　电磁溢流阀
流量控制回路	在二通插装阀上设置行程调节器，控制主阀芯的开启量，便可调节主阀口的流通截面积的大小，实现对主阀的流量控制。图(h)、图(i)所示分别为插装阀用作节流阀和调速阀的原理图。图(i)中，用一减压阀作压力补偿，控制 A、B 油口之间的压差为定值 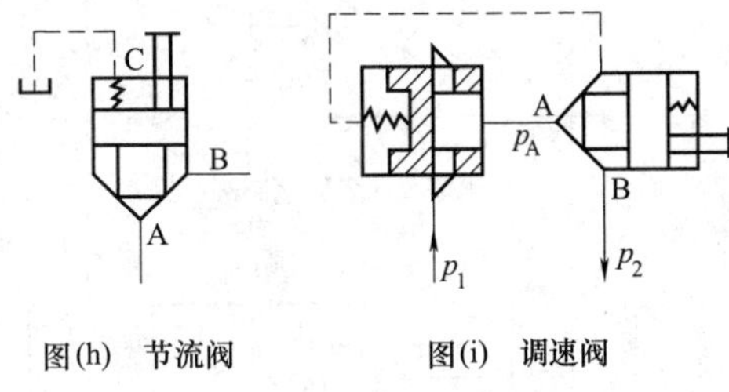 图(h)　节流阀　图(i)　调速阀

9.8.4　插装阀典型产品

9.8.4.1　力士乐系列插装阀产品（L 系列）

(1) 方向控制二通插装阀

L 系列方向控制二通插装阀包括 LC※※※型插装件和 LFA※※※型盖板，最大流量可达 20000L/min。

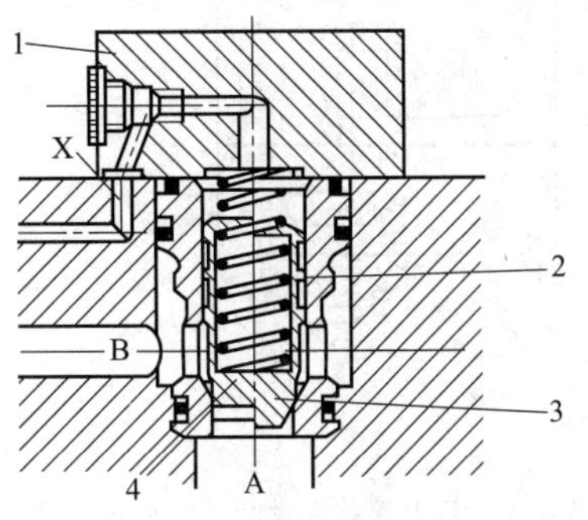

图 20-9-127　方向控制二通插装阀结构

1—控制盖板；2—插装件；3—阀芯带阻尼凸头；4—阀芯不带阻尼凸头

型号意义：

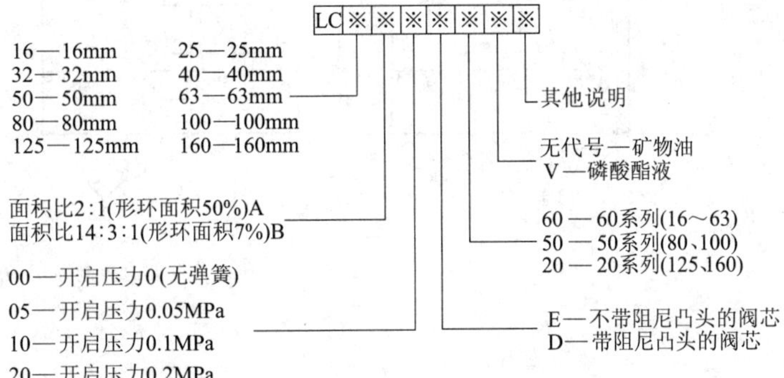

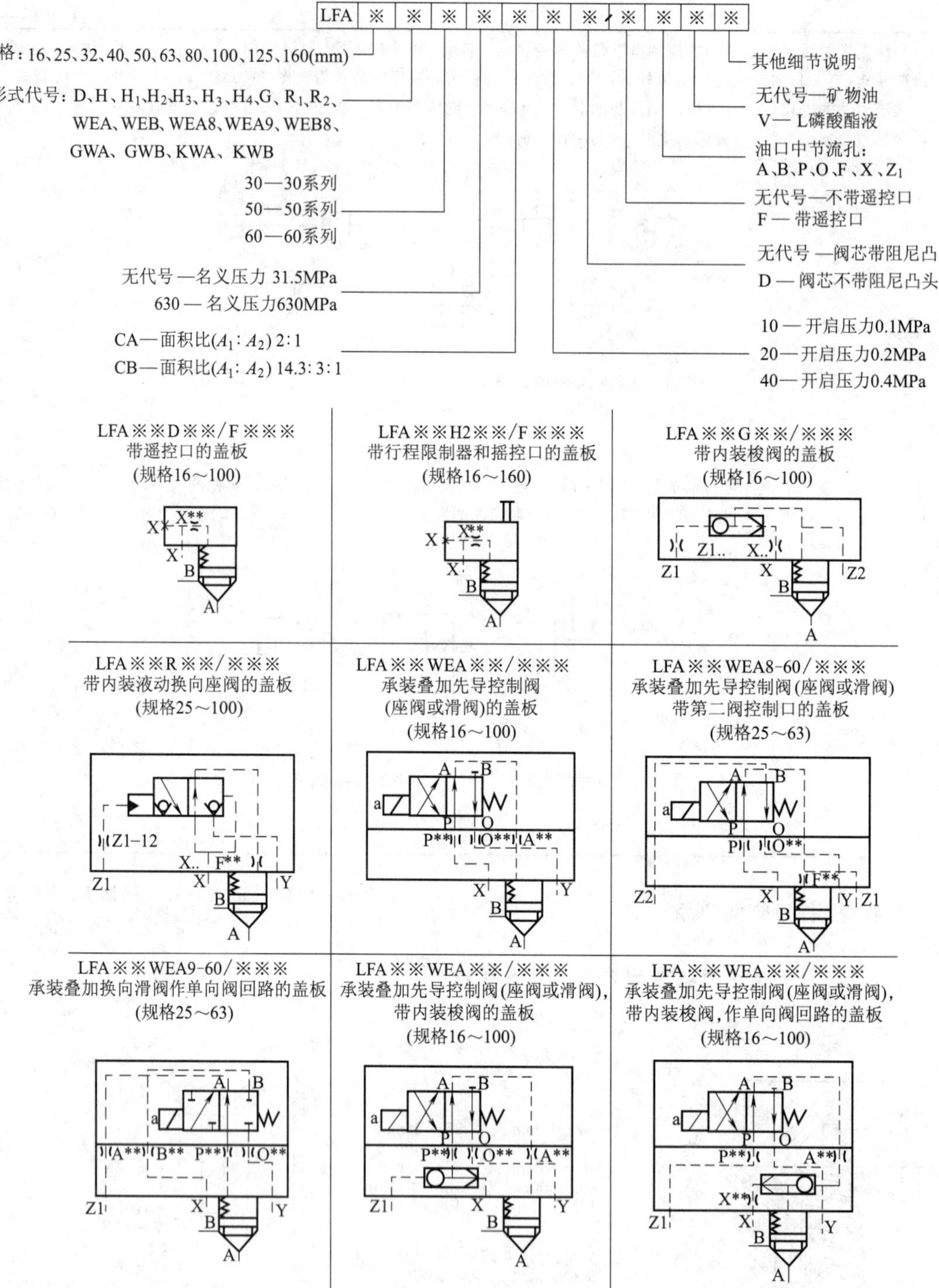

图 20-9-128　LFA※※※型方向控制盖板的基本形式

注：图中，带“＊＊”者为油口节流孔，节流直径取决于螺纹尺寸，如下表所示。BSP 螺纹符合 ISO 228/1 标准。

螺纹	节流孔直径/mm	螺纹	节流孔直径/mm
M6 螺孔	0.5～2.5	3/8BSP	0.8～6.0
M8×1 螺孔	0.8～3.5	1/2BSP	1.0～8.0

表 20-9-140　**LC※※※型插装件技术规格**

公称通径/mm		16	25	32	40	50	63	80	100	125	160
流量($\Delta p=0.5$MPa)/L·min^{-1}	不带阻尼凸头	160	420	620	1200	1750	2300	4500	7500	11600	18000
	带阻尼凸头	120	330	530	900	1400	1950	3200	5500	8000	12800
工作压力/MPa		31.5(42)									
工作介质		矿物油;磷酸酯液									
油温范围/°C		-30～70									
过滤精度/μm		25									

注：括号中压力为带叠加式换向座阀（63MPa 型）的盖板。

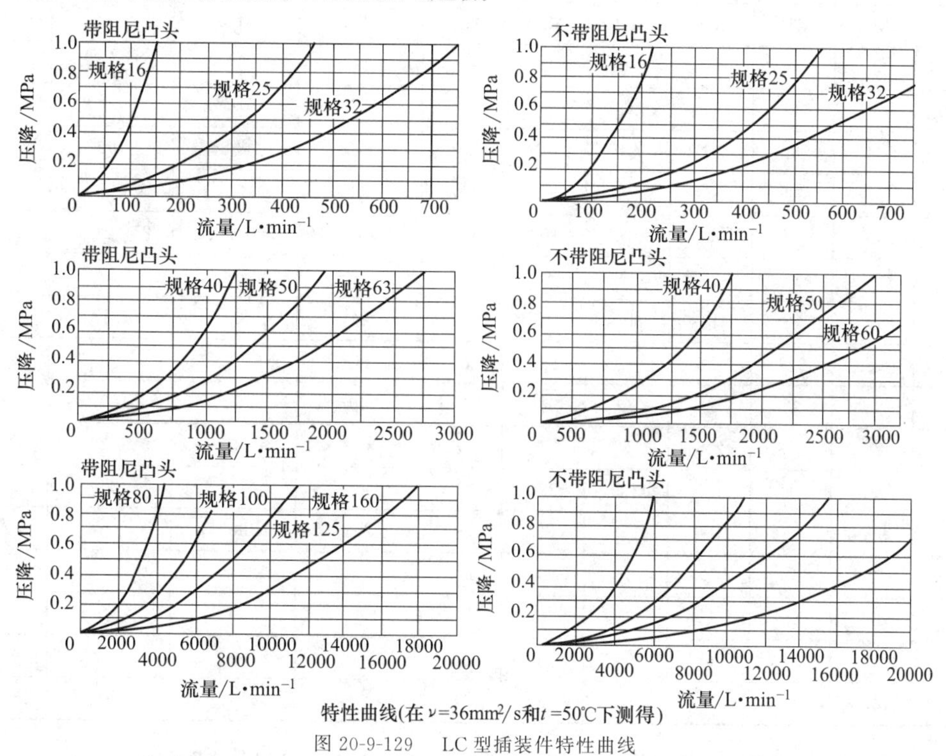

图 20-9-129　LC 型插装件特性曲线

表 20-9-141　**二通插装阀插件安装孔尺寸**　mm

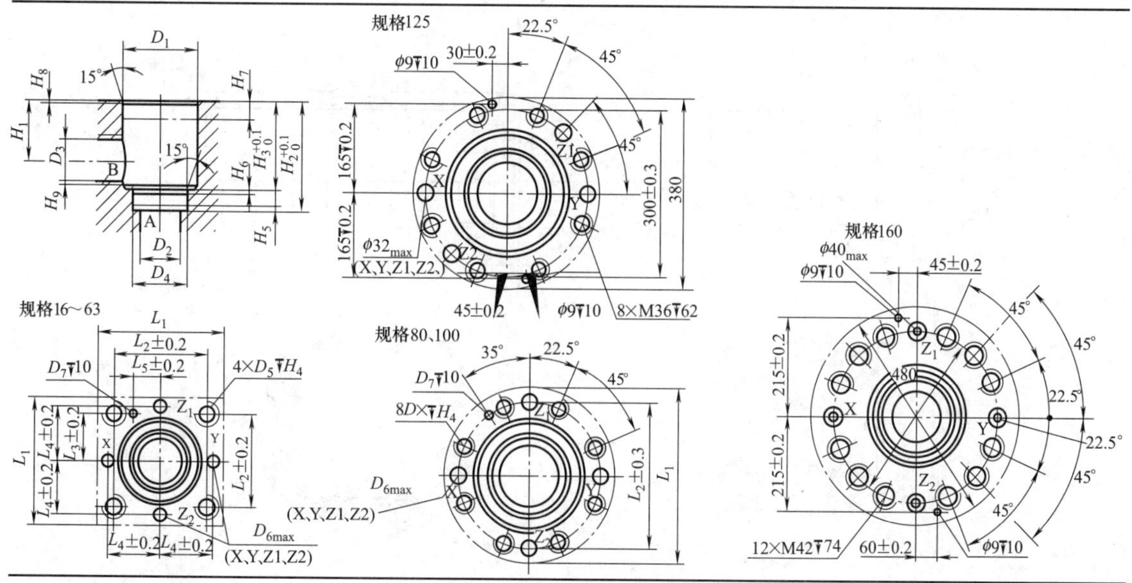

续表

规　格	16	25	32	40	50	63	80	100	125	160
D_1	32	45	60	75	90	120	145	180	225	300
D_2	16	25	32	40	50	63	80	100	150	200
D_3	16	25	32	40	50	63	80	100	125	200
D_4	25	34	45	55	68	90	110	135	200	270
D_5	M8	M12	M16	M20	M20	M30	M24	M30	—	—
D_6	4	6	8	10	10	12	16	20	—	—
D_7	4	6	6	6	8	8	10	10	—	—
H_1	34	44	52	64	72	95	130	155	192	268
H_2	56	72	85	105	122	155	205	245	$300^{+0.15}_{0}$	$425^{+0.15}_{0}$
H_3	43	58	70	87	100	130	175±0.2	210±0.2	257±0.5	370±0.5
H_4	20	25	35	45	45	65	50	63	—	—
H_5	11	12	13	15	17	20	25	29	31	45
H_6	2	2.5	2.5	3	3	4	5	5	7±0.5	8±0.5
H_7	20	30	30	30	35	40	40	50	40	50
H_8	2	2.5	2.5	3	4	4	5	5	5.5±0.2	5.5±0.2
H_9	0.5	1	1.5	2.5	2.5	3	4.5	4.5	2	2
L_1	65/80	85	102	125	140	180	250	300	—	—
L_2	46	58	70	85	100	125	200	245	—	—
L_3	23	29	35	42.5	50	62.5	—	—	—	—
L_4	25	33	41	50	58	75	—	—	—	—
L_5	10.5	16	17	23	30	38	—	—	—	—

表 20-9-142　带或不带遥控口的控制盖板（※※※D※※※或 D/F 型）外形尺寸　mm

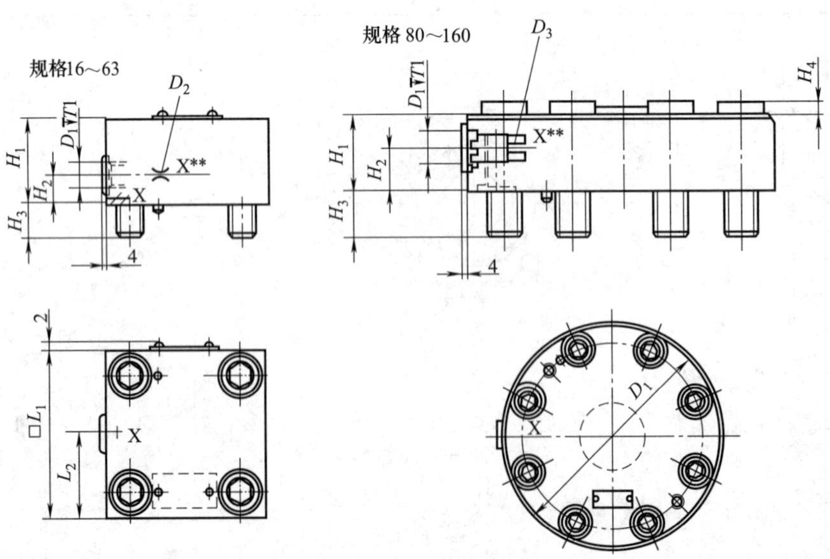

续表

规　格	16	25	32	40	50	63	80	100	125	160
D_1	1/8BSP	1/4BSP	1/4BSP	1/2BSP	1/2BSP	3/4BSP	250	300	380	480
D_2	M6	M6	M6	M8×1	M8×1	G3/8	3/4BSP	1BSP	1¼BSP	1¼BSP
H_1	35	40	50	60	68	82	70	75	105	147
H_2	12	16	16	30	32	40	35	40	50	70
H_3	15	24	29	32	34	50	45	45	61	74
L_1	65	85	100	125	140	180	—	—	—	—
L_2	32.5	42.5	50	75	80	90	—	—	—	—
T_1	8	12	12	14	14	16	16	18	20	20
D_3/in	—	—	—	—	—	—	3/8	1/2	1	1
H_4	—	—	—	—	—	—	10	11	31	42

表 20-9-143　带行程限制器和遥控口的盖板（※※※H※※※型）外形尺寸　mm

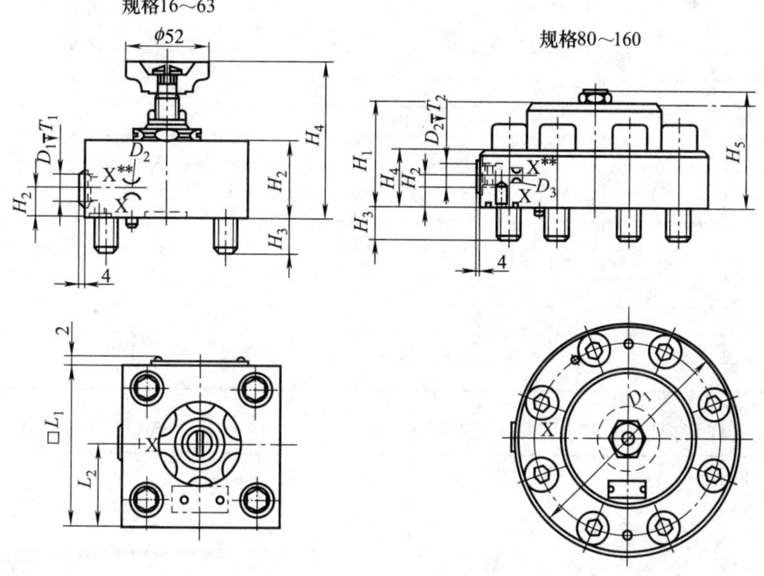

规　格	16	25	32	40	50	63	80	100	125	160
D_1	1/8BSP	1/4BSP	1/4BSP	1/2BSP	1/2BSP	3/4BSP	250	300	380	480
D_2	M6	M6	M6	M8×1	M8×1	3/8BSP	3/4BSP	1BSP	1¼BSP	1¼BSP
D_3	—	—	—	—	—	—	3/8BSP	1/2BSP	1BSP	1BSP
H_1	35	40	50	80(60)	98	112	114	132	170	225
H_2	12	16	16	32(22)	32	40	35(24)	40(35)	50	70
H_3	15	24	28	32	34	50	45	45	61	74
H_4	85	92	109	136	—	—	76	76	100	147
H_5	—	—	—	—	—	—	137	157	195	340
L_1	65	85	100	125	140	180	—	—	—	—
L_2	32.5	42.5	50	72(62.5)	80	90	—	—	—	—
T_1	8	12	12	14	14	16	16	18	20	20

注：括号中数值仅对 H_3、H_4 型有效。

表 20-9-144　　带内装换向座阀的盖板（※※※G/※※※型）外形尺寸　　mm

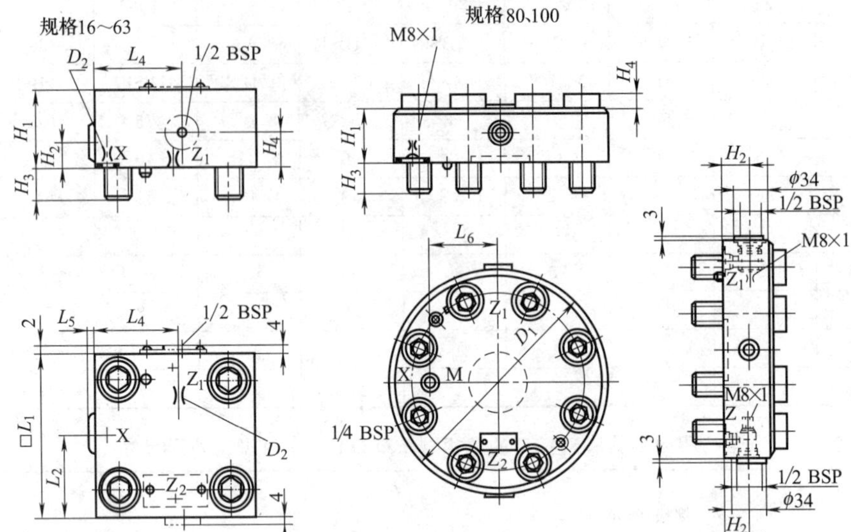

规　格	16	25	32	40	50	63	80	100
D_1	1.2	1.5	2.0	M6	M8×1	M8×1	250	300
D_2	1.2	1.5	2.0	M6	M8×1	M8×1	—	—
H_1	35	40	50	60	68	82	80	75
H_2	17	17	21.5	30	32	40	45	40
H_3	15	24	28	32	34	50	45	58
H_4	—	—	—	—	32	40	4	18
L_1	65	85	100	125	140	180	—	—
L_2	36.5	45.5	50	62.5	74	90	—	—
L_4	—	—	—	—	72	90	—	—
L_5	2.5	2			4	2	—	—
L_6	—	—	—	—	—	—	73	95

表 20-9-145　带内装换向座阀的盖板（※※※R※※※或※※※R₂※※※型）外形尺寸　　mm

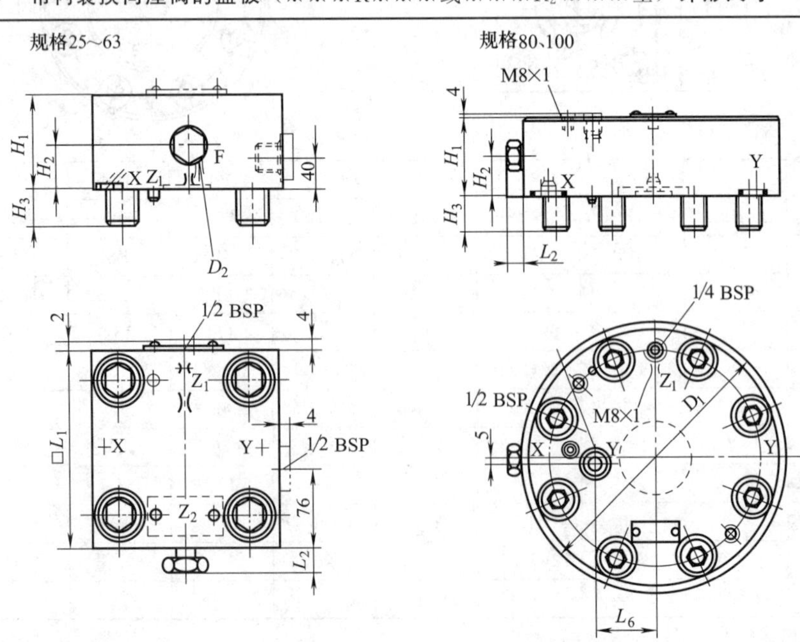

续表

规　格		16	25	32	40	50	63	80
D_1		M6	M6	M8×1	M8×1	M8×1	250	300
D_2		M6	M6	M8×1	M8×1	M8×1	—	—
H_1		40	50	60	68	87	80	90
H_2		17	22	33	32	40	40	45
H_3		24	28	32	34	50	45	58
L_1		85	100	125	140	180	—	—
L_2	(R)	2	1	25	24	18.5	21	17
	(R_2)	18.5	17.5	25	24	18.5	—	—
L_6		—	—	—	—	—	51	72

表 20-9-146　承装叠加式滑阀或座式换向阀的盖板（※※※WE_B^A※※※型）外形尺寸　mm

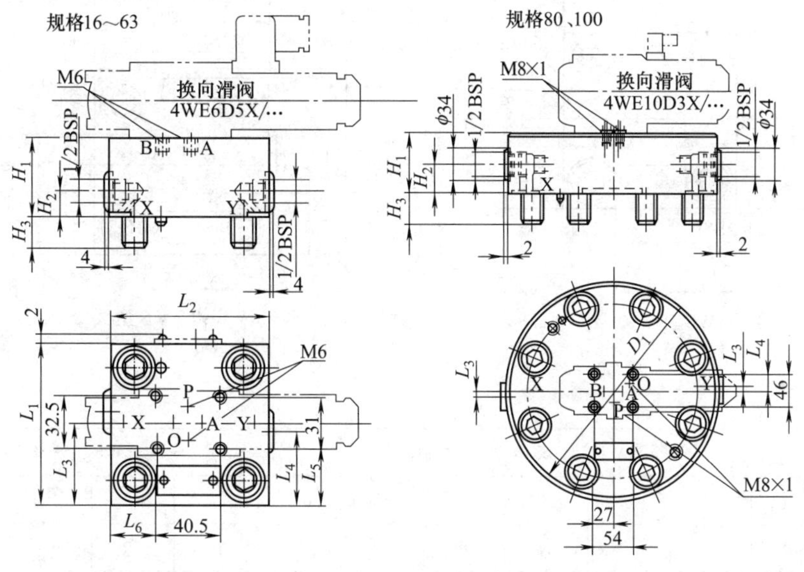

规格	16	25	32	40	50	63	80	100
H_1	40	40	50	60	68	82	80	90
H_2	—	—	—	30	32	40	30	40
H_3	15	24	28	32	34	50	45	45
L_1	65	85	100	125	140	180	—	—
L_2	80	85	100	125	140	180	—	—
L_3	—	—	—	72	80	101	6	6
L_4	—	—	—	53	60	79	23	23
L_5	17	27	34.5	47	54.5	74.5	—	—
L_6	7	22.5	30	43.5	51	71	—	—

表 20-9-147　　承装叠加式滑阀或座式换向阀的盖板（※※※WE$^{A}_{B}$8※※※或※※※WE$^{A}_{B}$9※※※型）外形尺寸　　mm

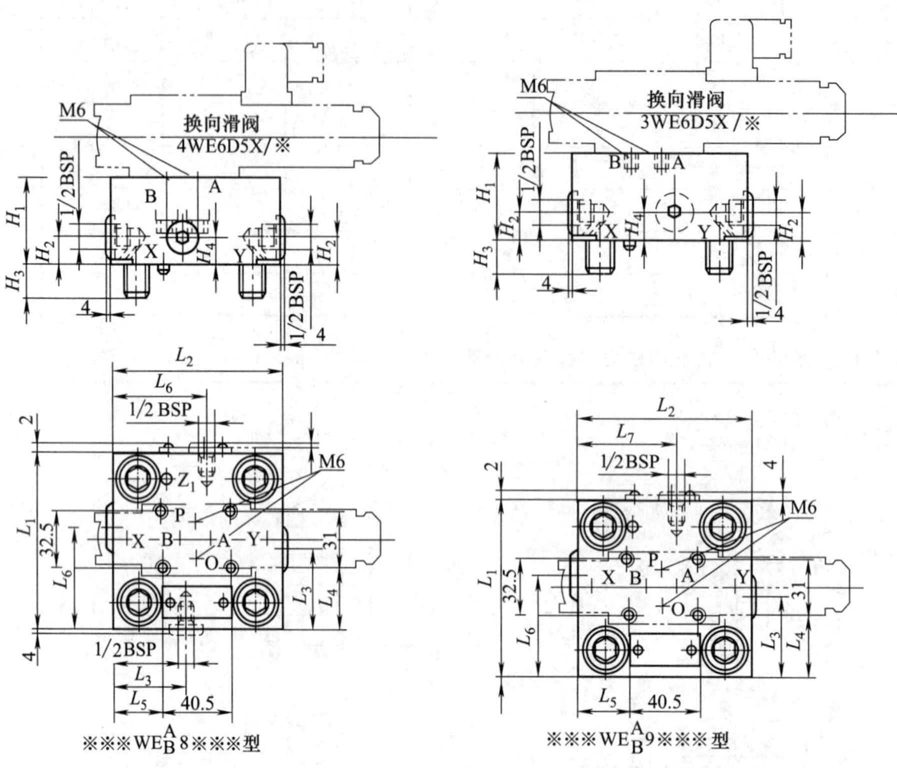

※※※WE$^{A}_{B}$8※※※型　　　※※※WE$^{A}_{B}$9※※※型

规　格	※※※WE$^{A}_{B}$8※※※型						※※※WE$^{A}_{B}$9※※※型					
	16	25	32	40	50	63	16	25	32	40	50	63
H_1	40	40	50	60	68	82	65	40	50	60	68	82
H_2	—	—	—	30	32	40	—	—	—	30	32	40
H_3	15	24	28	32	34	50	15	24	28	32	34	50
H_4	—	—	—	30	32	60	—	—	—	30	32	60
L_1	65	85	100	125	140	180	65	85	100	125	140	180
L_2	80	85	100	125	140	180	80	85	100	125	140	180
L_3	—	—	—	53	60	79	—	—	—	53	60	79
L_4	17	27	34.5	47	54.5	74.5	17	27	34.5	47	54.5	74.5
L_5	7	22.5	30	43.5	51	71	7	22.5	30	43.5	51	71
L_6	—	—	—	62.5	70	90	—	—	—	72	80	101
L_7	—	—	—	72	80	101	—	—	—	—	—	—

表 20-9-148　承装叠加式滑阀或座式换向阀的盖板（※※※GE$^{A}_{B}$8※※※型）外形尺寸　　mm

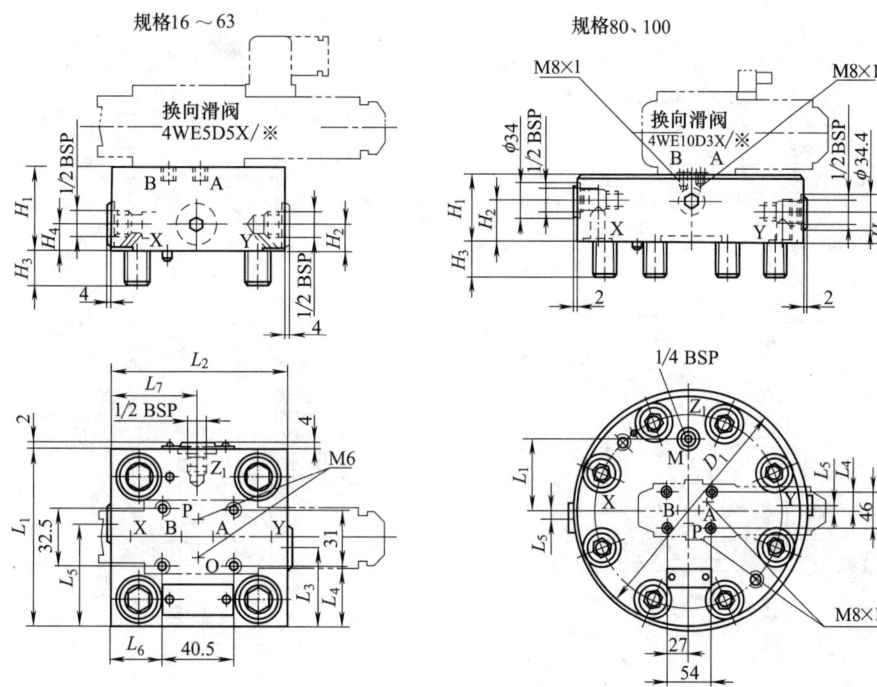

规　格	16	25	32	40	50	63	80	100
H_1	40	40	50	60	68	82	—	—
H_2	—	—	—	30	32	40	80	100
H_3	15	24	28	32	34	50	26	40
H_4	17	17	21.5	30	32	42	45	52.5
L_1	65	85	100	125	140	180	26	55
L_2	80	85	100	125	140	180	74	96.5
L_3	36.5	45.5	50	62.5	72	90	—	—
L_4	—	—	—	53	60	79	9.5	13
L_5	—	—	—	62.5	70	90	29	28
L_6	7	22.5	30	43.5	51	71	10.5	13
L_7	17	27	34.5	47	54.5	74.5	—	—
D_1	—	—	—	—	—	—	ϕ250	ϕ300

表 20-9-149　承装叠加式滑阀或座式换向阀的盖板（※※※kE_B^A8※※※型）外形尺寸　mm

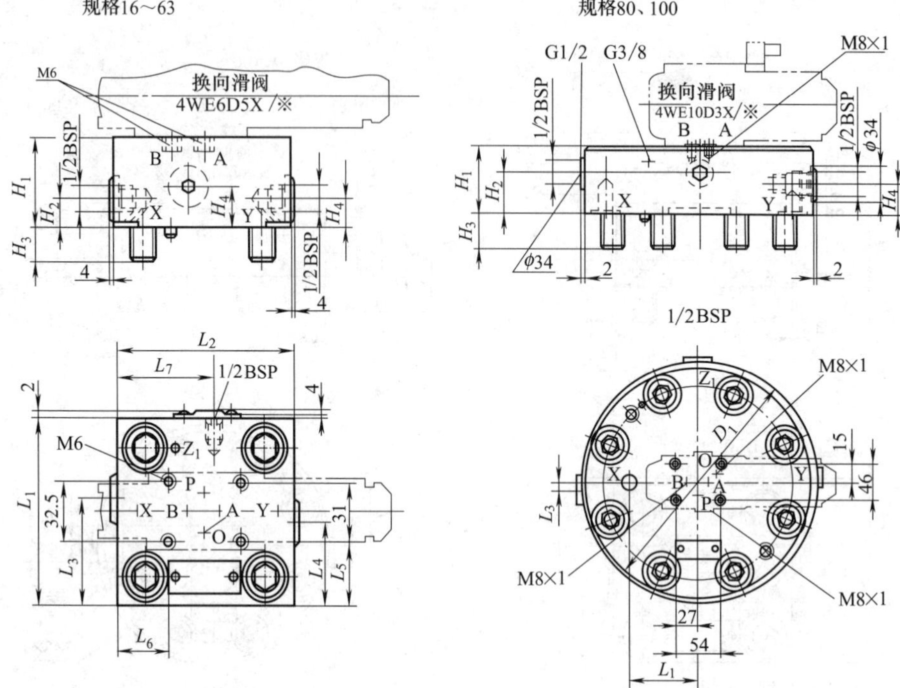

规　格	16	25	32	40	50	63	80	100
H_1	40	40	50	60	68	82	100	110
H_2	17	17	21.5	30	32	42	19.5	27
H_3	15	24	28	32	34	50	45	52.5
H_4	—	—	—	30	32	42	60	70
L_1	65	85	100	125	140	180	55	62
L_2	80	85	100	125	140	180	—	—
L_3	36.5	45.5	50	62.5	70	90	6.5	5
L_4	—	—	—	53	60	79	—	—
L_5	17	27	34.5	47	54.5	74.5	—	—
L_6	7	22.5	30	43.5	51	71	6.5	5
L_7	—	—	—	62.5	70	90	—	—
D_1	—	—	—	—	—	—	ϕ250	ϕ300

（2）压力控制二通插装阀

用于压力控制的二通插装阀（图 20-9-130）包括 LC※※※型插装件和 LFA※※※型盖板，通径为 16～100，压力最高可达 42MPa，流量最高可达 7000L/min。

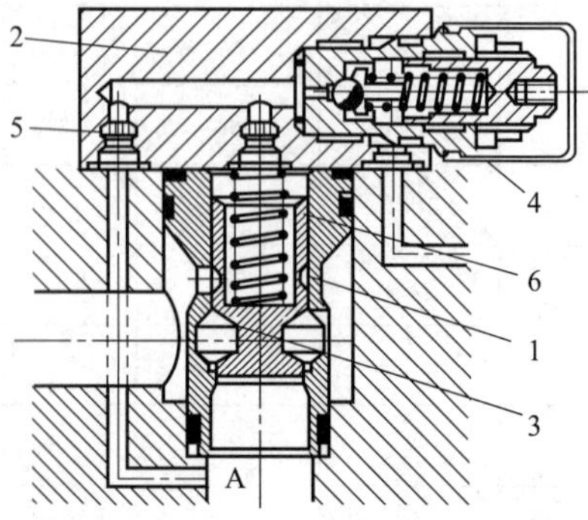

图 20-9-130　压力控制二通插装阀结构
1—插装阀主级；2—控制盖板；3—阀芯；4—先导控制阀；5—先导油节流孔；6—弹簧

型号意义：

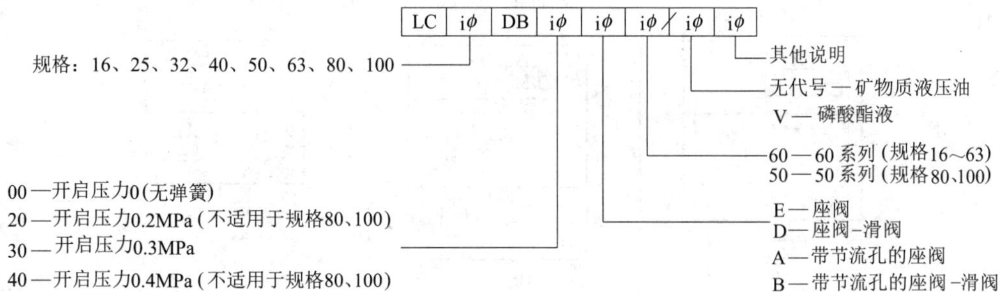

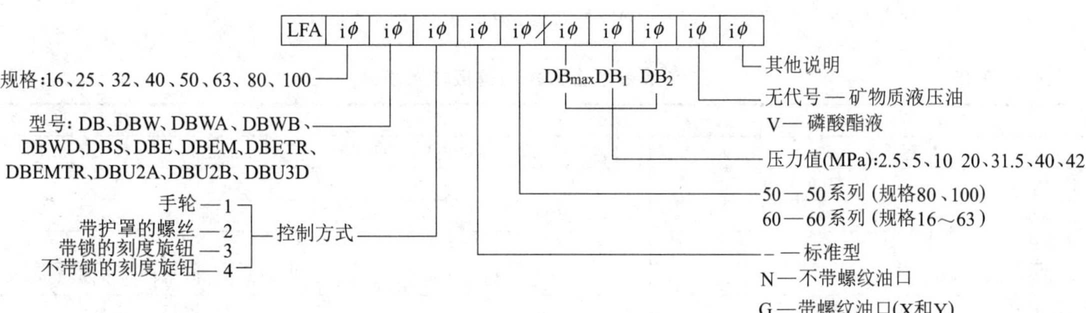

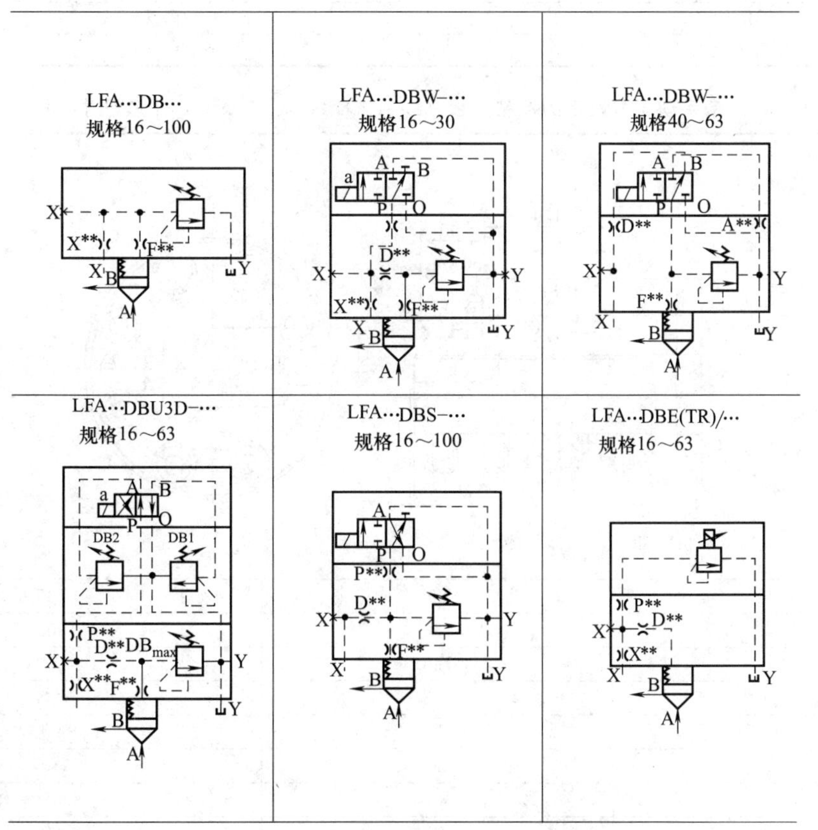

图 20-9-131

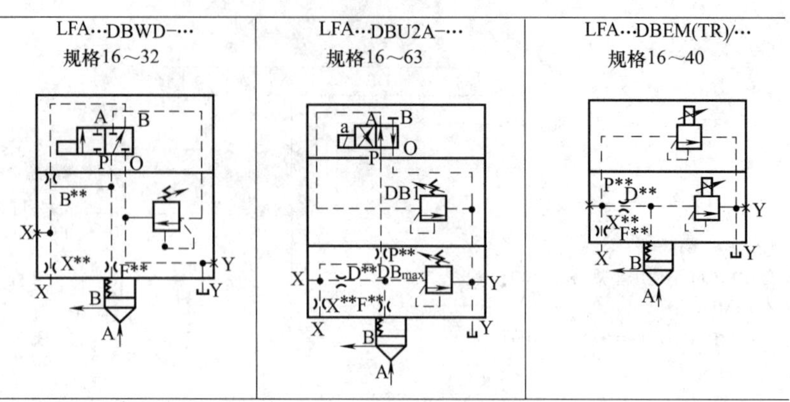

图 20-9-131　LFA※※※型压力控制盖板的基本形式

表 20-9-150　　LFA※※※型压力控制盖板技术规格

规格/mm			16	25	32	40	50	63	80	100
最大流量/L·min^{-1}			250	400	600	1000	1600	2500	4500	7000
最高工作压力/MPa	油口 A 和 B		42							
	油口 Y	LFA…DB…－60/…	40							
		—	31.5							
允许背压/MPa（油口 Y）	LFA…DBW…－60/…		31.5				31.5（带换向滑阀）			
	LFA…DBS…－60/…		—				40（带换向滑阀）			
	LFA…DBU2…－60/…		31.5							
工作介质			矿物油;磷酸酯液							
介质温度范围/℃			－20～70							

表 20-9-151　　带手动压力设定的控制盖板（LFA※DB※※/※※型）外形尺寸　　mm

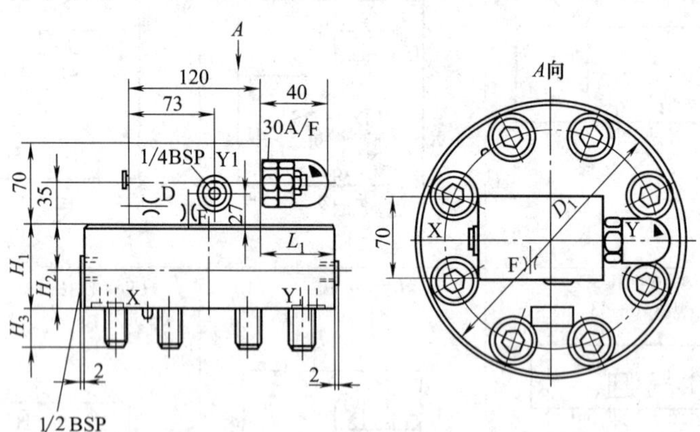

规　格	80	100
D_1	250	300
F*	1.8	1.8
D*	1.8	1.8
H_1	80	90
H_2	30	40
H_3	45	58
L_1	55	80

注：标注“＊”者为相应标记阻尼孔直径（后面图中“＊”同义）。

第20篇

表 20-9-152 带手动压力设定的控制盖板（LFA※DB※G※※/※※※型）外形尺寸 mm

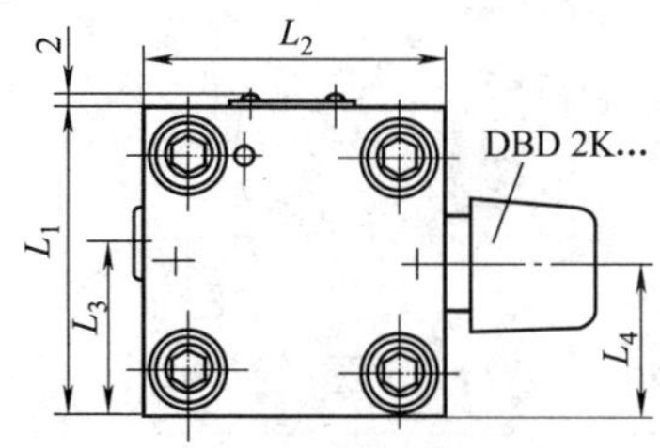

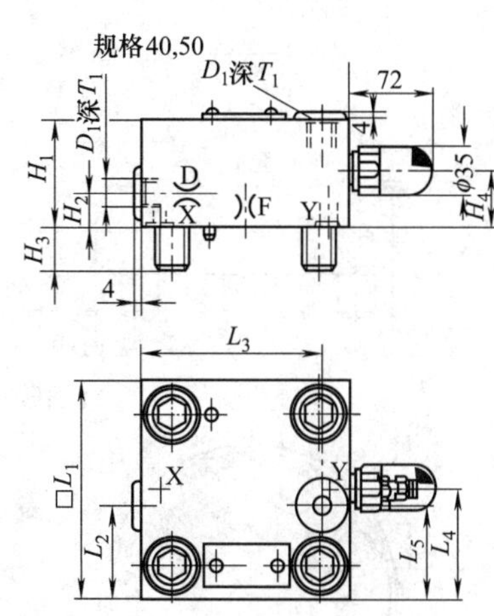

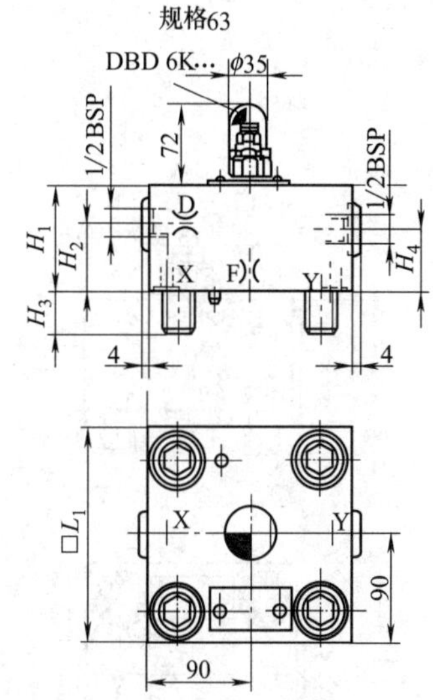

规格	X*	F*	D*	D_1	H_1	H_2	H_3	H_4	□L_1	L_2	L_3	L_4	L_5	T
16	0.8	1.0	—	—	40	17	15	19	65	80	36.5	32.5	—	—
25	0.8	1.0	—	—	40	19	24	19	85	85	49	45.5	—	—
32	0.8	1.2	0.8	—	50	26	28	26	100	100	56.5	53	—	—
40	—	1.2	1.0	Rc1/4	60	28	32	27	125	125	89	76	60	12
50	—	1.2	1.2	Rc1/4	68	19.5	34	35	140	140	105	84	70	14
63	—	1.5	1.5	—	82	30	50	45.5	180	180	—	—	—	—

第20篇

表 20-9-153　**带手动压力设定、承装电卸荷阀的控制盖板（LFA※※※DBW※-※※※型）外形尺寸**　mm

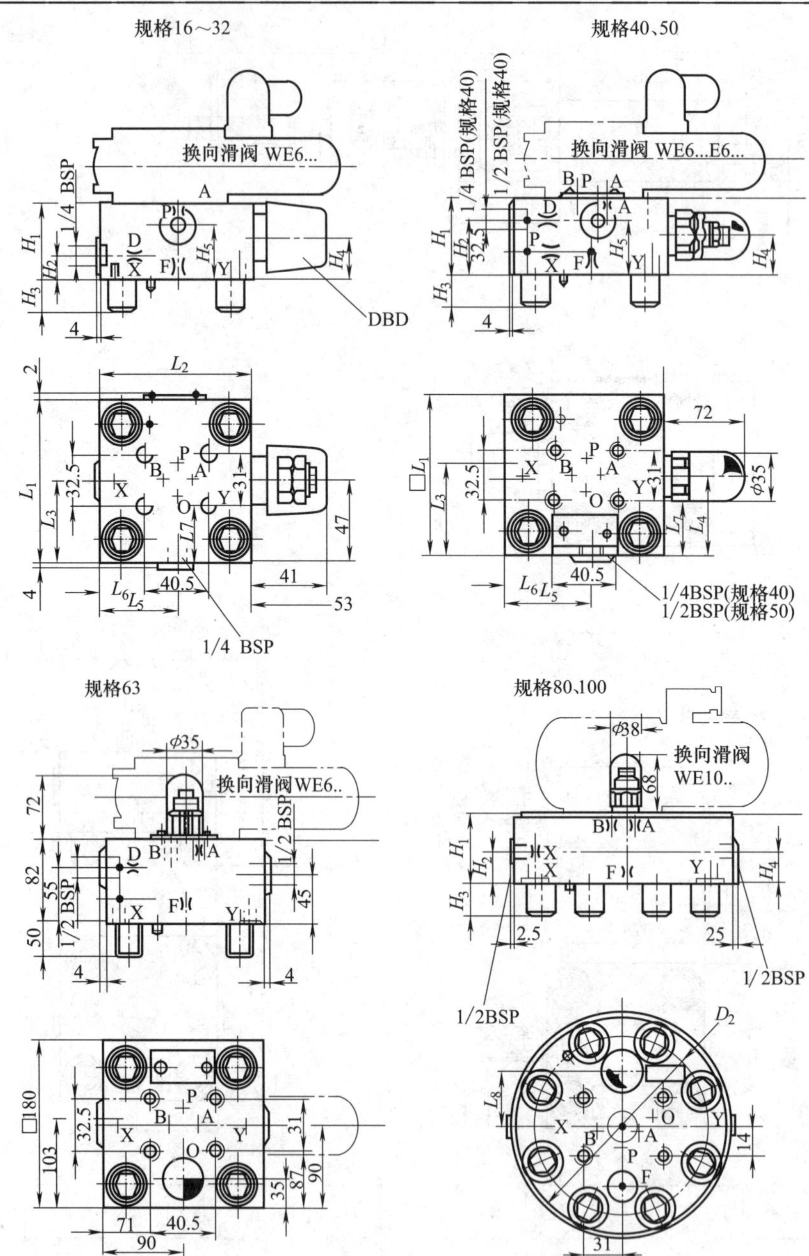

规格	X*	F*	D*	P*	H_1	H_2	H_3	H_4	H_5	L_1	L_2	L_3	L_4	L_5	L_6	L_7
16	0.8	1.0	0.8	1.0	40	17	15	19	28	65	80	36.5	36.5	35	7	17
25	0.8	1.0	0.8	1.0	40	19	24	19	28	85	85	49	45.5	36	8	27
32	0.8	1.2	1.0	1.0	50	26	28	26	37	100	56.5	56.5	53	53	30	34.5

规格	A*	P*	F*	D*	H_1	H_2	H_3	H_4	H_5	L_1	L_3	L_4	L_5	L_6	L_7
40	0.8	1.2	1.2	60	60	46	32	27	40	125	62.5	76	68	43.5	47
50	0.8	1.2	1.2	60	68	51	34	35	50	140	67.5	84	74.5	51	54.5

规格	A*	B*	X*	F*	P*	D*	H_1	H_2	H_3	H_4	L_8	D_6
63	1.0	—	—	1.5	1.8	1.5	—	—	—	—	—	—
80	1.2	3.0	3.0	2.5	3.5	—	100	30	45	52	75	250
100	1.5	3.0	3.0	2.5	3.5	—	100	30	51	52	85	300

表 20-9-154　带手动压力设定和封闭功能的控制盖板（LFA※※DBWD※※※型）外形尺寸　mm

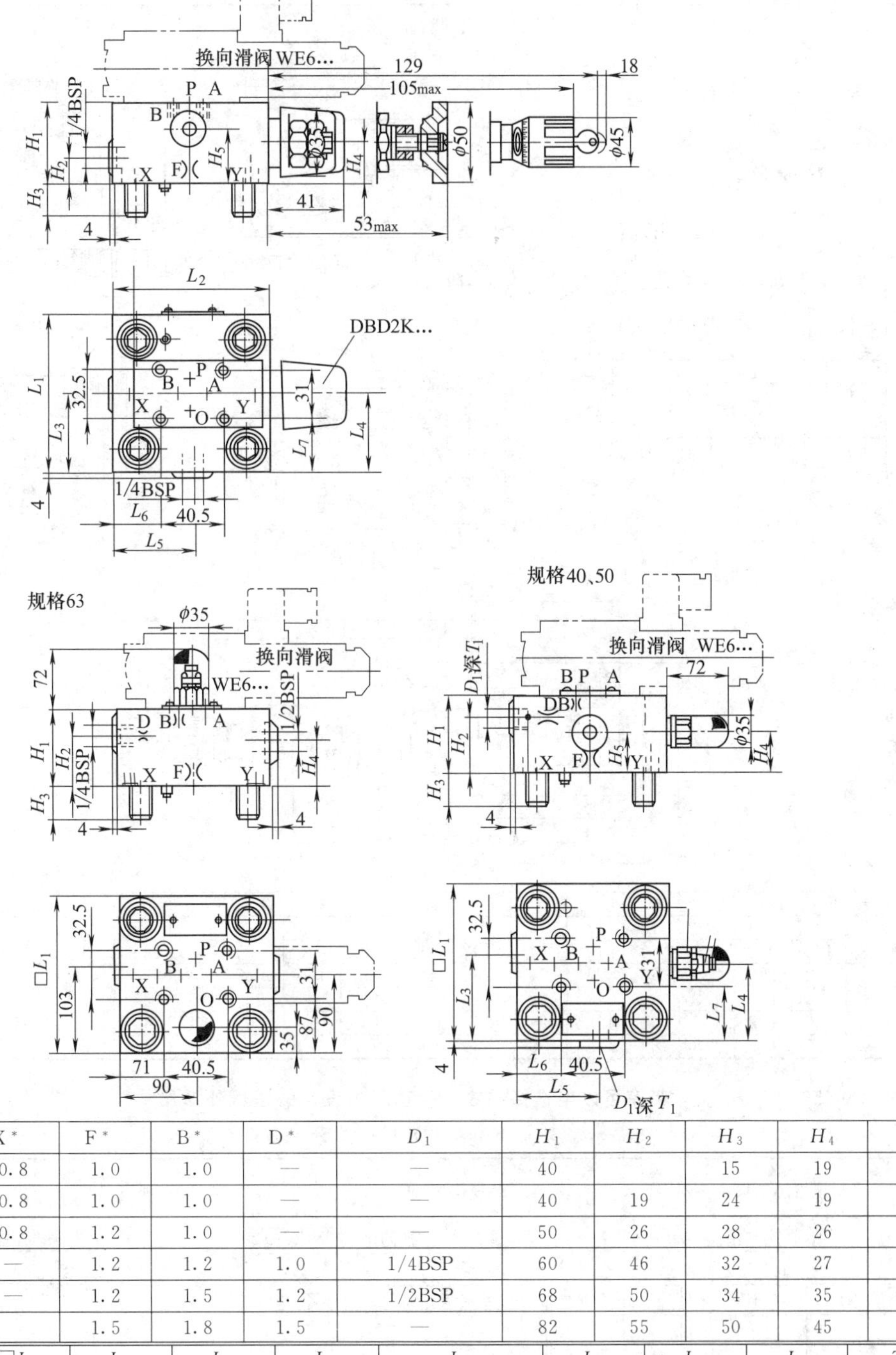

规格	X*	F*	B*	D*	D_1	H_1	H_2	H_3	H_4	H_5
16	0.8	1.0	1.0	—	—	40		15	19	28
25	0.8	1.0	1.0	—	—	40	19	24	19	28
32	0.8	1.2	1.0	—	—	50	26	28	26	37
40	—	1.2	1.2	1.0	1/4BSP	60	46	32	27	16
50	—	1.2	1.5	1.2	1/2BSP	68	50	34	35	20
63		1.5	1.8	1.5	—	82	55	50	45	—

规格	□L_1	L_1	L_2	L_3	L_4	L_5	L_6	L_7	T_1
16	—	65	80	—	32.5	35	7	17	—
25	—	85	85	49	45.5	36	8	27	—
32	—	100	100	56.5	53	57	30	34.5	—
40	125	—	—	62.5	76	68	43.5	47	12
50	140	—	—	70	84	75	51	54.5	14
63	180	—	—	—	—	—	—	—	—

表 20-9-155 **带有可以电选择的 2 个手动压力设定的盖板外形尺寸**

（LFA※※DBU2A※※、LFA※※DBU2B※※型） mm

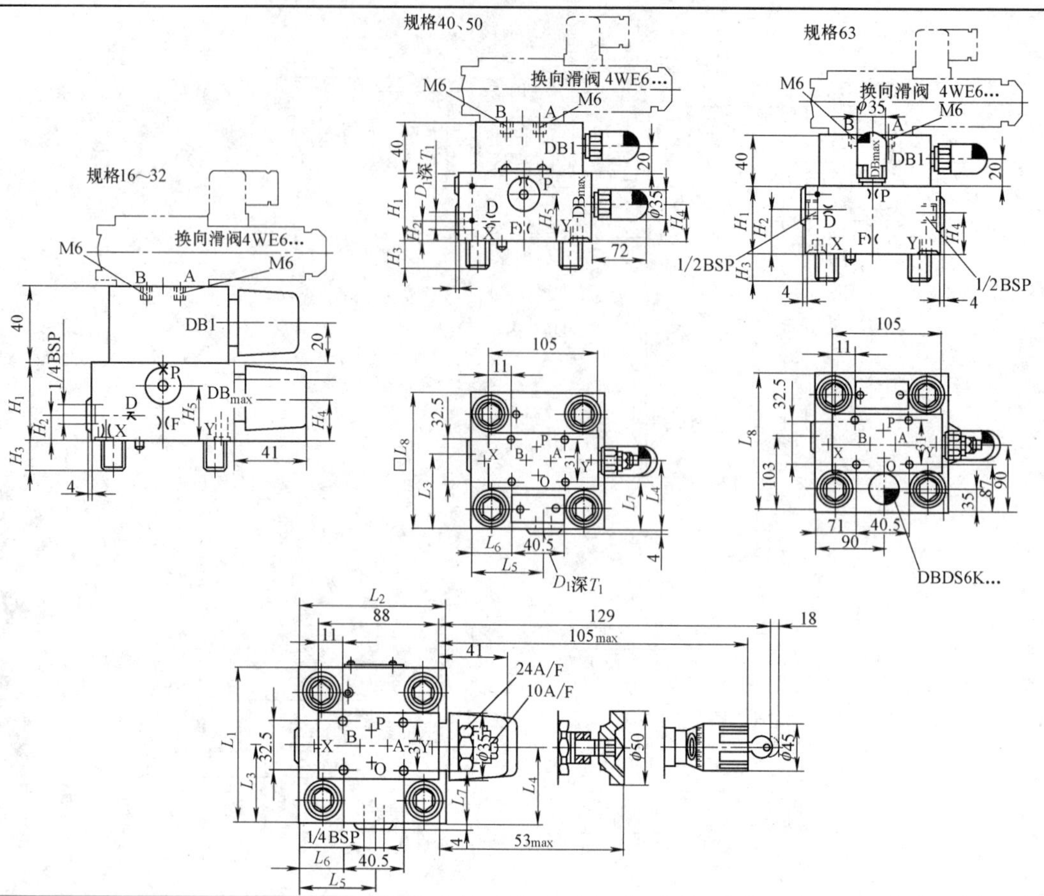

规格	X*	F*	D*	P*	H_1	H_2	H_3	H_4	H_5	L_1	L_2	L_3	L_4	L_5	L_6	L_7	□L_8	D_1	T_1
16	0.8	1.0	0.8	1.0	40	17	15	19	28	65	80	36.5	32.5	35	7	17	—	—	—
25	0.8	1.0	0.8	1.0	40	19	24	19	28	85	85	49	45.5	36	8	27	—	—	—
32	0.8	1.2	1.0	1.0	50	26	28	26	37	100	100	56.5	53	57	30	34.5	—	—	—
40	—	1.2	1.0	1.2	60	17	32	27	40	—	—	69	76	68	43.5	47	125	G1/4	12
50	—	1.2	1.2	1.5	68	19.5	34	35	50	—	—	80	84	74.5	51	54.5	140	G1/2	14
63	—	1.5	1.5	1.8	82	55	50	45	—	—	—	—	—	—	—	—	180	—	—

表 20-9-156 **带有可以电选择的 3 个手动压力设定的盖板外形尺寸**

（LFA※※DBU3D※※型） mm

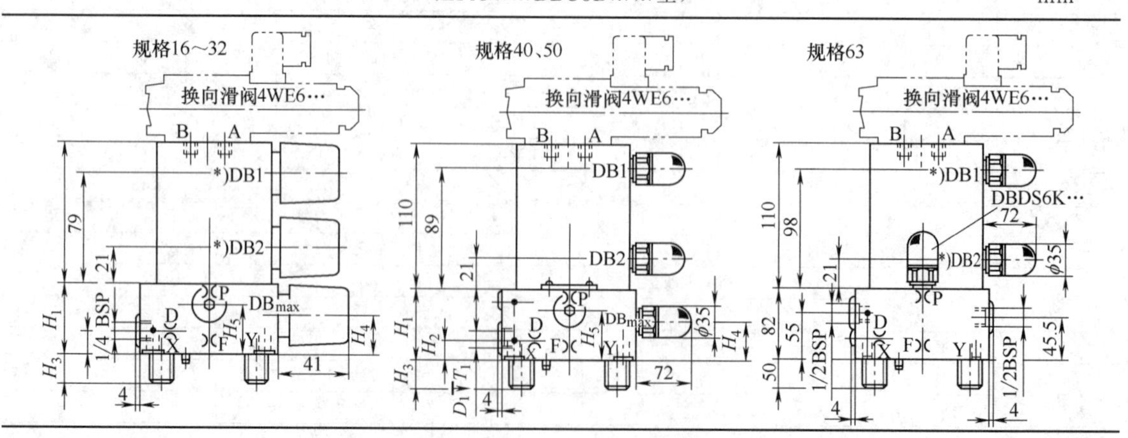

续表

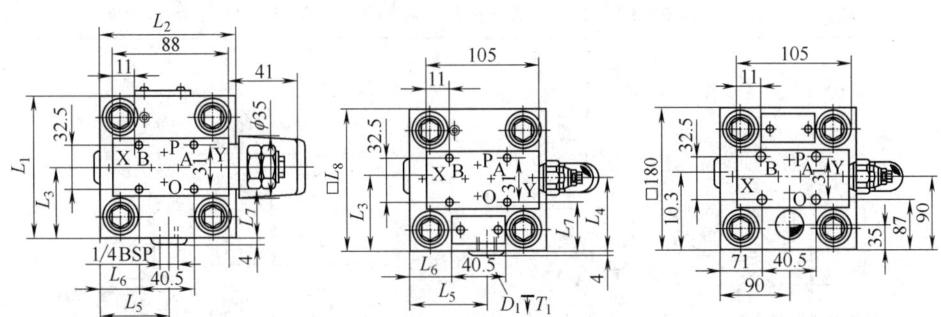

规格	X*	P*	F*	D*	H_1	H_2	H_3	H_4	H_5	L_1	L_2	L_3	L_4	L_5	L_6	L_7	$□L_8$	D_1	T_1
16	0.8	1.0	1.0	0.8	40	17	15	19	28	65	80	36.5	32.5	35	7	17	—	—	—
25	0.8	1.0	1.0	0.8	40	19	24	19	28	85	85	49	45.5	36	8	27	—	—	—
32	0.8	1.0	1.2	1.0	50	26	28	26	37	100	100	56.5	53	57	30	34.5	—	—	—
40		1.2	1.2	1.0	60	17	32	27	40	—		69	76	68	43.5	47	125	G1/4	12
50		1.5	1.2	1.2	68	19.5	34	35	50	—		74.5	84	74.5	51	54.5	140	G1/2	14
63		1.8	1.5	1.5	—	—	—	—	—	—	—	—	—	—	—	—	—	—	—

表 20-9-157　　用于不带高压力溢流的电气比例压力控制盖板外形尺寸［LFA※※DBE（TR）※※型］　　mm

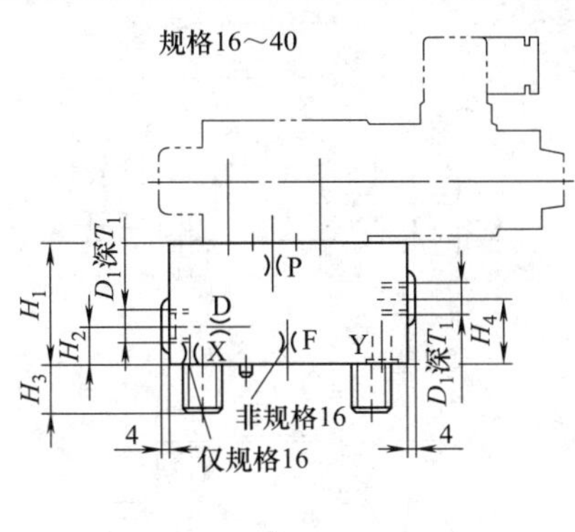

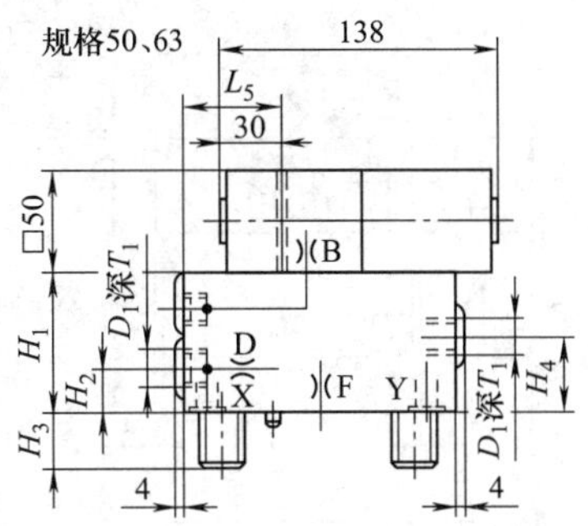

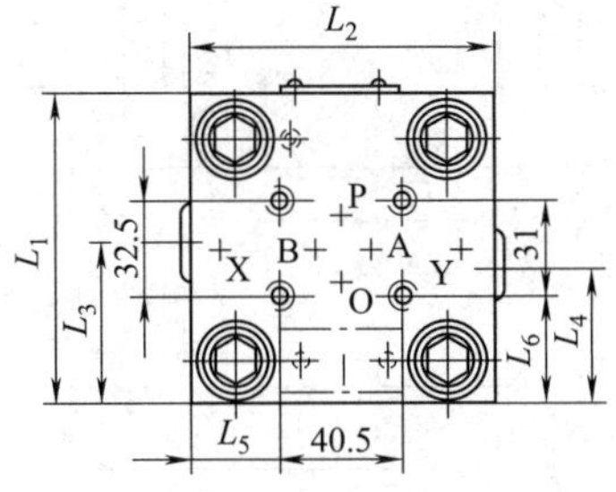

规格	B*	D*	X*	F*	P*	D_1	H_1	H_2	H_3	H_4	L_1	L_2	L_3	L_4	L_5	L_6	T_1
16	—	0.8	0.8	—	1.0	1/4BSP	40	17	15	20	65	80	36.5	23.5	7	17	12
25	—	0.8	—	0.8	1.0	1/4BSP	40	19	24	19	85	85	49	36	22.5	27	12
32	—	0.8	—	1.0	1.0	1/4BSP	50	26	28	26	100	100	56.5	43.5	30	34.5	12
40	—	1.0	—	1.2	1.5	1/2BSP	60	30	32	30	125	125	72	53	43.5	473	14
50	0.8	2.0	—	1.2	—	1/2BSP	68	32	34	32	140	140	80	50	51	54.5	14
63	0.8	2.0	—	1.5	—	1/2BSP	82	40	40	40	180	180	101	79	71	74.5	14

表 20-9-158 用于不带高压力溢流的电气比例压力控制盖板外形尺寸［LFA※※DBEM（TR）※※型］ mm

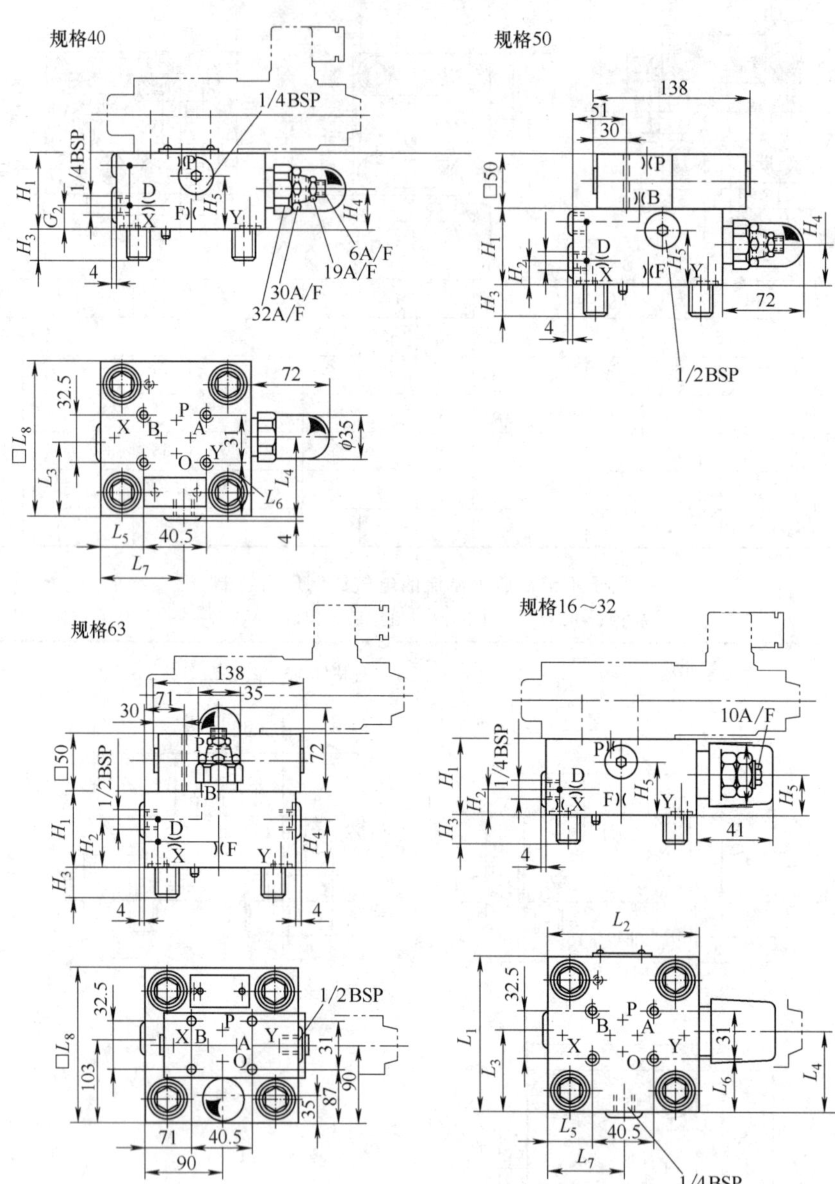

规格	X*	P*	F*	D*	H_1	H_2	H_3	H_4	H_5	L_1	L_2	L_3	L_4	L_5	L_6	L_7	□L_8	B*
16	0.8	1.0	1.0	0.8	40	17	15	19	28	65	80	36.5	32.5	7	17	35	—	—
25	0.8	1.0	1.0	0.8	40	19	24	19	28	85	85	49	45.5	8	27	36	—	—
32	0.8	1.0	1.2	1.0	50	26	28	26	37	100	100	56.5	53	30	34.5	57	—	—
40	—	1.5	1.2	1.0	60	20	32	27	40	—	—	69	76	43.5	47	68	125	—
50	—	1.0	1.2	2.0	68	19.5	34	35	50	—		80	84	51	54.5	74.5	140	0.8
63	—	—	1.5	2.0	82	55	50	45	—	—	—	—	—	—	—	—	180	0.8

9.8.4.2　威格士系列插装阀

(1) 控制盖板及插装件

表 20-9-159　技术规格

公称通径/mm	16	25	32	40	50	63	80
最大流量 /L·min^{-1}	200	450	800	1100	1700	2800	4500
最高压力/MPa	35						
温度范围/℃	环境：−20～70；矿物油：−10～70；含水液体：−10～54						
黏度范围 /mm^2·s^{-1}	5～500(推荐 13～54)						
过滤精度/μm	25(绝对)						

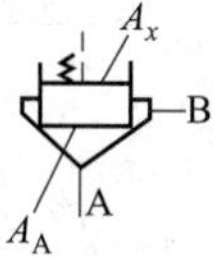

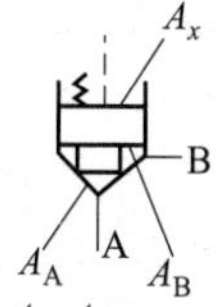

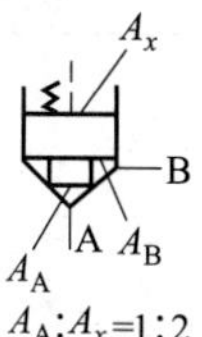

图 20-9-132　插装件图形符号

表 20-9-160　开启压力

压力级	A_A : A_x	A→B 开启压力/MPa	B→A 开启压力/MPa
	1 : 1	0.2	—
L	1 : 1.1	0.03	0.34
M	1 : 1.1	0.14	1.70
H	1 : 1.1	0.27	1.70
L	1 : 2	0.05	0.05
M	1 : 2	0.25	0.25
H	1 : 2	0.50	0.50

型号意义：

CVI - ※ - ※ - ※ - ※

- 插装件(主阀)
- 公称通径：NG16、NG25、NG32、NG40、NG50、NG63
- 面积比：
  - D_{10}—面积比1:1
  - D_{11}—面积比1:1.1
  - D_{20}—面积比1:2
  - F—面积比1:2,带节流型阀芯
  - R—面积比1:2,带阻尼型阀芯
  - H_{10}—面积比1:1,带阻尼孔型阀芯
  - H_{11}—面积比1:1.1,带阻尼孔型阀芯
- 开启压力(MPa)
- 阻尼孔选择

CVC - ※ - ※ - ※ - ※ - ※

- 控制盖板
- 公称通径：16、25、32、40、50、63、80(mm)
- 机能代号：
  - N—基型先导阀
  - A—节流先导阀
  - D_3—NG6电磁阀盖 可用于NG16、NG25、NG32、NG40
  - D_5—NG10电磁阀盖 可用于NG50、NG63、NG80
  - PC—液控单向阀
  - PC_3—电磁液控单向阀
  - W—梭阀盖
  - W_{13}—电磁梭阀盖(第一种型式)
  - W_{23}—电磁梭阀盖(第二种型式)
  - NW—单向梭阀盖
- A型控制盖的调节方式：
  - W—带调节螺钉与锁紧螺母
  - H—带手轮及锁紧螺母
  - K—带千分尺旋钮及锁
  - M—带千分尺旋钮不带锁
- 先导阻尼孔位置：标准位置省略
- 先导阻孔尺寸：标准阻尼孔省略

表 20-9-161　　控制盖板外形尺寸　　mm

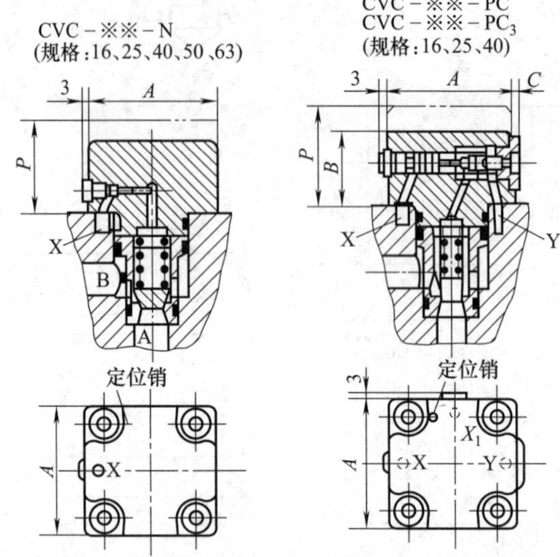

规格	A	B	C	P	阻尼孔直径
NG16	65	35	10.0	44	1.0
NG25	85	42	4.5	53	1.2
NG40	125	61	3.0	76	1.4
NG50	140	70	—	88	1.6
NG63	180	86	—	106	1.6

表 20-9-162　　CVC-※※-A 型控制盖板外形尺寸（NG16、25、40、50、63）　　mm

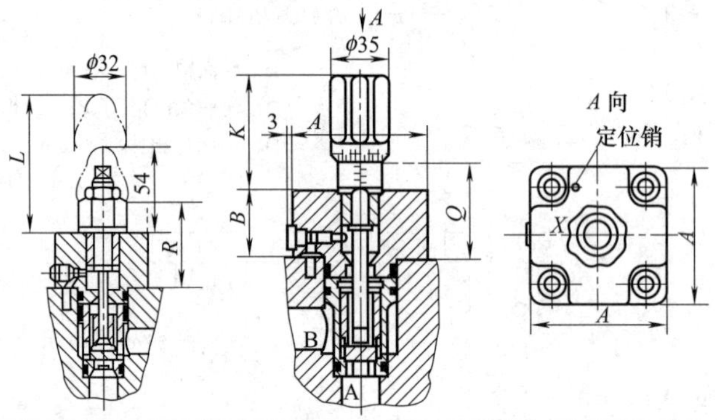

规格	A	B	Kmax	L	Q	R	阻尼孔直径
NG16	65	35	74.5	91	137	110	1.0
NG25	85	42	74.5	98	144	131.5	1.2
NG40	125	61	—	—	—	—	1.4
NG50	140	70	—	—	—	—	1.6
NG63	180	86	—	—	—	—	1.8

表 20-9-163　　CVC-※※-D_3A-W 型控制盖板外形尺寸（NG16、25、40、50、63）　　mm

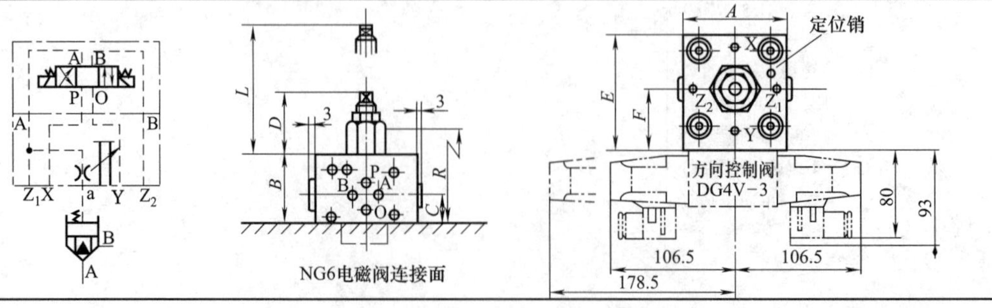

续表

规格	A	B	C	D max	E	F	L	R	阻尼孔直径
NG16	80	54	28	46	80	47.5	98	123	1.0
NG25	85	54	28	49	95	52.5	114	139	1.2
NG40	125	60	28	43	125	62.5	137	165	1.4
NG50	140	70	—	57	140	70	—	—	1.6
NG63	180	88	—	66	180	90	—	—	1.8

表 20-9-164　　梭阀控制盖板外形尺寸　　mm

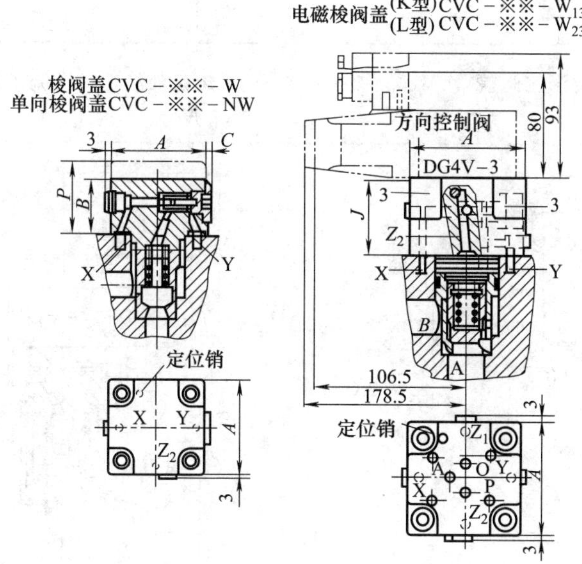

规格	A	B	C	J	P	阻尼孔直径
NG16	65	35	10.0	—	44	1.0
NG25	85	42	4.5	57	53	1.2
NG40	125	61	3.0	58	76	1.4

(2) 溢流阀及减压阀

型号意义：

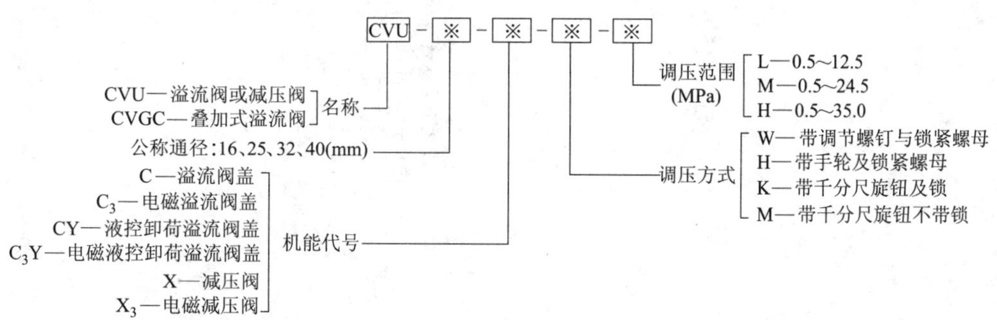

表 20-9-165　　溢流阀盖（CVU-※※-C-※-※）、液控卸荷溢流阀盖（CVU-※※-CY-※-※）外形尺寸　　mm

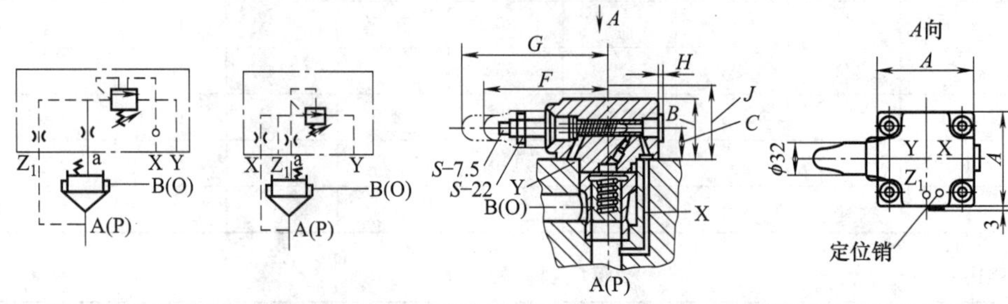

公称通径	A	B	C	F	G	H	J
NG16	65	46	26	114.5	155	4	57
NG25	85	51	26	105.0	146	4	66
NG40	125	61	34	116.0	157	3	76

表 20-9-166　　电磁溢流阀盖（CVU-※※-C_3-※-※）、电磁液控卸荷溢流阀盖（CVU-※※-C_3Y）外形尺寸　　mm

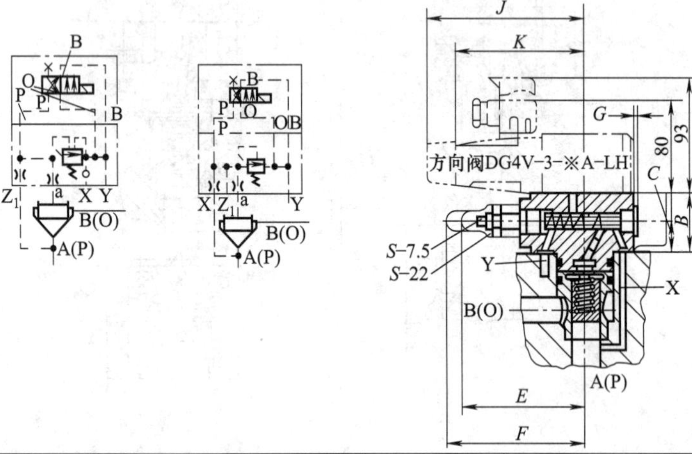

公称通径	B	C	E	F	G	J	K
NG16	48	26	107	148	—	167.5	95.5
NG25	48	26	105	146	4	178.5	106.5
NG40	58	34	116	157	3	178.5	106.5

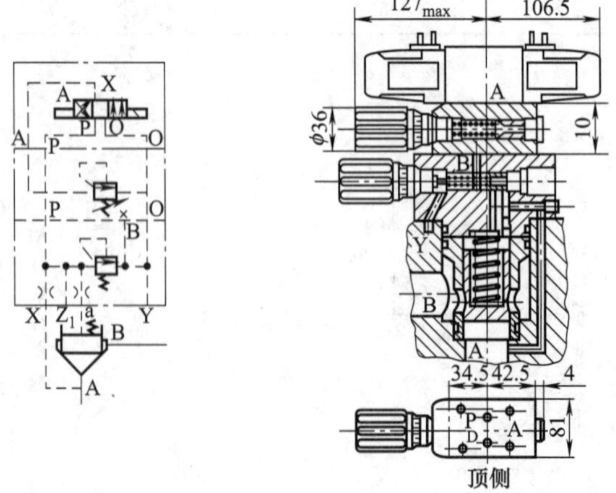

图 20-9-133　叠加式溢流阀 CVGC-3-※-※--※外形尺寸

表 20-9-167　　**叠加式减压阀 CVU-※※-X-※-※外形尺寸**　　mm

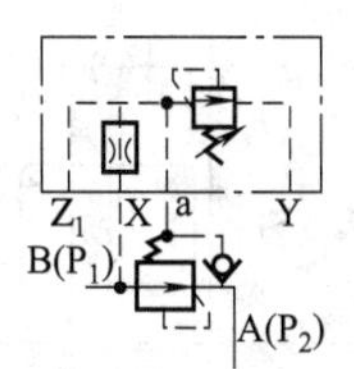

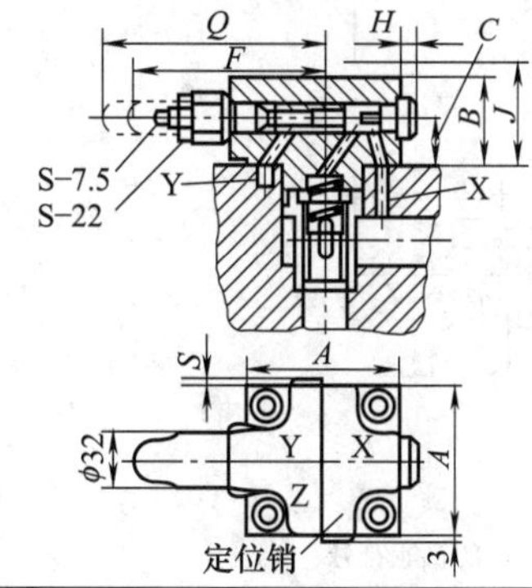

公称通径	A	B	C	F	H	J	S
NG16	65	46	26	114.5	10	57	—
NG25	85	51	26	105	10	66	—
NG40	125	61	34	116	3	76	3

表 20-9-168　　**叠加式电磁减压阀 CVU-※※-X_1-※-※外形尺寸**　　mm

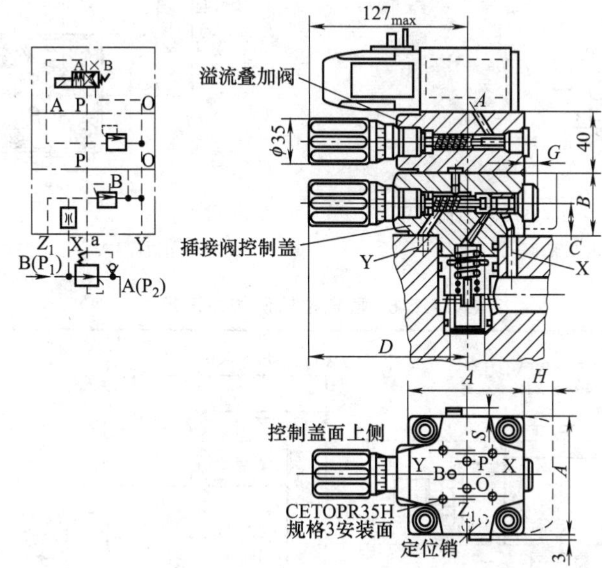

公称通径	A	B	C	D_{max}	G	H	S
NG16	65	48	26	129	—	21	—
NG25	85	48	26	127	10	—	—
NG40	125	58	34	138	3	—	3

（3）电位监测方向阀

型号意义：

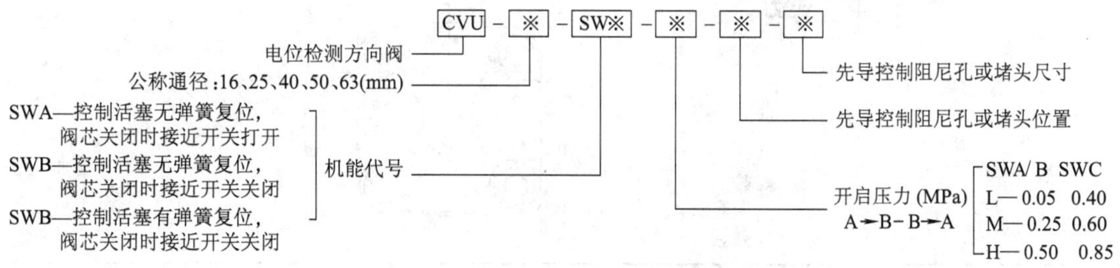

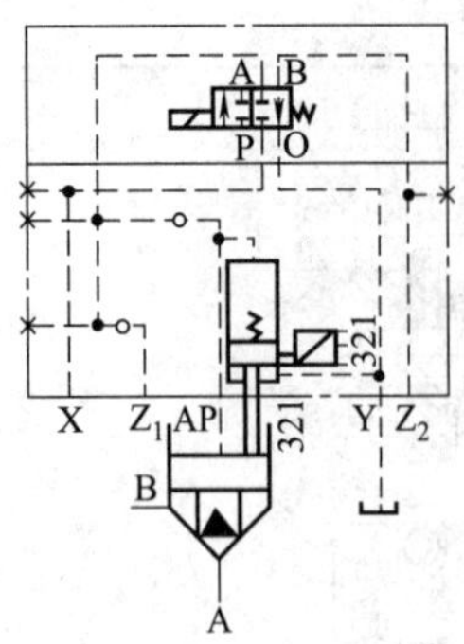

(a) CVU-16-SWC 的机能符号

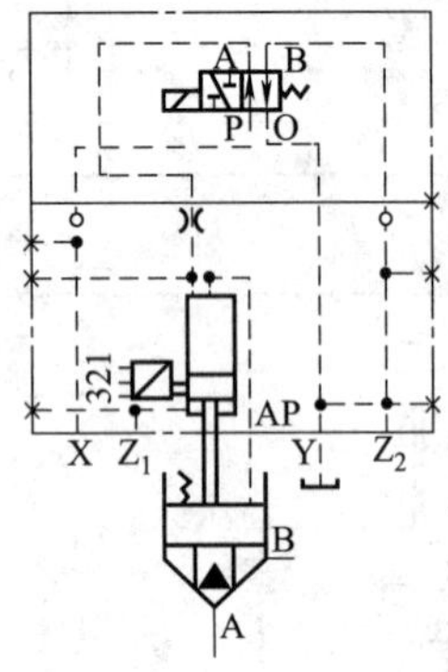

(b) CVU-25/40/50/63-SWA/SWB 的机能符号

图 20-9-134　电位监测方向阀的机能符号

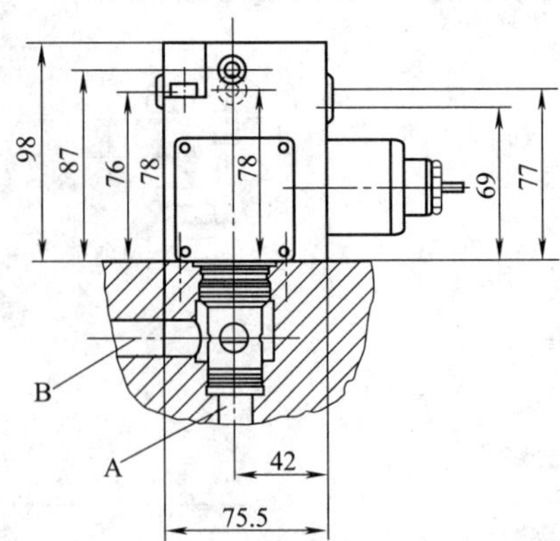

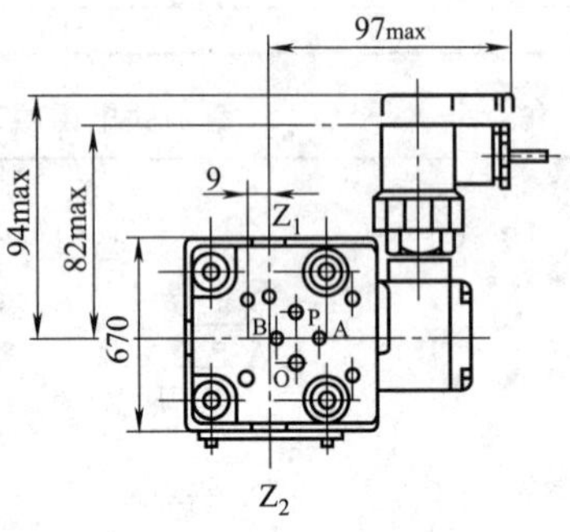

图 20-9-135　CVU-16-SWC 型电位监测阀外形尺寸

表 20-9-169　　CVU-25-63 型电位监测阀外形尺寸　　mm

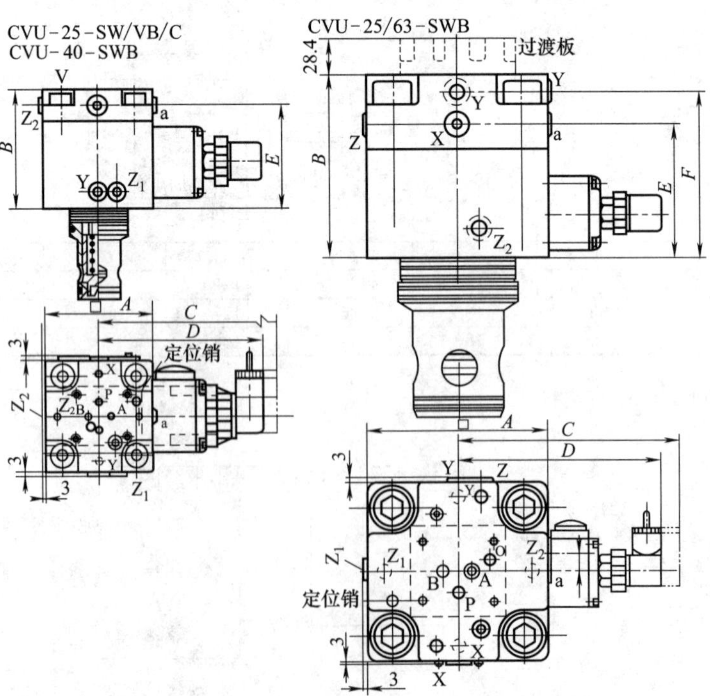

续表

型号	阻尼孔直径	A	B	C	D	E	F
CVU-25-SWA	1.2	85	92	149	138	79	—
CVU-25-SWB	1.2	85	92	149	138	79	—
CVU-25-SWC	1.2	85	117	149	138	79	—
CVU-40-SWB	1.4	125	100	172	160	80	—
CVU-50-SWB	1.6	140	142	180	168	104	129
CVU-63-SWB	1.8	180	165	200	188	113	141

表 20-9-170　二通插装阀插件安装孔尺寸　mm

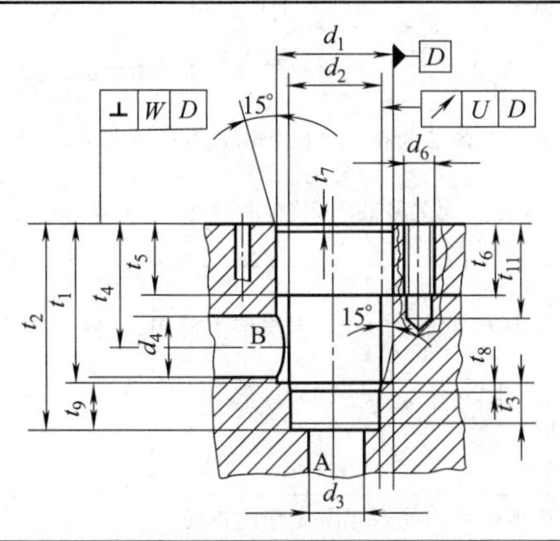

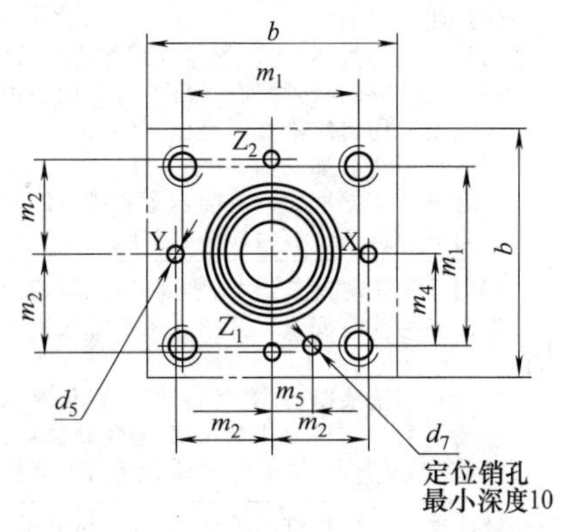

尺　寸	公　差	规格					
		16	25	32	40	50	63
b	—	65	85	102	125	140	180
d_1	H7	32	45	60	75	90	120
d_2	H7	25	34	45	55	68	90
d_3	—	16	25	32	40	50	63
d_4	min	16	25	32	40	50	63
	max	25	32	40	50	63	80
d_5	max	4	6	8	10	10	12
d_6	—	M8	M12	M16	M20	M20	M30
d_7	H13	4	6	6	6	8	8
m_1	±0.2	46	58	70	85	100	125
m_2	±0.2	25	33	41	50	58	75
m_4	±0.2	23	29	35	42.5	50	62.5
m_5	±0.2	10.5	16	17	23	30	38
t_1	$^{+0.1}_{0}$	43	58	70	87	100	130
t_2	$^{+0.1}_{0}$	56	72	85	105	122	155
t_3	—	11	12	13	15	17	20
t_4	至 d_{4min}	34	44	52	64	72	95
	至 d_{4max}	29.5	40.5	48	59	65.5	86.5
t_5	—	20	30	30	30	35	40
t_6	—	20	25	35	45	45	65
t_7	—	2	2.5	2.5	3	4	4
t_8	—	2	2.5	2.5	3	3	4
t_9 校核尺寸	min	0.5	1.0	1.5	2.5	2.5	3
t_{11}	max	25	31	42	53	53	75
U	—	0.03	0.03	0.03	0.05	0.05	0.05
W	—	0.05	0.05	0.1	0.1	0.1	0.2

9.9　液压阀的清洗和拆装

表 20-9-171　液压阀的清洗和拆装

液压阀清洗	拆卸清洗是液压阀维修的第一道工序。对于因液压油污染造成油污沉积，或液压油中的颗粒状杂质导致的液压阀故障，经拆卸清洗一般能够排除故障，恢复液压阀的功能	
	清洗工艺	①拆卸。虽然液压阀的各零件之间多为螺栓连接，但液压阀设计是面向非拆卸的，如果没有专用设备或专业技术，强行拆卸极可能造成液压阀损害。因此拆卸前要掌握液压阀的结构和零件间的连接方式，拆卸时记录各零件间的位置关系 ②检查清理。检查阀体、阀芯等零件的污垢沉积情况，在不损伤工作表面的前提下，用棉纱、毛刷、非金属刮板清除集中污垢 ③粗洗。将阀体、阀芯等零件放在清洗箱的托盘上，加热浸泡，将压缩空气通入清洗槽底部，通过气泡的搅动作用，清洗掉残存污物，有条件的可采用超声波清洗 ④精洗。用清洗液高压定位清洗，最后用热风干燥。有条件的企业可以使用现有的清洗剂，个别场合也可以使用有机清洗剂如柴油、汽油 ⑤装配。依据液压阀装配示意图或拆卸时记录的零件装配关系装配，装配时要小心，不要碰伤零件。原有的密封材料在拆卸中容易损坏，应在装配时更换
	注意事项	①对于沉积时间长，粘贴牢固的污垢，清理时不要划伤配合表面 ②加热时注意安全。某些无机清洗液有毒性，加热挥发可使人中毒，应当慎重使用；有机清洗液易燃，注意防火 ③选择清洗液时，注意其腐蚀性，避免对阀体造成腐蚀 ④清洗后的零件要注意保存，避免锈蚀或再次污染 ⑤装配好的液压阀要经试验合格后方能投入使用
拆装阀的一般要求	①拆装液压阀是一项精细的工作，任何尝试它的人必须承担以后阀能否正常工作的责任 ②不要在车间的地板上或者有灰尘和污垢被吹进阀的部件的地方进行阀的内部维修工作，必须选择干净的场地，使用清洁的工作台，确认使用的工具是清洁的，其上没有油脂和灰尘。所有的阀的拆卸和装配应在一个水平安装的位置上，并应该有足够的空间 ③卸掉管道内的油压力，防止油喷 ④管道拆卸必须预先做好标记，以免装配混淆 ⑤在维修工作中当移除元件时，确认密封了所有阀体的开口，这样做是为了防止外来的异物进入阀体 ⑥拆卸的油管先用清洗油清洗，然后在空气中风干，并将管两端开口处堵上塑料塞子，防止异物进入。管道螺纹及法兰盘上的 O 形圈等结构，要注意保护，防止划伤 ⑦防止异物进入或加工面划伤 ⑧细小零件(如密封圈、螺栓)，要分类保存(可分别装入塑料袋中)，不要丢失或损伤 ⑨油箱要用盖板覆盖，防止尘埃进入，排出的油应装入单独的干净桶里。再使用时，要用带过滤器的油泵一边过滤一边注入油箱	
液压阀拆卸注意事项	①对元件的结构图必须了解透彻，要熟悉装配关系、拆卸顺序和方法。在拆卸之前，学习研究阀的爆炸图并注意所有零件的方向和位置。为了以后方便装配，在拆卸时小心识别各个零件。阀芯和阀体是适配的并且必须被装回相同的阀体上。必须用相同的顺序重新装配阀的各个零部件 ②当不得不在虎钳上夹紧阀体时要特别小心，不要损坏部件。假如可能，使用一个装备有铅或铜的钳夹，或者缠绕上一个保护覆盖物保护元件 ③使用压力机移除承受高压的弹簧 ④用清洁的矿物油溶剂(或者其他非腐蚀性清洁剂)仔细洗净拆下的零件，而且保持原装配状态，分别安置好，不得丢失和碰伤。用压缩空气吹干零件。不要用废纸和碎布擦拭阀，因为碎布中藏有污物和纤维屑可能进入液压系统并引起故障 ⑤不要使用四氯化碳作为清洁剂，因为它会恶化橡胶密封 ⑥当发现表面形状或颜色异常时，要保持原始状态，便于分析故障发生的原因 ⑦在清洗和吹干阀之后立即用防锈的液压油涂上阀的各个零件。确认保持零部件的清洁并且免除潮湿直到重新装配它们。对于长时间保持拆卸状态的零件，应涂防锈油后，装入箱内保管 ⑧拆卸时要仔细地检查阀的弹簧，当弹簧有翘起、弯曲或者包含有破损、断裂的或者生锈的弹簧圈的迹象时应更换弹簧 ⑨使用弹簧检测仪检查弹簧的长度，压缩到一个指定的长度 ⑩拆卸时特别小心避免损坏阀芯或者阀套。即使一个极微小的阀的棱边上或阀套上的缺口都可能毁坏阀 ⑪拆下的零件要用放大镜、显微镜等仔细观察磨损、伤痕和锈蚀等情况。仔细检查滑动部位有无卡住，配合部分(如阀芯与阀体、阀芯与阀座等)是否接触不良等 ⑫主要零件要测量变形、翘曲、磨损、硬度等；弹簧要检测其弯曲和性能，在阀被拆卸后应更换所有的密封圈。密封圈要检测其表面有无破坏、切断伤痕、磨损、硬化及变形等 ⑬检测后，根据零件的损伤情况，采用必要的工具(砂纸、锉刀、刮刀、油石等)进行修复。不能修复的可进行配作或更换(如阀芯和密封圈等)。零件经过检测、修复或更换后，需重新组装	

续表

液压阀组装注意事项	①确认阀被清洗过了。用煤油冲洗阀的各个部件,将零件上的锈蚀、伤痕、毛刺及附着污物等彻底清洗干净,并用空气吹干它们。然后用含有防锈添加剂的液压油浸泡。这样做将帮助安装并提供初始的润滑,在装配时可以使用凡士林油固定密封圈至它们相应的位置 ②再一次检查阀的各结合面无毛刺和油漆 ③组装前涂上工作油 ④当维修一个阀的组件时应更换所有的密封和密封垫片。在安装之前浸泡所有的新的密封圈和密封垫片。这样做将防止密封件的损坏 ⑤确认装一个阀的阀芯在与它适配的阀体内。必须用准确的顺序重新安装阀的各部件 ⑥对滑阀等滑动件,不要强行装入。根据配合要求,要装配到能正常工作为止 ⑦确认安装阀时没有变形。变形可能的原因是安装螺栓时和管道法兰时的不平衡的拧紧力,不平的安装表面,不正确的阀的位置,或者当油温升高时不充足的可允许的管道膨胀。这些都会导致阀芯约束。因此紧固螺栓时,应按照对角顺序平均拧紧。不要过紧,过紧会使主体变形或密封损坏失效 ⑧在拧紧螺栓之后检查阀芯的动作。如果有任何的黏滞和约束,检查安装螺栓的拧紧力矩 ⑨装配完毕,应仔细校核检查有无遗忘零件(如弹簧、密封圈等)

9.10　液压控制元件的选型原则

液压控制阀的选择，除了要考虑安装空间、尺寸、质量、价格、服务性、可置换性、流体介质的可溶性、产品的信誉、油口连接尺寸等，为满足系统设计要求，各种阀还应满足表 20-9-172 所列的选用原则。

表 20-9-172　　液压控制元件的选型原则

控制表	选用原则
方向阀	①额定压力必须与系统工作压力相容 ②额定流量要高于工作流量,还要注意到由于作用液压缸两边的面积差所造成的流量差异,最新的公司样本已开始将阀的通流能力用流量与压力差的关系曲线表示,选用时要根据这个曲线确定是否满足需要 ③操作方式 ④整体式与分片式 ⑤响应时间 ⑥节流特性 ⑦阀的其他功能
压力阀	①公称压力应大于系统额定压力的20%～30%,或至少不得低于系统的最高压力(包括考虑动态情况下的最高压力) ②对压力控制要求较高时,要从阀的结构形式及动态性能方面来考虑 ③当系统对卸荷压力或溢流时的压力损失有限制时,通径可以选大些 ④溢流阀的开启时间比系统要求的长时,会造成系统的压力冲击,称水锤现象,这时要选用锥阀或直动型溢流阀 ⑤压力稳定是对压力阀的要求之一,特别是减压阀。但压力阀均存在压力偏移,在选用时要注意是否超过系统要求 ⑥压力控制重复性 ⑦响应时间,被选阀总有建压与卸压的过程,应注意这些特性是否满足系统提出的要求 ⑧效率高低
流量阀	①系统工作压力。应考虑系统的可能压力范围去选用流量控制阀 ②最大流量能满足在一个工作循环中所有的流量范围 ③流量控制形式是要求节流还是要求分流或集流,是否还有单向流动控制要求等 ④流量调节范围应满足系统要求的最大流量及最小流量 ⑤流量控制精度。被选阀能否满足被控制的流量精度。即使在系统全范围内根据提供的性能指标能满足,但也要注意到流量控制阀在小流量时控制精度是很差的 ⑥重复性。要求在重复的工作循环里,所调定的流量值每次都一致 ⑦流量调节的操作方式有手动、遥控以及自动等,可根据工作要求选择 ⑧是否需要温度补偿,根据工作条件及流量的控制精度决定 ⑨是否需要压力补偿 ⑩效率高低
叠加阀	①国产叠加阀应优先选用第三代叠加阀和有引进许可证的产品,也可选用第二代中高压系列产品及高压系列产品,随着技术发展,应注意选择型号新、性能稳定、品种齐全、质量可靠的产品 ②国产系列叠加阀经过十几年的发展,基本上已经形成了完整的与之相配套的一系列定型产品,如:多联底板块系列产品、叠加过渡垫板系列产品、叠加阀用螺栓和螺母,以及各种规格的油箱、管接头、泵装置等。在选用叠加阀组成液压系统时,可以选用上述产品,常规系统可以直接选配

续表

控制表	选用原则
插装阀	①根据系统特点及插装阀使用条件确定是否采用插装阀（插装阀使用条件：系统功率大、流量超过 150L/min、工作压力超过 21MPa；系统要求集成度高、外形尺寸小；系统要求快速响应；系统要求内卸小或基本无泄漏；系统要求稳定性好、噪声小） ②确定各执行机构要求的各项参数以及控制方法 ③确定系统的工作介质 ④确定系统各组成部分之间的安装连接要求 ⑤确定各执行机构的各个工作过程及它们相对应的压力、方向及流量 ⑥确定对控制安全性的要求 ⑦根据以上要求确定插装阀的具体型号规格（初步确定插装件、再确定先导级、最后确定所有元件）
比例阀	①选用前应详细了解元件的工作原理、主要功能、性能，综合考虑使用要求与价格因素，正确合理地选择阀的类型 ②功能参数选择应留有一定余量，一般额定压力、流量应高于系统实际使用值的 10%～20%，性能参数应满足控制系统的要求 ③一般的比例阀有 25%左右的零位死区，频宽在 10Hz 以下，只宜用于开环控制系统中，闭环控制系统应慎重选用高性能比例阀 ④比例压力阀区分为不同压力等级，应根据系统的实际工作压力范围正确选用，才能达到预期的调节精度，提高阀的工作可靠性 ⑤流量控制阀不仅有不同流量调节范围，还有不同的流量变化形式，选用时可根据实际使用系统对流量变化要求考虑型号、规格。流量阀还应保证一个使阀能正常工作的压差 ⑥方向阀要合理选择中位机能和过滤机能 ⑦工作介质不同对阀密封有不同要求，选用时应注意产品样本的说明

9.11　液压控制装置的集成

9.11.1　液压控制装置的板式集成

表 20-9-173　　板式集成的特点及其液压控制装置的设计

结构及特点		
结构及特点		板式集成液压控制装置，是把若干个标准板式液压控制阀用螺钉固定在一块公共底板（油路板，亦称阀板）上，按系统要求，通过油路板中钻、铣或铸造出的孔道实现各阀之间的油路联系，构成一个回路[参见图(a)]。对于较复杂的系统，则需将系统分解成若干个回路，用几个油路板来安装板式液压元件，各个油路板之间通过管道来连接。通常将油路板上安装阀的一面称为正面，不安装阀的一面称为背面 根据获取内部孔道方式的不同，油路板可分为整体式油路板和剖分式油路板两种结构形式 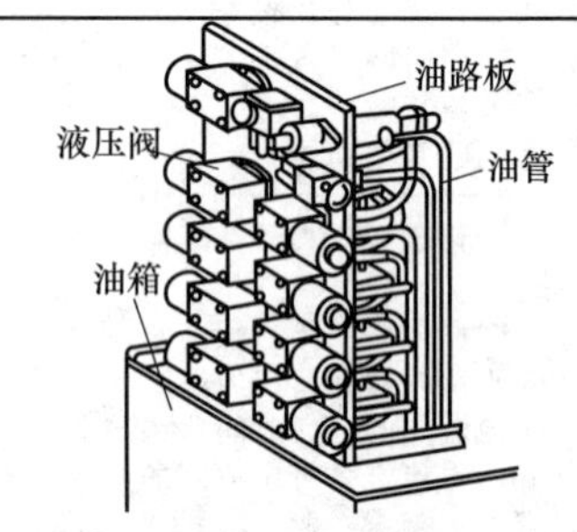 图(a)　板式集成液压控制装置的结构
	整体式油路板	整体式油路板的油路孔道可用钻孔、铣槽和铸造三种方法之一得到 ①钻孔。包括油路板正面与阀的油口连接的孔在内的所有孔道都用钻孔的方法得到。图(b)中(ⅰ)所示的液压回路中的液压阀 1、2、3、4，安装到用钻孔方法获得的油路板上，组成的板式集中液压控制装置见图(b)中(ⅱ)，此种结构的油路板具有强度高、可靠性好的优点，因而应用较多。其缺点是：加工工艺性差、效率低，特别是深孔的加工较难；由于孔道是钻出来的，孔道的交叉和转弯处都是直角[见图(c)中(ⅰ)]，故液流局部阻力损失较大；由于油液在实现元件间油路联系所钻的一些工艺孔[最后需用图(c)中(ⅱ)所示的螺塞 2 堵死]中流动时会出现负压，螺塞密封不严可能吸入空气，从而导致系统出现振动、噪声和工作稳定性下降 (ⅰ) 液压回路　(ⅱ) 板式集成液压控制装置 图(b)　液压回路及其板式集成液压控制装置

续表

结构及特点	整体式油路板	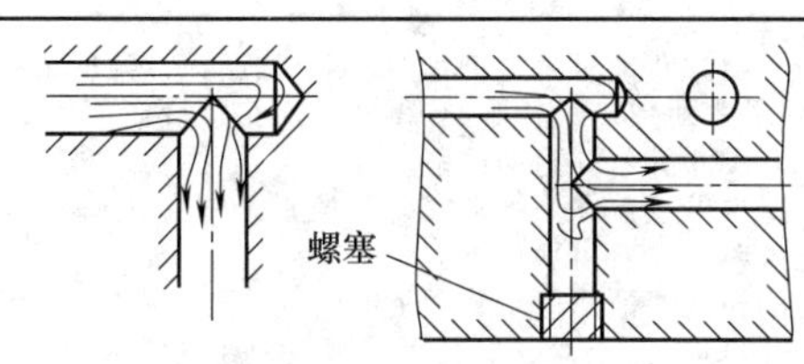 (i) 直角交叉孔道 (ii) 油路联系工艺孔 图(c) 钻孔孔道 ②铣槽。除了与阀的油口连接的孔仍然用钻孔方法得到外，油路板中的其余孔道可以随意弯曲，如图(d)中(ⅰ)所示。它是在油路板不安装阀的背面按要求的坐标方向铣出阶梯形的槽，然后将事先加工好的小盖板盖住槽并与底板焊接为一体，从而形成图(d)中(ⅱ)所示的矩形孔。由于这种孔道可以随意弯曲，因此孔道布置灵活。缩短了阀孔口之间的连接通道长度，弯曲处圆滑，液流阻力损失小，同时因无工艺孔，故避免了空气侵入系统 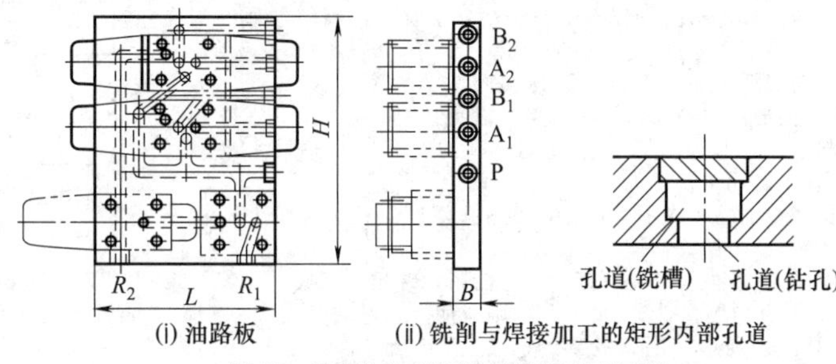 (i) 油路板 (ii) 铣削与焊接加工的矩形内部孔道 图(d) 具有弯曲孔道的油路板及铣槽孔道 ③铸造。除了与液压阀油口连接的孔仍然用钻孔方法得到外，还可将铜管预先弯制成所需的内部孔道形状，并按一定位置放在铸造型腔中进行浇铸，铜管与铸成的油路板形成一个整体。此种油路板的优点与铣槽孔道油路板的优点类同。其缺点是加工工艺性较差
	剖分式油路板	剖分式油路板由底板与面板组成，如图(e)所示，一般是在面板(安装控制阀的板子)上钻出与阀的油口连接的孔，在面板与地板相结合的面上铣出(或铸出)矩形沟槽，然后用黏合剂将底板和面板黏合在一起，并用相当数量的螺钉将面板和底板紧固成一体，从而形成矩形内部孔道，两块油路板成为一个完整的封闭体。面板上的孔分别与液压元件上相应油口对应，而各元件之间油路联系借助底板铣出或铸出的沟槽来实现。此种结构的油路板制造较方便，但当系统产生较高液压冲击时，可能造成黏合剂失效，引起油路串联，导致系统工作失常。所以这种油路板仅适合压力较低的液压系统使用 综上所述可知，板式集成对于动作复杂的液压系统，会因液压元件数量的增加导致所需油路板的尺寸和数量的增大，致使有些孔道甚至无法钻出，而铣槽往往出现渗漏窜腔现象。此外，油路板是根据特定的液压系统专门设计制作的，不易实现标准化和通用化，不易组织专业生产。特别是当需要更改回路或追加元件时，油路板就要重新设计加工，而其中的差错可能使整块油路板报废。所以，板式集成液压控制装置适合不太复杂的低压液压系统采用 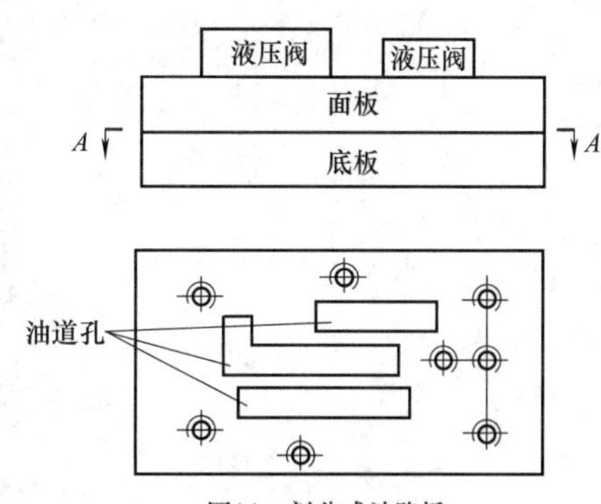 图(e) 剖分式油路板
板式集成液压控制装置的设计	液压系统的分解	当液压系统较为简单，其液压控制元件数目不多时，不必对系统进行分解，采用一块油路板并在其上面直接布置系统的控制元件，对液压控制装置进行集成即可 当液压系统较复杂，控制元件数目较多时，为避免体积过大及钻孔过深，可将整个液压系统按功能、执行器动作或需要分解成几个回路，每个回路的元件安装在一块油路板上，每块油路板的元件以不多于10～12个为宜，使每块油路板的边长不致过大(≤400mm为宜)。然后将几个回路的油路板用管路连接起来，组成一个完整的多油路板式集成液压控制装置，如图(f)所示 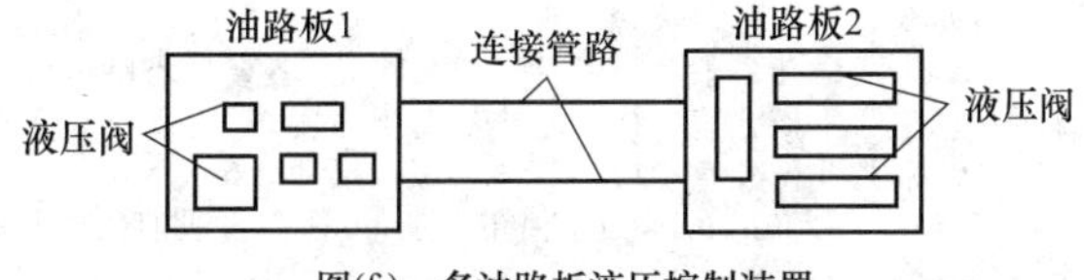 图(f) 多油路板液压控制装置 考虑到加工制造、安装调试、操作维护的方便性，应将同一分支油路的控制元件安排在同一块油路板上，以减少或缩短油路板之间的连接管路

续表

板式集成液压控制装置的设计	液压控制阀的布置	液压控制阀在油路板上的布置是否合理，直接影响油路板设计的质量。因此，可按液压系统原理图中选定的板式液压控制阀，查阅相关手册或产品样本，获得其与油路板设计相关的各类尺寸(外形尺寸、安装连接尺寸、油口尺寸及油口间相互位置尺寸等)，并根据这些尺寸制作元件样板，放在图纸上安排位置。对于设计经验较为丰富或元件数量较少的情况也可直接在图纸上安排各控制元件位置 在油路板上布置元件时的注意事项如下 1)认真研究欲布置的各板式液压阀安装面上的字母代号及意义、安装面和各油口尺寸，尺寸公差及形位公差等要求。GB/T 17490—1998 对液压阀油口底板控制装置和电磁铁的标示做出了规定 2)力求减小油路板的总体尺寸。为了减小油路板的总体尺寸，应控制元件之间的距离不宜过大，一般可取控制元件间隙 $b=5\sim10\text{mm}$[图(g)]，以相邻元件不相干涉为准。由于不同元件制造厂家生产的同一系列同一型号规格的元件外形尺寸的准确度不同，在布置元件时应予注意。此外，将元件的非加工底面(如电磁阀的电磁铁、压力阀的调压部分、流量阀的调节手柄等)伸到油路板之外，也是减小油路板总体尺寸的途径之一 3)保证液压阀正确的安装方位。应充分了解所选用的各种控制元件的使用说明和要求，使其在油路板上具有正确的方位。例如，尽量使单向阀阀芯保持垂直向下压在阀座上的位置，以免阀芯卡阻；应使换向滑阀保持轴线水平方位，以免阀芯、电磁铁等零件的自垂引起换向和复位失常。分流集流阀的阀芯应为轴线水平方位，以免降低其同步精度等 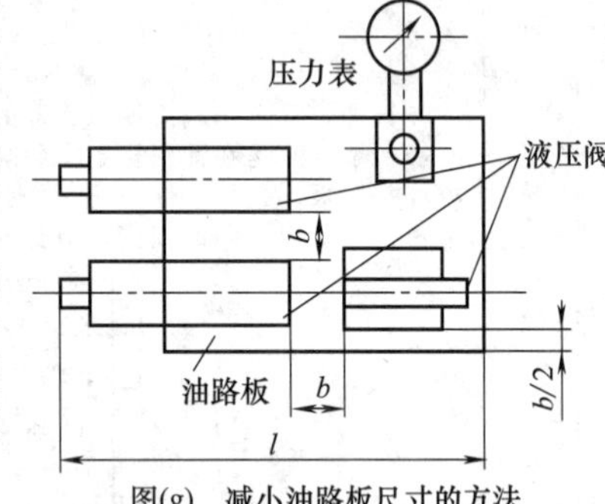 图(g) 减小油路板尺寸的方法 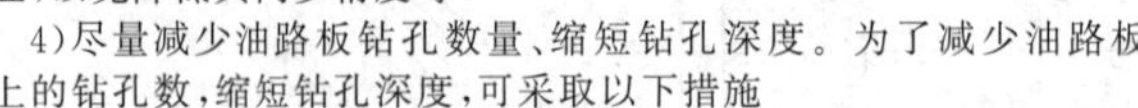 4)尽量减少油路板钻孔数量、缩短钻孔深度。为了减少油路板上的钻孔数，缩短钻孔深度，可采取以下措施 ① 尽可能使用液压系统中有联系的控制元件相邻安放 ② 若某两个控制元件有油口相通，则应使两相通油口连线与油路板的某一边平行，以减少油路板上横孔的数目。如图(h)中，阀 V_1 的 A 孔要与阀 V_2 的 B 孔相通，现此两阀的排列使 A 孔和 B 孔的 X 轴上坐标尺寸相同，故只要钻两个直孔 4 与一个横孔 5 即能连接 A、B 二孔。反之，若二孔的 X 轴坐标尺寸不同，就要再增加一个横孔 ③ 当油路板上安置的元件数量较多时，为避免不应连通的孔道相通，应分层钻孔(但是，分层钻孔增大了油路板厚度和质量)。通常在靠近液压元件的地方钻第一层孔，做泄油和控制油的通道，它们的直径较小；第二层孔为通压力油的横孔；第三层孔为回油孔通道。为防止油压作用击穿相邻通道，孔与孔之间的壁厚一般不得小于 5mm。当元件数量较少时，可分两层钻孔，或者只安排一层孔 ④ 为按系统要求沟通各个元件并减小钻孔深度，可适当安排一些工艺孔，最后工艺孔用螺塞堵死 ⑤ 压力表开关各测压油孔沿圆周排列，且孔径较小，分布较密，不易在油路板上直接布置，而采用板外管式连接比较方便[参见图(h)] 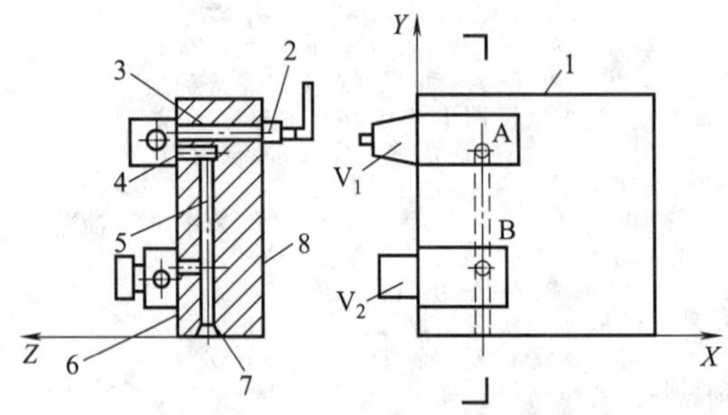 图(h) 减少油踏板钻孔数量 1—油路板；2—管接头；3—直孔(通孔)；4—直孔(不通孔)；5—横孔；6—正面；7—堵塞；8—背面
	孔道直径及孔间壁厚的确定	1)孔道直径的确定。油路板上有正面孔、背面孔、横孔和元件泄油孔等 4 种孔道，各通油孔的直径要满足允许流速的要求，可按下述方法确定 ①油路板正面应加工出与阀相通的孔，这种孔的直径一般应与液压阀油口的直径相同 ②油路板背面应加工出螺纹孔，以便于安装管接头和油管。首先计算出底孔直径，再确定相应的管接头规格及其螺纹部分尺寸，由此确定每个孔口攻螺纹尺寸 ③油路板侧面加工横孔，横孔一般为中间油道或工艺孔，不直接与阀的油口或管接头连接，钻孔孔口需用螺塞封堵，螺塞的螺纹小径应等于横孔直径。为减小油路板厚度，横孔直径可略小于按流量选定的孔的孔径。若需在油路板侧面安装管接头，则此横孔直径应按管接头螺纹尺寸确定 ④元件泄油口一般较小($\phi3\sim6\text{mm}$)，为了便于加工，可适当将泄油孔的直径放大到 $\phi6\sim8\text{mm}$。如果泄油孔太深不便加工，则可将各元件的泄油口单独或分组接上油管回油 2)压力油孔间最小壁厚 δ 的确定。压力油孔之间的壁厚 δ 不能太小，一方面防止使用过程中由于油压而击穿，另一方面避免加工时因油孔的偏斜而误通。对于中低压系统，δ 不得小于 5mm，高压系统应更大些

续表

<table>
<tr>
<td rowspan="2">板式集成液压控制装置的设计</td>
<td>油路板的工作图与制造</td>
<td>
1)油路板的工作图。所设计的油路板零件工作图是加工制造油路板的主要依据，设计和绘制时的注意事项如下
①油路板的安装方式有支脚式和框架式。支脚式安装需要单独制作 L 形支脚(可用型钢简单加工而成)，支脚紧固在油路板背面下角，再通过螺钉将油路板与主机附属设备或油箱顶盖连接起来。此安装方式结构简单，但刚性较差，适合单块油路板的装置采用
框架式安装方式是将油路板固定在一个框架上[如图(i)所示]，或固定在专门的底座上，框架可用铸造或焊接等方法获得。此方式结构稍显复杂，但一个框架上可同时安装几块油路板，故特别适合较复杂的液压系统采用
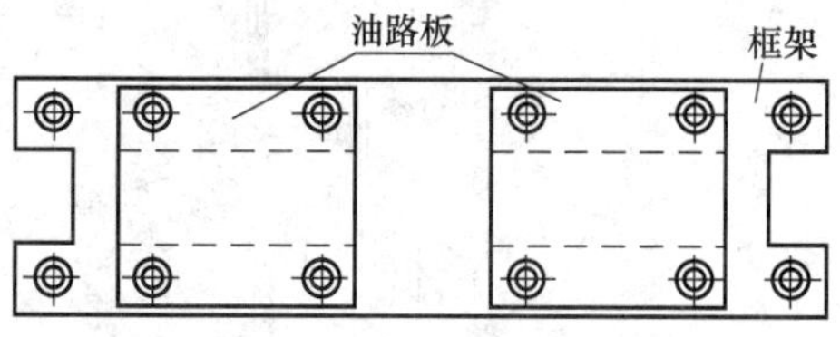

图(i)　框架式安装
②应有足够的视图数目。油路板的零件图要有足够的视图数目，以完整地表达油路板的内外形状及各种几何尺寸。一般应包括油路板的正面视图及各钻孔层的剖面图和带有螺塞的侧面视图
③尺寸标注应齐全无误。在外形尺寸标注齐全的同时，应当确定出各液压元件的基准线坐标，注出各孔相对于基准线的尺寸。零件图上各孔的直径与深度应标注齐全。由于油路板上孔系较多，且大小深浅不一，为了便于加工和检验，可用孔内做记号或将各孔编号列表的方法标出各孔的直径与深度；一般孔的位置公差和孔深误差为自由公差，故可不注，若有较高要求，则应注明
2)油路板的制造
①油路板材料通常采用 HT200、Q235 钢等
②铸件不得有疏松、缩孔及裂纹等缺陷。安装液压元件的正面应磨削加工，表面粗糙度可按所选用的液压阀对安装连接面的要求确定，也可自行确定，但表面粗糙度一般不得大于 $Ra1.6\mu m$。其余各面的表面粗糙度为 $Ra12.5\mu m$ 即可
③油路板加工完毕，还应进行耐压试验，在试验压力为工作压力的 1.3 倍时，油路板各面、各接口及螺塞处不得有渗漏
</td>
</tr>
<tr>
<td>板式集成液压控制装置总装图的绘制</td>
<td>
板式集成液压控制装置的总装图(有时简称油路板总装图)是全部液压控制元件安装到阀板上之后的外形图，为了便于油路板零件图的读图及加工，可在油路板装配图中附上该油路板的液压回路(系统)原理图
图(j)是一采用整体式油路板的板式集成液压控制装置的总装图示例
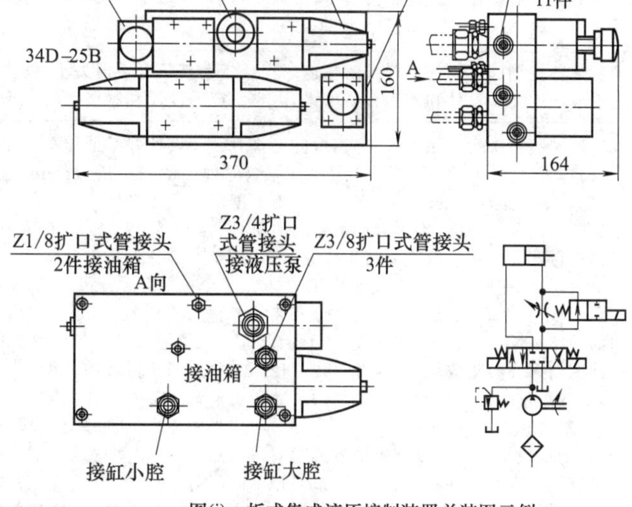

图(j)　板式集成液压控制装置总装图示例
</td>
</tr>
</table>

第20篇

9.11.2 液压控制装置的块式集成

表 20-9-174 块式集成的特点及其液压控制装置的设计

结构及特点	如图(a)所示，块式集成是将标准的板式阀及少量叠加式阀或插装阀装在集成块上组成基本回路，元件之间靠集成块上加工出的通道连接，块与块之间又有连接孔，以便将适当的回路块叠积在一起成为所需要的系统	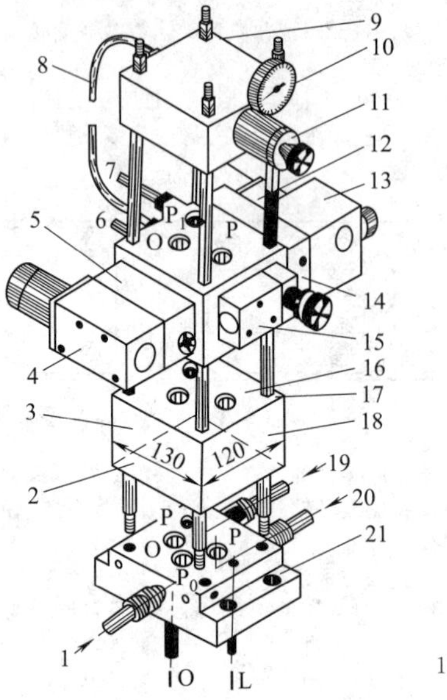 1—单泵或双泵供油进口； 2—集成块前面； 3—油路块左侧面； 4—二位五通电磁换向阀； 5—背压阀； 6—通液压缸小腔的管接头； 7—通液压缸大缸的管接头； 8—测压管； 9—顶块； 10—压力表； 11—压力表开关； 12—二位二通电磁换向阀； 13—调速阀； 14—过渡板； 15—顺序阀； 16—集成块后面； 17—集成块； 18—集成块侧面； 19，20—双、单泵供油进油口； 21—基块 图(a) 块式集成液压控制装置的结构
	可简化设计	可用标准元件按典型动作组成单元回路块。选取适当的回路块叠积于一体，即可构成所需液压控制装置，故可简化设计工作
	设计灵活、更改方便	因整个液压系统由不同功能的单元回路块组成，当需要更改系统、增减元件时，只需更换或增减单元回路块即可实现，所以设计时灵活性大、更改方便
	易于加工、专业化程度高	集成块(也称通道体)主要是 6 个平面及各种孔的加工。与前述油路板相比，集成块尺寸要小得多，因此平面和孔道的加工比较容易，便于组织专业化生产和降低成本
	结构紧凑、装配维护方便	由于液压系统的多数油路等效成了集成块内的通油孔道，所以大大减少了整个液压装置的管路和管接头数量。使得整个液压控制装置结构紧凑，占地面积小，外形整齐美观，便于装配维护，系统运行时泄漏少，稳定性好
	系统运行效率较高	由于实现各控制阀之间油路联系的孔道的直径较大且长度短损失小，发热少，效率较高。块式集成的主要缺点是集成块的孔系设计和加工容易出错，需要一定的设计和制造经验
块式集成液压控制装置的设计	分解液压系统并绘制集成块单元回路图	当液压控制装置决定采用块式集成时，首先要对已经设计好的液压系统原理图进行分解，并绘制集成块单元回路图。集成块单元回路图实质上是液压系统原理图的一个等效转换，它是设计块式集成液压控制装置的基础，也是设计集成块的依据。现以专用铣床工作台液压系统为例，图(b)所示，说明其要点。首先将液压系统原理图中的公用油路(本例为 3 条公用油路：压力油路 P，回油路 O 及泄油路 L)集中引至系统图一边；然后根据执行器动作功能及需要将系统分解为若干单元回路(本例分解为 4 个单元回路：2 个安装液压阀的中间集成块，简称中间块；1 个起支承作用的基块；1 个安放压力表开关的顶块)。各单元回路用点画线画出轮廓，并在其中标明每一单元回路上具体安装的控制阀及其数目，是否采用过渡板(见后)或专用阀，以及各阀之间的油路联系情况。分解集成块单元回路时，应优先采用现有系列集成块单元回路，以减少设计工作量。目前国内有多种集成块系列，各有几十种标准单元回路供选用。集成块上液压阀的安排应紧凑，块数应尽量少，以减小整个液压控制装置的结构尺寸和重量。集成块的数量与液压系统的复杂程度有关，一摞集成块组中，除基块和顶块外，中间块一般有 1～7 块。当所需中间块多于 7 块时，可按系统工作特点和性质，分组叠积，否则集成块组的高度和重量过大，容易失稳。减少中间块数目的主要途径有：液压阀的数目较少的简单回路合用一个集成块；液压泵的出口串接单向阀时，可采用管式连接的单向阀(串接在泵与集成块组的基块之间)；采用少量叠加阀、插装阀及集成块专用嵌入式插装阀，集成块侧面加装过渡板与阀连接，基块与顶块上布置适当的元件等

续表

	分解液压系统并绘制集成块单元回路图	系统原理图　集成块单元回路图 图(b)　集成块单元回路图	
块式集成液压控制装置的设计	集成块的设计	尽管目前已有多种集成块系列及其单元回路，但是现代液压系统日趋复杂，导致系列集成块有时不能满足用户的使用和设计要求，据统计工程实际中有占系统回路 20%～30% 的回路集成块需自行设计 由于集成块的孔系结构复杂，设计者经验的多寡对于设计的成败及质量的优劣有很大影响。对于经验缺乏的设计者来说，在设计中，建议设计者研究和参考现有通用集成块系列的结构及特点，以便于加快设计进程，减少设计失误，提高设计工作效率	
		确定公用油道孔的数目	集成块体的公用油道孔，有二孔、三孔、四孔、五孔等多种设计方案，应用较广的是二孔式和三孔式 ①二孔式。在集成块上分别设置压力油孔 P 和回油孔 O 各一个，用 4 个螺栓孔与块组连接螺栓间的环形孔来作为泄漏油通道。如图(c)所示 二孔式 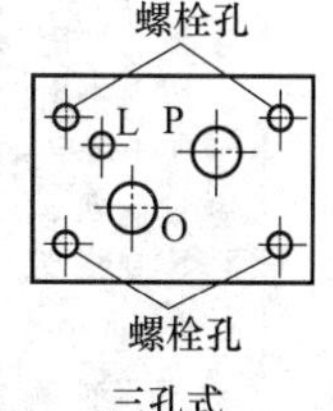 三孔式 图(c)　集成块的公用油道孔 二孔式集成块的优点是：结构简单，公用通道少，便于布置元件；泄漏油道孔的通流面积大，泄漏油的压力损失小。缺点是：在基块上需将 4 个螺栓孔相互钻通，所以需堵塞的工艺孔较多，加工麻烦，为防止油液外泄，集成块间相互叠积面的粗糙度要求较高，一般应小于 $Ra0.8\mu m$ ②三孔式。在集成块上分别设置压力油孔 P、回油孔 O 和泄油孔 L 共 3 个公用孔道，如图(c)所示 三孔式集成块的优点是结构简单，公用油道孔数较少，缺点是因泄漏油孔 L 要与各元件的泄漏油口相通，故其连通孔道一般细而长，加工较困难，且工艺孔较多
		液压元件样板的制作	为了在集成块四周面上实现液压阀的合理布置及正确安排其通油孔（这些孔将与公用油道孔相连），可按照液压阀的轮廓尺寸及油口位置预先制作元件样板，放在集成块各有关视图上，安排合适的位置。对于简单回路则不必制作样板，直接摆放布置即可

续表

块式集成液压控制装置的设计	集成块的设计	孔道直径及通油孔间的壁厚确定	集成块上的孔道很多，但可以分为三类：第一类是通油孔道，其中包括贯通上下面的公用孔道，安装液压阀的 3 个侧面上直接与阀的油口相通的孔道，另一侧面安装管接头的孔道，不直接与阀的油口相通的中间孔道即工艺孔等；第二类是连接孔，其中包括固定液压阀的定位销孔和螺钉孔（螺孔），连接各集成块的螺栓孔（光孔）；第三类是质量在 30kg 以上的集成块的起吊螺钉孔 ①确定通油孔道的直径 a. 与阀的油口相通孔道的直径，应与液压阀的油口直径相同 b. 与管接头相连接的孔道，其直径一般应按通过的流量和允许流速，但孔口须按管接头螺纹小径钻孔并攻螺纹 c. 工艺孔应用螺塞堵死 d. 对于公用孔道，压力油孔和回油孔的直径可以类比同压力等级的系列集成块中的孔道直径确定，也可通过计算得到；泄油孔的直径一般由经验确定，例如对于低中压系统，当 $q=25\mathrm{L/min}$ 时，可取 $\phi 6\mathrm{mm}$；当 $q=63\mathrm{L/min}$ 时，可取 $\phi 10\mathrm{mm}$ ②连接孔的直径 a. 固定液压阀的定位销孔的直径和螺钉孔（螺孔）的直径，应与所选定的液压阀的定位销直径及配合要求和螺钉孔的螺纹直径相同 b. 连接集成块组的螺栓规格可类比相同压力等级的系列集成块的连接螺栓确定，也可以通过强度计算得到。螺栓直径确定后，其螺栓孔（光孔）的直径也就随之而定，系列集成块的螺栓直径为 M8～M12，其相应的连接孔直径为 $\phi 9\sim 12\mathrm{mm}$ c. 起吊螺钉孔的直径。单个集成块质量在 30kg 以上时，应按质量和强度确定螺钉孔的直径。 d. 通油孔间的壁厚及其校核。通油孔间的最小壁厚的推荐值不小于 5mm。当系统压力高于 6.3MPa 时，或孔间壁厚较小时，应进行强度校核，以防止系统在使用中被击穿。考虑到集成块上的孔大多细而长，钻孔加工时可能会偏斜，实际壁厚应在计算基础上适当取大一些
		中间块外形尺寸的确定	中间块用来安装液压阀，其高度 H 取决于所安装元件的高度。H 通常应大于所安装的液压阀的高度。在确定中间块的长度和宽度尺寸时，在已确定公用油道孔基础上，应首先确定公用油道孔在块间结合面上的位置。如果集成块组中有部分采用标准系列通道块，则自行设计的公用油道孔位置应与标准通道块上的孔一致。如图(d)所示，中间块的长度和宽度尺寸均应大于安放元件的尺寸，以便于设计集成块内的通油孔道时调整元件的位置。一般长度方向的调整尺寸为 40～50mm，宽度方向为 20～30mm。调整尺寸留得较大，孔道布置方便，但将加大块的外形尺寸和质量，反之，则结构紧凑、体积小、质量小。但孔道布置困难。最后确定的中间块长度和宽度应与标准系列块的一致 应当指出的是，现在有些液压系统产品中，一个集成块上安装的元件不止 3 个，有时一块上所装的元件数量达到 5～8 个以上，其目的无外乎是减少整个液压控制装置所用油路块的数量。如果采用这种集成块，通常每块上的元件不宜多于 8 个，块在 3 个尺度方向的最大尺寸不宜大于 500mm。否则，集成块的体积和质量较大，块内孔系复杂，给设计和制造带来诸多不便 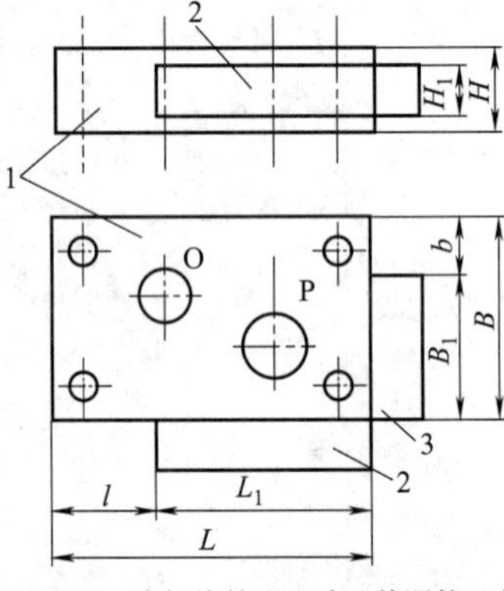 **图(d) 中间块外形尺寸及其调整示意** 1—中间块；2—正面安装的液压阀；3—侧面安装的液压阀
		布置集成块上的液压元件	在确定了集成块中公用油道孔的数目、直径及在块间连接面中的位置与集成块的外形尺寸后，即可逐块布置液压元件了。液压元件在通道块上的安装位置合理与否，直接影响集成块体内孔道结构的复杂程度、加工工艺性的好坏及压力损失的大小。元件安放位置不仅与典型单元回路的合理性有关，还要受到元件结构、操纵调整的方便性等因素的影响。即使单元回路完全合理，若元件位置不当，也难于设计好集成块体。因此，它往往与设计者的经验多寡、细心程度有很大关系 ①基块（底板）。基块的作用是将集成块组件固定在油箱顶盖或专用底座上，并将公用通油孔道通过管接头与液压泵和油箱相连接，有时需在基块侧面上安装压力表开关。设计时要留有安装法兰、压力表开关和管接头等的足够空间。当液压泵出油口经单向阀进入主油路时，可采用管式单向阀，并将其装在基块外 ②中间块。中间块的侧面安装各种液压控制元件。当需与执行装置连接时，3 个侧面安装元件，一个侧面安装管接头，注意事项如下

续表

块式集成液压控制装置的设计	集成块的设计	布置集成块上的液压元件	a. 应给安装液压阀、管接头、传感器及其他元件的各面留有足够的空间 b. 集成块体上要设置足够的测压点，以便调试和工作时使用 c. 需经常调节的控制阀如各种压力阀和流量阀等应安放在便于调节和观察的位置，避免相邻侧面的元件发生干涉 d. 应使与各元件相通的油孔尽量安排在同一水平面内，并在公用通油孔道的直径范围内，以减少中间连接孔(工艺孔)、深孔和斜孔的数量。互不相通的孔间应保持一定壁厚，以防工作时击穿 e. 集成块的工艺孔均应封堵，封堵有螺塞、焊接和球涨 3 种方式，如图(e)所示。螺塞封堵是将螺塞旋入螺纹孔口内，多用于可能需要打开或改接测压等元件的工艺孔的封堵。焊接封堵是将短圆柱周边牢固焊接在封堵处，对于直径小于 5mm 的工艺孔可以省略圆柱而宜接焊接封堵，多用于靠近集成块边壁的交叉孔的封堵。球涨封堵是将钢球以足够的过盈压入孔中，多用于直径小于 10mm 工艺孔的封堵，制造球涨式堵头及封堵孔的材料及尺寸应符合 JB/T 9157—2011 的规定。封堵用螺塞、圆柱和钢球均不得凸出集成块的壁面，焊接封堵后应将焊接处磨平。封堵后的密封质量以不漏油为准 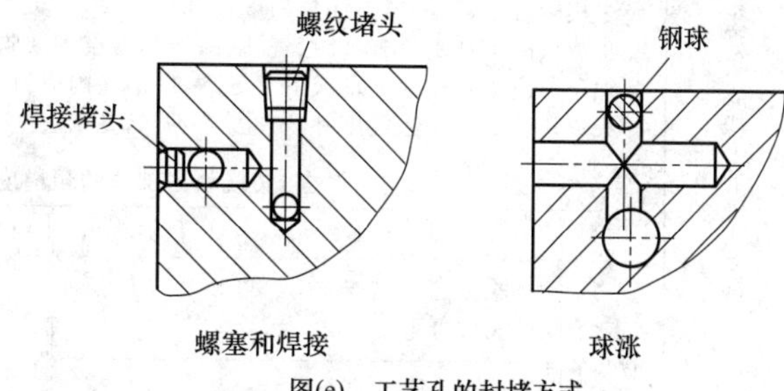 图(e)　工艺孔的封堵方式 f. 在集成块间的叠积面上(块的上面)，公用油道孔出口处要安装 O 形密封圈，以实现块间的密封。应在公用油道孔出口处按选用的 O 形密封圈的规格加工出沉孔，O 形圈沟槽尺寸应满足相关标准的规定 ③顶块(盖板)。顶块的作用是封闭公用通油孔道，并在其侧面安装压力表开关以便测压，有时也可以在顶块上安装一些控制阀，以减少中间块数量 ④过渡板。为了改变阀的通油口位置或为了在集成块上追加、安装较多的元件，可按需要在集成块上采用过渡板。过渡板的高度应比集成块高度至少小 2mm，其宽度可大于集成块，但不应与相邻两侧元件相干涉 ⑤集成块专用控制阀。为了充分利用集成块空间，减少过渡板，可采用以下两种集成块专用阀 a. 嵌入式专用阀。将油路上串接的元件如单向阀、背压阀等直接嵌入集成块内 b. 叠加式专用阀。通常将叠加阀叠积在集成块与换向阀之间 ⑥集成块油路的压力损失。油液在流经集成块孔系后要产生一定的压力损失，其数值是反映块式集成装置设计质量与水平的重要标志之一。显然，集成块中的工艺孔愈少，附加的压力损失愈小 集成块组的压力损失，是指贯通全部集成块的进油、回油孔道的压力损失。在孔道布置确定后，压力损失随流量增加而增加。经过一个集成块的压力损失，可逐孔、逐段详细算出后叠加。通常，经过一个块的压力损失值约为 0.01MPa。对于采用系列集成块的系统，也可以通过有关图线查得不同流量下经过集成块组的进油、回油通道的压力损失。图(f)给出了 JK25 系列集成块的进油和回油通道的压力损失图线 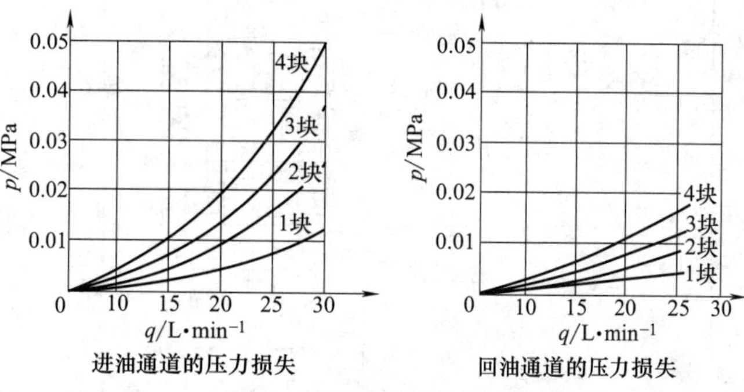 图(f)　JK25系列集成块的压力损失图线

续表

块式集成液压控制装置的设计 — **集成块的设计** — **布置集成块上的液压元件**

⑦绘制集成块加工图

a. 加工图的内容。为了便于看图、加工和安装，通常集成块的加工图应包括 4 个侧面视图及顶面视图、各层孔道剖面图与该集成块的单元回路图，并将块上各孔编号列表，并注明孔的直径、深度及与之阻、通的孔号，当然，加工图还应包括集成块所用材料及加工技术要求等

在绘制集成块的 4 个侧面和顶面视图时，往往是以集成块的底边和任一邻边为坐标，定出各元件基准线的坐标，然后绘制各油孔相连接液压阀的螺钉孔及块间连接螺栓孔，以基准线为坐标标注各尺寸

目前在有些液压企业，所设计的集成块加工图，各层孔道的剖视图，常略去不画，而只用编号列表来说明各种孔道的直径、深度及与之相通的孔号，并用绝对坐标标注各孔的位置尺寸等，以减少绘图工作量。但为了避免出现设计失误，最后必须通过人工或计算机对各孔的所有尺寸及孔间阻、通情况进行仔细校验

b. 集成块的材料和主要技术要求。制造集成块的材料因液压系统压力高低和工作机械类型不同而异。通常，对于固定机械、低压系统的集成块，宜选用 HT250 或球墨铸铁；高压系统的集成块宜选用 20 钢和 35 钢锻件。对于有质量限制要求的行走机械等设备的液压系统，其集成块可采用铝合金锻件，但要注意强度设计

集成块的毛坯不得有砂眼、气孔、缩松和夹层等缺陷，必要时需对其进行探伤检查。毛坯在切削加工前应进行时效处理或退火处理，以消除内应力

集成块各部位的粗糙度和公差要求不同，见下表

集成块各部位的粗糙度和公差要求

项目	部　　位	数值/μm	项目	部　　位		数值/μm
表面粗糙度 Ra	各表面和安装嵌入式液压阀的孔	<0.8	公差	定位销孔直径		$\phi12$
				安装面的表面平面度		每 100mm 距离上 0.01mm
	末端管接头的密封面	<3.2		沿 X 和 Y 轴计算孔位置尺寸	定位销孔	±0.1mm
	O 形圈沟槽	<3.2			螺纹孔	±0.1mm
	一般通油孔道	<12.5			油口	±0.2mm
备注	①块间结合面不得有明显划痕 ②为了美观，机械加工后的铸铁和钢质集成块表面可镀锌			块间结合面的平行度		0.03μm
				四个侧面与结合面的垂直度		0.1mm

形位公差要求为：块间结合面的平行度公差一般为 0.03μm，其余 4 个侧面与结合面的垂直度公差为 0.1mm。为了美观，机械加工后的铸铁和钢质集成块表面可镀锌

块式集成液压控制装置总装图绘制

块式集成液压控制装置总装图（也称集成块组装配图）是所有安装上标准液压阀的集成块成摞叠积后的外形图，为了便于读图、装配调试和使用维护，建议在总装图中附上整个液压系统等效的集成块单元回路图。块式集成液压控制装置总装图实例见图(g)

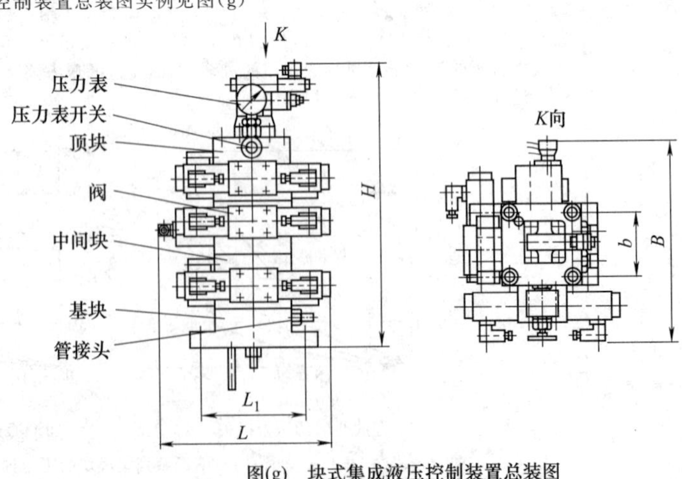

图(g) 块式集成液压控制装置总装图

9.11.3　液压控制装置的叠加阀式集成

表 20-9-175　**叠加阀式集成液压控制装置设计**

<table>
<tr><td rowspan="3">结构及特点</td><td colspan="2">叠加阀式集成是在块式集成基础上发展起来的，液压控制元件间的连接不需要另外的连接块，而是以特殊设计的叠加阀的阀体作为连接体，通过螺栓将液压阀等元件直接叠积并固定在最底层的基块(底板块)上。基块侧开有螺纹孔口，通过管接头作为通向执行器、液压泵或油箱的孔道，并可根据需要用螺塞封堵或打开。由于同一系列、规格的叠加阀的油口和连接螺栓孔的大小、位置及数量与相匹配的板式换向阀相同，所以，只要把同一规格的叠加阀按一定顺序叠加起来，再将板式换向阀直接安装于这些叠加阀的上面，即可构成各种典型液压回路。叠加阀式集成液压控制装置的结构如图(a)所示
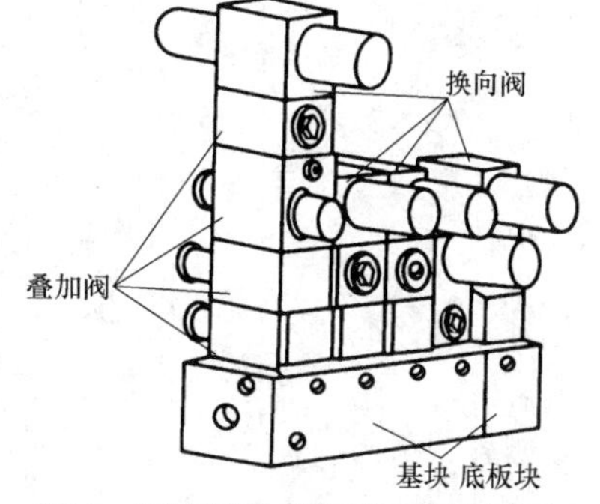

图(a)　叠加阀式集成液压控制装置的结构</td></tr>
<tr><td>优点</td><td>①标准化、通用化和集成化程度高，设计、加工及装配周期短，便于进行计算机辅助设计
②结构紧凑、外形美观、体积小、重量轻、占地面积小
③配置灵活、安装维护方便，便于通过增减叠加阀，实现液压系统原理的变更
④减少了管件和阀间连接辅助件，耗材少，成本低
⑤压力损失小，消除了漏油、振动和噪声，系统稳定性高，使用安全可靠</td></tr>
<tr><td>缺点</td><td>叠加阀式集成液压控制装置的主要缺点是回路形式较少，一般最大通径 32mm，故不能满足复杂和大功率液压系统的需要</td></tr>
<tr><td>叠加阀式集成液压控制装置的设计要点</td><td>绘制液压叠加回路图</td><td>液压叠加回路图是已有液压系统原理图的一个等效转换，它是组成叠加阀式集成液压控制装置的依据
研究叠加阀系列型谱，首先应对叠加阀系列型谱进行研究，其目的是根据液压系统功能原理设计时确定的液压系统工作压力、流量，从现有叠加阀系列中选定合适的叠加阀系列产品，作为系统的控制元件，选择时重点注意叠加阀的机能、公称压力和通径(流量)，并对要选用的叠加阀与普通液压阀原理相对比，以验证其使用后的正确性。最后将选定的叠加阀，按系列的规定和一定规律绘制成系统的液压叠加回路图，各叠加阀要用点画线画出轮廓，并应标明各阀之间的油路联系情况
绘制液压叠加回路时的注意事项如下
①主换向阀、叠加阀、基块之间的通径相连接尺寸应一致，并符合国际标准 ISO 4401 的规定
②板式主换向阀应布置在叠加阀组的最上面，兼作顶盖用。执行器、液压泵及油箱通过管接头及油管与基块的下底面或侧面通油孔道相连接，各种叠加阀应布置在主换向阀与底板块之间
③压力表开关应紧靠基块，否则将无法测出各点压力。多联基块的组合控制装置中至少要设一个压力表开关。凡有减压阀的油路都应设一个压力表开关
④组成的回路有时会受到部分叠加阀叠加顺序的限制，所以要注意：双液控单向阀与双单向节流阀组合时，应使单向节流阀靠近执行器，以防双液控单向阀启闭不正常引起液压缸冲击；减压阀与双单向节流阀组合时，节流阀应靠近执行器，以防节流阀的节流作用引起的压力变化使减压阀阀口开度即出口压力频繁变化，从而导致液压执行器运动不稳定或振动；减压阀与双控单向阀组合时，也应使单向阀靠近执行器，以保证需锁紧的液压执行器不致因减压阀的泄漏而出现窜动
⑤回油路上的调速阀和节流阀等元件，应安装在紧靠主换向阀的位置，以减小这些元件后的背压(压力损失)，使回油或泄油畅通
⑥对于较复杂的多执行器液压系统，可使用多联基块连接出多摞阀(因为通常一摞阀只能控制 1 个执行器)
⑦叠加阀组原则上应垂直叠加，以避免水平安装时因重力作用使连接螺栓发生拉伸和弯曲变形，叠加阀间产生向外渗油现象
⑧采用液控单向阀的系统，其主换向阀需采用 Y 型或 YX 型中位机能，以保证换向阀在中位时，液控单向阀的液控口接油箱使单向阀的阀芯可靠复位
图(b)为 1 个液压马达和 1 个液压缸作为执行器的液压叠加回路图的示例</td></tr>
</table>

续表

叠加阀式集成液压控制装置的设计要点	绘制液压叠加回路图	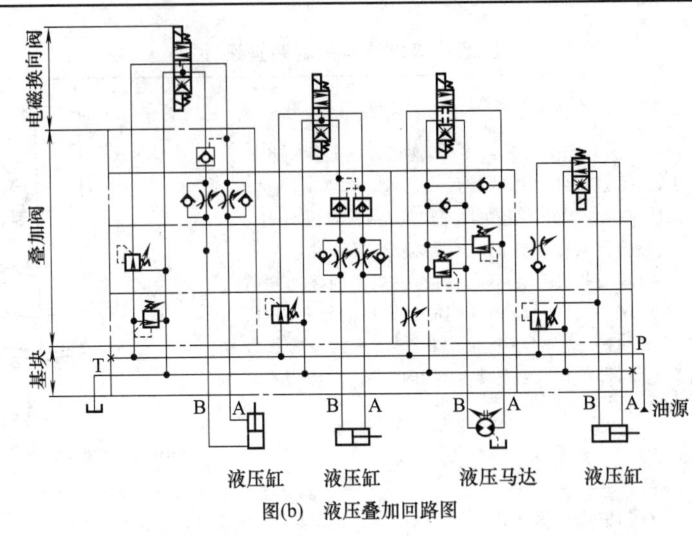 图(b) 液压叠加回路图
	基块（底板块）的选用与设计	目前，各现有叠加阀系列均有其通用基块的图纸或产品可以供给，一般情况下，可满足各种液压系统的要求，因此应优先选用，以减少设计工作量并缩短制造加工周期。选用底板块时应根据叠加阀通径区分所选阀的种类。如 $\phi6$ 通径的基块（底板块）可按需要直接选取联（摞）数，1 摞（叠）阀选 1 联，2 摞（叠）阀选 2 联等（也可多选 1 联，作为备用基块供追加元件之用）。而 $\phi10$ 通径之上的基块有左、中、右之分，若有 2 摞（叠）以上的阀，应选左、右底板各 1 块，若只有 1 叠阀则可仅选用 1 块左边块或右边块，不用的孔应使用螺栓封堵。若通用基块不能满足使用要求，则需根据系统性质和特点参考通用基块的结构自行设计，其设计要点与块式集成中的集成块相似，故此处从略
	绘制叠加阀式集成的总装图	叠加阀式集成液压控制装置的总装图（也称叠加阀组总装图）是将各换向阀、叠加阀叠积于基块后的外形图。在对所设计的液压叠加回路进行校验、与系统原理图进行比较确认其工作原理无误后，即可开始绘制总装图。为了便于读图、装配调试和使用维护，建议在装配图中附上整个液压系统等效的液压叠加回路图。叠加阀式集成液压控制装置的总装图示例（略去了俯视图和回路图）如图(c)所示 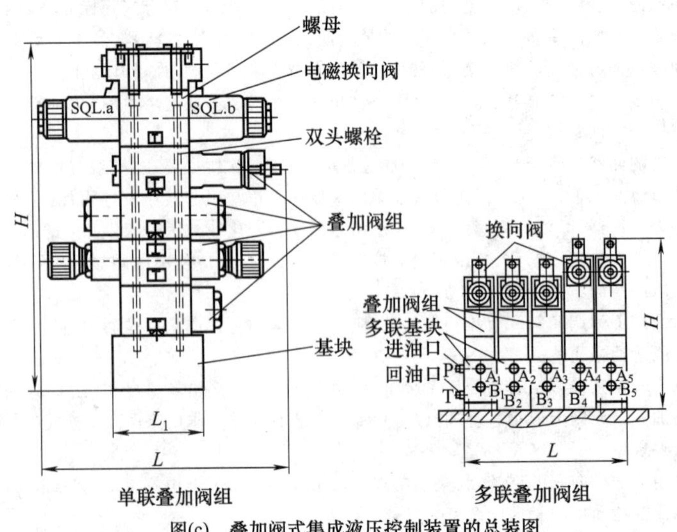 图(c) 叠加阀式集成液压控制装置的总装图

9.11.4 液压控制装置的插入式集成

表 20-9-176 **插入式集成液压控制装置的特点及设计**

结构及特点		插入式集成是近年发展起来的新型集成方式。它所连接的液压阀主要为插装阀，所以也称插装式集成 插装阀本身没有阀体，如图(a)所示，依靠插入元件(阀芯 1、阀套 2、弹簧 3 和密封件 4)与集成块(又称通道块)5 中的孔配合，控制盖板上根据插装阀的不同控制功能，安装相应的先导控制元件；通道块既是嵌入插入元件及安装控制盖板的基础阀体，又是主油路和控制油路的连通体，图(b)为某整体式通道块的外形 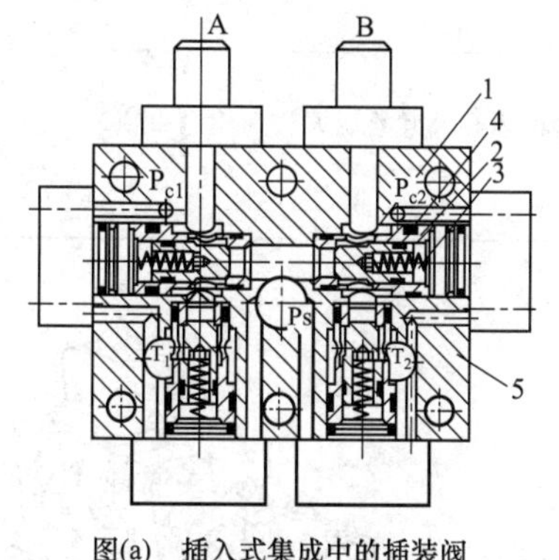 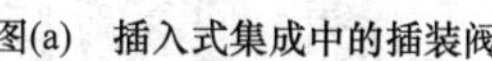 图(a) 插入式集成中的插装阀 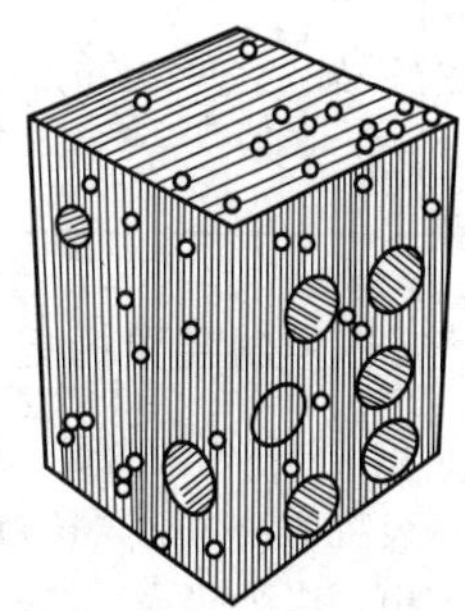 图(b) 插入式集成的整体式通道块
	优点	与普通液压阀及其集成方式相比，插入式集成的优点是 ①插装阀通过组合插件与阀盖，具有可构成方向、流量以及压力多种控制功能 ②由于阀座式结构，内部泄漏小，没有卡阻现象；有良好的适应性，能实现高压、大流量(可达 18000L/min)，并且适用于高水基液压介质 ③插装阀直接装入集成块的内腔中，所以减少了泄漏、振动、噪声和配管引起的故障，提高了可靠性 ④结构简单，标准化、系列化、专业化程度高，集成后的液压控制装置可大幅度地缩小安装空间与占地面积，与常规的液压装置相比成本低 所以在重型机械、冶金、塑料机械及各种加工机床的液压系统中获得了广泛应用
	缺点	液压系统变更的灵活性较差，集成块的通油孔系统较复杂，不便于设计和加工
插入式集成的设计	绘制插装阀液压回路图	插装阀液压回路图的绘制分为两种情况：一种是可以将液压系统功能原理设计时拟订的常规阀表示的液压系统或回路等效转换成相应的插装阀回路[图(c)]；另一种是在整个液压系统设计之初，就决定采用插装阀，则可在系统功能原理设计时，就以插装阀形式绘制出整个系统的回路图。若为前者，则应对转换前后的液压系统原理的正确性进行慎重验证与核对 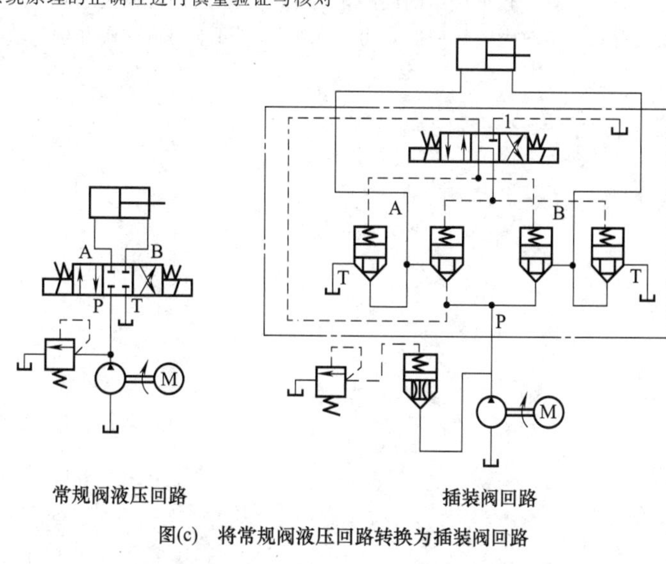 图(c) 将常规阀液压回路转换为插装阀回路

续表

插入式集成的设计	插装阀的选用与设计	目前，国产各系列插装阀的开发单位或生产厂基本上均可提供所需产品，因此应优先采用现有插装阀系列产品。只有在现有产品不能满足用户特殊使用要求时，才可参考液压阀设计方面的相关文献、资料自行设计
	集成块（通道块）的选用与设计	阀块实质上是插装阀的复合控制单元。与插装阀一样，也进行了系列化和标准化。制造厂为每一种集成块提供回路原理图供用户选择，也提供非标准集成块 当标准阀块不能满足使用要求时，用户可结合选用或设计的插装阀并参照块式集成中集成块的设计要点自行设计。但应符合二通插装阀的安装连接尺寸（GB/T 2877—2007）及螺纹式插装阀的阀孔尺寸（JB/T 5963—2014）的标准规定
	绘制插入式集成液压控制装置的总装图	插入式集成液压控制装置的总装图应该包含的内容及其绘制方法和注意事项，与块式集成等集成方式的总装图的绘制类同（略）

9.11.5　液压控制装置的复合式集成

随着制造业和工业技术的发展，各类机械设备的液压系统及液压装置的结构形式日趋复杂和多样化。在一个液压系统中，这种情况下往往有多个回路或支路，而各支路因负载、速度的不同，其通过流量和使用压力不尽相同，这种情况下机械地采用同一类型的液压阀及集成方式就未必合理。此时可以根据各回路或支路的工况特点统筹考虑，并将板式、块式、链式、叠加阀式、插入式集成方式混合使用，构成一个整体型的复合式集成液压控制装置。它集中了上述几种集成方式的特点，适应性和针对性强，整体造价可能较单独采用一种集成方式要低。但在一个油路块上以多种方式集成许多元件（图 20-9-136），无疑增大了油路块的体积、质量和孔系的复杂性，也加大了设计制造难度。

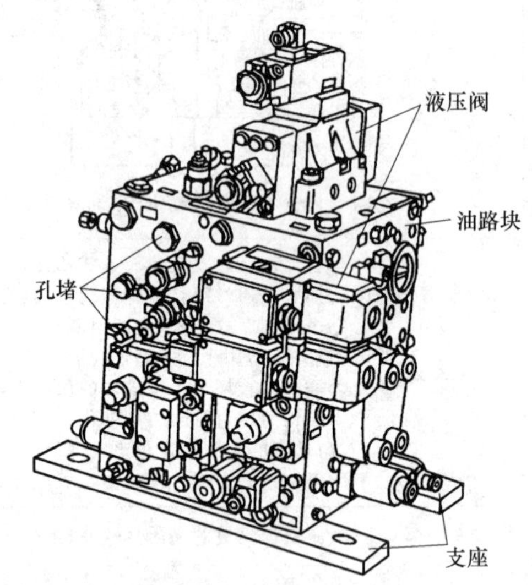

图 20-9-136　复合集成许多元件的油路块

在这种液压控制装置中，可以按以下原则进行设计：在同样使用压力下，对于较小流量的回路，可采用叠加阀式集成装置；对于较大流量回路，可采用插装阀并构成插装式集成装置，对于中等流量的回路，可采用板式阀并构成块式集成装置。

第20篇

第 10 章　液压辅件与液压泵站

10.1　蓄能器

蓄能器在液压系统中是用来储存、释放能量的装置，其主要用途为：可作为辅助液压源在短时间内提供一定数量的压力油，满足系统对速度、压力的要求，如可实现某支路液压缸的增速、保压、缓冲、吸收液压冲击、降低液压脉动、减少系统驱动功率等。

10.1.1　蓄能器的种类及特点

表 20-10-1　蓄能器的种类及特点

种类		结构简图	特点	用途	安装要求
气体加载式	气囊式	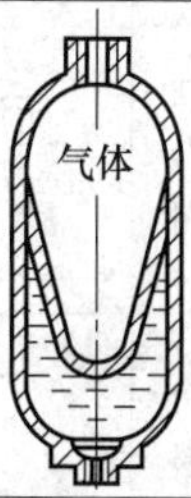 气体	油气隔离，油不易氧化，油中不易混入气体，反应灵敏，尺寸小，重量轻；气囊及壳体制造较困难，橡胶气囊要求温度范围－20～70℃	折合型气囊容量大，适于蓄能；波纹型气囊用于吸收冲击	一般充惰性气体（如氮气）。油口应向下垂直安装。管路之间应设置开关（为充气、检查、调节时使用）
	活塞式	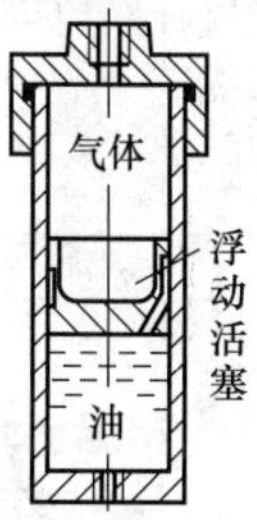 气体；浮动活塞；油	油气隔离，工作可靠，寿命长尺寸小，但反应不灵敏，缸体加工和活塞密封性能要求较高，有定型产品	蓄能，吸收脉动	
	气瓶式	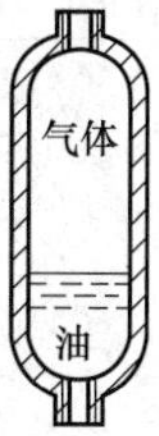 气体；油	容量大，惯性小，反应灵敏，占地小，没有摩擦损失；但气体易混入油内，影响液压系统运行的平稳性，必须经常灌注新气；附属设备多，一次性投资大	适用于需大流量中、低压回路的蓄能	
重锤式		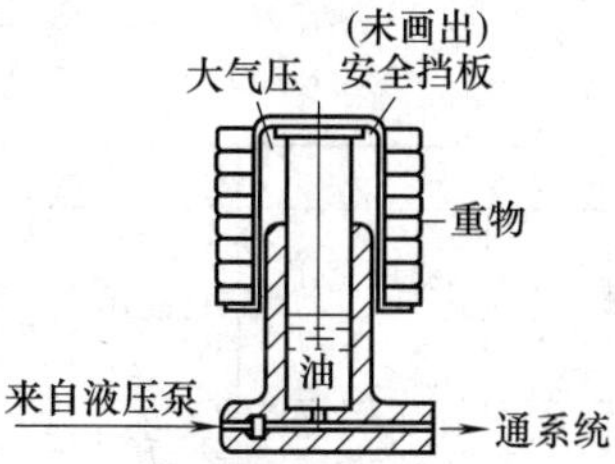 (未画出)安全挡板；大气压；重物；油；来自液压泵；通系统	结构简单，压力稳定；体积大，笨重，运动惯性大，反应不灵敏，密封处易漏油，有摩擦损失	仅作蓄能用，在大型固定设备中采用。轧钢设备中仍广泛采用（如轧辊平衡等）	柱塞上升极限位置应设安全装置或信号指示器，应均匀地安置重物
弹簧式		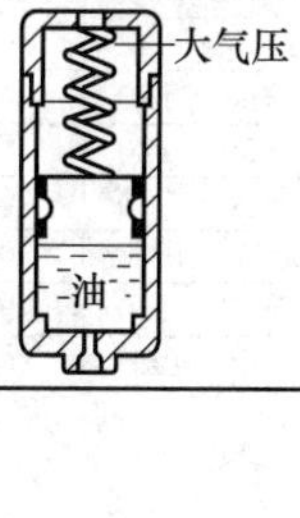 大气压；油	结构简单，容量小，反应较灵敏；不宜用于高压，不适于循环频率较高的场合	仅供小容量及低压 $p\leqslant1\sim12$MPa 系统作蓄能器及缓冲用	应尽量靠近振动源

10.1.2　蓄能器在系统中的应用

表 20-10-2　蓄能器在系统中的应用

用　途	系 统 图	用　途	系 统 图
储蓄液压能用			
(1)对于间歇负荷，能减少液压泵的传动功率 当液压缸需要较多油量时，蓄能器与液压泵同时供油；当液压缸不工作时，液压泵给蓄能器充油，达到一定压力后液压泵停止运转	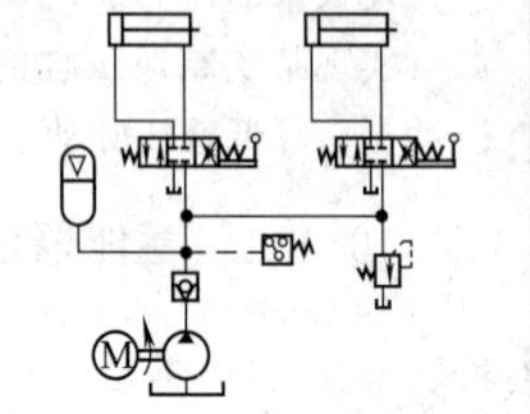	(4)保持系统压力：补充液压系统的漏油，或用于液压泵长时间停止运转而要保持恒压的设备上	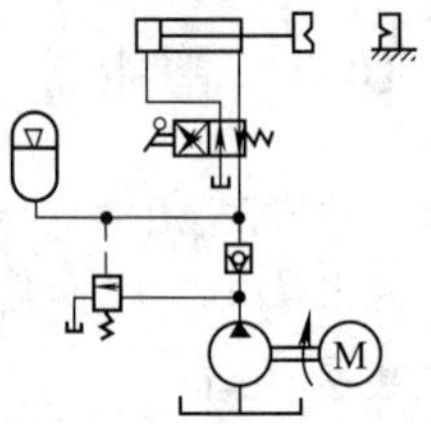
(2)在瞬间提供大量压力油	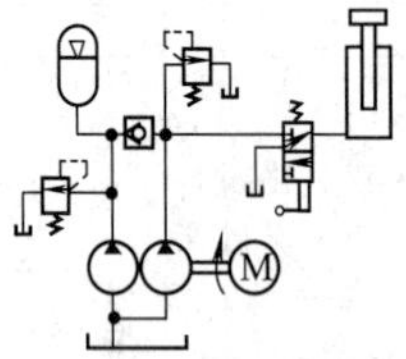	(5)驱动二次回路：机械在由于调整检修等原因而使主回路停止时，可以使用蓄能器的液压能来驱动二次回路	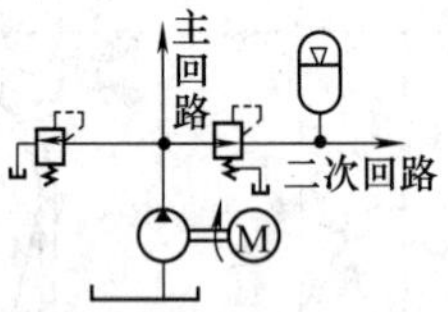
(3)紧急操作：在液压装置发生故障和停电时，作为紧急的动力源	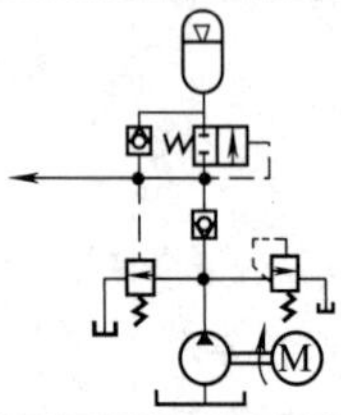	(6)稳定压力：在闭锁回路中，由于油温升高而使液体膨胀，产生高压可使用蓄能器吸收，对容积变化而使油量减少时，也能起补偿作用	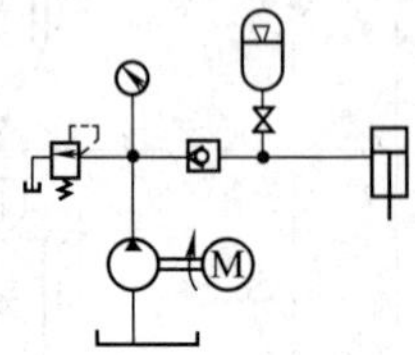
缓和冲击及消除脉动用			
(1)吸收液压泵的压力脉动	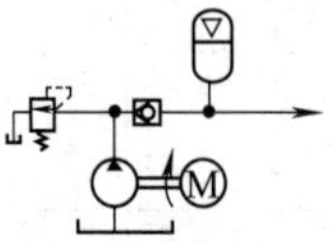	(2)缓和冲击：如缓和阀在迅速关闭和变换方向时所引起的水锤现象	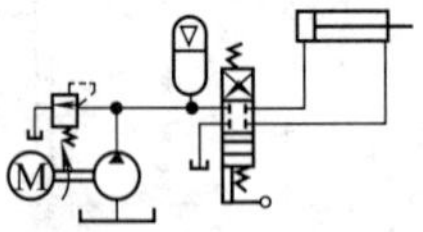

注：1. 缓和冲击的蓄能器，应选用惯性小的蓄能器，如气囊式蓄能器、弹簧式蓄能器等。

2. 缓和冲击的蓄能器，一般尽可能安装在靠近发生冲击的地方，并垂直安装，油口向下。如实在受位置限制，垂直安装不可能时，再水平安装。

3. 在管路上安装蓄能器，必须用支板或支架将蓄能器固定，以免发生事故。

4. 蓄能器应安装在远离热源的地方。

10.1.3　各种蓄能器的性能及用途

表 20-10-3　各种蓄能器的性能及用途

形　式				性　能						用　途		
				响应	噪声	容量的限制	最大压力/MPa	漏气	温度范围/℃	蓄能用	吸收脉动冲击用	传递异性液体用
气体加载式	隔离式	可挠型	气囊式	良好	无	有(480L左右)	35	无	−10～120	可	可	可
			隔膜式	良好	无	有(0.95～11.4L)	7	无	−10～70	可	可	可
			直通气囊式	好	无	有	21	无	−10～70	不可	很好	不可
			金属波纹管式	良好	无	有	21	无	−50～120	可	可	不可
		非可挠型	活塞式	不太好	有	可做成较大容量	21	小量	−50～120	可	不太好	可
			差动活塞式	不太好	有	可做成较大容量	45	无	−50～120	可	不太好	不可
	非隔离式			良好	无	可做成大容量	5	有	无特别限制	可	可	不可
重力加载式				不好	有	可做成较大容量	45	—	−50～120	可	不好	不可
弹簧加载式				不好	有	有	1.2	—	−50～120	可	不太好	可

10.1.4　蓄能器的容量计算

表 20-10-4　蓄能器的容量计算

应用场合	容积计算公式	说　明
作辅助动力源	$V_0=\dfrac{V_x(p_1/p_0)^{\frac{1}{n}}}{1-(p_1/p_2)^{\frac{1}{n}}}$	V_0——所需蓄能器的容积，m^3 p_0——充气压力，Pa，按 $0.9p_1<p_0<0.25p_2$ V_x——蓄能器的工作容积，m^3 p_1——系统最低工作压力，Pa p_2——系统最高工作压力，Pa n——指数，等温时取 $n=1$，绝热时 $n=1.4$
吸收泵的脉动	$V_0=\dfrac{AkL(p_1/p_0)^{\frac{1}{n}}\times10^3}{1-(p_1/p_2)^{\frac{1}{n}}}$	A——缸的有效面积，m^3 L——柱塞行程，m p_0——充气压力，按系统工作压力的60%充气 k——与泵的类型有关的系数： 泵的类型 / 系数 k：单缸单作用 0.60；单缸双作用 0.25；双缸单作用 0.25；双缸双作用 0.15；三缸单作用 0.13；三缸双作用 0.06
吸收冲击	$V_0=\dfrac{m}{2}v^2\left(\dfrac{0.4}{p_0}\right)\left[\dfrac{10^3}{\left(\dfrac{p_2}{p_0}\right)^{0.285}-1}\right]$	m——管路中液体的总质量，kg v——管中流速，m/s p_0——充气压力，按系统工作压力的90%充气

泵的类型	系数 k	泵的类型	系数 k
单缸单作用	0.60	双缸双作用	0.15
单缸双作用	0.25	三缸单作用	0.13
双缸单作用	0.25	三缸双作用	0.06

注：1. 充气压力按应用场合选用。

2. 蓄能器工作循环在 3min 以上时，按等温条件计算，其余均按绝热条件计算。

10.1.5　蓄能器的选择

蓄能器的选择应考虑如下因素：工作压力及耐压；蓄能器的用途；公称容积及允许的吸（排）液量或气体腔容积；允许使用的工作介质及介质温度等。其次，还应考虑蓄能器的重量及占用空间；价格、质量及使用寿命；安装维修的方便性及生产厂家的货源情况等。

蓄能器作为一种压力容器要受到有关法规或规程的强制性管理，其使用材料、制造方法、强度、安全措施应符合国家的有关规定。选用蓄能器时应选用有完善质量体系保证并取得有关部门认可的生产厂家的产品。

10.1.6　蓄能器产品

10.1.6.1　NXQ 型囊式蓄能器

NXQ 型国标囊式蓄能器是利用气体（一般为氮气）的可压缩性原理来蓄能的，广泛用于汽车、机械机床、石油、航天航空等领域，如图 20-10-1 所示。其具体原理为：在皮囊的内部充入氮气，外部则由液压油包围，而当液压油不断增多时，皮囊就受到挤压而变形，气体体积随之缩小，气压增大，这就是蓄能过程；而当气体膨胀时，液压油不断被排出，这就是释放能量的过程。

囊式蓄能器主体部分是皮囊与壳体，其中重要部分是皮囊，这也是决定产品质量、寿命关键因素。皮囊最上面的内孔有内螺纹，与充气单向阀连接，充气口里面有一个单向阀，阀芯后面有一个弹簧。皮囊和单向阀的接合面用紫铜垫密封。需要注意的是，对于不同容积和压力的皮囊，其单向阀及各种辅助密封圈一般都是可以通用的。

图 20-10-1　NXQ 型囊式蓄能器

第20篇

型号意义：

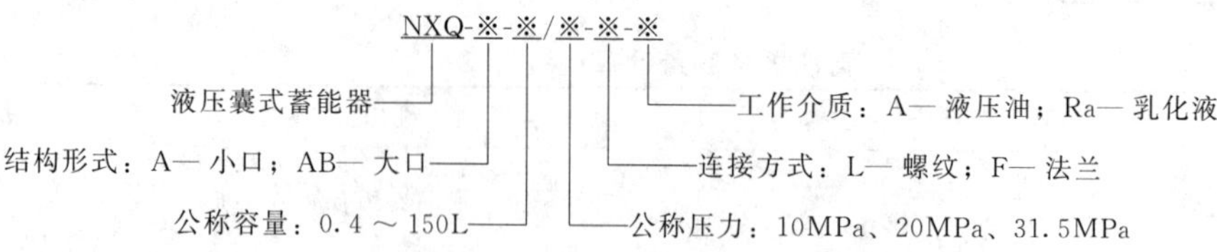

表 20-10-5　　NXQ 型囊式蓄能器技术参数

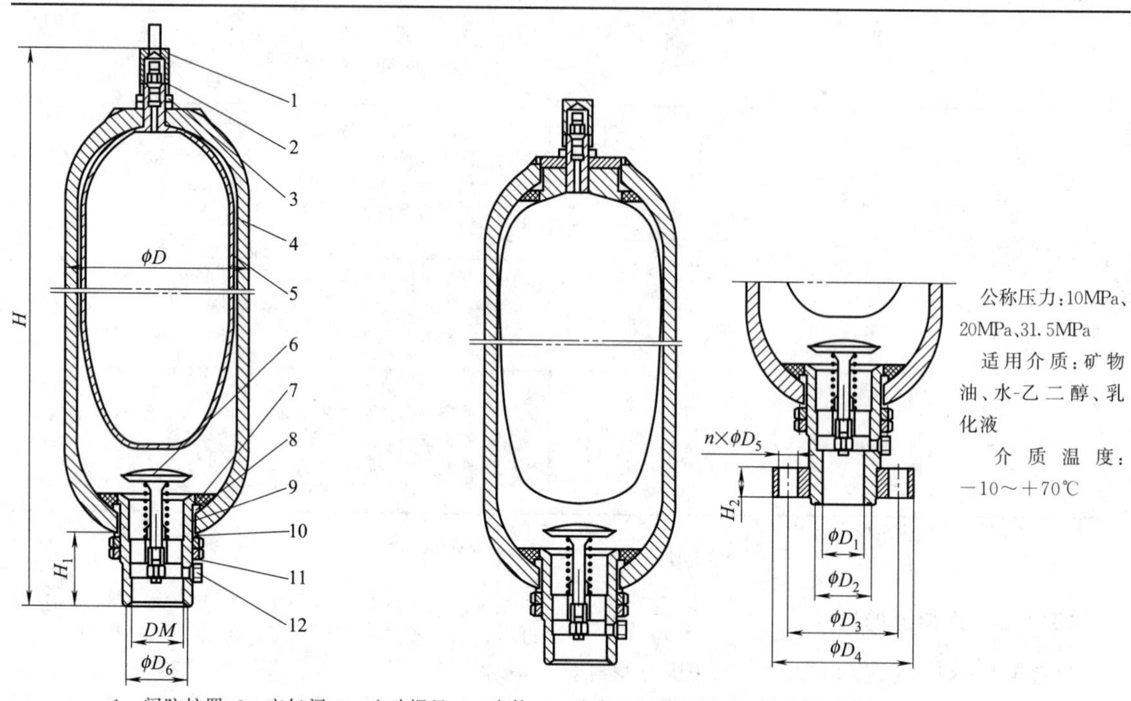

公称压力：10MPa、20MPa、31.5MPa
适用介质：矿物油、水-乙二醇、乳化液
介质温度：－10～＋70℃

1—阀防护罩；2—充气阀；3—止动螺母；4—壳体；5—胶囊；6—菌形阀；7—橡胶托环；8—支承环；9—密封环；10—压环；11—阀体座；12—螺堵

型号	公称压力/MPa	公称容量/L	连接方式 L	连接方式 F	DM	ϕD_1	ϕD_2	ϕD_3	ϕD_4	$n\times\phi D_5$	ϕD_6	H_1	H_2	ϕD	质量/kg
			H		基本尺寸/mm										
NXQ※-0.4/※-L-※	10 20 31.5	0.4	250		M27×2						32(32×1.9)	52		89	3
NXQ※-0.63/※-L-※		0.63	320												3.5
NXQ※-1/※-L-※		1	315											114	5.5
NXQ※-1.6/※-L/F-※		1.6	355	370	M42×2	40	50(50×3.1)	97	130	6×Φ17	50(50×3.1)	66	25	152	12.5
NXQ※-2.5/※-L/F-※		2.5	420	435											15
NXQ※-4/※-L/F-※		4	530	545											18.5
NXQ※-6.3/※-L/F-※		6.3	700	715											25.5
NXQ※-10/※-L/F-※		10	660	685	M60×2	50	65(65×3.1)	125	160	6×Φ22	70(70×3.1)	85	32	219	48

续表

型号	公称压力/MPa	公称容量/L	连接方式 L	连接方式 F	DM	ϕD_1	ϕD_2	基本尺寸/mm ϕD_3	ϕD_4	$n\times\phi D_5$	ϕD_6	H_1	H_2	ϕD	质量/kg
			H												
NXQ※-16/※-L/F-※	10 20 31.5	16	870	895	M60×2	50	65(65×3.1)	125	160	6×Φ22	70(70×3.1)	85	32	219	63
NXQ※-25/※-L/F-※		25	1170	1195											84
NXQ※-40/※-L/F-※		40	1690	1715											119
NXQ※-20/※-L/F-※		20	690	715	M72×2	70	80(80×3.1)	150	200	6×Φ26	80(80×3.1)	105	40	299	92
NXQ※-25/※-L/F-※		25	780	805											105
NXQ※-40/※-L/F-※		40	1080	1110	M72×2										135
NXQ※-63/※-L/F-※		63	1500	1530											191
NXQ※-80/※-L/F-※		80	1810	1840											241
NXQ※-100/※-L/F-※		100	2220	2250											290
NXQ※-100/※-L/F-※		100	1315	1360	M100×2	100	115(115×3.1)	220	255	8×Φ26	115(115×5.7)	115	50	426	441
NXQ※-160/※-L/F-※		160	1915	1960											552
NXQ※-200/※-L/F-※		200	2315	2360											663
NXQ※-250/※-L/F-※		250	2915	2960											786

注：1. 括号内为 O 形密封圈尺寸。
2. 生产厂为奉化朝日液压公司。

10.1.6.2　NXQ 型囊式蓄胶囊

蓄胶囊是囊式蓄能器的重要组成部分（图 20-10-2），通常由橡胶制成，具有可伸缩性，用于储藏压缩后的惰性气体。一般来说，胶囊内会注入一定气压的氮气，在胶囊外则充入液压油，胶囊会随着液压油的挤压而变形，从而压缩氮气来蓄能，反之则是释放能量。为了便于胶囊的更换，蓄能器的顶部一般使用大口结构。

图 20-10-2　NXQ 型囊式蓄胶囊

型号意义：

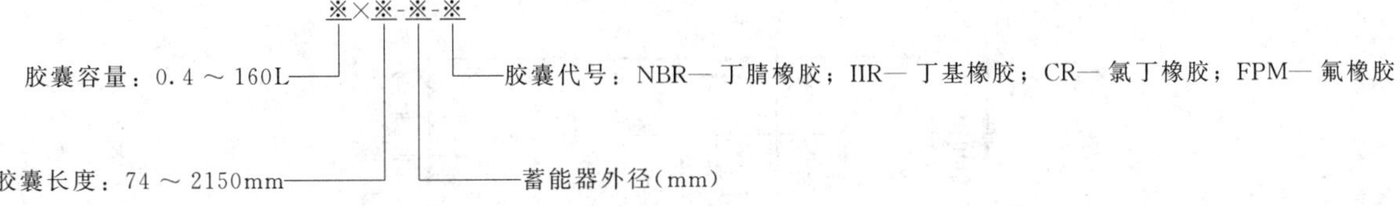

表 20-10-6　　NXQ 型囊式蓄胶囊技术参数

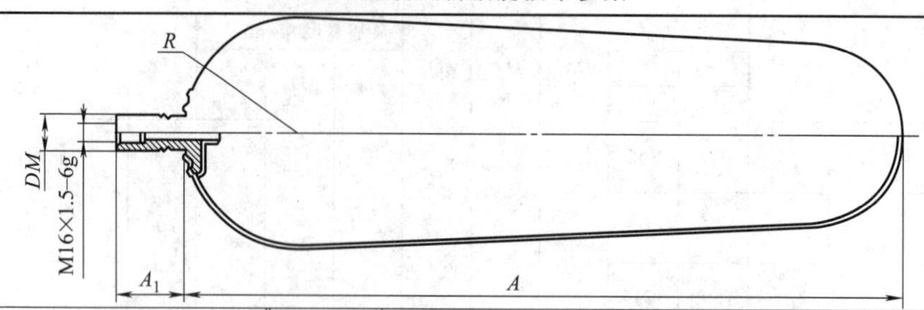

蓄能器规格		基本尺寸/mm				蓄能器规格		基本尺寸/mm				蓄能器规格		基本尺寸/mm			
ϕ	L	A	A_1	R	DM	ϕ	L	A	A_1	R	DM	ϕ	L	A	A_1	R	DM
89	0.4	74	44	38.5	M24×2.5	219	16	569	60	95	M30×1.5	299	50	950	70	131	M30×1.5 M50×1.5
	0.63	144					25	877					63	1180			
114	1	150		49			32	1115					80	1480			
152	1.6	144	49	66	M30×1.5		40	1405					100	1880			
	2.5	206					50	1475	70	131	M30×1.5 M50×1.5	351	80	1090		150	M50×1.5
	4	312				299	20	380					100	1360			
	6.3	486					25	470					125	1680			
219	10	365	60	95			40	740					160	2150			

注：胶囊介质—胶囊内为氮气；胶囊外为液压油、矿物油、抗燃油、水、乳化液、燃料等。

10.1.6.3　HXQ 型活塞式蓄能器

活塞式蓄能器的工作原理和液气隔离式蓄能器一样，主要利用了气体和液体的压缩性，在气压大的时候，将液体的压力转换为气体内能，而当气压下降的时候，将气体内能释放而对外做功。其中，活塞式蓄能器利用活塞将气体和液体隔开，由于活塞和筒状蓄能器内壁之间是密封关系，降低了液体氧化的可能性。活塞式蓄能器在辅助电源、吸收脉动、降低噪声、紧急动力源、吸收液压冲击等方面有着非常显著的作用。

活塞式蓄能器结构主要由活塞（铸铁、锻钢、铸钢或铝合金等材料制成）、缸筒、端盖（油口端与氮气端）三大主体构成，其中固定在缸筒两端有油侧连接法兰和气侧连接法兰。在油侧连接法兰上设有油孔，而气侧连接法兰上设有充气嘴。而活塞的两端各设有一单向阀，沿轴向则有储油槽、密封沟槽、储气槽和导向带沟槽。

图 20-10-3　HXQ 型活塞式蓄能器

型号意义

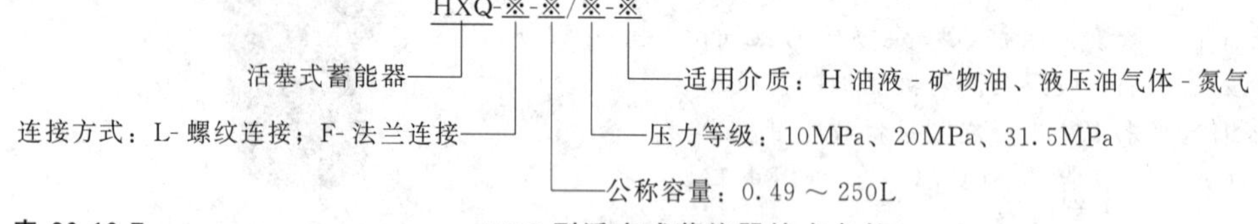

表 20-10-7　　HXQ 型活塞式蓄能器技术参数

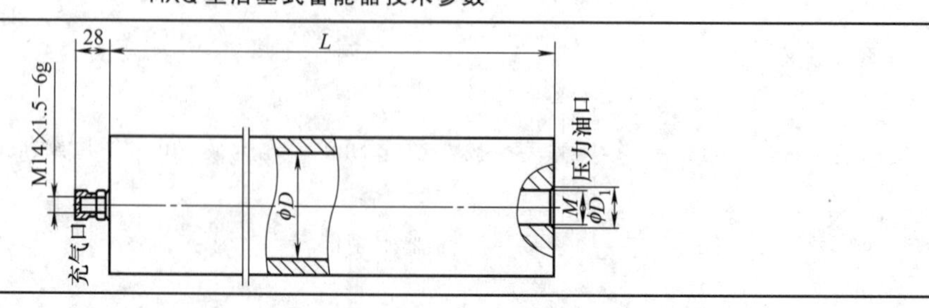

续表

型　号	公称压力/MPa	公称容积/L	基本尺寸			L	质量/kg
			ϕD	M	ϕD_1		
HXQ-L0.49/※-H		0.49				280	10.9
HXQ-L1/※-H		1	83	M27×2	35	440	13.8
HXQ-L2/※-H		2				770	19.8
HXQ-L2.5/※-H		2.5				540	26.2/31.2
HXQ-L5/※-H		5	121/127	M42×2	50	860	35.4/43.3
HXQ-L7.5/※-H		7.5				1180	44.4/55.4
HXQ-L10/※-H		10				700	84.5/108.3
HXQ-L16/※-H		16				930	98.7/130.4
HXQ-L20/※-H		20				1090	108.6/145.7
HXQ-L25/※-H		25	206/219	M60×2	70	1290	121/164.9
HXQ-L32/※-H	10	32				1560	137.7/190.8
HXQ-L45/※-H	20	45				2070	169.2/239.8
HXQ-L50/※-H	31.5	50				2270	181.6/258.9
HXQ-L50/※-H		50				1450	269/396
HXQ-L60/※-H		60				1660	294/440
HXQ-L80/※-H		80	286/310			2060	341/523
HXQ-L100/※-H		100				2470	390/608
HXQ-L120/※-H		120				2880	439/693
HXQ-L130/※-H		130		M72×2	80	1600	1093/1286
HXQ-L150/※-H		150				1760	1163/1375
HXQ-L180/※-H		180	480/500			2000	1266/1508
HXQ-L200/※-H		200				2160	1335/1596
HXQ-L250/※-H		250				2560	1508/1816

第 20 篇

10.1.6.4　GXQ 型隔膜式蓄能器

隔膜式蓄能器（图 20-10-4）的最大特点是重量较轻易携带，安装方便易推广，灵敏度高作用大，结构简单易维护，并且低压消除脉动效果显著，因此在各个行业中都扮演重要角色。隔膜式蓄能器一般可以分为焊接式、螺纹式两种。其中焊接式结构简单，成本低廉；而螺纹式可以更换隔膜，提高蓄能器的利用率。

隔膜式蓄能器的主要原理是利用波义耳定律，即气体的压缩性，通过液体来压缩进行储能工作。开始的时候将预定压力的气体充到蓄能器中的气密隔离件的胶囊内，而胶囊的周围则是液体和液压回路相通。其能量转化方式如下：当压力升高时，液体压缩气体，液体进入隔膜式蓄能器从而储存能量；当压力下降时，压缩的气体开始膨胀，使得液体流向液压回路从而释放能量。

图 20-10-4　GXQ 型隔膜式蓄能器

隔膜式蓄能器的主体结构是将两个半球紧扣，并且用中间的一张隔膜将半球内的气体和油（两者通常使用氮气和油液）分开。具体来说是由耐压钢质容器、可变形柔性材料制成的隔膜（通常由橡胶制成）、带闭合座、带闭合座等组成。

型号意义：

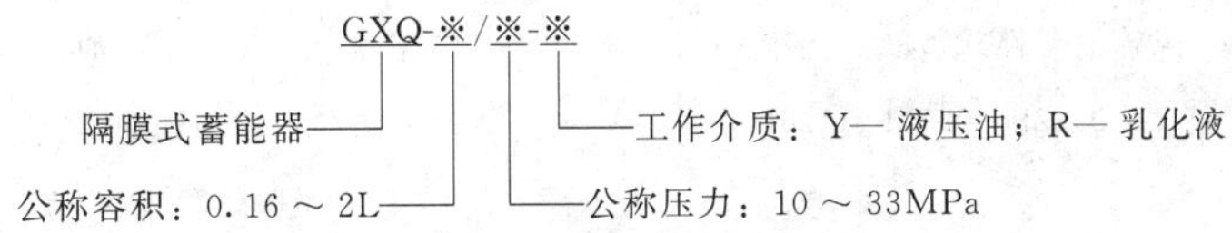

表 20-10-8 **GXQ 型隔膜式蓄能器技术参数**

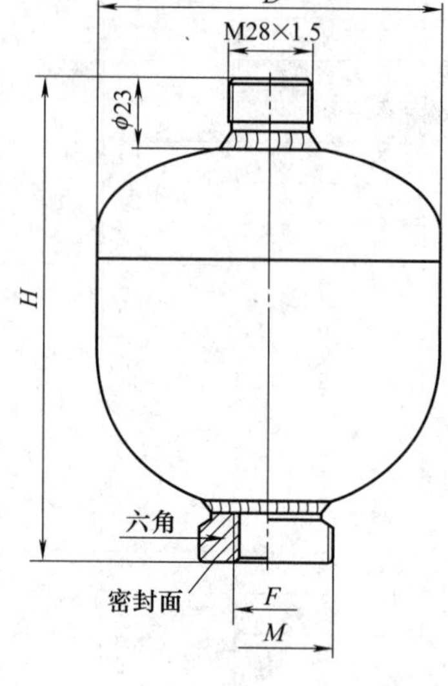

<table>
<tr><th rowspan="2">型号</th><th rowspan="2">公称
容积
/L</th><th rowspan="2">公称
压力
/MPa</th><th rowspan="2">D</th><th rowspan="2">H</th><th colspan="3">螺纹连接</th><th rowspan="2">螺纹连接</th><th rowspan="2">最后排
放流量</th></tr>
<tr><th>公制</th><th>英制</th><th>美制</th></tr>
<tr><td rowspan="9">GXQ-
※/※-※</td><td>0.16</td><td rowspan="8">10
21
33</td><td>74</td><td>112</td><td rowspan="9">外螺纹
M18×1.5</td><td rowspan="9">内螺纹
M18×1/2</td><td rowspan="3">SAE#6</td><td rowspan="9">M33×1.5</td><td rowspan="2">38</td></tr>
<tr><td>0.25</td><td>84</td><td>117</td></tr>
<tr><td>0.32</td><td>93</td><td>137</td><td rowspan="7">90</td></tr>
<tr><td>0.5</td><td>105</td><td>154</td><td rowspan="6">SAE#1.5</td></tr>
<tr><td>0.75</td><td>121</td><td>168</td></tr>
<tr><td>1</td><td>136</td><td>181</td></tr>
<tr><td>1.4</td><td>150</td><td>200</td></tr>
<tr><td>2</td><td>167</td><td>224</td></tr>
<tr><td>2.8</td><td>21</td><td>167</td><td>271</td></tr>
</table>

10.1.6.5 GLXQ 型管路式蓄能器

GLXQ 型管路蓄能器（图 20-10-5 和图 20-10-6）用于液压装置、精密测量和控制装置的管路中减少振动、消除噪声等。随管路串联安装、结构简单，并适合在要求较高的液压装置、精密测量和控制装置中应用。

图 20-10-5 GLXQ 型管路式蓄能器

型号意义：

GLXQ-※/※-※-※

- 管路式蓄能器 —— GLXQ
- 公称容积：0.1L、0.32L、0.63L、1.6L
- 公称压力：10MPa、20MPa、31.5MPa
- 连接方式：L— 螺纹连接；F— 法兰连接
- 工作介质：Y— 液压油；R— 乳化液

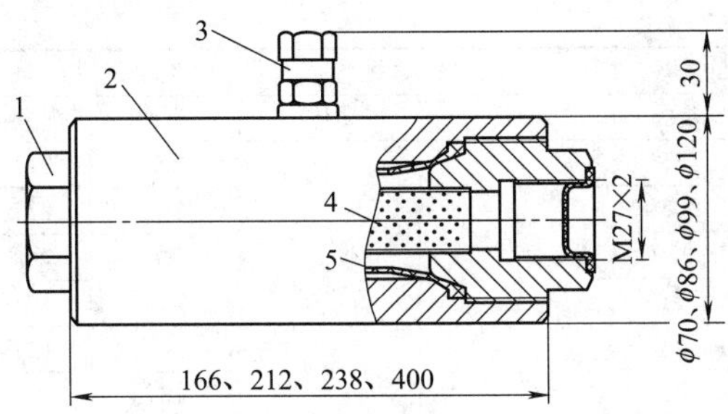

图 20-10-6　GLXQ 型管路式蓄能器内部结构及外形尺寸

1—管接头；2—壳体；3—充气阀；4—内管；5—管状胶囊

10.1.6.6　CQP 型非隔离式蓄能器（储气罐）

储气罐是以储气方式储存能量。作为气体动力源或作为非隔离式蓄能器，气体与液体直接接触，在液压、气动系统中起储能、补偿液压损耗和稳定压力等作用，目的是增加排油容量，减少泵机组功率。非隔离式蓄能器具有容量大、功能损耗少、节约能源、占地面积小等优点。

非隔离式蓄能器站一般与活塞式蓄能器配套使用，目的是增加排油容量，减小泵机组功率从而起到节能作用，应用于快速放油液场合，如大型压铸机。

型号意义：

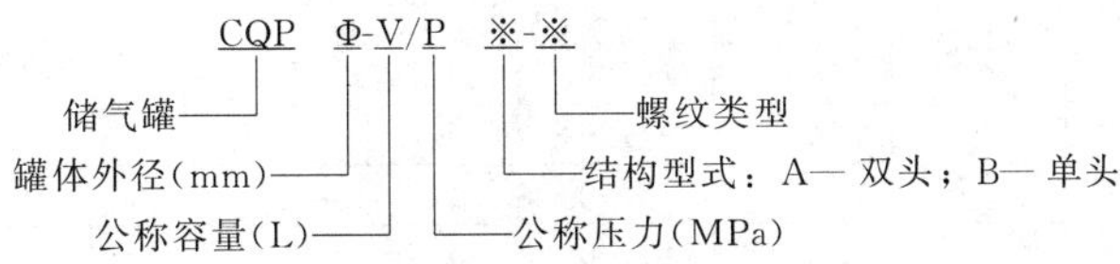

表 20-10-9　　CQP 型储气瓶技术参数

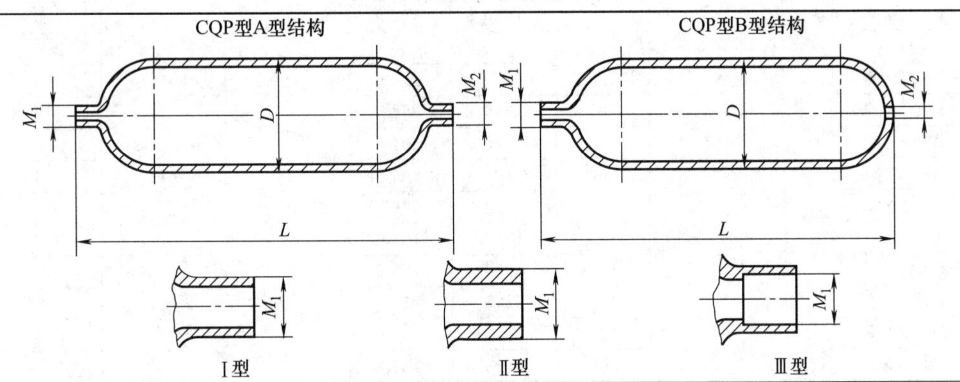

型　号	外径 /mm	公称压力 /MPa	公称容积 /L	基本尺寸		连接螺纹		质量/kg	
				A 型	B 型	M_1	M_2	A 型	B 型
CQPΦ-10/14-※	219	14	10	570	510	M60×2-6g	M30×1.5-6H	44	41
CQPΦ-16/14-※			16	760	700			59	56
CQPΦ-25/14-※			25	1090	1030			82	79
CQPΦ-32/14-※			32	1330	1280			98	95
CQPΦ-40/14-※			40	1610	1550			118	115
CQPΦ-10/20-※		20	10	570	570			38	36
CQPΦ-16/20-※			16	760	760			51	49
CQPΦ-25/20-※			25	1090	1030			70	68
CQPΦ-32/20-※			32	1330	1280			84	82
CQPΦ-40/20-※			40	1610	1550			101	99
CQPΦ-10/31.5-※		31.5	10	570	570			44	41
CQPΦ-16/31.5-※			16	760	760			59	56
CQPΦ-25/31.5-※			25	1090	1030			82	79
CQPΦ-32/31.5-※			32	1330	1280			98	95
CQPΦ-40/31.5-※			40	1610	1550			118	115
CQPΦ-40/14-※	299	14	40	90	930	M80×2-6g	M42×2-6H	130	127
CQPΦ-50/14-※			50	1170	1110			154	151
CQPΦ-63/14-※			63	1410	1350			184	181
CQPΦ-72/14-※			72	1580	1520			205	202

续表

型号	外径/mm	公称压力/MPa	公称容积/L	基本尺寸		连接螺纹		质量/kg	
				A型	B型	M_1	M_2	A型	B型
CQPΦ-80/14-※	299	14	80	1710	1650	M80×2-6g	M42×2-6H	224	221
CQPΦ-100/14-※			100	2090	2030			268	271
CQPΦ-40/20-※		20	40	990	930			87	85
CQPΦ-50/20-※			50	1170	1110			103	101
CQPΦ-63/20-※			63	1410	1350			123	121
CQPΦ-72/20-※			72	1580	1520			137	135
CQPΦ-80/20-※			80	1710	1650			150	148
CQPΦ-100/20-※			100	2090	2030			170	172
CQPΦ-40/31.5-※		31.5	40	990	930			130	127
CQPΦ-50/31.5-※			50	1170	1110			154	151
CQPΦ-63/31.5-※			63	1410	1350			184	181
CQPΦ-72/31.5-※			72	1580	1520			205	202
CQPΦ-80/31.5-※			80	1710	1650			224	221
CQPΦ-100/31.5-※			100	2090	2030			281	284
CQPΦ-63/20-※	351	20	63	1100	1040	M115×3-6g	M42×2-6H	149	145
CQPΦ-80/20-※			80	1320	1260			178	174
CQPΦ-100/20-※			100	1580	1520			216	212
CQPΦ-125/20-※			125	1910	1850			256	252
CQPΦ-150/20-※			150	2240	2180			299	295
CQPΦ-180/20-※			180	2640	2580			352	348
CQPΦ-200/20-※			200	2900	2840			386	382
CQPΦ-63/32-※		32	63	1100	1040			183	178
CQPΦ-80/32-※			80	1320	1260			219	215
CQPΦ-100/32-※			100	1580	1520			262	257
CQPΦ-125/32-※			125	1910	1850			316	311
CQPΦ-150/32-※			150	2240	2180			369	364
CQPΦ-180/32-※			180	2640	2580			435	430
CQPΦ-200/32-※			200	2900	2840			477	472

10.1.6.7 囊式蓄能器站

囊式蓄能器站（图 20-10-7 和图 20-10-8）包含多个囊式蓄能器，是最为常见的蓄能器站之一，能够有效提高液压系统的工作性能，应用范围极广。囊式蓄能器站由固定支架、囊式蓄能器、控制阀组、球阀、进出油管、回油管等多个部分组成。与其他蓄能器站相比，囊式蓄能器站更容易安装维护，充气也更加方便，能极大地提高企业的生产效率。

图 20-10-7 囊式蓄能器站

型号意义：

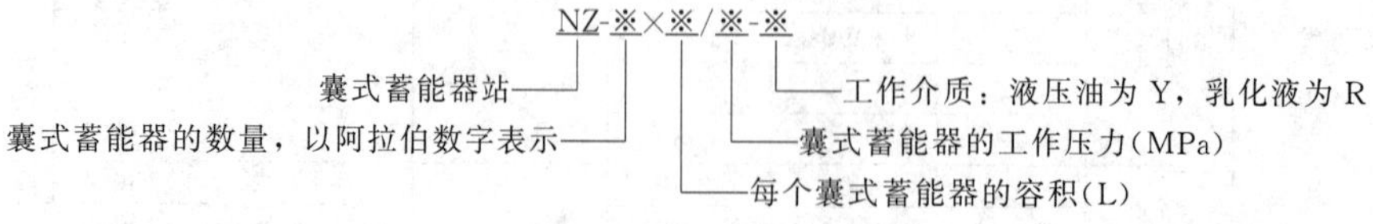

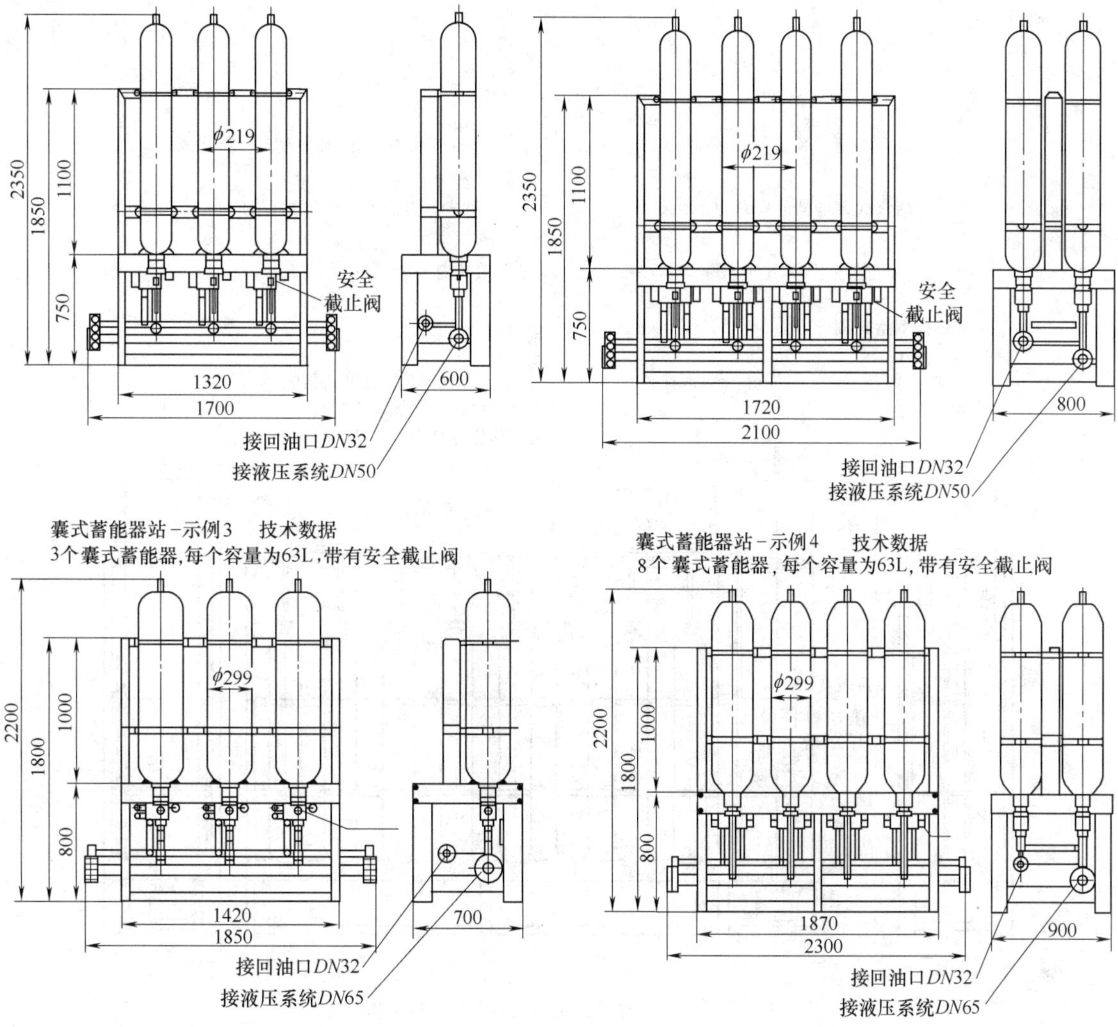

囊式蓄能器站-示例3　技术数据
3个囊式蓄能器,每个容量为63L,带有安全截止阀

囊式蓄能器站-示例4　技术数据
8个囊式蓄能器,每个容量为63L,带有安全截止阀

图 20-10-8　囊式蓄能器站内部结构及尺寸

10.1.6.8　活塞式蓄能器站及氮气瓶组

活塞式蓄能器站包括固定支架、活塞式蓄能器、控制阀组、球阀、气体安全阀、储气瓶组等部分，能够在相当短的时间内输出大容量流体，使得执行机构液压缸及液压马达快速做功，从而满足工况条件。可广泛应用在冶金、矿山、航天航空、机械大型游艺设备等领域，用于在瞬间提供大流量排油使执行机构液压缸及液压马达快速做功，满足工况条件。

活塞式蓄能器站的左边或右边一般配有用于压力接口和回油接口的分管接头。同时，所有氮气瓶与所有蓄能器的分管连在一起或单独用于每个蓄能器。

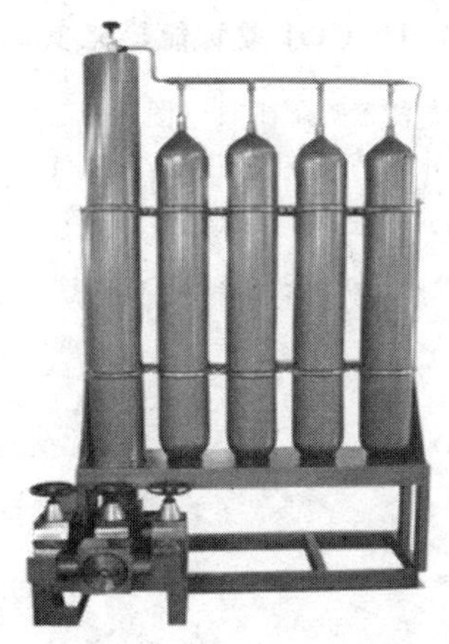

图 20-10-9　活塞式蓄能器站及氮气瓶组

型号意义：

HZ-※ ※×※/※ ※

活塞式蓄能器站

活塞式蓄能器的容积(L)

储气瓶的数量，以阿拉伯数字表示

每个储气瓶的容积(L)

活塞式蓄能器的工作压力(MPa)

工作介质：液压油为 Y，乳化液为 R

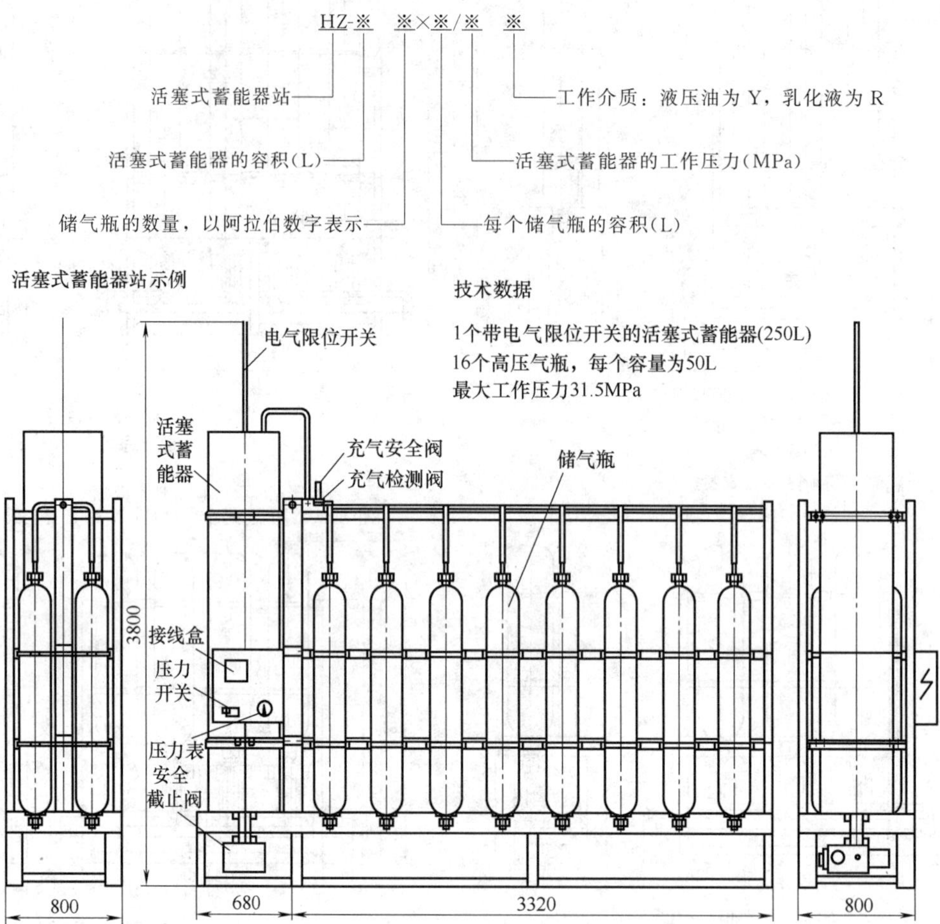

图 20-10-10　活塞式蓄能器站及氮气瓶组结构特点

10.1.7　蓄能器附件

10.1.7.1　CQJ 型蓄能器充氮工具

CQJ 型蓄能器充氮工具（图 20-10-11）是蓄能器进行充气、补气、修正气压和检查充气压力等必不可少的专用工具。它具有结构紧凑、安全可靠、承高压、耐冲击、使用方便等特点。

图 20-10-11　CQJ 型蓄能器充氮工具

型号意义：

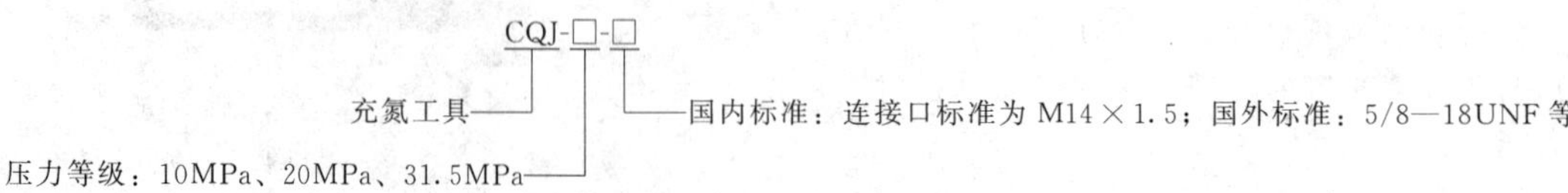

表 20-10-10　　CQJ 型蓄能器充氮工具技术参数技术参数

减压(用减压阀)
CQJ型充气(氮)工具
氮气瓶接口
蓄能器接口
接氮气瓶
蓄能器接口
N_2
增压(用充氮车)
开 工作 调压 关
电源指示灯 工作指示灯
排气压力表
温控仪
进气压力表
横向开关
油压力表
蓄能器
氮气瓶
$H_{max}126$
500～3000
放气阀
G5/8
接气源
M14×1.5-6H
68
接蓄能器充气阀

型号	公称压力/MPa	配用压力表		胶管规格		与蓄能器连接尺寸/mm	适用蓄能器型号	质量/kg
		刻度等级/MPa	精度等级/MPa	内径/mm×钢丝层数	长度/mm			
CQJ-16	10	16			500	M14×	NXQ-□/10-L/F	
CQJ-25	20	25	1.5	$\phi8\times1$	至	1.5-6g	NXQ-□/20-L/F	1.7
CQJ-40	31.5	40			3000		NXQ-□/31.5-L/F	

10.1.7.2　CPU 型蓄能器充氮工具

CPU 型蓄能器充氮工具（图 20-10-12）由铝合金工具箱、带有压力表的多功能充气阀体、耐振不锈钢压力表、1.5 米长的微型高压软管、维修蓄能器用的钩形扳手、给国内外蓄能器充气互换的接头等。

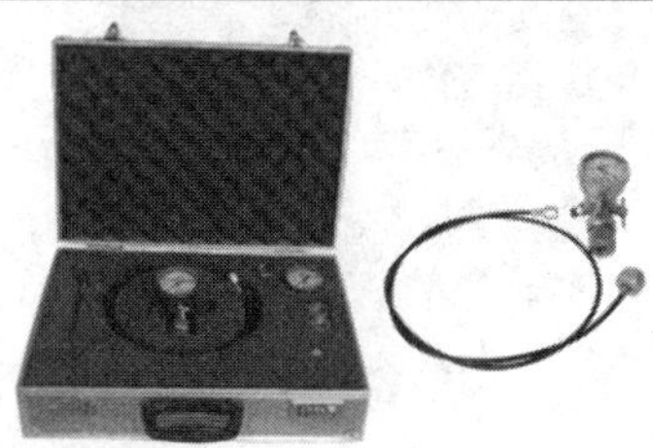

图 20-10-12　CPU 型蓄能器充氮工具

型号意义：

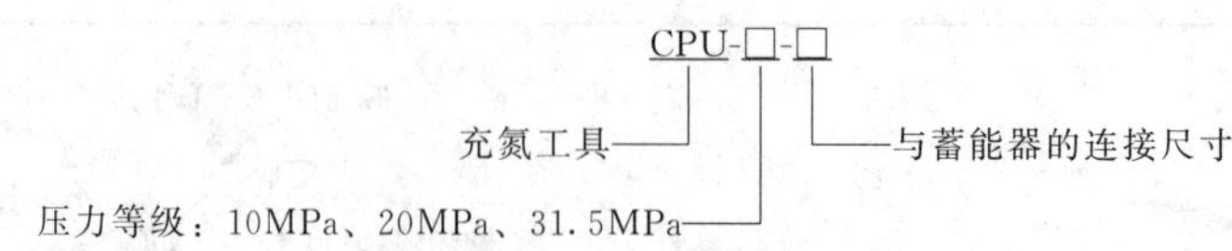

表 20-10-11 CPU 型蓄能器充氮工具技术参数

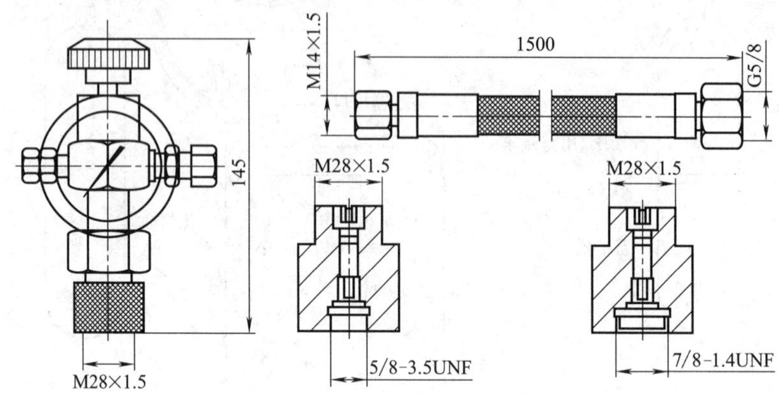

型号	公称压力/MPa	耐振压力表		胶管规格	与蓄能器连接尺寸/mm	应用蓄能器
		刻度等级/MPa	精度等级/MPa	（内径×长度）		
CPU-16	10	0～6	1.5	Φ4×1.5m	M27×1.5	隔离式蓄能器
					M28×1.5	
CPU-25	20	0～25			M14×1.5	国标蓄能器
					5/16UNF	囊式、活塞式蓄能器
CPU-40	31.5	0～40			5/8UNF	
					7/8UNF	

10.1.7.3 CDZs-D1 型充氮车（氮气充压装置）

CDZs-D1 型充氮车（氮气增压装置）（图20-10-13）是适用于液压活塞式蓄能器、液压囊式蓄能器、液压隔膜式蓄能器（包括进口蓄能器）及其他高压容器充入、增压氮气的专用增压装置。

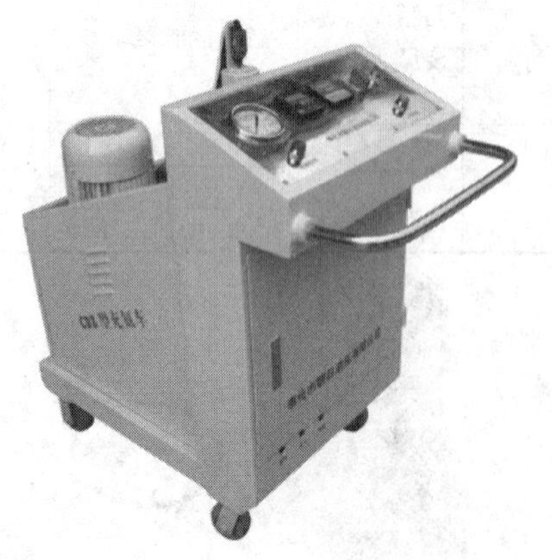

图 20-10-13 CDZs-D1 型充氮车

型号意义：

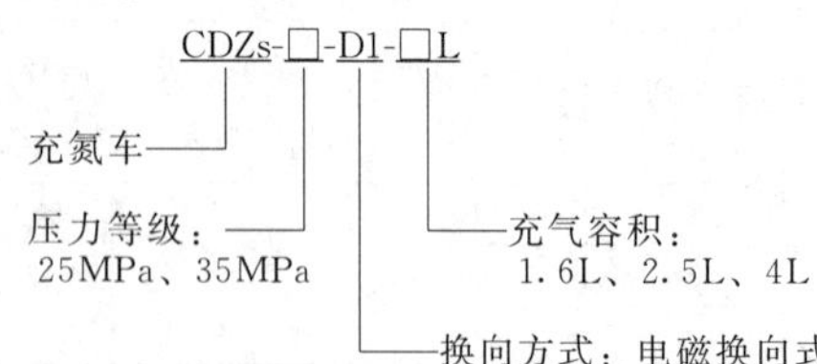

充氮车由液压系统、气路系统和电路系统等组成。当压力油液通过电磁换向阀进入增压缸内推动活塞运动时，进入到增压缸内的氮气开始增压且经单向阀、充气工具进入蓄能器（或高压容器）内，并通过限位开关的作用，使活塞做上下反复运动，使氮气增压到设定的工作压力时，即自行停机。工作原理见图20-10-14。

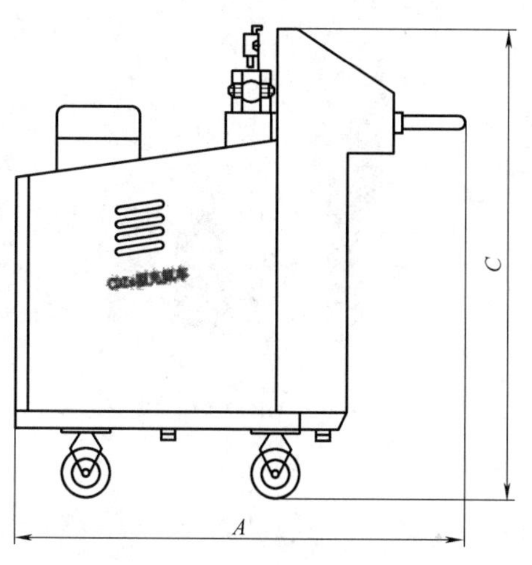

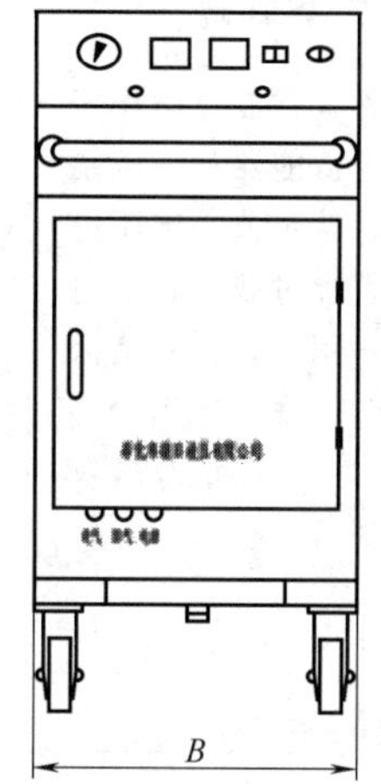

俯视图

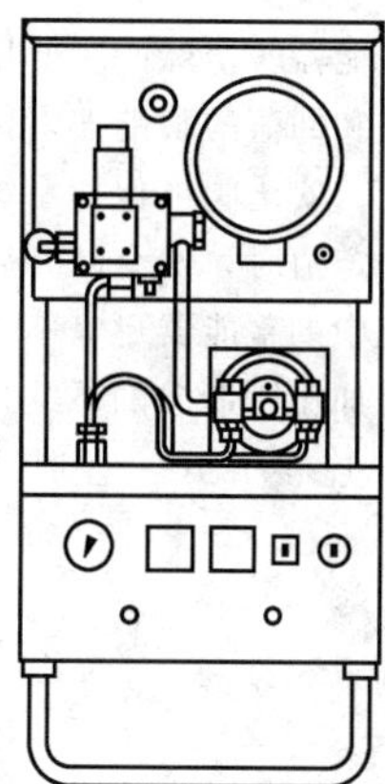

图 20-10-14　CDZs-D1 型充氮车工作原理图

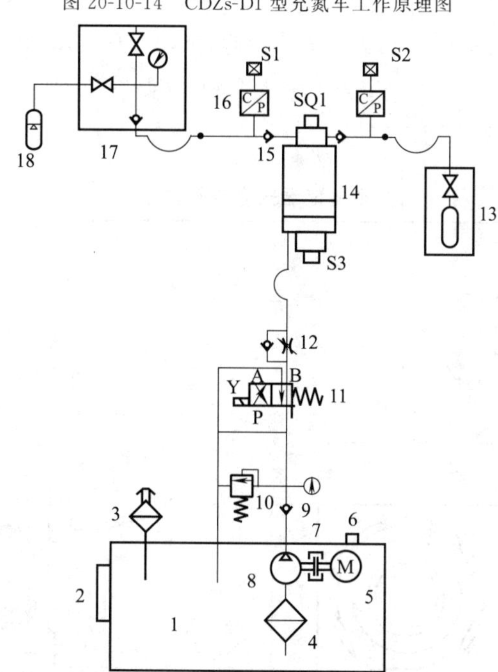

图 20-10-15　CDZs-D1 型充氮车结构原理图

1—油箱；2—液位计；3—空气滤清器；4—滤油器；5—电动机；6—油温控制器；7—联轴器；8—油泵；9，15—单向阀；10—溢流阀；11—电磁换向阀；12—节流阀；13—氮气瓶；14—增压装置；16—压力传感器；17—充（氮）气装置；18—蓄能器

表 20-10-12　CDZs-D1 型充氮车技术参数

型　号	输入压力	最高输入压力/MPa	油泵		充气装置容积/L	电源	A/mm	B/mm	C/mm	质量/kg
			压力/MPa	流量/L·min^{-1}						
CDZs-25D1-1.6L	3～35	25	31.5	3.75	1.6	3 相 380V 50Hz	890	520	950	240
CDZs-25D1-2.5L				7.5	2.5		1190	600	950	245
CDZs-25D1-4.0L				15	4		1200	640	1200	300
CDZs-32D1-1.6L		35	50	2.68	1.6		890	520	950	240
CDZs-32D1-2.5L				5.37	2.5		1190	600	950	245
CDZs-32D1-4.0L				10.74	4		1200	640	1200	300

10.1.7.4 AQF 型蓄能器安全球阀

蓄能器安全球阀主要用在液压囊式蓄能器中作安全断流和卸荷的蓄能器附件，装接于蓄能器和液压系统之间。安全阀可保持系统中的压力调定值，当压力超过调定值时，安全阀开启，防止系统过载。装于封闭系统中的蓄能器更是不可或缺的，用于防止外负荷的突然加压所造成的系统损害。蓄能器安全球阀主要有三种连接方式：直通式、直角式和三通式螺纹连接。

图 20-10-16 AQF 型蓄能器安全球阀

型号意义：

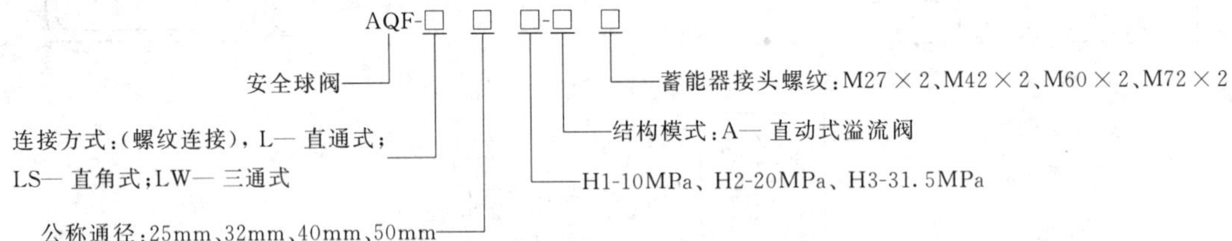

表 20-10-13 AQF 型蓄能器安全球阀技术参数

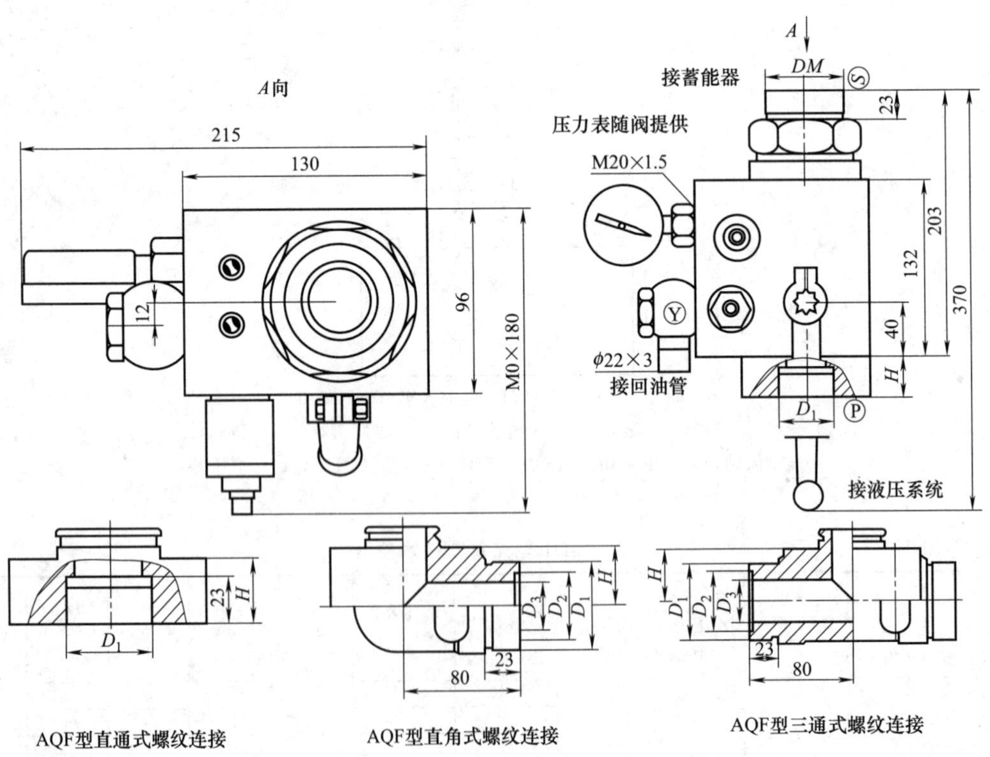

AQF型直通式螺纹连接　AQF型直角式螺纹连接　AQF型三通式螺纹连接

续表

型号	公称压力/MPa	调节范围/MPa	公称通径/mm	公称流量/L·min^{-1}	基本尺寸					适用蓄能器型号	质量/kg
					H	D_3	D_2	D_1	DM		
AQF-L25H※-A					31.5	24		M33×2	M27×2		
AQF-Ls25H※-A		H1:3.5～14	25	100	30	22	35	M42×2	M42×2	NXQ-1.6～10※-L-A	17
AQF-Lw25H※-A											
AQF-L32H※-A	10				31.5	30			M42×2		
AQF-Ls32H※-A		H2:7～21	32	160	36	26	40	M52×2	M60×2		17.5
AQF-Lw32H※-A	20									NXQ-10～100※-L-A	
AQF-L40H※-A					31.5	36		M52×2	M60×2		
AQF-Ls40H※-A	31.5	H3:14～31.5	40	250	40	32	45	M60×2	M72×2		18.5
AQF-Lw40H※-A											
AQF-L50H※-A			50	500	36	48		M72×2	M72×2		20

10.1.7.5　AJF 型蓄能器截止阀

AJF 型蓄能器安全截止阀（图 20-10-17）由截止阀、安全阀和卸荷阀等组成，安装于蓄能器和液压系统之间，用于控制蓄能器油液的通断、溢流、卸荷等工况。

图 20-10-17　AJF 型蓄能器截止阀

型号意义：

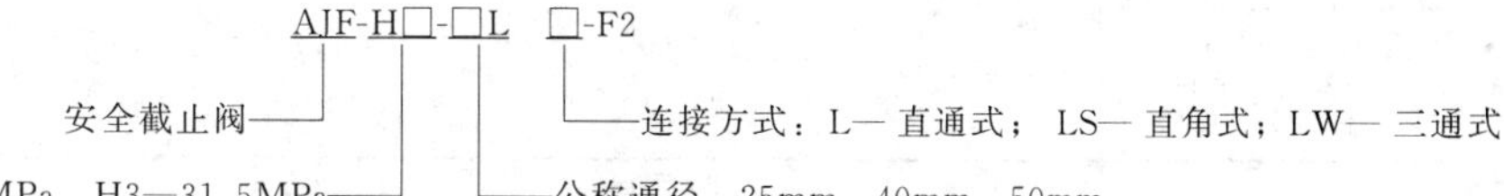

表 20-10-14　AJF 型蓄能器截止阀技术参数

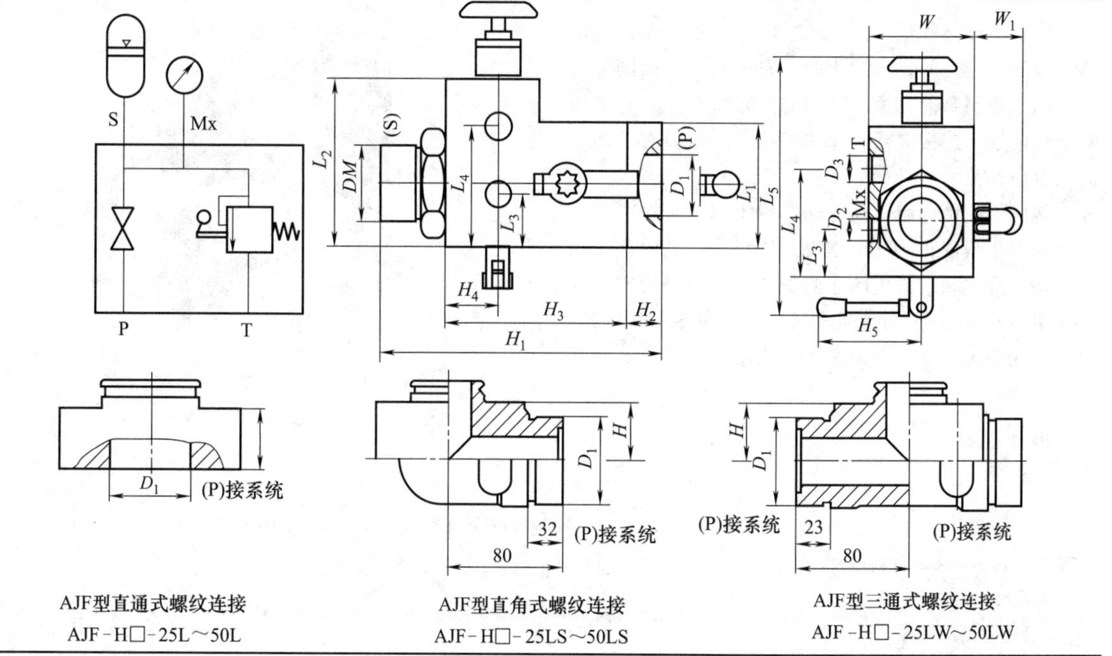

续表

型号	基本尺寸																
	L_1	L_2	L_3	L_4	L_5	W	W_1	H	H_1	H_2	H_3	H_4	H_5	DM	D_1	D_2	D_3
AJF-H※25L																	
AJF-H※25LS	68	100	34	67	190	68	45	30	180.5	26.5	110	38		M42×2	M33×2		
AJF-H※25LW																	
AJF-H※40L																	
AJF-H※40LS	96	130	40	93	241/255	95	45	40	228	28	146	40	95	M60×2	M48×2	M20×1.5	M22×1.5
AJF-H※40LW																	
AJF-H※50L																	
AJF-H※50LS	110	140	55	102	251/270	110	50	40	256	31	160	47		M72×2	M60×2		
AJF-H※50LW																	

型　号	公称压力/MPa	公称通径/mm	公称流量/L·min^{-1}	适用蓄能器型号	质量/kg
AJF-H※25L					
AJF-H※25LS		25	160	NXQ-1.6-6.3/※-L-A	6.8
AJF-H※25LW					
AJF-H※40L					
AJF-H※40LS	10 20 31.5	40	400	NXQ-10-40/※-L-A	13.5
AJF-H※40LW					
AJF-H※50L					
AJF-H※50LS		50	630	NXQ-63-100/※-L-A	18.5
AJF-H※50LW					

10.1.7.6　AJ 型蓄能器控制阀组

蓄能器控制阀组（图 20-10-18）主要安装在蓄能器和液压系统之间，由截止阀、安全阀和卸荷阀等组成，用于控制蓄能器通断、溢流、卸荷等，具有结构紧凑性能强、连接灵活易操作等特点。卸荷有手动卸荷或电磁卸荷。

蓄能器控制阀组由高压球芯截止阀、直控式溢流阀及一个小型截止阀三个主要阀体组成，其中截止阀是手动主开关阀，溢流阀作为安全阀（用以设定最高机械压力），而截止阀是卸荷阀。三个阀体相互协调，构成液压系统内蓄能器回路不可或缺的一部分。

图 20-10-18　AJ 型蓄能器控制阀组

型号意义：

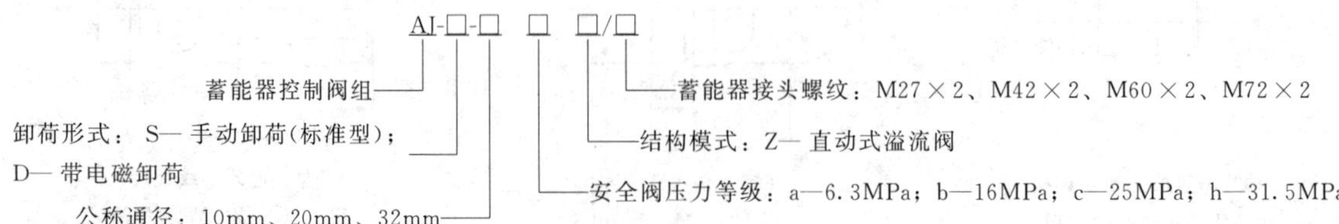

表 20-10-15　　**AJ 型蓄能器控制阀组规格及外形尺寸**

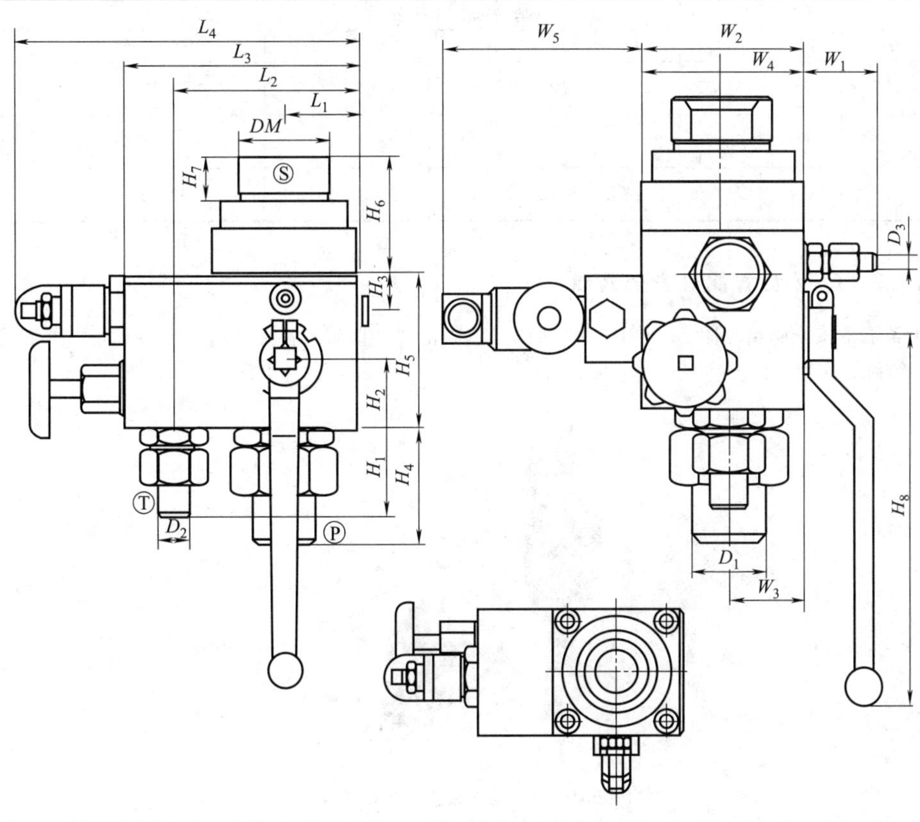

型号	公称通径/mm	公称压力/MPa	基本尺寸/mm													
			L_1	L_2	L_3	L_4	W_1	W_2	W_3	W_4	H_1	H_2	H_3	H_4	M_1	M_2
AJS-10※Z※	10	10 20 31.5	25	68	90	155	42	50	22.5	25	40	24		55	M14×1.5	
AJS-20※Z※	20		45	105	145	210	42	90	40	45	53	32	20	60		
AJS-32※Z※	32		50	122	155	225	42	95	42	47.5	53	38	20	78		

型号	基本尺寸/mm								质量/kg
	H_5	H_6	H_7	H_8	D_1	D_2	D_3	DM	
AJS-10※Z※	85	31/35	16/23	130	22	17	10	M27×2/M42×2	4
AJS-20※Z※	90	63/75	23/30	170	28	22	10	M42×2/M60×2	13
AJS-32※Z※	100	75/80	30/35	210	42	22	10	M60×2/M72×2	15

型号	公称通径/mm	公称压力/MPa	基本尺寸/mm													
			L_1	L_2	L_3	L_4	W_1	W_2	W_3	W_4	W_5	H_1	H_2	H_3	M_1	M_2
AJD-10※Z※	10	10 20 31.5	25	69	90	155	42	50	22.5	25	113	40	24		M14×1.5	
AJD-20※Z※	20		45	105	145	210	42	90	40	45	113	53	32	20		
AJD-32※Z※	32		50	122	155	225	42	95	42	47.5	113	53	38	20		

续表

型号	基本尺寸/mm									质量/kg
	H_4	H_5	H_6	H_7	H_8	D_1	D_2	D_3	DM	
AJD-10※Z※	55	85	31/35	16/23	130	22	17	10	M27×2/M42×2	4
AJD-20※Z※	60	90	63/75	23/30	170	28	22	10	M42×2/M60×2	13
AJD-32※Z※	78	100	75/80	30/35	210	42	22	10	M60×2/ M72×2	15

10.1.7.7 QFZ 型蓄能器安全阀组

QFZ 型蓄能器安全阀组（图 20-10-19）由高压球芯截止阀、直动式溢流阀和一个小型截止阀组成，具有启闭、安全、卸荷等作用。

图 20-10-19 QFZ 型蓄能器安全阀组

型号意义：

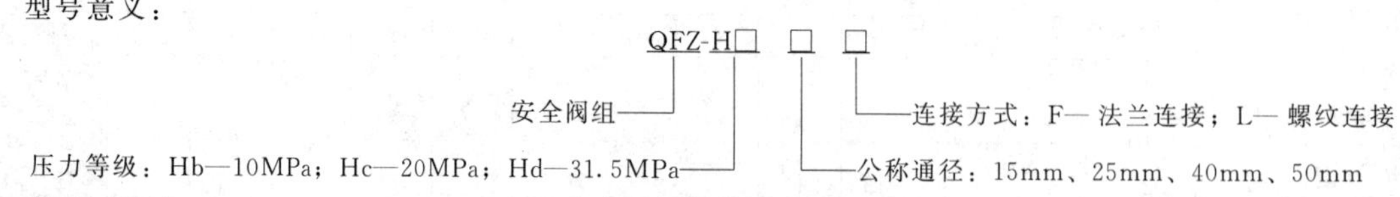

表 20-10-16 QFZ 安全阀组规格及外形尺寸

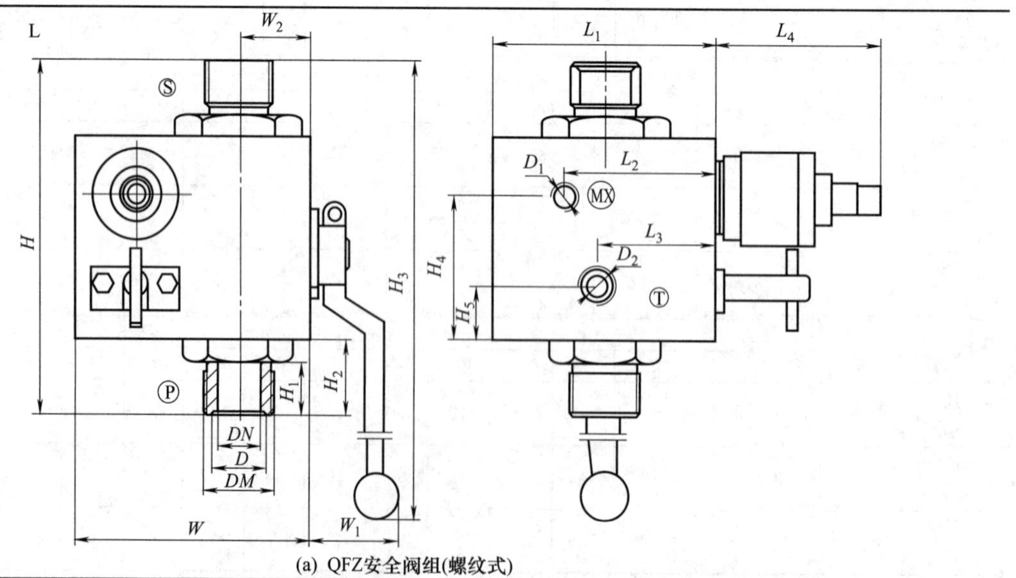

(a) QFZ安全阀组(螺纹式)

续表

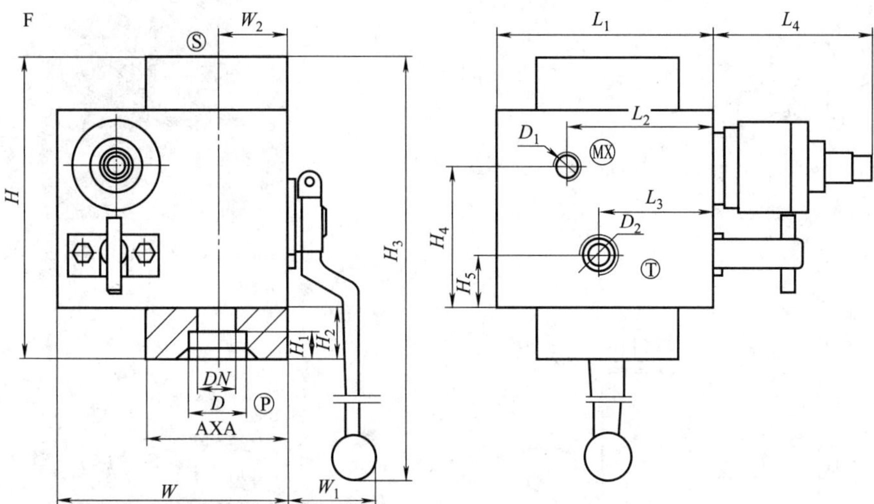

(b) QFZ安全阀组(法兰式)

型号	公称通径 /mm	公称压力 /MPa	基本尺寸/mm															
			L_1	L_2	L_3	L_4	H	H_1	H_2	H_3	H_4	H_5	W	W_1	W_2	D	D_1	D_2
QFZ-H※15L	15	10 20 31.5	85	58	46	68	131	20	28	201	53	20	90	33	28	20	M10×1	M18×1.5
QFZ-H※25L	25		90	58	46	68	167	23	31	262	76	23	110	44	37	35		
QFZ-H※40L	40		100	65	46	68	200	30	40	318	90	35	140	45	48	52		
QFZ-H※50L	50		120	70	46	68	240	30	40	377	115	56	160	50	60	63		
QFZ-H※15F	15		85	58	46	68	115	11	20	193	53	20	90	33	28	22.5		
QFZ-H※25F	25		90	58	46	68	155	14	25	256	76	23	110	44	37	35		
QFZ-H※40F	40		100	65	46	68	180	18	30	308	90	35	140	48	48	52		
QFZ-H※50F	50		120	70	46	68	230	20	35	372	115	56	160	60	60	63		

10.1.7.8 QF-CR 型蓄能器气体安全阀

QF-CR 型蓄能器气体安全阀（图 20-10-20 和图 20-10-21）除了用来给蓄能器充气、放气、检测气体压力外，还主要用于防止蓄能器超压。

型号意义：

图 20-10-20 QF-CR 型蓄能器气体安全阀

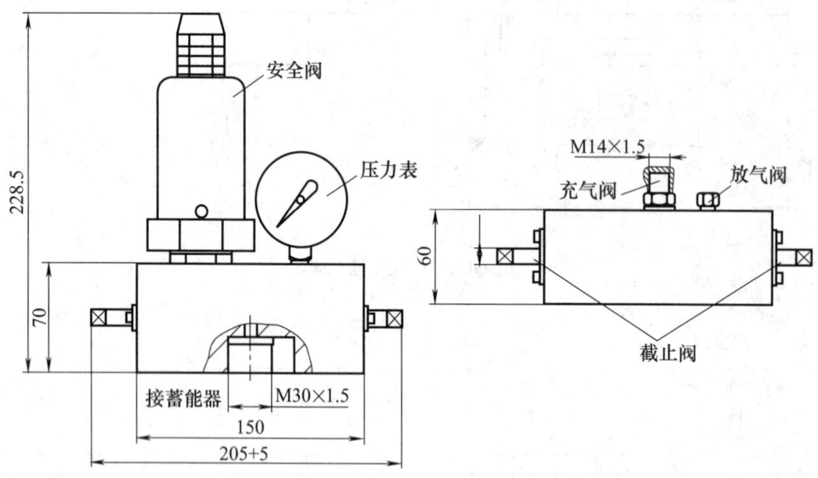

图 20-10-21 QF-CR 型蓄能器气体安全阀外形尺寸

10.1.7.9 QXF 型蓄能器充气阀

QXF 型蓄能器充气阀（图 20-10-22）是为蓄能器充装氮气的专用单向阀，该充气阀借助充气工具向蓄能器充气。充气完毕，取下充气工具后即可自行关闭。

图 20-10-22 QXF 型蓄能器充气阀

型号意义：

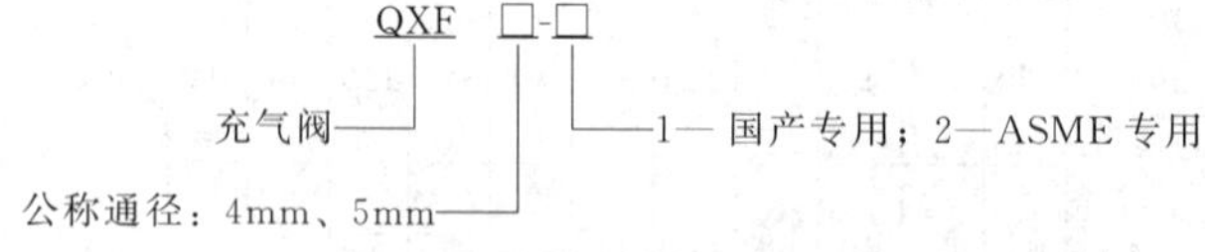

表 20-10-17 QXF 型蓄能器充气阀外形尺寸

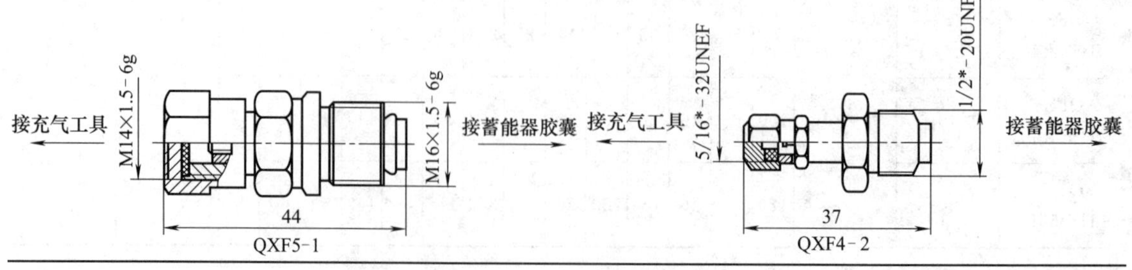

续表

型　号	充气压力范围	公称通径 /mm	螺纹连接		配用蓄能器型号	质量 /kg
			进口（接充氮工具）	出口（接蓄能器）		
QXF5-1	0.4～40	5	M14×1.5-6g	M16×1.5-6g	NXQ-0.4～250□-L/F-□	0.07
QXF4-2	0.4～40	4	5/16-32UNF	1/2-20UNF	BA(TA)-0.15～15/□-□-□	0.03

10.1.7.10　蓄能器固定组件

正确地安装固定是蓄能器正常运行、发挥应有作用的重要条件。当固定蓄能器时，不能让壳体或接头受到外加的压力，尤其是在振动强烈、卧式安装和安装大容量的蓄能器时，必须使用固定组件。整套蓄能器固定组件（图 20-10-23）一般由后壁板、卡箍、托架、橡胶垫圈等组成，用于固定蓄能器，防止产生危险的振动。固定组件用于简单和安全地固定，与安装位置和使用地点无关，需要注意的是，固定组件是为静态应用设计的，若要在动态状态下使用，必须按照要求提供特别设计的卡箍。

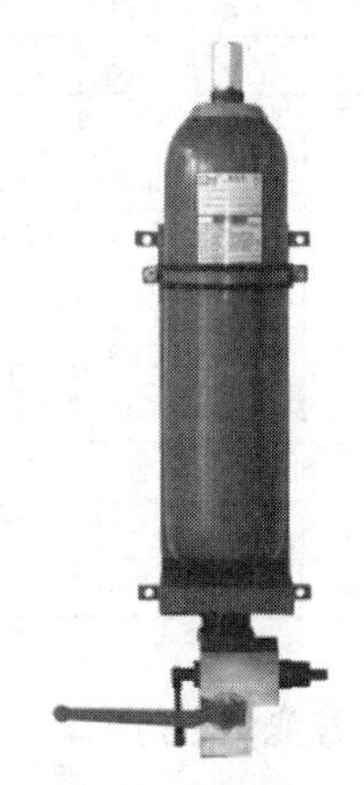

图 20-10-23　蓄能器固定组件

型号意义：

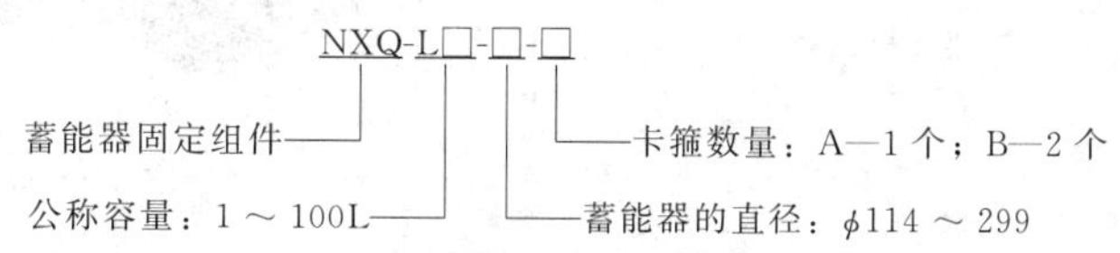

表 20-10-18　NXQ 型蓄能器固定组件外形尺寸　mm

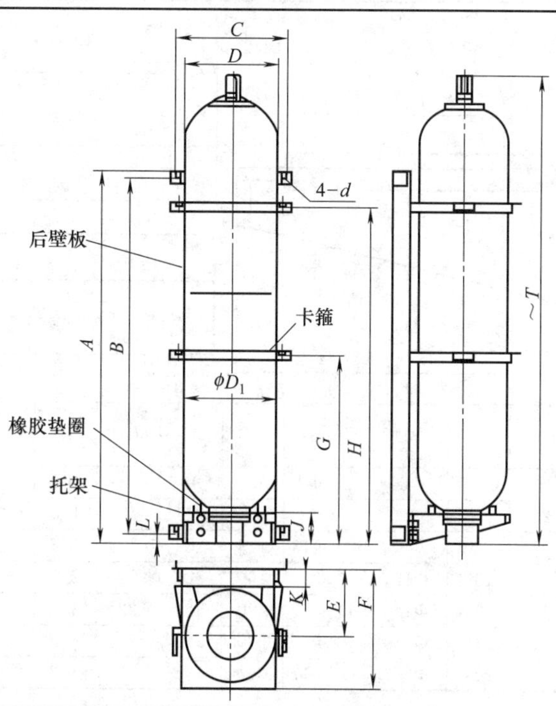

续表

型号	~T	A	B	L	J	G	H	C	D	ϕD_1	d	K	E	F
NXQ-L0.63-89	320	200	170	15	45	—	160	130	106	89	9	30	92.5	142
NXQ-L1-114	315	190	160	15	50	—	160	155	131	114	9	30	105	168
NXQ-L1.6-152	355	210	170	15	50	—	175	203	169	152	13	30	126	208
NXQ-L2.5-152	420	280	240			—	220							
NXQ-L4-152	530	360	320			—	300							
NXQ-L6.3-152	700	500	460			—	440							
NXQ-L10-219	660	480	420	20	60	—	360	282	236	219	17	60	193	312
NXQ-L16-219	870	650	590			—	550							
NXQ-L25-219	1170	850	790			—	750							
NXQ-L40-219	1160	1350	1290			620	1250							
NXQ-L20-299	690	480	420			—	400							
NXQ-L25-299	780	570	510	30	100	—	450	362	316	299	17	60	233	392
NXQ-L40-299	1080	780	720			—	660							
NXQ-L63-299	1500	1200	1140			600	1080							
NXQ-L80-299	1810	1500	1440			680	1080							
NXQ-L100-299	2220	1800	1740			680	1080							

10.1.7.11 蓄能器托架

型号意义：

图 20-10-24 蓄能器托架

表 20-10-19 蓄能器托架外形尺寸 mm

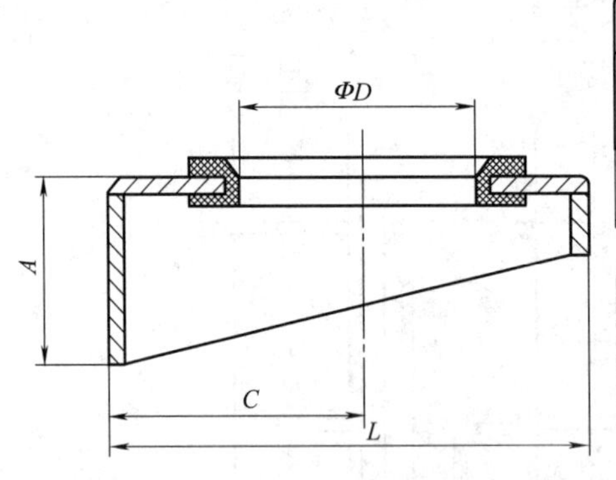

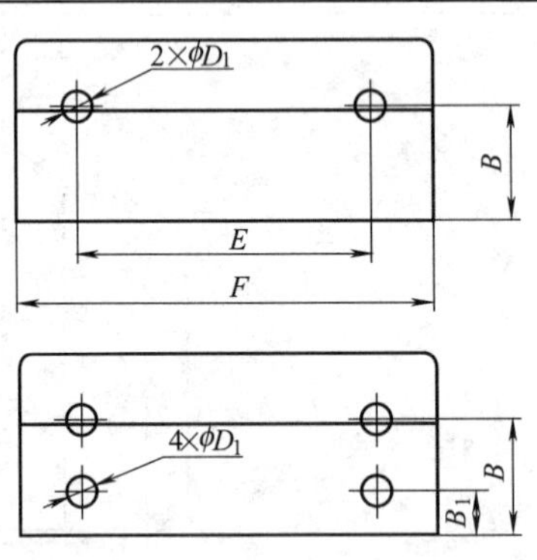

型号	A	B	C	ϕD	ϕD_1	E	F	B_1	L	配用蓄能器型号	质量/kg
NX-TJ/Φ89	45	23	62.5	Φ60	2×Φ9	60	98	/	112	NXQ-0.4L～0.63L	0.8
NX-TJ/Φ114	50	28	75	Φ60	2×Φ9	70	126	/	138	NXQ-1L	1
NX-TJ/Φ152	65	35	96	Φ88	2×Φ13	113	162	/	178	NXQ-1.6～6.3L	2
NX-TJ/Φ219	100	62	133	Φ125	4×Φ17	160	226	22	252	NXQ-10L～40L	7
NX-TJ/Φ299	100	62	173	Φ140	4×Φ17	200	306	22	332	NXQ-20L～100L	12
NX-TJ/Φ351	120	70	212	Φ170	4×Φ17	280	360	30	412	NXQ-63L～160L	20
NX-TJ/Φ426	120	70	237	Φ200	4×Φ17	300	435	30	462	NXQ-100L～250L	24

10.1.7.12　蓄能器卡箍

卡箍是专为固定蓄能器而设计的专业装置。连接结构紧凑，连接灵活，外形美观等特点。

型号意义：

图 20-10-25　蓄能器卡箍

表 20-10-20　　蓄能器卡箍外形尺寸　　mm

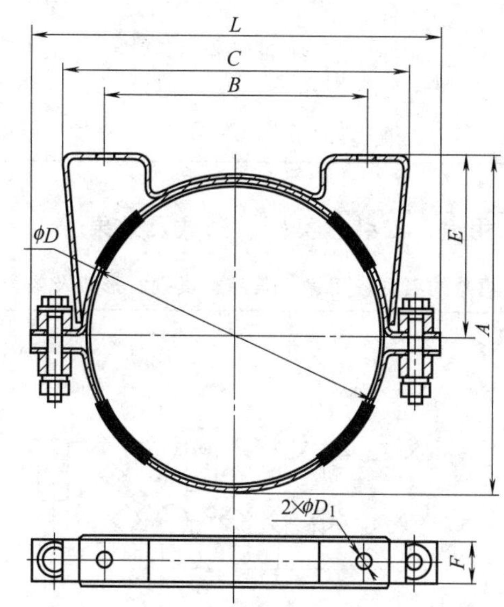

型号	A	B	C	ϕD	ϕD1	E	F	L	配用蓄能器型号	质量/kg
NX-KG/Φ89	112	76	110	ϕ89	ϕ9	62.5	20	150	NXQ-0.4L～0.63L	0.3
NX-KG/Φ114	137	100	138	ϕ114	ϕ9	75	20	176	NXQ-1L	0.4
NX-KG/Φ152	177	126	186	ϕ152	ϕ11	96	20	176	NXQ-1.6～6.3L	0.5
NX-KG/Φ219	248	196	260	ϕ219	ϕ13	133	30	306	NXQ-10L～40L	1.1
NX-KG/Φ299	328	276	350	ϕ299	ϕ13	173	30	385	NXQ-20L～100L	1.5
NX-KG/Φ351	396	330	405	ϕ351	ϕ15	212	35	442	NXQ-63L～160L	
NX-KG/Φ426	456	403	478	ϕ426	ϕ15	237	40	518	NXQ-100L～250L	

10.2　过滤器

过滤器的功能是清除液压系统工作介质中的固体污染物，使工作介质保持清洁，延长器件的使用寿命、保证液压元件工作性能可靠。液压系统故障的75%左右是由介质的污染造成的。因此过滤器对液压系统来说是不可缺少的重要辅件。

10.2.1　过滤器的主要性能参数

表 20-10-21　　过滤器的主要性能参数

过滤精度	也称绝对过滤精度，是指油液通过过滤器时，能够穿过滤芯的球形污染物的最大直径(即过滤介质的最大孔口尺寸数值)
过滤能力	也叫通油能力，指在一定压差下允许通过过滤器的最大流量
纳垢容量	是过滤器在压力将达到规定值以前，可以滤出并容纳的污染物数量。过滤器的纳垢容量越大，使用寿命越长。一般来说，过滤面积越大，其纳垢容量也越大
工作压力	不同结构形式的过滤器允许的工作压力不同，选择过滤器时应考虑允许的最高工作压力
允许压力降	油液经过过滤器时，要产生压力降，其值与油液的流量、黏度和混入油液的杂质数量有关。为了保持滤芯不被破坏或系统的压力损失不致过大，要限制过滤器最大允许压力降。过滤器的最大允许压力降取决于滤芯的强度

10.2.2　过滤器的名称、用途、安装、类别、形式及效果

表 20-10-22　　过滤器的名称、用途、安装、类别、形式及效果

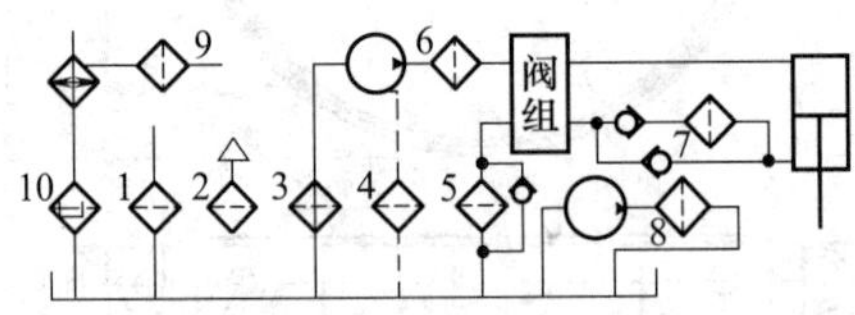

名称	用途	安装位置(见图中标号)	精度类别	滤材形式	效果
吸油过滤器	保护液压泵	3	粗过滤器	网式、线隙式滤芯	特精过滤器：能滤掉 1～5μm 颗粒 精过滤器：能滤掉 5～10μm 颗粒 普通过滤器：能滤掉 10～100μm 颗粒 粗过滤器：能滤掉 100μm 铁屑颗粒
高压过滤器	保护泵下游元件不受污染	6	精过滤器	纸质、不锈钢纤维滤芯	
回油过滤器	降低油液污染度	5	精过滤器	纸质、纤维滤芯	
离线过滤器	连续过滤保护清洁度	8	精过滤器	纸质、纤维滤芯	
泄油过滤器	防止污染物进入油箱	4	普通过滤器	网式滤芯	
安全过滤器	保护污染抵抗力低的元件	7	特精过滤器	纸质、纤维滤芯	
空气过滤器	防止污染物随空气侵入	2	普通过滤器	多层叠加式滤芯	
注油过滤器	防止注油时侵入污染物	1	粗过滤器	网式滤芯	
磁性过滤器	清除油液中的铁屑	10	粗过滤器	磁性体	
水过滤器	清除冷却水中的杂质	9	粗过滤器	网式滤芯	

10.2.3 推荐液压系统的清洁度和过滤精度

表 20-10-23 推荐液压系统的清洁度和过滤精度

工作类别	系统举例	油液清洁度		要求过滤精度/μm
		ISO 4406	NAS1638	
极关键	高性能伺服阀、航空航天试验室、导弹、飞机控制系统	12/9 13/10	3 4	1 1～3
关键	工业用伺服阀、飞机数控机床、液压舵机、位置控制装置、电液精密液压系统	14/11 15/12	5 6	3 3～5
很重要	比例阀、柱塞泵、注塑机、潜水艇、高压系统	16/13	7	10
重要	叶片泵、齿轮泵、低速马达、液压阀、叠加阀、插装阀、机床、油压机、船舶等中高压工业用液压系统	17/14 18/15	8 9	1～20 20
一般	车辆、土方机械、物料搬运液压系统	19/16	10	20～30
普通保护	重型设备、水压机、低压系统	20/17 21/16	11 12	30 30～40

10.2.4 过滤器的选择和计算

表 20-10-24 过滤器的选择和计算

选择要点	① 根据使用的目的(用途)选择过滤器的种类,根据安装位置要求选择过滤器的安装形式 ② 过滤器应具有足够大的通油能力,并且压力损失要小 ③ 过滤精度应满足液压系统或元件所需清洁度要求 ④ 滤芯使用的滤材应满足所使用的工作介质的要求,并且有足够的强度 ⑤ 过滤器的强度及压力损失是选择时需重点考虑的因素,安装过滤器后会对系统造成局部压降或产生背压 ⑥ 滤芯的更换及清洗应方便 ⑦ 应根据系统需要考虑选择合适的滤芯保护附件(如带旁通阀的定压开启装置及滤芯污染情况指示器或信号器等) ⑧ 结构应尽量简单、紧凑、安装形式合理 ⑨ 价格低廉
计算	选过滤器的通油能力时,一般应大于实际通过流量的 2 倍以上。过滤器通油能力可按下式计算 $$q_v=\frac{KA\Delta p\times10^6}{\mu}\quad(\mathrm{m^3/s})$$ 式中 q_v——过滤器通油能力,m^3/s μ——液压油的动力黏度,Pa·s A——有效过滤面积,m^2 Δp——压力差,Pa K——滤芯通油能力系数,网式滤芯 $K=0.34$,线隙式滤芯 $K=0.17$,纸质滤芯 $K=\frac{1.04D^2\times10^3}{\delta}$,其中 D 为粒子平均直径,m;δ 为滤芯的壁厚,m

第20篇

10.2.5　过滤器产品

10.2.5.1　WF 型吸油滤油器

型号意义：

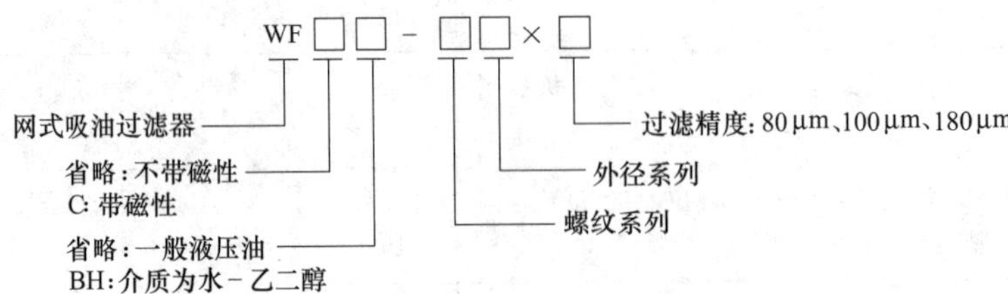

表 20-10-25　WF 型吸油滤油器技术规格　mm

型号	接口螺纹	D	H	h	E	过滤面积/cm²
WF-3A	G3/8	ϕ50	85	10	30	282
WF-4A	G1/2			10	30	282
WF-4B		ϕ70	95	10	41	530
WF-6B	G3/4		95	10	41	530
WF-6BL			145	10	41	832
WF-8B	G1		145	10	41	832
WF-10C	G1¼	ϕ99	142	15	69	1206
WF-10CL			232	15	69	2140
WF-12C	G1½		142	15	69	1206
WF-12CL			232	15	69	2140
WF-16C	G2		232	15	69	2140
WF-12D	G 1½	ϕ130	170	20	69	2015
WF-16D	G2		170	20	69	2015
WF-16DL			270	20	69	3590
WF-20D	G2½		270	20	100	3590
WF-24D	G3		270	20	100	3590
WF-24DL			330	20	100	4320

10.2.5.2　WR 型吸油滤油器

该过滤器属于粗过滤器，一般安装在油泵的吸油口处，用以保护油泵避免吸入较大的机械杂质。该过滤器结构简单，采用 R 螺纹连接无须另外密封，安装方便并且通油能力大、阻力小。

型号意义：

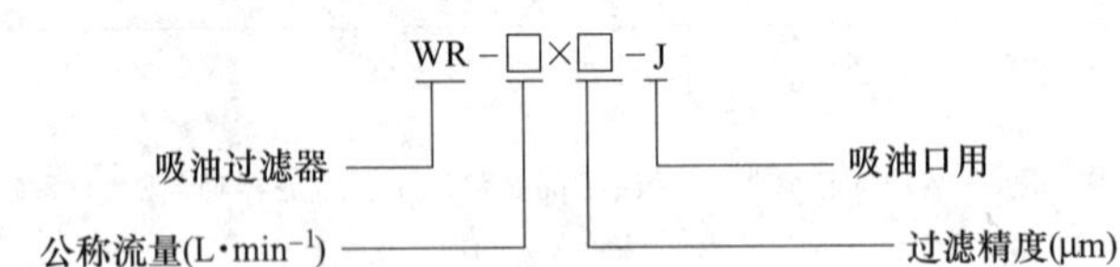

表 20-10-26　WR 型吸油滤油器技术规格

型号	接口螺纹	公称流量 /L·min^{-1}	原始压力损失 /MPa	过滤精度 /μm
WR-16×＊-J	Rc1/2	16	≤0.01	80 100 180
WR-25×＊-J	Rc3/4	25		
WR-45×＊-J	Rc3/4	45		
WR-63×＊-J	Rc1	63		
WR-150×＊-J	Rc1¼	150		

表 20-10-27　　WR 型吸油滤油器外形尺寸　　mm

型号	d	D	H	L
WR-16×*-J	Rc1/2	61	62	50
WR-25×*-J	Rc3/4	61	71	58
WR-45×*-J	Rc3/4	101	75	60
WR-63×*-J	Rc1	101	90	73
WR-150×*-J	Rc1¼	101	87	71

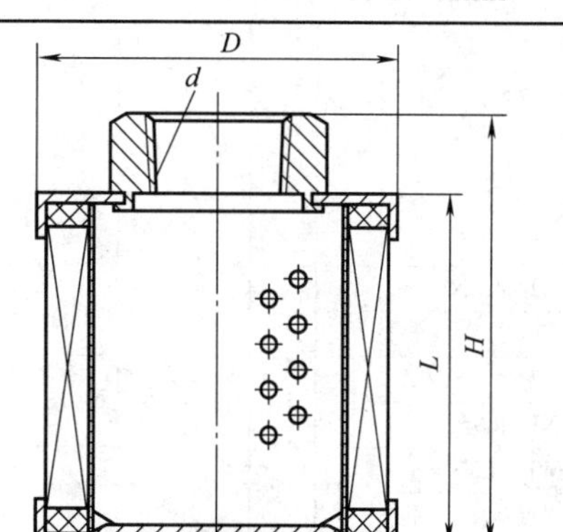

10.2.5.3　WU、XU 型吸油滤油器

该过滤器属于粗过滤器，一般安装在油泵的吸油口处，用以保护油泵避免吸入较大的机械杂质。该过滤器结构简单，通油能力大，阻力小，并设有管式、法兰式连接，分网式、线隙式两种。如图 20-10-26 所示。

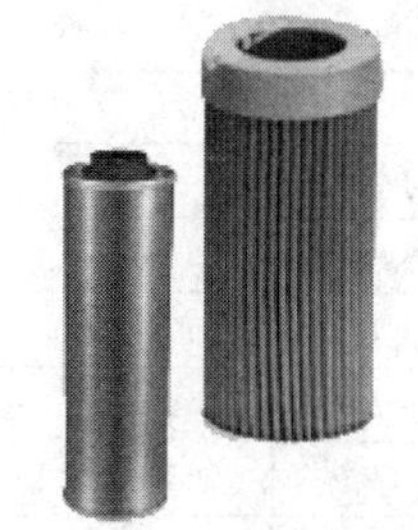

图 20-10-26　WU、XU 型吸油滤油器

型号意义：

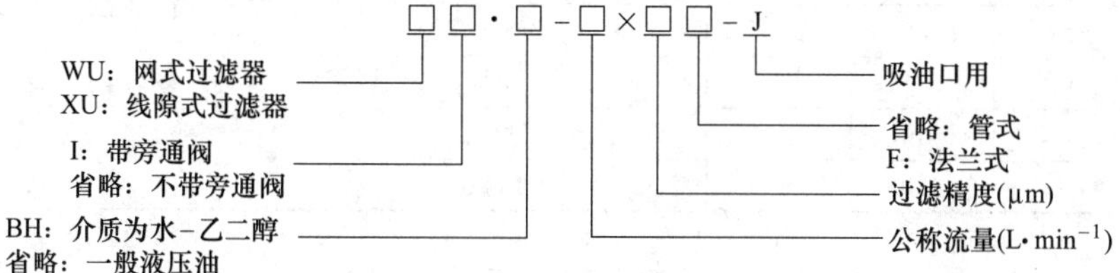

表 20-10-28　　WU、XU 系列吸油滤油器技术规格（$^{W}_{X}$U 网式与线隙式）

型号	通径 /mm	公称流量 /L·min^{-1}	原始压力损失 /MPa	过滤精度 /μm	旁通阀开启压力 /MPa	连接方式
$^{W}_{X}$U-16×*-J	12	16	≤0.01	80 100 180（仅 WU）		管式
$^{W}_{X}$U-25×*-J	15	25			0.02	
$^{W}_{X}$U-40×*-J	20	40				
$^{W}_{X}$U-63×*-J	25	63				
$^{W}_{X}$U-100×*-J	32	100				
$^{W}_{X}$U-160×*-J	40	160				
WU-225×*G-J	50	225				
$^{W}_{X}$U-250×*-J	50	250				法兰式
$^{W}_{X}$U-400×*-J	65	400				
$^{W}_{X}$U-630×*-J	80	630				
WU-800×*G-J	63	800				管式
WU-1000×*G-J	76	1000				

注：*为过滤精度，若使用介质为水-乙二醇，带旁通阀，公称流量 100L/min，过滤精度 80μm，则过滤器型号为：WUI·BH-100×80-J，XUI·BH-100×80-J。

第 20 篇

表 20-10-29 WU、XU 型吸油滤油器外形尺寸（连接法兰） mm

型号	A	B	C	D	$D_1{}^{+0.06}_{0}$	$D_2{}^{+0.2}_{0}$	D_3	d	$E^{0}_{-0.1}$	4×φ	法兰用O形圈	法兰用螺钉(4只)
WU-225×＊F-J	φ86	15	9	φ50	φ60	φ54	φ60	φ74	2.4	6.7	φ60×3.1	M6×25
XU-250×＊F-J												
WU-400×＊F-J	φ105			φ65	φ75	φ70	φ76	φ93			φ75×3.1	
XU-400×＊F-J												
WU-630×＊F-J	φ118			φ80	φ90	φ85	φ91	φ104			φ90×3.1	
XU-630×＊F-J												

表 20-10-30 WU 型吸油滤油器外形尺寸（网式） mm

型号	H	D	M(d)	d_1
WU-16×＊-J	84	φ35	M18×1.5	
WU-25×＊-J	104	φ43	M22×1.5	
WU-40×＊-J	124		M27×2	
WU-63×＊-J	103	φ70	M33×2	
WU-100×＊-J	153		M42×2	
WU-160×＊-J	200	φ82	M48×2	
WU-225×＊G-J	165	φ150	G2	
WU-250×＊F-J	182	φ88	φ50	φ74
WU-400×＊F-J	229	φ105	φ65	
WU-630×＊F-J	281	φ118	φ80	φ93
WU-800×＊G-J	340	φ150	G2½	φ104
WU-1000×＊G-J	430	φ150	G3	

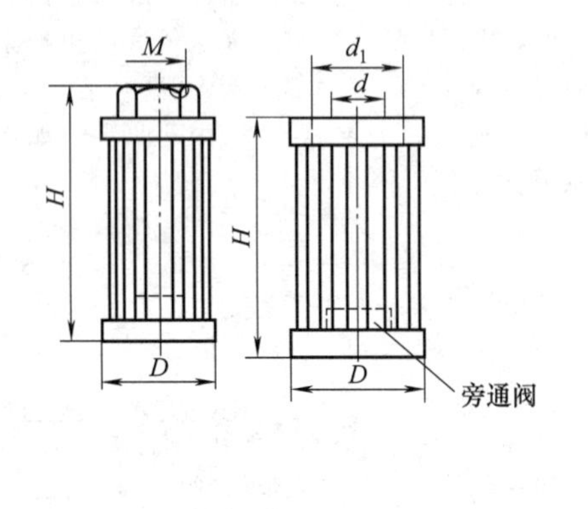

表 20-10-31 XU 型吸油滤油器外形尺寸（线隙式） mm

型号	H	D	M(d)	d_1
XU-6×＊-J	73	φ56	M18×1.5	
XU-10×＊-J	104			
XU-16×＊-J	158			
XU-25×＊-J	125	φ75	M22×1.5	
XU-40×＊-J	198		M27×2	
XU-63×＊-J	186	φ99	M33×2	
XU-100×＊-J	288		M42×2	
XU-160×＊-J	368	φ118	M48×2	φ74
XU-250×＊F-J	422	φ162	φ50	
XU-400×＊F-J	491	φ222	φ65	φ93
XU-630×＊F-J	659	φ252	φ80	φ104

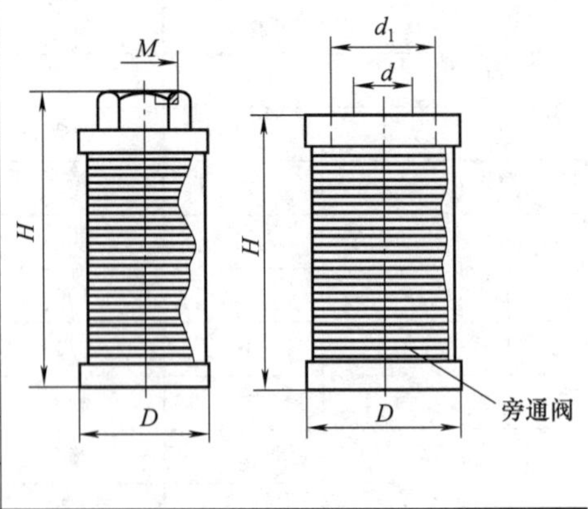

10.2.5.4 ISV 型管路吸油过滤器

ISV 型管路吸油过滤器是由铝合金外壳、滤芯、旁通阀及目测发信器和电发信器构成的轻质而坚固的带外壳吸油过滤器，应竖直安装在油箱外的管路上，不影响管路的布置，油箱的尺寸不受过滤器的限制。

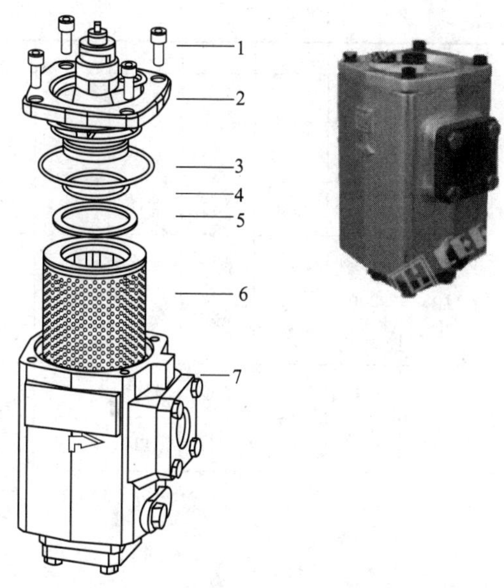

图 20-10-27　ISV 型管路吸油过滤器结构简图
1—螺钉；2—滤盖；3，4—O 形密封圈；5—弹性垫圈；6—滤芯；7—壳体

型号意义：

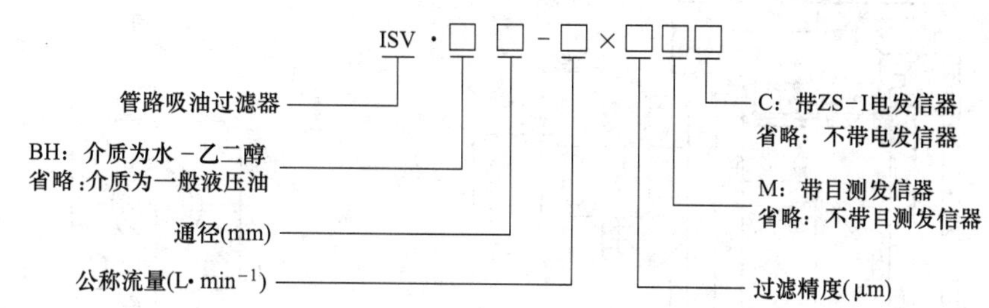

表 20-10-32　ISV 型管路吸油过滤器技术规格

型号	公称流量 /L·min^{-1}	过滤精度 /μm	通径 /mm	原始压力损失 /MPa	发信装置 /V	发信装置 /A	质量 /kg	滤芯型号
ISV20-40×*	40	80	20	≤0.01	12 24 36 220	2.5	5	IX-40×*
ISV25-63×*	63		25					IX-63×*
ISV32-100×*	100		32				6	IX-100×*
ISV40-160×*	160		40			2		IX-160×*
ISV50-250×*	250	100	50				8.5	IX-250×*
ISV65-400×*	400		65			1.5	11	IX-400×*
ISV80-630×*	630	180	80					IX-630×*
ISV90-800×*	800		90			0.25	20	IX-800×*
ISV100-1000×*	1000		100					IX-1000×*

注：*为过滤精度，若使用介质为水-乙二醇，公称流量 160L/min，过滤精度 80μm，带 ZS-I 型发信器，则过滤器型号为 ISV·BH40-160×80C，滤芯型号为 IX·BH-160×80。

表 20-10-33　ISV 型管路吸油过滤器外形尺寸　　mm

型　号	H	H_1	L	h	d_1	d_2	d_3	d_4	P	F	D	T	t
ISV20-40×*	167	100	67	110	ϕ85	ϕ20	ϕ27.5	ϕ9	ϕ70	68	112	12	8
ISV25-63×*						ϕ25	ϕ34.5						

续表

型　号	H	H_1	L	h	d_1	d_2	d_3	d_4	P	F	D	T	t
ISV32-100×＊	229	145	80	160	$\phi100$	$\phi32$	$\phi43$	$\phi11$	$\phi78$	78	138	14	9
ISV40-160×＊						$\phi40$	$\phi49$						
ISV50-250×＊	259	170	90	180	$\phi120$	$\phi50$	$\phi61$	$\phi14$	$\phi102$	96	156		
ISV65-400×＊	284		105	200	$\phi140$	$\phi65$	$\phi77$		$\phi130$	122	180	20	14
ISV80-630×＊						$\phi80$	$\phi90$						
ISV90-800×＊	352	240	135	260	$\phi180$	$\phi90$	$\phi103$	$\phi18$	$\phi166$	156	230	22	15
ISV100-1000×＊						$\phi100$	$\phi115$						

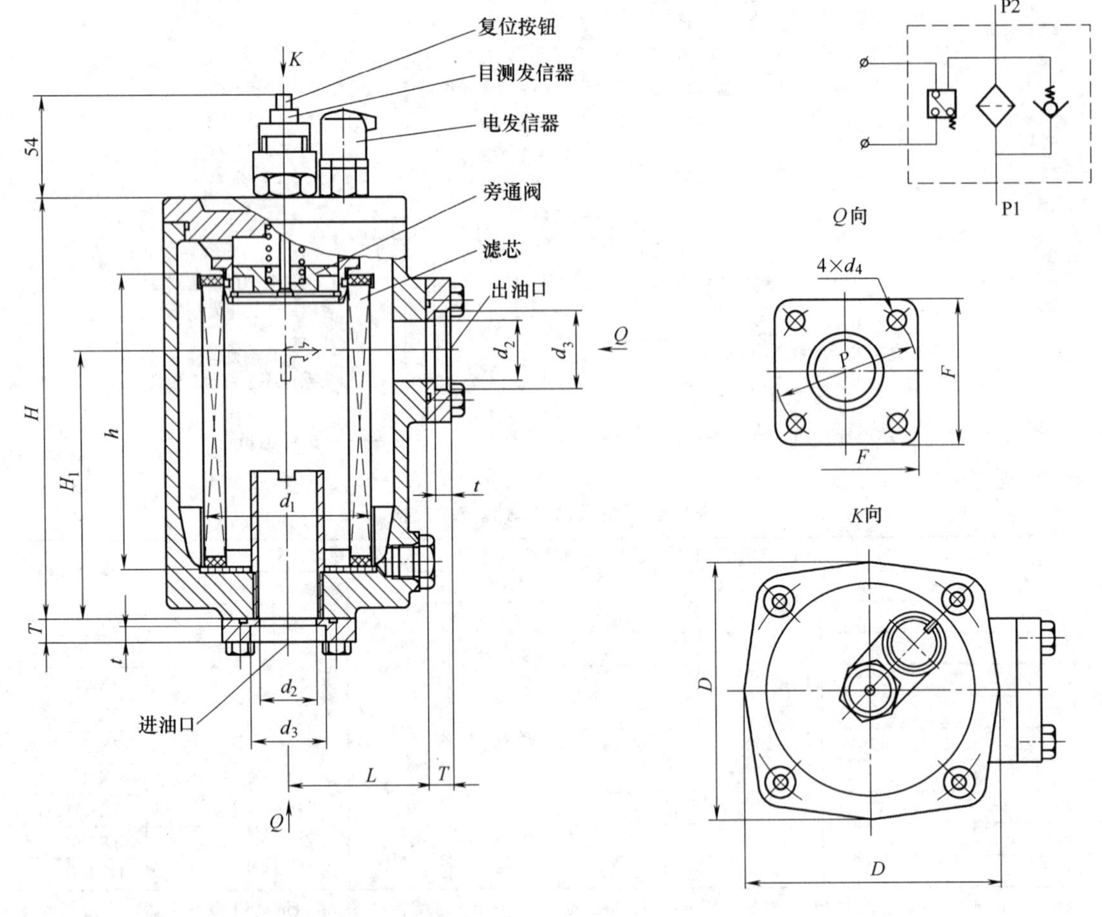

10.2.5.5　TF 型箱外自封式吸油过滤器

TF 型箱外自封式吸油过滤器安装在油泵吸油口处，用以保护油泵及其他液压元件，避免吸入污染杂质，有效地控制液压系统污染，提高液压系统的清洁度。

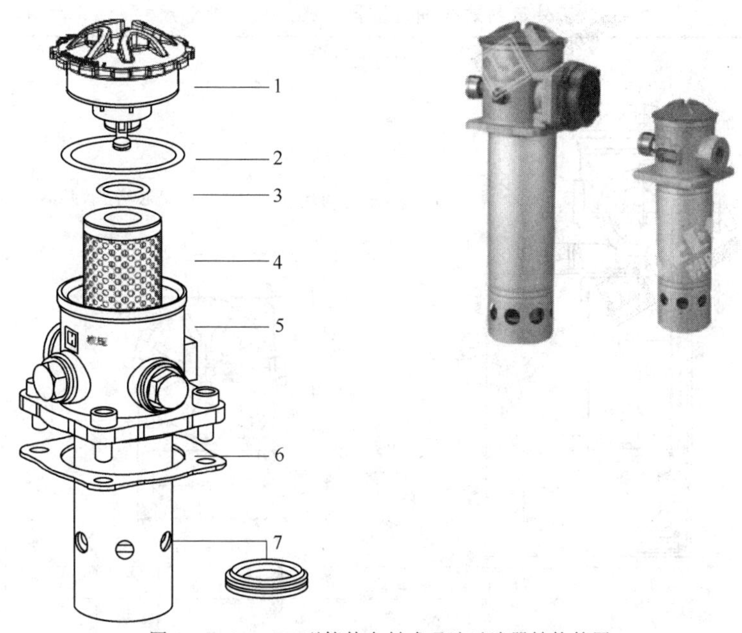

图 20-10-28　TF 型箱外自封式吸油过滤器结构简图

1—滤盖组件；2，3—O 形密封圈；4—滤芯；5—壳体；6—密封垫；7—密封圈

型号意义：

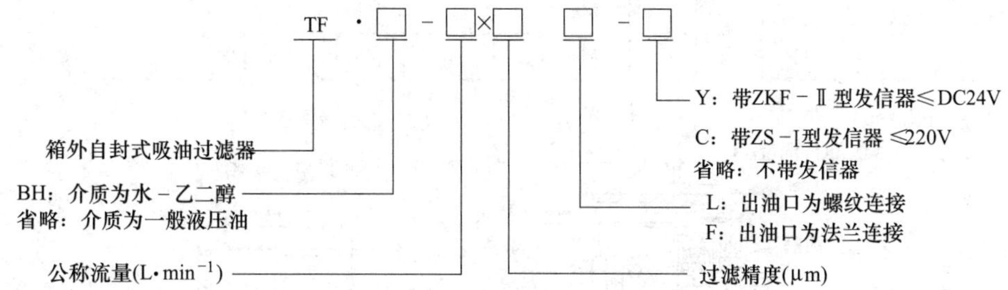

表 20-10-34　　TF 型箱外自封式吸油过滤器技术规格

型号	公称流量 /L·min^{-1}	过滤精度 /μm	通径 /mm	原始压力损失/MPa	发信装置 /V	发信装置 /A	连接方式	质量 /kg	滤芯型号
TF-25×＊L-$^{C}_{Y}$	25		15					0.4	TFX-25×＊
TF-40×＊L-$^{C}_{Y}$	40		20					0.45	TFX-40×＊
TF-63×＊L-$^{C}_{Y}$	63		25				管式	0.82	TFX-63×＊
TF-100×＊L-$^{C}_{Y}$	100		32		12	2.5		0.87	TFX-100×＊
TF-160×＊L-$^{C}_{Y}$	160	80	40		24	2		1.75	TFX-160×＊
TF-250×＊L-$^{C}_{Y}$	250	100	50	<0.01				2.6	TFX-250×＊
TF-400×＊L-$^{C}_{Y}$	400	180	65		36	1.5		4.3	TFX-400×＊
TF-630×＊L-$^{C}_{Y}$	630				220	0.25		6.2	TFX-630×＊
TF-800×＊L-$^{C}_{Y}$	800		90				法兰	6.9	TFX-800×＊
TF-1000×＊L-$^{C}_{Y}$	1000							8	TFX-1000×＊
TF-1300×＊L-$^{C}_{Y}$	1300							10.4	TFX-1300×＊

注：＊为过滤精度，若使用介质为水-乙二醇，公称流量 160L/min，过滤精度 80μm，带 ZS-Ⅰ型发信器，则过滤器型号为 TF·BH-160×80L·C，滤芯型号为 TFX·BH-160×80。

表 20-10-35 **TF 型箱外自封式吸油过滤器（螺纹式）外形尺寸** mm

管式(出油口螺纹连接)

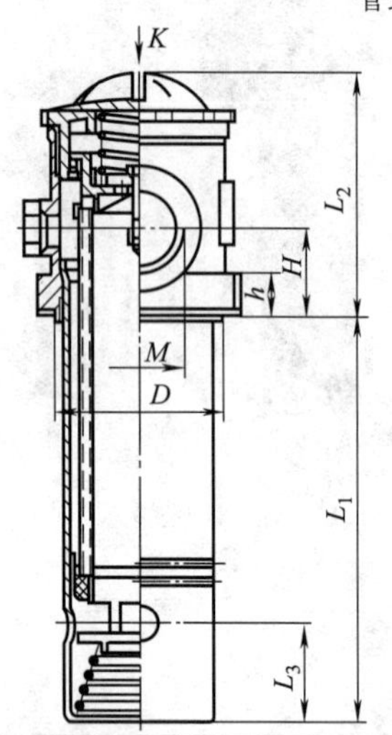

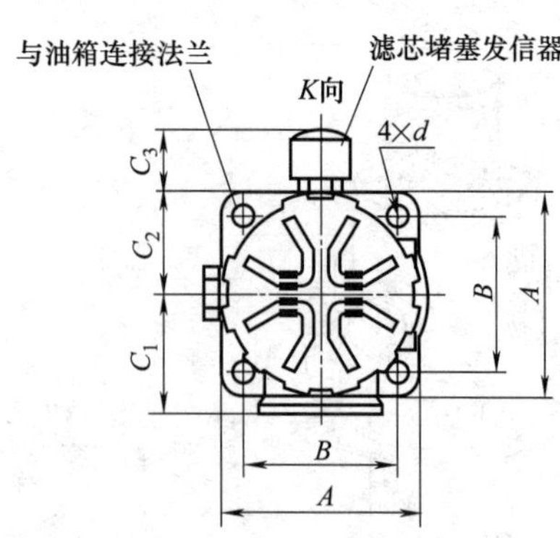

型号	L_1	L_2	L_3	H	M	D	A	B	C_1	C_2	C_3	h	d
TF-25×＊L-$^{C}_{Y}$	93	78	36	25	M22×1.5	ϕ62	80	60	45	42	42	9.5	ϕ9
TF-40×＊L-$^{C}_{Y}$	110				M27×2								
TF-63×＊L-$^{C}_{Y}$	138	98	40	33	M33×2	ϕ75	90	70.7	54	47		10	
TF-100×＊L-$^{C}_{Y}$	188				M42×2								
TF-160×＊L-$^{C}_{Y}$	200	119	53	42	M48×2	ϕ91	105	81.3	62	53.5		12	ϕ11

法兰式(出油口法兰连接)

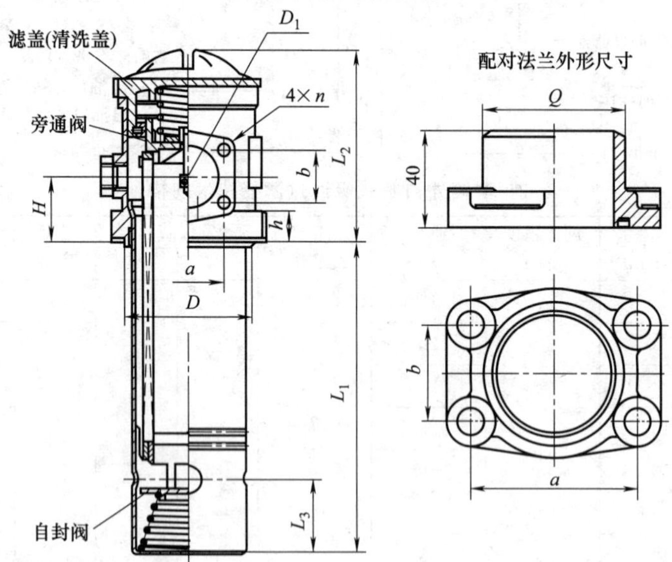

型号	L_1	L_2	L_3	H	D_1	D	a	b	n	h	Q
TF-250×＊L-$^{C}_{Y}$	270	119	53	42	ϕ50	ϕ91	70	40	M10	12	ϕ60
TF-400×＊L-$^{C}_{Y}$	275	141	60	50	ϕ65	ϕ110	90	50		15	ϕ73
TF-630×＊L-$^{C}_{Y}$	325	184	55	65	ϕ90	ϕ140	120	70		15.5	ϕ102
TF-800×＊L-$^{C}_{Y}$	385										
TF-1000×＊L-$^{C}_{Y}$	485										
TF-1300×＊L-$^{C}_{Y}$	680										

10.2.5.6　TRF 型吸回油过滤器

TRF 型吸回油过滤器主要适用于闭式回路的液压系统，滤除闭式回路油液中各元件磨损产生的金属颗粒以及密封件的橡胶杂质等污染物，使系统的油液保持清洁，有效地延长液压泵及系统其他元件的使用寿命。

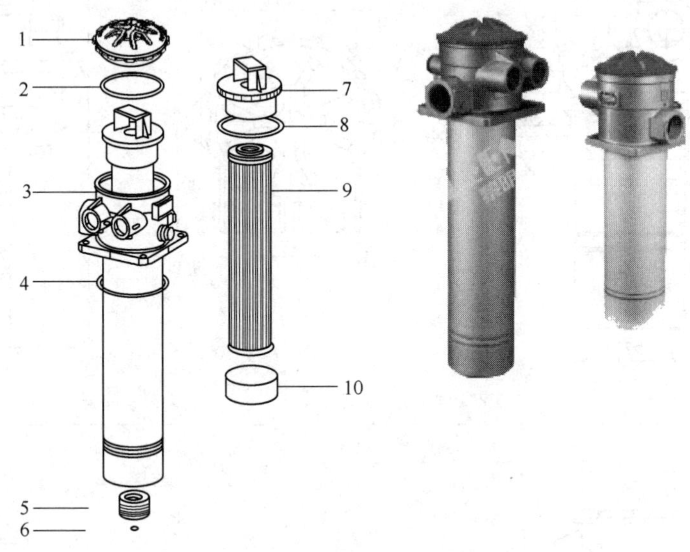

图 20-10-29　TRF 型吸回油过滤器结构简图

1—滤盖；2,4,8—O 形密封圈；3—壳体；5—吸油滤芯；6—螺母；7—滤芯定位座；9—回油滤芯；10—积污槽

型号意义：

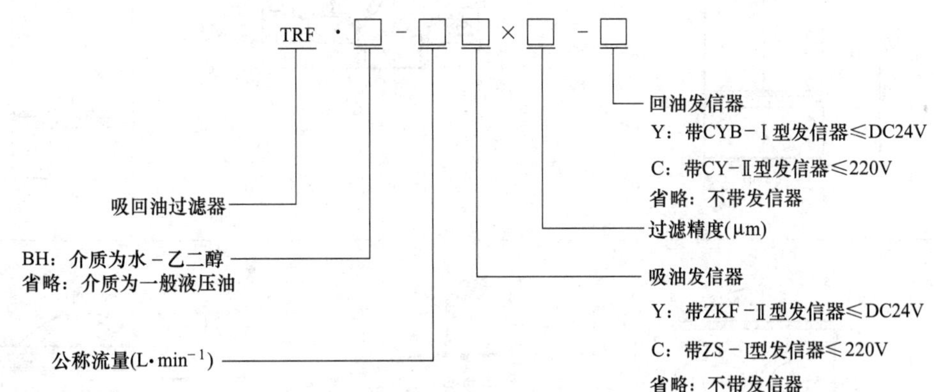

表 20-10-36　TRF 型吸回油过滤器技术规格

型号	流量 /L·min^{-1}	公称压力 /MPa	过滤精度 /μm		发信装置		旁通阀开启压力 /MPa	安全阀开启压力 /MPa	最大补偿流量 /L·min^{-1}	回油滤芯型号
			吸油	回油	/V	/A				
TRF-100$^{C}_{Y}$X＊-$^{C}_{Y}$	100	1	80	10 20 30	12 24 36 220	2.5 2 1.5 0.25	0.4	0.05	6	TRFX-100X＊
TRF-200$^{C}_{Y}$X＊-$^{C}_{Y}$	200								10	TRFX-200X＊
TRF-300$^{C}_{Y}$X＊-$^{C}_{Y}$	300								16	TRFX-300X＊

注：＊为过滤精度，若使用介质为水-乙二醇，公称流量 100L/min，回油过滤精度 10μm，吸油带 ZS-I 型发信器，回油带 CYB-I 型发信器，则过滤器型号为 TRF·BH-100C×10-Y，滤芯型号为 TRFX·BH-100×10。

表 20-10-37　TRF 型吸回油过滤器

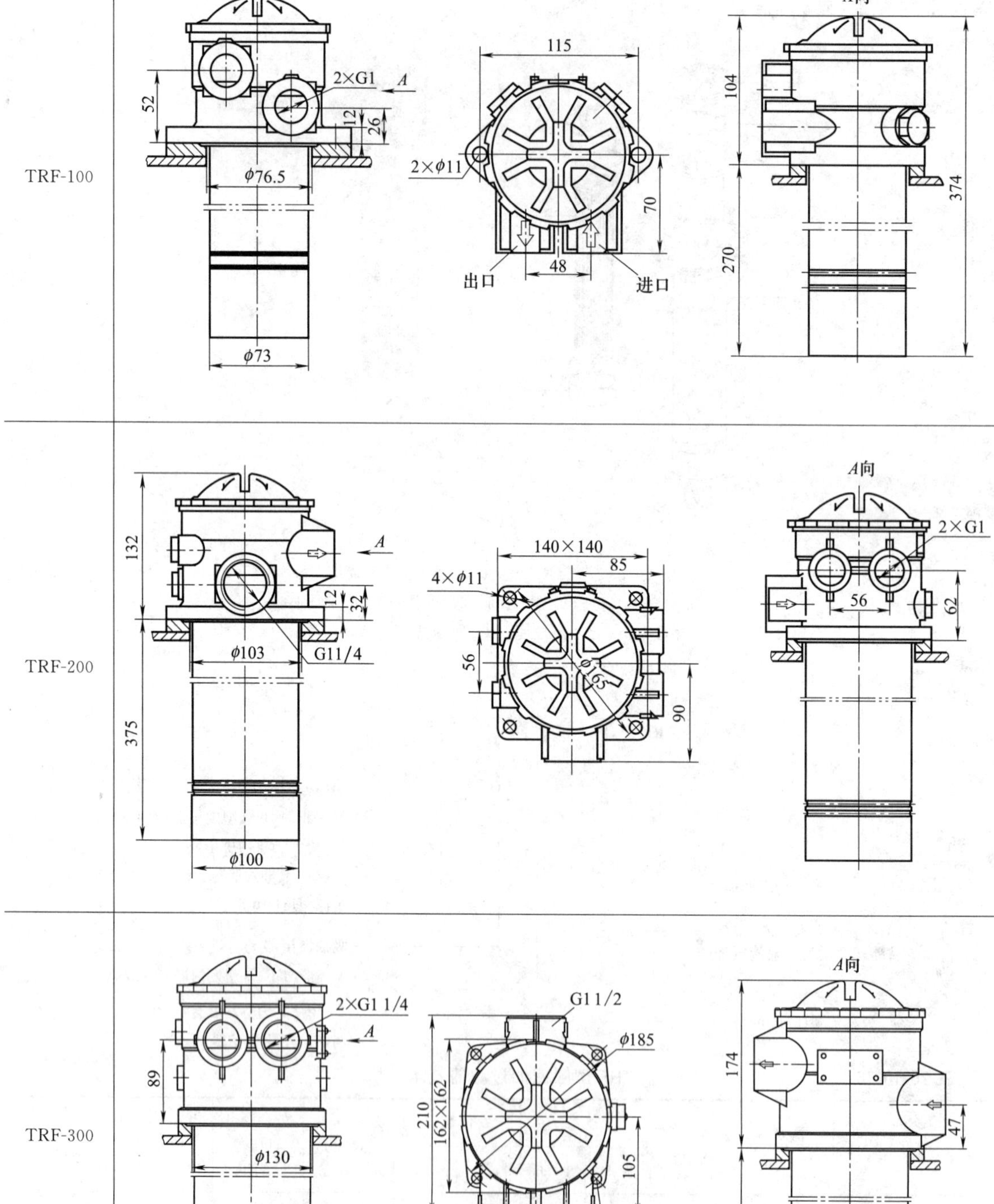

10.2.5.7　GP、WY 型磁性回油过滤器

GP、WY 型磁性回油过滤器仅一小部分的滤头连接部分露在油箱外，其余大部分都在油箱内部，从而简化了系统管路，安装方便，系统排列紧凑美观。从结构上改进原来管路回油过滤器的庞大结构，考虑到液压系统内产生量多的还是铁磁性污染物，所以在回油精过滤前，先经强磁铁进行磁性过滤，然后再经二级精密过滤。

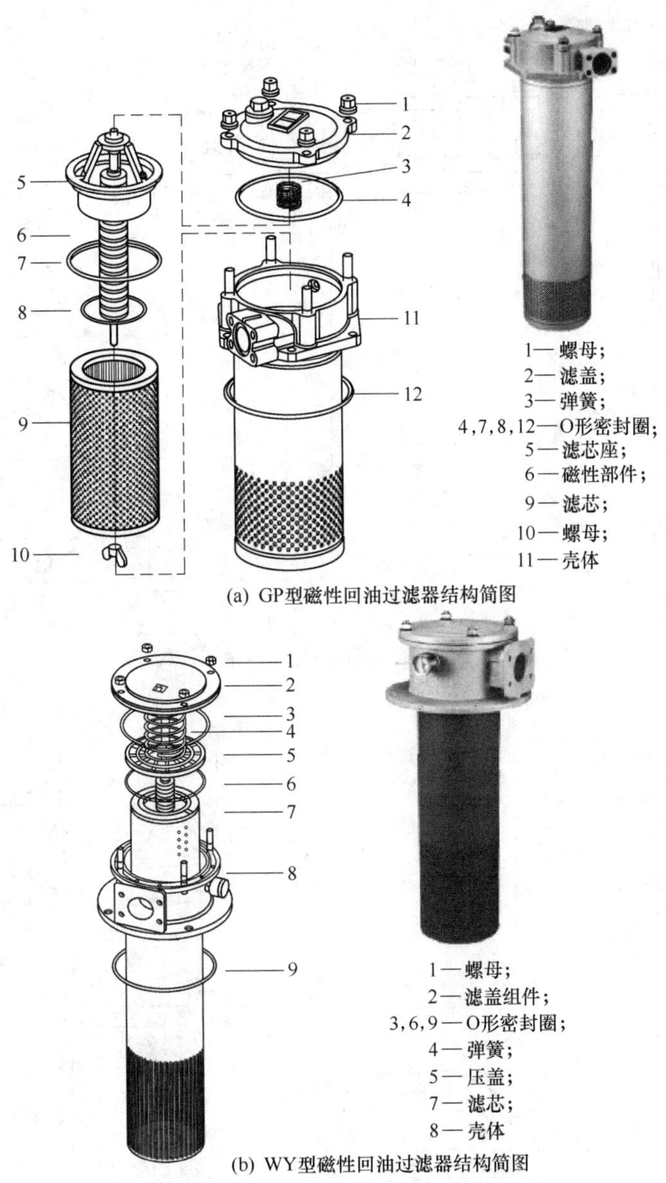

(a) GP型磁性回油过滤器结构简图

(b) WY型磁性回油过滤器结构简图

图 20-10-30　GP、WY 型磁性回油过滤器

型号意义：

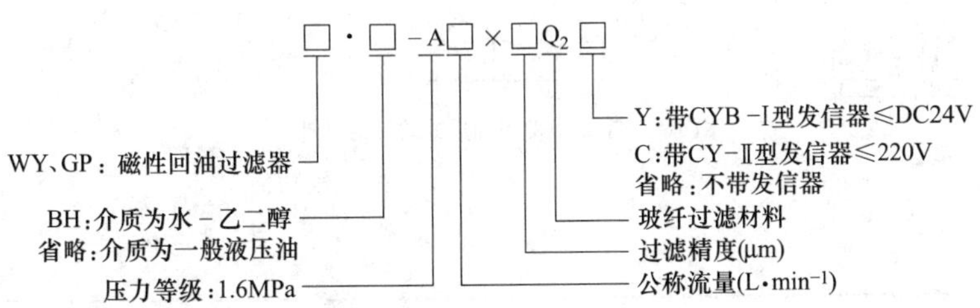

表 20-10-38 GP、WY 型磁性回油过滤器技术规格

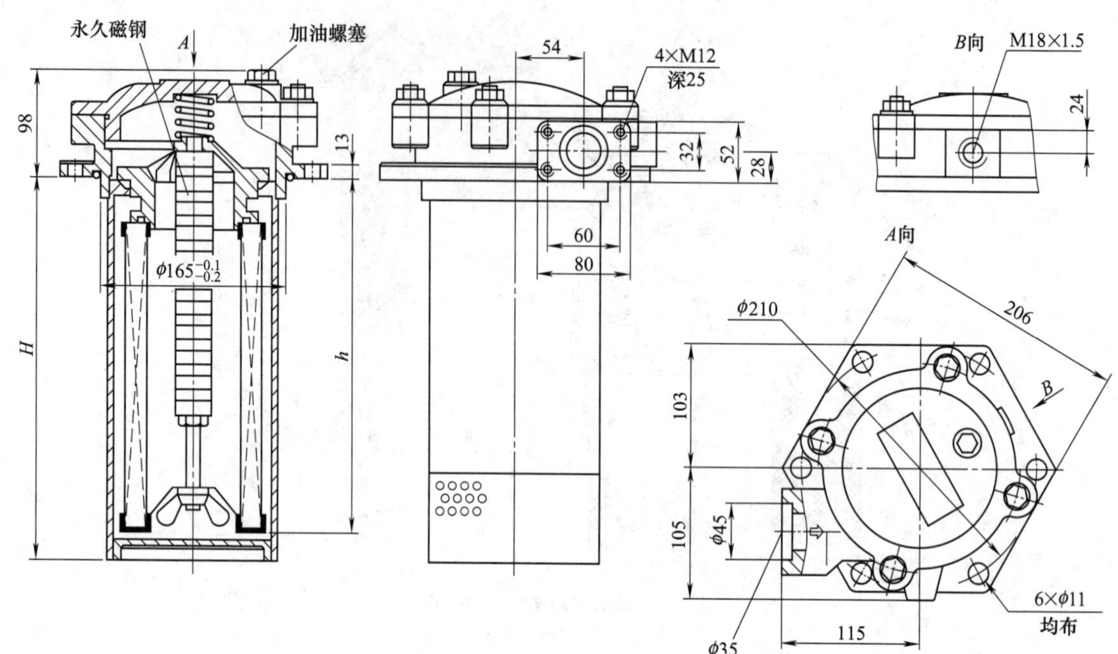

图(a) GP 型磁性回油过滤器外形尺寸

图(b) WY 型磁性回油过滤器外形尺寸

续表

型号	公称流量/L·min^{-1}	公称压力/MPa	过滤精度/μm	旁通阀开启压力/MPa	永久磁钢表面积/cm^2	尺寸/mm											质量/kg	滤芯型号
						H	h	a	b	c	d	e	f	g	k	r		
GP-A300×＊$Q_2{}_{Y}^{C}$	300	1.6	3 5 10 20 30		170	300	278										9	GP300×＊Q_2
GP-A400×＊$Q_2{}_{Y}^{C}$	400					380	358										9.7	GP400×＊Q_2
GP-A500×＊$Q_2{}_{Y}^{C}$	500					570	548										11.5	GP500×＊Q_2
GP-A600×＊$Q_2{}_{Y}^{C}$	600					590	568										11.8	GP600×＊Q_2
WY-A300×＊$Q_2{}_{Y}^{C}$	300			0.4		300	160	55	125	88.9	50.8	75	265	290	140	60	12	WY300×＊Q_2
WY-A400×＊$Q_2{}_{Y}^{C}$	400					410											13	WY400×＊Q_2
WY-A500×＊$Q_2{}_{Y}^{C}$	500					500											13.8	WY500×＊Q_2
WY-A600×＊$Q_2{}_{Y}^{C}$	600					550											15.7	WY600×＊Q_2
WY-A700×＊$Q_2{}_{Y}^{C}$	700					610											16.5	WY700×＊Q_2
WY-A800×＊$Q_2{}_{Y}^{C}$	800					716	136	50	116	90	50	50	283	310	183	50		WY800×＊Q_2

注：＊为过滤精度，若使用介质为水-乙二醇，公称流量 400L/min，过滤精度 10μm，带 CYB-I 型发信器，则过滤器信号为 GP·BH-A400×10Q_2Y、WY·BH-A400×10Q_2Y；滤芯型号为 GP·BH400×10Q_2、WY·BH-A400×10Q_2。

10.2.5.8 RFA 型微型直回式回油过滤器

RFA 型微型直回式回油过滤器用于液压系统回油精过滤，滤除液压系统中元件磨损产生的金属颗粒以及密封件的橡胶杂质等污染物，使流回油箱的油液保持清洁。过滤器安装在油箱顶部，筒体部分浸入油箱内，并设置旁通阀、扩散器、滤芯污染堵塞发信器等装置。具有结构紧凑、安装方便、通油能力大、压力损失小、更换滤芯方便等特点。

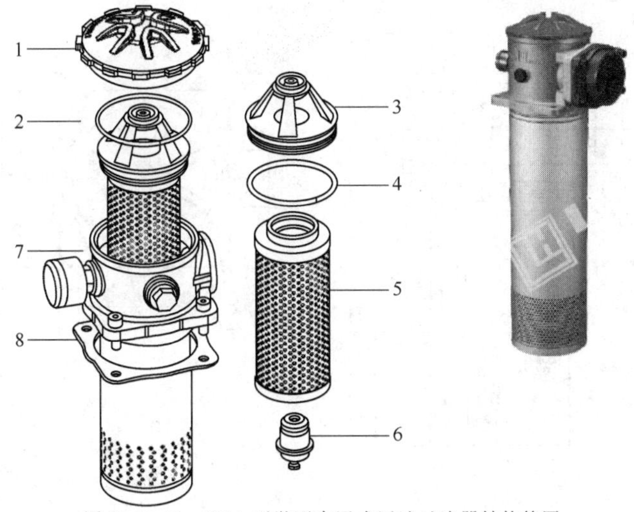

图 20-10-31　RFA 型微型直回式回油过滤器结构简图

1—滤盖；2,4—O 形密封圈；3—滤芯定位器；5—滤芯；6—旁通阀；7—壳体；8—密封垫

型号意义：

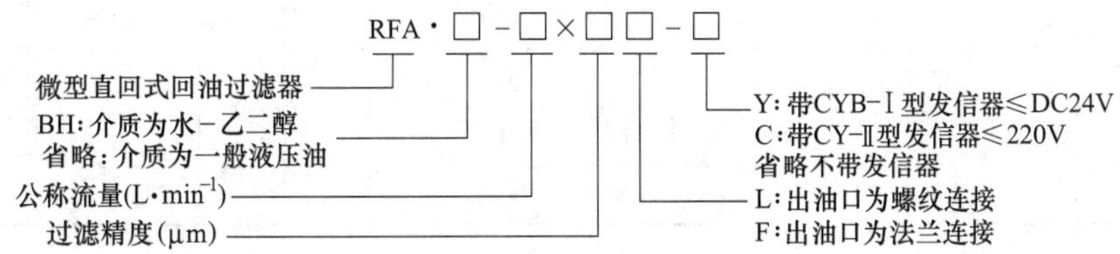

表 20-10-39　　**RFA 型微型直回式回油过滤器技术规格**

型号	公称流量 /L·min⁻¹	过滤精度 /μm	通径 /mm	公称压力 /MPa	压力损失 /MPa 原始值	压力损失 /MPa 最大值	发信装置 /V	发信装置 /A	质量 /kg	滤芯型号
RFA-25×＊L-$_{Y}^{C}$	25	1 3 5 10 20 30	15	1.6	≤0.075	0.35	12 24 36 220	2.5 2 1.5 0.25	0.85	FAX-25×＊
RFA-40×＊L-$_{Y}^{C}$	40		20						0.9	FAX-40×＊
RFA-63×＊L-$_{Y}^{C}$	63		25						1.5	FAX-63×＊
RFA-100×＊L-$_{Y}^{C}$	100		32						1.7	FAX-100×＊
RFA-160×＊L-$_{Y}^{C}$	160		40						2.7	FAX-160×＊
RFA-250×＊F-$_{Y}^{C}$	250		50						4.35	FAX-250×＊
RFA-400×＊F-$_{Y}^{C}$	400		65						6.15	FAX-400×＊
RFA-630×＊F-$_{Y}^{C}$	630		90						8.2	FAX-630×＊
RFA-800×＊F-$_{Y}^{C}$	800		90						8.9	FAX-800×＊
RFA-1000×＊F-$_{Y}^{C}$	1000		90						9.96	FAX-1000×＊

表 20-10-40　　**RFA-25～160 型微型直回式回油过滤器外形尺寸**　　mm

管式(进油口螺纹连接)

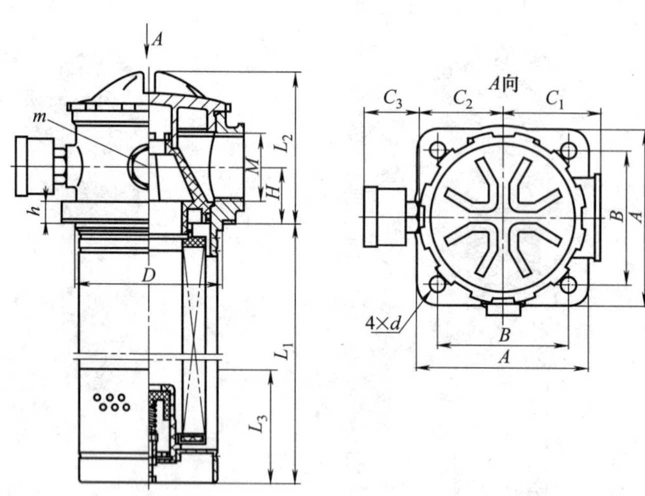

型号	L_1	L_2	L_3	H	D	M	m	A	B	C_1	C_2	C_3	d	h
RFA-25×＊L-$_{Y}^{C}$	127	74	45	25	ϕ75	M22×1.5	M18×1.5	90	70	53	45	39	ϕ9	10
RFA-40×＊L-$_{Y}^{C}$	158					M27×2								
RFA-63×＊L-$_{Y}^{C}$	185	93	60	33	ϕ95	M33×2		110	85	60	53			12
RFA-100×＊L-$_{Y}^{C}$	245					M42×2								
RFA-160×＊L-$_{Y}^{C}$	322	108	80	40	ϕ110	M48×2		125	95	71	61		ϕ13	15

续表

法兰式(进油口法兰连接)

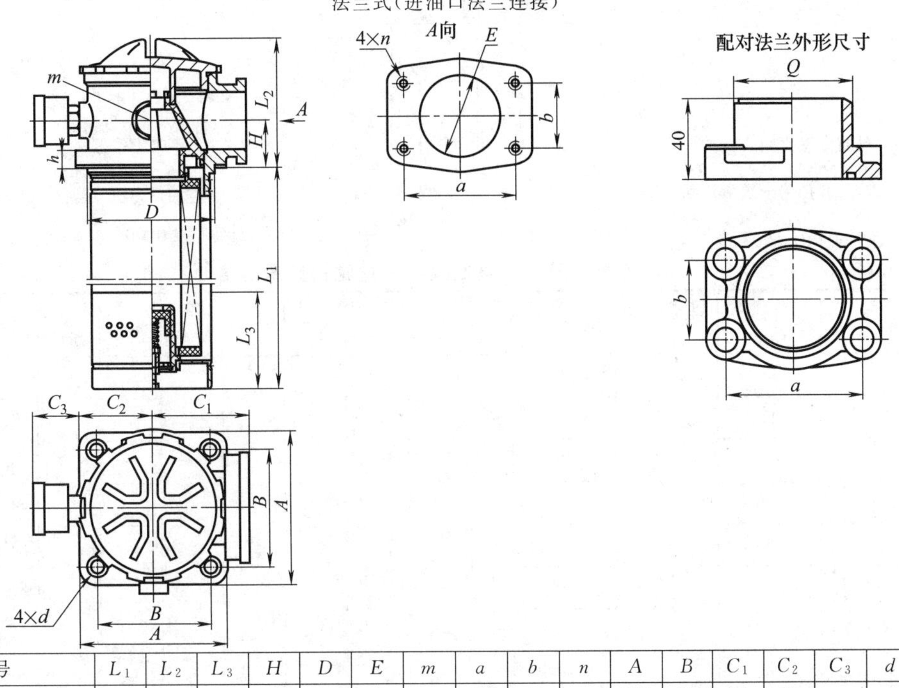

型号	L_1	L_2	L_3	H	D	E	m	a	b	n	A	B	C_1	C_2	C_3	d	Q	h
RFA-250×*L-$^{C}_{Y}$	422	108	80	40	ϕ110	ϕ50		70	40	M10	125	95	81	61	39	ϕ13	60	15
RFA-400×*L-$^{C}_{Y}$	467	135	100	55	ϕ130	ϕ65		90	50		140	110	90	68			73	15
RFA-630×*L-$^{C}_{Y}$	494	175	118	70	ϕ160	ϕ90		120	70		170	140	110	85			102	18
RFA-800×*L-$^{C}_{Y}$	606																	
RFA-1000×*L-$^{C}_{Y}$	786																	

10.2.5.9　SRFA 型双筒微型直回式回油过滤器

SRFA 型双筒微型直回式回油过滤器（图 20-10-32）是由两只单筒过滤器、换向阀、旁通阀、发信器、扩散器等组成。它被安装在油箱顶部，可在系统不停机的情况下更换滤芯，适用于连续工作的液压系统回油精过滤，用来滤除液压系统中诸元件磨损产生的金属粉末以及密封件的橡胶杂质等，使流回油箱的油液保持清洁，以利于系统中的油液循环使用。

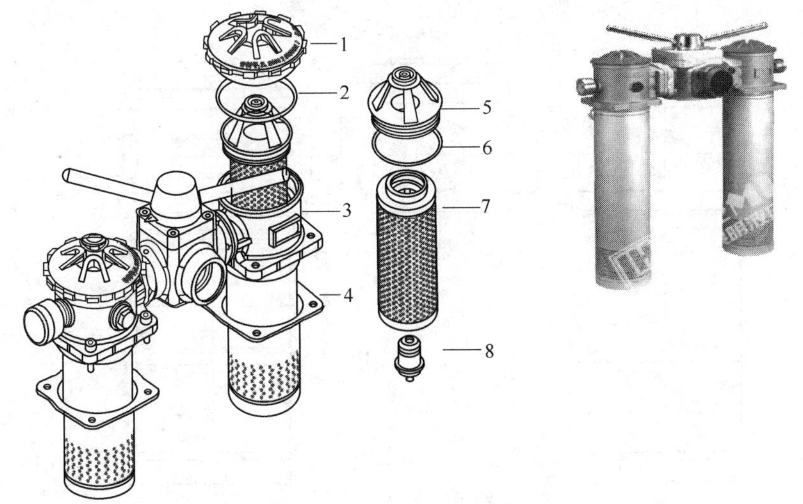

图 20-10-32　SRFA 型双筒微型直回式回油过滤器结构简图

1—滤盖；2,6—O 形密封圈；3—壳体；4—密封垫；5—滤芯定位座；7—滤芯；8—旁通阀

型号意义：

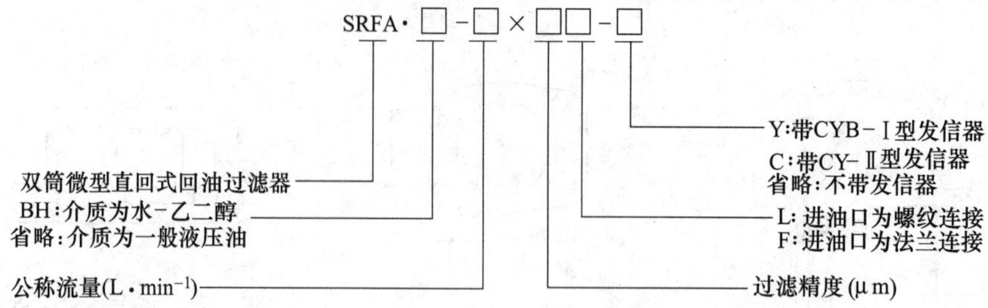

表 20-10-41　　SRFA 型双筒微型直回式回油过滤器技术规格

型号	公称流量 /L·min⁻¹	过滤精度 /μm	通径 /mm	公称压力 /MPa	压力损失/MPa 开始	压力损失/MPa 最大	发信装置 /V	发信装置 /A	质量 /kg	连接方式	滤芯型号
SRFA-25×*-C/Y	25	1 3 5 10 20 30	20	1.6	≤0.08	0.35	12 24 36 220	2.5 2 1.5 0.25		螺纹	SFAX-25×*
SRFA-40×*-C/Y	40		20								SFAX-40×*
SRFA-63×*-C/Y	63		32								SFAX-63×*
SRFA-100×*-C/Y	100		32								SFAX-100×*
SRFA-160×*-C/Y	160		50							法兰	SFAX-160×*
SRFA-250×*-C/Y	250		50								SFAX-250×*
SRFA-400×*-C/Y	400		65								SFAX-400×*
SRFA-630×*-C/Y	630		90								SFAX-630×*
SRFA-800×*-C/Y	800		90								SFAX-800×*
SRFA-1000×*-C/Y	1000		90								SFAX-1000×*

注：*为过滤精度。若使用介质为水-乙二醇，使用压力 1.6MPa，公称流量 63L/min，过滤精度 10μm，带 CYB-I 发信器。则过滤器型号为 SRFA·BH-63×10L-Y，滤芯型号为 SFAX·BH-63×10。

表 20-10-42　　SRFA 型双筒微型直回式回油过滤器外形尺寸　　mm

螺纹式

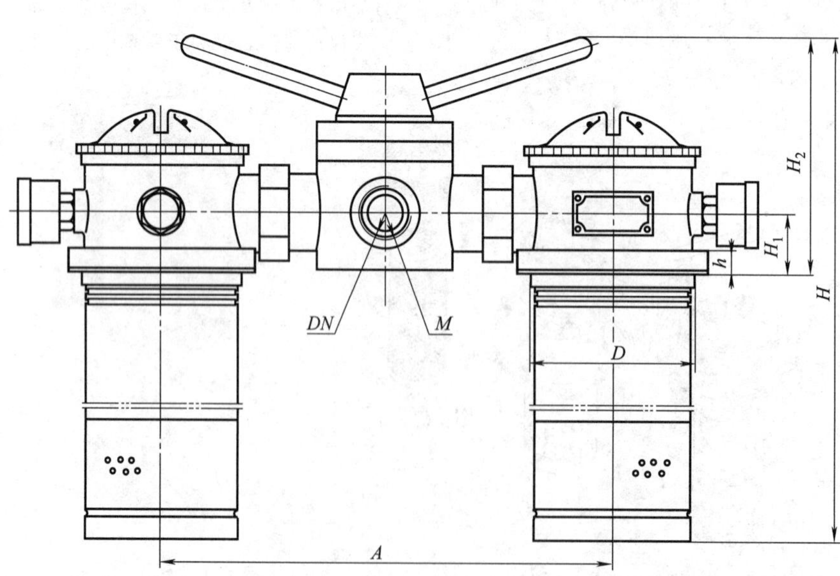

续表

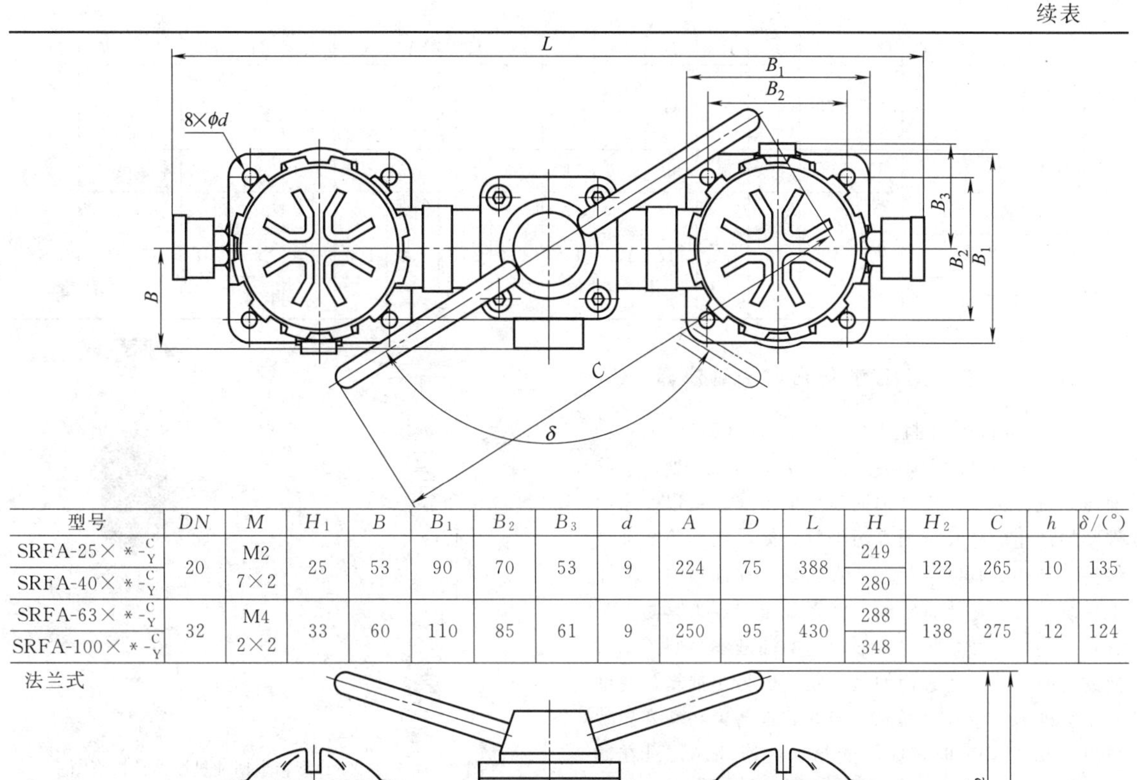

型号	DN	M	H_1	B	B_1	B_2	B_3	d	A	D	L	H	H_2	C	h	δ/(°)
SRFA-25×*-$^{C}_{Y}$	20	M27×2	25	53	90	70	53	9	224	75	388	249	122	265	10	135
SRFA-40×*-$^{C}_{Y}$												280				
SRFA-63×*-$^{C}_{Y}$	32	M42×2	33	60	110	85	61	9	250	95	430	288	138	275	12	124
SRFA-100×*-$^{C}_{Y}$												348				

法兰式

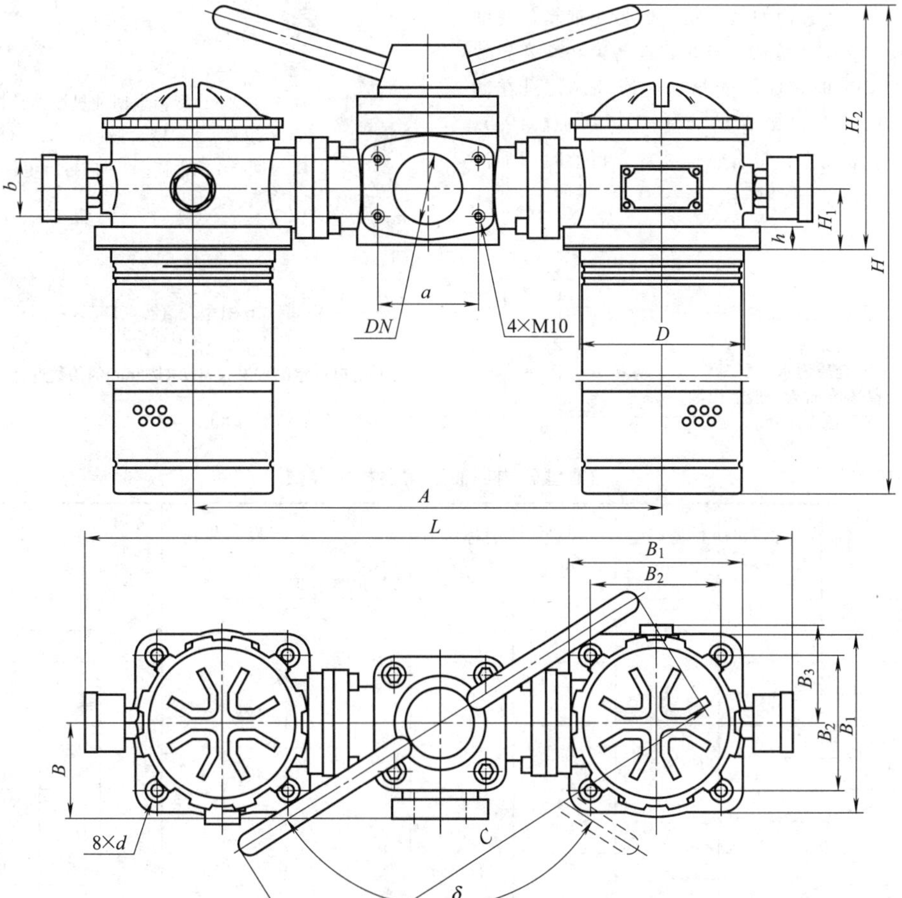

续表

型号	DN	a	b	H_1	B	B_1	B_2	B_3	d	A	D	L	H	H_2	C	h	$\delta/(°)$
SRFA-160×∗-$^{C}_{Y}$	50	70	40	40	81	125	95	67	ϕ13	320	110	566	482	160	265	10	135
SRFA-250×∗-$^{C}_{Y}$													582				
SRFA-400×∗-$^{C}_{Y}$	65	90	50	55	90	140	110	76	ϕ13	370	130	580	664	197	400	15	73
SRFA-630×∗-$^{C}_{Y}$	90	120	70	70	115	170	140	93	ϕ13	450	160	694	743	248	545	18	102
SRFA-800×∗-$^{C}_{Y}$													853				
SRFA-1000×∗-$^{C}_{Y}$													1033				

10.2.5.10 XNL 型箱内回油过滤器

XNL 型箱内自封式回油过滤器（图 20-10-33）是一新型回油过滤器，装于液压系统回油管处，滤除液压系统中由于元件磨损而产生的金属颗粒以及密封件磨损产生的橡胶杂质等污染物，使流回油箱的油液保持清洁。具有以下特点：直接安装在油箱内，简化了系统的管路，节省空间，使系统布置更为紧凑；带有自封阀，检修系统时，油箱里的油液不会回流，更换滤芯时，能把滤芯内的污染物一同带出油箱，使油液不会外流；带有旁通阀，当滤芯被污染物堵塞导致压差达 0.35MPa 时，如不能马上更换滤芯，设在滤芯顶部的旁通阀会自动开启（其压差为 0.4MPa），以保护系统正常工作；带有磁性装置，可滤除回油油液中 1μm 以上的铁磁性颗粒。

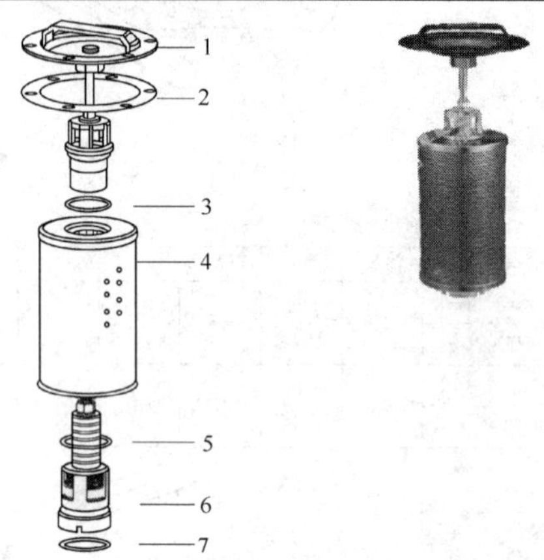

图 20-10-33 XNL 型箱内回油过滤器结构简图
1—滤盖组件；2—密封垫；3,5,7—O 形密封圈；4—滤芯；6—自封阀组件

型号意义：

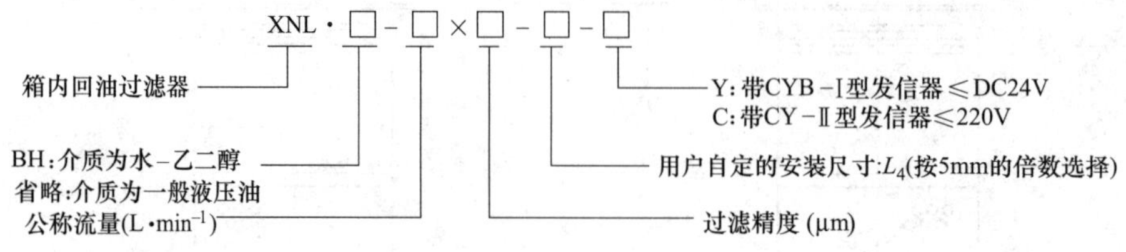

表 20-10-43 XNL 型箱内回油过滤器技术参数

型号	公称流量/L·min^{-1}	过滤精度/μm	通径/mm	公称压力/MPa	压力损失 P/MPa 初始值	压力损失 P/MPa 最大值	发信装置 V	发信装置 A	旁通阀开启压力	质量/kg	滤芯型号
XNL-25×∗-$^{C}_{Y}$	25	1 3 5 10 20 30	20	0.6	≤0.1	0.35	12 24 36 220	2.5 2 1.5 0.25	0.4	1.2	NLX-25×∗
XNL-40×∗-$^{C}_{Y}$	40									1.5	NLX-40×∗
XNL-63×∗-$^{C}_{Y}$	63		32							2.3	NLX-63×∗
XNL-100×∗-$^{C}_{Y}$	100									2.5	NLX-100×∗
XNL-160×∗-$^{C}_{Y}$	160		50							4.6	NLX-160×∗
XNL-250×∗-$^{C}_{Y}$	250									5.1	NLX-250×∗
XNL-400×∗-$^{C}_{Y}$	400		80							10.1	NLX-400×∗
XNL-630×∗-$^{C}_{Y}$	630									10.8	NLX-630×∗
XNL-800×∗-$^{C}_{Y}$	800		90							14.2	NLX-800×∗
XNL-1000×∗-$^{C}_{Y}$	1000									14.9	NLX-1000×∗

注：∗为过滤精度，若使用介质为水-乙二醇，公称流量 160L/min，过滤精度 10μm，带 CYB-I 型发信器，则过滤器型号为 XNL·BH-160×10Y，滤芯型号为 NLX·BH-160×10。

表 20-10-44　**XNL 型箱内回油过滤器基本尺寸**　mm

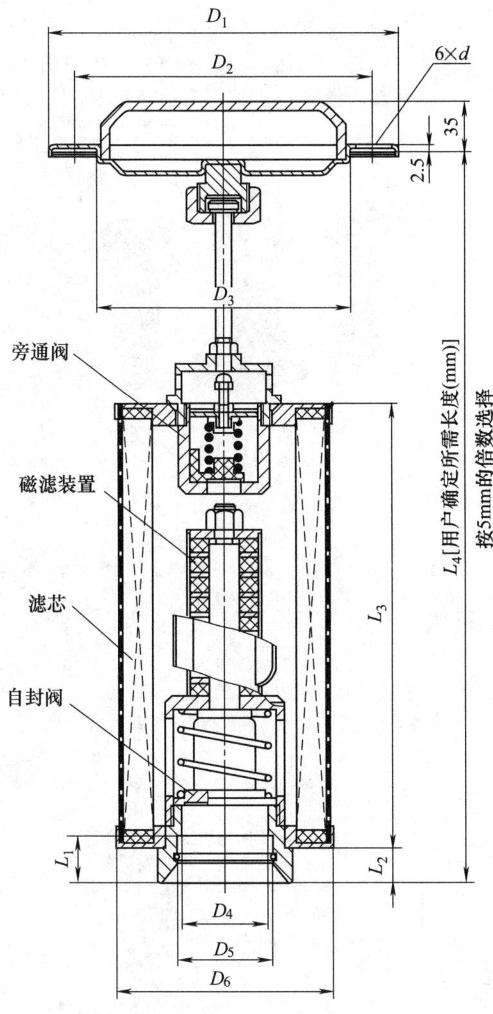

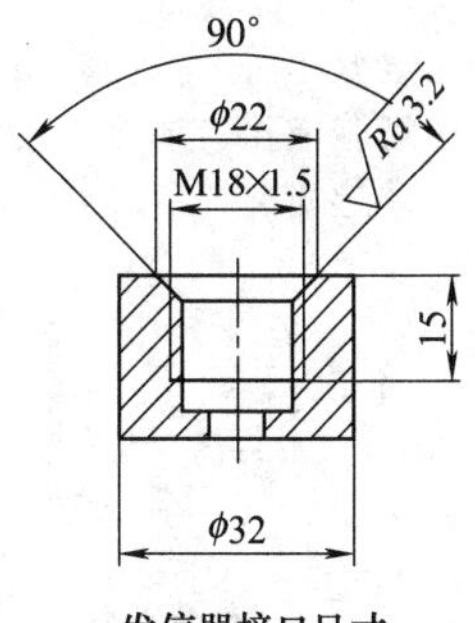

发信器接口尺寸

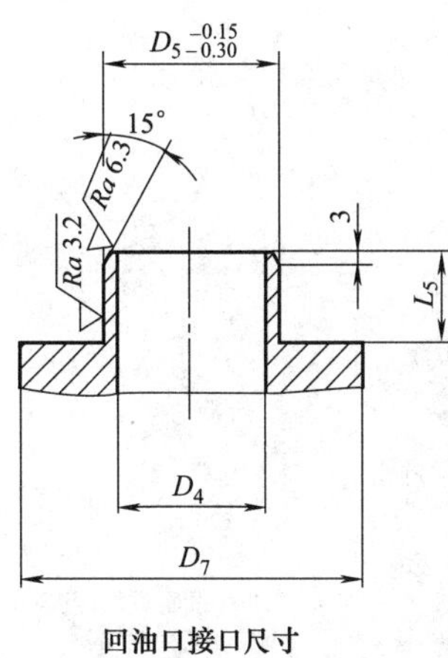

回油口接口尺寸

型号	D_1	D_2	D_3	D_4	D_5	D_6	D_7	L_1	L_2	L_3	最小 L_4	L_5	d
XNL-25× *-$^{C}_{Y}$	φ129	φ105	φ85	φ20	φ25	φ80	φ46	21	12	145	280	20	φ9
XNL-40× *-$^{C}_{Y}$										180	315		
XNL-63× *-$^{C}_{Y}$	φ154	φ130	φ110	φ32	φ40	φ106	φ56	23	15	160	300	22	
XNL-100× *-$^{C}_{Y}$										210	350		
XNL-160× *-$^{C}_{Y}$	φ200	φ170	φ145	φ50	φ55	φ141	φ76	28	20	250	430	27	φ11
XNL-250× *-$^{C}_{Y}$										320	500		
XNL-400× *-$^{C}_{Y}$	φ242	φ210	φ185	φ80	φ85	φ180	φ108	32	22	400	580	31	φ13.5
XNL-630× *-$^{C}_{Y}$										500	680		
XNL-800× *-$^{C}_{Y}$	φ262	φ230	φ205	φ90	φ100	φ200	φ127	32	22	600	805		
XNL-1000× *-$^{C}_{Y}$										750	955		

10.2.5.11　ZU-H、QU-H 型压力管路过滤器

ZU-H、QU-H 型压力管路过滤器安装在液压系统的压力管路上，用以滤除液压油中混入的机械杂质和液压油本身化学变化所产生的胶质、沥青质、炭渣质等，从而防止阀芯卡死、节流小孔缝隙和阻尼孔的堵塞以及液压元件过快磨损等故障的发生。

该过滤器过滤效果好、精度高，但堵塞后清洗比较难，必须更换滤芯。

该过滤器设有压差发信装置，当滤芯污染堵塞到进出油口压差为 0.35MPa 时，即发出开关信号，此时更换滤芯，以达到保护系统安全的目的。

该过滤器滤芯采用玻璃纤维过滤材质，具有过滤精度高、通油能力大、原始压力损失小、纳污量大等优点。

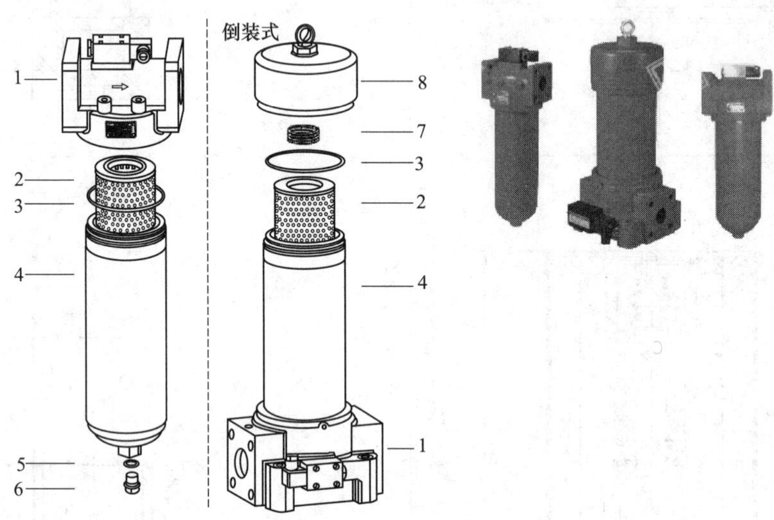

图 20-10-34　ZU-H、QU-H 型压力管路过滤器结构简图

1—滤头；2—滤芯；3,5—O 形密封圈；4—壳体；6—螺塞；7—弹簧；8—顶盖

型号意义：

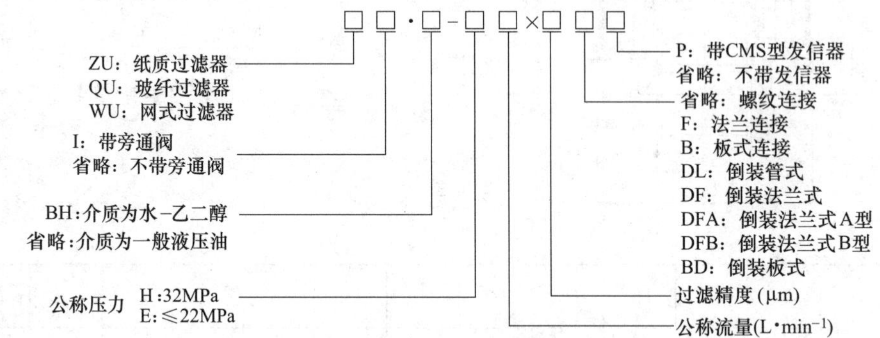

表 20-10-45　ZU-H、QU-H 型压力管路过滤器技术规格

型号	通径 /mm	公称流量 /L·min^{-1}	过滤精度 /μm	公称压力 /MPa	压力损失/MPa 原始值	压力损失/MPa 最大值	发信装置功率	质量 /kg	滤芯型号	连接方式
$^{Z}_{Q}$U-H10×∗P	15	10	1 3 5 10 20 30	32	0.08	0.35	24V/48W 220V/50W	3.6	HX-10×∗#	管式
$^{Z}_{Q}$U-H25×∗P		25						5.0	HX-25×∗#	
$^{Z}_{Q}$U-H40×∗P	20	40			0.1			8.0	HX-40×∗#	
$^{Z}_{Q}$U-H63×∗P		63						9.8	HX-63×∗#	
$^{Z}_{Q}$U-H100×∗P	25	100						12.0	HX-100×∗#	
$^{Z}_{Q}$U-H160×∗P	32	160			0.12			18.2	HX-160×∗#	
$^{Z}_{Q}$U-H250×∗P	40	250						23.0	HX-250×∗#	法兰式
$^{Z}_{Q}$U-H400×∗P	50	400			0.15			33.8	HX-400×∗#	
$^{Z}_{Q}$U-H630×∗P	53	630						42.0	HX-630×∗#	
$^{Z}_{Q}$U-H800×∗P		800						52.0	HX-800×∗#	

续表

型号	通径 /mm	公称流量 /L·min^{-1}	过滤精度 /μm	公称压力 /MPa	压力损失/MPa 原始值	压力损失/MPa 最大值	发信装置功率	质量 /kg	滤芯型号	连接方式
$^{Z}_{Q}$U-H10×＊BP	15	10	1 3 5 10 20 30 40	32	0.08	0.35	24V/48W 220V/50W	5.7	HBX-10×＊	板式
$^{Z}_{Q}$U-H25×＊BP		25						7.0	HBX-25×＊	
$^{Z}_{Q}$U-H40×＊BP	25	40			0.1			11.5	HBX-40×＊	
$^{Z}_{Q}$U-H63×＊BP		63						13.2	HBX-63×＊	
$^{Z}_{Q}$U-H100×＊BP		100						15.0	HBX-110×＊	
$^{Z}_{Q}$U-H160×＊BP	32	160			0.12			21.4	HBX-160×＊	
$^{Z}_{Q}$U-H250×＊BP	40	250						25.7	HBX-250×＊	
$^{Z}_{Q}$U-H400×＊BP	50	400			0.15			38.0	HBX-400×＊	
$^{Z}_{Q}$U-H630×＊BP		630						42.3	HBX-630×＊	
$^{Z}_{Q}$U-H10×＊DLP	15	10			0.08			8.5	HDX-10×＊	倒装管式
$^{Z}_{Q}$U-H25×＊DLP		25						9.9	HDX-25×＊	
$^{Z}_{Q}$U-H40×＊DLP	20	40			0.1			16.4	HDX-40×＊	
$^{Z}_{Q}$U-H63×＊DLP		63						18.9	HDX-63×＊	
$^{Z}_{Q}$U-H100×＊DLP	25	100						22.5	HDX-100×＊	
$^{Z}_{Q}$U-H160×＊DLP	32	160			0.15			33.4	HDX-160×＊	
$^{Z}_{Q}$U-H10×＊DFP	15	10			0.08			8.6	HDX-10×＊	倒装法兰式
$^{Z}_{Q}$U-H25×＊DFP		25						10.0	HDX-25×＊	
$^{Z}_{Q}$U-H40×＊DFP	20	40			0.1			16.6	HDX-40×＊	
$^{Z}_{Q}$U-H63×＊DFP		63						19.2	HDX-63×＊	
$^{Z}_{Q}$U-H100×＊DFP	25	100						22.9	HDX-100×＊	
$^{Z}_{Q}$U-H160×＊DFP	32	160			0.12			34.0	HDX-160×＊	
$^{Z}_{Q}$U-H250×＊DFP	40	250						41.9	HDX-250×＊	
$^{Z}_{Q}$U-H400×＊DFP	50	400			0.15			57.6	HDX-400×＊	
$^{Z}_{Q}$U-H630×＊DFP	53	630						62.4	HDX-630×＊	
$^{Z}_{Q}$U-H800×＊DFP		800							HDX-800×＊	
$^{Z}_{Q}$U-H10×＊DFAP	15	10			0.08			8.6	HDX-10×＊	倒装法兰式A型
$^{Z}_{Q}$U-H25×＊DFAP		25						10.0	HDX-25×＊	
$^{Z}_{Q}$U-H40×＊DFAP	20	40						16.6	HDX-40×＊	
$^{Z}_{Q}$U-H63×＊DFAP		63			0.1			19.2	HDX-63×＊	
$^{Z}_{Q}$U-H100×＊DFAP	25	100						22.9	HDX-100×＊	
$^{Z}_{Q}$U-H160×＊DFAP	32	160			0.12			34.0	HDX-160×＊	
$^{Z}_{Q}$U-H250×＊DFAP	40	250						41.9	HDX-250×＊	
$^{Z}_{Q}$U-H400×＊DFAP	50	400			0.15			57.6	HDX-400×＊	
$^{Z}_{Q}$U-H630×＊DFAP	53	630						62.4	HDX-630×＊	
$^{Z}_{Q}$U-H800×＊DFAP		800							HDX-800×＊	
$^{Z}_{Q}$U-H10×＊DFBP	15	10			0.08			8.6	HDX-10×＊	倒装法兰式B型
$^{Z}_{Q}$U-H25×＊DFBP		25						10.0	HDX-25×＊	
$^{Z}_{Q}$U-H40×＊DFBP	20	40						16.6	HDX-40×＊	
$^{Z}_{Q}$U-H63×＊DFBP		63			0.12			19.2	HDX-63×＊	
$^{Z}_{Q}$U-H100×＊DFBP	25	100						22.9	HDX-100×＊	
$^{Z}_{Q}$U-H160×＊DFBP	32	160			0.1			34.0	HDX-160×＊	
$^{Z}_{Q}$U-H250×＊DFBP	40	250						41.9	HDX-250×＊	
$^{Z}_{Q}$U-H400×＊DFBP	50	400			0.15			57.6	HDX-400×＊	
$^{Z}_{Q}$U-H630×＊DFBP	53	630						62.4	HDX-630×＊	
$^{Z}_{Q}$U-H800×＊DFBP		800							HDX-800×＊	
$^{Z}_{Q}$U-H10×＊BDP	15	10			0.08			8.4	HDX-10×＊	倒装板式
$^{Z}_{Q}$U-H25×＊BDP		25						9.8	HDX-25×＊	
$^{Z}_{Q}$U-H40×＊BDP	20	40						16.3	HDX-40×＊	
$^{Z}_{Q}$U-H63×＊BDP		63			0.12			18.9	HDX-63×＊	
$^{Z}_{Q}$U-H100×＊BDP	25	100						22.5	HDX-100×＊	
$^{Z}_{Q}$U-H160×＊BDP	40	160			0.1			33.6	HDX-160×＊	
$^{Z}_{Q}$U-H250×＊BDP		250						41.3	HDX-250×＊	
$^{Z}_{Q}$U-H400×＊BDP	50	400			0.15			57.0	HDX-400×＊	
$^{Z}_{Q}$U-H630×＊BDP		630						61.8	HDX-630×＊	
$^{Z}_{Q}$U-H800×＊BDP		800							HDX-800×＊	

注：＊为过滤精度，♯表示过滤材料，若使用介质为水-乙二醇，使用压力 32MPa，公称流量 63L/min，滤材为纸质，带发信器和旁通阀，则过滤器型号为 ZUI·BH-H63×＊ P；滤芯型号为 HX·BH-63 ×＊；滤材为玻璃纤维，带发信器，则过滤器型号为 QU·BH-63×＊Q；滤芯型号为 HX·BH-63×＊Q；滤材为金属网，带发信器，则过滤型号为 WU-H63×＊P，滤芯型号为 HX-63×＊W。

第20篇

表 20-10-46 **ZU-H、QU-H 型压力管路过滤器外形尺寸** mm

管式

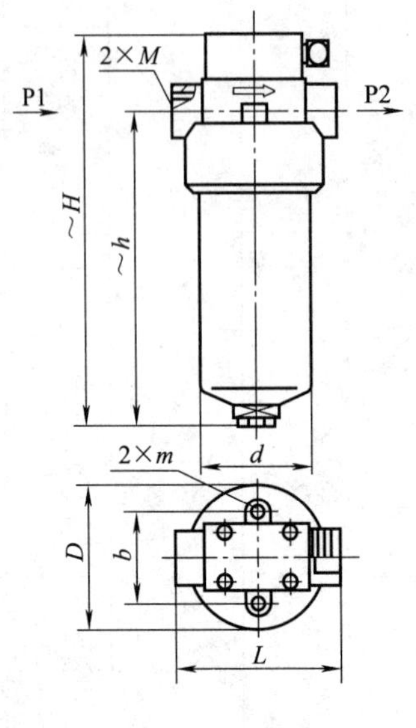

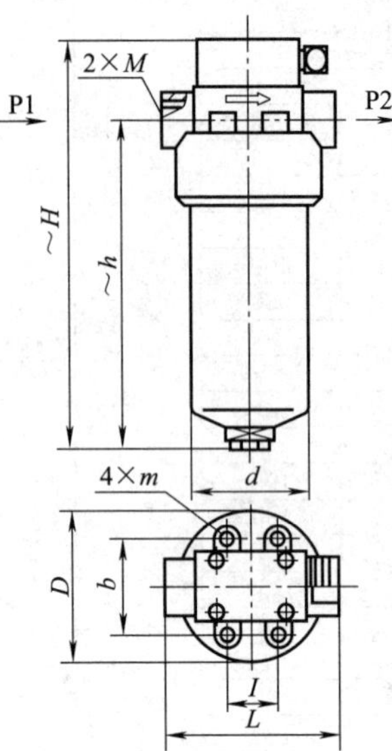

型号	~H	~h	L	I	b	D	d	m	M
$^{Z}_{Q}$U-H10×＊P	198	140	118		70	ϕ88	ϕ73	2-M6	M27×2
$^{Z}_{Q}$U-H25×＊P	288	230							
$^{Z}_{Q}$U-H40×＊P	255	194	128	44	86	ϕ124	ϕ102	4-M10	M33×2
$^{Z}_{Q}$U-H63×＊P	323	262							
$^{Z}_{Q}$U-H100×＊P	394	329							M42×2
$^{Z}_{Q}$U-H160×＊P	435	362	166	60	100	ϕ146	ϕ121		M48×2

法兰式

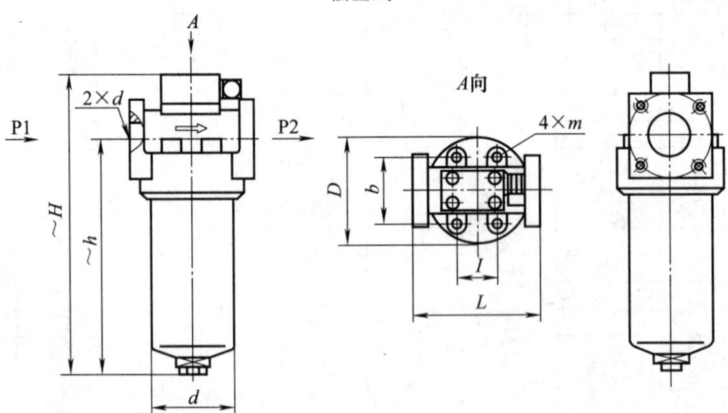

型号	~H	~h	L	I	b	D	d	m	M
$^{Z}_{Q}$U-H250×＊FP	508	430	166	60	100	146	121	ϕ40	M10
$^{Z}_{Q}$U-H400×＊FP	545	461	206		123	170	146	ϕ50	M12
$^{Z}_{Q}$U-H630×＊FP	647	563			128			ϕ55	
$^{Z}_{Q}$U-H800×＊FP	767	683							

续表

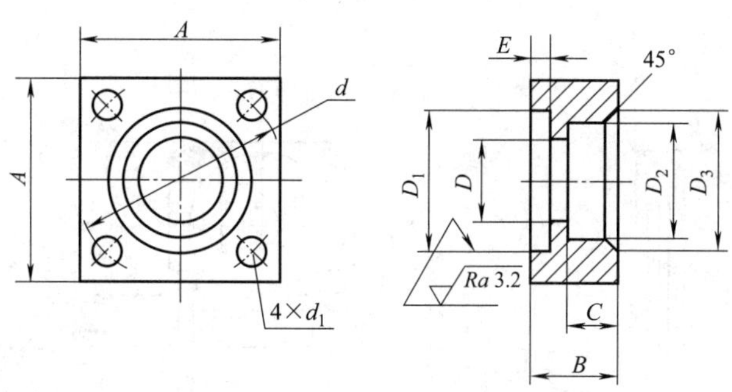

型号	A	B	C	D	D_1		D_2		D_3	d	E		d_1	法兰用 O 形圈	法兰用螺钉
$^{Z}_{Q}$U-H250×＊FP	100	30	18	φ40	φ55	0 −0.2	φ52	+0.2 0	φ60	φ98	2.4	0 −0.1	17	φ55 ×3.1	M16 ×45
$^{Z}_{Q}$U-H400×＊FP	123	36	20	φ52	φ73		φ65		φ73	φ118	4.5		22	φ73 ×5.7	M20 ×60
$^{Z}_{Q}$U-H630×＊FP	142	42	22	φ55	φ77		φ77		φ85	φ145				φ80 ×5.7	M20 ×65
$^{Z}_{Q}$U-H800×＊FP	142	42	22	φ55	φ77		φ77		φ85	φ145				φ80 ×5.7	M20 ×65

板式

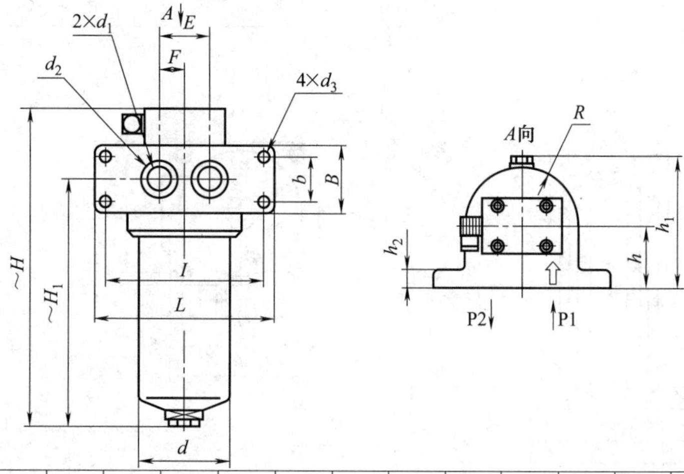

型号	~H	~H_1	R	d	L	B	I	b	E	F	h	h_1	h_2	d_1	d_2	d_3
$^{Z}_{Q}$U-H10×＊BP	210	142	46	φ73	158	60	128	30	40	20	50	110	22	φ15	φ24	φ13
$^{Z}_{Q}$U-H25×＊BP	300	232														
$^{Z}_{Q}$U-H40×＊BP	269	199	62	φ102	190	64	160	32	50	25	65	138	25	φ25	φ32	φ15
$^{Z}_{Q}$U-H63×＊BP	337	267														
$^{Z}_{Q}$U-H100×＊BP	399	329														
$^{Z}_{Q}$U-H160×＊BP	426	353	73	φ121	212	72	180	40	60	30	77	164	30	φ32	φ40	φ17
$^{Z}_{Q}$U-H250×＊BP	507	429				80		48						φ40	φ50	
$^{Z}_{Q}$U-H400×＊BP	554	461	85	φ146	275	110	225	60	80	40	92	194	40	φ50	φ65	φ26
$^{Z}_{Q}$U-H630×＊BP	654	561														

续表

倒装管式

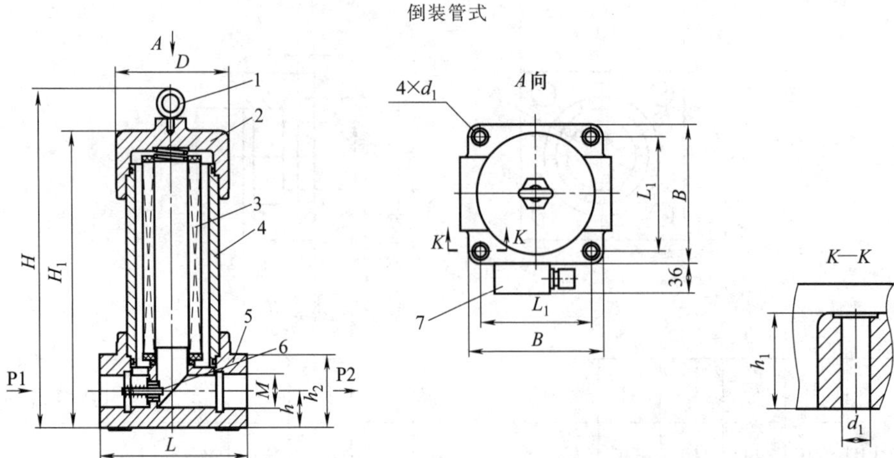

1—吊环螺钉；2—顶盖；3—滤芯；4—壳体；5—滤头；6—旁通阀；7—发信器

型号	H	H_1	L	L_1	B	d_1	h	h_1	h_2	M	D
${}^{Z}_{Q}$U-H10× * DLP	198	148	130	95	115	ϕ9	27.5	33	54	M27×2	ϕ92
${}^{Z}_{Q}$U-H25× * DLP	288	238									
${}^{Z}_{Q}$U-H40× * DLP	247	197	156	115	145	ϕ14	34	41	68	M33×2	ϕ124
${}^{Z}_{Q}$U-H63× * DLP	315	265									
${}^{Z}_{Q}$U-H100× * DLP	377	327								M42×2	
${}^{Z}_{Q}$U-H160× * DLP	415	365	190	140	170		46	50	92	M48×2	ϕ146

倒装法兰式

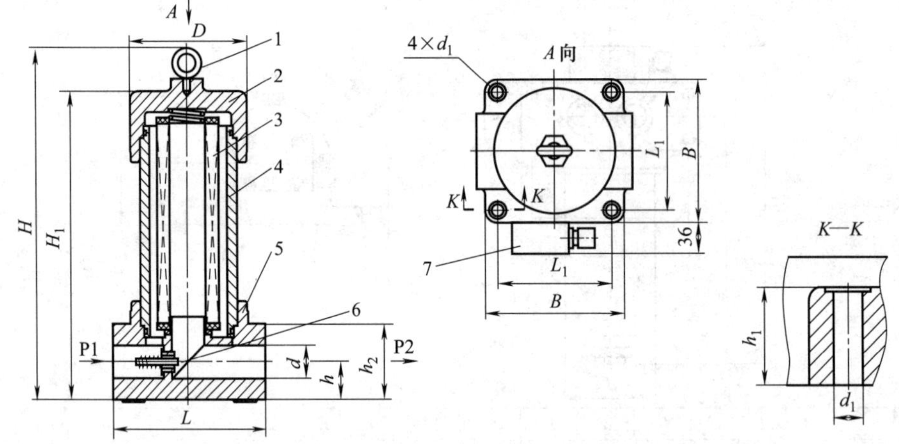

1—吊环螺钉；2—顶盖；3—滤芯；4—壳体；5—滤头；6—旁通阀；7—发信器

型号	H	H_1	D	L	L_1	B	d_1	h	h_1	h_2	d
${}^{Z}_{Q}$U-H10× * DFP	198	148	ϕ92	130	95	115	ϕ9	27.5	33	54	ϕ18
${}^{Z}_{Q}$U-H25× * DFP	288	238									
${}^{Z}_{Q}$U-H40× * DFP	247	197	ϕ124	156	115	145	ϕ14	34	41	68	ϕ25
${}^{Z}_{Q}$U-H63× * DFP	315	265									
${}^{Z}_{Q}$U-H100× * DFP	377	327									
${}^{Z}_{Q}$U-H160× * DFP	415	365	ϕ146	190	140	170		46	50	92	ϕ32
${}^{Z}_{Q}$U-H250× * DFP	485	435									ϕ40
${}^{Z}_{Q}$U-H400× * DFP	532	482	ϕ176	240	160	200	ϕ18	63	75	122	ϕ50
${}^{Z}_{Q}$U-H630× * DFP	632	582									ϕ55
${}^{Z}_{Q}$U-H800× * DFP	752	702									

续表

倒装法兰式 A 型

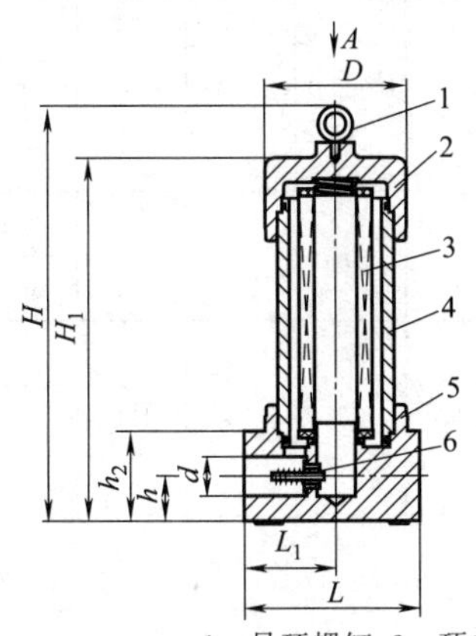

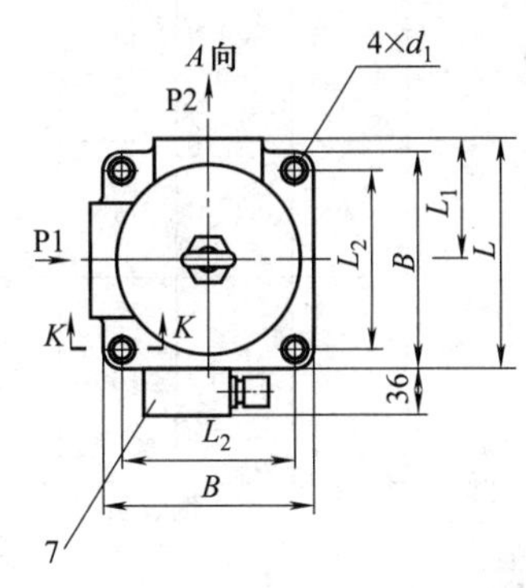

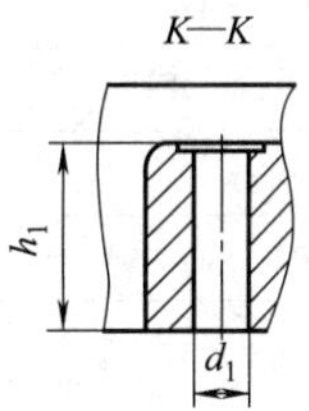

1—吊环螺钉；2—顶盖；3—滤芯；4—壳体；5—滤头；6—旁通阀；7—发信器

型号	H	H_1	L	L_1	L_2	B	d_1	h	h_1	h_2	d	D
$^{Z}_{Q}$U-H10×*DFAP	198	148	122.5	65	95	115	ϕ9	27.5	33	54	ϕ18	ϕ92
$^{Z}_{Q}$U-H25×*DFAP	288	238										
$^{Z}_{Q}$U-H40×*DFAP	247	197	150.5	78	115	145	ϕ14	34	41	68	ϕ25	ϕ124
$^{Z}_{Q}$U-H63×*DFAP	315	265										
$^{Z}_{Q}$U-H100×*DFAP	377	327										
$^{Z}_{Q}$U-H160×*DFAP	415	365	180	95	140	170		46	50	92	ϕ32	ϕ146
$^{Z}_{Q}$U-H250×*DFAP	485	435									ϕ40	
$^{Z}_{Q}$U-H400×*DFAP	532	482	220	120	160	200	ϕ18	63	75	122	ϕ50	ϕ176
$^{Z}_{Q}$U-H630×*DFAP	632	582									ϕ55	
$^{Z}_{Q}$U-H800×*DFAP	752	702										

倒装法兰式 B 型

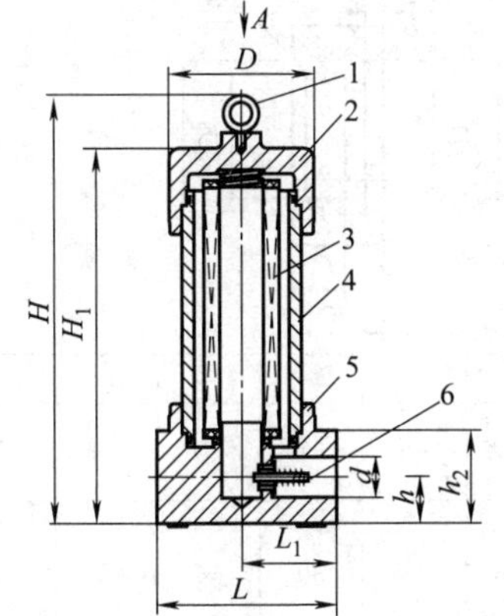

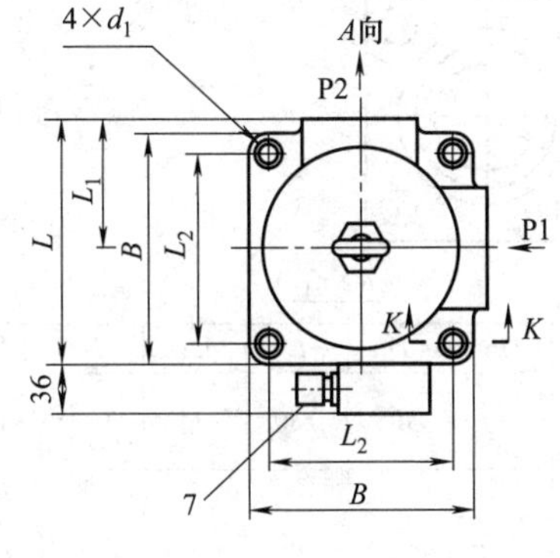

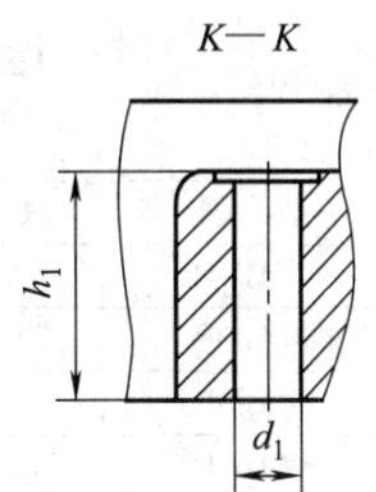

1—吊环螺钉；2—顶盖；3—滤芯；4—壳体；5—滤头；6—旁通阀；7—发信器

型号	H	H_1	L	L_1	L_2	B	d_1	h	h_1	h_2	d	D
$^{Z}_{Q}$U-H10×*DFBP	198	148	122.5	65	95	115	ϕ9	27.5	33	54	ϕ18	ϕ92
$^{Z}_{Q}$U-H25×*DFBP	288	238										

第20篇

续表

<table>
<tr><th>型号</th><th>H</th><th>H₁</th><th>L</th><th>L₁</th><th>L₂</th><th>B</th><th>d₁</th><th>h</th><th>h₁</th><th>h₂</th><th>d</th><th>D</th></tr>
<tr><td>$_{Q}^{Z}$U-H40×＊DFBP</td><td>247</td><td>197</td><td rowspan="3">150.5</td><td rowspan="3">78</td><td rowspan="3">115</td><td rowspan="3">145</td><td rowspan="5">ϕ14</td><td rowspan="3">34</td><td rowspan="3">41</td><td rowspan="3">68</td><td rowspan="3">ϕ25</td><td rowspan="3">ϕ124</td></tr>
<tr><td>$_{Q}^{Z}$U-H63×＊DFBP</td><td>315</td><td>265</td></tr>
<tr><td>$_{Q}^{Z}$U-H100×＊DFBP</td><td>377</td><td>327</td></tr>
<tr><td>$_{Q}^{Z}$U-H160×＊DFBP</td><td>415</td><td>365</td><td rowspan="2">180</td><td rowspan="2">95</td><td rowspan="2">140</td><td rowspan="2">170</td><td rowspan="2">46</td><td rowspan="2">50</td><td rowspan="2">92</td><td>ϕ32</td><td rowspan="2">ϕ146</td></tr>
<tr><td>$_{Q}^{Z}$U-H250×＊DFBP</td><td>485</td><td>435</td><td>ϕ40</td></tr>
<tr><td>$_{Q}^{Z}$U-H400×＊DFBP</td><td>532</td><td>482</td><td rowspan="3">220</td><td rowspan="3">120</td><td rowspan="3">160</td><td rowspan="3">200</td><td rowspan="3">ϕ18</td><td rowspan="3">63</td><td rowspan="3">75</td><td rowspan="3">122</td><td>ϕ50</td><td rowspan="3">ϕ176</td></tr>
<tr><td>$_{Q}^{Z}$U-H630×＊DFBP</td><td>632</td><td>582</td><td rowspan="2">ϕ55</td></tr>
<tr><td>$_{Q}^{Z}$U-H800×＊DFBP</td><td>752</td><td>702</td></tr>
</table>

倒装板式

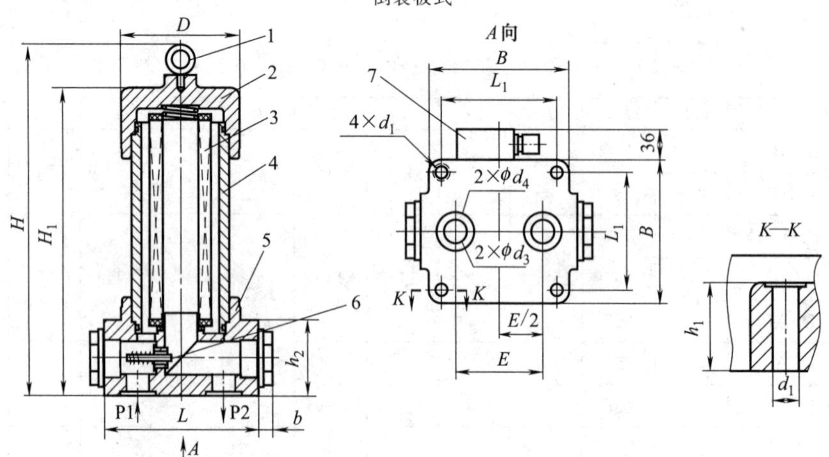

1—吊环螺钉；2—顶盖；3—滤芯；4—壳体；5—滤头；6—旁通阀；7—发信器

注：安装螺钉建议选用 GB/T 70.1—2008 12.9 级

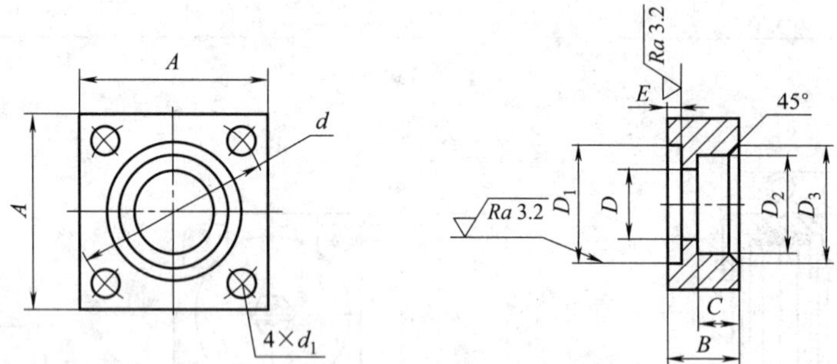

<table>
<tr><th>型号</th><th>H</th><th>H₁</th><th>D</th><th>L</th><th>L₁</th><th>B</th><th>d₁</th><th>E</th><th>h₁</th><th>h₂</th><th>d₃</th><th>d₄</th><th>b</th></tr>
<tr><td>$_{Q}^{Z}$U-H10×＊BDP</td><td>196</td><td>146</td><td rowspan="2">ϕ92</td><td rowspan="2">130</td><td rowspan="2">90</td><td rowspan="2">115</td><td rowspan="2">ϕ11.5</td><td rowspan="2">60</td><td rowspan="2">31</td><td rowspan="2">50</td><td rowspan="2">ϕ15</td><td rowspan="2">ϕ24</td><td rowspan="2">14</td></tr>
<tr><td>$_{Q}^{Z}$U-H25×＊BDP</td><td>286</td><td>236</td></tr>
<tr><td>$_{Q}^{Z}$U-H40×＊BDP</td><td>245</td><td>195</td><td rowspan="3">ϕ124</td><td rowspan="3">156</td><td rowspan="3">115</td><td rowspan="3">145</td><td rowspan="3">ϕ16</td><td rowspan="3">88</td><td rowspan="3">39</td><td rowspan="3">64</td><td rowspan="3">ϕ25</td><td rowspan="3">ϕ38</td><td rowspan="3">15</td></tr>
<tr><td>$_{Q}^{Z}$U-H63×＊BDP</td><td>313</td><td>263</td></tr>
<tr><td>$_{Q}^{Z}$U-H100×＊BDP</td><td>375</td><td>325</td></tr>
<tr><td>$_{Q}^{Z}$U-H160×＊BDP</td><td>413</td><td>363</td><td rowspan="2">ϕ146</td><td rowspan="2">190</td><td rowspan="2">135</td><td rowspan="2">170</td><td rowspan="2">ϕ18</td><td rowspan="2">104</td><td rowspan="2">48</td><td rowspan="2">88</td><td rowspan="2">ϕ40</td><td rowspan="2">ϕ50</td><td rowspan="2">23</td></tr>
<tr><td>$_{Q}^{Z}$U-H250×＊BDP</td><td>483</td><td>433</td></tr>
<tr><td>$_{Q}^{Z}$U-H400×＊BDP</td><td>530</td><td>480</td><td rowspan="3">ϕ176</td><td rowspan="3">240</td><td rowspan="3">160</td><td rowspan="3">200</td><td rowspan="3">ϕ26</td><td rowspan="3">144</td><td rowspan="3">70</td><td rowspan="3">118</td><td rowspan="3">ϕ50</td><td rowspan="3">ϕ65</td><td rowspan="3">24</td></tr>
<tr><td>$_{Q}^{Z}$U-H630×＊BDP</td><td>630</td><td>580</td></tr>
<tr><td>$_{Q}^{Z}$U-H800×＊BDP</td><td>750</td><td>700</td></tr>
</table>

第
20
篇

续表

型号	A	B	C	D	D_1		D_2		D_3	d	E		d_1	法兰用O形圈	法兰用螺钉
$^{Z}_{Q}$U-H10×＊DΔP	52	22	11	φ18	φ30	$^{0}_{-0.2}$	φ28	$^{+0.2}_{0}$	φ36	φ50	2.4	$^{0}_{-0.1}$	φ9	φ30×3.1	M8×40
$^{Z}_{Q}$U-H25×＊DΔP															
$^{Z}_{Q}$U-H40×＊DΔP	66		12	φ25	φ40		φ35		φ43	φ62			φ11	φ40×3.1	M10×45
$^{Z}_{Q}$U-H63×＊DΔP															
$^{Z}_{Q}$U-H100×＊DΔP															
$^{Z}_{Q}$U-H160×＊DΔP	90	26	16	φ32	φ50		φ43		φ51	φ85			φ17	φ50×3.1	M16×45
$^{Z}_{Q}$U-H250×＊DΔP				φ40			φ52		φ60						
$^{Z}_{Q}$U-H400×＊DΔP	120	36	20	φ52	φ73		φ65		φ73	φ118	4.5		φ22	φ73×5.7	M20×65
$^{Z}_{Q}$U-H630×＊DΔP				φ55	φ80		φ77		φ85					φ80×5.7	
$^{Z}_{Q}$U-H800×＊DΔP															

10.3 热交换器

当液压系统工作时，因液压泵、液压马达等的容积和机械损失，控制元件及管路的压力损失和液体摩擦损失等消耗的能量，几乎全部转化为热量。大部分热量使油液及元件的温度升高。如果油温过高，则油液黏度下降，元件内泄漏就会增加，导致磨损加快、密封老化等，将严重影响液压系统的正常工作。一般液压介质正常使用温度范围为15～65℃。

在设计液压系统时，考虑油箱的散热面积，是一种控制油温过高的有效措施。但是，某些液压装置由于受结构限制，油箱不能很大；一些液压系统全日工作，有些重要的液压装置还要求能自动控制油液温度。所以必须采用冷却器来强制冷却控制油液的温度，使之适合系统工作的要求。

10.3.1 冷却器的种类及特点

表 20-10-47　冷却器的种类及特点

种类		特点	冷却效果	种类		特点	冷却效果
水冷却式	列管式：固定折板式，浮头式，双重管式，U形管式，立式，卧式等	冷却水从管内流过，油从列管间流过，中间折板使油折流，并采用双程或四程流动方式，强化冷却效果	散热效果好，散热系数可达350～580W/(m²·℃)	风冷却式	风冷式：间接式、固定式及浮动式或支撑式和悬挂式等	用风冷却，结构简单、体积小、质量轻、热阻小、换热面积大，使用、安装方便	散热效率高，散热系数可达116～175W/(m²·℃)
	波纹板式：人字波纹式，斜波纹式等	利用板式文字或斜波纹结构叠加排列形成的接触斑点，使液流在流速不高的情况下形成紊流，提高散热效果	散热效果好，散热系数可达230～815W/(m²·℃)	制冷式	机械制冷式：箱式、柜式	利用氟利昂制冷原理把液压油中的热量吸收、排出	冷却效果好，冷却温度控制方便

10.3.2 冷却器的选择及计算

在选择冷却器时应首先要求冷却器安全可靠、有足够的散热面积、压力损失小、散热效率高、体积小、质量轻等。然后根据使用场合、作业环境情况选择冷却器类型。如使用现场是否有冷却水源，液压站是否随行走机械一起运动，当存在以上情况时，应优先选择风冷式，而后机械制冷式。

表 20-10-48　　**冷却器的选择及计算**

水冷式冷却器的冷却面积计算

$$A=\frac{N_h-N_{hd}}{K\Delta T_{av}} \qquad (20\text{-}10\text{-}1)$$

式中　A——冷却器的冷却面积，m^2

N_h——液压系统发热量，W

N_{hd}——液压系统散热量，W

K——散热系数，见表“油箱散热系数”

ΔT_{av}——平均温度，℃

$$\Delta T_{av}=\frac{(T_1+T_2)-(t_1+t_2)}{2} \qquad (20\text{-}10\text{-}2)$$

式中　T_1，T_2——进口和出口油温，℃

t_1，t_2——进口和出口水温，℃

系统发热量和散热量的估算

$$N_h= N_p(1-\eta_c) \qquad (20\text{-}10\text{-}3)$$

式中　N_p——输入泵的功率，W

η_c——系统的总效率，合理、高效的系统为 70%～80%，一般系统仅达到 50%～60%

$$N_{hd}=KA\Delta t \qquad (20\text{-}10\text{-}4)$$

式中　K——油箱散热系数，$W/(m^2 \cdot ℃)$，取值范围如下：

油箱散热系数　　　$W/(m^2 \cdot ℃)$

散热情况	散热系数	散热情况	散热系数
整体式油箱，通风差	11～28	上置式油箱，通风好	58～74
单体式油箱，通风较好	29～57	强制通风的油箱	142～341

A——油箱散热面积，m^2

Δt——油温与环境温度之差，℃

冷却水用量 Q_t 的计算

$$Q_t=\frac{C\gamma(T_1-T_2)}{C_s\gamma_s(t_2-t_1)}Q \quad (m^3/s) \qquad (20\text{-}10\text{-}5)$$

式中　C——油的比热容，$J/(kg \cdot ℃)$，一般 $C=2010J/(kg \cdot ℃)$

C_s——水的比热容，$J/(kg \cdot ℃)$，一般 $C_s=1J/(kg \cdot ℃)$

γ——油的密度，kg/m^3，一般 $\gamma=900kg/m^3$

γ_s——水的密度，kg/m^3，一般 $\gamma_s=1000kg/m^3$

Q——油液的流量，m^3/s

风冷式冷却器的面积计算

$$A=\frac{N_h-N_{hd}}{K\Delta T_{av}}\alpha \qquad (20\text{-}10\text{-}6)$$

式中　N_h——液压系统发热量，W

N_{hd}——液压系统散热量，W

α——污垢系数，一般 $\alpha=1.5$

K——散热系数，见表“油箱散热系数”

ΔT_{av}——平均温差，℃

$$\Delta T_{av}=\frac{(T_1+T_2)-(t_1'+t_2')}{2} \qquad (20\text{-}10\text{-}7)$$

$$t_2'=t_1'+\frac{N_p}{Q_p\gamma_pC_p}$$

式中　t_1'，t_2'——进口、出口温度，℃

Q_p——空气流量，m^3/s

γ_p——空气密度，kg/m^3，一般 $\gamma_p=1.4kg/m^3$

C_p——空气比热容，$J/kg \cdot ℃$，一般 $C_p=1005J/(kg \cdot ℃)$

空气流量 Q_p

$$Q_p=\frac{N_h}{C_p\gamma_p} \quad (m^3/s)$$

10.3.3　冷却器产品的性能和规格尺寸

(1) LQ※型列管式冷却器

型号意义：

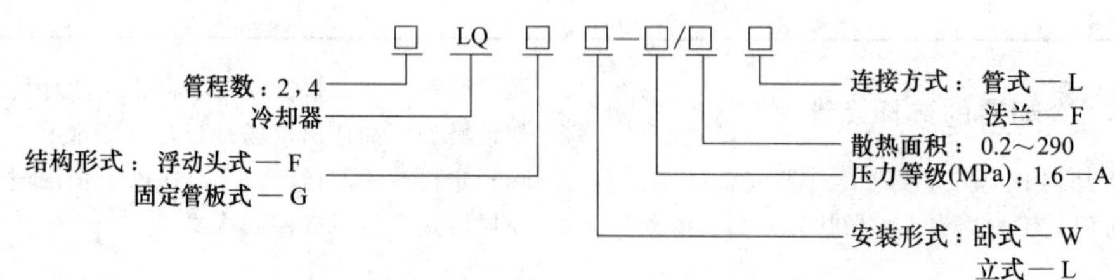

第20篇

表 20-10-49　　**LQ※型冷却器技术规格**

型号	散热面积/m^2	散热系数/W·$(m^2 \cdot K)^{-1}$	设计温度/℃	介质压力/MPa	冷却介质压力/MPa	油侧压降/MPa	介质黏度/$mm^2 \cdot s^{-1}$
2LQFW 2LQFL 2LQF6W	0.5～16	348～407	100	1.6	0.8	<0.1	10～326
2LQF1W	19～290		120	1.0	0.5		
2LQF4W	0.5～14	290～638	100	1.6	0.8 1.0 0.5		—
2LQGW 2LQG2W	0.22～11.45 0.2～4.25	348～407	120 100	1.0			10～326
4LQF3W	1.3～5.3	523～580	80	1.6	0.4	<0.1	10～50

表 20-10-50　　**LQ※型冷却器选用**

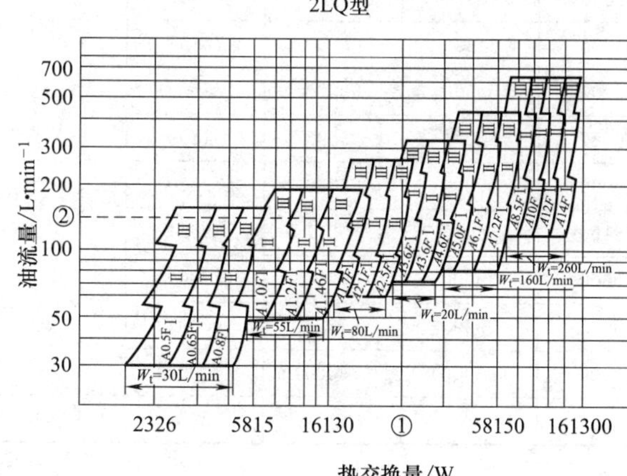

例：横轴①热交换量为 23260W，纵轴②油的流量 150L/min 的交点。

选定油冷却器为：A2.5F

条件：油出口温度 $T_2 \leqslant 50$℃，冷却水入口温度 $t_1 \leqslant 28$℃

W_t为最低水流量

4LQF3 型

油流量/L·min^{-1}	热量 Q/W							油侧压力降/MPa
58	15002.7	18142.8	21515.5	24771.5	27912	31168.4	33727	≤0.1
	(12900)	(15600)	(18500)	(21300)	(24000)	(26800)	(29000)	
66	17096.1	20934	24423	28377.2	31982.5	35471.5	38379	
	(14700)	(18000)	(21000)	(24400)	(27500)	(30500)	(33000)	
75	19189.5	23260	27563.1	31749.9	35820.4	40123.5	43496.2	
	(16500)	(20000)	(23700)	(27300)	(30800)	(34500)	(37400)	
83	20817.7	26051.2	29772.8	34308.5	38960.5	43612.5	48364.5	0.11～0.15
	(17900)	(22400)	(25600)	(29500)	(33500)	(37500)	(41500)	
92	22445.9	28493.5	32564	36634.5	41868	47101.5	51753.5	
	(19300)	(24500)	(28000)	(31500)	(36000)	(40500)	(44500)	

第20篇

续表

4LQF3 型								
油流量 /L·min^{-1}	热量 Q /W							油侧压力降 /MPa
100	24539.4	29075	34308.5	40123.5	45822.2	51172	56405.5	0.11～0.15
	(21100)	(25000)	(29500)	(34500)	(39400)	(44000)	(48500)	
108	25353.4	31401	36053	42216.9	48264.5	54079.5	59894.5	
	(21800)	(27000)	(31000)	(36300)	(41500)	(46500)	(51500)	
116	27330.5	31982.5	38960.5	45357	50590.5	58150	64546.5	0.15～0.20
	(23500)	(27500)	(33500)	(39000)	(43500)	(50000)	(55500)	
125	27912	33145.5	41868	47101.5	52916.5	61057.5	68035.5	
	(24000)	(28500)	(36000)	(40500)	(45500)	(52500)	(58500)	
132	28493.5	33727	42449.5	48846	56405.5	63965	70943	
	(24500)	(29000)	(36500)	(42000)	(48500)	(55000)	(61000)	
150	29656.5	36634.5	44775.5	53498	61639	69780	76758	≤0.1 0.11～0.15
	(25500)	(31500)	(38500)	(46000)	(53000)	(60000)	(66000)	
166	31401	40705	47683	56987	66291	75595	84899	
	(27000)	(35000)	(41000)	(49000)	(57000)	(65000)	(73000)	
184	34890	41868	51172	58150	68617	80247	89551	
	(30000)	(36000)	(44000)	(50000)	(59000)	(69000)	(77000)	
200	37216	44194	53198	63965	75595	87225	97692	
	(32000)	(38000)	(46000)	(55000)	(65000)	(75000)	(84000)	
换热面积/m^2	1.3	1.7	2.1	2.6	3.4	4.2	5.3	

注：括号内数值单位为 kcal/h。

表 20-10-51 LQ※型冷却器外形尺寸 mm

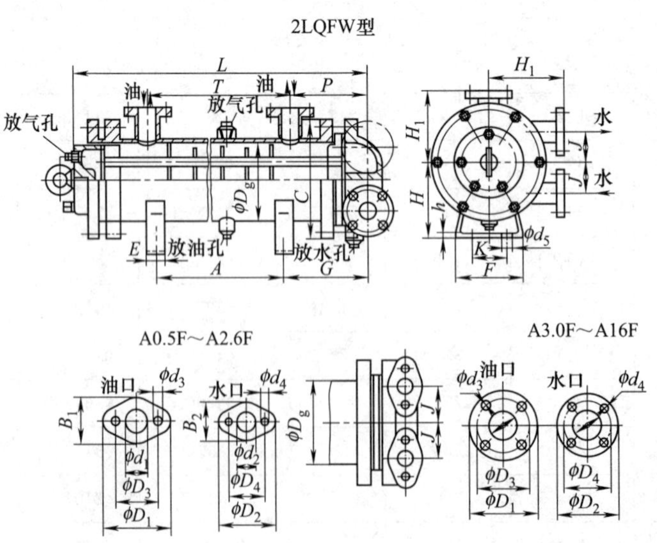

续表

型号		A0.5F	A0.65F	A0.8F	A1.0F	A1.2F	A1.46F	A1.7F	A2.1F	A2.5F	A3.0F	A3.6F	A4.3F	A5.0F	A6.0F	A7.2F	A8.5F	A10F	A12F	A14F	A16F
散热面积/m^2		0.5	0.65	0.8	1.0	1.2	1.46	1.7	2.1	2.5	3.0	3.6	4.3	5.0	6.0	7.2	8.5	10	12	14	16
底部尺寸	A	345	470	595	440	565	690	460	610	760	540	665	815	540	690	865	575	700	875		
	K	90			104			120			140			170			230				
	h	5															6				
	E	40			45			50			55			60			65				
	F	140			160			180			210			250			320				
	ϕd_5	11			14												18				
筒部尺寸	ϕD_g	114			150			186			219			245			325				
	H	115			140			165			200			240			280				
	J	42			47			52			85			95			105				
	H_1	95			115			140			200			240			280				
	L	545	670	790	680	805	930	740	890	1040	870	995	1145	920	1070	1245	1000	1125	1300		1547
	G	100			115			140			175			205			220				
	P	93			105			120			170			190			210				
	T	357	482	607	460	585	710	500	650	800	565	690	840	570	720	895	590	715	890		1038
	C	186			220			270			308			340			406				
法兰尺寸		椭圆法兰									圆形法兰										
油口	ϕd_1	25			32			40			50			65			80				
	ϕD_1	90			100			118			160			180			195				
	B_1	64			72			85			—										
	ϕD_3	65			75			90			125			145			160				
	ϕd_3	11						14			18						8×ϕ18				
水口	ϕd_2	20			25			32			40			50			65				
	ϕD_2	80			90			100			145			160			180				
	B_2	45			64			72			—										
	ϕD_4	55			65			75			110			125			145				
	ϕd_4	11									18										
质量/kg		30	33	36	47	51	54	60	70	76	110	119	130	145	161	176	215	231	250	260	270

续表

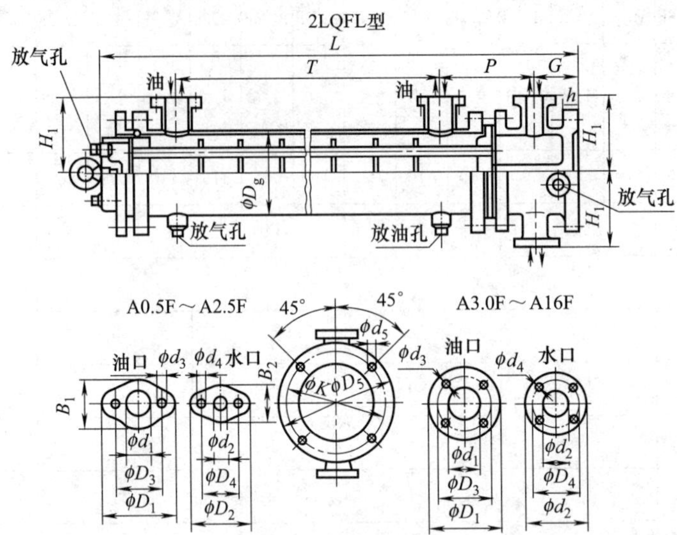

型号		A0.5F	A0.65F	A0.8F	A1.0F	A1.2F	A1.46F	A1.7F	A2.1F	A2.5F	A3.0F	A3.6F	A4.3F	A5.0F	A6.0F	A7.2F	A8.5F	A10F	A12F	A14F	A16F
散热面积/m²		0.5	0.65	0.8	1.0	1.2	1.46	1.7	2.1	2.5	3.0	3.6	4.3	5.0	6.0	7.2	8.5	10	12	14	16
底部尺寸	D_5	186			220			270			308			340			406				
	K	164			190			240			278			310			366				
	h	16						18									20				
	G	75			80			85			90			95			100				
	ϕd_5	12			15												18				
筒部尺寸	ϕD_g	114			150			186			219			245			325				
	L	620	745	870	760	886	1010	825	975	1125	960	1085	1235	1015	1165	1340	1100	1225	1400		1547
	H_1	95			115			140			200			240			280				
	P	93			105			120			170			190			210				
	T	357	482	607	460	585	710	500	650	800	565	690	840	570	720	895	590	715	890		1038
法兰尺寸		椭圆法兰									圆形法兰										
油口	ϕd_1	25			32			40			50			65			80				
	ϕD_1	90			100			118			160			180			195				
	B_1	64			72			85			—										
	ϕD_3	65			75			90			125			145			160				
	ϕd_3	11						14			18						8×ϕ18				
法兰尺寸		椭圆法兰									圆形法兰										
水口	ϕd_2	20			25			32			40			50			65				
	ϕD_2	80			90			100			145			160			180				
	B_2	45			64			72			—										
	ϕD_4	55			65			75			110			125			145				
	ϕd_4	11									18										
质量/kg		35	38	41	51	55	58	68	77	84	118	126	137	148	163	179	227	243	265	275	285

续表

2LQF6W型

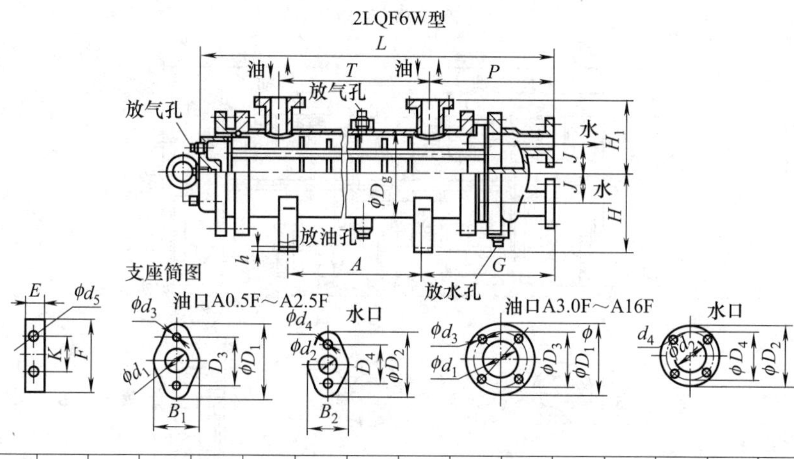

型号		A0.5F	A0.65F	A0.8F	A1.0F	A1.2F	A1.46F	A1.7F	A2.1F	A2.5F	A3.0F	A3.6F	A4.3F	A5.0F	A6.0F	A7.2F	A8.5F	A10F	A12F	A14F	A16F
散热面积/m²		0.5	0.65	0.8	1.0	1.2	1.46	1.7	2.1	2.5	3.0	3.6	4.3	5.0	6.0	7.2	8.5	10	12	14	16
底部尺寸	A	345	470	595	440	565	690	460	610	760	540	665	815	540	690	865	575	700	875		
	K	90			104			120			140			170			230				
	h	5															6				
	E	40			45			50			55			60			65				
	F	140			160			180			210			250			320				
	ϕd_5	11			14												18				
筒部尺寸	ϕD_g	114			150			186			219			245			325				
	H	115			140			165			200			240			280				
	J	42			47			52			85			95			105				
	H_1	95			115			140			200			240			280				
	L	614	739	859	762	887	1012	846	996	1146	965	1090	1240	1022	1172	1348	1112	1237	1412		1547
	G	169			197			246			270			307			332				
	P	162			190			226			265			292			322				
	T	357	482	607	460	585	710	500	650	800	565	690	840	570	720	895	590	715	890		1038
法兰尺寸		椭圆法兰									圆形法兰										
油口	ϕd_1	25			32			40			50			65			80				
	ϕD_1	90			100			118			160			180			195				
	B_1	64			72			85			—										
	ϕD_3	65			75			90			125			145			160				
	ϕd_3	11						14			18						8×ϕ18				
水口	ϕd_2	20			25			32			40			50			65				
	ϕD_2	80			90			100			145			160			180				
	B_2	45			64			72			—										
	ϕD_4	55			65			75			110			125			145				
	ϕd_4	11									18										
质量/kg		30	33	36	47	51	54	60	70	76	110	119	130	145	161	176	215	231	250	260	270

第20篇

续表

2LQF1W型

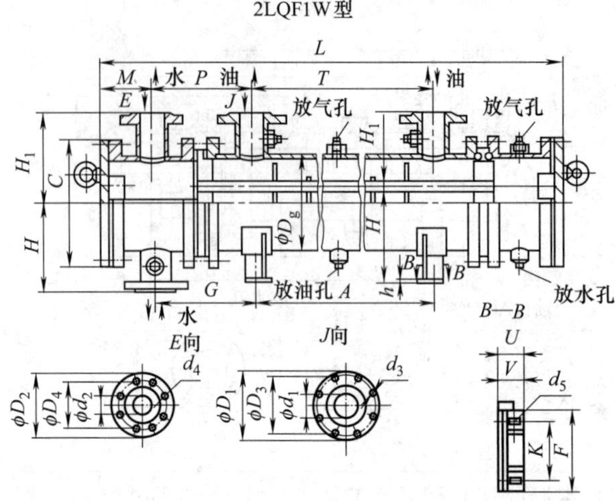

型　　号	10/19F	10/25F	10/29F	10/36F	10/45F	10/55F	10/68F	10/77F	10/100F	10/135F	10/176F	10/244F	10/290F
散热面积/m^2	19	25	29	36	45	55	68	77	100	135	176	244	290
ϕD_g	273	325	345	390	426	465	500	550	650	730	650	730	
C	360	415	445	495	550	600	655	705	805	905	805	908	
H_1	248	280	298	324	350	375	405	432	490	540	489	540	
H	190	216	268	292	305	330	348	380	432	482	435	485	
V	35		50			70			100				
U	60		85			100			125				
F	200	230	250	270	300	325	400		435	480	430	480	
d_5	4×16×22	4×16×32		4×19×32					4×ϕ22				
h	10					14							
ϕd_1	150					200		250					
ϕD_1	280					335		405					
ϕD_3	240					295		355					
d_3	8×ϕ23					12×ϕ23		12×ϕ25					
ϕd_2	80		100		150				200				
ϕD_2	95		215		280				335				
ϕD_4	160		180		240				295				
d_4	8×ϕ18				8×ϕ23								
M	140	145	160	165	190	195	200	205	240	255	201	611	
P	290	292	310	320	345	385	390	395	458	475	381	404	
K	140	165	190	215	240	265	345	345	380	432	382	432	
T	2690			2680		2615	2600	2595	2525	2510	4705	4993	5905
L	3460	3470	3510	3520	3580	3630	3640	3655	2730	3770	5709	6022	1059
A	2690		2670	2640	2670	2590			2690	2620	4700	4800	5800
G	240		280	285	310	345	350	355	360	375	425	450	
质量/kg	430	551	624	811	912	1108	1362	1584	2267	3170	5200	5900	

续表

4LQF3W

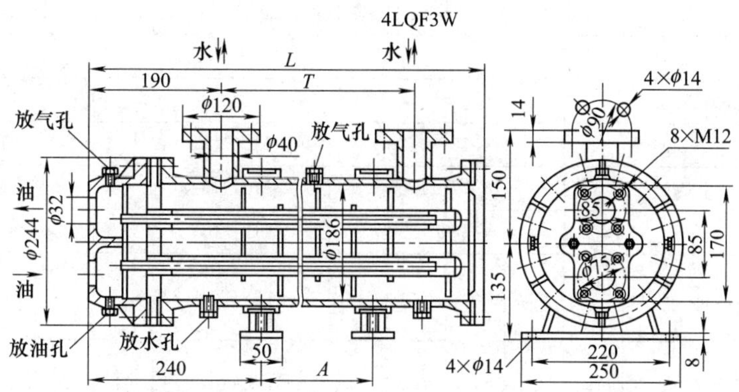

型　　号	换热面积/m²	L	T	A	质量/kg	容积	
						管内/L	管间/L
4LQF3W-A1.3F	1.3	490	205	≤105	49	4.8	3.8
4LQF3W-A1.7F	1.7	575	290	≤190	53	5.6	4.8
4LQF3W-A2.1F	2.1	675	390	≤290	59	6.5	6
4LQF3W-A2.6F	2.6	805	520	≤420	66	7.7	7.6
4LQF3W-A3.4F	3.4	975	690	≤590	75	9.3	9.7
4LQF3W-A4.2F	4.2	1175	890	≤790	86	11.1	12.1
4LQF3W-A5.3F	5.3	1425	1140	≤1040	99	13.4	15.1

2LQGW

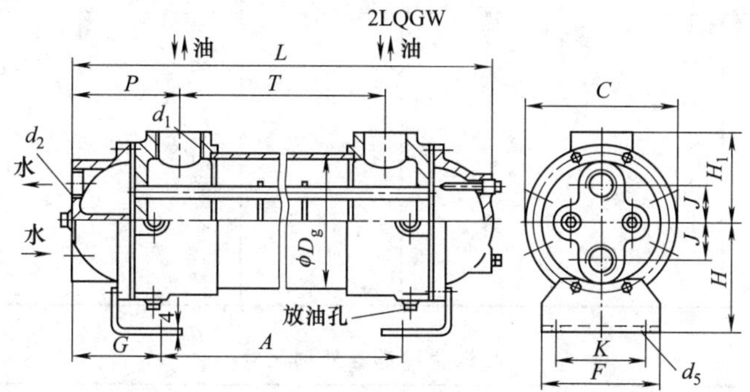

型　号	A0.22L	A0.4L	A0.66L	A1.03L	A1.36L	A0.86L	A1.46L	A2.02L	A2.91L	A2.11L	A3.18L	A4.22L	A5.27L	A3.82L	A5.76L	A7.65L	A9.55L	A11.45L
ϕD_g	80					130				155				206				
C	106					165				190				250				
L	273	433	683	993	1293	470	720	1030	1330	731	1041	1341	1646	777	1087	1387	1692	1997
T	152	312	562	872	1172	287	537	847	1147	521	831	1131	1436	483	793	1093	1398	1703
P	65					94				109				154				
H_1	62					92				108				143				
G	45					76				96				135				
A	183	343	593	903	1203	323	573	883	1183	546	856	1156	1461	520	830	1130	1435	1740
H	65					89				105				137				
F	80					130				150				210				

续表

型　号	A0.22L	A0.4L	A0.66L	A1.03L	A1.36L	A0.86L	A1.46L	A2.02L	A2.91L	A2.11L	A3.18L	A4.22L	A5.27L	A3.82L	A5.76L	A7.65L	A9.55L	A11.45L
K	60					106				125				180				
d_5	10×10					12×18								16×22				
d_2	M33×2(1in)					M48×2(11/2in)				M64×3(2in)				M80×3(21/2in)				
d_1	M33×2(1in)					M48×2(11/2in)				M64×3(2in)				M100×3(3in)				
J	25					38				40				59				
散热面积 /m²	0.22	0.4	0.66	1.03	1.36	0.86	1.46	2.02	2.91	2.11	3.18	4.22	5.27	3.82	5.76	7.65	9.55	11.45
质量 /kg	5.4	6.4	7.7	9.4	11.1	21	25	29.5	34		43	52	61	68	84	100	115	131

注：生产厂为营口液压机械厂、营口市船舶辅机厂、福建江南冷却器厂。

（2）GL※型列管式冷却器

型号意义：

GL × ×-×/× ×

列管式冷却器 —— GL

换热管结构：C—翅片式；L—裸管

系列号：1，2，3，4，5，6，7

公称冷却面积

工作压力(MPa)

安装形式：L—立式；卧式— 不标

表 20-10-52　　GL※型冷却器技术参数

冷却面积 /m²	工作压力 /MPa	工作温度 /℃	压力降/MPa		油水流量比	介质黏度 /mm²·s⁻¹	换热系数 /W·m⁻²·K⁻¹
			油侧	水侧			
0.4～1.2	0.63 1.0 1.6	≤100	≤0.1	≤0.05	约 1∶1	20～50	≥350
1.3～3.5							
4～11							
13～27							
30～54							
55～90							

表 20-10-53　　GL※型冷却器外形尺寸　　mm

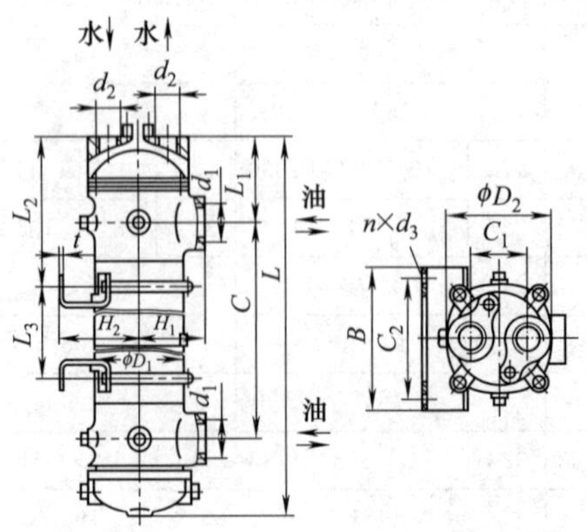

续表

型号	L	C	L_1	H_1	H_2	ϕD_1	ϕD_2	C_1	C_2	B	L_2	L_3	t	$n\times d_3$	d_1	d_2	质量/kg
GLC1-0.4	370	240	67	60	68	78	92	52	102	132	115	145	2	4×ϕ11	G1	G3/4	8
GLC1-0.6	540	405										310					10
GLC1-0.8	660	532										435					12
GLC1-1	810	665										570					13
GLC1-1.2	940	805										715					15
GLC1-1.3	556	375	98	85	93	120	137	78	145	175	172	225	2	4×ϕ11	G1	G1	19
GLC2-1.7	690	500										350					21
GLC2-2.1	820	635										485					25
GLC2-2.6	960	775										630					29
GLC2-3	1110	925										780					32
GLC2-3.5	1270	1085										935					36
GLC3-4	840	570	152	125	158	168	238	110	170	320	245	380	10	4×ϕ15	G11/2	G11/4	74
GLC3-5	990	720										530					77
GLC3-6	1140	870										680					85
GLC3-7	1310	1040										850					90
GLC3-8	1470	1200										1010			G2	G11/2	96
GLC3-8	1630	1360										1170					105
GLC3-10	1800	1530										1340					110
GLC3-11	1980	1710										1520					118
GLC4-13	1340	985	197	160	208	219	305	140	320	270	318	745	12	4×ϕ19	G2	G2	152
GLC4-15	1500	1145										905					164
GLC4-17	1660	1305	197	160	208	219	305	140	320	270	318	1065	12	4×ϕ19	G2	G2	175
GLC4-19	1830	1475										1235					188
GLC4-21	2010	1655										1415					200
GLC4-23	2180	1825										1585					213
GLC4-25	2360	2005															225
GLC4-27	2530	2175										1935					238
GLC5-30	1932	1570	202	200	234	273	355	180	280	320	327	1320	12	4×ϕ23	G2	G21/2	
GLC5-34	2152	1790										1540					
GLC5-37	2322	1960										1710					
GLC5-41	2542	2180										1930					
GLC5-44	2712	2530										2100					
GLC5-47	2872	2510										2260					
GLC5-51	3092	2730										2480					
GLC5-54	3262	2900										2650					

续表

型号	L	C	L_1	H_1	H_2	ϕD_1	ϕD_2	C_1	C_2	B	L_2	L_3	t	$n\times d_3$	d_1	d_2	质量/kg
GLC6-55	2272	1860	227	230	284	325	410	200	300	390	362	1590	12	4×ϕ23	G21/2	G3	
GLC6-60	2452	2040										1770					
GLC6-65	2632	2220										1950					
GLC6-70	2812	2400										2160					
GLC6-75	2992	2580										2310					
GLC6-80	3172	2760										2490					
GLC6-85	3352	2940										2670					
GLC6-90	3532	3120										2850					

注：生产厂为上海润滑设备厂、营口市船舶辅机厂。

（3）BR 型板式冷却器

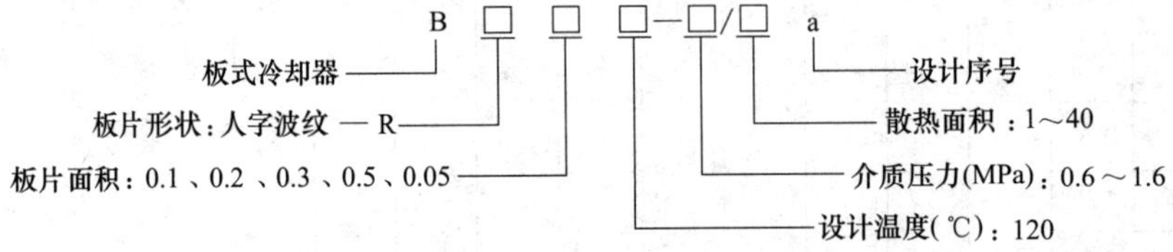

表 20-10-54 BR 型板式冷却器技术规格

散热面积/m²	介质压力/MPa	设计温度/℃	板片面积/m²	板片形状	散热面积/m²	介质压力/MPa	设计温度/℃	板片面积/m²	板片形状
1	1.6 1	120	0.1	人字形波纹形	21	1.6	120	0.2	人字形
2					24				
3					10				
5					12				
7					14	1.61 0.6		0.3	
10					17				
4					20				
6					24				
10					27				
13					30				
15					35				
18	1.6		0.2	人字形	40				

表 20-10-55 BR 型板式冷却器外形尺寸 mm

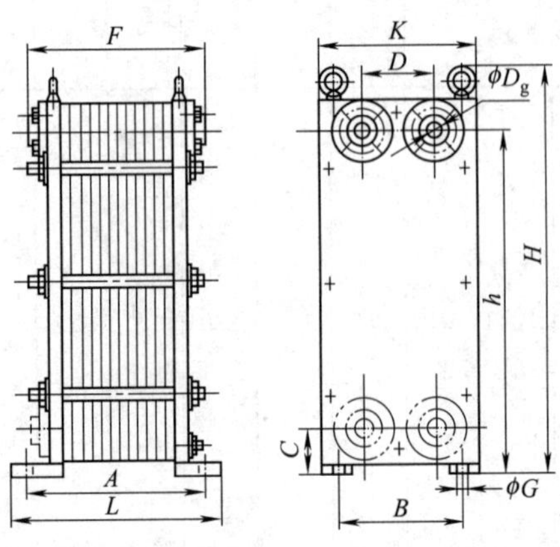

续表

型　号	H	K	L	F	A	B	C	D	H	ϕG	ϕD_g	质量/kg
BR0. 1-2	768. 5	315	260	238	230	250	190. 5	142	636. 5	18	50	160
BR0. 1-4	768. 5	315	344	346	332	250	190. 5	142	636. 5	18	50	192
BR0. 1-5	768. 5	315	386	390	380	250	190. 5	142	636. 5	18	50	208
BR0. 1-6	768. 5	315	428	441	433	250	190. 5	142	636. 5	18	50	223
BR0. 1-8	768. 5	315	512	543	535	250	190. 5	142	636. 5	18	50	255
BR0. 1-10	768. 5	315	596	648	640	250	190. 5	142	636. 5	18	50	286
BR0. 2-15	1143	400	692	692	542	335	180	190	960. 5	18	65	568
BR0. 2-20	1143	400	827	827	677	335	180	190	960. 5	18	65	658
BR0. 2-25	1143	400	952	952	802	335	180	190	960. 5	18	65	742
BR0. 2-30	1143	400	1087	1087	937	335	180	190	960. 5	18	65	833
BR0. 3-35	1386	480	932	952	772	400	183	218	1163	18	100	1205
BR0. 3-40	1386	480	1014	1034	854	400	183	218	1163	18	100	1262

注：生产厂为营口市船舶辅机厂、四平四环冷却器厂。

（4）FL 型空气冷却器

表 20-10-56　　FL 型空气冷却器技术参数和外形尺寸　　mm

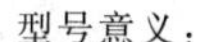
型号意义：

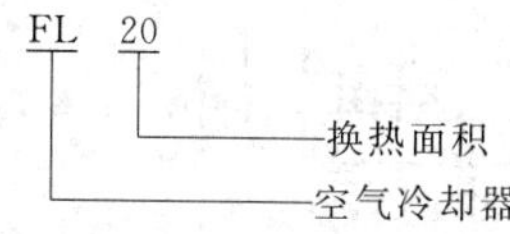

① 传热系数：≤55W/(m^2·K)

② 设计温度：100℃

③ 工作压力：1. 6MPa

④ 压力降：≤0. 1MPa

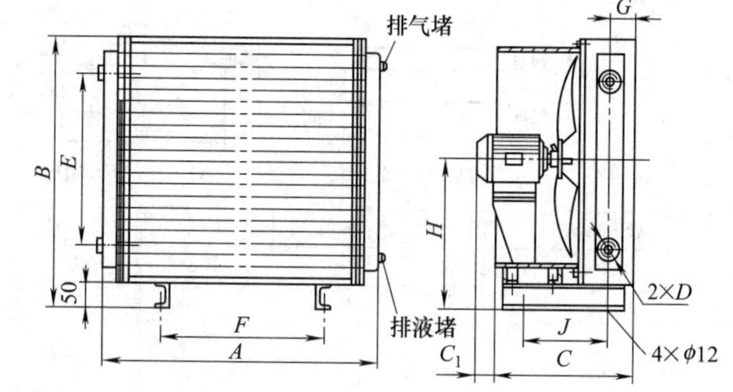

型　号	A	B	C	D	E	F	H	C_1 (max)	G	J	风量 /m^3·h^{-1}	风机功率 /kW	质量 /kg
FL2	390	392	260	M221. 5	240	242	225	95	61	170	805	0. 05	46
FL3. 15	340	414	260		286	245	225	95	67	170	935	0. 05	49
FL4	375	440	260		310	245	225	95	67	170	1065	0. 09	54
FL5	410	478	288	M272	310	295	260	97	67	208	1390	0. 09	65
FL6. 3	460	502	288		340	295	260	97	67	208	1610	0. 09	71
FL8	480	530	318	M362	256	295	260	97	86	268	1830	0. 09	92
FL10	550	596	318		415	345	290	69	89	268	2210	0. 12	110
FL12. 5	570	650	400		454	405	330	60	89	340	3340	0. 25	131
FL16	670	650	400		454	405	330	60	89	340	3884	0. 25	147
FL20	720	756	434	M422	575	500	390	35	90	374	6500	0. 60	183

注：1. 质量栏包括电动机质量。

2. 推荐流速 1～3m/s。

3. 生产厂为营口市液压机械厂、营口市船舶辅机厂。

(5) ACE 型空气冷却器

冷却器由铝材制成，最大工作压力 1.4MPa，体积小，重量轻。安装容易，维修简单。

型号意义：

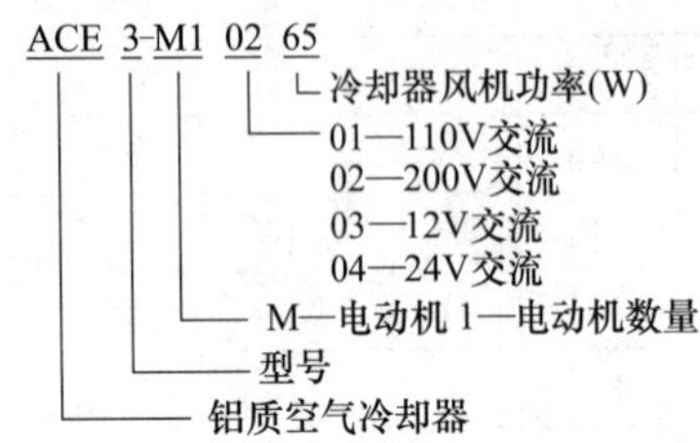

性能曲线：

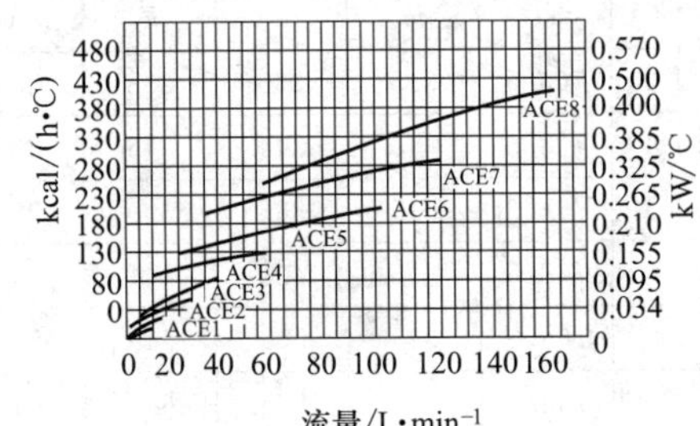

图 20-10-35　性能曲线

表 20-10-57　　ACE 型空气冷却器外形尺寸　　mm

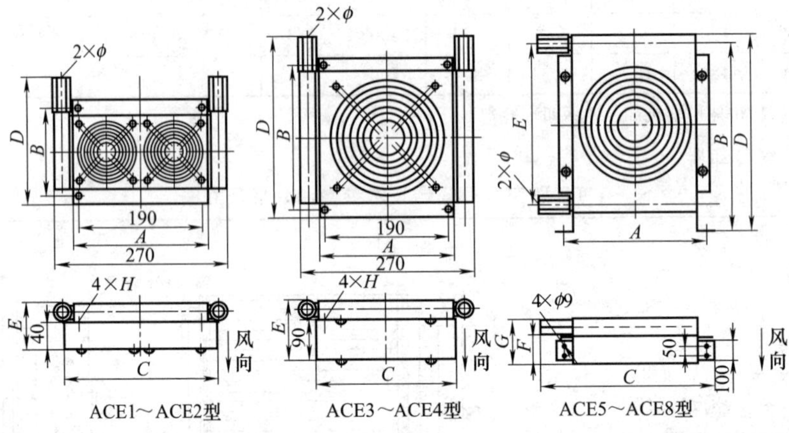

型　号	ACE1-M2	ACE2-M2	ACE3-M1	ACE4-M1	型　号	ACE5-M1	ACE6-M1	ACE7-M1	ACE8-M1
A	208	208	208	208	A	405	500	405	500
B	128	162	261	261	B	440	465	440	465
C	208	260	240	240	C	480	570	480	570
D	184	217	295	316	D	450	500	450	500
E	67	75	115	115	E	398	398	398	398
H	ϕ6.5	ϕ6.5	ϕ6.5	ϕ6.5	F	150	150	150	150
					G	195	195	200	200
ϕ	M18×1.5	M18×1.5	M18×1.5	M18×1.5 M22×1.5	ϕ	M27×2 M33×2	M27×2 M33×2	M33×2	M33×2

注：生产厂为南京翰坤机电科技有限公司。

10.3.4　电磁水阀

电磁水阀是用来控制冷却器内介质的通入或断开的。通常采用常闭型电磁阀，即电磁阀通电时，阀门开启。

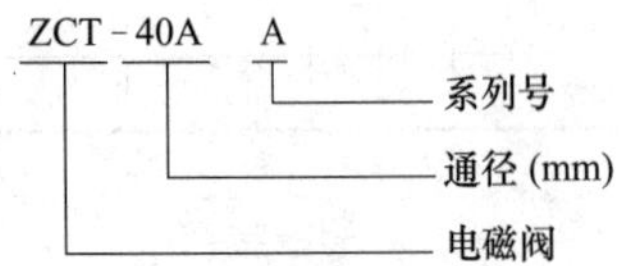

表 20-10-58　ZCT 型电磁水阀技术参数

型　号	通径 /mm	额定电压 /V	工作介质	压力范围 /MPa	介质温度 /℃
ZCT-15A	15	AC:220、110、36、24 DC:220、24	油水空气	0.1～0.8 0.1～1.6	<65
ZCT-25A	25				
ZCT-40A	40				
ZCT-50A	50				
ZCT-80A	80				

表 20-10-59　ZCT 型电磁水阀外形尺寸　mm

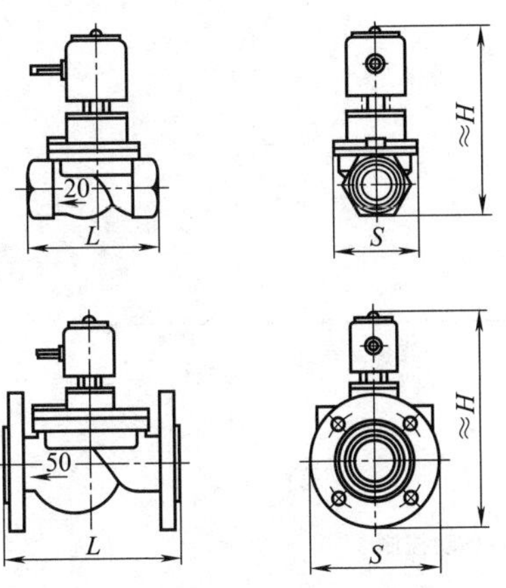

新型号	通径	L	H	S	连接方式
ZCT-15A	15	100	130	75	G½
ZCT-25A	25	120	140	75	G1
ZCT-40A	40	150	160	85	G1½
ZCT-50A	50	200	210	140	法兰四孔 $\phi13/\phi110$
ZCT-80A	80	250	260	185	法兰四孔 $\phi17/\phi150$

注：生产厂为天津市天源电磁阀有限责任公司。

10.3.5　GL 型冷却水过滤器

GL 型（Y 型）过滤器（除垢器）是用于冷却器冷却管道上的除垢产品，在工程安装时可能会有石块、砂子、机械杂物等进入，使管道和设备遭到堵塞和磨损性破坏。所以在水质不好的管道和设备前必须安装过滤器。

螺纹式：GL11H-16C（P、R）；法兰式：GL41H-16C（P、R）。

10.3.6　加热器

液压系统中的油温，一般应控制在 30～50℃范围内。最高不应高于 70℃，最低不应低于 15℃。油温过高，将使油液迅速老化变质，同时使油液的黏度降低，造成元件内泄漏量增加，系统效率降低；油温过低，使油液黏度过大，造成泵吸油困难。油温的过高或过低都会引发系统工作的不正常，为保证油液能在正常的范围内工作，需对系统的油液温度进行必要的控制，即采用加热或冷却方式。

油液的加热可采用电加热或蒸气加热等方式，为避免油液过热变质，一般加热管表面温度不允许超过 120℃，电加热管表面功率密度不允许超过 3W/cm^2。

表 20-10-60　GL 型冷却水过滤器外形尺寸　mm

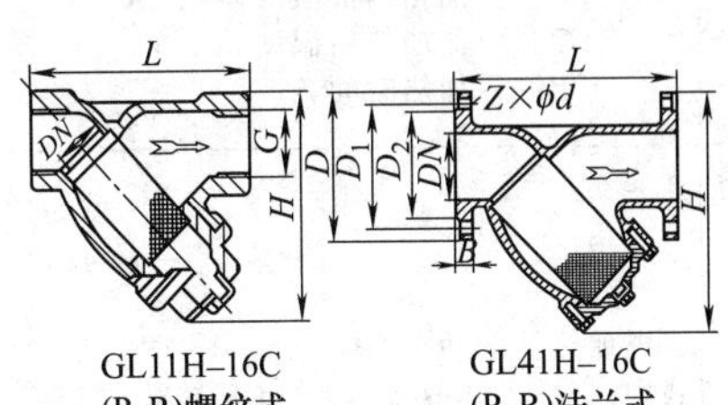

GL11H–16C (P、R)螺纹式　　GL41H–16C (P、R)法兰式

公称通径 DN	GL11H 型		
	G	L	H
10	¼	65	51
12	⅜	65	51
15	½	65	51
20	¾	80	60
25	1	90	72
32	1¼	105	77
40	1½	120	87
50	2	140	103

公称通径 DN	GL41H 型						
	L	H	D	D_1	D_2	B	$Z\times\phi d$
32	180	180	135	100	78	16	4×18
40	200	190	145	110	85	16	4×18
50	220	220	160	125	100	16	4×18
65	270	270	180	145	120	18	4×18
80	300	300	195	160	135	20	8×18
100	350	335	215	180	155	20	8×18
125	390	400	245	210	185	22	8×18
150	440	450	280	240	210	24	8×23
200	540	550	335	295	165	26	12×23
250	640	640	405	355	320	30	12×25
300	720	740	460	410	375	30	12×25
350	780	820	520	470	435	34	16×25
400	865	920	580	525	485	36	16×30
450	960	1050	640	585	545	40	20×30
500	1040	1200	705	650	608	44	20×34

表 20-10-61 **加热器的计算**

加热器的发热能力	加热器的发热能力可按下式估算 $$N \geqslant \frac{C\gamma V \Delta Q}{T}$$ 式中 N——加热器发热能力，W C——油的比热容，$C=1608 \sim 2094$J/(kg·℃) γ——油的密度，$\gamma=900$kg/m^3 V——油箱内油液的体积，m^3 ΔQ——油加热后温度，℃ T——加热时间，s
电加热器的计算	电加热器的功率：$P=N/\eta$ 式中 η——热效率，$\eta=0.6 \sim 0.8$ 液压系统中装设电加热器后，可以较方便地实现液压系统油温的自动控制

表 20-10-62 **电加热器产品**

型号意义

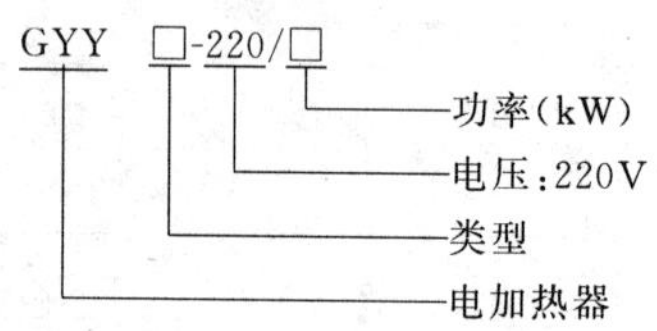

技术规格及外形尺寸

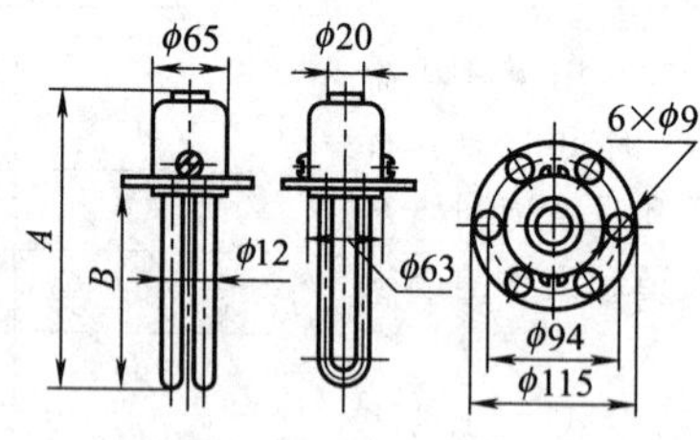

型号	功率/kW	A/mm	浸入油中长度 B/mm	电压/V
GYY2-220/1	1	307	230	220
GYY2-220/2	2	507	430	
GYY2-220/3	3	707	630	
GYY2-220/4	4	922	845	
GYY4-220/5	5	697	620	
GYY4-220/6	6	807	730	
GYY4-220/8	8	1007	930	

注：生产厂为上海电加热器厂、沈阳电热元件厂。

10.4　液压站

液压站又称液压泵站，主要用于主机与液压装置可分离的各种液压机械。它按主机要求供油，并控制液压油的流动方向、压力和流量，用户只需将液压站与主机上的执行机构（油缸或油马达）用油管相连，即可实现各种规定的动作和工作循环。

液压站通常由泵装置、液压阀组、油箱、电气盒等部分组合而成。其中泵装置包括电动机和油泵，它是液压站的动力源，将机械能转化为液压油的压力能。液压阀组由液压阀及集成块组装而成，它对液压油实行方向、压力流量调节。油箱是用钢板焊成的半封闭容器，上面装有滤油网、空气滤清器等，它用来储存、冷却及过滤油液。电气盒是液压站与工厂配电系统和电气控制系统的接口，可以只设置外接引线的端子板，也可以配套全套的控制电器。

传统的液压站一般采用开式的油箱，油泵可布置在油箱的旁边、上面以及油箱内部液面以下，从而形成旁置式、上置卧式、上置立式液压站。液压站的冷却方式可分为自然冷却和强制冷却。自然冷却不用附加的冷却设备，依靠空气自然对流和油箱进行热交换。一般要求油箱的体积足够大。强制冷却方式包括风冷、水冷、冷媒制冷等多种形式。一般按照液压站的工作要求合理选用，强制冷却可以有效地控制油液温度，并可以降低对油箱体积的要求。

近年来，为了适应现场设备的要求，液压站的形式不断地丰富和发展，出现了很多配置更加灵活的形式，如微型液压站、液压动力单元、液压柜等，促进了液压系统的分散化、集成化、功能化。

10.4.1　液压站的结构形式

表 20-10-63　液压站的结构形式

形式	说明	图示
旁置式液压站	将泵装置卧式安装在油箱旁单独的基础上，称为旁置式，可装备备用泵，主要用于油箱容量大于 250L，电动机功率 7.5kW 以上的中大型液压系统。电动机泵组件安装可靠，振动和噪声较小。油箱可以采用矩形油箱，也可以采用圆罐形油箱。典型结构如图(a)所示	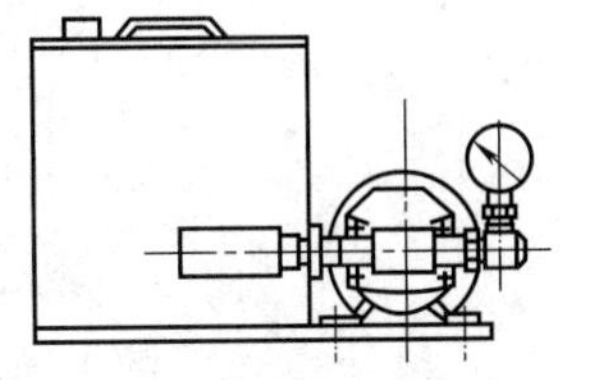 图(a)　旁置式液压站
上置卧式液压站	将泵装置卧式安装在油箱盖板上称为上置卧式，主要用于变量泵系统，以便于流量调节。典型结构如图(b)所示	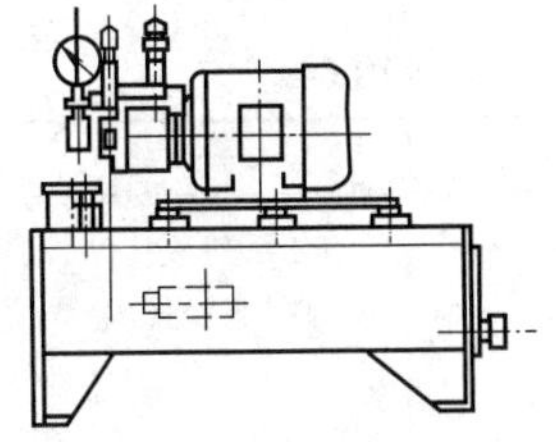 图(b)　上置卧式液压站
上置立式液压站	将泵装置立式安装在油箱盖板上称为上置立式。这种形式结构紧凑，泄漏小，并能节省空间，主要用于定量泵系统。典型结构如图(c)所示	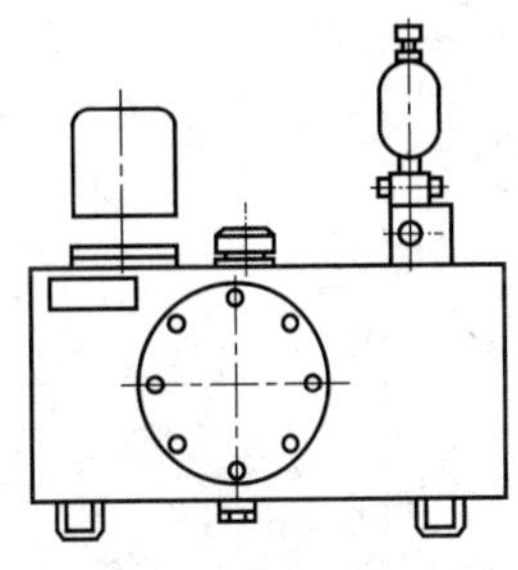 图(c)　上置立式液压站

续表

下置式液压站	将泵安装在油箱中液面以下，称为下置式，可以改善液压泵的吸油条件。油箱可以采用矩形油箱，也可以采用圆罐形油箱。典型结构如图(d)所示 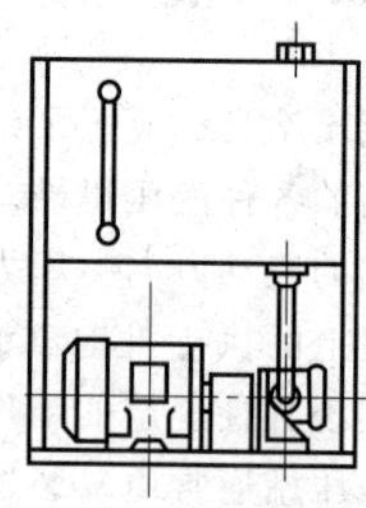 图(d) 下置式液压站
液压动力单元	液压动力单元是一种集成设计的超微型液压泵站。它的设计以阀块为中心，一端安装电动机，另一端安装液压泵和圆筒形油箱，侧面安装阀组和其他附件。有立式、卧式两种安装方式，操纵及维护方便，可用于小型油压机，搬运车，小型升降台等。典型结构如图(e)、图(f)所示 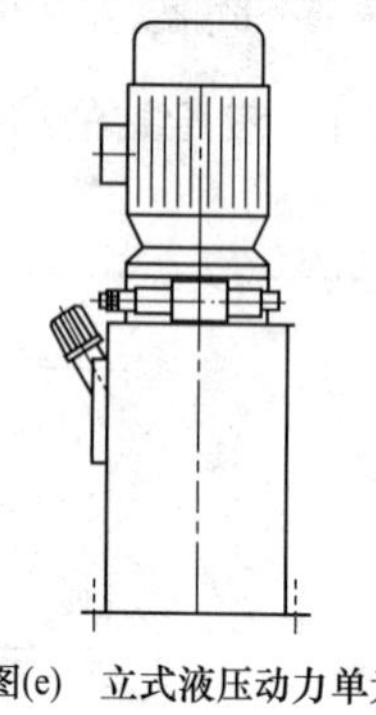 图(e) 立式液压动力单元 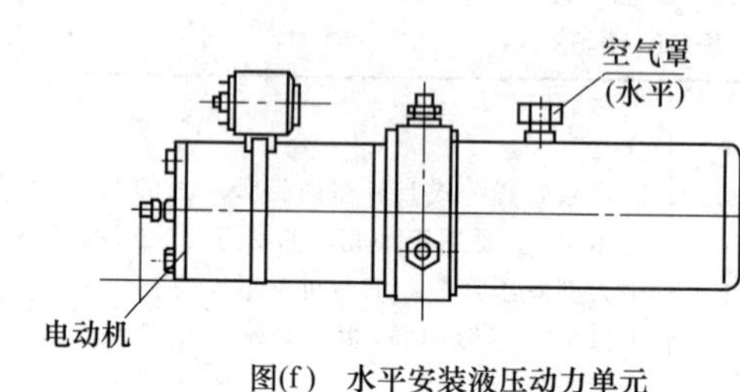 图(f) 水平安装液压动力单元

10.4.2 典型液压站产品

表 20-10-64 典型液压站产品

类型	说明
YZ 系列液压站	YZ 系列液压站，油箱容量为 25～6300L，共 18 种规格。选用不同的泵，得到各种不同的流量和压力级。外形结构有上置式(分立式及卧式)和非上置式，见图(a)～图(c) 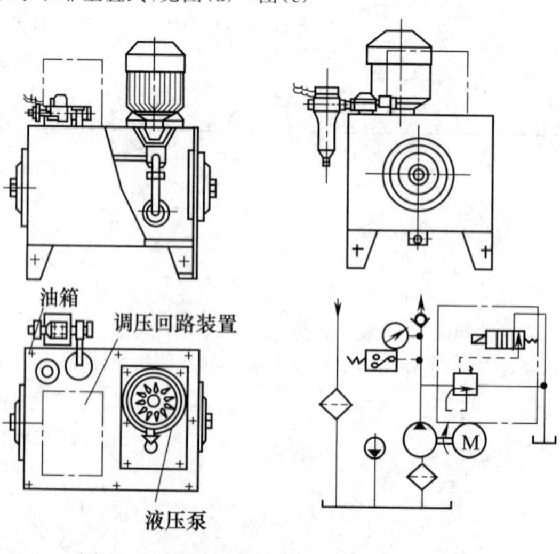 图(a) YZ液压站结构形式及调压系统图(立式)

续表

类型	说　　明
YZ 系列液压站	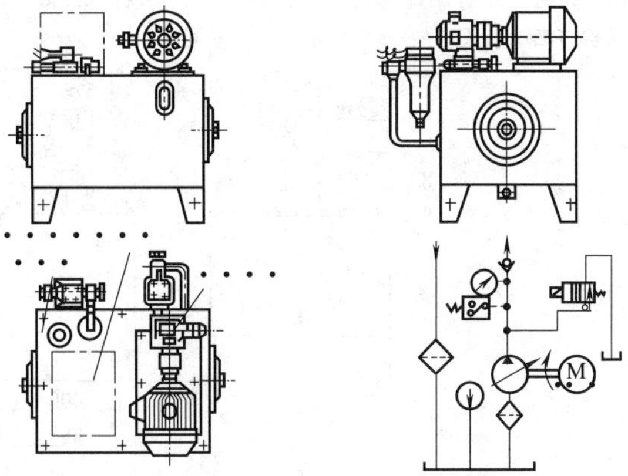 图(b) YZ液压站结构形式及调压系统图(卧式) 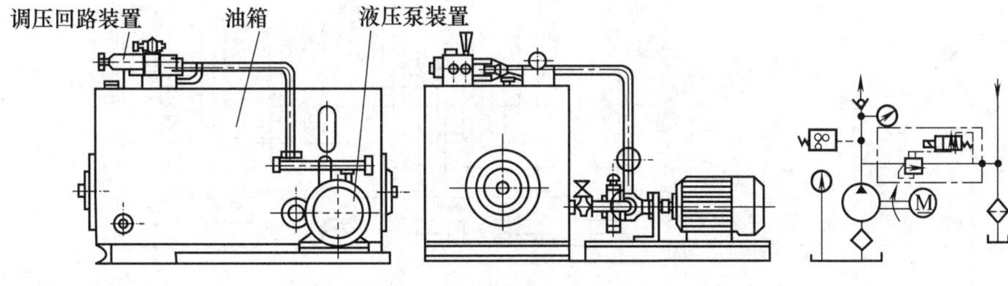 图(c) YZ液压站结构形式及调压系统图
TND360-2 型液压站	沈阳液压件厂生产的 TND360-2 型液压站用于数控万能车床。压力 5MPa，流量 12L/min，油箱容量 100L。其外形结构与液压系统图如图(d)所示 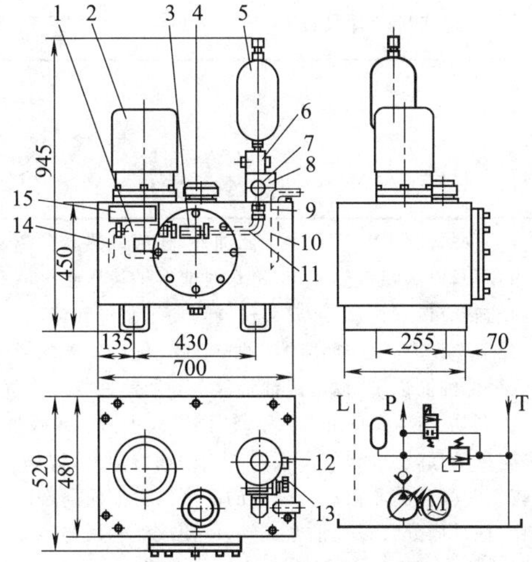 图(d) TND360-2型液压站外形图及系统图 1—1P2V3 型变量泵；2—电动机；3—S8A1.2 型单向阀；4—空气过滤器；5—蓄能器；6—SAS6A 型手动换向阀；7—DBDS6K 型直动式溢流阀；8—集成块；9—泄漏油管；10—回油管；11—压力油管；12—进油口；13—回油口；14—吸油管；15—标牌

续表

类型	说明
SYZ系列液压站	SYZ系列液压站是为数控机床配套的液压站系列。压力4～6.3MPa，流量36～60L/min，油箱容量130～250L。其外形结构与液压系统图如图(e)所示 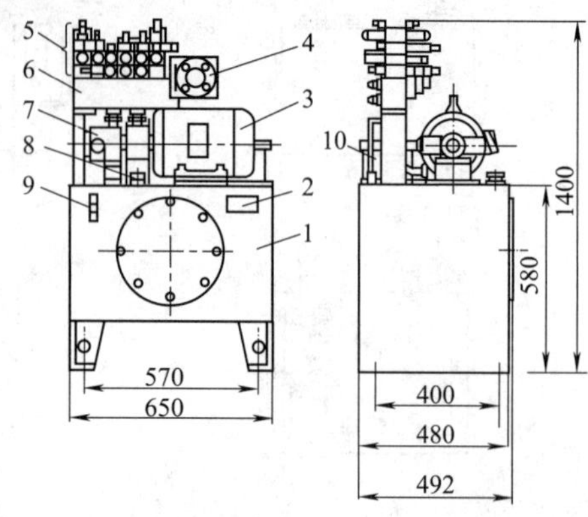 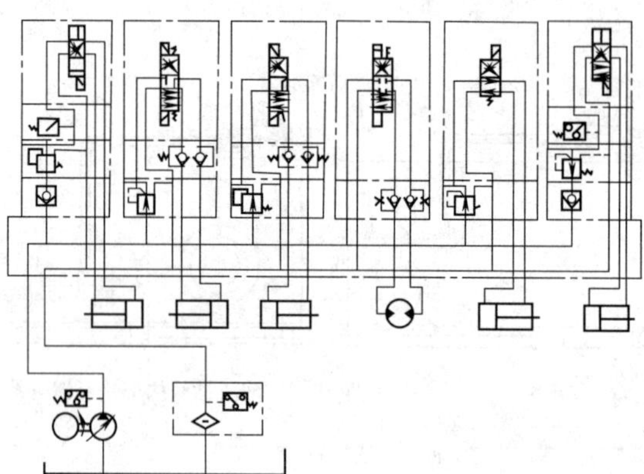 图(e) SYZ型液压站外形图及液压系统原理图(沈阳液压件厂) 1—油箱；2—标牌；3—Y100L$_1$-4型电动机；4—MS2P20型六点压力表开关；5—叠加阀组；6—集成块；7—YBN$_1$-25B型变量叶片泵；8—EF1-25型空气过滤器；9—液面计；10—YLH-63型过滤器

10.4.3 油箱

表20-10-65 油箱的设计

油箱的设计要点	油箱是液压系统中不可缺少的元件之一，它除了储油外，还起散热和分离油中泡沫、杂质等作用 油箱必须具有足够大的容积，以满足散热要求，停车时能容纳液压系统所有油液，而工作时又保证适当的油位要求 为保持油液清洁，吸、回油管应设置过滤器，安装位置要便于装拆和清洗 油箱应有密封的顶盖，顶盖上设有带滤油器的注油口，带空气过滤器的通气孔。有时通气口和注油口可以兼用 吸油管及回油管应插入最低油面以下，以防吸油管吸空和回油冲溅产生气泡。管口一般与箱底、箱壁的距离不小于管径的三倍。吸、回油口需斜切45°角，并面向箱壁，这样增大了回油和吸油截面，可有效地防止回油冲击油箱底部的沉淀物。吸、回油管距离应尽量远，中间设置隔板，将吸、回油管隔开，以增加油的循环时间和距离，增大散热效果，并使油中的气泡和杂质有较长时间分离和沉淀。隔板的高度约为油面高度的2/3，另还根据需要在隔板上安装过滤网。为便于放油，箱底应倾斜。在最低处装设放油塞或阀，以便放油和污物能顺利地从放抽孔流出 油箱的底部要距地面要150mm以上，以便散热、放油和搬移 为了防锈、防凝水，油箱内壁应涂耐油防锈涂料 油箱壁上需安装油面指示器以及油箱上安装温度计等 为防止油泵吸空，提高油泵转速，可设计充压油箱。特别对于自吸能力较差的油泵而又不设辅助泵时，用充压油箱能改善其自吸能力。一般充气压为70～100kPa

续表

<table>
<tr><td rowspan="4">油箱的设计计算</td><td colspan="2">油箱容量与系统的流量有关,一般容量可取最大流量的 3～5 倍。另外,油箱容量大小可从散热角度去设计。计算出系统发热量与散热量,再考虑冷却器散热后,从热平衡角度计算出油箱容量。不设冷却器、自然环境冷却时计算油箱的方法如下</td></tr>
<tr><td>系统发热量计算</td><td>在液压系统中,凡系统中的损失都变成热能散发出来。每一个周期中,每一个工况其效率不同,因此损失也不同。一个周期发热的功率计算公式为
$$H=\frac{1}{T}\sum_{i=1}^{n}N_i(1-\eta_i)t_i$$
式中　H——一个周期的平均发热功率,W
T——一个周期时间,s
N_i——第 i 个工况的输入功率,W
η_i——第 i 个工况的效率
t_i——第 i 个工况的持续时间,s</td></tr>
<tr><td>散热量计算</td><td>当忽略系统中其他地方的散热,只考虑油箱散热时,显然系统的总发热功率 H 全部由油箱散热来考虑。这时油箱散热面积 A 的计算公式为
$$A=\frac{H}{K\Delta t}$$
式中　A——油箱的散热面积,m^2
H——油箱需要散热的热功率,W
Δt——油温(一般以 55℃考虑)与周围环境温度的温差,℃
K——散热系数。与油箱周围通风条件的好坏而不同,通风很差时 $K=8\sim9$;良好时 $K=15\sim17.5$;风扇强行冷却时 $K=20\sim23$;强迫水冷时 $K=110\sim175$</td></tr>
<tr><td>油箱容量的计算</td><td>设油箱长、宽、高比值为 $a:b:c$,则边长分别为 al、bl、cl 时,L 的计算公式为
$$L=\sqrt{\frac{A}{1.5ab+1.8ac+1.8bc}}$$
式中　A——散热面积,m^2
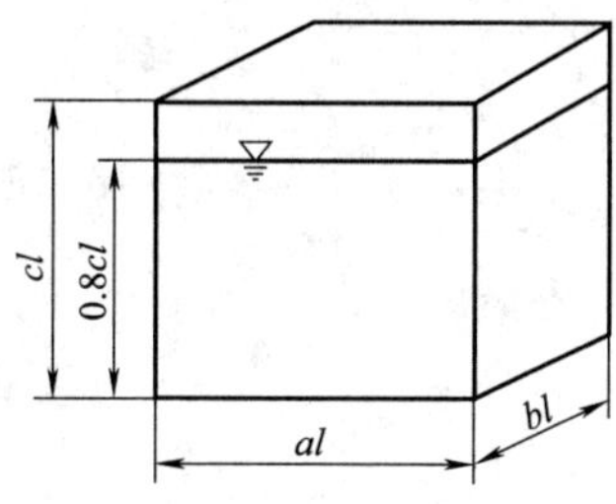
</td></tr>
</table>

第
20
篇

10.5　温度仪表

10.5.1　温度表（计）

10.5.1.1　WS※型双金属温度计

10.5.1.2　WTZ型温度计

10.5.2　WTYK型压力式温度控制器

10.5.3　WZ※型温度传感器

10.5

（扫码阅读或下载）

10.6　压力仪表

10.6.1　Y系列压力表

10.6.2　YTXG型磁感式电接点压力表

10.6.3　Y※TZ型远程压力表

10.6.4　BT型压力表

10.6.5　压力表开关

10.6.5.1　KF型压力表开关

10.6.5.2　AF6E型压力表开关

10.6.5.3　MS型六点压力表开关

10.6.6　测压、排气接头及测压软管

10.6.6.1　PT型测压排气接头

10.6.6.2　HF型测压软管

10.6

（扫码阅读或下载）

10.7　空气滤清器

10.7.1　QUQ型空气滤清器

10.7.2　EF型空气过滤器

10.7.3　PFB型增压式空气滤清器

10.7

（扫码阅读或下载）

10.8　液位仪表

10.8.1　YWZ型液位计

10.8.2　CYW型液位液温计

10.8.3　YKZQ型液位控制器

10.8

（扫码阅读或下载）

10.9　流量仪表

10.9.1　LC12型椭圆齿轮流量计

10.9.2　LWGY型涡轮流量传感器

10.9

（扫码阅读或下载）

10.10　常用阀门

10.10.1　高压球阀

10.10.1.1　YJZQ型高压球阀

10.10.1.2　Q21N型外螺纹球阀

10.10.2　JZFS系列高压截止阀

10.10.3　DD71X型开闭发信器蝶阀

10.10.4　D71X-16对夹式手动蝶阀

10.10.5　Q11F-16型低压内螺纹直通式球阀

10.10

（扫码阅读或下载）

10.11　E型减震器

10.11

（扫码阅读或下载）

10.12　KXT型可曲挠橡胶接管

10.12

（扫码阅读或下载）

10.13　NL 型内齿形弹性联轴器

10.13
（扫码阅读或下载）

10.14　管路

10.14.1　管路的计算

10.14.2　胶管的选择及注意事项

10.14
（扫码阅读或下载）

10.15　管接头

10.15.1　金属管接头　O 形圈平面密封接头

10.15.2　锥密封焊接式管接头

10.15.3　卡套式管接头规格

10.15.4　扩口式管接头规格

10.15.5　锥密封焊接式方接头

10.15.6　液压软管接头

10.15.7　快换接头

10.15.8　旋转接头

10.15.9　螺塞

10.15.10　法兰

10.15.11　管夹

10.15.11.1　钢管夹

10.15.11.2　塑料管夹

10.15
（扫码阅读或下载）

第 11 章　液压控制系统概述

11.1　液压传动系统与液压控制系统的比较

表 20-11-1　　液压传动系统与液压控制系统的比较

<table>
<tr><th>项目</th><th>液压传动系统</th><th>液压控制系统</th></tr>
<tr><td colspan="3">

图(a)为典型的液压传动系统，其中图(a)中的(ⅰ)为节流调速系统，图(a)中的(ⅱ)为容积调速系统。节流调速系统中采用流量控制阀(节流阀或调速阀)调节流量，从而控制执行机构的速度，用换向阀使执行机构换向，用溢流阀进行调压和限压。容积调速系统中，利用变量泵调节流量，采用双向变量泵时，无需换向阀便可使执行机构换向。可见，传动系统的基本功能是拖动、调速和换向。换向阀或双向变量泵处于中位，可以使执行机构停止运动，但由于存在惯性，难以在任意位置准确停车，即传动系统难以精确地控制位置

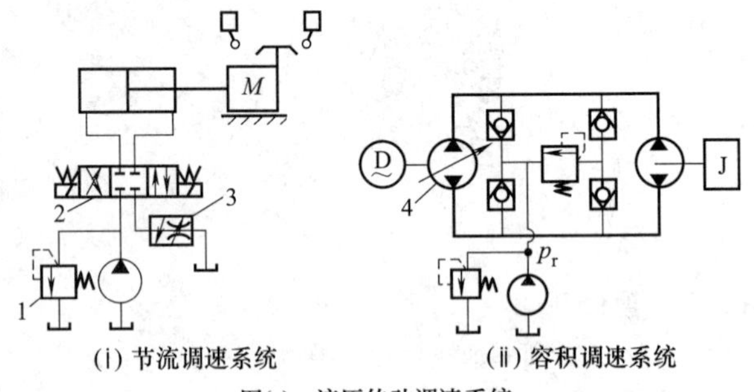

(ⅰ) 节流调速系统　　(ⅱ) 容积调速系统

图(a)　液压传动调速系统

1—溢流阀；2—换向阀；3—调速阀；4—双向变量泵

采用带压力补偿和温度补偿的调速阀时，流经调速阀的流量不受负载变化和油温变化的影响，因而执行机构的速度不受负载和油温变化的影响。但它并不能补偿调速阀和执行元件的泄漏，因而，当负载变化引起泄漏量变化时，速度仍有少许变化。再者，由于调速阀的动态响应较低，当负载的变化幅值较大，频率较高时，调速阀的压力补偿作用不及时，将出现很大的速度波动。也就是说，采用调速阀的液压传动系统，其稳态的速度控制精度较高，而动态的速度控制精度可能很差

对于容积调速系统，执行机构的速度还要受变量泵内部泄漏的影响

此外，传动系统难以实现任意规律、连续的速度调节。图(b)为液压速度控制系统简图，其中图(b)中的(ⅰ)为节流式速度控制系统，图(b)中的(ⅱ)为容积式速度控制系统。图(b)与图(a)相比，有以下明显的区别：

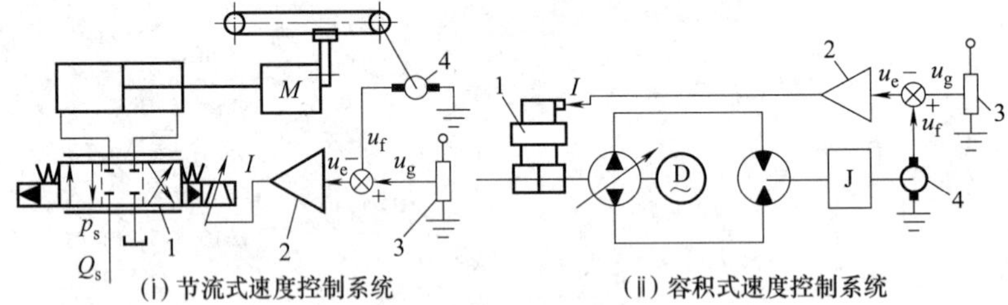

(ⅰ) 节流式速度控制系统　　(ⅱ) 容积式速度控制系统

图(b)　液压速度控制系统

1—伺服阀；2—伺服放大器；3—指令电位器；4—测速机

</td></tr>
<tr><td>控制元件</td><td>采用调速阀或变量泵手动调节流量</td><td>采用伺服阀自动调节流量
通俗地讲，可以把伺服阀看成是一个零遮盖的，阀芯能在其行程内任一位置停留的、精密的比例换向阀。阀芯偏离中位的位移与伺服阀的输入电流(直流)成正比，阀芯向左或向右取决于输入电流的方向。因此，伺服阀同时起到了传动系统中的换向阀和流量控制阀的作用
在节流式速度控制系统中，利用伺服阀直接控制执行机构的速度及方向；而在容积式速度控制系统中，利用伺服阀控制变量泵变量机构的位置和方向，从而间接地控制了执行元件的速度和方向</td></tr>
</table>

续表

项目	液压传动系统	液压控制系统
控制原理	传动系统是开环系统。传动系统的指令即控制量是流量控制阀的开度或变量泵的调节参数(偏角或偏心)，被控制量是执行机构的速度。对被控制量不进行检测，即只发出命令而不检查，当控制结果与希望值不一致时，系统没有修正能力。被控制量与控制量之间无联系，故为开环系统。开环系统的控制精度取决于其元件的性能和系统整定的精度。系统的扰动量(负载、油温、泄漏)和元件参数的变化都要影响到被控制量，因而控制精度较差。开环系统无反馈，因而不存在矫枉过度问题，即不存在稳定性问题，所以传动系统的调整容易	控制系统是闭环系统。电液速度控制系统的控制量是由指令电位器给出的电压量，被控制量仍是执行机构的速度。利用测速机检测执行机构的速度(转速)并产生一个与转速成正比的电压量，此电压用作反馈信号。指令信号与反馈信号在伺服放大器中相减，并将相减后的偏差信号加以放大，再输入给伺服阀。由于对被控制量加以检测并进行反馈，从而构成了闭环系统，因而液压控制系统是按偏差调节原理工作的，即不管系统的扰动量和主路元件的参数如何变化，只要被控制量的实际值偏离希望值，系统便按偏差信号的方向和大小进行自动调整 例如，当负载突然增大，引起速度降低时，偏差信号增大，伺服阀的输入电流增大、阀口开大，从而使速度自动回升；反之，当负载突然减小，速度增大时，偏差信号减小，伺服阀的输入电流减小，阀口关小，速度便自动恢复至额定值 指令电压代表了所希望的执行机构速度。调整指令电压，便调整了速度。采用程序装置使指令电压按某一规律变化，便可实现任意规律的连续的速度控制 需要注意的是，如果偏差信号为零，则伺服阀的输入电流为零，阀芯处于零位(中位)，于是执行机构的速度为零。因此，为了维持在某一速度下工作，必须有偏差信号存在，这意味着实际速度与希望值不一致，即存在速度误差，因此采用比例放大器时只能把稳态误差限制在很小的允许范围内，而不能完全消除，要想消除稳态误差，必须采用比例积分放大器 控制系统有反馈，具有抗干扰能力，因而控制精度高；但也存在矫枉过度带来的稳定性问题。当系统设计或调整不当时，可能出现不稳定。因此控制系统要求较高的设计和调整技术
控制功能	只能实现手动调速、加载和顺序控制等功能，难以实现任意规律、连续的速度调节	可利用各种物理量的传感器对被控制量进行检测和反馈，速度、加速度、力和压力等各种物理量的自动控制
性能要求	传动系统的基本工作任务是驱动和调速，因此，对传动系统的性能要求侧重于静态特性方面，主要性能指标是：调速范围、低速平稳性、速度刚度和效率。只有特殊需要时，才研究动态特性，而且，由于工作过程中系统指令不变，所以，研究动态特性时，只需讨论外负载力变化对速度的影响	对控制系统来说，则要求被控制量能够自动、稳定、快速而准确地复现指令的变化。因此，除了要满足以一定的速度进行驱动等基本要求之外，更侧重于动态特性(稳定性、响应)和控制精度的分析和研究。性能指标则应包括稳态性能指标和动态性能指标
工作特点	①驱动力、转矩和功率大 ②易于实现直线运动 ③易于实现直线速度调节和力调节 ④运动平稳、快速 ⑤单位功率的质量小、尺寸小 ⑥过载保护简单 ⑦液压蓄能方便	液压控制系统除液压传动的特点外，还有如下特点 ①响应速度高 ②控制精度高 ③稳定性容易保证
应用范围	要求实现驱动、换向、调速及顺序控制的场合	要求实现位置、速度、加速度、力或压力等各种物理量的自动控制场合

11.2 电液伺服系统和电液比例系统的比较

从广义上观察，在应用液压传动与控制的工程系统中，凡是系统的输出量，如压力、流量、位移、转速、加速度、力、力矩等，都能随输入控制信号连续成比例的得到控制的，都可称为比例控制系统。但在工程实用上，往往根据输入信号的不同和系统构成的特点等，将广义的比例控制系统作出如表 20-11-2 所示的区分；根据输入信号方式，区分为手动（比例）控制和电液控制；根据控制系统的特点和技术特性，进一步将广义概念上的电液控制区分为一般概念上的电液伺服控制和电液比例控制。比例控制的特点及伺服、比例、开关元件性能对照分别见表 20-11-3 和表 20-11-4。

表 20-11-2　　开关控制和比例控制

控制性质	输入方式	控制特性	信号模式
开关控制	手动控制		
	电磁控制		
比例控制(广义)	手动控制		
	电液控制	电液伺服控制	模拟
			数字
		电液伺服比例控制	模拟
			数字
		电液比例控制	模拟
			数字

表 20-11-3　　比例控制的特点

伺服阀	微电控制	频响高	无零位死区	加工精度 2～4μm 级	过滤精度 3～10μm	1/3 供油压力损失于阀口
一般比例阀（不含伺服比例阀）	微电控制	频响中等，能满足 70% 的用户需要	有零位死区	加工精度 10μm 级	过滤精度 25μm	0.3～1.5MPa

表 20-11-4　　伺服、比例、开关元件性能对照

性能	电液伺服阀	电液比例阀	早期电液比例阀	传统开关阀
滞环/%	1～3	1～3	4～7	
重复精度/%	0.5	0.5	1	
频宽/Hz	50～500	1～50	1～5	
线圈功率/W	0.05～5	10～24	10～30	
中位死区	无	有	有	有
价格因子	3	1	1	0.5

11.3 液压控制系统的组成及分类

表 20-11-5　　液压控制系统的组成及分类

职能图

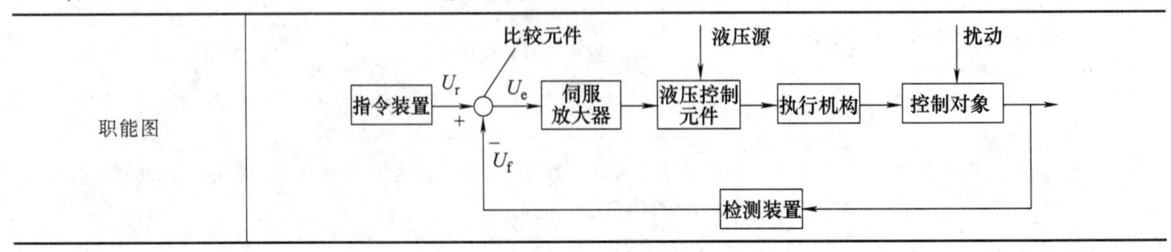

续表

	组成部分	功 用	结 构
组成	指令装置	给出与被调量所希望的变化规律相应的指令信号。指令信号的形式应与反馈信号相同	机械指令装置有凸轮、模板、连杆等，发出位移信号，用于机液控制系统；电气指令装置有电位计、自整角机、程序装置、计算机及其 D/A 转换器等，发出电压信号，用于电液控制系统；气动指令装置有气动调节器等，用于气液控制系统
	检测装置	检测被调量的变化并转换成电（气动）信号，经二次仪表放大与处理后作为反馈信号	检测装置包括传动机构（如齿轮齿条、连杆、钢带或钢绳等）、传感器及其二次仪表（如放大、滤波、解调、D/A 转换电路等）
	比较环节	将反馈信号与指令信号加以比较，给出偏差信号，构成闭环控制	实际系统往往并不存在单独的比较环节硬件。例如，在电液控制系统中，将指令信号 U_g 和反馈信号 U_f 分别加入伺服放大器中的运算放大器的同相和反相输入端，便可实现比较功能。而在机液控制系统中，连杆、差动齿轮和螺丝螺母副等既作比较元件，同时又作指令装置、检测装置和比例放大之用
	伺服（比例）放大器	放大偏差信号并进行信号的处理	电液控制系统中，伺服放大器是电气信号与处理电路的总称，最基本部分是电压前置放大和功放即电流放大器两部分。根据需要可能还有限幅器（限制最大输出电流）、鉴别器、解调器和非线性补偿电路等
	液压控制元件（液压功率放大器）	起信号变换（电压-位移、气压-位移）、能量变换及功率放大（电气-液压、气动-液压）作用，实现流体动力控制、输出一个与输入电流（气压）成正比的流量或压力	液压功率放大器包括伺服阀和伺服变量泵两大类。伺服阀又有电液、机液和气液伺服阀三种，以电液伺服阀最普遍
	执行机构	接受液压功率放大器的流体动力，驱动工作机构	执行机构包括执行元件（液压缸、液压马达）和传动机构（减速齿轮箱、滚珠丝杠等）
	校正环节	除上述环节外，有时系统中还有校正环节。其功用是改善系统或某个局部环路的性能，驱动工作机构	校正环节分串联校正和并联校正两类。串联校正环节串联在主路上的伺服放大器之前，如滞后-超前网络和 PID 调节器；并联校正亦称反馈校正，如电液控制系统中的局部速度负反馈、局部加速度负反馈，深度电流负反馈和负载扰动补偿等
分类	按照输出量的物理量纲分类	位置系统	指系统的输出量是机械位移或者是机械转角，每给定一个输入量即对应一个确定的位移或转角，如机床工作台的自动控制系统便是位置系统
		速度系统	指其输出量为直线速度或者是角速度。每一个输入信号都对应一个确定的速度值
		施力系统	其输出量必然是力、力矩或者是压力。系统的输入量代表着确定的力、力矩或者压力
		此外还有加速度控制系统、温度控制系统等，但在液压控制系统中，最主要的还是上述三类系统	

续表

分类	按照传递信号的介质分类	机械-液压控制系统	机械-液压控制系统指的是信息整个传递过程都是借助机械和液压元件来完成的。例如图(a)所示的系统即是典型的机械-液压控制系统，靠模给出的是机械位移信号，经过阀芯的传递又将信息转换成液压信号，最后通过液压缸活塞的位移又变成了机械信号。机械-液压控制系统多用在环境较为恶劣，精度和快速性要求不高的场合，其优点是可靠性好、廉价。机械-液压控制系统通常简称为机液系统 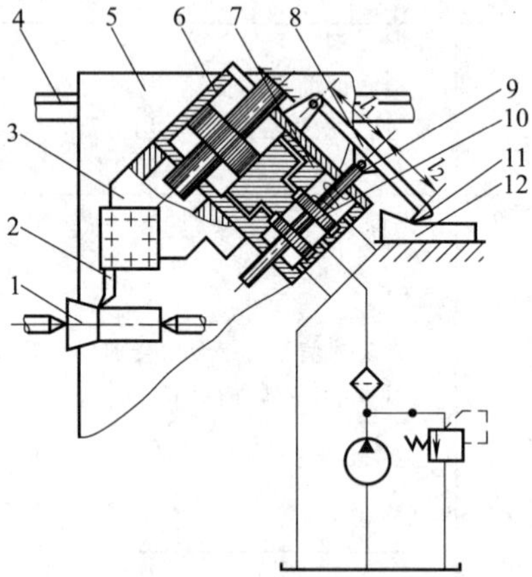 **图(a)　车床上液压仿形刀架** 1—工件；2—车刀；3—刀架；4—床身导轨；5—溜板；6—缸体；7—阀体；8—杠杆；9—杆；10—伺服阀芯；11—触销；12—靠模
		电气-液压控制系统	电气-液压控制系统指信息的传递不仅使用了机械和液压元部件，还大量地使用了电气元件。为了提高系统的动静态品质，通常在动力机构以前用的是电信号，包括反馈信号，这种系统精度高、动态性能好，因此多用在航天、航空、舰船、冶金等的自动控制设备上。电气-液压控制系统的缺点是结构复杂、调试难度大、造价高。电气-液压控制系统通常简称为电液控制系统或电液系统，其中包括电液伺服系统和电液比例系统
	按照给定量的数学模型分类	为了系统优化的目的也常常按照系统给定的输入函数的类型来划分液压控制系统。控制系统的输入函数是多种多样的，大体可分成阶跃、方波、斜坡、三角波、锯齿波、正弦波、脉冲和任意非直线型函数等八种。按此可将液压控制系统分成以下三种类型	
		保持型	这类控制系统的功能是自动保持某一物理量为常值，当输入信号改变后，此物理量能自动地由一个保持值变化到另一个保持值，例如航空器或舰船上的舵机系统以及某些速度系统等。这类系统应以阶跃函数为输入，称之为保持型伺服系统。此外，有些以方波为输入的伺服系统也属于保持型，因为每一个方波相当于正负两个阶跃信号。保持型控制系统的优化指标应该是阶跃过渡函数的超调量和过渡时间最小并且无静差
		正弦型	有一类控制系统的输出为正弦函数，例如振动台、万能疲劳试验机以及一部分负载模拟器等。这类系统的输入显然是正弦函数，其优化指标应该是幅频宽度最宽，对于相频没有要求，而对幅频峰值的限制也不严格。因为可以通过振幅保持系统来保证振幅不变，应该指出，由于正弦函数具有 n 阶连续导数，系统在一种频率和固定振幅的作用下，只在开始瞬间出现暂态解，因此系统的输出实际上是稳态解。方波或者三角波则不同，它们有一阶不连续的导数，因此每一个周期都要引起两次暂态过程。可见正弦型系统与一般系统是不同的，但过去都是按照一般的设计方法来设计此类系统，因此频宽不易达到最佳值

续表

分类	按照给定量的数学模型分类	跟踪型	如果控制系统的被调量能以允许的误差点跟踪某一非直线型函数曲线，则称此类系统为跟踪型控制系统。例如电液施力系统、低空火炮控制系统等。这类系统应以单位斜坡函数为输入来设计，即以偏离值和偏离时间最小及无静差作为优化指标。此外，有些以三角波、锯齿波为输入的系统也应属于跟踪型伺服系统，因为每个波形都由两个斜坡函数组成
	根据回路内的信号传递方式	直流与交流液压控制系统	
		模拟式与数字式液压控制系统	
		线性与非线性液压伺服系统	

11.4　液压控制系统的基本概念

表 20-11-6　液压控制系统的基本概念

概　　念	解　　释
被控制对象或对象	需要控制的工作机器、装备
输出量(被控制量)	表征这些机器装备工作状态需要加以控制的物理参量
输入量(控制量)	要求这些机器装备工作状态应保持的数值，或者说，为了保证对象的行为达到所要求的目标而输入的量
扰动量	使输出量偏离所要求的目标，或者说妨碍达到目标，所作用的物理量称为扰动量。控制的任务实际上就是形成控制作用的规律，使不管是否存在扰动，均能使被控制对象的输出量满足给定值的要求
开环控制系统	被控制量只能受控于控制量，而被控制量不能反过来影响控制量的控制系统称为开环控制 开环控制系统可以用结构示意图表示，如图(a)所示。结构图可以表示这种系统的输入量与输出量之间的关系。由图可知，输入量直接经过控制器作用于被控制对象，所以只有输入量影响输出量。当出现扰动时，没有人的干预，输出量不能按照输入量所期望的状态去工作 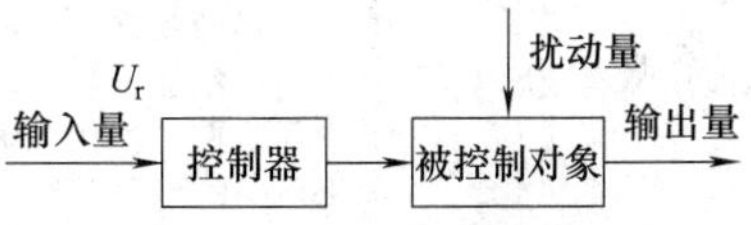 图(a)　开环控制系统结构图
闭环控制系统	为了实现闭环控制，必须对输出量进行测量，并将测量的结果反馈到输入端与输入量相减得到偏差，再由偏差产生直接控制作用去消除偏差。因此，整个控制系统形成一个闭合环路。把输出量直接或间接地反馈到输入端，形成闭环，参与控制的系统，称作闭环控制系统。由于系统是根据负反馈原理按偏差进行控制的，也叫做反馈控制系统或偏差控制系统。闭环控制系统中各元件的作用和信号的流通情况，可用结构图(b)表示 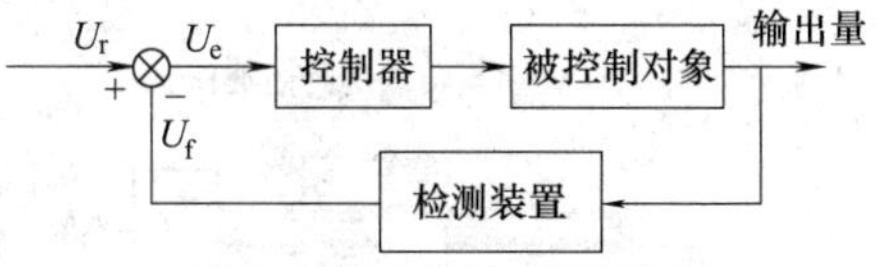 图(b)　闭环控制系统结构图 图中，符号 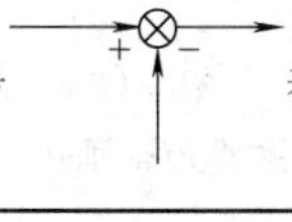 (+ ⊗ −) 表示比较元件，负号表示负反馈

第20篇

续表

概　　念	解　　释
反馈	把输入的被调量按一定比例回输给控制装置的输入端的控制方法
负反馈	反馈信号的极性与输入信号的极性相反的反馈
正反馈	反馈信号的极性与输入信号的极性相同的反馈
偏差	输入信号与被控制量的反馈信号之差
容积模量	流体的弹性是用容积模量来表征的，液体的容积模量可因渗入了空气和(或)机械的柔度的减少而大大降低。液体是可压缩的，随着压力的增加，液体的容积就减少。其实任何物体都是弹性体，只是弹性模量差异很大而已。所以液体也像弹簧，受压而缩小，失压而膨胀。液体的弹簧效应与机械部分的质量的互相作用几乎在所有液压元件中都将产生谐振现象。在大多数情况下，这种谐振是对动态性能的限制。液体中还不可避免地混有气体，这些渗入的气体又往往以小气泡或泡沫的形式悬浮于液体中。当液体受压时，气泡体积减小。气体体积变化的程度远过于液体，纯油的容积弹性模量约为 $(1.4\sim2.0)\times10^{9}\,\mathrm{N/m^2}$，油中混入气体而容积弹性模量将大大下降，而且和混入气体的多少还有直接关系。另外，液压管道等一切液体容器都是弹性体，油压增加，容器变大。当压力提高后就必须有一部分流量来补偿液体的压缩量及容器的膨胀量，可用液体等效容积弹性模量来表示容器中油液的容积变化率与压力增长量之间的关系 $$\beta_e=-\frac{V\Delta p}{\Delta V} \qquad (20\text{-}11\text{-}1)$$ 式中　V——受压缩液体的初始体积 ΔV——因压缩而产生的体积 V 的变化量 Δp——产生 ΔV 的压力变化量 如果液体体积 V 承受的压力增加了 Δp，则 V 将减少 ΔV，因而 $\Delta p/\Delta V$ 是负值，式(20-11-1)中带有负号是为了使等效容积弹性模量为正值
液压固有频率 ω_h	把液压缸封闭后的液体看成弹簧而形成的液压缸-质量系的固有频率，称为液压固有频率或无阻尼液压固有频率。参数 ω_h 是由惯性和所包含的油弹簧相互作用而造成的固有频率。一般来说，总希望所设计的自动控制系统的频率高些，但系统的频率又受到系统中各个元件的固有频率的限制。在液压系统中，液压缸是最接近负载的一个液压元件，液压缸与负载质量等组合在一起后的液压频率往往就是整个系统中频率最低的一个元件。所以 ω_h 很可能就是整个系统工作频率范围的上限。如果阀的输入频率超过 ω_h，液压缸因受固有频率的限制就不能响应。为了提高工作频率的范围，就应当提高 ω_h
液压弹簧刚度 k_h	把被封闭液体看成弹簧后的弹簧刚度称液压弹簧刚度。液压弹簧系数 k_h 并不是当作用一个静态负载力时油缸作静态直线运动这种一般意义上的弹簧。这种解释只有当腔室的容积完全被密封时才是准确的，然而实际上这是不可能的，因为这要求阀没有泄漏通道，而且是完全理想的，也就是其压力流量系数为零，因此从某种意义上来说，k_h 可以想象为一个"动态"弹簧。应该指出，液压弹簧刚度是当液压缸完全被封闭并在稳态工作时推导出来的。若有伺服阀和液压缸相连接，实际上阀并不能将液压缸两个工作腔完全封闭。由于有阀系数 K_c 泄漏的作用，在稳态时液压弹簧并不存在。但在动态时，在一定的频率范围内泄漏来不及起作用，液压缸对外力的响应特性中，的确表现出存在着这样一个液压弹簧。所以，对阀控液压缸来说，液压弹簧应理解为"动态弹簧"，而失去了"稳态弹簧"的定义
阻尼比	如果活塞连接一个质量为 m 的惯性负载(m 为活塞和负载的总质量)，便构成液压弹簧-质量系统这样一个二阶振荡系统，和图(c)所示的机械振动系统等效。该系统的阻尼比，称为液压阻尼比 (ⅰ) 带质量负载的封闭液压缸　(ⅱ) 与(ⅰ)等效的机械振动系统 (ⅲ) 带质量及弹簧负载的封闭液压缸　(ⅳ) 与(ⅲ)等效的机械振动系统 图(c)　机械振动系统(液压弹簧)

续表

概　　念	解　　释
硬量	指能够精确的定义，其值相对稳定，易于识别、计算并控制的物理量。例如液压弹簧刚度 k_h，液压谐振频率 ω_h 等
软量	指不易确定、计算，相对模糊，变化的量。如阀的压力-流量系数 K_c，液压阻尼比 ξ_h 等
开关阀技术	开关系统使用机械可调式（手调式）压力阀、流量阀，压力继电器，行程开关等器件。其电信号的处理，由继电器技术或可编程控制器实现。在开关型电液系统中，方向的变换、液压参数压力与流量的变化通过电磁信号实现，这是一种传统的、多数为突变式的变化。伴随发生的是换向冲击和压力峰值，经常导致器件的提前磨损、损坏。过渡过程特性，例如加速过程与减速过程，主要是通过昂贵的机械凸轮曲线来实现控制
比例阀技术	模拟式开环控制系统，使用各种比例阀和配套的电子放大器。压力、流量和方向的设定值，由模拟电信号（电压）预先给出，过渡过程特性通过斜坡函数设置。预置设定值的调用由机器控制，现今，一般配置了可编程控制器。用这种技术，实现了各种高要求问题的解决，特别是加速过程与减速过程的优化控制。比例阀一般作为控制元件，运行于开环控制系统。其重要的特征是开环的工作过程，即在各个步骤（环节）与构件之间，没有反馈和校正器件。输出信号与输入信号之间的关系，由系统中各个元件的传递特性得出。这里如果出现了误差，则输出信号将受到其牵制。这种误差由油液泄漏、油液的压缩性、摩擦、零点漂移、线性误差、磨损等引起。在速度控制中，最重要的干扰量就是加在液压缸/液压马达上负载的波动，这可通过压力补偿器来调节节流阀口的压力差，而部分地给予补偿
闭环比例阀控制技术	闭环调节技术使用闭环比例阀（伺服阀），连续检测实际值的传感器和闭环电控器。程序控制过程（设定值预置）由电子机械控制。在闭环回路中，输出值通过检测装置的在线监控，并与指令信号（设定值）进行比较。这个由设定值和实际值比较得出的调节偏差（误差），由调节器处理成控制量后输入控制器件。因此，误差随时得到纠正。闭合的闭环回路对控制器件，即伺服阀或闭环比例阀提出的一些要求，大多数是比例阀所不能满足的
重复精度	在相同的液压和电气条件下，将一指令多次送给比例阀后所获得到一系列液压参数值之间的最大差值。重复精度以相对于被控液压参数最大值的百分率计算。在开环控制系统中，重复精度与系统的精度密切相关
泄漏量	油路关闭时，从压力口到回油口泄漏的流量，与机械机构的质量有直接关系，泄漏量也给出最小被控流量的大小
输入信号	送给电子调整装置，并使电子调整装置产生驱动比例阀所需电流的电信号
驱动电流	驱动比例阀所需的电流，以毫安计量
偏置电流（毫安）	在任一规定条件下，使阀处于零位所需的驱动电流
颤振频率	驱动电流的脉冲频率
调整增益	驱动电流值与输入信号值的关系是线性的和可调的
斜坡时间	输入信号阶跃变化后，供给阀的驱动电流随之变化所需的时间
电增益	系数，在闭环控制中与误差值相乘，其积可以校正驱动电流

11.5　液压控制系统的基本特性

基本特性是将频宽远高于执行机构及负载的其他环节（如检测环节、伺服放大器、伺服阀）看成比例环节后液压控制系统的特性。对液压控制系统的基本特性的要求可以归结为稳、准和快。按被控量处于变化状态的过程称为动态过程或暂态过程，而把被控量处于相对稳定的状态称为静态或稳态。液压控制系统的暂态品质和稳态性能可用相应的指标衡量。

对用于不同目的的液压控制系统，往往也有不同的具体要求。但就其共性，对液压控制系统的基本要求见表 20-11-7。

表 20-11-7　　**液压控制系统的基本特征**

<table>
<tr><td>稳定性</td><td>稳定性是对系统的基本要求，不稳定的系统不能实现预定任务。稳定性，通常由系统的结构决定，与外界因素无关
系统的稳定性是指系统在受到外部作用后，其动态过程的振荡倾向和能否恢复平衡状态的能力。由于系统中存在惯性，当其各个参数匹配不好时，将会引起系统输出量的振荡。如果这种振荡是发散或等幅的，系统就是不稳定或临界稳定的，它们都没有实际意义的稳定工作状态，因而也就失去了工作能力，没有任何使用价值，如图(a)中的(ⅰ)所示。尽管系统振荡常常不可避免，但只有这种振荡随着时间的推移而逐渐减小乃至消失，系统才是稳定的，才有实际工作能力和使用价值，如图(a)中的(ⅱ)所示。由此可见，系统稳定是系统能够正常工作的首要条件，对系统稳定性的要求也就是第一要求。线性控制系统的稳定性是由系统自身的结构和参数所决定的，与外部因素无关，同时它也是可以判别的
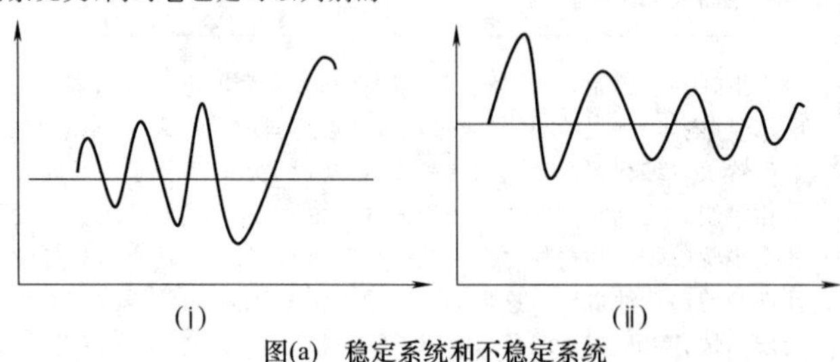

图(a)　稳定系统和不稳定系统</td></tr>
<tr><td>动态性能</td><td>由于液压控制系统包含一些储能元件，所以当输入量作用于系统时，系统的输出量不能立即跟随输入量发生变化，而是需要经历一个过渡过程，才能达到稳定状态。系统在达到稳定状态之前的过渡过程，称为动态过程。表征这个过渡过程的性能指标称为动态性能指标。通常用系统对突加阶跃给定信号时的动态响应来表征其动态性能指标
图(b)为系统对突加阶跃给定信号的动态响应曲线
动态性能指标通常用相对稳定性和快速性来衡量，其中相对稳定性一般用最大超调量 $\sigma\%$ 来衡量，最大超调量是输出量 $c(t)$ 与稳态值 $c(\infty)$ 的最大偏差 $\Delta c_{\max}$ 与稳态值 $c(\infty)$ 之比。即
$$\sigma\%=\frac{c_{\max}-c(\infty)}{c(\infty)}\times 100\% \qquad (20\text{-}11\text{-}2)$$
图(b)　动态响应曲线
最大超调量反映了系统的稳定性，最大超调量越小，则说明系统过渡过程进行得越平稳
系统响应的快速性是指在系统稳定性的前提下，通过系统的自动调节，最终消除因外作用改变而引起的输出量与给定量之间偏差的快慢程度。快速性一般用调节时间 t_s 来衡量，理论上 t_s 的大小也是可以计算的。毫无疑问，对快速性的要求当然是越快越好。但遗憾的是，它常常与系统的相对稳定性相矛盾</td></tr>
<tr><td>稳态性能</td><td>系统响应的稳态性能指标是指在系统的自动调节过程结束后，其输出量与给定量之间仍然存在的偏差大小，也称稳态精度。稳态性能指标(即准确性)一般用稳态误差 e_{ss} 来衡量，它是评价控制系统工作性能的重要指标，理论上同样可以计算。对准确性的最高要求就是稳态误差为零
由于被控对象具体情况的不同，各种系统对上述三方面性能要求的侧重点也有所不同。例如伺服系统对快速性和稳态精度的要求较高，而恒值系统一般侧重于稳定性能和抗扰动的能力。在同一个系统中，上述三方面的性能要求通常是相互制约的。例如为了提高系统的动态响应的快速性和稳态精度，就需要增大系统的放大能力，而放大能力的增强，必然促使系统动态性能变差，甚至会使系统变为不稳定。反之，若强调系统动态过程平稳性的要求，系统的放大倍数就应较小，从而导致系统稳态精度的降低和动态过程的缓慢。由此可见，系统动态响应的快速性、高精度与动态稳定性之间是矛盾的</td></tr>
</table>

11.5.1　电液位置控制系统的基本特性

表 20-11-8　电液位置控制系统的基本特性

<table>
<tr><th>特性</th><th>说　明</th><th>解　释</th></tr>
<tr><td>比例积分特性</td><td>
对于如图(a)所示的电液位置伺服系统，在空载及稳态的情况下，伺服阀输出的空载流量为
$$Q_0=K_{sv}I \quad (20\text{-}11\text{-}3)$$ 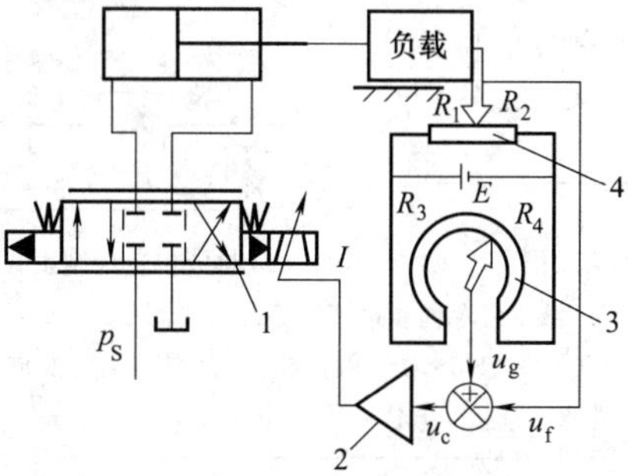

图(a)　电液位置伺服系统
1—伺服阀；2—伺服放大器；3—指令电位器；4—反馈电位器
不计缸的泄漏时，活塞的速度 $v_p=Q_0/A_p$，即
$$\frac{v_p(s)}{Q_0(s)}=\frac{1}{A_p} \quad (20\text{-}11\text{-}4)$$
活塞的位移为速度对时间的积分，即
$$x_p=\int v_p\mathrm{d}t=\frac{1}{A_p}\int Q_0\mathrm{d}t \quad (20\text{-}11\text{-}5)$$
在初始条件为零的情况下，对上式进行拉普拉斯变换
$$X_p(s)=Q_0(s)/A_p(s) \quad (20\text{-}11\text{-}6)$$
因此，以 Q_c 为输入量，以 X_p 为输出量时，缸在空载及稳态下的传递函数为
$$W_h(s)=\frac{X_p(s)}{Q_0(s)}=\frac{1/A_p}{s} \quad (20\text{-}11\text{-}7)$$
伺服放大器和检测环节的动态很高，可看成比例环节，即
$$I(s)=K_iU_c(s)=K_i[U_g(s)-U_f(s)] \quad (20\text{-}11\text{-}8)$$
$$U_f=K_{fx}X_p(s) \quad (20\text{-}11\text{-}9)$$
由图(a)及式(20-11-3)、式(20-11-7)～式(20-11-9)便可得图(c)中的(ⅰ)所示的方块图，由于上述诸式是在空载且稳态的情况下得到的，因此图(c)中的(ⅰ)为静态方块图。由方块图可得系统的开环传递函数
$$W(s)=\frac{U_f(s)}{U_g(s)}=\frac{K_{vx}}{s} \quad (20\text{-}11\text{-}10)$$
同理，对于如图(b)所示的机液控制系统，滑阀的空载流量方程为
$$Q_0(s)=K_qX_v(s)=K_q[X_i(s)-X_p(s)] \quad (20\text{-}11\text{-}11)$$ 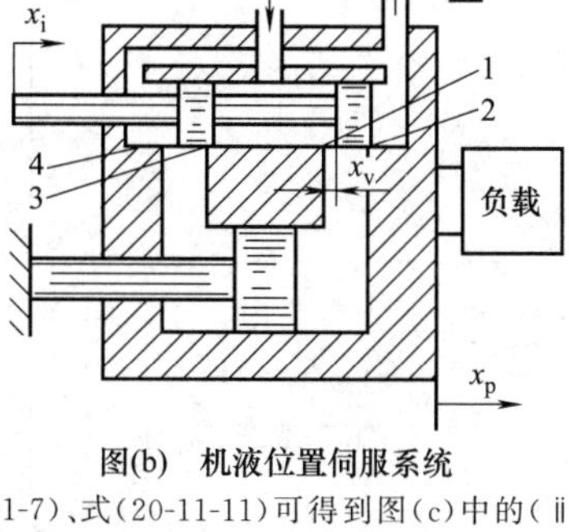

图(b)　机液位置伺服系统
由图(b)及式(20-11-7)、式(20-11-11)可得到图(c)中的(ⅱ)，由图(c)中的(ⅱ)可得机液控制系统的传递函数
$$W'(s)=\frac{X_p(s)}{X_i(s)}=\frac{K'_{vx}}{s} \quad (20\text{-}11\text{-}12)$$
</td><td>
K_{sv}——伺服阀的增益，$(m^3/s)/A$
s——拉普拉斯算子
K_i——伺服放大器的增益，A/V
K_{fx}——位置检测环节的增益，V/m
$K_{vx}=K_fK_{sv}K_{fx}/A_p$——电液位置控制系统开环增益，$s^{-1}$
K_q——滑阀的流量增益，m^2/s
$K'_{vx}=K_q/A_p$
</td></tr>
</table>

第20篇

续表

比例积分特性	结论	①比例加积分特性是液压位置控制系统的基本特性，这是由于以流量为输入量、以位移为输出量时，缸具有积分特性的缘故 ②液压位置控制系统的开环传递函数具有一个积分环节，因此液压位置控制系统属于一阶无差系统。这样，在阶跃输入作用下，系统不存在稳态误差，这是由于，如果系统存在微小的稳态误差，使有偏差信号，于是伺服阀有输入电流并有流量输出，液压执行元件便有运动速度，经过一段时间，总可以走到指令所要求的位置，从而使稳态误差为零 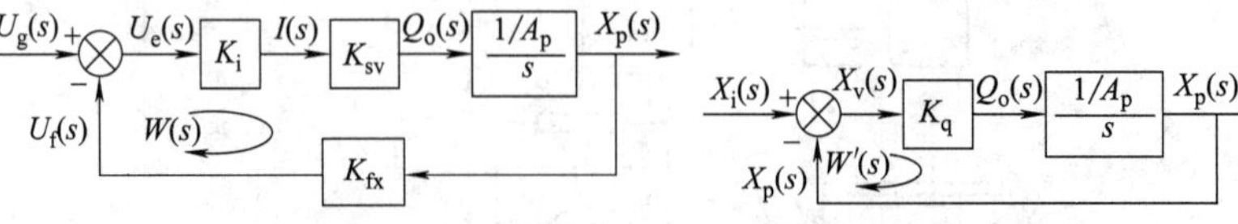 (ⅰ) 电液位置控制系统的方块图 (ⅱ) 机液位置控制系统的方块图 图(c) 液压位置伺服系统的静态方块图 以上结论对泵控系统同样成立，只要把式(20-11-3)中伺服阀的流量增益 K_{sv} 换成伺服变量泵的流量增益 K_{xv}。如果执行元件是液压马达，则只需用马达排量 D_m 代替活塞面积 A_p	
简单的稳定性判据		①有负载时，执行元件两腔的压力不等，定义两腔的压差为负载压力 p_L $p_L=p_1-p_2$ (20-11-13) 负载压力取决于负载，若外负载力为 F_L，则 $p_L=F_L/A_p$ (20-11-14) ②空载即 $p_L=0$ 时，伺服阀上的总压降 p_v 等于供油压力 p_s，单个阀口上压降 $\Delta p=p_v/2=p_s/2$，这时阀的输出流量为空载流量 Q_0。存在负载，因而存在负载压力时，阀上总压降 $p_v=p_s-p_L$，单个阀口上压降，这时阀的输出流量称为负载流量 Q_L；p_L 增大时 Δp 减小，从而使 Q_L 减小，于是 $Q_L=Q_0-K_c p_L$ (20-11-15) ③存在负载时，液压弹簧及其效应便呈现出来，液压弹簧-质量-阻尼的作用结果，使执行机构的运动具有二阶振荡特性。于是，在不考虑缸的泄漏及活塞腔中压力变化引起的压缩流量的情况下，式(20-11-4)、式(20-11-7)分别变成 $\dfrac{V_p(s)}{Q_L(s)}=\dfrac{1/A_p}{\dfrac{s^2}{\omega_h^2}+\dfrac{2\delta_h}{\omega_h}s+1}$ (20-11-16) $W_h(s)=\dfrac{X_p(s)}{Q_L(s)}=\dfrac{1/A_p}{s\left[\dfrac{s^2}{\omega_h^2}+\dfrac{2\delta_h}{\omega_h}s+1\right]}$ (20-11-17) 在图(c)中(ⅰ)的基础上，再考虑式(20-11-14)、式(20-11-15)、式(20-11-17)后，便可得到如图(d)所示的电液位置控制系统的动态方块图。作为基本的分析，这里暂未考虑液容引起的延时作用 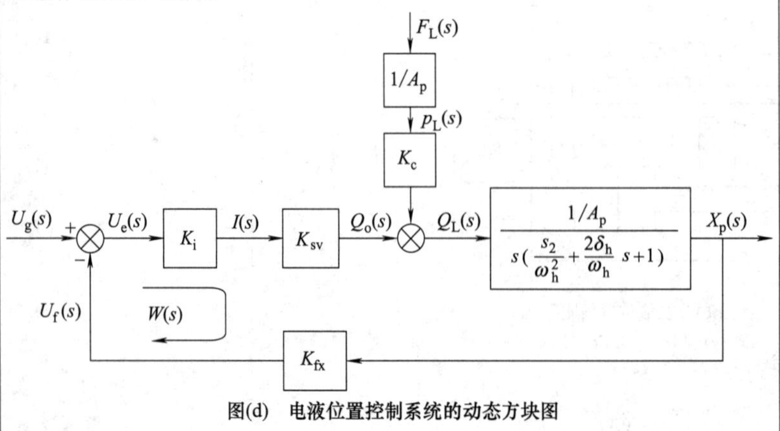 图(d) 电液位置控制系统的动态方块图	K_c——负载压力增大引起流量减小的系数，称为流量-压力系数，K_c 值随阀的工作点而异，变化范围大，K_c 的动态效果有助于增大系统阻尼 ω_h——执行机构与负载的谐振频率，即液压谐振频率，rad/s δ_h——执行机构与负载环节的无因次阻尼系数；其值主要取决于 K_c，阀控系统的 δ_h 最低值约为 0.1～0.2

续表

<table>
<tr>
<td>简单的稳定性判据</td>
<td colspan="2">

由图(d)可得系统开环传递函数

$$W(s)=\frac{U_f(s)}{U_g(s)}=\frac{K_{vx}}{s\left[\frac{s^2}{\omega_h^2}+\frac{2\delta_h}{\omega_h}s+1\right]} \quad (20\text{-}11\text{-}18)$$

和系统的闭环传递函数

$$\phi(s)=\frac{X_p(s)}{U_g(s)}=\frac{W(s)/K_{fx}}{1+W(s)} \quad (20\text{-}11\text{-}19)$$

考虑到开环增益 $K_v \gg 1$,则式(20-11-19)变成

$$\phi(s)=\frac{X_p(s)}{U_g(s)}=\frac{1/K_{fx}}{\frac{s^3}{\omega_h^2}+\frac{2\delta_h}{\omega_h}s^2+s+K_{vx}} \quad (20\text{-}11\text{-}20)$$

以上所述,同样适用于机液控制系统,仅开环增益 K_v 不同而已。闭环系统的特征方程为

$$1+W(s)=0$$

即

$$\frac{s^3}{\omega_h^2}+\frac{2\delta_h}{\omega_h}s^2+s+K_{vx}=0 \quad (20\text{-}11\text{-}21)$$

对式(20-11-21)应用判别闭环系统稳定性的劳斯判据,得

$$K_{vx} \leqslant 2\delta_h\omega_h \quad (20\text{-}11\text{-}22)$$

当 $\delta_h=0.1 \sim 0.2$ 时

$$K_{vx} \leqslant (0.2 \sim 0.4)\omega_h \quad (20\text{-}11\text{-}23)$$

式(20-11-22)是假设检测环节、伺服放大器和伺服阀的动态很高,可简化成比例放大环节的情况下,即开环传递函数具有式(20-11-18)所示形式时,液压位置控制系统的稳定判据。由于一般情况下,上述假定常能满足,因此式(20-11-22)很常用。如果开环传递函数不具有式(20-11-18)那样的简单形式,则需根据式(20-11-19),应用劳斯判据来确定开环增益的上限

</td>
<td></td>
</tr>
<tr>
<td>动态响应</td>
<td colspan="3">

由式(20-11-18)可得开环波德图(e)。由积分环节的每增加 10 倍频程幅值下降 20dB 的性质,或由图(e)中渐近线的几何关系,可得穿越频率(交轴频率)

$$\omega_c=K_{vx} \quad (20\text{-}11\text{-}24)$$

根据开环频率特性与闭环频率特性的关系,可知系统的闭环频宽 ω_b 略大于 ω_c。由于执行元件-负载环节通常是系统中动态响应最低的环节,因此液压谐振频率 ω_h 便成了闭环频宽的极限,于是有

$$\omega_c=K_{vx}<\omega_b<\omega_h \quad (20\text{-}11\text{-}25)$$

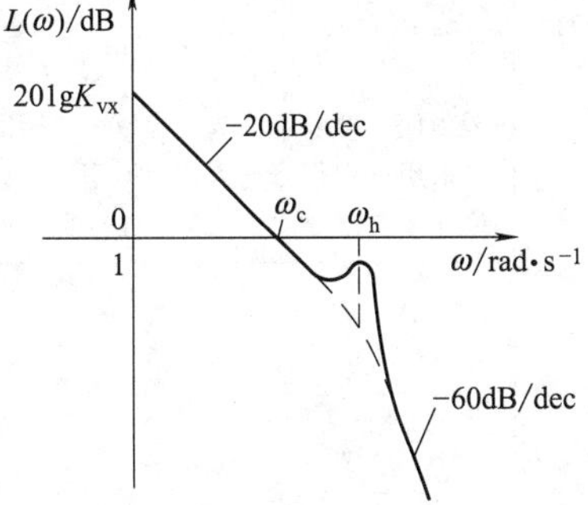

图(e) 液压位置控制波德图

</td>
</tr>
<tr>
<td rowspan="2">稳态误差</td>
<td colspan="3">稳态误差表征了系统的控制精度。稳态误差不仅与系统结构有关,尚与输入的性质有关
图(d)系统中有指令输入 U_g 和扰动输入 F_L 两种,因此稳态误差包括以下两种</td>
</tr>
<tr>
<td>指令输入 U_g 引起的稳态误差</td>
<td>

指令输入作阶跃变化引起的稳态误差称为位置误差,指令输入为等速输入引起的稳态误差称为速度误差。速度误差是指瞬态过程结束后,输出(位移)以输入(电压)同样的速度变化时,存在的位置上的误差

由于液压位置控制系统属于Ⅰ型系统,因此对于阶跃输入的稳态误差为零,即位置误差

$$e_{sx}(\infty)=0 \quad (20\text{-}11\text{-}26)$$

而对于等速输入的稳态误差,即速度误差为

$$e_{sv}(\infty)=C/K_{vx} \quad (20\text{-}11\text{-}27)$$

</td>
<td>C——输入信号 U_g 的变化率即输入速度</td>
</tr>
</table>

续表

<table>
<tr><td rowspan="1">稳态误差</td><td>负载扰动 F_L 引起的稳态误差 $e_{sL}(\infty)$</td><td>讨论负载引起的稳态误差时，令指令输入 $U_g=0$，并令二阶振荡环节中的 $s=0$。于是由图(d)可得以 F_L 为输入、以 X_p 为输出的静态方块图(f)。图中 $W_1(s)=\dfrac{1/A_p}{s+K_{vx}}$，令 $s=0$ 得
$$\frac{X_p(s)}{F_L(s)}=-\frac{K_c}{A_p^2K_{vx}} \quad (20\text{-}11\text{-}28)$$
负号表示负载增大时位移减小。于是
$$e_{sL}(\infty)=(K_c/A_p^2K_{vx})F_L \quad (20\text{-}11\text{-}29)$$
可见，$e_{sL}(\infty)$ 与 K_c 成正比，由于液压伺服系统的 K_c 值很小，因而具有较大的抗负载刚度。式(20-11-27)、式(20-11-29)表明，$e_{sv}(\infty)$、$e_{sL}(\infty)$ 与 K_{vx} 成反比，由于液压控制系统的开环增益大，因此控制精度高
此外，检测环节的误差将直接影响系统控制精度，而与开环增益无关，因此提高传感器及其传动装置的精度是至关重要的
以上结果对泵控系统同样成立，不同之处仅是泵控系统的 K_c 值较小且恒定。如果执行元件是液压马达，只需用 D_m 代替 A_p
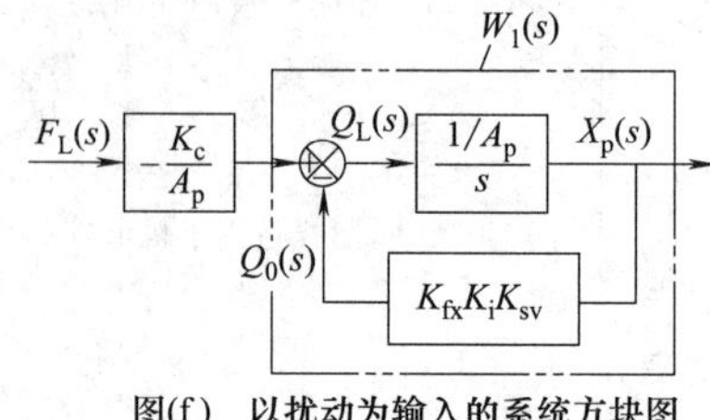

图(f) 以扰动为输入的系统方块图</td></tr>
</table>

11.5.2 电液速度控制系统的基本特性

表 20-11-9 电液速度控制系统的基本特性

<table>
<tr><th>特性</th><th>说明</th><th>解释</th></tr>
<tr><td>比例特性</td><td>以速度为输出时，液压缸不具有积分特性，因而液压速度控制系统只具有比例特性而不具有积分特性，其开环传递函数变成
$$W(s)=\frac{U_f(s)}{U_g(s)}=\frac{K_{vv}}{\dfrac{s^2}{\omega_h^2}+\dfrac{2\delta_h}{\omega_h}s+1} \quad (20\text{-}11\text{-}30)$$
可见，没有加校正的液压控制系统为 0 型系统，即使对于阶跃的指令输入，也存在稳态误差，其值为
$$e_{sv}(\infty)=A/(1+K_{vv}) \quad (20\text{-}11\text{-}31)$$
为使 0 型系统变成 I 型系统，液压速度控制系统不能采用比例伺服放大器，而应采用比例积分放大器，即电压放大器应采用 PI 调节器。采用 P 调节器后，开环传递函数便变成式(20-11-18)的形式</td><td>$K_{vv}=K_iK_{sv}K_{fv}/A_p$——电液速度控制系统开环增益
K_{fv}——速度检测环节的增益，V·(m/s)$^{-1}$
A——阶跃输入的幅值</td></tr>
<tr><td>稳定性</td><td colspan="2">由式(20-11-30)可作出未加校正的液压速度控制系统的波德图。由左图可见，由于穿越频率 ω_c 处的斜率为 −40dB/dec，且因阻尼系数 δ_h 很小，因此相角储备 $\gamma(\omega_c)$ 很小；所以，尽管理论上开环传递函数为式(20-11-30)形式时，闭环系统是稳定的，实际上，如果考虑检测环节及伺服阀的动态，计及它们所产生的相位滞后后，即使在开环增益很小的情况下，系统也是不稳定的。为使穿越频率处的斜率为 −20dB/dec，也要求采用 PI 调节器。采用 PI 调节器进行校正后的波德图如图(a)中虚线所示。采用积分校正后穿越频率大为降低，即动态响应降低了
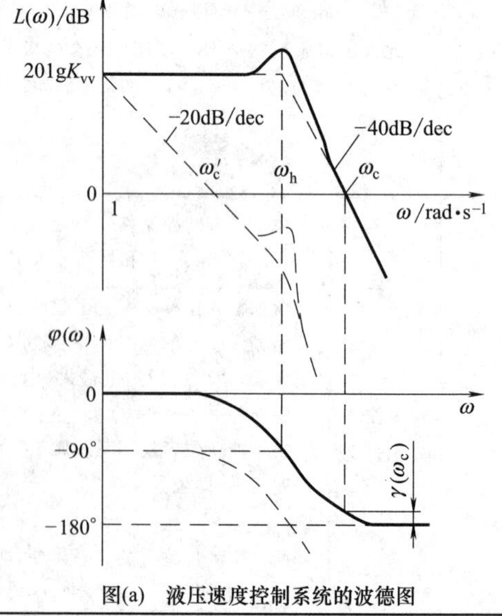

图(a) 液压速度控制系统的波德图</td></tr>
</table>

11.6 液压控制系统的特点及其应用

11.6.1 液压控制系统的特点

液压控制系统以其优良的动态性能著称，尤其对于直线运动的控制对象，它的优势更加突出，因此被广泛地应用于航空、航天、武器控制、机械、冶金等部门。液压伺服系统同样由于存在一些缺点，在研制和使用过程中产生各种各样的问题，需要克服和解决。

同电气控制系统、气动控制系统相比较，液压控制系统具有表 20-11-10 所示的突出特点。

表 20-11-10　液压控制系统的特点

优点	功率-质量比大	在同样功率的控制系统中，液压系统体积小，质量轻。这是因为对电气元件，例如电动机来说，由于受到励磁性材料饱和作用的限制，单位质量的设备所能输出的功率比较小。液压系统可以通过提高系统的压力来提高输出功率，这时只受到机械强度和密封技术的限制。在典型的情况下，发电机和电动机的功率质量比仅为 16.8W/N，而液压泵和液压马达的功率-质量比为 168W/N，是机电元件的 10 倍。在航空、航天技术领域应用的液压马达是 675W/N。直线运动的动力装置更加悬殊 这个特点是在许多场合下采用液压控制而不采用其他控制系统的重要原因，也是直线运动系统控制系统中多用液压系统的重要原因。例如在航空，特别是导电、飞行器的控制中液压伺服系统得到了很广泛的应用。几乎所有的中远程导弹的控制系统都采用液压控制系统
	力矩惯量比大	一般回转式液压马达的力矩惯量比是同容量电动机的 10 倍至 20 倍。力矩惯量比大，意味着液压系统能够产生大的加速度，也意味着时间常数小，响应速度快，具有优良的动态性能。因为液压马达或者电动机消耗的功率一部分用来克服负载，另一部分消耗在加速液压马达或者电动机本身的转子。所以一个执行元件是否能够产生所希望的加速度，能否给负载以足够的实际功率，主要受到它的力矩惯量比的限制 这个特点也是许多场合下采用液压系统，而不是采用其他控制系统的重要原因。例如火箭炮武器的防空系统中，要求平台有极大的加速度，具有很高的响应频率，这个任务只有液压系统可以胜任
	液压马达的调速范围宽	所谓调速范围宽是指马达的最大转速与最小平稳转速之比。液压伺服马达的调速范围一般在 400 左右，好的上千，通过良好的回路设计，闭环系统的调速范围更宽。这个指标也是常常采用液压伺服系统的主要原因。例如跟踪导弹、卫星等飞行器的雷达、光学跟踪装置，在导弹起飞的初始阶段，视场半径很小，要求很大的跟踪角速度，进入轨道后视场半径变小，要求跟踪的角速度很小，因此要求系统的整个跟踪范围很大。所以对于液压伺服系统有着良好的调速变化性能，也是其他控制系统无法比拟的优势 液压控制系统很容易通过液压缸实现大功率的直线伺服驱动，而且结构简单。若采用以电动机为执行元件的机电系统，则需要通过齿轮齿条等装置，将旋转运动变换为直线运动，从而结构变得复杂，而且会因为传动链的间隙而带来很多问题；若采用直线式电动机，体积质量将大大增加。从力-质量比来说，支流直线式电动机的力-质量比为 130N/kg，而直线式液压马达（油缸）的力-质量比是 13000N/kg，是电机元件的 100 倍。所以在负载要求做直线运动的伺服系统中，液压系统比机电系统有着明显的优势
	液压控制系统的刚度比较大	在大的后坐力或冲击震动下，如不采用液压系统，有可能导致整体机械结构的变形或损坏。特别是在导弹发射或火箭炮发射时候，由于瞬间冲击波比较大，为了保证整个系统的稳定以及安全性，必须采用液压控制系统技术。由于液压缸可以装载溢流阀，所以在大的震动和冲击下可以有溢流作用，保证了整个系统的安全和稳定性
缺点	使用不方便，维护困难	在研制过程中，经常需要增添或者更换，甚至去掉一些元件，修改一些管路；在使用过程中，一旦出现故障，需要检测和排除故障，不可避免地要拆卸管路，更换元件，这时需要用到钳子、扳手，大动干戈，甚至弄得满地是油污。机电系统，可以方便地使用万用表和示波器等电子仪器来检查故障，需要修改线路、更换元件时，只需要一把电烙铁、一把镊子就可以解决问题，十分方便、十分干净
	泄漏	液压系统常常难以保证没有泄漏，总是或多或少的有些油液漏出，严重的甚至满地都是。这是在电子设备、医疗机械、食品加工机械、工艺品加工机械中失去市场的主要原因
	过载能力低	若液压系统的额定工作压力为 140×10^5Pa，则允许的最大工作压力不超过 210×10^5Pa；而电动机的过载能力要很强，例如无槽电动机瞬时过载功率是额定功率的 7～8 倍。这个缺点也在某些场合下限制了液压伺服系统的使用，例如在高炮武器中，为了对付飞机等高速移动的目标，跟踪装置需要调转 180°，其加速度达到 15rad/s^2，需要消耗很大的功率，但是在正常跟踪状态下，负载消耗的功率是很小的，由于液压系统的瞬时过载能力差，不得不选用大容量的电子系统
	噪声比较大	这是液压系统中又一个缺点，在许多场合也是妨碍选用液压系统的重要原因
	不适宜做远距离的传输	因为一方面由于铺设管路带来了许多不便，另一方面，控制点远距离油源还会降低系统的动态性能

11.6.2　液压控制系统的应用

液压控制系统不仅在应用较早的航空、火炮、船舶、仿形机床方面有了新的发展，而且很快便推广到工业部门的各个方面。例如，数控和电火花加工机床；动力设备中的汽轮机转速调节和自动调频；锻压设备中油压机的速度或位置同步控制，快锻机的快锻频率控制，试验设备中的多自由度转台，材料试验机，振动试验台，轮胎试验机，大型构件试验机，采煤机牵引部的恒功率控制和冶金设备的控制等。特别值得指出的是，冶金设备控制中，液压控制系统不仅应用面很广，而且用量大，其典型应用有：电炉电极自动升降控制，带钢跑偏控制，板材的厚度控制和板形控制，挤压机的速度控制等。表 20-11-11 列举了几个液压控制系统应用的实例。

表 20-11-11　　液压控制系统的应用

注塑机	图(a)为注射驱动单元，它是注塑机最重要的组成部分。这里，要控制的是注射速度、注射缸的位置以及在注射过程中的各种压力。实现各种闭环控制功能的是控制元件，是插装式 3/2 闭环比例阀。它由主阀 9 和先导阀 9.1 所组成。在闭环调节时，注射速度由位置检测系统 9.4 给出实际值信号。体积流量由插装阀 9 的阀口 P→A 控制。在“注射压力”、“背压”和“保压压力”的闭环控制中，其实际值信号由压力传感器 9.3 进行处理。这些压力由插装阀 9 的 A→T 阀口加以限制。液压泵 1 在整个工作循环中，提供由比例阀 2 和 5 控制的变化的体积流量和各种压力 模腔压力的闭环控制：对那种工件质量有特别高要求的注塑机，要进行模腔内部压力的闭环控制。此时，在设备上要安装相应的压力传感器 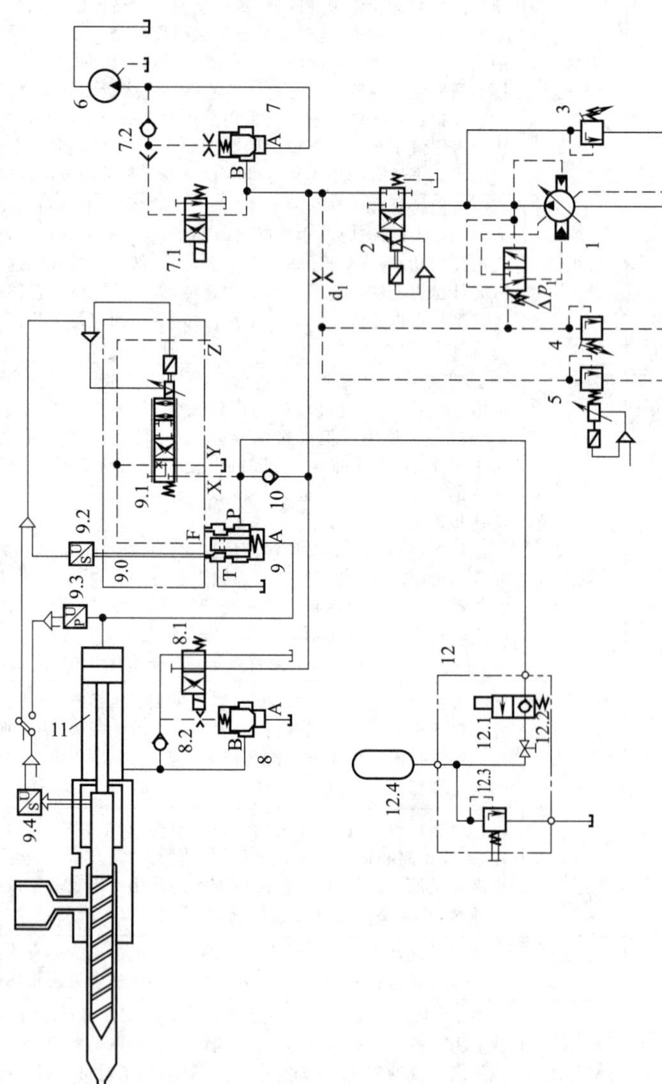 **图(a)　注塑机注射驱动单元液压控制系统原理图** 1—变量泵；2—比例流量阀；3—溢流阀；4—调压阀；5—比例压力阀；6—液压马达；7，8—插装阀组；9—插装式比例方向阀；9.0—盖板；9.1—比例方向阀；9.2，9.4—位置传感器；9.3—压力传感器；10—单向阀；11—注射缸；12—蓄能器及安全阀组

续表

<table>
<tr><td rowspan="2">机床</td><td colspan="2">对于进给传动的直线运动控制，在功率质量比和外形尺寸方面，与另一种可选择的电机传动相比，电液控制具有优势，特别是对有多个工作负载的情况。图(b)是采用闭环比例阀控制 X 和 Y 两个方向的机床进给传动电液比例位置控制系统
CNC 控制(计算机数控)传动放大器由下列组成：闭环比例阀放大器 2.1、数字速度调节器 2.2、闭环比例阀 3、检测系统 4、压力开关 6、过滤器 7、变量泵 1、电磁阀 5、蓄能器 8
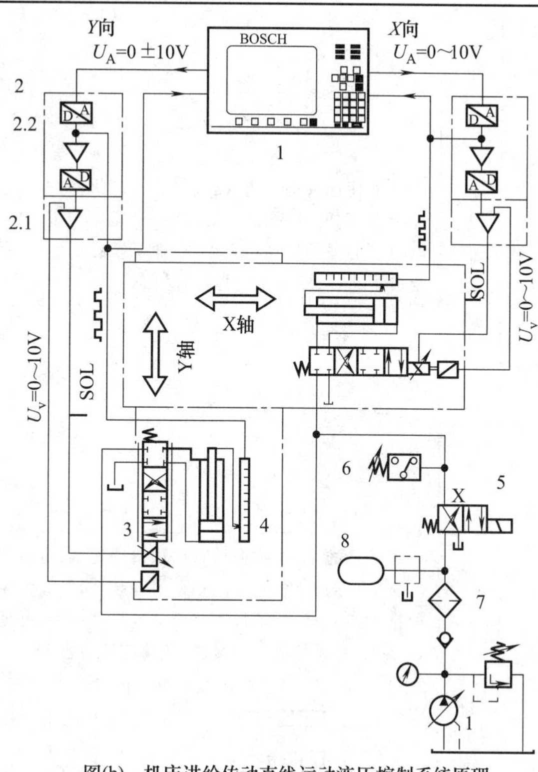

图(b)　机床进给传动直线运动液压控制系统原理</td></tr>
<tr><td>进给控制</td><td>进给传动由一阀的控制实现，见图(c)，该阀控制工作行程与快速行程相比，具有较高的分辨率(1∶1000)。这一结果由滑阀工作阀口相应的几何造型获得。相应的特性曲线为折线，见图(d)
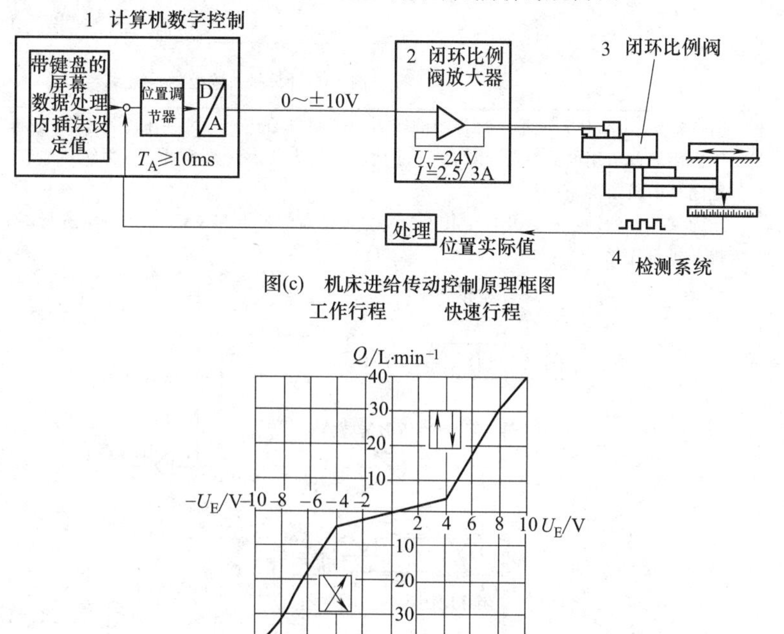

图(c)　机床进给传动控制原理框图

图(d)　闭环比例阀特性</td></tr>
</table>

续表

机床	进给控制	为了使这条特性曲线线性化，适应机器的控制，在阀的放大器里，配置一带相应调整电位器的附加装置。经放大器调整后折线变成了直线，实现了线性化，见图(e) 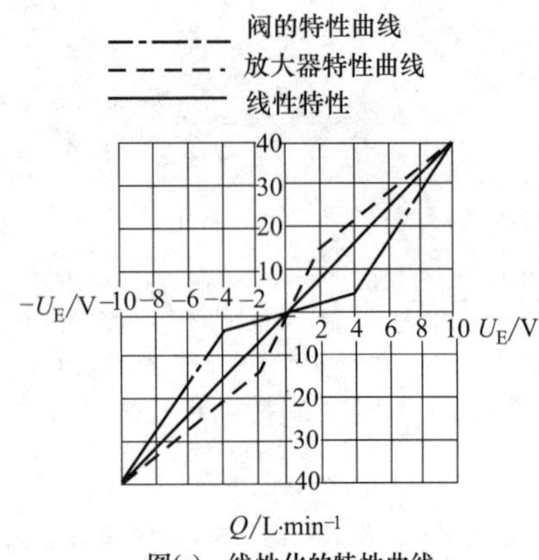 图(e)　线性化的特性曲线
	轨迹控制	在轨迹控制中，按照计算机预给的轮廓，进行尽可能高精度的跟踪 所应用的 CNC 控制的扫描时间越短，则按设定值给定的轨迹进行加工的速度越快，精度越高。为了使轨迹的精度与 CNC 的循环时间无关地得到改善，并使干扰量在 CNC 前置的位置闭环调节中进行调节，在闭环放大器 2.1 中，须补加一个“数字式速度调节器”2.2，见图(f) 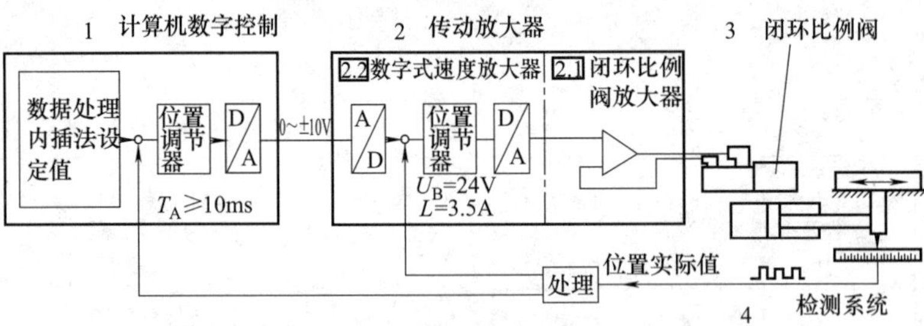 图(f)　计算机轨迹控制系统
	压力控制	图(g)为一个带体积流量开环控制的压力闭环调节油路。通过一压力补偿器，进行负载压力补偿 压力闭环调节用的放大器，作为副卡集成于阀放大器的线路板里。压力闭环调节回路，影响到置于其下的阀位置闭环的极限 压力调节器的调节参数及置于其中的压力传感器的零点和灵敏度，由副卡进行调节。由此，可按照与被控对象相配进行优化 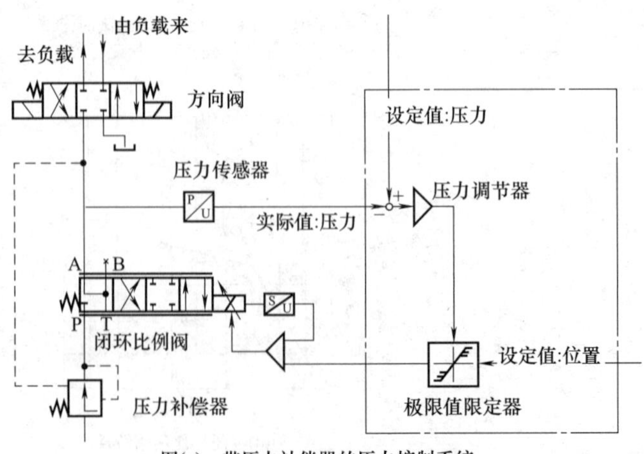 图(g)　带压力补偿器的压力控制系统

续表

<table>
<tr>
<td>机
床</td>
<td>薄板矫直设备</td>
<td>薄钢板连续地通过矫直装置，使 3m 宽的板材的给定厚度误差达至±0.005mm，控制原理见图(h)
这里有 3 组轧辊分别用 6 个液压缸压向板材，这就是说，总共设置 18 个闭环调节的位置驱动
液压缸通过楔块传递作用力。液压缸的位置由位移传感器检测，并将此实际值引入过程计算机。设定值由屏幕终端给出。在屏幕上，用光学显示实际值也是可能的</td>
<td>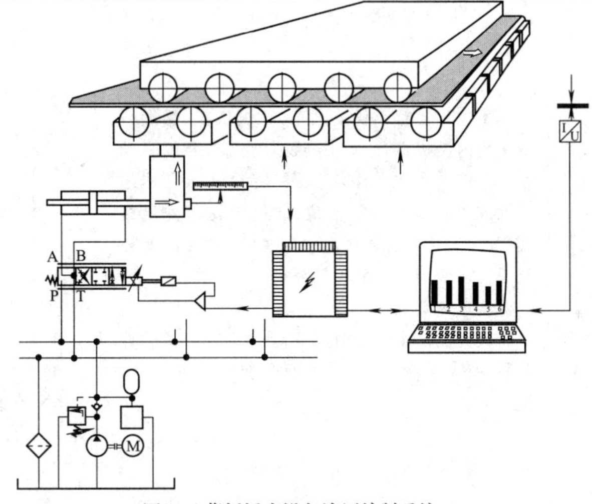

图(h)　薄板矫直设备液压控制系统</td>
</tr>
<tr>
<td>折
边
机</td>
<td colspan="2">进行闭环调节的是两个液压缸的同步下降速度和终了位置。两个液压缸，用一套位移测量系统进行检测。控制量引入位置 3 处的 2 个闭环比例阀，液压控制系统原理见图(i)
两个压制缸距离在 4m 以内，行程小于 1m 情况下，同步精度与位置精度小于 0.01m。液压控制有相同的按预防事故规程要求的保安器件。通过阀 2 与阀 4 的监控，以避免在压制缸的下部，出现不希望的压力降低，在上部出现不希望的压力升高
各工况的功能如下：
各工况的功能
<table><tr><th>阀</th><th>切换位</th></tr><tr><td>位置 1</td><td>b</td></tr><tr><td>位置 2</td><td>b</td></tr><tr><td>位置 3</td><td>a</td></tr><tr><td>位置 4</td><td>a</td></tr></table>快速下降：液压缸依靠自重下降。缸的上腔通过充液阀充油。下降运动由闭环比例阀 3 的 P→B 阀口进行控制。此时，下腔由活塞排出的油液，经差动回路流往上腔
工进下降：阀 3 通过斜坡函数缓冲进入 O 位而关闭，压制头慢慢压向工件，充液阀关闭。差动回路保持不变
加压：通过比例压力阀 7 给系统加压。同步和位置控制，继续由闭环比例阀 3 控制。差动回路保持不变
卸压：经过斜坡函数缓冲，泵压由阀 7 降低。阀 3 缓慢进入 b 位，有意在上腔建立一定压力
回程：通过阀 7 重新建立起泵压，阀 3 进入终了位置 b。液压缸的运动由阀口 P→A 控制。活塞上侧，通过充液阀卸压。此时，进入 b 位</td>
<td>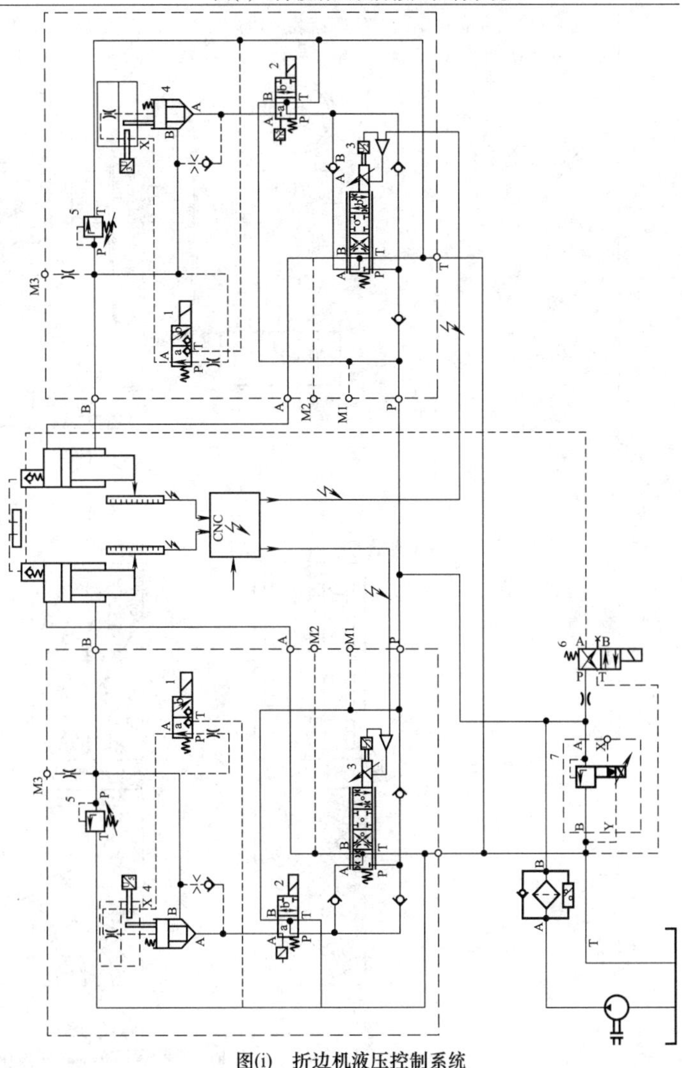

图(i)　折边机液压控制系统</td>
</tr>
</table>

续表

鼓风机的静压驱动	为了优化运行于载重汽车、建筑机械、船舶等的大型内燃机的冷却，出现了风机的静压驱动系统。该系统主要由液压泵、定量液压马达组合而成。液压马达的转速，通过由比例溢流阀实现的“旁路节流”来进行。这种油路，保证在较小设备费用下的最小功率损失 温度在热交换器处测得，并作为实际值引入电子放大器。由设定值与实际值比较所得的控制量，引入比例压力阀，进而改变风机的转速，见图(j) 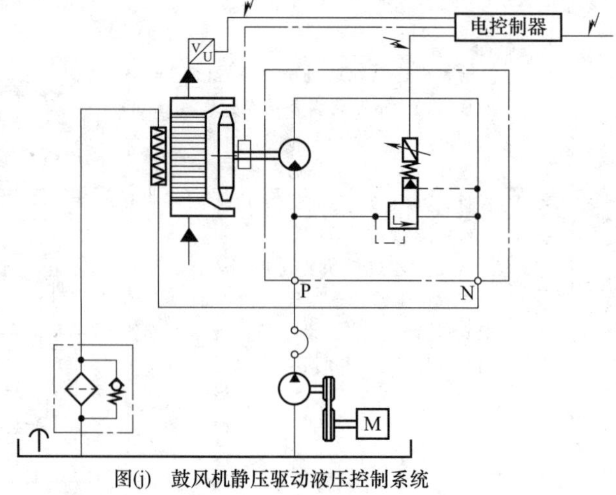 图(j) 鼓风机静压驱动液压控制系统
重载运输车的转向	如图(k)所示运输车用于船厂运载船体等。为了保证机动性的优化，必须做到每一个转向轴单独可控。带位置电反馈的液压驱动转向液压缸，与机械转向拉杆相反，允许完全自由地构成转向程序，并具有±0.5°的精度 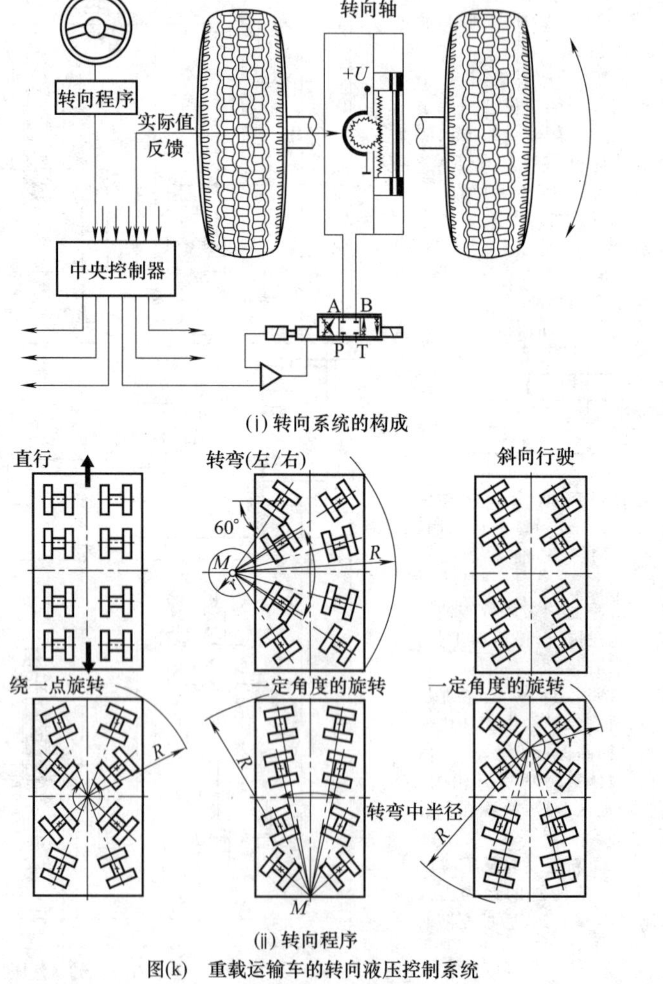 图(k) 重载运输车的转向液压控制系统

续表

拖拉机提升机构闭环控制

受闭环控制的是提升装置的运动，犁、施肥器等各类工作器件就安装在提升装置上。该系统可划分为以下几部分，见图(l)和图(m)

位置闭环控制：在此闭环中，控制量是提升机构的位置，也即安装其上的器件的工作高度

牵引力闭环控制：此处控制量是下臂架的作用力。如果要使作用力保持常值，就要有一个优化的满载牵引功率，例如在波浪形田野和非均质土地的情况下就是这样

比例自动调节器：此处是将位置与牵引力的实际值，在操作台上按可调的一定比例进行调制，并作为输出量进行处理

工作原理：液压泵 1 将油液输往闭环比例阀 2，对提升液压缸 3 进行控制。提升缸作用于下臂架，从而工作器件可提起、保持和下降

操作台 4 来的设定值，和从牵引力传感器 5 及位移传感器 6 来的实际值，引向闭环放大器 7。已进行预处理的由设定值与实际值比较所得调节偏差，进一步引向系统的控制元件闭环比例阀 2

有特色的一点是牵引力 5 的选择。这是一个其剪切力可制的螺栓状的器件，受力情况转变为电信号

此系统可采用雷达传感器 8 来扩展检测实际的行驶速度，并与轮子的转数(传感器 9)进行比较

如果能将滑转率提高到一个经济水平，则可使提升量再提高

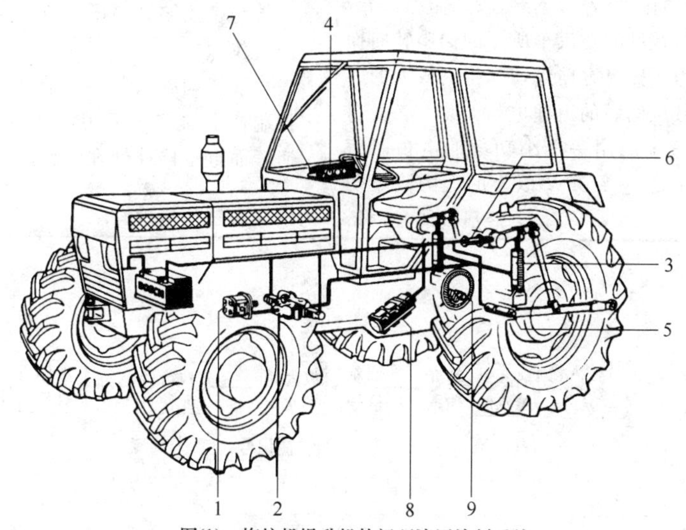

图(l)　拖拉机提升机构闭环液压控制系统

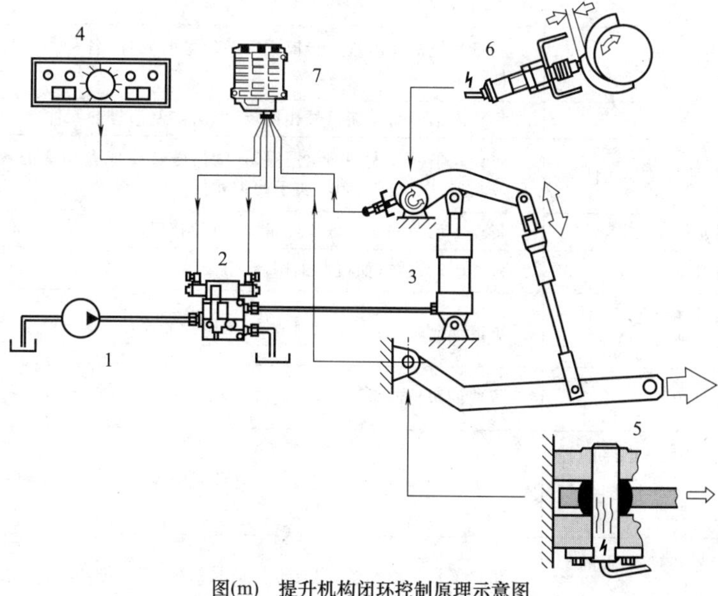

图(m)　提升机构闭环控制原理示意图

第 20 篇

第 12 章 液压伺服控制系统

12.1 液压伺服控制系统的组成和工作原理

液压伺服控制系统是液压控制系统的重要组成部分，是在液压传动和自动控制技术基础上发展起来的一门较新的科学技术。

“伺服”一词体现了较为宽泛的功能。一般来说，“伺服”是指以较小的输入信号，产生较大输出信号，起放大器的作用。最常见的是汽车所用的伺服转向操纵系统，以很小的力去操纵方向盘，产生一较大的力去驱动车轮转向，液压伺服的道理也是如此。

液压伺服控制系统能用一个小功率的电控制信号，如 0.08W，控制高达 100kW 以上的大的液压功率输出。

对“液压伺服技术”比较认同的定义是“闭环电-液控制技术”。这一定义，就把实际应用中所有包含液压设备的闭环控制系统一并包括在内。闭环控制系统意味着不断地监测运行状况，并根据要求不断地纠正偏差。

控制参量大多为机械量，如位移或转角、速度或转速、力或转矩，或液压量，如流量、压力。

为了能够调整设定值，需要可测量实际值的相应测量仪器。

液压伺服系统并不是单个孤立的液压元件，而是控制技术的综合运用，其中液压部分进行能量的传递，而电子器件处理信息。

表 20-12-1 液压伺服控制系统的组成和工作原理

<table>
<tr><td rowspan="7">组成</td><td colspan="2">输入量 → 基准输入元件 → 基准输入 → ⊗ → 偏差信号 → 放大转换元件（液压能源）→ 执行元件 → 被控对象 → 输出量；检测元件 → 被检测信号 → ⊗</td></tr>
<tr><td>输入元件</td><td>将给定值加于系统的输入端的元件。该元件可以是机械的、电气的、液压的或者是其他的组合形式</td></tr>
<tr><td>反馈测量元件</td><td>测量系统的输出量并转换成反馈信号的元件，各种类型的传感器常用作反馈测量元件</td></tr>
<tr><td>比较元件</td><td>将输入信号与反馈信号相比较，得出误差信号的元件</td></tr>
<tr><td>放大、能量转换元件</td><td>将误差信号放大，并将各种形式的信号转换成大功率的液压能量的元件。电气伺服放大器、电液伺服阀均属于此类元件</td></tr>
<tr><td>执行元件</td><td>将产生调节动作的液压能量加于控制对象上的元件，如液压缸或液压马达</td></tr>
<tr><td>控制对象</td><td>各类生产设备，如机器工作台、刀架等</td></tr>
<tr><td rowspan="4">分类</td><td>按系统输入信号的变化规律分类</td><td>定值控制系统；程序控制系统；伺服控制系统</td></tr>
<tr><td>按被控物理量的名称分类</td><td>位置伺服控制系统；速度伺服控制系统；力控制系统；其他物理量的控制系统</td></tr>
<tr><td>按液压动力元件的控制方式或液压控制元件的形式分类</td><td>节流式控制系统（阀控制式）；容积式控制（变量泵控制和变量马达控制）系统</td></tr>
<tr><td>按信号传递介质的形式分类</td><td>机械液压伺服系统；电气液压伺服系统；气动液压伺服系统</td></tr>
</table>

续表

工作原理	液压伺服系统的工作原理可由图(a)来说明。如图(a)所示为一个对管道流量进行连续控制的电液伺服系统。在大口径流体管道1中，阀板2的转角θ变化会产生节流作用而起到调节流量q_T的作用。阀板转动由液压缸带动齿轮、齿条来实现。这个系统的输入量是电位器5的给定值x_i。对应给定值x_i，有一定的电压输给放大器7，放大器将电压信号转换为电流信号加到伺服阀的电磁线圈上，使阀芯相应地产生一定的开口量x_v。阀开口x_v使液压油进入液压缸上腔，推动液压缸向下移动。液压缸下腔的油液则经伺服阀流回油箱。液压缸的向下移动，使齿轮、齿条带动阀板产生偏转。同时，液压缸活塞杆也带动电位器6的触点下移x_p。当x_p所对应的电压与x_i所对应的电压相等时，两电压之差为零。这时，放大器的输出电流亦为零，伺服阀关闭，液压缸带动的阀板停在相应的q_T位置 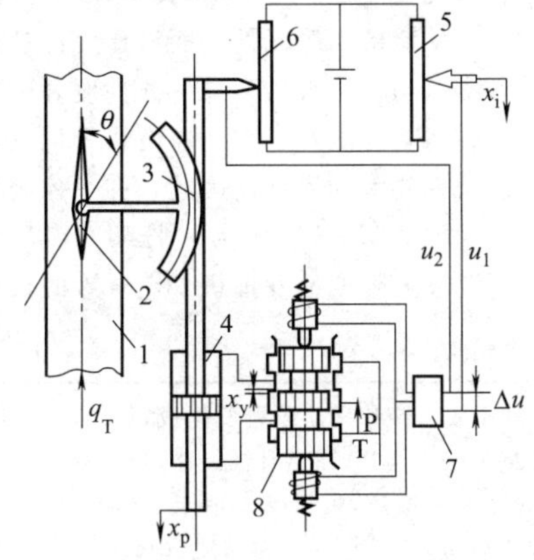 图(a)　管道流量(或静压力)的电液伺服系统 1—流体管道；2—阀板；3—齿轮、齿条；4—液压缸；5—给定电位器；6—流量传感电位器；7—放大器；8—电液伺服阀 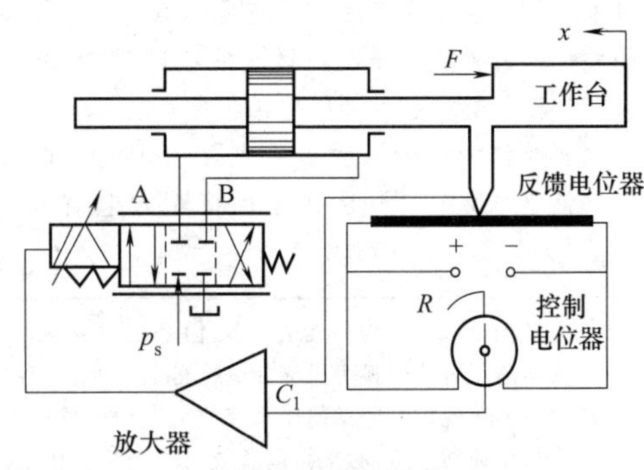 图(b)　电液伺服位置控制原理 如图(b)所示为用电液伺服阀准确控制工作台位置的控制原理图。要求工作台的位置随控制电位器触点位置的变化而变化。触点的位置由控制电位器转换成电压。工作台的位置由反馈电位器检测，并转换成电压。当工作台的位置与控制触点的相应位置有偏差时，通过桥式电路即可获得该偏差值的偏差电压。若工作台位置落后于控制触点的位置时，偏差电压为正值，送入放大器，放大器便输出一正向电流给电液伺服阀。伺服阀给液压缸一正向流量，推动工作台正向移动，减小偏差，直至工作台与控制触点相应位置吻合时，伺服阀输入电流为零，工作台停止移动。当偏差电压为负值时，工作台反向移动，直至消除偏差时为止。如果控制触点连续变化，则工作台的位置也随之连续变化 上述两例表明： ①同是一个位置跟踪系统。输出位移自动地跟随输入位移的变化规律而变化，体现为位置跟随运动 ②伺服系统是一个功率放大系统。推动滑阀阀芯所需的功率很小，而系统的输出功率却可以很大，可带动较大的负载运动 ③伺服系统是一个负反馈系统。输出位移之所以能够精确地复现输入位移的变化，是因为控制滑阀的阀体和液压缸体固连在一起，构成了一个负反馈控制通路。液压缸输出位移，通过这个反馈通路回输给滑阀阀体，并与输入位移相比较，从而逐渐减小和消除输出位移与输入位移之间的偏差，直到两者相同为止。因此负反馈环节是液压伺服系统中必不可少的重要环节。负反馈也是自动控制系统具有的主要特征 ④液压伺服系统是一个有误差系统。液压缸位移和阀芯位移之间不存在偏差时，系统就处于静止状态。由此可见，若使液压缸克服工作阻力并以一定的速度运动，首先必须保证滑阀有一定的阀口开度，这就是液压伺服系统工作的必要条件。液压缸运动的结果总是力图减少这个误差，但在其工作的任何时刻也不可能完全消除这个误差。没有误差，伺服系统就不能工作 由此可见，液压伺服控制的基本原理是：利用反馈信号与输入信号相比较得出偏差信号，该偏差信号控制液压能源输入到系统的能量，使系统向着减小偏差的方向变化，直至偏差等于零或足够小，从而使系统的实际输出与希望值相符
对液压伺服系统的基本要求	由于伺服系统是反馈控制系统，它是按照偏差原理来进行工作的，因此在实际工作中，由于负载及系统各组成部分都有一定的惯性，油液有可压缩性等原因，当输入信号发生变化时，输出量并不能立刻跟着发生相应的变化，而是需要一个过程。在这个过程中，系统的输出量以及系统各组成部分的状态随时间的变化而变化，这就是通常所说的过渡过程或动态过程。如果系统的动态过程结束后，又达到新的平衡状态，则把这个平衡状态称为稳态或静态。一般来说，系统在震荡过程中，由于存在能量损失，震荡将会越来越小，很快就会达到稳态。但是，如果活塞-负载的惯性很大，油液因混入了空气而压缩较大，液压缸和导管的刚性不足，或系统的结构及其元件的参数选择不当，则震荡迟迟不得消失，甚至还会加剧，导致系统不能工作。出现这种情况时，系统被认为是不稳定的 因此，对液压伺服系统的基本要求首先是系统的稳定性。不稳定的系统根本无法工作。除此以外，还要从稳、快、准三个指标来衡量系统性能的好坏：稳和快反映了系统过渡过程的性能，既快又稳，由控制过程中输出量偏离希望值小，偏离的时间短，表明系统的动态精度高。另外系统的稳态误差必须在允许范围之内，控制系统才有实用价值，也就是所谓的准。所以说一个高质量的伺服系统在整个控制过程中应该是既稳又快又准

12.2 电液伺服阀

电液伺服阀既是电液转换元件，又是功率放大元件，能把微弱的电气模拟信号转变为大功率液压能（流量、压力）。它集中了电气和液压的优点。具有快速的动态响应和良好的静态特性，已广泛应用于电液位置、速度、加速度、力伺服系统中。它的性能的优劣对系统的影响很大，因此，它是电液控制系统的核心和关键。为了能够正确设计和使用电液控制系统，必须掌握不同类型和性能的电液伺服阀。

伺服阀作为电液放大器，主要用于闭环调节回路中。这就意味着，伺服阀不仅将输入电信号转换成相应的流量，而且系统的速度或位置与设定值之间的偏差，也以电信号形式反馈至伺服阀，并进行校正。

伺服阀输入信号是由电气元件来完成的。电气元件在传输、运算和参量的转换等方面既快速又简便，而且可以把各种物理量转换成为电量。所以在自动控制系统中广泛使用电气装置作为电信号的比较、放大、反馈检测等元件；而液压元件具有体积小、结构紧凑、功率放大倍率高、线性度好、死区小、灵敏度高、动态性能好、响应速度快等优点，可作为电液转换功率放大的元件。因此，在一控制系统中常以电气为“神经”，以机械为“骨架”，以液压控制为“肌肉”最大限度地发挥机、电、液的长处。

表 20-12-2 电液伺服阀

电液伺服阀的组成	电液伺服阀的结构和类型很多，但都是由电-机械转换器、液压放大器和反馈装置所构成，如图(a)所示。其中电-机械转换器是将电能转换为机械能的一种装置，根据输出量的不同分为力马达（输出直线位移）和力矩马达（输出转角）；液压放大器是实现控制功率的转换和放大。由前置放大级和功率放大级组成，由于电-机械转换器输出的力或力矩很小，无法直接驱动功率级，必须由前置放大级先进行放大。前置放大级可以采用滑阀、喷嘴挡板阀或射流管阀，功率级几乎都采用滑阀。反馈装置既可以解决滑阀的定位问题，又可使整个阀变成一个闭环控制系统，从而具有闭环控制的全部优点 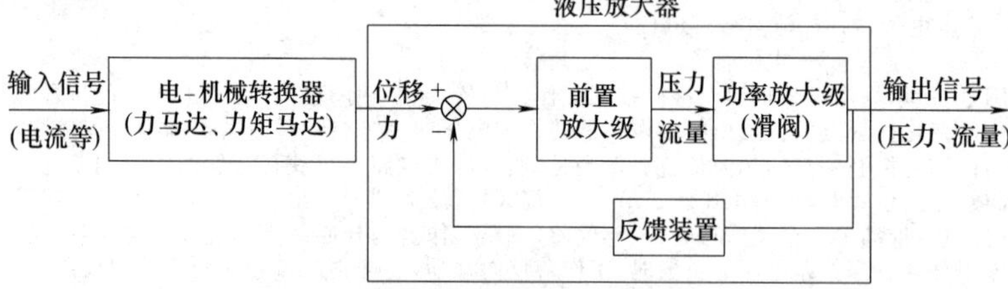 图(a) 电液伺服阀的基本组成	
电液伺服阀的分类	按液压放大级数	单级伺服阀；两级伺服阀（应用最广）；三级伺服阀
	按液压前置级的结构形式	单喷嘴挡板式；双喷嘴挡板式；滑阀式；射流管式；偏转板射流式
	按反馈形式分类	位置反馈式；流量反馈式；压力反馈式
	按电-机械转换装置分类	动铁式；动圈式
	按输出量形式分类	流量伺服阀；压力控制伺服阀
	按输入信号形式分类	连续控制式；脉宽调制式
	在电液伺服阀中，将电信号转变为旋转或直线运动的部件称为力矩马达或力马达。力矩马达浸泡在油液中的称为湿式，不浸泡在油液中的称为干式。其中以滑阀位置反馈、两级干式电液伺服阀应用最广	
力矩马达和力马达	电液伺服阀由电-机械转换器、液压放大器和反馈装置三大部分组成。除电反馈伺服阀外，转换器的性能将直接影响伺服阀的性能，而且转换器的外形尺寸可能直接影响伺服阀的外形尺寸，因此，对转换器的性能和结构尺寸有严格的要求： ①输入的电功率小，输出力（力矩）、位移较大 ②分辨率高，死区小，线性好，滞环小 ③响应速度高 ④结构紧凑，尺寸小 ⑤抗振动，耐油，性能受温度影响小 动圈式力马达和动铁式力矩马达合乎上述一系列要求，从而成了现代电液伺服阀比较理想的转换器。在电液伺服阀中力矩马达的作用是将电信号转换为机械运动，因而是一个电-机械转换器。电-机械转换器是利用电磁原理工作的。它由永久磁铁或激励线圈产生极化磁场。电气控制信号通过控制线圈产生控制磁场，两个磁场之间相互作用产生与控制信号成比例并能反应控制信号极性的力或力矩，从而使其运动部分产生直线位移或角位移的机械运动	

续表

力矩马达和力马达	分类	按可动件的运动形式分类	直线位移式(称为力马达);角位移式(称为力矩马达)
		按可动件结构形式分类	动铁式(可动件是衔铁);动圈式(可动件是控制线圈)
		按极化磁场产生的方式分类	非励磁式;固定电流励磁式;永磁式
	要求	①能够产生足够的输出力和行程,体积小、重量轻 ②动态性能好、响应速度快 ③直线性好、死区小、灵敏度高和磁滞小 ④在某些使用情况下,还要求它抗振、抗冲击、不受环境温度和压力等影响	
	力矩马达	力矩马达将较小的电流信号按比例地转换成机械运动量。一般电液伺服阀的力矩马达设计成独立元件,使安装和试验可以互换,因而简化了保养和检修 一般"干式力矩马达"是一永久磁铁激励的马达,用密封件与液压部分隔离,其结构如图(b)所示 软磁材料制成的衔铁 6 挠性连接于一薄壁弹簧管 2 上。弹簧管起着挡板的导向作用,也能将压力油分隔密封。因此,挡板在结构上属于力矩马达,而功能上则属于液压放大器。该管弹簧同时引导挡板 4 且使力矩马达与液压部分隔开。通过可调的"磁极螺钉",能够调节衔铁与磁极螺钉间的气隙,以优化马达性能。用磁极螺钉 5 可调整衔铁 6 与上极板 8 的间距。当间距相同并无控制电信号时,四个间隙 9 中的磁通相等。两个绕于衔铁周围的线圈通电时使衔铁磁化,因此有一力矩施加在复位弹簧管上。如果给线圈 7 输入一控制电流,衔铁 6 发生偏转,挡板 4 随衔铁 6 偏转。该力矩与控制电流成正比,且电流切断时($I=0$)为零。因此管子(反馈调整弹簧)使衔铁及挡板回复到零位(中位) 在这种结构形式的控制马达中,从衔铁到挡板的力矩传递具有以下优点: ①无摩擦 ②滞回小 ③力矩马达与压力油密封隔开 ④压力油中无磁场 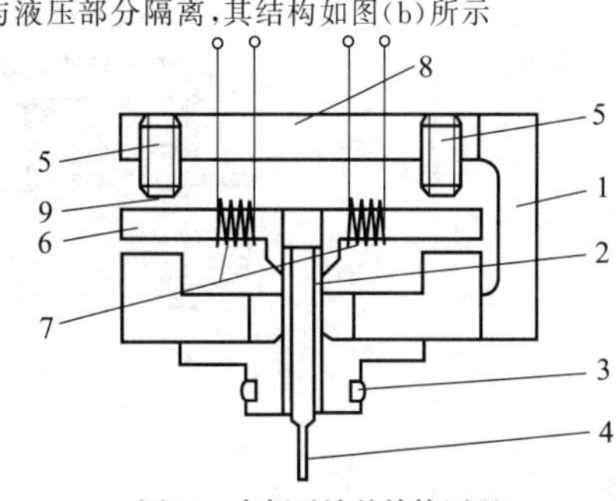 图(b)　力矩马达的结构原理 1—永久磁铁;2—复位弹簧管;3—O 形密封圈;4—挡板(红宝石涂敷);5—可调磁极螺钉;6—衔铁;7—控制线圈;8—上极板;9—间隙	
	力马达	永磁动圈式力马达	力马达的可动线圈悬置于工作气隙中,永久磁铁在工作气隙中形成极化磁通,当控制电流加到线圈上时,线圈就会受到电磁力的作用而运动。线圈的运动方向可根据磁通方向和电流方向按左手定则判断。线圈上的电磁力克服弹簧力和负载力,使线圈产生一个与控制电流成比例的位移,见图(c) 动圈式力马达在气隙中运动时不改变气隙的长度,具有位移量大的特点,用力马达直接驱动滑阀,可以增加阀的抗污染能力。早期的动圈式力马达伺服阀,由于为了充分利用力马达的线性,阀芯行程大,对中弹簧的刚度一般较小,而动圈与先导阀芯连接在一起,运动部分质量大,致使力马达的频率低,响应速度慢。随着电子技术与传感器技术的发展,通过提高动圈式力马达的驱动电流来加大力马达的输出力已不再困难,利用先进的位移检测技术实现阀芯位置的高精度检测不仅可行而且经济,因此近年来,数百赫兹以上高频响大流量伺服阀几乎都采用动圈式力马达结构 图(c)　动圈式力马达
		永磁式线性力马达	结构见图(d),线性力马达采用永磁式差动马达,永久磁铁可为磁场提供部分所需的磁力。因此这类马达较比例电磁铁所需的电流要小。线性力马达可在中位产生左右两个方向的驱动力,推动阀芯产生两个方向的位移,驱动力及阀芯位移与输入的电流大小成正比 直线力马达由一对永久磁铁,左、右导磁体,中间导磁体,衔铁,控制线圈及弹簧片组成。在控制线圈的输入电流为零时,左右磁铁各自形成 2 个磁回路,由于一对磁铁的磁感应强度相等,导磁体材料相同,在衔铁两端的气隙磁通量相等,这样衔铁保持在中位,此时直线力马达无力输出。当控制线圈的输入电流不为零时,衔铁两端气隙的合成磁通量发生变化,使衔铁失去平衡,克服弹簧片的对中力而移动,此时直线力马达有力输出 在没有电流施加于线圈上时,磁铁和弹簧保持衔铁在中位平衡状态,见图(e)中的(ⅰ)。当电流用一个极性加到线圈时,围绕着磁铁周围的空气气隙的磁通增加,在其他处的气隙磁通减少,见图(e)中的(ⅱ)。电指令信号加到阀芯位置控制器集成块上,电子线路使直线力马达上产生一个脉宽调制(PWM)电流,振荡器就使阀芯位置传感器(LVDT)励磁,经解调后的阀芯位置信号和指令位置信号进行比较,阀芯位置控制器产生一个电流给直线力马达 这个失衡的力使衔铁朝着磁通增强的方向移动,若电流的极性改变,则衔铁朝着相反的方向移动 在弹簧对中位置,线性力马达仅需非常低的电流

第 20 篇

续表

力矩马达和力马达	力马达	永磁式线性力马达	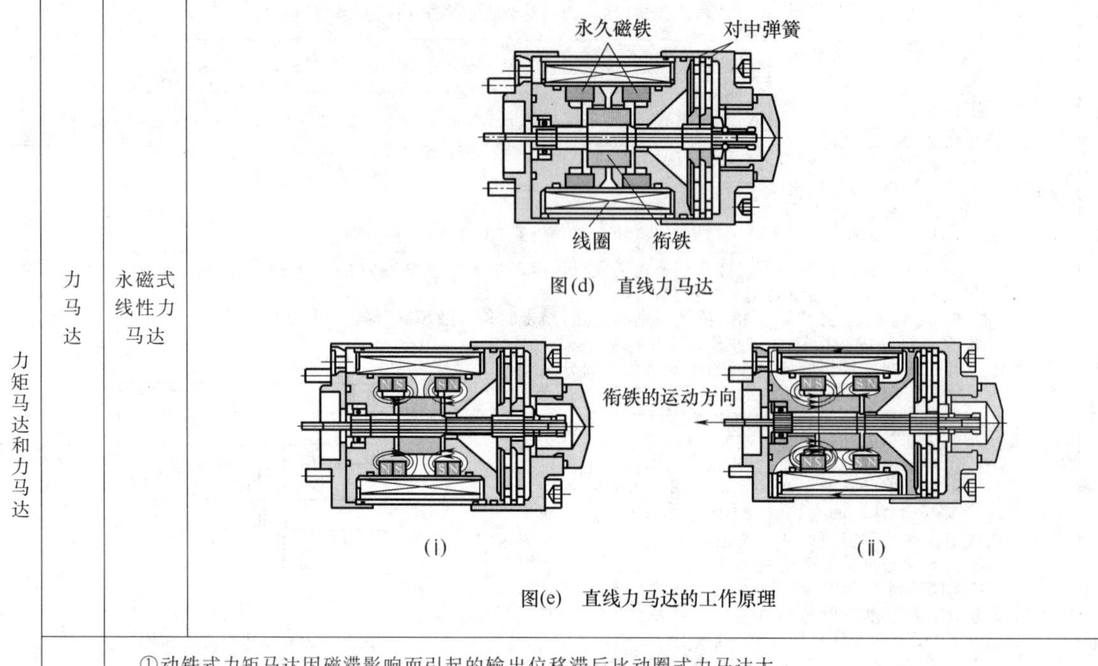 图(d)　直线力马达 (ⅰ)　(ⅱ) 图(e)　直线力马达的工作原理
力矩马达和力马达	动铁式力矩马达与动圈式力马达的比较		①动铁式力矩马达因磁滞影响而引起的输出位移滞后比动圈式力马达大 ②动圈式力马达的线性范围比动铁式力矩马达宽。因此,动圈式力马达的工作行程大,而动铁式力矩马达的工作行程小 ③在同样的惯性下,动铁式力矩马达的输出力矩大,而动圈式力马达的输出力小。动铁式力矩马达因输出力矩大,支承弹簧刚度可以取得大,使衔铁组件的固有频率高,而力马达的弹簧刚度小,动圈组件的固有频率低 ④减小工作气隙的长度可提高动圈式力马达和动铁式力矩马达的灵敏度。但动圈式力马达受动圈尺寸的限制,而动铁式力矩马达受静不稳定的限制 ⑤在相同功率情况下,动圈式力马达比动铁式力矩马达体积大,但动圈式力马达的造价低
液压放大器	液压放大器也称为液压放大元件,主要包括液压控制阀和伺服变量泵两种类型 液压控制系统中的液压控制阀是指可实现比例控制的液压阀,按其结构有滑阀、喷嘴挡板阀和射流管阀三种;从功能上看,液压控制阀是一种液压功率放大器,输入为位移,输出为流量或压力。液压控制阀加上转换器及反馈机构组成伺服阀,伺服阀是液压伺服系统的核心元件。液压控制元件是液压伺服系统中的一种主要控制元件,它的静、动态特性对液压伺服系统的性能有很大的影响。液压控制元件具有结构简单、单位体积输出功率大、工作可靠和动态特性好等优点,所以在液压伺服系统中得到了广泛的应用 伺服变量泵也是一种液压比例及功率放大元件,输入为角位移,输出为流量		
液压放大器	先导级阀	滑阀式液压放大器(简称滑阀)	图(f)为滑阀式液压放大器的结构图,滑阀有单边、双边和四边之分。作单边控制时[图(f)的(ⅰ)],构成单臂可变液压半桥,阀口前后各接一个不同压力的油口,即为二通阀;作双边阀控制时[图(f)的(ⅱ)],构成双臂可变液压半桥,两个阀口前后必须与三个不同压力的油口相连,即为三通阀。此外,控制口又分为正开口、零开口及负开口,滑阀式先导级的优点是允许位移大,当阀孔为矩形或全周开口时,线性范围宽,输出流量大,流量增益及压力增益高。其缺点是相对于其他形式的先导级阀,滑阀配合副加工精度要求较高,加工较困难,装配精度较高,价格贵;阀芯运动有摩擦力,对油液的污染较敏感;运动部件惯量较大,阀芯上的作用力大,所需的驱动力也较大,阀芯固有频率低;通常与动圈式力马达或比例电磁铁直接连接。滑阀在电液伺服阀中应用较少,主要用于先导级电液比例方向阀和插装式电液比例流量阀中。滑阀式液压放大器广泛地作为功率放大器使用 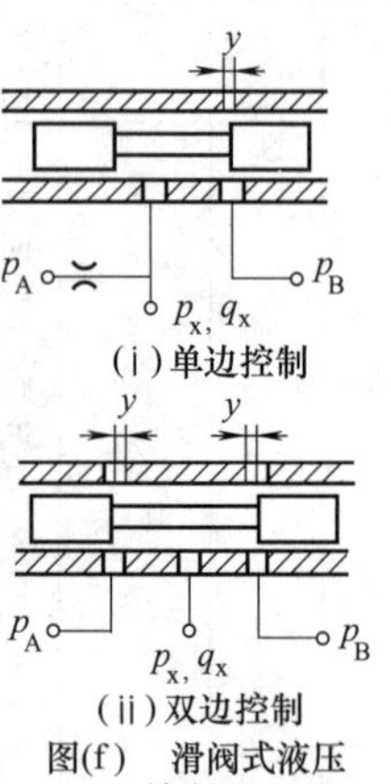 (ⅰ)单边控制 (ⅱ)双边控制 图(f)　滑阀式液压放大器

续表

液压放大器	先导级阀	射流管式放大器	射流管式先导级阀有射流管式和偏转板式两种，都是根据动量原理工作。图(g)的(ⅰ)为射流管式先导级阀，其优点是：射流管 1 的喷嘴（通常直径为 0.5～2mm）与接收器 2 之间的距离较大，不易堵塞，抗污染能力强；射流喷嘴有失效对中能力。其缺点是结构较复杂，加工与调试较难；运动零件惯量较大；射流管的引压管刚性较低，易振动；性能不易预测，特性很难预计。适用于对抗污染能力有特殊要求的场合，常用作两级伺服阀的前置放大级。图(g)的(ⅱ)为偏转板式先导级。射流偏转板阀工作原理和射流管阀相同，只不过喷口的高速射流由偏转板导流。 其优点是射流喷嘴、偏转板 4 与射流盘 3 之间的间隙大，不易堵塞，抗污染能力强；运动零件惯量小。其缺点是性能在理论上不易精确计算，特性很难预测；在低温及高温时性能不稳定。偏转板射流式常用作两级伺服阀的前置放大级，适用于对抗污染能力有特殊要求的场合 这种放大器一般应用于低压小功率场合，可作为电液伺服阀的前置级 射流管对中　偏转板对中 射流管移位　偏转板移位 (ⅰ)射流管式　(ⅱ)偏转板射流式 图(g)　射流管式液压放大器 MOOG(穆格)公司开发的 D660 伺服阀系列产品，在原射流管阀的基础上，采用新型的带伺服射流管(ServoJet)先导级阀，改善了整阀的动态特性。伺服射流管结构剖面见图(h)，高性能 ServoJet 先导级阀具有以下主要特点 ①高性能的伺服射流管先导级阀最小的间隙是喷嘴和接收器之间的距离，大约 300～400μm，远大于滑阀 0～6μm 的间隙和喷嘴挡板阀先导级喷嘴与挡板之间 0～65μm 的间隙，因此具有抗污染能力强的特点 ②大大改善了流量接收效率（90%以上的先导级流量被利用），使得能耗降低，对于使用多台伺服阀的系统此优点突出 ③伺服射流管先导级具有很高的无阻尼自然频率（500Hz），因此这种阀的动态响应较高 ④性能可靠，伺服射流管先导级具有很高的压力效率（输入满标定信号时，压力效率达 80%以上）。因此它可提供给功率级滑阀较大的驱动力，提高了阀芯的位置重复精度 ⑤最低先导级阀控制压力仅 2.5MPa，由于它的这一优点，其可用于如汽轮机控制一类的低压系统中 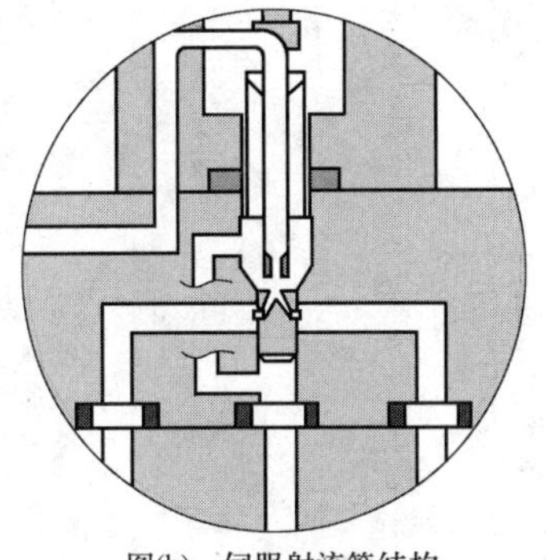 图(h)　伺服射流管结构
		喷嘴挡板式放大器	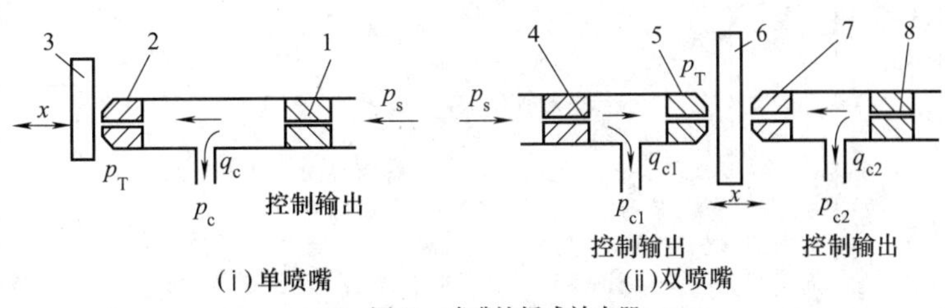 (ⅰ)单喷嘴　(ⅱ)双喷嘴 图(i)　喷嘴挡板式放大器 1，4，8—固定节流孔；2，5，7—喷嘴；3，6—挡板；p_s—输入压力； p_T—喷嘴处油液压力；p_c、q_c—控制输出压力、流量 喷嘴挡板式先导级阀的结构及组成原理如图(i)所示，它通过改变喷嘴与挡板之间的相对位移来改变液流通路开度的大小以实现控制。有单喷嘴[图(i)的(ⅰ)]和双喷嘴[图(i)的(ⅱ)]两种形式。具有体积小，运动部件惯量小，无摩擦，所需驱动力小，灵敏度高等优点。其缺点主要是中位泄漏量大，负载刚性差，输出流量小，节流孔及喷嘴的间隙小(0.02～0.06mm)而易堵塞，抗污染能力差。喷嘴挡板阀特别适用于小信号工作，因此常用作二级伺服阀的前置放大级

续表

<table>
<tr><td rowspan="5">液压放大器</td><td rowspan="5">功率级主阀</td><td colspan="3">电液伺服阀中的功率级主阀几乎都为滑阀，阀芯和阀套的结构见图(j) 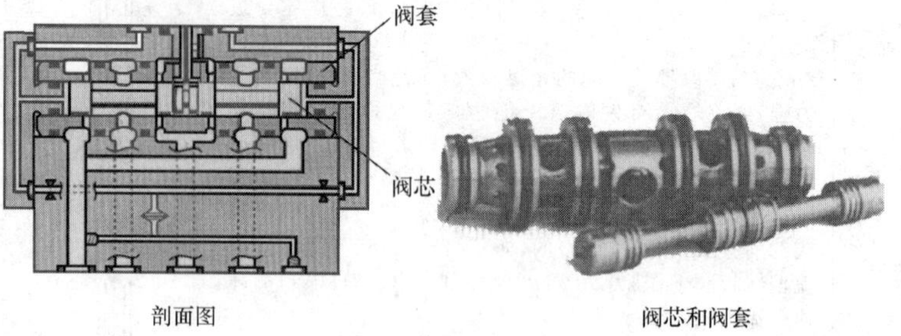
剖面图　　阀芯和阀套
图(j)　主阀滑阀的结构</td></tr>
<tr><td rowspan="4">工作边数</td><td>单边控制滑阀</td><td>图(k)为单边控制式滑阀。它有一个控制边 a(可变节流口)，有负载口和回油口两个通道，故又称为二通伺服阀。x 为滑阀控制边的开口量，控制着液压缸右腔的压力和流量，从而控制液压缸运动的速度和方向。压力油进入液压缸的有杆腔，通过活塞上的阻尼小孔 e 进入无杆腔，并通过滑阀上的节流边流回油箱。当阀芯向左或向右移动时，阀口的开口量增大或减小，这样就控制了液压缸无杆腔中油液的压力和流量，从而改变液压缸运动的速度和方向 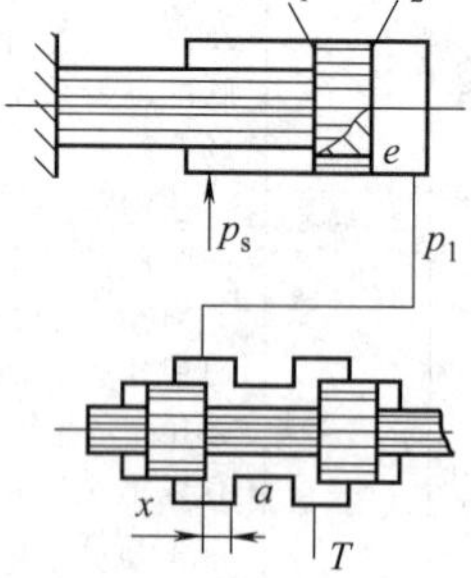
图(k)　单边(二通伺服阀)</td></tr>
<tr><td>双边控制滑阀</td><td>图(l)为双边控制滑阀。它有两个控制边 a、b(可变节流口)。有负载口、供油口和回油口三个通道，故又称为三通伺服阀。压力油一路直接进入液压缸有杆腔；另一路经阀口进入液压缸无杆腔并经阀口流回油箱。当阀芯向右或向左移动时，x_1 增大 x_2 减小或 x_1 减小 x_2 增大，这样就控制了液压缸无杆腔中油液的压力和流量，从而改变液压缸运动的速度和方向 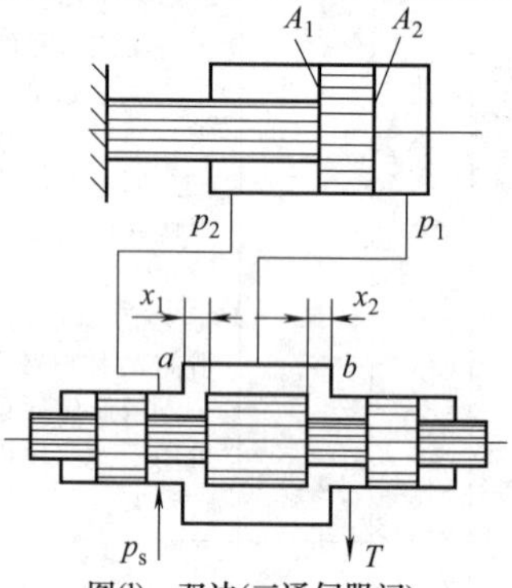
图(l)　双边(三通伺服阀)</td></tr>
<tr><td>四边控制滑阀</td><td>图(m)为四边控制滑阀，它有四个控制边 a、b、c、d(可变节流口)。有两个负载口、供油口和回油口四个通道，故又称为四通伺服阀。其中 a 和 b 是控制压力油进入液压缸左右油腔的，c 和 d 是控制液压缸左右油腔回油的。当阀芯向左移动时，x_1、x_4 减小，x_2、x_3 增大，使 p_1 迅速减小，p_2 迅速增大，活塞快速左移。反之亦然。这样就控制了液压缸运动的速度和方向。这种滑阀的结构形式既可用来控制双杆的液压缸，也可用来控制单杆的液压缸 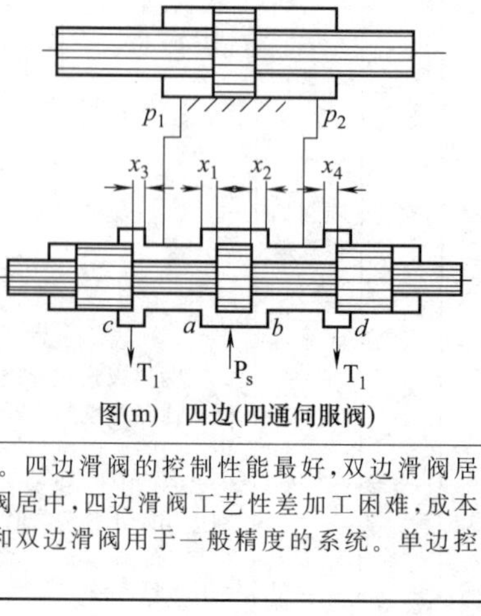
图(m)　四边(四通伺服阀)</td></tr>
<tr><td colspan="2">由以上分析可知，三种结构形式滑阀的控制作用是相同的。四边滑阀的控制性能最好，双边滑阀居中，单边滑阀最差。但是单边滑阀容易加工、成本低，双边滑阀居中，四边滑阀工艺性差加工困难，成本高。一般四边滑阀用于精度和稳定性要求较高的系统；单边和双边滑阀用于一般精度的系统。单边控制滑阀和双边控制滑阀只用于控制单杆的液压缸</td></tr>
</table>

续表

液压放大器	功率级主阀	开口形式		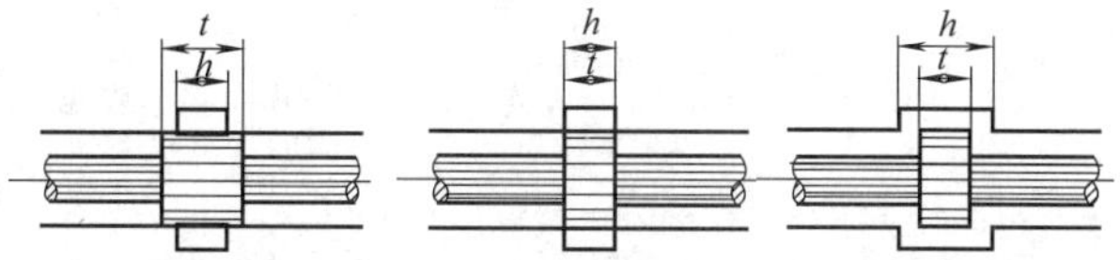 (ⅰ)负开口($t>h$)　(ⅱ)零开口($t=h$)　(ⅲ)正开口($t<h$) **图(n)　滑阀在零位时的开口形式** 图(n)为滑阀在零位时的几种开口形式，图(n)的(ⅰ)为负开口(正遮盖)，图(n)的(ⅱ)为零开口(零遮盖)，图(n)的(ⅲ)为正开口(负遮盖)
		通路数	二通滑阀	又叫单边阀，见图(k)。只有一个可变节流口(可变液阻)，使用时必须和一个固定节流口配合，才能控制一腔的压力，用来控制差动液压缸
			三通滑阀	见图(l)。只有一个控制口，故只能用来控制差动液压缸。为实现液压缸反向运动，需在有杆腔设置固定偏压(可由供油压力产生)
			四通滑阀	见图(m)。有两个控制口，故能控制各种液压执行器
		凸肩数与阀口形状		阀芯上的凸肩数与阀的通路数、供油及回油密封、控制边的布置等因素有关。二通阀一般为两个凸肩，三通阀为两个或三个凸肩，四通阀为三个或四个凸肩，三凸肩滑阀为最常用的结构形式。凸肩数过多将加大阀的结构复杂程度、长度和摩擦力，影响阀的成本和性能 滑阀的阀口形状有矩形、圆形等多种形式。矩形阀口又有全周开口和部分开口，矩形阀口的开口面积与阀芯位移成正比，具有线性流量增益，故应用较多

12.2.1　典型电液伺服阀结构

电液伺服阀多为两级阀，有压力型伺服阀和流量型伺服阀之分，绝大部分伺服阀为流量型伺服阀。在流量型伺服阀中，要求主阀芯的位移 X_P 与输入电流信号 I 成比例，为了保证主阀芯的定位控制，主阀和先导阀之间设有位置负反馈，位置反馈的形式主要有直接位置反馈和位置-力反馈两种。

表 20-12-3　　典型电液伺服阀结构

直接位置反馈型电液伺服阀	直接位置反馈型电液伺服阀的主阀芯与先导阀芯构成直接位置比较和反馈，其工作原理如图(a)所示 图(a)中，先导阀直径较小，直接由动圈式力马达的线圈驱动，力马达的输入电流约为 0～±300mA。当输入电流 $I=0$ 时，力马达线圈的驱动力 $F_i=0$，先导阀芯位于主阀零位没有运动；当输入电流逐步加大到 $I=300$mA 时，力马达线圈的驱动力也逐步加大到约为 40N，压缩力马达弹簧后，使先导阀芯产生位移约为 4mm；当输入电流改变方向，$I=300$mA 时，力马达线圈的驱动力也变成约－40N，带动先导阀芯产生反向位移约－4mm。上述过程说明先导阀芯的位移 x 与输入电流 I 成比例，运动方向与电流方向保持一致。先导阀芯直径小，无法控制系统中的大流量；主阀芯的阻力很大，力马达的推力又不足以驱动主阀芯。解决的办法是，先用力马达比例驱动直径小的导阀芯，再用位置随动(直接位置反馈)的办法让主阀芯等量跟随先导阀运动，最后达到用小信号比例控制系统中的大流量之目的 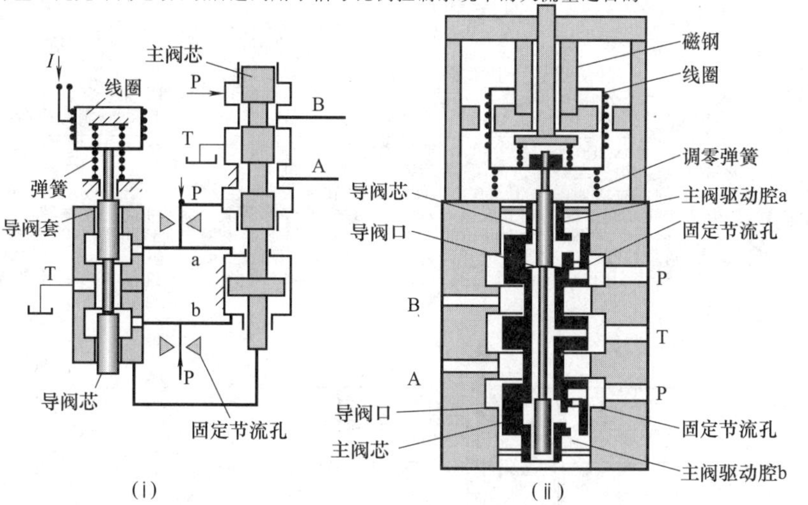 (ⅰ)　(ⅱ) **图(a)　直接位置反馈型电液伺服阀的工作原理图** 设计时，将主阀芯两端容腔看成为驱动主阀芯的对称双作用液压缸，该缸由先导阀供油，以控制主阀芯上下运动。由于先导阀芯直径小，加工困难，为了降低加工难度，可将先导阀上用于控制主阀芯上下两腔的进油阀口由两个固定节流孔代替，这样先导阀可看成是由两个带固定节流孔的半桥组成的全桥。为了实现直接位置反馈，将主阀芯、驱动油缸、先导阀阀套三者做成一体，因此主阀芯位移 x_P(被控位移)反馈到先导阀上，与先导阀套位移 x 相等。当先导阀芯在力马达的驱动下向上运动产生位移 $x_芯$ 时，先导阀芯与阀套之间产生开口量 $x_芯-x_套$，主阀芯上腔的回油口打开，压差驱动主阀芯自下而上运动，同时先导阀口在反馈的作用下逐步关小。当导阀口关闭时，主阀停止运动且主阀位移 $x_P=x_套=x_芯$。反向运动亦然。在这种反馈中，主阀芯等量跟随先导阀运动，故称为直接位置反馈

续表

直接位置反馈型电液伺服阀	图(b)中(ⅰ)是DY系列直接位置反馈型电液伺服阀的结构。上部为动圈式力马达，下部是两级滑阀装置。压力油由P口进入，A、B口接执行元件，T口回油。由动圈5带动的小滑阀4与空心主滑阀的内孔配合，动圈与先导滑阀固连，并用两个弹簧定位对中。小滑阀上的两条控制边与主滑阀上两个横向孔形成两个可变节流口8、9。P口来的压力油除经主控油路外，还经过固定节流口2、3和可变节流口8、9，先导阀的环形槽和主滑阀中部的横向孔到了回油口，形成如图(b)中(ⅱ)所示的前置液压放大器油路(桥路)。显然，前置级液压放大器是由具有两个可变节流口8、9的先导滑阀和两个固定节流口2、3组合而成的。桥路中固定节流口与可变节流口连接的节点a、b分别与主滑阀上、下两个台肩端面连通，主滑阀可在节点压力作用下运动。平衡位置时，节点a、b的压力相同，主滑阀保持不动。如果先导滑阀在动圈作用下向上运动，节流口8加大，9减小，a点压力降低，b点压力上升，主滑阀随之向上运动。由于主滑阀又兼作先导滑阀的阀套(位置反馈)，故当主滑阀向上移动的距离与先导滑阀一致时，停止运动。同样，在先导滑阀向下运动时，主滑阀也随之向下移动相同的距离，故为直接位置反馈系统。这种情况下，动圈只需带动小滑阀，力马达的结构尺寸就不至于太大 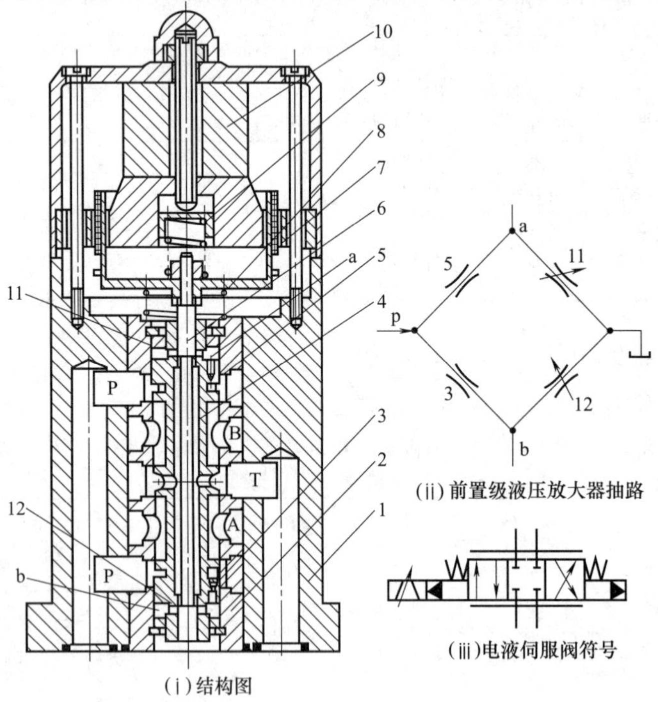 图(b)　DY型电液伺服阀 1—阀体；2—阀座；3,5—固定节流口；4—主滑阀；6—先导阀；7—线圈(动圈)； 8—下弹簧；9—上弹簧；10—磁钢(永久磁铁)；11,12—可变节流口 以滑阀作前置级的优点是：功率放大系数大，适合于大流量控制。其缺点是：滑阀阀芯受力较多、较大，因此要求驱动力大；由于摩擦力大，使分辨率和滞环增大；因运动部分质量大，动态响应慢；公差要求严，制造成本高
喷嘴挡板式力反馈电液伺服阀	喷嘴挡板式电液伺服由电磁和液压两部分组成，电磁部分是一个动铁式力矩马达，液压部分为两级：第一级是双喷嘴挡板阀，称前置级(先导级)；第二级是四边滑阀，称功率放大级(主阀) 由双喷嘴挡板阀构成的前置级如图(c)所示，它由两个固定节流孔、两个喷嘴和一个挡板组成。两个对称配置的喷嘴共用一个挡板，挡板和喷嘴之间形成可变节流口，挡板一般由扭轴或弹簧支承，且可绕支点偏转，挡板由力矩马达驱动。当挡板上没有作用输入信号时，挡板处于中间位置——零位，与两喷嘴之距均为x_0，此时两喷嘴控制腔的压力p_1与p_2相等。当挡板转动时，两个控制腔的压力一边升高，另一边降低，就有负载压力p_L($p_L=p_1-p_2$)输出。双喷嘴挡板阀有四个通道(一个供油口，一个回油口和两个负载口)，有四个节流口(两个固定节流孔和两个可变节流孔)，是一种全桥结构 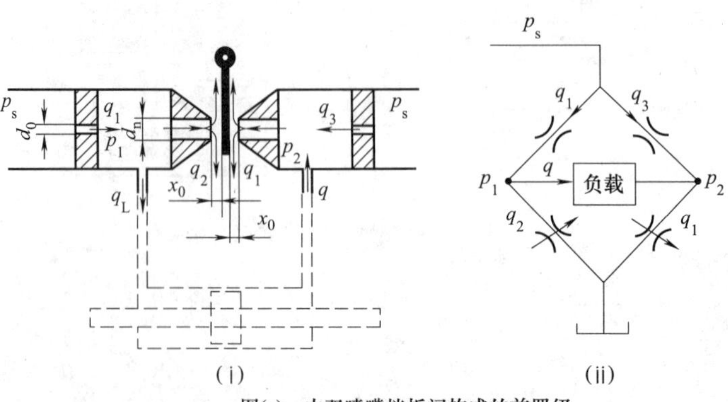 图(c)　由双喷嘴挡板阀构成的前置级

续表

类别		说明
喷嘴挡板式力反馈电液伺服阀		喷嘴挡板式力反馈电液伺服的工作原理如图(d)所示。主阀芯两端容腔可看成是驱动主滑阀的对称油缸，由先导级的双喷嘴挡板阀控制。挡板 5 的下部延伸一个反馈弹簧杆 11，并通过一钢球与主阀芯 9 相连。主阀位移通过反馈弹簧杆转化为弹性变形力作用在挡板上与电磁力矩相平衡(即力矩比较)。当线圈 13 中没有电流通过时，力矩马达无力矩输出，挡板 5 处于两喷嘴中间位置。当线圈通入电流后，衔铁 3 因受到电磁力矩的作用偏转角度 θ，由于衔铁固定在弹簧管 12 上，这时，弹簧管上的挡板也偏转相应的 θ 角，使挡板与两喷嘴的间隙改变，如果右面间隙增加，左喷嘴腔内压力升高，右腔压力降低，主阀芯 9(滑阀芯)在此压差作用下右移。由于挡板的下端是反馈弹簧杆 11，反馈弹簧杆下端是球头，球头嵌放在滑阀 9 的凹槽内，在阀芯移动的同时，球头通过反馈弹簧杆带动上部的挡板一起向右移动，使右喷嘴与挡板的间隙逐渐减小。当作用在衔铁-挡板组件上的电磁力矩与作用在挡板下端因球头移动而产生的反馈弹簧杆变形力矩(反馈力)达到平衡时，滑阀便不再移动，并使其阀口一直保持在这一开度上。该阀通过反馈弹簧杆的变形将主阀芯位移反馈到衔铁-挡板组件上与电磁力矩进行比较而构成反馈，故称力反馈式电液伺服阀 通过线圈的控制电流越大，使衔铁偏转的转矩、挡板挠曲变形、滑阀两端的压差以及滑阀的位移量越大，伺服阀输出的流量也就越大 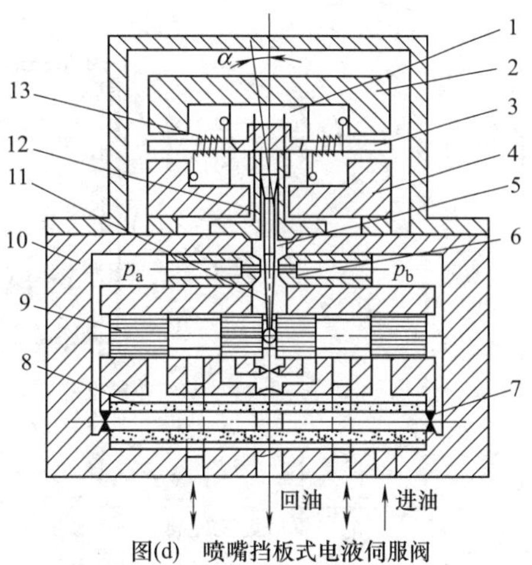 **图(d)　喷嘴挡板式电液伺服阀** 1—永久磁铁；2，4—导磁体；3—衔铁；5—挡板；6—喷嘴；7—固定节流孔；8—滤油器；9—滑阀芯；10—阀体；11—反馈弹簧杆；12—弹簧管；13—线圈
射流管式伺服阀		射流管式二级电液伺服阀如图(e)所示。射流管由力矩马达带动偏转。射流管 2 焊接于衔铁 7 上，并由薄壁弹簧片 3 支承。液压油通过柔性的供油管进入射流管，从射流管喷嘴射出的液压油进入与滑阀两端控制腔分别相通的两个接收口中，推动阀芯移动。射流管的侧面装有弹簧板及反馈弹簧 9，其末端插入阀芯中间的小槽内，阀芯移动时，推动反馈弹簧构成对力矩马达的力反馈。力矩马达借助于薄壁弹簧片 3 实现对液压部分的密封隔离 射流管式伺服阀的最大优点是抗污染能力强。缺点是动态响应较慢，特性不易预测，细长的射流管及柔性供压管易出现结构谐振 该阀采用衔铁式力矩马达带动射流管，两个接收孔直接和主阀两端面连接，控制主阀运动。主阀靠一个板簧定位，其位移与主阀两端压力差成比例。这种阀的最小通流尺寸(射流管口尺寸)比喷嘴挡板的工作间隙大 4～10 倍，故对油液的清洁度要求较低。缺点是零位泄漏量大；受油液黏度变化影响显著，低温特性差；力矩马达带动射流管，负载惯量大，响应速度低于喷嘴挡板阀 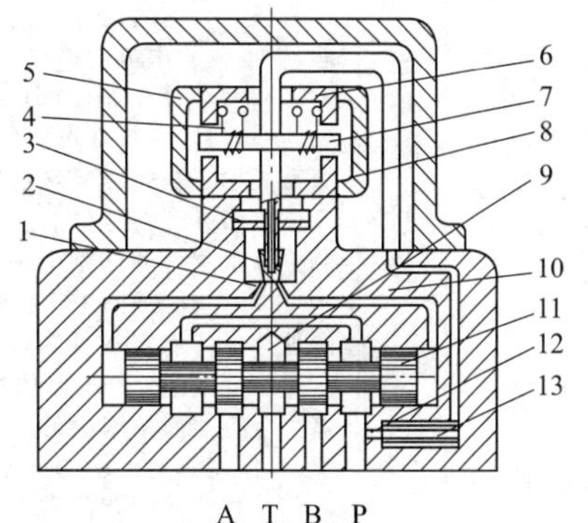 **图(e)　射流管式二级电液伺服阀** 1—接收口；2—射流管；3—薄壁弹簧片；4—线圈；5—永久磁铁；6—上导磁体；7—磁铁；8—下导磁体；9—反馈弹簧；10—阀体；11—滑阀；12—固定节流孔；13—过滤网
直接驱动式电液伺服阀		在设计上有两种代表性方案：MOOG 公司的 D633、D644 系列直动式伺服阀和三菱与 KYB 株式会社合作开发的 MK 型伺服阀
	MOOG 直动式伺服阀	其结构如图(f)所示。其工作原理是：将与所期望的阀芯位移成正比的电信号输入阀内放大电路，此电信号将由内部集成电路转换成一个脉宽调制电流作用在线性力马达上，力马达产生推力带动阀芯运动产生一定的位移，同时阀芯位移传感器产生一个与阀芯实际位移成正比的电信号，解调后的阀芯位移信号与输入指令信号进行比较，比较后得到的偏差信号将改变输入至力马达的电流大小，直到阀芯位移达到所需值，阀芯位移偏差信号为零。其中的关键部件线性力马达为双向驱动永磁式差动马达。力马达包含一个线圈、一对永久磁铁。永久磁铁为磁场提供部分所需要的磁力。当不通电时，电磁力和弹簧力将使阀芯处于中位；当通入一种极性的电流后，内部磁场一部分通过磁场叠加得到增强，另一部分则因为磁场相抵而减弱，于是内部磁场将不再平衡，这种不平衡将驱动衔铁向磁场增强的部分移动；反之当通入电流的极性发生变化时，衔铁又会向另一个方向移动。这样，线性力马达可以产生左右两个方向的驱动力，相应推动阀芯产生两个方向的位移。阀芯在复位过程中，对中弹簧力加上力马达的输出力一起推动阀芯恢复到零位，使得阀芯对油液污染的敏感程度降低。应用线性力马达不但使得伺服阀的性能提高，而且功耗、加工精度以及成本都相应降低

第 20 篇

续表

<table>
<tr><td rowspan="3">直接驱动式电液伺服阀</td><td colspan="2">MOOG直动式伺服阀</td><td>零位调节螺塞盖
插座
阀芯
阀套
控制电路
位移传感器
T A P B Y
线性力马达
阀芯对中弹簧
图(f) MOOG直动式电液伺服阀</td></tr>
<tr><td rowspan="2">MK型伺服阀</td><td>直动式MK阀(单级阀)的结构</td><td>直动式MK阀的结构如图(g)所示，主要由三部分组成：力马达部分、阀体部分、位移传感器部分。电气元件部分是干式的。动圈运动时直接推动阀芯位移，阀芯的位移由位移传感器检测出并反馈回输入端，形成电气反馈。直动式的优点是结构简单，电气反馈使结构更为简单化，从而使可靠性提高
力马达是在由磁极和导磁体所构成的气隙磁场内，放置着有电流流过的线圈，载流线圈在磁场中所产生的电磁力推动线圈运动，线圈运动又直接推动阀芯运动。在载流线圈与磁铁之间填充具有冷却与润滑及增强导磁性作用的磁流体(稠性流体)，以增强力马达的性能。与运动线圈直接连接的阀芯，根据输入电流的极性和强弱控制液压油流动的方向和大小。在MK阀的阀芯和阀套上设计了特殊的形状，这一特殊形状使因阀芯运动所产生的液流力减小。在阀芯两端有两块膜片把力马达部分及位移传感器部分与油液隔开，这样在力马达和阀芯位移检测部分分别形成全干式结构。全干式结构可以防止因油液中污染物引起的误动作，保证了阀长期工作稳定和可靠性。为了高精度的检测出阀芯位移，在检测部分使用了电涡流式位移传感器。传感器所检测出的阀芯位移信号经放大器处理，又反馈到输入端，形成电反馈。这就产生与输入信号相应的阀芯位移，此外，阀芯位移的电信号工作点可与先导阀的机械零点调整相一致。电涡流位移传感器具有温漂小、线性度好、频带宽、调节方便等特点
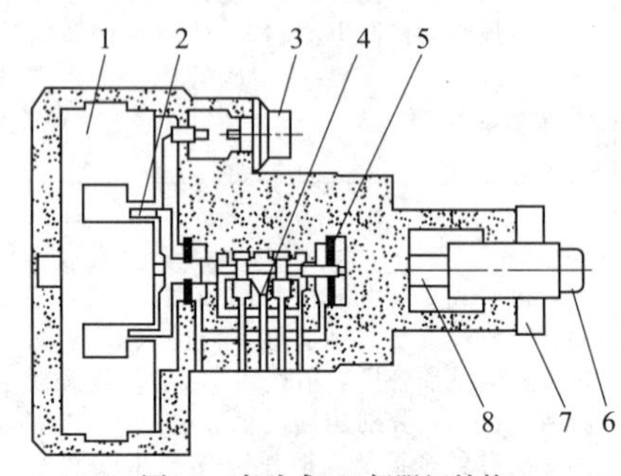

图(g) 直动式MK伺服阀结构
1—磁铁；2—动圈；3—输入接口；4—阀芯；5—膜片；6—位移传感器接口；7—位移传感器调零螺钉；8—位移传感器</td></tr>
<tr><td>两级MK阀的结构</td><td>两级MK阀的结构如图(h)所示。以直动式MK阀为先导阀，用以控制驱动第二级主阀芯，第二级阀又称为主阀。主阀芯与差动变压器式位移传感器的铁芯连接。主阀芯的运动通过此位移传感器转换成与位移量成比例的电信号，电信号反馈回输入端形成两级电反馈。在主阀与先导阀之间设计了减压阀，减压阀可以保证给先导阀提供稳定的供油压力
与以往的喷嘴挡板式两级伺服阀相比，MK阀为全电反馈两级阀，没有弹簧反馈杆和小球，机械结构简单，也不会产生因小球长期工作磨损而带来的阀振荡
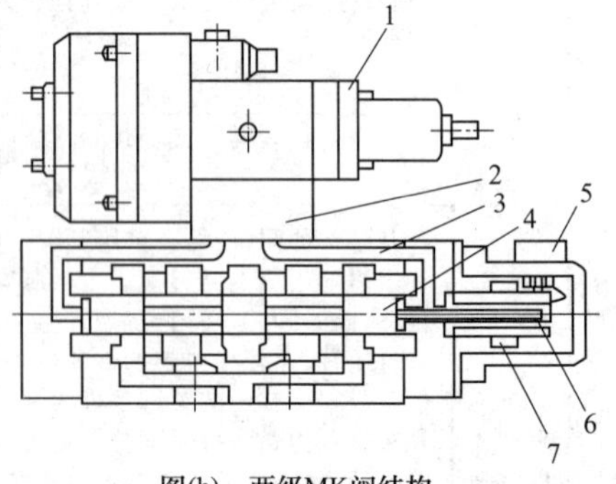

图(h) 两级MK阀结构
1—先导阀；2—减压阀；3—主阀；4—主阀芯；5—主阀位移传感器接口；6—主阀位移传感器；7—主阀位移传感器调节螺钉</td></tr>
</table>

续表

直接驱动式电液伺服阀	MK型伺服阀	特点	①频带宽，快速响应性好 ②阈值小，重复性好 ③可靠性、稳定性好 ④先导级因供油压力及油温变化所引起的零点漂移小 ⑤使用的传动介质可以是石油系水基系或其他难燃介质 ⑥传动油的污染等级 NAS10 级(近似于 150 标准 19/16 级)，抗污染强 ⑦主阀阀套密封圈带有挡圈，密封不易破损，寿命较长，工作可靠。用户只要具有一定技术与设备，可自行保养和维修 ⑧伺服放大器有监视回路及信号输出端子，可方便检查故障 ⑨此阀机械零位与电气零位的重合对中困难 ⑩此阀质量大且价格昂贵
		使用注意事项	①先导阀泄油口不得有背压并保持畅通，否则将影响阀正常工作 ②主阀的差动变压器式位移传感器受温度影响很大，因此在不同油温下工作或当主阀未进入热平衡状态前，主阀芯的零位有很大温漂，影响正常使用，故在液压控制系统中应注意并加以补偿或纠偏 ③当液压系统压力为零，虽然放大器正常工作，但主阀回路仍处于失控状态；启动后有可能产生误动作，此情况应在使用的液压系统中考虑加以克服

12.2.2　电液伺服阀的基本特性及其性能参数

电液伺服阀是电液伺服系统中的关键元件，与普通的开关式液压阀相比，功能完备但结构也异常复杂和精密，其性能优劣对于系统的品质具有至关重要的影响，所以阀的性能参数非常繁多且要求严格，电液伺服阀的特性及参数可以通过理论分析获得，但工程上精确的特性及参数只能通过实际测试试验获得。

表 20-12-4　　电液伺服阀的基本特性

名称			特　　性	说明
静态特性	特性方程		电液伺服阀的静态特性是指稳态工作条件下，伺服阀的各静态参数(输出流量、输入电流和负载压力)之间相互关系。主要包括负载流量特性、空载流量特性和压力特性 典型力反馈两级电液伺服阀(先导级为双喷嘴挡板阀，功率级为零开口四边滑阀)的阀芯位移与输入电流负载流量(压力-流量特性)方程为 $$q_L=C_d\omega x_v\sqrt{\frac{1}{\rho}(p_s-p_L)}=C_d\omega K_{xv}i\sqrt{\frac{1}{\rho}(p_s-p_L)}\quad(20\text{-}12\text{-}1)$$ 由式(20-12-1)可知，电液流量伺服阀的负载流量 q_L 与功率级的位移 x_v 成比例，而功率级滑阀的位移 x_v 与输入电流 i 成正比，所以电液流量伺服阀的负载流量 q_L 与输入电流 i 成比例	q_L——负载流量 C_d——流量系数 ω——滑阀的面积梯度(阀口沿圆周方向的宽度)，$\omega=\pi d$，d 为滑阀阀芯凸肩直径 x_v——滑阀位移，$x_v=K_{xv}i$ K_{xv}——伺服阀增益(取决于力矩马达结构及几何参数) i——力矩马达线圈输入电流 p_s——伺服阀供油压力 p_L——伺服阀负载压力
	特性曲线及静态特性参数	负载流量特性曲线	由特性方程可以绘出相应的特性曲线，但一般通过实测得到，制造商提供的产品类型或样本中给出的都是实测曲线，由特性曲线和相应的静态指标可以对阀的静态特性进行评定 电液伺服阀的负载流量特性曲线是输入不同电流时对应当流量与负载压力构成的抛物线簇曲线，如图(a)所示。负载流量特性曲线完全描述了伺服阀的静态特性。但要测得这组曲线非常麻烦，特别是在零位附近很难测出精确的数值，而伺服阀是正好在此处工作的。所以这些曲线主要用来确定伺服阀的类型和估计伺服阀的规格，以便与所要求的负载流量和负载压力相匹配 图(a)　电液伺服阀负载流量特性曲线	$\overline{p}_L$——无量纲压力，$\overline{p}_L=p_L/p_s$，p_L 为负载压力，p_s 为供油压力 $\overline{i}$——无量纲电流，$\overline{i}=i/i_m$，i 为输入电流，i_m 为额定电流 $\overline{q}_L$——无量纲流量，$\overline{q}_L=q_L/q_{Lm}$，$q_L$ 为负载流量，q_{Lm} 为最大空载流量

续表

名称				特　性	说明
静态特性	特性曲线及静态特性参数	空载流量特性曲线	额定流量	伺服阀的空载流量特性曲线是输出流量与输入电流呈回环状的函数曲线，见图(b)。它是在给定的伺服阀压降和零负载压力下，输入电流在正负额定电流之间作一完整的循环，输出流量点形成的完整连续变化的曲线(简称流量曲线)。通过流量曲线，可以得出伺服阀的如下一些性能参数 在额定电流和规定的阀压降(通常规定为 7MPa)下测得到流量 q_R 称为额定流量。通常在空载条件下规定伺服阀的额定流量，因为这样可以采用更精确和经济的试验方法。也可以在负载压力等于 2/3 供油压力条件下规定额定流量，此时，额定流量对应于阀的最大功率输出点 空载流量特性曲线上对应于额定电流输出流量则为额定流量。通常规定额定流量的公差为±10%。额定流量表明了伺服阀的规格，可用于伺服阀的选择 电液伺服阀的流量曲线回环的中心点轨迹称为名义流量曲线，它是无滞环流量曲线，由于伺服阀的滞环通常很小，所以可把流量曲线的一侧当作名义流量曲线使用	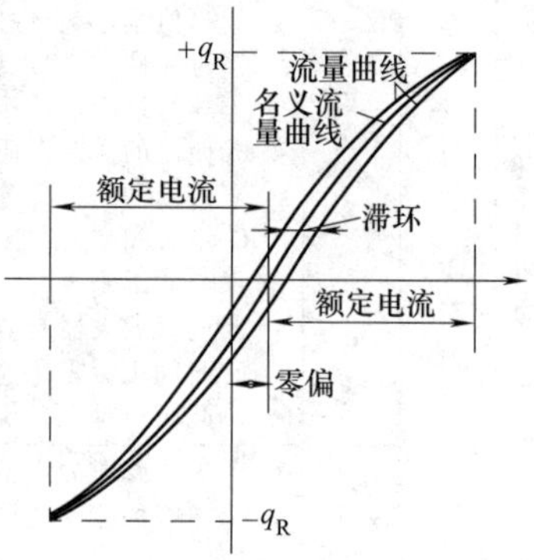 图(b)　流量曲线、额定流量、零偏、滞环
			流量增益	流量曲线上某点或某段的斜率称为该区段的流量增益。从名义流量曲线的零流量点向两极各作一条与名义流量偏差最小的直线，即为名义流量增益线，该直线的斜率称为名义流量增益。名义流量增益随输入电流动极性、负载压力大小等变化而变化。伺服阀的额定流量与额定电流之比称为额定流量增益。一般情况下，伺服阀只提供流量曲线及其名义增益指标数据 伺服阀的流量增益直接影响到伺服系统的开环放大系数，因而对系统的稳定性和品质要产生影响。在选用伺服阀时，要根据系统的实际需要来确定其流量增益的大小。在电液伺服系统中，由于系统的开环放大系数可由电子放大器的增益来调整，因此对伺服阀流量增益的要求不是很严格	
			非线性度	流量曲线的不直线性称为非线性度。它用名义流量曲线对名义流量增益线的最大电流偏差与额定电流的百分比表示，见图(c)，非线性度通常小于 7.5%	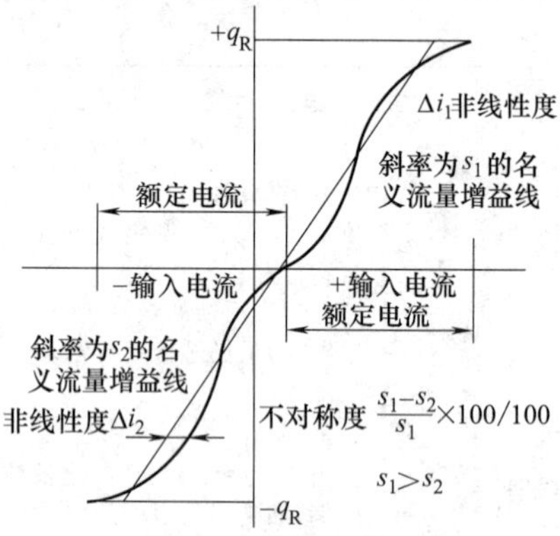 图(c)　名义流量增益、非线性度、不对称度
			不对称度	两个极性名义流量增益的不一致性称为不对称度，用两者之差较大者的百分比表示[图(c)]，一般要求不对称度小于 10%	
			滞环	伺服阀在输入电流缓慢地在正负额定电流之间变化一次，产生相同流量所对应的往返输入电流的最大差值与额定电流的百分比，称为滞环[图(b)]。伺服阀的滞环一般小于 5%，而高性能伺服阀的滞环小于 0.5% 伺服阀滞环是由于力矩马达磁路的磁滞现象和伺服阀中的游隙所造成的，滞环对伺服阀的精度有影响，其影响随着伺服放大器增益和反馈增益的增大而减小	
		分辨率		为使伺服阀输出流量发生变化所需的输入电流的最小值(它随输入电流大小和停留时间长短而变化)与额定电流的百分比，称为伺服阀的分辨率[图(d)]。伺服阀的分辨率一般小于 1%，高性能的伺服阀小于 0.4%甚至小于 0.1% 一般而言，油液污染将增大阀的黏滞而使阀的分辨率增大。在位置伺服系统中，分辨率过大则可能在零位区域引起静态误差或极限环振荡	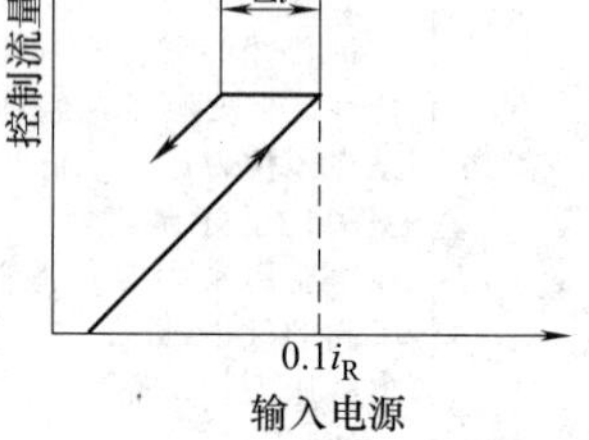 图(d)　伺服阀的分辨率

续表

<table>
<tr><th colspan="3">名称</th><th>特　　性</th><th>说明</th></tr>
<tr><td rowspan="2">零区特性</td><td colspan="4">电液流量伺服阀有零位、名义流量控制和流量饱和三个工作区域[图(e)]。在流量饱和区域，流量增益随输入电流的增大而减少，最终输出流量不再随输入电流增大而增大，这个最大流量称为流量极限。零位区域(简称零区)是伺服阀空载流量为零点的位置，此区域是功率级的重叠对流量增益起主要影响的区域，因此零区特性特别重要</td></tr>
<tr><td colspan="2">重叠</td><td colspan="2">重叠式阀在零位时，阀芯与阀套(阀体)的控制边在相对运动方向的重合量。用两级名义流量曲线近似直线部分的延长线与零流量线相交的总间隔与额定电流的百分比表示，见图(e)
伺服阀的重叠分为零重叠(零开口)、正重叠(负开口)和负重叠(正开口)三种情况[见图(f)]，零区特性因重叠情况不同而异
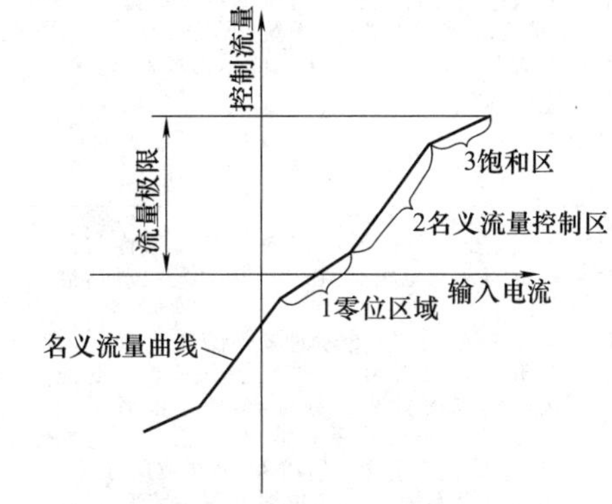

图(e)　伺服阀的工作区域
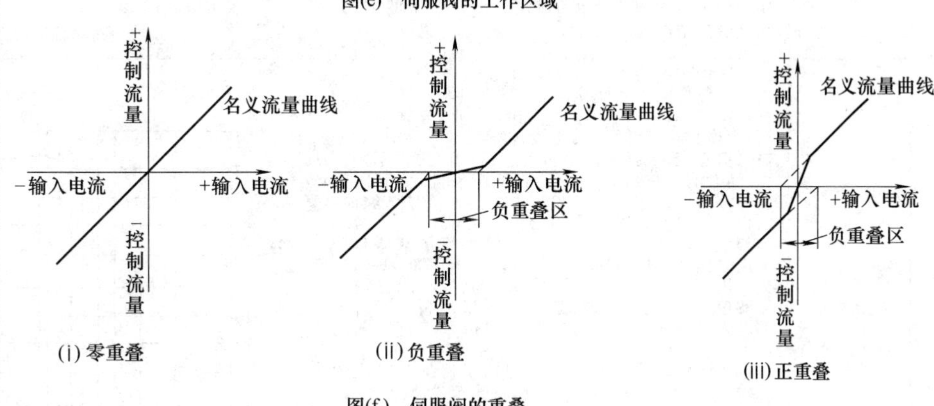

图(f)　伺服阀的重叠</td></tr>
<tr><td colspan="3">零位偏移
(零偏)</td><td colspan="2">由于组成元件的结构尺寸、电磁性能、水力特性和装配等因素的影响，伺服阀在输入电流为零时的输出流量并不为零，为了使输出流量为零，必须预加一个输入电流。使伺服阀处于零位所需的输入电流与额定电流的百分比称为零位偏移(简称零偏)。伺服阀的零偏通常小于3%</td></tr>
<tr><td colspan="2" rowspan="5">零位漂移(零漂)</td><td colspan="3">工作条件和环境条件发生变化时，引起零偏电流的变化，称为伺服阀的零漂，以与额定电流的百分比表示</td></tr>
<tr><td>供油压力零漂</td><td colspan="2">供油压力在额定工作压力的30%～110%范围内变化引起的零漂称为供油压力零漂。该零漂值通常小于±2%</td></tr>
<tr><td>回油压力零漂</td><td colspan="2">回油压力在额定工作压力的0～20%范围内变化引起的零漂称为回油压力零漂。该零漂值通常小于±2%</td></tr>
<tr><td>温度零漂</td><td colspan="2">工作油液温度每变化40℃引起的零漂，称为温度零漂。该零漂应小于±2%</td></tr>
<tr><td>零值电流零漂</td><td colspan="2">零值电流在额定电流的0～100%范围内变化引起的零漂，称为零值电流零漂。该零漂值应小于±2%。伺服阀的零漂会引起伺服系统的误差</td></tr>
</table>

续表

名称		特　　性	说明
零区特性	压力特性	压力特性曲线为输出流量为零(将两个负载口堵死)时,负载压降与输入电流呈回环状的函数曲线[图(g)] 在压力特性曲线上某点或某段的斜率称为压力增益,伺服阀的压力增益随输入电流而变化,并且在一个很小的额定电流百分比范围内达到饱和。压力增益通常规定为在最大负载压降的±40%之间,负载压降对输入电流的平均斜率 伺服阀的压力增益直接影响伺服系统的承载能力和系统刚度,压力增益大,则系统的承载能力强,系统刚度大,误差小。压力增益与阀的开口形式有关,零开口伺服阀的压力增益最大	图(g)　压力特性
	静耗流量特性(内泄特性)	输出流量为零时,由回油口流出的内部泄漏量称为静耗流量。静耗流量随输入电流变化,当阀处于零位时,静耗流量最大[图(h)] 为了避免功率损失过大,必须对伺服阀的最大静耗流量加以限制。对于两级伺服阀,静耗流量由先导级的泄漏流量和功率级的泄漏流量两部分组成,减小前者将影响阀的响应速度;后者与滑阀的重叠情况有关,较大重叠可以减少泄漏,但会使阀产生死区,并可能导致阀淤塞,从而使阀的滞环与分辨率增大。零位泄漏量对新阀可以作为衡量滑阀制造质量的指标,对使用中的旧阀可以反映其磨损情况	图(h)　静耗流量特性曲线
动态特性	频率响应特性(频域特性)	电液伺服阀的频率响应是指输入电流在某一频率内作等幅变频正弦变化时,空载流量与输入电流的百分比。频率响应特性用幅值比(分贝)与频率和相位滞后(度)与频率的关系曲线(波德图)表示,见图(i)。输入信号或供油压力不同,动态特性曲线也不同。所以,动态响应总是对于一定的工作条件,伺服阀的产品通常给出±10%、±100%两组输入信号试验曲线,而供油压力通常规定为 7MPa 幅值比是某一特定频率下的输入流量幅值与输入电流之比,除以一指定频率(输入电流基准频率,通常为 5 周/秒或 10 周/秒)下的输出流量与同样输入电流幅值之比。相位滞后是指某一指定频率下所测得的输入电流和与其相对应的输出流量变化之间的相位差 伺服阀的幅值比为－3dB(即输出流量为基准频率时输出流量的 70.7%)时的频率定义为幅频宽,以相位滞后达到－90°时的频率定义为相频宽。应取幅频宽和相频宽中较小者作为阀的频宽值。频宽是伺服阀动态响应速度的度量,频宽过低会影响系统的响应速度,过高会使高频传到负载上去,伺服阀的幅值比一般不允许大于 2dB 通常力矩马达喷嘴挡板式两级电液伺服阀的频宽在 100～130Hz 之间,动圈滑阀式两级电液伺服阀的频宽在 50～100Hz 之间,电反馈高频电液伺服阀的频宽可达 250Hz 甚至更高	图(i)　伺服阀的频率响应特性曲线
	瞬态响应特性(时域特性)	瞬态响应是指对电液伺服阀施加一个典型输入信号(通常为阶跃信号)时,阀的输出流量对阶跃输入电流跟踪过程中表现出的振荡衰减特性[图(j)]。反映电液伺服阀瞬态响应快速性的时域性能主要指标有超调量、峰值时间、响应时间和过渡过程时间 超调量 M_p 是指响应曲线的最大峰值 $E(t_{p1})$ 与稳态值 $E(\infty)$ 的差。峰值时间 t_{p1} 是指响应曲线从零上升到第一个峰值点所需要的时间。响应时间 t_r 是指从指令值(或设定值)的 5% 到 95% 的运动时间。过渡过程时间是指输出振荡衰减到规定值(通常为指令值的 5%)所用的时间 t_s	图(j)　伺服阀的瞬态响应特性曲线

续表

名称		特　　性	说明
动态特性	传递函数	在对电液伺服系统进行动态分析时，要考虑伺服阀的数学模型：微分方程或传递函数。其中传递函数应用较多。通常，伺服阀的传递函数 $G_{sv}(s)$ 可用二阶环节表示 $$G_{sv}(s)=\frac{Q(s)}{I(s)}=\frac{K_q}{\frac{s^2}{\omega_{sv}^2}+\frac{2\xi_{sv}}{\omega_{sv}}s+1} \quad (20\text{-}12\text{-}2)$$ 对于频率低于 50Hz 的伺服阀，其传递函数 $G_{sv}(s)$ 可用一阶环节表示，即 $$G_{sv}(s)=\frac{Q(s)}{I(s)}=\frac{K_q}{\frac{s}{\omega_{sv}}+1} \quad (20\text{-}12\text{-}3)$$	s——拉普拉斯(Laplace)算子 $I(s)$——控制电流的拉氏变换式 $Q(s)$——流量的拉氏变换式 ω_{sv}——伺服阀的频宽 ξ_{sv}——阻尼比，由试验曲线求得，通常 $\xi_{sv}=0.4\sim0.7$

12.2.3　电液伺服阀线圈接法

一般伺服阀有两个线圈，表 20-12-5 中列出了五种连接形式及特点，可根据需要进行选用。

表 20-12-5　　伺服阀线圈接法

序号	连接形式名称	连　接　图	特　　点
1	单线圈	1+ 2−	输入电阻等于单线圈电阻，线圈电流等于额定电流，可以减少电感的影响
2	单独使用两个线圈	1+ 2− 3+ 4−	一个线圈接输入控制信号，另一个线圈可用于调偏、接反馈或接颤振信号。如果只使用一个线圈，则把颤振信号叠加在控制信号上。适合模拟计算机作为电控部分的情况
3	双线圈串联连接	1+ 2 3 4−	线圈匝数加倍，输入电阻为单线圈电阻的两倍，额定电流为单线圈时的一半。额定电流和电功率小，易受电源电压变动的影响
4	双线圈并联连接	1+ 2− 3 + 4−	输入电阻为单线圈电阻的一半，额定电流等于单线圈时额定电流。一个线圈损坏时，仍能工作，但易受电源电压变动的影响

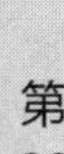
第20篇

续表

序号	连接形式名称	连 接 图	特　　点
5	双线圈差动连接	1+ 2− 3− 4+ i i　1− 2+ 3+ 4− i i	电路对称，温度和电源波动的影响可以互补

12.2.4　电液伺服阀使用注意事项

表 20-12-6　　**电液伺服阀使用注意事项**

电液伺服阀使用注意事项	① 油路安装完毕后，伺服阀装入系统前，必须用伺服阀清洗板代替伺服阀，对系统进行循环清洗，其油液清洁度应达到 ISO 标准的 15/12 级（5μm）或 NAS7 级以上 伺服阀安装工作环境应保持清洁，安装面无污粒附着。清洁时应使用无绒布或专用纸张。伺服阀安装座表面粗糙度值应小于 Ra1.6μm，表面平面度不大于 0.025mm；检查底面各油口的密封圈是否齐全。伺服阀的冲洗板应在安装前拆下，并保存起来，以备将来维修时使用 ② 不允许用磁性材料制造安装座，伺服阀周围也不允许有明显的磁场干扰 ③ 每个线圈的最大电流不要超过 2 倍额定电流 ④ 进油口和回油口不要接错，特别当供油压力达到或超过 20MPa 时 ⑤ 油箱应密封，并尽量选用不锈钢板材。油箱上应装有加油及空气过滤用滤清器 ⑥ 禁止使用麻线、胶黏剂和密封带作为密封材料 ⑦ 由于阀芯配合精度高、阀口开度小，伺服阀最突出的问题就是对油液的清洁度要求特别高，油液清洁度一般要求 ISO 标准的 15/12 级（5μm），航空上要求 ISO 标准的 14/11 级（3μm），否则容易因污染堵塞而使伺服阀及整个系统工作失常。系统设计时，通过控制系统的主泵出口设置高压过滤器、伺服阀前设置高压过滤器、主回油路设置低压过滤器、磁性过滤器和油箱顶盖设置空气过滤器等，并定期检查、更换和清洗过滤器滤芯，以防范污物和脏空气侵（混）入系统 ⑧ 对于长期工作的液压系统，应选较大容量的滤油器 ⑨ 动圈式伺服阀使用中要加颤振信号，有些还要求泄油直接回油箱，以及必须垂直安装 ⑩ 双喷嘴挡板式伺服阀要求先通油，后给电信号 ⑪ 每年定期取样检查，更换滤芯及工作液 ⑫ 伺服阀在未供压情况下，应尽量避免通入交变信号 ⑬ 用户在使用过程中，发现油污染，只能拆伺服阀滤油器组件，清洗或更换 ⑭ 使用中发生故障应返厂修理，用户不应自行分解 ⑮ 电液伺服阀通常采用定压液压源供油，几个伺服阀可共用一个液压油源，但必须减少相互干扰。油源应采用定量泵或压力补偿变量泵，并通过在油路中接入蓄能器以减少压力波动和负载流量变化对油源压力的影响，通过设置卸荷阀减少系统无功损耗和发热 ⑯油管采用冷拔钢管和不锈钢管，管接头处不能用胶黏剂；油管必须进行酸洗、中和及钝化处理，并用干净压缩空气吹干 ⑰ 油箱注入新油时，要先经过一个名义过滤精度为 5μm 的过滤器 ⑱ 伺服阀通电前，务必按说明书检查控制线圈与插头线脚的连接是否正确。闲置未用的伺服阀，投入使用前应调整其零点，且必须在伺服阀试验台上调零；如装在系统上调零，则得到的实际上是系统的零点。由于每台阀的制造及装配精度有差异，因此使用时务必调整颤振信号的频率及振幅，以使伺服阀的分辨率处于最高状态 ⑲ 由于力矩马达式伺服阀内的弹簧壁厚只有百分之几毫米，有一定的疲劳极限；反馈杆的球头与阀芯间隙配合，容易磨损；其他各部分结构也有一定的使用寿命，因此伺服阀必须定期检修或更换。工业控制系统连续工作情况下 3～5 年应予更换

12.2.5　电液伺服阀故障现象和原因

电液伺服阀是液压伺服系统中用于系统压力、位置、速度等物理量的控制与调整，是联系系统电信号与液压信号的桥梁，是液压伺服系统的心脏。电液伺服阀故障频度直接制约着生产的正常进行，减少和预防重复故障将获得显著的经济效益。

下面以双喷嘴挡板力反馈式两级伺服阀为例，讨论电液伺服阀经常出现的故障原因。

电液伺服阀的故障类型呈多样性，按其故障形式分电气与机械液压两大类故障。

电气类故障又可分为伺服放大器故障、阀线圈故障与传感器故障（双喷嘴挡板力反馈式两级伺服阀一般无 LVDT 传感器)。值得注意的是在生产现场使用中还经常发生因电气插头脱焊引起的故障。这类故障发生频率较高的原因是阀线圈电流过大烧断，或四芯插座因人为因素造成接线断裂等原因。

机械液压类的故障形式繁多，变化各异，其典型故障大致可分为小球磨损、主阀套密封破损、滤芯阻塞、主阀芯控制窗口棱边磨损、阀芯卡死或卡滞。其中故障频度最高的是小球磨损与主阀套密封破损。

表 20-12-7　电液伺服阀故障现象和原因

	故障现象	故障原因
伺服阀主要故障和故障原因	伺服阀无压力输出	①无信号输入。可能是信号线内部断线或焊点虚焊脱开，或是检修后忘记插上信号线 ②控制线圈烧坏。由于伺服阀控制线圈通常都会串有电流表和保险管，一般不会被烧坏，但若时间长老化了，也会出现这种情况。若控制线圈烧坏，只有更换线圈 ③与伺服阀控制线圈串联的保险管熔断。给伺服阀电波信号没有反应，电流表也无动作，查找电路，会发现保险管烧坏 ④滑动阀芯卡死。通常是液压油过脏，或是阀芯密封圈磨损掉块，致使阀芯卡住不能滑动。其他原因有：阀芯密封圈磨损严重；液压泵未能正常启动或严重损坏，不能提供液压压力；卸荷阀门被打开，液压油直接回油箱 ⑤前置级堵塞，使得阀芯正好卡在中间死区位置，阀芯卡在中间位置这种故障概率较低 ⑥马达线圈串联或并联两线圈接反了，两线圈形成的磁作用力正好抵消
	伺服阀压力输出滞后有振荡	伺服阀内部脏、液压油脏；过滤器滤网堵塞，过油不畅；控制反馈电路调整不当，可以通过反复调整至合适的值，直至各点均不振荡
	泵一旦启动伺服阀就一直有压力输出	① 开机启动液压站，伺服阀就有压力输出，反复调节没有反应，但与之串联的电流表有显示，其原因是伺服阀阀芯卡死在某一开口位置，致使压力一直输出。将伺服阀拆解后，就会发现阀芯卡死，清洗出脏物(如密封圈碎块)，更换新的密封圈，可恢复正常 ② 控制反馈电路的零点调节不当，造成零点过高 ③ 与伺服阀内腔差动液压相平衡的弹性元件严重变形或损坏
	阀有一固定输出，但已失控	前置级喷嘴堵死，阀芯被脏物卡着及阀体变形引起阀芯卡死等，或内部保护滤器被脏物堵死。要更换滤芯，返厂清洗、修复
	阀反应迟钝、响应变慢等	有系统供油压力降低，保护滤器局部堵塞，某些阀调零机构松动，力矩马达零部件松动，或动圈阀的动圈跟控制阀芯间松动。系统中执行动力元件内漏过大，又是一个原因。此外油液太脏，阀分辨率变差，滞环增宽也是原因之一
	系统出现频率较高的振动及噪声	油液中混入空气量过大，油液过脏；系统增益调得过高，来自放大器方面的电源噪声，伺服阀线圈与阀外壳及地线绝缘不好，似通非通，颤振信号过大或与系统频率关系引起的谐振现象，再则相对低频的系统而选了过高频率的伺服阀
	阀输出忽正忽负，不能连续控制，成“开关”控制	伺服阀内反馈机构失效，或系统反馈断开，否则是出现某种正反馈现象
	漏油	安装座表面加工质量不好、密封不住。阀口密封圈质量问题，阀上堵头等处密封圈损坏。如果马达盖与阀体之间漏油，可能是弹簧管破裂、内部油管破裂等

续表

<table>
<tr><td rowspan="6">伺服阀故障的判别</td><td>故障现象</td><td colspan="2">故 障 原 因</td></tr>
<tr><td rowspan="5">以静、动态曲线来判断故障</td><td colspan="2">无载流量控制特性曲线表明了伺服阀的流量增益、静态滞后的宽度(滞环和游隙)、线性度、对称性等，更重要的是它反映伺服阀零位特性的类型及阀芯阀套的配合性能。零位处的流量增益也反映了阀芯阀套的对中情况。但零位处的流量增益因流量传感器的检测精度影响，一般很难判别。在实际曲线中，小球的磨损可以从无载流量控制特性曲线中很明确地反映出来
压力增益特性曲线反映了伺服阀的零位压力灵敏度，是阀芯控制窗口棱边磨损、阀芯与阀套配合间隙和摩擦因数以及对中情况的度量。在实际使用中，压力增益的下降对阀系数影响不大，但曲线所反映的滞环与零偏却有重要的实用意义。滞环反映了伺服阀力矩马达游隙大小和阀芯与阀套之间的污染情况及摩擦阻力，而零偏是阀芯阀套对中好坏的标志
内泄漏特性反映的泄漏是喷嘴挡板及滑阀泄漏量的总和，正常状态时其零位泄漏量最大，正常的泄漏量曲线呈马鞍形，它是阀液压功率损耗的度量。可以通过零位泄漏来判断阀芯控制窗口棱边磨损的情况。内泄漏曲线的畸变是判断阀套密封是否破损的主要依据
动态特性曲线实际上反映的是一个力矩马达带动一个小滑阀(轻型负载)的动态性能，因此曲线反映的信息量多为力矩马达级各参数的影响。但由于伺服阀实际存在的非线性因素以及用经典频率响应正弦分析法时带来的非线性影响，这些非线性因素是对动态特性分析造成失真的主要原因。在实际使用中，以动态性能指标来整体衡量力矩马达的状态是相当有效的，但进一步细化有实际困难</td></tr>
<tr><td>小球磨损对阀性能的影响</td><td>对于一个零开口的伺服阀来讲，小球磨损相当于阀零开口区附近力反馈回路的一个线性控制环节中加了一个非线性因素，因此在无载流量控制特性曲线上反映出一个无载流量增益的突跳，当小球磨损严重时会引起阀零开口性能的变坏。在实际测试与维修中，小球磨损程度可以用流量增益的突跳量来判断。下表是对某两种流量相同的 32 个电液伺服阀流量突跳和小球磨损量对照统计数
伺服阀的流量突跳和小球磨损<table><tr><td>流量突跳/L·min^{-1}</td><td>≤0.7</td><td>0.8～1.6</td><td>>1.6</td></tr><tr><td>小球磨损/μm</td><td>≤10</td><td>10～20</td><td>>20</td></tr><tr><td>磨损程度</td><td>轻度</td><td>中等</td><td>严重</td></tr></table>小球磨损引起的流量突跳在轻度时对压力增益几乎无影响，对动态性能的影响主要表现为系统稳定性下降。在实际使用中，流量突跳在无载流量控制特性曲线中的位置与伺服阀的使用工况有关。伺服阀工况不同，小球与阀芯小球定位槽的接触位置也不相同，所以流量突跳位置也不同，因此可以改变伺服阀使用工况来延长其使用寿命</td></tr>
<tr><td>永久磁铁的退磁对阀性能的影响</td><td>力矩马达中的永久磁铁退磁或磁性下降也是在使用中经常发生的故障之一，主要是由使用年限过长或外磁场干扰和力矩马达磁屏蔽不当引起。退磁主要影响力矩马达特性，使无载流量增益减小和伺服阀的频宽下降</td></tr>
<tr><td>阀套密封破损对阀性能的影响</td><td>阀套密封的故障频度与伺服阀的使用工况密切相关。对于使用工况比较严格的伺服阀，因长期工作在高温、高压环境下，长期受交变压力的冲击，密封受到交变挤切并进而使之破损，长期受高温影响时密封会失去弹性、硬化变脆进而断裂破损，引起故障。在此类故障中，阀套高压腔侧的密封尤为严重。阀套密封损坏会导致压力增益下降、零位偏移、内泄漏曲线严重畸变、零位泄漏明显增大，并且在零位区外其量值趋向定值。阀套密封破损对无载流量特性会引起流量不对称，但影响较轻；对阀动态特性的幅频特性无明显影响，而相频特性会明显减小，严重时影响会更大</td></tr>
<tr><td>主阀芯棱边磨损与主阀芯径向磨损对阀性能的影响</td><td>主阀芯控制窗口的工作棱边和主阀芯的径向间隙因油液的污染引起磨损，但只要油液污染度控制在规定使用的范围内，在阀的使用寿命内，这两种故障形式很少发生。这是因为小球磨损的故障较主阀芯棱边磨损早发生。但在主阀芯发生卡死而修复后，主阀芯控制窗口的棱边磨损就经常伴随发生。在实际使用中，它对阀的零位特性影响极为明显，但对其他静、动特性无显著影响</td></tr>
</table>

续表

<table>
<tr><th colspan="2">故障现象</th><th colspan="2">故障原因</th></tr>
<tr><td rowspan="6">伺服阀故障的判别</td><td rowspan="2">以静、动态曲线来判断故障</td><td>主阀芯卡死、卡滞对阀性能的影响</td><td>主阀芯的卡死、卡滞主要由油液的污染引起。主阀芯卡滞时，伺服阀无载流量特性曲线严重发生畸变，流量增益和压力增益明显下降，滞环增大，阀的动态性能也明显下降，阀不能正常工作。当油液污染严重时，阀产生卡死，伺服控制功能全部丧失</td></tr>
<tr><td>喷嘴堵塞、节流孔堵塞、内部滤芯堵塞对阀性能的影响</td><td>因油液污染引起它们中间每一种情况的全部堵塞，则阀功能丧失。如果是引起每一种情况的部分堵塞，则无载流量特性曲线畸变成严重非线性、压力增益下降、零偏增大、频宽下降、稳定性变坏、阀整体性能变差。这类故障与液压系统的技术管理相关，采用先进的点检管理，使这类故障发生的频度很低</td></tr>
<tr><td rowspan="4">以现代分析方法和人工智能来辨识故障</td><td colspan="2">以经典的静、动态曲线分析伺服阀的故障，已在过去的若干年中得到广泛应用，但也存在着不少缺陷，例如数据判读性差、定量分析难、对人员素质要求高、判读时间长、对复合型故障判读命中率低等缺点。近年来计算机技术的迅猛发展，使人工智能进入了故障辨识领域。宝钢在进行多年探索后，以伺服阀计算机辅助测试为基础，运用人工智能技术对伺服阀故障进行离线故障辨识，该技术成功应用标志着人工智能进入了液压检测的实用领域</td></tr>
<tr><td colspan="2">借助计算机技术对伺服阀测试数据进行状态特征信号提取、征兆提取、状态识别和精确判读　经典的静、动态测试以曲线为主要观察对象，缺乏精确定量分析能力，借助计算机技术，在 Windows 的环境下，运用动态链接库(DLL)技术，对各试验曲线进行数据提取、处理、识别与判读，使各种有用参数进行精确定量分析成为可能。表面看来，这项技术的应用并非难事，其实不然，它取决于测试方法的合理、传感器的精度与稳定性足够好以及数据处理得当。因此，这些都是应用人工智能辨识故障成败的关键</td></tr>
<tr><td colspan="2">伺服阀故障的多重性使得运用人工智能分析与辨识故障难度增加。力矩马达或喷嘴挡板的故障将直接影响滑阀级的性能。而滑阀的阀芯卡滞等故障又会影响力矩马达和喷嘴挡板的正常工作。至于污染引起的故障更是多方面的，它导致节流孔、喷嘴的堵塞，主阀芯的异常磨损或卡滞等多种故障同时产生，这给分析故障带来了不确定因素。同样当产生某故障时，在被诊断各曲线中都有不同程度的反映，这给分析故障带来了多重因素
此外由于存在“边缘故障”问题，也使诊断带来了复杂性。所谓“边缘故障”是指不能明确判别故障是否处于已发生的状态。这些因素对运用人工智能来判断故障带来了多样性、不确定性和复杂性。在人工智能辨识故障中引入专家系统为实现故障诊断的人工智能化带来了便利</td></tr>
<tr><td colspan="2">应用现代谱分析技术对伺服阀的动态特性进行研究和探索，以伪随机信号作为系统输入信号对电液伺服阀进行频率特性检测，实验结果表明利用谱分析法进行伺服阀动态性能检测，其测试结果与试验条件相关性很小，并且可在输入信号很小(阀额定电流的 3%左右)的情况下，获得满意的测试结果。这一特征为今后伺服阀的在线故障诊断提供了实验基础。经典的频率特性的正弦分析法在一个正弦波周期内，伺服阀的各种非线性因素随着工作点的变动而不断地交替作用。因此当供油压力变化和阀电流改变，伺服阀各种非线性因素的影响也不相同。这是导致频率响应正弦分析法依赖于试验条件的主要原因
伪随机信号的谱分析法是在伺服阀的某工作点以小信号输入进行测试，在该工作点附近可以认为伺服阀在一个线性系统中工作，所得的特性是该工作点的频率特性。而在伺服阀零位工作点以正负对称的伪随机小信号进行实验，这是阀经常工作的正常位置，因为实验条件决定了伺服阀受非线性因素的影响较小，故所测的频率特性更能反映阀的品质</td></tr>
</table>

12.3　伺服放大器

伺服放大器是电液伺服控制系统的重要组成部分，它与电-机械转换器相匹配，以改善电液伺服阀或系统的稳态和动态性能。其负载通常是力矩马达、动圈式力矩马达。

表 20-12-8　伺服放大器

<table>
<tr><td>性能要求</td><td>① 具有所要求的线性增益
② 方便的零点和增益调整方式
③ 具有所需要的频率特性
④ 响应速度快
⑤ 具有足够的输出功率</td><td>⑥ 要有过载保护电路
⑦ 抗干扰能力强，有很好的稳定性和可靠性
⑧ 控制功能强，能实现控制信号的生成、处理、综合、调节、放大
⑨ 输入输出参数、连接端口和外形尺寸标准化、规范化</td></tr>
</table>

续表

伺服放大器

伺服放大器是驱动伺服阀的直流功率放大器，一般模拟放大器的前置级为电压放大，功率级为电流放大。其作用是将输入指令信号(电压)同系统反馈信号(电压)进行比较、放大和运算后，输出一个与偏差电压信号成比例的控制电流给伺服阀力矩马达控制线圈，控制伺服阀阀芯开度大小，并起限幅保护作用

伺服放大器作为驱动电液伺服阀的一种电子设备，相应参数有一定要求：①输入电压在±10V内，方便计算机和可编程控制器等指令元件实现控制；②输出电流±10～±100mA可调，以便适应各种型号力矩马达伺服阀；③伺服放大器线性度误差小于3%FS(FS指满量程)；④具有反馈接入端，以便构成闭环控制系统；⑤为适应伺服系统高频响的特性，伺服放大器频宽大于1200Hz；⑥具有最大输出电流限制和输出短路保护功能，可限制伺服阀最大流量和防止输出线路短接导致故障

伺服放大器由指令和反馈比较处理、调零电路、限流电路、前置放大、功率放大等功能模块组成，其结构框图如图(a)所示

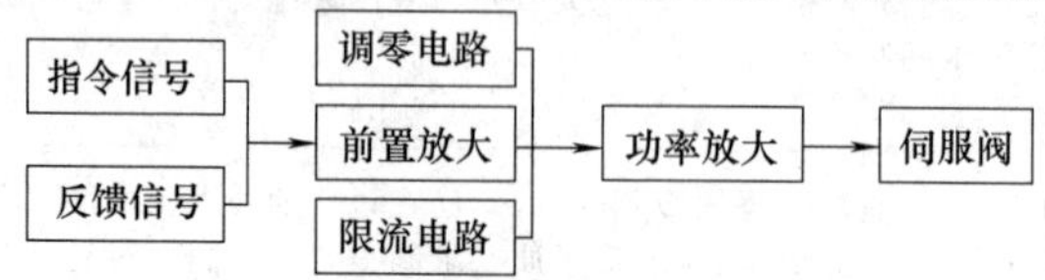

图(a) 伺服放大器的结构框图

图(b)为一伺服放大器的具体电路原理图的例子

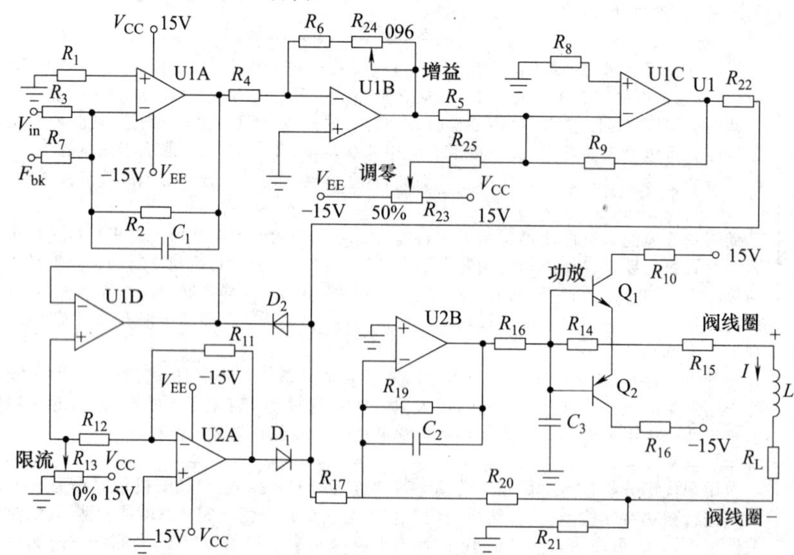

图(b) 伺服放大器原理图

前置放大电路的作用是把指令和反馈输入信号进行比较和放大，也可以是减增益放大，以适应功率放大级的工作要求，也即是电压匹配的过程。该电路V_{in}、F_{bk}分别为输入信号和反馈信号，通过电位器R_{24}调节电路增益，使其适应功率放大电路的要求，使电路电压前后级达到匹配

调零电路的作用是通过在前置放大电路叠加可调电压，调整电路基准电压。通过调节电位器R_{23}进行零偏补偿，克服伺服放大器系统偏置

限流电路的作用是限定流过伺服阀线圈的最大电流，避免线圈过载，保护伺服阀，限制液压系统最大流量。该电路由运放U1D、U2A，二极管D_1、D_2和可调电压源构成，通过电位器R_{13}调节功率放大级的输入电压的幅度，达到限定输出电流目的

功率放大电路是伺服放大器的核心单元，放大器的静态和动态性能很大程度上取决于这一部分，功率放大级必须能输出足够的功率，并有良好的抗干扰能力和静、动态性能，此外还需具备接受颤振信号等功能。颤振信号发生器的作用是生成频率和振幅可调的颤振信号，以减小伺服阀的滞环，提高伺服阀的灵敏度

功率放大电路的作用是将小功率电压信号转换放大为功率较大的电流信号，以便提供足够的伺服阀额定电流，以驱动负载。该电路利用NPN和PNP型三极管的基极和发射级相互连接在一起，信号从基极输入，发射极输出。电路可看成由2个射极输出器组合而成，构成推挽功率放大电路，分别在输入信号正负半周期内工作。另外，还可在输出电流中叠加一个由8038芯片产生的高频颤振信号，以提高伺服阀分辨率和防止由于库仑摩擦力导致的阀芯卡滞

伺服阀线圈为伺服放大器的负载，相当0.3H电感和80Ω电阻组成的感性阻抗，为了使功率级的输出控制电流正比于输入电压信号，采用了电阻R_{21}与负载线圈串联，并将其上电压经电阻R_{20}反馈到放大器的反相输入端，实现闭环控制，精确调整功率级输出电流。因为功率级反馈电压是由电流产生的，故称为电流负反馈。引入电流负反馈以后，在额定负载范围内，负载阻抗变化基本不影响功率级输出电流变化，伺服放大器相当一个恒流源

续表

伺服放大器	根据运放虚短和虚断原理，可以推出 $$V_{in}=\frac{(R_{17}+R_{22})R_{21}I}{KR_{20}} \quad (20\text{-}12\text{-}4)$$ 式中，K 为前置放大电路增益 伺服放大器输出电流和输入电压成线性，并和负载无关 控制变量的设定值与实际值的比较，是在系统控制电子放大器中进行的。换言之，系统偏差运算在这里进行。然后偏差被放大，并经一个确定的传递特性(PID 运算)处理。最后作为控制变量，输入伺服阀
数字控制放大器	放大器并非只有产生和处理模拟信号(以直流形式)一种形式，采用数字方法也行，此时，信号是以一串二进制数字表示的。价格合适的微处理机的来临，意味着这种技术已取得突飞猛进的发展 一旦采用数字技术，所有的计时步骤都必须按照严格顺序一条一条地执行。这意味着微机的时钟周期是至关重要的。尽管从严格意义上讲，它的输出信号不是连续的，而是根据数字运算结果呈阶跃式的，但在实际使用中被认为是连续的 这种技术的优点，在于它的高精度和所有的控制参数都能用软件编程得到。这允许基于万能基本通用模块方法来进行设计。人们可以相信，随着微机的使用，必然会给电液控制工程和比例技术带来更加广泛和持久的影响

12.4 电液伺服系统设计

12.4.1 全面理解设计要求

表 20-12-9　电液伺服系统设计要求

了解被控对象	液压伺服控制系统是被控对象——主机的一个组成部分，它必须满足主机在工艺上和结构上对其提出的要求。例如轧钢机液压压下位置控制系统，除了应能够承受最大轧制负载，满足轧钢机轧辊辊缝调节最大行程、调节速度和控制精度等要求外，执行机构——压下液压缸在外形尺寸上还受轧钢机窗口尺寸的约束，结构上还必须保证满足更换轧辊方便等要求。要设计一个好的控制系统，必须充分重视这些问题的解决。所以设计师应全面了解被控对象的工况，并综合运用电气、机械、液压、工艺等方面的理论知识，使设计的控制系统满足被控对象的各项要求	
明确设计系统的性能要求	被控对象的物理量	位置、速度或是力
	静态极限	最大行程、最大速度、最大力或力矩、最大功率
	要求的控制精度	由给定信号、负载力、干扰信号、伺服阀及电控系统零漂、非线性环节(如摩擦力、死区等)以及传感器引起的系统误差、定位精度、分辨率和允许的飘移量等
	动态特性	相对稳定性可用相位裕量和增益裕量、谐振峰值和超调量等来规定，响应的快速性可用截止频率或阶跃响应的上升时间和调整时间来规定
	工作环境	主机的工作温度、工作介质的冷却、振动与冲击、电气的噪声干扰以及相应的耐高温、防水防腐蚀、防振等要求
	特殊要求	设备重量、安全保护、工作的可靠性以及其他工艺要求
负载特性分析	正确确定系统的外负载是设计控制系统的一个基本问题。它直接影响系统的组成和动力元件参数的选择，所以分析负载特性应尽量反映客观实际。液压伺服系统的负载类型有惯性负载、弹性负载、黏性负载、各种摩擦负载(如静摩擦、动摩擦等)以及重力和其他不随时间、位置等参数变化的恒值负载等	

12.4.2 拟订控制方案、绘制系统原理图

在全面了解设计要求之后，可根据不同的控制对象，按表 20-12-10 所列的基本类型选定控制方案并拟订控制系统的方块图。如对直线位置控制系统一般采用阀控液压缸的方案，方块图如图 20-12-1 所示。

现代机器的运动控制很大程度上是一个轴控制的问题。当今工业设备都是多轴运动，越来越多地由伺服阀或比例阀提供电液控制。轴运动可以是开环也可以是闭环，这取决于实际应用中要求的精度。在很多应用中确定控制方案时，运动循环并不要求很高精度就可用开环，而当要求对油缸定位时，必须用闭环。

开环运动控制轴控制由向伺服阀或比例阀输入参考信号实现，没有对被调液压参数的反馈。开环控制系统的精度严格地取决于液压系统的品质尤其是伺服阀或比例阀和放大器的品质。

轴控制由向闭环控制器提供输入信号实现，控制中枢处理单元器通过油缸传感器接受被调液压参数的反馈信号并比较两信号，控制器将信号差值进行处理并传送给伺服阀或比例阀，以校正阀调整量使之符合PID控制环要求。

与开环控制相比，闭环控制精度要好得多，由于有反馈的存在，不易受外部环境干扰。总之，液压系统整体品质越高，轴控制精度越高。

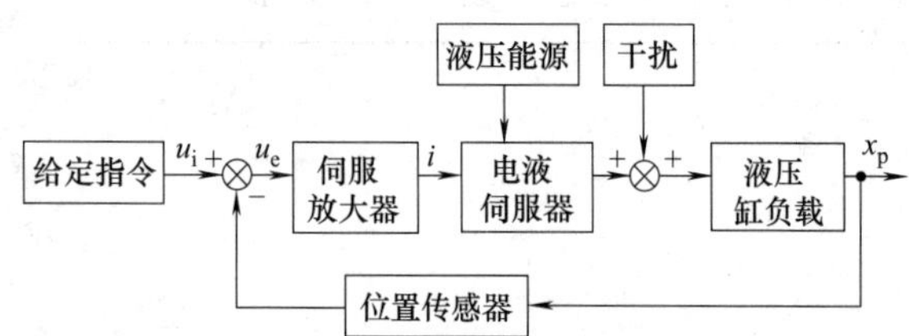

图 20-12-1　阀控液压缸位置控制系统方块图

表 20-12-10　液压伺服系统控制方式的基本类型

伺服系统	控制信号	控制参数	运动类型	元件组成
机液 电液 气液 电气液	模拟量 数字量 位移量	位置、速度、加速度、力、力矩、压力	直线运动 摆动运动 旋转运动	①阀控制：阀-液压缸，阀-液压马达 ②容积控制：变量泵-液压缸；变量泵-液压马达；阀-液压缸-变量泵-液压马达 ③其他：步进式力矩马达

12.4.3　动力元件的参数选择

动力元件是伺服系统的关键元件。它的一个主要作用是在整个工作循环中使负载按要求的速度运动。其次，它的主要性能参数能满足整个系统所要求的动态特性。此外，动力元件参数的选择还必须考虑与负载参数的最佳匹配，以保证系统的功耗最小，效率高。

动力元件的主要参数包括系统的供油压力、液压缸的有效面积（或液压马达排量）、伺服阀的流量。当选定液压马达作执行元件时，还应包括齿轮的传动比。

表 20-12-11　　动力元件的参数选择

<table>
<tr><td>供油压力的选择</td><td colspan="3">选用较高的供油压力，在相同输出功率条件下，可减小执行元件——液压缸的活塞面积(或液压马达的排量)，因而泵和动力元件尺寸小、质量轻，设备结构紧凑，同时油腔的容积减小，容积弹性模量增大，有利于提高系统的响应速度。但是随供油压力增加，由于受材料强度的限制，液压元件的尺寸和重量也有增加的趋势，元件的加工精度也要求提高，系统的造价也随之提高。同时，高压时，泄漏大，发热高，系统功率损失增加，噪声加大，元件寿命降低，维护也较困难。所以条件允许时，通常还是选用较低的供油压力
常用的供油压力等级为7MPa到31.5MPa，可根据系统的要求和结构限制条件选择适当的供油压力</td></tr>
<tr><td rowspan="2">伺服阀流量与执行元件尺寸的确定</td><td></td><td>说　明</td><td>解释</td></tr>
<tr><td>动力元件的输出特性</td><td>如上所述，动力元件参数选择除应满足拖动负载和系统性能两方面的要求外，还应考虑与负载的最佳匹配。下面着重介绍与负载最佳匹配问题
将伺服阀的流量——压力曲线经坐标变换($F_L=p_LA_p$；$v=q_L/A_p$)绘于v-F_L平面上，所得的抛物线即为动力元件稳态时的输出特性，见图(a)
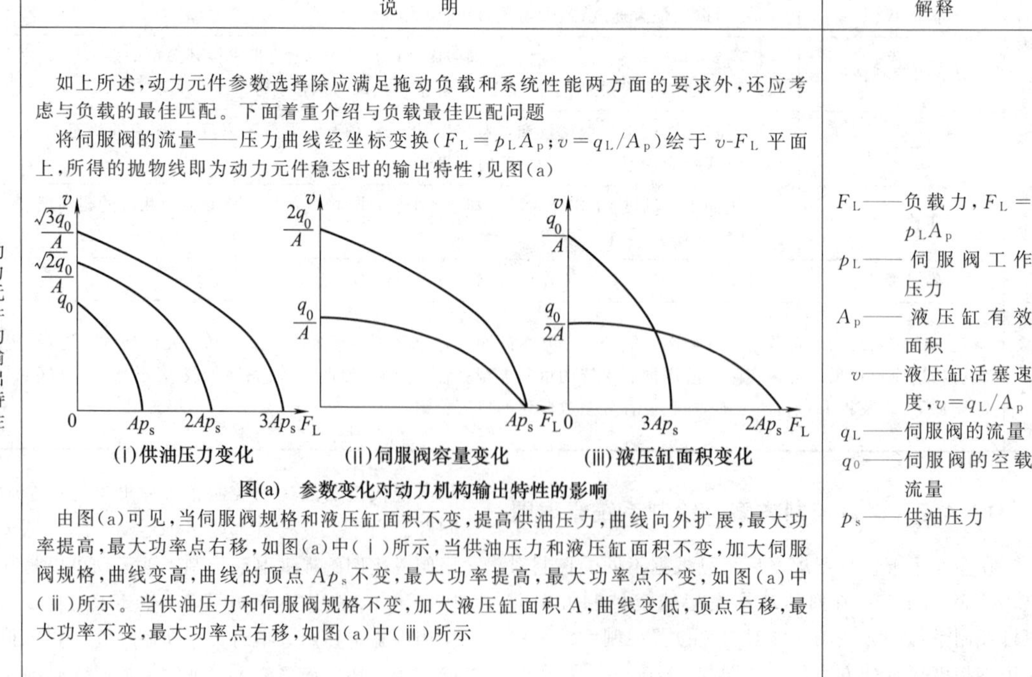
图(a)　参数变化对动力机构输出特性的影响
由图(a)可见，当伺服阀规格和液压缸面积不变，提高供油压力，曲线向外扩展，最大功率提高，最大功率点右移，如图(a)中(ⅰ)所示，当供油压力和液压缸面积不变，加大伺服阀规格，曲线变高，曲线的顶点Ap_s不变，最大功率提高，最大功率点不变，如图(a)中(ⅱ)所示。当供油压力和伺服阀规格不变，加大液压缸面积A，曲线变低，顶点右移，最大功率不变，最大功率点右移，如图(a)中(ⅲ)所示</td><td>F_L——负载力，$F_L=p_LA_p$
p_L——伺服阀工作压力
A_p——液压缸有效面积
v——液压缸活塞速度，$v=q_L/A_p$
q_L——伺服阀的流量
q_0——伺服阀的空载流量
p_s——供油压力</td></tr>
</table>

续表

伺服阀流量与执行元件尺寸的确定	负载最佳匹配图解法	在负载轨迹曲线 v-F_L 平面上，画出动力元件输出特性曲线，调整参数，使动力元件输出特性曲线从外侧完全包围负载轨迹曲线，即可保证动力元件能够拖动负载。在图(b)中，曲线 1、2、3 代表三条动力元件的输出特性曲线。曲线 2 与负载轨迹最大功率点 c 相切，符合负载最佳匹配条件，而曲线 1、3 上的工作点 a 和 b，虽能拖动负载，但效率都较低
	负载最佳匹配的解析法	参见液压动力元件的负载匹配
	近似计算法	在工程设计中，设计动力元件时常采用近似计算法，即按最大负载力 F_{Lmax} 选择动力元件。在动力元件输出特性曲线上，限定 $F_{Lmax} \leqslant p_L A_p = \frac{2}{3} p_s A_p$，并认为负载力、最大速度和最大加速度是同时出现的，这样液压缸的有效面积可按下式计算 $$A_p = \frac{F_{Lmax}}{p_L} = \frac{m\ddot{x} + B\dot{x} + kx + F}{\frac{2}{3} p_s} \quad (20\text{-}12\text{-}5)$$ 按式(20-12-5)求得 A 值后，可计算负载流量 q_L，即可根据阀的压降从伺服阀样本上选择合适的伺服阀。近似计算法应用简便，然而是偏于保守的计算方法。采用这种方法可以保证系统的性能，但传递效率稍低 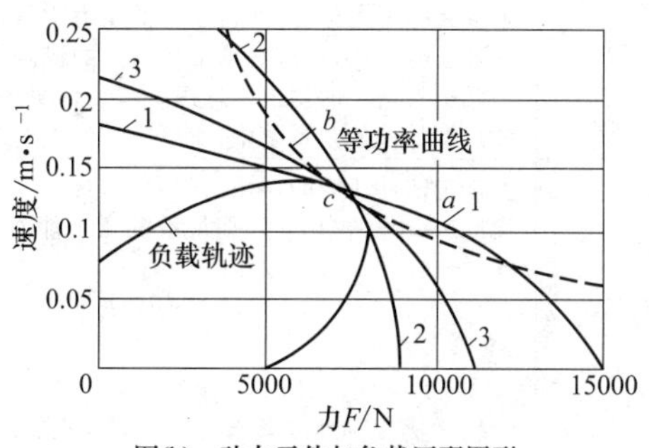 图(b)　动力元件与负载匹配图形
	按液压固有频率选择动力元件	对功率和负载很小的液压伺服系统来说，功率损耗不是主要问题，可以根据系统要求的液压固有频率来确定动力元件 四边滑阀控制的液压缸，其活塞的有效面积为 $$A_p = \sqrt{\frac{V_0 m}{2\beta_e}}\omega_h \quad (20\text{-}12\text{-}6)$$ 二边滑阀控制的液压缸，其活塞的有效面积为 $$A_p = \sqrt{\frac{V_0 m}{\beta_e}}\omega_h \quad (20\text{-}12\text{-}7)$$ 液压固有频率 ω_h 可以按系统要求频宽的 5～10 倍来确定。对一些干扰力大、负载轨迹形状比较复杂的系统，不能按上述的几种方法计算动力元件，只能通过作图法来确定动力元件 计算阀控液压马达组合的动力元件时，只要将上述计算方法中液压缸的有效面积 A_p 换成液压马达的排量 D_m，负载力 F_L 换成负载力矩 T_L，负载速度换成液压马达的角速度 $\dot{\theta}_m$，就可以得到相应的计算公式。当系统采用了减速机构时，应注意把负载惯量、负载力、负载的位移、速度、加速度等参数都转换到液压马达的轴上才能作为计算的参数。减速机构传动比选择的原则是：在满足液压固有频率的要求下，传动比最小，这就是最佳传动比
伺服阀的选择		在伺服阀选择中常常考虑的因素有： ①阀的工作性能、规格 ②工作可靠、性能稳定、一定的抗污染能力 ③价格合理 ④工作液、油源 ⑤电气性能和放大器 ⑥安装结构，外形尺寸等

续表

伺服阀的选择	按控制精度等要求选用伺服阀	系统控制精度要求比较低时，还有开环控制系统、动态不高的场合，都可以选用工业伺服阀甚至比例阀。只有要求比较高的控制系统才选用高性能的电液伺服阀，当然它的价格亦比较高	
	按用途选用伺服阀	电液伺服阀有许多种类，许多规格，分类的方法亦非常多，而只有按用途分类的方法对选用伺服阀是比较方便的。按用途分有通用型阀和专用型阀。专用型阀使用在特殊应用的场合，例如高温阀，防爆阀，高响应阀，裕度阀，特殊增益阀，特殊重叠阀，特殊尺寸、特殊结构阀，特殊输入、特殊反馈的伺服阀等。还有特殊的使用环境对伺服阀提出特殊的要求，例如抗冲击、震动、三防、真空等 通用型伺服阀还分通用型流量伺服阀和通用型压力伺服阀。在力(或压力)控制系统中可以用流量阀，也可以用压力阀。压力伺服阀因其带有压力负反馈，所以压力增益比较平缓、比较线性，适用于开环力控制系统，作为力闭环系统也是比较好的。但因这种阀制造、调试较为复杂，生产也比较少，选用困难些。当系统要求较大流量时，大多数系统仍选用流量控制伺服阀。在力控制系统用的流量阀，希望它的压力增益不要像位置控制系统用阀那样要求较高的压力增益，而希望降低压力增益，尽量减少压力饱和区域，改善控制性能。虽然在系统中可以通过采用电气补偿的方法，或有意增加压力缸的泄漏等方法来提高系统性能和稳定性等，在订货时仍需向伺服阀生产厂家提出低压力增益的要求。通用型流量伺服阀是用得最广泛、生产量亦最大的伺服阀，可以应用在位置、速度、加速度(力)等各种控制系统中，所以应该优先选用通用型伺服阀	
	伺服阀规格的选择	首先估计所需的作用力的大小，再来决定油缸的作用面积。满足以最大速度推拉负载的力 F_L。如果系统还可能有不确定的力，则最好将 F_L 力放大20%～40%，具体计算如下 $$F_L=F_a+F_G+F_c+F \quad (20\text{-}12\text{-}8)$$ F_a为满足加速度要求的力。需要克服的惯性力高速应用中可能非常大，并且对选择阀的尺寸来说是关键的 $$a=\frac{v_{max}}{T_a} \quad (20\text{-}12\text{-}9)$$ $$m=\frac{W_L+W_P}{g} \quad (20\text{-}12\text{-}10)$$ 由于加速度产生的力 $$F_a=ma \quad (20\text{-}12\text{-}11)$$ F_G为重力。重力的方向可能是正的，也可能是负的，可以是一个帮助做功的力也可能是一个阻碍力，取决于负载的方位和运动的方向 F_c为摩擦力。许多阀被用于某些运动设备，这些运动设备通常利用橡胶密封来分隔不同的压力腔。这些密封和移动部件的摩擦起一个反作用力。摩擦力 F_c根据油缸工况、密封机构、材料不同，大小差异很大。摩擦力一般取(1%～10%)F_G $$F_G=0.1F_{max} \quad (20\text{-}12\text{-}12)$$ F 为外干扰力，由常值的和间歇的干扰源产生，根据实际工况计算，见图(c) 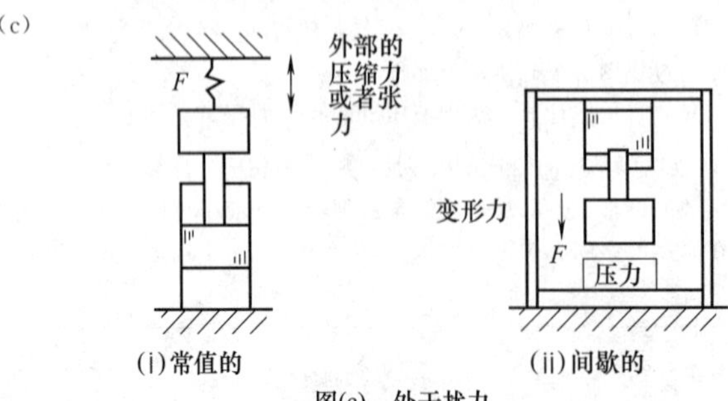 图(c) 外干扰力 油缸面积 A_p $$A_p=\frac{1.2F_L}{p_s} \quad (20\text{-}12\text{-}13)$$ 参考液压缸的缸杆直径和缸径标准，并选择最接近的以上计算的结果的值	F_L——全部所需要的力，N F_a——由于加速度产生的力，N F_G——由于重力产生的力，N F_c——由于摩擦产生的力，N F——由于外干扰产生的力，N m——质量，kg a——加速度，m/s^2 W_P——活塞重量，N v_{max}——最大速度，m/s T_a——加速时间，s W_L——负载重量，N p_s——供油压力

续表

伺服阀的选择	伺服阀规格的选择	负载运动的最大速度为 v_L $$v_L=\frac{q_L}{A} \quad (20\text{-}12\text{-}14)$$ 同时知道负载压力 p_L $$p_L=\frac{F_L}{A_p} \quad (20\text{-}12\text{-}15)$$ 决定伺服阀供油压力 p_s $$p_s=\frac{3p_L}{2} \quad (20\text{-}12\text{-}16)$$	q_L——负载流量,m^3/s v_L——最大所需负载速度,m/s p_L——负载压降,Pa
		伺服阀的流量规格按式(20-12-17)计算 $$Q_N=Q_L\sqrt{\frac{p_N}{p_S-p_L}} \quad (20\text{-}12\text{-}17)$$ 决定伺服阀的额定流量在 7MPa 下的阀压降。为补偿一些未知因素,建议额定流量选择要大 10% 开环的控制系统用阀,伺服阀频宽,相频大于 3～4Hz 就够了 闭环系统算出系统的液压固有频率,一般选相频大于该频率 3 倍的伺服阀,该系统就可以调出最佳的性能	p_N——伺服阀额定供油压力,该压力下,额定电流条件下的空载流量就是伺服阀的额定流量 Q_N
液压固有频率的计算	概述	一个液压控制系统,例如由液压缸与负载所组成,为一弹簧-质量系统。其弹簧作用由被压缩的油液容积产生。如果这样的系统用一榔头去敲打激励,则系统将以固有频率 f_h(Hz)振动。在以后的计算中,参数 f_h(Hz)将用物理学中常规的参数"角频率"ω_h(rad/s)或(s^{-1})代替,而 $$\omega_h=2\pi f_h \quad (20\text{-}12\text{-}18)$$ 从稳定性观点看一个闭环系统,若系统具有较高的固有频率,则会有一些问题。可粗略地划分为如下的 3 个频率区 低频:$f_h=3\sim10$Hz,重型机械,机械手,手动设备,注射机 中频:$f_h=50\sim80$Hz,位置控制的机床 高频:$f_h>100$Hz 试验机,注射机(注射装置),压机	
	基本公式	计算弹簧质量系统固有频率的基本公式为 $$\omega_h=\sqrt{\frac{k_h}{m}} \quad (20\text{-}12\text{-}19)$$ 弹簧刚度即"液压刚度"k_h,主要由受压的油液体积决定,由式(20-12-20)确定 $$k_h=\beta_e\frac{A_p^2}{V} \quad (20\text{-}12\text{-}20)$$ 如基本公式已经表明的那样,一个液压传动系统的固有频率,取决于执行器液压马达或液压缸的尺寸和驱动的质量 系统中的其他元件,例如伺服阀,也有自己的固有频率。因为整个闭环系统的角频率是由系统中动态特性最低的元件决定的,因而也要注意伺服阀的极限频率。此值一般在 50～150Hz 范围 根据不同的传动方式,得出后面详细的计算固有频率的公式 机械传输件(固定的)的刚性在公式中未加考虑,这要按应用情况给予相应的扣除	ω_h——固有频率,s^{-1} m——质量,kg k_h——弹簧刚度,N/m β_e——液压油的弹性模量,$\beta_e=(1\sim1.4)\times10^9N/m^2=(1\sim1.4)\times10^9Pa$ A_p^2——活塞杆面积的平方,m^4 V——油液体积,m^3
	双出杆液压缸液压固有频率的计算	这种结构的液压缸有对称的面积,可以得出明显的关系,见图(d)。让活塞处于缸的中间位置,得到 $$k_h=\beta_e\left(\frac{A_1^2}{A_1\frac{h}{2}}+\frac{A_2^2}{A_2\frac{h}{2}}\right) \quad (20\text{-}12\text{-}21)$$ 由于　$A_1=A_2=A_p$,则 $$k_h=\beta_e\left(\frac{2A_p}{A_p\frac{h}{2}}\right)=\beta_e\frac{4A_p}{h} \quad (20\text{-}12\text{-}22)$$ 代入 $\omega_h=\sqrt{\frac{k_h}{m}}$,有 $$\omega_h=\sqrt{\frac{4\beta_eA_p}{mh}} \quad (20\text{-}12\text{-}23)$$	ω_h——液压固有频率,s^{-1} A_p——活塞有效面积,m^2 h——活塞行程,m,对于死容积,应预先给行程 h 增加 20%～50%的附加值

续表

液压固有频率的计算

双出杆液压缸液压固有频率的计算

活塞面积与行程之比对固有频率有着重要的影响。A/h 的系数也可表示为 λ。从提高固有频率观点考虑，较大的面积和较短的行程是比较有利的。面积的确定，还要由其他的一些因素，如规格大小、压力、体积流量等一同来考虑

在作这些考察时，管道的容积未加考虑。很显然，总要尽可能地减小死容积，这就是说，阀与缸之间的管道短些、刚性大些，有利于提高固有频率

上面计算固有频率，是按活塞处于中间位置的情况出发，从而得到一个最小的固有频率值，这是实践中处于最不利情况下必须达到的数值。如图(e)所示曲线，表明了固有频率与活塞位置的关系。当活塞离开中位时，计算固有频率必须乘上一个系数 F

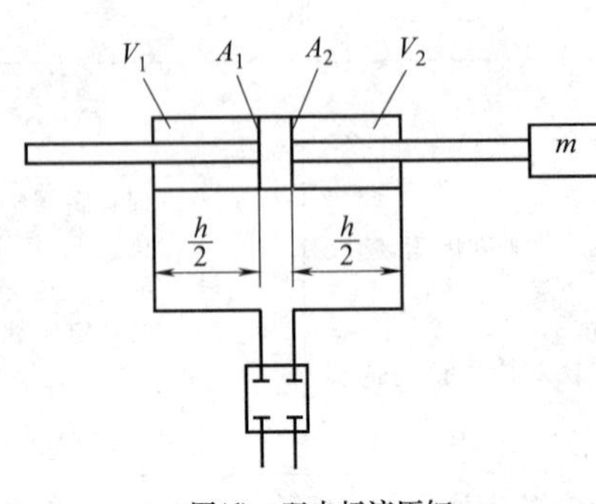

图(d) 双出杆液压缸

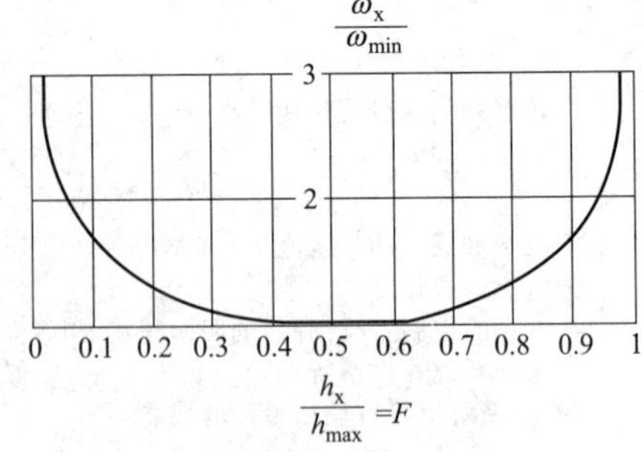

图(e) 液压固有频率和活塞位置的关系

计算实例：已知 $D=50\text{mm}$，$d=32\text{mm}$，$m=50\text{kg}$，$\beta_e=1.4\times10^9\text{N/m}^2$，求解，$\omega_h$、$f_h$。

由 $D=50\text{mm}$ 推出 $A_p=19.5\text{cm}^2$，$d=32\text{mm}$ 推出 $a=8.0\text{cm}^2$

$$A_p=11.5\text{cm}^2=11.5\times10^{-4}\text{m}^2$$

$$\omega_h=\sqrt{\frac{4\times1.4\times11.5\times10^5}{50\times0.5}}=507\text{s}^{-1}$$

$$f_h=\frac{\omega_h}{2\pi}=80.7\text{Hz}$$

单出杆液压缸固有频率的计算

这种结构形式的液压缸在实践中经常会遇到，见图(f)。在计算固有频率时，也是要注意到活塞面积与环形面积之比以及活塞位置

最小的即临界的固有频率的计算，像在双出杆液压缸一样，其结果要用系数来修正。此系数为

$$\frac{1+\sqrt{\alpha}}{2}$$

$$\alpha=\frac{A_r}{A_h}$$

从提高固有频率观点出发，较大环形面积即较小的活塞杆直径是有利的。完整的最小固有频率计算公式为式(20-12-24)，即

$$\omega_{hmin}=\sqrt{\frac{4\beta_e A_r}{hm}}\left(\frac{1+\sqrt{\alpha}}{2}\right) \quad (20\text{-}12\text{-}24)$$

A_r——环形面积

A_h——活塞面积

ω_h——液压固有频率，s^{-1}

h——活塞行程，m，对于死容积，应预先给行程 h 增加20%～50%的附加值

m——质量，kg

β_e——液压油的弹性模量，MPa

这仅适用于活塞一个确定的位置 h_x，而固有频率与面积比和活塞位置 h_x 的关系如图(g)中曲线所示。对于活塞其他位置 h_x 的计算结果，必须乘上系数 F

计算实例：已知，$D=50\text{mm}$，$d=32\text{mm}$，$m=50\text{kg}$，$\beta_e=1.4\times10^9\text{N/m}^2$，求解 ω_h、f_h

解

$$\omega_h=\sqrt{\frac{4\beta_e A_r}{hm}}\left(\frac{1+\sqrt{\alpha}}{2}\right)$$

由 $D=50\text{mm}$ 推出 $A=19.5\text{cm}^2$，$d=32\text{mm}$ 推出 $a=8.0\text{cm}^2$，$A_r=11.5\text{cm}^2=11.51\times0^{-4}\text{m}^2$

$$\alpha=\frac{A_r}{A_h}=\frac{11.5}{19.5}=0.6$$

$$\omega_h=\sqrt{\frac{4\times1.4\times10^9\times19.5\times10^{-4}}{50\times0.5}}\left(\frac{1+\sqrt{0.6}}{2}\right)=586\text{s}^{-1}$$

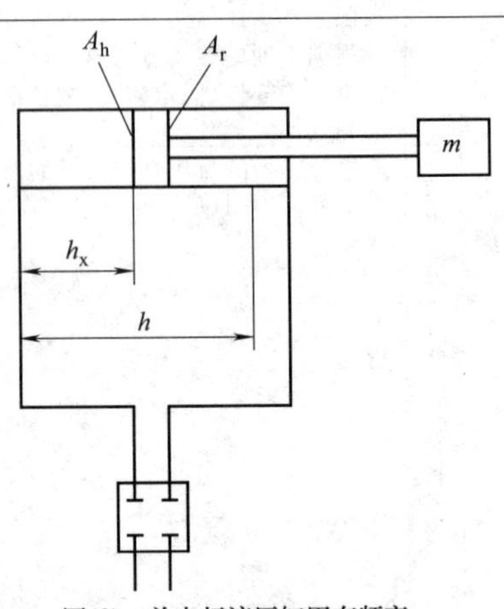

图(f) 单出杆液压缸固有频率

续表

单出杆缸液压缸固有频率的计算		$f_h=\frac{\omega_h}{2\pi}=93.3\text{Hz}$ 最小固有频率时活塞的位置(设 $h=500$mm) $h_x=h\times0.56=500\times0.56=280$mm,0.56 从图(g)中得到 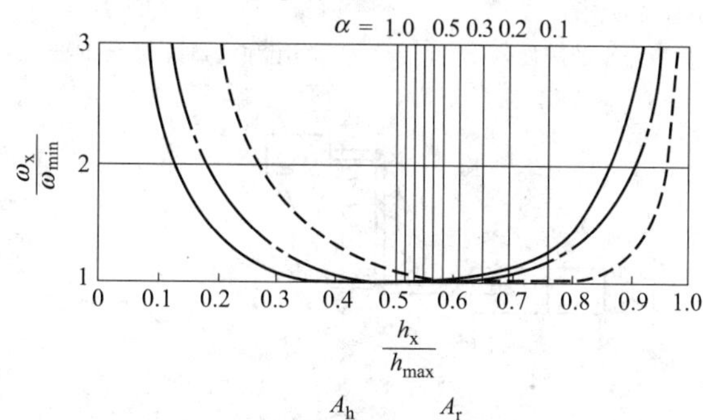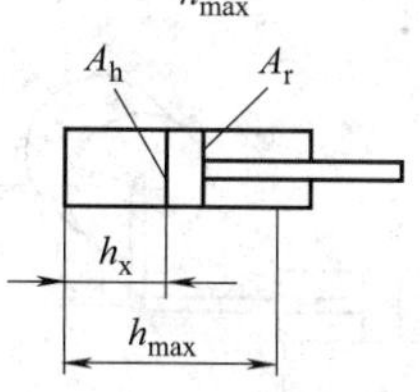 图(g)　最小固有频率时活塞的位置	
液压固有频率的计算	液压马达	见图(h),根据基本公式 $$\omega_h=\sqrt{\frac{k_h}{m}}$$ 式中的质量 m(kg),对于旋转运动,应该用惯性矩 $I(\text{kg}\cdot\text{m}^2)$ 代替 弹簧刚度或者"扭转刚度"k_h,在对称情况下为 $$k_h=\beta_e\left[\frac{\left(\frac{D_m}{2\pi}\right)^2}{V_0}+\frac{\left(\frac{D_m}{2\pi}\right)^2}{V_0}\right] \quad (20\text{-}12\text{-}25)$$ $$k_h=2\beta_e\frac{\left(\frac{D_m}{2\pi}\right)^2}{V_0} \quad (20\text{-}12\text{-}26)$$ 代入 $\omega_h=\sqrt{\frac{k_h}{I}}$ $$\omega_h=\sqrt{\frac{2\beta_e\left(\frac{D_m}{2\pi}\right)^2}{V_0 I}} \quad (20\text{-}12\text{-}27)$$	ω_h——固有频率,s^{-1} D_m——液压马达排量,m^3/r V_0——单侧死容积,m^3 I——惯性矩,$\text{kg}\cdot\text{m}^2$ β_e——液压油的弹性模量,$\beta_e=(1\sim1.4)\times10^9$MPa
		对于液压缸而言,当死容积与液压缸的工作容积相比很小时,可以忽略不计;而对液压马达,则要很好地加以考虑,尽管马达中的死容积每侧只有$V_0=V/2$,也是相对比较小的。从固有频率角度看,相对液压缸而言,液压马达是个较好的控制元件。其缺点是泄漏损失比较大 特别是在低转速时,按不同结构,泄漏损失将产生回转不均匀和制动压力降低等影响 注意:排量 $D_m(\text{m}^3/\text{r})$按物理学系统应代入($\text{m}^3/2\pi$ 弧度),因为 1r=360°=2π 弧度,惯性矩 $I(\text{kg}\cdot\text{m}^2)$应代入$\left(\frac{\text{N}\cdot\text{s}^2}{\text{m}}\times\text{m}^2\right)=(\text{N}\cdot\text{s}^2\cdot\text{m})$。	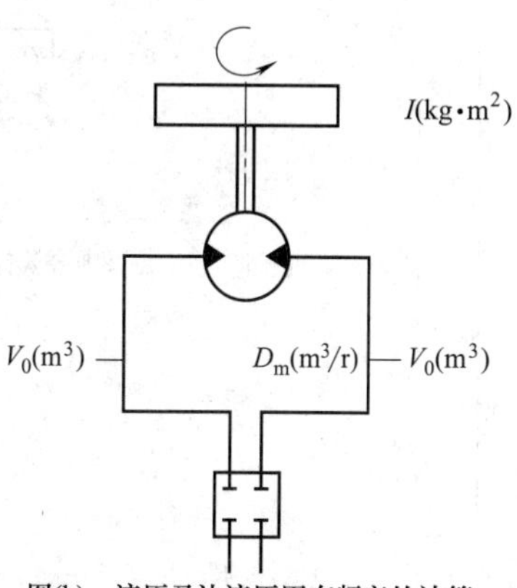 图(h)　液压马达液压固有频率的计算

第20篇

续表

液压固有频率的计算　等效质量和等效刚度的计算

计算固有频率基本公式的假设是，质量直接作用在液压缸缸杆上，惯性矩直接加在液压马达的转轴上。根据具体的传动机构，应注意相应的传动比，而降低加在液压缸或液压马达上的实际质量。通过杠杆和减速机构连接负载后的等效刚度质量的计算见图(i)

在实践上，必须注意传动的刚性，因为这往往是一个附加的弹簧-质量系统

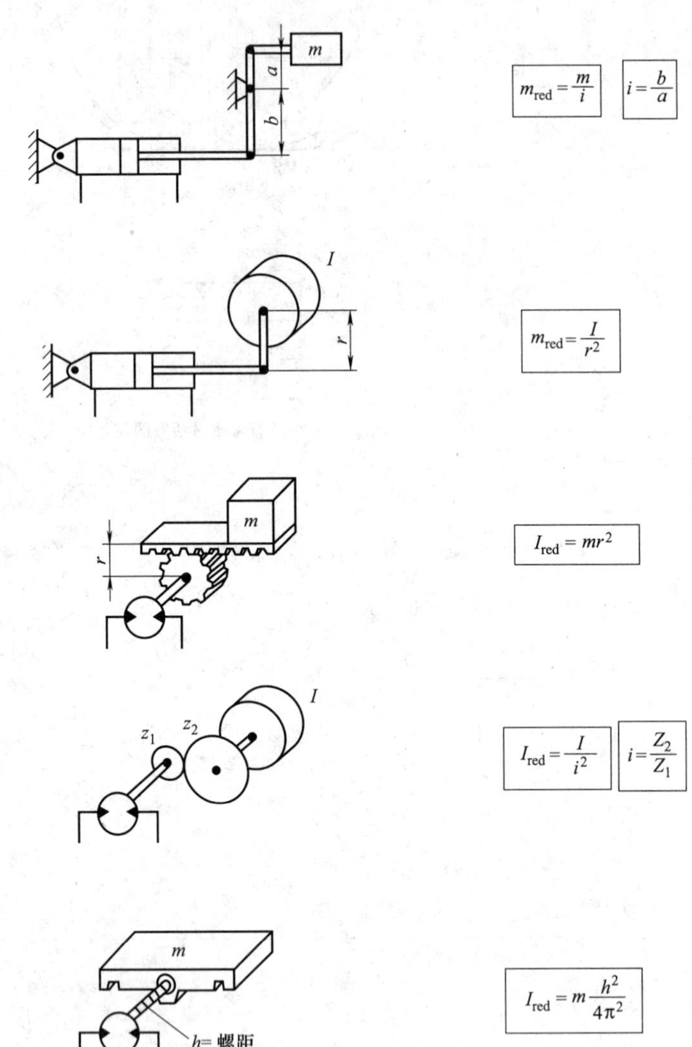

图(i)　等效质量的计算

如果机械刚度为 K_S，则等效刚度就是液压刚度与机械刚度并联的结果，即

$$K_0=\frac{K_h K_S}{K_h+K_S} \tag{20-12-28}$$

综合谐振频率

$$f_0=\frac{1}{2\pi}\sqrt{\frac{K_0}{m}} \tag{20-12-29}$$

因为 $K_0<K_h$，用 $f_h=\frac{1}{2\pi}\sqrt{\frac{4\beta_e A_p^2}{Vm}}$ 选伺服阀频宽是偏安全的。建议：机械刚度应比液压刚度高 3～10 倍

12.4.4　液压系统固有频率对加速和制动程度的限制

表 20-12-12　液压系统固有频率对加速和制动程度的限制

<table>
<tr><td>计算方法</td><td>液压伺服系统将给质量的加速与制动设置一定的极限。这个极限值，一方面由所能提供的功率或压力，另一方面由传动系统固有频率来决定
如果加速和制动过程最终由功率准则决定，则由于固有频率的影响，系统将发生振动。为了避免这种情况，则应该根据开环回路原则，使过程不低于一定的最小制动和加速时间。这个时间的计算如下
①固有频率 ω_h
②时间常数
$$T=\frac{1}{\omega_h} \tag{20-12-30}$$
③制动或加速时间
$$t=3\sim5T \tag{20-12-31}$$
④加速度/减加速度
$$a=\frac{v}{t} \tag{20-12-32}$$
⑤加速或制动距离
$$S=\frac{1}{2}v_0t \tag{20-12-33}$$
或者
$$S=\frac{v^2}{2a} \tag{20-12-34}$$</td></tr>
<tr><td>计算实例</td><td>已知固有频率 $\omega_h\approx500s^{-1}$，液压缸速度 $v=2m/s$，允许的液压缸压力 $p=200bar$，求解最大的减加速度 a 和最小的制动距离 S
解
①可使用的制动力 $F=pA$，$p=200bar$，$A=11.5cm^2$，$F=23\times10^3N$，$m=50kg$，则
$$a=\frac{F}{m}=\frac{23\times10^3}{50}=460m/s^2$$
制动距离为
$$S=\frac{v^2}{2a}=\frac{2^2}{2\times460}=0.0043m$$
②由固有频率决定的减加速度 a 和制动距离
时间常数
$$T=\frac{1}{\omega_h}$$
$$T=0.002s$$
制动时间
$$t\approx5T=0.01s$$
可实现的减加速度由公式
$$a=\frac{v}{t}$$
$v=2m/s$，代入
$$a=\frac{v}{t}=\frac{2}{0.01}=200m/s^2$$
制动距离，由公式得
$$S=\frac{v^2}{2a}=\frac{2^2}{2\times220}=0.01m$$</td></tr>
</table>

12.4.5　伺服阀选择注意事项

对于流量大又要频宽相对比较高，可以选电反馈伺服阀。电反馈伺服阀或伺服比例阀与机械反馈伺服阀相比其优点见表 20-12-13。

表 20-12-13　电反馈阀和机械反馈阀的特点

性能	电反馈阀	机械反馈阀
滞环	<0.3%	<3%
分辨率	<0.1%	<0.5%

其他线性度等指标都要好许多。但温度零漂比较大，有的阀用温度补偿来纠偏，但目前价格还比较贵。

通过测量输入电流和输出流量之间的幅值达到－3dB时的频率，可以很容易确定阀的动态响应。频率响应将随着输入信号幅值、供油压力和流体温度而改变。因此，必须使用一个一致的数据。推荐的峰信号幅值是 80％的阀的额定流量。伺服阀和射流管阀将随着供油压力的提高稍微有些改善，通常在高温和低温情况下会降低。直接驱动型的阀的响应与供油压力无关。

根据系统的计算，由流量规格及频响要求来选择伺服阀，但在频率比较高的系统中一般传感器的响应至少要比系统中响应最慢的元件高 3 ～10 倍。用计算得到的阀流量和频率响应，选择伺服阀有相等的或高于额定流量和频率响应能力将是一个可以接受的选择。无论怎样，不超过伺服阀的流量能力是可取的，因为这将不至于减少系统的精度。

一般流量要求比较大，频率比较高时，建议选择三级电反馈伺服阀，这种三级阀电气线路中有校正环节，这样它的频宽有时可以比装在其上的二级阀还高。

伺服阀和射流管阀一般应工作在恒值的供油压力下，并且需要连续的先导流量用来维持液压桥路的平衡。供油压力应该设定为通过阀口的压力降等于供油压力的三分之一。流量应包括连续的先导流量用来保持液压桥路的平衡。

不管供油压力如何，直接驱动型阀的性能是固定的，因此，即使用一个波动的供油压力在系统中它们的性能也是好的。一般伺服阀能在供油压力从 14～210bar 工作。可选的阀可工作在 4～350bar 也是可能的。可参考每台阀的使用说明书。

伺服阀最有效的工作用流体其黏度在 40℃应是 60～450SUS。由于伺服阀工作的温度范围为－5～135℃，必须确保流体的黏度不超过 6000 SUS，另外，流体的清洁度是相当重要的而且应该保持在 ISO DIS 4406 标准最大 16/13，推荐 14/11。可以咨询生产厂家的滤油器和阀系列目录获得推荐值。也应该考虑用于阀体结构材料和油的兼容性，联系制造厂可得到专门的信息。

线性度和对称性影响采用伺服阀的系统的精度，对速度控制系统影响最直接，速度控制系统要选线性度好的流量阀，此外选流量规格时，要适当大点避免阀流量的饱和段。线性度、对称性对位置控制影响较小，因为系统通常是闭环的，伺服阀工作在零位区域附近，只要系统增益调得合适，非线性度和对称性的影响可减到很小。所以一般伺服阀的线性度指标小于 7.5％；对称度为 10％是比较宽容的。对位置控制精度影响较大的是伺服阀零位区域的特性，即重叠情况。一般总希望伺服阀功率级滑阀是零开口的，如果有重叠、有死区，那么在位置控制系统中就会出现磁滞回环现象，这个回环很像齿轮传动中的游隙现象。伺服阀因为力矩马达中磁路剩磁影响，及阀芯阀套间的摩擦力其特性曲线有滞环现象。由磁路影响引起的滞环会随着输入信号减小，回环宽度将缩小，因此这种滞环在大多数伺服系统中都不会出现问题，而由摩擦引起的滞迟是一种游隙，它可能会引起伺服系统的不稳定。

反馈间隙也会引起游隙。

一般伺服阀都是线性方窗口，如果多窗口不共面，就破坏了零位的线性，对高精度系统亦会有所影响。

精度要求比较高的系统选阀最好选分辨率好的，分辨率好意味着摩擦影响比较小，也即阀芯阀套间加工质量比较好和前置级压力、流量增益比较高，推动阀芯力比较大。此外液压系统用油比较干净，摩擦影响会大大减小。另一种弥补的方法是用颤振来改善伺服阀的分辨率，高频颤振幅值要正好能有效地消除伺服阀中的游隙（包括结构上的和摩擦引起的游隙），会使其他液压件过度磨损或疲劳损坏。而且颤振频率要大大超过预计的信号频率和系统频率，并避免它正好是系统频率的某个整数倍。颤振信号的波形可以是正弦波、三角波也可以是方波。

对伺服阀压力增益的要求，因系统不同而不同。位置控制系统要求伺服阀的压力增益尽可能高点，那么系统的刚性就比较大，系统负载的变化对控制精度的影响就小。而力控制系统（或压力系统）则希望压力增益不要那么陡，要平坦点，线性好点，便于力控系统的调节。伺服阀的动态特性也是一个很重要的指标。在闭环系统中，为了达到较高控制精度，要求伺服阀的频宽至少是系统频宽的三倍以上。因为系统设计时，为了系统的稳定，系统的前置增益，要求其 $K_V<2\delta_h\omega_h$，这里较高的伺服阀频宽可以保证系统增益足够大，这样系统精度就可以较高，快速性和稳定性也可以得到保证。

12.4.6　执行元件的选择

液压伺服系统的执行元件是整个控制系统的关键部件，直接影响系统性能的好坏。执行元件的选择与设计，除了按本节所述的方法确定液压缸有效面积 A_p（或液压马达排量 D_m）的最佳值外，还涉及密封、强度、摩擦阻力、安装结构等问题。

12.4.7　反馈传感器的选择

被控制量的检测，在闭环控制系统中有着重要的意义。测量点与反馈回路中比较点之间的误差，将全部影响到被控制量。因此，被控制量的准确度，永远不会比测量装置高。应根据下列要点，来选择检测方法和被测量值的转换。

① 测量值（位移，速度，压力等）。

② 测量精度（分辨率，线性，重复精度）。

③ 测量位置（直接测量或间接测量，如测力还是测压力）。

④ 动态响应（传输测量频率）。

表 20-12-14　反馈传感器的选择

位移检测	电位器	电位器[图(a)]广泛用来进行角度和位移动测量。它价格便宜，线性好，有多种结构形式。其分辨率对绕线式电位器和薄膜电位器，分别取决于线径和滑触头的间隙。测出信号电压的精度，直接与电源电压的稳定度成比例。电位器的缺点是滑动触头的磨损，在腐蚀性环境和快速滑动情况下接触的不可靠 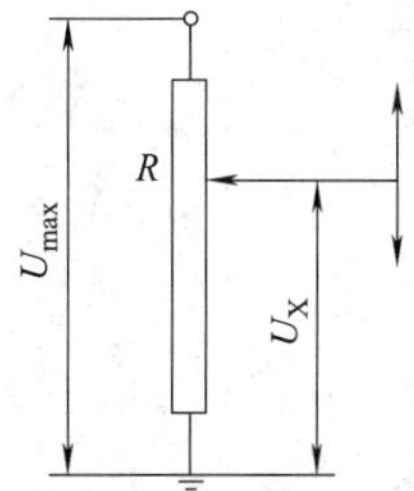	R U_{max} U_X 图(a)　电位器
	感应式分压器（差动电感线圈）	分压器为非接触式，无摩擦的检测装置，可用于行程小于 100mm 的场合。它主要由一个有中间抽头的线圈和在线圈中运动的纯铁棒组成，见图(b)。由交流电供电，检测信号需整流。其线性度特别受到行程的制约 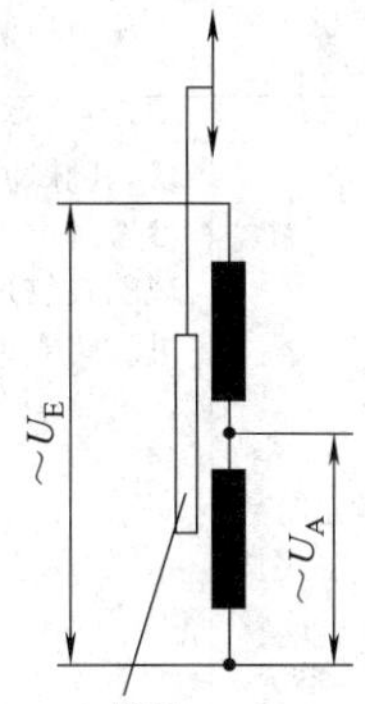	$\sim U_E$ $\sim U_A$ 铁芯 图(b)　差动电感线圈
	线性差动变压器	工作原理与感应式分压器相似，但其铁芯是在初级与次级线圈中运动，见图(c) 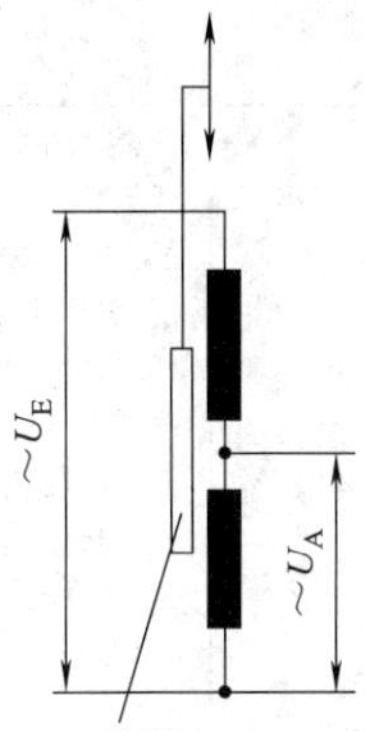	$\sim U_E$ $\sim U_A$ 铁芯 图(c)　线性差动变压器

续表

<table>
<tr><td colspan="2">速度测量</td><td>速度，通常是通过电控器对位移与时间信号的比较而间接测量
测速发电机结构见图(d)，主要用来直接检测回转运动的速度。这里涉及永久磁铁激励的直流发电机。为了直接测量直线运动的速度，要用这样的传感器，其中棒形永久磁铁在两个线圈中产生与速度成比例的信号电压，见图(e)

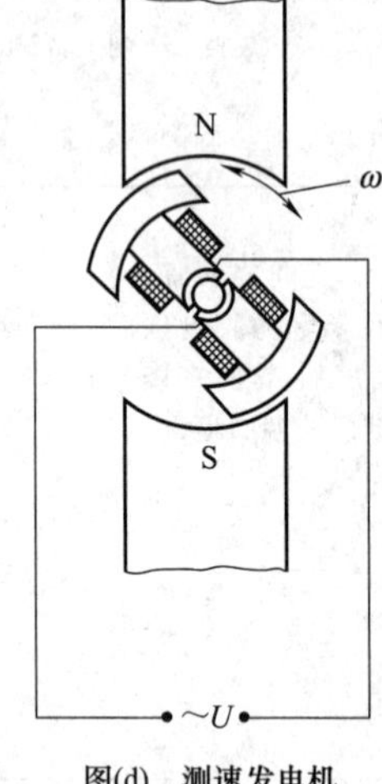

图(d) 测速发电机

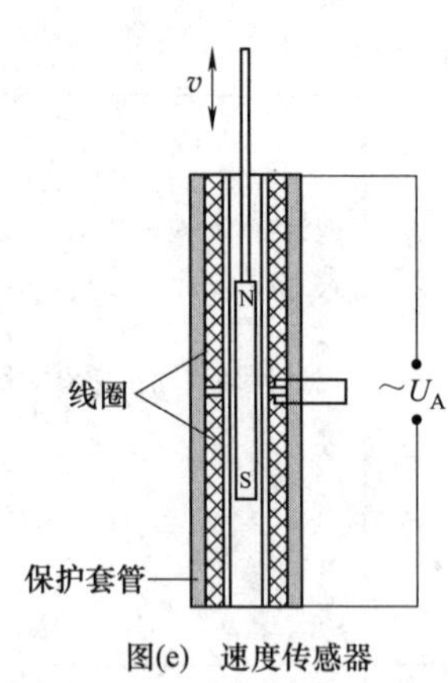

图(e) 速度传感器</td></tr>
<tr><td colspan="2">压力检测、力检测</td><td>压力检测主要是用基于电阻应变原理的传感器来检测。各力也可以用受力而发生伸长变形来直接检测</td></tr>
<tr><td rowspan="3">其他测量装置、测量电子器件</td><td>光电数字式长度测量系统</td><td>这是一种增量式测量装置，见图(f)。用光电在一串明暗标记上(绘制在测量尺或圆盘上)进行扫描测量，其脉冲信号也称位移增量，在一个电子往复计数器里存储并处理。这种增量式测量线纹尺，需要一个参考基准点，为开始测量进行定位。这不像绝对式系统那样，进行数据处理的电子装置需要较高的费用。玻璃线纹尺上的光栅刻度，可做到 8～100μm 的分割。经过对光脉冲的多路的微电子分析处理，其分辨率可达约 1μm
图(f) 光电数字式长度测量系统</td></tr>
<tr><td>集成式位移测量系统</td><td>将检测装置安装到执行元件(液压缸)上去，有时是存在问题的，这主要牵涉到安装的空间情况以及环境情况
将检测装置集成到液压缸的活塞杆中见图(g)，不仅装置得到保护，而且占用的安装空间小。此外，电位器系统和感应式系统也是合适的
图(g) 集成式位移测量系统</td></tr>
<tr><td>其他的位移测量系统</td><td>除了上述的各种系统外，还有声学(超声)方法和激光测量系统等可供选择</td></tr>
</table>

第20篇

12.4.8　确定系统的方块图

根据系统原理图及系统各环节的传递函数，即可构成系统的方块图。根据系统的方块图可直接写出系统开环传递函数。阀控液压缸和阀控液压马达控制系统二者的传递函数具有相同的结构形式，只要把相应的符号变换一下即可。

系统的动态计算与分析在这里采用频率法。首先根据系统的传递函数求出波德图。在绘制波德图时，需要确定系统的开环增益 K。

改变系统的开环增益 K 时，开环波德图上幅频曲线只升高或降低一个常数，曲线的形状不变，其相频曲线也不变。波德图上幅频曲线的低频段、穿越频率以及幅值增益裕量分别反映了闭环系统的稳态精度、截止频率及系统的稳定性。所以可根据闭环系统所要求的稳态精度、频宽以及相对稳定性，在开环波德图上调整幅频曲线位置的高低，来获得与闭环系统要求相适应的 K 值。

确定系统的开环增益 K 见表 20-12-15。

表 20-12-15　确定系统的开环增益 K

由系统的稳态精度要求确定 K	由控制原理可知，不同类型控制系统的稳态精度决定于系统的开环增益。因此，可以由系统对稳态精度的要求和系统的类型计算得到系统应具有的开环增益 K
由系统的频宽要求确定 K	分析二阶或三阶系统特性与波德图的关系可知，当 ζ_h 和 K/ω_h 都很小时，可近似认为系统的频宽等于开环对数幅值曲线的穿越频率，即 $\omega_{-3dB}\approx\omega_c$，所以可绘制对数幅频曲线，使 ω_c 在数值上等于系统要求的 ω_{-3dB} 值，如图所示，由图可得 K 值 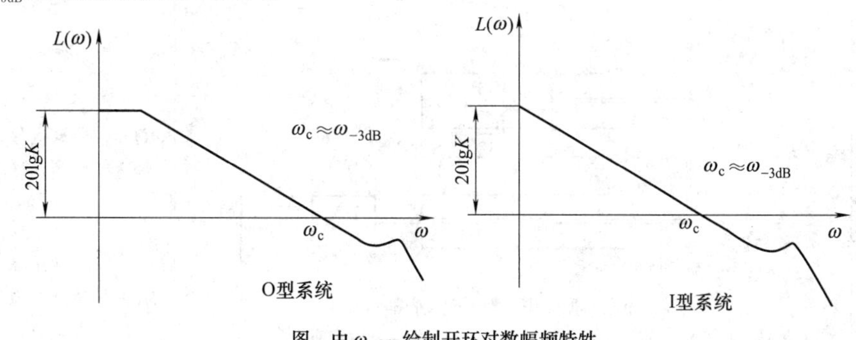 图　由 ω_{-3dB} 绘制开环对数幅频特性
由系统相对稳定性确定 K	系统相对稳定性可用幅值裕量和相位裕量来表示。根据系统要求的幅值裕量和相位裕量来绘制开环波德图，同样也可以得到 K 实际上通过作图来确定系统的开环增益 K，往往要综合考虑，尽可能同时满足系统的几项主要性能指标

12.4.9　系统静动态品质分析及确定校正特性

在确定了系统传递函数的各项参数后，可通过闭环波德图或时域响应过渡过程曲线或参数计算对系统的各项静动态指标和误差进行校核。如设计的系统性能不满足要求，则应调整参数，重复上述计算或采用校正环节对系统进行补偿，改变系统的开环频率特性，直到满足系统的要求。

12.4.10　仿真分析

在系统的传递函数初步确定后，可以通过计算机对该系统进行数字仿真，以求得最佳设计。目前有关于数字仿真的商用软件如 Matlab 软件，很适合仿真分析。

液压伺服控制系统常用于动态场合，在这类场合，对指令的响应必须是可控制的，而且往往要能够遵循预定的运动-时间轨迹。对于液压系统的设计者，仅仅知道所拟用的系统能够驱动负载从一种状态运动到另一种状态是不够的，还要重视介于这两种状态之间的时域轨迹，知道系统的响应是否稳定，响应速度是否足够快或过快，以及响应是否振荡。为此，建立系统的数学模型，对液压控制系统进行动态分析是必要的。随着液压系统逐渐趋于复杂和对液压系统仿真要求的不断提高，传统的利用微分方程和差分方程建模进行动态特性仿真的方法已经不能满足需要。Matlab 作为一种面向科学与工程计算的高级语言，集科学计算、自动控制、信号处理等功能于一体，具有极高的编程效率。同时随 Matlab 所提供的 Simulink 是一个用来对动态系统进行建模、仿真和分析的软件包，利用该软件包可以方便地对液压系统的动态特性进行仿真。

Simulink 是实现动态系统建模、仿真的一个集成环境，它为用户提供了用方框进行建模的图形接口，包括了众多线性和非线性等环节，并可方便地扩展，使得系统的构建容易，适合于液压系统中普遍存在的非线性问题的求解。与传统的仿真软件包用微分方程和差分方程建模相比，具有更直观、方便、灵活的优点。用 Simulink 创建的模型可以具有递阶结构，因此可采用从上到下或从下到上的结构创建复杂系统的仿真模型。

定义模型后，可通过 Simulink 的菜单或 Matlab 的命令窗口对它进行仿真。采用 Scope 等图形模块，在仿真进行的同时，就可以观看到仿真结果，仿真结果还可以存放到 Matlab 的工作空间中做事后处理。由于 Simulink 和 Matlab 是集成在一起的，因此可以通过编程手段实现对仿真过程和仿真结果的控制与处理，具有比目前通用仿真软件更大的灵活性。表 20-12-16所示为一机液伺服系统的仿真分析实例。

表 20-12-16　　仿真分析实例

步骤	说　明	解　释
液压系统数学模型的建立	对于图(a)所示的机液伺服控制系统，以四通滑阀为研究对象，可建立其流量特性方程 $$Q=K_q x_v-K_c p_L \quad (20\text{-}12\text{-}35)$$ 图(a)　机械阀控液压缸原理图 考察液压缸连续方程，由可压缩流体连续性方程，经推导可得 $$Q=A_p\frac{dy}{dt}+\frac{V_t}{2\beta_e}\times\frac{dp_L}{dt}+C_{tp}p_L \quad (20\text{-}12\text{-}36)$$ 考察液压缸和负载的力平衡方程，忽略库仑摩擦等非线性负载和油液的质量，根据牛顿第二定律有 $$A_p p_L=m\frac{d^2y}{dt^2}+B\frac{dy}{dt}+F_f \quad (20\text{-}12\text{-}37)$$ 从图(a)操纵杆位置的几何关系，可得运动中阀开口量方程 $$x_v=\frac{b}{a+b}x-\frac{a}{a+b}y \quad (20\text{-}12\text{-}38)$$ 对式(20-12-35)～式(20-12-38)进行拉氏变换得 $$Q=K_qX_v\text{-}K_cP_L \quad (20\text{-}12\text{-}39)$$ $$Q=A_pYs+\left(\frac{V_t}{2\beta_e}s+C_{tp}\right)P_L \quad (20\text{-}12\text{-}40)$$ $$P_L=\frac{1}{A_p}(ms^2+Bs)Y+\frac{1}{A_p}F_f \quad (20\text{-}12\text{-}41)$$ $$X_v=\frac{b}{a+b}X-\frac{a}{a+b}Y \quad (20\text{-}12\text{-}42)$$ 考虑实际模型参数 $BC_{tp}\ll A_p{}^2$，整理可得 $$\frac{K_q}{A_p}X_v=s\left(\frac{s^2}{\omega_h^2}+\frac{2\xi_h}{\omega_h}s+1\right)Y+\frac{F_f}{A_p{}^2}\left(C_{tp}+\frac{V_t}{2\beta_e}s\right) \quad (20\text{-}12\text{-}43)$$ $$\omega_h=(2\beta_eA_p{}^2/mV_t)^{1/2}$$ $$\xi_h=(BV_t/\beta_e+2C_{tp})\omega_h/4A_p{}^2 \quad (20\text{-}12\text{-}44)$$	Q——负载流量，$m^3\cdot s^{-1}$ K_q——滑阀在稳态工作点附近的流量增益，$m^2\cdot s^{-1}$ x_v——阀芯位移，m p_L——负载压降，MPa K_c——滑阀在稳态工作点附近的流量压力系数，$m^3\cdot MPa\cdot s^{-1}$ A_p——活塞有效面积，m^2 y——活塞位移，m C_{tp}——液压缸的总泄漏系数，$m^3\cdot MPa\cdot s$ V_t——两个油缸的总体积，m^3 β_e——有效液体体积弹性模量，MPa m——活塞及负载的总质量，kg B——活塞和负载的黏性阻尼系数，$N\cdot s\cdot m^{-1}$ F_f——作用在活塞上的任意外负载力，N a,b——操纵杆被支点分成的两段长度，m ω_h——液压系统固有频率 ξ_h——系统阻尼系数

续表

仿真模型的建立

据式(20-12-42)、式(20-12-43)所示的方程即可得到如图(b)所示的方框图。根据这个框图即可以得到用于 Simulink 仿真的仿真模型。图(b)中

$$F(s)=\frac{V_t}{2A_p\beta_e}s+\frac{C_{tp}}{A}$$

$$G(s)=\frac{1}{\left[\frac{1}{\omega_h^2}s^2+\frac{2\xi_h}{\omega_h}s+1\right]}$$

Matlab 所提供的 Simulink 包含很多模块，比如 Sinks(输出方式模块)、Source(输入源模块)、Linear(线性环节模块)、Nonlinear(非线性环节模块)和 Connections(连接模块)，每个模块里面又包含很多子模块。利用这些模块可以很方便地把图(b)所示的方框图转化成如图(c)所示的仿真模型，为了仿真方便，模型中各参数进行初始化，参数的选取如下表所示。图(c)中输入源子模块对应于图(b)的 X，本仿真模型输入源取为阶跃信号。5 个增益子模块分别代表图(b)中的 $b/(a+b)$、$a/(a+b)$、K_0、$V_0/2A\beta_e$ 和 C_{tp}/A_p。求和运算子模块与图(c)中的求和符号相对应。常量子模块对应于图(b)中的 F_f。示波器为显示子模块，用于显示仿真结果

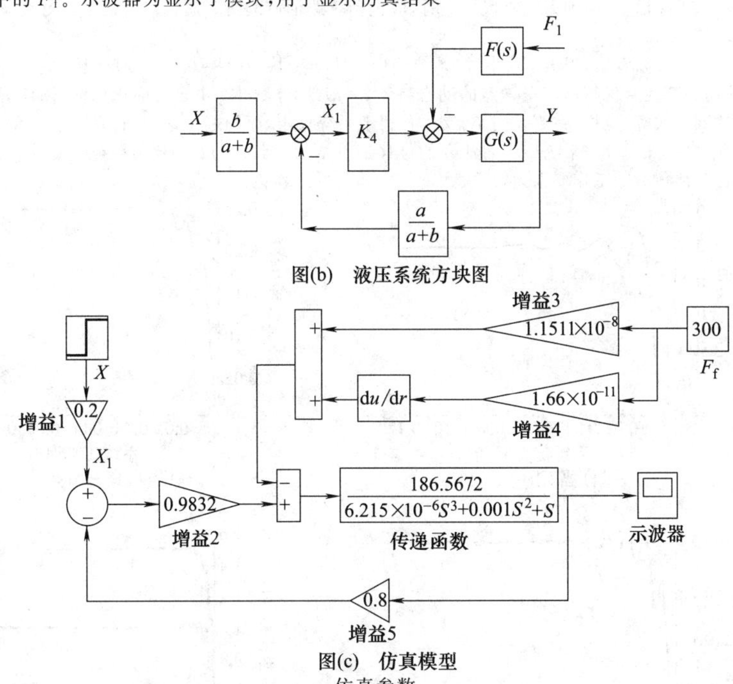

图(b)　液压系统方块图

图(c)　仿真模型

仿真参数

K_q /$m^2\cdot s^{-1}$	V_t /m^3	K_c /$m^3\cdot MPa\cdot s^{-1}$	β_e /$N\cdot m^{-2}$	B /$N\cdot S\cdot m^{-1}$	M /kg	A_p /m^2	F_f /N	ξ_h	ω_h /s^{-1}
0.9832	0.0025	1.495×10^{-11}	1.4×10^9	2100	2000	0.00536	300	0.21	401

系统仿真

基于上述仿真模型，采用刚性系统的 ode23s 求解器进行仿真计算。对此机液伺服系统的工作过程进行了仿真。在 Simulink 软件界面上选择 Simulation 的 Start 选项，就可以得到图(c)所示模型的仿真结果，如图(d)所示。从图(d)中可以清晰地看出系统在阶跃输入下，最初有一个振荡。大约经历 0.6s 以后，系统的响应逐渐稳定，但是仍然有轻微的振荡，直至 0.8184s 才完全稳定

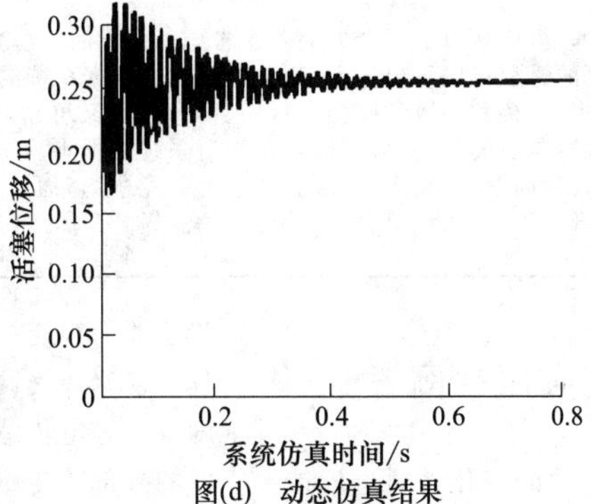

图(d)　动态仿真结果

续表

系统仿真

利用 Simulink 对液压系统进行动态仿真还可以考察系统的参数对其动态特性的影响，为液压系统的优化设计提供依据。在上表的基础上个别参数改变以后的动态仿真结果见图(e)。把图(e)的结果和图(d)进行比较，考察系统的参数变化对其动态特性的影响

①从图(e)中(ⅰ)可以看出，当阻尼系数 ξ 增大以后，系统响应明显变快，在 0.11695s 就已经完全稳定，说明系统在高阻尼情况下的动态特性要优于低阻尼时的动态特性，一般都能使阀、缸、管路的内外漏损提高，有时甚至在活塞上打孔增加内漏，但是这样做会增加能量损失，降低系统刚度，增加系统误差

②从图(e)中(ⅱ)可以看出，当 ω_h 提高以后，系统动态响应也明显变快，在 $t=0.0917$s 处系统就已完全稳定，且振荡幅度很小，说明提高 ω_h 可以提高系统的稳定性。增加 ω_h 可有如下方法

a. 增加活塞有效作用面积 A_p。这样会使流量增加，系统功率储备要增加。系统功率不大时常用此法，并且由于 ω_h 提高，系统开环增益提高，有利于提高系统精度。但在大功率情况不合算，能量损失太多

b. 减少 V_t 尽量缩短阀至油缸间距离，作成一体更好，尽量去掉油缸没有用的行程空间，缩短缸腔长度

c. m 由负载决定，无法变动，但是，在计算 m 时，应包括管路油液的折算质量。β_e 也不太好变动，但要防止油中混入空气，避免使用软管

③从图(e)中(ⅲ)可以看出，当 K_q 减小时，系统响应也明显变快，在 $t=0.2259$s 就已经完全稳定，说明系统在低流量增益情况下的动态特性要优于高流量增益的动态特性，一般地，系数 K_q 中含有面积梯度(圆柱滑阀 $\omega=\pi d$)。可把阀口做成三角槽式、圆形式等，这样，在零位时 K_q 小，有利于系统稳定，而阀芯位移增加，有利于提高系统精度

④从图(e)中(ⅳ)可以看出，系统稳定后活塞的位移随着结构参数 a 与 b 的比值变化而变化，通过改变 a 与 b 的长度，便可满足远、近距离负载的工作要求，从而大大地扩大系统的工作范围

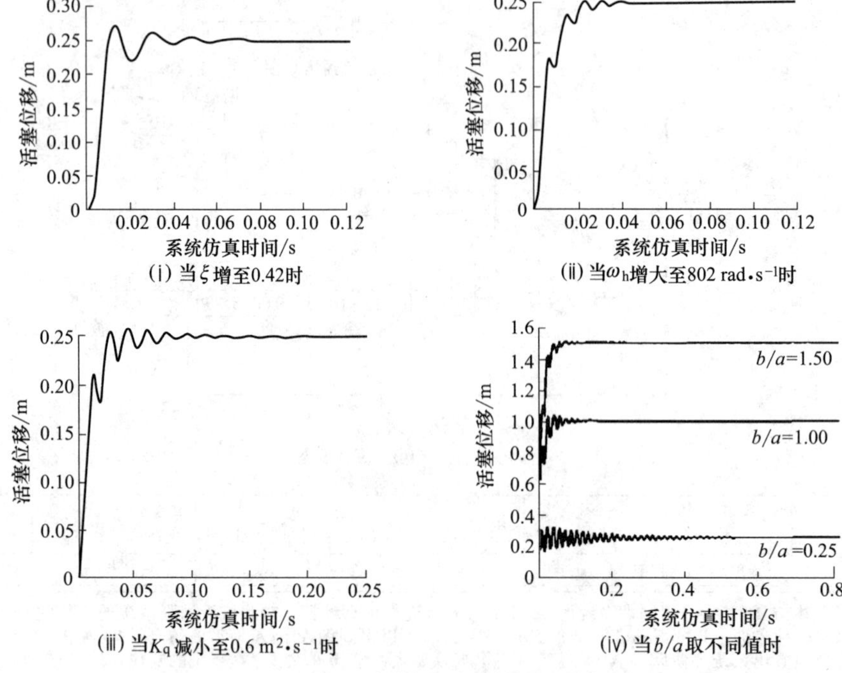

图(e)　参数变化对系统性能的影响

总之，要想提高系统的响应速度，应从以上几个方面着手考虑。但同时也应考虑系统的精度要求及工作效率

从对液压系统进行动态仿真的过程可以看出：Simulink 可以直接根据系统的数学模型来构造仿真模型，无需编制复杂的程序，极大地提高了编程效率；直接利用数学模型进行仿真，简单而又可靠，直观而又逼真；在设计真实的系统前进行仿真，通过调整不同的参数，观察曲线的变化，可知道各参数对系统的影响，有利于选择优化参数，设计出合理的系统，降低了设计成本，大大地缩短了设计周期，提高产品性能，增强产品竞争力；通过对已有的系统进行仿真，可以评价系统的特性，找出影响系统性能的关键参数，从而提出合理的改进方案，提高产品工作性能，增强产品的市场亲和力

12.5　电液伺服系统应用举例

在闭环控制中，被控液压参数的变化是通过反馈传感器而被连续检测的。因此闭环控制不易受环境干扰。检测最终调整结果（位置、速度、力、压力、角度等）等电传感器可装在执行机构内部，也可装在机器的外部，传感器向电子控制器传送电信号，控制器

（模拟式 PID 板或数字中枢控制板）接收此反馈电信号，并将此反馈信号与输入信号进行比较，这两个信号的差值（误差）作用于 PID，改变送给伺服阀的指令信号，于是伺服阀自动控制调整量，以消除此差值。闭环控制能对被控对象进行持续不断地监视与控制，所以控制均匀稳定，性能优良，是复杂机器控制的最佳选择。下面均以闭环控制电液伺服系统为例，介绍几个电液伺服系统的应用实例。

12.5.1　力、压力伺服系统应用实例

表 20-12-17　力、压力伺服系统应用实例

汽车悬架减振器性能试验台的电液伺服控制系统	主机功能结构	汽车悬架减振器性能试验台是减振器研发、生产的必要试验设备，主要用于减振示功特性、速度特性等性能试验。该试验台由主机、液压伺服激振系统及微机测控系统等组成 采用电液伺服技术和微机测控技术，模拟减振器实际工况，实现试验过程的实时监测与自适应闭环控制 如图(a)所示为试验台主机结构示意。工作台 3、立柱 5 和横梁 6 组成试件的装夹框架。装夹框架支撑在机体总成 2 上；伺服激振装置固定在工作台下；其活塞杆穿过工作台，通过螺纹、过渡件和夹具与减振器下端相连；位移传感器 9 和速度传感器 1 与活塞杆固连在一起；力传感器 4 固定在调整螺杆 7 上，调整螺杆由螺母固定在横梁上。调整螺杆可以根据不同规格减振器所需的运动空间上下调整	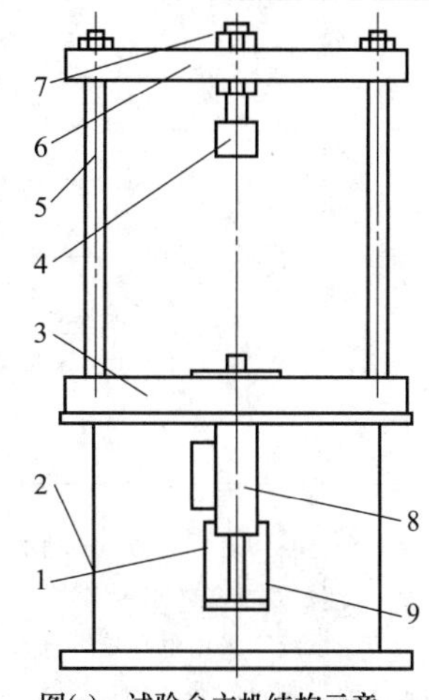 图(a)　试验台主机结构示意 1—速度传感器；2—机体总成；3—工作台；4—力传感器；5—立柱；6—横梁；7—调整螺杆；8—伺服激振装置；9—位移传感器
	电液伺服控制系统与微机测控系统及工作原理	如图(b)所示为电液伺服控制系统的液压原理图。系统的油源为 CY-C 系列电动机组合泵 5，其工作压力和卸荷由电磁溢流阀 6 设定和控制，压力由压力表 8 显示。系统的执行器为液压缸 13，通过电液伺服阀 12 的控制，液压缸的活塞杆按要求方向和速度运动并带动减振器运动；伺服阀 12 前设有带污染指示的精过滤器 10。系统还设有液位计 3、温度调节器 4、吸油和回油过滤器 1 及 2、蓄能器 7 等辅助元件。该系统与微机测控系统一起对试验台进行闭环反馈控制	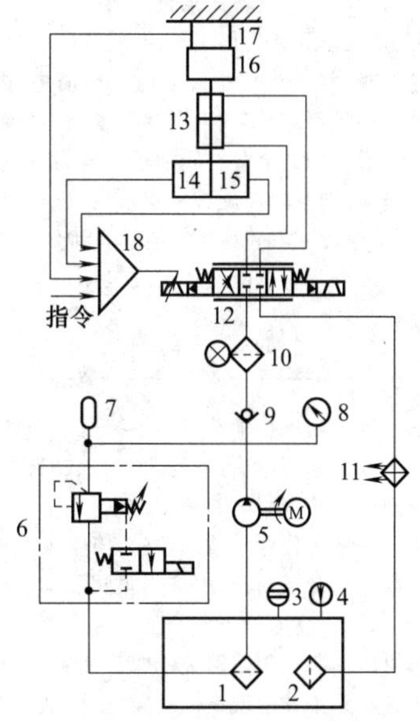 图(b)　试验台电液伺服控制系统的液压原理图 1—吸油过滤器；2—回油过滤器；3—液位计；4—温度调节器；5—电动机组合泵；6—电磁溢流阀；7—蓄能器；8—压力表；9—单向阀；10—精过滤器；11—冷却器；12—电液伺服阀；13—液压缸；14—位移传感器；15—速度传感器；16—试件；17—力传感器；18—伺服控制器

续表

汽车悬架减振器性能试验台的电液伺服控制系统	电液伺服控制系统与微机测控系统及工作原理	微机测控系统的原理如图(c)所示。主测控机为 IBM-PC 微机，通过 PIC-6042E 型数据采集卡对试验系统进行测控；试验台动作指令由微机发出，通过 D/A 接口进入伺服阀的控制器(MZK30l 型)进行信号放大和调节；输出电流信号，使液压缸活塞按要求的方向和速度运动，液压缸同时带动减振器运动，并分别通过与液压缸活塞杆固连的位移传感器(FX-81 型)和速度传感器(SD-100 型)测量位移和速度，通过主机调整螺杆上固定的力传感器(BK-2 型)测量阻尼力；检测到的位移信号、速度信号和阻尼力信号通过适当调理，分别进入数据采集卡的三路 A/D 中；计算机通过数据处理得到要求的减振器特性曲线。由于系统采用位置反馈控制，因此位移信号通过适当处理转化为调整指令发送到伺服控制器 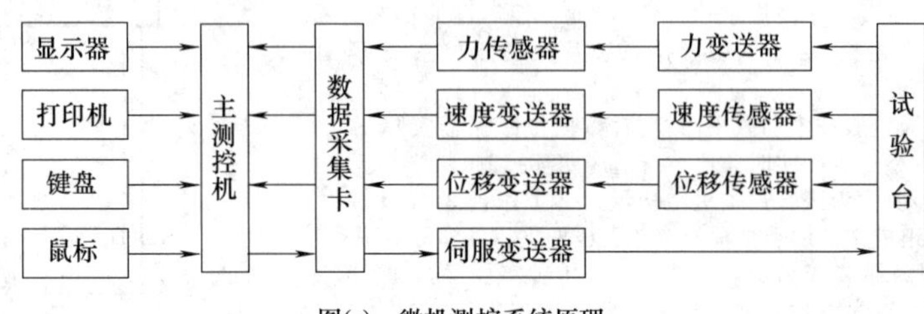 图(c)　微机测控系统原理
	技术特点	①该试验台主机结构简单，采用电液伺服控制和微机测控技术，使用方便，试验过程的测试与控制自动化，人机界面友好，测试精度和效率较高 ②液压系统中采用电动机组合泵(额定工作压力 31.5MPa，额定流量 30L/min)供油，简化了泵组结构设计；通过伺服阀前设精过滤器，回油设过滤器及设置温控调节装置，提高了系统的工作可靠性
电站锅炉蛇形管弯管机液压传动及控制系统	主机功能结构	蛇形管弯管机(小半径、顶墩)为国内首次自行设计制造的计算机数控蛇形管左右回转式顶镦弯管机，是加工大型电站锅炉的重要设备。该机采取带有轴向顶镦装置的机械冷弯方式，采用液压传动与伺服及 PC 控制技术，自动完成传送、夹紧和弯管加工 送料时，将钢管从料架上翻入料槽中，由送料电动机将管料送至挡管器处，再由直流伺服电动机完成定长送料。然后，由液压传动完成顶镦夹夹紧、收紧夹收紧和弯管模闭合，再由伺服控制的弯管缸带动弯管模旋转弯管，顶镦缸推动顶镦夹使其给管料施加轴向推力，以满足弯管和顶镦的匹配要求。一个弯头弯完后，再由直流伺服电动机进行定长送料，同时转筒旋转一定角度，进行再次弯管，直到整根管子弯完为止。在弯管过程中，钢管要始终贴紧弯管模，顶镦速度和弯管速度、顶镦力(顶镦施加钢管的轴向推力)和弯管角度之间必须满足一定的关系，以确保弯管的质量。要求弯管机的液压系统工作稳定可靠、启动平稳；能进行连续弯管轨迹控制；油路简洁、便于集中操作和实现自动化
	液压传动及控制系统工作原理	该弯管机液压传动及控制系统原理图如图(d)所示，系统由三个部分组成。液压位置伺服控制回路是完成弯管的主要工作部分，其执行器为两个并联的伺服液压缸(顶镦液压缸 4 和齿轮齿条式弯曲液压缸 5)，两缸运动相互关联，并分别由电液伺服阀 9 和 10 控制。指令脉冲输入由计算机的两个坐标给出，反馈位置检测采用光电编码器。当输入指令是一个位置斜坡函数(相当于一个速度指令)时，在不失步的情况下，该伺服控制部分能够在很大的速度变化范围内作随动运动，与电液伺服阀 9 和 10 相串联的电液换向阀 11 和 12 起安全保护作用，在系统出现重大事故的情况下，可以立即停止弯管。精过滤器 13 用于保证通过伺服阀的油液清洁，以保证工作的可靠性。液压传动辅助回路协助伺服控制回路完成弯管加工部分。其执行器为三对夹紧缸，三对夹紧缸的油路结构相似，各对缸的顺序动作由各油路中的电液换向阀控制，各油路中配置有单向减压阀、进油节流阀和液控单向阀，以实现夹紧力的调整和缸进退速度的调节，保证启动平稳、动作可靠。油源是整个系统的动力源部分，采用恒压变量泵 20 和定量液压泵 19 的组合供油方式。当辅助部分的液压缸夹紧钢管时，双泵同轴供油；当伺服控制部分工作时，定量泵通过远控顺序阀 14 实现卸荷，单独由恒压变量泵保证夹紧缸对钢管的夹紧力，并向两伺服缸供油。同时，恒压变量泵根据伺服系统所需流量而自动在恒压下变量。由三位四通电磁换向阀 21 控制的先导式溢流阀 22 及远程调压溢流阀 18 用于设定变量泵的最高工作压力、定量泵的压力和停止待命时两泵的卸荷

续表

| 电站锅炉蛇形管弯管机液压传动及控制系统 | 液压传动及控制系统工作原理 | 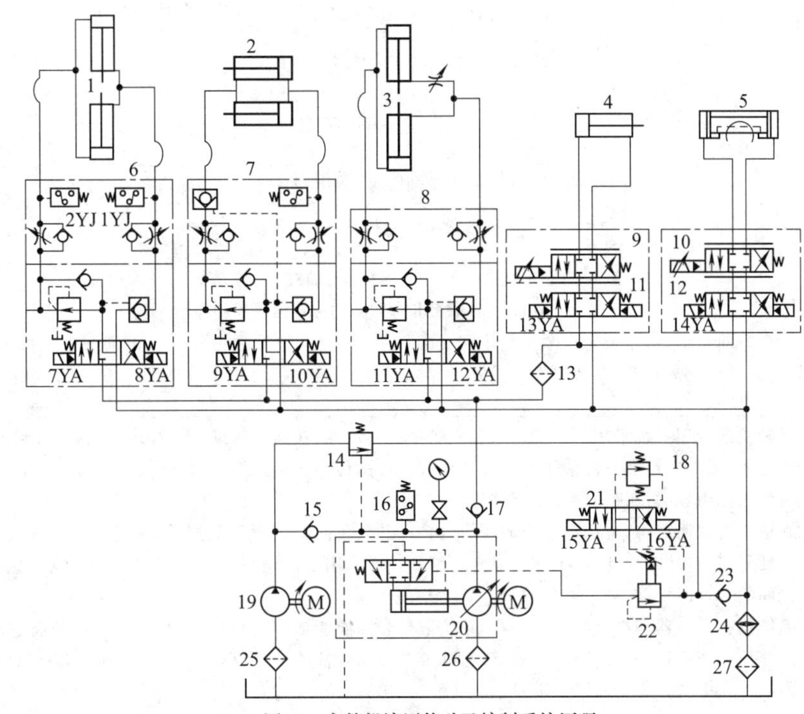
图(d)　弯管机液压传动及控制系统原理
1—顶镦夹紧液压缸；2—收紧液压缸；3—弯管模液压缸；4—顶镦液压缸；5—齿轮齿条式弯曲液压缸；6～8—缸 1～3 的液压阀油路；9，10—电液伺服阀；11，12—三位四通电液换向阀；13，25～27—过滤器；14—远控顺序阀；15，17，23—单向阀；16—压力继电器；18—远程调压溢流阀；19—定量液压泵；20—恒压变量泵；21—三位四通电磁换向阀；22—先导式溢流阀；24—冷却器
液压系统的工作原理如下。向弯管模内送入预定长度的钢管后，电磁铁 15YA 通电使换向阀 21 切换至左位，定量泵 19 升压(压力由阀 18 设定)。电磁铁 7YA 通电，油路 6 中的换向阀切换至左位，定量泵 19 的压力油经单向阀 15、17 和油路 6 中的减压阀、节流阀进入顶镦夹紧缸 1 的无杆腔并导通油路 6 中的液控单向阀，对钢管进行夹紧，而缸 1 有杆腔经油路 6 中的左路单向阀、液控单向阀和冷却器 24 及过滤器 27 向油箱排油。夹紧钢管后，油路 6 中的压力继电器 2YJ 发信号，压紧轮和测量轮复位，电磁铁 9YA 通电，油路 7 中的换向阀切换至左位，泵 19 的压力油经单向阀 15、17 和油路 7 中的减压阀、节流阀、左路液控单向阀进入收紧缸 2 的有杆腔并导通右路液控单向阀，缸 2 带动开启的弯管模使其处于钢管弯曲的中心位置。然后，电磁铁 9YA 断电，11YA 通电，油路 8 中的换向阀切换至左位，泵 19 的压力油经单向阀 15、17 和油路 8 中的减压阀、节流阀进入上下弯管模液压缸 3 的无杆腔并导通液控单向阀，缸 3 带动上下弯管模先后到位、合模，弯管模上的夹块夹紧钢管。接着，电磁铁 9YA 再次通电，收紧缸 2 收紧并锁紧，通过滑槽使钢管在其弯曲过程中始终贴紧弯管模。至此，液压辅助部分完成了对钢管的夹紧动作，等待弯管
弯管前，电磁铁 16YA 通电，系统压力升为恒压变量泵 20 设定的恒压值(由先导式溢流阀 22 设定)，远控顺序阀 14 打开，定量泵 19 经阀 14 卸荷，各夹紧缸对钢管的夹紧力，由恒压变量泵的压力油保证，泵 20 向液压伺服回路供油。在伺服回路控制下，缸 5 带动弯管模旋转弯管，顶镦缸 4 推动顶镦夹紧缸 1 使其给钢管施加轴向推力，两者协调配合，完成对钢管进行弯曲的任务[两缸的位置伺服控制原理见方框图(e)]。同时，气动注油泵连续向弯管模注入定量的润滑剂，对钢管进行防皱润滑。弯曲成形后，为避免在开模时划伤管壁，让弯管模稍稍回弹 |

第 20 篇

续表

电站锅炉蛇形管弯管机液压传动及控制系统

液压传动及控制系统工作原理

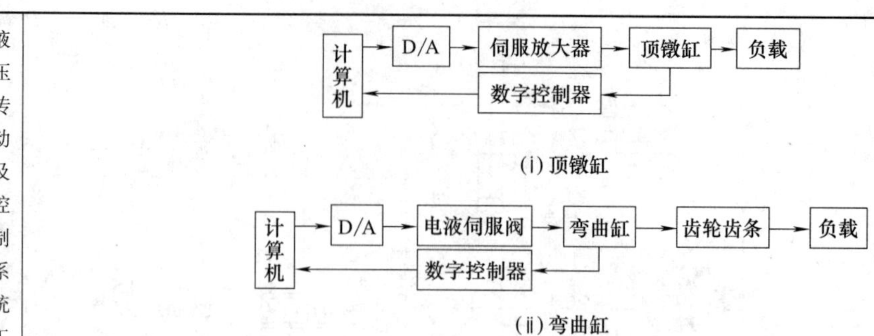

图(e) 顶镦缸和弯曲缸的位置伺服控制原理

当一个弯曲结束后，压紧轮和测量轮下降压紧钢管，各液压缸按顺序复位。由伺服电动机再输入一定长度的钢管，转筒旋转180°后，液压系统又重复上述动作，进行再一次弯管。如此循环往复，整个过程由PC机控制

技术特点及参数

①弯管机的液压系统采用恒压变量泵和定量泵组合供油，在满足系统动力要求的同时，有利于节能。根据执行器的工作性质，辅助作用夹紧缸采用开关式液压阀组成的传动回路进行控制；而执行弯管任务的弯管缸和顶镦缸则采用电液伺服阀组成的位置伺服控制回路进行控制

②在液压夹紧回路中，采用电液换向阀、单向减压阀、单向节流阀和液控单向阀，确保了夹块对钢管的夹紧力，使系统运动平稳、启动时无冲击、工作可靠。弯管和顶镦采用电液伺服控制，控制精度高、响应速度快，实现了弯管和顶镦之间的柔性匹配，保证了产品质量

③系统设有冷却器和精过滤器，有利于系统散热和油液清洁，从而有利于机器性能的改善、控制精度和可靠性的提高。液压控制阀均采用油路块方式集成，减少了液压管件数量，减小了液压系统体积，外形结构紧凑美观、使用检修方便

弯管机及其液压系统主要技术参数

项目			参数	单位
弯管机	管料的最大公称外径		63.5	mm
	管料的公称壁厚		12	
	管材牌号		12Cr2MoWVTiB	
	材料屈服极限		343	MPa
	管子弯曲半径		45～120	mm
	管子弯曲角度		0～180±0.5	(°)
	弯管模弯管角速度		0～2	r/min
	最大回转角度		190±0.1	(°)
	最小弯曲半径时的工件弯曲力矩		31.445	N·m
	最小弯曲半径时的弯管机旋转力矩		36.16	
液压系统	供油压力		18	MPa
	电液伺服阀(QDY10型)	额定流量	10	L/min
	齿轮齿条式弯曲缸	缸径(活塞直径)	160	mm
		齿条(活塞杆)直径	155	
		最大行程	432	
		齿轮分度圆直径	256	
		推力	225～285	N·m
		活塞最大移动速度	26.81	mm/s
	顶镦缸	缸径	140	mm
		活塞杆直径	90	
		最大行程	416	
		推力	120～235	kN
		速度	16～26	mm/s

续表

石棉水泥管卷压成型机的电液控制系统	主机功能结构	该机系美国 RVA 公司生产的一种大型设备，用于油田、市政工程中污水排放用高强度石棉水泥圆管的卷压成型加工。该设备由主机、液压系统、电控系统及送料、下料装置等部分组成。主机的主要工作部件(压辊装置)及工作原理如图(f)所示。圆管卷压时，液压缸 1 驱动横梁 2 及压辊 3 下行，将管芯 5 压紧卷绕在底辊 6 的送料毛布 8 上。无级调速的直流电动机通过齿轮减速器(图中未画出)拖动底辊旋转，来自网箱的送料毛布以线速运行，管芯借助摩擦力反向旋转，从而把经水和添加剂混合后的石棉水泥物料 7 逐层黏附并由压辊压实在管芯上(随着制品壁厚增加，压辊装置缓慢升高)，直至规定壁厚，最后，压辊装置上行，下料，一个工作循环结束。成型机的整个工艺过程可简单归述为：边卷边压 工艺要求压辊装置对圆管制品成型中的加压过程分两个阶段进行，即制品在卷制之初的某一薄层壁厚(一般在 10mm 内)时，保持恒定压下力，以便形成制品"骨架"，称之为起始压下力控制，之后，随着壁厚增加，按某种规律减小压下力，称为第二压下力控制。可见压下力是机器的一个重要参数，因此，压辊装置采用了伺服变量泵的电液控制系统，通过控制变量泵的排油压力间接对压辊装置压下力实施控制 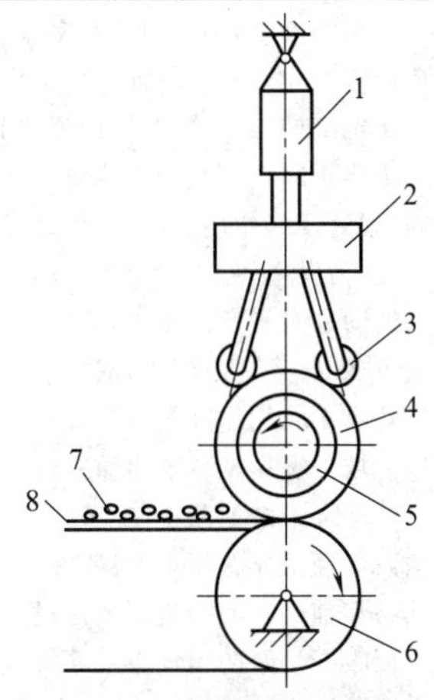 **图(f)　卷压成型机压辊装置的结构示意** 1—液压缸；2—横梁；3—压辊；4—制品；5—管芯；6—底辊；7—物料；8—送料毛布
	电液控制系统的工作原理	电液控制系统由液压系统和相应的电控系统两大部分构成。如图(g)所示为液压系统原理图，该系统由液压源、控制油路、压辊缸回路、辅助缸及平衡网路、冷却及过滤油路等部分组成 系统的液压源由 PV 型电液伺服双向变量轴向柱塞泵 1 和低压大流量齿轮泵 2 组成。泵 1 为主泵，通过改变排量控制系统压力；泵 2 为充液泵，用于向系统充液补油。泵 1 是整个控制系统的核心部件，该泵集控制盒(内装单级电液伺服阀和斜盘位置传感器)、伺服控制缸和变量泵主体为一体，泵内还附有安全溢流阀 5 和 6，控制油路溢流阀 7 和单向阀 8、9 等元件，从而使液压源结构相当紧凑 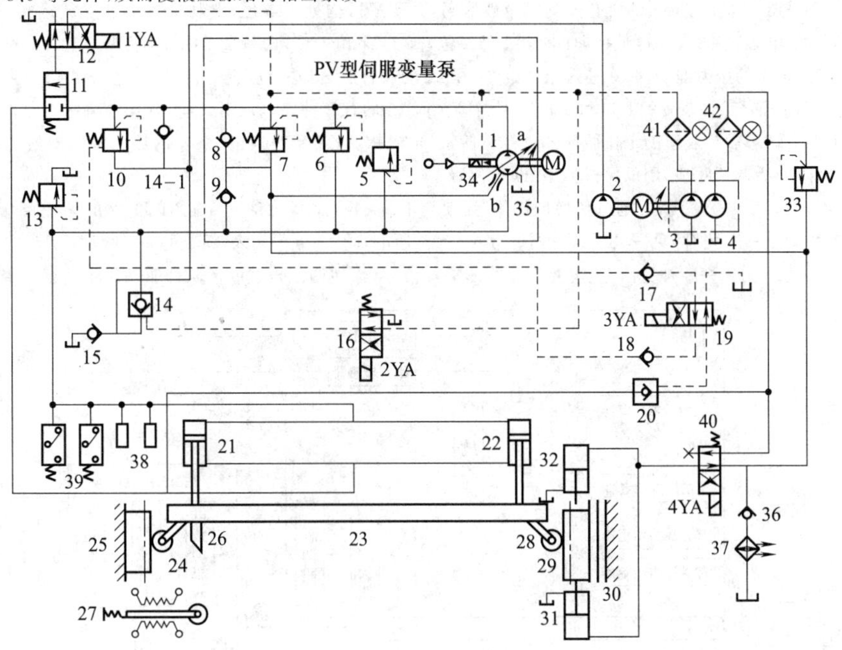 **图(g)　卷压成型机液压系统原理** 1—电液伺服双向变量轴向柱塞泵；2—低压大流量齿轮泵；3—小流量齿轮泵；4—平衡用齿轮泵；5～7，33—溢流阀；8，9，14-1，15，17，18，36—单向阀；10，13—限压溢流阀；11—二位二通液控换向阀；12，16，19，40—二位四通电磁换向阀；14，20—液控单向阀；21，22—压辊液压缸；23—横梁；24，28—齿轮；25，29—齿条；26—凸轮；27—差动变压器；30—直柱；31，32—辅助液压缸；34—节流孔；35—泄漏管；37—水冷却器；38—压力传感器；39—压力继电器；41，42—带污染指示的精过滤器

续表

石棉水泥管卷压成型机的电液控制系统

电液控制系统的工作原理

控制油路中，小流量齿轮泵 3 单独供给系统控制压力油，用作泵 1 伺服控制缸和二位二通液控换向阀 11 及液控单向阀 14、20 的控制油源。二位四通电磁换向阀 12、16、19 分别控制阀 12、14、20 控制油口的启闭

压辊缸回路中，两个同规格压辊液压缸 21、22 的活塞杆与刚性横梁 23 连接，同步运动完成压辊装置的工作循环。两个压辊缸与变量泵 1 构成容积调速的闭式回路，回路两侧配有限压溢流阀 10 和 13，阀 15 为带有硬弹簧的单向阀，起背压阀作用，故泵 2 可通过阀 14 和 14-1 向该回路充液补油，压力传感器 38 用于压辊缸无杆腔油压的检测反馈；压力继电器 39 用于限定起始压力并作为时间继电器的发信器

辅助缸及平衡回路中，横梁两端的齿轮 24 和 28 分别与两侧立柱 30 上的齿条 25 和 29 啮合，完成压辊装置导向。齿条 25 与立柱用螺纹连接固定。双向对顶的同规格辅助液压缸 31 和 32 可使齿条 29 上下移动，也可夹紧该齿条。齿轮泵 4 除用作缸 31 和 32 的油源外，还可向缸 21 和 22 的下腔提供平衡压辊装置自重所需的压力油，泵 4 的供油压力按平衡压辊装置自重所需压力通过溢流阀 33 设定

冷却及过滤油路中，经节流孔 34 的油通过泵 1 与泵内的泄漏油混合在一起从泄漏管 35 排回油箱。其他油路的油液可经低压背压单向阀 36 通过水冷却器 37 强制冷却。元件 41 和 42 是带发信器的纸质精过滤器，分别对控制油路和辅助缸油路进行压油过滤，过滤精度为 10μm

伺服变量泵的闭环电控系统共有两套同样的回路，一套工作，一套备用。每一套回路均由起始、第二压力控制给定器及压力传感器，交流放大器（射随器和放大器）、伺服放大器及解调器和上升、下降速度给定器等组成

电液控制系统的工作原理如下。系统可完成停留、下降、压制和上升的工作循环，动作顺序如下所列

系统动作顺序表

工况	1YA	2YA	3YA	4YA	工况	1YA	2YA	3YA	4YA
停留				+	压制		+	+	
下降	+	+		+	上升	+			+

①停留　此时，泵 1 的所有控制信号被取消，其变量机构处于零位，电动机带动其空载运转，故无流量输出。图(g)中，电磁铁 1YA 断电使换向阀 12 处于左位，阀 11 下位工作，切断泵 1 的 a 口至压辊缸 21 和 22 有杆腔的油路。同时，泵 4 的压力油经阀 20 进入压辊缸 21 和 22 的有杆腔，以平衡压辊装置自重；电磁铁 2YA 断电，阀 14 被来自泵 3 的控制油导通，泵 1 的 b 口和压辊缸上腔接至阀 15 的背压油路。从而，压辊装置停留在上方，以等待卸下成品、装上下一管芯后转入新的工作循环。在停留阶段，电磁铁 4YA 始终通电，泵 4 的压力油同时进入缸 3l 和 32 的无杆腔，两个活塞杆对顶，用以保持齿条 29 的位置

②下降　电磁铁 4YA 通电使换向阀 40 切换至下位，泵 4 的压力油进入缸 31 和 32 的无杆腔，活塞杆对顶，夹紧齿条 29，触点 J_D 闭合[见图(h)]；电磁铁 1YA、2YA 通电，阀 11 下位切入，泵 1 的 a 口吸油，b 口向压辊缸上腔供油，泵 2 经阀 14 向无杆腔补充因上、下腔面积差所需油液，从而使两压辊缸的活塞杆驱动压辊装置下降

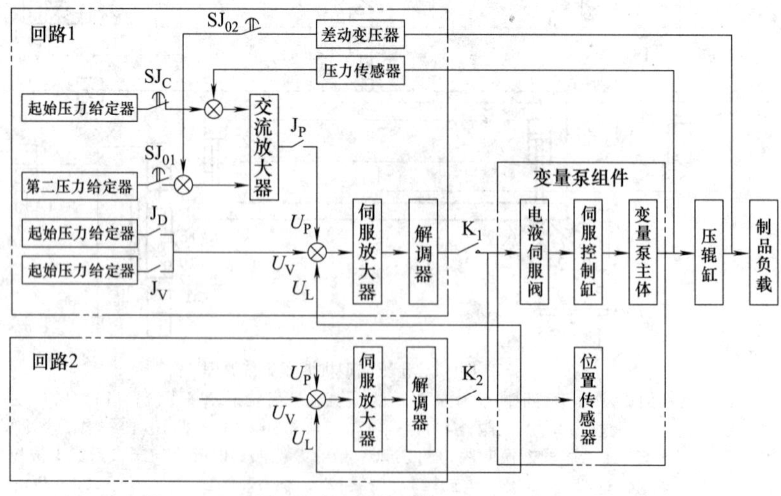

图(h)　闭环电控系统

续表

石棉水泥管卷压成型机的电液控制系统

电液控制系统的工作原理

③加压　当压辊装置下行接触送料毛布及管芯时，泵 1 的 b 口的排油压力（称负载压力）增加，使阀 14 关闭（电磁铁 2YA 断电）。负载压力继续增加直到压力继电器 39 的调定值（起始压力），其触点 J_D 闭合时，系统进入卷管加压过程

电磁铁 1YA 断电，阀 11 关闭，切断泵 1 的 a 口与压辊缸有杆腔的油路；电磁铁 3YA 通电，打开液控单向阀 20，使压辊缸下腔保持平衡压力而与压辊装置移动方向无关；电磁铁 4YA 断电，缸 31 和 32 的无杆腔接背压阀 36 油路，使齿条 29 可自动移动

起始压力经压力传感器反馈到输入端与其给定信号比较，差值经交流放大器加到泵的斜盘位置控制系统的输入端，改变泵 1 的流量，以维持起始压力恒定，使物料黏附压实在管芯上。起始压力保持时间由时间继电器按工艺需要调定，当其熔点 SJ_C 断开，SJ_{01} 和 SJ_{02} 闭合时，系统转入第二压力阶段。随着制品半径（即壁厚）增加，压辊装置升高，差动变压器 27 被图(g)中凸轮 26 逐渐压下给出一个与制品半径成比例的反馈信号，该信号与第二压力给定器所给信号相减减小第二压力指令，再与压力传感器反馈信号比较，从而给出一个逐渐减小的压力误差信号，以减小系统压力，直到要求的制品半径

④上升　加压卷管结束后，图(h)中触点 J_V 闭合。图(g)中的电磁铁 4YA 通电，泵 4 的压力油再次进入缸 31 和 32 的无杆腔，夹紧齿条 29；电磁铁 1YA 通电，阀 11 上位切入，泵 1 的 a 口向压辊缸有杆腔供油，电磁铁 2YA 断电，控制油顶开阀 14，压辊缸无杆腔与阀 15 的背压油路接通，从而压辊装置上升，电磁铁 3YA 断电，关闭阀 20，以防止压辊缸有杆腔与泵 4 的油路串通

压辊装置上升碰到有关行程开关后，进入停止状态，一个循环结束

技术特点及参数

①该成型机将液体压力和制品半径作机械压下力的“模拟量”，检测方法简单易行且控制精度较高，避开了直接测力难度较大的问题；总体上采用了机、电、液一体化结构，便于实现整机自动化，提高生产率和稳定产品质量

②液压部分采用结构紧凑的泵控容积调速闭式回路，具有功率适应特征，因而节能，利用液压泵充液，使加压时升压迅速；采用辅助泵能源直接平衡压辊缸，取代了传统的平衡阀，停留可靠、运动平稳

③电控系统采用冗余结构，两套回路可分别工作，不但提高了系统可靠性，且便于检修，特殊设计的伺服放大器推挽输出电路只接受各给定器及反馈传感器来的信号，大大提高了系统的抗干扰能力

④高度复合的变量泵内装电液伺服阀等精密元件，对油液的清洁度要求苛刻，稍有不慎，将会因油液污染导致泵启动困难等故障；两压辊缸尽管采用了机械连接，但并非严格同步。故压辊装置有时倾斜，影响产品质量；系统运行时，液压脉动产生的流体噪声较大，有时甚至使操作者难以承受。石棉水泥管卷压成型机及其液压系统的技术参数如下表

成型机及其液压系统的技术参数

项　目			参　数	单　位
主机	横梁	跨度	4.5	m
		行程	1.27	
		自重	45	kN
	最大压下力		385	kN
	压下力减小率		21	kN/mm
	压辊装置最大速度	下降	12	m/min
		上升		
	动态特性	响应时间	0.5	s
		压下力精度	±3.7	kN
液压系统	工作压力		4～8	MPa
	最大流量		720	L/min
	控制压力		3.5	MPa
	控制流量		20	L/min
	总功率		36	kW

第20篇

12.5.2 流量伺服系统应用实例

表 20-12-18 流量伺服系统应用实例

<table>
<tr>
<td>开环变量泵控制的液压马达</td>
<td>
图(a)为开环变量泵控制的液压马达速度回路，双向变量液压泵 5、双向定量液压马达 6 及安全溢流阀组 7 和补油单向阀 8 组成闭式回路，通过改变变量泵 5 的排量对液压马达 6 进行调速。而变量泵的排量调节通过电液伺服阀 2 控制双杆液压缸 3 的位移调节来实现。执行器及负载与电液伺服阀控制的液压缸是开环的。当系统输入指令后，控制液压源的压力油经电液伺服阀 2 向双杆液压缸 3 供油，使液压缸驱动变量泵的变量机构在一定位置下工作；同时位置传感器 4 的检测反馈信号与输入指令信号经伺服放大器 1 比较，得出的误差信号控制电液伺服阀的开度，从而使变量泵的变量机构即变量泵的排量保持在设定值附近，最终保证液压马达 6 在希望的转速值附近工作

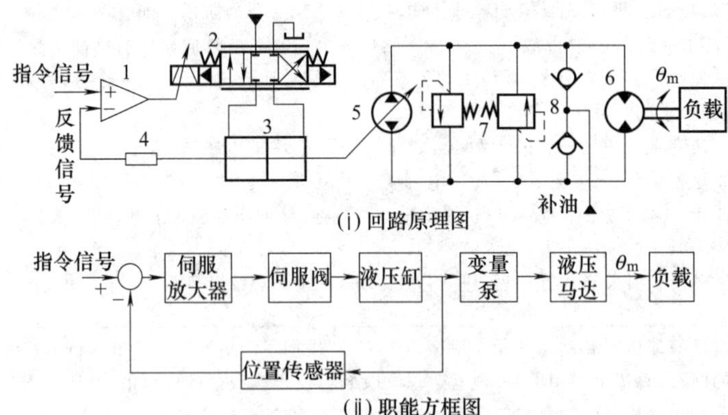

图(a) 开环变量泵控制的液压马达速度回路

1—伺服放大器；2—电液伺服阀；3—双杆液压缸；4—位置传感器；5—双向变量液压泵；6—双向定量液压马达；7—安全溢流阀组；8—补油单向阀
</td>
</tr>
<tr>
<td>闭环变量泵控制的液压马达</td>
<td>
图(b)为闭环变量泵控制的液压马达速度回路，其油路结构与回路基本相同，所不同的是在负载与指令间增设了测速发电机(速度传感器)9，从而构成一个闭环速度控制回路。因此其速度控制精度更高

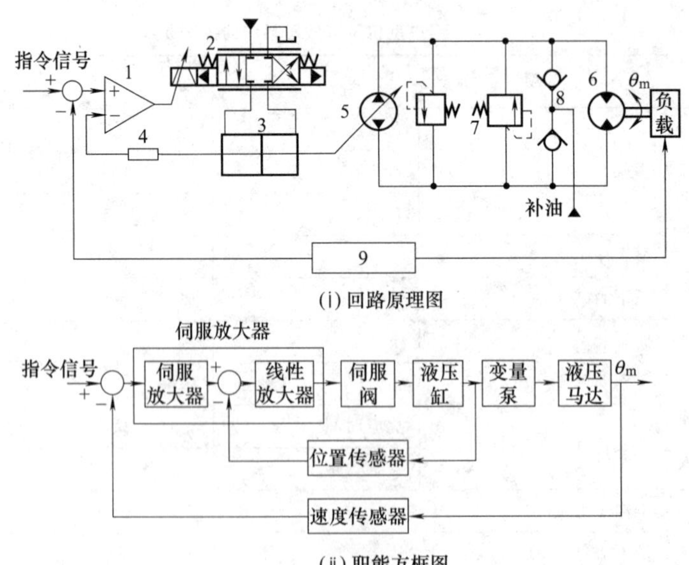

图(b) 闭环变量泵控制的液压马达速度回路

1—伺服放大器；2—电液伺服阀；3—双杆液压缸；4—位置传感器；5—双向变量液压泵；6—双向定量液压马达；7—安全溢流阀组；8—补油单向阀；9—速度传感器
</td>
</tr>
</table>

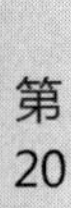

12.5.3　位置系统应用实例

表 20-12-19　　位置系统应用实例

<table>
<tr>
<td rowspan="2">中空挤坯吹塑挤出机型坯壁厚电液伺服控制系统</td>
<td>功能结构</td>
<td>中空挤坯吹塑是制造瓶、桶、箱等中空塑料制品的重要工艺方法之一，挤出机是实现这一工艺的重要设备，其生产过程是：由挤出机通过机头挤出半熔融的批管状型坯，当型坯达到一定的长度时，模具闭合，抱住型坯，切刀将型坯截断，吹气杆插入模具中的塑坯内吹气，使型坯紧贴模腔内壁而冷却定形，开模取出中空制品。由机头挤出的半熔融状型坯，在其自重的作用下必然会产生“下垂”现象，型坯上部壁薄，下部壁厚，大型制品尤甚。消除中空挤坯吹塑制品的壁厚不均匀的现象或人为有选择地增加制品某处的壁厚，有多种方法。本系统属于其中之一，采用了电液伺服技术和单片微型计算机控制，配以液晶显示和键盘操作，可以实现型坯壁厚的精确控制</td>
</tr>
<tr>
<td>型坯壁厚电液伺服系统的工作原理</td>
<td>如图(a)所示为型坯壁厚电液伺服控制系统原理图，其控制对象是中空吹塑设备中制造型坯的机头（有直接挤出式和储料缸式两类），以直接挤出式机头为例，自挤出机的半熔融塑料 1 经过口模 4 和芯头 3 形成的出口缝隙 s 挤出，形成管状型坯 2。型坯连续地被挤出，模具则交替地在机头下方取走型坯，在吹塑工位进行吹胀。机头的出口缝隙 s 可由伺服液压缸 5 通过芯头 3 控制其大小，出口缝隙 s 大时，挤出的型坯壁厚尺寸大，反之亦然。本系统就是通过对出口缝隙 s 变化的控制来实现对塑料型坯沿其纵向变化规律的控制的

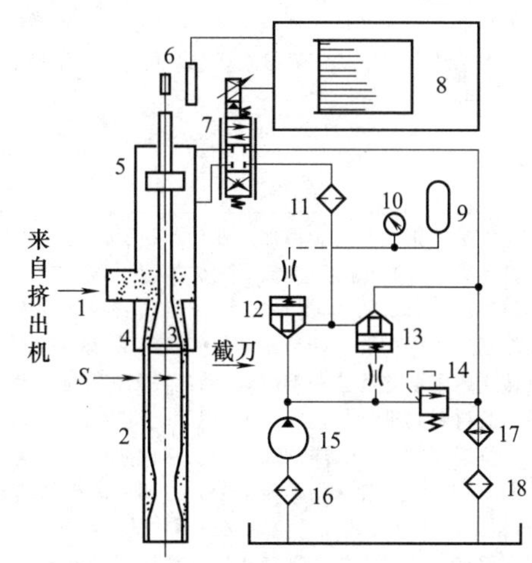

图(a)　型坯壁厚电液伺服控制系统原理
1—半熔融塑料；2—型坯；3—芯头；4—口模；5—液压缸；6—位移反馈传感器；7—电液伺服阀；8—控制器；9—蓄能器；10—压力表；11，16，18—过滤器；12，13—插装式单向阀；14—溢流阀；15—定量液压泵；17—冷却器

系统的油源为定量液压泵 15，泵的压力油经插装式单向阀 12、精过滤器 11 向伺服阀 7 供油，系统压力由溢流阀 14 设定并由压力表 10 显示。蓄能器 9 用于蓄能和吸收压力脉动以减小泵的排量和稳定工作压力。伺服阀出口油液经冷却器 17 和回油过滤器 18 回到油箱。停机时，蓄能器通过插装阀 13 释压。系统的执行器为电液伺服阀 7 控制的液压缸 5，缸的上端设有位移反馈传感器 6，伺服阀 7 接受控制器 8 的指令信号，输出流量驱动液压缸 5 带动芯头 3 按所需控制规律运动，机头出口缝隙 s 则按此规律控制型坯的厚度。位移反馈传感器 6 感受伺服液压缸活塞即芯头 3 的位移信号，送至控制器中，实现芯头运动的闭环控制。以微处理机（CPU）为核心的型坯壁厚控制器是本系统的心脏部分，其原理方框图如图(b)所示，它具有工作方式（收敛式或发散式等）设定、系统工作状态显示、工作参数预置和输入、模拟信号处理等功能

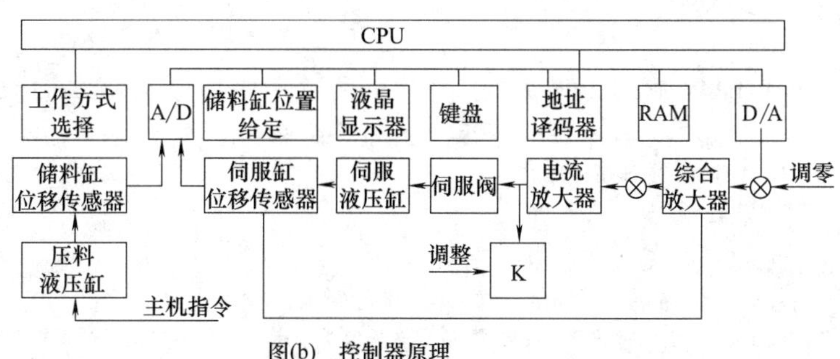

图(b)　控制器原理</td>
</tr>
</table>

续表

<table>
<tr>
<td>中空挤坯吹塑挤出机型坯壁厚电液伺服控制系统</td>
<td>技术特点</td>
<td>

①液压系统采用高性能的电液伺服阀和低阻尼液压缸，配以蓄能器，使系统具有较高的快速响应能力和低速平稳性。通过设置蓄能器减小了液压泵的流量规格，具有节能作用。通过在液压泵进口安装粗过滤器、出口安装精密高压过滤器和回油路上安装回油过滤器，有效地控制了液压油液的清洁度，提高了电液伺服系统工作的可靠性和使用寿命

②采用工业单片微机作为控制器的核心，硬件电路简单、可靠性高、体积小，对工业环境有良好的适应能力。控制器可存储多达15个工艺文件，更换制品品种时，可缩短调整时间。采用液晶显示技术，不仅可实时地显示型坯壁厚设置值、工作周期、储料缸容量的给定值、制品累计数量，工作方式及状态等，而且还可将型坯壁厚的动态运行值实时地与设置值一起同时显示在屏幕上，便于监测系统状态及运行情况，显示屏在此起到了低频示波器的作用。以轻触薄膜键盘作为人机对话的工具，可方便地设置系统的各种参数和型坯的壁厚

③本系统不仅适用于直接挤出式，还适用于储料缸式中空吹塑机，既适用于收敛式机头，也适用于发散式机头，具有较好的通用性

</td>
</tr>
<tr>
<td>四辊轧机液压压下装置的电液伺服系统</td>
<td>主机功能结构</td>
<td>

轧机是轧钢及有色金属加工业生产板、带、箔产品的常用设备，其中四辊轧机最为常见，其工艺原理如图(c)所示。当厚度为 H 的板坯通过上、下两轧辊(工作辊)5之间的缝隙时，在轧制力的作用下，板坯产生塑性变形，在出口就得到了比入口薄的板带(厚度为 h)，经过多道次的轧制，即可轧制出所需厚度的成品。由于不同道次所需辊缝值以及轧制过程中需要不断地自动修正辊缝值，就需要压下装置。随着对成品厚度的公差要求不断提高，早期的电动-机械式压下装置逐渐被响应快、精度高的液压压下装置所取代。液压压下装置的功能是使轧机在轧制过程中克服厚度及材料物理性能的不均匀，消除轧机刚度、辊系的机械精度及轧制速度变化的影响，自动迅速地调节压下液压缸的位置，使轧机工作辊辊缝恒定，从而使出口板厚恒定

如图(d)所示，轧机液压压下装置主要由液压泵站、伺服阀台、压下液压缸、电气控制装置以及各种检测装置所组成，压下液压缸安装在轧辊下支撑两侧的轴承座下(推上)，也可安装在上支撑辊轴承之上(压下)，以上两种结构习惯上都被称为压下。调节液压缸的位置即可调节两工作辊的开口度(辊缝)大小。辊缝的检测主要有两种：一是采用专门的辊缝仪直接测量出辊缝的大小；二是检测压下液压缸的位移，但它不能反映出轧机的弹跳及轧辊的弹性压扁对辊缝变化的影响，故往往需要用测压仪或油压传感器测出压力变化，构成压力补偿环，以消除轧机弹跳的影响，实现恒辊缝控制。此外，完善的液压压下系统还有预控和监控系统

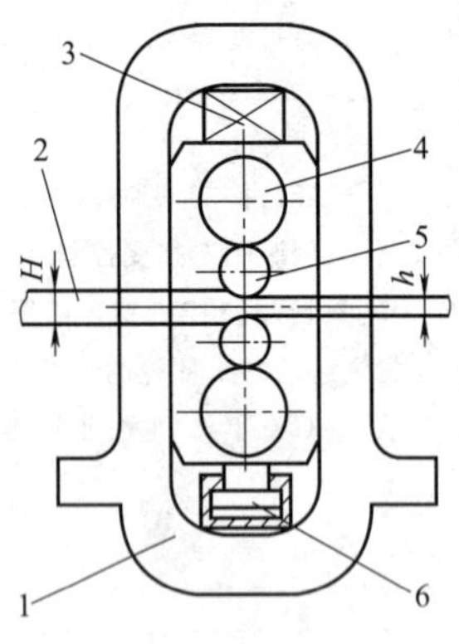

图(c) 四辊轧机轧制工艺原理

1—机架；2—带材；3—测压仪；4—支撑辊；5—工作辊；6—压下液压缸

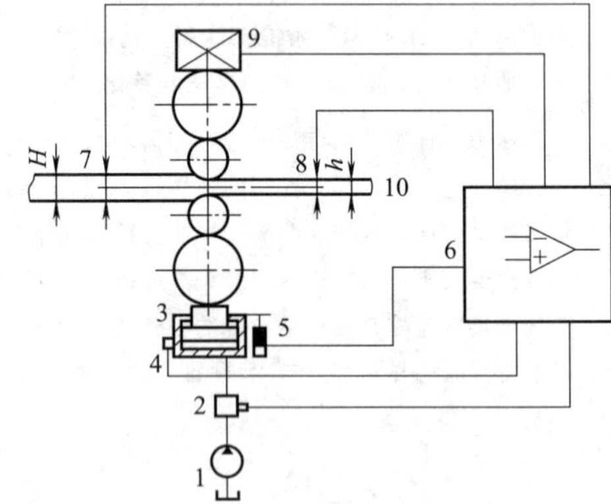

图(d) 轧机液压压下装置结构示意

1—压下泵站；2—伺服阀台；3—压下液压缸；4—油压传感器；5—位置传感器；6—电控装置；7—入口测厚仪；8—出口测厚仪；9—测压仪；10—带材

液压压下装置，由于轧制力大，辊系重，所以其液压缸负载环节的固有频率一般较低。为了提高系统的快速性就需要采用行程尽可能短的液压缸，因此液压缸在运动过程中容易产生偏摆或歪斜。为了消除此影响，在测量位移时应测液压缸的中心，或者测量液压缸的两边，取其平均值。液压缸位移的检测可采用同步感应器、差动变压器式位置传感器、磁尺、光栅等位移传感器

</td>
</tr>
</table>

续表

<table>
<tr>
<td rowspan="2">四辊轧机液压压下装置的电液伺服系统</td>
<td>电液伺服控制系统工作原理</td>
<td>如图(e)所示为液压压下装置的电液伺服控制系统原理图，由恒压变量泵提供压力恒定的高压油，经过滤器 2 和 5 两次精密过滤后送至两侧的伺服阀台，两侧的油路完全相同。以操作侧为例，压下液压缸 9 的位置由伺服阀 7 控制，液压缸的升降即产生了辊缝的改变。电磁溢流阀 8 起安全保护作用，并可使液压缸快速泄油；蓄能器 3 用于减少泵站的压力波动，而蓄能器 6 则是为了提高快速响应。双联泵 14 供给两个低压回路，一个为压下液压缸的背压回路；另一个是冷却和过滤循环回路，它对系统油液不断进行循环过滤，以保证油液的清洁度，当油液超温时，通过散热器 12 对油进行冷却。每个压下液压缸采用两个伺服阀控制，通过在一个阀的控制电路中设置死区，可实现小流量时一个阀参与控制，大流量时两个阀参与控制，这样对改善系统的性能有利
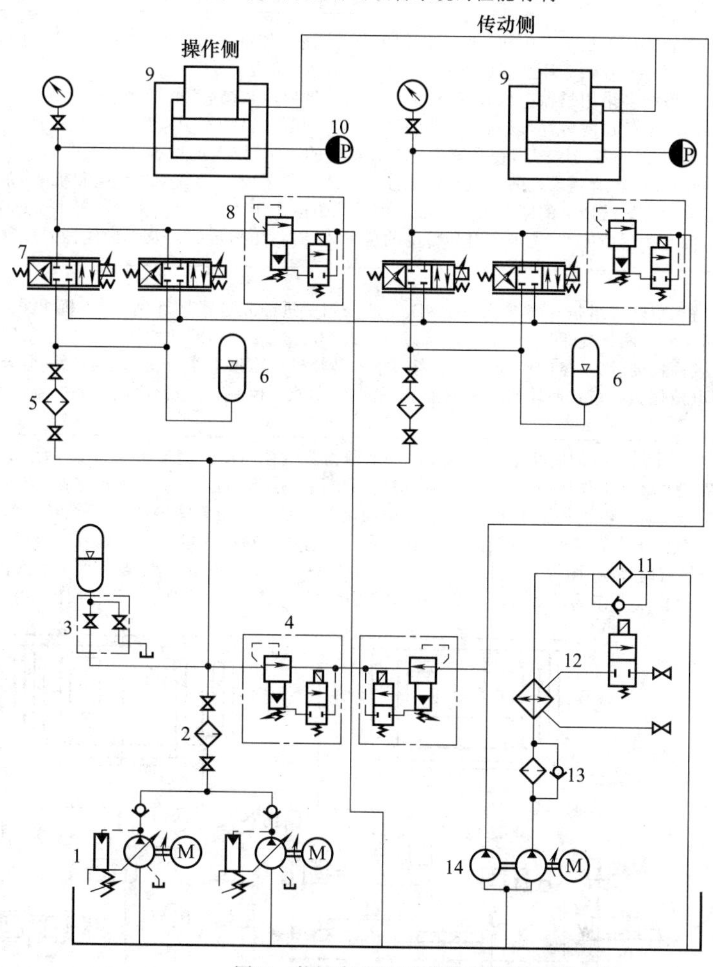

图(e)　轧机液压压下装置电液伺服系统原理
1—恒压变量泵；2，5，11—过滤器；3，6—蓄能器；4，8—电磁溢流阀；7—电液伺服阀；9—压下液压缸；10—油压传感器；12—散热器；13—离线过滤器；14—双联泵</td>
</tr>
<tr>
<td>技术特点及参数</td>
<td>①由于液压压下系统的压力较高，工作过程中的流量变化大，所以采用恒压变量泵蓄能器式油源，以提高其工作效率；但由于恒压变量泵结构复杂，调节不够灵敏，当系统需要的流量变化较大时，就会产生泵的流量赶不上负载需要，从而引起较大的压力变化，所以配备大容量的蓄能器(蓄能器 3)，同时应尽量采用粗而短的连接管道
②为了缩短停机维修时间，提高生产率，系统的油源采用两台主泵，即一台工作、一台备用。为了提高过滤效率，在循环过滤回路中的过滤器 11 和 13 应采用表面型和深度型相结合，在许多系统中还设有磁过滤器
③伺服阀台一般安装在靠近压下液压缸的位置，以提高液压缸——负载环节的固有频率。蓄能器 6 的体积一般较小，多为 2.5L，或 1.6L，以便为伺服阀提供瞬时的高频流量。过滤器 5 一定要安装在蓄能器 6 之前，否则可能导致在蓄能器向伺服阀排出油液时，也就是说流经过滤器 5 的液流有快速变化时，过滤器中的脏物被带出，降低过滤效果，同时过滤器 5 也会妨碍蓄能器对于某些高频流量需求的响应</td>
</tr>
</table>

续表

<table>
<tr><td rowspan="2">四辊轧机液压压下装置的电液伺服系统</td><td>参数</td><td>
<table>
<tr><th>项目</th><th>参数</th><th>项目</th><th>参数</th></tr>
<tr><td>工作压力/MPa</td><td>20～25</td><td>系统频宽/Hz</td><td>5～20</td></tr>
<tr><td>压下速度/mm·min^{-1}</td><td>2</td><td>油液清洁度</td><td>NAS1638-5-7-级</td></tr>
<tr><td>控制精度/%</td><td>1</td><td>油液工作温度/℃</td><td>30～45</td></tr>
</table>
</td></tr>
<tr><td>使用要点</td><td>液压压下装置能否正常工作和满足现代化生产的要求，有如下几点需要特别注意：伺服阀是该装置的关键元件之一，它应具有分辨率高、滞环小、频宽高、可靠性好等优良品质
①由于伺服阀多采用喷嘴挡板阀，故对油液的清洁度要求较高，一般情况下为 NAS1638 -5-7 级，因此就需要在系统中设置高效率的过滤装置，以确保油液的清洁度。同时油箱和管道均应采用不锈钢材质
②液压缸-负载环节的摩擦力在系统中有至关重要的影响，较大的摩擦力会产生较大的死区，从而产生较大的控制误差，同时又会影响到系统的频宽和稳定性。因此。除了应尽量减少轴承座和机架(亦称牌坊)之间的摩擦力外，还应注意减少压下液压缸的摩擦力。一般认为摩擦力应小于 1%
③为了提高控制精度，首先需要有高精度的位置传感器、压力传感器及性能优良的控制装置</td></tr>
<tr><td rowspan="2">铝箔轧机电液伺服系统</td><td>主机功能结构</td><td>该铝箔粗、精轧机组是从德国 ACHENBACH 公司引进的先进铝箔轧制设备，机组采用了四辊不可逆恒轧制力、有辊缝和无辊缝两种轧制工艺，最终产品为 $B=1.55\text{m}$、$\delta=2\times6\mu\text{m}$ 的铝箔。全机组采用了多种先进的液压控制技术，以实现高精度、高质量的铝箔产品生产。尤其是轧机液压推上系统采用了美国伺服公司(SCA)的液压伺服控制技术，用电液伺服阀来控制轧机轧辊的推上，是在电动液压控制、机械伺服阀控制的基础上发展起来的全液压结构</td></tr>
<tr><td>电液伺服控制系统的工作原理</td><td>图(f)为该轧机电液伺服控制系统原理图。油源为两台径向柱塞变量液压泵 5，两泵出口设置的溢流阀 7 用来设定液压系统的最高工作压力，防止液压泵过载，系统最低压力由压力继电器 8 控制，带污染报警压差继电器的精密过滤器 9 用以防止电液伺服阀 11 因油液污染而堵塞。系统采用不锈钢油箱 1，油箱设有油温控制调节器 3 和液位控制器 4；独立于主系统的定量液压泵 2 用于系统的离线冷却循环过滤。系统有两个传动侧，A 侧和 B 侧的压下缸采用电液伺服阀控制(图中未画出)。SCA 系统的执行器装在轧机下支撑辊轴承座下面，机架窗口处的两个既有油路联系又能独立工作的活塞式液压缸 20，主要由电液伺服阀 11 控制；A、B 侧回路中各有一套囊式蓄能器 16；
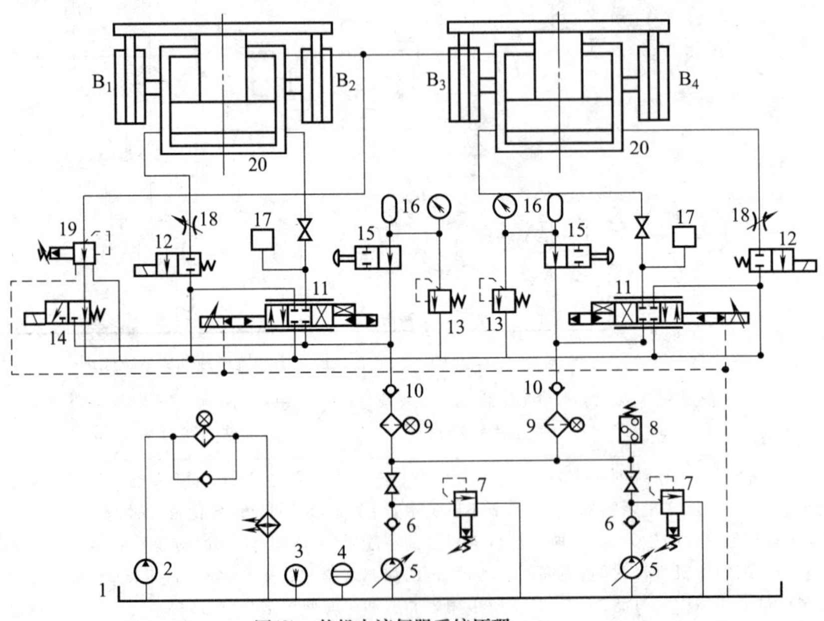

图(f) 轧机电液伺服系统原理
1—油箱；2—定量液压泵；3—油温控制调节器；4—液位控制计；5—径向柱塞变量液压泵；6，10—单向阀；7—溢流阀；8—压力继电器；9—精密过滤器；11— 电液伺服阀；12—二位二通电磁换向阀；13—溢流阀；14—二位三通电磁换向阀；15—二位二通手动换向阀；16—囊式蓄能器；17—压力传感器；18—节流阀；19—双作用三通压力阀；20—活塞式液压缸；B_1～B_4—位置传感器</td></tr>
</table>

续表

<table>
<tr><td rowspan="3">铝箔轧机电液伺服系统</td><td rowspan="3">电液伺服控制系统的工作原理</td><td colspan="2">B_1、B_2、B_3、B_4 为 A、B 侧检测液压缸 20 带动工作辊位移的位置传感器；A、B 侧回路中的压力传感器 17 用以检测液压缸 20 在轧制工作中的工作压力。图(g)为 SCA 系统的控制原理方框图，其功能包括工作辊的位置控制、轧制力控制、两个工作辊辊缝开合调节控制及轧辊倾斜度控制
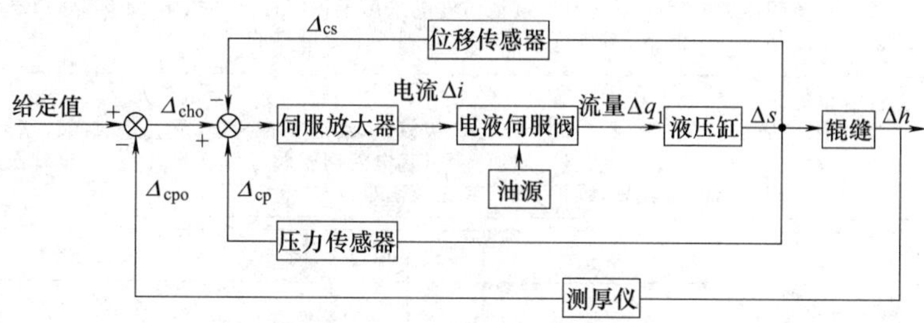

图(g)　SCA系统控制原理

根据原料厚度的不同，铝箔的轧制分为两个不同的轧制工艺：原料厚度由 0.5mm 轧制到 0.15mm 的轧制过程采用有辊缝、恒轧制力轧制；由 0.15mm 轧制到 12μm(两层)的轧制过程采用无辊缝、恒轧制力轧制。无论是有辊缝还是无辊缝轧制，在初调时，辊缝、轧制力、轧辊的倾斜度的给定值均被设定为零，并输入计算机储存</td></tr>
<tr><td>有辊缝轧制</td><td>工作时，首先启动冷却循环过滤泵，使油箱中的油液达到一定的温度和清洁度，然后启动工作泵 5，按要求向系统输送一定流量和压力的油液。根据轧制工艺要求，人工给定一代表初始厚度的电量 Δ_{cho} 后，经伺服放大器变成输出电流 Δi，电液伺服阀中的阀芯(滑阀)运动，从而将输出流量 Δq_1 至 A 侧和 B 侧液压缸 20 的无杆腔，推动液压缸活塞向上移动，液压缸有杆腔的油液经阀 19、14 排回油箱
当空负载时，只有安装在推上缸 20 两侧的位置传感器 B_1～B_4 发出反馈信号 Δ_{es} 与给定信号 Δ_{cho} 进行比较，二者相平衡(相等)时，则伺服阀输入电量为零，系统输出也为零，液压缸活塞停止移动，此时，两工作辊之间保持一定的辊缝，如果辊缝的大小不满足工艺要求，还需要调整辊缝，只需增大或减少给定值即可
当辊子咬入铝带时，因轧制力变化引起轧机机体弹跳变化造成真实辊缝的改变，此时的给定值仍然不变，而反馈量发生改变，破坏了平衡。伺服放大器反向输出，自动进行纠偏调节，从而达到新的平衡。轧制力的变化由安装在伺服阀输出管路上的压力传感器发出反馈信号 Δ_{ep} 与给定信号 Δ_{cho} 进行比较，当二者平衡时，伺服阀的输入电量为零，液压缸 20 的活塞停止
为了克服因给定值不准确、轧辊的磨损，元件本身误差等因素对所轧制的铝箔厚度的影响，在上述位移反馈和压力反馈两个闭环基础上，SCA 系统出口还设有带材测厚仪反馈检测环节(外闭环)，用以测出厚度差，其反馈信号和初始的给定量叠加，修正出精确的辊缝，进一步提高控制精度，使产品质量达到要求</td></tr>
<tr><td>无辊缝轧制</td><td>无辊缝轧制时，靠轧辊的弹性变形来轧制。与有辊缝轧制相同的是，辊缝和轧制力的控制调节，仍然依靠位置传感器 B_1～B_4 和压力传感器所测的实际值作为反馈，与给定值进行比较后，输给伺服阀进行调节，以满足工艺要求，但出口带材的厚度不是由 SCA 系统控制，而是靠改变卷曲机的张力和轧制速度来实现
在轧制过程中，如果发生“断带”故障，位置传感器迅速发出信号，事故程序控制系统立即使电液伺服阀 11 和电磁换向阀 12 通电换向，液压缸无杆腔流量卸载，阀 12 是伺服阀的辅助阀，起快速卸载作用。此时电磁换向阀 14 也通电换向，使液压泵的压力油经双作用三通压力阀 19 进入缸 20 的有杆腔，加速液压缸退回，以免轧辊在断带时烧损
推上缸 20 和伺服阀 11 靠安全溢流阀 13 进行压力卸载保护。由于伺服阀存在着压力零位漂移，会影响伺服阀的控制精度，甚至引起系统共振，所以为了稳定伺服阀的供油压力，在系统中装有皮囊式蓄能器，并且由阀 13 保护
如果伺服阀堵塞及油液污染，则精密过滤器 9 的进出口压差将增加，其附带的压差继电器迅速发出滤芯污染报警信号，使供油停止。更换新的滤芯后警报解除，继续向系统供油，以高清洁度的油液保证伺服阀正常工作</td></tr>
</table>

续表

铝箔轧机电液伺服系统 — 技术特点及参数

优点

①本铝箔轧机采用了先进的电液伺服控制技术、传感技术和计算机控制技术。其结构形式和控制方式与电动液压推上机械伺服阀控制的液压推上系统相比更简单、更稳定、更可靠、精度更高。所以被国际上公认为最理想的轧机推上控制方式。西欧各国在铝箔轧机上基本都采用了这种结构和控制方式

②采用电液伺服控制系统控制轧机轧辊的推上，由高精度的辊缝位移传感器、压力传感器和测厚仪组成闭环反馈控制，响应块、精度高，保证了铝箔产品的轧制质量

③液压系统的压力、流量、温度及油液清洁度等采用了程序控制和措施，如轧制过程断带出现时的快速卸载、系统的离线冷却循环过滤等，对系统正常运行起到了十分可靠的保证

缺点

①油源供油压力高，要选用高压泵

②对油液的清洁度要求苛刻，一般为NAS4级以上，油液稍有污染，就会造成阀件堵塞

③对环境要求苛刻，工作环境条件的变化会引起电液伺服阀零位漂移，使系统出现误差

④电液伺服阀的精度比较高，维护、检修等比较困难

技术参数

项目		参数	单位	项目		参数	单位
供油压力		23	MPa	推上液压缸	缸径	400	mm
安全保护压力	最高(溢流阀7设定)	23.5			杆径	360	
	最低(压力继电器8设定)	15.4			行程	60	
	卸载保护(溢流阀6)			位置传感器	测量范围	±50	mm
工作压力		22			测量精度	0.5%	
电液伺服阀	空载流量	19.57	L/min	精密过滤器	过滤精度	3	μm
	负载流量	11.3			压差继电器发信压差	0.25	MPa
	零偏	≤3		囊式蓄能器	容量	41	L
响应时间	伺服阀	6	ms	A、B 侧压下缸	额定压力	21	MPa
	系统最迟	30			额定流量	20	L/min

带材纠偏控制装置的电液伺服控制系统 — 主机功能结构

金属或非金属带材生产设备，在带材运行过程中都会产生跑偏。带材跑偏不仅使卷材不整齐，而且还会使机组无法进行正常生产，因此，在带材生产线中需要各种纠偏控制装置，以保证带材生产高速、安全和提高生产率。按控制形式不同，带材纠偏控制装置可分为机械式、电动式，气-液伺服式和电-液伺服式。其中，电-液伺服式由于响应快、精度高、可靠性好等优点，正在受到愈来愈广泛的应用。电液伺服式纠偏控制装置主要由检测器、液压推动缸、伺服阀、液压泵站、控制电路等组成。此类装置的检测器形式很多，按检测原理可分为光电式、电容式、电感式等。尤其是光电式检测器，其开口可大可小，安装比较灵活。根据纠偏控制的功能和应用部位的不同，可分为开卷定位控制、卷齐自动跟踪控制、摆动辊导正控制三种形式[如图(h)所示]。在开卷自动定位控制中，检测器的位置固定不动，开卷机的卷筒部分为浮动结构，在纠偏液压缸的推动下通过导轨可作垂直于带材方向的往复运动

当检测器检测到带材偏离要求的位置时，就通过控制电路驱动伺服阀动作，使纠偏液压缸产生一个位移，以纠正带材的偏离值，从而把开卷中心线控制在机组中心或边缘固定在某一位置。摆动辊导正控制一般安装在较长的生产线上(例如酸洗、镀层、涂层、精整等生产线)

由于这些设备的带材运行路径长，在中间部位就很容易出现跑偏，所以在一些关键的位置需要设置摆动辊导正装置，从而使带材中心不偏离机组中心线。卷取机自动卷齐伺服装置则是让卷筒自动跟踪带材的边缘，检测器安装在移动部件上同卷取机一同移动，造成直接反馈

当跟踪位移与带材的跑偏位移相等时，偏差信号为零，卷筒便处于平衡位置，从而实现边部的自动卷齐。无论哪一种形式的纠偏控制装置，其液压系统部分无太大的差别

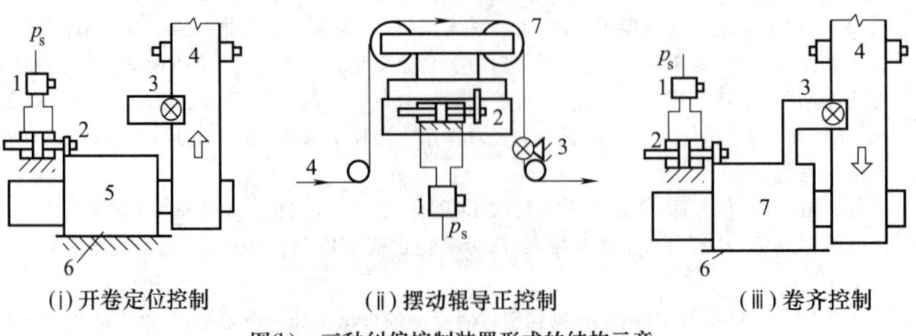

(ⅰ)开卷定位控制　(ⅱ)摆动辊导正控制　(ⅲ)卷齐控制

图(h)　三种纠偏控制装置形式的结构示意

1—电液伺服阀；2—控制液压缸；3—检测器；4—带材；5—开卷机；6—滑道；7—卷取机

续表

带材纠偏控制装置的电液伺服控制系统

电液控制系统工作原理

电液控制系统原理图如图(i)所示，液压泵站由恒压变量泵 1 及蓄能器 3 等元件组成，电液伺服阀 6 控制纠偏随动缸 8 的自动工作状态，三位四通电磁换向阀 9 用于手动调整。由于纠偏控制都是靠带材的反馈来构成闭环系统，所以当没有带材时，反馈作用消失，这时如果不把伺服阀的油路切断，就有可能使纠偏液压缸推至极限位置，电磁换向阀 7 的作用就是要及时切断伺服阀的油路。液压马达 13 驱动丝杠机构，安装在它上面的检测器(图中未画出)在液压马达的带动下可作方向相反的同步运动；为了能够使检测器自动进给到所需位置，由电液伺服阀 10 通过检测器自身构成闭环自动控制，同时也可以由电磁换向阀 11 进行手动控制。对于一些采用单边检测的纠偏系统，其检测器的进给采用伺服阀控制液压缸的方式，也有一些单边检测系统采用电磁阀控制液压缸进行两位式的伸缩，当带材宽度变化时用丝杠进行手动微调

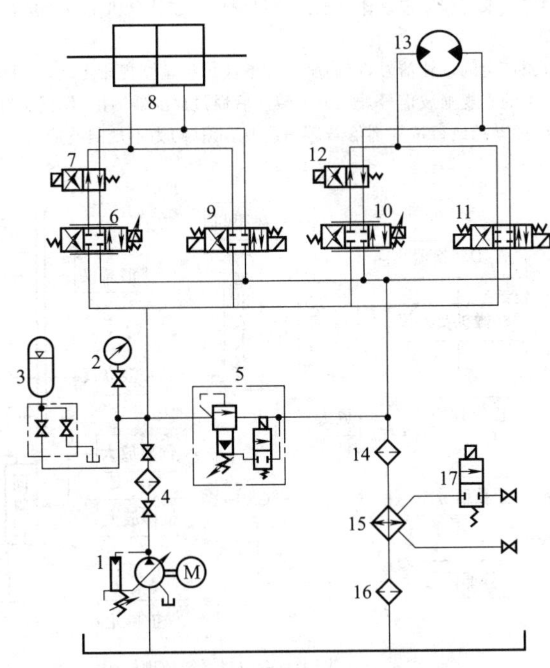

图(i) 带材纠偏装置电液控制系统原理

1—恒压变量泵；2—压力表；3—蓄能器；4，14，16—过滤器；5—电磁溢流阀；6，10—电液伺服阀；7，12—二位四通电磁换向阀；8—纠偏随动缸；9，11—三位四通电磁换向阀；13—液压马达；15—冷却器；17—二位四通电磁阀

由于纠偏控制系统所用的电液伺服阀(如动圈式或射流管式伺服阀)一般对油液的清洁度要求并不很严格，所以纠偏控制系统的油源并不设单独的循环过滤回路，而是采用供油路上的过滤器 4 和回油过滤器 14 相结合过滤，并采用冷却器 15 对系统进行冷却

技术要点

①纠偏装置的控制精度要求一般不是很高，所以在伺服阀的选型上都优选性能普通而抗污染能力强的伺服阀，这样可以降低系统对油的清洁度要求，从而降低液压泵站的成本。目前采用较多的是动圈式伺服阀

②纠偏装置的调节品质往往受到液压缸-负载环节的固有频率的限制，因此，在一些运行速度高以及控制精度要求高的场合，除了应设法提高其固有频率以外，还应在电气上采取一些措施

主要参数

项　目	参数	单位	项　目	参数	单位
控制精度	±1	mm	工作压力	10～20	MPa
系统频宽	3～5	Hz	油液工作温度	30～45	℃

续表

电液伺服水槽不规则波造波机系统	主机功能结构	水槽不规则波造波机是一种在实验水槽中模拟波浪环境进行船舶、港口工程和海洋工程科学研究的专用实验设备。它不但可以制造出各种规则波浪，而且可以造出各种具有给定波谱密度的不规则波及给定不规则波面过程线的天然波列，是研究、设计和建造船舶、港口码头和海洋工程结构物在波浪作用下的运动、受力和安全性能等问题不可缺少的实验手段 该机的工作机构为平推式推波板，采用液压驱动、伺服控制，不规则信号产生、波谱和波列控制及数据处理均由微型计算机完成。整套设备有机械液压和电控测量两大部分，系统组成和原理如图(j)所示。系统按照信号发生装置产生的控制信号，通过伺服液压缸驱动推波板在导轨上做往复平推水运动，使水槽中的水产生波浪并传递到实验模型处。水槽中各测点处浪高和波浪规律可通过高仪测出并在计算机上进行屏幕显示、绘制和打印。控制信号有以下三种可选择方式 ①输入正弦信号源产生的正弦信号，使伺服缸和推波板按正弦规律运动，造出规则波浪 ②输入计算机产生的不规则波信号，经D/A转换后通过放大器输出，使伺服缸驱动推波板运动生成不规则波浪 ③输入外部信号，驱动推波板按外部信号运动造波。图(k)为不规则波造波的控制流程图 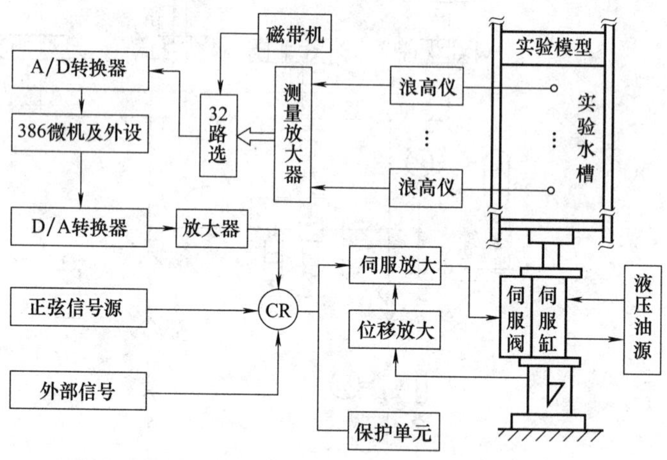 图(j)　造波机系统原理框图 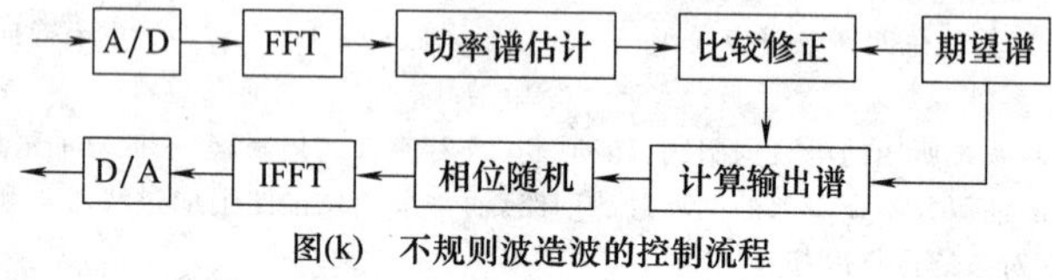 图(k)　不规则波造波的控制流程
	机械液压系统原理	造波机的机械液压系统原理图如图(l)所示，执行机构为伺服液压缸14及其驱动的推波板16，缸的运动由喷嘴挡板式电液伺服阀12控制；系统的油源为变量液压泵5，泵的最高工作压力由溢流阀7调定并通过压力表11及其开关10显示，泵可以通过二位二通电磁换向阀6控制实现卸荷；为了保证伺服阀不被污染，以提高系统的可靠性，泵5和伺服阀前设有带发信器的精过滤器8；系统的冷却器3的冷却液通断由二位二通电磁换向阀4控制；蓄能器9用于吸收油液脉动，改善系统工作品质

续表

<table>
<tr>
<td rowspan="3">电液伺服水槽不规则波造波机系统</td>
<td>机械液压系统原理</td>
<td>

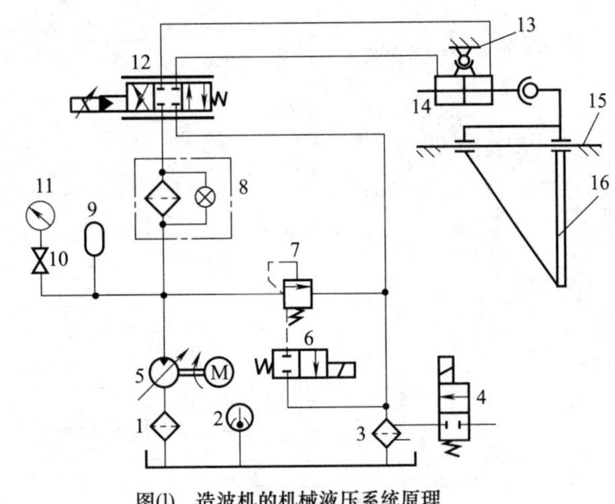

图(l)　造波机的机械液压系统原理

1—粗过滤器；2—温度计；3—冷却器；4，6—二位二通电磁换向阀；5—变量液压泵；7—溢流阀；8—精过滤器；9—蓄能器；10—压力表开关；11—压力表；12—喷嘴挡板式电液伺服阀；13—支架；14—伺服液压缸；15—导轨；16—推波板

</td>
</tr>
<tr>
<td>技术特点</td>
<td>

①不规则波造波机采用了计算机和电液伺服控制技术，性能先进，稳定可靠

②液压系统中具有防污染、冷却和吸收脉动措施，并且采取了在活塞杆上 O 形密封圈和唇形密封圈双道密封措施，保证了高性能伺服缸的密封性能，从而提高了系统的工作可靠性

</td>
</tr>
<tr>
<td>技术参数</td>
<td>
<table>
<tr><th colspan="3">项　　目</th><th>参数</th><th>单位</th></tr>
<tr><td rowspan="6">主机</td><td colspan="2">造波周期</td><td>0.4～4</td><td>s</td></tr>
<tr><td colspan="2">水槽尺寸</td><td>50×1×1</td><td rowspan="4">m</td></tr>
<tr><td colspan="2">最大水深</td><td>1.1</td></tr>
<tr><td colspan="2">造波板尺寸</td><td>1×1.7</td></tr>
<tr><td colspan="2">最大波高</td><td>0.4</td></tr>
<tr><td colspan="2">波列模拟个数</td><td>≥100</td><td></td></tr>
<tr><td rowspan="8">液压系统</td><td rowspan="4">伺服液压缸</td><td>最大驱动力</td><td>4</td><td>kN</td></tr>
<tr><td>最大速度</td><td>1.3</td><td>m/s</td></tr>
<tr><td>冲程</td><td>600</td><td>mm</td></tr>
<tr><td>往复运动周期</td><td>0.4～4</td><td>s</td></tr>
<tr><td rowspan="2">电液伺服阀</td><td>额定工作压力</td><td>21</td><td>MPa</td></tr>
<tr><td>额定流量</td><td>100(21MPa 压差时)</td><td>L/min</td></tr>
<tr><td rowspan="2">液压泵</td><td>额定压力</td><td>21</td><td>MPa</td></tr>
<tr><td>额定流量</td><td>100</td><td>L/min</td></tr>
</table>

注：造波机的推板框采用空心型钢焊成，推板采用铝板制成。

</td>
</tr>
</table>

续表

<table>
<tr>
<td rowspan="2">PASBAN炮塔电液伺服控制系统</td>
<td>主机功能结构</td>
<td>PASBAN炮塔电液控制系统是一套自动控制系统，它可根据雷达指挥仪的目标测量参数，自动拖动炮塔完成方位和高低的瞄准运动，使发射装置随时跟踪飞行目标。图(n)为炮塔总成结构示意图，系统采用单元积木式安装</td>
</tr>
<tr>
<td>电液伺服系统工作原理</td>
<td>该炮塔的电液伺服控制系统原理如图(m)所示。系统由液压源、方位控制液压回路和高低瞄准控制液压回路组成。方位控制和高低瞄准控制液压回路各设一个相同的两级电液伺服阀(前置级为喷嘴挡板型，放大级为四通滑阀型)27和21，用以接收雷达指挥仪传来的经过逐级放大了的指令信号，实现对两个回路中液压执行器(液压缸和马达)的运动方向和速度的控制
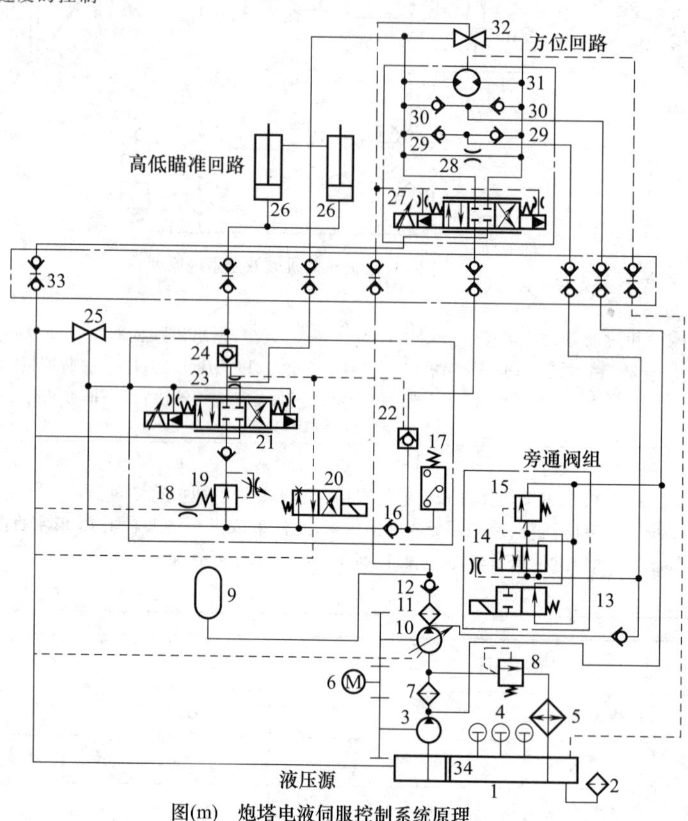

图(m)　炮塔电液伺服控制系统原理
1—油箱；2—注油过滤器；3—辅助液压泵；4—温度继电器；5—风冷式冷却器；6—液压泵驱动电动机；7—低压过滤器；8,15—溢流阀；9—蓄能器；10—主液压泵；11—高压过滤器；12,16,29,30—单向阀；13—二位二通电磁换向阀；14—二位四通液动旁通换向阀；17—压力继电器；18—节流阀；19—减压阀；20—二位四通电磁换向阀；21,27—电液伺服阀；22,24—液控单向阀；23,28—阻尼孔；25,32—截止阀；26—高低瞄准液压缸；31—方位控制双向定量液压马达；33—快速接头；34—油箱隔板
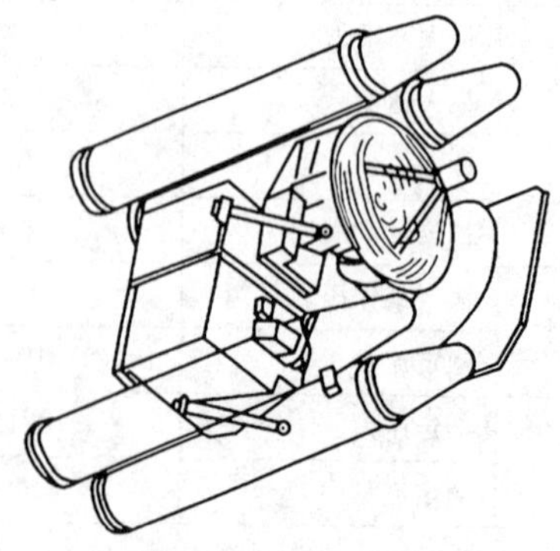
图(n)　炮塔总成结构示意</td>
</tr>
</table>

续表

PASBAN炮塔电液伺服控制系统	电液伺服控制系统工作原理	液压源	液压源按照各执行器的动作要求向系统提供符合一定清洁度和温度的压力油。液压源共有两台液压泵 3 和 10，由电动机经过齿轮减速机构驱动。其中单向变量泵（恒压轴向柱塞泵）10 为系统的主泵，单向定量泵（齿轮泵）3 为辅助泵。主泵 10 的最高压力设定、空载启动与升压由旁通阀组中的溢流阀 15 及旁通换向阀 14 和二位二通电磁换向阀 13 实现。辅泵 3 的压力由溢流阀 8 设定。为保证主泵 10 空载启动，正常启动电动机 6 时，二位二通电磁换向阀 13 断电处于图示右位，主泵 10 输出的油液经旁通阀 14 和换向阀 13 进入低压辅助回路（与低压过滤器 7 的入口相接），从而实现电动机和液压泵空载启动，而后逐渐提高其转速。当启动后 10s，换向阀 13 通电切换至左位，主泵 10 的压力油进入工作系统。工作中，若负载压力超过溢流阀 15 的设定值，则在阀 14 左端液控腔的压力油的作用下切换至左位，泵 10 的压力油经阀 14 后，一路汇到辅助油路，另一路打开溢流阀 15，经此阀后也进入辅助油路。由温度继电器 4（3 个）自动控制的风冷式冷却器 5 用于液压油液的冷却；为了提高系统油液的清洁度，辅助泵 3 出口设有低压过滤器 7、主泵 10 出口设有高压过滤器 11，油箱入口设有注油过滤器 2 且油箱底部装有专门吸收金属物的磁性过滤器
		方位液压控制回路	方位控制液压回路的执行器为液压马达（斜轴式单铰双向定量柱塞液压马达）31，它由电液伺服阀 27 控制，通过减速器拖动炮塔跟踪目标。与辅助泵 3 出口相接的单向阀组 30（两个）用以马达的双向补油，以防止马达急速换向或突然制动时造成某腔的吸空。通往马达两腔相反安装的两个单向阀 29 与主泵 10 的供油路相接，用以马达压力超过主泵 10 的供油压力时打开泄油，起到安全保护作用。马达两工作腔间设有直径为 0.1mm 的阻尼孔 28，以增加系统的阻尼，提高该欠阻尼阀控马达系统的稳定性。当控制压力消除时，通过打开截止阀 32 可以使液压马达的两腔串通，从而实现炮塔的手动转动。二位四通电磁换向阀 20 与液控单向阀 22、24 分别组成了方位和高低两个回路的液压锁，以实现在切断液压动力时，锁定炮塔位置
		高低瞄准控制液压回路	高低控制液压回路的执行器为并联的两个液压缸 26，它由电液伺服阀 21 控制，推拉与其铰接的发射装置上下运动，实现俯仰瞄准。高低和方位回路共用主泵压力油驱动，主泵的输出压力按方位回路所需要的高压设定，而高低控制回路所需工作压力较低，为此通过减压阀 19 实现降压，它由两个节流阀 18 和一个减压阀组成。阀 19 和阀 21 之间的单向阀用于隔离负载压力波动对油源的冲击。阻尼孔 23 使发射装置稳定。当控制压力消除时，通过打开截止阀 25 使缸 26 向油箱放油，可将发射装置降下。缸 26 两端各设有阻尼节流孔和单向供油阀，用于活塞运动行程终了时的缓冲
	技术特点		①该炮塔采用了电液伺服阀控马达和液压缸系统，以提高系统的动态响应特性、跟踪精度与动态刚度 ②采用辅助泵向主泵进油口供油（双级加压供油），改善了主液压泵的吸油性能和可靠性。液压马达设有补油和安全单向阀组，液压马达和液压缸均设有液压锁，提高了系统的安全可靠性 ③系统设有多重过滤装置，并设有风冷冷却器，提高了系统的防污染能力并保证了系统具有合适的油温，从而保证了整个武器的运行可靠性
	技术参数		见下表

项目	参数	单位	项目	参数	单位
系统最高安全压力	23.5	MPa	泵吸油管距油箱底高度	30	mm
方位控制液压回路工作压力	18.4		系统控制油温	52～65	℃
高低瞄准控制液压回路工作压力	8.2		油箱容积	23	L
旁通阀组的电磁阀电压	28	V			

续表

<table>
<tr>
<td rowspan="2">地空导弹发射装置液压控制系统</td>
<td colspan="2">主机功能结构</td>
<td>该地对空导弹发射装置为四联装置，左右配置在双联载弹发射梁上。发射梁的俯仰运动由液压控制系统驱动。其功能为：根据火控计算机的指令，使发射梁在俯仰方向精确地自动跟踪瞄准飞行目标；根据载弹情况的不同，自动平衡负载的不平衡力矩，在俯仰方向进行手动操纵。发射装置的液压控制系统，由左右双联载弹发射梁的俯仰电液伺服系统、变载液压自动平衡系统及手摇泵操纵系统等组成
图(o)是双联载弹发射梁的结构及其受力关系示意。由于发射梁的耳轴 O 远离梁和导弹重心 O_1，从而带来了很大的负载不平衡力矩，最大可达 4.4kN·m。另外，单发导弹重达 1.2kN，这样随载弹情况的不同，其不平衡力矩值差别就很大。故采用弹簧平衡机 3 平衡和液压平衡缸 1 自动平衡的共同作用来平衡负载的不平衡力矩
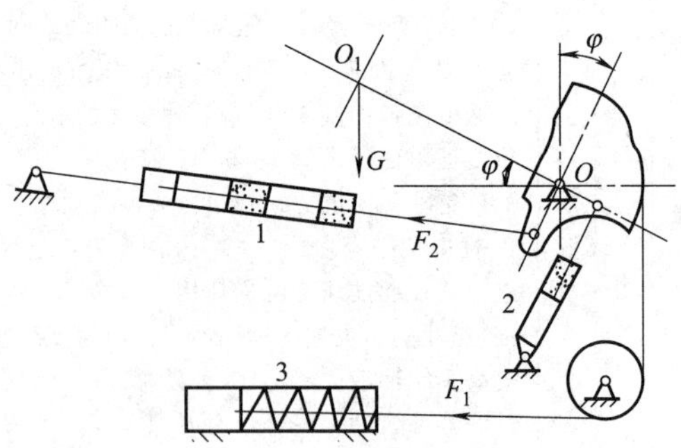

图(o)　双联载弹发射梁的结构及其受力关系示意
1—液压平衡缸；2—伺服液压缸；3—弹簧平衡机；
O—耳轴；O_1—导弹和载弹发射梁中心</td>
</tr>
<tr>
<td>液压系统及其工作原理</td>
<td>液压自动平衡系统</td>
<td>图(p)是液压自动平衡系统原理图，双缸串联式左右变载自动平衡缸 12、13 分别采用两组三位四通电磁换向阀和二位二通电磁换向阀(8、10 和 9、11)进行控制。左右缸用同一油源(液压泵 1)供油，泵 1 的压力由溢流阀 7 设定，二位四通液动换向阀 5 作旁通阀，用于液压泵的空载启动
工作时，旁通阀 5 使电动机空载启动，待电动机带动泵 1 启动后电磁铁 7YA 通电使换向阀 6 切换至右位，油路升压到溢流阀的调定值。根据不同的载弹情况，双联载弹发射梁上相应的行程开关发出使电磁铁 1YA、2YA、4YA 和 5YA 通断的电信号，对各电磁换向阀进行操纵，以提供所需的平衡力矩。一般有下列四种工况：
①发导弹时，两平衡缸供油，提供 7650N 的拉力
②仅载上弹时，平衡缸不工作，仅弹簧平衡
③仅载下弹时，平衡缸单缸供油，提供 3825N 拉力
④没有载弹时，平衡缸单缸供油，提供 3825N 推力
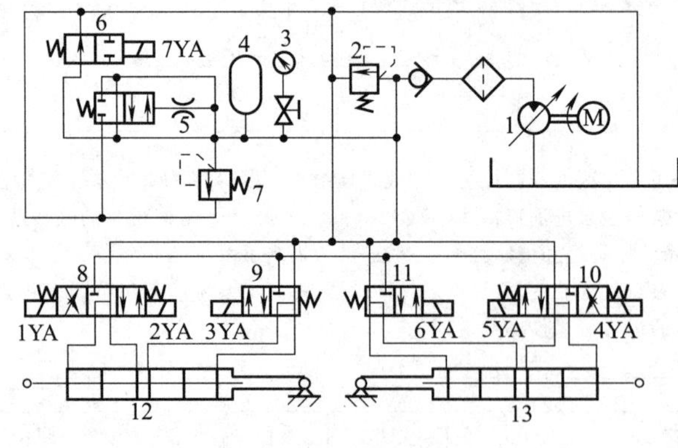

图(p)　液压自动平衡系统原理
1—液压泵；2，7—溢流阀；3—压力表及其开关；4—蓄能器；
5—二位四通液动旁通换向阀；6—二位二通电磁换向阀；
8，10—三位四通电磁换向阀；9，11—二位四通电磁换向阀；
12，13—左、右平衡液压缸</td>
</tr>
</table>

续表

<table>
<tr>
<td>地空导弹发射装置液压控制系统</td>
<td>液压系统及其工作原理</td>
<td>电液伺服系统</td>
<td>

左右双联载弹发射梁的电液伺服系统完全相同，其原理方框图如图(q)所示。旋变接收机的转子轴与梁的耳轴相连，转角为 ϕ_0，火控计算机给出的俯仰方向指令角为 ϕ_i，其与耳轴转角差 $\Delta\phi=\phi_i-\phi_0$ 为误差角。旋变接收机的输出电压 $U_{\Delta\phi}$ 与误差角 $\Delta\phi$ 成正比，即为误差电压 $U_{\Delta\phi}$。$U_{\Delta\phi}$ 经放大器放大变换后输出直流电流 i_c 来控制电液伺服阀工作，驱动伺服缸的活塞带动耳轴向减少 $\Delta\phi$ 的方向转动，最终使 $\Delta\phi=0$，伺服系统达到协调。为保证系统的动态精度，改善系统的动态性能，采用复合控制速度、加速度反馈及伺服缸压力反馈等校正措施

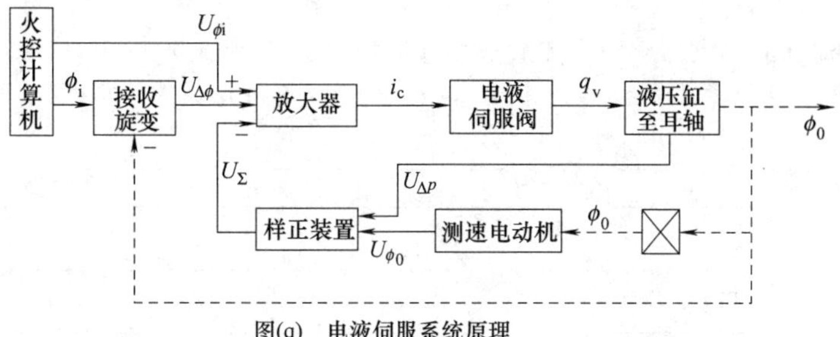

图(q)　电液伺服系统原理

图(r)为电液伺服装置的液压回路原理图。左右电液伺服装置合用液压泵 1 供油，两个液压缸 10 和 11 采用电液伺服阀 6 和 7 控制。系统压力由溢流阀 5 设定。此系统设有用于控制液压泵空载启动的旁通液动换向阀 4。系统工作时，旁通阀 4 保证电动机空载启动，之后电磁铁 1YA 通电使二位二通电磁换向阀 3 切换至右位，使油路升压到要求值。电磁铁 2YA 通电，换向阀切换至右位，反向导通液控单向阀，使液压泵的压力油通向左、右伺服阀 7 和 6；同时电磁铁 3YA、4YA 通电使换向阀 8 和 9 切换至右位，伺服阀即可根据要求驱动伺服缸 10 和 11 工作

如图(r)所示系统中，备有手摇液压泵 14 和 15 及三位四通电磁换向阀 12 和 13。在断电时，二位四通电磁换向阀 8 和 9 使伺服阀 6、7 与伺服缸 10、11 间的油路切断。用手控三位四通换向阀接通手摇泵到伺服缸的供油和排油回路，摇动手摇泵即可驱动伺服缸活塞按要求的方向带动耳轴转动，实现对载弹发射梁的手动操纵

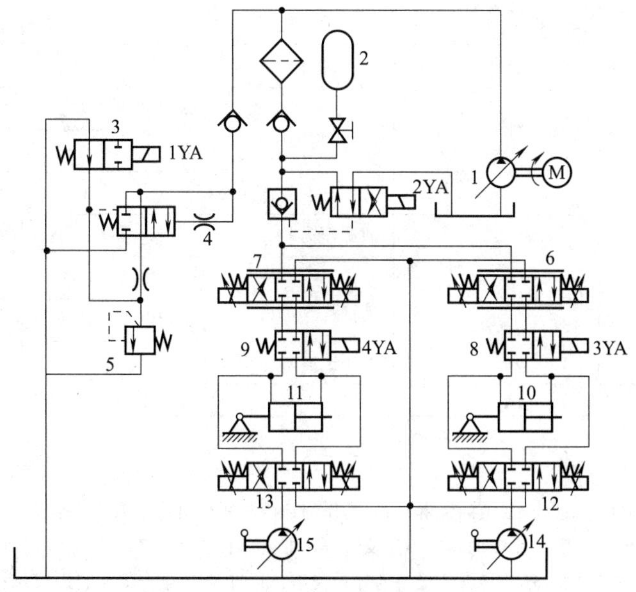

图(r)　电液伺服装置的液压回路原理

1—变量液压泵；2—蓄能器；3—二位二通电磁换向阀；4—二位四通旁通液动换向阀；5—溢流阀；6，7—电液伺服阀；8，9—二位四通电磁换向阀；10，11—伺服液压缸；12，13—三位四通电磁换向阀；14，15—手摇液压泵

</td>
</tr>
</table>

续表

<table>
<tr><td rowspan="2">地空导弹发射装置液压控制系统</td><td>技术特点</td><td>①变载液压自动平衡系统，有效解决了不同载弹情况下不平衡力矩的平衡问题，改善了伺服系统的负载条件。同时也为系统提供了有利的外液压阻尼作用
②伺服系统的多项反馈校正措施中，压力反馈作用最为重要
③伺服系统还采用了Ⅰ型、Ⅱ型结构方案。即小误差范围系统为Ⅱ型，以提高动态精度；大误差范围系统为Ⅰ型，以提高运动平稳性
④变载液压自动平衡系统和伺服系统的油源均通过设置旁通阀实现液压泵的空载启动，通过二位二通电磁换向阀实现系统升压；伺服系统设有备用手动泵，便于断电或故障时实现对载弹发射梁的手动操纵</td></tr>
<tr><td>技术参数</td><td>
<table>
<tr><th colspan="4">项目</th><th>参数</th><th>单位</th></tr>
<tr><td rowspan="9">发射装置</td><td colspan="3">最大跟踪角速度</td><td>40</td><td>(°)/s</td></tr>
<tr><td colspan="3">最大跟踪角加速度</td><td>35</td><td>$(°)/s^2$</td></tr>
<tr><td rowspan="3">工作精度</td><td colspan="2">静态误差</td><td>3</td><td rowspan="3">mrad</td></tr>
<tr><td colspan="2">等速跟踪误差</td><td>6</td></tr>
<tr><td colspan="2">正弦跟踪误差</td><td>8</td></tr>
<tr><td rowspan="3">动态特性</td><td colspan="2">800mrad失调协调时间</td><td>≤4</td><td>s</td></tr>
<tr><td colspan="2">允许振荡次数</td><td>≤2</td><td>次</td></tr>
<tr><td colspan="2">最大超调</td><td>≤30%</td><td></td></tr>
<tr><td colspan="3">工作范围</td><td>−5～80</td><td>(°)</td></tr>
<tr><td rowspan="8">液压系统</td><td rowspan="4">平衡系统</td><td colspan="2">油源压力</td><td>77</td><td>MPa</td></tr>
<tr><td rowspan="2">液压泵</td><td>驱动电动机功率</td><td>2.2</td><td>kW</td></tr>
<tr><td>驱动电动机转速</td><td>1420</td><td>r/min</td></tr>
<tr><td colspan="2">液压缸有效作用面积</td><td>5</td><td>cm^2</td></tr>
<tr><td rowspan="4">伺服系统</td><td colspan="2">油源压力</td><td>128</td><td>MPa</td></tr>
<tr><td rowspan="2">液压泵</td><td>驱动电动机功率</td><td>2.2</td><td>kW</td></tr>
<tr><td>驱动电动机转速</td><td>1420</td><td>r/min</td></tr>
<tr><td colspan="2">液压缸有效作用面积</td><td>17.58</td><td>cm^2</td></tr>
</table>
</td></tr>
<tr><td>助卷辊踏步控制</td><td colspan="2">卷取机是带钢热连轧生产线上的关键设备，其作用是控制轧机出口张力和将带钢绕成板卷。早期的卷取机采用连续压靠或连续打开方式工作，由于助卷辊不能及时避让带钢卷取过程的层差，层差部位通过助卷辊时会产生强烈的冲击和振动，对设备造成严重的危害，增大了设备的维护费用和时间，制约生产的顺利进行；振动还使助卷辊在带卷表面产生跳跃，不能压紧在卷筒上，造成带钢的表面缺陷以及带头和带尾部分次品</td></tr>
</table>

第20篇

续表

助卷辊踏步控制	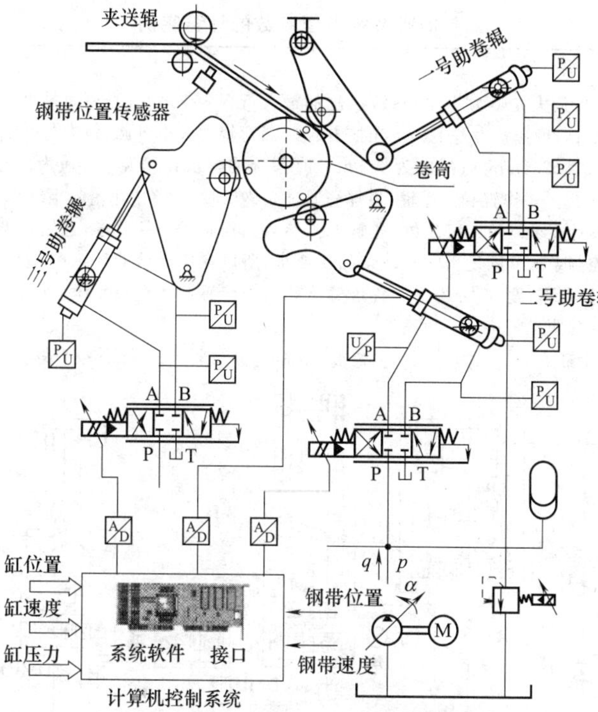 图(s)　卷取机电液控制系统及助卷辊控制原理 为了解决上述问题，现在已经开发了可避让层差的助卷辊踏步控制技术 AJC，图(s)是设计的三辊式地下卷取机电液控制系统原理。系统用 3 套电液伺服缸控制对称布置的 3 个助卷辊，每个液压缸都装有位移传感器和压力传感器，3 套系统共用 1 个动力源。踏步工作过程是，在带钢未到达时，计算机控制助卷辊排好辊缝，根据检测到的带钢速度和带头位置，计算机给出指令信号控制液压缸动作。当带头通过一号助卷辊后，该辊转为压力控制压紧钢板，当带头到达二、三号助卷辊时，也以同样的方式压紧钢板。第二圈带头将到达一号助卷辊时，计算机给出位置指令信号，液压缸回缩一个辊缝以上距离，让过层差部位，然后立刻转为压力控制压紧钢板，2、3 号助卷辊同样动作。卷完 4、5 圈以后三个助卷辊自动退回，卷筒涨径，使带钢紧紧裹于其上，当带钢脱离末架轧机进入收卷状态时，助卷辊按预置的位置合拢，压住外层带卷，避免带卷外层松散。工作过程中各助卷辊的动作规律相同，区别仅是指令信号存在时间差。对于每个助卷辊，踏步动作可分解为三个过程：一是跳离钢板表面，位移量必须大于板厚；二是迅速回到钢板表面；三是以一定的力压紧钢板。这些过程是通过指令信号施加于伺服阀来实现的，要求电液伺服系统有良好的动态特性和能够实现位置闭环和力(压力)闭环的瞬间切换 在热轧带钢卷取过程中，助卷辊与带钢之间接触力不能太大，否则将会使带钢产生压痕而影响成品质量，所以需要控制助卷辊输出力，实际工况中，输出力不能大于 160kN，输出力也不能太小，太小压不住钢板，使钢卷松脱，造成卷形不良等缺陷 助卷辊动作的控制是分别通过位置和力(压力)两个闭环来实现，对应两个不同的开环放大系数，位置闭环和力(压力)闭环放大器增益值相差 20～50 倍，显然要采用不同的控制器结构和参数。位置控制回路需采用含加速度和速度反馈的比例控制器，以保证系统的快速性和动态稳定性。在实际应用中，速度信号经位移传感器直接获得，为了降低系统成本，用压差反馈来代替加速度反馈。压力控制回路采用 PD 控制器，微分校正可提高其稳定性，提高控制器的比例增益，从而提高系统的响应特性 助卷辊装置是带有大惯量负载特性的系统，它的动态特性主要取决于阀控非对称液压缸的特性，采用非对称开口的伺服阀与液压缸面积比匹配，会改善系统的动态性能

12.5.4　伺服系统液压参数的计算实例

表 20-12-20　　伺服系统液压参数的计算实例

光整机的设计要求为：最大光整力为 400t；液压缸的最大行程为 70mm；光整力精度为 100t 时的误差不大于 1t；两侧光整力差不大于光整力的 3%；弯辊力大小可调，最大为 20t；液压缸的最大压下速度为 2.5mm/s；振幅为 0.5mm 时系统的幅值比频宽 f_{-3dB} 为 5～9Hz；支撑缸能够迅速顶起上工作辊和支撑辊；当焊缝通过光整机时，能够快速抬起辊缝

根据上述的光整机设计要求以及主机参数、光整工艺参数和控制系统的要求，选用典型的阀控液压伺服闭环控制系统可满足精度和动态品质要求，所以在所设计的系统中，采用电液伺服阀，伺服液压缸，高精度、高分辨率位置传感器和压力传感器等组成系统。图(a)为所设计系统的液压原理图

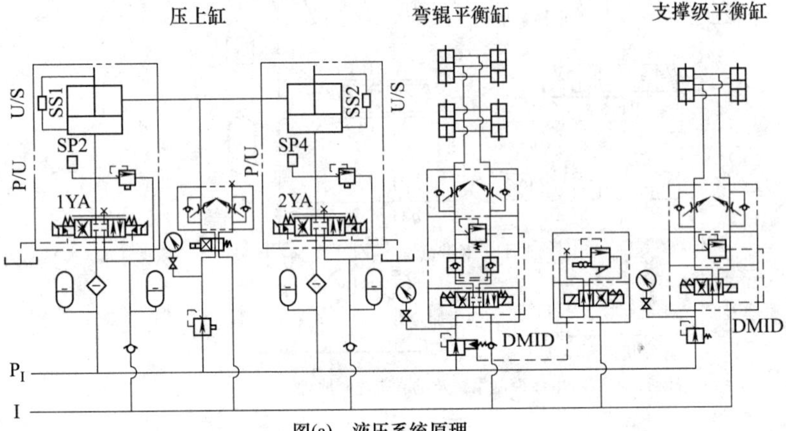

图(a)　液压系统原理

光整机的光整力大小由光整材料、来料厚度、压下量、压辊直径等因素决定。由于各种条件变化比较复杂，在压下液压缸任意速度下都可能出现最大负载力。为了保证系统可靠工作，可认为系统只承受以恒定的负载力，既由最大光整力来确定负载轨迹。因此，可得到如图(b)所示的负载轨迹图

根据设计经验，0.05mm 幅值比频宽为 10～15Hz，油缸以 0.05mm 振幅作正弦运动时，油缸的最大速度为

$$x=0.05\sin\omega t \qquad (20\text{-}12\text{-}45)$$

$$v=\mathrm{d}x/\mathrm{d}t=0.05\omega\cos\omega t \qquad (20\text{-}12\text{-}46)$$

x——压下油缸的位移，mm

ω——系统要求的角频率，s^{-1}，$\omega=2\pi f_{-3dB}$

v——压下油缸的速度，mm/s。油缸在 ω 频率下的最大速度：$v_c=0.05\times 2\pi f_{-3dB}=1.57\sim 2.83$mm/s

v_c 值大于设计要求的油缸最大压下速度 2.5mm/s，所以取油缸最大速度 $v_{max}=2.83$，负载轨迹图中 v_{max}时系统负载即为最大功率点

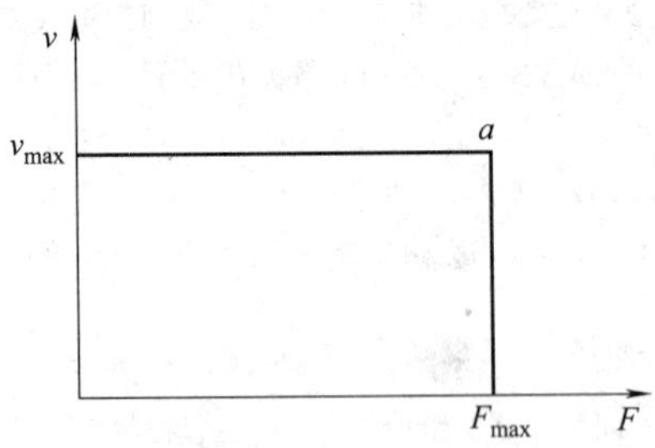

图(b)　负载轨迹

液压系统动力元件的选择，需要根据机械、工艺等要求以及控制系统的可行性等方面来考虑

首先确定油源压力。由于光整机负载力大，压上液压缸外形尺寸受牌坊窗口限制，所以油源压力不宜选择太小，参照同类光整机参数并经初步计算，确定油源压力为 21MPa

续表

液压系统的设计与参数计算	其次，进行油缸的设计。由于液压压上系统的负载轨迹比较简单，所以可以用式(20-12-47)来直接求取动力元件最佳匹配参数 $$F_L^* = A_P p_L \quad (20\text{-}12\text{-}47)$$ $$F_L^* = \frac{F_{max}}{2} = \frac{T_G + G + T_W}{2} \quad (20\text{-}12\text{-}48)$$ 忽略机架和轴承座之间、油缸活塞和缸体之间的摩擦力，将公式 $p_L = \frac{3F_L^*}{2}$ 和式(20-12-48)代入式(20-12-47)，求得油缸的有效面积为：$A_P = 0.01542\text{m}^2$ 为了提高压上缸位置检测精度和增加缸的导向长度，把位移传感器安装在油缸内部，直接检测活塞中心的位移，并采用如图(c)所示结构 根据结构安排取 $d_1 = 70\text{mm}$，则 $$D = 2\sqrt{\frac{A_P}{\pi} + \left[\frac{d_1}{2}\right]^2} = 0.488\text{m} \quad (20\text{-}12\text{-}49)$$ 取整后，采用 $D = 450\text{mm}$，$A_P = 0.1551\text{m}^2$ 确定液压缸外径 D_1 的主要方法就是要确定缸体的厚度。缸体壁厚一般按厚壁筒强度公式计算 $$\delta \geqslant \frac{D}{2}\left[\sqrt{\frac{[\sigma]+0.4p}{[\sigma]-1.3p}} - 1\right] \quad (20\text{-}12\text{-}50)$$ 将数据代入式中计算得：$\delta \geqslant 0.0398\text{m}$。 根据机构安排，取 $\delta = 90\text{mm}$，则液压缸外径为 630mm，小于机架窗口尺寸，符合液压缸安装要求 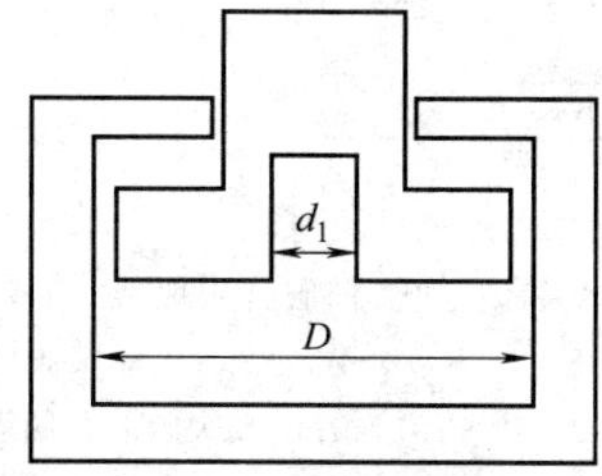 图(c)　压下缸结构示意 计算液压缸的固有频率时可按三通阀控柱塞缸来考虑，即 $$\omega_h = \sqrt{\frac{\beta_e A_P}{Mh}} \quad (20\text{-}12\text{-}51)$$ 代入数据计算得：$\omega_h = 132\text{rad/s}$，系统要求的截止频率为 10Hz，计算得 $$\omega_c = 62.8\text{rad/s}$$ 所以，$\omega_h \geqslant \omega_c$，满足设计要求 由于按系统频宽要求的液压缸最大工作速度 v_c 大于工艺要求的工作速度 v_1，所以伺服阀的流量应满足缸的最大工作速度 v_c 的要求。则负载流量为 $$Q_L = \frac{60 v_P A_P}{1000 \eta_V} \quad (20\text{-}12\text{-}52)$$ 代入数据得 $$Q_L = \frac{60 v_P A_P}{1000 \eta_V} = \frac{60 \times 2.83 \times 154.2}{1000 \times 1} = 26.18\text{L/min}$$ 折合到伺服阀的空载流量为 $$Q = \sqrt{3} Q_L$$ 三通伺服阀是利用四通伺服阀堵死一负载腔作控制液压缸动作的，因此前者比后者的流量减少了 $\sqrt{2}$ 倍，所以选用四通伺服阀的空载流量为 $$Q_0 = Q_L \frac{\sqrt{3}}{\sqrt{2}} = 26.18 \times \frac{\sqrt{3}}{\sqrt{2}} = 32.1\text{L/min}$$ 根据流量要求，查取样本资料，选取秦峰伺服阀，型号 YFW-06，空载流量为 33L/min	T_G——光整力 G——支撑辊和工作辊自重，约 12t T_W——弯辊力，取光整力的 5%，20t δ——缸体壁厚，m $[\sigma]$——缸体材料许用应力，Pa，$[\sigma] = \delta_b / n$ n——安全系数，一般取 $n = 5$ p——液压缸最大工作压力，Pa，取 $p = 21 \times 10^6\text{Pa}$ β_e——油的容积弹性模量，取 $7000 \times 10^5\text{N/m}^2$ A_P——柱塞侧的有效面积 M——折算到油缸上可移动部分的质量 h——柱塞工作时的最大行程 η_V——油缸的容积效率，取 $\eta_V = 1$ v_P——压下速度，cm/s A_P——有效面积，cm^2

续表

光整机的工作方式主要有两种：辊缝控制模式和压力控制模式。辊缝控制模式主要用于预开辊缝时准确定位和带钢过焊缝快速打开辊缝到预定位置，其精度要求不高。压力控制模式是光整机的主要工作方式，通过控制轧制压力改善镀锌板带的各项性能，其精度要求较高。从系统分类角度来讲，辊缝控制模式是液压伺服位置控制系统，而压力控制模式是液压伺服压力控制系统

液压伺服系统的设计与分析 — 液压伺服位置控制系统

液压伺服位置控制系统以液压缸活塞杆的位移为被控量，其系统方框图如图(d)所示

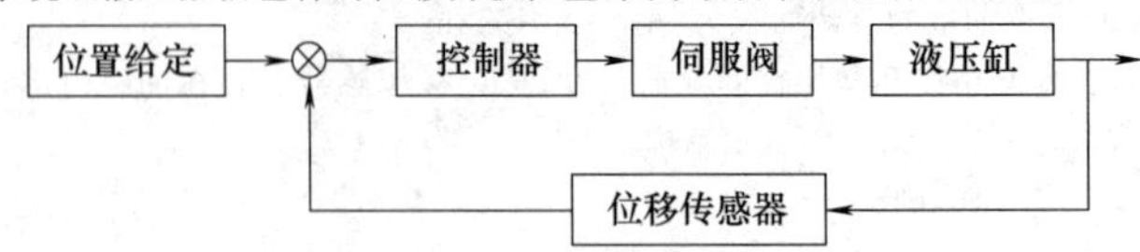

图(d) 液压伺服位置控制系统

根据图(d)列写各部分的传递函数

液压缸负载的传递函数

假定负载为质量、弹性和阻尼，则液压缸-负载的动态可用以下 3 个方程描述

$$Q_L = K_q X_V - K_c P_L \tag{20-12-53}$$

$$Q_L = A_P s X_P + C_{tP} P_L + \frac{V_t}{4\beta_e} s P_L \tag{20-12-54}$$

$$F_L = P_L A_P = M_t s^2 X_P + B_P s X_P + K X_P \tag{20-12-55}$$

通常，对象的阻尼刚度 B_P 和泄漏系数 C_{tP} 都很小，可忽略不计。由式(20-12-53)～式(20-12-55)，消去中间变量 X_V 和 P_L，可得到简化的数学模型

$$\frac{\Delta X_P}{\Delta Q_L} = \frac{\dfrac{A_P}{KK_{ce}}}{\left[\dfrac{A_P^2}{KK_{ce}} + 1\right]\left[\dfrac{S^2}{\omega_h^2} + \dfrac{2\xi_h}{\omega_h} S + 1\right]} \tag{20-12-56}$$

式中，$A_P = 0.1542\ \mathrm{m}^2$；$K = 0.65 \times 10^9\,\mathrm{N/m}$；$\xi_h$ 为阻尼比，伺服缸一般取 0.1～0.2；K_{ce} 为阀的流量压力系数，忽略泄漏系数 C_{tP}，则 $K_{ce} = K_0 = \pi W r_c 32\mu$；取伺服阀的阀芯直径为 $d = 8.5\mathrm{mm}$，则伺服阀的梯度 $W = \pi d = 26.69 \times 10^{-3}\,\mathrm{m}$；伺服阀阀芯与阀套间隙可取 $r_c = 5 \times 10^{-6}\,\mathrm{m}$；伺服阀用油的动力黏度 $\mu = 1.8 \times 10^{-2}\,\mathrm{Pa \cdot s}$，代入计算得 $K_{ce} = 3.63 \times 10^{-12}\,\mathrm{m^5/(N \cdot s)}$

ω_h 为二阶振荡角频率，其计算公式为

$$\omega_h = \sqrt{\frac{k_h}{m + 0.25M}} \tag{20-12-57}$$

式中，$k_h = \beta_e A_P^2 / V_0$；$\beta_e = 7 \times 10^8\,\mathrm{N/m^2}$，$V_0$ 为等效体积，计算得 $4.7 \times 10^{-2}\,\mathrm{m}^3$；$m + 0.25M$ 取 3248kg。所以，$\omega_h = 328.6\mathrm{s}^{-1}$

M_t——负载质量
B_P——负载阻尼系数
K——负载弹性刚度
C_{tP}——液压缸的总泄漏系数

电液伺服阀的传递函数

由于液压负载的频率较高，$\omega_h > 50\mathrm{Hz}$，故电液伺服阀的传递函数按二阶振荡环节取用，即

$$\frac{\Delta Q}{\Delta I} = \frac{K_{SV}}{\left[\dfrac{S^2}{\omega_{SV}^2} + \dfrac{2\xi_{SV}}{\omega_{SV}} S + 1\right]} \tag{20-12-58}$$

式中，ω_{SV} 为伺服阀的固有频率，从样本上查得，$f_{-3dB} = 50\mathrm{Hz}$，$\xi_{SV} = 0.7$，所以可以计算得到 $\omega_{SV} = 2\pi f_{-3dB} = 314\mathrm{rad/s}$。$K_{SV}$ 为伺服阀流量增益：$K_{SV} = 2Q_0 / I_0 = 0.039(\mathrm{m^3/s})/\mathrm{A}$

位移传感器的传递函数

差动变压器式位移传感器的相应频率远大于系统的响应频率，故传递函数可认为是比例环节，其传递函数可表示为

$$K_f = \frac{\Delta u}{\Delta X_P} \tag{20-12-59}$$

在设计系统中，$K_f = 4/0.07 = 57.143\mathrm{V/m}$

续表

液压伺服系统的设计与分析	液压伺服位置控制系统	控制器的传递函数	光整机电液位置控制系统的精度要求不高，因此，控制器可设计为比例控制器，其表达式为 $$K_a=\frac{\Delta u_e}{\Delta e} \qquad (20\text{-}12\text{-}60)$$ 式中 K_a 待定 综合式(20-12-56)、式(20-12-58)、式(20-12-59)和式(20-12-60)，可绘制系统的方框图，如图(e)所示 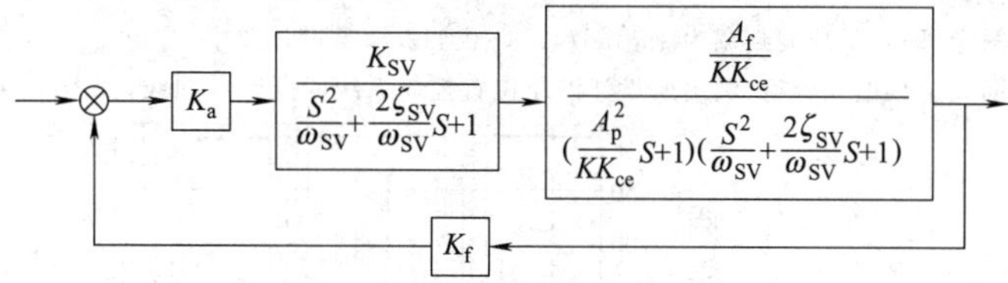 图(e)　电液位置控制系统 由图(e)可知系统为 0 型系统，除控制器外系统的开环波德图如图(f)所示 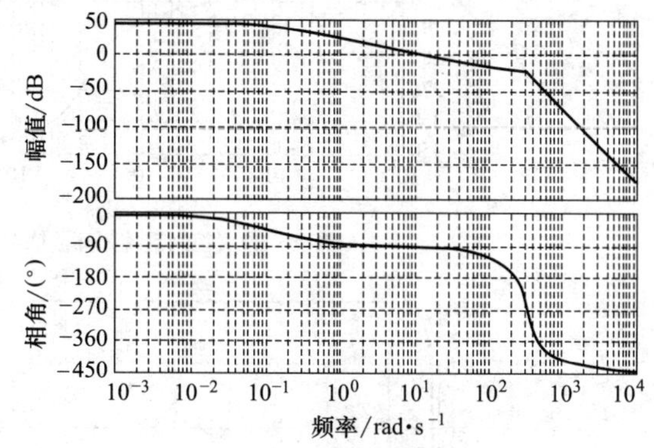 图(f)　系统开环波德图 由图(f)可得到，除控制器外系统的幅值增益裕量为 20.2387dB，相角裕量为 85.6°，基本满足稳定性条件。但是其截止频率却只有 $\omega_C=14.58$rad/s，不仅不满足设计要求而且系统的动态性能较差。所以，要设计合理的比例系数以改善系统的性能 光整机液压位置控制系统设计的要求是位移 0.1mm 的定位精度为 20μm。由于位置伺服系统是 0 型系统，所以系统由输入引起的误差为 $$\Delta e=\frac{0.1\times10^{-3}}{1+K_V'}=0.2\times20\times10^{-6} \qquad (20\text{-}12\text{-}61)$$ 可以得到 $K_V'=24$。即在开环波德图中，$\omega=1$ 处，幅值增益为 20lg24＝27.67dB 时才能满足系统精度要求。同时，也要满足系统设计所要求的截止频率 $$\omega_C\geqslant62.8\text{rad/s}=10\text{Hz}$$ 所以，根据这两个条件，移动图(f)中的 0 分贝线至 0′，使之满足系统的各项要求，移动 0 分贝线后的系统开环波德图如图(g)所示 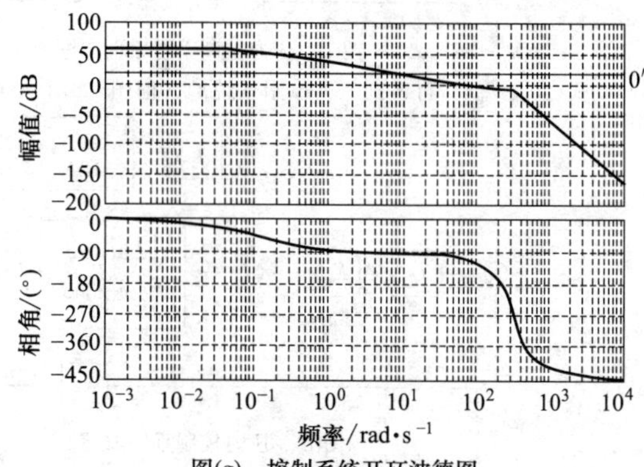 图(g)　控制系统开环波德图

第20篇

续表

液压伺服系统的设计与分析	液压伺服位置控制系统	控制器的传递函数	此时，系统的幅值增益裕量为 7.8dB，相角裕量为 69°，基本满足稳定性要求。其截止频率为 $\omega_C=63.5\text{rad/s}$，也满足了设计要求。从图(g)中可以得到 $$20\lg K'_V=55.7\text{dB}$$ 则 $K'_V=145.62$，$K_a=609.54$，所以 $K_a=4.2$。将 $K_a=4.2$ 代入到系统框图中，绘制系统的闭环波德图如图(h)所示 从图中可知，系统的频宽为 195rad/s=31.05Hz，满足设计要求 根据以上数据和分析，做出所设计液压位置控制系统阶跃响应曲线，如图(i)所示 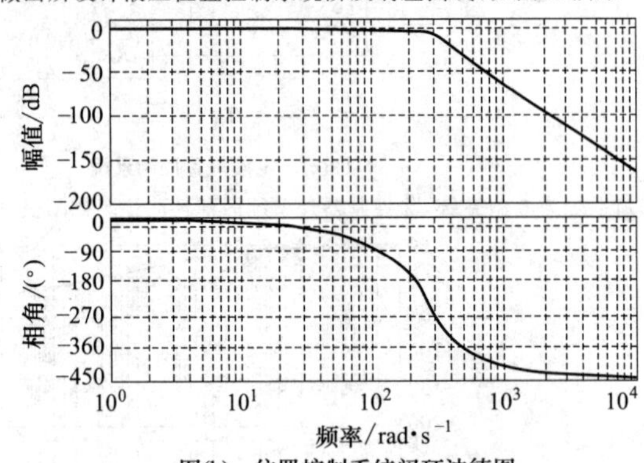 图(h)　位置控制系统闭环波德图 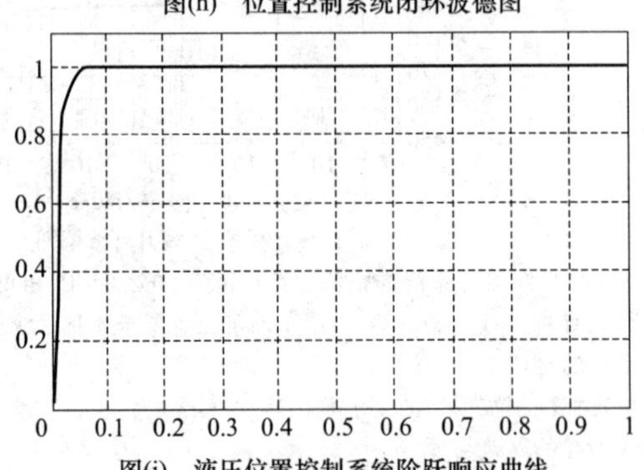 图(i)　液压位置控制系统阶跃响应曲线 由图(i)可知，系统的上升时间为 0.046s，调整时间为 0.09s，超调量为 0.17%，具有良好的动态性能
	液压伺服压力控制系统		液压伺服压力控制系统以液压缸活塞杆作用在负载上的压力为被控量，其系统原理方框图如图(j)所示 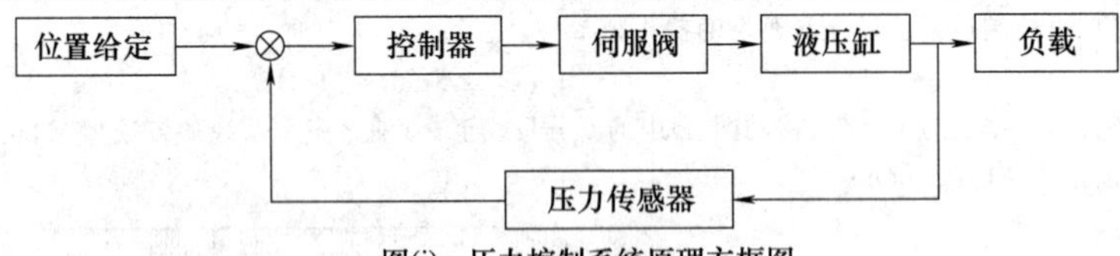 图(j)　压力控制系统原理方框图 根据式(20-12-53)～式(20-12-55)，可得到压力控制系统的方框图，如图(k)所示 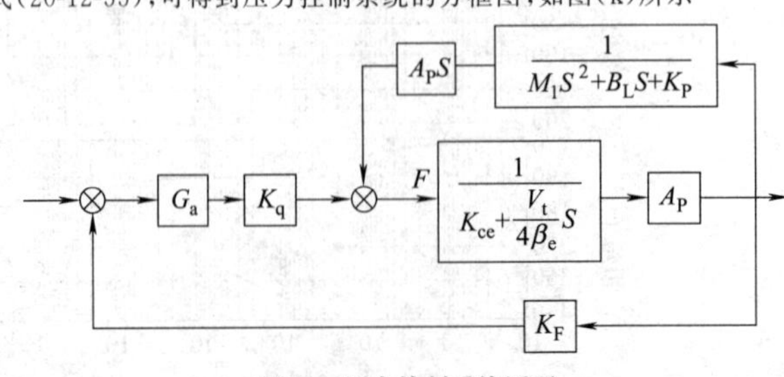 图(k)　压力控制系统原理

续表

液压伺服系统的设计与分析 / 液压伺服位置控制系统

对图(k)进行简化，可得到简化的力控系统液压缸负载的数学模型

$$\frac{\Delta P}{\Delta X_V}=\frac{\frac{K_q}{K_{ce}}A_P\left[\frac{S^2}{\omega_m^2}+1\right]}{\left[\frac{S}{\omega_r}+1\right]\left[\frac{S^2}{\omega_h^2}+\frac{2\xi_h}{\omega_h}S+1\right]} \qquad (20\text{-}12\text{-}62)$$

$$\omega_m=\sqrt{\frac{K}{M_t}}=\sqrt{\frac{6.5\times10^8}{3248}}=447.35$$

$$\omega_r=\frac{K_{ce}}{\frac{1}{K}+\frac{V_t}{4\beta_e A_P^2}} \qquad (20\text{-}12\text{-}63)$$

根据上述推导以及液压工作原理，系统简化后的方框图如图(l)所示

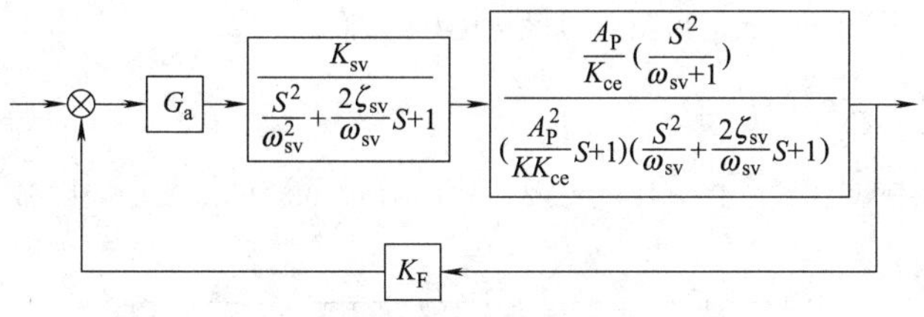

图(l)　压力控制系统简化模型

压力传感器的传递函数也可采用比例环节

$$K_F=\frac{\Delta u}{\Delta f}=1.29\times10^{-6}(\text{V/N})$$

根据上述分析和数据，作出系统除去控制器部分的开环波德图，如图(m)所示。由图(m)可得到，除控制器外系统的幅值增益裕量为 0.2985dB，相角裕量为 10.52°，截止频率 ω_C=202.2rad/s，稳定性较差。又因为系统本身为 0 型系统，存在稳态误差，而光整机对压力控制有较高要求，所以需要把系统设计为Ⅰ型系统

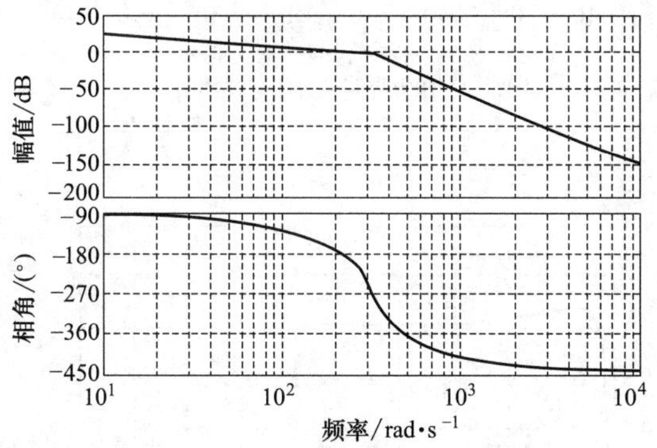

图(m)　压力控制系统开环波德图

综合开环系统的特性和控制系统的要求，控制器设计为 PⅠ控制器。这样，经过校正后的系统不仅成为无静差的Ⅰ型系统，而且利用 PⅠ控制的高频幅值衰减特性，使系统截止频率下降，获得足够的相角裕度。通过计算机辅助分析与设计，采用的 PⅠ控制器的结构和系数如下

$$G_a=\frac{k_p(1+\tau S)}{S}=\frac{2.7(1+0.16S)}{S} \qquad (20\text{-}12\text{-}64)$$

采用 PⅠ控制器后，控制系统的开环波德图如图(n)所示。从图中可得，系统的幅值增益裕量为 7.556dB，相角裕量为 63°，满足稳定性要求。其截止频率为 ω_C=65.1rad/s，也满足了设计要求。则系统的闭环波德图如图(o)所示，系统的频宽为 225rad/s=35.82Hz

ω_m——负载的固有频率

ω_r——液压弹簧与负载弹簧并联耦合的刚度与负载质量形成的固有频率

ω_h——液压缸固有频率

ξ_h——阻尼比

第20篇

续表

<table>
<tr>
<td>液压伺服系统的设计与分析</td>
<td>液压伺服位置控制系统</td>
<td>
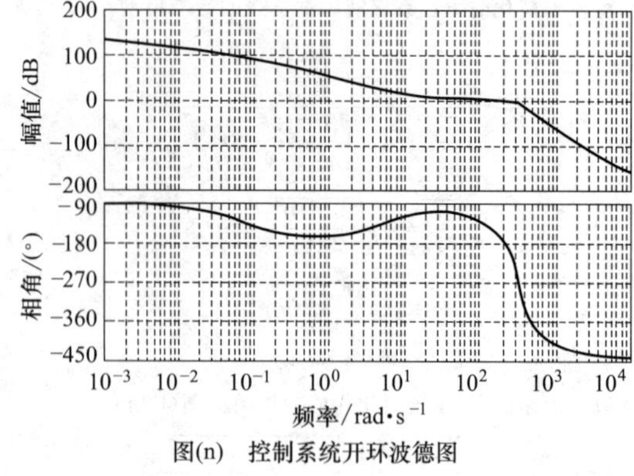

图(n)　控制系统开环波德图

图(p)为系统的阶跃响应曲线，系统的上升时间为0.028s，调整时间为0.272s，最大超调量为6%，具有良好的动态性能

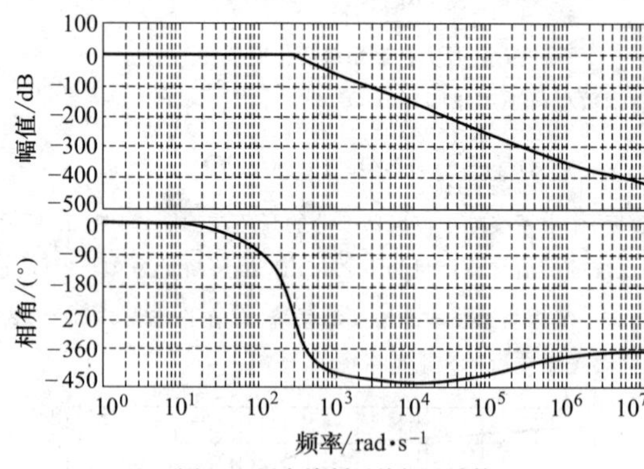

图(o)　压力控制系统闭环波德图

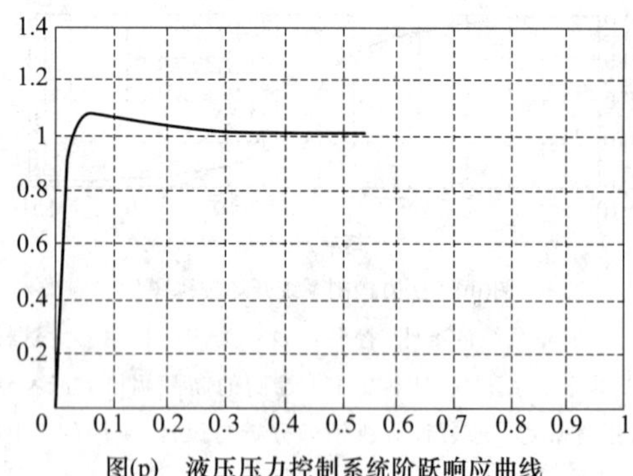

图(p)　液压压力控制系统阶跃响应曲线

通过仿真表明，设计的液压位置控制系统的上升时间为0.046s，调整时间为0.09s，超调量为0.17%，频宽为31.05Hz。设计的液压压力控制系统的上升时间为0.028s，调整时间为0.272s，最大超调量为6%，频宽为35.82Hz，均具有良好的动态性能
</td>
</tr>
</table>

12.6 主要电液伺服阀产品

12.6.1 国内电液伺服阀主要产品

12.6.1.1 双喷嘴挡板力反馈电液伺服阀

表 20-12-21 FF101、FF102、FF106、FF106A 型技术性能

型号		FF101	FF102	FF106-63 FF106-103	FF106A-218 FF106A-234 FF106A-100	型号意义
液压特性	额定流量 Q_n/L·min^{-1}	1,1.5,2, 4,6,8	2,5,10, 15,20,30	63	100	□□□□□□□□□ 额定流量 额定供油压力 T—通用 Z—专用(按用户要求) P—插销在供油口一侧 R—插销在回油口一侧 1—插销在负载口1一侧 2—插销在负载口2一侧 额定电流
	额定供油压力 p_s/MPa	21				
	供油压力范围/MPa	2～28				
电气特性	额定电流 I_n/mA	10,40		15	40	
	线圈电阻/Ω	50,700		200	80	
	颤振电流/%	10～20				
	颤振频率/Hz	100～400				
静态特性	滞环/%	≤4				
	压力增益/%p_s,1%I_n	>30				
	分辨率/%	≤1		≤0.5		
	非线性度/%	≤±7.5				
	不对称度/%	≤±10				
	零位重叠/%	−2.5～2.5				
	零位流量/L·min^{-1}	≤0.25+5%Q_n ≤0.5+4%Q_n		≤1+3%Q_n	≤3	
	零偏/%	≤±3				
	压力零漂①/%	≤±2				
	温度零漂②/%	≤±4(−30～150℃)		≤±4(每变化 56℃)		
频率特性	幅频宽/Hz	>100		>50	>45	
	相频率/Hz	>100		>50	>45	
其他	工作介质	YH-10		YH-12		
	工作温度/℃	−55～150		～100	−30～100	
	质量/kg	0.19	0.4	1	1.2/1.43	

① 供油压力变化为 (80～110)%p_s。

②FF106A-100 的温漂在 (−30～150℃) 内小于等于±4%。

注：生产厂商：航空工业第六〇九研究所（南京）。这几种阀主要用于航空、航天及环境恶劣、可靠性要求高的民用系统。

表 20-12-22 FF113、FF130、FF131、DYSF、YFW 型技术性能

型号		FF113	FF130	FF131	DYSF -3Q	DYSF -2Q-1	DYSF -4Q-250	YFW06	YFW10	YFW08
液压特性	额定流量 Q_n/L·min^{-1}	95,150 230①	40,50 60	6.5,16.5, 32.5,50, 65,100	40,60, 80	230	144	33,44,66, 88,100	160,250, 400	18,35, 70,105
	定额供油压力 p_s/MPa	21								
	供油压力范围 p/MPa	2～28		1.4～28				1～21		

续表

	型号	FF113	FF130	FF131	DYSF-3Q	DYSF-2Q-1	DYSF-4Q-250	YFW06	YFW10	YFW08
电气特性	额定电流 I_n/mA	15,40	40	15,40	40			8,10,15,20,30,40,50		100
	线圈电阻/Ω	80,200			80		100	1500,1100,500,250,130,70,40		27
	颤振电流/%I_n	10～20			<10					
	颤振频率/Hz	100～400			300～400					
静态特性	滞环/%	≤3			≤3	≤4		≤4		
	压力增益/%p_s,1%I_n	>30			30～80	>30		>30		
	分辨率/%	<1.5			<0.5	<1.0	<1.5	<0.5	<1.5	
	非线性度/%	≤±7.5								
	不对称度/%	≤±10								
	重叠/%	±2.5						±1.5		
	零位静耗流量/L·min^{-1}	≤2%Q_n			<2.5	<5	<8	≤3	≤10	≤4
	零偏/%	可外调	≤±3		≤±2	≤±3		可外调		
	压力零漂/%	≤±2			<±3	<±4		<±2		
	温度零漂/%	≤±4	≤±5	≤±4	<±3	<±4				
频率特性	幅频宽(−3dB)/Hz	≥20	≥110	≥50	>60	>40	>40	>60	>30	>13
	相频率(−90°)/Hz	≥20	≥110	≥50	>60	>40	>40	>60	>30	>15
其他	工作介质	YH-10,YH-12			YH-10,N32 液压油			YH-10,YH-12 或其他矿物油		
	工作温度/℃	−30～100			0～60			−10～80	−35～100	
	质量/kg				1			1.3	4	

① 在供油压力为 7.0MPa 下测定。

注：生产厂商：FF113——航空工业第六〇九研究所；DYSF——中国航空精密机械研究所（北京丰台）；YFW——陕西汉中秦峰机械厂。

表 20-12-23　　QDY、YF 型技术性能

型号意义

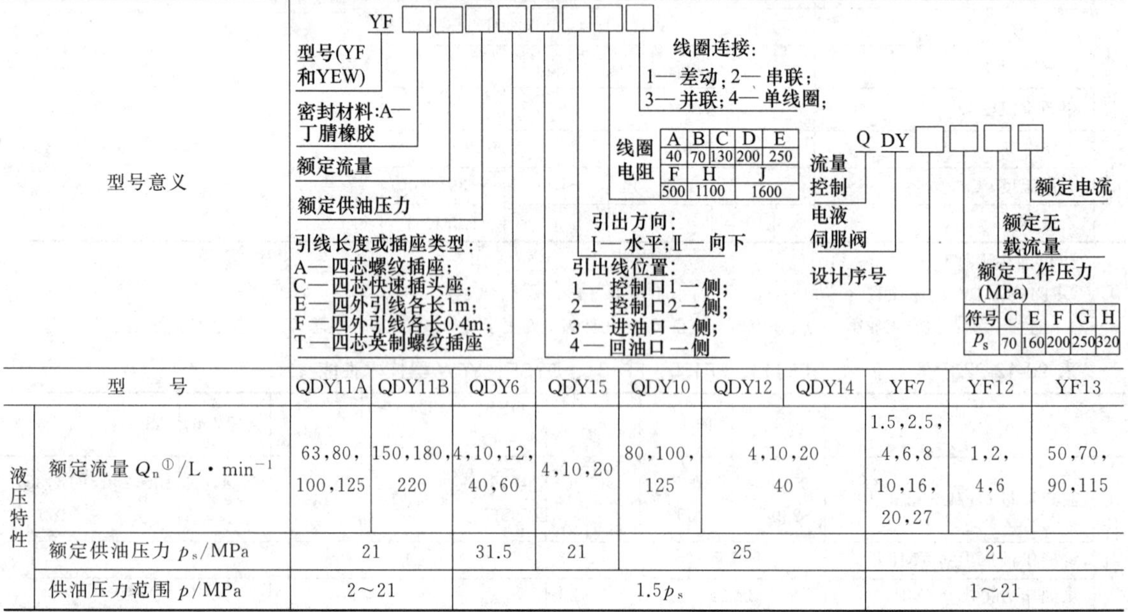

	型号	QDY11A	QDY11B	QDY6	QDY15	QDY10	QDY12	QDY14	YF7	YF12	YF13
液压特性	额定流量 Q_n①/L·min^{-1}	63,80,100,125	150,180,220	4,10,12,40,60	4,10,20	80,100,125	4,10,20,40		1.5,2.5,4,6,8,10,16,20,27	1,2,4,6	50,70,90,115
	额定供油压力 p_s/MPa	21		31.5	21	25			21		
	供油压力范围 p/MPa	2～21		1.5p_s					1～21		

续表

	型　　号	QDY11A	QDY11B	QDY6	QDY15	QDY10	QDY12	QDY14	YF7	YF12	YF13
电气特性	额定电流 I_n/mA	15	40	10,15,30,40,80,120,200,350,2000,3000					8,10,15,20,30,40,50		
	线圈电阻/Ω	200	80	1000,650,220,80,22,30,4,2,2.5,5					1500,1100,500,250,130,70,40		
	颤振电流/%	10～20									
	颤振频率/Hz	100～400									
静态特性	滞环/%	≤4		<3					<4		
	压力增益/%p_s,1%I_n	30～95							>30		
	分辨率/%	<0.5							<1		<0.5
	非线性度/%	≤±7.5							<±7.5		
	不对称度/%	—		<±10					<±10		
	重叠/%	按用户要求							−2.5～+2.5		
	零位流量/L·min^{-1}	<4		<1.3	<3	<2.5	<1.2	<1.3	<0.4+5%Q_n	<0.3+5%Q_n	≤4
	零偏/%	<±3%							<±3		
	压力零漂/%	<±2							<±2		
	温度零漂/%②	<±2									
频率特性	幅频宽(−3dB)/Hz	30～150		>60～100	50～100	40～50	>120～280	>60～100	>100		>50
	相频率(−90°)/Hz								>100		>70
其他	工作介质	22透平油,YH-10							YH-10,YK-12或其他矿物油		
	工作温度/℃	−40～100							−55～150		−30～100
	质量/kg	1.3		1		3.4			0.4	0.2	1.1

① QDY 型阀额定流量是在阀压降为 7.0MPa 下测定的。

② 温度零漂是每变化 55℃。

注：生产厂商：QD 型为北京机床研究所；YF 型为航空工业秦峰液压机械厂。

12.6.1.2　双喷嘴挡板电反馈（FF109、QDY3、QDY8、DYSF 型）电液伺服阀

表 20-12-24　　技术性能

	型　　号	FF109P	FF109G	QDY3	QDY8	DYSF-3G-Ⅰ	DYSF-3G-Ⅱ
液压特性	额定流量 Q_n/L·min^{-1}	150,200,300	400	125,250,300,500	20,40	200	400
	额定供油压力 p_s/MPa	21		21		21	
	供油压力范围/MPa	2～21		1.5～21	2～21	7～21	
电气特性	额定电流 I_n/mA	10		10,15,30,40 80,120,200	20,350	40	
	线圈电阻/Ω	160		1000,650,220,80,22,30,4	4,2	80	
	颤振电流/%	10～20				<10	
	颤振频率/Hz	100～400				300～400	

续表

	型　号	FF109P	FF109G	QDY3	QDY8	DYSF-3G-Ⅰ	DYSF-3G-Ⅱ
静态特性	滞环/%	≤1		<3	<3	<3	
	压力增益/%p_s,1%I_n	6~50(%p_s,1%阀芯行程)		30~95	>30	>40	>40
	分辨率/%	≤0.5		<0.5		<0.5	1
	非线性度/%	≤±7.5			<±7.5	<±7.5	
	不对称度/%	≤±10		≤±10	<±10	<±10	
	重叠/%	−2.5~2.5		按用户要求			
	零位流量/L·min^{-1}	≤13,≤20		<4	<1.5	<8	
	零偏/%	≤±2(可调)			<±2	<±2	
	压力零漂/%	≤±2		<±2	<±2	<±3	<±5
	温度零漂/%	≤±2.5		<±3	<±2	<±3	<±5
频率特性	幅频宽/Hz	>70	>150	≥30	>300	>100	>70
	相频率/Hz	>70	>100	≥30	>300	>100	>80
其他	工作介质	YH-10,YH-12		YH-10,22#透平油		YH-10,N32 液压油	
	工作温度/℃	−20~80		−40~100		0~60	
	质量/kg	7.8					18

注：生产厂商：FF 型为航空工业总公司第六〇九研究所；QDY 型为机械电子工业部北京机床研究所；DYSF 型为中国航空精密机械研究所。

12.6.1.3　动圈式滑阀直接反馈式（YJ、SV、QDY4 型）、滑阀直接位置反馈式（DQSF-1 型）电液伺服阀

表 20-12-25　　技术性能

	型号意义	YJ□□□-□ □ □ 型号系列 额定流量Q_n 额定电流I_n 冶金75、76型阀口形式： S—伺服型 用途： L—电炉用；S—伺服用； F—分流用；T—同步用				SV □ □□□□ 电液伺服阀 设计序号 工作压力(MPa) A—2.5；C—6.3； F—20；H—31.5 额定流量(7MPa阀压降下)(L·min^{-1}) 6,3,10,16,25,31,5,40,63,100,125,160,200,250			R—主阀带监测器 无监测器时不标记 开口形式： 无标记—线性；N—非线性； D—差动；C—重叠	
	型　号	YJ741	YJ742	YJ752	YJ761	YJ861	SV8	SV10	QDY4	DQSF-1
液压特性	额定流量 Q_n/L·min^{-1}	63,100,160	200,250,320	10,20,30,40,60,80,100	10,16,25,40	400,500,600	6.3,10,16,25,31.5,40,63,80	100,125,160,200,250	80,100,125,250	100
	额定供油压力 p_s/MPa	6.3					31.5	20	21	21
	供油压力范围/MPa	3.2~6.3				4.5~6.3	2.5~31.5	2.5~20	1.5~21	1~28
电气特性	额定电流 I_n/mA	100	150	300			300		10,15,30,40,80,120,200	300
	线圈电阻/Ω	80		40			30		1000,650,220,80,22,10,4	59

续表

	型　号	YJ741	YJ742	YJ752	YJ761	YJ861	SV8	SV10	QDY4	DQSF-1
电气特性	颤振电流/%	10～25		10～25			≤10			
	颤振频率/Hz	50		50			50～200			300～400
静态特性	滞环/%	<5		<3		<5	<3		<3	<5
	压力增益/%p_s,1%I_n								30～95	>30
	分辨率/%	<1		<1			<0.5		<0.5	<1
	非线性度/%									<±7.5
	不对称度/%	<±10		<±10					<±10	<±10
	重叠/%								按用户要求	
	零位流量/L·min^{-1}	1%Q_n		5%Q_n		1%Q_n	<3	<5	<4	<6
	零偏/%						<±3			<±3
	压力零漂/%	≤±2					<±2		<±2	<±3
	温度零漂/%	≤±2					<+2		<±2	<±3
频率特性	幅频宽/Hz	>15	>10	>16	>50	>7	>1000			>70
	相频率/Hz						>80			>70
其他	工作介质	液压油,乳化液,机械油					矿物油 (20～40mm^2·s^{-1})		YH-10,N32 液压油 23 号透平油 YH-10	
	工作温度/℃						10～60		-40～+100	0～60
	质量/kg	15	25	18	4	30				

注：生产厂商：YJ 型为北京冶金液压机械厂；SV 型为北京机械工业自动化研究所，上海科星电流控制设备厂；QDY 型为北京机床研究所；DQSF 型为中国航空精密机械研究所。

12.6.1.4　动圈力综合式压力伺服阀（FF119）、双喷嘴-挡板喷嘴压力反馈式伺服阀（DYSF-3P）、P-Q 型伺服阀（FF118）、射流管力反馈伺服阀（CSDY、FSDY、DSDY、SSDY）

表 20-12-26　技术性能

	型　号	FF119	DYSF-3P	FF118	CSDY1	CSDY3	CSDY5	FSDY	DSDY	SSDY
液压特性	额定流量 Q_n/L·min^{-1}	2～30	80	30,50,63,100	2,4,8,10,15,20,30,40	60,80,100,120,140	140,180,200,220	2,4,8,10,15,20,30,40	2,4,8,10,15,20,30,40	80
	额定供油压力 p_s/MPa	21			21					4
	供油压力范围/MPa	2～28		8～28	1～31.5					1～4
电气特性	额定电流 I_n/mA	15,40	4	15,40	8					50
	线圈电阻/Ω	50,700	80	700	10^3±100					25±2.5
	颤振电流/%	10～20		10～20	不需要颤振电流					
	颤振频率/Hz	100～400	300～400	100～400						
静态特性	滞环/%	≤5	≤3	≤5	一般<3,最大<4%					
	压力增益/%p_s,1%I_n	>30		>30	>30					
	分辨率/%	≤2	<2	≤2	<0.25					
	非线性度/%	≤±7.5			<±7.5					
	不对称度/%	≤±10			<±10					

续表

型　号		FF119	DYSF-3P	FF118	CSDY1	CSDY3	CSDY5	FSDY	DSDY	SSDY
静态特性	重叠/%	−2.5～2.5		−2.5～2.5	−2.5～2.5					
	零位流量/L·min⁻¹	≤5.5	<15	1.5+4% Q_n	≤1					
	零偏/%	≤±3	<±2	≤±3	<±2					
	压力零漂/%	≤±4	<±3	≤±4	<±2					
	温度零漂/%	≤±4 每变 56℃	<±3	≤±4 每变 56℃	<±2					
频率特性	幅频宽/Hz	>100	>90	>50	>70	37①	20①	>70	>72	27①
	相频率/Hz	>100	>90	>50	>90	>65①	>45	>90	>90	>40
其他	工作介质	YH-10, YH-12	YH-10	YH-10, YH-12	2055#,22#透平油,YH-10					
	工作温度/℃	−30～100	10～45	−30～100	−40～85					
	质量/kg	1		1	<0.4	<1.5	<3	<0.4	<0.4	<1.5

① 据样本频率特性曲线得出的数值。

注：生产厂商：CSDY、FSDY、DSDY、SSDY—上海船舶设备研究所（CSDY—船用射流管电流伺服阀，FSDY—航空射流管电流伺服阀，DSDY—三线圈电余度射流管电液伺服阀，SSDY—水轮机调速射流管伺服阀）；DYSF-3P—中国航空精密机械研究所。

12.6.1.5 动圈力式伺服阀（SV9、SVA9）

表 20-12-27　　技术性能

型　号	SV9			SVA9			结构示意图
工作压力/MPa	2.5　4　6.3						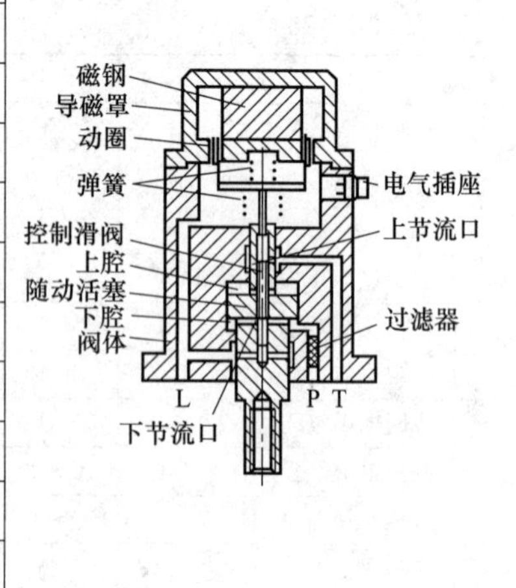
负载能力/N	≈1500　≈2400　≈3800						
零耗流量/L·min⁻¹	<1	<2	<3	<1	<2	<3	
工作行程/mm	±6						
额定电流/mA	±150			6150	6250	6100	
线圈电阻/Ω	60(20℃)			10(20℃)			
颤振电流/mA	0～150			0～1000			
颤振频率/Hz	50～200(正弦波)						
死区/%	≤2.5			≤1			
非线性/%	≤5						
压力漂移/%	≤2			≤1			
负载漂移/mm·N⁻¹	≤0.0005						
频宽(−3dB)/Hz	≥8			≥10		≥17	
要求油液清洁度	≤NAS10 级			≤NAS12 级			
生产厂商	北京机械工业自动化研究所						

12.6.1.6　动圈力式伺服阀（SVA8、SVA10）

表 20-12-28　技术性能

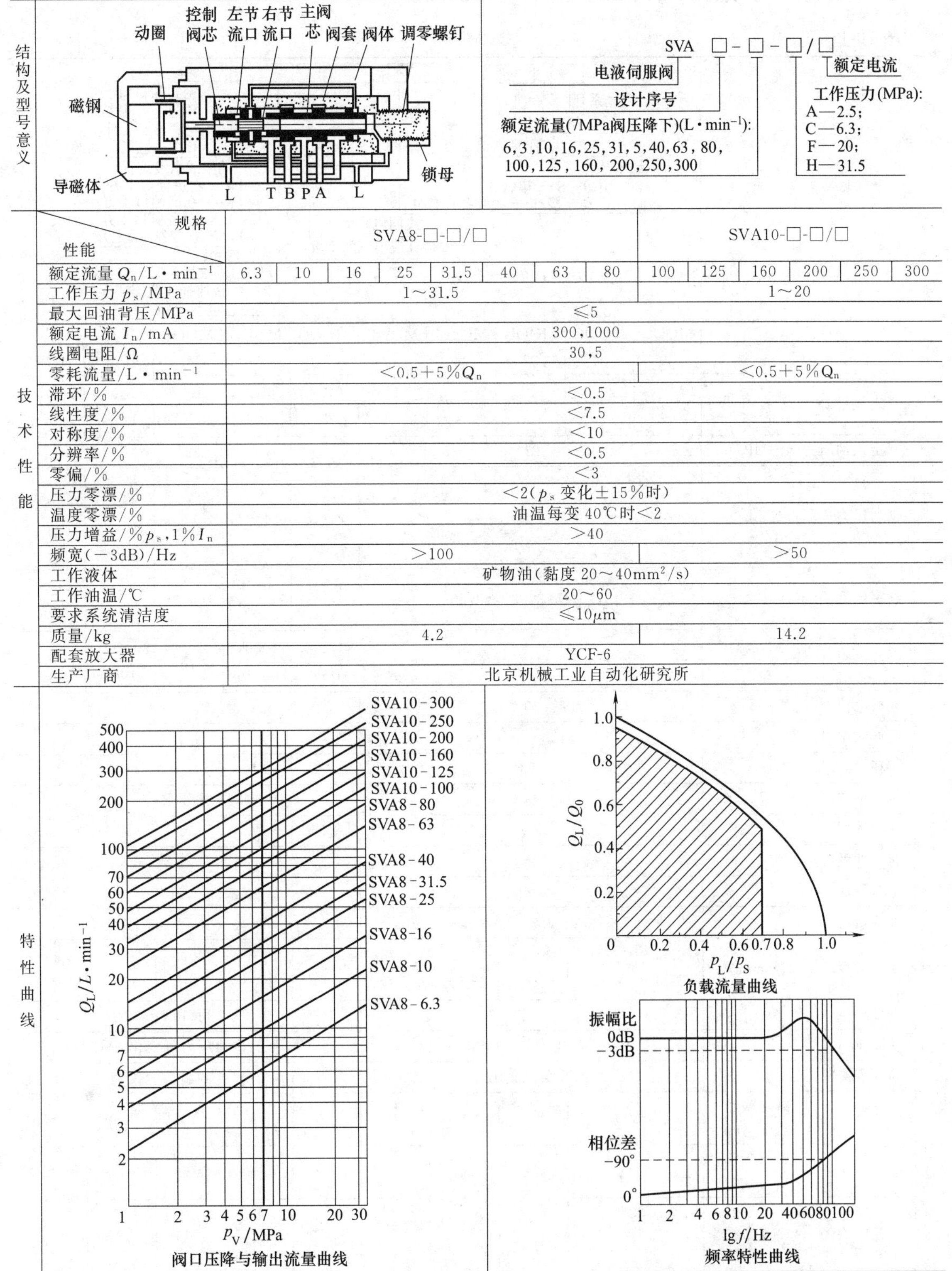

技术性能

性能 \ 规格	SVA8-□-□/□								SVA10-□-□/□					
额定流量 Q_n/L·min^{-1}	6.3	10	16	25	31.5	40	63	80	100	125	160	200	250	300
工作压力 p_s/MPa	1～31.5								1～20					
最大回油背压/MPa	≤5													
额定电流 I_n/mA	300,1000													
线圈电阻/Ω	30,5													
零耗流量/L·min^{-1}	<0.5+5%Q_n								<0.5+5%Q_n					
滞环/%	<0.5													
线性度/%	<7.5													
对称度/%	<10													
分辨率/%	<0.5													
零偏/%	<3													
压力零漂/%	<2(p_s 变化±15%时)													
温度零漂/%	油温每变 40℃时<2													
压力增益/%p_s,1%I_n	>40													
频宽(−3dB)/Hz	>100								>50					
工作液体	矿物油(黏度 20～40mm²/s)													
工作油温/℃	20～60													
要求系统清洁度	≤10μm													
质量/kg	4.2								14.2					
配套放大器	YCF-6													
生产厂商	北京机械工业自动化研究所													

阀口压降与输出流量曲线

负载流量曲线

频率特性曲线

12.6.2 国外主要电液伺服阀产品

12.6.2.1 双喷嘴力反馈式电液伺服阀（MOOG）

表 20-12-29 技术性能

型号意义			型号系列 额定流量 额定供油压力 线圈连接形式： P—并联；S—串联； D—差动连接；I—线圈各自独立 线圈电阻 插针或引线的个数 连接形式： PC—螺纹插头座； PT—快速插头座(卡口)； CT—18in长电缆 插座或引线位置： P—在进油口上方； R—在回油口上方； 1—在控制口1上方； 2—在控制口2上方 密封圈材料： BUN—丁腈橡胶； VU—氟塑料； EPR—乙烯丙烯胶									
型号			MOOG 30	MOOG 31	MOOG 32	MOOG 34	MOOG 35	MOOG 72	MOOG 78	MOOG G631	MOOG 760	MOOG G761
液压特性	额定流量 Q_n①/L·min^{-1}		1.2～12	6.7～26	27～54	49～73	73～170	96,159,230	76,114,151	5,10,20,40,60,75	3.8,9.5,19,57	4,10,19,38,63
	额定供油压力 p_s/MPa		21					21				
	供油压力范围/MPa		1～28					1～28	1.4～21	1.4～31.5	1.4～21 铝 1.4～31.5	1.4～31.5
电气特性	额定电流 I_n/mA		8,10,15,20,30,40,50					40,15,8	8,15,40,200	100,30	200,40,15,8	8,15,20,200
	线圈电阻/Ω		1500,1000,500,200,130,80,40					80,200,1000	1000,200,100	28,300	80,200,1000	80
	颤振电流/%I_n		20									
	颤振频率/Hz		100～400									
静态特性	滞环/%		<3					<4	<3	<3		
	压力增益/%p_s,%I_n		>30					按要求				
	分辨率%		<0.5					<1.5	<0.5	<1	<0.5	
	非线性度/%		<±7					<±7				
	不对称度/%		<±5					<±10				
	重叠量/%		−2.5～2.5					−2.5～2.5				
	零位静耗流量/L·min^{-1}		<0.35+4%Q_n	<0.45+4%Q_n	<0.5+3%Q_n	<0.6+3%Q_n	<0.75+3%Q_n	<2.0+4.9②	<2.5+3.5②	<2.0～3.6	<1.5～2.3	<1.2～2.4
	零偏/%		<2					可外调				
	供油压力零漂/%		<±4[供油压力为(60～100)p_s]					<±2(供油压力每变化7MPa)				
	温度零漂/%		<2±(温度每变化56℃)					<±4	<±2(温度每变化38℃)			
动态特性	频率响应③	幅频宽(−3dB)/Hz	>200		>160	>110	>60	>50	>15	>35	>50	>70
		相频率(−90°)/Hz	>200		>160	>110	>80	>70	>40	>70	>110	>130
	阶跃响应(0～90%)/ms							<25	<35	<11	<16标准 <13高响应	<6

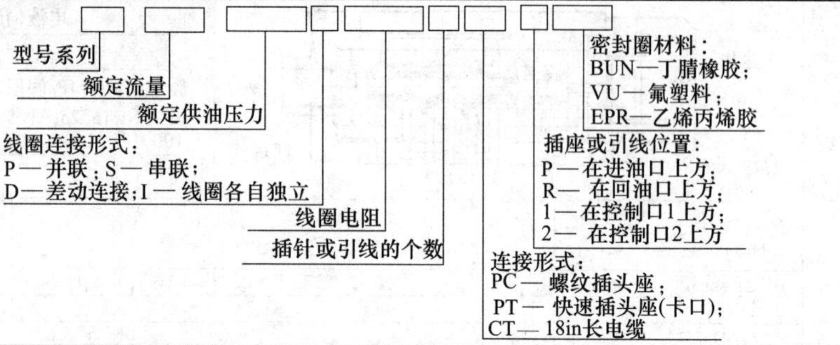

续表

型　　号			MOOG 30	MOOG 31	MOOG 32	MOOG 34	MOOG 35	MOOG 72	MOOG 78	MOOG G631	MOOG 760	MOOG G761
其他	工作介质		MH-H-5606，HIL-H-6083					石油基液压油（38℃时黏度 10～97mm²·s⁻¹）符合 DIN51524 标准				
	工作温度/℃		−40～135					−40～135		−29～135		
	质量/kg		0.19	0.37	0.37	0.5	0.97	3.5	2.86	2.1	1.13 铝 1.91 钢	1.1 铝 1.8 钢
	外围尺寸/mm	长						170	146	138	96	94
		宽						129	81	80	97.3	94
		高						114	103	119	72.4	69

① MOOG72、MOOG78、MOOGG631、MOOG760、MOOG761 额定流量的阀压降为 7MPa，其他为 21MPa。

② 供油压力为 7MPa，其他静、动态性能供油压力皆为 21MPa。

③ 频率响应指标是由该系列流量最大的产品、输入幅值为±40%I_n、供油压力为 21MPa 情况下得到的。随流量减少频宽增加。

12.6.2.2　双喷嘴力反馈式电液伺服阀（DOWTY、SM4）

表 20-12-30　　技术性能

型号意义		型号系列；电插头或引线形式：1—软引线(600mm)；2—MS型4针插座；3—非标准；阀的信号(电流/mA；电阻/Ω)；额定流量；非标准的设计编码 阀的信号：代号 1，额定电流 10，线圈电阻 1000；代号 2，15，200；代号 3，15，350；代号 4，40，80；代号 5，80，22；代号 6，200，22；代号 8，60，40；代号 9，非标准，—								
型　　号		DOWTY 30	DOWTY 31	DOWTY 32	DOWTY 4551 4659	DOWTY 4658	SM4-10	SM4-20	SM4-30	SM4-40
液压特性	额定流量 Q_n/L·min^{-1}	7.7	27	54	3.8，9.6，19，38，57		38	76	113	151
	额定供油压力 p_s/MPa	21			7		21		14	21
	供油压力范围/MPa	1.5～28			1.5～31.5	1.5～28	1.4～35		1.4～21	1.4～35
电气特性	额定电流 I_n/mA	8～80			10，15，40，60，80，200		200，40，100，15			
	线圈电阻/Ω	2000～30			1000，200，350，80，40，22		20，80，30，200			
	颤振电流/%									
	颤振频率/Hz									
静态特性	滞环/%	<3					<2			
	压力增益/%p_s，1%I_n	>30			30～80		>30			
	分辨率/%	<0.5								
	非线性度/%	<±7.5					5～10			
	不对称度/%	<±5			<±10		5			
	重叠/%	−2.5～2.5					±5			
	零位静耗流量/L·min^{-1}	0.25+5%Q_n			<1.6③					
	零偏/%	<±2			可外调					
	压力零漂①/%	<±2					<2%			
	温度零漂②/%	<±4(工作温度内)			<±2		<1.5			

续表

型号			DOWTY 30	DOWTY 31	DOWTY 32	DOWTY 4551 4659	DOWTY 4658	SM4-10	SM4-20	SM4-30	SM4-40
动态特性	频率响应	幅频宽(−3dB)/Hz	＞200		＞160	＞70			＞40	＞12	25
		相频率(−90°)/Hz	＞200		＞160	＞80		90	100	40	60
其他	工作介质		石油基液压油					32～48mm²/s 抗磨液油			
	工作温度/℃		−54～177			−30～120					
	质量/kg		0.185	0.34	0.34	0.8	1.18	0.68	1.05	1.9	2.8

①表示供油压力变化（80～110）%p_s；

②表示温度每变化50℃；

③表示供油压力为14MPa最大内漏。

注：生产厂商：DOWTY型为英国道蒂公司（Dowty）；SM型为美国威格士公司（Vickers）中国服务公司（北京）。

12.6.2.3 双喷嘴力反馈式电液伺服阀（MOOG D761）和电反馈式电液伺服阀（MOOG D765）

表20-12-31 技术性能

工作原理

D761为双喷嘴挡板力反馈二级伺服阀。阀套与阀体之间用密封圈密封，并有偏心销，可调零

D765为双喷嘴挡板电反馈二级伺服阀。内置集成放大器、阀芯位移传感器构成闭环，改善中、小信号静、动态性能

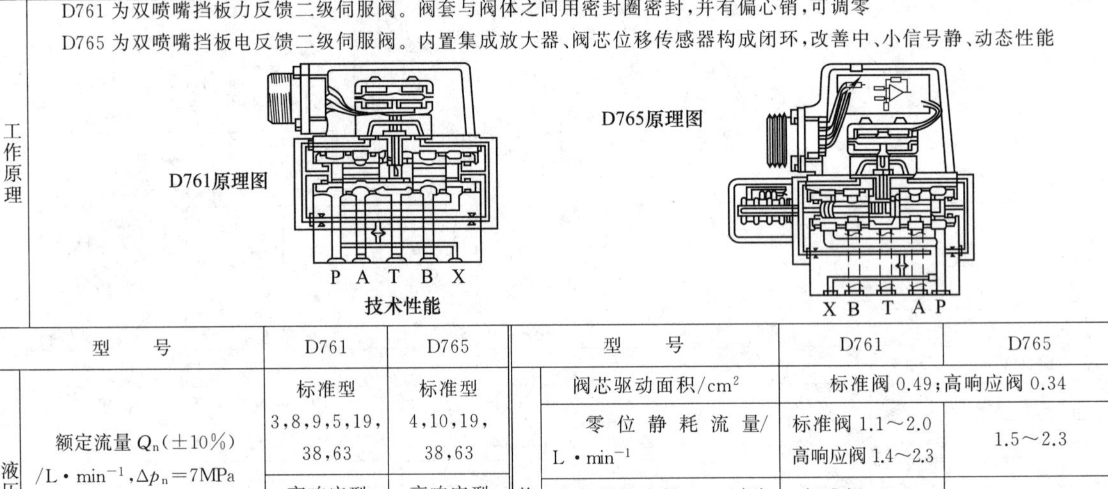

技术性能

	型号	D761	D765
液压特性	额定流量 Q_n(±10%)/L·min^{-1},Δp_n=7MPa	标准型 3,8,9,5,19,38,63	标准型 4,10,19,38,63
		高响应型 3,8,9,5,19,38	高响应型 4,10,19,38
	额定供油压力/MPa	21	21
	供油压力范围/MPa	31.5max	31.5max
电气特性	额定电流/mA	15,40,60	0～±10V 0～±10mA
	线圈电阻(单线圈)/Ω	200,80,60	1kΩ
	颤振电流/mA		
	颤振频率/Hz		
静态特性	滞环/%	＜3	＜0.3
	分辨率/%	＜0.5	＜0.1
	非线性度/%		
	不对称度/%		

		型号	D761	D765
静态特性		阀芯驱动面积/cm²	标准阀0.49;高响应阀0.34	
		零位静耗流量/L·min^{-1}	标准阀1.1～2.0 高响应阀1.4～2.3	1.5～2.3
		先导级流量(100%阶跃输入)/L·min^{-1}	标准阀 0.22 高响应阀0.3	0.4
		零偏	＜2	
		温度零漂/%	＜2(温度每变38℃)	＜1(温度每变38℃)
		压力零漂(70～100额定压力)/%	＜2	
动态特性	频率响应	幅频宽/Hz① (−3dB)	标准阀＞85 高响应阀＞160	标准阀＞180 高响应阀＞310
		相频率/Hz① (−90°)	标准阀＞120 高响应阀＞200	标准阀＞160 高响应阀＞240
其他		工作介质	符合DIN51524标准矿物质液压油	
		油液温度/℃	−20～80	
		质量/kg	1.0	1.1

续表

D761 频率响应曲线	D765 频率响应曲线

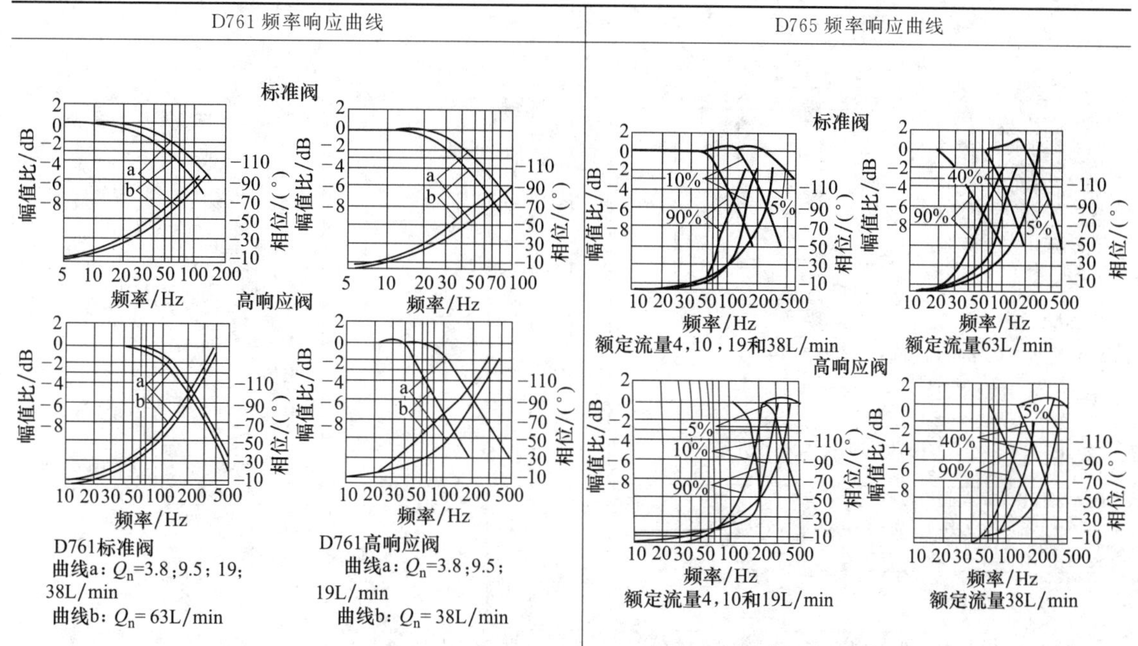

① 频率响应数据是根据样本中工作压力 21MPa，油温 40℃，黏度 32mm²·s⁻¹，输入信号±40%，流量 38L·min⁻¹实验曲线得到的。

表 20-12-32　　MOOG D761 和 MOOG D765 外形尺寸、安装尺寸及订货明细

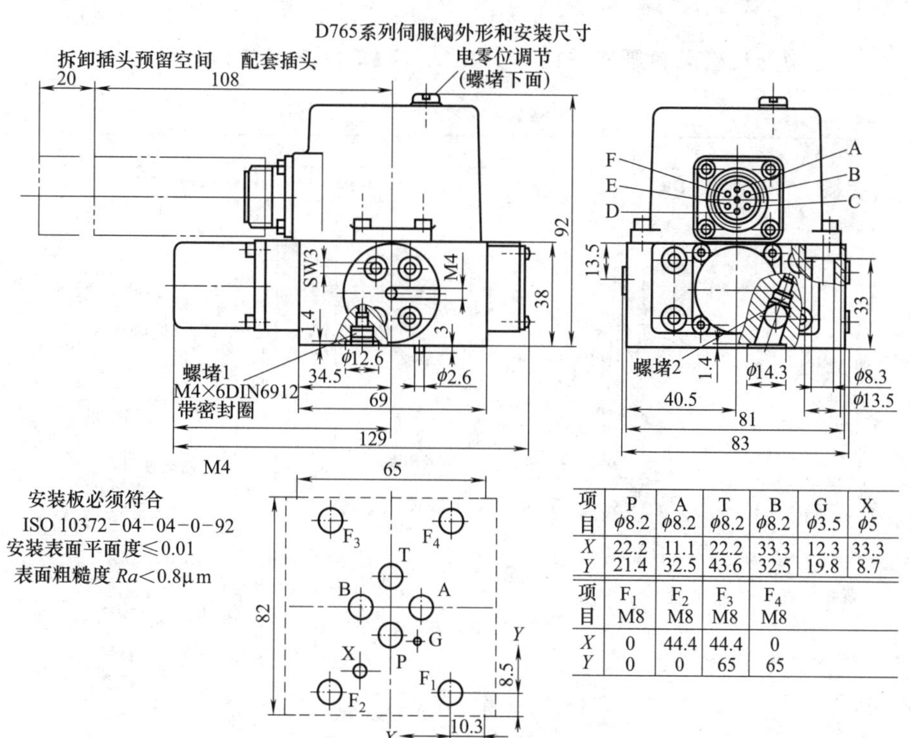

项目	P ϕ8.2	A ϕ8.2	T ϕ8.2	B ϕ8.2	G ϕ3.5	X ϕ5
X	22.2	11.1	22.2	33.3	12.3	33.3
Y	21.4	32.5	43.6	32.5	19.8	8.7

项目	F_1 M8	F_2 M8	F_3 M8	F_4 M8
X	0	44.4	44.4	0
Y	0	0	65	65

续表

订货明细

D761 D765

型号-序号 型号标识

*	*	*	*	*	*		*	*	*	*	*	*	*	*	*	*	*	*

技术标准类别：
——系列标准；
E—预制标准；
Z—特殊标准；
K—安全标准(仅D761)

型号标识 生产厂家制订

厂家标识

阀类型：S—标准型；H—高响应型

额定流量Q_n(L·min^{-1})（阀压降Δp_n=7MPa）

	标准	高响应
04	3.8	38
10	9.5	9.5
19	19	19
38	38	38(D765系列仅达25MPa)
63	63	–

最大工作压力p_p及阀体材料
F 21MPa 铝合金
J 31.5MPa 铝合金
K 31.5MPa 钢

滑阀类型
O 零重叠，线性特性
X 特殊要求

先导级(阀工作压力p_p，先导供油压力p_x为允许的最大值)D761系列
F S阀类标准响应
G H阀类及S阀类高响应
G 具有附加的力反馈。用于D765系列

无信号时阀芯位置
A P⇨B A⇨T
B P⇨A R⇨T
M 中位

供电电压 D765系列
0 ±15VDC±3%
波纹度<50mV$_{pp}$

阀芯全行程信号(D761系列)
额定输入信号
H±7.5mA系列
L±20mA系列
N±30mA系列

阀芯全行程信号(D765系列)

指令信号	输出信号
A±10V	±10V
X±10mA浮动	±10mA

电插座	插座朝向
A	朝向A孔
B	朝向B孔
P	朝向P孔
T	朝向T孔
R 6+PE插座	朝向A孔(D765)
S 6+PE插座	朝向B孔(D765)

密封材料
V 氟塑料FPM

先导级连接方式 D761系列

型码	供油方式
A A.E.J	内部
A C.G.J	外部

先导级供油方式和供油压力供油压力(MPa)	D765系列 供油方式
A 1.5～21	内部
C 1.5～21	外部
E 1.5～31.5	内部
G 1.5～31.5	外部
J 2.5～35	内部
L 2.5～35	外部

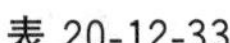

12.6.2.4 直动电反馈式伺服阀（DDV）MOOG D633及D634系列

表 20-12-33 技术性能

结构及订购信息

订货明细 D63 * 型号序号 * *** * 型式标识 * ** * * * * * * * * *

系列
3 规格03
4 规格04

技术标准类别
- 系列标准
E 预制标准
Z 特殊标准

型号标识 厂家制订

厂家标识

阀形式 R带集成电路

额定流量
Q_n(L·min^{-1})(p=7MPa)阀系列

02	5	D633
04	10	D633
08	20	D633
16	40	D633
24	60	D634
40	100	D634

最大工作压力
K 35MPa

滑阀类型
O 四通，零开口，线性
A 四通，1.5%～3%正重叠，线性
D 四通，10%正重叠，线性
Z 2×2通P➛A，B➛T：Y单独接油箱
X 特殊要求滑阀

供电电压
+24VDC (22～28V DC)

滑阀全行程时电信号

指令信号	阀芯位移信号
M 0～±10VDC	+4～20mA
P 0～±10mA	+4～20mA
S 0～±20mA	+4～20mA

按用户要求其信号范围

阀插座
S 6+PE DIN 43563

密封件材料
N 丁腈橡胶
V 氟橡胶
用户其他材料要求

Y口
0 用螺塞密封p_{tmax}<5MPa
1 内置滤油器

不供电时阀芯位置
M 中位
A P➛B，A➛T(最小开度为10%)
B P➛A，B➛T(最小开度为10%)
开度按用户要求

线性力马达
1 标准力马达 D633
2 标准力马达 D634

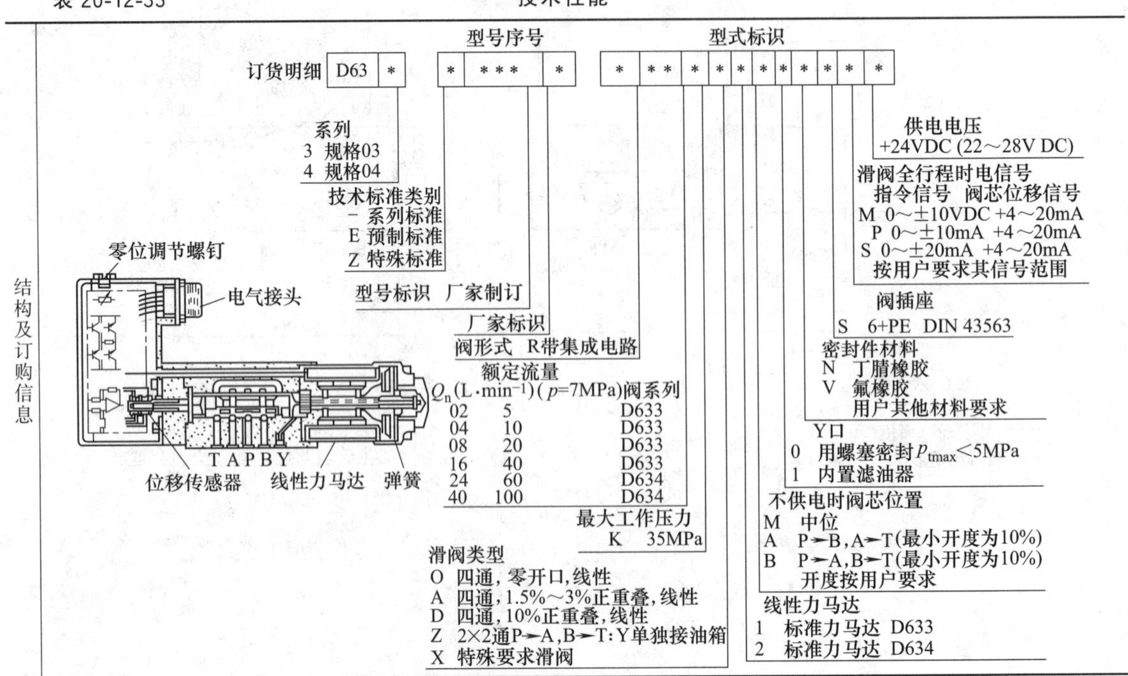

续表

		型　号	D633	D634
技术性能	液压特性	额定流量 $Q_n(\Delta p_n=7MPa)/L\cdot min^{-1}$	5,10,20,40,最大 75	60,100,最大 185
		额定供油压力/MPa	14	
		供油压力范围/MPa	－35	
	电气特性	额定电流 I_n/mA	0～±10,4～20	
		线圈电阻/Ω	300～500	
		颤振电流		
		颤振频率/Hz		
	静态特性	滞环/%	<0.2	<0.2
		压力增益%p_s,1%I_n		
		分辨率/%	<0.1	<0.1
		非线性度/%		
		不对称度/%		

	型　号		D633	D634
静态特性	重叠/%			
	零位静耗流量/L·min^{-1}		0.15,0.3,0.6,1.2	1.2,2.0
	零漂/%			
	压力零漂/%			
	温度零漂/%(ΔT=55K)		<1.5	<1.5
动态特性	频率响应据特性曲线获得	幅频宽(－3dB)/Hz	标准阀大于 37	标准阀大于 46
			高响应阀大于 60	高响应阀大于 95
		相频率(－90°)/Hz	标准阀大于 70	标准阀大于 90
			高响应阀大于 150	高响应阀大于 110
其他	工作介质		符合 DIN51524 矿物油，NAS1638-6 级	
	工作温度/℃		－20～80	
	质量/kg		2.5	6.3

表 20-12-34　　特性曲线

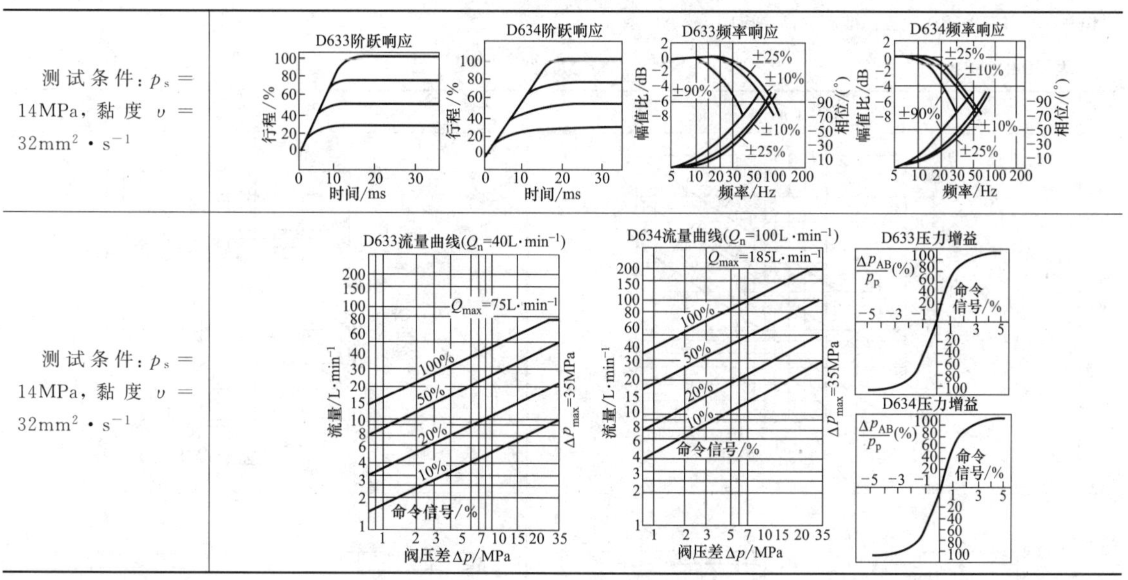

12.6.2.5　电反馈三级伺服阀 MOOG D791 和 D792 系列

表 20-12-35　　技术性能

	型　号	D791			D792	
液压特性	额定流量(±10%)Q_n/L·min^{-1},Δp_n=7MPa	100	160	250	400 630	800 1000
	额定供油压力/MPa	21				
	供油压力范围/MPa	31.5max				
电气特性	额定电流/额定电压/(mA/V)	0～±10/0～±10				
	线圈电阻/kΩ	1/10				
	颤振电流/%					
	颤振频率/Hz					
静态特性及参数	滞环/%	<0.5				
	分辨率/%	<0.2				
	零偏/%	可调				
	温度零漂(每 38℃)/%	<2				
	非线性度/%					
	不对称度/%					
	重叠量	按要求				

	型　号			D791			D792	
静态特性及参数	零位静耗流量/L·min^{-1}		总耗	5	7	10	10 14	14 14
			先导级	4～11			6～16	
	主阀芯行程/mm			1.4	1.2	2.0	1.8 1.9	2.9 4.0
	主阀芯驱动面积/cm²			2.85			3.8 7.14	7.14 7.14
动态特性	频率响应/Hz①		S 阀	130		75	200 150	180 120
			HR 阀	180		240		
			S 阀	80		65	180 90	120 85
			HR 阀	220		140		
	阶跃响应(0～100%输入)/ms			4～11			6～12	
其他	工作介质			符合 DIN51524 矿物质液压油				
	环境温度/℃			－20～60				
	油液温度/℃			－20～80				
	质量/kg			13			17	

续表

工作原理	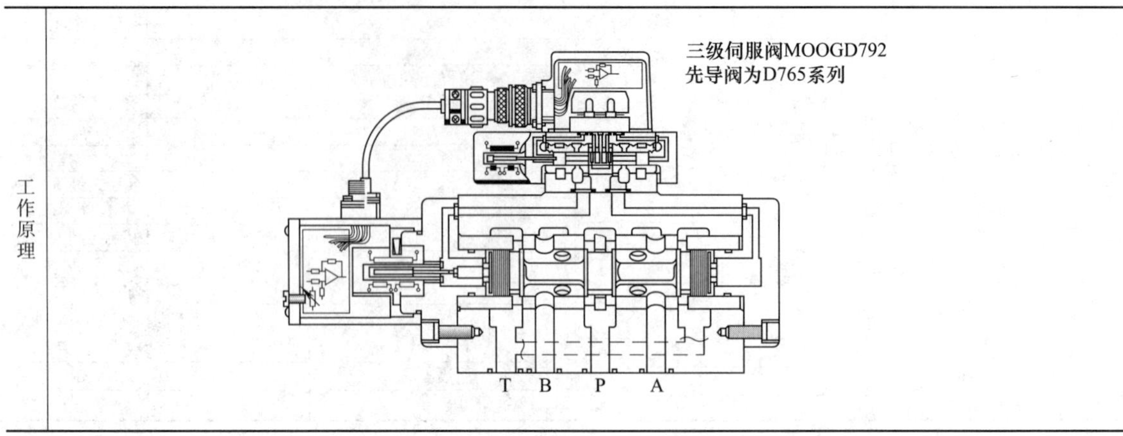

① 频率响应是由样本上得到的。测试条件是：供油压力为 21MPa，油液黏度 $32mm^2 \cdot s^{-1}$，油液温度 40℃，输入 ±40%。S 和 HR 分别代表标准阀和高响应阀。

表 20-12-36 特性曲线

型号	D791 型		D792 型	
流量特性	流量 Q/L·min^{-1}；压差 Δp/MPa；250L·min^{-1}，160L·min^{-1}，100L·min^{-1}		流量 Q/L·min^{-1}；压差 Δp/MPa；1000L·min^{-1}，800L·min^{-1}，630L·min^{-1}，400L·min^{-1}	
频率响应特性	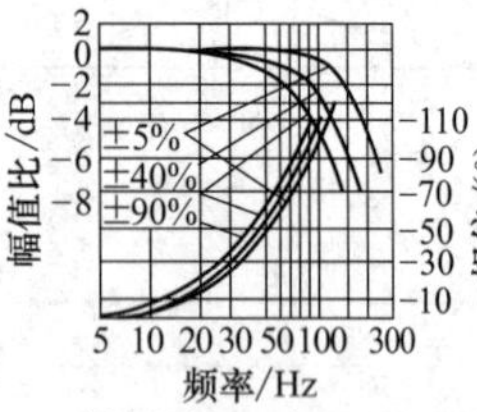 额定流量100/160L·min^{-1} 先导阀D761标准10L·min^{-1}	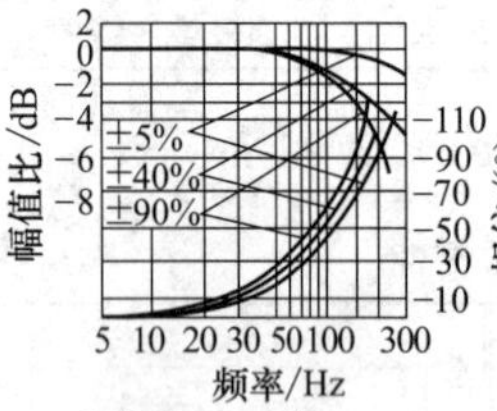 额定流量100/160L·min^{-1} 先导阀D765HR10L·min^{-1}	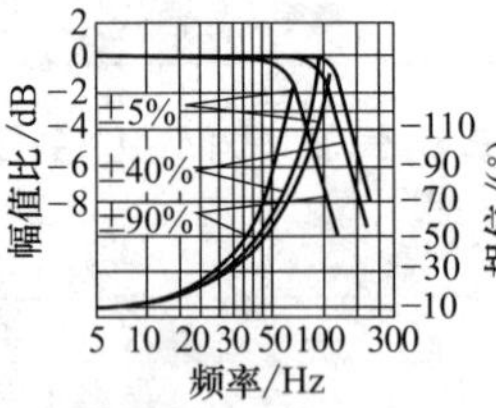 流量400L·min^{-1} 先导阀D761HR20L·min^{-1}	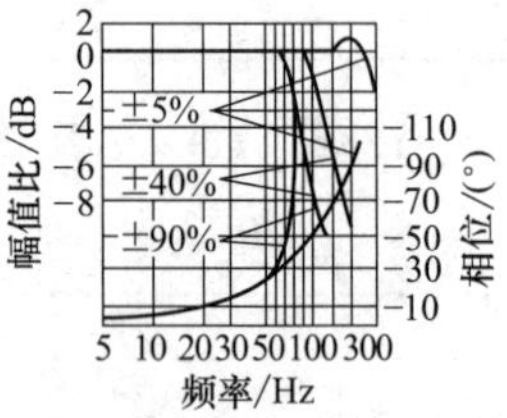 流量630L·min^{-1} 先导阀D765HR20L·min^{-1}
	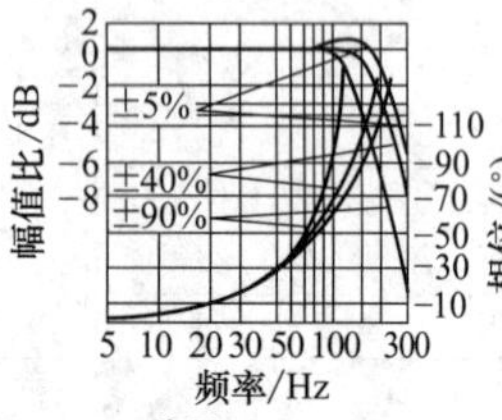 流量250L·min^{-1} 先导阀D761HR20L·min^{-1}	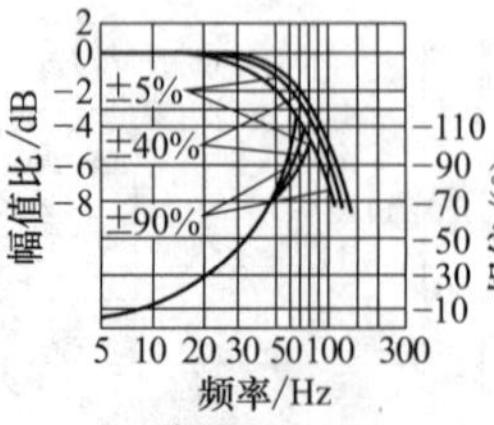 流量250L·min^{-1} 先导阀D761标准10L·min^{-1}	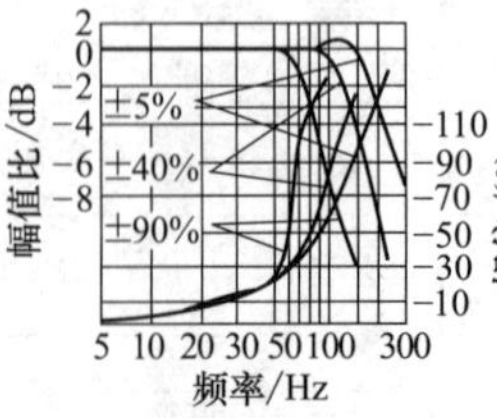 流量800L·min^{-1} 先导阀D761HR20L·min^{-1}	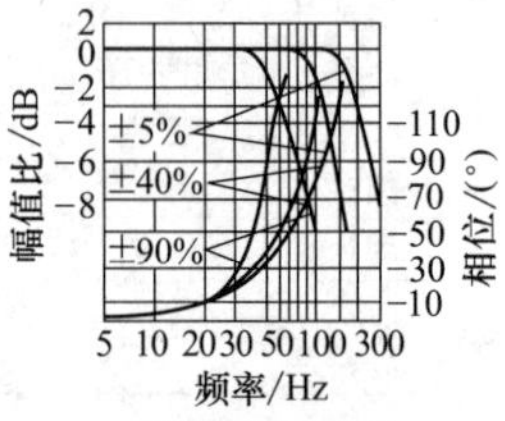 流量800L·min^{-1} 先导阀D765HR20L·min^{-1}

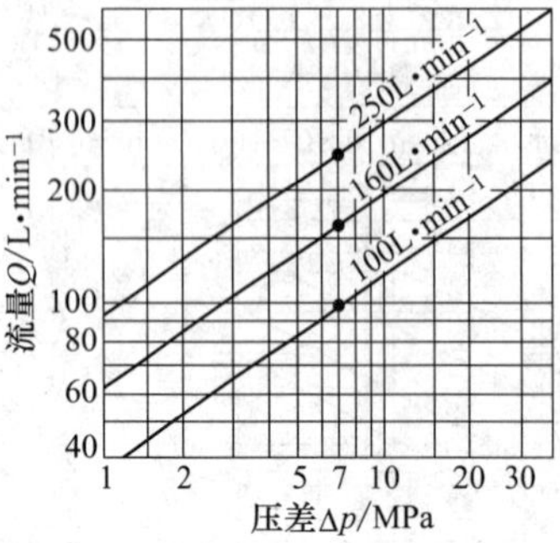

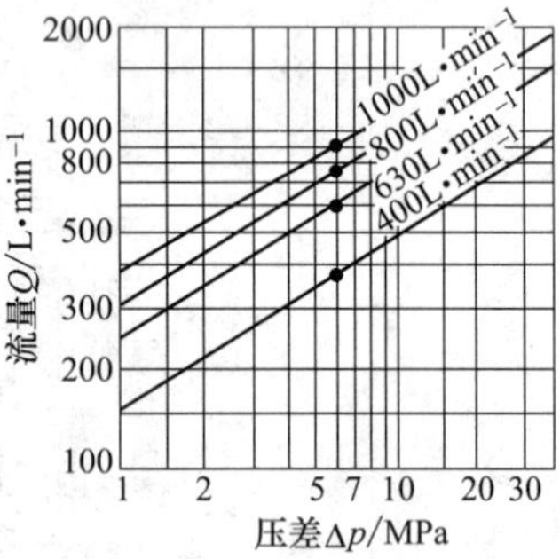

注：HR 为高响应阀。

表 20-12-37　　**订货明细**

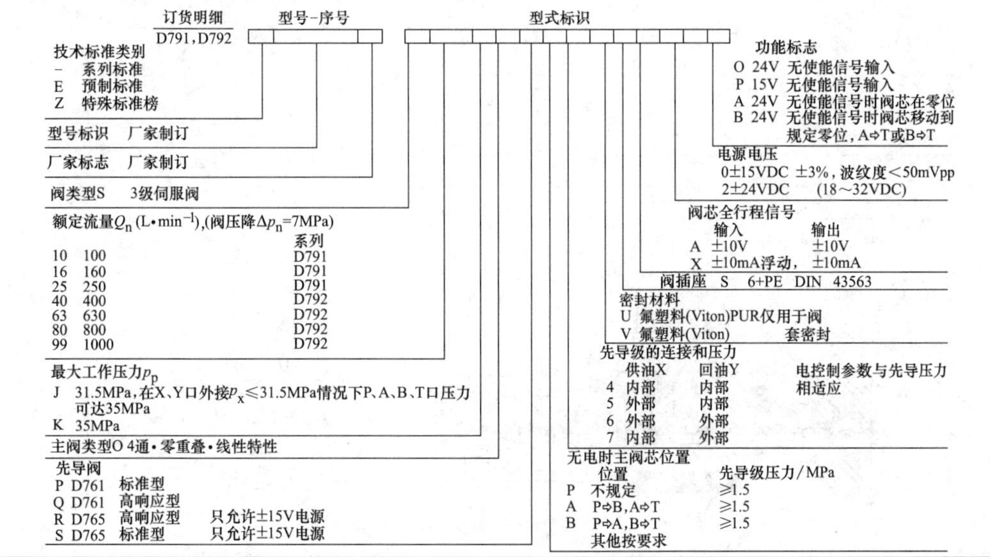

12.6.2.6　EMG 伺服阀 SV1-10

表 20-12-38　　**技术性能**

	型号	SV1-10/□□	4	8	16	32	48
液压特性	额定流量 Q_n(Δp=7.0MPa)/L·min^{-1}	Δp_n=2MPa 时	4	8	16	32	48
		Δp_n=7MPa 时	7	13	24	46	70
	工作压力/MPa		3.0～31.5,0.5～10.0				
	最大回油背压/MPa		3.0				
电气特性	额定电流 I_n/mA	连接方式 1-2	±300	±300	±300	±300	±1000
		连接方式 1-3	±600	±600	±600	±600	—
	线圈电阻/Ω	连接方式 1-2	40	40	40	44	11
		连接方式 1-3	20	20	20	22	—
	颤振电流/mA	连接方式 1-2 50Hz	10	10	20	20	40
		连接方式 1-2 150Hz	20	20	40	40	80
		连接方式 1-3 50Hz	20	20	40	40	—
		连接方式 1-3 150Hz	40	40	80	80	—
静动特性	滞环/%		<2	<2	<2.5	<2.5	<2.5
	压力增益[(Δp_L/p_s)/(ΔI/I_s)]	SV1-10/□□/315/6	14				
		SV1-10/□□/315/1	25				
		SV1-10/□□/100/6	12				
		SV-10/□□/100/1	20				
	分辨率/%		<0.1	<0.1	<0.2	<0.2	<0.2
	非线性度/%		<2	<3	<4	<5	<6
	不对称度/%		<5	<5	<5	<5	<5
	重叠/%	SV1-10/□□/□□/1	0.5～2.5				
		4～8	SV1-10/□□/□□/6				
	零位静耗流量(p_s=10MPa,I=0mA,Q_A=Q_n=0)/L·min^{-1}	SV1-10/□□/315/6	0.15	0.25	0.4	0.7	1.0
		SV1-10/□□/315/1	0.25	0.4	0.7	1	1.5
		SV1-10/□□/100/6	0.25	0.4	0.7	1.0	1.5
		SV1-10/□□/100/1	0.4	0.6	1.0	1.5	2.2
	零偏/%						
	压力零漂/%						
	温度零漂/%		没有测量,理论上为零				

第20篇

续表

型　号		SV1-10/□□	4	8	16	32	48
动态特征	幅频宽(－3dB)/Hz		130	130	140	115	130
	相频率(－90°)/Hz		75	75	85	62	72
其他	工作介质		液压油 H-L46				
	工作温度/℃		－20～80				
	质量/kg		6.5	6.5	6.5	7.5	7.5

结构及型号意义

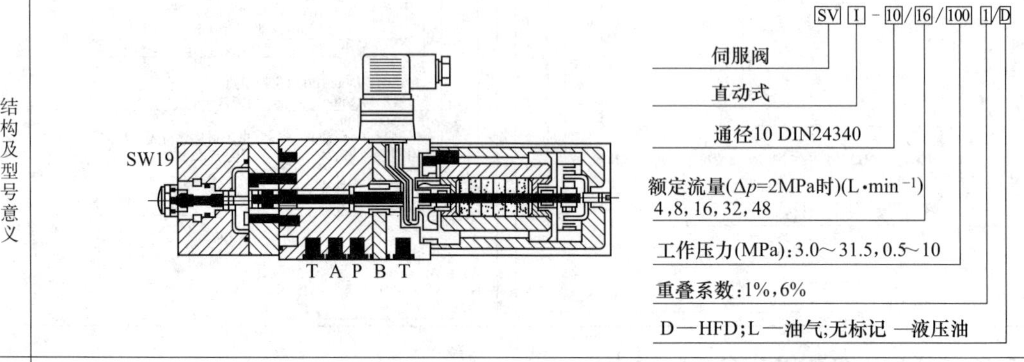

特性曲线

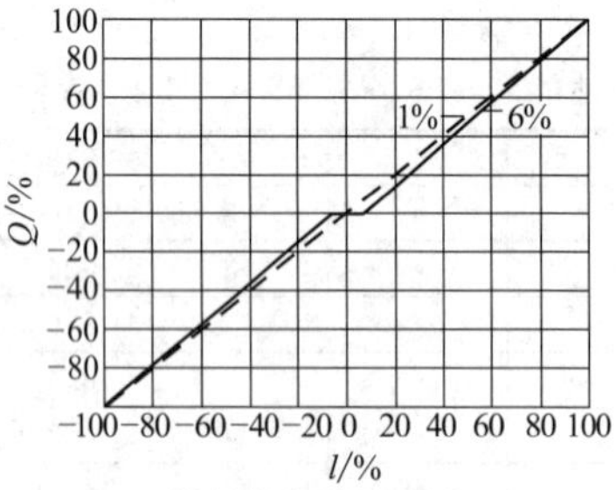

流量曲线(重叠1%或6%)

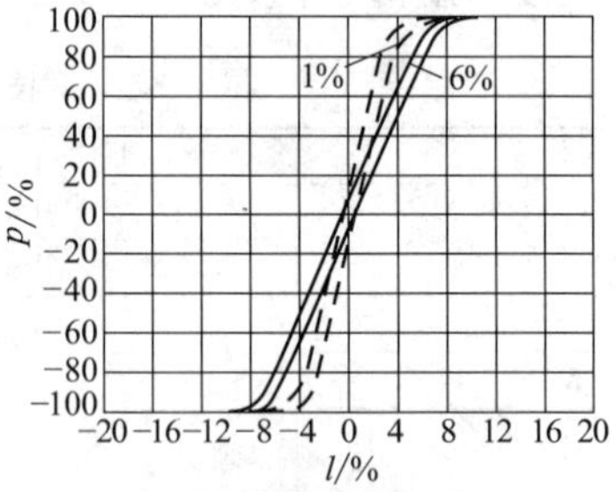

压力曲线(重叠1%或6%)

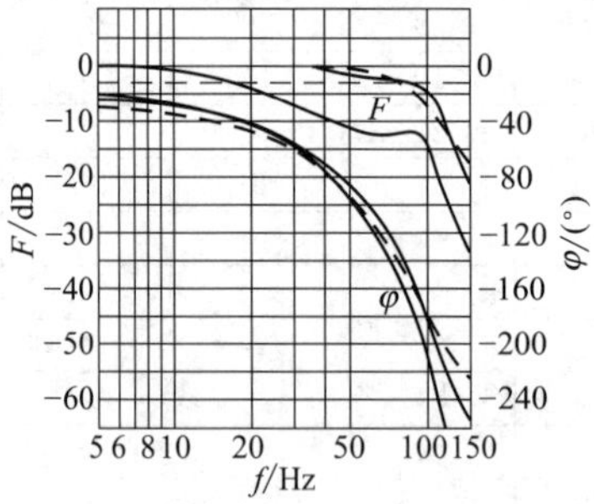

频率响应 p_s=2MPa

- - - l/l_n=10%；——30%；—·—100%

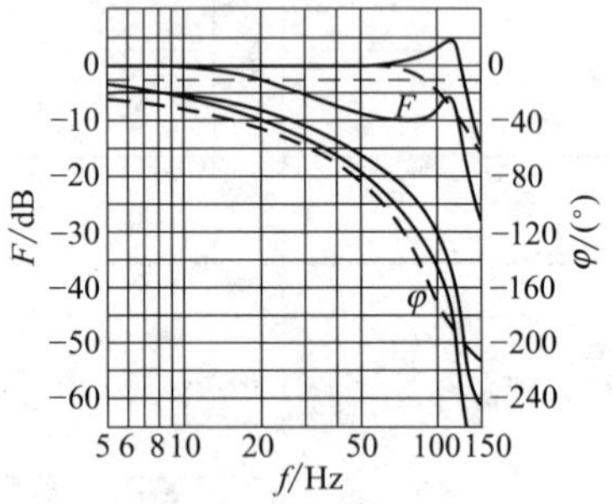

频率响应 p_s=2MPa

- - - l/l_n=10%；——30%；—·—100%

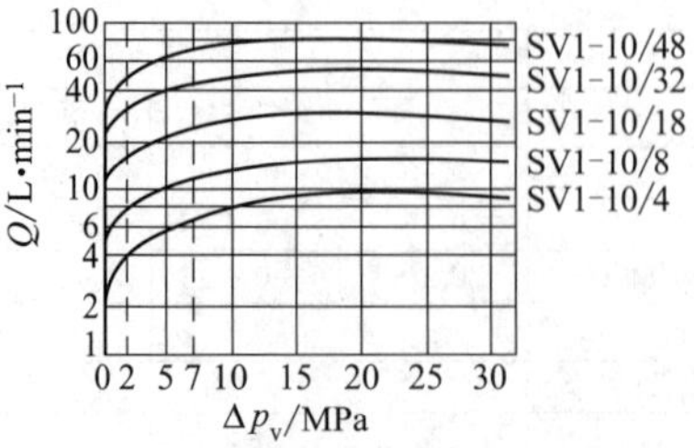

压降与流量关系曲线

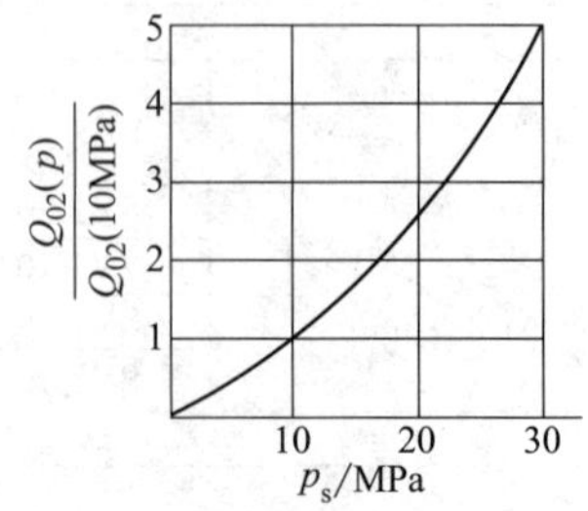

泄漏与压力关系曲线

12.6.2.7 MOOG 系列电反馈伺服阀

表 20-12-39 MOOG D661～D665 技术性能

型号			D661—…P/B…		D662—…D…			D663—…		D664—…		D665—…	
			A	B	D. A	D. H	P. M	L…B	P…M	L…B	P…M	P…H	K…J
阀类型			二级	二级	二级	二级	三级	二级	三级	二级	三级	三级	三级
先导阀型号			一级伺服射流管阀	一级伺服射流管阀	D061 伺服射流管阀	D061 伺服射流管阀	D630 二级喷挡阀	D061 伺服射流管阀	D630 二级喷挡阀	D061 伺服射流管阀	D630 二级喷挡阀	D631 二级喷挡阀	D661 二级伺服射流管阀
液压电气特性	额定流量 Q_n(±10)%/L·min^{-1}(阀每节流边压差 0.5MPa)		20,60,80,2×80	30,60,80,2×80	150 250	150 250	150 250	350	350	550	550	1000 1500	1000 1500
	油口最大工作压力(X外控)/MPa	P,A,B 口	35	35	35	35	35	35	35	35	35	35	35
		T(Y 外排)	35	35	35	35	35	35	35	35	35	35	35
		T(Y 内排)	21	21	14	14	21	14	21	14	21	10	10
	先导级(标准型)无节流孔		28	28	28	28	28	28	28	28	28	21	21
	额定电流/电压/(mA/V)		±10/±10										
静态特性	滞环/%		<0.3	<0.3	<0.5	<0.5	<1.0	<0.5	<1.0	<0.5	<1.0	<1.0 <0.7	<1.0 <0.7
	分辨率/%		<0.05	<0.05	<0.1	<0.1	<0.2	<0.1	<0.2	<0.1	<0.2	<0.3 <0.2	<0.3 <0.2
	温度零漂(每 38℃)/%		<1	<1	<1	<1	<1.5	<1	<1.5	<1	<1.5	<2 <1.5	<2.5 <2
	阀零位静耗流量/L·min^{-1}		≤3.5	≤4.4	≤4.2	≤5.1	≤4.5	≤5.6	≤5.0	≤5.6	≤5.0	≤10.5	≤11
	先导级静耗流量/L·min^{-1}		≤1.7	≤2.6	≤1.7	≤2.6	≤2.0	≤2.6	≤2.0	≤2.6	≤2.0	≤3.5	≤4
	先导阀流量(100%阶跃输入)/L·min^{-1}		≤1.7	≤2.6	≤1.7	≤2.6	≤2.0	≤2.6	≤30	≤2.6	≤30	≤45 ≤55	≤40 ≤50
	主阀芯行程/mm		±3	±3	±5	±5	±5	±4.5	±4.5	±6	±6	±5.8 ±8	±5.5 ±8
动态特性	频率响应	幅频宽(−3dB)/Hz	>45	>70	>26	>45	>100	>32	>75	>26	>30	>23	>90
		相频率(90°)/Hz	>60	>70	>40	>50	>80	>43	>90	>36	>60	>30	>65
	阶跃响应(0～全行程)/ms		28	18	44	28	9	37	13	48	17	30 35	10 12
其他	油液温度/℃		−20～80										
	工作介质		石油基液压油(DIN 51524,1～3 部分)。油液黏度允许 5～400mm^2·s^{-1},推荐 15～100mm^2·s^{-1}										
	质量/kg		5.6	5.6	11	11	11.5	19	19.5	19	19.5	70	73.5
工作原理	X T A P B T_2 Y D661系列二级伺服比例阀 故障保险类型F,即A➤T		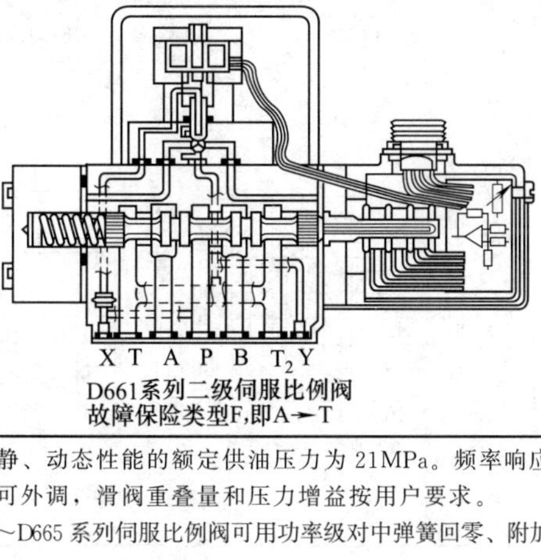				X T A P B Y D633系列三级伺服比例阀,先导级为D630系列伺服阀,故障保险类型F,即A➤T	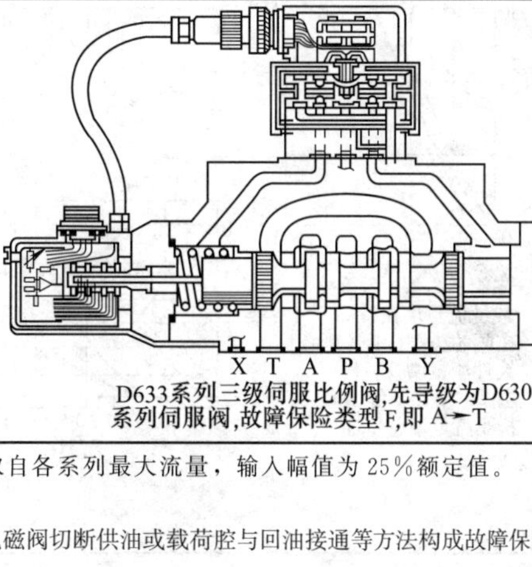					

注:1. 静、动态性能的额定供油压力为 21MPa。频率响应取自各系列最大流量,输入幅值为 25%额定值。

2. 零偏可外调,滑阀重叠量和压力增益按用户要求。

3. D661～D665 系列伺服比例阀可用功率级对中弹簧回零、附加电磁阀切断供油或载荷腔与回油接通等方法构成故障保险类阀。

表 20-12-40　　MOOG D661～D665 伺服阀典型静、动态曲线

<table>
<tr><th>型号</th><th>特性曲线</th></tr>
<tr><td>D661</td><td>
额定供油压力(包含先导级)21MPa，油液黏度 32mm²·s⁻¹，油液温度 40℃

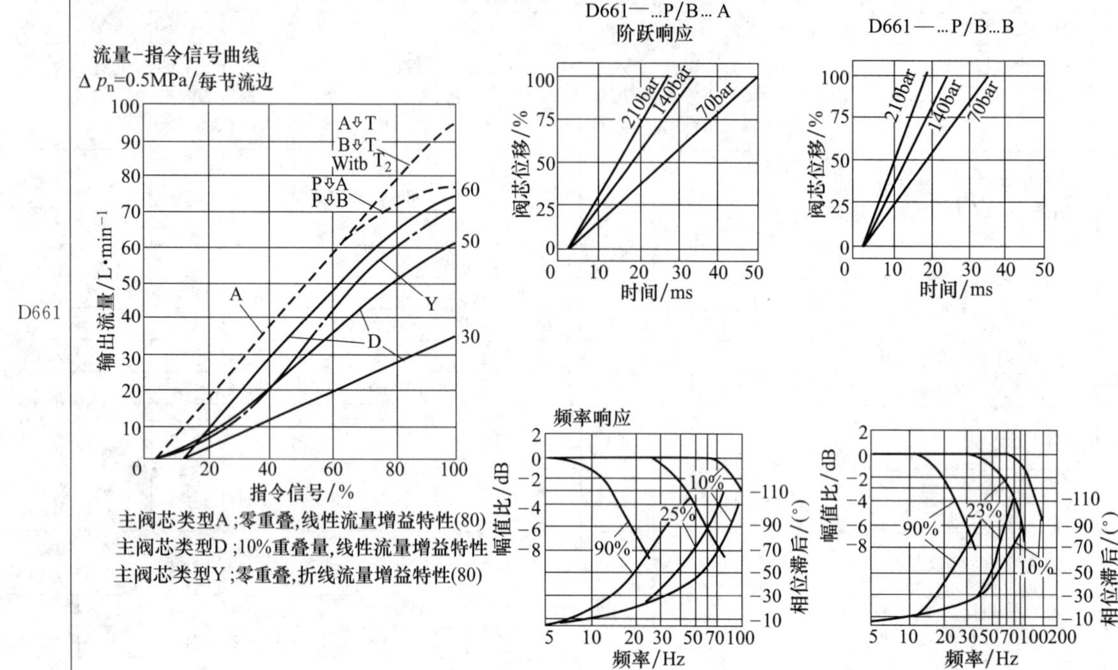

</td></tr>
<tr><td>D662</td><td>
额定供油压力(包含先导级)21MPa，油液黏度 32mm²·s⁻¹，油液温度 40℃

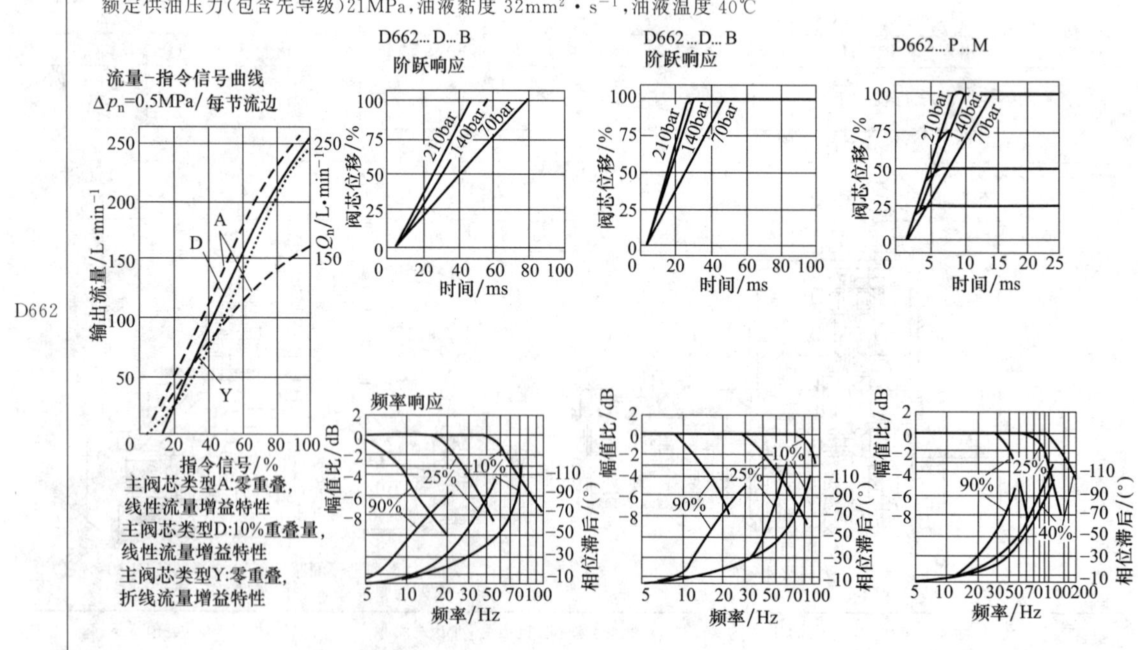

</td></tr>
</table>

续表

<table>
<tr><th>型号</th><th>特性曲线</th></tr>
<tr><td>D663</td><td>
额定供油压力(包含先导级)21MPa,油液黏度 32mm²·s⁻¹,油液温度 40℃
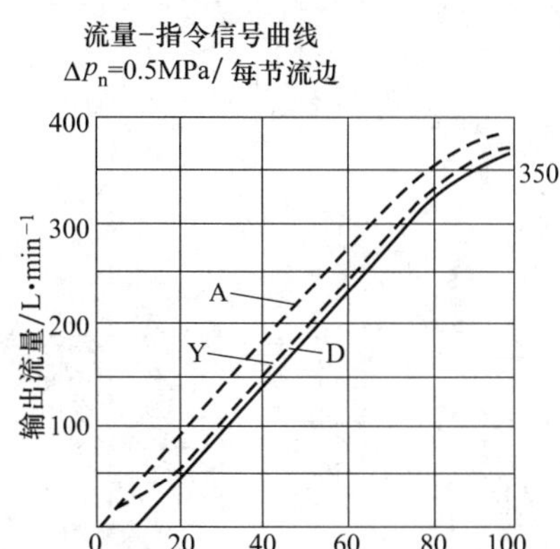

主阀芯类型A:零重叠,线性流量增益特性
主阀芯类型D:10%重叠量,线性流量增益特性
主阀芯类型Y:零重叠,折线流量增益特性
D663—…L…B
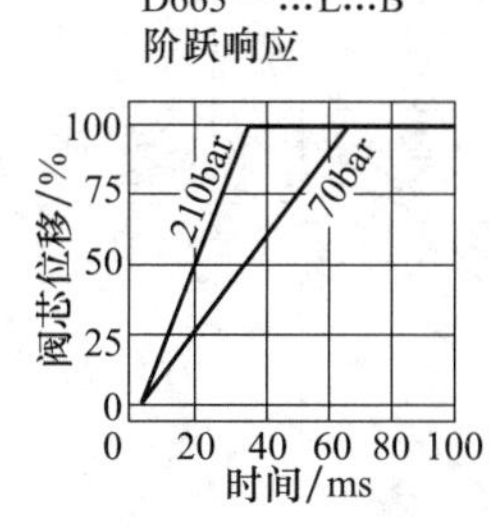

D663—…P…M
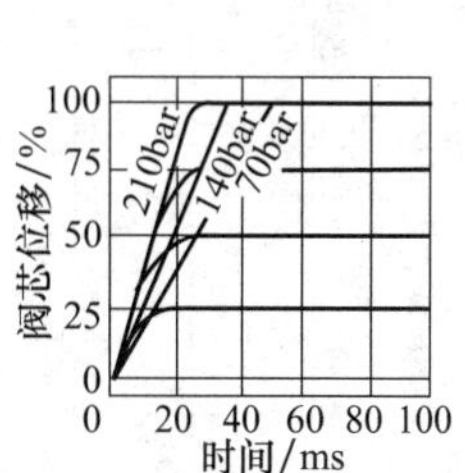

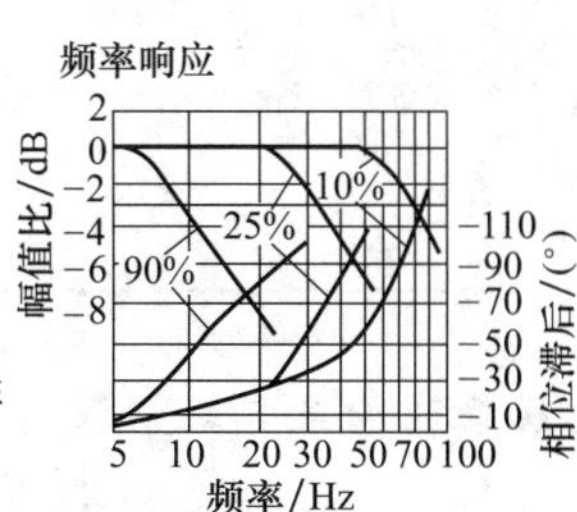

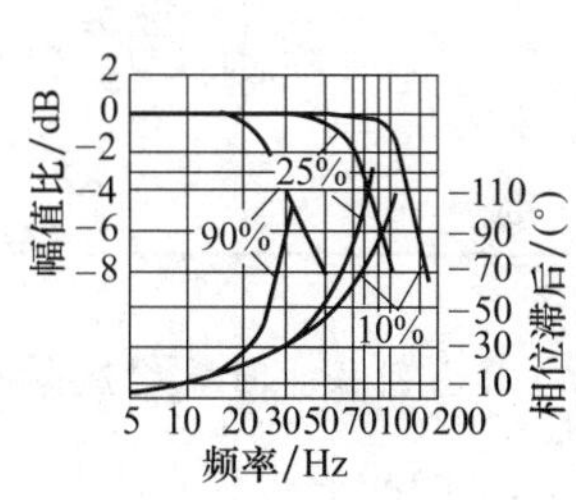

</td></tr>
<tr><td>D664</td><td>
额定供油压力(包含先导级)21MPa,油液黏度 32mm²·s⁻¹,油液温度 40℃
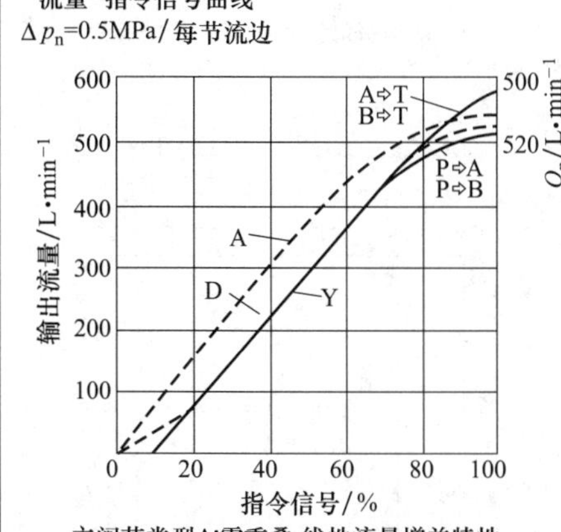

主阀芯类型A:零重叠,线性流量增益特性
主阀芯类型D:10%重叠量,线性流量增益特性
主阀芯类型Y:零重叠,折线流量增益特性
D664 …L…B
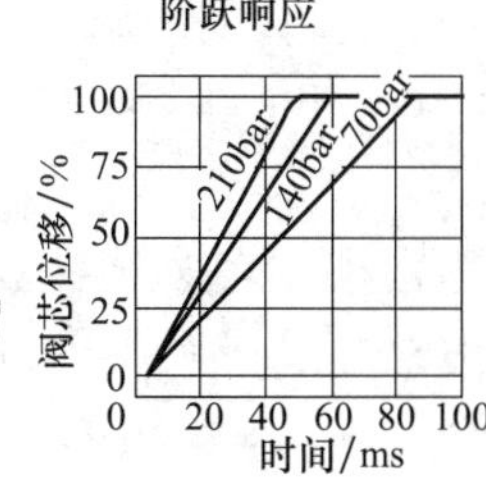

D664…P…M
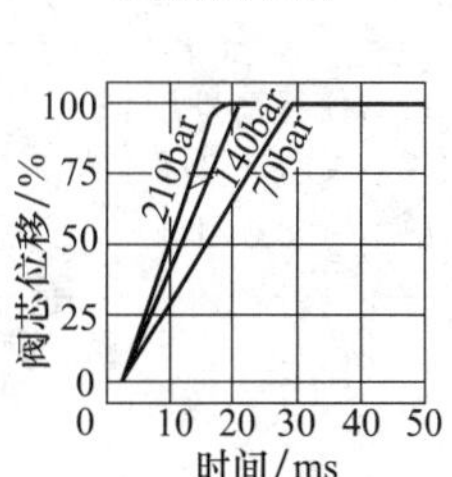

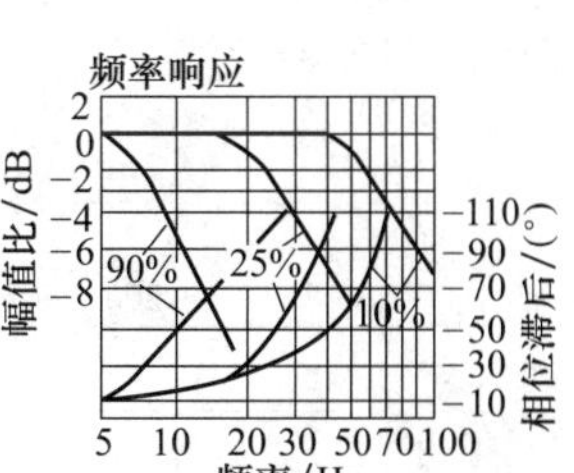

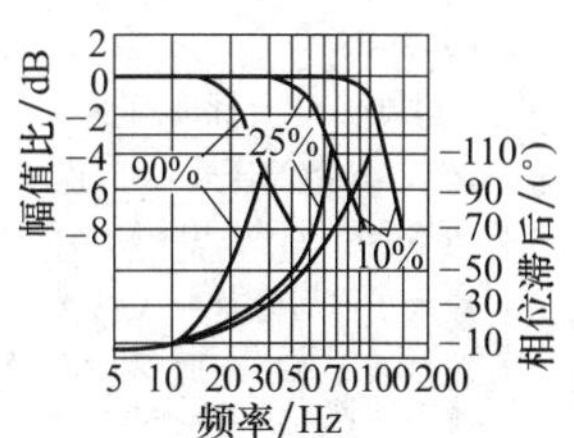

</td></tr>
</table>

续表

型号	特 性 曲 线
D665	额定供油压力(包含先导级)21MPa,油液黏度 32mm²·s⁻¹,油液温度 40℃ 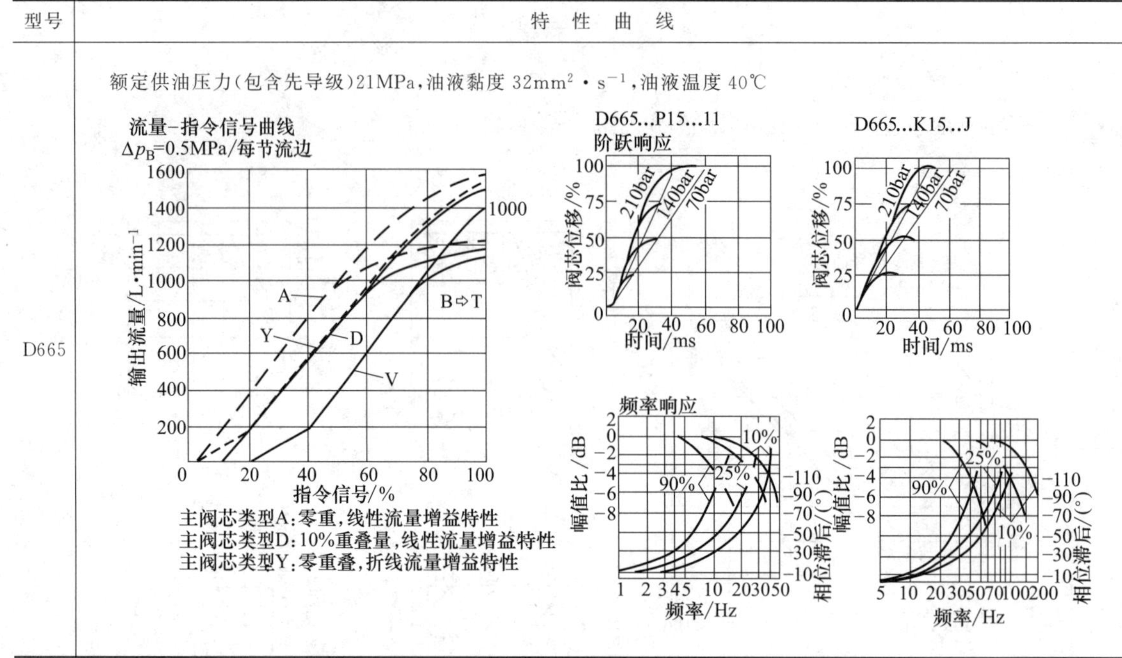

12.6.2.8　伺服射流管电反馈高响应二级伺服阀 MOOG D661 GC 系列

表 20-12-41　　基本特性、外形和安装尺寸

额定流量/L·min⁻¹ Δp_n=3.5MPa/每节流边	分辨率/%	滞环/%	温漂/% 每 38℃	先导阀静耗/L·min⁻¹	总静耗/L·min⁻¹	阀芯行程/mm	阀芯驱动面积/cm²	阶跃响应/ms	频率响应/Hz −3dB	频率响应/Hz −90°
20/90	<0.1	<0.4	<2.0	2.6	3.9/5.4	±1.3	1.35	6.5	150	180
40/80	<0.08	<0.3	<1.5	2.6	4.7	±2	1.35	11	200	90
120/160/200	<0.05	<0.2	<1.0	2.6	5.4	±3	1.35	14	80	90

D661 GC 的其他特性和 D661 系列完全一样。高响应是通过增大先导级流量,即伺服射流管喷嘴和接受孔直径,减小阀芯驱动面积和减小阀芯行程得到的,所以该阀抗污染能力很好。油液清洁度等级推荐<19/16/13(正常使用),<17/14/11(长寿命使用)(ISO 4406:1999)

型号意义

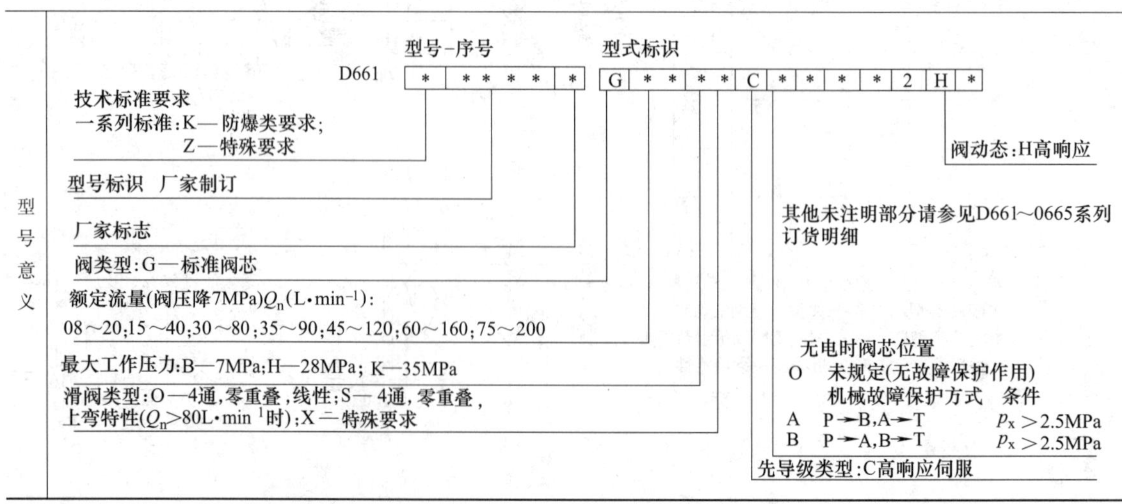

续表

外形及安装尺寸

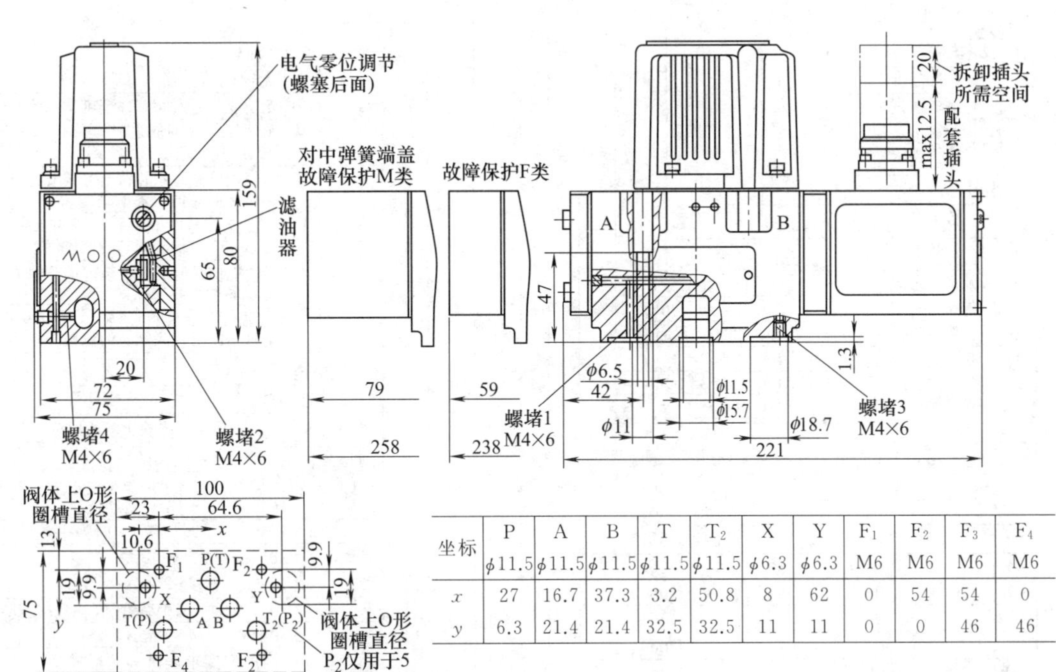

坐标	P φ11.5	A φ11.5	B φ11.5	T φ11.5	T_2 φ11.5	X φ6.3	Y φ6.3	F_1 M6	F_2 M6	F_3 M6	F_4 M6
x	27	16.7	37.3	3.2	50.8	8	62	0	54	54	0
y	6.3	21.4	21.4	32.5	32.5	11	11	0	0	46	46

安装板必须符合 ISO 4401-05-05-0-94。对于流量 $Q_n > 60\text{L}\cdot\text{min}^{-1}$ 的 4 通阀和 2×2 通阀类，非标准的第二回油孔 T_2 必须使用。当用于最大流量时，安装板的 P、T、A、B 孔直径必须为 11.5mm（有别于标准）。安装表面的平面度在 100mm 距离内小于等于 0.01mm。平均表面粗糙度在 0.8μm 以内

特性曲线

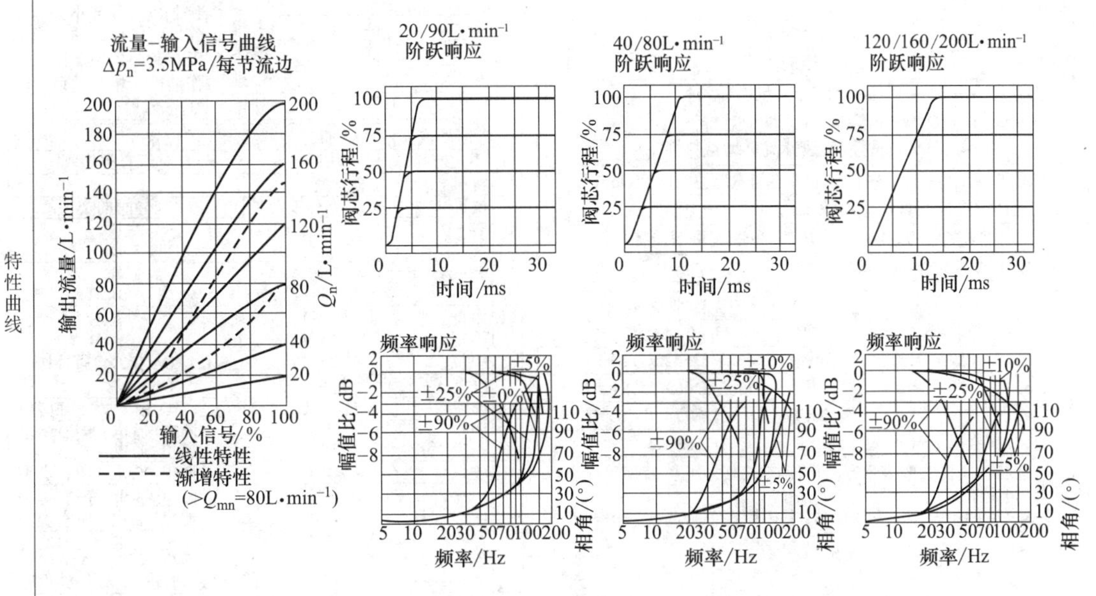

表 20-12-42　　MOOG D661～D665 伺服阀订货明细

型号～序号　　形式标示

D661～D665 [·|·······|·]　[·|·|·|·|·|·|·|·|·|·|2|–|·]

技术标准要求	
—	系列标准
E	预制系列标准
K	防爆标准，按要求
Z	特殊要求

型号标识
已在出厂时指令

生产厂家标识

功率级阀芯形式		系列号
P	标准阀芯	D661～D665
B	标准阀芯	D661(五通阀)
D	带短轴套阀芯 直径为16mm	D662
L	带短轴套阀芯 直径为19mm	D663和D664
K	带短轴套阀芯 直径为35mm	D665

额定流量	Q_n/L·min^{-1}(Δp_n=0.5MPa/节流边)	系列号
30	30	D661
60	60	D661
80	80	D661
01	150	D662
02	250	D662
03	350	D663
05	550	D664
10	1000	D665
15	1500	D665

最大工作压力		先导阀
F	21MPa当p_x≤21MPa(X和Y口外接)时，P、A、B和T口的工作压力可达35MPa	H
H	28MPa当p_x≤28MPa(X和Y口外接)时，P、A、B和T口的工作压力可达35MPa	A/B/J/M
K	35MPa不以D630和D631系列为先导阀时	A/B/J
X	特殊压力系列	

功率级阀芯形式	
A	四通：零开口，线性流量增益特性
D	四通：10%正重叠量，线性流量增益特性
P	四通：P→A，A→T 零开口，变流量增益特性 P→B 60%正重叠量，变流量增益特性 B→T 50%负重叠量，线性流量增益特性
U	五通：P→A，P_2→B，A→T 零开口，变流量增益特性(仅D661阀)
Y	四通：零开口，折线流量增益特性
Z	2×2通外接：A→T，B→T_2 零开口，线性流量增益特性
X	按用户要求定制的特殊规格

先导级或先导阀的类型			阀型号
A	D061-8伺服射流管阀	标准型	D661…P
B	D061-8伺服射流管阀	大流量型	D661…P D662…D D663/D664…L
M	D630	二级，MFB	D662/D663/D664…P
H	D631	二级，MFB	D665…P
J	D661伺服射流管阀	二级，EFB	D665…K

一些特殊规格阀的表示方法可能未在表中列出。若用户提出特殊要求，可定制。

某些任意的组合可能无法供货，其中阴影部分为优选组合。

功能代码		插座
O	无使能信号输入，C脚不接	S
A	无使能信号时阀芯移至可调节的中位	S
B	无使能信号时阀芯移至终位A→T或B→T	S
E	无使能信号时阀芯移至可调节的中位，可检测阀芯的位置偏差	E
F	无使能信号时阀芯移至终位A→T或B→T。可检测阀芯的位置偏差	E
G	无使能信号时阀芯移至可调节的中位，可检测滑阀芯的位置	E
H	无使能信号时阀芯移至终位A→T或B→T。可检测阀芯的位置	E

供电电源		
2	24VDC	(18～32VDC)
0	根据要求可提供特殊电源±15V	

对应主阀芯100%额定位移的信号	指令信号	输出信号	插座
A	±10V	±10V(差动)	E
D	±10V	2～10V(6V时为中位)	E/S
F	±10V	2.5～13.5V	S
M	±10V	4～20mA	E/S
T	±10V	±10V带死区补偿(差动)	E
X	±10mA	4～20mA	E/S
Y	根据用户要求提供其他形式		

阀插座			阀供电电源	
E	11+PE	EN175201的804部分	0	2
S	6+PE	EN175201的804部分	–	2

密封件材料		
N	丁腈橡胶	标准型
V	氟橡胶	
其余特殊材料可根据要求定制		

先导级的控制型式和控制压力	供油口X	回油口Y	
4	内供	内排	控制电流的大小必须与先导级的控制油压相适应，参见阀铭牌上的工作油压和相关的订货明细
5	外供	内排	
6	外供	外排	
7	内供	外排	

无电信号或无液压供油时功率级阀芯的位置						
O	不定(无故障保险功能)			对所有类型阀		
机械式故障保险类型						
	位置	p_p或p_s外控(MPa)		先导阀的类型		
F	P→B和A→T	≥2.5 <0.1		A、B A、B		
D	P→A和B→T	≥2.5 <0.1		A、B A、B		
M	中位 不定 中位	≥0.1 ≥0.1 ≥0.1	<0.1 ≥2.5 ≥1.5	A、B A、B H、J和M(仅2×2通外接阀)		
电控式故障保险类型						
	位置	p_P(MPa)	p_x(MPa)	WV*	VEL**	先导阀类型
W	中位 不定	≥0.1 ≥0.1	≥1.5 <0.1	断电 通电	通电 通电	所有类型 A、B
	中位	≥0.1	≥1.5	通电	断电	所有类型
S	P→A、B→T P→A、B→T	≥0.1 ≥0.1	≥1.5 ≥1.5	断电 通电	通电 断电	所有类型 所有类型
P	A→T P→B、A→T	≥0.1 <0.1	≥1.5 <0.1	断电 通电	通电 断电	A、B A、B
(D661系列仅当先导级外供时)						

WV*：电磁阀；VEL**：阀的电路部分

12.6.2.9　射流管力反馈 Abex 和射流偏转板力反馈伺服阀 MOOG26 系列

表 20-12-43　技术性能

型号		Abex410	Abex415	Abex420	Abex425	Abex450	MOOG26 系列
液压特性	额定流量 Q_n/L·min^{-1} 阀压降 Δp=21MPa	1.9,3.8 10,19	38	57,76 95	95	190,265	12,29,54,73,170,260
	额定供油压力 p_n/MPa	21					21
	工作压力范围/MPa	2.1～31.5					7～28
电气特性	额定电流 I_n/mA	4,5,6.3,8,10,12.7,16,20,25,32,40,51,64,81					8,12,15,20,26,37,46
	线圈电阻 R/Ω	4000,2520,1590,1000,630,400,250,158,100,25,16,10					100,500,356,180,98,60,40
	颤振电流/%I_n						可到 20%(一般不需要)
	颤振频率/Hz						
静态特性	压力增益(电流为 1%I_n 时)/%p_s	>30					>40 电流为 1.2%I_n
	滞环/%	<3					<3
	分辨率/%	<0.25					<0.5
	非线性度/%	<±7.5					<±7
	不对称度/%	<±10					<±5
	重叠/%	±2.5					±3
	零位静耗流量/L·min^{-1}	<0.7	<0.9	<3.8	<3.8	<9.5	0.45+4%Q_n
	零偏/%	<±3					<±2 长期<±5
	零漂 供油/%	<±1.5			<±2	<±3	<±4(60%～110%p_s)
	零漂 回油/% 回油压力变化(0～20%)p_s	<±3			<±4		<±4(2%～20%p_s)
	零漂 油液温度变化/%	<±2(温度每变化 40℃)					<±4(−17～93)
	零漂 加速度/%·g^{-1}						<0.3%·g^{-1}(滑阀轴向 40g)
动态特性	幅频宽(−3dB)/Hz	>100	>60	>30	>15	>20	>85
	相频率(−90°)/Hz	>125	>90	>45	>35	>15	>60
其他	工作介质	MIL-H-5606 等石油基液压油					
	工作温度/℃	−54～135					
	质量/kg	0.35	0.4	0.8	1.2	8.6	

12.6.2.10　博世力士乐（Bosch Rexroth）双喷嘴挡板机械（力）和/或电反馈二级伺服阀 4WS（E）2EM6-2X、4WS（E）2EM（D）10-5X、4WS（E）2EM（D）16-2X 和电反馈三级伺服阀 4WSE3EE

表 20-12-44　技术性能

型号			4WS(E)2EM6-2X	4WS(E)2EM(D)10-5X			4WS(E)2EM(D)16-2X			4WSE3EE
液压特性	额定流量 Q_n/L·min^{-1}(阀压降 Δp=7MPa)		2,5,10,15,20	20,30,45	60,75	90	100	150	200	100,150,200,300,400,500,700,1000
	工作压力/MPa	P,A,B,口	1～21 或 1～31.5	≤31.5			1～21 或 1～31.5			≤31.5
		先导 X 口		1～21 或 1～31.5						1～21 或 1～31.5
	回油压力/MPa	T 口	静态<1,峰值<10	内排<10　外排<31.5			静态<1,峰值<10			内排<10　外排<31.5
		Y 口		静态<1　峰值<10						峰值<10

续表

<table>
<tr><th colspan="3">型　　号</th><th>4WS(E)2EM6-2X</th><th colspan="3">4WS(E)2EM(D)10-5X</th><th colspan="3">4WS(E)2EM(D)16-2X</th><th colspan="3">4WSE3EE</th></tr>
<tr><td rowspan="6">电气特性</td><td colspan="2">额定电流 I_n/mA</td><td>±30</td><td>±30</td><td colspan="2">10V,±10mA</td><td>±50</td><td colspan="2">10V±10mA</td><td colspan="3">±10V,±10mA</td></tr>
<tr><td colspan="2">线圈电阻/Ω</td><td>85</td><td colspan="3">85</td><td colspan="3">85</td><td colspan="3">电压控制≥50kΩ
电流控制 1kΩ</td></tr>
<tr><td rowspan="2">线圈电感/H
(60Hz,100%I_n)</td><td>串联</td><td>1</td><td colspan="3">1</td><td colspan="3">0.96</td><td colspan="3"></td></tr>
<tr><td>并联</td><td>0.25</td><td colspan="3">0.25</td><td colspan="3">0.24</td><td colspan="3"></td></tr>
<tr><td rowspan="2">颤振信号</td><td>频率/Hz</td><td>400</td><td colspan="3">400</td><td colspan="3">400</td><td colspan="3"></td></tr>
<tr><td>幅值/%I_n</td><td><±3</td><td colspan="3">±5</td><td colspan="3">±5</td><td colspan="3"></td></tr>
<tr><td rowspan="11">静态特性</td><td colspan="2">反馈系统</td><td>机械(M)</td><td>机械(M)</td><td colspan="2">机械与电(D)</td><td>机械(M)</td><td colspan="2">机械与电(D)</td><td colspan="3">电(E)</td></tr>
<tr><td colspan="2">滞环(加颤振)/%②</td><td>≤1.5(p_p=21MPa)</td><td>≤1.5</td><td colspan="2">≤0.8</td><td>≤1.5</td><td colspan="2">≤0.8</td><td colspan="3">无颤振≤0.2</td></tr>
<tr><td colspan="2">分辨率(加颤振)/%②</td><td>≤0.2(p_p=21MPa)</td><td>≤0.3</td><td colspan="2">≤0.2</td><td>≤0.3</td><td colspan="2">≤0.2</td><td colspan="3">无颤振≤0.1</td></tr>
<tr><td colspan="2">零偏(整个压力范围)/%</td><td>≤3　长期≤5</td><td>≤3</td><td colspan="2">≤2</td><td>≤3</td><td colspan="2">≤2</td><td colspan="3">≤2</td></tr>
<tr><td colspan="2">压力增益(阀芯行程变化 1%)/%p_p①</td><td>≥50</td><td>≥30</td><td>≥60</td><td>≥80</td><td>≥65</td><td>≥80</td><td>≥90</td><td colspan="3">≥90</td></tr>
<tr><td colspan="2">油压力零漂(工作压力 80%～120% p_p)/(%/10MPa)</td><td>≤2</td><td>≤2</td><td colspan="2">≤2</td><td>≤2</td><td colspan="2">≤1</td><td colspan="3">≤0.7</td></tr>
<tr><td colspan="2">油压力零漂(工作压力 0～10%p_p)/(%/0.1MPa)</td><td>≤1</td><td>≤1</td><td colspan="2">≤1</td><td>≤1</td><td colspan="2">≤0.5</td><td colspan="3">≤0.2</td></tr>
<tr><td colspan="2">油液温度零漂/(%/20℃)</td><td>≤1</td><td>≤1</td><td colspan="2">≤1</td><td>≤1.5</td><td colspan="2">≤1.2</td><td colspan="3">≤0.5</td></tr>
<tr><td colspan="2">环境温度零漂/(%/20℃)</td><td>≤1</td><td colspan="3">≤2</td><td>≤1</td><td colspan="2">≤0.5</td><td colspan="3">≤1</td></tr>
<tr><td colspan="2">先导阀静耗流量 q_v /L·min^{-1}②</td><td>≤0.7</td><td></td><td></td><td></td><td colspan="3"></td><td>≤0.9</td><td>≤1.0</td><td>≤1.4</td></tr>
<tr><td colspan="2">零位静耗流量 /L·min^{-1}②</td><td>≤1.4</td><td>≤2.1</td><td>≤2.6</td><td>≤2.9</td><td colspan="3">≤6.1</td><td>≤11.3</td><td>≤18.3</td><td>≤36</td></tr>
<tr><td rowspan="8">频率特性及其他</td><td colspan="2">幅频宽③/Hz</td><td>>50</td><td>>40</td><td colspan="2">>90</td><td>>60</td><td colspan="2">>100</td><td colspan="3">>150</td></tr>
<tr><td colspan="2">相频率③/Hz</td><td>>300</td><td>>110</td><td>>150</td><td>>150</td><td colspan="3">>350</td><td colspan="3"></td></tr>
<tr><td colspan="2">使用环境温度/℃</td><td colspan="7">−20～70(不带内置放大器);−20～60(带内置放大器)</td><td colspan="3">−20～60</td></tr>
<tr><td colspan="2">油液温度/℃</td><td colspan="10">−20～80(推荐 40～50)</td></tr>
<tr><td colspan="2">油液黏度/$mm^2 \cdot s^{-1}$</td><td colspan="10">15～380(推荐 30～45)</td></tr>
<tr><td colspan="2">工作油液</td><td colspan="10">符合 DIN51524 矿物油 ISO 4406(C)18/16/13 级</td></tr>
<tr><td colspan="2">质量/kg</td><td>1.1</td><td>3.56</td><td colspan="2">3.65</td><td>10</td><td colspan="2">11</td><td>9</td><td>20</td><td>60</td></tr>
</table>

① p_p 为工作压力。

② 工作压力为 21MPa。

③ 频率特性是在工作压力 31.5MPa，输入信号幅值为额定值的 25%，环境温度 40℃±5℃，工作介质为 HLP，由样本中该系列流量最大的阀得到的。

表 20-12-45　**博世力士乐电液伺服阀型号意义及结构**

				- /	B				E	V	*

4通阀　4WS

带内置放大器 —E

阀级数　二级阀 —2E；三级阀 —3E

反馈方式

机械反馈 — M

机械与电反馈(内置放大器) — D

电反馈(第三级) — E

阀口通径 6　10　16　25　32

系列　10～19系列 (安装尺寸不变)— 1X

20～29系列 (安装尺寸不变)— 2X

40～49系列 (安装尺寸不变)— 4X

50～59系列 (安装尺寸不变)— 5X

额定流量(阀压降 Δp =7.0MPa) (L·min^{-1})

电气控制参数

外控电子放大器：11号线圈　30mA/85Ω —11

12号线圈　50mA/85Ω —12

内置电子放大器：　±10mA/1kΩ—8

±10V/≥50kΩ—9

±10mA—13

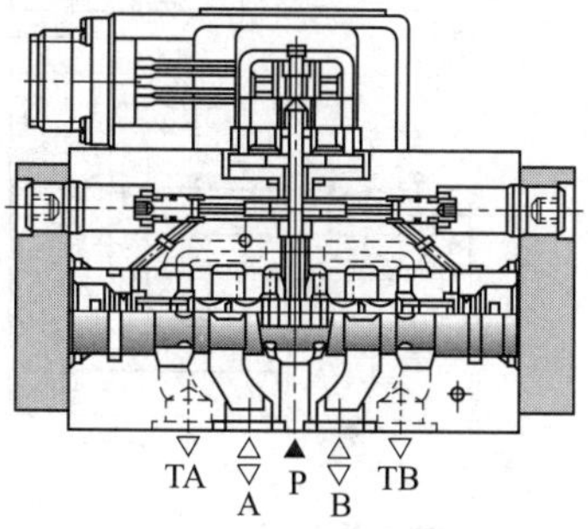

控制油的进油和回油

－－ 外供油，外回油

E — 内供油，外回油

T— 外供油，内回油

ET— 内供油，内回油(标准型)

前置级供油压力范围

21 — 1～21MPa

31.5 —1～31.5MPa

不带插头，另行订货

K17— 插头符合　9 5 3 2 8

K8— 带符合VG095-342的芯插头

K9 — 带符合EDIN43 563-AN6-3的6芯插头

K31 — 带符合EDIN43 563-AM6-3的插头

滑阀遮盖量　0～0.5%负遮盖

氟橡胶密封[①]

其他要求用文字说明

TA　A　P　B　TB

机械(力)反馈式二级阀

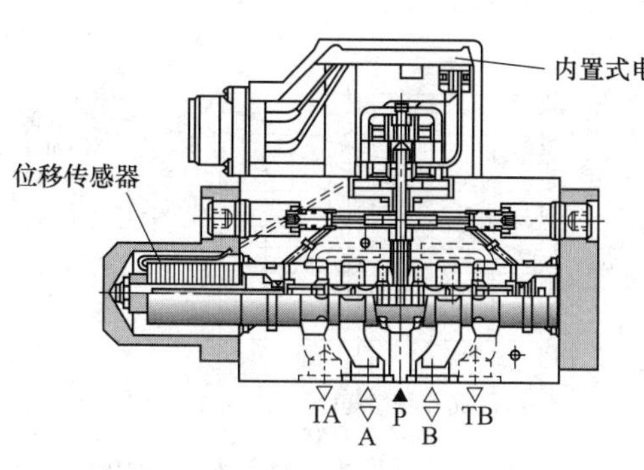

机械(力)与电反馈式二级阀

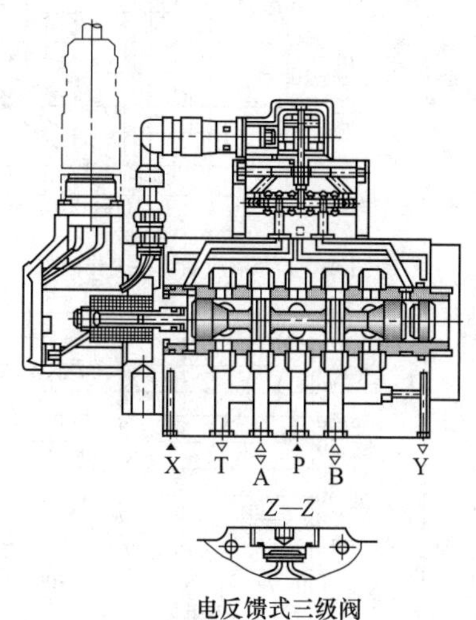

电反馈式三级阀

① 氟橡胶密封适用于符合 DIN51524 的液压油（HL，HLP）。

表 20-12-46 博世力士乐电液伺服阀 4WS（E）2EM6-2X 结构尺寸及性能曲线

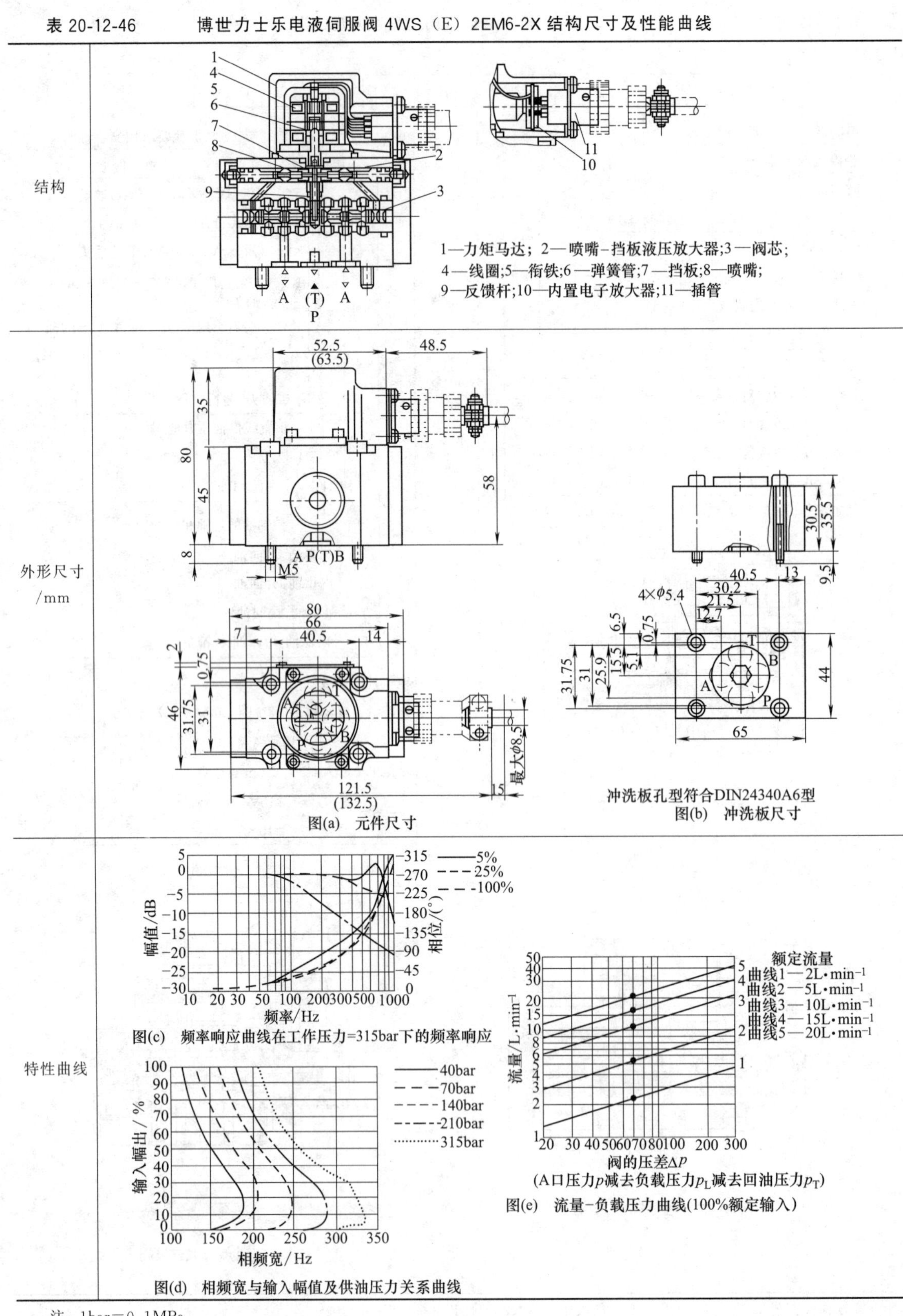

图(a) 元件尺寸

图(b) 冲洗板尺寸

图(c) 频率响应曲线在工作压力=315bar下的频率响应

图(d) 相频宽与输入幅值及供油压力关系曲线

图(e) 流量-负载压力曲线(100%额定输入)

注：1bar＝0.1MPa。

表 20-12-47　博世力士乐电液伺服阀 4WS（E）2EM（D）10 结构尺寸及性能曲线

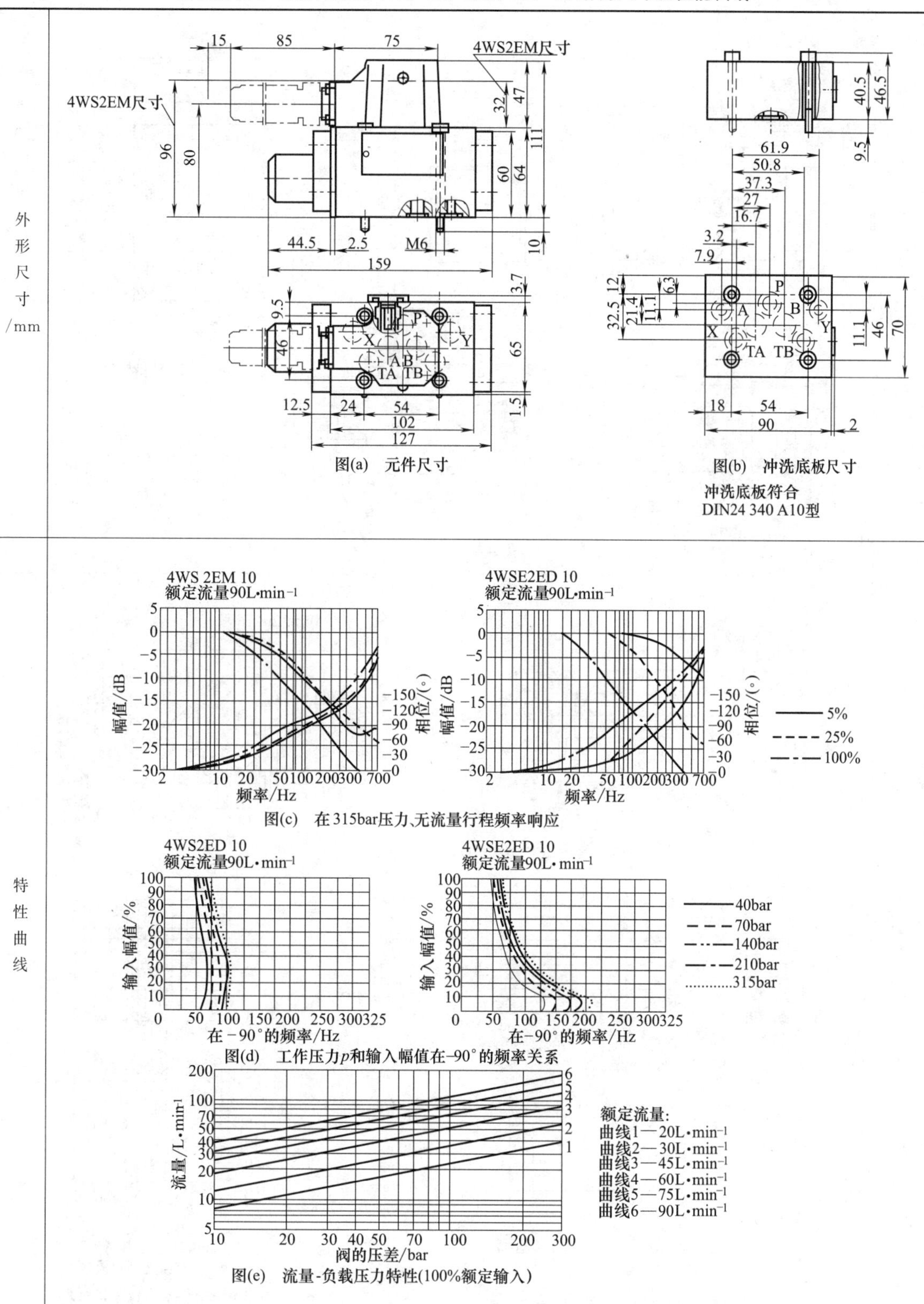

图(a)　元件尺寸

图(b)　冲洗底板尺寸

图(c)　在315bar压力、无流量行程频率响应

图(d)　工作压力p和输入幅值在-90°的频率关系

图(e)　流量-负载压力特性(100%额定输入)

注：1bar=0.1MPa。

表 20-12-48　博世力士乐电液伺服阀 4WSE2EM16 和 4WSE2ED16 结构尺寸及性能曲线

结构及外形尺寸/mm

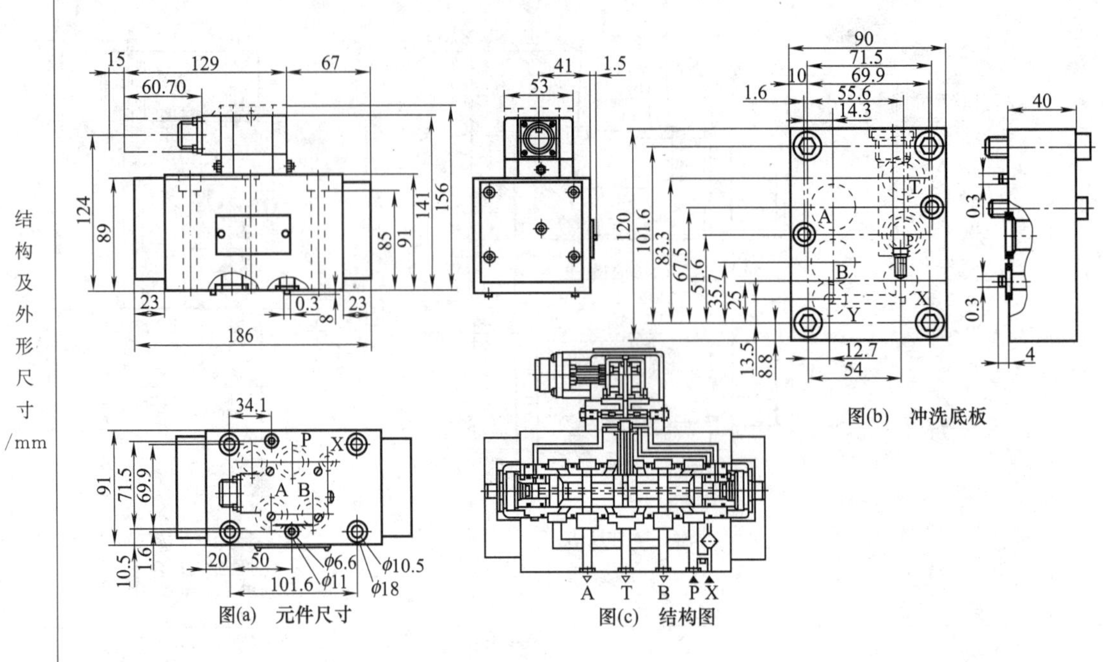

图(a)　元件尺寸

图(b)　冲洗底板

图(c)　结构图

特性曲线

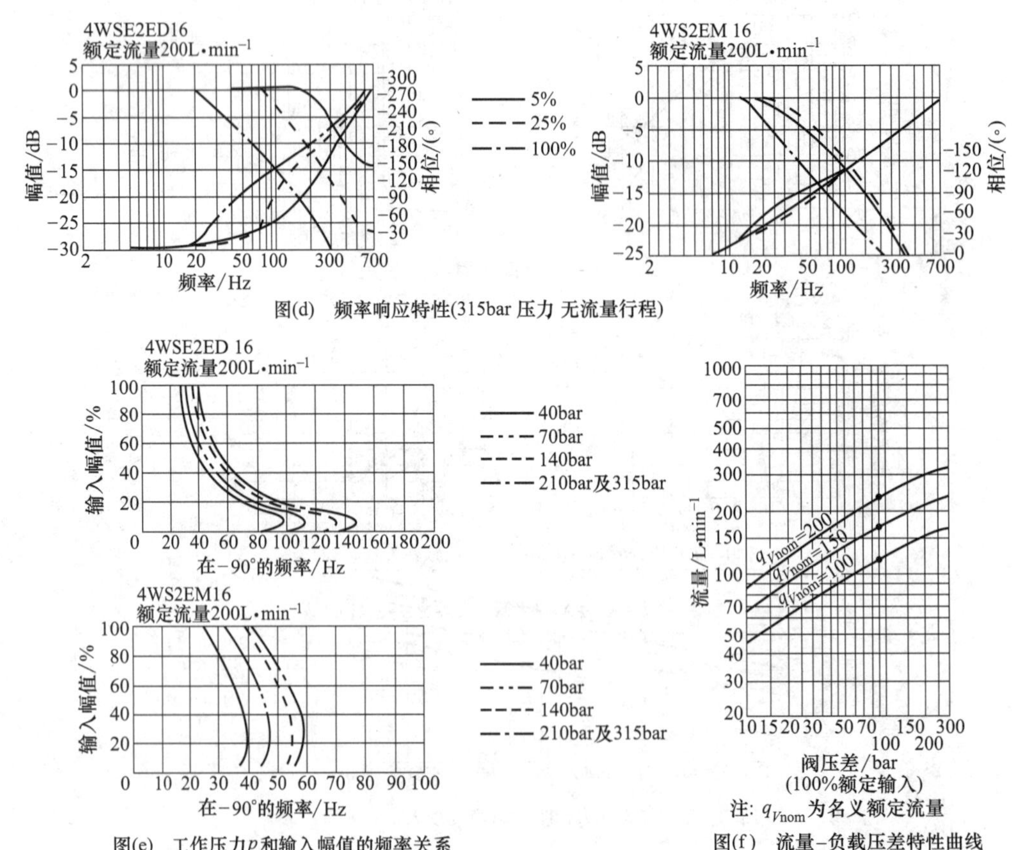

图(d)　频率响应特性(315bar 压力 无流量行程)

图(e)　工作压力p和输入幅值的频率关系

注: $q_{V\text{nom}}$为名义额定流量

图(f)　流量-负载压差特性曲线

表 20-12-49　博世力士乐电反馈三级电液伺服阀 4WSE3EE（16，25，32）性能曲线

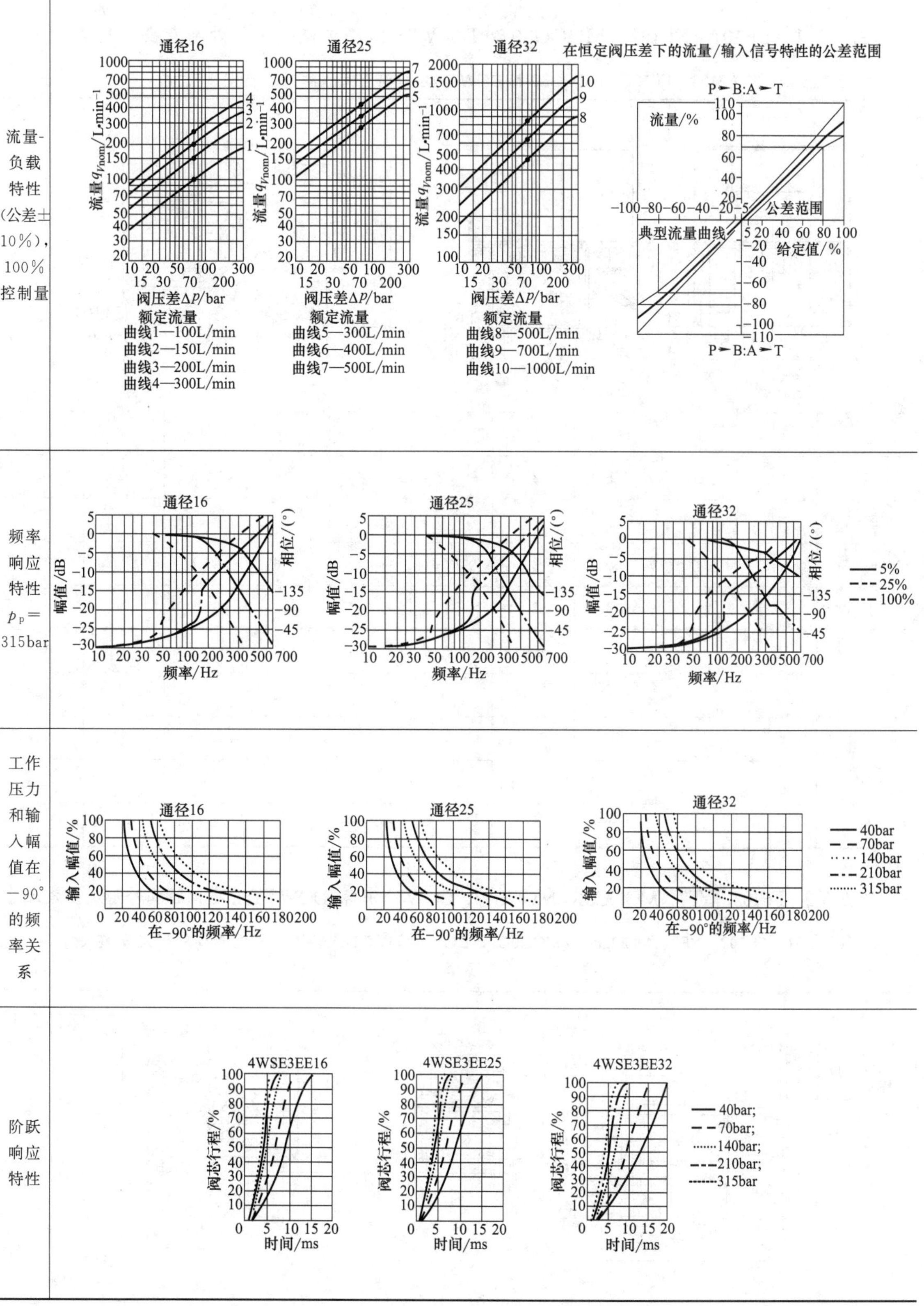

12.6.3 电液伺服阀的外形及安装尺寸

12.6.3.1 FF101、FF102、MOOG30 和 DOWTY30 型电液伺服阀外形及安装尺寸

表 20-12-50 FF101、FF102、MOOG30 和 DOWTY30 型电液伺服阀外形及安装尺寸 mm

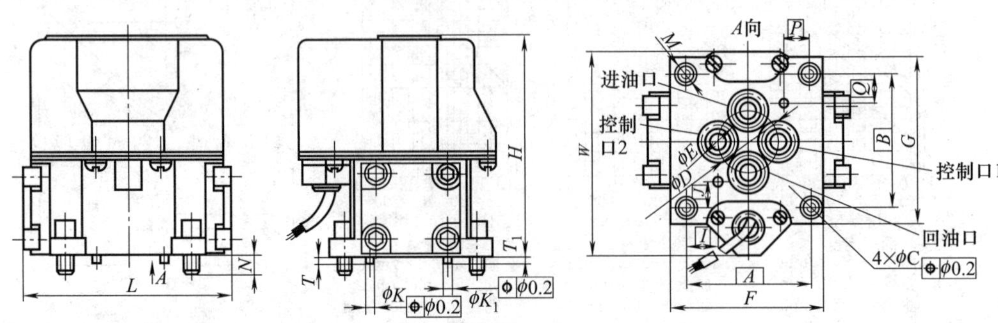

型号	A	B	C	D	E	F	G	H	I	J
FF101	24	26	4.5	12.5	8	30	32.6	40.6	5	6
FF102	24	26	3.5	12.5	8		32	38.5		
MOOG30	23.8	26.2	3.9	12.2	7.9	40.6	33.6	39.1		
DOWTY30	23.8	26.2	4.5	12.2	7.9	29.7	30.2	37.8		
型号	K	K_1	L	M	N	P	Q	T	T_1	W
FF101	1.5		40.8	M4	5.5			2.5		39.5
FF102		1.5	41	M4	5.5	5	6		2	39.5
MOOG30										40.2
DOWTY30	1.6	1.6	49					1.5	1.5	30.2

12.6.3.2 FF102、YF7、MOOG31、MOOG32、DOWTY31 和 DOWTY32 型伺服阀外形及安装尺寸

表 20-12-51 FF102、YF7、MOOG31、MOOG32、DOWTY31 和 DOWTY32 型伺服阀外形及安装尺寸

mm

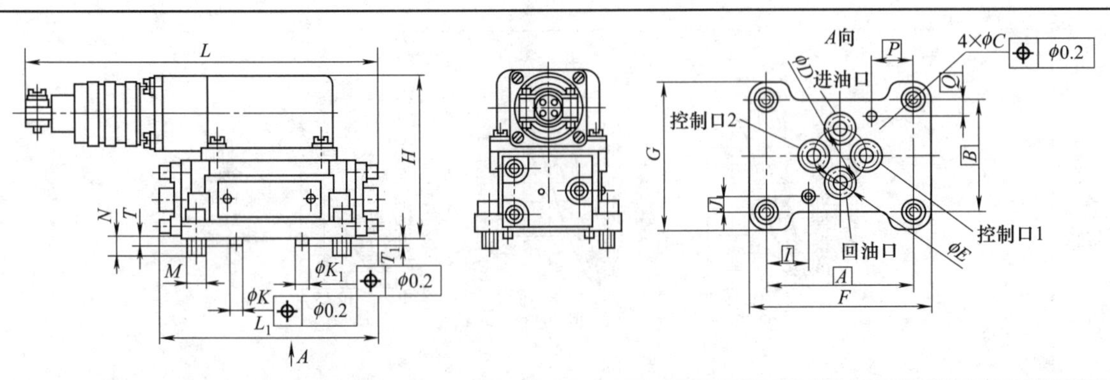

续表

型号	A	B	C	D	E	F	G	H	I	J	K	K_1	L	L_1	M	R	P	Q	T	T_1
FF102	44	34	4.5	16	10	52	43	48	12	5	2.6	—	107	66	M4	5.7	—	—	2.5	—
YF7	44	34	4.5	16	10	52	43	47.5	12	5	2.5	—	102	66	M4	5.7	—	—	1.5	—
MOOG31	42.9	34.1	5.2	15.9	10.6	51.8	45.2	46.2	—	—	—	2.5	78.2	66			11.5	4.4	—	2
MOOG32	42.9	34.1	5.2	19.8	12.7	51.8	45.2	46.2	—	—	—	2.5	78.2	66			11.5	4.4	—	2
DOWTY31	42.8	34.1	5.2	15.9	10.7	51.8	44.7	46	—	—	—	2.5	75.4	66			11.5	4.4	—	2.5
DOWTY32	42.8	34.1	5.2	19.8	12.6	51.8	44.7	46	—	—	—	2.5	75.1	66			11.5	4.4	—	2.5

12.6.3.3　FF113、YFW10 和 MOOG72 型电液伺服阀外形及安装尺寸

表 20-12-52　　FF113、YFW10 和 MOOG72 型电液伺服阀外形及安装尺寸　　mm

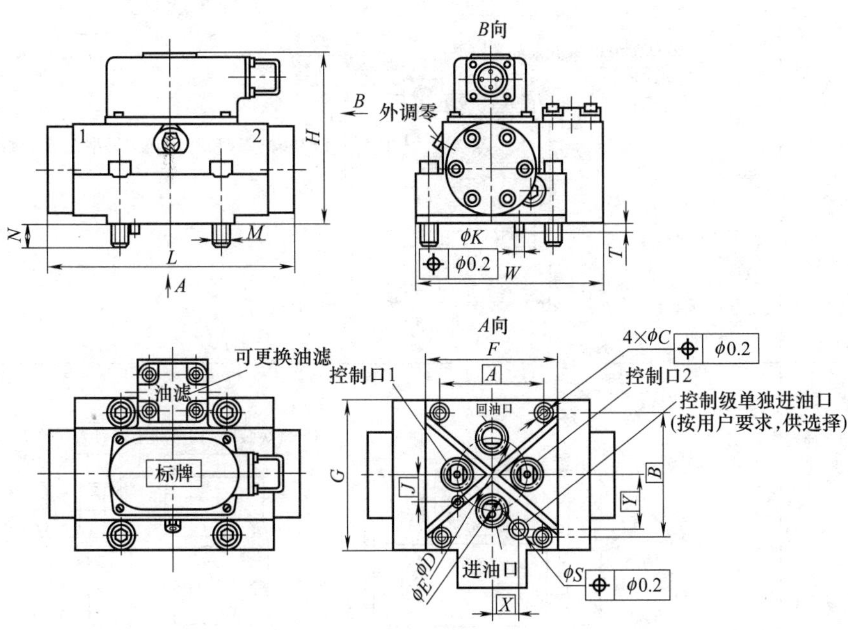

型　号	A	B	C	D	E	F	G	H	J
FF113	73	86	10.5	50.8	15.8	92	104	116	19
YFW10	73	86	10.5	50.8	16	94	104	116	19
MOOG72	72.3	85.7	10.3	50.8	18.9	90.4	103.1	114.3	19.1

续表

型　号	*K*	*L*	*M*	*N*	*T*	*X*	*Y*	*W*	*S*
FF113	6	175	M10	15	7	19	38	130	12.7
YFW10	6	175	M10		6	19	36	130	
MOOG72	6.3	170.7	M10		7.1	19.1	38.1	129	12.7

12.6.3.4　FF106A、FF108 和 FF119 型伺服阀外形及安装尺寸

表 20-12-53　　FF106A、FF108 和 FF119 型伺服阀外形及安装尺寸　　mm

FF106A 型

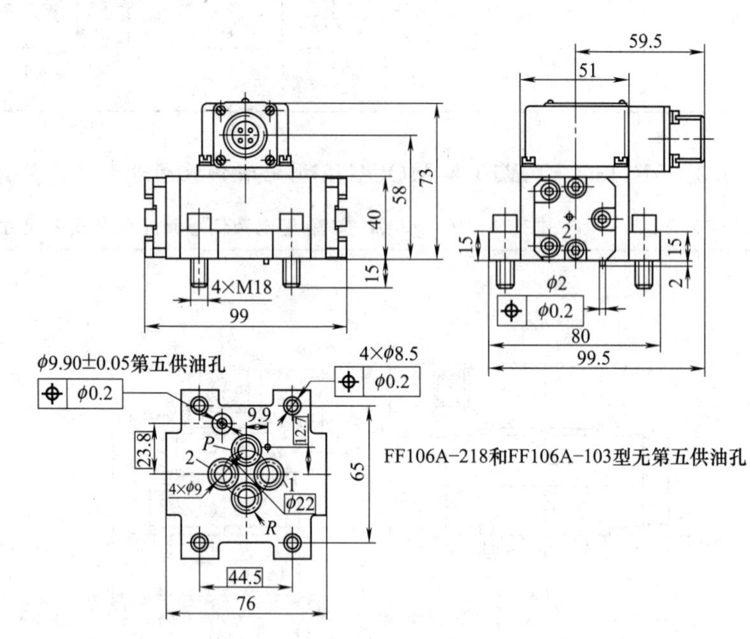

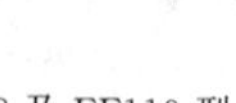
FF108 及 FF119 型

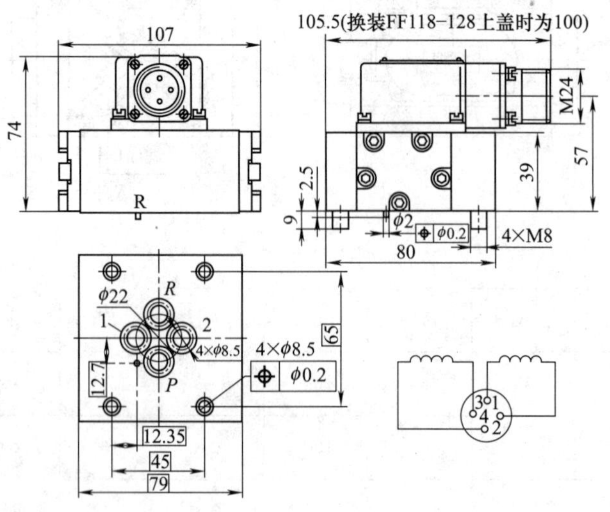

12.6.3.5　FF106、FF130、YF13、MOOG35 和 MOOG34 型电液伺服阀外形及安装尺寸

表 20-12-54　FF106、FF130、YF13、MOOG35 和 MOOG34 型电液伺服阀外形及安装尺寸　mm

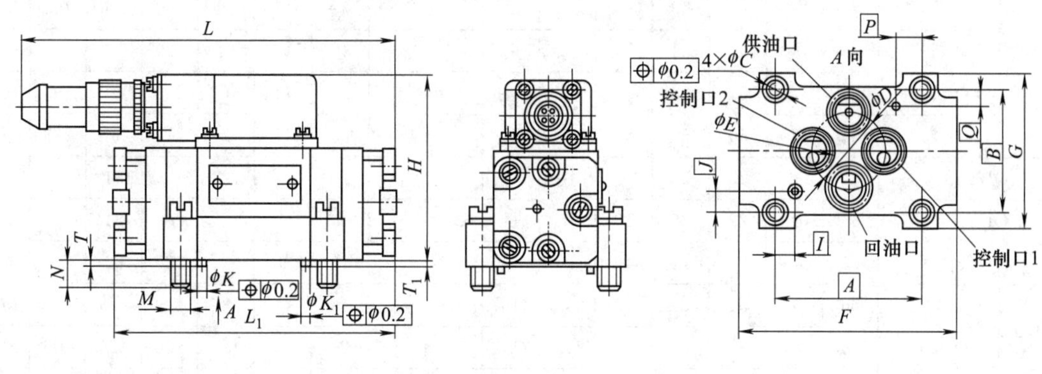

型号	A	B	C	D	E	F	G	H	I	J
FF106	50	44	6.5	25	15.8	76	56	65	7	7
FF130	42.8	34.14	4.5	19.8	12.7	64	45	50		
YF13	50	44	6.5	25	15.8	76	56	64.5	7	7
MOOG35	50.8	44.5	6.7	25.4	15.9	76.2	57.4	64		
MOOG34	42.9	34.1	5.2	19.8	12.7		45.8	48.5		

型号	K	K_1	L	L_1	M	N	P	Q	T	T_1
FF106	2.5		130	97	M6	9			2	
FF130	2.5		112.5	90	M4	10	11.53	4.37		2.5
YF13	2.5		117		M6				2	
MOOG35		2.5	96	96			6.4	9.5		2.5
MOOG34		2.5	82	76.2			11.5	4.4		2

注：MOOG35 和 MOOG34 型的 L 尺寸为不带插头的尺寸。MOOG34 型两端盖与图示不同，为四个螺栓固定。

12.6.3.6　QDY 系列电液伺服阀外形及安装尺寸

表 20-12-55　QDY 系列电液伺服阀外形及安装尺寸　mm

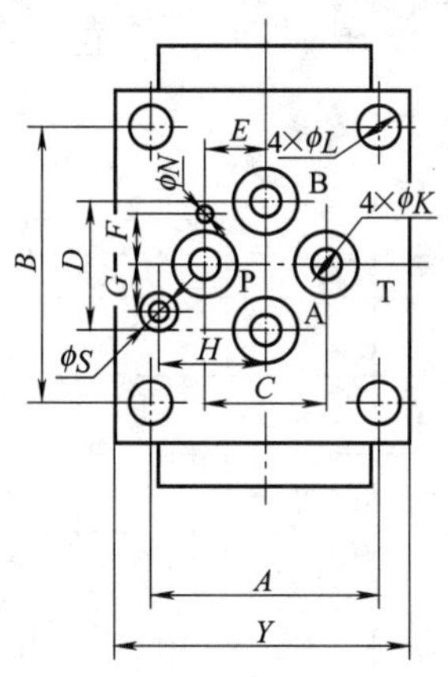

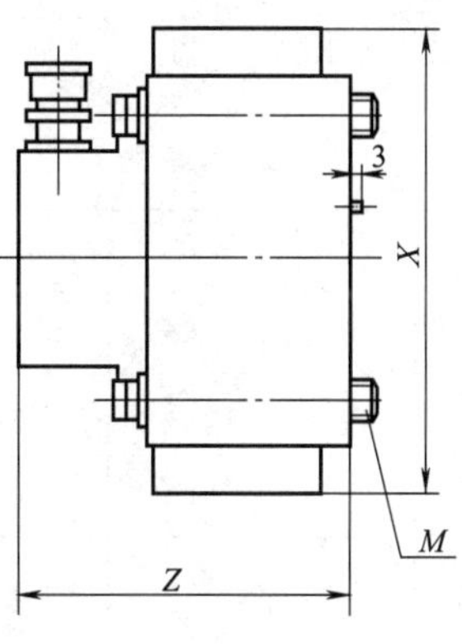

续表

型号		A	B	C	D	E	F	G	H	S	K	L	N	X	Y	Z	M
QDY3	Q_0-125	86	73	51	51						20	11		224	110	141	M10
	Q_0-250	140	148	70	50						22	17		266	166	163	M16
	Q_0-500	166	140	90	84						40	17		339			M16
QDY4	Q_0-125	86	73	51	38						14	11		238	110	190	M10
	Q_0-250	120	120	60	50						25	17		270	146	233	M16
QDY5		65	44.4	22	22	13	10				10	9	2		81		M8
QDY6		65	44.4	22	22	13	10	11	24	6	10	9	2	90	81	75	M8
QDY8		65	44.4	22	22	13	10				10	9	2	125	81	75	M8
QDY11	Q_0-125	86	73	51	51	19	25.5	19	38	8	18	11	3	139	129	11	M10
	Q_0-250	86	73	51	51	19	25.4	19	38	8	20	11	2	180	129	136	M10
QDY10		86	73	51	51			19	38	8	18	11	3	139	129	124	M10
QDY12		65	44.4	22	22	13	10	11	24	6	10	9	2	90	113	75	M8
QDY14		46	60	22	22	13	10				10	6.8	2	94	56	76	M6
QDY15		34	43	16	16	13	10				5	5.8	2	89	52	79	M5

12.6.3.7　FF131、YFW06、QYSF-3Q、$DOWTY^{4551}_{4659}$和 MOOG78 型伺服阀外形及安装尺寸

表 20-12-56　　FF131、YFW06、QYSF-3Q、$DOWTY^{4551}_{4659}$和 MOOG78 型伺服阀外形及安装尺寸　　mm

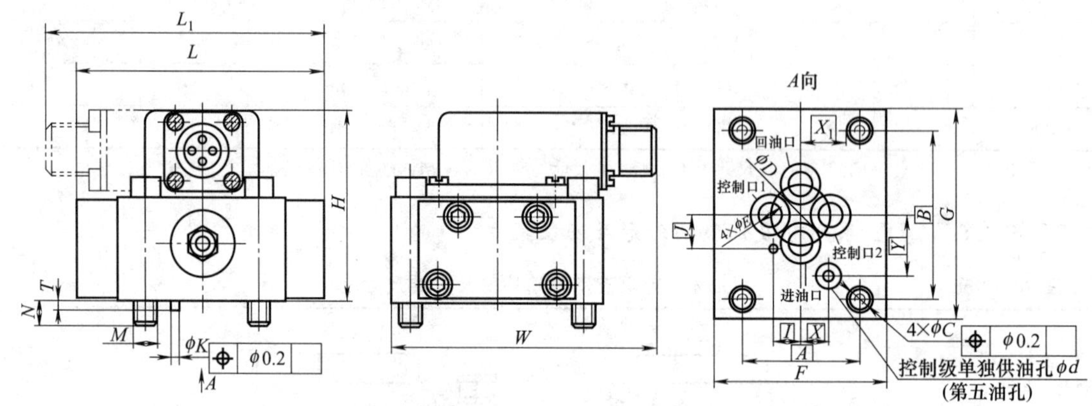

型号	A	B	ϕC	ϕD	ϕE	F	G	H	I	J
FF131	44.5	65	8.5	22.5	12.7	69	81	70	9.9	12.7
YFW06	44.5	65	8.5	22.5	14.5	66	81	65.1	10	12.7
QYSF-3Q	44.5	65	8.5	24		66	82	72		
$DOWTY^{4551}_{4659}$	44.5	65.1	8.3	22.2	14.2	64.8	81.3	67.8	9.9	12.7
MOOG78	92	60.8	8.5	44.5	16	77.2	111.8	103.4	20.6	20.6

续表

型　　号	ϕK	L	L_1	M	X	Y	ϕd	W	N	T
FF131	2.3	96	94	M8	9.9	23.8	12.7	94	9	2.5
YFW06	2.5	86		M8						23.1
QYSF-3Q		92	91							
DOWTY$^{4551}_{4659}$	2.4	97.6		M8					14.3	3.1
MOOG78	3.0	146		M8				145.9		3.1

注：表中各阀外形相差较大，外形尺寸只表示其所占安装空间。

12.6.3.8　FF109 和 DYSF-3G-$^{1}_{11}$型电反馈三级阀外形及安装尺寸

表 20-12-57　　FF109 和 DYSF-3G-$^{1}_{11}$型电反馈三级阀外形及安装尺寸　　mm

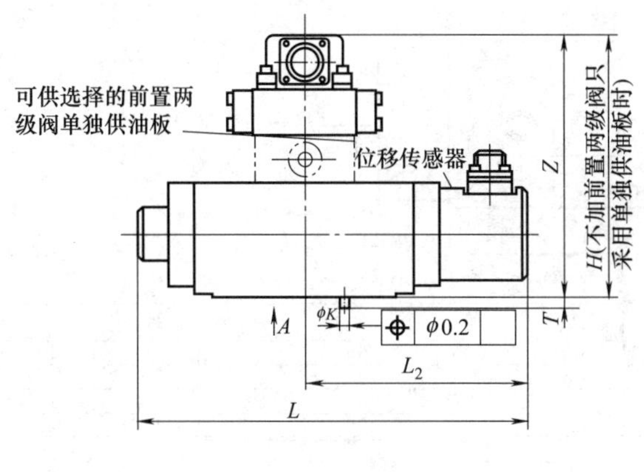

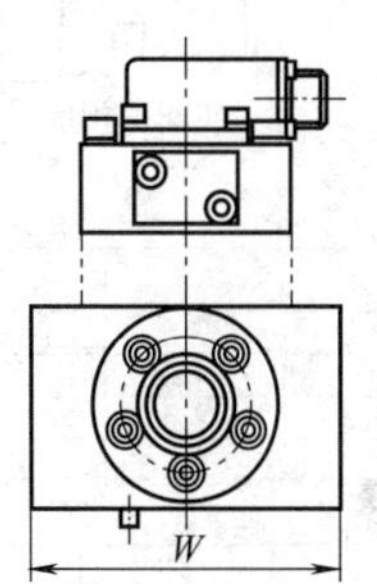

A向

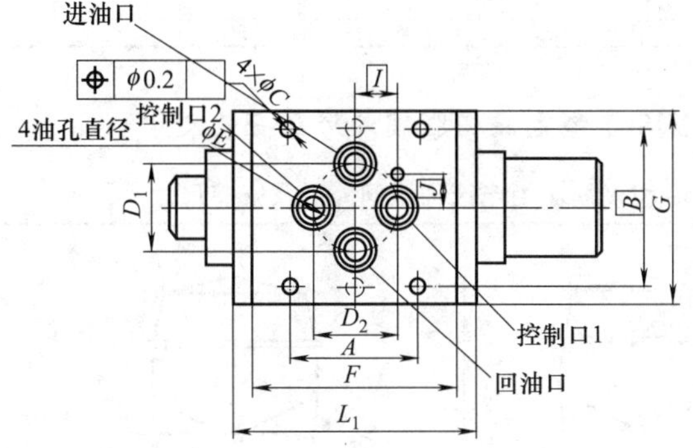

型　　号	A	B	C	D_1	D_2	E	F	G	H	先导阀
FF109	76.2	80	10.5	38	38	18	143	102	118	FF102
DYSF-3G-1	76.4	100	10.7	42	42		125	120	139	DYSF-3Q
DYSF-3G-11	90	105	10.7	50	50		130	130	77	DYSF-3Q

型　　号	I	J	K	L	L_1	L_2	T	W	Z	先导阀
FF109				218.1	143	133.5		102.8		FF102
DYSF-3G-1				250	125			120		DYSF-3Q
DYSF-3G-11				2268	170	168		130		SYDF-3Q

注：1. 表中所列各阀外形相差极大，外廓尺寸只提供该阀所占安装空间。

2. 尺寸 Z 随先导阀和先导级是否单独供油而变。

12.6.3.9 SV（CSV）和 SVA 型电液伺服阀外形及安装尺寸

表 20-12-58 SV（CSV）和 SVA 型电液伺服阀外形及安装尺寸 mm

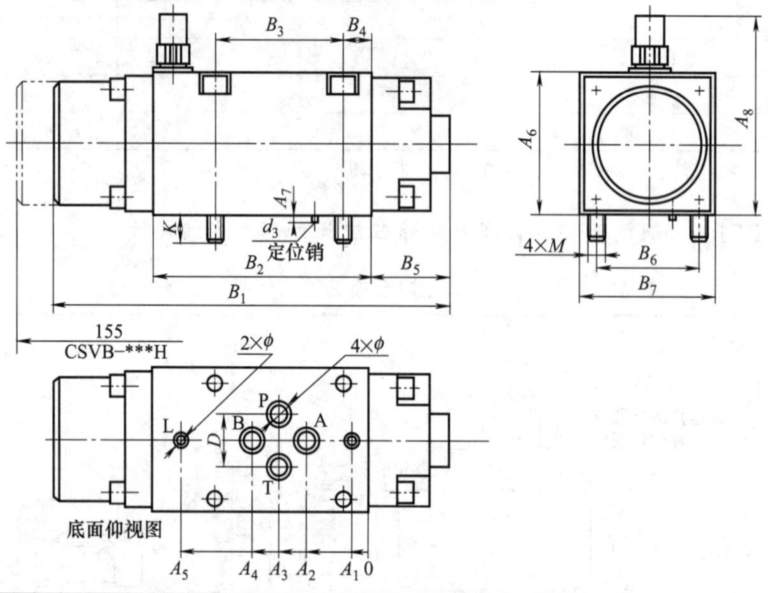

型号	A_1	A_2	A_3	A_4	A_5	A_6	A_7	A_8	B_1	B_2	B_3
SV8	10.5	27.5	40	52.5	87	65	2.5		170	102	52
SV10	20	44.5	70	95.5	120	90	2.5		258	161	73
SVA8	15.5	32.5	45	57.5	92	65	2.5	100	175	107	52
SVA10	30	54.5	80	105.5	130	95	2.5	130	270	169	73

型号	B_4	B_5	B_6	B_7	D	d_3	$2\times\phi$	$4\times\phi$	K	M
SV8	14	30	52	65	25	$\phi2.5$	4	10	12	M8
SV10	33.5	37	86	108	51	$\phi3$	5	18	14.5	M10
SVA8	19	30	52	65	25	$\phi2.5$	4	10	14	M8
SVA10	43.5	41	86	108	51	$\phi2.5$	5	19	14.5	M10

12.6.3.10 YJ741、YJ742 和 YJ861 型电液伺服阀外形及安装尺寸

表 20-12-59 YJ741、YJ742 和 YJ861 型电液伺服阀外形及安装尺寸 mm

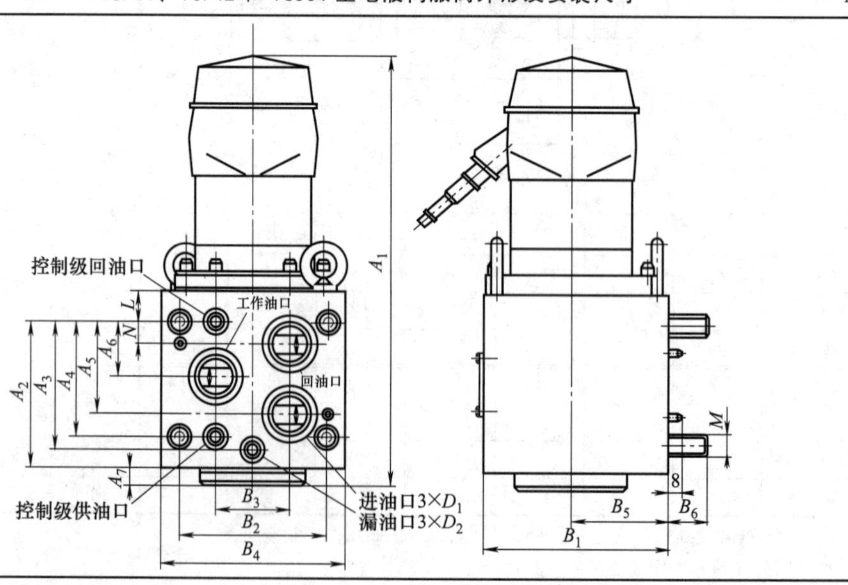

续表

型号	A_1	A_2	A_3	A_4	A_5	A_6	A_7	N	L
YJ741	290	115	75	70	55	35	14	15	20
YJ742	309	143	104	104	74	46	12	18	23
YJ861	344	175	139	127	103	64	12	27	21
型号	B_1	B_2	B_3	B_4	B_5	B_6	$3\times D_1$	$3\times D_2$	M
YJ741	120	96	50	115	60	17	ϕ24	ϕ10	M12
YJ742	152	120	60	150	78	25	ϕ32	ϕ10	M16
YJ861	178	144	64	166		25	ϕ45	ϕ10	M18

12.6.3.11　CSDY 和 Abex 型电液伺服阀外形及安装尺寸

表 20-12-60　　CSDY 和 Abex 型电液伺服阀外形及安装尺寸　　mm

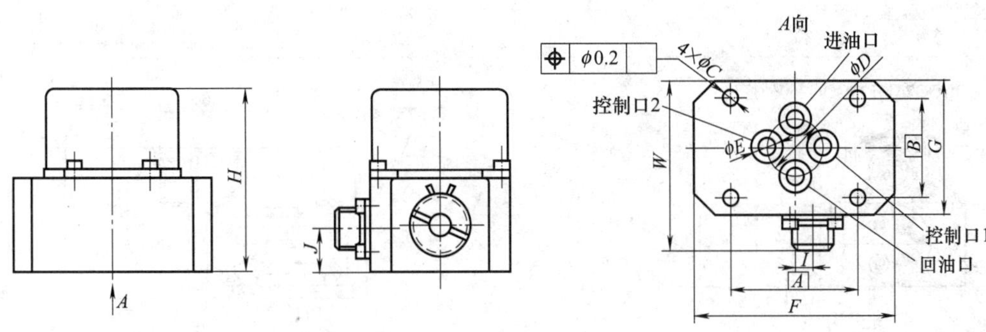

型号	A	B	C	D	E	F	G	H	I	J	L	W	备注(实际外形与图示的差异)
CSDY 1	43	34	5.5	16	4.5	60	44				—		
CSDY 3	51	44	6.5	25	10	82	64				—		
CSDY 5	86	73	8.5	35	12	110	85				—		
Abex 410	42.8	34.1	5.1	15.9		60.7	44.8	61.7	6.1	15.2	—	59.3	
Abex 415	42.9	34.1	5.1	19.8		70.3	44.8	61.7	6.1	15.2	—	59.3	
Abex 420	50.8	44.5	6.9	25.4			60.2	71.1	7.6	18.3	100.1	70.2	两端盖突出壳体，总外形长为 L
Abex 425	88.9	44.5	8.3	34.9		108	57.7	80.8	17.5	27.8	131.3	72.9	两端盖为平板，三螺钉固定，总外形长为 L

12.6.3.12　MOOG760、MOOGG761 和 MOOGG631 型电液伺服阀外形及安装尺寸

表 20-12-61　MOOG760、MOOGG761 和 MOOGG631 型电液伺服阀外形及安装尺寸　mm

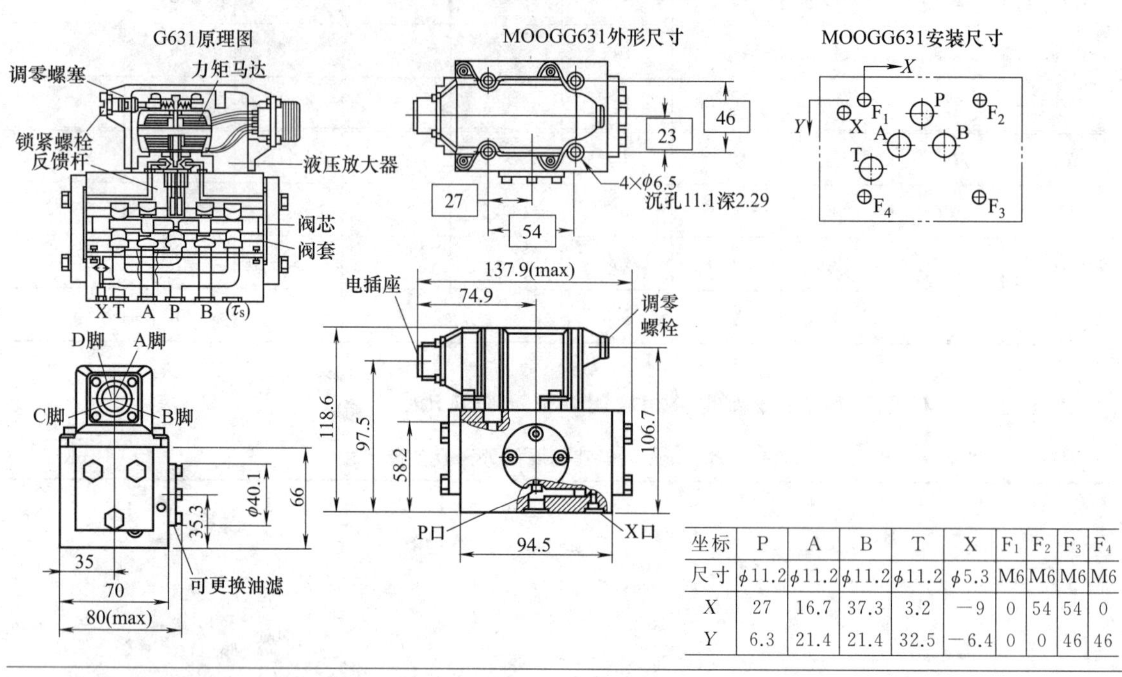

坐标	P	A	B	T	X	F_1	F_2	F_3	F_4
尺寸	ϕ11.2	ϕ11.2	ϕ11.2	ϕ11.2	ϕ5.3	M6	M6	M6	M6
X	27	16.7	37.3	3.2	−9	0	54	54	0
Y	6.3	21.4	21.4	32.5	−6.4	0	0	46	46

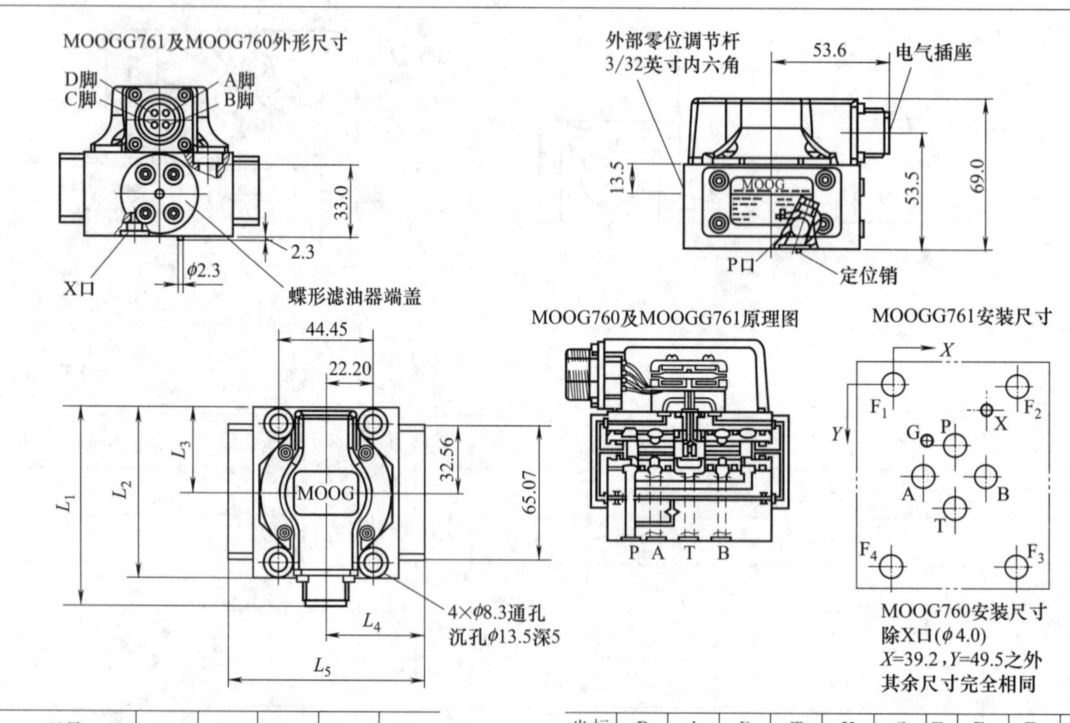

型号	L_1	L_2	L_3	L_4	L_5
MOOG G761	94.1	81	40.5	46.7	93.5
MOOG760	97.3	87.4	43.7	48	96

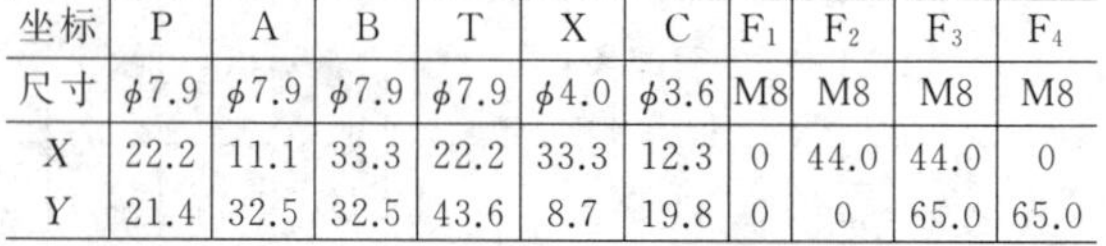

坐标	P	A	B	T	X	C	F_1	F_2	F_3	F_4
尺寸	ϕ7.9	ϕ7.9	ϕ7.9	ϕ7.9	ϕ4.0	ϕ3.6	M8	M8	M8	M8
X	22.2	11.1	33.3	22.2	33.3	12.3	0	44.0	44.0	0
Y	21.4	32.5	32.5	43.6	8.7	19.8	0	0	65.0	65.0

12.6.3.13　MOOG D633、D634 系列直动式电液伺服阀外形及安装尺寸

表 20-12-62　　MOOG D633、D634 系列直动式电液伺服阀外形及安装尺寸　　mm

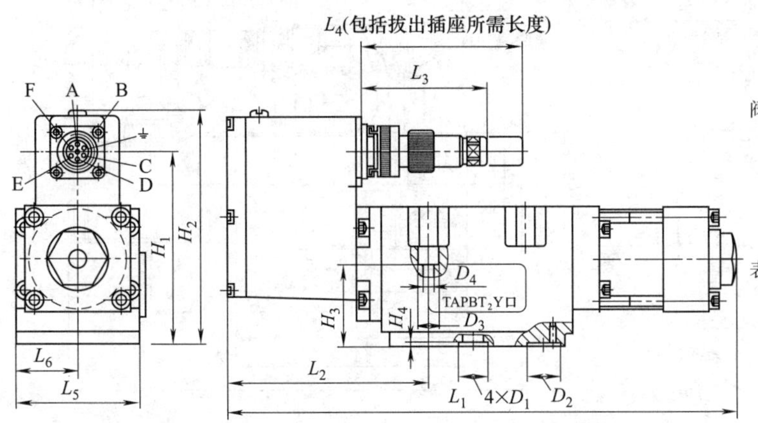

注意：

1. 符合 ISO 4401-05-05-0-94 标准。若阀工作在以下状态时，必须使用阀口 Y：
   - 三通或四通阀，且 p_T>0.5MPa 时；
   - 阀以 2×2 开式外接时
2. 安装螺钉时的扭矩为 13N・m
3. 阀安装面的平面度小于 0.025mm，表面粗糙度优于 Ra0.8μm

D633系列安装面

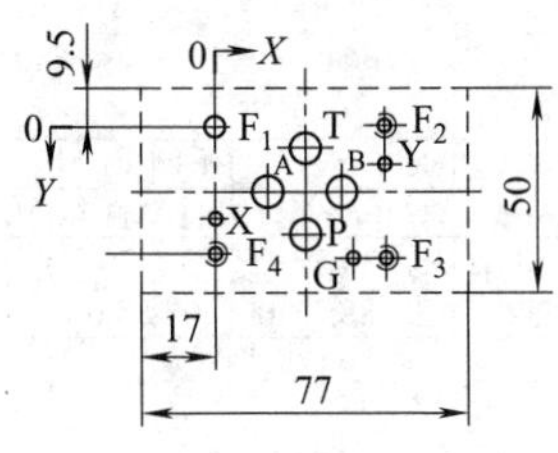

D634系列安装面

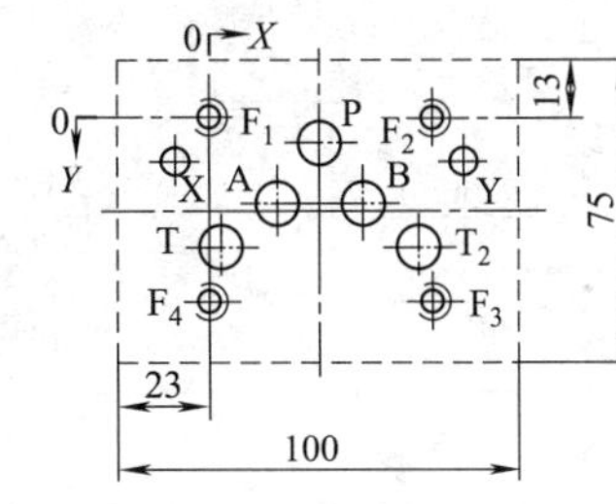

型号	坐标	P	A	B	T	T_2	X	Y	F_1	F_2	F_3	F_4	G
D633	尺寸	ϕ7.5	ϕ7.5	ϕ7.5	ϕ7.5	ϕ7.5		ϕ3.3	M5	M5	M5	M5	4
	X	21.5	12.7	30.2	21.5			40.5	0	40.5	40.5	0	33
	Y	25.9	15.5	15.5	5.1			9	0	−0.75	31.75	31	31.75
D634	尺寸	ϕ11.2	ϕ11.2	ϕ11.2	ϕ11.2	ϕ11.2		ϕ11.2	M6	M6	M6	M6	
	X	27	16.7	37.3	3.2	50.8		62	0	54	54	0	
	Y	6.3	21.4	21.4	32.5	32.5		11	0	0	46	46	

型号	L_1	L_2	L_3	L_4	L_5	L_6	H_1	H_2	H_3	H_4	D_1	D_2	D_3	D_4
D633	259	116	71	91	49	36	87	113	47	1.3	ϕ12.4	ϕ11	ϕ9.5	ϕ5.4
D634	290	116	71	91	72	36	122	148	47	1.3	ϕ15.7	ϕ18.7	ϕ11	ϕ6.5

第20篇

12.6.3.14 MOOG D791 和 D792 型电反馈三级阀外形及安装尺寸

表 20-12-63 MOOG D791 和 D792 型电反馈三级阀外形及安装尺寸 mm

D791 型

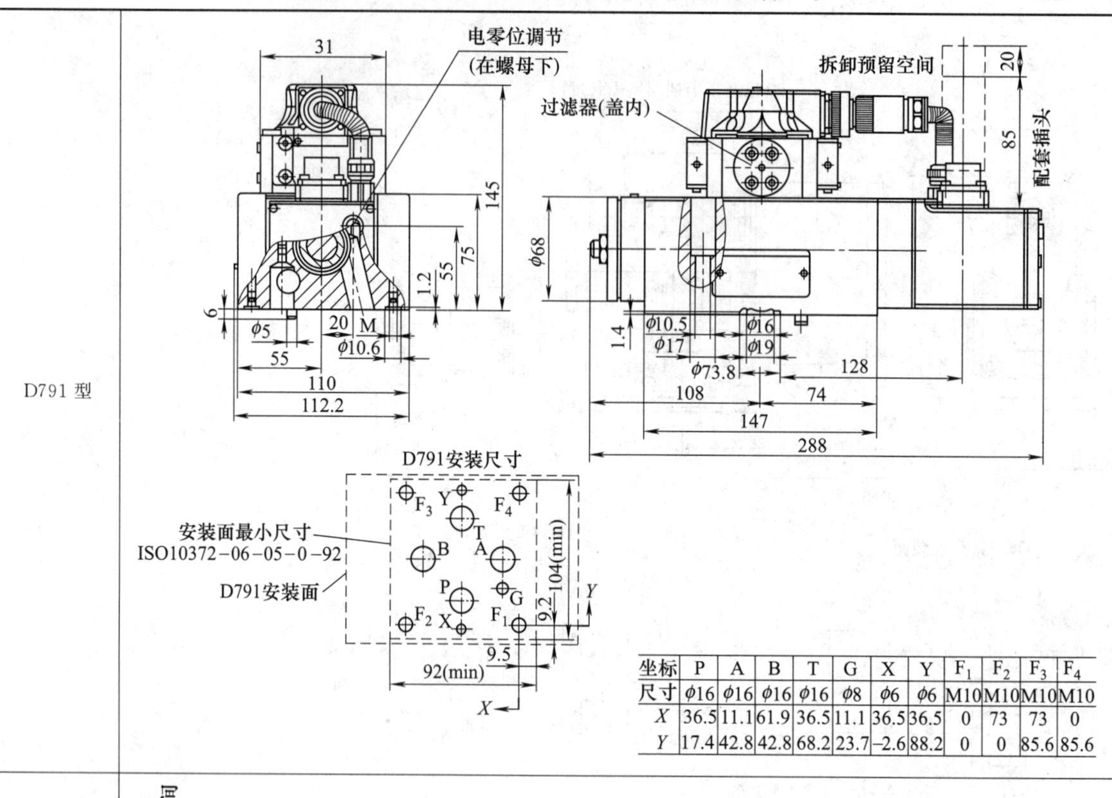

坐标	P	A	B	T	G	X	Y	F_1	F_2	F_3	F_4
尺寸	ϕ16	ϕ16	ϕ16	ϕ16	ϕ8	ϕ6	ϕ6	M10	M10	M10	M10
X	36.5	11.1	61.9	36.5	11.1	36.5	36.5	0	73	73	0
Y	17.4	42.8	42.8	68.2	23.7	–2.6	88.2	0	0	85.6	85.6

D792 型

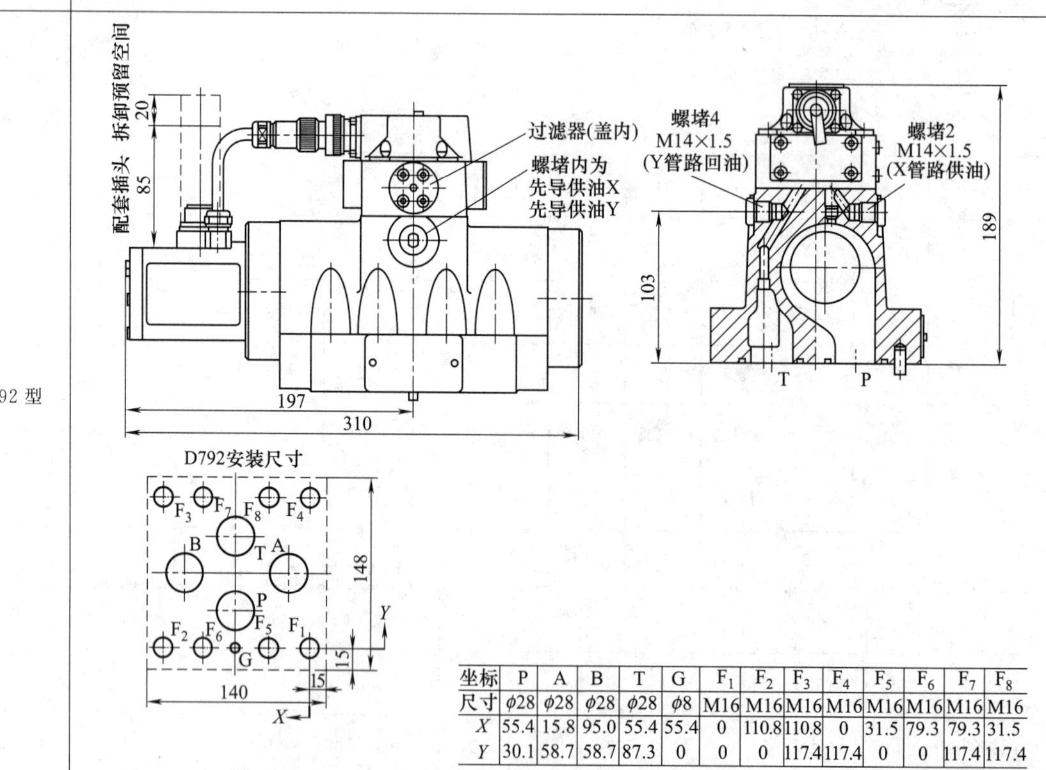

坐标	P	A	B	T	G	F_1	F_2	F_3	F_4	F_5	F_6	F_7	F_8
尺寸	ϕ28	ϕ28	ϕ28	ϕ28	ϕ8	M16	M16	M16	M16	M16	M16	M16	M16
X	55.4	15.8	95.0	55.4	55.4	0	110.8	110.8	0	31.5	79.3	79.3	31.5
Y	30.1	58.7	58.7	87.3	0	0	0	117.4	117.4	0	0	117.4	117.4

12.6.3.15　MOOG D662～D665 系列电液伺服阀外形及安装尺寸

表 20-12-64　　MOOG D662～D665 系列电液伺服阀外形及安装尺寸　　mm

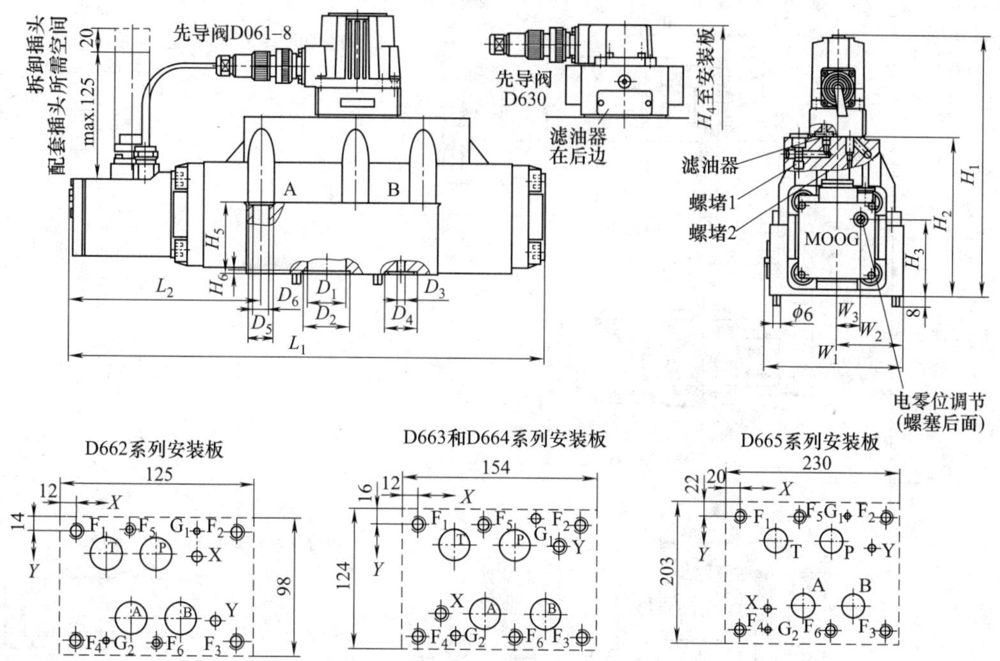

安装面须符合 ISO 4401-08-07-0-94 标准。对最大流量，安装板的 P、T、A 和 B 口直径必须分别为 20mm（D662 系列），28mm（D663 系列），32mm（664 系列），50mm（665 系列）。安装面平面度在 100mm 距离内小于等于 0.01mm，表面粗糙度 Ra＜0.8μm

D662	P	A	T	B	X	Y	G_1	G_2	F_1	F_2	F_3	F_4	F_5	F_6
尺寸	ϕ20	ϕ20	ϕ20	ϕ20	ϕ6.3	ϕ6.3	ϕ4	ϕ4	M10	M10	M10	M10	M6	M6
X	50	34.1	18.3	65.9	76.6	88.1	76.6	18.3	0	101.6	101.6	0	34.1	50
Y	14.3	55.6	14.3	55.6	15.9	57.2	0	69.9	0	0	69.9	69.9	−1.6	72.5
D663	P	A	T	B	X	Y	G_1	G_2	F_1	F_2	F_3	F_4	F_5	F_6
尺寸	ϕ28	ϕ28	ϕ28	ϕ28	ϕ11.2	ϕ11.2	ϕ7.5	ϕ7.5	M12	M12	M12	M12	M12	M12
X	77	53.2	29.4	100.8	17.5	112.7	94.5	29.4	0	130.2	130.2	0	53.2	77
Y	17.5	74.6	17.5	74.6	73	19	−4.8	92.1	0	0	92.1	92.1	0	92.1
D664	P	A	T	B	X	Y	G_1	G_2	F_1	F_2	F_3	F_4	F_5	F_6
尺寸	ϕ32	ϕ32	ϕ32	ϕ32	ϕ11.2	ϕ11.2	ϕ7.5	ϕ7.5	M12	M12	M12	M12	M12	M12
X	77	53.2	29.4	100.8	17.5	112.7	94.5	29.4	0	130.2	130.2	0	53.2	77
Y	17.5	74.6	17.5	74.5	73	19	−4.8	92.1	0	0	92.1	92.1	0	92.1
D665	P	A	T	B	X	Y	G_1	G_2	F_1	F_2	F_3	F_4	F_5	F_6
尺寸	ϕ50	ϕ50	ϕ50	ϕ50	ϕ11.2	ϕ11.2	ϕ7.5	ϕ7.5	M20	M20	M20	M20	M20	M20
X	114.3	82.5	41.3	147.6	41.3	168.3	147.6	41.3	0	190.5	190.5	0	76.2	114.3
Y	35	123.8	35	123.8	130.2	44.5	0	158.8	0	0	158.8	158.8	0	158.8

型号	L_1	L_2	W_1	W_2	W_3	H_1	H_2	H_3	H_4	H_5	H_6	D_1	D_2	D_3	D_4	D_5	D_6
D662	317	154	95	49	20	190	107	51	181	45	2	ϕ20	ϕ26.5	ϕ7	ϕ13.9	ϕ18	ϕ18
D663	385	157	118	58	20	213	130	63	204	57	2	ϕ32	ϕ39	ϕ6.3	ϕ25	ϕ20	ϕ13.5
D664	385	157	118	58	20	213	130	63	204	57	2	ϕ32	ϕ39	ϕ6.3	ϕ25	ϕ20	ϕ13.5
D665	497	171	200	99	20	349	229	112	388	59	2.8	ϕ50	ϕ60	ϕ3.2	ϕ17	ϕ33	ϕ22

12.6.3.16 博世力士乐电反馈三级阀 4WSE3EE（16、25、32）外形及安装尺寸

表 20-12-65 博世力士乐电反馈三级阀 4WSE3EE（16、25、32）外形及安装尺寸 mm

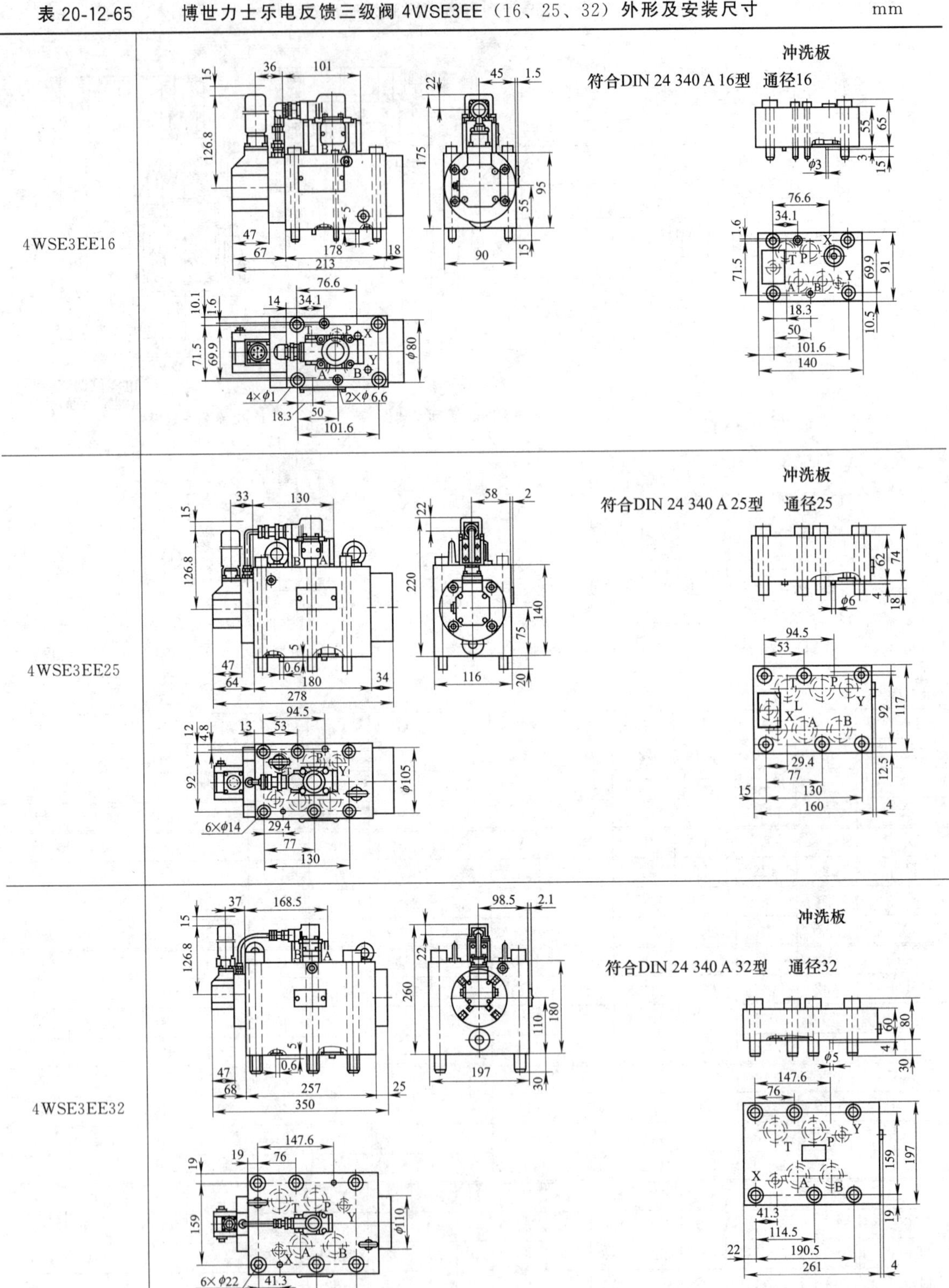

12.7　伺服液压缸产品

12.7.1　US 系列伺服液压缸

表 20-12-66　　US 系列伺服液压缸

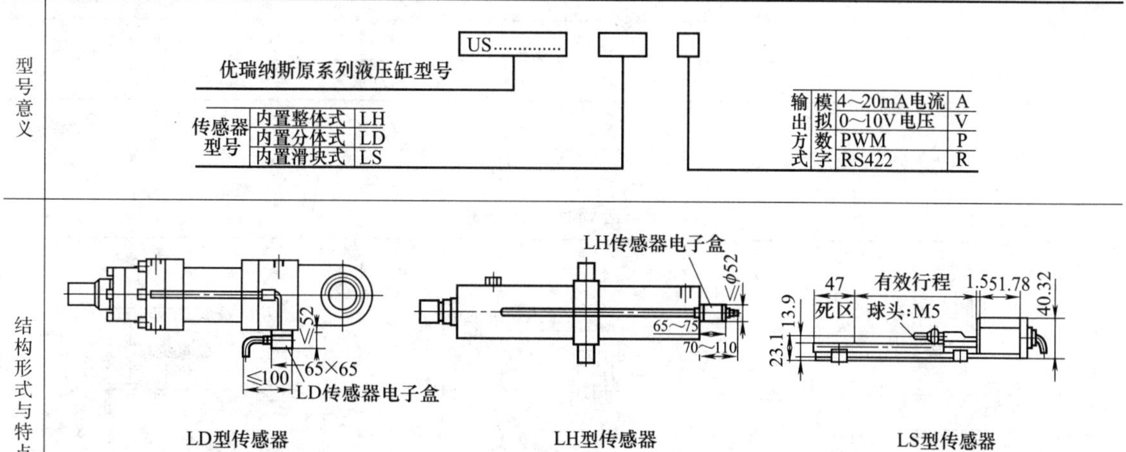

LD型传感器：适用于尾部耳环式液压缸,缸体外增加一个65mm×65mm×52mm的电子盒。传感器维修、更换不方便

LH型传感器：适用于缸体耳环以外任何形式的液压缸。将在缸尾部增加一个直径均为52mm,长约72mm的电子盒。传感器维修、安装、更换方便

LS型传感器：适用于所有安装结构的液压缸。传感器的安装、维修、更换方便。传感器的拉杆需带防转装置

表 20-12-67　　传感器技术参数

类型	LH、LD、LS	
输出形式	模 拟 输 出	数 字 输 出
测量范围	最小 25mm,最长十几米;LS 型模拟:25～2540mm;LS 型数字:25～3650mm	
分辨率	无限(取决于控制器 D/A 与电源波动)	一般为 0.1mm(最高达 0.005mm,需加配 MK292 界面卡)
非线性度	满量程的±0.02%或±0.05%(以较高者为准)	
滞后	<0.02mm	
位置输出	0～10V 4～20mA	开始/停止脉冲(RS422 标准) PWM 脉宽调制
供应电源	+24(1±10%)V DC	
耗电量	120mA	100mA;LS 型模拟/数字均为 100mA
工作温度	电子头:-40～70℃(LH);-40～80℃(LD) 敏感元件:-40～105℃	
温度系数	$<15\times10^{-6}$℃$^{-1}$	
可调范围	5%可调零点及满量程	
更新时间	一般≤3ms	最快每秒 10000 次(按量程而变化) 最慢=[量程(in)+3]×9.1μs
工作压力	静态:34.5MPa(5000psi);峰值:69MPa(10000psi);LS 型无此项	
外壳	耐压不锈钢;LS 型为铝合金外壳,防尘,防污,防洒水,符合美国 IP67 标准	
输送电缆	带屏蔽七芯 2m 长电缆	

表 20-12-68　　**磁致传感器接线**

输出形式	LH、LD、LS 型传感器模拟输出	LH、LD、LS 型传感器数字输出
红或棕色	+24V DC 电源输入	+24V DC 电源输入
白色	0V DC 电源输入	0V DC 电源输入
灰或橙色	4～20mA 或 0～10V 信号输出	PWM 输出(－),RS422 停止(－)
粉或蓝色	4～20mA 或 0～10V 信号回路	PWM 输出(＋),RS422 停止(＋)
黄色		PWM 询问脉冲(＋),RS422 开始(＋)
绿色		PWM 询问脉冲(－),RS422 开始(－)

12.7.2　海特公司伺服液压缸

表 20-12-69　　**海特公司伺服液压缸**

结构图

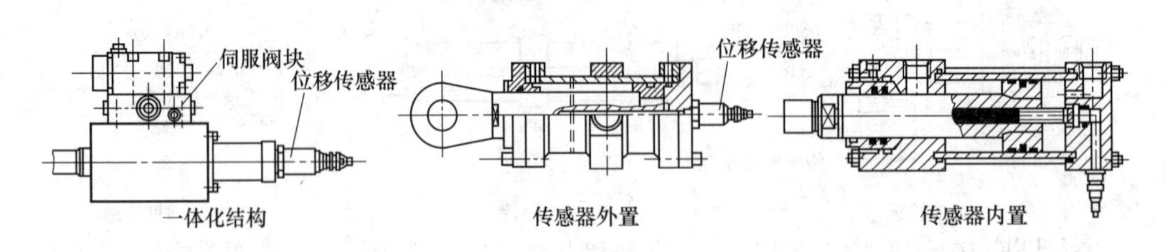

型号意义

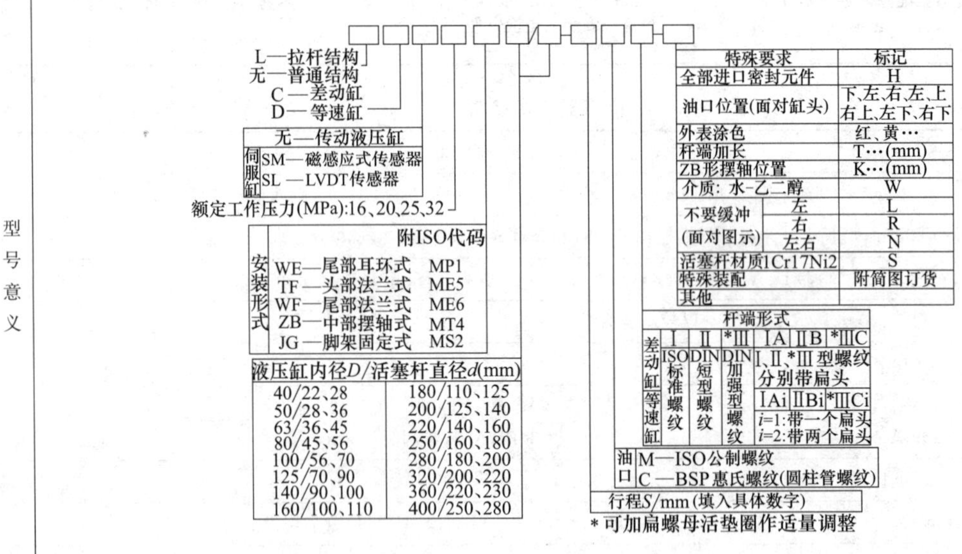

位移传感器技术性能	输出形式	模拟输出	数字输出
	测量范围	最小 25mm,最长十几米;LS 型模拟:25～2540mm,LS 型数字:25～3650mm	
	分辨率	无限(取决于控制器 D/A 与电源波动)	一般为 0.1mm(最高达 0.005mm,需加配 MK292 界面卡)
	非线性度	满量程的±0.02%或±0.05%(以较高者为准)	
	滞后	<0.02mm	
	位置输出	0～10V 4～20mA	开始/停止脉冲(RS422 标准) PWM 脉宽调制

续表

	输出形式	模拟输出	数字输出
位移传感器技术性能	供应电源	+24(1±10%)V DC	
	耗电量	120mA	100mA;LS 型模拟/数字均为 100mA
	工作温度	电子头:−40~70℃(LH);−40~80℃(LD) 敏感元件:−40~105℃	
	温度系数	$<15\times10^{-6}$℃$^{-1}$	
	可调范围	5%可调零点及满量程	
	更新时间	一般≤3ms	最快每秒 10000 次(按量程而变化) 最慢=[量程(in)+3]×9.1μs
	工作压力	静态:34.5MPa(5000psi);峰值:69MPa(10000psi);LS 型无此项	
	外壳	耐压不锈钢;LS 型为铝合金外壳,防尘、防污、防洒水,符合美国 IP67 标准	
	输送电缆	带屏蔽七芯 2m 长电缆	

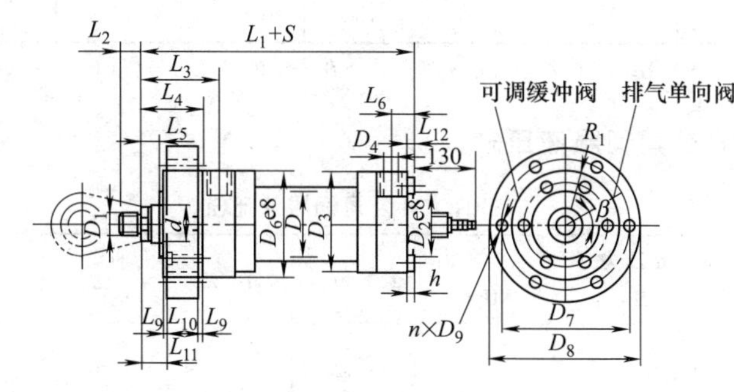

外形尺寸/mm		40	50	63	80	100	125	160	180	200
D		40	50	63	80	100	125	160	180	200
d		22/28	28/36	36/45	45/56	56/70	70/90	100/110	110/125	125/140
L(缓冲长度)		20	20	25	30	35	50	55	65	70
D_1	Ⅰ型	M16×1.5	M22×1.5	M30×2	M36×2	M48×2	M56×2	M80×3	M100×3	M110×3
	Ⅱ型	M16×1.5	M22×1.5	M28×1.5	M35×1.5	M45×1.5	M58×1.5	M80×2	M100×2	M110×2
	Ⅲ型	M18×2	M24×2	M30×2	M39×3	M50×3	M64×3	M90×3	M100×3	M110×4
D_2		50	64	75	95	115	135	180	200	215
D_3		80	100	120	140	170	205	265	290	315
D_4	公制	M18×1.5	M22×1.5	M27×2	M27×2	M33×2	M42×2	M42×2	M150×2	M50×2
	英制	G⅜	G½	G¾	G¾	G1	G1¼	G1¼	G1½	G1½
D_6		90	110	130	145	175	210	275	300	320
D_7		108	130	155	170	205	245	325	360	375
D_8		130	160	185	200	245	295	385	420	445
D_9		9.5	11.5	14	14	18	22	26	26	33
L_1		226	234	262	275	325	382	475	515	540
L_2	Ⅰ型	22	30	40	50	63	75	95	112	112
	Ⅱ型	16	22	28	35	45	58	80	100	110
	Ⅲ型	30	35	45	55	75	95	120	140	150

续表

外形尺寸/mm										
	L_3	76	80	89.5	87.5	112.5	129.5	160	175	180
	L_4	54	58	67	65	85	97	120	130	135
	L_5	17	20	20	20	30	30	35	35	40
	L_6	32	32	27.5	37.5	32.5	37.5	50	50	50
	L_9	5	5	5	5	5	5	10	10	10
	L_{10}	30	30	35	35	45	50	60	70	75
	L_{11}	19	23	27	25	35	42	50	50	50
	L_{12}	5	5	5	5	5	5	10	10	10
	R_1	53	57.5	70.5	76.5	81	107	139	158.5	168.5
	β	30°	30°	30°	30°	30°	30°	45°	45°	45°
	n	6	6	6	6	6	6	8	8	8
	h	10	12.5	15	15	20	25	30	30	37.5

注：位移传感器内置式和一体化结构的部分尺寸未列出，不在表中的尺寸可另咨询。

12.7.3　REXROTH 公司伺服液压缸

表 20-12-70　　REXROTH 公司伺服液压缸

技术性能	推力/kN	行程/mm	额定压力/MPa	回油槽压力/MPa	安装位置	工作介质	介质温度/℃	黏度/mm^2·$^{-1}$	工作液清洁度
	10～1000	50～500 每 50 增减	28	≥0.2	任意	矿物油 DIN51524	35～50	35～55	NAS1638 －7 级
位移传感器技术性能	类　型	位移传感器			超声波位移传感器				
	测量长度/mm	100～550,每 50mm 增减							
	速度	任选(响应时间与测量长度有关)							
	电源电压/V	1～5			±12～±15(150mA)				
	输出	模拟			RS422(脉冲周期)				
	电缆长度/m	≤25			≤25				
	分辨率/mm	无限的			0.1(与测量长度有关)				
	线性度/%	±0.25(与测量长度有关)			±0.05(与测量长度有关)				
	重复性/%				±0.001(与测量长度有关)				
	滞环/mm				0.02				
	温漂/(mm/10K)				0.05				
	工作温度/℃	－40～80			传感器：－40～66；传感器杆：－40～85				
结构形式	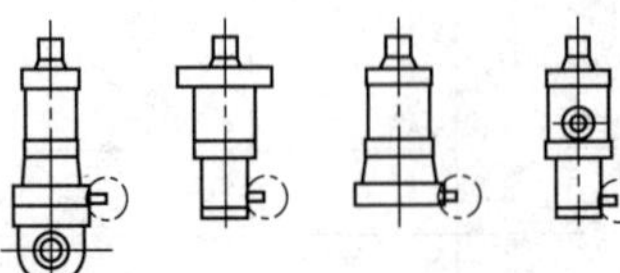 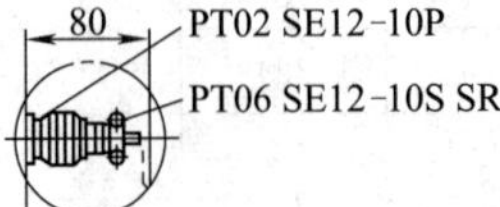								

续表

偏载曲线

能承受的最大偏心扭矩 M

$$M=Fe$$

M——扭矩，N·m

F——作用力，kN

e——偏心距，mm

例如：

行程为 200mm

杆径为 100mm

作用力 $F=63$kN

$$e=\frac{M}{F}=\frac{3300}{63}$$

$e=52.38$mm

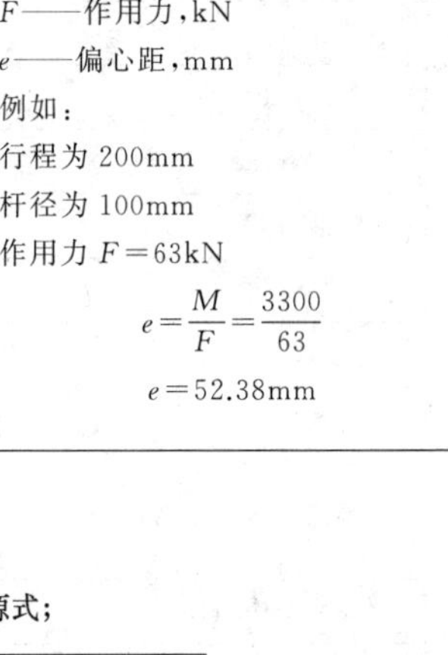

型号意义

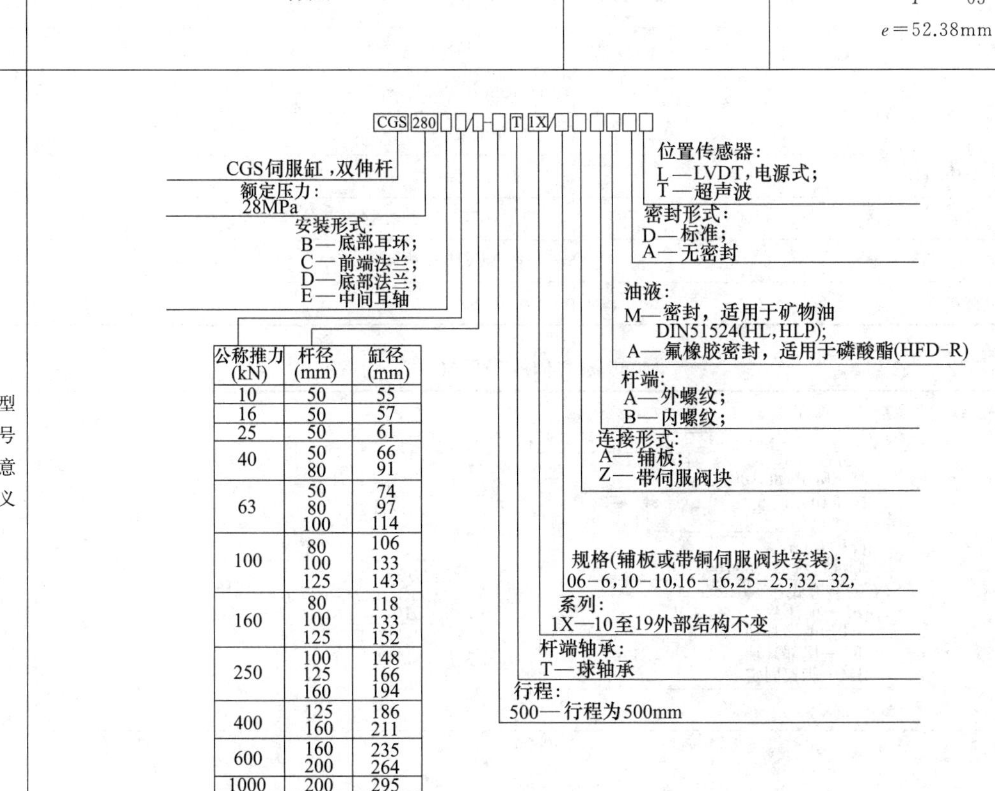

公称推力 (kN)	杆径 (mm)	缸径 (mm)
10	50	55
16	50	57
25	50	61
40	50 80	66 91
63	50 80 100	74 97 114
100	80 100 125	106 133 143
160	80 100 125	118 133 152
250	100 125 160	148 166 194
400	125 160	186 211
600	160 200	235 264
1000	200	295

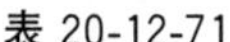

12.7.4　MOOG 公司伺服液压缸

表 20-12-71　　MOOG 公司伺服液压缸

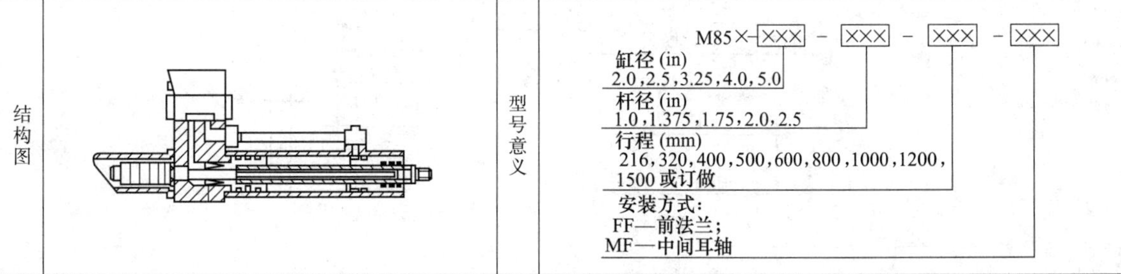

续表

技术性能	压力/MPa	最大 21
	工作温度/℃	－5～65
	工作介质	矿物油
	缸径/in	2.0，2.5，3.25，4.0，5.0
	杆径/in	1.0，1.375，1.75，2.0，2.5
	行程/mm	216，320，400，500，600，800，1000，1200，1500 或定做
	安装方式	前端法兰/中间耳轴
	线性度/%	＜0.05F.S.
	分辨率/%	＜0.01F.S.
	重复性/%	＜0.01F.S.
	温漂/(mm/10K)	Probe：0.005F.S./℃
		控制器：0.005F.S./℃
	频率响应/Hz	约 100
	输出信号	0～10V，0～20mA（或其他要求输出值）
	电源电压/V	＋15V(105/185mA)（冲击），－15V(23mA)
	零调整/%	±5F.S.

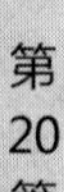

表 20-12-72　　M085 系列伺服液压缸

型号意义	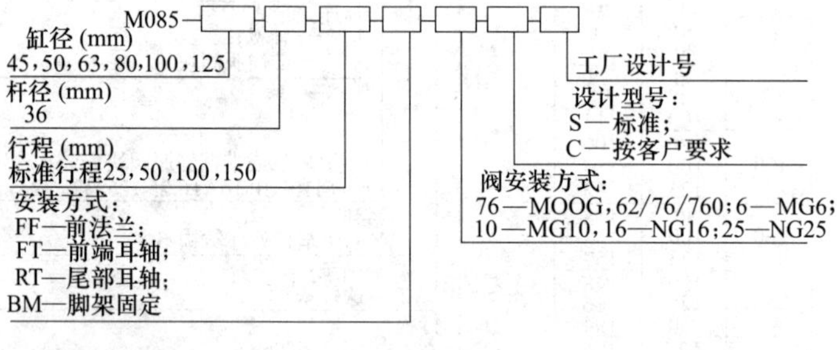 M085－□－□－□－□－□－□－□ 缸径 (mm)：45，50，63，80，100，125 杆径 (mm)：36 行程 (mm)：标准行程 25，50，100，150 安装方式：FF—前法兰；FT—前端耳轴；RT—尾部耳轴；BM—脚架固定 阀安装方式：76—MOOG，62/76/760；6—MG6；10—MG10，16—NG16；25—NG25 设计型号：S—标准；C—按客户要求 工厂设计号
外形尺寸/mm	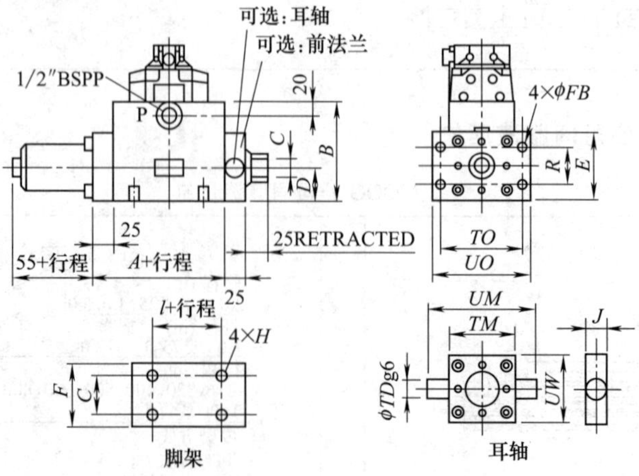 可选：耳轴 可选：前法兰 1/2″BSPP P 20 C B D 25 25RETRACTED 55+行程 A+行程 25 4×φFB R E TO UO l+行程 4×H F C 脚架 UM TM J φTDg6 UW 耳轴

续表

外形尺寸/mm	型　号	A	B	C	D	F	G	H	l	J	法兰					耳轴			
											R	E	TO	UO	ϕFB	UM	TM	UW	ϕTD
	M085-50-36-* * *	132	110	M24 * 2 * 45	46	90	60	M10×15	27	32	65	90	117	145	14	144	94	90	32
	M085-63-36-* * *	140	125	M24 * 2 * 45	46	90	70	M10×15	35	32	65	90	117	145	14	144	94	90	32
	M085-80-36-* * *	140	145	M24 * 2 * 45	58	106	80	M12×18	35	40	83	115	149	180	18	164	110	115	40

12.7.5　ATOS 公司伺服液压缸

表 20-12-73　ATOS 公司伺服液压缸

结构图

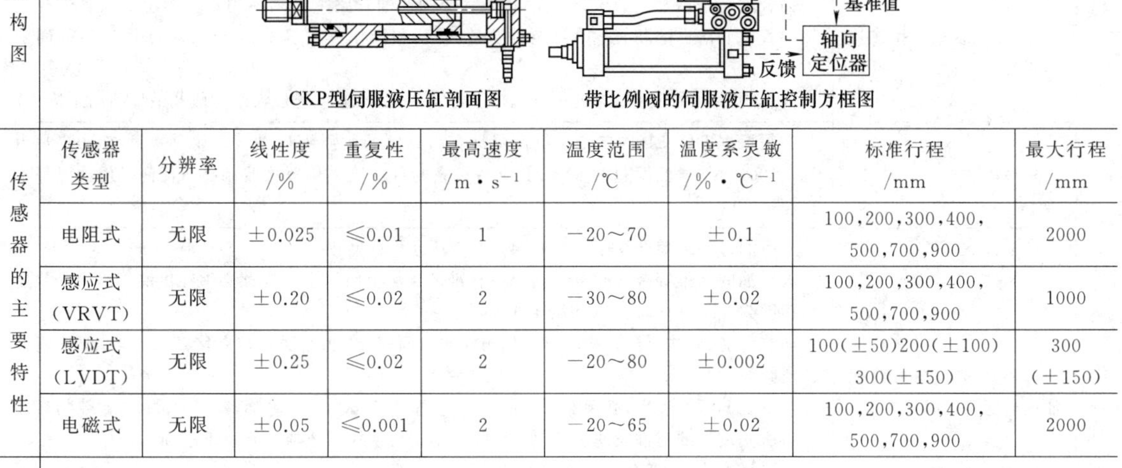

CKP型伺服液压缸剖面图　　带比例阀的伺服液压缸控制方框图

传感器的主要特性

传感器类型	分辨率	线性度/%	重复性/%	最高速度/m·s^{-1}	温度范围/℃	温度系灵敏/%·℃$^{-1}$	标准行程/mm	最大行程/mm
电阻式	无限	±0.025	≤0.01	1	−20～70	±0.1	100,200,300,400,500,700,900	2000
感应式(VRVT)	无限	±0.20	≤0.02	2	−30～80	±0.02	100,200,300,400,500,700,900	1000
感应式(LVDT)	无限	±0.25	≤0.02	2	−20～80	±0.002	100(±50)200(±100)300(±150)	300(±150)
电磁式	无限	±0.05	≤0.001	2	−20～65	±0.02	100,200,300,400,500,700,900	2000

型号意义

CK P / 10 50 / 36 * 0500 − S 2 0 8 K Q 20

液压缸系列:
CK—符号,ISO 6020-2和DIN24554标准:
CH—用相对法兰装配的系列缸(对ϕ63～200mm)

内置传感器:
P—电阻式;M—电磁式;
V—VRVT感应式;
W—LVDT感应式

底板:
00—没有底板;
10—CETOP03底板(CK※40～200);
20—CETOP05R底板(CK※40～200);
W—LVDT感应式

缸径(mm)

活塞杆径(mm)

行程(mm) 选用以下标准行程:
CKP,CKM,CKV—100,200,300,400,500,700,900
CKW:100,200,300
其他尺寸请订做

安装方式

	参照ISO		参照ISO
X—基本型	—	L—中间耳轴	M14
C—双耳型	MP1	N—前法兰	ME5
D—单耳型	MP3	P—后法兰	ME6
E—底座	MS2	S—关节轴承	MP5
G—前耳轴	MT1		

设计号,
在订购备件时需标明

使用特别传感器行程时注明

H—活塞杆螺母符号DIN24554;
K—NIKROM提供的活塞杆在符合ISO 2768的盐雾环境下可保持350h;
T—淬火后镀铬(仅对CKM类缸);
A—输出信号电流4～20mA;
V—输出信号电压0～10V

密封圈:
8—腈橡胶+PTFE和聚亚氨酯,可达1m/s;
2—氟橡胶+PTFE适用于高油温,速度可达1m/s;
4—腈橡胶+PTFE,速度可达1m/s;
0—用于高频率,微小行程,特殊油液的场合
CKP型伺服液压缸,不采用密封方式0、2、4

支承环:
2—50mm;4—100mm;6—150mm;8—200mm

缓冲器:对于CK※63～200仅前端有
0—无缓冲器;2—前端缓冲

续表

结构类型	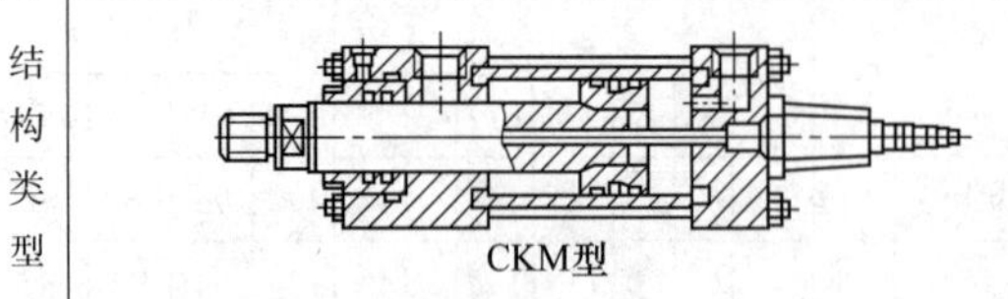 CKM型	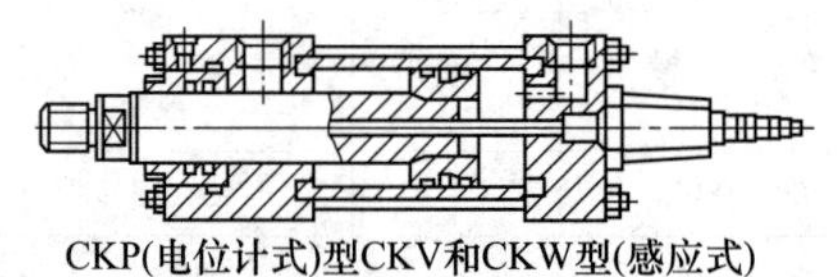 CKP(电位计式)型CKV和CKW型(感应式)

12.8 液压伺服系统设计禁忌

表 20-12-74　　液压伺服系统设计禁忌

液压部分	忌不按要求进行油箱及管路的清洗	油箱必须彻底清洗，清除所有污物和杂质；油管必须冷弯、去毛刺、酸洗去锈。全部管道安装完毕后，需再对管路进行彻底冲洗，拆下伺服阀，用旁路管或开关阀、或冲洗阀板代替清洗
	忌管路的选择和连接不正确	伺服阀与泵站之间的压力管路，以及伺服阀回油管路上必须使用钢丝缠绕的软管进行连接。若它们潜在的断裂危险可能对设备、系统和操作人员等造成伤害，应采取适当的固定方式 伺服阀必须尽可能地靠近执行机构进行安装，以保证系统最大刚性值及最佳的动态特性
	忌液压油不合乎要求	必须根据 DIN 51524-535 标准使用具有高黏度的优质液压油。建议其黏度在 40℃时为 $15\sim100\text{mm}^2/\text{s}$，油温超过 60℃时，元件的密封件应当采用氟橡胶制品。任何时候油温都不得超过 80℃
	忌不按要求进行液压油的过滤	介质的过滤避免介质中存在的颗粒对液压元件的磨损 液压油的污染等级必须符合到 ISO 标准的 15/12 级以上。为此必须在供油管路中安装过滤精度为 5μm 和 $\beta_{10}=75$ 的高压滤油器 如有可能，管式过滤器应紧靠在伺服阀的前面安装，滤油器应带有堵塞指示器，但不能带旁通阀 在系统调试过程中，必须对管路进行冲洗(至少 15min)，以去除整个回路中的颗粒物。冲洗后所使用过的附件及滤芯件，如堵塞，均不得再使用。还应注意以下事项： ①选择大小、精度合适的滤油器，以保证高效率 ②液压系统的主要污染源是油箱内的空气与外界空气的交换。故必须安装空气滤清器 ③注入油箱的新液压油(新油一般被污染)要过滤
	忌液压系统的泄油管不直接回油箱	在所有的液压系统中，泄油装置是不可缺少的，因为它决定系统的基准油压。泄油口必须直接与油箱连接，这样才不致产生背压
	忌不注意排除系统中的空气	液压管路内的空气将降低系统的刚度，并且是导致故障的原因。伺服阀及伺服缸上均有排空气装置。必须在液压系统管路中可能积聚空气的地方加装排气阀 另需注意下列事项： ①系统启动时，打开所有排气装置排尽空气。对于伺服缸要特别注意排尽传感器腔内的空气，为此要打开活塞杆端的排气阀 ②拧紧管道上松动的连接零件 ③系统第一次启动或维修后排尽空气 ④在总回油管道油箱之间加装一产生背压(例如背压加到 4bar)的单向阀，以防止系统长期不用时管路内的油漏空
电子部分	忌电源电压不稳	电压的变化应限制在下列范围内(取决于电源装置的类型)： 稳压电源：$V=24\text{V}$(直流) 整流和滤波后电压：$V_{\text{rms}}=21\sim33\text{V}$(最大脉动=2V 峰值) 电源装置应有足够的容量，全部用电设备在同一时间内都需要最大电流时，电源设备应能保持正常电压。在一般情况下，每个阀的最大输入电功率可考虑为 50W。 参看图(a)并注意下列事项： ①用蓄电池供电，电压过高(大于 34V)时将损坏电子器件。建议采用合适的滤波器和限压器

续表

<table>
<tr><td rowspan="4">电子部分</td><td>忌电源电压不稳</td><td>②交流整流电压，电压平均值限制在 V_{rms}＝21～28V 之内。单相整流时，每 3A 负荷加装 10000μF 电容器，三相整流时，每 3A 负荷加装 4700μF 电容器

三相整流滤波电源
AC 3− 50Hz　变压器　整流器　C700μF　24 VDC
单相整流滤波电源
AC 2− 50Hz　变压器　整流器　10000μF　24 VDC
直流电源
24 VDC　抑制滤波器　过电压抑制器　24 VDC
图　液压伺服放大器的电源</td></tr>
<tr><td>忌电缆连接不当</td><td>电源电缆（接到电磁铁，电子调整装置或其他负荷）应与控制信号电缆（输入信号、反馈、信号地线）分开以避免干扰
信号线要用屏蔽电线
电缆芯线截面积推荐用下列规格：
电源线及地线：0.75mm²
作为线圈连线：屏蔽型 1mm²（L_{max}＝20m）或 1.5mm²（远距离）
作为输入电压及（LVDT）反馈：0.25mm²（L_{max}＝20m）屏蔽型
注：当传送输入电压信号及反馈信号的连线过长时，必须以电流信号代替电压信号，对此应有所预见，以便选用合适的电子器件，或选用电压电流变换器
辅助信号：0.25mm²（L_{max}＝20m）屏蔽型
电子传感器：0.25mm²（L_{max}＝20m）屏蔽型</td></tr>
<tr><td>忌不注意电干扰的抑制</td><td>系统启动后，要经常检查反馈、输入信号及信号接地等线路中是否有可能影响信号特征并使系统产生不稳定的电干扰
电子干扰是一种在信号平均幅值附近期频率和振幅均极不规则的振荡。使用屏蔽线并将屏蔽层接地可以抑制电干扰
绝大多数电干扰是由变压器、电动机等激发的外部磁场产生的</td></tr>
<tr><td>忌工作温度和环境不良</td><td>应经常检查工作环境是否符合产品规定的要求。如有必要可在电控柜内安装调温装置，或用特殊树脂封装，或专设保护装置
应特别注意，环境温度超过 60℃或低于－20℃时，伺服阀上不得安装集成电子器件，建议采用分离安装，读数型集成式电子放大器，环境温度为－20～50℃</td></tr>
</table>

12.9　液压伺服系统故障排除

为了迅速准确判断和找出故障器件，液压和电气工程师必须良好配合。为了对系统进行正确的分析，除了要熟悉每个器件的技术特征外，还必须能够分析有关工作循环液压原理图和电器接线图的能力。

由于液压系统的多样性，因此没有什么能快速准确查找并排除故障的通用诀窍。表 20-12-75 提供了排除故障的一般要点。

表 20-12-75　　**液压伺服系统故障排除**

	问　题	机械/液压部分	电气/电子部分
开环控制	轴向运动不稳定 压力或流量波动	油泵故障 管道中有空气 液体脏污 两级阀先导控制油压不足 油缸密封摩擦力过大引起忽停忽动现象 液压马达速度低于最低许用速度	电功率不足 信号接地屏蔽不良，产生电干扰 电磁铁通断电引起电或电磁干扰
	执行机构动作超限	软管弹性过大 遥控单向阀不能即时关闭 执行机构内空气未排尽 执行机构内部漏油	偏流设定值太高 斜坡时间太长 限位开关超限 电气切换时间太长
	停顿或不可控制的轴向运动	油泵故障 控制阀卡死(由于污染) 手动阀及调整装置不在正确位置	接线错误 控制回路开路 信号装置整定不当或损坏 断电或无输入信号 传感器机构校准不良
	执行机构运行太慢	由于磨损致使油泵内部漏油 流量控制阀整定太低	输入信号不正确，增益值调整不正确
	输出的力或力矩不够	供油及回油管路阻力过大 控制阀设定压力值太低 控制阀两端压降过大 泵和阀由于磨损而内部漏油	输入信号不正确，增益值调整不正确
	工作时系统内有撞击	阀切换时间太短 节流口或阻尼损坏 蓄能系统前未加节流 机构质量或驱动力过大	斜坡时间太短
	工作温度太高	管道截面不够 连续的大量溢流消耗 压力设定值太高 冷却系统不工作 工作中断期间零压力卸荷不工作	
	噪声过大	滤油器堵塞 液压油起泡沫 泵或马达安装松动 吸油管阻力过大 控制阀振动 阀电磁铁腔内有空气	高频脉冲调整不正确

	问　题		故障原因	
			机械/液压部分	电气/电子部分
闭环控制——静态工况	低频振荡	力 速度 位置 设定值 实际值 1s t	液压功率不足 先导控制压力不足 阀因磨损或脏污有故障	轴卡比例增益设定值太低 轴卡积分增益设定值太低 轴卡采样时间太长

续表

	问题		故障原因 机械/液压部分	故障原因 电气/电子部分
闭环控制——静态工况	高频振荡	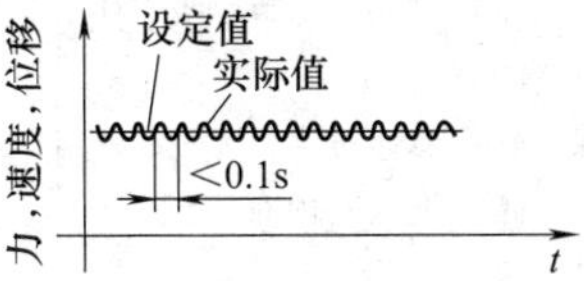 设定值 实际值 <0.1s 力,速度,位移 t	液体起泡沫 阀因磨损或污脏有故障 阀两端 Δp 太高 阀电磁铁室内有空气	轴卡比例增益设定值太高 电干扰
	短时间内出现一个或两个方向大高峰(随机性的)	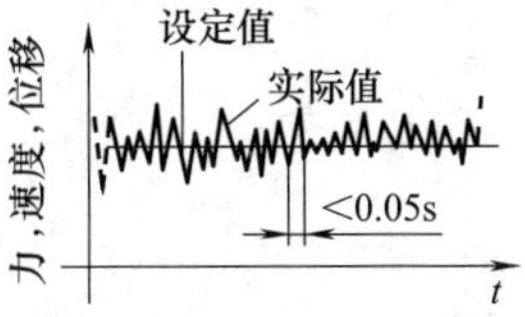 设定值 实际值 <0.05s 力,速度,位移 t	机械连接不牢靠 阀电磁铁室内有空气 阀因磨损或污脏有故障	放大器偏流不正确 电磁干扰
	自激放大振荡	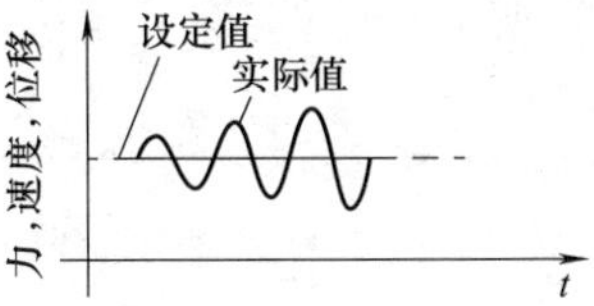 设定值 实际值 力,速度,位移 t	液压软管弹性过大 机械非刚性连接 阀两端 Δp 过大 液压阀增益过大	轴卡比例增益太高 轴卡积分增益值太高
闭环控制——动态工况	一个方向的超调	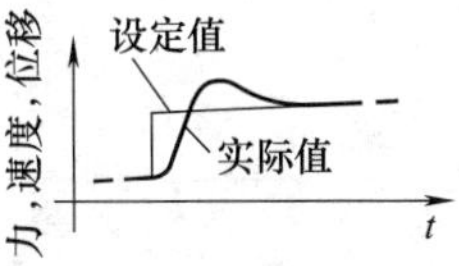 设定值 实际值 力,速度,位移 t	阀两端 Δp 太高	轴卡微分增益值太低 插入了斜坡时间
	两个方向的超调	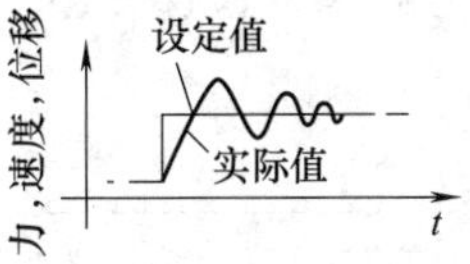 设定值 实际值 力,速度,位移 t	机械连接不牢固、刚性过小 软管弹性过大 伺服阀安装得离驱动机构太远	轴卡比例增益设定值太高 轴卡积分增益设定值太低
	逼近设定值的时间长	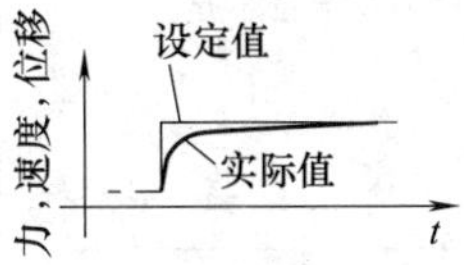 设定值 实际值 力,速度,位移 t	伺服阀压力增益过低	轴卡比例增益设定值太低 放大器偏流不正确
	驱动达不到设定值	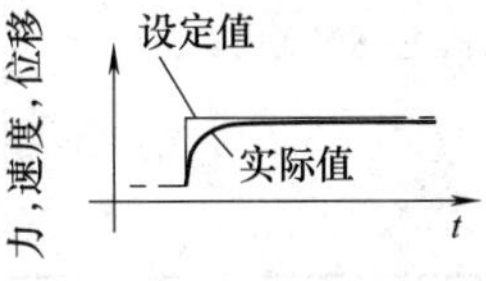 设定值 实际值 力,速度,位移 t	压力或流量不足	轴卡积分增益设定值太高 放大器偏流不正确 轴卡比例及微分增益设定值太低

续表

	问题		故障原因	
			机械/液压部分	电气/电子部分
闭环控制——动态工况	不稳定控制	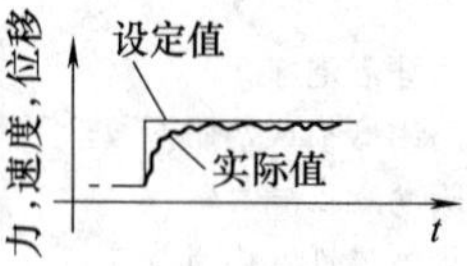 设定值 实际值 力，速度，位移 t	执行器反馈传感器接线时断时续 软管弹性过大 阀电磁铁室内有空气	比例增益设定值太高 积分增益设定值太低 电噪声
	抑制控制	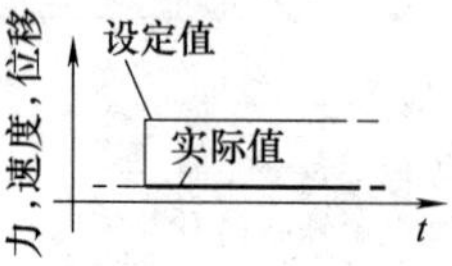 设定值 实际值 力，速度，位移 t	执行器反馈传感器机械方面未校准 液压功率不足	电功率不足 没有输入信号和反馈信号 接线错误
	重复精度低及滞后时间长	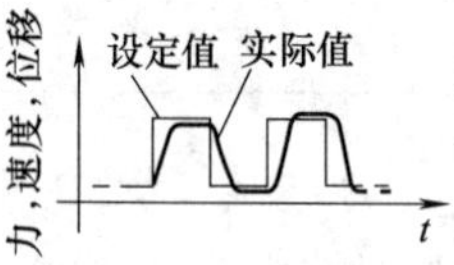 设定值 实际值 力，速度，位移 t	执行器反馈传感器接线时断时续	轴卡比例增益设定值太高 积分增益设定值太低
闭环控制——动态工况：频率响应	幅值降低	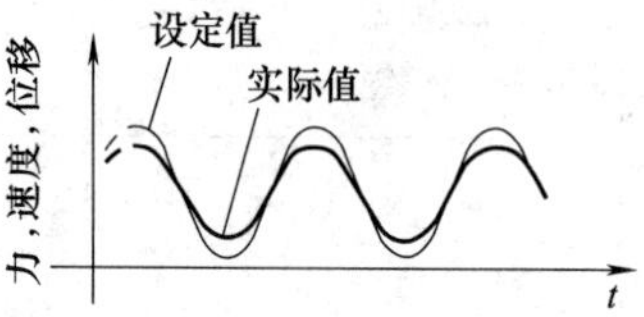 设定值 实际值 力，速度，位移 t	压力及流量不足	轴卡比例增益设定值太低 放大器增益值太低
	波形放大	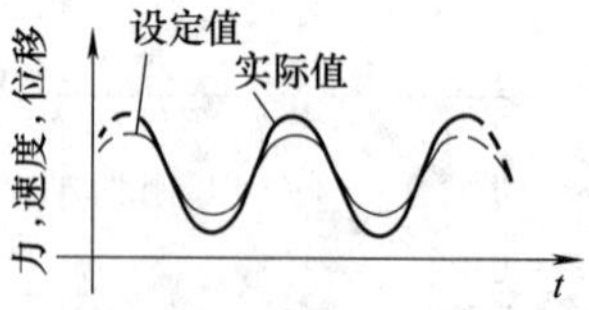 设定值 实际值 力，速度，位移 t	软管弹性过大 伺服阀离驱动机构太远	放大器增益值调整不正确
	时间滞后	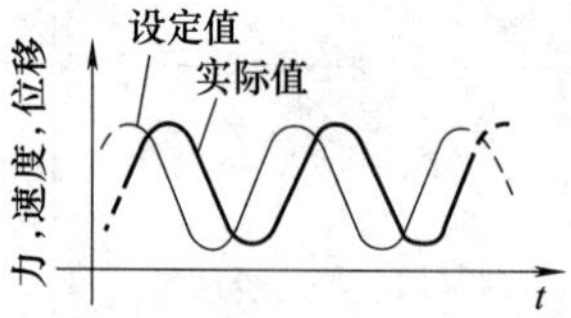 设定值 实际值 力，速度，位移 t	压力及流量不足	插入了斜坡时间 轴卡微分增益设定值太低
	振动型的控制	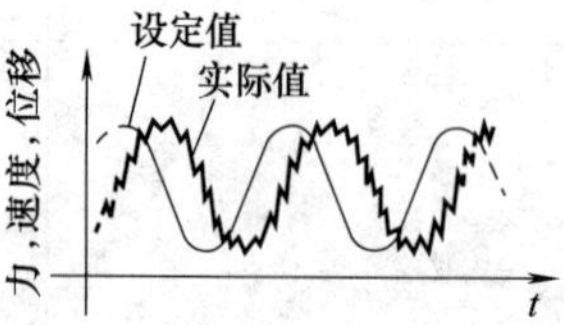 设定值 实际值 力，速度，位移 t	阀电磁铁室内有空气	轴卡比例增益设定值太高 电干扰 微分增益设定值太高

注：绝大多数故障都是以在现场更换损坏的器件而排除的，损坏了的元器件可请制造厂修复。

第 13 章　电液比例控制系统

13.1　电液比例控制系统的组成和工作原理

表 20-13-1　电液比例控制系统的组成和工作原理

功能

电液比例技术是介于普通断通控制与电液伺服控制之间的新型电液控制技术，它既可以根据输入电信号的大小连续地、成比例地对液压系统的流量、压力、方向实现远距离控制、计算机控制，又在制造成本、抗污染等方面优于伺服控制。它结合了液压能传递较大功率的优越性与电子控制、计算机控制的灵活性，填补了传统开关式液压控制技术与伺服控制之间的空白，已成为流体传动与控制技术中最富生命力的一个分支，在最近十年中获得迅猛的发展

电液比例控制的核心是比例阀。比例阀介于常规开关阀和闭环伺服阀之间，已成为现今液压系统的常用组件

图(a)说明了电液比例控制系统信号流程：输入电信号为电压，多数为 0～±9V，由信号放大器成比例地转化为电流，即输出变量如 1mV 相当于 1mA；比例电磁铁产生一个与输入变量成比例的力或位移输出；液压阀以这些输出变量力或位移作为输入信号就可成比例地输出流量或压力；这些成比例输出的流量或压力输出对于液压执行机构或机器动作单元而言，意味着不仅可进行方向控制而且可进行速度和压力的无级调控；同时执行机构运行的加速或减速也实现了无级可调，如流量在某一时间段内的连续性变化等

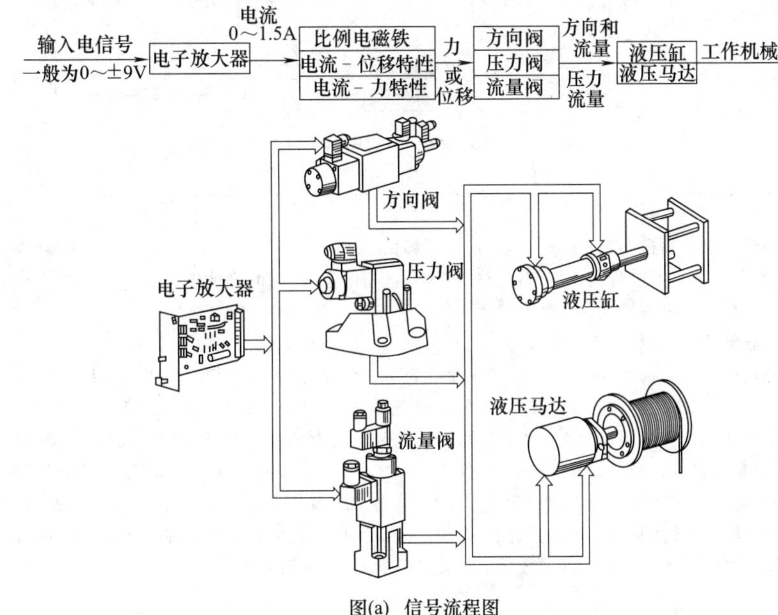

图(a)　信号流程图

	分类依据	类　别
组成分类	按系统控制回路	①开环控制系统；②闭环控制系统
	按系统输入信号的方式	①手调输入式系统：以手调电位器输入，调节电位器，以调整其输出量，实现遥控；②程序输入式系统：可按时间或行程等物理量定值编程输入，实现程序控制；③模拟输入式系统：将生产工艺过程中某参变量变换为直流电压模拟量，按设定规律连续输入，实现自动控制
	按控制类型	①压力控制系统；②速度控制系统；③加速度控制系统；④力控制系统；⑤位置控制系统

续表

	分类依据	类　别
组成分类	按控制参数	①单参数控制系统:液压系统的基本工作参数是液流动压力、流量等,通过控制一个液压参数,以实现对系统输出量的比例控制。如采用电液比例压力阀控制系统压力,以实现对系统输出压力或力的比例控制;用电液比例调速阀控制系统流量,以实现对系统输出速度的比例控制等,都是单参数控制系统;②多参数控制系统:如用电液比例方向流量阀或复合阀、电液比例变量泵或液压马达等,既控制流量、液流方向,又控制压力等多个参数,以实现对系统输出量比例控制
	按电液比例控制元件	①阀控制系统:采用电液比例压力阀、电液比例调速阀、电液比例插装阀、电液比例方向流量阀、电液比例复合阀等控制系统参数;②泵、液压马达控制系统:采用电液比例变量泵、液压马达等控制系统参数
	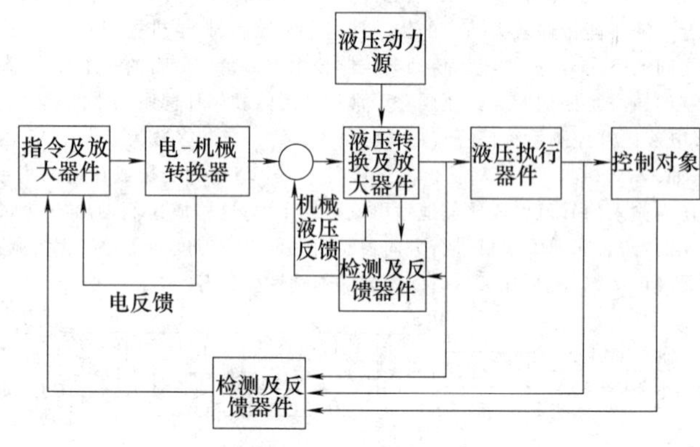 图(b)　电液比例控制系统技术构成	
比例阀的功能、结构组成	电液比例控制的核心是比例阀,电子放大器根据输入信号调节压力 p 或流量 Q,比例阀必须和电子放大器配合使用,放大器根据输入信号向比例阀电磁铁提供一适当电流,比例电磁铁将电流转换成作用在阀芯上的机械力并压缩弹簧。这样随着电流增大,电磁铁输出力增大,弹簧被压缩,阀芯开始移动 对先导结构的比例阀,先导阀调整作用在主阀上的压力和流量 电液比例阀的结构形式很多,与电液伺服阀类似,通常是由电气-机械转换器、液压放大器(先导级阀和功率级主阀)和反馈检测机构组成[图(c)]。若是单级阀,则无先导级阀。比例电磁铁、力马达或力矩马达等电气-机械转换器用于将输入电信号通过比例放大器放大后转换为力或力矩,以产生驱动先导级阀运动的位移或转角。先导级阀(又称前置级)可以是锥阀式、滑阀式、喷嘴挡板阀式或插装式,用于接受小功率的电气-机械转换器输入的位移和转角信号,将机械量转换为液压力驱动主阀;主阀通常是滑阀式、锥阀式或插装式,用于将先导级阀的液压力转换为流量或压力输出;设在阀内部的机械、液压及电气式检测反馈机构将主阀控制口或先导级阀口的压力、流量或阀芯的位移反馈到先导级阀的输入端或比例放大器,实现输入输出的平衡 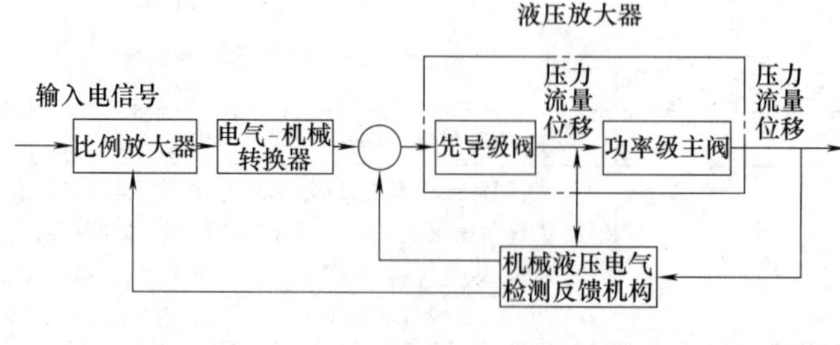 图(c)　电液比例阀的组成	

第20篇

续表

<table>
<tr><td rowspan="5">比例阀的功能、结构组成</td><td rowspan="3">按被控对象分类</td><td>压力控制阀</td><td>包括溢流阀、减压阀，分别有直动和先导两种结构，可连续地或按比例地远程控制其输出油液压力</td></tr>
<tr><td>流量控制阀</td><td>有比例调速阀和比例溢流流量控制阀，节流口的开度便可由输入信号的电压大小决定</td></tr>
<tr><td>方向控制阀</td><td>有直动和先导两种结构，直动阀有带位移传感器和不带位移传感器两类。由于使用了比例电磁铁，阀芯不仅可以换位，而且换位的行程可以连续或按比例变化。因而连通油口间的通流面积也可以连续或按比例变化。所以比例换向阀不仅能够控制执行元件的方向，而且能够控制其速度。因为这个原因比例阀中的比例换向阀应用也最为普遍</td></tr>
<tr><td rowspan="2">按结构形式分类</td><td>螺旋插装式比例阀</td><td>是通过螺纹将电磁比例插装件固定在油路集成块上的元件，螺旋插装阀具有应用灵活、节省管路和成本低廉等特点。常用的螺旋插装式比例阀有二通、三通、四通和多通等形式，二通式比例阀主要是比例节流阀，它常与其他元件一起构成复合阀，对流量、压力进行控制；三通式比例阀主要是比例减压阀，它主要是对液动操作多路阀的先导油路进行操作。利用三通式比例减压阀可以代替传统的手动减压式先导阀，它比手动减压式先导阀具有更多的灵活性和更高的控制精度。根据不同的输入信号，减压阀使输出活塞具有不同的压力或流量进而实现对比例方向阀阀芯的位移进行比例控制</td></tr>
<tr><td>滑阀式比例阀</td><td>是能实现方向与流量调节的复合阀。电液滑阀式比例阀是比较理想的电液转换控制元件，它不仅保留了手动多路阀的基本功能，还增加了位置电反馈的比例伺服操作和负载传感等先进的控制手段</td></tr>
<tr><td>比例阀的特点</td><td colspan="3">①利用电信号便于实现远距离控制或遥控。将阀布置在最合适的位置，提高主机的设计柔性
②能把电的快速灵活等优点与液压传动功率大等特点结合起来
③能按比例控制液流的流量、压力，从而对执行器件实现方向、速度和力的连续控制，并易实现自动无级调速。还能防止压力或速度变化及换向时的冲击现象
④可明显地简化液压系统，实现复杂程序控制，降低费用，提高了可靠性，可在电控制器中预设斜坡函数，实现精确而无冲击的加速或减速，不但改善了控制过程品质，还可缩短工作循环时间，减少了元件的使用量
⑤利用反馈提高控制精度或实现特定的控制目标
⑥制造简便，价格比伺服阀低廉，但比普通液压阀高。由于在输入信号与比例阀之间需设置直流比例放大器，相应增加了投资费用
⑦使用条件、保养和维护与普通液压阀相同，抗污染性能好
⑧具有优良的静态性能和适当的动态性能，动态性能虽比伺服阀低，但已经可以满足一般工业控制的要求。主要用于开环系统，也可组成闭环系统</td></tr>
<tr><td rowspan="2">液压放大器</td><td>先导级阀</td><td colspan="2">电液比例阀的先导级主要有锥阀式、滑阀式、喷嘴挡板阀式或插装阀式等结构形式，而大多采用锥阀及滑阀。滑阀式及喷嘴挡板阀式的结构特点参见第 12 章，插装式结构及特点参见插装阀部分。锥阀式先导级的结构特点简要说明如下
在现有的比例压力控制阀中，采用锥阀作为先导级的占大多数。传统的锥阀如图(d)中(ⅰ)所示，其优点是加工方便，关闭时密封性好，效率高，抗污染能力强。为了改善锥阀阀芯的导向性和阻尼特性或降低噪声等，有时增加圆柱导向阻尼[图(d)中(ⅱ)]或减振活塞[图(d)中(ⅲ)]部分，但往往又增加了阀芯尺寸和重量 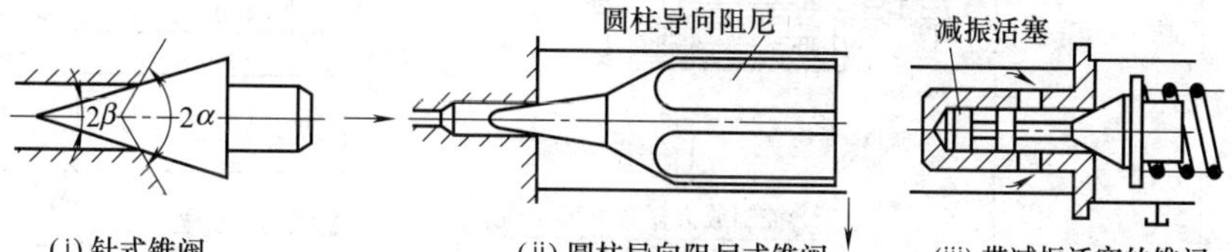
圆柱导向阻尼　减振活塞　2β　2α
(ⅰ)针式锥阀　(ⅱ)圆柱导向阻尼式锥阀　(ⅲ)带减振活塞的锥阀
图(d)　锥阀式先导级</td></tr>
<tr><td>功率级主阀</td><td colspan="2">电液比例阀的功率级主阀通常是滑阀式、锥阀式或插装式，其结构与普通液压阀的滑阀、锥阀或插装阀结构类同</td></tr>
</table>

续表

开关控制、电液比例控制、电液伺服控制的对比	电液控制阀		电子或继电控制	电-机械转换器	动态响应/Hz	零位死区	加工精度要求	过滤精度要求	阀口压降
	伺服阀		电子控制	力马达 力矩马达	高,>100	无	1μm	3～10μm	1/3 油源总压力
	比例阀	伺服比例阀	电子控制	比例电磁铁	中,30～100	无	1μm	3～10μm	单级或首级,1/3 油源总压力
									主级:0.3～1MPa
		一般比例阀	电子控制	比例电磁铁	一般,1～50	有	10μm	25μm	0.3～1MPa
	传统开关阀		继电控制	开关电磁铁		有	10μm	25μm	0.3～1MPa

13.2 比例电磁铁

比例电磁铁是一种直流电磁铁，与普通换向阀用电磁铁的不同主要在于，比例电磁铁的输出推力与输入的线圈电流基本成比例。这一特性使比例电磁铁可作为液压阀中的信号给定元件。

普通电磁换向阀所用的电磁铁只要求有吸合和断开两个位置，并且为了增加吸力，在吸合时磁路中几乎没有气隙。而比例电磁铁则要求吸力（或位移）和输入电流成比例，并在衔铁的全部工作位置上，磁路中保持一定的气隙。

表 20-13-2　　比例电磁铁的类型及工作原理

类型	工作原理
力调节型电磁铁	这类电磁铁的行程短,只有 1.5mm,输出力与输入电流成正比,常用在比例阀的先导控制级上;在力控制型比例电磁铁中,用改变电流 I 来调节电磁力,并不要求电磁铁的动铁有明显的位移。借助于电放大器的电流反馈,即使电磁铁的阻抗有变化,电磁铁的电流及电磁力也能维持不变。电磁铁见图(a)中的(ⅰ),其力-行程曲线见图(a)中的(ⅱ) 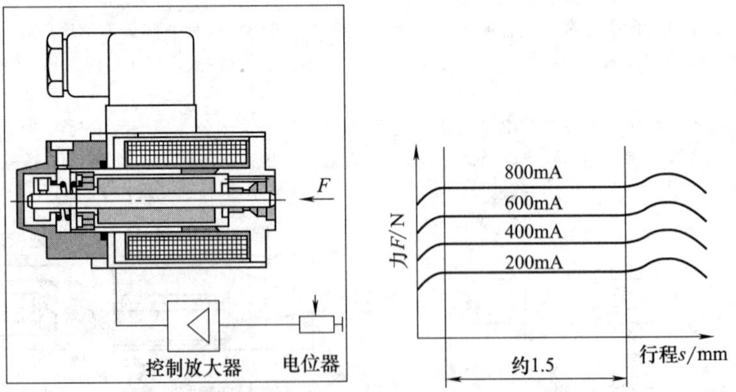 控制放大器　电位器 (ⅰ)电磁铁 力F/N　800mA　600mA　400mA　200mA　约1.5　行程s/mm (ⅱ)力-行程特性曲线 图(a) 力调节型比例电磁铁
行程调节型电磁铁	由力控制型加负载弹簧共同组成,电磁铁输出的力通过弹簧转换成输出位移,输出位移与输入电流成正比,工作行程达 3mm,线性好,可以用在直控式比例阀上

续表

位置调节型	对电磁铁动铁的位置进行闭环控制。只要作用在电磁铁的力在其允许的运行范围内，动铁的位置与承载力无关。由于采用了电反馈，滞环和重复误差很小。衔铁的位置由传感器检测后，发出一个阀内反馈信号，在阀内进行比较后重新调节衔铁的位置。阀内形成闭环控制，精度高，衔铁的位置与力无关，精度高的比例阀如德国的博世、意大利的阿托斯等都采用这种结构。电磁铁见图(b)中的(ⅰ)，其力-行程曲线见图(b)中的(ⅱ) 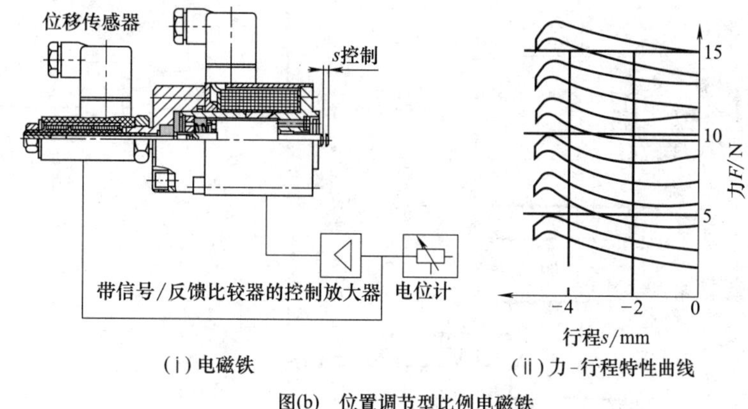 (ⅰ)电磁铁　(ⅱ)力-行程特性曲线 图(b)　位置调节型比例电磁铁

13.3　比例放大器

比例阀与放大器配套使用，放大器采用电流负反馈，设置斜坡信号发生器、阶跃函数发生器、PID调节器、反向器等，控制升压、降压时间或运动加速度及减速度。断电时，能使阀芯处于安全位置。

对比例放大器的基本要求是能及时地产生正确有效的控制信号。及时地产生控制信号意味着除了有产生信号的装置外，还必须有正确无误的逻辑控制与信号处理装置。正确有效的控制信号意味着信号的幅值和波形都应该满足比例阀的要求，与电-机械转换装置（比例电磁铁）相匹配。为了减小比例元件零位死区的影响，放大器应具有幅值可调的初始电流功能；为减小滞环的影响，放大器的输出电流中应含有一定频率和幅值的颤振电流；为减小系统启动和制动时的冲击，对阶跃输入信号能自动生成可调的斜坡输入信号。同时，由于控制系统中用于处理的电信号为弱电信号，而比例电磁铁的控制功率相对较高，所以必须用功率放大器进行放大。

表 20-13-3　比例放大器

种类	根据比例电磁铁的特点，比例放大器大致可分为两类：不带电反馈的和带阀芯位移电反馈的比例放大器。前者配用力控制型比例电磁铁，主要包括比例压力阀和比例方向阀；后者配用位移控制型比例电磁铁，主要有比例流量阀等 根据动作与功能的不同要求，放大器又细分为以下几类。 1)插头式放大器　不带位移控制的简单放大器。它做成插头形式，能直接插到电磁铁上 2)盒式放大器　放大器安装在一个带连接插头的盒子中。它结构紧凑，抗振动，防水。这种形式的放大器，主要用于行走机械控制中 3)印刷电路板式放大器　采用100mm×160mm电路板形式，带一个DIN6161 2-FG32插入式接口。在每一个引脚的对应接线端子位置上，都用个英文字母“b”和“z”带一个数字1～32来表示，如b10，z28。这种类型的放大器，主要应用于工业领域。放大器能够安装在一个离它所连接的比例阀较远的电气柜中 因为比例阀存在多种型号及附加功能，导致了市面上有多种形式的比例阀放大器
基本功能	用一个BOSCH-REXROTH公司生产的带有位移控制型比例电磁铁的比例阀印刷电路板式放大器作为例子，来说明它的基本功能。放大器为印刷电路板式结构，可以从框图中看到实现其控制功能的方法。这个图也能用于接线目的。见图(a)

续表

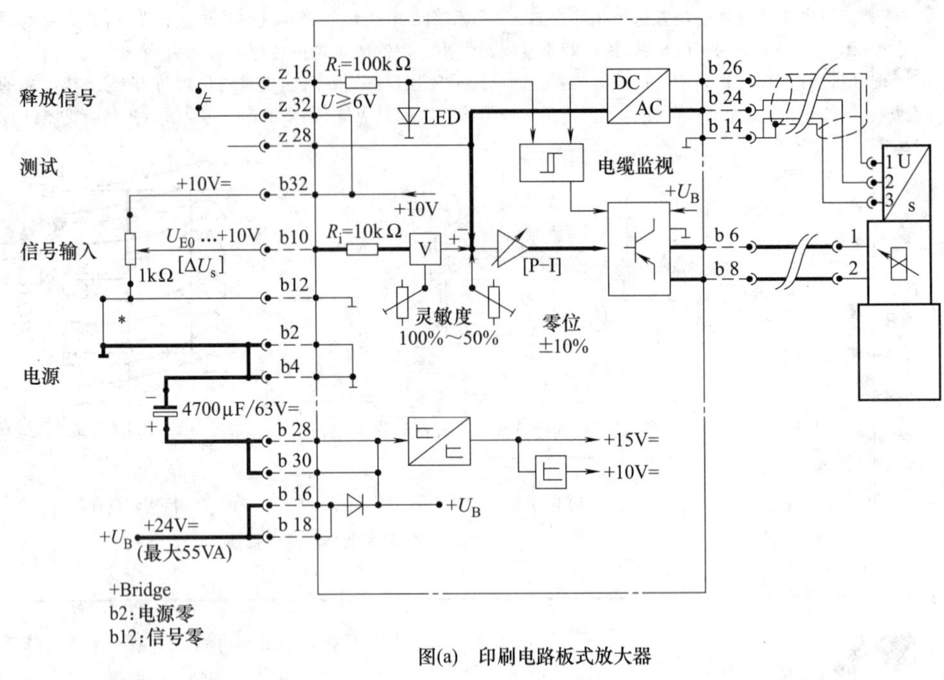

图(a)　印刷电路板式放大器

基本功能	供电电压	通常情况下，印刷电路板式放大器的电源为 24V DC，对于插头式及盒式放大器用 12V 或 24V DC 放大器的电源电压是通过 b16/b18 脚供给的，可用稳定的电池电压，在工业控制中也可用经整流后的交流电压。电源电压输出端子为 b2/b4。电源电压允许范围，取决于电压的波动性。比例放大器的输入功率，取决于电磁铁的功率 电源电流可用下式计算 $$P=UI \qquad (20\text{-}13\text{-}1)$$ 取 $U=24$V，对于 $P=25$W，I 大约 1A；对于 $P=50$W，I 大约 2A 在实践中，注意应有大约 20% 的安全裕量。根据通过电流大小来选择导线截面积。电源输入及输出用了两个接线端。为了防止电源极性接反时造成的损失，在电源端子 b16/b18 后，直接接一个反向保护二极管
	稳压电容	稳压电容用于稳定经滤波的电源电压，也能用于抑制干扰脉冲，以及储存电磁铁切断时的电磁能量(快速断开) 在有些放大器中，如果采用电池作为供电电源(残波＜10%)，不需要滤波电容，参见相关样本 由于物理尺寸的原因，稳压二极管口可不直接装在放大器上 推荐电容：4700μF，63V 注意：当电源电压是在稳压电容上直接测量时，会测量到直流脉动尖峰值
	稳压器	在电源电压输入后，直接接稳压器。它产生一个稳定的 15V 直流电压，作为内部电子器件电源。10V 电压是由 15V 稳定电压降压而来的，并通过 b32 引脚引出，作为给定电位器的电源电压
	给定输入	输入信号($U_E=0\sim10$V)通过 b10 端子输入。参考点是 b12"控制零"，它必须与地相连。当比例放大器与供电电源相距较远(＞1m)时，应单独设置信号零线，而不能直接连到放大器的"电源零"上。这是因为在"电源零"导线上的 1～2A 的电流会产生电压降，从而提高了控制信号低电位的电平
	位移传感器	电源位移传感器采用差动变压器(电感分压)原理。它需用一个频率相对较高的交流电压作为电源。交流电压由一个振荡器产生，通过 b26/b14 端子输入传感器。实际信号，即中心抽头的电压，为振荡电压的 50%，并随铁芯位移成比例地变化，变化值为±10%。为了与给定值比较，位移信号通过 b24 端子返回放大器，经解调转变为直流电压信号。放大器与传感器之间，用一个三芯屏蔽电缆连接。采用一个 100pF/m 的电容，最大电缆长度可达 60m 注意：最好是通过测量点 z28，来测量电磁铁衔铁位移，它是通过整流的

续表

<table>
<tr><td rowspan="4">基本功能</td><td>控制与输出级</td><td>设定值与实际值在控制器，即比例放大器的心脏进行比较。系统的结果误差，通过一个 PI 环节处理，以得到控制变量，见图(b)。控制变量的功率放大，是在输出级中完成的，然后传输给电磁铁。为了减小输出级的功率损失，输出电压为脉宽调制型，这可使印刷电路板的发热最小。输入电磁铁的能量随着开/关率变化，当电磁铁输入为 100%时，方波电压以电源电压为基础，开/关比为 1∶1，时钟频率大约为 0.3～1kHz</td></tr>
<tr><td>控制与输出级</td><td>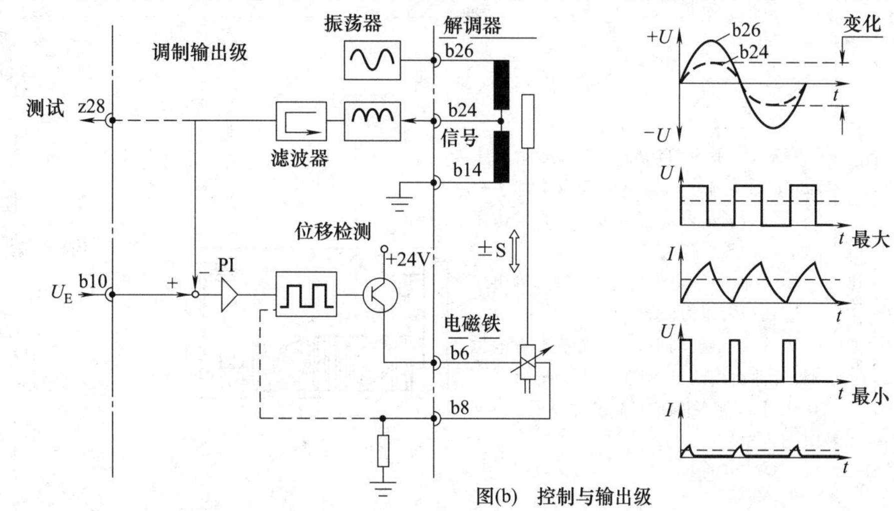

图(b)　控制与输出级

在 b6/b8 端子上测到的输出级的方波电压峰值，与 24V 电源电压基本相同。当开/关频率为最大值 1∶1 时，电磁铁平均电压为 U_{rms} 大约 12V。这与 100%工作时间的电磁铁额定电压一致
电磁头有效电流及由它产生的电磁力，随着电压变化。电磁铁线圈的感抗，使电流相对电压产生变形
注意：电磁铁电压及电流的测量都要用示波器来进行</td></tr>
<tr><td>切断信号和电缆断路监视</td><td>仅简单地切断电流，是不能保证可靠的紧急停止的。这是因为电容中还储存有能量，它能使系统继续动作一段时间。因为这个原因，一个 36V 的信号通过个特殊端子(z16)输入，去直接切断输出级，并提供了一个 LED 显示来监视输出级的切断
在带位移闭环控制的比例阀中，如果传输电缆断路，那么控制器将给输出级输出最大信号(设定/实际值偏差)。为了避免产生这种危险情况，位移传输电缆应加以监视。如果信号超出所允许的工作范围，输出级将被切断</td></tr>
<tr><td>比例方向阀的死区补偿</td><td>在比例方向阀中位，有±20%阀芯位移(总量)的正遮盖量。大多数情况下，这种“死区”影响，是通过所谓的死区补偿电路来减小到最低程度，而它原始位置的密封性又得以保证。0～0.3V 的小幅值给定信号，将被放大为大约 0～1.3V，这意味着即使一个很小的给定信号，也能使阀芯移动到阀口即将开启的位置。补偿区的大小与滑阀的正遮盖范围相匹配。见图(c)
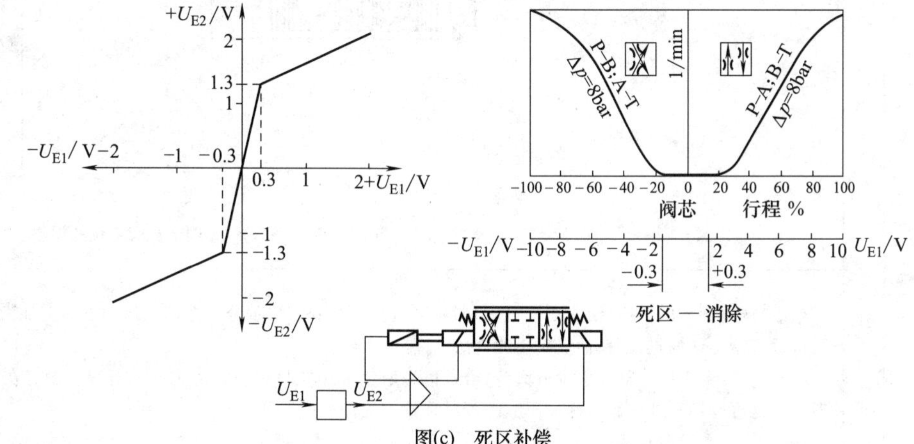

图(c)　死区补偿</td></tr>
</table>

续表

调整	由于制造公差的原因，就要使阀与放大器彼此协调一致，即进行调整。为了保证单个元件的可互换性，当一个阀或放大器投入使用或更换时，通过调节放大器上的电位器来完成这种调整 一边改变设定值，一边观测液压输出信号，即压力或流量，被证明是一种最实用的调整方法。流量也可通过测量负载的速度来得到。调整电位器位于印刷电路板的尾部，在插头式和盒式放大器中，要打开盖板才能调整。参考下列几点来进行详细的调整	
	比例压力阀	零点：由于压力阀特性曲线起始段平坦，比例压力阀压力不可能减小到 $p=0$。因此，规定设定电压为2V时，输出压力 $p=10\%p_{max}$ 灵敏度：当给定信号为10V时，输出压力达到最大压力值 增益：在零点调整好后，调节增益电位器，特性曲线的斜率变化，当给定信号为10V时，液压输出信号达到最大值，参见图(d) 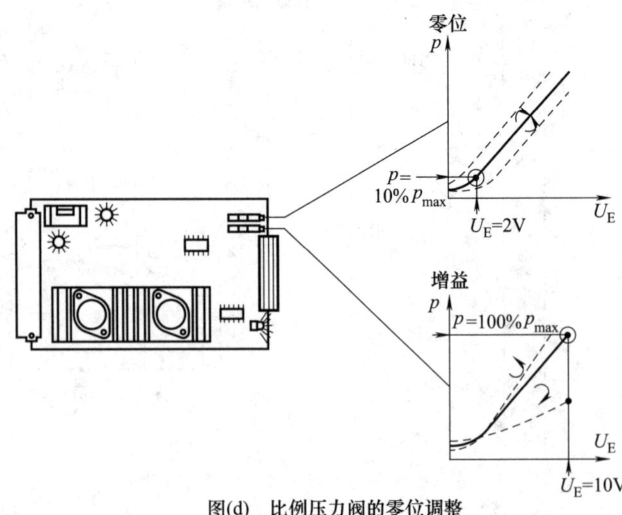 图(d) 比例压力阀的零位调整
	比例节流阀	零点：给定信号为0V时，负载必须不动或将要开始运动。一旦释放信号去除，滑阀越过死区，阀口完全关闭(安全因素) 增益：给定信号为10V时，阀口完全打开，这一点最好用负载速度来确认。见图(e) 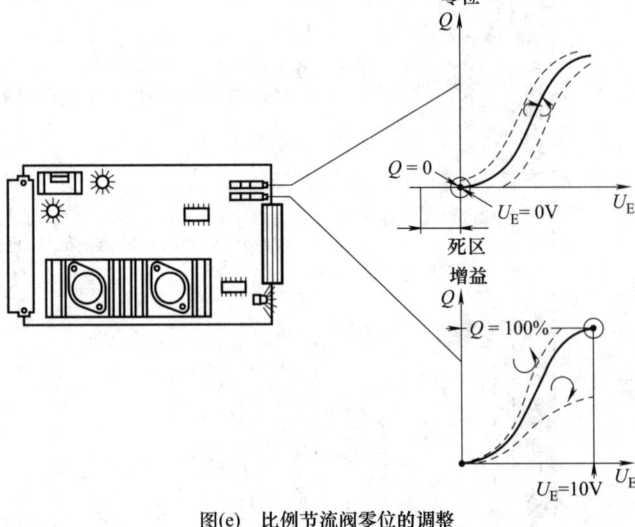 图(e) 比例节流阀零位的调整
	比例方向阀	零点：调节调零电位器，使曲线轴对称，即死区被两个控制区域平分。在两个运动方向上加大给定值，同时观测负载开始运动的点，是一种最实用的方法 增益：在两个不同象限分别调节增益，给定信号取为+10V和−10V，方向阀芯行程应设定在25%～110%范围内。这可以用来补偿非对称液压缸的不对称性。见图(f)

续表

调整	比例方向阀	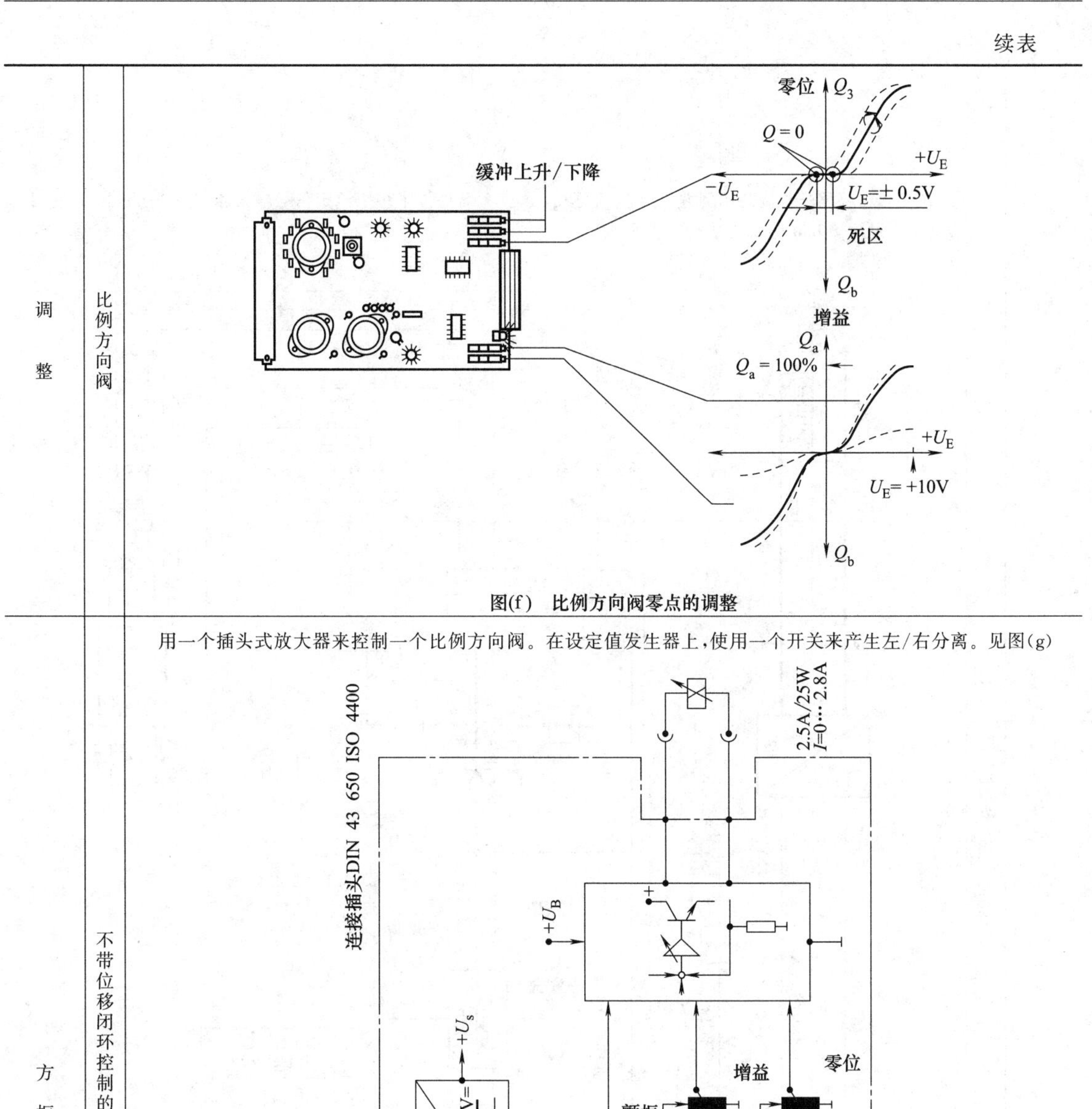 图(f)　比例方向阀零点的调整
方框图	不带位移闭环控制的比例阀插头式放大器	用一个插头式放大器来控制一个比例方向阀。在设定值发生器上，使用一个开关来产生左/右分离。见图(g) 图(g)　不带位移闭环控制的比例阀插头式放大器

续表

方框图	双通道带缓冲放大器	用于带位移闭环控制的比例方向阀，参见图(h)。放大器提供了多个给定信号输入相加点 b10、z8、z10、z12、z14。通过短接 b20＋b22 能把缓冲切除

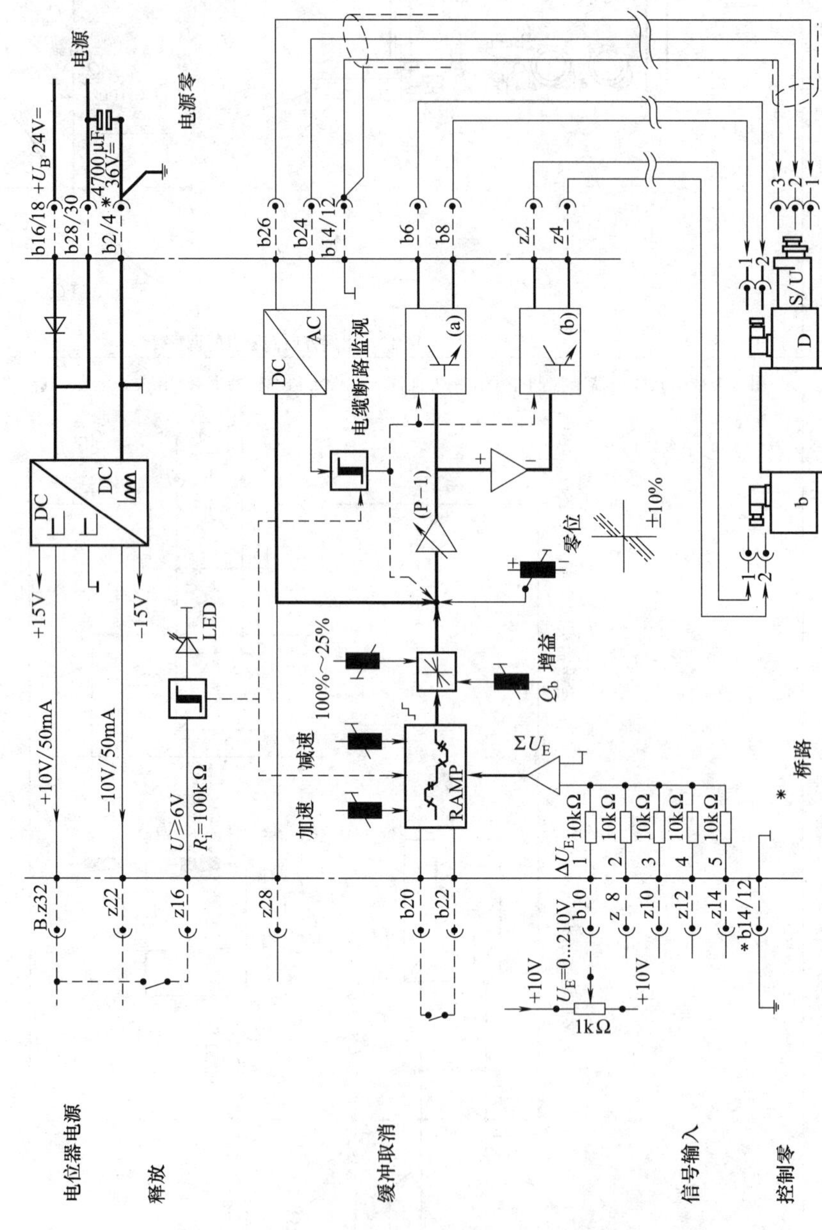

图(h)　双通道带缓冲放大器，用于带位移闭环控制的比例方向阀

续表

方框图	双通道带缓冲放大器	用于先导控制式比例阀见图(i)。这些放大器有两个位移控制回路，分别用于先导级和主级，两个位移控制回路是相互层叠的。位移传感器按差动变压器原理工作。振荡器及解调器集成在传感器中。电源及信号采用直流电压 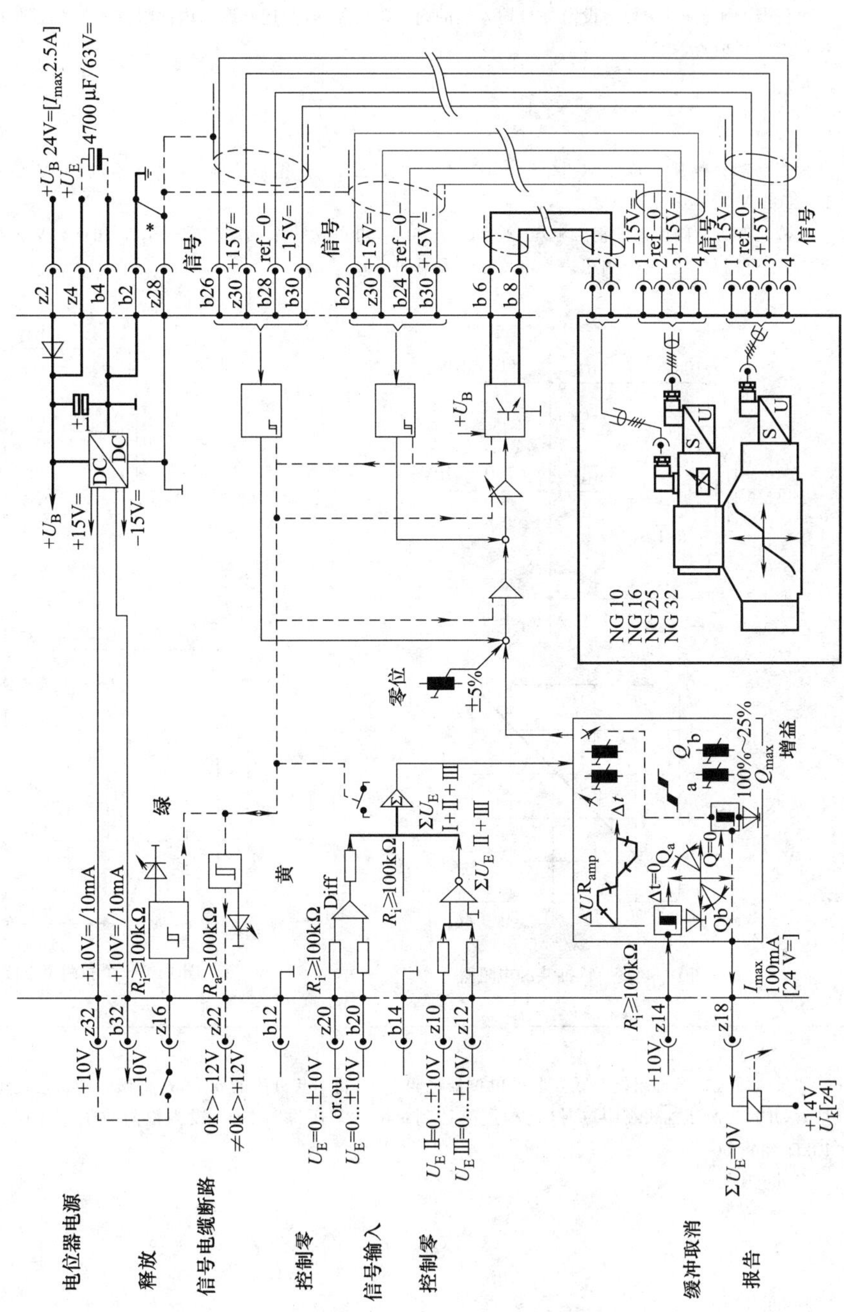 图(i)　双通道带缓冲放大器(用于先导控制式比例阀)

续表

设定电位器

对于单向控制比例阀，设定值是 0～+10V 电压信号。对于双向控制比例阀，它是双极性信号 $U_E=0\sim\pm10V$。最简单的方法，是通过一个电位器分压，再加到输入信号端(b10 端子)

电位器是一个带可变分压抽头的电阻器，参见图(j)。根据分压原理，若在电位器两端加上 10V 电压，那么 0～10V 之间的任何值，都能从分压抽头得到。必须给电位器提供一个稳定的 10V 电压。它通常来自放大器，如有必要，也可用外加的电压源

电位器的阻值，一定要与设定信号输入端的内部阻抗相匹配，通常取为内部阻抗的 10%。如内部阻抗为 10kΩ，电位器推荐阻值为 1kΩ

根据

$$I=\frac{U}{R} \tag{20-13-2}$$

取 $U=10V$ 和 $R=1k\Omega$，产生一个电流为 $I=10mA$。根据放大器的型号不同，10V 稳压器的负载能力为 10～60mA

电液比例方向阀所需的信号电压 $U_E=0\sim\pm10V$，可以从一个两端接着 −10V 和 +10V 的电位器上分压得到。当然，也可以每个方向分别用一个电位器。参见图(k)

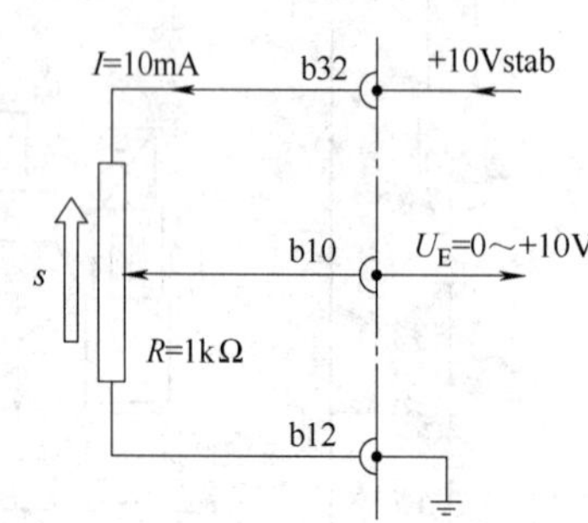

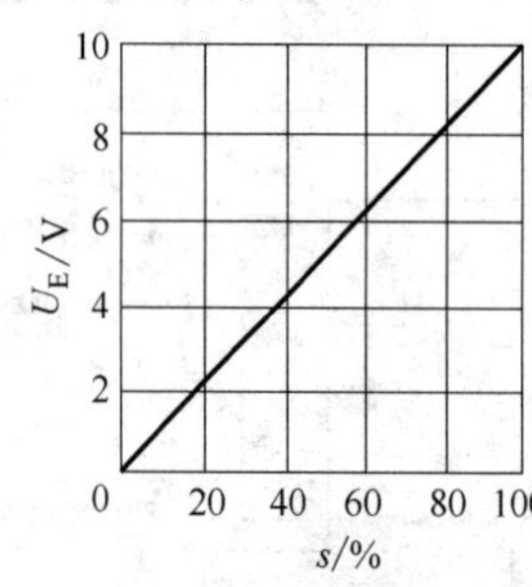

图(j)　可变分压抽头的电阻器

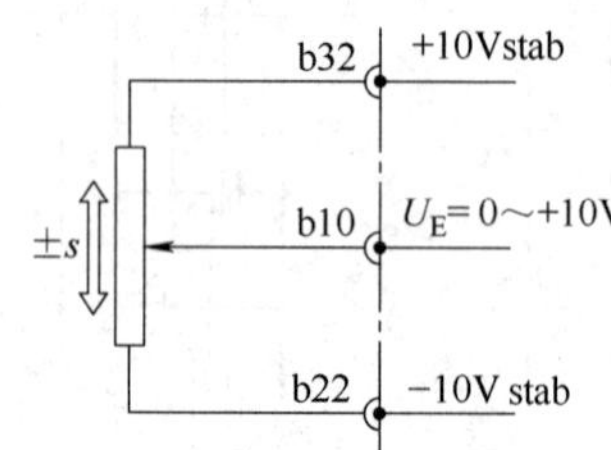

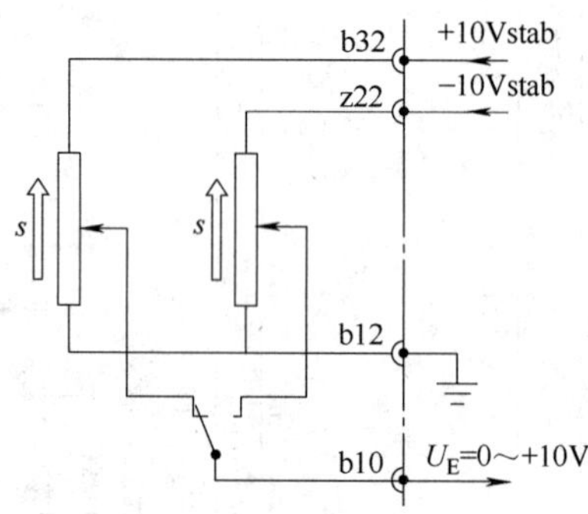

图(k)　一个和两个电位器分压

由设定器负载产生的线性误差

如果与放大器内部阻抗并联安装的电位器电阻过大，将引起分压的变形，这种误差随着设定电位器的阻值增大而增大，并且当分压抽头在中位时，这种影响达到最大。举例说明如下：设内部阻抗 $R_i=10k\Omega$，电位器阻值 $R_A=10k\Omega$，给定 50%

当量电阻

$$\frac{1}{R_E}=\frac{1}{5k\Omega}+\frac{1}{10k\Omega}$$

$$R_E=3.333k\Omega$$

抽头电压

$$U_E=10\times\frac{3.333}{5+3.333}=3.99V$$

续表

由设定器负载产生的线性误差	当抽头在 50%时，电刷上的电压是 3.99V 而非 5V，产生了大约 20%的误差，见图(l) 当给定电位器的内部阻抗为 1kΩ 时，产生的误差仅大约为 2.5%。主动电压源的给定信号(如 DA 转换器/阻抗变换器)的内部阻抗非常低，这在很大程度上能避免线性误差 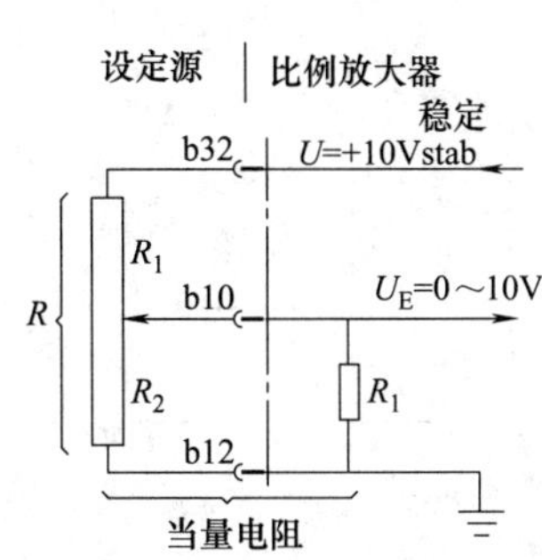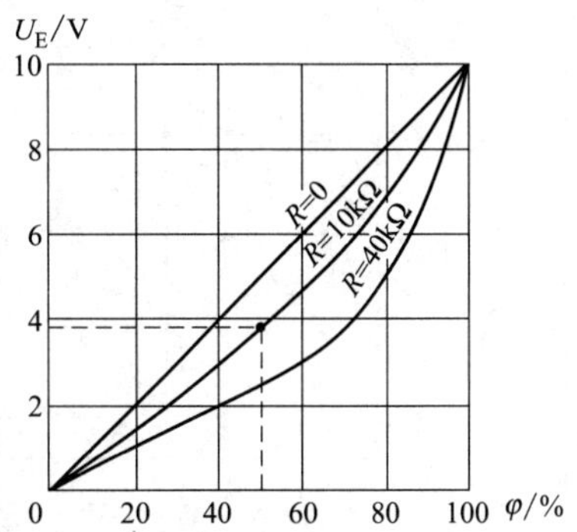 图(l)　由设定器负载产生的线性误差
多个设定电位器的选择	应用继电器或可编程控制器(PLC)，能对一组可调节的给定电位器进行逐个选择。当然单个电位器之间的切换是突然的，图(m)给出一些推荐的电路 ①在切换电位器时，推荐应同时将供电电源切换掉。在这里，只有一只继电器通电，否则两个并联的电阻将使印刷电路板上的 10V 电源过载。最不利的情况，即当 $P_1=100\%$，而 $P_2=0\%$时，此时将产生短路 ②采用切换继电器来保证互锁。这就是说，当几个继电器同时通电时，只有从右边开始的第一个继电器有响应 ③采用二极管的电路也能保证互锁，尽管由于各个二极管的门槛电压不同，会产生微小的误差 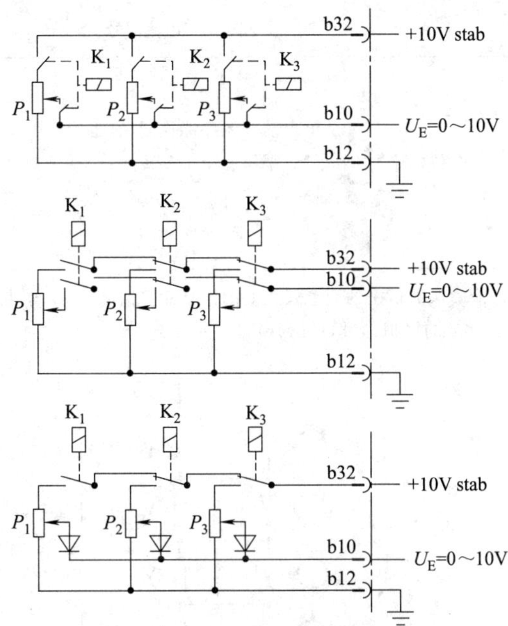 图(m)　多个设定电位器的选择 有些印刷电路板，有多个可同时使用的输入信号相加点。根据接触器切换时间的不同，当一个信号电压切换到另一个时，可能会产生正或负信号重叠。为了避免这种现象，当信号变化时，最好是保持第一个信号不变，然后再通过相加或相减去产生所需的信号，见图(n)

第20篇

续表

多个设定电位器的选择	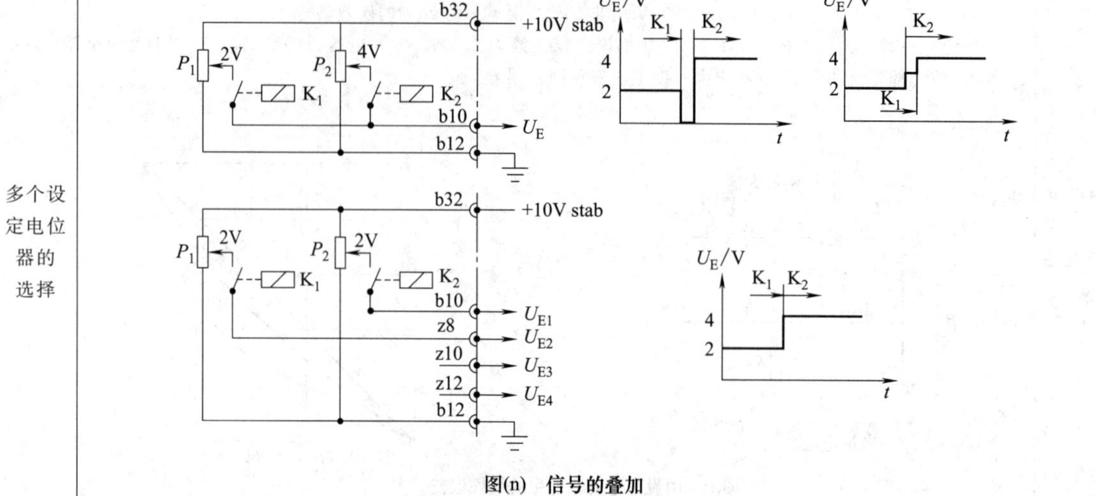 图(n) 信号的叠加
信号电流转换为电压信号	一种常见的信号形式是 $I_E=0\sim20$mA 电流信号。对于比例放大器来讲，它必须转换为相应的电压 $U_E=0\sim10$V。这种转换在分流器产生，它按欧姆定律工作，见图(o) 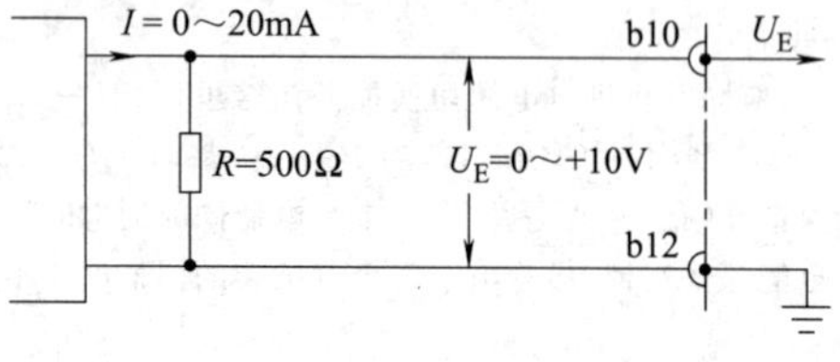 图(o) 电流信号
来自随机存储式可编程控制器(PLC)或微机的模拟电压	在比较高档的可编程控制器中，不仅是单个动作顺序能控制，它也能产生模拟电压信号。这些信号能直接进入比例放大器，而不必再通过电位器来"拐个弯"。采用一个DA转换器，基于微处理器的特定机械的控制器，也能给比例放大器提供电压信号
拨码开关	与电位器相比，它们能确保更精密的调节及更好的重复性。按照BCD码，将几部分电压组合起来，并通过DA转换器转换为一个 $0\sim\pm10$V 的模拟信号，见图(p) 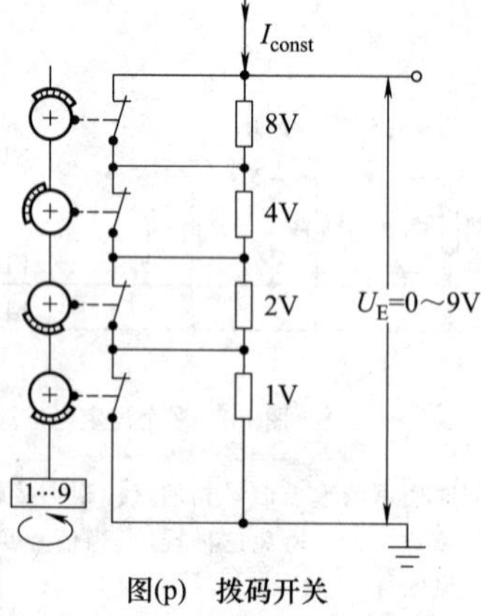 图(p) 拨码开关

续表

<table>
<tr>
<td>缓冲器</td>
<td>
缓冲器能够对切换函数进行精确控制，是比例阀相对于传统开关阀的重要优点之一。例如，这一点在加速、减速过程，压力机和塑料机械的压力上升过程中，都是至关重要的。在这里，设定电压按斜坡形曲线慢慢改变，而不是突然改变。用来产生作为时间函数的设定电压的电子函数组，称为“缓冲器”，见图(q)
缓冲器是建立在对电容充电，电压缓慢上升这一原理上的。电容的电荷变化率及与它相应的缓冲斜率，可通过一个可调电阻来改变
在一个简单的 RC 网络中的电压，根据指数函数变化，缓冲器等同于一充电电流恒定的线性积分器
缓冲时间取决于缓冲斜率及初始值与终值之间的差值。在这里，调节的是倾角，而不是缓冲时间本身。当用比例节流阀时，这对应于负载的加速、减速。尽管在通常情况下，上升及下降斜率可分开调整，但也可以是一致的
初始值和终值是由设定值的电位所决定的

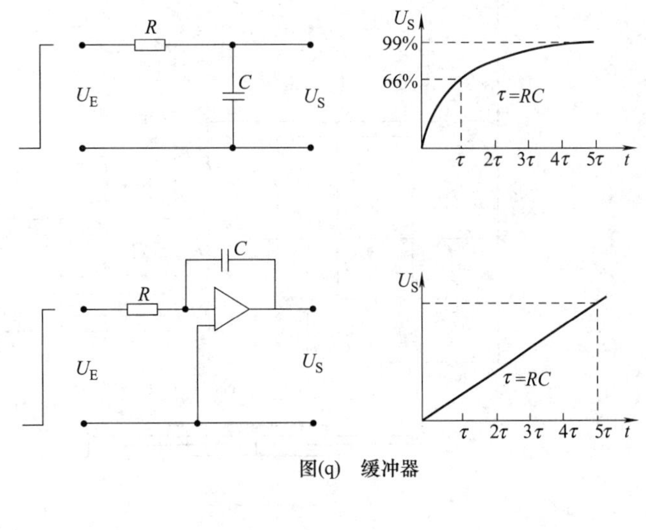

图(q)　缓冲器

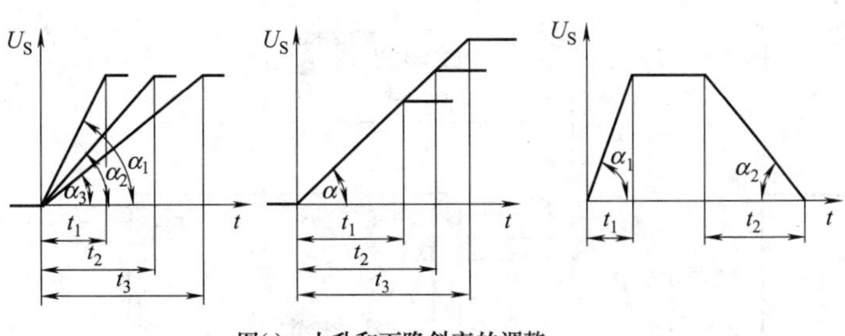

图(r)　上升和下降斜率的调整

缓冲器位于比例放大器设定输入中。它或者集成在比例放大器印刷板上，或者(作为一个单独的电子器件)包含在设定输入中，见图(s)
根据不同的型号规格，缓冲器用一个电位器来调节，电位器在电路板上或者是单独的，见图(r)
缓冲器象限识别：当带有缓冲功能的比例方向阀通过它们的零位时，尽管阀芯运动方向保持不变，但液压缸活塞运动方向却改变了。一个方向的减速，变成了另一个方向的加速。这意味着，为了保持两个运动方向上的加速度一致，当比例阀切换时，也应将缓冲器从一个象限切换到另一个象限，带象限识别功能的缓冲器，这个过程是自动完成的，见图(t)
</td>
</tr>
</table>

第 20 篇

续表

缓冲器

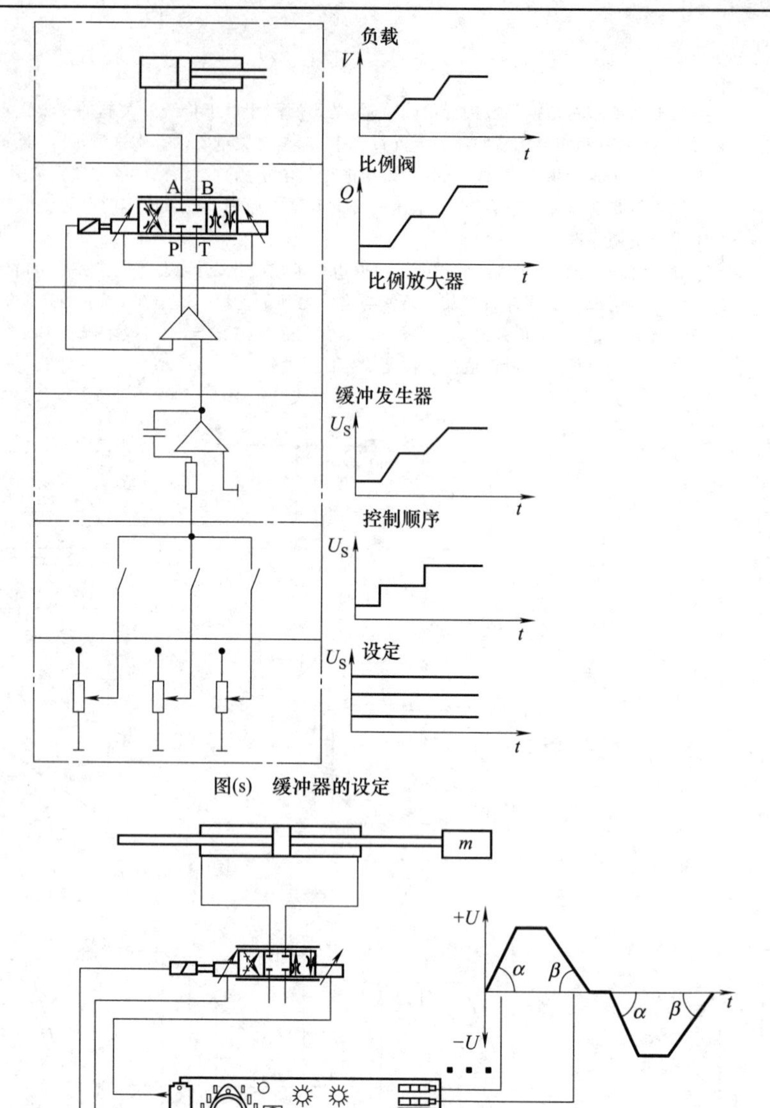

图(s)　缓冲器的设定

图(t)　缓冲器象限识别

可编程缓冲:在高性能 PLC 系统中,可通过编程产生一个积分器。它实际上是对突变信号的缓冲。合适的微处理器时钟周期,是防止产生小阶跃电压的先决条件

带有设定信号及缓冲的印刷电路板(PCB):

如图(u)所示 PCB 内含了一个具有缓冲目的的信号设定级。它位于比例阀放大器的设定输入之前。各功能描述如下

2 个固定设定信号+10V 和-10V(快速返回)

4 个可调设定信号 0～±10V,采用电位器 P_1～P_4 调节,(b32)和(z22)提供了+10V 电压源

6 个设定信号的选择输入,它是通过电子继电器实现的,当端子(z24)～(b26)与地相连时,继电器闭合

两个缓冲时间,分别用于加速及减速

通过电位器 P_5～P_8 及开关 1 和 2,缓冲时间在 t=0.05～20s 可调。用(b30)选择斜率 $a1$ 和 $b1$

根据不同需要,通过开关 3 和 4,选择在低速 P_2 和 P_3 到停止时是否加缓冲

缓冲,带有象限识别

(b28)与地连接时,缓冲切除

续表

缓冲器

外加设定信号的附加输入器(b10)或位于旁路上的差动输入(z16/z14)，主输出端(z20)，位于缓冲器之前附加输出端(z10)和(z12)

用 LED 显示设定信号的选择输入和缓冲模式，见图(v)

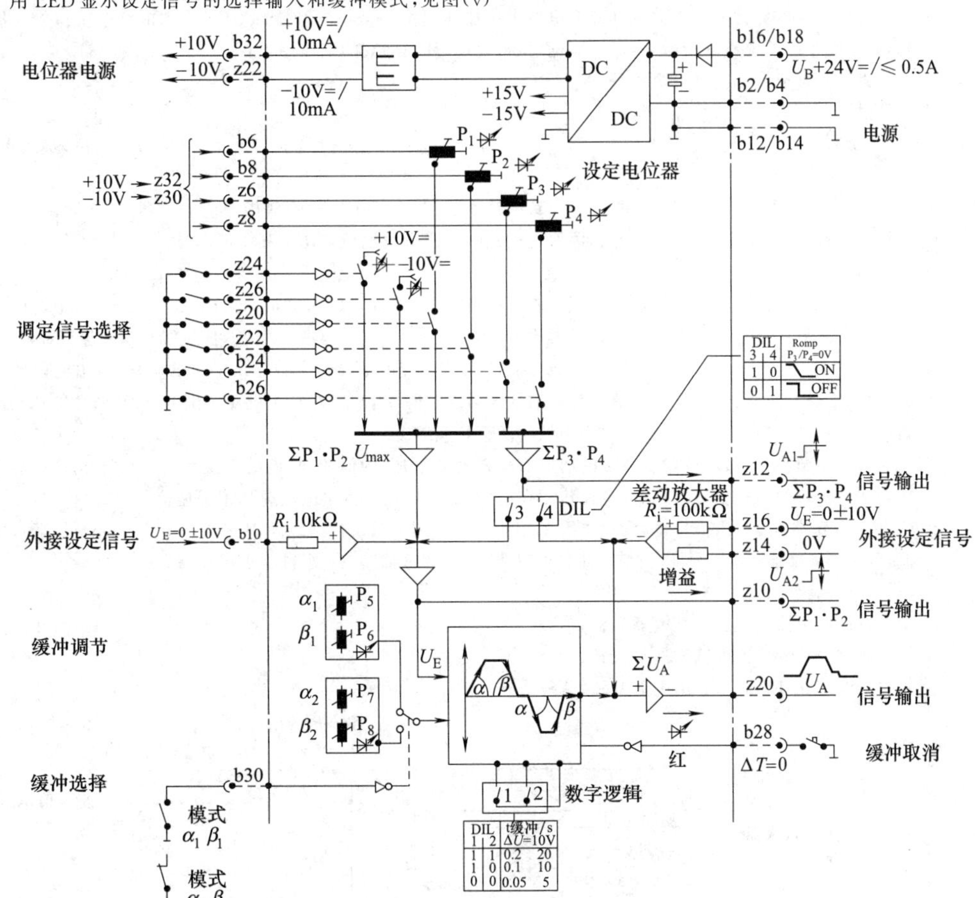

图(u)　带有设定信号及缓冲的印刷电路板(PCB)带端子标识的方框图

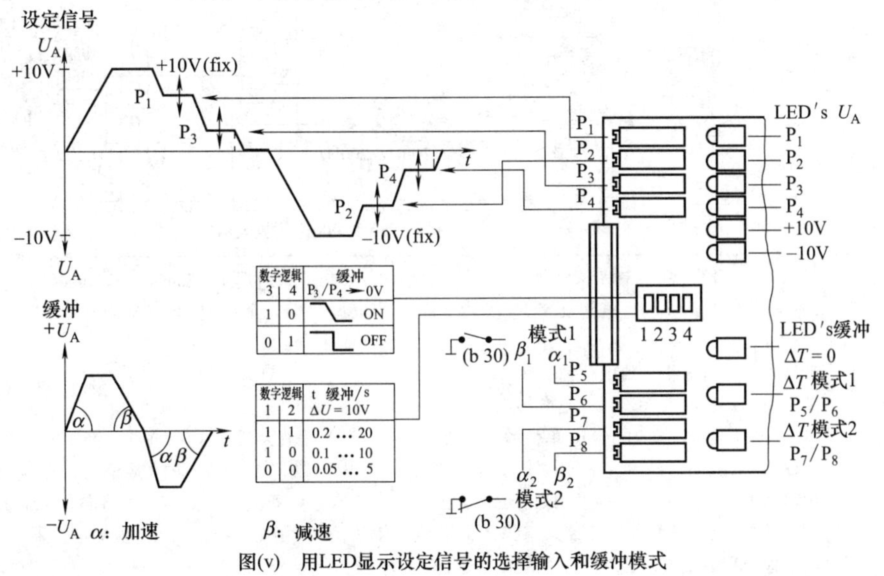

图(v)　用LED显示设定信号的选择输入和缓冲模式

第20篇

续表

<table>
<tr><td>VT2000比例放大器——比例压力阀用的放大器</td><td>如图(w)所示为 VT2000 比例放大器的结构框图，它主要由差动放大器 1、斜坡函数发生器 2、电流调节器 3、振荡器 4、脉宽调制输出级 5、电压单元 6 和解调器 7 等组成，图中 8 为比例电磁铁
用方框图来解释比例放大器的功能。电源电压加到端子 24ac(＋)和 18ac(0V)上。电源电压在放大板上进行处理，并由此平稳的电压 6 产生一个±9V 的电压，此稳定的±9V 的电压用于：
①供给外部或内部指令值电位器；
②供给内部运行的放大器
VT2000 放大器，通过指令值输入 12ac 进行控制。此输入电压相当于测量零点(M0)的电位，最大电压为＋9V(端子 10ac)
指令值输入，可直接连接到电源 6 的＋9V 测量电压上，也可连接到外部指令值电位器上。假如指令值输入直接连接到测量电压上，则输入电压的值，因而电磁铁的电流可由电位器 R_2 来决定，如用外部指令值电位器，则 R_2 的作用为限制器。
VT2000 的指令值，也能通过差动放大器(端子 28c 和 30ac)输入，此时，端子 28c 对端子 30ac 的电位应是 0～＋10V。如果采用差动放大器输入，则必须仔细地将指令电压切入或切出，使两信号线与输入连接或断开
斜坡发生器 2，根据阶跃输入信号产生缓慢的上升或下降的输出信号。输出信号的斜率，可由电位器 R_3(对向上斜坡)和 R_4(对向下斜坡)进行调节。规定的最大斜坡时间 5s，只能在整个电压范围为＋9V 时才能达到。假如小的指令值阶跃加到斜坡发生器的输入，则斜坡时间会相应缩短
在电流调节器 3 上，斜坡发生器 2 的输出信号和电位器 R_1 的值相加，借助于振荡器 4 的调节，产生导通输出级的大功率晶体管的脉宽信号，此脉冲电流作用在电磁铁上，就像一恒定电流叠加了颤振信号
电流调节器 3 的输出信号，输到输出级 5，输出级 5 控制电磁铁输出级 8，其最大电流为 800mA。通过电磁铁的电流，可在测量插座 X2 处测得，斜坡发生器的输出，可在测量插座 X1 处测得
外部控制：
①通过电位器遥控及用继电器激活；
②通过差动放大器的输入进行遥控；
③斜坡切除(Ramp off)用于上升和下降
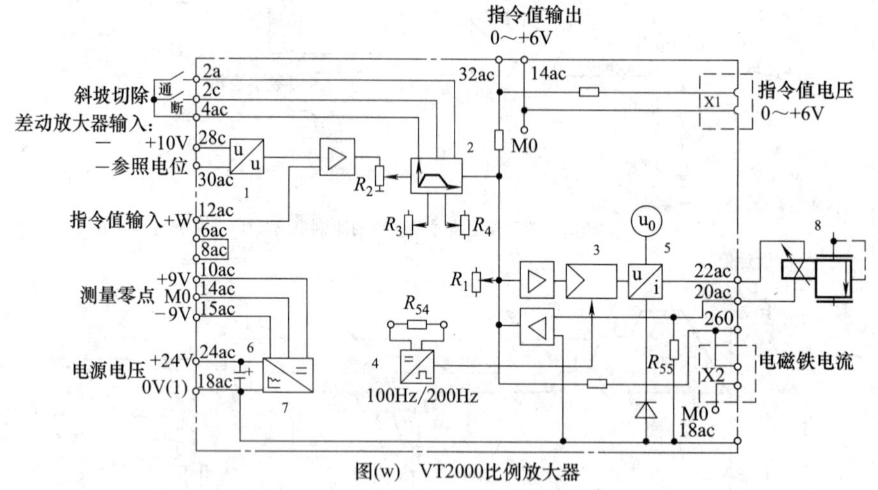

图(w)　VT2000比例放大器</td></tr>
<tr><td>VT3000比例放大器——无阀芯位置反馈比例方向阀的比例放大器</td><td>见图(x)，下面用方框图来解释比例放大器的功能。电源电压加到端子 32ac(＋)和 26ac(0V)，加到比例放大器上，电源电压在放大板上进行稳压处理，并由此平稳的电压产生一个稳定的±9V 电压。此稳定的±9V 的电压用于：
①供给外部或内部指令值电位器；
②供给内部运行的放大器
VT3000 放大器有 4 个对于 M0 单位的指令值输入和一个差动放大器输入(端子 16a 和 16c)。为了设定指令值电压，四个端子 12a、8a、10a 和 10c，必须连接到稳定的＋9V 电压(端子 20c)或－9V(端子 26ac)。此四个指令值输入，可直接连到电源单元 8 的±9V 电压上，也可连到外部指令值电位器上。假如四个指令值输入直接连到±9V 电压上，四个不同的指令值可由电位器 R_1 到 R_4 来设定。当使用外部指令值电位器时，内部电位器 R_1 到 R_4 的作用为限制器。指令值通过继电器触头 K1 到 K4 来取值</td></tr>
</table>

续表

<table>
<tr>
<td>VT3000比例放大器——无阀芯位置反馈比例方向阀的比例放大器</td>
<td colspan="2">

假如指令值电压不是由内部电路而是由外部电路来提供，则必须利用差动放大器输入。如果采用差动放大器2输入，则必须仔细将指令电压切入或切出，使两信号线与输入连接或断开，斜坡发生器4，根据阶跃的上升输入信号产生缓慢上升的输出信号。输出信号的上升时间（斜率），可由电位器 R_8 进行调节。规定的最大斜坡时间（1s或5s），只能在全电压范围（为0～±6V，在指令值测量插脚处测得）时达到

在输入端±9V的指令值电压，在指令值测量插脚处产生±6V的电压。假如小于±9V的指令值输到斜坡发生器4的输入端，则最大斜坡时间会缩短

斜坡发生器4的输出信号，输到加法器6和阶跃函数发生器5。阶跃函数发生器5在其输出端产生一阶跃函数，并和斜坡发生器4的输出信号在加法器6中相加。此阶跃函数，用于使滑阀快速通过比例方向阀的正遮盖区域

此快速跳跃只在指令值电压高于100mV时才起作用。如果指令值电压增高到高于此值，此阶跃函数发生器5输出一个恒定的信号

加法器6的输出信号输出到电流调节器7的两个输出级，振荡器9和功率放大器10。对放大器输入端的正的指令电压，电磁铁B的输出级受控制，对放大器输入端的负的指令值电压，电磁铁A的输出级受控制

差动放大器的输入从0～±10V。为了达到放大器和外部控制电路高阻抗的隔离，需要这样的输入

继电器K6可用于给出电压的摆动，即通过继电器触头K6，可将电压从−9V转换到+9V。当输出端2a连接到某一指令值输入端时，通过动作相关的电磁铁和电磁铁K6（触头4c）能使方向相反

为动作电磁铁K5，斜坡发生器应被跨接，即不让其起作用

电磁铁的动作电压必须从28c获取，并通过无反冲电位触头输到电磁铁的输入端8c、4a、6a和6c

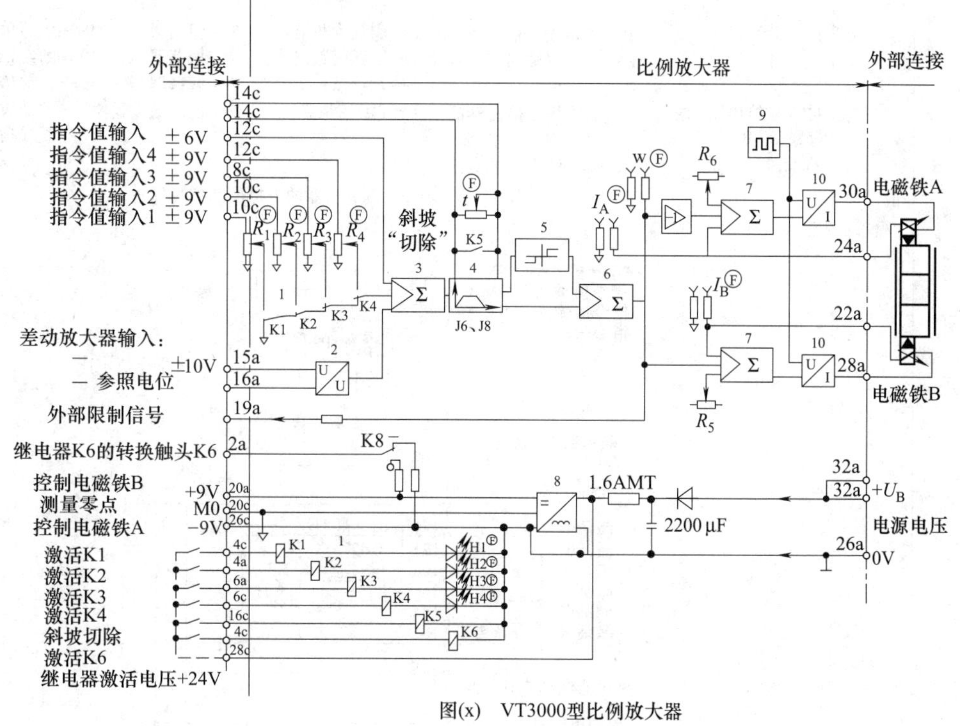

图(x)　VT3000型比例放大器

</td>
</tr>
<tr>
<td>VT5005比例放大器</td>
<td>指令值预选</td>
<td>VT5005比例放大器是用于带阀芯位置反馈比例方向阀的比例放大器。见图（y）。进行指令值预选以获得可变电压的最简单的方法，是将输出端30a（K6的转换触头）连到一个或几个指令值输入（14c，14a，20a，20c）上。见图（z）。4个指令值输入处的电压为9V，可用电压分配器P1到P4将指令值电压调节到所需的负指令值，并能由继电器K1到K4来启动（继电器的激活的d1～d4）。转换触头K1到K4的串联，确保每一次只能预选一个指令电压（指令值输入20c具有最高的优先权）</td>
</tr>
</table>

续表

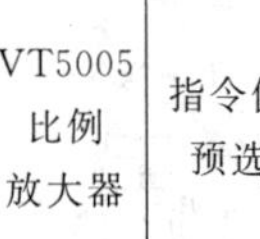

VT5005 比例放大器 | 指令值预选

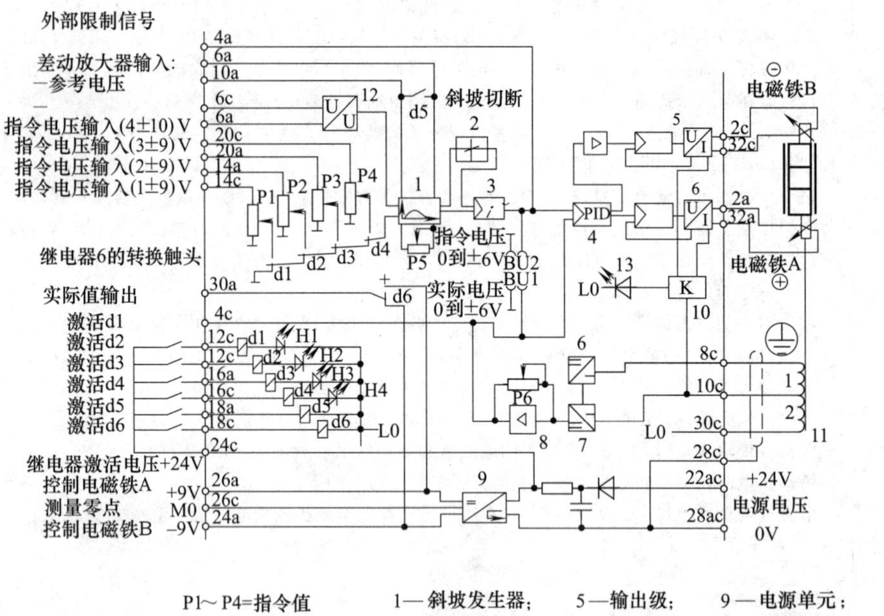

P1～P4=指令值　　1—斜坡发生器；　5—输出级；　9—电源单元；
P5　　=斜坡时间　　2—阶跃函数发生器；6—振荡器；　10—断线检测；
P6　　=增益　　3—加法器；　7—解调器；　11—位移传感器；
H1～H4=指令值激活的辉光二极管　　4—PID控制器；　8—匹配放大器；　12—差动放大器；
d1～d6=继电器的激活　　13—断线指示辉光二极管

对0V供给电压，测量零点(M0)上升9V交流

图(y)　VT5005比例放大器的方框图和插脚配置

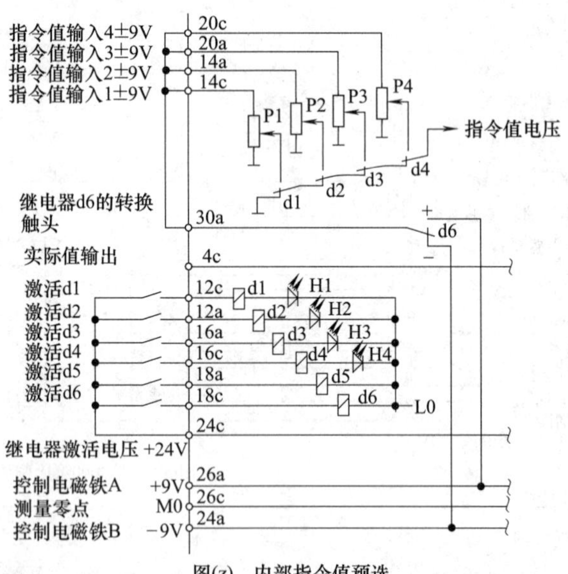

图(z)　内部指令值预选

指令值输入的极性(正指令值电压)，能用转换触头 K6 转换，和继电器 K1 到 K4 不同，继电器 K6 的状态没有显示，所需转换的指令值电压的极性，也可以是负的。更好的办法是，指令值电压能从正值连续变为负值。这可用外部指令值电位器来达到。见图(a′)

+9V(26a)和−9V(24a)的电压加到电压分配器上，因而它能提供从−9V 到+9V 的连续变化的电压，此电压可作为指令值的输入信号

续表

VT5005 比例 放大器	指令值 预选	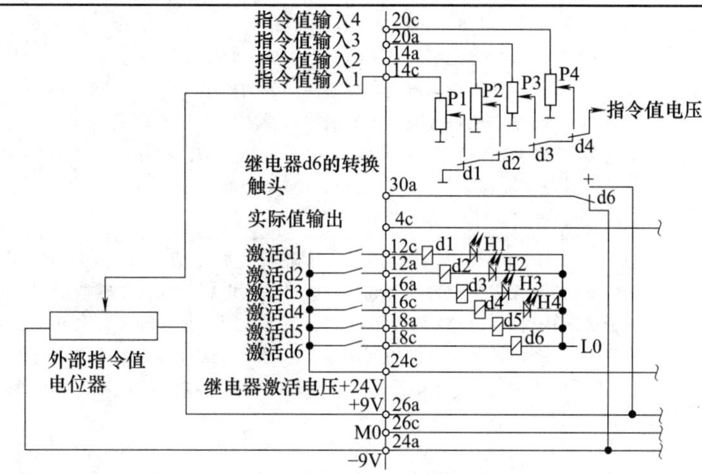 图(a′)　外部指令值预选 为了避免在指令值阶跃变化时液压系统的冲击(例如指令值输入从某一值变到另一值),放大电路板配有斜坡发生器 1。在设定时间内,它将从上一个指令值开始,到现时要加的指令值进行积分。故斜坡发生器是将新的指令值电压加于平滑,见图(b′) 通常,积分时间(斜坡时间)能在 0.03s 到 5s 之间变化。此变化可用调节多圈电位器 P5(放大器面板上的斜坡时间按钮)来达到。如果需要,通过继电器 K5(激活 d5)或将触头 8a 和 10a 跨接的方法,来切除斜坡发生器。用匹配的 VT5005 比例放大器进行斜坡时间的调节 图(b′)　斜坡发生器
	简要 说明	用于设定斜坡时间的匹配器,使 VT5005 比例放大器有可能精确地调节斜坡时间,以满足要求的数值 原理:在 VT5005 比例放大器连接器的插脚 6a 和 10a 处,测量斜坡电位器的电阻。在此电阻和斜坡积分器阻值的基础上,能精确地决定斜坡时间。反过来,对于一定的斜坡时间,斜坡电位器的电阻,也能进行计算和设定。采用下列公式,精确计算在给定斜坡时间应有的电阻值 $$R=100t+2.7 \quad (20\text{-}13\text{-}3)$$ 式中　R——斜坡电位器的电阻,kΩ; 　　　t——斜坡时间 一般,对于大多数应用场合,下面的简化公式就足够了 $$R=100t \quad (20\text{-}13\text{-}4)$$

第 20 篇

续表

	简要说明	对于很小的斜坡时间(0.03～0.1s),此简化公式还不够精确。在此情况下,可采用精确公式。注意,此关系式仅能用于调节从 0.03～5s 的 VT5005 比例放大器 ①利用相应的公式,决定所需斜坡时间必要的电阻 ②切断电源,小心地将 VT5005 比例放大器从机架上取下 ③将数字万用表转换到电阻测量挡(量程为 2000kΩ),并和运行板(8a,10a)连接 ④用斜坡电位器设定所算得的电阻值(对于小的电阻值,用最合适的量程) ⑤合上电源,继续工作
VT5005比例放大器	实际值的采集	见图(c′)。闭环系统需要将实际点信号值和电指令值进行比较。此实际值必须正比于阀芯的行程,并应较好地、信号无损失地被检测到,为此,可采用电感式位移传感器 7 在此类阀中,位移传感器集成在阀内。其工作原理是差动变压器形式的位移传感器。它由三个线圈和一个铁芯组成,其铁芯和移动的阀芯连在一起。根据滑阀阀芯的位置变化,能在固定不动的线圈绕组 1 和 2 上感应出变化的电压,振荡器 4 向电感式位移传感器 7 提供交流电压,解调器 5 使传感器的有效信号和实际值 6 的形式相适应 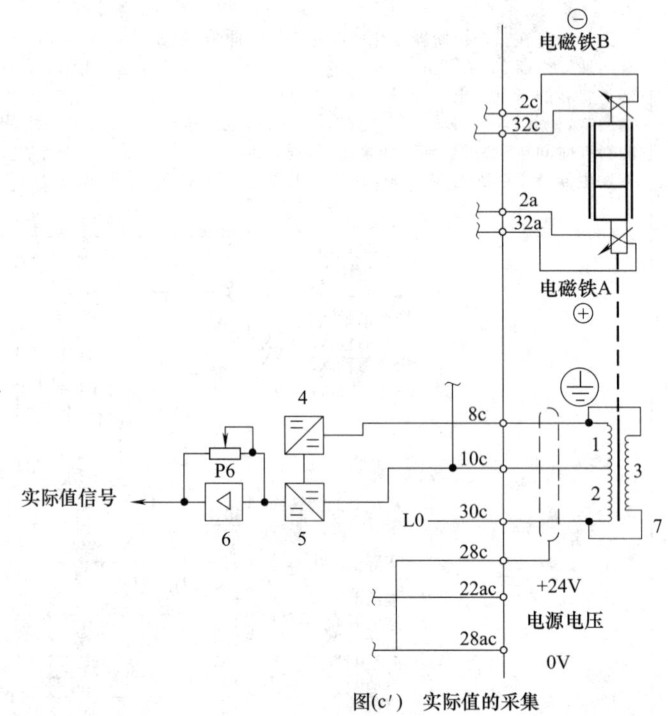 图(c′) 实际值的采集
	阶跃函数发生器	从设计的角度出发,在控制阀口打开让油液流过之前,滑阀应有一定的行程(遮盖量)。假如在遮盖量范围内,滑阀阀芯的位移精确地跟随指令值的变化,则在过了遮盖量之后的行程中,控制变量(阀口轴向开度)就不会跟随指令值呈比例的变化(阀口轴向开度等于阀芯位移减去固定的遮盖量) 此情况可由阶跃函数发生器来弥补,阶跃函数发生器产生的阶跃信号,叠加到指令值上,能使滑阀阀芯迅速地越过中位的遮盖量。见图(d′) 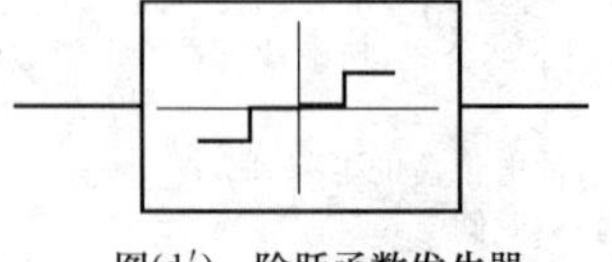 图(d′) 阶跃函数发生器

续表

<table>
<tr>
<td>VT5005 比例放大器</td>
<td>PID 控制器</td>
<td>见图(e′)。PID 控制器(比例-积分-微分作用)是一个电子回路,它把用斜坡和阶跃函数发生器校正过的指令值和实际信号值相加,实际值和指令值的正负号不同,因此,只将指令值和实际值的绝对值差值,即误差信号,用来作为控制器的信号
根据上述的误差信号,控制器得出控制信号,并通过两个输出功率级 5 中的一个,控制阀动作以纠正误差,直至误差信号为 0(指令值=实际值)。在指令信号为正时,电子回路控制电磁铁 B;在指令信号为负时,电子回路控制电磁铁 A
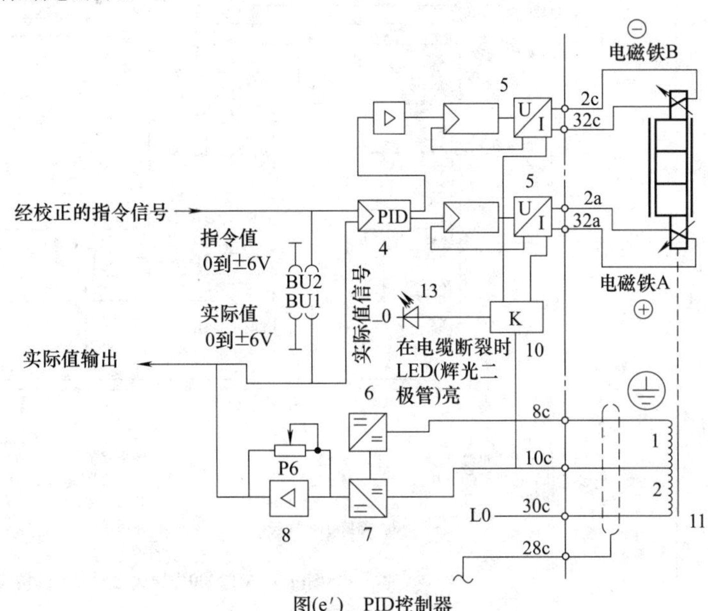

图(e′)　PID控制器
电缆断裂检测,监控电感式位移传感器 11 的电源电缆,在此电缆断裂时,它使两个电磁铁(A 和 B)均失电,同时在放大器面板上的 LED 13(辉光二极管)发出信号,以示有电缆断裂</td>
</tr>
<tr>
<td>比例放大器接线图实例</td>
<td>VT5005 型比例放大器接线图</td>
<td>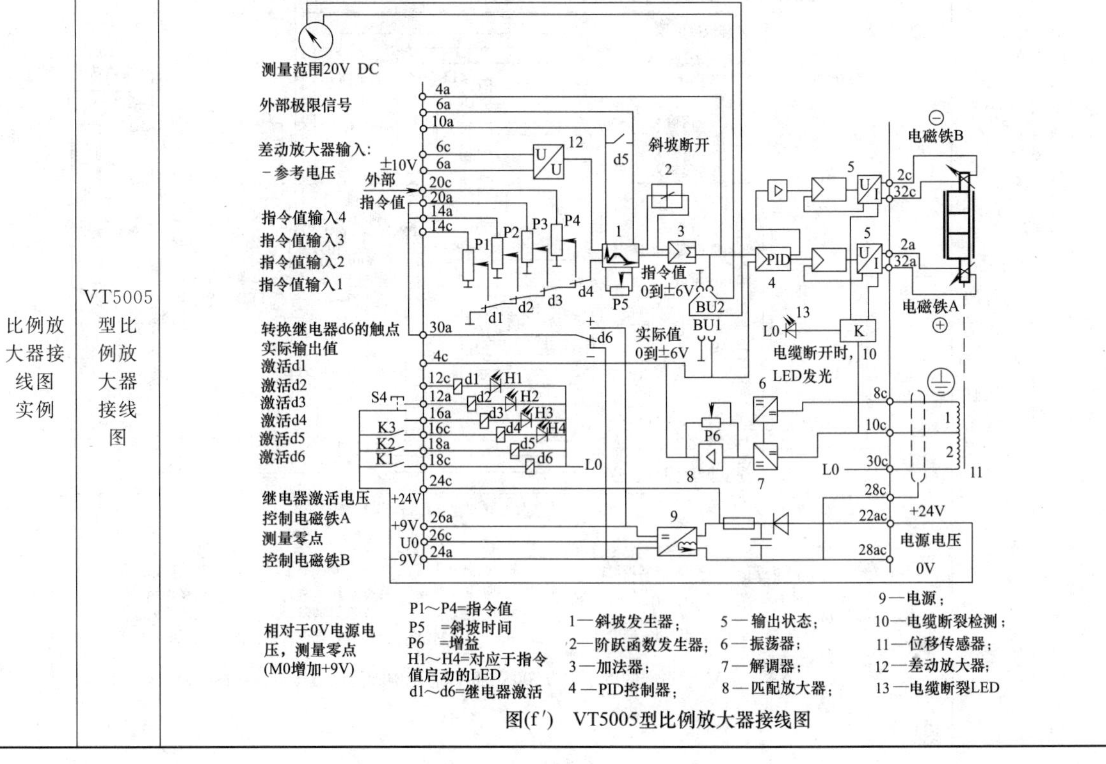

图(f′)　VT5005型比例放大器接线图</td>
</tr>
</table>

第20篇

续表

<table>
<tr>
<td rowspan="2">比例放大器接线图实例</td>
<td>VT2000先导式比例溢流阀接线图</td>
<td>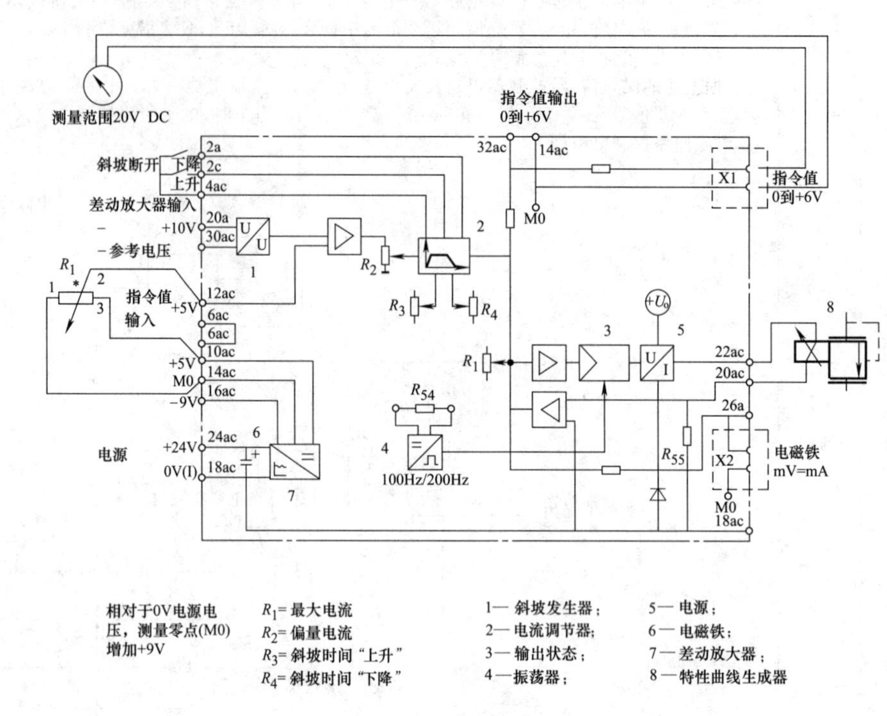

图(g′) VT2000先导式比例溢流阀接线图</td>
</tr>
<tr>
<td>VT5005三位四通比例阀控制液压缸接线图</td>
<td>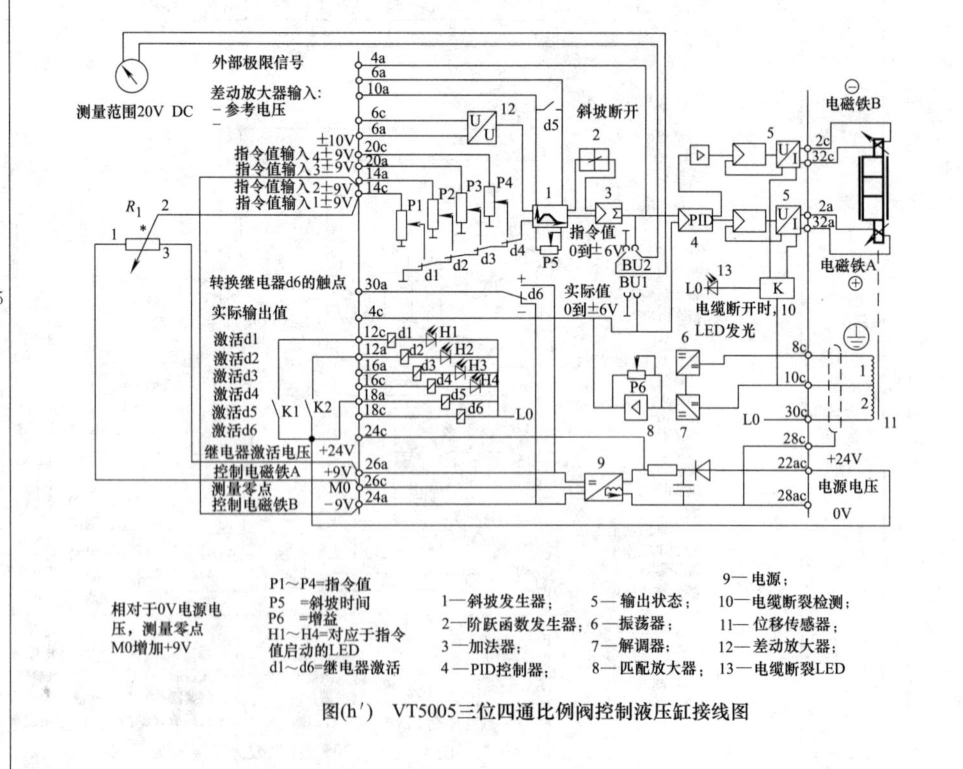

图(h′) VT5005三位四通比例阀控制液压缸接线图</td>
</tr>
</table>

续表

<table>
<tr><td>比例放大器接线图实例</td><td>VT5010速度控制接线阀</td><td>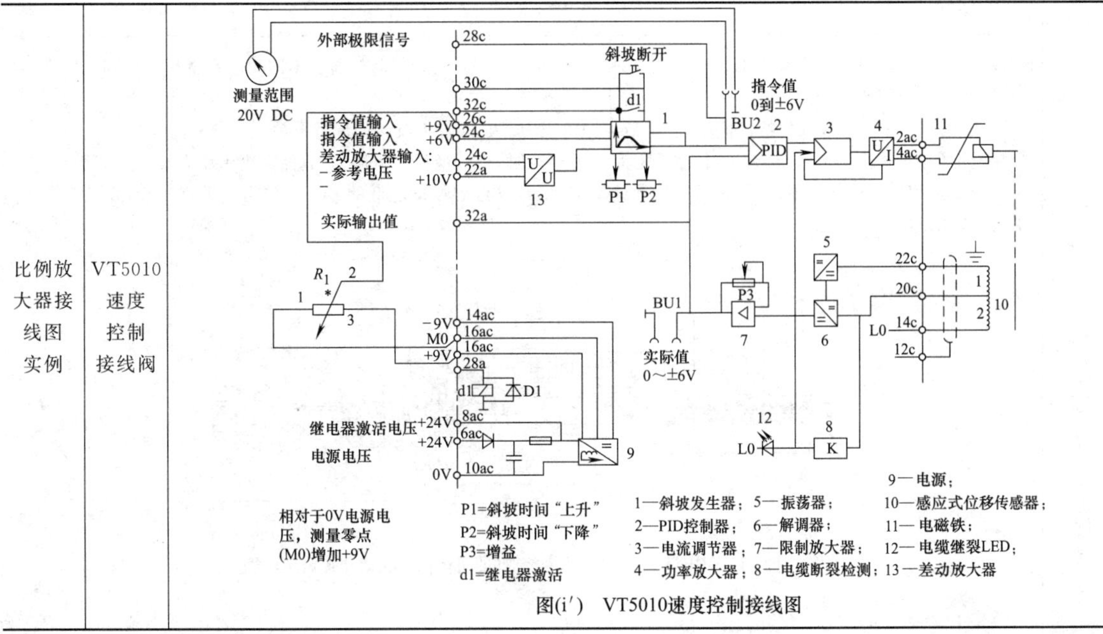

图(i′)　VT5010速度控制接线图</td></tr>
</table>

13.4　电液比例压力阀

电液比例压力控制阀（简称电液比例压力阀），其功用是对液压系统中的油液压力进行比例控制，进而实现对执行器输出力或输出转矩的比例控制。可以按照不同的方式对电液比例压力阀进行分类：按照控制功能不同，电液比例压力阀分为电液比例溢流阀和电液比例减压阀；按照控制功率大小不同，分为直接控制式（直动式）和先导控制式（先导式），直动式的控制功率较小；按照阀芯结构形式不同，可分为滑阀式、锥阀式、插装式等。

电液比例溢流阀中的直动式比例溢流阀，由于它可以作先导式比例溢流阀或先导式比例减压阀的先导级阀，并且根据它是否带电反馈，决定先导式比例压力阀是否带电反馈，所以经常直接称直动式比例溢流阀为电液比例压力阀。先导式比例溢流阀多配置直动式压力阀作为安全阀；当输入电信号为零时，还可作卸荷阀用。

电液比例减压阀中，根据通口数目有二通和三通之分。直动式二通减压阀不常见；新型结构的先导式二通减压阀，其先导控制油引自减压阀的进口。直动式三通减压阀常以双联形式作为比例方向节流阀的先导级阀；新型结构的先导式三通减压阀，其先导控制油引自减压阀的进口。

比例压力阀可实现压力遥控，压力的升降可通过电信号随时加以改变。工作系统的压力可根据生产过程的需要，通过电信号的设定值来加以变化，这种控制方式常称为负载适应型控制。这类阀的液压构件，沿用传统的压力阀，只是用带或不带位置调节闭环的比例电磁铁，替代用来调节弹簧预压缩量的调节螺钉或调节手轮。

表 20-13-4　　比例压力阀典型结构与工作原理

类型	结构与工作原理
直动式比例溢流阀	这种比例溢流阀采用座阀式结构，它由如下几部分构成：壳体 1，带电感式位移传感器 3 的比例电磁铁 2，阀座 4，阀芯 5，压力弹簧 6，见图(a) 这里采用的比例电磁铁是位置调节型电磁铁，用它代替手动机构进行调压 给出的设定值，经放大器产生一个与设定值成比例的电磁铁位移。它通过弹簧座 7 对压力弹簧 6 预加压缩力，并把阀芯压在阀座上。弹簧座的位置，即电磁铁衔铁的位置(亦即压力的调节值)，由电感式位移传感器检测，并与电控器配合，在位置闭环中进行调节。与设定值相比出现的调节偏差，由反馈加以修正。按照这个原理，消除了电磁铁衔铁等的摩擦力影响。由此得到了精度高、重复性好的调节特性：最大调定压力时，滞环<1%，重复精度<0.5%

续表

<table>
<tr><th>类型</th><th>结构与工作原理</th></tr>
<tr><td>直动式比例溢流阀</td><td>最高调定压力，以压力等级为准（25bar，180bar，315bar）。不同的压力等级，通过不同的阀座直径来达到。因电磁力保持不变，当阀座直径最小时压力最高
图(b)为25bar压力等级的特性曲线，表明最大调定压力还与通过溢流阀的流量有关
在设定值为零，比例电磁铁及位移传感器电路中无电流时，得到最低调节压力（此值取决于压力等级及流量）
弹簧6是用来在信号为零时，将衔铁等运动件反推回去，以得到尽可能低的 p_{min}。如阀是垂直安装，弹簧6还要平衡衔铁的重量
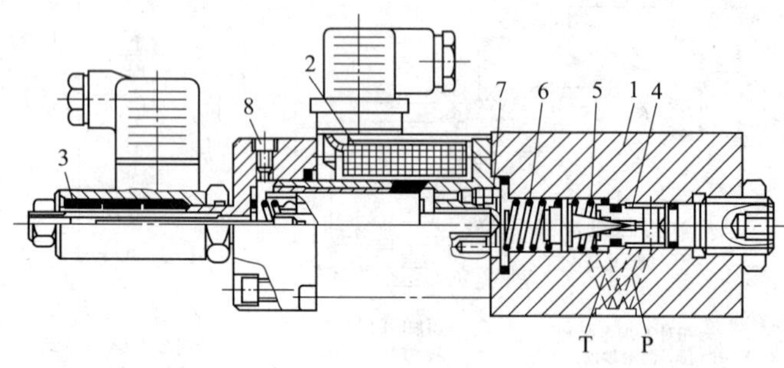

图(a)　DBETR直动式比例溢流阀(带闭环位置反馈和弹簧预压缩)
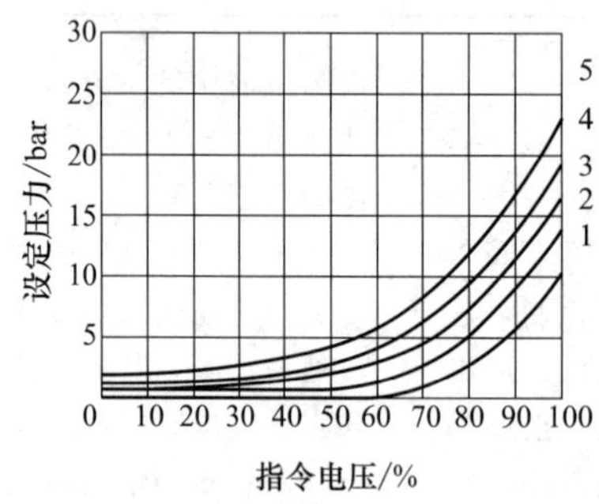

图(b)　设定压力与指令电压的关系</td></tr>
<tr><td>先导式比例溢流阀</td><td>大流量阀一般采用先导式结构。这种阀由下面几个主要部分组成：带有比例电磁铁2的先导级1，最高压力限制阀3(供选择)，带主阀芯5的主阀4[见图(c)]
先导式比例溢流阀的基本功能与一般先导式溢流阀相似，其区别在于，先导阀由比例电磁铁代替调压弹簧，它是一个力调节型比例电磁铁。如在电控器中预调一个给定的电流，对应地就有一个与之成比例的电磁力作用在先导锥阀芯6上。较大的输入电流，意味着较大的电磁力，相应产生较大的调节压力；较小输入电流，意味着较小的电磁力，相应产生较低的调节压力。由系统（油口A）来的压力，作用于主阀芯5上。同时系统压力通过液阻7、8、9及其控制回路10，作用在主阀芯的弹簧腔11上。通过液阻12，系统压力作用在先导锥阀6上，并与电磁铁2的电磁力相比较。当系统压力超过相应电磁力的设定值时，先导阀打开，控制油流经Y通道回油箱。注意，油口Y处应始终处于卸压状态
由于控制回路中液阻的作用，主阀芯5上下两端产生压力差，使主阀芯抬起，打开A到B的阀口(泵-油箱)
为了在电气或液压系统发生意外故障时，例如过大的电流输入电磁铁，液压系统出现尖峰压力等情况下，能保证液压系统的安全，可选配一个弹簧式限压阀3作为安全阀。它同时也可作为泵的安全阀
在调节安全阀的压力时，必须注意它与电磁铁可调的最大压力的差值，此安全阀应仅对压力峰值产生响应
作为参考，这个差值可取为最大工作压力的10%左右。例如：最大工作压力为100bar，则安全阀调定压力为110bar
不同的压力等级（50bar，100bar，200bar，315bar），也是通过不同的阀座直径来实现。除了一般的特性曲线，如“流量-压力特性”，“流量-最低调节压力特性”之外，另一条重要的特性曲线是“控制电流-进口压力特性”</td></tr>
</table>

续表

类型	结构与工作原理
先导式比例溢流阀	作为例子，图(d)给出了压力级别为 200bar 的阀的特性曲线。对每一个压力等级，阀的最大压力总是对应于最大电流 800mA。实际上，人们只选择必要的压力等级，而不选较高的等级，以便得到尽可能好的分辨率 从特性曲线可知，当不配用 VT2000，而是用不带颤振信号的放大器时，会产生较大的滞环 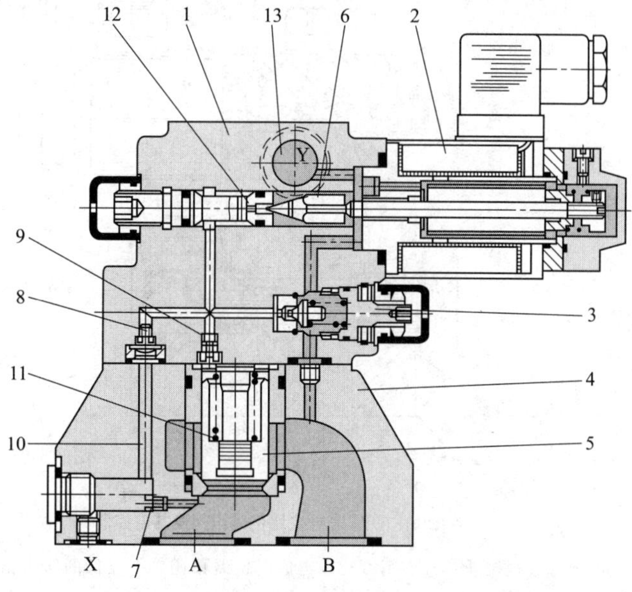 图(c)　DBEM先导式比例溢液图(带限压阀) 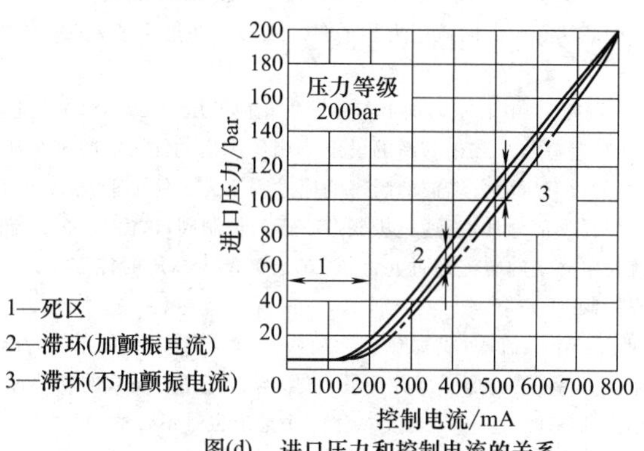 图(d)　进口压力和控制电流的关系
先导控制式比例减压阀(DRE 10、25 型)	与前述的溢流阀一样，电磁力直接作用于先导锥阀，见图(e)。通过调节比例电磁铁 2 的电流来调整 A 通道中的压力。在调定值为零的原始位置(在 B 通道中没有压力或流量)，弹簧使主阀芯组件处于其输出口位置，A 与 B 之间的通道关闭，由此抑制了启动阶跃效应 A 通道的压力通过控制通道 6，作用到主阀芯 7 的端面上。B 中的油经通道 8，通过主阀芯引到小流量调节器 9。小流量调节器使从 B 通道来的控制油流量保持为常数，而与 A、B 通道间的压力差无关 从小流量调节器 9 流出的控制油进入弹簧腔 10，通过孔道 11 和 12，并经阀座 3，由 Y 通道 14、15、16 流回油箱 A 通道中希望达到的压力，由配套的放大器预调。比例电磁铁把锥阀芯 20 压向阀座 13，并把弹簧腔 10 中的压力限制在调定值上。如果 A 通道中的压力低于预调的设定值，则弹簧腔中较高的压力驱使主阀芯向右移动，打开 A 与 B 之间的通道 当 A 通道的压力达到调定值时，主阀芯上的力也达到平衡 A 通道中的压力×主阀芯 7 面积＝弹簧 10 腔中的压力×阀芯面积＋弹簧力 17 的弹力 如果 A 通道中压力上升，则阀芯向着使 B 到 A 的阀口关闭的方向移动

续表

类型	结构与工作原理
先导控制式比例减压阀（DRE 10、25型）	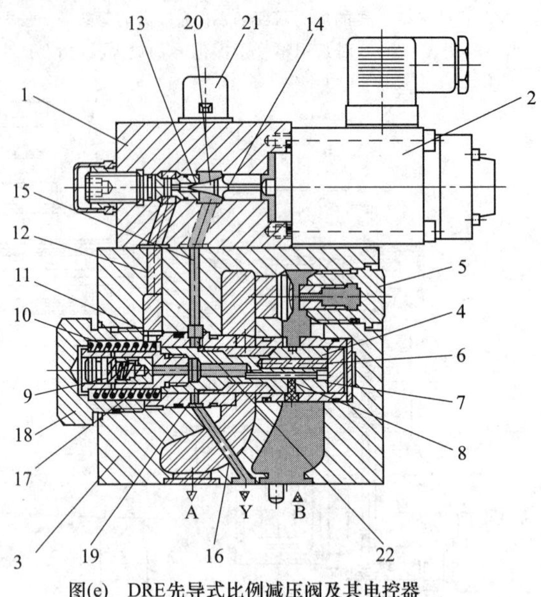 **图(e)　DRE先导式比例减压阀及其电控器** 如果要使A腔(例如缸被制动)降压，则可对设定值电位器预调一个较低的压力值。通过电磁铁的作用，这个低压值即刻就反映到弹簧10腔中 作用在主阀芯面积上的A腔的较高压力，把主阀芯压在螺堵18上，使A到B的通道关闭，打开A到Y通道。弹簧17的弹簧力，与主阀芯端面7上的液压力相平衡。主阀芯在这个位置时，A通道的油经控制阀口19经Y流回油箱 当A腔压力，降到弹簧腔10中的压力加上与弹簧力相应的压差Δp时，主阀芯移动并关闭从A到Y的控制阀口(开在阀套中的很大的控制口)，A腔中与新的设定值相比高出约10bar的剩余压差，将通过小孔22卸除。通过这一措施，得到一个较好的没有压力分谐波的瞬态响应过程。为了使油能从A通道自由流向B通道，可选配单向阀5。与此同时，A通道中另一部分油液，通过主阀芯打开的控制阀口，由A经Y流回油箱 为了保证液压系统在电磁铁的电流超过允许值、A通道产生高压时能安全运行，DREM型先导比例溢流阀安装了弹簧式最高压力限制阀21 对于在B通道中使用一个节流阀(例如比例方向阀)进行节流制动的系统，在油液经单向阀5由A流到B的同时，通过并联的Y通道进入油箱的那一部分油液，将影响A通道中负载的制动过程 对于通道A的溢流控制来说，这个A到Y的第三个通道也是不合适的
先导式比例减压阀(DRE30型)	见图(f)，A通道中压力的调节，是通过改变比例电磁铁的控制电流来实现的 主阀在初始位置时，B通道中没有压力，主阀阀芯组件4处于B到A打开的位置。A通道中的压力作用在使阀口关闭的主阀芯底端。先导压力作用在使阀从B到A打开的主阀芯弹簧腔 从B通道来的控制油，经过孔6、流量稳定器9、孔7，流到与锥阀8相配的阀座10，然后由Y通道流回油箱 通过调节电磁铁2的电信号，先导阀1得到一个作用于主阀芯弹簧腔的压力。在主阀4的调节位置上，油液从通道B流向A，A通道中的压力不会超调(A通道的压力取决于先导级压力和主阀弹簧) 当与A通道相连的执行器不运动时(例如缸被制动)，如果通过比例电磁铁2在A通道中调定一个很低的压力，则主阀芯移动，关闭从B到A的通道。同时打开从A到主阀弹簧腔的通道。在这种情况下，A通道中的压缩流体可经由先导阀1和Y通道，实现卸荷 为使油能从A自由回流到B通道，可安装一个单向阀11

续表

类型	结构与工作原理
先导式比例减压阀(DRE30 型)	图(f)　DRE30/DREM30型先导式比例减压阀
其他结构形式的比例压力阀	NG6 先导式压力阀,不带位置调节闭环。这种溢流阀适用于小流量,仅用作与各种主级或变量泵相配的先导阀。各种不同压力等级,通过不同的阀座直径 ϕ 来形成。阀座位置已调整,不许改变。第一次运作时,可在放大器里进行精细调整,见图(g) 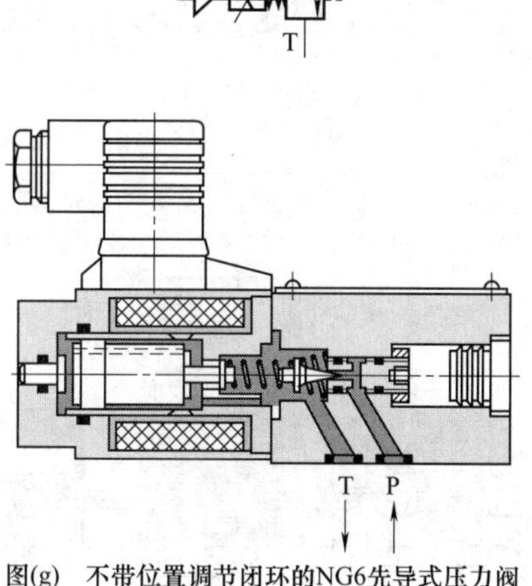 图(g)　不带位置调节闭环的NG6先导式压力阀
	NG6 先导式压力阀,带位置调节闭环。在对重复精度、滞环等有较高要求时,采用带位置反馈闭环系列,见图(h) 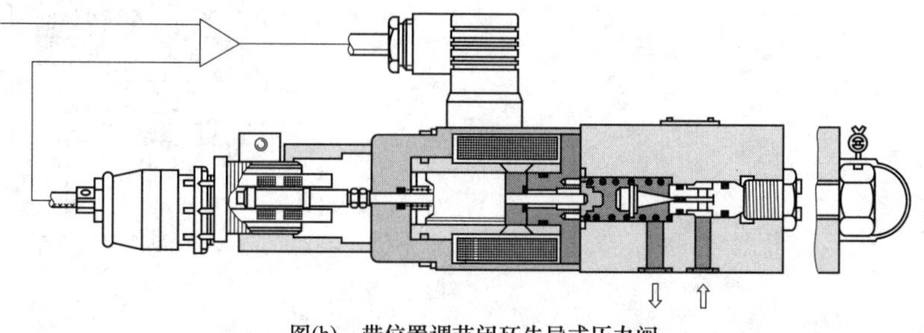 图(h)　带位置调节闭环先导式压力阀

续表

<table>
<tr><th>类型</th><th>结构与工作原理</th></tr>
<tr><td rowspan="3">其他结构形式的比例压力阀</td><td>NG6 先导式溢流阀，不带位置调节闭环，主级滑阀式，带单侧法兰连接的先导阀，见图(i)
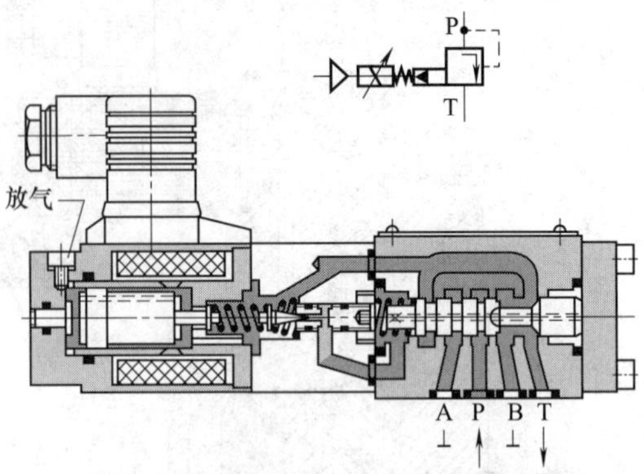

图(i)　NG6先导式溢流阀，不带位置调节闭环</td></tr>
<tr><td>NG6 先导式减压阀，带位置调节闭环。主级滑阀式，带使控制油流量保持为常数的小流量阀。先导阀带位置调节闭环，允许精密调节压力在 p_{min} 时到 0bar（相对的），见图(j)
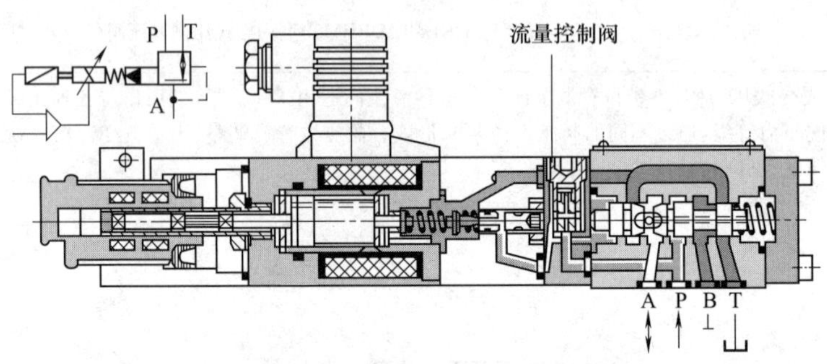

图(j)　带位置调节闭环的先导式减压阀</td></tr>
<tr><td>NG10 先导式溢流阀。这种阀用一个插装阀作为主级，可以通过随意大小的流量。先导阀可以单独与主阀分开，主阀也可单独作为一个部件，在用一个原始位置为常开的插装阀作为主级时，就形成减压阀的功能，见图(k)
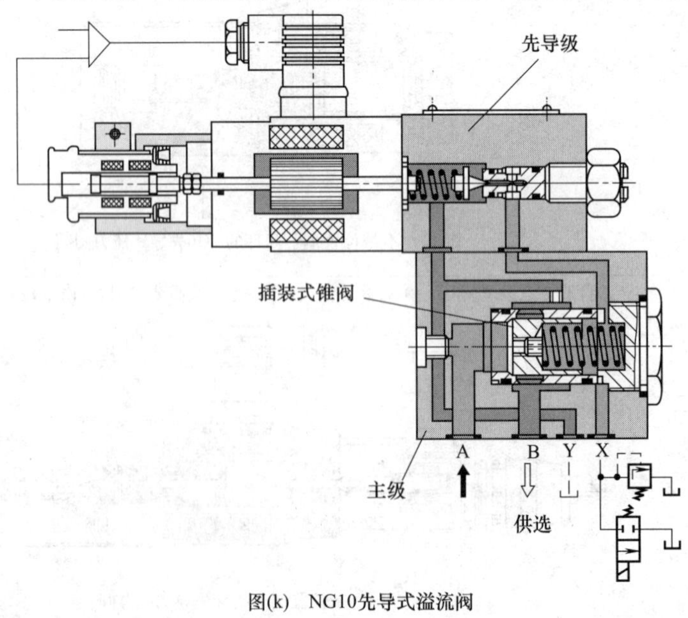

图(k)　NG10先导式溢流阀</td></tr>
</table>

13.5　电液比例流量阀

电液比例流量控制阀（简称电液比例流量阀），其功用是对液压系统中的流量进行比例控制，进而实现对执行器输出速度或输出转速的比例控制。按照功能不同，电液比例流量阀可以分为电液比例节流阀和电液比例流量阀（调速阀）两大类。按照控制功率大小不同，电液比例流量阀又可分为直接控制式（直动式）和先导控制式（先导式），直动式的控制功率及流量较小。

电液比例节流阀属于节流控制功能阀类，其通过流量与节流口开度大小有关，同时受到节流口前后压差的影响。电液比例流量阀（调速阀）属于流量控制功能阀类，它通常由电液比例节流阀加压力补偿器或流量反馈元件组成，其中，电液比例节流阀用于流量的比例调节，压力补偿器则可以使节流口前后压差基本保持为定值，从而使阀的通过流量仅取决于节流口的开度大小。

直动式电液比例流量阀是利用比例电磁铁直接驱动接力阀芯，从而调节节流口的开度和流量，根据阀内是否含有反馈，直动式又有普通型和位移电反馈型两类。先导式电液比例流量阀是利用小功率先导级阀对功率级主阀实施控制，根据反馈形式，先导式比例节流阀有位移力反馈、位移电反馈等形式，先导式比例调速阀有流量位移电反馈、流量电反馈等形式。

表 20-13-5　　电液比例流量阀的典型结构与工作原理

类型	结构与工作原理
压力补偿器串联在检测节流阀口之后的电液比例二通流量调节阀(NG6)	电液比例二通流量调节阀，可通过给定的电信号，在较大范围内与压力及温度无关地控制流量。最重要的组成部分为：壳体 1，带有电感式位移传感器的比例电磁铁 2，控制阀口 3，压力补偿器 4 和可供取舍的单向阀 5，见图(a) 流量的调节，是由电位器给定的电信号来确定。这个设定的电信号，在电控器（放大器型号如为 VT5010）中产生相应的电流，并在比例电磁铁中产生一个与之成比例的行程（行程调节型电磁铁）。与此相应，控制口 3 向下移动，形成一个通流截面。控制窗口的位置，由电感式位移传感器测出。与设定值间的偏差，由闭环调节加以修正。压力补偿器保证控制窗口上的压降始终为定值。因此，流量与负载变化无关。选用合适的控制窗口结构可使温漂较小 在 0%控制信号额定值时，控制窗口关闭。当控制电流出现故障，或位移传感器接线断开时，控制窗口也关闭 从 0%额定值起增大电流，可得到一个无超调的起始过程。通过电控器中的两个斜坡发生器，可实现控制窗口的延时打开和关闭 反向液流可经单向阀 5 由 B 流向 A 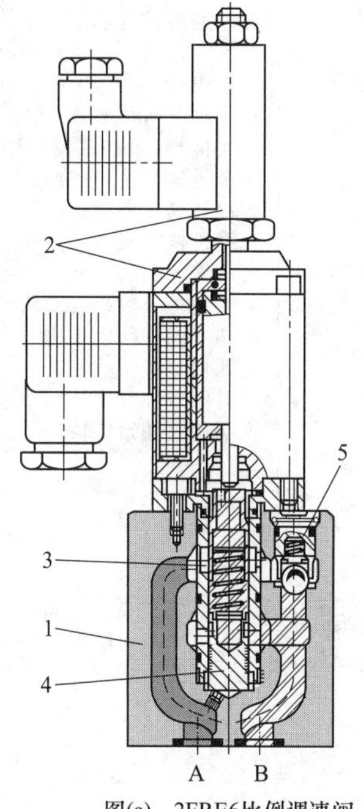 图(a)　2FRE6比例调速阀
带外控关闭型压力补偿器的二通流量调节阀	其控制机理和基本功能，与前述电液比例二通流量调节阀相同。其附加功能是，在打开控制窗口 1（设定值＞0）时，为了抑制启动流量阶跃效应，设计了从外接油口 P 经 3 引来压力油 p，使压力补偿器 2 关闭[图(b)]。油口 A 和压力补偿器 2 作用面积之间的内部通道被切断。由此引自方向阀[见图(b)左系统图]之前的压力 p 经外控油口 P3，作用在补偿器 2 上，克服弹簧力使压力补偿器处于关闭位置。当方向阀切换成左位（P 与 B 相通）时，压力补偿器 2 从关闭位置运动到调节位置，从而防止了启动阶跃。采用不同形式的控制窗口，可得到相当于 100%控制电流额定值的最大流量值

续表

类型	结构与工作原理
带外控关闭型压力补偿器的二通流量调节阀	图(b) 外控关闭型压力补偿器
电液比例二通流量调节阀(NG10,NG16)	压力补偿器串联在检测节流阀口之前,这类阀以其结构性能完善而广受青睐。不仅如此,更重要的在于,其电信号转换器和液压部件已为大家所熟知。通过行程调节型比例电磁铁的行程变化,可以改变阀的通流面积,由节流窗口与压力补偿器的共同作用,得到流量调节功能 阀的输入信号-输出流量特性曲线,根据阀口造型,可以是线性的,也可以是近似双曲线的
二通比例节流阀(插装阀)	这种大流量组件,可用作节流阀,或与压力补偿器组成流量控制阀。其使用场合包括压机或注塑机的控制系统。通过的流量尽管很大,但具有较好的动态特性和较短的响应时间,见图(c) 二通节流阀所控制的,是由给定电信号确定的阀口开度。这种节流阀,是一种按 DIN24342 配置插孔尺寸的插装组件。在盖子 1 里有一个带控制阀芯 3 的阀套 2,位移传感器 4,和包括比例电磁铁 6 的先导控制级 5 流动方向是从 A 到 B。控制油口 X 与油口 A 相连,控制油出油口 Y 应尽可能与油箱相连 无信号(即电磁铁 6 无电流)时,A 口压力通过先导口 X 作用于阀芯 7,加上弹簧力,阀芯 7 闭合。A 当给定一个设定值后,在放大器中将设定值(外加信号)和实际值(来自位移传感器)进行比较,此差值产生的电流信号用以控制比例电磁铁 电磁铁克服弹簧力 8,使阀芯 7 移动。通过节流口 9、10 的共同作用,弹簧腔中的压力得到如下的调节:被弹簧压着的阀芯 3 到达给定值相应的位置,同时也确定了相应的流量 在失电或电缆线路断开时,控制阀芯自行关闭以保护油路。位置调节回路各部分的协调原理是:使设定值和阀芯 3 的位移成正比。这样,当节流口前后压差恒定时,从 A 到 B 的流量,只取决于阀口的开度和控制窗口 9 的几何形状 对于线性开度特性的系统(FE..C1X/L),流量和设定值成正比。平方关系的开度特征(FE..C1X/Q 结构),说明流量随给定值的平方而增大 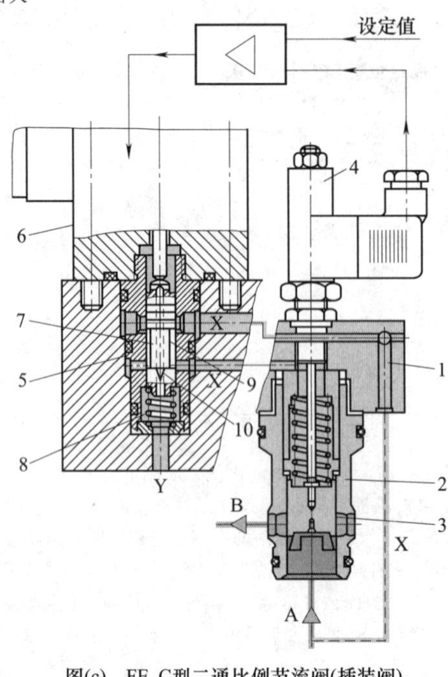 图(c) FE..C型二通比例节流阀(插装阀)

续表

<table>
<tr><th>类型</th><th colspan="2">结构与工作原理</th></tr>
<tr><td rowspan="3">其他类型的比例流量阀</td><td>NG6 比例节流阀（不带位置闭环反馈）</td><td>如图(d)所示比例阀，由传统方向阀 NG6 和 NG10 发展而来。比例电磁铁直接作用在阀芯和复位弹簧上。与阀芯的偏移相应，得到阀芯控制边处的过流截面，从而得到相应的流量变化
所有的阀都有 4 个 T 作阀口和 2 条通道。因此，就有两种通流油道方式：
单通道：小流量时，利用 P 到 B 的油道，A 口与 T 口保持封闭
双通道：如果将 4 通阀的两个通道并联运行，则得到双倍的通流能力。考虑其流动方向，则是 P—B 和 A—T
要特别提到的是，此时最大的负载压力将作用到 T 口，应注意连接附加的泄漏油口 L 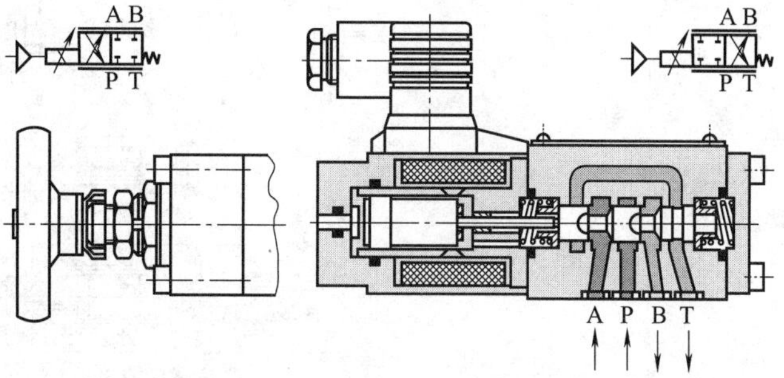
A B P T A B P T A P B T
图(d)　NG6节流阀，不带位置闭环反馈</td></tr>
<tr><td>NG6 节流阀（带位置调节闭环）</td><td>见图(e)。技术参数：$Q_{nom}=10,25,35$(L/m)每个通道，对应 $\Delta p=8$bar；$p_{max}=315$bar；滞环<3%；电磁铁：$P=25$W，$I=2.5$A；位移传感器：抗压力最大至 250bar
A P B T 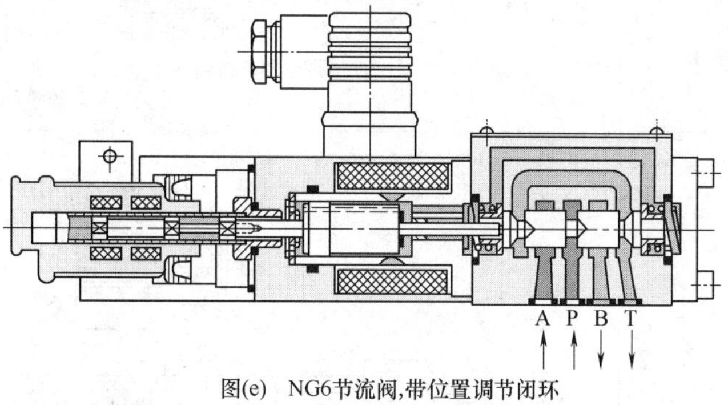
图(e)　NG6节流阀,带位置调节闭环</td></tr>
<tr><td>NG 10 节流阀（带位置调节闭环）</td><td>见图(f)。技术参数：(T 口=280bar)；滞环<3%；电磁铁：$P=25$W，$I=3.7$A；位移传感器：干式；附加泄漏口 $p_{Lmax}=2$bar；$Q_{nom}=20,40,80$(L/min)，每个通道对应 $\Delta p=8$bar；$p_{max}=315$bar
注意：即使当 T 口无压时，附加泄漏口也要单独连回油箱 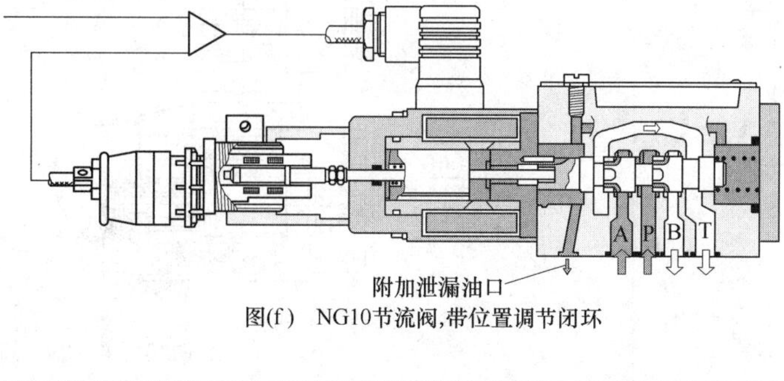
A P B T
附加泄漏油口
图(f)　NG10节流阀,带位置调节闭环</td></tr>
</table>

第20篇

续表

<table>
<tr><th>类型</th><th colspan="2">结构与工作原理</th></tr>
<tr><td rowspan="2">其他类型的比例流量阀</td><td>NG 6
比例流量阀</td><td>流量阀是一种所控制的流量与阀进口压力和负载压力变化无关的液压阀。众所周知，它由检测节流器和压力补偿器组合而成。在如图(g)所示结构中，检测节流器由比例电磁铁直接调节。压力补偿器位于同一阀芯轴线上，并构成第 2 个节流口
这种阀在功能构成上，可以选择为二通流量阀或三通流量阀。根据使用要求，供给用户的阀，可以带或不带位置反馈闭环和手动应急机构
技术参数：NG6：Q_{max}＝2.6，7.5，10，35（L/min）；p_{max}＝250bar；滞环<1%带位置反馈闭环；<5%不带位置反馈闭环；电磁铁：P＝25W，I＝2.7A，位移传感器：耐压式
Qconst or Qconst Qrest B A P 检测节流器 压力补偿器 A P B T 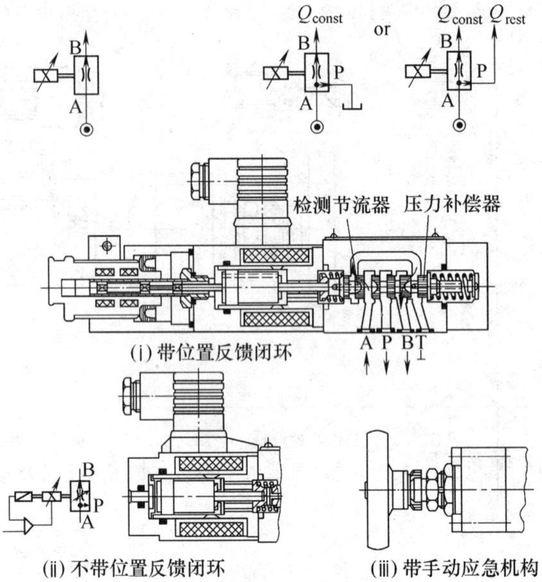
(i) 带位置反馈闭环
(ii) 不带位置反馈闭环 (iii) 带手动应急机构
图(g) NG6流量阀</td></tr>
<tr><td>NG10
比例流量阀</td><td>见图(h)。技术参数：Q_{max}＝80L/min；p_{max}＝250bar；滞环<1%带位置反馈闭环；<5%不带位置反馈闭环；电磁铁：P＝25W，I＝2.7A；位移传感器：耐压式
检测节流器 压力补偿器 A P B T 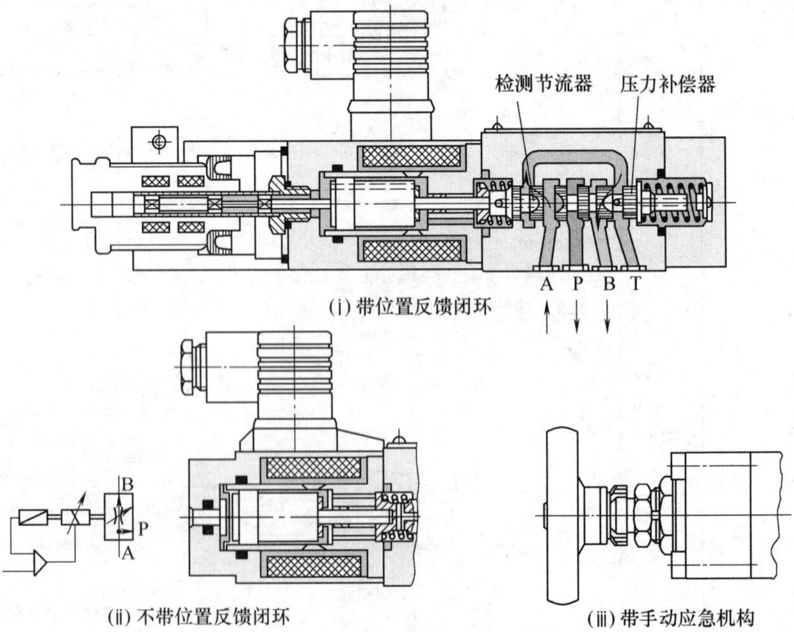
(i) 带位置反馈闭环
B P A
(ii) 不带位置反馈闭环 (iii) 带手动应急机构
图(h) NG10流量阀</td></tr>
</table>

13.6　电液比例方向阀

电液比例方向控制阀（简称电液比例方向阀）能按输入电信号的极性和幅值大小，同时对液压系统液流方向和流量进行控制，从而实现对执行器运动方向和速度的控制。在压差恒定条件下，通过电液比例方向阀的流量与输入电信号的幅值成比例，而流动方向取决于比例电磁铁是否受到激励。就结构而言，电液比例方向阀与开关式方向阀类似，其阀芯与阀体（或阀套）的配合间隙不像伺服阀那样小（比例阀为3～4μm，伺服阀约为0.5μm），故抗污染能力远强于伺服阀；就控制特点与性能而言，电液比例方向阀又与电液伺服阀类似，既可用于开环控制，也可用于闭环控制，但比例方向阀工作中存在死区（一般为控制电流的10%～15%），阀口压降较伺服阀低（约低一个数量级），比例电磁铁控制功率较高（约为伺服阀的10倍以上）。现代电液比例方向阀中一般引入了各种内部反馈控制和采用零搭接，所以在滞环、线性度、重复精度即分辨率等方面的性能与电液伺服阀几乎相当，但动态响应性能还是不及较高性能的伺服阀。

按照对流量的控制方式不同，电液比例方向阀可分为电液比例方向节流阀和电液比例方向流量阀（调速阀）两大类。前者与比例节流阀相当，其受控参量是功率级阀芯的位移或阀口开度，输出流量受阀口前后压差的影响；后者与比例调速阀相当，它由比例方向阀和定差减压阀或定差溢流阀组成压力补偿型比例方向流量阀。

按照控制功率大小不同，电液比例方向阀又可分为直接控制式（直动式）和先导控制式（先导式）。前者控制功率及流量较小，由比例电磁铁直接驱动阀芯轴向移动实现控制。后者阀的功率及流量较大，通常为二级甚至三级阀，级间有位移力反馈、位移电反馈等多种耦合方式，而先导级通常是一个小型直动三通比例减压阀或其他压力控制阀，电信号经先导级转换放大后驱动功率级工作。

按照主阀芯的结构形式不同，电液比例方向阀还可分为滑阀式和插装式两类，其中滑阀式居多。

表 20-13-6　　电液比例方向阀的典型结构与工作原理

<table>
<tr><th>类型</th><th>结构与工作原理</th></tr>
<tr><td>直动式比例方向阀</td><td>和普通方向阀以电磁铁直接驱动一样，比例电磁铁也是直接驱动直动式比例方向阀的控制阀芯，见图(a)
阀的基本组成部分有：阀体1，一个或两个具有相近位移-电流特性的比例电磁铁2，图(a)所示结构的电磁铁还带电感式位移传感器3，控制阀芯4，还有一个或两个复位弹簧
电磁铁不通电时，控制阀芯4由复位弹簧5保持在中位。比例电磁铁直接驱动阀芯运动
阀芯处在如图(a)所示位置时，P、A、B和T之间互不相通。如电磁铁A(左)通电，阀芯右移，则P与B，A与T分别连通。来自控制器的控制信号值越高，控制阀芯向右的位移也越大。这样，阀芯行程就与电信号成正比。阀芯行程越大，阀口通流面积和通过的流量也越大。图(a)左侧的电磁铁配有电感式位移传感器，它检测出阀芯实际位置，并把与之成正比的电信号(电压)反馈至电放大器。由于位移传感器的量程按照两倍的阀芯行程设计，所以阀芯在两个方向上的实际位置都可检测
此外，由于采用密闭式结构，这种位移传感器没有泄油口，也不需要附加的密封。因此，该结构形式不存在对阀的控制精度产生不利影响的附加摩擦力
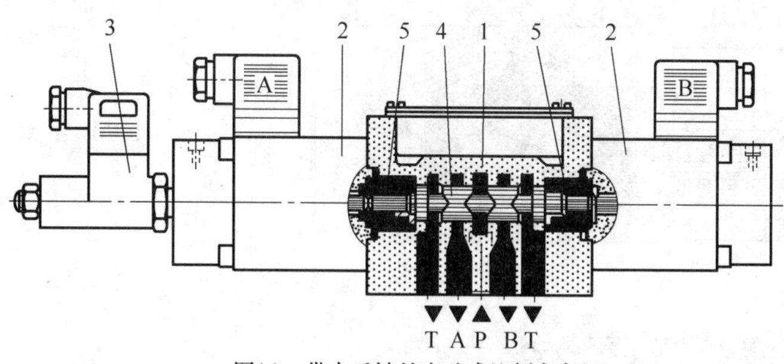

图(a)　带电反馈的直动式比例方向阀</td></tr>
<tr><td>先导式比例方向阀</td><td>与开关式阀一样，大通径的比例阀也是采用先导控制型结构。其根本原因，还是在于推动主阀芯运动所需的操纵力较大
通常，10通径及其更小通径的阀用直动式控制，大于10通径则采用先导式控制。先导式比例方向阀[图(c)]由带比例电磁铁1、2的先导阀3，带主阀芯5的主阀4，对中和调节弹簧6组成。先导阀配备的是具有力-电流特性的力调节型比例电磁铁
工作原理：来自控制器的电信号，在比例电磁铁1或2中，按比例地转化为作用在先导阀芯上的力。与此作用力相对应，在先导阀3的出口A或B，得到一个压力。此压力作用于主阀芯5的端面上，克服弹簧6推动主阀芯位移，直到液压力和弹簧力平衡为止
主阀芯位移的大小，即相应的阀口开度的大小，取决于作用在主阀端面先导控制油压的高低。一般可用溢流阀或减压阀来得到这个先导控制油压</td></tr>
</table>

续表

<table>
<tr><th>类型</th><th>结构与工作原理</th></tr>
<tr><td>先导式比例方向阀</td><td>这里所讨论的比例方向阀，以减压阀为先导级，其优点在于，不必持续不断地耗费先导控制油
如图(b)所示的三通减压阀，主要由两个比例电磁铁 1 和 2，壳体 3，控制阀芯 4 和两个测压活塞 5 和 6 组成
图(b)　用作先导阀的三通比例压力阀的剖面图(型号3DREP6)</td></tr>
<tr><td>直动式比例方向阀</td><td>主阀芯的控制作用：当电磁铁 B 通电时，先导压力油或由内部 P 口或经外部 X 口经过先导阀进入腔体 7，控制腔中建立起的压力与输入电信号成正比。由此产生的液压力克服弹簧 6[图(c)]，使主阀芯 5 移动，直至弹簧力和液压力平衡为止。控制油压力的高低，决定了主阀芯的位置，也就决定了节流阀口的开度，以及相应的流量
主阀阀芯的结构，与直动式比例方向阀的阀芯相似
当 A 电磁铁 2 通入控制信号时，则在腔体 8 内产生与输入信号相对应的液压力。这个液压力，通过固定在阀芯上的连杆 9，克服弹簧 6 使主阀阀芯[图(c)]移动
弹簧 6 连同两个弹簧座无间隙地安装于阀体与阀盖之间，它有一定的预压缩量。采用一根弹簧与阀芯两个运动方向上的液压力相平衡的结构，经过适当的调整，可保证在相同输入信号时，左右两个方向上阀芯移动相等。另外，弹簧座的悬置方式有利于滞环的减小
当主阀压力腔卸荷后，弹簧力使控制阀芯重新回到中位。先导控制油供油的内供或外供，先导控制油回油的内泄或外泄等，可能有各种组合，按先导控制式开关型方向阀一样的原则处理
要求的控制压力在 $p_{\min}=30$bar 和 $p_{\max}=100$bar，滞环为 6%，重复精度为 3%
这里还给出了输入电信号阶跃时的过渡过程曲线，控制阀芯在到达新位置过程中没有超调[图(d)]，这是因为配置了大刚度的复位弹簧的缘故。另外，液动力对阀芯的双向位置没有影响
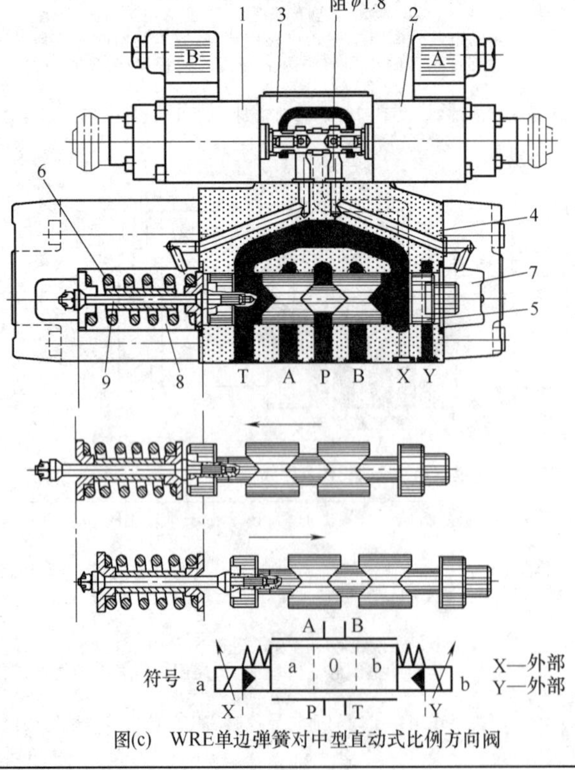

图(c)　WRE单边弹簧对中型直动式比例方向阀
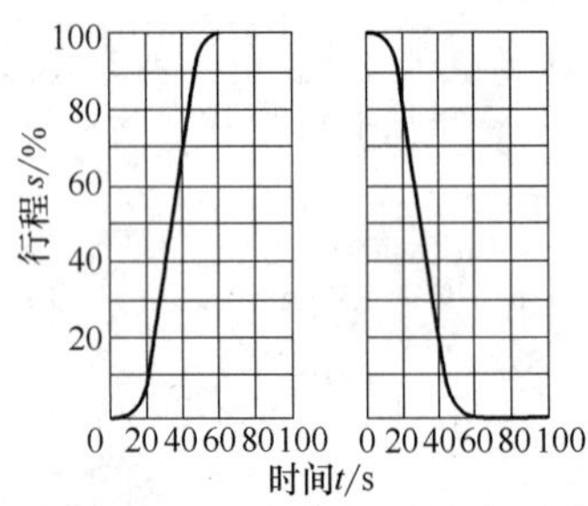

图(d)　输入阶跃电信号的过渡过程曲线</td></tr>
</table>

第20篇

续表

类型	结构与工作原理

不带位置反馈闭环的直控式比例方向阀

图(e)所示方向阀，由传统的 NG6 和 NG10 方向阀发展而来。两个比例电磁铁，直接作用在阀芯和复位弹簧上。对应于两个控制范围的精细控制切口，对称地布置在两边

NG6 方向阀可提供两种不同图形符号的方向阀：中位各油口关闭；中位各油口关闭，但引出泄漏油，以避免液压缸漂移

技术参数：$Q_{max}=18,35$(L/m)，在 $\Delta p=8$bar 时，每一个控制边 $p_{max}=315$bar，滞环$<4\%$，电磁铁：$P=25$W，$I=2.5$A，耐压 p_T 最大为 250bar

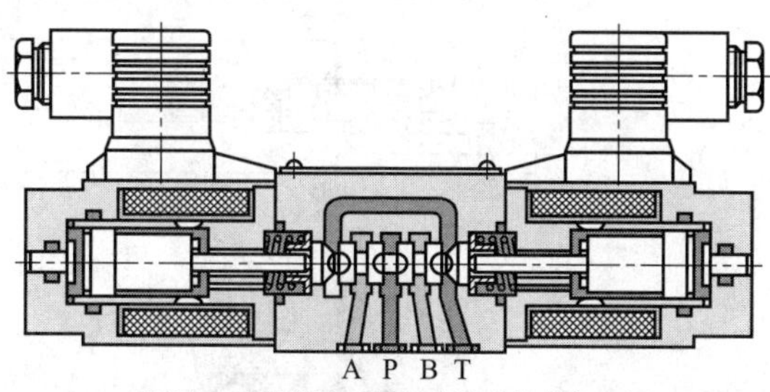

图(e)　不带位置反馈的直控式比例方向阀

带故障自动保险位的先导式比例方向阀

基本功能

见图(f)。为了实现对较大流量的控制，可应用在开关阀中的先导控制的原理。修改过的方向阀 NG10，16，25 或 32 配上相应的控制边，作为比例方向阀的主级；先导阀 NG6，由一个电磁铁控制，在全行程上，有 4 个切换位置。主阀芯的位置，由另一个位移传感器检测。主级和先导级的两个调节回路相互叠加。在驱动过程中，先导阀芯运动在 3 个工作位置之间时，就有受控的先导控制油进到主阀芯一侧端面的油腔。如果电磁铁失电，主阀芯也失压，在复位弹簧作用下回到中位(应急时在“故障自动保险”位)

通过主阀芯的防回转结构，获得很好的可重复性和大的切换功率

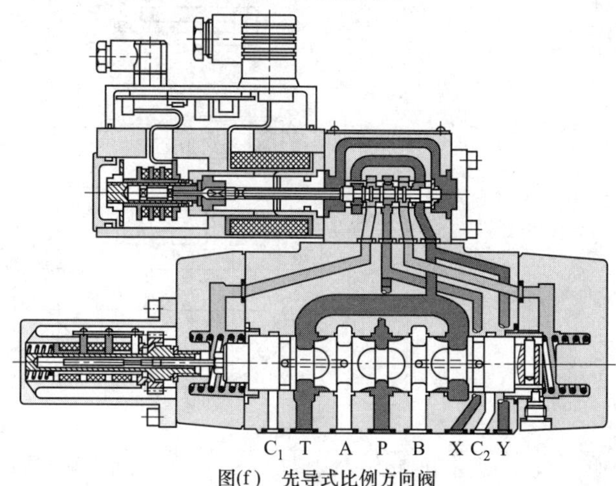

图(f)　先导式比例方向阀

先导油的供油与回油

先导油的供油与回油，可选择从内部或从外部的不同方案。基本结构的情况如下：

先导阀的内部和外部供油

项　目	NG10	NG16/25
供油	外部 X	外部 X
回油	内部[①] T	外部 Y

① 没有改装的可能。

取下先导阀，卸下螺堵 1 与 2，就可改装成控制油从 P 口内部供油，从 T 口内部回油。注意：P 口与 X 口的最大控制油压力为 250bar，T 口与 Y 口的最大回油压力为 210 bar，在控制油内供与内回时，油口 X 与 Y 应堵死，控制油供油与回油方式改变，订货号也必须改变，见图(g)。下表为不同通径的电液比例方向阀的额定流量、滞环和最大工作压力值

不同通径的电液比例方向阀的额定流量、滞环和最大工作压力

项　目	NG10	NG16	NG25	NG32
Q_{nom}/L·min^{-1} (每个控制边，$\Delta p=8$ bar)	70	180	350	1000
p_{max}/bar	350			
滞环	$<0.1\%$			

续表

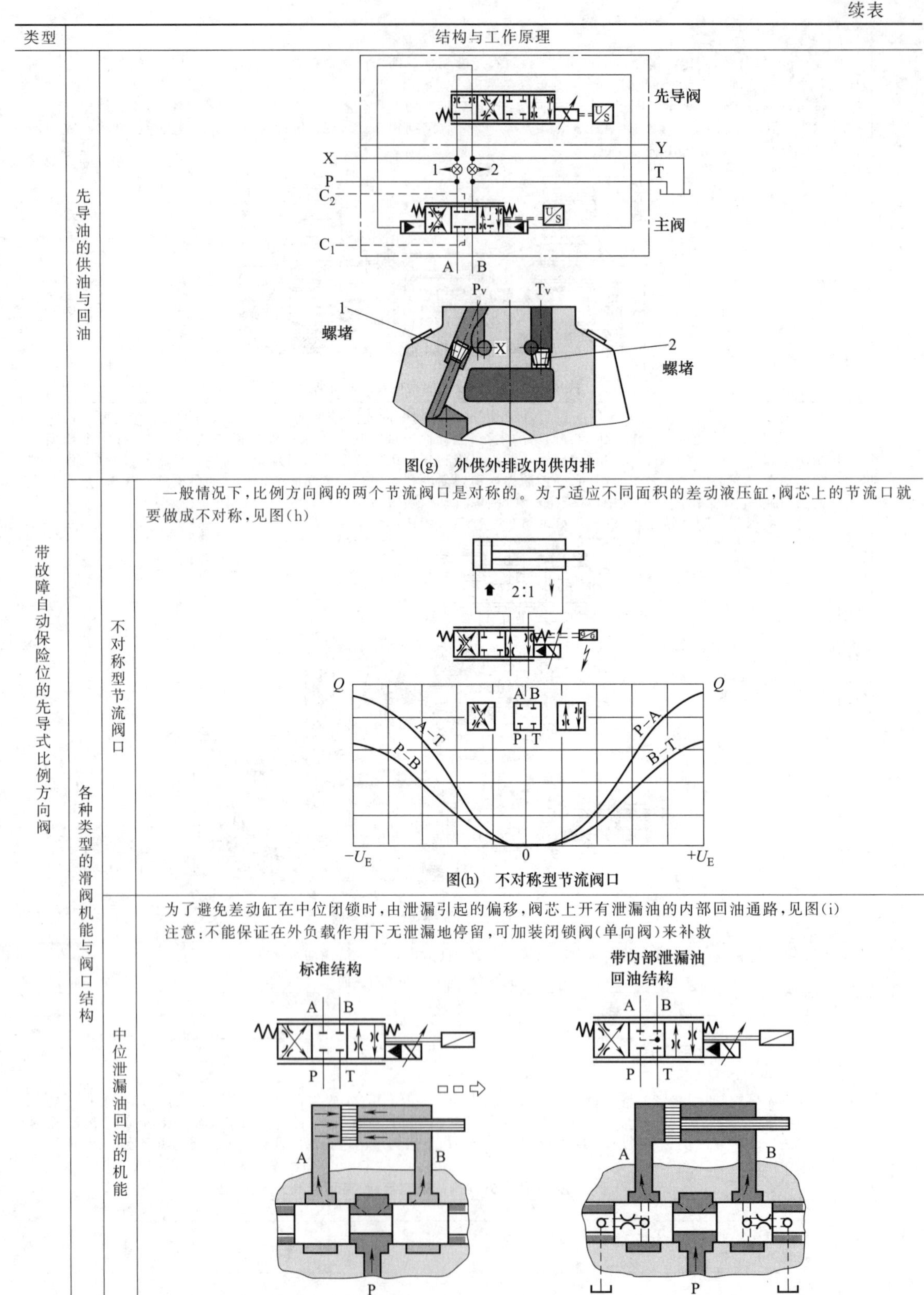

类型			结构与工作原理
带故障自动保险位的先导式比例方向阀	先导油的供油与回油		图(g)　外供外排改内供内排
	各种类型的滑阀机能与阀口结构	不对称型节流阀口	一般情况下，比例方向阀的两个节流阀口是对称的。为了适应不同面积的差动液压缸，阀芯上的节流口就要做成不对称，见图(h) 图(h)　不对称型节流阀口
		中位泄漏油回油的机能	为了避免差动缸在中位闭锁时，由泄漏引起的偏移，阀芯上开有泄漏油的内部回油通路，见图(i) 注意：不能保证在外负载作用下无泄漏地停留，可加装闭锁阀（单向阀）来补救 图(i)　中位泄漏油回油的机能

第 20 篇

续表

<table>
<tr><th>类型</th><th colspan="3">结构与工作原理</th></tr>
<tr><td rowspan="2">带故障自动保险位的先导式比例方向阀</td><td rowspan="2">各种类型的滑阀机能与阀口结构</td><td>用于差动油路的阀芯结构</td><td>为了实现差动油路，阀芯设有一个附加工位。在负载油路 B 上单独装有单向阀。在由正常的前进转变到快进的过程中，实现速度的无级变化，见图(j) 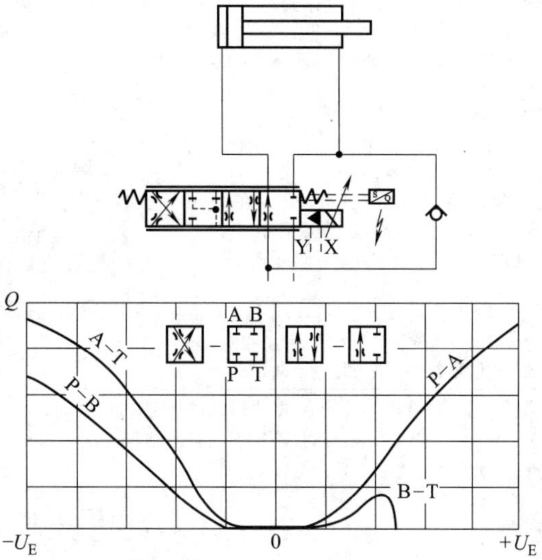
图(j)　用于差动油路的阀芯结构</td></tr>
<tr><td>负载压力取压口 C_1/C_2</td><td>先导式方向阀 NG16 到 25 的另一特点，是备有附加油口 C_1 和 C_2。通过它们将 A 与 B 油口的负载压力取出，引到压力补偿器。见图(k) 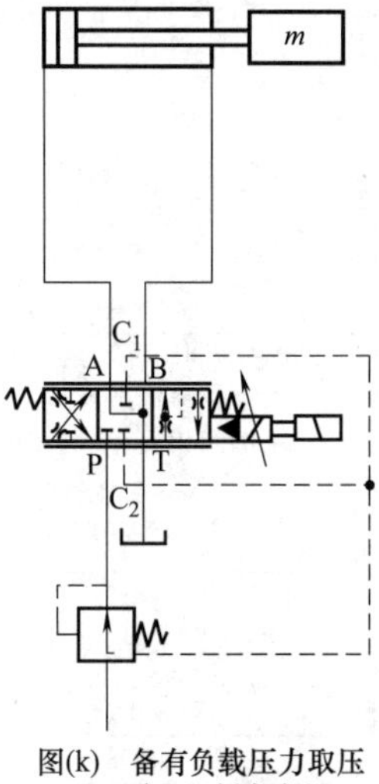
图(k)　备有负载压力取压口 C_1/C_2 比例方向阀</td></tr>
<tr><td>闭环比例阀</td><td colspan="3">从阀的技术角度看，闭环比例阀是由比例阀发展而来。通过不断的开发研究，达到几乎不差于部分超过伺服阀的稳态和动态性能。与比例方向阀相比，闭环比例阀的最重要特征，是在阀中位时为零遮盖。这是作为控制元件，用于闭环调节回路的前提条件
闭环比例阀原则上配有位置闭环调节的比例电磁铁。这里所用的位移传感器，是按差动变压器原理工作的。测量控制器(振荡器和解调器)，总是集成于位移传感器中。其供电电压为 ±15V，其输出信号与阀的规格无关，总是 0～±10V。闭环比例阀控制接线图见图(l) 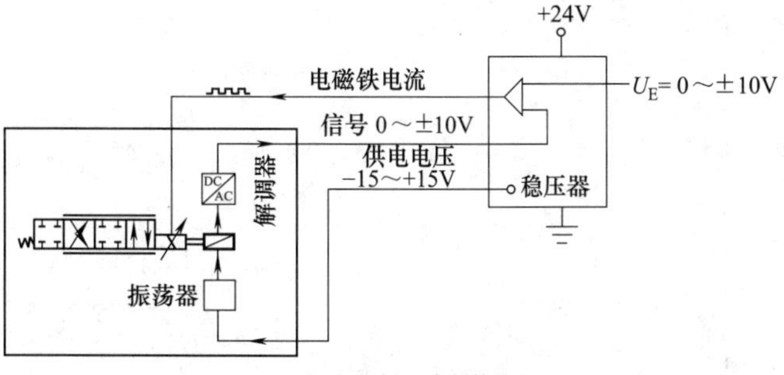
图(l)　闭环比例阀控制接线图</td></tr>
</table>

续表

<table>
<tr><th colspan="2">类型</th><th>结构与工作原理</th></tr>
<tr><td rowspan="3">闭环比例阀</td><td>4/4闭环比例阀，6通径，直控式</td><td>见图(m)。此系列的核心件是6通径闭环比例阀，它可单独作为控制器件外供，也可以作为所有先导式闭环比例阀（含插装阀）的先导阀使用。阀的特点如下：
①阀体配置钢质阀套，确保耐磨和精确的零遮盖；
②控制用比例电磁铁，直接作用于阀芯及复位弹簧。配上位置调节闭环的比例电磁铁，可以无级地在所有中间点达到很小的滞环；
③耐压的位移传感器与电磁铁一起组合在一壳件里，位移传感器的电子控制器，也集成在其中；
④电磁铁失电时，阀处于附加的第四切换位，即安全位
技术参数：$Q_{nom}=4,12,24,40$(L/min)，对应于每一个控制口，$\Delta p=35$bar，$p=315$bar，滞环：0.2%，频响：约120Hz，±5%信号幅值，压力增益：约2%
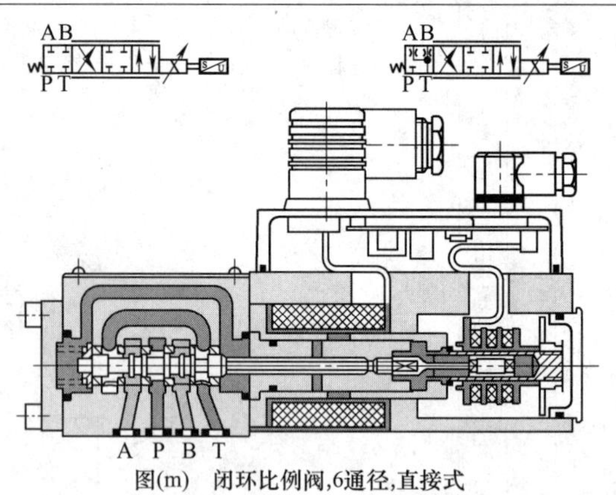

图(m) 闭环比例阀,6通径,直接式</td></tr>
<tr><td>4/4闭环比例阀，10通径，直控式</td><td>见图(n)，这类阀是按6通径闭环比例阀的形式进行系列拓展而来
技术参数：$Q_{nom}=50,100$(L/min)，对应于每一个控制口，$\Delta p=35$bar，$p=315$bar，滞环：0.2%，频响：约60Hz，±5%信号幅值，压力增益：约2%
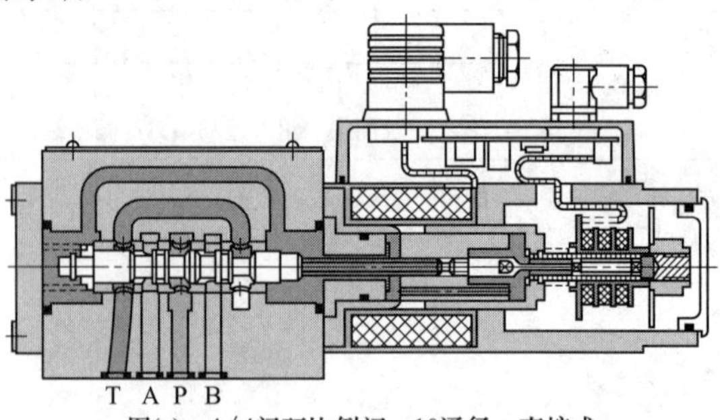

图(n) 4/4闭环比例阀，10通径，直控式</td></tr>
<tr><td>4/3闭环比例阀，10、16、25、32通径，先导式</td><td>见图(o)和图(p)，这一系列的阀，结构与先导式比例阀相似。先导级采用6通径闭环比例阀。主级阀芯位置，用另一个位移传感器检测，主级与先导级两个闭环回路相互叠加
与比例阀相反，主级在中位时为零遮盖，并通过耐磨的控制阀口（壳体用球墨铸铁）来保证

闭环比例阀，10、16、25、32通径，先导式的技术参数
<table>
<tr><th>项　目</th><th>NG10</th><th>NG16</th><th>NG25</th><th>NG32</th></tr>
<tr><td>Q_{nom}/L·min^{-1}
相应每个阀口$\Delta p=5$bar</td><td>50,75</td><td>120,200</td><td>370</td><td>1000</td></tr>
<tr><td>p/bar</td><td colspan="4">350bar</td></tr>
<tr><td>滞环</td><td colspan="4"><0.1%</td></tr>
<tr><td>压力增益</td><td colspan="4"><1.5%</td></tr>
<tr><td>频响/Hz</td><td>70</td><td>60</td><td>50</td><td>30</td></tr>
</table>
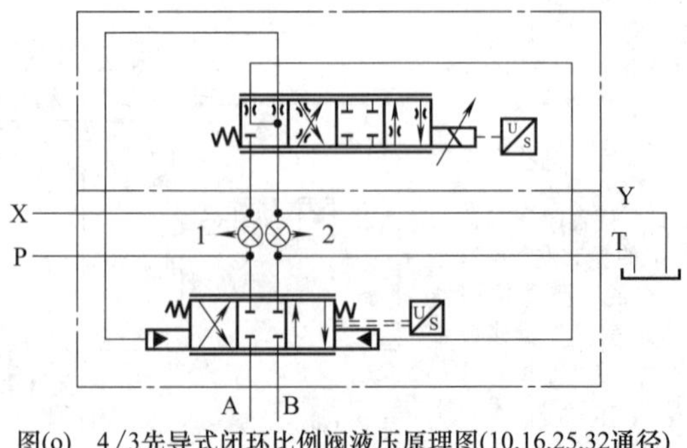

图(o) 4/3先导式闭环比例阀液压原理图(10,16,25,32通径)</td></tr>
</table>

续表

类型		结构与工作原理
闭环比例阀	4/3 闭环比例阀，10、16、25、32 通径，先导式	图(p)　4/3闭环比例阀,10、16、25、32通径,先导式
	3/2 插装式闭环比例阀，25、32、50 通径	见下文

3/2 插装式闭环比例阀，25、32、50 通径：

这种阀将安装于朝着负载运动方向上的力和位置调节闭环上。主阀为插装式结构，用分离的 6 通径闭环比例阀进行先导控制。主阀芯位置由耐压位移传感器检测，主阀与先导阀两个闭环回路相互叠加，见图(q)。主要技术参数如下。

3/2 插装式闭环比例阀，25、32、50 通径技术参数

项　　目	NG25	NG32	NG50
$Q_{nom}/L\cdot min^{-1}$ 相应每个阀口 $\Delta p=5bar$	65 150	300	600
p_{max}/bar	315bar		
滞环	0.1%		
压力增益	1%		
频响/Hz	80	70	45

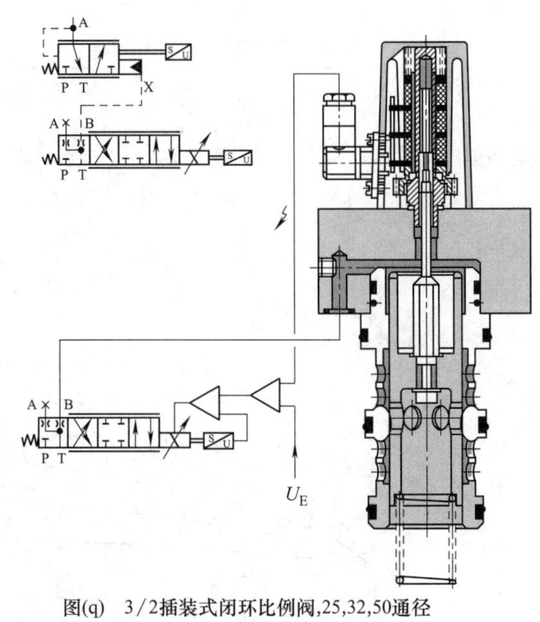

图(q)　3/2插装式闭环比例阀,25,32,50通径

13.7 电液比例压力流量复合阀

表 20-13-7 电液比例压力流量复合阀典型结构与工作原理

功用与分类	电液比例压力流量复合阀是根据塑料机械、压铸机械液压控制系统需要，在三通调速阀基础上发展起来的一种精密比例控制阀。这种阀是将电液比例压力控制功能与电液比例流量控制功能复合到一个阀中，简称PQ阀。它可以简化大型复杂液压系统及其油路块的设计、安装与调试
典型结构与工作原理	图为一种PQ阀的结构原理，它是在一个定差溢流节流型电液比例三通流量阀（调速阀）的基础上，增设一个电液比例压力先导控制级而成。当系统处于流量调节工况时，首先给比例压力先导阀1输入一个恒定的电信号，只要系统压力在小于压力先导阀的调节压力范围内变动，先导压力阀总是可靠关闭，此时先导压力阀仅起安全阀作用。比例节流阀2阀口的恒定压差，由作为压力补偿器的定差溢流阀来保证，通过比例节流阀2阀口的流量与给定电信号成比例。在此工况下，PQ阀具有溢流节流型三通比例流量阀的控制功能。当系统进行压力调节时，一方面给比例节流阀2输入一个保证它有一固定阀口开度的电信号；另一方面，调节先导比例压力阀的输入电信号，就可得到与之成比例的压力。在此工况下，PQ阀具有比例溢流阀的控制功能。手调压力先导阀3可使系统压力达到限压压力时，与定差溢流阀主阀芯一起组成先导式溢流阀，限制系统的最高压力，起到保护系统安全作用。在PQ中通常设有手调先导限压阀，故采用了PQ阀的系统中，可不必单独设置大流量规格的系统溢流阀 事实上，PQ阀的结构形式多种多样。例如，在流量力反馈的三通比例流量阀的基础上，增加一比例压力先导阀，即构成另一种结构形式的PQ阀；再如，以手调压力先导阀取代电液比例压力先导阀，就可构成带手调压力先导阀的PQ阀 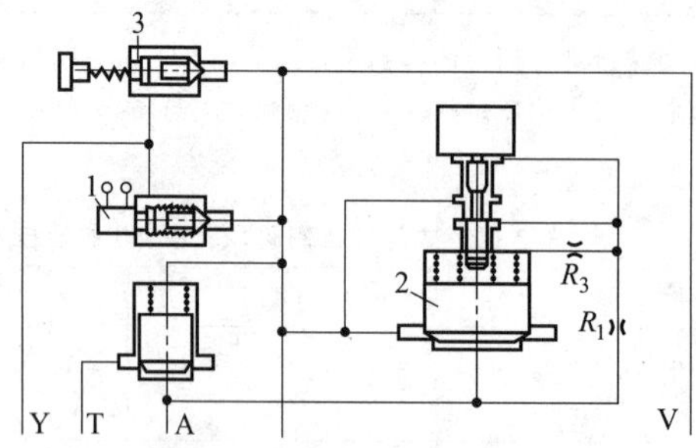 图 电液比例压力流量复合控制阀的结构原理 1—比例压力先导阀；2—比例节流阀；3—手调压力先导阀

13.8 负载压力补偿用压力补偿器

表 20-13-8 负载压力补偿用压力补偿器

基本原理和结构	比例节流阀和比例方向阀的流量 Q，和所有节流器一样，与阀口两端的压差 Δp 相关，其关系为 $$Q \propto \sqrt{\Delta p} \quad (20\text{-}13\text{-}5)$$ 供油压力特别是负载压力的变化，形成了压差 Δp 的干扰。这就需要为保持确定的体积流量，而进行校正。流量阀的压力流量关系曲线见图(a) 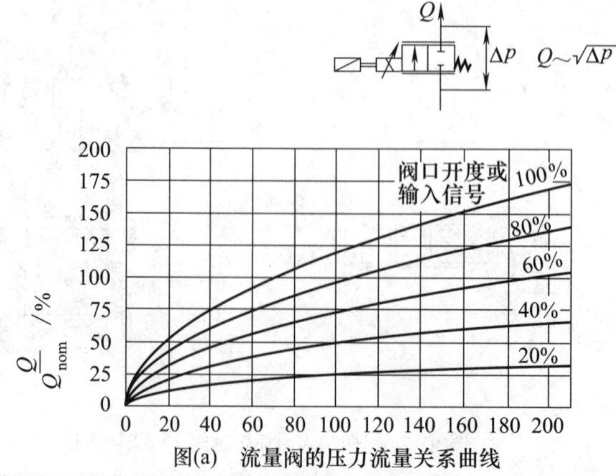 图(a) 流量阀的压力流量关系曲线

续表

类型	工作原理
基本原理和结构	一个具有负载补偿功能的比例流量阀，是通过将比例节流阀与压力补偿器组合来达到 标准结构的（传统的）比例节流阀和比例方向阀（一般称为比例方向节流阀），可以通过组合中间垫块式或插装阀式压力补偿器，拓展为单向或双向的比例流量阀（单向的比例流量阀一般称为比例流量阀，双向的比例流量阀一般称为比例方向流量阀）。见图(b) 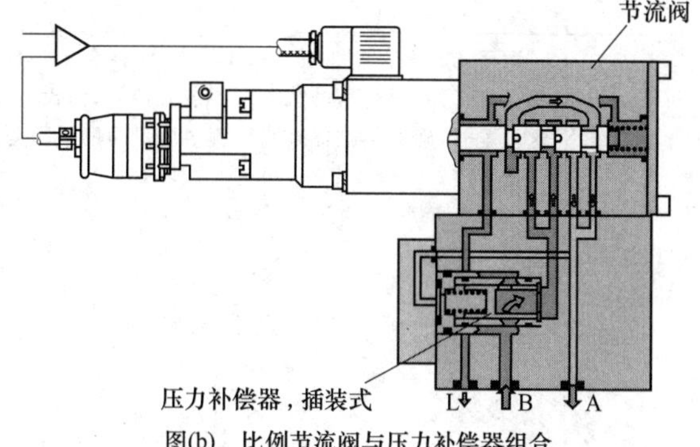 图(b)　比例节流阀与压力补偿器组合
类型	工 作 原 理
二通压力补偿器（用于节流阀）	压力补偿器串联于比例节流阀的节流口之前，它引入了节流器前后的压差。弹簧力决定于此压差值，一般为 $\Delta p=4\text{bar}$ 或 8bar。见图(c) 二通流量阀，双流道　二通流量阀，双流道 图(c)　串联式二通压力补偿器
三通压力补偿器（用于节流阀）	三通压力补偿器，与节流器并联。这种组合一般仅与定量泵相配置。见图(d) 一级油路　次级油路 图(d)　三通压力补偿器
进口压力补偿器（用于方向阀）	由梭阀取压，见图(e)。与液压缸运动方向相对应，由梭阀选择从 A 口或 B 口取出负载压力，并引到压力补偿器的弹簧腔 注意：在制动一个质量而形成拉负载时，压力补偿器获取到错误信号，这就是说，不再存在负载补偿的流量调节 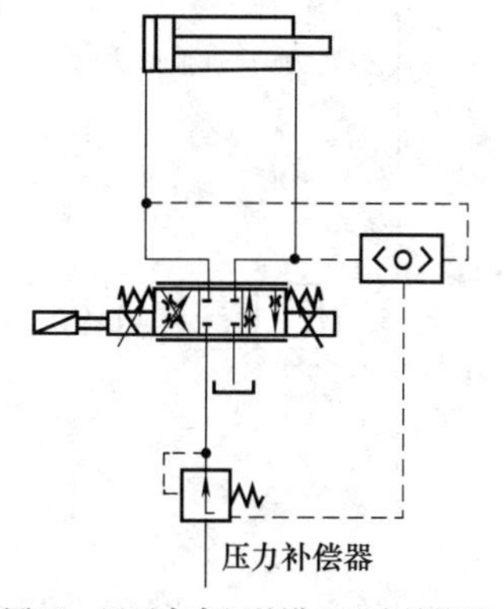 图(e)　用于方向阀的进口压力补偿器

续表

类型	工作原理
出口压力补偿器	用于方向阀，见图(f)，流量调节，仅存在于缸杆缩回的行程。缸杆伸出行程，虽然实现了节流控制，但没有负载补偿。这种配置，确保了缸杆缩回行程对质量力的平衡与补偿 图(f)　用于方向阀的出口压力补偿器
进口压力补偿器	用于方向阀，由附加油口 C_1/C_2 取出负载压力，见图(g) 较大型的先导式方向阀 NG16，25，配置附加的控制油口 C_1 与 C_2。通过阀芯上的附加通道，取出 A 口和 B 口的负载压力，并经 C_1 和 C_2 引到压力补偿器。这种方案确保了在拉负载情况下，例如在制动过程中，考虑到的始终是液压缸的正确压力。在用梭阀提取信号时，则不是这样 图(g)　用于方向阀的进口压力补偿器

13.9　比例控制装置的典型曲线

特性曲线表征了输入电信号 U_E 与输出液压信号 p 或 Q 之间的关系。理想的特性，应该是严格的线性关系，即有一条绝对直线的特性曲线。而实际的特性曲线，大多数有所弯曲，使小信号范围有较好的分辨率。

注意：输入电信号 U_E，指放大器的输入端的信号，而不是电磁铁的输入信号。

表 20-13-9　　比例控制装置的典型曲线

<table>
<tr><td>压力阀（输入电信号与输出压力关系）</td><td>特性曲线的下部弯曲，而且并没有完全到 0bar，这是由流动阻力造成的，对于先导控制阀而言，还要加上主级弹簧力的影响，见图(a)。压力阀被调压力与流量的关系曲线见图(b)
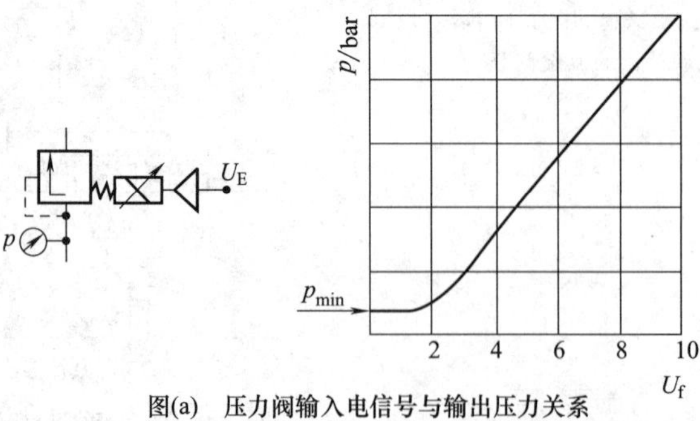

图(a)　压力阀输入电信号与输出压力关系
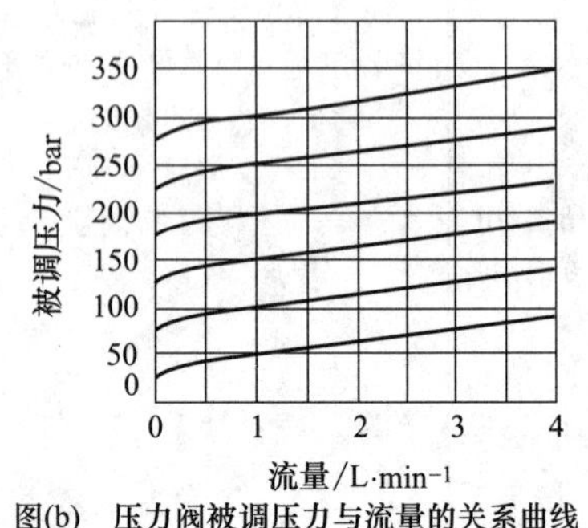

图(b)　压力阀被调压力与流量的关系曲线</td></tr>
</table>

续表

	特性曲线同样也是弯曲的，下部表明阀口缓慢打开，上部出现明显的饱和。注意：像所有的节流阀一样，通过阀的体积流量与阀口两端的压差相关。因而，阀的名义流量，一般是从 $\Delta p=8\text{bar}$ 时获得的。但这不意味着阀仅能在 $\Delta p=8\text{bar}$ 下工作。在其他压差下流量的计算，是基于与压差的根方关系 $$Q\propto\sqrt{p}$$ 用下式计算 $$Q_X=Q_{nom}\sqrt{\frac{\Delta p_X}{\Delta p_{nom}}} \quad (20\text{-}13\text{-}6)$$ 在实际应用中，阀口的压差通常用压力补偿器保持为常数 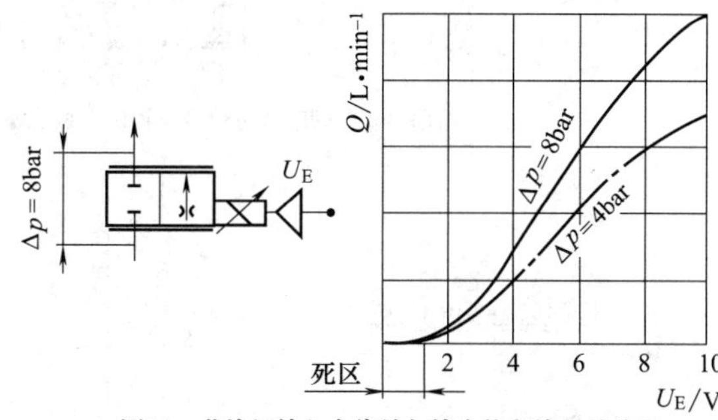 图(c)　节流阀输入电信号与输出体积流量的关系
节流阀（输入电信号与输出体积流量的关系）	特性曲线下部的弯曲情况，与节流阀口处各种不同的几何形状的切槽相关联。这些切槽，可以是开在控制阀芯上的切口，或是开在阀壳或阀套上的控制窗口。阀口刚打开时是一个平缓的曲线区段，是受欢迎的（提高分辨率）。特性曲线上部的弯曲，是流量饱和在起作用，这就是说，在接近节流断面最大值时，引人注目的是，最终阀的节流面积不可能再变大。阀口打开的起始值，取决于闷芯上节流切槽的遮盖量。此遮盖量，约为整个阀芯行程的 20%，以保证原始位置一定的密封性。通过调整电放大器的零位，可以移动开口起始值。最大输入信号时被调流量与阀压降的关系曲线见图(d) 方向阀的压力增益曲线见图(e)。曲线是在使用口被堵住，阀芯在静止位置为零遮盖的条件下，测得的出口压力与阀芯行程之间的关系曲线。阀芯行程以全行程的百分数表示 X 轴上，阀芯行程以全行程的百分数表示 Y 轴上，A 口与 B 口之间的 Δp 以入口压力的百分数表示 压力增益为阀芯行程，此处 A 口与 B 口之间的 Δp 相当于入口压力的 80% 最大输入信号时调整特性曲线性能 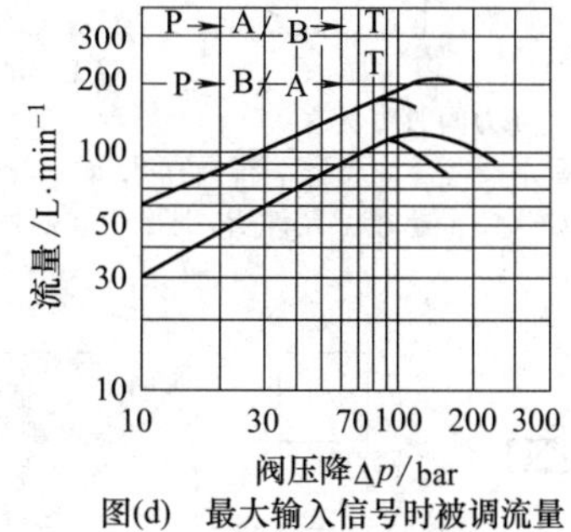 图(d)　最大输入信号时被调流量与阀压降的关系曲线 压力增益曲线 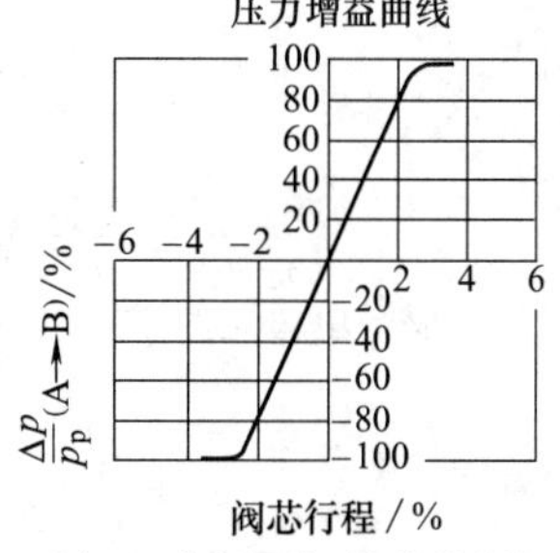 图(e)　方向阀的压力增益曲线
方向阀（输入电信号与输出体积流量的关系）	对应于两个调节区，特性曲线包括了两个相邻的或对角的象限。其弯曲情况很像节流阀的特性曲线，并按每个控制边 $\Delta p=8\text{bar}$ 得到。如果 PA 和 BT 与 PB 和 AT 通道的过流截面相同，则用一条曲线就够了；否则，就要用不同的曲线来表示 阀的中位，大多数有占阀芯行程±20%的正遮盖。这个机械“死区”保证了一定的密封性，但经常通过电放大器的补偿电路加以减少。由此，就可以解释为什么阀芯行程与输入电信号，采用不同的坐标标尺，见图(g)

续表

<table>
<tr><td rowspan="2">方向阀(输入电信号与输出体积流量的关系)</td><td colspan="2">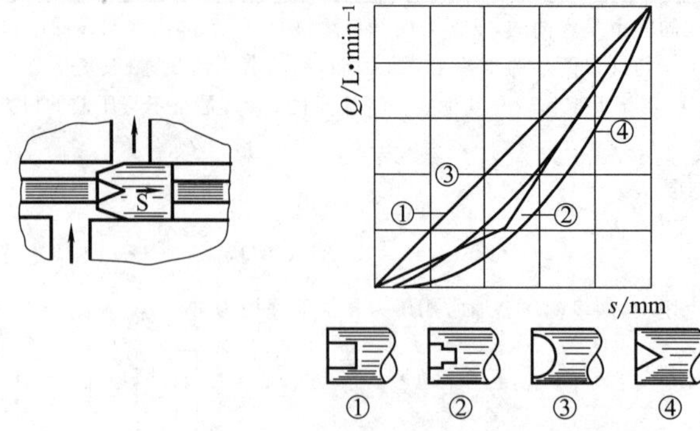

图(f)　方向阀输入电信号与输出体积流量的关系</td></tr>
<tr><td colspan="2">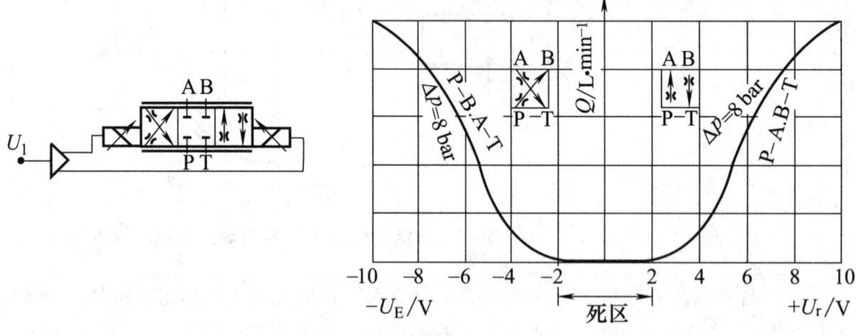

图(g)　比例方向阀中位时的死区特性</td></tr>
<tr><td rowspan="2">功率域(运行范围限制)</td><td>压力阀</td><td>通过压力阀的体积流量将被限制,并以 Q_{min} 来标明,见图(h)。调节压力的稳定性,与通过阀的流量相关,像传统溢流阀和减压阀那样
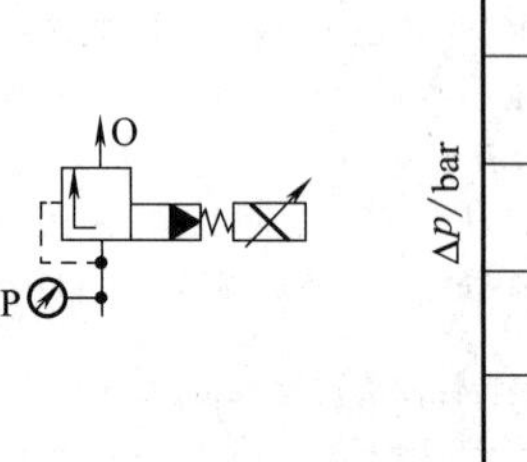

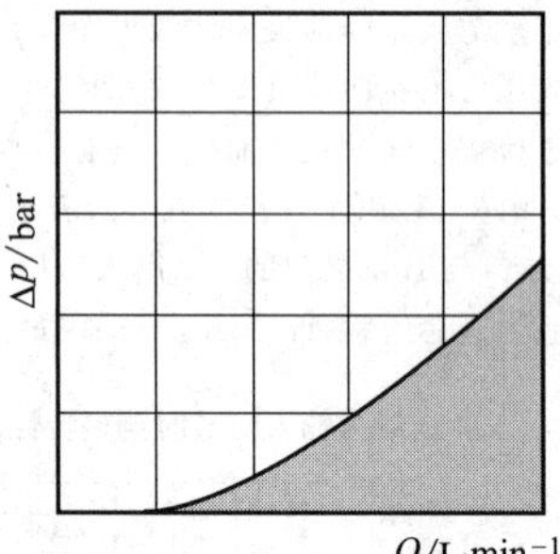

图(h)　压力阀的功率域</td></tr>
<tr><td>节流阀与方向阀</td><td>如果这类阀没有配置压力补偿器,则在较小的负载和较高的进口压力下,按 $Q\propto\sqrt{p}$ 将生成较大的体积流量,其允许值在 $\Delta p/Q$ 曲线图中标明。如果流量超过了允许值,则作用在阀芯上的液动力,将超过阀的驱动力,阀就进入不可控状态,见图(i)
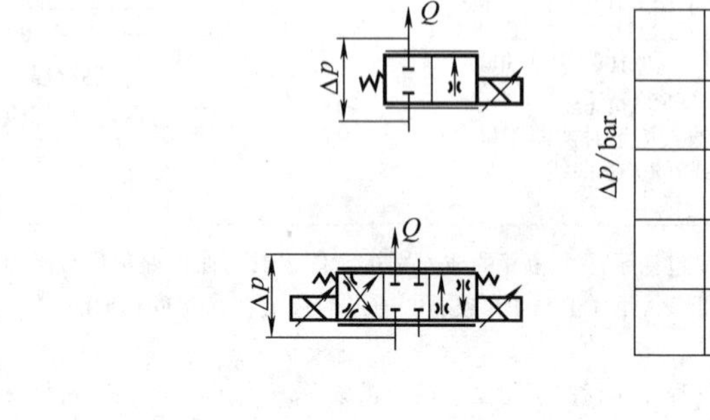

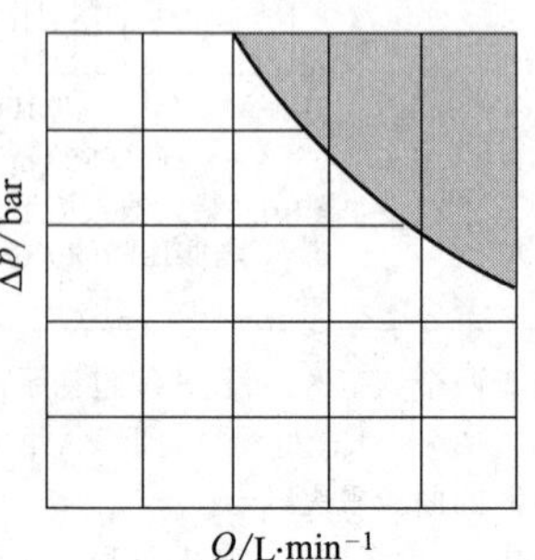

图(i)　节流阀与方向阀的功率域</td></tr>
</table>

续表

调节时间		比例阀动态特性的一种简单表达方式，是阀的调节时间。调节时间定义为阀对阶跃输入信号的响应，它与电磁铁动铁和阀芯质量有关。多数情况是在示波器所得曲线上，测量调节过程开始与终了时间，相关值为 25～60ms。见图(j) 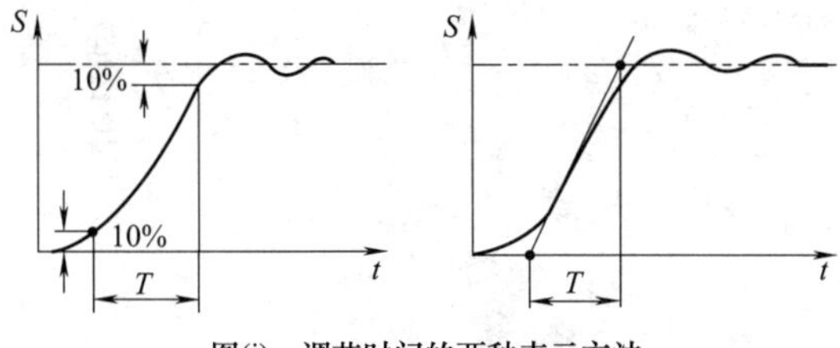 图(j)　调节时间的两种表示方法
滞环、灵敏度、回差		这三个特性是紧密相关的。它们与电磁信号转换器(磁滞环)、机械摩擦、传输元件的游隙相关，而首要的是与比例电磁铁是否配位置反馈闭环有关。对阀而言，其数值为：带位置反馈闭环时<1%，不带位置反馈闭环时约 5%
	滞环	在整个控制信号范围内，对应相同输出信号时，输入信号的最大差值。见图(k) 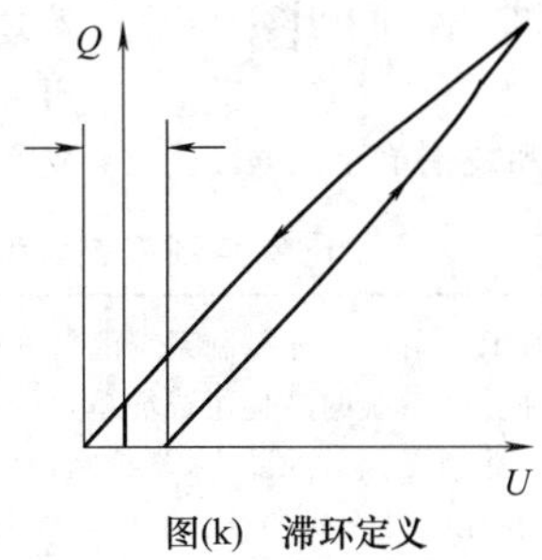 图(k)　滞环定义
	反向误差(回差)	从一个停留点出发，使输出量在与原来相反的方向上产生可测量的变化时，所需要的输入量的变化值。见图(l) 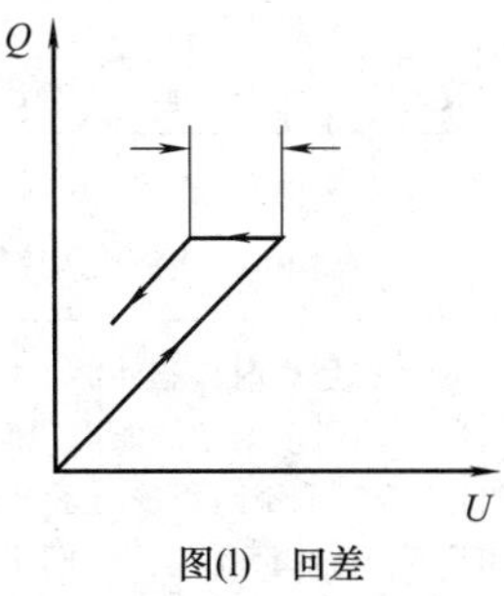 图(l)　回差
	动作灵敏度(分辨率)	在一个停留点上，使输出量在相同的方向上产生可测量的变化时，所需要的输入量的变化值。见图(m) 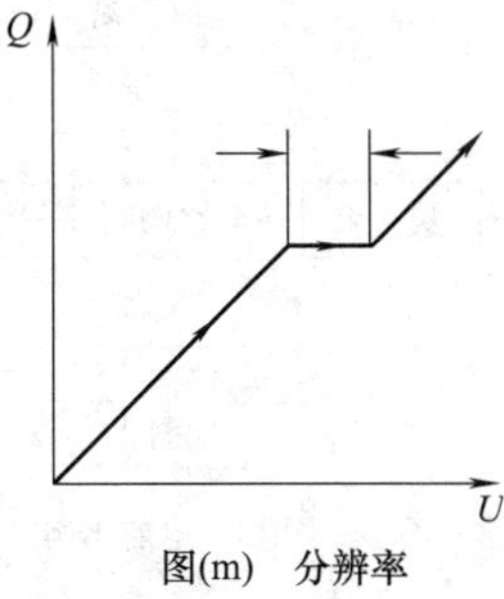 图(m)　分辨率

续表

方向阀的闭环频率特性	曲线见图(n)。曲线显示有代表性的调整范围±5%及±90% ①幅值比(输入信号幅值与阀芯实际行程幅值之比)与正弦输入信号频率的关系曲线 ②相位(正弦输入信号与阀芯实际行程之间的相角)与输入信号频率的关系曲线 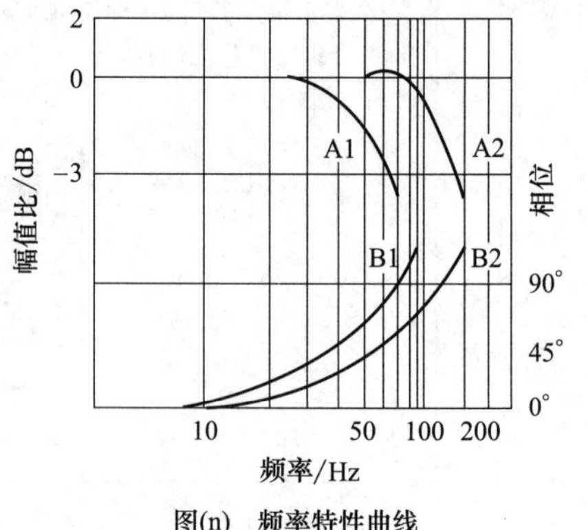 图(n) 频率特性曲线

13.10 比例控制系统典型原理图

电液比例控制系统由电子放大和校正单元、电液比例控制元件、执行元件及动力源、工作负载及信号检测处理装置等组成。按执行元件的输出参数有无反馈分为开环控制系统和闭环控制系统。比例阀控制液压缸或马达系统可以实现速度、位移、转速和转矩等的控制。

表 20-13-10 比例控制系统典型原理

开环控制	开环控制系统方框图如图(a)所示。由于开环控制系统的精度比较低,无级调节系统输入量就可以无级调节系统输出量力、速度以及加减速度等。这种控制系统的结构组成简单,系统的输出端和输入端不存在反馈回路,系统输出量对系统输入控制作用没有影响,没有自动纠正偏差的能力,其控制精度主要取决于关键元器件的特性和系统调整精度,所以只能应用在精度要求不高并且不存在内外干扰的场合。开环控制系统一般不存在所谓稳定性问题 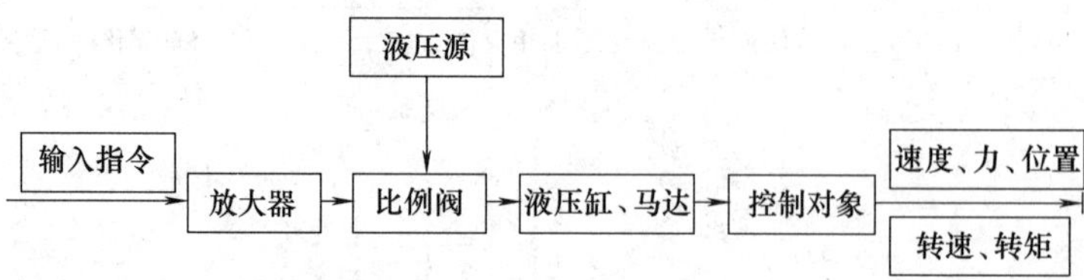 图(a) 电液比例控制系统原理图(开环)
闭环控制	闭环控制系统(即反馈控制系统)的优点是对内部和外部干扰不敏感,系统工作原理是反馈控制原理或按偏差调整原理。这种控制系统有通过负反馈控制自动纠正偏差的能力。但反馈带来了系统的稳定性问题,只要系统稳定,闭环控制系统可以保持较高的精度。因此,目前普遍采用闭环控制系统,见图(b) 简单的电液比例控制系统是采用比例压力阀、比例流量阀来代替普通液压系统中的多级调压回路或多级调速回路。这样既简化了系统,又可实现复杂的程序控制及远距离信号传输,便于计算机控制 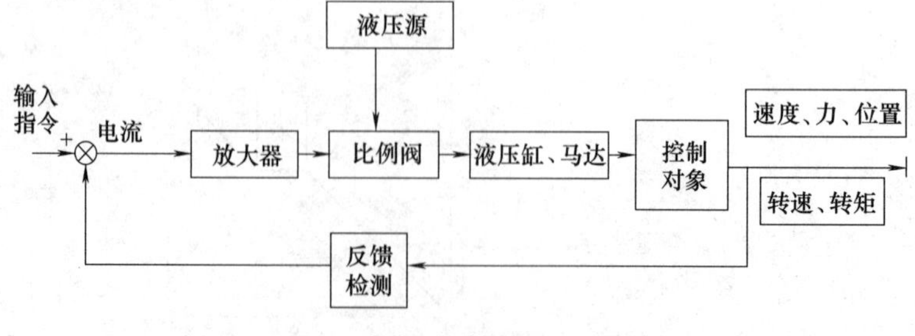 图(b) 电液比例控制系统原理图(闭环)

续表

<table>
<tr><td rowspan="2">闭环控制</td><td>压力控制</td><td>压力控制：
• 高动态性能
• 最小零压力
• 零滞后
• 最高重复精度 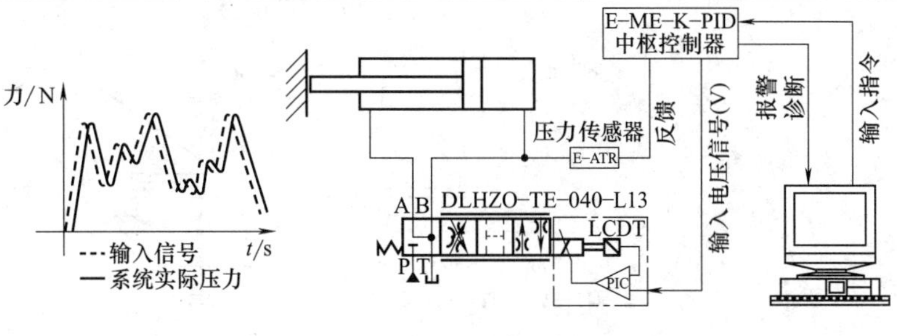

图(c)　闭环压力控制</td></tr>
<tr><td>位置/速度控制</td><td> 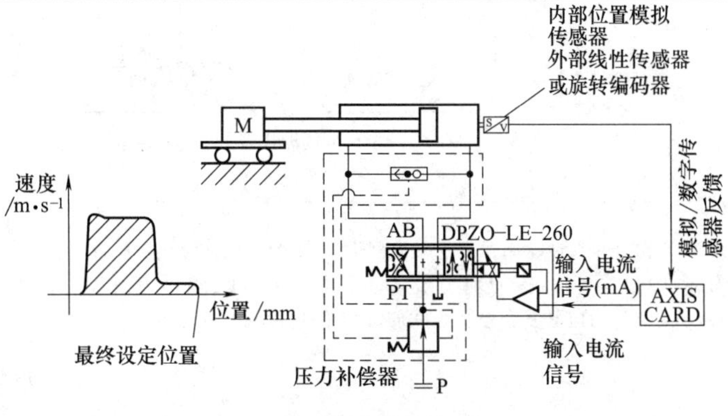图(d)　闭环位置/速度控制</td></tr>
<tr><td rowspan="2">典型比例控制实例</td><td>比例阀用于远程控制</td><td>各种不同的比例阀，可分别作为远程无级电调压力阀、节流阀和方向阀使用。其中，比例放大器到阀的距离，限制在大约 60m（实际值电缆）；而比例放大器到设定值给出器件之间的距离，则是随意的。通常，以手柄式电位器作为设定值给出器件，见图(e) 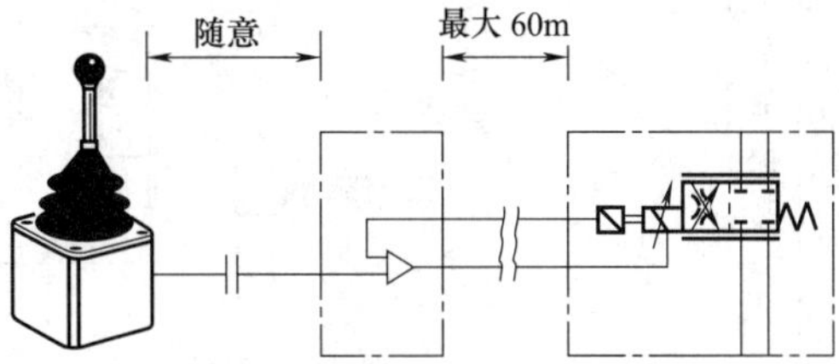

图(e)　比例阀用于远程控制</td></tr>
<tr><td>一个比例阀取代多个手调阀</td><td>由多个手调压力阀或节流阀，通过电磁阀切换，得到各种设定值的功能，可用一个比例阀来实现。设定值的给定装置由液压件转移到电子器件。成本比较表明，在需要 3 个设定值以上的系统，采用比例技术已经占有优势。另一个优势是，通过斜坡信号发生器，各设定值之间的过渡过程能得到较好的控制，见图(f)和图(g)

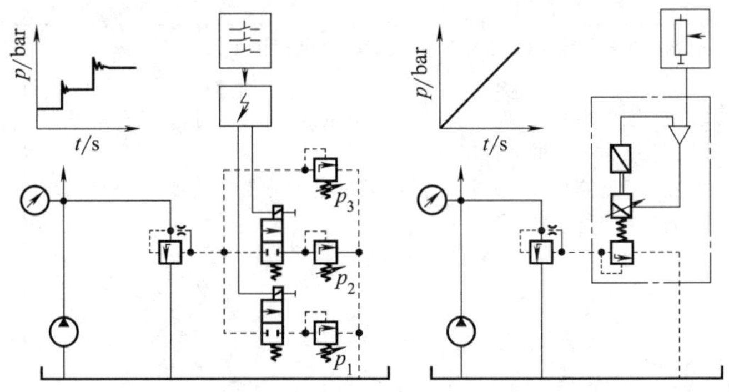

图(f)　一个比例阀取代多个手调阀压力调节

由比例阀电信号有目的选定的液压参数，可以根据生产设备的需要，很快地重新调整，同时具有很好的重复性。比例方向阀，将速度控制与方向控制集于一身，还减低了设备费用</td></tr>
</table>

续表

<table>
<tr>
<td rowspan="4">典型比例控制实例</td>
<td>一个比例阀取代多个手调阀</td>
<td colspan="3">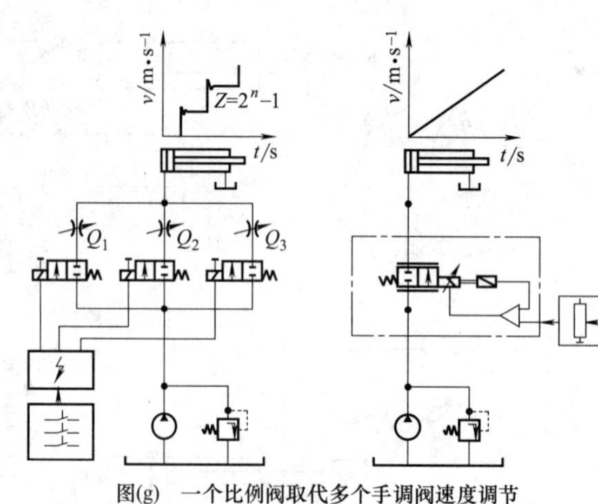

图(g)　一个比例阀取代多个手调阀速度调节</td>
</tr>
<tr>
<td>用于变量泵的控制</td>
<td colspan="3">恒压变量泵、恒流变量泵或压力流量复合控制变量泵，都可以通过比例阀，用电信号进行控制。由此，泵可运行于 p/Q 图的任意点上。各种控制特性曲线，例如功率特性，可以用电信号预先设定
如图(h)所示为一压力流量复合控制变量泵，其中的比例阀通过一控制块直接贴在泵体上
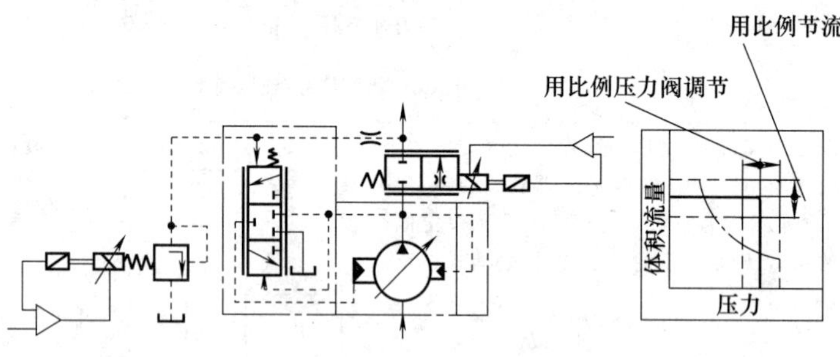

图(h)　用于变量泵的控制</td>
</tr>
<tr>
<td rowspan="2">质量的加速与制动控制</td>
<td colspan="3">对比例方向阀而言，这是一个重要的工作领域。如果要将以加速力和压力峰值为考虑问题的一方面，以缩短工作循环时间为考虑问题的另一方面协调起来，则用预先形成的信号曲线去控制比例阀，是理想的解决办法</td>
</tr>
<tr>
<td>由固定压力确定的相同形式的加速与减速</td>
<td>一个质量在加速与制动时，可根据牛顿定律得出其作用力
$$F=ma \qquad (20\text{-}13\text{-}7)$$
这个力与一定的压力相对应。加速时，为泵的压力；制动时，为液压缸的允许压力，或其他受载元件的允许压力
对一个定压系统，得到一个相同的加速或减速运动曲线。其制动距离、加速距离、时间和速度之间的关系，见图(i)
$$a=\frac{v}{t} \qquad (20\text{-}13\text{-}8)$$
$$s=\frac{1}{2}vt \qquad (20\text{-}13\text{-}9)$$
$$t=\frac{2s}{v} \qquad (20\text{-}13\text{-}10)$$
$$s=\frac{v^2}{2a} \qquad (20\text{-}13\text{-}11)$$</td>
<td>F——加速力或制动力，N
m——质量，kg
a——加速度，m/s²
v——终了或起始速度，m/s
t——加速或减速时间，s
s——加速或减速距离，m</td>
</tr>
</table>

续表

<table>
<tr>
<td rowspan="2">典型比例控制实例</td>
<td rowspan="2">质量的加速与制动控制</td>
<td>由固定压力确定的相同形式的加速与减速</td>
<td>
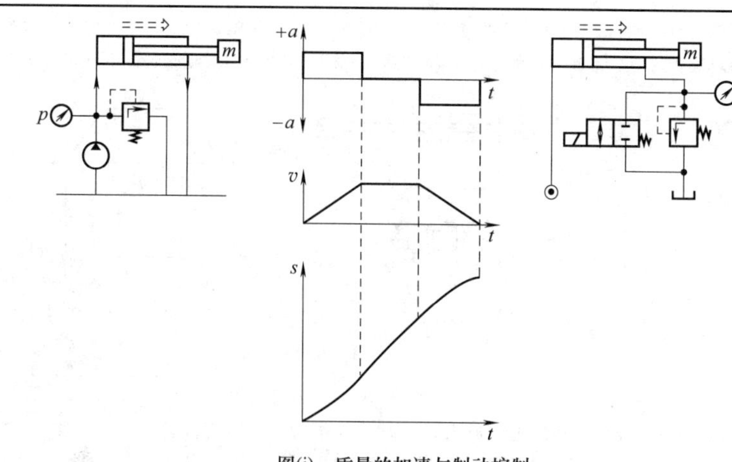

图(i)　质量的加速与制动控制
借助典型液压缸速度和加速度基础图线，见图(j)和图(k)(诺莫图)，可以估算时间和位移
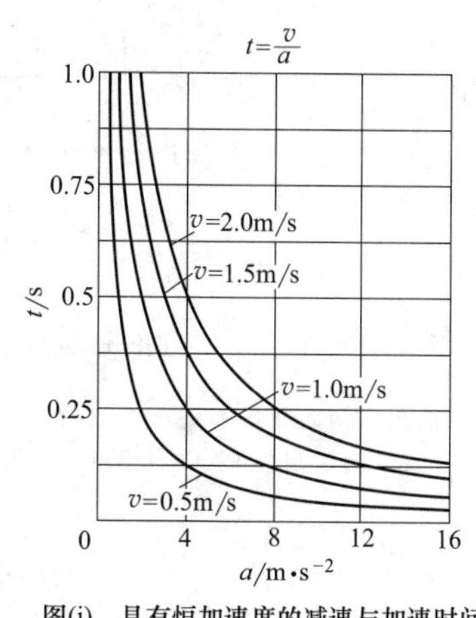

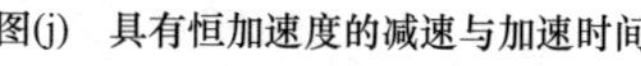
图(j)　具有恒加速度的减速与加速时间
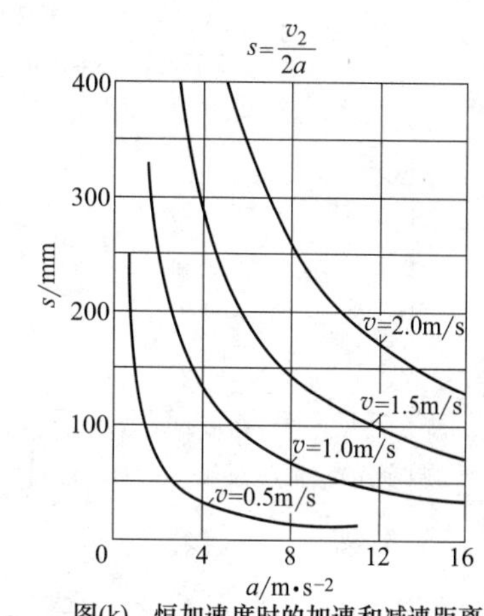

图(k)　恒加速度时的加速和减速距离
</td>
</tr>
<tr>
<td>用斜坡信号发生器控制的加速与制动(与时间相关)</td>
<td>如果使比例节流阀与比例方向阀的控制阀口，与时间相关的打开与关闭，那么理论上可以得到相同的加速与减速过程。然而，这是以电信号与体积流量之间，存在严格的线性关系为前提条件。实际上，由于：阀特性 $U_E=f(Q)$ 的线性误差；体积流量 Q 与控制阀口压降 Δp 的非线性关系而出现误差
实际的速度曲线，在加速区为软特性；与此相反，在制动过程以比较硬的特性结束。压力补偿器用来补偿变化的制动力，并使制动过程线性化</td>
</tr>
</table>

续表

典型比例控制实例 — 质量的加速与制动控制

应用方根函数发生器

可以用一种称为“方根函数发生器”的电子附件，来优化制动过程。这种电子函数发生器，能控制一个与二次幂函数相对应的不断变化的信号。将它附加到斜坡函数上去，就形成具备软特性的制动过程，见图(l)

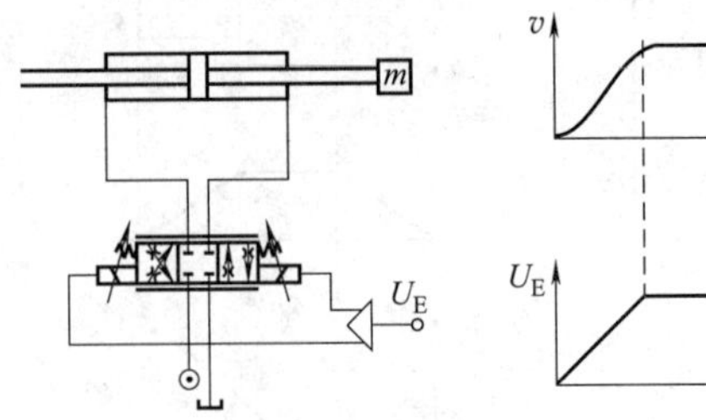

图(l)　方根函数发生器

制动过程的拉负载

当采用对称控制阀口的比例方向阀，对双出杆相同作用面积的液压缸进行控制时，其流进与流出阀口时节流作用是相同的。拉负载一直保持到制动压力不超过泵源压力。如果制动压力大于泵源压力，Δp_{BT}就要超过Δp_{PA}，这就是说，通过控制阀口 PA 的流量要小于通过控制阀口 BT 的流量。这就使缸的进油侧产生负压，严重时产生汽蚀，见图(m)。为避免出现这种情况，如满足

$$\Delta p_{PA} \leqslant \Delta p_{BT} \tag{20-13-12}$$

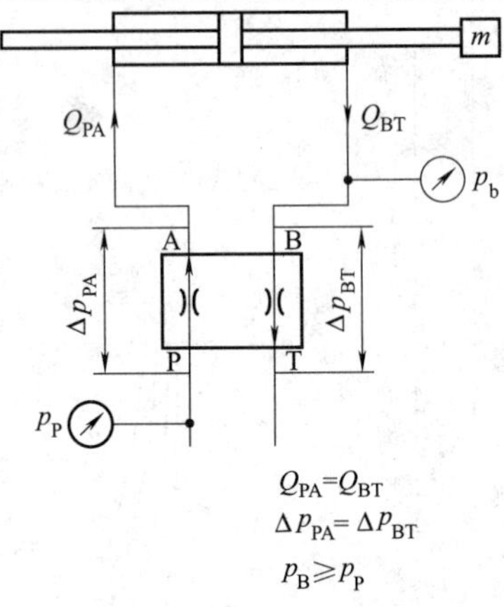

图(m)　汽蚀的产生

当采用对称控制阀口的比例方向阀，对单出杆作用面积不同的液压缸进行控制，在制动过程中，前面提到的汽蚀问题就会发生。对于面积比为 φ 的液压缸，流经控制阀口 PA 的体积流量，大于流经控制阀口 BT 的

$$Q_{PA} = \varphi Q_{BT} \tag{20-13-13}$$

根据流量公式知 $Q \propto \sqrt{\Delta p}$ 或 $Q^2 \propto \Delta p$，则控制阀口 PA 需要一个比控制阀口 BT 较大的压降

$$\Delta p_{PA} = \varphi^2 \Delta p_{BT} \tag{20-13-14}$$

为避免汽蚀，应满足

$$\Delta p_{BT} \leqslant \frac{\Delta p_{PA}}{\varphi^2} \tag{20-13-15}$$

$$p_B \leqslant \frac{p_P}{\varphi^2} \tag{20-13-16}$$

如果作用在有杆腔的质量力所需要的压力，大于式(20-13-16)的 p_B，则在缸的进油侧将发生汽蚀

下面看一例子，见图(n)

已知：液压缸数据 63/40-1000，质量 $m=1000\text{kg}$，液压缸速度 $v_0=0.5\text{m/s}$，泵压力 $p=100\text{bar}$。

求解：求避免发生汽蚀条件下，到停止状态的最短制动时间和制动距离

解：液压缸面积

$A_K=31\text{cm}^2$，$A_S=12.5\text{cm}^2$，$A_R=18.5\text{cm}^2$

1）面积比

$$\varphi=\frac{A_K}{A_R}=\frac{31}{18.5}\approx 1.7$$

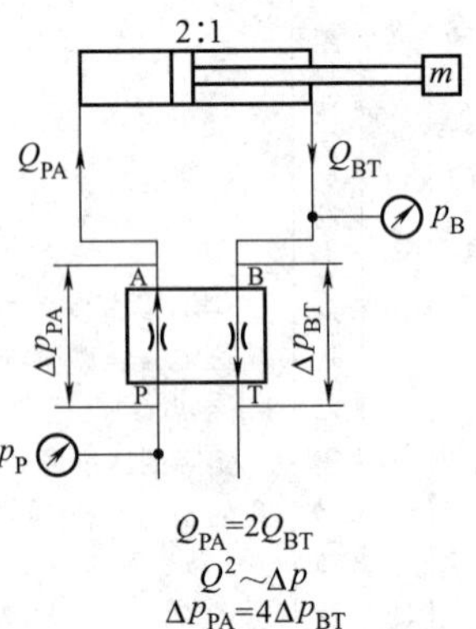

图(n)　油缸面积比为2:1时的计算结果

续表

<table>
<tr>
<td rowspan="3">典型比例控制实例</td>
<td rowspan="3">质量的加速与制动控制</td>
<td>制动过程的拉负载</td>
<td>2)允许 Δp_{BT}
$$Q_{PA}=\varphi Q_{BT}$$
因为 $Q\propto\sqrt{\Delta p}$ 以及 $Q^2\propto\Delta p$
$$\Delta p_{PA}=\varphi^2\Delta p_{BT}$$
Δp_{PA}的最大值为 100bar,则有
$$\Delta p_{BT}=\frac{100}{1.7^2}=\frac{100}{2.9}\approx 34\text{bar}$$
3)制动力
$$F=\Delta p_{BT}A_R$$
$$F=3.4\text{bar}\times 18.5\text{cm}^2=6.2\text{kN}$$
4)制动过程
根据牛顿定理
$$a=\frac{F}{m}$$
$$a=\frac{6.2\times 10^3}{1000}\approx 6.2\text{m/s}^2$$
5)制动时间
$$t=\frac{v_0^2}{2a}$$
$$t=80\text{ms}$$
6)制动距离
$$Q_{PA}=\varphi Q_{BT}$$
$$t=\frac{0.5^2}{2\times 6.2}$$</td>
</tr>
<tr>
<td rowspan="2">拉负载时避免汽蚀的措施</td>
<td>选用节流阀口不对称(不相等)的比例方向阀。需要时,可选用控制阀芯节流阀口不对称的比例方向阀。这样,就抵消了差动缸两个油腔面积不等的影响,提高了流出阀口的节流效果,见图(o)
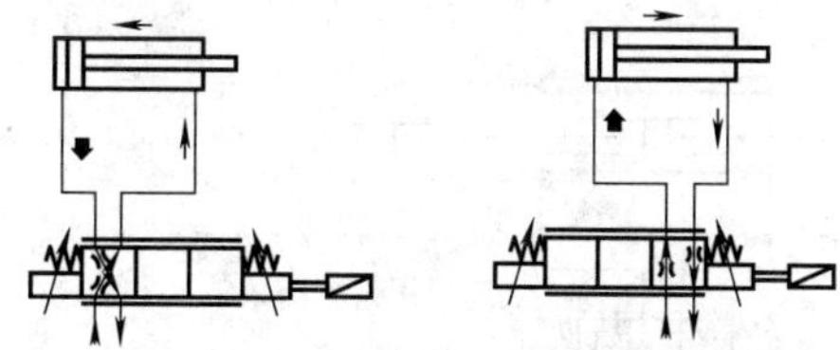
图(o)　选用节流阀口不对称(不相等)的比例方向阀</td>
</tr>
<tr>
<td>配置支承阀。为了将负载方向交变的液压缸固定在一定位置上,可在液压缸管线上配置支承阀,见图(p)。通过在比例阀处和压力补偿器处变化的节流阀口的相互影响,有可能出现振动问题
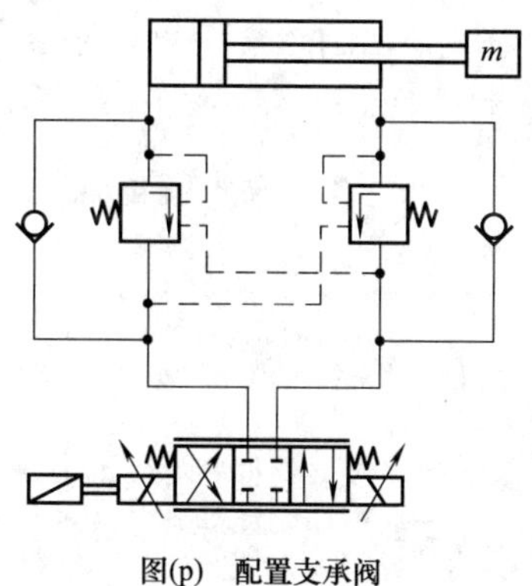

图(p)　配置支承阀</td>
</tr>
</table>

第20篇

续表

<table>
<tr>
<td rowspan="3">典型比例控制实例</td>
<td rowspan="3">质量的加速与制动控制</td>
<td>受驱动系统固有频率制约的加速与制动的极限值</td>
<td>对于加速和制动过程，不论是与时间相关的控制，还是与距离相关的控制，都受到加(减)速度极限值的制约。不仅有效压力，而且由驱动系统弹性和质量决定的系统固有频率，都决定性地影响到可能达到的加(减)速度的最大值
假如过快地加速或制动，则会发生振动，使终了位置不准确。特别是在重载大行程，从而出现较低的固有频率时，情况特别危险，见图(q)
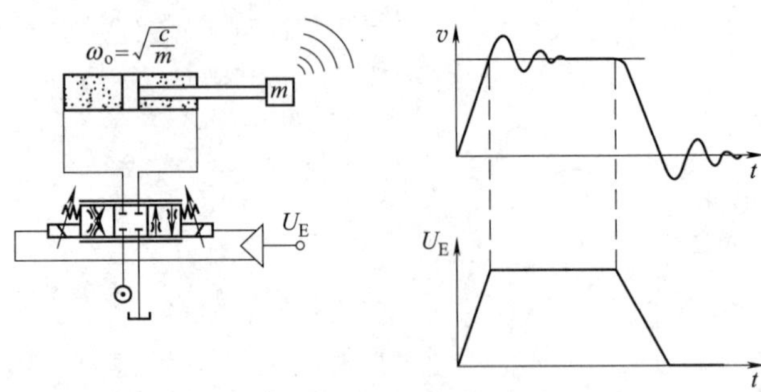

图(q) 受驱动系统固有频率制约的加速与制动的极限值</td>
</tr>
<tr>
<td>与距离相关的制动</td>
<td>理想的制动过程，不是与时间相关的控制，而是与距离相关的控制。这就是说，随着目标位置的接近，比例阀阀口过流面积，随液压缸的速度成比例地减小
这种解决方案，需要一个位置检测系统，所检测信号与设定值一起进入一调节放大器，并与目标值进行比较。这样的格局，为一个位置调节闭环
在如图(r)所示的实例中，虽然加速过程用斜坡发生器来控制，但其制动时间还是受到闭环回路放大器的影响
方根发生器在此用来进一步优化特性。在这种情况下，系用来缩短制动过程
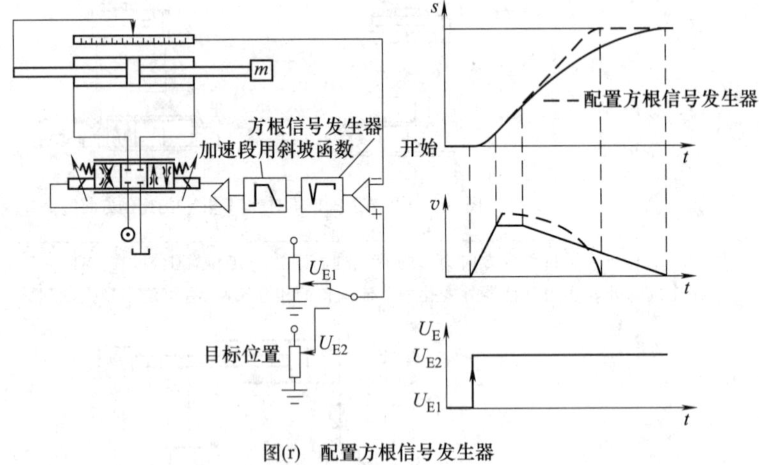

图(r) 配置方根信号发生器</td>
</tr>
<tr>
<td>用斜坡函数的定位</td>
<td>如果一个制动过程用行程开关来触发，并用斜坡函数来控制，则可得到按速度或按斜坡时间的不同的终了位置
为了实现以不同的速度，到达一个始终相同的终了位置，一种可能的方案是，首先制动到微动速度，再由此开始不配斜坡函数到达第 2 个行程开关而停止运动，见图(s)</td>
</tr>
</table>

第20篇

续表

质量的加速与制动控制	用斜坡函数的定位	图(s)　用斜坡函数的定位
典型比例控制实例	撒盐车	比例阀在恶劣环境的行走机械中的一个应用实例，是如图(t)所示的撒盐车。撒盐车的任务是，在路面宽度和行车速度变化的情况下，将准确的单位面积盐量(盐量 g/路面面积 m^2)撒到路面上去。在撒盐车上，通过螺旋输送器和输送带，将储盐箱里的盐送到撒盐转盘。当撒播宽度仅仅与撒盐转盘转速相关时，则撒盐量，进而螺旋输送器的转速就受行车速度和撒盐宽度的影响 输送器与转盘，由相应的液压马达驱动，而液压马达又分别由比例节流阀予以控制 撒盐宽度与撒盐量的设定值，在驾驶室里用旋转电位器给出相应的电信号。这些信号相互间，以及与速度值(来自测速发电机)间的联系，在中央电控器实现，从而重新去控制比例节流阀 在转盘控制系统中，比例节流阀与并联的压力补偿器，构成三通流量控制阀，由定量泵供油。而输送器马达，由变量泵和压力-流量调节器组合(实际上为一比例恒流泵)进行控制 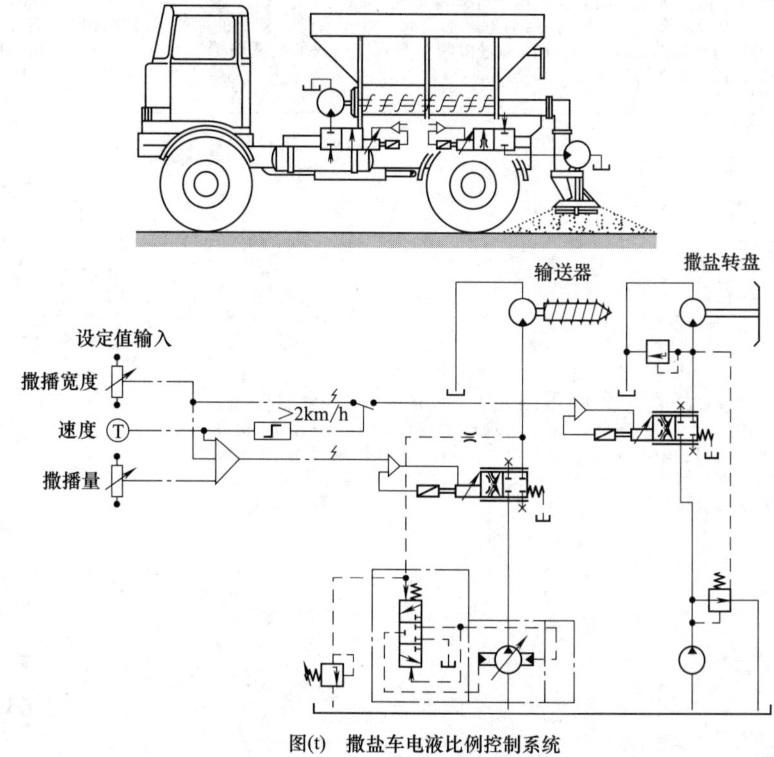 图(t)　撒盐车电液比例控制系统

第20篇

续表

<table>
<tr><td rowspan="2">典型比例控制实例</td><td>注塑机</td><td>图(u)是一个带塑化成型螺旋输送器(蜗杆)的塑料注射成型机电液比例控制系统原理图，系统采用变量液压泵1供油，最大压力由溢流阀2设定，单向阀3用于防止压力油倒灌，系统的执行器为注射液压缸12和塑化液压马达11。系统采用直动式电液比例压力阀7和电液比例节流阀6进行控制，以保证注射力和注射速度精确可控。阀7与传统先导式溢流阀9和传统先导式减压阀4的先导遥控口相连接，电液比例节流阀6串联在系统的进油路上
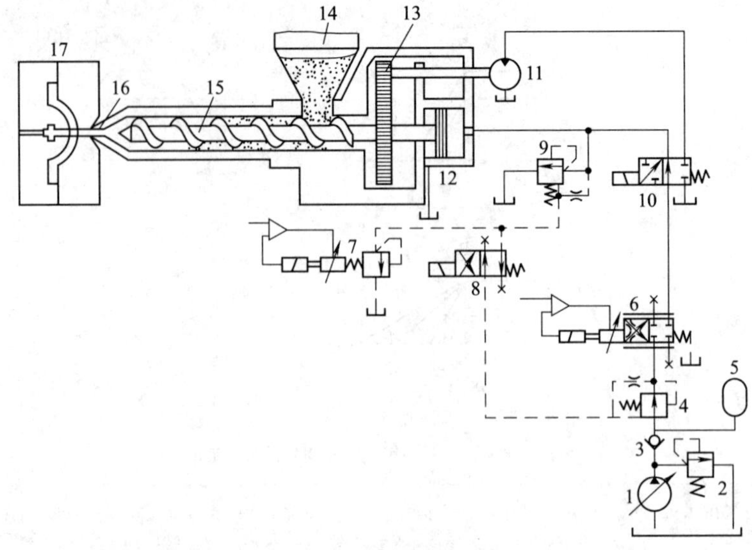

图(u)　直动式电液比例压力阀的注塑机电液比例控制系统原理
1—变量液压泵；2—溢流阀；3—单向阀；4—传统先导式减压阀；5—蓄能器；6—电液比例节流阀；7—直动式电液比例压力阀；8，10—二位四通电磁换向阀；9—传统先导式溢流阀；11—塑化液压马达；12—注射液压缸；13—齿轮减速器；14—料斗；15—螺杆；16—注射喷嘴；17—模具
料斗14中的塑料粒料进入料桶后在回转的螺杆区受热而塑化。通过塑化液压马达11和齿轮减速器13驱动的螺杆转动，由电液比例节流阀6确定二位四通电磁换向阀10切换至左位。螺杆15向右移动，注射液压缸12经过由直动式电液比例压力阀7和传统先导式溢流阀9组成的电液比例先导溢流阀排出压力油，支撑压力由直流式电液比例压力阀7确定，此时二位四通电磁换向阀8处于右位。塑化的原料通过螺杆向前推进经注射喷嘴16射入模具17。注射液压缸12的注射压力通过由阀4和阀7组成的电液比例先导减压阀确定，此时换向阀8切换至左位。注射速度由电液比例节流阀6来精细调节，此时，阀6处于右位。注射过程结束时，阀7的压力在极短的时间里提高到保压压力</td></tr>
<tr><td>进给控制</td><td>在如图(v)所示的进给回路中，比例方向阀承担了方向控制与速度控制的功能。为了实现负载补偿，方向阀前串接了压力补偿器，负载压力从方向阀芯中的附加通道取出。进给的节流控制作用，在进油侧实现。支承阀给予液压缸一定的背压，而使进给运动平稳。快退应用了差动油路
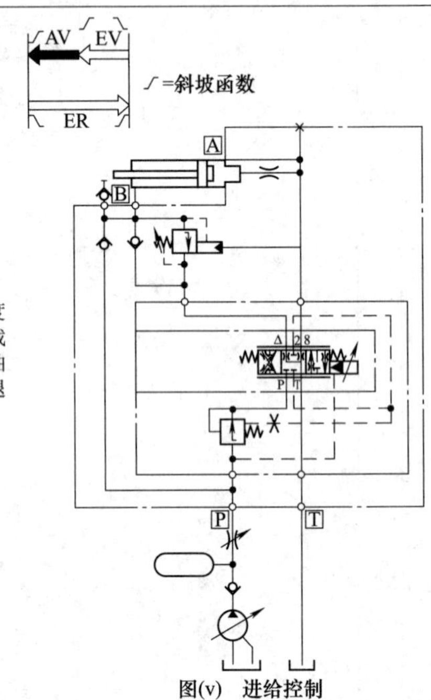

图(v)　进给控制</td></tr>
</table>

续表

<table>
<tr>
<td rowspan="3">典型比例控制实例</td>
<td>带材卷取设备恒张力控制</td>
<td>图(w)为带材卷取设备恒张力控制的闭环电液比例控制系统原理，系统的油源为定量液压泵 1，执行器为单向定量液压马达 3，为了使带材的卷取恒张力控制满足式(20-13-17)，系统采用了电液比例溢流阀 2
$$p_s=20\pi FR/q \tag{20-13-17}$$
图(w)中检测反馈量为 F，在工作压力一定而不及时调整时，张力 F 将随着卷取半径 R 的变化而变化。设置张力计 4 随时检测实际的张力，经反馈与给定值相比较，按偏差通过比例放大器 7 调节比例溢流阀的输入控制电流，从而实现连续地、成比例地控制液压马达的工作压力 p_s、输出转矩 T，以适应卷取半径 R 的变化，保持张力恒定
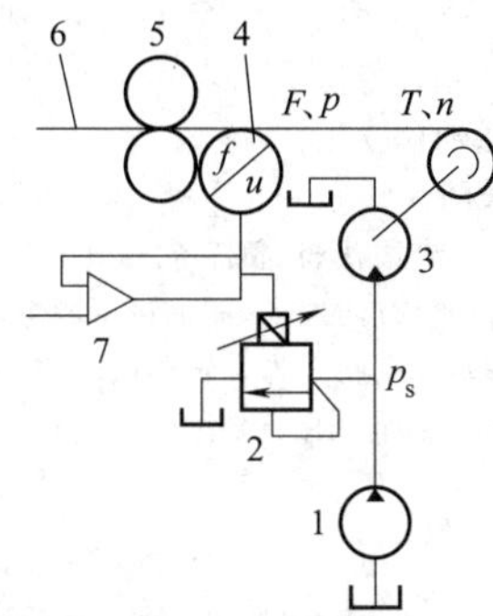

图(w)　带材卷取设备恒张力控制闭环电液比例控制系统原理
1—定量液压泵；2—电液比例溢流阀；3—单向定量液压马达；4—张力计；5—卷取辊；6—带材；7—比例放大器</td>
<td>p_s——液压马达的入口工作压力
F——张力
R——卷取半径
q——液压马达的排量</td>
</tr>
<tr>
<td>压力容器疲劳寿命试验的电液比例压力控制系统</td>
<td colspan="2">图(x)为压力容器疲劳寿命试验的电液比例压力控制系统原理，系统的油源为定量液压泵 1，其最大工作压力由溢流阀 2 设定，提高了压力控制精度。系统中采用了三通电液比例减压阀 3，并通过压力传感器 5 构成系统试验负载压力的闭环控制，通过调节输入电控制信号，可按试验要求得到不同的试验负载压力 p 的波形，以满足试件 4 疲劳试验的要求
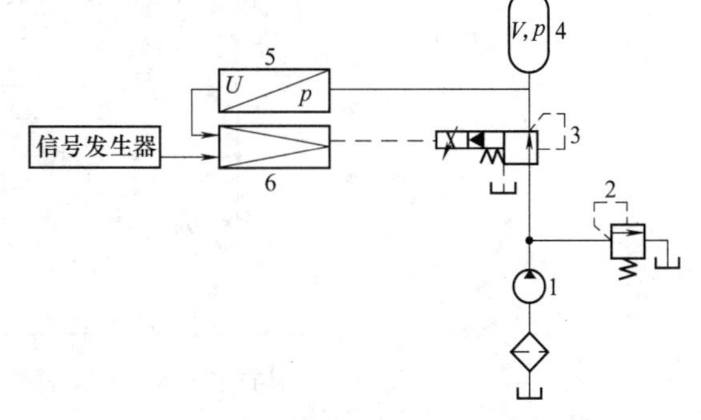

图(x)　压力容器疲劳寿命试验的电液比例压力控制系统原理
1—定量液压泵；2—溢流阀；3—三通电液比例减压阀；4—试件；5—压力传感器；6—比例放大器</td>
</tr>
<tr>
<td>机床微进给电液比例控制</td>
<td colspan="2">图(y)为机床微进给电液比例控制回路原理，其采用了传统调速阀 1 和电液比例调速阀 3，以实现液压缸 2 驱动机床工作台的微进给。液压缸的运动速度由其流量 $q_2(q_2=q_1-q_3)$ 决定。当 $q_1>q_3$ 时，活塞左移；而当 $q_1<q_3$ 时，活塞右移，故无换向阀即可实现活塞运动换向。此控制方式的优点是，用流量增益较小的比例调速阀即可获得微小进给量，而不必采用微小流量调速阀；两个调速阀均可在较大开度(流量)下工作，不易堵塞；既可开环控制也可以闭环控制，可以保证液压缸输出速度恒定或按设定的规律变化。如将传统调速阀 1 用比例调速阀取代，还可以扩大调节范围
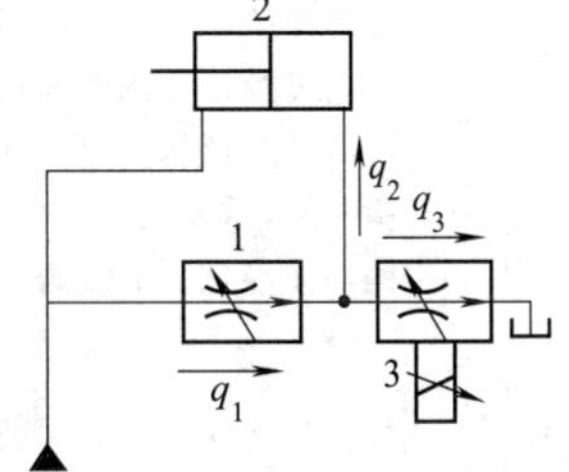

图(y)　机床微进给电液比例控制回路原理
1—传统调速阀；2—液压缸；3—电液比例调速阀</td>
</tr>
</table>

第 20 篇

续表

典型比例控制实例	双缸直顶式液压电梯的电液比例系统	液压电梯是多层建筑中安全、舒适的垂直运输设备，也是厂房、仓库、车库中最廉价的重型垂直运输设备。在液压电梯速度控制系统中，对其运行性能（包括轿厢启动、加减速运行平稳性、平层准确性以及运行快速性等方面）有较高的要求，并对液压电梯的速度、加速度以及加速度的最大值都有严格的限制，图(z)是液压电梯的速度理想曲线。目前电梯的液压系统广泛采用电液比例节流调速方式，以满足上述要求 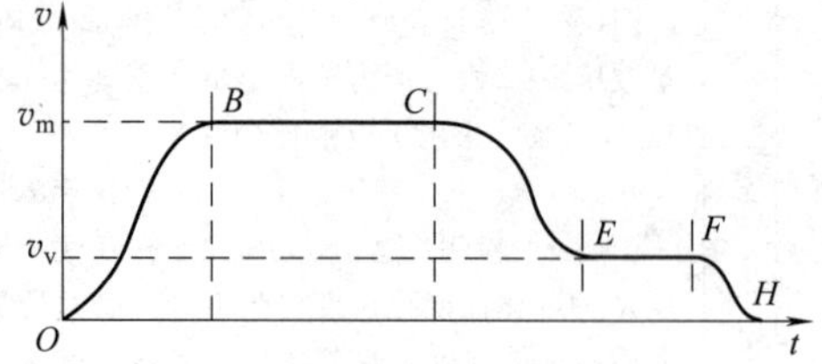 **图(z)　液压电梯的速度理想曲线** O—B—加速阶段；B—C—匀速阶段； C—E—减速阶段；E—F—平层阶段； F—H—结束阶段 图(a′)为液压电梯的一种电液比例旁路节流调速液压系统原理，系统由定量液压泵 1 供油，系统最高压力设定和卸荷控制由电磁溢流阀 6 实现，工作压力由压力表 4 显示；精过滤器 2 用于压力油过滤，以保证进入系统的油液清洁；单向阀 5 用于防止液压油倒灌；电磁比例调速阀 7 用于并联的液压缸 16、17 带动电梯上升时旁路节流调速，下降时回油节流调速；比例节流阀 9 和 10，作双缸同步控制用，一个主控制阀，另一个用于跟随同步控制。由于节流阀只能沿一个方向通油，故加设了四个单向阀组成的液压桥路 11 和 12，使得电梯上下运行时比例节流阀都能够正常工作；手动节流阀 8 为系统调试时的备用阀；电控单向阀 13 和 14 用于防止轿厢断电锁停；双缸联动的手动下降阀 15（又叫应急阀），用于突然断电，液压系统因故障无法运行时，通过手动操纵使电梯以较低的速度 0.1m/s 下降 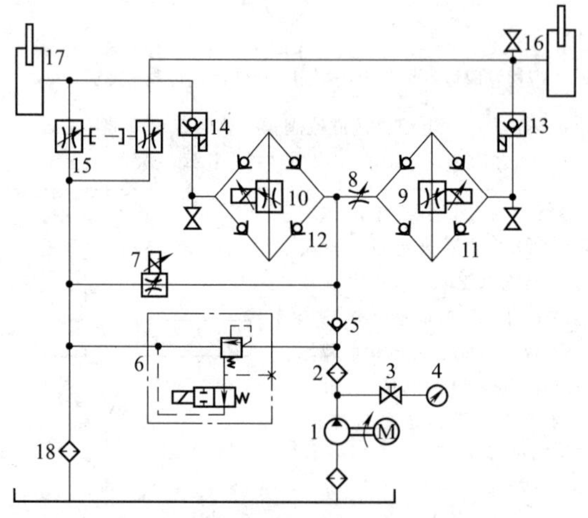 **图(a′)　液压电梯电液比例旁路节流调速液压系统原理** 1—定量液压泵；2—精过滤器；3—压力表开关；4—压力表；5—单向阀；6—电液溢流阀； 7—电液比例调速阀；8—手动节流阀；9，10—电液比例节流阀；11，12—液压桥路； 13，14—电控单向阀；15—手动下降阀；16，17—液压缸；18—回油过滤器 系统的工作原理为：电梯上升时，系统接到上行指令后，电液溢流阀 6 中的二位二通电液换向阀通电，系统升压。电梯启动阶段，由计算机控制比例调速阀 7，使它的开度由最大逐渐减小，电梯的速度逐渐上升，减速阶段与之类似。通过控制比例调速阀的流量来使电梯依据理想曲线运行，最后平层停站，电液溢流阀 6 断电，液压泵卸荷。通过调节两个比例节流阀 9 和 10 来保证进入双缸的流量相等，从而使双缸的运动同步。电梯下行时，在系统接到下行指令后，首先关闭比例调速阀 7，两个电控单向阀 13 和 14 通电后打开，控制比例调速阀的开度逐渐增大，液压缸中的油液经比例节流阀 9 和 10，再流经比例调速阀排回油箱。通过控制经比例调速阀的流量来使电梯依据理想曲线下降
	焊接自动线提升装置	焊接自动线提升装置的电液比例控制回路见图(b′)。图(b′)中(ⅰ)为焊接自动线提升装置的运行速度循环图，要求升、降最高速度达 0.5m/s，提升行程中点的速度不得超过 0.15m/s，为此采用了电液比例方向节流阀 1 和电子接近开关 2（所谓模拟式触发器）组成的提升装置电液比例控制回路[图(b′)中(ⅱ)]。工作时，随着活动挡铁 4 逐步接近开关 2，接近开关输出的模拟电压相应降低直到 0V，通过比例放大器去控制电液比例方向节流阀，使液压缸 5 按运行速度循环图的要求通过四杆机械转换器将水平位移转换为垂直升降运动。此回路，对于控制位置重复精度较高的大惯量负载是相当有效的

续表

典型比例控制实例	焊接自动线提升装置	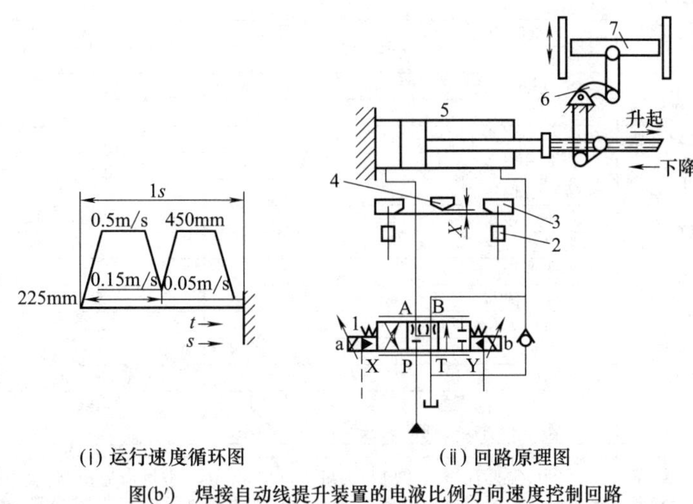 (ⅰ) 运行速度循环图　　(ⅱ) 回路原理图 **图(b′)　焊接自动线提升装置的电液比例方向速度控制回路** 1—电液比例方向节流阀;2—电子接近开关(模拟起始器);3—制动挡块;4—活动挡铁;5—液压缸;6—四杆机械转换器;7—工作机构
	液压蛙跳游艺机电液比例控制系统	液压蛙跳游艺机是为儿童乘客提供失重感受的游艺机械,图(c′)是其结构和电液比例控制系统示意图。该机采用高性能电液比例方向阀 7 和液压缸 2 组成的开环电液伺服系统驱动。液压缸 2 的活塞杆连接倍率为 m 的双联增速滑轮组(动滑轮 3、定滑轮 4 和导向轮 6),钢丝绳 5 的自由端悬挂一个可乘坐六人的单排座椅 1。该机的运行过程及原理如下:启动液压站,阀控缸 2 将载有乘客的座椅 1 缓慢提升到 4.5m 高度,此时预置程序电信号操纵阀控缸模拟蛙跳,增速滑轮组随即将此蛙跳行程和速度增大到 m 倍,为了避免冲击过大伤及乘客,采用自上而下多级蛙跳模式,每级蛙跳坠程小于 0.5m,最后一次蛙跳结束时座椅离地面 1.5m 以上。上述蛙跳动作重复 3 次以后阀控缸将座椅平稳落地 为了保证整机性能及安全运行,系统中高性能电液比例方向阀(DLKZO-TE-140-L71)配有内置式位移传感器和集成电子放大器,以闭环方式实现阀的调节和可靠控制,是优化了的集成电液系统,其动态和静态特性可与伺服阀媲美,能够根据输入电信号提供方向控制和压力补偿的流量控制,亦即方向和速度控制,并具有性能可靠、过滤要求低等优点。采用该阀的液压蛙跳机能够准确控制座椅的坠落行程、速度和加速度,既能避免座椅失控坠地,也能避免液压缸和滑轮组钢丝绳承受过大的冲击而损伤,还能让乘客最大限度地体验失重的感觉。下表为液压蛙跳游艺机系统的技术参数 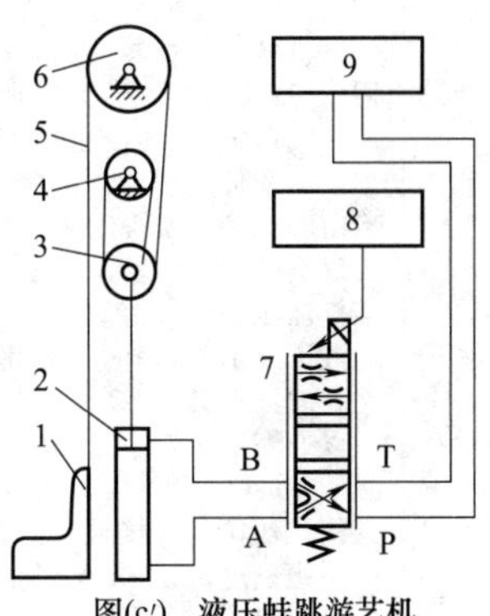 **图(c′)　液压蛙跳游艺机** 1—座椅;2—液压缸;3—动滑轮;4—定滑轮;5—钢丝绳;6—导向轮;7—电液比例方向阀;8—信号源;9—液压站

续表

典型比例控制实例

液压蛙跳游艺机电液比例控制系统

液压蛙跳游艺机系统的技术参数

项　目			参　数	单位
座椅静负载	座椅自重 G_1		2.60	kN
	6名儿童的总重量 G_2		0.40×6=2.40	
	总重量 G		5.00	
座椅加速度			2.47	m^2/s
座椅最大惯性力	N_{max}		1.26	kN
座椅最大动负载	$P_{max}=N_{max}+G$		6.26	kN
液压缸	最大牵引力 $F_{max}=3P_{max}$		18.78	kN
	最高坠落速度 v_{max}		0.785	m/s
	最大外伸速度 $v_{1max}=v_{max}/3$		0.262	
	缸筒内径		80	mm
	活塞杆直径		50	
	最大负载流量		79	L/min
液压源	控制阀最大供油流量		136	
	供油压力		10.5	MPa
	蓄能器(2个)容积		25×2=50	L
	液压泵(25MCY14-1B型轴向柱塞泵)	转速	1500	r/min
		功率	7.5	kW

深潜救生艇对接机械手的电液比例控制系统

在救援失事潜艇的过程中,需要深潜救生艇与失事艇对接,建立一个生命通道,将失事艇内的人员输送到救生艇内,完成救援任务。救生艇共有两对对接机械手,是救生艇的重要执行装置,具有局部自主功能,图(d′)是其对接原理(仅给出一对机械手)。当深潜救生艇1按一定要求停留在失事艇9上方后,通过对称分布的四只液压缸驱动的对接机械手的局部自主控制,完成机械手与失事艇对接裙7初连接、救生艇对接裙7与失事艇对接裙自动对中、收紧机构手使两对接裙正确对接等三步对接作业过程,以解决由于风浪流、失事艇倾斜等因素,难于直接靠救生艇的动力定位系统实现救生艇与失事艇的对接问题。为了避免因重达50t的救生艇的惯性冲击力损坏机械手,在伸缩臂与手爪之间设有压缩弹簧式缓冲装置4,并通过计算机反馈控制手臂液压缸,减小手爪5与甲板间的接触力;同时采用电液比例系统对机械手进行控制,使其具有柔顺功能

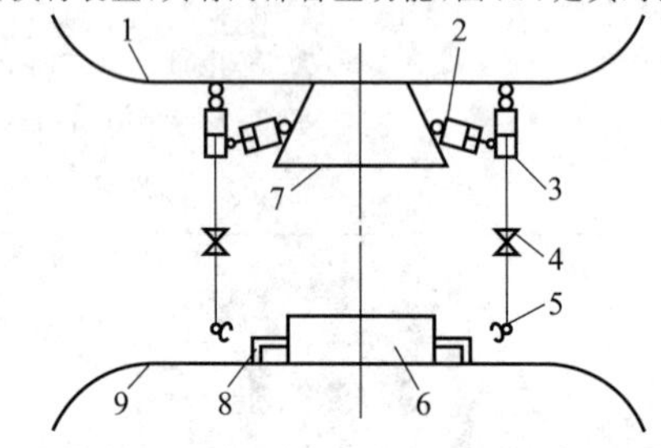

图(d′)　深潜救生艇与失事艇的对接原理

1—深潜救生艇;2—摆动臂;3—伸缩臂;4—缓冲装置;5—手爪;6—对接裙平台;7—对接裙;8—目标环;9—失事艇

图(e′)是机械手的电液比例控制系统原理(图中只画出了一只机械手的控制回路,其他三只机械手的控制回路与其相同)。系统的执行器为实现对接机械手摆动和伸缩两个自由度的液压缸10和液压缸11及驱动手爪开合的液压缸12,其中摆动和伸缩两个自由度采用具有流量调节功能的电液比例换向阀5和6实现闭环位置控制,与二位四通电磁换向阀8和9结合实现手臂的柔顺控制。手爪缸12的运动由电液比例换向阀7控制。系统的油源为定量液压泵1,其供油压力由溢流阀3设定,单向阀2用于防止油液向液压泵倒灌,单向阀4用于隔离手爪缸12与另外两缸的油路,防止动作相互产生干扰

以伸缩液压缸11为例说明系统的控制原理:当电磁铁6YA通电使换向阀9切换至左位时,伸缩液压缸便与比例阀6接通,此时,通过阀6的比例控制器控制比例电磁铁3YA和4YA的输入电信号规律,可以实现液压缸活塞的位置控制,系统工作在位置随动状态。当6YA断电并且3YA和4YA之一通电时,伸缩液压缸11的无杆腔与有杆腔通过换向阀9的Y型机能连通并接系统的回油,使缸的两腔卸荷,活塞杆可以随负载的运动而自由运动,实现伸缩的柔顺功能。这样既能保证该机械手与失事艇上的目标环初连接,同时也为其他三只机械手对接创造了条件,又可以缓冲因救生艇运动而带来的惯性力,避免损坏机械手。摆动液压缸回路的控制原理与伸缩缸类同

本系统的特点为:通过电液比例方向阀与电磁换向阀的配合控制,实现机械手的柔顺功能;通过设置缓冲装置和电液比例闭环控制,使深潜救生艇的对接机械手不致因惯性冲击的因素而损坏,并提高了对接的成功率

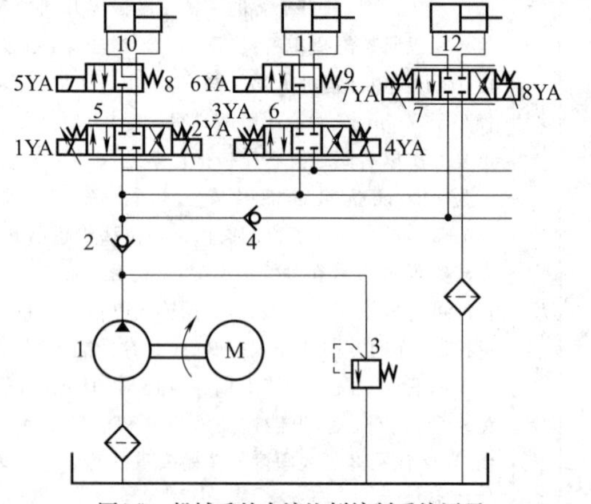

图(e′)　机械手的电液比例控制系统原理

1—定量液压泵;2,4—单向阀;3—溢流阀;5～7—电液比例换向阀;8,9—二位四通电磁换向阀;10—摆动液压缸;11—伸缩液压缸;12—手爪开合液压缸

第20篇

续表

<table>
<tr>
<td rowspan="2">典型比例控制实例</td>
<td>无缝钢管生产线穿孔机芯棒送入机构的电液比例控制系统</td>
<td>

图(f′)为无缝钢管生产线穿孔机芯棒送入机构的电液比例控制系统原理，芯棒送入液压缸行程 1.59m，最大运行速度 1.987m/s，启动和制动时的最大加(减)速度均为 $30m^2/s$，在两个运行方向运行所需流量分别为 937L/min 和 168L/min。系统采用公称通径 10 的比例方向节流阀为先导控制级，通径 50 的二通插装阀为功率输出级，组合成电液比例方向节流控制插装阀。采用通径 10 的定值控制压力阀作为先导控制级，通径 50 的二通插装阀为功率输出级，组合成先导控制式定值压力阀，以满足大流量和快速动作的控制要求。采用进油节流调节速度和加(减)速度，以适应阻力负载；采用液控插装式锥阀锁定液压缸活塞，采用接近开关、比例放大器、电液比例方向节流阀等的配合控制，控制加(减)速度或斜坡时间，控制工作速度

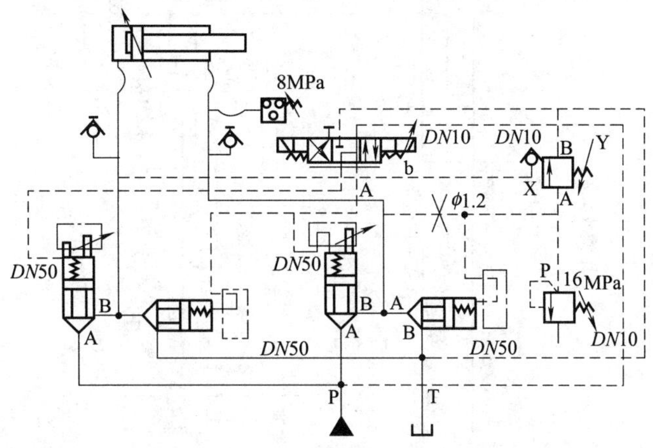

图(f′)　无缝钢管生产线穿孔机芯棒送入机构的电液比例控制系统原理

</td>
</tr>
<tr>
<td>全功能流程的继电器控制</td>
<td>

如图(g′)所示的简明例子，是一个液压缸在整个工作过程中的控制情况。信号元件，手动按钮 S1、S2，和沿液压缸行程的极限位置开关(行程开关)B1、B2、B3，构成了继电器控制系统，见图(h′)。这是按步进链原理编制，从电位器 V1～V4 调出设定的电压。这些与运动速度和运动方向相应的比例控制信号，输入到比例放大器。信号转变过程中的加速与制动值，在放大器里用斜坡函数来设置，见图(i′)

为了得到准确的终端位置，位于终端位置起始点的 B1、B3，总是将斜坡函数切除

现今，继电器控制通常为可编程控制器 SPS 所代替。其工作过程与步进链的相似

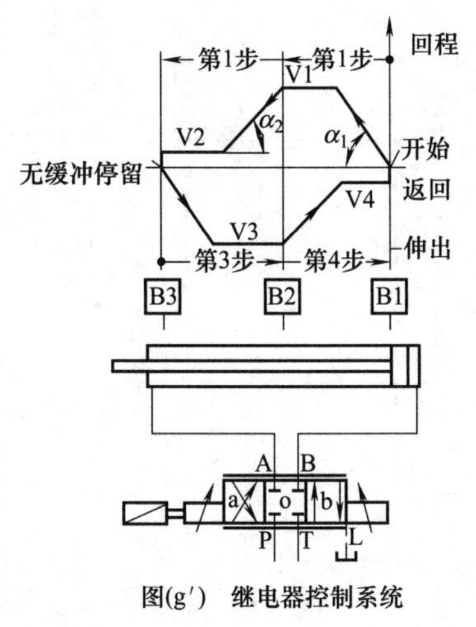

图(g′)　继电器控制系统

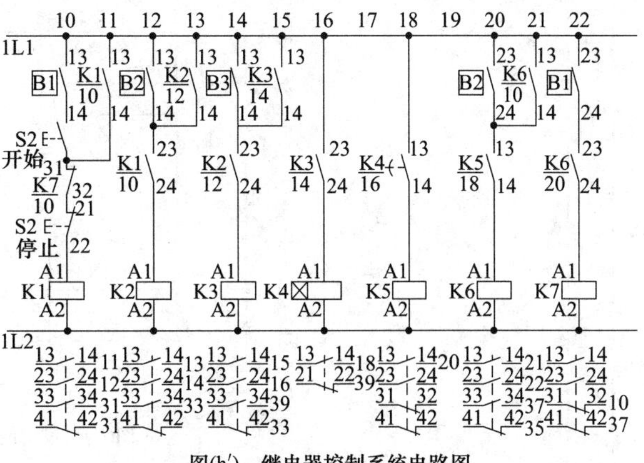

图(h′)　继电器控制系统电路图

</td>
</tr>
</table>

第20篇

续表

| 典型比例控制实例 | 全功能流程的继电器控制 | 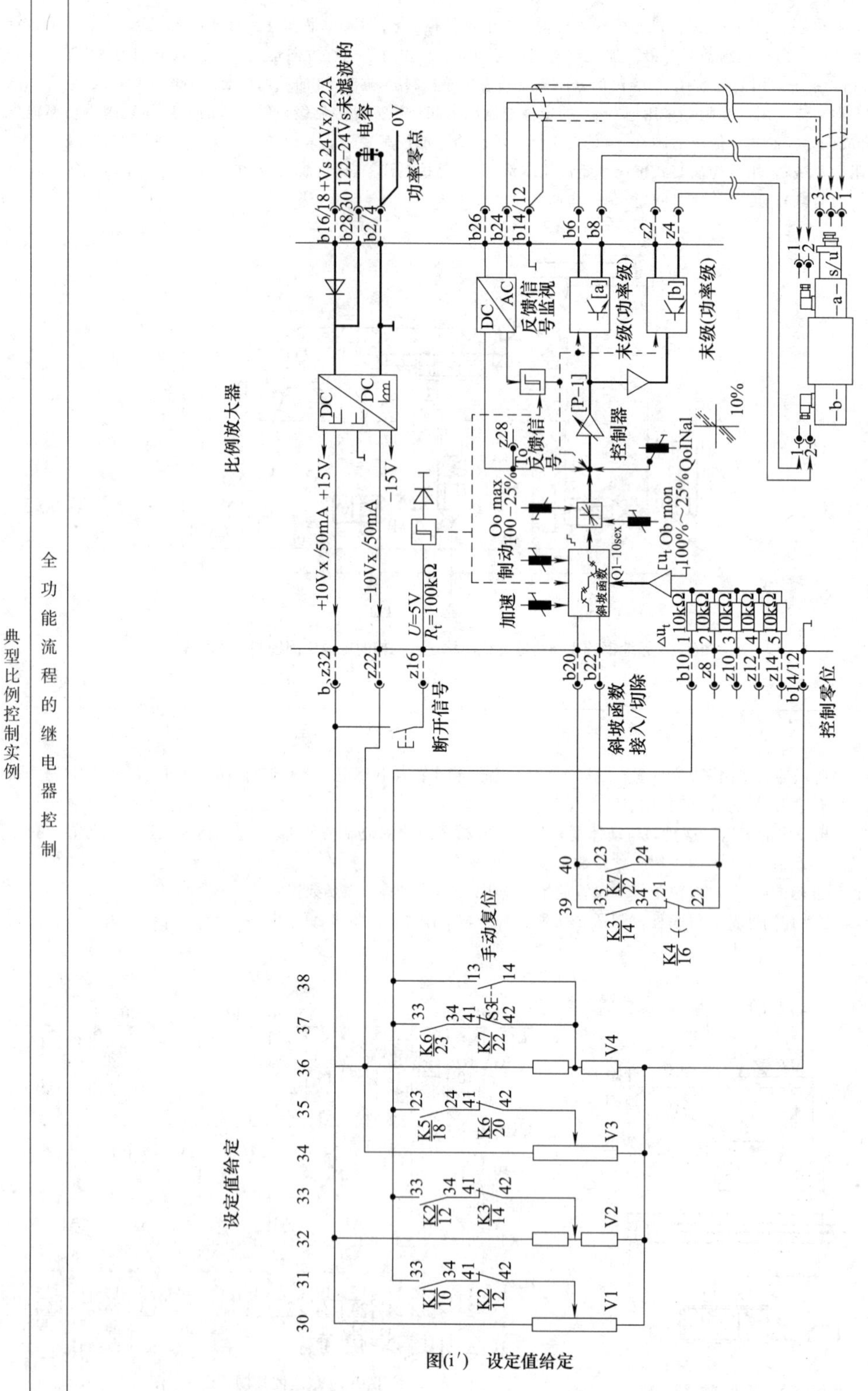
图(i′) 设定值给定 |

续表

典型的开环控制应用实例	开环控制适用于在两个不等同的液压参数之间提供一个平滑渐进而无突变的变换控制过程。此时操作者必须不停地目测被控对象的运动过程并连续手动控制。例如人工遥控就是典型的开环控制 通常在不需要很精密的控制时使用开环控制。开环控制装置易受环境的干扰，例如温度变化，液压油黏度的变化，以及由于物体运动产生的惯性作用等均对开环装置的控制产生影响 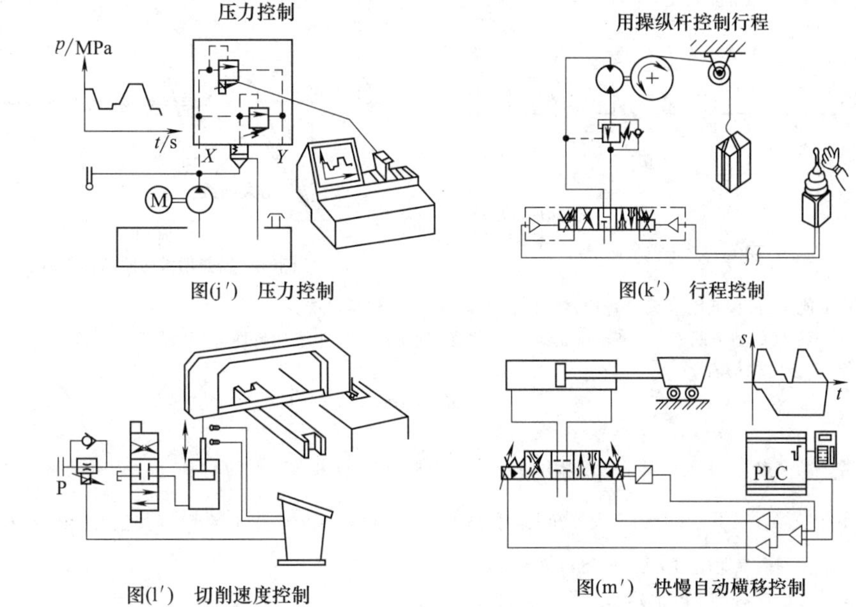 图(j′)　压力控制　　图(k′)　行程控制 图(l′)　切削速度控制　　图(m′)　快慢自动横移控制

13.11　闭环控制系统的分析方法

下面描述的基本概念是与先进的仿真编程工具联系在一起的。利用这些概念就有可能在确定了各个单元输出特性之后，建立起复杂的由不同功能模块组成的油路系统，并可进一步模拟复杂系统的性能和分析它们的动态特性，从而更容易地进行参数研究（如变刚度、质量、比例阀类型和规格的选择等）。

表 20-13-11　　闭环控制系统的分析方法

闭环系统分析方法	电液控制系统主要可分为：动态应用系统，载荷高速或高频运动；力应用系统，低速传递高负载 动态系统中遇到的最主要问题是估值困难，但这又很重要。大部分故障来自忽略了接近系统固有频率的那个频率。因此需要考虑以下两个方面：系统的液压刚度，负荷惯性 在很多液压系统中，液体被认为是不可压缩的，但实际上是不完全正确的，因为当系统有压力时，流体会像弹簧一样被压缩[见图(a)] 在动态载荷作用的快速动作的伺服系统中，尤其是在高压系统中，甚至管路也应被看作弹性的。更应注意的是有蓄能器的情况，虽然蓄能器改善了系统的部分性能，但从动力学观点分析，它也使系统变得更易发生共振 将元件(或元件组)看作一个模块[如图(b)所示]能使闭环控制系统的分析加以简化。模块的输入与输出之间的关系即为传递函数 $G(s)$  图(a)　质量/弹簧系统　　图(b)　传递函数方框图 系统控制环增益 K_V[图(c)]为各单个控制环模块增益(放大器 G_D，比例阀 G_V，油缸 G_C以及反馈 H)之积，系统的开环增益越大，系统的控制精度越高，反应越快

续表

闭环系统分析方法	然而，过大的增益有可能引起系统不稳定[见图(d)]。在这种情况下，上下两个方向上的振荡变得发散。保持系统稳定时，增益的最大值由下列条件确定 负载质量(M)：质量越大，惯性越大，振荡的倾向越大 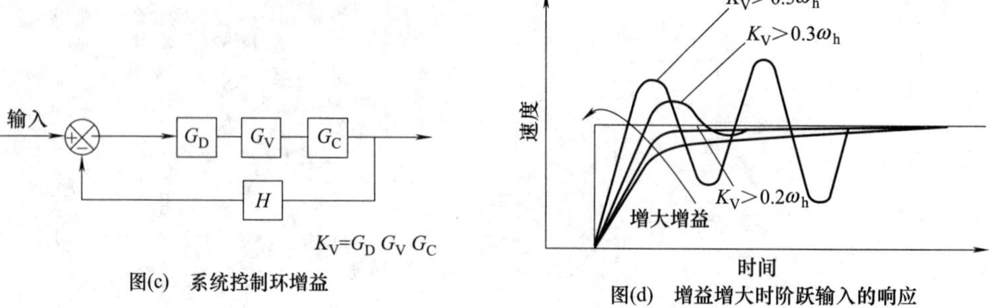 图(c)　系统控制环增益　　图(d)　增益增大时阶跃输入的响应 执行机构的刚度(K)，低刚度意味着振荡的倾向大，因此刚度应尽可能大 系统阻尼系数 ξ(典型情况 $\xi=0.05\sim0.3$)。该参数受阀的特性(如非线性特性等)和系统摩擦影响 为了确保系统稳定，应有： $$K_V\leqslant 2\xi\omega_h$$ 式中　ω_h——整个闭环系统的固有频率 在下列各个频率中，ω_h 为最小值；ω_{sv} 为阀固有频率(一般假设为 90°相位差时的频率)；ω_0 为机械系统的固有频率，一般为 10～100Hz，$\omega_0=\sqrt{\dfrac{K}{M}}$；$\omega_{at}$ 为放大器和反馈传感器的固有频率(通常可以不考虑，因其值至少比 ω_{sv} 和 ω_0 高 10 倍) 在电液中枢控制的工业应用系统中，临界频率总是 ω_h，见图(e) 对直线型执行机构，ω_h 用下列方程计算 $$\omega_h=\sqrt{\frac{40\beta_e A_1}{CM}}\times\frac{1+\sqrt{\alpha}}{2}\ (\text{rad/s})\qquad(20\text{-}13\text{-}18)$$ 式中　β_e——油弹性模量 $\beta_e=1.4\times10^9$Pa C——行程，mm M——质量，kg α——A_2/A_1，环形腔面积/活塞面积之比 A_1——活塞面积，cm^2 A_2——环形腔面积，cm^2 对油缸-质量系统，其固有频率 ω_h 直接与保持系统稳定的最小加速度/减速度时间有关(Route Hurwitz 准则判定) $$t_{min}=35/\omega_h\qquad(20\text{-}13\text{-}19)$$ 经验表明：如果计算出的保持系统稳定的最小斜坡时间大于 0.1s，就应该对系统重新进行调整[见图(f)] 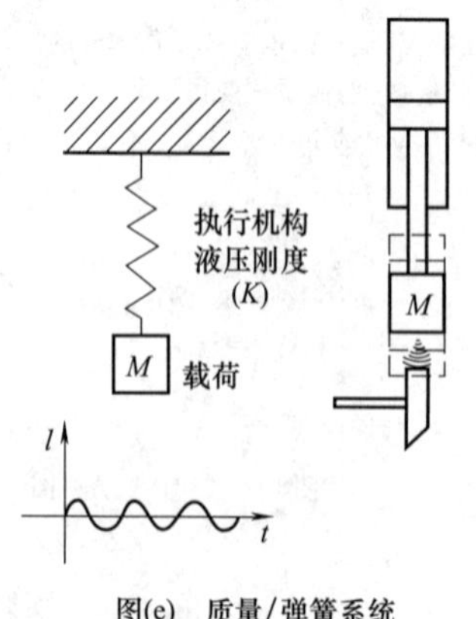 图(e)　质量/弹簧系统 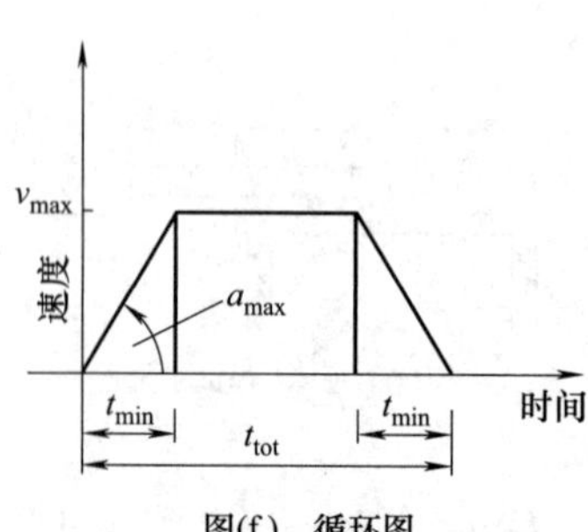 图(f)　循环图

续表

<table>
<tr><td>闭环系统分析方法</td><td>一旦确定了总的循环时间和行程，就可获得最大速度
$$v_{max}=S_{tot}/(t_{tot}-t_{min}) \quad (20\text{-}13\text{-}20)$$
式中　S_{tot}——总行程，mm
t_{tot}——总循环时间，s
从而可得最大加速度
$$a_{max}=v_{max}/t_{min} \quad (20\text{-}13\text{-}21)$$
在利用电液控制器获得和保持要求的高位置精度时，整体刚度也是非常重要的。位置精度受到的外部干扰较大，这些干扰包括：轴向机构上的外部作用载荷（工作载荷，冲击载荷），负载重量（对垂直安装油缸），摩擦力，连接间隙等
需要进一步监控的其他参数是：由于温度或压力变化造成的阀的零漂、反馈传感器的精度或分辨率</td></tr>
<tr><td>闭环系统分析实例</td><td>下面的例子显示闭环系统中动态性能的巨大影响。考虑如图(g)所示的简单原理图，油缸与比例阀相连。原理图显示，油缸必须在 2s 内完成前进行程
通过上述关系式计算，可得
$\omega_h=69.12\text{rad/s}$，$T_{min}=0.51\text{s}$，$v_{max}=0.67\text{m/s}$，$a_{max}=1.31\text{m/s}$，$Q_{max}=v_{max}\times A_1=0.67\times19.6\times60/10=78.9\text{L/min}$，$F=Ma=2620\text{N}$，$p_{min}=(F+Mg/A_1)=(2620+19620/19.6\times10^4)=113.5\text{bar}$
$$p_{需}=p_{min}+\Delta p_{阀}+\Delta p_{管路}=113.5+70+16=199.5\text{bar}$$
根据计算结果，选择样本中 $\Delta p_{阀}$ 范围内的比例阀。在上面的例子中，可以选择 $Q=90\text{L/min}$、$\Delta p_{阀}=70\text{bar}$ 的阀
上面的计算完成并确定了具有动态性能循环的压力
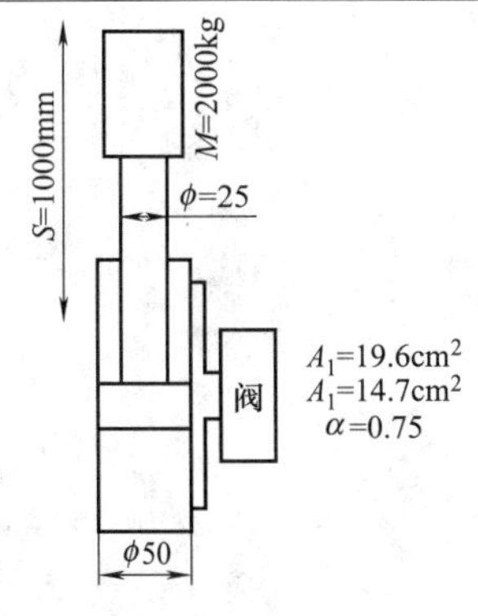

图(g)　实例中分析的系统</td></tr>
</table>

13.12　比例阀的选用

表 20-13-12　　比例阀的选用原则及使用注意事项

<table>
<tr><td>选用原则</td><td>①根据用途和被控对象选择比例阀的类型：比例阀可分为两种不同的基本类型：配用不带位置电反馈电磁铁的比例阀，其特点是廉价，但其功率参数、重复精度、滞环等将受到限制，在工程机械应用领域，这种类型的比例阀获得了特别好的效果；配用带位置电反馈电磁铁的比例阀则与此相反，它能满足特别高精度的要求，这一特点特别适用于各种工业中。将精密的比例阀应用于开环控制回路时，通常可以得到一般只在闭环调节回路才能达到的效果。但价格较贵，用户可根据被控对象的具体要求来选择
②正确了解比例阀的动、静态指标，主要有额定输出流量、起始电流、滞环、重复精度、额定压力损失、温漂、响应特性、频率特性等
③根据执行器的工作精度要求选择比例阀的精度，内含反馈闭环阀的稳态性、动态品质好。如果比例阀的固有特性如滞环、非线性等无法使被控系统达到理想的效果时，可以使用软件程序改善系统的性能
④如果选择带先导阀的比例阀，要注意先导阀对油液污染度的要求。一般应符合 ISO 185 标准，并在油路上加装过滤精度为 10μm 以下的进油过滤器
⑤比例阀的通径应按执行器在最高速度时通过的流量来确定，通径选得过大，会使系统的分辨率降低
⑥比例阀必须使用与之配套的放大器，阀与放大器的距离应尽可能地短
⑦比例阀的额定流量值取决于阀芯位置和阀压降这两个参数。因此，在选用比例阀时，要正确选择比例阀的通径，以达到有良好的分辨率。选择过大的额定流量值，结果会造成在速度和分辨率方面降低执行器的控制精度。较理想的阀通径是刚好能通过执行器最大速度时的流量
在选择比例阀时，如果像选择普通换向阀那样，通常不能获得满意的结果。例如某液压设备的工作数据为供油压力 120bar，工进时负载压力 110bar，快进时负载压力 70bar，工进时所需流量范围 5～20L/min，快进时所需流量范围 60～150L/min，若按普通换向阀那样选择，则应选择公称流量为 150L/min 的比例阀，如选择力士乐 4WRE16E150 型比例方向阀，其工作曲线如图(a)所示。对于本例，从图(a)中可知，快进工况时，阀压降为 50bar，当流量为 150L/min 时仅利用了额定电流的 67%，当流量为 60L/min 时仅利用了额定电流的 48%，调节范围仅达额定电流的 19%；工进工况时，阀压降为 10bar，当流量为 20L/min 时利用了额定电流 47%，当流量为 5L/min 时利用了额定电流 37%，调节范围也只达到总调节范围的 10%。在这种情况下假定阀的滞环为 3%额定电流，对应于调节范围为 10%，则其滞环相当于 30%，显然很难用如此差的分辨率来进行控制</td></tr>
</table>

续表

<table>
<tr>
<td>选用原则</td>
<td colspan="2">为了能够充分利用比例方向阀阀芯的最大位移，对不同公称流量的阀应准确确定其相应的节流断面面积。正确的选择原则是：最大流量尽量接近对应于100%的额定电流
按此原则可选用公称流量64L/min（阀压降10bar）的比例方向阀。其工作曲线如图(b)所示。从图(b)可知，快进工况时，额定电流在66%～98%范围内，调节范围达32%；工进工况时，额定电流在36%～63%范围内，调节范围达27%。可见调节范围增大，分辨率较高。故重复精度造成的误差也相应减少
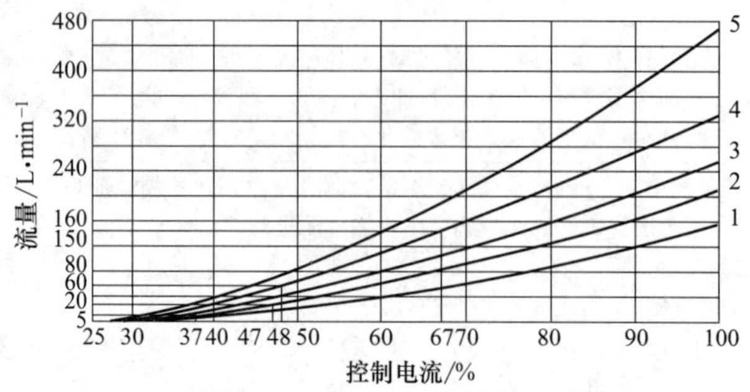

图(a) 4WRE16E150型比例阀工作曲线
1,2,3,4,5—阀压降分别为10bar,20bar,30bar,50bar,100bar
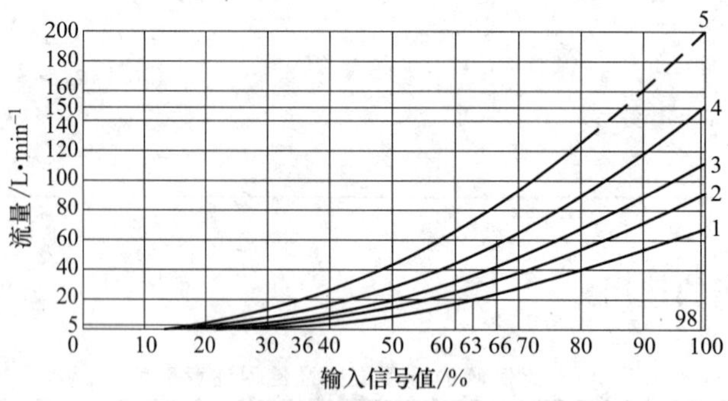

图(b) 4WRE16E64型比例阀工作曲线
1,2,3,4,5—阀压降分别为10bar,20bar,30bar,50bar,100bar</td>
</tr>
<tr>
<td>使用注意事项</td>
<td>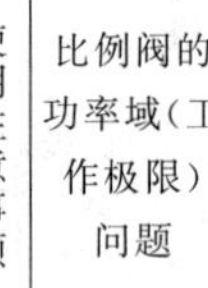
比例阀的功率域(工作极限)问题</td>
<td>对于直动式电液比例节流阀，由于作用在阀芯上的液动力与通过阀口的流量及流速(压力)成正比，因此，当电液比例节流阀的工况超出其压降与流量的乘积即功率表示的面积范围(称功率域或工作极限)时，如图(c)中(ⅰ)所示，作用在阀芯上的液动力可增大到与电磁力相当的程度，使阀芯不可控。类似地，对于直动式电液比例方向阀也有功率域问题。当电液比例方向阀的阀口上的压降增加时，流过阀口的流量增加，与比例电磁铁的电磁力作用方向相反的液动力也相应增加。当阀口的开度及压降达到一定值后，随着阀口压降的增加，液动力的影响将超过电磁力，从而造成阀口的开度减小，最终使得阀口的流量不但没有增加反而减少，最后稳定在一定的数值上，此即为电液比例方向阀功率域的概念，见图(c)中(ⅱ)
综上所述，在选择比例节流阀或比例方向阀时，一定要注意，不能超过电液比例节流阀或方向阀的功率域
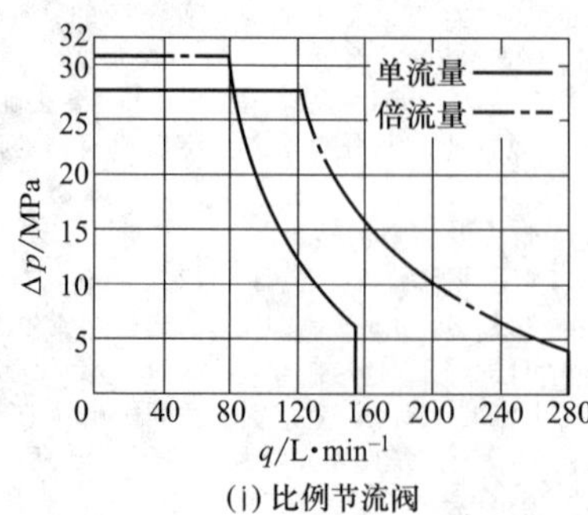

(ⅰ)比例节流阀
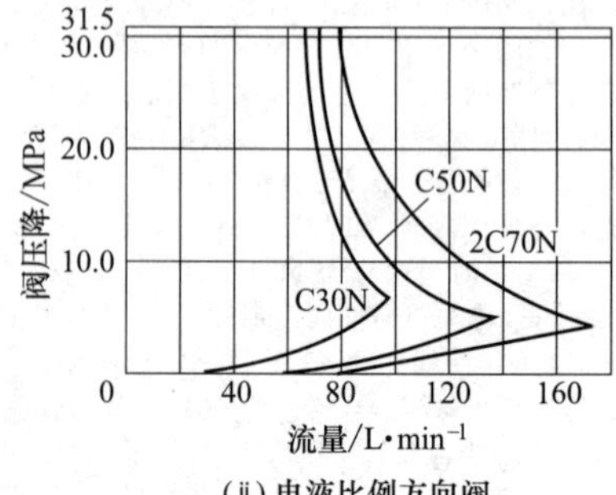

(ⅱ)电液比例方向阀
图(c) 电液比例阀的功率域(工作极限)</td>
</tr>
</table>

续表

<table>
<tr><td rowspan="11">使用注意事项</td><td>污染控制</td><td>比例阀对油液的污染度通常要求为 NAS1638 的 7～9 级(ISO 的 16/13,17/14,18/15 级),决定这一指标的主要环节是先导级。虽然电液比例阀较伺服阀的抗污染能力强,但也不能因此对油液污染掉以轻心,因为电液比例控制系统的很多故障也是由油液污染所引起的</td></tr>
<tr><td>比例阀与比例放大器的配套及安置</td><td>比例阀与放大器必须配套。通常比例放大器能随比例阀配套供应,放大器一般有深度电流负反馈,并在信号电流中叠加着颤振电流。放大器设计成断电时或差动变压器断线时使阀芯处于原始位置或使系统压力最低,以保证安全。放大器中有时设置斜坡信号发生器,以便控制升压、降压时间或运动加速度或减速度。驱动比例方向阀放大器往往还有函数发生器以便补偿比较大的死区特性
比例阀与比例放大器安置距离可达 60m,信号源与放大器的距离可以是任意的</td></tr>
<tr><td>控制加速度或减速度的传统方法</td><td>控制加速度和减速度的传统方法有:换向阀切换时间迟延、电子控制流量阀和变量泵等。用比例方向阀和斜坡信号发生器可以通过很好的解决方案,这样就可以提高机器的循环速度并防止惯性冲击</td></tr>
<tr><td>使用油</td><td>使用下表中的工作介质,使用任何一种工作油元件规格不变:
比例阀使用的工作介质<table><tr><td>石油基工作油</td><td>使用与 ISO VG32 或 46 相应的工作油</td></tr><tr><td>合成工作油</td><td>使用磷酸酯基或脂肪酸使用磷酸酯基工作油,但要在设计号后面标注“05”。使用磷酸酯基工作油时要使用专用密封件(氟橡胶),在设计号前面加注“F-”</td></tr><tr><td>水基工作液</td><td>使用水-乙二醇工作液体</td></tr></table></td></tr>
<tr><td>黏度与油温</td><td>比例阀适用的黏度和油温范围<table><tr><th>名称</th><th>黏度</th><th>油温</th></tr><tr><td>遥控溢流阀
溢流阀
溢流减压阀</td><td>15～400mm²/s</td><td rowspan="2">－15～70℃</td></tr><tr><td>流量控制阀
带单向阀的流量控制阀
溢流节流阀
(带溢流阀的流量控制阀)</td><td>20～200mm²/s</td></tr></table></td></tr>
<tr><td>安装位置</td><td>排气塞务必装在上方。排气孔位置可任意改变</td></tr>
<tr><td>排气</td><td>为进行稳定的控制,应排净空气,使电磁铁罩内充满油。排气时,应缓缓松开电磁铁端部的排气塞,排气孔的位置可以改变,以易于排出阀内的空气,改变位置时,应转动电磁铁的连接罩,把排气孔对到希望的位置</td></tr>
<tr><td>手动调整螺钉</td><td>在初期调整或因电气故障使用没有输入电流时,可转动手动调整螺钉,临时设定阀的压力或流量,通常务必使手动调整螺钉返回原位</td></tr>
<tr><td>油箱配管及泄油配管</td><td>油箱背压及泄油背压直接影响最低调整压力或流量调整阀的主滑阀操作力,所以上述配管不能与其他配管连接,使油箱背压尽可能低,同时管路的末端务必浸入油中</td></tr>
<tr><td>滞环及重复性的值</td><td>各控制阀规格内表示的滞后及重复性的值基于下述条件:
①滞环:使用配套的专用功率放大器时的值
②重复性:使用配套的专用功率放大器的相同条件下阀本身的值</td></tr>
</table>

13.13 国内主要比例阀产品

13.13.1 BQY-G 型电液比例三通调速阀

表 20-13-13 技术性能

	型号	公称通径/mm	工作压力/MPa 额定	最高	最低	工作流量/L·min⁻¹ 额定	最大	最小	线性度/%	滞环/%	阶跃响应/%	生产厂商
技术性能	BQY-G16	16	25	31.5	1.5	63	80	6.3	5	3	0.25	上海液压件二厂
	BQY-G25	25	25	31.5	1.5	160	200	16	5	3	0.25	
	BQY-G32	32	25	31.5	1.5	250	320	25	5	3	0.25	

特性曲线

Q/%：0 20 40 60 80 100 200；I/%：0 25 50 75 100

静态特性曲线

Q/%：20 40 60 80 100 200；p/%：0 25 50 75 100

负载特性曲线

Q I 250 t/ms

阶跃曲线

型号意义：

BQY－G □ □

- □ 连接形式；无—板式；L—螺纹；
- □ 公称通径：16—16mm；25—25mm；32—32mm；
- G 额定压力：G—25MPa
- BQY 电液比例三通调速阀

13.13.2 BFS 和 BFL 比例方向流量阀

表 20-13-14 技术性能及型号意义

型号	通径/mm	压力/MPa 额定	最低	公称流量	最小额定流量	滞环/%	重复精度/%	线圈 额定电流/mA	直流电阻/Ω
				/L·min⁻¹					
34BFS O/Y-G20L	20	25	1.5	100	10	<7	1	800	18
34BFL O/Y-C16L	16	25	1.5	60	6	<7	1	800	18
生产厂	上海液压件二厂								

□ 34BF □ □－G □ L

- L—螺纹连接
- 通径(mm)：16、25
- 压力：G—25MPa
- 补偿机能：O/Y—滑阀机能O型、补偿机能溢流阀；O/J—滑阀机能O型、补偿机能减压阀
- 机能类：S—三种机能；L—两种机能
- 名称：三位四通比例方向流量阀
- 列数：单、2、3…

13.13.3 BY※型比例溢流阀

表 20-13-15 技术性能及型号意义

结构及型号意义

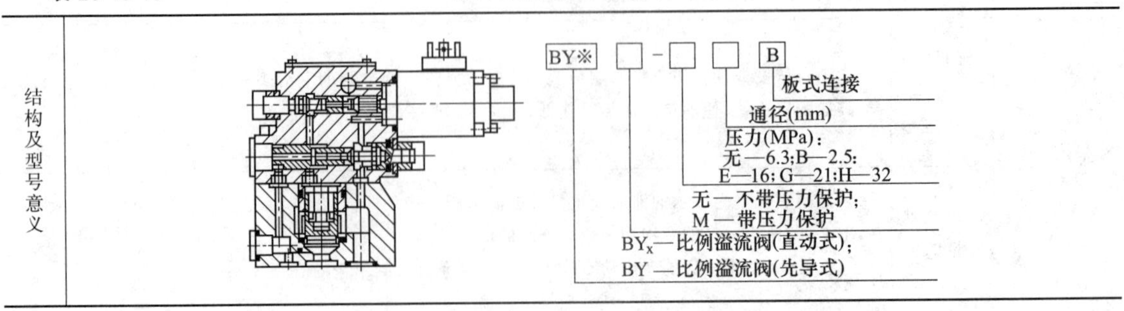

续表

技术性能	型号	公称通径/mm	流量/L·min⁻¹	压力/MPa	线性度/%	滞环/%	重复精度/%	频宽/Hz	放大器		控制电流/mA		线圈电阻/Ω	生产厂商
									直流	交流	最大	最小		
	BY-※4	4	0.7～3	无—6.3 B—2.5 E—16 G—21 H—32	5	<5	1	8 (−3dB)	MD-1型	BM-1型	800	200	19.5	杭州精工液压机电有限公司
	BY※-※10	10	85											
	BY※-※20	20	160											
	BY※-※30	32	300											

13.13.4 3BYL型比例压力流量复合阀

表 20-13-16 技术性能及型号意义

型号			3BYL-※63B	3BYL-※125B	3BYL-※250B	3BYL-※500B	型号意义
最高使用压力/MPa			25	25	25	25	3BYL-□□B B：板式连接 流量(L·min⁻¹)：125,250,500 压力(MPa)：E—16；G—21 3BYL：三通比例压力-流量复合阀
额定流量/L·min⁻¹			63	125	250	500	
流量调整范围/L·min⁻¹			1～125	1～125	2.5～250	5～500	
流量系统	压差/MPa		≤1	≤1	≤1	≤1	
	滞环/%		≤5	≤5	≤5	≤5	
	线性度误差/%		≤5	≤5	≤5	≤5	
	控制电流/mA		200～700	200～700	200～700		
压力系统	调压范围/MPa	E	1.3～16	1.3～16	1.4～16	1.5～16	
		C	1.3～21	1.3～21	1.4～21	1.5～21	
	滞环/%		≤5	≤5	≤5	≤5	
	线性度误差/%		≤5	≤5	≤5	≤5	
	控制电流/mA		200～800	200～800	200～800	200～800	
生产厂商			杭州精工液压机电有限公司				

13.13.5 4BEY型比例方向阀

表 20-13-17 技术性能及型号意义

型号	公称通径/mm	流量/L·min⁻¹	压差/MPa	滞环/%	对称度/%	重复精度/%	油温/℃	放大器		控制电流/mA		线圈电阻/Ω	型号意义：
								直流	交流	最大	最小		
4BEY※-※10	10	85	≤1	4	12	1	−10～60	MD-1型	BM-1型	800	200	19.5	4BE Y □-□□B B：板式连接 通径 压力(MPa)：无—6.3；G—21；E—16；H—32 型式：A—A型，C—C型 Y：先导阀外部回油 4BE：四通比例方向阀
4BEY※-※16	16	150											
生产厂商	杭州精工液压机电有限公司												

13.13.6　BYY 型比例溢流阀

表 20-13-18　　技术性能及型号意义

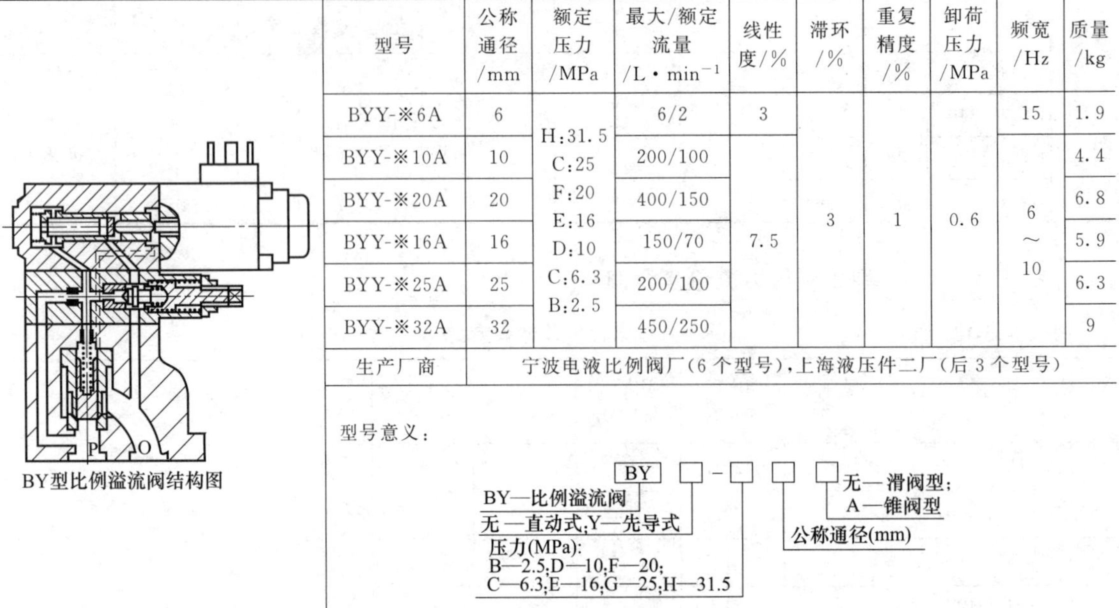

BY型比例溢流阀结构图

型号	公称通径/mm	额定压力/MPa	最大/额定流量/$L \cdot min^{-1}$	线性度/%	滞环/%	重复精度/%	卸荷压力/MPa	频宽/Hz	质量/kg
BYY-※6A	6	H:31.5 C:25 F:20 E:16 D:10 C:6.3 B:2.5	6/2	3	3	1	0.6	15	1.9
BYY-※10A	10		200/100	7.5				6～10	4.4
BYY-※20A	20		400/150						6.8
BYY-※16A	16		150/70						5.9
BYY-※25A	25		200/100						6.3
BYY-※32A	32		450/250						9
生产厂商	宁波电液比例阀厂(6 个型号),上海液压件二厂(后 3 个型号)								

型号意义：

BY □ - □ □ □

BY—比例溢流阀

无—直动式;Y—先导式

压力(MPa):
B—2.5;D—10;F—20;
C—6.3;E—16;G—25;H—31.5

公称通径(mm)

无—滑阀型;
A—锥阀型

13.13.7　BJY 型比例减压阀

表 20-13-19　　技术性能及型号意义

型号	公称通径/mm	出口额定压力/MPa	额定流量/$L \cdot min^{-1}$	线性度/%	滞环/%	重复精度/%	最低控制压力/MPa	频宽/Hz	质量/kg	生产厂商
BJY-※16A	16	G:25 F:20 E:16 D:10	100	8	3	1	0.8	6～10	5.9	宁波电液比例阀厂
BJY-※32A	32		300						9.7	

型号意义：

BJY - □ □ □

先导式比例减压阀

压力等级(MPa)

A—锥阀式;
无—滑阀式

公称通径

13.13.8　DYBL 和 DYBQ 型比例节流阀

表 20-13-20　　技术性能及型号意义

型号	公称通径/mm	额定流量/$L \cdot min^{-1}$	压力等级/MPa	最低工作压差/MPa	线性度/%	滞环/%	重复精度/%	频宽/Hz	质量/kg	生产厂商
DYBQ-※16	16	63　30　15	H:31.5 C:25 F:20 E:16 D:10	1.0	4	3	1	10	6.6	宁波电液比例阀厂、上海液压件二厂
DYBQ-※25	25	200/100		1.2				8	12.5	
DYBQ-※32	32	400/150							20.3	
DYBL-※16	16	150/70		1.0					6	
DYBL-※32	32	200/100		1.2					7.5	

型号意义：

□ - □ □

公称通径(mm)

压力(MPa)

DYBQ—电液比例流量阀;
BL—比例节流阀

13.13.9　BPQ 型比例压力流量复合阀

表 20-13-21　　技术性能及型号意义

型号意义：

BPQ – □ □

- 比例压力流量复合阀（BPQ）
- 压力级(MPa)：E—16；P—20
- 公称通径(mm)

型号	公称通径/mm	最高工作压力/MPa	压力控制				流量控制				流量调节范围/L·min^{-1}	频宽/Hz	质量/kg
			压力调节范围/MPa	额定流量/L·min^{-1}	滞环/%	重复精度/%	额定流量/L·min^{-1}	压差/MPa	滞环/%	重复精度/%			
BPQ-※16	16	E=16 F=20	1.0～16 1.0～20	810	<1	1	810	0.6	<1	1	1～125	8	15.5

注：1. 泄油背压不得大于 0.2MPa。
2. 为使预先设定的压力稳定，阀通过的流量不小于 10L/min。
3. 安全阀设定压力比最高压力高 2MPa。
4. 生产厂为宁波电液比例阀厂。

13.13.10　4B 型比例方向阀

表 20-13-22　　技术性能及型号意义

	名称	型号	额定流量/L·min^{-1}	公称通径/mm	主阀最高工作压力/MPa	主阀最低工作压差/MPa	滞环/%	重复精度/%	响应时间/ms	频宽/Hz	质量/kg	生产厂商
技术性能	直动式比例方向阀	34B-※6	16	6	31.5	1.0	<5	<2	<100	<10	2.5	宁波电液比例阀厂
	直动式比例方向阀	34B-※10	32	10							7.5	
	先导式比例方向阀	34BY-※10	85	10			<6	<3			7.8	
	先导式比例方向阀	34BY-※16	150	16		1.3					12.2	
	先导式比例方向阀	34BY-※25	250	25							18.2	
	电反馈直动式比例方向阀	34BD-※6	16	6		1.0	<1	<1		<15	2.7	
	电反馈直动式比例方向阀	34BD-※10	32	10							7.7	
	电反馈先导式比例方向阀	34BDY-※10	80	10						<10	8.0	
	电反馈先导式比例方向阀	34BDY-※16	150	16		1.3			<150		11.0	

型号意义

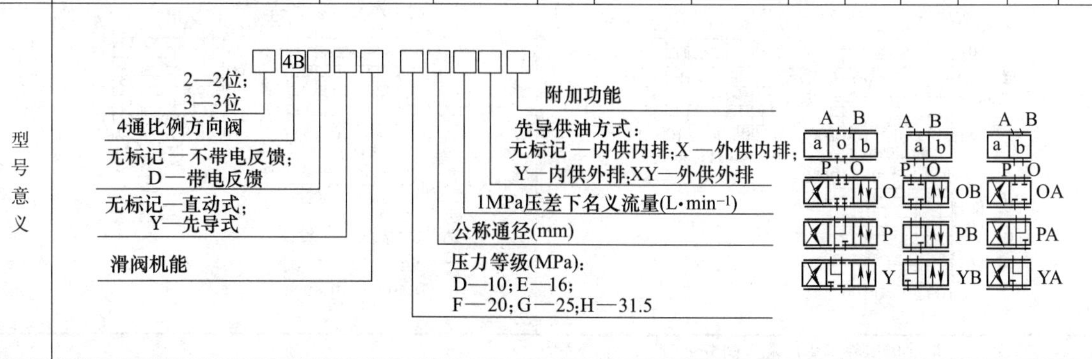

13.13.11　4WRA 型电磁比例方向阀

表 20-13-23　　技术性能及型号意义

技术性能、型号意义

项目		6	10
通径/mm		6	10
工作压力/MPa	A、B、P 口	32	32
	O 口	16	16
流量/L·min^{-1}		43	95
过滤要求/μm		≤20	
重复精度/%		<3	<2
滞环/%		<6	<5
−3dB 下的频率响应/Hz		5	3
介质		矿物油、磷酸酯液	
介质温度/℃		−20～70	
介质黏度/m^2·s^{-1}		(2.8～380)×10^{-6}	
质量/kg	二位阀	1.75	5.9
	三位阀	2.5	7.5
电源		直流，24V	
单个电磁铁最大电流/A		1.5	
线圈电阻/Ω	(在 20℃)冷值	5.4	10
	最大热态值	8.1	15
最高环境温度/℃		50	
线圈温度/℃		150	
绝缘要求		1P65	
配套放大器(24V 桥式整流)		VT-3013S30 VT-3017S30	VT-3014S30 VT-3018S30

型号意义：

4WRA □ □ □ 10B □ □ □ Z_4 □ □

通径6—6mm
10—10mm

过渡状态机能　滑阀机能

A B / a o b / P O
=E
=M
=W

A B / a b / P O
=EA
=MA
=WA

A B / a b / P O
=EB
=MB
=WB

10系列

24—直流24V

无标记—无手动按钮；
N—带手动按钮

无标记—无特殊保护；
J—海水保护

Z_4—插头

M—矿物油；
V—磷酸酯油

其他说明

流　量

6通径：5—8L/min 名义流量(在1MPa阀压降下)；
10—13/min 名义流量(在1MPa阀压降下)；
20—17/min 名义流量(在1MPa阀压降下)

10通径：
10—18L/min名义流量(在1MPa阀压降下)；
20—27/min 名义流量(在1MPa阀压降下)；
40—50/min 名义流量(在1MPa阀压降下)

注：海水保护无Z_4

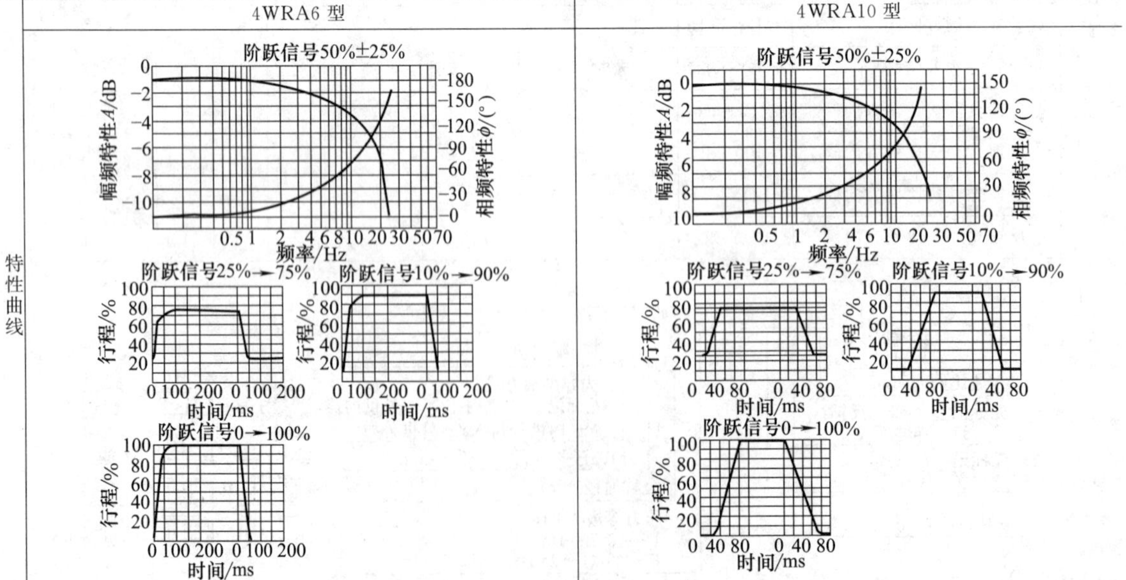

注：生产厂为北京华德液压集团液压阀分公司。

13.13.12　4WRE 型电磁比例方向阀

表 20-13-24　　技术性能及型号意义

	项目		6	10
技术性能	通径/mm		6	10
	工作压力/MPa	A、B、P 口	32	32
		O 口	16	<16
	最大流量/L·min^{-1}		65	260
	过滤要求/μm		≤20	
	重复精度/%		<1	<1
	滞环/%		<1	<1
	响应灵敏度/%		≤0.5	≤0.5
	-3dB 下的频率响应/Hz		6	4
	介质		矿物油、磷酸酯液	
	介质温度/℃		-20～70	
	介质黏度/m^2·s^{-1}		(2.8～380)×10^{-6}	
	质量/kg	二位阀	1.91	5.65
		三位阀	2.66	7.65
	电源		直流，24V(或 12V)	
	电磁铁最大电流/A		1.5	
	线圈电阻/Ω	(在 20℃)冷值	5.4	10
		最大热态值	8.1	15
	最高环境温度/℃		50	
	线圈温度/℃		150	
	绝缘要求		1P65	
	配套放大器	有两个斜坡时间	VT-5001S20 VT-5002S20	
			(二位四通阀用)	
		有一个斜坡时间	VT-5005S10 VT-5005S10	
			(三位四通阀用)	
	位移传感器			
	电气测量系统		差动变压器	
	工作行程/mm		±4.5 直线	
	线性度/%		1	
	线圈电阻/Ω	ⅠR20	56	
		ⅡR20	112	
		ⅢR20	112	
	电感/mH		6～8	
	频率/kHz		2.5	

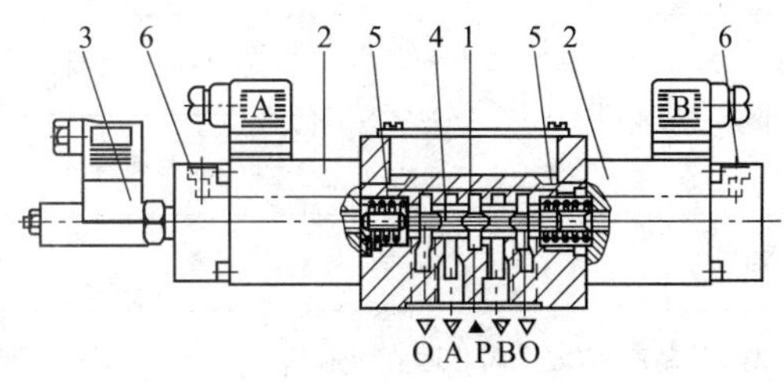

1—阀体；2—比例电磁铁；3—位置传感器；4—阀芯；5—复位弹簧；6—放气螺钉

型号意义：

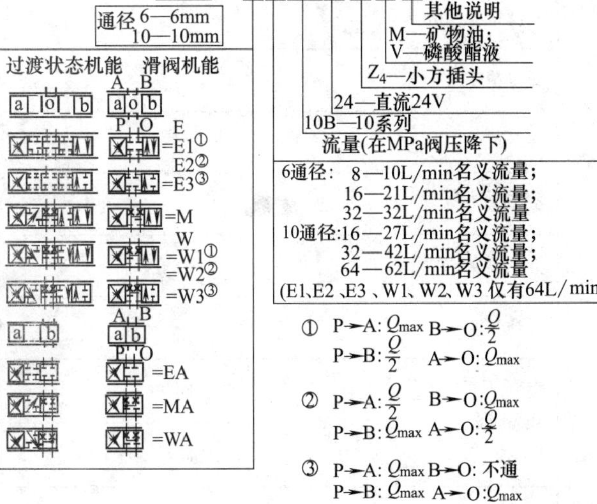

注意：4WRE6…10131…型无 E1、E2、E3(对于再生控制，液压缸无杆端与 A 口全通)、W1、W2、W3 机能

注：生产厂为北京华德液压集团液压阀分公司。

13.13.13　$4WR^{Z}_{H}$ 型电液比例方向阀

表 20-13-25　**技术性能及型号意义**

	项目					
技术性能	通径/mm		10	16	25	32
	先导阀压力/MPa	控制油外供	3～10			
		控制油内供	<10(大于 10 时须加减压阀 ZDR60P_2～30/75YM)			
	主阀工作压力/MPa		32	35		
	回油压力/MPa	T 腔(控制油外排)	32	25		15
		T 腔(控制油内排)	3			
	油口 Y		3			
	先导控制油体积(当阀芯运动 0～100%)/cm^3		1.7	4.6	10	26.5
	控制油流量(X 或 Y,输入信号 0～100%)/$L \cdot min^{-1}$		3.5	5.5	7	15.9
	主阀流量 Q_{max}/$L \cdot min^{-1}$		270	460	877	1600
	过滤精度/μm		≤20			
	重复精度/%		3			
	滞环/%		6			
	介质		矿物油、磷酸酯液			
	介质温度/℃		-20～70			
	介质黏度/$m^2 \cdot s^{-1}$		$(2.8～380)\times10^{-6}$			
	质量/kg	二位阀	7.4	12.7	17.5	41.8
		三位阀	7.8	13.4	18.2	42.2
	电源		直流,24V			
	电磁铁名义电流/A		0.8			
	线圈电阻/Ω		在(20℃)冷值下 19.5,最大热态值 28.8			
	环境温度/℃		50			
	线圈温度/℃		150			
	先导电流/A		≤0.02			

续表

型号意义	4WR□□□□□□□□□□□□□ H—液动阀; Z—电液阀 通径:10—10mm; 16—16mm; 25—25mm; 32—32mm a o b　A B　a o b　P O　=E =E1* E2* =E3* =M W =W1* W2* =W3* a b　A B　a b　P O　=EA =MA =WA a b　A B　a b　P O　=EB =MB =WB 名义流量(在1MPa压降下): 10通径 25—25L·min^{-1}; 50—50L·min^{-1}; 85—85L·min^{-1} (*E1、E2、E3、W1、W2、W3 仅有85L·min^{-1}) 16通径100—100L/min; 150—150L/min (*E1、E2、E3、W1、W2、W3 仅有150L·min^{-1}) 25通径270—270L/min; 325—325L/min (*E1、E2、E3、W1、W2、W3 仅有325L·min^{-1}) 32通径360—360L/min; 520—520L/min (*E1、E2、E3、W1、W2、W3 仅有520L·min^{-1}) 30B—30系列 6A—湿式6通径先导阀 (不适于WRH及不带先导的WRZ 型) 24—24V(标准型) (不适于WRH及不带先导的WRZ 型) 无标记—不带手动按钮; N—带手动按钮 (不适用于 WRH及不带先导的WRZ 型) 无标记—无特殊保护; J—耐海水保护 无标记—控制油外供外排; E—控制油内供外排; ET—控制油内供内排; T—控制油外供内排 (WRH型无E、ET、T) Z_4—Z_4型插头连接(不适用于WRH及不带先导的WRZ型及J型) 无标记—不带减压阀; D_2—带减压阀ZDR6DP$_2$-30/75YM(不适用WRH型及不带先导的4WRZ型) M—矿物油; V—磷酸酯液 其他说明 ① 对于阀芯形式 E1 和 W1 $P\rightarrow A: Q_{max}$　$B\rightarrow O: \frac{Q}{2}$ $P\rightarrow B: Q_{max}$　$A\rightarrow O: Q_{max}$ ②对于阀芯形式 E2 和 W2 $P\rightarrow A: \frac{Q}{2}$　$B\rightarrow O: Q_{max}$ $P\rightarrow B: Q_{max}$　$A\rightarrow O: \frac{Q}{2}$ ③对于阀芯形式 E2 和 W3 $P\rightarrow A: Q_{max}$　$B\rightarrow O$:不通 $P\rightarrow B/A\rightarrow O: Q_{max}$ 对于再生控制,将液压缸无杆端与油口 A 全通
结构图	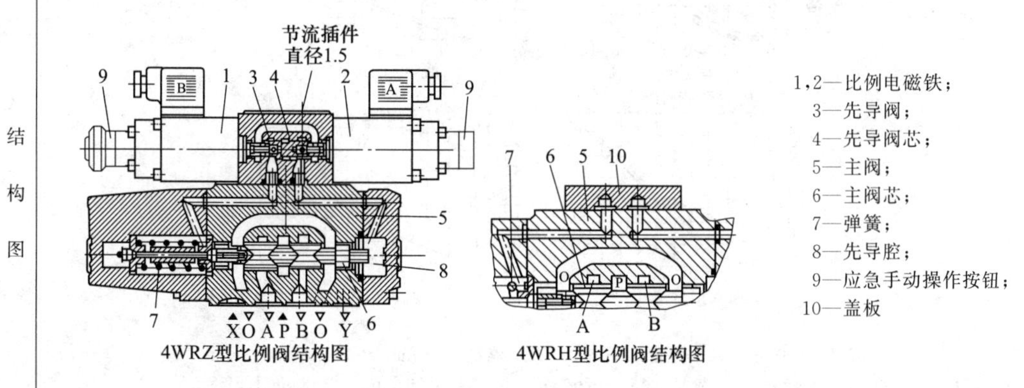 4WRZ型比例阀结构图　4WRH型比例阀结构图 1,2—比例电磁铁; 3—先导阀; 4—先导阀芯; 5—主阀; 6—主阀芯; 7—弹簧; 8—先导腔; 9—应急手动操作按钮; 10—盖板

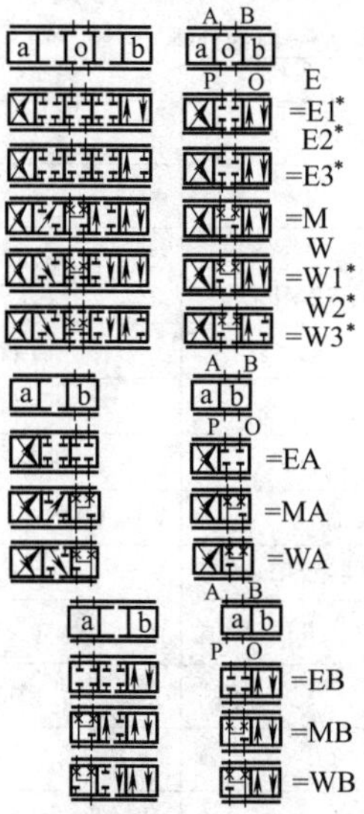

注：生产厂为北京华德液压集团液压阀分公司、天津液压件一厂、天津液压件工厂、上海立新液压件厂。

13.13.14 DBETR型比例压力溢流阀

表 20-13-26　　技术性能及型号意义

型号意义

DBETR - 10B / □ □ □ □

10B—10系列

压力等级：
2.5—至2.5MPa；180—至18MPa；
80—至8MPa；315—至32MPa

无标记—回油内排；Y—回油外排

M—矿物油；
V—磷酸酯液

其他说明

技术性能

项目		数值	项目		数值
最高设定压力/MPa	压力级 25	2.5	重复精度/%		≤0.5
	压力级 80	8	滞环/%		≤1
	压力级 180	18	线性度/% （压力等级在3～32MPa）		≤1.5的最高设定压力
	压力级 315	31.5			
最低设定压力		见特性曲线	介质		矿物油，磷酸酯
最高工作压力/MPa	O口带压力调节	0.2	介质温度/℃		-20～70
	O口	10	电源		直流，24V
	P口	312	配套放大器		VT-5003S30（与阀配套供应）
最大流量/L·min^{-1}	压力级 25	10	振荡频率（传感器）/kHz		2.5
	压力级 80	3	线圈电阻/Ω	（在20℃）冷值	10
	压力级 180	3		最大热态值	13.9
	压力级 315	2	环境温度/℃		±50
过滤精度/μm		≤20（为保证性能和延长寿命，建议≤10）	生产厂商		北京华德液压集团液压阀分公司

特性曲线

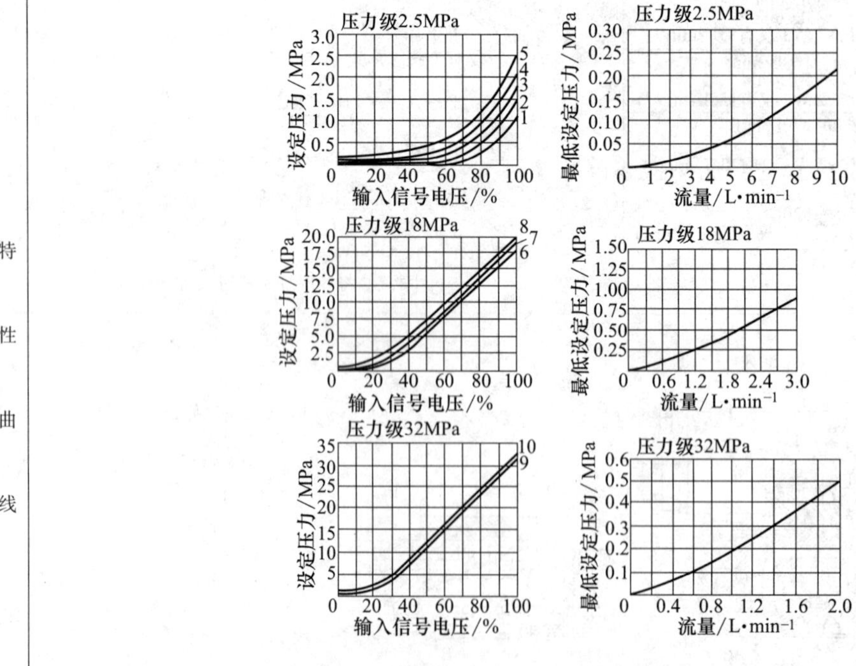

1—流量2L·min^{-1}；2—流量4L·min^{-1}；3—流量6L·min^{-1}；4—流量8L·min^{-1}；
5—流量10L·min^{-1}；6—流量0.5L·min^{-1}；7—流量1.5L·min^{-1}；8—流量1.5L·min^{-1}；
9—流量1L·min^{-1}；10—流量2L·min^{-1}

13.13.15　DBE/DBEM型比例溢流阀

表 20-13-27　技术性能及型号意义

型号意义

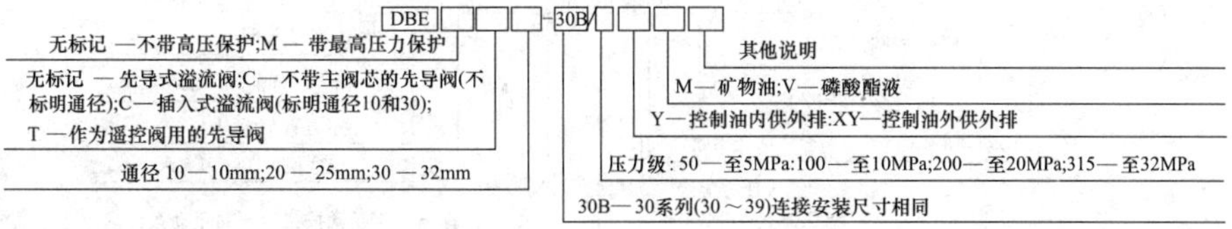
DBE □ □ □ -30B/ □ □ □ □
无标记 —不带高压保护;M — 带最高压力保护
无标记 — 先导式溢流阀;C—不带主阀芯的先导阀(不标明通径);C— 插入式溢流阀(标明通径10和30);
T —作为遥控阀用的先导阀
通径 10—10mm;20 — 25mm;30 — 32mm
其他说明
M—矿物油;V—磷酸酯液
Y—控制油内供外排;XY—控制油外供外排
压力级:50—至5MPa;100—至10MPa;200—至20MPa;315—至32MPa
30B—30系列(30～39)连接安装尺寸相同

技术性能

项目				
最高工作压力/MPa	油口 A、B、X		32	
回油压力/MPa	Y 口		无压回油箱	
最高设定压力/MPa	5,10,20,32(与压力级相同)			
最低设定压力/MPa	与 Q 有关,见特性曲线			
最高设定压力保护装置设定压力范围/MPa	设定压力/MPa			
	5	10	20	32
	1～6	1～17	1～22	1～34
阀的最高压力保护设定压力范围/MPa	额定压力/MPa			
	5	10	20	32
	6～8	12～14	22～24	34～36
介质温度/℃	−20～70			
电源	直流,24V			
配套放大器	VT-2000 S/K 40(与阀配套供应)			
控制电流/A	0.1～0.8			

项目			
最大流量/$L\cdot min^{-1}$	规格 10	规格 20	规格 30
	200	400	600
先导阀流量/$L\cdot min^{-1}$	0.7～2		
过滤精度/μm	≤20(为保证性能和延长寿命建议≤10)		
重复精度/%	<±2		
滞环/%	有颤振±1.5p_{max},无颤振±4.5p_{max}		
线性度/%	±3.5		
切换时间/ms	30～150		
典型的总变动/%	±2(最高压力 p_{max}下)		
介质	矿物油,磷酸酯		
线圈电阻/Ω	在(20℃)冷值		19.5
	最大热态值		28.8
环境温度/℃	50		
生产厂商	北京华德液压集团液压阀分公司、上海立新液压件厂		

特性曲线

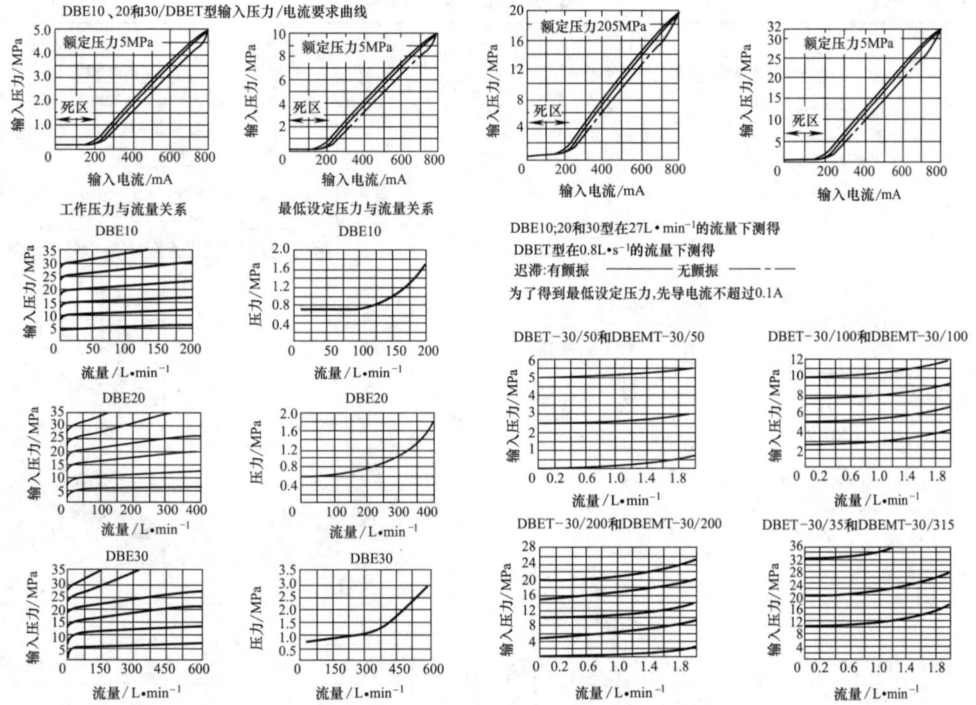
DBE10、20和30/DBET型输入压力/电流要求曲线
额定压力5MPa
死区
输入压力/MPa
输入电流/mA
额定压力5MPa
额定压力205MPa
额定压力5MPa
工作压力与流量关系
最低设定压力与流量关系
DBE10
DBE20
DBE30
输入压力/MPa
压力/MPa
流量/L•min⁻¹
DBE10;20和30型在27L•min⁻¹的流量下测得
DBET型在0.8L•s⁻¹的流量下测得
迟滞:有颤振 ———— 无颤振 ——·—
为了得到最低设定压力,先导电流不超过0.1A
DBET-30/50和DBEMT-30/50
DBET-30/100和DBEMT-30/100
DBET-30/200和DBEMT-30/200
DBET-30/35和DBEMT-30/315

13.13.16　3DREP6 三通比例压力控制阀

表 20-13-28　　技术性能及型号意义

型号意义

3DREP6 □ 10B / □ A □ □ □ □ □

- 控制形式：A—A腔；B—B腔；C—A和B腔
- 10B—10系列(10～19)安装尺寸相同
- 压力等级：16—压力2～10MPa；25—压力3～10MPa；45—压力5～10MPa
- 24—直流24V
- 无标记—无手动按钮；N—带手动按钮
- 无标记—标准保护；J—耐海水
- Z4—小方直角；插头
- M—矿物油；V—磷酸酯液
- 其他说明

技术性能

项目		数值	项目		数值
工作压力/MPa	A、B、P口	10(若超过10则在进口装 $ZDR6DP_2$-30/…型减压阀)	介质黏度/$m^2\cdot s^{-1}$		$(2.8\sim380)\times10^{-6}$
	T口	3	质量/kg		C型为2.6，A和B型为1
最大流量/$L\cdot min^{-1}$		15($\Delta p=5$MPa)	电源		直流，24V
过滤精度/μm		≤20(为保证性能和延长寿命建议≤10)	每个电磁铁名义电流/A		0.8
重复精度/%		≤1	先导电流/A		≤0.02
滞环/%		≤3	线圈电阻/Ω	(在20℃)冷值	19.5
灵敏度(分辨率)/%		≤1		最大热态值	28.8
灵敏度/%		≤1	环境温度/℃		50
介质					
介质温度/℃		−20～70	线圈温度/℃		150

注：生产厂商：北京华德液压集团液压阀分公司、宁波电液比例阀厂。

13.13.17　DRE/DREM 型比例减压阀

表 20-13-29　　技术性能及型号意义

型号意义

DRE □ □ □ - 30B / □ Y □ □ □

- 无标记—无最高压力保护；M—带最高压力保护
- 无标记—先导比例减压阀；CN—10通径先导阀(不标通径)；CN—10通径插入式比例减压阀(标通径10)；CH—20、30通径先导阀(不标通径)；CH—20、30通径插入式比例减压阀(标通径20或30)
- 通径10—10mm，20—25mm，30—32mm
- 30B—30系列(30～39)安装连接尺寸相同
- 压力级：50—5MPa；200—20MPa；100—10MPa；315—32MPa
- Y—先导油外排回油箱
- 无标记—带单向阀；M—不带单向阀
- 无标记—矿物油；V—磷酸酯液
- 其他说明

技术性能

项目		5	10	20	31.5
最高工作压力/MPa		A、B腔32			
		Y口　无压回油箱			
A腔最高	设定压力/MPa	分别与压力级相同			
A腔最低		与流量有关(详见特性曲线)			
最高压力保护					
在最高压力保护下的设定压力范围/MPa	压力级/MPa	5	10	20	31.5
		1～6	1～12	1～22	1～34
装配时最高压力保护设定值/MPa		6～8	12～14	22～24	34～36

项目				
最大流量/$L\cdot min^{-1}$	规格	10	20	30
	流量	80	200	300
先导油	详见特性曲线			
线性度/%	±3.5			
重复精度/%	<±2			
滞环	有颤振±2.5%p_{max}，无颤振±4.5%p_{max}			
典型总变动	±2%p_{max}见特性曲线			
切换时间/ms	100～300			
介质	矿物油、磷酸酯液			
温度/℃	−20～70			

续表

技术性能	过滤要求/μm	≤20	技术性能	最高环境温度/℃	50
	电源	直流		绝缘要求	IP65
	最小控制电流/A	0.1		生产厂商	北京华德液压集团液压阀分公司、上海立新液压件厂
	最大控制电流/A	0.8			
	线圈电阻/Ω	20℃下 19.5,最大热态值 28.8			
特性曲线	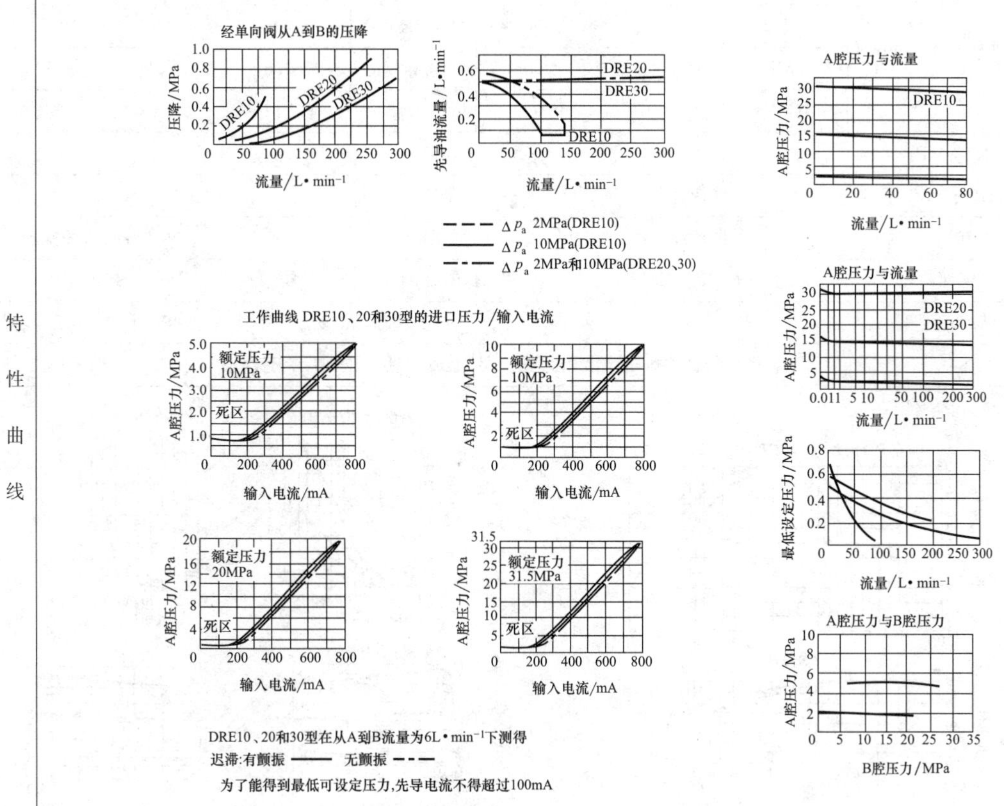				

13.13.18 ZFRE6 型二通比例调速阀

表 20-13-30 技术性能及型号意义

型号意义	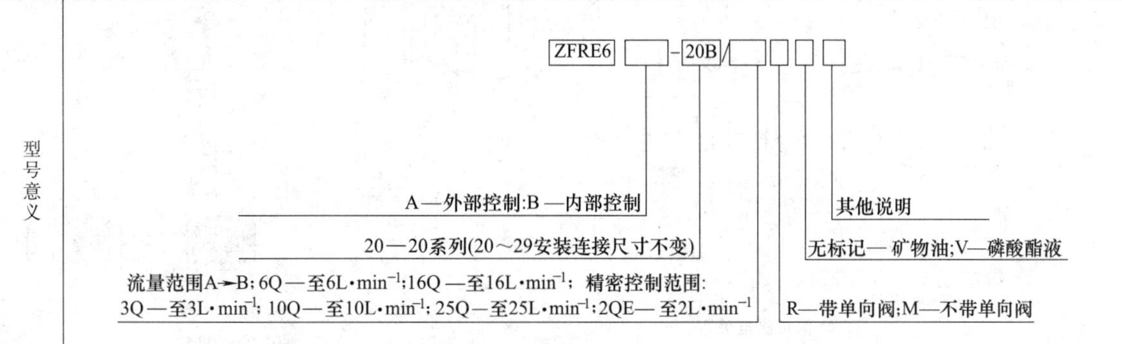

续表

	项目							
技术性能	最高工作压力/MPa		21(A 腔)					
	最大流量/L·min^{-1}	形式	2QE	3Q	6Q	10Q	16Q	25Q
		流量	25	3	6	10	16	25
	最小流量/L·min^{-1}	至 10MPa	0.015	0.015	0.025	0.05	0.07	0.1
		至 21MPa	0.025	0.025	0.025	0.05	0.07	0.1
	最大泄漏量/L·min^{-1}	Δp(A→B)输入信号为 0 时						
		5MPa	0.004	0.004	0.004	0.006	0.007	0.01
		10MPa	0.005	0.005	0.005	0.008	0.01	0.015
		21MPa	0.007	0.007	0.007	0.012	0.015	0.022
	最小压差/MPa		0.6～1					
	压降(B→A)	详见特性曲线		滞环			<±1%Q_{max}	
	流量调节	详见特性曲线		介质			矿物油、磷酸酯液	
	流量稳定性	详见特性曲线		温度/℃			−20～70	
	重复精度/%	<1%Q_{max}		过滤要求/μm			≤20	
	生产厂商	北京华德液压集团液压阀分公司、上海立新液压件厂、天津液压件一厂、天津液压件二厂						

特性曲线和外形尺寸/mm

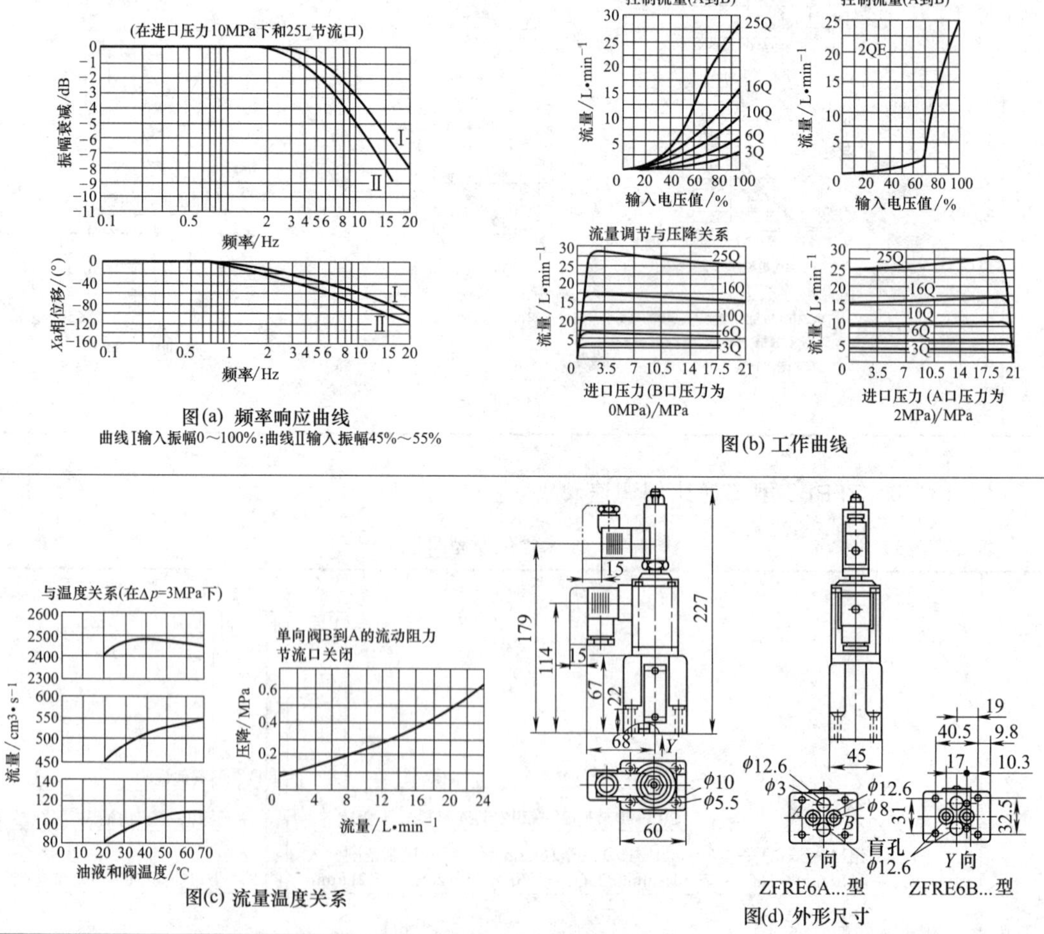

图(a) 频率响应曲线
曲线Ⅰ输入振幅0～100%；曲线Ⅱ输入振幅45%～55%

图(b) 工作曲线

图(c) 流量温度关系

图(d) 外形尺寸

13. 13. 19　ZERE※型二通比例调速阀

表 20-13-31　技术性能及型号意义

结构及型号意义

ZERE ＊ - 40B / □ □ □ □

- 10—10通径；16—16通径
- 40B—40系列（40～49—安装连接尺寸不变）
- A到B流量（见下表）
- 无标记—压力补偿器上没有行程限制器；B—压力补偿器上有行程限制器
- 无标记—矿物油；V—磷酸酯液
- 其他细节用文字说明

A到B流量			
10通径			16通径
线性	递增	两级递增	线性
5L—至5L·min^{-1}	5Q—至5L·min^{-1}	2QE—至2L·min^{-1}	80L—至80L·min^{-1}
10L—至10L·min^{-1}	10Q—至10L·min^{-1}	50QE—至5L·min^{-1}	100L—至100L·min^{-1}
16L—至16L·min^{-1}	16Q—至16L·min^{-1}		125L—至125L·min^{-1}
25L—至25L·min^{-1}	25Q—至25L·min^{-1}		160L—至160L·min^{-1}
50L—至50L·min^{-1}			
60L—至60L·min^{-1}			

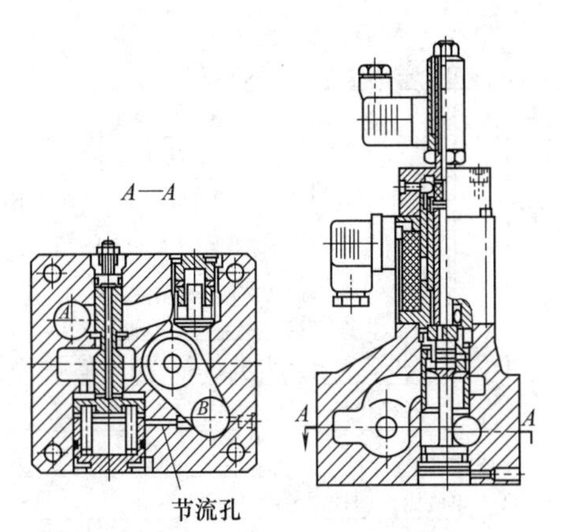

技术性能

项目											
最高工作压力/MPa		32									
最小压差/MPa		10 通径					16 通径				
		0.3～0.8					0.6～1				
A 到 B 压差/MPa	节流口打开	0.1	0.12	0.15	0.2	0.3	0.35	0.16	0.19	0.24	0.31
	节流口关闭	0.17	0.2	0.25	0.3	0.5	0.6	0.3	0.36	0.45	0.6
流量 Q_{max}/L·min^{-1}	线性＋递增	5	10	16	25	50	60	80	100	125	160
	2 级递增	40									
滞环/%		＜±Q_{max}									
重复精度/%		＜Q_{max}									
介质		矿物油、磷酸酯液									
温度/℃		−20～70									
过滤要求/μm		≤20									
质量/kg		10 通径为 6，16 通径为 8.3									
电源		直流 24V									
线圈电阻/Ω		20℃冷态 10，最大热态值 13.9									
最高环境温度/℃		50									
最大功率/V·A		50									
传感器电阻/Ω		20℃下：Ⅰ—56；Ⅱ—56；Ⅲ—112									
传感器阻抗/mH		6～8									
传感器振荡频率/kHz		2.5									

注：生产厂为北京华德液压集团液压阀分公司、上海立新液压件厂。

第20篇

13.13.20　ED 型比例遥控溢流阀

表 20-13-32　　技术性能及型号意义

ED G - 01 □ - □ - □ - PN T13 - 50

- 设计号
- O口节流
- P口节流:PN—无节流(标准)
- 安全阀:无—无安全阀;1—有安全阀
- 压力调节范围(MPa):B—0.5～7;C—1～16;H—1.2～5
- 用途:无—一般用途;V—用于溢流阀泄油
- 通径代号
- G—板式连接
- ED—电液比例遥控溢流阀

型　　号	EDG-01※-※-※-P※T※-50
最高工作压力/MPa	25
最大流量/L·min^{-1}	2
最小流量/L·min^{-1}	0.3
二次压力调整范围/MPa	B:0.5～7 C:1～16 H:1.2～25
额定电流/mA	EDG-01※-B:800 EDG-01※-C:800 EDG-01※-H:950
线圈电阻/Ω	10
重复精度/%	1
滞环/%	<3
质量/kg	2
生产厂商	榆次油研液压公司

13.13.21　EB 型比例溢流阀

表 20-13-33　　技术性能及型号意义

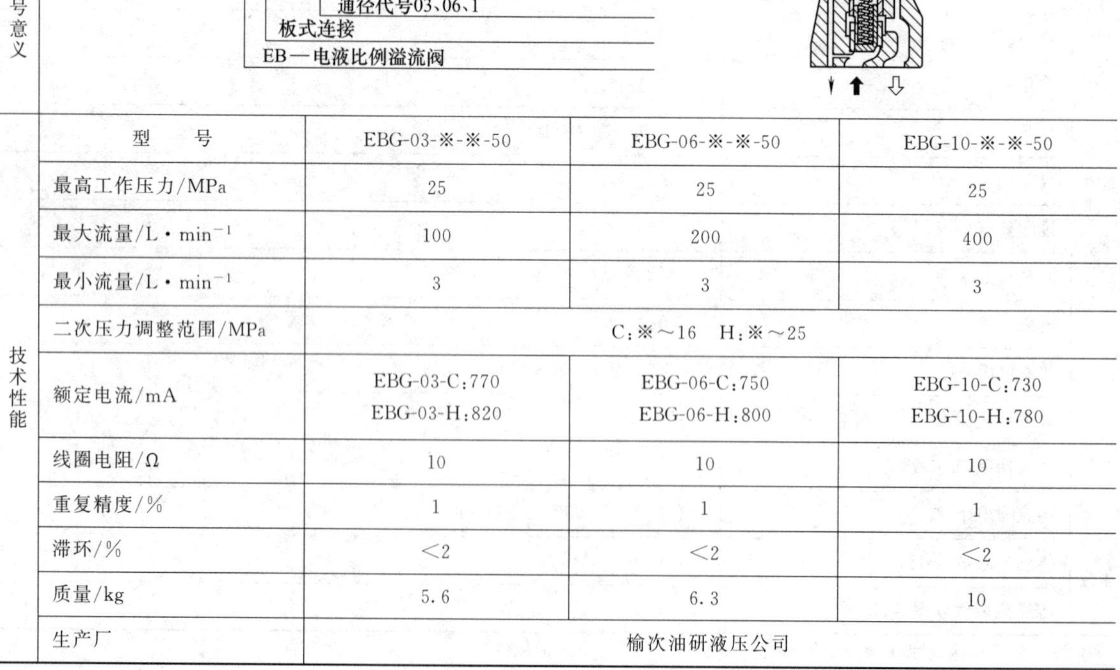

外形及型号意义

EB G - □ - □ - □ - 50

- 设计号
- T—无安全阀;无—带安全阀
- 压力调节范围(MPa)
- 通径代号03、06、1
- 板式连接
- EB—电液比例溢流阀

技术性能

型　　号	EBG-03-※-※-50	EBG-06-※-※-50	EBG-10-※-※-50
最高工作压力/MPa	25	25	25
最大流量/L·min^{-1}	100	200	400
最小流量/L·min^{-1}	3	3	3
二次压力调整范围/MPa	C:※～16　H:※～25		
额定电流/mA	EBG-03-C:770 EBG-03-H:820	EBG-06-C:750 EBG-06-H:800	EBG-10-C:730 EBG-10-H:780
线圈电阻/Ω	10	10	10
重复精度/%	1	1	1
滞环/%	<2	<2	<2
质量/kg	5.6	6.3	10
生产厂	榆次油研液压公司		

续表

最低压力调整特性

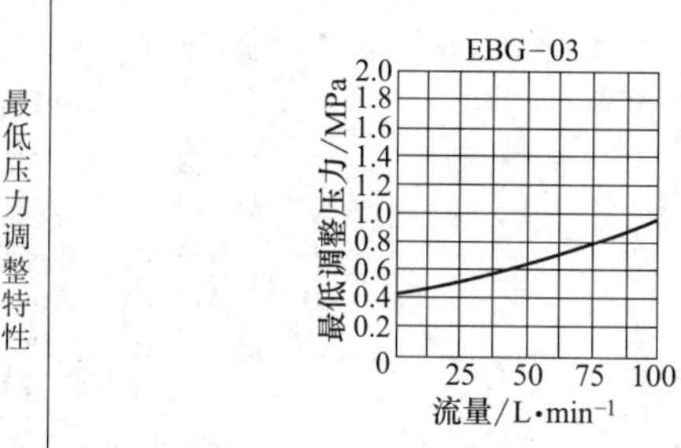

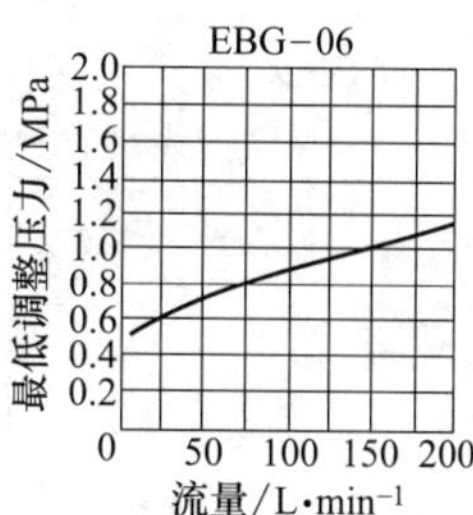

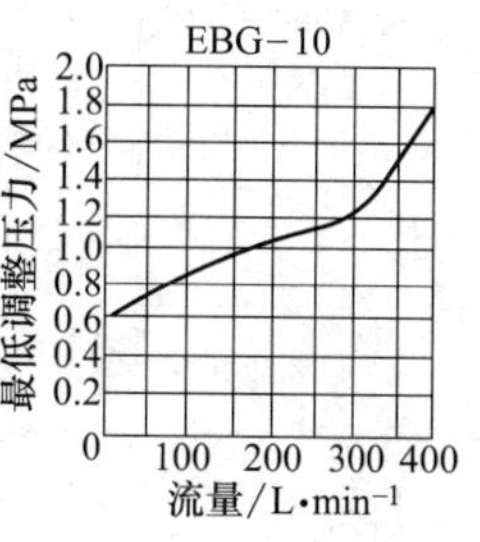

13. 13. 22 ERB 型比例溢流减压阀

表 20-13-34 技术性能及型号意义

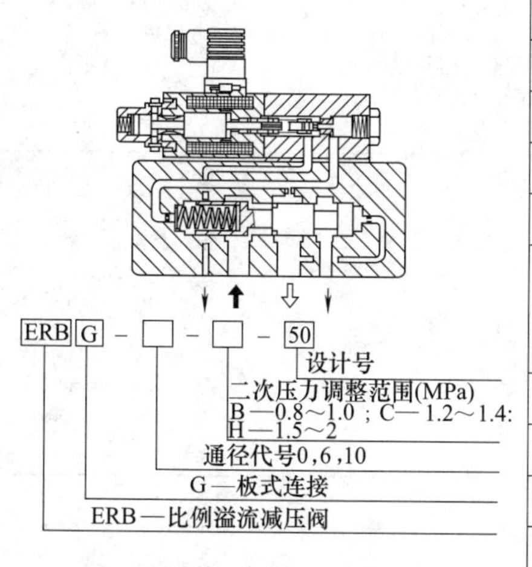

型 号	ERBG-06-※-50	ERBG-10-※-50
最高工作压力/MPa	25	25
最大流量/L·min⁻¹	100	250
最大溢流流量/L·min⁻¹	35	15
二次压力调整范围/MPa	B:0.8～7 C:1.214 H:1.5～21	
额定电流/mA	ERBG-06-B:800 ERBG-06-C:800 ERBG-06-H:950	ERBG-10-B:800 ERBG-10-C:800 ERBG-10-H:950
线圈电阻/Ω	10	10
重复精度/%	1	1
滞环/%	<3	<3
质量/kg	12	13.5

注：生产厂为榆次油研液压公司。

13. 13. 23 EF (C) G 型比例（带单向阀）流量阀

表 20-13-35 技术性能及型号意义

外形及型号意义

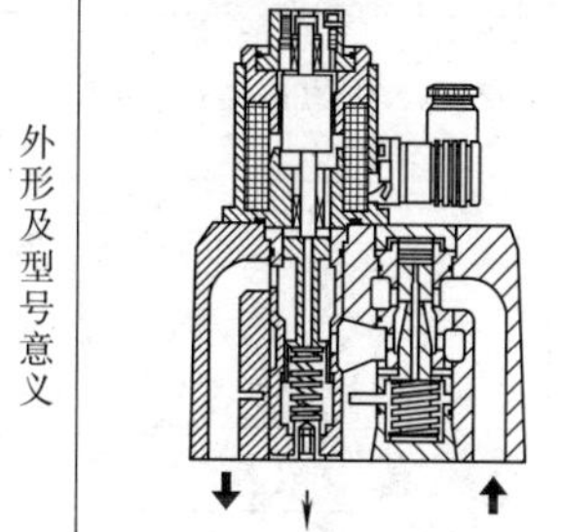

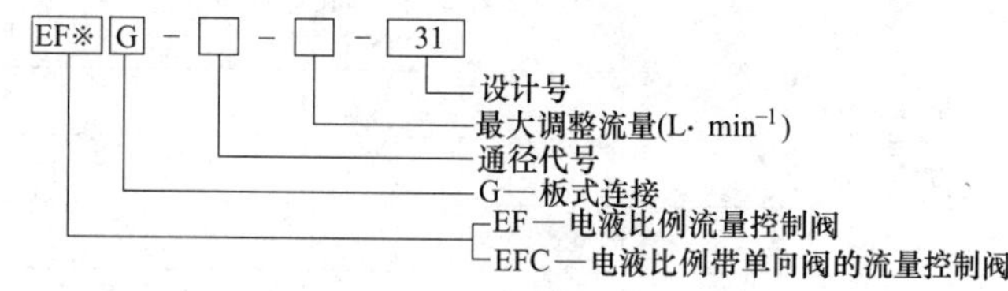

技术性能

型 号	最高使用压力/MPa	流量调整范围/L·min⁻¹	最低工作压差/MPa	自由流量(仅 EFC)/L·min⁻¹	额定电流/mA	线圈电阻/Ω	滞环/%	重复精度/%	质量/kg
EFG EFCG-02-(10/30)-31	21	10:0.3～10 30:0.3～30	0.5	40	600	45	<5	1	8.2
EFG EFCG-03-(60/125)-26	21	60:2～60 125:2～125	1	130	600	45	<7	1	12.5

第 20 篇

续表

	型 号	最高使用压力/MPa	流量调整范围/L·min⁻¹	最低工作压差/MPa	自由流量(仅EFC)/L·min⁻¹	额定电流/mA	线圈电阻/Ω	滞环/%	重复精度/%	质量/kg
技术性能	EFG EFCG-06-250-22	21	3～250	1.3	280	600	45	<7	1	25
	EFG EFCG-10-500-11	21	5～500	2	550	700	45	<7	1	51
输入电流-流量特性曲线	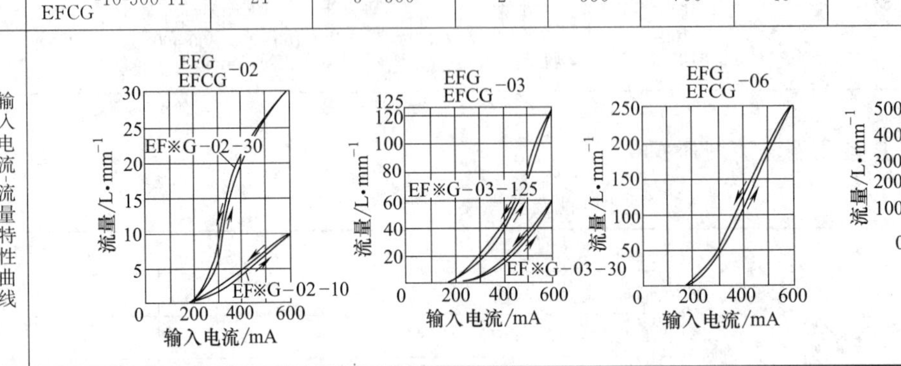									

注：生产厂为榆次油研液压公司。

13.14 国外主要比例阀产品概览

13.14.1 BOSCH比例溢流阀（不带位移控制）

表 20-13-36 技术性能

	NG6(直动式)	NG6(先导式)	NG10(先导式)
结构图	T P	A P B T	T A P B 放气螺钉 附加手动

	型 号	板式,NG6(ISO 4401)直动				板式,NG6(ISO 4401)先导			板式,NG10(ISO 4401)先导			
技术性能	额定流量/L·min⁻¹	1.0(最大1.5)				40			120			
	额定压力/MPa	8	18	25	31.5	8	18	31.5	8	18	25	31.5
	最低压力/MPa	0.3	0.4	0.6	0.8	0.7	0.8	1.0	0.9	1.0	1.1	1.2
	最高工作压力/MPa	P口:31.5 T口:25(静态)										
	暂载率	100%										
	电磁铁连接型式	DIN 43 650/ISO 4400连接件										
	电磁铁电流/A	0.8		2.5		0.8		2.5	0.8		2.5	
	线圈阻抗/Ω	22		2.5		22		2.5	22		2.5	
	功率/V·A	18		25		18		25	18		25	

续表

	型　　号	板式,NG6(ISO 4401)直动		板式,NG6(ISO 4401)先导	板式,NG10(ISO 4401)先导
技术性能	配套放大器	0.8A/18V·A	K:1M45-08A　M:1M08-12GC1　P:AS0.8-V		
		2.5A/25V·A	K:1M45-2.5A　M:1M25-12GC1　P:AS2.5-V　B		
	滞环	≤±2%			
	分辨率	≤±1.5%			
	响应时间 100%指令信号	上升:<30ms 下降:<70ms		上升:<30ms 下降:<70ms	上升:<30ms 下降:<300ms
	工作介质	符合 DIN 51524…535 液压油,使用其他液压油时,先向厂家咨询			
	黏度范围/$mm^2 \cdot s^{-1}$	20~100(推荐),最大范围(10~800)			
	油液温度/℃	−20~80			
	介质清洁度	NAS1638-8 或 ISO 4406-17/14			

特性曲线

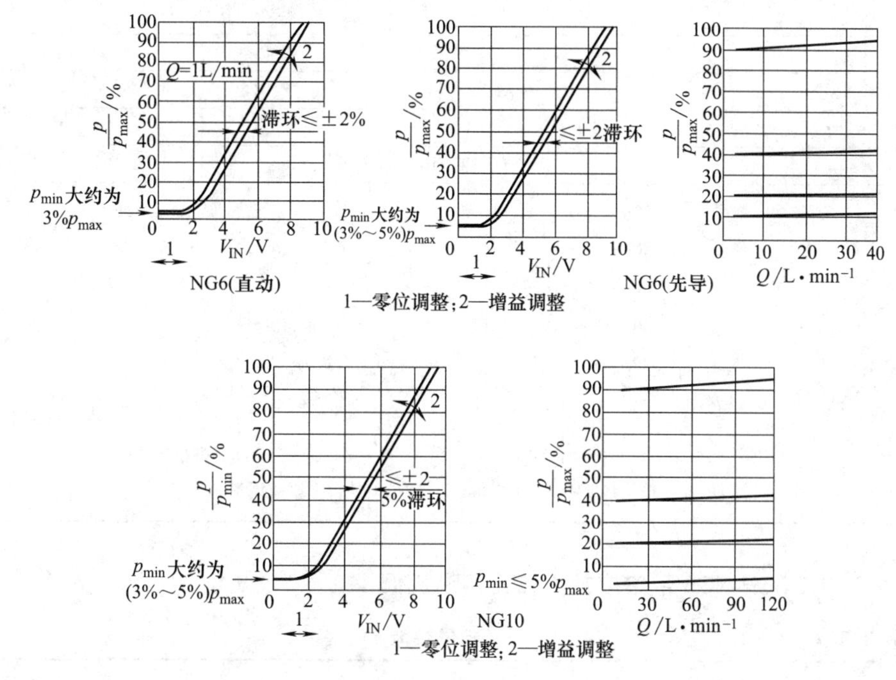

1—零位调整;2—增益调整

1—零位调整;2—增益调整

13.14.2　BOSCH 比例溢流阀和线性比例溢流阀(带位移控制)

表 20-13-37　　　　技术性能

	NG6	NG6 线性
结构图	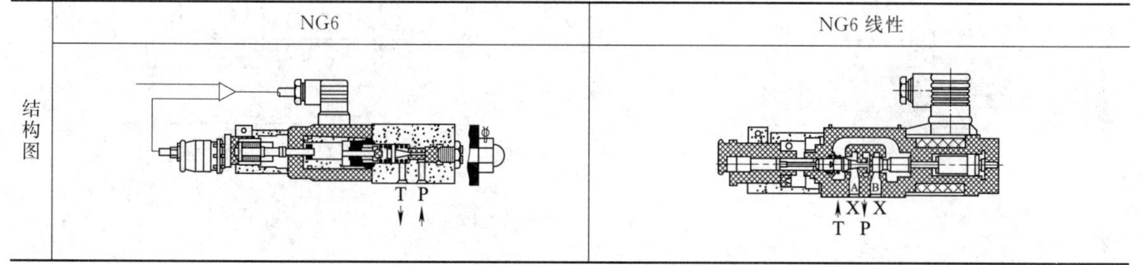	

续表

	型　　号		NG6(带位移反馈)					NG6线性			
技术性能	额定流量/L·min^{-1}		1.0(3.0)								
	工作压力范围/MPa		0.1～2.5		0.3～8,0.4～18,0.5～25,0.6～31.5						
	最低压力/MPa		0.1	0.3	0.4	0.5	0.6	0.3	0.4	0.5	0.6
	最高工作压力/MPa	P	31.5					31.5			
		T	0.2					≤20			
	工作介质		符合 DIN 51524…535 液压油,使用其他液压油时,先向厂家咨询								
	黏度范围/mm^2·s^{-1}		20～100(推荐),最大范围(10～800)								
	油液温度/℃		−20～80								
	介质清洁度		NAS1638-8 或 ISO 4406-17/14,通过采用 $\beta_x=75$ 过滤器达到 $x=10$								
	滞环/%		≤±0.3					≤±1			
	分辨率/%		≤±0.2					≤±0.8			
	响应时间/ms 100%指令信号		45 25ms(特征参数对应 PV60)					45 25ms(特征参数对应放大器 PDLI)			
	传感器连接形式		特殊连接件								
	电磁铁电流/A		最大 3.7					最大 2.7			
	线圈阻抗/Ω		2.5(20℃)								
	功率/V·A		50					25			
	配套放大器		PV60,PV60-RGC1,PV60-RGC3					PDL1,PDL1-RFC1,PDL1-RGC3			
特性曲线	NG6线性 NG6带位移反馈 注:流量单位1GPM=3.791L/min 1—零位调整;2—增益调整										

13.14.3 BOSCH NG6 带集成放大器比例溢流阀

表 20-13-38 技术性能

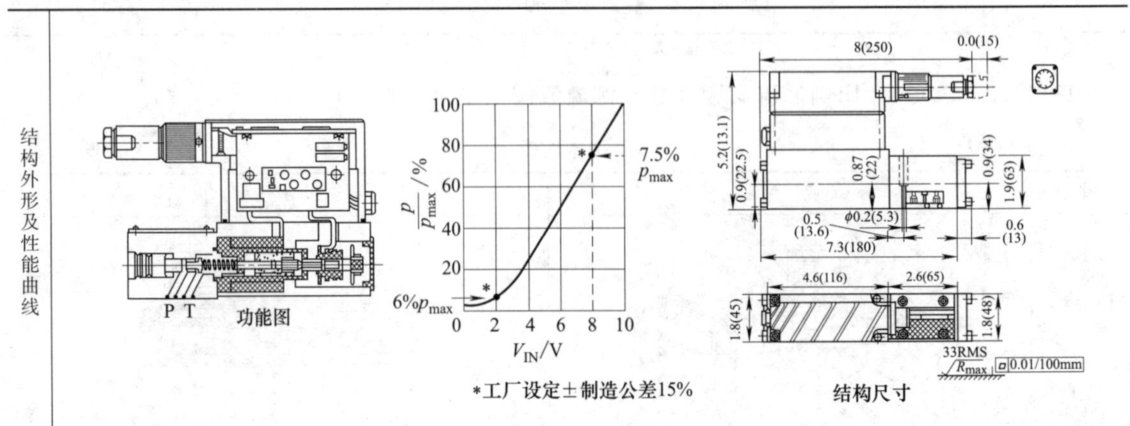

续表

技术性能	安装形式	板式、连接尺寸符合 NG6(ISO 4401)		安装位置	任意	
	温度/℃	−20～50		油液温度/℃	−20～80	
	工作介质	符合 DIN 51524-535 液压油，使用其他油液时，先向厂家咨询		黏度范围/$mm^2 \cdot s^{-1}$	20～100(推荐) 10～800(最大)	
	清洁度	通过采用 $\beta_x=75$ 过滤器达到 $x=10$，允许污染等级 NAS 1638-8，ISO 4406-17/14				
	额定流量/$L \cdot min^{-1}$	10(最大 1.5)		工作压力范围/MPa(当 $Q=1L \cdot min^{-1}$)	0.3～8.0，0.4～18，0.5～25，0.8～31.5	
	最高工作压力/MPa			P 口：31.5　T 口：≤0.2(静态 25)		
	滞环	≤0.2%	分辨率	≤0.1%	制造公差	≤±5%
	响应 100%指令信号 响应 10%指令信号	30ms 10ms	温漂	<1%，当 $\Delta T=72℉(22℃)$		
	暂载率	100%	防护等级	IP 65DIN 40050 和 IEC 14434/5		
	连接	7 芯插头 Pg11	电源：端子 A： B：0V	额定 24V　DC 最大 21V DC/最大 40V DC，最在波纹 2V DC		

13.14.4　BOSCH NG10 比例溢流阀和比例减压阀（带位移控制）

表 20-13-39　　技术性能

功能图

	型　号		比例溢流阀 比例减压阀	型　号	比例溢流阀 比例减压阀
技术性能	额定流量/$L \cdot min^{-1}$		120	介质清洁度	NAS 1638-8 或 ISO 4406-17/14，通过采用 $\beta_x=75$ 过滤器达到 $x=10$
	公称压力/MPa		18，31.5		
	最低压力/MPa		0.6，0.8	滞环/%	≤±0.1
	最高工作压力/MPa	A，B	31.5	分辨率/%	≤±0.5
		Y	0.2 控制油外排	响应时间(100%指令信号)	80ms
		X	31.5 先导遥控	位移传感器连接形式	特殊连接件
	工作介质		符合 DIN 51524…535 液压油，使用其他液压油时，先向厂家咨询	电磁铁电流/A	最大 3.7
				线圈阻抗 R_{20}/Ω	2.5
				功率/W	50
	黏度范围/$mm^2 \cdot s^{-1}$		20～100(推荐)，最大范围(10～800)	配套放大器	PV60，PV60-RGC1，PV60-RGC3
	油液温度/℃		−20～80	质量/kg	9.5

续表

特性曲线	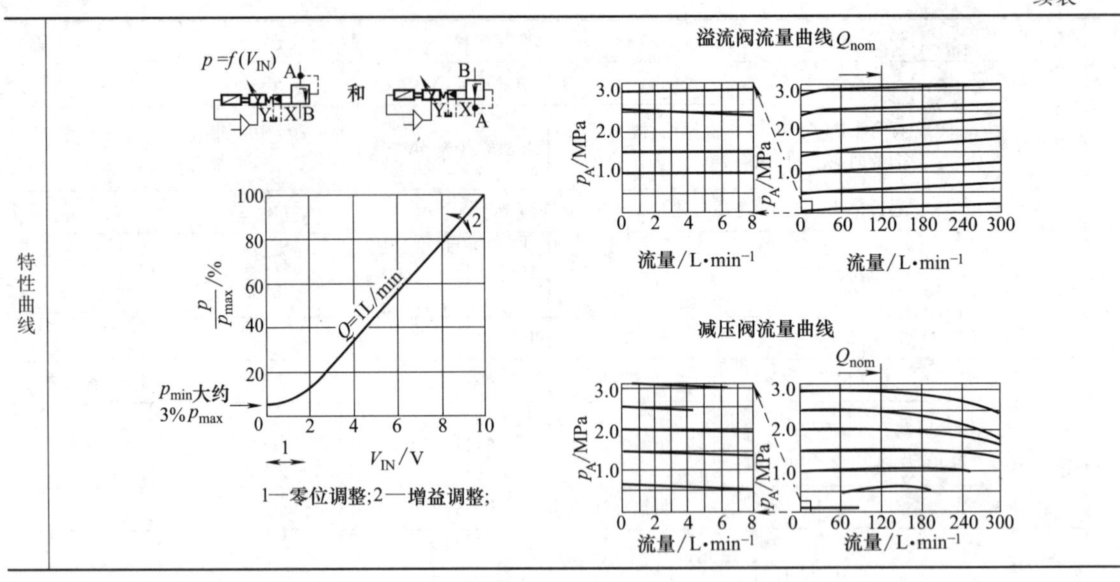 1—零位调整;2—增益调整;

13.14.5　BOSCH NG6 三通比例减压阀（不带/带位移控制）

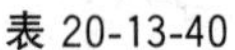

表 20-13-40　　　　技术性能

功能图	

技术性能

型号		不带位移传感器(NG6) 带位移传感器(NG6)		
额定流量/L·min⁻¹		40		
控制油流量/L·min⁻¹		约 0.6		
A 口公称压力/MPa		7.5	17.5	31
A 口最低压力/MPa		0,或 T 口压力		
P 口进口压力/MPa		最小 $p_P=p_A+0.5$		
最高工作压力/MPa	A,B	31.5		
	T	25 B 堵住		
工作介质		符合 DIN 51524…535 液压油,使用其他液压油时,先向厂家咨询		
黏度范围/mm²·s⁻¹		20～100(推荐),最大范围(10～800)		

型号	不带位移传感器(NG6)	带位移传感器(NG6)
油液温度/℃	－20～80	
介质清洁度	NAS 1638-8 或 ISO 4406-17/14,通过采用 $\beta=75$ 过滤器达到 $x=10$	
暂载率	100%	
滞环	≤±2%	≤±1%
响应时间 100%指令信号	上升:80ms 下降:≤250ms	50ms(100%指令信号) 20ms(10%指令信号)
传感器连接形式	特殊连接件	
电磁铁电流/A	最大 0.8	最大 2.5
线圈阻抗 R_{20}/Ω	22	2.5
功率/V·A	18	25
配套放大器	1M45-0.8A, 1M0.8-RGC1, AS0.8-V	PDV45, PV45-RGC1, PV45-RGC3
质量/kg	2.3	2.4

续表

特性曲线	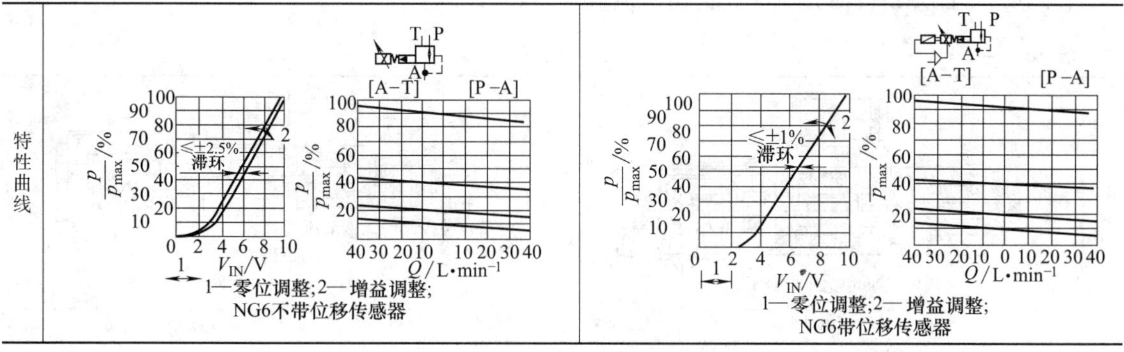

13.14.6　BOSCH NG6、NG10 比例节流阀（不带位移控制）

表 20-13-41　技术性能

功能图

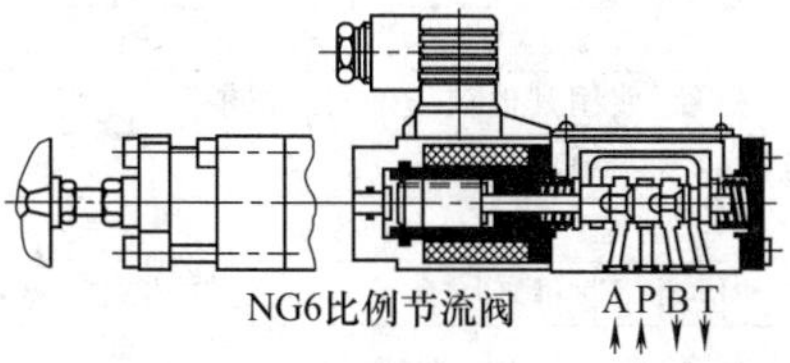

NG6比例节流阀　A P B T

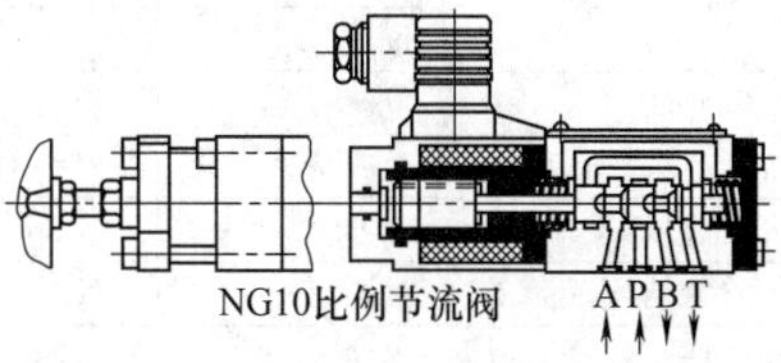

NG10比例节流阀　A P B T

技术性能

型号		NG6	NG10
		比例节流阀	
$\Delta p=0.8$MPa 公称流量/L·min⁻¹		每个通道 18 或 35	每个通道 40 或 80
泄漏（节流口 $I=0$，$\Delta p=10$MPa）		≤80cm³/min	≤150cm³/min
最高工作压力/MPa	P,A,B 口	31.5	
	T 口	25	
工作介质		符合 DIN 51524…535 液压油，使用其他液压油时，先向厂家咨询	
黏度范围/mm²·s⁻¹		20～100mm²/s（推荐），最大范围 10～800mm²/s	
油液温度/℃		−20～80	
介质清洁度		NAS 1638-8 或 ISO 4406-17/14，通过采用 $\beta_x=75$ 过滤器达到 $x=10$	

型号	NG6	NG10
	比例节流阀	
暂载率/%	100(9VDC)	
滞环/%	≤±2	≤±5
灵敏度/%	≤±1.5	≤±3
响应时间/ms 100%指令信号	上升:50 下降:20	上升:100 下降:100
	（特征参数对应 1M45～2.5A）	
电磁铁电流/A	最大 2.5	最大 2.5
线圈阻抗 R_{20}/Ω	3.0	5.8
功率/W	25(max)	50(max)
配套放大器	1M45～2.5A，AS2.5-V，PV45-RGC3	1M45-2.5A，AS2.5-V，1M25-RGC1
质量/kg	2	2.3

特性曲线

NG6 比例节流阀

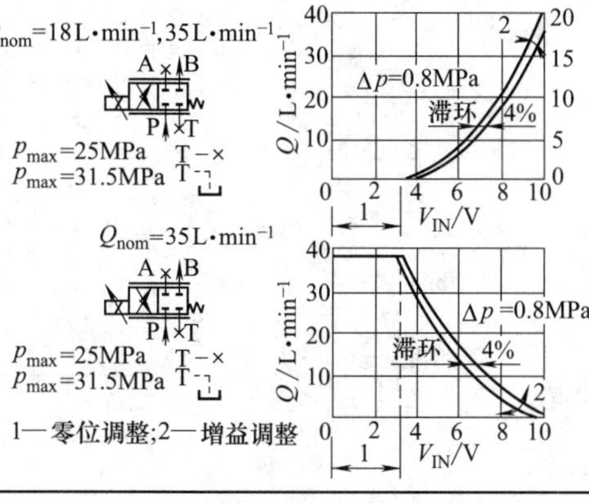

Q_{nom}=18L·min⁻¹,35L·min⁻¹

p_{max}=25MPa　T−×

p_{max}=31.5MPa

Δp=0.8MPa　滞环　4%

Q_{nom}=35L·min⁻¹

p_{max}=25MPa　T−×

p_{max}=31.5MPa

Δp=0.8MPa　滞环　4%

1—零位调整;2—增益调整

NG10 比例节流阀

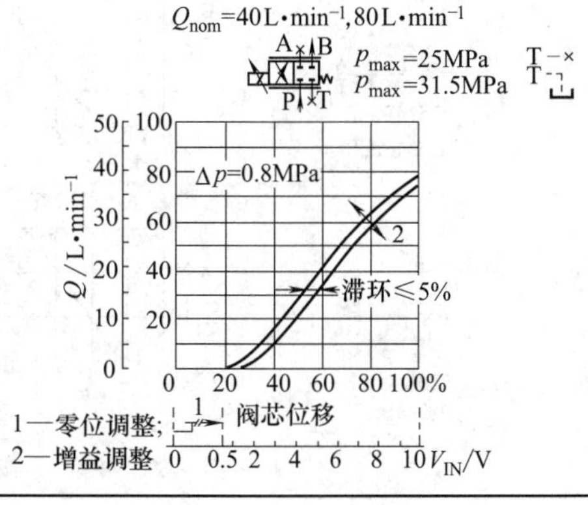

Q_{nom}=40L·min⁻¹,80L·min⁻¹

p_{max}=25MPa　T−×

p_{max}=31.5MPa

Δp=0.8MPa　滞环≤5%

1—零位调整;　阀芯位移

2—增益调整　V_{IN}/V

13.14.7 BOSCH NG6、NG10 比例节流阀（带位移控制）

表 20-13-42 技术性能

结构图	NG6比例节流阀			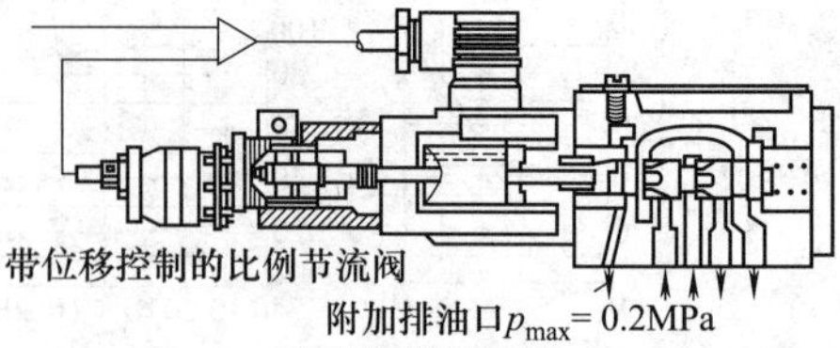 带位移控制的比例节流阀 附加排油口 p_{max}= 0.2MPa NG10比例节流阀			
技术性能	型　　号		NG6 比例节流阀			NG10 比例节流阀	
	Δp=0.8MPa 公称流量 /L·min^{-1}		10	20	35	20	40	80
	泄漏（节流口 I=0，Δp=10MPa）		≤80cm³/min					
	最高工作压力/MPa	P、A、B 口	31.5			31.5		
		T 口	25			25		
		L 口	25			25		
	工作介质		符合 DIN 51524…535 液压油，使用其他液压油时，先向厂家咨询					
	黏度范围/mm²·s^{-1}		20～100（推荐），最大范围（10～800）					
	油液温度/℃		−20～80					
	介质清洁度		NAS 1638-8 或 ISO 4406-17/14，通过采用 β_x=75 过滤器达到 x=0					
	暂载率/%		100（9VDC）			100		
	滞环/%		≤±0.3			≤±0.3		
	灵敏度/%		≤±0.2			≤±0.2		
	响应时间/ms 100%指令信号		≈12 （特征参数对应放大器 QV45）			≈25 ≈25ms（特征参数对应放大器 QV60）		
	电磁铁电流/A		最大 2.7			最大 3.7		
	线圈阻抗 R_{20}/Ω		3.0			2.5		
	功率/W		25(max)			50(max)		
	配套放大器		QV45，QV45-RGC1，QV45-RGC3			QV60，QV60-RGC1，QV60-RGC3		
特性曲线	NG6 比例节流阀				NG10 比例节流阀		
	Q_{nom}=10L·min^{-1}；p_{max}=25MPa，T；p_{max}=31.5MPa，T				Q_{nom}=20L·min^{-1}；p_{max}=31.5MPa		
	Q_{nom}=20L·min^{-1}；p_{max}=25MPa，T；p_{max}=31.5MPa，T				Q_{nom}=40L·min^{-1}；p_{max}=31.5MPa		
	Q_{nom}=35L·min^{-1}；p_{max}=25MPa，T；p_{max}=31.5MPa，T				Q_{nom}=80L·min^{-1}；p_{max}=31.5MPa		
	1—零位调整；2—增益调整				1—零位调整；2—增益调整		

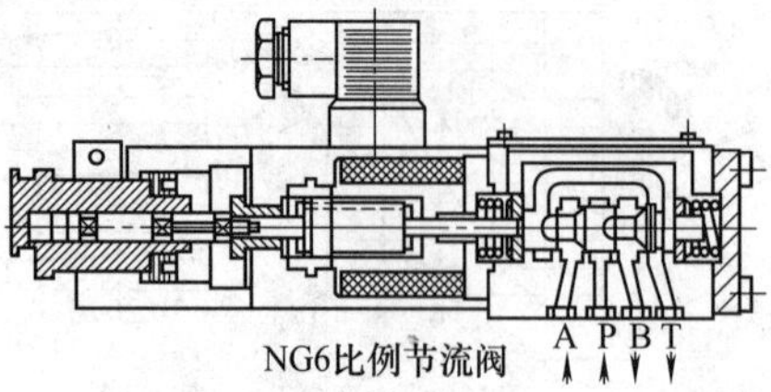

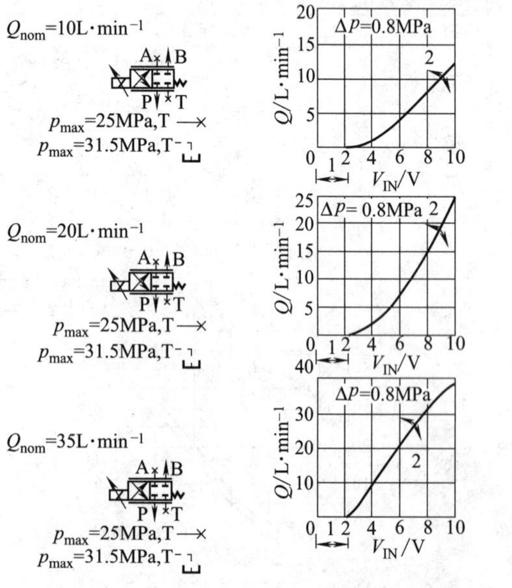

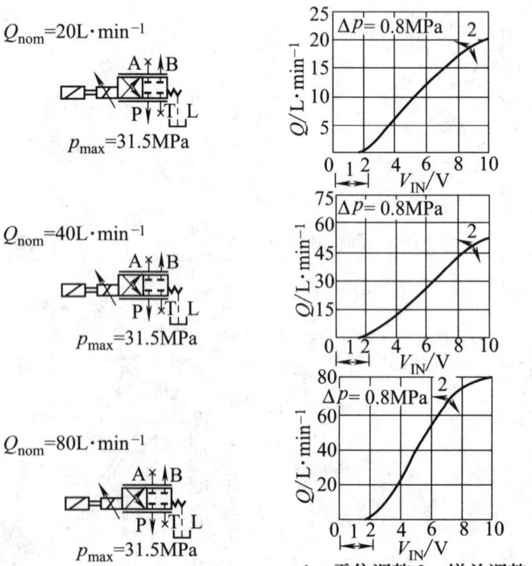

13.14.8 BOSCH NG10 带集成放大器比例节流阀（带位移控制）

表 20-13-43 **技术性能**

	项目			
技术性能	公称流量(Δp=0.5MPa)/L·min^{-1}		50	80
	泄漏(节流口 Δp=10MPa,I=0)		≤80cm^3/min	
	最高工作压力/MPa	P、A、B 口	31.5	
		T 口	20	
	工作介质		符合 DIN 51524…535 液压油,使用其他液压油时,先向厂家咨询	
	黏度范围/mm^2·s^{-1}		20～100(推荐),最大范围(10～800)	
	油液温度/℃		−20～80	
	介质清洁度		NAS 1638-8 或 ISO 4406-17/14,通过采用 β_x=75 过滤器达到 x=10	
	电磁铁连接型式		7 芯插头,PG11	
	电源 端子 A:,B:		额定 24V DC,最小 21V DC/最大 40V DC,最小波动 2V DC	
	功率		最大 30V·A	
	外接保险丝		2.5A_F	
	输入信号 端子 D:V_{in} E:0V		0～10V	
			差动放大器	
			R_i=100kΩ	
	相对于 0V 最高差动输入电压		D→B,最大 18V DC	
			E→B	
	测试信号		0～10V,与主阀芯位移成比例	
	接地安全引线		只有当电源变压器不符合 VDE0551 时才需要	
	推荐电缆		7 芯屏蔽电缆 用 18AWG,最大距离:19.8m;用 16AWG,最大距离:38m	
	调整		工厂设定	
	滞环/%		≤±0.3	
	灵敏度/%		≤±0.2	
	响应时间/ms	100%指令信号	≈25	
		10%指令信号	≈10	
	温漂		<1%,当 ΔT=40℃	
	质量		7.1kg	

特性曲线

①工厂设定≤±3%

13.14.9 BOSCH 比例流量阀（带位移控制及不带位移控制）

表 20-13-44 **技术性能**

结构图

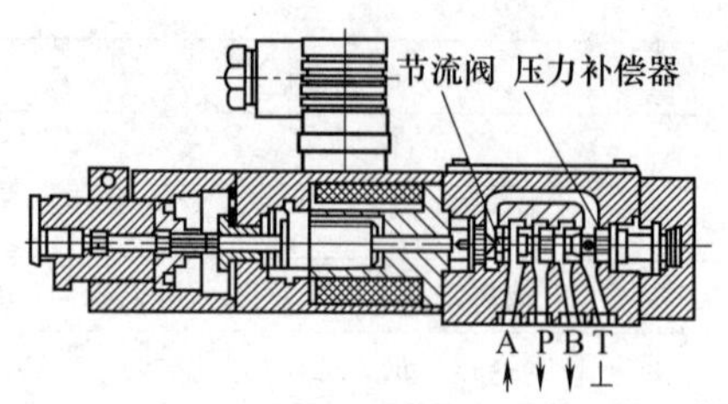

图(a) 带位移控制

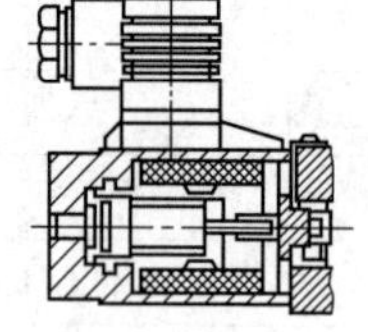

图(b) 不带位移控制

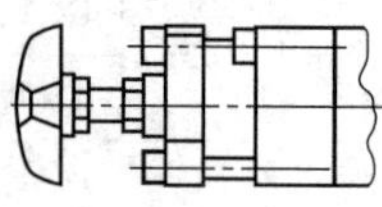

图(c) 带附加手动

技术性能

型号		NG6(ISO 4401)比例流量阀				NG10(ISO 4401)比例流量阀	
公称流量/L·min^{-1}	进油	—	30	30	35	65	80
	控制	2.6	7.5	10	35		
可控 Q_{min}/L·min^{-1}		10	—	40	50		
最高工作压力/MPa	A,B 口	25 或 10					
	T 口	堵住					
	P 口	堵住或 25 残油口					
最低压差 A→B/MPa		Q_{nom}=2.6L·min^{-1} 及 7.5L·min^{-1},0.4～0.6MPa				0.8	
		Q_{nom}=10L·min^{-1} 及 35L·min^{-1},1～1.4MPa					
工作介质		符合 DIN 51524～535 液压油，使用其他液压油时，先向厂家咨询					
黏度范围		20～100mm^2·s^{-1}(推荐)，最大范围(10～800mm^2·s^{-1})					
油液温度/℃		−20～80					
介质清洁度		NAS1638-8 或 ISO 4406-17/14，通过采用 β_x=75 过滤器达到 x=10					
位移传感器连接型式		特殊连接件					
		带位移控制		不带位移控制		不带位移控制	带位移控制
电磁铁电流/A		最大 2.7		最大 2.5		最大 2.5	最大 2.7
线圈阻抗 R_{20}/Ω		2.7		2.5		2.5	2.7
功率/W		25				25	
配套放大器		QV45		1M45-2.5A		1M45-2.5A	QV45
滞环		≤1%		≤±2.5%		≤±2.5%	≤1%
分辨率		≤0.5%		≤±1.5%		≤±1.5%	≤0.5%
响应时间(100%指令信号)		35/25ms		70ms		35/25ms	70ms
最大负载变化时响应时间		≤30ms		≤30ms		≤45ms	≤45ms

续表

NG6 比例流量阀特性曲线	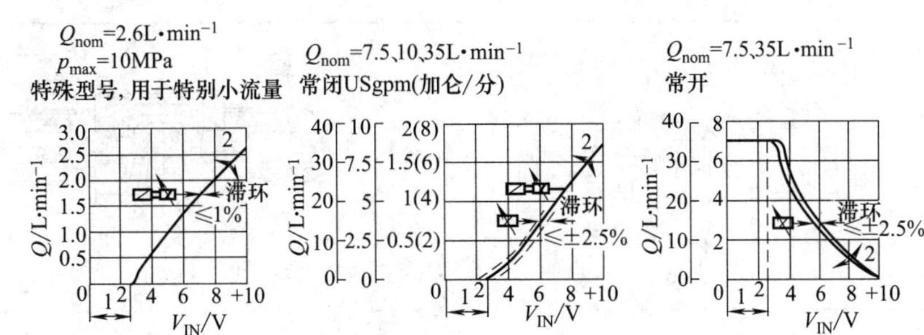 1—零位调整;2—增益调整 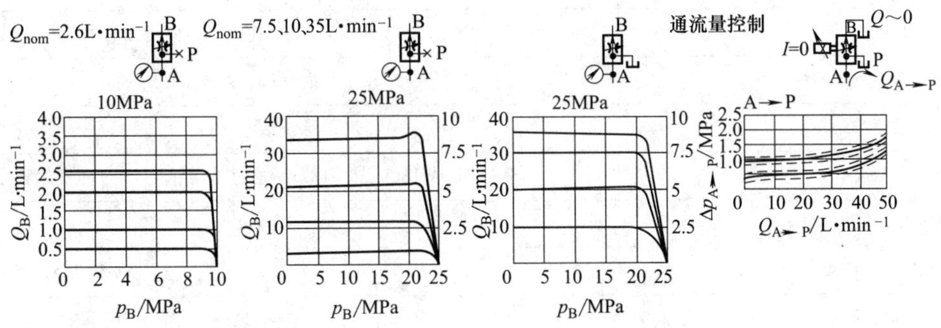
NG10 比例流量阀特性曲线	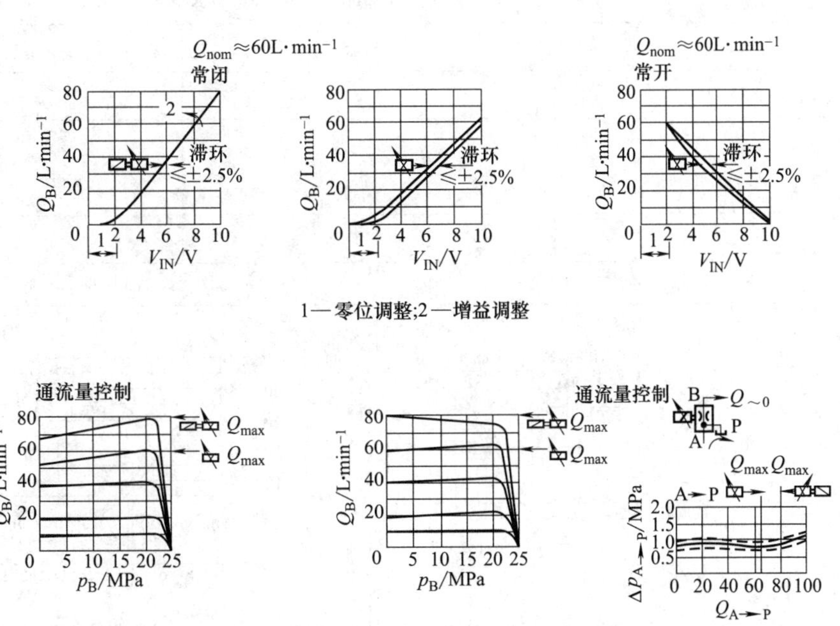

13.14.10　BOSCH 不带位移传感器比例方向阀

表 20-13-45　　　　技术性能

	型　号		NG6	NG10
结构图	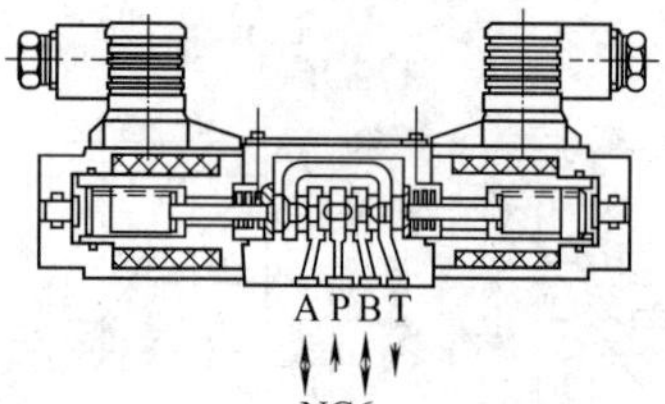 A P B T NG6			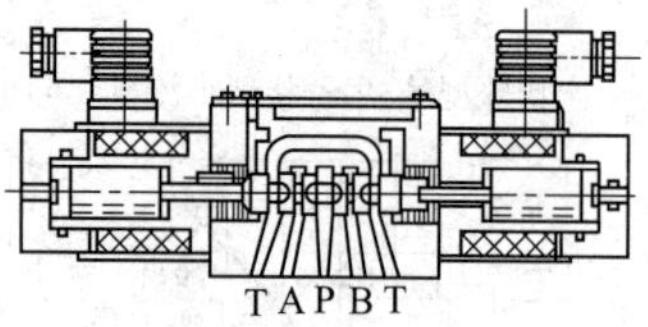 T A P B T NG10
技术性能	公称流量/L·min^{-1}		7.5、18 或 35(Δp=0.8MPa)	40、80、80：45(Δp=0.8MPa)
	最高工作压力/MPa	P、A、B 口		31.5
		T 口	25	25(L 口：0.2)
	工作介质		符合 DIN 51524～535 液压油，使用其他液压油时，先向厂家咨询	
	黏度范围/mm^2·s^{-1}		20～100(推荐)，最大范围 10～800	
	油液温度/℃		−20～80	
	介质清洁度		NAS1638-8 或 ISO 4406-17/14，通过采用 β_x=75 过滤器达到 x=10	
	暂载率/%		100	
	电磁铁电流/A		最大 2.5	最大 2.5
	线圈阻抗 R_{20}/Ω		3.0	5.8
	功率/W		最大 25	最大 50
	配套放大器		2M45-2.5A，2M2.5-RGC2，2CH./2.5A，25P	
	滞环/%		≤4	≤6
	分辨率/%		≤3	≤4
	响应时间/ms (100%指令信号)		70	100
	质量/kg		2.6	7.7
特性曲线	NG6 比例方向阀			NG10 比例方向阀
	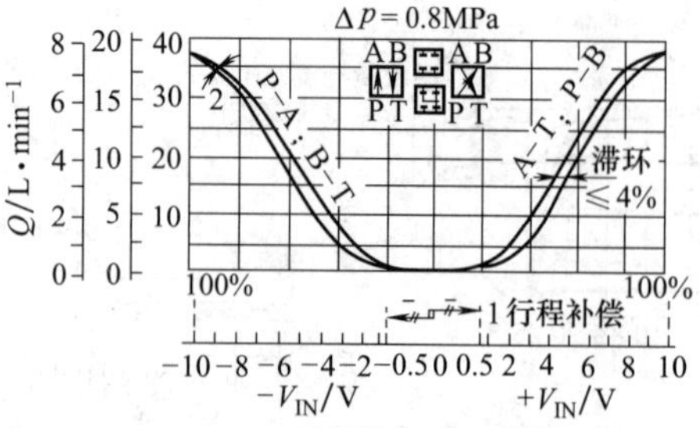 1—零位调整；2—增益调整			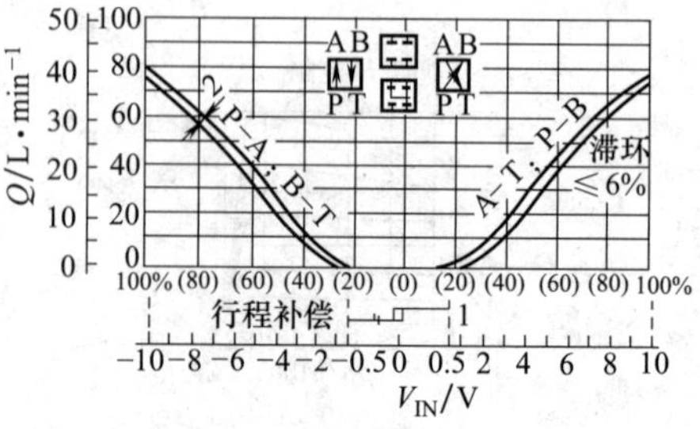 1—零位调整；2—增益调整

13. 14. 11　BOSCH 比例方向阀（带位移控制）

表 20-13-46　**技术性能**

结构图

APBT

NG6(带位移控制)

附加排油口　APBT

P_{max}≤0.2MPa

NG10(带位移控制)

技术性能

型号		NG6				NG10			
公称流量/L·min^{-1} Δp=0.8MPa 时		7.5	10	20	35	40	80	80;45	
最高工作压力/MPa	P,A,B 口	31.5				31.5			
	T 口	25							
	L 口					0.2			
工作介质		符合 DIN 51524～535 液压油，使用其他液压油时，先向厂家咨询							
黏度范围/mm^2·s^{-1}		20～100(推荐)，最大范围(10～800)							
油液温度/℃		−20～80							
介质清洁度		NAS1638-8 或 ISO 4406-17/14，通过采用 β_x=75 过滤器达到 x=10							
暂载率/%		100							
电磁铁电流/A		最大 2.7				最大 3.7			
线圈阻抗 R_{20}/Ω		3.0				2.5			
功率/W		最大 25				最大 50			
配套放大器		WV45-RGC2				WC60-RGC2			
滞环/%		≤0.3				≤0.75			
灵敏度/%		≤0.2				≤0.5			
制造公差 p_{max}		≈5%				≈10%			
响应时间/ms	100%指令信号	30				50			
	10%指令信号	15				20			

特性曲线

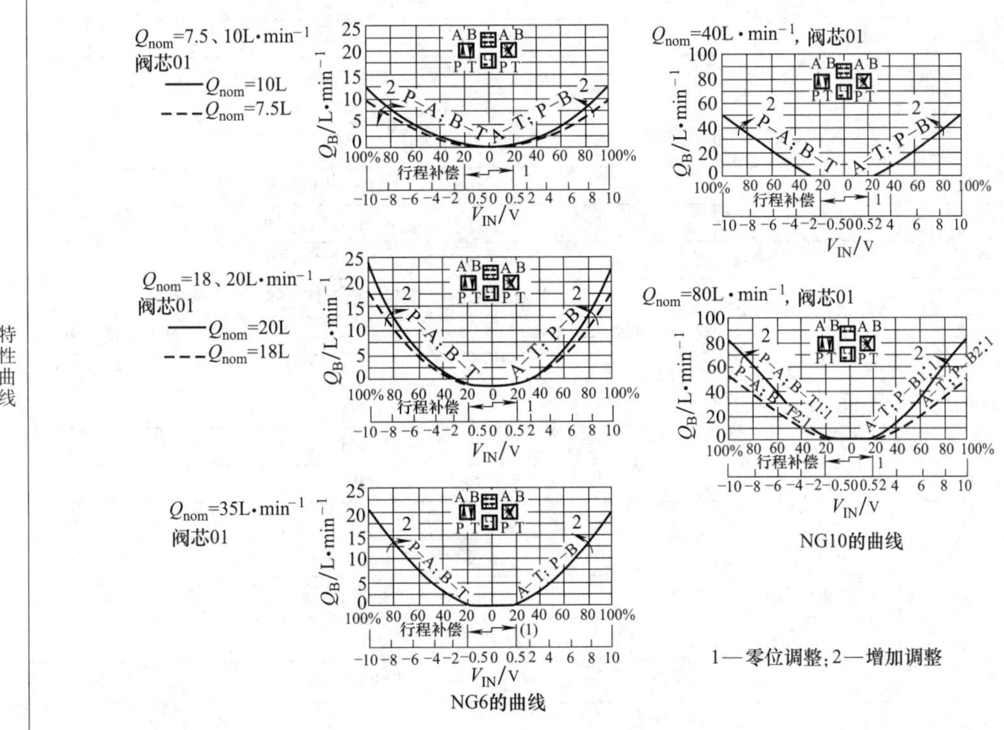

1—零位调整；2—增加调整

13.14.12　BOSCH 带集成放大器比例方向阀

表 20-13-47　　技术性能

结构图			APBT NG6		TAPBT NG10	
技术性能	型　号		NG6(ISO 4401)		NG10(ISO 4401)	
	Δp=0.5MPa/台肩		4.7　18	8.5　32	50	80
	公称流量(8V 时)Q_A/L·min^{-1}		14(+/−3%)	25(+/−3%)	35(+/−3%)	70(+/−3%)
	泄漏		A B P T ≤80cm^3/min		80cm^3/min	
	最高工作压力/MPa	P、A、B 口	31.5			
		T 口	20			
	工作介质		符合 DIN 51524～535 液压油，使用其他液压油时，先向厂家咨询			
	黏度范围/$mm^2 \cdot s^{-1}$		20～100(推荐)，最大范围(10～800)			
	油液温度/℃		−20～80			
	介质清洁度		NAS1638-8 或 ISO 4406-17/14，通过采用 β_x=75 过滤器达到 x=10			
	暂载率/%		100			
	电磁铁连接形式		7 芯插头，PG11			
	电源：端子 A、B		额定 24V DC，最小 21V DC/最大 40V DC，最大波动 2V DC			
	功率/W		30		50	
	外接保险丝		2.5A_F			
	输入信号：端子 D、E		0～10V，差动放大器，R_i=100kΩ			
	相对于 0V 最高差动输入电压		D→B、E→B　最大 18V DC			
	测试信号		0～10V，与主阀芯位移成比例			
	端子	F：V_{test}	Ra=10kΩ			
		C：0V				
	接地安全线		只有电源变压器不符合 VDE0551 时才需连接			
	推荐电缆		7 芯屏蔽电缆　18AWG，最大距离：19.8m；16AWG，最大距离：38m			
	调整 U_{D-E}+8V=(工厂设定)±3%，额定 $Q(\Delta p$=0.5MPa)/L·min^{-1}		14	25	35	70
	典型 Q_n/L·min^{-1}		18	32	50	80
	配套放大器		QV45			
	滞环/%		≤0.3			
	分辨率/%		≤0.2			
	响应时间/ms	100%指令信号	30		50	
		10%指令信号	5		15	
	温漂/%		<1(当 ΔT=40℃)			
	质量/kg		3.9		8.8	

续表

特性曲线	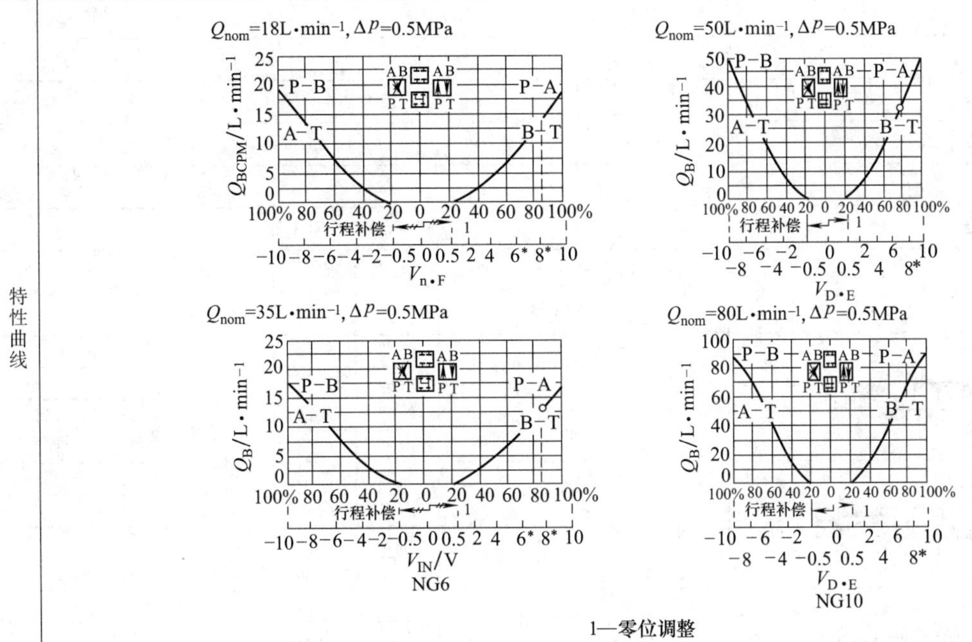

1—零位调整

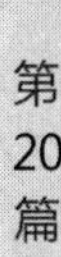

13.14.13　BOSCH 比例控制阀

表 20-13-48　　技术性能

	型　　号		NG10	NG16	NG25	NG32
技术性能	公称流量($\Delta p=0.5$MPa)/L·min⁻¹		80	180	350	1000
	最大流量/L·min⁻¹		170	450	900	2000
	最高工作压力/MPa	P、A、B 口	35			
		T 口	25			
	先导级控制压力/MPa		(X 口及 P 口)最低 0.8,最高 25			
	零位泄漏 $p=10$MPa	主级/L·min⁻¹	0.25	0.4	0.6	1.2
		先导级 /L·min⁻¹	0.15	0.15	0.35	1.1
	先导阀 Q_n/L·min⁻¹		2	4	12	40
	工作介质		符合 DIN 51524～535 液压油,使用其他液压油时,先向厂家咨询			
	黏度范围/mm²·s⁻¹		20～100(推荐),最大范围(10～800)			
	油液温度/℃		−20～80			
	介质清洁度		NAS1638-8 或 ISO 4406-17/14,通过采用 $\beta_x=75$ 过滤器达到 $x=10$			
	中位正遮盖量		18%～22%阀芯行程			
	滞环/%		<0.1(不可测)			
	温漂/%		<1(当 $\Delta T=20\sim50$℃)			
	响应时间/ms 100%信号变化	$p_x=10$MPa	40	80	80	130
		$p_x=1$MPa	150	250	250	500

续表

	型　　号	NG10	NG16	NG25	NG32
技术性能	暂载率/%	100			
	电磁铁电流/A	最大 2.7			
	线圈阻抗 R_{20}/Ω	2.4			
	功率/V·A	最大 25			
	配套放大器	2STV,2STV-RGC2			

	符号　1∶1+2∶1	NG	Q_{nom}(Δp=0.5MPa) Q_A∶Q_B	控制油 P/X	控制油 T/Y	质量/kg	型号标记
型号及标记		10	80∶80	外部	外部	8.35	0 811 404 180
				内部	内部		
			80∶50	外部	外部		0 811 404 181
				内部	内部		0 811 404 182
			80∶80	外部	外部		0 811 404 183
				内部	内部		0 811 404 188
			80∶50	外部	外部		0 811 404 184
				内部	内部		0 811 404 185
		16	180∶180	外部	外部	10.2	0 811 404 210
				内部	内部		
			180∶120	外部	外部		0 811 404 212
				内部	内部		
			180∶180	外部	外部		0 811 404 209
				内部	内部		
			80∶120	外部	外部		0 811 404 213
				内部	内部		
		25	350∶350	外部	外部	18	0 811 404 407
				内部	内部		
			350∶230	外部	外部		0 811 404 408
				内部	内部		
			350∶350	外部	外部		0 811 404 406
				内部	内部		
			350∶230	外部	外部		0 811 404 409
				内部	内部		
		10	80∶50∶10	外部	外部	8.35	0 811 404 186
				内部	内部		
		16	180∶120∶30	外部	外部	10.2	0 811 404 214
				内部	内部		
		25	350∶230∶60	外部	外部	18	0 811 404 420
				内部	内部		
		10	80∶50∶10	外部	外部	8.35	0 811 404 187
				内部	内部		
		16	180∶120∶30	外部	外部	10.2	0 811 404 211
				内部	内部		
		25	350∶230∶60	外部	外部	18	0 811 404 421
				内部	内部		
		32	按需要确定,Q=1000L/min			80	0 811 404···
			1000∶1000L/min 中位机能 01 X/Y 外部				0 811 404 500

续表

NG10、NG16、NG25 和 NG32 的特性曲线	NG10　$Q_A:Q_B$=80∶80 L·min^{-1} NG16　$Q_A:Q_B$=180∶180 L·min^{-1} NG10　$Q_A:Q_B$=80∶80 L·min^{-1} NG16　$Q_A:Q_B$=180∶120 L·min^{-1} NG10　$Q_A:Q_B:Q_A$=80∶50∶10 L·min^{-1} NG16　$Q_A:Q_B:Q_A$=350∶230∶60 L·min^{-1} NG25　$Q_A:Q_B$=350∶350 L·min^{-1} NG25　$Q_A:Q_B:Q_A$=350∶230∶60 L·min^{-1} NG25　$Q_A:Q_B$=350∶230 L·min^{-1} NG32　$Q_A:Q_B$=1000∶1000 L·min^{-1} （Δp=0.5MPa；ν=36mm^2·s^{-1}）放大器：Ⓐ带缓冲，0811405073；Ⓑ不带缓冲，0811405063

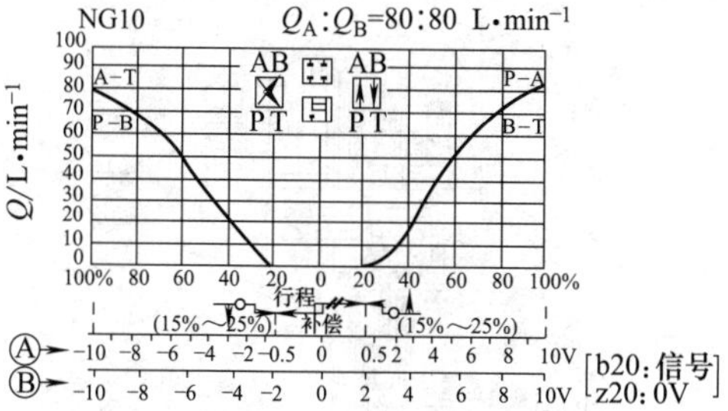

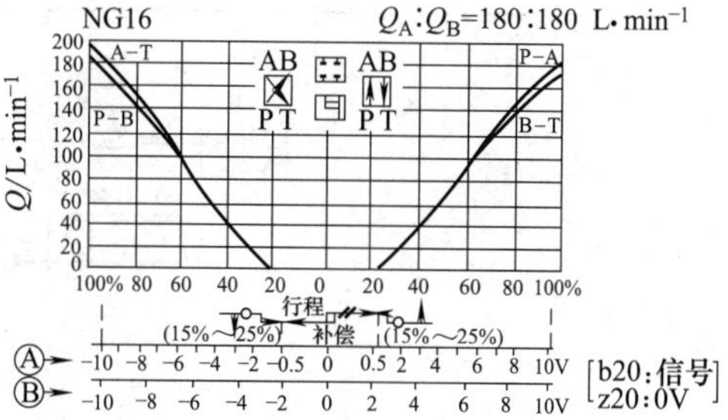

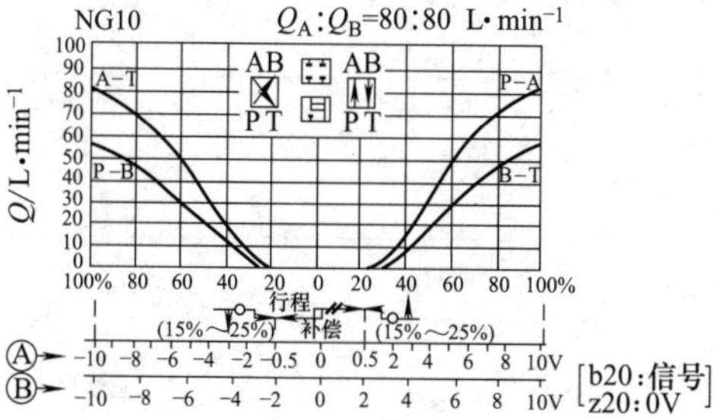

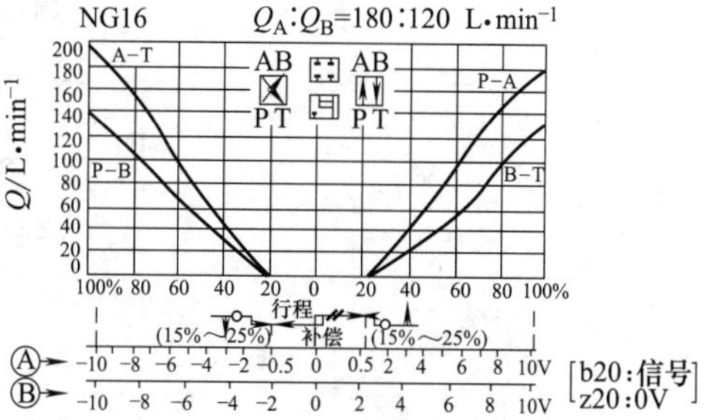

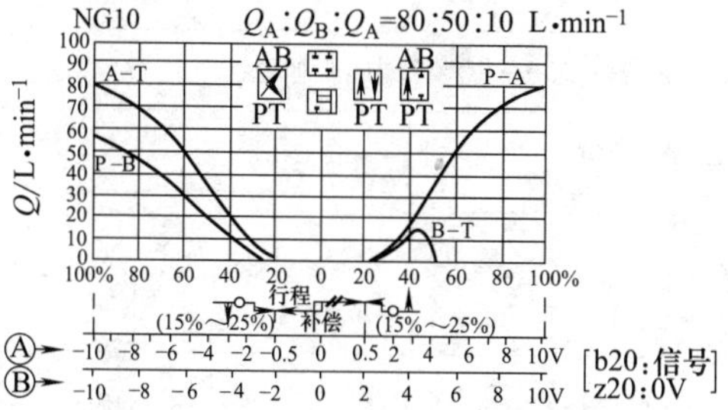

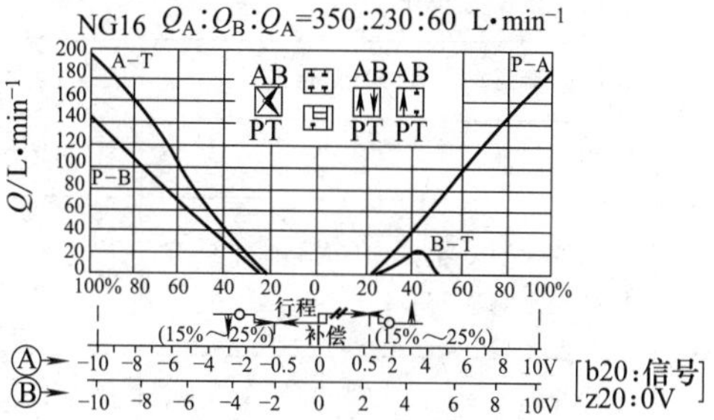

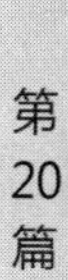

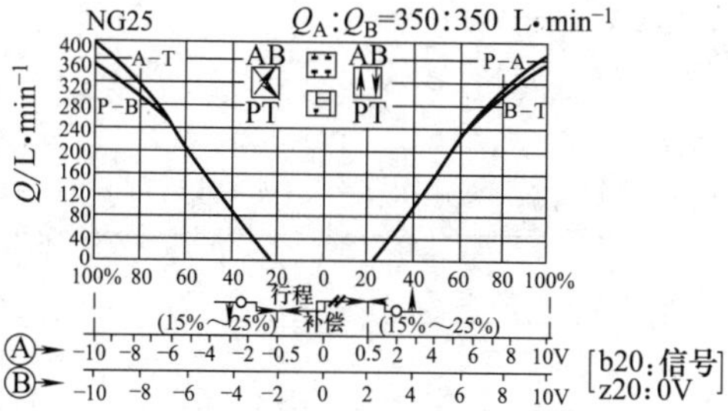

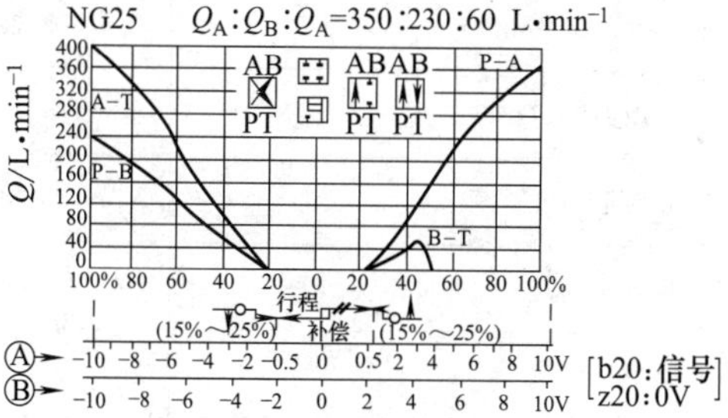

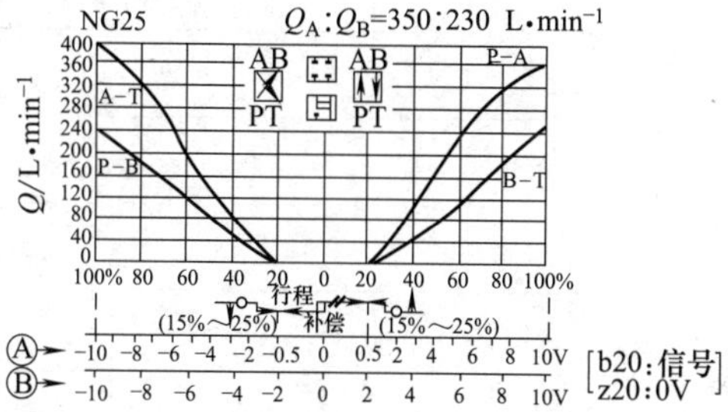

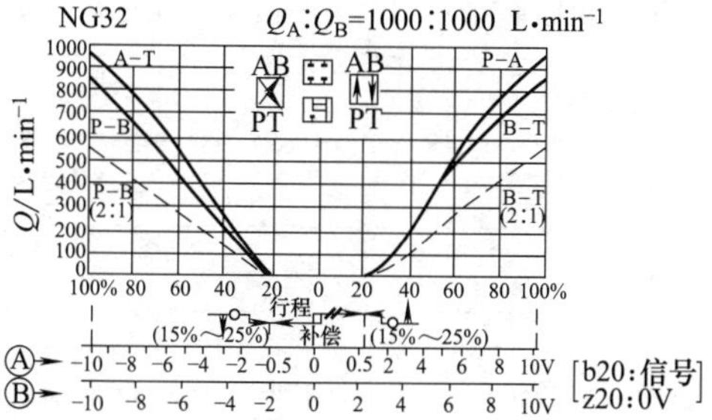

13.14.14　BOSCH 插装式比例节流阀

表 20-13-49　　技术性能

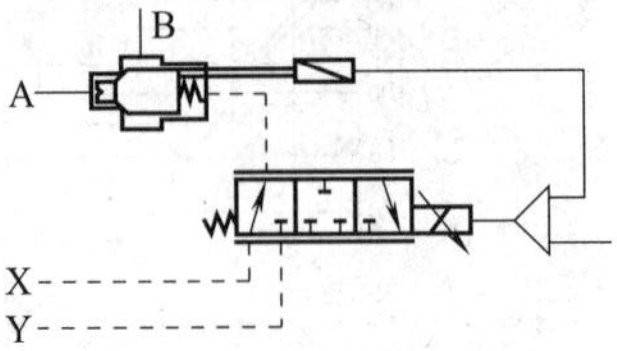

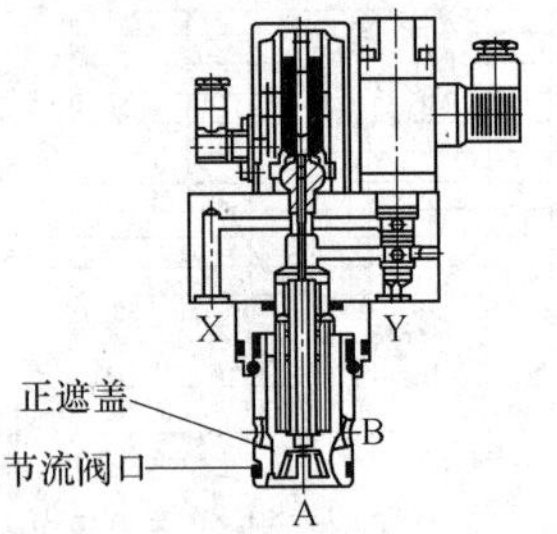

	型号		NG25	NG32	NG40	NG50
结构图						
技术性能	公称流量(p=0.5MPa)/L·min^{-1}		7.5	18	40	
	最高工作压力/MPa	A,B,X 口	31.5			
		T 口	25		25	
	最低进口压力/MPa		A→B:1.2,B→A:2.0			
	先导阀泄漏(p=10MPa 时)		X→Y:大约<0.4L·min^{-1},X→A 插装阀中,无泄漏			
	控制油回油		有可能情况下零压,最高 10MPa			
	控制油流量(当 p=10MPa,并具有最高动态响应时)/L·min^{-1}		5	5	10	23
	工作介质		符合 DIN 51524～535 液压油,使用其他液压油时,先向厂家咨询			
	黏度范围/mm^2·s^{-1}		20～100(推荐),最大范围(10～800)			
	油液温度/℃		−20～80			
	介质清洁度		NAS1638-8 或 ISO 4406-17/14,通过采用 β_x=75 过滤器达到 x=10			
	暂载率/%		100			
	电磁铁电流/A		最大 2.7			
	线圈阻抗 R_{20}/Ω		2.4			
	功率/W		最大 25			
	配套放大器		2/2V,2/2-RGC1			
	滞环/%		<0.2			
	响应时间/ms	100%指令信号	50	90	100	120
		10%指令信号	20	30	40	45
	质量/kg		3.9	5	7.1	11.2

续表

特性曲线	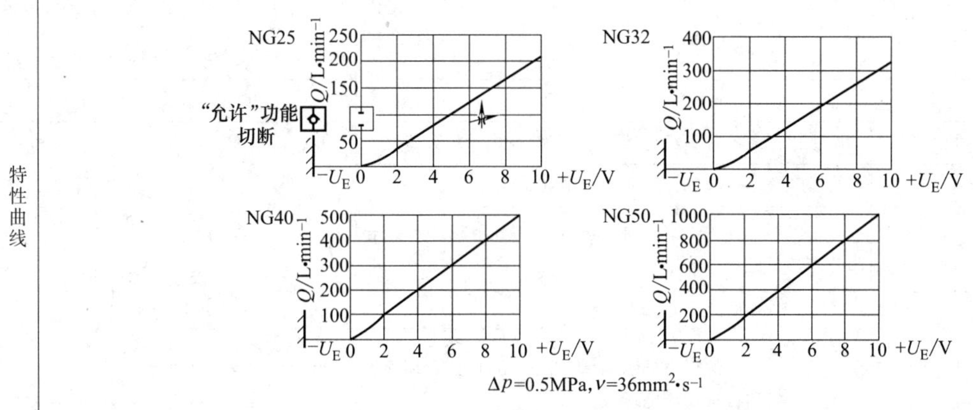

13.14.15　Atos 主要比例阀

表 20-13-50　　Atos 比例阀型号与名称

比　例　阀		尺寸/mm	最大流量 /L·min^{-1}
比例压力阀		ISO 4401	
RZMO-010	比例溢流阀，直动式，可带或不带集成压力传感器和电子放大器	06	6
RZGO-010	比例减压阀，直动式，可带或不带集成压力传感器和电子放大器	06	12
RZMO-030	比例溢流阀，先导式，板式安装，可带或不带集成压力传感器和电子放大器	06	40
HZMO-030	与 RZMO-30 相同，但用于叠加式安装		
RZGO-033	比例减压阀，先导阀，板式安装，可带或不带集成压力传感器和电子放大器	06	40
HZGO KZGO-33	与 RZGO-33 相同，但用于叠加式安装	06，10	40～100
AGMZO	比例溢流阀，两级，带或不带集成压力传感器和电子放大器	10，20，32	200～400～600
AGRCZO	比例减压阀，两级，带或不带集成压力传感器和电子放大器	10，20	160～300
比例方向阀		ISO 4401，$\Delta p=70$bar	
DHZO-A DKZOR-A	比例方向阀，直动式，不带集成位置传感器，带或不带集成电子放大器	06，10	70～160
DHZO-T DKZOR-T	与 DHZO-A、DKZOR-A 相同，但是带集成位置传感器	06，10	70～170
DLHZO-T DLKZOR-T	伺服比例，直流，线轴-精确操作，闭环，反馈及可知选择内置电子，高反应	06，10	40～100

续表

<table>
<tr><th colspan="3">比　例　阀</th><th>尺寸/mm</th><th>最大流量
/L·min^{-1}</th></tr>
<tr><td colspan="3">比例方向阀</td><td colspan="2">ISO 4401，$\Delta p=70$bar</td></tr>
<tr><td>DPZO-A-1，-2，-3</td><td colspan="2">两级比例阀不带集成传感器，带可集成电子放大器</td><td rowspan="3">10，16，25</td><td rowspan="3">$\Delta p=10$bar
80～200～390</td></tr>
<tr><td>DPZO-T-1，-2，-3</td><td colspan="2">与 DPZO-A-1，-2，-3 相同，但主阀芯带集成位置传感器</td></tr>
<tr><td>DPZO-L-1，-2，-3</td><td colspan="2">与 DPZO-A-1，-2，-3 相同，但性能更高，主阀芯和先导阀芯均带集成位置传感器</td></tr>
<tr><td colspan="3">比例插装阀</td><td colspan="2">ISO 7368，$\Delta p=5$bar</td></tr>
<tr><td>LICZO</td><td>压力补偿</td><td rowspan="3">比例压力插装阀，带或不带集成压力传感器和可选集成电子放大器</td><td>16，25，32，40，50</td><td>200～2000</td></tr>
<tr><td>LIMZO</td><td>溢流</td><td>16～63</td><td>200～3000</td></tr>
<tr><td>LIRZO</td><td>减压</td><td>16，25，32</td><td>160～600</td></tr>
<tr><td>LEQZO-A</td><td colspan="2">比例插装阀，2 通，不带集成传感器，带可选集成电子放大器</td><td>16，25，32
非标准</td><td>140～230～350</td></tr>
<tr><td>LIQZO-T</td><td colspan="2">比例插装阀，2 通，带集成主阀芯位置传感器和可选电子放大器</td><td>16，25，32，40，50</td><td>250～2000</td></tr>
<tr><td>LIQZO-L-※※2</td><td colspan="2">高动态性能，2 通比例流量插装阀，带 2 个集成位置传感器和可选电子放大器</td><td>16～80</td><td>250～4500</td></tr>
<tr><td>LIQZO-L-※※3</td><td colspan="2">高动态性能，3 通比例流量插装阀，带 2 个集成位置传感器和可选电子放大器</td><td>25～80</td><td>135～2100</td></tr>
<tr><td colspan="3">比例流量阀</td><td colspan="2"></td></tr>
<tr><td>QVHZO
QVKZOR</td><td colspan="2">比例流量控制阀，2 通或 3 通，压力补偿，ISO 4401</td><td>06
10</td><td>45
90</td></tr>
<tr><td>QVHMZO
QVKMZOR</td><td colspan="2">比例压力流量阀，3 通，压力补偿，ISO 4401</td><td>06
10</td><td>45
90</td></tr>
<tr><td>QVMZO</td><td colspan="2">比例压力流量阀，2 级，3 通，压力补偿</td><td>20，25 ISO 标准
1″，1/4″
SAE 标准</td><td>170～280
500</td></tr>
</table>

13.14.16　Vickers 主要比例阀

13.14.16.1　KDG3V、KDG4V 比例方向阀

KDG3V、KDG4V 型阀经常用于控制工业设备位置和速度的场合，例如空中工作平台、游艺机、联合收割机控制、物料搬运设备和过程控制。

表 20-13-51　　典型阀（KTG4V-3S）的剖视图和图形符号

剖视图

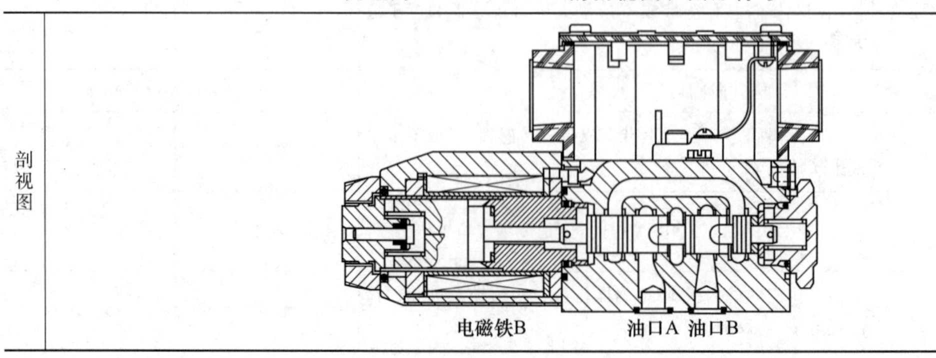

续表

图形符号		
	KTG4V	KTG4V-3S-2B※※N　KTG4V-3S-2F※※N　KTG4V-3S-33B※※A　KTG4V-3S-2B　KTG4V-3S-33B
	KDG4V	KDG4V-3(S)-2C※※N　KDG4V-3(S)-2C※※S　KDG4V-3S-33C※※A　KDG4V-3S-33C※※N

注：所有型号中，当电磁铁“a”通电时，流向总是“P”至“A”。当电磁铁“b”通电时，流向总是“P”至“B”。这与 ANSI-B93.9 标准一致。电磁铁牌号“a”和“b”在阀体一侧的图形牌上注明。

型号意义：

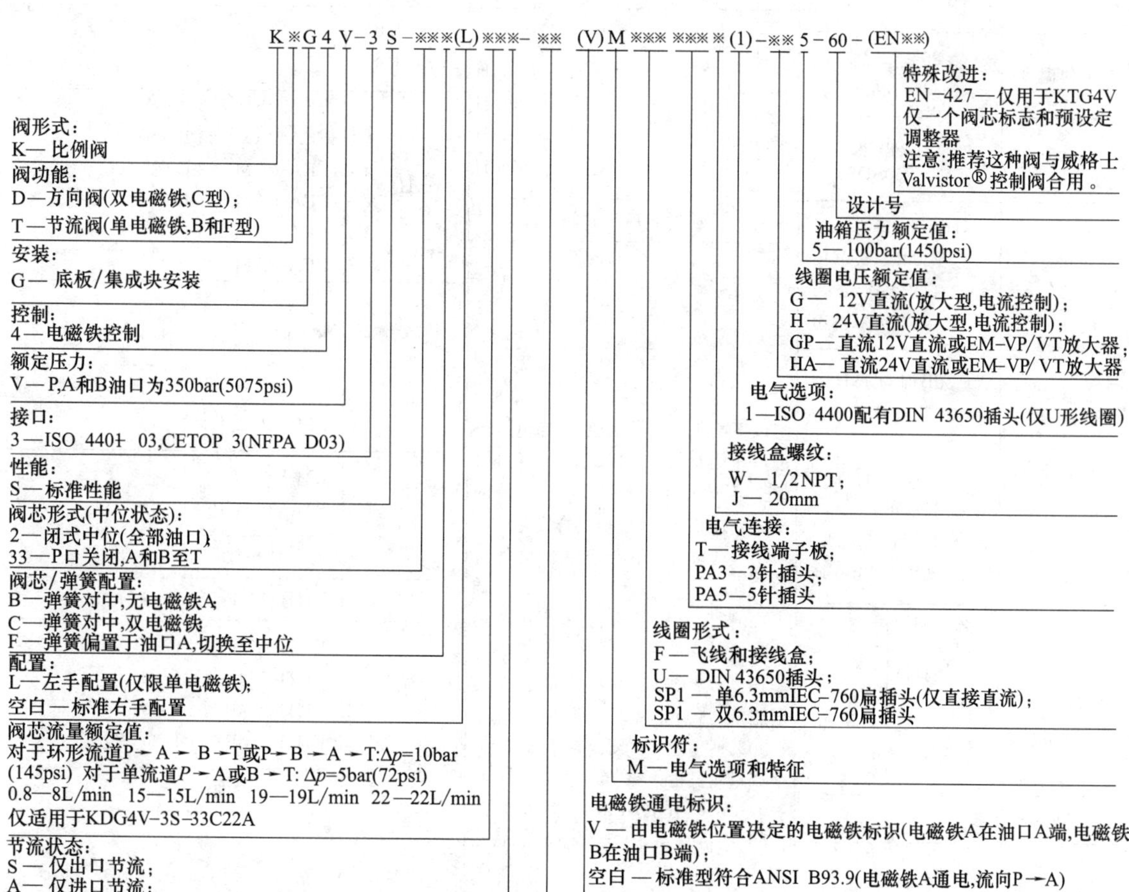

注：1bar＝0.1MPa；1psi＝6894.76Pa。

表 20-13-52 **KDG4V-3S 和 KTG4V-3S 技术参数**

技术规格

项目	技术规格	
最高工作压力（A,B和P油口）	350bar(5000psi)	
最高油箱管路压力(T油口)	K* G4V-3S:100bar(1450psi)	
推荐最大压降	（最大流量下的四通型）210bar(30000psi)*	
安装形式	ISO-4401-AB-03-4-A，NFPA D03，CETOP3	
工作温度	20～82℃（－4～180℉）	
油液黏度	16～54cSt（75～250SUS）	
质量≈	KDG4V-3S-*-60 2.3kg(5.06lb) KTG4V-3S-*-60 1.75kg(3.85lb)	
频率响应	－3dB时为18Hz（45°相位滞后时为10Hz） 振幅为最大行程(中位至偏置)的25%，围绕50%位置，Δp(P-A-B-T)＝10bar(145psi)	
迟滞	脉宽调制	4%
	直接直流电压（GP和HA）	8%
重复精度	1%	
死区	15%～35% 全电磁铁输入。威格士的电子控制器用一个死区消除器来减小这个值，使其接近零	

电磁铁技术规格

项目	条件/型号	数值
最大电流	在50℃(122℉)环境温度	
	G	3.2A
	H	1.6A
功率损耗	在20℃(68℉)	
	G	18W
	H	18W
	GP	30W
	HA	30W
线圈电阻	在20℃(68℉)	
	G	1.8Ω
	H	7.3Ω
	GP	4.9Ω
	HA	19.6Ω
线圈电感	在1000Hz	
	G	7.5mH
	H	29mH
	GP	16mH
	HA	67mH

阶跃响应的时间

以下响应时间是从通电/断电点至进口压力变化最初指示点测得的。整个系统压力的响应取决于系统的受压缩体积，并随应用场合变化

0～100%(中位至阀芯全行程):100ms

100%～0(阀芯全行程至中位-迅速降低):15ms

10%～90%(10%全流量至90%全流量):100ms

90%～10%(90%全流量至10%全流量):25ms

100%～100%(沿一个方向的100%全流量至相反方向的100%全流量):80ms

阀芯，阀芯/弹簧，节流

可选的阀芯，阀芯/弹簧配置和节流状态参数下表

例如，如果KD阀选"33"阀芯，则阀芯/弹簧配置是"C"，节流状态可以是"A"。参考"型号编法"中对这些代号的定义

型号	阀芯	阀芯/弹簧配置	节流状态
KD	2	C	N或S
	33	C	A
KT	2	B或F	N
	33	B	A

放大器

线圈电压标识字母	放大器
H	EEA-PAM-523-A-32 EEA-PAM-523-B-32 EEA-PAM-523-C-32 EEA-PAM-523-D-32 EEA-PAM-523-E-32 EEA-PAM-523-F-32
H	EEA-PAM-520-A-14 （与EN427型共同使用）
GP	EM-VT-12-10 EM-VP-12-10
HA	EM-VT-24-10 EM-VP-24-10
插头放大器	
G	EHH-AMP-712-D/G-20
H	EHH-AMP-702-C-20 EHH-AMP-702-D-20 EHH-AMP-702-E-20 EHH-AMP-702-F-20

泄油

在两通阀中，"T"是泄油口，并且经一个无冲击管路接至油管，所以这个油口无背压

表 20-13-53　　KDG4V-3S 流量增益曲线

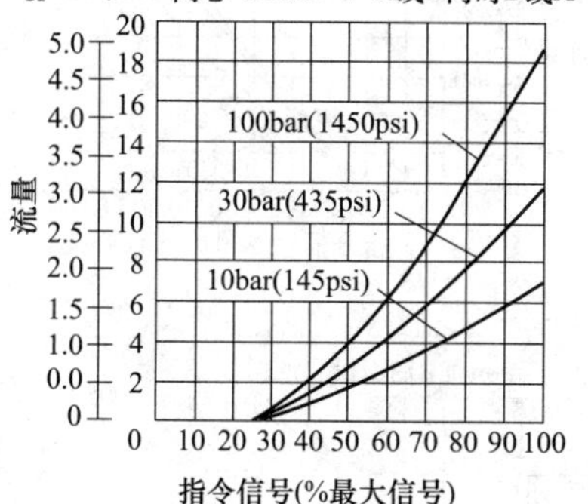

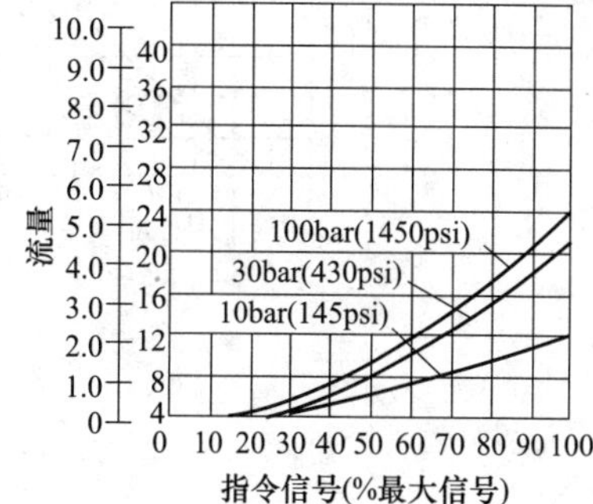

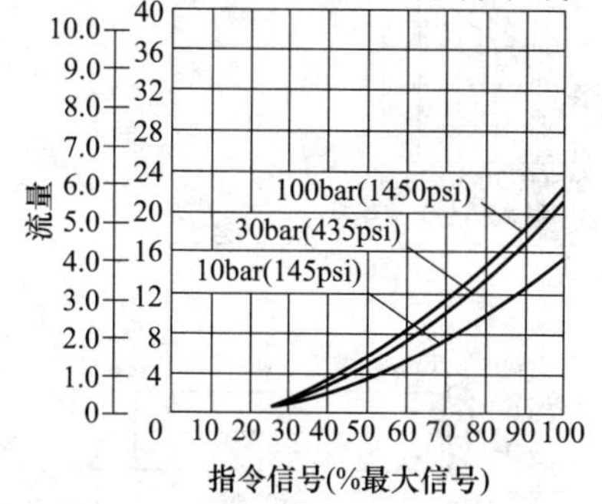

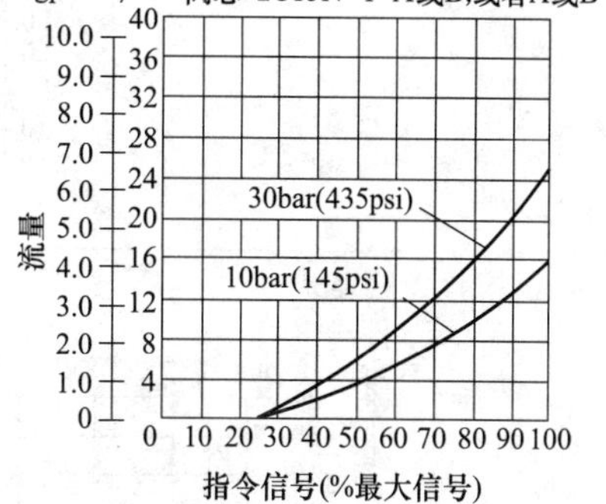

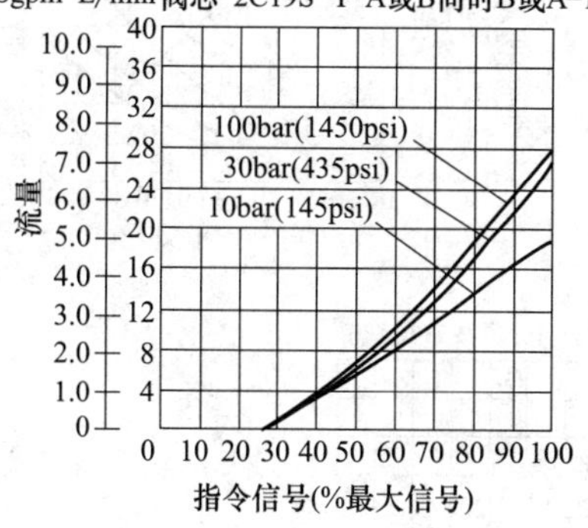

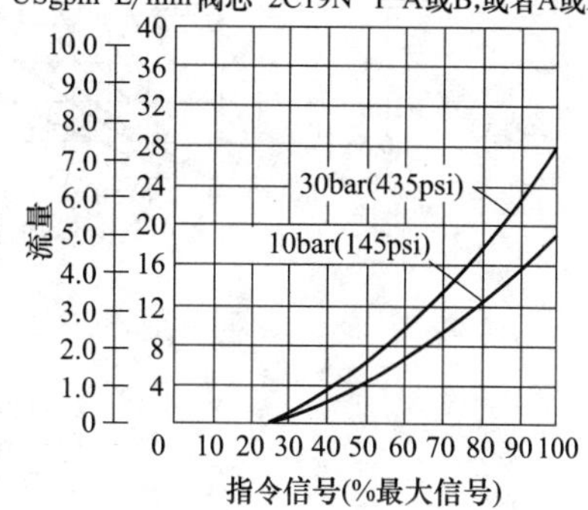

续表

环形流道

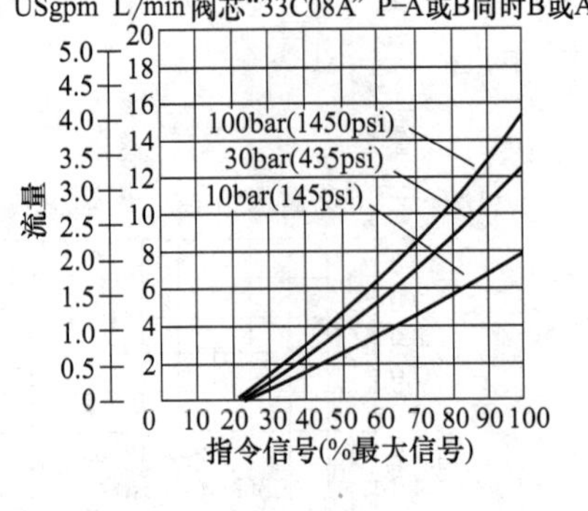

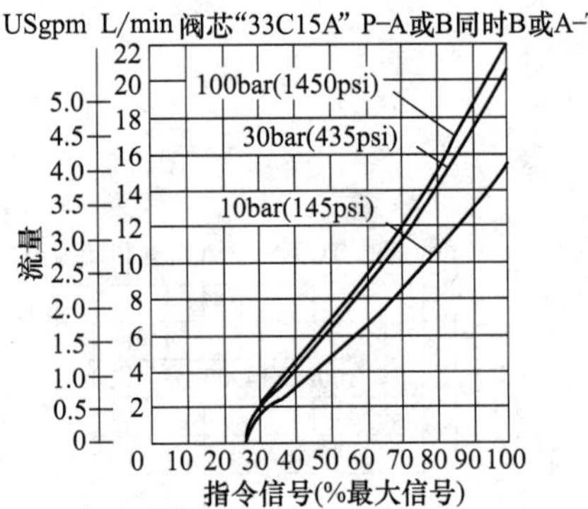

USgpm L/min 阀芯“33C22A” P-A或B同时B或A-T

100bar(1450psi)

20bar(435psi)

10bar(145psi)

流量

指令信号(%最大信号)

单流道

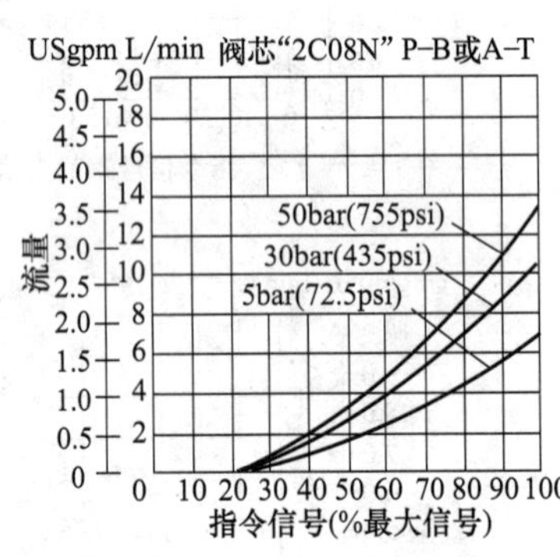

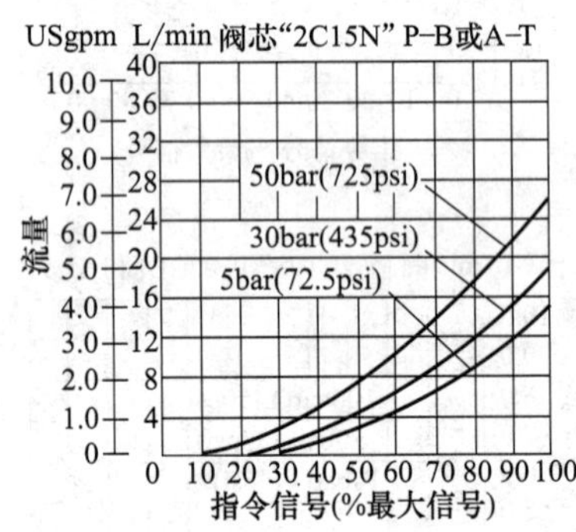

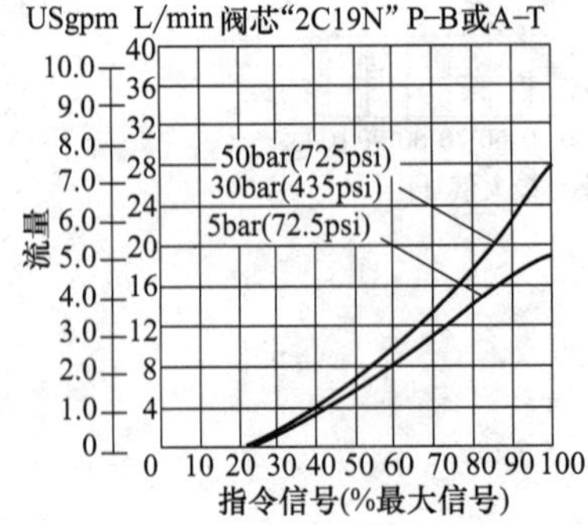

表 20-13-54　　KDG4V-3S 和 KTG4V-3S 功率容量轮廓

<table>
<tr><th>KDG4V-3S 型</th><th>KTG4V-3S 型</th></tr>
<tr><td>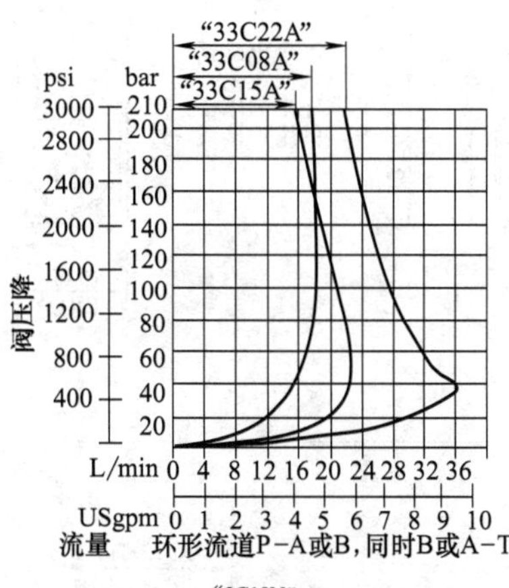
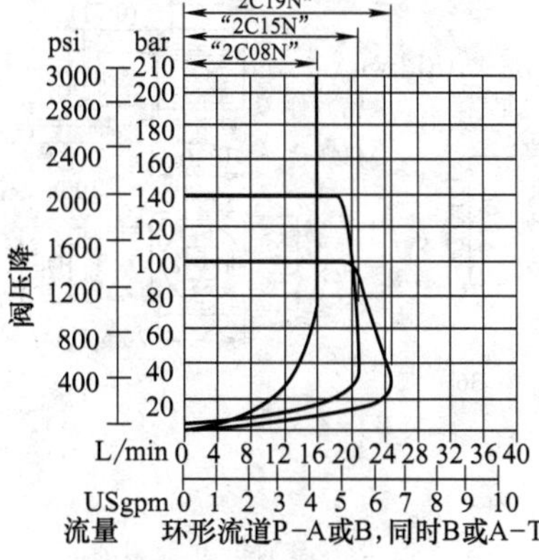
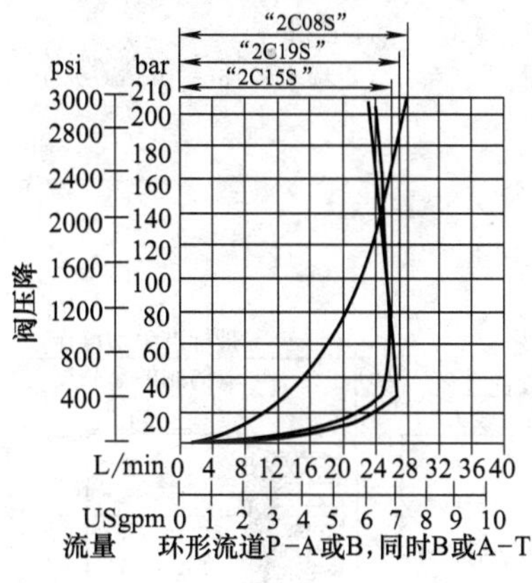</td>
<td>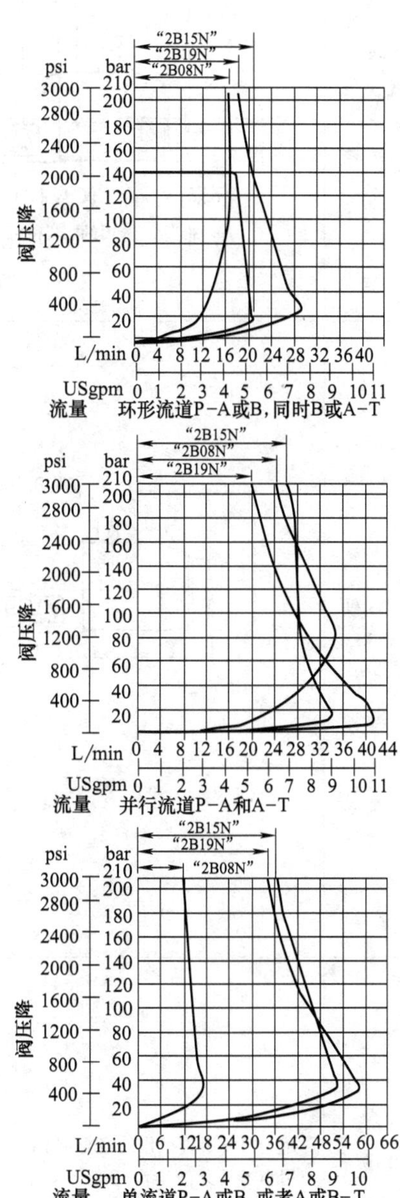</td></tr>
</table>

表 20-13-55 KDG4V-3S 和 KTG4V-3S 安装尺寸 mm (in)

<table>
<tr><td>KDG4V-2S 和
KTG4V-3S
带接线盒</td><td>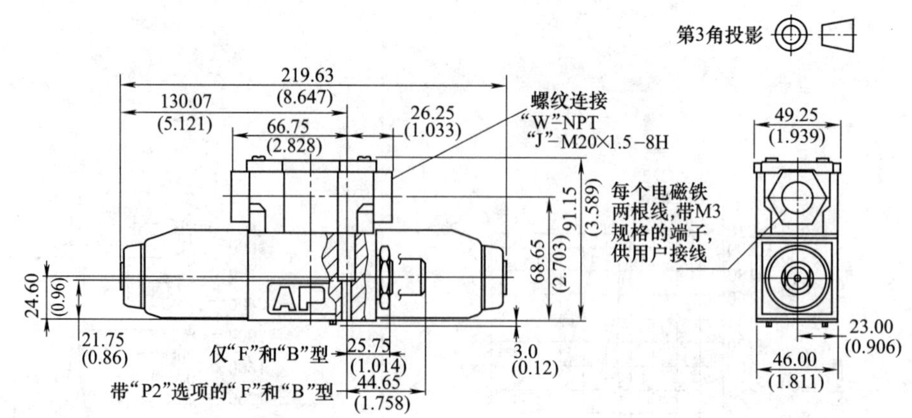
</td></tr>
<tr><td>KDG4V-2S 和
KTG4V-3S
带 DIN 插头</td><td>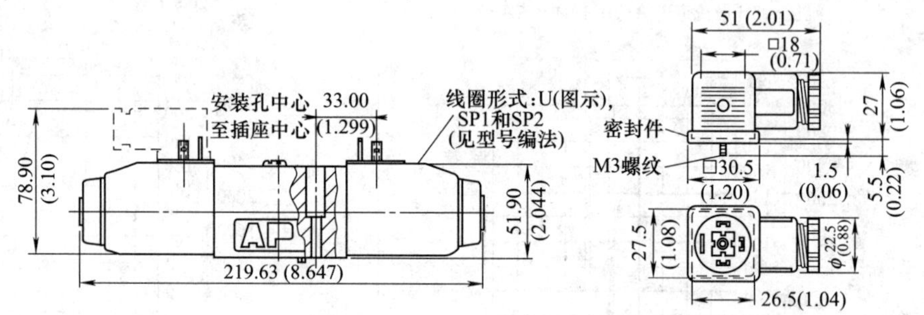

连接方式:螺纹端子
导线截面积:0.5~1.5mm²(0.0008~0.0023in²)
电缆直径:6~10mm(0.24~0.40in)</td></tr>
<tr><td>电磁铁上的防水
手动操作器</td><td>用于需要手指操作的场合(如不使用小工具无法操作标准手动操作器)
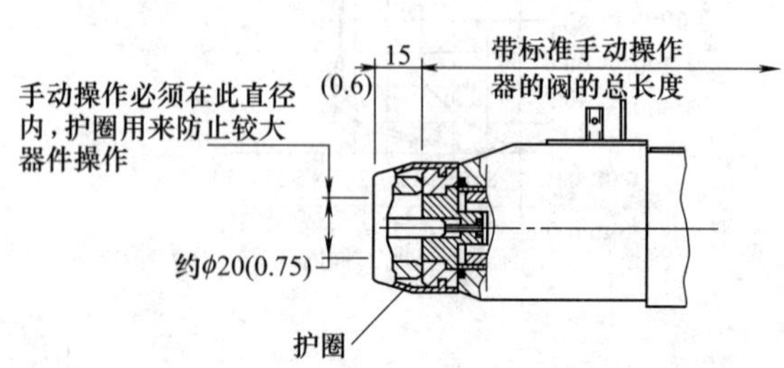
</td></tr>
</table>

13.14.16.2　K(A) DG4V-3，K(A) TDG4V-3 比例方向阀

型号意义：

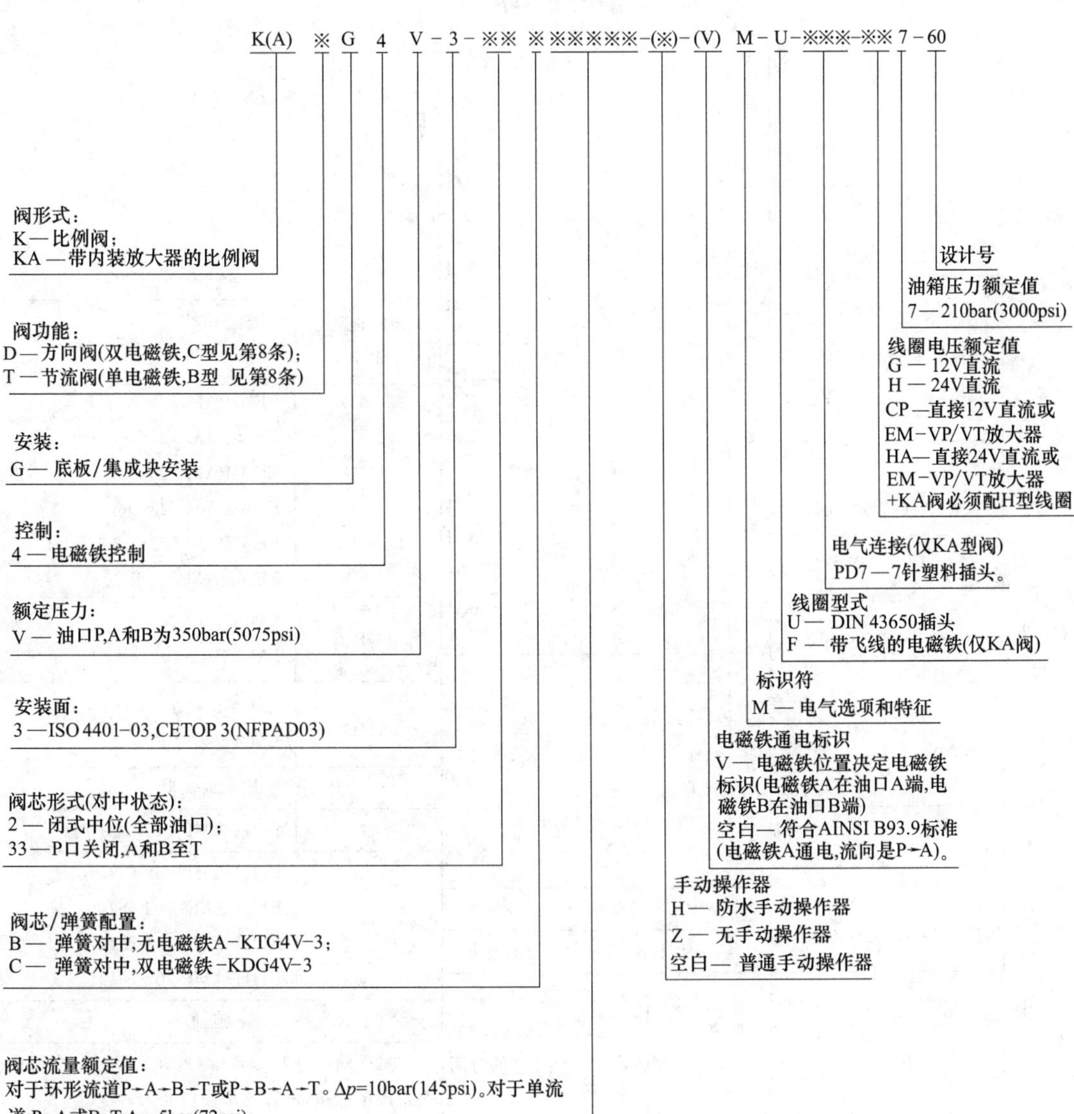

表 20-13-56　　K(A)DG4V-3，K(A)TDG4V-3 技术参数

技术规格

项目	参数
最高工作压力（油口A、B 和P）	350bar(5000psi)
最高油箱管压力（油口T）	210bar(3000psi)
最高推荐压降	（最大流量时四通型）210bar(3000psi)*
最小推荐流量	见下表 K(A)DG4V-3 阀
安装形式	ISO-4401-AB-03-A，NFPA D03，CETOP 3
工作温度	20～82℃（−4～180℉）
油液黏度	16～54cSt（75～250SUS）
质量≈	KDG4V-3-*-60：2.4kg(5.30lb) KTG4V-3-*-60：1.7kg(3.75lb) KADG4V-3-*-60：2.8kg(6.20lb) KATGV-3-*-60：2.1kg(4.65lb)

最小推荐流量 K(A)DG4V-3 阀

阀芯型号	L/min	in^3/min
**C03F	0.2	12
**C07F	0.4	24
**C13F	0.6	36
**C20F	1.0	60
**C28S	1.4	85

电磁铁技术规格

项目	条件/型号	数值
最大电流	在50℃(122℉)环境温度	
	G	3.5A
	H	1.6A
	GP	3.0A
	HA	0.94A
线圈电阻	在20℃(68℉)	
	G	1.55Ω
	H	7.3Ω
	GP	2.0Ω
	HA	22.1Ω
线圈电感	在1000Hz	
	G	4H
	H	20mH
	GP	6mH
	HA	55mH
暂载率	连续额定值 ED=100% 保护类型，带正确安装的电气插头 IEC 144 等级 IP65	

阶跃响应

当 Δp=5bar(72psi)每条节流通道

所需阶跃	达到所需阶跃 90% 的时间
0～100%	25ms
100%～0	30ms
+90%～−90%	35ms

放大器

线圈电压标识字母	放大器
H	EEA-PAM-523-A-30 EEA-PAM-523-B-30 EEA-PAM-523-C-30 EEA-PAM-523-D-30 EEA-PAM-523-E-30 EEA-PAM-523-F-30
GP	EM-VT-12-10 EM-VP-12-10
HA	EM-VT-24-10+ EM-VP-24-10+
	插头放大器
G	EHH-AMP-712-D/G-20
H	EHH-AMP-702-C-10 EHH-AMP-702-D-10 EHH-AMP-702-E-10 EHH-AMP-702-F-10

泄油

在二通阀中，"T"是泄油口，并且经过一个无冲击管路接至油箱，所以这个油口处无背压

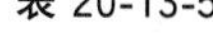
表 20-13-57　K(A)DG4V-3 流量增益曲线

环形流道

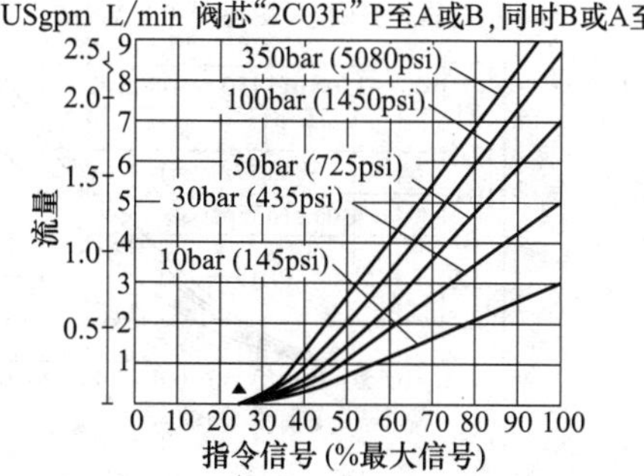

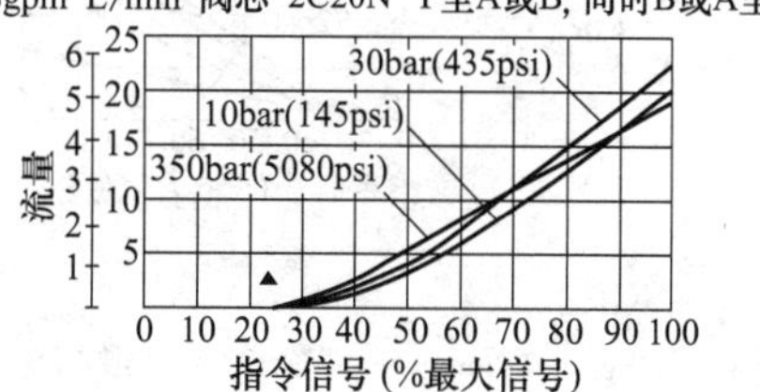

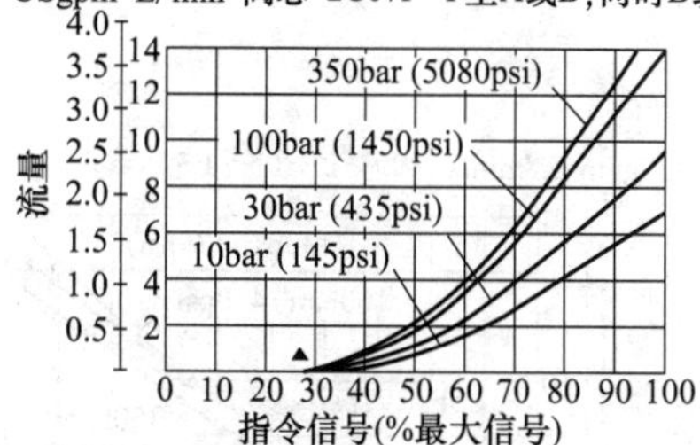

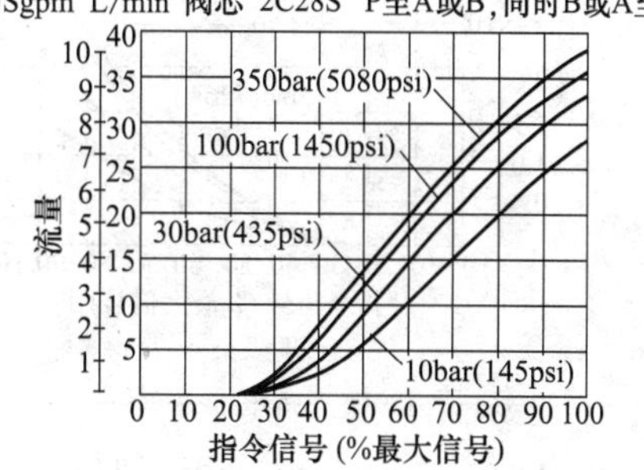

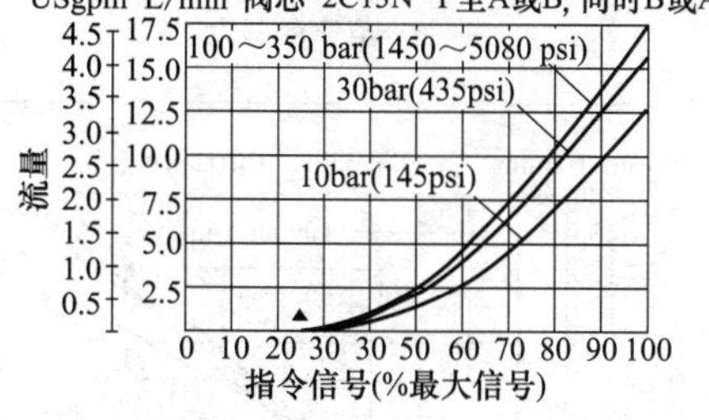

单流道

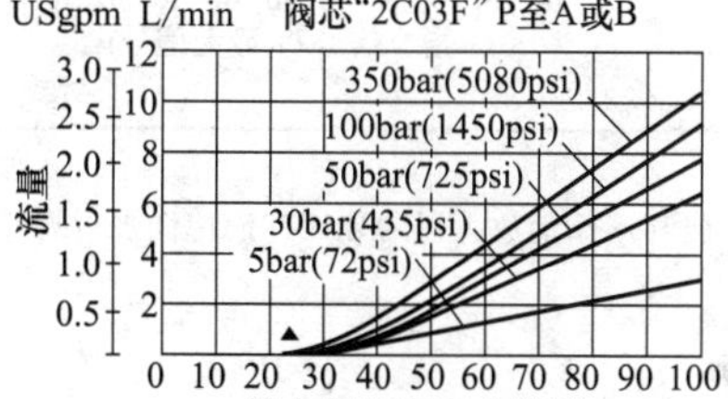

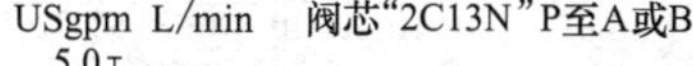

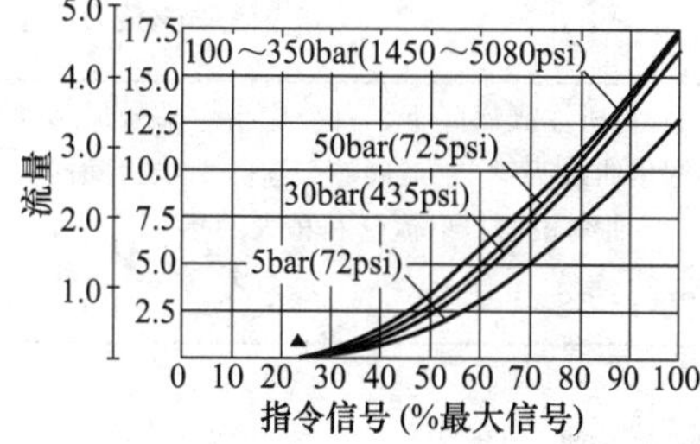

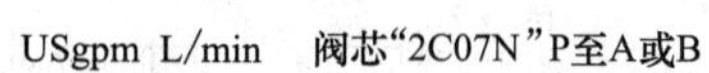

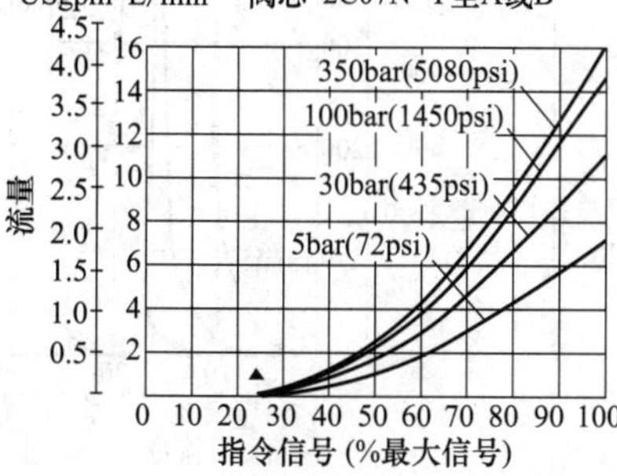

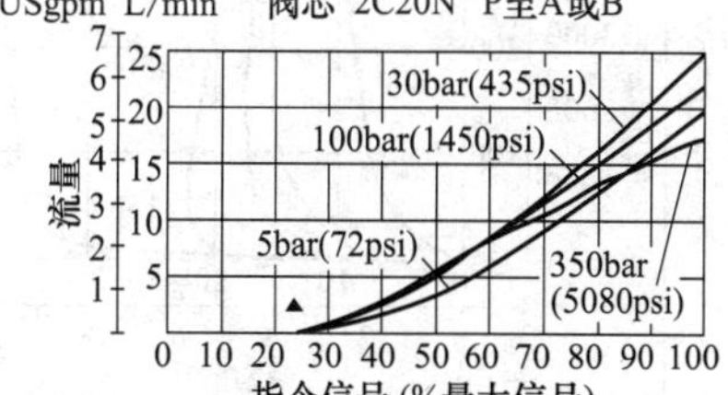

续表

单流道	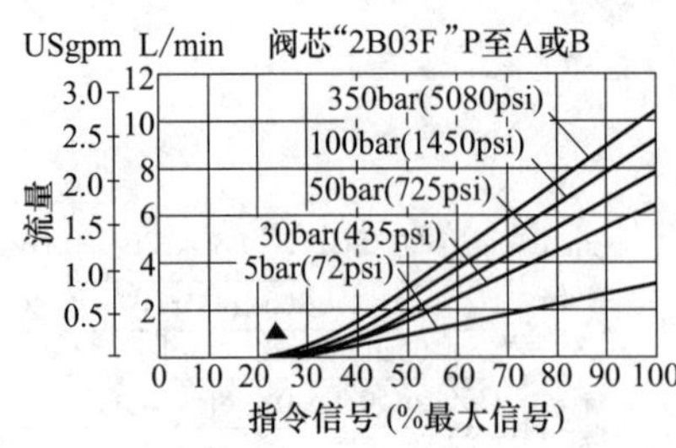 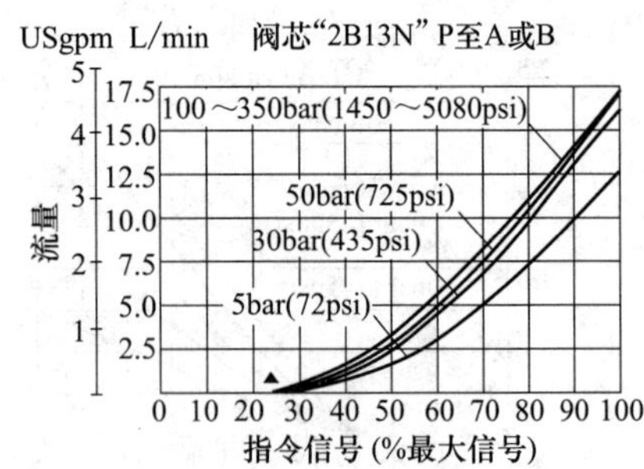 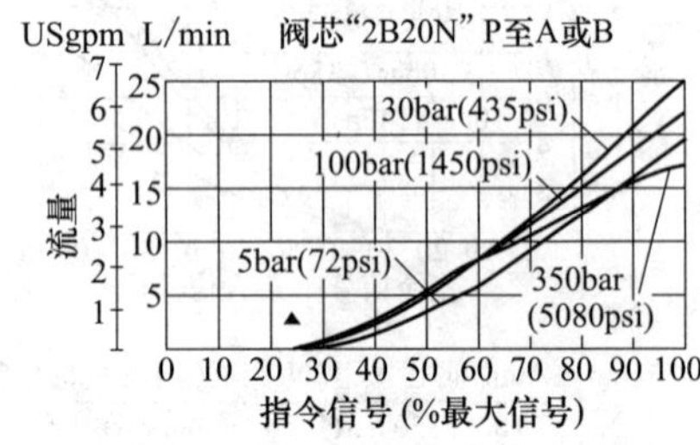
并行流道	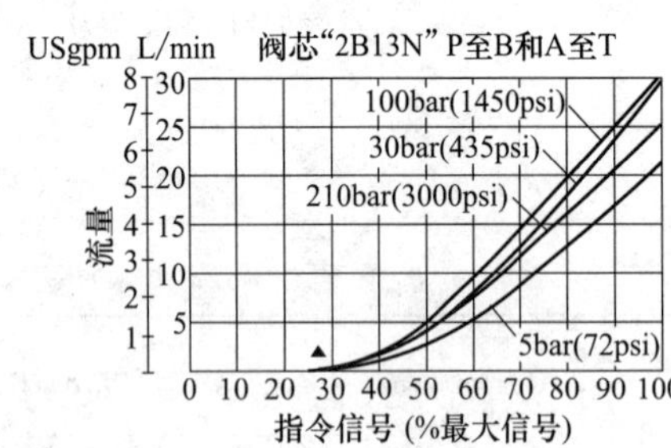 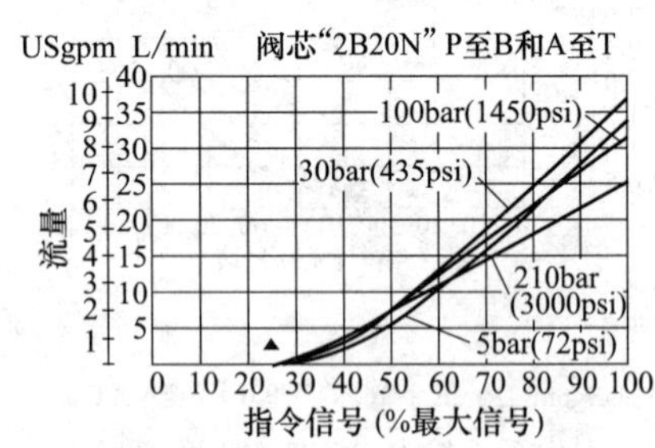

注：1. 在所注阀压降下，百分比指令信号加于通电的电磁铁。

2. ▲图示曲线为“2”型阀芯。这些曲线将随阀的不同而改变，但能利用驱动放大器的死区补偿特性进行调整。对于阀芯型号“33”，曲线相似，但流量在稍大的指令信号下开始。

表 20-13-58　　功率容量轮廓

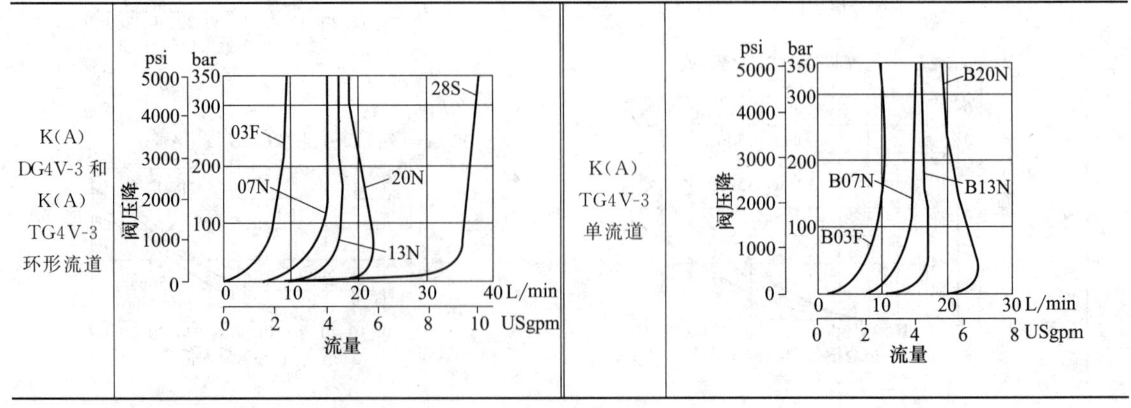

K(A) DG4V-3 和 K(A) TG4V-3 环形流道		K(A) TG4V-3 单流道	

续表

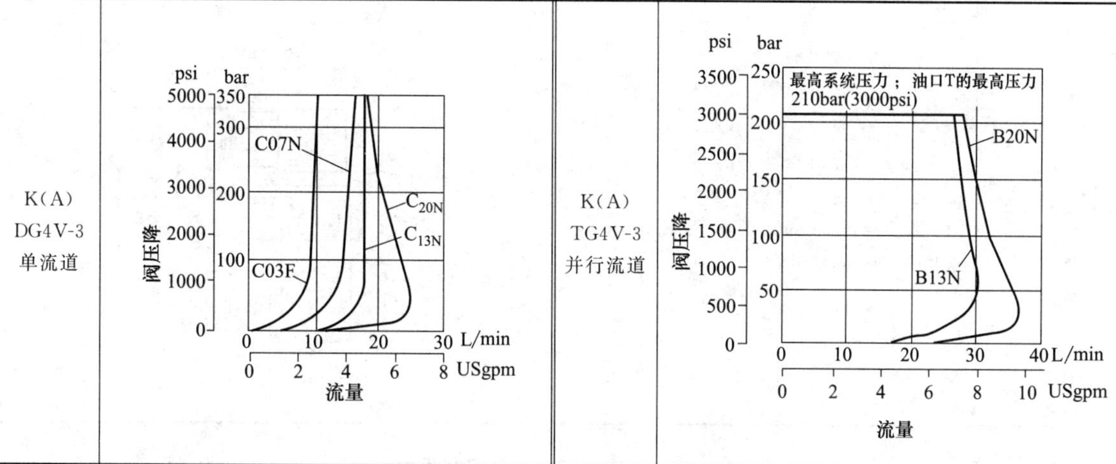

表 20-13-59 KDG4V-3，KTG4V-3 安装尺寸 mm（in）

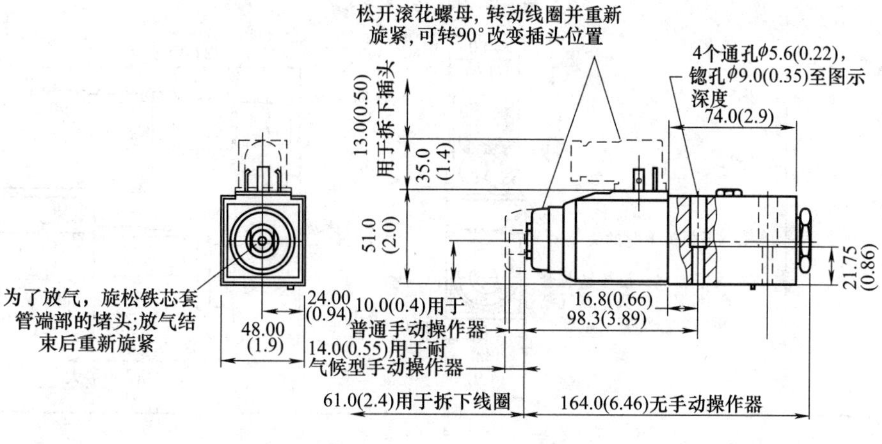

KDG4V-3	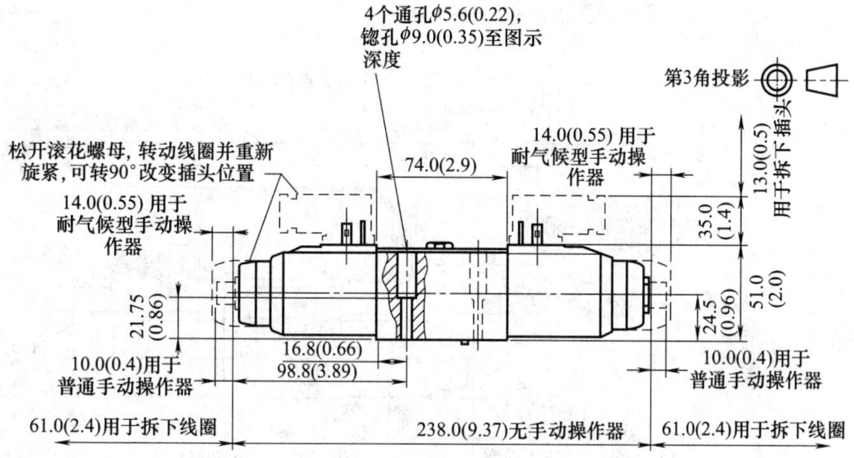 4个通孔ϕ5.6(0.22)，锪孔ϕ9.0(0.35)至图示深度 第3角投影 松开滚花螺母，转动线圈并重新旋紧，可转90°改变插头位置 14.0(0.55) 用于耐气候型手动操作器 74.0(2.9) 13.0(0.5) 用手拆下插头 35.0 (1.4) 51.0 (2.0) 21.75 (0.86) 24.5 (0.96) 16.8(0.66) 98.8(3.89) 10.0(0.4)用于普通手动操作器 61.0(2.4)用于拆下线圈 238.0(9.37)无手动操作器 61.0(2.4)用于拆下线圈
KTG4V-3	松开滚花螺母，转动线圈并重新旋紧，可转90°改变插头位置 4个通孔ϕ5.6(0.22)，锪孔ϕ9.0(0.35)至图示深度 74.0(2.9) 13.0(0.50) 用于拆下插头 35.0 (1.4) 51.0 (2.0) 21.75 (0.86) 为了放气，旋松铁芯套管端部的堵头；放气结束后重新旋紧 24.00 (0.94) 48.00 (1.9) 10.0(0.4)用于普通手动操作器 14.0(0.55)用于耐气候型手动操作器 16.8(0.66) 98.3(3.89) 61.0(2.4)用于拆下线圈 164.0(6.46)无手动操作器

续表

电磁铁接头	导线截面积：0.5～1.5mm²（0.0008～0.0023in²） 电缆直径：6～10mm(0.24～0.40in) 接线方式：螺纹端子

表 20-13-60　　KADG4V-3、KATG4V-3 安装尺寸　　mm（in）

<table>
<tr><td>KADG4V-3</td><td>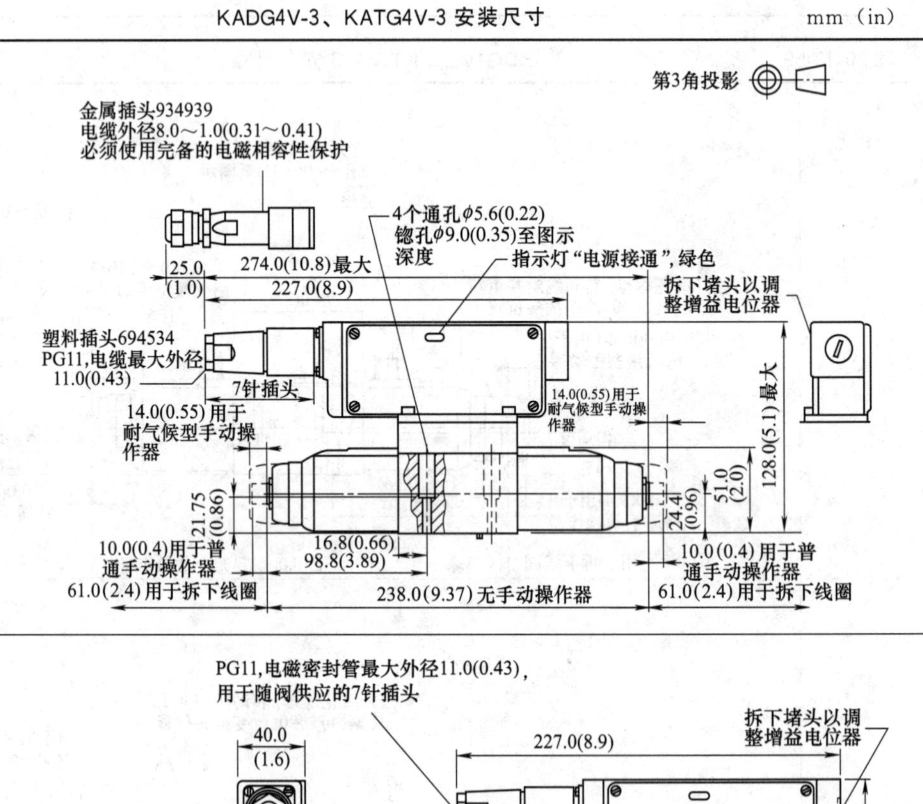
</td></tr>
<tr><td>KATG4V-3</td><td>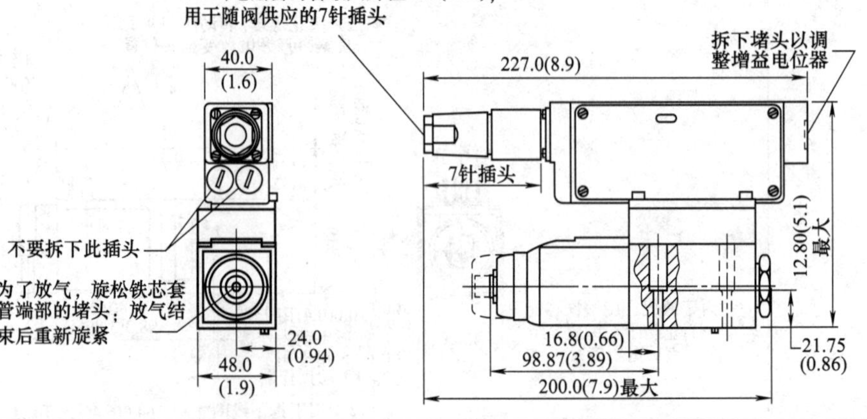
</td></tr>
</table>

参 考 文 献

[1] 关肇勋，黄奕振编. 实用液压回路. 上海：上海科学技术文献出版社，1982.
[2] 雷天觉主编. 新编液压工程手册. 北京：北京理工大学出版社，1998.
[3] 陈奎生主编. 液压与气压传动. 武汉：武汉理工大学出版社，2001.
[4] 雷秀主编. 液压与气压传动. 北京：机械工业出版社，2005.
[5] 何存兴主编. 液压传动与气压传动. 武汉：华中科技大学出版社，2006.
[6] 吴根茂主编. 新编实用电液比例技术. 杭州：浙江大学出版社，2006.
[7] 机械设计手册编委会主编. 机械设计手册. 液压传动与控制. 单行本. 北京：机械工业出版社，2007.
[8] 赵月静主编. 液压实用回路 360 例. 北京：化学工业出版社，2008.
[9] 钟平，鲁晓丽，王昕煜. 液压与气压传动. 哈尔滨：哈尔滨工业大学出版社，2008.
[10] 赵静一，曾辉，李侃. 液压气动系统常见故障分析与处理. 北京：化学工业出版社，2009.
[11] 刘延俊编著. 液压元件使用指南. 北京：化学工业出版社，2007.
[12] 张利平主编. 液压阀原理、使用与维护. 北京：化学工业出版社，2005.
[13] 张利平编著. 液压控制系统及设计. 北京：化学工业出版社，2005.
[14] 张利平编著. 液压传动系统及设计：北京：化学工业出版社，2005.
[15] 张应龙主编. 液压识图. 北京：化学工业出版社，2007.
[16] 周士昌主编. 液压气动系统设计禁忌. 北京：机械工业出版社，2002.
[17] REXROTH. 液压传动教程第 2 册. RC01303/10. 87.
[18] 成大先主编. 机械设计手册. 第六版. 第 5 卷. 北京：化学工业出版社，2016.
[19] 机械设计手册编委会编. 机械设计手册. 新版第 4 卷. 北京：机械工业出版社，2004.
[20] 路甬祥主编. 液压气动技术手册. 北京：机械工业出版社，2002.
[21] 何存兴编. 液压元件. 北京：机械工业出版社，1982.
[22] 王守成，段俊勇主编. 液压元件及选用. 北京：化学工业出版社，2007.
[23] 黎啟柏编著. 电液比例控制与数字控制系统. 北京：机械工业出版社，1997.
[24] 宋学义. 袖珍液压气动手册. 北京：机械工业出版社，1998.
[25] [美] 海恩（Hehn A H）著. 流体动力系统的故障诊断及排除. 易孟林等译. 北京：机械工业出版社，2000.
[26] 张利平. 现代液压技术应用 220 例. 北京：化学工业出版社，2004.
[27] 虞和济，韩庆大，李沈等. 设备故障诊断工程. 北京：冶金工业出版社，2001.
[28] 邵俊鹏，周德繁，韩桂华，刘家春. 液压系统设计禁忌. 北京：机械工业出版社，2008.